ATZ/MTZ-Fachbuch

Die komplexe Technik heutiger Kraftfahrzeuge macht einen immer größer werdenden Fundus an Informationen notwendig, um die Funktion und die Arbeitsweise von Komponenten oder Systemen zu verstehen. Den raschen und sicheren Zugriff auf diese Informationen bietet die Reihe ATZ/MTZ-Fachbuch, welche die zum Verständnis erforderlichen Grundlagen, Daten und Erklärungen anschaulich, systematisch, aktuell und anwendungsorientiert zusammenstellt.

Die Reihe wendet sich an Fahrzeugingenieure in Praxis und Studium, die im Rahmen beruflicher Weiterbildung Nachschlagebedarf haben und im Zusammenhang Fragestellungen ihres Arbeitsfeldes verstehen müssen sowie an Professoren und Dozenten an Hoch- und Fachhochschulen mit Schwerpunkt Kraftfahrzeugtechnik. Sie liefert gleichzeitig das theoretische Rüstzeug für das Verständnis wie auch die Anwendungen, wie sie für Gutachter, Prüfer und Entwicklungsingenieure in der Automobil- und Zulieferindustrie benötigt werden.

Hans-Hermann Braess
Ulrich Seiffert
Herausgeber

Vieweg Handbuch Kraftfahrzeugtechnik

7., aktualisierte Auflage

Mit 1283 Abbildungen und 50 Tabellen

Springer Vieweg

Prof. Dr.-Ing. Dr.-Ing. E.h. Hans-Hermann Braess
Grünwald, Deutschland

Prof. Dr.-Ing. Ulrich Seiffert
Braunschweig, Deutschland

ISBN 978-3-658-01690-6   ISBN 978-3-658-01691-3 (eBook)
DOI 10.1007/978-3-658-01691-3

Die Deutsche Nationalbibliothek verzeichnet diese Publikation in der Deutschen Nationalbibliografie; detaillierte bibliografische Daten sind im Internet über http://dnb.d-nb.de abrufbar.

Lektorat: Ewald Schmitt/Elisabeth Lange

Gedruckt auf säurefreiem und chlorfrei gebleichtem Papier

Springer Vieweg ist eine Marke von Springer DE. Springer DE ist Teil der Fachverlagsgruppe Springer Science+Business Media
www.springer-vieweg.de

Vorwort

Die Neuauflage des Handbuches Kraftfahrzeugtechnik ist der Nachfolger des über viele Jahrzehnte herausgegebenen Taschenbuches der Professoren Heinrich Buschmann und Paul Koeßler. Dessen Erstausgabe erschien im Jahre 1940. Professor Koeßler gab im Jahre 1973 die achte und damit letzte Auflage heraus. Fahrzeugingenieure benutzen noch heute die in diesem Buch dargestellten Grundlagen für ihre Arbeit. Wir haben es deshalb als besondere Herausforderung empfunden, an der vollständigen Neufassung dieses für Lehre, Forschung und Praxis wichtigen Werkes als Herausgeber und Autoren mitwirken zu können. Das vorliegende Buch beschreibt in umfassender Weise die faszinierende Welt des Automobils und seiner Entwicklung. Mehr als 100 namhafte Persönlichkeiten der Wissenschaft und der Automobil- und Zulieferindustrie sind als Mitautoren beteiligt. Damit ist dieses Handbuch auch ein Zeitdokument, welches den heutigen hohen Stand und die rasante Weiterentwicklung des Kraftfahrzeuges beschreibt.

Ausgehend von den Bedürfnissen nach Mobilität werden die Anforderungen und die daraus folgenden Zielkonflikte definiert, aus denen sich in Verbindung mit den physikalisch-technischen Grundlagen die Rahmenbedingungen für moderne Fahrzeuge ergeben. Das Design ist ein ganz wesentliches Element für Kundengewinnung, Kaufentscheid und Kundenakzeptanz und wird deshalb ausführlich behandelt. Das Kapitel Fahrzeugkonzepte und Package zeigt auf, dass es, je nach konkreten Schwerpunktsetzungen, zu einer großen Vielfalt unterschiedlicher Gesamtkonzepte und Varianten kommt. Ergänzend wird auf spezielle Aspekte und Konsequenzen alternativer Antriebskonzepte wie Elektroantrieb, Brennstoffzelle, Hybridantrieb und Gasturbine eingegangen.

Einen breiten Raum nimmt das Kapitel der »klassischen« Antriebe ein. Moderne Hubkolbenmotor-Technik für Otto- und Dieselmotoren prägen neben der Elektromobilität die absehbare Zukunft. Es wird deutlich, dass beide Motorarten weiterhin ein hohes Weiterentwicklungspotenzial aufweisen. Abgasnachbehandlung, Aufladung und Optimierung der Nebenaggregate sind weitere wichtige Themen. Die Getriebevarianten werden immer zahlreicher, wie die Beispiele Doppelkupplungsgetriebe oder Allradantriebskonzepte zeigen. Auch wenn es um den Zweitaktmotor wieder ruhig geworden ist, werden dennoch seine Chancen und Probleme analysiert. Langfristig von großer Bedeutung sind additive und alternative Kraftstoffe bzw. Antriebsenergien, die im Vergleich behandelt werden. Der Fahrzeugaufbau wird ebenfalls immer anspruchsvoller und komplexer, wie schon die Anzahl der behandelten Themen zeigt. Diese reichen von den Grundlagen selbsttragender Karosserien, Space-Frame-Techniken und Cabriolets über Ergonomie und Komfort bis hin zu Kommunikations- und Navigationssystemen. Auch im Fahrwerk steigt der Elektronik-Umfang weiter an – Stichworte sind »Drive by Wire« und Fahrerassistenzsysteme. Damit ist schon angedeutet, dass fast alle Funktionen und Systeme im Fahrzeug elektronische Komponenten beinhalten werden. Neu ist das umfassende Kapitel Fahrzeugsicherheit. In diesem werden die unfallvorbeugenden, die unfallfolgenmildernden Maßnahmen und die integrale Sicherheit dargelegt.

Die steigenden Anforderungen haben in den letzen Jahrzehnten zu deutlichen Erhöhungen der Fahrzeuggewichte geführt. Eine Umkehr dieser Gewichtszunahme findet zurzeit statt. Werkstofftechnik, Fertigungsverfahren und Bauweisen der Zukunft haben deshalb besonders der Forderung nach Leichtbau zu genügen, ohne dabei weitere Aspekte, wie das Recycling, zu vernachlässigen. Bei der damit zusammenhängenden steigenden Komplexität der Fahrzeuge, ihrer Entwicklung, der Vernetzung der Fahrzeughersteller und ihrer Systemlieferanten, weltweiter Fertigungsstätten usw. ist es zwangsläufig, dass der Optimierung des Produktentstehungsprozesses eine immer größere Bedeutung zukommt. Verkürzung der Entwicklungszeiten, Begrenzung der Entwicklungskosten bei steigenden Qualitätsansprüchen zwingen zum systematischen Einsatz von Berechnungs-, Simulations-, Mess-/Versuchs- und Qualitätssicherungsverfahren sowie »Virtual Reality«-Methoden; alle am Produktentstehungsprozess Beteiligten arbeiten, wie ausführlich gezeigt wird, von Anfang an zusammen (»Simultaneous Engineering«).

Die siebte Auflage enthält Aktualisierungen und Erweiterungen, z. B. hinsichtlich der Fahrzeugsicherheit, Software und Wettbewerbsfahrzeuge. Dies zeigt sich im Hauptkapitel Elektrik, Elektronik und Software. In diesem Zusammenhang sind besonders Telematik, Infotainment und Multimediaanwendungen zu nennen. Dabei wird das Automobil immer stärker in die globale Kommunikationswelt einbezogen. Eine Aktualisierung der Literaturverzeichnisse enthält die jeweils neuesten Hinweise auf thematisch passendes Schrifttum und mit den Verbesserungen von Bildern wurde dem Informationsbedarf Rechnung getragen.

Verschiedene Neuentwicklungen, aber auch die öffentlichen Diskussionen zur globalen CO_2-Situation, zum Feinstaub und Stickoxid haben einen starken Einfluss auf die Fahrzeugentwicklung. Die Aktualisierungen zeigen sich in praktisch allen Antriebskapiteln, vor allem bei den Hybridantriebs-Konzepten und reinen Elektroantrieben sowie beim umfassenden Bordenergie-Management. Wegen der rasanten Weiterentwicklung war es notwendig, relevante Kapitel zu überarbeiten und zu aktualisieren.

Bei der Erstellung dieses Handbuches stand das große Fachwissen vieler Experten aus wissenschaftlichen Einrichtungen und der gesamten deutschsprachigen Industrie zur Verfügung. Allen Autoren sagen wir für ihre Beiträge herzlichen Dank, ebenso wie dem Springer Vieweg Verlag für die Anregung, dieses Handbuch herauszubringen, und den Mitarbeitern, vor allem Frau Elisabeth Lange und Herrn Ewald Schmitt sowie allen Lesern für die Hinweise, die zu den Verbesserungen in der sechsten Auflage geführt haben.

Grünwald/Braunschweig im September 2013

Hans-Hermann Braess
Ulrich Seiffert

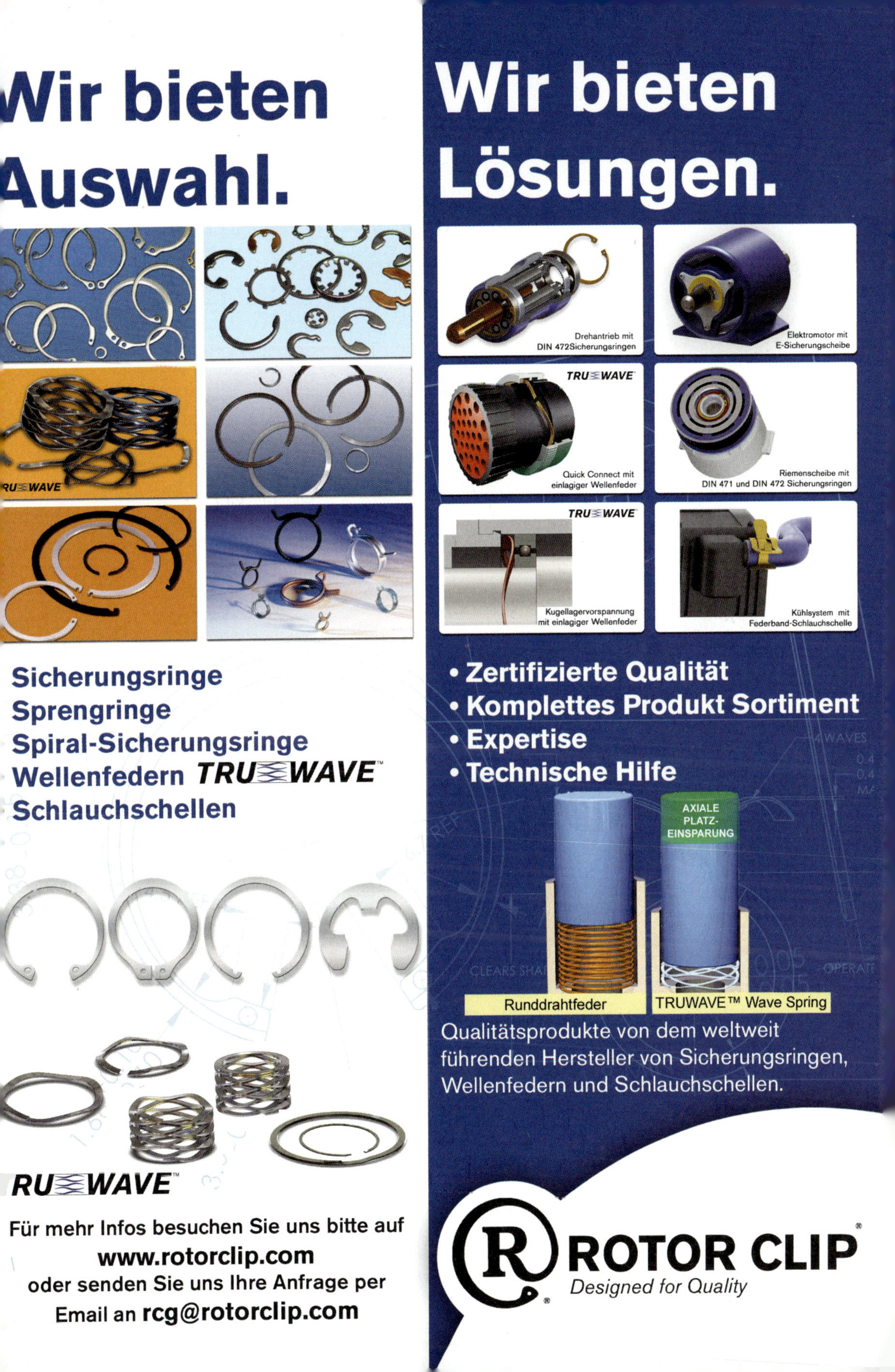
Wir bieten
Auswahl.
Sicherungsringe
Sprengringe
Spiral-Sicherungsringe
Wellenfedern TRUWAVE
Schlauchschellen
Für mehr Infos besuchen Sie uns bitte auf
www.rotorclip.com
oder senden Sie uns Ihre Anfrage per
Email an rcg@rotorclip.com
Wir bieten
Lösungen.
Drehantrieb mit DIN 472Sicherungsringen
Elektromotor mit E-Sicherungscheibe
TRUWAVE
Quick Connect mit einlagiger Wellenfeder
Riemenscheibe mit DIN 471 und DIN 472 Sicherungsringen
TRUWAVE
Kugellagervorspannung mit einlagiger Wellenfeder
Kühlsystem mit Federband-Schlauchschelle
• Zertifizierte Qualität
• Komplettes Produkt Sortiment
• Expertise
• Technische Hilfe
AXIALE PLATZ-EINSPARUNG
Runddrahtfeder
TRUWAVE™ Wave Spring
Qualitätsprodukte von dem weltweit führenden Hersteller von Sicherungsringen, Wellenfedern und Schlauchschellen.
ROTOR CLIP®
Designed for Quality

Inhaltsverzeichnis

Kapitel, Beiträge und Mitarbeiter

1	**Mobilität**	Dipl.-Kfm. Frank Hansen
2	**Anforderungen, Zielkonflikte**	
2.1	Produktinnovation, bisherige Fortschritte	Prof. Dr.-Ing. Ulrich Seiffert
2.2	Anforderungen durch den Gesetzgeber	Ekhard Zinke Hans-Jürgen Nettlau
2.2.8	Normen	Egbert Fritzsche
2.3	Neue Technologien	Prof. Dr.-Ing. Dr.-Ing. E.h. Hans-Hermann Braess
3	**Fahrzeugphysik**	
3.1	Grundlagen	Prof. Dr.-Ing. Ulrich Seiffert
3.2	Aerodynamik	Dr.-Ing. Heinz Mankau Dr.-Ing. Carsten Repmann
3.3	Wärmetechnik	Dr. Andreas Eilemann Dr. Eberhard Pantow Dr. Markus Wawzyniak Dr. Achim Wiebelt
3.4	Akustik und Schwingungen	Dr.-Ing. Mihiar Ayoubi
4	**Formen und neue Konzepte**	
4.1	Design	Dipl.-Des. Hans Dieter Futschik
4.2	Fahrzeugkonzept und Package	Dipl. Ing. Dipl. Wirtsch. Ing. August Achleitner Dipl.-Ing. Christiaan Burgers Dr.-Ing. Gernot Döllner
4.3	Neuartige Antriebe	
4.3.1	Elektroantriebe	Dr.-Ing. Jürgen K.-H. Friedrich
4.3.2	Brennstoffzellenantriebssysteme	Dr. Christian H. Mohrdieck Herbert Schulze Dr. Martin Wöhr
4.3.3	Hybridantrieb	Dipl.-Ing. (FH) Peter Antony Dipl.-Ing. Felix Ascher
4.3.4	Stirlingmotor, Dampfmotor, Gasturbine und Schwungrad	Prof. Dipl.-Ing. Karl E. Noreikat Markus Wagner, B. Eng.
4.3.5	Der Wasserstoff-Verbrennungsmotor	Dr. Edgar Berger Dipl.-Ing. Manfred Gruber Dr.-Ing. Gerrit Kiesgen

5	**Antriebe**	
5.1	Grundlagen der Motorentechnik	Prof. Dr. Dr. E.h. Franz Pischinger Dr.-Ing. Philipp Adomeit
5.1.5	Ottomotoren	Prof. Dr. Dr. E.h. Franz Pischinger Dr.-Ing. Philipp Adomeit
5.2	Dieselmotor	Dipl.-Ing. Richard Dorenkamp Dr. Klaus-Peter Schindler
5.3	Aufladung	Prof. Dr.-Ing. Roland Baar
5.4	Triebstrang	Dr. Jürgen Greiner Dr.-Ing. Gerhard Gumpoltsberger Dr. Christoph Sasse Dipl.-Ing. Klaus Steinel
5.5	Allradantriebe, Brems- und Antriebsregelungen	
5.5.1	Allradantriebs-Konzepte	Dipl.-Ing. Heribert Lanzer Ing. Hermann Pecnik
5.5.2	Antriebs- und Bremsregelung	Gerhard Kurz
5.6	Abgasanlagen	Dr. Dennis Bönnen Dipl.-Ing. Emmanuel Jean Dipl.-Ing. Klaus Spindler
5.7	Bordenergie-Management	Dipl.-Ing. Markus Beck
5.8	Chancen und Risiken des Zweitaktmotors	Dipl.-Ing. MSc Bert Pingen
5.9	Konventionelle und alternative Kraftstoffe und Energieträger	Dr. rer. nat. Ingo Drescher Dr.-Ing. Eckart Heinl
6	**Aufbau**	
6.1	Karosseriebauweisen	Dipl.-Ing. Lothar Teske Dipl.-Ing. Helmut Goßmann
6.1.2	Space-Frame	Dipl.-Ing. Heinrich Timm
6.1.3	Karosserie Stahlleichtbau-Studien	Dr. rer. pol. Dipl.-Ing. Ludwig Hamm Dipl.-Ing. Volker Peitz
6.1.4	Cabriolet	Walter Pecho
6.1.5	Frontendmodule	Prof. Dr.-Ing. Roland Lachmayer
6.2	Materialien der Karosserie	Prof. Dr. Rudolf Stauber Dr.-Ing. René Konorsa
6.3	Oberflächenschutz	Dr. Klaus Werner Thomer

6.4	Fahrzeuginnenraum	
6.4.1	Ergonomie und Komfort	Thomas Herpel Dipl.-Des. Peer-Oliver Wagner
6.4.2	Kommunikationssysteme und Navigation	Dipl.-Ing. Ernst Peter Neukirchner
6.4.3	Innenraumbehaglichkeit/Thermischer Komfort	Dr. Markus Wawzyniak
6.4.4	Fahrzeuginnenausstattung	Georg Laukart Dipl.-Ing. Thomas Vorberg
6.5	Wischer- und Wascheranlagen	Prof. Dr.-Ing. Dr.-Ing. E.h. Hans-Hermann Braess
7	**Fahrwerk**	
7.1	Einführung	Dr.-Ing. Axel Pauly
7.2	Bremssysteme	Dipl.-Ing. Steffen Gruber Dipl.-Ing. Norbert Ocvirk Dipl.-Ing. James Remfrey
7.3	Reifen, Räder, Gleitschutzketten	Dipl.-Phys. Heiner Volk
7.3.7	Räder	Dipl.-Ing. Roman Müller
7.3.8	Gleitschutzketten	Dr.-Ing. Hansjörg Rieger
7.4	Fahrwerkauslegung	Dr.-Ing. Andreas Bootz Dipl.-Ing. Oliver Hohenöcker Dipl.-Ing. Johann Niklas Dipl.-Ing. Ludwig Seethaler
7.5	Beurteilungskriterien	Dr.-Ing. Erich Sagan Dipl.-Ing. Martin Schwarz Dipl.-Ing. Thomas Unterstraßer (†)
7.6	Kraftstoffsystem	Dipl.-Ing (FH) Martin Lauterbach Maik Miklis
7.7	Kraftstoffversorgungsanlagen für alternative Energieträger	Dipl.-Ing. Gregor Fischer Dr. rer. nat. Oliver Kircher
8	**Elektrik/Elektronik/Software**	
8.1	Bedeutung Elektrik/Elektronik/Software für das Automobil	Dipl.-Ing. Bernd Kunkel Dr.-Ing. Thomas Scharnhorst Dr. Gabriel Schwab
8.2	Das Bordnetz	Prof. Dr. rer. nat. Ludwig Brabetz Prof. Dr.-Ing. Jürgen Leohold
8.3	Kommunikationsbordnetze	Dr. Dirk Dudenbostel Dipl.-Ing. Klaus Schneider Dipl.-Ing. Thomas Volk

8.4	Elektromagnetische Verträglichkeit	Dr. Wolfgang Pfaff
8.5	Funktionsdomänen	
8.5.1	Einleitung	
8.5.2	Beleuchtung	Prof. Dr.-Ing. Roland Lachmayer
8.5.3	Cockpit-Instrumentierung	Dr. Heinz-Bernhard Abel Dr. Heinrich-Jochen Blume
8.5.4	Infotainment/Multimedia	Dipl.-Ing. Gerhard Heyen Dipl.-Ing. Markus Kreye
8.5.4.7	Fahrzeugantennen	Dr.-Ing. Guido Schneider
8.5.5	Fahrerassistenzsysteme	Prof. Dr.-Ing. Peter Knoll
8.5.6	Telematik	Dipl.-Ing. Günther Kasties
8.6	Mensch-Maschine-Interaktion	Prof. Dr.-Ing. Karsten Lemmer
8.7	Software	Prof. Dr. Dr. h.c. Manfred Broy
8.8	Moderne Methoden der Regelungstechnik	Dr. Jörg Helbig Dr. Lothar Ganzelmeier
9	**Fahrzeugsicherheit**	Dr.-Ing. Mark Gonter Dr.-Ing. Thomas Schwarz Prof. Dr.-Ing. Ulrich Seiffert Dr. rer. nat. Robert Zobel
9.1	Allgemein	
9.2	Gebiete der Fahrzeugsicherheit	
9.3	Ergebnisse aus der Unfallforschung	
9.4	Unfallvermeidende Sicherheit	
9.5	Biomechanik und Schutzkriterien	
9.6	Quasistatische Anforderungen an die Karosserie	
9.7	Dynamische Fahrzeugkollision	
9.8	Insassenschutz	
9.9	Integrale Sicherheit	
9.10	Rechnerunterstützung bei der Entwicklung von Sicherheitskomponenten	
9.11	Zusammenfassung	

10	**Werkstoffe und Fertigungsverfahren**	
10.1	Ein Blick zurück	Dr. rer. pol. Dipl.-Ing. Ludwig Hamm Dipl.-Ing. Volker Peitz
10.2	Werkstoffe moderner Kraftfahrzeuge	
10.3	Wettbewerb und Zusammenspiel der Werkstoffe	
10.4	Wälzlager im Fahrzeugbau	Dr.-Ing. Robert Plank Berthold Krautkrämer Reinhart Malik Dr. Peter Solfrank
11	**Produktentstehungsprozess**	
11.1	Simultaneous Engineering und Projektmanagement im Produktentstehungsprozess	Dr.-Ing. Ulrich Widmann Dr.-Ing. Ulrich Hackenberg
11.2	Fahrzeugkonzeption in der frühen Entwicklungsphase	Dr.-Ing. Claus Ehlers Prof. Dr.-Ing. Thomas Breitling
11.3	Berechnung und Simulation in der Fahrzeugentwicklung	Dr.-Ing. Ulrich Widmann
11.4	Mess- und Versuchstechnik	Prof. Dr.-Ing. Dr.-Ing. E.h. Hans-Hermann Braess
11.5	Qualitätsmanagement	Prof. Dr.-Ing. Dr.-Ing. E.h. Hans-Hermann Braess
11.6	Betrieb und Instandhaltung von Kraftfahrzeugen	Dipl.-Ing. Norbert Grawunder Prof. Dr.-Ing. Volker Liskowsky
12	**Rennfahrzeuge**	Dipl.-Ing. Willy Rampf Dipl.-Ing. Ulrich Schulz Prof. Dr.-Ing. Mario Theissen
12.1	Einsatzbedingungen	
12.2	Fahrzeug-Kategorien	
12.3	Bauweise	
12.4	Performance und Rundenzeit	
12.5	Entwicklung Aerodynamik und Fahrdynamik	
12.6	Zuverlässigkeit	
13	**Ausblick – Wo geht es hin?**	Prof. Dr.-Ing. Dr.-Ing. E.h. Hans-Hermann Braess Prof. Dr.-Ing. Ulrich Seiffert

Firmen- und Institutionenverzeichnis

- Adam Opel AG, Rüsselsheim
  - Dipl.-Ing. Helmut Goßmann
  - Dipl.-Ing. Lothar Teske
  - Dr. Klaus Werner Thomer (vormals)
- Altair Engineering GmbH, Böblingen
  - Dipl.-Ing. Thomas Vorberg
- Audi AG, Ingolstadt
  - Dr.-Ing. Ulrich Hackenberg
  - Dr.-Ing. Thomas Schwarz
  - Dipl.-Ing. Heinrich Timm (vormals)
  - Dr.-Ing. Ulrich Widmann
- BBS Motorsport GmbH, Haslach
  - Dipl.-Ing. (FH) Roman Müller
- Behr GmbH & Co. KG, Stuttgart
  - Dr. Andreas Eilemann
  - Dr. Eberhard Pantow
  - Dr. Markus Wawzyniak
  - Dr. Achim Wiebelt
- BMW Group, München
  - Dr.-Ing. Mihiar Ayoubi
  - Dr. Edgar Berger
  - Dr.-Ing. Andreas Bootz
  - Dipl.-Ing. Gregor Fischer
  - Dipl.-Ing. Manfred Gruber
  - Dipl.-Kfm. Frank Hansen
  - Thomas Herpel
  - Dr.-Ing. Gerrit Kiesgen
  - Dr. rer. nat. Oliver Kircher
  - Dr.-Ing. René Konorsa
  - Gerhard Kurz
  - Dipl.-Ing. (FH) Martin Lauterbach
  - Maik Miklis
  - Dipl.-Ing. Oliver Hohenöcker
  - Dipl.-Ing. Johann Niklas
  - Dr.-Ing. Axel Pauly
  - Dr.-Ing. Erich Sagan (vormals)
  - Dipl.-Ing. Ulrich Schulz
  - Dipl.-Ing. Martin Schwarz
  - Dipl.-Ing. Ludwig Seethaler
  - Prof. Dr.-Ing. Mario Theissen (vormals)
  - Dipl.-Ing. Thomas Unterstraßer (†)
  - Dipl.-Des. Peer-Oliver Wagner
- Bosch Engineering GmbH, Abstatt
  - Dipl.-Ing. Markus Beck

- Continental AG, Hannover
  - Dipl.-Phys. Heiner Volk
- Continental Automotive Systems Ind., Deer Park, IL (USA)
  - Dr.-Ing. Dirk Dudenbostel
- Continental Automotive GmbH, Babenhausen
  - Dr. Heinz-Bernhard Abel
  - Dr. Heinrich-Jochen Blume
  - Dipl.-Ing. Klaus Schneider
- Continental Automotive GmbH, Wetzlar
  - Dipl.-Ing. Thomas Volk
- Continental Teves AG & Co. oHG, Frankfurt
  - Dipl.-Ing. Steffen Gruber
  - Dipl.-Ing. Norbert Ocvirk
  - Dipl.-Ing. James Remfrey
- Daimler AG, Kirchheim/Teck-Nabern
  - Dr. Christian H. Mohrdieck
  - Herbert Schulze
  - Dr. Martin Wöhr
- Daimler AG, Sindelfingen
  - Dipl.-Ing. (FH) Peter Antony
  - Dipl.-Ing. Felix Ascher
  - Prof. Dr.-Ing. Thomas Breitling
  - Dr.-Ing. Claus Ehlers
  - Dr.-Ing. Jürgen K.-H. Friedrich
  - Dipl.-Designer Hans Dieter Futschik
- Daimler AG, Stuttgart-Untertürkheim
  - Markus Wagner, B. Eng.
- Faurecia Emissions Control Technologies, Augsburg
  - Dr. Denis Bönnen
  - Dipl.-Ing. Emmanuel Jean
  - Dipl.-Ing. Klaus Spinder
- FEV GmbH, Aachen
  - Prof. Dr. Dr. E. h. Franz Pischinger
  - Dr.-Ing. Philipp Adomeit
- Ford-Werke GmbH, Köln
  - Dipl.-Ing. MSc Bert Pingen
- Hella KGaA, Lippstadt
  - Prof. Dr.-Ing. Roland Lachmayer (Jetzt: Institut für Produktentwicklung, Leibniz Universität Hannover)
- Magna Exteriors & Interiors Management GmbH, München
  - Georg Laukart
- MAGNA STEYR Engineering AG & CO KG, A-Graz
  - Dipl.-Ing. Heribert Lanzer
  - Ing. Hermann Pecnik
- OECON P&S GmbH, Braunschweig
  - Dipl.-Ing. Günther Kasties
- Dr. Ing. h.c. F. Porsche AG, Stuttgart
  - Dr.-Ing. Gernot Döllner

- Dr. Ing. h.c. F. Porsche AG, Weissach
  - Dipl. Ing. Dipl. Wirtsch. Ing. August Achleitner
  - Dipl.-Ing. Christiaan Burgers
  - Dr. rer. pol. Dipl.-Ing. Ludwig Hamm (vormals)
  - Dipl.-Ing. Volker Peitz
- Robert Bosch GmbH, Hildesheim
  - Dipl.-Ing. Ernst Peter Neukirchner (vormals)
- Robert Bosch GmbH, Stuttgart
  - Dr. Wolfgang Pfaff
- RUD Ketten
  Rieger & Dietz GmbH & Co. KG, Aalen
  - Dr. Hansjörg Rieger
- Schaeffler Technologies AG & Co. KG, Herzogenaurach
  - Berthold Krautkrämer
  - Reinhart Malik
  - Dr. Robert Plank
  - Dr. Peter Solfrank
- Vehico GmbH, Braunschweig
  - Dr. Lothar Ganzelmeier
  - Dr. Jörg Helbig
- Visteon Innovation & Technology GmbH, Kerpen
  - Dipl.-Ing. Gerhard Heyen
  - Dipl.-Ing. Markus Kreye
- Volkswagen AG, Wolfsburg
  - Richard Dorenkamp
  - Dr. rer. nat. Ingo Drescher
  - Dr.-Ing. Mark Gonter
  - Dipl.-Ing. Norbert Grawunder
  - Dr.-Ing. Eckart Heinl
  - Dipl.-Ing. Bernd Kunkel
  - Prof. Dr.-Ing. Jürgen Leohold
  - Dr.-Ing. Heinz Mankau (vormals)
  - Dr.-Ing. Carsten Repmann
  - Dr. Klaus-Peter Schindler
  - Dr.-Ing. Guido Schneider
  - Dr. Gabriel Schwab
  - Dr. Robert Zobel
- Webasto-Edscha Cabrio GmbH, Hengersberg
  - Walter Pecho
- WiTech Engineering GmbH, Braunschweig
  - Dr.-Ing. Thomas Scharnhorst
  - Prof. Dr.-Ing. Ulrich Seiffert
- ZF Friedrichshafen AG, Friedrichshafen
  - Dr.-Ing. Gerhard Gumpoltsberger
- ZF Getriebe GmbH Saarbrücken, Kressbronn
  - Dr. Jürgen Greiner
- ZF Sachs AG, Schweinfurt
  - Dr. Christoph Sasse
  - Dipl.-Ing. Klaus Steinel

Institutionenverzeichnis

- Deutsches Zentrum für Luft- und Raumfahrt e. V., Braunschweig
  - Prof. Dr.-Ing. Karsten Lemmer
- Karlsruher Institut für Technologie (KIT)
  - Prof. Dr.-Ing. Peter M. Knoll
- Kraftfahrt-Bundesamt, Flensburg
  - Ekhard Zinke
  - Hans-Jürgen Nettlau
- NorCon Scientific Consulting, Esslingen
  - Prof. Dipl.-Ing. Karl E. Noreikat
- Technische Universität Berlin
  - Prof. Dr.-Ing. Roland Baar
- Technische Universität München
  - Prof. Dr. Dr. h.c. Manfred Broy
- Universität Kassel
  - Prof. Dr. rer. nat. Ludwig Brabetz
- Verband der Automobilindustrie e. V. (VDA), Berlin
  - Egbert Fritzsche
- Westsächsische Hochschule Zwickau
  - Prof. Dr.-Ing. Volker Liskowsky
- Zentralinstitut für Neue Materialien und Prozesstechnik der Universität Erlangen-Nürnberg
  - Prof. Dr. Rudolf Stauber

Autorenverzeichnis

Abel, Heinz-Bernhard, Dr.
Continental Automotive GmbH, Babenhausen
www.continental-corporation.com

Achleitner, August, Dipl.-Ing. Dipl. Wirtsch. Ing.
Dr.-Ing. h.c. F. Porsche AG, Weissach
www.porsche.de

Adomeit, Philipp, Dr.-Ing.
FEV GmbH, Aachen
www.fev.com

Antony, Peter, Dipl.-Ing. (FH)
Daimler AG, Sindelfingen
www.daimler.com

Ascher, Felix, Dipl.-Ing.
Daimler AG, Sindelfingen
www.daimler.com

Ayoubi, Mihiar, Dr.-Ing.
BMW Group, München
www.bmwgroup.de

Baar, Roland, Prof. Dr.-Ing.
Technische Universität Berlin
www.vkm.tu-berlin.de

Beck, Markus, Dipl.-Ing.
Bosch Engineering GmbH, Abstatt
www.bosch-engineering.de

Berger, Edgar, Dr.
BMW Group, München
www.bmwgroup.com

Blume, Heinrich-Jochen, Dr.
Continental Automotive GmbH, Babenhausen
www.continental-corporation.com

Bönnen, Denis, Dr.
Faurecia Emissions Control Technologies, Augsburg
www.faurecia.com

Bootz, Andreas, Dr.-Ing.
BMW Group, München
www.bmwgroup.com

Braess, Hans-Hermann, Prof. Dr.-Ing., Dr.-Ing. E.h.
Honorarprofessor an der TU München, TU Dresden und HTW Dresden

Brabetz, Ludwig, Prof. Dr. rer. nat.
Universität Kassel
www.uni-kassel/fb16/fsg

Breitling, Thomas, Prof. Dr.-Ing.
Daimler AG, Sindelfingen
www.daimler.com

Broy, Manfred, Prof. Dr. Dr. h.c.
Technische Universität München, Garching
www.tu-muenchen.de

Burgers, Christiaan, Dipl.-Ing.
Dr.-Ing. h.c. F. Porsche AG, Weissach
www.porsche.de

Döllner, Gernot, Dr.-Ing.
Dr.-Ing. h.c. F. Porsche AG, Stuttgart
www.porsche.de

Dorenkamp, Richard, Dipl.-Ing.
Volkswagen AG, Wolfsburg
www.volkswagen.de

Drescher, Ingo, Dr. rer. nat.
Volkswagen AG, Wolfsburg
www.volkswagen.de

Dudenbostel, Dirk, Dr.-Ing.
Continental Automotive Systems Inc., Deer Park, IL (USA)
www.continental-corporation.com

Ehlers, Claus, Dr.-Ing.
Daimler AG, Sindelfingen
www.daimler.com

Eilemann, Andreas, Dr.
Behr GmbH & Co. KG, Stuttgart
www.behrgroup.com

Fischer, Gregor, Dipl.-Ing.
BMW Group, München
www.bmwgroup.com

Friedrich, Jürgen K.-H., Dr.-Ing.
Daimler AG, Sindelfingen
www.daimler.com

Fritzsche, Egbert
Verband der Automobilindustrie e. V. (VDA), Berlin
www.vda.de

Futschik, Hans Dieter, Dipl.-Designer
Daimler AG, Sindelfingen
www.daimler.com

Ganzelmeier, Lothar, Dr.
VEHICO GmbH, Braunschweig
www.vehico.de

Gonter, Mark, Dr.-Ing.
Volkswagen AG, Wolfsburg
www.volkswagen.de

Goßmann, Helmut, Dipl.-Ing.
Adam Opel AG, Rüsselsheim
www.opel.de

Grawunder, Norbert, Dipl.-Ing.
Volkswagen AG, Wolfsburg
www.volkswagen.de

Greiner, Jürgen, Dr.
ZF Getriebe GmbH Saarbrücken, Kressbronn
www.zf.com

Gruber, Manfred, Dipl.-Ing.
BMW Group, München
www.bmwgroup.com

Gruber, Steffen, Dipl.-Ing.
Continental Teves AG & Co. oHG, Frankfurt
www.conti-online.com

Gumpoltsberger, Gerhard, Dr.-Ing.
ZF Friedrichshafen AG, Friedrichshafen
www.zf.com

Hackenberg, Ulrich, Dr.-Ing.
Audi AG, Ingolstadt
www.audi.de

Hamm, Ludwig, Dr. rer. pol. Dipl.-Ing.
Dr.-Ing. h.c. F. Porsche AG, Weissach (vormals)
www.porsche.de

Hansen, Frank, Dipl.-Kfm.
BMW Group, München
www.bmwgroup.com

Heinl, Eckart, Dr.-Ing.
Volkswagen AG, Wolfsburg
www.volkswagen.de

Helbig, Jörg, Dr.
VEHICO GmbH, Braunschweig
www.vehico.de

Herpel, Thomas
BMW Group, München
www.bmwgroup.de

Heyen, Gerhard, Dipl.-Ing.
Visteon Innovation & Technology GmbH, Kerpen
www.visteon.com

Hohenöcker, Oliver, Dipl.-Ing.
BMW Group, München
www.bmwgroup.com

Jean, Emmanuel, Dipl.-Ing.
Faurecia Emissions Control Technologies, Augsburg
www.faurecia.com

Kasties, Günther, Dipl.-Ing.
OECON P&S GmbH, Braunschweig
www.oecon-line.de

Kiesgen, Gerrit, Dr.-Ing.
BMW Group, München
www.bmwgroup.com

Kircher, Oliver, Dr. rer. nat.
BMW Group, München
www.bmwgroup.de

Knoll, Peter M., Prof. Dr.-Ing.
Karlsruher Institut für Technologie (KIT)
www.kit.edu

Konorsa, René, Dr.-Ing.
BMW Group, München
www.bmwgroup.com

Krautkrämer, Berthold
Schaeffler Technologies AG & Co. KG, Herzogenaurach
www.schaeffler.com

Kreye, Markus, Dipl.-Ing.
Visteon Innovation & Technology GmbH, Kerpen
www.visteon.com

Kunkel, Bernd, Dipl.-Ing.
Volkswagen AG, Wolfsburg
www.volkswagen.de

Kurz, Gerhard
BMW Group, München
www.bmwgroup.com

Lachmayer, Roland, Prof. Dr.-Ing.
Hella KGaA, Lippstadt (jetzt: Institut für Produktentwicklung, Leibniz Universität Hannover)
www.hella.com

Lanzer, Heribert, Dipl.-Ing.
MAGNA STEYR Engineering AG & CO KG, A-Graz
www.magnasteyr.com

Laukart, Georg
Magna Exteriors & Interiors Management GmbH, München
www.magna.com

Lauterbach, Martin, Dipl.-Ing. (FH)
BMW Group, München
www.bmwgroup.com

Lemmer, Karsten, Prof. Dr.-Ing.
Deutsches Zentrum für Luft- und Raumfahrt e. V., Braunschweig
www.dlr.de/ts

Leohold, Jürgen, Prof. Dr.-Ing.
Volkswagen AG, Wolfsburg
www.volkswagen.com

Liskowsky, Volker, Prof. Dr.
Westsächsische Hochschule, Zwickau
www.fh-zwickau.de

Malik, Reinhart
Schaeffler Technologies AG & Co. KG, Herzogenaurach
www.schaeffler.com

Mankau, Heinz, Dr.
Volkswagen AG, Wolfsburg (vormals)
www.volkswagen.de

Miklis, Maik
BMW Group, München
www.bmwgroup.com

Mohrdieck, Christian H., Dr.
Daimler AG, Kirchheim/Teck-Nabern
www.daimler.com

Müller, Roman, Dipl.-Ing. (FH)
BBS Motorsport GmbH, Haslach
www.bbs.com

Nettlau, Hans-Jürgen
Kraftfahrt-Bundesamt, Flensburg
www.kba.de

Neukirchner, Ernst Peter, Dipl.-Ing.
Robert Bosch GmbH, Hildesheim (vormals)
www.bosch.com

Niklas, Johann, Dipl.-Ing.
BMW Group, München
www.bmwgroup.com

Noreikat, Karl E., Prof. Dipl.-Ing.
NorCon Scientific Consulting, Esslingen

Ocvirk, Norbert, Dipl.-Ing.
Continental Teves AG & Co. oHG, Frankfurt
www.conti-online.com

Pantow, Eberhard, Dr.
Behr GmbH & Co. KG, Stuttgart
www.behrgroup.com

Pauly, Axel, Dr.-Ing.
BMW Group, München
www.bmwgroup.com

Pecho, Walter
Webasto-Edscha Cabrio GmbH, Hengersberg
www.webasto.com

Pecnik, Hermann, Ing.
MAGNA STEYR Engineering AG & CO KG, A-Graz
www.magnasteyr.com

Peitz, Volker, Dipl.-Ing.
Dr.-Ing. h.c. F. Porsche AG, Weissach
www.porsche.de

Pfaff, Wolfgang, Dr.
Robert Bosch GmbH, Stuttgart
www.bosch.com

Pingen, Bert, Dipl.-Ing. MSc
Ford-Werke GmbH, Köln
www.ford.com

Plank, Robert, Dr.-Ing.
Schaeffler Technologies AG & Co. KG, Herzogenaurach
www.schaeffler.com

Pischinger, Franz, Prof. Dr. Dr. E.h.
FEV GmbH, Aachen
www.fev.com

Rampf, Willy, Dipl.-Ing.

Remfrey, James, Dipl.-Ing.
Continental Teves AG & Co. oHG, Frankfurt
www.conti-online.com

Repmann, Carsten, Dr.-Ing.
Volkswagen AG, Wolfsburg
www.volkswagen.de

Rieger, Hansjörg, Dr.-Ing.
RUD Ketten Rieger & Dietz GmbH & Co. KG, Aalen
www.rud.de

Sagan, Erich, Dr.-Ing.
BMW Group, München (vormals)
www.bmwgroup.com

Sasse, Christoph, Dr.
ZF Sachs AG, Schweinfurt
www.zf.com

Scharnhorst, Thomas, Dr.-Ing.
WiTech Engineering GmbH
www.witech-engineering.de

Schindler, Klaus-Peter, Dr.
Volkswagen AG, Wolfsburg
www.volkswagen.de

Schneider, Guido, Dr.-Ing.
Volkswagen AG, Wolfsburg
www.volkswagen.de

Schneider, Klaus, Dipl.-Ing.
Continental Automotive GmbH, Babenhausen
www.continental-corporation.com

Schulz, Ulrich, Dipl.-Ing.
BMW Group, München
www.bmw-motorsport.com

Schulze, Herbert
Daimler AG, Kirchheim/Teck-Nabern
www.daimler.com

Schwab, Gabriel, Dr.
Volkswagen AG, Wolfsburg
www.volkswagen.de

Schwarz, Martin, Dipl.-Ing.
BMW Group, München
www.bmwgroup.de

Schwarz, Thomas, Dr.-Ing.
Audi AG, Ingolstadt
www.audi.com

Seethaler, Ludwig, Dipl.-Ing.
BMW Group, München
www.bmwgroup.com

Seiffert, Ulrich, Prof. Dr.-Ing.
WiTech Engineering GmbH, Braunschweig
www.witech-engineering.de

Solfrank, Peter, Dr.
Schaeffler Technologies AG & Co. KG, Herzogenaurach
www.schaeffler.com

Spindler, Klaus, Dipl.-Ing.
Faurecia Emissions Control Technologies, Augsburg
www.faurecia.com

Stauber, Rudolf, Prof. Dr.
Zentralinstitut für Neue Materialien und Prozesstechnik der Universität Erlangen-Nürnberg
www.zmp.uni-erlangen.de

Steinel, Klaus, Dipl.-Ing.
ZF Sachs AG, Schweinfurt
www.zf.com

Teske, Lothar, Dipl.-Ing.
Adam Opel AG, Rüsselsheim
www.opel.de

Theissen, Mario, Prof. Dr.-Ing.
BMW Group, München (vormals)
www.bmw-motorsport.com

Thomer, Klaus Werner, Dr.
Adam Opel AG, Rüsselsheim (vormals)
www.opel.de

Timm, Heinrich, Dipl.-Ing.
Audi AG, Ingolstadt (vormals)
www.audi.de

Unterstraßer, Thomas, Dipl.-Ing. (†)
BMW Group, München
www.bmwgroup.com

Volk, Heiner, Dipl.-Phys.
Continental AG, Hannover
www.conti-online.com

Volk, Thomas, Dipl.-Ing.
Continental Automotive GmbH, Wetzlar
www.continental-corporation.com

Vorberg, Thomas, Dipl.-Ing.
Altair Engineering GmbH, Böblingen
www.altairproductdesign.de

Wagner, Markus, B. Eng.
Daimler AG, Stuttgart
www.daimler.com

Wagner, Peer-Oliver, Dipl.-Des.
BMW Group, München
www.bmwgroup.com

Wawzyniak, Markus, Dr.
Behr GmbH & Co. KG, Stuttgart
www.behrgroup.com

Widmann, Ulrich, Dr.-Ing.
Audi AG, Ingolstadt
www.audi.de

Wiebelt, Achim, Dr.
Behr GmbH & Co. KG, Stuttgart
www.behrgroup.com

Wöhr, Martin, Dr.
Daimler AG, Kirchheim/Teck-Nabern
www.daimler.com

Zinke, Ekhard
Kraftfahrt-Bundesamt, Flensburg
www.kba.de

Zobel, Robert, Dr.
Volkswagen AG, Wolfsburg
www.volkswagen.de

Mobilität

Dipl.-Kfm. Frank Hansen

H.-H. Braess, U. Seiffert (Hrsg.), *Vieweg Handbuch Kraftfahrzeugtechnik*, ATZ/MTZ-Fachbuch,
DOI 10.1007/978-3-658-01691-3_1, © Springer Fachmedien Wiesbaden 2013

1.1 Einleitung

Wie Bewegung eine Voraussetzung des Lebens ist, wird ihr Gegenteil, Bewegungslosigkeit, Starre, mit Leblosigkeit oder gar mit Tod gleichgesetzt. Die Materie selbst ist unaufhörlich in Bewegung. So sagt Galileo Galilei: »Nichts ist älter in der Natur als Bewegung«. Und Pascal sagt in seinen Pensees: »Zu unserer Natur gehört die Bewegung; vollkommene Ruhe ist der Tod«. Nicht umsonst zählt Gefängnis seit jeher zu den besonders harten Strafen für Mensch und Tier. Es bedeutet nämlich nicht nur kein Aus-dem-Haus-gehen, Fahren, Fliegen, sondern auch starken Verlust an Informationsaufnahme und damit Mangel an Erkenntnis-Gewinn und Erkenntnis-Weitergabe.

In der Urzeit emanzipierte die Fähigkeit zur Fortbewegung die Tiere von den Launen der Natur, befreite sie von den Fesseln eines festen Standortes. Fortbewegung war und ist für das Überleben einer Gattung immer eine wesentliche Grundvoraussetzung und somit ein Erfolgsprinzip der Evolution.

Der Mensch hat seit alters her den Wunsch sich schneller, weiter und mit größeren Lasten bewegen zu können, als er mit eigener Muskelkraft dazu im Stande wäre – und das möglichst ohne körperliche Anstrengung. Daher hat er zu jeder Zeit die Möglichkeiten der Technik geradezu begierig aufgegriffen: Im Altertum das Schiff, durch Wind und Menschenkraft bewegt, mit der Erfindung des Rades den Wagen, der über Jahrhunderte von Tieren gezogen wurde, bis dann vor mehr als 170 Jahren die Eisenbahn eine erste Revolution in Sachen Mobilität herbeiführte.

Mit der Entwicklung des Automobils, die vor 125 Jahren begann, wurde dann das Verkehrsmittel geschaffen, das aufgrund seiner individuellen und flexiblen Einsetzbarkeit bis heute am meisten genutzt wird. Nur das Automobil kann praktisch zu jeder beliebigen Zeit an fast jeden gewünschten Ort fahren. Das Auto ermöglicht heute in fast allen Regionen dieser Erde individuelle Mobilität und den Transport von Gütern (◻ Abb. 1.1, aus [1]).

Immer wieder zeigt sich, dass zivilisatorischer, wirtschaftlicher und kultureller Fortschritt weltweit untrennbar mit Mobilität verbunden ist.

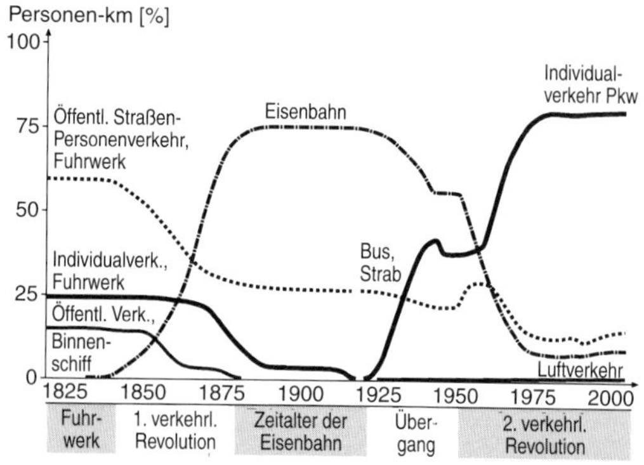

◻ **Abb. 1.1** Personenverkehr in der Bundesrepublik Deutschland seit 1820

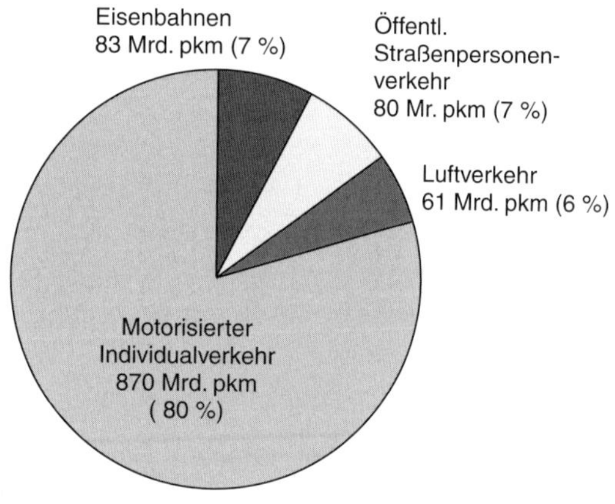

◻ **Abb. 1.2** Personenverkehrsleistung in Deutschland 2008 (Quelle: DIW 2009)

Derzeit werden in Deutschland 80 % der Personenverkehrsleistung mit dem Pkw abgewickelt (◻ Abb. 1.2 nach [2]).

Trotz ständiger Verbesserungen beim öffentlichen Verkehr kann man davon ausgehen, dass der Pkw aufgrund seiner Einsatzbreite (◻ Abb. 1.3) sowie seiner vielfältigen individuellen Nutzungsmöglichkeiten, sogar in Ballungsräumen, auf lange Sicht von großer Bedeutung sein wird.

Die Zahl der Automobile beträgt weltweit heute etwa 630 Millionen, wobei die Massen-Motorisierung einiger großer und vieler kleiner Länder erst im Anfang begriffen ist bzw. noch gar nicht begonnen hat. Der motorisierte Individualverkehr ist in

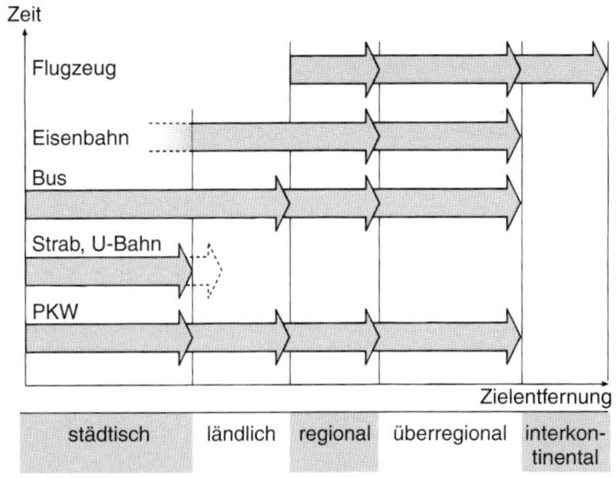

Abb. 1.3 Einsatzbreite verschiedener Verkehrsmittel

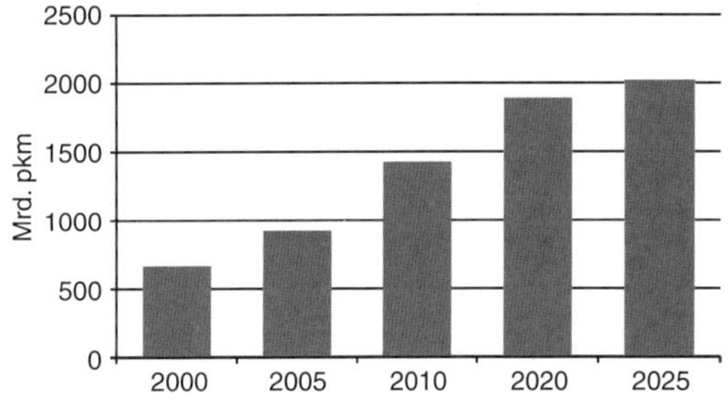

Abb. 1.4 Entwicklung und Prognose der Verkehrsleistung im motorisierten Individualverkehr in China (Quelle: ProgTrans 2010)

Ländern wie China und Indien in den vergangenen Jahren stark gewachsen und wird aller Voraussicht nach auch in den kommenden Jahren große Wachstumsraten aufweisen (siehe Abb. 1.4 nach [5]). Deshalb haben nicht nur die Vorteile, sondern auch die Nachteile des Straßenverkehrs, insbesondere Ressourcen-Verbrauch, Unfallgefahren und Umweltwirkungen in Technik und Gesellschaft einen hohen Stellenwert. Dies führt immer wieder zu Diskussionen über reglementierende Eingriffe der öffentlichen Hand, mit dem Ziel, die ungehinderte Nutzung des Automobils einzuschränken.

Man könnte durchaus sagen, dass der große Erfolg des Automobils zum Teil als die Ursache des Problems angesehen werden kann. Trotz der Nachteile muss man aber konstatieren, dass es in allen Politikbereichen und auf allen politischen Ebenen eine hohe Anzahl an Entscheidungen gibt, bei denen eine steigende Verkehrsnachfrage überhaupt erst Voraussetzung für die erfolgreiche Umsetzung der jeweiligen Entscheidung oder die Folge davon ist [3].

Eine unabdingbare Voraussetzung für jeden, der sich mit dem Verkehr im Allgemeinen und dem Automobil im Speziellen beschäftigt, ist außerdem die Berücksichtigung der Erkenntnisse verschiedenster Fachdisziplinen. So müssen die unterschiedlichsten Technologiebereiche, aber auch Fachgebiete wie Soziologie, Psychologie und Ökologie, direkt oder indirekt bei den Entwicklungen neuer Fahrzeuge berücksichtigt werden.

1.2 Ursachen und Arten der Mobilität

1.2.1 Definitionen

Mobilität bedeutet allgemein Raumüberwindung, Erreichen von Zielen; teilweise wird unter Mobilität bereits das Bedürfnis bzw. die Fähigkeit zur Ortsveränderung verstanden. Für den Soziologen ist Mobilität zusätzlich die Bewegung von Menschen zwischen sozialen Schichten, für den Psychologen geistige Beweglichkeit. Mobilitätsbedürfnisse sind zuweilen spontan oder emotional; Mobilität kann aber auch Selbstzweck sein.

Die Summe aller Bewegungen von Menschen und Gütern wird als Verkehr bezeichnet. Zur Quantifizierung physischer Mobilität dienen in verkehrswirtschaftlichem Zusammenhang vor allem zwei Indikatoren:

- **Verkehrsaufkommen** (Transportaufkommen): Im Personenverkehr werden damit die beförderten Personen (Beförderungsfälle) bzw. im Güterverkehr die transportierten Tonnen pro Zeiteinheit in einem definierten Gebiet oder am Querschnitt eines Verkehrsweges gemessen.
- **Verkehrsleistung** (Transportleistung): Sie ergibt sich durch Multiplikation des Verkehrsaufkommens mit den jeweils zurückgelegten Entfernungen (Personenkilometer (pkm) bzw. Tonnenkilometer (tkm)).

Zur weiteren Spezifizierung der physischen Mobilität von Personen dienen außerdem die drei folgenden Indikatoren:

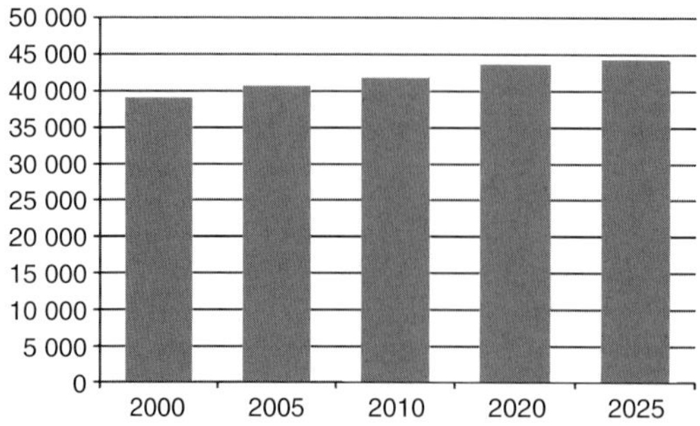

Abb. 1.5 Pkw-Bestand in Deutschland: Entwicklung und Prognose (in Tausend) (Quelle: ProgTrans 2010)

- **Anzahl der Wege pro Person und Zeiteinheit** (z. B. legte 2008 eine Person in Deutschland im Durchschnitt durchschnittlich 3,4 Wege pro Tag zurück).
- **Zurückgelegte Streckenlänge pro Person und Zeiteinheit** (z. B. legte 2008 eine Person in Deutschland durchschnittlich 39 Kilometer pro Tag zurück).
- **Für alle Wege benötigte Zeit pro Person und Zeiteinheit** (z. B. benötigte eine Person in Deutschland durchschnittlich 1 h 20 min für die Bewältigung der zurückgelegten Wege pro Tag, alles aus [4]).

Die Bedeutung der individuellen Mobilität lässt sich z. B. an der Entwicklung des Pkw-Bestandes ablesen (Abb. 1.5 nach [5]).

Personen- und Güterverkehr finden unimodal (mit nur einem Verkehrsmittel) oder multimodal (unter Nutzung verschiedener Verkehrsmittel) von Quelle A zu Ziel B, gegebenenfalls mit Zwischenzielen, statt. Beispiele für den Personenverkehr wären:

- Fahrt mit dem Auto zum Büro, nachmittags Autofahrt zum Supermarkt, dann zum Kino, anschließend wieder Autofahrt nach Hause; also eine unimodale Wegekette.
- Fahrt mit dem Auto zum Bahnhof, von dort Fahrt mit dem Zug in eine andere Stadt, dann mit einem Call-a-Bike zu einem Geschäftstermin usw.; also eine multimodale Wegekette.

Schon aus diesen wenigen Beispielen wird deutlich, wie unterschiedlich Mobilitätsformen sein können, und welch differierende Anforderungen an die verschiedenen Verkehrsmittel und ihr Zusammenwirken im Verkehrssystem (Intermodalität) daraus resultieren.

In der Vergangenheit wurden immer wieder Erwartungen geäußert, dass durch die neuen Medien (z. B. Social Media, Video-Konferenzen) der Zuwachs an physischer Mobilität zumindest in seinem Wachstum gebremst werden könnte.

Es sind jedoch nur in einigen wenigen Fällen Substitutionseffekte von physischer durch virtuelle Mobilität zu beobachten, wie beispielsweise beim Online-Banking. Tatsächlich findet eine Kompensation dieser Effekte durch physische Mobilität statt, die durch virtuelle Mobilität induziert wird, wenn man z. B. den Facebook-Kontakt auch real treffen möchte [6].

1.2.2 Aktivitäten bestimmen Mobilität

Die Mobilitätsnachfrage wird von zahlreichen Einflussfaktoren beeinflusst. Dies sind unter anderem Faktoren aus den Umfeldern Gesellschaft, Ökonomie, Politik, Umwelt oder Technologie [7]. Die enge Kopplung zwischen Wirtschafts- und Verkehrsleistung der vergangenen Jahrzehnte scheint sich jedoch abzuschwächen, zumindest im Personenverkehr. Der Güterverkehr ist in den letzten Jahren hingegen sogar deutlich überproportional zum Bruttoinlandsprodukt gewachsen. Dieser Trend wird sich aller Voraussicht nach in den kommenden Jahren fortsetzen (siehe Abb. 1.6 nach [7]).

Die wichtigsten Anlässe für Mobilität von Personen sind in Deutschland Freizeit, Beruf und Einkauf [8] (siehe Abb. 1.7 nach [2]).

Von besonderer Bedeutung ist der Freizeitverkehr (z. B. [9–11]), der den höchsten Anteil an der Verkehrsleistung aufweist.

Zudem stellt der Freizeitverkehr wegen seiner besonderen Anforderungen, wie z. B. spezielle Zielorte, Zahl der Passagiere, spezielles Gepäck wie Sportgeräte besonders hohe Anforderungen an die dazu geeigneten bzw. bevorzugten Verkehrsmittel.

Wie schon einleitend angedeutet, resultiert der insgesamt hohe Anteil des motorisierten Individualverkehrs (MIV) aus den besonderen Vorteilen des Automobils.

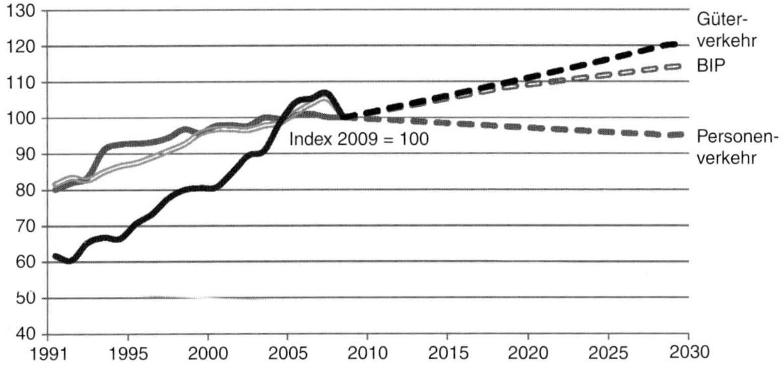

Abb. 1.6 Entwicklung Wirtschaftsleistung und Verkehrsleistung Personen/Güterverkehr in Deutschland im Vergleich – mittleres ifmo-Szenario »Gereifter Fortschritt« (Quelle: ifmo 2010)

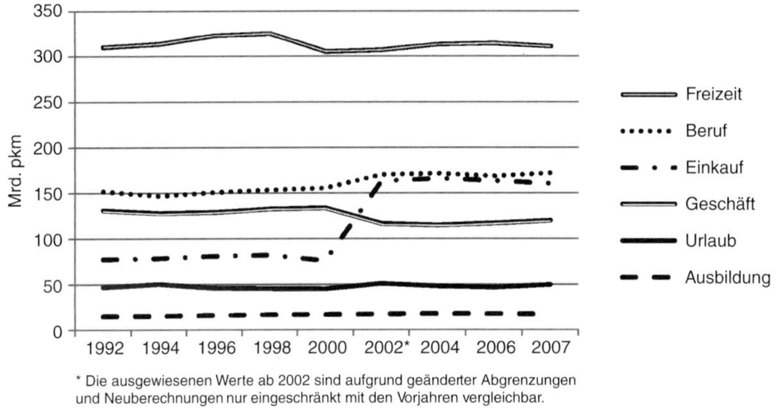

Abb. 1.7 Entwicklung der Verkehrsleistung in motorisierten Individualverkehr in Deutschland nach Verkehrszwecken (Quelle: DIW 2009)

In Städten und Ballungsräumen, die über leistungsfähige U-und S-Bahnen verfügen, ist der ÖPNV-Anteil deutlich höher (Abb. 1.8).

Neben der schon angesprochenen, vorzugsweise zweckorientierten Mobilität spricht man auch von sog. »Erlebnismobilität«. Hier steht die emotionale Komponente des Unterwegssein im Vordergrund. Oftmals mit Freizeit und Urlaub gekoppelt, führt Erlebnismobilität häufig zu speziellen Fahrzeugkonzepten und Ausstattungsmerkmalen.

Besondere Anforderungen an Fahrzeugkonzept und Ausstattung stellt aber auch der Wirtschaftsverkehr mit dem Pkw, z. B. hinsichtlich Transportvolumen und -gewicht, Wirtschaftlichkeit oder Variabilität.

Für den Pkw-Verkehr ist darüber hinaus der sog. ruhende Verkehr von hoher Bedeutung, da für den Pkw nach jeder Fahrt ein Stellplatz verfügbar sein muss. Die Regulierung von Kapazitäten des ruhenden Verkehrs durch Parkraumbewirtschaftung ist für viele Städte ein etabliertes Mittel zur Verkehrssteuerung geworden und wird aller Voraussicht nach weiterhin an Bedeutung gewinnen [7].

1.2.3 Transportsysteme für den Güterverkehr

Globalisierung, fortschreitende europäische Integration sowie zunehmende Arbeitsteiligkeit der

Vorteile des privaten Personenwagens	Vorteile öffentlicher Verkehrsmittel
■ Weitgehend örtlich und zeitlich unabhängige Verfügbarkeit ■ Minimaler Anmarschweg, kein Warten und Umsteigen erforderlich ■ Meist günstige Reisezeiten ■ Private Umgebung, Komfort, Schutz vor schlechtem Wetter ■ Leichte Mitnahmemöglichkeit für Gepäck; Sportgerät usw., Aufbewahrungsmöglichkeiten im parkenden Fahrzeug ■ Geringe Zusatzkosten bei Mitnahme von Passagieren ■ Freude an der aktiven Steuerung und Bewegung möglich ■ Freude am Besitz möglich	■ Benutzung auch für solche Personen, die nicht Auto fahren können (z.B. Kinder, Senioren) oder wollen ■ Direkte finanzielle Belastung nur bei Inanspruchnahme (kein Kauf oder Leasing) ■ Keine Beanspruchung durch aktives Fahren. Lesen und Schreiben während der Fahrt möglich ■ Keine Parkplatzsuche erforderlich ■ Schienenfahrzeuge: Bei sehr schlechtem Wetter höherer Grad an Pünktlichkeit

Abb. 1.8 Vorteile verschiedener Verkehrsmittel im Vergleich

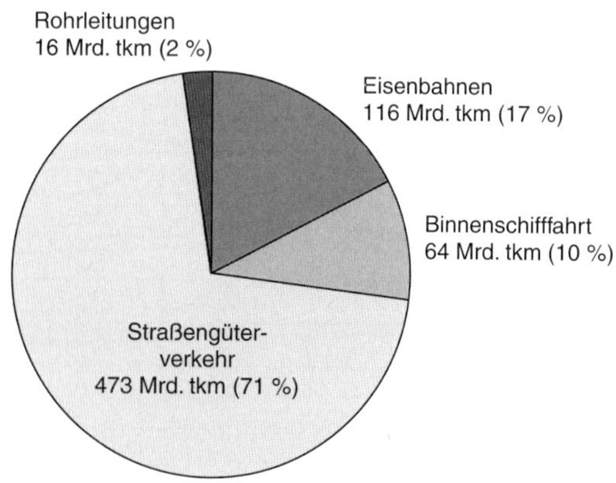

Abb. 1.9 Güterverkehrsleistung in Deutschland 2008 (Quelle: DIW 2009)

Wirtschaft haben große Auswirkungen auf den Güterverkehr. Transportqualität, Sicherheit und Wirtschaftlichkeit sind wichtige Kriterien für die Auswahl des zu bevorzugenden Verkehrsmittels.

Auch beim Güterverkehr ist die Straße der Verkehrsträger mit dem größten Anteil beim Modalsplit (2008 in Deutschland: ca. 70 %, siehe Abb. 1.8 nach [2]). Die Gründe sind vor allem die hohe Dichte des Straßennetzes, die hohe Flexibilität des Lkw, die Möglichkeit des Transportes vom Absender zum Empfänger ohne Umladevorgang (z. B. [13] sowie Abb. 1.9). Da Güter- und Personenverkehr meist dieselbe Infrastruktur nutzen, muss man bei Diskussionen über den Straßenverkehr immer beide Entwicklungen im Auge behalten.

1.2.4 Einige spezielle Ausprägungen von Mobilität

Werden Personenwagen normalerweise für möglichst vielfältige Anwendungen ausgelegt (»Einhüllende aller Anforderungen«, siehe ► Kap. 2), gibt es spezielle Mobilitätsformen, die aufgrund spezifischer Zielsetzungen zu eingeschränkten bzw. speziellen Fahrzeugkonzepten führen können. Hierzu gehören:

- Nutzung vor allem in Ballungszentren (ausgesprochene Stadtautos, wenig Stauraum, geringe Außenmaße, geringe Höchstgeschwindigkeit)
- Mitnahme von größeren Lasten in Anhängern (Boote, Pferde) oder das Ziehen von Wohnwagen
- Fahrten auf unbefestigten Wegen und im Gelände
- Fahrten in gepanzerten Sicherheitsfahrzeugen
- Mobilität von Senioren (möglicherweise mit spezieller Fahrzeugausstattung zur Kompensation körperlicher Einschränkungen).

1.3 Spannungsfelder und Auswirkungen der Mobilität

Mobilität und Wohlstandsentwicklung sind eng aneinander gekoppelt. Durch die Struktur unserer Wertschöpfung führt ein Anstieg der Wirtschaftsleitung vor allem im Güterverkehr zu einem weiteren Wachstum. In Schwellenländern wie China und Indien ist aber bei weiteren Wohlstandszuwächsen auch weiteres Wachstum im Personenverkehr zu erwarten. Mobilität ist aber auch Voraussetzung für das Wohlbefinden des Einzelnen und für seine Teilnahme am sozialen Leben (z. B. Fahrten zur Ausbildung oder zur Arbeitsstelle, Besuch von Freunden oder anderen Ländern).

Die hohe Bedeutung von Mobilität und die damit verbundene hohe Nachfrage nach Mobilität

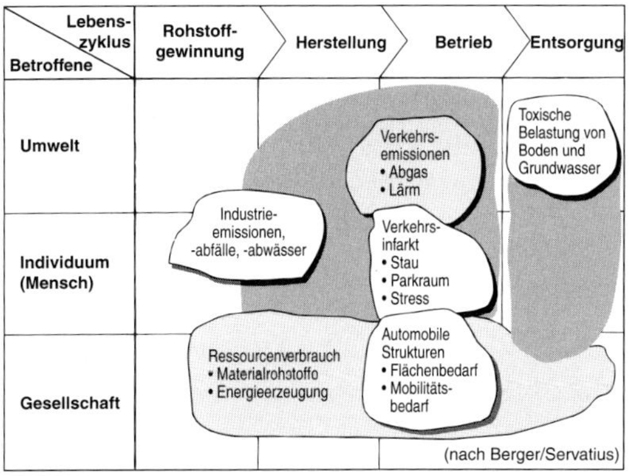

Abb. 1.10 Negative Auswirkungen des Autos

brachten aber schon immer auch Probleme mit sich. So erließ schon Caesar aus Gründen der Geräuschreduzierung eine Verordnung, welche Streitwagen zeitweise von den Straßen Roms verbannte. Und vor der Erfindung des Automobils drohten Großstädte im Verkehr der Pferdefuhrwerke zu ersticken. In Berlin gab es im Jahr 1875, also vor Erscheinen der ersten Automobile, mehr Tote im Straßenverkehr als derzeit.

Heutzutage, bei einer Weltbevölkerung von knapp 7 Milliarden Menschen, sind die Konsequenzen des Verkehrs von Personen und Gütern zu einer globalen Herausforderung für Ballungsräume, Magistralen und den Globus insgesamt geworden.

Allgemein bekannt sind die direkten Auswirkungen des Verkehrs, wie

- Ressourcenbedarf
- Emissionen
- Unfälle

die den verschiedenen Lebenszyklusabschnitten der Verkehrsmittel zugeordnet werden können (Abb. 1.10 aus [14]).

In einer Untersuchung im Auftrag des Bundesamtes für Raumentwicklung wurde in einer Abschätzung für den gesamten Straßen- und Schienenverkehr in der Schweiz ermittelt, dass der Gesamtnutzen größer als die Gesamtkosten sind [15]. Allerdings sind Ergebnisse solcher Untersuchungen stark davon abhängig, unter welchen Annahmen die Berechnungen durchgeführt und welche Kriterien einbezogen wurden.

Einige Wirkungen haben vorwiegend oder ausschließlich lokale oder regionale Bedeutung wie z. B. Geräuschemissionen, Flächenbedarf für Infrastruktur. Andere Belastungen wie Ressourcenverbrauch oder CO_2-Emissionen betreffen den gesamten Globus.

Nicht alle Problembereiche haben allerdings den gleichen Kritikalitätsgrad. Als Beispiel für das Thema Ressourcenreichweite sei der Rohstoff-Sektor genannt. So kommen Eisenwerkstoffe weltweit in großem Umfang vor, während spezielle Materialien wie Edelmetalle für Katalysatoren oder seltene Erden für Magnete in Elektromotoren nur in beschränktem Umfang verfügbar sind.

Eine wichtige Herausforderung an Wissenschaft und Praxis ist die ständige Arbeit an den Herausforderungen der Zukunft. So gibt es Belastungen, die bis heute bereits drastisch verringert werden konnten, wie z. B. Schadstoff-Emissionen der Verbrennungsmotoren oder umweltbelastende Effekte von Fertigungsprozessen. Die weitere Reduktion des Ressourcenverbrauchs, vor allem bei fossilen Energieträgern stellt eine zentrale Herausforderung für die Zukunft dar.

Die Knappheit von Finanzmitteln für Infrastrukturinvestitionen stellt für die Politik eine andere wesentliche Herausforderung für eine zukunftsorientierte Gestaltung von Mobilität dar. Eine auf langfristige strategische Zielsetzungen ausgerichtete Verkehrspolitik wird damit für einen effektiven und effizienten Mitteleinsatz noch wichtiger [16].

Eine weitere Herausforderung liegt darin, Kooperationen zur Umsetzung vielfältiger Lösungen einzugehen. Eine unternehmens- und verkehrsträgerübergreifende Zusammenarbeit gemeinsam mit Institutionen der öffentlichen Hand ist sowohl zur Optimierung der Schnittstellen zwischen den Verkehrsträgern als auch für eine effizientere Gestaltung des gesamten Verkehrssystems zukünftig eine Notwendigkeit [7].

In einem Bereich allerdings gibt es zweifellos eine Grenze, die bei Null liegt: die Anzahl der im Verkehr Getöteten. Denn jeder Verkehrstote ist einer zuviel!

Bereits hier sei angedeutet, dass dieses Problem nicht allein mit sichereren Automobilen zu lösen ist, aber auch der Verzicht auf Automobile stellt keine Lösung dar. Erforderlich ist neben der technischen Weiterentwicklung im Hinblick auf die aktive und passive Sicherheit ein den gesamten Verkehrsbereich umfassendes Verkehrsmanagement.

1.4 Mobilitätsrelevante Anforderungen an Automobile

1.4.1 Grundsätzliche Anforderungen

Der automobil- und verkehrstechnische Fortschritt hat seit der Einführung der ersten Fahrzeuge Ende der 80er Jahre des neunzehnten Jahrhunderts eine unübersehbare Fülle an grundlegenden Verbesserungen auf allen Teilgebieten gebracht. Doch bleiben weder der Anstieg der Ansprüche noch der weitere technische Fortschritt stehen. Die aus der Massenmotorisierung resultierenden Anforderungen wurden schon in ► Abschn. 1.3 angesprochen; nicht zuletzt entwickeln sich aber auch die Wünsche und Anforderungen jedes Autofahrers an seine künftigen Fahrzeuge weiter (◘ Abb. 1.11 aus [18]).

Eine andere Sichtweise geht von den Anforderungen der Verkehrsabläufe aus und zielt auf Maßnahmenbereiche zu deren Verbesserung, insbesondere auf interne und externe Assistenzsysteme (z. B. [17]), und bezieht die zugehörigen Verantwortungsträger und Akteure ein.

- Pannen- und Unfallfreiheit
- Zielfindung in fremden Gebieten, Hilfe bei Parkplatzsuche
- Vermeidung unerwarteter Zeitverluste (Staus, ...)
- Vermeidung bzw. Beherrschung von kritischen Situationen
- Bewältigung unvermeidbarer Unfallsituationen
- Minimierung von Unannehmlichkeiten in Sondersituationen (ungünstige Witterung, ...)
- Einparkhilfen
- „Freude am Fahren"

◘ **Abb. 1.11** Erwartungen des Fahrers an sein Fahrzeug

1.4.2 Einige spezielle Anforderungen

Trotz zunehmender Bedeutung des ÖPNV wird auch der MIV in Ballungszentren weiterhin unverzichtbar sein. Damit werden auch die (an sich alten) Bemühungen um ausgesprochen stadtverträgliche Fahrzeugkonzepte fortgesetzt. Zugehörige Anforderungen betreffen vor allem besonders geringe Abgas- und Lärm-Emissionen sowie geringen Platzbedarf beim Parken, was sowohl zu speziellen Package-Konzepten als auch zu eigenständigen Antriebsaggregaten (z. B. Hybrid- oder Elektroantrieb) führen kann (► Abschn. 4.3).

Während für Fahrzeuge von körperlich Behinderten speziell angepasste Umrüstmaßnahmen angeboten werden, gibt es zur Frage ausgesprochener »Senioren-Autos«, die vor allem den ergonomischen Eigenschaften dieser Nutzerpopulation Rechnung tragen, von der Zielgruppe selbst häufig eher Ablehnung als Zustimmung.

Obwohl im Taxieinsatz ebenfalls bestimmte Eigenschaften bevorzugt werden (bequemer Einstieg, geringer Wendekreis, etc.) haben sich (bis auf das Londoner Taxi) spezielle Fahrzeugkonzepte kaum durchsetzen können. Im Gegensatz dazu haben Off-road-Fahrzeuge für Extremeinsätze sowie Abwandlungen (z. B. Sport Utitily Vehicles – SUV), die auch auf befestigten Straßen akzeptable Fahreigenschaften aufweisen, aus verschiedenen Gründen weltweite Erfolge erzielt.

Neue Angebote im motorisierten Individualverkehr, wie z. B. Car Sharing [19] haben in den vergangenen Jahren durchaus an Bedeutung gewonnen. Auch wenn sie bezogen auf den gesamten Mobilitätsmarkt nach wie vor eine eher untergeordnete Rolle spielen, weisen die derzeit hohen Wachstumsraten auf eine weiter steigende Bedeutung dieser Konzepte hin, vor allem für die individuelle Mobilität in Ballungsräumen [19].

Literatur

1. Burgert, W., et al.: Tendenzen im Karosserieleichtbau. VDI-Berichte, Bd. 1256, S. 29–50 (1996)
2. Bundesministerium für Verkehr, Bau- und Wohnungswesen: (Hrsg.) Verkehr in Zahlen 2001/2010. Deutscher Verkehrs-Verlag, Hamburg (2009)
3. Bruckmann, D., et al.: Untersuchung ausgewählter Entscheidungen auf Verkehr und Umwelt, Institut für Mobilitätsforschung (Hrsg.) Berlin, 2000
4. Bundesministerium für Verkehr, Bau- und Wohnungswesen: (Hrsg.) Mobilität in Deutschland 2008. DVV Media Group, Bonn/Berlin (2010)

5. ProgTrans: World Transport Reports, Volume I, Edition 2010/2011, Basel, 2010
6. Institut für Mobilitätsforschung: (Hrsg.) Auswirkungen der virtuellen Mobilität? Springer, Berlin (2003)
7. Institut für Mobilitätsforschung: Zukunft der Mobilität – Szenarien für das Jahr 2030. BMW AG, München (2010)
8. Zängler, T.: Mikroanalyse des Mobilitätsverhaltens in Alltag und Freizeit. Springer, Berlin (2000)
9. Institut für Mobilitätsforschung: (Hrsg.) Freizeitverkehr. Springer, Berlin (2000)
10. Institut für Mobilitätsforschung: (Hrsg.) Erlebniswelten und Tourismus. Springer-Verlag, Berlin (2004)
11. Institut für Mobilitätsforschung Berlin (Hrsg.): Öffentlicher Personennahverkehr – Herausforderungen und Chancen. Springer, Berlin (2006)
12. Seiffert, U.: Mobilität – Gesellschaftliche Anforderungen und technologische Optionen der Zukunft; RWE-Zukunftstagung »Gesellschaft und Technik im 21. Jahrhundert«, Essen, 22. August 1998
13. Schulz, J.: Bewertung des Güterverkehrs auf Straße und Schiene. FAT-Schrift, Bd. 125 (1996)
14. Berger, R., Servatius, H.-G.: Die Zukunft der Autos hat erst begonnen – Ökologisches Umsteuern als Chance. Piper-Verlag, München (1994)
15. INFRAS/IWW: Externe Kosten des Verkehrs, Zürich/Karlsruhe, Oktober 2004
16. Institut für Mobilitätsforschung: Verkehrsinfrastruktur-Benchmarking Europa – Verkehrsinfrastrukturausstattung und verkehrspolitische Rahmenbedingungen in ausgewählten europäischen Staaten. Berlin (2007)
17. Jürgensohn, T., Timpe, K.-T.: Kraftfahrzeugführung. Springer-Verlag, Berlin (2001)
18. Braess, H.-H., Reichart, G.: PROMETHEUS – Vision des intelligenten Automobils auf der intelligenten Straße? ATZ 200–205 (1995). und S. 330–343
19. Frost & Sullivan: Sustainable and Innovative Personal Transport Solutions – Strategic Analysis of Carsharing Market in Europe, London, 2010

Anforderungen, Zielkonflikte

Prof. Dr.-Ing. Dr.-Ing. E.h. Hans-Hermann Braess, Egbert Fritzsche, Hans-Jürgen Nettlau, Prof. Dr. Ulrich Seiffert und Ekhard Zinke

H.-H. Braess, U. Seiffert (Hrsg.), *Vieweg Handbuch Kraftfahrzeugtechnik*, ATZ/MTZ-Fachbuch, DOI 10.1007/978-3-658-01691-3_2,

2.1 Produktinnovation, bisherige Fortschritte

Das Automobil ist seit mehr als einhundert Jahren ein Transportmittel für Menschen, Tiere und Güter. Obwohl es für den größten Anteil der Fahrzeuge in seinen Grundzügen gleich geblieben ist – vier Räder, Otto- oder Dieselmotor als Antrieb, Getriebe als Drehmomentwandler – hat es doch erhebliche Veränderungen erfahren. Diese wurden geprägt durch den Mobilitätsbedarf, den internationalen Wettbewerb, den technischen Fortschritt, das weltweite Produktangebot, die Aktivitäten der Gesetzgeber, die eingesetzte Energie, Erdöl, Gas, Biokraftstoffe und Elektrizität sowie durch die vielfältigen Kundenanforderungen.

2.1.1 Kundenwünsche

Besonders die letzte Forderung bedeutet, dass die Wünsche der Kunden und der Märkte vorrangig in den Produktentstehungsprozess eingehen und durch den Fahrzeughersteller berücksichtigt werden müssen. Die Anforderungen an das Automobil selbst sind voller Widersprüche, die aber immer wieder gesamtheitlich gelöst werden konnten. Neu sind die Anforderungen durch die wachsende Verkehrsdichte in den Megacities und die Tendenz Fahrzeuge nicht mehr zu besitzen sondern für den jeweiligen Zweck zu leasen. Abbildung 2.1 zeigt sehr deutlich die Zielkonflikte:

Der Gesamtverkehr steigt in der Bedeutung [1], da der Kunde die zurzeit wachsenden Verkehrsprobleme auch der Automobilindustrie zuordnet bzw. einen wesentlichen Beitrag zur Lösung derselben von ihr erwartet. Bei Befragungen der Kunden (Zusammenfassung von mehreren Befragungen) direkt zum Automobil ergeben sich für ein Mittelklassefahrzeug die in Abb. 2.2 gezeigten Antworten. Sicherheit und Zuverlässigkeit, kein Liegenbleiben haben neben niedrigem Kraftstoffverbrauch eine hohe Priorität.

Um die Wünsche der Kunden zu erfüllen, aber auch wegen der geforderten CO_2/km-Begrenzung im Jahr 2020 auf im Mittel pro Fahrzeughersteller unter 95 g CO_2/km ist außerdem in den letzten Jahren die Angebotsvielfalt durch die Hersteller stark gestiegen. Sie reicht innerhalb eines Konzerns inzwischen von sehr kompakten Fahrzeugen wie dem »smart« [2, 3] mit einer Fahrzeuglänge von 2,7 m, einer Fahrzeugbreite von 1,56 m und einer Höhe von 1,54 m bis hin zum Maybach [4] in der langen Version mit einer Länge von 6,165 m, einer Breite von 1,98 m und einer Höhe von 1,57 m. Die Abb. 2.3 zeigt in einer Gegenüberstellung die Größenverhältnisse. Aber auch

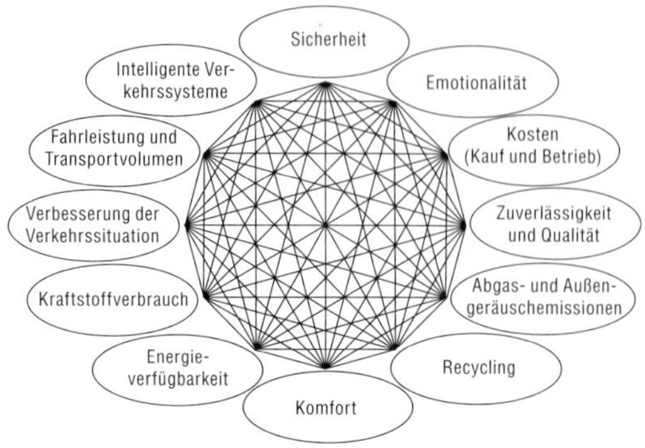

Abb. 2.1 Forderungen an das Automobil

Anteil „äußerst wichtig/wichtig" in %			
Sicherheit	95	Kompakte Außenmaße/handlich/wendig	53
Qualität/Zuverlässigkeit	93	Spaß am Autofahren	51
Wirtschaftlichkeit	85	Vollzähligk. d. Ausstattung	50
Niedriger Treibstoffverbrauch	84	Vielseit. Nutzungsmöglichkeiten	48
Fahrverhalten/Straßenlage	81	Großer Kofferraum	44
Umweltfreundlichkeit	78	Gestaltung d. Innenraums	42
Preiswürdigkeit	78	Formgebung/äußeres Design	40
Fortschrittliche Technik	73	Hohe Motorleistung	25
Komfort/Bequemlichkeit	62	Auto mit Pers. u. Charakter	22
Geräumigkeit des Innenraums	55	Sportlichkeit	18

Abb. 2.2 Der Stellenwert der Kaufkriterien

Abb. 2.3 Größenvergleich Smart und Maybach 62

Abb. 2.4 Audi R8 (Quelle: Audi AG)

Tabelle 2.1 Anteile der Fahrzeugsegmente an den Neuzulassungen in Deutschland 2011, Quelle KBA

Fahrzeugsegment	Prozent
Kompaktklasse	25,4
Kleinwagen	18,4
Mittelklasse	14,7
Geländewagen	11,3
Minivans	6,8
Kleinstwagen	5,6
Obere Mittelklasse	5,2
Großraum-Vans	5,1
Sonstige	7,5

andere Segmente decken den Kundenbedarf ab, z. B. die große Anzahl Cabrios, Sportwagen, Multivan und Offroadfahrzeuge, Abb. 2.4 zeigt den Audi R8. In der Tab. 2.1 sind die Segmente für Deutschland für 2009 dargestellt. Der Kunde ist dann bereit, ein neues Fahrzeug zu kaufen, wenn es seinen finanziellen Möglichkeiten und Neigungen entspricht. Dabei reagiert er häufig auf spontane Ereignisse.

Fahrzeug zu kaufen, wenn es seinen finanziellen Möglichkeiten und Neigungen entspricht. Dabei reagiert er häufig auf spontane Ereignisse.

2.1.2 Gesetzgebung

Während sich das Automobil als Transportmittel bis zum zweiten Weltkrieg zunächst ohne große Beachtung der Umweltfrage, der Fahrzeugsicherheit und der Wiederverwertung entwickelte und nach dem Krieg eine Vielzahl von kleineren Fahrzeugen das Transportbedürfnis erfüllte, begann Mitte der Sechzigerjahre in den USA durch die Sicherheitsgesetze und die Emissionsvorschriften eine deutliche Veränderung. Einen großen Einfluss hatte dabei der Verbraucheranwalt Ralph Nader mit seiner Sicherheitskampagne. Diese und die Vorschriften für den Kauf von Behördenfahrzeugen führte zu den *Federal Motor Vehicle Safety Standards*. Ein umfassendes Vorschriftenwerk, welches alle Fahrzeugteile umfasst und bis zum heutigen Zeitpunkt ständig erweitert wurde. Gesetzliche Regelungen für den Betrieb von Fahrzeugen gab es auch schon Anfang 1900 in Deutschland mit einem Gesetz über die Haftpflicht beim Betrieb von Fahrzeugen. Die internationalen weltweiten Sicherheitskonferenzen, wie die *ESV-Conferences* [5] und die Biomechaniktagungen [6], taten ein Übriges, um dieses wichtige Thema voranzubringen. Hier treffen sich Unfallforscher, Biomechaniker, Ingenieure und die Vertreter der Gesetzgebung, um über die neuesten Ergebnisse der Fahrzeugsicherheit intensiv zu diskutieren. Besonders zu Beginn der Siebzigerjahre [7], gab es auch einen innovativen Wettbewerb für die besten Lösungen an Experimentierfahrzeugen oder Teilsystemen. Die Fahrzeugsicherheit kann nicht nur vom Fahrzeughersteller, sondern ganz wesentlich vom Kunden und durch den Gesetzgeber stark beeinflusst werden. Z. B. haben Straßenausbau, Signalgebung, Führerscheinausbildung, Begrenzung des Alkohol- und Drogenkonsums und klare Verkehrszeichen ebenfalls einen sehr positiven Beitrag geleistet. Als Ergebnis der Bemühungen ist festzustellen, dass in allen Ländern West-Europa's die Anzahl der tödlichen Unfälle und Unfälle mit Verletzungen als Funktion der gefahrenen Kilometer deutlich zurückgegangen ist. Die Abb. 2.5, [8, 9] zeigt beispielhaft für Deutschland den Rückgang der im Straßenverkehr Getöteten als Funktion des Jahres pro gefahrenen Millionen Fahrzeugkilometer. Daraus ist zu erkennen, wie notwendig die

Abb. 2.5 Getötete je Milliarden Fahrzeugkilometer in Deutschland, ab 1991 einschließlich der neuen Bundesländer, Quelle: Verkehr in Zahlen 2011/2012

Aktivitäten waren und sind. Leider sind weltweit sehr viel mehr Unfälle mit tödlichen Verletzungen, größer als 1 Million pro Jahr, zu verzeichnen. Die länderspezifischen Unterschiede sollten die »schlechteren« Länder reizen, es den »besseren« nachzutun. Dies gilt auch für andere Verkehrsträger wie Eisenbahn, Öffentlicher Personennahverkehr und professionelle Airlines, die eine noch deutlich höhere Sicherheit pro Personenkilometer aufweisen.

Nicht immer gingen die Veränderungswünsche vom Automobilkunden aus, häufig hat die Allgemeinheit diese Veränderungen über die Politik herbeigeführt. Ein typisches Beispiel ist Kalifornien. Ausgelöst von dem Smog und der schlechten Luftqualität in Los Angeles und in anderen großen Städten, wurden die Abgasgesetze erlassen. Mitte der 60-er Jahre begrenzte man in den USA zunächst das Kohlenmonoxid CO, die Stickoxide NO_X, die Kohlenwasserstoffe HC und die Partikel. Anfang der 70-er Jahre wurden in Europa die Abgasemissionen für die Komponenten: Kohlenmonoxid, Kohlenwasserstoffe, Partikel und zu einem späteren Zeitpunkt die Stickoxide gesetzlich geregelt. Zusätzlich muss der Fahrzeughersteller den Beweis antreten, dass die nicht limitierten Abgasbestandteile keine Gesundheitsgefährdung darstellen. Der eigentliche technologische Durchbruch wurde mit dem Dreiwegekatalysator und der $\lambda = 1$-Regelung bei den Ottomotoren im Zusammenhang mit bleifreiem Kraftstoff erreicht, ▶ Abschn. 5.1. Dies gilt auch für Europa, wo inzwischen ein sehr hoher Durchdringungsgrad von derartigen Konzepten erreicht wurde. Auch die Emissionen aus den Kraftstoffsystemen wurden um ein Vielfaches reduziert, ▶ Abschn. 7.6. Die Verdampfungsverluste beim Stillstand und beim Betrieb des Fahrzeuges werden über entsprechende Dichtheit des Kraftstoffbehälters und der Leitungen und der Hinführung der Emissionen zu einem Aktivkohlebehälter, der vom Motor gereinigt wird, begrenzt. Beim Tanken werden die aus dem Kraftstoffbehältereinfüllstutzen entweichenden Gase über geeignete Vorrichtungen an den Zapfpistolen abgesaugt. Bei den Dieselmotoren wurden zunächst die Fortschritte durch motorinterne Maßnahmen erzielt, bis Ende der 80-er Jahre die Oxidationskatalysatoren einen weiteren Freiheitsgrad in der Reduzierung der Abgaskompo-

Pkw mit Benzinmotor (mg/km)

Norm	EURO 1	EURO 2	EURO 3	EURO 4	EURO 5	EURO 6
Typprüfung	ab 1. Juli 1992	ab 1. Jan. 1996	ab 1. Jan. 2000	ab 1. Jan. 2005	ab 1. Sep. 2009	ab 1. Sep. 2014 [1]
CO	3160	2200	2300	1000	1000	1000
$(HC + NO_x)$	1130	500				
NO_x			150	80	60	60
HC			200	100	100	100
davon NMHC						68
PM					5*	5*

* mit Direkteinspritzung

Pkw mit Dieselmotor (mg/km)

Norm	EURO 1	EURO 2	EURO 3	EURO 4	EURO 5	EURO 6
Typprüfung	ab 1. Juli 1992	ab 1. Jan. 1996	ab 1. Jan. 2000	ab 1. Jan. 2005	ab 1. Sep. 2009	ab 1. Sep. 2014
CO	3160	1000	640	500	500	500
$(HC + NO_x)$	1130	700/900*	560	300	230	170
NO_x			500	250	180	80
PM	180	80/100*	50	25	5	5

* mit Direkteinspritzung

Abb. 2.6 Verringerung der Abgaswerte in Europa [17] und EG-Gesetzgebung

nenten ergeben haben. Die Hochdruckeinspritzung hat weitere Erfolge gebracht. Partikelfilter, NO_X-Speicherkatalysatoren und die SCR-Technologie sind in Serie. Besonders die Stickoxide und die Partikel konnten deutlich verringert werden, ▶ Abschn. 5.2.

Derzeit wird intensiv an weiteren Verbesserungen für beide Motorkonzepte gearbeitet. Sie lassen sich in folgende Gruppen einteilen: Minimierung der Kaltstartemissionen, weitere Reduzierung der limitierten Abgaskomponenten und der Stickoxide bei Otto- und Dieseldirekteinspritzern. Die gesetzlichen Forderungen in Kalifornien mit den ULEV (ULTRA LOW EMISSION VEHICLE), SULEV (SUPER ULTRA LOW EMISSION VEHICLE) und ZERO Emission (Null Emissionen) und die europäischen Ziele mit Euro 5 + Euro 6 werden dafür sorgen, dass das Automobil bis auf die Kohlendioxidemission völlig aus der Diskussion bezüglich der Umweltbelastung verschwindet. Als Beispiel demonstriert das Abb. 2.6 die Absenkungsschritte der Emissionswerte in Europa seit. 1992 bis zum Einsatz von Euro 6. Die Abgaswerte wurden im Schnitt um mehr als 98 % in Richtung Null gesenkt. Die Euro 5-Regelung hat besonders die Stickoxide und die Partikel begrenzt. Im NEFZ für Dieselfahrzeuge die NO_X auf 0,18 g/km und Partikel auf 0,005 g/km.

Auch das Außengeräusch wurde reduziert. In dem europäischen Zulassungsverfahren wird eine beschleunigte Vorbeifahrt im 2. und 3. Gang simuliert. Heute können mehr als 5 mal so viele Fahrzeuge diesen Test vollziehen und bleiben insgesamt noch unter dem Grenzwert von 1975 mit 82 dB(A). Bei der momentanen Festlegung des Typprüfungswertes mit 74 dB(A) werden bereits ca. 50 % des Geräusches durch den Kontakt Fahrbahn/Reifen erzeugt, bei einer weiteren Absenkung z. B. auf 72 dB(A) steigt dieser Wert auf 75 %. Die wesentlichen Aktivitäten müssen sich daher auf die Reduzierung des Geräusches Reifen/Fahrbahn konzentrieren, ▶ Abschn. 3.4. Durch eine besondere Fahrbahnoberfläche, dem »Flüsterasphalt«, ist viel zu erreichen. Allerdings haben diese Fahrbahnoberflächen im Vergleich zur Standardbauweise eine reduzierte Lebensdauer. Das Außengeräusch erhält eine zunehmende Bedeutung seitens der Öffentlichkeit. Bei kritischen Stimmen zum Automobil wird es häufig gleichbedeutend mit Parkplatz- und Emissionsproblemen in der Stadt genannt.

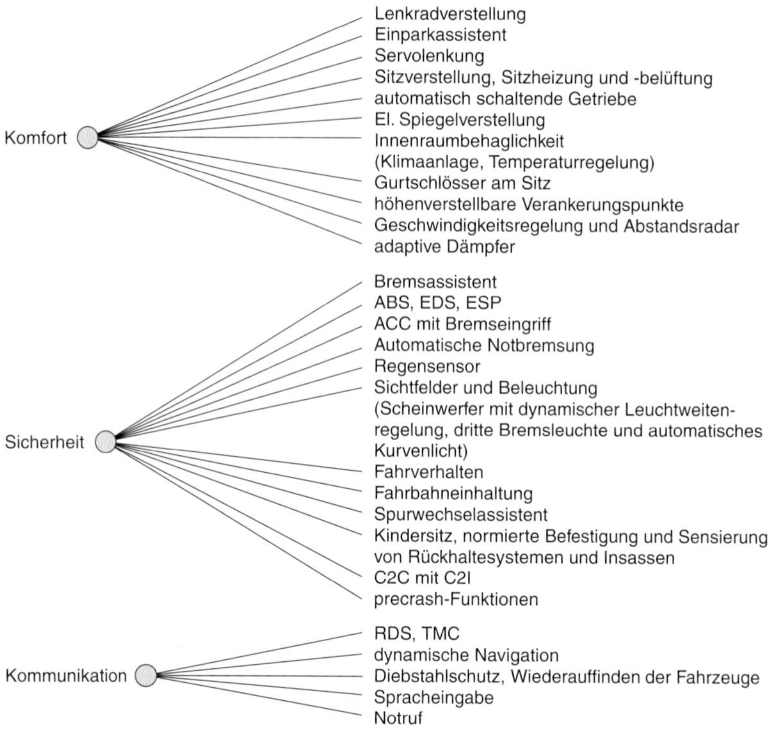

Abb. 2.7 Beispiele für eine Fahrerunterstützung

2.1.3 Fahrzeugtechnik

Bei der Beurteilung der Fahrzeugtechnik kann man feststellen, dass sich alle wesentlichen Eigenschaften positiv verändert haben. Dies gilt für die Langlebigkeit, z. B. verzinkte Karosserie und andere verbesserte Korrosionseigenschaften (korrosionssicher bis zu 12 Jahren), die höhere Anmutungs- und Lebensdauerqualität, die größere Verwindungssteifigkeit und die damit verbundene Klapperfreiheit, eine verbesserte Ergonomie, Sitzgestaltung sowie Lage und Betätigung von Bedienelementen und die wesentliche Verbesserung des Schwingungsverhaltens und Geräuschniveaus im Fahrzeuginnenraum. Die diesbezügliche Leistungsfähigkeit beurteilt der Kunde sowohl im Stand als auch beim Fahren besonders hoch. Viele Detailoptimierungen: Entkopplung, Tilger, Dämpfung bis hin zur geregelten Luftfeder haben für den Kunden wesentliche Verbesserungen erzielt. Dieser Trend wird sich fortsetzen.

Einen Hauptanteil an den Verbesserungen hat die Karosserie. Sie bietet bei zwar absolut gestiegenem Gewicht eine wesentlich bessere Ausnutzung des Fahrgastraumes bezogen zur Gesamtverkehrsfläche. Durch die Kompaktbauweise haben sich diese Werte in den letzten 10 Jahren um 10 % verbessert. Dies gilt auch für die Verwindungssteifigkeit: teilt man das Karosseriegewicht durch Verwindungssteifigkeit und Aufstandsfläche, dann sind die heutigen Karossen um mehr als 50 % besser. Interessant wird die Karosseriegestaltung im Zusammenhang mit den weltweiten Aktivitäten zur Elektrotraktion. Hier zeichnet sich bereits eine Umkehrung der Gewichtssteigerung ab. Leichtbau ist nicht nur für die Elektrotraktion, sondern für alle Fahrzeuge von größter Bedeutung.

Für den Fahrzeugbetrieb haben inzwischen zahlreiche Unterstützungssysteme in der Serie eingesetzt. Sie beinhalten beispielhaft die im Abb. 2.7 dargestellten Gebiete. Eine sehr gute Übersicht findet man auch im Handbuch für Fahrerassistenzsysteme [10].

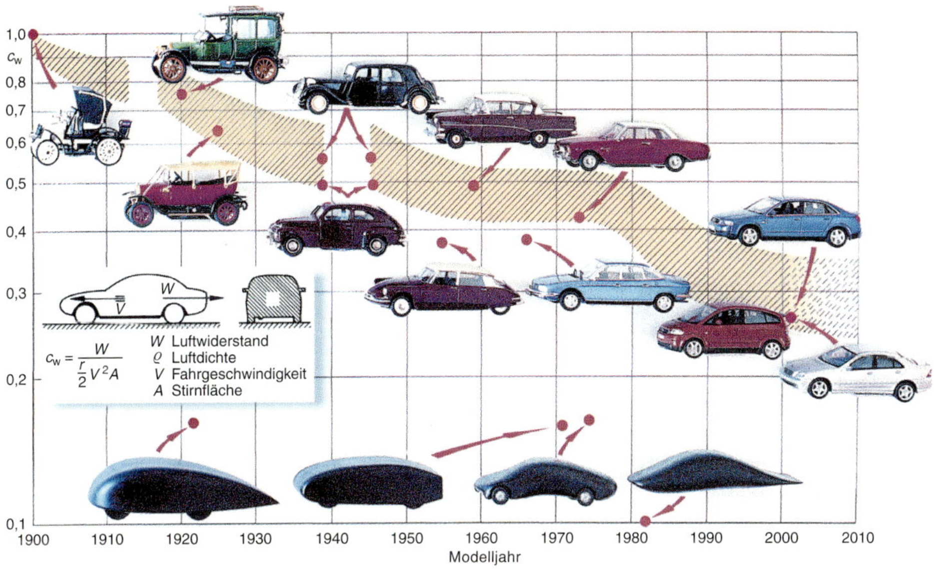

Abb. 2.8 Luftwiderstandsbeiwert als Funktion der Jahre (Quelle: Hucho)

Ein ganz wichtiger Grund für den Kaufentscheid ist für die Kunden der Kraftstoffverbrauch. Dieser konnte für die von deutschen Herstellern in der Bundesrepublik angebotenen Fahrzeuge in den Jahren von 1978 bis 2003 auf im Durchschnitt 6,92 l/100 km (im NEFZ-Test) um 35 % gesenkt werden. Obwohl das Fahrzeuggewicht in den letzten Jahren im Mittel um mehr als 300 kg, von Ausnahmen abgesehen, gestiegen ist, haben andere Innovationen und umgesetzte Maßnahmen im Wesentlichen diese Verbrauchsreduzierung erzielt. Die momentan größte Herausforderung an die Automobilindustrie ist die CO_2-Begrenzung pro gefahrenen Kilometer auf zunächst ≤ 130 g/km (beginnend im Jahr 2012), dann ≤ 95 g/km im Jahr 2020 und in Diskussion für 2050 < 20 g/km $\sim 0{,}9$ l pro 100 km.

Durch viel Feinarbeit bezüglich der aerodynamischen Formgebung wurde der Luftwiderstandsbeiwert c_w, aber auch der Luftwiderstand selbst deutlich reduziert. Der c_w-Wert konnte seit 1960 um 40 % auf im Schnitt auf einen Wert von 0,3 [–] gesenkt werden, Abb. 2.8. Der Luftwiderstand (die Multiplikation von $c_w \times$ Querschnittsfläche) liegt heute bei vielen Fahrzeugen unter 0,6 m^2. Trotz der größeren Querschnittsfläche durch den momentanen Designtrend – kürzer, breiter und höher – gab es eine ständige Reduzierung des Luftwiderstandes und damit des Fahrwiderstandes. Der Luftwiderstand trägt auch bei den momentanen EG-Messzyklen für ein Mittelklassefahrzeug je nach Ausgangslage mit ca. 40 % zum Verbrauch bei. Allerdings schwankt dieser Wert. Pro 10 % $c_w \times A$ Änderung liegt die Einsparung bei einem großen/schweren Fahrzeug bei 2,2 % und bei einem kleinen Fahrzeug, 4 % [11].

Auch bei der Reduzierung des Rollwiderstandes konnte durch neue Reifengenerationen u. a. mit Silikatechnik der Rollwiderstandsbeiwert von 0,02 im Jahr 1960 auf heute $f_r = 0{,}008$ gesenkt werden. Zusätzlich werden auch alle weiteren den Rollwiderstand beeinflussenden Bauteile, wie Lager, Gelenke, Antriebswellen, der Optimierung unterzogen.

Den größten Anteil an der Verbrauchsreduzierung und zur Steigerung des Komforts haben die Antriebsaggregate erzielt. Beim Ottomotor: Multipointeinspritzung, kontaktfreie Zündung, Mehrventiler, variable Ventilverstellung, Direkteinspritzung, bedarfsgesteuerte Kraftstoffpumpe, Zylinderabschaltung, Leichtbauweise, Kühlkreislaufoptimierung, Aufladung zur Drehmoment- oder Leistungssteigerung, Downsizing und trotzdem spezifische Verbräuche mit minimalen Werten von

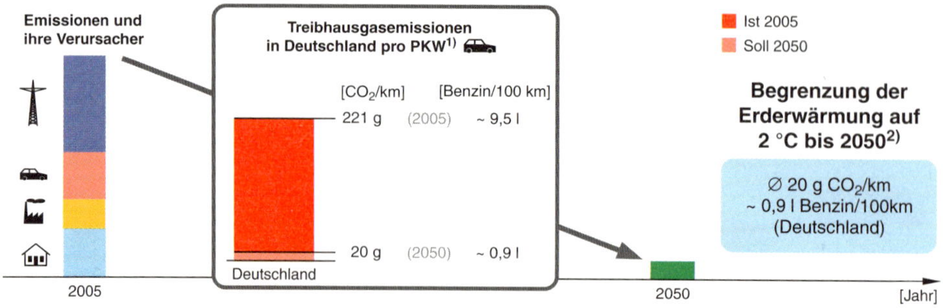

Abb. 2.9 Zukünftige CO_2-Emission in g/km [13]

225 g/kWh. Beim Dieselmotor Direkteinspritzung mit variabler Aufladung zur Drehmoment- und Leistungssteigerung, CommonRail und Pumpe/Düse mit Einspritzdrücken von mehr als 1600 bar bzw. größer als 2000 bar und mit Voreinspritzung zur Geräusch- und Emissionsminderung. Die piezoelektrische Einspritzung erlaubt zahlreiche Optimierungen bezüglich des Einspritzvorgangs. Die besten Motoren derartiger Ausführung liegen beim spezifischen Verbrauch unter 200 g/kWh.

Die Getriebe wurden ebenfalls bezüglich der Drehmomentenübertragung pro Getriebegewicht und -baugröße wesentlich verbessert. Bei den Schaltgetrieben führte dies zu 5- und 6-Gang-Getrieben, bei den Automatikgetrieben haben elektronische Regelung und Steuerung mit dem Einsatz von 5 bis 8-Gang-Getrieben erhebliche Verbrauchseinsparungen erbracht. Die eingeführten mechanischen automatisierten Schaltgetriebe bis 7-Gänge, bei denen die Gangwahl sowohl vom Fahrer als auch automatisch vorgenommen werden können, einschließlich des Stopp/Start-Systems, stellen einen wesentlichen Beitrag zur Verbrauchsreduzierung dar. Der Kunde erwartet aus Komfort und Beschleunigungsgründen keine Zugkraftunterbrechnung, so dass erst mit den geregelten Doppelkupplungsgetrieben der Marktdurchbruch gelang [12]. Die kontinuierlich variablen Getriebe haben noch nicht den prognostizierten Markterfolg erzielt. Abzuwarten ist der Einsatz im Zusammenhang mit Hybridantrieben (▶ Abschn. 4.3.3). Hybridantriebe steigern zunehmend ihren Marktanteil.

Durch die Verbesserung der Antriebsaggregate konnte die Verbrauchsverschlechterung, die durch die Erhöhung der Fahrzeugmasse eingetreten ist, mehr als wettgemacht werden. Dabei kann man beim Ottokraftstoff überschlägig rechnen, dass 1 l verbrannter Kraftstoff ca. 2400 g CO_2 emittiert, beim Diesel sind dies ca. 2640 g CO_2 Die Aufgaben der Zukunft sind besonders intensiv bezüglich der weiteren Kraftstoffverbrauchsreduzierung. Die Eckpunkte der europäischen Regelung bis 2008 zeigt die Abb. 2.9. Diese Regelung wird durch Aktivitäten wie Steuererleichterungen oder direkte Förderung beim Kauf von Fahrzeugen unterstützt [13]. Inzwischen werden für 2020 95 g CO_2/km und für 2050 20 g CO_2/km gefordert.

Blue Motion Technologie

Abb. 2.10 Volkswagen Blue Motion Polo [14]

Die Notwendigkeit die CO_2-Emissionen zu reduzieren erfordert eine Vielzahl von Aktivitäten: verstärkter Einsatz von alternativen Kraftstoffen, wie biofuel, CNG, synfuel und Ausschöpfung des Potentials von Diesel- und Ottofahrzeugen, inklusive der Hybridisierung. Die Abb. 2.10 zeigt den Volkswagen Blue Motion Polo, 3 Zylinder 1,2 l TDI mit Schaltanzeige, Start-Stopp, Bremsener-

Anlasser Kraftstoffpumpe Zündung Aktuator für Leerlaufbypassventil Drosselklappenbetätigung ABS-Hydraulikpumpe Scheibenwischer vorne/hinten Scheinwerfer-Waschanlage elektrische Fensterheber vorne/hinten elektrisches Schiebedach elektrische Türverriegelung, auch Heckklappe Kopfstützen und Sitzeinstellung elektrische Spiegel elektrische Antenne Leuchten und Scheinwerfer Heckscheibenheizung Sitzheizung Windschutzscheibendüsenheizung geheizte λ-Sonde ECU, Motor-Getriebe ABS, Anfahrhilfe, ESP Geschwindigkeitsregelanlage elektrisch/mechanische bzw. hydraulische Lenkung Fahrbahneinhaltung Instrumente Airbag- und Gurtstrafferauslösung Notruf Klimaanlage	Radio/CD/Tape/Amplifier Infrarotschlossbetätigung Navigation Diebstahlwarnanlage geheizter Katalysator elektrische Motorkühlung elektrische Wasserpumpe elektromagnetischer Ventiltrieb Komponenten für Hybridantrieb aktive Motorlager aktives Fahrwerk Reifendruckwächter Bremsassistent elektrische Bremse elektrischer A/C-Kompressor elektrischer Gangwechsel bei 5- und 6-Gang-getrieben geheizte Windschutzscheibe verbesserte Nachtsicht Fahrbahnwechselsichtgerät Kurvenlicht Einparkassistent Automatische Abstandshaltung mit Bremseneingriff Automatsiche Notbremsung intelligente Airbag-Sensoren Telefon/Fax Stimmeingabe Head up-Display

Abb. 2.11 Elektrische/elektronische Systeme im Fahrzeug [18]

gierückgewinnung, Verbrauch 3,3 l/100 km = 87 g CO_2/km [14].

Das andere Beispiel ist der Toyota Prius III mit einem Normverbrauch von 3,9 l Ottokraftstoff entsprechend 92 g CO_2/km [15]. Die Notwendigkeit sowohl bei Otto- als auch bei Dieselfahrzeugen den Verbrauch zu reduzieren, erfordert ein intelligentes Energiemanagement, sodass die Komponenten der Hybridantriebe Standard in allen Serienfahrzeugen werden. Weltweit wird auch an den serienmäßigen Einsatz von reinen Elektrofahrzeugen gearbeitet.

Ein anderer wesentlicher Aspekt ist die indirekte Wahrnehmung des Kunden von Verbesserungsmaßnahmen. Dazu gehört zweifelsohne die Akzeptanz des »bleifreien Benzins«, des schwefelarmen Kraftstoffes, Bio-Fuel, die Funktionsfähigkeit der Abgaskonzepte und die Korrosionsbeständigkeit. Dies gilt ebenso für die Langzeitqualität der eingesetzten Elektrik/Elektronik, Aktuatorik und Sensorik, die einen wesentlichen Anteil an den erzielten Fortschritten haben. Die Durchdringung aller Fahrzeugbauteile ist beträchtlich. Alle neuen Innovationen werden zu mehr als 80 % durch elektronische Komponenten beeinflusst, wie aus der folgenden Aufstellung, Abb. 2.11, ersichtlich ist. Diese lässt sich beliebig erweitern, wenn noch vermehrt Fahrerassistenzsysteme und Hybridantriebe in der Serie einsetzen.

Am Beispiel der Steuer- und Regelsysteme sind im Abb. 2.12 bedeutende Meilensteine als Funktion der Jahre dargestellt [16]. Man kann die kontinuierliche Weiterentwicklung erkennen. Die Elektronik wird auch zunehmend für die Überwachung der Funktionsfähigkeit von Fahrzeugkomponenten, wie Airbag-System, Motorölstand und Qualität, Reifendruck, Serviceintervalle und die Onboard-Diagnose (Überwachung der das Abgas beeinflussenden Komponenten) eingesetzt.

Durch die Informations- und Kommunikationssysteme findet zurzeit eine bessere Integration des Automobils in andere Systeme statt, sei es durch Verbesserung der Logistik und der Kommunikation, der dynamischen Zielführung oder durch die Verknüpfung mit anderen Verkehrssystemen. Dabei ergeben sich auch mit den Kunden im Automobil völlig neue Kommunikationsmöglichkeiten, z. B. allgemeine Serviceleistungen, Wartung und Information über Veranstaltungen etc.

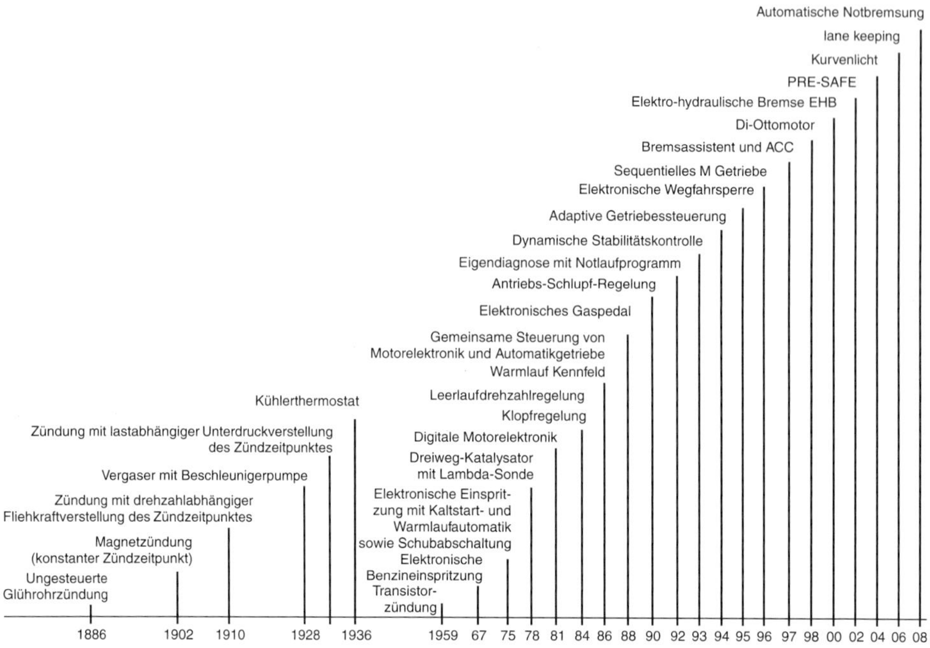

Abb. 2.12 Bedeutende Meilensteine im Automobilbau am Beispiel Steuer- und Regelsysteme [16]

Der Kunde erwartet:

1. Reiseinformationen
   Reiseplanung, Verkehrsmittelwahl, -übergreifende Fahrtroutenplanung, Service und Dienstleistung, Buchungen und Reservierungen, Routenplanung für Fußgänger, Touristikinformationen, Straßencharakteristik, Parkraumangebot, Verknüpfung von Verkehrsmitteln, Straßenkarten, Persönliche Kommunikation, Persönlicher Briefkasten, Notfallmeldung, Notruf,
2. Managementsysteme im öffentlichen Nahverkehr
   Statische und dynamische Fahrtinformation, individuelle ÖV-Reiseplanung, Fahrscheinverkauf bzw. Fahrscheinersatz,
3. Parkraummanagement
   Parkraumbelegung, dynamische Parkrauminformation, Parkleitempfehlung, Stellplatzreservierung,
4. Verkehrsinformation
   Navigation, Routenführung individuell und kollektiv, dynamische Information über Unfälle, allgemeine Verkehrszustände (Stau, Straßenarbeiten, Wettervorhersage, Umweltbedingungen, Sonderveranstaltungen, örtliche Einschränkungen – Zufahrt, Durchfahrt),
5. Management der Verkehrsnachfrage
   car-pooling, Verknüpfung im Güterverkehr, City-Logistik, Mauteinfluss.

Parallel mit der Automobiltechnik hat sich auch das Angebot der Hersteller zum Kunden geändert. Dies zeigt sich z. B. in einem viel größeren Angebot von Fahrzeugmodellen, erweiterten Serviceleistungen, neuartigen Leasingangeboten, Carsharingangeboten bis hin zu anderen Verkaufsorganisationen. Jeder Konzern versucht über zahlreiche Modelle sein Angebot so attraktiv wie möglich zu machen, sei es innerhalb einer Marke selbst oder über verschiedene Marken in einem Konzern. Dies gilt auch für die Kommunikation mit den Kunden über Kundenkliniken, interne und externe Befragungen, *customer satisfaction index*, Werkstatttests, Langzeittests durch Verbraucherorganisationen wie ADAC und TÜV, Crashtests und direkte Informationen über die Fachzeitschriften. Im Vergleich zu früher ist der Kunde heute hervorragend über das Produkt und die Marke informiert bzw. kann Informationen über das Internet abfragen.

Die erwähnte Recyclingfähigkeit hat sich in einer inzwischen vorhandenen Rücknahmekette etabliert. Im Sinne der Schonung von Ressourcen ist es außerdem notwendig, das wiederverwertbare Material einer erneuten Verwendung zuzuführen. Die Recyclingrichtlinie wurde inzwischen in Brüssel für die EU rechtsgültig definiert [19].

Das Automobil mit einem jährlichen Umsatz von mehr als 1000 Milliarden EUR und der zusätzliche Umsatz der Vertriebs- und Werkstattaktivitäten stellt einen bedeutenden Wirtschaftsfaktor dar. Die kontinuierlich steigenden Herausforderungen müssen von der Automobilindustrie und ihren Zulieferanten bewältigt werden: Globalisierung, internationaler Wettbewerb, Produktivitätssteigerung, kontinuierliche Verbesserungsprozesse, Modularisierung, Veränderung in der Zusammenarbeit mit den Zulieferanten und wissenschaftlichen Einrichtungen, Entwicklungspartnern und die Neuorientierung des Produktentstehungsprozesses. Diese Veränderungen beinhalten das frühzeitige Einbeziehen aller am Produktentstehungsprozess beteiligter Bereiche. Zur Reduzierung der Fahrzeug- inkl. der Entwicklungskosten dienen auch die Gleichteile, firmenspezifisch und firmenübergreifend und die Modulstrategie, die eine große Variantenzahl von Modellen bei einer günstigen Kostenstruktur ermöglicht.

Die Automobilindustrie muss auch in Zukunft mit innovativen Lösungen aufwarten. Traditionell ist die Bereitschaft zu großen Veränderungen nur dann vorhanden, wenn sie vom Kunden akzeptiert werden. Die ◘ Abb. 2.13 zeigt zwei Arten von Innovationsänderungen. Die linke Seite zeigt externe, nur sehr schwer zu beeinflussende Faktoren wie Ölkrisen, Aktivitäten der Gesetzgeber auf, auf der rechten Seite die mehr von Technologien getriebene Veränderung wie die Mikroelektronik, Fuzzy Logic, neuronale Regler. Neuartige Otto- und Dieselmotore, alternative Antriebe, Brennstoffzelle und Hybride, Unfallvorbeugung über Sensorik und gestützte Leitsysteme inklusive des »elektronischen Beifahrers«, Optimierung von Elektrik/Elektronik im Fahrzeug und der Leichtbau stehen im Vordergrund. Ganz besonders wird die Elektromobilität

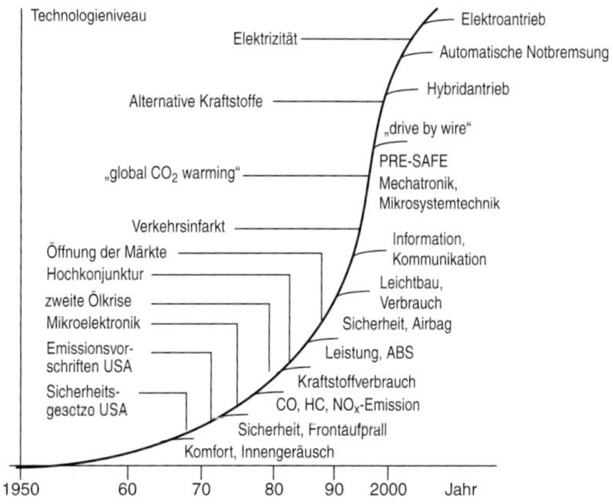

◘ **Abb. 2.13** Innovationswellen im Automobilbau

sowohl die Energieversorgung als auch das Käuferverhalten und die Automobilbaustellerstrukturen verändern.

Die technologischen Herausforderungen sind immens, aber beherrschbar, wenn alle an dem Prozess Beteiligten, Wissenschaft, Politik und Industrie sich von nachvollziehbaren Kriterien leiten lassen und an einem Strang ziehen.

2.2 Anforderungen durch den Gesetzgeber

Neben allgemeinen nationalen Vorschriften wird im Folgenden speziell auf die europäischen Bestimmungen eingegangen. Falls für einzelne Anforderungen weltweit andere Regelungen gelten, wird dies in den Fachkapiteln abgehandelt.

2.2.1 Zulassung zum Straßenverkehr

Nach § 1 Abs. 1 des Straßenverkehrsgesetzes (StVG) müssen Kraftfahrzeuge (Kfz) und ihre Anhänger, die auf öffentlichen Straßen in Betrieb gesetzt werden sollen, von der zuständigen Behörde (Zulassungsbehörde) zum Verkehr zugelassen sein. Weiterhin bestimmt § 3 der Fahrzeug-Zulassungsverordnung (FZV), dass Kfz mit einer durch die Bauart bestimmten Höchstgeschwindigkeit von mehr als 6 km/h und ihre Anhänger auf öffentli-

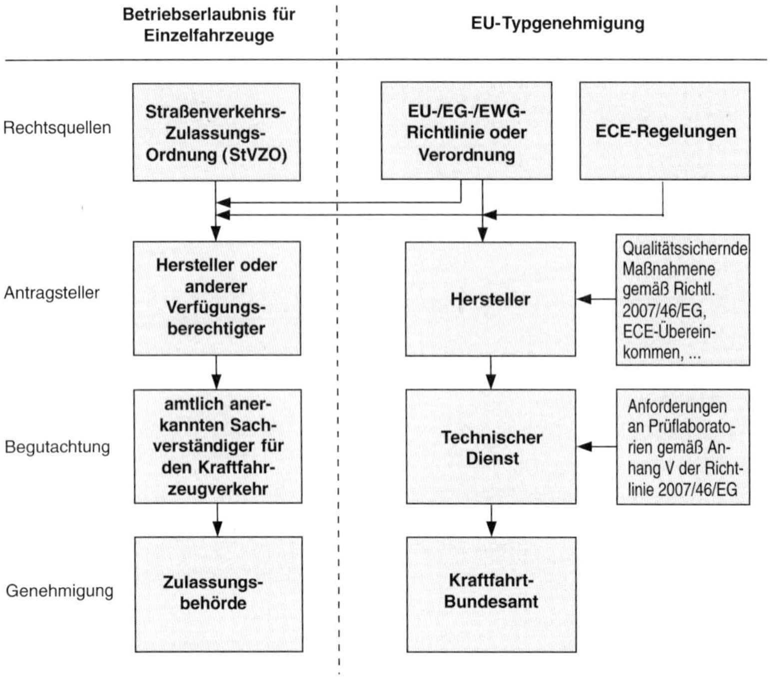

Abb. 2.14 Genehmigungsverfahren für M_1-Fahrzeuge

chen Straßen nur in Betrieb gesetzt werden dürfen, wenn sie durch Erteilung einer Einzelgenehmigung oder einer EU-Typgenehmigung und durch Zuteilung eines amtlichen Kennzeichens für Kfz oder Anhänger zum Verkehr zugelassen sind.

Für reihenweise zu fertigende oder gefertigte Fahrzeuge (Fz) der Klasse M_1 kann dem Hersteller eine EU-Typgenehmigung erteilt werden. Vor Erteilung der EU-Typgenehmigung muss der Antragsteller das Vorhandensein eines Qualitätssicherungssystems gegenüber der Genehmigungsbehörde nach deren Bestimmungen nachweisen.

Für die Fahrzeugklasse M_1 zeigen Abb. 2.14 die Genehmigungsverfahren und Tab. 2.2 eine Übersicht über die Rechtsquellen. Fz der Klasse M_1 sind Fz zur Personenbeförderung, die außer dem Fahrersitz über höchstens acht Sitzplätze verfügen.

2.2.2 Die nationalen und supranationalen Rechtsquellen

2.2.2.1 Straßenverkehrsrecht mit StVZO

§ 6 StVG ermächtigt das Bundesministerium für Verkehr, Bau- und Stadtentwicklung (BMVBS), Rechtsverordnungen und allgemeine Verwaltungsvorschriften über die Beschaffenheit, die Ausrüstung, die Prüfung und die Kennzeichnung der Fz mit Zustimmung des Bundesrates zu erlassen. § 38 Abs. 2 und § 39 des Bundesimmissionsschutzgesetzes ermächtigen das BMVBS und das Bundesministerium für Umwelt, Naturschutz und Reaktorsicherheit mit Zustimmung des Bundesrates entsprechende Vorschriften auf dem Gebiet des Umweltschutzes zu erlassen. Die von beiden Ministerien gemeinsam erlassenen Vorschriften sind Bestandteile der Straßenverkehrs-Zulassungs-Ordnung (StVZO). Die Bau- und Betriebsvorschriften für Fz beginnen mit § 30, den Allgemeinen Vorschriften über die Beschaffenheit der Fz. Nach § 30

Tabelle 2.2

Fahrzeugklasse M_1	**EU-/EG-/EWG-Richtlinie oder Verordnung**	**ECE-Regelung**	**StVZO**
Anforderungen an die *aktive* Fahrzeugsicherheit (Unfallvorbeugung)			
Lenkanlagen	70/311/EWG	R 79	§ 38
Bremsanlagen	71/320/EWG	R13-H	§ 41
Austauschbremsbeläge	71/320/EWG	R 90	§ 22
Einrichtungen für Schallzeichen	70/388/EWG	R 28	§ 55
Sichtfeld	77/649/EWG	R 125	§ 35b
Entfrostungs- und Trocknungsanlagen für verglaste Flächen	VO (EG) 672/2010	–	§ 35b
Scheibenwischer und Scheibenwascher	VO (EG) 1008/2010	–	§ 40
Einrichtungen für indirekte Sicht	2003/97/EG	R 46	§ 56
Heizungen (Motorabwärme und Zusatzanlagen)	2001/56/EG	R 122	§ 35c
Beleuchtungsanbau, Warnblinklicht	76/756/EWG	R 48	§ 49a, 53a
Rückstrahler	76/757/EWG	R 3	§ 53
Umrissleuchten, Begrenzungsleuchten, Schlussleuchten, Bremsleuchten	76/758/EWG	R 7	§ 51, 51b, 53
Seitenmarkierungsleuchten	76/758/EWG	R 91	§ 51a
Fahrtrichtungsanzeiger	76/759/EWG	R 6	§ 54
Scheinwerfer für Fern- und/oder Abblendlicht	76/761/EWG	R 1, 8, 20, 112, 113	§ 50
sowie ihre Lichtquellen	76/761/EWG	R 37	§ 22a
Gasentladungsscheinwerfer	–	R 98	–
sowie ihre Lichtquellen	–	R 99	–
adaptive Frontscheinwerfer	–	R 123	–
Nebelscheinwerfer	76/762/EWG	R 19	§ 52
Abbiegeleuchten	–	R 119	–
Nebelschlussleuchten	77/538/EWG	R 38	§ 53d

Tabelle 2.2 (Fortsetzung)

Fahrzeugklasse M_1	EU-/EG-/EWG-Richtlinie oder Verordnung	ECE-Regelung	StVZO
Anforderungen an die *aktive* Fahrzeugsicherheit (Unfallvorbeugung)			
Rückfahrscheinwerfer	77/539/EWG	R 23	§ 52a
Parkleuchten	77/540/EWG	R 77	§ 51c
Beleuchtungseinrichtungen für das hintere Kennzeichen	76/760/EWG	R 4	§ 60
Rückwärtsgang und Geschwindigkeitsmessgerät	75/443/EWG	R 39	§ 39, 57
Innenausstattung (Symbole, Kontrollleuchten)	78/316/EWG	R 121	§ 30
Radabdeckungen	VO (EG) 1009/2010	–	§ 36a
Profiltiefe der Reifen	89/459/EWG	–	§ 36
Reifen und ihre Montage	92/23/EWG	R 30	§ 36
Reifen Nasshaftvermögen	–	R 117	–
Austauschräder	–	R 124	–
Anhängelast, Stützlast	92/21/EWG	–	§ 42, 44
Verbindungseinrichtungen (Anhängekuppl.)	94/20/EG	R 55	§ 43
Pedalanordnung	–	R 35	§ 30
Anforderungen an die *passive* Fahrzeugsicherheit (Unfallfolgenmilderung)			
Innenausstattung (vorstehende Teile)	74/60/EWG	R 21	§ 30
Lenkanlagen (Verhalten bei Unfallstößen)	74/297/EWG	R 12	§ 38
Frontalaufprall, Insassenschutz	96/79/EG	R 94	§ –
Seitenaufprall, Insassenschutz	96/27/EG	R 95	§ –
Verankerung der Sicherheitsgurte	76/115/EWG	R 14	§ 35a
Sicherheitsgurte und Rückhaltesysteme	77/541/EWG	R 16, R 44	§ 22a,35a
Sitze, ihre Verankerungen und Kopfstützen	74/408/EWG	R 17, R 25	§ 35a

Tabelle 2.2 (Fortsetzung)

Fahrzeugklasse M_1	**EU-/EG-/EWG-Richtlinie oder Verordnung**	**ECE-Regelung**	**StVZO**
Anforderungen an die *passive* Fahrzeugsicherheit (Unfallvorbeugung)			
Kopfstützen	78/932/EWG	R 17, R 25	§ 35a
vorstehende Außenkanten	74/483/EWG	R 26	§ 30 c
Kraftstoffbehälter und Unterfahrschutz	70/221/EWG	R 58	§ 47–47c
Autogasanlagen (Flüssig- und Erdgas)	–	R 67, R 110, R 115	§ 41a, 45, 47
wasserstoffbetriebene Fahrzeuge	VO (EG) 79/2009	–	–
Türen (Schlösser und Scharniere)	70/387/EWG	R 11	§ 35e
Stoßstangen vorn und hinten	–	R 42	–
Auffahrunfall (nicht in D)	–	R 32	–
Sicherheitsscheiben	92/22/EWG	R 43	§ 40
Elektroantrieb (Sicherheit)	–	R 100	§ 62
Fußgängerschutz, Frontschutzsysteme	VO (EG) 78/2009	–	–
Airbag	–	R 114	–
Gepäckabtrennsysteme	–	R 126	–
Anforderungen an das Emissionsverhalten			
Geräuschpegel und Auspuffanlage	70/157/EWG	R 51	§ 49
Austauschschalldämpfer	70/157/EWG	R 59	§ 49
Schadstoffemissionen, Kraftstoffverbrauch, Abgastrübung und CO_2-Emissionen	70/220/EWG, VO (EG) 715/2007 und VO (EG) 595/2009	R 83, R 103	§ 47, 47c
Kraftstoffverbrauch und CO_2-Ausstoß	80/1268/EWG	R 101	§ 47d
Funkentstörung und elektromagnetische Verträglichkeit (EMV)	72/245/EWG	R 10	§ 55a
Elektr. Energieverbrauch bei Elektroantrieb	–	R 101	–
Reifenabrollgeräusch	92/23/EWG	R 117	–
Emissionen aus Klimaanlagen	2006/40/EG	–	–

Tabelle 2.2 (Fortsetzung)

Fahrzeugklasse M_1	EU-/EG-/EWG-Richtlinie oder Verordnung	ECE-Regelung	StVZO
Verschiedenes			
Betriebserlaubnis (Typgenehmigung)	2007/46/EG	–	§ 19, 20
Kennzeichenanbringung hinten	VO (EG) 1003/2010	–	§ 60
Sicherungseinrichtungen gegen unbefugte Benutzung	74/61/EWG	R 18, R 116	§ 38a
Alarmsysteme und Wegfahrsperren	74/61/EWG	R 97, R 116	§ 38b
Fabrikschild, Fahrzeugidentifizierungsnummern	VO (EG) 19/2011	–	§ 59
Abschleppeinrichtungen	VO (EG) 1005/2010	–	§ 43
Motorleistung, Messung	80/1269/EWG	R 24, R 85	§ 35
Massen und Abmessungen von M_1-Fz	92/21/EWG	–	§ 32, 34
Höchstgeschwindigkeit (Messung)	–	R 68	§ 30a
Verbraucherinformation über Kraftstoffverbrauch und CO_2-Emissionen von Pkw	1999/94/EG	–	–
Altfahrzeuge, Recycling	2000/53/EG, 2005/64/EG	–	–

Abs. 1 StVZO müssen Fz so gebaut und ausgerüstet sein, dass

1. ihr verkehrsüblicher Betrieb niemanden schädigt oder mehr als unvermeidbar gefährdet, behindert oder belästigt,
2. die Insassen, insbesondere bei Unfällen vor Verletzungen möglichst geschützt sind und das Ausmaß und die Folgen von Verletzungen möglichst gering bleiben.

Nähere Einzelheiten werden durch § 30ff. StVZO geregelt.

2.2.2.2 Rechtsakte der Europäischen Union

Die Rolle der Europäischen Gemeinschaft ergibt sich u. a. aus den Römischen Verträgen von 1957, insbesondere aus dem Vertrag zur Gründung der Europäischen Wirtschaftsgemeinschaft (EWG).

Der EWG-Vertrag definiert als Hauptaufgabe die Errichtung eines Gemeinsamen Binnenmarktes durch Abbau von Handelshemmnissen. Sichergestellt wird dies u. a. dadurch, dass Fz, die die harmonisierten technischen Vorschriften erfüllen, an einem ungehinderten Warenverkehr teilnehmen können. Bei der Erarbeitung der Vorschriften, den sog. Richtlinien, wird von einem hohen Niveau für Sicherheit und Umweltschutz ausgegangen.

Der Rat der Europäischen Union hat insbesondere gestützt auf Artikel 94 und auf Vorschlag der Kommission zahlreiche Richtlinien für Straßenfahrzeuge erlassen. Heute ist Artikel 95a i. V. m. Artikel 14 des Vertrages zur Gründung der Europäischen Gemeinschaft (EG) in der Fassung vom 02. Oktober 1997 Rechtsgrundlage für die Rechtsakte. Von der Systematik her werden die Rechtsakte in Rahmenrichtlinien/-verordnungen und Einzelrichtlinien/-verordnungen eingeteilt. Drei Rahmenrichtlinien befassen sich mit der Erteilung von Typgenehmigungen für Kfz und Kfz-Anhänger (2007/46/EG), für land- oder forstwirtschaftliche Zugmaschinen auf Rädern (2003/37/EG) und für zwei- und dreirädrige Kfz (2002/24/EG). Neben Fz können auch Systeme, Bauteile und selbstständige technische Einheiten eine Typgenehmigung erhalten.

Gemäß der Richtlinie 2007/46/EG werden die Kfz und ihre Anhänger, die vorgenannter Richtlinie unterliegen, in Klassen eingeteilt. Dabei steht M_1 für Pkw, M_2 und M_3 für Busse, N_1 bis N_3 für Lkw und O_1 bis O_4 für Anhänger. Mit Ausnahme der Pkw werden alle Klassen durch ihre zulässige Gesamtmasse (in einigen Richtlinien auch »Höchstmasse« genannt) definiert. Bei geländegängigen Kfz wird dem Fz-Klassen-Symbol M_1 bis N_3 jeweils der Buchstabe G angefügt. Wohnmobile sind M_1-Fz mit besonderer Zweckbestimmung.

Je nach Aufbautyp – von Limousine über Kombi-Limousine bis Mehrzweckfahrzeug – werden M_1-Fz zusätzlich differenziert. Mehrzweckfahrzeuge sind Kfz zur Beförderung von Fahrgästen und deren Gepäck oder von Gütern in einem einzigen Innenraum. Damit diese Fz unter die Klasse M_1 fallen, müssen zusätzliche Kriterien erfüllt sein.

2.2.2.3 Regelungen der UN-Wirtschaftskommission für Europa

Auf der Grundlage des Übereinkommens vom 20.03.1958 in der Fassung der Revision 2 vom 16.10.1995 befasst sich auch die UN-Wirtschaftskommission für Europa (Economic Commission for Europe, ECE) mit der Harmonisierung kraftfahrzeugtechnischer Vorschriften. Der Titel des Übereinkommens lautet: »Übereinkommen über die Annahme einheitlicher technischer Bedingungen für Radfahrzeuge, Ausrüstungsgegenstände und Teile, die in Radfahrzeuge(n) eingebaut und/oder verwendet werden können, und die Bedingungen für die gegenseitige Anerkennung von Genehmigungen, die nach diesen Vorschriften erteilt wurden.« Die dem Übereinkommen angefügten Regelungen betreffen die Sicherheit, den Umweltschutz und den Energieverbrauch.

Am 24. März 1998 ist die Europäische Gemeinschaft dem geänderten Übereinkommen beigetreten. Japan, Australien, Neuseeland, Südafrika und Korea gehören inzwischen ebenfalls dazu.

Die meisten der seit 1958 ca. 125 in Kraft getretenen Regelungen wendet Deutschland an. Das Übereinkommen und die Revisionen sind in Deutschland mittels Gesetz in Kraft gesetzt worden. Dieses Gesetz ermächtigt das BMVBS nach Anhörung der Bundesländer die Regelungen durch Verordnungen in Deutschland in Kraft zu setzen. Neuere ECE-Regelungen sowie Änderungen zu bestehenden ECE-Regelungen müssen nicht mehr per Verordnung in nationales Recht übernommen werden, da sie per EU-Annahmebeschluss in allen EU-Mitgliedstaaten angewendet werden können.

Die technischen Vorschriften mehrerer ECE-Regelungen, insbesondere für lichttechnische Einrichtungen, wurden durch Verweisungen in die entsprechenden EG-Richtlinien übernommen. Darüber hinaus sind zahlreiche ECE-Regelungen von der Europäischen Gemeinschaft als bestimmten Richtlinien und Verordnungen gleichwertig anerkannt worden; Fahrzeughersteller können diese im Rahmen der EG-Typgenehmigung für Fz alternativ anwenden. Mit der Verordnung (EG) Nr. 661/2009 über die allgemeine Sicherheit werden etwa 50 EG-Richtlinien zum 01.11.2014 aufgehoben. Ersetzt werden diese Richtlinien durch neue Verordnungen oder die verbindliche Anwendung der entsprechenden ECE-Regelungen.

Anmerkung der Herausgeber Mit der EU Verordnung 661/2009 soll das Typgenehmigungsverfahren vereinfacht und die Anforderungen an die Sicherheit und Umweltverträglichkeit der Fahrzeuge weiterentwickelt werden. Zum 1.11.2014 werden 50 EG-Richtlinien aufgehoben und durch neue EU Verordnungen bzw. die verbindliche Anwendung der entsprechenden ECE-Regelungen ersetzt.

Außerdem wird die Einführung von einem Elektronischen Fahrdynamik-Regelsystem, einer Gangwechselanzeige und eines Reifendruckkontrollsystems vorgeschrieben.

Die Reifen werden in unterschiedliche Klassen mit Anforderungen an Rollwiderstand, Abrollgeräusche und Haftung bei Nässe eingeteilt.

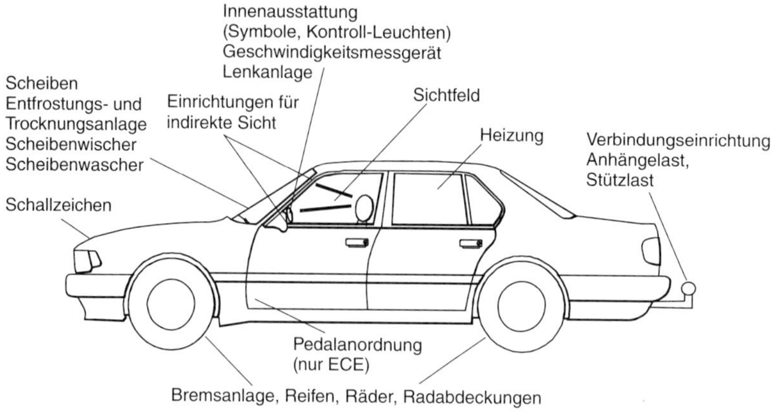

Abb. 2.15 Vorschriften zur aktiven Sicherheit

2.2.2.4 Weitere Maßnahmen zum Abbau von Handelshemmnissen

Ausgehend vom Transatlantischen Wirtschaftsdialog zwischen Europa und USA zur Stärkung der Wirtschaftsbeziehungen und zum Abbau von Handelshemmnissen wurde im Rahmen der ECE ein Übereinkommen über die Festlegung globaler fahrzeugtechnischer Regelungen ausgearbeitet. Dieses Übereinkommen soll das ECE-Übereinkommen von 1958 nicht ersetzen, sondern neben diesem bestehen und wird auch als Parallelübereinkommen bezeichnet.

Grundlage des Übereinkommens von 1958 ist die gegenseitige Anerkennung von Genehmigungen auf der Basis von ECE-Regelungen. Ziel des Parallelübereinkommens ist lediglich die Erarbeitung und Festlegung von globalen technischen Regelungen über die Sicherheit, den Umweltschutz, die Energieeffizienz und die Diebstahlsicherung. Das Verfahren zur Anwendung der so harmonisierten Vorschriften bleibt den Vertragsparteien überlassen. Somit sind sowohl Typgenehmigungsverfahren als auch Verfahren der Selbstzertifizierung möglich. Die globalen technischen Regelungen werden in den gleichen Arbeitsgruppen ausgearbeitet, die sich auch mit den ECE-Regelungen befassen.

Neben den USA und der EU können auch Mitgliedsstaaten der EU und andere Staaten Vertragsparteien des Parallelübereinkommens werden. Auch Deutschland ist Vertragspartei des Übereinkommens (Gemischte Zuständigkeit von Europäischer Gemeinschaft und Mitgliedstaaten). Das Übereinkommen ist am 25.08.2000 in Kraft getreten.

2.2.3 Unfallvorbeugung (aktive Sicherheit)

2.2.3.1 Allgemeines

Die derzeitigen Vorschriften über die Anforderungen an die aktive Fz-Sicherheit stellen allein betrachtet für die Hersteller von M_1-Fz keine besonderen Herausforderungen dar. Nicht zuletzt durch Tests unterschiedlicher Institutionen gibt es auf diesem Gebiet aber seit vielen Jahren einen Wettbewerb, der zu einer ständigen Verbesserung der aktiven Fz-Sicherheit und des damit in Verbindung zu sehenden Komforts führte. Die sich aus dem Wettbewerb ergebende Messlatte liegt erheblich höher als die des Gesetzgebers.

Abbildung 2.15 stellt außer der Lichttechnik die im Bereich der aktiven Sicherheit durch Vorschriften geregelten Sachverhalte dar.

2.2.3.2 Bremsanlage

Die Bremsanlage muss Betriebsbremsungen, Hilfsbremsungen und Feststellbremsungen ermöglichen. Die Betriebsbremsung muss bei allen Geschwindigkeiten und Belastungszuständen und bei beliebiger Steigung und beliebigem Gefälle die Kontrolle der Fahrzeugbewegung sowie ein

Tabelle 2.3 Bremsprüfungen

	Betriebsbremsung Typ 0 (ausgekuppelt)	**Betriebsbremsung, heiß Typ 1 (eingekuppelt)**	**Hilfsbremsung Typ 0 (ausgekuppelt)**
Prüfgeschwindigkeit $v =$	80 km/h	80 % v_{max}; $\leq$ 160 km/h	80 km/h
Bremsweg s [m] $\leq$	$0{,}1v + \frac{v^2}{150}$	$0{,}1v + \frac{v^2}{130}$	$0{,}1v + \frac{2v^2}{150}$
mittlere Vollverzögerung $d_m \geq$	5,8 m/s²	5,0 m/s²	2,9 m/s²
Betätigungskraft $F \leq$	500 N	500 N	500 N (Fuß) 400 N (Hand)

sicheres, schnelles und wirksames Anhalten des Fz ermöglichen. Die Hilfsbremsung muss das Anhalten des Fz innerhalb einer angemessenen Entfernung ermöglichen, wenn die Betriebsbremsung z. B. bei Ausfall eines Bremskreises versagt. Die Feststellbremsung muss es ermöglichen, das Fz auch bei Abwesenheit des Fahrers in der Steigung und im Gefälle im Stillstand zu halten.

Für die Genehmigung ist die Bremswirkung des beladenen Fahrzeugs bei Prüfungen auf der Straße zu messen. Durchgeführt werden folgende Prüfungen:

- Normale Wirkung bei kalter Bremse (Typ 0),
- Absinken der Bremswirkung (Typ I) bei wiederholten Bremsungen mit abschließendem Heißbremstest,
- Hilfsbremswirkung bei kalter Bremse (Typ 0).

Die einzuhaltenden Werte ergeben sich aus Tab. 2.3.

Die Feststellbremsanlage muss das beladene Fz auf einer Steigung oder einem Gefälle von 18 % im Stillstand halten können. Bei Handbetätigung darf die Betätigungskraft 400 N und bei Fußbetätigung 500 N nicht übersteigen.

Bei Fz, die nicht mit einem automatischen Blockierverhinderer/Antiblockiersystem (ABS) ausgestattet sind, muss für alle Beladungszustände die Kraftschlusskurve der Vorderachse grundsätzlich über derjenigen der Hinterachse liegen.

Von den drei möglichen ABS-Kategorien gelten die höchsten Anforderungen für die Kategorie 1. ABS-Störungen müssen dem Fahrer durch ein optisches Warnsignal angezeigt werden. Soweit das ABS eines Fz ein sog. »komplexes elektronisches Fahrzeugsteuersystem« enthält, wird dieses nach Anhang 8 der ECE-Regelung Nr. 13-H geprüft.

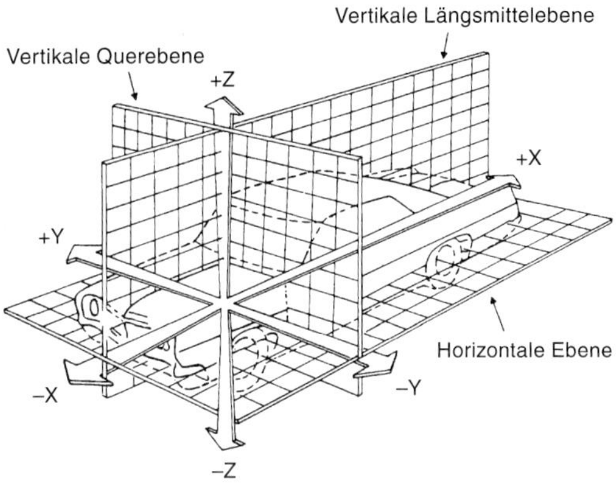

Abb. 2.16 Dreidimensionales Koordinatensystem

2.2.3.3 Sichtfeld

Für den Fahrer muss nach vorne ein ausreichendes Sichtfeld vorhanden sein. Mittels eines dreidimensionalen Koordinatensystems (Abb. 2.16), in dem das Fz ausgerichtet wird, und mehrerer Bezugspunkte wird geprüft, ob ein ausreichendes Sichtfeld vorhanden ist.

Zwei der oben genannten Bezugspunkte sind der ‚H'-Punkt und der ‚R'-Punkt. Beide Bezugspunkte spielen auch bei etlichen anderen Richtlinien eine wichtige Rolle.

Der H-Punkt ist der Mittelpunkt des Drehgelenks zwischen dem Rumpf und den Schenkeln der auf den Fahrzeugsitzen aufgesetzten, in Abb. 2.17 dargestellten so genannten 3DH-Maschine. Der R-

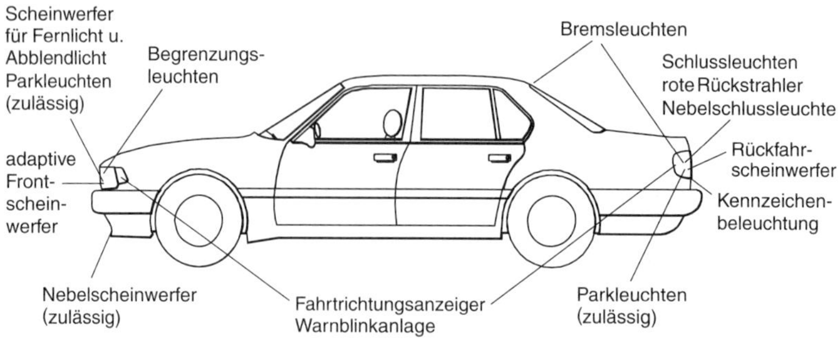

Abb. 2.18 Lichttechnische Einrichtungen

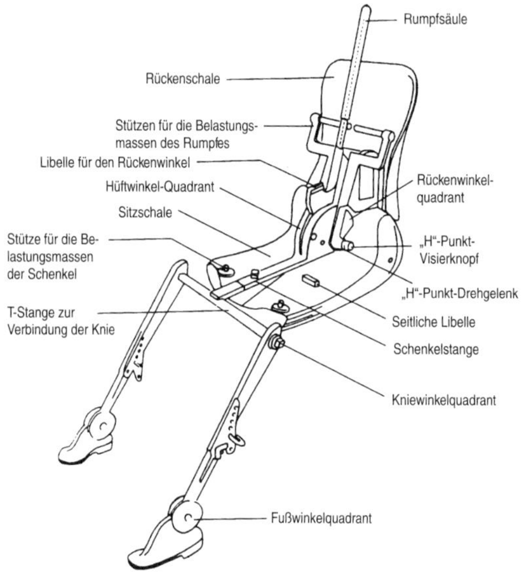

Abb. 2.17 Beschreibung der 3DH-Maschinenteile

Punkt oder der Bezugspunkt des Sitzes wird vom Hersteller für jeden Sitzplatz konstruktiv festgelegt.

2.2.3.4 Lichttechnische Einrichtungen

Es dürfen nur die vorgeschriebenen oder für zulässig erklärten Leuchten, Leuchtstoffe und rückstrahlenden Mittel verwendet werden (Abb. 2.18). Lichttechnische Einrichtungen sind bauartgenehmigungspflichtig und müssen vorschriftsmäßig und fest am Fz angebracht sowie ständig betriebsfertig sein.

2.2.4 Unfallfolgenmilderung (passive Sicherheit)

2.2.4.1 Allgemeines

Durch vergleichende Crashtests und Veröffentlichung der bewerteten Ergebnisse hat auch auf dem Gebiet der passiven Fahrzeugsicherheit ein fruchtbarer Wettbewerb unter den Herstellern eingesetzt, der letztlich dem Schutz der Insassen zugute kommt. In diesem Zusammenhang ist das europäische New Car Assessment Program (Euro NCAP) zu erwähnen, dessen Ziel die unabhängige Bewertung des Sicherheitsniveaus von Fz zur Verbraucherberatung ist.

Derzeit werden folgende Tests durchgeführt:

- Frontaufprall, 40 % Offset gegen Defoelement wie 96/79/EG, jedoch mit 64 km/h,
- Seitenaufprall wie 96/27/EG; Einbeziehung von Ergebnissen nach FMVSS 201,
- Pfahltest, seitlicher Aufprall gegen eine Säule,
- Fußgängertest mit 4 Impaktoren (Bein, Hüfte, Kopf Kind und Kopf Erwachsener) nach EEVC-Entwurf.

Abbildung 2.19 gibt einen Überblick über die durch Vorschriften geregelten Sachverhalte.

2.2.4.2 Insassenschutz bei Frontalaufprall

Die Richtlinie 96/79/EG gilt für M_1-Fz mit einer zulässigen Gesamtmasse von höchstens 2,5 t. Nach dieser Richtlinie genehmigte Fz erfüllen auch die Anforderungen der Richtlinie über das Verhalten der Lenkanlage bei Unfallstößen in Bezug auf das Eindringen der Lenkanlage in den Insassen-

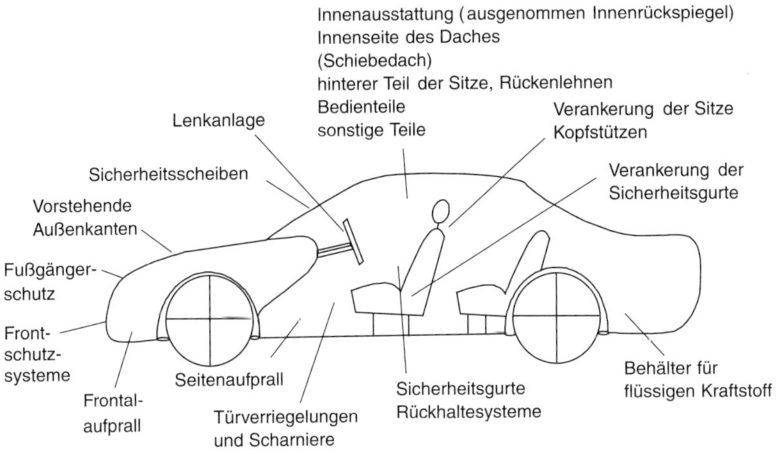

Abb. 2.19 Sicherheit, Unfallfolgenmilderung

raum. Das Fz mit Prüfpuppen auf den vorderen Außensitzen prallt mit einer Geschwindigkeit von 56 km/h auf eine quer angeordnete Barriere. Die Front der Barriere besteht aus einem verformbaren Bauteil. Die Fahrzeugbreite muss die Front der Barriere zu 40 % ± 20 mm überdecken. Anhand mehrerer Messwertaufnehmer in den Prüfpuppen werden die Belastungskriterien ermittelt, die bestimmte Höchstwerte nicht überschreiten dürfen. Neben Kopfbelastung werden Nacken-, Brust- sowie Ober- und Unterschenkelbelastung beurteilt.

2.2.4.3 Insassenschutz bei Seitenaufprall

Die Richtlinie 96/27/EG gilt für M_1- und N_1-Fz, bei denen der R-Punkt des niedrigsten Sitzes nicht mehr als 700 mm über dem Boden liegt. Eine fahrbare, verformbare Barriere prallt mit 50 km/h seitlich auf die Fahrerseite des Fz auf. Auf dem Vordersitz dieser Fahrzeugseite ist eine Prüfpuppe platziert. Während der Prüfung darf sich keine Tür öffnen. Nach dem Aufprall muss es möglich sein, ohne Werkzeuge ausreichend viele Türen zu öffnen, die für den normalen Ein- und Ausstieg der Insassen bestimmt sind, erforderlichenfalls die Sitzrücklehnen oder Sitze so zu verschieben, dass alle Insassen das Fz verlassen können, und die Prüfpuppe aus dem Fz herauszunehmen.

Die Kopf-, Brustkorb-, Becken- und Bauchbelastung darf bestimmte Maximalwerte nicht übersteigen.

2.2.4.4 Fußgängerschutz

Die Verordnungen (EG) 78/2009 und (EG) 631/2009 gelten für die Frontpartie von M_1-Fz bis zu 2,5 t Gesamtmasse. Es werden folgende Aufprallprüfungen durchgeführt:

- Beinprüfkörper gegen den Stoßfänger,
- Hüftprüfkörper gegen den Stoßfänger,
- Hüftprüfkörper gegen die Fronthaubenvorderkante,
- Prüfkörper Kinderkopfform/kleine Erwachsenenkopfform auf die Fronthaubenoberseite,
- Erwachsenenkopfform-Prüfkörper gegen die Windschutzscheibe,
- Kinder- und Erwachsenenkopfform-Prüfkörper auf die Fronthaubenoberseite.

Zusätzlich enthalten die Verordnungen (EG) 78/2009 und (EG) 631/2009 Spezifikationen für Bremsassistenzsysteme (BAS) und für die Prüfung von Frontschutzsystemen. Massen und Aufprallgeschwindigkeiten der Prüfkörper sind jeweils gesondert festgelegt. Die bei der Prüfung je nach Prüfkörper entstehenden Verschiebungen, Beschleunigungen, Kräfte, Momente oder HPC-Werte dürfen die in der Verordnung (EG) 78/2009 genannten Grenzwerte nicht überschreiten.

2.2.5 Anforderungen an das Emissionsverhalten

2.2.5.1 Allgemeines

Die gesetzlichen Anforderungen an das Emissionsverhalten, insbesondere an das Abgasverhalten, stellen für die Fz-Hersteller anspruchsvolle Herausforderungen dar. Es ist deshalb von zentraler Bedeutung, dass die in der näheren Zukunft geltenden Schadstoffgrenzwerte mit den geänderten bzw. zusätzlichen Anforderungen rechtzeitig im Voraus bekannt sind, um so den Herstellern das erforderliche Maß an Planungssicherheit zu gewähren.

2.2.5.2 Geräuschpegel und Auspuffanlage

Die Messung des Geräusches erfolgt für das in Fahrt befindliche Fz und für das stehende Fz. Die Messung des Standgeräusches wird durchgeführt, um für die Kontrolle der im Verkehr befindlichen Fz desselben Typs einen Bezugswert zu erhalten.

Die Schallpegelmessgeräte zur Messung des Fahrgeräusches sind in einem Abstand von 15 m zueinander und quer zur Fahrtrichtung in der Mitte der 20 m langen Prüfstrecke angeordnet. Zunächst wird das Fz mit konstant 50 km/h auf die Prüfstrecke zubewegt. Sobald die vordere Fz-Begrenzung den Beginn der Prüfstrecke erreicht, wird maximal beschleunigt. Der dabei zu wählende Gang hängt ab von der Anzahl der Vorwärtsgänge, der Getriebeart sowie bestimmten Kriterien bei Hochleistungsfahrzeugen[1]). Sobald die hintere Fz-Begrenzung das Ende der Prüfstrecke erreicht, wird das Fahrpedal vollständig entlastet. Der bei dieser beschleunigten Vorbeifahrt ermittelte höchste Schallpegel darf 74 dB(A)[1]) nicht überschreiten.

Für Auspuffanlagen bzw. Austausch-Schalldämpferanlagen kann eine gesonderte Typgenehmigung erteilt werden.

1 **Hinweis:** Höhere Grenzwerte für bestimmte M_1-Fz + 1 dB(A) bei Diesel-Direkteinspritzung zusätzlich + 1 dB(A) bei Gelände-Fz Höchstmasse > 2 t und < 150 kW oder zusätzlich + 2 dB(A) bei Gelände-Fz Höchstmasse > 2 t und ≥ 150 kW oder zusätzlich + 1 dB(A) bei Hochleistungsfahrzeugen (> 4 Gänge, > 140 kW, > 75 kW/t der Gesamtmasse sowie > 61 km/h erreicht im 3. Gang am Ende der Messstrecke)

2.2.5.3 Abgase

2.2.5.3.1 Emissionen von Kraftfahrzeugen

Fz sind den folgenden Prüfungen zu unterziehen:

- Prüfung der durchschnittlichen Auspuffemission nach einem Kaltstart **(Typ 1)**,
- Prüfung der Emission von Kohlenmonoxid bei Leerlauf **(Typ 2)**,
- Prüfung der Gasemissionen aus dem Kurbelgehäuse **(Typ 3)**,
- Prüfung der Verdunstungsemissionen **(Typ 4)**,
- Dauerhaltbarkeit der emissionsmindernden Bauteile **(Typ 5)**,
- Prüfung der Emission von Kohlenmonoxid und Kohlenwasserstoffen bei niedrigen Umgebungstemperaturen nach einem Kaltstart **(Typ 6)**,
- On-Board-Diagnose (OBD-Prüfung),
- Übereinstimmung in Betrieb befindlicher Fahrzeuge,
- On-Board-Diagnose (OBD-Prüfung),
- CO_2-Emissionen und Kraftstoffverbrauch,
- Abgastrübung.

Fz mit Dieselmotor werden den Prüfungen **Typ 1** und **Typ 5** unterzogen. Zusätzlich erfolgen Prüfungen der OBD, Prüfungen hinsichtlich der Übereinstimmung in Betrieb befindlicher Fahrzeuge, Ermittlungen der CO_2-Emissionen bzw. des Kraftstoffverbrauchs sowie der Abgastrübung.

Bei der Prüfung **Typ 1** ist auf dem Fahrleistungsprüfstand ein Fahrzyklus zu durchfahren, der aus einem Teil 1 (Stadtzyklus) und einem Teil 2 (außerstädtischer Fahrzyklus) besteht und in ◘ Abb. 2.20 dargestellt ist.

Die ermittelten Massen der gasförmigen Emissionen und der Partikel müssen innerhalb der in ◘ Tab. 2.4 angegebenen Grenzwerte liegen.

Bei der Prüfung **Typ 3** gilt das Fz als vorschriftsmäßig, wenn bei der Messung keine Gasemissionen aus dem Entlüftungssystem des Kurbelgehäuses in die Atmosphäre entweichen. Die Messungen werden bei drei unterschiedlichen Betriebsbedingungen auf dem Prüfstand durchgeführt.

Die Prüfungen zur Messung des Schadstoffausstoßes sind umfangreich und verlangen ein außerordentlich präzises Arbeiten. Kleinste Unaufmerksamkeiten beim Prüfen können zum Abbruch und zur Wiederholung der Prüfung führen.

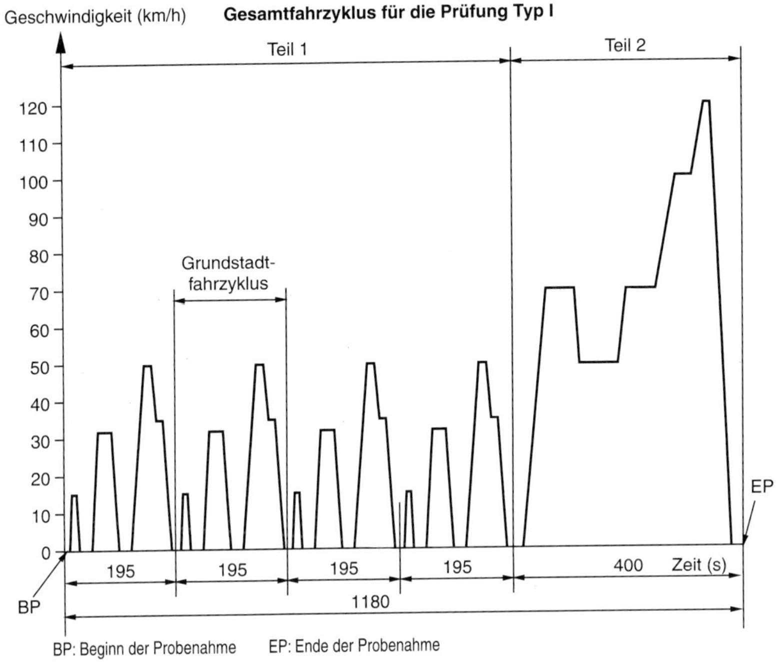

Abb. 2.20 Gesamtfahrzyklus für die Prüfung Typ I

Tabelle 2.4 Grenzwerte der Auspuffemission

Emissionsart	CO		THC		NMHC		NO_x		THC + NO_x		PM	
Benzin/Diesel	B	D	B	D	B	D	B	D	B	D	B	D
Euro-5 in mg/km	1000	500	100	–	68	–	60	180	–	230	5	5
Euro-6 in mg/km	1000	500	100	–	68	–	60	80	–	170	5	5

THC: Masse der gesamten Kohlenwasserstoffe; NMHC: Masse der Nichtmethankohlenwasserstoffe

Am Beispiel der Prüfung **Typ 4** soll der Aufwand dargestellt werden. Bestimmt wird der Verlust an Kohlenwasserstoffen durch Verdunstung aus Kraftstoffsystemen bei Fz mit Ottomotor. Die Masse der Verdunstungsemissionen darf 2 g nicht übersteigen.

Zur Messung der Verdunstungsemission ist u. a. eine gasdichte, viereckige Messkammer mit ausreichenden Abmessungen erforderlich, um das Prüf-Fz zu umschließen. Das Fz muss von allen Seiten zugänglich sein. Die Kammer muss nach Verschluss gasdicht und die Innenflächen undurchlässig gegenüber Kohlenwasserstoffen sein und dürfen nicht mit diesen reagieren. Um die Volumenänderungen aufgrund von Kabinentemperaturschwankungen aufzufangen, kann eine Kabine mit veränderlichem oder mit festem Volumen verwendet werden. Die Innenwandtemperaturen müssen während der gesamten Tankatmungsprüfung zwischen 278 K (5 °C) und 328 K (66 °C) und während der gesamten Heißabstellprüfung zwischen 293 K (20 °C) und 325 K (52 °C) liegen.

Die Luft innerhalb der Kammer wird mit einem Kohlenwasserstoff-Analysator vom Typ eines Flammenionisations-Detektors (FID) überwacht. Ventilatoren oder Gebläse müssen zum einen eine gründliche Durchmischung der Luft in der geschlossenen Kammer sicherstellen, zum anderen für eine ausreichende Lüftung der geöffneten Kammer sorgen.

Der Ablauf der Prüfung ist in ◘ Abb. 2.21 dargestellt.

Die Verdunstungsverluste aus jeder dieser Phasen werden unter Verwendung der Ausgangs- und Endwerte der Kohlen-Wasserstoff-Konzentration, der Temperatur und des Luftdrucks sowie des Nettovolumens der Kabine errechnet. Die Gesamtmenge der emittierten Kohlenwasserstoffe ergibt sich aus der Summe der Menge der Kohlenwasserstoffemissionen bei der Tankaufheizung und beim Heißabstellen.

Die Prüfung **Typ 5** entspricht einer Alterungsprüfung über 160.000 km, die nach einer vorgegebenen Testsequenz auf einer Prüfstrecke, auf der Straße oder auf einem Rollenprüfstand durchgeführt wird. Der Hersteller kann die Alterungsprüfung und die durch diese Alterungsprüfung ermittelten individuellen Verschlechterungsfaktoren durch vorgegebene pauschale Verschlechterungsfaktoren ersetzen und diese bei der Prüfung Typ 1 anwenden.

Bei Fz mit Ottomotor werden mit der Prüfung **(Typ 6)** zusätzlich die Auspuffemissionen von CO und HC bei niedrigen Umgebungstemperaturen nach einem Kaltstart ermittelt. Hierzu wird Teil 1 des Fahrzyklus **Typ 1** (◘ Abb. 2.20) durchfahren. Bei einer Prüftemperatur von −7 °C müssen CO unter 15 g/km und HC unter 1,8 g/km liegen.

Fz mit Dieselmotor werden einer Prüfung zur Bestimmung der Trübung der Abgase unterzogen. Dazu wird mit einem Trübungsmessgerät der Absorptionskoeffizient der Auspuffgase stetig gemessen. Die Messungen werden bei gleich bleibenden Drehzahlen und bei freier Beschleunigung durchgeführt. Letztere Prüfung dient insbesondere dazu, einen Bezugswert für die Nachprüfung im Betrieb befindlicher Fz zu erhalten. Bei Leerlauf des Motors ist das Fahrpedal schnell und stoßfrei so durchzutreten, dass die größte Fördermenge der Einspritzpumpe erzielt wird. Die Messung der Trübung der Abgase ist bei sechs verschiedenen Drehzahlen mit Volllast durchzuführen. Der dabei ermittelte Absorptionskoeffizient darf in Abhängigkeit des Luftdurchsatzes bestimmte Grenzwerte nicht übersteigen.

Die nach dem Prüfzyklus **Typ 1** ermittelten Werte für CO_2- und kohlenstoffbezogene Emissionen dienen der rechnerischen Bestimmung des Kraftstoffverbrauchs (innerorts, außerorts, kombiniert). Grenzwerte sind nicht vorgeschrieben.

Alle Fz müssen mit einem On-Board-Diagnosesystem (OBD-System) ausgerüstet sein. OBD-Systeme haben die Aufgabe, während der gesamten Lebensdauer des Fz auftretende Störungen emissionsrelevanter Einrichtungen aufzuzeichnen und anzuzeigen, sobald die Störung zu einer Überschreitung der Grenzwerte führen würde.

Durch ein Stichprobenverfahren werden in Betrieb befindliche Fahrzeuge, die höchstens fünf Jahre alt sind und nicht mehr als 100.000 km gefahren wurden, auf Übereinstimmung geprüft. Die dabei einzuhaltenden Grenzwerte liegen jedoch deutlich über den für die Typprüfung anzuwendenden Werten.

2.2.5.4 Elektromagnetische Verträglichkeit und Funkstörung

Im Sinne der Richtlinie 89/336/EWG über die elektromagnetische Verträglichkeit sind Geräte alle elektrischen und elektronischen Apparate, Anlagen undSysteme, die elektrische und/oder elektronische Bauteile enthalten. Diese Geräte müssen so hergestellt werden, dass

a) die Erzeugung elektromagnetischer Störungen so weit begrenzt sind, dass ein bestimmungsgemäßer Betrieb von Funk- und Telekommunikationsgeräten sowie sonstiger Geräte möglich ist,
b) die Geräte eine angemessene Festigkeit gegen elektromagnetische Störungen aufweisen, sodass ein bestimmungsgemäßer Betrieb möglich ist.

Bei dieser Richtlinie handelt es sich um eine so genannte »horizontale« Richtlinie. Sie gilt mit wenigen Ausnahmen für alle Geräte unabhängig vom Einbauort.

Werden in der Richtlinie 89/336/EWG festgelegte Schutzanforderungen für bestimmte Geräte durch Einzelrichtlinien, sog. »vertikale« Richtlini-

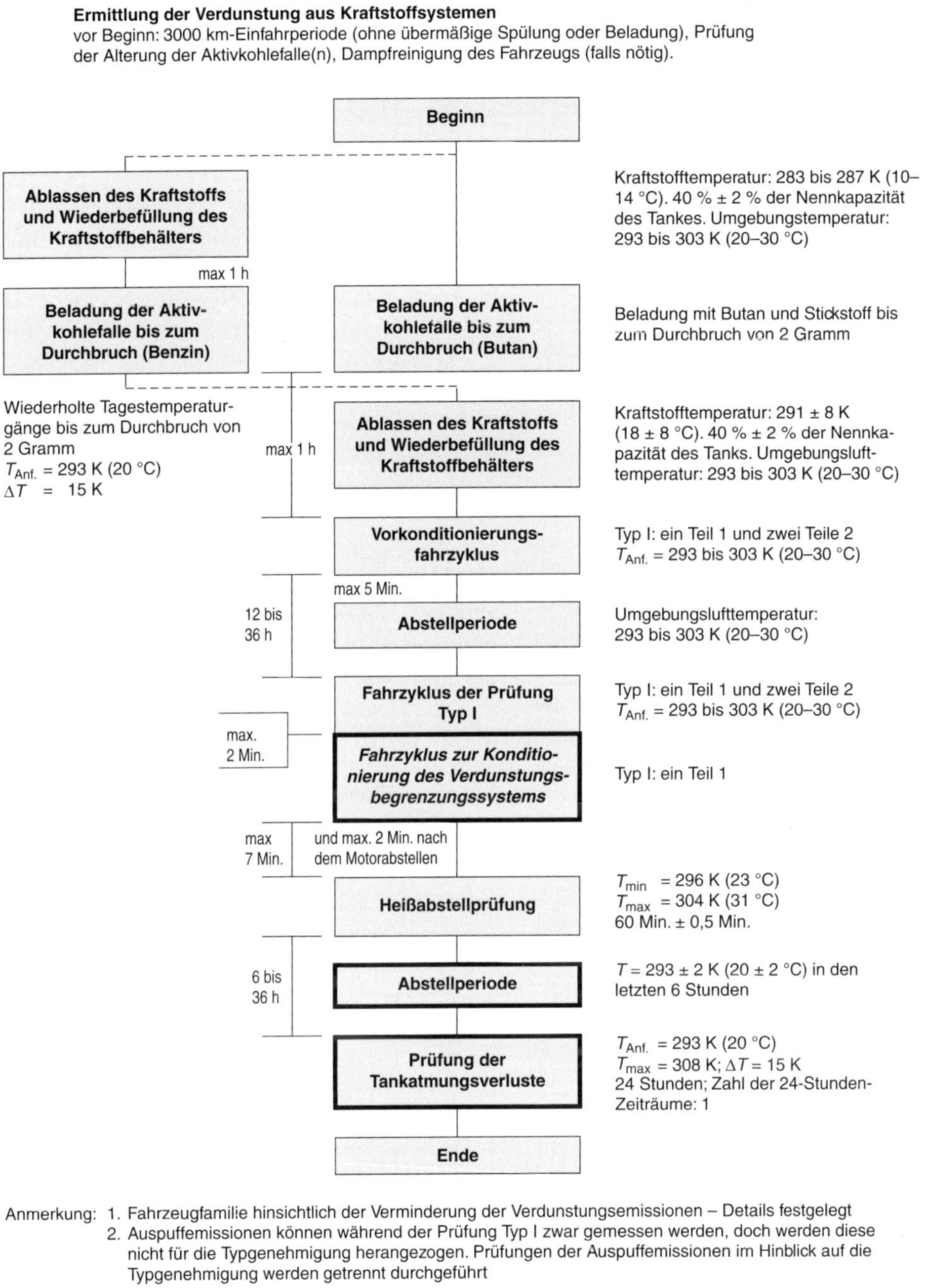

Abb. 2.21 Ermittlung der Verdunstung aus Kraftstoffsystemen

en harmonisiert, so gilt diese Richtlinie nicht für diese Geräte und diese Schutzanforderungen. Die Richtlinie 72/245/EWG ist nun eine solche Einzelrichtlinie, die bezogen auf Fz schärfere Anforderungen an die elektromagnetische Verträglichkeit und die elektromagnetischen Störungsaussendungen vorschreibt. Grenzwerte sind für breitbandige und schmalbandige elektromagnetische Störaussendungen sowie für die Störfestigkeit von Fz gegenüber elektromagnetischen Feldern festgelegt.

2.2.6 Verschiedenes

2.2.6.1 Anbringung des hinteren Kennzeichens

Für die Anbringung des hinteren Kennzeichens ist eine ebene oder nahezu ebene rechteckige Fläche mit folgenden Mindestabmessungen (Länge × Höhe) vorzusehen:

520 mm und 120 mm oder
340 mm und 240 mm.

Die Unterkante muss mind. 0,30 m über der Fahrbahn liegen.

2.2.6.2 Sicherungseinrichtungen gegen unbefugte Benutzung, Wegfahrsperre, Diebstahlschutz

Die Sicherungseinrichtung gegen unbefugte Benutzung muss so beschaffen sein, dass sie zum Anlassen des Motors durch die normale Betätigungseinrichtung sowie zum Steuern, Führen oder Vorwärtsfahren des Fz mit eigener Kraft außer Betrieb gesetzt werden muss. Zusätzlich sind M_1-Fz mit einer Wegfahrsperre auszurüsten. Diese Einrichtung ist dazu bestimmt, das Wegfahren des Fz mit eigener Kraft durch Unbefugte zu verhindern. Erreicht wird dies entweder durch Außerbetriebsetzung von mind. zwei getrennten Fahrzeugstromkreisen, die für den Betrieb des Fz mit eigener Antriebskraft erforderlich sind (z. B. Anlasser, Zündung, Kraftstoffversorgung) oder durch Eingriff mittels eines Codes in mind. eine Steuerungseinheit, die für den Betrieb des Fz erforderlich ist.

2.2.6.3 Fabrikschild, Fahrzeugidentifizierungsnummer

An einer gut sichtbaren und leicht zugänglichen Stelle muss ein gut lesbares Fabrikschild angebracht sein. U. a. muss auf dem Fabrikschild der Name des Herstellers, die Nummer der EG-Typgenehmigung, die Fahrzeug-Identifizierungs-Nr. und die amtlich zulässige Gesamtmasse des Fz angegeben sein. Die Fahrzeug-Identifizierungs-Nr. hat 17 Stellen und ist außerdem auf dem Fahrgestell oder dem Rahmen auf der rechten Hälfte des Fz unveränderbar anzubringen.

2.2.6.4 Messung der Motorleistung

Die Messungen sind unter vorgegebenen Bedingungen mit einer ausreichenden Anzahl von Motordrehzahlen durchzuführen, um die Lastkennlinie zwischen der vom Hersteller angegebenen Mindest- und Höchstdrehzahl genau und vollständig festlegen zu können. Dieser Drehzahlbereich muss die Drehzahl einbeziehen, bei der der Motor seine Nennleistung abgibt. Motorrelevante Hilfseinrichtungen wie z. B. Wasserpumpe, Generator, Lader bleiben in Betrieb, andere Hilfseinrichtungen wie z. B. Klimakompressor, Kompressor für Luftfederung werden entfernt. Für die Messung der Motorleistung nach der Richtlinie 80/1269/EWG wird bei Hybridfahrzeugen die Leistung des Elektromotors nicht berücksichtigt. Zur Genehmigung des gesamten Fahrzeugtyps ist jedoch die Leistung des Elektromotors und das dabei angewandte Messverfahren anzugeben.

2.2.6.5 Massen und Abmessungen von Klasse M_1-Fahrzeugen

Die technisch zulässige Höchstmasse des Fz darf nicht größer als die Summe der zulässigen Achslasten sein und muss mind. der Summe aus der Masse des Fz in fahrbereitem Zustand (Kraftstoffbehälter zu 90 % gefüllt, siehe Fußnote 0 in Anhang I der Richtlinie 70/156/EWG) und 75 kg je Sitzplatz entsprechen. Für die zulässige Anhängelast einschl. der tatsächlichen Stützlast gelten folgende Grenzwerte:

Anhänger mit Bremse – zulässige Höchstmasse des M_1-Fz (Gelände-Fz das 1,5fache), in keinem Fall > 3,5 t.

Anhänger ohne Bremse – Hälfte der Masse des Kfz in fahrbereitem Zustand, in keinem Fall > 0,75 t.

2.2.6.6 Altfahrzeuge, Recycling

Mit den Richtlinien 2000/53/EG und 2005/64/EG des Europäischen Parlaments und des Rates vom 18. September 2000 soll u. a. die Umweltbelastung durch Altfahrzeuge verringert und dadurch ein Beitrag zum Schutz, zur Erhaltung und Qualitätsverbesserung der Umwelt sowie zur Rohstoff-

und Energieeinsparung geleistet werden. In der Europäischen Gemeinschaft fallen derzeit jährlich zwischen acht und neun Millionen Tonnen Abfälle aus Altfahrzeugen an.

In den Richtlinien sind Maßnahmen festgelegt, die vorrangig auf die Vermeidung von Fahrzeugabfällen und darüber hinaus auf die Wiederverwendung, das Recycling und andere Formen der Verwertung von Altfahrzeugen und ihren Bauteilen abzielen. Zur Förderung der Abfallvermeidung wird die Verwendung gefährlicher Stoffe wie Blei, Quecksilber etc. reduziert.

Die Hersteller sollen auch dafür sorgen, dass Fahrzeuge so konstruiert und hergestellt werden, dass die quantifizierten Zielvorgaben für die Wiederverwendung, das Recycling und die Verwertung erreicht werden.

Alle ab 15.12.2010 neu zugelassenen Pkw müssen so beschaffen sein, dass wenigstens 85 % der Fahrzeugmasse wieder verwendbar und/oder recyclingfähig sind und wenigstens 95 % der Fahrzeugmasse wieder verwendbar und/oder verwertbar sind.

Für vor dem 1. Januar 1980 hergestellte Fahrzeuge können die Mitgliederstaaten niedrigere Zielvorgaben vorsehen.

Bis spätestens 1. Januar 2015 werden die entsprechenden Werte auf 95 % bzw. 85 % erhöht.

2.2.7 Ausblick

Der Umweltschutz wird seinen hohen Rang behalten. Demzufolge werden die gesetzlichen Anforderungen an die Umweltverträglichkeit der Kfz in den nächsten Jahren weiter steigen.

Durch die Vernetzung der elektronischen Komponenten untereinander werden die für die Sicherheit, die Umweltverträglichkeit und den Komfort erforderlichen Systeme immer komplexer. Ihr Ausfall kann sicherheits- und/oder umweltrelevant sein. Daraus folgt, dass auch auf diesem Gebiet gesetzliche Anforderungen erarbeitet werden.

So wurde z. B. die ECE-Regelung Nr. 13-H über Bremsanlagen mit der Aufnahme des Anhangs 8 über »besondere Vorschriften für die Sicherheitsaspekte komplexer elektronischer Fahrzeugsteuersysteme« ergänzt. Diese Vorschrift kann optional im Typgenehmigungsverfahren angewendet werden.

Ein wichtiger Aspekt dieses Gesamtthemas wurde in dem europäischen PEIT (Powertrain Equipped with Intelligent Technology) – Projekt [24] durch eine spezielle Taskforce untersucht. Das Ergebnis dieser Untersuchung war, dass letztlich nur ein horizontaler Vorschriftenansatz dem kompletten Einsatz von x-by-wire-Elektronik-Systemen im Sinne von Sicherheit und Überschaubarkeit gerecht werden kann.

2.2.8 Normen

2.2.8.1 Einleitung

Normung ist die planmäßige, gemeinschaftlich durchgeführte Vereinheitlichung von materiellen und immateriellen Gegenständen zum Nutzen der Allgemeinheit. Sie beschreibt das technisch Mögliche, das wirtschaftlich Sinnvolle und das praktisch Erprobte. Die Normungsarbeit basiert auf Konsens und Transparenz. Technische Normen dokumentieren den Stand der Technik. Normung fördert Rationalisierung und Qualitätssicherung, darf aber nicht zu einem wirtschaftlichen Sondervorteil einzelner führen.

2.2.8.2 Nationale und internationale Struktur

Im Rahmen der historischen Entwicklung der Normungsarbeit haben sich für die Bereiche Elektrotechnik und Telekommunikation branchenspezifische Organisationen gebildet, während die verbleibenden Branchen, und dazu gehört auch die Automobilindustrie, weiter unter den allgemeinen Normungsorganisationen tätig werden. Diese Aufteilung gilt nicht nur für die europäische und internationale Ebene, sie gilt auch für Deutschland und die Mehrzahl der anderen hoch industrialisierten Ländern.

Die für die Normungsarbeit zuständige Institution in Deutschland ist das DIN – Deutsches Institut für Normung. Dies regelt ein mit der Bundesregierung seit 1975 bestehender Vertrag, der das DIN als nationale Normungsorganisation anerkennt und zur Berücksichtigung des öffentlichen Interesses verpflichtet. Die Vertretung Deutschlands in den europäischen und internationalen Normungsorganisationen erfolgt nach diesem Vertrag durch das DIN und nach dem Delegationsprinzip an die auf einzelne Fachbereiche spezialisierten Normenausschüsse.

▣ Abbildung 2.22 zeigt die auf nationaler und internationaler Ebene tätigen Normungsorganisationen für die jeweiligen Branchen.

2.2.8.3 Grundregeln der Normungsarbeit und Anwendung von Normen

Die Normung basiert auf Konsensfindung und orientiert sich dabei an den folgenden fairen Regeln:

- Die Erarbeitung erfolgt in fachbereichsorientierten Arbeitsgremien in denen alle interessierten Kreise (z. B. Hersteller, Anwender, Wissenschaft, Prüforganisationen) angemessen beteiligt werden.
- Jede Norm wird der Öffentlichkeit im Entwurf zur Stellungnahme vorgelegt, bevor sie Gültigkeit erlangt.
- Eine Norm spiegelt den aktuellen Stand der Technik unter Einbeziehung verfügbarer wissenschaftlicher Erkenntnisse wider.
- Normen sollten wirtschaftliche Gegebenheiten berücksichtigen, so dass Anwender und Nutzer nicht über Gebühr belastet werden.
- Eine Überprüfung in einem festen Rhythmus (maximal alle fünf Jahre) garantiert die Aktualität jeder Norm.

Normen werden durch eigenverantwortlich handelnde Experten erarbeitet und sind freiwillige Übereinkünfte. Die Normungsorganisationen achten auf die Einhaltung der Regeln und steuern und betreuen die Normungsarbeit in den Fachgremien. Eine Pflicht zur Anwendung besteht nicht, sofern ein Regelungsgeber die Erfüllung bestimmter Normen nicht ausdrücklich vorschreibt.

Der Verweis auf Normen durch nationale oder internationale Regelungsgebende Organe wird im Allgemeinen als »New Approach« bezeichnet. In der Automobilindustrie ist dieser Ansatz im Gegensatz zur Elektroindustrie jedoch bis auf wenige Ausnahmen nicht üblich.

Dennoch bieten die Normen dem Anwender eine Reihe von Vorteilen, so dass diese auch ohne gesetzliche Verpflichtung intensiv von der Wirtschaft genutzt werden:

- **Terminologienormen** verbessern die Effizienz der Kommunikation unter den Experten, schließen Missverständnisse aus und sind vor allem im internationalen Bereich unabdingbar.
- **Prüfnormen** ermöglichen eine vergleichende Bewertung von Produkten und damit eine signifikanten Reduzierung der Aufwendungen für das Beurteilungsverfahren.
- **Qualitäts- und Managementsystemnormen** sorgen für eine ausgewogene Qualität der Produkte und Angebote.
- **Maßnormen** leisten in der Serienfertigung einen wichtigen Beitrag zur Senkung der Stückkosten.
- Zur Sicherstellung der Austauschbarkeit von Bauteilen und die Vernetzung von Komponenten verschiedener Hersteller sind **Schnittstellennormen** unabdingbar.

2.2.8.4 Erarbeitung einer Norm

Um dem Anspruch der Einbeziehung aller interessierten Kreise und der Anerkennung durch die Öffentlichkeit gerecht zu werden, erfolgt die Erarbeitung einer Norm nach strengen Regeln. Diese Regeln gelten sowohl auf nationaler als auch auf internationaler Ebene und werden von allen drei großen Branchenorganisationen gleichermaßen genutzt.

Abweichend von der in ▣ Abb. 2.23 gezeigten Verfahrensweise für die Erstellung einer Norm gibt es andere Veröffentlichungen (Spezifikationen, Berichte), die Wertigkeit einer Norm haben, aber als Vorabveröffentlichungen ggf. den Weg für eine spätere Norm bereiten. Zweck solcher Spezifikationen und Fachberichte ist vor allem die schnelle Besetzung eines Themas und eine sehr kurze Bearbeitungszeit, u. a. durch den Verzicht auf einen Vollkonsens.

2.2.8.5 Facharbeit in Normenausschüssen

Innerhalb der DIN-Gruppe wird die fachliche Normungsarbeit in mehr als 80 Normenausschüssen (NA), die die gesamte Bandbreite der möglicher

Abb. 2.22 Struktur der Normungsorganisationen – national und international

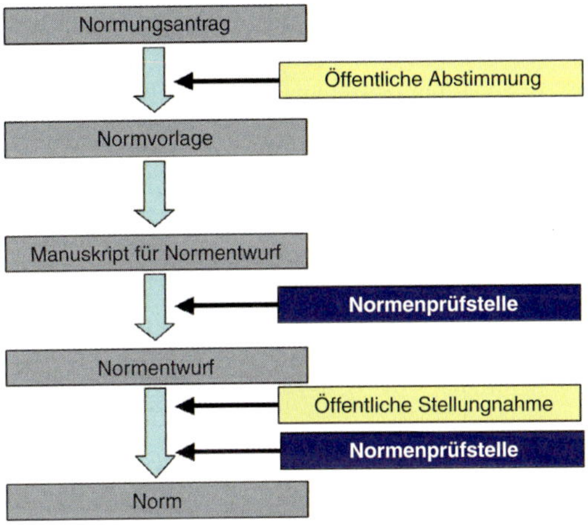

Abb. 2.23 Prozess zur Erstellung einer Norm

Normungsaktivitäten abdecken, durchgeführt. Neben **branchenübergreifenden** NA, wie z. B.:

- NA Akustik, Lärmminderung und Schwingungstechnik,
- NA Materialprüfung,
- NA Mechanische Verbindungselemente,
- NA Schweißtechnik,
- NA Verpackungswesen

gibt es auch **branchenspezifische** NA, wie z. B.:

- NA Maschinenbau,
- NA Automobiltechnik,
- NA Kautschuktechnik,
- NA Bergbau,
- NA Schienenfahrzeugtechnik.

Die branchenspezifischen NA werden häufig direkt von den entsprechenden Fachverbänden getragen und sind oft auch dort als sogenannte externe NA angesiedelt.

2.2.8.6 Normung in der Automobiltechnik

Seit mehr als 85 Jahren betreut der *Normenausschuss Automobiltechnik* (*NA Automobil* vormals FAKRA) die Institutionen und Unternehmen der Automobilindustrie, um gemeinsam interessierende Themen der Normung zuzuführen. Der *NA Automobil* vertritt die nationalen und internationalen Normungsinteressen der Automobilindustrie, vorzugsweise für alle produktspezifischen Normungsthemen von Straßenfahrzeugen (ausgenommen Ackerschlepper sowie Spezialfahrzeuge wie Kommunal-, Feuerwehr- und Rettungsfahrzeuge). Darüber hinaus ist er zuständig für die Normung der multimodalen Transportbehälter wie Frachtcontainer und Wechselbehälter, sowie – gemeinsam mit der Deutschen Elektrotechnischen Kommission (DKE) – für Normung auf dem Gebiet der Straßenverkehrs-Telematik.

Der *NA Automobil* ist, wie aus Abb. 2.24 ersichtlich, organisatorisch, finanziell und personell

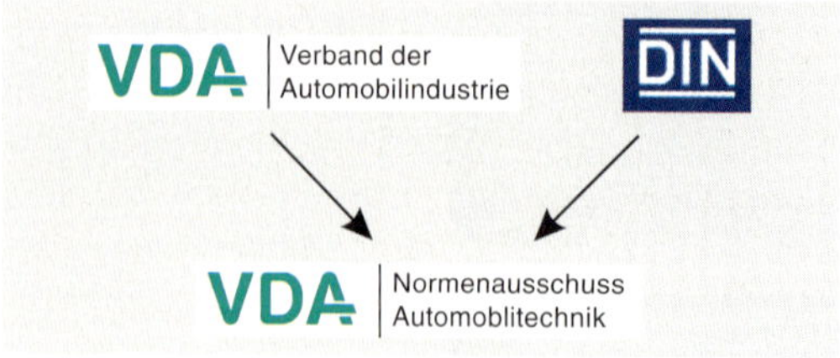

Abb. 2.24 Träger der Automobilnormung

dem Verband der Automobilindustrie (VDA) angegliedert. Die Normungsarbeiten werden nach den allgemeinen Grundsätzen des DIN durchgeführt, die geprägt sind durch klare, transparente Bearbeitungsschritte, Kompetenz und öffentliches Mitspracherecht.

Der *NA Automobil* vertritt das DIN auf internationaler Ebene der ISO (International Organization for Standardization) vor allem in den technischen Komitees:

- TC 22 Straßenfahrzeuge,
- TC 104 Frachtcontainer und
- TC 204 Straßenverkehrstelematik

sowie auf europäischer Ebene in CEN in den technischen Komitees:

- TC 119 Wechselbehälter,
- TC 278 Straßenverkehrstelematik und
- TC 301 Straßenfahrzeuge.

Der *NA Automobil* unterhält zur Zeit über 60 aktive Arbeitsgremien (Ausschüsse und Kreise) zu diversen Fachthemen. Die Mehrzahl dieser Gremien spiegeln internationale und europäische Arbeitsgruppen und Komitees. In den Gremien arbeiten vor allem Vertreter der Fahrzeughersteller, der Anhänger- und Aufbautenhersteller und der Teile- und Zubehörindustrie. Neben diesen Experten nehmen Vertreter von Behörden, Prüforganisationen, Wissenschaftseinrichtungen und Verbrauchervertreter an der Normungsarbeit teil.

Im Zuge der Einführung der Elektromobilität ist eine enge Kooperation mit der Elektroindustrie unumgänglich. Auf nationaler Ebene wurden dabei zu wichtigen Schlüsselthemen der Sicherheit und der Schnittstelle zum Stromnetz gemeinsame Arbeitskreise gebildet. Je nach Arbeitsschwerpunkt liegt dabei die administrative Leitung entweder bei der Deutschen Elektrotechnischen Kommission (DKE), dem Normenausschuss für die Elektrotechnische Normung, oder beim *NA Automobil.* Auf internationaler Ebene garantiert ein entsprechendes Abkommen zwischen der ISO und der IEC (International Electrotechnical Commission) die Zusammenarbeit der beiden Branchen.

2.2.8.7 Aufgaben des NA Automobil

Der *NA Automobil* erfüllt im Rahmen der Betreuung und der Organisation der Normungsarbeit im Wesentlichen die folgenden Aufgaben:

a) **bei neuen Themen:** Die Herbeiführung einer Entscheidung über die Annahme eines Projektvorschlages und die damit verbundene Beurteilung des Nutzens für einen größeren Anwenderkreis sowie der Vermeidung wirtschaftlicher Sondervorteile einzelner.
b) **bei laufenden Projekten:** Das Management des Normenprojektes verbunden mit der Konsensfindung und der Einhaltung der vorgegebenen Zeiträume. Dazu gehört die Durchführung der öffentlichen Umfragen, die Steuerung der Kommentierung sowie die Kommunikation mit der zuständigen Normungsorganisation bis hin zur Durchführung ggf. nötiger Einspruchsverhandlungen.
c) **bei der Bestandspflege:** Die regelmäßige Aktualitätsprüfung des gesamten Normenwerkes und die Einleitung ggf. notwendiger Überarbeitungen zur Sicherstellung des Standes der Technik.
d) **bei der internationalen Harmonisierung:** Die angemessene Vertretung der deutschen Interessen in den internationalen und europäischen Normungsgremien.

2.2.8.8 Normungsfelder

Das Automobil ist ein Musterbeispiel für die Komplexität der Technik und damit auch der Normungsaufgaben. Nicht nur einfache grundlegende normative Festlegungen sind zu treffen, vielmehr gilt es die zunehmende Komplexität und Vernetzung der Komponenten und Systeme im Automobil durch entsprechende Normen zu flankieren.

Die zunehmende elektronische Vernetzung der elektrischen und elektronischen Systeme (E/E-Systeme) im Fahrzeug zur Steuerung der Sicherheits- und Komfortfunktionen (z. B. ABS,

ESP, Klimatisierung, Diagnose) erfordert Normen für die fahrzeuginterne Datenkommunikation und die elektromagnetische Verträglichkeit. Der Ausbau der On-Board-Diagnose und die Einbeziehung der Verkehrstelematik verlangt nach Kommunikationsschnittstellen vom Fahrzeug zur Außenwelt und der straßenseitigen Kommunikationseinrichtungen. Ohne einen globalen Standard zur Funktionalen Sicherheit kann die komplexe Struktur der E/E-Systeme sicherheitstechnische und haftungsrelevant nicht mehr beherrscht werden.

Die Automobilindustrie setzt im Zuge der Nachhaltigkeit auf alternative Antriebskonzepte. Neben dem Einsatz von alternativen Kraftstoffen, wie Erdgas und Biokraftstoffe oder dem Einsatz von »*AdBlue*©«, in der Abgasnachbehandlung, wird der Antriebsstrang zunehmend elektrifiziert. Hierfür braucht es neben Schnittstellennormen für Komponenten, Normen zu Betankungssystemen oder zur Kontrolle der Qualität und Zusammensetzung der Kraftstoffe und Kraftstoffzusätze.

Nicht nur die Batteriesysteme zum Antrieb von elektrischen Fahrzeugen erfordern entsprechende Prüfnormen. Auch für die elektrischen und elektronischen Bestandteile dieser hoch komplexen Batteriesysteme bis hin zu modernen Lithium-Ionen Zellen für den automobilen Einsatz müssen Normen geschaffen werden. Parallel dazu wurden und werden Normen für zukunftsweisende Systeme, wie für Wasserstoff und Brennstoffzellen basierte Antriebe, erarbeitet.

Der Anschluss des Elektrofahrzeuges ans Stromnetz zum Aufladen der Antriebsbatterien ist ein typisches Schnittstellenthema. Die Herausforderung besteht hier nicht nur darin, hoch komplexe und mobile Fahrzeugtechnik mit der stationären, in der Umstrukturierung hin zum SmartGrid befindlichen, Elektrotechnik zu verbinden. Während Fahrzeuge als internationale Produkte eine lange Tradition und eine entsprechend international ausgerichtete Normung haben, sind die Stromnetze noch oft national orientiert und unterliegen entsprechenden regional spezifischen Normen. Entsprechend komplex ist die Konsensfindung für den elektromechanischen Anschluss und die dazugehörige Kommunikation zur Steuerung des Ladeprozesses. Dazu kommt der historisch gewachsene unterschiedliche Ansatz bei der Normung. Während die elektrotechnische Normung nach dem »New Approach« Festlegungen bis hin zu produktspezifischen Details trifft, folgt die Normung in der Automobilindustrie vielfach direkten technischen Regelungen, die durch produktoffene Normen flankiert werden.

Zusätzlich zu dieser, im Zuge der Nachhaltigkeit nötigen, Normung rund um die alternativen Antriebskonzepte läuft die herkömmliche Normungsarbeit weiter. Dazu gehören Projekte zur mechanischen und elektronischen Anbindung von Kindersitzen in Personenkraftwagen, zu ergonomischen Festlegungen, zur Fahrdynamik und Fahrsituationen oder zur Dummytechnik.

Normen für »konventionelle« Fahrzeugteile und -systeme (wie z. B. für Zündausrüstung, elektrische Leitungen und Steckverbinder, Sicherungen, Beleuchtungseinrichtungen, hydraulische und pneumatische Leitungssysteme, Kraftstoffleitungen, Filter für Kraftstoff, Schmieröl und Luft (Verbrennungsluft und Insassenraum), Verbindungseinrichtungen für Anhängefahrzeuge, Diesel-Einspritzausrüstungsteile wie Pumpen und Düsen, Motorteile wie Kolbenringe und Kolbenbolzen) müssen nicht nur turnusmäßig auf Aktualität geprüft werden, sondern vielmehr oft auch an den aktuellen technischen Stand angepasst werden.

2.2.8.9 Nutzen der Normung

Die aktive Teilnahme an Normungs- und Standardisierungsvorhaben bietet zahlreiche Vorteile, da

- ein Wissens- und Zeitvorteil im Forschungs- und Entwicklungsprozess geschaffen wird,
- die Investitionssicherheit erhöht wird,
- Vertrauen und damit Marktakzeptanz für innovative Produkte und Dienstleistungen erzeugt wird,
- die Sicherheit zum Schutz von Menschen, Tieren und Sachen garantiert wird und
- das Innovationssystem stimuliert wird, da neue Lösungen am Markt immer honoriert werden.

Schließlich schafft Normung den gemeinschaftlichen Erfolg durch die Stärkung einer schnellen Diffusion von Innovationen im Markt, die nach Meinung verschiedener Experten wirksamer sein kann, als die durch Patente und Lizenzen.

Neben Arbeitserleichterung und Kosteneinsparung durch branchenübergreifende und branchenspezifische Normen schaffen Normen auch Wettbewerb. Durch klare Definition der Anforderungen an Komponenten und Schnittstellen, haben alle potentiellen Zulieferer eine Chance, mitzubieten. Der dadurch erzeugte Wettbewerbsdruck führt zu weiteren Kostensenkungen. Der Markt der Wertschöpfungspartner weitet sich damit aus, mit Chancen für alle Beteiligten.

Eine konkrete Bezifferung des gesamtwirtschaftlichen Nutzens der Normung ist jedoch schwierig und kann nur beispielhaft erfolgen. So wurde im Zusammenhang mit dem Trend zur »Just-in-time« Logistik im Jahre 1986 im VDA die Notwendigkeit für eine Behälterstandardisierung erkannt. Dies führte zu entsprechenden Normungsaktivitäten, die mit Veröffentlichung von Europäischen Normen für sogenannte Kleinladungsträger (DIN EN 13199) im Oktober 2000 ihren Abschluss fanden. Inzwischen sind rund 25 Millionen genormte Kleinladungsträger im Umlauf. Das entspricht einem Investitionsvolumen von etwa 125 Mio. EUR. Der wirtschaftliche Nutzen des Systems liegt primär in der Kostenreduzierung durch die Mehrfachverwendung. Die Mehrkosten für die stabil gebauten Transportkästen haben sich bereits nach etwa 6 bis 8 Umläufen amortisiert. Nach Erfahrungswerten können die Systemelemente mindestens 100 Umläufe unbeschadet überstehen. So gilt für die Kosteneinsparung ein Multiplikator von mindestens 90. Nicht berücksichtigt dabei ist die Einsparung des früheren Aufwandes für die Einwegverpackungen, die gesammelt, sortiert und entsorgt hätten werden müssen. Dieses Beispiel eines einzelnen Normungsprojektes zeigt, dass Normung ein Schlüssel zur Rationalisierung ist.

2.3 Neue Technologien

Muss das Rad immer wieder neu erfunden werden?

Neue Technologien sind nur in Sonderfällen Selbstzweck. Manchmal sind sie ingenieurgetrieben (»technology push«). Um letztlich erfolgreich zu sein, müssen sie vor allem kundengetrieben sein (»market pull«). In einigen Fällen sind neue Technologien notwendig, wenn bestimmte Gesetze und Vorschriften (z. B. des Umweltschutzes) dies erfordern.

- Verbesserung vorhandener Eigenschaften
- Erzielung bisher nicht möglicher Eigenschaften
- Bewältigung von Zielkonflikten
- Erhöhung der Wirtschaftlichkeit
- Erreichung strategischer Ziele der Hersteller
- Verbesserung der Nachhaltigkeit des Automobils und des Straßenverkehrs
- ...

Abb. 2.25 Gründe für den Einsatz neuer Technologien

Produkttechnologien
- Mikroelektronik, Software, Mechatronik, Telematik
- Neue Werkstoffe, Oberflächen, Bauweisen
- Additive/alternative Energieträger und Antriebe
- ...

Prozesstechnologien
- Fertigungs- und Recyclingverfahren
- Verfahren des Produktentstehungsprozesses
- Qualitätssicherungsverfahren
- ...

Abb. 2.26 Bereiche neuer Technologien

Es gibt also eine Reihe von Gründen zum Einsatz neuer Technologien (Abb. 2.25). Konkrete Lösungen können meist mehreren der genannten Kategorien zugeordnet werden.

Die Technologievielfalt kann in mehrere Bereiche zusammengefasst werden (Abb. 2.26).

Schon heute sind Mikroelektronik und Software an der gesamten Funktionserfüllung des Automobils in hohem Maße beteiligt. Zweck des weiter steigenden Einsatzes ist es, das Fahrzeug mit all seinen Systemen optimal an die jeweiligen Fahr- und Betriebssituationen sowie an die Wünsche der Insassen anzupassen. Darüber hinaus werden Telematiksysteme das Fahrzeug mit anderen Fahrzeugen, der Infrastruktur und mit anderen Verkehrsträgern vernetzen, mit dem Ziel von mehr Sicherheit, Umweltschutz, Verkehrseffizienz und Komfort. Für all diese Aufgaben steht der gesamte Funktionsumfang der Elektronik (einschl. vernetzbarer Technologiebereiche) von der Informationsaufnahme bis zur selbstständigen Planung und Ausführung von Aktionen zur Verfügung, was als »technische Intelligenz« bezeichnet werden

Möglicher Definitionsansatz:

Eigenschaft eines technischen Systems, sich in seiner Umgebung so zu verhalten, dass einem Menschen bei entsprechendem Verhalten eine Intelligenzleistung zugesprochen würde, kann „technische Intelligenz" genannt werden (nach Turing).

Merkmale:

- Fähigkeit zur Informationsaufnahme, -Verarbeitung und -Umsetzung in situationsadäquates Verhalten
- Fähigkeit zum Abspeichern von Informationen im „Gedächtnis", Wiederauffinden, Ableiten von Führungsgrößen
- Fähigkeit zum dynamischen Lernen bezüglich wechselnder System- und Umfeld-Zustände
- Fähigkeit, bei wechselnden System- oder Umfeld-Zuständen eigenständig nützliche Entscheidungen zu treffen
- und in Zukunft:
  Fähigkeit zur selbsttätigen Planung von Aktionen aufgrund von Erfahrungen und Frühindikationen von System- oder Umfeld-Änderungen
- Dazu gehört auch:
  Mit zunehmender Reife der Intelligenz zunehmende Kommunikationsfähigkeit zwischen Systemen und zwischen Mensch und Systemen

Abb. 2.27 Intelligenz technischer Systeme – Eine langfristige Entwicklungsrichtung

kann (Abb. 2.27). Ein wichtiger Innovationstreiber ist hierbei das weite Gebiet der Sensorik.

Wesentliche Zielrichtungen der anderen in Abb. 2.26 genannten Kategorien sind, neben allen fahrzeugtechnischen Aspekten, grundsätzliche Verbesserungen hinsichtlich Ressourcenschonung, Umweltschutz, Wirtschaftlichkeit und damit Nachhaltigkeit des Automobils.

Nur ein Teil der vielfältigen Zielkonflikte des Automobils [41] lässt sich mit der geometrischen Auslegung des Gesamtkonzeptes, seinen Werkstoffen und mit den Mitteln der »Mechanik« lösen oder mildern. Wie aus Abb. 2.28 ersichtlich, tragen elektronische Systeme hier ganz wesentlich zur Lösung bei. Damit erhält auch die Software einen immer höheren Stellenwert, die zudem in steigenden Maße den Charakter eines Fahrzeugs prägt [45]. Die Mechanik darf dabei aber nicht vergessen werden: Als Beispiel sei das ins Schwungrad integrierte Fliehkraftpendel genannt, mit dessen Hilfe das Fahren mit sehr niedrigen Motordrehzahlen beherrschbar ist.

Neue Technologien kommen nicht nur für Produkte (einschl. neuer Design-Konzepte), deren Herstellung, Wartung/Reparatur und Recycling, sondern auch für den Produktentstehungsprozess (Entwicklung bis zur Nullserie) in Frage. Nicht

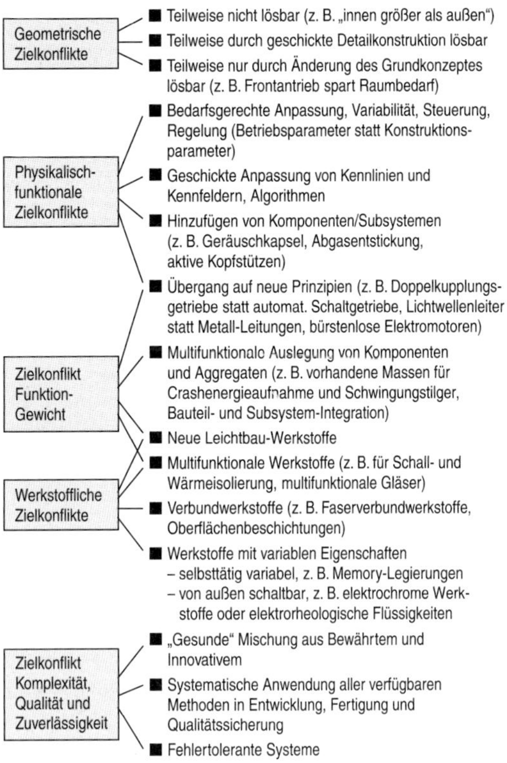

Abb. 2.28 Grundsätze zur Bewältigung fahrzeugtechnischer Zielkonflikte

selten setzen Produktinnovationen solche Prozessinnovationen voraus. Somit können weitere Gründe für neue Technologien genannt werden, wie:

- Reduzierung der Komplexität,
- Erhöhung der Flexibilität,
- Verringerung des Bauraumbedarfs,
- Multifunktionalität, Bauteilintegration,
- Vermeidung von Problemwerkstoffen,
- Einsatz nachwachsender Rohstoffe.

Bei der Umsetzung solcher Ziele können jedoch neue Zielkonflikte entstehen.

Aus all dem folgt, dass schon in frühen Entwicklungsphasen entschieden werden muss, welche neuen Technologien in welchen Bereichen eingesetzt werden sollen und geklärt werden muss, ob in Fällen des Nicht-Erreichens wichtiger Entwicklungs-Meilensteine Ersatzlösungen vorhanden sind. Besonders sorgfältig ist dann vorzugehen,

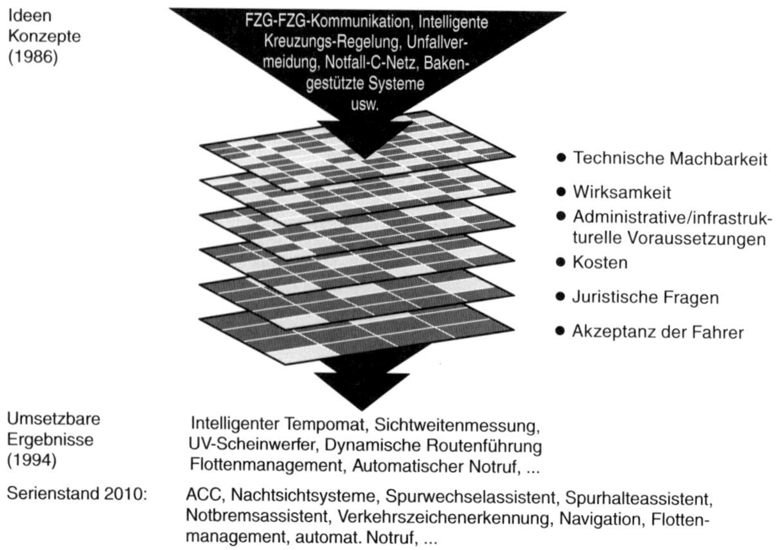

Abb. 2.29 Von der PROMETHEUS-Idee zur konkreten Umsetzung

wenn eine Basistechnologie durch eine andere ersetzt werden soll: Der Einsatz der Brennstoffzelle statt des Verbrennungsmotors wird das gesamte Antriebssystem einschl. aller Nebenaggregate fast vollständig verändern. Somit muss die Vorentwicklung den ersten wichtigen Meilenstein, die Konzeptsicherheit, bestätigen, bevor mit der Serienentwicklung begonnen werden kann. Mit dem ersten serienfähigen Prototyp (Meilenstein »Produktsicherheit«) kann die Fertigungsplanung »in die Vollen gehen«, bis mit der Prozesssicherheit der Beginn der Serienfertigung festgelegt werden kann.

Nicht alle Konzepte, geschweige denn Ideen und Ansätze für neue Technologien können zum Erfolg führen. Abbildung 2.29 zeigt am Beispiel des früheren Forschungsprogramms PROMETHEUS [47], dass alle Vorschläge verschiedene »Filter« zu durchlaufen haben, und dass am Ende nur ein Teil der Ansätze in die Praxis umgesetzt werden kann.

Manchmal dauerte es Jahrzehnte, bis sich neue Technologien nach einem zunächst schwachen Ersteinsatz auf breiter Front durchsetzen konnten. Hin und wieder gelang dies aber auch in relativ kurzer Zeit, wie das aktuelle Beispiel der Fahrstabilitätssysteme zeigt. So manche Innovationen wurden bald wieder verlassen, manchmal später wieder aufgenommen.

Neue Technologien sollten erst dann eingesetzt werden, wenn alle kritischen Pfade der gesamten Prozesskette des Lebenszyklus eines Automobils beherrscht werden. Damit sprechen Forderungen nach Zuverlässigkeit und Langzeitqualität, häufig auch nach Wirtschaftlichkeit, nicht selten zunächst gegen Neuerungen. Möglichkeiten, sie dennoch einzuführen, bestehen z. B. im beschränkten Ersteinsatz (wie bei Nischenmodellen, für die besondere Maßnahmen getroffen werden können), oder in der anfänglichen Beschränkung auf spezielle Kunden oder Märkte. Hierzu gehören Hybrid- und Elektroautos. Bei aller Würdigung der Potentiale neuer Technologien dürfen jedoch deren Grenzen nicht unerwähnt bleiben:

- Die physikalischen und chemischen Grundgesetze können auch durch noch so intelligente Werkstoffe und noch so raffinierte Regelsysteme nicht übersprungen werden.
- Geometrische Zielkonflikte können nur teilweise mit anderen Konstruktionsprinzipien gelöst werden. Weil die »negative Wandstärke« wohl auf Dauer Traum bleiben wird, kann es ein Auto »innen größer als außen« nicht geben.
- Neue Technologien müssen kompatibel sein. Das gilt sowohl auf der Komponenten- und Systemebene im Fahrzeug als auch bei der Integration des Fahrzeugs in das Verkehrssystem.

Bei Technologie- und Produktentscheidungen müssen zu den klassischen Kriterien zusätzlich Rohstoffverfügbarkeiten, Energieaufwendungen »von der Wiege bis zur Bahre«, Herstell- und Recyclingverfahren sowie alle zur Ökobilanzierung gehörenden Wirkungen und Prozessketten, also ganzheitliche Bilanzen im gesamten Life Cycle berücksichtigt werden [59].

Da zudem mit steigender Komplexität der Technik grundsätzlich die Entwicklungszeiten, meist auch die Kosten, ansteigen, ist das »Genial-Einfache« anzustreben, das letztlich ein besonders günstiges Nutzen-Aufwand-Verhältnis aufweist, und damit hohe Wahrscheinlichkeit der Marktakzeptanz besitzt.

Literatur

Literatur zu Abschnitt 2.1

1. ACATECH: Mobilität 2020. Fraunhofer IRB Verlag
2. Micro Compact Car GmbH: Smart. Presseinformation. Remmingen (1998)
3. Micro Compact Car GmbH: Smart. Presseinformation (1998)
4. ATZ/MTZ Sonderausgabe »Der neue Maybach« (September 2002)
5. Braess, H.-H., et al.: 25 Jahre ESV-Entwicklung Chancen und Risiken von regierungsseitigen vorgegebenen Zielen. Proceedings ESV-Conference, Amsterdam, 2001. Katalognummer der Automobil Revue 1996, S. 73–86 (1996)
6. Proceedings IRCOBI International Conference on the Biomechanics of Impact. München, 18.–20. September 2002
7. Proceedings ESV-Conference. Sindelfingen, 1971; Washington, 1972
8. Seiffert, U.: Möglichkeiten und Grenzen der Erhöhung der Sicherheit im Kfz. ÖVK II/97. Technische Universität Wien (1997)
9. Bundesministerium für Verkehr: Verkehr in Zahlen 2008/2009. Deutscher Verkehrs-Verlag
10. Winner, H., Hakuli, S., Wolf, G. (Hrsg): Handbuch Fahrerassistenzsysteme. Vieweg+Teubner, Wiesbaden (2009)
11. Wiedemann, J.: Institut für Verbrennungsmotoren. Universität Stuttgart (2002)
12. Schreiber, W., et al.: Das neue Doppelkupplungsgetriebe. Volkswagen. ATZ **11**, (2003)
13. Krebs, R.: Elektromobilität als Chance. 8. Symposium – Hybrid- und Elektrofahrzeuge. ITS, Braunschweig, Februar 2011
14. Volkswagen AG: Pressemitteilung und Produktangebot. (2009)
15. Toyota: Verkaufsunterlagen. Deutschland (2006)
16. Reitzle, W.: Das Automobil: Zukunft durch Innovation und Faszination. ATZ/MTZ Sonderheft Geschichte und Zukunft des Automobils (1998)
17. Emission Standards: Europe: Cars and Light Trucks. www.dieselnet.com/standards/eu
18. Verband der Automobilindustrie e.V.: Auto 2006. Jahresbericht, Frankfurt am Main (2006)
19. Schäper, S.: Unerwünschte Nebeneffekte der EU-Altautorichtlinie auf ökologische Fahrzeugkonzepte. VDI-Bericht, Bd. 1653. Düsseldorf (2001)

Allgemeine Literatur zu Abschnitt 2.1

20. von Fersen, O.: Ein Jahrhundert Automobiltechnik. Personenwagen. VDI-Verlag, Düsseldorf (1986)
21. ATZ/MTZ Sonderheft »Geschichte und Zukunft des Automobils«, (1998)
22. ATZ/MTZ: Jahresbände. Vieweg+Teubner, Wiesbaden
23. VDI-FVT: 100 Jahre aktiv für die Mobilität. ATZ Sonderheft März 2004 D58922, (2004)

Literatur zu Abschnitt 2.2

24. Spiegelberg, G., et al.: Homologation und Zulassung zukünftiger Drive-by-Wire-Systeme – Status und notwendige Modifikationen der Vorschriften. ATZ **106**(9) (2004)
25. Miese, A.: Sichere Fahrerassistenzsysteme – Welchen Beitrag leistet das KBA als Produktsicherheitsbehörde? VDI-Berichte, Bd 1960. Düsseldorf (2006)
26. Kleinemeyer, J.: Standardisierung zwischen Kooperation und Wettbewerb – Eine spieltheoretische Betrachtung – Peter Lang. Europäischer Verlag der Wissenschaften, Frankfurt am Main (1998)
27. Ghiladi, V.: Strategische Bedeutung der Normung. Intellectual Property Management/-Standardisierung, FTP/N. Daimler AG, Stuttgart
28. FAKRA-Handbuch – Normen für den Kraftfahrzeugbau, Bd. 1: Allgemeine Kfz-Technik.
29. FAKRA-Handbuch – Normen für den Kraftfahrzeugbau, Bd. 2: Motoren- und Triebwerkteile.
30. FAKRA-Handbuch – Normen für den Kraftfahrzeugbau, Bd. 3: Räder und Reifen.
31. FAKRA-Handbuch – Normen für den Kraftfahrzeugbau, Bd. 4: Bremsausrüstung.
32. FAKRA-Handbuch – Normen für den Kraftfahrzeugbau, Bd. 5: Elektrische und elektronische Ausrüstung.
33. Beuth Verlag GmbH. www.beuth/de

Relevante Internetseiten zu Abschnitt 2.2

34. Deutsche Normung. www.din.de
35. Internationale Normung. www.iso.ch
36. Europäische Normung. www.cenorm.be
37. Allgemeine Normenanwendung. www.ifan-online.org
38. Automobilindustrie. www.vda.de

Literatur zu Abschnitt 2.3

39. Seiffert, U.: The Automobile in the Next Century, Paper K 0011. FISITA-Kongress, Prag, 1996
40. Mehrere Autoren: Geschichte und Zukunft des Automobils. ATZ Sonderheft »100 Jahre ATZ« (1998)
41. Eiletz, R.: Zielkonfliktmanagement bei der Entwicklung komplexer Produkte am Beispiel Pkw-Entwicklung. Diss., TU München (1999)

42. Mehrere Autoren: Fahrzeugkonzepte für das 2. Jahrhundert. Automobiltechnik, VDI-Ber. 1653 (2001)
43. Mehrere Autoren: Elektronik im Kraftfahrzeug. VDI-Ber. 1653 (2001) und VDI-Ber. 1789 (2003)
44. Indra, F.: Intelligent simplicity – Follow up. Fort.-Ber., VDI Reihe 12, Nr. 490, Bd. 1, S. 1–22 (2002)
45. Dais, S.: Hardware oder Software: Wer bestimmt Funktion und Charakter eines Fahrzeugs? 11. Aachener Kolloquium Fahrzeug- und Motorentechnik, Berichtbd., S. 29–33 (2002)
46. VDA Techn. Kongresse 2001 bis 2013
47. Braess, H.-H.: Das intelligente Auto auf der intelligenten Straße – Was hat PROMETHEUS gebracht? 5. Int. Stuttgarter Symposium Kraftfahrwesen und Verbrennungsmotoren, Tagungsbericht S. 608–627 (2003)
48. Mehrere Autoren: 100 Jahre Fahrzeugtechnik im VDI. ATZ Sonderausgabe (2004)
49. Mehrere Autoren: Innovationsmotor Automobilindustrie. VDA-Forschungstag. FAT Schrift 183 (2004)
50. Mehrere Autoren: Fahrzeugelektronik im Fokus. VDI-Ber. 1866 (2004), 1957 (2006), 2000 (2007), 2075 (2009), 2172 (2012)
51. Mehrere Autoren: 50 Jahre mot. Heft 1 + 2 (2005)
52. Mehrere Autoren: Innovative Fahrzeuggetriebe. VDI-Ber. 2030 (2008), 2158 (2012)
53. Werkstoffe im Automobil. ATZ extra (Januar 2007)
54. Mehrere Autoren: Jahrbücher VDI FVT, Innovationen im Fahrzeug und Verkehr. ATZ extra (2008, 2009, 2010, 2011, 2012)
55. Mehrere Autoren: Kunststoffe im Automobilbau 2002 bis 2013. VDI-Gesellschaft Kunststofftechnik
56. Winner, H., et al.: Handbuch Fahrerassistenzsysteme. Vieweg+Teubner, Wiesbaden (2012)
57. Mehrere Autoren: Fahrerassistenz und integrierte Sicherheit. VDI-Ber. 2104 (2010), 2166 (2012)
58. Mehrere Autoren: Elektrisches fahren machbar machen. VDI-Ber. 2098 (2010)
59. Klöpffer, W., Grahl, B.: Ökobilanz (LCA), ein Leitfaden für Ausbildung und Beruf. Wiley (2009)

Fahrzeugphysik

Dr.-Ing. Mihiar Ayoubi, Dr. Andreas Eilemann, Dr.-Ing. Heinz Mankau, Dr. Eberhard Pantow, Dr.-Ing. Carsten Repmann, Prof. Dr. Ulrich Seiffert, Dr. Markus Wawzyniak und Dr. Achim Wiebelt

H.-H. Braess, U. Seiffert (Hrsg.), *Vieweg Handbuch Kraftfahrzeugtechnik*, ATZ/MTZ-Fachbuch, DOI 10.1007/978-3-658-01691-3_3, © Springer Fachmedien Wiesbaden 2013

3.1 Grundlagen

Die Fahrzeugphysik stellt die Vernetzung von physikalisch-technischen Aufgaben an den Fahrzeugentwickler dar.

Beispielhaft zeigt ■ Abb. 3.1 die Anforderungen an die Karosserie, d. h. bauteilbezogen [1] und ■ Abb. 3.2 die funktionsbezogene Vernetzung unterschiedlicher Anforderungen an das Gesamtfahrzeug und für die einzelnen Subsysteme [2]. Die physikalischen Grundgesetze und deren Auswirkungen auf die verschiedenen Teilgebiete sind bei der Auslegung des Fahrzeuges besonders zu berücksichtigen. Analog gilt dies auch für Fahrzeuge mit reinem Elektromotor (Batterie oder Brennstoffzelle).

Ein sehr aktuelles Beispiel ist der Verbrauch an elektrischer Energie »on board« des Fahrzeuges. Er kann eine Größenordnung von einem Äquivalent von bis zu 3 l/100 km annehmen. Die Fahrzeugphysik erfordert die vernetzte Betrachtung aller Anforderungen innerhalb des Produktentstehungsprozesses. Dies gilt verstärkt für die elektrisch/elektronischen Komponenten, wo neue Hard- und Softwarestrukturen nach dem Motto, 1+1+Vernetzung ist leistungsfähiger als 2, im Bordnetz einsetzen müssen. Nicht die Optimierung einer einzelnen Eigenschaft oder Größe, sondern die Leistungsfähigkeit des Gesamtsystems entscheidet über den Produkterfolg.

3.1.1 Definitionen

Obwohl in den einzelnen Kapiteln spezielle Definitionen erläutert werden, wird im Folgenden eine Gesamtübersicht gegeben.

Die Richtlinien der Europäischen Gemeinschaft [3, 4] definieren die verschiedenen Fahrzeugklassen. Allgemein wird unterteilt in

- Straßenfahrzeuge
- mit Anhängefahrzeugen (nicht selbstfahrend)
- als Fahrzeugkombination.

Innerhalb der Gruppen gibt es beispielhaft folgende Unterteilung:

Straßenfahrzeuge mit der Untergruppe Kraftfahrzeuge – hierzu gehören:

- Krafträder (einspuriges mit 2 Rädern), z. B. Motorrad, Motorroller mit Hilfsmotor
- Kraftwagen (mehrspuriges Kfz). Hier unterscheidet man in Personenkraftwagen (Pkw) und Nutzkraftwagen (Nkw).

Zu den Personenkraftwagen zählen Fahrzeuge, die max. 9 Personen befördern können, Limousine, Coupé, Kabriolett, Kombi, Nkw-Kombi, spezielle Pkw's wie Wohnmobile und Multipurpose-Fahrzeuge (MPV), SUV Sport Utility Vehicle sowie Geländewagen. Zu den Nutzfahrzeugen gehören Fahrzeuge für den Transport von Personen und vorrangig Gütern, z. B. der Kraftomnibus (mehr als 9 Personen inkl. Gepäck), Kleinbus (max. 17 Personen), Linienbus, Überlandbus, Reisebus, Gelenkbus und Spezialbusse. Zu den Lastkraftwagen (Lkw), die für den Transport von Gütern vorgesehen sind, gehören der Vielzweck-Lkw für alle Transportaufgaben und der Spezial-Lkw.

Zu den Zugmaschinen, die dem Ziehen von Anhängern oder Geräten dienen, gehören die Anhänger- und Sattelzugmaschine und der Traktor.

Anhängerfahrzeuge beinhalten die Starr- und Gelenkdeichselanhänger. Die Fahrzeugkombinationen sind alle Zugfahrzeuge, Pkw und Nkw mit Anhänger.

Die Klasseneinteilung selbst unterscheidet in Klasse L, M, N und O.

L – sind Kraftfahrzeuge mit weniger als 4 Rädern,

M – sind Kraftfahrzeuge zur Personenbeförderung mit mindestens 3 oder 4 Rädern mit einem Gesamtgewicht > 1 t
- $M_1 \leq 9$ Personen,
- $M_2 > 9$ Personen, < 5 t Gesamtgewicht,
- $M_3 > 9$ Personen, > 5 t Gesamtgewicht

N – sind Kraftfahrzeuge zur Güterbeförderung mit mindestens 3 oder 4 Rädern mit einem Gesamtgewicht > 1 t
- $N_1 \leq 3{,}5$ t Gesamtgewicht,
- $N_2 > 3{,}5$ t ≤ 12 t Gesamtgewicht,
- $N_3 > 12$ t Gesamtgewicht

O – bedeutet Anhänger oder Sattelhänger
- O_1 einachsige Anhänger $\leq 0{,}75$ t Gesamtgewicht,
- $O_2 > 0{,}75$ t $\leq 3{,}5$ t Gesamtgewicht,
- $O_3 > 3{,}5$ t ≤ 10 t Gesamtgewicht,
- $O_4 > 10$ t Gesamtgewicht

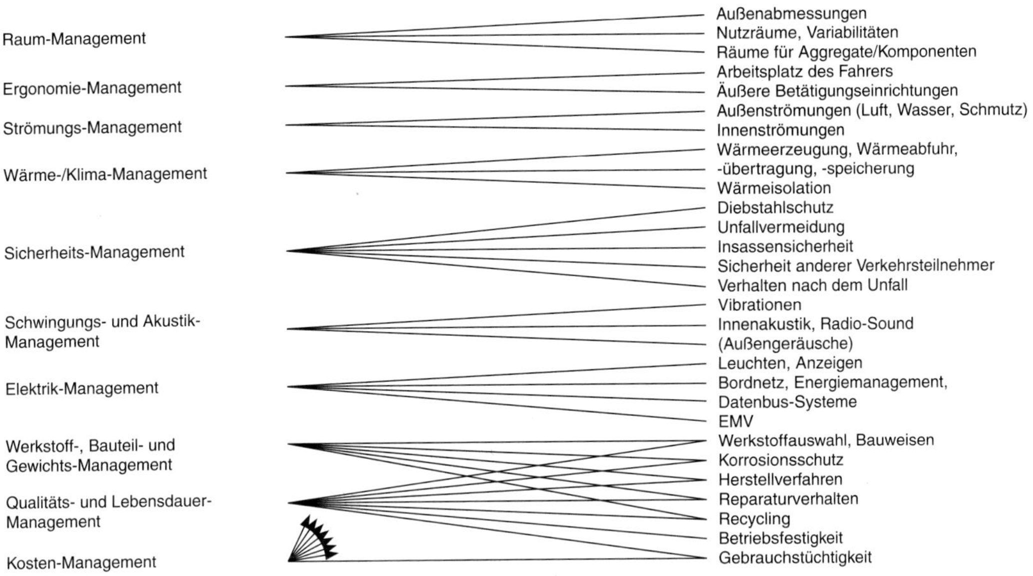

Abb. 3.1 Physikalisch-technische Aufgaben der Fahrzeugentwicklung am Beispiel der Karosserie [1]

Komponenten, wichtige Auslegungsparameter / Anforderungen; Teildisziplinen der Fahrzeugphysik	Karosserie							Antrieb				Fahrwerk						Fahrzeugübergreifende Subsysteme							
	Rohkarosserie-Struktur	Rohkarosserie-Begrenzungsflächen	Kühllufteintrittsfläche	Bremsenbelüftungs-eintrittsfläche	Heizung, Lüftung, Klimaanlage	Karosserie-Ausstattung	Schallisolierung	Motor	Nebenaggregate	Getriebe	Kraftübertragung	Vorderachse	Lenksystem	Hinterachse	Federungssystem	Bremssystem	Räder, Reifen	Motorraum	Geräuschkapsel	Abgasanlage	Kühlsystem	Aggregatlagerung	Kraftstoffsystem*)	Fahrzeugelektrik	Zentralhydraulik
Aerodynamik	X	XX	XX	X	X	X**)		XX	X	X		X		X		X	X	X	X	X	XX				
Wärmetechnik		XX	XX	XX	X	X		XX	XX	X		X	X	X		XX	X	XX	XX	XX	XX	X	XX	XX	X
Kraftstoffabhängige Faktoren								XX										X		X			XX		
Außengeräusche			X					XX	XX	XX	XX					X	XX		XX	XX	X	XX	X Pumpe		X Pumpe
Innengeräusche	XX	XX			XX	X	XX	XX	XX	XX	XX	XX	X	XX	XX		XX	XX	XX	XX	X	XX	X Pumpe	X	X
Schwingungstechnik	XX	XX				X	X	XX	X	X	X	XX	XX	XX	XX	XX	XX			XX		XX		XX	

XX starke Vernetzung
X schwache Vernetzung

**) äußere Teile

*) Zum Kraftstoffsystem gehören insbesondere:
- Tank, Einfüllstutzen
- Kraftstoffpumpen
- Aktivkohlebehälter
- On board-System (Betankungsemission)
- Rollover-Ventil

Abb. 3.2 Fahrzeugphysik als Vernetzung von Funktionen mit Systemen, Aggregaten und Bauteilen [2]

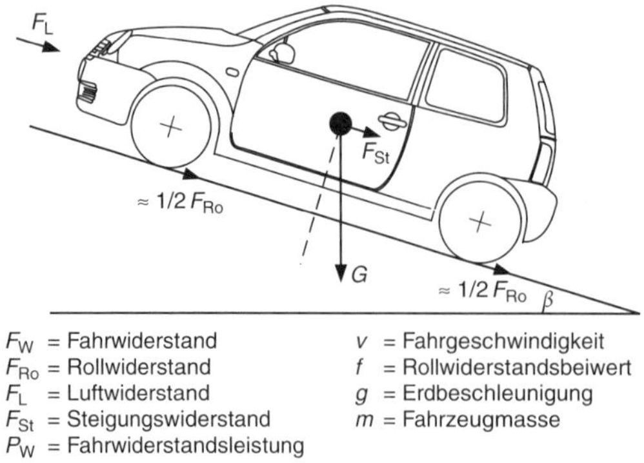

Abb. 3.3 Gesamtfahrwiderstand

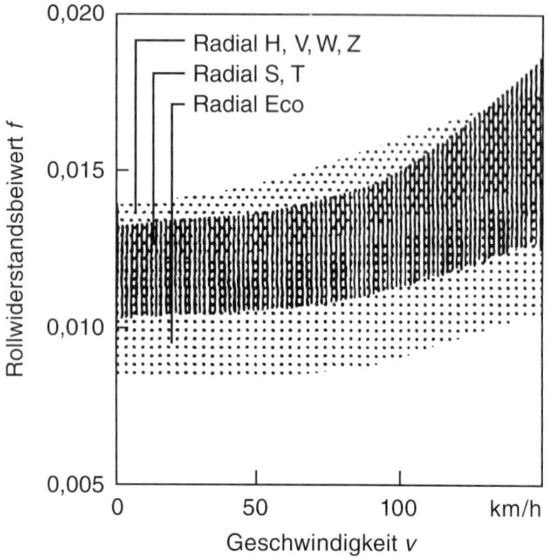

Abb. 3.4 Rollwiderstand als Funktion der Fahrgeschwindigkeit [3]

3.1.2 Fahrwiderstand und Antrieb

3.1.2.1 Gesamtwiderstand

Der Gesamtfahrwiderstand (Abb. 3.3) wird wie folgt berechnet:

$$F_W = F_{Ro} + F_L + F_{St}$$

Die Fahrwiderstandsleistung entspricht $P_W = F_W \cdot v$.

3.1.2.2 Rollwiderstand

Der Rollwiderstand entsteht aus der Formänderungsarbeit zwischen Reifen und Fahrbahn:

$$F_{Ro} = f \cdot G = f \cdot m \cdot g$$

Nur im Gelände spielt der Verformungswiderstand des Untergrunds eine Rolle, er kann bei weichem Boden mehr als 15 % des Fahrzeuggewichts betragen.

Auf befestigten Straßen ergibt sich der Rollwiderstand fast ausschließlich aus der Walkverlustarbeit des Reifens. Bestimmend sind die Walkamplitude (Einfederung, Radlast, Reifeninnendruck) und Walkfrequenz (Fahrgeschwindigkeit). Reibung im Antriebsstrang erhöht den Rollwiderstand. Neue rollwiderstandsarme Reifen erreichen im unteren Geschwindigkeitsbereich Werte von 0,008. Bei 150 km/h werden Werte von 0,017 erreicht. Abbildung 3.4 zeigt die Abhängigkeit des Rollwiderstandes als Funktion der Fahrgeschwindigkeit. Da der F_{Ro} in Radlängsachse definiert ist, ist er vom Fahrwiderstand aus der Seitenkraft (Vorspurwiderstand) zu unterscheiden. Bei Kurvenfahrt nimmt mit steigenden Schräglaufwinkeln auch der Rollwiderstand zu (Kurvenwiderstand [5]).

3.1.2.3 Luftwiderstand

Der Luftwiderstand F_L wird nach folgender Formel berechnet:

$$F_L = c_W A \cdot \rho \cdot \frac{v^2}{2}$$

ρ - Luftdichte

v - Anströmgeschwindigkeit

A - Querschnittsfläche

c_W - Luftwiderstandsbeiwert

Die Luftwiderstandsbeiwerte betragen beim Pkw $c_W = 0{,}25$ bis 0,4. Beim Lkw $c_W = 0{,}4$ bis 0,9, die Querschnittsfläche A beim Pkw 1,5 bis 2,5 m^2 und beim Lkw 4 bis 9 m^2. Der Luftwiderstand entsteht durch die Umströmung und Durchströmung des Fahrzeugs. Durch intensive Forschungs- und Entwicklungsarbeit konnte er in den letzten Jahrzehnten deutlich reduziert werden. Bei höheren Geschwindigkeiten bestimmt der Luftwiderstand den Fahrwiderstand und ist damit die

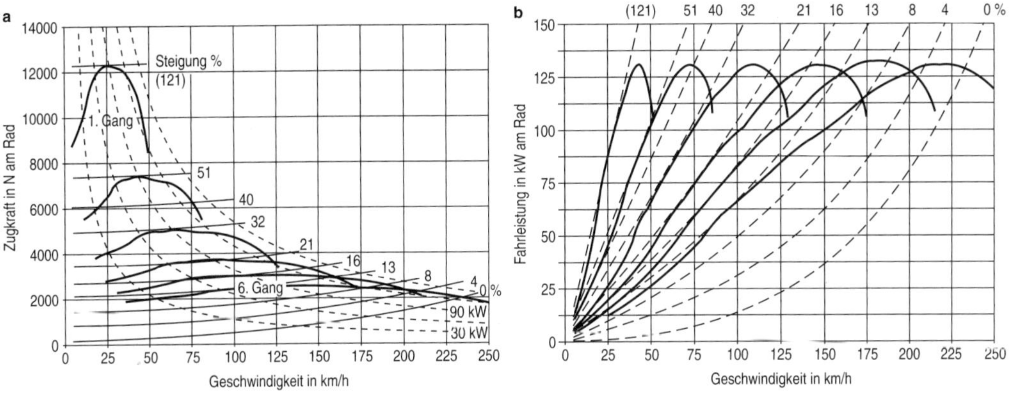

Abb. 3.5 Zugkraft- und Fahrleistungsdiagramm (Quelle ZF)

dominierende Größe für den Kraftstoffverbrauch. Bei Schräganströmung unter einen Winkel e zur Fahrzeuglängsachse ändern sich die Widerstandswerte $c_T(e)$. Mit derselben Querschnittsfläche und einer schrägen Anströmgeschwindigkeit v_A gibt dann:

$$F_L = c_T \cdot A \cdot \frac{\rho}{2} v_A^2$$

Die Luftwiderstandsleistung P_L beträgt:

$$P_L = F_L \cdot v$$

3.1.2.4 Antriebswiderstand

Der Antriebswiderstand beträgt $F_A = (1 - \eta) P/v$, er beinhaltet die mechanischen Verluste vom Motor über Getriebe bis zu den Radnaben ($\eta = \eta_1 \eta_2 \eta_3 \ldots \eta_n$) mit P als Leistung und $v \approx$ der Fahrgeschwindigkeit.

3.1.2.5 Steigungswiderstand

Der Steigungswiderstand $F_{st} = m \cdot g \sin \beta$ mit der Masse m, die Steigungsleistung beträgt:

$$P_{st} = F_{st} \cdot v$$

3.1.2.6 Beschleunigungswiderstand

$F_B = m_{red} dv/dt$. Bei Vernachlässigung der rotierenden Bauteile mit kleineren Trägheitsmomenten an Wellen und im Getriebe sowie mit dem Ansatz konstanter Rotationsenergie ($J \cdot w^2 = \text{const}$) ist:

$$m_{red} = m + \frac{J_R + i^2 J_m}{r_{stat} \cdot r_{dyn}}$$

mit J_R, J_M den Massenträgsheitsmomenten der Räder und des Motors, i der Übersetzung, r_{stat}, r_{dyn} den Reifenhalbmessern (statisch und dynamisch).

3.1.2.7 Zugkraftausnutzung

Bei gegebener Zugkraft F_x an den Rädern ergibt sich für die Beschleunigung und Steigung

$$F_B + F_{St} = F_x - (F_R + F_L)$$

3.1.2.8 Zugkraftdiagramm

Aus dem Motorkennfeld $M(n)$ können unter Berücksichtigung des inneren Widerstandes F_I die Zugkräfte, die in den verschiedenen Gängen verfügbar sind, als Funktion der Fahrgeschwindigkeit $F_x(v)$ ermittelt werden. Die Volllastkurven sollten sich möglichst ohne große Lücken an die Grenzhyperbel aus der maximalen Motorleistung $F_x = P_{max}/v$ anschmiegen. Auf der anderen Seite stehen die Summe der Fahrwiderstände $\sum F_w(v)$. Abbildung 3.5a ist ein Beispiel, aus dem das Abb. 3.5b, ein auf gleichen Daten beruhendes Fahrleistungsdiagramm für ein 6-Gang-Getriebe abgeleitet ist. Die Betriebspunkte, Steigungs- und Beschleunigungsreserven können den Kurven entnommen werden. Man kann auch für einen optimalen Kraftstoffverbrauch abstimmen. In der Praxis fahren die Kunden doch sehr häufig in den verbrauchsungünstigeren Gängen.

3.1.3 Kraftstoffverbrauch beeinflussende Maßnahmen

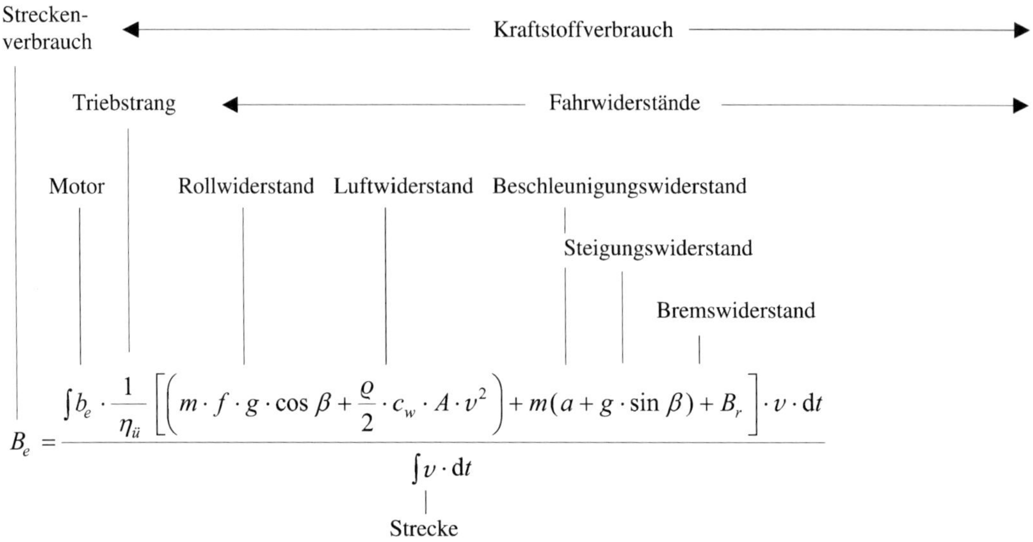

$$B_e = \frac{\int b_e \cdot \frac{1}{\eta_{ü}} \left[\left(m \cdot f \cdot g \cdot \cos\beta + \frac{\varrho}{2} \cdot c_w \cdot A \cdot v^2 \right) + m(a + g \cdot \sin\beta) + B_r \right] \cdot v \cdot \mathrm{d}t}{\int v \cdot \mathrm{d}t}$$

Der Leerlaufverbrauch und der Wirkungsgrad der elektrischen Verbraucher müssen zusätzlich berücksichtigt werden.

Größe		Einheit
B_e	Streckenverbrauch	g/m
$\eta_{ü}$	Übertragungswirkungsgrad des Triebstranges	–
m	Wagenmasse	kg
f	Rollwiderstandsbeiwert	–
g	Erdbeschleunigung	9,81 m/s²
β	Steigungswinkel	°
ρ	Dichte der Luft	kg/m³
c_w	Luftwiderstandsbeiwert	–
A	Stirnfläche	m²
v	Fahrgeschwindigkeit	m/s
a	Beschleunigung	m/s²
B_r	Bremswiderstand	N
t	Zeit	s
b_e	spezifischer Kraftstoffverbrauch	g/kWh

3.1.4 Dynamische Kräfte

Die Massenkräfte erzeugen beim Antreiben und Bremsen nach ■ Abb. 3.6 die dynamische Achsverlagerung ΔF.

3.1.4.1 Fahrdynamik und Fahrverhalten

Bei der Fahrt in der Ebene, ■ Abb. 3.6a), verändern sich die Vertikalkräfte:

$$|\Delta F_z| = m \cdot \frac{\mathrm{d}v}{\mathrm{d}t} \frac{h_s}{l}$$

ΔF_z – Veränderung der Vertikalkräfte

m – Fahrzeugmasse

$\mathrm{d}v/\mathrm{d}t$ – Fahrzeugbeschleunigung, -bremsung

h_S – Schwerpunkthöhe

l – Radstand

Die beschleunigte Fahrt bewirkt eine Veränderung von ΔF_z, die beim Antreiben zu einer Erhöhung der Achslast an der Hinterachse und beim Bremsen an der Vorderachse führt; diese Nickbewegungen müssen bei der Fahrwerksauslegung berücksichtigt werden. Besonders störend werden im Fahrbetrieb die Längsschwingungen, die meistens mit Nickbewegungen einhergehen, empfunden, so dass die Radaufhängungen in Längsrichtung möglichst

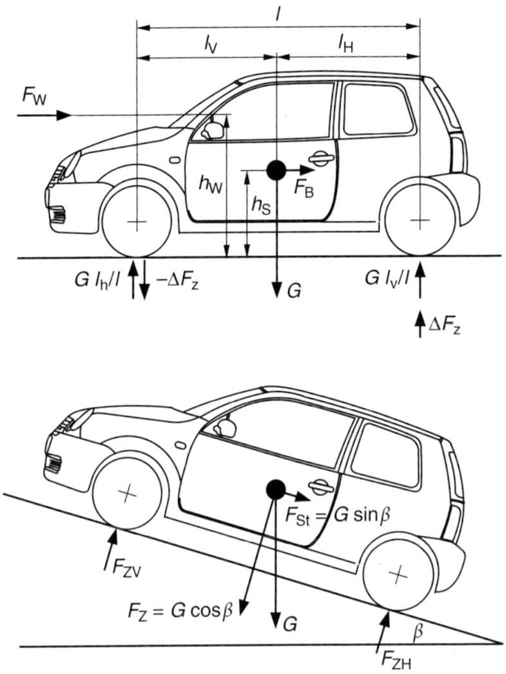

Abb. 3.6 Statische und dynamische Achslasten in der Ebene und in der Steigung

weich angebunden werden, ohne dass die anderen Steifigkeiten zu gering werden.

Bei der stationären Fahrt greift der Fahrwiderstand F_w in der Höhe h_w am Fahrzeug an, damit ergibt sich $\Delta F_z = F_w \cdot \frac{h_w}{l}$ = Angriffspunkt der Widerstandskraft.

Bei Steigungen muss die Gewichtskomponente berücksichtigt werden. Entsprechend Abb. 3.6b) gilt

Achslast vorn:

$$F_{z\mathrm{V}} = \frac{G}{l} \cdot (l_\mathrm{H} \cdot \cos\beta - h_\mathrm{S} \cdot \sin\beta) \pm \Delta F_z$$

Achslast hinten:

$$F_{z\mathrm{H}} = \frac{G}{l} \cdot (l_\mathrm{V} \cdot \cos\beta + h_\mathrm{S} \cdot \sin\beta) \pm \Delta F_z$$

3.1.5 Weitere Definitionen

Zur Fahrdynamik sind weitere Definitionen wie Größen der linearen Bewegung, der Drehbewegung, Kräfte und Momente, Radaufhängungen, Lenkung und für Reifen und Räder in der ISO 8855 [6] und DIN 70000 [7] festgelegt.

3.2 Aerodynamik

3.2.1 Grundlagen

Der Strömungswiderstand eines Körpers hängt von seiner Form, dem Medium, durch das er sich bewegt und seiner Größe ab. Im Falle eines Pkw ist das Medium Luft, die in dem üblichen Geschwindigkeitsbereich als inkompressibel angesehen werden kann. Ihre Stoffeigenschaften lassen sich durch die Dichte und die kinematische Zähigkeit beschreiben, die ihrerseits Funktionen des Luftdruckes und der Temperatur sind.

Unter Normalbedingungen, $p = 1013\,\mathrm{hPa}$; $t = 10\,°\mathrm{C}$ sind

$$\rho = 1{,}225\,\mathrm{kg/m^3};\ \nu = 1{,}492 \cdot 10^{-5}\,\mathrm{m^2/s}.$$

Die Dichte ρ ist die auf das Volumen bezogene Masse der Luft und die Zähigkeit ν (Viskosität) die Eigenschaft, zwischen verschiedenen Luftschichten Schubspannungen übertragen zu können, d. h. die physikalische Ursache für das Auftreten eines u. U. auch turbulenten Reibungswiderstandes.

Bei der Wärmeabfuhr im Kühler und an Bremsen ist die Wärmeleitfähigkeit der Luft von Bedeutung:

$$\lambda = 0{,}0242\,\mathrm{J/m\,s\,K}.$$

Der Luftwiderstand des Fahrzeugs entsteht durch die Relativbewegung zwischen Fahrzeugoberfläche und Luft, und es ist demnach physikalisch zunächst (bei Vernachlässigung drehender Räder, Grenzschicht auf der Fahrbahn usw.) ohne Belang, ob sich der Körper durch die ruhende Luft bewegt, oder ob ein ruhender Körper mit gleicher Geschwindigkeit angeblasen wird, wie z. B. ein Fahrzeugmodell im Windkanal. Das Fahrzeug muss auf der Vorderseite Luft beiseiteschieben, wodurch diese aufgestaut wird. Auf der Rückseite können die Luftteilchen nicht störungsfrei zusammenströmen, was Unterdruck hervorruft. Die Summe dieser Drücke bildet den Druckwiderstand eines Fahrzeugs. Durch Reibung zwischen der Oberfläche und der zähen Luft

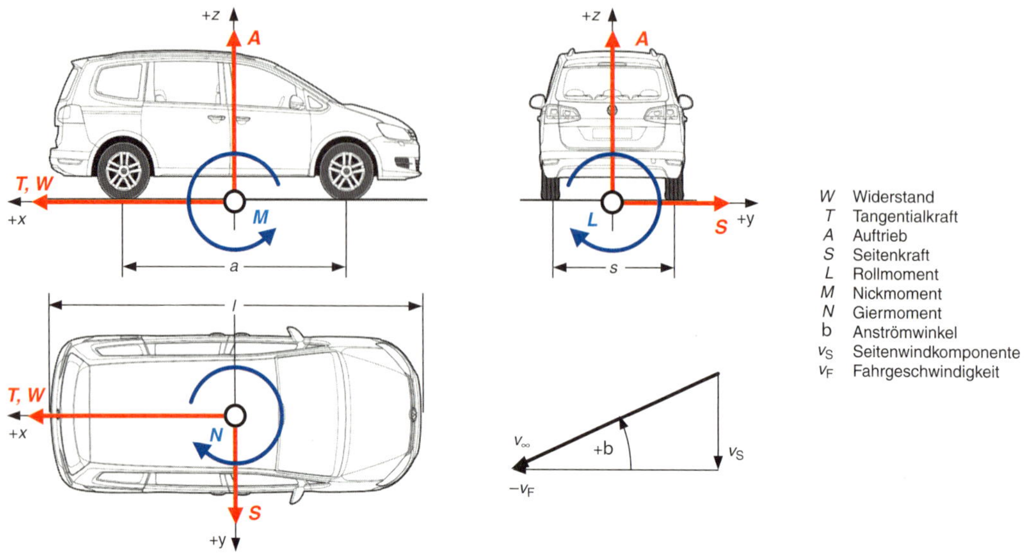

Abb. 3.7 Koordinatensystem, Kräfte und Momente

entsteht der Reibungswiderstand und durch Erzeugung von Wirbeln der induzierte Widerstand. Bei einem Pkw beträgt der Reibungswiderstand 5–10 %. Die beiden anderen Anteile sind von der Form abhängig. So erzeugt ein Vollheckfahrzeug mit steiler Rückfront ein großes Gebiet mit abgelöster Strömung und damit großem Druckwiderstand, während ein Fließheckfahrzeug zwar einen kleinen Druckwiderstand, dafür aber intensive Wirbel und damit einen hohen induzierten Widerstand aufweist. Ein weiterer Widerstandsanteil entsteht als innerer Luftwiderstand als Folge der Durchströmung von Kühlern, Fugen und Lüftungssystemen.

Die aerodynamische Güte eines Fahrzeugs wird beschrieben durch den Widerstandsbeiwert c_W, der als dimensionsloser Widerstand nach der Formel

$$c_W = W/A \cdot q$$

bestimmt wird. Es gelten:

W **[N]** – Widerstand

A **[m²]** – Bezugsfläche (beim Auto die Projektionsfläche quer zur Fahrtrichtung)

q **[N/m²]** – Staudruck = $\rho \cdot v^2/2$

v **[m/s]** – Fahr-/Windgeschwindigkeit

In analoger Weise werden Auftriebs- und Seitenkraftbeiwerte gebildet. Für Windkanalmessungen und Strömungsberechnung wurde ein Koordinatensystem gemäß Abb. 3.7 definiert. Die Momente um diese Achsen können im Windkanal in der Regel direkt gemessen werden. Als Bezugslänge für die Momentenbeiwerte wurde der Radstand gewählt.

Die Windkräfte werden üblicherweise in Windkanälen gemessen, wobei für die Beiwertbestimmung der Serienfahrzeuge Messungen an Originalfahrzeugen in entsprechend großen Windkanälen herangezogen werden. In der Entwicklungsphase kommen auch maßstäbliche Modelle zum Einsatz. Dabei ist die Feststellung wichtig, ob die sinngemäße Übertragung der Versuchsergebnisse kleiner geometrisch ähnlicher Modelle auf die Großausführung möglich ist. Dies ist dann zulässig, wenn die Strömungen mechanisch ähnlich sind, und die dimensionslose Kennzahl (Reynoldszahl) $\mathrm{Re} = v_\infty l/\nu$ eingehalten wird. Bei Messungen im Windkanal bedeutet dies, dass die Geschwindigkeit um den Maßstabsfaktor vergrößert werden muss. Da andererseits die Machzahl $\mathrm{Ma} = v/a_\infty$ nicht zu groß werden darf, um Kompressibilitätseffekte auszuschließen, werden Modellversuche bei Windgeschwindigkeiten zwischen 60 m/s und 80 m/s mit

Modellmaßstäben nicht unter 1/5 durchgeführt. Dieser Maßstab reicht zur genauen Festlegung von Radien u. U. nicht mehr aus.

Seit Mitte der 1930er Jahre ist bekannt, dass Windkanäle für Kraftfahrzeugmessungen zweckmäßigerweise einen annähernd rechteckigen Düsenquerschnitt aufweisen, und sich der Messstreckenboden unmittelbar an Düse und Auffangtrichter anschließt. Etwa genauso lang gilt die Simulation mit bewegtem Messstreckenboden (Laufband) als die physikalisch richtigere, aber auch als relativ aufwändig. Darüber hinaus wird auch aus dem gleichen Grunde die Grenzschichtbeeinflussung (Absaugen und Ausblasen) bzw. eine Kombination aus beidem zur Verbesserung der Simulation angewandt. Bisher haben sich diese Techniken im Renn- und Sportfahrzeugbereich durchgesetzt; dies als Folge der geringen Bodenfreiheiten. Für normale Pkw ist die Notwendigkeit bei den Entwicklern umstritten, und die Anwendung firmenspezifisch. Seit einigen Jahren erfolgen Neubauten von Automobilwindkanälen i. d. R. mit Bodensimulationseinrichtungen. Deren Ausführung unterscheidet sich u. a. in der Anzahl und Anordung der Laufbänder [18].

Die numerische Simulation (CFD) ist zu einem fest etablierten Bestandteil des Entwicklungsprozesses in der Automobilindustrie geworden. Sie wird insbesondere in frühen Projektphasen eingesetzt, wenn noch keine qualitativ hochwertigen Versuchsträger zur Verfügung stehen [17]. CFD erlaubt aufgrund der Fortschritte bei Hard- und Software mittlerweile ein breites Anwendungsspektrum, das neben dynamischen Versuchsanordnungen (bewegter Boden, drehende Räder) auch die Betrachtung thermischer Aspekte (Wärmeübergangsphänomene) beinhaltet.

Aufgrund der Komplexität der Strömungsfelder um Automobile sind jedoch nur solche Rechenverfahren industriell einsetzbar, die einen relativ geringen Rechenaufwand erfordern. Diese Verfahren arbeiten mit sogenannten Turbulenzmodellen, die das numerische Problem durch Modellannahmen soweit vereinfachen, dass der rechnerische Aufwand in akzeptablen Grenzen bleibt – trotzdem sind selbst bei Nutzung einiger hundert Prozessorkerne oftmals Berechnungsdauern von einem oder mehreren Tagen notwendig. Die Modellannahmen führen fast immer zu gewissen Abweichungen zwischen simuliertem und realem Strömungsfeld. Deshalb wird CFD bis auf weiteres die Durchführung von Experimenten ergänzen, aber nicht vollständig ersetzen. Es ist zu bedenken, dass die Strömungsverhältnisse im Windkanal wiederum nur eine Näherung der Verhältnisse einer Straßenfahrt darstellen.

Gründe für Abweichungen sind Einflüsse der Windkanalwände auf das Strömungsfeld und Druckgradienten entlang der Messstrecke des Windkanals. Darüberhinaus erfolgt in Windkanälen in der Regel eine weitgehend stationäre Anströmung des Fahrzeugs. In realen Fahrsituationen können hingegen Windböen auftreten, und es kann bei Überholvorgängen zu instationären und inhomogenen Strömungszuständen kommen. Derartige Phänomene, die auch Einfluss auf die Fahrstabilität nehmen und damit sicherheitsrelevant sein können, sind in den letzten Jahren Gegenstand verschiedener Forschungsarbeiten gewesen [19, 20].

3.2.2 Wirkungsbereiche

3.2.2.1 Luftwiderstand/Fahrleistung

Die Aerodynamik oder präziser der Luftwiderstand ist einer der Faktoren, welche die Fahrleistung und den Verbrauch beeinflussen. Der Einfluss des Luftwiderstands auf den Verbrauch hängt neben anderen Parametern besonders vom Einsatzprofil eines Fahrzeugs ab. Je höher der Schnellfahranteil (Autobahn), desto größer der Einfluss. Setzt man einen Autobahnanteil von 1/3 voraus, und nimmt jeweils angepasste Getriebe an, dann zeigen Verbrauchsrechnungen für einen Mittelklassewagen eine Reduktion des Verbrauchs um ca. 3 % bis 4 % bei einem um 10 % abgesenkten Luftwiderstand. Gleichzeitig nimmt die Höchstgeschwindigkeit um ca. 3 % zu. Die Trendaussage lässt sich auch auf andere Fahrzeuge übertragen.

Aus diesem Sachverhalt leitet sich das Bestreben her, Fahrzeuge mit niedrigem Luftwiderstand und niedrigem c_W zu entwickeln. ◘ Abbildung 3.8 veranschaulicht, wie sich die durchschnittlichen c_W-Werte im Laufe der Zeit veränderten. Dieses Diagramm ist weniger vom Stand der Erkenntnisse

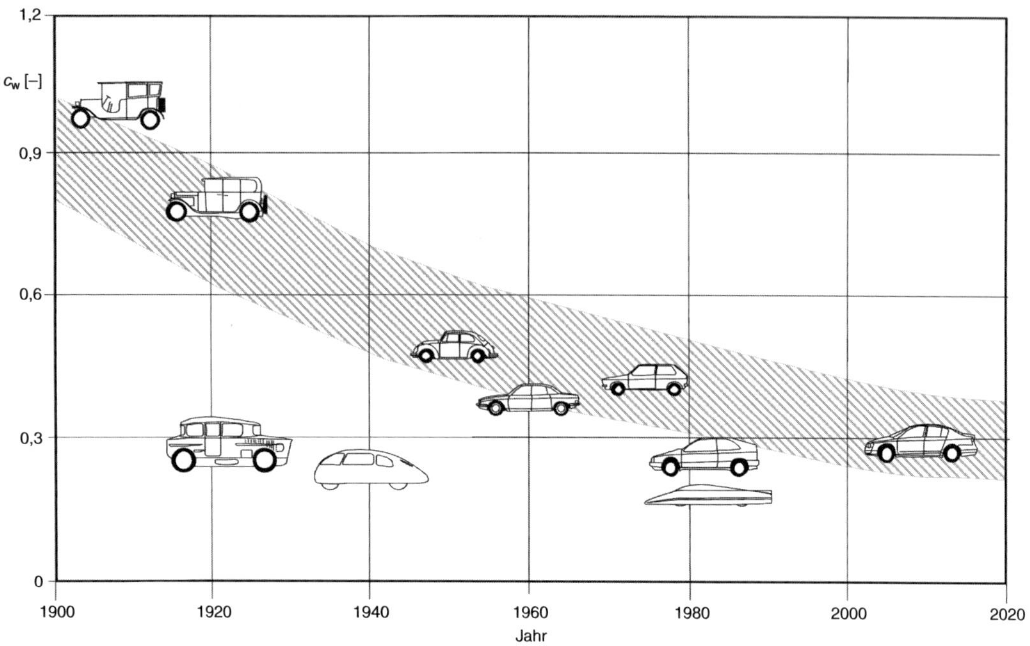

Abb. 3.8 c_W-Wert-Entwicklung

geprägt, als von der Akzeptanz der Fahrzeugformen bei den Kunden. Der Unterschied der technisch möglichen Forschungsfahrzeuge zu den tatsächlich gebauten verdeutlicht diesen Zusammenhang. Die Abhängigkeit vom Kundengeschmack erschwert den Versuch, dieses Diagramm anhand von Forschungsergebnissen in die Zukunft zu extrapolieren.

Aus Abb. 3.9 geht hervor, in welchem Bereich heutige Fahrzeuge angesiedelt sind. Das Diagramm enthält im Wesentlichen Pkw, die in Deutschland verkauft werden. Alle Fahrzeuge wurden unter gleichen Bedingungen im gleichen Windkanal gemessen. Im Bereich der niedrigen c_W-Werte finden sich nahezu ausschließlich Stufenheckfahrzeuge. Die hohen Werte gehören zu älteren Fahrzeugen und solchen, bei denen wegen einer festgeschriebenen Designaussage keine Kompromisse hinsichtlich der Aerodynamik gemacht wurden.

In der Vergangenheit wurden in der Literatur [8] zwei Verfahren vorgestellt, anhand derer man Fahrzeuge mit niedrigen c_W-Werten entwickeln kann:

- Die Formoptimierung, die ausgehend von einem Grundkörper geringen Widerstandes über Grundform und Grundmodell zum Serienfahrzeug führt
- Die Detailoptimierung, die von einem unbehandelten Designmodell zu einem akzeptablen Serienfahrzeug führt

Dabei wurde unterstellt, dass die Formoptimierung grundsätzlich niedrigere Luftwiderstandsbeiwerte ergibt. Heute wird in der Automobilindustrie, von Sonderfahrzeugen abgesehen, die Detailoptimierung eingesetzt, wobei aber die Erfahrung der letzten Jahre dazu geführt hat, dass die Ausgangsmodelle der Designer mit deutlich niedrigeren c_W-Werten starten, als das zur Zeit der Entwicklung der beiden Verfahren der Fall war. Die Detailoptimierung startet meistens mit einer Phase der Strömungsberechnung, der sich eine weitere mit zahlreichen Messungen im Windkanal anschließt. Auf Grund der vielfältigen Möglichkeiten zur Auswertung der umfangreichen Ergebnisdaten einer Strömungsberechnung liefert diese auch in späteren Entwicklungsphasen eines Kfz oftmals wertvolle Hinweise auf Potentiale für aerodynamische Verbesserungen. Je nach Firmenphilosophie wird die Detailoptimierung nur an vollmaßstäblichen Modellen oder häufiger, beginnend mit kleinen Maßstäben und dann im Vollmaßstab durchgeführt. Das Endresultat dieser Methode

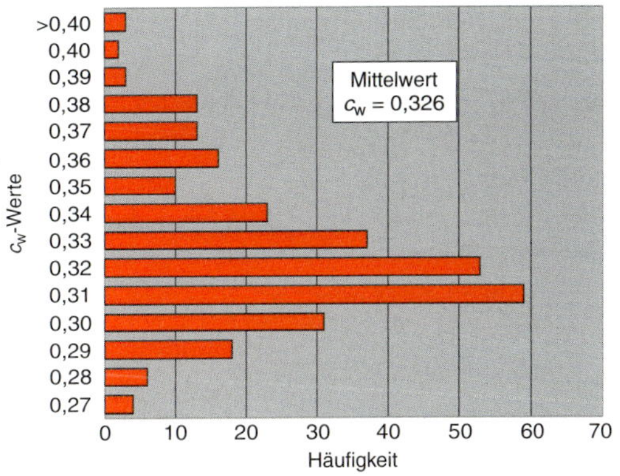

Abb. 3.9 c_W-Wert von 412 Pkws und Häufigkeit im Jahre 2010

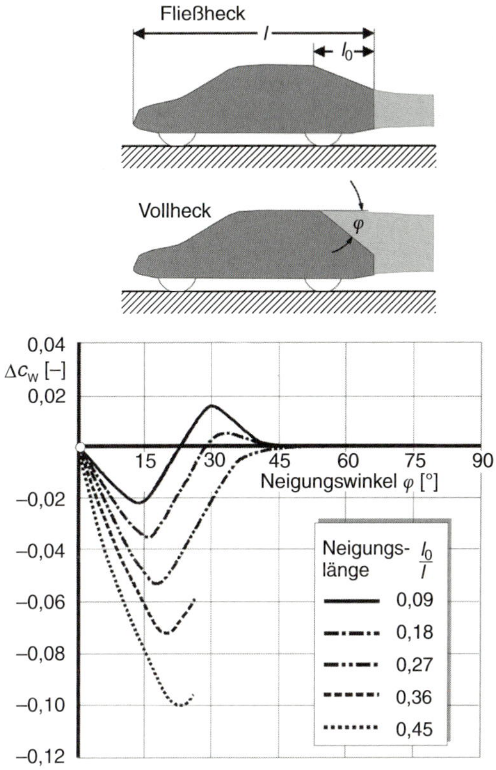

Abb. 3.10 Einfluss der Heckgestaltung auf den c_W-Wert

hängt davon ab, inwieweit die Entwickler und Designer bereit sind, in einem Zielkonflikt auf Forderungen der Aerodynamik einzugehen und kann durchaus mit dem der Formoptimierung vergleichbar sein.

Um ein Fahrzeug mit niedrigem c_W-Wert zu entwickeln, müssen alle Karosserieparameter optimiert werden. In der Literatur sind vielfältige Parametervariationen dargestellt. Es muss allerdings beachtet werden, dass diese Ergebnisse jeweils nur für die untersuchten Modelle gelten und nicht beliebig übertragen werden können. Die Effekte sind nicht allgemein superponierbar. Dies hat auch zur Folge, dass Messungen an Modellen nur dann verlässliche Aussagen liefern, wenn alle Details, wie Motorraum und Fahrwerk dargestellt sind. Abbildung 3.10 zeigt z. B. den Einfluss von Heckneigungswinkel und Hecklänge auf den c_W-Wert. Diese Kurvenschar wird aber noch deutlich beeinflusst von dem Radius zwischen Dach und Heckscheibe, der Form der C-Säulen, der Form des Kofferraumdeckels, dem Heckdiffusorwinkel und der Heckdiffursorlänge. Auch das Vorhandensein eines Bugspoilers zeigt Auswirkungen. Diese Abhängigkeiten erfordern genaugenommen, die Modelle in mehreren Iterationsschleifen zu optimieren. Aus Kosten- und Zeitgründen werden oft nur einzelne Parameter, und die jeweils in einer Messreihe optimiert.

Im Zielkonflikt zwischen der aerodynamisch gewünschten Außenform und den Wünschen und Forderungen der anderen Entwicklungspartner wird oft auf das Potential des Unterbodens verwiesen, den der Aerodynamiker modifizieren könne, ohne das Styling des Fahrzeugs zu beeinflussen. Die Fahrzeugunterseite hat am Gesamtwiderstand einen Anteil von ca. 50 %. Davon werden aber ca. 10 % durch die offenen Radhäuser und ca. 25 % durch die Räder erzeugt. Der Unterboden ist mithin nur mit etwa 15 % am Gesamtwiderstand beteiligt. An heutigen Pkw ist er schon weitgehend geglättet. Es bleiben unvermeidliche Störstellen für die Abgasanlage, die gekühlt werden und für die Ausdehnungsspielraum zur Verfügung stehen muss, für Achsen, die eine gewisse Bewegungsfreiheit aufweisen müssen, für Spalte zwischen Tank und Bodenblech, die im Falle eines Heckaufpralls Verformungsweg für die Karosse bereitstellen, ohne den Tank zu zerstören und so weiter. Es bleibt bei einem üblichen Pkw ein Potential, von Δc_W = 0,01 bis 0,02, das durch Unterbodenverkleidungen ausgenutzt werden kann.

Insbesondere bei der Optimierung von Unterbodendetails liefern Windkanalmessungen und Computersimulationen unter Einbeziehung drehender Räder und der Relativbewegung zwischen Fahrzeug und Straße (Laufbandtechnik) genauere Ergebnisse [9].

3.2.2.2 Fahrsicherheit

Die Umströmung eines Fahrzeugs führt zu Kräften in die drei Richtungen und zu Momenten um die drei Achsen des fahrzeugfesten Koordinatensytems (Abb. 3.7). Während die Kraft in Längsrichtung, der Widerstand, die Fahrleistungen beeinflusst, haben die anderen Kräfte und Momente Auswirkungen auf das Fahrverhalten und die Fahrsicherheit. Bei Seitenwind und im strömungsmechanischen Einflussbereich anderer Fahrzeuge werden die Kräfte unsymmetrisch.

Das Fahrverhalten und die Fahrsicherheit werden fahrzeugseitig beeinflusst durch:

- Fahrwerk
- Schwerpunktlage
- Aerodynamik
- Antriebsleistung

Die Auswirkungen der Aerodynamik auf das Fahrverhalten waren vor 1930 wegen der erreichten geringen Geschwindigkeiten und des kaum vorhandenen Interesses von untergeordneter Bedeutung. In den dreißiger Jahren wurden zunehmend widerstandsreduzierte Fahrzeuge entwickelt, die große Giermomentanstiege über dem Schiebewinkel, schlechte Fahrwerke und teilweise konzeptbedingt weit hinten liegende Schwerpunkte aufwiesen. Da durch den Autobahnbau zeitgleich höhere Geschwindigkeiten auch gefahren werden konnten, trat erstmals das Phänomen Seitenwindempfindlichkeit in Zusammenhang mit der »Stromlinie« auf [10]. Es entstand der Ruf, dass widerstandsarme Fahrzeuge seitenwindempfindlich seien. Die Weiterentwicklung der Fahrwerke und der Übergang zu vorne liegenden Motoren haben dieses Problem jedoch soweit reduziert, dass heute meist wenig Aufwand betrieben wird, um Formen mit niedrigem Giermoment zu finden. In Einzelfällen können jedoch bei Fahrzeugen mit gerundeten vertikalen Heckkanten, d. h. ohne definierte Abrisslinien, spürbare Seitenwindeffekte auftreten. Daher sind definierte Abreißlinien am Heck – auch seitlich – anzustreben.

Andererseits erreichen die Fahrzeuge heute Geschwindigkeiten, die den Auftrieben an den Achsen Bedeutung zukommen lassen. Ab ca. 160 km/h werden folgende Bewertungskriterien durch Auftriebe beeinflusst:

- Verhalten beim Einlenken
- Kurvenwechselverhalten
- Verhalten beim Spurwechsel
- Lastwechselverhalten
- Lenkrückmeldung bei hohen Geschwindigkeiten
- Hochgeschwindigkeitspendeln

Summarisch werden ein niedriger Auftriebsbeiwert an der Hinterachse und ein nicht zu weit darunter liegender Auftriebsbeiwert an der Vorderachse angestrebt. Die akzeptierten Werte sind firmenspezifisch und werden auch durch die Abstimmung des Fahrwerks beeinflusst. So können ungünstige Auftriebsverteilungen teilweise durch Fahrwerksmodifikationen kompensiert werden (siehe ► Kap. 7).

Wie schon der Luftwiderstand, so sind auch die anderen aerodynamischen Kräfte und Momente durch die äußere Form zu beeinflussen. Derartige Modifikationen sollten in einer frühen Entwicklungsphase in das Design eingebracht werden. Zu diesem Zeitpunkt stehen ausschließlich nicht fahrfertige Modelle zur Verfügung, so dass Windkanalmessungen und Strömungsberechnungen zur Beurteilung herangezogen werden müssen. Diese liefern quasistationäre Aussagen, d. h. Böen usw. werden nicht richtig nachgebildet, und enthalten noch keine Verknüpfung mit den anderen Parametern des Fahrverhaltens. Es gibt Bestrebungen, dies in Fahrsimulatoren nachzubilden [11] und aus Vergleichsmessungen vorherzusagen [12]. In der Regel werden jedoch Erfahrungen mit Vorgängermodellen benutzt, um von den Windkanalergebnissen auf das Fahrverhalten zu schließen.

3.2.2.3 Benetzung und Verschmutzung

Ein fahrendes Auto ist oft einer partikelbehafteten Strömung ausgesetzt [14]. Die Bandbreite der Teilchen reicht von Gas, Staub über Wasser bis zu Insekten und Steinen. Entsprechend ihrer Historie ist die Flugbahn der Teilchen zunächst unterschiedlich zu den Stromlinien der Luft. Diese

Unterschiede führen zu Relativgeschwindigkeiten, aus denen wiederum Kräfte resultieren, welche die Flugbahn der Teilchen in Abhängigkeit von der Dichte beeinflussen. Während sich Abgase nach kurzer Übergangszeit nahezu gleichförmig mit der Luftströmung bewegen, fliegen Steinchen fast unbeeinflusst weiter. Demgemäß ist bei einer Betrachtung der Verschmutzung nach der Dichte der Teilchen zu unterscheiden:

- Gasförmige Stoffe folgen weitgehend der Luftströmung. Hier ist besonders das Abgas von Interesse, das nicht ins Fahrzeuginnere gelangen soll. Da die Abgaskonzentration in Bodennähe zunimmt, sollten Lufteinlassöffnungen möglichst hoch angebracht werden. Aus diesem Grund werden diese in der Regel im Windlauf vor der Windschutzscheibe platziert.

Das Fahrzeug ist aber auch seiner eigenen Abgasschleppe ausgesetzt. ◘ Abbildung 3.11 zeigt die für ein Vollheckfahrzeug typische Strömung am Heck. Sie ist dadurch charakterisiert, dass sich hinter dem Stoßfänger ein Wirbel bildet, der Luft und Inhaltsstoffe von der Stoßfängerunterkante etwa 0,5 m nach hinten und dann wieder zur Heckklappe zurücktransportiert. Darüber befindet sich ein Wirbel mit entgegengesetztem Drehsinn. Diese beiden Wirbel haben eine gemeinsame Mischzone, in der die Teilchen übergeben werden. Der obere Wirbel trägt diese Teilchen dann bis zur Abrisskante am Dach. Wird Abgas in den unteren Wirbel geblasen, dann breitet es sich durch diese Wirbel über die gesamte Heckfläche aus. Da es Fahrzustände gibt, in denen im Fahrgastraum großer Unterdruck herrscht, kann das Abgas ins Fahrzeuginnere gesogen werden. Die Gefahr wächst mit dem Quadrat der Geschwindigkeit. Gegenmaßnahmen sind zum einen die vollständige und auch bei hohen Geschwindigkeiten sichere Abdichtung des Hecks und zum anderen eine geeignete Wahl des Abgasendrohres, die Abgas gar nicht erst in diese Wirbelstruktur gelangen lässt. Als vorteilhaft haben sich nach unten abgekröpfte Endrohre erwiesen. Noch besser sind Endrohrlagen, bei denen das Abgas hinter ein Hinterrad geblasen wird.

- Staub folgt den im vorigen Abschnitt beschriebenen Gesetzmäßigkeiten und kann daher ebenfalls ins Fahrzeug gesogen werden. Der von den Rädern unter die Fahrzeugmitte geschleuderte Staub gelangt durch die Heckwirbel auf das Fahrzeugheck. Gegen ein Eindringen ins Fahrzeuginnere hilft nur ein geeignetes Dichtungssystem. Staub gelangt aber auch aus den vorderen Radhäusern an die Türfugen und dabei insbesondere an jene oberhalb der Schweller [13]. Im Falle großer Unterdrücke im Fahrzeug, wie zum Beispiel bei angehobenem Hubdach, kann der Staub durch die Türfugen und durch Wasserablauflöcher ins Türinnere und von da entlang der Scheibenführung in den Fahrgastraum gelangen. Da die Druckverteilung entlang der äußeren Türfugen variiert, entsteht eine Strömung in den Schächten. Auf diese Weise kann Staub unterhalb der hinteren Türen, z. B. vor den hinteren Radläufen, in die Schächte gesogen und zur vertikalen Türfuge an der A-Säule hinter dem Vorderrad oder oben zur Fuge an den C-Säulen transportiert werden. Dieser Staubeintritt kann zuverlässig nur durch ein umlaufendes Dichtungssystem außen an den Türfugen verhindert werden.

◘ **Abb. 3.11** Heckströmung am Vollheck-Pkw

- Wassertropfen sind nach ihrer Größe und Herkunft zu unterscheiden. Die von den Rädern auf nasser Fahrbahn unter das Fahrzeug geschleuderten Tropfen verhalten sich teilweise wie Abgas und Staub. Leichte Tropfen werden wie Staub bis oben an die Heckscheibe transportiert und mittelschwere erreichen nur die untere Heckfläche. Schwere Tropfen können der Luftströmung nicht folgen und bleiben im Strömungsnachlauf des Fahrzeugs. Schmutzfänger hinter den Rädern verstärken die Sprühwirkung in Richtung zur Fahrzeugmitte und sorgen damit eher für eine verstärkte Heckverschmutzung.

- Regentropfen sind infolge ihres Gewichtes und ihrer Trägheit durch die Fahrzeugumströmung kaum zu beeinflussen. Ein Freiblasen der Windschutzscheibe scheitert schon aus energetischen Gründen. Um das auf die Windschutzscheibe auftreffende und von den Scheibenwischern zu den A-Säulen geschobene Wasser daran zu hindern, auf die Seitenscheibe zu gelangen und dabei die Sicht auf die Außenspiegel zu behindern, werden oft Wasserfangprofile auf den A-Säulen eingesetzt. Eine weitere Möglichkeit besteht in der Auswahl der Spiegelanbindung an die Tür. Direkt angebundene Spiegel haben eine bessere Schutzwirkung als Spiegel mit Fuß. Leider führen die Abschirmmaßnahmen gegen Seitenscheibenbenetzung meist zu höheren Luftwiderständen und Windgeräuschen, so dass ein Zielkonflikt zu lösen ist.

Bei nahezu allen Fahrzeugen entstehen auf den Seitenscheiben hinter den A-Säulen Tütenwirbel, die auf dem Glas zu den A-Säulen hin drehen. Deren Intensität ist so groß, dass das über die A-Säulen tretende Wasser oft schon ab 100 km/h zunächst nach oben und dann entlang des oberen Scheibenrahmens nach hinten transportiert wird. Das Problem der Seitenscheibenverschmutzung stellt sich daher vorwiegend in dem Geschwindigkeitsbereich 50 bis 100 km/h.

- Ein Sonderproblem stellt die Wasserschleppe hinter Scheibenwischern dar. Bei einer Reihe von Fahrzeugen befindet sich der fahrerseitige Wischer in der Umkehrlage nahe bei und parallel zur A-Säule. In dieser Position befindet sich relativ viel Wasser neben dem Wischerblatt und die Luftströmung über den Wischer erzeugt dahinter einen Wirbel, der in Scheibennähe zum Wischerblatt hin dreht. Dieser Wirbel transportiert das Wasser teilweise wieder zum Wischer hin, so dass bei der Rückbewegung des Blattes eine Wasserschleppe entsteht. Abhilfe muss im Einzelfall gesucht werden.
- Schwere Teilchen, wie hochgeschleuderte Steinchen sind durch Strömungsmaßnahmen nicht zu beeinflussen.

3.2.2.4 Einzelkräfte

Die Umströmung wirkt nicht nur auf das Fahrzeug als Ganzes, sondern auch auf einzelne Bauteile. Die Druckverteilung führt auf Teilbereichen der Oberfläche (z. B. auf einer Seitenscheibe) zu örtlichen Kräften und Belastungen, die aus Widerstand, Auftrieb und Seitenkraft nicht direkt abzuleiten sind. ◘ Abbildung 3.12 zeigt die Druckverteilung auf der Fahrzeugoberseite im Längsmittelschnitt für die Fahrzeugtypen

- Vollheck-Pkw
- Stufenheck-Pkw
- Kastenwagen.

Die Unterdruckspitze am Fahrzeugbug des Pkw erzeugt z. B. eine Kraft, welche die Motorhaube anhebt. Bei einer Fahrgeschwindigkeit von 200 km/h beträgt die aufwärts gerichtete Kraft im vorderen Motorhaubenbereich je nach Bugform 300 bis 500 Newton. Die Kräfte auf die Seitenscheiben, unmittelbar hinter den A-Säulen sind etwa halb so groß, erreichen aber unter Seitenwindbedingungen vergleichbare Werte. Diese Kräfte bewegen die Bauteile und öffnen u. U. die Dichtungssysteme, oder führen durch Strömungsablösung zu erhöhten Widerständen. Auch die Funktion kann beeinträchtigt werden. So ist beim Schließen abgesenkter Seitenscheiben das Einlaufen in die Fensterführung zum Teil nicht möglich.

Druckbelastungen können zum Eindellen von Bugspoilern führen, zum Abbrechen von Flügeln, zum Verstellen von Außenspiegeln usw. Dabei sind nicht nur stationäre Kräfte zu berücksichtigen. Durch periodische Ablösungen können Schwingungen angeregt werden, welche die Lebensdauer beeinträchtigen oder die Funktion stören. So bewirken periodische Wirbelballen, die vom Spiegelgehäuse ablösen, bei hohen Fahrgeschwindigkeiten oft unerwünschte Schwingungen des Rückspiegelglases. Es wurde auch schon bei hohen Fahrgeschwindigkeiten Schwingen der Motorhaube beobachtet.

Die aus den Windlasten resultierenden Formänderungen führen häufig zu kantigeren Außenkonturen und erhöhen damit noch Druckbelastungen.

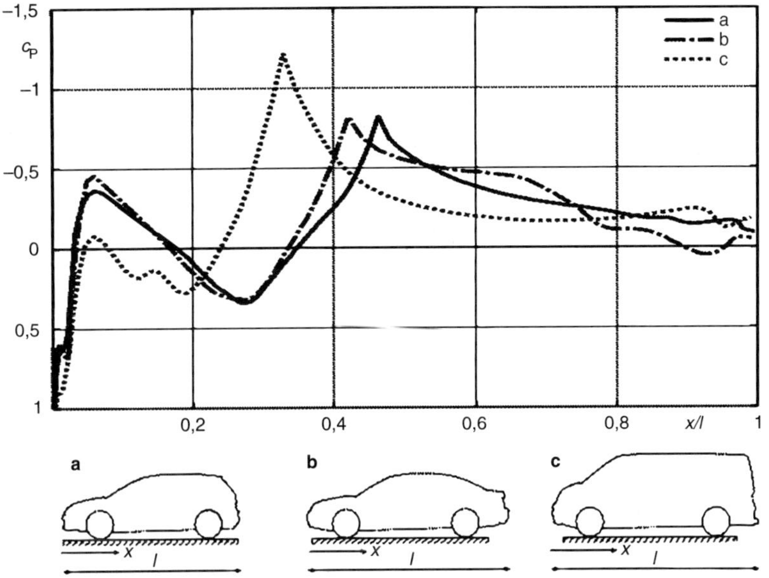

Abb. 3.12 Druckverteilung im Längsmittelschnitt (Berechnung)

Schwingende Bauteile steuern zum Teil selbst die periodische Druckbelastung und verschärfen die Situation.

Diese Kräfte und Drücke sollten durch Windkanalversuche oder Strömungsberechnung möglichst frühzeitig erfasst werden, um sie entweder durch Formänderung zu entschärfen oder in der konstruktiven Auslegung zu berücksichtigen.

3.2.2.5 Kühlung/Bauteiltemperaturen

Das Kühlsystem hat die Aufgabe, unter allen Betriebsbedingungen des Fahrzeugs Motor- und andere Bauteile so zu kühlen, dass keine Funktionsstörungen oder Beschädigungen auftreten. Weiter sollen die Heizung gut funktionieren, der Verschleiß minimiert und der Verbrauch sowie die Leistung optimiert werden (Einzelheiten siehe ▶ Abschn. 3.3).

Die Wärmeabfuhr geschieht entweder direkt vom Bauteil an die umgebende Luft, wie z. B. bei den Bremsscheiben, oder über Kühlflüssigkeit (auch Öl) und durch Kühler. Ladeluftkühler unterscheiden sich aus aerodynamischer Sicht nicht von Wasserkühlern. Alle Fälle setzen einen (Fahrzeug-) internen Luftstrom voraus.

Um interne Luftströme zu erzeugen ist Energie notwendig. Bei schneller Fahrt wird bei den meisten Fahrzeugen das Druckgefälle zwischen Fahrzeugvorder- und Unterseite ausgenutzt, um die Luft durch die Kühler bzw. durch den Motorraum zu leiten. Die Energie kann auch von Gebläsen aufgebracht werden, was insbesondere bei Langsamfahrt oder in Standphasen erforderlich ist. Interne Strömungen erzeugen wegen der größeren Widerstände grundsätzlich höhere Verluste, als gleiche Volumenströme um das Auto herum. Dies äußert sich in einem Anstieg des Luftwiderstandes bzw. einem höheren c_W-Wert. Im Interesse eines niedrigen Verbrauchs sind daher der Kühlluftanteil des Widerstandes und damit der Kühlluftvolumenstrom auf das notwendige Minimum zu beschränken. Maßnahmen dazu sind:

- Abschotten der Luftführung vom Eintritt bis zum Kühler
- Eintrittsöffnung so positionieren und Strömungskanal so formen, dass der Kühler gleichförmig durchströmt wird
- Widerstandskörper und Ablösungen in der Luftführung vermeiden
- Kühlerquerschnitt anpassen
- Kühler mit hoher spez. Wärmeübertragungsleistung verwenden

Zur Bauteilkühlung wird oft ein Luftstrahl gezielt auf das Teil gelenkt. Geschlossene Kanäle sind für diesen Zweck deutlich besser geeignet, da Freistrahlen infolge des zur Verfügung stehenden Druckgefälles oft nur eine geringe Reichweite haben und durch andere Strömungen abgelenkt werden können.

Die aerodynamische Optimierung der Kühlluftströmung profitiert, wie die aerodynamische Optimierung selbst, vom Einsatz der neuen Bodensimulationstechniken [15].

3.2.2.6 Innenraumklima

Das Heizungs-, Lüftungs- und Klimasystem eines Fahrzeugs hat die Aufgabe, den Komfort und die Sicherheit der Passagiere, soweit sie von diesem System beeinflussbar sind, auf möglichst hohem Niveau zu gewährleisten (siehe ▶ Abschn. 6.4.3). Im relativ kleinen Pkw-Innenraum wirken folgende Größen auf die Passagiere:

- Temperatur und Temperaturschichtung
- Luftgeschwindigkeit und Verteilung
- Luftfeuchte
- Strahlung von Bauteilen
- Direkte Sonneneinstrahlung
- Luftinhaltsstoffe

Diese Parameter werden zum Teil durch den Luftstrom im Fahrzeug beeinflusst. Die Luftströme sind ihrerseits abhängig von beeinflussbaren Einstellungen der Lüfter, Ausströmer usw., der Plazierung der Zu- und Abluftöffnungen und der Position von konstruktiv und funktional nicht beabsichtigten Öffnungen (Undichtigkeiten).

Durch die Umströmung der Karosserie ergibt sich eine Druckverteilung auf der Oberfläche, die beim Positionieren von Öffnungen ausgenutzt werden kann. Austrittsöffnungen werden bevorzugt in Unterdruckgebiete gelegt. Dabei muss berücksichtigt werden, dass nicht im Falle starker Unterdrücke im Fahrzeug, wie bei geöffneten vorderen Seitenscheiben, Schadstoffe in den Fahrgastraum gesaugt werden. Liegen die Austrittsöffnungen zu nahe an den Ohren, können Geräuschbelästigungen auftreten. Eintrittsöffnungen werden oft in Überdruckgebiete gelegt um die notwendige Lüfterleistung zu minimieren. Andererseits ist es von Vorteil, wenn der Heizungsbetrieb geschwindigkeitsunabhängig funktioniert. Aus diesem Grund wäre eine Position mit geringem Überdruck zu bevorzugen, ◘ Abb. 3.13.

◘ **Abb. 3.13** Druckverteilung auf der Oberfläche (Berechnung)

3.2.2.7 Windgeräusche

Die Fahrzeuginsassen sind in einem Auto einer Reihe von Geräuschen ausgesetzt, die teilweise außerhalb des Fahrzeugs erzeugt und durch dessen Dämmung gemildert werden. Die wichtigere Gruppe von Geräuschen wird aber durch das Fahrzeug bzw. im Fahrzeug selbst hervorgerufen (siehe auch ▶ Abschn. 3.4). Wenn man von den gewollten Geräuschen, wie Radio, Warnsummer usw. absieht, werden drei Quellen unterschieden: Motor-, Roll- und Windgeräusche. Bedingt durch die erfolgreiche Verminderung der Motor- und Rollgeräusche in den letzten Jahren können Windgeräusche heute nicht mehr außer Acht gelassen werden.

Windgeräusche haben folgende Ursachen:

- Undichtigkeiten, vor allem in den Tür- und Fensterdichtungen, aber auch durch Öffnungen im Blech. Bedingt durch die Verdrängung der Luft entstehen auf der Außenseite der Karosserie zum Teil erhebliche Unterdrücke. Die Bereiche unmittelbar hinter den A-Säulen sind davon besonders betroffen. Im Fahrzeuginnern finden sich, je nach Betriebszustand der Lüftung und Heizung, vergleichsweise geringe Unter- oder Überdrücke. Falls die Dichtungen nicht vollständig anliegen, kommt es zu einem Durchströmen dieser Spalte von innen nach außen. Dieses Durchströmen ruft Geräusche hervor, die sich hauptsächlich im Frequenzbereich 4 bis 10 kHz bemerkbar machen.

Als Folge der Unterdruckkräfte auf den Seitenscheiben der vorderen Türen bewegen sich die Türrahmen bei hohen Geschwindigkeiten um bis zu 2 mm nach außen. Falls das Türdichtungssystem nicht ausreicht, um auch in dieser Situation noch zu dichten, kommt es zu besonders lauten Durchströmungsgeräuschen im gesamten relevanten Frequenzbereich. Die Konstruktion eines effektiven Dichtungssystems ist die wichtigste Aufgabe, um ein niedriges Windgeräuschniveau zu erreichen.

- Resonanzen in Hohlräumen, die durch die Strömung hervorgerufen werden. Strömungsrauschen von ca. 500 Hz bis 3 kHz entsteht, wenn offene Tür- und Klappenfugen quer überströmt werden. Der Querschnitt der Kanäle hinter den Fugen bestimmt ebenfalls den Frequenzbereich. Die Lautstärke ist besonders davon abhängig, ob die Hinterkante der Fuge in die Strömung hineinragt, oder zurückspringt (Schuppeneffekt). Durch entsprechende Dichtungen kann dieses Rauschen vermieden werden, ein geeigneter Schuppeneffekt ist aber nur unwesentlich schlechter.

In diese Gruppe gehört auch das Schiebedachwummern, das typischerweise bei ca. 20 Hz und häufig bei einer Fahrgeschwindigkeit von 40 bis 60 km/h auftritt. Durch die Überströmung des offenen Daches wird nach Art eines Helmholtzresonators der ganze Innenraum zum Schwingen gebracht. Als Abhilfmaßnahmen werden Windabweiser eingesetzt, die auf das jeweilige Fahrzeug abgestimmt werden müssen. Gelochte-, gezackte oder Netzwindabweiser sind in der Regel wirkungsvoller als glatte, erzeugen aber bei höheren Fahrgeschwindigkeiten ein unerwünschtes Eigenrauschen. Die Tiefe des Dachausschnittes hat ebenfalls einen großen Einfluss, so dass einige Hersteller auf Schiebeweg verzichten, um mit einem glatten Windabweiser auszukommen.

Wummern wird auch bei geöffneten Seitenscheiben, insbesondere hinten beobachtet, eine technische Abhilfmaßnahme ist bisher nicht bekannt. Der Fahrgast kann diesen Zustand aber vermeiden, indem er zusätzlich zum hinteren Seitenfenster auch ein vorderes teilweise öffnet, beziehungsweise umgekehrt.

- Strömungsablösung an der Kontur. Als Folge der Ablösungen entstehen Wirbel und turbulente Druckschwankungen, welche die Fahrzeugoberfläche beaufschlagen und zum Schwingen anregen. Diese Schwingungen teilen sich dem Insassen als Geräusch mit. Bekannt sind insbesondere die A-Säulen-Wirbel, die ein breitbandiges Rauschen erzeugen. Die A-Säulen-Wirbel fallen besonders unter wechselnden Seitenwindbedingungen auf, und müssen entsprechend im Windkanal oder auf der Straße untersucht werden. Diese Geräuschbelästigung kann vermindert werden, indem die A-Säulen-Wirbel durch Formgebung der A-Säulen reduziert werden oder die Dämmung der Seitenscheiben erhöht wird. Die von den Ablösungen am Heck erzeugten Geräusche liegen infolge der ursächlichen Fluktuationen im Bereich von 20 Hz, sind aber nur in Sonderfällen auffallend, wie z. B. bei Cabriolets mit weicher Plastikheckscheibe geringer Dämmung.
- Ablösungen an vorstehenden Teilen wie Antennen, Achsen, Spiegeln und Scheibenwischer. Hinter Stabantennen entstehen Karmánsche Wirbelstraßen, die einzelne Töne hoher Intensität erzeugen. Gegenmaßnahmen sind das Schrägstellen der Stäbe um mindestens 45° und Gebrauch von Wendeln um die Stäbe. Damit verschwindet der einzelne Ton, allerdings entsteht ein weniger auffälliges Rauschen. Achsen und Scheibenwischer sind aus funktionalen Gründen nicht strömungsgünstig zu profilieren, daher sollten sie weitestgehend aus der direkten Anströmung entfernt werden. So können Scheibenwischer z. B. unterhalb der Motorhaube abgelegt werden.

Außenspiegel werden häufig als Geräuschquelle angesehen, da der Fahrer Geräusche aus ihrer Richtung wahrnimmt. Sie sind aber nicht immer die Ursache der Belästigung, Wirbel und Dichtungen an den A-Säulen können ebenfalls beteiligt sein. Die Spiegelgeräusche selbst werden weniger vom Gehäuse oder Ablösungen dahinter verursacht, als vielmehr durch die beschleunigte Strömung in einem zu engen Spalt zwischen Gehäuse und Scheibe, durch die Umströmung des Spiegelfußes und durch Undichtigkeiten zwischen Spiegelfuß und Tür bzw. vom Spiegelfuß ins Fahrzeuginnere.

- Turbulente Schwankungen in der fahrzeugnahen Strömung, d. h. der Grenzschicht. Dieser Anteil ist der nicht unterschreitbare Grenzwert, beim Fahrzeug aber von untergeordneter Größenordnung.

Die verschiedenen Geräuschursachen haben zur Folge, dass eine aerodynamische Optimierung des Fahrzeugs die Geräuschsituation nur in Einzelfällen verbessert. Die weitaus wichtigsten Geräuschquellen sind unvollkommene Dichtungssysteme, die wenig Rückwirkung auf die Aerodynamik haben und dadurch auch wenig beeinflusst werden.

3.2.3 Einordnung in die Gesamtentwicklung

Aerodynamische Erfordernisse haben direkten Einfluss auf die Außenform eines Fahrzeugs. Dementsprechend muss die aerodynamische Entwicklung parallel zur Designphase verlaufen [11]. Die Strömungsberechnung ist dafür prädestiniert. Es hängt von den Firmengebräuchen ab, ob die Designmodelle im Windkanal optimiert, oder ob zusätzliche Windkanalmodelle eingesetzt werden. Im zweiten Fall ist es unbedingt notwendig, die Parallelmodelle rechtzeitig herzustellen und fortlaufend an den aktuellen Designstand anzupassen. Aerodynamische Anbauteile sollten an Prototypen entwickelt oder zumindest überprüft werden. Im Regelfall ist es wenig hilfreich, vorab Aerodynamikstudien anzufertigen, da sie vom konkreten Entwicklungsziel zu weit abweichen und von den anderen Entwicklern nicht beachtet werden. Ausnahme sind Sonderentwicklungen, bei denen sehr niedrige c_W-Werte hohe Priorität haben.

Die für die Fahrsicherheit notwendigen Werte sollten vor Entwicklungsbeginn definiert sein und in der Aerodynamikentwicklung überprüft und sichergestellt werden. Dabei sind Auswirkungen auf die Form zu erwarten. Nachträglich lassen sich diese Beiwerte nur durch Spoiler und andere Anbauteile beeinflussen. Derartige Zusatzteile verursachen jedoch Mehrkosten und besitzen oftmals nur eine geringe Akzeptanz bei Designern, Konstrukteuren und Kunden.

Die Optimierung des Kühlluftanteils am Widerstand beginnt ebenfalls in der Designphase, in der auch die Kühllufteinlässe gestaltet werden. Sie wird fortgesetzt mit Versuchsträgern, bei denen neue Vorderwagendetails an aktuellen, ähnlich aufgebauten Serienwagen getestet werden. Es folgt die Prototypenphase, in der Versuchsergebnisse weitere Modifikationen notwendig machen. Erfahrungen mit Vorgängermodellen beschleunigen den Entwicklungsprozess.

Benetzung und Verschmutzung werden üblicherweise in der Prototypenphase untersucht, jedoch sind einige Entscheidungen, wie z. B. Verwendung von Wasserfangrinnen an den A-Säulen, schon vorher zu treffen. Funktionstests im Windkanal erfolgen ebenfalls in der Prototypenphase.

Bei den heute üblichen kurzen Entwicklungszeiten droht die Aeroakustik-Entwicklung zu spät einzusetzen. Sinnvolle Messergebnisse sind erst zu erwarten, wenn weitgehend seriennahe Prototypen mit richtigen Dichtungen und vollständiger Innenraumausstattung zur Verfügung stehen. Zu diesem Zeitpunkt ist die Entwicklung aber soweit fortgeschritten, dass bis zum Serieneinsatz keine größeren Modifikationen mehr möglich sind. Die aeroakustische Entwicklung muss daher ebenfalls schon in der Designphase beginnen, in der allerdings nur auf Erfahrungen mit Vorgängermodellen zurückgegriffen werden kann.

Die in jüngster Zeit entwickelten Hybrid- oder Elektrofahrzeuge unterscheiden sich hinsichtlich der Aerodynamik, Aeroakustik usw. in keiner Weise von den Fahrzeugen mit Verbrennungsmotoren. Die geschilderten Betrachtungen, Verfahren und Forderungen gelten daher für sie in gleicher Weise.

3.3 Wärmetechnik

3.3.1 Kühlung von Verbrennungsmotoren

Die Abwärme von Verbrennungsmotoren wird über verschiedene Wege abgeführt. Während der Anteil im heißen Abgas direkt abgegeben wird, müssen die an die Motorbauteile übertragenen Abwärmen indirekt mittels eines flüssigen Mediums abgeführt werden. Motorblock und Zylinderkopf werden dabei über das Kühlmittel gekühlt, das seinerseits die Abwärme über den Kühlmittelkühler an die Umgebungsluft abgibt (■ Abb. 3.14). Der Kolben wird dagegen durch das Motoröl heruntergekühlt. Bei Motoren höherer Leistung reicht die

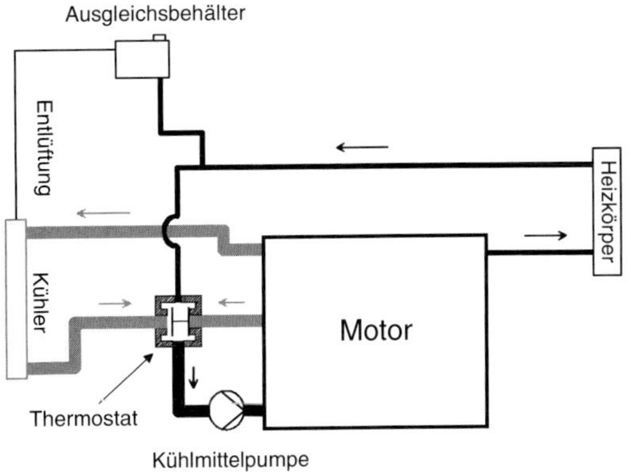

Abb. 3.14 Kühlkreislauf mit Ausgleichsbehälter

Wärmeabfuhr über die Ölwanne nicht mehr aus, so dass ein separater Ölkühler eingesetzt werden muss.

Dabei müssen die Temperatur und der Massenstrom des Kühlmediums in jedem Betriebspunkt gewährleisten, dass an keiner Stelle im Motor schädigende Überhitzungen entstehen.

Aufgeladene Motoren erfordern Ladeluftkühler, die die bei der Kompression im Turbolader oder Kompressor entstehende Wärme abführen. Dadurch erhöht sich die Dichte der Ladeluft (Dichterückgewinn) und man erreicht eine höhere Zylinderfüllung und damit eine höhere spezifische Motorleistung. Die NO_x-Entstehung wird durch die einhergehende Absenkung der Verbrennungstemperatur vermindert.

Seit der Einführung schärferer Abgasvorschriften (EU4) ist die Kühlung des rückgeführten Abgases beim Dieselmotor weit verbreitet. Sie beeinflusst die Dieselruß- und NO_x-Emission günstig [21].

Automatikgetriebe müssen ebenfalls gekühlt werden. Besonders hohe Anforderungen an die Getriebeölkühler stellen CVT-Getriebe.

Weiterer Kühlbedarf entsteht an Nebenaggregaten wie Servoölpumpe, Kraftstoffpumpe und Kältekreislauf des Klimasystems. In Einzelfällen erfordern heute auch schon Elektronikbauteile eine spezielle Kühlung, weil auch dort die Leistungsdichten zunehmen und eine konvektive Luftkühlung nicht mehr ausreicht. Bei Hybridfahrzeugen ist dies für die Leistungselektronik bereits der Regelfall [51].

Die gängigen Übertragungswege der Abwärme für die einzelnen Kühlaufgaben sind nachfolgend zusammengestellt:

- Motor über Kühlmittel und Kühlmittelkühler an Luft
- Motoröl über Öl-Kühlmittelkühler an Kühlmittel oder über Öl-Luftkühler direkt an Luft
- Luft oder Ladeluft über Ladeluft-Luftkühler direkt an Luft oder über Ladeluft-Kühlmittelkühler an Kühlmittel (Niedertemperaturkreislauf ist dann erforderlich) [49]
- Abgas über kühlmittelgekühlten Abgaskühler an Kühlmittel
- Getriebeöl über Getriebeöl-Kühlmittelkühler an Kühlmittel oder über Getriebeöl-Luftkühler direkt an Luft
- Kühlung von Nebenaggregaten direkt an Luft oder über Kühlmittel

Letztendlich wird die Abwärme immer an die Umgebungsluft abgeführt.

Die steigenden Anforderungen bezüglich Kraftstoffverbrauch, Gewicht, Abgasemissionen, Lebensdauer, Fahrkomfort und geringem Bauraum haben dazu geführt, dass moderne Kühlsysteme von Verbrennungsmotoren im Kraftfahrzeug mit wenigen Ausnahmen die folgenden Merkmale aufweisen:

- Wasserkühlung der Motoren mit Zwangsumlauf des Kühlmittels durch eine über Riemen angetriebene Kreiselpumpe
- Betrieb des Kühlsystems bei bis zu 1,5 bar Überdruck
- Einsatz einer Mischung von Wasser und Frostschutzmittel, meist Äthylenglykol mit einem Volumenanteil von 30 … 50 % mit Inhibitoren gegen Korrosion
- Aluminium in korrosionsbeständigen Legierungen als dominierender Kühlerwerkstoff
- Kunststoff als dominierender Werkstoff für Wasserkästen, Lüfter und Lüfterzarge
- In vielen Fällen Vormontage aller Kühlungskomponenten des Frontendbereichs in einer funktionalen Einheit, dem sog. Kühlmodul

Die heutigen Entwicklungstendenzen gehen in Richtung:

- Optimierung des Kühlluftstromes durch das Kühlmodul und den Motorraum
- Einführung einer getrennten bzw. regelbaren Kühlung von Motorblock und Zylinderkopf zur schnelleren Erwärmung und damit Kraftstoffreduzierung durch Verminderung von Reibungsverlusten
- Regelungseingriffe über Lüfterantrieb, Kühlmittel-Thermostate (sog. Kennfeldthermostat) und Ventile
- Einsatz von Elektropumpen zur Regelung des Kühlmittelstromes
- Niedertemperaturkreisläufe mit einem Temperaturniveau von ca. 60 °C zur Kühlung von Ladeluft, Elektronik und anderer sensibler Bauteile
- Integration von Ladeluft-Kühlmittelkühlern in das Ansauggehäuse zur Reduzierung des Ladeluftvolumens bzw. Ladeluftdruckabfalls [52, 53]
- Erhöhung der Kühlleistung durch zusätzliche Aufgaben wie weitere Abgaskühlung oder Kühlmittelkühlung des Abgaskrümmers [50, 51]
- Verringerung der Bauhöhe der Kühler zur Erfüllung der Vorschriften des Fußgängerschutzes

Neben den zahlreichen Entwicklungsaktivitäten für noch kompaktere, leichtere und effizientere Komponenten bekommt vor allem das ganzheitlich konzipierte Kühlsystem bzw. Thermomanagement immer mehr Bedeutung im Hinblick auf die eingangs erwähnten Anforderungen [48, 51, 54]. Im Nutzfahrzeug gilt dies verstärkt, hier ist die Komplexität noch größer. Neben zweistufiger Aufladung mit Zwischenkühlung für die Ladeluft zeichnen sich weitere Massnahmen zur Nutzung der im Abgas verbliebenen thermischen Energie ab, die vornehmlich durch Wärmeübetragung aus dem Abgas nutzbar gemacht werden kann [55].

3.3.1.1 Auslegung von Kühlern

Grundsätzliches Ziel der Auslegung des Kühlsystems ist, die geforderten Kühlleistungen mit möglichst kompakten, leichten und kostengünstigen Kühlern innerhalb des verfügbaren Bauraums zur Verfügung zu stellen. Dafür ist ein Optimierungsprozess hinsichtlich der Anordnung und Dimensionierung der Wärmeübertrager im Modul, der Auswahl der Rippen/Rohr-Geometrie der Kühler, der Leistungsaufnahme des Lüfters, der Abstimmung auf die fahrzeugseitigen Randbedingungen, oftmals auch des c_W-Wertes und des Crashverhaltens durchzuführen.

Gängiges Hilfsmittel für die Auslegung sind analytische Programme zur Wärmeübertrager-Berechnung nach der eindimensionalen Stromfadentheorie (► Abschn. 11.3). Bei Vorgabe der Kühlergeometrie, der Wärmeübergangs-, Wärmeleitungs- und Druckabfallbeziehungen sowie der Stoffströme können aus den Eintrittsgrößen Druck und Temperatur die gleichen Größen am Austritt des Wärmeübertragers berechnet werden. Unterstützt mit empirischen Daten aus langjähriger Messerfahrung mit einer großen Bandbreite von Ausführungen können mit diesen Simulationsprogrammen im Rahmen der Ähnlichkeitstheorie fast beliebige Rippen/Rohr-Varianten in beliebigen Abmessungen und für beliebige Betriebspunkte sehr zielgenau vorausberechnet werden.

Heute sind fast nur noch Auslegungen ganzer Kühlmodule mit Voll- und Teilüberdeckungen von Wärmeübertragern, Lüftern und Zargen gefordert. Entsprechend werden für diese Module sog. Topologie-Modelle mit mehreren Strompfaden erstellt, von denen jeder wieder nach der Stromfadentheorie berechnet werden kann. Die gegenseitige Beeinflussung der Komponenten wird dabei berücksichtigt [22, 35].

Schließlich wird dieses Hilfsmittel um Elemente wie Fahrtwind, Lüfter und alle Druckverbraucher im Fahrzeug wie z. B. Kühlergrill und Motorraumdurchströmung ergänzt. Damit wird die iterative Berechnung des Kühlluftdurchsatzes im Fahrzeug und folglich aller thermodynamischen Kenngrößen der Kühlanlage möglich. Gekoppelt mit einer breiten Erfahrung aus Kühlleistungsmessungen im Windkanal erhält man ein sehr zuverlässiges und schnelles Simulationshilfsmittel, das den Bedarf an Fahrzeugmessungen deutlich reduziert.

Zur detaillierten Ermittlung der Kühlluftströmung durch den Fahrzeugvorderbau, die Wärmeübertrager und den Motorraum kommen CFD-Methoden zum Einsatz (► Abschn. 11.3). Mit ihrer Hilfe wird die Luftströmung dreidimensional berechnet. Dazu werden die geometrischen Daten des Fahrzeugs benötigt. Man erhält die Geschwindigkeitsverteilung aus der sich Luftmassenströme und

Tabelle 3.1 Typische Faustformeln und Sollwerte zur Kühlauslegung

Objekt	Sollwert
Kühlmitteltemperatur	100–120 °C
Kühlmittelvolumenstrom	5000 … 25.000 l/h
Ladeluftmassenstrom	0,05 … 0,6 kg/s
Maximal aus dem Kühlmittel abzuführende Wärmemengen	
beim Ottomotor	0,5 … 0,6 P_{mech}
beim Dieselmotor IDI	1,0 P_{mech}
beim Dieselmotor DI	0,65 … 0,75 P_{mech}
Maximal zulässige Temperaturdifferenz:	
Kühlmittel am Kühlereintritt zu Umgebungstemperatur	ca. 80 K
Ladeluft am Kühleraustritt und Umgebungstemperatur	ca. 35 K

Druckverluste berechnen lassen. In der Kopplung mit der Strompfadmethode kann so bereits in der Konzeptphase der Einfluss inhomogener Anströmung auf das Verhalten des Kühlsystem ermittelt und geeignete Optimierungsschritte vorgeschlagen werden [35].

Die Auslegung des Kühlsystems orientiert sich am Anforderungsprofil des Fahrzeuges. Thermisch kritische Fahrzustände treten in der Regel bei maximaler Motorleistung P_{max} oder maximalem Drehmoment M_{max} auf. Der Betriebsfall »Maximalgeschwindigkeit in der Ebene« muss bei leistungsstarken Motoren zunehmend durch »mehrfache Vollbeschleunigung« ersetzt werden, da bei Erreichen hoher Geschwindigkeiten die Motoren vielfach abgeregelt und nicht mehr unter Vollast betrieben werden. Das Zusammenspiel zwischen Kühlmittelkühler, Kühlmittelmassenstrom (mechanisch angetriebene Pumpe) und die Unterstützung des mangelnden Fahrtwindes durch den Lüfter in den Fahrzuständen »Schnelle Bergfahrt« oder »langsame Bergfahrt mit Anhänger« sind für die Auslegung relevant. Ebenso werden Einsätze in

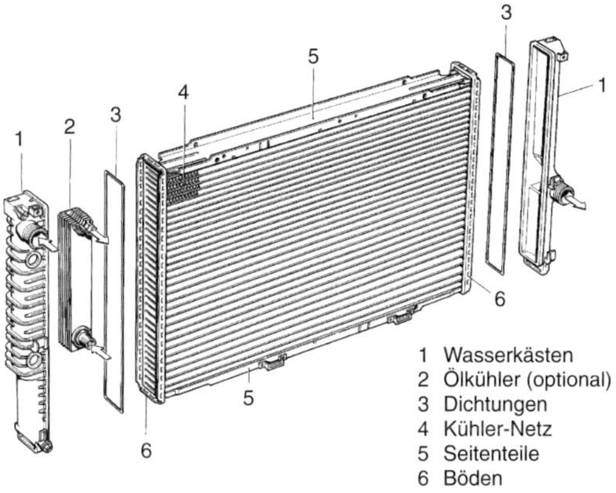

Abb. 3.15 Konstruktiver Aufbau eines Aluminium-Kühlmittelkühlers mit Kunststoffkästen

Europa oder Heißländern unterschieden. Immer sind Fahrgeschwindigkeit, Umgebungstemperatur, abzuführende Wärmemengen und die Sollwerte für maximal zulässige Kühlmittel-, Ladeluft- und Öltemperaturen vorgegeben. Leistungsminderung durch Alterung wird in der Auslegung indirekt durch höhere Sollwerte berücksichtigt. Typische Faustformeln und Sollwerte für die wesentlichen Pkw Kühlungsarten sind in Tab. 3.1 zusammengestellt.

3.3.1.2 Kühlerbauarten

Die verschiedenen Leistungsanforderungen wie sie aus oben aufgeführten Daten hervorgehen und die unterschiedlichsten Bauraumanforderungen an Kühlmittel-, Öl- und Ladeluftkühler haben zu den unterschiedlichsten Kühlerbauarten geführt [23], eine Ausführung zeigt Abb. 3.15.

So reichen z. B. die Systemtiefen (Erstreckung in Kühlluftströmungsrichtung) für Kühlmittelkühler vom kleinsten Pkw- bis zum größten Nkw-Kühler von 12 mm bis 55 mm, die kühlluftseitigen Stirnflächen von 15 dm^2 bis 85 dm^2.

Für die Leistungsfähigkeit der Kühler ist in erster Linie die Konstruktion der Rippen/Rohr-Geometrie, die so genannte Kühlermatrix, entscheidend. Die in der Vergangenheit vielfältig vorhandenen mechanisch gefügten Systeme verlieren an Bedeutung und finden sich heute vor allem noch im unteren Leistungssegment. Am Markt vorherrschend sind die gelöteten Systeme, die durch

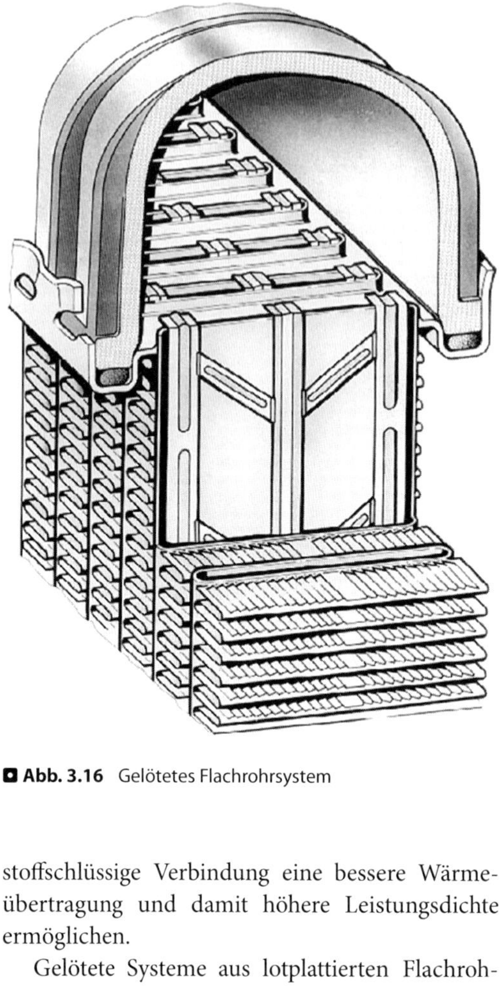

Abb. 3.16 Gelötetes Flachrohrsystem

Abb. 3.17 Ölkühler in Stapelscheibenbauweise (Werkbild Behr)

stoffschlüssige Verbindung eine bessere Wärmeübertragung und damit höhere Leistungsdichte ermöglichen.

Gelötete Systeme aus lotplattierten Flachrohren und gewalzten Wellrippen, Abb. 3.16, werden heute üblicherweise mit nur einem Rohr in der Systemtiefe gefertigt, das zur Festigkeitssteigerung mit Sicken versehen oder gefaltet sein kann. In beiden Fällen werden die Rohre in so genannten Böden in die Verteilerkästen geführt, in denen das Kühlmittel oder die Ladeluft auf die Rohre verteilt wird, Abb. 3.15.

Motorölkühler werden im Pkw bevorzugt motornah untergebracht. Die Kühlung des Öls erfolgt dabei durch das Kühlmittel. Daher werden hier Bauformen wie Flachrohr-, Rundscheiben- oder Stapelscheibenölkühler, Abb. 3.17, aus Aluminium eingesetzt. Getriebeölkühler bei Pkw mit Automatikgetriebe können wiederum luftgekühlte Flachrohr-Ausführungen sein oder ebenfalls eine Stapelscheibenausführung haben, bei der das Öl durch das Kühlmittel rückgekühlt wird. Eine Integration des Ölkühlers in den Verteilerkasten des Kühlmittelkühlers ist möglich, der Einsatz nimmt aber mit zunehmender Leistungsanforderung ab.

Bei Ladeluftkühlern reichen die Systemtiefen von ca. 30 mm bis zu über 100 mm, die Stirnflächen von 3 dm^2 bei Pkw bis zu 80 dm^2 bei Nkw. Im Pkw sind viele Anordnungen gebräuchlich: großflächig vor dem Kühlmittelkühler, lang und schlank unter oder neben dem Kühlmittelkühler oder ganz abseits des Moduls z. B. im Radlauf; daher die große Bandbreite in den Systemtiefen. Ladeluftkühler sind überwiegend gelötete Flachrohrkühler aus Aluminium und direkt von Kühlluft gekühlt. Zunehmend erfolgt die Ladeluftkühlung auch motornah mit Kühlmittel [49]. Dadurch entfällt die aufwändige Verschlauchung für die Ladeluftführung vom Lader zur Fahrzeugfront und zurück. Als Bauarten finden wir bei der so genannten indirekten Ladeluftkühlung heute Rippe/Flachrohr-, Rippe/Scheibe-, aber auch Rohrbündelsysteme mit kühlmittelseitigen Turbulenzeinlagen zur Effizienzsteigerung, Abb. 3.18.

Abgaskühler sind sehr hohen Temperaturen sowie starker Korrosionsbeanspruchung ausgesetzt, daher wird hier Edelstahl als Werkstoff bevorzugt. Als Fügeverfahren sind das Laser-Schweißen oder Nickel-Löten üblich. Konstruktiv sind diese Kühler als Rohrbündel ausgeführt, wobei die abgasführenden Rohre einfache Rundrohre oder Rohre mit speziellen leistungssteigernden, aber verschmutzungsunanfälligen Strukturen sein können.

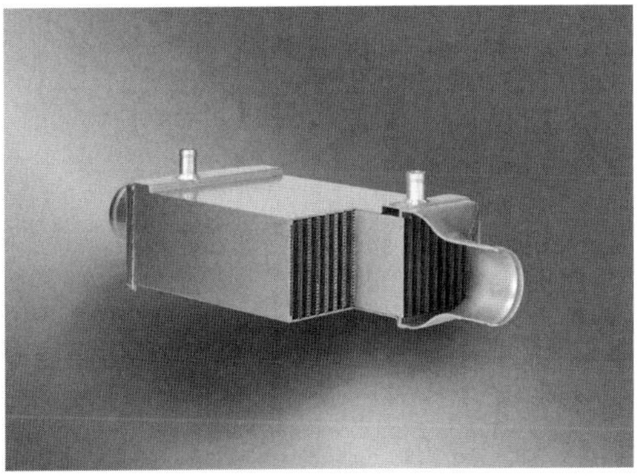

Abb. 3.18 Indirekter Ladeluftkühler in Rohrbündelbauweise (Werkbild Behr)

Abb. 3.19 Kühlmodul für Pkw (Werkbild Behr)

3.3.1.3 Lüfter und Lüfterantriebe

Lüfter für die Motorkühlung werden heute fast ausnahmslos in axialer Bauart in Kunststoff ausgeführt. Zu der axialen Beschaufelung kommen je nach Betriebszuständen im Fahrzeug noch Mantelringe und Einlaufdüsen an den Blattspitzen hinzu. Weitere typische Lüftermerkmale können gesichelte Blätter und ungleichmäßige Blatt-Teilung sein. Mit solchen Maßnahmen kann der Lüfterwirkungsgrad gesteigert und die Geräuschemission vermindert werden.

Beim Pkw werden Lüfter in einfacher oder doppelter Anordnung meist saugend eingesetzt mit maximalen Lüfterdurchmessern von ca. 500 mm. Die als Lüfterantrieb eingesetzten Elektromotoren nehmen bis zu 850 W el. Leistung auf, wobei eine stufige Drehzahlvariation über Regler, gegebenenfalls auch mit bürstenlosen Elektromotoren, vorgesehen wird. Direkt angetriebene, über eine Viskositätskupplung gesteuerte Lüfter sind nur noch bei größeren Nutzfahrzeugen im Einsatz.

3.3.1.4 Kühlmodule

Kühlmodule sind vormontierte Baueinheiten, die aus verschiedenen Komponenten des Kühlsystems und dem Klimakondensator bestehen und eine Lüftereinheit mit Antrieb einschließen, Abb. 3.19. Die Modultechnik, bietet prinzipiell mehrere technische und wirtschaftliche Vorteile [24]:

- Optimale Auslegung und Abstimmung der Komponenten,
- dadurch besserer Wirkungsgrad im Fahrzeug oder kleinere, leichtere und kostengünstigere Komponenten möglich.
- Weniger Aufwand beim Fahrzeughersteller für Logistik und Montage, wenn das Modul vorgefertigt angeliefert wird.

In normalen Straßenfahrzeugen werden fast ausschließlich karosseriefeste Kühlmodule eingesetzt, die an den fahrzeugseitig vorhandenen Längs- und Querträgern befestigt werden. Meist dient einer der Wärmeübertrager als tragendes Modulelement, an seine Wasser- oder Luftkästen und Seitenteile werden die anderen Komponenten mittels Rast-, Klemm- oder Clipsverbindung befestigt. Zur Vereinfachung der Montage und im Falle hoher Variantenvielfalt kommen auch Tragrahmen zum Einsatz.

3.3.1.5 Gesamtsystem Motorkühlung

Der Kühlungsbedarf ist vom momentanen Betriebszustand des Motors, der Nebenaggregate insbesondere Klimakreislauf und von der Umgebungstemperatur abhängig. Die erforderlichen Regelungseingriffe erfolgen in gängigen Kühlsystemen heute noch durch verhältnismäßig einfache Einrichtungen:

Ein Thermostat, dessen wachsgefülltes Dehnelement auf die Temperatur des ihn umströmenden Kühlmittels reagiert, lenkt den Kühlmittelstrom bei der gewünschten »Öffnungstemperatur« durch den Kühlmittelkühler hindurch. Bei tieferen Temperaturen wird der Kühler im Kurzschluss umgangen. So wird bei sehr niedrigen Kühlmitteltemperaturen und im Kaltstart Kühlung weitgehend vermieden und bei sehr hohen Temperaturen für maximale Kühlung gesorgt.

Elektrisch betriebene Lüfter werden in Abhängigkeit der Kühlmitteltemperatur im Wasserkasten in verschiedenen Drehzahlstufen oder stufenlos zugeschaltet.

Alle weiteren Komponenten des Kühlsystems sind auf kritische Betriebsbedingungen ausgelegt, werden dann aber ungeregelt betrieben. So wird die Kühlmittelpumpe über einen Riementrieb von der Kurbelwelle angetrieben, die Ölkühlung wird nur in Einzelfällen thermostatisch geregelt. Ladeluftkühlung erfolgt meistens ungeregelt.

Einfache Kühlsysteme waren bisher völlig ausreichend und zeichnen sich durch einen sehr zuverlässigen Betrieb aus. Die Zukunft wird aber auch hier, wie in vielen anderen Systemen des Fahrzeugs, der elektronischen Regelung gehören. Über Sensoren, die den thermischen Zustand von Motor und Kühlanlage erfassen, wird ein Steuergerät mittels der abgelegten Regelungsalgorithmen Eingriffe an Förderorganen (Lüfter, Pumpen) und Stellorganen (Ventile, Klappen, Jalousien) auslösen, um über eine bedarfsorientierte Kühlung Antriebsenergie an Nebenaggregaten einzusparen, Abgas- und Geräuschemissionen günstig zu beeinflussen und zur Komfortsteigerung und Verschleißreduzierung Aufheizphasen verkürzen [54]. Dafür müssen alle Förder- und Stellorgane elektrisch ansteuerbar sein, was heute schon bei el. Lüftern und Kühlmittelpumpen möglich ist. Der so genannte Kennfeldthermostat ist in der Lage verschiedene Öffnungstemperaturen zu fahren. Damit kann das Temperaturniveau des Kühlmittels an den Betriebszustand des Motors angepasst werden. Weitere Nebenaggregate und Stellglieder des Kühlsystems werden zukünftig elektrisch ansteuerbar sein [25, 26, 54]. Mit zunehmender Nutzung der indirekten, kühlmittelgekühlten Ladeluftkühlung ergeben sich zusätzliche Eingriffsmöglichkeiten durch Regelung des Niedertemperaturkühlmittelstromes. Während in der Vergangenheit bei der Turboaufladung die Leistungssteigerung im Vordergrund stand, ist es heute zunehmend die Energieeffizienz durch Downsizing bei höherer Leistungsdichte des Motors. Damit kommt der Ladelufttemperatur eine größere Bedeutung zu, da der spezifische Kraftstoffverbrauch durch Absenkung der Ladelufttemperatur gesenkt werden kann [67, 68]. Zukünftige Motoren werden eine 2-stufige Ladeluftkühlung erfordern, da die Ladedrücke und Ladelufttemperaturen nach Kompressor weiter ansteigen.

Das Kühlsystem ist schon heute ein sehr komplexes System mit einer großen Zahl von Parametern, die sich gegenseitig beeinflussen. In Auslegung und Optimierung wird die virtuelle Kühlsystementwicklung in zunehmenden Maße eingesetzt. ([35, 53], siehe auch ▶ Abschn. 11.3).

3.3.2 Beheizen und Kühlen des Fahrgastraumes

Die Klimatisierung des Fahrgastraumes erfüllt mehrere Aufgaben:

- freie Sicht durch die Scheiben gewährleisten,
- ein behagliches Klima für alle Insassen schaffen und dadurch
- dem Fahrer ein wenig ermüdendes Umfeld bieten,
- die Insassen vor unangenehmen Gerüchen und belastenden Stoffen bewahren.

Die Klimatisierung trägt nicht nur zum Komfort bei. Sie leistet auch einen Beitrag zur Fahrsicherheit, da die Konzentrationsfähigkeit des Fahrers in einem behaglichen Klima signifikant höher ist als in heißer oder kalter Umgebung (siehe hierzu auch ▶ Abschn. 6.4.3.1 und [27]). Eine sicherheitsrelevante und deshalb gesetzlich geregelte Funktion [28] besteht darin, die Scheiben von Beschlag und Vereisung freizuhalten.

Fragen des Komforts und der Funktion des Klimageräts werden in ▶ Abschn. 6.4.3 dieses Buches behandelt. Der Fahrzeugklimatisierung kommt mit der zunehmenden Elektrifizierung des Antriebsstranges eine zusätzliche Bedeutung zu, da der elektrische Energiespeicher und die Leistungselektronik ausreichend gekühlt werden müssen. Ferner steht je nach Grad der Hybridisierung der Innenraumheizung deutlich weniger Motorabwärme als bei herkömmlichen Fahrzeugen zur Verfügung. Im Falle des rein elektrischen Antriebs entfällt diese Wärme sogar vollständig.

Damit die Klimaanlage ihre Funktion erfüllen kann, muss sie durch den Heiz- und Kältekreislauf

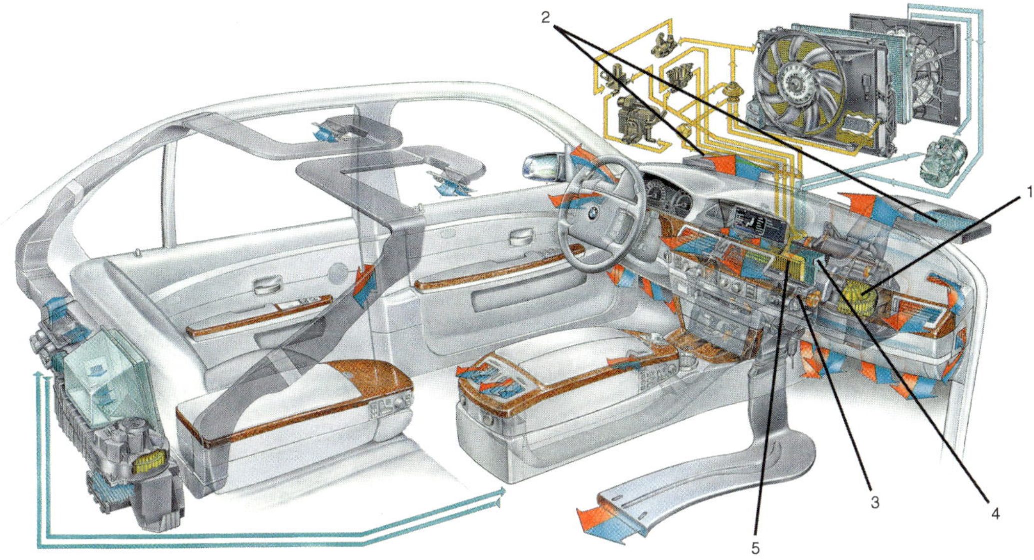

Abb. 3.20 Die Klimaanlage in einem Fahrzeug der Oberklasse

ausreichend versorgt werden. Die Komponenten dieser Kreisläufe und ihre Wechselwirkungen zum Fahrzeug werden hier erläutert.

Die Klimatisierung von Fahrzeugen erfolgt durch einen konditionierten Luftstrom, symbolisiert durch Pfeile in Abb. 3.20, der durch Düsen an der Instrumententafel, im Fußraum und auch im Fondraum in die Kabine eintritt. Das Klimagerät (3) ist hinter der Instrumententafel angebracht. Die Außenluft wird unterhalb der Windschutzscheibe mithilfe eines Radialgebläses (1) über einen Filter (2) angesaugt, im Klimagerät zunächst durch den Verdampfer (4) geführt, in dem die Luft gekühlt und dabei getrocknet werden kann. Danach erwärmt sich die Luft am Heizkörper (5).

3.3.2.1 Die Funktion Heizen und ihre Komponenten

Kraftfahrzeuge werden in der Regel durch die Abwärme des Verbrennungsmotors beheizt. Ein Teil des Kühlmittels wird nach der Durchströmung des Motorblockes für den Heizkreislauf abgezweigt und strömt durch den Heizkörper, der im Klimagerät angeordnet ist. Dort wird die im Kühlmittel enthaltene Wärme an die Luft, die in die Fahrgastkabine strömt, abgegeben.

Die Konstruktionsprinzipien der Heizkörper ähneln denen von Kühlmittelkühlern, wie sie in ▶ Abschn. 3.3.1.2 beschrieben sind. Die Kühlmittelkästen sind in vielen Fällen allerdings aus Aluminium. Die Heizleistung ist in Abb. 3.21 für Kühlmittelmengen in Abhängigkeit des Luftmassenstromes dargestellt. Die angegebenen Werte gelten für eine Lufteintrittstemperatur von −20 °C und eine Kühlmitteleintrittstemperatur von +80 °C. Für andere Eintrittstemperaturdifferenzen ändert sich die Leistung entsprechend.

Die Regelung der Heizleistung, die in die Fahrgastzelle eingebracht wird, erfolgt entweder auf der Kühlmittelseite durch elektrische Taktventile oder kontinuierlich verstellbare Ventile (wasserseitige Temperatursteuerung) oder durch Mischung von kalter und warmer Luft im Heiz-/Klimagerät nach Heizkörper, der in diesem Fall immer mit dem vollen Kühlmittelstrom beaufschlagt wird (luftseitige Steuerung, näheres hierzu siehe ▶ Abschn. 6.4.3).

Die Versorgung des Heizkörpers mit warmem Kühlmittel hängt vom momentanen Betriebszustand des Motors ab. Massenstrom und Temperatur des Kühlmittels variieren stark mit der Motordrehzahl und der Motorlast. Bei der Auslegung des Kühlmittelkreislaufes ist bei allen Fahrzeuggrößen darauf zu achten, dass für den Heizkörper im

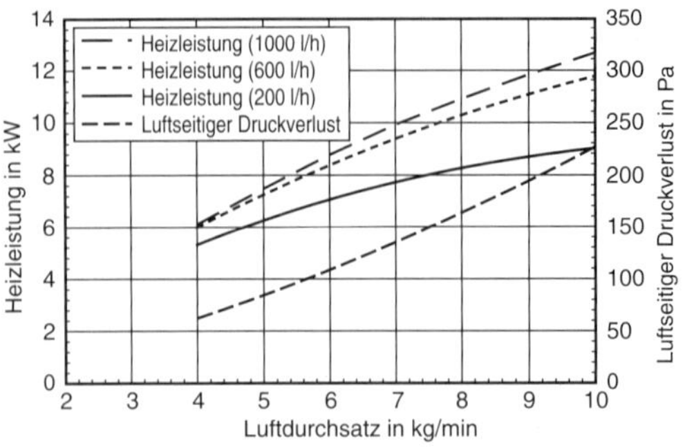

Abb. 3.21 Leistung und luftseitiger Druckverlust am Heizkörper

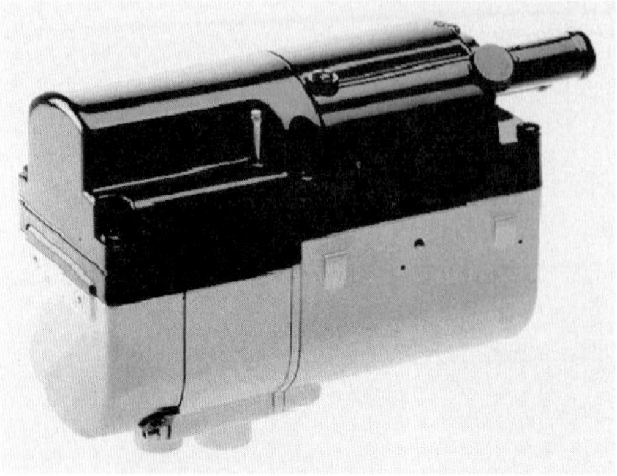

Abb. 3.22 Brennstoffzuheizer

Abb. 3.23 PTC-Heizung mit Leistungsregler (Werkbild Behr)

Fahrgastraum ein Kühlmittelstrom über 600 l/h zur Verfügung steht, damit eine gute Wärmeübertragung vom Kühlmittel an die Luft gewährleistet ist. Kann auslegungsbedingt kein ausreichend hoher Kühlmittelmassenstrom im Heizkreislauf von der Wasserpumpe des Motors zur Verfügung gestellt werden, werden elektrisch betriebene Zusatzwasserpumpen eingesetzt (der typische Förderstrom dieser Pumpen liegt bei 1000 l/h bei 1000 mbar Förderhöhe). Diese verhindern dann auch im Leerlauf einen Abfall der Heizleistung.

Die Steigerung der Motorwirkungsgrade führt zunehmend zu einem Mangel an verfügbarer Wärme im Kühlmittel. Bei −20 °C Außentemperatur liegt die erforderliche Heizleistung im Beharrungszustand etwa bei 7 kW. Insbesondere bei modernen direkteinspritzenden Diesel- aber auch zukünftig bei Ottomotoren sowie im elektrischen Betrieb von Hybrid- oder Elektrofahrzeugen reicht die Abwärme nicht aus, um eine schnelle Aufheizung nach Kaltstart zu gewährleisten oder sogar überhaupt ein komfortables Temperaturniveau zu erreichen. Als Lösung stehen mehrere Zuheizkonzepte [29] zur Auswahl: Aktive Systeme decken die Differenz zwischen Wärmeangebot im Kühlmittel und dem Wärmebedarf des Innenraums durch eine weitere Wärmequelle, d. h. durch Einsatz zusätzlicher Primärenergie. Dies können sein: Brennstoffzuheizer (Abb. 3.22), luftseitige elektrische Zuheizung (PTC-Heizung, Abb. 3.23) oder zukünftig auch Wärmepumpen. Tabelle 3.2 gibt einen Überblick über die verschiedenen Zuheizkonzepte.

In [30] und [31] werden Zuheizsysteme ausführlicher verglichen. [32] und [33] beschreiben neuere Entwicklungen zum Brennstoffzuheizer und zu elektrischen Zuheizsystemen. Alle elektrischen Zuheizer besitzen über die zusätzliche Belastung des Motors aus dem notwendigen Generatorbetrieb eine indirekte Zuheizwirkung. Näherungsweise wird etwa die gleiche Wärmemenge, die direkt elektrisch eingebracht wird, auf indirektem Wege dem Kühlmittel zugeführt.

Neben aktiven Systemen werden passive Systeme betrachtet, wie z. B. Wärmerückgewinnung aus dem Abgas mithilfe eines Abgaswärmeübertragers.

3.3.2.2 Die Funktion der Kälteanlage und ihre Komponenten

Die Kälteanlage im Fahrzeug beruht auf dem Kaltdampfprozess und funktioniert im Prinzip ähn-

Tabelle 3.2 Zuheizsysteme im Überblick

Zuheizsystem	Beschreibung	Merkmale
Brennstoffzuheizer	Verbrennung von Kraftstoff erzeugt zusätzlich Wärme, die direkt an das Kühlmittel abgegeben wird. Der Brennstoffzuheizer ist in den Kühlmittelkreislauf integriert.	Hohe Leistung, leicht zur Standheizung aufrüstbar, hoher Aufwand (Kosten, Gewicht, Bauraum).
Elektrische PTC Heizung im Luftstrom (**P**ositive **T**emperature **C**oefficient, elektrischer Widerstand steigt mit der Temperatur an)	Die Wärmeabgabe erfolgt direkt an die Luft, die in die Fahrgastzelle strömt. Die PTC-Charakteristik der Heizelemente verhindert unzulässig hohe Temperaturen (s. Abb. 3.24).	Spontane Wirkung, zusätzliche Heizwirkung durch höhere Motorbelastung über den Generator, hohe Belastung des elektrischen Bordnetzes, heute weit verbreitete Serienlösung.
Wärmerückgewinnung aus dem Abgas	Die Wärmeabgabe erfolgt an das Kühlmittel, zusätzlicher Druckabfall im Abgasstrang und zusätzlicher Wärmeeintrag in den Motorkühlkreislauf muss berücksichtigt werden.	Praktisch kein zusätzlicher Primärenergiebedarf, eventuell muss Motorsteuerung angepasst werden, hoher Aufwand (Bauraum, Kosten).
Wärmepumpe	Die Kälteanlage wird als Wärmepumpe eingesetzt.	Geringer zusätzlicher Bauraumbedarf, abhängig von der Quellentemperatur (Luft oder Kühlmittel) hohe Leistung und Wirkungsgrade erzielbar, aufwändige Verschaltung erforderlich.

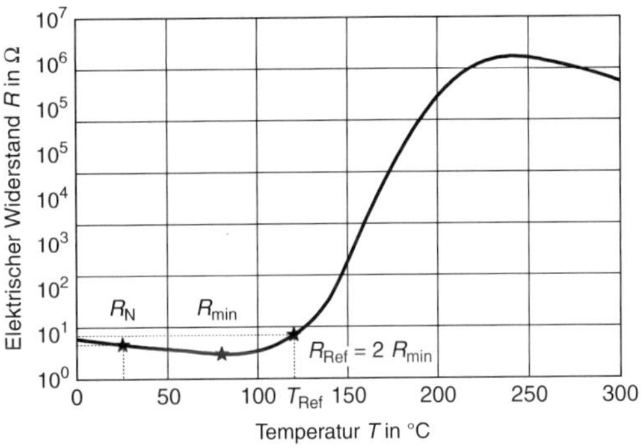

Abb. 3.24 Widerstands-Temperatur-Kennlinie eines PTC-Elements

lich wie ein Kühlschrank. Der Zuluftstrom zur Fahrgastzelle wird an der Außenseite des Verdampfers abgekühlt, Abb. 3.25. Dabei kann die Luftfeuchtigkeit kondensieren. Auf der Innenseite des Verdampfers nimmt das Kältemittel die Wärme der Luft auf und verdampft dabei bei Temperaturen unterhalb der Umgebungstemperatur und bei niedrigem Druck. Im Verdichter (Kompressor) wird der Kältemitteldampf auf einen höheren Druck gebracht und kann nun Wärme bei höherer Temperatur (oberhalb der Umgebungstemperatur) am Kondensator, der im Motorraum vor dem Kühler angeordnet ist, an die Außenluft abgeben. Dabei verflüssigt sich das Kältemittel. Die Flüssigkeit durchströmt den Sammler, der Kältemittel für unterschiedliche Betriebspunkte speichert, und wird dann im Expansionsventil wiederum auf niedrigen Druck und Temperatur entspannt. Danach gelangt das Kältemittel wieder in den Verdampfer. Der Kreislauf ist geschlossen. Zur Leistungs- und Wirkungsgradoptimierung wird häufig zusätzlich noch ein so genannter »Innerer Wärmeübertrager« eingesetzt [43]. In diesem wird das flüssige Kältemittel nach Kondensator im Gegenstrom zum verdampften Kältemittel geführt, um so die mögliche Enthalpiedifferenz im Verdampfer zu erhöhen.

Für die energetische Systemeffizienz und das Package im Motorraum ist die Art des Expansionsorgans von großer Bedeutung. Ein thermostatisches Expansionsventil sorgt durch die Regelung

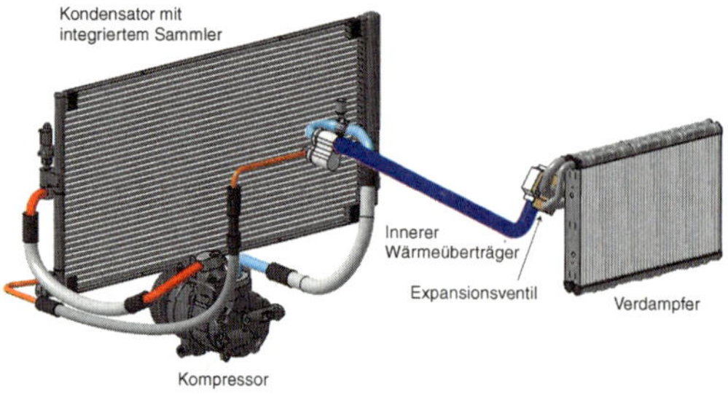

Abb. 3.25 Schema Kältekreislauf im Fahrzeug

Abb. 3.26 Flachrohrkondensator mit integriertem Sammler (Werkbild Behr)

Abb. 3.27 Flachrohrverdampfer (Werkbild Behr)

des Kältemittelmassenstroms dafür, dass am Verdampferaustritt nur Kältemitteldampf vorliegt. Neben einer guten Ausnutzung des Verdampfers in allen Betriebszuständen wird damit auch der Kompressor vor so genannten Flüssigkeitsschlägen geschützt. In diesen Systemen wird der Sammler, wie oben beschrieben zwischen Kondensator und Expansionsventil eingebaut.

Alternativ zum thermostatischen Expansionsventil kann als Drosselorgan ein Kapillarröhrchen (»Orifice Tube«) eingesetzt werden. Da das Orifice Tube keinen veränderlichen Querschnitt besitzt, kann am Verdampferaustritt noch Flüssigkeit vorliegen. Zum Schutz des Kompressors muss daher in diesen Systemen in der Kältemittelleitung vom Verdampfer zum Kompressor ein so genannter Akkumulator eingebaut werden, der die Flüssigkeit abscheidet und speichert. Ein Akkumulator hat etwa das doppelte Volumen eines Sammlers.

Für die Abstimmung des gesamten Wärmemanagements im Fahrzeug sind vor allem die Wechselwirkungen zwischen Kondensator und Motorkühlsystem wichtig. Zum einen muss die Wärmeabgabe des Kondensators bei der Auslegung der Motorkühlung berücksichtigt werden, zum anderen ist für die Leistung und den Wirkungsgrad der Kälteanlage eine gute Belüftung des Kondensators maßgebend. Es muss bei der Integration ins Fahrzeug darauf geachtet werden, dass Rückströmungen von bereits erwärmter Kühlluft durch den Kondensator vermieden werden. Der Kondensator wird als gelötetes System mit Flachrohren und Wellrippen, Abb. 3.26, ausgeführt [34].

Der Verdampfer ist innerhalb des Klimagerätes untergebracht. Durch Erhöhung der Leistungsdichte konnten in den letzten Jahren die Bautiefen von ca. 65 auf 40 mm verringert werden. Abb. 3.27 zeigt einen Flachrohrverdampfer dieser Art. Beim Abkühlen der warmen Luft fällt am Verdampfer Luftfeuchtigkeit aus. Ein problemloser Wasserablauf ist deshalb wichtig. Hierzu dienen hydrophile Beschichtungen, die zudem Wachstum von Bakterien und Mikroorganismen hemmen, die zu einem unangenehmen Geruch führen können.

Der Arbeitsstoff einer Fahrzeugklimaanlage darf in der EU ab 2011 für neu typgeprüfte Fahrzeuge ein Treibhauspotenzial (GWP = Global Warming Potential) von nur noch kleiner 150 aufweisen. Damit darf das bisherig verwendete Kältemittel R134a (GWP von 1430) für diese Fahrzeuge nicht mehr eingesetzt werden. Ab 2017 gilt diese Vorgabe dann für alle Neufahrzeuge. Als mögliches Kältemittel wird R1234yf favorisiert, dessen GWP bei 4 liegt. Grundsätzlich wäre es thermodynamisch gesehen auch möglich, CO_2 (Kohlendioxid, auch als R744 bezeichnet) als Kältemittel einzusetzen.

Dem Kältemittel wird zur Schmierung des Verdichters etwa 10 bis 20 % Öl zugemischt, dadurch müssen Leistungseinbußen hingenommen werden.

Die in der Klimaanlage befindliche Menge an Kältemittel ist in jedem Fahrzeug unterschiedlich und wird wesentlich vom inneren Volumen der Bauteile, die flüssiges Kältemittel führen, bestimmt. Typische Werte sind 600 bis 900 g R134a bzw. R1234yf.

3.3.2.3 Verdichter und Regelung der Kälteleistung

Der Verdichter der Kälteanlage befindet sich im Riementrieb des Motors. Mit bis zu 6 kW Antriebsleistung zählt er zu den größeren Verbrauchern von Hilfsenergie, die durch den Motor zur Verfügung gestellt werden muss.

Nahezu ausschließlich werden in Fahrzeugen heute Taumelscheibenverdichter eingesetzt. Eine schräg stehende Scheibe wird durch die Verdichterwelle angetrieben und bewegt über ihre Taumelbewegung mehrere Kolben in kreisförmig angeordneten Zylinderbohrungen. Die Ansaugung und der Ausstoß des verdichteten Gases erfolgt über Bohrungen mit Ventilen im Zylinderkopf. In modernen Verdichtern lässt sich das Hubvolumen durch Neigung der Scheibe relativ zur Welle verändern. Dadurch kann man den Förderstrom und somit die Leistung des Verdichters einstellen. In Verdichtern mit unveränderlichem Hub (Fixed Displacement) wird die Leistungsanpassung durch periodisches Ein- und Ausschalten des Verdichters über eine Magnetkupplung erreicht. Der damit verbundene Einschaltruck muss besonders bei kleineren Motoren über die Motorsteuerung kompensiert werden.

Als Vorteile für Taumelscheibenverdichter sind zu nennen: der gute Liefergrad im unteren Drehzahlbereich, die leicht realisierbare Leistungsregelung und ein günstiges Verhalten im geregelten Bereich.

Der Trend geht zu geregelten Verdichtern mit veränderlichem Hubvolumen. Zwischenzeitlich lösen bereits die extern ansteuerbaren Verdichter diejenigen mit interner Saugdruckregelung ab [36, 37]. Ziel der Regelung ist der Ausgleich der Drehzahländerung des Motors. Die externe Ansteuerung ist notwendige Voraussetzung für kupplungslosen Betrieb. Der Verdichter wird dabei nicht mehr mechanisch getrennt, sondern auf Nullhub geregelt, wenn der Kältekreislauf ausgeschaltet ist. Außerdem kann über eine externe Regelung die Verdampfertemperatur so eingestellt werden, dass die Leistungsaufnahme am Verdichter bedarfsgerecht erfolgt. Diese Maßnahme verringert den durch den Kältekreislauf verursachten Kraftstoffmehrverbrauch.

3.3.2.4 Auslegung der Klimaanlage

Der Bedarf eines Fahrzeugs zur Beheizung oder Abkühlung des Innenraums hängt von den fahrzeugseitigen und den klimatischen Randbedingungen ab:

Fahrzeugseitige Randbedingungen
- Masse und Wärmekapazität der Einbauten und Umschließungsflächen
- Größe der Fahrzeugkabine
- Wärmedämmung der Umschließungsflächen, z. B. Dach, Boden, Spritzwand
- Abmessungen, Winkel und Strahlungseigenschaften der Scheiben
- Entlüftung und Durchströmung der Kabine, Leckluftströme durch Undichtigkeiten der Karosserie
- Umströmung des Fahrzeugs, je nach Fahrgeschwindigkeit ändern sich der Wärmeübergang außen und die Ansaugbedingungen

Klimatische Randbedingungen:
- Außentemperatur
- relative Luftfeuchtigkeit
- Sonneneinstrahlung

Ausschlaggebend für die Auslegung der Fahrzeugklimatisierung sind die Anfahrvorgänge, die ein Mehrfaches der Leistung im Vergleich zur Erhaltung eines Beharrungszustandes erfordern. Eine Klimaanlage im Fahrzeug wird üblicherweise so

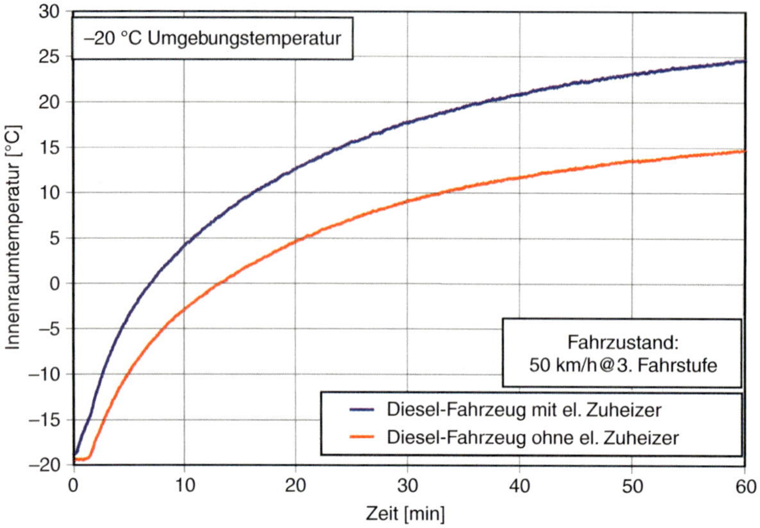

Abb. 3.28 Aufheizkurve eines Fahrzeugs der Kompaktklasse

dimensioniert, dass nach längerem Stillstand eine komfortable Temperatur des Fahrgastraumes nach kurzer Zeit erreicht wird. Im Sommer bei vollem Sonnenschein herrschen in einem parkenden Fahrzeug Temperaturen bis zu 70 °C. Typische Auslegungsbedingung ist 40 °C Außentemperatur, 40 % relative Luftfeuchtigkeit und 1000 W/m^2 Sonneneinstrahlung.

Im Winter kühlt sich der Fahrzeuginnenraum auf Außentemperatur ab. Man nimmt −20 °C als Auslegungswert an. Die Aufheizung mit optimalem Luftstrom um 5 kg/min, der unter dem maximal möglichen liegt, verläuft wie die obere Kurve in Abb. 3.28 zeigt. Die untere Kurve verdeutlicht die unkomfortable Situation für Fahrzeuge mit direkteinspritzendem Dieselmotor ohne Zuheizer.

Außer den klimatischen Bedingungen werden auch die Fahrzustände vorgeschrieben, typisch ist hier konstante Fahrt in der Ebene im 3. Gang mit 32 km/h oder 50 km/h. Zumeist wird auch das Verhalten des Klimasystems im Leerlauf des Motors betrachtet, da dieser Fahrzustand wegen der geringen Motordrehzahl zum Antrieb von Wasserpumpe und Klimaverdichter den ungünstigsten Fall sowohl für die Abkühlung als auch für die Aufheizung des Fahrzeugs darstellt.

Eine typische Abkühlkurve für Betrieb in Umluft bei voller Leistung des Radialgebläses erreicht Innenraumtemperaturen von 25 °C nach 20 min und 23 °C nach 60 min Betriebsdauer. Der zeitliche Temperaturverlauf mit maximaler Leistung der Klimaanlage zeigt zu Beginn einen großen Gradienten, der in einen Beharrungswert übergeht, siehe Abb. 3.29.

Zu Beginn der Abkühlung treten am Verdampfer Leistungen bis zu 8 kW auf, die jedoch in der Nähe eines Beharrungszustandes auf Werte um 2,5 kW fallen. Der Luftstrom in den Fahrgastraum beträgt hierbei zwischen 7 und 11 kg/min.

Für die Beurteilung einer Kälteanlage sind folgende Größen maßgebend:

- Kälteleistung
- Wirkungsgrad
- Geräusch/Vibration
- Regelverhalten
- Dauerlauffestigkeit

Diese Größen werden von den Komponenten selbst sowie von der Systemumgebung beeinflusst – also vom Verlauf und den Eigenschaften der Kältemittelleitungen, von der Belüftung des Kondensators sowie von den Betriebsbedingungen vorgegebenen Drücken und Temperaturen im Kältekreislauf. Dies

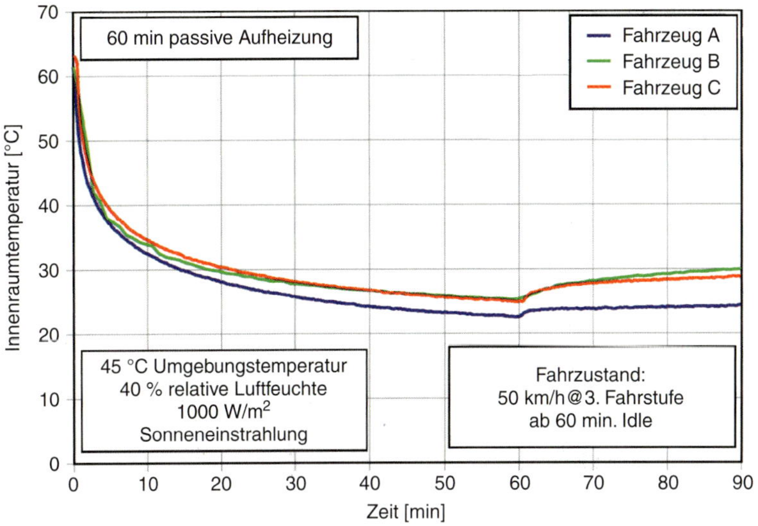

Abb. 3.29 Typische Abkühlkurve des Innenraums

bedeutet, dass ein Kältekreislauf abschließend nur im Fahrzeug beurteilt werden kann.

Zur Auslegung der Heiz- und Kältekreisläufe gewinnen Simulationsverfahren eine immer größere Bedeutung [35, 38, 41]. Dabei können stationäre Betriebszustände mit einer hohen Genauigkeit abgebildet werden – dies gilt auch für die Aufheiz- und Abkühlvorgänge der Fahrgastzelle, da diese bezüglich der Kreisläufe mit ausreichender Genauigkeit als quasi-stationär betrachtet werden können. Methoden zur Simulation von dynamischen Vorgängen (z. B. Schaltstöße oder auch Massenverlagerungen im Kältekreislauf) sind in Entwicklung.

3.3.2.5 Kraftstoffmehrverbrauch durch die Klimaanlage

Der von der Klimaanlage verursachte Kraftstoff-Mehrverbrauch eines Fahrzeuges für die Kühlung des Innenraums [42] setzt sich zusammen aus: 1. der für den Verdichterantrieb erforderlichen Motorleistung, 2. dem Mehrverbrauch aufgrund des höheren Fahrzeuggewichtes und 3. der benötigten elektrischen Leistung für Lüfter und Gebläse.

Die Extremfälle der klimatischen Randbedingungen bestimmen bei der Auslegung die notwendige Leistung und somit die Größe der Komponenten in Heiz- und Kältekreislauf. Für den Kraftstoffverbrauch des Klimatisierungssystems hingegen sind die am häufigsten auftretenden Betriebspunkte, nämlich Teillastfälle, maßgeblich. Daher berechnet man den Mehrverbrauch im Jahresmittel mithilfe von Lastprofilen, in denen der Kraftstoffverbrauch in mehreren Betriebspunkten bei verschiedenen Außentemperaturen und Fahrwerten nach ihrer Häufigkeit gewichtet werden [43].

Am Beispiel eines ausgewählten Fahrzeuges wurde die Leistungsaufnahme des Verdichters anhand eines Lastprofils für mitteleuropäisches Klima gemittelt und mit der jährlichen Betriebsdauer des Fahrzeugs multipliziert. Die Betriebsstundenzahl ist durch die Annahme einer Jahresfahrleistung von 15.000 km und durch die mittlere Geschwindigkeit des zugrunde liegenden Fahrzyklus von 33,6 km/h (Durchschnittsgeschwindigkeit im NEFZ – Neuer Europäischer Fahr-Zyklus) festgelegt. Damit ergibt sich ein durchschnittlicher jährlicher Kraftstoffbedarf von 0,5 l/100 km für die Kühlung des Innenraums. Weitere Maßnahmen zur Reduktion des Kraftstoffverbrauchs sind, nur so viel und so oft zu Kühlen, wie für Komfort, Fahrerkondition und Fahrsicherheit nötig ist. Wichtige Punkte sind die richtige Regelung, die Verringerung des Wärmeeintrags in die Kabine, des Stromverbrauchs und der Verdichterantriebsleistung.

3.3.3 Komponenten und Systeme zur Heizung und Kühlung von Fahrzeugen mit alternativen Antriebssystemen

3.3.3.1 Einführung

Seit Bestehen von Kraftfahrzeugen wurden immer wieder Versuche unternommen, den klassischen Hubkolbenverbrennungsmotor (ICE = Internal Combustion Engine) durch andere Antriebsarten zu ersetzen. Bislang blieben alle diese Versuche ohne flächendeckenden Markterfolg, da die Kombination aus Verbrennungsmotor und hoher Energiedichte von flüssigen Kraftstoffen die Erfordernisse der Individualmobilität technisch und wirtschaftlich gut erfüllen.

In jüngster Zeit richten sich jedoch das öffentliche Interesse und die politischen und gesetzlichen Vorgaben auf den Kraftstoffverbrauch. Grund dafür sind die endlichen Ölvorkommen und die damit einhergehende Verteuerung fossiler Kraftstoffe und die Klimaveränderungen bedingt durch den CO_2 Ausstoß. Ein weiterer Treiber zur Suche nach emissionsfreien Antrieben ist die Smogbelastung in den Megastädten. Regional kommen dazu noch Bestrebungen zur Verringerung der Abhängigkeit vom Öl.

Großes Augenmerk liegt deshalb auf der weiteren Effizienzsteigerung des Verbrennungsmotors und der Komponenten des Antriebstrangs. Verbrauchseinsparungen in der Größenordnung von 20 bis 30 % werden als realistisch angesehen. Darüber hinaus können weitere Potenziale durch zunehmende Elektrifizierung gewonnen werden z. B. [57]. Die Elektrifizierung reicht dabei von der Umstellung der Nebenaggregate auf besser regelbare Elektroantriebe über hybride Antriebssysteme bis zum reinen Elektroantrieb.

Als alternative Antriebe werden hier deshalb ausschließlich elektrifizierte Antriebsysteme einschließlich der Brennstoffzelle betrachtet. Alle anderen alternativen Antriebsarten wie z. B. Gasturbinen, Stirling Motoren oder Dampfprozesse spielen keine nennenswerte Rolle in der Pkw Entwicklung.

Aus der Sicht des Thermomanagement (TM) ergeben sich auf dem Weg der zunehmenden Elektrifizierung andere Randbedingungen bestehender Funktionen und gänzlich neue Aufgaben.

Generell steht mit zunehmender Effizienz des Antriebstrangs weniger Abwärme zur Verfügung. Es entsteht dann bei kalten Temperaturen ein Heizleistungsdefizit. Bereits heute werden deshalb in effizienten Dieselfahrzeugen elektrische Zuheizer eingebaut [58]. In reinen Elektrofahrzeugen steht zukünftig bei begrenztem Energieinhalt der Batterie die Klimatisierung im Sommer oder die Heizung im Winter mit der Reichweite in Konkurrenz [59]. Deshalb müssen neue Ansätze zur Heizung und Klimatisierung zum Einsatz kommen.

3.3.3.2 Microhybride

Ein Fahrzeug mit Microhybridantrieb ist eigentlich kein Hybridfahrzeug im strengen Sinne, weil es ausschließlich mit einem Verbrennungsmotor fährt. Seine Merkmale sind [60]:

- Reduktion sämtlicher parasitärer Energieverbräuche
- Start-Stopp Funktion im Stadtverkehr
- intelligentes Lademanagement vorwiegend im Schubbetrieb
- Bordnetz ausschließlich auf 12 V
- Energiequelle Kraftstoff
- riemengetriebener Klimakompressor

Das Fahrzeug besitzt ein konventionelles Motorkühlsystem abgestimmt auf den eingesetzten Verbrennungsmotor. Die effiziente Betriebsweise verursacht jedoch bei kalter Witterung ein Heizleistungsdefizit, das durch elektrische oder kraftstoffbetriebenen Zuheizer ausgeglichen wird.

Während der Stopp-Phase arbeitet der riemengetriebene Klimakompressor nicht. Hier kann ein Speicherverdampfer [61] den Klimakomfort aufrecht erhalten und unangenehme Gerüche durch den feuchtwarmen Klimaverdampfer verhindern. Der Speicherverdampfer besitzt in einer zweiten Rohrreihe eine wachsartige Substanz (PCM = Phase Change Material), das sich bei einer Temperatur von ca. 7 °C verfestigt. Fehlt bei Motorstopp der Kältemittelnachschub kühlt das PCM die Kabinenzuluft bis es wieder aufgeschmolzen ist. Damit kann ein Ampelstopp bis zu 50 Sekunden überbrückt werden. In der nachfolgenden Fahrphase wird der PCM »Kältespeicher« wieder geladen.

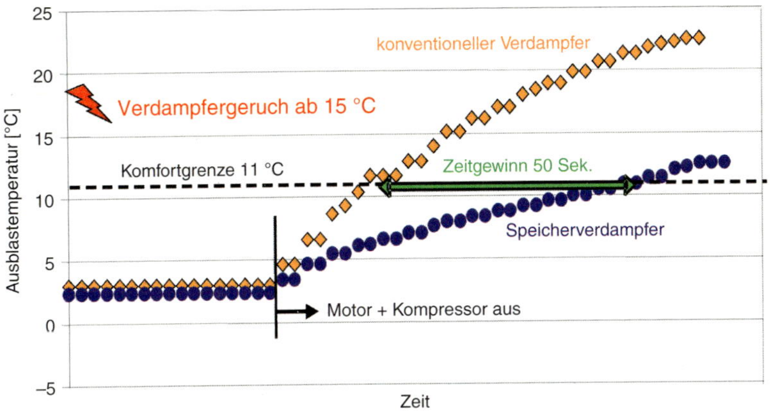

Abb. 3.30 Ausblastemperatur mit und ohne Speicherverdampfer

In Abb. 3.30 ist der Verlauf der Ausblastemperatur an den Kabinenausströmern mit und ohne Speicherverdampfer dargestellt. Es wird dabei deutlich, dass bei Motor- und damit Kompressorstopp die Ausblastemperatur bei Einsatz eines Speicherverdampfers deutlich schwächer ansteigt. Erst nach 50 Sekunden wird der kritische Wert von 12 °C erreicht. Ab 15 °C beginnt die Wahrnehmung eines unangenehm feuchten Geruchs.

3.3.3.3 Milde Hybride und Batteriekühlung

Als milde Hybride werden Fahrzeuge bezeichnet, die einen elektrischen Zusatzmotor im Antriebsstrang mit ca. 10 bis 20 kW Leistung haben. Dieser dient zur Unterstützung des Anfahr- und Beschleunigungsvorgangs (Boosten) und im Generatorbetrieb zur Rekuperation der Bremsenergie. Merkmale eines milden Hybriden sind:

- Start-Stopp Funktion s. o.
- Boosten
- Bremsenergie rekuperieren
- Bordnetz 12 V und >120 V (Li-Ion Batterie)
- Energiequelle Kraftstoff und Hochvoltbatterie
- Kühlbedarf für Batterie und Leistungselektronik
- I. d. R. kein elektr. Fahren und kein Nachladen an der Steckdose (plug-in)
- Elektrisch angetriebener Klimakompressor

Da der Antrieb durch den ICE erfolgt und der E-Motor lediglich unterstützende Funktion hat, besitzen solche Fahrzeuge in vollem Umfang die Infrastruktur zur Motorkühlung. Darüber hinaus entsteht ein Kühlbedarf für die Batterie und für die Leistungselektronik. Die abzuführenden Wärmeströme sind im Vergleich zur Motorkühlung gering, da die Wirkungsgrade dieser Komponenten hoch sind. Man benötigt jedoch verschiedene Temperaturebenen der Kreisläufe:

- ICE und Antriebsstrang mit E-Motor < 100 °C
- Leistungselektronik < 60 °C
- Li-Ion Batterie < 40 °C

Die Temperaturniveaus ergeben sich aus den Lebensdaueranforderungen der elektrischen Komponenten. Leistungshalbleiter und Li-Ion Zellen unterliegen einem temperaturabhängigen Alterungsprozess und dürfen deshalb über die o.a. Temperaturen hinaus nicht dauerhaft betrieben werden. Leistungselektroniken werden deshalb mit einem separaten Niedertemperatur-Kühlmittelkreislauf bei ca. 60 °C gekühlt.

Die Li-Ion Batterien benötigen bei hohen Außentemperaturen die Unterstützung durch das Klimasystem des Fahrzeugs, da die treibende Temperaturdifferenz zur Kühlung bei 40 °C nicht mehr ausreicht, s. dazu auch [62–65, 69]. Abbildung 3.31 zeigt die verschiedenen Systemansätze zur Kühlung von Li-Ion Batterien mit Anbindung an den Kältekreislauf des Fahrzeugklimasystems.

Dargestellt ist jeweils der Kältekreislauf des Fahrzeugklimasystems mit Kondensator, Kompressor und Verdampfer zur Kabinenkühlung.

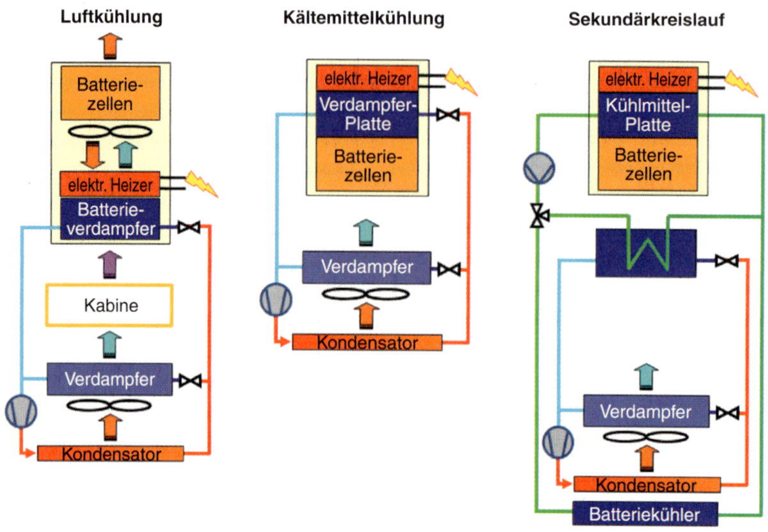

Abb. 3.31 Systemvarianten Batteriekühlung

Abb. 3.32 Batteriekühlplatte

Bei der Luftkühlung fördert ein Gebläse Luft, die bei hohen Außentemperaturen über einen Zusatzverdampfer des Kältekreislaufs abgekühlt wird, in die Batterie. Die einzelnen Zellen in der Batterie sind auf Abstand angeordnet und werden von der kalten Luft umspült.

Kompakter ist die Kühlung direkt mit Kältemittel aus dem Klimasystem. Die Batteriezellen sind dabei mit gutem Wärmekontakt auf einer Kühlplatte mit Kanälen angeordnet. In diesen Kanälen verdampft das Kältemittel und kühlt so die Batteriezellen gleichmäßig.

In Systemen mit Sekundärkreislauf wird ein separater Kühlmittelkreislauf (Wasser-Glysantin) zur Batteriekühlung eingesetzt. Wie bei der Kältemittelkühlung besitzt die Batterie eine Kühlplatte mit Kanälen für das Kühlmittel. Abbildung 3.32 zeigt eine solche Batteriekühlplatte. Bei ausreichend niederen Außentemperaturen (< 20 °C) erfolgt die Kühlung durch einen Kühlmittel-Luft-Kühler. Hohe Außentemperaturen erfordern wieder die Unterstützung durch den Kältekreislauf des Klimasystems über einen Kältemittel-Kühlmittel-Wärmeübertrager (Chiller). Der Chiller ist als

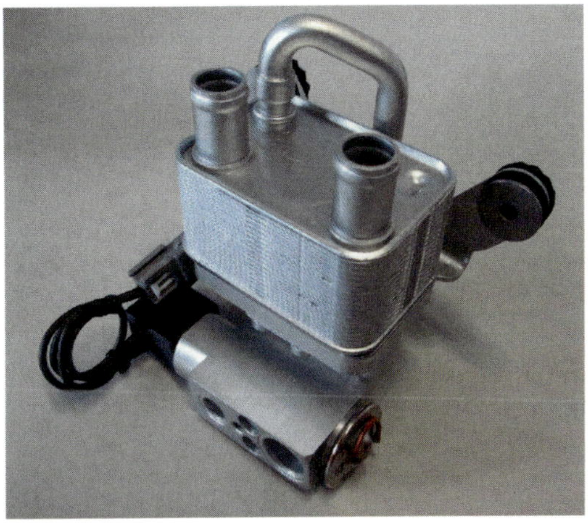

Abb. 3.33 Chiller zur Batteriekühlung mit TXV (Werkbild Behr)

flüssig-flüssig Primärflächenwärmeübertrager ausgebildet, Abb. 3.33. Verdampfendes Kältemittel kühlt darin das Kühlmittel.

3.3.3.4 Vollhybride und Plug-in-Hybride

Fahrzeuge bezeichnet man dann als Vollhybride, wenn die installierte verbrennungsmotorische Leistung und die elektrische Leistung in der gleichen Größenordnung sind. Ist zudem ein externes Nachladen an der Steckdose vorgesehen, werden sie Plug-in-Hybride genannt. Merkmale dieser Fahrzeuge sind:

- Start-Stopp Funktion s. o.
- Boosten s. o.
- Bremsenergie rekuperieren s. o.
- Bordnetz 12 V und >300 V (Li-Ion Batterie)
- Energiequelle Kraftstoff und Hochvoltbatterie
- Kühlbedarf für Batterie und Leistungselektronik
- Rein elektrisches Fahren
- Eventuell Nachladen an der Steckdose (plug-in)
- Elektrisch angetriebener Klimakompressor

In der Betrachtung des Thermomanagements ähneln sie den milden Hybriden solange die elektrische Reichweite sehr gering ist (300 m bis ca. 3 km). Notfalls wird auf elektrisches Fahren verzichtet, solange die elektrische Energie nicht als Antriebsquelle zur Verfügung steht. Dies kann z. B. bei der Aufheizung eines extrem abgekühlten Fahrzeugs mit vereisten Scheiben oder auch bei der Abkühlung eines von der Sonne extrem aufgeheiztem Fahrzeug der Fall sein. In diesen Fällen wird die elektrische Energie für die Zusatzheizung bzw. den Klimakompressor benötigt.

Will man jedoch größere elektrische Reichweiten (bis ca. 30 km) bei ausgeschaltetem Verbrennungsmotor immer gewährleisten, um z. B. in ausgewiesenen städtischen Zonen nur rein elektrisch zu fahren, zehrt die notwendige Energie zum Heizen oder Kühlen der Kabine an der Reichweite. Prinzipiell hat man zwar die Möglichkeit über den ICE oder eine separate Brennstoffheizung thermischen Komfort sicherzustellen, ob dies jedoch vom Markt und dem Gesetzgeber akzeptiert wird, ist noch nicht entschieden.

Unter den Vollhybriden nehmen die Range Extender Vehicles (REV) eine besondere Stellung ein. Der Antriebsstrang ist dabei weitgehend elektrisch. Eine Einheit aus Verbrennungsmotor und elektrischem Generator lädt bei Bedarf die Batterie nach. Somit kann die elektrische Reichweite (ca. 60 km) auf den Wert von konventionellen ICE-Fahrzeugen (ca. 400 km) erweitert werden. Als Range Extender können in Zukunft auch Brennstoffzellen dienen.

Abbildung 3.34 zeigt ein Kühlmodulaufbau eines REV. Die Anordnung der Kühler entgegen der Fahrtrichtung entspricht der erforderlichen Temperaturlage Batterie (ca. 40 °C) – Klimakondensator (ca. 50 °C) – Elektronikkühlung (ca. 60 °C) – ICE-Kühlung (ca. 100 °C).

Plug-in-Hybride und REV, die am Stromnetz aufgeladen werden, können thermisch vorkonditionert werden. D.h., Innenraum und temperatursensible Komponenten werden vor Fahrtantritt auf die erforderliche Betriebstemperatur gebracht. Dies gilt besonders für Aufwärmung/Abkühlung des Innenraums und die Vorkonditionierung der Batterie.

Wird als Range Extender statt eines ICE eine Brennstoffzelle (BSZ) verwendet, ändern sich die Anforderungen der Antriebsstrangkühlung dahingehend, dass höhere Wärmeströme abgeführt werden müssen, da bei der BSZ keine Wärmeabfuhr über das Abgas erfolgt. Zudem beträgt das Temperaturniveau der BSZ-Kühlung lediglich ca. 80 °C statt ca. 100 °C.

Damit wird die treibende Temperaturdifferenz zur Umgebung kleiner. Die Komponenten zur An-

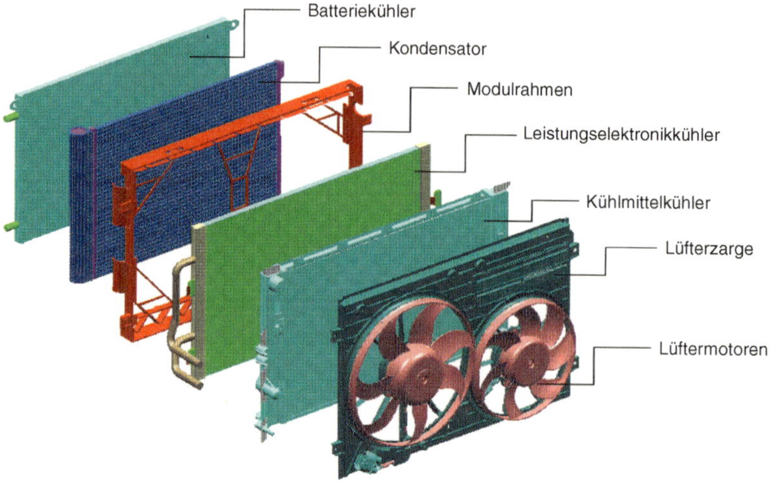

Abb. 3.34 Kühlmodul eines REV

triebsstrangkühlung sind deshalb entsprechend leistungsstark auszulegen, sind jedoch gleicher Art wie diejenigen für Verbrennungsmotoren.

3.3.3.5 Batteriebetriebene Elektrofahrzeuge

Elektrofahrzeuge (BEV = Battery Electric Vehicle) unterscheiden sich aus energetischer Sicht in drei wesentlichen Punkten von allen Hybridfahrzeugen.

1. Die in der Batterie gespeicherte Energie beträgt nur ein Bruchteil derer von flüssigem Kraftstoff. Deshalb ist der Zwang zur Energieeffizienz zum Vortrieb und zum Thermomanagment sehr hoch.
2. Es besteht prinzipiell die Möglichkeit zur thermischen Vorkonditionierung während des Ladevorgangs, wenn das Fahrzeug mit dem Stromnetz verbunden ist.
3. Die abzuführende Kühlleistung des Antriebstrangs ist um Faktoren geringer (< 1 kW im Durchschnitt). Dadurch steht aber auch zum Heizen so gut wie keine Abwärme mehr zur Verfügung.

Die wesentlichen Funktionsmerkmale eines Elektrofahrzeugs sind:

- Start-Stopp Funktion systembedingt
- Bremsenergie rekuperieren, s. o.
- Bordnetz 12 V und >300 V (Li-Ion Batterie)
- Energiequelle Hochvoltbatterie
- Kühlbedarf für Batterie, Leistungswandler und E-Motor, jedoch geringe Abwärmen
- Rein elektrisches Fahren
- Laden an der Steckdose (plug-in)
- Sämtliche Hilfsaggregate rein elektrisch (z. B. Klimakompressor)

Die Infrastruktur zur Kühlung des Antriebsstranges beschränkt sich auf Batterie, Leistungswandler und E-Motor mit sehr geringen Abwärmen im Durchschnitt deutlich unter 1 kW. Hier kommen die Komponenten NT-Kühler und Batteriekühlplatten und je nach Systemwahl ein Chiller zum Einsatz, s. dazu ► Abschn. 3.3.3.3.

Die besondere Herausforderung des Thermomanagements bei BEV besteht in der Heizung und Kühlung der Kabine. Der Leistungsbedarf dieser Funktionen ist in der gleichen Größenordnung wie der des Vortriebs und die Funktionen müssen auch im Stillstand, wenn der E-Motor steht, betrieben werden. D.h., der Energiebedarf wird durch die Betriebsdauer und nicht durch die Fahrstrecke bestimmt. Dabei muss zumindest immer eine freie Sicht gewährleistet sein.

Effizientes Heizen und Kühlen von E-Fahrzeugkabinen beinhaltet deshalb ein ganzes Bündel von Maßnahmen. Passive Maßnahmen zielen darauf ab die Wärmeverluste im Winter bzw. den Wärmeintrag im Sommer zu verringern z. B. über

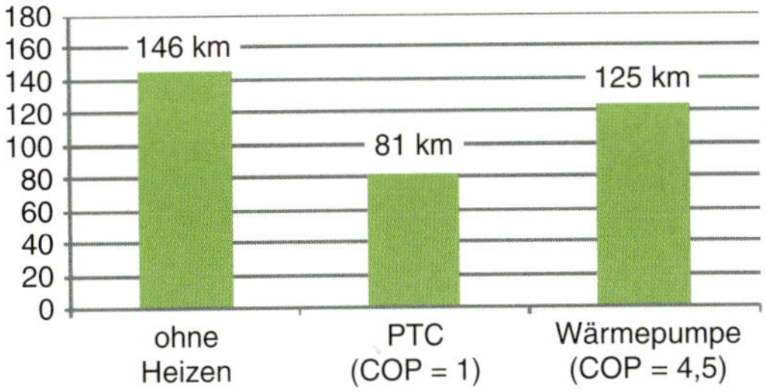

Abb. 3.35 Reichweite eines E-Fahrzeugs ohne und mit Wärmepumpe bei 0 °C; COP = Coefficient of Performance

Isolierungsmaßnahmen oder über die Veränderung der Strahlungseigenschaften von Scheiben.

Eine weitere Zielrichtung ist, Wärme und Kälte gezielt nur dort einzusetzen, wo sie benötigt wird, z. B. durch Sitzheizung, Scheibenheizung oder gezielte Luftführung (Luftschleier).

Wie schon im vorigen Kapitel ausgeführt, können E-Fahrzeuge während des Ladevorgangs thermisch vorkonditioniert werden. Damit wird der Energiebedarf für Heizen und Kühlen auf die Erhaltung begrenzt.

Die Kälteerzeugung zur Klimatisierung/Kühlung erfolgt weiterhin über den Kompressionkreislauf, allerdings mit elektrischem Verdichter, Verdampfer und Kondensator.

Erforderliche Antriebsleistungen liegen bei ca. 3 kW.

Zur Wärmeerzeugung wird ein elektrischer PTC-Heizer verwendet, ähnlicher Art wie er bisher auch als Zuheizer in Dieselfahrzeugen zur Anwendung kommt. Die max. Leistung beträgt 3 bis 5 kW. Er wird mit Hochspannung (>300 V) betrieben und muss entsprechend sicher ausgeführt sein. An kalten Tagen reduziert ein rein elektrischer Heizer allerdings die Reichweite eines Elektrofahrzeugs erheblich. Abbildung 3.35 zeigt eine Reichweitenreduktion von 146 auf 81 km durch einen Einsatz eines solchen Heizers bei einer Außentemperatur von 0 °C. Durch Einsatz einer Wärmepumpe kann die Reichweite wieder auf 125 km erhöht werden.

Solche Wärmepumpensysteme kann man durch Modifikation des bestehenden Kältekreislaufs darstellen. Entsprechende Entwicklungen laufen bei Automobilherstellern und Zulieferern.

3.4 Akustik und Schwingungen

3.4.1 Einleitung

Die Anforderungen an die schwingungstechnische und akustische Wertigkeit von Fahrzeugen (NVH, für engl.: Noise, Vibration and Harshness) haben sich in den vergangenen Jahrzenten stark erhöht [91]. Verantwortlich dafür waren der kontinuierlich steigende Komfortanspruch der Kunden und die steigende Wertigkeit der Fahrzeuge in allen Segmenten. (Abb. 3.36).

Grundsätzlich werden die akustischen Phänomene nach Wind-, Roll- und Antriebsgeräuschen eingeteilt, die auch unter dem Begriff Fahrgeräusch behandelt werden. Darüber hinaus unterscheidet man noch Störgeräusche und sog. Betätigungsgeräusche, wie z. B. das vertraute Blinkergeräusch. Die Übertragung der Geräusche in den Innenraum kann sowohl über Luftschall-, als auch über Körperschallpfade erfolgen. Die verschiedenen Pfade und Geräuschquellen sind in Abb. 3.37 schematisch dargestellt.

Wind- und Rollgeräusch hingegen gehören zu den Eckpfeilern der akustischen Hygiene eines Autos. Sie bestimmen wesentlich den akustischen Komforteindruck und manifestieren die Zugehörigkeit zu einer bestimmten Klasse von Fahrzeugen, vom Kleinwagen bis zur Oberklasse. So war über Jahrzehnte hinweg ein stetiges Absenken der Schalldruckpegel im Innenraum zu beobachten, welche sich jedoch seit den 1990er Jahren zunehmend asymptotisch entwickeln (Abb. 3.38).

Neben dem Komfort ist das sportliche Akustik-Klangbild (Sound) der zweite Freiheitsgrad bei der Positionierung eines Derivats im Wettbewerbsumfeld, bzw. im markeneigenen Portfolio (Abb. 3.39). Antriebsgeräusche ermöglichen im Rahmen des Sounddesigns den größten Spielraum für einen markentypischen Auftritt. Wesentliches Kriterium ist dabei ein angemessener Pegelsprung unter Last, der dem Fahrer ein erwartungsgemäßes akustisches Feedback zur erlebten Beschleunigung gibt [87]. Je sportlicher ein Derivat positioniert ist, desto größer ist die Bedeutung dieses akustischen Feedbacks.

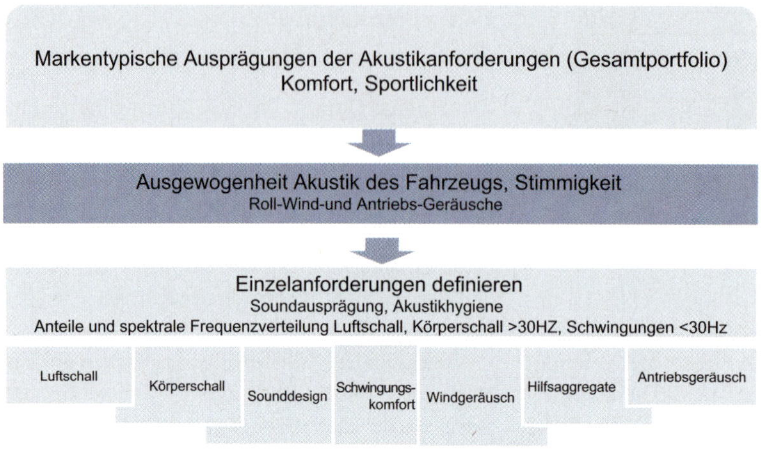

Abb. 3.36 Anforderungsentwicklung Akustik und Schwingungen

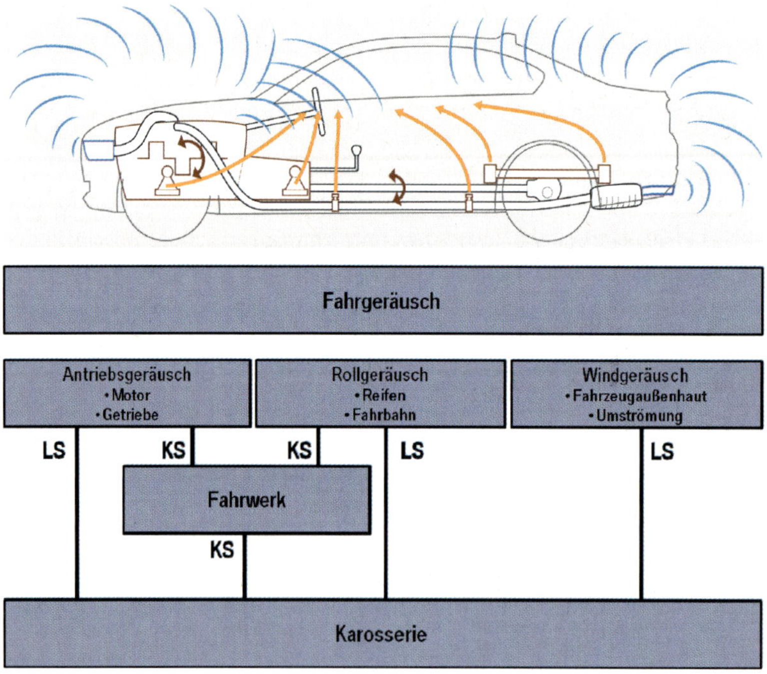

Abb. 3.37 Geräuschquellen und Übertragungspfade

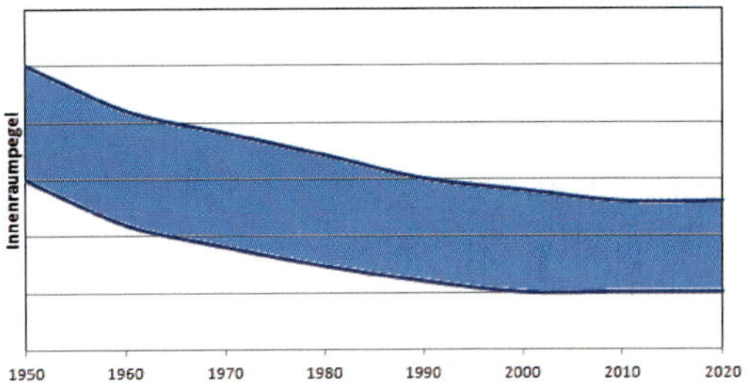

Abb. 3.38 Historische Entwicklung der Innenraumgeräuschpegel

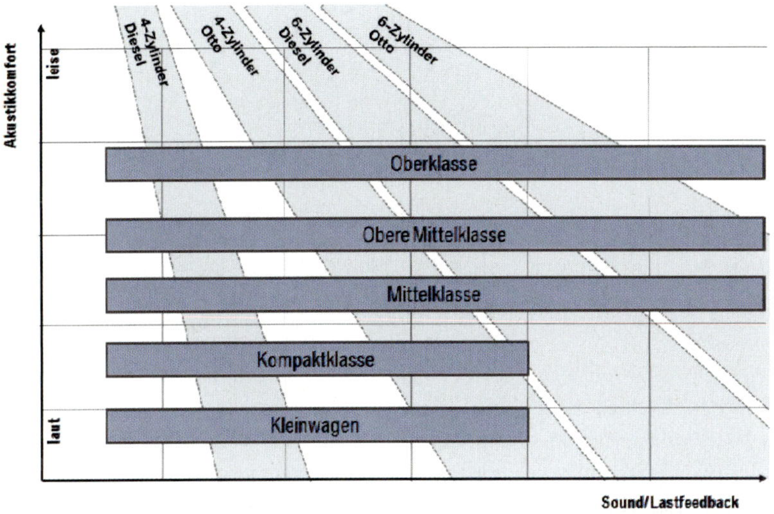

Abb. 3.39 Soundportfolio

Eine besondere Herausforderung – sowohl für die Soundgestaltung als auch für den Schwingungskomfort – stellen die sich ändernden Antriebskonzepte dar. Da sind zum einen die von der Verbrauchsreduktion getriebenen Veränderungen in der konventionellen Antriebstechnik. Kleinere Hubräume (Downsizing), umgesetzt durch die Reduktion der Zylinderzahl oder teilweise Abschaltung von Zylindern und die zum Normalfall gewordene Aufladung der Motoren, die früher meistens Sportwagen vorbehalten war, führen in der Regel zu weniger Lastfeedback und einem als flacher oder weniger dynamisch erlebten Klang.

Dies bedeutet gerade bei sportlichen Derivaten einen Mehraufwand in der Soundgestaltung, um den Hörgewohnheiten der Kunden, die in der Regel von großvolumigen Saugmotoren herrühren, auch mit kleineren Hubräumen gerecht zu werden. Ebenso verändern sich die Schwingungseigenschaften dieser Motoren, z. B. die Leerlaufqualität. Ressourcenschonende Maßnahmen wie eine Start-Stopp-Funktion müssen sowohl hinsichtlich der Akustik als auch des Schwingungskomforts optimiert werden.

Auch die zunehmende Elektrifizierung der Antriebe bedeutet eine neue Herausforderung für die Fahrzeugakustik. Hybridfahrzeuge bedürfen einer besonderen akustischen Gestaltung, wobei z. B. dem unaufdringlichen Zustart des Verbrennungsmotors nach reiner Elektrofahrt besondere Aufmerksamkeit zukommt. Beim E-Fahren erfordert der quasi lautlose Antrieb ein gesteigertes Augenmerk auf andere Geräuschquellen im Au-

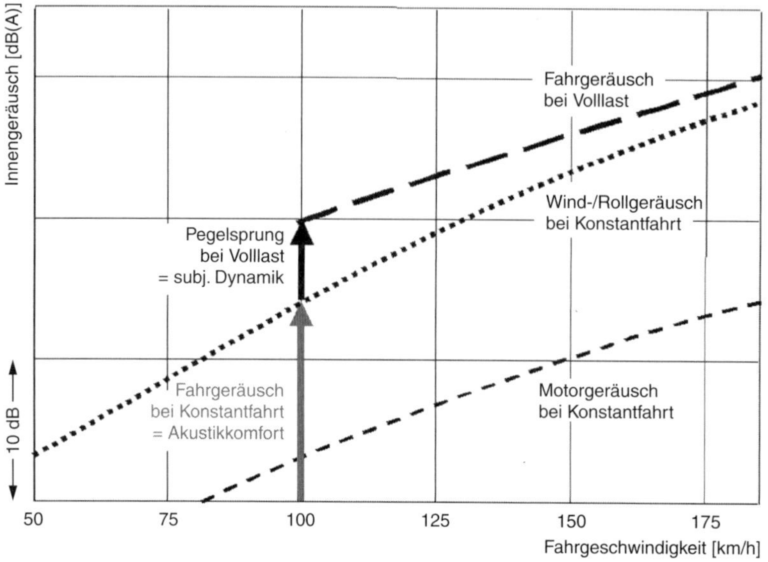

Abb. 3.40 Konstantfahrtpegel vs. Volllastpegel

to. Außerdem erschwert er die Ausprägung eines markentypischen Antriebsgeräusches.

Ob konventionelle oder elektrifizierte Antriebstechnik: alle Maßnahmen dienen letztlich dem Ziel, ein markentypisches akustisches Erscheinungsbild zu prägen, das dem Kunden ein wertiges und über das gesamte Produktportfolio stimmiges Ganzes präsentiert. Ein Garant eines gelungenen Gesamteindrucks ist die Integration der Belange aus Akustik und Schwingungskomfort auch in alle nicht-akustischen Gestaltungsmaßnahmen der Fahrzeugentwicklung.

3.4.2 Fahrgeräusche

Das Fahrgeräusch bei Konstantfahrt ist mit Ausnahme des Langsamfahrbereichs durch Wind- und Rollgeräusch dominiert. Erst beim Beschleunigungsvorgang kommt durch die ansteigende Motorlast ein hörbarer Anteil Motorgeräusch hinzu, der bei Volllast pegelbestimmend wird und sich im Klangbild signifikant vom Wind-Rollgeräusch abhebt. Differenzierungspotenzial im Sinne von Soundgestaltung bietet nur der Teil des Antriebsgeräusches, der sich aus dem Wind-Rollgeräusch abhebt. Er wird durch den Pegelsprung in Abb. 3.40 charakterisiert.

Der akustische Komforteindruck im Fahrzeug-Innenraum wird maßgeblich über das Konstantfahrtgeräusch und damit vom Wind-Rollgeräusch bestimmt. Das Motorgeräusch spielt hier nur eine untergeordnete Rolle. Fahrzeugdynamik bei Längsbeschleunigung wird dagegen subjektiv durch das Hervortreten des Motorengeräusches stark unterstützt. Ein Maß für die akustische Rückmeldung bei Beschleunigung ist der Pegelsprung unter Volllast. Soundgestaltung im Fahrzeug bedeutet daher, die Pegel von Wind-Rollgeräusch und Motorgeräusch so aufeinander abzustimmen, dass der geforderte Konstantfahrtkomfort erreicht wird und gleichzeitig bei Beschleunigung der Pegelsprung das Motorgeräusch adäquat hervortreten lässt (Abb. 3.41). Der Gestaltungsspielraum für den Fahrzeugsound wird somit einerseits durch das Wind-Rollgeräusch eingeengt, andererseits durch den maximal vertretbaren Gesamtpegel begrenzt. Dieser wird im Innengeräusch durch Kundenerwartung und Wettbewerbsfeld und im Außengeräusch zusätzlich durch gesetzliche Vorschriften limitiert.

Neben der absoluten Pegelhöhe des Antriebsgeräusches bei Lastanforderung ist dessen spektrale

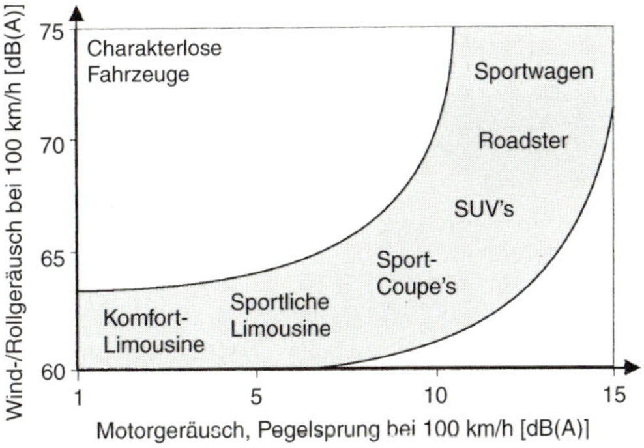

Abb. 3.41 Akustische Positionierung von Fahrzeugen

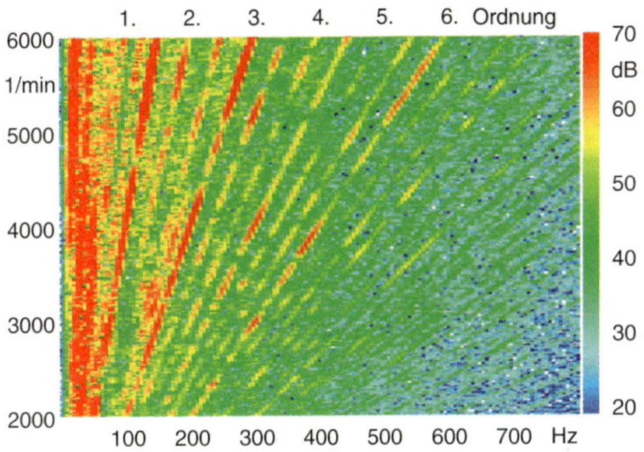

Abb. 3.42 Ordnungsanalyse eines Motorengeräusches

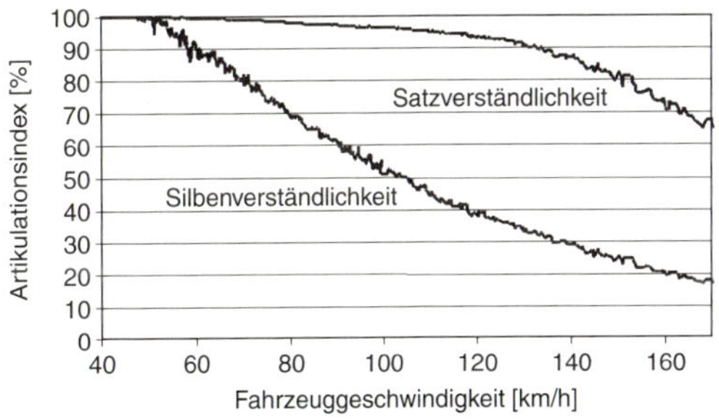

Abb. 3.43 Silben- und Satzverständlichkeit im Fond, langsame Beschleunigung im längsten Gang

Zusammensetzung für den gewünschten Sound-Eindruck von essentieller Bedeutung (Abb. 3.42). Es ist bekannt, dass die ganzzahligen Motorordnungen ab der 3. Ordnung, wie sie insbesondere für R6 Motoren charakteristisch sind, den »seidenweichen« Lauf akustisch unterstreichen, während die 2. Ordnung bei Vierzylindermotoren für deren eher »brummigen« Klangeindruck verantwortlich ist. Vielfache der halben Motorordnung erzeugen dagegen einen rauen und eher aggressiven Klangeindruck, der nur zu Sportfahrzeugen passt. Spektralanteile oberhalb der soundprägenden Ordnungen sollten möglichst vermieden werden, um den Klangeindruck nicht zu verfälschen.

Psychoakustische Untersuchungen zeigen, dass die ungestörte Kommunikationsfähigkeit im Fahrzeug-Innenraum bei höheren Geschwindigkeiten in hohem Maße mit dem subjektiven Komfortempfinden korreliert. Sie ist stark abhängig vom Wind-Rollgeräusch und kann z. B. durch die Messung der Silbenverständlichkeit quantifiziert werden. Abbildung 3.43 zeigt das erreichte Niveau für ein typisches Fahrzeug der gehobenen Mittelklasse. Bei 100 km/h sinkt hier die Silbenverständlichkeit bereits auf 50 % ab. Aufgrund der kognitiven Fähigkeiten der Fahrzeuginsassen beträgt die korrespondierende Satzverständlichkeit allerdings immer noch ca. 95 %.

3.4.3 Antriebsgeräusch

Die Antriebseinheit, bestehend aus den zumeist aneinander gekoppelten Verbrennungsmotor- und Getriebekomponenten, bildet die vibroakustische Hauptanregungsquelle in einem Fahrzeug. Insofern ist die Akustikoptimierung des Antriebsaggregats von größter Bedeutung. Werden bei der Entwicklung des Antriebs wesentliche Akustikmerkmale vernachlässigt, so kann beim Gesamtfahrzeug in der Regel kein zufrieden stellendes Ergebnis mehr erreicht werden.

Die Akustikauslegung des Antriebs erweist sich als zunehmend anspruchsvoll, da der Trend zu immer leichteren und komplexeren Aggregaten oft im Gegensatz zu den Akustikanforderungen steht. Leichtbau-Kurbelgehäuse aus Aluminium bzw. Magnesium sowie vollvariable Ventiltriebe und Hochdruck-Direkteinspritzung seien hier beispielhaft genannt. Nur die optimale Gestaltung des Motor-Getriebe-Verbundes zur Minimierung der vibroakustischen Emissionen verbunden mit der gezielten Entkopplung aller relevanten Luft- und Körperschallpfade bei der Integration des Antriebs

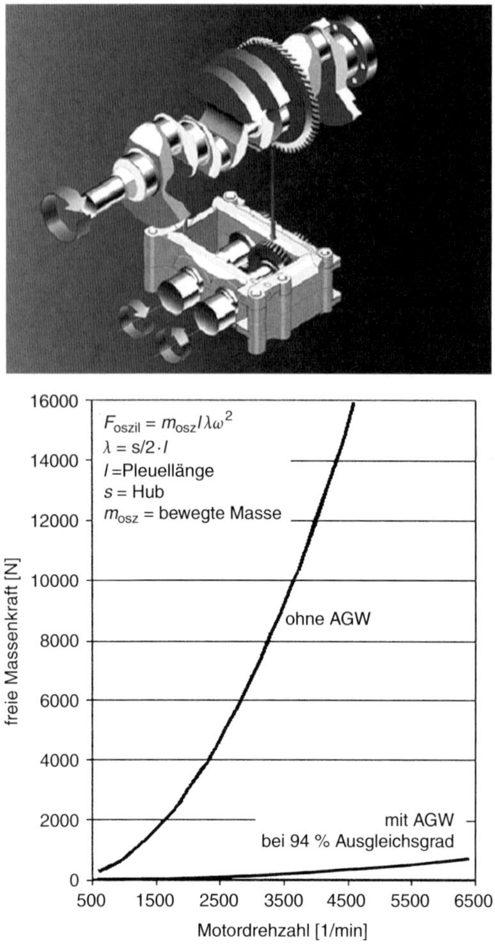

Abb. 3.44 Ausgleichswellen, Bauform und freie Massenkräfte mit und ohne AGW beim Vierzylindermotor

in das Fahrzeug machen gute akustische Eigenschaften möglich.

Die schwingungstechnische Optimierung des Kurbeltriebs ist ein wesentliches Element der vibroakustischen Auslegung einer Antriebseinheit. So sind u. a. die Zylinderanordnung (Reihen- oder V-Motor), die Zündfolge, das Lagerungskonzept der Kurbelwelle, die Anzahl der Ausgleichsgewichte, die fundamentalen Biege- und Torsionseigenfrequenzen der im Motorblock verbauten Kurbelwelle sowie das Schubstangenverhältnis λ Parameter, die einen großen Einfluss auf die dynamischen Eigenschaften haben. (▶ Abschn. 5.1) Hier gilt es, schon im Motorkonzept auf die akustischen Belange Rücksicht zu nehmen. Bei Motorkonzepten ohne inneren Massenausgleich, z. B. bei R4 Motoren, sind Ausgleichswellen ein wirksames Mittel zur vibroakustischen Optimierung des Triebwerks (Abb. 3.44).

Von großem vibroakustischem Einfluss ist auch der Ventiltrieb. Aus Emissions- und Verbrauchsgründen werden neben der Mehrventiligkeit immer aufwändigere variable Ventilsteuerungssysteme eingeführt. Daraus resultieren in der Regel höhere bewegte Massen. Deren Auswirkung auf die dynamischen Motoreigenschaften bedarf einer sorgfältigen Analyse und eventuell geeigneter Kompensationsmaßnahmen, z. B. durch Ausgleichsgewichte. Vom Ventiltrieb erzeugte Schwingungen besitzen im Allgemeinen eine vielfache Frequenz der 0,5ten Motorordnung, was einen subjektiv rauen Geräuscheindruck hervorruft, der oft unerwünscht ist.

3.4.3.1 Luftschall

Der Luftschall eines Aggregats wird hauptsächlich durch Schallabstrahlung der schwingenden Oberflächen erzeugt. Die Geräuschemission eines modernen Kfz-Verbrennungsmotors liegt bei Nennlast gemittelt über die Hüllfläche in 1 m Abstand bei ca. 95–100 dB(A). Der akustische Wirkungsgrad beträgt ca. 10^{-6}. Das entspricht einem Schalldruckpegel im Motorraum von bis zu 115 dB(A). Dieselmotoren sind im Teillastbereich tendenziell lauter, im Volllastbereich leiser als vergleichbare Ottomotoren. Der Luftschall wird entweder über Öffnungen im Motorraum nach außen emittiert oder über die Stirnwand und Nebenwege in die Fahrgastzelle übertragen. Um die Innenraumpegel auf Werte von 65–75 dB(A) zu begrenzen, muss die Einfügedämmung der Stirnwand ca. 40–50 dB betragen.

Ventiltriebe mit vielen Variabilitäten, Aufladung und Direkteinspritzung – auch beim Otto-Motor, führen zunehmend zu hochfrequenter Schallabstrahlung oberhalb der soundprägenden Motorordnungen. Diese Spektralanteile verursachen ein unerwünscht hart und metallisch klingendes Motorgeräusch. Die Schallabstrahlung der Begrenzungsflächen des Motors muss durch gezielte Versteifungsmaßnahmen auf ein erträgliches Maß reduziert werden. Bei Bedarf ist auch der Einsatz

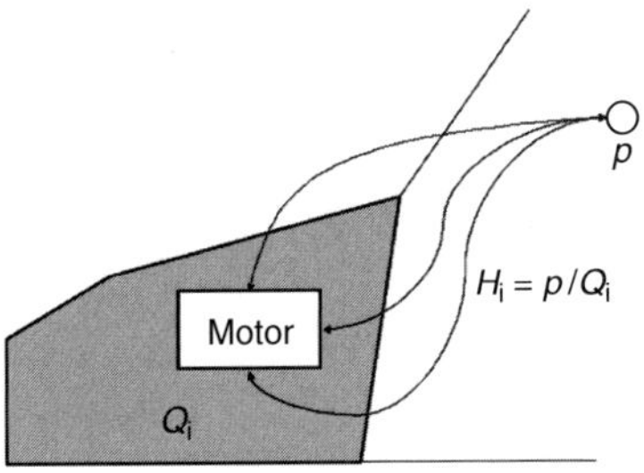

Abb. 3.45 Luftschall-Übertragungspfade

von Dämpfung durch Verbundblechkonstruktionen, z. B. bei der Ölwanne möglich. Die Abstrahlung des Ventiltriebs wird durch Abdeckungen aus Kunststoffträgermaterialien mit Absorbern motornah reduziert. Auch die akustische Auslegung der Ansaug- und Abgassysteme gestaltet sich oftmals als schwierig, da hier eine ganze Reihe von Zielkonflikten vorliegt. So wird für hohe Motorleistung ein geringer Abgasgegendruck in der Abgasanlage benötigt, verbunden mit großen inneren Durchmessern der Abgasrohre und den daraus resultierenden negativen Effekten auf das Einfügedämmmaß der Anlage. Kompensiert werden kann dieser Effekt durch größere Schalldämpfervolumina, die aber nur schwer im Package unterzubringen sind. Saugseitig sind u. U. Resonatoren vorzusehen, die unerwünschte Frequenzanteile dämpfen.

Entscheidend für eine signifikante Reduzierung des Luftschalls ist jedoch die Beherrschung und Optimierung aller Übertragungswege. Dabei muss jeder einzelne Übertragungspfad von der motorraumseitigen Anregungskavität über die Stirnwand, Zwischenkavitäten wie Energieräume und Wasserkästen, bis hin zur Absorption im Innenraum der Fahrgastzelle betrachtet und durch geeignete Dämmungs- und Absorptionsmaßnahmen beeinflusst werden.

Der Luftschall am Fahrerohr kann als Summe über die Volumenflüsse Q_i aller abstrahlenden Oberflächen multipliziert mit der akustischen Transferfunktion (ATF) H_i dargestellt werden (Abb. 3.45). Q_i errechnet sich dabei als Produkt von Schwingschnelle v_i und Teilfläche S_i [74]. Es ist darauf hinzuweisen, dass die so definierte ATF nur nach der inversen Methode ermittelt werden kann.

$$p_{\mathrm{Ohr}} = \sum_i Q_i \cdot H_i \, ,$$

$$Q_i = S_i \cdot v_i \, .$$

Beim Aufbau von Schallisolierungen unterscheidet man zwischen Masse-Absorber-Systemen, Feder-Masse-Systemen und Entdröhnfolien. Bei den Masse-Absorber-Systemen werden biegeweiche Schwerschichtmaterialen zur Dämmung eingesetzt und mit einem auf der freien Oberfläche verbauten Absorber kombiniert. Dadurch wird die Grunddämmung einer Karosseriefläche proportional zur Masse des eingesetzten Materials erhöht. Der Dämmungsverlauf steigt entsprechend dem Berger'schen Massegesetz mit 6 dB/Oktave an. Der Absorber reduziert zusätzlich die Schallbelastung auf der Emissionsseite um bis zu 6 dB im Vergleich zu vollständig reflektierenden Flächen. Im Falle des Feder-Masse-Systems wird zwischen Karosseriefläche und biegeweicher Schwerschicht mit Schaum oder Vliesmaterialen eine Feder aufgebaut. Damit werden bei höheren Frequenzen deutlich bessere Isolationswerte bei gleichem Material- und Gewichtseinsatz erreicht (Abb. 3.46). Nachteil dieser Systeme ist ein charakteristischer Dämmungseinbruch bei der Resonanzfrequenz des Feder-Masse-Systems. Die Abstimmung des Systems setzt daher die präzise Kenntnis des anregenden Frequenzspektrums voraus. Entdröhnfolien aus hoch dämpfenden Materialien werden eingesetzt, um großflächige Blechstrukturen zu bedämpfen. Sie sind damit genau genommen eine Maßnahme zur Bekämpfung von unerwünschtem Körperschall. Für tieffrequente Abstrahlung können die Blechfelder auch durch Versickung so versteift werden, dass ihre Eigenschwingformen ausreichend angehoben werden, um störende Vibrationen und Wummererscheinungen zu vermeiden.

Die Stirnwanddämmung heutiger Fahrzeuge besteht aus bis zu 12 Schichten: Stahl- oder Alublech, ein- oder mehrschichtige Entdröhnfolien, sowie entsprechende Schallisoliersysteme im Motorraum und in der Fahrgastzelle (Abb. 3.47). Bei tiefen Frequenzen werden mit einem solchen System aufgrund der geringen Masse nur Grunddämmungen von bis zu 30 dB erreicht. Im mittleren Frequenz-

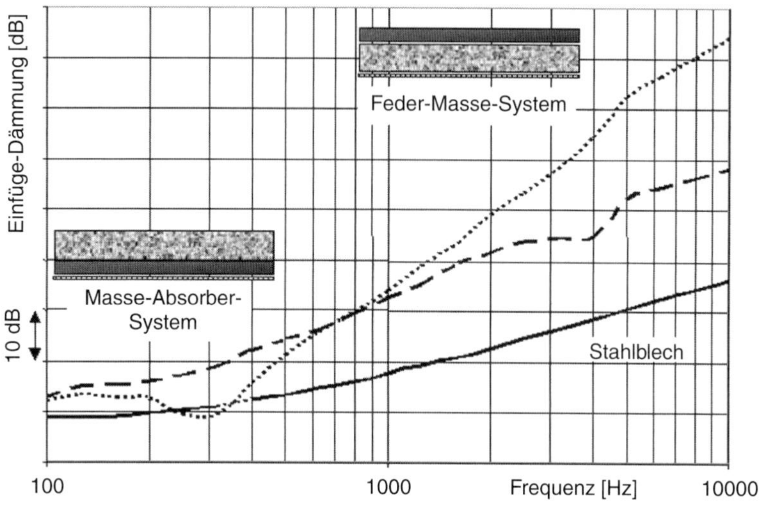

Abb. 3.46 Dämmungsverhalten

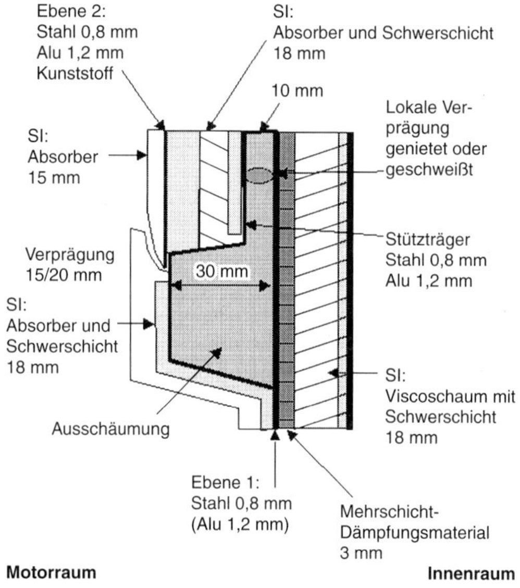

Abb. 3.47 Dämmungsaufbau einer Stirnwand

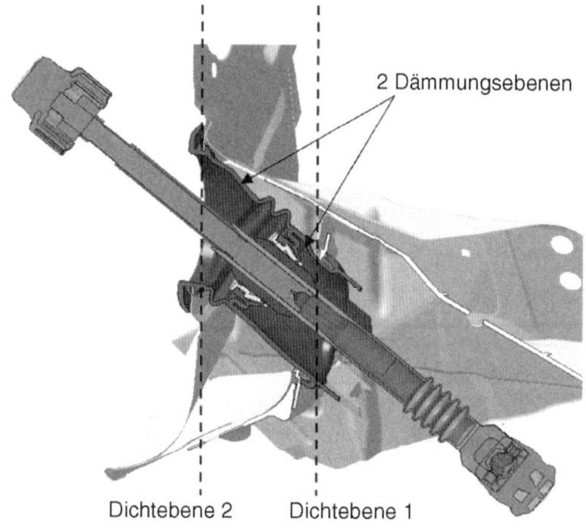

Abb. 3.48 Lenksäulenabdichtung

bereich steigt die Dämmwirkung mit 9 dB/Oktave an, während die Dämmung hochfrequent aufgrund der Leckagen bei ca. 70–80 dB begrenzt wird.

Voraussetzung für die Wirksamkeit eines Schallisoliersystems ist die »akustische Dichtheit«. Dicht heißt in diesem Zusammenhang, dass außerhalb der Fahrgastzelle vorhandener Luftschall nicht durch direkte Luftschallübertragung in diesen Raum gelangen kann. Bedingung dafür ist, dass alle potentiellen Leckagen zwischen dem Fahrgastraum und seiner Umgebung abgedichtet sind. Kritisch sind hier u. a. die Durchbrüche in der Stirnwand zur Einfügung des Heiz/Klimasystems, zur Durchführung der Lenksäule, des Kabelbaums und der Pedalerieanschlüsse. Alle diese Durchbrüche müssen schalldicht abgeschlossen werden. Sind bewegliche Elemente, wie z. B. das Lenksäulensystem abzudichten, so können sich konstruktiv

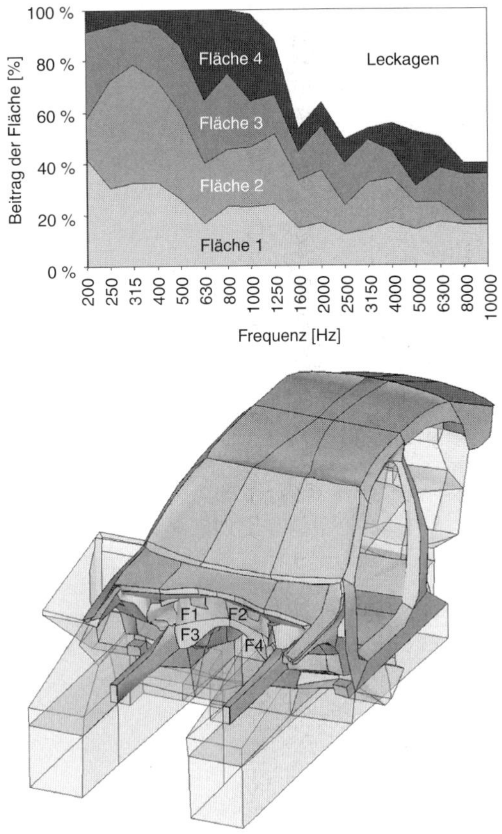

Abb. 3.49 SEA-Ergebnisse und Modell zur Luftschall-Übertragung vom Motorraum in den Innenraum

recht komplizierte Systeme, z. B. in Form von Tüllen mit mehreren Dichtungsebenen (Abb. 3.48), ergeben.

Bei der Konzeption von Luftschallpfaden hat sich die statistische Energieanalyse (SEA) als rechnerische Methode im relevanten Frequenzbereich über 400 Hz bewährt. Die rechnerische Betrachtung der Luftschallpfade ermöglicht eine optimale Auslegung der Schallisolierung bereits in frühen Projektphasen. Mit entsprechendem Modellierungsaufwand kann der Energiefluss von den Eingangskavitäten im Motorraum bis zum Innenraum der Fahrgastzelle genau beschrieben werden. Im SEA-Modell lassen sich neben dem Dämmungsverhalten einzelner Stirnwandbereiche auch Leckageeinflüsse berücksichtigen (Abb. 3.49).

3.4.3.2 Aktive Luftschallbeeinflussung

Die Antriebsakustik eines Fahrzeugs trägt einen großen Teil zum Fahrzeugcharakter bei und hat direkte Rückwirkung auf die subjektiv erlebte Fahrdynamik und den akustischen Fahrkomfort. Klassische Gestaltungselemente sind bei einem vorgegebenen Motorkonzept die Motorapplikation, Modifikationen in der Ansauganlage und die Auslegung der Abgasanlage. Dabei gilt es immer einen Kompromiss aus hohem antriebsakustischen Fahrkomfort und der sportlichen Rückmeldung bei Lastanforderung zu finden. Um diesen Konflikt aufzulösen, kommen dabei unter anderem geschaltete Soundsymposer in der Ansaugung oder gesteuerte Abgasklappen zum Einsatz.

Durch die zunehmende Verbreitung von Turbomotoren und dem Trend nach immer kleineren Hubräumen unterscheidet sich die dadurch erzeugte Antriebsakustik deutlich von der, herkömmlichen Klangcharakteristik, großvolumiger, freisaugender Motoren. Zur Erhöhung des akustischen Fahrkomforts bzgl. des Eintrags von äußeren Transmissionen steigt die passivakustische Fahrzeugdämmung in den letzten Jahren immer weiter und mindert so neben den Roll- und Windgeräuschen auch die Antriebsakustik. Darüber hinaus unterliegt die Abgasanlage als klassisches Gestaltungselement in den kommenden Jahren auch immer restriktiveren Vorschriften zur Senkung der Geräuschemissionen, so dass auch auf diesem Wege ein immer geringerer Spielraum für die herkömmliche Antriebsakustik übrigbleibt.

Diese technischen und gesetzlich bedingten Entwicklungen erfordern den Einsatz neuer Technologien in der Gestaltung der Antriebsakustik.

In den letzen Jahren etablierte sich daher die aktive Antriebsakustik, auch Active Noise Control (ANC) genannt, als ein weiteres hoch wirksames Gestaltungselement. Durch die gezielte Überlagerung des bestehenden Schallfeldes mit einem, durch einen oder mehreren elektrodynamische Wandler erzeugten Sekundärschallfeldes, lassen sich Geräusche wirksam verändern. Dabei ist es nicht nur möglich, das Klangbild additiv anzureichern. Durch eine gegenphasige, im Pegel angeglichene Überlagerung lassen sich darüber hinaus auch kohärente Störgeräusche mindern.

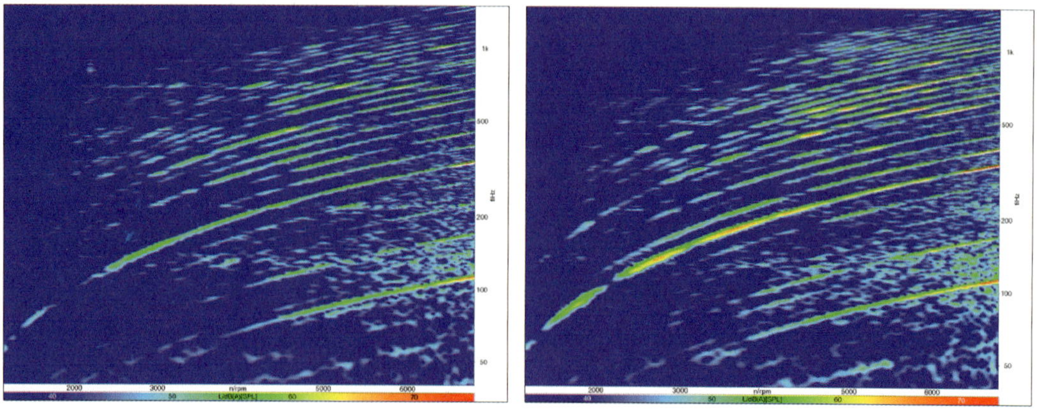

Abb. 3.50 Veränderung der Klangcharakteristik dargestellt in einem Ordnungsanalysediagramm

Neben der Reduktion hat die additive Klanggestaltung weitgehend emotionale Wirkung. Ausgehend von der typischen Klangcharakteristik des Verbrennungsmotors werden hier einzelne Motorordnungen gezielt verstärkt, um den gewünschten, markenspezifischen Klangcharakter zu erzeugen. Wesentliche Einflussparameter sind dabei CAN-Daten des Motors wie Drehzahl, Drehmoment, Gaspedalgradient, Längsbeschleunigung und Geschwindigkeit. Diese Parameter steuern dabei die Intensität und die Phase von additiv hinzugefügten harmonischen Schwingungen.

$$|\,p|x\,| = \Big|p_{\text{Orig}} + H^{-1}(x - x') \otimes \sum_{i=1}^{k} (A|_{x'}(n, L) * \cos(\omega_i t) + B|_{x'}(n, L) * i \sin(\omega_i t))\Big| .$$

Für jeden Drehzahl-/Lastpunkt (n, L) werden dazu die orthogonalen Koeffizienten des Sinus-/Cosinuspaares für alle k zu ergänzende Motorordnungen i vorgegeben. Nach Faltung mit der Übertragungscharakteristik H des Audiosystems überlagert sich das synthetisierte mit dem originalen Schallfeld des Antriebs.

Aufbauend auf die antriebsakustische Grundakustik ist es somit möglich, das Motor-Klangbild im Innen und/oder Außenraum sportlicher zu gestalten ohne aber an antriebsakustischen Fahrkomfort zu verlieren.

Im hier dargestellten Beispiel (Abb. 3.50) ist exemplarisch die Wirkung eines aktiven Systems für den Innenraum dargestellt. Dabei repräsentiert die Y-Achse die Frequenz, die X-Achse die Drehzahl und die Farbskala den Schalldruckpegel in dB(A). Die linke Abbildung zeigt das Fahrzeug bei einer Volllastbeschleunigung ohne aktive Maßnahmen, so dass hauptsächlich die Zündordnung und deren Vielfache sichtbar sind. In der rechten Abbildung wurde das bestehende Klangbild mittels eines aktiven Systems verstärkt und authentisch in Richtung Sportlichkeit geändert. Neben der Anhebung der ursprünglich dominanten Motorordnungen sind jetzt auch höhere Motorordnungen stärker betont, die insbesondere die objektiv vorhandene Drehfreude des Motors akustisch hervorheben.

3.4.3.3 Körperschall

Im Gegensatz zum Luftschall wird das Motorgeräusch als Körperschall nur über eine begrenzte Zahl von Lagerpunkten des Motor-Getriebe-Verbunds sowie über die angetriebene Achse und deren Lagerstellen in den Fahrzeug-Innenraum geleitet (Abb. 3.51).

Zur Reduzierung des Anregungsniveaus an den Schnittstellen zwischen der Antriebseinheit und ihrer direkten Umgebung ist besonderer Wert auf die Minimierung der aus den bewegten Massen und aus der Verbrennung resultierenden (äußeren) Kräfte zu legen.

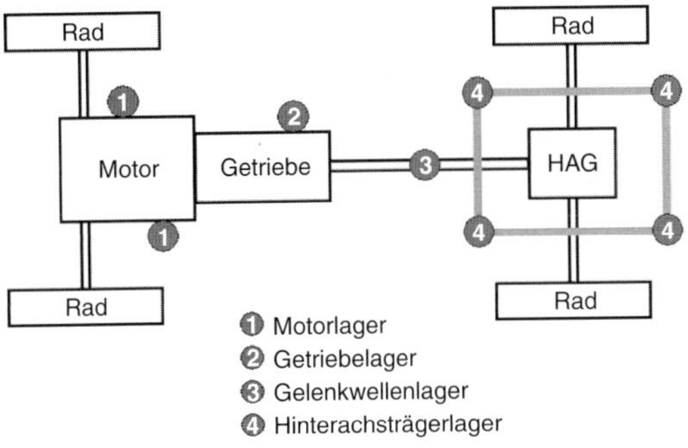

Abb. 3.51 Körperschallpfade des Motorengeräusches bei einem Fahrzeug mit Standardantrieb

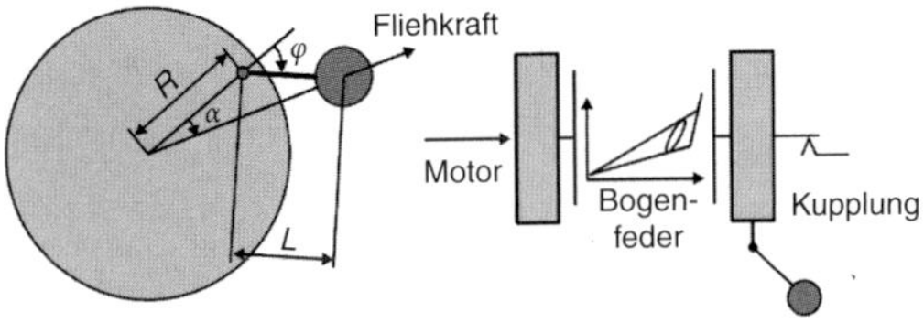

Abb. 3.52 Funktionsweise des Fliehkraftpendels [98]

Das aus Verbrauchsgründen durchgeführte Downsizing der Motoren durch Übergang zu weniger, aber aufgeladenen Zylindern und Verlagerung des Betriebspunktes zu deutlich geringeren Motordrehzahlen unter Last hat zu deutlich höheren Drehungleichförmigkeiten und daraus resultierenden Brummfrequenzen geführt, die das beherrschende Problem darstellen und mit herkömmlichen Lager- und Isolationskonzepten nicht mehr zu beherrschen sind.

Die Verwendung eines Zweimassenschwungrades zur Reduzierung der Drehungleichförmigkeiten bei Fahrzeugen ohne Drehmomentwandler ist nicht mehr zielführend, da der wirksame Drehzahlbereich nicht ausreichend groß ist. Als Lösung bietet sich ein Schwungrad auf Basis des Fliehkraftpendels an (Abb. 3.52), dessen Drehzahlspreizung (aufgrund der drehzahlunabhängigen Ordnungstreue) deutlich höher ist und das auch bei den gewünschten Drehzahlen bis hinab zu 1000/min unter Volllast noch wirksam ist [94–96]. Das bisher bei Fahrzeugen mit Drehmomentwandlern zur Dämpfung der Drehungleichförmigkeiten angewandte Verfahren des geregelten Schlupfs der Wandlerüberbrückungskupplung ist aus Verbrauchsgründen zu vermeiden. Durch Übergang auf Zweidämpferwandler wird versucht, diese Problemstellung ohne Erhöhung des Trägheitsmomentes auf der Pumpenseite zu lösen. Bei höheren Anregungen sind für diese Antriebsart neuartige Isolationselemente einzusetzen, wie z. B. Drehschwingungsdämpfer auf der Gelenkwelle.

Darüber hinaus ist wesentlich für die Körperschallübertragung des Antriebsaggregats die Ausführung der Motor-Getriebe-Lagerung. Hierbei sind sowohl die Starrkörper- als auch die Elastizitätseigenschaften der Antriebseinheit zu berücksichtigen. So ist es zur Vermeidung von Brummgeräuschen im Fahrzeug wichtig, dass der gesamte Motor-Getriebe-Verbund über eine hinreichende dynamische Steifigkeit verfügt. Weisen die fundamentalen Biege- und Torsionsschwingungen zu niedrige Werte ihrer Eigenfrequenzen auf, werden bei Anregung dieser Eigenschwingungsformen über die internen Motorkräfte fast zwangsläufig tieffrequente Schwingungen in die benachbarten Komponenten Karosserie und Antriebsstrang übertragen. Zur weitgehenden Reduzierung solcher Phänomene ist es deshalb z. B. im Fall von 4-Zyl.-Aggregaten wichtig, ein Eigenfrequenzniveau höher 200 Hz für die Grundbiegung der Antriebseinheit zu erreichen. Daraus resultiert, dass die wesentliche Motoranregung infolge der zweiten Motorordnung bis in den Drehzahlbereich von 6000 U/min keine weitere Verstärkung durch Resonanzen der elastischen Antriebseinheit erfährt. Weiterhin ist auf eine akustisch günstige Anordnung der Tragarme (Motortragböcke und Getriebeaufnahme) an der Antriebseinheit zu achten.

Sie sollten weder infolge der globalen Schwingformen noch aufgrund lokaler Nachgiebigkeiten stark angeregt werden. Schließlich ist eine dynamisch steife Auslegung der Tragarme selbst erforderlich. Diese lässt sich vorteilhaft durch eine möglichst schmale Lagerbasis verwirklichen, die – wie nachstehend gezeigt – auch günstig für einen geringen Körperschalleintrag in die Karosserie ist, Abb. 3.53.

Der überkritisch gelagerte Motor erzeugt über die Weganregung an den Motorlagern Reaktionskräfte des Motormoments, die proportional zur Ab-

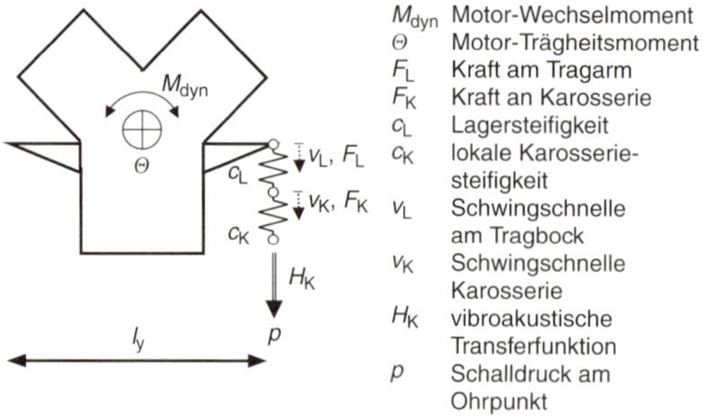

Abb. 3.53 Motorlagerung

stützbasis und zur Lagerbasis sind:

$$F_{\text{dyn}} \sim c_{\text{L}} \cdot l_y$$

Zur Abstützung des statischen Motormoments müssen die Motorlager jedoch mit abnehmender Lagerbasis steifer werden, um aus Bauraumgründen den maximalen Weg x_{L} im Lager bzw. den maximalen Verdrehwinkel α des Motor-Getriebe-Verbandes zu begrenzen:

$$c_{\text{L}} \sim \frac{1}{x_l l_y}$$

bzw.

$$c_{\text{L}} \sim \frac{1}{a l_y^2}$$

Gleichzeitig gibt es eine Steifigkeitsanforderung an die Motorlagerung, die unabhängig von der Lagerbasis ist: Zur Vermeidung von Stuckerschwingungen (▶ Abschn. 3.4.9.1) ist die Lagersteifigkeit auf einem Mindestniveau zu halten.

In **Abb. 3.54** sind die prinzipiellen resultierenden Steifigkeitsverläufe für die Anforderungen konstanter Lagerweg, konstanter Verdrehwinkel und konstante Stuckerfrequenz aufgetragen. Aus der Erfüllung dieser Anforderungen ergibt sich die resultierende dynamische Kraft am Motorlager.

In **Abb. 3.55** ist zu erkennen, dass sich in Abhängigkeit von Geometrie- und Masseeigenschaften des Antriebs ein Minimum der dynamischen Lagerkraft und damit ein Optimum für die Lagerbasis ergibt.

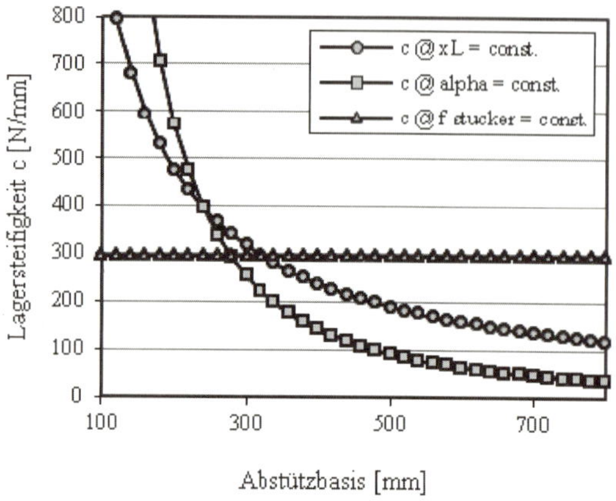

Abb. 3.54 Verlauf der Lagersteifigkeit

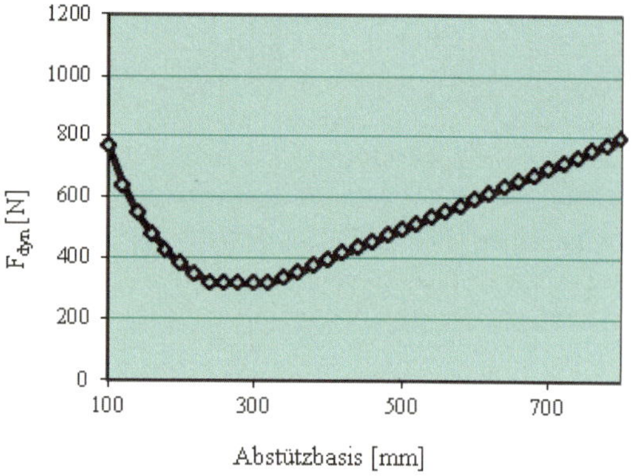

Abb. 3.55 Dynamische Lagerkräfte

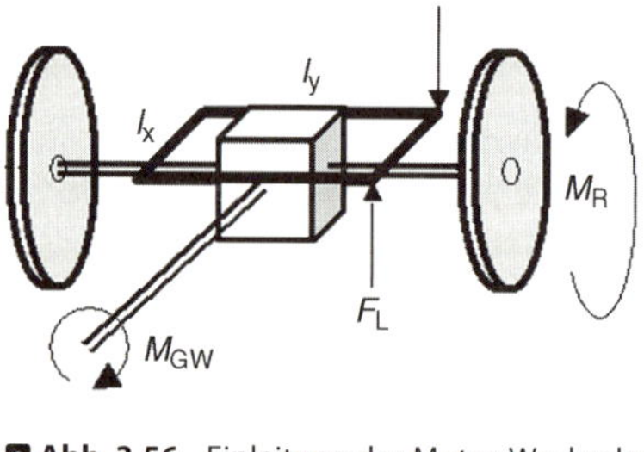

Abb. 3.56 Einleitung des Motor-Wechselmomentes über den Hinterachsträger in die Karosserie

Der Zielkonflikt Akustik-Schwingungskomfort kann mit Hilfe von Hydrolagern teilweise aufgelöst werden, da diese frequenzabhängig unterschiedliche dynamische Steifigkeiten besitzen. Pneumatisch oder elektrisch schaltbare Lager können im Motorleerlauf eine gegenüber dem Fahrbetrieb dynamisch noch weichere Variante darstellen (siehe auch ► Abschn. 7.4.2 Elastokinematik).

Ein weiterer Einleitungspfad für motorinduzierten Körperschall in die Karosserie liegt wie bereits angesprochen in der Übertragung der Wechselmomente aus der Kurbelwelle in die angetriebene Achse und von dort in die Karosserie. In ◻ Abb. 3.56 sind die Verhältnisse für ein heckangetriebenes Fahrzeug dargestellt.

Körperschall des Motors kann auch über die Aufhängepunkte der Abgasanlage (AGA) in die Karosserie eingeleitet werden. Gegenmaßnahmen sind einerseits der Einbau eines flexiblen Elements zwischen Krümmer und hinteren Teil der Anlage und andererseits eine entsprechende Isolation der AGA durch weiche Lager und hohe karosserieseitige Eingangsimpedanzen. Zur Vermeidung von Strukturresonanzen der AGA werden die Anbindungen im Schwingungsknoten angeordnet (Eigenschwingform-Abstimmung). Für den Leerlauf werden die AGA-Eigenfrequenzen vom Frequenzbereich der Hauptverbrennungsordnungen getrennt (Eigenfrequenz-Abstimmung).

3.4.3.4 Auslegung Akustik und Schwingungskomfort am Beispiel eines 3-Zylinder-Motors

Auf Grund deutlich verschärfter Gesetzesanforderungen werden in der Kraftfahrzeugindustrie enorme Anstrengungen unternommen, Maßnahmen zur Reduktion von Verbrauch und Emissionen zu entwickeln. Durch technologischen Fortschritt ist es heute möglich, hohe Leistungspotenziale pro Zylinder auszuschöpfen und gleichzeitig die Kundenansprüche hinsichtlich Leistungsentwicklung und Drehmoment zu erfüllen. In einem hochaufgeladenen 3-Zylinder-Motor werden diese Ansätze vereint.

Neben einem eigenständigen Akustik- und Schwingungsverhaltens besitzt der 3-Zylinder in seiner Leistungsklasse Soundgene, welche denen des 4-Zylinder-Motors deutlich überlegen sind. Z.B. kann mit einer gezielten Auslegung der Abgasanlagen-Volumina der Soundcharakter des 3 Zylinder-Motors durch seinen hohen Anteil der 3. Motorordnung nahe am Soundcharakter des 6-Zylinder-Motors positioniert werden (◻ Abb. 3.57).

Zusätzlich unterstützt die wahrnehmbare Drehfreudigkeit durch den schnelleren Frequenzanstieg der 3. Motorordnung beim 3-Zylinder-Motor gegenüber der 2. Motorordnung beim 4-Zylinder-Motor den sportlichen Charakter.

Auch bezüglich des Massenausgleichs ist der 3-Zylinder dem 6-Zylinder verwandt. Prinzipiell ist der 3-Zylinder-Motor wie ein halbierter Reihen-6-Zylinder-Motor zu betrachten. Wegen des fehlenden »zweiten« 3-Zylinders entstehen Massenmomente 1. und 2. Ordnung (◻ Abb. 3.58).

Die Massenmomente 1. Ordnung werden, wegen ihres tieffrequenten Charakters, bei höherwertigen Fahrzeugen mit einer Ausgleichswelle ausgeglichen. Die Massenmomente 2. Ordnung sind deutlich geringer als die Massenkräfte eines 4-Zylinder-Motors und müssen nicht ausgeglichen werden.

Die Herausforderungen des Akustik- und Schwingungskomforts eines 3-Zylinder Motors ergeben sich aus folgenden Faktoren:

Die höhere Aufladung bedingt höhere Gaswechselmomente, wodurch die Anregung ebenfalls ansteigt. Gleichzeitig sinkt die Anregungsfrequenz aufgrund der niederfrequenteren 1. Zündordnung und der Ertüchtigung von niedrigen Betriebsdrehzahlen, dem sogenannten Downspeeding. Zusätzlich erhöhen sich die Zündabstände im Vergleich zum 4-Zylinder signifikant, ◻ Abb. 3.59.

Technisch charakteristisch ist auch das Übertragungsverhalten des Antriebsstrangs und der Entkoppelungssysteme zu tieferen Frequenzen hin. Diese Faktoren bedingen Maßnahmen, um den sogenannten Drehungleichförmigkeiten entgegenzuwirken und somit den gewünschten Anforderungen bzgl. Akustik- und Schwingungskomfort gerecht zu werden, ◻ Abb. 3.60.

Als geeignete Maßnahmen bieten sich höhere Massenträgheiten im Antriebsstrang, verdrehweichere Abtriebswellen oder spezielle Wandler/ZMS-Systeme an. Exemplarisch dargestellt ist hier ein konventionelles Zweimassenschwungrad im Vergleich zu einem Zweimassenschwungrad mit integriertem Fliehkraftpendel, ◻ Abb. 3.61.

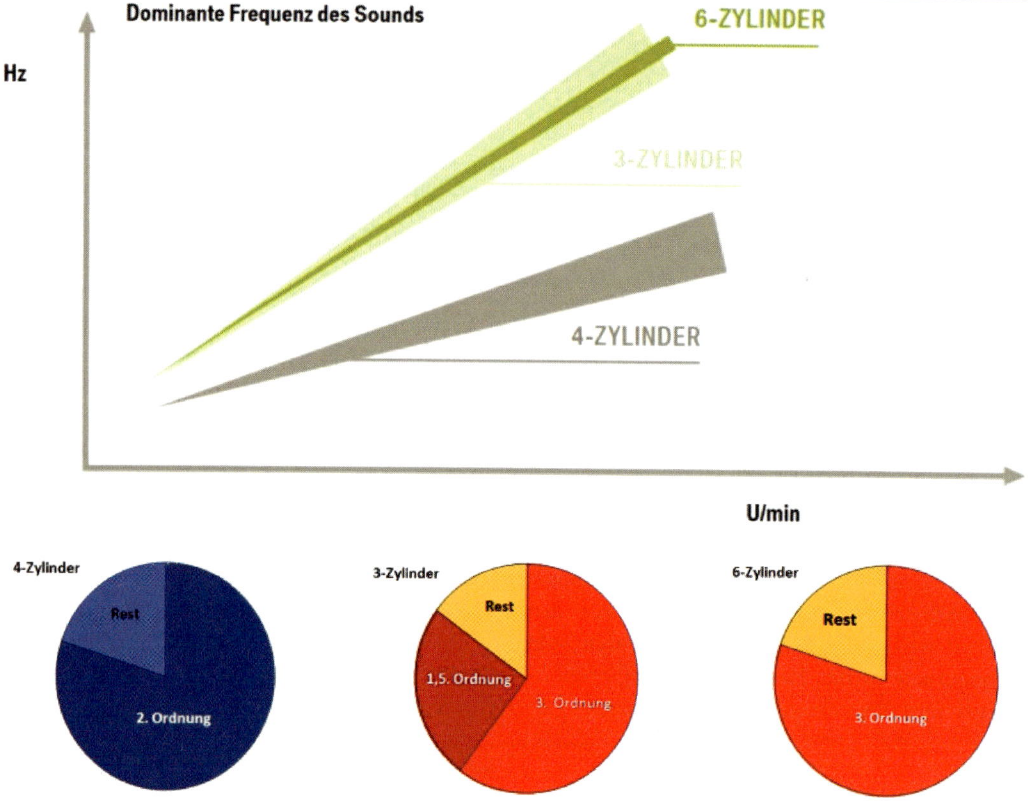

Abb. 3.57 Soundausprägung verschiedener Motorisierungen

6-Zylinder Reihenmotor:
Keine Massenkräfte und -momente

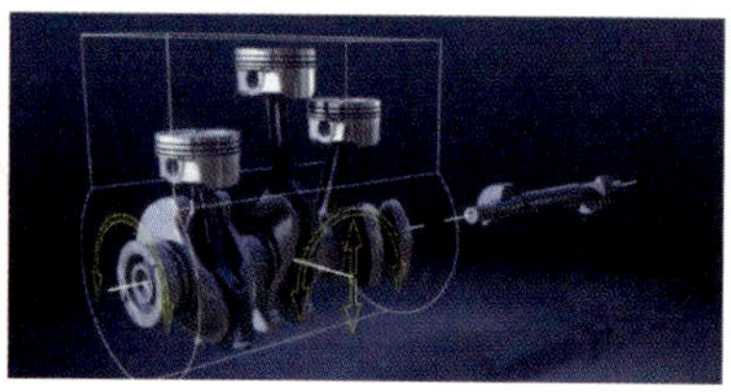

3-Zylinder Reihenmotor:
Keine Massenkräfte, aber Massenmomente
1. und 2.Ordnung, Ausgleichswelle
1. Ordnung dargestellt

Abb. 3.58 Massenkräfte und Momente von 6- und 3-Zylinder

3.4.4 Rollgeräusch

Die Interaktion von Fahrbahnbeschaffenheit, der Profilierung des Reifens, sowie weiteren Reifeneigenschaften führt beim Abrollen des Rades auf der Fahrbahn zur Emission von Luft- und Körperschall.

Abbildung 3.62 zeigt exemplarisch die spektrale Verteilung, sowie die auftretenden akustischen Phänomene der Abrollakustik im Innengeräusch an der Fahrerohrposition auf verschiedenen Fahrbahnbelägen.

Die hierbei auftretenden Geräuschphänomene sind je nach Fahrzeugkonzept bis ca. 400–500 Hz

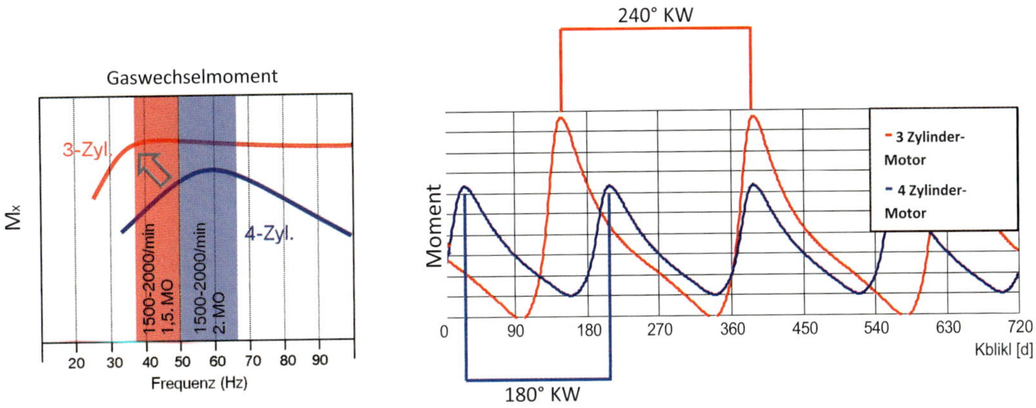

Abb. 3.59 Darstellung Gaswechselmoment und Zündabstände

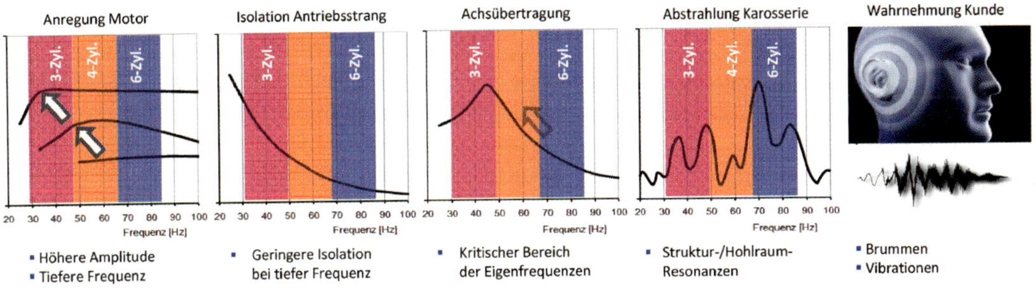

Abb. 3.60 Wirkkette im Vergleich

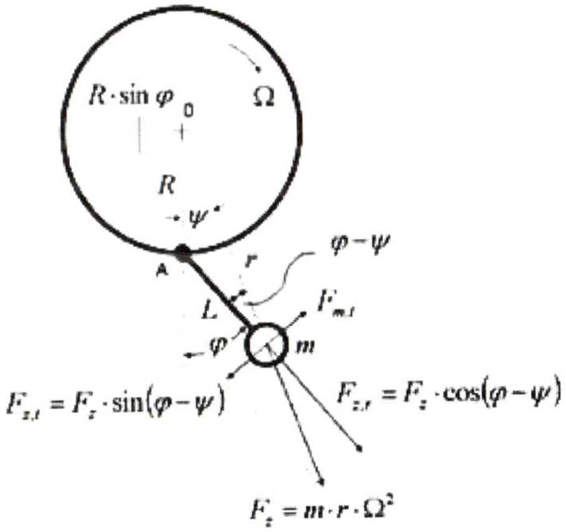

Abb. 3.61 Prinzipskizze FKP-Funktion

körperschallinduziert, bei höheren Frequenzen liegen diese i. d. R. in der Luftschallübertragung begründet.

Auftretende Rollgeräuschphänomene lassen sich frequenzspezifisch klassifizieren. Im tieffrequenten Bereich bis 100 Hz spricht man vom Poltern/Wummern, erregt durch gröbere Fahrbahnunebenheiten. Auf rauen bzw. groben Fahrbahnbelägen treten zwischen 100 und 500 Hz Rauigkeiten sowie tonales Dröhnen auf. Hochfrequente Luftschallereignisse wie z. B. Singen/Heulen nimmt der Fahrer auf glatteren Fahrbahnen und bei höheren Geschwindigkeiten wahr.

Luftschallphänomene lassen sich gezielt über eine ausreichend hohe Grunddämmung, optimal abgestimmte Feder-Masse-Systeme, hohe Absorptionskoeffizienten der umliegenden Bauteile sowie über eine ausreichend hohe Dichtigkeit der Karosseriestruktur beeinflussen.

Die Einleitung des körperschallerregten Rollgeräusches erfolgt über die Fahrwerkskomponenten. Hierbei ist der Beitrag von Vorder- und Hinterachse zum auftretenden Innengeräusch frequenzabhängig und phänomenspezifisch.

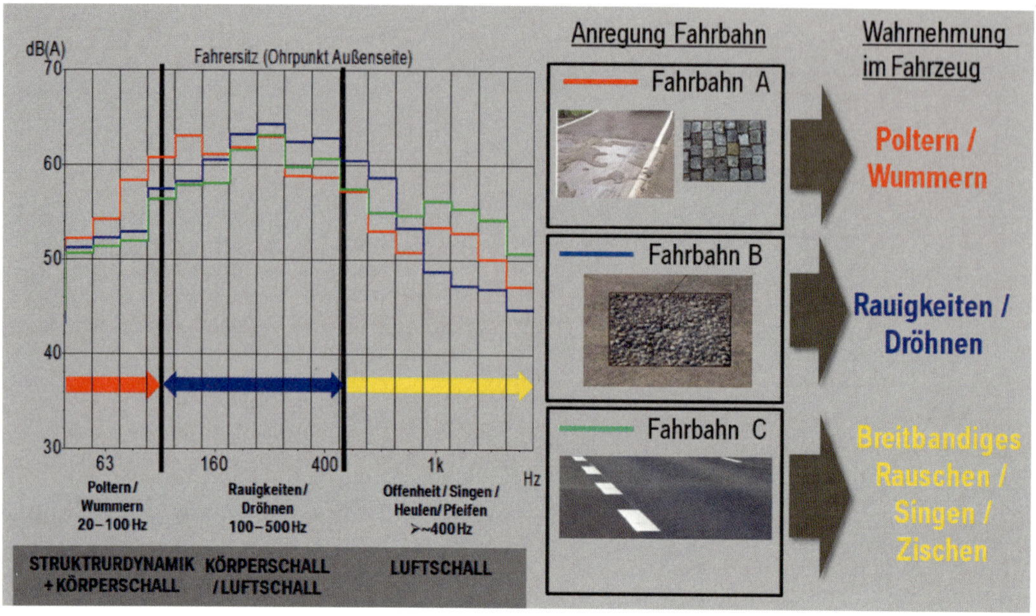

Abb. 3.62 Luftschallereignisse Fahrerohr – spektrale Verteilung des Rollgeräusches

Abbildung 3.63 beschreibt die Wirkkette des körperschallerregten Rollgeräusches von der Fahrbahnanregung bis hin zum Luftschallereignis an der Fahrerohrposition.

Der von der Fahrbahn erregte Energieeintrag wird abhängig vom jeweiligen Achskonzept über die Fahrwerksbauteile auf die Struktur übertragen. Elastische Lagerungen ermöglichen eine Reduktion des induzierten Körperschalls. Man spricht hierbei von Lagerdämmung bzw. -isolation. Weiteres Glied in der Wirkkette stellt die Karosserie dar. Tragstrukturen leiten die eingetragene Energie, Blechflächen der Karosserie fungieren als Membran und strahlen Körperschall in Luftschall ab. Der dort aus Körperschall entstehende Schalldruck wird, zusammen mit dem raderregten Luftschallbeitrag, vom Fahrer als Rollgeräusch wahrgenommen.

Um ein robustes Gesamtsystem zu gewährleisten, welches auch auf wechselnden Fahrbahnbelägen nicht mit signifikanten Niveauunterschieden im Innengeräusch reagiert, ist es notwendig, das Gesamtsystem von der Anregung, der Übertragung bis hin zur Abstrahlung hinsichtlich Abrollakustik auszulegen.

3.4.5 Windgeräusch

Windgeräusche entstehen infolge von Wirbelbildung bei abgelöster Strömung unter Grenzschichteinflüssen (▶ Abschn. 3.2). Sie dominieren im Innengeräusch von Fahrzeugen bereits ab ca. 80–100 km/h (Abb. 3.64).

Nach dem Entstehungsmechanismus können tieffrequente Windgeräusche bis 400 Hz und hochfrequente Windgeräusche bis ca. 10 kHz unterschieden werden (Abb. 3.65). Tieffrequente Windgeräusche entstehen u. a. durch Strömungsablösungen mit hoher Energie an der Karosserie und am Unterboden. So können z. B. abgehende Wirbel das gesamte Blechfeld der Bodengruppe zum Schwingen bringen. Werden dadurch die Eigenmoden des Innenraums bei 40–50 Hz angeregt, kann sehr unangenehmes Hochgeschwindigkeitswummern die Folge sein. Speziell Randwirbel an Spoilern und Unterbodenabdeckungen sind hier aeroakustische Störquellen. Ein aerodynamisch optimierter glatter Unterboden wirkt in erster Linie durch verminderten Luftwiderstand und niedrigen Auftrieb, er hat aber durch die störungsfreiere Unterbodenströmung in der Regel auch ein niedrigeres akustisches Störpotenzial.

DIE KÖRPERSCHALLWIRKKETTE SETZT SICH AUS MEHREREN SUBSYSTEMEN ZUSAMMEN.

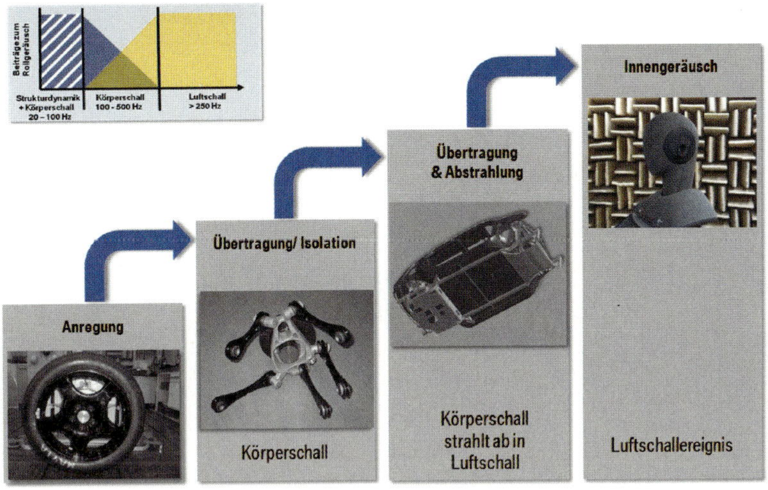

Abb. 3.63 Wirkkette – körperschallerregtes Rollgeräusch

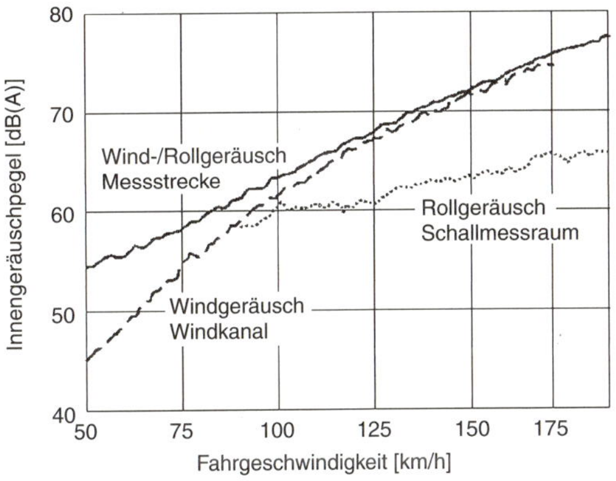

Abb. 3.64 Wind- und Rollgeräusch bei einem typischen Mittelklasse-Fahrzeug

Höherfrequente Geräuschanteile im Bereich über 400 Hz können auch auf direktem Weg durch Leckagen in den Innenraum gelangen. Dieses Windgeräusch ist vom Fahrer in den meisten Fällen leicht zu orten und wirkt dadurch besonders störend. Anfällig für diese Störungen sind die Abdichtungen von Fenstern und Türen, da sie bei höheren Geschwindigkeiten genau in dem für das menschliche Gehör empfindlichsten Frequenzbereich lästige Geräusche erzeugen können. Daher gilt der Abdichtung der gesamten Fahrgastzelle in der Entwicklung große Aufmerksamkeit. Die Mehrfachdichtungssysteme der Türen vieler Hersteller zeigen den konstruktiven und fertigungstechnischen Aufwand, um das Ziel einer unter allen Fahrzuständen dichten Fahrgastzelle zu erreichen. Neben den Dichtungen sind Karosseriefugen, Schiebedächer und Anbauteile wie Außenspiegel, Scheibenwischer, Wasserfangleisten, und Dachträgersysteme potentielle Quellen von hochfrequenten Windgeräuschen. Windgeräusche werden auch über die Scheiben unmittelbar in den Innenraum geleitet. Da die Dämmung proportional mit der Masse zunimmt, ist die Scheibenstärke maßgebend für die Isolation des Windgeräusches. Biegeschwingungen der elastischen Scheiben verursachen bei höheren Frequenzen einen störenden Dämmungseinbruch. Um Fahrzeuggewicht einzusparen, werden häufig reduzierte Scheibenstärken mit entsprechend negativen Auswirkungen auf das Windgeräusch eingesetzt. Gewichtsparende Sandwich Konstruktionen mit hochdämpfenden Folien können den Konflikt zwischen Akustik und Gewicht entschärfen (Abb. 3.66).

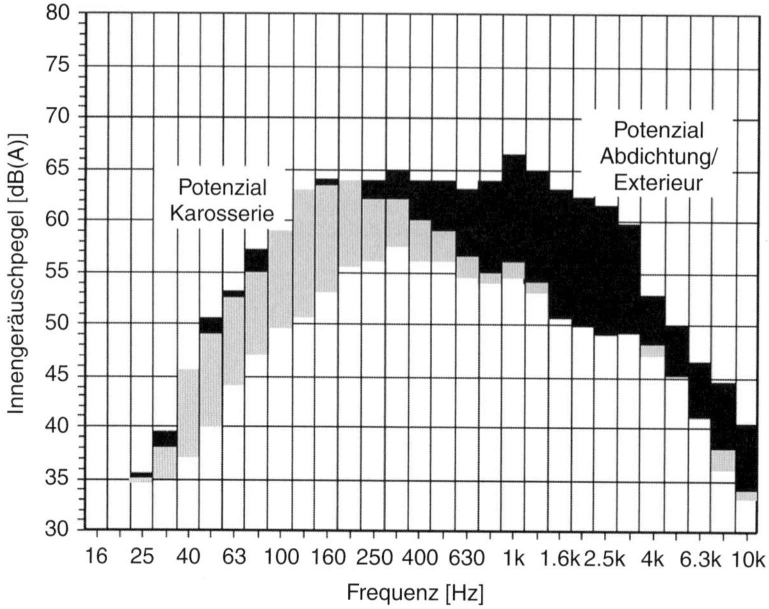

Abb. 3.65 Windgeräusch

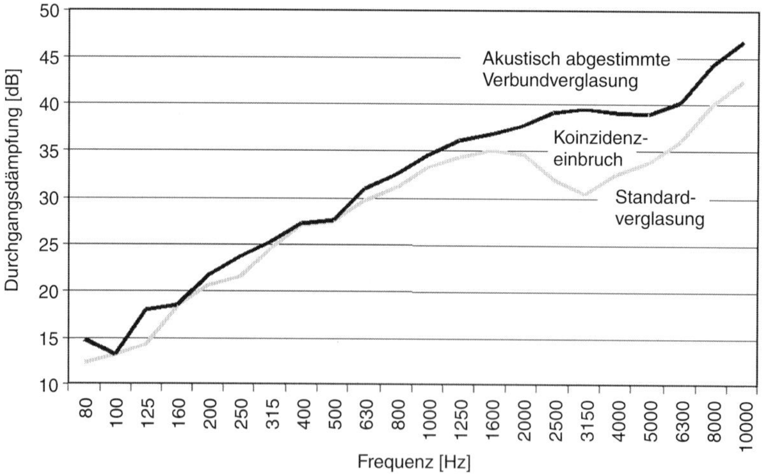

Abb. 3.66 Dämmungsverhalten der Verglasung

	Störgeräusch (unbewusste Beeinflussung)	Betätigungsgeräusch (bewusste Beeinflussung)
Betriebsdauer niedrig	Lenkhilfe Niveauregulierung Sekundärluftpumpe	Fensterheber Sitzverstellung Spiegelverstellung
Betriebsdauer hoch	Motorlüfter Kraftstoffpumpe Wankstabilisierung	Klimagebläse Scheibenwischer Sitzlüfter

Abb. 3.67 Einteilung mechatronischer Geräusche

In der Serienentwicklung ist die »Fenstermethode« ein wichtiges Verfahren zur Beurteilung und Optimierung einzelner Bauteile bezüglich Windgeräusch-Entstehung bzw. Übertragung. Dabei wird das Fahrzeug zunächst im Ausgangszustand gemessen. Anschließend wird durch Abdichtung, Isolation oder Überdämmung aller windgeräuschrelevanten Bauteile das Innengeräusch im relevanten Frequenzbereich um ca. 10 dB abgesenkt. Durch gezielte Entdämmung können nun interessierende Komponenten aus dem Gesamtgeräusch »herausgelöst« und einzeln betrachtet werden. Mit dieser Methode können zuverlässige Aussagen über die Quellenpegel aller Bauteile und deren Frequenzcharakteristik getroffen werden.

Die numerische Behandlung der Aeroakustik öffnet für die Zukunft Prognosemöglichkeiten, wie sie bei der Aerodynamik bereits gängige Praxis sind. Aeroakustische Berechnungsverfahren (CAA) sind allerdings keine trivialen Erweiterungen oder Anwendungen von kompressiblen CFD-Codes, die üblicherweise für stationäre Strömungen entwickelt wurden. Da mittlerweile aber auch CFD-Codes für instationäre Strömungsbetrachtungen existieren und Fluidschall-Akustik nur eine spezielle Form instationärer Strömungsvorgänge ist [75], lassen sich aus diesen Codes auch aeroakustische Aussagen generieren.

3.4.6 Mechatronische Geräusche

Als mechatronische Komponenten im Kraftfahrzeug verstehen wir Bedien- und Stelleinheiten, die Fahr- oder Komfortfunktionen erfüllen. Dies geschieht unter Zuhilfenahme elektrischer oder hydraulischer Aktuatoren. Das Aufgabenfeld umspannt Kühllüfter für Verstärkereinheiten des Navigationssystems, geht über Fensterheber und Zusatzwasserpumpen bis zu kompletten aktiven Fahrwerken. Aus akustischer Sicht ist eine Unterteilung der Geräusche nach dem Grad der Beeinflussung in Betätigungs- und Störgeräusche sowie nach der Betriebsdauer sinnvoll (Abb. 3.67). Mechatronische Geräusche aufgrund bewusster Bedienhandlungen werden als Betätigungsgeräusche dann positiv wahrgenommen, wenn das Klangbild in der subjektiven Erwartung des Kunden zur gewünschten Funktion passt. Typische Beispiele sind hier das »Relaisklackern« bei Blinklichtbetätigung oder das Strömungsrauschen des Klimagebläses. Unbewusste Bedienungen sind z. B. die Kraftstoffförderung durch Primär- und Sekundärpumpe oder das Ventilschalten der hydraulischen Wankstabilisierung. Der subjektiv tolerierte Geräuscheintrag reicht hier von nicht störend hörbar bei kurzzeitiger Einwirkung bis unhörbar bei periodischen oder dauerhaft einwirkenden Geräuschen.

3.4.6.1 Stellmotoren

Stellmotoren sind die häufigste Form von akustisch relevanten Aktuatoren. In Fahrzeugen der Oberklasse werden z. B. weit über 100 mechatronische Aktuatoren in Form von elektrischen Antrieben und Stellmotoren verbaut (Abb. 3.68). Die dadurch verursachten Geräusche besitzen vielfältige Ursachen. Abb. 3.69 zeigt die wesentlichen Geräuschquellen auf. Sie können elektromagnetischer, aerodynamischer oder elektronischer Natur sein.

Ein klassisches Beispiel für Betätigungsgeräusche ist der elektrische Fensterheber (Abb. 3.70).

Die Geräuschemission hat unterschiedliche Ursachen. Sie ist am zeitlichen Ablauf des Fensteröffnens und -schließens in Abb. 3.71 erkennbar. So entsteht beim Einschalten oder Abschalten ein impulshaltiges Losbrech- und Anschlaggeräusch. Der subjektive Geräuscheindruck beim eigentlichen Heben und Senken der Scheibe wird durch Modulationen von Lautstärke oder Frequenz bestimmt. Diese müssen vermieden werden, um nicht einen qualitativ minderwertigen Antrieb zu suggerieren. Dominante Auswirkung auf den subjektiven Geräuscheindruck hat deshalb die Tonhaltigkeit, erzeugt durch die Ordnungen des Elektromotors. Die Homogenität des Magnetflusses, bestimmt durch Luftspalt zwischen Rotor und Stator, An-

Abb. 3.68 Ausgewählte Stellmotoren

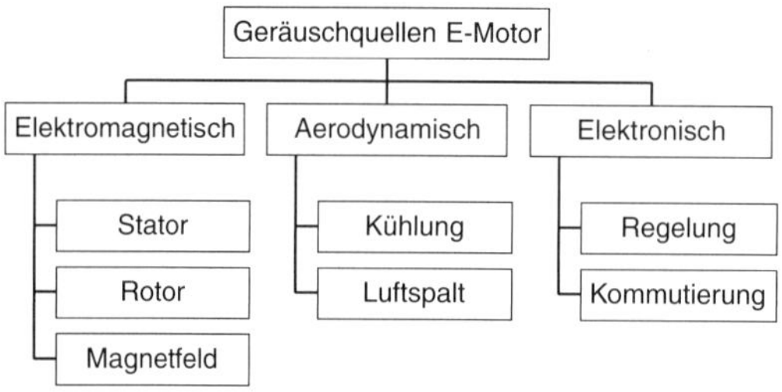

Abb. 3.69 Geräuschquellen bei E-Motoren

zahl der Wicklungen, Qualität des Magnetfeldes, Kommmutierungsart, ist maßgeblich für das Ordnungsverhalten verantwortlich.

3.4.6.2 Fahrzeugklimatisierung

Klimaanlagen gehören ab der Fahrzeugmittelklasse zur Serienausstattung. In Abb. 3.72 sind die Bauteile einer klassischen Fahrzeugklimaanlage dargestellt. Erkennbar als sekundäre Geräuschminderungsmaßnahmen ist der Schalldämpfer, auch Muffler genannt, am saugseitigen Kompressoreingang und eine Tilgermasse auf der Klimasaugleitung zur Reduzierung der vibroakustischen Übertragung in den Fahrzeuginnenraum.

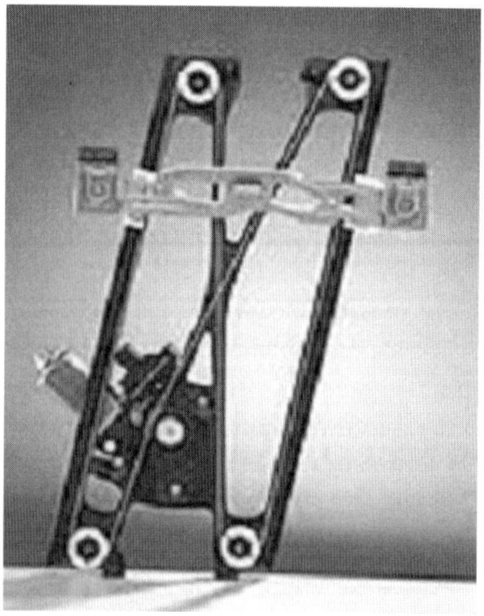

Abb. 3.70 Doppelt geführter Seilfensterheber

Die Geräuschemission ist abhängig von der konzeptionellen Systemauslegung. Bei Kolbenkompressoren mit Magnetkupplungen können beim Einschalten der Klimaanlage Impulsgeräusche aufgrund des Anziehens der Magnetkupplung oder dem Verdichten von Kondensatrückständen des Kältemittels auf der Saugseite entstehen. Die

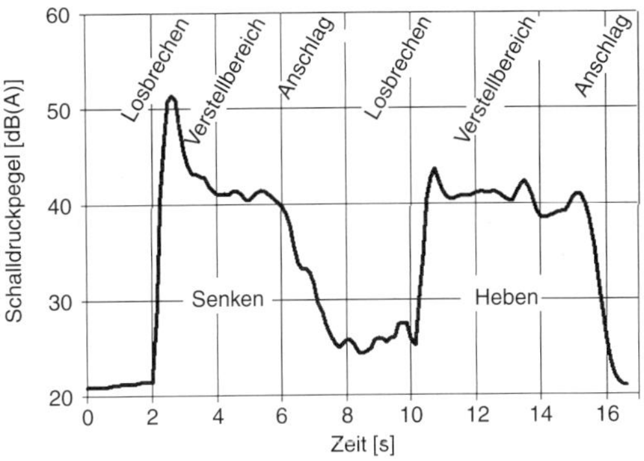

■ **Abb. 3.71** Geräuschverlauf Fensterheberbetätigung

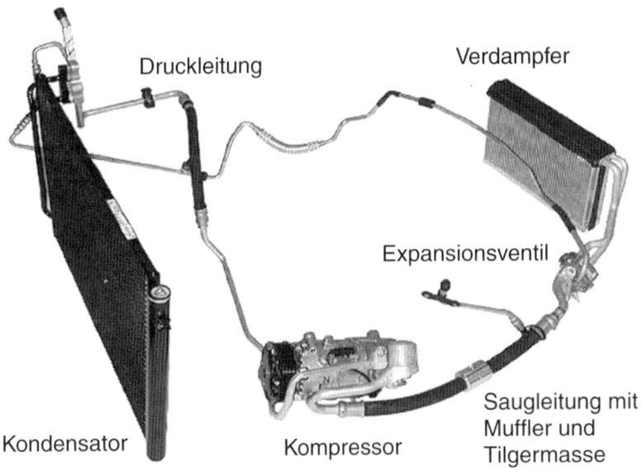

■ **Abb. 3.72** Klassische Klimaanlage mit Akustikbauteilen

Ungleichförmigkeit der Verdichtung und damit auch der Pulsationsgeräusche im Lastbereich wird durch die konstruktive Zylinder- und Ventilanordnung, und durch den drehungleichförmigen Antrieb des Verbrennungsmotors hervorgerufen. Drehschwingungen führen zu erhöhter Pulsations- und Körperschallabstrahlung des Kompressors, welche durch die Schallnebenwege der Leitungen in den Fahrzeuginnenraum gelangen. Bei der Drosselung des Kältemittels am Expansionsventil gelten die Gesetzmäßigkeiten der adiabaten Düsenströmung, mit überkritischem Druckabbau und Ausströmen mit Schallgeschwindigkeit. Aufgrund der hohen Strömungsgeschwindigkeit und dem anschließenden Verdampfen des Kältemittels kommt es zu Zischgeräuschen. Die Schallemission des Kältekreislaufes ist lastabhängig und kann im Betriebskennfeld Kompressordrehzahl und Verdichtungsdruck aufgespannt werden. Bei rückwirkungsfreien Leitungsnetzen steigt mit Drehzahl und Druck auch der Geräuschpegel kontinuierlich und wird in der Regel durch das Verbrennungsmotorgeräusch maskiert. Reicht dieser Effekt nicht aus, werden Schalldämpfer an den Kompressor angebaut. Klimaanlagen von Hybrid- und Elektrofahrzeugen können von der klassischen Ausführung stark abweichend sein. Bei Verwendung von Klimakompressoren werden diese elektrisch angetrieben. Kompressorantrieb und Hydraulikanregungen müssen bei elektrischem Fahren erhöhte Geräusch- und Vibrationsanforderungen erfüllen, da keine Maskierung durch einen Verbrennungsmotor stattfindet. Dies gilt grundsätzlich für alle Mechatroniksysteme.

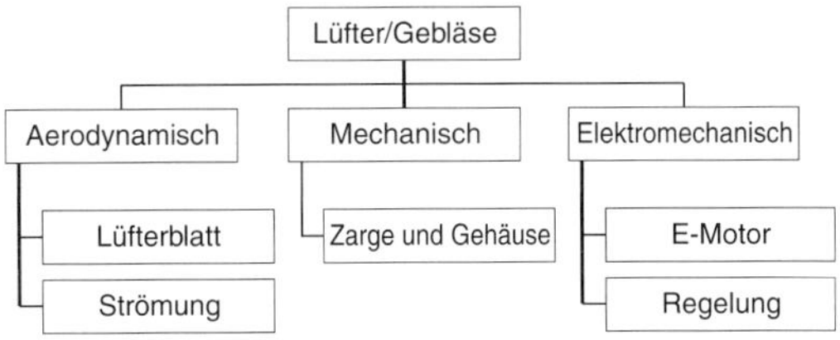

■ **Abb. 3.73** Geräuschquellen Lüfter/Gebläse

3.4.6.3 Lüfter und Gebläse

Die typischen Geräuschquellen von Lüftern und Gebläsen sind in ■ Abb. 3.73 aufgezeigt.

Neben stochastischem Rauschen aufgrund der Durchströmung von Klimakanälen, Lüftungsgittern, Luftweichen oder Kühlmodulen, können auch stark tonale Ordnungen emittiert werden. Als subjektiv besonders störend erweisen sich die Drehklänge des Lüfterblattes und des E-Motors. Ursache können repetierende Druckwechsel am äußeren Umfang des Lüfterblattes, fehlende Steifigkeit der Lüfterzarge oder erhöhte Rastmomente des E-Motors sein. Bei geregelten Lüftern kann durch Ausblenden der Resonanzdrehzahlen ein kritischer Lüfterbetrieb vermieden werden. Aeroakustische Berechnungsverfahren (CAA) erlauben Geräuschprognosen für Lüfter und Ausströmkanäle. Neben den aeroakustischen Geräuschen von Lüftern und Gebläsen treten auch Körperschallphänomene auf. Erzeugt werden diese durch den dynamischen Wechseldruck der Schaufelgeometrie des Rotorblattes, sowie durch resultierende Wechselkräfte,

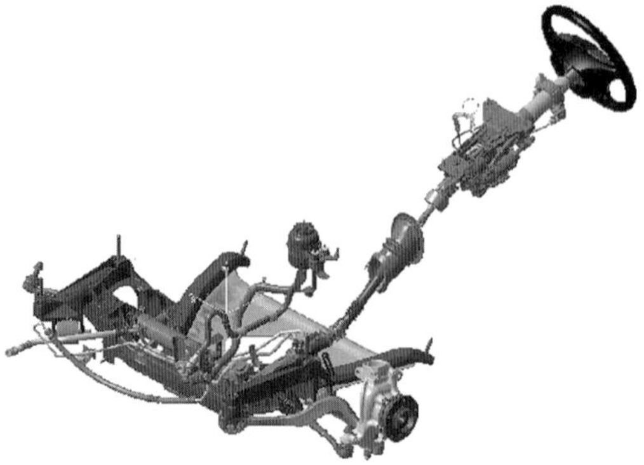

Abb. 3.74 Lenkungssystem

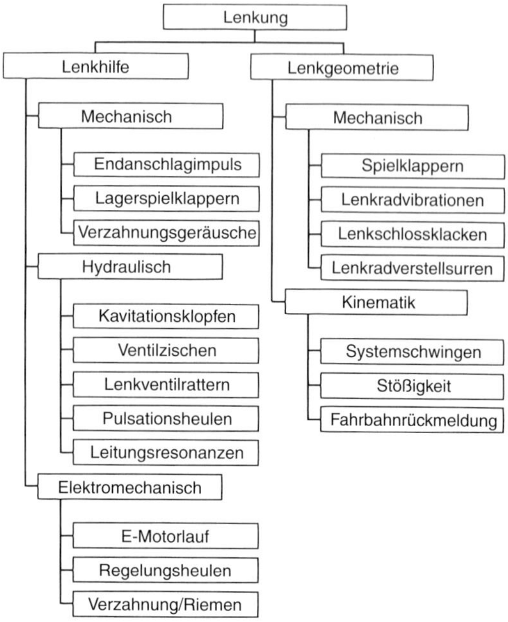

Abb. 3.75 Vibroakustische Phänomene eines Lenkungssystems

welche von Motor- und Zargenlagerung aufgenommen werden müssen.

3.4.6.4 Lenkungssystem

Innerhalb der mechatronischen Systeme kommt der Lenkung eine zentrale Stellung zu, prägt sie doch wesentlich das Fahrgefühl. Der Zielkonflikt zwischen Komfort, Agilität und Fahrbahnrückmeldung wird durch aufwendig geregelte Servo-Aktuatoren aufgelöst. Die geregelte Lenkhilfe kann hydraulisch, elektrohydraulisch oder elektrisch erfolgen. Für akustische Untersuchungen wird das gesamte Lenkungssystem, wie in Abb. 3.74 gezeigt, auf Komponentenprüfständen aufgebaut. Abbildung 3.75 zeigt die vielfältigen vibroakustischen Phänomene, welche im Fahrzeugbetrieb auftreten können.

Bei der fahrzeugunabhängigen akustischen Qualifizierung von Komponentensystemen muss die Korrelation zum Gesamtfahrzeug gewährleistet sein. An allen Schnittstellen werden hierzu die dynamischen Kräfte oder Körperschallbeschleunigungen messtechnisch erfasst. Eine akustische Immissionsbewertung erfolgt dann durch Verrechnen der Komponentenmesswerte mit der virtuellen Karosserie. Bei der akustischen Optimierung werden u. a. die Luftschallabstrahlung sowie die Körperschallanregung der Pumpe, das Übertragungsverhalten der Hydraulikleitungen hinsichtlich der Körper-, Fluid- und Rohrschallübertragung, Spiele von Verzahnungen und Wellenführungen und die Systemlagerungen im vorgesehenen Fahrzeug bearbeitet.

3.4.6.5 Fahrwerksregelung

Die Regelgeräusche der Sicherheitsfunktionen sind akustisch untergeordnet. Jedoch kann auch hier nicht auf eine akustische Auslegung verzichtet werden, kommt es doch gerade auf Fahrbahnen mit Niedrigreibwerten bei regennasser oder vereister Oberfläche leicht zu Irritationen des Fahrers. Eine moderate akustische Rückmeldung ist gewünscht, welche den Regeleingriff signalisiert aber den Fahrer nicht zu Schreckreaktionen animiert. Akustisch besonders kritisch sind Regelungen bei geringen Drücken im Komfortbereich. Es sind nur einzelne Räder betroffen und der Fahrer erwartet keinen Regeleingriff, was sich bei schneebedeckter Fahrbahn allerdings nicht vermeiden lässt. Ursache ist der zu geringe Druckunterschied zum Blockierdruck beim Radbremsen und der zu große Druckunterschied nach dem Blockieren zum Anlaufen des Rades.

Wirksame Geräuschminderungsmaßnahmen der Regelhydraulik sind der Verbau von mehrzylindrigen Kolbenpumpen mit großen Kolbenquerschnitten bei geringen Hüben und niedrigen Drehzahlen. Sekundär können auch vereinzelt Pulsationsdämpfer verbaut werden. Proportionalventile und eine Begrenzung des Druckgradienten ermöglichen im Feinsteuerbereich die Regelung von geringen Differenzdrücken und vermeiden damit hohe Pulsgeräusche. Vom Regelprinzip sind Druckdifferenzregelungen günstiger als Volumenstromregelungen. Um unnötige Regelungen und damit auch geräuschrelevante Druckänderungen zu vermeiden, muss ein Optimum der Taktzeit gefunden werden. So sind geringe Taktzeiten bei der schnellen dynamischen Stabilitätskontrolle notwendig aber für eine Antiblockierbremsung überzogen. Des weiteren müssen während der Fahrzeugentwicklungsphasen alle Karosserieanbindungen hinsichtlich ausreichender Körperschallisolation ausgelegt werden.

3.4.6.6 Biegeschlaffe Leitungen

Biegeschlaffe Bauteile wie Schlauchleitungen von hydraulischen Lenksystemen, elektrohydraulischen Verdecken, Heiz/Klimaanlagen, Kühlwassersystemen oder auch elektrische Kabelführungen stellen Schallübertragungswege dar. In Summe stellen die übertragenen Teilschallleistungen aller Bauteile, welche eine Verbindung vom Verbrennungsmotor bzw. akustisch aktiven Nebenaggregaten zur Karosserie haben, einen erheblichen Anteil dar. In ◘ Abb. 3.76 sind die wichtigsten biegeschlaffen Leitungen in der Silhouette einer Fahrzeugaußenkontur grafisch dargestellt. Deutlich erkennbar ist die Vielzahl der sich hieraus ergebenden Schallnebenwege.

Neben der hydroakustischen Druckpulsationsübertragung ist die Bedeutung der Körperschall weiterleitung der Schlauchleitungen für das Motorgeräusch von großer Bedeutung. So wird das Klangbild des Verbrennungsmotors im Innengeräusch neben der Auslegung von Aggregatlagerungen maßgeblich durch die Schlauchleitungsverlegung beeinflusst. Eine akustisch günstige Verlegung bedingt allerdings eine frühzeitige Layoutfestlegung im Package.

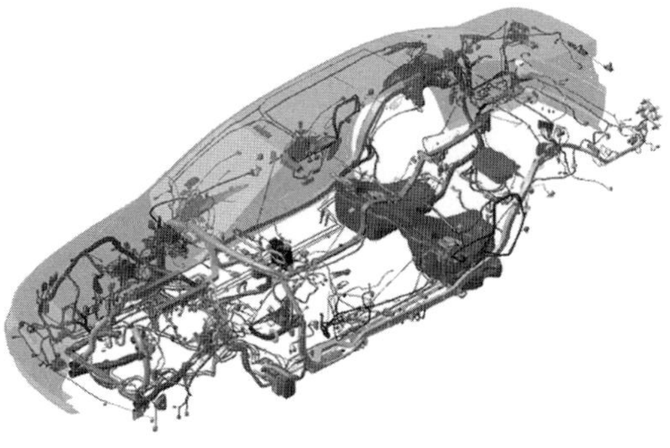

◘ **Abb. 3.76** Leitungen in einem Fahrzeug

3.4.7 Klappern, Knarzen, Quietschen

Da der durch Fahrgeräusche verursachte Geräuschpegel im Innenraum von Kraftfahrzeugen in den letzten Jahren immer geringer wurde, treten heute Störgeräusche verstärkt in Erscheinung. Speziell Klapper-, Knarz- und Quietschgeräusche aufgrund von Relativbewegungen von Bauteilen zueinander werden dabei nicht nur als störend empfunden, sie beeinträchtigen vielmehr auch den allgemeinen Qualitätseindruck eines Fahrzeuges nachhaltig.

Die Relativbewegung hat entweder eine Haft-Gleitreibung (Stik-Slip Effekt), ein Anschlagen oder einen Hemmungseffekt mit entsprechenden Quietsch-, Klapper- und Knarzgeräuschen zur Folge. Durch systematische Präventiv-Vorgehensweisen müssen potenziell Geräusche verursachende Kontaktstellen gefunden und durch entsprechende Materialpaarungen oder konstruktive Gestaltungen entschärft werden. Typischerweise sind dabei bis zu 1000 relevante Kontaktstellen in einem Fahrzeug zu betrachten.

Die Erfahrung zeigt, dass selbst bei systematischer Bündelung des vorhandenen Ingenieur-Wissens in der präventiven Phase immer noch Restprobleme übrig bleiben, die nicht bedacht wurden. Um diese Probleme aufzudecken und Abhilfemaßnahmen zu bewerten sind Tests mit Hilfe geräuscharmer Gesamtfahrzeug- und Komponenten-Störgeräusch-Prüfeinrichtungen notwendig. Zur objektiven Qualifizierung der Störgeräusche wurden Methoden und Messsysteme zur Echtzeit-

Abb. 3.77 Außenstandgeräuschmessung

Erfassung, Analyse und Bewertung von Störgeräuschen entwickelt [92, 93]. Die so ermittelten Daten bilden auch die Grundlage für Qualitätsvorgaben an Zulieferanten.

3.4.8 Außengeräusch

3.4.8.1 Standgeräusch

Da im Stand und bei sehr geringen Fahrgeschwindigkeiten nahezu keine weiteren Geräuschquellen auftreten, ist die Akustik des Antriebsstranges hier von besonderer Bedeutung, Abb. 3.77.

Das Außenstandgeräusch ist einerseits erlebbar für den Fahrer, sobald er bei laufendem Motor aus dem Fahrzeug aussteigt oder z. B. an Parkschranken das Seitenfenster öffnet. Andererseits ist auch die Wirkung auf Passanten entscheidend, beispielsweise bei wartenden Fahrzeugen an Verkehrsampeln oder bei langsam fahrenden Fahrzeugen auf Parkplätzen. Das Standgeräusch eines Fahrzeugs war bis vor kurzem vor allem für Dieselfahrzeuge aufgrund ihrer »nagelnden« Verbrennungsgeräusche ein entscheidendes Wertigkeitskriterium. Da sich Einspritzdrücke und Zylinderdruckverlauf bei modernen Otto- und Dieselmotoren aufgrund fortgeschrittener Brennverfahren immer weiter annähern, ist das Außenstandgeräusch inzwischen für beide Verbrennungsverfahren ein wichtiger Gegenstand der Akustikentwicklung.

Der Druckgradient zwischen Brennbeginn und Druckmaximum regt den mittleren Frequenzbereich des emittierten Luftschalls an. Beim Druckabklingen bilden sich Brennraumresonanzen aus, die wesentlich die höheren Frequenzen im Spektrum prägen. Ziel aus akustischer Sicht ist es, den Druckimpuls bzw. die entstehenden Brennraumresonanzen abzuschwächen. Dies kann bei Dieselmotoren durch neue Einspritztechnologien mit Piezoaktuatoren mittels gezielter Vor- und Nacheinspritzungen erreicht werden. Brennraumresonanzen lassen sich durch Nacheinspritzung von Kleinstmengen in den Brennraum abschwächen. Bei Benzinmotoren sind die Stellhebel Zündzeitpunkt und Einspritzzeitpunkt. Diese Maßnahmen laufen aber teilweise dem Ziel der Effizienzsteigerung und Abgasemissionsreduktion zuwider. Hier hilft eine differenzierte, drehzahlabhängige Einspritzvorgabe, die speziell im Leerlauf für eine weichere Verbrennung sorgen kann.

Eine zusätzliche Geräuschquelle moderner direkteinspritzender Motoren ist das Kraftstoff-Hochdrucksystem. Sowohl Injektoren als auch die Hochdruckpumpe emittieren aufgrund ihrer mechanischen Arbeitsweise Schall im höherfrequenten

Bereich, der sich auch über Anbauteile wie das Kraftstoffrail oder die Grundmotorstruktur weiter ausbreiten kann.

Bei immer rigideren gesetzlichen Anforderungen bezüglich der Abgasemission ist der Spielraum für Akustikverbesserungen durch primäre Maßnahmen am Motor geringer geworden. Hier greifen zunehmend verschiedene passive Maßnahmen bei der Akustikoptimierung von Fahrzeug und Antrieb.

Primär gilt es, die Motorstruktur selbst von Grund auf unter akustischen Gesichtspunkten zu optimieren. Eine konstruktiv möglichst steife Gestaltung des Grundmotors, der Einsatz dämpfender Werkstoffe und eine Optimierung mechanischer Komponenten sind Grundvoraussetzungen für eine effiziente quellenorientierte Geräuschvermeidung.

Übliche Kapselmaßnahmen in der Motorperipherie und im Motorraum sind im Bereich der Injektoren die Injektorabdeckung sowie eine seitlich abgedichtete Motorhaube mit innenliegendem Absorber. Im Bereich der Fahrzeugfront gilt der Einsatz von temperaturgesteuerten Klappen als Stand der Technik. An der Fahrzeugunterseite sind vor allem als Schallquellen die Ölwanne und das Getriebe, sowie Teile des Abgaskrümmers, Abgasnachbehandlungssysteme und der weiterführenden Abgasanlage, sowie Leckagen des Motorraums durch Dämmungsmaßnahmen reduzierbar. Aus Gründen des Wärmemanagements sind der vollständigen Kapselung jedoch Grenzen gesetzt. Deshalb wird zusätzlich mit Absorptionsmaßnahmen im Motorraum, unter der Motorhaube und im Unterbodenbereich des Innenraums gearbeitet. Auch Absorptionsmaßnahmen auf der Außenfläche der Unterbodenverkleidungen und in den Radhäusern sind derzeit im Einsatz.

3.4.8.2 Fahrgeräusche

Das Vorbeifahrtgeräusch setzt sich im Wesentlichen aus den zwei Teilschallquellen Antriebsgeräusch und Reifen-Fahrbahngeräusch (R/F-Geräusch) zusammen (Abb. 3.78).

Als Ausdruck des langjährigen Entwicklungsfortschrittes an den Aggregaten des Antriebsstranges zeigen sich die spektralen Anteile zweier vergleichbarer Fahrzeuge deutlich verändert. Reduziert wurden vor allem die Oberflächenabstrahlung des Motor-Getriebe-Verbunds und das Mündungsgeräusch der Abgasanlage (Abb. 3.79). Das R/F-Geräusch verbleibt in der Umgebung von 1 kHz als dominante Quelle und erschwert eine weitere Pegelabsenkung.

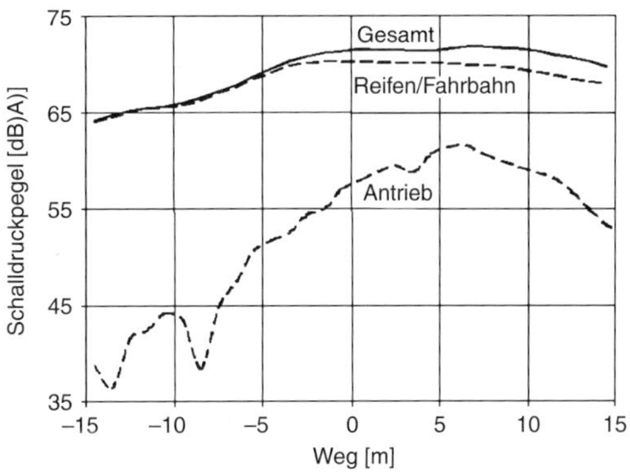

Abb. 3.78 Teilschallquellen Antriebsgeräusch und Reifen-Fahrbahngeräusch in der beschleunigten Vorbeifahrt

3.4.8.3 Vorbeifahrt nach ISO 362

Die gesetzlichen Grenzwerte in der Außengeräusch-Typprüfung sind durch ECE R51 geregelt, die praktische Durchführung erfolgt nach ISO 362. Die Grenzwerte wurden seit 1980 schrittweise von 82 dB(A) auf 74 dB(A) abgesenkt. Seit 1996 ist dieser Prozess ausgesetzt, da erkannt wurde, dass die dadurch bewirkte akustische Optimierung der Fahrzeuge sich unter den Bedingungen des realen Verkehrsgeschehens nicht mehr schlüssig lärmmindernd auswirkt. Zur Zeit wird ein neues Typprüf-Verfahren (TP) formuliert. Es zielt auf eine verbesserte Abbildung der Lärmemissionen, wie sie bei Fahrzeugen im realen innerstädtischen Verkehrsgeschehen auftreten. Eine gesetzlich verbindliche Einführung als ECE R51 (neu) ist ab 2013 zu erwarten.

In der z. Z. gültigen TP-Norm werden die Vorbeifahrtpegel unter Volllast ermittelt (Abb. 3.80). Für Fahrzeuge mit manuellen Getrieben werden Pegelwerte des zweiten und dritten Ganges arithmetisch gemittelt, während automatische Getriebe in Stufe D gemessen werden. Eine Ausnahme stellen Fahrzeuge dar, die Hochleistungskriterien erfüllen; diese werden nur im dritten Gang gemes-

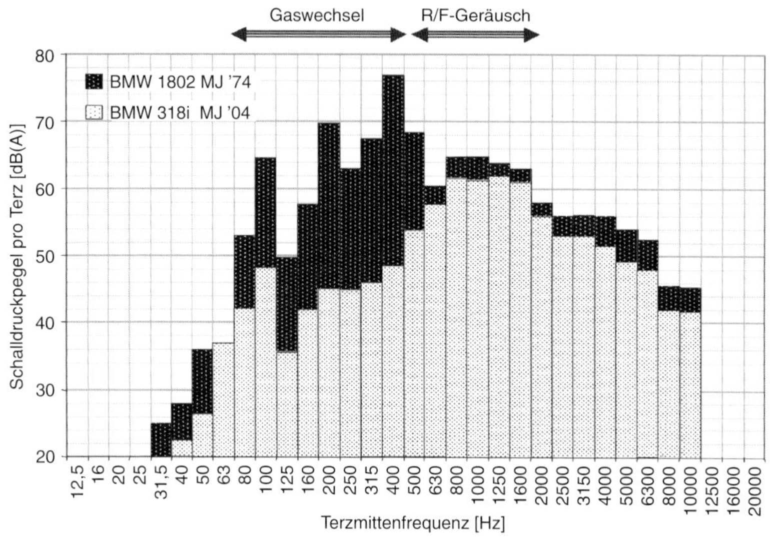

Abb. 3.79 Spektrum des maximalen Vorbeifahrtgeräusches gestern und heute

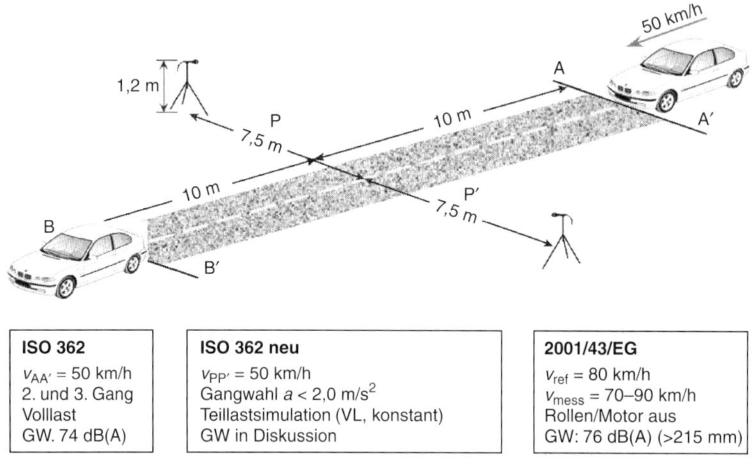

Abb. 3.80 Vorbeifahrt-Typprüfverfahren

sen. In der Neufassung der TP-Norm »ISO362-neu« ist die Geräuschemission eines Fahrzeugs bei $v = 50\,\text{km/h}$ unter Teillastkriterien zu ermitteln, die von dessen »power to mass-Ratio« (PMR = Leistung/Gewicht in kW/t) abhängen. Dazu erfolgen unter Auswahl geeigneter Gangstufen Vorbeifahrten am Mikrofon bei Volllast (wot) und zusätzlich Konstantfahrten (cruise) in diesen Gängen. Die Mittelungsprozedur für die dabei gemessenen Pegel führt auf die Hilfspegel Lwot ref und Lcrs. Aus diesen wird der Typprüfpegel Lurban interpoliert, der bei einer urbanen Beschleunigung aurban (vom PMR abhängig, und stets kleiner 2,0 m/s²) vorliegt. Der Algorithmus ist aus Abb. 3.81 nachvollziehbar.

Derzeit laufen Bestrebungen, Vorbeifahrtstypprüfungen auch in der Halle durchzuführen. Dabei wird das Fahrzeug auf Rollen betrieben und die Vorbeifahrt über »Durchschalten« einer Mikrofonreihe simuliert. Vorteil dieser Methode

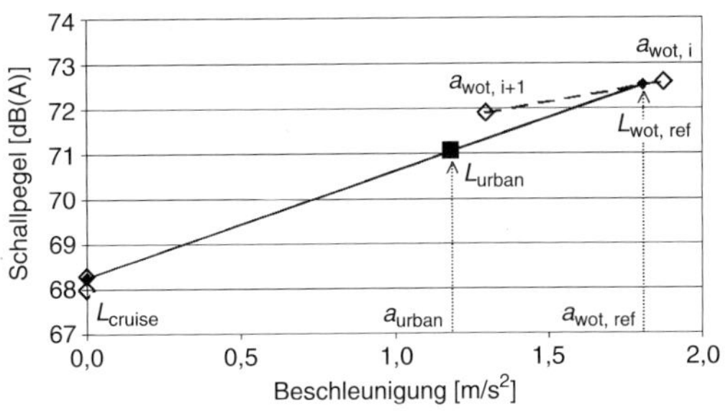

Abb. 3.81 Neues Messverfahren ISO 362

ist die wetter- und umfeldunabhängige Messung. Während des Entwicklungsprozesses lässt sich die Zielerreichbarkeit mittlerweile gut über Berechnungsmethoden prognostizieren. Im Rahmen einer COP-Prüfung (Conformity of Production) wird die Einhaltung der Grenzwerte vom Gesetzgeber auch in der laufenden Produktion gefordert.

3.4.8.4 Reifen/Fahrbahngeräusch

Das R/F-Geräusch tritt bereits ab ca. 30–40 km/h im öffentlichen Verkehr dominant in Erscheinung. Es spielt auch bei den gesetzlichen Grenzwerten im Rahmen der Typprüfung eine zunehmende Rolle (siehe ▶ Abschn. 3.4.8.3). Hier ergeben sich Zielkonflikte bereits innerhalb der Komponente Reifen, z. B. bei der gleichzeitigen Maximierung von Handlings- und Geräuscheigenschaften. Der R/F-Geräuschpegel bei beschleunigter Vorbeifahrt setzt sich aus der Summe der Teilschallquellen des Roll- und des Lastgeräusches zusammen (Abb. 3.82).

Für Reifen traten ab 2009 zur Begrenzung der Reifenrollgeräusche die Regulierungen der Typprüfung 661/2009/EG oder R117.02 in Kraft. Darin werden Grenzwerte bei 80 km/h für das Rollgeräusch in Abhängigkeit von der Reifenbreite festgelegt. Die neuen und alten Grenzwerte in Abhängigkeit der Dimension sind in Abb. 3.83 dargestellt. Es zeigt sich, dass die Pegel nur durch Bezug auf die Reifenbreite nicht ausreichend charakterisiert werden können. Die Reifenindustrie hat erhebliche Verbesserungen im akustischen Verhalten der Reifen erzielt. Für die zu erwartenden Grenzwertverschärfungen in Stufe 1 und Stufe 2 nach neuer TP-Norm sind aus heutiger Sicht nochmals deutlich leisere Reifen erforderlich. Die gleichzeitige Minimierung der beiden konkurrierenden Eigenschaften Geräusch und Rollwiderstand wird für die Reifenindustrie in den nächsten Jahren eine große Herausforderung werden.

In Abb. 3.84 werden die relativen Anteile von R/F-Geräusch zum Motorgeräusch für ein typisches Fahrzeug abhängig vom gewählten Prüfverfahren aufgezeigt. In den benutzten Gängen werden die Unterschiede in den Geräuschanteilen hauptsächlich von der Motordrehzahl bei Volllast geprägt, während sich im R/F-Geräusch das unterschiedliche Drehmoment an den Rädern wenig auswirkt. Gegenüber dem Ergebnis für das gültige TP-Verfahren erscheint im künftigen Verfahren das R/F-Geräusch mit deutlich größerem Anteil.

Dies entspricht der realen Belästigungssituation in urbanen Bereichen, bedeutet aber auch, dass weitere Absenkungen der Grenzwerte mit motorischen Maßnahmen nur noch begrenzt möglich sind.

3.4.9 Schwingungskomfort

Der Akustik- und der Schwingungskomfort eines Fahrzeugs sind zwei eng miteinander verknüpfte Disziplinen, da es sich in beiden Fällen um Körperschall-Phänomene handelt, allerdings in verschiedenen Frequenzbereichen. Zielkonflikte zwischen beiden Fachgebieten resultieren im Allgemeinen aus unterschiedlichen Anforderungen in Bezug auf das Schwingungsverhalten einerseits und die Körperschall-Isolationseigenschaften von Komponenten andererseits.

Die Empfindlichkeit eines Menschen auf Schwingungseinwirkung ist empirisch vielfältig abgesichert. In [86] wird die Empfindlichkeit auf Schwingungseinwirkung über den Sitz in Abhängigkeit von der Schwingungsamplitude und Frequenz angegeben. Aus den Bewertungskurven kann gefolgert werden, dass die Empfindlichkeit des Menschen bzgl. Schwingungsanregungen zwischen 5 und 10 Hz am größten ist. Diese Empfindlich-

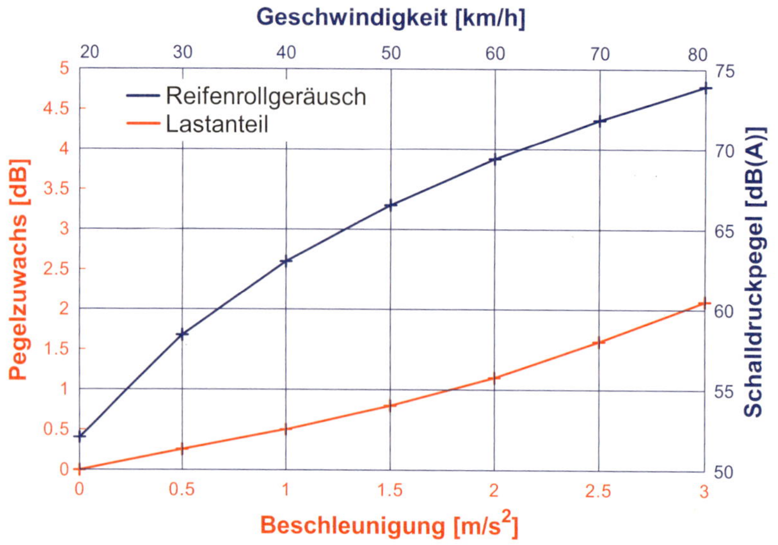

Abb. 3.82 Roll- und Lastgeräusch eines Reifens

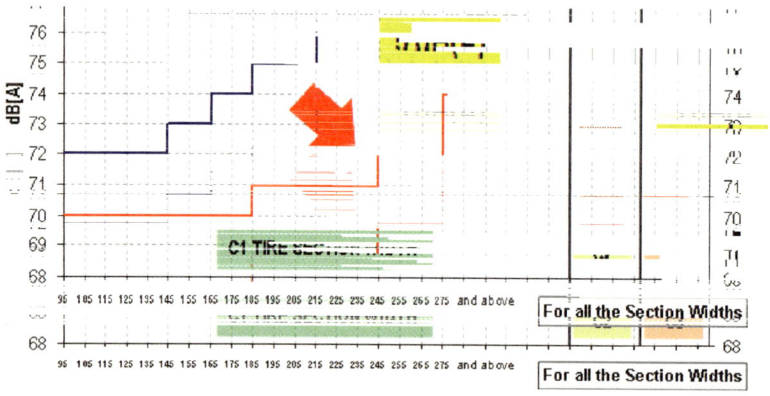

Abb. 3.83 Grenzwerte alt/neu abhängig von der Reifenbreite

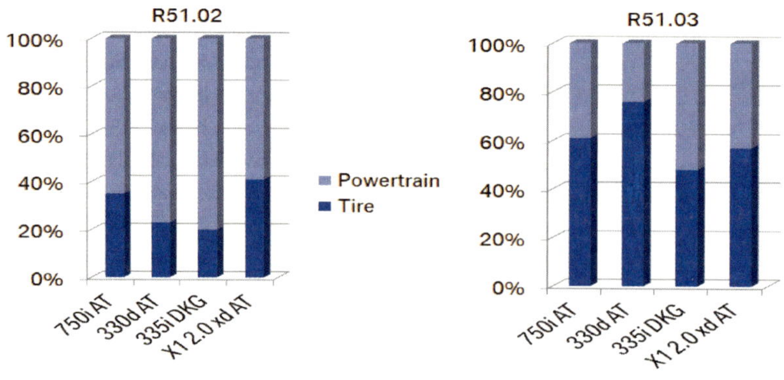

Abb. 3.84 Anteile der Teilschallquellen Antriebsstrang (ASG) und Reifen (RFG) im Vergleich der Typprüfverfahren

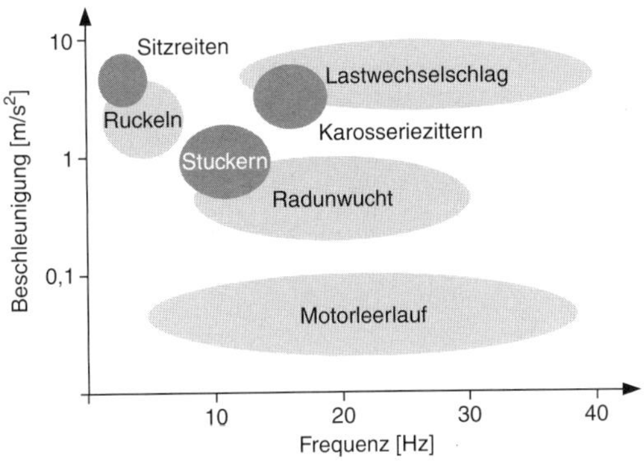

Abb. 3.85 Schwingungsphänomene

keit resultiert aus der Tatsache, dass der Mensch im technischen Sinn ein Schwingungssystem darstellt, dessen einzelne Bestandteile, wie z. B. Kopf, Gliedmaßen, Magen, usw. im Frequenzbereich zwischen 5 und 10 Hz zu Resonanzschwingungen angeregt werden. Im Frequenzbereich darüber und darunter nimmt die Empfindlichkeit auf Schwingungsanregung kontinuierlich ab. Störungen durch Schwingungseinwirkung treten in der Regel nur zwischen ca. 1Hz (Aufbauschwingungen) und 50Hz (Kribbeln) auf.

Vor dem Hintergrund der Sensitivität des Menschen gegenüber Schwingungsanregungen müssen zu Beginn der Entwicklung eines neuen Fahrzeugs Grenzwerte für Frequenzlagen und Amplituden der systembedingten Schwingungsphänomene beim späteren Serienprodukt definiert werden (Abb. 3.85). Eine Schwierigkeit bei der Definition solcher Gesamtfahrzeugziele besteht allerdings darin, das subjektive Empfinden eines Fahrzeuginsassen auf objektive Kriterien zurückzuführen. Die Objektivierung der vielfältigen Schwingungseinflüsse des Fahrzeugs auf den Menschen ist immer noch Gegenstand der Grundlagenforschung [89].

Nachstehend werden die verschiedenen Schwingungsphänomene in Abhängigkeit von den unterschiedlichen Anregungsmechanismen näher betrachtet.

3.4.9.1 Motorerregte Schwingungen

Zu den motorerregten Schwingungen gehören neben den Leerlaufschwingungen die Phänomene Lastwechselruckeln und Lastwechselschlag. Mit zunehmendem Einsatz von Motor-Start-Stopp-Systemen und hybriden Antrieben gewinnt der Schwingungskomfort während des Motor-Start- und Abstellvorgangs an Bedeutung.

Leerlaufschwingungen werden durch zyklische und auch stochastische Anregungen aus dem Motor verursacht. Dabei kommt es im ungünstigen Fall dazu, dass die dominierende Motorordnung im Bereich der globalen Gesamtfahrzeugeigenmoden liegt. Ist dies der Fall, verschlechtert sich der Schwingungskomfort im Leerlauf des Motors drastisch. In Abb. 3.86 wird dieser Zusammenhang über der Motordrehzahl beispielhaft aufgezeigt.

Dabei ist zu erkennen, dass beim 4-Zylinder-Motor der Leerlauf unterkritisch bezüglich der 2. Motorordnung abgestimmt wird, während beim 6- und 8-Zylindermotor eine überkritische Abstimmung des Leerlaufs bezogen auf die 3. bzw. 4. Ordnung gewählt wird. Damit es zu keiner Anregung der globalen Gesamtfahrzeugeigenmoden durch die Motorordnung kommt, müssen die 1. Biegung und 1. Torsion in einem Frequenzband zwischen 27 und 33 Hz liegen. Um unerwünschte Koppelschwingungen zu vermeiden, sollte zwischen den beiden ersten globalen Gesamtfahrzeugeigenmoden ca. 3 Hz Abstand bestehen. Da die Vorderwagentorsionsfrequenz über der 1. Torsion liegt, sollte sie so weit oberhalb liegen, dass sie auch oberhalb der 4. Motorordnung beim 8-Zylinder-Motor zu liegen kommt.

Zur Gruppe der motorerregten Schwingungen gehören neben den Leerlaufschwingungen auch die Lastwechselschwingungen. Bei diesem Schwingungsphänomen wird unterschieden zwischen dem Lastwechselruckeln und dem Lastwechselschlag. Beide Schwingungsphänomene werden verursacht durch eine sprungförmige Drehmomentänderung im Antriebsstrang infolge einer abrupten Fahrpedalbewegung.

Beim Lastwechselruckeln, auch bekannt unter der Bezeichnung »Bonanza-Effekt«, kann das Schwingungssystem als einfaches Feder-Masse-System beschrieben werden. Die translatorische Masse bildet die Karosserie als Starrkörper, die Feder ist bedingt durch die Elastizitäten im Antriebsstrangsystem, ausgehend von der Reifen-Fahrbahn-Kontaktfläche bis hin zu den Lagerelementen zwischen Karosserie und Antriebs-

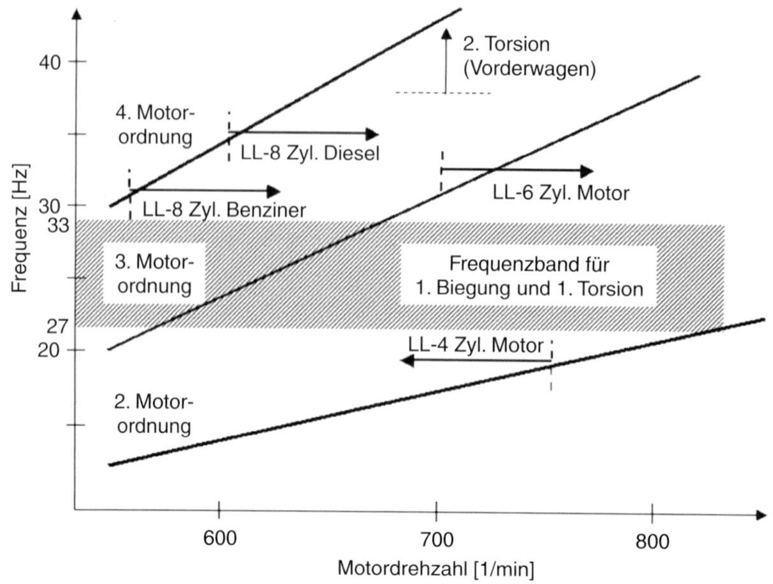

Abb. 3.86 Schwingungstechnische Auslegung von Motorleerlauf und Gesamtfahrzeug-Eigenfrequenzen

strang. Dementsprechend ist es verständlich, dass das Lastwechselruckeln in Abhängigkeit von der Antriebsstrangübersetzung (Gangwahl) bei unterschiedlichen Eigenfrequenzen auftreten wird. Besonders störend treten Ruckelschwingungen bei niedrigen Drehzahlen im 1. und 2. Gang – mit Frequenzen zwischen 1,5 und 4 Hz – auf. Grund für die Lästigkeit der Ruckelschwingungen sind vorrangig nicht die Amplitudenwerte des von den Insassen wahrgenommenen zeitlichen Verlaufs der Fahrzeuglängsbeschleunigung sondern vielmehr das mangelhafte Abklingverhalten.

Der Lastwechselschlag tritt im Gegensatz zum Lastwechselruckeln nicht im tieffrequenten, sondern im höherfrequenten Frequenzbereich auf. Dabei kommt es durch die plötzliche Drehmomentänderung, hervorgerufen durch die Änderung der Fahrpedalstellung, neben einem deutlich wahrnehmbaren Ruck in der translatorischen Bewegung des Fahrzeugs zu einem dumpfen, einmaligen Schlaggeräusch, welches aus dem Anschlag der Lagerelemente des Hinterachsgetriebes resultiert. Daraus ergibt sich, dass bei diesem Schwingungsphänomen die Schwingungsamplitude von primärer Bedeutung ist.

Lastwechselruckeln und Lastwechselschlag lassen sich durch Eingriffe in die Motorsteuerung (Zusatzdämpfung durch Zündwinkelverstellung, Begrenzung des Momentenanstiegs) sowie durch gezielte Gestaltung der Steifigkeit des Antriebsstrangs beeinflussen. Die Ausführung der Motorlagerung hat ebenfalls Auswirkungen auf das Lastwechselruckeln, der Einbau eines ZMS bzw. dessen Kennlinie hat spürbare Auswirkungen auf den Lastwechselschlag (▶ Abschn. 5.4).

3.4.9.2 Fahrbahnerregte Schwingungen

Hier handelt es sich um Schwingungen im Fahrzeug, welche über die Fahrbahn angeregt werden und damit geschwindigkeitsabhängig sind. Zu dieser Gruppe zählen die Phänomene Karosseriezittern, Motorstuckern und Sitzreiten.

Karosseriezittern tritt vor allem bei Fahrzeugen mit großer Dach- oder Hecköffnung sowie bei offenen Fahrzeugen (Cabriolets, Roadster) auf. Dabei kommt es zur Überlagerung der Anregung aus der Radresonanz mit den Resonanzen aus den globalen Torsionseigenmoden des Fahrzeugs. Die Entstehung dieses Schwingungsphänomens ist in Abb. 3.87 schematisch dargestellt.

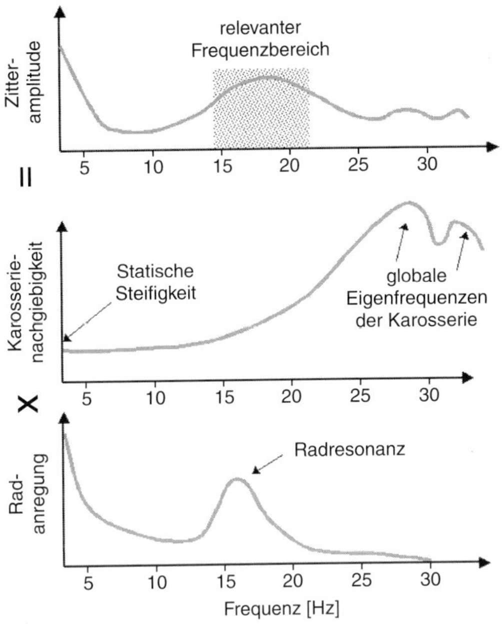

Abb. 3.87 Wirkmechanismus Karosseriezittern

Durch die Kopplung der beiden Komponentenresonanzen tritt eine Überhöhung des Amplitudenverlaufs im Frequenzbereich zwischen 10 Hz und 20 Hz auf. Für den Fahrzeuginsassen macht sich dieses Phänomen als Nachschwingen des Fahrzeugs beim Überfahren von Fahrbahnunebenheiten bemerkbar und führt zu einem unsoliden Komforteindruck. Neue Reifentechnologien (Runflatreifen) sowie straff abgestimmte Fahrwerke verstärken das Problem. Fahrzeuge mit sportlich straff abgestimmter Vertikaldynamik des Fahrwerks und hohen Radresonanzfrequenzen benötigen dementsprechend steifere Fahrzeugstrukturen mit einer höherliegenden ersten globalen Torsionseigenmode, um das Karosseriezittern ausreichend zu begrenzen.

Beim Motorstuckern kommt es durch gleichzeitige Anregung der beiden Vorderräder zu einer Hubbewegung des Gesamtfahrzeugs. Erfolgt diese Anregung im Frequenzbereich zwischen 5 Hz und 10 Hz, wird der Motor-Getriebe-Verband zu Schwingungen insbesondere seiner Hub- und Wankform angeregt. Dieses Schwingungsphänomen wird sehr störend als Unruhe im Vorderwagen wahrgenommen. Um das Motorstuckern zu reduzieren, ist das Lagerungskonzept von Motor und Getriebe von entscheidender Bedeutung. Es muss gewährleisten, dass die Eigenschwingformen des Motor-Getriebe-Verbundes in einen Frequenzbereich geringer Anregung liegen und ausreichend gedämpft werden. Bei einer steifen Anbindung des Motor-Getriebe-Verbands an die Karosserie wird jedoch die Körperschallanregung aus dem Motor vermehrt in die Karosserie eingeleitet, was neben einer Verschlechterung des Schwingungskomforts im Leerlauf auch zu einer Verschlechterung der akustischen Übertragung führt.

Diese gegensätzlichen Anforderungen lassen sich mit Hydrolagern auflösen, welche hochfrequent hohe Isolation und in der Stuckerfrequenz eine hohe Dämpfung aufweisen. Schaltbare Hydrolager erlauben darüber hinaus das Einstellen einer geringen Lagersteifigkeit im Leerlauf, für den Fall, wenn das Fahrzeug steht. Serienmäßig eingesetzt werden diese Schwingungsisolationselemente vor allem bei Diesel-Fahrzeugen mit entsprechend hoher Drehungleichförmigkeit des Antriebs im Leerlaufbetrieb. Zur Reduzierung der Vibrationen in die Fahrgastzelle werden im leerlaufnahen Bereich die Lagerelemente auf »weich« geschaltet. Im Fahrbetrieb findet dann das Umschalten in die Stellung »steif« statt, wodurch das Stuckerverhalten positiv beeinflusst wird.

Beim Sitzreiten kommt es zur Kopplung der Aufbauschwingungen mit der Sitz-Mensch-Eigenfrequenz zwischen 4 und 8 Hz, was zu starkem Unwohlsein des Fahrzeuginsassen führen kann. Aus diesem Grund ist es notwendig, die Aufbaufederung unterhalb von 3Hz anzusiedeln.

Senkt man die Aufbaueigenfrequenz zu weit ab, werden die Federwege zu groß. Wichtige Charakteristika für die Aufbaueigenfrequenz sind neben der Aufbaumasse die Steifigkeit der Aufbaufeder und die Kennung der Aufbaudämpfer. Steifigkeit und Dämpfung sind ebenfalls wichtige Einflussgrößen für die Abstimmung der Sitzeigenfrequenz.

3.4.9.3 Raderregte Schwingungen

Bei den raderregten Schwingungen handelt es sich um Schwingungsphänomene die infolge von Radungleichförmigkeiten entstehen. Diese regen u. a. die Karosserie zu geschwindigkeitsabhängigen Zit-

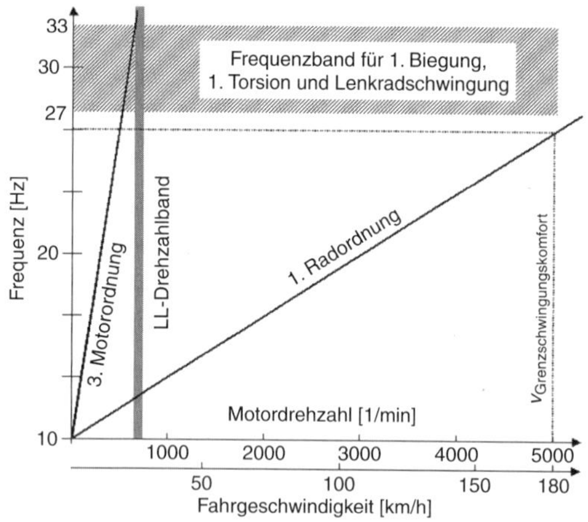

Abb. 3.88 Karosserieauslegung nach den globalen Eigenformen

terschwingungen an. Die Radungleichförmigkeiten können zum einen aus einer Unrundheit oder Desaxierung des Rades resultieren, zum anderen können ungleiche Massen- oder Steifigkeitsverteilung im Reifen selbst eine Anregung des Fahrzeugs verursachen. Für einen guten Schwingungskomfort bei höheren Geschwindigkeiten hat sich die strukturdynamische Auslegung der Karosserie orientiert an der 1. Radordnung bewährt [78]. Diese ist direkt zur Fahrzeuggeschwindigkeit proportional. In Abb. 3.88 ist zu erkennen, dass die Leerlaufdrehzahl die obere Grenze des Frequenzbandes für die 1. Biegung und 1. Torsion darstellt, während die untere Grenze durch die 1. Radordnung festgelegt wird. Je kleiner die Eigenfrequenzen der beiden Eigenformen des Gesamtfahrzeugs sind, desto eher werden sie durch die 1. Radordnung angeregt und desto größer ist die Gefahr, dass es bei höheren Geschwindigkeiten zu einer Anregung der globalen Gesamtfahrzeugeigenmoden kommt.

3.4.10 Akustik und Schwingungen beim Elektrischen Fahren

Im Zuge der Hybridisierung und Elektrifizierung der Fahrzeugantriebe ergeben sich über die in den einzelnen Kapiteln beschriebenen Effekte und Maßnahmen hinausgehend neue Phänomene und Aufgaben. Neue Komponenten verändern das Fahrzeugverhalten. Mit dem elektrischen Antriebsmotor und der Leistungselektronik kommen neue Körper- und Luftschallquellen im Fahrzeug hinzu. Auch die Betriebsstrategien von Hybridfahrzeugen und Elektrofahrzeugen mit Range-Extender sind deutlich komplexer als die des Verbrennungsmotors. Bei Fahrzeugen die im niedrigen Geschwindigkeitsbereich rein-elektrisch fahren ergeben sich neue Herausforderungen bezüglich der Wahrnehmbarkeit der Fahrzeuge für andere Verkehrsteilnehmer, allen voran Fußgänger.

Bei der Entwicklung eines elektrischen Antriebsstrangs ist es erforderlich, die magnetischen Kräfte im Luftspalt und die Strukturdynamik des Statorgehäuses in Kombination mit dem Getriebegehäuse und Rotor mittels Simulation auszulegen. Relevante Größen sind dabei zum Beispiel die Polpaarzahl, die Zahngestaltung, das Wicklungsschema und der Luftspalt. Für die Leistungselektronik spielen vor allem die Ansteuerfrequenz, die Abstrahlung des Gehäuses, die Art der Lagerung und die Position im Fahrzeug eine Rolle.

Die Kombination eines elektrischen Antriebsmotors mit einem Verbrennungsmotor, im direkten Antrieb oder als Range Extender, führt zu deutlich mehr verschiedenen Betriebszuständen als bei Fahrzeugen mit konventionellen Antriebskonzepten. Nicht nur die einzelnen Betriebszustände selber, sondern auch die Übergänge zwischen den verschiedenen Betriebszuständen müssen bei der Entwicklung eines stimmigen Akustikkonzepts berücksichtigt werden. Darüber hinaus ist auch die Betriebsstrategie von großer Bedeutung. Aus der Zunahme der möglichen Freiheitsgrade ergeben sich einerseits Chancen, wie kritische Betriebspunkte geschickt vermieden werden können. Andererseits ist es wesentlich, eine für den Kunden nachvollziehbare und reproduzierbare Betriebsstrategie zu entwickeln.

Aufgrund der relativ geringen Geräuschabstrahlung des E-Antriebs kommt es im Geschwindigkeitsbereich bis ca. 30 km/h aufgrund des dort ebenfalls schwach ausgeprägten Reifen-Fahrbahngeräusches zu einer deutlich geringeren Wahrnehmbarkeit der sogenannten »Quiet Cars« [98]. Zur Kompensation des erhöhten Fußgängersicherheitsrisikos werden daher in verschiedenen

Ländern gesetzliche Regelungen zu Minimalanforderungen an den Geräuschpegel erlassen, deren Erfüllung in der Regel durch einen im Vorderwagen verbauten Geräuschgenerator erreicht wird. Neben den bei der geometrischen Integration von Komponenten im Motorraum üblichen Aspekten wie Betriebsfestigkeit, Verschmutzung, Witterungseinflüsse, Crash-Verhalten etc. muss insbesondere die Schallführung nach außen optimiert werden. Beim Sounddesign stehen psychoakustische Kriterien wie Maskierung durch das Hintergrundgeräusch, Lokalisierbarkeit und Identifizierbarkeit im Vordergrund. Letzterer Aspekt betrifft die Mustererkennung in Bezug auf den Soundcharakter und umfasst das »Erkennen als Fahrzeug« und als spezielle Anforderung die differenzierte Wahrnehmung der Geräuschquelle als Elektrofahrzeug. Neben der Außenwirkung sind aufgrund der Transmission des Lautsprechersignals in den Fahrzeuginnenraum ferner auch der Komfort bzw. die Vermeidung von Lästigkeit zu berücksichtigen.

3.4.11 Prozess Akustikentwicklung

Zu Beginn einer Entwicklung ist es notwendig, die Positionierung des Fahrzeugs im Markt und damit auch die akustische und schwingungstechnische Zielpositionierung exakt festzulegen. Hier sind Vorgaben für alle kundenwertigen akustischen und schwingungstechnischen Phänomene zu machen. Aus diesen Vorgaben muss ein schlüssiges akustisches und schwingungstechnisches Konzept entwickelt werden. Dieses ist wiederum die Basis für die Ableitung von Subzielen für die wesentlichen eigenschaftsprägenden Subsysteme und Komponenten. Der Zielkatalog für akustische und schwingungstechnische Eigenschaften ist damit grundsätzlich hierarchisch strukturiert. Ausgehend von den Gesamtfahrzeugzielwerten der Ebene 0 werden zuerst die akustischen Kenndaten für die drei wesentlichen Subsysteme der ersten Ebene (Karosserie, Antrieb und Antriebsstrang, Fahrwerk) festgelegt. In den nachfolgenden Ebenen 2, 3, … werden dann – bei ständig zunehmender Anzahl – die Eigenschaften von deren Subkomponenten mit fortschreitender Detaillierung beschrieben [90].

Die Erarbeitung eines akustischen Konzeptes ist gleichbedeutend mit der Ableitung von Komponenteneigenschaften aus Gesamtfahrzeugzielen. Trotz großer Fortschritte, Eigenschaftsaussagen auf der Basis von virtuellen Produktdaten zu machen, ist gerade bei Akustik- und Schwingungen auch heute noch der Einsatz von Prototypen zur Konzeptabsicherung und Detailoptimierung unverzichtbar. Wichtig ist dabei, dass nur Prototypen oder Teilsysteme mit ausreichendem Reifegrad die erforderliche Aussagefähigkeit besitzen. Zielführend ist in der Praxis meist eine hybride Vorgehensweise aus Berechnung und Versuch.

Neu als Aufgabe ist auch die Auflösung des Zielkonfliktes zwischen der Wirksamkeit von Akustik- und Schwingungsmaßnahmen und Leichtbau. Hier sind neue Ansätze zu wählen, um Karosserien aus Leichtmetall oder Faserverbundwerkstoffen bzgl. Komfort und Wertigkeit zu ertüchtigen.

Nicht unerwähnt bleiben darf jedoch, dass das Spezifizieren der Akustikzielwerte wegen der Vielzahl von Zielkonflikten zwischen den verschiedenen Eigenschaften nicht losgelöst von konkurrierenden Anforderungen erfolgen kann. Wichtig ist in diesem Zusammenhang ein ausgewogenes Optimum über alle Fahrzeug-Eigenschaften hinweg anzustreben, denn im Endeffekt wird nur ein in allen Disziplinen stimmiges Fahrzeug hohe Kundenakzeptanz finden.

Literatur

Literatur zu Abschn. 3.1

1. Braess, H.-H.: Die Karosserie – Typisches Beispiel für Zielkonflikte und Zielkonfliktlösungen für Automobile. Entwicklungen im Karosseriebau. VDI-Bericht, Bd. 968., Düsseldorf (1992)
2. Braess, H.-H.: nicht veröffentliche Unterlage
3. Robert Bosch GmbH: Kraftfahrtechnisches Taschenbuch, 27. Aufl. Vieweg+Teubner, Wiesbaden (2012)
4. Seiffert, U.: Dubbel Taschenbuch für den Maschinenbau. Springer-Verlag, Heidelberg (2001)
5. Braess, H.-H., Stricker, R.: Eigenlenkverhalten, Kurvenwiderstand, Kraftstoffverbrauch – Ein weiterer Aspekt des Fahrzeugkonzeptes und der Fahrwerksabstimmung. VDI-Ber. »50 Jahre Frontantrieb im Serienautomobilbau«, Bd. 418, S. 275–280 (1981)

6. ISO 8855 Road vehicles – Vehicle dynamics and road-holding ability – Vocabulary, Dezember 1991
7. DIN 70000 Straßenfahrzeuge – Fahrzeugdynamik und Fahrverhalten – Begriffe, Januar 1994

Literatur zu Abschn. 3.2

8. Hucho, W.H.: Aerodynamik des Automobils. Vieweg, Wiesbaden (2005)
9. Wäschle, A.: Numerische und experimentelle Untersuchung des Einflusses von drehenden Rädern auf die Fahrzeugaerodynamik. Dissertation, TU Stuttgart (2006)
10. Huber, L.: Die Fahrtrichtungsstabilität des schnellfahrenden Kraftwagens. Dissertation, TH Stuttgart (1940)
11. Hucho, W.H.: Design und Aerodynamik – Wechselspiel zwischen Kunst und Physik. In: Kieselbach, R.J.F. (Hrsg.) The drive to design – Geschichte, Ausbildung und Perspektiven im Autodesign. avedion, Stuttgart (1998)
12. Wagner, A.: Ein Verfahren zur Vorhersage und Bewertung der Fahrerreaktion bei Seitenwind. Dissertation, TU Stuttgart (2003)
13. Riederer, S.: Strömungsphänomene im Bereich der vorderen Radhäuser von Personenfahrzeugen. Dissertation, TU München (2004)
14. Zivkov, V.: Experimentelle und numerische Untersuchungen der aerodynamischen Kraftfahrzeugeigenverschmutzung. Dissertation, TU Karlsruhe (2004)
15. Kuthada, T.: Die Optimierung von Pkw-Kühlluftführungssystemen unter dem Einfluss moderner Bodensimulationstechniken. Dissertation, TU Stuttgart (2006)
16. Hucho, W.-H.: Grenzwert-Strategie. Halbierung des Cw-Wertes scheint möglich. ATZ 01/2009, Jahrgang 111, 16–23 (2009)
17. Fischer, A.: Integration von Aerodynamik-Simulation in die Konzeptphase des Entwicklungsprozesses. 4. Braunschweiger Symp., März 2009. In: GZVB Gesamtzentrum für Verkehr Braunschweig (Hrsg.) Faszination Karosserie. S. 51–64. Braunschweig (2009)
18. Alexander, H., Wiedemann, J., et al.: Optimierung der Laufbandtechnologie im 1:1-Aeroakustik-Fahrzeugwindkanal. ATZ **01**, 80–85 (2012)
19. Schrefl, M.: Instationäre Aerodynamik von Kraftfahrzeugen: Aerodynamik bei Überholvorgängen und böigem Seitenwind. Dissertation, TU Darmstadt (2008)
20. Schröck, D.: Eine Methode zur Bestimmung der aerodynamischen Eigenschaften eines Fahrzeugs unter böigem Seitenwind. Dissertation, Universität Stuttgart (2011)

Literatur zu Abschn. 3.3

21. Lutz, R., Kern, J.: Ein Wärmeübertrager für gekühlte Abgasrückführung. 6. Aachener Kolloquium Fahrzeug und Motorentechnik, 1997
22. Eichelseder, W., Marzy, R., Hager, J., Raup, M.: Optimierung des Wärmemanagements von Kraftfahrzeugen mithilfe von Simulationswerkzeugen, Tagung Wärmemanagement. Haus der Technik Essen, September 1998
23. Kern, J.: Neue Konstruktion gelöteter Ganzaluminiumkühler für Kfz. ATZ **100**(9), (1998)
24. Löhle, M., Kampf, H., Kern, J.: Integrierte Systeme und Produkte zur Motorkühlung und Innenraumklimatisierung. ATZ (Sonderausgabe Systempartner), (1998)
25. Martin, M.: Elektronisch geregelte elektromagnetische Visco-Lüfterkupplungen für Nutzfahrzeuge. ATZ **95**, (1993)
26. Ambros, P.: Beitrag der Motorkühlung zur Reduzierung des Kraftstoffverbrauchs. Tagung Wärmemanagement. Haus der Technik Essen, September 1998
27. Kampf, H.: Konditionssicherheit des Fahrers – die Klimaanlage als Instrument der aktiven Sicherheit, Vortrag. VDA Technischer Kongress, Stuttgart, 2002
28. Richtlinie EWG 79/317 oder US Sicherheitsnorm FMVSS 103
29. Flik, M., Löhle, M., Wilken, H., Humburg, M., Vilser, L.: Beheizung von Fahrzeugen mit verbrauchsoptimierten Motoren, Vortrag. Wiener Motorenkolloquium, 1996
30. Kampf, H., Kunberger, O., Weinbrenner, M.: Klimatisierung von Fahrzeugen mit kraftstoffsparenden Motoren. In: Schlenz, D. (Hrsg.) Pkw-Klimatisierung II. Expert Verlag, Renningen (2002)
31. Haubner, F., Koch, F.: Zuheizerkonzepte zur Verbesserung der Heizleistung in verbrauchsoptimierten Fahrzeugen. In: Schlenz, D. (Hrsg.) Pkw-Klimatisierung II. Expert Verlag, Renningen (2002)
32. Nothen, M.: Brennerheizungen als Zu- und Standheizungen im Pkw. In: Schlenz, D. (Hrsg.) Pkw-Klimatisierung. Expert Verlag, Renningen (2000)
33. Beetz, K.: Elektrische Zuheizsysteme – Innovative Lösungen. In: Schlenz, D. (Hrsg.) Pkw-Klimatisierung II. Expert Verlag, Renningen (2002)
34. Condensers of automotive air conditioning systems with a 3-D cell model. VTMS Tagung, Indianapolis, 1997
35. Heckenberger, T.: Simulationsverfahren im Thermomanagement von Fahrzeugen. Automotive Engineering Partners **6**, (2003)
36. Reichelt, J.: Leistungsgeregelte Verdichter zur Pkw-Klimatisierung. Karlsruhe (1987)
37. Cullen, P.: Variable stroke compressor developments for improved air conditioning performance, fuel economy and drive ability. VTMS4, London, 1999
38. Brotz, F., Mersch, T., Morgenstern, S., Taxis-Reischl, B.: Progress in the optimized application of simulation tools in vehicle air conditioning. VTMS5, Nashville, 2001
39. Austin, K., Botte, V.: An integrated air conditioning (AC) circuit and cooling circuit simulation model. VTMS5, Nashville, 2001
40. Ellinger, M., Schröder, K., Wagner, S.: Simulation von Klimaanlage und Fahrgastzelle. Automobiltechnische Zeitschrift **2**, (2002)
41. Hirate, T., Fujiwara, K., Györög, T.: Verbesserung von Fahrzeug-Klimaanlagen. KI Luft- und Kältetechnik **12**, (1999)
42. Feuerecker, G., Kampf, H., Krauß, H.-J., Parsch, W., Rinne, F., Walter, C.: CO_2 als alternatives Kältemittel. In: Schlenz, D. (Hrsg.) Pkw-Klimatisierung II. Expert Verlag, Renningen (2002)
43. Graz, M., Kuhn, P., Obrist, F., Parsch, W., Rinne, F.: Kohlendioxid-R744 als Kältemittel in Fahrzeug-

Klimaanlagen. Automobiltechnische Zeitschrift **12**, (2001)
44. Cucuz, S., Fröhling, J., Heyl, P., Wieschollek, F.: Kühlen und Heizen mit natürlichem Kältemittel CO_2, System Partners ATZ/MTZ, Mai 2002
45. Adiprasito, B.: COP comparison R134a vs. CO_2. SAE Alternate Refrigerant Symposium, Phoenix, 2000
46. Fröhling, J., Heyl, P.: Heizen und Kühlen mit CO_2-Pkw-Klimaanlagen. In: Schlenz, D. (Hrsg.) Pkw-Klimatisierung II. Expert Verlag, Renningen (2002)
47. Dohmen, J., et al.: Virtuelle Kühlsystementwicklung. MTZ **12**, 966–973 (2006)
48. Edwards, S., et al.: CO_2-Minderung bei einem Turbo-DI-Ottomotor durch optimiertes Thermomanagement. MTZ **2**(01), (2008)
49. Kramer, W.: Indirekte Ladeluftkühlung bei Diesel- und Ottomotoren. MTZ **02**, (2006)
50. Borrmann, D. et al.: Zylinderkopf mit integriertem Abgaskrümmer als Beitrag zu ottomotorischen Downsizing Konzepten. 17. Aachener Kolloquium Fahrzeug- und Motorentechnik, 2008
51. Dietz, S., Korfmann, S., Kammler, T.: Requirements on vehicle cooling systems due to alternative drive train concepts and CO_2 reduction measures. Stuttgarter Symposium, 2009
52. Szengel, R., et al.: Der TSI Motor mit 90 kW. MTZ **07**, (2007)
53. Hummel, K., et al.: Ansaugmodul mit indirektem und integriertem Ladeluftkühler. MTZ **11**, (2010)
54. Metzner, F. et al.: Innovatives Thermomanagement am Beispiel des neuen Volkswagen Touareg. 19. Aachener Kolloquium Fahrzeug- und Motorentechnik, 2010
55. Flik, M., Edwards, S., Pantow, E.: Emissionssenkung bei Nutzfahrzeugen durch Thermomanagement. Wiener Motoren Symposium, 2009
56. Kemle, A., Manski, R., Weinbrenner, M.: Klimaanlagen mit erhöhter Energieeffizienz. Automobiltechn. Zeitschrift **9**, (2009)
57. Bohr, B.: Antriebsstrangvielfalt und Elektrifizierung: Herausforderungen und Chancen für die Automobilindustrie. Vortrag, Wiener Motorensymposium, 2010
58. Molt, K.: PTC Heizung. ATZ **08**, (1998)
59. Bloch, A.: Eiszapfen. Auto Motor Sport **1**, 142 (2011)
60. Liebl, J.: Fahrzeugenergiemanagement – der Schlüssel zur CO_2-Reduzierung. VDA Technischer Kongress, 2007
61. Manski, R., Weinbrenner, M., Kerler, B., Heinle, D.: Speicher-Klimatisierung für Hybridfahrzeuge mit Start-Stopp-Funktion. ATZ **12**, (2006)
62. Neumeister, D., Wiebelt, A., Heckenberger, T.: Systemeinbindung einer Li-Ion-Batterie in Hybrid- und Elektroautos. ATZ **04**, (2010)
63. Wiebelt, A., Isermeyer, T., Siebrecht, T., Heckenberger, T.: Thermomanagement von Li-Ion-Batterien. ATZ **08**, (2009)
64. Brotz, F., Isermeyer, T., Pfender, C., Heckenberger, T.: Kühlung von Hochleistungsbatterien für Hybridfahrzeuge. ATZ **12**, (2007)
65. Herrmann, H.-G., Neumeister, D., Wiebelt, A.: Li-Ion Batterien richtig gekühlt, Automobilindustrie Sonderheft Insight (Dezember 2010)
66. Schmiederer, K.: Thermomanagement als Zukunftsaufgabe im Automobilbau. ATZextra **04**, 66–70 (2011)
67. Stehlig, J., Dingelstadt, R., Ehrmanntraut, J., Müller, R., Taylor, J.: Air intake modules with integrated cascaded charge air coolers. 21. Aachener Kolloquium Fahrzeug- und Motortechnik, 2012
68. Zuck, B.: Downsizing: Auswirkungen auf das Wärmemanagement des Kraftfahrzeugs VIII. Haus der Technik, Berlin (2012)
69. Stripf, M., Wehowski, M., Schmid, C., Wiebelt, A.: Thermomanagement von Hochleistungs-Li-Ionen-Batterien. ATZ **01**, (2012)

Literatur zu Abschn. 3.4

70. Adam, T.: Untersuchung von Steifigkeitseinflüssen auf das Geräuschübertragungsverhalten von Pkw-Karosserien. Dissertation, Institut für Kraftfahrwesen RWTH Aachen (2000)
71. Zwicker, E., Fastl, H.: Psychoacoustics, 2. Aufl. Springer, Berlin, Heidelberg, New York (1999)
72. FVV Forschungsvorhaben »Störgeräusch«, Beurteilung und Katalogisierung von Störgeräuschen bei Verbrennungsmotoren, Heft 746. Forschungsvereinigung Verbrennungskraftmaschinen e.V., Frankfurt am Main (2001)
73. FVV Forschungsvorhaben »Motorgeräuschgestaltung II« Gestaltung des Geräusches von Verbrennungsmotoren zur Beeinflussung des Höreindrucks unter Berücksichtigung der Luft- und Körperschallübertragung, Heft 746. Forschungsvereinigung Verbrennungskraftmaschinen e.V., Frankfurt am Main (2002)
74. Möser, M., Kropp, W.: Körperschall. Springer, Berlin (2010)
75. Laschet, A.: Systemanalyse in der Kfz-Antr.-Techn. II. Expert-Verlag, Renningen (2003)
76. Tonhauser, J.: Außengeräuschemission von Pkw – bisherige Fortschritte und zukünftige Reduzierungspotentiale. VDA/WdK Informationsveranstaltung Straßenverkehrsgeräusche, Aschheim, 1999
77. Mitschke, M., Wallentowitz, H.: Dynamik der Kraftfahrzeuge, 4. Aufl. Springer, Berlin (2004)
78. Freymann, R.: Strukturdynamische Auslegung von Fahrzeug-Karosserien. VDI-Berichte, Bd. 968, S. 143–158 (1992)
79. Holzweißig, F.: Maschinendynamik – Schwingungslehre, 5. Aufl. Springer, Berlin (2004)
80. Sarradj, E.: Energy-based vibroacoustics: SEA and beyond. CFA/DAGA, Strasbourg, 2004
81. Hucho, W.H.: Aerodynamik der stumpfen Körper, 2. Aufl. Vieweg+Teubner, Springer Fachmedien Wiesbaden GmbH, Wiesbaden (2011)
82. Zeller, P.: Psychoacoustic-based sound design in vehicle engineering. JSAE Congress, Yokohama, May 2005

83. Henn, H., Sinambari, G.R., Fallen, M.: Ingenieurakustik, 3. Aufl. Vieweg, Wiesbaden (2001)
84. Martens, T.: Matrix inversion technology for vibro-acoustic modeling application. ISMA **23**, (1998)
85. ATZ, MTZ: Pkw Neuerscheinungen
86. VDI-Richtlinien 2057: Einwirkungen mechanischer Schwingungen auf den Menschen, Blatt 1 und 2. Beuth, Berlin (2002)
87. Birch, S.: Good vibrations, S. 46–50. AEI (September 2006)
88. Sell, H.: Charakterisierung des dynamischen Verhaltens von elastischen Bauteilen im Einbauzustand. Dissertation, Arbeitsbereich Mechanik I der TU Hamburg-Harburg (2004)
89. Lennert, S.: Zur Objektivierung von Schwingungskomfort in Personenkraftwagen – Untersuchung der Wahrnehmungsdimensionen. Dissertation, Lehrstuhl für Maschinendynamik der TU Darmstadt (2008)
90. Geib, W.: Akustik und Schwingungstechnik im Spannungsfeld zwischen Komponenten- und Gesamtfahrzeugeigenschaften. VDI-Berichte, Bd. 791, S. 1–37 (1990)
91. Zeller, P.: Handbuch Fahrzeugakustik. Vieweg+Teubner – Springer Fachmedien Wiesbaden GmbH, Wiesbaden (2012)
92. Moosmayr, T.: Objektivierung von transienten Störgeräuschen im Fahrzeuginnenraum. Dissertation, Lehrstuhl für Mensch-Maschine-Kommunikation der TU München (2009)
93. Kreppold, E.: A Modern development process to bring silence into interior components. SAE World Congress & Exhibition, 2007
94. Keller, W., Wastl, W.: Neue Methoden und Konzepte zur Drehungleichförmigkeits-Reduzierung. VDI-Tagung Getriebe in Fahrzeugen, 2008
95. Kroll, J., Kooy, A., Seebacher, R.: Land in Sicht? – Torsionsschwingungsdämpfung für zukünftige Motoren. 9. Schaeffler Kolloquium, S. 28–39, 2010
96. Zink, M., Hausner, M.: Das Fliehkraftpendel – Anwendung, Leistung und Grenzen drehzahladaptiver Tilger. ATZ **07-08**, 546–553 (2009)
97. Sellerbeck, P.: Enhancing noise and vibration comfort of hybrid/electric vehicles using transfer path models. Aachener Akustik Kolloquium, 2010; Fidlin, A., Seebacher, R.: Simulationstechnik am Beispiel des ZMS – Die Stecknadel im Heuhaufen finden. LUK-Kolloquium, 2006
98. Zeitler, A., Kerber, S., Kaltenhauser, A., Evert, F.: Psychoacoustic requirements for warning sounds of quiet cars. SAE Int. J. Passeng. Cars – Electron. Electr. Syst. **5**(2), 572–578 (2012)
99. BMW Group: Efficient Dynamics, Medieninformation. Innovationstag, 2012

Formen und neue Konzepte

Dipl.-Ing. Dipl.-Wirtsch.-Ing. August Achleitner, Dipl.-Ing. (FH) Peter Antony, Dipl.-Ing. Felix Ascher, Dr. Edgar Berger, Dipl.-Ing. Christiaan Burgers, Dr.-Ing. Gernot Döllner, Dr.-Ing. Jürgen K.-H. Friedrich, Dipl.-Des. Hans Dieter Futschik, Dipl.-Ing. Manfred Gruber, Dr.-Ing. Gerrit Kiesgen, Dr. Christian H. Mohrdieck, Prof. Dipl.-Ing. Karl E. Noreikat, Herbert Schulze, B. Eng. Markus Wagner und Dr. Martin Wöhr

H.-H. Braess, U. Seiffert (Hrsg.), *Vieweg Handbuch Kraftfahrzeugtechnik*, ATZ/MTZ-Fachbuch,
DOI 10.1007/978-3-658-01691-3_4, © Springer Fachmedien Wiesbaden 2013

4.1 Design

4.1.1 Die Bedeutung von Design

Das Design gewinnt innerhalb der Automobilentwicklung eine immer größere Bedeutung.

Design ist eines der wichtigsten Mittel, eine Marke zu differenzieren und zu profilieren.

Dies liegt nicht zuletzt daran, dass die technischen Möglichkeiten aller Hersteller sich in den letzten Jahren auch durch den Prozess der Markenbereinigung, mehr und mehr angeglichen haben. Natürlich gibt es auch technologisch noch erhebliche Unterschiede, für den normalen Kunden wahrnehmbar einer bestimmten Marke zuordenbar sind sie jedoch immer weniger. Das Grundkonzept Auto hat sich weltweit bei beinahe allen im direkten Wettbewerb stehenden Herstellern auf einem hohen Niveau eingerichtet.

Umso mehr ist das Design ein Wahrnehmungsfeld, welches von den umworbenen Kunden einem konkreten Hersteller zugeordnet werden kann.

Zu dieser Entwicklung hat auch beigetragen, dass das Know-how vieler Schlüsseltechnologien nicht mehr bei den Markenherstellern allein liegt, sondern sich zunehmend auf Entwicklungslieferanten konzentriert, bei denen sich dann alle Marken bedienen.

Fazit: Technologische Merkmale zur Darstellung eines Markenprofils sind immer weniger tragfähig, wenngleich für die Gesamtperformance nicht ohne Bedeutung.

Umso mehr gewinnt hier das Design an Bedeutung.

Durch das Design wird die Wahrnehmung der Marke geprägt. Durch das Design wird die Wahrnehmung des Produktes geprägt.

4.1.2 Designziele

Während sich die technischen Produkteigenschaften aller Hersteller auf einem sehr vergleichbaren Niveau einzufinden scheinen, ist das Design mehr und mehr geprägt vom Ziel größtmöglicher Differenzierung.

Die Erkenntnis dieses Bedeutungszuwachses ist in Europa eine relativ junge Entwicklung. Lange Zeit stand hier bei manchen Firmen das Design im Schatten der technischen Entwicklung. Design war eher ein nachgelagerter Prozess zur ästhetischen Überformung eines technisch geprägten Konzeptes.

Anders in den USA, wo es schon sehr früh zu einer relativen Marktsättigung kam und Design eine wichtige strategische Bedeutung bekam, um durch künstliche Produktdifferenzierung Nachfragesicherung zu betreiben.

Dieser Professionalisierung des Automobildesigns hatte man in Europa lange nichts entgegenzusetzen. Erst mit Beginn der 50er Jahre setzte dann auch in der europäischen Automobilindustrie ein, was es in den USA schon seit den 30er Jahren gab, eine durch Spezialisten, durch Designer betriebene Gestaltung.

Anfangs waren diese Designer in der Regel organisatorisch der technischen Entwicklung angegliedert. Erst mit wachsender Größe und auch wachsender Bedeutung wurden daraus eigenständige Bereiche gebildet.

Deren Aufgabe ist heute nicht mehr nur in der eigentlichen Gestaltungsumsetzung der geplanten Produkte zu sehen, sondern zunehmend ist das Design an der Planung der Produkte und an der Erstellung der Produktstrategien beteiligt.

Beinahe alle Hersteller agieren heute global. Viele Hersteller beheimaten mehrere Marken unter einem Dach.

Die Unterschiede in den Erscheinungsformen und in den Markenprofilen ergeben sich nicht mehr automatisch durch einen regionalen Bezug oder durch einen anderen historischen Hintergrund. Die Unterschiede müssen heute wie alle Merkmale eines Produktes geplant werden und hier ist vor allem das Design das Mittel, diese Differenzierungen zu bewerkstelligen.

Automobildesign hat sich in den letzten Jahren gewandelt.

Es beinhaltet heute nicht mehr nur die konkrete Gestaltung vorgegebener Produkte, sondern ist heute strategische Größe zur Ausrichtung des Unternehmens.

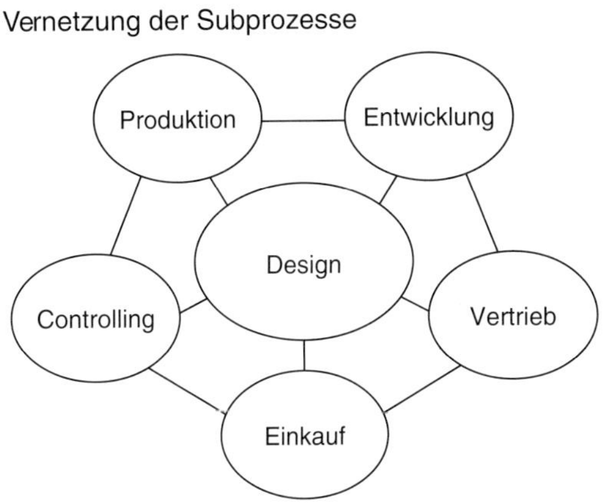

Abb. 4.1 Vernetzung der Subprozesse

4.1.3 Der Designprozess

Das Design stellt heute in den meisten Unternehmen neben der technischen Entwicklung, dem Vertrieb und Marketing, der Produktion und der Betriebswirtschaft im Produktentstehungsprozess eine eigenständige Größe dar. Bereits bei der langfristigen Produktplanung und bei der Formulierung der konkreten Produktziele ist das Design von großer Bedeutung und erarbeitet gemeinsam mit den anderen Fachdisziplinen die Produktspezifizierung aus, die von allen Beteiligten gemeinsam getragen werden kann.

Die früher gebräuchliche Struktur der seriellen Abarbeitung der verschiedenen Teilprozesse ist einer zunehmenden Parallelisierung gewichen. Entwicklungsprojekte werden projekthaft interdisziplinär bearbeitet, d. h. alle am Prozess Beteiligten arbeiten von Anfang an gemeinsam, um Zielkonflikte frühzeitig zu orten und zu lösen, wenn möglich durch die gemeinsame Zieldefinition gar nicht erst entstehen zu lassen.

Diese frühzeitige Zusammenarbeit ist daher äußerst bedeutsam für die Effizienz der nachfolgenden Entwicklungsprozesse, Abb. 4.1.

Zielkonflikte während der eigentlichen Produktentstehung (klassisches Beispiel der Konflikt zwischen Aerodynamik und Formgebung) sind in der Regel sehr teuer und es ist deshalb anzustreben, diese schon im Vorfeld durch eine gemeinsam getragene Zieldefinition zu lösen anstatt offene Zielkonflikte in die Umsetzungsphase zu tragen.

Die Qualität dieser Zieldefinition ist entscheidend für den weiterführenden Prozess. Alle hier definierten Ziele sollten Elemente einer langfristig angelegten Produktstrategie sein, sowohl was die technischen Qualitäten als auch die jeweilige Designausprägung betrifft.

Es ist zu beobachten, dass die Anstrengungen des Designs daher um den Aspekt einer langfristig angelegten strategischen Planung erweitert werden musste.

Die generellen Ziele aller Hersteller sind im Grundsatz sehr ähnlich:

Es geht darum in einem verschärften Wettbewerb seine Position auszubauen. Die wichtigsten Wettbewerbsfelder sind dabei Profitabilität und Wachstum.

Das heißt, Optimierung der Kostenstrukturen bei gleichzeitiger Steigerung der für den Kunden wahrnehmbaren Produktqualitäten.

Design ist dabei ein immer wichtiger werdendes Qualitätsmerkmal.

Um dieses langfristig zu sichern, ist es notwendig diese Qualität langfristig anzulegen, denn nur mit kurzfristigen Einzelerfolgen kann die Wahrnehmung einer der Marke zugeschriebenen Designqualität nicht mehr erreicht werden.

Im Vorfeld des eigentlichen Entwicklungs- und Designprozesses steht daher die Erarbeitung der jeweiligen Produktcharakteristik in Ableitung von der jeweiligen unternehmensspezifischen Produktgesamtstrategie (Beispiele siehe Abb. 4.2).

4.1.4 Der kreative Prozess

Nachdem Klarheit über den angestrebten Charakter des neuen Fahrzeuges gewonnen, sowie ein verbindliches Maßkonzept erarbeitet ist, kann der eigentliche kreative Prozess auf breiter Ebene gestartet werden. Ziel dieser Entwicklungsphase ist es, ein möglichst breites Spektrum an Ideen zu generieren. Über Wochen und Monate entstehen Hunderte von Skizzen, Zeichnungen und Konzeptbeschreibungen, Abb. 4.3.

Abb. 4.2 Identifikationsmerkmale

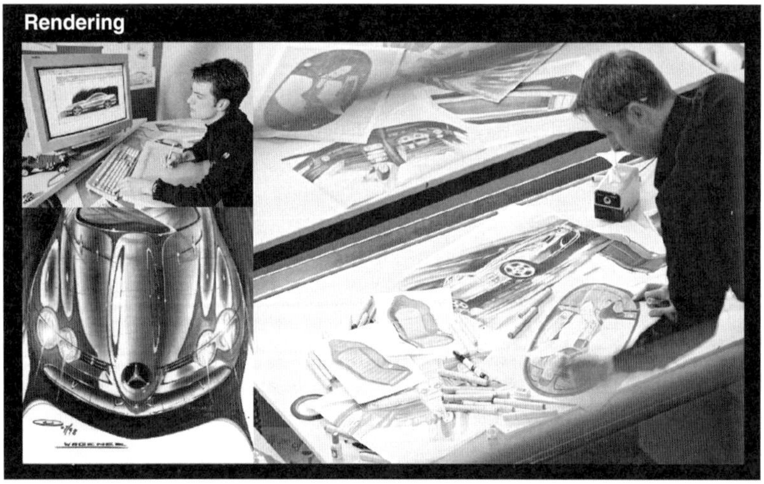

Abb. 4.3 Entwurfphase (Rendering)

Dieser Prozess ist ein Teamprozess, wobei die Interaktion im Team hier äußerst dynamisch sein kann, Abb. 4.4.

Ein wichtiges Element in dieser Phase ist das der Konkurrenz.

Jeder Designer hat das Interesse, dass möglichst viel von seinen individuellen Ideen weitergeführt wird.

Wenn in irgend einer Form der Aspekt der künstlerischen Selbstverwirklichung innerhalb des Designprozesses eine Rolle spielt, dann ist es in dieser Phase, in der zwar alle gemeinsam, aber doch jeder auch ganz individuell nur für sich agiert.

Insgesamt ist dieser Aspekt als Katalysator zu sehen, um einen möglichst breiten Ideenansatz zu entwickeln, aber auch um die besten Ideen zum Zuge kommen zu lassen.

Von sehr großer Bedeutung ist es hierbei, das dieser Prozess klug gesteuert wird, sowohl offen ge-

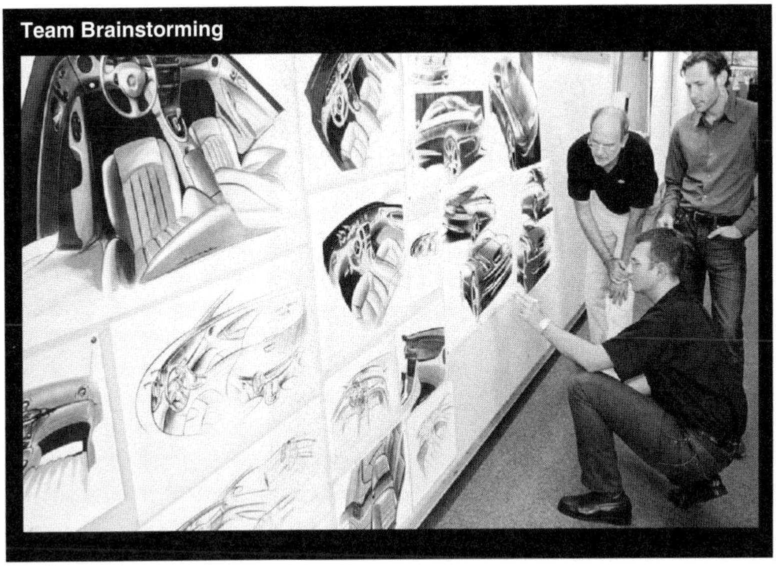

Abb. 4.4 Team-Brainstorming

nug, um keine Ideen zu unterlassen, aber auch zielorientiert genug, um sich nicht zu verlaufen.

Schritt für Schritt werden dann die erfolgversprechendsten Ideen und Konzepte in intensiven Teambesprechungen herausgefiltert und in die nächste Konkretisierungsstufe überführt.

In dieser Phase der dreidimensionalen Umsetzung gilt es, eine noch relativ große Anzahl formal stimmiger Gesamtkonzepte zu konkretisieren. Gleichwohl wird bereits die technische Realisierbarkeit der Studien überprüft.

Modelle des Karosseriekörpers werden in verkleinertem Maßstab aufgebaut, das Interieur wird sofort in Originalgröße erstellt.

Bereits jetzt in dieser Phase wird dieser kreative Prozess durch die Spezialisten der technischen Absicherung begleitet.

In früheren Zeiten setzte dieser Absicherungsprozess durch die jeweiligen Fachbereiche erst sehr viel später ein, nämlich dann, wenn bereits die Gestaltungen sich sehr weit konkretisiert hatten. Dies musste unweigerlich zu Konflikten führen, da hier die technische Absicherung nicht als Unterstützung und Beratung empfunden wurde, sondern als Störung der gestalterischen Freiheit und Eingrenzung der Möglichkeiten.

Die viel zitierte Gegnerschaft zwischen Ingenieuren und Designern hat seine Ursache in nicht abgestimmten Zielpositionen und Prozessauffassungen.

Je besser diese Abstimmung im Vorfeld war, desto besser ist der Prozess insgesamt.

4.1.4.1 Einflüsse durch Gesetze und Vorschriften

Gesetzliche Vorgaben zum Bau und zur Zulassung von Automobilen haben in den letzten Jahren sehr stark zugenommen. In den Entwicklungsbereichen sind ganze Expertenstäbe mit nichts anderem beschäftigt, als die Vorschriften in konkrete Handlungsanweisungen zu übersetzen bzw die Vorschriftenkonformität der entstehenden Entwicklungen abzuprüfen und zu dokumentieren. Erschwerend kommt hinzu, dass diese Vorschriften zum Teil nur regionenspezifisch gelten und nicht international harmonisiert sind.

Auch auf das Design wirken sich viele dieser Vorschriften und Gesetze in starkem Maße aus. Als Beispiele angeführt seien hier die Bumperregulations für Nordamerika oder die aktuellen Fußgängerschutzregeln für Europa.

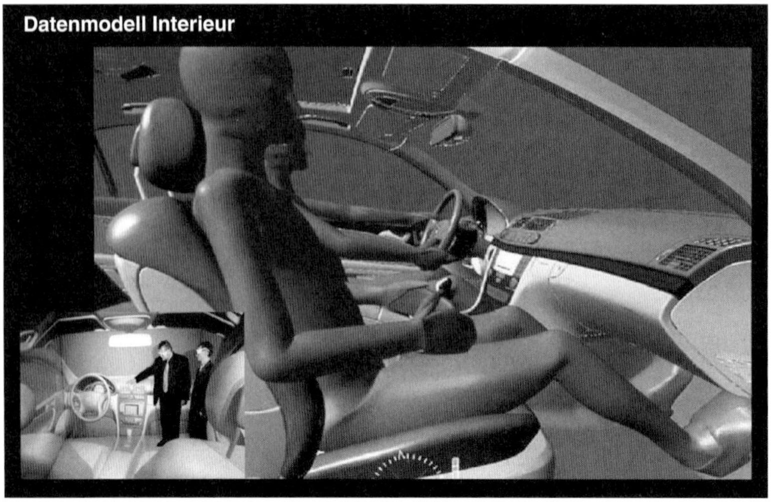

Abb. 4.5 Datenmodell Interieur

4.1.4.2 Interieur und Ergonomie

Ein immer wichtiger werdendes Teilgebiet der Interieurgestaltung betrifft die Bedien- und Anzeigenkonzepte, auch MMI genannt, Abb. 4.5.

Insgesamt ist die Interieurgestaltung der Zielsetzung unterworfen, ein System zu sein zur maximalen Erhaltung der Konditionssicherheit von Fahrer und Insassen. Der Fahrer soll sich im wesentlichen auf das Fahren konzentrieren können und diese Konzentration soll möglichst lange anhalten, ► Abschn. 6.4.1.

Jeglicher Komfort ist entlastender Komfort.

Dennoch ist nicht zu verkennen, dass es zahlreiche neue Funktionalitäten gibt, die in den letzten Jahren Eingang in die automobilen Interieurs gefunden haben.

Es sind vor allem moderne Fahrassistenzsysteme, wie zum Beispiel Navigation, Radarsysteme, Telefon und auch Entertainmentsysteme bis hin zum TV-Empfang ► Kap. 8).

Auch die klassischen Elemente wie Klimatisierung oder auch Sitzkonfigurationen sind in sich anspruchsvoller geworden.

Zielsetzung des Designs muss es sein, die Schnittstelle zum Fahrer so zu gestalten, dass es nicht zu Überforderungen kommen kann und die an sich sehr sinnvollen Systeme nicht in Summe die Zielsetzung entlastender Komfort und maximale Konditionserhaltung konterkarieren.

Design geht hier in engem Schulterschluss mit den Ergonomen. Nicht nur die Optimierung des Einzelsystems ist hier wichtig. Wichtiger noch ist die gestalterische und ergonomische Betrachtung der Gesamtheit aller Funktionalitäten (► Abschn. 6.4.1).

4.1.5 Der virtuelle Designprozess

Neben der klassischen Bearbeitung durch Skizzen, Zeichnungen und handwerklich erzeugten Modellen wird mehr und mehr von digitalen Medien Gebrauch gemacht.

Der Vorteil liegt in der engen Vernetzung der Kommunikation zwischen den Gestaltern und den technisch orientierten Arbeitdisziplinen.

Auch völlig neue Arten der Simulation von Modellen sind möglich und finden mehr und mehr Eingang in den Arbeitsablauf.

Vor allem dort, wo es darum geht viele Variationen eines formalen Themas zu visualisieren sind virtuelle Medien das Mittel der Wahl.

Natürlich gibt es noch viele Optimierungsnotwendigkeiten. So gibt es zwischen virtuell dargestellten Modellen und Realmodellen immer noch große Unterschiede in der konkreten Wahrnehmung.

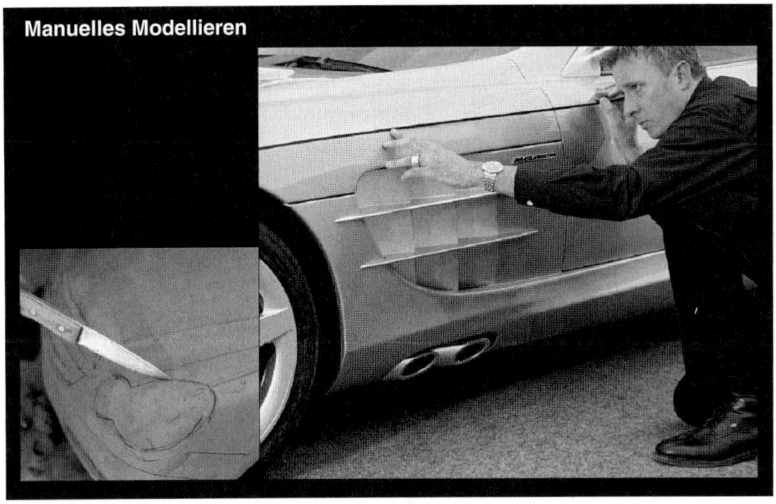

Abb. 4.6 Manuelles Modellieren

Diese Unterschiede müssen beseitigt werden, was jedoch noch immer relativ aufwendig zu sein scheint.

Letztendlich ist die virtuelle Darstellung oder Simulation nicht Selbstzweck, sondern Mittel zum Zweck, d. h. es kommt das zum Zuge, was am besten zum Ziel führt.

Man kann daher davon ausgehen, dass auch in Zukunft auf reale physikalische Modelle nicht verzichtet werden kann.

4.1.6 Modellphase

Am Ende der ersten dreidimensionalen Bearbeitung steht eine weitere Zäsur an, bei der jedes einzelne Modell an dem Anforderungsprofil des neuen Automobils gemessen wird. Nur die Modelle, bei denen ein Realisierungspotential besteht, werden im Maßstab 1:1 weitergeführt, Abb. 4.6.

Sowohl die Exterieur- und Interieur-Modelle als auch die Material- und Oberflächenkonzepte werden im ständigen Dialog mit den Experten aus Konstruktion, Produktion, Vertrieb und Betriebswirtschaft weiterentwickelt.

Es liegt auf der Hand, dass es in dieser Phase fast unvermeidlich zu Problemfeldern kommt, die in der Definitionsphase im Detail noch nicht erkannt werden konnten. Hier ist dann eine sehr intensive Zusammenarbeit der technischen Experten, Kostenplaner und Designer gefragt. Ziel ist es, diese Probleme immer zugunsten von Produktqualität und Kundennutzen zu lösen.

Schließlich ist die Auswahl des zu produzierenden Modells final zu treffen – eine Entscheidung, die auf Vorstandsebene gefällt wird.

Erst dann werden Interieur und Exterieur zu einem detailliert ausgearbeiteten Einstiegsmodell vereint, mit dem sogar eine Erprobungsfahrt simuliert werden kann.

Nach dem nächsten Meilenstein der Produktentwicklung, dem sogenannten Design-Entscheid, erfolgt die formelle Freigabe zur Serienentwicklung.

Permanente Design-Betreuung ist auch in dieser Phase erforderlich.

4.1.7 Color, Trim und Individualisierung

Neben der Formgestaltung im Exterieur und Interieur stellt das Erstellen von Konzepten zur Farb- und Materialgebung einen eigenständigen Prozess dar.

Zielsetzung ist es hier für den Kunden ein maximales Spektrum an Individualisierung zu bieten.

Neben den für den Kunden wählbaren technischen Ausstattungen, sind es vor allem die Farbe und auch die Materialien und Farbgebungen der Innenausstattung, mit denen sich diese Individualität erzeugen lässt.

Natürlich ist ein maximales Ausweiten der Varianz immer vor dem Hintergrund der Produktionsanforderungen zu sehen, deren Zielsetzung eher einer großen Vielfalt entgegensteht. Die Möglichkeiten einer modernen Logistik helfen hier den Produktionsprozess trotz hoher Bauteilvarianz schlank zu halten, indem Lagerflächen vermieden werden bzw. zu den Bauteilelieferanten verlagert werden.

Viele Hersteller sind zudem dazu übergegangen besondere Formen der Individualisierung durch geschickte Paketierungskonzepte oder durch Submarken zusätzlich anzubieten. Obwohl dies die Ziele einer modernen Produktion eigentlich zu konterkarieren scheint sind diese Konzepte wirtschaftlich für die Hersteller von großer Bedeutung, denn der Bedarf nach Individualisierung und passgenauen Angeboten scheint grenzenlos.

Ein sehr gutes Beispiel für die Ausweitung der Individualisierungsmöglichkeiten sind Räder. Hier gab es in früheren Zeiten sicherlich einige Möglichkeiten, jedoch sind diese in keiner Weise vergleichbar mit dem, was heute angeboten wird.

Für jedes Modell werden heute nicht nur Räder in unterschiedlichen Größen entwickelt, sondern auch in unterschiedlichen Designs. Der Bedarf scheint permanent eher zu wachsen, die Bereitschaft für die Differenzierung durch unterschiedlich gestaltete Räder hohe Aufwendungen zu akzeptieren ist vorhanden und sie wächst.

4.1.8 Designaktivitäten in der Produktionsvorbereitung

Mit der Festlegung und Freigabe aller produktbestimmenden Form- und Materialdaten kann der eigentliche Designprozess als abgeschlossen betrachtet werden.

Dennoch sind die Designer aus dem dann folgenden Prozess der Produktionsvorbereitung und der Realisierung des Produktes noch nicht entlassen.

Was letztlich bleibt ist, dafür Sorge zu tragen, dass die einmal getroffenen Festlegungen auch wirklich erreicht werden.

Feinkonzepte müssen erarbeitet, und gemeinsam mit den Experten der Produktion, Marktexperten des Vertriebs und in engem Kontakt mit den Zulieferanten müssen die verschiedenen Farb-, Material- und Oberflächenkonzepte abgestimmt werden.

Das Ergebnis dieses Optimierungsprozesses, der methodisch Kundenvorabbefragungen und Car-Clinics einschließt, wird wiederum vom Vorstand diskutiert und entschieden.

In der Regel ist es ein kleines Team sehr erfahrener Designer, die hier verantwortlich zeichnen. Zahlreiche Abstimmungen mit den jeweiligen Teilelieferanten sind tägliches Arbeitsprogramm.

Letzlich geht es hier um die Qualität der Ausführung. Das Produkt muss in sich stimmig wirken, die unterschiedlichen Lieferanten mit ihren zum Teil unterschiedlichen Produktionsprozessen müssen koordiniert werden.

Erst wenn das erste kundenfähige Produkt eine Freigabe erlangt hat, kann auch der Designprozess als abgeschlossen betrachtet werden

4.1.9 Entscheidungen

Eine häufig diskutierte Frage betrifft die Entscheidungen im Designprozess, d. h. wer entscheidet und vor allem auf welcher Grundlage wird entschieden.

Zunächst sind Produktentscheidungen im Design eher als ein Hinführungsprozess zu sehen.

Die Einzelentscheidungen, die letztlich zu einer Produktausprägung führen, verteilen sich über einen längeren Zeitraum. Alle handelnden Personen sind lange mit dem Objekt der Entscheidungen befasst.

Es bleibt Zeit, Entscheidungen reifen zu lassen und konsequent zu durchdenken.

Ganze Mitarbeiterstäbe sind damit befasst, Entscheidungen zu strukturieren und vorzubereiten, Alternativen zu prüfen, Folgen zu durchdenken und Empfehlungen auszuarbeiten.

Ungeachtet der Tatsache, dass auch der Designprozess durch die in großen Unternehmen vorherrschenden hierarchischen Systeme dominiert wird, stellt sich die Frage woher ein solches System Sicherheit über die zu treffenden Entscheidungen gewinnt.

In diesem Zusammenhang tauchen unterschiedliche Methoden der Kundenbefragungen auf, oder auch Carclinics genannt. Diese Methoden werden angewandt, jedoch sind diese Methoden nicht unumstritten.

Je komplexer das Produkt desto komplexer die Kundenwahrnehmung und desto unmöglicher ist es, diese Kundenwahrnehmung zu strukturieren und in die Zukunft zu projezieren.

Man muss hier die sehr langen Zeiträume beachten. Ein Fahrzeug, über das heute entschieden wird, ist noch in ca. 20 Jahren im Straßenbild präsent und prägt immer noch die Wahrnehmung der Kunden.

Eine derart lange Voraussage ist natürlich im Bereich des Unmöglichen.

Zu bedenken ist außerdem, dass tragfähige Aussagen erst dann ermittelt werden können, wenn der Entwicklungsprozess schon soweit fortgeschritten ist, dass Korrekturen am Design nur mit äußerst erheblichem finanziellen Aufwand darstellbar sind.

Ansätze, erheblich früher im Prozess Befragungen von Kunden als Grundlage für Entscheidungen heranzuziehen sind aufwändig und führen in der Regel nicht zu genauen oder allenfalls sehr interpretierungsbedürftigen Ergebnissen.

Diese Methoden der Kundeneinbeziehung in den Entscheidungsprozess sind daher nur als flankierende Maßnahmen brauchbar. Sie können den Entscheidungsprozess bestenfalls befruchten, aber letzlich nicht ersetzen.

Letztendlich ist die Qualität von Entscheidungen stark abhängig von der Kompetenz und der Erfahrung der entscheidenden Personen. Hierin ist die unternehmerische Qualität zu sehen, die letztlich zum Erfolg führt oder auch nicht.

4.1.10 Designstudien und Advanced Design

Ein bekanntes Element jeder Automobilausstellung betrifft Modellstudien, die einen Blick in zukünftige automobile Welten ermöglichen sollen. Diese Studien haben unterschiedliche Bedeutungen.

Zum einen gibt es wirkliche Zukunftsstudien, Entwicklungen, bei denen man davon ausgehen kann, dass sie nie in der gezeigten Form realisiert werden können. Die aber exemplarisch bestimmte zukünftige Technologien aufzeigen können und das in zum Teil extremer Darstellung.

Ein Beispiel hierfür ist die F-Reihe von Mercedes (F steht hier für Forschung).

Andere Studien dienen der Vorpositionierung geplanter Fahrzeuge. Hier geht es darum ein neues Fahrzeugkonzept bei einem breiten Publikum lange vor dem anvisierten Markteintritt abzutesten und die Reaktionen darauf vielleicht noch in die Hauptentwicklung des geplanten Modells einfließen zu lassen.

Es soll auch schon vorgekommen sein, dass der Erfolg einer Studie erst zum Beschluss einer Serienentwicklung geführt hat.

4.1.11 Sinnliche Wahrnehmung im Design

Grundlage der Arbeit eines Designers ist die Kenntnis über die Grundlagen der sinnlichen Wahrnehmung.

Der erste Kontakt mit einem figürlichen Objekt ist in der Regel ein Sichtkontakt und es sind visuelle Reize, die hier ihre Wirkung zeigen müssen, ◘ Abb. 4.7 und ◘ Abb. 4.8.

Die menschliche Wahrnehmung ist vor allem darauf konditioniert andere menschliche Wesen wahrzunehmen.

Wissenschaftliche Versuche haben ergeben, dass dabei vor allem die Gestalt als ganzes und bestimmte Bereiche, wie das Gesicht eine entscheidende Bedeutung haben.

Es weist vieles darauf hin, dass sich dieses Wahrnehmungsmuster auch auf die Wahrnehmung von Automobilen übertragen lassen.

So wie seit Menschengedenken angeboren schauen wir zuerst auf das Gesicht und auf die Figur.

Das machen wir auch bei einem Auto so und gerade dieses sind die wichtigsten Bereiche, die uns bei der Gestaltung am intensivsten beschäftigen.

Sie definieren den Charakter, den wir in erster Näherung einem Fahrzeug zusprechen, sie bewir-

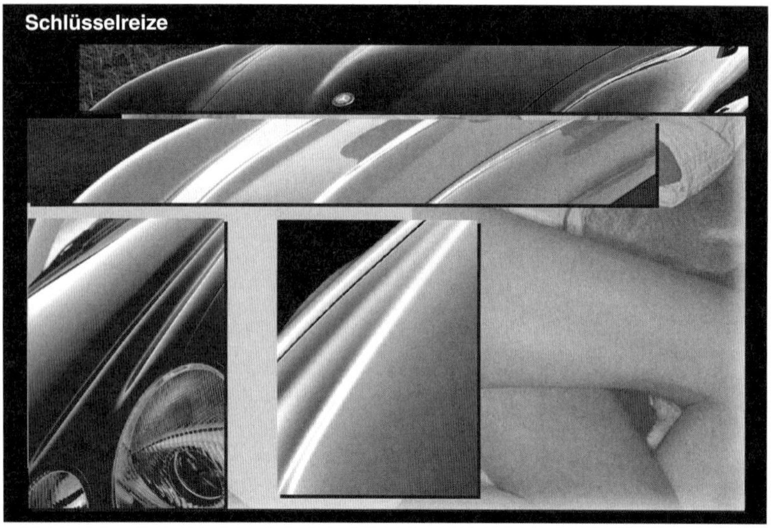

Abb. 4.7 Schlüsselreize

Abb. 4.8 Ausdruck

ken, ob wir uns angezogen oder abgestoßen fühlen, sie bewirken, ob es so etwas wie eine emotionale Beziehung geben wird und wie diese Beziehung sich gestalten wird.

Möglicherweise ist der Erfolg des Autos gerade auch in der Entsprechung dieses uns Menschen eigenen Wahrnehmungsmusters zu suchen.

Die Formgebung eines Autos, mit seinen Proportionen und Reizmustern, wie Gesicht, Heck usw. hat einen starken reizauslösenden Charakter und wir bedienen uns hier der gleichen Wahrnehmungskanäle, wie wir das auch sonst tun, etwa bei den Wahrnehmungsvorgängen zwischen zwei Menschen.

Die ewige Frage nach der Schönheit und wie sie funktioniert lässt sich nicht abschließend beantworten. Dennoch, es gibt Näherungen.

Man kann davon ausgehen, dass bestimmte Proportionen von den meisten Menschen als angenehmer empfunden werden als andere, wobei es hier durchaus kulturelle Unterschiede zu beachten gilt.

Bestimmte Figürlichkeiten haben jedoch auch über lange Zeiträume hinweg betrachtet in ihrer Wirkung einen gewissen Ewigkeitswert.

Ein Lächeln ist ein Ausdruck, der in allen Kulturen verstanden wird.

So gibt es viele interkulturelle Zeichen und Chiffren die dem Gestalter hier zur Verfügung stehen.

Andere Gestaltungsinhalte sind dagegen eher aus einem spezifischen kulturellen Hintergrund entstanden.

Wichtig ist dabei, dass die Inhalte der Chiffren so aufeinander abgestimmt sind, dass die Botschaft verstanden wird. Sie wird dann verstanden, wenn sie einem schon vorhandenen Wahrnehmungsmuster entspricht.

Es ist in der Tat verblüffend festzustellen, wie stark die erfolgreichsten Fahrzeuge den in unserer Vorstellung wirksamen Archetypen entsprechen.

Je klarer diese Gesamtwahrnehmung einem eingeübten Wahrnehmungsmuster entspricht, desto berechenbarer ist das voraussagbare Ergebnis.

Die Reize, mit denen Designer zu arbeiten gewohnt sind, wirken unmittelbar und kaum gefiltert und sind deshalb umso nachhaltiger wirksam.

Einer der wichtigsten Wahrnehmungsfilter ist die Marke eines Herstellers.

Voraussetzung dafür ist ein ausgebildeter Stil, denn nicht nur bestimmte Embleme machen eine Marke aus, sondern das mit der Marke verbundene Produktversprechen.

Ein Stil bildet sich dabei aus der konsequenten Anwendung und Wiederholung bestimmter Chiffren und Themen über einen längeren Zeitraum.

Der Markenstil bildet dabei eine eigene Wahrnehmungsebene ab.

Diese Wahrnehmung ist über lange Zeit gelernt und wenn einmal erworben sehr konstant wirksam.

Als Beispiel der Bedeutung des Markenstils sei eine Beschreibung angefügt, die aus einer Veröffentlichung des Designbereichs (90er Jahre) der Marke Mercedes-Benz stammt:

Ein paar bescheidene Anmerkungen dazu, was für uns Designer die Marke Mercedes-Benz bedeutet.

Sie ist für uns eine der Grundsubstanzen unserer Arbeit und wir setzen sie gezielt ein. Eine unserer wichtigsten Anforderungen zu Beginn jeden Projektes lautet: ein Mercedes muss immer wie ein Mercedes aussehen.

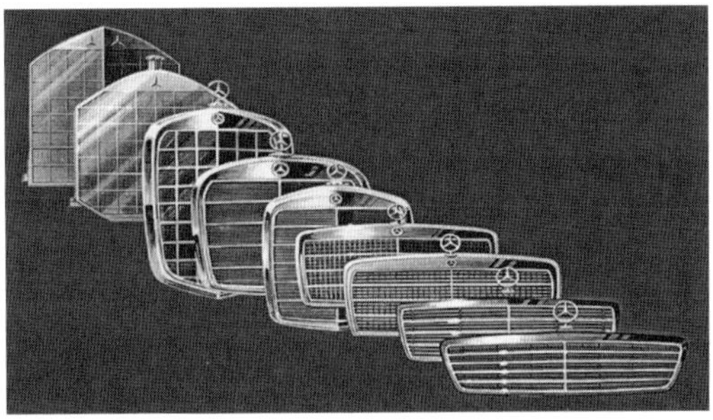

Abb. 4.9 Zur Entwicklung des Mercedes-Benz-Designs

Abb. 4.10 Entwicklung des Mercedes-Benz SL-Gesichts

Mit unverkennbaren Hinweisen auf die Zugehörigkeit zur Marke Mercedes-Benz, sind wir in der Lage den umfangreichen Erinnerungsspeicher bei unseren Kunden zu aktivieren, der mit dem Namen Mercedes-Benz verbunden ist. (Beispiele siehe Abb. 4.9 und Abb. 4.10)

Die Marke Mercedes scheint seit vielen Jahrzehnten bereits verbunden zu sein mit vielen positiven Eigenschaften, die man den Produkten und dem Unternehmen zuschreibt.

Es ist sicher nicht übertrieben zu behaupten, dass es so etwas wie ein Urvertrauen in diese Marke und in seine Produkte gibt.

Man muss dies als ein Ergebnis einer in den Anfängen unseres Jahrhunderts bereits beginnenden Bildung einer öffentlichen Meinung betrachten.

Grundlage war und ist natürlich die hervorragende Qualität der Produkte unseres Hauses aber auch des Umfeldes, in dem diese Produkte in Erscheinung treten.

Ich möchte nicht erklären was ein Pawlowscher Reflex ist, aber es scheint zwischen einer Marke wie

Mercedes und der öffentlichen Meinung Wechselbeziehungen zu geben, die diesem Phänomen sehr ähnlich sind.

Eine Marke weckt aber nicht nur positive Gefühle, sondern erzeugt auch Erwartungen.

Wenn die öffentliche Aufmerksamkeit sich möglicherweise bestehenden Produktschwächen zuwendet, die durchaus vorgekommen sind, so mag dieses bei anderen Marken als Randnotiz vermerkt werden, in Verbindung mit dem Namen Mercedes-Benz ist so etwas immer für eine Sensation gut. der in einer sensationsgierigen Öffentlichkeit ein hoher Marktwert zukommt.

Wir wissen das sehr gut und nicht nur deswegen ist uns unsere Marke auch Verpflichtung.

Wenn bereits durch den bloßen Anblick eines neuen Fahrzeuges viele positive Empfindungen und Meinungen ausgelöst werden können, so nützt uns das, denn wir müssen diese Empfindungen nicht mehr aufwendig erzeugen.

In der Vergangenheit haben wir sehr strikt nach diesem Muster gehandelt.

In den Zeiten, in denen wir noch im wesentlichen drei Limousinenbaureihen produzierten, sah ein Mercedes

vor allem immer wie ein Mercedes aus. Die Markenaussage hatte Vorrang vor allem anderen. Die Fahrzeuge waren zuerst Mercedes und erst dann ein Fahrzeug einer bestimmten Klasse.

Das haben wir, wie Sie unschwer erkennen können, etwas geändert.

Zwar ist ein Mercedes auch heute noch auf den ersten Blick als Mercedes zu erkennen, dennoch sind die Unterschiede zwischen den einzelnen Modellen größer geworden. Die Charaktere der Modelle sind deutlicher herausgearbeitet.

Der Grund dafür ist natürlich die Entscheidung zu unserer Modelloffensive, die Anfang der 90er Jahre getroffen wurde.

Wir wollen Kunden erreichen, die bisher nicht im Mittelpunkt unseres Interesses standen, und dazu brauchen wir ein breit gefächertes Angebot.

Für die Marke Mercedes wiederum bedeutet diese Erweiterung der Erscheinungsformen eindeutig eine Bereicherung.

Über lange Zeit tradierte Werte sind zwar ein Segen, aber sie bergen auch in sich die Gefahr der Verkrustung und genau diese Gefahr galt es zu bannen.

Erweiterung der Ausdrucksformen heißt aber nicht Aufweichung oder Überdehnung des Markenbildes. Wir sind uns bewusst, dass es hier Grenzen gibt, die auszuloten uns natürlich reizt.

In einem Umfeld in dem die rein technischen Qualitäten von Fahrzeugen immer schwieriger zu kommunizieren sind und daher an Kommunikationsbedeutung verlieren, kommt dem Design als Differenzierungsmerkmal eine immer größere Bedeutung zu.

Es kommt also besonders darauf an, durch das Design die Eigenarten der Marken noch deutlicher hervorzuheben und zueinander zu profilieren.

4.2 Fahrzeugkonzept und Package

4.2.1 Einführung und Definition

Wesentliche Aufgabe der Konzepterstellung und Packageerarbeitung für ein Fahrzeug ist die konstruktive Zusammenführung, Verdichtung und Bewertung unterschiedlicher Anforderungen und Ziele, vgl. ◼ Abb. 4.11.

Die Fahrzeugkonzept- und die Packageerstellung sind im Fahrzeugentwicklungsprozess untrennbar miteinander verknüpfte Aktivitäten. Die Begriffe werden in der Automobilindustrie daher auch nicht einheitlich verwendet. Eine sinnvolle Abgrenzung gelingt über die zeitliche Abfolge der Aktivitäten und über die behandelten Schwerpunkte. Von der zeitlichen Abfolge her wird im Entwicklungsprozess mit der Fahrzeuggrundkonzeption begonnen. Das Grundkonzept wird dann durch ein ständig detaillierter werdendes Package untermauert. Aus diesem Package ergeben sich unter Umständen Aspekte, die auch das Fahrzeuggrundkonzept beeinflussen und ggf. einer zunächst favorisierten Lösung entgegenstehen.

4.2.1.1 Definition Fahrzeugkonzept

Das Fahrzeugkonzept ist der konstruktive Entwurf einer Produktidee mit dem die grundsätzliche Realisierbarkeit abgesichert wird. Der Entwurf umfasst die »Komposition« bzw. Zusammenstellung der wesentlichen, die Fahrzeugeigenschaften und die Fahrzeugcharakteristik beeinflussenden Parameter, Hauptmodule und Komponenten. Der Schwer-

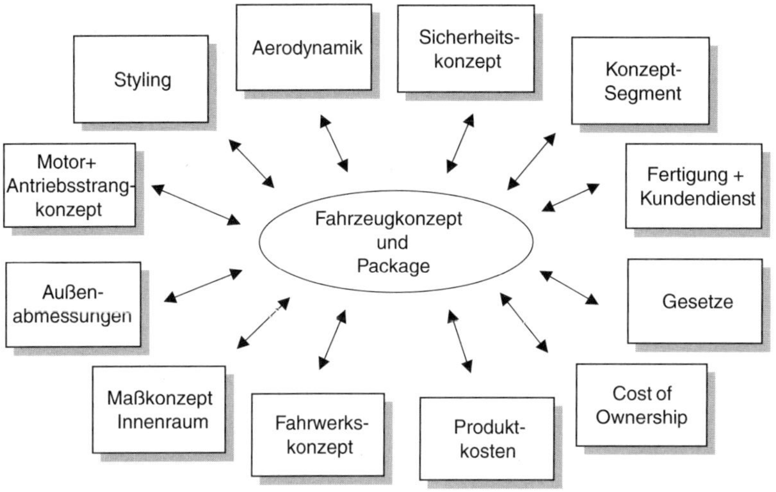

Abb. 4.11 Beispiel für bei Fahrzeugkonzeption und Package zu berücksichtigende Anforderungen

punkt liegt dabei auf der Festlegung und Gestaltung von:

- Aufbauausprägung, Fahrzeuggrundform und zukünftige Varianten,
- Anzahl Sitzplätze, Raumbedarf Insassen,
- Stauraum und Volumina (z. B. Tank),
- Hauptabmessungen sowie
- Motor- und Antriebskonzept.

Die wesentlichen Gestaltungsmöglichkeiten werden in ▶ Abschn. 4.2.2 aufgezeigt.

4.2.1.2 Definition Package

Das Package ist die während der Entwicklung des Fahrzeugs schrittweise verfeinerte Ausarbeitung des Entwurfs mit dem Ziel, ständig die technische Machbarkeit des geplanten Produkts und das maßliche Zusammenspiel aller Baugruppen und Komponenten zu überprüfen.

Es werden dabei alle Anforderungen aus

- kundenrelevanten und gesetzlichen,
- umwelt- und sicherheitstechnischen,
- stylistischen,
- wirtschaftlichen,
- technisch funktionellen,
- produktions- und wartungstechnischen und
- qualitätssichernden

Gesichtspunkten mit dem Ziel vereint, eine konstruktiv bestmögliche Gesamtfahrzeuglösung zu erreichen [2].

D. h., die verschiedenen Zielkonflikte, Bauraumansprüche und funktionalen Abhängigkeiten werden derart aufgelöst, dass eine geometrisch und physikalisch kompatible Anordnung aller Komponenten, das sog. Package, entsteht.

4.2.2 Gestaltung von Fahrzeugkonzepten

Für eine erste Fahrzeuggrundkonzeption ist die gleichzeitige Berücksichtigung aller Anforderungen weder zielführend noch erforderlich. Allerdings sind die Hauptparameter so zu wählen, dass in späteren Phasen der Entwicklung Gestaltungsspielräume verbleiben. Einen großen Einfluss auf das Fahrzeugkonzept haben die folgenden Anforderungen:

- Wesentliche Wettbewerber (heute und Prognose Zukunft) inkl. relativer Positionierung zu diesen Wettbewerbern
- Einsatzbereich (Freizeit-, Nutz-, Stadtfahrzeug, Reiselimousine, Geländefahrzeug, Sportfahrzeug)
- Karosserievarianten
- Grobes Sicherheitskonzept mit Crashstrukturen
- Anzahl der Sitzplätze, Gepäckraumvolumina, Variabilität

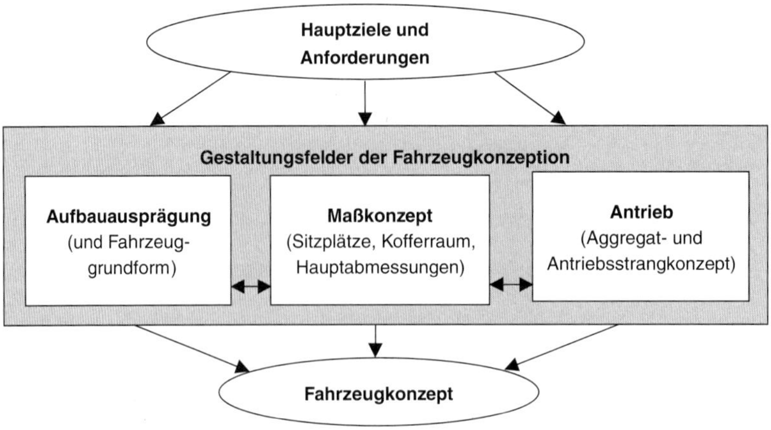

Abb. 4.12 Gestaltungsfelder der Fahrzeugkonzeption

- Ergonomische Anforderungen an die Sitzplätze (Komfortanforderungen)
- Aggregatfamilien und Antriebsstrangkonzepte

Auf die einzelnen in Abb. 4.12 dargestellten Gestaltungsfelder wird in den folgenden Abschnitten detaillierter eingegangen.

4.2.2.1 Außenabmessungen und Fahrzeugklassen

Um die Vergleichbarkeit der wesentlichen Maße innen und außen sicherzustellen, sind die wesentlichen, ein Fahrzeug beschreibenden Maßdefinitionen und -bezeichnungen vereinheitlicht [3, 4] (Abb. 4.13, Abb. 4.14).

Anhand dieser Außenabmessungen erfolgt innerhalb der Automobilindustrie und in der Fachpresse die Einteilungen nach *Fahrzeugklassen*. Eine solche Klasseneinteilung nach Außenabmessungen mit Beispielfahrzeugen ist in Tab. 4.1 dargestellt.

Die Modellvielfalt und die zunehmende Anzahl von Nischenfahrzeugen zeigen jedoch die Grenzen dieser Einteilung auf. Daher wird die Einteilung in Klassen anhand der Größe um eine Einteilung in die Fahrzeugnutzung bzw. die Fahrzeugausprägung ergänzt. Beispiele für solche Einteilungen sind:

- Cabrios (inkl. Roadster)
- Sportwagen (inkl. Sportcoupé)
- Geländefahrzeuge (inkl. Sport Utility Vehicles)
- Vans

Diese Aufteilung nach Größe einerseits und Einsatzbereich andererseits ist aus technischer und fahrzeugkonzeptioneller Sicht nicht zufriedenstellend, da nicht alle realisierbaren Fahrzeugkonzepte abgedeckt werden. Eine Ausweitung der Klasseneinteilung um die Nutzungsform (Aufbauvariante) wird im folgenden Abschnitt aufgezeigt. Es ist auch zu beachten, dass die Klassengrenzen keine festen Werte für bestimmte Abmessungen haben, sondern einer zeitlichen Anpassung unterliegen.

4.2.2.2 Aufbauausprägungen und Konzeptsegmente

Die zu differenzierenden *Aufbauausprägungen* mit ihren Charakteristika sind in den ersten beiden Spalten der Tab. 4.2 dargestellt.

Durch Kombination der Aufbauausprägungen mit den definierten Größenklassen ergeben sich vielfältige Konzeptsegmente. Die derzeit am Markt belegten Segmente sind in Tab. 4.2 gekennzeichnet.

Die Zuordnung der *Aufbauformen* zu den Konzeptsegmenten stellt den aktuellen Stand der am Markt befindlichen Fahrzeuge dar. Konzeptstudien deuten darauf hin, dass eine Ausweitung verschiedener Aufbauausführungen in neue Klassen, sowie auch eine Vermischung der Aufbauformen verstärkt am Markt aufzufinden sein wird, vgl. auch Ausblick, ► Abschn. 4.2.6.

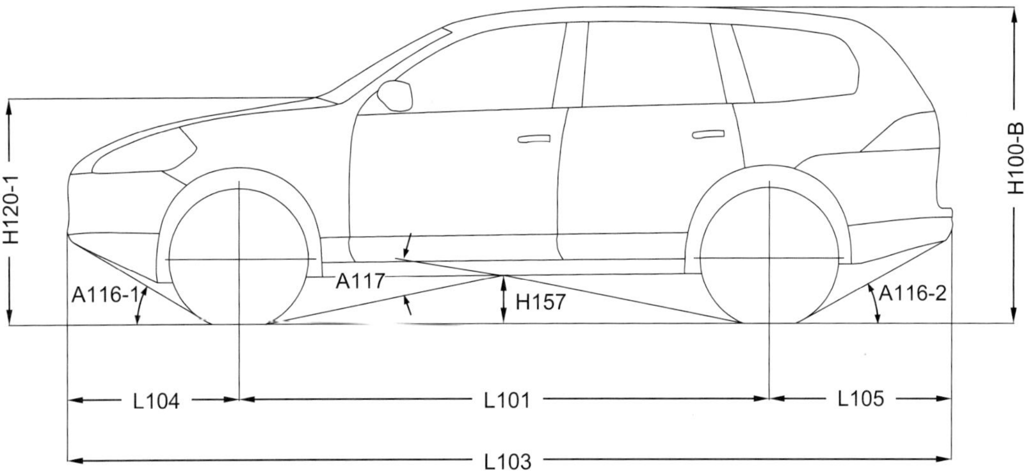

Abb. 4.13 Außenabmessungen in *x*-/*z*-Richtung, Benennungen gemäß [4]

4.2.2.3 Fahrzeuggrundformen

Neben den Aufbauausprägungen wird zunehmend die *Fahrzeuggrundform* als Differenzierungsmerkmal genutzt. Hierbei kann zwischen 1-, 2- und 3-Box-Ausführungen unterschieden werden, Tab. 4.3.

Die *3-Box-Ausführung* stellt die klassische Unterteilung in Motorraum, Raum für Insassen und Kofferraum dar.

Fahrzeuge in 2-Box-Anmutung sind im Bereich der Kombis und der Coupés mit variabler Rückbank anzutreffen. Hier wird die Trennung zwischen Insassen und Gepäck aufgehoben oder variabel gestaltet.

Bei der 1-Box-Anmutung muss zwischen zwei Ausrichtungen unterschieden werden. Zum einen eine konventionelle 2-Box-Architektur, die stylistisch als 1-Box ausgeführt ist, zum anderen eine wirkliche 1-Box-Ausführung, bei der für den Motorraum ein Sandwichboden genutzt wird und somit die klassischen Trennungen zwischen den Bauräumen in *x*-Richtung aufgehoben werden (Unterflurkonzepte).

Insbesondere spät in bestimmte Segmente eintretende Wettbewerber suchen nach Differenzierungspotential über die Fahrzeuggrundform. Der momentane Trend in der Weltautomobilindustrie geht eindeutig von der klassischen 3-Box-Aufteilung hin zu variableren 1- und 2-Box-Konzepten.

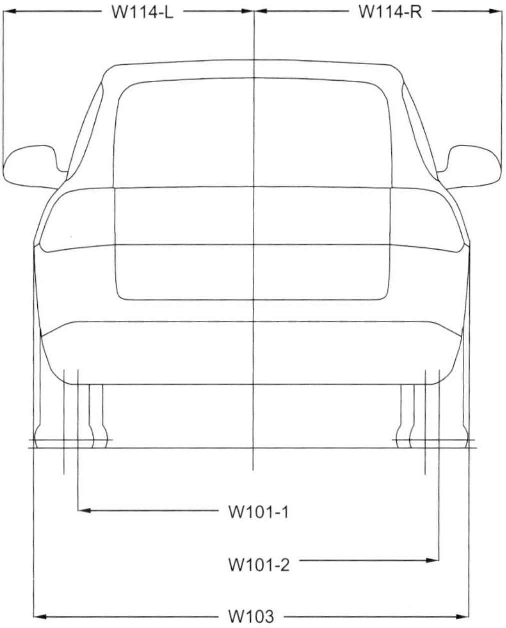

Abb. 4.14 Außenabmessungen in *y*-Richtung, Benennung gemäß [4]

Fahrzeuge mit *1-Box-Design* und Sandwichboden sind zudem konzeptionell gut geeignet, alternative Energieträger wie beispielsweise Batterien oder Brennstoffzellen zu integrieren, siehe ► Abschn. 4.3.

Tabelle 4.1 Einteilung in Fahrzeugklassen, Beispiele, konkrete Exterieurmaße einzelner Fahrzeuge, Daten teilweise Vorgängermodelle aktueller Fahrzeuge

Fahrzeugklassen	Minicar	Kleinwagen	Kompaktklasse	Mittelklasse	Obere Mittelklasse	Oberklasse	Vans	SUVs
Beispielfahrzeuge, unterstes Fahrzeug dient im weitern Verlauf jeweils als Beispiel *(kursiv gedruckt)*	Fiat Seicento MCC Smart Seat Arosa *VW Lupo*	Toyota Yaris Fiat Punto Opel Corsa Ford Fiesta *VW Polo*	Mercedes A-Kl. VW Golf Opel Astra Audi A3 *Ford Focus*	Ford Mondeo Mercedes C-Kl. Audi A4 Opel Vectra *BMW 3er*	Opel Omega BMW 5er Mercedes E-Kl. Peugeot 607 *Audi A6*	Jaguar XJ BMW 7er Audi A8 VW Phaeton *Mercedes S-Kl.*	Fiat Ulysse Merc. V-Kl. Renault Espace *VW Sharan*	BMW X5 Mercedes M-Kl. Chrysler Cherokee *Porsche Cayenne*
Sitzplätze								
Normalzustand/mit umgekl. (bzw. ausgebauter) Rückbank	4/2	5/2	5/2	5/2	5/2	5/2	7/2	5/2
Exterieurmaße								
Länge (L103) (1) in mm	2500–3600 *3527*	3600–3900 *3897*	3900–4400 *4152*	4300–4600 *4471*	4500–4900 *4795*	4800–5200 *5038*	4600–5000 *4620*	4400–4900 *4782*
Breite (W103) in mm	1500–1650 *1639*	1550–1670 *1650*	1670–1740 *1699*	1670–1770 *1739*	1770–1850 *1810*	1800–1900 *1855*	1800–1950 *1810*	1800–1950 *1928*
Höhe (H100) in mm	1330–1550 *1460*	1350–1480 *1465*	1330–1440 *1430*	1360–1430 *1387*	1360–1450 *1423*	1400–1500 *1444*	1500–2000 *1730*	1650–1950 *1699*
Radstand (L101) in mm	1800–2400 *2323*	2350–2500 *2460*	2400–2700 *2615*	2500–2800 *2725*	2600–2900 *2760*	2700–3200 *2965*	2700–3200 *2846*	2700–3000 *2859*
Bodenfreiheit (H156) in mm	100–150 *125*	100–150 *113*	100–150 *146*	100–150 *110*	110–150 *123*	110–150 *150*	120–170 *155*	170–250 *183*
Überhang vorne (L103–L105–L101) in mm	350–800 *729*	500–850 *803*	550–850 *842*	700–900 *758*	700–1000 *968*	700–1000 *867*	700–1000 *864*	850–1050 *924*

Tabelle 4.1 (Fortsetzung)

Fahrzeugklassen	**Minicar**	**Kleinwagen**	**Kompaktklasse**	**Mittelklasse**	**Obere Mittelklasse**	**Oberklasse**	**Vans**	**SUVs**
Beispielfahrzeuge, unterstes Fahrzeug dient im weitern Verlauf jeweils als Beispiel *(kursiv gedruckt)*	Fiat Seicento MCC Smart Seat Arosa *VW Lupo*	Toyota Yaris Fiat Punto Opel Corsa Ford Fiesta *VW Polo*	Mercedes A-Kl. VW Golf Opel Astra Audi A3 *Ford Focus*	Ford Mondeo Mercedes C-Kl. Audi A4 Opel Vectra *BMW 3er*	Opel Omega BMW 5er Mercedes E-Kl. Peugeot 607 *Audi A6*	Jaguar XJ BMW 7er Audi A8 VW Phaeton *Mercedes S-Kl.*	Fiat Ulysse Merc. V-Kl. Renault Espace *VW Sharan*	BMW X5 Mercedes M-Kl. Chrysler Cherokee *Porsche Cayenne*
Exterieurmaße								
Überhang hinten (L105) in mm	300–500 *475*	400–650 *634*	500–750 *695*	700–1000 *988*	800–1200 *1067*	900–1300 *1206*	800–1200 *910*	850–1050 *999*
Böschungswinkel vorne (H106) in °	12–50 *14*	15–20 *16*	12–20 *13*	12–20 *17*	12–20 *15*	12–20 *17*	12–20 *13*	24–35 *29*
Böschungswinkel hinten (H107) in °	15–50 *39*	15–20 *19*	15–20 *18*	12–20 *15*	12–20 *16*	12–20 *15*	12–20 *20*	14–35 *25*

Tabelle 4.2 Aufbauausprägungen und Anwendungen der Aufbaukonzepte in unterschiedlichen Größenklassen (• = verbreitet, ○ = Einzelanwendung)

Aufbau-ausprägung	Bemerkung	MC	KW	KK	MK	O MK	OK
 Offen	Als Roadster (2-sitzig) oder Cabriolet (meist 4-sitzig): Cabriolets häufig von Stufenheck oder Steilheckfahrzeugen abgeleitet	•	•	•	•	○	○
 Fließheck	»Klassisches Coupé« oder Differenzierung von Stufenheck- oder Steilheckkonzepten				•	•	
 Stufenheck	Die klassische Ausprägung der Limousine (u. Klappdachcabrios)			○	•	•	•
 Steilheck	In den unteren Fahrzeugsegmenten als »Hatchback« in den oberen Segmenten als Kombifahrzeug	•	•	•	•	•	
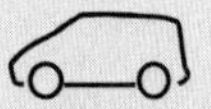 Großraum	Auch als MPV bezeichnete Fahrzeuge mit mehr als 5 Sitzplätzen oder vergrößertem Raumangebot, große Fahrzeughöhe			•	•	•	○
 »SUV«	Geländefahrzeuge, Hauptdifferenzierung über Bodenfreiheit und Böschungswinkel. Basis: höhergelegte Steilheckfahrzeuge oder eigenständige Konzepte			•	•	•	
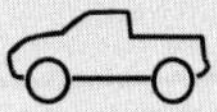 »Pickup«	Vor allem in den USA verbreitete Aufbauform, meist von SUVs oder Trucks abgeleitet			○	•	•	

4.2.2.4 Sitzigkeit, Gepäckraum und Innenraumvariabilität

Innenräume gewinnen heute zunehmend an Variabilität. Die wesentlichen Grundvarianten stellen die 2-Sitzigkeit bei Kompaktwagen und Roadstern, eine 2+2- bzw. 4-Sitzigkeit bei Kleinwagen und Coupés und eine 5-Sitzigkeit in den anderen Klassen dar. Im Van-Segment sind 6- bis 8-sitzige Ausprägungen vorzufinden.

Im Bereich der 4- und 5-Sitzigkeit wird eine Variabilität zumeist durch die Umklappbarkeit der 2. Sitzreihe (1/1, 1/3–2/3, oder 1/2–1/2) realisiert, wodurch eine deutliche Vergrößerung des Kofferraumes ermöglicht wird (vgl. Tab. 4.4).

Bei Vans mit sechs und mehr Sitzplätzen sind zwei unterschiedliche Konzepte zur Ermöglichung der Variabilität zu unterscheiden. Zum einen durch Demontage der jeweiligen Sitzplätze (Problem der Lagerung und der geringen Flexibilität während einer Reise). Auf der anderen Seite durch besonders flexible und raumökonomische Sitzkonzepte, die ein Wegklappen der nicht benötigten Sitzplätze ermöglichen.

4.2.2.5 Wesentliche Innenraumabmessungen

Wie die Fahrzeugaußenabmessungen sind auch die *Interieurabmessungen* hinsichtlich der Bezugspunkte und Bezeichnungen international vereinheitlicht [3, 4] (Abb. 4.15 und Abb. 4.16).

Für die Gestaltung des Fahrzeugpackages und die Detailkonzeption wesentliche Maße sind da-

Tabelle 4.3 Fahrzeuggrundformen und Anwendungsgebiete

Grundform	1 Box 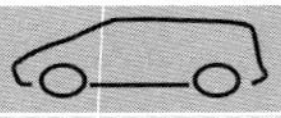	2 Box 	3 Box 
Beschreibung	Das gesamte Fahrzeug wird als ein Volumen wahrgenommen (one Box). Tatsächlich findet jedoch eine Trennung zwischen Insassen und Gepäck auf der einen Seite, sowie Technik (Antriebsstrang, Motor, Getriebe, Tank) auf der anderen Seite statt. Häufig wird diese Trennung über einen Sandwichboden und/oder einen tief liegenden Motorraum vollzogen.	Aufteilung des Fahrzeuggrundkörpers in zwei Bereiche/Volumina. Ein Bereich (zumeist der vordere) ist als Motorraum ausgeprägt, das zweite Volumen wird als Insassen- bzw. Gepäckraum ausgestaltet.	»Klassische« Aufteilung der Volumina des Fahrzeugs. Trennung zwischen Technik (Motorraum), Insassen und Gepäckraum. Zunehmend ist auch bei 3-Box-Ausführungen variable Trennung zwischen Insassen und Gepäck vorzufinden.
Anwendung	– Vans – Kleinwagenkonzepte (z. B. Smart)	– Kombifahrzeuge – SUVs – Kompaktklasse (»Golf-Klasse«)	– Limousinen – klassische Coupés – Cabrios – Roadster
Vorteile	– Geringe Verkehrsfläche – sehr gute Raumausnutzung – hohe Sitzposition	– Große Variabilität zwischen Gepäck- und Insassenraum möglich	– Trennung der Nutzräume für Innengeräusch, positiv – günstig für passive Sicherheit (Gepäckraum getrennt) – hohe Steifigkeit der Karosserie
Nachteile	– Große Fahrzeughöhe, dadurch große Stirnfläche – hoher Schwerpunkt fahrdynamisch nachteilig	– Großer Innenraum akustisch negativ – c_W-Wert (Abrisskante) stark vom Winkel des Hecks abhängig	– geringe Variabilität – Abrisskante an Dach oder Heckdeckel muss klar definiert werden (Einfluss Aerodynamik auf Formgebung)

Tabelle 4.4 Wesentliche Interieurmaße in den Fahrzeugklassen, Beispielfahrzeuge, teilw. Vorgängermodelle

Fahrzeugklassen	Minicar	Kleinwagen	Kompaktklasse	Mittelklasse	Obere Mittelkl.	Oberklasse	Vans	SUVs
Beispielfahrzeuge, unterstes Fahrzeug dient im weiteren Verlauf jeweils als Beispiel *(kursiv gedruckt)*	Fiat Seicento MCC Smart Seat Arosa *VW Lupo*	Toyota Yaris Fiat Puncto Opel Corsa Ford Fiesta *VW Polo*	Mercedes A-Kl. VW Golf Opel Astra Audi A3 *Ford Focus*	Ford Mondeo Mercedes C-Kl. Audi A4 Opel Vectra *BMW 3er*	Opel Omega BMW 5er Mercedes E-Kl. Peugeot 607 *Audi A6*	Jaguar XJ BMW 7er Audi A8 VW Phaeton *Mercedes S-Kl.*	Fiat Ulysse Mercedes V-Kl. Renault Espace *VW Sharan*	BMW X5 Mercedes M-Kl. Chrysler Cherokee *Porsche Cayenne*
Sitzplätze								
Normalzustand/mit umgekl. (bzw. ausgebauter) Rückbank	4/2	5/2	5/2	5/2	5/2	5/2	7/2	5/2
Interieurmaße								
Fußraum vorne (L34) in mm	960–1080 *995*	960–1080 *1040*	970–1100 *1095*	1000–1100 *1051*	1000–1100 *1049*	1000–1100 *1050*	900–1050 *960*	900–1050 *1032*
Fußraum hinten (L51) in mm	650–850 *805*	730–920 *854*	760–920 *882*	750–920 *879*	750–950 *948*	900–1000 *923*	800–1000 *849*	850–1000 *914*
Kopfraum vorne (H61) in mm	920–1100 *930*	920–1000 *986*	940–1010 *997*	950–1010 *975*	950–1010 *980*	980–1020 *1000*	980–1100 *1023*	980–1050 *1001*
Kopfraum hinten (H63) in mm	900–950 *946*	900–970 *958*	900–990 *982*	910–980 *952*	910–980 *963*	950–990 *986*	900–1100 *943*	900–1050 *979*
Schulterbreite (W3) in mm	1150–1350 *1305*	1200–1400 *1351*	1250–1450 *1364*	1300–1450 *1382*	1350–1550 *1427*	1400–1550 *1503*	1400–1600 *1552*	1400–1500 *1458*
Sitzabstand (L50) in mm	650–850 *725*	650–850 *745*	700–900 *745*	700–900 *786*	750–900 *860*	800–1000 *860*	750–1000 *862*	750–950 *845*

Tabelle 4.4 (Fortsetzung)

Fahrzeugklassen	Minicar	Kleinwagen	Kompaktklasse	Mittelklasse	Obere Mittel-kl.	Oberklasse	Vans	SUVs
Beispielfahrzeuge, unterstes Fahrzeug dient im weiteren Verlauf jeweils als Beispiel *(kursiv gedruckt)*	Fiat Seicento MCC Smart Seat Arosa *VW Lupo*	Toyota Yaris Fiat Puncto Opel Corsa Ford Fiesta *VW Polo*	Mercedes A-Kl. VW Golf Opel Astra Audi A3 *Ford Focus*	Ford Mondeo Mercedes C-Kl. Audi A4 Opel Vectra *BMW 3er*	Opel Omega BMW 5er Mercedes E-Kl. Peugeot 607 *Audi A6*	Jaguar XJ BMW 7er Audi A8 VW Phaeton *Mercedes S-Kl.*	Fiat Ulysse Mercedes V-Kl. Renault Espace *VW Sharan*	BMW X5 Mercedes M-Kl. Chrysler Cherokee *Porsche Cayenne*
Interieurmaße								
Mitte Vorderrad bis RPkt. vorn (L114) in mm	1100–1300 *1222*	1150–1350 *1281*	1200–1450 *1340*	1300–1550 *1526*	1300–1550 *1329*	1450–1650 *1596*	1200–1500 *1255*	1400-1600 *1535*
R-Pkt. bis Fersenpkt. Vorn (L53) in mm	700–850 *751*	700–850 *817*	750–850 *804*	750–850 *841*	800–850 *833*	800–850 *842*	650–800 *667*	750–850 *802*
L114-L53	300–600 *471*	400–600 *464*	400–550 *536*	450–700 *685*	450–750 *496*	500–800 *754*	450–750 *588*	500–800 *733*
R-Pkt. bis Standebene vorn (H5) in mm	500–650 *515*	500–650 *507*	450–650 *519*	450–550 *476*	450–550 *459*	450–550 *518*	550–750 *677*	700–800 *726*
R-Pkt. bis Fersenebene vorn (H30) in mm	250–350 *303*	250–350 *288*	250–350 *298*	250–300 *258*	250–300 *267*	250–300 *272*	300–400 *371*	250–350 *298*
Kofferraumvolumen								
mit maxim. Sitzplatzanzahl	100–200	200–460	240–550	330–550	330–550	500–600	200–500	350–550
mit minim. Sitzplatzanzahl	500–800	600–1200	800–1400	1000–1400	1000–1600	1000–1600	1800–3000	1500–2500
Beispielfahrzeug min/max	*180/830*	*250/1030*	*350/1205*	*440/–*	*550/–*	*500/–*	*250/2610*	*430/1770*

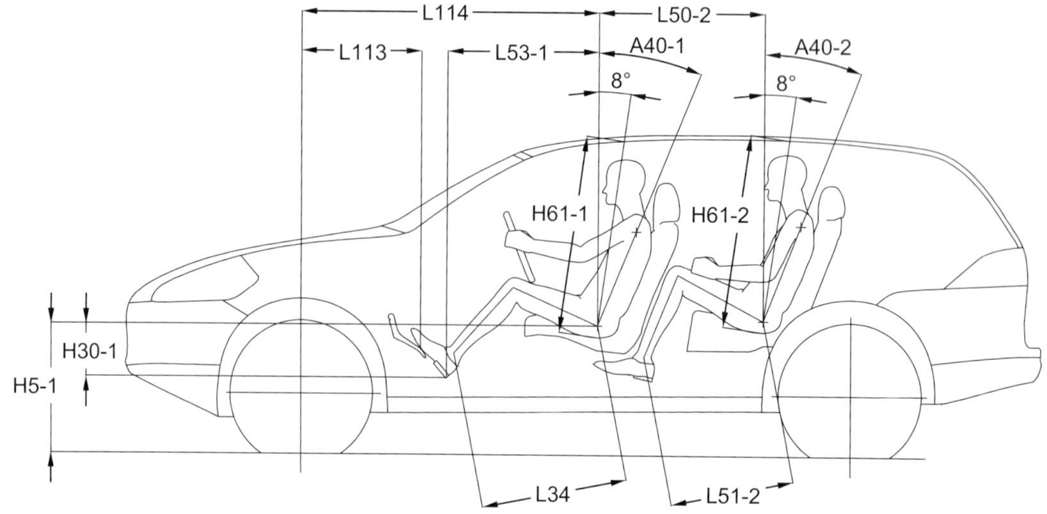

Abb. 4.15 Innenraummaßdefinition in *xz*-Richtung, Bezeichnung nach [4]

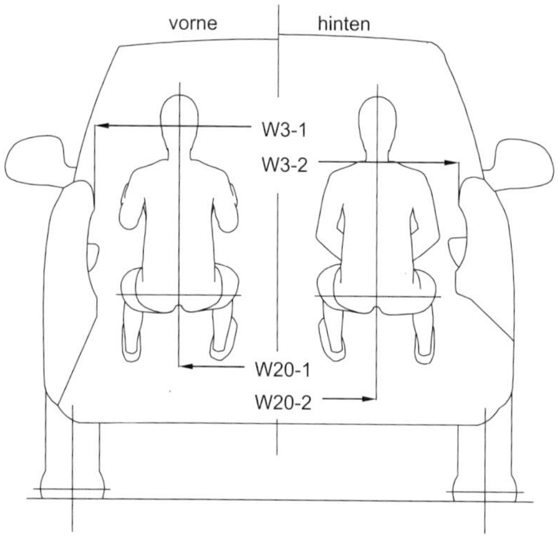

Abb. 4.16 Innenraummaßdefinitionen *y*-Richtung, Bezeichnung gemäß [4]

bei H30-1/-2, H61-1/-2, L50-2 sowie der Abstand zwischen Fußballenpunkt (BoF: Ball of Foot) und Mitte Vorderrad (L113). Für das Maß L50-2 ist der Aufbau der Sitzlehne des Vordersitzes zu beachten. Auf die Zusammenhänge zwischen diesen Größen sowie die Einordnung dieser Größen in wesentliche Maßketten des Fahrzeugpackages und somit die Abhängigkeiten zu Motorraum- und Antriebskonzepten, Sicherheitskonzept und Rohbaustruktur wird in ▶ Abschn. 4.2.3 näher eingegangen.

Ein wesentlicher Punkt ist bei der Interpretation der Interieurdaten zu beachten. Diverse Maße (z. B. H30-1/-2, H61-1/-2, L50-2) beziehen sich auf den Sitzreferenzpunkt, der als R-Punkt oder auch SgRP (Seating Reference Point) bezeichnet wird. Der R-Punkt bildet die Hüftgelenkmitte der Passagiere ab. Dieser Sitzreferenzpunkt wird von den Fahrzeugherstellern im Rahmen bestimmter Randbedingungen als Basis für die Typisierung und die Überprüfung von konstruktiven Vorschriften (z. B. Sicht- und Gurtfelder) festgelegt. In der Praxis liegt dieser Punkt in der Regel im hinteren Drittel des Sitzverstellfeldes, ist jedoch nicht einheitlich definiert.

Zudem ist die Vergleichbarkeit von Referenzmaßen durch die mittlerweile fast durchgängig gegebene Höhenverstellbarkeit der Sitze und die Lenkradverstellbarkeit immer schwerer möglich (Details in ▶ Abschn. 4.2.3.2).

4.2.2.6 Aggregate- und Antriebsstrangkonzepte

Die zu verbauenden Aggregate und die Antriebsstrangkonzepte ermöglichen einen wesentlichen Gestaltungsspielraum, stellen aber häufig auch eine maßgebliche Restriktion bzw. Vorgabe dar [5]. Für das Fahrzeugkonzept sind dabei vor allem folgende Punkte von Bedeutung:

- Die Bauart des Motors (V-, Reihen-, Boxer-Motor)
- Die Aggregateanordnung (Längs- oder Quereinbau; Front-, Heck- oder Mittelmotor; jeweils konventionell oder unterflur)
- Das Antriebskonzept (Front-, Heck- oder Allradantrieb)
- Das Antriebsstrangkonzept (Anordnung Getriebe, Zwischengetriebe, Achsgetriebe und Gelenkwellen)

Die Anzahl der hier aufgezeigten Alternativen verdeutlicht die theoretisch große Anzahl möglicher Ausprägungen. Verschiedene zusätzliche Anforderungen und Restriktionen schränken diese jedoch für den praktischen Einsatz ein.

4.2.2.6.1 Bauart des Motors

Für die Fahrzeugkonzeption sind die folgenden Punkte des Motorkonzeptes (vgl. ▶ Kap. 5 – Motor) von maßgeblicher Bedeutung:

- Die Hauptabmessungen des Grundmotors
- Die Lage der Kurbelwelle (in Abhängigkeit von Kupplungs- und Wandlerdurchmesser)
- Die Abmessungen von Ölwanne, Sauganlage, Nebenaggregaten, Abgasanlage und (sofern vorhanden) Abgasturboladern oder Kompressoren.
- Die Schwingungseigenschaften des Motors sind für das Konzept der Aggregatelagerung, die Ausführung der Motorlager und damit auch für die Notwendigkeit und Ausführung von Fahrschemeln maßgeblich, vgl. ▶ Abschn. 3.4.

Die Hauptabmessungen des Grundmotors sind relativ leicht aus der Grundkonfiguration (Hub, Bohrung, Anzahl und Lage Zylinder, Lage und Ausführung des Steuertriebs und des Nebenaggregatetriebes) ableitbar.

Die Abmessungen der weiteren Komponenten geschieht sehr häufig fahrzeugspezifisch, d. h. ein Grundmotor wird fahrzeugspezifisch angepasst. Für die Gestaltung der »Schnittstelle« Antrieb/Fahrzeug ist daher eine intensive Abstimmung zwischen Gesamtfahrzeugkonzeption und Motorkonzeption erforderlich.

Eine Besonderheit in Bezug auf die Kompaktheit stellen die VR- und V-VR- (W-) Motoren dar. Die V6- und V8-Motoren zeichnen sich durch eine kurze Bauweise aus. Die Boxer-Motoren zeichnen sich durch eine geringe Bauhöhe, den damit konkurrenzlos tiefen Schwerpunkt und die ausgewogenen Schwingungseigenschaften aus. Details zu den Bauformen und deren Spezifika finden sich in [6].

4.2.2.6.2 Aggregateanordnung

Die *Aggregateanordnung* kann in folgenden Parametern variiert werden:

- Längs- oder Quereinbau des Motors
- Front-, Heck- oder Mittelmotor
- Konventionelle Anordnung oder Unterfluranordnung

Wegen der besonderen Anforderungen (in der Regel eine geringe Fahrzeuglänge) haben sich für die *Unterfluranordnung* bisher nur quereingebaute Motoren durchsetzen können. Die *Mittelmotorausführung* ist bei Unterflurkonzepten bisher ebenfalls kaum in der Serie eingesetzt worden.

Die einzelnen Ausführungen weisen spezifische Restriktionen bezüglich der zu verwendenden Motoren auf. Die aus fahrzeugkonzeptioneller Sicht wesentlichen Restriktionen unterscheiden sich je nach Einbauort und -lage des Aggregats. ◘ Tabelle 4.5 gibt einen Überblick über mögliche Aggregatanordnungen, die jeweiligen Restriktionen und verwendbaren Aggregate.

Für die Frontmotoranordnung ist noch ein genereller Vorteil herauszuheben. Bei vielen Frontmotoranordnungen stützt sich der Motor beim Frontalcrash frühzeitig ab und muss nicht mit verzögert werden.

Ein genereller Vorteil von Heck- und Mittelmotorkonzepten ist hingegen, dass die freie Crashlänge im Vorderwagen nicht durch den Motor eingeschränkt ist. Bei Unterbringung des Tankes im Vorderwagen entstehen hier ggf. andere Restriktionen.

4.2.2.6.3 Antriebskonzept und Triebstrang

Für die Kombinationen von Antriebsachsen und Aggregateanordnung sind unterschiedliche *Triebstrangkonzepte* realisierbar, ◘ Tab. 4.6 (Details in ▶ Abschn. 5.4 für den Triebstrang und ▶ Abschn. 5.5 für Allradkonzepte).

Ohne den detaillierten Darstellungen vorzugreifen, sollen am Beispiel der Frontmotoranordnungen mögliche *Antriebsstrangkonzepte* näher angesprochen werden, da sie auf die Gesamtfahrzeuggestaltung einen starken Einfluss haben.

Tabelle 4.5 Vorteile und Restriktionen unterschiedlicher Aggregatanordnungen

Aggregateanordnung	Konventionell/Unterflur	Vorteile	Restriktionen/Nachteile	Geeignete Motorbauarten											
				R3	R4	R5	R6	VR6	V6	V8	V10	V12	W12	B4	B6
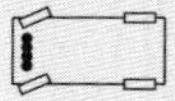	Front quer konv.	– geringe Vorderwagenlänge – kompakte Abmessungen – kurze Leitungen – Abbau Crashenergie	– Breite zwischen Längsträgern – Motorbreite (Blockbildung Crash) – kleine Lagerbasis	●	●	○	○	●	●	○					
	Front quer Unterflur	– geringe Vorderwagenlänge – Aggregat kann bei Frontcrash unter Insassen abtauchen	– Breite zwischen Längsträgern – Motorhöhe/Neigungsfähigkeit	●	●	○									
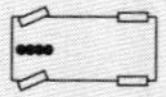	Front längs konv.	– Lange Motoren möglich – für fast alle Motoren realisierbar	– Vorderwagenlänge – Breite des Tunnels für Getriebe	●	●	●	●	●	●	●	●	●	●	●	○
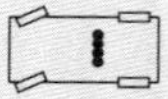	Mitte quer konv.	– geringe Länge des Motorraumes möglich, kompakte Abmessungen – sehr gute Achslastverteilung – geringes Trägheitsmoment um die Hochachse (dadurch gute Reaktion auf Lenkwinkelsprünge)	– Breite zwischen den Trägern hinten – kein Allradantrieb möglich – nur für 2-Sitzer sinnvoll – Aufwand Leitungsverlegung	●	●	●	○	○	○						
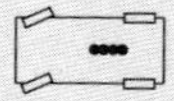	Mitte längs konv.	– Ausgewogene Achslastverteilung möglich – geringes Trägheitsmoment um die Hochachse (dadurch gute Reaktion auf Lenkwinkelsprünge) – Rennsporttauglichkeit	– Blocklänge Motor und Getriebe bei Heckcrash – Breite zwischen den Trägern – Allradantrieb nur mit R und V-Motoren mit sehr großem Aufwand realisierbar – nur für 2-Sitzer (Roadster) sinnvoll – Aufwand Leitungsverlegung	●	●	●	●	●	●	●	●	●	●	●	●

geeignet = gefüllter Kreis; in Ausnahmen geeignet = ungefüllter Kreis; nicht geeignet = leer (kein Symbol)

Tabelle 4.5 (Fortsetzung)

Aggregate-anordnung	Konventio-nell/Unterflur	Vorteile	Restriktionen/Nachteile	Geeignete Motorbauarten											
				R3	R4	R5	R6	VR6	V6	V8	V10	V12	W12	B4	B6
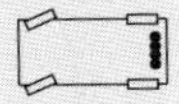	Heck quer konv.	– gute Traktion – Traktion weitgehend unabhängig von Zuladung	– Breite zwischen Trägern hinten – Motorbreite Heckcrash – Zugänglichkeit Stauraum/ Innenraum – Aufwand Leitungsverlegung	●	●	○	○	●	●						
	Heck quer Unterflur	– Kompakter Vorderwagen – Aggregat kann bei Heckcrash unter Insassen abtauchen – Kompaktes Gesamtfahrzeug	– Breite zwischen Längsträgern – Motorhöhe/Neigungsfähigkeit – Gepäckraum/Innenraumhöhe – Aufwand Leitungsverlegung	●	●	○	○								
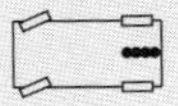	Heck längs konv.	– sehr gute Traktion – optimale Gewichtsverteilung beim Bremsen – sehr flach bauende Konzepte möglich – auch in konventioneller Anordnung ist Raum über dem Motor nutzbar (Ablage Verdeck, Gepäckraum) – Crashlänge Vorderwagen	– Baulänge Motor- und Getriebe – Länge Überhang Hinten – Radstandslänge – Aufwand Leitungsverlegung – Achslastverteilung	●	●	●	●	●	●	○			○	●	●

geeignet = gefüllter Kreis; in Ausnahmen geeignet = ungefüllter Kreis; nicht geeignet = leer (kein Symbol)

Tabelle 4.6 Antriebsachsen und übliche Aggregateanordnungen

Aggregateanordnung	**Antriebsachse**		
	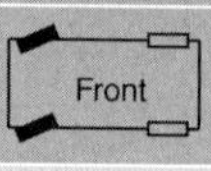	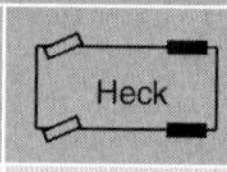	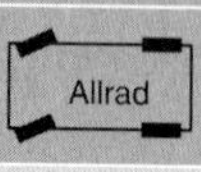
Front-Quer 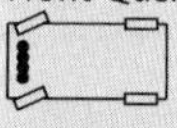	üblich	keine Anwendung	bei großer Motorleistung
Front-Längs 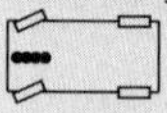	üblich	Standard	bei großer Motorleistung
Mitte-Quer 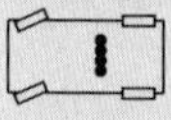	keine Anwendung	üblich	keine Anwendung
Mitte-Längs 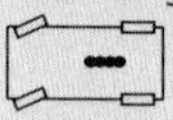	keine Anwendung	üblich	mit sehr großem Aufwand möglich
Heck-Quer 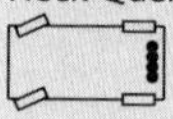	keine Anwendung	üblich	keine Anwendung
Heck-Längs 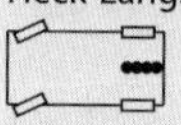	keine Anwendung	üblich	bei hohen Performance- und Leistungsanforderungen.

4.2.2.6.4 Antriebsstrangkonzepte

Tabelle 4.7 zeigt sämtliche gängigen Antriebsstrangkonzepte für Frontmotoranordnungen. Die wesentlichen, für das Gesamtfahrzeug relevanten Gestaltungsmöglichkeiten liegen in der Anordnung des Motors und der unterschiedlichen Lagen von Getriebe, Differential und Gelenkwellen.

Frontlängsmotor mit Frontantrieb Der längs eingebaute Motor in Kombination mit Frontantrieb hat als wesentliche Restriktionen den Abstand zwischen Getriebeabtrieb und Motor-/Getriebeflansch sowie die Beugewinkel der Gelenkwellen, wodurch ein langer Übergang vorne entsteht.

Frontquermotor Der Hauptvorteil der Frontquermotor-Antriebsstrangkonzepte liegt im Potential zur Realisierung eines sehr kurzen Vorderwagens und somit insgesamt sehr kompakter Fahrzeugabmessungen [7]. Daher kommt dieses Konzept in den unteren Fahrzeugklassen fast ausschließlich zum Einsatz.

Standardantrieb Der Standardantrieb bietet die Möglichkeit, die Vorderachse weit vorne anzuordnen. Zudem ist dieses Antriebsstrangkonzept geeignet, eine sog. »Frontmittelmotoranordnung« zu realisieren, indem der Antrieb weit in den Tunnel ragt. Die große Tunnelbreite ist dabei durch einen weiter außen liegenden R-Punkt, also ein größeres W20-1 Maß zu kompensieren. Erfolgt diese Kompensation nicht, entstehen Nachteile einer nicht zur Körpermitte symmetrischen Anordnung der Pedale.

Transaxle Der Transaxle-Antriebsstrang ist geeignet, kurze Vorderwagenlängen und eine ausgewogene Achslastverteilung mit guter Traktion zu realisieren. Dieses Konzept ist jedoch nicht sinnvoll mit einem Allradantrieb kombinierbar. Der Transaxle-

Antriebsstrang hat darüber hinaus starken Einfluss auf das Hinterwagenkonzept, insbesondere in Bezug auf die Anordnung des Kraftstofftanks.

Allradantrieb Bei den *Allradkonzepten* besteht der Unterschied vor allem darin, dass beim aus dem Standardantrieb abgeleiteten Konzept die Bauraumrestriktionen im Vorderwagen in Bezug auf Verteilergetriebe, Achsgetriebe und Gelenkwellen (unterhalb bzw. »durch« den Motor zu führen) größer sind.

Beim aus dem Frontmotor abgeleiteten Konzept verbleibt der Vorderwagen unverändert (mit allen Vor- und Nachteilen), im Hinterwagen sind hingegen im Bereich Tank, Kofferraum hinten sowie Hinterachse zusätzliche Bauraumansprüche für Kardanwelle, Differential und Gelenkwellen zu berücksichtigen.

Der aus dem Frontquermotor abgeleitete Allradantrieb ist vor allem bei sehr hohen Motorisierungen aus Traktionsgründen erforderlich. Ein Frontquermotor mit Heckantrieb ist nicht sinnvoll.

4.2.2.7 Elektrifizierung des Antriebsstrangs

Aufgrund wachsender Anforderungen hinsichtlich der Reduzierung von Schadstoffemissionen, insbesondere in Ballungszentren, ist eine zunehmende Elektrifizierung des Antriebsstrangs zu beobachten. Ohne den Ausführungen in ▶ Abschn. 4.3 (Neuartige Antriebe) vorgreifen zu wollen, wird im Folgenden der packageseitige Einfluss von Hybridkonzepten und Elektrofahrzeugen auf das Fahrzeugkonzept aufgezeigt.

4.2.2.7.1 Hybridkonzepte

Neben den konventionellen Antriebsstrangkonzepten stellen Hybridkonzepte neue Herausforderungen an die Fahrzeugkonzeption. Die Hybridisierung wird dabei in allen Fahrzeugklassen eine Rolle spielen und ist zusätzlich zu konventionellen Antrieben im Konzept zu berücksichtigen. Unter Hybridfahrzeugen wird die Kombination eines E-Antriebs mit einer konventionellen Verbrennungskraftmaschine verstanden. Grundsätzlich sind vier Stufen von Hybridkonzepten zu unterscheiden:

- Micro-Hybrid-Konzepte (Start-Stopp-Systeme, Startergenerator-Konzepte)
- Mildhybrid (nur Rekuperation und Boost-Funktionen, kein elektrisches Fahren möglich)
- Full-Hybrid (rein elektrisches Fahren mit kurzen Reichweiten möglich)
- Plug-In Hybride (rein elektrisches Fahren mit nennenswerten Reichweiten ab ca. 10 km bis zu 60 km möglich, externe Ladeschnittstelle für den Speicher fahrzeugseitig vorhanden)

Diese Systeme unterscheiden sich hinsichtlich ihres Einflusses auf das Fahrzeugkonzept grundlegend. Micro-Hybird-Konzepte sind in der Regel in das bestehende Package zu integrieren. Als Energiespeicher dient in der Regel die vorhandene 12 V-Batterie. Die größte Herausforderung stellt die Integration von Full-Hybriden und Plug-in Hybriden dar. Für ein Fullhybrid-Konzept sind folgende Komponenten im Konzept zu berücksichtigen:

- E-Maschine (eine oder mehrere)
- Energiespeicher (in der Regel Batterien)
- Leistungselekronik, diverse Steuergeräte
- Hochvoltleitungen
- Kupplungen, Kupplungsaktuatorik
- Kühlsysteme für die Hybrid-Komponenten inkl. zusätzlicher Kühlmittelleitungen

Für den Plug-In ist ein nochmals deutlich größerer Energiespeicher und zusätzlich eine Ladesteckdose und ein Ladegerät für das Nachladen am Stromnetz in das Fahrzeug zu integrieren. Zudem ist bei den Full-Hybriden und bei den Plug-In Hybridfahrzeugen die Elektrifizierung aller Nebenaggregate (Lenkung, Klimatisierung etc.) erforderlich, um diese auch bei rein elektrischer Fahrt verfügbar zu haben. ◘ Abbildung 4.17 zeigt die Integration der Hybridkomponenten im Porsche Cayenne S hybrid.

Bei der Anordnung der E-Maschine und deren Einbindung in den Triebstrang unterscheidet man zwischen leistungsverzweigten (die E-Maschine ist immer in den Kraftfluss eingebunden) und parallelen Hybridkonzepten. Bei den Parallelkonzepten wird die E-Maschine parallel zum Verbrennungsmotor geschaltet und durch Momentenaddition wirksam.

Hinsichtlich der Fahrzeugkonzepte ist zu unterscheiden, ob das Fahrzeugkonzept um den Hybridantrieb herum entwickelt wurde (z. B. Toyota Prius) [11], oder eine nachtägliche Integration in ein bestehendes Konzept erfolgt ist (z. B. Lexus RX

Tabelle 4.7 Antriebsstrangkonzepte am Beispiel Frontmotor

Antriebsart	Prinzipdarstellung	Vorteile	Nachteile
Längsmotor + Frontantrieb	Getriebeintegriertes Vorderachsen-getriebe 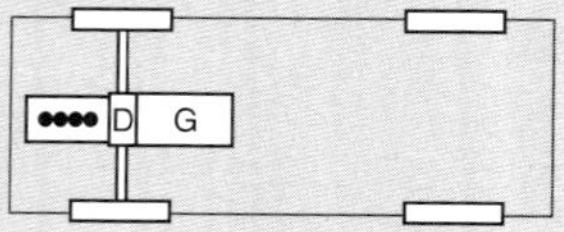	– viele Motorvarianten realisierbar – Allradantrieb leicht ableitbar	– langer Vorderwagen – Achslast auf Vorderachse sehr hoch – tendenziell großer Überhang vorn – breiter Tunnel vorn
Längsmotor + Heckantrieb	Standardantrieb 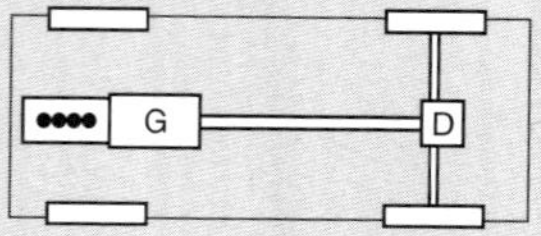	– bessere Achslastverteilung und Traktion als beim Frontantrieb – kurzer Vorderwagen – Sehr viele Motorvarianten realisierbar	– höheres Gewicht als Frontantrieb – höherer Tunnel erforderlich – Bauraumanspruch Differential/Reserverad führt zu Zielkonflikt in der Unterbringung
	Transaxle – Anordnung 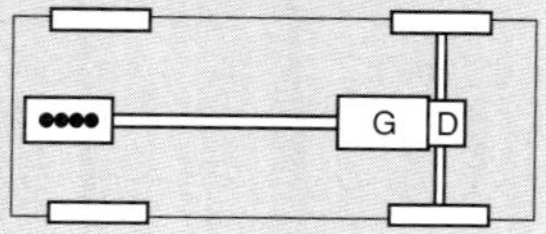	– sehr kurzer und flacher Vorderwagen möglich – leichte Kardanwelle – günstige Achslastverteilung und gute Traktion	– höherer Boden hinten mit Einschränkung Koffer-raum- bzw. Sitzplatzangebot – lange Schaltbetätigung – keine Allradtauglichkeit

Tabelle 4.7 (Fortsetzung)

Antriebsart	Prinzipdarstellung	Vorteile	Nachteile
Längsmotor + Allradantrieb	Getriebeintegriertes Vorderachsen-differential 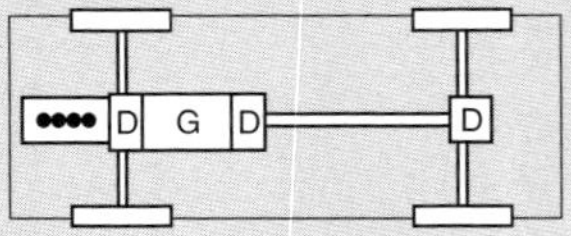	– Zentraldifferential und Vorderachsdifferential können mit dem Getriebe in einen Block zusammengefasst werden – kostengünstig – gute Achslastverteilung – gute Traktion – tiefe Motorlage möglich	– langer Vorderwagen – großer Überhang
	Aus Standardantrieb abgeleitetes Konzept 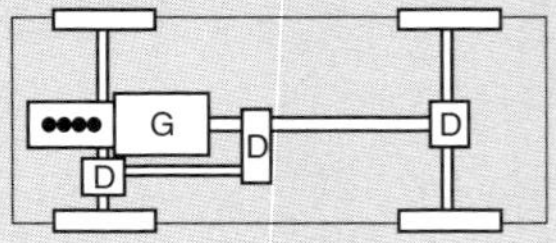	– Nachträglich aus bestehendem Standardantrieb ableitbar – kurzer Vorderwagen – sehr günstige Achslastverteilung – gute Traktion	– relativ aufwendig – Bauraumproblematik im Vorderwagen – sehr breiter Tunnel erforderlich – hohe Motorlage wegen Abtrieb erforderlich
Quermotor + Frontantrieb	Motor in Reihe mit Getriebe, Differential seitlich 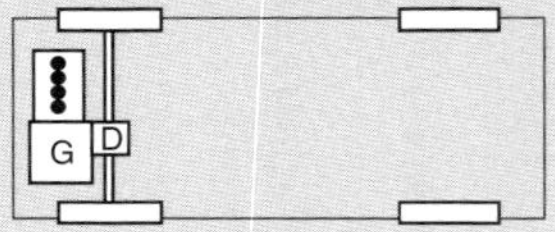	– kompakter Vorderwagen – gute Platzverhältnisse im Fahrgastraum vorne (Kein Tunnel für Getriebe) – relativ günstige Herstellung – sehr gute Vormontagemöglichkeiten	– Achslast auf Vorderachse sehr hoch – wegen eingeschränktem Bauraum nur relativ kurze Motoren möglich – Leistungs-/Drehmomentgrenze
Quermotor + Allradantrieb	Motor in Reihe mit Getriebe, Differentiale seitlich 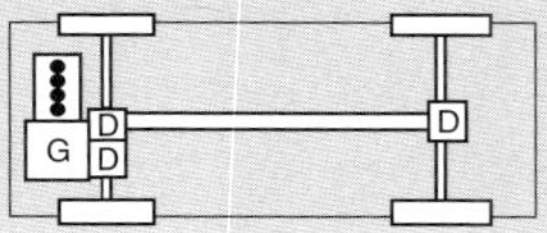	– gute Auchslastverteilung – gute Traktion	– wegen eingeschränktem Bauraum nur relativ kurze Motoren möglich

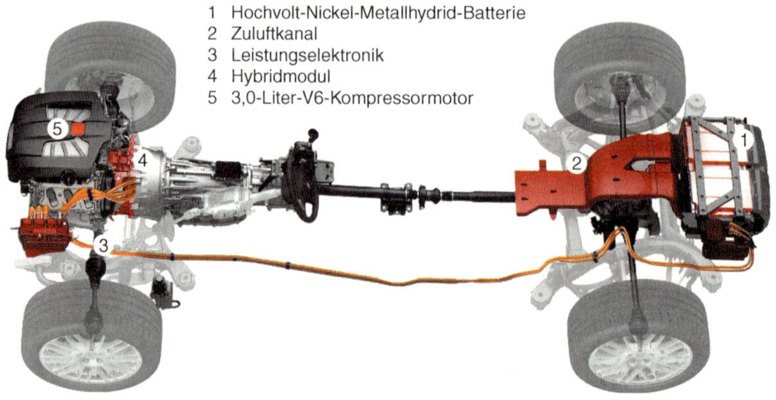

Abb. 4.17 Hybridkomponenten des Porsche Cayenne S hybrid [14]

400h) [12]. Komponentenseitig ist die zunehmende Integration der Hybridkomponenten in konventionelle Module zu erwarten (beispielsweise der E-Maschine in das Hauptgetriebe).

Die Hybridtechnologie erlebt derzeit noch schnelle Innovationssprünge, insbesondere im Bereich Energiespeicher. In den kommenden Jahren werden diese Fortschritte zusätzliche Freiheitsgrade im Fahrzeugkonzept ermöglichen.

4.2.2.7.2 Elektrofahrzeuge

Unter Elektrofahrzeugen werden hier Fahrzeuge verstanden, die ihre Antriebsenergie alleine aus einer mitgeführten Traktionsbatterie beziehen und über Elektromotoren angetrieben werden. Aus dem Wegfall der konventionellen Antriebskomponenten ergibt sich ein enormes Potenzial für völlig neue Packagekonzepte und Architekturen. Zwar gilt die Unterbringung der aufgrund im Vergleich zu fossilen Energieträgern deutlich geringeren Energiedichte relativ großen und schweren Traktionsbatterie als wesentliche Herausforderung. Jedoch ist eine im Rahmen gewisser Randbedingungen flexible Gestaltung des Batteriepacks möglich. Darüber hinaus sind die elektrischen Antriebsmotoren deutlich kleiner als Verbrennungsmotoren und erfordern aufgrund der bedarfsgerechten Ansteuerung in der Regel nur einfache und kleine Getriebe. Daraus ergibt sich eine höhere Flexibilität bezüglich der Innenraummaßkonzeption und der Aggregateanordnung. Im Gegensatz zu einem zentralen Verbrennungsmotor lassen sich Elektromotoren radnah unterbringen oder sogar in die Radnabe integrieren. Radnabenmotoren sind packageseitig sehr interessant, jedoch technisch noch nicht ausgereift, teuer und vergrößern die ungefederten Massen. Im Wesentlichen wird eine breitere Marktdurchdringung reiner Elektrofahrzeuge durch die geringe Reichweite die hohen Batteriekosten und die noch unzureichenden Ladeinfrastruktur gebremst.

4.2.2.8 Fahrzeuggewicht

Das Fahrzeuggewicht ist bei der Gestaltung von Fahrzeugkonzepten eine der wesentlichen Zielgrößen. Das Fahrzeuggewicht wird wesentlich durch die folgenden Parameter beeinflusst:

- Fahrzeugklasse und Hauptabmessungen
- Aufbauausprägung und das Konzeptsegment
- Grundarchitektur des Fahrzeugs
- Aggregate- und Antriebsstrangkonzept (inkl. Hybridisierung)
- Werkstoffkonzept

Während die ersten beiden Parameter durch die Fahrzeugpositionierung weitgehend vorgegeben sind, beeinflussen die anderen das Fahrzeuggewicht, dessen Zielgröße schon zu Beginn der Produktdefinition festgelegt wird. Im Zielbildungsprozess zum Gewicht werden in der frühen Definitionsphase alternative Konzeptansätze bewertet und gegenübergestellt [30]. Mit der Konzeptfestlegung wird das Zielgewicht unter Berücksichtigung der zukünftigen Produktsubstanz definiert. Während des gesamten Entwicklungsprozesses treten häufig nach Detailentscheidungen Gewichtssteigerungen auf, die durch gezielte Maßnahmen zu korrigieren oder zu akzeptieren sind.

4.2.3 Einflussfaktoren und Gestaltungsfelder des Package

Hauptzielkonflikte und Gestaltungsfelder des Fahrzeugpackages sind:

- Berücksichtigung gesetzlicher Anforderungen
- Anforderungen der Fahrzeugsicherheit: Crashlängen, Fußgängerschutz, Seitenaufprall, Überrollschutz (insbesondere bei offenen Fahrzeugen)
- Ergonomie und »Bauraumanspruch« der Insassen
- Bauraumansprüche von Motor und Antriebsstrang und Berücksichtigung des Wärmemanagements
- Berücksichtigung von Radhüllkurven und gesetzlichen Anforderungen an die Radabdeckung
- Volumina, Variabilität und Zugänglichkeit von Stauräumen
- Anordnung von Beleuchtungseinrichtungen
- Anforderungen der Fahrzeugaerodynamik: Grundkörper und Zusatzmaßnahmen wie beispielsweise Spoiler oder Verkleidungen
- Anforderungen des Designs an die Fahrzeuggrundform
- Bauraumanspruch von Systemen, Modulen und Komponenten

Zudem können durch ein Package die Unterhaltskosten positiv beeinflusst werden, beispielsweise durch die Vermeidung der Anordnung von Bauteilen in Bereichen, die bei Einstufungstests der Versicherungswirtschaft und bei Unfällen mit geringen Geschwindigkeiten (»Parkplatzrempler«) belastet werden.

4.2.3.1 Gesetze und Vorschriften

Einen detaillierten Überblick relevanter Vorschriften und Gesetze gibt ▶ Abschn. 2.2. Viele dieser Vorschriften stellen für die Packageerarbeitung wesentliche Anforderungen dar.

Problematisch ist die Tatsache, dass die zu berücksichtigen Gesetze, Standards und Regelungen nicht international vereinheitlicht sind. Wesentliches Ziel der Auslegung ist ein Package, das länderspezifische Lösungen vermeidet.

Bei den packagerelevanten Gesetzen sind zweierlei Arten zu unterscheiden. Zum einen Gesetze, die bestimmte Maße direkt vorgeben. Zum anderen Gesetze, die indirekt (Funktionsvorschriften) berücksichtigt werden müssen, vgl. ▶ Abschn. 6.5.

Detaillierte gesetzliche Anforderungen werden insbesondere gestellt zu:

- Stoßfängerlage, Anbau und Lage der Leuchten
- Wischfelder, Sichtwinkel
- Innenraummaße, z. B. Pedalerie, Gurtfelder in Abhängigkeit vom R-Punkt
- Kennzeichenlage

Den weitaus größten Teil der gesetzlich bedingten Anforderungen beeinflussen das Package indirekt, indem entsprechende Vorschriften (z. B. zur Fahrzeugsicherheit) zu berücksichtigen sind.

4.2.3.2 Innenraummaßkonzeption

Die Auslegung eines neuen Fahrzeugs beginnt in der Regel von innen nach außen. Ausnahmen entstehen dann, wenn auf Basis eines bestehenden Fahrzeugs Anpassungen oder Derivatentwicklungen vorgenommen werden.

Der »Bauraumanspruch« der Insassen stellt die zentrale Anforderung an das Fahrzeug dar. So stark sich Fahrzeugkonzepte auch unterscheiden, so sind diese doch für die gleichen Menschen (*5 % Frau, 95 % Mann* als gängige Mindestanforderung) auszulegen, vgl. ▶ Abschn. 6.4.1. Dies wird auch bei der Analyse wesentlicher Innenraumabmessungen deutlich.

Die Auswirkung der Angabe wesentlicher Interieurmaße in Bezug auf den Sitzreferenzpunkt soll an einem Beispiel verdeutlicht werden. Die Datenbasis für alle folgenden Aussagen besteht aus 34 repräsentativen Fahrzeugen aus den in Abschnitt ▶ Abschn. 4.2.2.1 definierten Klassen.

Trägt man den Kopfraum vorne (H61-1) über dem Radstand (L101) als Bezugsgröße für die Fahrzeugklasse auf, so wird deutlich, dass anhand dieser Daten kaum Differenzierungspotential zu finden ist, ◘ Abb. 4.18.

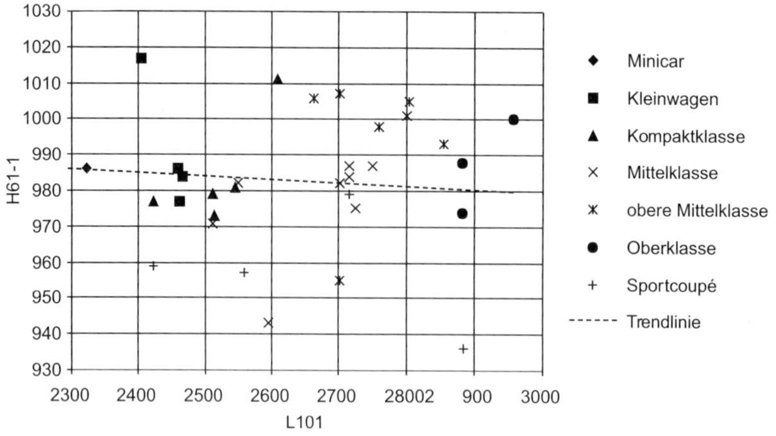

Abb. 4.18 Kopfraum vorne in Abhängigkeit von der Fahrzeugklasse

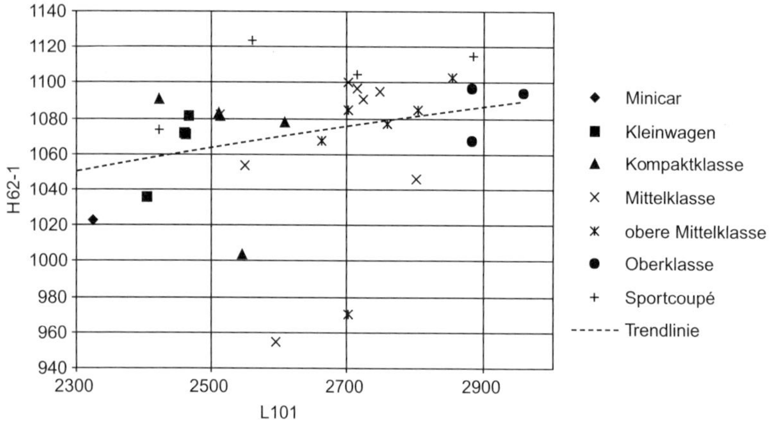

Abb. 4.19 Kopfraum vorne für Sitzposition »hinten unten« in Abhängigkeit von der Fahrzeugklasse

Es wird deutlich, dass anhand der auf den R-Punkt bezogenen Daten keine Abhängigkeit zwischen Radstand und Kopfraum festgestellt werden kann. Das Streuband hat eine Breite von ca. 50 mm, das beste Fahrzeug dieser Darstellung ist ein Minicar. Die Fahrzeuge der Oberklasse haben durchschnittliche Werte.

Die gleiche Darstellung mit auf die Sitzposition »hinten unten« normierten Daten zeigt Abb. 4.19. Erst mit dieser Normierung auf einen real messbaren Punkt wird die erwartete Abhängigkeit zwischen Kopfraum und Fahrzeugklasse deutlich.

Dieses einfache Beispiel verdeutlicht, dass der fahrzeugspezifische, unter gewissen Restriktionen flexibel definierte R-Punkt für einen Konzeptvergleich eher ungeeignet ist.

Für konstruktive Vergleichsuntersuchungen ist es daher in der Regel sinnvoll, sich auf den Bezugspunkt »hinten unten« zu beziehen, was für alle folgenden Diagramme durch den Zusatz »hu« verdeutlicht wird.

Die Gestaltung des *Fahrerplatzes* geschieht im Wesentlichen durch eine Variation der folgenden Parameter:

- L53-1: R-Punkt bis Fersenpunkt (horizontal)
- H30-1: R-Punkt bis Fersenebene (vertikal)

Wie Abb. 4.20 verdeutlicht, kann durch eine um 10 mm höhere Sitzposition eine Verkürzung des Bauraumbedarfs für den Fahrer um ca. 40 mm er-

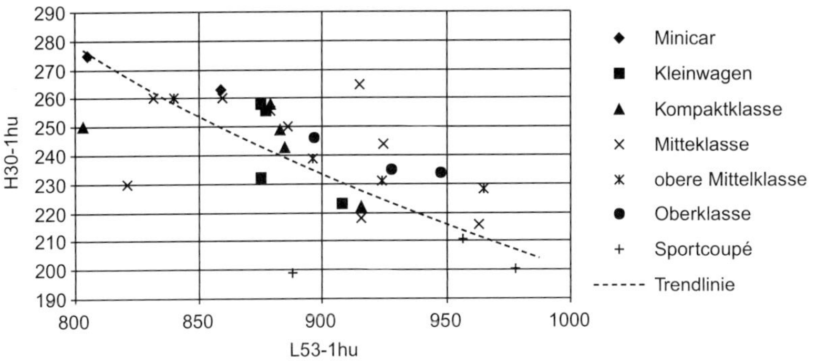

Abb. 4.20 Abhängigkeit zwischen L53-1hu und H30-1hu

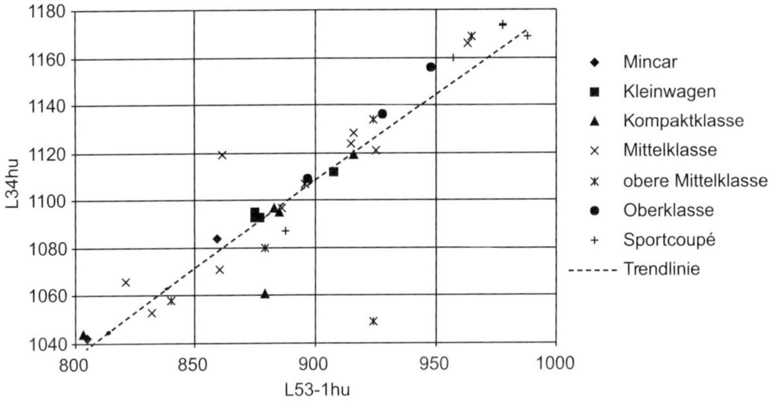

Abb. 4.21 Abhängigkeit von L53-1hu und L34-1hu

reicht werden. Die Verkürzung kann direkt in eine Verkürzung des Fahrzeugs umgesetzt werden, vgl. hierzu auch [9]. Diese Abhängigkeit wird bei verschiedenen Mini- und Kompaktfahrzeugen und bei Vans genutzt, um durch eine hohe Sitzposition in Verbindung mit einer großen Fahrzeughöhe eine relativ geringe Fahrzeuglänge zu erzielen. Im Umkehrschluss bedeutet diese Abhängigkeit, dass sehr tiefe Sitzpositionen mit einer großen Innenraumlänge »erkauft« werden.

Die Darstellung der Abhängigkeit zwischen L53-1hu und L34-1hu (Beinraum) verdeutlicht, dass eine Verkürzung des L53-1hu Maßes um 10 mm zu einer Reduzierung des Beinraumes in gleicher Höhe führt, Abb. 4.21.

Eine hohe Sitzposition führt somit zu einem reduzierten Beinraum und einer Sitzposition mit stärker angewinkelten Beinen.

Die Abhängigkeiten für die hintere Sitzreihe sind für die Maße H61-2, L50-2, L51-2 und das korrespondierende Höhenmaß (H30-2) ähnlich.

4.2.3.3 Konzeptbeeinflussende Maßketten

In Abhängigkeit vom gewählten Grundkonzept stellen sich bei der Erarbeitung der *Maßkonzeption* unterschiedliche Maßketten als wesentlich heraus. Es ist im Rahmen dieses Kapitels nicht möglich, für alle Grundkonzepte (Antriebsanordnung, Aufbauform, Grundform) die konzeptbeeinflussenden Maßketten aufzuzeigen, für Details vgl. z. B. [8]. Anhand ausgewählter Beispiele sollen aber wesentliche Maßketten in Fahrzeuglängsrichtung (x-Richtung), Fahrzeughöhe (z-Richtung) und Fahrzeugbreite (y-Richtung) aufgezeigt werden.

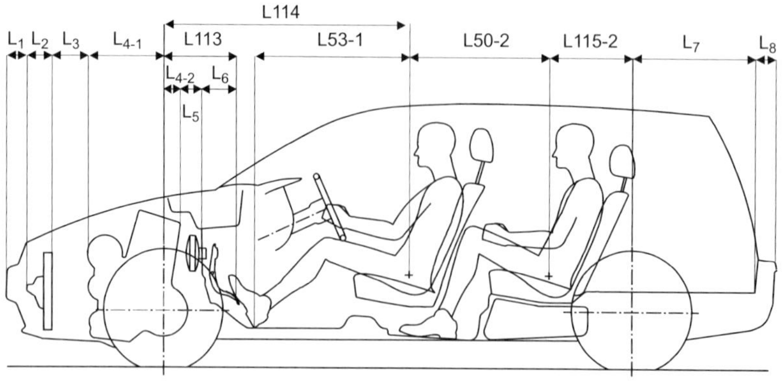

Abb. 4.22 Maßkette in *x*-Richtung

4.2.3.3.1 Die Fahrzeuglänge definierende Maßketten

Die *Fahrzeuglänge* wird für die wesentlichen Einzellängen am Beispiel eines konventionellen Frontquermotorkonzeptes mit zwei Sitzreihen aufgezeigt, Abb. 4.22.

Der Bereich L_1 besteht aus Bugteil, Querträger und ggf. Pralltöpfen und ist funktional zum einen so auszulegen, dass für Unfälle mit sehr geringen Geschwindigkeiten (bis 6 km/h) Deformationen reversibel sind und bis ca. 15 km/h eine lokale Deformation entsteht, die insbesondere eine Beschädigung der Längsträger und der Einbauten im Bereich L_2 verhindert. Im Bereich L_2 befinden sich Komponenten wie Kühler, Scheinwerfer, Scheinwerferreinigungsanlage. Die Länge L_3 wird als *freie Crashlänge* bezeichnet. Je nach Vorderwagenkonzept und Herstellerstandards sind hier zwischen 500–700 mm vorzuhalten. Die freie Crashlänge befindet sich in der Praxis sowohl vor als auch hinter dem Aggregat. L_3 ist jedoch nicht als freie Länge sichtbar, wie immer dichter gepackte Motorräume verdeutlichen. Vielmehr ist bei Verschiebung aller dreidimensionaler Komponenten in x-Richtung »auf Block« ein der »freien Crashlänge« entsprechender Verschiebeweg zu erzielen. Damit ist der zweite wesentliche Begriff definiert, die sogenannte »*Blockbildung*«. Am Beispiel des Frontquermotors ist das wesentliche Blockmaß der Antrieb mit Nebentrieb und allen Anbauten (Länge L_4).

Wesentlicher Gestaltungsspielraum ist über den Abstand zwischen Mitte Vorderrad und Fußballenpunkt (L113) gegeben.

Das Maß L113 wird zum einen bestimmt durch die Ausdehnung des Radhauses und die konstruktive Anbindung des Längsträgers an den Schweller zur Realisierung eines Kraftflusses in Schweller und Fahrzeugboden. Eine weitere, zu berücksichtigende Maßkette ist L4-2 (Blockbildung) und L5 (Kombination aus Einbauten, z. B. Bremskraftverstärker und freier Crashlänge) vor der Spritzwand und L6, dem für das Fußhebelwerk erforderlichen Maß. Ziel einer jeden Vorderwagenauslegung muss sein, keinerlei Fußraumintrusion zuzulassen, d. h. eine Verkürzung des Maßes L6 im Crash zu vermeiden.

Die Darstellung der Abhängigkeiten am L113-Maß verdeutlicht, dass hier der Hauptgestaltungsspielraum zwischen x- und z-Ausdehnung liegt, Abb. 4.23.

Es wird deutlich, dass durch einen in z-Richtung um 10 mm stärker ausgeführten Boden der Fußballenpunkt um 10 mm weiter nach vorne verlegt werden kann. Die Anhebung des Bodens wirkt dabei auf beide kritischen Maßketten in Längsrichtung gleichermaßen.

Im Heckbereich wird das Maß L115-2 wesentlich durch das Radhaus hinten sowie durch Tank- und Hinterachsauslegung beeinflusst.

Das Maß L7 wird bestimmt durch Einbauten wie Hinterachse, Reserverad sowie freie Crashlänge für den Heckcrash.

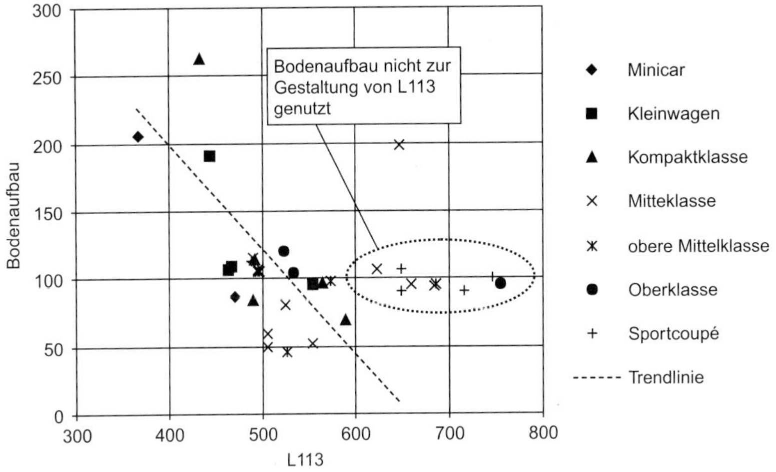

Abb. 4.23 Abhängigkeit zwischen Abstand Fußballenpunkt zu Mitte Vorderrad und Bodendicke

L8 im Heck wird durch gleiche Inhalte wie L1 im Vorderwagen bestimmt.

4.2.3.3.2 Die Fahrzeughöhe definierende Maßketten

Mit Abb. 4.20 und Abb. 4.23 sind die wesentlichen Abhängigkeiten zwischen Maßkonzeption in x- und z-Richtung aufgezeigt. Die *Fahrzeughöhe* ergibt sich damit aus der Summe der Maße Bodenfreiheit (H157), Bodenaufbau (H5-1–H30-1–H157), der Höhe R-Punkt über Fersenpunkt (H30-1), dem Kopfraum vorne (H61-1) und dem Dachaufbau. Diese Summe ist um 102 mm zu reduzieren, die sich aus der Definition des Maßes H61-1 ergeben (laut Messvorschrift der durchschnittliche Abstand R-Punkt zu tiefstem Punkt des Gesäßes). Das H61-1 Maß ist entsprechend der Messvorschrift in einem Winkel von 8° ermittelt und daher entsprechend auf die reine z-Komponente umzurechnen.

Für den Aufbau in z-Richtung ist das Trägerkonzept von maßgeblicher Bedeutung. Hier sind ab einer Bodenstärke von ca. 80 mm Konzepte möglich, bei denen die Passagiere »auf« den Längsträgern und auf dem Schweller sitzen (ebener Boden vorne). Dieses Konzept führt jedoch auf den hinteren Sitzreihen häufig zu sehr starken Beugewinkeln der Beine.

Bei dünnem Bodenaufbau erfolgt der Kraftfluss über die Schweller, ggf. den Tunnel und den Boden. Die Passagiere sitzen bei diesen Konzepten zwischen den Schwellern.

4.2.3.3.3 Die Fahrzeugbreite definierende Maßketten

Die *Fahrzeugbreite* wird in vier wesentlichen yz-Ebenen definiert:

- Mitte Vorderachse: Die Breite wird durch die Radhüllkurven, die Radhäuser, die Längsträgerbreite, die Aggregatbreite und durch Montagebedingungen definiert. Bei Frontantrieb bestimmt zudem häufig der Beugewinkel der Gelenkwellen die Breite.
- Fußballenpunkt vorne: Die Breite in dieser Ebene wird durch Radhaus mit Trägerstruktur, Fußstütze Kupplungsfuß, Breite Pedalerie und Tunnelbreite (insbesondere bei Fahrzeugen mit Längsmotor) festgelegt.
- R-Punkt vorne: Das y-Maß wird durch die Breite der Tür (Seitencrashstrukturen und Airbags), die Schulterbreite der Insassen, und die Abstände zwischen den Insassen und zu den Türen (Komfortziele, Breite Getriebe und somit Breite Mittelkonsole) definiert.
- R-Punkt hinten: Die Breite wird durch die Lage des Radhauses hinten, den Türaufbau und die

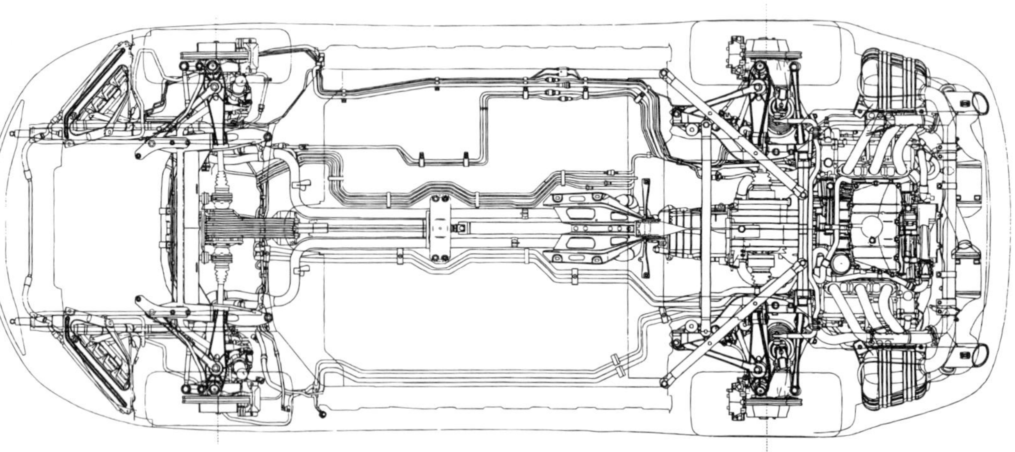

Abb. 4.24 Porsche 911 Carrera 4 – Unterbodenpackage

Komfortansprüche für zwei bzw. drei Sitzplätze bestimmt.

4.2.3.4 Ausgewählte Aspekte des Packages

4.2.3.4.1 Karosseriestruktur

Die mögliche Anordnung der Fahrzeugkomponenten, der Innenraumbereich sowie die Gesamtfahrzeugabmessungen werden durch den Raumbedarf der Karosserieträgerstruktur wesentlich beeinflusst.

Die aus den Auslegungen für Struktursteifigkeiten (Torsion, Biegung) und Crashverhalten resultierenden Trägerquerschnitte, -verläufe und Knotenausbildungen stellen beim Package aufgrund ihrer hohen Bedeutung einen wesentlichen »Eckpfeiler« dar.

Karosserieleichtbau (vgl. ► Kap. 6) stellt eine wesentliche Stellschraube zur Reduzierung des Gesamtfahrzeuggewichtes dar [8, 10]. Leichtbaustrukturen mit ihren tendenziell größeren Querschnitten sind daher ebenfalls konzeptbeeinflussend.

4.2.3.4.2 Motorraum

Härter werdende Forderungen zur Reduzierung der Fahrzeugemissionen zum einen sowie die Effizienz und Wartungsarmut der Verbrennungsmotoren zum anderen führen zu immer komplexer aufgebauten Motorräumen [5]. Erhöhte Produktinhalte wie ABS-Systeme, Scheinwerferreinigungssysteme usw. erschweren die Verhältnisse zusätzlich.

Durch diese anspruchsvollen Packageverhältnisse sowie die vor allem bei Dieselmotoren vorhandenen Motorkapselungen zur Geräuschdämmung stellen sich wärmetechnische Aufgaben, bei denen system- und bauteilbedingte Grenztemperaturen zu beachten sind. Es ist daher die gezielte Belüftung und Durchströmung des Motorraums zu beachten.

4.2.3.4.3 Unterboden

Antriebsstrang, Abgasanlage, Leitungen, Tank und Achsen bestimmen die Gestaltung des Unterbodens ◘ Abb. 4.24.

Das Abgasnachbehandlungssystem stellt einen wichtigen Teil der Abgasanlage dar, vgl. ► Abschn. 5.6. Es muss zur schnellstmöglichen Erreichung seiner Funktionstemperatur nach dem Kaltstart zumindest zu einem Teil möglichst motornah angeordnet werden. Eine in den Drosselverlusten minimierte Abgasrohrführung (bei V- und Boxermotoren in der Regel zweiflutig [22, 23]) und ein ausreichendes Schalldämpfervolumen ist zur Erreichung eines niedrigen Abgasgegendrucks und somit hoher Motoreffizienz und -leistung erforderlich. Den größten Raumbedarf im Tunnel- und Heckbereich haben die Schalldämpfer.

Zur Reduzierung des Luftwiderstands werden bei Fahrzeugen der höheren Preis- und Geschwindigkeitsklasse *Unterbodenverkleidungen* eingesetzt, die einen relativ glatten Unterboden realisieren. Nebeneffekte dieser Verkleidungen sind ein besserer Schutz der Leitungen, aber in der Regel etwas schlechtere thermische Verhältnisse.

4.2.3.4.4 Tank, Leitungen und Reserverad

Die Anordnung des Kraftstofftanks wird durch erforderliche Crashschutzmaßnahmen geprägt. Charakteristisch ist die Platzierung im crashgeschützten Bereich vor und im Bereich der Hinterachse bei Frontmotorfahrzeugen, vgl. ▶ Abschn. 7.6.

Produktions- und sicherheitsrelevante Kriterien prägen das *Leitungspackage* der Benzin-, Hydraulik- und Elektrikleitungen. Eine crashsichere, kreuzungsfreie Verlegung muss durch sichere und verwechslungsfreie Schnellverbindungen eine hohe Produktionsqualität gewährleisten. Eine Minimierung der Verbindungsstellen kraftstoffführender Leitungen in Verbindung mit Werkstoffen, die eine geringstmögliche Kraftstoffdiffusion ermöglichen, ist zur Minimierung der Kohlenwasserstoffemissionen erforderlich. Aus gleichem Grund werden Aktivkohlebehälter (Volumen 1,5 l bis ca. 5 l je nach Tankvolumen und Betankungsentlüftungssystem) zur Zwischenspeicherung der im Fahrzeugbetrieb (z. B. Tankerwärmung, USA auch Betankungsvorgang) freiwerdenden Benzindämpfe eingesetzt.

Ein voluminöses Bauteil ist das Reserve- oder Notrad, das – bei Frontmotorfahrzeugen im Heckbereich angeordnet – einen Bruttoraumbedarf von ca. 50 l (schmales Hochdrucknotrad) bis etwa 80 l (vollwertiges Reserverad) hat. Aus diesem Grund wird es zunehmend durch platzsparende Reifenreparatur- und füllsysteme oder Reifen mit Notlaufeigenschaften (vgl. ▶ Abschn. 7.3) ersetzt.

4.2.3.5 Anforderungen aus Produktion und Kundendienst

4.2.3.5.1 Produktion und Modularisierung

Eine durch ein rationelles Fertigungskonzept mit dem Ziel höchster Produktqualität und niedrigster Fertigungszeiten vorgegebene Montagereihenfolge beeinflusst den Fahrzeugentwurf, da z. B. Einbaurichtungen (Beispiel: Motoreinbau von oben, vorne oder unten) berücksichtigt werden müssen. Gleichbedeutend mit räumlich großen Komponenten wie die Antriebseinheit sind Einbaumodule, deren Montagemöglichkeit in das Fahrzeug erst über ihre Realisierbarkeit entscheidet.

Der Trend zu einer stärkeren *Modularisierung* des Fahrzeugs, d. h. Bildung größerer Vormontagebaugruppen, hat folgende Ursachen:

- Entlastung des Fahrzeugmontagebandes von arbeitsintensiven Umfängen
- Vereinfachung von Montagevorgängen am Band
- Variantenbildung und deren Vorprüfung außerhalb des Fahrzeugmontagebandes
- Reduzierung von Taktverlustzeiten
- Möglichkeit zum Out-Sourcing größerer Umfänge

Beispiele großer Module sind Frontendmodul (vgl. ▶ Abschn. 6.1.5), Cockpitmodul, Vorder- und Hinterachse, Antriebsstrang (teilweise inkl. Achse(n)) und bei Cabriolets das Verdeckmodul.

4.2.3.5.2 Kundendienst

Fahrzeugkonzeptbeeinflussende Forderungen sind in erster Linie maximal zulässige Zeitwerte zum Austausch von Fahrzeugkomponenten sowie eine Minimierung etwaiger Reparaturkosten. Diese Forderungen bedeuten während der Packageabsicherung Ein- und Ausbauuntersuchungen von Komponenten oder Baugruppen und die theoretische Ermittlung der Zeitbedarfe.

Zweck dieser Optimierung ist eine Reduzierung der Wartungs-, Reparatur- und Versicherungskosten für den Kunden und damit eine Steigerung der Wettbewerbsfähigkeit des Produkts, vgl. ▶ Abschn. 11.6.

4.2.3.6 Einfluss von Plattform und Baukästen

Durch die Definition von *Plattformen* und *Baukästen* wird das Ziel verfolgt, viele unterschiedliche *Fahrzeugvarianten* (z. B. Limousine 2-, 4-türig, Kombi, Cabriolet) mit möglichst wenig variantenspezifischen Bauteilen zu entwickeln.

Unter einer Plattform wird dabei ein großer Teil der Bodengruppe (Trägerstrukturen einschließlich Stirnwand, im Hinterwagenbereich meist längen-, oft auch packagevariabel), der Antriebsstrang inkl. Kühlermodul, die Achsen mit Lenkstrang, der

Cockpitaufbau ohne Verkleidung und aus diesen Merkmalen zumeist ebenfalls die Sitzposition mindestens vorne verstanden.

Da auf einer gemeinsamen Plattform unterschiedliche Fahrzeugtypen dargestellt werden, ist der gesamte »Hut« und somit die für den Kunden sichtbare Form (sowohl Interieur wie Exterieur) *nicht* Inhalt einer Plattform.

Unter einem Baukasten versteht man im Fahrzeugbau Komponenten oder Baugruppen, die in verschiedenen Baureihen und Typen zur Verwendung kommen, wie beispielsweise Aggregate (Motoren, Getriebe), Achsteile oder ganze Achsen, Kühler, Nebenaggregate (Lichtmaschine, Klimaanlagenkompressoren) sowie Heizungs- und Klimaanlage.

Ziel von Plattformdefinition und Baukästen ist, mit einem (gesamtheitlich gesehen) Minimum an Entwicklungs- und Investitionskosten ein Maximum an verschiedenen Typen und Varianten darzustellen. Zusätzlich verbessern sich Einkaufsbedingungen und Produktionskosten für die mit hoher Stückzahl produzierten Plattform- und Baukastenteile. Gängig ist diese Strategie vor allem bei Automobilkonzernen, die verschiedene Marken unter sich vereinigen, aber auch bei kleineren Herstellern, um niedrigere Fahrzeugstückzahlen einzelner Typen in der Gesamtheit wirtschaftlich darstellen zu können [5, 29].

4.2.4 Beispiele ausgewählter Fahrzeugkonzepte in unterschiedlichen Klassen

4.2.4.1 Beispiele nach Fahrzeuggrößenklasse

Anhand von ausgewählten Fahrzeugen sollen wesentliche der in ▶ Abschn. 4.2.2 dargestellten Konzeptparameter und der in ▶ Abschn. 4.2.3 aufgezeigten maßkonzeptionellen Zusammenhänge verdeutlicht werden.

4.2.4.1.1 Kompaktklasse

◘ Abbildung 4.25 zeigt den VW Golf als prägenden Vertreter dieser Klasse.

Typisch für diese Fahrzeugkonfiguration sind der kompakte Vorderwagen und der flache Bodenaufbau. Der Fersenpunkt der hinteren Sitzreihe liegt in z-Richtung unterhalb des Fersenpunktes der ersten Sitzreihe.

4.2.4.1.2 Minicar

Ein Vertreter dieser Klasse mit ausgeprägter Konzeptinnovation stellt der Smart dar, ◘ Abb. 4.26.

Mit einer Gesamtlänge von 2690 mm nutzt dieses Konzept ebenfalls den 1-Box- Aufbau. Der Verzicht auf eine hintere Sitzreihe und die damit gegebene ausschließliche Zweisitzigkeit ermöglicht trotz einer extremen Fahrzeugkürze ein akzeptables Innenraumangebot für zwei Personen. Auch hier konnte die kurze Fahrzeuglänge teilweise nur durch ein Ausweichen »nach oben« erzielt werden, was eine größere Fahrzeughöhe zur Folge hat.

Der querliegende Motor mit Getriebe ist beim Smart mit der Hinterachse zu einer sehr kompakten Montageeinheit verblockt.

4.2.4.1.3 Mittelklasse

Der BMW 3er stellt ein maßkonzeptionell typisches Fahrzeug der Mittelklasse dar, ◘ Abb. 4.27 [15].

Das Fahrzeug hat einen *Frontmittelmotor* und Heckantrieb. Typisch hierfür ist die sehr weit vorne liegende Vorderachse (kurzer Überhang vorne) und das weit mit der Fahrgastzelle in x-Richtung »überlappende« Getriebe.

4.2.4.1.4 Obere Mittelklasse

Die konzeptionellen Unterschiede zwischen Mittelklasse und Oberer Mittelklasse innerhalb einer Fahrzeugmarke sind zu vernachlässigen. Die Unterschiede liegen hauptsächlich im großzügigeren Maßkonzept. Für die obere Mittelklasse zeigt ◘ Abb. 4.28 den Audi A6 [16].

Charakteristisch für die vorliegende Antriebskonfiguration mit getriebeintegriertem Vorderachsdifferential ist die Lage des Motors vor der Vorderachse und der dadurch bedingte relativ große Überhang vorne.

4.2.4.1.5 Oberklasse

Die Oberklasse wird wesentlich von Fahrzeugen der Marken Audi, BMW und Mercedes geprägt [17,

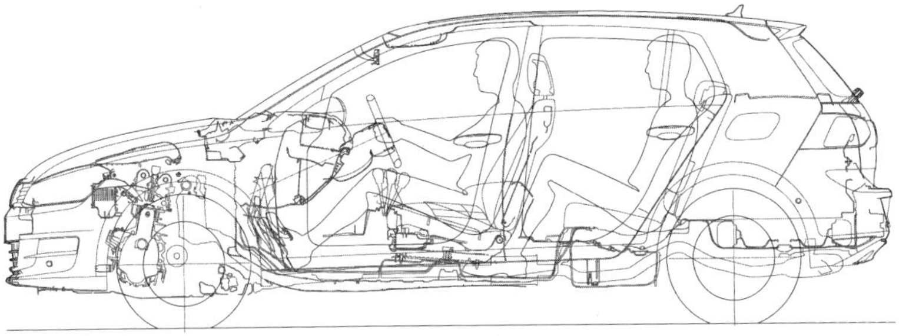

Abb. 4.25 Volkswagen Golf (Frontmotor, Quereinbau, Frontantrieb)

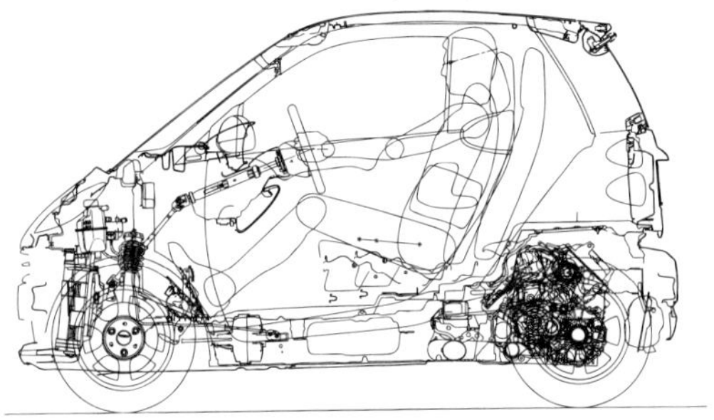

Abb. 4.26 Smart (Heckmotor, Quereinbau, Heckantrieb)

19, 25]. Als neuen und sportlich positionierten Vertreter in der Oberklasse zeigt Abb. 4.29 den Porsche Panamera [28].

4.2.4.1.6 Luxusklasse

Die Luxusklasse besitzt eine insgesamt sehr geringe Marktdurchdringung und ist mit wenigen tausend Fahrzeugen ein kleines Segment. Die Fahrzeuge unterscheiden sich von der Oberklasse im Wesentlichen durch ein sehr großes L50-2 Maß das bei einigen Fahrzeugen sogar eine Liegeposition ermöglicht [18].

4.2.4.2 Beispiele nach Fahrzeugausprägung

Für verschiedene Fahrzeugkonzepte ist eine Einordnung nach Größe nicht geeignet. Das gezeigte Grundkonzept kann natürlich mit unterschiedlichen Maßkonzepten und somit auch verschieden groß ausgeführt sein.

4.2.4.2.1 Roadster

Das Roadster-Segment beinhaltet Fahrzeuge mit Standardantrieb ebenso wie Mittelmotorfahrzeuge. Abb. 4.30 zeigt den Porsche Boxster als Fahrzeug mit *Mittelmotoranordnung* [21].

4.2.4.2.2 Coupé und Sportcoupé

Die Coupés reichen konzeptionell von aus der Mittelklasse abgeleiteten Fahrzeugen mit Standardantrieb und 4 Sitzen über Transaxle- oder Heckmotorkonzepte mit 2+2 Sitzen, bis zu Mittelmotorfahrzeugen mit reiner Zweisitzigkeit. Abbildung 4.31 zeigt den Porsche Carrera als Beispiel für ein Fahrzeug mit *Heckmotoranordnung* [22].

4.2.4.2.3 Sport Utility Vehicles (SUV)

Ein relativ neues und stark gewachsenes Marktsegment stellen die SUVs dar. Diese Fahrzeugkategorie reicht von aus Mittelklassekombis abgeleiteten und höhergelegten Fahrzeugen bis hin zu reinen Geländefahrzeugen mit Leiterrahmen.

Die Konzeptausprägungen sind dabei äußerst unterschiedlich. Typisch ist der Allradantrieb, die große Bodenfreiheit, kurze Überhänge für große Böschungswinkel und eine hohe Sitzposition der Insassen.

Abbildung 4.32 zeigt den Porsche Cayenne als SUV mit selbsttragender Karosserie [23].

4.2.4.2.4 Van

Eine eigenständige Fahrzeugkategorie stellen die Vans dar. Entweder aus der Kompaktklasse abgeleitet oder mit eigenständiger Plattform zeichnen Sie sich durch das große und zumeist sehr variable Innenraumkonzept mit bis zu 8 Sitzplätzen oder

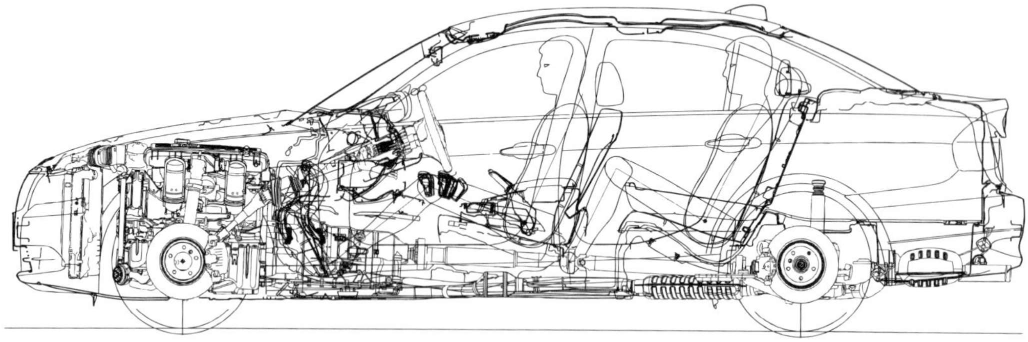

Abb. 4.27 BMW 3er-Serie (Frontmotor, Längseinbau, Standardantrieb)

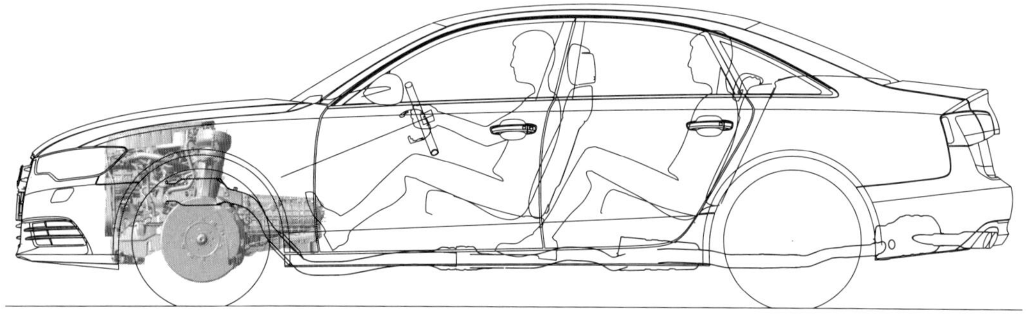

Abb. 4.28 Audi A6 (Frontmotor Längseinbau, Vorderradantrieb)

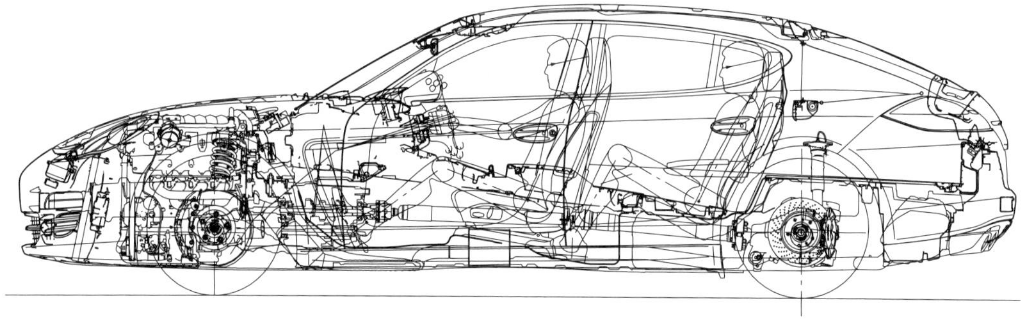

Abb. 4.29 Porsche Panamera (Frontmotor, Längseinbau, Standardantrieb/Allradantrieb)

bei ausgebauten Sitzen bis zu 2900 l Kofferraumvolumen aus. Das große Sitzplatzangebot wird durch eine hohe Sitzposition und somit eine große Fahrzeughöhe erreicht. Problematisch ist bei diesen Fahrzeugen, dass bei Nutzung durch 8 Personen nur ein Kofferraumvolumen auf Kompaktwagenniveau zur Verfügung steht. Abbildung 4.33 zeigt den VW Sharan als Beispiel für ein realisiertes Van-Konzept.

4.2.5 Konzeption und Packageprozess in der industriellen Praxis

Die Konzeption und der Packageprozess verläuft in der industriellen Praxis ähnlich, wie in diesem ► Abschn. 4.2 dargestellt.

Zu Beginn einer Entwicklung erfolgt die Positionierung des Fahrzeugs im Wettbewerberumfeld

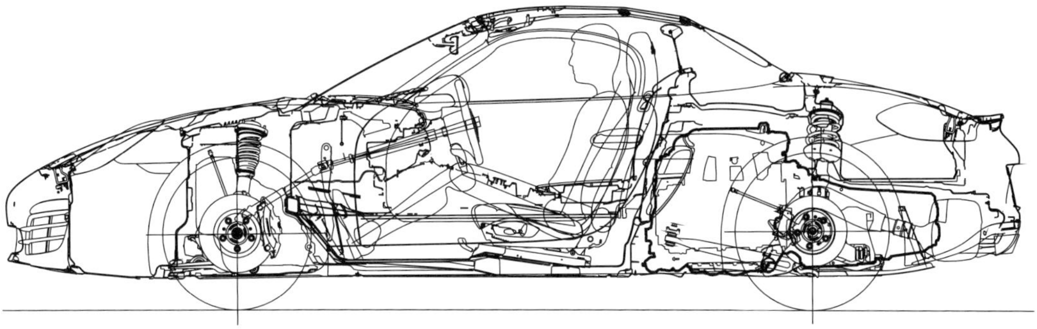

Abb. 4.30 Porsche Boxster (Mittelmotor, Längseinbau, Heckantrieb)

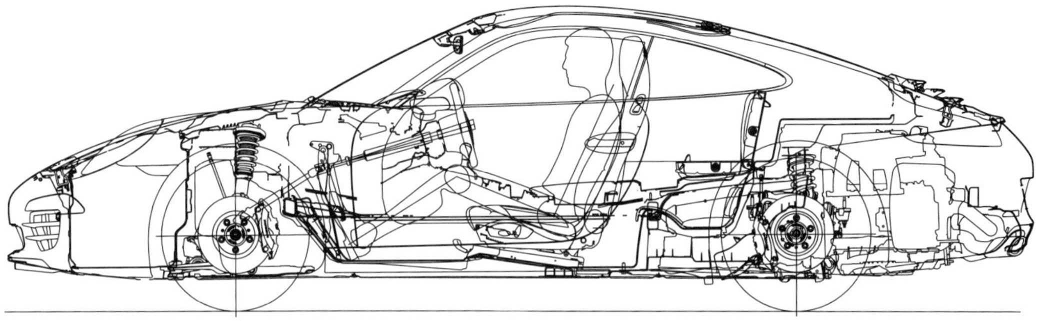

Abb. 4.31 Porsche Carrera (Heckmotor, Längseinbau, Heckantrieb)

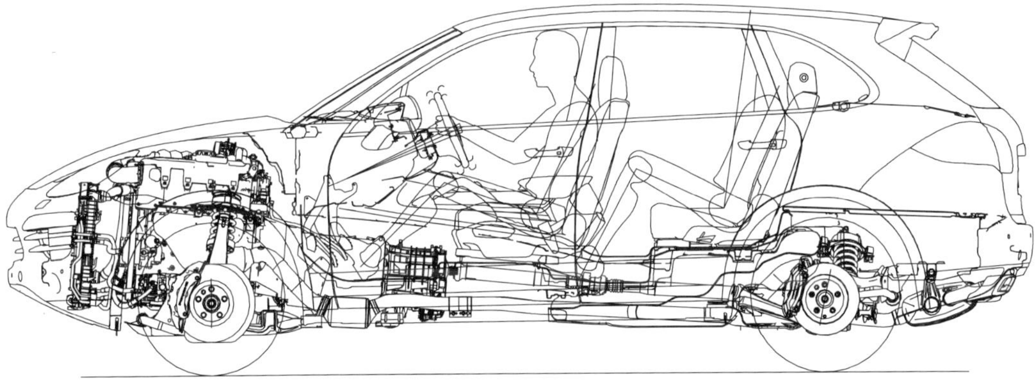

Abb. 4.32 Porsche Cayenne Turbo (Frontmotor, Längseinbau, Allradantrieb)

und die Herleitung wesentlicher Ziele. Auf Basis der Vorstellungen und Ziele für Gesamtfahrzeug, Komponenten und Module wird ein erstes Maßkonzept als initiale geometrische Beschreibung des Fahrzeugs erstellt. Die erarbeiteten Inhalte werden anschließend in einem *Rahmenheft* bzw. Zielkatalog zusammengeführt. Auf Basis des Maßkonzepts werden erste zwingend einzuhaltende Begrenzungen *(Hardpoints)* abgeleitet und vorgegeben. Die schrittweise Konkretisierung des Bauraumbedarfs der Fachbereiche und das konkreter werdende Maßkonzept führt zur Definition von *Package-Grenzflächen*. Diese Package-Grenzflächen sind dreidimensionale CAD-Flächen, die den Bau-

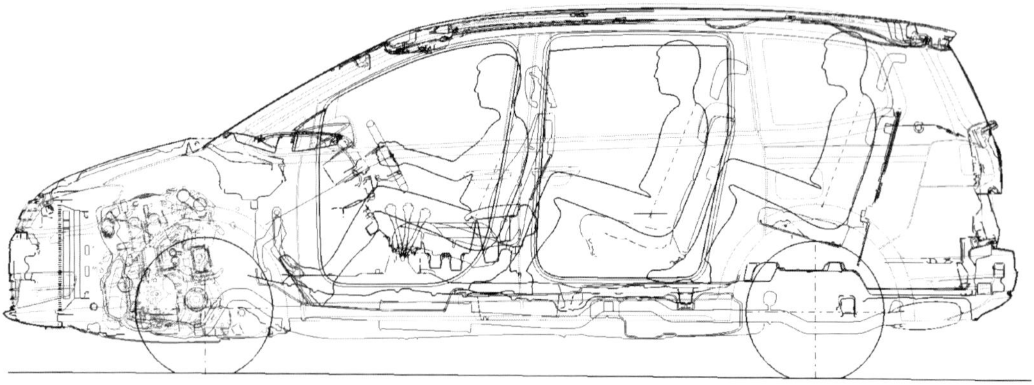

Abb. 4.33 VW Sharan (Frontmotor, Quereinbau, Vorderradantrieb)

raumbedarf einzelner Komponenten, Greifräume der Insassen oder gesetzliche Vorgaben, wie z. B. Sichtstrahlen, darstellen.

In den frühen Phasen der Entwicklung stellen diese Package-Grenzflächen Vorgaben für die Fachbereiche dar. Mit weiterer Konkretisierung der Konstruktionen werden Modul- und Bauteilentwürfe der Fachbereiche gegen diese Grenzflächen geprüft.

In der Serienentwicklung werden mittels geeigneter Systeme zur Berechnung von Bauteilkollisionen durch die Packageabteilung einzelne Bauteile per *DMU* (Digital Mock-up – Digitale Attrappe) gegeneinander geprüft. Geeignete PDM-Werkzeuge ermöglichen hierbei die teilweise Automatisierung der Fahrzeugkonfiguration und Kollisionsprüfungen. Solche Werkzeuge erfordern die durchgängige datentechnische Verknüpfung von Fahrzeugstruktur und CAD-Datenwelt.

Die konsequente Fortsetzung dieser Vorgehensweise ist die Integration von Systemen zur Erstauslegung von Strukturen und Komponenten in die CAx-Landschaft.

4.2.6 Entwicklung der Fahrzeugkonzepte

Die derzeitige Konzeptlandschaft ist geprägt durch eine Vielzahl von Fahrzeugvarianten, die alle erdenklichen Nischen ausfüllen. Diese Varianten sind auch für Großserienhersteller wirtschaftlich darstellbar, weil dabei in der Regel auf identischen Fahrzeugplattformen aufgesetzt wird, vgl. ► Abschn. 4.2.3.6.

In näherer Zukunft sind folgende Trends zu erwarten:

- Zunehmend *Crossover*-Konzepte, wie beispielweise die Kombination aus Van und Coupé oder eine Konzeptmischung zwischen Limousine und Van.
- Weitere Abkehr von klassischen Fahrzeugkonzepten (z. B. Limousine).
- Größere Variabilität der Fahrzeuge (Interieur und Exterieur).
- Die Gestaltung markenspezifischer Innenraumkonzepte, Bedienlogiken und *Mensch-Maschine-Schnittstellen* [20, 26]
- Fahrzeugklassenspezifische Leistungsgrenzen verschwimmen und überlappen zunehmend.
- Vordefinierte Plattformen werden zunehmend durch flexibel definierte Baukästen ersetzt.
- Hybridkonzepte werden in verschiedenen Ausprägungen in nahezu alle Fahrzeugklassen Einzug nehmen.

Beispiele für Crossoverfahrzeuge sind der Mercedes CLS [26] als Mischung aus Limousine und Coupé, der Golf Plus [27], der sich zwischen Golf und Touran ansiedelt sowie der Audi A5 Sportback, der sich zwischen Coupé und Kombi einordnet.

Technologische Innovationen werden bereits heute sehr schnell nach der Ersteinführung in allen Fahrzeugklassen angeboten. Die Differenzierung über das Fahrzeugkonzept wird daher als Allein-

stellungsmerkmal immer stärker an Bedeutung gewinnen, die Konzeptinnovation wird zu einem der Hauptdifferenzierungskriterien gegenüber den Wettbewerbern. Dieser Trend ist bereits heute, insbesondere bei spät in ein Segment einsteigenden Wettbewerbern, zu beobachten.

Zudem wird auch die notwendige CO_2-Reduzierung zunehmend Einfluss auf die Ausgestaltung von Konzepten (z. B. durch Downsizing und Downweighting) nehmen. Die Integration von Hybridkonzepten und auch das zunehmende Angebot voll elektrifizierter Fahrzeuge wird Rückwirkungen auf die Fahrzeugkonzeption haben und lässt die Komplexität und den Anspruch an die Konzept- und Packagearbeit weiter steigen.

4.3 Neuartige Antriebe

4.3.1 Elektroantriebe

Elektroantriebe kommen in verschiedenen Transportsystemen zum Einsatz. Im Folgenden werden elektrische Antriebe für nicht spurgebundene Fahrzeuge für den Personen- und Güterverkehr behandelt. Diese Fahrzeuge werden von Elektromotoren angetrieben und beziehen ihre Antriebsenergie aus einer mitgeführten Traktionsbatterie oder einem Brennstoffzellensystem.

Elektrofahrzeuge sind vorteilhaft, weil sie keine Schadstoffe am Einsatzort freisetzen, weder Abgase noch Kraftstoffdämpfe bei der Betankung und Speicherung auftreten. Dies gilt unabhängig vom Alter und technischem Zustand der Fahrzeuge.

Da die elektrische Energie zum Betrieb von Elektrofahrzeugen jedoch überwiegend in Kraftwerken aus fossilen Energien erzeugt wird, entstehen hier Emissionen. Die Möglichkeiten regional oder global die Emission von Schadstoffen mit Elektrofahrzeugen zu senken sind deshalb letztlich abhängig vom Schadstoffausstoß bei der Stromerzeugung.

Vorteilhaft ist, dass moderne Kraftwerke sehr gute Wirkungsgrade aufweisen und mit der Stromversorgung eine flächendeckende Infrastruktur zum Wiederaufladen von Elektrofahrzeugen leicht aufgebaut werden kann. Die entscheidenden Fragen der Infrastruktur sind jedoch noch nicht geklärt, wie zum Beispiel das Aussehen der Infrastruktur auf öffentlichen Verkehrsflächen, die Abgabe der Energie an den Ladestationen, die Steuerung des Ladens und die Gestaltung des Versorgungsnetzes [32]. Zur Klärung dieser Fragestellungen wurden und werden aktuell eine Vielzahl von Projekten gestartet. Ziel derer ist es, die Potenziale der Elektromobilität in großstädtisch geprägten Modellregionen zu überprüfen und neue Geschäftsmodelle zu entwickeln [33].

Elektromotoren weisen einen hohen Wirkungsgrad auf und bieten zusätzlich die Möglichkeit der Energierückgewinnung aus Bremsvorgängen.

Hinzu kommt bei Elektrofahrzeugen, dass sie insbesondere bei niedrigen Geschwindigkeiten sehr leise sind.

Nachteilig für den Nutzer von Elektrofahrzeugen sind die derzeit noch hohen Anschaffungskosten und die eingeschränkte Reichweite dieser Fahrzeuge. Aufgrund längerer Ladezeiten zum Wiederaufladen der Batterien ist die Verfügbarkeit von Elektrofahrzeugen eingeschränkt.

Elektrofahrzeuge sind bereits seit Ende des 19. Jahrhunderts im Einsatz, noch vor den Fahrzeugen mit Verbrennungsmotoren [34]. Zu Beginn des 20. Jahrhunderts wurden Elektroantriebe dann rasch durch Verbrennungsmotoren ersetzt. Neue Impulse für die Entwicklung moderner Elektrofahrzeuge gingen erst wieder von der Erdölkrise in den siebziger Jahren und der »ZEV-Gesetzgebung« (ZEV: Zero Emission Vehicle) Kaliforniens aus. Dieses Gesetz forderte in der ersten Fassung aus dem Jahr 1990 emissionsfreie Fahrzeuge für Kalifornien ab dem Modelljahr 1998. Technisch ist dies nur erreichbar mit ausschließlich batterieelektrisch angetriebenen Fahrzeugen oder mit Wasserstoff-Brennstoffzellenfahrzeugen. Bis Ende der 90er Jahre haben deshalb zunächst alle größeren Automobilhersteller intensiv die Entwicklung von Elektrofahrzeugen verfolgt, ehe diese Entwicklung dann weitgehend zugunsten der Brennstoffzellenfahrzeugentwicklung zurückgestellt wurde. In den Folgejahren wurde das ZEV-Gesetz mehrmals geändert [35] und ist nach wie vor in der Diskussion. Die ZEV-Gesetzgebung sieht folgende Fahrzeugkategorien vor:

ZEVs: Absolut schadstofffreie Fahrzeuge wie Batterie- und Wasserstoff-Brennstoffzellen-Elektrofahrzeuge.

Bei Elektrofahrzeugen werden je nach Reichweite und maximaler Geschwindigkeit noch verschiedene Kategorien unterschieden.

PZEVs: »Partial ZEVs«, Fahrzeuge mit Verbrennungsmotor und extrem niedrigem Schadstoffausstoß und Langzeitstabilität der Emissionen.

AT PZEVs: Diese »Advanced Technology PZEVs« haben die gleichen niedrigen Emissionen wie die PZEVs und zusätzlich einen elektrischen Antrieb.

In der Praxis handelt es sich um extrem schadstoffarme Hybridfahrzeuge, Fahrzeuge mit H_2-Verbrennungsmotor oder um Brennstoffzellenfahrzeuge mit Reformer.

Das komplexe Gesetz sieht je nach Marktanteil des Automobilherstellers in Kalifornien unterschiedliche Prozentsätze für ZEVs, PZEVs und AT PZEVs vor. Dabei wurde den Automobilherstellern eine gewisse Flexibilität im Hinblick auf die jeweiligen Anteile zugestanden. Größere Automobilhersteller müssen jedoch eine definierte Anzahl ZEVs anbieten.

4.3.1.1 Antriebssystem für Elektrofahrzeuge

Das gesamte Antriebssystem von Elektrofahrzeugen [36] umfasst:

- Traktionsbatterie mit Batteriemanagement und i. a. On-Board-Ladegerät
- Elektromotor mit elektronischer Steuerung (Umrichter) und Kühlung
- in der Regel notwendiges Getriebe incl. Differential
- Kraftübertragung auf die Antriebsräder

Außerdem müssen Nebenaggregate wie die Lenk- und Bremsunterstützung und das Heiz- und Klimatisierungssystem dem elektrischen Betrieb angepasst werden. Wieder aufladbare Traktionsbatterien erfordern Ladegeräte, die entweder als stationäre Ladegeräte oder als On-Board-Ladegeräte ausgeführt werden können.

Für die Kraftübertragung auf die Antriebsräder kann der Antriebsstrang unterschiedlich konfiguriert werden (▣ Abb. 4.34) [37]. Häufig werden

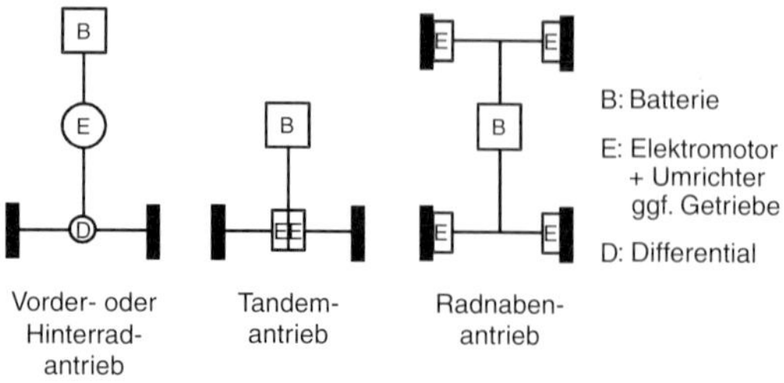

▣ **Abb. 4.34** Antriebsstrang-Konfigurationen für Elektrofahrzeuge

Vorder- oder Hinterradantriebe mit einer Zentralmaschine und einem Getriebe mit einem oder zwei Gängen, automatisiert geschaltet, und Differential eingesetzt [38]. Eine Alternative sind radnahe Antriebssysteme mit zwei Elektromotoren und Radnabenantriebe mit Elektromotoren in den Rädern. Die Technologie der Radnabenantriebe bietet attraktive Potentiale. Der automobile Reifegrad ist jedoch noch gering. Darüber hinaus sind sie aus heutiger Sicht zu teuer. Dies ist im Falle eines Einsatzes in Brennstoffzellen- und Batterie-Elektrofahrzeugen besonders gravierend, da diese Fahrzeuge aufgrund der verbauten Komponenten von Grund auf bereits unter einem sehr hohen Kostenanspannungsgrad stehen [39].

4.3.1.2 Elektromotoren für Elektrofahrzeuge

Motoren für den Einsatz in Kraftfahrzeugen müssen in einem weiten Drehzahl- und Drehmomentbereich arbeiten. Nahezu ideale Fahrzeugmotoren sind Elektromotoren. Sie sind vergleichsweise leise, arbeiten durchweg mit hohem Wirkungsgrad (▣ Abb. 4.35) und weisen eine günstige Drehzahl-Drehmoment-Charakteristik auf. Ihr maximales Drehmoment ist schon im Stillstand verfügbar. Auch bei hohen Drehzahlen können sie noch ein ausreichendes Drehmoment abgeben, bei nahezu konstanter Leistung über der Drehzahl. ▣ Abbildung 4.36 zeigt Kennlinien eines umrichtergespeisten Asynchronmotors für ein Elektrofahrzeug. Da Elektromotoren kurzzeitig überlastbar sind, steht für Beschleunigungsvorgänge zusätzlich Drehmoment zur Verfügung. Im Unterschied zu Verbrennungsmotoren kann in der Regel auf ein mehrgängiges Getriebe verzichtet werden. Meist

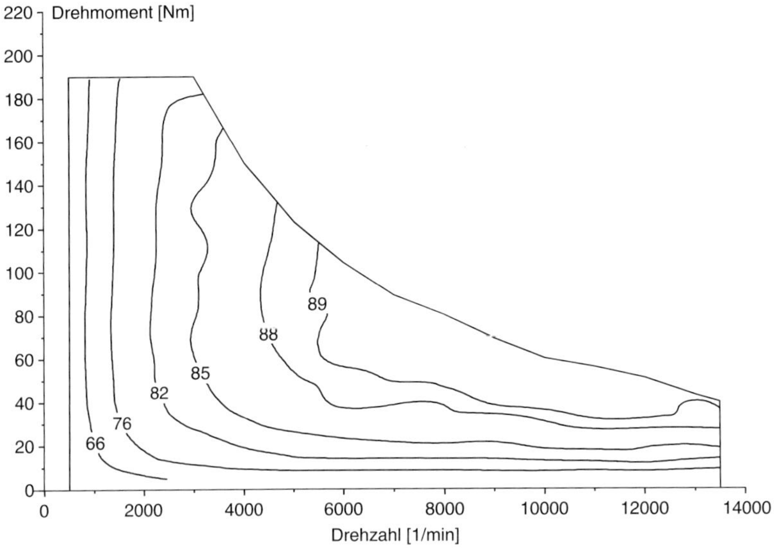

Abb. 4.35 Typisches Wirkungsgradkennfeld eines Asynchronmotors (inklusive Umrichter)

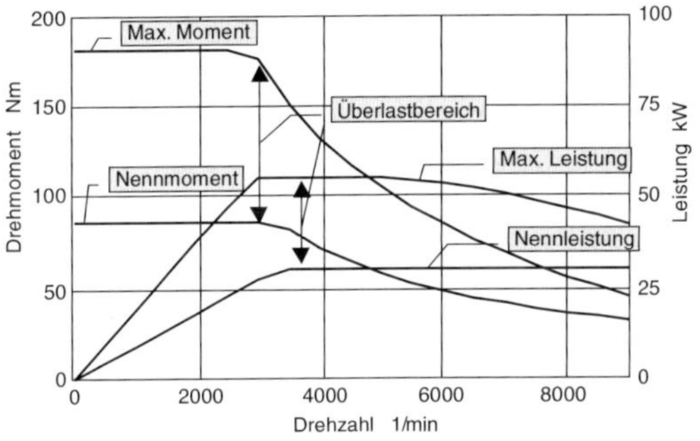

Abb. 4.36 Typische Drehmoment- und Leistungskennlinien einer umrichtergespeisten Asynchronmaschine

genügt ein einfaches Getriebe mit fester Übersetzung.

Als Elektromotoren für Elektrofahrzeuge kommen unterschiedliche Ausführungen zum Einsatz:

- Gleichstrommotoren
  - Gleichstromreihenschlussmotoren
  - Gleichstromnebenschlussmotoren
- Drehstrommotoren
  - Asynchronmotoren
  - Synchronmotoren
    - permanenterregte Synchronmotoren
    - fremderregte Synchronmotoren
- Spezialmotoren
  - bürstenlose Gleichstrommotoren (DC-Brushless Motors)
  - Transversalflussmotoren
  - Geschaltete Reluktanzmotoren (Switched Reluctance Motors)

Kriterien bei der Auswahl der Motoren sind kompakte Bauweise, geringes Gewicht (hohe Leistungsdichte), hoher Wirkungsgrad, einfache Steuerbarkeit in einem weiten Drehzahl- und Drehmomentbereich, Überlastbarkeit, niedrige Geräuschentwicklung, niedrige Kosten und geringer Wartungsbedarf.

An elektrische Antriebe für Elektrofahrzeuge werden im Vergleich zu stationären Antrieben wesentlich höhere Anforderungen gestellt. Diese beziehen sich sowohl auf die mechanische, als auch auf die elektrische Auslegung und widersprechen sich teilweise:

- hoher Wirkungsgrad über große Betriebsbereiche
- hohe Überlastbarkeit
- hohe Leistungs- und Drehmomentausbeute bei gleichzeitig kleinem Volumen und kleiner Masse
- Widerstandsfähigkeit gegen Umgebungseinflüsse

- inhärentes Sicherheitsverhalten
- angepasste Lebensdauer
- wirtschaftliche Fertigungsmöglichkeit bei großen Stückzahlen

Die erforderliche Dauerleistung und das gewünschte Drehmoment bestimmen letztlich die Größe eines Elektromotors. Dagegen wird die Dimensionierung der Leistungselektronik (Umrichter) weitgehend von der geforderten Überlastfähigkeit beeinflusst.

Volumen und Gewicht von Elektromotoren unterliegen grundsätzlich bestimmten Einflußgrößen:

- Volumen und Gewicht sind dem geforderten Drehmoment etwa proportional, d. h. höhere Leistungen bei kleineren Drehzahlen erfordern mehr Volumen und Gewicht.
- die Verminderung von aktivem Volumen (Kupfer und Eisen) und Gewicht führt zu höheren spezifischen Belastungen bei elektrischer Stromdichte und magnetischem Fluß, verbunden mit einer Reduzierung des Wirkungsgrades.
- das aktive Gewicht, vor allem von permanenterregten Motoren, sinkt deutlich mit steigender Polzahl. Hochpolige Maschinen sind jedoch nur für moderate Drehzahlen und mit großen Durchmessern wirtschaftlich zu fertigen.

Durch geschickte Auswahl von Randbedingungen ergeben sich Optimierungsmöglichkeiten. Dennoch können unter Berücksichtigung von thermischen und physikalischen Grenzen spezifische Grenzwerte von Stromdichte oder magnetische Flussdichte nicht überschritten werden.

4.3.1.2.1 Gleichstrommotoren

Diese Motoren wurden zunächst überwiegend in Elektrofahrzeugen eingesetzt, haben heute aber als Fahrzeugantrieb für moderne Elektrofahrzeuge keine Bedeutung mehr [40].

Gleichstrommotoren sind technisch ausgereift. Aufgrund einer relativ einfachen Motorsteuerung sind diese Motoren preiswert. Technische Schwachstelle ist der Kommutator mit den Bürsten, welche gewartet werden müssen. Die maximale Motordrehzahl wird durch die Umfangsgeschwindigkeit am Kommutator auf ca. 7000 l/min begrenzt. Auch Wirkungsgrad und Leistungsdichte der Gleichstrommotoren sind relativ begrenzt.

4.3.1.2.2 Drehstrommotoren

In modernen Elektrofahrzeugen werden heute überwiegend Drehstrommotoren [41] eingesetzt.

Hier wird die Gleichspannung der Traktionsbatterie mittels Umrichter in Drehspannungen variabler Amplitude und Frequenz umgewandelt. Im Ständer ist eine dreisträngige Wicklung in Nuten verteilt. Die Ständerwicklung erzeugt ein Drehfeld (drehendes Magnetfeld). Man unterscheidet bei den Drehstrommotoren zwischen Synchron- und Asynchronmotoren. Die Unterscheidung ergibt sich aufgrund der unterschiedlichen Läuferbauart, die dazu führt, dass der Läufer synchron bzw. asynchron mit dem Drehfeld des Stators umläuft.

Bei der Asynchron- oder auch Induktionsmaschine wird der Läufer als Schleifring- oder Käfigläufer ausgeführt. Beim Schleifringläufer enthalten die Läufernuten eine Drehstromwicklung, deren Anschlüsse über Schleifringe und Kohlebürsten nach außen geführt werden. Da die Schleifringe gewartet werden müssen, hat sich diese Ausführung bei Elektrofahrzeugen nicht durchgesetzt. Beim Käfigläufer sind die Läufernuten aus Aluminium, Kupfer oder Bronze ausgefüllt und an den Seiten über Kurzschlussringe verbunden. Die Funktionsweise dieser Maschinen beruht auf der Tatsache, dass bei unterschiedlichen Drehzahlen zwischen Läufer und Drehfeld Spannungen im Läufer induziert werden. Durch die kurzgeschlossenen Läuferstäbe fließen dann Ströme, wodurch im Magnetfeld Kräfte (Drehmomente) auf den Läufer ausgeübt werden.

Bei Synchronmotoren unterscheidet man zwischen permanenterregten und fremderregten Synchronmotoren. Bei fremderregten Synchronmotoren wird der mit Wicklungen versehene Rotor von Gleichstrom durchflossen und dadurch magnetisiert. Durch Variation des Läuferfeldes (Erregerstroms) lässt sich ein ausgedehnter Bereich konstanter Maximalleistung erreichen. Der fremderregte Synchronmotor ist allerdings bisher bei Elektrofahrzeugen kaum zum Einsatz gekommen.

Bei der permanenterregten Synchronmaschine wird das Läuferfeld durch Dauermagnete aufgebaut. Dadurch ist keine zusätzliche Energie für das Magnetfeld im Läufer notwendig, was gute Wirkungsgrade bei dieser Maschine bringt. Man unterscheidet Innen- und Außenläuferausführungen. Zu letzteren zählen die sogenannten Dauermagnet-Motoren, die bei hoher Polzahl höhere Drehmomente liefern.

Die Vorteile von Drehstrommaschinen in Käfigläuferausführung liegen in ihrer kompakten und robusten Bauweise (wartungsfrei). Maximale Drehzahlen bis 15.000 l/min sind möglich. Vorteilhaft ist auch der höhere Wirkungsgrad von Drehstrommotoren im Vergleich zu Gleichstrommotoren. Permanenterregte Synchronmaschinen weisen die höchsten Wirkungsgrade auf. Der erhöhte Steuerungsaufwand bei Drehstrommotoren hat sich durch die Weiterentwicklung der Leistungshalbleiter ständig verringert und wird heute nicht mehr als Nachteil angesehen.

4.3.1.2.3 Spezialmotoren

Zu den speziellen Motoren gehört der bürstenlose Gleichstrommotor (DC-Brushless Motor). Im Prinzip handelt es sich hier um einen permanent erregten Gleichstrommotor ohne Kommutator. Die Kommutierung erfolgt elektronisch über einen Umrichter, der die Ständerwicklung mit pulsweitenmoduliertem Gleichstrom speist. Vom Aufbau ist diese Maschine ähnlich der einer permanent erregten Synchronmaschine.

Transversalflussmotoren [40] unterscheiden sich von konventionellen Motoren durch die Führung des Flusses. Der Fluss wird quer zur Bewegungsrichtung und der Strom in Bewegungsrichtung geführt. Dies gelingt durch eine koaxiale Ringspule, die den Strom in Umfangsrichtung führt und von hochpoligen Magnetkreisen mit axialer Flussrichtung umgeben ist. Jeder Strang benötigt ein eigenes Stator/Rotor-System mit zugehörigem Stromrichter. Es sind mindestens zwei Systeme für einen Antrieb erforderlich. Die Maschinen zeichnen sich durch sehr gute Wirkungsgrade in einem weiten Drehmoment-/Drehzahlbereich, hohe erzielbare Drehmomentdichten und kompakte Bauweise aus. Deshalb bieten sich diese Motoren auch als Radnabenantriebe (Direktantrieb ohne Getriebe) an.

Nachteilig ist die komplizierte Geometrie, die zusammen mit den notwendigen Hochenergiemagneten zu hohen Herstellkosten führt.

Auch der geschaltete Reluktanzmotor (Switched Reluctance Motor [40]) wird zu den Spezialmotoren gezählt. Es ist ein einfach gebauter, bürstenloser Motor. Es fehlen Magnete und Wicklungen im Rotor, der die Form eines Zahnrades hat und aus weichmagnetischem Material (z. B. Stahl) gefertigt wird. Der Motor arbeitet mit unterschiedlichen Polzahlen im Rotor und Stator. Jeder Statorpol hat eine Erregerspule. Mehrere Statorwicklungen werden elektrisch zusammengeschaltet, um Nord/Süd-Polpaare einer Phase zu bilden. Jede Phase wird uni-polar, d. h. nur in einer Stromflussrichtung pro Strang, erregt, bis Rotor- und Statorpole aufeinander ausgerichtet sind. Eine sequentielle Erregung der Phasen bewirkt das kontinuierliche Drehen des Motors.

Aufgrund der einfachen mechanischen Ausführung und der vergleichsweise einfachen Regelstruktur sind Reluktanzmotoren robust und preiswert und bieten außerdem hohes Spitzenmoment und gute Wirkungsgrade in einem weiten Drehzahl- und Drehmomentbereich. Aufgrund der Drehmomentschwankungen können abgestrahlte Geräusche Probleme bereiten. Abhilfe kann sowohl durch eine gute mechanische Konstruktion als auch durch eine angepasste Ansteuerung erzielt werden.

4.3.1.3 Umrichter

Umrichter in Elektrofahrzeugen [42] haben die Aufgabe, den Antriebsmotor aus der Traktionsbatterie zu speisen und diesen je nach Fahrwunsch anzusteuern sowie eine Rückspeisung der Bremsenergie in die Batterie zu ermöglichen. Darüber hinaus muss der Umrichter Betriebsgrenzen berücksichtigen, die durch begrenzte Batteriespannung und Batterieleistung, Traktionszustand des Bremsregelsystems und Temperaturen von Maschine und Umrichter gegeben sind.

Der Fahrwunsch ergibt sich aus Fahr- und Bremspedalstellung, Fahrtrichtung (vorwärts/rückwärts) und Geschwindigkeitseinstellungen (Tempomat) und wird durch eine vorgeschaltete Fahrzeugkontrolleinheit in ein Solldrehmoment umgesetzt. Dabei kontrolliert diese Einheit auch die Betriebsgrenzen.

Je nach Elektromotor sind Umrichter unterschiedlicher Ausführung im Einsatz. Gleichstrommaschinen werden üblicherweise über einen Gleichstromsteller direkt aus der Traktionsbatterie versorgt. Synchron- oder Asynchronmotoren benötigen ein symmetrisches Drehfeld, wozu eine Wechselrichtung des Stroms erforderlich ist. Bei

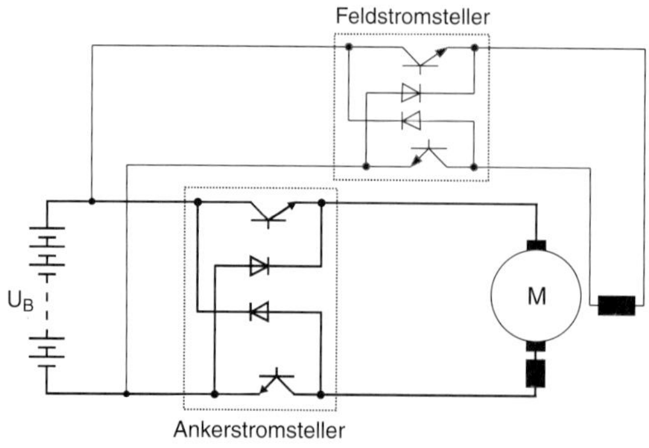

Abb. 4.37 Stromsteller für fremderregte Gleichstrommaschine

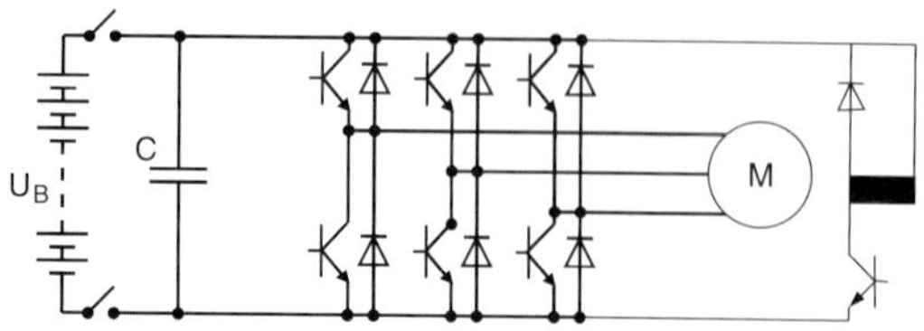

Abb. 4.38 Spannungseinprägender Umrichter

den Wechselrichtern unterscheidet man prinzipiell zwischen Umrichtern mit Gleichspannungszwischenkreis (spannungseinprägend) und solchen mit Gleichstromzwischenkreis (stromeinprägend). Wegen des einfacheren Aufbaus und der besseren Dynamik hat sich bei modernen Elektrofahrzeugen der spannungseinprägende Umrichter durchgesetzt.

4.3.1.3.1 Gleichstromsteller

Das Grundprinzip des Gleichstromstellers beruht darauf, dass die Batteriespannung pulsförmig auf den Antrieb geschaltet wird. Als aktive Leistungsbauelemente kommen abschaltbare Transistoren (Bipolar, IGBT, MOSFET) mit entsprechender Freilaufdiode zum Einsatz.

Abbildung 4.37 zeigt einen Stromsteller für eine fremderregte Gleichstrommaschine. Anker- und Feldstromsteller werden direkt von der Traktionsbatterie gespeist. Durch Ankerregelung wird der Grunddrehzahlbereich mit konstantem Drehmoment abgedeckt. Höhere Drehzahlen sind durch Absenkung des Feldstroms möglich. Im Feldschwächbereich ist hierbei der Ankerstromsteller voll durchgeschaltet.

4.3.1.3.2 Umrichter mit Gleichspannungszwischenkreis

Der spannungseinprägende Umrichter (Abb. 4.38, in Verbindung mit einer fremderregten Synchronmaschine dargestellt) besteht im Wesentlichen aus einem selbstgeführten Pulswechselrichter und erzeugt aus der Batteriespannung eine Drehfeldspannung variabler Amplitude und Frequenz. Der Kondensator ist erforderlich, um die Batterie von Oberschwingungen des Pulswechselrichters zu entkoppeln. Auch die Rekuperation der Bremsenergie ist ohne zusätzlichen Aufwand möglich. Der Pulswechselrichter kann sowohl in Verbindung mit Synchron- als auch mit Asynchronmaschinen verwendet werden.

Der Umrichter wird über eine Kontrolleinheit gesteuert, die je nach Fahrwunsch das geforderte Drehmoment einstellt.

Nachfolgende Tab. 4.8 zeigt abschließend eine Bewertung der elektrischen Antriebe für Elektrofahrzeuge. Kein Maschinentyp erfüllt gleichzeitig alle Kriterien mit hohem Zielerfüllungsgrad. Insofern muss je nach Anwendungsfall der geeignete Antrieb ausgewählt werden. Trotz hohen Entwicklungsstandes sind Gleichstrommaschinen für moderne Elektrofahrzeuge wenig geeignet. Bei Asynchronmaschinen und ebenso bei geschalteten Reluktanzmaschinen ergibt sich hingegen ein ausgewogenes positives Gesamtbild. Für Asynchronmaschinen spricht derzeit der hohe Entwicklungsstand und die gute Verfügbarkeit. Kommt es auf hohe Wirkungsgrade und kompakte Bauweise an, bietet sich die permanenterregte Synchronmaschine an.

4.3.1.4 Traktionsbatterien

Die Traktionsbatterie ist die wichtigste und teuerste Komponente im Antriebsstrang des Elektrofahrzeugs. Die Reichweite wird von physikalischen, elektrochemischen und wirtschaftlichen Randbedingungen bestimmt. Unter Berücksichtigung von Heizung und Klimatisierung liegt die Reichweite heute bei etwa 150 km. Je nach Fahrzeuggröße werden so Batterien mit 15 bis 35 kWh Energieinhalt eingesetzt, was einer Menge von etwa 1,5 bis 3,5 l

Tabelle 4.8 Elektromotoren für Elektrofahrzeuge im Vergleich

	GM	ASM	FSM	PSM	SRM	TFM
Wirkungsgrad	– –	+	+	+ +	+	+ +
Maximale Drehzahl	– –	+ +	+	+	+ +	– –
Volumen	– –	+	+	+ +	+	–
Gewicht	– –	+	+	+ +	+	+
Kühlung	– –	I	+	+ +	+ +	+
Fertigungsaufwand	–	+ +	–	–	+ +	– –
Kosten	–	+ +	–	– –	+ +	– –

GM: Gleichstrommaschine; ASM: Asynchronmaschine; FSM: fremderregte Synchronmaschine; PSM: permanenterregte Synchronmaschine; SRM: geschaltete Reluktanzmaschine; TFM: Transversalflussmaschine

Kraftstoff entspricht. Von Traktionsbatterien wird eine lange Lebensdauer erwartet, und sie müssen sicher sein.

Bei ihnen unterscheidet man zwischen Primär- und Sekundärsystemen. Primärbatterien, wie beispielsweise die Zink/Luft-Batterie, sind nur einmal entladbar. Diese Batterien müssen nach vollständiger Entladung ausgetauscht und wiederaufbereitet werden. Die elektrochemischen Reaktionen sind praktisch nicht umkehrbar, während bei Sekundärbatterien eine wiederholte Ladung und Entladung möglich ist.

Ein weiteres Unterscheidungsmerkmal ist die Betriebstemperatur. Man unterscheidet Batterien, die bei Umgebungstemperaturen arbeiten und solche, die bei erhöhten Betriebstemperaturen arbeiten (Hochtemperaturbatterien). Zu den Batterien, die bei Umgebungstemperatur arbeiten, gehören z. B. die Blei-, Nickel/ Cadmium-, Nickel/Metallhydrid-, Zink/Brom- und Lithium/ Ionen-Batterie. Hochtemperaturbatterien arbeiten bei Temperaturen bis 350 °C. Hierzu gehören die Systeme Lithium/Polymer (ca. 80 °C), Natrium/ Schwefel (ca. 300 °C) und Natrium/Nickelchlorid (ca. 300 °C).

Obwohl es eine Vielzahl an unterschiedlichen Batteriesystemen gibt, haben sich nur einige wenige wirklich durchgesetzt. Tabelle 4.9 zeigt die wichtigsten Batterien für Elektrofahrzeuge im Vergleich [43]. Aufgeführt sind gegenüber [43] aktualisierte Daten von kompletten Batteriesystemen (incl. Batterietrog, Batteriemanagement und Kühlung). Die angegebenen Zielwerte werden von Automobilherstellern für erforderlich gehalten.

Die gravimetrische Energiedichte charakterisiert den Energieinhalt der Batterie bezogen auf das gesamte Batteriegewicht und wird in Wh/kg angegeben. Sie wird üblicherweise bei zweistündiger Entladung gemessen. Durch die Energiedichte ist im Wesentlichen die Reichweite eines Elektrofahrzeugs bestimmt.

Die gravimetrische Leistungsdichte charakterisiert hingegen die aus der Batterie entnehmbare elektrische Leistung bezogen auf das gesamte Batteriegewicht und wird in W/kg angegeben. Die Leistungsdichte ist abhängig vom Ladezustand der Batterie und wird üblicherweise auf 80 % Entladung bezogen. Durch die Leistungsdichte der Batterie ist die Fahrleistung (max. Geschwindigkeit, max. Beschleunigung) eines Elektrofahrzeugs bestimmt. Zu beachten ist, dass die in Tab. 4.9 angegebenen Leistungsdichten für Traktionsbatterien in Elektrofahrzeugen gelten. In Hybridfahrzeugen kommen Batterien mit höheren Leistungsdichten (und niedrigeren Energiedichten) zum Einsatz.

Bei der Lebensdauer einer Batterie unterscheidet man zwischen Zyklen-Lebensdauer und kalendarischer Lebensdauer. Die Zyklen-Lebensdauer

Tabelle 4.9 Batteriesysteme für Elektrofahrzeuge im Vergleich

Batterietyp	prakt. Energiedichte	Leistungsdichte	Lebensdauer		Kosten
	Wh/kg	W/kg	Zyklen	Jahre	€/kWh
Blei	30–35	200–300	300–1500	2–3	100–150
Nickel/Cadmium	35–50	200–300	>2000	3–10	250
Nickel/Metallhydrid	60–75	200–300	>2000	10	300–350
Natrium/Nickelchlorid	100–120	160	1000	5–10	< 250
Lithium/Ionen	120–150	400–600	2000	10	300–600
Lithium/Polymer	110–130	ca. 300	< 600	k.A.	300
Zink/Luft	100–220	ca. 100	k.A.	k.A.	60
Zielwerte:	100–200	75–200	1000	10	100–150

k. A. = derzeit keine abgesicherten Angaben bzw. nicht zutreffend

gibt die Anzahl der möglichen Ladungen und Entladungen einer Sekundärbatterie an, bis ihre Kapazität auf 80 % der Nennkapazität absinkt.

Die kalendarische Lebensdauer ist ein praktischer Erfahrungswert, der die Lebensdauer der Batterie angibt, wenn sie nicht ihre Zyklengrenze erreicht.

Die Kosten der Batterie werden auf den Energieinhalt bezogen und in €/kWh angegeben. Sie sind abhängig von den Material- und Fertigungskosten sowie den Produktionsstückzahlen. In Tab. 4.9 wurden bei den Kosten komplette Batteriesysteme bei Produktionsstückzahlen von 10.000–20.000/a zugrunde gelegt. Grundsätzliche Anforderungen zeigt das USCAR Konsortium auf [44].

4.3.1.4.1 Bleibatterien

Bleibatterien sind seit langem in Elektrofahrzeugen im Einsatz. Aufgrund ihrer niedrigen Energiedichten sind diese Fahrzeuge schwer und die erzielbaren Reichweiten niedrig. Die kalendarische Lebensdauer der Bleibatterien ist für Fahrzeuganwendungen nach wie vor unbefriedigend, obwohl die Zyklen-Lebensdauer von Bleibatterien in den letzten Jahren deutlich erhöht werden konnte [47]. Lediglich die Leistungsdichte übertrifft die Zielwerte. Günstig sind die relativ niedrigen Anschaffungskosten, wegen der beschränkten Lebensdauer ergeben sich aber keine Kostenvorteile. In modernen Elektrofahrzeugen kommen deshalb Bleibatterien kaum noch zum Einsatz.

4.3.1.4.2 Nickel/Cadmium-Batterien

Die Nickel/Cadmium-Batterie weist im Vergleich zur Bleibatterie eine höhere Energiedichte und Zyklenzahl auf. Der bei einigen Typen auftretende Memory-Effekt kann die Nutzung einschränken. Darunter versteht man die Verringerung der verfügbaren Energie des Akkus, wenn dieser immer wieder nur teilentladen wird. Aufgrund des giftigen Schwermetalls Cadmium bestehen zum Teil Vorbehalte beim Einsatz dieses Batterietyps. Heute werden diese Batterien in modernen Elektrofahrzeugen kaum noch verwendet.

4.3.1.4.3 Nickel/Metallhydrid-Batterien

Diese Batterie ist umweltverträglich und hat inzwischen die Blei- und Nickel/Cadmium-Batterien weitgehend verdrängt. Im Vergleich zur Nickel/Cadmium-Batterie weist sie höhere Energie- und Leistungsdichten auf. Die Zyklenfestigkeit ist mit über 2000 Zyklen und einer kalendarischen Lebensdauer von 10 Jahren sehr gut. Gemessen an mittel- und langfristig angestrebten Zielkosten ist der Batteriepreis hoch. Diese Batterien haben sich in der Vergangenheit besonders in Hybridfahrzeugen bewährt und werden dort häufig eingesetzt. Bedingt durch die geringere Energiedichte sind sie für reine Elektrofahrzeuge weniger geeignet [45].

4.3.1.4.4 Natrium/Nickelchlorid-Batterien

Die Natrium/Nickelchlorid-Batterie zählt zu den Hochtemperaturbatterien. Die Betriebstemperatur im Innern der Batterie liegt bei 270–350 °C. Ein doppelwandiger, evakuierter Behälter begrenzt die Wärmeverluste. Zur Aufrechterhaltung der Betriebstemperatur ist ein Temperaturmanagement erforderlich. Diese Batterie zeichnet sich durch hohe Energiedichten und limitierte Leistungswerte aus und bietet ausreichende Lebensdauer.

4.3.1.4.5 Lithium/Ionen-Batterie

Die Lithium/Ionen-Batterie bietet höchste Energiedichten, sehr hohe Leistungsdichten und hohe Lade- und Entladewirkungsgrade. Diese Batterie zählt mittlerweile zu den aussichtsreichsten Batteriesystemen für moderne Elektrofahrzeuge. Allerdings sind eine Überwachung der einzelnen Zellen und ein Ladungsausgleich erforderlich. Automobilhersteller setzen mittlerweile in Elektrofahrzeugen Lithium/Ionen-Batterien ein [46]. Von großem Interesse ist dabei deren Alterungsverhalten [47].

4.3.1.4.6 Lithium/Polymer

Die Lithium/Polymer-Batterien [48] werden teilweise bei erhöhter Betriebstemperatur betrieben. Die Betriebstemperatur im Innern der Batterie kann bis zu 100 °C betragen. Die Zellen werden in Folientechnik hergestellt, auch der Elektrolyt ist als Folie ausgebildet.

4.3.1.4.7 Zink/Luft-Batterie

Diese Batterie zählt zu den Primärbatterien, ist also nicht wiederholt elektrisch aufladbar. Die Batterie weist höchste Energiedichten bei relativ niedrigen Leistungsdichten auf.

Zum Ausbau (Wechseltechnik) und zur Wiederaufbereitung der Batterien ist eine spezielle Infrastruktur erforderlich, weshalb sich der Einsatz dieses Batterietyps bisher auf wenige Demonstrationsprojekte beschränkte.

4.3.1.5 Superkondensatoren

Superkondensatoren oder Doppelschichtkondensatoren (engl. supercapacitors, ultracapacitors) [49] sind spezielle Elektrolyt-Folienkondensatoren, die als Hochleistungsenergiespeicher zur kurzzeitigen Abdeckung von Spitzenleistungen eingesetzt werden können. Wegen der sehr niedrigen Energiedichten sind sie allerdings kein Ersatz für Traktionsbatterien in Elektrofahrzeugen. Durch eine spezielle Kohlebeschichtung der Aluminiumfolien (Elektroden) bilden sich zwischen dem organischen Elektrolyt und den beiden Elektroden extrem dünne Ladungsschichten aus, so dass sich Kapazitäten von einigen Tausend Farad in kompakten Einheiten darstellen lassen. Der verwendete organische Elektrolyt erlaubt jedoch den Betrieb eines einzelnen Kondensators nur im Bereich zwischen ca. 2–3 V. Deshalb muss eine größere Anzahl von Kondensatoren in Reihe geschaltet werden.

Moderne Superkondensatoren weisen heute Leistungsdichten zwischen 1000 und 10.000 W/kg auf – Leistungsdichten, die mit Batterien nicht erreicht werden. Die Energiedichten von Superkondensatoren sind mit ca. 5 Wh/kg allerdings sehr eingeschränkt.

Superkondensatoren sind deshalb Energiespeicher für kurze Lade- und Entladevorgänge mit hohen Leistungen. Der Lade- und Entlade-Wirkungsgrad ist mit jeweils 95 % hoch, ebenso die Lebensdauer. Sie beträgt 10 Jahre oder 500.000 Lade-/Entladezyklen.

Superkondensatoren werden bei Elektrofahrzeugen kaum genutzt, bei Brennstoffzellen- und Hybridantrieben werden Superkondensatoren allerdings bereits eingesetzt [50].

4.3.1.6 Ladegeräte

Zum Einsatz kommen in der Regel im Fahrzeug mitgeführte Bordlader (AC/DC-Wandler). Man unterscheidet zwischen konduktiven und induktiven Ladegeräten. Die konduktive Ladetechnik wird heute überwiegend eingesetzt, wobei genormte Ladeschnittstellen zur Anwendung kommen [51]. Die Ladeleistung der Bordlader ist abhängig von der verfügbaren Netzspannung und dem zulässigen maximalen Netzstrom. Werden Batterien über gewöhnliche Haushaltssteckdosen mit einer Ladeleistung von etwa 3,6 kW aufgeladen, so dauert dies in Abhängigkeit von der Batteriegröße 5 bis 10 Stunden. Ist Drehstrom verfügbar, so ist eine Ladeleistung von bis zu 22 kW möglich, die die Ladezeit auf weniger als 2 Stunden reduziert. Wichtig ist hierbei die Kommunikation mit dem Versorgungsnetz, damit dem Fahrzeugnutzer die Möglichkeit gegeben werden kann den Zeitpunkt der Ladung, die Menge und Kosten bestimmen zu können [52]. Intensiv diskutiert werden Verfahren zur Schnellladung mit Wechsel- und Gleichspannung, die Ladezeiten von unter einer Stunde ermöglichen [53]. Diese müssen jedoch im Zusammenhang mit der Lebensdauer von Batteriesystemen betrachtet werden.

Eine Alternative hierzu ist der komplette Wechsel des Batteriepaketes [54], der besondere Herausforderungen an die Schnittstelle zum Fahrzeug stellt.

Eine wesentliche Vereinfachung des gesamten Ladevorganges bringen induktive Ladeverfahren mit sich, die jedoch mit höheren Verlusten behaftet sind [55].

4.3.1.7 Ausblick

Die Leistungsfähigkeit von Elektrofahrzeugen wird im Wesentlichen vom Energiespeicher bestimmt. In der öffentlichen Wahrnehmung wird allerdings die Leistungsfähigkeit von Batterien und der Ladeinfrastruktur überschätzt. Im Hinblick auf Beschleunigungsvermögen und Spitzengeschwindigkeit erweisen sich Elektrofahrzeuge als alltagstaugliche Fahrzeuge. Dennoch erweisen sich der beschränkte Aktionsradius und das erhöhte Gewicht des Elektrofahrzeugs aus Nutzersicht als Handikap, insbesondere in Verbindung mit den immer noch hohen Anschaffungskosten dieser Fahrzeuge. Dem stehen unstrittige Vorteile des Elektrofahrzeugs für einen umweltfreundlichen Verkehr gegenüber und eröffnen dieser Antriebsform nach wie vor eine Langzeitperspektive. Derzeit entwickeln die Automobilhersteller eine neue Generation kompakter Elektrofahrzeuge für den Stadtverkehr mit Reichweiten von 100–200 km. Die Marktdurchdringung aber hängt – neben der Standardisierung [56] – wesentlich davon ab, wann leistungsfähige und kostengünstige Traktionsbatteriesysteme mit hoher Lebensdauer zur Verfügung stehen. Besondere Beachtung muss zukünftig der Transport, die Sicherheit [57], das Recycling von Batterien [58] und die Verfügbarkeit von Rohstoffen [59] für zukünftige Elektroantriebsstränge finden.

4.3.2 Brennstoffzellenantriebssysteme

Derzeit werden Fahrzeuge nahezu ausschließlich durch Otto- oder Dieselmotoren angetrieben. Sie stellen zurzeit das kompakteste Fahrzeug-Antriebssystem mit einem sehr hohen Entwicklungsstand dar. Nachteilig sind die heute fast vollständige Abhängigkeit von nur einer Primärenergiequelle, dem Erdöl, der relativ geringe Gesamtwirkungsgrad über einen typischen Fahrzyklus, die toxischen Emissionen NO_x, HC, CO, PM) sowie der Ausstoß des Treibhausgases CO_2. Forderungen nach Minderung dieser Nachteile führten zur Entwicklung von neuen Antriebskonzepten.

Elektromotoren wären unter diesen Kriterien optimale Energiewandler, vorausgesetzt die Bereitstellung von Strom auf dem Fahrzeug wäre zufrieden stellend gelöst [62]. Batterien haben heute aber noch spezifische Nachteile, die zu teils erheblichen Nutzungseinschränkungen bei Elektrofahrzeugen führen (▶ Abschn. 4.3.1).

Hier bietet sich die mit Wasserstoff betriebene Brennstoffzelle in Kombination mit einem Elektroantrieb als Lösung an:

- Derartige Antriebssysteme besitzen einen bis zu 2fach höheren Wirkungsgrad als Verbrennungsantriebe (◘ Abb. 4.39).
- Selbst in einer Well-to-Wheel Betrachtung ergeben sich bei vielen Energiepfaden energetische Vorteile [64]
- Sie emittieren beim Betrieb der Fahrzeuge keine Schadstoffe und kein CO_2, sofern man nicht Methanol oder andere Kraftstoffe an Bord reformiert

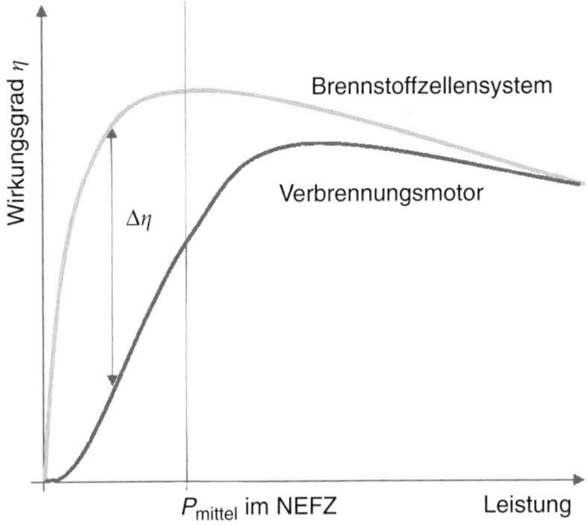

Abb. 4.39 Qualitativer Verlauf des Wirkungsgrads von Brennstoffzellenantrieben und Verbrennungsmotoren

Tabelle 4.10 Anforderungen an Brennstoffzellen-Antriebe

Parameter	Größe
Systemleistung	60–120 kW
Systemwirkungsgrad BZ (NEFZ)	> 45 %
Leistungsgewicht	< 3 kg/kW
Lebensdauer	> 5000 h über 10 Jahre
Kaltstartfähigkeit bei −20 °C	< 15 sec
Dynamik (Leerlauf bis 90 %)	< 1 sec
Kosten	< 50 €/kW
Reichweite	> 500 km

- Bei einigen regenerativen Wasserstoff-Herstellungspfaden treten auch in der Gesamtkette keine Schadstoff- und CO_2-Emissionen auf
- Wasserstoff kann besser als elektrische Energie gespeichert werden, so dass sich höhere Fahrzeugreichweiten ergeben
- Die abgegebene Leistung ist im Vergleich zu batterieelektrischen Antrieben unabhängig vom Füllgrad des Energiespeichers
- Die Betankungszeiten sind vergleichbar mit denen bei heutigen Flüssigkraftstoffen
- Wasserstoff kann aus allen anderen Energierohstoffen und -quellen hergestellt werden, was zur Diversifizierung der Energieversorgung des Verkehrs beiträgt (► Abschn. 5.9).

Wegen dieser Eigenschaften haben nahezu alle Fahrzeughersteller begonnen, solche Antriebe zu entwickeln. Daimler z. B. hat erste Prototypen bereits Anfang der 90er Jahre aufgebaut und führt heute mit ca. 200 neuentwickelten Brennstoffzellenfahrzeugen die weltweit größte Flottenerprobung in Kundenhand durch.

Brennstoffzellen-Antriebssysteme für Straßenfahrzeuge müssen hohen technischen und ökonomischen Anforderungen genügen, um gegen zukünftige verbrennungsmotorische Antriebe konkurrieren zu können. Die Grundanforderung an Brennstoffzellen-Antriebe zeigt Tab. 4.10. Darüber hinaus ergeben sich weitere Spezifikationen aus den gewohnten Eigenschaften herkömmlicher Fahrzeuge hinsichtlich Beschleunigung, Höchstgeschwindigkeit, Steigfähigkeit, Reichweite mit einer Tankfüllung und Zuladung. Daneben sind auch noch Komfortanforderungen, Kaltstartfähigkeit im Winter und ausreichende Fahrleistungen bei hohen Umgebungstemperaturen wichtig. Die Kunden werden nicht bereit sein, Einschränkungen gegenüber dem heute Gewohnten hinzunehmen, es sei denn die ausreichende Verfügbarkeit konventioneller Kraftstoffe ist nicht mehr gewährleistet.

Von den verschiedenen Brennstoffzellentypen (Tab. 4.11) sind Brennstoffzellen mit Polymer-Elektrolyt-Membran (PEM) für den Einsatz in mobilen Systemen am besten geeignet. An weiteren Typen mit modifizierten bzw. anderen Membranen wird gearbeitet. Vorrangiges Ziel ist die Anhebung der Betriebstemperatur über 100 °C.

4.3.2.1 Antriebsarchitektur mit PEM-Brennstoffzellen

Bei PEM-Brennstoffzellensystemen unterscheidet man zwischen Systemen mit Reformerbetrieb und solchen mit reinem Wasserstoffbetrieb. Im Folgenden beschränkt sich die Betrachtung auf die reinen Wasserstoffsysteme, da die Reformertechnologien hauptsächlich aus Gründen der Dynamik, der Emissionen und der technologischen Komplexi-

Tabelle 4.11 Brennstoffzellentypen mit charakteristischen Daten

Typ	Elektrolyt	Arbeitstemperatur	Brennstoff	Anwendung
Alkalische Brennstoffzelle	Kalilauge (KOH)	≈ 60 °C	H_2 (kein CO_2)	Raumfahrt
Polymer-Elektrolyt-Membran-Brennstoffzelle	Protonen leitender Polymerelektrolyt	≈ 80 °C (max. 95 °C)	H_2, Methanol	Raumfahrt, Fahrzeuge, Stationäranwendungen
Phosphorsäure-Brennstoffzelle	Phosphorsäure (H_3PO_4)	≈ 190 °C	H_2	Stationäranwendungen
Karbonatschmelze-Brennstoffzelle	Kalium-/Lithium-Karbonat ($K/LiCO_3$)	≈ 600 °C–700 °C	H_2, CO	Stationäranwendungen (Kraft-Wärme-Kopplung)
Festkörperoxid-Brennstoffzelle	Y_2O_3/ZrO_2	> 800 °C	H_2, CO	Stationäranwendungen (+ Turbine)

tät für die meisten Fahrzeuganwendungen derzeit weniger geeignet sind.

Eine Übersicht über die Komponenten eines Brennstoffzellen-Antriebssystems zeigt ■ Abb. 4.40. Das Brennstoffzellensystem an sich kann aufgeteilt werden in die Module Stack, Luftversorgung, Befeuchtung, Anodenversorgung (Wasserstoff) sowie die entsprechenden Zu- und Abführungen. Ein Leistungsmanagement-System stellt die elektrische Verbindung zwischen Brennstoffzellensystem und Fahrzeug dar. Es versorgt über entsprechende Wandler die Hochvolt(HV)-Komponenten wie den elektrischen Fahrantrieb, ggf. eine Pufferbatterie sowie elektrisch angetriebene Hilfsaggregate. Weitere Systemkomponenten bilden die Wasserstoffspeicher sowie die Wärmetauscher zur Abführung der Abwärme an die Umgebung. Eine elektronische Überwachungseinheit übernimmt das Sicherheitsmanagement für das gesamte System.

4.3.2.1.1 Brennstoffzellen-Stack

Die Kernkomponente des Brennstoffzellensystems bildet der Stack, der aus bis zu einigen hundert elektrisch in Serie geschalteten Elektrolyt-Elektroden-Anordnungen aufgebaut ist. Im Falle der PEM-Brennstoffzelle wird als Elektrolyt eine sehr dünne Polymer-Membran (Dicke zwischen etwa 20 und 50 µm) verwendet. ■ Abbildung 4.41 zeigt den Aufbau und die Funktionsweise einer solchen Membran-Elektroden-Anordnung (MEA). Die Anode wird mit Wasserstoff, die Kathode mit Luft beaufschlagt. Die Membran hält beide Gase voneinander getrennt und steuert die chemische Reaktion. Eine dünne Platinbelegung auf beiden Elektroden wirkt als Katalysator und beschleunigt die Reaktionsgeschwindigkeit, mit der Wasserstoffatome in Elektronen und Protonen zerlegt werden.

$$H_2 \rightarrow 2\,H^+ + 2\,e^-$$

Die Protonen passieren die Membran und gelangen zur Kathode. Die Elektronen sammeln sich an der Anode an. Dadurch entsteht eine Potenzialdifferenz. Werden beide Elektroden außerhalb der Zelle elektrisch verbunden fließt ein Strom. Die Elektronen reagieren an der Kathode mit den Protonen und dem Luftsauerstoff zu Wasser.

$$O_2 + 4\,H^+ + 4\,e^- \rightarrow 2\,H_2O$$

Bei der Reaktion entsteht Wärme, die abgeführt werden muss.

Die Polymer-Elektrolyt-Membran reagiert sehr empfindlich auf Schwankungen einiger Betriebsparameter. Insbesondere muss ihre Feuchtigkeit in wohl definierten Grenzen gehalten werden.

■ Tabelle 4.12 zeigt die für einen optimalen Betrieb einzuhaltenden Betriebsparameter und Anforderungen.

Tabelle 4.12 Betriebsparameter und Anforderungen an Brennstoffzellen-Stacks

Betriebsparameter und Anforderungen		**Wert**
Gasdruck		1,1 bis 2,5 bara abhängig von elektrischer Leistung
Feuchtigkeit	Kathode	> 30 % rel. Feuchte
	Anode	< 35 % rel. Feuchte
Betriebstemperatur		60 °C bis 95 °C
Kaltstarttemperatur		–25 °C und darunter
Zellleistungsdichte		1 W/cm^2 bei > 650 mV
Spannungsdegradation		< 10 µV/h
Lebensdauer		> 5000 h
Volumetrische Leistungsdichte des Stacks		> 1700 W/l
Gravimetrische Leistungsdichte des Stacks		> 1200 W/kg

Tabelle 4.13 Schlüsselthemen von Brennstoffzellen-Systemen

Problem	**Angestrebte Eigenschaften**	**Technologische Lösung**
Lebensdauer	Homogene Wasserverteilung in der Membran-Elektroden-Anordnung	Materialien, Produktionsprozesse, Stack-Aufbau, Hybridisierung
Robustheit	Qualitativ hochwertige Elektronik, Sensoren, Ventile	Komponentenbestellung mit Fahrzeug-Produktionsprozessen
Verbrauch/elektrischer Wirkungsgrad	Hoher Wirkungsgrad bei Teillast, optimierter Betriebsdruck	Luftversorgung mit Radialverdichter und Expander (Turbolader)
Thermomanagement	Vermeidung von Wasserkondensat, Betriebstemperatur > 90 °C	Materialien, effizientes Systemkonzept, fortgeschrittene Kühlsysteme
Kalt-/Froststart	Vermeidung von Wasserkondensat in der Gasdiffusionsschicht und den Gaskanälen	Materialien, Stack-Aufbau, Hybridisierung
Geräuschemission (Noise, Vibration, Harshness)	Niedriger Geräuschpegel von Kompressor und Antriebsmotor	Luftversorgung mit Radialverdichter
Kosten	Hohe Leistungs- und Stromdichte, kostengünstige Materialien, geringe Nebenverbrauchsleistung	Materialien, Stack-Aufbau, einfacher Systemaufbau mit hoher Effizienz

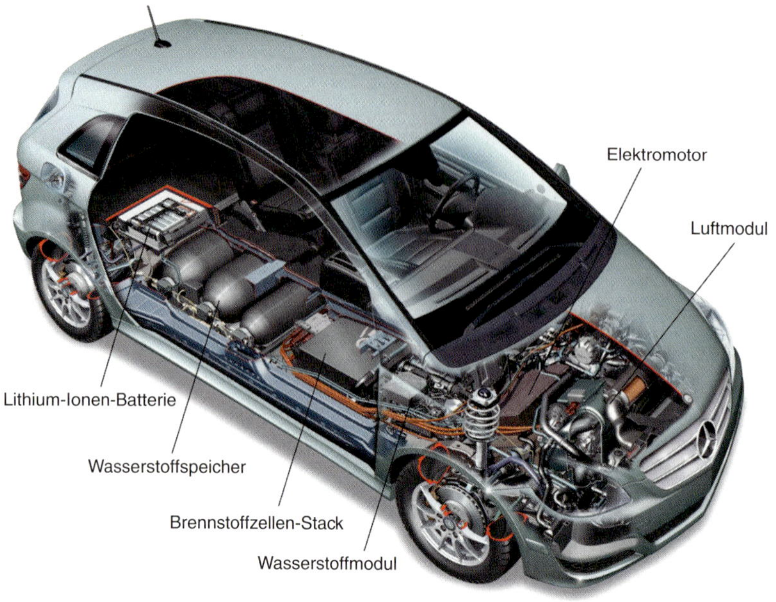

Abb. 4.40 Komponenten eines Brennstoffzellen-Antriebs

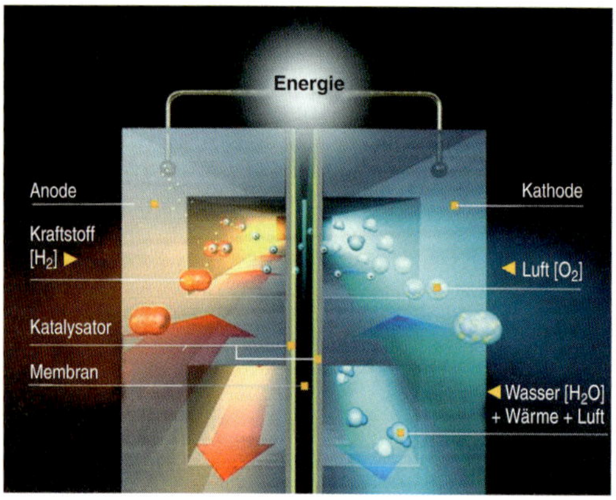

Abb. 4.41 Prinzipdarstellung einer Brennstoffzelle

In den letzten Jahren sind große Fortschritte bei der Brennstoffzellentechnologie erzielt worden. Vor einer Markteinführung von Brennstoffzellen-Fahrzeugen sind jedoch noch vielfältige Aufgaben zu lösen. Tabelle 4.13 zeigt diese Herausforderungen im Überblick.

Standen bisher technologische Ziele, wie z. B. Lebensdauer, Robustheit sowie sicherer, zuverlässiger und schneller Froststart im Fokus der Entwicklungsaktivitäten, so wird in den nächsten Schritten die Kostenreduktion eine dominierende Rolle spielen [68]. Im Folgenden werden beispielhaft die von Daimler und anderen erreichten Fortschritte hinsichtlich Lebensdauer, Kaltstartfähigkeit und Kosten beschrieben.

Lebensdauer Eine so genannte Membranausdünnung ist der für die Lebensdauer eines Stacks beschränkende Faktor. Um eine ausreichende Lebensdauer zu garantieren, müssen die Mechanismen dieser Membranausdünnungen verstanden und entsprechende Gegenmaßnahmen entwickelt werden.

Ein möglicher Mechanismus für die Membranausdünnung ist im Handbook of Fuel Cells [60] beschrieben. Sie beginnt an der Anode, wo durch Sauerstoffionen, die durch die Membran diffundieren, Wasserstoffperoxid gebildet wird. Falls gleichzeitig metallische Ionen, z. B. Fe^{2+}-Ionen vorhanden sind, werden freie Wasserstoffperoxid-Radikale gebildet, die die Membran schädigen. Abbildung 4.42 zeigt eine solche Membrandegradation.

Ein ähnlicher Mechanismus wurde für die Kathode in Verbindung mit der Diffusion von Wasserstoff beschrieben. Hohe Temperaturen und gerin-

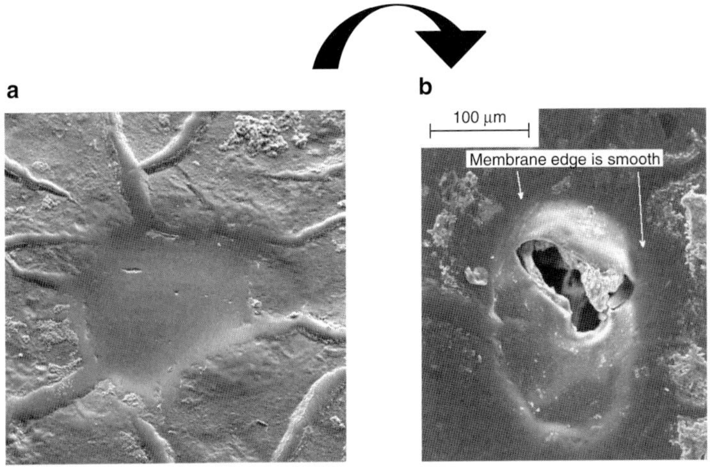

Abb. 4.42 Membrandegradation (Quelle: Ballard) **a** Lokale Verringerung der Dicke der Membran; **b** Verringerte Reißfestigkeit führt zu Membranbrüchen

gere Befeuchtung in der Membran beschleunigen den Schädigungsprozess.

Ein gemäß diesen Erkenntnissen modifizierter Stack zeigt erst nach 4facher Zyklenzahl die typische Membranlochbildung, obwohl gleichzeitig dünnere Membranen – 25 µm an Stelle von 50 µm – verwendet wurden. Alterungsmechanismen und ihre Auswirkungen auf den Fahrzeugbetrieb sind Gegenstand detaillierter Untersuchungen [69, 70].

Froststartfähigkeit Ein sicherer, zuverlässig reproduzierbarer und schneller Froststart ist eine weitere Herausforderung, die gelöst werden muss, damit Brennstoffzellen im Alltagsgebrauch in Fahrzeugen uneingeschränkt genutzt werden können. Die Haupteinflussgröße ist die Wasserverteilung im Stack vor dem Einfrieren und die Balance zwischen dem Aufwärmen des Stacks und der Wasserbildung unterhalb des Gefrierpunktes während der Startphase. Beides muss genau kontrolliert und gesteuert werden (Abb. 4.43). Dies kann durch eine spezielle Zellenbauweise erreicht werden, die sowohl haltbarkeits- als auch kaltstartkompatible Betriebsbedingungen im Normalbetrieb und bei Kaltstart gewährleistet.

Kosten Bis zur Marktreife der Brennstoffzellen-Technologie müssen die Kosten auf ein akzeptables Niveau gesenkt und die Robustheit sowie die Lebensdauer des Stacks auf die für die Anwendung im automobilen Bereich notwendige Werte gebracht werden [71]. Studien, z. B. von Arthur D. Little [61], gehen davon aus, dass etwa 75 % der Stack-Kosten allein durch die Membran-Elektroden-Anordnung (MEA) verursacht werden. In dieser wiederum ist die Membran der teuerste Anteil, gefolgt vom Platinkatalysator. Daher konzentrieren sich die Anstrengungen zur Kostenreduktion hauptsächlich auf diese beiden Komponenten. Bei einer perfluorierten Membran ist die Feuchte eine sehr kritische Größe für die Leitfähigkeit. Sie schränkt das Betriebsfenster ein. Insbesondere darf die Membran nicht deutlich über 100 °C betrieben werden, da sonst das Wasser in der Membran verdampft. Forschungsanstrengungen konzentrieren sich deshalb auch auf nicht wässrig ionisch leitende Hochtemperaturmembranen, mit denen man Betriebstemperaturen bis zu 120 °C erreichen möchte.

Ein weiterer Schritt zur Kostenreduktion ist die Verminderung der Platinbelegung. Eine immer weiter gehende Senkung des Platingehaltes allein führt aber nicht zum Kostenminimum. Das Optimum stellt sich vielmehr bei einem bestimmten Platingehalt und der mit ihm erreichbaren Leistungsdichte ein. Heute wird ein Platingehalt von 0,3 g/kW für möglich gehalten. Damit wäre für die Membran-Elektroden-Einheit ein Zielkostenbereich von ca. 5 €/kW erreichbar. Die Department

Die Gefrierstart-Prozedur

Die Polarisation der Brennstoffzelle (BZ) hängt von der Temperatur ab (Polarisationskurven durch gerade Gefällelinien vereinfacht dargestellt).
0 → 1: BZ mit Wasserstoff und Luft versorgen;
1 → 2: Stromstärkesteigerung bis Minimalspannung, $v = 0$ km/h;
2 → 3: Stromstärkesteigerung so weit wie möglich, während die BZ-Temperatur steigt, $v = 0$, km/h;
3 → 4: Weitere Erwärmung bei konstanter Leistungsabgabe ($P = U \cdot I$), $v = 0$ km/h;
4 → 5: Stabiler Arbeitspunkt wird erreicht, BZ-Fahrzeug kann losfahren und beschleunigen ($v > 0$ km/h);
5 → 6: Beim Fahren erreichen Brennstoffzelle und Kühlkreislauf den Temperatur-Arbeitspunkt.

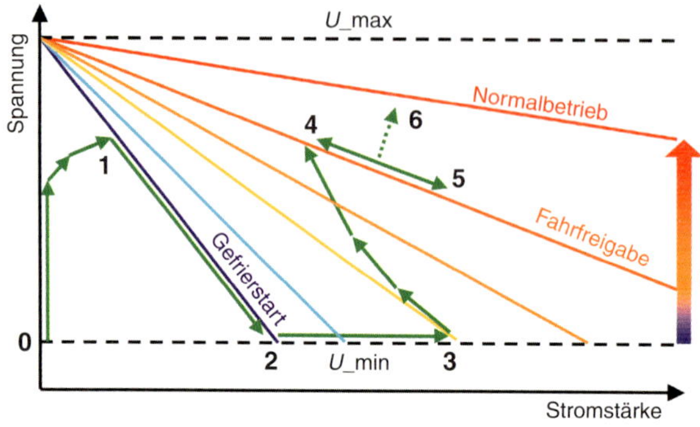

Abb. 4.43 Gefrierstart-Prozedur

of Energy (DOE)-Zielwerte 2015 für Stack und Antriebssystem liegen bei 50 €/kW.

Zusammenfassend können somit die Entwicklungsziele auf drei Punkte reduziert werden: Vergrößerung der Leistungsfähigkeit bei Einhaltung der Kostenlimits, Steigerung von Robustheit und Zuverlässigkeit sowie Verlängerung der Lebensdauer und Dauerhaltbarkeit. Diese Ziele können nur in engem Verbund zwischen akademischer (grundlagenorientierter) und industrieller (anwendungsorientierter) Forschung angegangen werden. Entsprechende Förderprogramme werden in der Bundesrepublik Deutschland (CEP), aber auch auf EU-Ebene (HyFLEET CUTE) und in den Vereinigten Staaten (DOE-Freedom Car) sowie Japan (JHFC) durchgeführt. Es zeigt sich inzwischen, dass die ursprünglich gemachten Annahmen über die Markteinführung der Brennstoffzellen-Antriebstechnologie Anfang des Jahrtausends zu optimistisch waren. Wegen der Komplexität der Technologie muss dieser Zeitpunkt deutlich nach hinten verschoben werden.

4.3.2.1.2 Stack-Peripherie

Luftversorgung Die Versorgung der Kathode mit Luftsauerstoff erfolgt über ein Luftmodul. Es umfasst Luftfilter, Schalldämpfung und einen elektrisch angetriebenen Turbolader, der die Luft auf etwa 1,1 bara (Teillast) bis zu 2,5 bara bei Volllast verdichtet [65]. Durch Einsatz einer Expandereinrichtung (Turbine) kann ein Teil der Verdichterenergie zurück gewonnen werden. Dies kommt dem Systemwirkungsgrad zu Gute und erlaubt es, den Stack kleiner auszuführen (−10 bis 15 %). Das Modul enthält auch die Druckregelung für den Stack. Heute werden hauptsächlich Schraubenlader verwendet, die in dem erforderlichen Druck- und Förderbereich die besten Wirkungsgrade aller Maschinen mit innerer Verdichtung aufweisen [63]. Werden in Zukunft ölfrei gelagerte Strömungsmaschinen (Abb. 4.44) eingesetzt, kann eine deutliche Effizienzsteigerung der Verdichtung im Teillastbereich erreicht werden. Dies führt zu einer weiteren Verringerung des Energieverbrauchs der Fahrzeuge im Neuen Europäischen Fahrzyklus (NEFZ). Bei gleicher Wasserstoff-Speicherkapazität kann so auch die Fahrzeugreichweite vergrößert werden.

Luftbefeuchtung Zur Befeuchtung der angesaugten Luft wird meist ein komplexes Wassermanagementsystem genutzt. Das Wasser wird aus dem Abgas kondensiert und der Ansaugluft in geeigneter Weise zugeführt. Eleganter lässt sich dies

Abb. 4.44 Elektrischer Turbolader

mit einem Modul auf Basis von Hohlfaserbündeln bewerkstelligen, wie es Daimler in der B-Klasse F-CELL nachgewiesen hat (Abb. 4.45a, b). Damit wird die Abluft ent- und die Zuluft gleichzeitig befeuchtet. So kann nicht nur die Anzahl Komponenten und das Gewicht verringert sondern auch das Bauvolumen auf ein Drittel gesenkt werden. Ein weiterer wichtiger Vorteil ist, dass Flüssigwasser vermieden wird, was das System vor dem Einfrieren schützt.

Anodenkreislauf Auf der Anodenseite des Stacks befindet sich ein Anodenmodul, das aus einem geschlossenen Kreislauf mit Rezirkulationsgebläse und einer Wasserstoff-Dosiereinheit besteht. Es hat folgende Funktionen:
- Dosierung des Kraftstoffmassenstroms
- Befeuchtung des Kraftstoffmassenstroms durch Rückführung von feuchtem Wasserstoff
- Rezirkulation von Wasserstoff zur Vermeidung von Verarmungszonen auf der Anode

Durch den geschlossenen Kreislauf werden Wasserstoffverluste minimiert, was den Systemwirkungsgrad verbessert. Nur soviel Wasserstoff wird zudosiert wie elektrochemisch umgesetzt wird. Allerdings tritt eine Aufkonzentration von Stickstoff durch Diffusion von der Kathode auf die Anode auf. Dadurch ist abhängig von der Betriebsstrategie von Zeit zu Zeit ein kurzzeitiges Abblasen erforderlich, das am einfachsten aus dem Anodenkreis in die Kathodenzuluft erfolgt.

Zukünftig ist zur Steigerung der Leistungsdichte und zur weiteren Kostensenkung von Brennstoffzellenantrieben auch ein Entfall des geschlossenen Anodenkreislaufs denkbar [66]. Die offene Anode wird an ihrem Eintritt mit Wasserstoff beschickt, welcher nahezu vollständig umgesetzt wird. Die sehr kleine Menge an Wasserstoff, welche die Anode wieder verlässt, kann zum Beispiel in einem Abgaskatalysator umgesetzt werden [67].

Kühlung Das maximale Betriebstemperaturniveau der PEM-Brennstoffzelle von heute etwa 95 °C ist im Vergleich zu den 110 bis 120 °C bei Verbrennungsmotoren niedrig. Verbrennungsmotoren geben außerdem etwa 30 % der gesamten Verlustwärme über das heiße Abgas direkt an die Umgebung ab. Bei der Brennstoffzelle muss die gesamte Abwärme über einen Wärmetauscher an die Umgebung abgeführt werden. Durch die niedrigere Temperaturdifferenz des Kühlmittels zur Umgebung und der trotz besserem Wirkungsgrad etwa doppelt so hohen Abwärmemenge stellt die Kühlung bei Brennstoffzellen-Fahrzeugen eine große Herausforderung dar. Insgesamt müssen die Kühleinrichtungen bei Brennstoffzellen-Fahrzeugen auf heutigem Stand eine über doppelt so hohe Effektivität aufweisen. Obwohl die heute verwendeten Membranen potentiell Betriebstemperaturen bis 95 °C erreichen können, arbeiten OEMs, Zulieferer und Institute intensiv an neuen Membranen für den Temperaturbereich von 110 °C bis 120 °C. Auf diesem Temperaturniveau kann die Abwärme besser abgeführt werden.

Eine Vereinfachung des Gesamtsystems wäre ein wichtiger Schritt in Richtung Markteinführung. Dazu gehören neben der Temperaturanhebung die Reduzierung des Befeuchtungsaufwandes sowie die Vereinfachung oder gar der Wegfall des Anodenkreislaufes.

4.3.2.1.3 Mobile Wasserstoffspeicher

Um die vom Kunden gewohnten und geforderten Fahrzeugreichweiten mit einer Tankfüllung realisieren zu können, sind weitere Fortschritte bei der Entwicklung mobiler Wasserstoffspeicher notwendig. Neben hohen spezifischen Energiedichten werden noch weitere fahrzeugspezifischen Anforderungen an solche Speicher gestellt: Sicherheitsaspekte, einfaches Betankungshandling, minimales Gewicht und optimale Einbaumaße, robust gegen

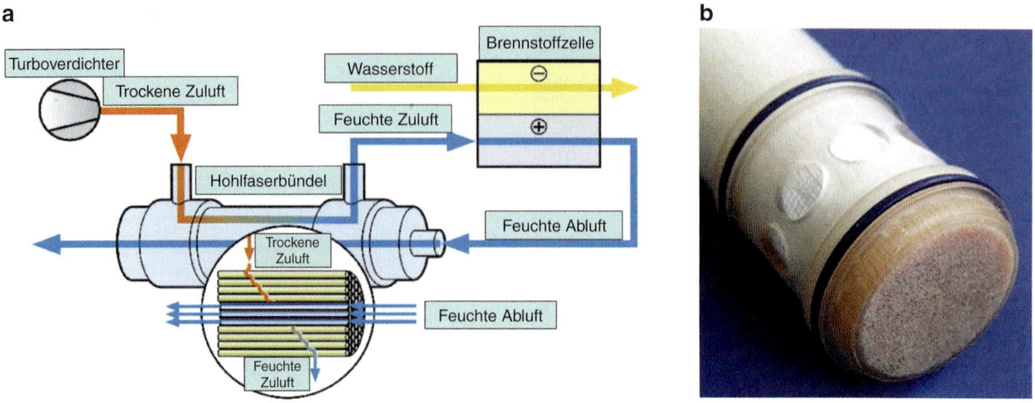

Abb. 4.45 **a** Schema Luftbefeuchtung; **b** Hohlfaserbündel

mechanische Beschleunigungskräfte, ausreichende Lade-/Entladezyklen, hohe Lebensdauer und natürlich akzeptable Kosten [72]. Weitere Beurteilungskriterien sind die Energiebilanzen und ggf. die Regenerationsfähigkeit von Speichermaterialien, die in einem externen Prozess regeneriert werden müssen (z. B. Natriumborhydrid).

Eine Übersicht über aktuelle Daten der heute bekannten Wasserstoffspeichermethoden enthält Tab. 4.14. Unter Abwägung aller Kriterien scheint die Wasserstoff-Druckspeicherung eine viel versprechende Methode für mobile Anwendungen zu sein. Derzeit werden in Faserverbunddruckspeichern Drücke bis zu 700 bar realisiert (Abb. 4.46). Mittel- und langfristig kommt es darauf an, Wasserstoffspeichersysteme mit verbesserten Speichereigenschaften und vertretbaren Kosten zur Verfügung zu stellen. Die vom DOE für das Jahr 2015 herausgegebenen Zielwerte für die spezifischen Energieinhalte liegen bei 3 kWh/kg bzw. 9 Gew.- %, sowie 2,7 kWh/l. Bisher werden sie noch von keiner Speichermethode erreicht.

4.3.2.1.4 Hybridisierter Brennstoffzellenantrieb

Zum kompletten Antriebstrang gehören neben dem Brennstoffzellensystem der Elektroantrieb und gegebenenfalls noch Batterien. Wird der Elektroantrieb außer von einer Brennstoffzelle noch von einer Hochspannungsbatterie gespeist, spricht man von einem hybridisierten Brennstoffzellenantrieb.

Heute stehen Elektromotoren in verschiedenen Ausführungsarten für Fahrzeugantriebe zur Verfügung (▶ Abschn. 4.3.1). Elektromotoren weisen eine für den Einsatz in Straßenfahrzeugen ideale Drehzahl-Drehmoment Charakteristik auf. Das maximale Drehmoment ist schon bei geringen Drehzahlen verfügbar. Auch die kurzzeitige Überlastbarkeit bringt Vorteile. Außerdem arbeiten sie mit hohen Wirkungsgraden und geringer Geräuschemission und in der Regel kann auf ein mehrstufiges Getriebe verzichtet werden.

Heute werden zur Unterstützung von Brennstoffzellenantrieben Batterien mit wenigen kWh Energieinhalt und einigen zehn kW Leistung verwendet. Hauptsächlich werden dafür Lithiumionen-Batterien mit Zellen hoher Leistungsdichte und geringem Energieinhalt eingesetzt (▶ Abschn. 4.3.1.4).

Eine zusätzliche Batterie im Antriebsstrang macht das Gesamtsystem zwar komplizierter, sie bietet aber auch einige Vorteile. Zum Beispiel liegen die Dynamikanforderungen an Elektroantriebe bei etwa 800 A/s. Diese Rampe kann das Brennstoffzellensystem aufgrund der Trägheit der Luftverdichtung alleine nicht liefern. Mit Unterstützung durch Batterien sind solche Stromrampen aber problemlos realisierbar. Die Batterie erlaubt zusätzlich die Rückgewinnung von Bremsenergie und ermöglicht einen einfacheren Kaltstart unter 5 °C. Außerdem kann die Batterie zusätzliche Peakleistung für Beschleunigungsvorgänge zur Verfügung stellen. Länger andauernde Leis-

Tabelle 4.14 Charakteristische Daten von mobilen Wasserstoff-Speichern

Typ	Spezifischer Energieinhalt des Speichers*)			Bemerkungen
	kWh/kg	Gew. % H_2	kWh/l	
Druckwasserstoff 350 bar Compositebehälter	1,2–1,5	4,0–5,0	0,6	Spezifische Energie (kWh/l) nimmt mit steigendem Druck zu. Gravimetrische Dichte durchläuft Maximum
Druckwasserstoff 700 bar Compositebehälter	1,3–1,6	4,3–5,3	1,0	
Flüssigwasserstoff (−253 °C)	1,4–2,7	4,6–9,0	0,8–1,5	Angestrebte Abdampfrate 1–2 % pro Tag. Verflüssigungsenergie sehr hoch: 1 kWh PE/kWh H_2
Tieftemperaturmetallhydride	0,4	1,2	0,7–1,3	Hohe Wasserstoffreinheit notwendig; Systemdruck ca. 50 bar
Chemische Hydride, Alanate, Amide/Hydride	0,3–1,4	3,0–5,0	1,0–1,6	Weitgehend noch im Forschungsstadium; Systemdrücke ca. 50 bis 100 bar

*) Speicher ohne Peripherie; Stand 2005; Ziele DOE 2015: 3kWh/kg (9 %), 2,7kWh/l

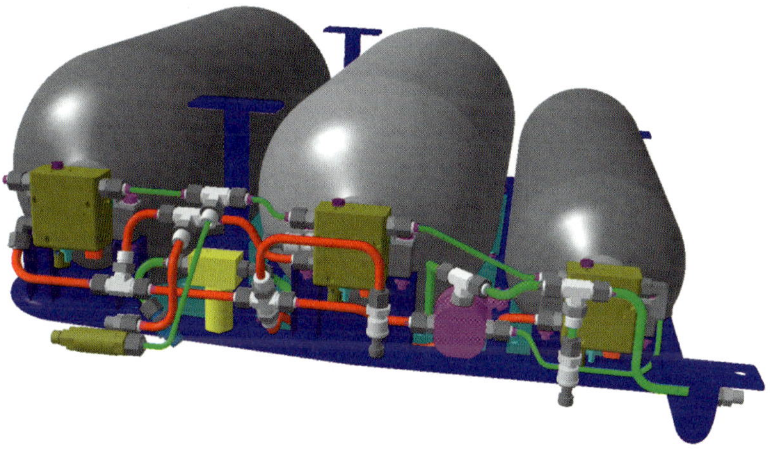

Abb. 4.46 CAD-Darstellung eines 700 bar Druckspeichersystems

tung hingegen muss über die Brennstoffzelle zur Verfügung gestellt werden, da sie einen größeren Kostenvorteil bringt als der Einsatz energiereicher Batteriezellen.

4.3.2.2 Sicherheit

Wasserstoff erfordert wie jeder andere Kraftstoff spezifische Sicherheitsvorkehrungen. Mit entsprechenden Maßnahmen kann das Sicherheitsrisiko bei Wasserstofffahrzeugen auf ein mit konventionellen Fahrzeugen vergleichbares Niveau gebracht werden. Wasserstoff-Luftgemische sind in einem weiten Konzentrationsbereich (4 % bis 77 % Wasserstoff in Luft) entflammbar. Dazu sind außerdem sehr geringe Zündenergien notwendig. Deshalb müssen Wasserstoffansammlungen im normalen

Betrieb verhindert werden. Wasserstoff führende Komponenten sind so auszulegen, dass sie unter normalen Betriebsbedingungen dicht sind. Der Fahrgastraum muss gegenüber den Wasserstoff führenden Teilen abgedichtet sein.

Vor einer Betriebserlaubnis müssen mobile Wasserstoffspeicher umfangreiche sicherheitstechnische Typprüfungen durchlaufen. Nach dem Einbau in Fahrzeuge sind regelmäßig wiederkehrende Sicherheitsüberprüfungen vorgeschrieben. Selbstverständlich ist eine möglichst crashsichere Unterbringung der Speicher im Fahrzeug vorzusehen.

Wasserstoffkonzentrationen, die sich bei Störfällen bilden können, werden in aktuellen Flottenfahrzeugen mit entsprechenden Gassensoren erfasst. Je nach Wasserstoffkonzentration wird ein abgestuftes zuverlässiges Sicherheitssystem aktiviert: von der Warnmeldung, wenn z. B. die Konzentration weit unterhalb der unteren Entflammungsgrenze liegt, über passive und aktive Belüftungsmaßnahmen, bis zum sofortigen Stillsetzen des Fahrzeuges.

Bei Fahrzeugbränden wird durch entsprechende Schmelzsicherungen dafür gesorgt, dass der Wasserstoffspeicherinhalt gezielt abgeführt und kontrolliert abgefackelt wird.

4.3.2.3 Rechtsvorschriften und Standards

Vor der Markteinführung von Brennstoffzellen-Fahrzeugen müssen Vorschriften und Standards erarbeitet werden. In mehreren Gremien (ISO/TC22/SC21, SAE und ICE) gibt es derzeit entsprechende Aktivitäten. Ziel ist die Schaffung einheitlicher Standards, um die Verbreitung der Brennstoffzellentechnologie zu beschleunigen, dem Hersteller Orientierung in Bezug auf die Produkthaftung zu geben, das Produkt dem Verbraucher zu attraktiven Konditionen anbieten zu können und das Vertrauen des Anwenders in die Sicherheit der neuen Technologie zu gewinnen.

Die Gesetzgebung der Europäischen Union bildet schon heute einen weitgehenden gesetzlichen Rahmen für die Nutzung von Wasserstoff im Straßenverkehr. Eine Harmonisierung des entsprechenden Rechts in den Mitgliedstaaten ist im Gange. Allerdings ist das heute übliche Zulassungsverfahren, das zur EG-Typgenehmigung für Serienfahrzeuge führt, auf Wasserstofffahrzeuge noch nicht anwendbar. Hier müssen noch Lücken bei technischen Vorschriften vervollständigt werden.

Wasserstoff wird wie Benzin oder Diesel als gefährlicher Stoff eingestuft und bezüglich der Herstellung rechtlich gleich behandelt. Die geringeren Mengenschwellen bei der Lagerung von Wasserstoff z. B. an Wasserstofftankstellen, zeigen aber, dass Wasserstoff noch als Chemikalie gesehen wird. Die Selbstverständlichkeit, mit der heute mit Benzin und Diesel umgegangen wird, muss sich für Wasserstoff erst noch ausbilden. Die für die anderen Kraftstoffe geltenden Vorschriften müssen auch für Wasserstoff als Vergleichsmaßstab gelten dürfen. Um vorhandene Einführungsbarrieren zu verringern, sollten gerade die Vorschriften für die Errichtung von Wasserstofftankstellen nicht überzogen und die Wasserstoff-Kostenproblematik nicht durch Steuern und Abgaben verschärft werden.

4.3.2.4 Brennstoffzellen-Fahrzeuge

1994 hat Daimler mit NECAR 1 das erste einer Reihe von Brennstoffzellen-Prototypfahrzeugen vorgestellt. Zunächst wollte man nur die Machbarkeit solcher Fahrzeugantriebe demonstrieren. Von Fahrzeug zu Fahrzeug konnten erhebliche Fortschritte bezüglich Gewichts- und Volumenreduktion des Brennstoffzellensystems erzielt werden. So stieg allein die spezifische Leistung des Brennstoffzellenstacks von 48 W/kg (NECAR 1) bis heute auf 880 W/kg (F-CELL) an (◘ Abb. 4.47). Gleichzeitig wurden verschiedene Wasserstoffspeichermethoden und auch der Einsatz anderer Kraftstoffe, wie z. B. Methanol untersucht. Es zeigten sich deutliche Vorteile für einen reinen Wasserstoffbetrieb mit Druckspeicherung, so dass man bei Daimler für die Nachfolgefahrzeuge ausschließlich dieses Antriebskonzept weiter verfolgt hat. Andere Hersteller setzen auch auf andere Speicherarten, wie z. B. die Flüssigwasserstoffspeicherung, mit der man zwar mehr Energie im gleichen Volumen unterbringen kann, sich aber Nachteile vorwiegend bei der Handhabung und vor allem bei der Energiebilanz einhandelt.

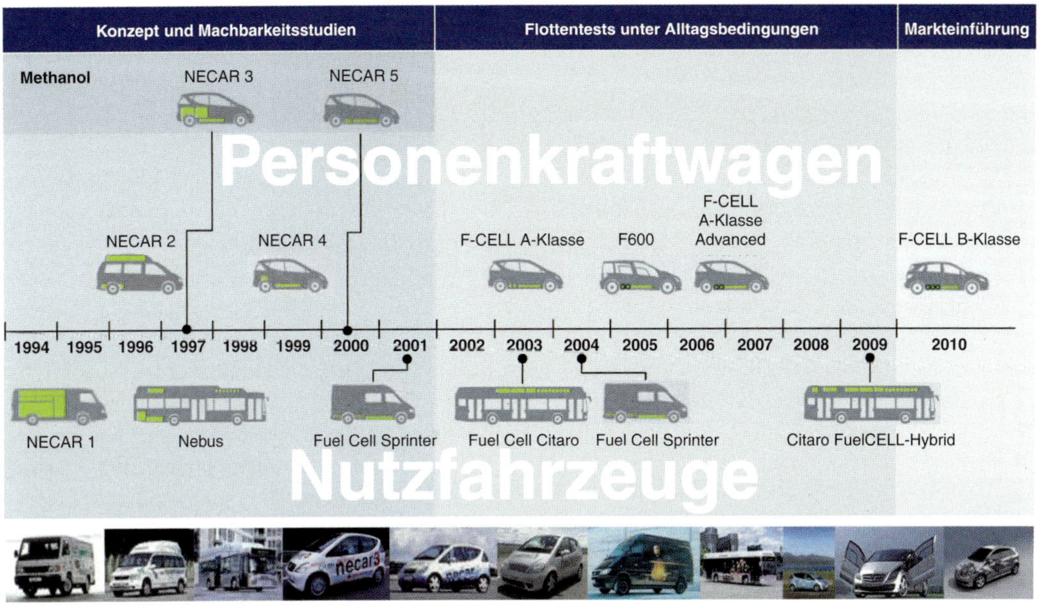

Abb. 4.47 Historie der Daimler Brennstoffzellen-Fahrzeuge

4.3.2.4.1 Brennstoffzellen – Pkw und Transporter

Im Zuge der weiteren Entwicklung wurden die Komponenten so klein, dass sie in A- und B-Klasse im Zwischenboden untergebracht werden können (Abb. 4.40). Diese Fahrzeuge werden unter dem Namen F-CELL derzeit in vielen Flottenversuchen betrieben. Die charakteristischen Daten enthält Abb. 4.48 und Abb. 4.50. Insbesondere die im Neuen Europäischen Stadt-Fahrzyklus (NEFZ) gemessenen Äquivalentverbräuche von unter 3,3 l Diesel/100 km bestätigen die Erwartungen der hohen Wirkungsgrade solcher Antriebe. Damit können die im Vergleich zur Benzin- oder Dieselherstellung höheren Energieverluste bei der Wasserstoffherstellung überkompensiert werden. Bei vielen Wasserstoffherstellungspfaden ergeben sich somit auch in der Gesamtkette (Well-to-Wheel) energetische Vorteile [64].

Das im Pkw verwendete Antriebssystem wurde in entsprechend modifizierter Form auch in Mercedes-Benz-Sprinter eingebaut, die derzeit in Deutschland und USA hauptsächlich im Paketdienst eingesetzt werden. Die Brennstoffzellenantriebe sind für die spezifischen Fahrprofile solcher Versanddienste im urbanen Verkehr mit vielen kurzen Unterbrechungen bestens geeignet. Auch kann für Fuhrparkgestützte Fahrzeuge in der Anfangsphase einer Wasserstoffwirtschaft die Infrastruktur einfacher realisiert werden.

Charakteristische Daten F-CELL:	
Fahrzeugtyp	Mercedes-Benz A-Klasse
Brennstoffzellen-System	PEM – 72 kW
Antrieb	Asynchronmaschine Leistung (Dauer/Spitze): 45 kW/65 kW Maximales Drehmoment: 210 Nm
Kraftstoff	Druckwasserstoff (350 bar)
Reichweite	177 km
Maximalgeschwindigkeit	140 km/h
Batterie	NiMH; Luftkühlung; Leistung (Dauer/Spitze): 15 kW/20 kW Kapazität: 6,0 Ah, 1,2 kWh

Abb. 4.48 Charakteristische Daten F-CELL-Fahrzeuge

Die in den nächsten Generationen von Demonstrations- und Flottenfahrzeugen zum Einsatz kommenden Antriebsinnovationen werden häufig vorher zuerst in Forschungsfahrzeugen eingesetzt und erprobt. Mit dem F 800 Style hat die Daimler AG gezeigt, dass die Brennstoffzelle zukünftig im Standardvorbau unter gebracht werden kann.

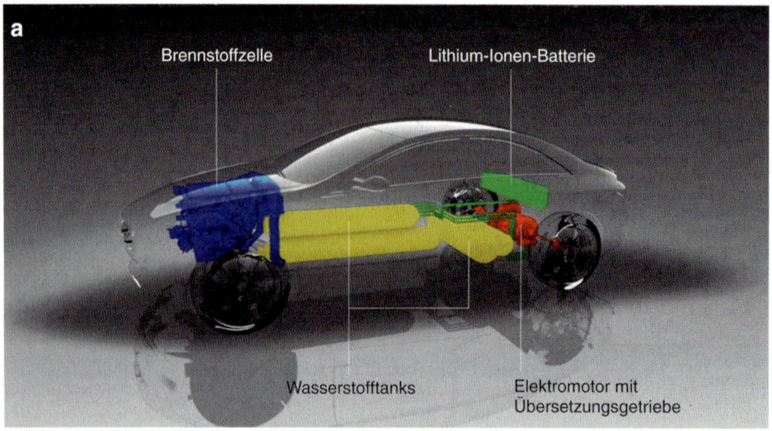

b

Technische Daten Mercedes-Benz F 800 Style mit F-CELL	
Die wichtigsten Daten und Fahrleistungswerte:	
F 800 Style mit F-CELL	**Brennstoffzellenantrieb**
Länge (mm)	4738
Breite (mm)	1938
Höhe (mm)	1445
Radstand (mm)	2924
Kofferraumvolumen (l)	440
Schwungmassenklasse (kg)	1700
Reifen	215/45R20
Nennleistung (kW/PS)	rund 100/136
Nenndrehmoment (Nm)	rund 290
Beschleunigung 0–100 km/h (s)	11
Höchstgeschwindigkeit (km/h)	180*
Wasserstoff-Verbrauch (kg/100 km)	0,9**
CO_2 ges. (g/km min.–max.)	0
Reichweite (km) NEFZ	rund 600
Energieinhalt Lithium-Ionen-Batterie (kWh) Batterie (kWh/kW)	1,4

*Elektronisch abgeregelt **NEFZ-Gesamtverbrauch, entspricht 3,0 l Dieseläquivalent

Abb. 4.49 **a** Forschungsfahrzeug F 800 Style mit F-CELL; **b** Charakteristische Daten F 800

Der kompakte Elektromotor sitzt im Bereich der Hinterachse; somit ist der F 800 Style auch das erste Brennstoffzellenfahrzeug mit Heckantrieb (Abb. 4.49). In ihm wird die 700 bar Druckspeichertechnik erstmals eingesetzt, die diesem Fahrzeug Reichweiten von über 400 km verleiht. Es konnte auch gezeigt werden, dass durch Einsatz einer neuen Befeuchtertechnologie (Hohlfaserbündel) auf einen aktiven Wasserkreislauf im Stack verzichtet werden kann und das Fahrzeug dadurch auch bei Minusgraden kaltstartfähig wird. Diese Technologien sind in der B-Klasse F-CELL Abb. 4.50), deren Produktion 2009 begonnen wurde, erfolgreich eingesetzt [73].

Toyota, Honda, Hyundai, Nissan, GM, Ford und VW haben ebenfalls Prototypfahrzeuge entwickelt, die ausnahmslos mit PEM-Brennstoffzellen-Antriebssystemen ausgestattet sind (Abb. 4.51) [74–81].

4.3.2.4.2 Brennstoffzellen-Busse

Der öffentliche Personennahverkehr stellt einen Anwendungsbereich dar, in dem Brennstoffzellenantriebe vorteilhaft eingesetzt werden können. Der schadstoffemissionsfreie Betrieb ist im innerstädtischen Bereich besonders wichtig. Auch braucht die notwendige Wasserstoff-Betankungsinfrastruktur nur in den Fuhrparks installiert werden.

Auf Basis des Mercedes-Benz Citaro Stadtbusses wird die zweite Generation Brennstoffzellen-Busse aufgebaut, die in mehreren europäischen Städten im täglichen Personenverkehr eingesetzt

a

b

Charakteristische Daten B-Klasse F-CELL	
Fahrzeugtyp	Mercedes-Benz B-Klasse
Brennstoffzellen-System	PEM – 80 kW (90 kW)
Antrieb	Integrierter Fahrantrieb mit permanent erregter Synchronmaschine Leistung (Dauer/Spitze): 70 kW/100 kW (136 PS) Maximales Drehmoment: 290 Nm
Kraftstoff	Druckwasserstoff (70 Mpa/700 bar)
Reichweite	ca. 400 km
Maximalgeschwindigkeit	170 km/h
Batterie	Li-Ionen (Mn); Leistung (Dauer/Spitze): 24 kW/30 kW; Kapazität: 6,8 Ah, 1,4 kWh

Abb. 4.50 **a** Schnittbild B-Klasse F-CELL; **b** Charakteristische Daten B-Klasse F-CELL

werden. Abbildung 4.52 zeigt die Integration des Antriebssystems im Bus, mit den wichtigsten charakteristischen Daten [82].

4.3.2.4.3 Demonstrationen und Flottenversuche

Auf dem Weg zur Marktreife stellen Flottenversuche ein wichtiges Instrument dar, weil sie aus dem Alltagsbetrieb wichtige Messdaten und Hinweise zur Technologieweiterentwicklung liefern. Dazu werden die Fahrzeuge zusätzlich zur ohnehin vorhandenen Fahrzeugelektronik mit weiterer Sensorik und Datenloggern ausgestattet. Einerseits ermöglichen sie präventive Maßnahmen für einen ungestörten Fahrzeugbetrieb, andererseits liefern sie dem Entwicklungsingenieur das Datenmaterial für die Weiterentwicklung der Technologie. In den Daimler-Brennstoffzellenfahrzeugen werden z. B. 60 relevante Parameter mehrmals pro Sekunde in einem Datenspeicher protokolliert [69]. Tritt ein besonderes, vorher nicht definiertes Ereignis auf, wie z. B. ein ungewöhnlicher Temperaturanstieg in einer Komponente, kann die Anzahl der erfassten Parameter um den Faktor 10 gesteigert werden. Kehrt das Fahrzeug zum Stützpunkt des Betreibers zurück, werden die Daten über Funkübertragung ausgelesen und per Internet zu einem Zentralen Server weitergeleitet. Die Entwickler setzen dann ein spezielles Data-Mining-Verfahren ein, mit dem der Rechner selbstständig Zusammenhänge erkennt und ihre Bedeutung für eine bestimmte Fragestellung bewertet. So können die riesigen Datenmengen schnell analysiert und auch die komplexesten Fehlerquellen und Zusammenhänge herausgefiltert werden [83] (Abb. 4.53).

Weltweit sind derzeit einige hundert Brennstoffzellen-Fahrzeuge in Erprobung. Allein Daimler hat ca. 200 Fahrzeuge im Einsatz. Insgesamt haben sie mehr als 6,5 Mio. km zurückgelegt (Stand Mai 2013). Sie werden im Rahmen von öffentlich geförderten Kooperationsprojekten in Flotten eingesetzt (Abb. 4.54). Ziele sind die Demonstration und Weiterentwicklung der Fahrzeugtechnik, Demonstration der Machbarkeit einer Wasserstoffinfrastruktur, Identifikation von Markteinführungsbarrieren und Erhöhung der öffentlichen Wahrnehmung dieser Technologien.

Im kalifornischen Sacramento haben sich 1998 Automobilhersteller, Energiefirmen, Brennstoffzellenentwickler und Regierungsorganisatoren zur California Fuel Cell Partnership (CaFCP) zusammengeschlossen. Die deutsche Bundesregierung unterstützt ein ähnliches Demonstrationsprojekt, die Clean Energy Partnership (CEP), und im Rahmen der europäischen Busprojekte CUTE und ECTOS wurden in 10 europäischen Städten 30 Brennstoffzellenbusse betrieben.

4.3.2.5 Kraftstoffversorgung und Infrastruktur

Neben seiner Kohlenstoff-Freiheit ist ein weiterer großer Vorteil von Wasserstoff, dass er aus einer Vielzahl von Primärenergiequellen hergestellt werden kann. Damit hat er das Potenzial signifikant zur energetischen Diversifizierung des Verkehrsbereiches beizutragen. In Langfristszenarien wird davon ausgegangen, dass Was-

Abb. 4.51 Brennstoffzellen-Fahrzeuge verschiedener Hersteller

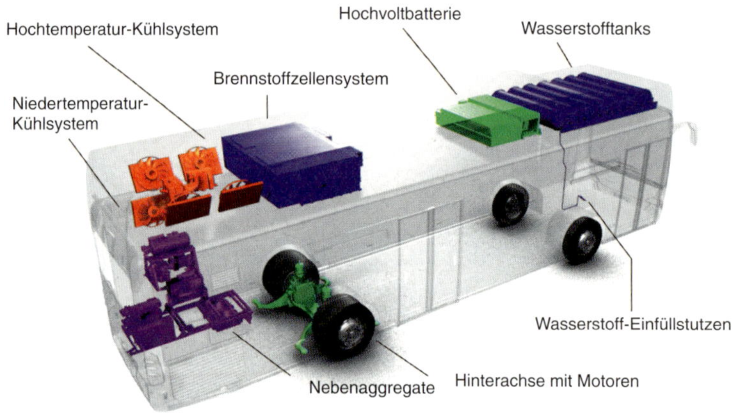

Technische Daten	
Leistung BZ-System	12 kW (konst.)/140 kW (max.)
Antriebsleistung	2 x 80 kW, Spitzenleistung: 120 kW je Motor für 15–20 s
Wasserstofftank	35 kg Wasserstoff (350 bar)
Reichweite	ca. 250 km
HV-Batterie	26,9 kWh, Leistung 250 kW
Effizienz BZ-System	58–51 %
H2-Verbrauch	10–14 kg/100 km

Abb. 4.52 Antriebssystem des CITARO-Busses

serstoff aus regenerativen Energiequellen (Fotovoltaik, Wind, Geothermie, Wasserkraft und Biomasse) aber auch mit Hilfe neuer Kernkraftanlagen hergestellt wird. Damit ist seine Nutzung von der Quelle bis zum Rad CO_2 frei, mindestens aber CO_2 neutral. In einer Überbrückungsphase wird der Wasserstoff wahrscheinlich aus Erdgas über Dampfreformierungsprozesse gewonnen werden. Wenn dieser Wasserstoff in Brennstoffzellenfahrzeugen genutzt wird, ist bei vielen Energiepfaden die gesamte Energieeffizienz trotz der höheren Verluste der Wasserstoffherstellung besser als bei Benzin- und Dieselfahrzeugen. Auch gegenüber der direkten Nutzung von Erdgas

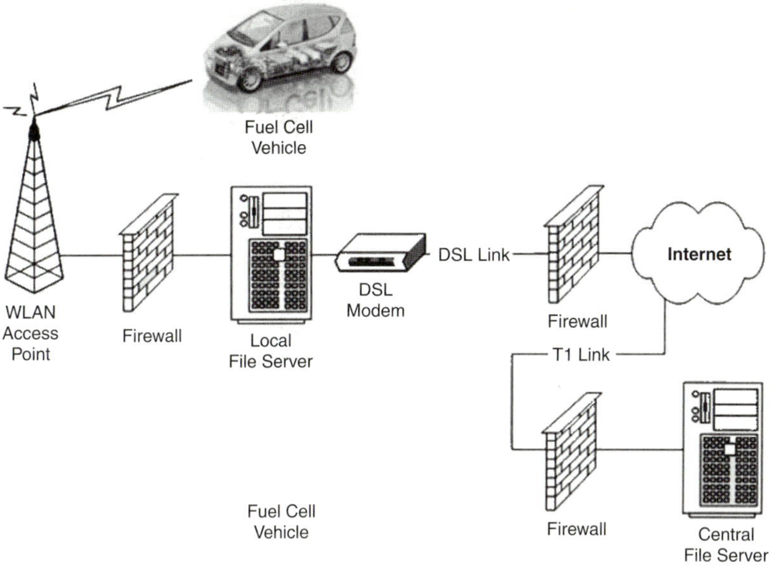

Abb. 4.53 FDA-Schema

Abb. 4.54 CEP-Fahrzeugflotte

in Verbrennungsmotoren entstehen energetische Vorteile. Weitere Informationen hierzu enthält ► Abschn. 5.9.

Damit Wasserstoff effizient im Verkehrsbereich genutzt werden kann, muss die Brennstoffzellentechnologie weiter in Richtung Marktreife getrieben werden. Andererseits bedarf es aber auch noch eines flächendeckenden, gut funktionierenden und kundenfreundlichen Tankstellennetzes für Wasserstoff.

Bei fuhrparkgestützten Fahrzeugen (z. B. Stadtbusflotten) kann der Bedarf durch wenige Tankstellen am Fuhrpark kundengerecht erfüllt werden. Die Infrastruktur für den breiten Massenmarkt muss sukzessive wachsen. In der Anfangsphase mit lokalen Ansammlungen einiger Tankstellen im

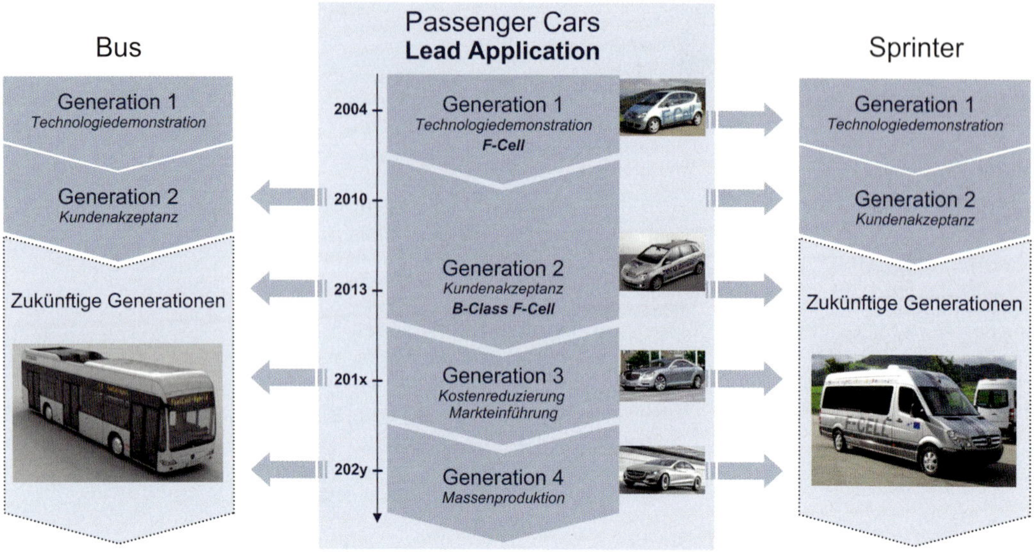

Abb. 4.55 Entwicklungsphasen bis zur Kommerzialisierung

Rahmen von Demonstrationsversuchen. Diese Einzelcluster werden dann schrittweise über Korridore entlang der Fernstraßen miteinander verbunden. Schließlich bildet sich ein flächendeckendes Netz an Tankstellen.

4.3.2.6 Ausblick

Einschlägige europäische Industrieunternehmen und Forschungseinrichtungen haben unter Leitung der Europäischen Kommission in der so genannten »Hydrogen and Fuel Cell Platform (HFP)« Wasserstoffeinführungsszenarien für Europa entwickelt. Diese deuten darauf hin, dass bis etwa 2015 Brennstoffzellenfahrzeuge und die notwendige Wasserstoffinfrastruktur Marktreife haben könnten, was die Voraussetzung für die beginnende Markteinführung darstellt. In der »EU Coalition Study«, einer tiefgreifenden Studie mit weitreichender Beteiligung der Automobil-, Gas-, Energie und Ölindustrie, konnte eine zukünftige Wettbewerbsfähigkeit der Brennstoffzellenmobilität unter Kostenaspekten und Berücksichtigung verschiedener Zukunftsszenarien aufgezeigt werden [84]. Bis zur flächendeckenden Markteinführung sind noch erhebliche finanzielle Anstrengungen zur Technologie-Weiterentwicklung und zum Infrastrukturaufbau notwendig. Der Ausbau der bisher nur punktuell vorhandenen Betankungseinrichtungen und Wasserstoffproduktionskapazitäten kann nur sukzessive und im Einklang mit steigender Nachfrage nach Wasserstoff als Kraftstoff für Pkw erfolgen. Infolge steigender Fahrzeug-Stückzahlen, sinkender Kosten und technologischer Weiterentwicklung der aufeinanderfolgenden Fahrzeuggenerationen kann so nach einer koordinierten Startphase ein rentabler, sich selbst steuernder Markt für Brennstoffzellenmobilität entstehen (Abb. 4.55). Die hierfür notwendigen hohen Aufwendungen können nur im nationalen oder europäischen Rahmen durch langfristige Partnerschaften von öffentlichen und privaten Partnern aufgebracht werden. Das Nationale Innovationsprogramm Wasserstoff- und Brennstoffzellentechnologie (NIP), welches 2007 von der Deutschen Bundesregierung initiiert wurde, definiert Ziele, terminiert Meilensteine und bietet einen Förderrahmen zur Weiterentwicklung und Markteinführung von Brennstoffzellenfahrzeugen und Wasserstoffinfrastruktur in Deutschland. Im Rahmen der Industrieinitiative H_2-Mobility haben sich 2009 Unternehmen der Automobil-, Kraftstoff- und Industriegasindustrie auf eine koordinierte

Vorgehensweise zur Markteinführung von Brennstoffzellenfahrzeugen verständigt. Unter Anderem soll innerhalb dieser Initiative ein detaillierter Business Plan für das Geschäft mit Brennstoffzellenmobilität, aufbauend auf den Ergebnissen der EU Coalition Study, erarbeitet werden.

4.3.3 Hybridantrieb

4.3.3.1 Szenario

Für Hybridantriebe hat sich die Definition IEC/TC69 etabliert, wonach diese mindestens zwei verschiedene Energiewandler und zwei verschiedene Energiespeicher zu Traktionszwecken beinhalten.

Bis auf wenige Ausnahmen handelt es sich dabei heute in der praktischen Umsetzung bei den Wandlern um Verbrennungs- und Elektromotoren und bei den Energiespeichern um Kraftstoffe und Batterien.

Durch den Verbrennungsmotor eröffnen sich dem Hybridfahrzeug die Fahrleistungen heutiger verbrennungsmotorisch getriebener Fahrzeuge mit der Kraftstoffverfügbarkeit der etablierten Infrastruktur. Der elektrische Antriebsteil ermöglicht einen geräuscharmen und lokal emissionsfreien Antrieb. Aus einem geschickten Zusammenspiel aller Antriebskomponenten eröffnen sich weitere Potenziale, so dass der Hybridantrieb folgende Vorteilsmerkmale aufweist:

1. Verbrauchsreduzierung
2. Niedrigstemissionen bis hin zu lokal emissionsfreiem Fahren
3. Geräuscharmes rein elektrisches Fahren
4. Steigerung des Funktionskomforts
5. Fahrstabilisierung
6. Erhöhung der Fahrleistungen

Die Ausprägung der jeweiligen Vorteilsmerkmale hängt stark vom Hybridkonzept und dessen Auslegung ab, d. h. auch im Umkehrschluss: Die Ausgestaltung eines Hybridfahrzeugs wird erheblich durch dessen Einsatzszenario bestimmt.

4.3.3.1.1 Marktentwicklung

Bereits 1902, als Elektro- und Verbrennungsfahrzeuge noch um die Vorherrschaft im Fahrzeugmarkt rangen, stellte Ferdinand Porsche, getrieben durch die Grenzen der Batterietechnik, seinen »Mixte«-Wagen vor: Ein Daimler-Vierzylinder-Motor erzeugte über einen Generator den Strom für Radnabenelektromotoren.

Diesel-elektrische Antriebe kamen seither immer wieder in Bahnantrieben und bei Unterseebooten zur Anwendung.

In den 70er und 80er Jahren gab es verstärkt Anwendungen bei Omnibussen, die teils dieselmotorisch, teils elektromotorisch betrieben werden konnten.

Die Entwicklung eines Marktes für Hybrid-Pkw begann mit der Serieneinführung des Toyota Prius 1997 in Japan, gefolgt vom Honda Insight und mittlerweile vielen weiteren Modellen mit den derzeitigen Hauptmärkten USA und Japan.

Schon bei den heute verkauften Modellen zeigt sich die Vielfalt hybrider Antriebsformen.

4.3.3.2 Konzepte und Betriebsstrategien

Hybridantriebe lassen sich in drei Gruppen einteilen: Parallelhybride, serielle Hybride und Mischhybride (■ Abb. 4.56).

4.3.3.2.1 Parallelhybride

Bei Parallelhybriden können ein Verbrennungs- und ein Elektromotor parallel die Räder antreiben. So bietet sich konzeptabhängig die Möglichkeit, rein verbrennungsmotorisch, rein elektrisch oder kombiniert zu fahren. Je nach Anordnung des Verbrennungsmotors haben sich die Bezeichnungen Px etabliert, wobei das P für Parallelhybrid steht und das x die Lage des Verbrennungsmotors im Triebstrang gemäß folgender Tabelle beschreibt (■ Abb. 4.57). Vereinfachend sind dabei verschiedene Getriebevarianten und Konzepte mit mehreren E-Maschinen weggelassen.

Für Parallelhybride mit geringer elektrischer Leistung bis ca. 10 kW hat sich die Bezeichnung »Mild Hybrid« verbreitet. Hierbei sind die E-Maschinen i. d. R. Weiterentwicklungen aus Riemen-Starter/Generatoren oder am hinteren Kurbelwellenende integrierten Starter/Generatoren. Wegen der geringen Leistung und der drehfesten Ankopplung an die Kurbelwelle bieten »Mild Hybrids« nur eingeschränktes elektrisches Fahren, ggf. sogar

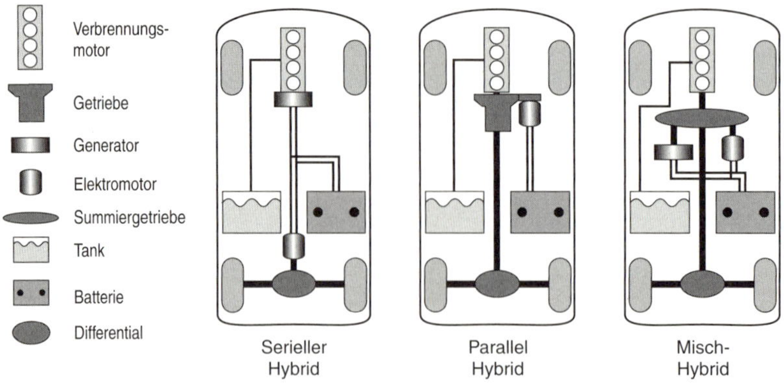

Abb. 4.56 Grundkonzepte von Hybridantrieben

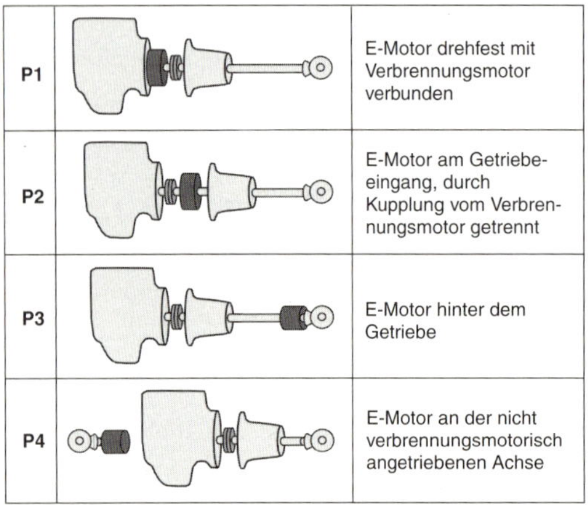

Abb. 4.57 Basiskonzepte und Nomenklatur von Parallelhybriden

Abb. 4.58 Honda Insight Modell 2009, Parallelhybrid [93]

nur mit ungefeuert mitgeschlepptem Verbrennungsmotor, Stopp/Start des Verbrennungsmotors, Bremsenergierückgewinnung und Beschleunigungsunterstützung.

Ein Beispiel für eine Mild Hybrid-Lösung mit E-Maschine im Riementrieb war der Toyota Crown Hybrid mit 36 V Bleibatterie.

Ein Konzept mit der E-Maschine am hinteren Kurbelwellenende (P1) wurde 1999 mit dem Honda Insight eingeführt und für den Honda Civic und Accord weiterentwickelt. Der 4-Zylinder Ottomotor des aktuellen Insight (Abb. 4.58) wurde auf 65 kW bei 1,3 l Hubraum ausgelegt. Beim Beschleunigen wird er von einem 10 kW Elektromotor aus einer 0,58 kWh/100 V NiMH-Batterie unterstützt. Die Kraftübertragung übernimmt ein CVT Getriebe.

Er verfügt über eine variable Ventilsteuerung, mit der durch Abschaltung aller Zylinder beim Rekuperieren und bei rein elektrischer Fahrt die Schleppleistung und damit die Verluste durch den Verbrennungsmotor reduziert werden. In der Summe aller Maßnahmen wird ein NEFZ Verbrauch von 4,4 l/100 km erreicht.

Das P1-Hybridkonzept kam auch beim ersten Hybridfahrzeug von Mercedes-Benz, dem S400 Hybrid zum Einsatz. Der 3,5 l 6-Zylinder Ottomotor ist für den Hybrideinsatz mit einem Atkinson-Cycle ausgestattet. Am hinteren Kurbelwellenende ist eine 15 kW permanent-erregte Synchronmaschine integriert. Erstmalig kam in einem Hybridserien-

Abb. 4.59 P2 Hybrid im VW Touareg Hybrid [87]

fahrzeug eine Lithium-Ionen Batterie zum Einsatz. Die 0,8 kWh/120 V Batterie konnte in der Batterienormgröße H8 gebaut und damit im Batteriefach des Motorraumes untergebracht werden. Neu ist auch die Kühlung der Batterie über den Kältemittelkreislauf der Klimaanlage, was auch bei hohen Außentemperaturen eine uneingeschränkte Funktion im warmen Motorraum gewährleistet.

Durch die zielgerichtete Hybridisierung des Fahrzeugs konnte der Kraftstoffverbrauch (NEFZ) auf 7,9 l/100 km reduziert werden. Verglichen mit dem S350 entspricht dies einer Verbrauchsreduktion von ca. 20 %. Gleichzeitig konnte die Beschleunigung leicht verbessert werden.

Durch eine Erweiterung des P1-Konzeptes mit der E-Maschine an der Kurbelwelle um eine Kupplung zwischen Verbrennungsmotor und E-Maschine (P2) wird die rein elektrische Fahrt und volle Rekuperation ohne Motorschleppverluste möglich. Eine weitere Kupplung trennt die E-Maschine vom Getriebeeingang zum Start des Verbrennungsmotors und zum Laden der Batterie bei stehendem Fahrzeug. Eine solche Anordnung finden wir im VW Touareg Hybrid (Abb. 4.59), in dem die E-Maschine mit einem Wandler-Automatgetriebe TR-82SD der Fa. AISIN gekoppelt ist (Abb. 4.60).

Die hybridische Betriebsstrategie ermöglicht im VW Touareg Hybrid einen Normverbrauch von 8,2 l/100 km bzw. CO_2 Emissionen von 193 g/km bei einer Systemleistung von 279 kW. Das vergleichbare konventionelle Fahrzeug mit V6-Benzinmotor hat einen Normverbrauch von 9,9 l/100 km bzw. CO_2 Emissionen von 236 g/km und eine deutlich niedrigere Leistung von 206 kW.

Der Allradantrieb wird mittels Torsen-Differenzial realisiert. Der Wandlerautomat ermöglicht eine uneingeschränkt hohe Anhängelast von 3,5 t.

Das P2 Hybridkonzept ist insbesondere bei den deutschen Automobilherstellern verbreitet. So finden wir den gleichen Hybrid-Powertrain des VW Touareg mit Wandler-Automat-Hybridgetriebe auch im Porsche Panamera und Cayenne. BMW (ActiveHybrid 3, -5, -7) und AUDI (Q5, A6, A8) rüsten ihre Fahrzeuge mit dem 8-Gang Automatgetriebe 8P70H von ZF aus, in dem eine verstärkte Schaltkupplung im Getriebe als integrierte Anfahrkupplung statt eines Wandlers die Anfahrfunktion übernimmt. Daimler hat das P2-Konzept mit 7-Gang Automatgetriebe und nasser Anfahrkupplung statt Wandler in Verbindung mit einem 150 kW 4 Zylinder Dieselmotor im E 300 BlueTEC HYBRID für den europäischen Markt in Serie gebracht und mit 4,2 l/100 km oder 109 g CO_2/km im NEFZ zertifiziert. Das modulare Konzept ermöglicht in kurzer Zeitfolge die Markteinführung des gleichen Hybrid-Triebstrangs in Verbindung mit einem 6-Zylinder Ottomotor.

Eine weitere Anordnungsmöglichkeit der E-Maschinen bei Parallelhybriden ergibt sich hinter dem Getriebe (P3), wie bei dem als Prototyp gebauten Smart-Hybriden (Abb. 4.61). Bei geöffneter Kupplung können hier Konstantfahrten bei geringer Fahrleistungsanforderung rein elektrisch gefahren werden. Zudem erlaubt diese Anordnung komfortsteigernd die Erhaltung der Zugkraft während der Getriebeschaltvorgänge.

Allein durch die Hybridisierung konnte der Smart Diesel Hybrid einen Verbrauch von unter 3 l/100 km im neuen europäischen Fahrzyklus erreichen.

Bei einem weiteren Parallelhybridkonzept ist die E-Maschine an der nicht vom Verbrennungsmotor angetriebenen Achse angeordnet (P4). Diese Lösung hat als weiteres Vorteilsmerkmal die elektrische Traktionsunterstützung über die zusätzlich angetriebene Achse. Ein Nachteil bei diesem Konzept ist jedoch, dass bei Fahrzeugstillstand keine Stromgenerierung über die Traktionsmaschine möglich ist. Dies spielt vor allem bei elektrisch an-

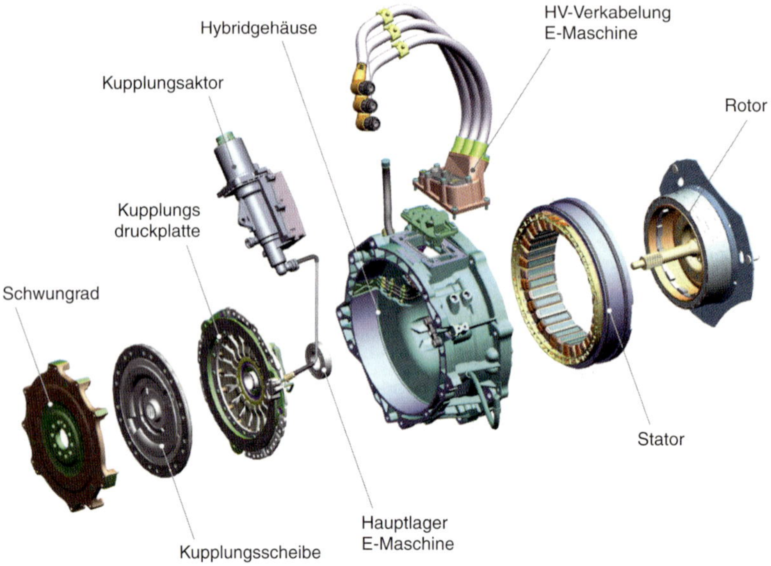

Abb. 4.60 P2 Hybridkopf im VW Touareg Hybrid [87]

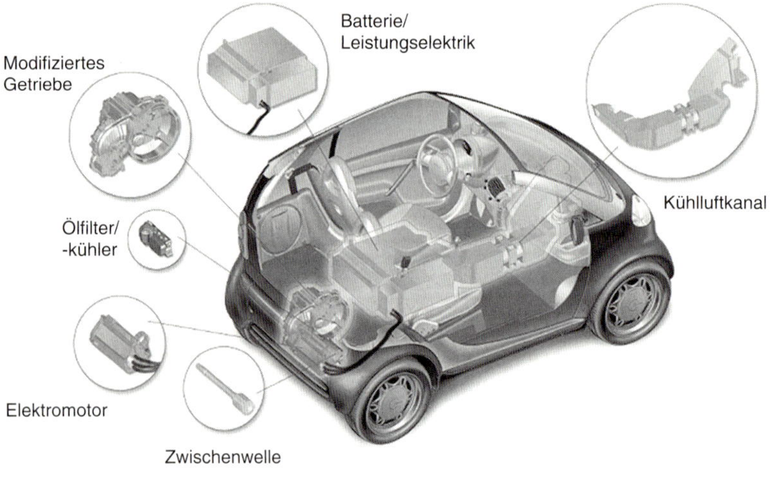

Abb. 4.61 Smart Hybrid mit E-Maschine am Getriebeausgang

getriebenen Hochvoltnebenaggregaten eine Rolle, wenn deren Betrieb auch bei langem Fahrzeugstillstand bzw. Stop-and-Go Verkehr sichergestellt werden muss.

Im Peugeot 3008 Hybrid4 (Abb. 4.62) ist deshalb neben einer elektrisch angetriebenen Hinterachse ein Hochvolt-Riemen-Starter/Generator verbaut. Die von ihm erzeugte elektrische Energie kann zum Laden der Batterie (auch im Stand), zur Versorgung der Nebenaggregate oder auch zur Aufrechterhaltung des elektrischen Allradantriebs bei geringer Leistung verwendet werden. Es handelt sich also um eine P1/4 Konfiguration mit der Möglichkeit eines seriellen hybridischen Betriebs in geringem Umfang. In Verbindung mit einem 120 kW 2,0 l Dieselmotor wird mit diesem Antriebskonzept ein Verbrauch von 3,8 l/100 km bzw. 99 g CO_2/km erreicht.

In einigen Konzeptstudien findet man auch Radnabenantriebe, bei denen die E-Maschine in-

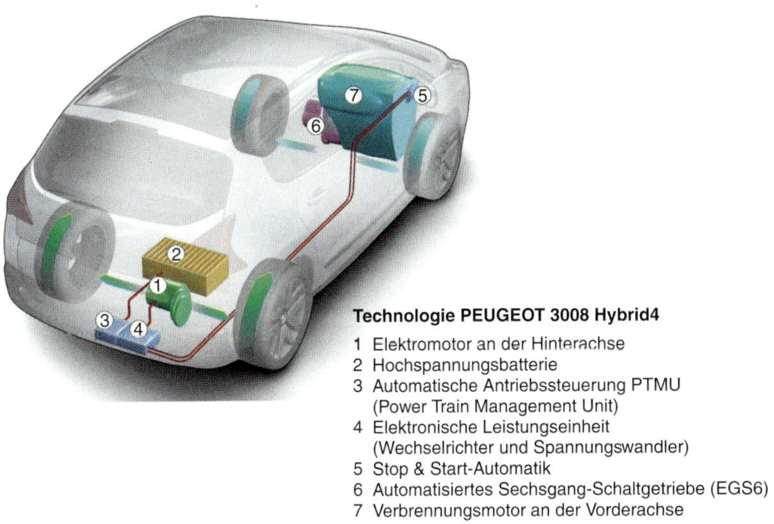

Abb. 4.62 Peugeot 3008 Hybrid4 mit elektrisch angetriebener Hinterachse und HV-Riemen-Starter/Generator [99]

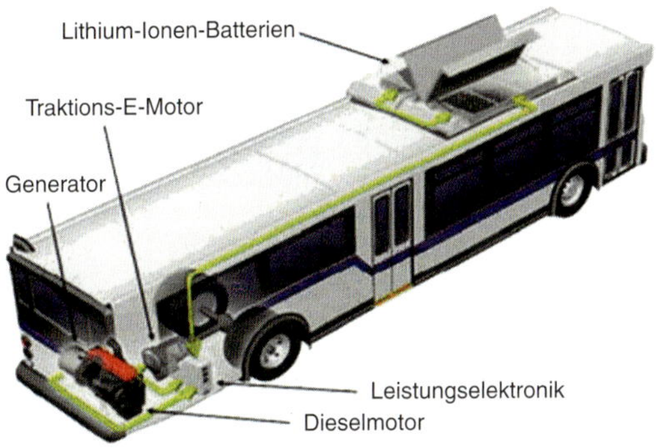

Abb. 4.63 Serieller Hybridantrieb im Orion VII Bus der Fa. Daimler-Buses NA

kl. mechanischer Bremse in das Rad integriert ist. Radnabenantriebe konnten sich jedoch wegen der zusätzlichen ungefederten Massen, der engen Bauraumverhältnisse sowie der Temperatur- und Schwingungsbeanspruchungen im Rad bisher nicht durchsetzen.

4.3.3.2.2 Serielle Hybride

Beim seriellen Hybriden erfolgt der Radantrieb immer rein elektrisch, wobei die elektrische Energie von einem Verbrennungsmotor in Verbindung mit einem Generator an Bord erzeugt wird. Mit einer Batterie als Energiepuffer kann der Verbrennungsmotorbetrieb unabhängig von der aktuellen Fahraufgabe wirkungsgrad- oder emissionsoptimiert eingestellt werden. Wie bei allen anderen Hybridvarianten kann auch hier die Bremsenergierückgewinnung verbrauchsmindernd eingesetzt werden. Der Verbrauchsvorteil wird allerdings dadurch geschmälert, dass die gesamte vom Verbrennungsmotor abgegebene Leistung die ganze elektrische Wirkungsgradkette durchlaufen muss.

Beim seriellen Hybriden gibt es zwei Auslegungsvarianten. Soll das Fahrzeug dauerhaft die vollen Fahrleistungen bieten, so müssen die Verbrennungsmotor-, die Generator- und die E-Motorleistung unter Berücksichtigung aller Wirkungsgrade auf die Dauerhöchstgeschwindigkeit ausgelegt werden. Die Elektromotoren müssen zusätzlich die maximale Beschleunigung darstellen. Damit hat dieser Hybridtyp in Summe die höchsten installierten Komponentenleistungen mit den entsprechenden Kostennachteilen. In der zweiten Variante wird nur die Fahr-E-Maschine auf die volle Fahrleistung ausgelegt. Der Verbrennungsmotor wird bewusst kleiner dimensioniert und seine Aufgabe besteht darin, bei optimalen Wirkungsgraden über einen Generator die Batterie nachzuladen, um damit die Fahrzeugreichweite zu vergrößern.

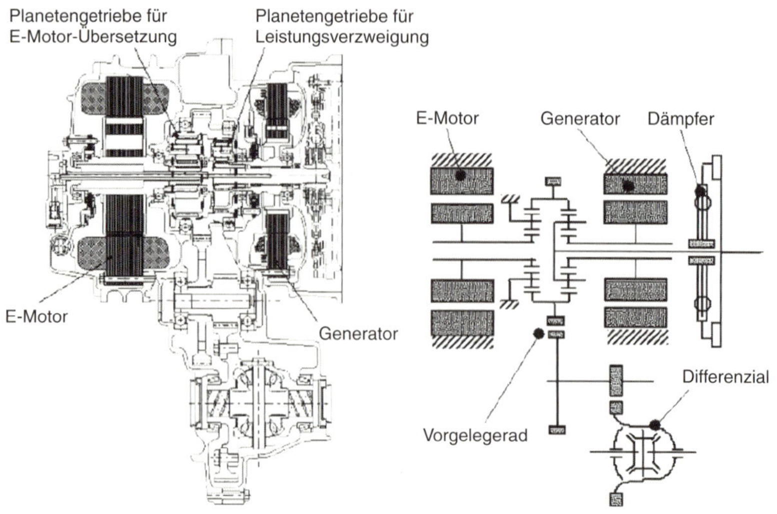

Abb. 4.64 Toyota Hybrid System (THS) mit Leistungsverzweigung [85]

Eine andere Anwendung von seriellen Hybriden kommt aus konstruktiven Nöten, wenn die Übertragung der Antriebsleistung zum Rad über Wellen zu aufwendig oder ungünstig für die Raumnutzung wäre, z. B. bei Fahrkränen oder Niederflurbussen, wie bei dem in Abb. 4.63 dargestellten Orion-VII Bus der Fa. Daimler Buses NA. 3000 solcher Busse sind in Nordamerika unterwegs, darunter fast die komplette Busflotte der New Yorker Verkehrsbetriebe. Im Laufe der Produktion wurde die auf dem Dach untergebrachte Bleibatterie auf Lithium-Ionen-Technologie umgestellt.

Abb. 4.65 Getriebeschnitt Toyota Hybrid System mit Leistungsverzweigung im Prius III (Quelle: Toyota)

4.3.3.2.3 Mischhybride

Die Kombination aus parallelem und/oder seriellem Leistungsfluss führt zu den so genannten Mischhybriden. Deren Ausgestaltung mit Verbrennungsmotor, elektrischen Maschinen, Getriebekomponenten, Kupplungen, Freiläufen, Bremsen ist beliebig vielfältig.

Mischhybride zeichnen sich im Wesentlichen durch folgende Vorteilsausprägungen aus:

1. Der Verbrennungsmotor kann zumindest mit einem Teil seiner Leistung direkt das Rad antreiben.
2. Mit einer Leistungsverzweigung können stufenlos variable Getriebe für den Verbrennungsmotor dargestellt werden.

Nachteilig ist die erhöhte Komplexität mit entsprechendem Steuerungsaufwand. Die installierten elektrischen Antriebsleistungen sind bei Mischhybriden konzeptbedingt i. d. R. höher als bei Parallelhybriden mit entsprechenden Kostennachteilen.

Beim Toyota Prius wurde das Konzept der mechanischen Leistungsverzweigung mittels Planetengetriebe realisiert (Abb. 4.64, Abb. 4.65). Im Prius der dritten Generation werden die 73 kW seines 1,8 l Ottomotors mit den 27 kW aus einer NiMH Batterie zu einer Systemleistung von 100 kW kombiniert. Damit erreicht das Fahrzeug im NEFZ

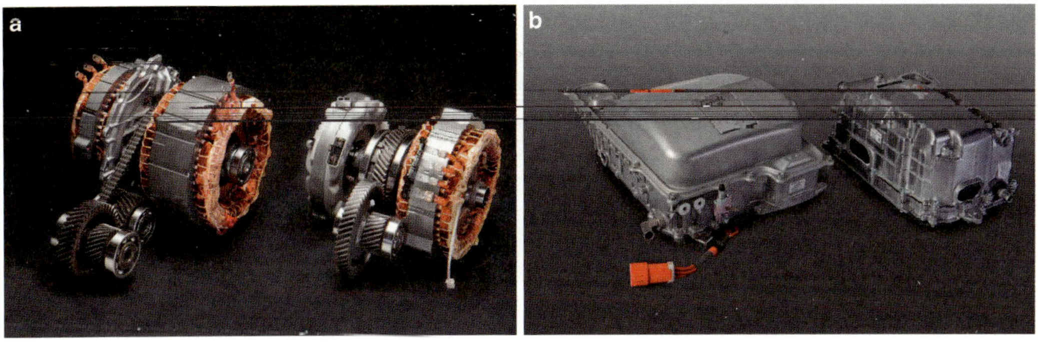

Abb. 4.66 Vergleich der Transaxle Einheiten (links) und der Inverter (rechts) zwischen Toyota Prius II und Toyota Prius III (Quelle: Toyota)

einen Zertifizierungsverbrauch von 3,9 l/100 km (89 g CO_2/km).

Hier wird auch deutlich, wie die konsequente Optimierung von Komponenten in Verbindung mit dem Hybridantrieb neue Synergien eröffnet. So läuft der elektrische Klimakompressor mit verbessertem Wirkungsgrad auf der hohen Traktionsspannung und kann unabhängig vom Verbrennungsmotor betrieben werden. Der reibungsoptimierte Verbrennungsmotor arbeitet mit dem Atkinson-Cycle und ist auf die hybridspezifischen Betriebspunkte ausgelegt. Ein elektrohydraulisch geregeltes Bremssystem ermöglicht höchste Bremsenergierückgewinnung durch ein optimiertes Zusammenspiel von mechanischer und elektrischer Bremse. Zudem wurde der Antrieb umfassend weiter optimiert. So wurde das Gewicht des Hybridgesamtsystems gegenüber der zweiten Generation um 17 % gesenkt. Eine wichtige Maßnahme hierfür war die Einführung eines zweiten Planetenradsatzes, der eine Festübersetzung des E-Motors ins Langsame darstellt. Durch Erhöhung der E-Motordrehzahl und der Übersetzung seines Moments konnte dieser deutlich kleiner und damit leichter werden. Gewichts- und Bauraumeinsparungen betreffen auch die Leistungselektroniken zur Ansteuerung des E-Motors und des Generators, die um 36 % leichter und 37 % kleiner als beim Prius II ausgeführt wurden (Abb. 4.66). Um dies umzusetzen wurde die Betriebsspannung der E-Motoren von 500 auf 650 V erhöht, was zu entsprechend kleineren Betriebsströmen und Wärmeverlusten führt.

Nach dem einfach leistungsverzweigten Prinzip arbeiten auch der Toyota Highlander Hybrid, Camry Hybrid, Yaris Hybrid, Auris Hybrid, der Lexus CT 200h, IS 300h, LS 600h sowie der Lexus RX 450h, wobei hier durch die Anordnung eines weiteren Elektromotors auf der nicht verbrennungsmotorisch angetriebenen Achse zusätzlich eine Allradfunktionalität dargestellt wird. Eine Weiterentwicklung des Toyota Hybridantriebs in Form einer zusätzlichen 2-stufigen Übersetzung des E-Motors findet sich erstmals im Lexus GS 450h. Damit wird der Zielkonflikt gelöst, einerseits ein hohes elektrische Anfahrmoment und andererseits gute Wirkungsgrade im Hochgeschwindigkeitsbereich darzustellen (Abb. 4.67).

Neben Toyota/Lexus setzt auch Ford zur Hybridisierung seiner Fahrzeugflotte auf einfach leistungsverzweigte Getriebe (Ford Escape Hybrid, Fusion Hybrid und C-MAX Hybrid).

Alle oben genannten leistungsverzweigten Getriebe arbeiten mit 1 Planetenradsatz zum Zwecke der Leistungsverzweigung, was die Getriebemechanik einfach hält, aber aus den erforderlichen Stützmomenten und Drehzahlen der E-Maschinen einen hohen Leistungsfluss durch den elektrischen Zweig und eine entsprechend große Dimensionierung der E-Maschinen und Leistungselektroniken zur Folge hat.

Für stärkere Motorisierungen ist in Kooperation von GM, Daimler, Chrysler und BMW der »Two Mode Hybrid« mit doppelter Leistungsverzweigung entwickelt worden (Abb. 4.68), bei dem der Leistungsfluss im elektrischen Zweig deutlich kleiner ausfällt.

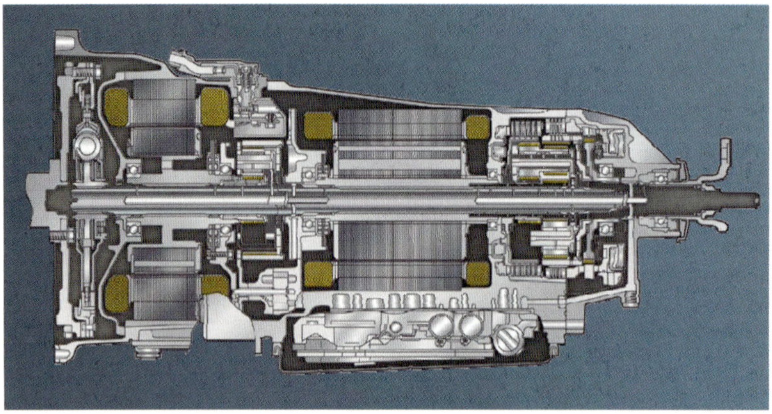

Abb. 4.67 Leistungsverzweigtes Getriebe des Lexus GS 450h mit zusätzlicher 2-Gang Schaltstufe des E-Motors am Getriebeausgang [95]

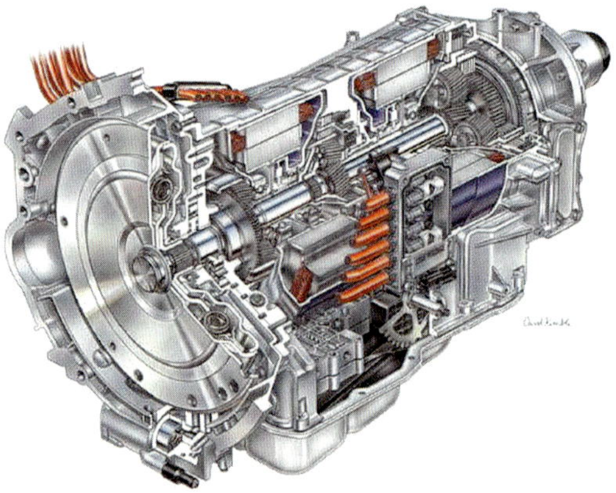

Abb. 4.68 Das Two-Mode Hybridgetriebe aus der Kooperation GM, Daimler, Chrysler und BMW

Je nach Kupplungsstellungen sind damit folgende Betriebsmodi möglich (Abb. 4.69):

- Einfach leistungsverzweigter stufenloser Betrieb
- Zweifach leistungsverzweigter stufenloser Betrieb mit geringer Leistung im elektrischen Zweig
- 4 feste mechanische Gänge mit 1 bzw. 2 parallel arbeitenden E-Maschinen mit der Möglichkeit, E-Maschinen zur Wirkungsgradverbesserung bei hohen Geschwindigkeiten abzukoppeln.
- Rein elektrische Fahrt

Das Getriebe ermöglicht sämtliche hybriden Fahrfunktionen in stufenlosem Fahren sowie Fahren in festen Gängen und kann dabei komfortabel zwischen den Betriebsmodi wechseln. Serienanwendungen des Getriebes finden sich im Mercedes-Benz ML450 Hybrid, im BMW X6 Active Hybrid sowie in Fahrzeugen der GM-Marken Cadillac, GMC und Chevrolet.

Hybridgetriebe mit doppelter Leistungsverzweigung haben auch in Bussen bereits Anwendung gefunden: Seit 2003 sind über 350 Stadtbusse mit einem Hybridgetriebe von GM Allison (Abb. 4.70) in den USA im Einsatz.

4.3.3.3 Betriebsstrategien

Um die Vorteile eines Hybridantriebs voll auszuschöpfen bedarf es ausgefeilter Betriebsstrategien. Mit Hilfe mathematischer Simulationsprogramme werden dabei z. B. Verbrauch, Abgasemissionen, Fahrdynamik, Leistungsflüsse in den Komponenten und das thermische Verhalten für vorgegebene Fahrzyklen optimiert.

Abbildung 4.71 zeigt eine einfache Betriebsstrategie eines Parallelhybriden im europäischen Fahrzyklus. Dabei ist ersichtlich, dass der Verbrennungsmotor nur bei erhöhtem Fahrleistungsbedarf zugeschaltet wird. Im Stand, Schub, oder bei geringer Konstantgeschwindigkeit bleibt der Motor abgeschaltet, sofern das der Batterieladezustand erlaubt. Mit der Simulation kann dabei die Größe des Verbrennungsmotors, des Elektromotors und der Batterie festgelegt werden. Ebenso ist der Einsatz des Elektromotors für rein elektrische Fahrt und

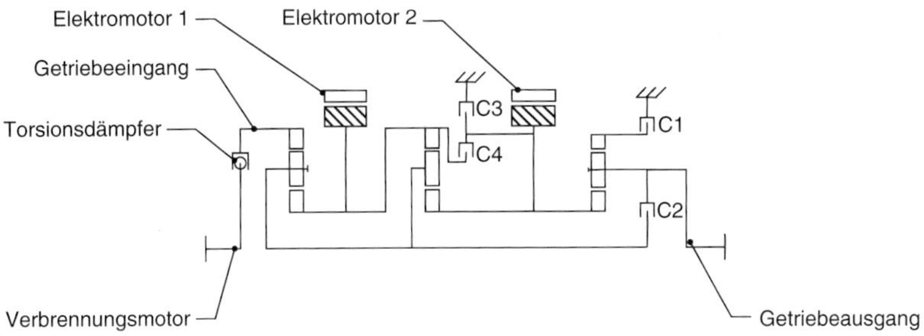

Abb. 4.69 Struktur des Two-Mode Hybridgetriebes aus der Kooperation GM, DaimlerChrysler und BMW

Abb. 4.70 Leistungsverzweigtes Hybridgetriebe von GM Allison in Busanwendung (Quelle: GM)

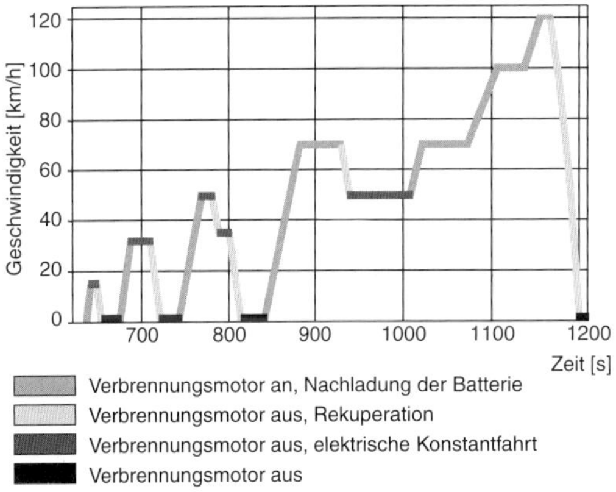

Abb. 4.71 Betriebsstrategie eines Parallelhybriden im europäischen Fahrzyklus

Beschleunigungsunterstützung sowie die Nachladestrategie der Batterie optimierbar.

Die Verbrauchseinsparung durch Hybridantriebe ergibt sich im Wesentlichen aus den folgenden drei Punkten:

1. Bremsenergierückgewinnung (auch Rekuperation genannt)
2. Abstellen des Verbrennungsmotors in seinen wirkungsgradungünstigen Betriebsbereichen (bei Fahrzeugstillstand, geringer Fahrleistungsanforderung und Fahrzeugverzögerung)
3. Optimierung des Verbrennungsmotorbetriebsbereiches

Aus den genannten Punkten wird deutlich, dass der Verbrauchsvorteil eines Hybridantriebs bei langsamen Stadtfahrten mit hohem Stopp-Anteil am größten ist. Bei konstanter Überlandfahrt mit hoher Geschwindigkeit hingegen ergibt sich durch das Mehrgewicht sogar ein leichter Nachteil, wenn keine Maßnahmen speziell für diesen Betriebsbereich getroffen werden. Beim Mercedes-Benz S 400 Hybrid konnte durch eine längere Hinterachsübersetzung und Verwendung des Atkinson-Cycle auch bei Konstantfahrt mit hoher Geschwindigkeit ein Verbrauchsvorteil erzielt werden. Der entstehende Dynamiknachteil kann im Bedarfsfall durch den Boosteffekt des E-Motors wieder ausgeglichen werden.

4.3.3.4 Plug-In Hybride

Eine abzugrenzende Ausführung von Hybriden bilden die sogenannten »Plug-In« Hybride. Neben der verbrauchsreduzierenden hybridischen Betriebsstrategie, die im vorigen Kapitel erläutert wurde, bietet diese Gruppe der Hybridfahrzeuge die Möglichkeit, dass die Batterien durch Anschluss an das Stromnetz (= Plug-In) aufgeladen werden können. Die so ins Fahrzeug geladene Energie wird im Fahr- und Bordnetzbetrieb eingesetzt, und somit der Verbrauch an Kraftstoff weiter reduziert. Die Plug-In Hybride sind damit der Zwischenschritt zwischen dem rein verbrennungsmotorisch und dem rein elektrisch angetriebenen Fahrzeug.

Die gegenwärtige EU-Gesetzgebung ermöglicht den Automobilherstellern durch den Verkauf von Plug-In Hybriden ihren Flottenverbrauch signifikant zu senken. Die Formel zur Ermittlung des CO_2-Ausstoßes lautet

$$M = \frac{(D_e \times M_1 + D_{AV} \times M_2)}{(D_e + D_{AV})}$$

mit

D_e – elektrische Reichweite des Fahrzeugs

D_{AV} – 25 km (angenommene Strecke zwischen 2 Batterieladevorgängen)

M_1 – CO_2-Wert [g/km] des Tests im NEFZ mit voller Batterie

M_2 – CO_2-Wert [g/km] des Tests im NEFZ mit leerer Batterie

»Test im NEFZ mit leerer Batterie« bedeutet hierbei, dass das Fahrzeug mit einer ladungserhaltenden Betriebsstrategie wie ein konventioneller Hybrid betrieben wird. Hierbei bewegt sich der Ladezustand der Hybridbatterie um einen Arbeitspunkt, d. h. sie ist nie vollständig entladen.

Der CO_2 Wert des Tests mit voller Batterie M_1 darf gegenwärtig zu null gesetzt werden, wenn die elektrische Reichweite die Länge des NEFZ überschreitet (ca. 11 km). Dabei muss die elektrische Reichweite nicht am Stück gefahren werden, sondern darf aus einzelnen elektrisch gefahrenen Teilstücken aufsummiert werden.

Für ein Fahrzeug mit z. B. einem CO_2-Ausstoß von 120 g CO_2/km im Test mit leerer Batterie und 30 km elektrischer Reichweite mit voller Batterie bedeutet dies, dass ein Verbrauch von ca. 55 g CO_2/km für den Flottenverbrauch angerechnet wird.

Für die Ankopplung an das Stromnetz bedarf es dazu eines Ladegerätes welches i. d. R. fahrzeugfest mitgeführt wird, um an jeder geeigneten Steckdose nachladen zu können.

Für den Anschluss an externe Ladestationen lehnt man sich dabei an die Normung der Stecker der reinen Elektrofahrzeuge an. Vorteil bei den Ladestationen ist die höhere Ladeleistung von derzeit bis zu 22 kW und damit entsprechend kürzere Ladezeiten. Der alternative Anschluss an Ladestationen oder Haussteckdosen erfolgt über entsprechende Adapterstecker.

Toyota hat als ersten Plug-In Hybriden eine Variante des Prius auf den Markt gebracht. Das Fahrzeug baut auf dem Antriebskonzept des Prius Vollhybriden auf. Eine Lithium-Ionen Batterie mit einem Energieinhalt von 4,4 kWh ermöglicht dabei eine rein elektrische Reichweite von ca. 25 km im NEFZ und elektrische Höchstgeschwindigkeiten bis zu 85 km/h. Erreicht die Lithium-Ionen Batterie ihren Mindestladezustand, wird zu einer ladungserhaltenden Betriebsstrategie umgeschaltet, bei der der Verbrennungsmotor die Fahraufgabe übernimmt. Der Kunde erlebt das Fahrzeug dann wie einen Prius Vollhybriden. Ihm stehen dann die 73 kW des 1.8 l Ottomotors zur Verfügung, mit der Möglichkeit die Systemleistung durch elektrischen Boost kurzzeitig zu erhöhen. Der Verbrauch liegt bei 2,1 l/100 km oder 49 g CO_2/km.

Während beim Prius Plug-In Hybriden die installierte verbrennungsmotorische Leistung überwiegt, gibt es auch Konzepte, deren Schwerpunkt auf elektromotorischer Fahrt liegt. Die Leistung des elektrischen Traktionsmotors und der Traktionsbatterie übersteigt dabei die Leistung des Verbrennungsmotors zum Teil deutlich. Solche Konzepte werden auch als hybridisierte Elektrofahrzeuge oder Elektrofahrzeuge mit Reichweitenverlängerung bezeichnet. Ebenso hat sich der englische Begriff »range extender« durchgesetzt.

Beispiele hierfür sind der Chevrolet Volt sowie der BYD F3DM und sein Nachfolger Qin.

Für den Antrieb im BYD F3DM bei elektrischer Fahrt sorgt ein 50 kW starker Elektromotor an der Vorderachse. Dieser wird von einer Lithium-Eisen-Phosphat Batterie mit einer Spitzenleistung von bis zu 75 kW und einem Energieinhalt von 16 kWh gespeist. Damit ist laut Herstellerangabe eine rein elektrische Reichweite von bis zu 100 km bei 50 km/h Konstantgeschwindigkeit in der Ebene möglich. Auch hier schaltet die Batterie bei Erreichen des Mindestladezustands auf eine ladungserhaltende Betriebsstrategie um. Dabei wird die Batterie über einen Generator mit bis zu 25 kW Leistung von einem 1 l 3-Zylinder Ottomotor nachgeladen. Bei höheren Geschwindigkeiten kann dieser das Fahrzeug über einen direkten Gang aber auch direkt antreiben. Dabei leistet er bis zu 50 kW. Es handelt sich dabei also um einen seriell-parallelen Hybriden. Das Umschalten zwischen seriellem und parallelem Betriebsmodus wird dabei durch eine Trennkupplung realisiert.

Bei Volllastanforderung durch den Fahrer ist es außerdem möglich, die volle Leistung der Batterie über Elektromotor und Generator für Antriebszwecke zu nutzen und mit der Leistung des Verbrennungsmotors zu einer Systemleistung von 125 kW zu kombinieren.

Der Chevrolet Volt wird seit Mitte 2010 in den USA angeboten, in Europa wird das gleiche Konzept als Opel Ampera seit Anf. 2012 verkauft. Eine 16 kWh Lithium-Ionen Batterie ermöglicht hierbei eine nach EPA (Environmental Protection Agency) Vorschrift zertifizierte elektrische Reichweite von 35 Meilen. Für den Opel Ampera wird im NEFZ eine elektrische Reichweite von 40–80 km und ein Verbrauch von 1,2 l/100 km (27 g CO_2/km) angegeben. Der Triebstrang des Chevrolet Volt stellt einen seriell-leistungsverzweigten Mischhybriden dar (■ Abb. 4.72 und ■ Abb. 4.73).

Die wesentlichen Komponenten dabei sind:

- ein elektrischer Traktionsmotor mit einer Leistung von bis zu 111 kW und einem Drehmoment von bis zu 370 Nm,
- ein elektrischer Generator mit einer Leistung von bis zu 55 kW,
- ein 1,4 l 4-Zylinder Ottomotor mit einer Nennleistung von 63 kW,
- ein Planetenradsatz sowie drei hydraulisch betätigte Bremsen/Kupplungen.

Hiermit werden vier verschiedene Betriebsmodi realisiert.

1. Im ersten Modus treibt der elektrische Traktionsmotor bei niedrigen und mittleren Geschwindigkeiten über das Sonnenrad des Planetengetriebes das Fahrzeug an. Das Hohlrad des Planetengetriebes ist dabei durch die Bremse C1 am Gehäuse festgebremst, die Kupplung C2 trennt Generator und Ottomotor vom Planetengetriebe.
2. Bei E-Fahrt mit höheren Geschwindigkeiten, laut Hersteller > 70 Meilen pro Stunde (113 km/h), wird die Bremse C1 geöffnet, während die Kupplung C2 geschlossen wird. Kupplung C3 bleibt geöffnet und trennt damit den Verbrennungsmotor vom restlichen Triebstrang. Der Generator stellt nun über das Hohlrad eine variable Übersetzung für den Traktionsmotor ein, wodurch dieser bei niedrigeren Drehzahlen und somit im optimalen Wirkungsgradbereich arbeiten kann.
3. Bei Erreichen des minimalen Batterieladezustands ist ein Umschalten in den ladungserhaltenden Betriebsmodus erforderlich. Hierbei wird bei niedrigen Geschwindigkeiten ein rein serieller Betriebszustand hergestellt. Kupplung C3 wird dabei geschlossen und somit wird der Verbrennungsmotor mit dem Generator verbunden, der die Batterie lädt. Die Bremse C1 verbindet das Hohlrad mit dem Gehäuse, die Kupplung C2 ist geöffnet. Für Vortrieb sorgt in diesem Modus alleine der elektrische Traktionsmotor.
4. Bei höheren Geschwindigkeiten im ladungserhaltenden Betriebsmodus wird der rein serielle Betriebszustand aufgrund der hohen Leistungen, die die Wirkungsgradkette vom

■ **Abb. 4.72** Triebstrang des Chevrolet Volt [97]

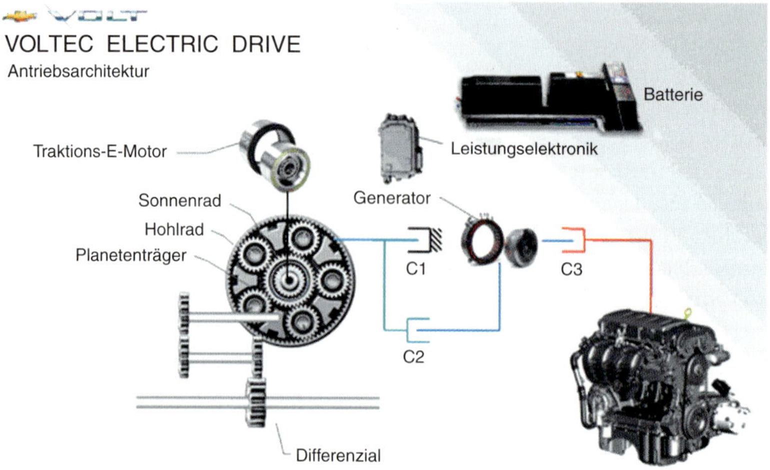

Abb. 4.73 Struktur des GM Voltec Triebstrangs im Chevrolet Volt [97]

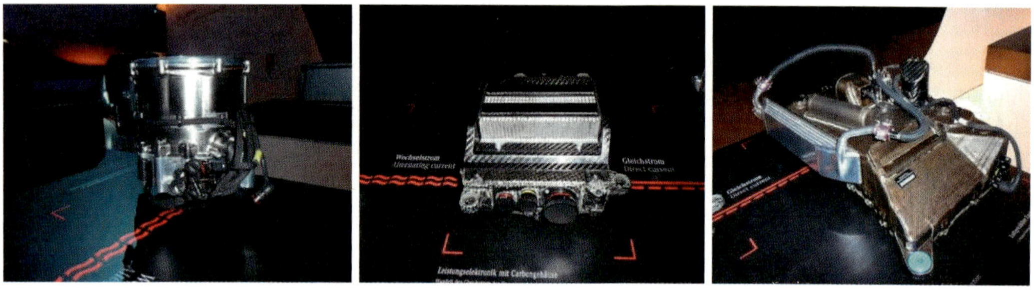

Abb. 4.74 E-Motor, Leistungselektronik und Lithium-Ionen HV-Batterie des Vodafone McLaren KERS

Verbrennungsmotor über den Generator zum elektrischen Traktionsmotor durchlaufen und der erhöhten Drehzahlen des E-Motors unwirtschaftlich. Deshalb wird zum erreichen eines mischhybridischen Betriebs die Bremse C1 gelöst und Kupplung C2 geschlossen. Dadurch wird eine Ausgangsleistungsverzweigung mit stufenlos variabler Übersetzung realisiert. GM verweist hierbei auf Verbrauchseinsparungen von bis zu 15 % im ladungserhaltenden Betriebsmodus durch die Realisierung der Ausgangsleistungsverzweigung bei höheren Geschwindigkeiten und hohen Lasten.

4.3.3.5 Hybrid Sportwagen

Auch im Rennsport kommt es vermehrt zum Einsatz von Hybridsystemen. Das 2009 in der Formel 1 eingeführte sogenannte KERS-System (Kinetic Energy Recovery System) wird in der Zwischenzeit von den meisten Rennställen eingesetzt.

Beim Vodafone McLaren Mercedes Rennstall bestand das KERS System in der Saison 2009 im Wesentlichen aus den in Abb. 4.74 abgebildeten Komponenten:

- Eine Lithium-Ionen HV Batterie zum Speichern eines Teils der bei Bremsvorgängen anfallenden Energie (bis zu 300 kJ)
- Eine Leistungselektronik zum Ansteuern des E-Motors
- Ein E-Motor (bis zu 60 kW) in Parallelhybrid P1 Anordnung (ab 2014 verdoppelt sich die zulässige Leistung auf 120 kW)

Die in der Batterie abgespeicherte Energie kann vom Fahrer z. B. bei Überholvorgängen abgerufen werden. Mit dem System wird eine Verbesserung der Rundenzeiten um 0,3 s bis 0,5 s erzielt.

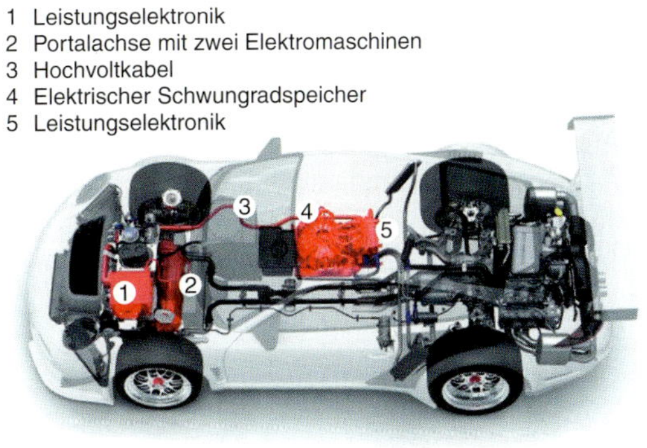

Abb. 4.75 Porsche GT3 R Hybrid Architektur (Quelle: Porsche)

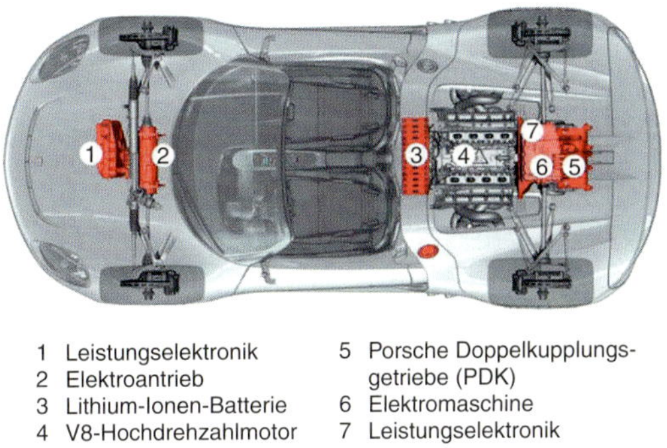

Abb. 4.76 Porsche 918 Spyder Architektur (Quelle: Porsche)

Mit dem Porsche GT3 R Hybrid (Abb. 4.75) wurde auf dem Genfer Automobilsalon 2010 ein Hybridsystem vorgestellt, das auf der Speicherung von Bremsenergie in einem Schwungrad statt in einer Batterie beruht. Damit unterscheidet es sich deutlich von den bisher vorgestellten Hybridsystemen.

Das Schwungrad speichert in seinem Rotor, der mit bis zu 40.000 Umdrehungen/min rotiert, die Energie in mechanischer Form. Der Fahrer kann diese Energie bei Bedarf abrufen. Dabei wird der Rotor elektromechanisch gebremst. Aus seiner Bewegungsenergie können dann bis zu 120 kW elektrische Leistung für wenige Sekunden gewonnen werden.

Zwei Elektromotoren mit jeweils 60 kW an der Vorderachse ergänzen dann den verbrennungsmotorischen Hinterachsantrieb. Bei Bremsvorgängen

Abb. 4.77 Antrieb des Fisker Karma [Quelle: Fisker]

wird der Schwungradspeicher dann in umgekehrter Weise aufgeladen.

Der Porsche GT3 R Hybrid wurde als Rennfahrzeug beim 24-Stunden-Rennen auf der Nordschleife des Nürburgrings im Mai 2010 zum ersten Mal eingesetzt.

Neben Fahrzeugen, die rein für die Rennstrecke gedacht sind, lässt sich auch bei Sportwagen für öffentliche Straßen ein Trend zur Hybridisierung erkennen.

Sportwagen haben durch hohe installierte Leistungen einen hohen Verbrauch und stehen deshalb in der öffentlichen Kritik. Eine Hybridisierung trägt zur Sozialisierung des Sportwagensegments bei, da sie den Kraftstoffverbrauch senkt. Gleichzeitig lässt sich eine Leistungssteigerung erzielen.

Ebenfalls auf dem Genfer Automobilsalon 2010 wurde der Porsche 918 Spyder Plug-In Hybrid (Abb. 4.76) vorgestellt. Ab Ende 2013 soll dieses Modell in limitierter Stückzahl verfügbar sein.

Eine Plug-In Batterie soll hierbei eine elektrische Reichweite von 25 km ermöglichen. Den Antrieb ermöglichen dann eine E-Maschine an der Vorderachse und eine in das Getriebe integrierte E-Maschine mit einer kombinierten Leistung von 160 kW.

Eine ähnliche Anordnung der Antriebskomponenten findet man beim BMW i8 Concept, der bereits auf der IAA in Frankfurt 2009 als Vision Efficient Dynamics vorgestellt wurde. Der Sportwagen, der 2014 auf den Markt kommt, verfügt ebenfalls über einen Elektromotor an der Vorderachse (125 kW) und ein Doppelkupplungsgetriebe mit integrierter E-Maschine. Als Verbrennungsmotor dient ein 3-Zylinder mit 164 kW.

Im Fisker »KARMA« Sportwagen finden wir den sonst eher seltenen seriellen Hybridantrieb (◘ Abb. 4.77). Der Verbrennungsmotor hat keine mechanische Verbindung zu den Rädern. Stattdessen treiben 2 Elektromotoren mit je 150 kW die Hinterachse an. Durch die somit fehlende Kardanwelle im Mitteltunnel wird dieser frei für die Aufnahme der länglichen Lithium-Ionen Batterie (Eisen Phosphat Typ) mit einer Kapazität von 20 kWh und max. 200 kW Leistung. Während der Fahrt erzeugt ein 2 l-4 Zylinder Turbo-Direkteinspritzer-Ottomotor mit max. 190 kW elektrische Energie über einen direkt angeflanschten Generator. Die elektrische Leistung wird entweder direkt dem Fahrantrieb zugeführt, oder aber in der Batterie zwischengespeichert. Über ein Ladegerät kann sie auch je nach Netzanschlusskapazität in 6 bis 14 Stunden extern aufgeladen werden (Plug-In).

4.3.3.6 Antriebskomponenten aus Hybridsicht

4.3.3.6.1 Wärmekraftmaschinen

Die Anbindung der Wärmekraftmaschine an das Rad variiert bei den Hybriden von der konventionellen Anordnung mit Getriebe beim Parallelhybriden bis zur totalen mechanischen Entkopplung beim seriellen Hybriden.

Die heute am Markt befindlichen Hybrid-PKW basieren mit Ausnahme vom Mercedes E 300 BlueTEC HYBRID und dem Peugeot 3008 Hybrid4 auf Ottomotoren. Für den Ottomotor sprechen die größere Verbreitung auf den Weltmärkten, das höhere Hybrid-Einsparpotenzial und die geringeren Kosten. Diesel-Hybride erzielen hingegen bedingt durch ihren geringeren Absolutverbrauch Spitzenwerte bei der Zertifizierung.

Die Vorteile einer Hybridisierung sind jedoch bei allen Motorenarten und Kraftstoffen vorhanden, wenn auch in unterschiedlicher Ausprägung.

Die Möglichkeit, mit dem Elektromotor beim Beschleunigen zu unterstützen, kann dazu genutzt werden, die Verbrennungsmotoren kleiner auszulegen als bei konventionellen Antrieben oder besondere Verfahren wie z. B. das Miller- oder Atkinson-Verfahren anzuwenden, die den Wirkungsgrad steigern aber die Leistung reduzieren. Bei Hybriden mit fester Anbindung der E-Maschine an die Kurbelwelle sind schleppleistungsreduzierende Maßnahmen besonders interessant, weil damit das Rekuperationspotenzial über die E-Maschine gesteigert werden kann. Bei seriellen Hybriden im Forschungsstadium findet man die größte Bandbreite von Energiewandlern vom kompakten Wankelmotor oder, wo die Dynamik der Wärmekraftmaschine von untergeordneter Bedeutung ist, auch Gasturbinen und Stirlingmotoren. Auch eine Brennstoffzelle als Stromerzeuger lässt sich leicht in die Systemwelt eines Hybriden einfügen.

4.3.3.6.2 Batterie

Bei der Batterie muss man zwischen zwei verschiedenen Auslegungen unterscheiden: Werden größere emissionsfreie Reichweiten gewünscht, so kommen Hochenergie-Batterien zum Einsatz mit den gleichen Problemen bzgl. Gewicht, Packaging und Kosten wie beim Elektrofahrzeug. (siehe ► Abschn. 4.3.1) Im anderen Fall dient die Batterie nur als Leistungspuffer zur Bremsenergierückgewinnung und Beschleunigungsunterstützung.

Betrachtet man die elektrischen oder elektromechanischen Energiespeicher in einem Vergleich der Energiedichte über Leistungsdichte (◘ Abb. 4.78), so drängt sich zunächst der Gedanke an Superkondensatoren oder Schwungräder auf. Wegen der geringen Energiedichte ergibt sich bei dem benötigten Energieinhalt für die Superkondensatoren jedoch ein relativ großer Bauraum- und Gewichtsbedarf und hohe Kosten. Man findet deshalb auch Vorschläge für Kombinationen aus Batterien und Superkondensatoren. Das Problem dabei ist die deutlich höhere Abhängigkeit der Spannung vom Ladezustand bei Superkondensatoren gegenüber Batterien, wodurch entweder nur ein kleiner Teil des Energieinhalts ausgenutzt werden kann oder zusätzliche Spannungswandler erforderlich werden.

Für Schwungräder in einer automobilen Anwendung sind die Entwicklungsaufgaben hinsichtlich Betriebssicherheit, Crashverhalten, Dauerverlusten, Packaging und Kosten in Summe noch nicht befriedigend gelöst.

Blei-Batterien haben für die beschriebenen Hybridanwendungen unzureichende Eigenschaften. Die hohen Energieumsätze bei teilentladenem

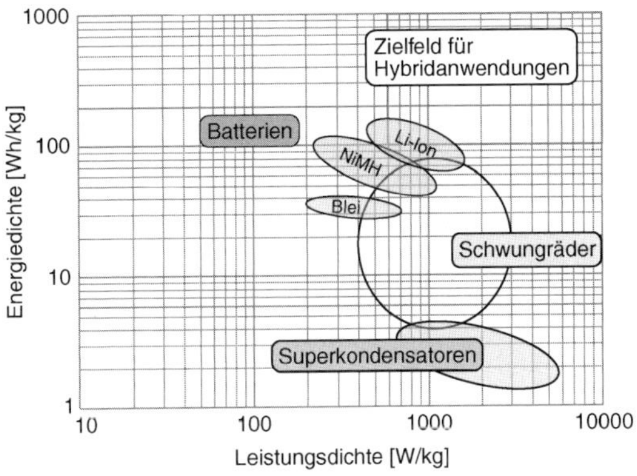

Abb. 4.78 Energie und Leistung von Energiespeichern

Zustand führen zu geringen Lebensdauern. Bei Ladezuständen > 50–60 % muss die Ladeleistung drastisch reduziert werden, da sonst die Gasungsspannung überschritten wird. Bleibatterien sind andererseits sehr kostengünstig.

Die alkalischen Akkumulatoren (Nickel/Cadmium und Nickel/Metallhydrid) bieten von Hause aus hohe Leistungsfähigkeit auch noch bei relativ niedrigen Ladezuständen. Diese Aussage gilt ebenso für schnelles Laden bei hohen Ladezuständen, z. B. bei der Rekuperation. Das sind für die meisten Hybridanwendungen die entscheidenden Parameter. Alkalische Systeme haben bei den heutigen in Serie befindlichen Hybridfahrzeugen große Verbreitung. Wegen der Toxizität des Cadmiums, des Memory Effektes und der geringeren Lebensdauer kommen von den alkalischen Systemen jedoch heute ausschließlich Nickel/Metallhydrid-Batterien zum Einsatz.

Trotz höherer Kosten, lösen die Li-Ion Batterien aufgrund ihrer höheren Energie- und Leistungsdichte und damit kompakteren Abmessungen die Ni-Mh-Batterien in Hybrid- und Plug-In Fahrzeugen ab.

Wesentliche Auslegungsgrößen für eine Hybridbatterie sind die erforderliche Leistung und der Energieinhalt, deren Verhältnis auch den Zelltyp bestimmt. Die Wahl der Zellgröße und damit deren Anzahl bestimmt die Spannungslage, die unter Einbeziehung der Leistungselektronik, des E-Motors und der Verkabelung nach Kosten und Funktion optimiert werden kann. Weitere wichtige Batteriekriterien sind das Temperaturverhalten, die Recyclingfähigkeit und das Verhalten der Batterie bei Betriebsstörungen und Unfällen.

Um die einwandfreie Funktion der Batterie zu gewährleisten, werden die Batterien mit einem eigenen Steuergerät ausgerüstet, häufig als Batteriemanagementsystem bezeichnet. Dessen typische Funktionen sind die laufende Überwachung des Batterieladezustandes, der Ströme, Spannungen und Temperaturen. Das Batteriemanagementsystem steuert häufig auch die Batteriekühlung und schützt die Batterie vor Missbrauch.

4.3.3.6.3 Getriebe

Alle heute bekannten Getriebetypen können mit ausgesuchten Hybridkonzepten kombiniert werden. Spezielle Hybridgetriebe, z. B. mit Leistungsverzweigung, können die herkömmlichen Getriebe aber auch gänzlich ersetzen. Auch beim seriellen Hybriden wird kein herkömmliches Getriebe mehr benötigt.

Durch eine Anfahrunterstützung mittels E-Motor können die Anfahrelemente Kupplung oder Wandler vereinfacht oder gänzlich ersetzt werden.

Grundsätzlich empfiehlt sich zur Entlastung des Fahrers, die Schaltungen sowie das Zu- und Abkuppeln von Maschinen zu automatisieren.

4.3.3.6.4 Elektromaschinen und Leistungselektronik

Bezüglich der Grundlagen zu elektrischen Antrieben verweisen wir auf das Kapitel »Elektroauto«. Beim Hybridantrieb sind die Maschinen i. d. R. im Antrieb integriert, wodurch das erzielbare Moment im zur Verfügung stehenden Bauraum die ausschlaggebende Größe für die Maschinenauswahl wird. Deshalb haben sich in heutigen Hybridanwendungen permanent erregte Synchronmaschinen durchgesetzt. Auch bei der Leistungselektronik steht die Fahrzeugintegration im Vordergrund: So liegt die spezifische Leistung heute bei ca. 25 kW/l und damit um den Faktor 10 höher als bei der ersten Markteinführung von Hybridfahrzeugen. Der Fokus liegt hierbei auf der Entwicklung der Leistungshalbleiter und natürlich deren Packaging und Kühlung. Für mittlere Leistungen und bis ca. 200 V haben sich Metal Oxide Semiconductor Feldeffekttransistoren (MOSFETs) etabliert.

Insulated-GateBipolar Transistoren (IGBTs) werden bevorzugt für mittlere und hohe Leistungen im Spannungsbereich > 200 V eingesetzt. IGBTs bieten noch Entwicklungspotenzial in der Leistungsdichte, z. B. durch reduzierte Verlustleistung auf Grund verbesserter Dünnwafertechnologie. So soll die 6. Generation IGBT von Infineon trotz verbesserter Leistungsdaten gegenüber der aktuellen 5. Generation nur ca. 75 % der Chipfläche benötigen. Siliziumcarbid (SiC) Transistoren zeichnen sich durch sehr gute Wirkungsgrade und hohe thermische Belastbarkeit aus, was neue Perspektiven für die Integration der Leistungselektronik in der Nähe von Motor und Getriebe eröffnet. Die Technologie ist allerdings noch im Laborstadium. CarbonNanoTube (CNT) Transistoren lassen auf Grund der Materialeigenschaften sehr gute Leistungsdaten erwarten, sind aber noch in einem frühen Forschungsstadium.

Ein hohes Differenzierungspotenzial bzgl. Wirkungsgrad und funktionaler Kundenwahrnehmung liegt in der Regelungstechnik und der Betriebsstrategie der E-Antriebe. Hier gehen die Automobilhersteller z. T. eigene Wege.

4.3.3.7 Fahrzeugintegration

Eine große Herausforderung bzgl. einer Anwendung liegt in der Unterbringung der zusätzlichen Hybridkomponenten, welche sich besonders schwierig gestaltet, wenn das Zielfahrzeug auf konventionellen Antrieb ausgelegt wurde. Wird das Hybridfahrzeug auch rein elektrisch bei abgestelltem Verbrennungsmotor bewegt, so muss besonderes Augenmerk auf den Betrieb der normalerweise vom Verbrennungsmotor angetriebenen Nebenaggregate Lenkung, Unterdruckpumpe und Klimakompressor gelegt werden. Durch die zunehmende Einführung elektrischer Lenksysteme auf 12 V Basis auch bei konventionellen Fahrzeugen sind für das Lenkungsproblem Lösungen verfügbar. Mit der Verbreitung von Hybridfahrzeugen kamen auch elektrische Klimakompressoren für den Betrieb mit üblichen Traktionsspannungen von 100 bis 350 V auf den Markt. Auch muss das Zusammenspiel der Fahrzeugbremsanlage mit der Rekuperationsbremse sowie der Hybridtraktionskomponenten mit Sicherheitssystemen wie Anti-Blockier-System oder Fahrstabilitätsregelungen optimiert werden.

Zur Versorgung des 12 V Bordnetzes werden DC/DC Wandler eingesetzt, die die Energie aus dem Hochvoltnetz des Fahrzeugs zur Verfügung stellen. Bei korrekter Auslegung ist dieser Weg nicht nur energetisch günstiger, es können auch längere Verbrennungsmotor-Stopp-Zeiten überbrückt werden.

Zum Schutz der Insassen und empfindlicher elektronischer Systeme vor elektromagnetischen Wellen aus dem Antrieb muß auf die Kabelverlegung und geeignete Schirmungsmaßnahmen im Fahrzeug geachtet werden. Die hohe Spannung der Traktionskomponenten erfordert entsprechende Kennzeichnungen im Fahrzeug, geeignete Schulung von Werkstattpersonal sowie Sicherheitsabschaltungen bei unsachgemäßem Zugriff.

Das Thema Geräuschkomfort erhält beim Hybriden eine neue Dimension. Bei abgeschaltetem Verbrennungsmotor treten bislang nicht störende Hintergrundgeräusche stärker in den Vordergrund. Auch das Zu- und Abschalten des Verbrennungsmotors muss diesbezüglich komfortabel gelöst sein.

4.3.4 Stirlingmotor, Dampfmotor, Gasturbine und Schwungrad

4.3.4.1 Stirlingmotor

Der Stirlingmotor arbeitet mit kontinuierlicher äußerer Wärmezufuhr oder Verbrennung und äußerer Kühlung [117]. Ein Wärmetauscher überträgt die Wärme auf das Arbeitsgas (z. B. Helium) im Zylinder. Mithilfe eines Verdrängers wird das Arbeitsgas zwischen einem Raum mit konstant höherer Temperatur und einem Raum mit konstant niedrigerer Temperatur hin- und hergeschoben, wodurch der Innendruck periodisch schwankt. Die Druckschwankungen werden über einen Arbeitskolben und einen Kurbeltrieb in kinetische Energie umgesetzt. Ein Kühler entzieht dabei dem Stirlingmotor die abzuführende Wärme. Zur Steigerung des Wirkungsgrades ist zwischen dem heißen und dem kalten Raum ein Regenerator angeordnet [118] (vgl. ▫ Abb. 4.79).

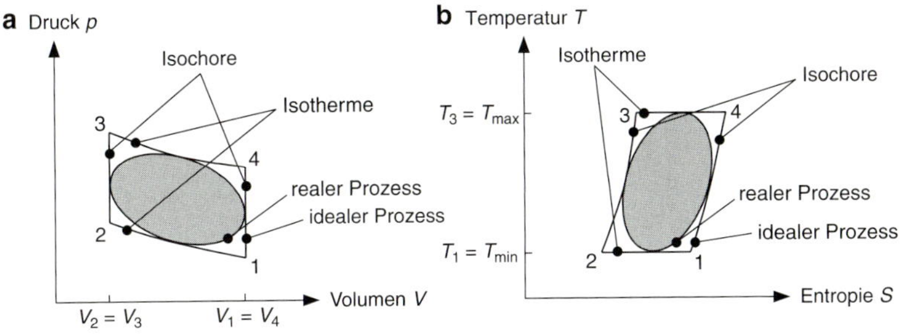

Abb. 4.79 Kreisprozess im Stirlingsmotor: **a** *p*-*V*-Diagramm, **b** *T*-*S*-Diagramm

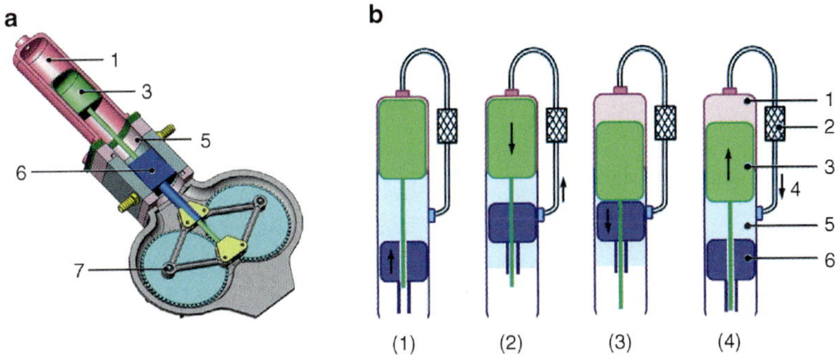

Abb. 4.80 Stirlingmotor: **a** Axialer Aufbau, **b** Funktionsprinzip
1: heißer Raum; 2: Regenrator (am Umfang); 3: Verdrängerkolben; 4: Luftbewegung; 5: kalter Raum; 6: Arbeitskolben; 7: Kurbeltrieb. Die Kolbenstellungen (1), (2), (3) und (4) entsprechen den Diagrammeckpunkten des Stirling-Vergeleichsprozesses im *p*-*V*- und *T*-*S*-Diagramm (vgl. Abb. 4.79)

Der ideale Zyklus des Stirlingprozesses (geschlossener Kreisprozess mit kontinuierlicher Wärmezufuhr) ist durch zwei Isothermen und zwei Isochoren beschreibbar. In Abb. 4.80 ist der ideale Kreisprozess des Stirlingmotors als p-V- und T-S-Diagramm dargestellt, wobei p den Druck, V das Volumen, T die Temperatur und S die Entropie bezeichnet. Beim Motorprozess wird der Zyklus rechtsläufig und bei der Kältemaschine und bei der Wärmepumpe linksläufig realisiert.

Die Einzelschritte des idealen Kreisprozesses sind:

Von 1 nach 2, isotherme Kompression: Das Arbeitsgas wird nach der adiabaten Verdichtung in einem Kühler auf seine Anfangstemperatur gekühlt, wobei die Wärme an die Umgebung oder an ein aufzuheizendes Medium abgegeben wird.

Von 2 nach 3, isochore Wärmeaufnahme: In einem Regenerator wird Wärme aufgenommen.

Von 3 nach 4, isotherme Expansion: Das Arbeitsgas wird nach adiabater Expansion im Erhitzer auf den Ausgangszustand erhitzt, wobei eine Zufuhr von Wärme durch eine äußere, kontinuierliche Verbrennung notwendig ist. In diesem Teilschritt wird die kinetische Energie abgegeben.

Von 4 nach 1, isochore Wärmeabfuhr: Im Regenerator wird Wärme abgegeben.

Der Wirkungsgrad η des idealen Kreisprozesses ist gleich dem Carnot-Wirkungsgrad, d. h.:

$$\eta = 1 - T_1/T_3 = 1 - T_{min}/T_{max}.$$

(Abb. 4.80).

Als Arbeitsmedium für den geschlossenen Kreisprozess werden fast ausschließlich Gase wie Wasserstoff, Helium, Stickstoff und Luft verwendet. An das Arbeitsmedium werden die Anforderungen wie hohe spezifische Wärmekapazität, niedrige Dichte, niedrige Viskosität und hohe Wärmeleitfähigkeit gestellt. Gut geeignet sind Helium und Wasserstoff. Der mittlere Prozessdruck, der für eine optimale Leistungsdichte möglichst hoch gewählt werden sollte, beträgt in der Praxis zwischen 2 und 20 MPa [119].

In der Praxis ergeben sich folgende Abweichungen vom idealen Stirlingprozess [120]: Im Abb. 4.80 sieht man den idealen Zyklus des Stirlingprozesses. Die Verwirklichung des Stirlingprozesses setzt ideale, diskontinuierliche Kolbenbewegung voraus. Dieses ist beim Einsatz realer kinematischer Triebwerke nicht möglich. Des Weiteren ist ein Totraum durch Wärmeübertrager und Überströmleitungen nicht zu vermeiden. Dabei kann das Wärmeübertragervolumen in keinem Fall zu null werden. Die Wärmezufuhr und Wärmeabfuhr erfolgt nicht nur wie gewünscht über die Zylinderwände, sondern es tritt auch eine schwer vermeidbare, schädliche und direkte Wärmeleitung zwischen heißem und kaltem Raum auf, die nicht zur Erzeugung kinetischer Energie beiträgt. Auch der Wärmeübertrager arbeitet nicht ideal, da seine Temperatur räumlich und zeitlich nicht konstant ist.

Die Anzahl der gebräuchlichsten Bauarten von Stirlingmaschinen als Antriebsmaschinen sind vielfältig und werden in der weiteren Fachliteratur ausführlicher beschrieben (vgl. [121]).

Ein meist mechanisches Triebwerk wandelt die lineare Kolbenbewegung in eine Drehbewegung um. Es werden u. a. Kurbel-, Rhomben- und Schiefscheibentriebwerke unterschieden, aber auch Triebwerke mit hydrostatischen Verdrängern und Kolben sind bekannt [121]. Die Bauweise als Rotationskolbenmaschinen wird bei Stirlingmotoren ebenfalls angewendet. Gemeinsames Kennzeichen ist, dass die Bewegungen von Arbeitskolben und Verdrängern gekoppelt ablaufen. Moderne Motoren arbeiten als doppelt wirkende Motoren mit mehreren Zylindern mit geeigneter Phasenverschiebung.

Vorteile des Stirlingmotors gegenüber Motoren mit innerer Verbrennung [122] ergeben sich aufgrund der kontinuierlichen äußeren Verbrennung. Es sind beliebige Wärmequellen oder Treibstoffe nutzbar. Es können sehr niedrige Emissionen aller limitierten Schadstoffe HC, CO, NO_X, erreicht werden, insbesondere bei Verwendung von katalytischen Brennkammern. Stirlingmotoren haben einen hohen Wirkungsgrad im Bestpunkt, mit Hubraumregelung können sie auch gute Teillastwirkungsgrade erreichen [123]. Gegenüber Motoren mit innerer Verbrennung haben sie eine für Fahrzeugantriebe besonders günstige Drehzahl-Drehmoment-Charakteristik, da sie vom im Stillstand an Drehmoment erzeugen können und kein Starter erforderlich ist. Vorteilhaft ist auch ihr Vibrations- und Geräuschverhalten [124].

Nachteile im Vergleich zu Verbrennungsmotoren mit innerer Verbrennung sind u.a. ein langsameres Drehmoment-Ansprechverhalten (außer bei Stirlingmotoren mit Hubraumregelung), da die zur Drehmomenterhöhung erforderliche Zunahme der Wärmezufuhr infolge von Wärmekapazitäten nicht beliebig schnell erfolgen kann; auch bei einem Kaltstart muss erst vorgeheizt werden [123]. Der Bauraumbedarf der Stirlingmotoren ist wegen der Wärmetauscher recht groß, die Fertigungskosten sind wegen der aufwändigen Bauweise auch bei einer Serienfertigung höher als bei Motoren mit innerer Verbrennung [124].

Tabelle 4.15 Kennwerte von Stirlingmotoren

Kennwert	Zahlenwert	Einheit
Spezifische Leistung	100–500	W/kg
Leistungsdichte	50–500	W/l
Wirkungsgrad Teillast	30	%
Wirkungsgrad Bestpunkt	40	%
Kosten	50–1500	€/kW
Lebensdauer (Betrieb)	> 11000	h

4.3.4.1.1 Kennwerte von Stirlingmotoren

Tabelle 4.15 gibt einen Überblick über den Bereich der Kennwerte heutiger Stirlingmotoren. Wegen der vielfältigen Bauarten und Anwendungen können die spezifischen Leistungsgrößen und die Kosten sehr unterschiedlich sein (vgl. [125–127]).

4.3.4.2 Dampfmotor

Stirlingmotor und Dampfmotor arbeiten mit äußerer Wärmezufuhr (Verbrennung), während das Arbeitsmedium in einem inneren geschlossenen Kreislauf geführt wird. Gegenüber dem Stirlingmotor, der als Arbeitsmedium verschiedene Gase hat, arbeitet der Dampfmotor mit Wasser oder organischen Flüssigkeiten (z. B. Pyridin). In einem Kraftfahrzeug ist bei der Wahl des Arbeitsmediums auch dessen Wintertauglichkeit, seine Toxizität, seine Gefährlichkeit (z. B. Brennbarkeit) und seine Umweltverträglichkeit zu beachten [128]. Der Wärmeübergang zum und vom Medium findet hier nicht im Motor selbst statt (wie beim Stirlingmotor), sondern in einem Dampferzeuger, einem Überhitzer und einem Kondensator. Die Wärmeerzeugung erfolgt wie beim Stirlingmotor mit einem Brenner, so dass auch hier geringe Emissionswerte erreicht werden. Ein mit Dampfmotor ausgerüsteter Pkw ist in der Lage, ohne zusätzlich Abgasnachbehandlung die höchsten Emissionsanforderungen zu erfüllen [129].

Fahrzeugantriebe mit Dampfmotoren kommen ohne Kupplung und Getriebe aus, da diese Motorart wie auch der Stirlingmotor bereits im Stillstand ein hohes Drehmoment entwickeln kann. Schon vor über hundert Jahren ist daher dieser zum Fahrzeugantrieb wegen seiner Drehmoment-Drehzahl-Charakteristik besonders gut geeignete Motor auch in Pkw eingesetzt worden. Es gibt auch aktuelle Fahrzeugprototypen mit Dampfmotor, jedoch keine Serienanwendungen. In neuerer Zeit stellte ein automobiltechnisches Forschungs- und Entwicklungsunternehmen erneut einen Pkw mit Dampfmotor vor (siehe ◘ Abb. 4.81).

◘ Abbildung 4.82 zeigt einen Schnitt durch einen modernen Dampfmotor inkl. Brenner und Dampferzeugungsanlage.

Die Übertragung der kinetischen Energie erfolgt in einer Kolbenmaschine mit geschlossenen Prozesszyklus mittels Phasenumwandlungen des Arbeitsmediums (z. B. Rankine-Prozess). Prozessbedingt ist der Volllastwirkungsgrad des Dampfmotors im Vergleich zu dem des Dieselmotors mit Direkteinspritzung etwas geringer. Durch den günstigeren Wirkungsgrad im Teillastbereich ergibt sich aber sowohl im normalen Fahrbetrieb, als auch z. B. nach dem **N**euen **E**uropäischen **F**ahr**z**yklus (NEFZ) ein äußerst niedriger Kraftstoffverbrauch [130].

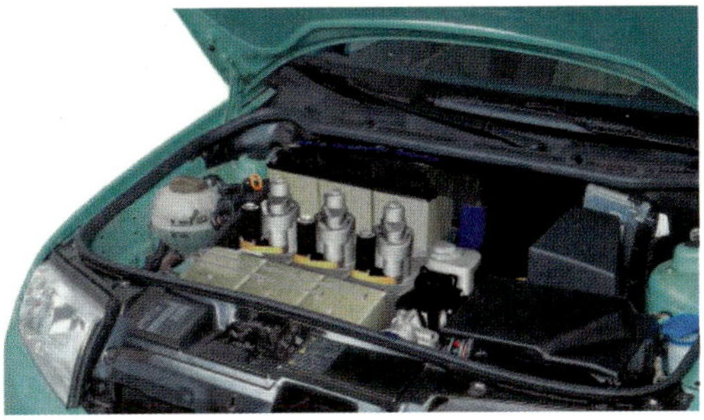

◘ **Abb. 4.81** Dreizylinder Dampfmotor im Motorraum eines Pkw (IAV GmbH)

◘ **Tabelle 4.16** Kennwerte von Gasturbinen

Kennwert	Zahlenwert	Einheit
Spezifische Leistung	300–500	W/kg
Leistungsdichte	200–400	W/l
Wirkungsgrad Teillast	10–15	%
Wirkungsgrad Bestpunkt	25–40	%
Kosten	15–25	€/kW
Lebensdauer (Betrieb)	2000–4000	h

Die weiteren Vor- und Nachteile entsprechen etwa denen des Stirlingmotors, wobei der Dampfmotor das Potenzial hat, deutlich kompakter gebaut werden zu können. Trotz einiger Vorteile haben sich Dampf- und Stirlingmotoren jedoch nie gegen die Verbrennungsmotoren mit innerer Verbrennung durchsetzen können. Die Gründe hierfür sind in einigen Nachteilen bei der Anwendung, wie z. B. der Vorheizzeit bis zur Betriebsbereitschaft nach einem Kaltstart und dem langsamen Ansprechen beim Beschleunigen zu sehen.

4.3.4.3 Gasturbine

Die Gasturbine ist eine Verbrennungskraftmaschine mit kontinuierlicher innerer Verbrennung [145]. Die für die Oxidation des Brennstoffes benötigte Luft durchläuft die einzelnen Zustandsänderungen des offenen Kreisprozesses in voneinander

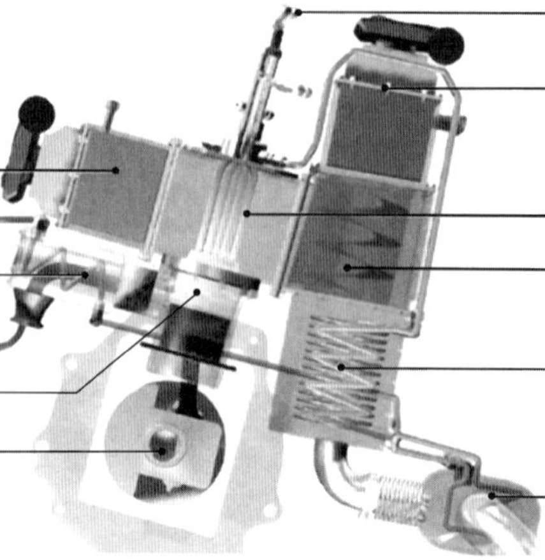

Abb. 4.82 Schnitt durch einen Dampfmotor inkl. Brenner und Dampferzeugungsanlage (IAV GmbH)

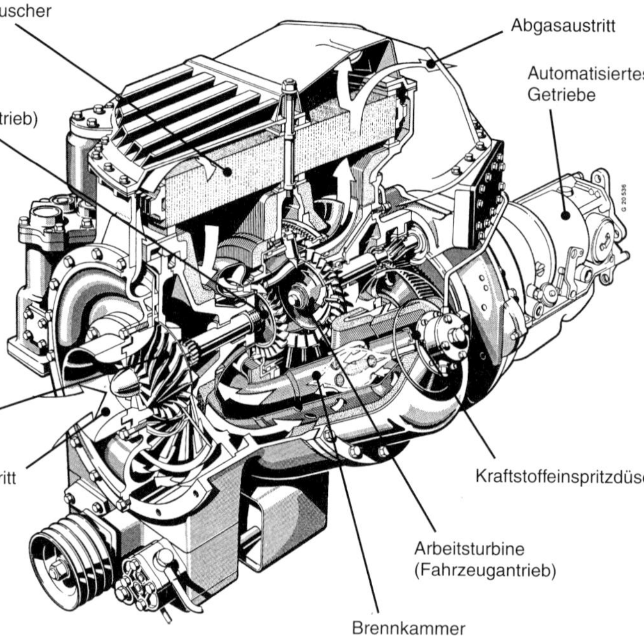

Abb. 4.83 Gasturbine für den Pkw-Einsatz (Daimler-Benz Forschung)

räumlich getrennten Bauteilen wie Verdichter, Brennkammer, Turbine(n), die durch Diffusoren oder Spiralen miteinander verbunden sind, Tab. 4.16.

In einer Gasturbine wird die kontinuierlich durch einen Filter und einen Schalldämpfer angesaugte Frischluft mit Atmosphärendruck in einem Radial- oder Axialverdichter auf den Arbeitsdruck komprimiert, anschließend in einem Wärmetauscher vorgewärmt und in eine Brennkammer geleitet. In diese wird kontinuierlich gasförmiger oder flüssiger Brennstoff eingespritzt und durch eine Initialzündung mit einem Teil des Luftstromes gezündet. Durch Zumischen der restlichen Luft kühlen sich die Verbrennungsgase auf etwa 1300 K am Turbineneintritt ab. Sie geben ihre Energie über ein bis drei Turbinenstufen ab, die auf einer gemeinsamen Welle oder auf getrennten Wellen angeordnet sein können. Das Gasgemisch expandiert in der Turbine, die mit einem Teil der Leistung den Verdichter antreibt und den Rest als Nutzleistung an der Welle abgibt. Die restlichen bei der Verbrennung entstandenen heißen Gase durchströmen den Wärmetauscher und liefern so die Energie für die Vorerhitzung der Ansaugluft. Die sehr hohe Drehzahl der Arbeitsturbine wird über eine starke Untersetzung (Reduziergetriebe) auf die übliche Getriebeeingangsdrehzahl herabgesetzt [131]. Die Verdichterturbine wird auch genutzt, um Hilfsaggregate wie Lichtmaschine oder Hydraulikpumpen anzutreiben. Wegen ihrer hohen Arbeitsdrehzahl haben Gasturbinen, bezogen auf die ihre Leistung, ein sehr geringes Gewicht.

Die Bauarten für Gasturbinen für den Einsatz in Kraftfahrzeugen unterscheiden sich in der Anzahl der Wellen und der Einzelaggregate wie Wärmetauscher, Zwischenkühler oder Zwischenverbrennungseinheit zur Verbesserung des thermischen Wirkungsgrades [119].

Bei der Einwellen-Gasturbine sind Verdichter und Nutzturbine auf einer Welle angeordnet. Diese einfache Bauweise weist einen für Kraftfahrzeuge ungünstigen Drehmoment-Drehzahlverlauf beim Anfahren auf, da die Verdichterdrehzahl zu jedem Zeitpunkt gleich der Drehzahl der Abtriebswelle ist. Unproblematisch ist dieses Drehmomentenverhalten jedoch bei einem seriellen Hybrid, bei dem die Gasturbine direkt einen Generator antreibt [132].

Bei der Zweiwellen-Gasturbine (vgl. ■ Abb. 4.83) sind Gaserzeugerwelle (mit Verdichter, Verdichterturbine und Hilfsgetriebe) und Abtriebswelle mit Nutzturbine mechanisch voneinander entkoppelt. Der Drehmomentenverlauf der Zweiwellengasturbine ist deutlich günstiger und für den direkten mechanischen Fahrzeugantrieb besser geeignet als der einer Einwellen-Gasturbine. Um den Kraftstoffverbrauch bei Fahrzeuggasturbinen im Teillast- und Leerlaufverbrauch zu verringern sowie das Beschleunigungsverhalten zu verbessern, erfolgt die Lastregelung über die Regelung der Arbeitsgastemperatur oder über verstellbare Leitschaufeln an Turbine und Verdichter.

Bei der Dreiwellen-Gasturbine ist die Kompression zweistufig mit einer Zwischenkühlung und zwischen den Turbinenstufen ist eine zweite Verbrennung vorgesehen, wodurch die Verbrauchscharakteristik mit höherem Bauaufwand und größerer Komplexität weiter verbessert werden kann.

Als Brennstoffe für Gasturbinen im Fahrzeug kommen Diesel- oder Otto-Kraftstoffe, aber auch alternative Kohlenwasserstoffe, Erd- und Kohlegase oder sogar Kohlenstaub in Frage. Der Verbrennungsvorgang erfolgt kontinuierlich mit hohem Luftüberschuss und wird durch Beimischen von kalter Luft bei Eintritt in die Brennkammer der Gasturbine so geführt, dass die Verbrennungstemperaturen mit 1300 K niedriger liegen als die Spitzentemperaturen von Verbrennung. Das hat zur Folge, dass der Treibstoffverbrauch des kontinuierlichen Prozesses der Verbrennung in bisher für den Einsatz in Fahrzeugen verfügbaren Gasturbinen zwar höher ist als die von herkömmlichen Verbrennungsmotoren, die erreichbaren CO-, HC- und mit Einschränkung auch die NO_x-Emissionen aber deutlich darunter liegen.

Bei einem Gasturbinenantrieb für Pkw (■ Abb. 4.83) oder Lkw stehen den günstigen Emissionswerten und Vorteilen wie Vielstofffähigkeit, günstige Drehmomentcharakteristik, geringe Vibrationen, lange Wartungsintervalle ein deutlich höherer Kraftstoffverbrauch, die für gute Wirkungsgrade erforderlichen großen Wärmetauscher, für den Serieneinsatz im Fahrzeug noch nicht wirtschaftlich verfügbare Materialien für Bauteile der Brennkammern (hochtemperaturfeste Keramiken wie Si_3N_4, SiC, Glaskeramiken), eingeschränkte Eignung für kleinere Baugrößen sowie ein schlechteres Ansprechverhalten als Nachteile gegenüber. Der Haupteinsatzbereich liegt heute daher überwiegend bei großen Militärfahrzeugen [133].

4.3.4.4 Schwungrad

Ein Schwungrad ist ein mechanischer Energiespeicher, mit dem Energie als kinetische Energie (Bewegungsenergie) einer rotierenden Masse übertragen werden kann. Häufig werden Schwungräder zum Ausgleich von kurzzeitigen Lastschwankungen, zur Erzielung hoher Leistungsspitzen und zur Überbrückung von Leistungsunterbrechungen verwendet. Es kann auch zur Speicherung von Energie ähnlich einem elektrischen Kondensator oder einer elektrochemischen Batterie eingesetzt werden.

In Fahrzeugen kann mit einem Schwungrad (Energiespeicher) die nicht genutzte kinetische Energie beim Abbremsen des Fahrzeuges zurückgewinnen. Bei einem regenerativen Bremsvorgang wird die kinetische Energie auf ein oder mehrere Schwungräder übertragen und so gespeichert. Diese gespeicherte Energie kann während eines Beschleunigungsvorgangs wieder auf das Fahrzeug übertragen werden [134].

Die im Schwungrad gespeicherte Energie W lässt sich aus dem Massenträgheitsmoment J und der Winkelgeschwindigkeit ω des Schwungrades zu $W = 1/2\ J\omega^2$ berechnen. Das Massenträgheitsmoment J ist dabei proportional zur Masse und zu dem Quadrat ihres Abstandes r von der Drehachse. Je nach radialer Massenverteilung muss dabei ein Formfaktor K_f berücksichtigt werden. Der Wert des Formfaktors K_f liegt, jeweils bezogen auf den gleichen Außendurchmesser, z. B. bei einem dünnen Kreisring bei 1, bei einer gelochten Kreisscheibe bei der der Innendurchmesser halb so groß ist wie der Außendurchmesser bei 0,75 und bei einem massiven Zylinder bei 0,5. Die je Masseneinheit maximal speicherbare Energie, auch massespezifische Energiedichte des Schwungrades genannt, wird durch das Verhältnis von Zugfestigkeit σ zu Dichte ϱ des verwendeten Materials und durch den Formfaktor K_f beschrieben. Aus der massespezifischen Energie (W/m, dabei sind W = Energie und m = Masse des Schwungrads) kann aber auch das Quadrat der maximalen Umfangsgeschwindigkeit v_{max} berechnet werden:

$$W/m = K_f\sigma/\varrho = 1/2\ K_f v_{max}^2.$$

Hohe spezifische Energiedichten lassen sich also mit hoher Zugfestigkeit und kleiner Dichte des Materials und weitgehender Konzentration der Masse am Umfang des Schwungrades realisieren. Als Kenngröße für die Leistungsfähigkeit eines Schwungrades kann auch die maximale Umfangsgeschwindigkeit angegeben werden [135].

Schwungradspeicher werden im Betrieb nicht ganz entladen, da bei niedrigen Drehzahlen nur noch kleine Leistungen übertragen werden können. Mit der minimalen Winkelgeschwindigkeit

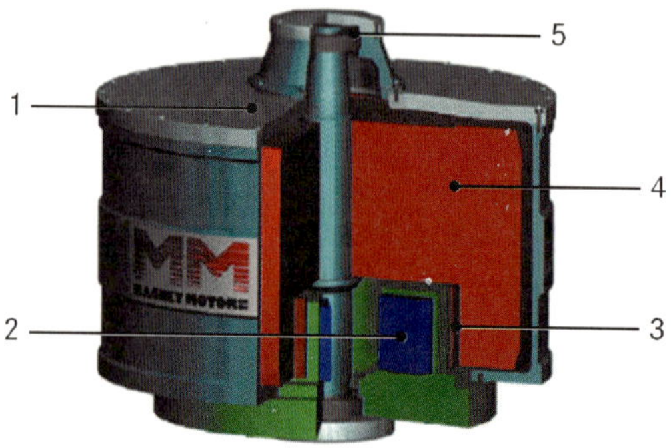

Abb. 4.84 Elektrodynamischer Schwungradspeicher mit permanenterregtem Synchronmotor und vakuumdichtem Schutzgehäuse (Magnet Motor Starnberg): 1: Schutzgehäuse; 2: Permanenterregter Synchronmotor (Stator); 3: Rotor innerhalb des Schwungrades; 4: Karbonfaser-Epoxidharz-Wickelkörper; 5: Präzisionskugellager

ω_{min} und der maximalen Winkelgeschwindigkeit ω_{max} ergibt sich der technisch nutzbare Energieinhalt des Schwungrades zu

$$W = 1/2\ J(\omega_{max}^2 - \omega_{min}^2).$$

Liegt die minimale Drehzahl bei der Hälfte der Maximaldrehzahl, kann dreiviertel der insgesamt speicherbaren Energie technisch genutzt werden [136].

Ein Schwungradspeichersystem besteht aus dem Rotor, dem Gehäuse, den Lagern und einer Energieübertragungseinrichtung zur Kopplung mit dem Fahrzeugantrieb. Die nutzbare Leistung des Schwungrades hängt, unabhängig von der speicherbaren Energie, nur von der Leistungsfähigkeit dieser Übertragungseinrichtung ab. Beim Schwungradspeicher sind also, anders als bei den meisten anderen Energiespeichern, speicherbare Energie und zu- bzw. abführbare Leistung unabhängig voneinander. Die Speicherzeitkonstante, definiert als Verhältnis der Maximalwerte von Leistung und Energie, kann also besonders gut an die Anforderungen angepasst werden kann [137].

Die Energieübertragung kann sowohl mechanisch mit einem stufenlosen Getriebe (CVT) als auch elektrisch mit einem elektromechanischen Energiewandler realisiert werden. Dieser wird heute häufig als umrichtergespeiste, permanenterregte Synchronmaschine, die mit dem Schwungradrotor

Tabelle 4.17 Massebezogene speicherbare Energie und dazugehörige maximale Umfangsgeschwindigkeit

	Maximale Zugspannung in MN/m^2	Dichte in kg/m^3	Massebezogene gespeicherte Energie in Wh/kg	Maximale Umfangsgeschwindigkeit in m/s
Stahl	1500	7800	53	620
Aluminium	600	2700	62	667
Titan	1200	4500	74	730
GFK	1600	2000	222	1270
CFK	2000	1500	444	1790

zu einer mechanischen Einheit verbundenen ist, ausgeführt (vgl. Abb. 4.84). Rein mechanische Energieübertragung mit einem CVT-Getriebe ist bisher nur in besonderen Einzelfällen eingesetzt worden [138].

Schwungräder werden heute nicht mehr aus hochzugfesten Walz- und Schmiedestählen hergestellt, sondern aus Faserverbundwerkstoffen, mit denen deutlich höhere Energiedichten entsprechend dem Verhältnis von Zugfestigkeit σ zu Werkstoffdichte ϱ realisiert werden können. Tabelle 4.17 zeigt die massebezogene speicherbare Energie und die dazu gehörige maximale Umfangsgeschwindigkeit bei Schwungrädern aus Stahl, Titan, GFK (Glasfaser-Epoxidharz) und CFK (Karbonfaser-Epoxidharz). Die Werte der speicherbaren Energie sind, wie in der Literatur oft angegeben, allein auf die Masse des Schwungrades bezogen. Praktisch erreichbare spezifische Werte des Gesamtsystems Schwungrad sind durch Berücksichtigung eines Sicherheitsfaktors und der Massen von Antrieb, Lagern, Gehäuse, kardanischer Lagerung usw. deutlich kleiner [139].

Das Gehäuse eines Schwungradspeichers soll einerseits zur Reduzierung der Gasreibungsverluste den Betrieb des Rotors in einer Atmosphäre geringen Druckes ermöglichen und andererseits eine Schutzfunktion beim Bersten des Schwungrades erfüllen. Die Lagerung von Schwungrädern muss sehr hohe Sicherheitsanforderungen erfüllen und soll möglichst geringe Reibungsverluste verursachen. Für schnelllaufende Schwungräder kommen keramische Lager mit permanentmagnetischer Lagerentlastung oder elektromagnetische Lager ohne mechanische Berührung zum Einsatz. Die Aufhängung des Schwungradspeichers im Fahrzeug erfolgt idealer Weise kardanisch [140], da dann keine Reaktionskräfte bei Drehungen um die Fahrzeugachsen auftreten können. Bei der Aufhängung im Fahrzeug über eine gedämpfte Federung sollten Schwungradsysteme zur Vermeidung von Präzessionskräften beim Kurvenfahren senkrecht aufgehängt werden. Präzessionskräfte [140] können so nur beim Kippen und bei Steigungsänderungen auftreten.

Über den elektromechanischen Energiewandler wird die Energie in elektrischer Form eingespeist und entnommen, welche wiederum als kinetische Energie durch Erhöhung und Verminderung der Drehzahl gespeichert wird.

Schwungradspeicher sind besonders in solchen Fahrzeugen sinnvoll, bei deren Betrieb häufige Brems- und Beschleunigungsphasen auftreten (z. B. bei Stadtbussen und Bahnen im öffentlichen Nahverkehr [141]). Sie bilden zusammen mit dem Verbrennungsmotor und dem Elektromotor ein Hybridantriebssystem. Bei realisierten Hybridbussen mit Schwungradspeicher liegt die Treibstoffeinsparung bei etwa 25 % gegenüber Omnibussen ohne Speicherung der kinetischen Energie, die beim Bremsen anfällt.

Schwungradspeicher stehen bei Hybridantrieben in Konkurrenz zu elektrostatischen Speichern mit Supercaps und elektrochemischen Speichern mit Hochleistungsbatterien. Die pro Masse speicherbare Energie von Schwungrädern ist deutlich höher als die von Supercaps und ihre Lebensdauer deutlich höher als die von Batterien. Der Einsatz

Tabelle 4.18 Kennwerte von elektromechanischen Schwungradspeichern (unter Einbeziehung von Schutzgehäuse, Lagern, elektrischem Antrieb und Sicherheitseinrichtungen)

Kennwert	Zahlenwert	Einheit
Spezifische Leistung	500–4000	W/kg
Spezifische Energie	5–55	Wh/kg
Speicherzeitkonstante	20–200	s
Leistungsdichte	700–6000	W/l
Energiedichte	10–60	Wh/l
Wirkungsgrad (Be-/Entladen)	je 90	%
Energieverlust im Leerlauf	2–10	%/h
Kosten	10.000–25.000	€/kWh
Lebensdauer	20	A
Zyklenzahl	1.000.000	Zyklen

von Schwungradspeichern kann besonders dann wirtschaftlich sinnvoll sein, wenn die hohe Lebensdauer von 20 Jahren und die mögliche Zahl von mehr als 10^6 Lastzyklen ausgenutzt werden kann, Tab. 4.18.

Moderne Schwungradspeicher mit Faserverbundkreisel sind inhärent sicher und stellen auch bei Unfällen keine besondere Gefahr dar, da im Zerstörungsfall der CFK-Rotor in kleine Teile zerfasert [129]. Die Bruchstücke werden vom Schutzgehäuse aufgefangen, so dass keine schweren Teile nach außen dringen können. Die im Zerstörungsfall frei werdende Energie würde lediglich eine geringe Erwärmung des zerstörten Systems um 10 bis 20 K verursachen. Die im Falle eines Unfalls vom Schwungrad ausgehende Gefahr wäre nicht größer als die, die in diesem Fall von brennbaren Flüssigkeiten und Feststoffen ausgehen würde (Treibstofftank).

Interesse an einem System zur Rückgewinnung von kinetischer Energie ist in den Rennfahrzeugen der Formel 1 erneut aufgekommen [142]. Einige der bedeutenden Formel 1-Rennsportteams haben Lösungsmöglichkeiten eines funktionierenden Systems mit einem Schwungradspeicher entwickelt. So hat beispielsweise Williams ein Kinetic Energy Recovery System (KERS) für das Formel 1 Rennfahrzeug in der Saison 2009 eingesetzt. Dieses KERS besitzt ein Schwungrad mit einem Energieinhalt von 400 kJ und einer Leistung von 60 kW. Die gespeicherte Energie reicht für 6,6 Sekunden zur Beschleunigung des Fahrzeugs.

Ein KERS mit Schwungrad besteht aus den Komponenten Schwungrad, Kupplung und dem Continuous Variable Transmission (CVT). Ein von der Firma Ricardo veröffentlichtes KERS hat ein Schwungrad mit einer Energiedichte von 200 kJ/kg bei einer maximalen Drehzahl von 60.000/min, einem Durchmesser von 280 mm und bei einem Gewicht von ca. 13 kg. Dabei kann ein Energieinhalt von 0,5 kWh gespeichert werden [143, 144].

4.3.5 Der Wasserstoff-Verbrennungsmotor

Die Wasserstoff-Motorenentwicklung konnte in den letzten 30 Jahren, beginnend mit den Arbeiten von Erren [151] und Oehmichen [152] sowie durch die Entwicklungsprogramme von BMW [153] und fortwährende Aktivitäten weiterer Automobilher-

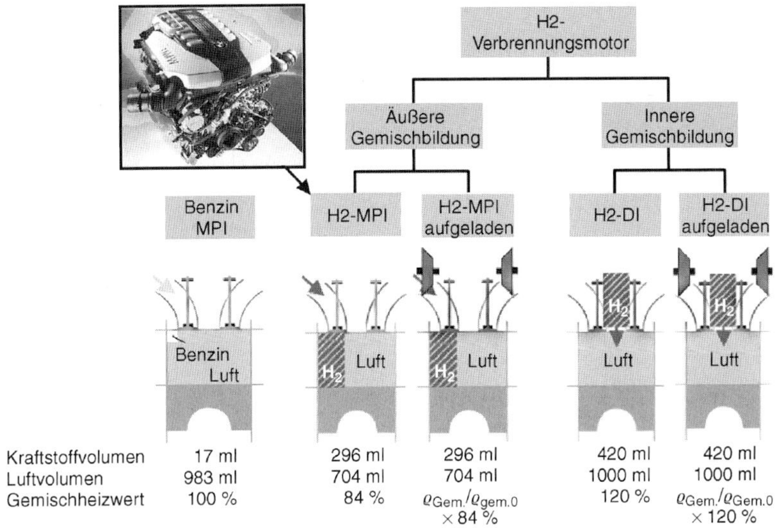

Abb. 4.85 Gemischheizwerte von unterschiedlichen H_2-Motorkonzepten im Vergleich zu einem Benzinmotor (MPI)

steller [154, 155], große Fortschritte verzeichnen. Dabei hat der Ottomotor das größte Potenzial für Automobilanwendungen gezeigt. Hierfür wurden hauptsächlich Otto-4-Takt Motoren mit gasförmigem Kraftstoff [156, 157], aber auch H_2 2-Takt- [158] und Wankel-Motoren [155] entwickelt.

H_2-Verbrennungsmotoren können auf den entsprechenden Grundmotoren der Benzinvarianten aufgebaut werden [154, 155, 159, 165, 168–170]. Sie können sowohl mit äußerer als auch mit innerer Gemischbildung realisiert werden (Abb. 4.85). Die spezifische Leistungsdichte lässt sich durch Aufladung sowohl bei äußerer als auch bei innerer Gemischbildung erheblich steigern.

Am Beispiel des BMW 12-Zylindermotors [159, 165], der über ein äußeres H_2-Gemischbildungssystem verfügt, zeigen sich typische H_2-Entwicklungsumfänge:

- Konstruktive Anpassung des Grundmotors
- Entwicklung H_2-Brennverfahren
- Anpassung der Elektronik und Zündung
- Entwicklung der H_2-Motorsteuerung inklusive Steuergeräteentwicklung und Applikation für H_2 spezifische Funktionen

Der bivalente Betrieb ermöglicht dabei, kundenwertige H_2-Fahrzeuge anzubieten, solange noch kein flächendeckendes H_2-Tankstellennetz existiert.

4.3.5.1 Konstruktive Merkmale

Brennraumgeometrie und Zündanlage sind für Benzin- und H_2-Verbrennung ausgelegt. Der Motor ist als bivalentes Motorkonzept ausgeführt. Er wird im Benzinbetrieb wie die Serienvariante mit Direkteinspritzung und im H_2-Betrieb mit äußerer Gemischbildung betrieben.

Zur Beherrschung irregulärer Verbrennungserscheinungen (Klopfen, Selbstentflammung, Rückzündung) ist das Verdichtungsverhältnis angepasst. Für eine ausreichende Wärmeabfuhr im OT-Bereich sind zusätzliche Kühlungsmaßnahmen vorgesehen (Kühlkanalkolben und ein Kurbelgehäuse mit Schlitzen zwischen den Zylinderlaufbuchsen für zusätzlichen Kühlmitteldurchfluss). Ein optimiertes Kolbenringpaket minimiert die Blow-by-Gase. Zur Vermeidung von Rückzündungen in das Kurbelgehäuse ist ein zusätzliches Absperrventil in der Zuleitung der Kurbelgehäuse-Entlüftung verbaut. Für den gasmotorischen Betrieb sind wegen der fehlenden Additive Ventilsitzringe aus verschleißoptimierten Legierungen ausgewählt. Die H_2-Versorgung erfolgt über ein elektromagnetisches Druckregelventil, eine teilweise flexible Edelstahl-Vorlaufleitung, dem motornahen H_2-Rail, das in die Sauganlage integriert ist und die H_2-Einblaseventile, die den Wasserstoff sequentiell der Ansaugluft zuführen (Abb. 4.86, Abb. 4.87).

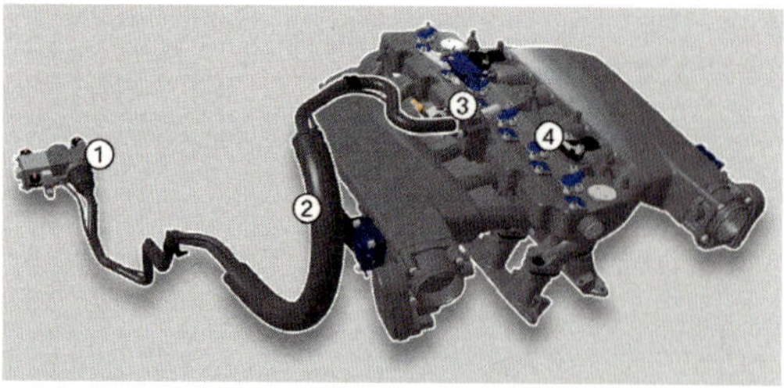

Abb. 4.86 H_2-Versorgung des Motors: 1: Druckregelventil, 2: Vorlaufleitung, 3: H_2-Rail, 4: Einblaseventile

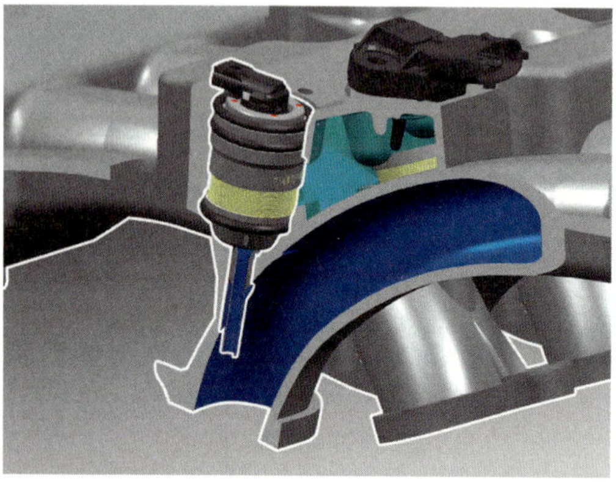

Abb. 4.87 Einblaseventil

An die H_2-führenden Bauteile sind hohe Dichtigkeitsanforderungen gestellt. Eventuell auftretende Leckagen werden über einen zentralen H_2-Gassensor im Motorraum erkannt.

4.3.5.2 H_2-Brennverfahren mit äußerer Gemischbildung

Die Gemischbildung von H_2 und Luft findet bei äußerer Gemischbildung im Ansaugtrakt statt. Maximale Leistungsdichten werden mit äußerer Gemischbildung im $\lambda = 1$-Betrieb realisiert.

Die Stoffeigenschaften von H_2, weite Zündgrenzen, geringe Zündenergien sowie die große Flammgeschwindigkeit für H_2-Luft-Gemische erhöhen das Risiko irregulärer Verbrennungen (Rückzündungen, Frühzündungen) und sind maßgeblich dafür verantwortlich, dass der Betrieb mit $\lambda = 1$ eine Herausforderung für die Entwicklung darstellt. Hierbei ist das Hauptaugenmerk auf die thermische Bauteilstabilität sowie auf das spezielle H_2-Brennverfahren zu legen.

Die Vermeidung von Abgasemissionen bildet neben der Maximierung der Leistungsdichte eine weitere wichtige Randbedingung. Bei H_2-Verbrennungsmotoren sind Stickoxide (NO_x) die einzig relevanten Schadstoffemissionen. Aus der Verbrennung von Schmieröl entstehen ferner minimale CO und HC Rohemissionen, die im 3-Wege-Katalysator sowohl im Mager- als auch im $\lambda = 1$ Betrieb auf Werte nahe Null reduziert werden.

Die Bildung von NO_x ist abhängig von der Verbrennungstemperatur [162, 168]. Magere homogene Wasserstoff/Luft-Gemische ($\lambda \gg 1$) verbrennen bei niedrigen Temperaturen, sehr guten Wirkungsgraden und minimalen NO_x-Emissionen, wobei homogene Wasserstoff/Luft-Gemische auch noch bei $\lambda \approx 4$ stabil verbrennen. Daher kann der Motor in einem weiten Betriebsbereich ungedrosselt qualitätsgeregelt betrieben werden (**Abb. 4.88**).

Bei Laststeigerung ($\lambda < 2{,}0$) steigen die Rohemissionen deutlich an und erreichen bei $1{,}1 < \lambda < 1{,}2$ ihr Maximum. Auch bei $\lambda = 1$ ergeben sich Rohemissionen auf einem hohen Niveau. Im Gegensatz zum Betrieb mit $\lambda > 1$ können diese aber durch einen herkömmlichen 3-Wege-Katalysator selbst die weltweit strengsten Emissions-Grenzwerte deutlich unterschritten werden [159–161, 166, 168].

Die Betriebsstrategie für einen freisaugenden H_2-Motor mit äußerer Gemischbildung wird durch die breiten Zündgrenzen von Wasserstoff sowie die NO_x-Bildungsgrenze definiert. Über einen weiten Bereich wird daher der Motor qualitätsgeregelt mit mageren Gemischen betrieben. Vernachlässigbare NO_x-Emissionen und sehr gute Wirkungsgrade sind die Folge. Im Bereich von $2{,}0 < \lambda < 2{,}2$ schaltet die Motorsteuerung direkt auf $\lambda = 1$-Betrieb und Quantitätsregelung um, wo maximale Leistungsdichten erzielt werden. Gemische im Bereich $1{,}0 < \lambda < 2{,}0$ werden somit ausgeschlossen. Mit der dargestellten Betriebsstrategie werden äußerst niedrige NO_x-Emissionen im gesamten Kennfeldbereich garantiert und die Einhaltung aller weltweit geforderten Emissionsgrenzwerte sichergestellt [167].

Bei äußerer Gemischbildung kann der Gemischheizwert durch Aufladung erheblich gesteigert werden. Bei einer Aufladung von 0,85 bar können indizierte Mitteldrücke größer 18 bar erzielt

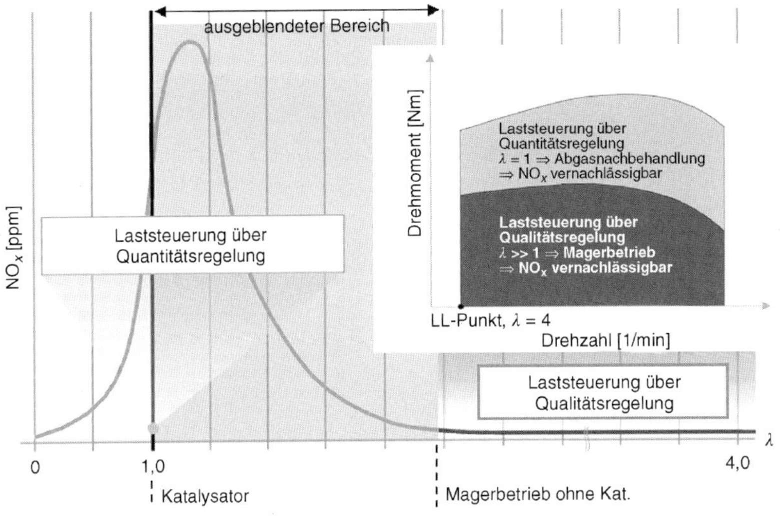

Abb. 4.88 NO_x)-Emissionen als Funktion des Luftverhältnisses und Applikationsstrategie für H_2-Verbrennungsmotoren

werden. Das maximal erreichbare Verdichtungsverhältnis liegt bei $\varepsilon \approx 11$ und wird durch Frühzündungen im stöchiometrischen Betrieb an der Volllast begrenzt [160].

4.3.5.3 H_2-Brennverfahren mit innerer Gemischbildung

Innere Gemischbildung bietet zusätzlich die Möglichkeit, die Verbrennung über die Einspritzrate und Zündzeitpunktsvariation zu kontrollieren sowie die Motorleistung zu erhöhen. Mit innerer Gemischbildung können indizierte Mitteldrücke von ≈ 15 bar erreicht werden [160, 161].

Die Schlüsselkomponente bei H_2-DI-Motorkonzepten ist der Injektor. Aufgrund der Einblasung in der Kompressionsphase werden hohe H_2-Drücke von 50 bis 300 bar benötigt, abhängig vom Einblasezeitpunkt. Der Injektor muss hohe Durchflussraten und eine präzise Einblasung des H_2 gewährleisten und den hohen thermischen Belastungen im Brennraum stand halten.

Aufgrund des effizienteren Gasaustauschs ist der gemessene Zylinderdruck während der Verdichtung bei innerer Gemischbildung erheblich höher als bei freisaugenden Benzin- und H_2-Motoren mit äußerer Gemischbildung.

Bei innerer Gemischbildung bietet sich eine ähnliche Betriebsstrategie an wie bei äußerer Gemischbildung. Durch Aufladung kann die spezifische Leistungsdichte beim H_2-DI nochmals deutlich gesteigert werden.

4.3.5.4 Wirkungsgradpotenziale

Die motorische Verbrennung beim Betrieb mit Wasserstoff ist in der Teillast durch eine sehr stabile Verbrennung gekennzeichnet. Aufgrund der weiten Zündgrenzen der Wasserstoff/Luft-Gemische sind Verbrennungsverluste von unverbranntem Kraftstoff bei magerem Betrieb sehr gering. Bei Volllast im stöchiometrischen Betrieb ist die Verbrennungsgeschwindigkeit verglichen mit Benzin erheblich höher.

Folglich ist die Verbrennungsdauer deutlich kürzer. Die Annäherung an den Gleichraumprozess durch schnelle Umsetzung des Wasserstoffs führt zu hohen Motorwirkungsgraden im Volllastbetrieb. Andererseits verursachen hohe Verbrennungsraten erhöhte mechanische und thermische Belastungen durch steile Druckanstiege, hohe Verbrennungsenddrücke und hohe Verbrennungstemperaturen.

Der theoretische thermodynamische Wirkungsgrad eines Otto-Motors basiert auf dem Wirkungsgrad des Gleichraumprozesses $\eta_{th} = 1 - 1/\varepsilon^{\kappa-1}$. Hierbei ist ε das Verdichtungsverhältnis und κ der Isentropenexponent. Höhere Verdichtungsverhältnisse kombiniert mit höheren Werten für

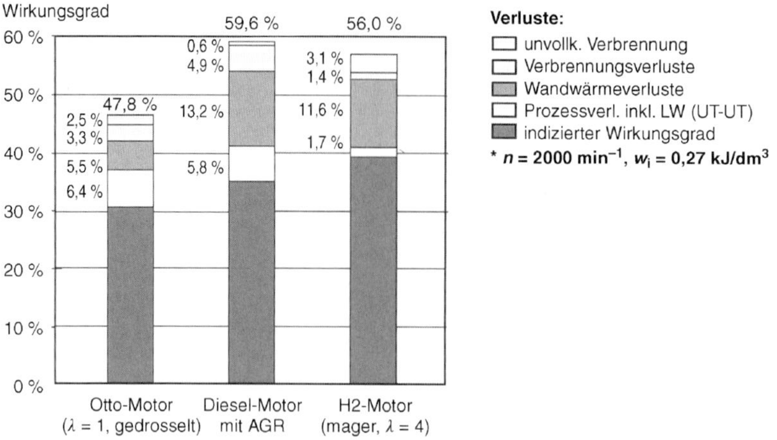

Abb. 4.89 Vergleich der indizierten Wirkungsgrade eines H_2-Ottomotors mit Benzin- und Dieselmotoren aktueller Technologie bei 2000 U/min und Teillast

κ liefern höhere Wirkungsgrade. Mit $\kappa \approx 1,4$ für Wasserstoff-Luft-Gemische haben H_2-Motoren Vorteile gegenüber Benzin- und Diesel-Motoren, für die $\kappa \approx 1{,}35$ gilt. Der theoretische Wirkungsgrad η_{th} steigt als Funktion von ε (konstantes κ) für größere Verdichtungsverhältnisse an. Im realen Motorbetrieb wird der Anstieg allerdings durch die Zunahme der Reibleistung zumindest teilweise kompensiert.

In Abb. 4.89 ist ein Vergleich der indizierten Wirkungsgrade eines H_2-Ottomotors mit einem Benzin- und Dieselmotor an einem typischen Teillastpunkt (2000 U/min) dargestellt. Der hohe theoretische thermodynamische Wirkungsgrad des H_2-Motors folgt aus der mageren Verbrennung. Bei Dieselmotoren ist der wesentliche Faktor das hohe Verdichtungsverhältnis.

Obwohl der theoretische thermodynamische Wirkungsgrad des H_2-Motors kleiner ist als der des Dieselmotors haben H_2-Motoren einen höheren indizierten Wirkungsgrad. Hauptgründe hierfür sind die höhere Verbrennungsgeschwindigkeit, resultierend in geringeren Verlusten durch Abweichung vom idealen Gleichraumprozess, und erheblich geringere Ladungswechselverluste durch ungedrosselten Betrieb.

Der Vorteil des Dieselmotors durch das höhere Verdichtungsverhältnis wird überkompensiert durch die Vorteile der mageren, ungedrosselten Verbrennung. Verglichen mit einem Benzinmotor ist der indizierte Wirkungsgrad der H_2-Ottomotoren ca. 8 Prozentpunkte höher, resultierend in einem 25 % besseren Kraftstoffverbrauch [160, 161, 163].

4.3.5.5 H_2-Ottomotor als Fahrzeugantrieb

Erzielbare gravimetrische und volumetrische Leistungs- und Drehmomentdichten von H_2-Ottomotoren bewegen sich auf dem Niveau von Benzin- und Dieselmotoren.

Dasselbe gilt bei entsprechenden Stückzahlen für Entwicklungs- und Produktionskosten. Die Wirkungsgradpotentiale bei niedrigen und mittleren Lasten liegen sogar über denen heutiger Dieselmotoren. Die technische Umsetzung basiert auf dem Serienstand heutiger Verbrennungsmotoren. Antriebskonzepte mit H_2-Verbrennungsmotor profitieren dadurch automatisch von allen Entwicklungsfortschritten (z. B. Reduzierung der Reibleistung, Energiemanagement, Elektrifizierung Antriebsstrang).

Dynamik, Leistungsentfaltung, Einbaulage und Antriebspackage sowie Schnittstellen im Gesamtfahrzeug bleiben praktisch unverändert. Fahrzeugkomponenten und Dimensionierung (z. B. Getriebe, HAG, Lager, Bremsen) kann daher von Fahrzeugen mit Benzin- und Dieselmotoren übernommen werden.

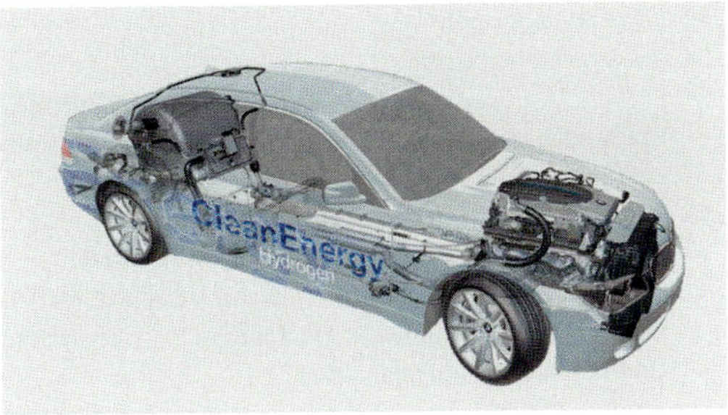

Abb. 4.90 BMW Hydrogen 7 mit bivalentem V12-Motor

Alle Vorteile des Wasserstoffs wie CO_2-Freiheit, Diversifikation der Energiequellen und Nachhaltigkeit bei Nutzung regenerativer Energiequellen, können mit H_2-Verbrennungsmotoren ökonomisch umgesetzt werden. Bei geeigneter Betriebsstrategie werden Abgasemissionen auf nahezu Null reduziert.

Der H_2-Ottomotor ist daher geeignet, die Anforderungen an Fahrzeugantriebe in einer Zukunft mit H_2 als Kraftstoff zu erfüllen [164–166, 168, 171].

Mit dem BMW Hydrogen 7 (Abb. 4.90) wurde ein kompletter Serienentwicklungsprozess durchlaufen, womit die gleichen hohen Ansprüche, wie bei allen anderen Serienfahrzeugen erfüllt werden. Mit der Kleinserie von 100 Fahrzeugen wurde insgesamt eine Fahrstrecke von 4 Mio. km zurückgelegt und damit weltweit unter allen Bedingungen die Alltagstauglichkeit dieses Konzeptes eindrucksvoll nachgewiesen [165, 167]).

Literatur

Literatur und Abbildungen zu Abschnitt 4.1

1. Daimler Konzernarchiv, ATZ/MTZ-Sonderhefte: Pkw-Neuentwicklungen

Literatur zu Abschnitt 4.2

2. Braess, H.-H.: Das Automobil im Spannungsfeld zwischen Wunsch, Wissenschaft und Wirklichkeit. 2. Stuttgarter Symposium Kraftfahrwesen und Verbrennungsmotoren, S. 786–799, 1997
3. SAE-Norm J1100
4. GCIE – Global Cars Manufacturers Information Exchange Group: Package Drawing Exchanges
5. Indra, F.: Package: Die Herausforderung für den Motorenentwickler. 19. Internationales Wiener Motorensymposium. Fortschrittsbericht, VDI Reihe 12, Bd. 348. VDI, (1998)
6. van Basshuysen, R., Schäfer, F.: Handbuch Verbrennungsmotor. Vieweg, Wiesbaden (2002)
7. 50 Jahre Frontantrieb im Serienautomobilbau. VDI-Bericht 418 (1981)
8. Bandow, F., Stahlecker, H.: Ableitung der Hauptabmessungen eines Fahrzeugs. ATZ **3**(10), (2001)
9. Braess, H.-H.: Zur gegenseitigen Abhängigkeit der Personenwagen-Auslegungsparameter Höhe, Länge und Gewicht. ATZ **81**(9), (1979)
10. Braess, H.-H.: Negative Gewichtsspirale. ATZ **101**(1), (1999)
11. Toyota Prius. ATZ **3** (2004)
12. Lexus LH400. ATZ **09** (2005)
13. Die neue C-Klasse. ATZ/MTZ Sonderausgabe zu ATZ und MTZ **04** (2007)
14. Spiegel, L., Schuermann, M., Rauner, T., Stache, I.: Das Antriebskonzept des neuen Cayenne S Hybrid. 19. Aachener Kolloquium Fahrzeug- und Motorentechnik, 2010, Bd. 1. (2010)
15. Der neue 3er BMW. ATZ/MTZ Sonderausgabe zu ATZ und MTZ (2005)
16. Der neue Audi A6. ATZ/MTZ Sonderausgabe zu ATZ und MTZ **03** (2004)
17. Die neue S-Klasse. ATZ/MTZ Sonderausgabe zu ATZ und MTZ **10** (2005)
18. Der neue Maybach. ATZ/MTZ Sonderausgabe zu ATZ und MTZ **09** (2002)
19. Der neue Audi A8. ATZ/MTZ Sonderausgabe zu ATZ und MTZ **08** (2002)
20. VW Phaeton. ATZ/MTZ Sonderausgabe zu ATZ und MTZ **07** (2002)
21. Der neue Porsche Boxster. ATZ/MTZ **02** (2005)
22. Der neue Porsche 911. ATZ/MTZ **12** (2004), **01** (2005)
23. Der Porsche Cayenne. ATZ/MTZ Sonderausgabe zu ATZ und MTZ **07** (2003)
24. Jost, K.-E.: Rechts wie links. Christophorus – Das Porsche Magazin **298**(10), (2002)
25. Der neue BMW 7er. ATZ/MTZ Sonderausgabe zu ATZ und MTZ **11** (2001)
26. Der neue CLS von Daimler Benz. ATZ/MTZ Sonderausgabe zu ATZ und MTZ **11** (2004)
27. Der neue Golf Plus. ATZ/MTZ Sonderausgabe zu ATZ/MTZ **02** (2005)
28. Der Porsche Panamera. ATZ **10** (2009)
29. Renner, J.: Methodische Unterstützung funktionsorientierter Baukastenentwicklung am Beispiel Automobil. Dissertation, TU München (2007)
30. Dietrich, S.: Modularisierung und Funktionsintegration am Beispiel der Automobilkarosserie – Ein Beitrag zur Entwicklung, Bewertung und Lösungsauswahl. Dissertation, TU München (2011)
31. Schmidt, G., Hermann, G.: Plattformbasierte Lösungen für globale Märkte. ATZextra **04**, 28–33 (2011)

Literatur zu Abschnitt 4.3.1

32. Braess, H., Pfab, X., Aszmann, R.: Charging and infrastructure services as central link between automotive industry

and energy supplier. EVS-25, Shenzhen, China, 5.–9. November 2010
33. http://wrs.region-stuttgart.de/sixcms/media.php/923/Modellregion%20Elektromobilit%E4t_deutsch.pdf
34. van Basshuysen, R., Schäfer, F. (Hrsg.): Handbuch Verbrennungsmotor. Vieweg, Wiesbaden (2007)
35. California Environmental Protection Agency, Air Resources Board: www.arb.ca.gov/msprog/zevprog/zevregs/zevregs.htm
36. ZVEI – Zentralverband Elektrotechnik-und Elektronikindustrie e.V.: Elektromobilität – Fünf offene Fragen und Antworten – Eine Positionsbestimmung. (Oktober 2012)
37. Wallentowitz, H.: Einsatz von Elektrofahrzeugen. BMV-Forschungsvorhaben FE-Nr. 70466/95, ika Bericht 6062
38. Knödel, U., Strube, A., Blessing, U., Klostermann, S.: Auslegung und Implementierung bedarfsgerechter elektrischer Antriebe. ATZonline **06**, 56–60 (2010)
39. Höfner, B.: Integrations- und Systemanalyse elektrischer Radantriebe für zukünftige Pkw-Elektrofahrzeuge. EAA Forschungsberichte, Bd. 7. Shaker, Aachen (2010)
40. Doppelbauer, M.: Elektrische Antriebe in hybriden und vollelektrischen Fahrzeugen. EW Medien und Kongresse GmbH, Frankfurt am Main (2012)
41. Falk, K.: Der Drehstrommotor. VDE Verlag, Offenbach (1997)
42. Hofer, K.: Elektrotraktion – Elektrische Antriebe in Fahrzeugen. VDE Verlag, Berlin, Offenbach (2006)
43. Anderman, M., Kalhammer, F., MacArthur, D.: Advanced batteries for electric vehicles; An assessment of performance, cost and availability, Juni 2000
44. Energy storage system goals. www.uscar.org/guest/teams/12/U-S-Advanced-Battery-Consortium
45. Rinderknecht, S., Meier, T.: Electric power train configurations and their energy storage systems. EVS-25, Shenzhen, China, 5.–9. November 2010
46. Lee, S., Kim, T., Hu, J., Cai, W., Abell, J.: A state-of-the-art review on lithium-ion battery joining, assembly and packaging in battery electric vehicles. EVS-25, Shenzhen, China, 5.–9. November 2010
47. Conte, M., Conte, F., Bloom, I., Morita, K., Ikeye, T., Belt, J.: Ageing testing procedures on lithium batteries in an international collaboration context. EVS-25, Shenzhen, China, 5.–9. November 2010
48. Sudano, A.: The lithium-metal-polymer battery technology. EVS 20, Long Beach, California, 15.–19. November 2003
49. Burke, A., Miller, M., Zhao, H.: Lithium batteries and ultracapacitors alone and in combination in hybrid vehicles: Fuel economy and battery stress reduction advantages. EVS-25, Shenzhen, China, 5.–9. November 2010
50. Hybridtechnologie von Voith Turbo – Alternative zum konventionellen Antrieb. News, Kundenmagazin von Voith Turbo (Februar 2010)
51. Elektromobilität: Mennekes Ladesteckvorrichtung VDE-geprüft. Medieninformation (2010). www.mennekes.de
52. Ferreira, J., Afonso, J.: A conceptual V2G aggregation platform. EVS-25, Shenzhen, China, 5.–9. November 2010
53. www.chademo.com
54. www.betterplace.com
55. Pavlidis, M.: Induktives Laden – ein Verfahren der Zukunft. EW Medien und Kongresse GmbH, Frankfurt am Main (2012)
56. Technologien – Infrastruktur – Märkte. VDE Studie E-Mobility 2020. Frankfurt am Main (November 2010)
57. Sattler, H.: Batterien auf dem Prüfstand – das VDE-Testlab für Batterien und Umwelt. EW Medien und Kongresse GmbH, Frankfurt am Main (2012)
58. Abell, L., Oppenheimer, P.: World lithium resource impact on electric vehicles. Plug in America (Dezember 2008)
59. Hartnig, C., Krause, T.: Zukünftige Batterietechnologien aus der Sicht des Rohstoffherstellers. EW Medien und Kongresse GmbH, Frankfurt am Main (2012)

Literatur zu Abschnitt 4.3.2

60. Vielstich, W., Lamm, A., Gasteiger, H.A.: Handbook of Fuel Cells. Bd. III, S. 647. Wiley, (2003)
61. Carlson, E.J., et al.: Cost analysis of fuel cell systems for transportation. Report to Department of Energy, Ref. No. 49739, SFAA No. DESCO2-98EE50026, 2001
62. Banken, J., Daimler AG: Die Elektrifizierung des Automobils – technische und ökonomische Herausforderungen. 7. VDI-Tagung Innovative Fahrzeugantriebe, Dresden, 10. November 2010
63. Vielstich, W., Lamm, A., Gasteiger, H.A.: Handbook of Fuel Cells, Bd. IV, S. 727. Wiley, (2003)
64. Wind, J., Fröschle, P., Höhlein, B., Piffaretti, M., Gabba, G., Daimler AG: WTW analyses and mobility scenarios with OPTIRESOURCE. World Hydrogen Energy Conference, Essen, Mai 2010
65. Dehn, S., Dülk, C., Srinivas, S., Cornelio, A.A., Daimler AG: Investigation on the performance of a mechanistic electric turbocharger model for a vehicular fuel cell system. JSAE/SAE Powertrain, Fuels and Lubricants Meeting 2011, Kyoto, Japan, 29. August–03. September 2011
66. Dehn, S., Wöhr, M., Daimler AG, Heinzel, A.: Development of a near-dead-ended fuel cell stack operation in a vehicular drive system. IEEE Vehicle Power and Propulsion Conference 2011, Chicago, USA, 5.–9. September 2011
67. Dehn, S., Daimler AG: Betriebsweise eines Brennstoffzellensystems mit offener Anode und Abgaskatalysator in einem automobilen Antriebssystem. Fortschritt-Berichte, VDI, Reihe 12, Bd. 754. VDI Verlag, Düsseldorf (2012)
68. Sommer, M., Wöhr, M., Docter, A., Daimler AG: Concepts for future PEM fuel cell systems. Fuel Cell Seminar, San Antonio, 17. Oktober 2007
69. Friedrich, J., Günther, B., Liphardt, S., Nitsche, C., Peters, D., Reiff, S., Schamm, R., Skroza, R., Walz, H., Daimler AG: 150.000 km and 3000 Operating hours with a Daimler F-CELL vehicle, Status Report. EVS24, Stavanger, Norway, 13.–16. Mai 2009
70. Herb, F., Jossen, A., Reiff, S., Wöhr, M., Daimler AG: Investigation of Li-battery and fuel cell aging in a fuel cell hybrid car model. Eleventh Grove Fuel Cell Symposium, London, 23. September 2009

71. Fröschle, P., Daimler AG: Fuel cell power trains. World Hydrogen Energy Conference, Essen, Mai 2010, S. 318–332. Expert Verlag (2010)
72. Maus, S., Hapke, J., Na Ranong, C., Wüchner, E., Friedlmeier, G., Wenger, D., Daimler AG: Filling procedure for vehicles with compressed hydrogen tanks. Int. J. Hydrog. Energy **33**, 4612–4621 (2008). www.Elsevier.com
73. Mohrdieck, C., Daimler AG: Fuel cell vehicles one step on the path to commercialization. 6th International Hydrogen & Fuel Cell Expo Technical Conference, Tokyo, 5. März 2010
74. Kojima K., Morita T.: Fuel cell system engineering div. Development of fuel cell hybrid vehicle in TOYOTA. EVS25, Shenzhen, China, 5.–9. November 2010
75. Kizaki, M.: Development of new fuel cell system for mass production. EVS26, Los Angeles, California, 6.–9. Mai 2012
76. Brachmann, T.: The Honda FCX clarity – A viable fuel cell electric vehicle for today and beyond 2015? World Hydrogen and Energy Conference, Essen, Mai 2010
77. Lim, T.W.: Development of fuel cell electric vehicle in Hyundai – Kia Motors. 6th International Hydrogen & Fuel Cell Expo Technical Conference, Tokyo, 5. März 2010
78. Iiyama A., Arai T., Ikezoe K.: Latest FCV development in Nissan – Challenges for durability and cost. EVS25, Shenzhen, China, 5.–9. November 2010
79. Bork, M.: Fuel cell electric vehicle development at GM – Progress and challenges. 6th International Hydrogen & Fuel Cell Expo Technical Conference, Tokyo, 5. März 2010
80. Flanz, S.: Five years of experience with Ford fuel cell vehicle fleet operations. World Hydrogen and Energy Conference, Essen, Mai 2010
81. Steiger, W., Seyfried, F., Huslage, J., Volkswagen AG: Zweite Generation PEM-Brennstoffzellen: Erste Erfahrungen. MTZ **12**, (2007). www.all4engineers.de, www.atzonline.de
82. Mohrdieck, C., Daimler AG: Next generation fuel cell technology for passenger cars and buses. EVS24, Stavanger, Norway, 13.–16. Mai 2009
83. Babovsky, C., Daimler AG: Defintion einer neuen Zuverlässigkeitsgröße zur realitätsnahen Darstellung des Ausfallverhaltens kleiner Grundgesamtheiten am Bespiel von Brennstoffzellen-Systemen. 24. Fachtagung »Technische Zuverlässigkeit 2009«, VDI Wissensforum, Leonberg, 29./30. April 2009
84. The role of battery electric vehicles, plug-in hybrids and fuel cell electric vehicles. http://www.zeroemissionvehicles.eu (2010)

Literatur zu Abschnitt 4.3.3

85. de Backer, J., Yaguchi, H.: The new Toyota Prius hybrid system. Hybridfahrzeuge, Elektrofahrzeuge und Energiemanagement, 7. Braunschweiger Symposium, 25. Februar 2010
86. Lamp, P., Hockgeiger, E., Reischl, S., Scharner, S.: Electric vehicle batteries – Requirements and status. Hybridfahrzeuge, Elektrofahrzeuge und Energiemanagement, 7. Braunschweiger Symposium, 24. Februar 2010
87. Stiebels, B., Philipp, K., Rieling, J.: Der Antriebsstrang des Touareg Hybrid. Hybridfahrzeuge, Elektrofahrzeuge und Energiemanagement, 7. Braunschweiger Symposium, 25. Februar 2010
88. Caselitz, P.: Modellierung und Simulation von Lithium-Ionen-Batterien für Hybrid- und Elektrofahrzeuge. Hybridfahrzeuge, Elektrofahrzeuge und Energiemanagement, 7. Braunschweiger Symposium, 24. Februar 2010
89. Christ, T., Fuchs, E., Lins, F., Bohne, W.: Regelstrategien für Hybridantriebe am Beispiel des BMW X6 Active Hybrid. ATZ elektronik **02**, 8–15 (2010)
90. Fleckner, M., Göhring, M., Spiegel, L.: Neue Strategien zur verbrauchsoptimalen Auslegung der Betriebsführung von Hybridfahrzeugen. Fahrzeug- und Motorentechnik, 18. Aachener Kolloquium, 06. Oktober 2009
91. Duhme, M., Saenger Zetina, S., Neiß, K.: Der Mercedes-Benz ML 450 HYBRID und das Potenzial des elektrischen CVT-Getriebes. Fahrzeug- und Motorentechnik, 18. Aachener Kolloquium, 05. Oktober 2009
92. Hartmann, B., Renner, C.: Autark, Plug-In oder Range Extender? Ein simulationsgestützter Vergleich aktueller Hybridfahrzeugkonzepte. Fahrzeug- und Motorentechnik, 18. Aachener Kolloquium, 06. Oktober 2009
93. Brachmann, T.: Hondas heutige und zukünftige Hybrid- und Brennstoffzellenfahrzeuge. Hybridfahrzeuge und Energiemanagement, 6. Braunschweiger Symposium, 18. Februar 2009
94. Sontheim, J.: Kinetischer Speicher für Hybridfahrzeuge – Die mechanische Batterie. ATZ **03**, 226–231 (2008)
95. Hermance, D.: Toyota Hybrid System THS II (04/2003), Toyota Technical Centre, GS 450H. Long Lead Press Preview **04**, (2006). www.toyota.co.jp
96. Iijima, T.: Development of hybrid system for 2006 Compact Sedan. SAE Nr. 2006-01-1503
97. General Motors Company: http://media.gm.com/media/us/en/news.html
98. BYD Auto: http://www.byd.com/
99. Spiegel online: http://www.spiegel.de/fotostrecke/http://fotostrecke-51272-2.html
100. Spiegel online: http://www.spiegel.de/fotostrecke/fotostrecke-_51272-_2.html
101. BMW AG: http://www.bmw.de/de/de/index.html, http://www.bmw-_i.de/de_de/bmw-_i8/
102. Adam Opel AG: http://www.opel.de/fahrzeuge/modelle/personenwagen/ampera/spezifikationen/antriebssystem.html
103. AUDI AG: http://www.audi.de/de/brand/de.html
104. Peugeot Deutschland GmbH: http://www.peugeot.de/showroom/3008/hybrid4/#!
105. TOYOTA Deutschland GmbH: http://www.toyota.de/cars/coming_soon/prius_plugin/index.tmex#
106. wikipedia.de: http://de.wikipedia.org/wiki/KERS
107. Keller, U., Enderle, C., Gödecke, T., Henning, G.: Daimler AG, Stuttgart Diesel-Hybrid – Die nächste Generation Hybridantriebe von Mercedes-Benz, 33. Internationales Wiener Motorensymposium, 26.–27. April 2012

108. Deiss, H.: Elektrifizierung im Antrieb-Chancen und Herausforderungen durch Systemintegration, ZF Friedrichshafen AG, Universität Stuttgart, 21. Mai 2012
109. IHS, Willoughby House, 2 Broad Street, Stamford, Lincs PE9 1PB, UK, The Plug-In Vehicle Environement Report, www.supplierbusiness.com
110. Furukawa, T., Ibaraki, R., Kimura, H., Kondo, K., Watanabe, M., Mizutani, T., Hattori, H., Takasaki, A.: Toyota Motor Corporation, Development of New Hybrid Transaxle for Sub-Compact-Class Vehicles, SAE 2012-01-0623, Published 04/16/2012
111. Kamichi, K., Yamamoto, M., Fushiki, S., Yoda, T., Kurachi, S., Kojima, K.: Toyota Motor Corporation, Development of Plug-In Hybrid System for Midsize Car, SAE 2012-01-1014, Published 04/16/2012
112. Lohmann, N., Fischnaller, M., Melbert, J., Musch, T.: Lamp, P., Scharner, S., Liebau, V.: Cycle Life Investigations on Different Li-Ion Cell Chemistries for PHEV Applications Based on Real Life Conditions, SAE 2012-01-0656, Published 04/16/2012
113. Carlson, R.B.: Primary factors that impact the fuel consumption of plug-in hybrid electric vehicles. EVS25, Shenzhen, China, 5.–9. November 2010
114. EVS25 Nov 5–9 2010, Shenzhen, China
115. van Berkel, K.: Design of a low-cost hybrid powertrain with large fuel savings. EVS25, Shenzhen, China, 5.–9. November 2010
116. Auer, J.: ULTRACAPACITOR – Where and when ever power needed. EVS25, Shenzhen, China, 5.–9. November 2010

Literatur zu Abschnitt 4.3.4

117. Meijer, R.J.: Der Philips-Stirlingmotor. In: MTZ 29, S. 284–289. Springer, München (1970)
118. Meijer, R.J.: Prospects of the Stirling Engine for Vehicular Propulsion. In: Philips Technical Review, 20. Aufl., S. 245–276. (1970)
119. Förster, H.J., Pattas, K.: Fahrzeugantriebe der Zukunft, Teil 1 und 2. Sonderdruck aus der Automobilindustrie. Vogel Buchverlag, Würzburg (1972)
120. Künzel, M.: Stirlingmotor der Zukunft. VDI-Verlag, Düsseldorf (1986)
121. Werdich, M., Kübler, K.: Stirling-Maschinen – Grundlagen, Technik, Anwendung. Ökobuch Verlag, Freiburg (2001)
122. Gelse, W.: Erfahrungen mit Stirlingmotoren bei DB im mobilen Einsatz. Vortrag, DB-Technologie-Workshop Stirlingmotor, Stuttgart, 1994
123. Walker, G.: Stirling powered regenerative retarding propulsion system for automotive application. Proc. 5th Int. Autoshow, Prop. Systems Symposium, Detroit, April 1980
124. Peters, H.: Stirlingmotor – Stand der Technik und Anwendungsmöglichkeiten. Staatsexamensarbeit, Universität Bonn (1996)
125. Feulner, P.: Five and six-cylinder Stirling engines – a first essay. European Stirling Forum 2002, Fachhochschule Osnabrück, September 2002
126. Schleder, F.: Stirlingmotoren. Vogel Buchverlag, Würzburg (2002)
127. Robert Bosch GmbH (Hrsg.): Kraftfahrtechnisches Taschenbuch, 27. Aufl. Vieweg+Teubner, Wiesbaden (2011)
128. v. Fersen, O.: Saab Dampfmotor. Saab Scania, Schweden (Dezember 1975)
129. v. d. Burg, P.: Moderne Schwungmassenspeicher – eine alte Technologie in neuem Aufschwung. VDI – GET Fachtagung, Gelsenkirchen, 1998
130. Mayr, B., Buschmann, G., Hoetger, M., Clemens, H.: Zero Emission Engine (ZEE) – Der isotherme Dampfmotor als Fahrzeugantrieb. VDI Berichte, Bd. 1565. VDI Verlag, Düsseldorf (2000)
131. Förster, H.J.: Stufenlose Fahrzeuggetriebe in mechanischer, hydrostatischer, hydrodynamischer, elektrischer Bauart und in Leistungsverzweigung. Verlag TÜV Rheinland, Köln (1996)
132. Seiffert, U., Walzer, P.: Automobiltechnik der Zukunft. VDI-Verlag, Düsseldorf (1989)
133. Walzer, P.: Die Fahrzeug-Gasturbine. VDI-Verlag, Düsseldorf (1991)
134. Biermann, J. W.: Untersuchungen zum Einsatz von Schwungradspeichern als Antriebselemente für Kraftfahrzeuge. Dissertation, RWTH Aachen (1981)
135. Widmer J., Asper H.K.: Woven ribbon composite flywheel with self-centering hub. Proceedings of the 20th Intersociety Energy Conversion Engineering Conference IECEC, Bd. 2, S. 538–543. SAE, Warendale, USA (1985)
136. Sprengel, U., et al.: Positionspapier zur Energieversorgung in der Raumfahrt. Deutsche Forschungs- und Versuchsanstalt für Luft- und Raumfahrt (DLVR), Stuttgart (1986)
137. Reiner, G., Reiner, K.: Energetisches Betriebsverhalten eines permanenterregen Drehmassenspeichers in Theorie und. VDI-Tagung Energiespeicher für Strom, Wärme und Kälte, Leipzig, 1994. VDI-Berichte, Bd. 1168 (1994)
138. Tholen, F.J.M.: Development of an advanced high speed flywheel energy storage system. Thesis, Eindhoven University of Technology Holland (1993)
139. v. Druten, R.M., et al.: Design Optimization of a Compact Flywheel System for Passenger Cars. In: Hybridantriebe. VDI-Bericht, Bd. 1459, S. 331–343. VDI-Verlag, Düsseldorf (1999)
140. Khammas, A.: Buch der Synergie. Damaskus (2007)
141. Reiner, G., Weck, W.: Operation experience with magnetodynamic flywheel storage systems in public transport buses. EESAT 2000, Orlando, Florida, September 2000
142. Kawamura, T., Atarashi, H., Takehiro, M.: Development of F1 KERS motor. Automobile R&D Center, Honda R&D Co. Ltd., Japan (2010)
143. Feulner, P., Atkins, A.: Reducing CO_2. The Ricardo mechanical hybrid drive. Ricardo Deutschland Aachen Kolloquium, 05. Oktober 2010
144. Feulner, P., Atkins, A.: Der mechanische Hybridantrieb von Ricardo. MTZ, Springer Fachmedien, Wiesbaden (Februar 2011)
145. Buschmann, H., Koeßler, P.: Handbuch für den Kraftfahrzeugingenieur. Gasturbinen, S. 485–510. Deutsche Verlags-Anstalt, Stuttgart (1991)

146. Kolk, M.: Ein Schwungrad-Energiespeicher mit permanentmagnetischer Lagerung. Bericht des Forschungszentrums. Forschungszentrum Jülich, Jülich (1997)
147. Steimle, F.: Stirling-Maschinen-Technik: Grundlagen, Konzepte und Chancen. C. F. Müller, Heidelberg (1996)
148. Ter-Gazarian, A.: Energy Storage for Power Systems. Peter Peregrinus (1994)
149. van Basshuysen, R., Schäfer, F. (Hrsg.): Handbuch Verbrennungsmotor. Vieweg+Teubner, Wiesbaden (2011)
150. Walker, G., et al.: The Stirling Alternative, Power Systems, Refrigerants and Heat Pumps. Gordon and Breach Science Publishers (1994)

Literatur zu Abschnitt 4.3.5

151. Westerkamp, L.: The Erren-Hydrogen Engine. ATZ **19**, 523 (1939)
152. Oehmichen, M.: Hydrogen as Engine Fuel. Deutsche Kraftfahrtforschung, Bd. 68. VDI-Verlag, Berlin (1942)
153. Pehr, K., Burckhardt, S., Koppi, J., Korn, T., Patsch, P.: With Hydrogen into the future – The BMW 750 hL. ATZ **2** (2002)
154. http://www.ford.com/en/innovation/engineFuelTechnology/hydrogenInternalCombustion.htm
155. Mazda Motor Corp: Company Website, History of Rotary since 1967. http://www.mazda.com/history/rotary/index.html. Zugegriffen: 24. November 2003
156. Schüers, A., Abel, A., Artmann, R., Fickel, Chr., Preis, M.: The 12-Cylinder Hydrogen Engine in the BMW 750hL. MTZ **55**(9), 476–487 (1994)
157. MAN Nutzfahrzeuge AG: MAN – Hydrogen Powertrain for City Busses. Technical Information. MAN Nutzfahrzeuge AG, Nürnberg (1996)
158. Furuhama, S., Kobayashi, Y.: Hydrogen cars with LH2-tank, LH2-pump and cold GH2-injection two-stroke engine. SAE Paper 820349
159. Kiesgen, G., Berger, E., Gruber, M., Staar, B.: Die Weiterentwicklung des Wasserstoffantriebs im BMW 7er. Innovative Fahrzeugantriebe, Dresden, 11./12. November 2004
160. Berckmüller, M., Rottengruber, H., Eder, A., Brehm, N., Elsässer, G., Müller-Alander, G., Schwarz, C.: Potentials of a charged SI-hydrogen engine. SAE Paper 2003-01-3210
161. Rottengruber, H., Berckmüller, M., Elsässer, G., Brehm, N., Schwarz, C.: A high efficient combustion concept for direct injection hydrogen internal combustion engines. 15th World Hydrogen Conference, Yokohama (Japan), 27. Juni–2. Juli 2004
162. Rottengruber, H.: Nitrogen oxide formation in the hydrogen diesel engine. TU München (1999)
163. Witt, A.: Analysis of thermodynamical losses of a SI-engine under conditions of variable camphasing. Technische Universität, Graz (1999)
164. Göschel, B.: The hydrogen combustion engine as the drive system for the BMW of the future. 24th International Engine Symposium, Vienna, 16. Mai 2003
165. Enke, W., Gruber, M., Hecht, L., Staar, B.: Der bivalente V12-Motor des BMW Hydrogen 7. MTZ **68**(6), 446–453 (2007)
166. Kiesgen, G., Schwarz, C., Rottengruber, H., Berger, E.: Zukünftige Wasserstoffantriebe für leistungsstarke und effiziente Fahrzeuggenerationen. 14th Aachen Colloquium Automobile and Engine Technology, Aachen, Deutschland, Oktober 2005
167. Wallner, T., Lohse-Busch, H., Gurski, S., Duoba, M., Thiel, W., Martin, D., Korn, T.: Fuel economy and emissions evaluation of BMW Hydrogen 7 mono-fuel demonstration vehicles. Int. J. Hydrog. Energy **33**(24), 7607–7618 (2008)
168. Eichlseder, H., Klell, M.: Wasserstoff in der Fahrzeugtechnik, 2. Aufl. Vieweg+Teubner, Wiesbaden (2008)
169. Gerbig, F., Heller, K., Eichlseder, H., Grabner, G.: Innovative Brennverfahrenskonzepte für Wasserstoffmotoren. 11. Tagung – Der Arbeitsprozess des Verbrennungsmotors, Graz, September 2007
170. Eichlseder, H., Spuller, C., Heindl, R., Gerbig, F., Heller, K.: Konzepte für die dieselähnliche Wasserstoffverbrennung. MTZ **01**, 60–66 (2010)
171. Züttel, A., Borgschulte, A., Schlapbach, L.: Hydrogen as a Future Energy Carrier. WILEY-VCH, Weinheim (2008)

Antriebe

Dr.-Ing. Philipp Adomeit, Prof. Dr.-Ing. Roland Baar, Dipl.-Ing. Markus Beck, Dr. Dennis Bönnen, Dipl.-Ing. Richard Dorenkamp, Dr. rer. nat. Ingo Drescher, Dr. Jürgen Greiner, Dr.-Ing. Gerhard Gumpoltsberger, Dr.-Ing. Eckart Heinl, Dipl.-Ing. Emmanuel Jean, Gerhard Kurz, Dipl.-Ing. Heribert Lanzer, Ing. Hermann Pecnik, Dipl.-Ing. MSc Bert Pingen, Prof. Dr. Dr. E.h. Franz Pischinger, Dr. Christoph Sasse, Dr. Klaus-Peter Schindler, Dipl.-Ing. Klaus Spindler und Dipl.-Ing. Klaus Steinel

H.-H. Braess, U. Seiffert (Hrsg.), *Vieweg Handbuch Kraftfahrzeugtechnik*, ATZ/MTZ-Fachbuch,
DOI 10.1007/978-3-658-01691-3_5,

In den über 100 Jahren des Gebrauchs von Kraftfahrzeugen hat sich der Hubkolben-Verbrennungsmotor mit einem Drehzahl-/Drehmomentwandler und einer Anfahr-/Schaltkupplung als bevorzugtes Antriebskonzept durchgesetzt und behauptet. Der Antrieb hat eine Reihe von Aufgaben zu erfüllen, von denen die wichtigsten nachfolgend aufgelistet sind:

- Das Fahrzeug muss aus dem Stillstand anfahren können und bis zu einer bestimmten Endgeschwindigkeit jede gewünschte Geschwindigkeit einstellen lassen.
- Antriebsdrehmoment und -drehzahl müssen schnell regelbar sein, um dynamische Fahrvorgänge zu ermöglichen.
- Der Energieträger muss auf kleinem Raum bei geringem Gewicht einen hohen Energieinhalt bereitstellen. Ohne große Nutzlast- und Raumverluste soll eine möglichst hohe Reichweite ohne Unterbrechung oder Wiederbetankung möglich sein.
- Masse und das Bauvolumen sind möglichst klein zu halten.
- Das gesamte System muss Erschütterungen und Bewegungen ertragen können.
- Der Antrieb soll kurzfristig (auch bei niedrigen und hohen Temperaturen) betriebsbereit sein.

Neben diesen grundlegenden technischen Anforderungen sind auch ökonomische Ziele bei der Herstellung und beim Betrieb des Fahrzeugs zu erfüllen, zunehmend ökologische Bedingungen einzuhalten sowie ein stetig wachsender Anspruch auf Bedienungskomfort zu befriedigen.

Von den zwischenzeitlich immer wieder vorgestellten alternativen Antrieben für Kraftfahrzeuge konnte sich bisher keiner nachhaltig durchsetzen. Ihren speziellen Vorteilen stehen häufig technische oder auch ökonomische Nachteile gegenüber, die einen guten Kompromiss aller zu berücksichtigenden Eigenschaften wie Technik, Kosten, sofortige Einsatzbereitschaft und Reichweite vermissen lassen.

Die vorherrschende Bauform von Kraftfahrzeugmotoren ist der Hubkolben-Verbrennungsmotor, welcher nach dem Prinzip des Ottomotors oder des Dieselmotors arbeitet. Die wesentlichen Unterscheidungsmerkmale sind die Art der Zündung (Fremdzündung beim Ottomotor und Selbstzündung beim Dieselmotor) sowie die Regelung der Last (Quantitäts- bzw. Drosselregelung beim Ottomotor und Qualitätsregelung beim Dieselmotor). Während beim Ottomotor das Verdichtungsverhältnis durch die Klopffestigkeit des Benzins begrenzt wird (Saugmotoren ca. $\varepsilon = 10$ bis 14, Turbomotoren ca. $\varepsilon = 8$ bis 11), sind beim Dieselmotor höhere Verdichtungsverhältnisse (ca. $\varepsilon = 16$ bis 24) zur Darstellung der Selbstzündung erforderlich und tragen auf diese Weise auch zum überlegenen thermischen Wirkungsgrad bei.

5.1 Grundlagen der Motorentechnik

5.1.1 Prozess des Verbrennungsmotors

Im Motor wird die im Kraftstoff chemisch gebundene Energie in einem Arbeitsprozess mit Verbrennung in Wärme und mechanische Arbeit an der Kurbelwelle umgesetzt. Die Theorien für den Arbeitsprozess sind in der Lehre der Thermodynamik beschrieben [1–4]. Ein Charakteristikum ist die »innere Verbrennung«, d. h. der Verbrennungsvorgang findet innerhalb des von Kolben, Zylinder und Zylinderkopf gebildeten Arbeitsraumes statt. Soll fortwährend eine Arbeit erbracht werden, so muss dieser Prozess zyklisch wiederholt werden. Hierzu muss das Arbeitsmedium in seinen Ausgangszustand zurückgeführt werden. Das kann wegen der vorangegangenen Verbrennung im geschlossenen Raum nur durch Austausch der Verbrennungsgase mit frisch zugeführtem Kraftstoff und Luft erfolgen, was als Ladungswechselvorgang bezeichnet wird. Eine übliche Darstellungsweise des Prozessverlaufes ist das p-V-Diagramm, auch Indikatordiagramm genannt, in dem der Verlauf des Druckes im Zylinder in Abhängigkeit vom Zylindervolumen gezeigt ist (■ Abb. 5.1).

5.1.1.1 Viertakt-Verfahren

Beim Viertakt-Verfahren (■ Abb. 5.1) saugt der Kolben auf dem Weg vom oberen (OT) zum unteren (UT) Totpunkt bei geöffnetem Einlassventil

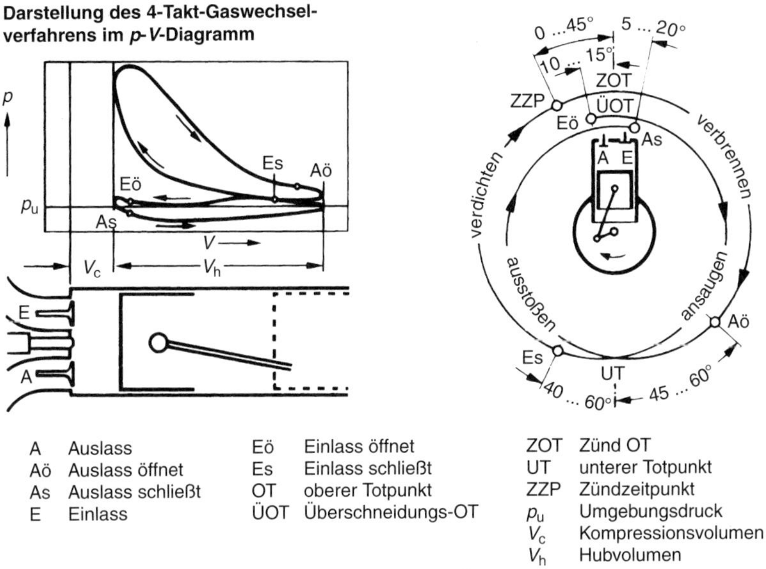

Abb. 5.1 4-Takt-Arbeitsverfahren des Ottomotors

Luft-Kraftstoff-Gemisch an (1. Takt). Nach Schließen des Einlassventils wird der Zylinderinhalt bei der Aufwärtsbewegung des Kolbens vom UT zum OT verdichtet (2. Takt). Druck und Temperatur steigen dabei entsprechend den physikalischen Eigenschaften des im Zylinder befindlichen Gemisches (Luft, Kraftstoff/Kraftstoffdampf, Restgas) an. Kurz vor dem OT erfolgt die Zündung mit anschließender Verbrennung und Expansion des Verbrennungsgases bis zum UT (3. Takt). Das Auslassventil wird geöffnet und die verbrannten Gase werden auf dem Kolbenweg nach OT ausgeschoben (4. Takt). Danach wiederholt sich der 4-Takt-Prozess.

Die im Kreisprozess an den Kolben abgegebene Arbeit W_{KA} wird nach der Beziehung

$$W_{KA} = -\int p(\alpha) \cdot dV$$

ermittelt. Im p-V-Diagramm stellt sich die Arbeit W_{KA} als die im Uhrzeigersinn umfahrene Fläche dar. Die bei Saugmotoren üblicherweise im Gegenuhrzeigersinn umfahrene Fläche (Ladungswechselschleife) ist physikalisch als die vom Triebwerk für den Ladungswechselvorgang aufzubringende Arbeit zu interpretieren.

5.1.1.2 Zweitakt-Verfahren

Beim Zweitakt-Verfahren erfolgt der Ladungswechsel am Ende des Expansionstaktes (Auspuffvorgang) und in der ersten Phase des Kompressionstaktes (Spülvorgang). Hierzu ist ein positives Spüldruckgefälle erforderlich, was den Einsatz entsprechender Spülgebläse notwendig macht. Für kleinere, vorwiegend in Zweirädern eingesetzte Zweitaktmotoren wird hierzu der von der Kolbenunterseite und dem Kurbelgehäuse gebildete Raum als Gemischpumpe genutzt. Bei der sogenannten Umkehrspülung wird die Aufgabe der Gaswechselventile von Schlitzen im unteren Teil des Zylinders übernommen. Bei der Längsspülung dagegen erfolgt der Austausch der Zylinderladung einerseits über Schlitze im unteren Teil des Zylinders und andererseits über Ventile im Zylinderkopf. Diese Bauform findet sich insbesondere im Großmotorenbau für Schiffsantriebe.

Zur Erzielung einer ausreichenden Ausspülung der Restgase aus dem Zylinder ist ein Spülverlust hinzunehmen. Bei Gemischspülung kommt es auf diese Weise zu beträchtlichen Kohlenwasserstoffemissionen, die einen der wesentlichen Nachteile gegenüber dem Viertaktmotor darstellen. Die Vorteile des Zweitaktmotors liegen dagegen in seinem einfachen und kompakten Aufbau.

Im Bereich der Kraftfahrzeugantriebe wird das Zweitaktprinzip heute nur noch im Zweiradsektor angewendet. Mit steigenden Anforderungen an die Abgasemissionen ist von einer weiteren Verdrängung durch Viertaktmotoren auszugehen.

5.1.2 Definitionen und Kenngrößen

5.1.2.1 Leistungskenngrößen

Die Leistung eines Motors wird inkl. aller für den Betrieb des Motors erforderlicher Hilfseinrichtungen unter den in der Norm DIN ISO 1585 festgelegten Bedingungen ermittelt und auf einen »Normzustand« $T_u = 298$ K, $p_u = 990$ mbar (bezogen auf trockene Luft)zurückgerechnet. Der Bezug auf einen festgelegten Zustand der Umgebung ist wichtig, da sich die Motorleistung bei unterschiedlichen Luftzuständen ändert. Sie nimmt mit »dünnerer« Luft ab. Je 100 m Höhenzunahme beträgt die Reduzierung der Motorleistung ca. 1 %. Auch feuchtere Luft verringert die Motorleistung.

Die an die Kurbelwelle abgegebene Nennleistung P_e, in der Norm auch Nettoleistung genannt, berechnet sich nach der Beziehung

$$P_e = M \cdot \omega = 2\pi \cdot M \cdot n$$

wobei n die Motordrehzahl und M das Drehmoment ist. Wenn das Drehmoment in der Einheit [Nm] und die Drehzahl in [1/min] eingesetzt werden, lässt sich die Leistung in [kW] nach der Formel

$$P_e = M \cdot n/9549$$

überschlägig berechnen.

Unter Verwendung der spezifischen Kenngröße p_{me} (effektiver Mitteldruck, siehe ▶ Abschn. 5.1.2.2) berechnet sich die Leistung des Motors zu

$$P_e = i \cdot n \cdot p_{me} \cdot V_H$$

wobei

$i = 1$ beim 2-Takt-Verfahren
$i = 0{,}5$ beim 4-Takt-Verfahren

ist.

Mit der Drehzahl in [1/min], dem effektiven Mitteldruck p_{me} in [bar] und dem Gesamthubraum des Motors V_H in [dm^3] ergibt sich die Beziehung

$$P_e = i \cdot n \cdot p_{me} \cdot V_H/600.$$

Die maximale Leistung eines Motors wird als Nennleistung bezeichnet. Die Drehzahl, bei welcher diese Leistung erreicht wird, heißt Nenndrehzahl. Je nach Auslegung des Ladungswechselprozesses hinsichtlich Ventilsteuerzeiten, Strömungswiderständen der Gaswechselorgane und dynamischer Vorgänge im Ansaug- und Abgassystem liegt diese Drehzahl mehr oder weniger weit unterhalb der maximal zulässigen Drehzahl des Triebwerks.

5.1.2.2 Spezifische Motorkenngrößen

Da die Leistungskenngrößen des Verbrennungsmotors direkt von seiner Größe abhängen, ist es sinnvoll diese Größen in spezifischen, auf das Zylinderhubvolumen bezogene Größen anzugeben. Dies gestattet einen direkten Vergleich von Motoren unterschiedlicher Größe.

Das auf das Hubvolumen bezogene Drehmoment des Motors stellt thermodynamisch gesehen die an den Kolben geleistete Nutzarbeit abzüglich der Reibungsverluste des Triebwerks dar. Physikalisch lässt sich diese Arbeit auch als derjenige Druck interpretieren, welcher, wenn er während des Expansionstaktes konstant im Brennraum herrschen würde, die gleiche Arbeit an den Kolben abgibt wie der zeitlich veränderliche Verbrennungsdruck. Es hat sich deshalb hierfür auch die Bezeichnung Mitteldruck etabliert. Soweit das an der Motorkupplung verfügbare Drehmoment gemeint ist, ist vom effektiven Mitteldruck p_{me} die Rede, der sich nach den folgenden Beziehungen berechnen lässt:

$$p_{me} = P_e/(i \cdot V_H \cdot n)$$

oder

$$p_{me} = (i/2\pi) \cdot (M/V_H).$$

Bei der thermodynamischen Analyse des Motorprozesses ist es oft nützlich, die Reibungsverluste des Triebwerkes außer Acht zu lassen. In diesem Fall interessiert ausschließlich die an den Kolben

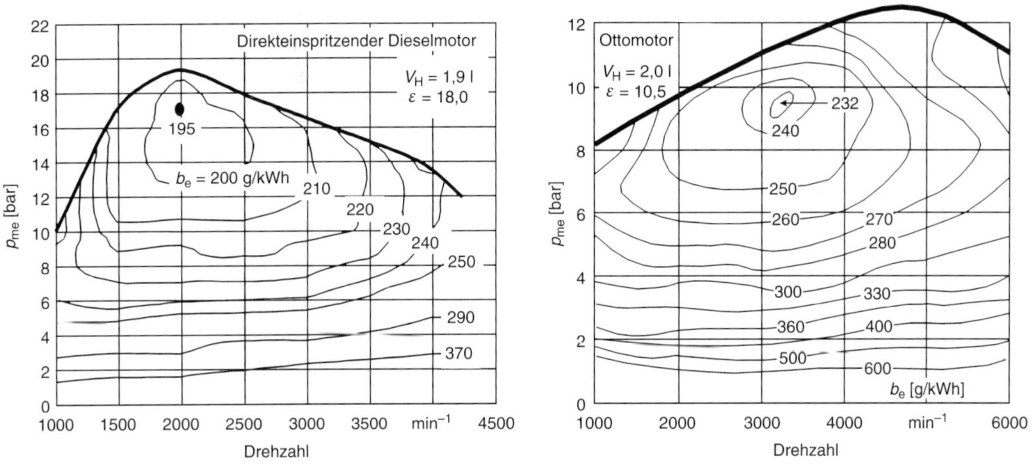

Abb. 5.2 Verbrauchskennfeld typischer Pkw-Motoren

abgegebene Volumenänderungsarbeit. Sie kann messtechnisch mittels Zylinderdruckindizierung erfasst und als das auf das Hubvolumen bezogene Integral $\int p(\alpha)\mathrm{d}V$ berechnet werden. In diesem Fall wird vom indizierten (oder auch inneren) Mitteldruck p_{mi} gesprochen.

Weitere gebräuchliche spezifische Motorkenngrößen sind:

- Hubraumleistung (Literleistung) üblicherweise angegeben in [kW/l]

$$P_H = P_e / V_H$$

- Leistungsmasse üblicherweise angegeben in [kg/kW]

$$m_P = m / P_e$$

- Spezifischer Kraftstoffverbrauch üblicherweise angegeben in [g/kWh]

$$b_e = \dot{m}_B / P_e = 1/(H_u \cdot \eta_e)$$

($\dot{m}_B$ = Kraftstoffmassenstrom in [g/h])

Abbildung 5.2 zeigt am Beispiel des Verbrauchskennfelds die Verwendung der spezifischen Kenngrößen b_e und p_{me} zur vergleichenden Beurteilung unterschiedlicher Motoren.

5.1.2.3 Wirkungsgrade

Die Güte oder Effektivität des Arbeitsprozesses wird üblicherweise mit dem verglichen, was theoretisch unter »idealen« Randbedingungen möglich wäre. Mit idealen Randbedingungen ist eine verlustfreie Prozessführung gemeint, die auch einfachen Berechnungsmethoden zugänglich ist. Aufgrund der diversen den realen Motorprozess bestimmenden Einflussfaktoren ergibt sich eine Wirkungsgradkette des Motors (siehe auch DIN 1940), die sich in die folgenden Schritte aufteilt (Abb. 5.3).

Thermischer Wirkungsgrad des Vergleichsprozesses η_{thv} Als thermodynamisch idealer Vergleichsprozess wird der Gleichraumprozess angenommen, der sich aus einer isentropen Verdichtung (1 → 2), einer isochoren Wärmezufuhr (Verbrennung, 2 → 3), einer isentropen Expansion (3 → 4) und einer isochoren Rückführung des idealen Arbeitsgases auf den Ausgangszustand (4 → 1) des Prozesses zusammensetzt. Als Randbedingungen und Annahmen gelten dabei:

- keine Wärme- und Gasverluste
- kein Restgas
- ideales Gas mit konstanten spezifischen Wärmekapazitäten $c_p, c_v, \kappa = c_p/c_v = 1{,}4$
- unendlich schnelle Wärmezufuhr und -abfuhr
- keine Strömungsverluste.

Der thermische Wirkungsgrad η_{thv} oder auch der Wirkungsgrad des idealen »vollkommenen Motors« ist definiert als

$$\eta_{thv} = (Q_{zu} - Q_{ab})/Q_{zu} = 1 - Q_{ab}/Q_{zu}.$$

Arbeitsdiagramm	Bezeichnung	Randbedingungen	Definition	Wirkungsgrade
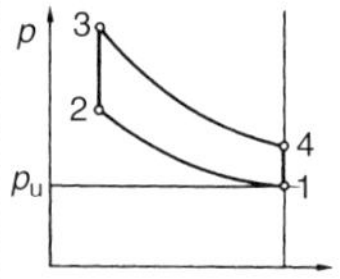	theoretischer Vergleichs-„Gleichraumprozess"	ideales Gas, konstante spezifische Wärme, unendlich schnelle Wärmezu- und -abfuhr usw.	$\eta_{thv} = 1 - \varepsilon^{1-\kappa}$ theoretischer oder thermischer Wirkungsgrad	η_{thv}
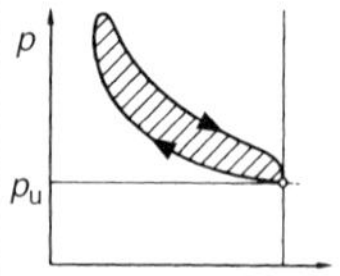	realer Hochdruck-Arbeitsprozess	Wandwärmeverluste, reales Gas, endliche Wärmezu- und -abfuhr Geschwindigkeiten, veränderliche spezifische Wärmen	η_{GHP} Gütegrad des Hochdruckprozesses	η_i η_e
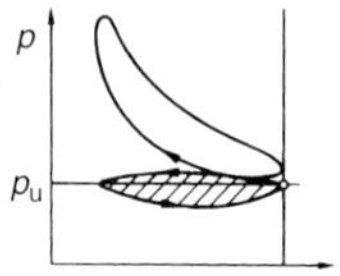	realer Ladungswechsel (4-Takt)	Strömungsverluste, Aufheizung des Gemisches oder der Luft usw.	η_{GLW} Ladungswechselwirkungsgrad	η_G
mechanische Verluste	Verluste wegen Reibung, Kühlung, Nebenaggregate	realer Motor	η_m	η_m η_m

Abb. 5.3 Einzel- und Gesamtwirkungsgrade des Hubkolbenmotors

Mit Q_{zu} (zugeführte Wärmemenge von $2 \rightarrow 3$)

$$Q_{zu} = m \cdot c_v \cdot (T_3 - T_2)$$

und Q_{ab} (abgeführte Wärmemenge von $4 \rightarrow 1$)

$$Q_{ab} = m \cdot c_v \cdot (T_4 - T_1)$$

folgt

$$\eta_{thv} = 1 - (T_4 - T_1)/(T_3 - T_2).$$

Aus der Gleichung für die adiabaten Zustandsänderungen von $1 \rightarrow 2$ und von $3 \rightarrow 4$

$$T \cdot V^{\kappa-1} = \text{const.}$$

lässt sich herleiten:

$$\eta_{thv} = 1 - T_1/T_2$$

und mit

$$T_1/T_2 = (1/\varepsilon)^{\kappa-1}$$

folgt für den thermischen Wirkungsgrad des Gleichraumprozesses

$$\eta_{thv} = 1 - \varepsilon^{1-\kappa}.$$

Diese Beziehung macht den direkten Einfluss des Verdichtungsverhältnisses $\varepsilon = (V_c + V_h)/V_c$ auf den Wirkungsgrad des Verbrennungsmotors deutlich. Hieraus wird auch einer der wesentlichen Unterschiede zwischen dem Ottomotor und dem Dieselmotor ermesslich, weil das Verdichtungsverhältnis des Ottomotors zur Vermeidung klopfender Verbrennung begrenzt ist.

Gütegrad η_G Hierin werden alle Unterschiede zwischen dem »idealen« und dem »realen« Kreisprozess im Hochdruck- (η_{GHP}) und im Niederdruckprozess (η_{GLW}) erfasst. Dies sind das reale Arbeitsgas, das Restgas im Zylinder, die Wandwärmeverluste, die Gasverluste, die Ladungswechselverluste (η_{GLW}) und der reale Verbrennungsablauf. Der Gütegrad berechnet sich nach der Beziehung

$$\eta_G = \eta_{GHP} \cdot \eta_{GLW} = W_i/W_{thv}$$

mit

W_i = indizierte Arbeit, errechnet aus dem realen Druckverlauf, und

W_{thv} = Arbeit des Vergleichsprozesses $= Q_{zu} - Q_{ab}$.

Indizierter (innerer) Wirkungsgrad η_i η_i ist das Verhältnis der am Kolben geleisteten (indizierten) Arbeit zu dem im Brennstoff zugeführten Wärmeäquivalent

$$\eta_i = W_i / W_B$$

$W_B = m_B \cdot H_u$ (Arbeitsinhalt des zugeführten Brennstoffes).

Der Wirkungsgrad η_i ist auch durch das Produkt aus dem thermischen Wirkungsgrad und dem Gütegrad zu beschreiben

$$\eta_i = \eta_{thv} \cdot \eta_G .$$

Mechanischer Wirkungsgrad η_m Im mechanischen Wirkungsgrad werden die Verluste aus der Reibung in Triebwerk und Zylinderkopf sowie die Antriebsleistung der Nebenaggregate (Öl-, Wasser- und Kraftstoffpumpe, Generator usw.) berücksichtigt.

$$\eta_m = W_e / W_i$$

W_e = an der Kupplung effektiv verfügbare Arbeit.

Effektiver Wirkungsgrad η_e Der Gesamtwirkungsgrad des Motors, auch effektiver Wirkungsgrad η_e genannt, ist das Produkt aller Einzelwirkungsgrade der Wirkungsgradkette:

$$\eta_e \eta_{thv} \cdot \eta_G \cdot \eta_m$$

Er entspricht dem Verhältnis W_e / W_B von effektiv an der Kupplung verfügbarer Arbeit zu dem mit dem Kraftstoff zugeführten Arbeitsvermögen.

Aktuelle Fahrzeugmotoren erreichen effektive Wirkungsgrade von $\eta_e = 0,36$ für Pkw-Ottomotoren bis zu $\eta_e = 0,43$ für Dieselmotoren. Diese Bestwerte werden in dem vom effektiven Mitteldruck und von der Motordrehzahl aufgespannten Motorkennfeld bei üblicher Auslegung etwa in der Mitte des Drehzahlbandes und etwas unterhalb der Volllastkurve erreicht (siehe auch ◘ Abb. 5.2).

5.1.3 Bauarten

5.1.3.1 Hubkolbenmotoren

5.1.3.1.1 Bauformen

Die im Kraftfahrzeugbau anzutreffenden Motorbauformen sind Reihenmotoren, V-Motoren, Boxermotoren und selten auch W-Motoren (◘ Abb. 5.4). Eine Untergattung des V-Motors stellt die VR-Bauform dar, bei der die beiden Zylinderbänke mit engem V-Winkel unter einem gemeinsamen Zylinderkopf angeordnet sind. 1- und 2-Zylinder-Motoren sind nur bei Krafträdern üblich. Im Pkw-Sektor werden 2-, 3-, 4-, 5-, 6-, 8-, 10- und 12-Zylinder-Motoren eingesetzt, in Einzelfällen und Prototypen auch 16- und 18-Zylindermotoren in V-, V-VR und W-Bauform.

Die Zählfolge der Zylinder ist nach DIN 73021 für Kraftfahrzeugmotoren genormt (für allgemeine Verwendung und Schiffsmotoren gilt nach ISO 1204, 1205 die umgekehrte Richtung, von der Kraftabgabe aus gesehen). Die Zylinder werden von der der Kraftabgabe (Schwungrad) gegenüberliegenden Seite fortlaufend nummeriert. Bei Motoren mit mehreren Zylinderbänken werden zunächst die Zylinder der in Blickrichtung auf die Kraftabgabeseite links von der Kurbelwellenachse liegenden Zylinderbank durchgezählt und nachfolgend die Zylinder der in Drehrichtung des Uhrzeigers um die Motorachse folgenden Zylinderbänke.

Die Zündfolge ist die Reihenfolge, in der die Zylinder nacheinander zünden. Sie wird durch die Bauart des Motors sowie durch das Anstreben gleicher Zündabstände, einfach herstellbarer Kurbelwellenformen sowie günstiger Beanspruchung der Kurbelwelle bestimmt. Bei der Angabe der Zündfolge wird mit Zylinder 1 (Zählfolge, s. o.) begonnen.

Reihenmotoren (Beispiel 1) werden heute bis zu 6-Zylinder-Ausführungen gebaut und haben eine Kurbelwellenkröpfung je Zylinder und in der Regel einen einstückigen Zylinderkopf. Die Boxermotoren (Beispiel 4) mit 180° gegenüberliegenden Zylinderreihen haben auch eine Kurbelwellenkröpfung je Zylinder und einen Zylinderkopf je Zylinderreihe.

V-Motoren (Beispiel 2) sind dadurch charakterisiert, dass von einer Kurbelwellenkröpfung

Bauformen von Hubkolbenmotoren

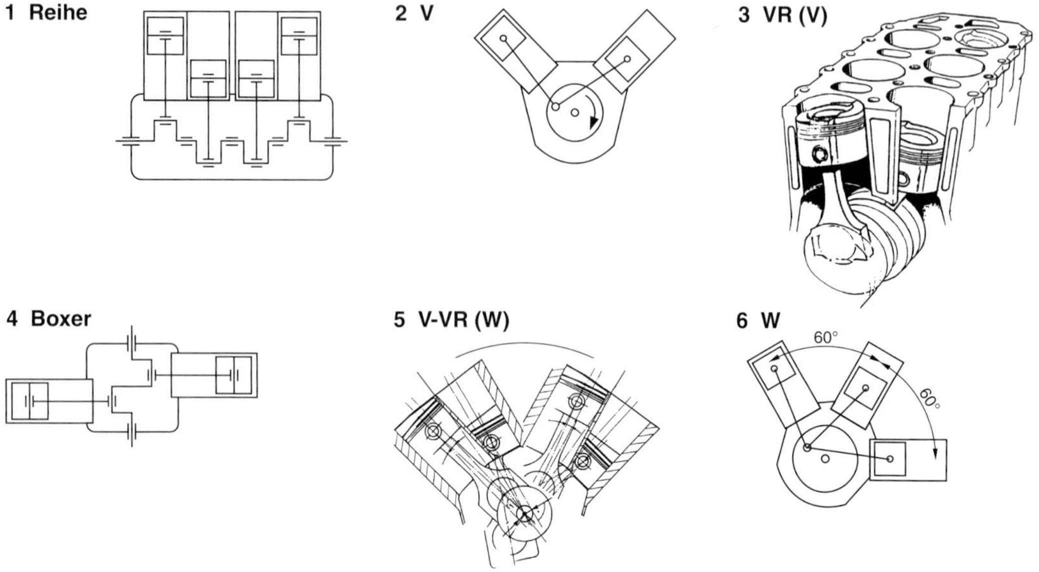

Zählrichtung	Zylinder- zahl	Übliche Zündfolge (Beispiele)
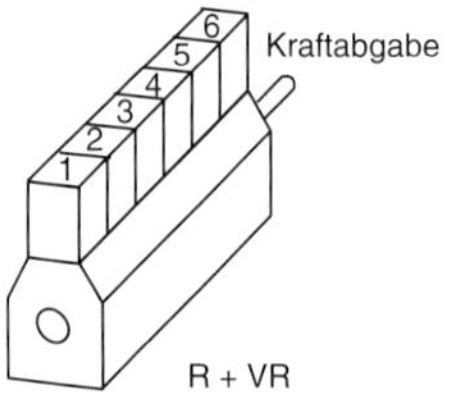	3 4 5 6	1 3 2 oder 1 2 3 1 3 4 2 oder 1 2 4 3 1 2 4 5 3 oder 1 5 2 3 4 1 5 3 6 2 4 oder 1 2 4 6 5 3 oder 1 4 2 6 3 5 oder 1 4 5 6 3 2
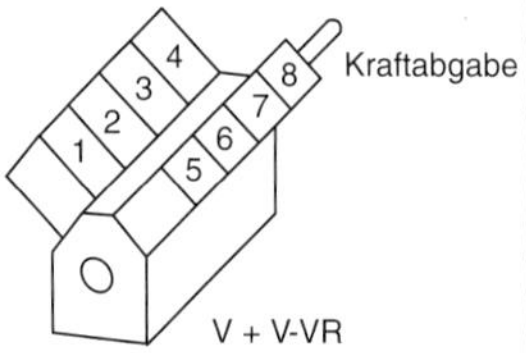	4 6 8 10 12 16	1 3 2 4 1 2 5 6 4 3 oder 1 4 5 6 2 3 1 6 3 5 4 7 2 8 oder 1 5 4 8 6 3 7 2 oder 1 8 3 6 4 5 2 7 1 6 2 8 4 9 5 10 3 8 oder 1 6 5 10 2 7 3 8 4 9 1 7 5 11 3 9 6 12 2 8 4 10 oder 1 12 5 8 3 10 6 7 2 11 4 9 1 14 9 4 7 12 15 6 13 8 3 16 11 2 5 10
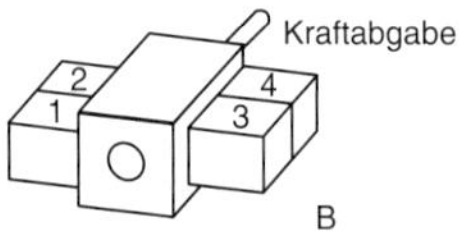	4 6	1 4 3 2 1 6 2 4 3 5
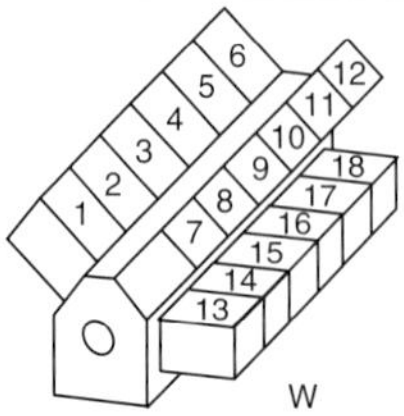	18	1 14 18 15 17 13 9 11 7 10 8 12 16 4 2 6 3 5

Abb. 5.4 Bauformen, Zählrichtung und Zündfolge von Kraftfahrzeugmotoren

zwei Pleuel von je einer Zylinderbank betrieben werden. Jede Zylinderbank verfügt über einen gemeinsamen Zylinderkopf. Der Winkel zwischen den Zylinderbänken ist entweder 60°, 72° oder 90°. Der V-Winkel ist von der Anzahl der Zylinder (gleichmäßige Zündfolge) oder vom Leitmotor einer Motorfamilie mit unterschiedlichen Zylinderzahlen abhängig. Einen Sonderfall stellt das im Bild gezeigte Beispiel 3 dar, bei dem der V-Winkel auf 15° so eng zusammengerückt ist, dass nur ein einteiliger Zylinderkopf für beide Zylinderbänke gebraucht wird, wobei in diesem Fall die Kurbelwelle für jeden Zylinder eine eigene Kröpfung hat. Hiernach wäre er als Reihenmotor zu benennen, und dementsprechend ist auch die Zählfolge der Zylinder angegeben. Darum wurde dieser Motor anfänglich auch als VR-Motor bezeichnet, was die nicht eindeutige Bauformzuordnung zu den Reihen- oder V-Motoren beschreibt. Erwähnenswert ist weiterhin der geschränkte Kurbeltrieb dieses Motors. Die Schnittlinie der beiden Ebenen durch die »ungeraden« Zylinder 1, 3 usw. und der »geraden« Zylinder 2, 4 usw. liegt unterhalb der Kurbelwellenachse. Folglich beträgt der Abstand vom OT zum UT für die Zylinder 1, 3, … weniger als 180° KW und für die Zylinder 2, 4, … mehr als 180° KW.

Als weitere Variante dieser VR-Motorbauart werden auch V-VR-Motoren (Beispiel 5) ausgeführt, auf die auch die Bezeichnung W-Motor angewendet wird. Hierbei arbeiten auf einer Kröpfung zwei Pleuel von je einer VR-Zylinderbank. Die Zählfolge wird wie beim V-Motor je Seite angegeben.

Auch das im Bild gezeigte Beispiel 6 wird als W-Motor bezeichnet. Dieses Triebwerk hat 3 Zylinderbänke im Winkel von je 60° zueinander und wird mit $3 \times 6 = 18$ Zylindern ausgeführt. Auf einer Kurbelkröpfung laufen drei Pleuel. Hauptvorteil dieser Konstruktionen ist, dass eine große Anzahl von Zylindern sehr kompakt in der Baulänge unterzubringen ist und ein sehr gleichförmiger, vibrationsarmer Motorlauf erreicht wird.

Während die breite Masse der Pkw-Motorisierungen mit 4-Zylinder-Motoren im Hubraumbereich von ca. 1,2 bis 2,0 l Hubraum ausgeführt ist, kommen im Bereich der Kompakt- und Sub-Kompaktklasse vermehrt 3-Zylinder-Motoren und in jüngster Zeit auch 2-Zylinder-Motoren zum Einsatz. Die 3-Zylinder-Motoren werden häufig konstruktiv von vorhandenen 4-Zylinder-Motorfamilien abgeleitet, was zu gerade in diesem Marktsegment wichtigen günstigen Entwicklungs- und Herstellkosten führt. Im Komfort- und Luxussegment kommen weiterhin 6-, 8- und 12-Zylinder-Motoren zum Einsatz. Insgesamt ist eine Entwicklung zu geringeren Zylinderzahlen zu beobachten, die durch den zunehmenden Anteil aufgeladener Motoren mit gleichzeitig gesteigertem Aufladegrad verursacht wird.

5.1.3.1.2 Kinematik des Kurbeltriebs

Der Kurbeltrieb dient dazu, die durch die Verbrennung bewirkte Gaskraft über die hin- und hergehende Bewegung des Kolbens in eine Rotationsbewegung und ein Nutzdrehmoment zu wandeln [5–8]. Aus der Geometrie des Kurbeltriebs (■ Abb. 5.5) lässt sich für den Weg s_K des Kolbens in Abhängigkeit vom Kurbelwinkel α, ausgehend vom oberen Totpunkt, mit dem Pleuelstangenverhältnis $\lambda = r/l$ ableiten:

$$s_K = r(1-\cos\alpha) + l(1-\sqrt{1-\lambda^2\sin^2\alpha}).$$

Näherungsweise gilt:

$$s_K \approx r \cdot (1-\cos\alpha + \lambda/2\sin^2\alpha).$$

Für die Kolbengeschwindigkeit folgt daraus

$$\dot{s}_K = \omega \cdot r \cdot \sin\alpha\,(1 + \lambda \cdot \cos\alpha)$$

mit

$$\omega = \pi \cdot n$$

und die Kolbenbeschleunigung

$$\ddot{s}_K = \omega^2 \cdot r(\cos\alpha + \lambda\cos 2\alpha).$$

Der Verlauf der Beschleunigung über dem Kurbelwinkel α und über dem Kolbenweg s_K für verschiedene Werte von λ sind auch in ■ Abb. 5.5 dargestellt. Bei $\lambda = 0$, d. h. unendlich langem Pleuel, sind Kolbenweg, -geschwindigkeit und -beschleunigung rein sinusförmig.

5.1.3.1.3 Kräfte und Momente im Triebwerk

Neben den Gaskräften wirken im Hubkolbentriebwerk infolge der zyklischen Arbeitsweise und des

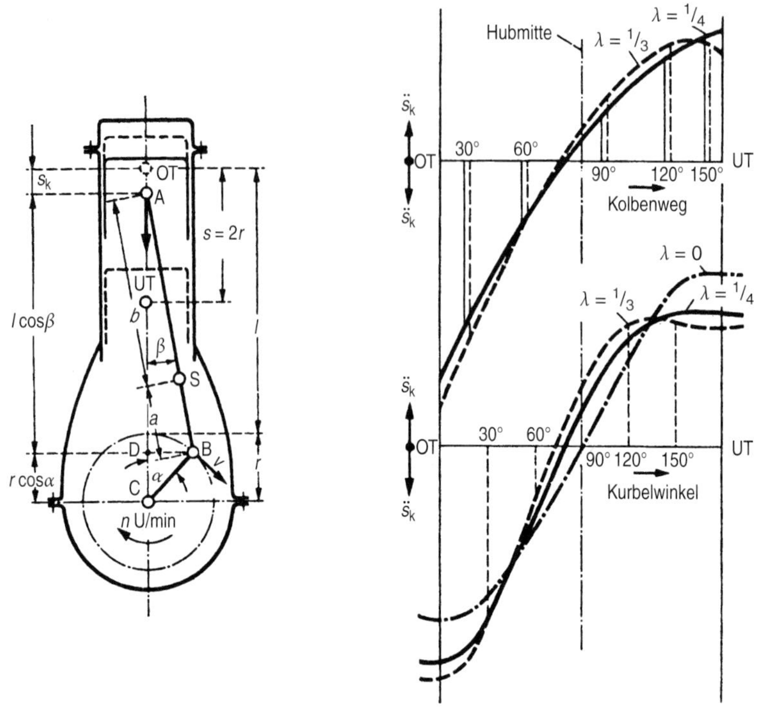

Abb. 5.5 Geometrie und Beschleunigungen der oszillierenden Massen des Kurbeltriebs

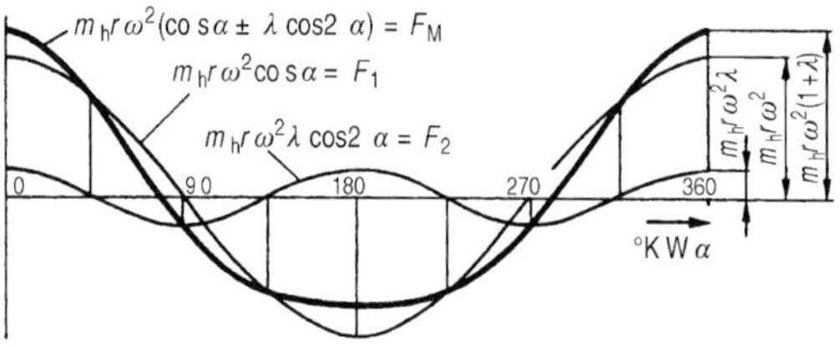

Abb. 5.6 Aufteilung der oszillierenden Massenkraft in Grund- und Oberschwingung

ungleichförmigen Bewegungsablaufes Massenkräfte. Dabei wirken »innere« und »äußere« Kräfte. Die »inneren« Kräfte sind für die Auslegung von Kolben, Pleuel, Kurbelwelle und Lagern bestimmend, die freien »äußeren« Kräfte verursachen Kräfte und Momente des Motors, die sich in Schwingungen auswirken, in den Motorlagern aufgenommen werden müssen und auf diesem Weg in die Struktur des Fahrzeuges eingeleitet werden.

Aus der Beschleunigung folgt für die oszillierende Massenkraft F_M in Zylinderrichtung

$$F_M = m_h \cdot r \cdot \omega^2 \cdot (\cos\alpha + \lambda \cos 2\alpha).$$

Annähernd gilt für die oszillierende Masse

$$m_h \approx 1/3 \cdot m_S + m_K$$

(m_S = Pleuelmasse, m_K = Kolbenmasse).

Der Verlauf der oszillierenden Kraft kann grafisch veranschaulicht werden, wenn die Glieder mit $\cos\alpha$ und mit $\cos 2\alpha$ über dem Kurbelwinkel aufgetragen werden (Abb. 5.6). Der sinusförmige Verlauf der Massenkraft 1. Ordnung wird überlagert von der Massenkraft 2. Ordnung mit zwei vollen Schwingungen je Kurbelwellenumdrehung. In der Überlagerung beider Kraftverläufe ergibt sich eine Überhöhung im OT und eine Minderung im UT.

Die rotierende Masse ist näherungsweise

$$m_r \approx 2/3 \cdot m_S + m_{Kur}$$

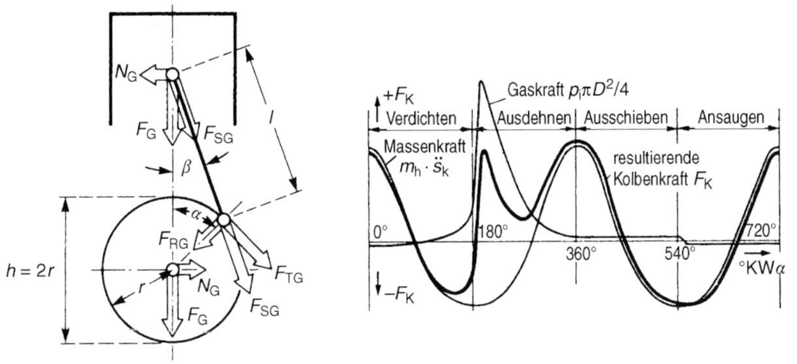

Abb. 5.7 Gaskraftzerlegung und resultierende Kolbenkraft F_K (aus Massen- und Gaskraft)

wobei m_{Kur} die nicht durch Gegengewichte ausgeglichene, auf die Mitte des Kurbelzapfens bezogene rotierende Masse der Kurbelwelle ist.

Damit berechnet sich die rotierende Kraft nach der Beziehung

$$F_r = m_r \cdot r \cdot \omega^2.$$

Die Größe der Kräfte F_M und F_r steigt linear mit der Masse und quadratisch mit der Winkelgeschwindigkeit bzw. Drehzahl an. Das Ziel ist daher, möglichst leichte Kolben, Kolbenbolzen und Pleuel zu bauen und ein möglichst kleines Schubstangenverhältnis λ zu erreichen, also ein langes Pleuel zu verwenden.

Bei Mehrzylinder-Motoren überlagern sich die Massenkräfte der einzelnen Zylinder und heben sich teilweise auf. In Längsrichtung des Motors wirken sie aber in verschiedenen Ebenen im Abstand der Zylindermitten voneinander und bewirken auf diese Weise die sogenannten Massenmomente. Je nach Zylinderanordnung und Kurbelwellenbauform kann dies zu Erhöhungen der äußeren Kräfte und zu Momenten führen, aber auch zur gegenseitigen Aufhebung der Kräfte nach außen. Man spricht von den »freien« Kräften und Momenten des Motors. Einige der meist verbreiteten Bauformen und deren freie Massenkräfte und -momente der 1. und 2. Ordnung (ohne Massenausgleichsmaßnahmen) sind in der Tab. 5.1 dargestellt.

Die auf den Kolben wirkende Gaskraft F_G teilt sich in die auf das Pleuel wirkende Stangenkraft F_{SG} und die an der Zylinderwand abgestützte Seitenkraft N_G auf (Abb. 5.7). Die Stangenkraft F_{SG} wiederum bewirkt an der Kurbelwellenkröpfung eine Radialkraft F_{RG} sowie die tangential wirkende Kraft F_{TG}, die am Kurbelradius r angreift und das Drehmoment auf die Kurbelwelle überträgt. Mit dem Kurbelwinkel α, dem Schwenkwinkel β der Pleuelstange und dem Pleuelstangenverhältnis λ kann analog zur Herleitung der Massenkräfte berechnet werden:

Werden nun die auf den Kolben wirkende periodisch veränderliche Gaskraft und die periodisch wirkenden Massenkräfte der Triebwerksteile zusammengefasst, so erhält man den Verlauf der resultierenden Kolbenkraft F_K, welcher in Abb. 5.7 qualitativ gezeigt ist. Die Größe der Gaskräfte verändert sich nahezu linear mit der Motorlast während die Massenkräfte quadratisch mit der Motordrehzahl ansteigen. Bei kleinen Drehzahlen und Volllast ist deshalb die Gaskraft bestimmend, bei hohen Drehzahlen dominieren dagegen die Massenkräfte.

Arbeiten in einem Motor mehrere Zylinder mit relativ zueinander verschränkten Kurbelkröpfungen auf eine Welle, so überlagern sich die einzelnen Drehkräfte. Der daraus resultierende Drehkraftverlauf F_T ist in Abb. 5.8 für verschiedene Motorbauarten über ein Arbeitsspiel von 720° KW dargestellt. Er regt die Kurbelwelle zu Drehschwingungen an, die maßgeblich für die Dauerfestigkeit der Kurbelwelle sind. Je mehr Zylinder auf eine Welle wirken, desto geringer ist die Ungleichförmigkeit der Drehkraft und sie nähert sich der mittleren Drehkraft F_{Tm} an. Die

Tabelle 5.1 Freie Kräfte und Momente 1. und 2. Ordnung (ohne Ausgleichsmaßnahmen) einiger gebräuchlicher Motorbauarten
$F_r = m_r \cdot r \cdot \omega^2 F_1 = m_h \cdot r \cdot \omega^2 \cdot \cos a F_2 = m_h \cdot r \cdot \omega^2 \cdot \lambda \cdot \cos 2a$

Zylinderanordnung	Freie Kräfte 1. Ordnung[1)]	Freie Kräfte 2. Ordnung[1)]	Freie Momente 1. Ordnung[1)]	Freie Momente 2. Ordnung[1)]	Zündabstände
2-Zylinder					
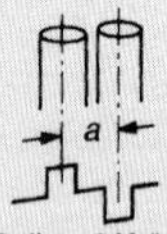 Reihe, 2 Kröpfungen	0	$2 \cdot F_2$	$F_1 \cdot a$	0	180°/540°
3-Zylinder					
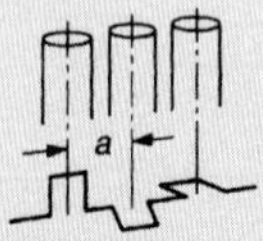 Reihe, 3 Kröpfungen	0	0	$\sqrt{3} \cdot F_1 \cdot a$	$\sqrt{3} \cdot F_2 \cdot a$	240°/240°
4-Zylinder					
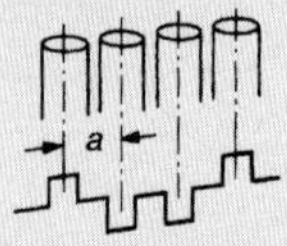 Reihe, 4 Kröpfungen	0	$4 \cdot F_2$	0	0	180°/180°
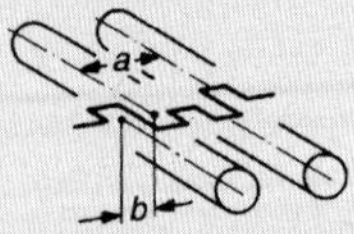 Boxer, 4 Kröpfungen	0	0	0	$2 \cdot F_2 \cdot b$	180°/180°
5-Zylinder					
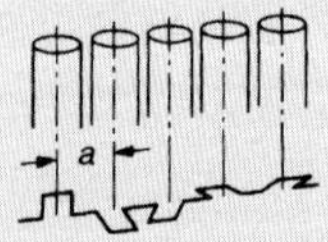 Reihe, 5 Kröpfungen	0	0	$0{,}449 \cdot F_1 \cdot a$	$0{,}449 \cdot F_2 \cdot a$	144°/144°
6-Zylinder					
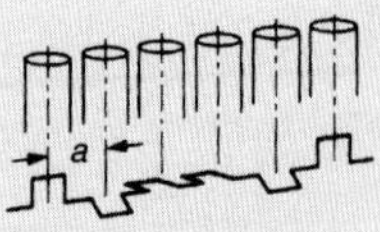 Reihe, 6 Kröpfungen	0	0	0	0	120°/120°

1) Ohne Gegengewichte

Tabelle 5.1 (Fortsetzung)

Zylinderanordnung	Freie Kräfte 1. Ordnung[1]	Freie Kräfte 2. Ordnung[1]	Freie Momente 1. Ordnung[1]	Freie Momente 2. Ordnung[1]	Zündabstände
6-Zylinder					
 V 90°, 3 Kröpfungen	0	0	$\sqrt{3} \cdot F_1 \cdot a$[2]	$\sqrt{6} \cdot F_2 \cdot a$	150°/90°
 Normalausgleich V 90°, 3 Kröpfungen 30° versetzte Hubzapfen	0	0	$0{,}4483 \cdot F_1 \cdot a$ 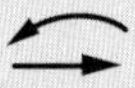	$(0{,}966 \pm 0{,}256)\sqrt{3} \cdot F_2 \cdot a$ 	120°/120°
 Boxer, 6 Kröpfungen	0	0	0	0	120°/120°
 V 60°, 6 Kröpfungen	0	0	$3 \cdot F_1 \cdot a/2$	$3 \cdot F_2 \cdot a/2$	120°/120°
8-Zylinder					
 V 90°, 4 Kröpfungen in zwei Ebenen	0	0	$\sqrt{10} \cdot F_1 \cdot a$[2]	0	90°/90°
12-Zylinder					
 V 60°, 6 Kröpfungen	0	0	0	0	60°/60°

1) ohne Gegengewichte;
2) durch Gegengewichte voll ausgleichbar

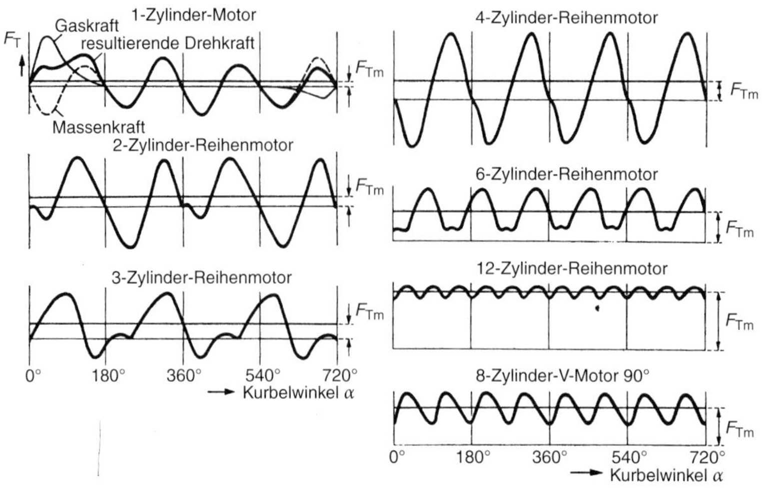

Abb. 5.8 Verlauf der Drehkraft F_T bei verschiedenen Motorbauarten

verbleibenden Schwankungen der Drehkraft über dem Arbeitsspiel bewirkt eine ungleichförmige Drehgeschwindigkeit am Kurbelwellenende. Der Ungleichförmigkeitsgrad ist dabei definiert als

$$\delta_S = (\omega_{max} - \omega_{min})/\omega_{min}.$$

Er muss durch die Massenträgheit des Schwungrades auf ein Maß zurückgeführt werden, das dem Anwendungsfall angemessen ist (Kompromiss aus Drehgleichförmigkeit und spontanem Beschleunigungs-Hochlaufverhalten).

Die freien Kräfte und Momente können durch rotierende Ausgleichsmassen mit Kurbelwellendrehzahl (1. Ordnung) oder mit doppelter Kurbelwellendrehzahl (2. Ordnung) voll oder zumindest teilweise kompensiert werden, sodass in den Motorlagerungen keine oder nur geringe Kräfte aus den Massenbewegungen des Triebwerks aufgenommen werden müssen. Die Auslegung der Motor- und Getriebelagerung konzentriert sich dann auf die Abstützung der Reaktionskräfte aus dem Abtriebsmoment des Motor-Getriebe-Verbunds und aus den Massenträgheiten des Gesamtmotors im längs, hoch und quer beschleunigten Fahrzeug in Fahrt.

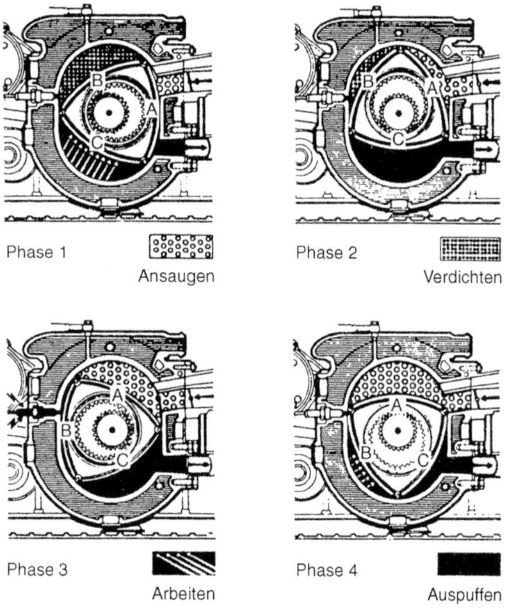

Abb. 5.9 Prinzip des Wankelmotors

5.1.3.2 Rotationskolbenmotoren

Unter den Rotationskolbentriebwerken hat der 2:3-Kreiskolbenmotor, auch unter dem Namen Wankelmotor bekannt geworden, eine praktische Anwendung im Motorenbau gefunden (Abb. 5.9). Seine Vorteile beruhen auf dem vollkommenen Massenausgleich und der daraus resultierenden großen Laufruhe, seiner kompakten Bauweise und dem Entfall des Ventiltriebes. Wesentliche Nachteile sind sein lang gestreckter Brennraum mit ungünstigem Oberflächen/Volumen-Verhältnis, was zu Quencheffekten und entsprechend hohen HC-Emissionen führt, sowie sein hoher Kraftstoff- und auch Ölverbrauch. Dennoch hat die Firma Mazda nach dem Ersteinsatz bei NSU (Wankel Spider, 1964 und RO 80, 1967) diese Motorenbauart kontinuierlich weiterentwickelt, und wird sie auch weiterhin mit dem für 2012 angekündigten Renesis RX-9 weiterverfolgen. Dies trägt maßgeblich zum Technologieimage der Marke Mazda bei. Für die Zukunft wird auch ein Betrieb mit Wasserstoff geplant [9]. Weiterhin wird der Rotationskolbenmotor auch in einer potentiellen Nutzung als Range Extender, also als zusätzlicher Verbrennungsmotor zur Reichweitensteigerung in einem Elektrofahrzeug, gesehen.

5.1.4 Konstruktion und Motormechanik

Im Motorenbau haben Kunststoffe mit und ohne Faserverstärkung, neue Leichtmetalllegierungen und Kompositmaterialien auf Basis von Aluminium und Magnesium, Sintermetalle und verbesserte Eisenwerkstoffe Einzug gehalten (siehe auch ▶ Kap. 10) [8, 10]. Antrieb für die Entwicklung und den Einsatz neuer Werkstoffe sind das Erreichen verbesserter Funktionalität sowie Gewichtseinsparungen. Daneben wird der Einsatz moderner Werkstoffe vorrangig durch die Material- und Prozesskosten bestimmt. Ein weiterer wesentlicher Gesichtspunkt bei der Auswahl neuer Werkstoffe ist die Recyclefähigkeit. Die Werkstoffe müssen nicht nur in den Stoffkreislauf zurückgeführt werden können, sondern sie sollen zu einem möglichst hohen Anteil selbst aus recyceltem Material bestehen können.

Im Zuge der immer mehr verkürzten Entwicklungszeiten neuer Verbrennungsmotoren kommt der konstruktionsbegleitenden Berechnung eine zunehmende Bedeutung zu. Die unter dem Sammelbegriff CAE (Computer Aided Engineering) zusammengefassten Entwicklungs- und Berechnungsmethoden umfassen die Vorausberechnung thermischer und mechanischer Strukturbeanspruchungen sowie von Strukturschwingungen, die Simulation von Strömungsvorgängen, gasdynamischen Vorgängen bis hin zur vollständigen Simulation eines Fahrzeuges zur Voraussage fahrdynamischer Kenngrößen. CAE-Methoden ermöglichen es heute den Versuchsaufwand deutlich zu reduzieren und bereits mit der ersten Prototypen-Generation ein hohes Maß an Funktionssicherheit und Zuverlässigkeit zu erreichen [11], ▶ Abschn. 11.3. Die weitere Entwicklung bis zum Serienprodukt konzentriert sich dann vornehmlich auf fertigungsbedingte Anpassungen der Detailkonstruktion.

5.1.4.1 Kurbelgehäuse

Der klassische Werkstoff für Zylinderkurbelgehäuse ist Grauguss. Er ist preiswert, leicht zu vergießen und zu bearbeiten, hat gute Laufeigenschaften für den Kolben in der Zylinderbohrung, ist warmfest sowie gut schall- und schwingungsdämpfend. Einige Anwendungen verwenden heute Grauguss mit Vermikulargrafit (GGV), im englischen Sprachgebrauch Compacted Graphite Iron (CGI), dessen Festigkeit höher ist, und der in dünneren Wandstärken vergossen werden kann, was zu beträchtlichen Bauteilgewichtsreduzierungen führt. GGV wird sowohl für Ottomotoren als auch bei größeren Pkw-Dieselmotoren (V6, V8) eingesetzt. Die Hauptlagerdeckel können »gecrackt« werden, d. h. der Bearbeitungs- und Montageaufwand ist reduziert.

Erhebliche Gewichtsreduzierungen bietet der Werkstoff Aluminium. Zylinderkurbelgehäuse aus Aluminiumlegierung werden mit eingesetzten (sogen. nassen) Grauguss-Zylinderbuchsen oder Alu-Zylinderbuchsen mit Nikasilbeschichtung (Nickel-Silizium-Verbindung) ausgerüstet, weil das Grundmaterial nicht als Kolbenlauffläche für Aluminiumkolben geeignet ist. Gehäuse aus übereutektischer Legierung, im Niederdruck-Kokillenverfahren gegossen, erhalten eine geeignete Zylinderlauffläche, indem die bei der Erstarrung ausgeschiedenen Siliziumkristalle an der Oberfläche durch chemisches Ätzen freigelegt werden. Es gibt auch Verfahren, diese Oberfläche auf rein mechanischem Wege herzustellen, wobei die Bearbeitung des harten Materials aber aufwendig ist. Eine weitere Alternative stellt die Beschichtung der Zylinderlauffläche in einem Laserverfahren oder nach einem Plasma-Spritzverfahren mit Keramikpartikeln oder eisenhaltigem Material dar.

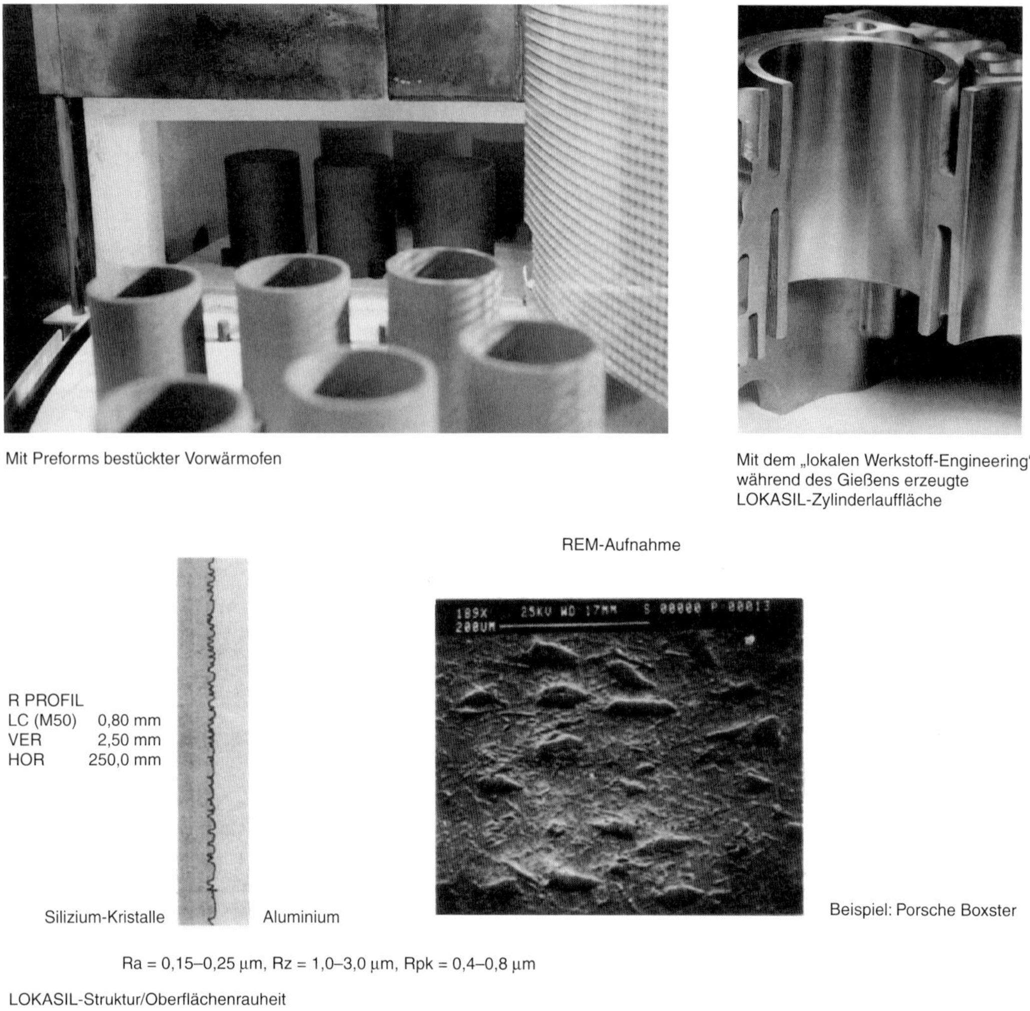

Abb. 5.10 Zylinderkurbelgehäuse in Aluminiumlegierung, Lokasil®-Verfahren (Beispiel Porsche)

Andere Hersteller fertigen dünne Zylinderbuchsen entweder aus übereutektischer Legierung oder in einem speziellen Spritzverfahren, das besonders feine Siliziumkornverteilungen in der Aluminiumlegierung gewährleistet. Diese Buchsen werden in die Druckgussmaschine eingelegt und mit der »Standardlegierung« umgossen. In einem weiteren Verfahren wird die Zylinderlauffläche lokal mit Silizium angereichert. Beim Gießprozess wird ein »Preform« aus Keramikfasern mit Siliziumanlagerungen in die Gussform gelegt und mit »Standardmaterial« vergossen, das den Preform durchdringt. (Squeeze casting, Lokasil®-Verfahren, Abb. 5.10). Im Bereich der Zylinder bildet sich eine der übereutektischen Legierung ähnliche Morphologie der Randschicht aus, die dann durch Honen und Ätzen oder Bürsten zu einer geeigneten Zylinderoberfläche bearbeitet wird.

Die Entwicklung ist heute so weit gediehen, dass nicht nur bei immer mehr Ottomotoren, sondern auch bei den mechanisch sehr hoch beanspruchten Dieselmotoren Aluminium-Zylinderkurbelgehäuse eingesetzt werden können. In dem extrem auf Gewichtsreduzierung ausgelegten 3-Liter Auto von Volkswagen kam ein 1,2 l TDI-Motor aus Vollaluminium zum Einsatz. Der V8 CDI-Motor von

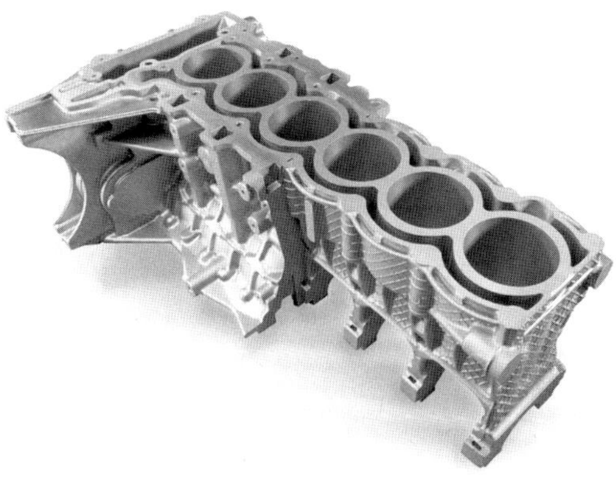

Abb. 5.11 Mg/Al Verbundkurbelgehäuse (BMW AG)

DaimlerChrysler ist in Aluminium mit Grauguss-Buchsen ausgeführt. Bei allen Motoren mit Aluminium-Zylinderkurbelgehäuse werden Kolben mit einer eisenhaltigen dünnen Oberflächenbeschichtung eingesetzt, um insbesondere den Einlauf im Zylinder zu gewährleisten.

Die Ausführung von Kurbelgehäusen in Aluminium erfordert im Vergleich zu Grauguss wegen der abweichenden Schwingungsdämpfungseigenschaften und Festigkeit gezielte Versteifungen, Verrippungen und optimierte Kraftanbindungen, damit der Motor nicht akustisch auffällig wird.

Auch Magnesium findet wieder verstärktes Interesse als Leichtbauwerkstoff im Motorenbau. Die bekannten Probleme hinsichtlich der Korrosionsanfälligkeit und der geringeren Warmfestigkeit von Magnesium versucht man einerseits mit hochreinem Material sowie neuen Legierungen und andererseits mit Verbundkonzepten zu begegnen. Im Motorenbau werden bevorzugt Saugrohre, Zylinderkopfhauben, Abdeckungen und Halter aus Magnesium-Druckguss gefertigt. Einen weiteren Meilenstein hat die BMW AG mit ihrem neuen Reihensechszylinder Ottomotor in Mg/Al-Verbundkurbelgehäuse gesetzt (Abb. 5.11) [12]. Das open-deck Kurbelgehäuse entsteht aus einem Insert aus übereutektischer Aluminiumlegierung, welches in einem Druckgießvorgang mit Magnesium umgossen wird. Zur Versteifung der Gesamtstruktur dient ein Bedplate, welches in Magnesium-Druckguss mit Stahlsinter-Einlagen im Bereich der Hauptlager ausgeführt wird. Es wird von einer Gewichtsreduzierung um 24 % gegenüber einem vergleichbaren Aluminium-Kurbelgehäuse berichtet.

5.1.4.2 Kurbelwelle

Kurbelwellen für Motoren hoher spezifischer Leistung werden aus Vergütungsstahl geschmiedet oder aus Kugelgrafit-Gusseisen gegossen. Durch verbesserte Werkstoffe und Fertigungstechniken können jetzt auch für Motoren höherer Leistungen gegossene Kurbelwellen eingesetzt werden, z. B. auf der Basis von leicht modifiziertem GGG70. Besondere Sorgfalt ist auf die Lage und Ausführung der Ölbohrungen (von den Hauptlagern zu den Pleuellagern) zu legen. Mit Rollverdichten oder Induktionshärten wird die Festigkeit in den hoch belasteten Kehlen am Übergang von den Kurbelwangen zu den Hauptlagern und Pleuelzapfen gesteigert. Die Oberflächen an den Haupt- und Pleuellagern werden gehärtet und geschliffen.

Die Lagerung der Kurbelwelle im Kurbelgehäuse sowie die Lagerung der Pleuel auf dem Kurbelzapfen wird üblicherweise durch hydrodynamische Gleitlager (Mehrschichtlager) ausgeführt [8]. Die Auslegung der Lager erfolgt unter Anwendung moderner Berechnungsverfahren [13]. Bemühungen zur weiteren Minderung der Triebwerkreibung unter Anwendung von Wälzlagern sind vereinzelt veröffentlicht worden [14], befinden sich aber noch im Stadium der Vorausentwicklung.

5.1.4.3 Pleuel

Pleuelstangen werden für normale Belastungsfälle in GTS-70 gegossen. Hochbeanspruchte Pleuel sind aus Vergütungsstahl Ckxx geschmiedet (Abb. 5.12). Daneben werden Pleuel auch gesintert. Das große Pleuelauge solcher Pleuel lässt sich durch »Cracken« trennen. In der Bruchfläche ergibt sich eine passgenaue Oberflächenstruktur, weshalb auf die sonst notwendigen Passhülsen oder Passbundschrauben und den Aufwand für die mechanische Bearbeitung verzichtet werden kann. Weil auch eine genaue äußere Kontur des Bauteils gewährleistet ist, kann damit das Klassieren der Pleuel vermieden werden. Wegen der Bedeutung für die Massenkräfte werden sonst die Pleuel nach dem Gewicht des großen Pleuelauges und

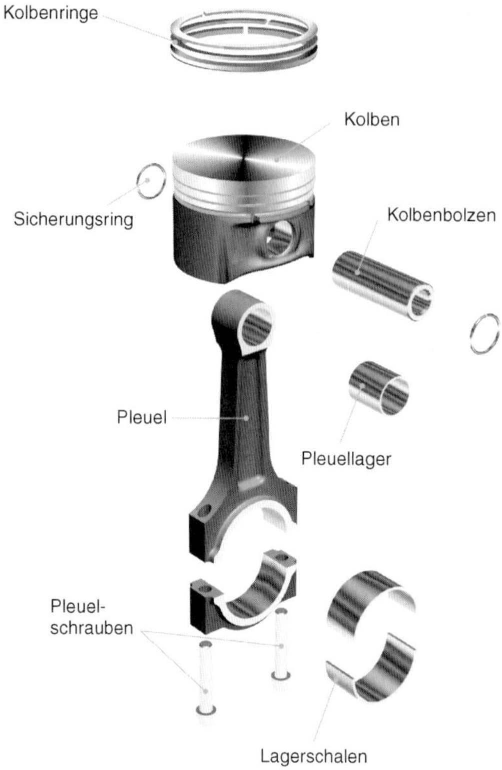

Abb. 5.12 Kolben-Pleuel-Komponenten

des kleinen Pleuelauges klassiert und nur eine Gewichtsklasse je Motor verbaut. An diesem Beispiel wird deutlich, wie durch Systemkostenoptimierung die Mehrkosten des Rohteils durch Einsparung von Bearbeitungs- und Handling-Kosten überkompensiert werden können. Inzwischen hat man auch Guss- und Schmiedestahlwerkstoffe (z. B. C70S6) mit erhöhter Sprödigkeit (weniger duktil) entwickelt, die sich gut cracken lassen und ist so zu noch günstigeren Systemkosten für Guss- und Schmiedepleuel gekommen. Auch bei diesen Lösungen kann die Klassierung weitgehend entfallen, da die Toleranzen im Rohteil wesentlich eingeschränkt worden sind.

Zur weiteren Gewichtsreduzierung dient das sogenannte Trapezpleuel, bei dem das kleine Pleuelauge auf der Zugseite (oberes Lagerteil) schmaler ausgeführt ist. Dies trägt sowohl zur Massenkraft- als auch zur Reibleistungsminderung bei.

5.1.4.4 Kolben

Da die Kolbenmasse direkt in die oszillierende Massenkraft eingeht, bemüht man sich um ausgeprägten Leichtbau (Abb. 5.13). Kolben werden überwiegend in Kokillenguss, bei höherer Belastung und geeigneter Form auch in Druckguss aus speziellen Aluminiumlegierungen hergestellt [8, 15]. Das Material muss besonders warmfest sein, geringe Verschleißneigung aufweisen und hohe Wärmeleitfähigkeit haben sowie gut vergießbar bzw. pressbar sein. Nach der Ausformung folgt eine Wärmebehandlung (Vergütung), die die Festigkeit und Härte sowie die Formstabilität im Betrieb erhöht. Als Maßnahme zur Reduzierung der Wärmeausdehnung des Alu-Kolbens im Zylinder werden so genannte Regelglieder verwendet. Dabei handelt es sich um im Bereich der Bolzennabe eingegossene Stahlblechstreifen, welche die Wärmedehnung des Kolbenschaftes von der Druck-/Gegendruckrichtung in die Bolzenrichtung umlenken. Diese Kolben werden auch als Autothermik- oder Autothermatik-Kolben bezeichnet. Zur Verbesserung des Einlaufverhaltens und als Sicherheit gegen Fressen werden Kolben in der Lauffläche (Kolbenschaft) für Graugusszylinder mit Graphit und für Aluminiumzylinder mit einem eisenhaltigen Material beschichtet.

5.1.4.5 Zylinderkopf

Zylinderköpfe moderner Ottomotoren werden üblicherweise in Aluminiumlegierung AlSixx hergestellt. Wegen der komplexen Geometrie der Ein- und Auslasskanäle, des Kühlwassermantels sowie im Bereich des Ventiltriebs fertigt man sie im Niederdruck-Kokillen-Gießverfahren. Das Material muss gut vergießbar sein. Die Kühlungsanforderungen, insbesondere im Bereich der Zündkerze und der Auslassventile, verlangen oft sehr enge und schmale Wasserführungen, die beim Gießprozess nicht mit dem Gießkern (Sandkern) versintern dürfen. Hochbeanspruchte Zylinderköpfe werden zur Homogenisierung und Steigerung der Warmfestigkeit des Materials anschließend noch wärmebehandelt.

Die Zylinderkopfdichtung stellt ein wesentliches Konstruktionselement dar, welches den gestiege-

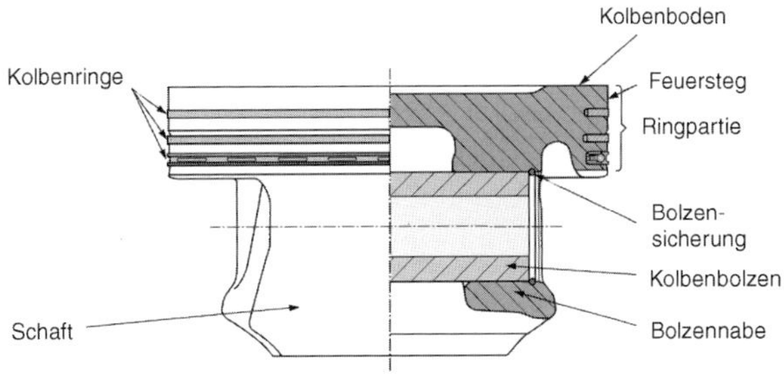

Abb. 5.13 Leichtbaukolben Ottomotor (Beispiel MAHLE)

nen Anforderungen hinsichtlich Dauerhaltbarkeit und steigender Verbrennungsdrücke (insbesondere bei aufgeladenen Dieselmotoren) gewachsen sein muss. Moderne Zylinderkopfdichtungen sind als Mehrlagenstahldichtungen ausgeführt, deren Bereich um den Brennraum mit Sicken versehen ist. Eine als Stopper bezeichnete Gestaltung der Dichtung limitiert die Zusammenpressung dieser Sicken und erhöht somit die Lebensdauer des Dichtsystems [16, 17].

5.1.4.6 Ventiltrieb und Steuertrieb

5.1.4.6.1 Hauptbauteile des Ventiltriebs

Der Ventiltrieb besteht aus den Ein- und Auslassventilen, den sie schließenden Ventilfedern, dem Nockentrieb und den Übertragungsgliedern.

Ventile Ventile werden, zumindest im Ventilteller-Bereich, aus hochwarmfestem und zunderbeständigem Stahl (z. B. NiCr20TiAl, Nimonic) gefertigt. Der Ventilschaft ist aus weniger hoch legiertem Stahl und wird durch Reibschweißen verbunden. Im Ventilsitzbereich sind die Ventilteller entweder mit einem verschleißfesten Material plasmabeschichtet oder gehärtet. Die Auslassventile von Hochleistungsmotoren werden auch mit einem bis in den Ventilteller hineinreichenden Hohlraum, welcher teilweise mit Natrium gefüllt ist, ausgeführt. Durch die schnelle Bewegung des Ventils sorgt das flüssige Natrium (Schmelzpunkt = 97 °C) im Hohlraum für den verbesserten Transport der Wärme vom heißen Ventilteller zum Schaft, von wo sie über die Ventilführung abgeleitet wird.

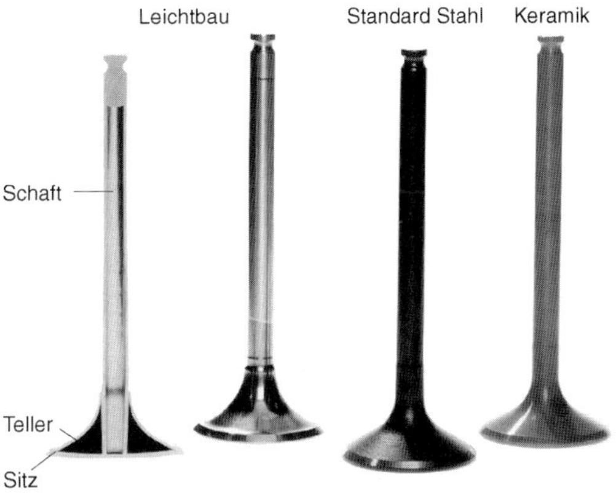

Abb. 5.14 Ventile aus unterschiedlichen Materialien (Beispiel MAHLE)

Da die Ventilmasse direkt in die Ventiltriebskräfte eingeht und auch die notwendige Ventilfedersteifigkeit maßgeblich beeinflusst, werden möglichst leichte Ventile angestrebt. Eine in der Erprobung befindliche Leichtbauvariante eines Ventils ist in Abb. 5.14 gezeigt. Der Ventilschaft ist aus einem Stahlrohr, der Ventilteller aus umgeformtem Blech hergestellt. Gewichtsreduzierungen von 30 bis 40 % sind das Ziel. Alternativ wird auch an Ventilen aus Titan-Werkstoff gearbeitet.

Auch mit Keramik als Ventilwerkstoff können Gewichtsreduzierungen auf weniger als die Hälfte im Vergleich zum Standardventil erreicht werden. Sie konnten sich aber insbesondere wegen offener Fragen zur Sicherstellung einer gleich bleibend guten Qualität und nicht konkurrenzfähiger

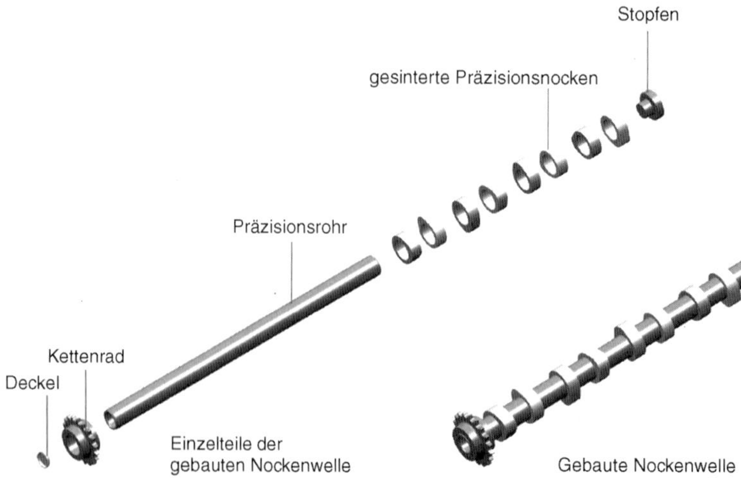

Abb. 5.15 Gebaute Nockenwelle (Beispiel MAHLE)

Herstellkosten in der Großserie bisher nicht durchsetzen.

Nockenwellen Nockenwellen verlangen eine harte, ermüdungs- und verschleißfeste Nockenoberfläche. Hierzu kommen Stahlwerkstoffe (Einsatzstahl, Nitrierstahl) oder Gusseisen mit Lamellen- oder Kugelgrafit, z. B. GGG60 zum Einsatz. Die Nockenoberfläche wird mittels Wolfram-Inertgas-Umschmelzverfahren (WIG) oder induktiv auf die erforderliche Härte gebracht. Auch das Schalenhartgussverfahren (Croning) wird angewandt. Zur Gewichtsreduzierung werden die Wellen auch hohl gegossen oder nachträglich gebohrt.

Neuere Varianten bestehen aus einer Verbundkonstruktion, bei der Nocken, Lager, Antriebsräder, Abstandshülsen und sonst noch erforderliche Teile als Einzelteile (kostengünstig) hergestellt und auf ein Tragrohr in Position aufgeschoben werden. Die feste Verbindung der Elemente zum Tragrohr erfolgt entweder über einen Schrumpfsitz, mit einem Lötverfahren oder durch mechanische Aufweitung von innen oder durch hydraulisches Innenhochdruck-Umformen des Tragrohres (Abb. 5.15). Ziel ist dabei, dass keine weitere Endbearbeitung notwendig ist. Gelegentlich wird noch ein letzter Schliff für die Nockenkontur vorgenommen. Vorteile sind die Freiheit der Materialauswahl für die einzelnen Teile und deutliche Gewichtseinsparungen, die durch den Einsatz eines Rohres anstelle von Vollmaterial erreicht werden. Die Antriebsarten des Ventiltriebes sind in ▶ Abschn. 5.1.4.6.2 beschrieben.

Für Ventiltriebsteile, die aufgrund ihrer Formgebung aufwändig zu bearbeiten wären oder die besondere Legierungen erfordern, werden bevorzugt Sintermetalle eingesetzt. Ölpumpen-, Ketten- und Zahnriemenräder sind »Fertigteile«, die keiner mechanischen Nachbearbeitung mehr bedürfen. Ventil-Schlepp- oder Kipphebel sind weitere Formteile, die nur noch geringe Bearbeitung oder Nacharbeit erfordern. Sie werden sowohl gesintert als auch durch Blechumformung gefertigt. Ventilsitzringe erfordern spezielle warmfeste Legierungen, damit die Ventile sich über die Betriebsdauer nicht »setzen«. Ventilführungen werden aus tribologisch vorteilhaften und verschleißarmen Legierungen hergestellt.

5.1.4.6.2 Bauformen des Ventiltriebs

In Abb. 5.16 sind die gebräuchlichsten Konstruktionen für Ventiltriebe sowie ein typisches Steuerdiagramm mit den zugehörigen Ventilgeschwindigkeiten und -beschleunigungen gezeigt. Im Kraftfahrzeugmotorenbau werden heute generell »hängende« Ventile eingesetzt, was dem englischen Sprachgebrauch entlehnend mit »overhead valves« (OHV) bezeichnet wird. Ebenso hat sich die oben liegende Anordnung der Nockenwelle(n) durchgesetzt; die gebräuchlichen

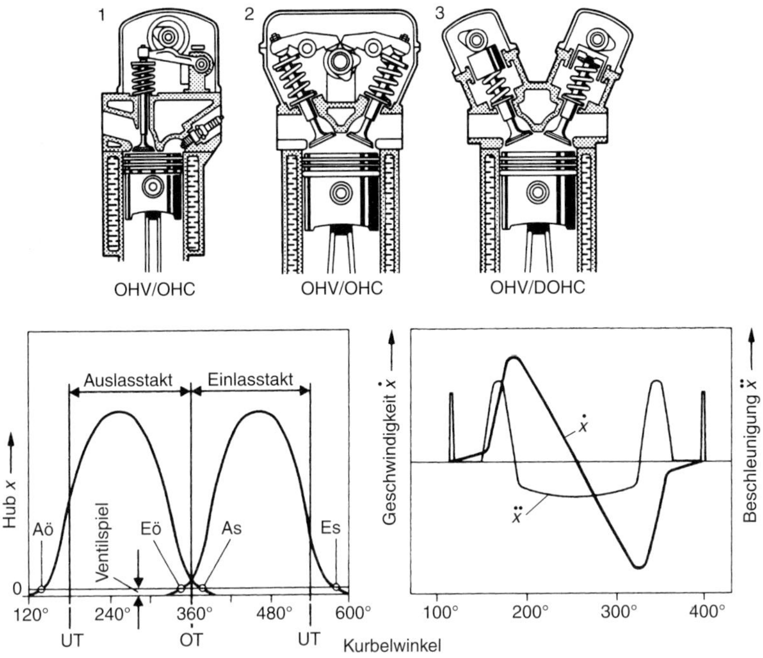

Abb. 5.16 Ventilsteuerungsbauarten mit Steuerdiagramm, Ventilgeschwindigkeit und -beschleunigung

Bezeichnungen hierfür lauten »overhead camshaft« (OHC) bzw. bei zwei oben liegenden Nockenwellen »double overhead camshaft« (DOHC). Wesentlicher Vorteil dieser Bauformen ist die Tatsache, dass die geringeren bewegten Massen höhere Motordrehzahlen gestatten als dies mit der früher bevorzugten Bauform der im Kurbelgehäuse untergebrachten »unten liegenden« Nockenwelle mit Stoßstangenübertragung auf die im Zylinderkopf befindlichen Kipphebel möglich war.

Neben der möglichen Motordrehzahl definiert der Ventilquerschnitt über die Zylinderfüllung die erzielbare Leistungsdichte des Motors. Dies erklärt den anhaltenden Trend zu Mehrventilmotoren, welcher ausgehend vom klassischen Zweiventilkonzept Anordnungen mit 3, 4 und 5 Ventilen pro Zylinder und mit einer oder zwei (getrennt für Einlass- und Auslassventile) Nockenwellen hervorgebracht hat. Bei ungeraden Zahlen ist immer ein Einlassventil mehr vorhanden als Auslassventile.

Die Bewegung der Ventile wird von der Nockenwelle ausgelöst und über Schlepp- oder Schwinghebel, Kipphebel oder Tassenstößel auf den Ventilschaft übertragen. Die Übertragungsglieder nehmen in ihren Lagerungen die Kräfte auf, die sich aus der Gleitbewegung des Nockens, den Ventilfederkräften und den Massenträgheiten ergeben. Der Ventilschaft sollte nur möglichst geringe Seitenkräfte aufnehmen müssen; diesbezüglich weist die Ausführung mit Tassenstößeln ideale Bedingungen auf, da diese in einem Schiebesitz in Ventilachsrichtung geführt sind.

Die Auslegung der Steuernockenkontur erfolgt unter Berücksichtigung der zulässigen Hertz'schen Pressung im Nockenkontakt sowie des Beschleunigungsverlaufs auf der Anlauframpe und auf der Ablauframpe bis zum Ventilaufsetzen im Interesse maximaler Fülligkeit des Ventilhubes, d. h. möglichst langes Offenhalten bei großem Ventilhub. Es werden »harmonische« Nocken ausgelegt, bei denen die Beschleunigung des Ventils stetig, d. h. ohne Kraftsprünge verläuft. Beim Ventiltrieb mit Rollenkontakt sind konkave Nockenflanken erforderlich, um einen harmonischen Ventilhub zu erreichen. Das Schleifen solcher Hohlnocken erfolgt mit speziellen Band- und Scheibenschleifmaschinen.

In der Kontaktkette vom Nocken bis zum Ventil muss immer Kraftschluss bestehen. Dies wird einerseits durch entsprechend geringe Massen angestrebt und andererseits durch ausreichend bemessene Steifigkeit der Ventilfedern sichergestellt. Wegen der hohen Flächenpressung im Nockenkontakt sind besondere Werkstoffbehandlungen oder Oberflächenbeschichtungen auf dem Nocken und der Gegenfläche erforderlich, die gleichzeitig in ihrer Paarung günstige Reibeigenschaften aufweisen sollen. Trotz aller Vorkehrungen kommt es bei der Gleitbewegung auf dem Hebel oder Tassenstößel zu beträchtlichen Reibmomenten. Moderne Motoren nutzen deshalb zunehmend Schlepphebel, die an der Nocken-Kontaktstelle nadelgelagerte Rollen haben (Rollenschlepphebel »RSH«). Damit kann die Reibleistung beträchtlich reduziert werden. Bei kleinen Drehzahlen geht der Reibmitteldruck des gesamten RSH-Ventiltrieb bis auf $\frac{1}{3}$ des Wertes für Gleitabgriff mit Tassenstößel (TS) zurück (◘ Abb. 5.17). Bei hohen Drehzahlen liegen am Gleitkontakt so gute hydrodynamische Schmierverhältnisse vor, dass ähnlich gute Reibmitteldrücke wie beim Rollenhebel erreicht werden. Da für den praktischen Fahrbetrieb aber die unteren Drehzahlbereiche von großem Einfluss sind, wirkt sich die Reibungsminderung der Rollenschlepphebel merklich auf den Kraftstoffverbrauch aus.

Zur Minderung des Wartungsaufwandes am Ventiltrieb sind Tassenstößel bzw. bei den Schlepp- oder Kipphebeln Widerlager hydraulisch wirkende Ausgleichselemente entwickelt worden. Diese Hydro-Elemente werden vom Motorölkreislauf gespeist und halten das Spiel zwischen Nockengrundkreis und Ventilschaft immer auf null. Ventilsetzen infolge von Einschlagen im Ventilsitzring und thermische Längenänderungen im Langzeit- und Kurzzeitbetrieb werden somit ständig ausgeglichen. Die damit erzielte Spielfreiheit des Ventiltriebs wirkt sich auch günstig auf die Ventiltriebsgeräusche aus. Allerdings bewirkt dieser Ausgleich auch den dauernden Reibkontakt zwischen Stößel bzw. Hebel und Nockengrundkreis. Einige Hersteller gehen deshalb wieder vom hydraulischen Ventilspielausgleich ab, seitdem die Werkstoffe für die Ventilsitze besser langzeitwärmestabil sind und das eingestellte Ventilspiel sich auch über lange Betriebszeiten kaum verändert.

Die Nockenwellen werden über eine Kette (Einfach- oder Doppel-Rollenkette) oder einen Zahnriemen mit halber Kurbelwellendrehzahl angetrieben (4-Takt-Verfahren). Bei einem festen Nockentrieb (ohne Verstellung) laufen Kette oder Zahnriemen über ein oder beide Nockenwellenräder. Die Belastung des Übertragungsgliedes ist schwellend, da der Drehkraftverlauf an der Nockenwelle aus der Summierung der zyklischen Belastungen der einzelnen Nocken nicht konstant ist.

Die Ventile mit dem Ventiltrieb steuern im Zusammenwirken mit dem Ansaugtrakt und dem Abgassystem den Ladungswechsel des Motors. Dies ist ein hochdynamischer Vorgang, der von den Strömungsquerschnitten und -längen sowie den Öffnungscharakteristiken der Ventile beeinflusst wird. Die Füllung der Zylinder wird daher nur für einen eingeschränkten Drehzahlbereich optimal ausgelegt werden können, wenn keine variablen Geometrien und Ventilsteuerzeiten verwirklicht sind.

Zur besseren Anpassung an unterschiedliche Drehzahlniveaus des Motors (Drehzahlspanne < 1000 1/min bis > 6000 1/min) dient die variable Verstellung der Einlassnockenwelle. Dabei wird die Ventilüberschneidung drehzahlabhängig so verändert, dass mit zunehmender Drehzahl das Einlassventil früher öffnet, während das Auslassventil noch geöffnet ist (Ventilüberschneidung). Ziel ist, sowohl bei kleineren als auch bei höheren Drehzahlen des Motors die Füllung und damit das Drehmoment des Motors zu steigern. Die praktische Grenze beim Ottomotor liegt jedoch darin, dass im Zusammenspiel von Füllung, Verdichtungsverhältnis und Zündung die Klopfgrenze des Motors das Drehmoment begrenzt.

Der Antrieb der Nockenwelle erfolgt mittels Zahnriemen, Kette oder auch Zahnrädern. Primäre Kriterien für die Auswahl des für den jeweiligen Anwendungsfall geeigneten Antriebskonzeptes sind der Wartungsaufwand sowie die zu übertragenden Kräfte. Riementriebe haben selbst für direkteinspritzende Dieselmotoren, bei denen zusätzlich die Hochdruck-Einspritzpumpe vom Riemen angetrieben werden muss, ihre Tauglichkeit unter Beweis gestellt. Dennoch ist ein Trend zu Kettentrieben zu verzeichnen, die insbesondere hinsichtlich der Wartungsfreiheit vorteilhaft sind.

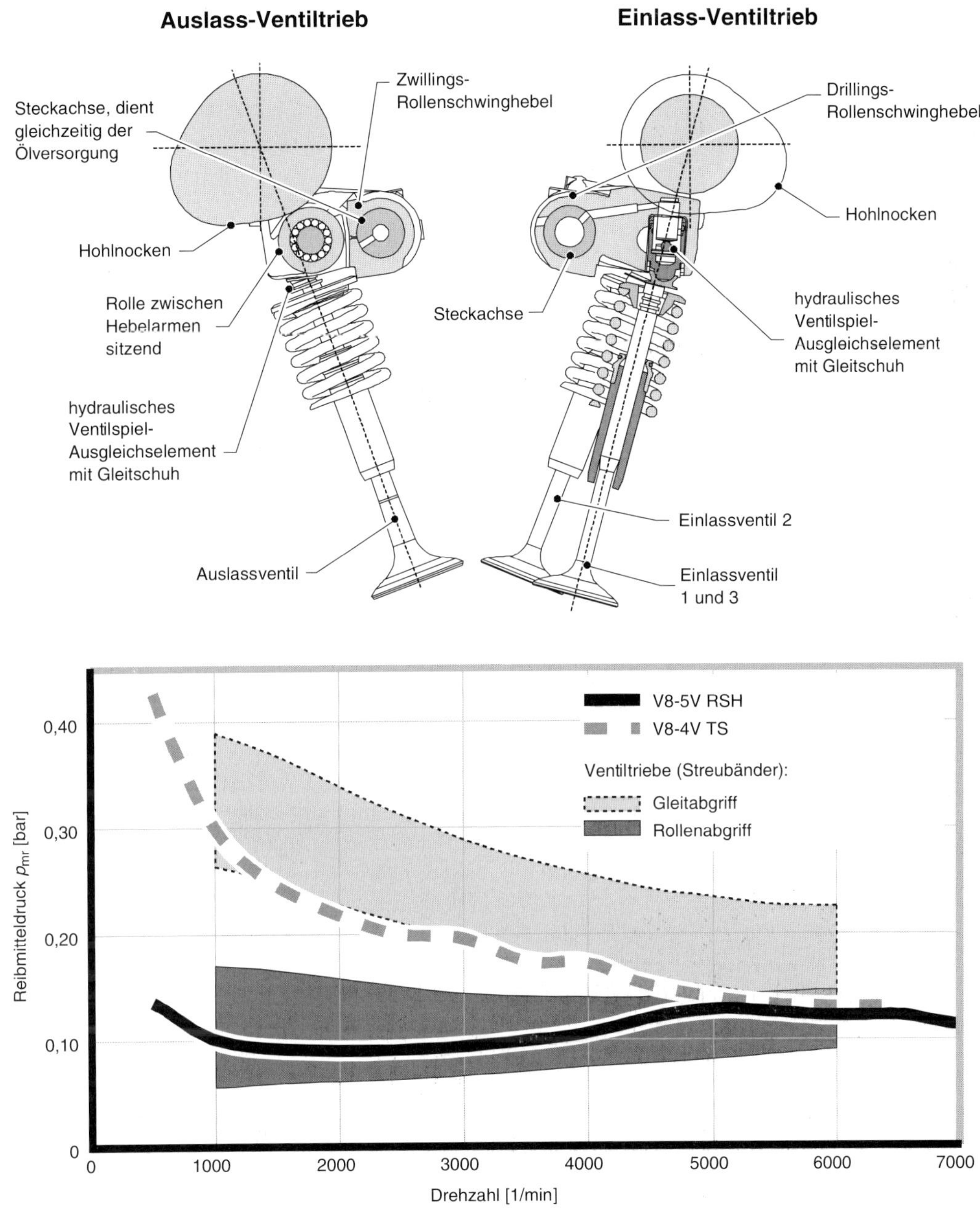

Abb. 5.17 Ventiltrieb mit Rollenübertragung und Vergleich des Reibmitteldruckverlaufes beim Gleitabgriff (Beispiel Audi V8 mit Fünfventiltechnik)

5.1.4.6.3 Variable Ventilsteuerung

Neben den konventionellen Systemen mit fester Zuordnung von Ventilhub und Kurbelstellung des Motors setzen sich verstärkt Variabilitäten im Ventiltrieb durch. Hierbei wird eine betriebspunktabhängige Veränderung der zeitlichen Zuordnung der Ventilöffnung zur Kurbelstellung und auch des Ventilhubs verwirklicht. Inwieweit die dort beschriebenen Vorteile der variablen Ventilsteuerung in der Praxis nutzbar gemacht werden

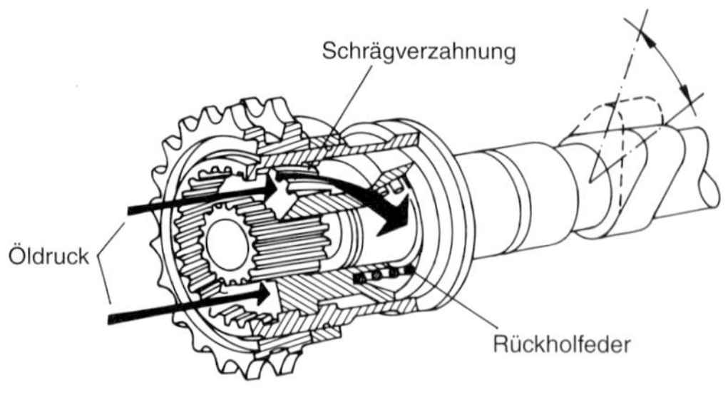

Abb. 5.18 Nockenwellensteller

können hängt wesentlich davon ab, in welchem Ausmaß die gewählte konstruktive Umsetzung Variabilitäten hinsichtlich der Ventilsteuerzeiten und des Ventilhubes gestattet. Hinsichtlich der konstruktiven Umsetzung der variablen Ventilsteuerung sind eine Vielzahl von Konzepten vorgeschlagen und teilweise auch umgesetzt worden. Der nachfolgende Überblick über die wichtigsten Konzepte ist in nockenbetätigte und direkt betätigte Systeme unterteilt.

Nockenbetätigte Systeme Bei nockenbetätigten Systemen können durch entsprechende Eingriffe in die Kinematik des Ventiltriebs die Phasenlage der Ventilöffnung, die Öffnungsdauer und der Ventilhub in Grenzen variabel beeinflusst werden.

Die Variation der Steuerzeiten erfolgt üblicherweise mittels einer Verdrehung der Nockenwelle relativ zum Kurbeltrieb. Nockenwellensteller wurden erstmals von Alfa Romeo 1983 in Serie eingesetzt. Neben Zwei-Punkt-Stellern, die nur die Einstellung zweier definierter Positionen ermöglichen, kommen zunehmend auch kontinuierlich wirkende Systeme zum Einsatz [18]. Die Funktion dieser Nockenwellensteller beruht auf einer hydraulisch verschiebbaren Schrägverzahnung (Abb. 5.18) oder auf dem umgekehrten Prinzip der Flügelzellenpumpe. Im 4,6 L V8 32 V DOHC Motor des Lexus 460 wurde unter der Bezeichnung VVT-iE erstmalig ein elektromotorisch betätigter Einlass-Nockenwellensteller eingesetzt. Heute in Serie produzierte Systeme realisieren Verdrehwinkel von bis zu 40° NW (entsprechend 80° Kurbelwinkel). Damit lassen sich die Steuerzeiten aller von der jeweiligen Nockenwelle gesteuerten Ventile in einheitlicher Richtung verschieben. Bei Motoren mit zwei obenliegenden Nockenwellen (DOHC) kann auf diese Weise sowohl die Größe als auch die Lage der Ventilüberschneidung beeinflusst werden. Wenn auch damit beträchtliche Verbesserungen des Teillast- und Volllast-Betriebsverhaltens erzielt werden können, so ist aufgrund des begrenzten Verstellbereiches sowie wegen der fehlenden Beeinflussung der Ventilöffnungsdauer eine drosselfreie Laststeuerung ohne weitere Systemveränderungen nicht möglich.

Eine weitere Möglichkeit liegt in schaltbaren Übertragungselementen zwischen Nockenprofil und Ventilstößel. Schaltbare Tassenstößel oder Abstützelemente ermöglichen die Abschaltung einzelner Ventile. Auch der alternierende Betrieb mit zwei unterschiedlichen Nockenprofilen ist realisiert worden, wobei die Nockenwelle je Ventil zwei unterschiedliche Nocken beziehungsweise Nockenpaare aufweist, welche konzentrische Teilflächen eines schaltbaren Tassenstößels betätigen. Damit sind eine Teillast- und eine Volllast-optimale Ventilerhebung darstellbar, was den ansonsten notwendigen Kompromiss hinsichtlich Steuerzeiten und Ventilhub entschärft. Ein Beispiel für diese Technologie ist der von Mitsubishi in Serie produzierte MIVEC-Motor, bei dem der Schaltmechanismus in die Kipphebel integriert ist. Damit wird eine Umschaltung zwischen einer Ventilhubkurve für niedrige und hohe Motordrehzahlen sowie eine völlige Deaktivierung einzelner Ventile zur Zylinderabschaltung realisiert. Abbildung 5.19 zeigt eine ähnliche Lösung der Firma Honda, die unter dem Namen VTEC dieses System an diversen Motoren in Serie produziert. Unter der Bezeichnung VarioCam Plus setzt die Porsche AG diese Technologie in diversen Hochleistungsmotoren ein.

Das von Audi am 2,8 L V6 FSI Motor erstmals unter dem Namen AVS eingesetzte System schaltet ebenfalls zwischen zwei Ventilerhebungskurven. Auf den gewalzten Passverzahnungen der Nockenwelle sind Nockenstücke mit zwei unterschiedlichen Nockenprofilen verschiebbar geführt. In der Grundkreisphase bewirken hydraulisch betätigte Stifte in Kombination mit zwei im Nockenstück eingearbeiteten Verschiebenuten die Schaltung auf das jeweils andere Nockenprofil. Die Übertragung auf die Ventile mittels Rollen-

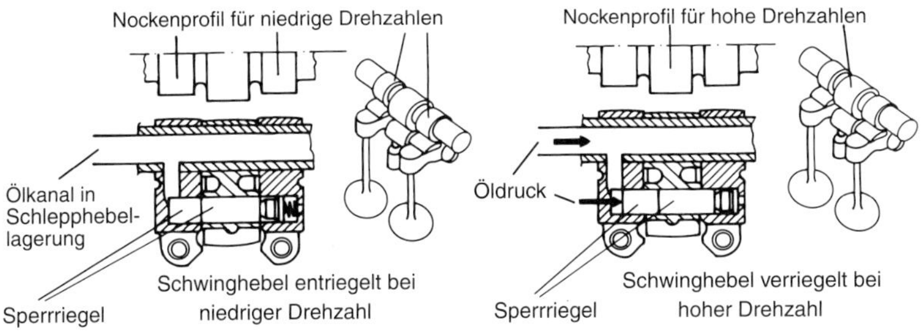

Abb. 5.19 Schaltbarer Ventiltrieb (Honda VTEC)

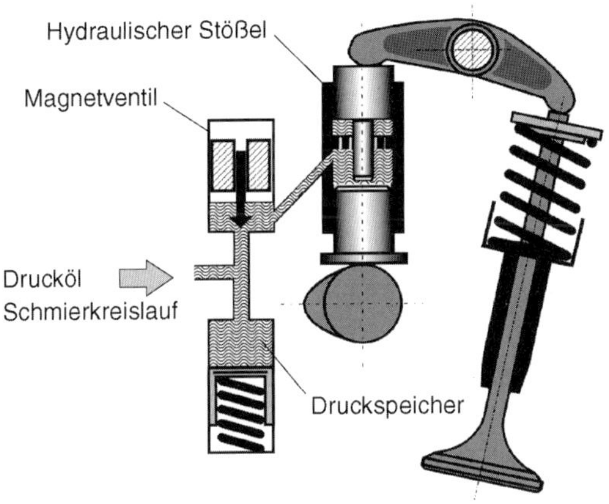

Abb. 5.20 Hydraulische Ventilsteuerung

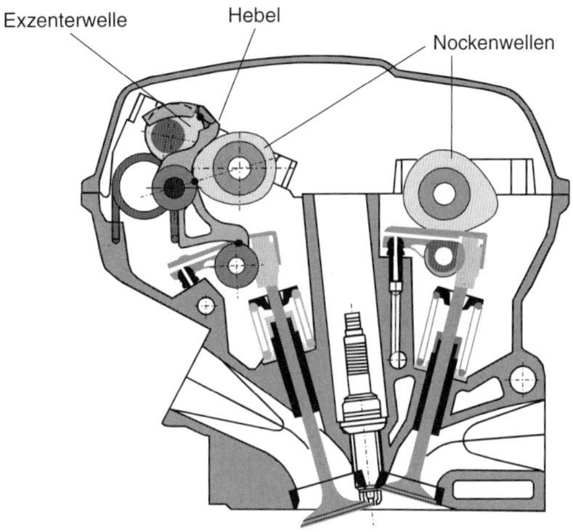

Abb. 5.21 Mechanisch variable Ventilsteuerung (BMW Valvetronic [20])

schlepphebeln sowie die Nockenwellenlagerung sind dabei prinzipiell vom konventionellen Ventiltrieb übernommen [19]. Das System wird am 2.0 L TFSI System auch auslassseitig eingesetzt, um eine Zündfolgetrennung zu gewährleisten, die ein bei maximaler Ventilüberschneidung durch den Vorauslassstoß des Nachbarzylinders verursachte Rückströmen von Abgas in das Saugsystem verhindert [26].

Neben den zwischen zwei Ventilerhebungskurven umschaltenden Systemen gibt es weitere Systeme, die einen variablen Ventilhub ermöglichen. Unter dem Namen MultiAir ist ein hydraulisches System in verschiedenen Motoren von FIAT und Alfa Romeo in Serienproduktion [27]. Das System basiert auf dem Lost-Motion Prinzip, bei dem die Nockenerhebung hydraulisch auf das Ventil übertragen wird, so dass das Schließen des Ventils vorzeitig durch Absteuern des Hydraulikdruckes ausgelöst wird (Abb. 5.20). Dadurch werden der Hub und die Schließzeit des Ventils vom Nockenhubverlauf entkoppelt. Zur Dämpfung der Ventilbewegung bei Annäherung an den Ventilsitz werden hydraulische Systeme eingesetzt. Die Variabilität der Ventilerhebung liegt prinzipbedingt innerhalb der Nockenkontur.

Zur kontinuierlichen Beeinflussung der Übersetzung zwischen Nockenerhebung und Ventilbewegung sind eine Vielzahl konstruktiver Lösungen vorgeschlagen worden. Viele dieser Konzepte arbeiten mit einem Schlepp- oder Kipphebel, dessen Position mittels Exzenter veränderlich ist. Je nach kinematischer Auslegung ist damit eine kombinierte Beeinflussung des Ventilhubes und der Ventilöffnungsdauer möglich (Abb. 5.21). Die aus den zusätzlichen Ventiltriebskomponenten resultierende Zunahme der Reibarbeit wird im Teillastbereich infolge des verringerten Ventilhubes kompensiert, sodass hier sogar zusätzliche Vorteile zu verzeichnen sind [20]. In Kombination mit Nockenwellenstellern wird mit diesen Systemen ein hohes Maß an Variabilität erreicht.

Seit 2008 wird von Toyota die als Valvematic bezeichnete variable Ventilsteuerung in Serie produziert. Das System nutzt einen speziellen Ventilhebel zur kontinuierlichen Verstellung der Steuerzeiten und des Ventilhubes, der zwischen Nockenwelle und konventionellem Ventilhebel angeordnet ist. Ein elektrischer Aktuator steuert Ventilhub und Öffnungsdauer, wobei zusätzlich ein- und auslassseitig hydraulisch kontinuierlich verstellbare Nockenphasensteller verwendet werden [28].

Eine weitere Steigerung der Variabilität folgt aus der Realisierung der Ventilbewegung mittels zweier Nockenwellen, wobei eine für die Ventilöffnung und die andere für das Schließen genutzt wird. Die Nockenerhebungen beider Wellen werden über einen Hebelmechanismus mechanisch zueinander addiert. Bei unabhängiger Verdrehung beider Nockenwellen lässt sich damit sowohl der Öffnungs- als auch der Schließzeitpunkt beeinflussen [21]. Mit dieser Lösung wird eine weitgehende Entkoppelung der Steuerung von Ventilhub und Öffnungsdauer erreicht, was sich positiv auf die Einsparung an Ladungswechselverlusten auswirkt.

Eine weitere Möglichkeit zur Steigerung der Variabilität nockengesteuerter Ventiltriebe liegt in konstruktiven Konzepten, die direkten Einfluss auf die Nockenerhebung nehmen. Aus dem Großmotorenbau sind axial verschiebbare Nocken mit Raumprofil bekannt. Für Pkw-Motoren sind Systeme mit zweischalig aufgebauten Nockenwellen ausgeführt worden, die mittels mechanischen Eingriffs eine Verdrehung einzelner Nocken auf der Welle zulassen [22].

Direkt betätigte Systeme Für die direkte Betätigung der Ventile kommen im Wesentlichen hydraulische und elektromagnetische Systeme in Betracht. Die hydraulischen Konzepte arbeiten mit in einem Hydrauliksystem gespeicherter Energie. Die Ventilbetätigung wird über schnelle Magnetventile und Hydraulikzylinder ausgelöst. Die Ventilbewegung ist sowohl hinsichtlich der Steuerzeiten als auch des Ventilhubes variabel. Ebenso ist die individuelle Ansteuerung einzelner Ventile möglich. Die bekannt gewordenen Ausführungen weisen jedoch eine begrenzte Dynamik auf, was dem Einsatz bei höheren Drehzahlen entgegensteht.

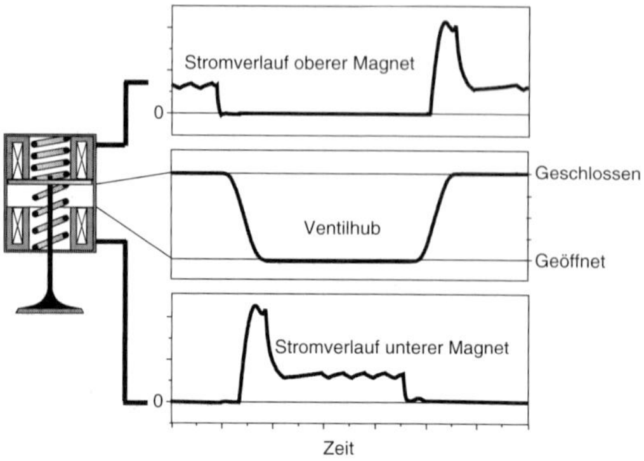

Abb. 5.22 Elektromechanischer Ventiltrieb

Bei der Betätigung der Gaswechselventile mit magnetischer Kraft ist es besonders vorteilhaft, wenn die Bewegung der Ventile durch Federkräfte vorgenommen und die magnetische Kraft nur zur Initiierung und Unterstützung des Öffnens und Schließens genutzt wird. Auf diese Weise kann ein großer Teil der zur Ventilbetätigung üblicherweise aufzuwendenden Energie eingespart werden. In dieser Kombination spricht man von einer elektromechanischen Ventilsteuerung (EMV). Abbildung 5.22 zeigt den schematischen Aufbau eines auf diesem Prinzip beruhenden Ventiltriebes. Das Ventil wird von einem Stößel betätigt, welcher mit einem Anker verbunden ist. Dieser Anker bildet in Kombination mit zwei Federn einen Feder-Masse-Schwinger, dessen Totpunktlagen der geschlossenen und voll geöffneten Position des Ventils entsprechen. Die Eigenfrequenz des Schwingers bestimmt maßgeblich die Zeit für das Öffnen und Schließen des Ventils. Mithilfe der beiden Elektromagneten kann nun die oszillierende Bewegung der Ventile in den Totpunktlagen unterbrochen werden. Ohne Erregung der beiden Elektromagneten schwingt das System reibungsbedingt aus und verharrt in der Ruhelage, welche dem halben Ventilhub entspricht. Vor Inbetriebnahme des Motors muss das System deshalb zum Beispiel durch wechselweises Erregen der beiden Magneten in Eigenfrequenz angeschwungen werden, bis der Schließmagnet das Ventil in der geschlossenen Position einfängt.

Der Ablauf der Ventilsteuerung ist aus den im Bild gezeigten typischen Stromverläufen erkennbar. Ausgehend von der geschlossenen Position wird die Erregung des Schließmagneten mit Haltestrom unterbrochen. Die in der oberen Feder gespeicherte Energie bewegt das Ventil bis der Schwinger seine untere Totpunktlage erreicht. In dieser Stellung wird die Schwingung durch Zuschalten des Stroms für den unteren Magneten wieder unterbrochen. Die bei der Ventilbewegung auftretenden Reibungsverluste werden durch eine kurzzeitig erhöhte Bestromung des unteren Magneten kompensiert. Dieser Fangstrom wird kurz vor Erreichen der Totpunktlage des Schwingers zugeschaltet. Das Schließen des Ventils ist ein unabhängiger Vorgang und wird in gleicher Weise vorgenommen, wobei jetzt die untere Feder die Bewegung auslöst und der obere Magnet aktiviert wird. In Verbindung mit einer Closed-Loop-Regelung des Aktuators kann die Annäherung des Ankers an die Polflächen der Magnete beziehungsweise das Aufsetzen des Ventils im Ventilsitz so gesteuert werden, dass einerseits keine akustischen oder sogar die mechanische Festigkeit beeinträchtigenden Probleme auftreten und andererseits auch keine unnötig hohen Stromstärken zum sicheren Öffnen und Schließen der Ventile aufgewendet werden müssen. Darüber hinaus gestattet diese Technologie auch ein nur teilweises Öffnen (Minihub) oder ein verzögertes Schließen der Ventile, was sich zur Intensivierung der Ladungsbewegung gezielt nutzen lässt.

Der elektrische Energiebedarf des elektromechanischen Ventiltriebs muss den mechanischen Verlusten eines konventionellen Ventiltriebes gegenübergestellt werden. Bei einem Generatorwirkungsgrad von 80 % ergibt sich für den elektromechanischen Ventiltrieb im Teillastbetrieb ein Energiebedarf, der dem Niveau reibungsarmer Ventiltriebe mit Rollenabgriff entspricht [23].

Die mit variabler Ventilsteuerung erreichbaren Verbrauchseinsparungen im europäischen Testzyklus hängen stark von der realisierten Variabilität ab. Für die elektromechanische Ventilsteuerung in Kombination mit Teillast-Zylinderabschaltung oder Aufladung besteht ein Potenzial von 18 %. Im Gegensatz zum Schichtbetrieb mit Benzindirekteinspritzung bestehen hier keine Beeinträchtigungen von Seiten der Abgasreinigung. Im Gegenteil bietet die variable Ventilsteuerung Möglichkeiten, die Kaltstartemissionen zu reduzieren und das Potenzial der Drei-Wege-Katalysatortechnik durch eine beschleunigte Aufheizung des Katalysators weiter auszuschöpfen.

5.1.4.7 Motorkühlung

Die Wandwärmeverluste beim realen Arbeitsprozess führen zur Aufheizung der Brennraumwände (Zylinderkopf, Kolben, Zylinder) und erfordern deren Kühlung, damit keine Bauteilüberhitzung, Schmierölverkokung und Leistungsverlust infolge von Füllungsverlust eintritt. Gut ausgelegte Kühlung und Schmierung sind Grundvoraussetzung für den optimalen Betrieb eines Motors, damit die Reibung aller bewegten Teile und die Betriebstemperatur in vorgegebenen akzeptablen Grenzen ablaufen.

Luftkühlung wird heute in Fahrzeugmotoren nur noch selten angewandt. Obwohl die Kühlfunktion der Luftkühlung immer weiter verbessert wurde durch strömungsgünstige Gestaltung und verfeinerte Gießtechniken für die Kühlrippen, und obwohl die Leistungsaufnahme und Geräuschentwicklung des Gebläses durch konstruktive Maßnahmen sehr weit herabgesenkt werden konnte, stößt die Luftkühlung bei höheren (spezifischen) Leistungen an praktische Grenzen. Der im Vergleich zur Wasserkühlung schlechtere Wärmeübergang und die geringere Wärmekapazität der Luft erfordern sehr große Kühlflächen, die durch Rippen geschaffen werden müssen. Selbst bei Motorrädern wird zunehmend auf Flüssigkeitskühlung umgestellt. Die Flüssigkeitskühlung bietet dagegen bessere Voraussetzungen für eine gleichmäßigere Temperaturverteilung im Motor, und sie hat Vorteile für die Auslegung und Regelung der Fahrzeugheizung.

Die Flüssigkeitskühlung besteht in einem Motor-Fahrzeug-System in der Regel aus 2 oder 3 Kreisläufen, die automatisch per Thermostat und über die Steuerung der Fahrzeuginnenraumheizung gesteuert werden (◘ Abb. 5.23; siehe auch ► Abschn. 3.3). Bei einigen Fahrzeugen sind auch

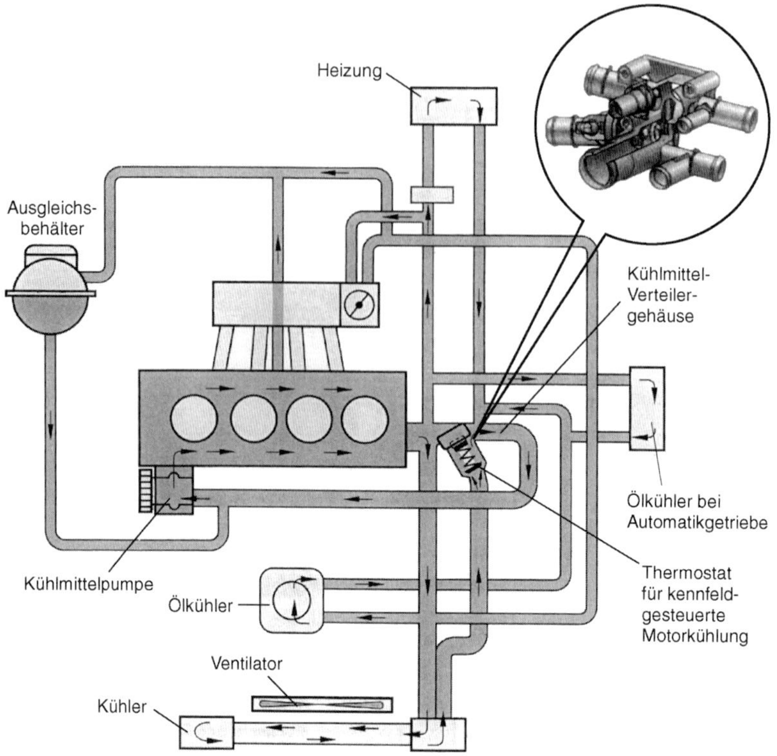

Abb. 5.23 Kühlmittelkreislauf Flüssigkeitskühlung (Beispiel Volkswagen)

noch Motorölkühler, Generator, Getriebeölkühler und Abgasturbolader in das Kühlsystem einbezogen.

Als Kühlmittel kommt ein Gemisch aus Wasser und Frostschutzmittel (meist Äthylenglykol) und, je nach Einsatzfall, spezifischen Inhibitoren (Korrosionsschutz) zum Einsatz. Das Kühlmittel nimmt die Wärme im Motor auf und transportiert sie in den Kühler, der die Wärme weiter an die durchströmende Umgebungsluft abgibt.

Das Kühlsystem des Motors muss sicherstellen, dass an den Stellen der größten Wärmebelastung, am Zylinderkopf mit den Auslasskanälen, ausreichend Wärme abgeführt wird. Andererseits sollen kühlere Stellen weniger intensiv gekühlt oder gar erwärmt werden, um eine gleichmäßige Temperaturverteilung im Bauteil zu erreichen. In der Regel wird das Wasser in den Zylinderblock hineingefördert und strömt von dort über die gesamte Motorlänge verteilt in den Zylinderkopf und am anderen Motorende wieder hinaus. Die Durchströmung des Zylinderkopfes wird mit den Durchflussquerschnitten in der Zylinderkopfdichtung gesteuert und mittels angepasster Strömungsführung gezielt zu den »Hotspots« geleitet. Wichtig ist, dass der Strömungsweg im Zylinderkopf keine Dampfblasenansammlungen zulässt, da diese zum Zusammenbruch der Wärmeabfuhr führen würden.

Auf der anderen Seite ist die Kühlung des Motors nur auf die notwendigen Bereiche zu beschränken. Aus diesem Grund ist der Wasserraum an den Zylinderwänden lediglich auf die obere Hälfte oder das obere Drittel des vom Kolben überstrichenen Weges im Zylinder beschränkt. Hiermit wird bezweckt, dass die Zylinderlaufflächen und der dort brennraumseitig vorhandene Schmierölfilm ideale Bedingungen hinsichtlich der Reibungsverluste aufweisen. Diese Bedingungen sollen gerade nach einem Kaltstart des Motors schnell erreicht werden. Da aber die Kühlmittelpumpe üblicherweise direkt mit dem Motorlauf über den Riementrieb gekoppelt ist, wird zunächst über einen Thermostaten ein kleiner Kühlkreislauf geschaltet, der den Kühler umgeht und so die aufzuheizende Wassermenge möglichst klein hält. Erst bei Erreichen der normalen Betriebstemperatur von ca. 80 bis 90 °C öffnet der Thermostat gleitend den Kreislauf durch den Kühler.

Noch besser ist ein Kühlmittelfluss, der nicht nur im Start, sondern auch im Warmbetrieb der Motorlast angepasst ist. Dies wird mit einem elektronisch geregelten Kühlsystem erreicht wie in ◘ Abb. 5.23 dargestellt. Der Thermostat wird nicht allein von der vorherrschenden Wassertemperatur gesteuert, sondern ist noch überlagert von einer kennfeldgesteuerten elektronischen Regelung. Diese Regelung bewirkt, dass die für Teillast auf 95 bis 110 °C eingestellte Kühlmitteltemperatur erst bei höheren Lasten wieder auf die sonst üblichen 85 bis 95 °C geregelt wird. Durch diese Anhebung des Temperaturniveaus erreicht man im Teillastbereich eine Reduzierung des Kraftstoffverbrauchs sowie eine Absenkung der CO- und HC-Emissionen. Weitere Verbesserungen lassen sich durch die getrennte Steuerung der Durchströmung von Kurbelgehäuse und Zylinderkopf (split cooling) erzielen. Dabei wird nach dem Kaltstart des Motors zunächst nur der Zylinderkopf gekühlt. Auf diese Weise wird erreicht, dass sich die Zylinderlaufflächen und der dort brennraumseitig vorhandene Schmierölfilm schneller erwärmen. Da die Aufheizung von Motor, Kühlmittel und Schmiermittel einen direkten Einfluss auf die Reibleistung und damit auch auf den Kraftstoffverbrauch während der Aufwärmephase im Zertifizierungsfahrzyklus hat, sind gezielte Maßnahmen zur Beschleunigung der Schmiermittelerwärmung aktueller Entwicklungsstand.

Die Pumpenförderleistung der mechanischen Wasserpumpe ist auf Volllastbetrieb bei kleinen Drehzahlen ausgelegt, d. h. maximale thermische Belastung des Motors bei begrenzter Pumpendrehzahl. Dadurch ist die Förderleistung in den anderen Betriebspunkten überdimensioniert und mit unerwünschter Verlustleistung behaftet. Im Warmlaufbetrieb, wenn die Wasserpumpe der schnellen Erwärmung des Motors entgegensteht, kann die Wasserpumpe mittels eines Reibradantriebes zeitweise abgeschaltet werden [25]. Geregelte, elektrisch angetriebene Wasserpumpen haben sich aber bisher aus Kostengründen kaum durchgesetzt, weil die erforderliche Spitzenleistung große Elektromotoren verlangt. Lediglich Elektropumpen kleinerer Leistung zur Nachlaufkühlung bei abgeschaltetem heißem Motor sind insbesondere bei Motoren mit Abgasturboaufladung zu finden.

Ansätze zur »Verdampfungskühlung« blieben bisher vorwiegend auf stationär betriebene Motoren beschränkt. Die Ausnutzung der Verdampfungswärmekapazität des Wassers würde es ermöglichen, den Kühlmittelstrom auf einen Bruchteil der Durchflussmenge der »Flüssigkeitskühlung« zu reduzieren. Einer Serienanwendung beim Fahrzeugantrieb haben aber bislang die damit verbundene grundlegende Neuauslegung des gesamten Fahrzeug-Kühl- und Heizungssystems und auch ungelöste Fragen z. B. der Entmischung der Kühlmittelbestandteile entgegengestanden. Dennoch wird in heute ausgeführten Kühlsystemen die örtliche Dampfblasenbildung und die mit ihr verbundene erhebliche Steigerung des lokalen Wärmeübergangskoeffizienten zur Kühlung der Hotspots gezielt genutzt.

5.1.4.8 Motorschmierung

Die wesentlichen Aufgaben des Öls im Schmierungssystem des Verbrennungsmotors sind die Schmierung und Kühlung aller Triebwerksteile und ggf. Anbaukomponenten (z. B. Abgasturbolader), die Übertragung von Kräften in Lagern, Spannern, Ausgleichs- und Verstellvorrichtungen, die Dämpfung von Schwingungen, der Abtransport von Verunreinigungen und Abriebpartikeln sowie die Neutralisierung von chemisch wirksamen Verbrennungsprodukten, die ins Motorinnere gelangen. Alle diese verschiedenen Funktionen kann das Öl nur erfüllen, wenn es für diese Aufgaben gut geeignet ist und in ausreichender Menge an die Stellen des Motors transportiert wird, wo es erforderlich ist. Motorenöle sind auf der Basis von Mineralöl hergestellt und enthalten ein auf den jeweiligen Einsatzzweck angepasstes Additiv-Package. Vollsynthetische Öle weisen verbesserte Schmiereigenschaften und eine höhere Beständigkeit gegen Alterung auf, sind aber vergleichsweise teuer [24].

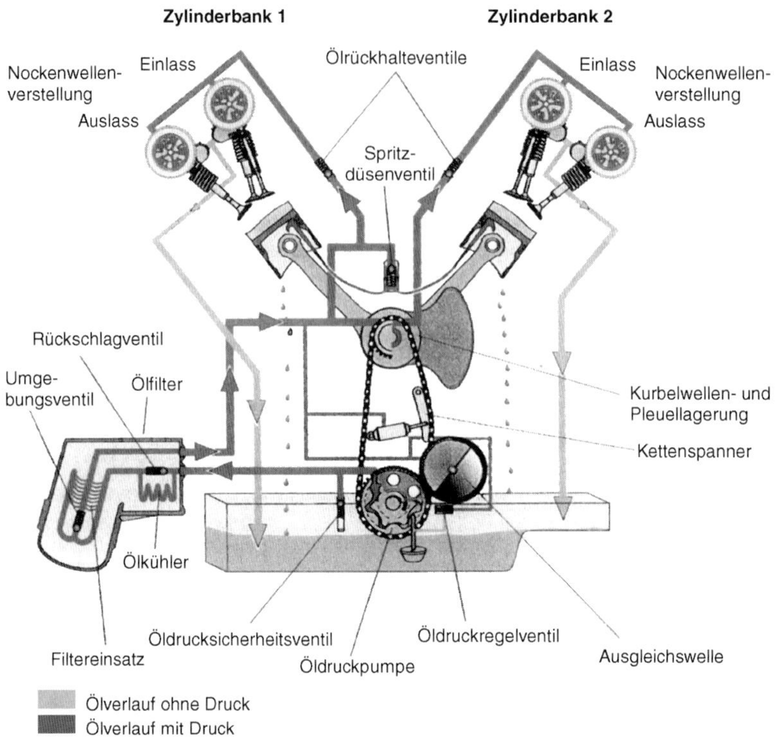

Abb. 5.24 Schmierölkreislauf Druckumlaufschmierung (Beispiel Audi V6)

Die meisten Fahrzeugmotoren haben eine Druckumlaufschmierung (Abb. 5.24).

Aus dem Ölsumpf unterhalb des Kurbeltriebs saugt die Ölpumpe das Öl an und fördert es unter Druck durch einen Ölfilter und ggf. einen Ölkühler in die Ölkanäle des Motorblocks. In der Praxis werden sowohl direkt auf der Kurbelwelle laufende Innenzahnradpumpen als auch über Kette oder Zahnrad angetriebene Innen- oder Außenzahnradpumpe angetroffen. Die Pumpe ist so ausgelegt, dass bei heißem Motor und Leerlaufdrehzahl über die gesamte Lebensdauer des Motors ein Mindestöldruck nicht unterschritten wird und die Schmierung sichergestellt ist. Bei kaltem Öl und bei hohen Drehzahlen fördert die Pumpe dann zu große Ölmengen, weshalb der Öldruck mit einem Überdruckventil begrenzt und ein Teilstrom über einen Bypass in den Ansaugkanal oder in die Ölwanne zurückgeführt wird. Es kann auch noch ein zusätzliches Öldruck-Regelventil im Kreislauf angeordnet sein, das einen im Normalbetrieb geringeren Öldruck einstellt als das als Sicherheitsventil arbeitende Überdruckventil. Moderne Motoren werden zunehmend mit regelbarer Ölpumpe ausgestattet, welche den Volumenstrom druckabhängig anpasst [12, 25]. Damit werden die mechanischen Verluste des Motors betriebspunkt- und zustandsabhängig minimiert, was zur Verbesserung des mechanischen Wirkungsgrades und des Verbrauchsverhaltens genutzt werden kann. Im Übrigen kommen solche aufwändigen Systeme insbesondere dann in Betracht, wenn die Anforderungen an ein in allen Betriebszuständen ausreichendes Öldruckniveau hoch sind, weil über den Öldruck wichtige Motorfunktionen (beispielsweise schaltbare Ventiltriebskomponenten, Nockenwellen-Phasensteller) gesteuert werden.

Von der Hauptölgalerie, die sich längs des gesamten Motorblocks erstreckt, werden alle Kurbelwellenhauptlager versorgt. Von diesen aus werden, wieder durch Bohrungen in der Kurbelwelle, die großen Pleuellager und evtl. auch noch durch die Pleuelstange das kleine Pleuellager im Kolben erreicht. Bei höher belasteten Motoren sind an die-

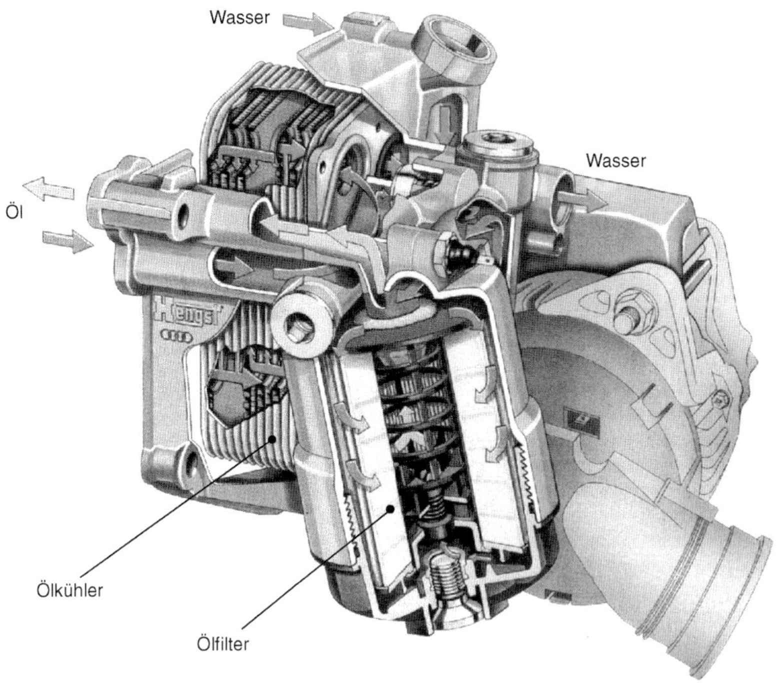

Abb. 5.25 Ölfilter-Modell (Beispiel Audi V8)

sem Hauptölkanal auch noch Spritzdüsen für die Kolbenkühlung montiert, die einen Ölstrahl von unten gegen die Kolben richten. Ein Zweigkanal führt hoch in den Zylinderkopf zur Versorgung der Nockenwellenlager. Je nach Konstruktion werden im Zylinderkopf noch hydraulische Ausgleichselemente für den Ventiltrieb (in Tassenstößeln oder Abstützelementen) versorgt, evtl. Drucköl für einen Ventil- oder Nockenwellen-Verstellmechanismus bereitgestellt und Sprühöl zur Schmierung der Nocken geliefert.

Das seitlich aus den Lagern austretende Öl und das sonstige Sprüh- und Lecköl sammelt sich im Zylinderkopf und wird durch Ablauf- und Entlüftungskanäle wieder durch den Motorblock in den Ölsumpf zurückgeführt, wo sich auch das Öl aus dem Triebwerk sammelt. Zur Vermeidung von Ölverschäumung wird der Kurbelraum von der Ölwanne mittels einer Trennwand mit eingearbeiteten Schlitzen für den Ölrücklauf (»Ölhobel«) getrennt. Die Ölwanne ist Vorratsbehälter und Beruhigungsreservoir, in dem das rücklaufende Öl entschäumt und rückgekühlt wird. Wenn erforderlich kann es zusätzlich in einem Ölkühler im Druckkreislauf gekühlt werden. Dieser Kühler ist entweder in das Kühlflüssigkeitssystem eingebunden (Abb. 5.25) oder es ist ein Öl/Luft-Kühler.

Nur bei einigen Sport- und Geländefahrzeugen sowie bei Rennfahrzeugen findet man Motoren mit Trockensumpfschmierung. Das Öl wird mittels einer zusätzlichen Pumpe aus dem Sammelraum unter dem Motor in einen separaten Ölbehälter abgepumpt und von dort wieder der Druckölpumpe zugeführt. Auf diese Weise wird die zuverlässige Versorgung des Schmiersystems mit Drucköl unter allen Betriebsbedingungen (Steigung, Gefälle, Schräge, extreme Kurvenfahrt, Beschleunigung und Bremsung) gewährleistet.

Das Ölfilter ist wichtig für die Betriebssicherheit und Lebensdauer des Motors. Es entfernt feste Fremdstoffe aus dem Motoröl (Metallabrieb, Staub, Verbrennungsrückstände) und erhält damit die Funktionsfähigkeit des Schmieröles innerhalb der Wartungsintervalle. Überwiegend werden Hauptstromfilter eingesetzt, die vom gesamten Ölstrom der Pumpe durchflossen werden und Verunreinigungen gleich auffangen. Zur Sicherheit gegen einen Ausfall der Schmierung bei verstopftem Filter dient ein Kurzschlussventil oder Umgehungsventil. Bei zu geringem Durchfluss durch die Filterfläche und damit ansteigendem Druckabfall im Filter wird das Ventil geöffnet und stellt so den Schmierölkreislauf sicher.

Ältere Ölfilter haben einen Papierfiltereinsatz, der in einem Blechgehäuse verpackt ist, an den Motorblock angeschraubt wird und damit die Ölführung schließt. Ein Ölfilterwechsel ist in der Regel mit einer Ölverschmutzung durch Tropföl verbunden. Neuere Filterkonstruktionen haben eine auswechselbare Papierfilterkartusche in einem geteilten Gehäuse, das ohne Tropfölverschmutzung entnommen und entsorgt werden kann. ◘ Abbildung 5.25 zeigt einen Ölfiltermodul, in dem Ölfilter, Ölkühler und ein Generatorhalter zu einer Einheit zusammengefügt sind. Es wird vom Systemzulieferer fertig vormontiert zur Motormontage angeliefert.

Zur Ölstandskontrolle werden zunehmend elektrische Sensoren eingesetzt, die das Erreichen des minimalen Ölstandes anzeigen und bereits warnen, bevor der Öldruck mangels Ölvorrat zusammenbricht. Zur Kosteneinsparung für den Fahrzeugbetreiber und zur Reduzierung des Ölverbrauches bzw. des Anfalls von Altöl bemüht man sich, die Ölwechselintervalle ständig auszuweiten. Dabei richtet sich der Ölwechsel nicht mehr nach festen Laufstrecken oder maximalen Zeiten sondern nach der Betriebsart und -dauer des Motors. In der elektronischen Motorsteuerung werden hierzu die Belastungen im Laufe des Betriebes über Kraftstoffdurchsatz, Betriebstemperaturen, Laufzeiten, Nachfüllmengen und Ähnliches aufintegriert und daraus die Notwendigkeit eines Ölwechsels ermittelt und dem Fahrer angezeigt. Für den normalen Betrieb mit gemäßigter Fahrweise resultieren daraus deutlich längere Fahrstrecken für eine Ölfüllung.

5.1.4.9 Saugrohr

Ansauganlagen werden (einteilig) aus Aluminium-Sand- oder -Kokillenguss oder mehrteilig in Aluminium- oder Magnesium-Druckguss hergestellt. Zur weiteren Gewichtseinsparung wird häufig glasfaserverstärkter Kunststoff, z. B. glasfaserverstärktes Polyamid gewählt. Mit der komplexen räumlichen Geometrie wird die Ansauganlage entweder in Schmelzkern-Technologie einteilig oder mehrteilig reibverschweißt hergestellt. Es gibt auch Mischbauweisen mit Aluminium oder Magnesium. Die Metallkomponenten dienen der Befestigung am Flansch zum warmen Zylinderkopf oder sie enthalten den Umschaltmechanismus für die Saugrohrlängenschaltung (siehe auch ◘ Abb. 5.30). Die Kunststoffe müssen eine gute Wärmestabilität (bis 150 °C) und Festigkeit (mit Faserverstärkung) aufweisen. An Anschraubstellen oder besonders wärmebeaufschlagten Stellen (z. B. Abgasrückführstutzen) sind auch Metalleinlagen zu finden. Alle Kunststoffteile tragen eine Materialkennzeichnung nach VDA 260 in Verbindung mit DIN-Normen für Bezeichnungen und Kurzzeichen von Kunststoffen, damit im Recycling die Materialsortierung gezielt und sicher durchgeführt werden kann.

Zur Verbesserung des Drehmomentverlaufs freisaugender Ottomotoren werden häufig schaltbare Sauganlagen eingesetzt. Dabei lassen sich die die Gaswechseldynamik beeinflussenden Längen und Querschnitte der Saugrohre drehzahlabhängig verändern. Neben den bereits weiter verbreiteten zweistufigen Schaltsaugrohren sind jetzt auch kontinuierlich wirkende Systeme verwirklicht worden, welche einen noch homogeneren Verlauf des Volllastdrehmomentes über dem gesamten Motordrehzahlband ermöglichen.

5.1.4.10 Nebenaggregate und Package

Der anhaltende Trend zu kompakten Fahrzeugkonzepten einerseits sowie die Kundenforderung nach zunehmendem Nutzraum für die Fahrgastzelle und Gepäckraumvolumen haben die Package-Anforderungen zu einer wesentlichen Randbedingung für Neuentwicklungen werden lassen. Dabei ist nicht nur das eigentliche Triebwerk zu betrachten, sondern es gilt ausladende Ansauganlagen mit Luftfilter und Luftführungsschläuchen, evtl. auch noch zu einem Ladeluftkühler, die Abgasanlage mitsamt der katalytischen Abgasreinigung sowie die Nebenaggregate einschließlich Lenkhilfepumpe und Klimakompressor im Motorraum unterzubringen. Das Package-Design muss daneben auch die Montierbarkeit der weitgehend vormontierten Antriebseinheit sowie Anforderungen von Sei-

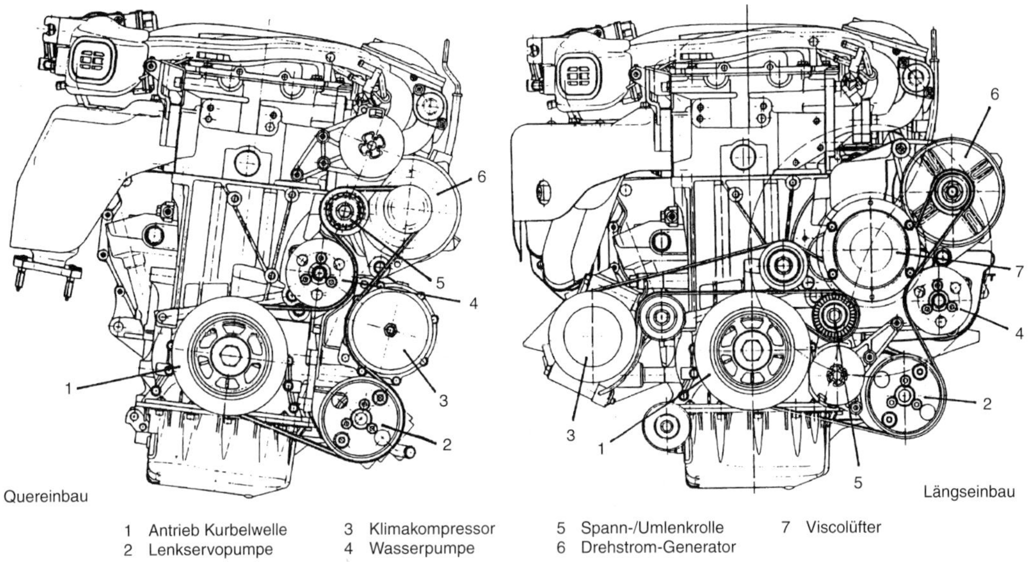

Abb. 5.26 Poly-V-Riementrieb für Nebenaggregate, Längs- bzw. Quereinbau des Motors (Beispiel Volkswagen Fünfzylindermotor VR5)

ten der Crash-Sicherheit berücksichtigen. Auch von der Fahrzeugseite sind viele Elemente für Sicherheit und Komfort dazugekommen, die im »Motorraum« untergebracht werden sollen. Damit ist das Package Gegenstand erheblicher Entwicklungsaktivitäten geworden, die sich nur noch unter Anwendung dreidimensionaler CAD-Modelle bewältigen lassen.

Zum Antrieb der Nebenaggregate werden heute überwiegend Poly-V-Riemen (Keilrippenriemen) verwendet. Dies sind faserverstärkte Kunststoff-/Kautschukriemen mit einem Vielkeil-Profil, das nur auf einer Seite oder auch beidseitig aufgebracht ist. Im Gegensatz zu den alten Keilriemen können sie in beide Richtungen in einer Ebene gekrümmt werden. Es können Umlenk- und Spannrollen mit den Antriebsrollen der Nebenaggregate verschachtelt angeordnet und so der Anbauraum am Motor sehr kompakt ausgefüllt werden (Abb. 5.26). Die vorher übliche Bauweise mit mehreren Keilriemen in versetzten Ebenen für einzelne Aggregate oder Aggregategruppen wird heute in der Regel auf einen Keilrippenriemen in einer Ebene beschränkt. Angetrieben werden die Wasserpumpe und der Drehstrom-Generator (Lichtmaschine). Meistens kommt noch die Lenkhilfepumpe und auch der Klimakompressor hinzu, bei einigen Fahrzeugen zusätzlich noch der Antrieb für einen Viscolüfter (Kühlerventilator). Da Keilrippenriemen empfindlich gegen Versatz- und Fluchtungsfehler der Antriebsrollen sind, kommt es auch der kompakten Anordnung entgegen, wenn alle Nebenaggregate auf einen gemeinsamen Halter zu einem Modul montiert sind. Dies ermöglicht auch die weitgehende Vormontage der Nebenaggregate, die dann als Block mit großer Anflanschfläche an den Motorblock geschraubt wird.

In letzter Zeit bemüht man sich intensiv, den die Einbaulänge bestimmenden Riementrieb an der Frontseite zu eliminieren. Alternativen sind Ketten- und Wellenantriebe für die Nebenaggregate oder auch Zahnradantriebe sowie Kombinationen daraus, die nicht an der Motorstirnseite, sondern an der Schwungradseite angeordnet sind. Ziel ist es, die Nebenaggregate seitlich am Motor und über dem Getriebeflansch zu montieren. Ein Beispiel zeigt Abb. 5.27. Ein Kettentrieb an der Schwungradseite führt hier zu einem Zahnradmodul, von dem aus die Ölpumpe, Lenkhilfepumpe und Wasserpumpe praktisch im Motor angetrieben werden. Nur der Generator hat noch einen Keilrippenriemen-Antrieb.

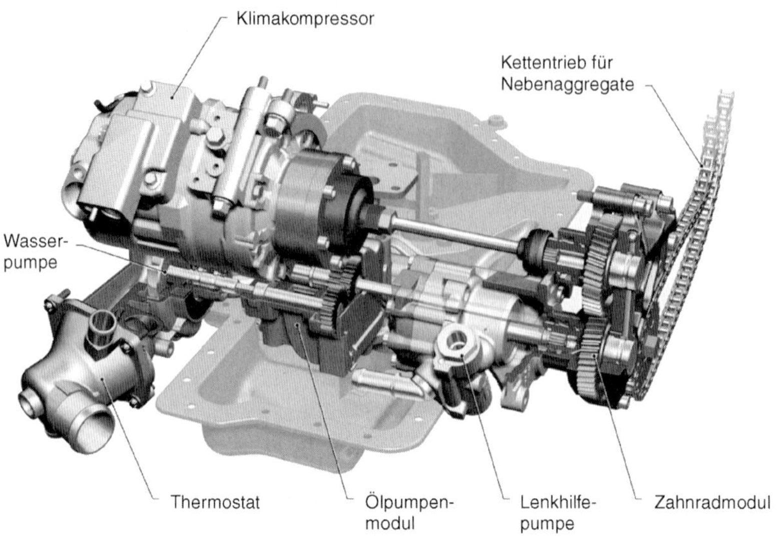

Abb. 5.27 Antrieb der Hilfs- und Nebenaggregate über Kette und Zahnräder (Beispiel Audi V8)

Zum Motorpackage gehören weiterhin der Anlasser, der am Schwungrad eingreift, sowie das Ansaug- und Abgasmodul mit den vor- und nachgeschalteten Bauteilen. Deren Anordnung ist nicht nur für eine funktional optimierte Auslegung wichtig, sondern die Komponenten sind auch bei den Untersuchungen zum Crashverhalten und zum Fußgängerschutz des Fahrzeugs mit zu betrachten. Sie bilden feste, schwer deformierbare Blöcke und können den Verformungsweg der Karosserie begrenzen und könnten somit die Insassen gefährden. Abhilfemaßnahmen bestehen unter anderem darin diese Bauteile so zu gestalten, dass sie im Falle eines Unfalls (Fußgänger) definiert wegbrechen oder sich deformieren.

Zwischen Luftfilter und Drosselklappe ist in vielen Fällen der Luftmassenmesser angeordnet, der zur ungestörten Messwerterfassung eine Mindestlänge an gerader Luftführungsstrecke braucht. Der Unterdruckschlauch für den Bremskraftverstärker, der Verbindungsschlauch zum Aktivkohlebehälter (Tankentlüftung), der Seilzug für die Drosselklappenbetätigung (evtl. nur Kabel für elektrische Drosselklappe) sind auf der Luftzuführungsseite zu verlegen. In der Abgasanlage ist im Motorraum der Katalysator mit λ-Sonde und Wärmeabschirmblech unterzubringen. Elektrische Kabel, Starterkabel, Schläuche für Kühlmittel, Klimaanlagen, Heizung und vieles mehr füllen den Motorraum. Sie alle müssen so verlegt sein, dass keine Scheuerstellen entstehen, sich keine elektrische Beeinflussung ergibt, keine übermäßige Erwärmung auftritt und Wartungs- und Reparaturarbeiten möglichst nicht behindert werden.

In der Endmontage beim Fahrzeughersteller versucht man der mit dem Package verbundenen Komplexität dadurch zu begegnen, dass möglichst viele Einzelkomponenten zu Modulen zusammengepackt werden, die vormontiert an das Fahrzeugband angeliefert werden. Dieser Trend erfordert von den Zulieferern zunehmende Kompetenz, die sich über ein gesamtes System erstrecken muss.

Abbildung 5.28 zeigt Streubänder für die Länge, Breite und Höhe (Kistenmaße über alle Motoranbauteile) von 4-Zylinder-Reihenmotoren für Pkw-Antriebe. Die Breite der Streubänder, insbesondere im Bereich der häufig vertretenen Hubraumklasse zwischen 1,6 und 2,0 l deutet auf das große Optimierungspotenzial hinsichtlich der Kompaktheit moderner Fahrzeugantriebe hin.

5.1.5 Ottomotoren

Die Bezeichnung Ottomotor geht zurück auf Nicolaus August Otto, der im Jahre 1876 den ersten

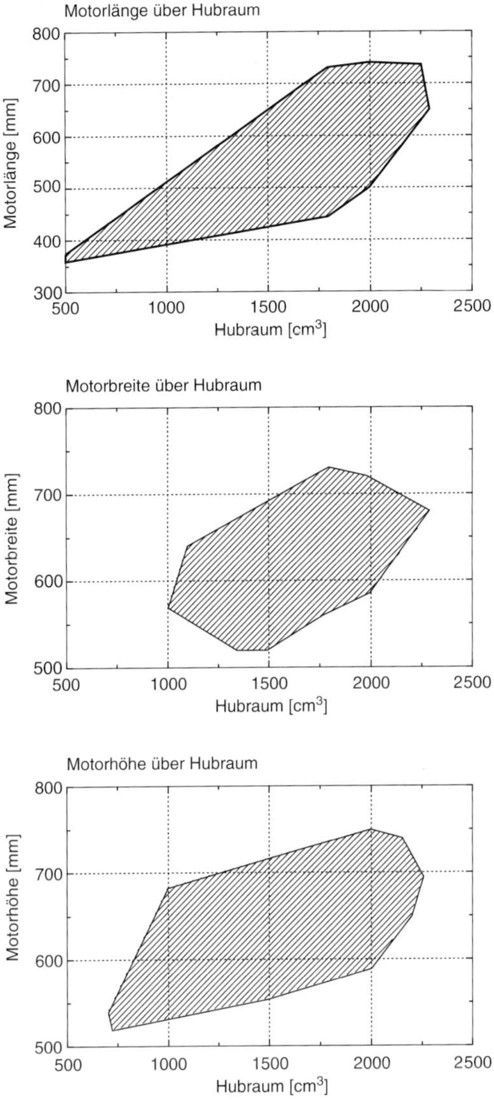

Abb. 5.28 Package-Abmessungen von 4-Zylinder-Reihenmotoren (FEV Motorentechnik)

Motor nach dem Viertakt-Verfahren in der Gasmotorenfabrik Deutz AG betrieb und darüber am 4. August 1877 das Patent erteilt bekam [29]. Das Viertakt-Verfahren wird ebenso bei Dieselmotoren angewandt, und sowohl Otto- als auch Dieselmotoren können nach dem Zweitakt-Verfahren (siehe auch ▶ Abschn. 5.7) arbeiten. Wesentliche Unterscheidungsmerkmale des konventionellen Ottomotors gegenüber dem Dieselmotor sind die Drosselregelung, die Homogenität der Zylinderladung, die äußere Gemischbildung mit anschließender Gemischverdichtung und die Fremdzündung.

Hieraus resultiert einer der wesentlichen Nachteile des Ottomotors gegenüber dem Dieselmotor, nämlich die Teillast-Drosselverluste. Zukunftslösungen für ottomotorische Kraftfahrzeugantriebe versuchen, die prinzipbedingten Nachteile der konventionellen Ottomotorentechnik zu überwinden und zielen darauf, sich von den Einschränkungen der äußeren Gemischbildung, der Quantitätsregelung sowie einer homogenen Zylinderladung zu lösen. Danach verbleibt als wesentliches Unterscheidungskriterium zum Dieselmotor die Art der Zündung, wie es im angelsächsischen Sprachraum mit den Bezeichnungen SI (»Spark Ignition«) und CI (»Compression Ignition«) zum Ausdruck kommt.

Für die Beurteilung zukünftiger Antriebskonzepte sind eine Vielzahl von Kriterien von Bedeutung. Die Zuverlässigkeit unter allen denkbaren Anwendungssituationen und über die gesamte Gebrauchsdauer wird vom Verbraucher als selbstverständlich vorausgesetzt. Wesentlich für die Akzeptanz eines neuen Antriebskonzeptes ist letztendlich seine Wirtschaftlichkeit. Diese wird sowohl von den Herstellkosten als auch von den Betriebskosten bestimmt. Der Kraftstoffverbrauch hat hierauf direkten Einfluss, steht aber auch aus Gründen der Ressourcenschonung sowie wegen der mit der Verbrennung von fossilen Brennstoffen verbundenen CO_2-Emissionen im Vordergrund der öffentlichen Diskussion.

Die aus der drastischen Zunahme der Verkehrsdichte in Ballungsräumen resultierenden Aktivitäten der Gesetzgeber, die Abgasemissionen von Pkw-Antrieben immer strengeren Bestimmungen zu unterwerfen, stellen ein weiteres wesentliches Auswahlkriterium für zukünftige Pkw-Antriebe dar. Auch die vom Antrieb ausgehenden Geräuschemissionen werden als störende und belastende Auswirkung des Straßenverkehrs verstanden und müssen deshalb minimiert werden. Sie nehmen auch direkten Einfluss auf den von den Fahrzeuginsassen empfundenen Komfort. Aus den Bemühungen zur Absenkung der Fahrzeuggewichte und zur möglichst kompakten

Bauweise leitet sich für den Antrieb die Forderung nach hoher Leistungsdichte ab. Das dynamische Betriebsverhalten stellt sowohl ein emotional geprägtes Kriterium als auch eine mit dem rationalen Begriff »aktive Fahrsicherheit« verbundene Anforderung dar.

Insbesondere seit den bedeutenden Fortschritten in der Entwicklung von Pkw-Dieselmotoren mit Hochdruck-Direkteinspritzung treten die prinzipbedingten Nachteile des konventionellen Ottomotors in den Vordergrund. Konzepte zur Entdrosselung des Ottomotors sind die variable Ventilsteuerung (siehe ► Abschn. 5.1.5.1.4) sowie der Magerbetrieb. Der beim konventionellen Ottomotor möglichen Betriebsweise mit homogenem Kraftstoff-Luft-Gemisch zum thermodynamisch vorteilhaften Magerbetrieb sind durch die Zündgrenzen des Kraftstoffes Grenzen gesetzt. Deshalb hat sich in den letzten Jahren die Benzindirekteinspritzung mit geschichteter Zylinderladung als zielführende Alternative etabliert (siehe ► Abschn. 5.1.5.2.2). Solche Magermotorkonzepte erfordern jedoch neue Lösungen zur Abgasreinigung im sauerstoffreichen Abgas (siehe ► Abschn. 5.1.5.6.2). Auch Downsizing-Konzepte (siehe ► Abschn. 5.1.5.4) schöpfen einen wesentlichen Anteil ihres Verbrauchsvorteils aus der mit der Betriebspunktverlagerung verbundenen Entdrosselung des Motors.

Die Begrenzung des Verdichtungsverhältnisses aufgrund der bei hohen Motorlasten auftretenden Klopfneigung hat eine direkte Auswirkung auf den Wirkungsgrad des Vergleichsprozesses. Üblicherweise muss hier ein Kompromiss zwischen Leistungsdichte und Teillastwirkungsgrad gefunden werden, welcher sich bei einer variablen Steuerung des Verdichtungsverhältnisses vermeiden lässt. Insbesondere in Kombination mit der Aufladung des Ottomotors und den damit verbundenen Downsizing-Effekten lassen sich hiermit große Verbrauchseinsparungen realisieren (siehe Kapitel ► Abschn. 5.1.5.4.2).

5.1.5.1 Ladungswechsel

Der Ladungswechsel ist der Austausch der Verbrennungsgase durch Frischluft oder frisches Gemisch. Hierzu dienen die Ansaug- und Abgasanlage, die zusammen mit den Ventilen und deren Öffnungscharakteristiken die Füllung des Arbeitszylinders bestimmen. Die Güte des Ladungswechsels wird durch den Liefergrad definiert; das Verhältnis von tatsächlich angesaugter Frischladung m_L zu theoretisch möglicher Ladungsmenge m_th bei gegebenem Hubraum:

$$\lambda_\mathrm{l} = m_\mathrm{L}/m_\mathrm{th}$$

Die Zylinderfrischladung ist $m_\mathrm{Z} = m_\mathrm{ZL}$ bei innerer und $m_\mathrm{Z} = m_\mathrm{ZB} + m_\mathrm{ZL}$ bei äußerer Gemischbildung.

Nur wenn möglichst viel Luft und damit Sauerstoff in den Zylinder gelangt und dort verbleibt, kann eine entsprechend große Menge Kraftstoff für eine »vollkommene« Verbrennung zugemischt bzw. eingespritzt werden und der Motor eine hohe Leistung erbringen.

Hinsichtlich der Anordnung der Gaswechselorgane im Zylinderkopf und der Strömungsführung beim Ladungswechsel unterscheidet man zwischen dem Gegenstrom- und dem Querstrom-Prinzip. Beim Gegenstrom-Zylinderkopf sind die Ein- und Auslasskanäle an der gleichen Kopfseite (deshalb wird er manchmal auch als »Gleichstromkopf« bezeichnet), Ansaug- und Auslassstrom laufen entgegengerichtet. Dieses Prinzip findet man häufig bei klassischen Zweiventilmotoren mit der Ventilanordnung in Reihe. Beim Querstromkopf ist eine Seite die Ansaugseite, die gegenüberliegende die Auslassseite. Man findet dieses Prinzip auch bei Zweiventilmotoren, grundsätzlich aber bei allen Mehrventilmotoren ($\geq$ 3 Ventile je Zylinder). Beim Querstromkopf ist die »kalte« und die »warme« Seite getrennt. Dies eröffnet auch mehr Freiheiten für die Rohrführungen und Kraftstoffeinrichtungen.

5.1.5.1.1 Ansaugsystem

Der Ansaugvorgang des Motors erfolgt in kurzer Zeit über ca. jeweils 180–240° KW, das heißt in ca. 30 bis 5 ms bei Drehzahlen von 1000 bis 6000 l/min. Dieser Prozess ist von hoher Dynamik geprägt und wird von Druck- und Unterdruckwellen im Ansaugsystem maßgeblich beeinflusst. Mittels der gezielten Auslegung der Sauganlagengeometrie hinsichtlich Kanallänge und -durchmesser lässt sich der Liefergrad für einen begrenzten Drehzahl-

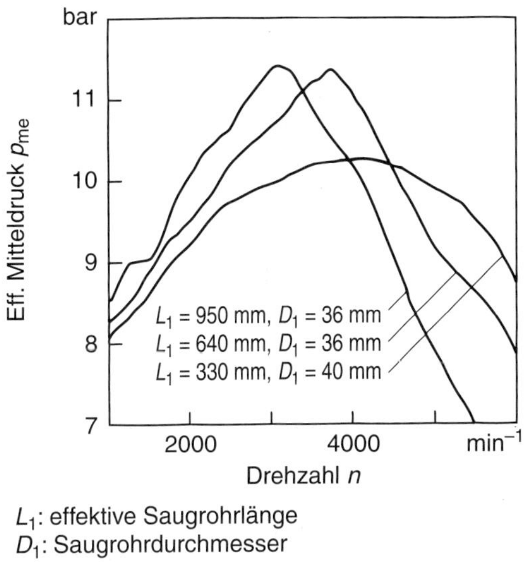

Abb. 5.29 Verlauf des effektiven Mitteldruckes über der Drehzahl bei unterschiedlicher Saugrohrauslegung

bereich optimieren. In Abb. 5.29 ist der Verlauf des effektiven Mitteldrucks über der Drehzahl für unterschiedliche Saugrohrauslegungen dargestellt. Maximale Drehmomente erreicht man bei niedrigen Drehzahlen mit dünneren, längeren Ansaugrohren, hohe Maximalleistung mit größeren, kürzeren Rohren. Bei »Alltagsautos« wird üblicherweise eine Auslegung für hohes Drehmoment bei niedrigen und mittleren Drehzahlen vorgezogen, wohingegen bei Sportfahrzeugen eine auf den oberen Drehzahlbereich ausgerichtete Auslegung gewählt wird.

Die Innenflächen der Ansaugkanäle sollten möglichst glatt sein. Stolperkanten und scharfe Krümmungen würden zu Strömungsablösungen führen und sind deshalb zu vermeiden. Bei Mehrzylinder-Motoren muss auch darauf geachtet werden, dass sich die in der Zündfolge aufeinander folgenden Zylinder nicht negativ beeinflussen. Für die Saugrohrauslegung bedeutet dies, dass die Verwirklichung gleich langer und gleichförmiger Ansaugrohre allein nicht ausreicht für jeden einzelnen Zylinder die gleiche Füllung zu gewährleisten. Durch Detailoptimierung, auch unter Zuhilfenahme dreidimensionaler Strömungssimulationsrechnungen (CFD – Computational Fluid Dynamics) sollen dynamische Effekte, welche zur lokalen Störung der Ansaugströmung führen, vermieden werden.

Immer häufiger werden auch bei gängigen Motorisierungen Schaltsaugrohre verwendet. Klappen oder Drehschieber schalten zwei oder drei unterschiedliche Saugrohrlängen oder ermöglichen gar eine stufenlose Längenverstellung. Damit wird über den vollen Drehzahlbereich ein optimaler Drehmomentverlauf erreicht. Auch die vorgelagerte Ansaugstrecke vom Ansaugschnorchel über den Luftfilter bis zur Drosselklappe hat einen Einfluss auf den Ladungswechsel.

Außerdem muss dieser Teil der Ansauganlage im Hinblick auf das Ansauggeräusch optimiert werden. Dies geschieht durch die Integration von Helmholtz-Resonatoren zur Dämpfung einzelner kritischer Frequenzbereiche oder durch Breitbandresonatoren, welche über eine gute Dämpfung über einen weiten Frequenzbereich verfügen.

Der anhaltende Kostendruck und das Streben um eine bessere Großserienqualität hat in den vergangenen Jahren Modultechnik vorangetrieben. Am Ansaugmodul moderner Ottomotoren werden häufig alle mit der Luftführung und Kraftstoffeinspritzung zusammenhängenden Bauteile funktional und räumlich zu einer vormontierten und prüffähigen Einheit zusammengefasst. In Abb. 5.30 ist ein Beispiel eines Ansaugmoduls mit einem mehrteiligen Saugrohr in Kunststoff- und Aluminiumbauweise mit elektronisch gesteuerter Drosselklappe, Saugrohrlängen-Schaltanlage, Kraftstoff-Verteilerleiste und Kraftstoff-Einspritzventilen dargestellt.

5.1.5.1.2 Abgassystem

Zur Erfüllung aktueller und zukünftiger Emissionsvorschriften ist eine schnelle Erwärmung des Abgaskatalysators nach dem Motorstart von entscheidender Bedeutung. Deshalb werden anstelle der relativ dickwandigen Gusskrümmer mit hoher Wärmekapazität auch dünnwandige Blechkrümmer verwendet, die sich in strömungsgünstigen Leitungsformen und -führungen realisieren lassen. Sie sind leichter und entziehen aufgrund ihrer geringeren Wärmekapazität dem Abgas weniger Wärme, so dass mehr Abgasenergie zur schnellen Aufheizung des Katalysators zur Verfügung steht.

Abb. 5.30 Ansaugmodul mit Schaltsaugrohr, elektr. Drosselklappe, Kraftstoffeinspritzsystem, inkl. Verkabelung und Verschlauchung

Blechkrümmer werden oft auch noch mit einer Blechumhüllung versehen, die durch einen Luftspalt isoliert und damit wärmedämmend ist. Mit neuen Fertigungstechnologien, z. B. Hydroforming (siehe auch ▶ Abschn. 10.2), lassen sich technisch gute und kostengünstige Produkte entwickeln, die den erheblichen Temperatur- und Schwingungsbelastungen standhalten.

Bei turboaufgeladenen Motoren kommen zunehmend Abgaskrümmer mit integriertem Turbinengehäuse zum Einsatz. Durch den Wegfall der thermisch hoch belasteten Flansche zwischen Krümmer und Turbinengehäuse kann eine geringe Masse und ein reduzierter Bauraum erzielt werden. Das in Abb. 5.31 gezeigte Integralmodul des Audi V10 TFSI [69] aus Stahlguss ist in Silikatfaserformteile eingepackt und aussen mit einer Edelstahlhülle umschlossen, um den Energieeintrag in den Motorraum zu reduzieren. Die Klemmflanschverbindung zum Zylinderkopf ermöglicht eine freie Wärmeausdehnung der Gussteile in Längsrichtung.

Dem Abgaskrümmer folgt der Katalysator. Zur Einhaltung der aktuellen Emissionsvorschriften ist seine motornahe Anordnung erforderlich, welche eine raschere Erwärmung des Abgaskatalysators nach dem Kaltstart ermöglicht. Bei hoher Last ist damit jedoch eine erhöhte Wärmebelastung verbunden, die von modernen Katalysatoren allerdings beherrscht wird. Dennoch ist unter bestimmten Betriebsbedingungen die Anreicherung des Kraftstoff-Luft-Gemisches zum Schutz des Katalysators vor Übertemperatur erforderlich (»Bauteilschutz«).

Auch die Geometrie der Abgasanlage (▶ Abschn. 5.6) hat einen Einfluss auf die Gasdynamik beim Ladungswechselvorgang. Aufwändige Abgasanlagen mit stufenweiser Zusammenführung der einzelnen Abgasstränge (beim 4-Zylindermotor mit 4-in-zwei-in-1 Zusammenführung) unterstützen die Darstellung homogener Volllast-Drehmomentverläufe. Die nachfolgenden Bauteile (Katalysator und Schalldämpfer) sollen einen geringen mittleren Abgasgegendruck erzeugen. Die Schalldämpfung soll wirksam und die eigene Oberflächen-Schallabstrahlung möglichst gering sein. Um der Korrosion vorzubeugen, werden Edelstahl- oder aluminierte Bleche verwendet.

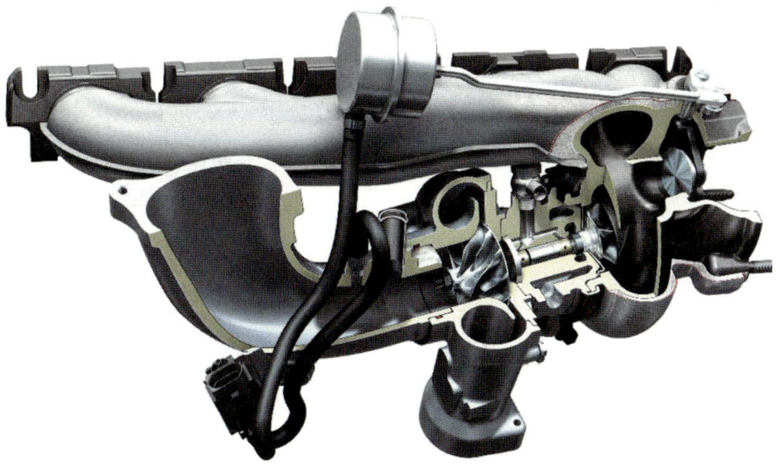

Abb. 5.31 Integralmodul aus Abgaskrümmer und Turbolader (Beispiel Audi V10 TFSI)

5.1.5.1.3 Ventilsteuerzeiten

Neben der Geometrie der Gaswechselorgane hat die zeitliche Steuerung des Ladungswechselvorgangs entscheidende Bedeutung für den Erfolg des Ladungswechsels (Liefergrad). Im Interesse einer möglichst hohen spezifischen Leistung des Motors müssen die in der Theorie streng nacheinander ablaufenden Prozesse des Ausschiebens und Ansaugens in der Praxis mehr oder weniger zeitlich überlappend verlaufen. Maß hierfür ist die Ventilüberschneidung, womit die Dauer der gleichzeitigen Öffnung der Aus- und Einlassventile gemeint ist.

Bei niedrigen Drehzahlen dagegen hat eine hohe Ventilüberschneidung relativ hohe Restgasanteile zur Folge, welche die Leerlaufstabilität des Motors empfindlich beeinträchtigen können. Durch entsprechende Optimierung des Brennverfahrens mittels einlassseitig generierter Ladungsbewegung wird versucht dem entgegenzuwirken. Gelingt es auf diese Weise, eine hohe Restgasverträglichkeit darzustellen, so lässt sich dies auch zu der sogenannten inneren Abgasrückführung nutzen. Auf diese Weise lassen sich die Rohemissionen, insbesondere die Stickoxidemissionen senken, was die Anforderungen an die katalytische Abgasreinigung mindert. Darüber hinaus führt die Abgasrückführung im Teillastbetrieb zu einer begrenzten Entdrosselung des Motors und darüber zu begrenzten Verbrauchseinsparungen. Dieses Beispiel zeigt, wie die unterschiedlichen Anforderungen an einen modernen Ottomotor hinsichtlich Leistung, Verbrauch, Emissionen und Komfort ineinander greifen und bei der Feinabstimmung des Motors abgewogen werden müssen.

5.1.5.1.4 Variable Ventilsteuerung

Neben dem Betrieb mit magerem Gemisch ermöglicht auch die variable Steuerung der Ladungswechselorgane eine Entdrosselung des Ottomotors. Die mit der üblichen Drosselsteuerung verbundene erhebliche Ladungswechselarbeit stellt einen wesentlichen Anteil der Prozessverluste des Ottomotors dar. Abbildung 5.32 zeigt die mittels Zylinderdruckindizierung gemessene Ladungswechselarbeit als Anteil an der insgesamt geleisteten indizierten Arbeit im Motorkennfeld [30]. Dieser Anteil gewinnt mit abnehmender Motorlast deutlich an Bedeutung, was auf ein hohes Potenzial zur Verbrauchsverbesserung hindeutet.

Darüber hinaus bietet die variable Steuerung der Ventile noch weitere Potenziale zur Verbesserung des Betriebsverhaltens. Diese liegen sowohl im Volllast-Drehmomentverhalten als auch in der Leerlaufqualität sowie im Verbrauchs- und Emissionsverhalten bei Teillast.

Die Systeme zur variablen Ventilsteuerung sind in ▶ Abschn. 5.1.4.6.3 eingehend beschrieben. Die nachfolgend beschriebenen Konzepte zur Entdrosselung des Ottomotors mittels variabler Ventil-

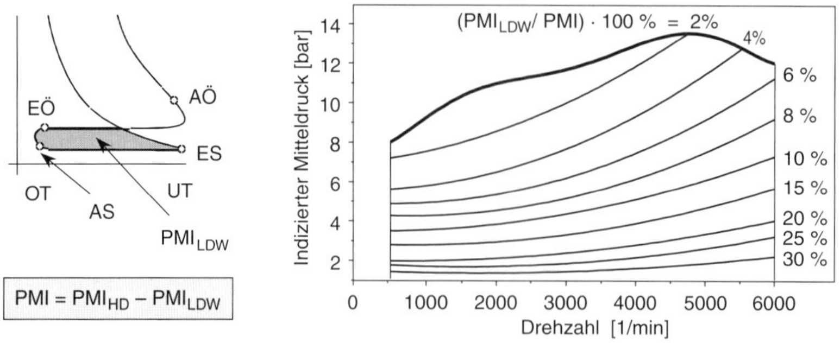

Abb. 5.32 Ladungswechselverluste des konventionellen Ottomotors

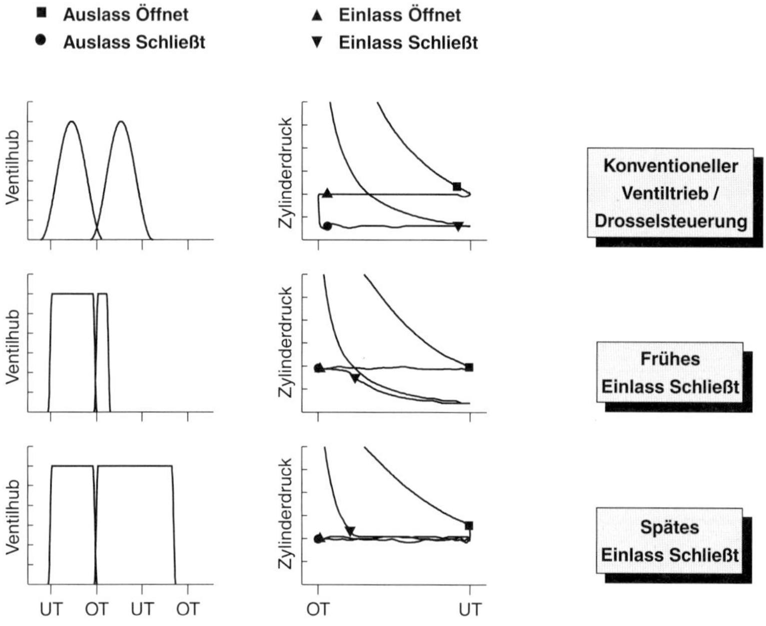

Abb. 5.33 Laststeuerverfahren (Teillast)

steuerung beziehen sich auf die dort vorgestellten Systeme zur Beeinflussung der Ventilsteuerzeiten und der zeitlichen Öffnungsquerschnitte.

Die Ladungswechselverluste des konventionellen Ottomotors können zu einem großen Teil vermieden werden, wenn die angesaugte Ladungsmasse ohne Drosselung des Ansaugstromes gesteuert wird. Bei variabler Beeinflussung der Steuerzeiten kann dies sowohl über ein frühes Schließen der Einlassventile (FES) realisiert werden, nachdem die gewünschte Frischgemischmasse angesaugt wurde, als auch über ein spätes Schließen (SES), nachdem die überschüssige Ladungsmasse wieder in den Ansaugtrakt ausgeschoben wurde (Abb. 5.33). Die Alternative FES erfordert die Beherrschbarkeit sehr kurzer Ventilöffnungsdauern zur Realisierung der im Nulllastbetrieb minimalen Frischgemischmassen. Bei der Strategie SES dagegen sind tendenziell höhere Ladungswechselverluste infolge der wiederholten Strömung der für den jeweiligen Lastpunkt überschüssigen Ladungsmenge zu verzeichnen.

Die Variabilität der Ventilsteuerzeiten lässt sich auch für die Steuerung der Restgasmasse nutzen (innere Abgasrückführung). Hierzu kommen prinzipiell drei Alternativen in Betracht (Abb. 5.34). Bei einer Verschiebung beziehungsweise Aus-

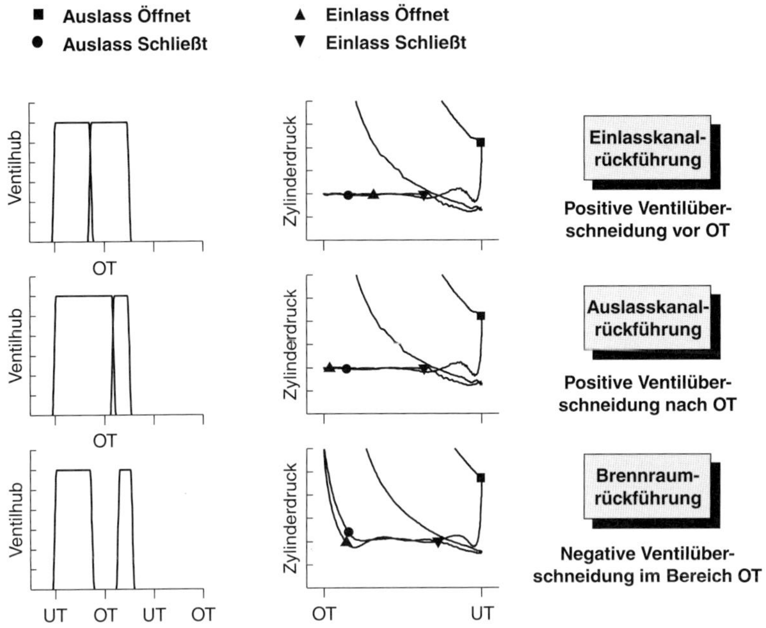

Abb. 5.34 Restgassteuerverfahren

dehnung der Ventilüberschneidungsphase in den Ausschiebetakt strömt verstärkt Abgas in den Ansaugtrakt (»Einlasskanal-Rückführung«) und verdünnt dort die nachfolgend angesaugte Frischladung. Dieses Verfahren wird auch zur Verbesserung der Gemischbildung im Einlasskanal genutzt.

Bei der »Auslasskanal-Rückführung« wird die Überschneidungsphase in den Saughub verlegt und in der ersten Phase des Ansaugtaktes Frischgemisch über das Einlassventil und Abgas über das Auslassventil gleichzeitig angesaugt. Alternativ hierzu wird bei der »Brennraum-Rückführung« die Restgasmasse durch ein frühes Schließen des Auslassventils bestimmt, wobei das danach im Brennraum verbleibende Restgas infolge der Kolbenbewegung bis zum oberen Totpunkt verdichtet und dann wieder expandiert wird. Nach Erreichen atmosphärischen Druckniveaus im Zylinder wird dann das Einlassventil geöffnet, und der Ansaugvorgang erfolgt gemäß der Strategie FES (vgl. Abb. 5.33).

Bei drosselfreier Laststeuerung entfällt der die Kraftstoffverdampfung fördernder Unterdruck im Saugrohr, was insbesondere im Kaltstart- und Warmlaufbetrieb des Motors zu Gemischbildungsproblemen führen kann. Dem kann beispielsweise mit dem in Abb. 5.35 gezeigten Verfahren mit einem späten Öffnen des Einlassventils [31] begegnet werden. Dadurch wird erreicht, dass zum Zeitpunkt Einlass-öffnet (Eö) im Zylinder ein Unterdruck vorliegt, der ein Einströmen des Frischgemisches mit Schallgeschwindigkeit bewirkt. Die mit dieser Prozessführung verbundenen Drosselverluste fallen in der Gesamtbetrachtung kaum ins Gewicht, weil nach dem Kaltstart wieder auf drosselfreie Laststeuerung übergegangen wird. Die mit einigen bekannt gewordenen Systemen verbundene Variabilität des Ventilhubes (siehe auch ► Abschn. 5.1.4.6.3) stellt eine weitere Möglichkeit dar, die Gemischbildung bei niedrigen Lasten durch Nutzung von Ventilspalt-Effekten zu verbessern.

Je nach der erreichten Variabilität der Ventilsteuerung lassen sich auch noch weitere Potenziale zur Verbesserung des Motorbetriebs eröffnen. Beispielsweise folgen aus der Möglichkeit einer Leerlaufdrehzahl-Absenkung weitere Verbrauchsvorteile. Darüber hinaus kann infolge einer optimierten Restgassteuerung eine bessere Füllung bei gleichzeitig verringerter Klopfbegrenzung erreicht werden. Das höhere Volllastdrehmoment, insbe-

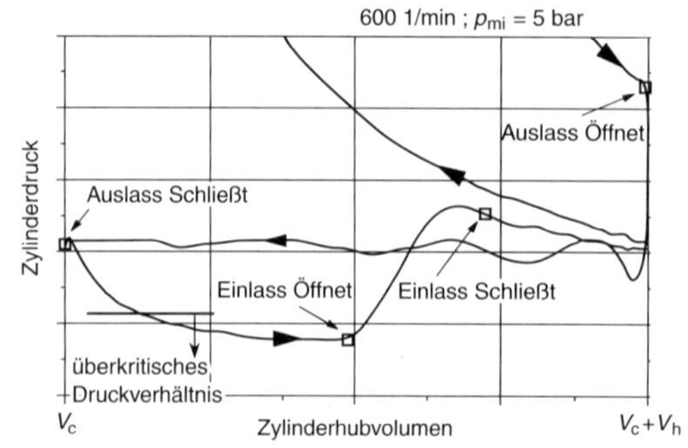

Abb. 5.35 *p*-*V*-Diagramm bei »Spätem Einlass Öffnet« [31]

sondere im unteren Drehzahlbereich, erlaubt eine Verlängerung der Achsübersetzung, was über eine Betriebspunktverlagerung zu weiteren Verbrauchsvorteilen führt.

Konstruktive Lösungen, die eine vollständige Deaktivierung einzelner Ventile erlauben, können auch zur Realisierung einer kennfeldgesteuerten Abschaltung einzelner Zylinder genutzt werden. Für die aktiven Zylinder resultiert daraus eine Betriebspunktverlagerung mit entsprechend günstigerem Kraftstoffverbrauch. Die Möglichkeiten der Ventilsteuerung reichen dabei bis zum zyklisch intermittierenden Betrieb, bei dem zwischen den vier Arbeitstakten jedes einzelnen Zylinders eine wählbare Anzahl von Leertakten zwischengeschaltet ist.

In Kombination mit der Aufladung ermöglicht die variable Ventilsteuerung beispielsweise die Realisierung des Miller-Verfahrens [58]. Oder es können durch gezielt frühzeitiges Öffnen der Auslassventile Druckpulsationen im Auslasssystem erzeugt werden, die sich im Sinne einer Stoßaufladung zur Verbesserung des instationären Betriebsverhaltens nutzen lassen.

5.1.5.2 Gemischbildung

Zur Gemischbildung im Ottomotor zählen die Gemischdosierung nach Menge und Zusammensetzung sowie Gemischaufbereitung, -transport und -verteilung. Ziel der Gemischbildung beim konventionellen Ottomotor ist die Darstellung eines möglichst homogenen Gemischs mit stöchiometrischem Mischungsverhältnis von Luft (Sauerstoff) und Kraftstoff. Die Luftmenge wird mit der Drosselklappe reguliert, die angepasste Kraftstoffmenge mit der Einspritzung.

Die gleichmäßige Luftverteilung auf die Zylinder wird durch die Ansauganlage gewährleistet (► Abschn. 5.1.4.9). Die exakte und gleichmäßige Kraftstoffverteilung wird bei modernen Ottomotoren durch je ein Einspritzventil für jeden Zylinder bewirkt (multi-point injection MPI). Die Einspritzventile sind in den jeweiligen Saugarmen der Ansauganlage nahe den Einlasskanälen angeordnet (port fuel injection PFI). Die Gemischaufbereitung, d. h. die Verdampfung und Vermischung des Kraftstoffes mit der angesaugten Luft, wird vom Siedeverlauf des Kraftstoffes, der Temperatur, dem Druck, der Strömungsgeschwindigkeit und Turbulenz, der Zerstäubungsgüte und Kraftstoffkonzentration und der zur Verfügung stehenden Zeit beeinflusst.

Das Mischungsverhältnis wird mit dem Luftverhältnis λ angegeben. Dieses ist das Verhältnis von zugeführter Luftmenge zum theoretischen Luftbedarf für die vollkommene Verbrennung der eingebrachten Kraftstoffmasse. Für die vollständige Verbrennung von 1 kg Benzin beträgt der stöchiometrische Luftbedarf etwa 14,6 kg Luft. Bei Kraftstoffüberschuss ist $\lambda < 1$ (fettes Gemisch), bei Luftüberschuss ist $\lambda > 1$ (mageres Gemisch). Der Wert von λ bestimmt das Betriebsverhalten des Motors (■ Abb. 5.36). Maximales Drehmoment und guter Rundlauf des Motors ergeben sich bei $\lambda \approx 0{,}9$, der geringste Kraftstoffverbrauch bei $\lambda \approx 1{,}1$ bis 1,2. Ebenso hat das Luftverhältnis Einfluss auf die Emissionen des Motors; bei Luftmangel ($\lambda < 1$) steigen die Kohlenwasserstoff-(HC)- und Kohlenmonoxid-(CO)-Emissionen, bei Luftüberschuss ($\lambda > 1$) steigt die Stickoxidemission-(NO_x) an (siehe auch ■ Abb. 5.55).

Die vorteilhafte Auswirkung einer mageren Betriebsweise war immer wieder Gegenstand von Bemühungen, den Teillast-Kraftstoffverbrauch des Ottomotors durch teilweise Entdrosselung zu senken. Wegen der Notwendigkeit zur Zündung an der Zündkerze einen λ-Wert zwischen ca. 0,8 und 1,2 einzuhalten (Zündgrenzen des Kraftstoffs) waren dem Grenzen gesetzt. Konzepte mit nicht-homogener, geschichteter Zylinderladung im Brennraum eröffnen hier erweiterte Potenziale (► Abschn. 5.1.5.2.2). Mit der Einführung des

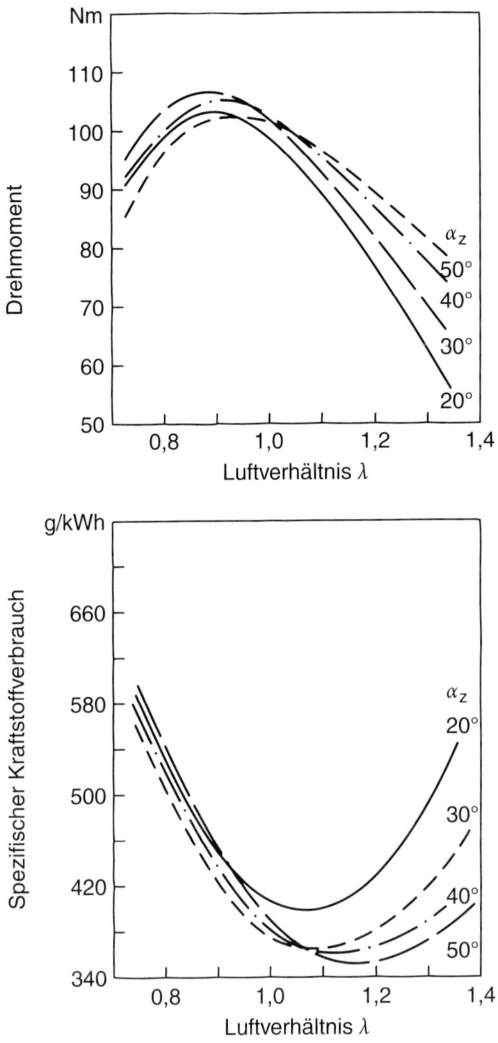

Abb. 5.36 Einfluss von Luftverhältnis λ und Zündzeitpunkt α_z auf Kraftstoffverbrauch und Drehmoment

Drei-Wege-Katalysators wurden die Bestrebungen nach Magerkonzepten zunächst aufgegeben, da zur gleichzeitigen Oxidation von HC und CO und Reduktion von NO_x der Wert $\lambda = 1$ zwingend eingehalten werden muss (► Abschn. 5.1.5.6.1).

Im normalen Betrieb bei warmem Motor bereitet die Gemischbildung keine gravierenden Probleme. Kritisch dagegen ist der Kaltstart und Warmlauf des Motors. Bei den tiefen Bauteiltemperaturen sowie wegen der geringen Strömungsgeschwindigkeit und Turbulenz im Brennraum wird

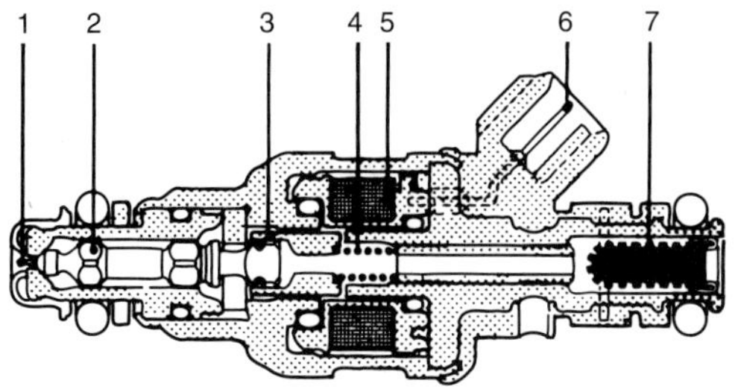

1 Spritzzapfen, 2 Ventilnadel, 3 Magnetanker, 4 Schließfeder, 5 Magnetwicklung, 6 elektrischer Anschluss, 7 Kraftstoffsieb

Abb. 5.37 Einspritzventil (Bosch)

ein Teil des eingespritzten Kraftstoffes an den Wänden gespeichert und nimmt zunächst nicht an der Verbrennung teil. Um dennoch ein zündfähiges Gemisch zu erhalten, muss eine Übermenge an Kraftstoff eingespritzt werden (Kaltstartanreicherung). Diese kann nicht vollständig verbrennen und führt zu sehr hohen HC-Emissionen, was die größte Herausforderung zur Einhaltung der Emissionsgrenzwerte darstellt. Zur Minimierung dieser Problematik muss die Position und Ausrichtung der Einspritzventile sowie die Qualität des von ihnen generierten Sprays optimiert werden.

5.1.5.2.1 Homogene Gemischbildung

Mit der Einführung der Katalysatortechnik kam es zur vollständigen Substitution der bis dahin vorwiegend eingesetzten Vergaser durch die Benzineinspritzung. Zunächst wurde an der gleichen Stelle, wo üblicherweise der Vergaser am Ansaugkrümmer angeflanscht war, der Kraftstoff zentral eingespritzt (single point injection SPI). Dies änderte jedoch nur wenig an dem Umstand, dass die Kanäle des Saugrohres mit Kraftstoff benetzt wurden und das dynamische Ansprechverhalten des Motors infolge der Anlagerungs- und Verdampfungsvorgänge im Saugrohr sehr verschleppt war. Deshalb setzte sich schnell die Einzeleinspritzung (multi-point injection MPI) durch. Für jeden einzelnen Zylinder ist ein separates Einspritzventil vorhanden, möglichst nah am Zylinderkopf montiert und in Richtung der Einlassventile spritzend (Abb. 5.37). Die Einspritzung ist intermittierend, sie wird über einen Magneten im Einspritzventil ausgelöst, der die Ventilnadel anhebt und die Spritzbohrung(en) freigibt. Die Dauer der Magnetansteuerung und der Kraftstoffüberdruck zum Saugrohrdruck bestimmen die eingespritzte Kraftstoffmenge. Bei 4-Ventil Zylinderköpfen mit zwei Einlasskanälen verwendet man in der Regel ein Einspritzventil mit einem Doppelstrahl in Richtung der beiden Einlassventile.

Heute üblich ist die Einzeleinspritzung (auch sequenzielle Einspritzung), bei der die Einspritzventile getrennt angesteuert werden, so dass jeder Zylinder zum vorgegebenen Zeitpunkt im Arbeitsspiel den Kraftstoff erhält. Dies kann kurz vor, während oder auch überlappend zum geöffneten Einlassventil vonstatten gehen in Abhängigkeit von Last, Drehzahl und Temperatur des Motors. Damit kann über die Motorsteuerung, abgesichert durch eingehende Versuche, der dynamische Vorgang einer Last- oder Drehzahländerung beherrscht werden, ohne dass zu viel oder zu wenig Kraftstoff in den Zylinder gelangt. Im Schubbetrieb wird die Kraftstoffeinspritzung ganz ausgesetzt (Schubabschaltung).

Die Kraftstoffversorgung zu den Einspritzventilen erfolgt über Verteilerleisten (fuel rail). Bei »top-feed« Ventilen wie in ◻ Abb. 5.37 wird diese Leiste von oben auf die in einer Reihe stehenden Einspritzventile aufgesteckt. Bei »bottom-feed« Ventilen ist in das Saugrohr, in Flanschnähe zum Zylinderkopf, ein Kraftstoffkanal integriert, in den das Ventil eingesetzt wird. Unterhalb und oberhalb der Zulaufbohrungen wird der Ventilkörper durch O-Ringe abgedichtet. Der Kraftstoffdruck beträgt gewöhnlich 3 bis 4 bar über aktuellem Saugrohrdruck und wird von einer elektrischen Kraftstoff-Förderpumpe im Kraftstoffbehälter aufgebracht (▶ Abschn. 7.6). Der Druck wird mit einem Druckregler am Ende der Verteilerleiste je nach Saugrohrdruck und Verbrauch auf konstanten Differenzdruck geregelt. Die Überschussmenge an Kraftstoff wird durch ein Rücklauf-Leitungssystem in den Tank zurückbefördert und sorgt so für die Ableitung von Luft- und Kraftstoffdampfblasen aus dem Leitungssystem. Neuere Systeme arbeiten auch rücklauflos, wobei die Druck- und Mengenregelung in die Pumpe integriert oder im Tank angebracht ist und nur die tatsächliche Bedarfsmenge in den Kraftstoffverteiler gefördert wird.

Neben den bereits erwähnten Varianten mit einem oder mehreren Einspritzstrahlen je Ventil sind auch Ausführungen mit von der Mittelachse des Ventils abweichenden Strahlachsen verfügbar. Unterschiede gibt es auch hinsichtlich der Zerstäubungsqualität. Hier gilt es, eine gute Optimierung auf den jeweiligen Motortyp zu erreichen und insbesondere auch eine gleich bleibende Qualität des Einspritzstrahles bei allen Betriebsbedingungen und über der Laufzeit zu gewährleisten. Durch Zuströmen von Luft an der Abspritzstelle des Ventils kann die Zerstäubung zusätzlich verbessert werden (luftumfasste Ventile). Dabei wird vor der Drosselklappe ein Teilluftstrom abgezweigt und das Druckgefälle zum Saugrohr ausgenutzt, um Kraftstoff und Luft bereits an der Einspritzstelle zu vermischen und mit hohen Luftströmungsgeschwindigkeiten kleinere Tröpfchengrößen zu erzeugen.

5.1.5.2.2 Benzin-Direkteinspritzung

Beim direkteinspritzenden Ottomotor erfolgt die Einspritzung des Kraftstoffs direkt in den Brennraum. Die Zeitdauer zwischen Einspritzung und Zündzeitpunkt bestimmt die Gemischbildung und damit den Ladungszustand gegen Ende der Verdichtung. Eine frühe Einspritzung während des Saughubes ermöglicht eine weitgehend homogene Zylinderladung. Diese Betriebsart wird vor allem für höhere Last und Volllast genutzt.

Beim geschichteten inhomogenen Betrieb erfolgt die Einspritzung gegen Ende der Verdichtung, so dass eine ausgeprägte Ladungsschichtung erzielt wird. Sowohl die damit verbundene Entdrosselung des Motors als auch die infolge geänderter Stoffwerte der Zylinderladung entstehenden thermodynamischen Vorteile wirken sich günstig auf den Kraftstoffverbrauch aus. Die Zündung erfolgt bei beiden Betriebsarten durch eine konventionelle Zündkerze.

Die Direkteinspritzung hat im Vergleich zum konventionellen Ottomotor mit äußerer Gemischbildung spezifische Vorteile. Die durch die Kraftstoffverdampfung verursachte Innenkühlung während des Ansaugvorgangs führt zu einer Luftaufwandssteigerung im Volllastbetrieb und zu einer verringerten Klopfneigung, so dass höhere Volllastmitteldrücke erreichbar sind. Üblicherweise wird ein Teil dieses Vorteils zur Anhebung des Verdichtungsverhältnisses genutzt, wodurch eine Steigerung des Innenwirkungsgrades im Gesamtkennfeld erzielt wird.

Der geschichtete Betrieb ermöglicht durch Entdrosselung im Teillastbetrieb eine erhebliche Verringerung der Ladungswechselarbeit und eine Reduktion der Wandwärmeverluste durch die isolierend wirkende Luftumhüllung der kraftstoffreichen Gemischzone im Schichtladebetrieb.

Spezifische Nachteile sind der Mehraufwand für die Abgasreinigung des mageren Abgases, die Verringerung des mechanischen Wirkungsgrades durch höhere Zylinderdrücke im Schichtladebetrieb und die Antriebsleistung der Kraftstoffhochdruckpumpe. Brennverfahrensspezifisch können weitere Nachteile durch die zerklüftete Brennraum- und Kolbenform und durch eine teilweise zu frühe, wirkungsgradungünstige Schwerpunktslage der Verbrennung entstehen.

Eine weitere Option der Benzin-Direkteinspritzung stellt der Direktstart dar [32], bei dem der Motor durch Direkteinspritzung mit nachfolgender Zündung ohne Einsatz eines Anlassers gestartet werden kann. Mit Startzeiten von 300 ms bietet sich dieses Verfahren auch für den kraftstoffsparenden Start-Stopp-Betrieb an [34].

Betriebsstrategie für die Einspritzung beim DI-Ottomotor Im Teillastbetrieb kann der direkteinspritzende Ottomotor mit geschichteter Zylinderladung und Abgasrückführung betrieben werden. Ein Beispiel für die Strategie der verschiedenen Betriebsarten im Motorkennfeld ist in ◘ Abb. 5.62 dargestellt. Die Ausdehnung der unterschiedlichen Betriebsarten ist abhängig vom gewählten Verfahren der Ladungsschichtung.

Im Leerlauf und bei sehr niedrigen Lasten ist üblicherweise eine Teilandrosselung erforderlich, um die Abgastemperaturen auf einem Niveau zu halten, welches die katalytische Abgasnachbehandlung erfordert. Zu höheren Lasten entstehen im Schichtladebetrieb Zonen überfetteten Gemisches und es muss auf homogenen Betrieb umgeschaltet werden. Im Bereich hoher Last kann die mit der Einspritzdauer anwachsende Eindringtiefe des Einspritzstrahls durch eine Mehrfacheinspritzung reduziert werden, was zu einer Verringerung von Wandbenetzung und Ölverdünnung beiträgt.

Wesentliche Aufgabe eines Brennverfahrens mit Benzin-Direkteinspritzung ist die Nutzung der prinzipbedingten Vorteile in möglichst weiten Bereichen des Motorkennfeldes und in serientauglicher Stabilität. Beim Schichtladebetrieb steht nur eine vergleichsweise kurze Zeitspanne für die Gemischbildung zur Verfügung. Es sind deshalb besondere Vorkehrungen zu treffen, damit das Gemisch ausreichend aufbereitet wird. Zum Zündzeitpunkt muss an der Zündkerze zündfähiges Gemisch vorliegen, damit eine zuverlässige Entflammung sichergestellt ist. Aus thermodynamischer Sicht ist eine isolierende Umhüllung dieser kraftstoffreichen Gemischzone mit Luft vorteilhaft, um Wandwärmeverluste minimieren zu können.

Daneben soll das Brennverfahren auch potentiell negative Begleiterscheinungen der Direkteinspritzung vermeiden. So ist die Benetzung der Zylinderlaufbuchse mit flüssigem Kraftstoff wegen der Gefahr einer Schmierfilmabwaschung durch geeignete Injektorauslegung zu verhindern. Ebenso ist die Ausbildung ausgemagerter Gemischzonen, die unvollständig verbrennen und erhöhte Kohlenwasserstoffemissionen verursachen, durch geeignete Maßnahmen zu unterdrücken. Um die Bildung von Rußpartikeln zu vermeiden, muss die Aufbereitung des eingespritzten Kraftstoffes so weit unterstützt werden, dass beim Eintreffen der Flammenfront keine flüssigen Kraftstofftröpfchen oder überfettetes Gemisch mehr vorliegen. Die Ablagerung von Rückständen unvollständiger Verbrennung am Kraftstoffinjektor ist zu minimieren. Auch das direkte Anspritzen der Zündkerze mit flüssigem Kraftstoff muss wegen der damit verbundenen Thermoschockwirkung ausgeschlossen werden.

Der Gemischtransport vom Injektor zur Zündkerze im Schichtladebetrieb kann durch unterschiedliche Brennverfahren realisiert werden. Einen Haupteinfluss bilden die Lage von Injektor zur Zündkerze, die Brennraumform sowie die Ladungsbewegung im Zylinder. Auf Basis dieser Eigenschaften kann eine Einteilung der Brennverfahren in strahlgeführte, wandgeführte und luftgeführte Brennverfahren erfolgen. Wenn auch ausgeführte Brennverfahren nicht immer eindeutig

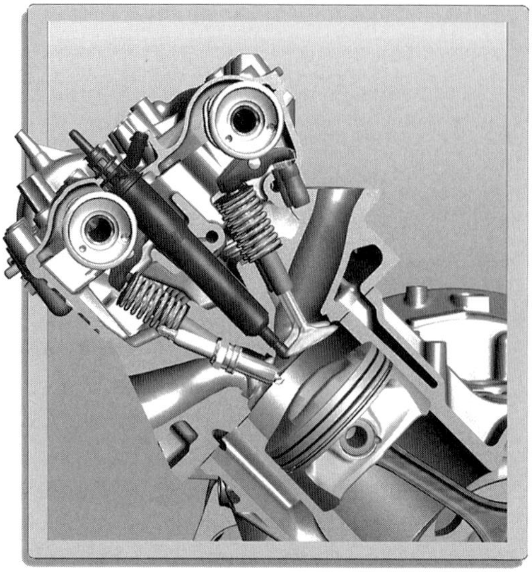

Abb. 5.38 Strahlgeführtes Brennverfahren (M272 von Mercedes-Benz)

einer dieser drei Grundmuster zuzuordnen sind, trägt diese Klassifizierung zu einem besseren Verständnis der wesentlichen Vorgänge bei.

Strahlgeführte Verfahren Beim strahlgeführten Verfahren beruht der Gemischbildungsprozess und das Schichtungsprofil im Wesentlichen auf den Eigenschaften des Kraftstoffstrahls, da keine gezielte Unterstützung durch Ladungsbewegung erfordert wird und der Brennraum für eine ungehinderte Ausbildung des Kraftstoffstrahls ausgelegt ist.

Grundsatzuntersuchungen an einem Einzylinder-Versuchsmotor mit strahlgeführtem Brennverfahren [35] haben gezeigt, dass für den Zündort nur eine sehr dünne Zone am äußeren Strahlrand infrage kommt. Deshalb sind an die Kraftstoffinjektoren hohe Anforderungen hinsichtlich ihrer Streuung zu stellen. Mit der Einführung nach außen öffnender Einspritzventile konnte diesbezüglich ein Durchbruch erzielt werden [36]. Für strahlgeführte Verfahren ist eine nahe räumliche Anordnung von Kraftstoffinjektor und Zündkerze typisch, um auch bei kleinen Einspritzmengen eine Konzentration von zündfähigem Gemisch an der Zündkerze sicherzustellen.

Durch die Anordnung des Kraftstoffinjektors in der Mitte des Zylinderkopfes ergibt sich für den Teillastbetrieb eine günstige Konzentration der Kraftstoff-Luft-Gemischwolke im Zentrum des Brennraumes mit einer wärmeisolierenden Umhüllung aus Luft beziehungsweise Luft-Restgas-Gemisch. Hierauf ist zurückzuführen, dass derart ausgeführte strahlgeführte Brennverfahren sehr günstige Teillastverbräuche aufweisen. Für den Volllastbetrieb ist die zentrale Anordnung des Kraftstoffinjektors vorteilhaft, weil auf diese Weise eine gute Gemischaufbereitung bei möglichst geringer Benetzung der Zylinderwand erreicht wird (Abb. 5.38).

Im Vergleich zu den anderen Verfahren stellt das strahlgeführte Brennverfahren die höchsten Anforderungen an die Toleranzen und laufzeitbedingten Abweichungen des Strahlbildes. Das Emissions- und Verbrauchspotential der Direkteinspritzung lässt sich mit diesem Verfahren jedoch am weitesten ausschöpfen.

Wandgeführte Verfahren Bei den wandgeführten Verfahren erfolgt die Gemischbildung über die Lenkung des eingespritzten Kraftstoffs durch die Brennraumwand. Der Transport des Gemischs zur Zündkerze erfolgt meistens über eine speziell geformte Kolbenmulde, von der der Einspritzstrahl abgelenkt wird und anhaftender Kraftstoff abdampfen kann. Durch die geometrische Abstimmung der Kolbenmulde in Bezug zur Zündkerze wird die Konzentration eines zündfähigen Gemisches am Zündort unterstützt. Ein allein durch die Mulde geführter Gemischtransport des Kraftstoffstrahls führt jedoch meist zu keinem befriedigenden Betriebsverhalten, so dass zur Unterstützung der Kraftstoffaufbereitung eine speziell abgestimmte Ladungsbewegung genutzt wird. Diese führt die Verbrennungsluft an die kraftstoffreiche Wandanlagerung heran und hilft beim Gemischtransport zur Zündkerze. Ein optimales Zusammenspiel zwischen Kraftstoffstrahl, Kolbenmulde und Ladungsbewegung ist notwendig, damit es nicht zu einem verschleppten Brennende und hohen Kohlenwasserstoffemissionen kommt. Bei ausgeführten Motorkonzepten sind häufig Mischformen der Grundladungsbewegung Drall und Tumble anzutreffen, wobei die Unterscheidung im wesentlich anhand der Orientierung der Wirbelachse festzumachen ist.

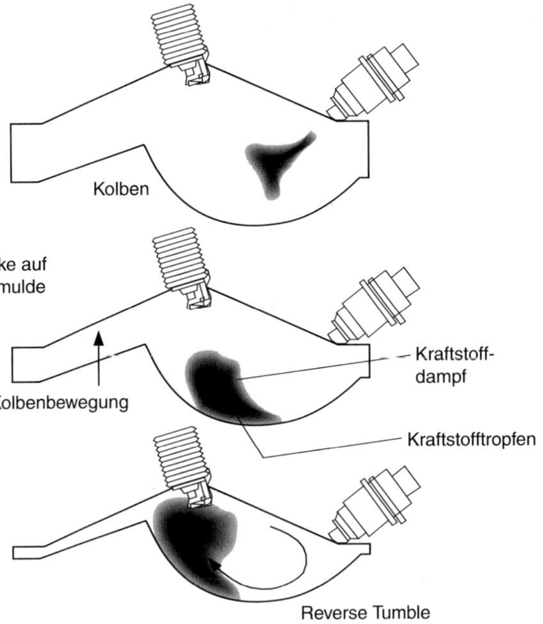

Abb. 5.39 Wandgeführtes Reverse-Tumble-Brennverfahren [37]

Die aufwendig gestaltete Brennraumform führt zu einem zerklüfteten Brennraum, der einem optimalen Volllastbetriebsverhalten entgegensteht. Beim Kaltstart ist ein Betrieb mit Schichtladung nur eingeschränkt möglich, da der Verdampfungsprozess deutlich von der Temperatur des Kolbenbodens beeinflusst wird.

Die ersten von japanischen Herstellern in Serie produzierten Motoren mit Benzindirekteinspritzung sind als typische Vertreter der wandgeführten Brennverfahren anzusehen. Das 1996 unter dem Namen GDI eingeführte DI 4-Ventil-Motor der Firma Mitsubishi Motors Co. (Abb. 5.39) ist mit einem Verdichtungsverhältnis von 12,5 relativ hoch verdichtet, was durch die Innenkühlung infolge der direkten Einspritzung des Kraftstoffes ermöglicht wird. Der Kolben ist mit einer ausgeprägten Mulde versehen, welche zum einlassseitig angebrachten Kraftstoffinjektor hin flach und zur Zündkerze hin steil auslaufend gestaltet ist.

Zur Unterstützung der Gemischbildung und des Gemischtransportes wird eine »Reverse Tumble« Ladungsbewegung eingesetzt, deren Drehrichtung entgegengesetzt zu derjenigen üblicher Tumble-Systeme ist [37].

Das von Toyota Motor Co. im 2,0 l-Ottomotor eingesetzte 4-Ventil-DI-Konzept [39] beruht ebenfalls auf einem wandgeführten Brennverfahren (Abb. 5.40). Der Kraftstoffstrahl ist auf die Randzone einer im Kolben angeordneten Mulde ausgerichtet. Die Gemischbildung wird durch eine Drallströmung unterstützt, welche durch einen Dralleinlasskanal bei Abschaltung des zweiten, als Füllungskanal ausgelegten Einlasskanals erzeugt wird. Durch die Drallströmung wird der Wandabtrag des auf der Kolbenoberfläche angelagerten Kraftstoffes sowie der Transport des Gemisches zur Zündkerze bewirkt. Im oberen Totpunkt des Motors ragt die zentral im Zylinderkopf angeordnete Zündkerze in die leicht eingezogene Mulde hinein.

Das im Jahr 2002 von der DaimlerChrysler AG vorgestellte Verfahren mit der Bezeichnung CGI beruht ebenfalls auf einer wandgesteuerten Gemischbildung und Dralladungsbewegung [40]. Hier kam die erstmals die Kombination von Benzin-Direkteinspritzung mit Aufladung zum Serieneinsatz. Im vorliegenden Fall handelt es sich um eine mechanische Kompressoraufladung.

Wenn auch wandgeführte Verfahren aus den genannten Gründen nicht das volle thermodyna-

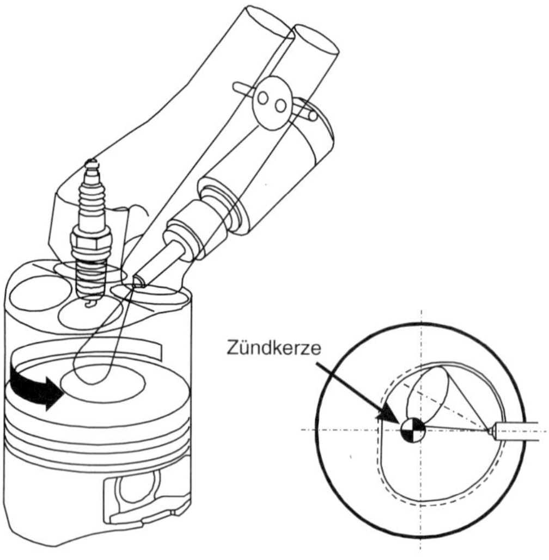

Abb. 5.40 Wandgeführtes Drall-Brennverfahren [39]

mische Potential der Benzin-Direkteinspritzung auszuschöpfen vermögen, so haben sie doch in einer Reihe von Applikationen unter Beweis gestellt, dass sie hinsichtlich ihrer Betriebsstabilität, das heißt der Vermeidung von Zündaussetzern unter allen im Fahrbetrieb vorkommenden Randbedingungen, günstige praxisrelevante Eigenschaften aufweisen.

Luftgeführte Verfahren Bei den luftgeführten Brennverfahren erfolgt die Gemischbildung durch das Zusammenwirken des Kraftstoffsprays mit einer intensiven und gerichteten Strömung der Zylinderladung. Dabei findet die Gemischbildung ohne direkte Beeinflussung durch die Brennraumwand statt. Die Brennraumgestaltung hat die Aufgabe, die in den Einlasskanälen beim Ansaugvorgang erzeugte Strömung der Verbrennungsluft zu stabilisieren und so dafür zu sorgen, dass nach erfolgter Einspritzung Luft in den Kraftstoffstrahl eingemischt und das auf diese Weise gebildete Gemisch zur Zündkerze transportiert wird.

Typisch für luftgeführte Brennverfahren ist ein relativ großer Abstand zwischen Kraftstoffinjektor und Zündkerze. Der Kraftstoffstrahl ist zur Zündkerze ausgerichtet, ohne dabei die Zündelektroden direkt anzuspritzen. Die Brennraumgestaltung ist sowohl für eine optimale Strahlausbreitung bei späten Einspritzungen als auch für eine gute Unterstützung der Ladungsbewegung auszulegen. Der Transport des Kraftstoffs zur Zündkerze erfolgt maßgeblich durch die von den Einlasskanälen beim Ansaugvorgang erzeugte Brennraumströmung. Durch Vermeidung von Wandauftrag des Kraftstoffs besitzt das Verfahren ein hohes Potential zur Darstellung günstiger Kohlenwasserstoffemissionen. Abbildung 5.41 zeigt diese Konfiguration am Beispiel eines von FEV Motorentechnik entwickelten Brennverfahrens mit Tumble-Ladungsbewegung [41].

Im Rahmen der Entwicklung dieses Brennverfahrens wurden auch Laseroptische und numerische Verfahren zur Analyse des Gemischbildungsprozesses eingesetzt [42]. Abbildung 5.42 zeigt die mit LIF (Laser Induzierte Fluoreszenz) gemessenen und mit CFD (Computational Fluid Dynamics) berechnete Gemischverteilung zu den Zeitpunkten Einspritzende und Zündung. Es ist erkennbar, in welchem Maße die Ladungsbewegung den Kraftstoffstrahl zur Zündkerze hin ablenkt und dadurch an der Zündkerze ein zündfähiges Gemisch konzentriert wird. Wie dieses Beispiel zeigt sind optische Diagnostik und numerische Prozesssimulation leistungsfähige Werkzeuge, welche dem Entwickler gute Voraussagen hinsichtlich der Auswirkung von Modifikationen oder geänderten Betriebsbedingungen erlauben. Diese Methoden haben sich daher als unverzichtbar in der Entwicklung von Brennverfahren für Benzindirekteinspritzung etabliert.

Die Generierung der Ladungsbewegung bei wand- und luftgeführten Brennverfahren kann durch verschiedene Systeme realisiert werden. Da im Volllastbetrieb keine Luftaufwandsnachteile toleriert werden können, kommen bevorzugt variable Systeme zum Einsatz. Bei Drall-Verfahren (Abb. 5.40) kommt vorzugsweise die Kanalabschaltung zum Einsatz. Dabei wird im Teillastbetrieb einer der beiden Einlasskanäle durch eine Schaltklappe deaktiviert. Bei Tumble-Verfahren wird die Ladungsbewegung durch eine horizontale Teilung der Einlasskanäle realisiert. Eine Hälfte der Teilkanäle kann dann mittels einer Schaltklappe oder -walze deaktiviert werden. Die Intensität der Ladungsbewegung wird von der Kanalgeome-

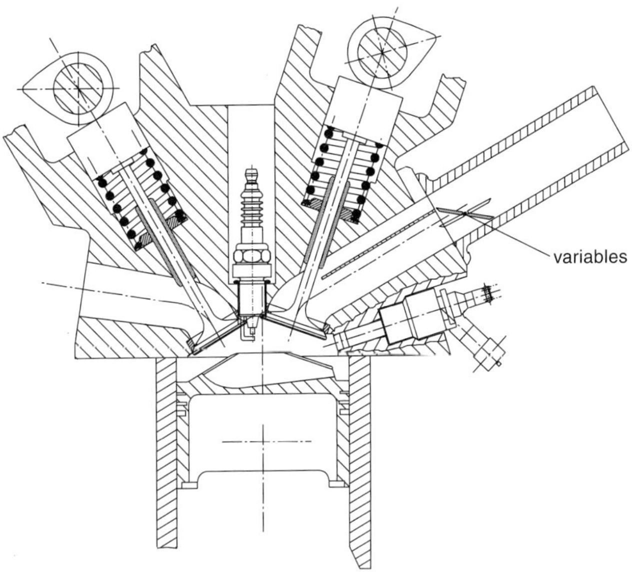

Abb. 5.41 Luftgeführtes Brennverfahren

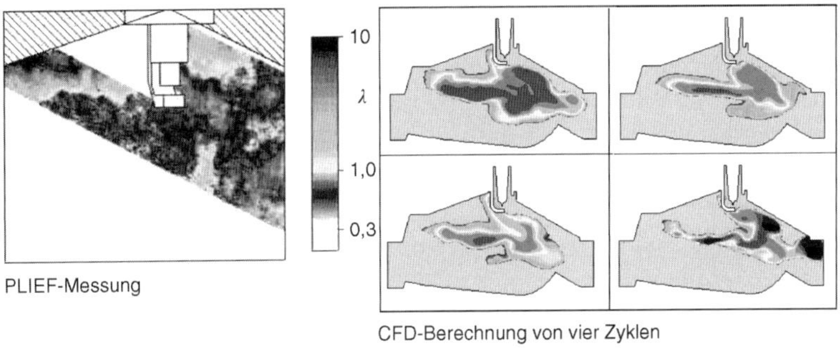

Abb. 5.42 Optische Diagnostik und numerische Berechnung zur Analyse der Gemischverteilung [42]

trie, der Lage der horizontalen Teilung sowie der Klappenposition bestimmt und ist je nach Brennverfahren anzupassen.

Heute umgesetzte Brennverfahren lassen sich nicht immer eindeutig einem der drei Grundmuster zuordnen. Durch den Versuch die günstigsten Eigenschaften der einzelnen Konzepte zu kombinieren, charakterisiert vielmehr die Art der Ladungsbewegung (Drall, Tumble, Reverse-Tumble) das Brennverfahren. Ebenfalls wirken sich Restriktionen durch die Übernahme von bestehenden Serienbauteilen, sowie Fertigungseinrichtungen auf die Randbedingungen des Brennverfahrens aus.

Abbildung 5.43 zeigt ein luftgeführtes Verfahren mit Wandführungsunterstützung am Beispiel des von der Volkswagen AG in Serie gebrachte FSI-Brennverfahrens mit Tumble-Ladungsbewegung. Hierbei wird eine variable Einstellung der Ladungsbewegungsintensität durch eine horizontale Teilung der Einlasskanäle realisiert. Die untere Hälfte der Teilkanäle kann mittels einer Schaltklappe deaktiviert werden und so die Intensität der Tumble-Ladungsbewegung erhöht werden. Die Kolbenmulde hat eine zweiteilige Mulde, deren der Kraftstoffdüse zugewandter Teil den Kraftstoffstrahl ablenkt (»Kraftstoffmulde«) und deren zweiter Teil (»Strömungsmulde«) die Tumble-Strö-

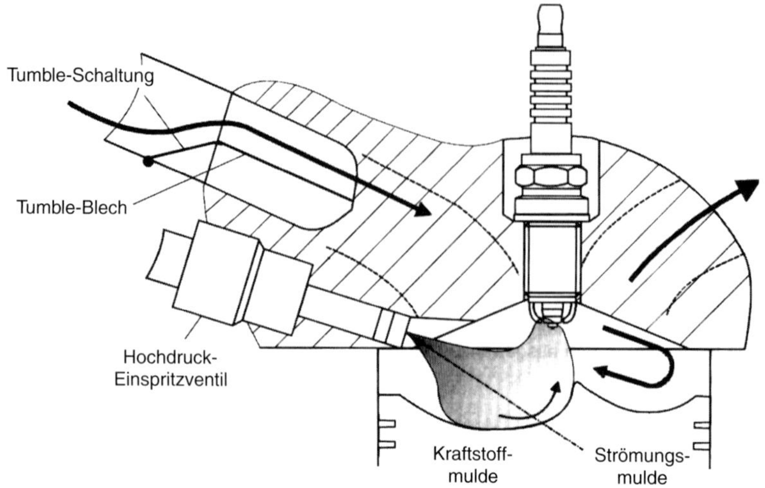

Abb. 5.43 Tumble Brennverfahren (VW 2.0 l FST)

mung gegen Ende des Verdichtungstaktes so lenkt, dass der gewünschte Gemischtransport zur Zündkerze hin stattfindet [43].

Das Brennverhalten des direkteinspritzenden Ottomotors im Schichtladebetrieb unterscheidet sich deutlich vom konventionellen Verfahren. Verglichen mit dem konventionellen Ottomotor zeigen alle Verfahren der Direkteinspritzung einen raschen Umsatz zum Beginn der Verbrennung. Die verbrauchsoptimale Schwerpunktlage des Kraftstoffumsatzes liegt aufgrund des geringeren Wärmeverlustes, sowie des verzögerten Verbrennungsendes früher als bei einem konventionellen Ottomotor.

Einspritztechnik Bei den in Serie befindlichen DI Einspritzsystemen kommt die Hochdruck-Flüssigkeitseinspritzung zum Einsatz. Zur Realisierung der auftretenden Drücke bis zu 200 bar erweitert sich das Einspritzsystem gegenüber dem konventionellen Ottomotor um eine Kraftstoffhochdruckpumpe. Als Hochdruckpumpe kommen

Mehr- und Einkolbenpumpen in radialer oder axialer Bauart zum Einsatz. Ihr Antrieb erfolgt entweder direkt von der Nockenwelle oder über den Steuertrieb des Motors. Für Zukunftslösungen sind auch elektrisch angetriebene Hochdruckpumpen in der Entwicklung. Der Systemdruck wird über ein Druckregelventil auf einen konstanten oder kennfeldgeregelten Wert eingestellt. Aus der Kraftstoff-Verteilerleiste (Common Rail) wird pro Zylinder ein Kraftstoffinjektor gespeist, über den der Kraftstoff direkt in den Brennraum des Motors eingespritzt wird. Das Gesamtsystem ist in Abb. 5.44 schematisch dargestellt.

Bei den direkteinspritzenden Brennverfahren werden unterschiedliche Injektortypen verwendet, die im Hinblick auf ihr Einspritzstrahlbild an das Brennverfahren angepasst werden. Abbildung 5.45 zeigt Spraybilder von drei bei der Hochdruck-Flüssigkeitseinspritzung verwendeten Injektortypen bei Umgebungstemperatur und atmospärischem Gasdruck.

Der Drallinjektor zeigt einen eng begrenzten Strahl, was zur Ausbildung einer kompakten Kraftstoffwolke führt. Eine Erhöhung des Gasdruckes bewirkt eine geringe Änderung der Eindringtiefe, vermindert jedoch gleichzeitig den Ausbreitungswinkel des Strahls. Dies führt zu einer Strahleinschnürung und stärkeren Konzentration des Kraftstoffs. Die Erzeugung des Strahlkegels erfolgt über eine tangentiale Komponente der Kraftstoffströmung, welche über entsprechende Formgebung im Bereich des Düsennadelsitzes der Strömung aufgeprägt wird. Je nach Ausführung dieses Drallerzeugers ist diese Strömungsform bei sehr kleinen Einspritzdauern beziehungsweise zu Beginn des Einspritzvorganges noch nicht voll ausgeprägt. In-

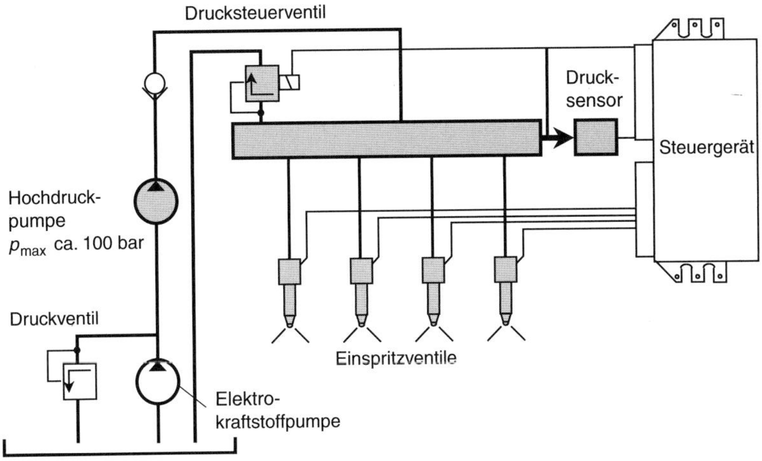

Abb. 5.44 Hochdruck-Flüssigkeitseinspritzung

Abb. 5.45 Spraybilder von verschiedenen Injektortypen [44]

folgedessen entsteht ein kompakter Vorstrahl mit geringem Kegelwinkel.

Die Einzelstrahlen des Mehrlochinjektors sind über die gesamte Eindringtiefe scharf abgegrenzt. Die Einzelstrahlen bieten die Möglichkeit einer freieren Strahlgestaltung bis hin zu asymmetrischen Strahlbildern. Die Ausbreitungswinkel der Einzelstrahlen sind unabhängig vom Gasdruck, die Eindringtiefe geht mit steigendem Gasdruck leicht zurück. Ein Nachteil des Mehrlochinjektors ist seine Empfindlichkeit gegenüber Verkokungen der Düsenlöcher, der jedoch durch Maßnahmen u. a. zur Düsenlochformung inzwischen weitgehend beherrscht wird.

Der nach außen öffnende Injektor weist im Vergleich der Injektoren den größten Strahlkegelwinkel auf. Durch Kombination dieser Düsenform mit einer Piezo-Aktuatorik ist der Winkel nahezu unabhängig vom Gasdruck. Die Eindringtiefe des Strahls zeigt hingegen einen deutlichen Gasdruckeinfluss. An der Außenseite des Einspritzkegels bildet sich eine ringförmige Rezirkulationszone aus, die für eine gute Gemischaufbereitung sorgt und eine hohe Reproduzierbarkeit aufweist. Bei strahlgeführtem Brennverfahren eignet sich dieser Bereich daher besonders zur Positionierung der Zündkerze. Vorteil des nach außen öffnenden Injektors sind kleine Tropfengrößen bei geringer Eindringtiefe. Der Piezo-Aktuator des Injektors dehnt sich durch Anlegen einer elektrischen Spannung aus und öffnet die Injektornadel. Dabei werden sehr geringe Schaltzeiten von 200 µs erreicht. Neben der Möglichkeit von Teilhüben und Mehrfacheinspritzung zeichnen sich Piezo-Injektoren durch eine hohe Wiederholgenauigkeit von Strahlausbreitung und Kraftstoffzumessung sowie eine gute Gemischaufbereitung aus.

Die Eigenschaften des vom Einspritzventil erzeugten Kraftstoffstrahles werden im Wesentlichen durch den Durchfluss, den Strahlkegelwinkel und beim Mehrlochinjektor durch die Winkellage der Einzelstrahlen sowie durch die Tropfengrößenverteilung charakterisiert. Bei der Auslegung des Durchfluss ist der erforderliche Mengenspreizung zwischen der mit kürzestmöglicher Einspritzdauer darstellbaren Leerlaufeinspritzmenge und der im Nennleistungspunkt benötigten Einspritzmenge Rechnung zu tragen. Die Mengenspreizung lässt sich dabei über eine lastabhängige Steuerung des Kraftstoff-Systemdruckes erweitern.

Die Quantifizierung der Zerstäubungsgüte des Kraftstoffsprays erfolgt über die Tropfengrößenverteilung. Sie wird mit dem Sauter-Durchmesser als eindimensionale Kenngröße quantifiziert. Dieser ist als der Durchmesser eines hinsichtlich Volumen-Oberflächen-Verhältnis repräsentativen Tropfens interpretierbar. Typische Werte für den Sauter-Durchmesser serientauglicher Kraftstoffinjektoren liegen im Bereich $< 20\,\mu m$. Die Optimierung der hydraulischen Eigenschaften des Kraftstoffinjektors ist Gegenstand intensiver Forschungs- und Entwicklungsarbeiten, bei denen sowohl optische Methoden zur Messung der Strahleigenschaften als auch numerische Verfahren der Strahlmodellierung zur Anwendung kommen.

Die Betriebsstabilität des Ottomotors mit Direkteinspritzung hängt wesentlich davon ab, dass die Strahleigenschaften über die gesamte Nutzungsdauer innerhalb eng vorgegebener Toleranzen erhalten bleiben. Aus diesem Grund sind auch brennraumseitige Ablagerungen am Einspritzventil zu vermeiden. Wesentlicher Einflussfaktor für die Ablagerungsbildung ist die Temperatur an der Injektorspitze, weshalb zentrale Düsenanordnungen eher kritisch einzuschätzen sind als solche, bei denen der Injektor an der Einlassseite unter dem Einlasskanal platziert ist. Weiterhin hat sich gezeigt, dass ein möglichst bündiger Abschluss der Injektor-Stirnfläche mit der Brennraumwand vorteilhaft ist, weil dann kaum Verwirbelungen oder Totwassergebiete im Bereich der Injektorspitze auftreten.

Luftunterstützte Einspritzung Die Zerstäubung des eingespritzten Kraftstoffes kann auch bei niedrigeren Drücken mit Luftunterstützung erzielt werden. Die Zudosierung des Kraftstoffes erfolgt hierbei in eine Nebenkammer, die dann durch komprimierte Luft oder auch Abgas in den Brennraum ausgeblasen wird. Wegen der Begrenzung des Systemdruckes bestehen allerdings nicht die gleichen Freiheitsgrade hinsichtlich des Einspritzzeitpunktes wie bei der Hochdruck-Flüssigkeitseinspritzung.

Die für die luftunterstützte Einspritzung zur Verfügung stehenden Systemkomponenten wurden im Rahmen der Entwicklung von Zweitakt-Pkw-Ottomotoren verfügbar gemacht und werden in einigen Bootsmotoren auch eingesetzt. Die Anpassung dieser Systeme an die Erfordernisse des 4-Takt-Ottomotors mit Benzindirekteinspritzung war Gegenstand einer von Siemens und Orbital betriebenen Gemeinschaftsentwicklung.

5.1.5.2.3 Abgasrückführung

Die Abgasrückführung ist ein bekanntes Verfahren zur Beherrschung der NO_x-Rohemissionen von Verbrennungsmotoren. Sie bewirkt einerseits eine Erhöhung der Wärmekapazität und andererseits eine Abnahme des Sauerstoffgehaltes und folglich eine Reduzierung der Brenngeschwindigkeit. Beides führt zu abgesenkten Spitzentemperaturen während der Verbrennung. Sie wird sowohl bei Otto- als auch bei Dieselmotoren erfolgreich eingesetzt. Insbesondere für mager betriebene Direkteinspritz-Ottomotoren sind die Stickstoffoxidemissionen problematisch, weil mit konventioneller katalytischer Abgasreinigung im Magerbetrieb keine NO_x-Konvertierung erreicht wird. Auch die in ► Abschn. 5.1.5.6.2 behandelten Zukunftslösungen für die Abgasreinigung im sauerstoffhaltigen Abgas reichen allein nicht aus, um die NO_x-Emissionsgrenzwerte einzuhalten. Deshalb müssen auch innermotorische Möglichkeiten zur Begrenzung der NO_x-Rohemissionen genutzt werden.

Hoch entwickelte Direkteinspritz-Brennverfahren weisen im Allgemeinen eine hohe AGR-Verträglichkeit auf. Im Teillastbetriebspunkt $n = 2000\,min^{-1}$, $p_{me} = 2\,bar$ sind AGR-Raten in einer Größenordnung von 30 % als typisch anzusehen. Mit der Abgasrückführung ist auch verbunden, dass der Gesamtluftüberschuss des Motors abnimmt und dadurch die Abgastemperatur ansteigt. Dies ist ein willkommener Begleiteffekt, weil ansonsten im Teillastbereich die Abgastemperaturen unter das für die katalytische Abgasreinigung erforderliche Niveau absinken würden. Darüber hinaus ist vielfach auch zu beobachten, dass die Gemischbildung von der Abgasrückführung infolge erhöhter Gemischtemperaturen positiv beeinflusst wird.

Beim Ottomotor mit Direkteinspritzung ist die bevorzugte Form der Abgasrückführung die externe Zufuhr von Abgas in das Saugsystem des Motors. Zur Realisierung des für die Abgasrückführung notwendigen Saugrohrunterdruckes muss der Motor leicht angedrosselt werden. Diese Maßnahme ist jedoch ohnehin bei tiefer Teillast erforderlich, um ein für die Abgasnachbehandlung ausreichend hohes Abgastemperaturniveau sicherzustellen.

Neben der zentralen Einleitung des rückgeführten Abgases in den Saugsammler kommt auch die ventilnahe dezentrale Einleitung in den einzelnen Saugarmen zum Einsatz. Damit wird das Ziel verfolgt, im transienten Fahrbetrieb sowie beim Wechsel der Betriebsart vom Schichtlade-Magerbetrieb zum Homogenbetrieb mit stöchiometrischem oder fettem Gemisch, wie es für die Regeneration eines NO_x-Adsorberkatalysators erforderlich ist (siehe hierzu ▶ Abschn. 5.1.5.6.2), eine möglichst spontane Anpassung der AGR-Rate zu ermöglichen. Problematisch ist jedoch dabei, dass die einzelnen Saugarme durch das AGR-System akustisch gekoppelt sind, was zu Luftaufwandseinbußen an der Volllast führen kann.

Alternativ kommt auch die interne Abgasrückführung mittels Verstellung der Ventilsteuerzeiten in Betracht. Diese Systeme erfordern jedoch zur Darstellung ausreichend großer Abgasrückführraten große Nockenwellen-Verstellwinkel und folglich entsprechend tiefe Taschen im Kolben zur Sicherstellung des Ventilfreiganges. Dies steht häufig im Konflikt mit der Gestaltung der Kolbenkrone, die wesentlich von den Anforderungen des Brennverfahrens bestimmt wird.

5.1.5.2.4 Ladungsbewegung

Der Strömungszustand der Zylinderladung hat einen signifikanten Einfluss auf den Prozess des Ottomotors (▶ Abschn. 5.1.5.2 und ▶ Abschn. 5.1.5.5). Die Ladungsbewegung wird beim Ansaugvorgang erzeugt und wird wesentlich durch die Anordnung der Einlassventile sowie durch die Geometrie des Einlasskanals im Zylinderkopf bestimmt. Grundsätzlich wird zwischen zwei Ladungsbewegungsformen unterschieden. Bei der Drallströmung liegt eine rotatorische Bewegung der Zylinderladung um die Zylinderachse vor. Sie wird einerseits durch exzentrische bzw. unsymmetrische Anordnung der Einlassventile und andererseits durch eine spiralförmige Formgebung der Einlasskanäle bewirkt. Bei Motoren mit mehr als einem Einlassventil je Zylinder besteht zusätzlich die Möglichkeit, im Teillastbetrieb einen der Einlasskanäle über eine Klappe oder eines der Einlassventile zu deaktivieren. Die Tumble-Ladungsbewegung stellt dagegen die Rotation um eine zur Zylinderachse senkrecht stehende Achse dar. Zu ihrer Erzeugung bedarf es einer symmetrischen Anordnung der Einlassventile. Infolge einer speziellen Formgebung des Einlasskanals kommt es ab einem bestimmten Ventilhub zu lokaler Strömungsablösung, wodurch sich ein über den Ventilquerschnitt gesehen einseitiges Einströmen ergibt.

Die vorangegangenen Ausführungen zum Brennverfahren von Direkteinspritz-Ottomotoren (▶ Abschn. 5.1.5.2.2) haben deutlich gemacht, dass die Zylinderinnenströmung eine zentrale Optimierungsgröße vieler Brennverfahrenskonzepte darstellt. In den heute in Serie produzierten Ottomotoren mit Benzin-Direkteinspritzung sind sowohl Drall- als auch Tumblekonzepte anzutreffen. In vielen Fällen ist die Ladungsbewegung auch nicht eindeutig einem dieser beiden Grundmuster zuzuordnen sondern stellt eine Mischform beider dar. Insbesondere die Generierung reiner Drallströmungen ist unter den konstruktiven Randbedingungen heutiger Ottomotoren kaum darstellbar; zumeist handelt es sich um eine Wirbelströmung mit schräg im Brennraum verlaufender Rotationsachse.

Die für den Teillastbetrieb mit geschichteter Zylinderladung erforderliche Ladungsbewegung muss je nach Brennverfahrenskonzept eine hohe Intensität aufweisen. Die Realisierung derartiger Strömungsintensitäten ist im Allgemeinen nur möglich, wenn die Einlasskanäle zulasten ihrer Durchflusskapazität modifiziert werden. Damit sind Luftaufwandsnachteile im Volllastbetrieb verbunden, die nicht toleriert werden können. Es kommen deshalb bevorzugt Konzepte zur Anwendung, die eine Variabilität hinsichtlich Ladungsbewegung und Durchfluss gestatten. Dabei sind die Einlasskanäle primär auf gutes Durchflussverhalten ausgelegt. Im Teillastbetrieb wird die erforderliche

Abb. 5.46 Klappenflansch des Volkswagen Lupo FSI Motors

Ladungsbewegung dann über schaltbare Einrichtungen im Saugsystem generiert.

Die bei Drallsystemen an Mehrventilmotoren vorzugsweise zur Anwendung kommende Lösung ist die Kanalabschaltung. Dabei wird einer der beiden Einlasskanäle mittels einer Schaltklappe deaktiviert (siehe auch Abb. 5.40). Die Einlasskanäle sind hierzu von der Schaltklappe stromabwärts geteilt auszuführen. Hinsichtlich der Dichtheitsanforderungen an die Schaltklappe genügt es, wenn der Einlassstrom des deaktivierten Kanals so weit gedrosselt wird, dass der über den nicht deaktivierten Kanal tangential in den Brennraum einströmende Frischladungsstrom ungestört bleibt. Alternativ kommt für die Deaktivierung auch eine Ventilabschaltung infrage. Hierin bestehen jedoch keine prinzipiellen Vorteile, so dass die Konzeptentscheidung von anderen, nicht zuletzt kostenrelevanten Argumenten getragen wird.

Bei Zweiventilmotoren kommt für die variable Gestaltung der Ladungsbewegung eine Teilaktivierung des Einlasskanals in Betracht. Dabei ist der Kanal bis kurz vor das Einlassventil geteilt ausgeführt, wobei einer der beiden Teilkanäle über eine schaltbare Drallklappe deaktiviert wird. Alternativ ist auch eine in den Einlasskanal einschwenkbare Klappe möglich, mit deren Hilfe die Strömung im Kanal gezielt beeinflusst wird. Damit wird eine unsymmetrische Strömungsverteilung am Ventilspalt erreicht.

Bei Tumblekonzepten wird die variable Beeinflussung ebenfalls über eine schaltbare Teildeaktivierung des Einlasskanals bewirkt. Bei Mehrventilmotoren wird der siamesisch ausgeführte Einlasskanal durch das Eingießen eines Bleches horizontal geteilt und einer der beiden entstehenden Teilkanäle mittels einer Schaltklappe deaktiviert. Die Tumbleintensität wird dann von der Kanalgeometrie und der Lage der horizontalen Teilungsebene bestimmt. Abbildung 5.46 zeigt die konstruktive Lösung eines derartigen variablen Tumblesystems am Beispiel des Volkswagen Lupo FSI Motors mit 1,4 l Hubraum. Der Klappenflansch ist zwischen Zylinderkopf und Saugrohr angeordnet. Zusätzlich ist in dieses Bauteil die Kraftstoff-Verteilerleiste integriert.

5.1.5.3 Zündung

Die Zündanlage stellt die Entflammung des Gemisches im Brennraum über einen Hochspannungsüberschlag an der Zündkerze sicher. Neben dem zum Zündzeitpunkt herrschenden Zustand des Gemisches an der Zündkerze bestimmen die Zündenergie und die Funkendauer die Entflammung und damit den weiteren Fortgang der Verbrennung.

Die früher gebräuchliche Spulenzündung mit Unterbrecherkontakten zur Unterbrechung des Stromes aus der Batterie (Bordnetz) zur Primärwicklung der Spule, mit rotierendem Zündverteiler zur Verbindung des Hochspannungsausgangs der Zündspule mit der Zündkerze des jeweiligen Zylinders in der Zündfolge sowie mit von Fliehkraft und Saugrohrunterdruck betätigtem Zündzeitpunkt-Versteller wird heute nicht mehr verwendet. Diese Bauart wies einerseits Verschleiß am Unterbrecherkontakt auf und erforderte deshalb einen zu hohen Wartungsaufwand. Andererseits waren die Möglichkeiten zur bedarfsgerechten Anpassung des Zündzeitpunktes stark eingeschränkt.

Mit der Transistor-Zündung wurde der Unterbrecherkontakt durch einen kontaktlosen Induktionsgeber oder auch einen Hall-Sensor sowie ein elektronisches Schaltgerät ersetzt, die keinem Verschleiß mehr unterliegen. Die Zündverteilung und -verstellung ist gleich wie bei der Spulenzündung. Die Hochspannungs-Kondensatorzündung (HKZ)

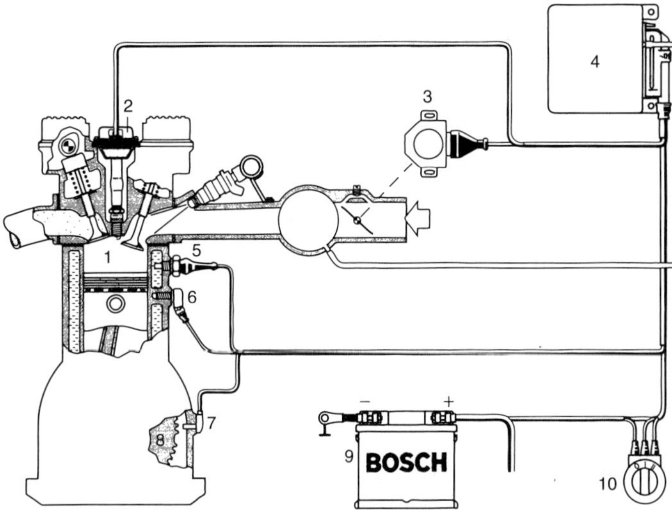

1 Zündkerze, 2 Einzelfunken-Zündspule, 3 Drosselklappenschalter, 4 Steuergerät, 5 Motortemperatursensor, 6 Klopfsensor, 7 Drehzahl- und Bezugsmarkensensor, 8 Geberzahnrad, 9 Batterie, 10 Zünd-Start-Schalter

Abb. 5.47 Schema einer vollelektronischen Zündanlage (Bosch)

oder auch »Thyristorzündung« nutzt anstelle der induktiv in der Zündspule gespeicherten Energie die kapazitiv in einem Kondensator gespeicherte Ladung. Die Funkendauer (0,1 bis 0,3 ms) ist deutlich kürzer als bei der Transistorzündung und garantiert nicht immer eine sichere Entflammung des Gemisches. Diese Bauart wird heute deshalb kaum noch eingesetzt.

Heute werden überwiegend elektronische Zündanlagen mit »ruhender« Hochspannungsverteilung bzw. Einzelfunken-Zündspulen verwendet (Abb. 5.47). Bis auf die Zündkerzen sind derartige Zündanlagen völlig wartungsfrei.

Im Gegensatz zu den früher gebräuchlichen Zündanlagen ist der Zündzeitpunkt bei vollelektronischen Zündanlagen in weiten Bereichen frei programmierbar. Er kann somit an den Lastpunkt und die Motordrehzahl angepasst werden. Abbildung 5.48 zeigt dies im Vergleich zu einem typischen Zündkennfeld bei mechanischer Verstellung. Darüber hinaus ermöglichen elektronische Zündanlagen die Adaption des Zündzeitpunktes an besondere Betriebsbedingungen wie Kaltstart und Warmlauf. Beispielsweise kann so durch vorübergehende Spätzündung kurz nach dem Kaltstart das Abgastemperaturniveau zur schnelleren Erwärmung des Katalysators angehoben werden. Im Bereich hoher Motorlasten führt eine zu frühe Einstellung zum Klopfen, ein zu später Zeitpunkt dagegen zu Drehmomenteinbußen und im Extremfall zu verschleppter Verbrennung. In Kombination mit einer in die Motorsteuerung integrierten Klopfregelung lässt sich der Zündzeitpunkt in Abhängigkeit eines Körperschallsignals mit sicherem Abstand zur Klopfgrenze immer wirkungsgradoptimal einstellen, wobei auch wechselnde Kraftstoffqualitäten adaptiert werden können. Des Weiteren erlaubt der freie Zugriff der Motorsteuerung auf den Zündzeitpunkt auch zusätzliche Regeleingriffe zur Antischlupf- bzw. Fahrdynamikregelung.

Bei stöchiometrischem Gemisch genügt zur Entflammung eine Energie im Zündfunken von ca. 0,2 mJ. Der Energiebedarf steigt auf über 3 mJ bei fetteren und magereren Gemischen an. In der Praxis wird jedoch eine wesentlich größere Energie (Faktor 20 bis 30) eingesetzt. Hiermit ist sichergestellt, dass unter ungünstigsten Umständen genügend Zündenergie vorhanden ist. Ausreichender Vorstand in den Brennraum, größerer Elektrodenabstand und dünne Elektroden verbessern die Entflammung und führen damit zu

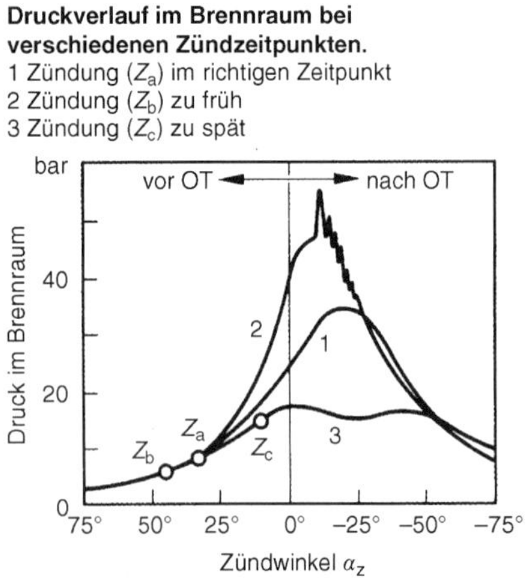

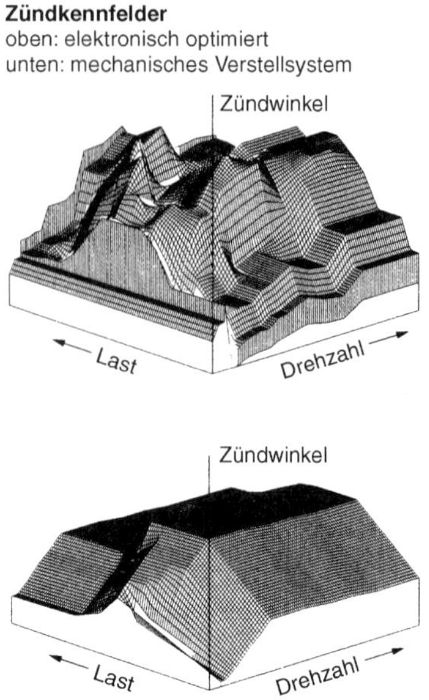

Abb. 5.48 Druckverlauf im Brennraum bei verschiedenen Zündzeitpunkten, Zündkennfelder

ruhigerem Motorlauf und geringeren HC-Emissionen.

Der Hochspannungszündfunke verursacht an den Zündkerzen-Elektroden einen erosiven Verschleiß. Infolgedessen vergrößert sich der Abstand der Elektroden und der Zündspannungsbedarf steigt an. Das kann zu unregelmäßigen Entflammungen bis zu Zündaussetzern führen. Dieses Problem der Funkenerosion ist mit hochverschleißfesten, d. h. hochtemperaturfesten und chemisch resistenten Materialauflagen aus Platin an den Stellen des Funkenüberschlags wesentlich verbessert worden. Zündkerzenwechselintervalle von 60.000 km oder gar 100.000 km konnten realisiert werden (Abb. 5.49). Eine weitere Innovation stellen die Gleitfunken-Zündkerzen dar; der Zündfunke gleitet zunächst über die Isolatorkappe hinweg und dann zur Masseelektrode (Abb. 5.49). Damit wird ein bei häufigem Kaltstart und Kurzstreckenbetrieb auftretendes Verrußen der Zündkerze verhindert.

Auch der direkte Funkenüberschlag von der Zündkerze auf eine Spitze in der Kolbenmitte (spark to piston STP) ist versucht worden. Dieses Verfahren funktioniert bei Zündzeitpunkten nahe dem OT bei hoher Last. Bei niedrigeren Lasten und größerer Vorzündung wird die Funkenstrecke über eine Masseelektrode an der Zündkerze mit ungewöhnlich großem Elektrodenabstand ausgebildet, was der Entflammung stark verdünnter Gemische zuträglich ist.

Die Zündspule ist sowohl Energiespeicher als auch Transformator, der ein induktiv wirkender Spannungswandler ist. Die Primärwicklung wird aus dem Bordnetz gespeist. Die Sekundärwicklung liefert den Hochspannungsstrom mit der erforderlichen Energie an die Zündkerze. Die Sekundärspannung liegt bei 20 bis 35 kV, die Funkenenergie beträgt ca. 60 bis 100 mJ, die Funkendauer ca. 2 ms. Es werden 3 Ausführungsformen eingesetzt (Abb. 5.50).

a) Eine Zündspule für alle Zylinder des Motors. Ein Hochspannungskabel führt von der Zündspule zum Zündverteiler. Der Verteilerfinger, der mit Nockenwellendrehzahl rotiert, verbindet den zur Zündung anstehenden Zylinder mit der Hochspannungsleitung.
b) Zweifunken-Zündspule mit »ruhender Verteilung«. An einer Zündspule sind 2 Hochspannungsausgänge für zwei im Abstand von 360° KW zündende Zylinder (z. B. Zylinder 1 und 4 beim 4-Zylinder-Motor). Es entfällt der rotierende Zündverteiler und damit ein Verschleißteil. Für 4- und 6-Zylinder-Motoren werden oft

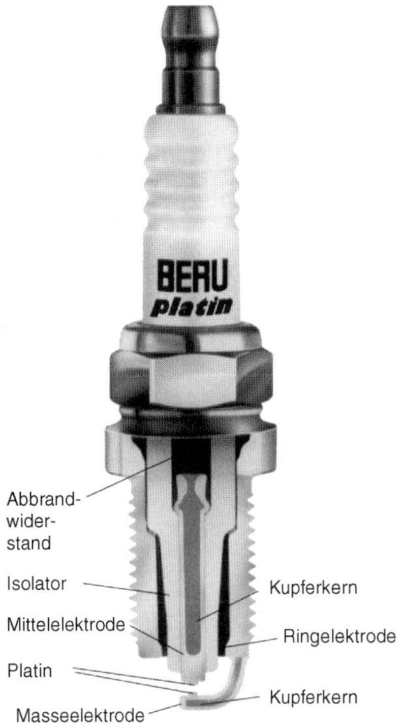

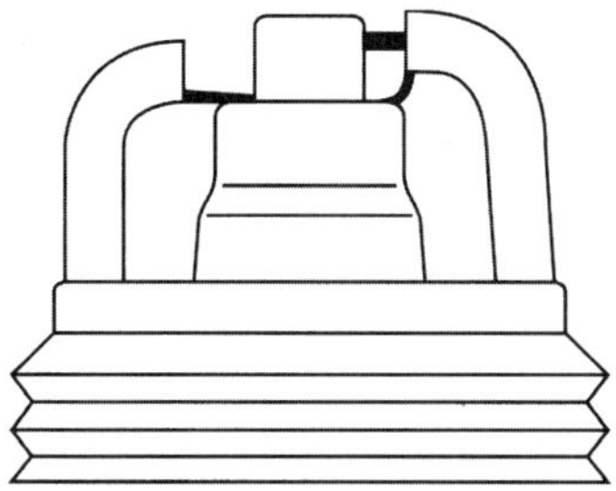

Schematische Darstellung der Luftfunken- und Gleit-/Luftfunkenstrecken bei der 60 000-km-Kerze (gezeigt an nur zwei Masseelektroden)

Abb. 5.49 Langzeit-Zündkerze, Prinzip der Gleitfunkenstrecke (Beru)

2 bzw. 3 Zweifunken-Zündspulen zu einem Paket zusammengefasst.

c) Bei der Einzelfunken-Zündspule wird je Zylinder eine eigene Stecker-Zündspule direkt auf die Zündkerze montiert. Es entfallen die Hochspannungs-Zündkabel. Bei elektronischer Klopferkennung können von der Motorsteuerung für jeden Zylinder individuelle Zündzeitpunkte eingestellt werden.

Im Rahmen der Systemintegration werden heute alle zur Zündung gehörenden Komponenten in so genannte Stabzündmodule zusammengefasst [45]. Eine weitere Neuentwicklung ist die Wechselspannungszündung (WSZ). Sie ermöglicht die dem Bedarf angepasste Vorgabe der Zündenergie, was die Lebensdauer der Zündkerzen wesentlich erhöht. Als weiterer wichtiger Vorteil kann über die Zündkerzen eine Ionenstrommessung realisiert werden, die eine direkte Zündaussetzerkennung je Zylinder gestattet. Damit lassen sich auch für Motoren mit hohen Zylinderzahlen, bei denen die Aussetzererkennung über den Umweg der Laufunruhebestimmung an der Kurbelwelle erschwert ist, die Anforderungen der On-Board-Diagnose (OBD) erfüllen [46] (▶ Abschn. 5.1.5.7.1). Während in der Spulenzündung beim Laden die maximale Zündenergie inkl. aller Sicherheitszuschläge in die Spule eingespeichert und bei jedem Zündvorgang auch umgesetzt wird, kann mit der WSZ die Energie in Intervallen (Paketen) abgegeben und so die Gesamtenergie geregelt werden. Nach jedem Intervall überprüft die elektronische Steuerung über Ionenstrommessung an der Zündkerze, ob die Entflammung stattgefunden hat oder nicht. Wenn nicht, werden so lange weitere Pakete nachgeschoben, bis Entflammung festgestellt ist. Für jeden Zylinder wird individuell und bedarfsgerecht in allen Betriebspunkten die Zündung geregelt. Die Zündspulen werden wesentlich kleiner, der Abbrand an der Zündkerze ist drastisch reduziert. Aus dem Verlauf des Ionenstromsignals lassen sich auch reguläre von verschleppten oder klopfenden Verbrennungszyklen unterscheiden. Dies eröffnet zusätzliche Möglichkeiten bis hin zu der Ideal-

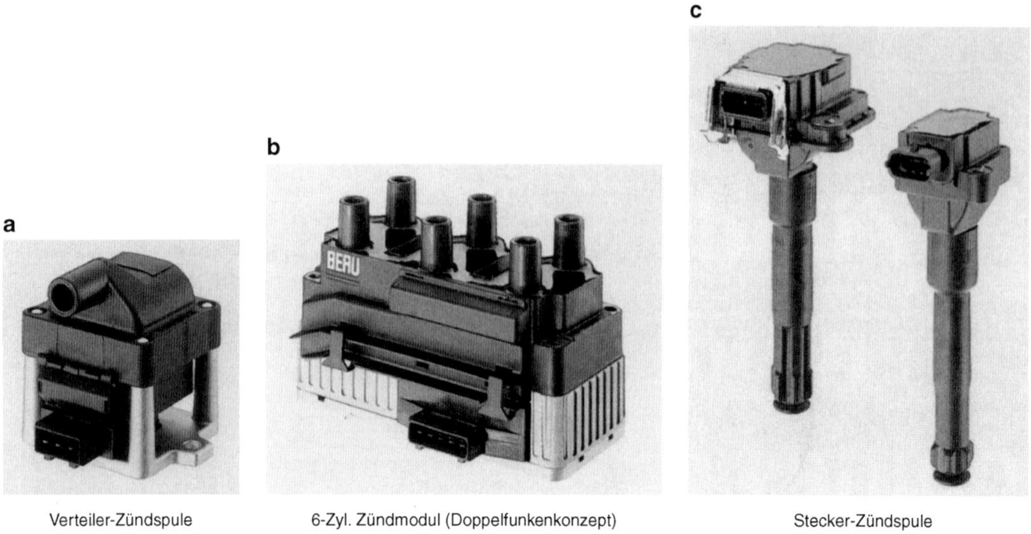

Abb. 5.50 Bauformen Zündspulen (Beru)

vorstellung eines geschlossenen Regelkreises zur Optimierung des Verbrennungsprozesses.

Neben der heute üblichen Funkenzündung verfolgen Forschungsvorhaben die Anwendung anderer Funktionsprinzipien wie die Plasmazündung und die Laserzündung [47]. Hiermit wird das Ziel verfolgt, den Zündort unabhängig von der an der Brennraumwand angeordneten Zündkerze in den Brennraum hinein zu verlagern sowie die Wärmeabfuhr aus der einsetzenden Verbrennungszone in die Zündkerze zu vermindern und somit günstigere Voraussetzungen für eine verbesserte Entflammung und Prozessführung zu schaffen. Ein weiteres in einem frühen Entwicklungsstand befindliches Zündverfahren ist die Mikrowellenzündung, mit der eine Raumzündung in größeren Brennraumvolumenanteilen angestrebt wird [67].

Auch für den Ottomotor existieren Konzepte, die eine Selbstzündung des homogenen Gemisches am Ottomotor vorsehen. In Abgrenzung zu den bei Dieselmotoren verfolgten homogenen Brennverfahren (HCCI – Homogeneous Charge Compression Ignition) setzen sich für Ottomotoren die Bezeichnungen CAI (Controlled Auto Ignition) und Raumzündung zunehmend durch. Die wesentliche Zielsetzung dieses Brennverfahren ist eine Verminderung des Kraftstoffverbrauches durch eine Entdrosselung im Teillastbetrieb, die sich durch die sehr große Menge an in den Brennraum rückgeführtem Abgas ergibt. Die Restgasmenge ist einerseits zur Erzielen einer für die Selbstzündung ausreichenden Kompressionsendtemperatur notwendig, andererseits wird durch den hohen Restgasgehalt die Verbrennungsumsatzrate gezielt kontrolliert, um akustische Nachteile durch unzulässig hohen Druckanstiegsgeschwindigkeiten zu vermeiden. Das Ergebnis ist ein thermodynamisch günstiger Hochdruckprozess mit sehr niedrigen NO_x-Rohemissionen, welche eine zusätzliche, nur für die Teillast erforderliche NO_x-Abgasnachbehandlung (siehe ▶ Abschn. 5.1.5.6.2) überflüssig machen. Bei niedrigen und hohen Lasten wird das Brennverfahren konventionell mit Zündkerze gezündet. Die kontrollierte Benzinselbstzündung wird meist mit einer Kombination von Direkteinspritzung und vollvariablem Ventiltrieb dargestellt [68]. Die Firma Daimler AG ergänzt die Technologie zusätzlich mit einer variablen Verdichtung (▶ Abschn. 5.1.5.4.2) und hat dieses Brennverfahren im Forschungsfahrzeug F700 unter dem Namen »Diesotto« realisiert.

5.1.5.4 Downsizing und Aufladung

Während die Aufladung bei modernen Pkw-Dieselmotoren eine weite Verbreitung gefunden hat, war sie bei Ottomotoren bis vor kurzem auf wenige

Weniger Emissionen
Mehr Leistung

Nischenprodukte beschränkt. Bei den meisten dieser ottomotorischen Anwendungen der Aufladung steht die Darstellung möglichst hoher Leistungsdaten im Vordergrund. Daneben bietet die Aufladung die Möglichkeit, die vorgegebene Leistung mit einem möglichst kleinen Triebwerk zu realisieren. Dieses als Downsizing bezeichnete Konzept bietet deutliche Verbrauchsvorteile, die primär auf die Verlagerung des Betriebspunktes im Motorkennfeld zurückzuführen sind.

5.1.5.4.1 Betriebspunktverlagerung

Der zur Darstellung einer bestimmten Fahrleistung gehörige Betriebspunkt bestimmt sich bei Fahrt mit konstanter Geschwindigkeit im Motorkennfeld aus der der Fahrgeschwindigkeit entsprechenden Motordrehzahl und dem zur Überwindung der Fahrwiderstände (Luftwiderstand und Rollreibung) notwendigen Drehmoment. Dieser Zusammenhang wird durch die Fahrwiderstandslinie im Motorkennfeld wiedergegeben. Das in ◘ Abb. 5.51 gezeigte Beispiel des Saugmotors zeigt, dass die Fahrwiderstandslinie in Bereichen des Motorkennfeldes verläuft, wo der spezifische Kraftstoffverbrauch weit über dem optimalen Niveau liegt. Die Gründe hierfür sind, dass der Motor im Teillastbereich gedrosselt betrieben wird, und dass bei niedriger Belastung die Reibungsverluste einen relativ hohen Anteil an der abgegebenen Nutzarbeit annehmen.

Wie das gezeigte Beispiel deutlich macht, wird durch die Verminderung des Hubvolumens der Betriebspunkt des Motors in einen Bereich des Motorkennfeldes verlagert, in welchem der spezifische Kraftstoffverbrauch günstigere Werte aufweist. Diese Auslegung wird häufig auch als Downsizing bezeichnet.

Alle das Drehmoment, insbesondere bei niedrigen Drehzahlen, verbessernden Maßnahmen wirken sich zusätzlich günstig auf das Verbrauchsverhalten des Motors im Fahrbetrieb aus, weil dies die Möglichkeit einer längeren Achsübersetzung bietet. Hiermit lässt sich eine weitere Betriebspunktverlagerung erreichen.

Bei aufgeladenen Motoren mit entsprechend verkleinertem Hubraum ist dagegen häufig eine Anfahrdrehmomentschwäche (auch als »Turbo-Loch« bezeichnet) festzustellen, die eine Verkürzung der Übersetzung erforderlich macht. Deshalb sind verbrauchsoptimierte aufgeladene Motoren mit insbesondere im Hinblick auf das Drehmomentniveau bei niedrigen Drehzahlen (»Low-End-Torque«) zu entwickeln.

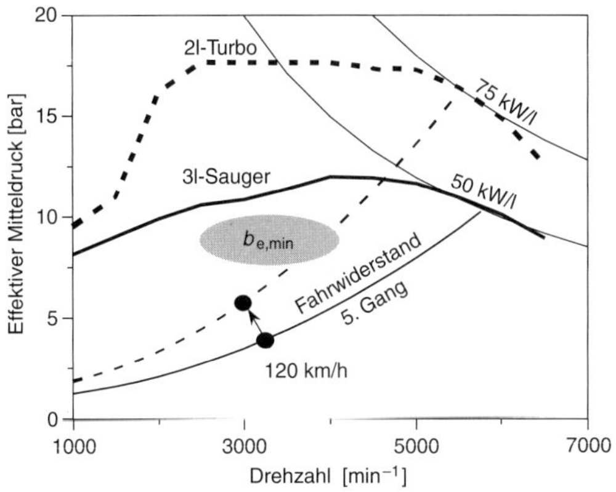

◘ **Abb. 5.51** Betriebspunktverlagerung

Bei einer zunehmenden Anzahl von Pkw-Herstellern finden sich unter den angebotenen Motorisierungsvarianten leistungsgleiche aufgeladene Alternativen zu jeweils einem hubraumgrößeren Saugmotor. Die zertifizierten Kraftstoffverbräuche unterstreichen deutlich das mit diesem Konzept verbundene Potenzial. Es ist jedoch zu beachten, dass bei Aufladung zur Vermeidung klopfender Verbrennung das geometrische Verdichtungsverhältnis abgesenkt werden muss, was sich nachteilig auf den Wirkungsgrad des Hochdruckprozesses auswirkt. Dennoch zeigt der Trend für aufgeladene Motoren eine stetige Zunahme des Verdichtungsverhältnisses. Der damit verbundenen Klopfproblematik bei Volllast begegnet man durch geeignete Maßnahmen, insbesondere intensive Ladeluftkühlung, reduzierte Ventilüberschneidung zur Verringerung des Restgasanteiles und erhöhte Ladungsbewegungsintensität. Häufig werden auch eine späte Zündung und daraus resultierende Volllastverbrauchsnachteile zugunsten verbesserter Teillastwirkungsgrade in Kauf genommen.

Die Kombination der Aufladung mit Benzin-Direkteinspritzung führt wegen der mit ihr verbundenen Ladungsabkühlung zu einem attraktiven Motorkonzept (▶ Abschn. 5.1.5.2.2). Im Jahr 2004 führte die Audi AG unter dem Namen »Turbo FSI«

erstmals einen direkteinspritzenden 2,0 L Ottomotor mit Turboaufladung in die Serie ein [66]. Die mit $\varepsilon = 10{,}5$ für aufgeladene Ottomotoren sehr hohe Verdichtung deutet darauf hin, wie gut sich die innere Gemischbildung mit der Aufladung ergänzt. Gegenüber dem Vorgänger mit Saugrohreinspritzung weist dieser Motor im gesamten Kennfeldbereich auch ohne die Anwendung der Schichtlade-Magerverbrennung Verbrauchsvorteile bis zu 6 % auf. Um das Downsizing-Konzept auch in kleineren Fahrzeugklassen einführen zu können, wird eine Reduktion der Zylinderanzahl notwendig. Eine erste Umsetzung in einem Serienfahrzeug ist der turboaufgeladene 0,9 l Zwei-Zylinder Motor von Fiat [70].

Das Thema Aufladung wird ausführlich in ► Abschn. 5.3 behandelt. Grundsätzlich können folgende Aufladeverfahren zur Anwendung kommen:

- Die Abgasturboaufladung nimmt im Wesentlichen wegen der thermodynamischen Vorteile sowie der relativ niedrigen Systemkosten eine führende Marktstellung ein. Das früher vielen Turbomotoren anhaftende schwache Drehmomentverhalten bei niedrigen Motordrehzahlen sowie der instationäre Drehmomentmangel (»Turbo-Loch«) ist bei modernen Varianten kaum noch vorhanden. Maßnahmen hierzu sind die Kombination mit Benzin-Direkteinspritzung [40, 48], der Einsatz kleiner Turbolader mit geringerem Massenträgheitsmoment in Bi-Turbo-Anordnungen [49] sowie der Einsatz von Abgasturboladern mit variabler Turbinengeometrie VTG [49]. Die sequentielle zweistufige Aufladung befindet sich in Entwicklung [71], ist aber für Ottomotoren bislang noch nicht in Serie umgesetzt worden. Durch die Verwendung hochwertiger Turbinen-Werkstoffe sind heute Abgastemperaturen bis zu 1050 °C möglich, wodurch sich der Anfettungsbedarf zum Bauteilschutz deutlich verringern lässt.
- Eine weitere Verbesserung der Drehmomentcharakteristik lässt sich durch eine elektrische oder auch mechanische, das heißt vom Motor direkt angetriebene Zusatzverdichtung zur Unterstützung der Turboaufladung erzielen. In Serie umgesetzt ist die Doppelaufladung am direkteinspritzenden 1,4 l TSI Motor der Volkswagen AG [50].
- Zur mechanischen Aufladung stehen verschiedene Geräte wie Roots-Gebläse, Schraubenverdichter und Spiralkanal-Verdichter (G-Lader) zur Verfügung. Den vergleichsweise höheren Systemkosten steht ein überlegenes Drehmomentverhalten gegenüber.

5.1.5.4.2 Variable Verdichtung

Das Verdichtungsverhältnis des Verbrennungsmotors steht aus thermodynamischer Sicht im direkten Zusammenhang mit dem Prozesswirkungsgrad (Carnot-Wirkungsgrad). Beim Ottomotor sind dem Verdichtungsverhältnis wegen der Neigung zur klopfenden Verbrennung jedoch Grenzen gesetzt. Diese Begrenzung besteht insbesondere an der Volllastlinie, während bei Teillast eine höhere Verdichtung Verbrauchsvorteile ohne Klopfgefahr bewirken kann. Bei der Aufladung des Ottomotors muss der mit steigenden Prozessdrücken und Temperaturen zunehmenden Klopfneigung durch eine Absenkung des Verdichtungsverhältnisses begegnet werden. Diese Maßnahme hat negative Auswirkungen auf den thermodynamischen Wirkungsgrad des Motors, so dass auch im Teillastbetrieb Verbrauchseinbußen zu verzeichnen sind. Damit wird ein Teil der mit dem Downsizing verbundenen Vorteile wieder aufgezehrt.

Mit variabler Verdichtung gelingt es, die Absenkung der Kompression auf den klopfgefährdeten Volllastbereich zu beschränken. Bei entsprechend großem Verstellbereich des Verdichtungsverhältnisses kann sogar zusätzlich die Möglichkeit genutzt werden, im Teillastbetrieb die Verdichtung über das von konventionellen Ottomotoren bekannte Niveau hinaus anzuheben und zusätzliche Teillast-Verbrauchsvorteile zu generieren. ◘ Abbildung 5.52 zeigt beispielhaft die an einem Motor mit variabler Verdichtung ermittelten Verbrauchsvorteile. Ausgangspunkt ist ein aufgeladener Motor mit einem Verdichtungsverhältnis von $\varepsilon = 10$. Unter der Annahme einer Hochaufladung zwecks Erzielung ausgeprägter Downsizing-Effekte müsste das Verdichtungsverhältnis um etwa zwei Einheiten abgesenkt werden. Hierdurch würde der Teillast-Kraftstoffverbrauch im untersuchten Kennfeldpunkt um etwa 7 % ansteigen. Mit variabler

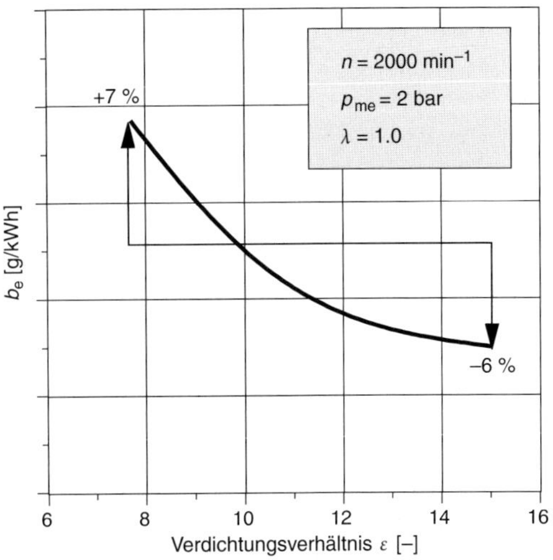

Abb. 5.52 Teillast-Kraftstoffverbrauch bei variabler Verdichtung

Verdichtung wird dies vermieden und es wird darüber hinaus eine ε-Anhebung im Teillastbetrieb ermöglicht, die im untersuchten Fall ein zusätzliches Verbrauchspotenzial von 6 % eröffnet. Daraus wird ersichtlich, dass die variable Verdichtung insbesondere für aufgeladene Ottomotoren großes Potenzial bietet. Für die praktische Realisierung der variabel steuerbaren Verdichtung des Hubkolbentriebwerkes sind eine Vielzahl konstruktiver Lösungen vorgeschlagen worden. Bei der Beurteilung dieser Ausführungen sind eine Reihe von Kriterien heranzuziehen. Wesentlich für den motorischen Prozess ist die Brennraumform, die möglichst im gesamten Verstellbereich kompakt gestaltet sein soll und kurze Flammenwege ermöglicht. Die Verstellung soll möglichst schnell erfolgen können, so dass eine Anpassung des Verdichtungsverhältnisses im Fahrbetrieb mit ausreichender Dynamik erfolgt. Bei Konzepten mit Kurbeltrieben veränderlicher Geometrie darf die Reibung des Triebwerkes einschließlich der mechanischen Verluste für die ε-Verstellung keine signifikanten Nachteile aufweisen.

Abbildung 5.53 zeigt beispielhaft ein Triebwerk mit exzentrisch verlagerbarer Kurbelwelle. Die je Hauptlager angeordneten Exzenter können mittels einer Verstellwelle im Kurbelgehäuse in ihrer Position verdreht werden, wodurch sich die Totpunktlagen des Kurbeltriebes verändern. Diese Technologie wurde von FEV Motorentechnik an einem 1,8 l 4-Zylinder Turbomotor in einem Versuchsfahrzeug demonstriert [51]. Der realisierte Verstellbereich des Verdichtungsverhältnisses reichte von 8 bis 15. Gegenüber dem leistungsgleichen konventionellen Ottomotor konnte mit dem auf 89 kW/l spezifische Motorleistung aufgeladenen Motor ein Einsparpotenzial (25 %) nachgewiesen werden, wovon etwa 17 % auf Downsizing-Effekte und 8 % auf die variable Verdichtung rückführbar sind. Zum Ausgleich der veränderten Position des schwungrad- und steuertriebseitigen Kurbelwellenendes kommt ein spezielles Parallelkurbelgetriebe zum Einsatz.

Ein einfaches VCR System, das eine zweistufige Einstellung des Verdichterverhältnisses über eine Veränderung der Pleuelstangenlänge ermöglicht, wurde ebenfalls im Versuchsfahrzeug realisiert. Die Längenvariabilität wird durch einen drehbaren Exzenter am kleinen Pleuelauge erzeugt, der den Kolbenbolzen aufnimmt. Durch Verdrehen dieses Exzenters kann die effektive Pleuellänge und damit das Verdichtungsverhältnis variiert werden. Als treibende Kraft für die Verstellung des Verdichtungsverhältnisses werden Gas- und Massenkräfte kombiniert genutzt. Das System ermöglicht eine Verbrauchsreduktion von fast 6 % gegenüber einem Downsizing-Ottomotor [52].

Insgesamt hat der Zwang zur Kraftstoffeinsparung die weitere Entwicklung des Ottomotors stark intensiviert. In Serie kommen heute Kombinationen von Direkteinspritzung, Aufladung, Hubraumverkleinerung, Deaktivierung von Zylindern [53] und variable Ventilsteuerzeiten zum Einsatz, wobei sich dadurch erhebliche Einsparpotenziale am Kraftstoffverbrauch von bis zu 30 % gegenüber dem konventionellen Ottomotor ergeben.

5.1.5.5 Verbrennung

Der Ablauf der Verbrennung im Zylinder wird vom Ladungswechsel und der bei ihm erzeugten Ladungsbewegung, der Gemischbildung sowie der Zündung maßgeblich beeinflusst. Er wirkt sich seinerseits auf den Wirkungsgrad des Motors und auf die Abgaszusammensetzung aus. Ziel einer optimal geführten Verbrennung ist es, dem idealen Gleich-

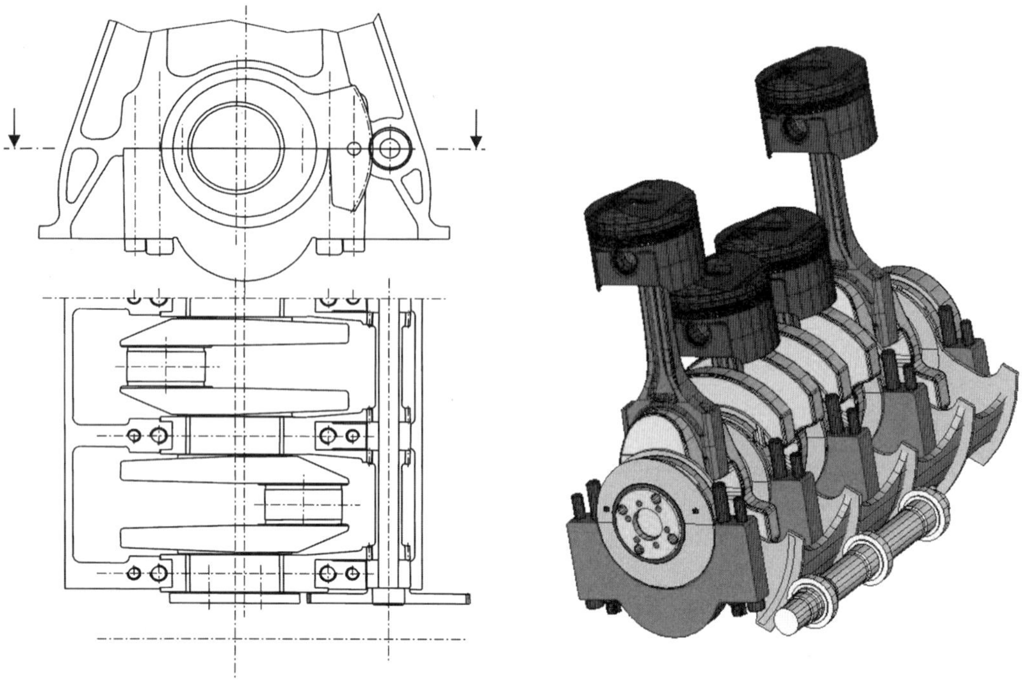

Abb. 5.53 Hubkolbentriebwerk mit variabler Verdichtung

raumprozess so nahe wie möglich zu kommen. Neben den erwähnten Einflussfaktoren spielen die Gas- und Brennraumwandtemperaturen eine Rolle, der Wärmeübergang an den Brennraumwänden und deren Geometrie. Der Verbrennungsraum sollte für kurze Flammenwege möglichst kompakt sein, sollte keine engen Spalte haben, in denen die Flamme erlischt (flame quenching) und keine heißen Stellen und Ablagerungen aufweisen, von denen aus klopfende Verbrennung oder gar Glühzündungen ausgehen.

Bei einem stöchiometrischen Mischungsverhältnis von Kraftstoff und Verbrennungsluft sollten theoretisch als Verbrennungsprodukte nur Kohlendioxid (CO_2) und Wasser (H_2O) gebildet werden. In der Realität sind die chemischen Reaktionen aber zusätzlich vom Druck, von der Temperatur, der Konzentration einzelner Reaktionskomponenten und der Zeit abhängig. Während des Expansionstaktes nimmt die Prozesstemperatur rasch ab und die Reaktionen »frieren« teilweise vor Erreichen des chemischen Gleichgewichts ein. Deshalb verbleiben im Motorabgas auch Zwischenreaktionsprodukte. Zusätzlich treten bei insgesamt stöchiometrischem Mischungsverhältnis örtliche Inhomogenitäten auf, die zu erhöhter CO-Bildung führen.

Bei hohen Temperaturen bricht die Bindung der N_2-Moleküle auf und unter Anwesenheit überschüssigen Sauerstoffs bildet sich NO. Dieses unerwünschte Nebenprodukt bildet sich also insbesondere bei hohen Motorlasten (Temperaturen) und bei Luftüberschuss ($\lambda > 1$). Mit einem erhöhten Anteil an Inertgas im Brennraum in Form von Abgas (Restgas) sinkt die maximale Verbrennungstemperatur, was der Stickoxidbildung entgegenwirkt. Bei der Abgasrückführung (AGR) wird dieser Effekt gezielt genutzt. Entweder wird beim Ladungswechsel über angepasste Ventilsteuerzeiten (innere AGR) der Restgasanteil beeinflusst oder es wird Abgas, evtl. auch zwischengekühlt, der Ansaugluft (äußere AGR) beigemischt.

Unverbrannte Kohlenwasserstoffe bleiben übrig, wenn sich Teile des Kraftstoffes an Wänden oder in Ablagerungen im Brennraum bei kaltem Motor niederschlagen oder wenn die Flammenfront nicht den ganzen Brennraum erfassen kann, weil die Flamme die engen Spalten (Kolben-Feuersteg, Zylinderkopfdichtung) nicht erfasst. Die nicht verbrannten und die wieder abdampfenden Kraftstoffanteile werden mit dem Abgas ausgeschoben und als HC-Emission emittiert.

Der Verbrennungsvorgang besteht in der Realität aus einer ganzen Fülle von chemischen Reaktionen, die nebeneinander, nacheinander und sich gegenseitig beeinflussend ablaufen. Bis heute sind immer noch nicht alle Teilprozesse einer mathematischen Beschreibung und Berechnung zugänglich. Dennoch gelingt es durch die Berücksichtigung der wesentlichen Reaktionspfade und die Annahme von Ersatzreaktionsmodellen den Verbrennungsablauf realitätsnah zu beschreiben [54].

Der Druckverlauf im Zylinder kann mithilfe von Piezo-Druckaufnehmern über dem Kurbelwinkel zeitlich aufgelöst gemessen werden. Mit Rechenprogrammen, die ein Verbrennungsmodell abbilden und in die Randbedingungen für den Einströmzustand, den Wärmeübergang etc. eingegeben werden, wird dann der Verbrennungsablauf rechnerisch analysiert. Die Durchbrennfunktion ist der Anteil verbrannten Kraftstoffes im Verhältnis zur insgesamt eingebrachten Kraftstoffmenge. Der Brennverlauf ist die Ableitung davon über dem Kurbelwinkel. Als Erfahrungswert gilt, dass der Brennverlauf sein Maximum etwa 8 bis 12° KW n. OT erreichen soll und ca. 60 bis 65° KW n. OT null erreichen soll. Abweichungen hiervon deuten auf falschen Zündzeitpunkt, klopfende oder verschleppte Verbrennung infolge nicht-optimalem Verdichtungsverhältnis oder auch auf mangelndes Ladungsbewegungsniveau hin.

In Abb. 5.54 sind reale Zylinderdruckverläufe eines 1,8 l Saugmotors bei einem Betriebspunkt in der unteren Teillast dargestellt. Es ist auffällig, wie stark der Zylinderdruckverlauf von Zyklus zu Zyklus schwankt, obwohl der Gesamtmotor normal und gleichmäßig läuft. Dieses für Ottomotoren typische Verhalten erfordert eine detaillierte Analyse der Zylinderdruckverläufe. Einerseits geschieht dies durch die Mittelung aufeinander folgender Zyklen zu einem gemittelten Druckverlauf, welcher dann Basis für die im unteren Teil des Bildes gezeigte Brennverlaufsanalyse ist. Andererseits werden die Druckverläufe der Einzelzyklen statistisch ausgewertet und die Streuung der Kennwerte für die Höhe und Lage des Maximaldrucks und der maximalen Druckanstiegsgeschwindigkeit sowie die Werte des indizierten Mitteldruckes der Einzelzyklen und ihre Standardabweichung vom Mittelwert zur Beurteilung des Arbeitsprozesses herangezogen.

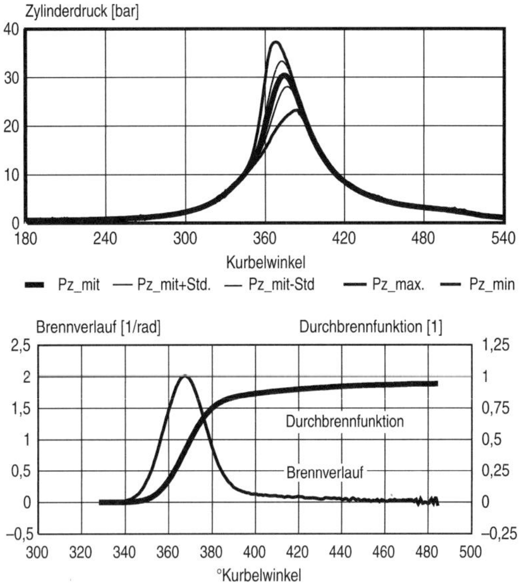

Abb. 5.54 Beispiel für gemessene Druckverläufe eines Ottomotors und aus dem mittleren Verlauf berechneter Brennverlauf und Durchbrennfunktion

Für den Entwicklungsingenieur sind diese Informationen bei der Optimierung des Motors sehr hilfreich. Moderne Indizier- und Auswertesysteme liefern diese Kenngrößen online am Prüfstand. Zur Begrenzung des Rechenaufwandes kommen dabei häufig vereinfachte Modelle mit Standardrandbedingungen zur Anwendung, die jedoch relative Aussagen zur zielgerichteten Anpassung der verschiedenen Parameter sicher liefern.

Zu den kritischen Störungen bei der ottomotorischen Verbrennung gehören die Zündaussetzer und die klopfende Verbrennung. Bei Zündaussetzern wird unverbrannter Kraftstoff in das Abgassystem geleitet und führt zu unzulässigen HC-Emissionen. Neben schlechter Gemischbildung bei besonders ungünstigen Randbedingungen können Defekte im Einspritz- oder Zündsystem die Ursache sein. Die Nachreaktion dieser Kohlenwasserstoffe im Katalysator führt zu sehr hohen Temperaturen und kann auf diese Weise die Zerstörung des Katalysators bewirken.

Als klopfende Verbrennung wird die Selbstentzündung des Kraftstoff-Luft-Gemisches vor der Flammenfront bezeichnet. Bevor die Flammenfront den gesamten Brennraum mit der für sie typischen Ausbreitungsgeschwindigkeit von ca. 25 bis 30 m/s durchlaufen hat, kommt es im noch unverbrannten Bereich der Gemischladung infolge des Druck- und Temperaturanstiegs zu Reaktionen mit Fortpflanzungsgeschwindigkeiten bis zu 500 m/s. Durch diese unkontrollierten Vorgänge kommt es zu Druckwellen hoher Frequenz (Klopf- oder Klingelgeräusche) mit mechanischen und thermischen Überlastungen, die zu Kolben- und Triebwerksschäden führen können. Die Klopfneigung kann durch verschiedene Maßnahmen herabgesetzt werden. Einerseits gilt es kurze Brennwege mit einer mittigen Zündkerzenlage und einen kompakten Brennraum darzustellen, die Flammengeschwindigkeit durch hohe Turbulenz im Brennraum zu steigern, heiße Stellen im Brennraum und zu hohe Ansaugtemperaturen zu vermeiden sowie das Verdichtungsverhältnis auf ein zulässiges Maß zu begrenzen. Andererseits unterdrückt die Verwendung von Kraftstoff mit höherer Oktanzahl das Auftreten von Selbstentzündung. Da der Motor zur Darstellung eines optimalen Kraftstoffverbrauchs immer mit früher Zündung in der Nähe der Klopfgrenze betrieben werden soll, haben elektronische Motorsteuerungen eine Klopfregelung. Ein Klopfsensor registriert an geeigneter Stelle der Motorstruktur die hochfrequenten Schwingungen des Klopfens, der Zündwinkel wird entsprechend einer vorgegebenen Regeltiefe etwas nach spät verstellt und dann wieder schrittweise vorverlegt, bis sich das Erreichen der Klopfgrenze erneut anzeigt.

5.1.5.6 Abgasreinigung

Die vollständige Verbrennung des Kraftstoffes soll im Idealfall nur zu Kohlendioxid (CO_2) und Wasser (H_2O) unter Abgabe von Wärme führen. In der Realität verläuft die Verbrennung aber nicht bis zu einem vollständigen Reaktionsablauf der gesamten Kraftstoffmenge. Zusätzlich treten Reaktionszwischenprodukte auf. Außerdem reagiert der in der

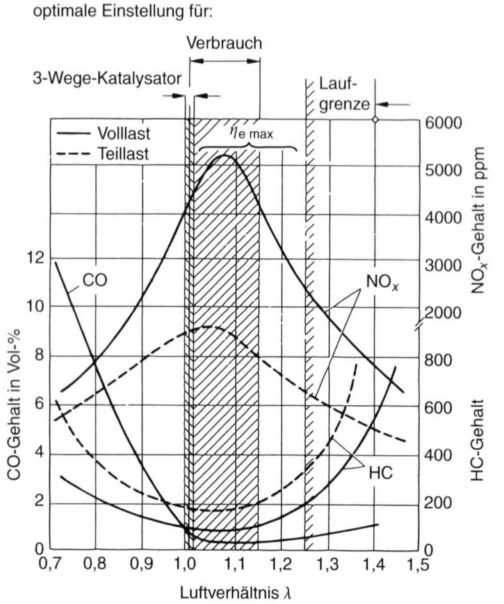

Abb. 5.55 Einfluss von Luftverhältnis und Motorbelastung auf die Schadstoffemission von Ottomotoren

Verbrennungsluft enthaltene Stickstoff in der Luft mit Sauerstoff zu den unerwünschten Stickstoffoxiden (NO_x). Eine Reihe von Abgaskomponenten sind als »Schadstoffe« klassifiziert, deren Emissionen gesetzlich limitiert sind (▶ Abschn. 2.2.5), Abb. 5.55.

Kohlenmonoxid (CO) ist unmittelbar giftig. Es tritt hauptsächlich im Leerlauf des Motors auf. CO wurde schon lange als Messgröße für die richtige Einstellung der Kraftstoffzumischung genommen. CO ist aber nicht stabil und wandelt sich in der Umgebungsluft nach einiger Zeit zu Kohlendioxid (CO_2) um.

Stickstoffmonoxid (NO) ist ein die Schleimhäute reizendes Gas und nimmt an zahlreichen atmosphärischen Reaktionen teil, unter anderem auch im Zusammenhang mit der Bildung von bodennahem Ozon. NO wandelt sich in der Luft zu Stickstoffdioxid (NO_2). Üblicherweise werden die verschiedenen Stickstoffoxide zusammengefasst bewertet (NO_x).

Kohlenwasserstoffe (HC) sind in vielen Verbindungen im Abgas enthalten. Teils sind es direkt hochmolekulare Komponenten des Kraftstof-

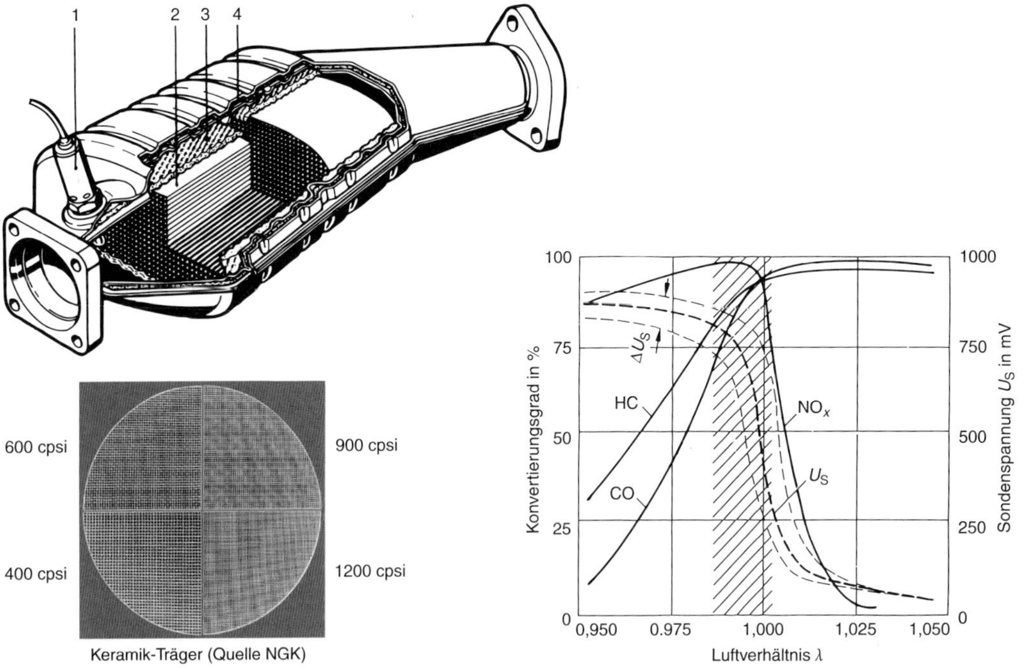

Abb. 5.56 Aufbau und Wirkungsweise eines Drei-Wege-Katalysators mit λ-Sonde

fes, aber meistens Teil- und Zwischenreaktionsprodukte der Verbrennung. Ihre Wirkung reicht von der Reizwirkung bis hin zur Kanzerogenität. Auch Kohlenwasserstoffe nehmen an atmosphärischen Reaktionsprozessen teil und üben auf diese Weise sekundäre Einflüsse auf die Luftqualität aus.

Feststoffe (engl. particulate matter) umfassen alles Material (außer Wasser), das bei Normalbedingungen als Festkörper (Asche, Ruß) oder Flüssigkeit im Abgas enthalten ist.

Diese Abgaskomponenten sind mit der Gesetzgebung einzeln oder in Gruppen inzwischen praktisch weltweit limitiert. Es gibt jedoch starke Unterschiede in der Strenge der Reglementierung. Die höchsten Anforderungen stellt der USA-Staat Kalifornien. Die Anforderungen der übrigen US-Staaten sowie die europäische und japanische Abgasgesetzgebung unterscheiden sich in Details, erfordern aber in etwa gleiche Aufwendungen zur innermotorischen und katalytischen Emissionsminderung.

5.1.5.6.1 Drei-Wege-Katalysator

Nachdem in den 60er Jahren für den Markt Kalifornien die zulässigen Abgasemissionen gesetzlich limitiert wurden, war es mit rein motorischen Maßnahmen nicht möglich, die geforderten Grenzwerte für alle limitierten Komponenten CO, HC und NO_x einzuhalten. Dies stellt den Ausgangspunkt der Katalysatortechnik dar. Beim Drei-Wege-Katalysator werden gleichzeitig CO und HC oxidiert sowie NO_x reduziert (Abb. 5.56). Die gleichzeitige Oxidation und Reduktion in einem gemeinsamen Prozess ist aber nur möglich, wenn das Gesamtmischungsverhältnis $\lambda = 1$ mit nur minimalen Abweichungen eingehalten wird. Man spricht deshalb auch vom λ-1-Konzept. Die Einhaltung des richtigen Mischungsverhältnisses wird von einer λ-Sonde (Zirkon-Dioxid) kontrolliert. Dieser Sensor reagiert auf im Abgas noch enthaltenen Sauerstoff und zeigt den Übergang zwischen fettem und magerem Gemisch mit einem sprungförmigen Spannungssignal bei $\lambda = 1$ an.

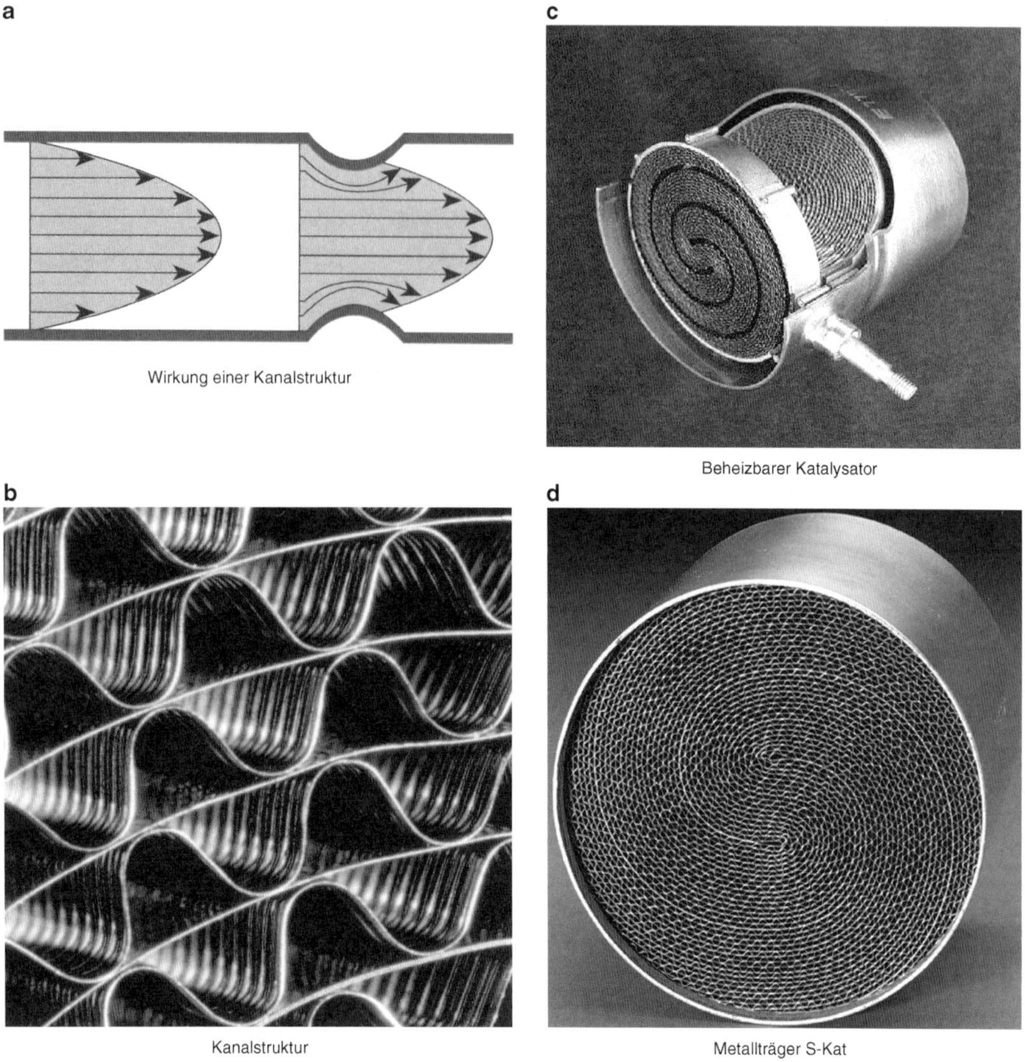

Abb. 5.57 Metall-Katalysatorträger (Beispiel Emitec)

Der Katalysator (Abb. 5.56) besteht aus einem Keramikkörper (Monolith) oder aus einem »Wellblech«-Wickel (Abb. 5.57), der eine möglichst große Oberfläche in vielen kleinen Kanälen bildet. Je größer die Anzahl der Kanäle pro Querschnittfläche ist, desto größer ist die Oberfläche, desto größer wird aber auch der Strömungswiderstand. Deshalb gilt es auch hier einen guten Kompromiss zu finden. Die Zelldichte wird angegeben in cpsi (cells per square inch). Werte von 400 bis 1600 cpsi werden angeboten. Metall-Katalysatoren werden auch aus speziellen Stahlfolien mit gewellter Oberfläche wie in Abb. 5.57 oder mit strukturierten Kanälen gefertigt, die die Abgasströmung durch Turbulenzerzeugung in noch intensiveren Katalytkontakt bringen.

Der Keramik- oder Metallkörper dient nur als Träger für die katalytische Beschichtung. Auf der Trägeroberfläche ist ein Washcoat aufgebracht, der die chemische Reaktionsfläche noch einmal deutlich erhöht. In diesem Washcoat ist dann das eigentliche Katalysatormaterial eingebettet, das die

Oxidations- und Reduktionsreaktionen fördert. Als Katalyten werden die Edelmetalle Platin (Pt), Rhodium (Rh) und Palladium (Pd) verwendet, die in unterschiedlichen Mengen und Mischungsanteilen eingesetzt werden. Da die Wirksamkeit des Katalysators durch Blei und Bleiverbindungen, welche bis dahin zur Erhöhung der Klopffestigkeit eingesetzt wurden, geschwächt oder gar ganz ausgelöscht wird, musste mit der Einführung der Katalysatortechnik die Einführung des unverbleiten Benzins einhergehen.

Die Effektivität eines Katalysators wird als Konvertierungsrate bezeichnet. Sie hängt wesentlich von der Betriebstemperatur ab. Unterhalb 250 °C finden praktisch keine Reaktionen statt. Ideale Bedingungen für gute Umsetzung und lange Lebensdauer sind bei 400 bis 800 °C gegeben. Temperaturen über 1000 °C führen zu thermischer Alterung und zerstören den Katalysator. Ein Katalysator, der nah am Abgaskrümmer montiert ist, springt infolge rascherer Erwärmung schneller an und kann bereits kurz nach dem Motorkaltstart die Abgasreinigung bewirken. Er ist aber auch bei sehr hoher Motorleistung durch hohe Abgastemperaturen gefährdet. Bis zur Einführung der letzten Grenzwertverschärfungen war der Katalysator bei den meisten Fahrzeugen deshalb in größerer Entfernung vom Motor unter dem Fahrzeugboden montiert.

Zur schnelleren Erwärmung des Katalysators nach dem Motorstart werden diverse Konzepte verfolgt. Üblich ist die vorübergehende Spätzündung, welche über eine verschleppte Verbrennung zu erhöhten Abgastemperaturen führt. Allerdings sind dieser Maßnahme dadurch Grenzen gesetzt, dass einerseits eine Zunahme des Kraftstoffverbrauchs hingenommen werden muss und andererseits auch eine Erhöhung der Rohemissionen mit ihr verbunden sein kann. Eine Alternative besteht im sogenannten Sekundärluftsystem. Hierbei wird der Motor nach dem Kaltstart mit fettem Gemisch betrieben. In das stark mit unvollständig verbrannten Kohlenwasserstoffen angereicherte heiße Abgas wird über eine zusätzliche Pumpe Sekundärluft eingeblasen. Dies bewirkt exotherme Nachreaktionen im Abgassystem, welche die Abgastemperatur vor Katalysator stark anheben. Infolge des zeitweisen Fettbetriebs ist auch dieses Verfahren mit einem Verbrauchsanstieg verbunden. Eine weitere Option liegt in der Anwendung elektrisch beheizbarer (Metall-)Katalysatoren (■ Abb. 5.57). Vor dem originären Katalysatorteil ist ein kürzerer Metallträger-Katalysator angeordnet, der beim Start oder schon kurz vorher elektrisch beheizt wird. Die Totzeit bis zum Anspringen des Katalysators wird dabei drastisch vermindert.

Die Emissionsgrenzwerte müssen bei definierten Fahrbedingungen nach einem vorgeschriebenen Testverfahren eingehalten werden. Die Messung der vom Fahrzeug emittierten Schadstoffe wird auf einem Rollenprüfstand durchgeführt. Der Widerstand der Prüfbankrollen ist dem Gewicht des Fahrzeugs und seinen Fahrwiderständen angepasst. Das Fahrzeug muss eine vorgegebene (simulierte) Strecke mit vorgeschriebener Geschwindigkeit und Gangwahl (bei Handschaltgetrieben) zurücklegen. Der im europäischen Regelwerk Testzyklus definierte »Neuer Europäischer Fahrzyklus« (NEFZ oder »MVEG A«) und der in den USA angewandte FTP 75 Testzyklus sind in ■ Abb. 5.58 gezeigt. Während der gesamten Messzeit wird das Abgas nach der CVS-Methode (Constant Volume Sampling) in Kunststoffbeuteln gesammelt und dann auf HC, CO, NO_x, CO_2, O_2 analysiert. Über eine (ebenfalls vorgeschriebene) Rechenoperation werden dann die Emissionen ausgewiesen in g/km (bzw. g/mi) und der Kraftstoffverbrauch in l/100 km (bzw. in mpg – miles per gallon).

In ■ Tab. 5.2 sind die für Pkw mit Ottomotoren in für Europa (Stufen Euro II bis VI) und die USA (Federal und Californien) gültigen Grenzwerte wiedergegeben. Die Reduzierungen von Stufe zu Stufe entsprechen den jeweils parallel erzielten Fortschritten im Stand der Technik. In den USA gelten jeweils »Phase-in« Regelungen, wonach die stufenweise Einführung der neuen Grenzwerte in gewissen Stückzahlen bis zur vollständigen Erfüllung der Grenzwerte der neu zugelassenen Fahrzeugflotte innerhalb eines vorgegebenen Zeitraumes erfolgen muss. Die Grenzwerte mussten im Zeitraum zwischen 2004 und 2010 umgesetzt werden. Das gesamte Regelwerk ist sehr umfangreich. Es differenziert zwischen Fahrzeuggruppen (Gewichtsklassen und Nutzart), gibt die Kraftstoffqualität vor und regelt eine Vielzahl von Details. Eine Begrenzung der Partikelanzahl ähnlich zu

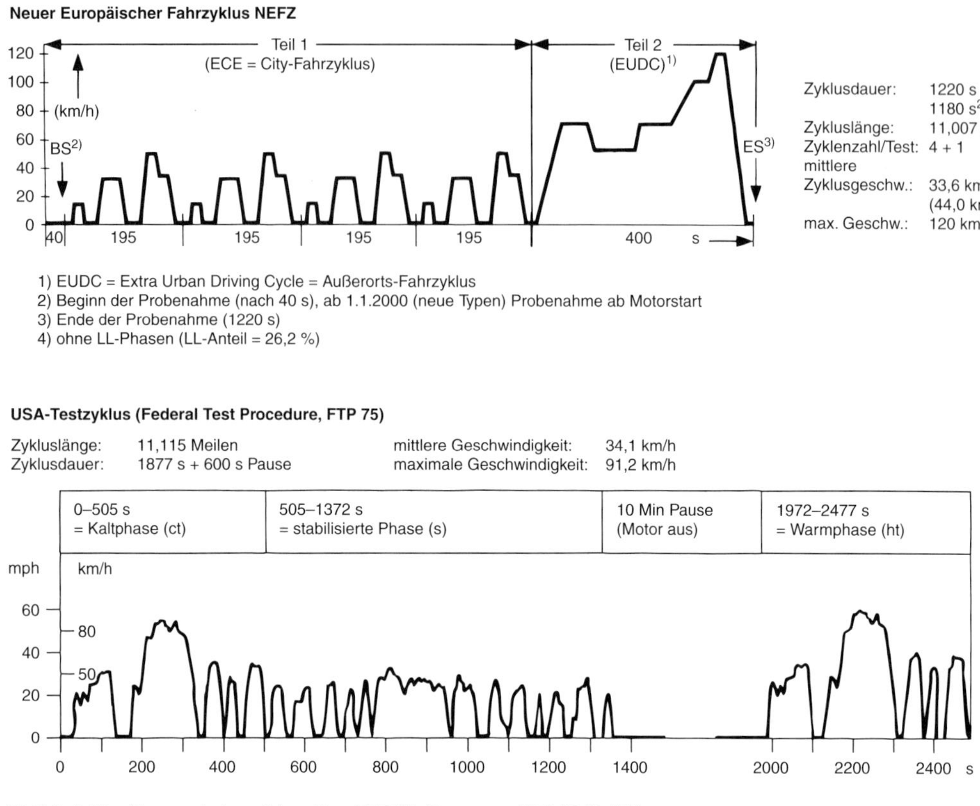

Abb. 5.58 Abgasemissions-Fahrzyklen: NEFZ für Europa und FTP 75 für USA

Euro VI ist in Californien mit dem noch nicht endgültig festgelegten LEV III zu erwarten, dessen »Phase-in« den Jahren 2014 bis 2022 vorgesehen ist. Die Angaben hier können nur typische Werte für Pkw veranschaulichen.

5.1.5.6.2 DeNO$_x$-Katalysator

Die am konventionellen Ottomotor bewährten Edelmetallkatalysatoren realisieren auch am mager betriebenen Direkteinspritz-Ottomotor die oxidative Nachbehandlung der Kohlenwasserstoff- und Kohlenmonoxidemission mit hohen Konvertierungsraten. Dagegen ist der reduktive, die Stickoxidemissionen betreffende Reaktionspfad im sauerstoffhaltigen Abgas praktisch unwirksam. Der Betrieb des direkteinspritzenden Ottomotors mit magerem Gemisch erfordert deshalb neue Lösungen für die Reduktion der vom Motor emittierten Stickstoffoxide. Viele dieser neuen Konzepte sind auch am Dieselmotor einsetzbar und werden parallel verfolgt.

Nach anfänglichen Bemühungen, durch die Verwendung alternativer Katalyten die NO$_x$-Selektivität des Konverters zu steigern, hat sich zwischenzeitlich die NO$_x$-Speichertechnologie durchgesetzt. Dabei werden die während des Magerbetriebs emittierten Stickstoffoxide chemisch zwischengespeichert, um dann in Betriebsphasen mit unterstöchiometrischem Gemisch wieder desorbiert und nach dem vom konventionellen Ottomotor bekannten 3-Wege-Prinzip reduziert zu werden [55]. Dies erfordert einen intermitterenden Betrieb des Motors, so dass nach Phasen der NO$_x$-Einspeicherung immer wieder die Regeneration des Speichers erfolgt. Das Funktionsprinzip ist schematisch in Abb. 5.59 wiedergegeben. In einem ersten Schritt werden die im Abgas vorwiegend als NO vorliegenden Stickoxide an einem Edelmetallkatalysator zu NO_2 aufoxidiert. Das NO_2 kann dann anschließend an ein Speicherelement als Nitratverbindung angelagert (adsorbiert) werden. Als Speicherelemente haben sich die Alkali-

Tabelle 5.2 Emissionsgrenzwerte in Europa und USA (Auszug)

EUROPA NEFZ	Emissionsgrenzwerte für Personenkraftwagen ($\leq$ 2,5 t, $\leq$ 6 Personen) mit Ottomotoren				
	Stufe II	**Stufe III**	**Stufe IV**	**Stufe V**	**Stufe VI**
Typzulassung ab	1.1.1996	1.1.2000	1.1.2005	1.9.2009	1.9.2014
Erstzulassung ab	1.1.1997	1.1.2001	1.1.2006	1.1.2011	1.1.2015
CO	2,2	2,3	1,0	1,0	1,0
HC	–	0,2	0,1	0,1	0,1
davon NMHC*	–	–	–	0,068	0,068
NO_x	–	0,15	0,08	0,06	0,06
HC + NO_x	0,5	–	–	–	–
Partikelmasse	–	–	–	0,005	0,005
in g/km					
Partikelanzahl	–	–	–	–	$6 \cdot 10^{11}$
in 1/km					

* Non-Methane-Hydrocarbon-Compound

USA	Emissionsgrenzwerte für Kraftfahrzeuge (< 8500 lbs, 120 000 miles) mit Ottomotoren				
	US Federal		**Californien (+14 US-Staaten) LEV II**		
	Tier 1, PKW	**Tier 2, Bin5**	**LEV**	**ULEV**	**SULEV**
Phase-In	1994	2004	2004	2004	2004
Schedule	–1998	–2010	–2010	–2010	–2010
NMHC*	0,31	–	–	–	–
NMOG**	–	0,09	0,09	0,055	0,01
CO	4,2	4,2	4,2	2,1	1,0
NOx	0,6	0,07	0,07	0,07	0,02
HCHO***	–	0,018	0,018	0,011	0,004
Partikel in g/mi	0,1	0,01	0,01	0,01	0,01

** Non-Methane-Organic-Gases, *** Formaldehyd

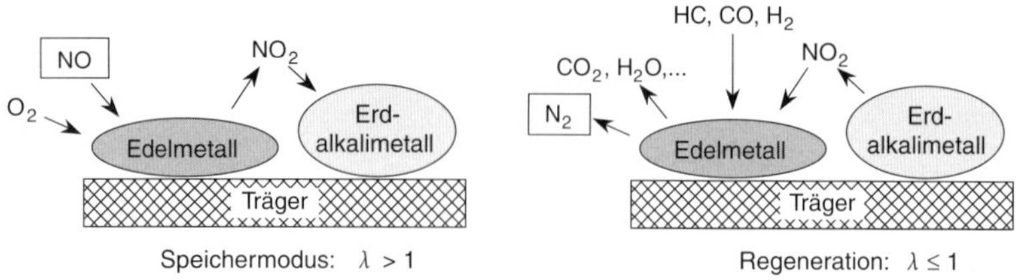

Abb. 5.59 NO_x-Adsorption

und Erdalkalimetalle als besonders wirkungsvoll erwiesen.

Dieses Funktionsprinzip ist temperaturabhängig, wobei neuere Entwicklungen hohe NO_x-Konvertierungsraten in einem ausreichend weiten Temperaturbereich aufweisen. Bei zu niedrigen Temperaturen wird die Wirkung im Wesentlichen dadurch begrenzt, dass die katalytisch unterstützte NO_2-Bildung ausbleibt. Bei zu hohen Temperaturen zerfällt das NO_2 wieder zu NO und kann dann nicht mehr als Nitrat eingespeichert werden. Außerdem nimmt mit zunehmender Temperatur die Stabilität des Nitrats ab und das gespeicherte Stickoxid wird wieder desorbiert. Daneben sind zu hohe Temperaturen des Konverters zu vermeiden, weil es ansonsten zur thermischen Alterung kommt. Diese führt infolge einer Verringerung der Dispersion der Edelmetallkomponenten und wegen chemischer Reaktionen des Adsorbermaterials mit der oxidischen Trägermasse zum dauerhaften Aktivitätsverlust [56]. Aus diesem Grund kommt für den Adsorberkatalysator vorzugsweise eine motorferne Einbauposition in Betracht. Besonders vorteilhaft ist in diesem Zusammenhang die Kombination mit einem motornah eingebauten Oxidationskatalysator, der bereits bei niedrigen Abgastemperaturen und kurz nach dem Kaltstart die Oxidation von NO zu NO_2 unterstützt.

Kritisch im Hinblick auf die erreichbaren Verbrauchsvorteile ist der Betrieb bei höherer Teillast, wenn seitens des Brennverfahrens zwar noch thermodynamische Vorteile des Magerbetriebs vorliegen, das Abgasnachbehandlungssystem jedoch aufgrund zu hoher Abgastemperatur nicht mehr in der Lage ist, die NO_x-Emission ausreichend zu begrenzen. Zur Auflösung dieses Konfliktes sind spezielle Einrichtung zur Absenkung der Abgastemperatur mittels Fahrtwindkühlung der Abgasführung bis zum NO_x-Speicherkatalysator entwickelt worden. Die in Serie gelangten Ausführungen reichen vom mehrflutig gestalteten Abgasrohr zwischen Vorkatalysator und Speicherkatalysator über die Kühlluftführung auf den motornahen Vorkatalysator (beides erstmals realisiert im VW Lupo FSI [57]) bis hin zur Schaltklappe in der Abgasführung (Mercedes CGI [58]), welche bei höherer Last das Abgas auf einem längeren Weg und durch eine größere Querschnittsfläche zum NO_x-Speicherkatalysator leitet.

Wenn der Adsorber seine Speicherkapazität erreicht, muss er regeneriert werden. Hierzu wird der Motor kurzzeitig, typischerweise nur für Sekunden, mit unterstöchiometrischem Gemisch betrieben. Dabei kommt es zur spontanen Desorption des eingespeicherten NO_2, und unter Anwesenheit von Fettkomponenten im Abgas findet der vom 3-Wege-Katalysator bekannte Abbaumechanismus statt. Die Dauer und die Häufigkeit dieses Regenerationsprozesses hat direkten Einfluss auf den Kraftstoffverbrauch. Als typischer Wert für den darauf zurückzuführenden Mehrverbrauch im europäischen Testzyklus können 1 bis 2 % genannt werden.

Die Effektivität des Regenerationsprozesses hängt unter anderem auch davon ab, ob die Fettkomponenten des Abgases unmittelbar für die Desorption und nachfolgende 3-Wege-Reaktion bereitstehen. Infolge der Sauerstoff-Speicherfähigkeit des katalytischen Konverters wird nämlich zunächst ein Teil der Kohlenwasserstoffe und des Kohlenmonoxids oxidiert, ohne dass eine Einbindung in den Regenerationsprozess erfolgt. Die Beschichtung des vorgeschalteten Oxidationskatalysators ist deshalb im Hinblick auf eine geringe Sauerstoff-Speicherfähigkeit auszulegen.

Die als NO_x-Speicher verwendeten Alkali- und Erdalkalimetalle adsorbieren auch Schwefeloxide, die bei der motorischen Verbrennung aus dem im Kraftstoff enthaltenen Schwefel entstehen können, in Form von Sulfaten. Die thermische Stabilität der Sulfate ist dabei deutlich größer als die der Nitratverbindungen. Eine Schwefel-Regeneration findet deshalb erst bei höheren Temperaturen statt, als sie bei der beschriebenen Speicherregeneration erreicht werden. Deshalb kommt es mit fortschreitender Zeit zu einer Blockade der Speicherelemente, so dass die NO_x-Speicherfähigkeit empfindlich abnimmt. Aus diesem Umstand leitet sich die Forderung nach minimalem Schwefelgehalt des Kraftstoffes ab. Der Gesetzgeber hat hierzu eine Begrenzung auf 50 ppm vorgenommen. Wie Untersuchungen von Quissek et al. gezeigt haben, führen jedoch auch kleinste Schwefelkonzentrationen auf Dauer zur Deaktivierung des NO_x-Adsorbers [59]. Deshalb hat sich zwischenzeitlich eine Limitierung des Schwefelgehaltes zumindest der Kraftstoffqualität »Super Plus« auf ein Niveau unter 10 ppm eingestellt.

Auf jeden Fall müssen spezielle Regenerationsstrategien für die Entschwefelung des Adsorbers vorgesehen werden. Die üblichen Regenerationsprozeduren erfordern einen Betrieb mit unterstöchiometrischem Gemisch und hoher Abgastemperatur über einen längeren, in Minuten anzugebenden Zeitraum. Dabei stellt sich die Frage, wie diese Bedingungen in jeder vorkommenden Fahrsituation dargestellt werden können. Im Übrigen entsteht daraus ein weiterer Kraftstoffmehrverbrauch, der die Vorteile des mager betriebenen Direkteinspritzmotors teilweise aufzehrt. Der insgesamt zulasten der Abgasreinigung entstehende Mehrverbrauch ist mit 2 bis 3 %-Punkten anzunehmen. Damit verringert sich das mit Benzin-Direkteinspritzung in Kundenhand realisierbare Verbrauchspotenzial auf eine Bandbreite von 8 bis 12 %.

Eine weitere Möglichkeit der NO_x-Reduktion im sauerstoffreichen Abgas besteht in der Verwendung eines zusätzlichen, selektiv wirkenden Reduktionsmittels. Das in Großkraftwerken sowie an stationär betriebenen Verbrennungsmotoren in Blockheizkraftwerken großtechnisch eingesetzte SCR-Verfahren (Selective Catalytic Reduction) arbeitet vorzugsweise mit Ammoniak als Reduktionsmittel. Für den Pkw-Einsatz dieser Technologie werden dagegen Harnstoff in wässeriger Lösung oder feste Reduktionsmittel diskutiert [60]. Das Verfahren ist für sein hohes Potenzial zur NO_x-Reduktion bekannt und hat als weiteren Vorteil eine geringe Empfindlichkeit gegenüber Katalysatorvergiftungen, wie sie aus dem im Kraftstoff enthaltenen Schwefel resultieren können. Problematisch ist dagegen das Harnstoff-Handling sowie die Notwendigkeit, Harnstoff als zusätzlichen Betriebsstoff mit an Bord zu führen.

5.1.5.7 Motormanagement

Die Fortschritte in der Mikroelektronik und der elektro-mechanischen Sensorik einerseits und die zunehmenden gesetzlichen Anforderungen an die Einschränkung der Schadstoff-Emissionen und der Überwachung aller emissionsrelevanten Systeme andererseits haben zu immer leistungsfähigeren Systemen der Motorsteuerung und -überwachung geführt. Die elektronische Motorsteuerung erlaubt ein umfassendes Motormanagement mit gezielten und bewussten Eingriffen in den Betriebsablauf des Motors unter Berücksichtigung einer Vielzahl von physikalischen und mechanischen Größen sowie automatischer Eingriffe bei nicht vorhergesehenen Ereignissen.

5.1.5.7.1 Motorsteuerung

Im Steuergerät, der ECU (Electronic Control Unit), werden alle eingehenden Informationen verarbeitet und daraus Stellbefehle sowie Informationen ausgegeben. Im ◘ Abb. 5.60 ist ein Abbild des physischen Aufbaus eines Motors mit seinen angeschlossenen Komponenten dargestellt, die zum Umfang der Motorsteuerung gehören. Im ◘ Abb. 5.61 ist ein Blockschaltbild einer Motorsteuerung gezeigt, in dem die Funktionsgruppen mit ihren Eingangsgrößen und Ausgabefunktionen zu erkennen sind. Die Steuergeräte sind heute mit 16-bit und teilweise auch mit 32-bit-Prozessoren bestückt, damit die Menge der notwendigen Informationen bei hohen Drehzahlen und dynamischen Vorgängen zeitgerecht verarbeitet werden kann. Dafür stehen bei einem 6-Zylinder-Motor zwischen zwei Zündungen bei Maximaldrehzahl nur ca. 3 ms zur Verfügung.

Je nach Ausstattung des Fahrzeugs sind weitere Interaktionen mit anderen elektronischen Steue-

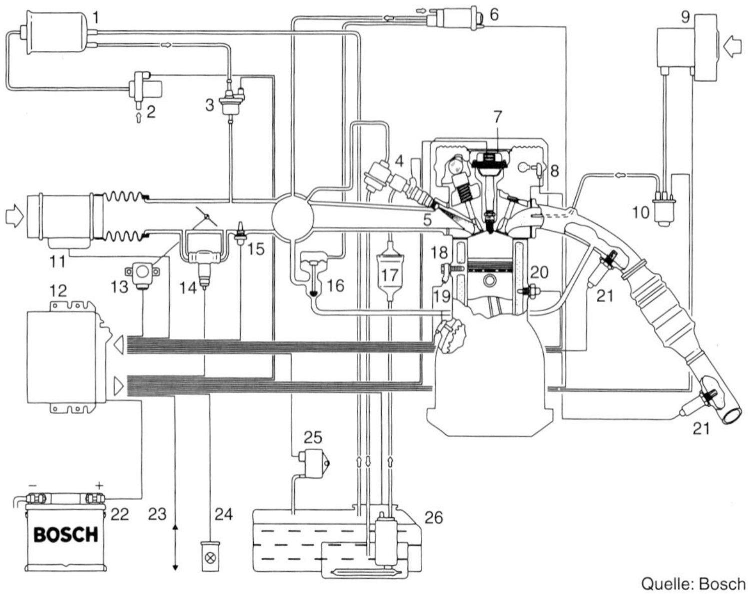

Quelle: Bosch

Motormanagementsystem Motronic.
1 Aktivkohlebehälter, 2 Lufteinlassventil, 3 Regenerierventil, 4 Kraftstoffdruckregler, 5 Einspritzventil, 6 Drucksteller, 7 Zündspule, 8 Phasensensor, 9 Sekundärluftpumpe, 10 Sekundärluftventil, 11 Luftmassenmesser, 12 Steuergerät, 13 Drosselklappengeber, 14 Leerlaufsteller, 15 Lufttemperatursensor, 16 Abgasrückführventil, 17 Kraftstofffilter, 18 Klopfsensor, 19 Drehzahlsensor, 20 Motortemperatursensor, 21 Lambda-Sonde, 22 Batterie, 23 Diagnoseschnittstelle, 24 Diagnoselampe, 25 Differenzdrucksensor, 26 Elektrokraftstoffpumpe

Abb. 5.60 Motormanagement-Systemkomponenten

rungen, z. B. mit Automatikgetrieben, automatisch schaltenden Stufengetrieben, mit Bremssystemen oder mit Klimaanlagen zu berücksichtigen. Dabei kommen sowohl zentrale Architekturen, bei denen alle Systeme von einer gemeinsamen Steuerung kontrolliert werden, als auch dezentrale Kombinationen mehrerer miteinander vernetzter Systeme zur Anwendung.

Die Sensorsignale werden über Eingangsschaltungen aufbereitet und in einen einheitlichen Spannungsbereich gelegt. Über Analog-Digital-Wandler werden die aufbereiteten Signale in Zahlenwerte transformiert, die dann vom Mikrocomputer verarbeitet werden können. Die in digitaler Form ermittelten Ausgangsgrößen müssen dann wieder rücktransformiert und auf die an den Stellgliedern erforderlichen Leistungspegel angehoben werden. In einem Halbleiterspeicher werden alle Programme (Verknüpfungen und Algorithmen) und Kennfelder (Applikationsdaten) abgelegt.

Neben den in den vorhergehenden Kapiteln behandelten Systemen Einspritzung (Zeitpunkt, Zeitdauer), Zündung (Zeitpunkt), Emissionen (λ-Regelung, Abgasrückführung) kommen noch hinzu:

- Klopfregelung, d. h. die Rücknahme des Zündwinkels, wenn Klopfen auftritt.
- Leerlaufdrehzahlregelung, gesteuert über Zündung und Einspritzung, evtl. noch unterschiedlich bei erhöhter Last, z. B. durch Klimakompressor, Generator oder Lenkhilfepumpe.
- Tankentlüftung, d. h. »entladen« des Aktivkohle-Kraftstoffdampfabscheiders.
- Nockenwellensteuerung in Abhängigkeit von der Motordrehzahl und evtl. Motorlast.
- Ladedruckregelung bei aufgeladenen Motoren.

Im Zuge der Ausweitung der x-by-wire-Technologie ist die mechanische Kopplung zwischen Gaspedal und Drosselklappe durch einen Fahrpedalgeber und eine elektronische Drosselklappe (E-GAS) ersetzt worden. Damit ist der unmittelbare Zugriff des Fahrers auf die Drosselklappe aufgehoben. Der

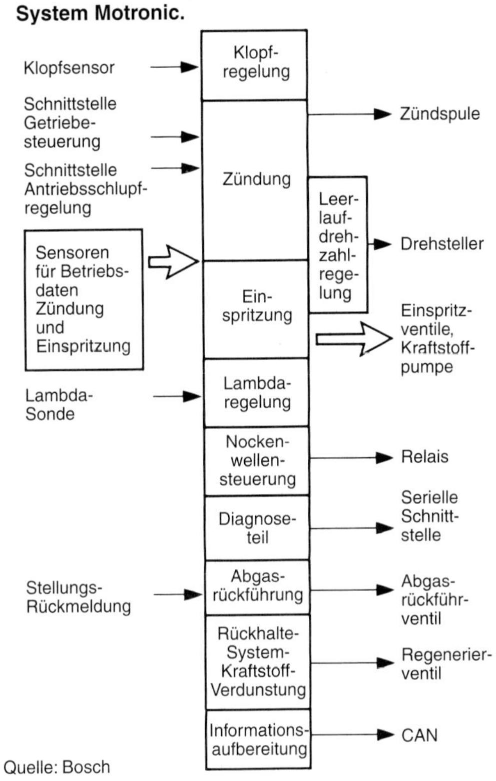

Abb. 5.61 Blockschaltbild einer Motorsteuerung

mittels Fahrpedalbetätigung übermittelte Wunsch des Fahrers wird gemeinsam mit den Lastanforderungen anderer Systeme (Klimaanlage, elektrische Verbraucher, etc.) analysiert und mit den Möglichkeiten (z. B. Momentenreserve, Boost-Funktion) und Restriktionen (z. B. Traktionskontrolle, Regenerationsfunktionen) abgeglichen, woraus dann eine Vorgabe für die Drosselklappenstellung abgeleitet wird.

Ein wichtiges Element moderner Motorsteuerungen ist die Fähigkeit des Systems zur Adaption [61]. Innerhalb vorgebbarer Grenzen können die Toleranzen einiger Bauteile ausgeregelt werden. Beispiele sind das Lambda-Kennfeld, die Grundluft im Leerlauf und der Drosselklappenwinkel. So können in der Produktion und im Kundendienst aufwendige Einstell- und Kalibrierarbeiten reduziert werden. Ein anderes Beispiel ist die Adaption des Zündwinkelkennfeldes über den Klopfsensor in Abhängigkeit von der Kraftstoffsorte.

Eine weitere Eigenschaft moderner Motorsteuerungen besteht in der integrierten Eigendiagnose. Neben klassischen Fehlerdiagnosemethoden kommen heute auch modellbasierte Vorgehensweisen bis hin zu dynamischen neuronalen Netzen zur Anwendung [62]. Dabei werden aufgetretene Fehler und Störungen erfasst und hinsichtlich ihrer möglichen Ursachen und Auswirkungen analysiert:

- Überwachung aller Komponenten und Systeme mittels logischer und sinnvoller Werte, deren Grenzen festgelegt werden können und deren Einhaltung überprüft wird. Auf diese Weise können Fehlerursachen selbst in komplexen Systemen eingegrenzt und ihre Diagnose erleichtert werden.
- Schutz empfindlicher Komponenten bei Fehlern. So gefährden z. B. Zündaussetzer den Katalysator durch Überhitzung; werden an einem Zylinder mehrere Verbrennungsaussetzer erkannt, so wird die Einspritzung für diesen Zylinder abgeschaltet.
- Sicherstellen eines Notlaufes. Gibt es einen Ausfall bei Sensoren oder Aktoren, so werden Ersatzwerte definiert, damit ein Notfahrbetrieb aufrechterhalten werden kann. Fällt z. B. das Lastsignal aus (Luftmasse, Saugrohrdruck), so wird aus der Drehzahl und dem Drosselklappenwinkel eine Ersatzgröße gebildet, die einen Notbetrieb bis zum Aufsuchen der Werkstatt ermöglicht.
- Speicherung detaillierter Informationen. Erkennt das Diagnosesystem einen Fehler, so werden die Daten in einem fehlerspezifischen Code in einem Fehlerspeicher des Steuergerätes abgelegt. Dazu werden auch die Umgebungs- und Betriebsbedingungen des Motors mit gespeichert.
- On-Board-Diagnose emissionsrelevanter Systeme. Vom Fahrer unbemerkbare Ausfälle oder Fehlfunktion werden erkannt und, sofern damit ein Versagen der Abgasreinigungseinrichtung verbunden sein kann, dem Fahrer über eine Signallampe (MIL) angezeigt. Er muss dann schnellstmöglich eine Werkstatt aufsuchen. Dem Vorbild der amerikanischen OBD-Regelung folgend gelten ähnliche Regelungen seit 2000 (Stufe III) auch für Europa und werden

hier EOBD genannt (European On Bord Diagnosis).
- Abfrage der gespeicherten Informationen über eine genormte Schnittstelle (Schnittstellenprotokoll nach Normen ISO 9141 und 14230) für die Werkstatt. Anhand der Meldungen kann die Ursache der Störung eingegrenzt werden. Für die hochkomplexen Systeme ist nur so eine effektive Fehlersuche überhaupt möglich.

Während der Einführung eines neuen Fahrzeugmodells kommt es immer wieder vor, dass aus Erfahrungen und Beanstandungen aus dem Kundenfeld heraus Änderungen an den Kennfeldern oder gar an den Prozessroutinen vorgenommen werden müssen. In den ersten Entwicklungsstufen der elektronischen Motorsteuerungen war dies praktisch nur möglich, indem das Steuergerät komplett ausgewechselt wurde. Die heute eingesetzten elektronischen Datenspeicher (Flash-EPROM's) gestatten dagegen ein Überschreiben der Daten. Auf diese Weise können beispielsweise im Rahmen der regelmäßigen Wartungsarbeiten kurzfristige Anpassungen an den letzten Entwicklungsstand der Motorapplikation vorgenommen werden. Ein weiterer wesentlicher Vorteil dieser flexiblen Datenspeicher ist, dass in der Fahrzeugproduktion mit einer einzigen Steuergeräte-Hardware am Bandende des Fahrzeugherstellers mehrere Motor- und Applikationsvarianten mit individuellen Steuergerätedaten geladen werden können.

Der damit mögliche Zugang zu den Applikationsdaten wird auch im Rahmen des sogenannten Chiptuning genutzt. Vor unqualifizierten Eingriffen in die Motorsteuerung ist jedoch zu warnen, weil dabei die Gefahr einer Bauteilüberlastung oder einer Überschreitung der Emissionsgrenzwerte gegeben sein kann. Außerdem erlischt bei einer Veränderung der vom Hersteller genehmigten und zertifizierten Betriebsweise die allgemeine Betriebserlaubnis.

5.1.5.7.2 Betriebsstrategie und Motormanagement bei Benzin-Direkteinspritzung

Im Teillastbetrieb wird der Direkteinspritz-Ottomotor mit geschichteter Zylinderladung betrieben. Hierzu wird der Kraftstoff erst während des Verdichtungstaktes eingespritzt. Bei höherer Last entstehen bei geschichteter Ladung ausgedehnte Zonen überfetteten Gemisches, und es muss deshalb auf den Betrieb mit homogener Zylinderladung übergegangen werden, was eine frühe Einspritzung während des Saugtaktes erfordert. Gleichzeitig muss dann die vom Motor angesaugte Luftmenge der Motorlast und der entsprechenden Kraftstoffmenge angepasst werden. Hieraus folgen funktionale Anforderungen an das Motormanagement, die weit über den von konventionellen Ottomotoren bekannten Umfang hinausgehen.

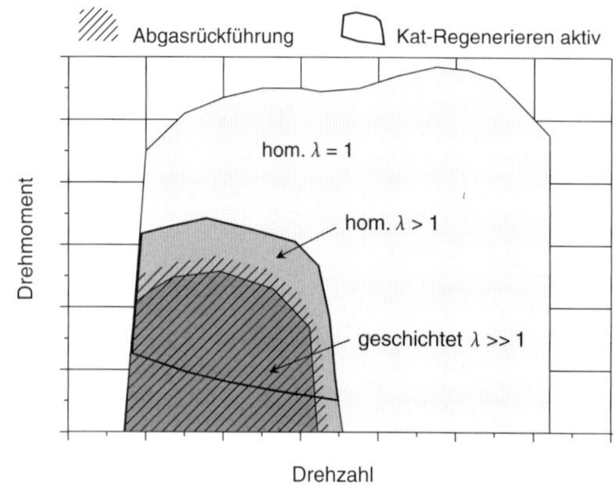

Abb. 5.62 Betriebsstrategien eines Direkteinspritz-Ottomotors

Zusätzlich zu diesen beiden Basis-Betriebsarten können weitere Betriebsmoden sinnvoll sein. Abb. 5.62 zeigt beispielhaft die Betriebsstrategie eines Direkteinspritz-Ottomotors im Motorkennfeld. Bei sehr niedrigen Lasten und im Leerlaufbetrieb ist üblicherweise eine Teildrosselung des Motors erforderlich, um die Abgastemperaturen auf einem Niveau zu halten, welches die katalytische Abgasnachbehandlung ermöglicht. Im Übergangsbereich zwischen Schichtlade-Magerbetrieb und homogenen λ-1-Betrieb kann es vorteilhaft sein, den Motor mit homogenem mageren Gemisch zu betreiben, um die Vorteile des Magerbetriebs in weiteren Kennfeldbereichen zu nutzen. Darüber hinaus ist an der Volllast das Gemisch häufig zur Limitierung der Abgastemperaturen (Bauteilschutz) anzufetten. Daneben hat das Motormanagement auch die Anpassung der Betriebsstrategie im Fahr-

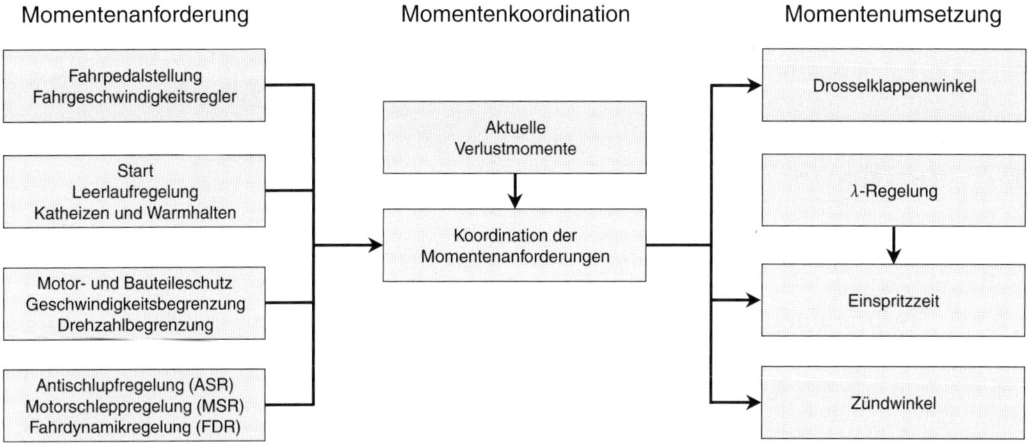

Abb. 5.63 Momentenbasierte Funktionsstruktur [67]

betrieb zu bewältigen. Hierzu zählt zunächst die Realisierung von Hysteresefunktionen für den Übergang zwischen den jeweiligen Betriebsmoden sowie die Anpassung der Betriebsweise an die Betriebsrandbedingungen, zum Beispiel im Kaltstart- und Warmlaufbetrieb.

Eine weitere Steigerung der Komplexität folgt aus der Integration des Motors in das Gesamtsystem Fahrzeug, wobei insbesondere die Abgasreinigungseinrichtungen Rückwirkungen auf die Motorsteuerung ausüben. So erfordert die Anwendung eines Adsorber-Katalysators (▶ Abschn. 5.1.5.6.2) während des Magerbetriebs den kurzzeitigen Wechsel zu einer leicht unterstöchiometrischen Betriebsweise. Die Häufigkeit dieses Regenerationsprozesses hängt von der NO_x-Speicherfähigkeit des Adsorbers und von der NO_x-Emission des Motors ab. Aufgabe des Motormanagements ist dabei, die NO_x-Speicherung in einem Modell zu bilanzieren und auf dieser Basis die Regeneration bedarfsgerecht zu initiieren [63]. In heutigen Serienkonzepten wird die Regeneration des NO_x-Adsorbers üblicherweise mithilfe einer NO_x-Messsonde im Abgas gesteuert. In Verbindung mit dem NO_x-Speichermodell kann der Alterungs- und Schwefelvergiftungszustand des Adsorbers kontinuierlich überwacht werden. Auf dieser Grundlage erfolgt eine bedarfsgerechte Auslösung der Desulfatisierungsprozedur, welche eine Betriebsphase mit unterstöchiometrischem Gemisch bei hohen Abgastemperaturen darstellt. Alle diese dynamischen Vorgänge sind idealerweise so zu applizieren, dass sie von den Fahrzeuginsassen nicht wahrgenommen werden können. Dies erfordert schnelle Eingriffe der Motorsteuerung in die Laststeuerung, die über eine elektrisch betätigte Drosselklappe (E-Gas) sowie über Zündwinkeleingriffe erfolgen.

Herkömmliche Motorsteuergeräte arbeiten auf Basis der Luftmenge als Führungsgröße. Bei den dargestellten Betriebsarten des Direkteinspritz-Ottomotors besteht jedoch kein eindeutiger Zusammenhang zwischen der Luftmenge und der Motorlast, so dass derartige Motorsteuergeräte für diesen Anwendungsfall kaum geeignet sind. Eine momentenbasierte Funktionsstruktur erlaubt dagegen die Darstellung des Fahrerwunschmomentes in den unterschiedlichen Betriebsmoden [64]. Abbildung 5.63 zeigt in schematischer Form diese Funktionsstruktur. Als Führungsgröße wird das vom Motor bereitzustellende Moment aus dem Fahrerwunsch unter Berücksichtigung der Triebstrang- und Nebenaggregateinflüsse berechnet. Auch dynamische Regeleingriffe der Antischlupf- oder Fahrdynamikregelung oder anderer fahrzeugseitiger Systeme fließen in die Berechnung des Momentenbedarfs ein. Innerhalb des Steuergerätes wird dann die Bereitstellung dieses Momentenbedarfs je nach der augenblicklich einzustellenden Betriebsart des Motors individuell realisiert. Die aus dem Momentenbedarf und der gewählten Betriebsstrategie resultierende Luftmenge wird über eine vom Motormanagement betätigte Drosselklappe (E-Gas) eingestellt.

5.2 Dieselmotor

5.2.1 Definitionen

5.2.1.1 Verbrennungsmotor

Wärmekraftmaschinen, die durch diskontinuierliche Verbrennung von Kraftstoffen in einem Arbeitsraum, dessen Volumen durch Bewegung von Kolben oder Läufern verändert wird, nutzbare Energie abgeben, werden Verbrennungsmotoren genannt. Dabei wird ein brennbares Luft-Kraftstoff-Gemisch im Inneren eines Arbeitszylinders entzündet und verbrannt. Die frei werdende Verbrennungswärme erhöht den Druck der vorverdichteten Gase. Dieser liefert über den Kolben und die Kurbelwelle mechanische Arbeit. Nach jedem Arbeitshub werden die verbrannten Gase gegen frisches Luft-Kraftstoff-Gemisch ausgewechselt.

5.2.1.2 Dieselmotor

Ein Verbrennungsmotor, bei dem der in den Verbrennungsraum eingespritzte flüssige Kraftstoff sich in der Luftladung entzündet, nachdem diese durch die Verdichtung auf eine für die Einleitung der Zündung hinreichend hohe Temperatur gebracht worden ist, wird als Dieselmotor bezeichnet.

Die Idee von Rudolf Diesel galt der Konzeption einer besonders ökonomischen Verbrennungsmaschine, wobei der größere Teil der Wärmeverluste auf ein Minimum verringert werden sollte: einmal durch die Abkühlung des verbrannten Gases auf Umgebungstemperatur, zum anderen über die Begrenzung der maximalen Verbrennungstemperatur durch allmähliches Zuführen von Kraftstoff. Zur möglichst effektiven Kraftstoffausnutzung trägt auch die hohe Verdichtung bei, was zwangsläufig zur Selbstzündung führt. »Der Zweck der hohen Verdichtung ist nicht die Selbstzündung, wie vielfach behauptet wird«, stellte R. Diesel fest. »Ich suchte einen Prozess mit höchster Wärmeausnutzung und dieser Zweck verlangte die hoch verdichtete Luft«. Der Erfinder wollte bei seiner Maschine einen möglichst hohen Kompressionsdruck erzielen und diesen maximalen Druck dann durch Zugeben von Kraftstoff während des Arbeitshubes beibehalten. Ziel war eine besonders gleichmäßige Leistungscharakteristik.

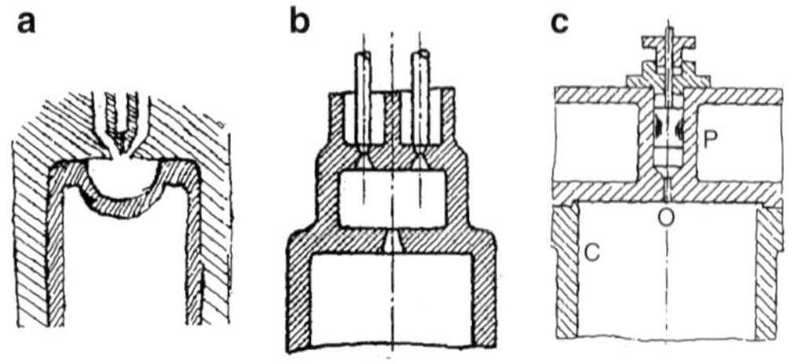

Abb. 5.64 Vorschläge R. Diesesl zum Verbrennungssystem **a** Kolben mit Kolbenmulde (1892), **b** Nebenkammer (1893), **c** Pumpe-Düse-Einspritzsystem (1905)

5.2.2 Historie des Dieselmotors

»Der Diesel duftet nach Zukunft« – dieser Ausspruch hätte auch bei Rudolf Diesel's Vision stehen können, denn im Blickfeld hatte er, dass die Abgase seines Motors rauch- und geruchlos sind.

Geboren am 18. März 1857 in Paris als Sohn deutscher Eltern meldet der Ingenieur Rudolf Diesel beim Kaiserlichen Patentamt zu Berlin ein Patent auf »Neue rationelle Wärmekraftmaschinen« an, worauf ihm am 23. Februar 1893 das DRP 67207 über »Arbeitsverfahren und Ausführungsart für Verbrennungskraftmaschinen« datiert auf den 28. Februar 1892 erteilt wird.

Rudolf Diesel schreibt selbst in seinem Buch »Die Entstehung des Dieselmotors«: »Eine Erfindung besteht aus 2 Teilen, der Idee und ihrer Ausführung.« Seine überdurchschnittliche Intelligenz, seine außergewöhnliche technische Begabung und seine Kraft, eine einmal gefasste Idee konsequent in die Tat umzusetzen, waren die notwendigen Komponenten, dass der Dieselmotor geboren wurde. Noch ein Detail zum technischen Einfühlungsvermögen von Rudolf Diesel: Obgleich nach dem »Stand der Technik« niemand genau wissen konnte, welcher Kraftstoff sich am besten eignen würde, machte er Vorschläge zum Verbrennungssystem (Abb. 5.64).

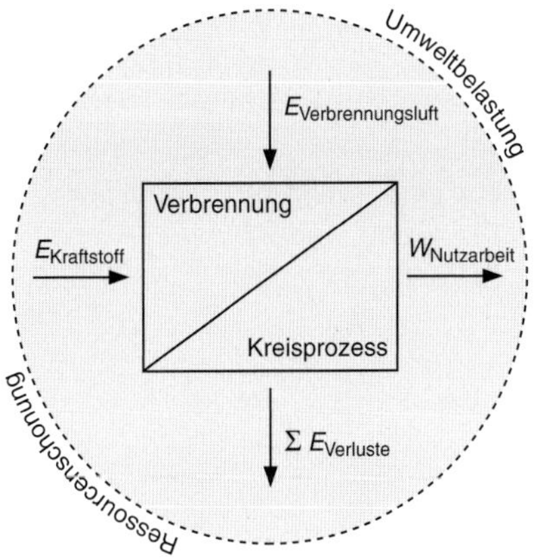

Abb. 5.65 Zur Energieumsetzung des Verbrennungsmotors

Die Wegmarken (Tab. 5.3) zur Entwicklung des Dieselmotors, sowohl als leistungsstarker Großdieselmotor als auch als schnell laufender Fahrzeug-Dieselmotor, konnte R. Diesel nur anfänglich miterleben, da er im September 1913 den Freitod wählte. Die Gründe hierfür waren Irrtümer, Fehlspekulationen und Erfinderstolz.

5.2.3 Motortechnische Grundlagen

5.2.3.1 Einleitung

Verbrennungsmotoren sind prinzipiell Energiewandler, die die im Kraftstoff chemisch gebundene Energie in mechanische Energie, d. h. Nutzarbeit wandeln. Dabei wird die im Motor bei der Verbrennung freigesetzte Energie einem thermodynamischen Kreisprozess zugeführt und als Druck-Volumen-Arbeit genutzt. Die Energiebilanz des Wandlers lautet somit (Abb. 5.65):

$$E_{\text{Kraftstoff}} + E_{\text{Verbrennungsluft}} + W_{\text{Nutzarbeit}} + \sum E_{\text{Verluste}} = 0.$$

Aus ökonomischer Sicht sind die Energieverluste zu minimieren. Dies genügt heute aber nicht mehr dem ökologischen Anspruch, wonach jede Wandlung von Materie und Energie mit maximalem Wirkungsgradbei minimaler Umweltbelastung zu erfolgen hat. Diese Forderung hatte und hat

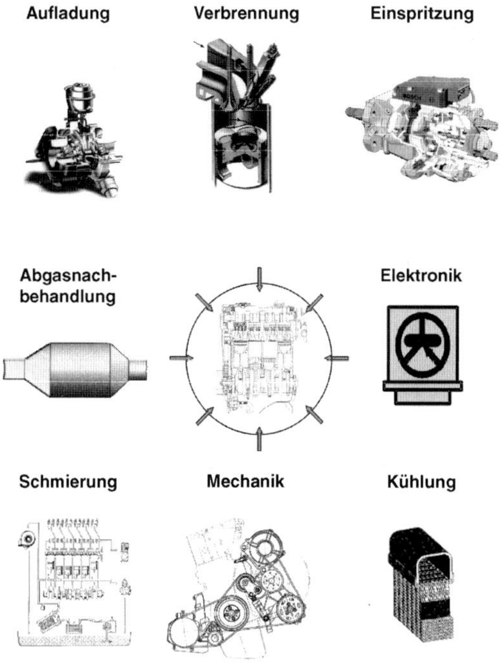

Abb. 5.66 Zur Komplexität des modernen Dieselmotors

aufwändige Forschungs- und Entwicklungsarbeiten zur Folge, die den einfachen Motor des Rudolf Diesel in ein komplexeres System überführt haben (Abb. 5.66). Im Bild nicht enthalten sind die Subsysteme Abgasrückführung und Ladeluftkühlung. Wesentlich dabei ist die verstärkte Nutzung elektrischer und elektronischer Bauelemente sowie der Übergang von offenen Steuerungen zu geschlossenen Regelkreisen. Weiterhin sind aus Wettbewerbsgründen Materialeinsatz und Fertigungsaufwand zu minimieren.

5.2.3.2 Vergleich motorischer Verbrennungsverfahren

Vor einer Zündung und Verbrennung ist der meist flüssige Kraftstoff aufzubereiten. Es muss ein zündfähiges Gemisch aus gasförmigem Kraftstoffdampf und Luft hergestellt werden. Diese Abläufe sind bei Diesel- und Ottomotoren verschieden (Tab. 5.4).

Beim Dieselmotor wird kurz vor OT der Kraftstoff in die hoch verdichtete und erwärmte Luft eingespritzt (innere Gemischbildung). Der klassische Ottomotor hingegen arbeitet mit einer äuße-

Tabelle 5.3 Einige Meilensteine des Dieselmotors

Jahr	Meilenstein
1897	Erster Lauf eines Dieselmotors mit einem maximalen Wirkungsgrad von η_e = 26,2 % bei der Maschinenfabrik Augsburg
1898	Auslieferung des ersten Zweizylinder-Dieselmotors mit 2 × 30 PS bei 180 min^{-1} an die Vereinigten Zündholzfabriken AG in Kempten
1905	ALFRED BÜCHI schlägt die Nutzung der Abgasenergie zur Aufladung vor
1905	Versuchsmotor von Rudolf Diesel auf Basis eines Vierzylinder-Saurer-Ottomotors mit Luftkompressor und direkter Einspritzung (nicht marktfähig)
1906	DRP 196514 für die Firma Deutz auf Einspritzung in Nebenkammer
1909	Grundpatent DRP 230517 von L'ORANGE auf Vorkammer
1924	Erste Nutzfahrzeug-Dieselmotoren der MAN Nürnberg (direkte Einspritzung) bzw. der Daimler-Benz AG (indirekte Einspritzung in Vorkammer) vorgestellt
1927	Beginn der Serienfertigung von Dieseleinspritzanlagen bei Bosch
1936	Erste Pkw-Dieselmotoren mit Vorkammer der Daimler-Benz AG (Pkw Typ 260 D) und Hanomag in Serie
1953	Erster Pkw-Dieselmotor mit Wirbelkammer von Borgward bzw. Fiat
1976	1. schnelllaufender Pkw-Dieselmotor mit kleinem Hubraum bei VW
1978	Erster Pkw-Dieselmotor mit Abgasturboaufladung in Serie (Daimler-Benz AG)
1987	Größte dieselelektrische Antriebsanlage mit neuen MAN-B & W-Viertakt-Dieselmotoren und einer Gesamtleistung von 95.600 kW zum Antrieb der »Queen Elisabeth 2« wird in Dienst gestellt
1987	Erste elektronisch geregelte Einspritzung (BMW)
1988	Erster Pkw-Dieselmotor mit direkter Einspritzung in Serie (Fiat)
1989	Erster Pkw-Dieselmotor mit Abgasturboaufladung und direkter Einspritzung bei Audi in Serie (Pkw Audi 100 TDI)
1991/92	Zweitakt- und Viertakt-Experimentiermotoren von Sulzer (RTX54 mit p_{Zmax} = 180 bar, P_A = 8,5 W/mm^2) und MAN B & W (4T50MX mit p_{Zmax} = 180 bar, P_A = 9,45 W/mm^2)
1990/91	Erster Pkw-Dieselmotor mit Katalysator in Serie (VW/BMW)
1992	Erster Pkw-Dieselmotor mit direkter Einspritzung und variabler Turbinengeometrie in Serie (VW)
1997	Erster aufgeladener Pkw-Dieselmotor mit direkter Common-Rail-Hochdruckeinspritzung und variabler Turbinengeometrie (Fiat)
1998	Erster Pkw-Dieselmotor mit Pumpe-Düse-Einspritzsystem (VW)
1998	Erster Pkw-Dieselmotor mit weniger als 3 l/100 km Verbrauch in Serie (VW)
1998	Aluminium-Zylinderkurbelgehäuse

Tabelle 5.3 (Fortsetzung)

Jahr	Meilenstein
2000	Vierventiltechnik beim Pkw-Dieselmotor
2000	Partikelfilter (Peugeot)
2002	NFZ: Common Rail Einspritzung bis zu 1600 bar zur Verbrennungsverlaufsformung (MAN)
2003	NFZ mit gekühlter Abgasrückführung
2003	Beschichteter Partikelfilter (DC)
2004	NFZ mit Partikelfilter mit DOC
2004	Erster Pkw-Dieselmotor mit Stufenaufladung (BMW, Opel)
2005	Einführung der SCR-Technologien bei NFZ
2006	NO_x-Sensor für NFZ OBD II
2006	Erste Stickoxidnachbehandlung beim PKW (bluetec in USA)
2007	NFZ: Zweistufige Aufladung mit Zwischenkühlung in Verbindung mit AGR (Navistar)
2008	Einspritzdruckerhöhung auf bis zu 2500 bar bei NFZ
2008	Kraftstoffgeschmierte Einspritzpumpe für NFZ (MAN)
2008	Erster Speicherkatalysator in Serie (VW in USA)
2009	Erste SCR-Anwendungen im Pkw (BMW, Daimler, VW)
2009	Vermehrter Einsatz von Maßnahmen zur CO_2-Minderung (Efficient Dynamics, Blue Motion)
2010	NFZ VTG in Verbindung mit Turbo-Compound (Detroit Diesel)
2010	Kombination von Niederdruck- und Hochdruck-EGR sowie zylinderindividueller Regelung

ren Gemischbildung: außerhalb des Arbeitsraumes wird der Kraftstoff mittels Vergaser oder Einspritzung in das Saugrohr über einen langen Zeitraum eingebracht.

Nach der Einspritzung liegt beim Dieselmotor ein heterogenes Gemisch aus Luft, Kraftstoffdampf und -tröpfchen vor. Demgegenüber wird der Zylinder des Ottomotors mit einem homogenen Gemisch aus Kraftstoff und Luft gefüllt.

Die Zündung wird beim Ottomotor durch eine elektrische Entladung an der Zündkerze ausgelöst, sofern das homogene Gemisch innerhalb der Zündgrenzen liegt (Vormischflamme). Beim Dieselmotor tritt eine Selbstzündung ein. Dabei muss nur in einem begrenzten Bereich ein zündfähiges Gemisch vorliegen (Diffusionsflamme).

Da der Ottomotor ein homogenes zündfähiges Gemisch voraussetzt, kann seine Leistung nur über die Ladungsmenge (Quantitätssteuerung) geregelt werden. Der Dieselmotor arbeitet aber mit Luftüberschuss. Somit wird der Lastpunkt über die Einspritzmenge, also das Luftverhältnis (Qualitätssteuerung) eingestellt. Ein verlustreiches Drosseln wie beim Ottomotor ist nicht erforderlich.

Aus diesen unterschiedlichen Abläufen leiten sich verschiedene Anforderungen an die Kraftstoffe ab: Dieselkraftstoff muss zündwillig sein (hohe Cetanzahl). Der Otto-Kraftstoff soll unkontrollierte

Tabelle 5.4 Vergleich der Merkmale von Diesel- und Ottomotoren

Merkmale	Dieselmotor	klassischer Ottomotor
Gemischbildung	innerhalb des Zylinders	außerhalb des Zylinders
Gemisch	heterogen	homogen
Zündung	Selbstzündung bei Luftüberschuss	Fremdzündung innerhalb der Zündgrenzen
Luftverhältnis	$\lambda_V \geq \lambda_{min} > 1$	$0{,}6 < \lambda_V < 1{,}3$
Verbrennung	Diffusionsflamme	Vormischflamme
Drehmoment-Änderung durch	Änderungen von λ_V (Qualitätsänderung)	Gemischdrosselung (Quantitätsänderung)
Kraftstoff	zündwillig	zündunwillig

Selbstzündungen vermeiden helfen, d. h. zündunwillig sein (hohe Oktanzahlen).

5.2.3.3 Die Thermodynamik des Dieselmotors

Ideale Zustandsänderungen von Gasen Es werden abgeschlossene Systeme betrachtet, d. h. es gibt keine Wechselwirkung mit irgendwelchen anderen Körpern. Thermodynamische Größen beschreiben makroskopische Zustände der Körper. Der Gleichgewichtszustand einer homogenen Gasmasse m wird durch Angabe zweier thermodynamischer Größen (z. B. Druck, Volumen, Temperatur, innere Energie) bestimmt.

Die allgemeine Zustandsgleichung beschreibt ideale Gase:

$$p \cdot V = m \cdot R \cdot T$$

mit p = absoluter Druck in Pa, T = Temperatur in K, V = Volumen in m^3 und R = Gaskonstante in J/(kg · K).

Der Zustand eines Gases kann also in einem p-V-Diagramm dargestellt werden. Besondere Übergänge lassen sich durch Konstanthalten einer Zustandsgröße berechnen. Gleichungen existieren für Isobaren (p = konst), Isothermen (T = konst) und Isochoren (V = konst).

Wenn ein Körper thermisch isoliert ist (also kein Wärmeaustausch zwischen Gas und Umgebung auftritt) und die äußeren Bedingungen, in denen er sich befindet, hinreichend langsam geändert werden, wird der Prozess adiabatisch genannt. Die Entropie bleibt ungeändert, d. h. der adiabatische Prozess ist reversibel. Es gilt die Poissonsche Gleichung

$$p \cdot V^{\kappa} = \text{konst.}$$

Der Isotropenexponent κ ist das Verhältnis der spezifischen Wärmekapazität bei konstantem Druck (c_p) zu der bei konstantem Volumen (c_v).

Idealer Kreisprozess und Vergleichsprozess Bei einem idealen Kreisprozess erfährt das Gas eine in sich geschlossene Zustandsänderung, so dass es nach Durchlaufen des quasistatischen Prozesses den Anfangszustand wieder erreicht. Nach dem ersten Hauptsatz der Thermodynamik (Erhaltung der Energie: Die Änderung der inneren Energie ΔU ist gleich der Summe der von außen zugeführten Wärmemenge ΔQ und Arbeit ΔA) folgt damit, dass die im Verlauf des Kreisprozesses umgesetzte Wärme als mechanische Arbeit anfällt,

$$0 = \Delta U = \Delta Q + \Delta A$$

d. h. die Druck-Volumenänderung entspricht der theoretisch nutzbaren Arbeit des idealen Prozesses:

$$-\mathrm{d}A = p_a \cdot \mathrm{d}V$$

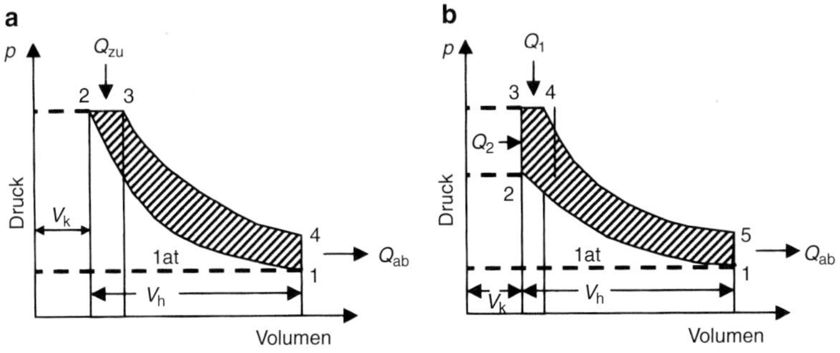

■ **Abb. 5.67** **a** Gleichdruck-Prozess; **b** kombinierter Gleichraum-Gleichdruck-Prozess

Die Unterscheidung des äußeren Druckes p_a vom inneren Druck p_i des Systems kann bei idealen Gasen entfallen. Der Prozess läuft dann quasistatisch ab. Dabei muss aber auch die Temperatur des Wärmespeichers T_a bis auf eine verschwindend kleine Differenz gleich der Systemtemperatur T_i sein.

Rudolf Diesel dachte bei seiner Erfindung an einen Motor, der nach dem Gleichdruckprozess arbeitet (■ Abb. 5.67a). Der Zylinderinhalt wird zunächst adiabat entlang der Linie $1 \rightarrow 2$ verdichtet. Die nachfolgende Verbrennung erfolgt bei konstantem Druck und zunehmendem Volumen ($2 \rightarrow 3$). Anschließend expandiert die erhitzte Luft adiabat ($3 \rightarrow 4$). Die ungenutzte Wärme wird danach abgeführt.

Im p-V-Diagramm des Diesel-Prozesses ist die Verbrennungsphase ($2 \rightarrow 3$) eine Isobare, denn die Wärme Q wird hier bei konstantem Druck zugeführt.

Werden diese Abläufe für eine Wärmekraftmaschine den Realitäten angepasst, wird aus dem idealen Kreisprozess ein kombinierter Gleichraum-Gleichdruck-Prozess oder Grenzdruck-Prozess (Seiliger-Prozess). Hier (■ Abb. 5.67b) erfolgt die Verdichtung entlang der Linie $1 \rightarrow 2$, die Wärmezufuhr teils bei konstantem Volumen ($2 \rightarrow 3$), teils bei konstantem Druck ($3 \rightarrow 4$). Die Expansion entlang der Linie $4 \rightarrow 5$ reicht nicht bis zum Umgebungsdruck. Dieser würde einen unrealistisch langen Kolbenhub voraussetzen. Der Seiliger-Prozess entspricht dem allgemeinsten Fall eines Vergleichsprozesses, da er dem realen Motorprozess angepasst werden kann. Er umfasst sowohl die Grenzfälle Gleichdruckprozess beim Diesel als auch den Gleichraumprozess für den idealen Ottomotor.

Die Annahmen dabei sind:

- die Ladung entspricht einem idealen Gas,
- die Verbrennung folgt einer Gesetzmäßigkeit,
- adiabatische Prozessführung (wärmedichte Wandungen),
- keine Reibung im Zylinder,
- keine Strömungsverluste.

Beim realen Viertaktprozess (■ Abb. 5.68a) entstehen zwei Schleifen, von denen die Hochdruckschleife normalerweise positiv und die Ladungswechselschleife meist negativ ist. Bei aufgeladenen Motoren kann die Ladungswechselschleife aber auch positiv werden.

Der Wirkungsgrad des vollkommenen Motors η_v und der effektive Wirkungsgrad des wirklichen Motors η_e unterscheiden sich durch die Summe der Einzelverluste des Letzteren. Die Erfassung dieser Einzelverluste ist Zweck der Verlustteilung. Sie werden im Einzelnen verursacht durch:

- unvollkommene Kraftstoffumsetzung (Umsetzungsverlust),
- nicht idealen Brennverlauf,
- Wärmeabfuhr an Brennraumwände,
- Leckage undichter Kolbenringe,
- Überströmen zwischen Haupt- und Nebenbrennraum bei Kammermotoren,
- Ladungswechsel
- mechanische Reibung.

In ■ Abb. 5.68b sind die Verluste für einen 1,5 l Dieselmotor mit Wirbelkammer bei 3000 min^{-1} in Abhängigkeit von der Last (p_e) dargestellt. Es bedeuten η_e den effektiven Wirkungsgrad, η_i

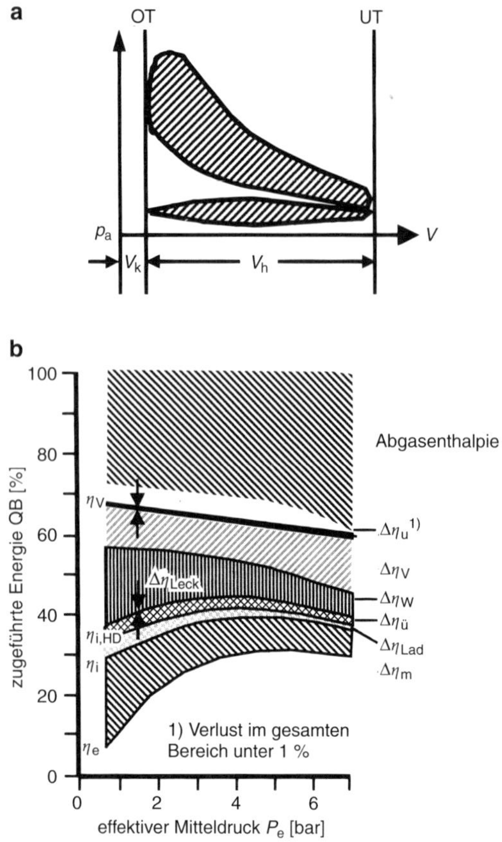

Abb. 5.68 **a** Realer Viertaktprozess; **b** Verlustaufteilung

den Innenwirkungsgrad für den ganzen Prozess, $\eta_{i\,HD}$ den Innenwirkungsgrad ohne Ladungswechselverluste, η_v den Wirkungsgrad des idealen Vergleichsprozesses, $\Delta\eta_m$ den Wirkungsgradverlust durch mechanische Reibung, $\Delta\eta_{Lad}$ den Wirkungsgradverlust durch den Ladungswechsel, $\Delta\eta_ü$ den Wirkungsgradverlust durch das Überströmen bei Kammermotoren, $\Delta\eta_{Leck}$ den Verlust durch Leckage, $\Delta\eta_w$ den Wirkungsgradverlust durch den Wärmeübergang, $\Delta\eta_v$ den Verbrennungsverlust und $\Delta\eta_u$ den Umsetzungsverlust. Alle genannten Wirkungsgrade bzw. Wirkungsgradverluste sind auf die zugeführte Kraftstoffenergie Q_B bezogen. Es gilt damit:

$$\eta_e = \eta_v - \Delta\eta_u - \Delta\eta_v - \Delta\eta_w - \Delta\eta_{Leck} - \Delta\eta_ü - \Delta\eta_{Lad} - \Delta\eta_m$$

Die einzelnen Verluste weisen eine unterschiedliche Lastabhängigkeit auf, wobei die Wirkungsgradeinbußen durch Verbrennung, Wärmeübergang und Reibung weit größer sind als jene durch Ladungswechsel, Überströmvorgänge, Leckage und unvollkommene Kraftstoffumsetzung.

Grenzen der Modellrechnung Bei Betrachtung von idealen Prozessen werden Annahmen getroffen, die aus Sicht der Physik auf reale Vorgänge nicht zu übertragen sind. Tabelle 5.5 zeigt, welche thermodynamischen Einzelmodelle formuliert werden müssen, um zumindest zu Relativaussagen (z. B. bei Parameterstudien) kommen zu können. Die Genauigkeitsansprüche sind hier weniger hoch als bei Auslegungsrechnungen für eine Aufladung oder ein Kühlsystem.

5.2.4 Die dieselmotorische Verbrennung

5.2.4.1 Allgemeines

In Verbrennungskraftmaschinen wird die im zugeführten Kraftstoff gebundene Energie durch Oxidation mit dem in der Verbrennungsluft enthaltenen Sauerstoff freigesetzt. Die reale Verbrennung erfolgt allerdings unvollständig und verlustbehaftet. So entstehen außer Kohlendioxid (CO_2) und Wasserdampf (H_2O) auch Kohlenmonoxid (CO), Kohlenwasserstoffe (HC), Stickoxide (NO_x) und Rußpartikel (PM).

Der Ablauf der dieselmotorischen Verbrennung wird üblicherweise unterteilt in Kraftstoffeinspritzung, Gemischbildung, Selbstzündung und Verbrennung mit Abgasbildung.

5.2.4.2 Einspritzung und Gemischbildung

Luftbewegung Für die Gemischbildung spielen die Strömungsvorgänge eine entscheidende Rolle. Sie beeinflussen den Zündverzug, die Menge des auf die Brennraumwand treffenden Kraftstoffes und den Verbrennungsablauf, in dem sie zur Luftausnutzung sowie zum Durchbrennen der Ladung beitragen. Verteilung und Bewegung von Luft und Kraftstoff müssen im Brennraum im ge-

Tabelle 5.5 Vergleich der Teilmodelle im Ideal- und Realprozess

Teilmodell	Idealprozess	Realprozess
Stoffwerte	ideales Gas	reales Gas; Zusammensetzung ändert sich während des Prozesses
	c_p, c_V, κ = konstant	Stoffwerte abhängig von Druck, Temperatur und Zusammensetzung
Ladungswechsel	Ladungswechsel als Wärmeabfuhr	Massenaustausch durch die Ventile; Restgas bleibt im Zylinder
Verbrennung	vollständige Verbrennung nach idealisierter Gesetzmäßigkeit	unterschiedliche Brennverläufe sind möglich je nach Gemischbildung und Verbrennungsverfahren; Kraftstoff verbrennt teilweise nur unvollständig
Wandwärmeverluste	keine Wandwärmeverluste	Wandwärmeverluste vorhanden, werden berücksichtigt
Undichtigkeiten	keine Undichtigkeiten	vorhanden, werden teilweise berücksichtigt

samten Betriebsbereich des Motors aufeinander abgestimmt sein. Besonders wichtig ist dies bei direkteinspritzenden Dieselmotoren. Hier fehlt der Austrittsimpuls, der bei Vorkammer- und Wirbelkammermotoren eine intensive Vermischung der aus der Nebenkammer austretenden Brenngase und unverbrannten Ladung fördert.

Erzeugt wird der Luftdrall im Zylinder eines direkteinspritzenden Dieselmotors durch die Geometrie des Einlasskanals und der Einlassventilsitze. Gebräuchlich sind vornehmlich Spiral- und Tangentialkanal, auch Füll- und Drallkanal genannt (Abb. 5.69). Der dem Motor zugeführte Luftstrom wird in eine Rotation um die Zylinderachse versetzt. Der Luftdrall steigt mit zunehmender Motordrehzahl an – bei schnelllaufenden Dieselmotoren für eine effektive Gemischbildung zu schnell. Akzeptable Kompromisse sind möglich.

Bei Annährung des Kolbens an den Zylinderkopf wird die rotierende Luftbewegung von einer Quetschströmung überlagert. Dabei strömt die Luft aus dem Spalt zwischen Zylinderkopf und Kolben in die Kolbenmulde. Mit Beginn des Expansionstaktes kehrt sich die Strömungsrichtung um. Diese turbulente Luftbewegung unterstützt die Gemischbildung kurz vor und nach der Zündung. Mithilfe moderner Laser-Doppler-Techniken lassen sich heute die Strömungsverhältnisse auch lokal vermessen [74, 75].

Einspritzung und Strahlausbreitung Die Einspritzung des Kraftstoffes erfolgt gegen Ende des Kompressionstaktes. Die Luft ist hochverdichtet und entsprechend erhitzt (30 … 60 bar, 300 … 400 °C). Der zeitliche Verlauf des Einspritzvorganges hängt dabei ganz entscheidend von der konstruktiven Ausführung der Einspritzanlage ab. Wesentliche Faktoren sind die Abmessungen des Pumpenelementes, die konstruktive Ausführung der Einspritzdüse sowie die geometrischen Verhältnisse von Einspritzleitung und Entlastungsventil. Durch Veränderung eines oder mehrerer der genannten Parameter kann der Einspritzverlauf und damit auch der Verbrennungsablauf gezielt beeinflusst werden.

Die Luft bietet bereits zum Zeitpunkt des Einspritzbeginns Zündbedingungen. Der Dieselkraftstoff tritt aus der Einspritzdüse im Wesentlichen als kompakter Flüssigkeitsstrahl aus. Der Anteil dampfförmigen Kraftstoffs ist in dieser Phase relativ gering.

Die Kavitation an der Düsenspitze, innere Kräfte im Strahlkern sowie eine äußere Wellenbildung des Strahlmantels infolge Luftreibung führen zur Tröpfchenbildung. Die einzelnen Kraftstofftröpfchen verformen und teilen sich auf ihrem Weg durch den Brennraum mehrmals (Wechselwirkung mit der Luft). Es können aber auch Wechselwirkungen der Tröpfchen untereinander auftreten:

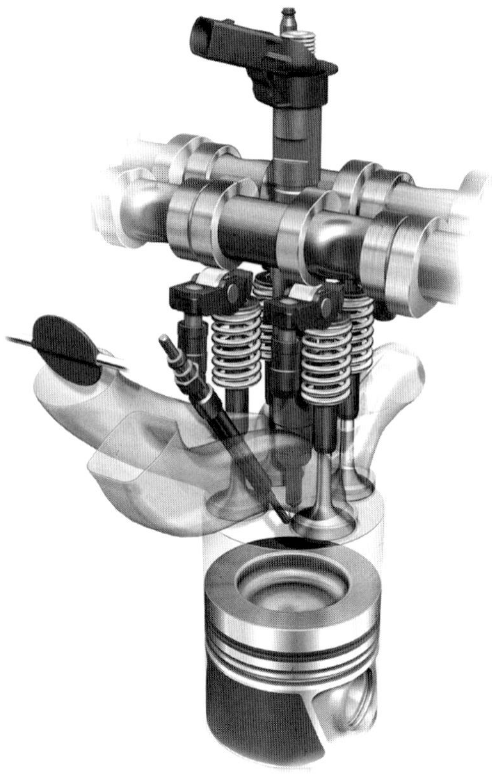

Abb. 5.69 4V-Dieseldirekteinspritzer mit Drallkanal und senkrecht stehendem Injektor

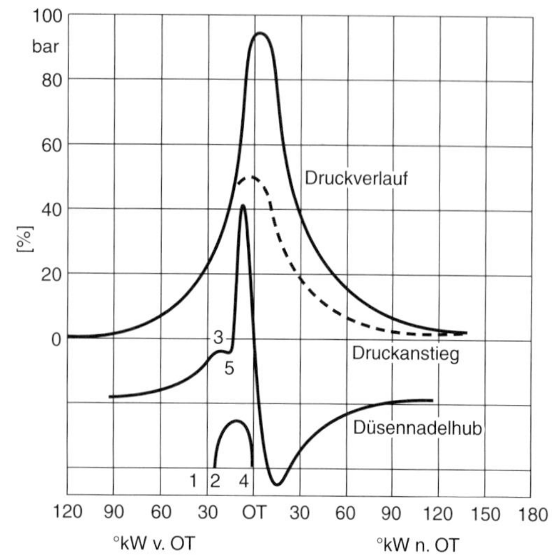

Abb. 5.70 Dieselmotorischer Zündverzug bei direkter Einspritzung (1. Förderbeginn, 2. Einspritzbeginn, 3. Zündbeginn, 4. Einspritzende, 5. Zündverzug)

Zusammenstöße, die zur Teilung, aber auch Vereinigung führen. Des Weiteren kann Kraftstoff auf die Brennraumwand treffen. Damit nun in dem heterogenen Gemisch aus Luft und Kraftstofftröpfchen unterschiedlicher Größe und Verteilung örtlich Zündbedingungen entstehen, muss der Kraftstoff durch die verdichtete Luft zunächst erhitzt werden.

Infolge Wärmetransport von der erhitzten Luft zum flüssigen Kraftstoff bildet sich um das einzelne Tröpfchen eine Kraftstoffdampfschicht, die sich mit der umgebenden Luft vermischt. Das Gemisch ist zündfähig, sobald das Luftverhältnis über etwa 0,7 ansteigt. Dieses erklärt den physikalischen Zündverzug.

5.2.4.3 Selbstzündung und Zündverzug

Eines der wichtigsten Merkmale für den dieselmotorischen Verbrennungsvorgang ist die Zeitspanne von Einspritzbeginn bis zum Zündbeginn: der Zündverzug (Abb. 5.70). Dabei ist zwischen dem physikalischen und dem chemischen Anteil zu unterscheiden. Letzterer ist derjenige Zeitraum, in dem die Vorreaktionen stattfinden. Der Zündverzug beträgt etwa 1 bis 2 ms. In dieser Zeitspanne werden die ersten Weichen bezüglich Kraftstoffverbrauch und Emissionen gestellt.

Man unterscheidet zwischen kraftstoff- und luftseitigen Maßnahmen zur Beeinflussung des Zündverzuges. Die wichtigsten kraftstoffseitigen Maßnahmen sind: Kraftstoffqualität, Einspritzdruck, Kraftstofftemperatur, Geometrie der Einspritzdüse und Einspritzzeitpunkt. Luftseitig sind von Bedeutung: Druck und Temperatur der Luft im Brennraum, die Ladungsbewegung (Strömungsfeld) sowie die Minderung von Luft, Kraftstoff und Restgas. Konstruktiv können die Faktoren beeinflusst werden durch:

- die Einlasskanalgestaltung,
- die Ventilsteuerzeiten,
- die Brennraumgestaltung,
- das Verdichtungsverhältnis,
- die Kühlmitteltemperatur,
- die Aufladung und
- die Kaltstartmaßnahmen.

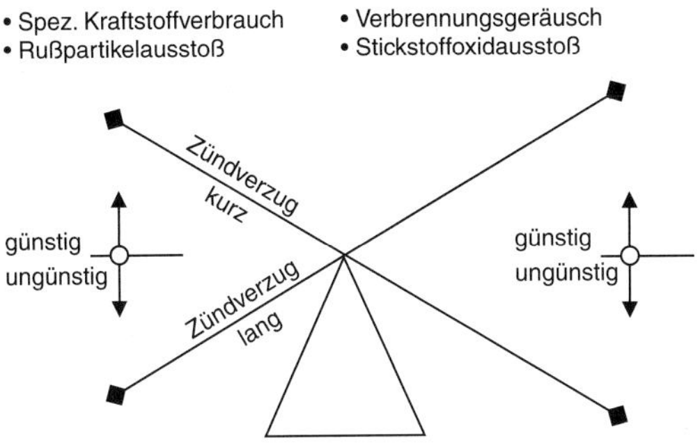

Abb. 5.71 Zielkonflikt Zündverzug bei dieselmotorischen Verbrennungsverfahren

So wird sich ein kürzerer Zündverzug einstellen bei Zunahme

- der Cetanzahl der Kraftstoffe,
- der Kraftstofftemperatur,
- des Einspritzdruckes,
- des Brennraumdruckes und
- der Brennraumtemperatur.

Außerdem wird der Zündverzug verkürzt durch

- Verlegen des Einspritzzeitpunktes nach spät (im Bereich vor OT),
- gleichmäßige und feine Verteilung des Kraftstoffes
- hohe Relativbewegung zwischen Kraftstoff und Luft.

Ein kurzer Zündverzug infolge der geringeren, in dieser Zeit eingespritzten Kraftstoffmenge hat zur Folge (Abb. 5.71):

- geringer Druckanstieg → niedriges Verbrennungsgeräusch
- geringer Spitzendruck → niedriges Verbrennungsgeräusch und reduzierte Triebwerkbelastung
- geringe Spitzentemperatur → wenig Stickoxide.

Bei längerem Zündverzug kommt es so zu hohem Verbrennungsgeräusch und Stickstoffoxidgehalt.

Einige der Einflussgrößen hängen auch vom Betriebspunkt ab. Eine zentrale Aufgabe bei der Optimierung des Verbrennungsverfahrens besteht in der Suche nach einem akzeptablen Kompromiss im gesamten Betriebsbereich.

5.2.4.4 Verbrennung und Brennverlauf

Die dieselmotorische Verbrennung ist diffusionskontrolliert. Die Einspritzung erstreckt sich oftmals über die Zündung hinaus, siehe Abb. 5.72. So bleiben die gebildeten Inhomogenitäten auch weiterhin bestehen. Außer den Ladungs- gibt es auch Temperaturinhomogenitäten. Um immer ausreichend Sauerstoff für die Verbrennung zur Verfügung zu haben, muss der Dieselprozess bei Luftüberschuss betrieben werden.

Der zeitliche Verlauf der Energieumsetzung (Brennverlauf) kann in drei Phasen unterteilt werden (Abb. 5.73):

1. Das bereits zündfähige Gemisch wird thermisch entflammt. Am Ende dieser Phase ist der Hauptteil des während des Zündverzuges eingespritzten Kraftstoffes verbrannt. Bestimmend ist die chemische Energie des Kraftstoffes.
2. Der eingespritzte Kraftstoff wird aufbereitet und verbrannt. Der Brennverlauf wird durch die Geschwindigkeit der Gemischbildung bestimmt. Dabei ist neben dem Geschwindigkeitsfeld auch das Temperaturfeld wichtig.
3. Die letzte Phase des Brennverlaufs ist durch die vergleichsweise langsame Umsetzung des zuletzt aufbereiteten Kraftstoffs gekennzeichnet. Es nehmen Luftbewegung, Temperatur und Luftüberschuss ab.

Die erste Phase des Brennverlaufs ist von entscheidender Bedeutung für das Geräusch und die NO_x-Emissionen der dieselmotorischen Verbrennung. Einen großen Spielraum zur Gestaltung der Gemischbildung und Verbrennung bieten mehrstufige Einspritzsysteme, mit denen u. a. eine abgesetzte Voreinspritzung möglich ist.

Die dritte Phase beeinflusst den Kraftstoffverbrauch und die Emissionsbildung, insbesondere der Partikel. Es ist somit notwendig, auch in dieser Phase eine ausreichende Verbrennungsenergie zur Verfügung zu haben. Damit sollte ein frühes, möglichst schnelles Brennende realisiert werden.

Die beschriebenen Vorgänge der dieselmotorischen Verbrennung sind in schematischer Form in Abb. 5.74 zusammengefasst.

5.2.4.5 Abgasemissionen

Die vollständige Verbrennung des schwefelhaltigen Dieselkraftstoffes führt zu den Endprodukten Kohlendioxid (CO_2), Wasser (H_2O) und Schwefeldioxid (SO_2). Durch den zeitlich kurzen Verbrennungsablauf kommt es lokal zu unvollstän-

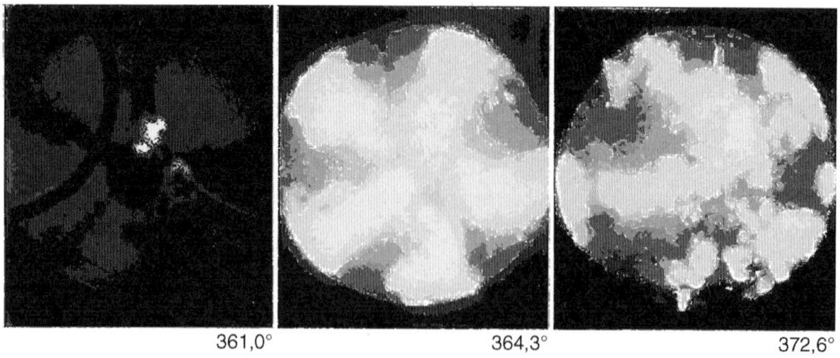

Abb. 5.72 Selbstzündung und Verbrennung im 1,9 l VW TDI-Motor

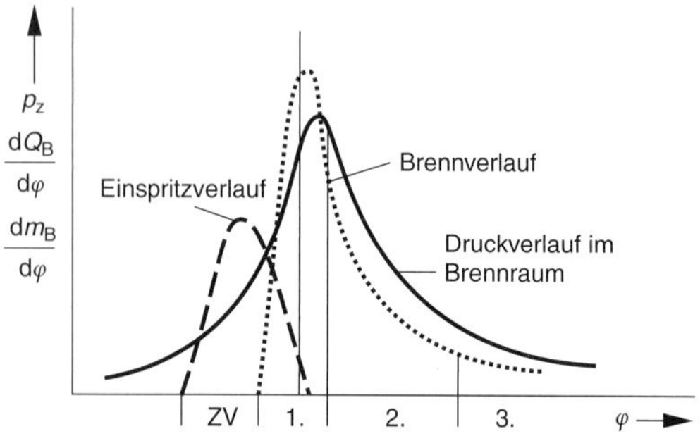

Abb. 5.73 Zündverzug bei Dieselmotoren mit direkter Einspritzung

diger Verbrennung aufgrund der verschiedenen Gemischbildungen, Temperaturverteilungen und Luftverhältnisse.

In Abb. 5.75a ist der Bereich der Rußbildung im T-λ-Diagramm den Zuständen von Gemisch und Verbranntem nahe dem OT gegenübergestellt. Verbranntes mit Luftverhältnissen unter $\lambda = 0{,}5$ muss Ruß enthalten. Zusätzlich sind die innerhalb 0,5 ms gebildeten NO-Anteile dargestellt. Die typische Schere zwischen Ruß- und NO_x-Emission wird erkennbar. Wenn bei der Verbrennung die Bildung von NO_x und Ruß vermieden werden soll, müsste das Gemisch im Bereich von λ = 0,6 bis 0,9 liegen.

In der ersten Verbrennungsphase (vorgemischte Verbrennung) ist aufgrund der Inhomogenität der Gemischbildung mit der Bildung von primärem Ruß und Stickoxiden zu rechnen [76]. Im Interesse einer schadstoffarmen Verbrennung sollte in der ersten Phase nur wenig Gemisch und dieses möglichst mit $\lambda = 0{,}6 \ldots 0{,}9$ verbrannt werden. Der Bereich der Rußbildung kann zu größeren λ hin verschoben werden, wenn z. B. durch Abkühlung an der Zylinderwand die Temperatur so weit erniedrigt wird, dass das Rußbildungsgebiet erreicht wird.

Während der zweiten Verbrennungsphase wird der eingespritzte Kraftstoff mit Luft und Verbrennungsgas vermischt (Abb. 5.75b). Dabei ergeben sich unterschiedlichste Zusammensetzungen (λ). Mischungen mit Verbrennungsgasen und niedrigem λ können zur Bildung von sekundärem Ruß führen. Eine Vermischung des Kraftstoffs mit heißen, sauerstoffarmen Abgasen sollte vermieden werden. Reichlich frische Luft muss zugeführt werden.

In der dritten Phase (Abb. 5.75c) nach Ende der Einspritzung magern die Brenngase ab. Der Bereich, in dem die Rußteilchen mit Sauerstoff verbrennen, überdeckt sich teilweise mit dem Bereich der intensiven NO_x-Bildung. Es empfiehlt sich deshalb, die Bildung von primärem und sekundärem Ruß gering zu halten und nicht auf die Oxidation gegen Ende der Verbrennung zu setzen.

Entstehung von Stickoxiden Stickstoff ist der vorherrschende Bestandteil der Luft. Die Bildung von Stickoxid läuft während der Verbrennung bei hohen Temperaturen ab (endotherme Reaktion) und kann vereinfacht durch den Zeldovich-Mechanismus dargestellt werden:

$$N_2 + O \rightleftarrows NO + N$$
$$O_2 + N \rightleftarrows NO + O$$
$$OH + N \rightleftarrows NO + H$$

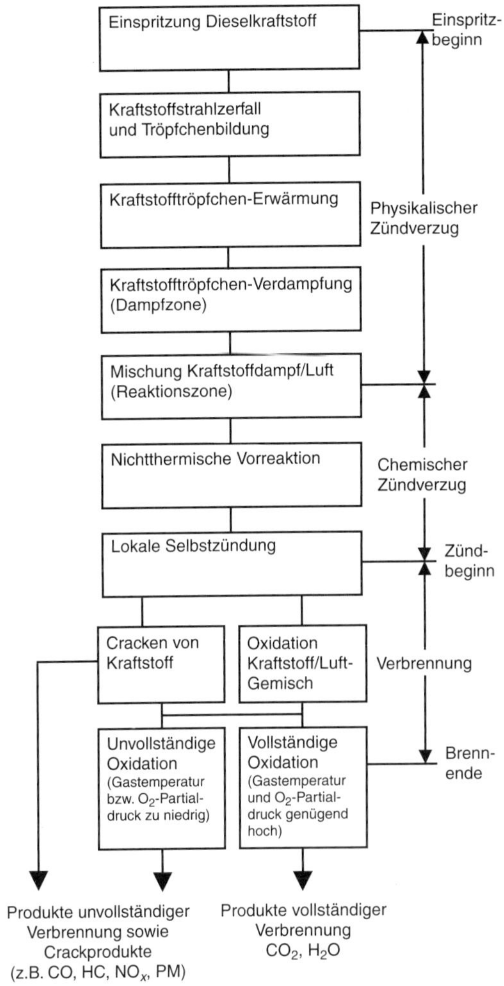

Abb. 5.74 Sequentielle Darstellung der dieselmotorischen Gemischbildung und Verbrennung [76]

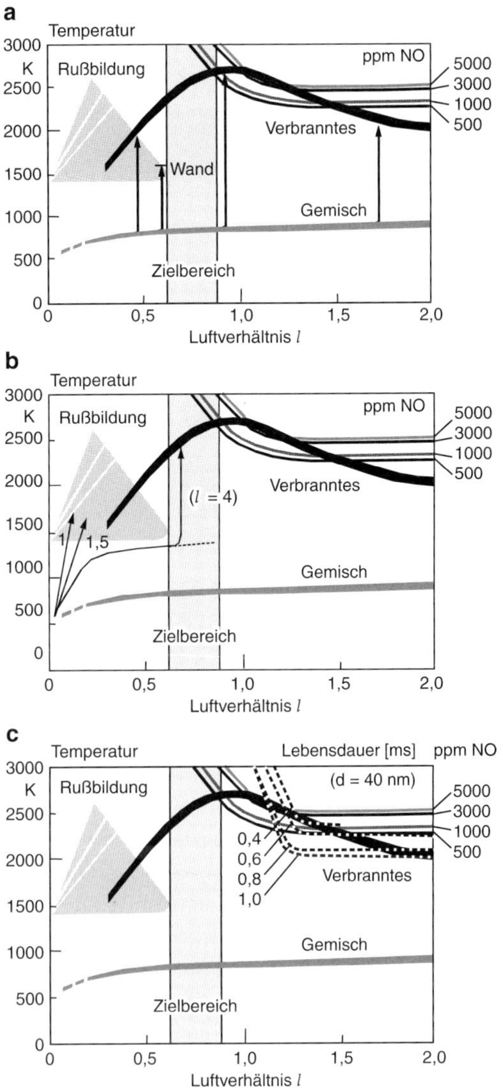

Abb. 5.75 **a** Erste Phase der Dieselverbrennung (Vormischverbrennung); **b** Zweite Phase der Dieselverbrennung; **c** Dritte Phase der Dieselverbrennung

Die Reaktionen laufen verhältnismäßig langsam ab. Die Temperatur-, Druck- und Konzentrationsfelder ändern sich aber während der Verbrennung schnell und stark. Dies führt zu Stickoxidkonzentrationen, die unterhalb der Werte liegen, die sich im thermischen Gleichgewicht einstellen würden.

Stickoxidemissionen lassen sich bei der Dieselverbrennung minimieren, wenn die Verbrennungstemperatur begrenzt (spätes Einspritzen, Ladeluftkühlung) und die Sauerstoffkonzentration gesenkt (Abgasrückführung) wird.

Rußbildung und Partikelemission Ruß entsteht aus molekularen Prozessen während der Verbrennung.

Die Brennstoffmoleküle werden zunächst oxidativ abgebaut. Dabei entsteht Ethin (Azetylen), das den Ausgangspunkt für die Bildung höherer Kohlenwasserstoffe und Aromaten bildet. Letztere wachsen planar durch einen H-Abstraktions-

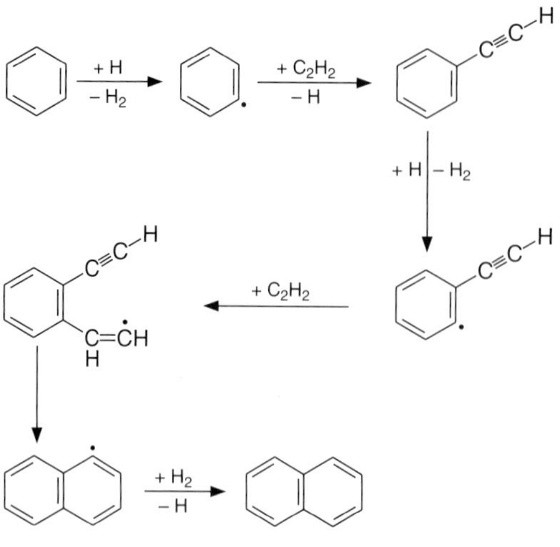

Abb. 5.76 H-Abstraktion-Ethin-Addition-Mechanismus für das planare Wachstum von polyzyklischen aromatischen Kohlenwasserstoffen

Ethin-Additionsmechanismus (Abb. 5.76). Das räumliche Wachstum erfolgt durch die Zusammenlagerung größerer polyzyklischer aromatischer Kohlenwasserstoffe.

Das Volumen der entstehenden Aggregate nimmt durch weitere Koagulation und durch Oberflächenwachstum zu. Für Letzteres wird oft ein Mechanismus analog zum planaren Wachstum angeführt. Im Weiteren wird die Entwicklung der Teilchengrößen im Wesentlichen durch Koagulation der Rußteilchen bestimmt. Die Oxidation ist der maßgebliche Prozess für die letzte Phase der dieselmotorischen Verbrennung, in der die gebildeten Rußteilchen durch die Vermischung der Verbrennungsprodukte mit Verbrennungsluft in sauerstoffreiche Umgebung gelangen. Zusammengefasst müssen bei der Rußbildung folgende Vorgänge betrachtet werden:

$$\begin{aligned}(\mathrm{d}N/\mathrm{d}t)_{\text{text}} = {} & (\mathrm{d}N/\mathrm{d}t)_{\text{Wachstum}} \\ & + (\mathrm{d}N/\mathrm{d}t)_{\text{Koagulation}} \\ & + (\mathrm{d}N/\mathrm{d}t)_{\text{Kondensation}} \\ & + (\mathrm{d}N/\mathrm{d}t)_{\text{Oberflächenwachstum}} \\ & + (\mathrm{d}N/\mathrm{d}t)_{\text{Oxidation}} \\ N = {} & \text{Anzahl der Teilchen}\end{aligned}$$

Die analytische Beschreibung gelingt heute noch nicht vollständig, da einige der Prozesse grundsätzlich verstanden, andere nur phänomenologisch erfasst sind [77]. Hauptschwierigkeiten sind dabei: die hohe Anzahl der chemischen Reaktionen sowie die Abhängigkeiten von dem hohen Druck, der hohen Temperatur sowie dem Strömungs- und Mischungsfeld. Die zugehörigen Zeiten sind in Tab. 5.6 aufgeführt. Während des dieselmotorischen Zyklus steht nicht genügend Zeit zur Verfügung, um alle größeren Partikel zu bilden. Die größeren Partikel entstehen auch noch nach Verlassen des Brennraumes.

Tabelle 5.6 Typische Zeiten der Rußbildung

Dieselverbrennung			
Nukleation		0,001	ms
Koagulation		0,05	ms
Kettenbildung		einige	ms
Kondensation		einige	ms
Oxidation		4	ms
Turbulenzlänge		1	ms
laminare Flamme			
vorgemischt	Nukleation	2–3	ms
	gesamter Bildungsprozess	10–30	ms
Diffusion	Oxidation > 10 ms > Bildung		

Wie beschrieben entstehen Rußteilchen aus molekularen Prozessen (bis ca. 10 nm), die sich zu Primärpartikeln (10–50 nm) vereinigen (Abb. 5.77).

Dieselpartikel im Sinne der Abgasgesetzgebung sind Abgasbestandteile, die auf einem Filter gesammelt werden. Am Rußkern werden organisch lösliche unverbrannte Kohlenwasserstoffe, Sulfate, Metalloxide und andere Rückstände adsorbiert. Der Rußkern samt der Anlagerungen wird als Partikel bezeichnet. Die Partikel aus der dieselmotorischen Verbrennung stellen nur einen Teil der gesamten Partikelimmission dar (Abb. 5.78). Der gesamte Straßenverkehr ist in Deutschland

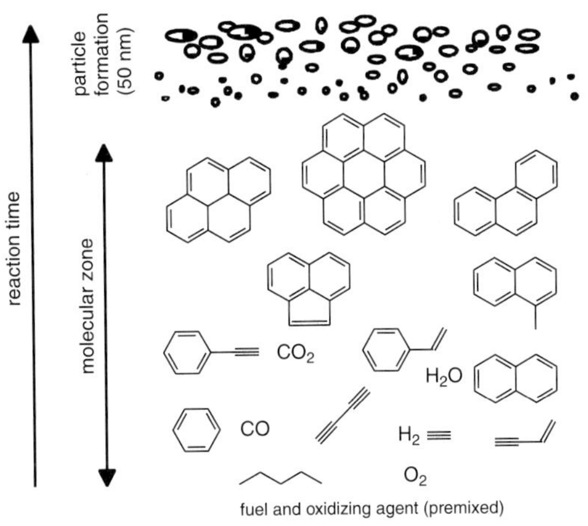

Abb. 5.77 Reaktionsschema der Rußbildung

mit ca. 20 % an den Feinstaubemissionen beteiligt (UBA/TU Wien).

Partikelemissionen von Dieselmotoren können gemindert werden durch:

- Verbesserung der innermotorischen Verbrennung,
- Verbesserung der Kraftstoffqualität,
- Abgasnachbehandlung (z. B. Filterung).

Nicht limitierte Emissionen Gesetzlich sind die Abgasemissionen der Kohlenwasserstoffe (HC), des Kohlenmonoxids (CO), der Stickoxide (NO_x) und der Partikel limitiert. Es handelt sich dabei – mit Ausnahme des CO – um summarische Messgrößen (siehe ▶ Abschn. 2.2).

Die differenzierte Zusammensetzung der Kohlenwasserstoffe wurde zum ersten Mal für Modelljahr 1994 in den USA mit einem Pkw-Grenzwert für Nicht-Methan-Kohlenwasserstoffe (NMHC) berücksichtigt. Es wurde dabei der Sonderstellung von Methan, das luftchemisch wenig reaktiv und nicht toxisch ist, Rechnung getragen. Neben der methanfreien Kohlenwasserstoffmessung wurde für die sogenannten *Clean Fuel Vehicles* ein Formaldehyd-Grenzwert eingeführt.

Die kalifornische PKW-Gesetzgebung, die insbesondere auf die Verringerung der Ozon-Vorläufersubstanzen hinzielt, geht noch einen Schritt weiter und bewertet die Summe der NMHC nach ihrer Reaktivität. Als Kriterium für die Bewertung wird das so genannte maximale Ozonbildungspotenzial der differenzierten Kohlenwasserstoffe herangezogen. Der bewertete summarische NMHC-Wert wird als Emission methanfreier organischer Gase (NMOG – non-methane organic gases) für die Zertifizierung herangezogen.

Für alle anderen im Abgas von Verbrennungskraftmaschinen vorkommenden Substanzen sind nach wie vor weder konkrete Emissionsgrenzwerte noch die anzuwendenden Verfahren zur Ermittlung der Emissionsdaten festgelegt. Alle diese Abgasbestandteile können mit dem allgemeinem Begriff *nicht limitierte Abgaskomponenten* umschrieben werden. Unter diese Definition fallen auch diejenigen Komponenten, die z. B. durch die gesetzlich vorgeschriebene Kraftstoffzusammensetzung indirekt in ihrer Emissionshöhe begrenzt sind.

5.2.5 Die dieselmotorischen Verbrennungsverfahren

Die Anforderungen an moderne Dieselmotoren hinsichtlich Leistung, Kraftstoffverbrauch, Abgas- und Geräuschemissionen werden immer höher. Beim Pkw steht wegen der hohen Motordrehzahl nur ein sehr kurzer Zeitraum für den Verbrennungsablauf zur Verfügung. Die Voraussetzung, um diese Anforderungen zu erfüllen, ist eine gute Gemischaufbereitung. Dazu benötigen die Motoren leistungsfähige Einspritzsysteme, die hohe Einspritzdrücke für eine sehr feine Kraftstoffzerstäubung erzeugen und den Einspritzbeginn und die Einspritzmenge präzise steuern, sowie eine geeignete Brennraumgestaltung. Zwar finden die klassischen Systeme der dieselmotorischen Verbrennung nach dem Prinzip der indirekten (Abb. 5.79a,b) und der direkten (Abb. 5.79c,d) Einspritzung Verwendung, doch weisen Pkw-Motoren eigenständige Merkmale auf.

5.2.5.1 Ausführungsformen

Dieselmotor mit unterteiltem Brennraum Beim *Vorkammer-Dieselmotor* (Abb. 5.79a) wird der Kraftstoff in eine mit dem Arbeitszylinder über eine oder mehrere verhältnismäßig enge Öffnungen in Verbindung stehende Kammer (Vorkammer)

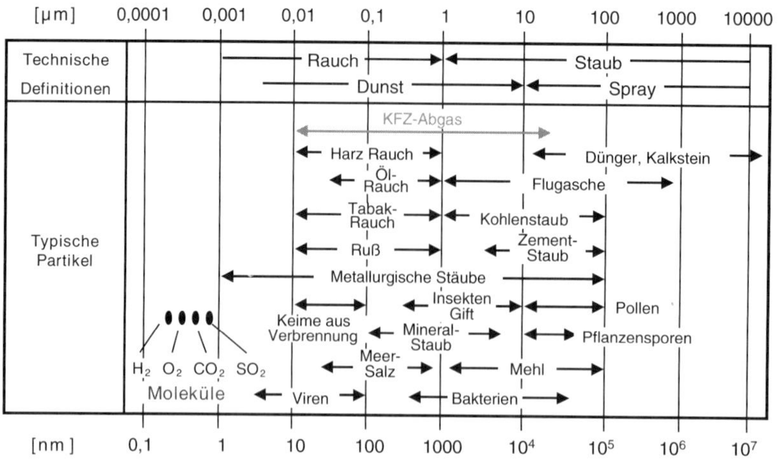

Abb. 5.78 Quellen und Größenordnungen der Partikel in der Atmosphäre [82]. Feinstaub bedeutet Partikel < 10 µm

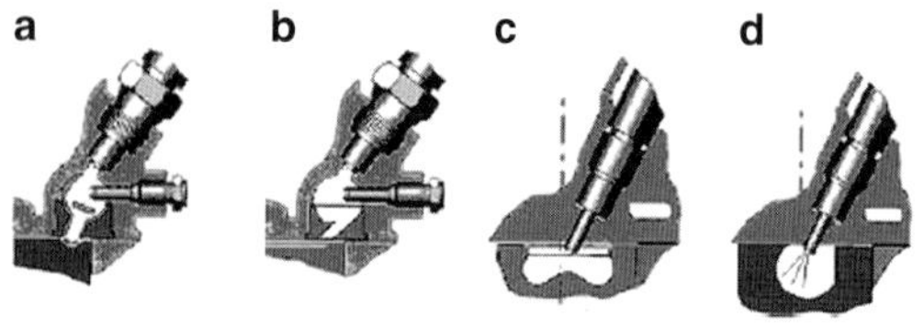

Abb. 5.79 Diesel-Verbrennungsverfahren: **a** Vorkammer; **b** Wirbelkammer; **c** Direkteinspritzer; **d** MAN-M-Verfahren

eingespritzt. Eine gerichtete Luftbewegung in der Vorkammer ist nicht erforderlich. Der *Wirbelkammer-Dieselmotor* (Abb. 5.79b) ist ein Motor mit unterteiltem Verbrennungsraum, bei dem der Kraftstoff in eine mit dem Arbeitszylinder durch eine verhältnismäßig weite Öffnung in Verbindung stehende Kammer eingespritzt wird. Beim Verdichtungstakt wird eine gerichtete Luftbewegung in der Vorkammer erzeugt.

Dieselmotor mit direkter Einspritzung Ein Dieselmotor, bei dem der flüssige Kraftstoff direkt in den Hauptbrennraum (eine Vorkammer gibt es nicht) eingespritzt wird, wird als *Dieseldirekteinspritzer* bezeichnet (Abb. 5.79c).

Eine besondere Ausbildung des Verbrennungsraumes findet man beim *MAN-M-Verfahren* (Abb. 5.79d). Der in den kugelförmigen Brennraum eingespritzte Kraftstoff wird nur zu ca. 5 % fein zerstäubt und 95 % treffen als Strahl auf die Brennraumwand.

5.2.5.2 Vorkammerverfahren

Der Umweg über die Lufteinblasung des Kraftstoffs verhalf dem Dieselmotor zu Beginn seiner Entwicklung zu wachsender Popularität. Gleichzeitig traten aber auch die Nachteile dieses umständlichen, wenig ökonomischen Verfahrens immer mehr in den Vordergrund. Statt den Kraftstoff mittels eingeblasener Luft zu vermischen, wurde dann versucht, die Verbrennungsluft auf andere Weise zu verwirbeln, sodass ein zündfähiges Gemisch entstand.

Beim Vorkammerverfahren (Abb. 5.79a) wird der Kraftstoff mit einer Schrägflächenzapfendüse unter relativ niedrigem Druck in eine konzentrisch zur Zylinderachse angeordnete, rotationssymmetrische Vorkammer eingespritzt, in der eine Vorverbrennung beginnt. Die Vorkammer hat einen Volumenanteil von ca. 40 % des Kompressionsvolumens. Durch die Vorverbrennung wird der Druck in der Vorkammer so stark gesteigert, dass die nur teilweise verbrannte Ladung mit hoher Geschwindigkeit durch den Schusskanal in den Hauptbrennraum strömt.

Ein in der Kammermitte angeordneter Prallkörper zerteilt den hier auftreffenden Strahl und vermischt ihn intensiv mit Luft. Er dient außerdem dazu, der Luft, die beim Verdichten aus dem Zylinder in die Vorkammer strömt, einen mäßigen Drall zu geben.

Durch den relativ sanften Druckanstieg ist das Vorkammerverfahren prinzipiell interessant für den Pkw.

5.2.5.3 Wirbelkammerverfahren

Das Wirbelkammerverfahren (■ Abb. 5.79b) ist wie das Vorkammerverfahren ein Dieselverfahren mit unterteiltem Brennraum. Noch vor wenigen Jahren wurde es bei Pkw-Dieselmotoren am häufigsten angewandt. Seine Vorzüge lagen in den erzielbaren hohen Betriebsdrehzahlen bis 5000 min^{-1}, im relativ günstigen Emissionsverhalten und in dem für die Geräuschemissionen bedeutsamen geringen Drucksteigerungsverhältnis.

Die Kraftstoffeinspritzung erfolgt mit einer Drosselzapfendüse bei relativ niedrigem Druck in die kugelförmig ausgeführte Kammer. Die Lage der Düse wird so gewählt, dass der Kraftstoffstrahl den während des Verdichtungshubs gebildeten Wirbel senkrecht zu seiner Achse durchdringt und auf der gegenüberliegenden Kammerseite in einer heißen Wandzone auftrifft. Um eine vollständige Gemischaufbereitung in der Wirbelkammer bei allen Drehzahlen und Lastzuständen zu erreichen, müssen Gestaltung und Anordnung von Wirbelkammer und Düse wie auch die Lage der Glühkerze sorgfältig aufeinander abgestimmt werden. Nach heutigem Kenntnis- und Erfahrungsstand beträgt der optimale Kammeranteil ca. 50 % des Kompressionsvolumens, wobei Veränderungen im Wirbelkammervolumen gegenläufige Effekte bei NO_x-Emission und Geräusch einerseits sowie bei HC-, CO- und Partikelemission andererseits bewirken.

Der im Kolben angeordnete Hauptbrennraum ist flach oder brillenförmig. Die eng begrenzt auf den Kolbenboden auftreffenden Verbrennungsgase sorgen für eine hohe thermische Belastung des Kolbens.

Mit diesem Wirbelkammerverfahren wird ein effektiver Wirkungsgrad von ca. 36 % erreicht. Für den praktischen Fahrbetrieb sind die häufig vorkommenden Fahrzustände im Teillastbereich für den Kraftstoffverbrauch entscheidend. Innerhalb eines großen Lastbereiches ist der Kraftstoffverbrauch der Wirbelkammermotoren ungewohnt niedrig.

5.2.5.4 Direkte Einspritzung

Das Direkteinspritzverfahren (■ Abb. 5.79c) wurde ursprünglich bei Stationär- und Nutzfahrzeugmotoren aller Größen angewandt. Seit 1988 hat es auch in der Pkw-Dieseltechnik Einzug gehalten (■ Tab. 5.3). Heute hat der direkteinspritzende Dieselmotor die Konzepte mit geteiltem Brennraum verdrängt.

Die DI-Motoren tragen den Forderungen nach Pkw mit geringem Kraftstoffverbrauch Rechnung. Direkteinspritzer sind aufgrund ihrer geringen Wärmeverluste die wirtschaftlichsten Dieselmotoren. Sie übertreffen auch jede andere Verbrennungskraftmaschine.

Um den günstigsten thermodynamischen Wirkungsgrad zu erzielen, sind hohe Anforderungen an die Kraftstoff- und Luftzuführung bei diesem Verbrennungsverfahren gestellt. Sie müssen so erfüllt werden, dass die in einer kurzen zeitlichen Folge ablaufenden Einzelvorgänge wie Kraftstoffzerstäubung, -erwärmung, -verdampfung und -vermischung mit der Luft rechtzeitig zum Abschluss kommen. Um diese Aufgabe bewältigen zu können, benötigt man

- hohe Einspritzdrücke über 2000 bar zur Verwirklichung kurzer Einspritzdauern,
- eine hohe Zerstäubungsgüte durch kleinen Spritzlochdurchmesser unter 0,12 mm zur besseren Zerstäubung und damit Mischung des Kraftstoffes mit der Luft,
- eine Mehrlochdüse zur räumlich gleichmäßigen Verteilung des Kraftstoffes auf die Luft im Brennraum,
- eine gezielte, während des Ansaugungs- und Verdichtungstaktes erzeugte Luftbewegung (Drall) zur Unterstützung der Gemischaufbereitung,
- eine tiefe Mulde im Kolben als Brennraum sowie
- eine in den Brennraum hineinragende Glühkerze als Starthilfe.

Heutige Motoren mit Direkteinspritzverfahren haben eine Nenndrehzahl bis 5500 min^{-1}. Ihr effektiver Wirkungsgrad weist im Bestpunkt einen

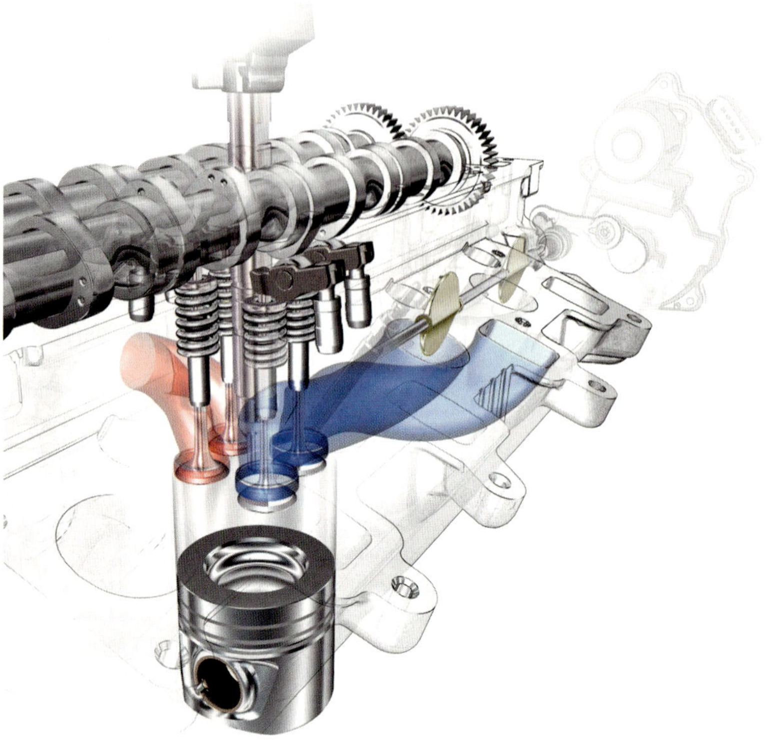

Abb. 5.80 Vierventiltechnik: Mittiger Brennraum mit Einlass- und Auslasskanälen und zentraler Anordnung des Injektors

Wert von 43 % auf. Mit zusätzlichem Technikaufwand wie

- Hochdruckeinspritzausrüstung,
- geregelte und gekühlte Abgasrückführung,
- Oxidationskatalysator und
- weiterer Abgasnachbehandlung für NO_x und Partikel

lassen sich Abgasemission und Verbrennungsgeräusch auf ein geringes Niveau bringen. Das Weiterentwicklungspotenzial bzgl. der motorischen Verbesserungen ist noch keineswegs ausgeschöpft, z. B. durch Einsatz der Vierventiltechnik.

Bei der Vierventiltechnik (Abb. 5.80) werden die beiden Einlasskanäle meist unterschiedlich ausgelegt. Ein Kanal ist spiralförmig ausgebildet und erzeugt bei Teillast einen großen Drall. Der andere Kanal hat eine Form, die eine starke Tangentialströmung bewirkt. Es besteht dabei die Möglichkeit, abhängig vom Betriebspunkt, einen Einlasskanal abzuschalten, was eine höhere Luftströmung und damit Absenkung der Rauchwerte bedeutet.

Das Verbrennungsgeräusch, das bei Beschleunigungen durch den harten Gang der Verbrennung deutlich wahrnehmbar ist, lässt sich dadurch weitgehend mildern, dass ein kleiner Teil der Kraftstoffmasse vor der Haupteinspritzung fein zerstäubt in den Brennraum vorgelagert wird.

Ein Verbesserungspotenzial besteht auch in der Gestaltung des Einlasskanals zur Drallerzeugung. Da der Intensitätsbedarf der Drehbewegung der Frischladung in Abhängigkeit der Motorendrehzahl unterschiedlich ist, wird einem Einlasskanal mit variablem Drall Bedeutung beigemessen.

Nach einem ganz anderen Prinzip arbeitet das von MAN in Augsburg entwickelte M-Verfahren (Abb. 5.79d). Hierbei soll nur ein möglichst kleiner Teil des eingespritzten Kraftstoffes sich von selbst entzünden. Die größere Menge (95 %) sollte auf die Brennraumwand gespritzt werden.

Die Verbrennung wird mit der Selbstzündung des luftverteilten Kraftstoffes eingeleitet, der mit der heißen, im Brennraum rotierenden Luft den

Tabelle 5.7 Qualitative Bewertung verschiedener Verbrennungsverfahren am Beispiel von Fahrzeugmotoren

Eigenschaft		Art des Verbrennungsverfahrens			
		Dieselmotor mit			Ottomotor (homogenes Gemisch)
		Vorkammer	Wirbelkammer	Direkteinspr.	
spez. Drehmoment		Bezugswerte	–	+ +	0
spez. Kraftstoffverbrauch			–	+ + +	– –
Schadstoffe, Rohemissionen					
	Kohlenmonoxid		0	+	+
	Kohlenwasserstoffe		0	+	+
	Stickstoffoxide		0	–	++
	Rußpartikel		+	+ + + (mit DPF)	+ + +
Verbrennungsgeräusch			–	+	+ +
Abgasgeruch			–	0	+ +
0 etwa gleichwertig					
+ geringfügig besser; + + besser; + + + deutlich besser					
– geringfügig schlechter; – – schlecher; – – – deutlich schlechter					

Kraftstoff in Schichten von der Brennraumwand ablöst und sozusagen fremd zündet.

Die weiche, lange hinausgezögerte Verbrennung führt zu einer geringen Ruß- und Geräuschemission. Leichtsiedende Kraftstoffe mit schlechten Selbstzündungseigenschaften können eingesetzt werden (Vielstoff-Motoren).

Die starke Verwirbelung im Brennraum führt zu im Vergleich mit anderen Direkteinspritzern größeren Strömungsverlusten, was sich in Verbrauchsnachteilen ausdrückt. Zudem sind die Kolben thermisch hoch belastet.

Im Pkw findet das M-Verfahren keine Anwendung.

5.2.5.5 Qualitative Bewertung von Verbrennungsverfahren

Aufgrund der Unterschiede in den Brennraumgeometrien, der Einspritzung und der Gemischbildung sowie der Lastanpassung stellen sich verschiedene Verbrennungsabläufe ein (Tab. 5.7).

Beim Vergleich der Dieselmotoren mit direkter bzw. indirekter Einspritzung überzeugt der Direkteinspritzer durch einen bis zu 15 % geringeren Kraftstoffverbrauch. Dies folgt aus dem höheren Gleichraumanteil (▶ Abschn. 5.2.4.3), den geringeren Wärmeverlusten und dem Entfall der Strömungsverluste zwischen Neben- und Hauptbrennraum.

Nebenkammer-Dieselmotoren weisen andere Vorzüge auf. Der kürzere Zündverzug sowie die gestufte Verbrennung mindern das Verbrennungsgeräusch, den Ausstoß limitierter Schadstoffe im Abgas sowie die Geruchsstoffemissionen.

Im Vergleich zum Ottomotor bietet der Diesel deutliche Vorteile im spezifischen Kraftstoffverbrauch, insbesondere bei Teillast, sowie bezüglich der Rohemission von CO, HC und beim Einsatz von AGR auch das NO_x. Der bessere Wirkungsgrad resultiert aus der höheren Verdichtung, dem vor allem bei Teillast herrschenden hohen Luftüberschuss und dem Verzicht auf Drosselung der angesaugten Luft. Die relativ geringe dieselmotorische Rohemission von Schadstoffen ist auf das hohe Luftverhältnis (CO, NO_x) und die infolgedessen niedrigere Spitzentemperatur der Verbrennung (NO_x), aber auch den Wegfall der Kraftstoffkondensation während des Ansaugens von Ladung, Zündaussetzer und starken zyklischen Schwankungen im Verbrennungsablauf sowie Flammlöscheffekte in engen Spalten des Brennraums (HC) zurückzuführen.

Der Ottomotor hat gegenüber dem Dieselmotor Vorteile bei spezifischer Leistung, Verbrennungsgeräusch und Partikelausstoß sowie bessere Voraussetzungen für eine Abgasnachbehandlung. Durch Einsatz der direkteinspritzenden Technik bei Ottomotoren wird der Dieselvorteil geringer.

Insgesamt bleibt festzustellen, dass Dieselmotoren infolge ihres geringen und von keiner anderen Verbrennungskraftmaschine erreichten Kraftstoffverbrauchs ganz wesentlich zur Schonung der Erdölvorräte sowie zur Verringerung des Treibhauseffektes beitragen. Hinsichtlich der Abgas- und Geräuschemission existiert infolge der inneren Gemischbildung ein daraus resultierender thermodynamischer Zielkonflikt, der trotz aller Bemühungen durch innermotorische Maßnahmen allein ohne Abgasnachbehandlung nicht lösbar zu sein scheint.

5.2.5.6 Simulation der dieselmotorischen Verbrennung

Die einfachsten Berechnungsmodelle für die instationären diffusions-kontrollierten Verbrennungsprozesse bei der Dieselverbrennung sind nulldimensionale Ein-Zonen-Modelle. Der Brennraum wird dabei mit dem thermodynamischen Modell einer idealen Mischung beschrieben. Es existiert keine räumliche Auflösung von Druck, Temperatur und Zusammensetzung. Aussagen über Schadstoffbildung sind nicht möglich.

Beim Mehr-Zonen-Modell wird das nulldimensionale Modell für jede Zone getrennt berechnet. Damit können die zeitlichen Verläufe von Temperatur und Zusammensetzung für jede Zone bestimmt werden.

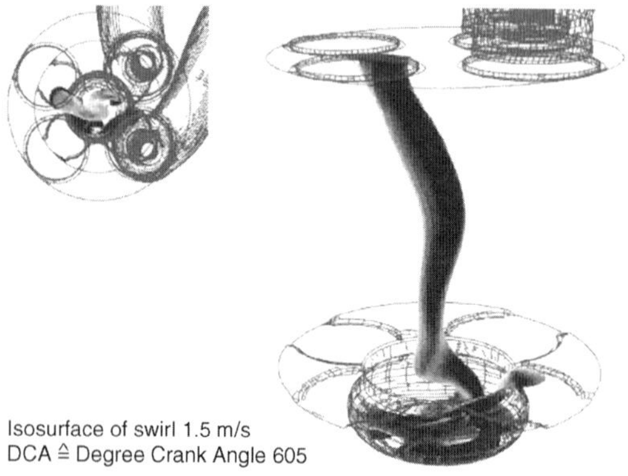

Abb. 5.81 Simulation der Einlassströmung: Darstellung der Drallachse

Anstatt die Wärmefreisetzung wie bei den nulldimensionalen Modellen mithilfe von experimentell ermittelten Ersatzbrennverläufen vorzugeben, gelangt man durch Modellierung der Strahlausbreitung, Verdampfung, Gemischbildung (Abb. 5.81), Zündung und Verbrennung zu den quasidimensionalen oder phänomenologischen Mehr-Zonen-Modellen. Damit ist eine Vorausberechnung der Verbrennung aus dem Einspritzverlauf möglich.

Die Grundlage der Berechnung der innermotorischen Prozesse mit dreidimensionalen Modellen sind die Erhaltungsgleichungen für den Impuls, die Masse, die Stoffe, die Enthalpie der turbulenten Energie und die Dissipation. Die Modellierung des Kraftstoffstrahles beginnt schon bei den Vorgängen im Düsenloch, da die Kavitation in der Düse eine wichtige Rolle für die Strahleinschnürung und damit Strahlaustrittsgeschwindigkeit spielt. Für die Simulation des Kraftstoffstrahls hat sich das Modell der »diskreten Tropfen« etabliert. Dabei wird der Einspritzstrahl durch statistische Tropfenpakete approximiert, die jeweils eine Gruppe von Tropfen gleicher thermodynamischer Eigenschaften und Zustände repräsentieren. Erst durch diese Vereinfachung wird der Einspritzvorgang berechenbar. Die Tropfenpakete durchlaufen alle physikalischen Prozesse, die die Tropfen auch im Motor durchlaufen.

Zerstäubungsmodelle beschreiben das Abscheren der Primärtropfen vom optisch dichten flüssigen Strahlkern nach dem Austreten des Strahls aus dem Düsenloch. »Break-up«-Modelle behandeln das Aufbrechen der Primärtropfen in kleine Sekundärtröpfchen. Weitere Modelle liefern Informationen über die Wechselwirkungen (Tropfen-Tropfen, Tropfen-Gasphase, Tropfen-Brennraumwand). Sobald Kraftstoff verdampft ist und sich der gasförmige Kraftstoff mit dem Oxidator mischt, beginnen die Reaktionen des Selbstzündungsprozesses. Die Zündung wird lokal (in jeder Gitterzelle) über eine reduzierte chemische Kinetik berechnet, die in Abhängigkeit von den Ausgangskonzentrationen des Oxidators, des Kraftstoffes, der Radikale und der lokalen Gastemperatur den Reaktionsfortschritt bestimmt. Sobald die Zündung erfolgt ist, wird der weitere Reaktionsablauf durch ein einfacheres Verbrennungsmodell simuliert.

Die Stickoxidbildung bei Verbrennungsprozessen entsteht auf drei Wegen: Neben der thermischen NO-Bildung kann es in der Flammenfront bei lokalen Temperaturen bis zu 2800 K zur schnellen Bildung von Prompt-NO kommen. Zusätzlich kann im Brennstoff enthaltener Stickstoff zu NO oxidiert werden. Im Dieselmotor entstehen etwa 90–95 % der Stickoxide über das thermische NO, 5–10 % über Prompt-NO und weniger als 1 % über Brennstoff-NO. Die Modellierung des thermischen NO, das bei Temperaturen über 2000 K gebildet wird, lässt sich mit dem Zeldovich-Mechanismus beschreiben:

$$N_2 + O \leftrightarrow NO + N_2$$
$$O_2 + N \leftrightarrow NO + O_2$$
$$OH + N \leftrightarrow NO + H$$

Die wesentlichen Einflussgrößen sind: lokales Temperaturfeld, lokales Mischungsfeld und lokales Strömungsfeld (Verweilzeit des betrachteten Massenelements im betrachteten Volumenelement).

Der detallierte Mechanismus der Rußbildung ist noch nicht vollständig geklärt. Deshalb werden zur Simulation der Rußbildung halbempirische Modelle eingesetzt, die abhängig von dem verdampften Kraftstoff, dem Oxidator, dem Druckfeld und dem Temperaturfeld sind. Der heutige Stand der Modellierung ist noch unbefriedigend.

Eine hinreichend exakte Modellierung der dieselmotorischen Gemischbildung, Verbrennung und Emissionsbildung ist heute noch nicht möglich, da wichtige Teilprozesse nicht hinreichend detailliert verstanden beziehungsweise modelliert sind. Daher sind die phänomenologischen Modelle weiterhin von Bedeutung. Doch langfristig haben die CRFD-Codes (computational reactive fluid dynamics) das größere Potenzial.

5.2.6 Konstruktive und funktionale Merkmale des Dieselmotors

5.2.6.1 Zylinderkopf und Zylinderkurbelgehäuse

Im Triebwerk (◘ Abb. 5.82) werden die bei der Verbrennung frei werdenden Kräfte in nutzbares Drehmoment umgesetzt. Die wesentlichen Elemente sind Kolben, Pleuel und Kurbelwelle. Im Gegensatz zum Ottomotor, der mit Drehzahlen bis zu 7000 min^{-1} und mehr betrieben werden kann, muss der Kurbeltrieb eines Dieselmotors heute nur maximal 5500 min^{-1} beherrschen. Dafür treten aber beträchtlich höhere Verbrennungsdrücke und höhere Temperaturen auf. So müssen die Bauteile, die an der Übertragung wesentlich beteiligt sind (Kolbenbolzen, Pleuel, Kurbelzapfen und die Lager), entsprechend kräftig ausgelegt und der erhöhte Wärmeanfall abgeleitet werden.

Der Kolben (◘ Abb. 5.83) ist also für die höheren Temperaturen und Drücke auszulegen. An die Kolbenringe werden hohe Anforderungen bzgl. der Abdichtung zwischen Brennraum und Kurbelgehäuse gestellt. Außerdem müssen die Ölabstreifringe den Schmierölverbrauch kontrollieren. Der Feuersteg, das Zwischenstück zwischen dem Kolbenboden und dem ersten Kolbenring, ist besonders sorgfältig auszubilden, damit ein Koksaufbau in den Ringnuten verhindert wird. Das Verkoken des Schmieröls kann zum Festbacken der Kolbenringe führen. Um dies zu verhindern, kommt den Kolbenringen auch die Aufgabe zu, die Abwärme möglichst schnell an den Zylinder und damit an das Kühlwasser abzuführen.

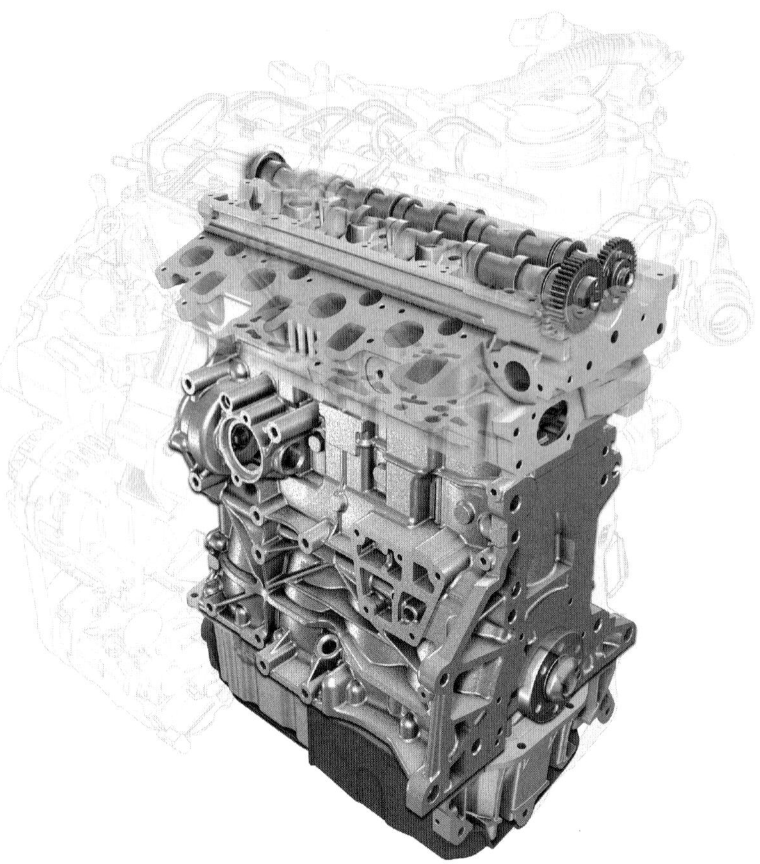

Abb. 5.82 Zylinderkopf und Zylinderkurbelgehäuse des VW 1,6 l Dieselmotors

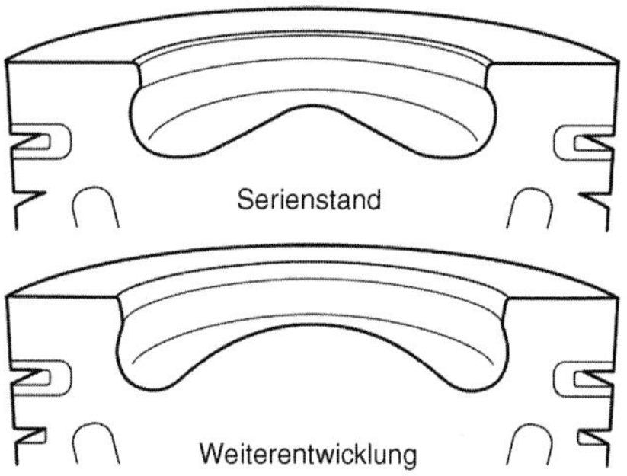

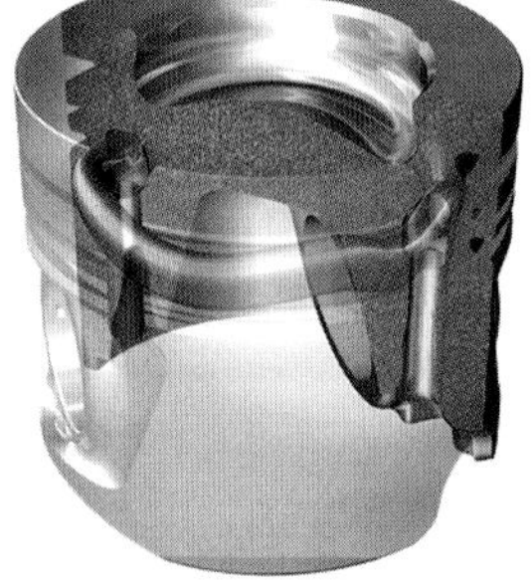

Abb. 5.83 Weiterentwicklung eines Kolbens (VW 1,6 l, 4 Zylinder, CR-Einspritzung): An die höheren Einspritzdrücke angepasste Mulde

Typisch für den Dieselmotor sind die im Vergleich zum Ottomotor längeren Hübe. Bei dem viel geringeren Kompressionsvolumen über dem Kolben (etwa 1/3 des Ottomotors) gehen Schwankungen in den Abmessungen der Triebwerkbauteile stärker ein, d. h. sie beeinflussen stark das Verdichtungsverhältnis. Dies verschärft die Forderung enger Fertigungstoleranzen beim Dieselmotor.

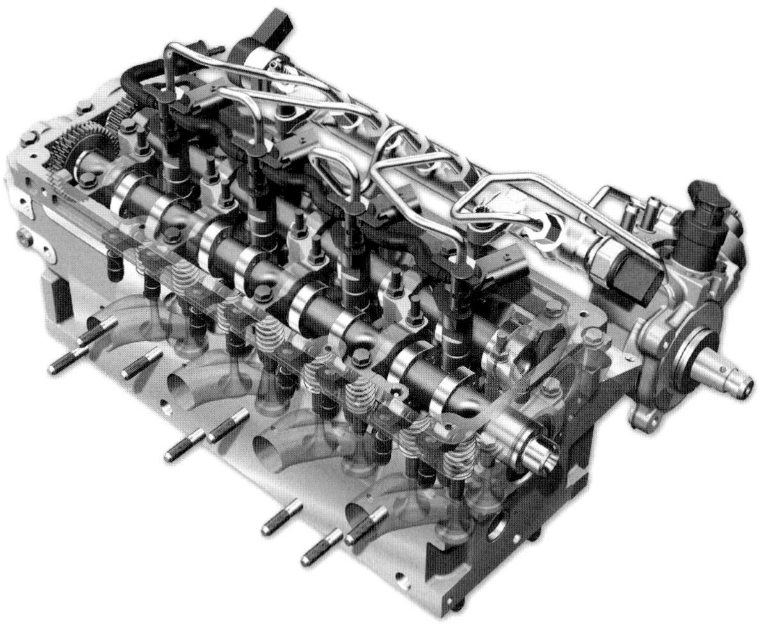

Abb. 5.84 Zylinderkopf eines Dieselmotors (VW 1,6 l, 4 Zylinder, CR-Einspritzung)

Weiterhin spricht für langhubige Motoren mit kleiner Bohrung, dass die zwangsläufig kleinere Oberfläche des Brennraums die Wärmeverluste verringert und eine Annäherung an das optimale Verdichtungsverhältnis ermöglicht. Langhuber gewährleisten einen einwandfreien Kaltstart und Leerlauf schon bei niedrigerer Verdichtung als Kurzhuber, deren Verdichtung zu diesem Zweck unökonomisch erhöht werden muss.

Die Unterschiede zum Zylinderkopf eines Ottomotors sind vielfältig. Bei Vor- und Wirbelkammermotoren sind Brennräume im Zylinderkopf untergebracht. Dadurch entstehen außerordentlich hohe thermische Belastungen (Temperaturen bis zu 900 °C), die besonders hohe Anforderungen an die Konstruktion des Zylinderkopfes (Abb. 5.84) stellen. Durch die Anordnung der Brennkammern können ungleiche Wärmedehnungen und als Folge ein Verziehen des Zylinderkopfes auftreten. Außerdem ist das Heranführen des Kühlwassers an die Brennkammern konstruktiv anspruchsvoll.

Des Weiteren ist in einem Dieselzylinderkopf noch Einbauraum für die Einspritzdüsen und die Kaltstartglühkerzen bereitzustellen.

5.2.6.2 Einspritzsysteme

Anforderungen und Prinzip Die Voraussetzung für eine effiziente Verbrennung ist eine gute Gemischbildung. Dabei spielt das Einspritzsystem eine zentrale Rolle. Der Kraftstoff muss in der richtigen Menge, zum richtigen Zeitpunkt und mit einem hohen Druck eingespritzt werden. Schon bei geringfügigen Abweichungen sind ansteigende Schadstoffemissionen, laute Verbrennungsgeräusche oder hoher Kraftstoffverbrauch die Folge. Wichtig für den Verbrennungsablauf eines Dieselmotors ist ein geringer Zündverzug. Der Zündverzug ist die Zeit zwischen Einspritzbeginn und dem Beginn des Druckanstieges im Brennraum. Wird während dieser Zeit eine große Kraftstoffmenge eingespritzt, führt dies zu einem schlagartigen Druckanstieg und dadurch zu lauten Verbrennungsgeräuschen.

Um einen möglichst sanften Verbrennungsablauf zu erreichen, wird vor Beginn der Haupteinspritzung eine kleine Kraftstoffmenge mit geringem Druck eingespritzt (Abb. 5.85). Diese Einspritzung wird als *Voreinspritzung* bezeichnet. Durch die Verbrennung dieser kleinen Kraftstoffmenge steigen Druck und Temperatur im Brennraum.

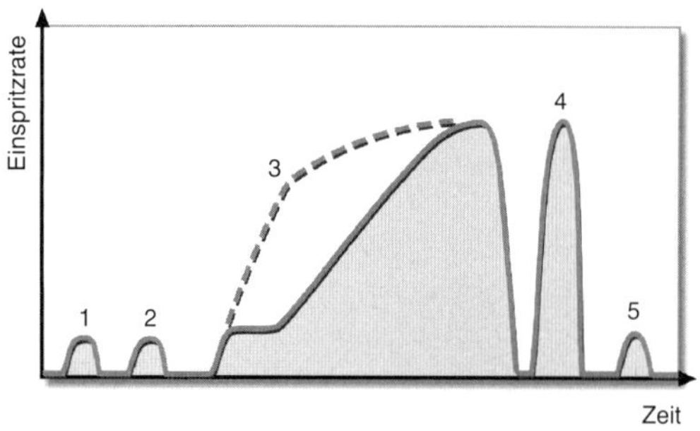

Abb. 5.85 Optimierte Einspritzverlaufsformung bei Einspritzsystemen für hohe Drücke: 1, 2 Voreinspritzungen; 3 Haupteinspritzung; 4, 5 Nacheinspritzungen

Dies schafft die Voraussetzung für eine schnelle Zündung der Haupteinspritzmenge und verringert dadurch den Zündverzug der Hauptmenge. Die Voreinspritzung und eine »Spritzpause« zwischen Vor- und Haupteinspritzung bewirken, dass die Druckanstiege im Brennraum nicht schlagartig auftreten, sondern die Drücke moderat zunehmen. Die Folge sind geringe Verbrennungsgeräusche und weniger Stickoxid-Emissionen.

Bei der *Haupteinspritzung* kommt es auf eine gute Gemischbildung an, damit der Kraftstoff möglichst vollständig verbrennt. Durch einen hohen Einspritzdruck wird der Kraftstoff sehr fein zerstäubt, sodass sich Kraftstoff und Luft gut miteinander vermischen können. Eine vollständige Verbrennung führt zur Reduzierung der Schadstoffemissionen und hoher Leistungsausbeute.

Am *Ende der Einspritzung* ist es wichtig, dass der Einspritzdruck schnell abfällt und die Düsennadel schnell schließt. Dadurch wird verhindert, dass Kraftstoff mit geringem Einspritzdruck und großem Tropfendurchmesser in den Brennraum gelangt. Er verbrennt nur noch unvollständig und führt dadurch zu erhöhten Schadstoffemissionen.

Die heutigen Einspritzanlagen sollen wegen der Abgasnachbehandlung (zum Beispiel aktive Regeneration des Partikelfilters) auch Nacheinspritzungen ermöglichen [78].

Die Einspritzanlage hat die Aufgabe, den Kraftstoff vom Tank zum Motor zu fördern und unter hohem Druck zeitgerecht, wie hier beschrieben, in den Brennraum zu fördern. Sie besteht prinzipiell aus den Elementen Vorförderpumpe mit Kraftstofffilter, Einspritzpumpe zur Hochdruckerzeugung, Einspritzdüsen (oder Einspritzventilen) und der Einspritzleitung zur Verbindung von Pumpe und Düse. Exemplarisch sind die Ausführungsformen Verteilereinspritzpumpe, Pumpe-Düse-Element und Common-Rail-System in Abb. 5.86 dargestellt.

Verteilereinspritzpumpe Für kleine, schnelllaufende Dieselmotoren wurde die Verteilereinspritzpumpe (VE-Pumpe) [79], entwickelt. Mit dieser kompakten Pumpe steht eine anpassungsfähige, leistungsstarke Einspritzanlage mit geringem Gewicht und geringem Einbauvolumen zur Verfügung. Die Zylinderzahl ist in der Regel auf 6 begrenzt.

Üblicherweise besteht die VE-Pumpe aus folgenden Baugruppen:

- Hochdruckpumpe mit Verteiler
- Drehzahl/Mengen-Regler
- Spritzversteller
- Niederdruck-Förderpumpe
- Elektrische Abstellvorrichtung
- Aufschaltgruppen für verschiedene Funktionen.

Es gibt zwei Arbeitsweisen: Axialkolbenpumpen und Radialkolbenpumpen. Bei den Axialkolbenpumpen wird die Drehbewegung der Antriebswelle in eine Dreh- und Hubbewegung des Verteilerkolbens übersetzt. Die Hubbewegung sorgt für die Druckerzeugung und Mengenförderung, wobei die Drehbewegung die Verteilung des Kraftstoffes auf die einzelnen Motorzylinder bewirkt. Somit wird nur ein Kolben benötigt, im Gegensatz zu den Radialkolbenpumpen, bei denen jedem Motorzylinder oder einem Paar je ein Kolben zugeordnet wird. Diese Bauart ist durch die Funktionstrennung von Hochdruckerzeugung durch die Radialkolben und Verteilung durch die axial zugeordnete Verteilerwelle gekennzeichnet. Die Schmierung der Pumpe erfolgt mithilfe des Kraftstoffs.

In der nächsten Generation der VE-Pumpen wurde eine elektronische Regelung eingeführt. Damit wurden die verschiedenen, individuell ausgelegten Aufschaltgruppen überflüssig. Mithilfe von Sensoren und im Steuergerät abgelegten Informationen und Kennfeldern werden Einspritzmenge und -beginn geregelt.

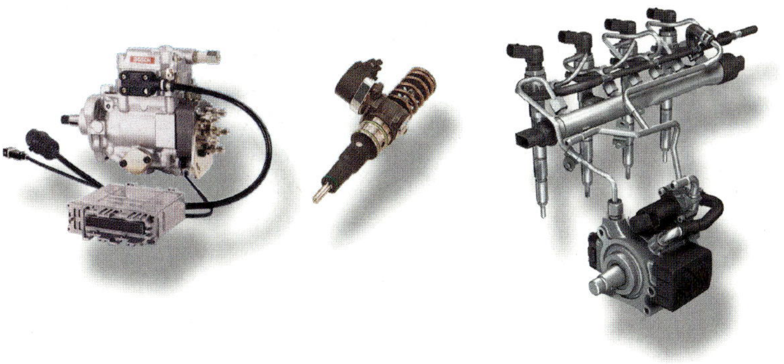

Abb. 5.86 Ausführungsformen von Einspritzsystemen: Verteilereinspritzpumpe, Pumpe-Düse-Element und Common-Rail-System

Die neueste Generation der Verteilereinspritzpumpen arbeitet mit elektronischer Mengen- und Spritzbeginnregelung und erzeugt in der Axialkolbenversion düsenseitige Drücke bis zu 1400 bar.

Neue magnetventilgesteuerte Radialkolbenpumpen erreichen düsenseitige Drücke bis etwa 1600 bar mit einem Potenzial von über 1800 bar. Der Kraftstoff wird in dieser Pumpenversion über zwei bis vier Kolben komprimiert, bewegt durch einen sehr steifen Nockenring. Diese Pumpe ist bis zu maximal sechs Zylindern einsetzbar. Eine abgesetzte Voreinspritzung im unteren Drehzalbereich, die bisher nur durch Einsatz eines Zweifeder-Düsenhalters erreicht wurde, ist mithilfe des Magnetventiles möglich. Eine Nacheinspritzung erlaubt dieses System aber nicht. Die besonderen Vorteile liegen in einer

- hohen Mengendynamik (Zylinder-individuelle Mengenzumessung),
- hohen Genauigkeit,
- Förderratenbeeinflussung durch variablen Förderbeginn,
- Voreinspritzung (abgesetzt nur bei niedrigen Drehzahlen).

Reihenpumpe Ähnlich einem Reihenmotor ist für jeden Motorzylinder ein eigenes Pumpenelement in einem gemeinsamen Gehäuse in Reihe angeordnet. Die Wirkungsweise ist im Prinzip:

- Der von einer besonderen Förderpumpe aus dem Tank gesaugte Kraftstoff gelangt am unteren Totpunkt des Pumpenkolbens durch seitliche Bohrungen in den Zylinder des Pumpenelements und wird komprimiert.
- Die Fördermenge wird durch Einstellung des Nutzhubes bewirkt.
- Der von der Nockenwelle angetriebene Kolben befördert dann den Kraftstoff durch ein Druckventil am oberen Ende des Pumpenzylinders in die Druckleitung zum Motor.
- Dort gelangt der Kraftstoff durch die Einspritzdüse in Form eines fein zerstäubten Strahls in den Brennraum.
- Danach wird der Pumpenkolben von einer Feder wieder in seine Ausgangsstellung zurückgeschoben und das ebenfalls federbelastete Druckventil verschließt die Einspritzleitung.

Zu der Reihenpumpe [80] gehören ein Regler für die Mengenzumessung, eine Förderpumpe zur Vorförderung des Kraftstoffes und ein Spritzversteller zur drehzahlabhängigen Verstellung des Förderbeginns.

Die Schmierung von Einspritzpumpe und Drehzahlregler wird durch Anschluss an den Motorschmierölkreislauf gewährleistet.

Einspritzdüsen und Düsenhalter Die Einspritzdüse nimmt beim Dieselmotor zweifellos eine Schlüsselrolle ein. Sie zerstäubt und verteilt den Kraftstoff im Brennraum des Dieselmotors und wirkt an der Formung des Einspritzverlaufs mit. So bestimmt sie mit, wie gründlich der von der Einspritzpumpe be-

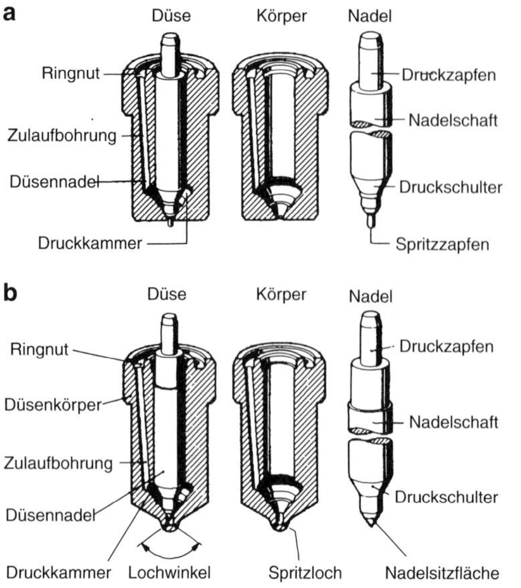

Abb. 5.87 **a** Zapfendüsen für Vor- und Wirbelkammermotoren; **b** Lochdüsen für Dieseldirekteinspritzer

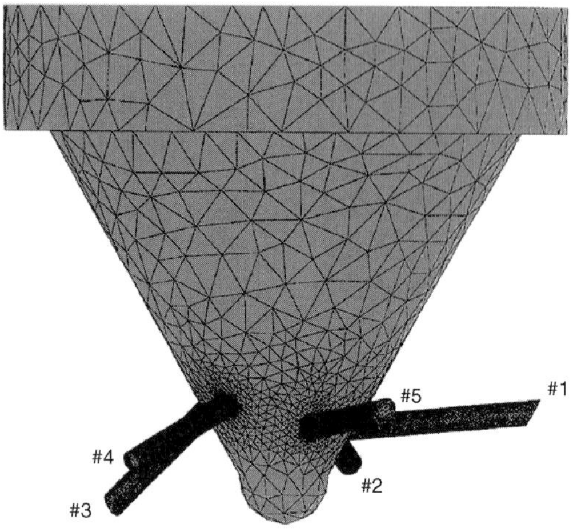

Abb. 5.88 3-D-FEM-Modell zur Untersuchung der Strömungsverhältnisse in der Düsenspitze

reitgestellte Kraftstoff verbrennt und folglich auch wie wirkungsvoll die Energie im Kraftstoff ausgenutzt wird. Diese Aufgabe ist keineswegs einfach, vor allem wenn man bedenkt, dass die Düse pro Minute maximal bis zu 2500mal öffnen und dabei den Kraftstoff mit Drücken bei Direkteinspritzern bis zu 2500 bar in den Brennraum verteilen muss.

Grundsätzlich handelt es sich bei allen heute gebräuchlichen Diesel-Einspritzdüsen um hydraulisch gesteuerte Nadelventile. Sie bestehen aus einem Düsenhalter und einem Düsenkörper, in den eine federbelastete Düsennadel auf weniger als ein tausendstel Millimeter genau eingepasst ist. Die Düsennadel verfügt in ihrem mittleren Teil über eine Druckschulter, auf die der Druck des durch den Düsenkörper zulaufenden Kraftstoffs wirkt. Übersteigt die Druckkraft die Vorspannung der Druckfeder, wird die Düsennadel angehoben und öffnet an ihrem unteren Ende die Düsenöffnung zum Brennraum. Der an der Düsennadel vorbei nach oben entweichende Kraftstoff wird über einen Leckölanschluss am Düsenhalter und eine gesonderte Kraftstoffleitung in den Tank zurückgeführt. Entscheidend für die Qualitäten einer Einspritzdüse ist die Düsenöffnung.

Man unterscheidet zwischen Zapfendüsen (Abb. 5.87a) und Lochdüsen (Abb. 5.87b), wobei für die im Personenwagen eingesetzten Vor- und Wirbelkammerdieselmotoren vor allem die Zapfen-Varianten geeignet sind. An ihrem Ende befindet sich ein Zapfen, der in das Spritzloch hineinragt und für einen vergleichsweise gebündelten Einspritzstrahl sorgt. Eine Zapfendüse mit besonderen Zapfenabmessungen ist die Drosselzapfendüse. Über die Form des Zapfens kann dabei der Einspritzstrahl den Erfordernissen des Motors angepasst werden. Der Spritzquerschnitt wird bei kleinem Nadelhub (also zu Beginn der Einspritzung) verkleinert. Der so erzeugte Einspritzverlauf (Vorstrahleffekt) verlangsamt den Verbrennungsdruckanstieg und mindert das Verbrennungsgeräusch.

Lochdüsen eignen sich dagegen hauptsächlich für Dieselmotoren mit direkter Einspritzung. Der eingespritzte Kraftstoffstrahl ist hier breiter gefächert als bei einer Zapfendüse, was für eine feine Zerstäubung und eine gründliche Vermischung mit der Verbrennungsluft sorgt – eine Aufgabe, die beim Vor- und Wirbelkammermotor die stärkere Verwirbelung der Luft übernimmt. Die Einspritzöffnungen sind bei der Lochdüse an einem Kegel untergebracht, der sich am unteren Ende der Düse befindet. Man unterscheidet zwischen Einloch- und Mehrlochdüsen, wobei die Letzteren in den meisten Serienanwendungen über 5 bis 8 Löcher verfügen. Zukünftige Entwicklungen werden aufgrund verbesserter Fertigungsverfah-

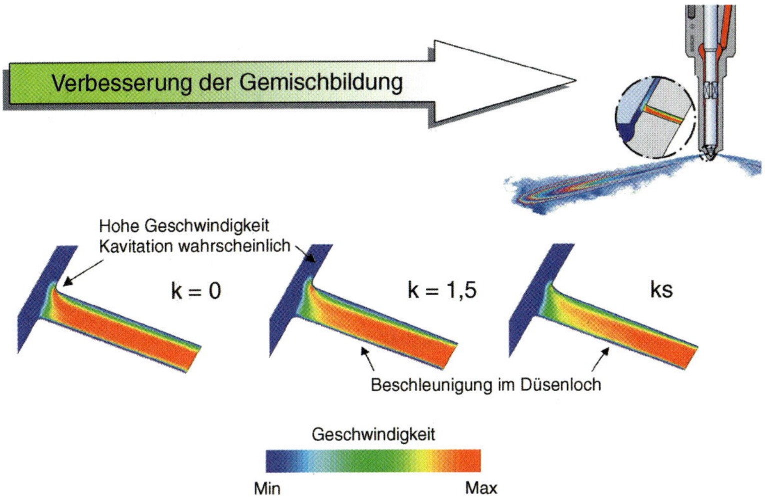

Abb. 5.89 Optimierung der Strömungsverhältnisse in Düsenlöchern

ren deutlich mehr Löcher haben. Heute können Lochdurchmesser < 0,12 mm hergestellt werden. Für eine geringe Kohlenwasserstoffemission ist es wichtig, dass das vom Kraftstoff ausgefüllte Volumen zwischen Sitzkante und brennraumseitiger Düsenmündung möglichst klein gehalten wird. Dafür verwendet man Sitzlochdüsen, bei denen die Düsennadel die Düsenlöcher im geschlossenen Zustand abdeckt.

Bei den Optimierungen der Gestalt und der Anordnung der Düsenlöcher kommt es heute auf höchste Präzision an. Diese Strömungsverhältnisse und Druckverteilungen werden mit dreidimensionalen Strömungsberechnungen untersucht (Abb. 5.88 und Abb. 5.89). Für die Düsengeometrie sind besonders wichtig: Zahl der Löcher, Einlaufform in diese (scharfkantig oder gerundet) und Verhältnis von Lochdurchmesser zu Länge. Durch neue Bearbeitungsmethoden (z. B. durch das hydroerosive Runden) der Düsen wird der Durchfluss durch das Loch erhöht, die Toleranz in Bezug auf den Durchfluss eingeengt und der abrasive Verschleiß der Spritzlocheinlaufkante vorweggenommen. Wird der Einlauf in das Düsenloch gerundet, so erhöht sich die Einspritzenergie und damit Kraftstoffaufbereitungsqualität.

Die Düse sitzt im Düsenhalter, der zum Einbau der Düse in den Motorzylinderkopf dient, und bildet mit ihm die Düsenhalterkombination. Düsenhalter enthalten im Allgemeinen eine Düsenfeder und eine Hubbegrenzung. Beim Zweifederhalter werden zwei Düsenfedern verwendet. Die erste Druckfeder begrenzt den Nadelhub zunächst auf den Vorhub H_1 (Voreinspritzung). Beim Überschreiten eines über die zweite Druckfeder eingestellten Druckes wird die Düsennadel weiter angehoben, maximal bis zum Hub H_2 (Haupteinspritzung). Der mit einem solchen Zweifederhalter erreichte Einspritzverlauf führt zu einem verminderten Verbrennungsgeräusch.

Pumpe-Düse Ein System, das hohe Anforderungen erfüllt, ist das Pumpe-Düse-Einspritzsystem.

Schon Rudolf Diesel hatte den Gedanken, Einspritzpumpe und Einspritzdüse zu einer Einheit zusammenzufassen, um auf die Hochdruckleitungen verzichten zu können und dadurch einen hohen Einspritzdruck zu erzielen. Es fehlte ihm aber an den technischen Möglichkeiten, diese Idee zu verwirklichen. Seit den 50er Jahren werden Dieselmotoren mit einem mechanisch gesteuerten Pumpe-Düse-Einspritzsystem als Lkw- und Schiffsmotoren eingesetzt.

Volkswagen ist es zusammen mit der Robert Bosch GmbH gelungen, einen Dieselmotor mit einem magnetventilgesteuerten Pumpe-Düse-Einspritzsystem zu entwickeln, der im PKW zur Anwendung kam.

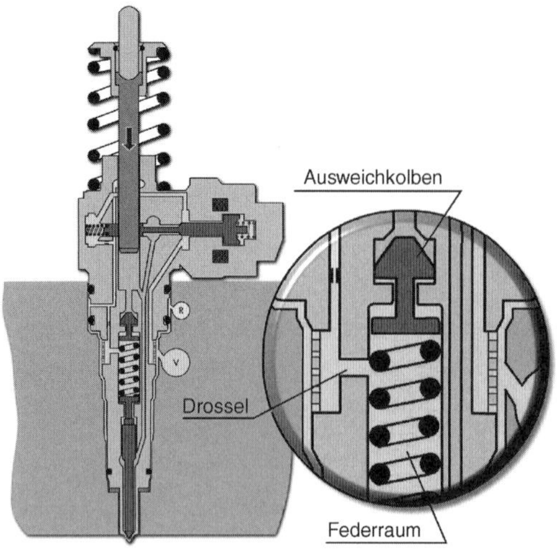

Abb. 5.90 Funktionsschema einer Pumpe-Düse mit Ausweichkolben [85]

Eine Pumpe-Düse-Einheit ist eine Einspritzpumpe mit Steuereinheit und Einspritzdüse zu einem Bauteil zusammengefasst (Abb. 5.90). Jeder Zylinder des Motors hat eine Pumpe-Düse-Einheit. Dadurch entfallen die Hochdruckleitungen wie bei einer Verteiler(Reihen)einspritzpumpe und es entsteht ein deutlich kleineres zu verdichtendes Hochdruckvolumen.

Genau wie eine Verteiler(Reihen)einspritzpumpe mit Einspritzdüsen hat das Pumpe-Düse-Einspritzsystem folgende Aufgaben:
- den Hochdruck für die Einspritzung zu erzeugen,
- den Kraftstoff in der richtigen Menge zur richtigen Zeit einzuspritzen.

Die Nockenwelle hat zum Antrieb der Pumpe-Düse-Einheiten je Zylinder einen zusätzlichen Nocken. Sie betätigen über Rollenkipphebel die Pumpenkolben der Pumpe-Düse-Einheiten. Der Einspritznocken hat eine steile auflaufende Flanke und eine flache ablaufende Flanke. Dadurch wird der Pumpenkolben mit einer hohen Geschwindigkeit nach unten gedrückt und somit sehr schnell ein hoher Einspritzdruck erreicht. Dann bewegt sich der Pumpenkolben langsam und gleichmäßig nach oben und der Kraftstoff kann blasenfrei in den Hochdruckraum der Pumpe-Düse-Einheit nachfließen.

Im Vergleich zu der Verteilereinspritzpumpe hat der Dieselmotor mit dem Pumpe-Düse-Einspritzsystem folgende Vorteile:
- Begrenzung der Verbrennungsgeräusche durch abgesetzte Voreinspritzung,
- geringen Kraftstoffverbrauch,
- wenig Schadstoffemissionen und
- hohe Leistungsausbeute.

Diese Vorteile werden erreicht durch:
- einen hohen Einspritzdruck von maximal 2200 bar an der Düse,
- einer präzisen Steuerung des Einspritzvorganges und,
- einer Voreinspritzung.

Damit können spezifische Leistungen von mehr als 60 kW/l erreicht werden. Die neueste Variante des Pumpe-Düse-Einspritzsystems ist mit Piezo-Halter ausgerüstet. Gegenüber dem magnetisch angesteuerten Ventil ist dieses System deutlich schneller und ermöglicht bis zu fünf einzelne Einspritzungen während eines Einspritzzyklusses.

Speichereinspritzsystem Ein heute allgemein bei Pkw und NFZ eingesetztes Hochdruck-Einspritzsystem ist das Speichereinspritz- oder Common Rail System (Abb. 5.91a). Dabei sind Druckerzeugung und Einspritzung entkoppelt. Der Kraftstoff für die einzelnen Zylinder kommt aus einem gemeinsamen Speicher, der ständig auf hohem Druck gehalten wird.

Der Speicherdruck wird von einer Hochdruck-Radialkolbenpumpe erzeugt und lässt sich abhängig von den Betriebsbedingungen verändern.

Jeder Zylinder ist mit einem Injektor ausgerüstet, der über ein Magnet- oder Piezoventil gesteuert wird. Die Einspritzmenge wird durch den Ausflussquerschnitt des Injektors, die Öffnungsdauer des Magnet- bzw. Piezoventils und den Speicherdruck bestimmt. Heute werden bis zu 2200 bar Systemdruck erreicht. Die Entwicklung zukünftiger Systeme hat Drücke von mehr als 2500 bar zum Ziel. Kraftstoffmenge, Einspritzbeginn sowie die Vor- und Nacheinspritzung werden durch extrem schnelle Magnetventile [81] oder durch Piezoelemente [82], mit denen extrem kurze Schaltzeiten von < 100 µs realisierbar sind, gesteuert. Einspritzmengen deutlich unter 1 mm^3 sind das Resultat [83].

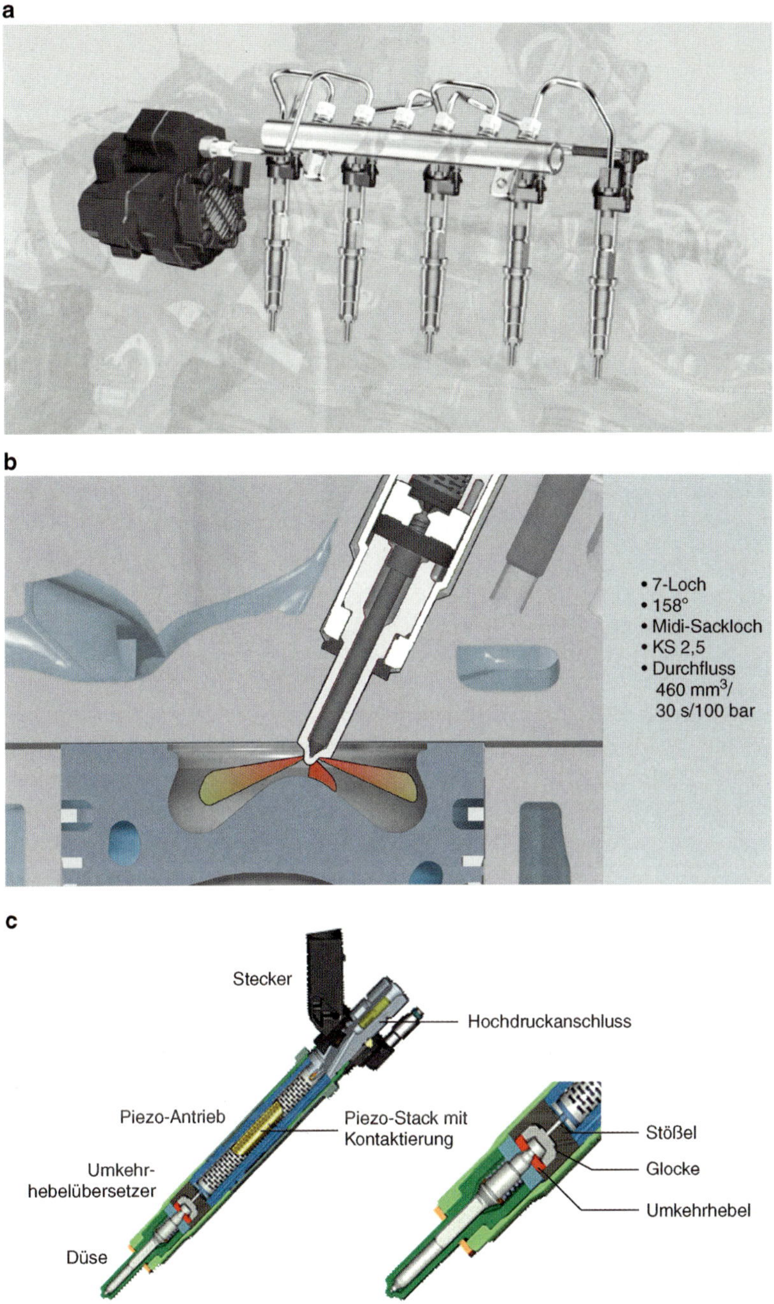

Abb. 5.91 **a** Schematischer Aufbau des Common-Rail-Einspritzsystems für einen 5-Zylindermotor; **b** 7-Loch-Injektor mit Magnetventil; **c** Piezo-Injektor (Continental AG)

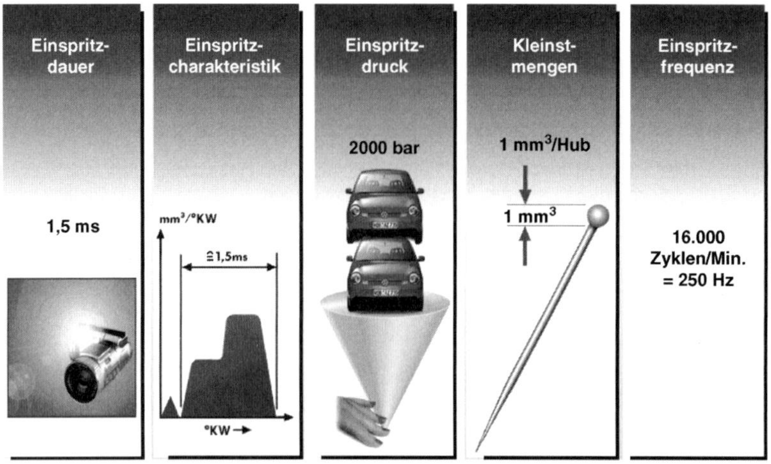

Abb. 5.92 Charakteristika der Dieselhochdruckeinspritzung

Die Ausführung eines Common-Rail-Einspritzsystems für einen Dieselmotor ist in Abb. 5.91b) für einen Injektor mit Pumpe-Düse und einen Piezoinjektor (Abb. 5.91c) dargestellt.

Die funktionale Trennung der Druckerzeugung und der Einspritzung erlaubt eine bessere Gestaltung des Einspritz- und damit des Brennverlaufs. Der Einspritzdruck kann frei im Kennfeld gewählt werden. Voreinspritzungen sind möglich. Vorteilhaft ist, dass Common Rail Systeme sich auch an vorhandenen Motoren ohne Änderung des Zylinderkopfes anbauen lassen.

Beide Systeme (Pumpe/Düse und Speichereinspritzung) sind durch die im Abb. 5.92 gezeigten Größen charakterisiert.

Die funktionalen Vorteile des Common Rail Systems sind:

- Hohe Flexibilität durch nahezu frei wählbare Gestaltung des Einspritzverlaufs (wählbare Lage und Menge der Vor-, Haupt- und Nacheinspritzungen),
- Verbesserung des Komfortverhaltens des Dieselmotors durch bis zu drei Voreinspritzungen,
- Kontrolle der Rohemissionen durch flexible Einstellung der Einspritzzeitpunkte und -mengen und
- effektive Regeneration der Abgasnachbehandlungseinrichtungen durch bis zu vier Nacheinspritzungen.

Simulation von Einspritzsystemen Die Beherrschung der hochbelasteten Einspritzsysteme erfordert neben der traditionellen Simulation der Einspritzhydraulik eine gründliche Analyse des Kraftstoffverhaltens und des Gesamtenergieumsatzes.

Der theoretische Aufwand ist die dem Kolben zugeführte Arbeit. Als Nutzen ist die Energie des Einspritzstrahles anzusehen. Die wesentlichen Verluste treten bei der Absteuerung auf. Bei den hohen Drücken im Einspritzsystem müssen Änderungen der Dichte, Schallgeschwindigkeit, Kompressibilität und Viskosität berücksichtigt werden. Weiterhin müssen die durch die hohen Temperaturen verursachten unterschiedlichen Ausdehnungen der Bauteile des Einspritzsystems mit betrachtet werden [84].

Die numerische Lösung wird für Entwicklungsarbeiten im Wesentlichen mit eindimensionalen Programmen auf Basis der Stromfadentheorie (▶ Abschn. 11.3) durchgeführt. Dabei werden 3D-Effekte mit empirischen Ansätzen und Koeffizienten, so z. B. für die Reibung in den Einspritzleitungen oder die Stoßverluste an Querschnittsänderungen, berücksichtigt. So können die instationären Vorgänge in kompletten Systemen so effektiv simuliert werden, dass der Aufwand auch bei Untersuchung mehrerer Varianten wirtschaftlich bleibt.

5.2.6.3 Aufladung

Die Idee, den Dieselmotor mit vorverdichteter Luft zu füllen, wurde schon von R. Diesel versuchsweise umgesetzt. Der Durchbruch für die Aufladung wurde erst von A. Büchi (1905) erreicht, der auf die Idee kam, die im Abgas vorhandene Energie zu nutzen. Büchi hat auch schon zu Beginn seiner Arbeiten einen Ladeluftkühler zur Verbesserung des Wirkungsgrades vorgeschlagen.

Bis zu 5500 min^{-1} ist auch für moderne Dieselmotoren das Drehvermögen begrenzt. Eine Erhöhung der Leistung (eine größere Luftmenge erlaubt eine höhere Einspritzmenge) ist nur durch Hubraumvergrößerung oder durch Turboaufladung möglich. Außerdem führt die Aufladung zur Erhöhung der Wirtschaftlichkeit, denn der Abgasturbolader nutzt das auf der Auslassseite gegenüber der Atmosphäre herrschende Druck- und Temperaturgefälle zur Vorverdichtung der Verbrennungsluft. Die sogenannte Gaswechselarbeit (der Arbeitsschritt, bei dem der Motor seine Arbeitsluft gegen die vor dem Zylinder liegenden Strömungswiderstände ansaugen muss) entfällt.

Der Wirkungsgrad einer Verbundmaschine aus Abgasturbolader und Kolbenmotor ist also aus verschiedenen Gründen besser. Zum einen steigt durch die höheren Arbeitsdrücke die Ausnutzung der Abgasenergie und durch den Wegfall der negativen Pumpleistung der innere Wirkungsgrad, der Aufschluss über die wärmetechnische Ausnutzung der zugeführten Energie gibt. Zum anderen wird das Verhältnis von mechanischer Verlustleistung (im Wesentlichen Reibungsverluste) im Verhältnis zur Gesamtleistung günstiger, was zu einer Verbesserung des mechanischen Wirkungsgrades führt.

Wie alle Strömungsmaschinen ist auch der Abgasturbolader für einen bestimmten Betriebspunkt des Motors optimal ausgelegt. Aufgrund der großen zu überdeckenden Drehzahlspanne des Pkw-Dieselmotors steigt der Volllast-Ladedruck besonders hoch an, was zu einer nicht erwünschten Belastung des Triebwerkes führt. Deshalb ist der Ladedruck zu begrenzen, was mit einem Waste-Gate (Bypass-Ventil) erreicht wird.

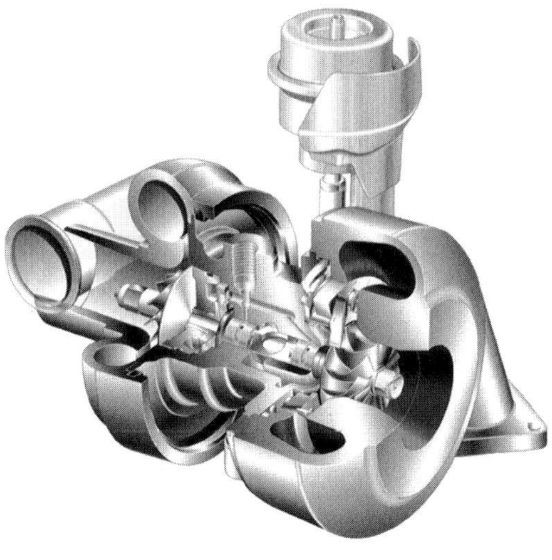

Abb. 5.93 VTG-Lader

Eine Annäherung des Luftangebots des Turboladers an den betriebspunktabhängigen Luftbedarf des Motors wird heute fast ausschließlich über eine variable Turbinengeometrie (VTG) erreicht (Abb. 5.93). Um den Anforderungen (hohes Anfahrdrehmoment bei niedrigen Drehzahlen und hoher spezifischer Leistung bei hohen Drehzahlen) im gesamten Kennfeld besser gerecht zu werden, wurde die Zweistufenaufladung entwickelt. Dabei werden zwei Turbolader in Reihe geschaltet.

Als weitere Möglichkeiten bieten sich eine Registeraufladung (Parallelschaltung von mehreren Turboladern), eine Druckwellenaufladung (COMPREX) und mechanische Lader an, siehe ▶ Abschn. 5.3.

Die Aufladung, eigentlich beim Diesel schon sehr lange ein »Standard«, bietet in Verbindung mit neuen Ansätzen beim AGR-Management und der Hochaufladung noch erhebliches Potential zur Verbesserung von Performance, Verbrauch und Emissionsreduzierung [85].

5.2.6.4 Abgasrückführung

Den größten Einfluss auf die NO_x-Reduktion hat die Abgasrückführung (AGR). Abbildung 5.94 zeigt das Schema einer AGR, Abb. 5.95 eine Ausführungsform. In Abhängigkeit vom Kennfeld-

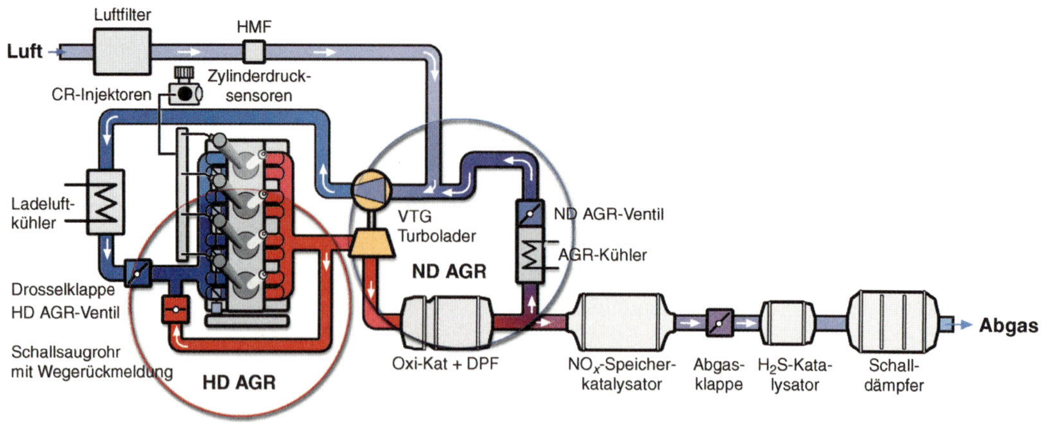

Abb. 5.94 Schema einer Abgasrückführung (AGR) mit Umschaltung zwischen Hochdruck (HD) und Niederdruck (ND)

Abb. 5.95 Ansicht Abgasrückführung (Hochdruck-AGR)

punkt und der Temperatur wird ein Teil des Abgasstromes mit der angesaugten Frischluft gemischt und den Zylindern wieder zugeführt. Dadurch wird der Sauerstoffanteil während der Verbrennung reduziert und so die Verbrennungstemperatur verringert, was eine verminderte NO_x-Emission zur Folge hat.

Während zur Steuerung der Abgasmenge anfangs nur Ein/Aus-Ventile eingesetzt wurden, werden heute ausnahmslos pneumatisch oder elektrisch geregelte Systeme verwendet. Zur Optimierung der Effektivität werden zusätzlich Kühler mit zunehmend höherer Kühlleistung verbaut. Mit speziell entwickelten Niedertemperaturkühlkreisläufen können die Wirkungsgrade der AGR nochmals verbessert werden.

Heute eingesetzte Hochdruck-AGR-Systeme, bei denen das Abgas vor dem Turbolader entnommen wird, stoßen zunehmend an technische Grenzen hinsichtlich der Rückführmengen und der erforderlichen Kühlleistung.

Eine konsequente technische Lösung stellt hierfür das nachfolgend beschriebene Niederdruck-Abgasrückführsystem (ND-AGR-System) dar. Die Anordnung des gesamten AGR-Systems ist in ◘ Abb. 5.94 dargestellt.

Im ND-AGR-System wird das Abgas erst hinter dem motornahen Diesel-Partikelfilter (DPF) entnommen. Das katalytisch gereinigte und von Rußpartikeln befreite Abgas wird zunächst einem AGR-Kühler zugeführt. Bei Ansteuerung des elektrisch geregelten AGR-Ventils wird das Abgas über ein kurzes Verbindungsrohr direkt vor dem Verdichter des Abgasturboladers in den Ansaugluftstrom eingeleitet. Nach der Verdichtung wird der eingeregelte Abgas- und Luftmassenstrom in einem Ladeluftkühler heruntergekühlt und dem Saugtrakt des Motors zugeführt.

Mit einem Zweikreis-AGR-System bestehend aus Hochdruck- und Niederdruck-EGR lassen sich

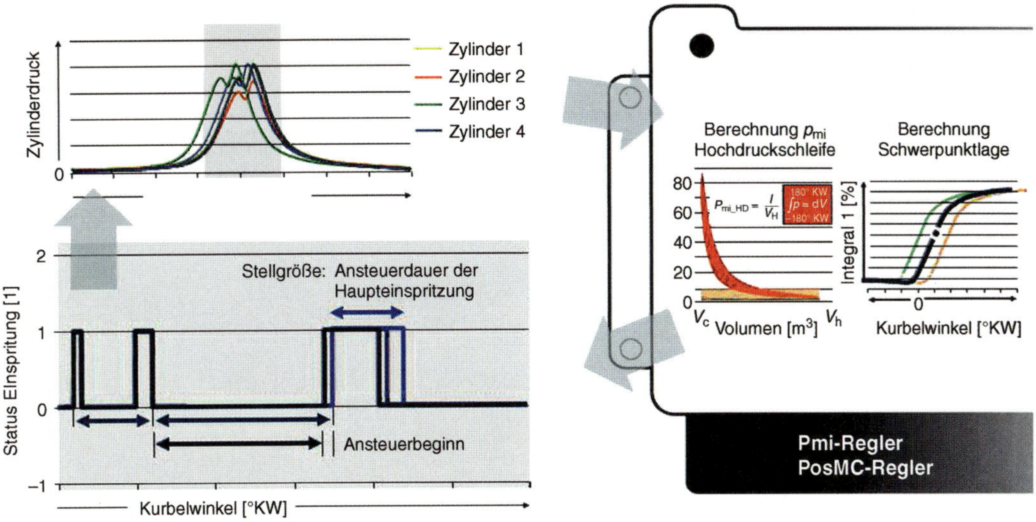

Abb. 5.96 Funktionsweise einer Zylinderdruckregelung

in jedem Motorbetriebszustand beinahe beliebige Abgasrückführraten und möglichst wählbare Mengenanteile von HD- und ND-AGR einstellen.

5.2.6.5 Luftmanagement

Das Luftführungssystem eines Dieselmotors bestehend aus Turbolader, AGR-Systemen, Ladeluftkühlern und Ladeluftrohren erfordert ein aufwendiges Luftmanagement. Aus den Signalen der Druck- und Temperatursensoren sowie mittels modellbasierter Informationen werden Daten für ein schnelles Einregeln des Kraftstoff-Luft-Gemisches generiert. Neben der Optimierung der Bauteile ist eine exakte Regelung besonders im transienten Verhalten bei modernen Motoren erforderlich.

5.2.6.6 Brennverfahren

Zur Erreichung hoher Emissionsziele ist es notwendig, die Systemtoleranzen auf ein Minimum zu reduzieren. Einen Beitrag hierzu liefert ein verbrennungsdruckgeregeltes Motormanagement. Dabei handelt es sich um eine zylinderdruckbasierte Verbrennungsregelung, die eine schnelle, zylinderindividuelle Regelung des indizierten Moments und der Verbrennungsschwerpunktlage erlaubt (Abb. 5.96).

Ein wichtiger Bestandteil der Verbrennungsregelung ist der Zylinderdrucksensor, der im Glühstift integriert ist. Dieser misst den Verbrennungsdruck zylinderselektiv und liefert das Signal an das Motorsteuergerät, welches aus dem gemessenen Signal die benötigten Zylinderdruckmerkmale berechnet.

5.2.6.7 Downsizing und Downspeeding

Die wachsenden Anforderungen an die Reduktion der CO_2-Emissionen erfordert u. a. eine Reduktion der Fahrzeugmasse. Dies kann durch einen leichteren Motor und ein Downsizing dargestellt werden. Der Vorteil des Downsizing (Abb. 5.97) resultiert im Wesentlichen aus der Lastpunktverschiebung. Der kleinere Motor wird aufgrund des geringeren Hubraumes spezifisch höher belastet (höherer effektiver Mitteldruck).

Eine weitere CO_2-Absenkung lässt sich durch eine längere Getriebeabstufung, also Reduktion der Drehzahl realisieren.

Beide Maßnahmen führen einerseits zu einer CO_2-Reduktion, andererseits aber zu einer NO_x-Erhöhung. Deshalb ist abzuwägen, wo ein Downsizing bzw. -speeding im NO_x-CO_2-Trade-off sinnvoll ist.

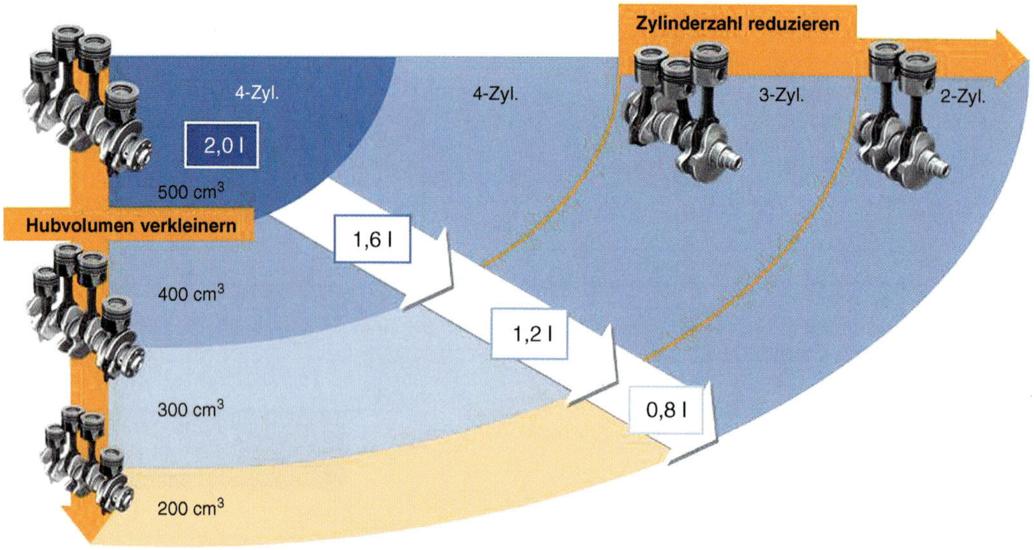

Abb. 5.97 Downsizing (Reduktion von Zylinderanzahl und Hubvolumen)

5.2.7 Abgasnachbehandlung

Die immer strenger werdenden Abgasgrenzwerte und die Forderungen nach emissionsarmem Fahrzeugbetrieb führten und führen zur Entwicklung von Abgasreinigungsanlagen, die dem Motor nachgeschaltet werden.

5.2.7.1 Oxidationskatalysator

Die Möglichkeit, CO-, HC- und PM-Emissionen durch Oxidationskatalysatoren zu verringern, wird erstmals beim Diesel-PKW seit 1990 (Tab. 5.3) genutzt (Abb. 5.98). Sobald die Zündtemperatur erreicht ist, lassen sich Konversionsraten oberhalb 80 % erreichen. Neben den Minderungen der gasförmigen CO- und HC-Emissionen werden auch an den Rußpartikeln adsorbierte Kohlenwasserstoffe konvertiert. Allerdings besteht bei hohen Temperaturen die Gefahr, dass aus dem Verbrennungsprodukt Schwefeloxid Sulfate gebildet werden, die bei der Partikelmessung (vorgeschrieben bei 52 °C) zur Bildung von Säurekondensat führen. Dieses wird als Partikelmasse bewertet.

Abhängig von der Beschichtung, der Katalysatorlage und damit vom Temperaturniveau am Katalysator sind folgende Minderungen erreichbar:

- HC bis 85 %
- CO bis 90 %
- NO_x bis 10 %
- Partikel bis 35 %

Die Maßnahmen zur NO_x-Reduzierung besonders auch die homogene Verbrennung, führen in der Regel zu höheren HC- und CO-Emissionen, d. h. der Katalysator-Wirkungsgrad muss weiter gesteigert werden. Zusätzlich wird für zukünftige Auslegungen das Ansprechverhalten bei noch niedrigeren Abgastemperaturen ganz wichtig werden.

Einige wichtige Entwicklungsschritte sind deshalb:

- Motornahe Verbauung,
- Edelmetalloptimierung,
- Optimierte Beschichtung,
- Verbesserte Geometrie,
- Wanddicke, Zellenstruktur.

5.2.7.2 Dieselpartikelfilter

Dieselpartikel und deren Messung Dieselpartikel sind extrem klein. Messungen der Größenverteilungen (Abb. 5.99) sind derzeit noch nicht standardisiert und damit sind die Resultate nicht immer vergleichbar.

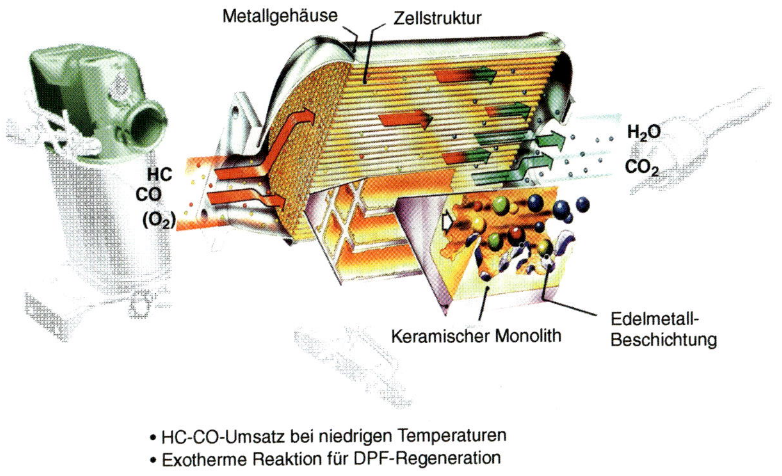

Abb. 5.98 Aufbau und Funktion eines Oxydationskatalysators

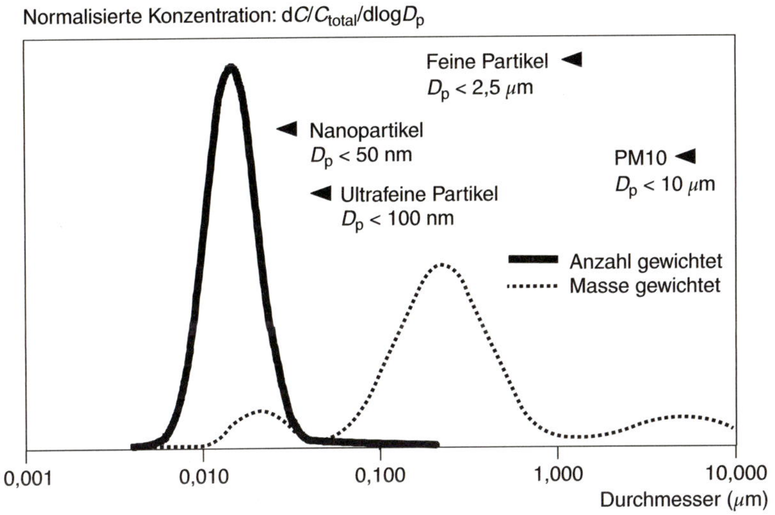

Abb. 5.99 Typische Anzahl- und Massenverteilung von Dieselpartikeln (Quelle: Kittelson 1998)

So wurde eine hohe Anzahl von Nanopartikeln festgestellt, wobei es sich hierbei jedoch fast ausschließlich um Tröpfchen handelt, die keine Kohlenstoffkerne besitzen. Bei Messungen, die die Partikelgröße auf Basis der Partikelmasse bestimmen, werden die meisten Partikel im Bereich von 0,1 bis 1 μm gefunden.

Nach Verlassen des Abgastraktes reagieren die Dieselpartikel mit den Staubpartikeln und anderen Bestandteilen der Umgebungsluft und verändern damit ihre Größe und Zusammensetzung. Die in der Atmosphäre ablaufenden Prozesse sind äußerst komplex und noch nicht vollständig erfasst.

Neue Dieselmotoren emittieren bedeutend weniger Rußmasse als ältere Konzepte. Dies ist insbesondere der besseren Gemischaufbereitung zu verdanken. Messungen der Größenverteilungen verschiedener Fahrzeuge mit unterschiedlicher Technik zeigen Differenzen nur im Maximalwert der Verteilungen. Der Größenbereich verschiebt sich nicht! [86]

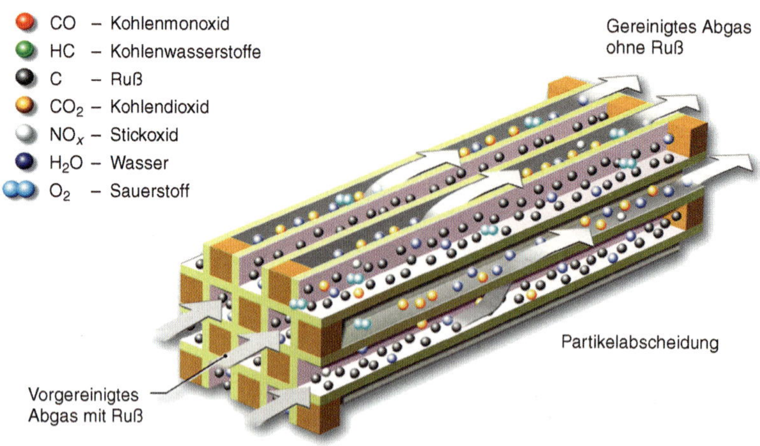

Abb. 5.100 Funktion des geschlossenen Dieselpartikelfilters

Wissenschaftliche Untersuchungen in Europa, USA und Japan unterstützen diese Ergebnisse: die Größenverteilung der Partikel hat sich nicht zu kleineren Partikelgrößen verändert [89]. Folgerichtig existiert eine Korrelation zwischen Anzahl und Masse der Partikel und damit geht mit dem Rückgang der Partikelmasse auch die Anzahl zurück. Trotz dieser Erkenntnisse wird von einigen Mitgliedstaaten der EU weiterhin auf partikelzählende Messverfahren als neue Methode zur Bestimmung der Partikelemissionen in der Abgasgesetzgebung gesetzt.

Von Instituten [89] und der Automobilindustrie [89] sind verschiedene Studien zu den diskutierten Messverfahren erstellt worden. Grundsätzliche Anforderungen für ein gesetzliches Zulassungsverfahren sind

- Bestimmungsgrenze,
- Kalibrierbarkeit vor Ort,
- Wiederholbarkeit,
- Reproduzierbarkeit.

Partikelzählende Messverfahren müssen jedoch, hinsichtlich Kalibrierbarkeit und Reproduzierbarkeit optimiert werden [90]. Ein Gesetzesvorschlag ist in der UNECE WP29 entwickelt worden. Spätestens mit der Einführung von Euro 6 ist das Zählen der Partikel für Diesel- und Ottomotoren vorgeschrieben. Bis dahin soll auch ein Grenzwert für Ottomotoren festgelegt sein.

Ausführungsformen Sind die Partikelemissionen noch weiter zu senken, werden *Dieselpartikelfilter* mit hoher Abscheideleistung von über 90 % eingesetzt. Die Funktionsweise ist in Abb. 5.100 dargestellt. Eine größere Anzahl von Fahrzeugen ist schon heute serienmäßig mit Partikelfiltern ausgerüstet. Die Hauptmerkmale zur Unterscheidung der Systeme sind:

- Trägermaterial (Siliziumcarbid, Sintermetal, Aluminium-Titanat),
- Beschichtung,
- Additivunterstützung,
- Einbauart motornah oder im Unterboden.

Die Kanäle des Dieselpartikelfilters sind abwechselnd auf einer oder der anderen Seite verschlossen. Die Abgase durchströmen die Wände, während die Partikel ausgefiltert werden.

Für eine Serienapplikation ist die Filterung der Partikel nicht das Kernproblem. Es gilt die gesammelte Rußmenge unter allen Betriebsbedingungen zu oxidieren (regenerieren). Dabei werden zwei Ansätze verfolgt:

- Kontinuierliche Oxidation (CRT-Effekt),
- Thermische Oxidation.

Beim CRT-System (continuously regenerating trap) wird ein kontinuierlicher Abbrand des Rußes sichergestellt (Abb. 5.101a). Es besteht aus einer Katalysator-Rußfilter-Einheit. Die Fahrzeugabgase durchströmen zuerst den Oxidationskatalysator. Im Temperaturbereich von 200–600 °C werden CO und HC fast vollständig oxidiert. NO wird zu NO_2 umgewandelt. Dieses NO_2 verbindet sich im Rußfilter mit dem Kohlenstoff zu CO_2. Für eine einwandfreie Funktion muss hinreichend viel NO_2

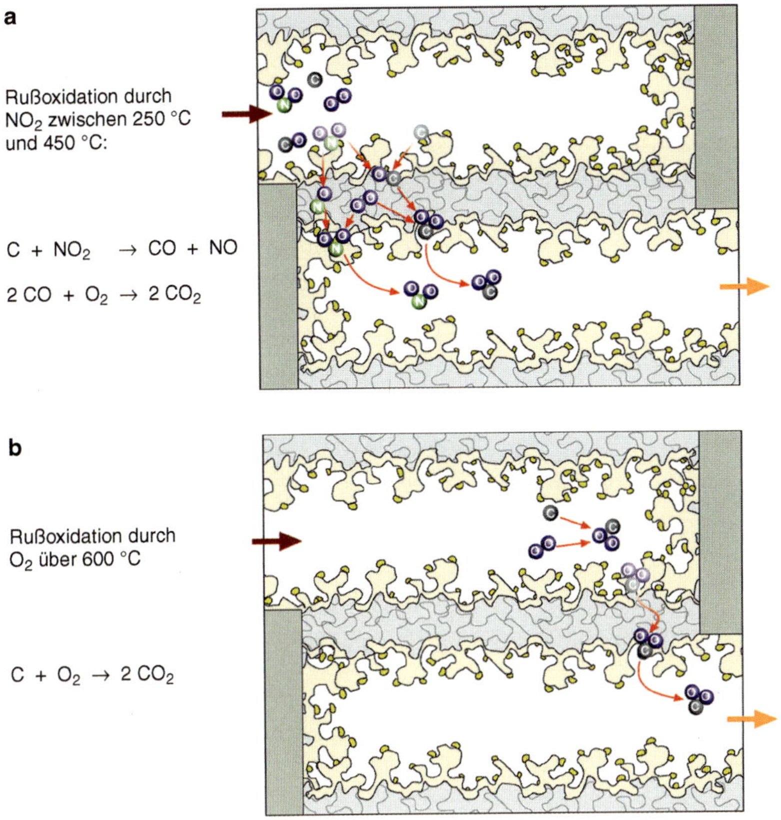

Abb. 5.101 **a** Wirkungsweise der Regeneration durch CRT-Effekt; **b** Wirkungsweise der thermischen Regeneration

(NO_2/Partikel-Verhältnis) zur Verfügung stehen. NO_2 wird dadurch wiederum zu NO reduziert. Diese Reaktionen laufen zwischen 200 und 500 °C ab. In diesem Bereich befindet sich das System im Gleichgewicht. So entstehen keine Temperaturspitzen.

Es gibt für die Anwendung des CRT-Systems eine wichtige technische Grundvoraussetzung: Dieselkraftstoff mit einem Schwefelgehalt von unter 10 ppm wird benötigt. Die Gleichgewichtstemperatur zwischen Rußanlagerung und -abbrand wird vom Kraftstoffschwefel beeinflusst. SO_2 behindert im Abgas die NO_2-Bildung, sodass keine ausreichende Menge an Oxidationsmittel zur Verfügung steht. Zusätzlich wird durch die durch Schwefel mögliche Sulfatbildung die Filteroberfläche irreversibel blockiert.

Neben dem CRT-Effekt arbeiten alle heutigen Serienlösungen mit der thermischen Regeneration (Abb. 5.101b). Diese wird je nach eingelagerter Rußmenge eingeleitet. Die erforderliche Abgastemperatur von über 600 °C (abhängig u. a. auch von der Einbaulage des Dieselpartikelfilters) wird durch Verschiebung des Einspritzbeginns weit nach OT erzielt. Mittels Temperatur-, Druck- und Lambda-Sensoren werden die erforderlichen Zündbedingungen vom Motorsteuergerät eingestellt und überwacht (Abb. 5.102).

Durch Verwendung eines Additivs wird die Zündtemperatur des Rußes auf etwa 500 °C gesenkt. Der erste Serieneinsatz ist bei PSA erfolgt [91] (Abb. 5.103).

Die aktiven Abgasnachbehandlungssysteme beeinflussen das Anforderungsprofil an zukünftige Betriebsstoffe. Bei der Verbrennung metallhaltiger Additivkomponenten des Motoröls entsteht Asche, die zu irreversiblen Ablagerungen in Dieselrussfiltern führen und deren Lebensdauer verkürzen.

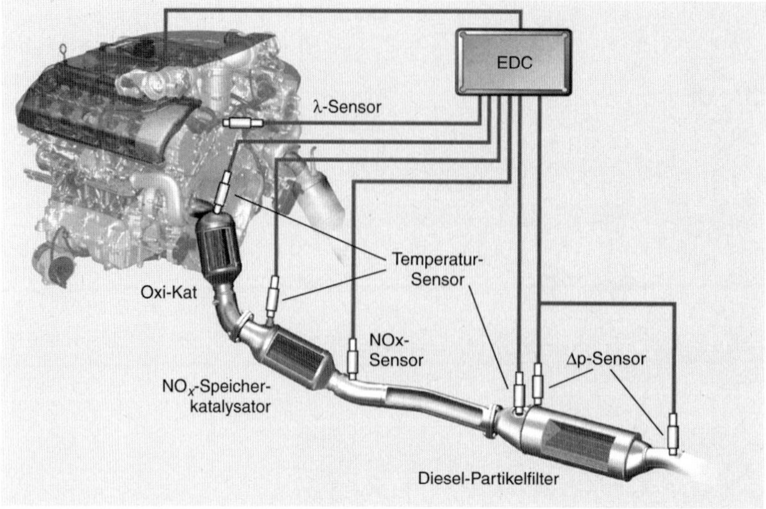

Abb. 5.102 Abgasnachbehandlungseinheit mit Partikelfilter und NO_x-Speicherkatalysator

Um den Einfluss des Schmierstoffverbrauchs auf die Strömungs- und Rußbeladungseigenschaften des Partikelfilters bewerten zu können, wurde ein zusätzlicher motorischer Test entwickelt [92].

5.2.7.3 Entstickung

Übersicht Seit Mitte der Achtzigerjahre wird intensiv nach NO_x-Katalysatoren gesucht, die auch bei Sauerstoff-Überschuss Stickoxide mit Kohlenwasserstoffen oder CO selektiv umsetzen. Für die Abgasnachbehandlung der Stickoxide sind verschiedene Möglichkeiten bekannt. Fahrzeugtaugliche Verfahren müssen zu gasförmigem Stickstoff bzw. gasförmiger Wasserdampfemission führen. Somit sind folgende praktische Wege zur Reduktion von NO_x möglich (Abb. 5.104):

- NSCR-Technologie (nicht selektive katalytische Reaktion),
- NO_x-Speicherkatalysator,
- SCR-Technologie (selektive katalytische Reaktion).

Die NSCR-Katalysatoren sind umfangreich untersucht worden. Der Verlauf der Konversion eines edelmetallhaltigen Katalysators zeigt im testrelevanten Temperaturbereich ein Maximum mit äußerst geringem Temperaturfenster. Aus den unterschiedlichen Verläufen der NO_x-Konversion kann auf verschiedene Reaktionsmechanismen geschlossen werden, die noch einer weiteren Klärung bedürfen. Im realen Fahrbetrieb wurden deutlich geringere Umsetzungsraten als im Labor aufgrund höherer Raumgeschwindigkeiten, Anteile von Wasser und Schwefel festgestellt: bis ca. 30 % im US-Testverfahren und bis zu 25 % im neuen europäischen Testzyklus bei frischen Katalysatoren. Der Kraftstoffschwefel mindert die Effektivität mit der Zeit um ca. 15 %. Deshalb spielen diese Systeme zur NO_x-Reduktion im PKW eine immer kleinere Rolle.

NO_x-Speicherkatalysator Eine weitere Möglichkeit ist der Einsatz von NO_x-*Speicherkatalysatoren*. Ihre Dauerhaltbarkeit setzt beim heutigen Stand der Technik jedoch die Verwendung weitestgehend schwefelfreien Kraftstoffs voraus.

Die Effektivität des NO_x-Speicherkatalysators in Abhängigkeit von Temperatur und Schwefelempfindlichkeit ist in Abb. 5.105a,b dargestellt. Der Katalysator besteht aus zwei Hauptelementen, einer Edelmetall-Kombination (z. B. Pt/Rh) und dem eigentlichen NO_x-Speichermaterial aus der Gruppe der Alkali- oder Erdalkalimetalle oder der Seltenen Erden, in Form des Oxids oder Carbonats, hier als Beispiel Bariumcarbonat.

Während der NO_x-Speicherphase (Abb. 5.106) wird das aus dem Motor kommende NO_x, das im mageren Abgas hauptsächlich als NO vorliegt, an

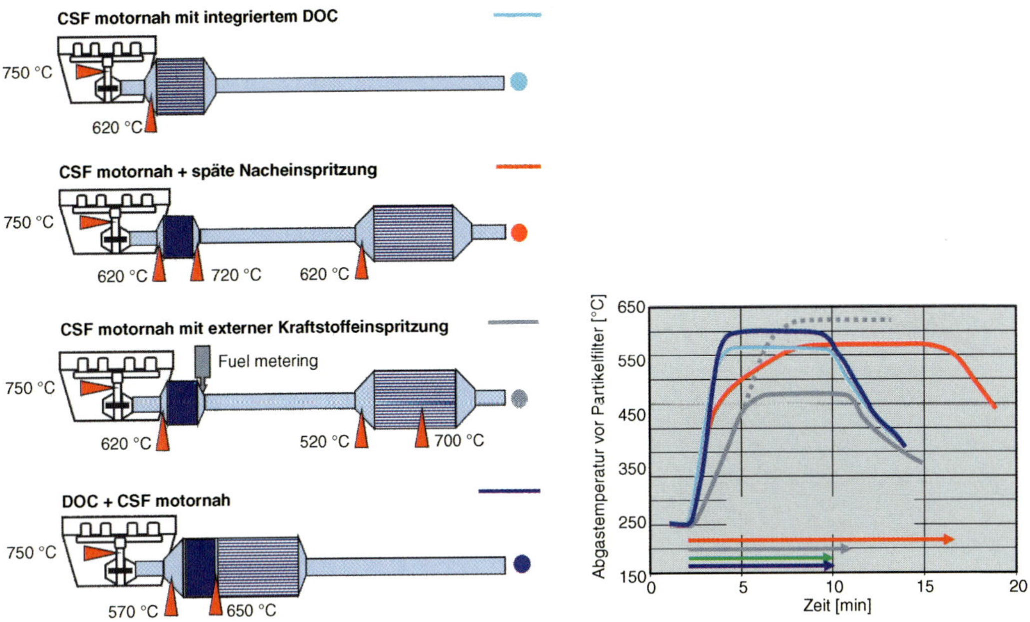

Abb. 5.103 Dieselpartikelvarianten

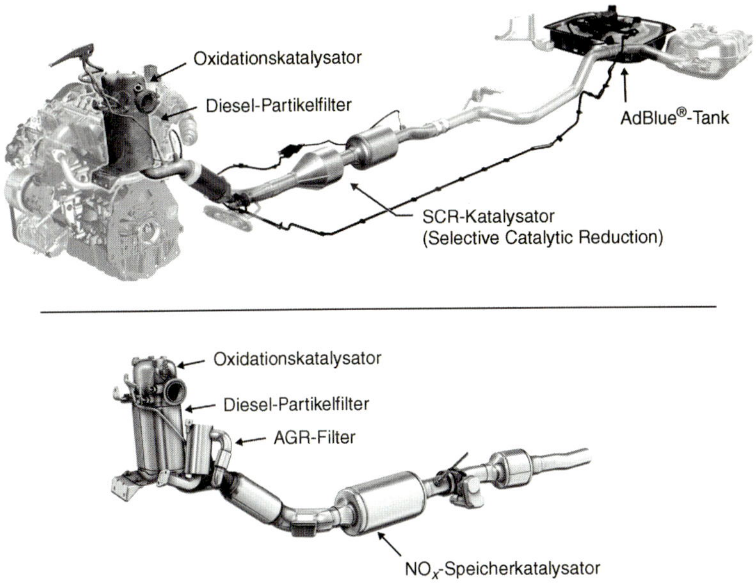

Abb. 5.104 Dieselabgasnachbehalndlung mit Oxidationskatalysator, Dieselpartikelfilter und NO$_x$-Nachbehandlung (oben: SCR-Katalysator; unten: NO$_x$-Speicherkatalysator)

der Platinkomponente des Katalysators zum NO_2 oxidiert, das dann mit der Speicherkomponente des Katalysators zum Bariumnitrat weiterreagiert. Gleichzeitig wird auch das im Abgas enthaltene SO_2 zum SO_3 oxidiert und reagiert ebenfalls mit dem Bariumcarbonat zum Sulfat. Das SO_2 ist bei dem NO_x-Speichervorgang also in zweierlei Hinsicht störend: Es konkurriert mit dem NO um Adsorpti-

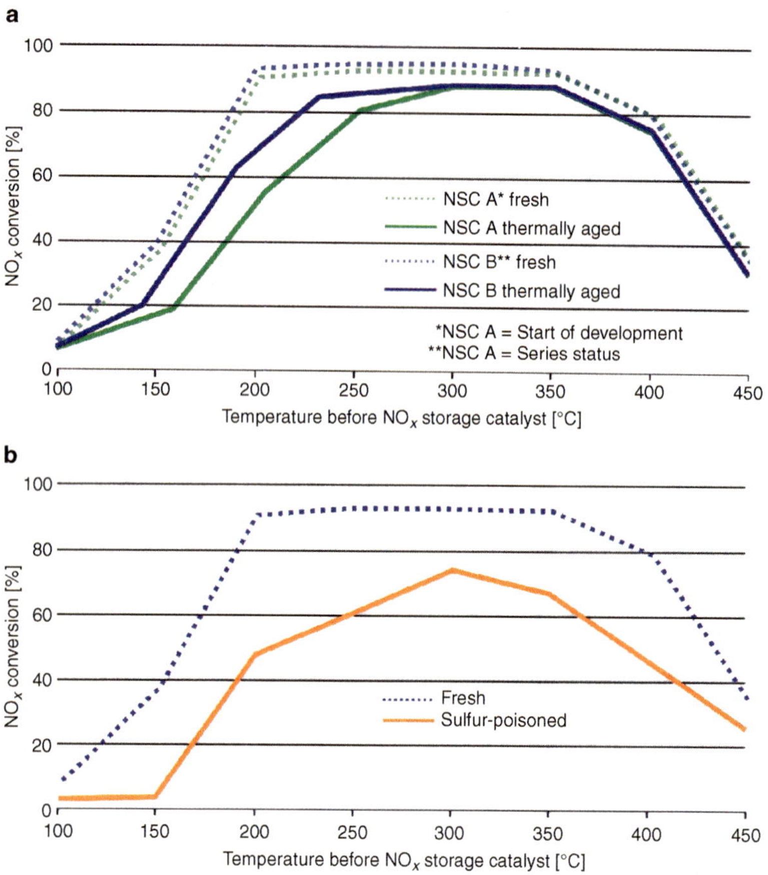

Abb. 5.105 **a** Einfluss thermischer Alterung auf die NO_x-Umsetzung; **b** Einfluss einer Schwefelvergiftung auf die NO_x-Umsetzung

onsplätze am Platin und behindert damit die NO_2-Bildung und, was entscheidend ist, es verbraucht das Speichermaterial Bariumcarbonat.

Ist alles verfügbare Bariumcarbonat in Nitrat umgewandelt, muss der Speicher regeneriert werden. Hierzu wird der Motor kurzzeitig in einen fetten Betriebszustand gebracht. Die dann im Überschuss vorliegenden reduzierenden Abgasbestandteile H_2, CO und HC wandeln jetzt das Bariumnitrat wieder in das Carbonat oder das Oxid um, während das freigesetzte NO_x am Edelmetall zum Stickstoff reduziert wird. Das Sulfat ist wesentlich temperaturstabiler als das Nitrat und wird bei diesem Regenerationszyklus ($\lambda < 1, T > 650\,°C$, $t > 2$ min) nicht oder nur zu einem geringen Anteil umgewandelt. Es verbleibt deshalb im Katalysator, reichert sich bei jedem Mager/Fett-Zyklus weiter an und vermindert zunehmend die für eine NO_x-Speicherung verfügbare Bariumcarbonatmenge sowie die Zugänglichkeit des Speichermaterials für NO_2.

Der Einsatz der Speicherkatalysatoren beim Diesel erfordert einen hohen technischen Regelungs- und Applikationsaufwand. Hauptgrund ist, dass Dieselmotoren mit Luftüberschuss betrieben werden und somit keine Bedingung für eine Regeneration auftritt. Das »fette« Luftverhältnis muss durch entsprechende Maßnahmen (Anheben der Abgasrückführrate, Drosselung, Kraftstoffeindüsung vor dem Katalysator, veränderte Einspritzung) herbeigeführt werden. Das zweite Problem ist die niedrige Abgastemperatur, vor allem bei den

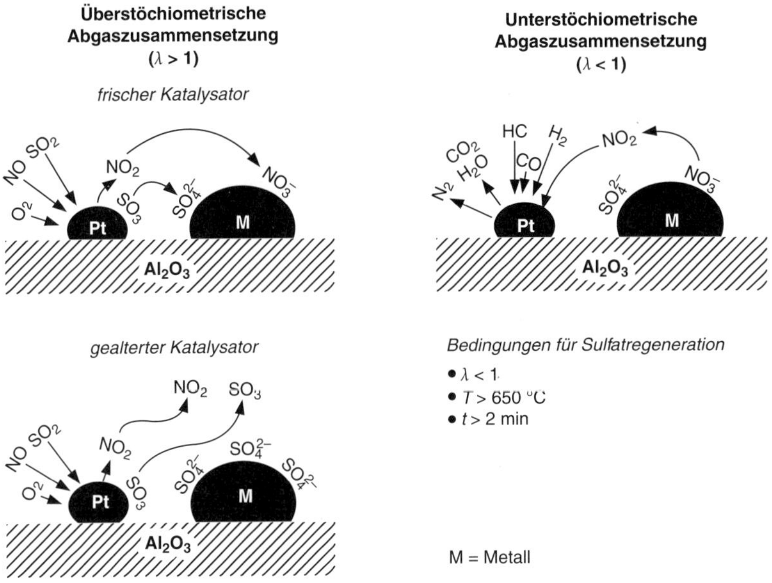

Abb. 5.106 Funktion der NO_x-Speichertechnologie und Einfluss des Schwefels im Kraftstoff

Direkteinspritzmotoren. Sie beschränkt die Speichereffektivität und insbesondere die mögliche Regenerationsstrategie.

Verbesserte Regelstrategien und optimierte stabile Beschichtungen ermöglichen heute eine Konvertierungseffektivität von 60–80 %. NO_x-Speicherkatalysatoren sind Bestandteil der NO_x-Minderungsstrategien von BMW, Daimler und Volkswagen [91, 93].

SCR-Katalysatoren Aus der Kraftwerkstechnik ist die Stickoxidreduktion durch Einsatz von *SCR-Katalysatoren* bekannt (Abb. 5.107). Vor dem Katalysator wird als selektiv wirkendes Reduktionsmittel Ammoniak (NH_3) gespritzt. Der dort gebundene Wasserstoff reagiert mit dem freien und im Stickoxid gebundenen Sauerstoff zu Wasser. Vereinfacht gilt:

$$4\,NH_3 + 4\,NO + O_2 \rightarrow 4\,N_2 + 6\,H_2O$$
$$8\,NH_3 + 6\,NO_2 \rightarrow 7\,N_2 + 12\,H_2O$$

Die Übertragung dieser Technologie auf das Fahrzeug ist nicht trivial, da hier aus sicherheitstechnischen Gründen auf den direkten Einsatz des gesundheitsschädlichen NH_3-Gases verzichtet und auf andere Reduktionsmittel wie Harnstoff ($(NH_2)_2CO$) ausgewichen werden muss. Durch Hydrolyse wird aus dem Harnstoff NH_3 gewonnen:

$$(NH_2)_2CO + H_2O \rightarrow 2\,NH_3 + CO_2$$

Eine Fahrzeuganwendung (Abb. 5.108) erfordert eine Dosiereinheit mit Reduktionsmitteltank, Steuergerät und Hydrolyse-SCR-Katalysator. Mittels einer Zerstäuberdüse (Abb. 5.109) wird dem Abgassystem lastabhängig die Harnstofflösung zugeführt. Wegen des möglichen NH_3-Schlupfes im Fahrbetrieb ist eine Regelung der NH_3-Zufuhr unabdingbar, und es wird meist ein Oxidationskatalysator nachgeschaltet. Der Wirkungsgrad lässt sich noch steigern, wenn das NO/NO_2-Verhältnis mit einem vorgeschalteten Oxidationskatalysator angepasst wird.

Hochaktive Oxidationskatalysatoren erhöhen die Sulfat- und damit Partikelemissionen. Deshalb ist auch hier ein schwefelarmer Kraftstoff wichtig. Für den Kaltbetrieb ist ab −10 °C das Reduktionsmittel aufzuheizen.

Harnstoff als Reduktionsmittel muss unabhängig vom Fahrzyklus und der NO_x-Emissionen zugeführt werden. Im Mittel werden 1–5 % des Kraftstoffverbrauchs benötigt.

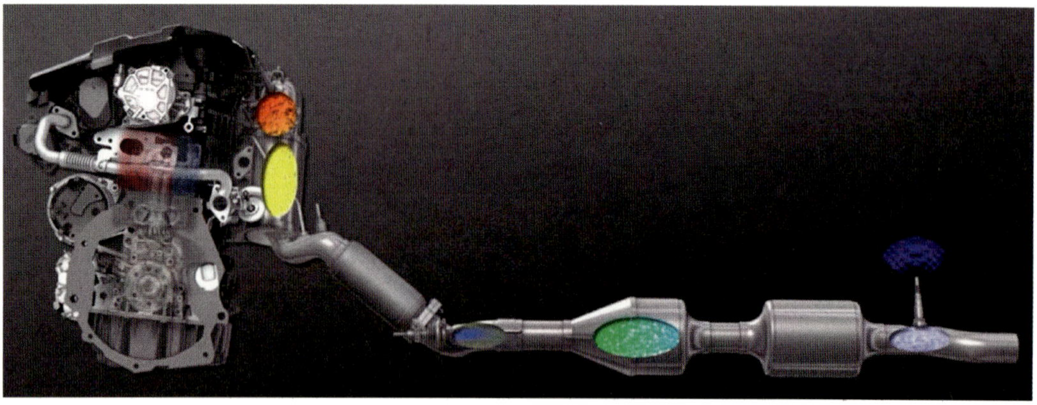

Abb. 5.107 Ansicht eines Abgasnachbehandlungssystems mit SCR-Katalysator

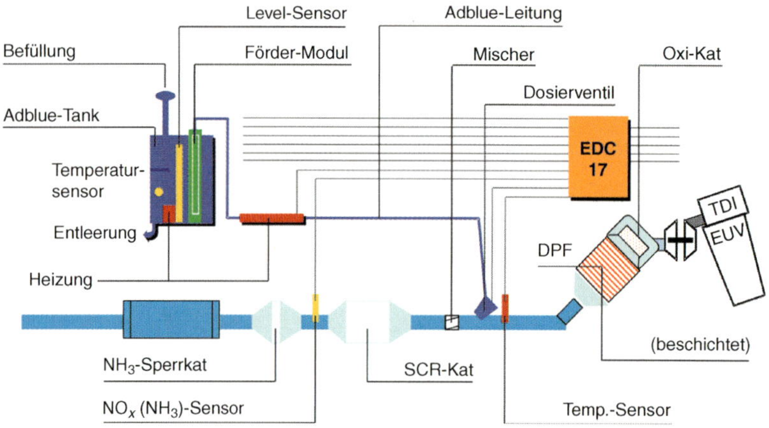

Abb. 5.108 Gesamtsystem mit Partikelfilter und SCR-Technik

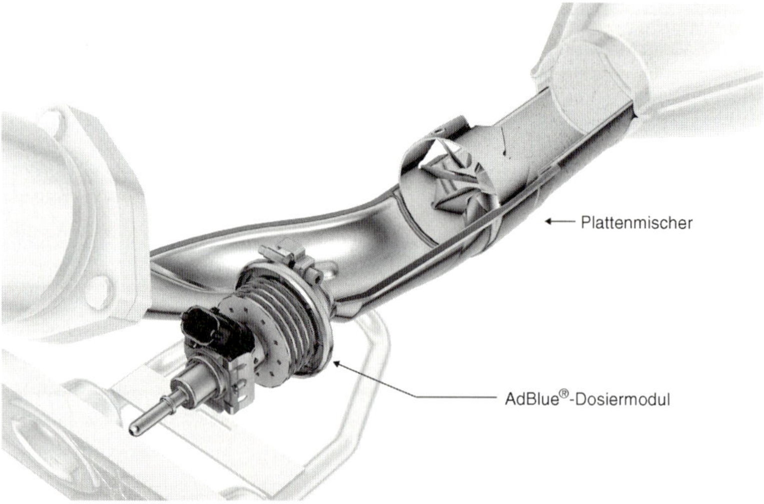

Abb. 5.109 Harnstoffdosierventil mit Mischstrecke

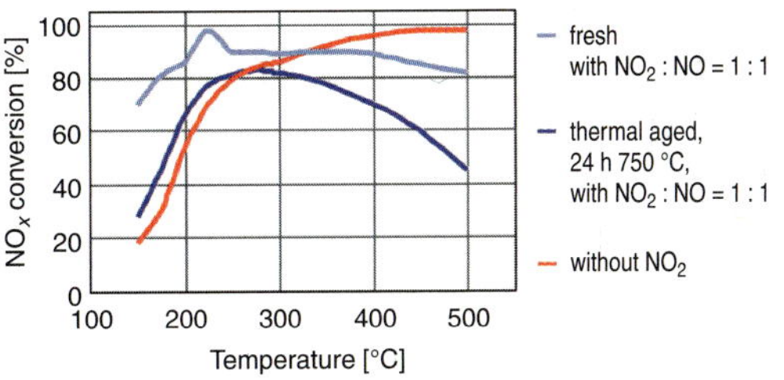

Abb. 5.110 Effektivität des SCR-Katalysators als Funktion von Temperaturen und NO/NO_2-Verhältnis

Sollte es gelingen, das Reduktionsmittel Harnstoff nicht als wässrige Lösung, sondern als Feststoff im Fahrzeug mitzuführen und aufbereitet dem Abgas beizumessen, könnten auch die Nachteile des zusätzlichen Betriebsstoffes deutlich verringert werden.

SCR- und NO_x-Speicher-Systeme werden aktuell mit großer Intensität entwickelt. Die SCR-Technik verspricht im gesamten Drehzahlkollektiv den höchsten Abscheidegrad, erfordert aber auch den höchsten technischen Aufwand (Abb. 5.109). Bei der SCR-Technik muss die Alterungsstabilität und es müssen die Temperaturgrenzen (Abb. 5.110) verbessert werden [94].

5.2.8 Dieselkraftstoffe

Die Qualität der Dieselkraftstoffe beeinflusst verschiedene Komponenten der Dieselfahrzeuge (Abb. 5.111). Gegenwärtig ist weltweit aber ein Trend zur Diversifikation der Dieselkraftstoffe zu beobachten. Verursacht wird dies auch durch den Versuch, mineralbasierte Kraftstoffe durch Biokraftstoffe zu ersetzen. Da sich die Kraftstoffe in ihren Spezifikationen (Abb. 5.112) wesentlich unterscheiden, stellt dies zusätzliche Herausforderungen an die Materialien und Abstimmung der Konzepte dar.

Die Forderungen der weltweiten Verbände der Automobilindustrie [95] sind in der Worldwide Fuel Charter WWFC zusammengefasst. Die wichtigsten Aussagen sind:

1. Cetanzahl
   Eine Anhebung der Cetanzahl auf mind. 58 und des Cetanindex auf mind. 54 ist wegen der Verbesserung der Zündwilligkeit und damit des Kaltstarts und der Verbrennung erforderlich (Abb. 5.113).
2. Dichte
   Eine Eingrenzung (Minimal- und Maximalwert) ist für die Abstimmung der Motoren wichtig. Die Dichte hat einen direkten Einfluss auf die Abgasemissionen. Der Bereich von 820–840 kg/m^3 wird für notwendig gehalten.
3. Aromaten
   Die mehrkernigen aromatischen Kohlenwasserstoffe haben einen großen Einfluss auf die Bildung von Dieselpartikeln. Deshalb sollten die polyzyklischen Aromaten auf max. 1 Gew. % und die Gesamtaromaten auf max. 10 Gew. % begrenzt werden (Abb. 5.114 und Abb. 5.115).
4. Schwefel
   Schwefel im Kraftstoff trägt zur Partikelbildung bei. Durch Verwendung schwefelarmer Qualitäten können die Emissionen aller im Betrieb befindlichen Fahrzeuge reduziert werden. Der Schwefel beeinflusst auch das Anspringverhalten der Oxidationskatalysatoren: Zum Erreichen der vollen Wirksamkeit werden höhere Abgastemperaturen benötigt, d. h. die Kaltstartphase wird verlängert und die Kaltstartemissionen werden damit erhöht [96].
5. Siedeende
   Das Siedeende ist ein Hinweis auf den Gehalt schwersiedender Kohlenwasserstoffe (hauptsächlich PAH's), die sich schwer verbrennen lassen und wesentlich zur Partikelbildung beitragen. Deshalb sollte das Siedeende auf 350 °C herabgesetzt werden.

Mit einer Verbesserung der Kraftstoffqualität kann eine sofortige Emissionsminderung aller im Bestand betriebenen Fahrzeuge erreicht werden.

Neben diesen die heutige Technologie beeinflussenden Effekten, ist die Schwefelminderung unbedingte Voraussetzung für die Einführung zukünftiger Abgasnachbehandlungstechnologien wie z. B. für den $DeNO_x$-Katalysator. Schwefel vergiftet diese Speichersysteme (Abb. 5.105b). Deshalb ist eine Begrenzung auf max. 15 ppm (schwefelarmer Kraftstoff) erforderlich. Diese Forderung wurde bereits in der Europäischen Union umgesetzt. Eine weitere Durchdringung in anderen Teilen der Welt,

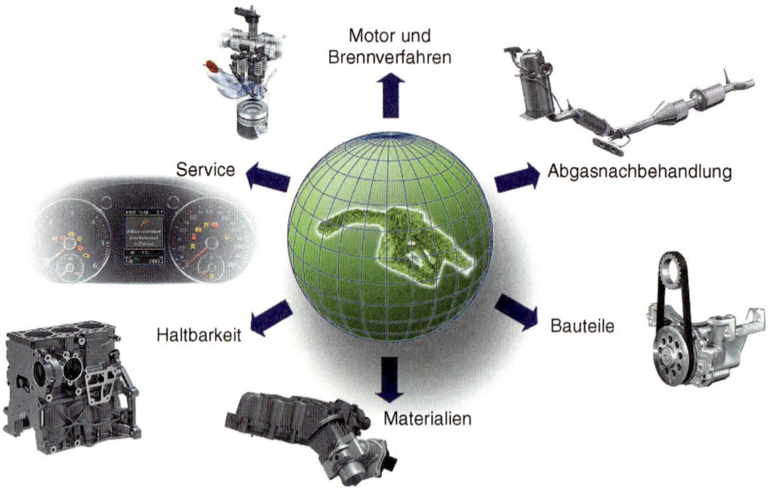

Abb. 5.111 Einfluss des Kraftstoffes auf die verschiedenen Komponenten des Dieselmotors

	Diesel	Biodiesel	Hydriertes Pflanzenöl	BTL
Energie [MJ/kg]	41–42	37	42	43
CZ	> 51	> 51	> 70	> 70
S [mg/kg]	< 50	< 10	< 10	< 5
Aschebildner [mg/kg]	1–2	1–20	< 1	< 1
Chemie	Paraffin, Aromat Kohlenwasserstoffgemisch	Methanol, Fettsäure Ester	Paraffin Paraffin	Paraffin Paraffin
Siedeverhalten	% / °C	% / 330 °C / °C	% / °C	% / °C

Abb. 5.112 Eigenschaften verschiedener Dieselkraftstoffe

in denen anspruchsvolle Abgasgesetzgebungen eingeführt werden, ist zwingend erforderlich.

Die vier wesentlichen Forderungen an einen zukünftigen Kraftstoff (siehe auch ▶ Abschn. 5.9):

- sichere Versorgung
- gesamtwirtschaftliche Tragfähigkeit
- Berücksichtigung von Umwelt- und Klimaschutzanforderungen
- hohe Energiedichte

kann heute kein singulärer Energieträger, auch Wasserstoff nicht, erfüllen.

Dies ist die Begründung für die zu beobachtende Diversifikation der Kraftstoffe. Das parallele Angebot im Markt von Diesel, Ottokraftstoff, Methanol, Ethanol, Erdgas und anderen Kraftstoffen kann aber keine wirtschaftliche Lösung darstellen, da für jeden dieser Kraftstoffe ein eigenständiger Antrieb entwickelt werden müsste.

Es sollte daher nach einer Möglichkeit, die Primärenergien zu diversifizieren und dabei gleichzeitig die zum Einsatz kommenden Energieträger für den mobilen Einsatz auf möglichst wenige Varianten zu konzentrieren, der Vorzug gegeben werden.

In den nächsten Jahren wird insbesondere ein verstärkter Einsatz von Erdgas erfolgen, was auch für die spezifischen CO_2-Emissionen von Vorteil ist. Erdgas kann und wird direkt zum Fahrzeug-

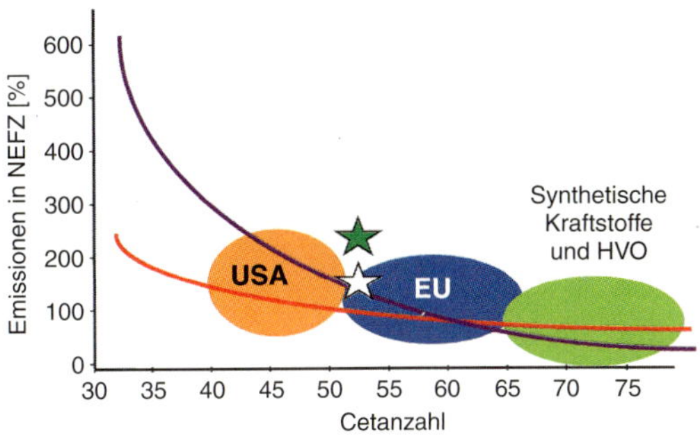

Abb. 5.113 Abhängigkeit der Abgasemissionen von der Cetanzahl

antrieb genutzt werden. Allerdings ist wegen der bekannten Nachteile bezüglich Reichweite und Platzbedarf für den Tank, die für alle gasförmigen Kraftstoffe gelten, und des zunehmenden Aufwandes für die Abgasnachbehandlung zur Erfüllung strenger Abgasgrenzwerte, kein Ersatz der heutigen Kraftstoffe durch Erdgas zu erwarten, sondern nur eine begrenzte Ergänzung. Aus Erdgas können aber auch mit bekannten und großtechnisch erprobten Verfahren wie der Shell-Mittel-Destillat-Synthese (SMDS) andere Sekundärenergieträger hergestellt werden [97].

Erdgas wird dazu in einer ersten Verfahrensstufe mittels einer Dampfreformierung in ein Synthesegas, eine Mischung aus Wasserstoff und Kohlenmonoxid umgewandelt. Aus diesem Synthesegas kann über eine Fischer-Tropsch-Synthese konventioneller Kraftstoff, insbesondere Dieselkraftstoff hoher Qualität, ohne Schwefel- und Aromatengehalt, hergestellt werden. Diese so genannte Gas-To-Liquid Technologie (GTL) ist beim heutigen Rohölpreis-Niveau in vielen Regionen der Erde, in denen kostengünstig Erdgas oder Erdölbegleitgas anfällt, höchst wirtschaftlich. Diese synthetischen Kraftstoffe (SynFuels) besitzen ein hohes Potenzial zur Verbesserung der motorischen Brennverfahren. Die Spezifikation eines synthetischen Dieselkraftstoffs besticht vor allem durch die hohe Cetanzahl und die Aromaten- und Schwefelfreiheit. Als Beispiel sind aus einem Flottenversuch in Abb. 5.115 einige Werte beim Einsatz eines synthetischen Kraftstoffes in einem Dieselmotor mit Euro4-Technologie dargestellt. Die Bezugsbasis stellt ein heutiger Standard Dieselkraftstoff. Wie zu erkennen ist, ermöglichen synthetische Kraftstoffe die gleichzeitige Reduzierung der NO_x- und der Partikelemissionen. Setzt man die Kraftstoffe in einem Fahrzeug ein und passt die Kalibrierung an, ermöglichen sie dem Automobilhersteller eine Weiterentwicklung seiner Produkte zu verringertem Verbrauch und, insbesondere bei Dieselmotoren, zu weiter verbesserten Emissionen [98].

Die Zwischenstufe Synthesegas ermöglicht in einer weiteren Stufe zusätzlich den Einsatz auch regenerativer Energieträger, wie Restholz, Reststroh, Energiepflanzen oder Biomüll. Entscheidend ist, dass dabei die Qualität des Endproduktes nicht von der Beschaffenheit der eingesetzten Primärenergie abhängig ist. Mit dieser Lösung werden die endliche Verfügbarkeit und die CO_2-Emission der synthetischen Kraftstoffe beseitigt. Die CO_2-Emission wird damit lokal nicht zu Null, aber es wird ein CO_2-neutraler Kreislauf geschaffen, dessen Antriebsenergie die Sonne liefert. Dieser Lösungsansatz eines biomassebasierten SunFuels® kann als mittelfristig bezeichnet werden, da er heute noch nicht wirtschaftlich tragbar ist. Der große Vorteil dieser Route liegt darin, dass auch in dieser Phase die heutige Kraftstoff-Infrastruktur erhalten bleiben kann.

5.2.9 Regelung

Die zunehmende Elektrifizierung auch des Dieselfahrzeuges macht eine Vernetzung der verschiedenen installierten Regelkreise erforderlich (Abb. 5.116). Allein die Einführung der Dieselabgasnachbehandlungssysteme erfordert eine Vielzahl unterschiedlicher Brennverfahren und Motorbetriebsarten. Um die Anforderungen und Potentiale nutzen zu können, ist die Entwicklung entsprechender Regelalgorithmen und Systemmodelle erforderlich [99–101].

Jede Betriebsart, ob Normalbetrieb oder Regenerationsbetrieb für Dieselpartikelfilter oder $DeNO_x$-Einrichtung basiert auf einer Vielzahl von Eingangsgrößen, die im Steuergerät verarbeitet und als Stellbefehle an die zugehörigen Aktuatoren gesendet werden. Die verschiedenen

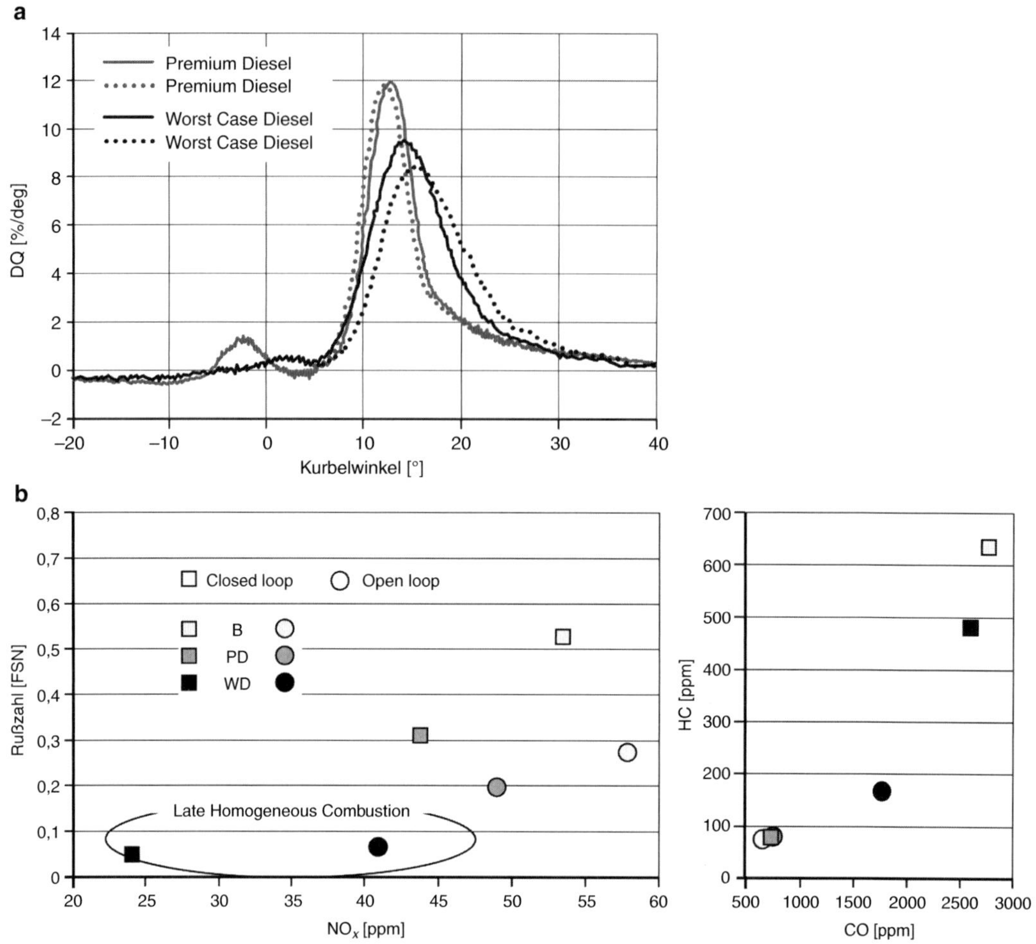

Abb. 5.114 **a** Bandbreite des Einflusses der Kraftstoffqualitäten auf den Verbrennungsverlauf; **b** Bandbreite des Einflusses der Kraftstoffqualitäten auf die Abgasemissionen (exemplarisch dargestellt für Ruß und HC; B = Basis, PD = Premium Diesel, WD = Worst Case Diesel)

Betriebsarten bestehen aus Modulen, die von einem Betriebsartenkoordinator gesteuert werden (Abb. 5.117). Bespiele sind die Dieselverbrennungsregelung Abbildung 5.118 und die Partikelfilterregeneration (Abb. 5.119).

5.2.10 Die Zukunft des Dieselmotors

Anforderungen Die konventionellen Verbrennungsmotoren (Otto und Diesel) werden auch noch während der nächsten 10 bis 20 Jahre die vorherrschenden Konzepte sein. Der schnelllaufende Hochleistungsdiesel hat dabei heute einen hohen Entwicklungsstand erreicht und kann sich mit dem Ottomotor messen lassen. Die Entwicklungen der letzten Jahre waren geprägt durch:

- Emissionsvorschriften,
- Verbrauchsminderung,
- Geräuschvorschriften,
- politische Diskussionen und
- Kostenreduzierung.

Daneben spielen Aspekte wie Rohstoffpreise, marktspezifische Kundenwünsche, Wettbewerbssituation in den weltweiten Märkten und Unternehmensziele eine Rolle (Abb. 5.120).

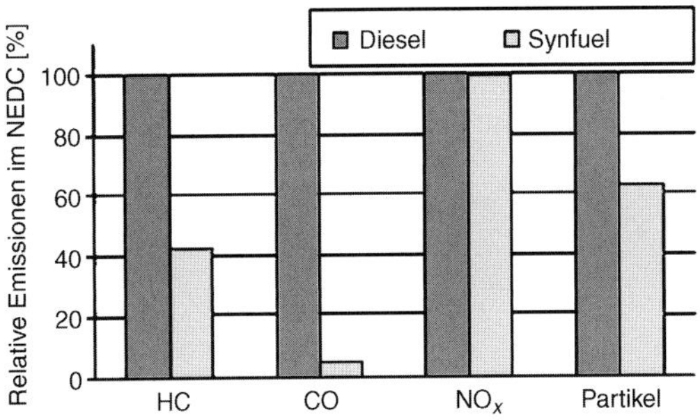

Abb. 5.115 Emissionsminderung bei Verwendung eines SynFuels in einem Dieselfahrzeug mit Euro4-Technologie

Diesel oder Otto? Der Dieselmotor hat gegenüber dem Ottomotor unbestritten Vorteile im Verbrauch (und damit auch bei den CO_2-Emissionen) und verfügt über ein höheres Drehmoment, insbesondere im Bereich niedriger Drehzahlen. Voll gebrauchsfähige Fahrzeuge mit einer CO_2-Emission unter 90 g/km sind nach Meinung aller Experten nur mit Dieselmotoren darstellbar. In anderen Merkmalen war der Dieselmotor dem Ottomotor, der bei höheren Nenndrehzahlen betrieben wird, unterlegen: beim Leistungsgewicht, beim Verbrennungsgeräusch und bei der Abgasnachbehandlung (3-Wege Katalysator).

Diese Positionen sind durch das Potenzial des direkteinspritzenden Ottomotors in Diskussion geraten.

Der Verbrauchsvorteil des Dieselmotors wird gegenüber dem Ottomotor kleiner werden. Das Otto-DI-Prinzip führt dazu, dass nun der alte Abstand wie zwischen Dieselvorkammer- und Ottomotor wieder hergestellt ist, da beide Konzepte durch Einführung der DI-Technik etwa denselben Reduktionssprung vollführt haben. Aber: Extrem sparsame Fahrzeuge werden auch in Zukunft mit einem Dieselmotor ausgerüstet sein.

Bei der Abgasminderung kommen auf den DI-Ottomotor vergleichbare Probleme wie auf den Dieselmotor zu, da beide DI-Konzepte mit noch in der Entwicklung befindlichen komplexen Katalysatoren ausgerüstet werden müssen.

Die Verbrennungsgeräusche sind bei den Diesel-DI-Motoren im unteren Drehzahlbereich noch höher als die der Ottomoren: In der Gesamtfahrzeugbetrachtung nähern sich die Geräusche immer mehr an.

Zusammenfassend kann die Frage, welches der innermotorischen Brennverfahren im Pkw auch in Zukunft eine Daseinsberechtigung hat und welches nicht, eindeutig beantwortet werden: Beide Konzepte. Der DI-Ottomotor wird den DI-Dieselmotor nicht ersetzen. Vielmehr ist bei beiden mit weiteren Fortschritten im Spannungsfeld von Verbrauchs- und Abgasminderung zu rechnen.

Das weitere Potenzial des Dieselmotors Die Entwicklung des direkteinspritzenden Dieselmotors wird weitergeführt werden. Die Reduzierung der Abgasemissionen und deren Sicherstellung bei Alterung des Fahrzeugs wird neben sich verschärfenden Verbrauchsszenarien der wesentliche Schwerpunkt sein.

Dabei ist zu beachten, dass verschiedene Anforderungen aufgrund unterschiedlicher gesetzlicher Anforderungen zu erfüllen sind. Insbesondere sind zu erwähnen die sich weltweit immer weiter verschärfende Abgasgesetzgebung (Abb. 5.121a) und die weltweite Anforderungen an geringe CO_2-Emissionen, die in Abb. 5.121b exemplarisch für die EU dargestellt sind. Daneben ist ein Trend zur einer größeren Diversifikation der Kraftstoffqualitäten, die nicht notwendigerweise zu einer Verbesserung führt, zu beobachten (Abb. 5.121c). Die einzelnen Anforderungen können nicht isoliert betrachtet werden. So führt z. B. eine Reduktion der NO_x-Emissionen, die durch die Abgasgesetzgebung vorgegeben ist, zu einer Erhöhung der CO_2-Emissionen, die durch andere Maßnahmen aufzufangen ist (Abb. 5.122). Daraus leiten sich die technischen Anforderungen an den Dieselmotor ab (Abb. 5.123).

Die modernen Dieselmotoren zeichnen sich durch Mehrventiltechnik, variable Hochdruckeinspritzung, Abgasturbolader mit variabler Turbinengeometrie, Mehrstufenaufladung, geregelte Abgasrückführung, Oxidationskatalysator und vollelektronisches Motormangement sowie Partikelfilter und Entstickung aus. Einige Größen, die die Entwicklung exemplarisch kennzeichnen sind [102]:

- Einspritzdruck 2200 bar bei bis zu 7 Vorgängen und Mengen bis 0,3 mm^3
- Ladedruck bis 2,5 bar bei bis zu 240.000 1/min und einer Hitzebeständigkeit bis zu 830 °C

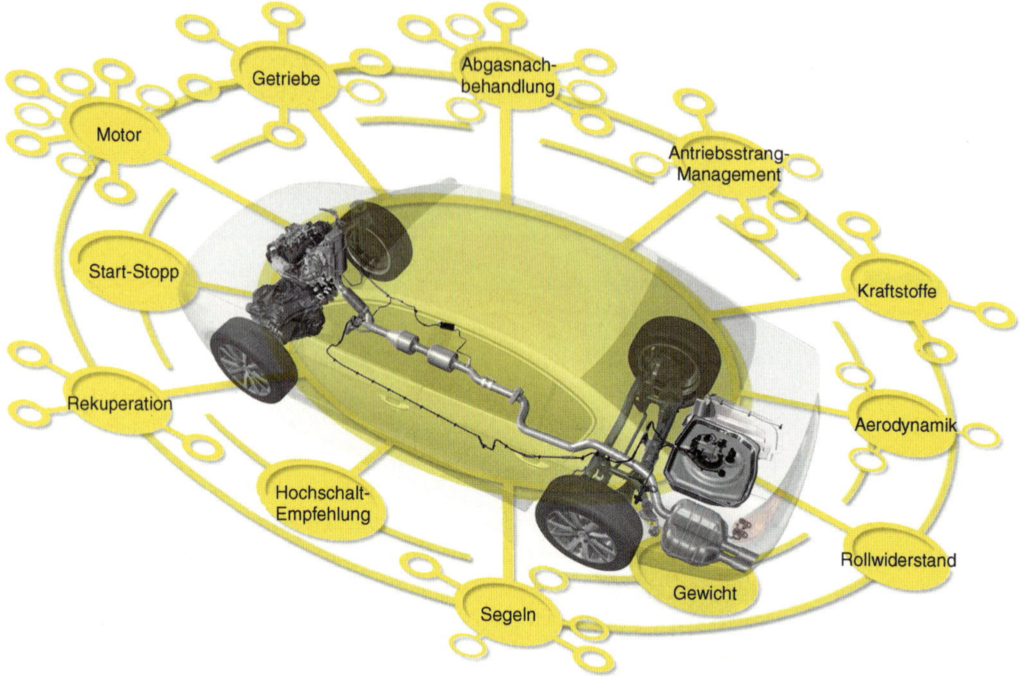

Abb. 5.116 Regelkreis Automobil

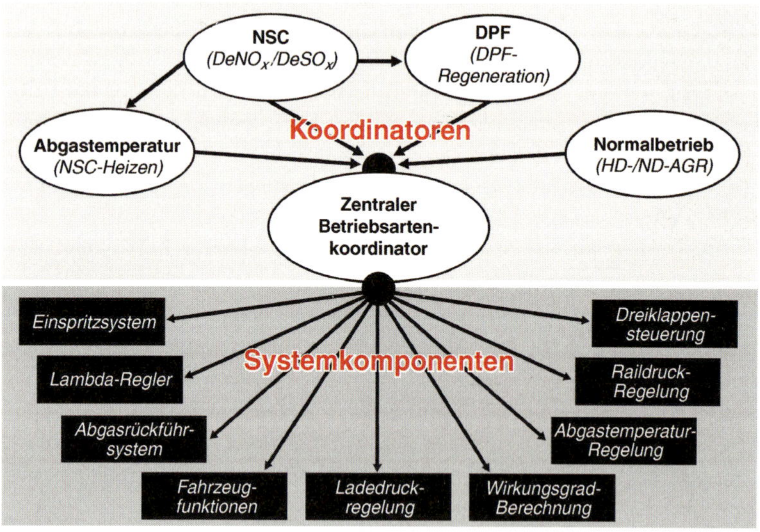

Abb. 5.117 Regelungstechnik für den zentralen Betriebskoordinator

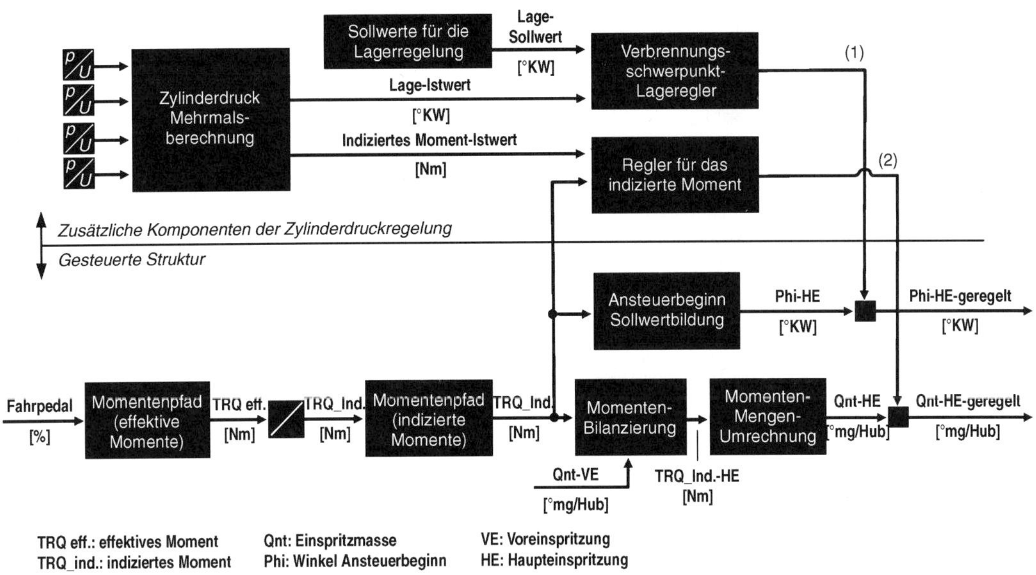

Abb. 5.118 Modellberechnung für die Zylinderdruckregelung

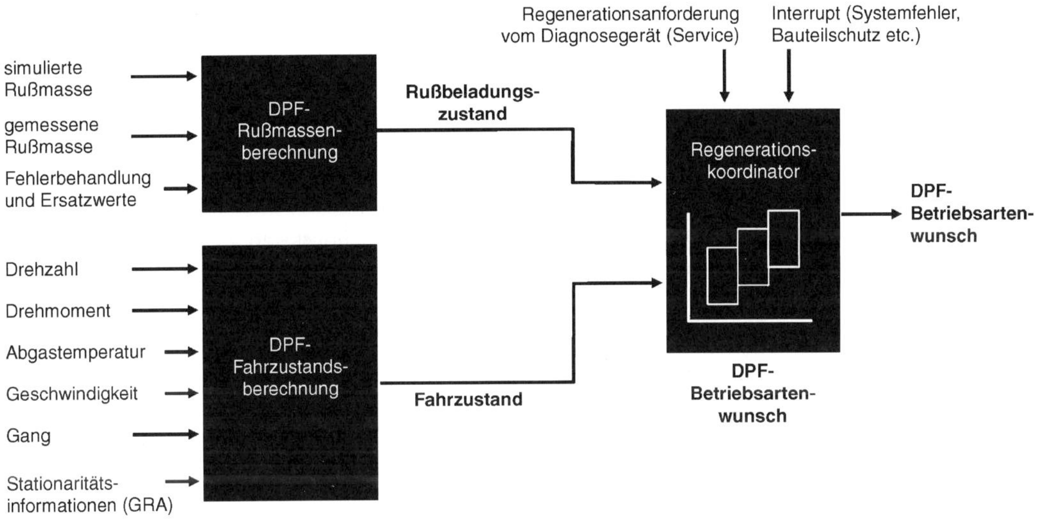

Abb. 5.119 Berechnung der Rußmasse auf einem DPF mit einem Simulationsmodell

- Speicherkapazität des Motorsteuergeräts (Indikator für Komplexität) von 4 kB (1980) auf 4 MB heute
- Motordrehzahlentwicklung von 4000 auf 5500 1/min
- Spezifische Leistung von 24,6 (1976) auf 66,0 kW/l heute
- Spezifischer Verbrauch von 6,3 (1977) auf 2,9 l/100 km/t heute
- Geräusch eines Dieselmotors mit Common Rail-Einspritzung vergleichbar mit dem Geräusch eines Ottomotors

Aus heutiger Sicht stellen die Abgasemissionen von NO_x und der Partikel das größte Problem für den

Abb. 5.120 Anforderungen an zukünftige Dieselfahrzeuge

Diesel dar. Dabei sind die unterschiedlichen Abgasgesetzgebungen in der Triade zu berücksichtigen.

Um der zukünftigen Abgasgesetzgebung und weiteren Anforderungen wie Minderung des Kraftstoffverbrauchs genügen zu können, sind große Anstrengungen bei der Motorenentwicklung, Abgasnachbehandlung, Fahrzeugmassenreduzierung und Kraftstoffqualitätsverbesserung erforderlich.

Prinzipiell sind hierbei die motorischen Maßnahmen einer Abgasnachbehandlung vorzuziehen. Das größte Potenzial kommt der Mehrventiltechnik und der Weiterentwicklung der Hochdruckeinspritzung zu. Neben diesen Optimierungen sind Verbesserungen bei der Brennraumform, dem Drall und Reibungsminderung an allen Motorbauteilen wie Kolben und Kolbenringe, Kurbelwellen- und Pleuellager, Ölpumpe, Ventiltrieb und Nebenaggregate erforderlich. Durch innermotorische Verbesserungen ist es gelungen, die meisten Motoren für leichtere Pkw soweit zu ertüchtigen, dass sie die Abgasnorm Euro4 ohne Abgasnachbehandlung erfüllen können. Aufgrund der definierten *Emissions*grenzwerte Euro5, aber auch durch die *Immissions*vorgaben für Partikel und die dadurch ausgelöste Feinstaubdiskussion wurde aus politischen Gründen mit Euro4 der Partikelfilter in vielen Modellen freiwillig eingeführt. Ab Euro5 ist er auch technisch erforderlich. Damit gehört die Diskussion um den Dieselpartikelfilter der Vergangenheit an.

Die Entstickung setzt bei einigen Fahrzeugen mit Euro5 ein, für Euro6 wird sie der Standard sein.

Dazu beigetragen hat auch die verbesserte Kraftstoffqualität, die zu einer effektiveren Verbrennung führte. Aus der Reduzierung des Schwefelgehalts folgte wesentlich eine Stabilisierung des Alterungsverhaltens des Oxidationskatalysators. Die Maßnahmen zur NO_x-Reduzierung (höhere Abgasrückführraten und späterer Förderbeginn) haben aber eine CO-Erhöhung zur Folge.

Doch durch optimierte Beschichtungsverfahren, höhere Edelmetallbeladung, dünnere Wände (besseres thermisches Anspringverhalten) und günstigere Einbaulage (motornah) konnte die Effizienz des Oxidationskatalysators erhöht und damit die gasförmigen Emissionen trotzdem nochmals reduziert werden.

Auch wenn die NO_x-Emission in den letzten Jahren über 90 % gesenkt werden konnte, wird die weitere Reduktion neben der CO_2-Minderung die wesentliche Aufgabe der nächsten Jahre sein. Unter Berücksichtigung eines kostenoptimierten Systems – aber auch unter Beibehaltung der dieseltypischen Vorteile (geringer Kraftstoffverbrauch, hohes Drehmoment bei niedrigen Drehzahlen) – ist aus den Komponenten Motor, Oxidationskatalysator, Dieselpartikelfilter, NO_x-Nachbehandlung und Kraftstoff die geeignete Strategie zu bilden. Natürlich muss auch das Fahrzeug (insbesondere das Gewicht) und das Triebstrangmanagement den zukünftigen Herausforderungen angepasst werden.

Unter Einbeziehung all dieser Aspekte lassen sich unterschiedliche Strategien der weiteren

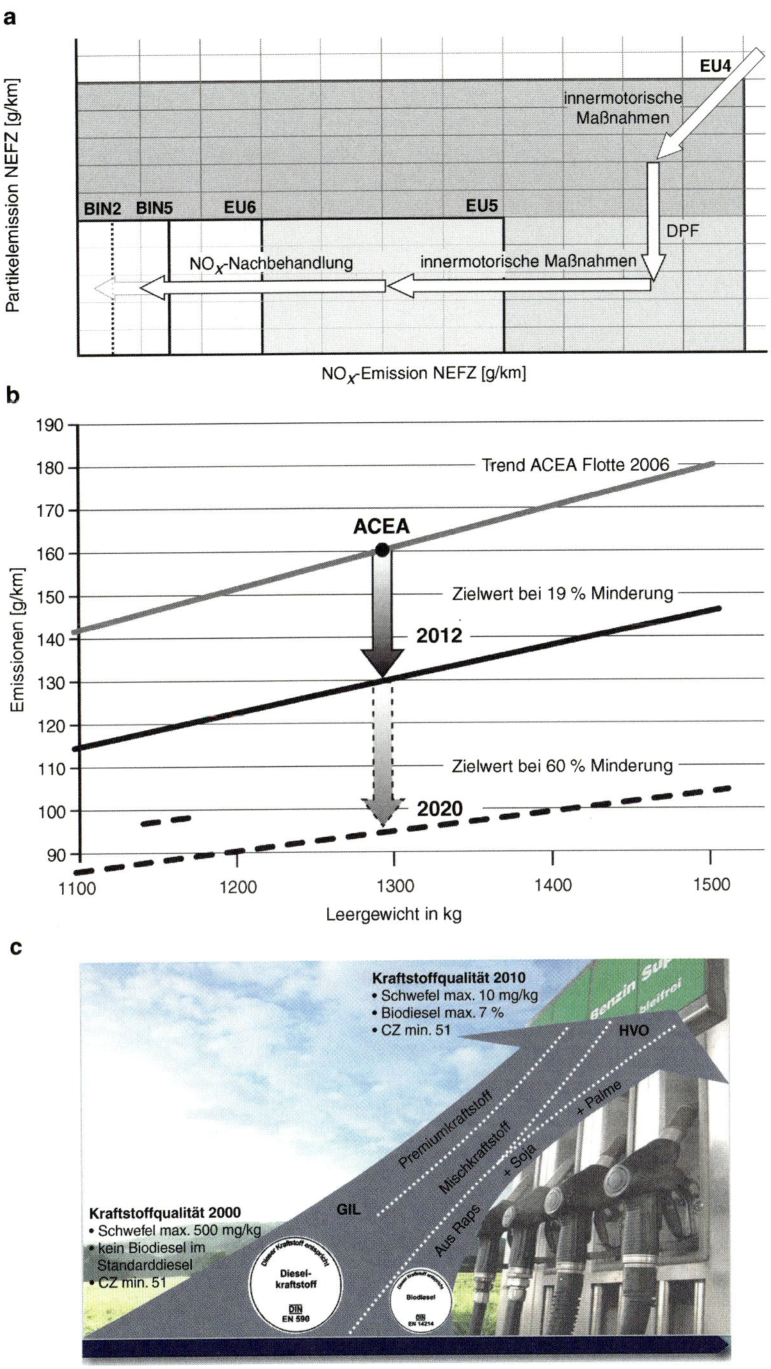

Abb. 5.121 **a** Stetig steigende Anforderungen an die Dieselmotorentechnologie durch die Weiterentwicklung der Abgasgesetzgebung; **b** Anforderungen durch die CO_2-Gesetzgebung in der EU (ACEA = europäischer Verband der Automobilhersteller); **c** Anforderungen durch die wachsende Anzahl von verschiedenen Kraftstoffen

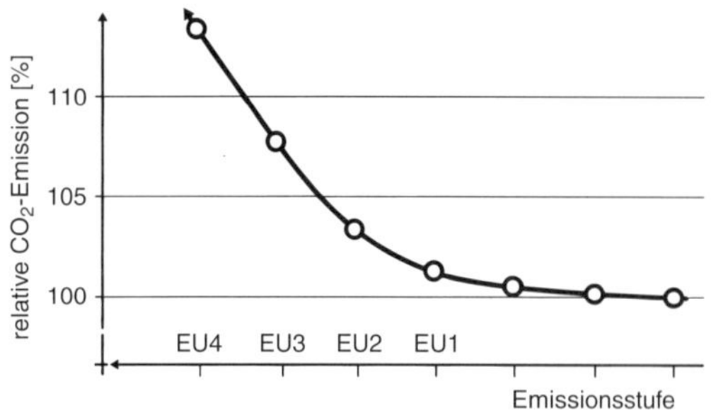

Abb. 5.122 Zusammenhang zwischen den verschärften Emissionsanforderungen (hier NO_x) und den CO_2-Emissionen der Fahrzeugflotte

Dieselentwicklung aufstellen, um die Emissionen weiter zu senken.

Aus heutiger Sicht ist Potential zur weiteren Reduzierung der Abgasemissionen und des Kraftstoffverbrauchs vorhanden. Die weitere Verbesserung der Kraftstoffqualität spielt dabei speziell hinsichtlich Cetan-Zahl-Erhöhung (höher als 55), Reduzierung der Polyaromaten (kleiner als 0,5 Gew. %), Schwefelgehalt (max. 10 ppm) und Metallgehalt (max. 1 ppm) eine wichtige Rolle bzw. ist Voraussetzung für eine saubere Funktion der zukünftigen Technik. Mit erster Priorität wird auch in Hinblick auf eine Verschärfung der Gesetzgebung durch Euro6 weiterhin an der Optimierung des Motors gearbeitet. Wichtige Themen sind dabei:

- Nochmals verbesserte Einspritzsysteme mit variablen Einspritzdrücken für Teillast und Volllast – aber auch für Vor-, Haupt- und Nacheinspritzung.
- Neue Abgasrückführsysteme mit Rückführraten größer als 50 %.
- Aufladesysteme zur Ladedruckerhöhung nicht nur zur Drehmoment- und Leistungssteigerung, sondern speziell auch zur Steigerung der AGR-Verträglichkeit in der Teillast.
- Abgesenkte bzw. variable Verdichtung bis auf ein Verhältnis von unter 16:1.
- Teilhomogene zylinderdruckgeführte Verbrennung (Abb. 5.124) mit dem Ziel, überfettete Gemischzonen (Rußbildung) und Temperaturspitzen (NO_X-Bildung) zu vermeiden (Abb. 5.125).
- Triebwerksmaßnahmen an innermotorischen Bauteilen (Reibung) und an Nebenaggregaten müssen die Verbrennungsoptimierung unterstützen.

Denkt man an die weitere Absenkung der Schadstoffemissionen oder an eine Reduzierung des beträchtlichen Aufwandes der Abgasnachbehandlung, so wird beides nur dann zu erfüllen sein, wenn vor allem die NO_X-Rohemissionen der geschichteten Brennverfahren herabgesetzt werden können. Das heißt, eine NO_X-Produktion muss während der Verbrennung unterdrückt werden, ohne die Effizienz der Motoren zu verschlechtern, wozu man die Qualitätsregelung mit Direkteinspritzung (DI-, TDI- oder FSI-Verfahren) beibehalten muss. Es gilt daher die jeweiligen Vorteile von Otto- und Dieselmotor in einem neuen Verfahren zu vereinen.

Mit der Einführung der Direkteinspritzung auch bei den Ottomotoren näherten sich die Brennverfahren beider Motorkonzepte bereits deutlich an. Die nächsten Stufen der Brennverfahrensentwicklung verstärken diesen Trend. Die Entwicklung einer »teilhomogenisierten Dieselverbrennung mit/ohne Fremdzündung« und die in den Forschungs- und Entwicklungslabors ebenfalls aktuelle Entwicklungsstufe »selbstzündender Ottomotor« basieren bereits auf einer im Kern vergleichbaren Hardware. So ist es nur konsequent, über die Entwicklung eines neuen kombinierten Brennverfahrens nachzudenken, das die wesentlichen Merkmale beider Verfahren zusammenfasst.

Grundlage eines solchen neuen »kombinierten Verfahrens« ist ein neuer synthetischer Kraftstoff. Soweit heute zu übersehen, ist im Wesentlichen das Verdampfungs- und Zündverhalten, also dessen Komposition von entscheidender Bedeutung. Soll eine stärkere Homogenisierung der Gemischwolke erreicht werden, ohne dass die Selbstzündung zu früh beginnt, benötigt man einen Kraftstoff mit »frühem Siedebeginn und -ende« sowie »reduzierten Selbstzündungseigenschaften«. Diese Eigenschaften steigen an in der Reihenfolge Diesel > Kerosin > Naphtha > Ottokraftstoff. In Versuchen wurde die NO_X-reduzierende Wirkung dieser Eigenschaften eindeutig nachgewiesen (Abb. 5.126).

Zur Realisierung des kombinierten Verfahrens sind noch zahlreiche Hürden zu bewältigen. Im sta-

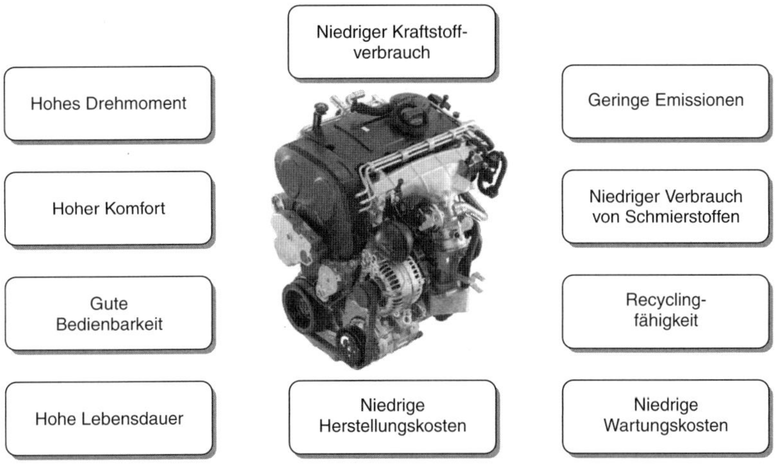

Abb. 5.123 Technische Anforderungen an zukünftige Dieselmotoren

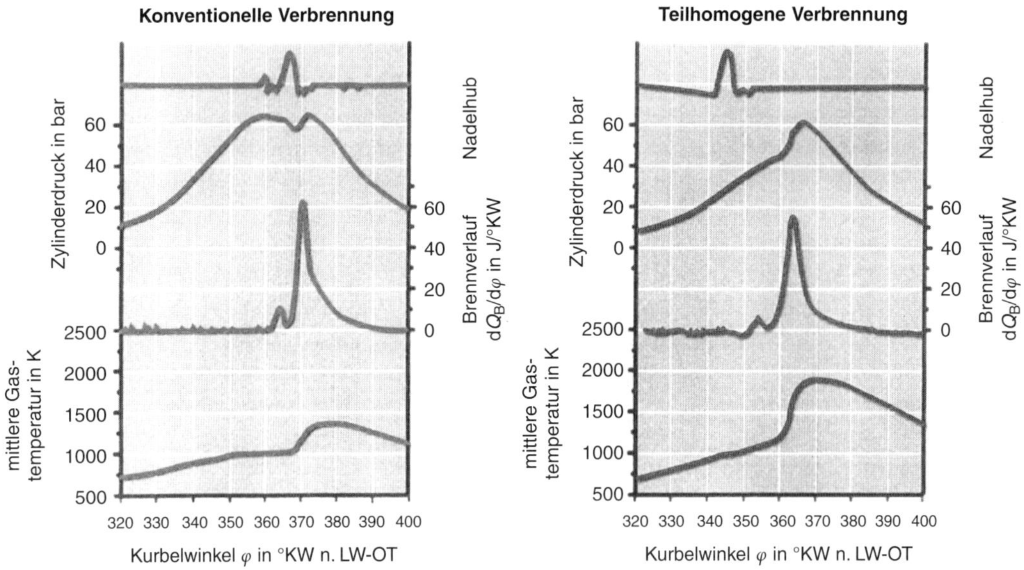

Abb. 5.124 Vergleich der konventionellen und teilhomogenen Verbrennung bei $n = 2000\ \text{min}^{-1}$ und $p_{me} = 2$ bar

tionären Betrieb konnte das Verfahren bereits sehr stabil dargestellt werden. Der dynamische Betrieb setzt aber die Entwicklung völlig neuer Regelkonzepte, Sensoren und Aktuatoren voraus [100, 101]. Mit einer Markteinführung ist daher in diesem Jahrzehnt nicht mehr zu rechnen.

Die Umweltverträglichkeit des Dieselantriebes wird immer mehr ganzheitlich beurteilt. Die Analyse kann verschieden breit angelegt werden. Zur ganzheitlichen Bewertung des Einflusses von Antriebskonzepten und Kraftstoffen auf die Umwelt durch Energieverbrauch und zugehöriger Treibhausgas-Emissionen muss die gesamte Prozesskette von der Förderung über die Herstellung bis hin zur Verwendung der Kraftstoffe im Fahrzeug betrachtet werden (Abb. 5.127). Die alleinige Betrachtung der Emissionen im Fahrzeugbetrieb wird dem Umweltgedanken nicht gerecht.

So werden normalerweise zwei Schritte betrachtet:

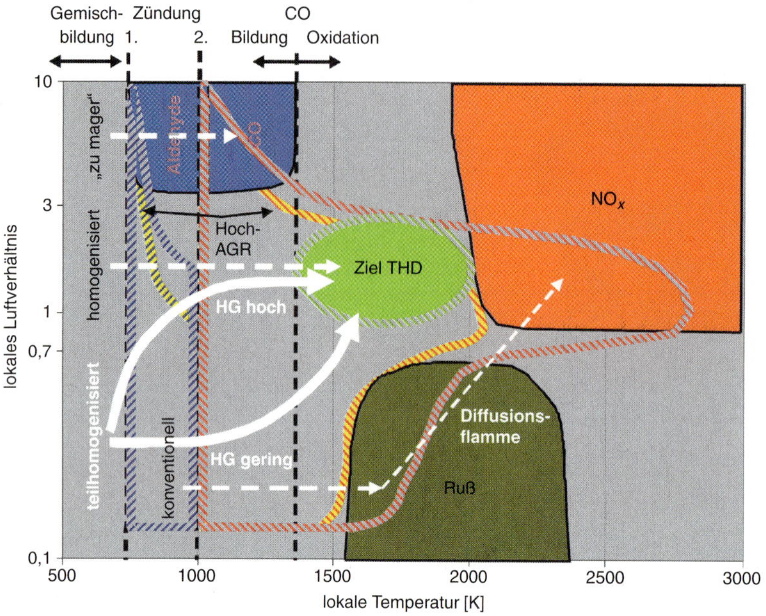

Abb. 5.125 Strategie der homogenen Verbrennung im Dieselmotor (THD = Teilhomogene Dieselverbrennung)

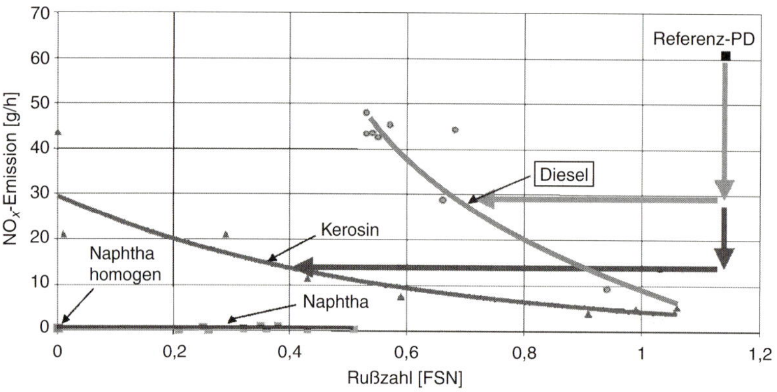

Abb. 5.126 Potential der Emissionsminderung bei der homogenen Verbrennung durch die Verwendung besonderer Kraftstoffe

- Well-to-Tank (Kraftstoff): Berechnung des Energieverbrauchs und der Treibhausgas-Emissionen über den gesamten Kraftstoffpfad von der Quelle bis zur Zapfsäule.
- Tank-to-Wheel (Fahrzeug): Berechnung des Energieverbrauchs und der Treibhausgas-Emissionen bei Nutzung des Fahrzeugs.
- Die Kombination beider Elemente, also des Kraftstoffanteils und des Fahrzeuganteils, wird als Well-to-Wheel bezeichnet.

Das Abb. 5.128 zeigt eine Analyse verschiedener Antriebskonzepte und Kraftstoffe für das Jahr 2020 im Vergleich zu einem heutigen ottomotorischen Antrieb [103]. Es zeigt sich, dass der Dieselmotor im Vergleich zur Brennstoffzelle bezüglich der Treibhausgasemissionen nicht schlechter gestellt ist, insbesondere wenn er als Hybridlösung dargestellt wird.

Betrachtet man den Material- und Energieeinsatz während der Produktion und des Betriebes

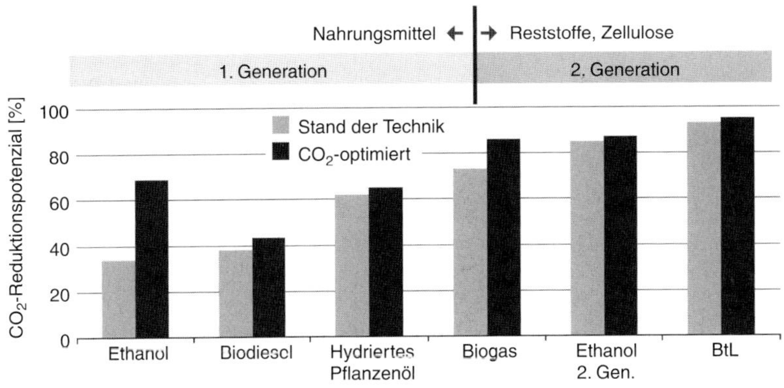

Abb. 5.127 CO_2-Reduktionspotential durch Kraftstoffe

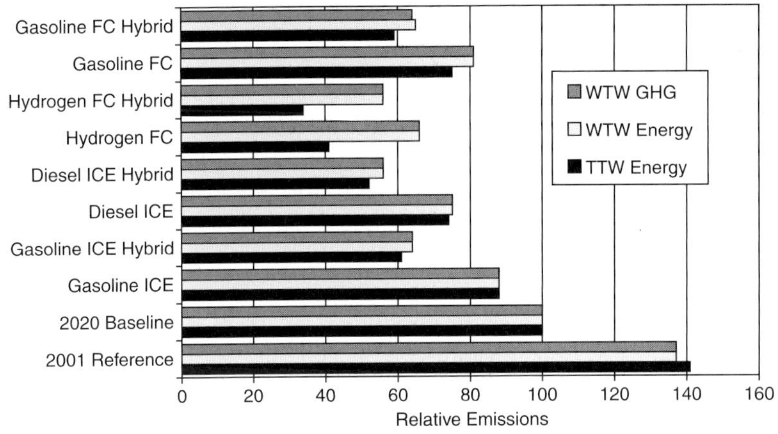

Abb. 5.128 Vergleich der Energieverbräuche im Fahrzeug (TTW) und der gesamten Kette (WTW) und zugehöriger Treibhausgas-Emissionen nach der MIT-Studie [97]

eines Dieselmotors, so lässt sich feststellen, dass der Dieselmotor über seine Lebensdauer gesehen ein relativ umweltfreundliches Aggregat ist. Dies zeigt sich allgemein, insbesondere bei der Sachbilanz nach ISO 14040/41 des ersten »3 Liter Autos«. Dieser VW Lupo 3 l war mit einem 45 kW Pumpe-Düse-Motor ausgerüstet, der als erster die EU-Abgasstandards für 2005 unterschritten hatte und nur 2,99 l/100 km (entsprechend einer Emission von 81 g/km CO_2) verbraucht [104].

Der Energieaufwand ergibt sich aus dem Kraftstoffverbrauch, der Kraftstoffherstellung und der Herstellung und Bearbeitung der Werkstoffe (Abb. 5.129). Die CO_2-Emission ist im Wesentlichen durch die Energiegewinnung bestimmt, in der Nutzungsphase (150.000 km, 10 Jahre) durch die Verbrennung von Kraftstoff. Die Kohlenwasserstoffe stammen größtenteils aus der Erdölverarbeitung. Der große Anteil der Nutzungsphase an der NO_x-Emission ist typisch für den Dieselmotor. Die SO_2-Emission der Nutzungsphase stammt ca. zur Hälfte aus dem Motorabgas; zugrunde gelegt wurde ein Schwefelgehalt von 100 ppm im Kraftstoff. Bei den Partikeln wurden die unterschiedlichen Stäube der Herstellung und des Betriebs zusammengefasst. Der Reifenabrieb wird in dieser Sachbilanz nicht erfasst. Die Emissionen im Wasser stammen aus der Fahrzeugwäsche und der Herstellung von Ersatzteilen. Bezogen auf die zugehörige Abwassermenge sind diese Emissionen sehr gering.

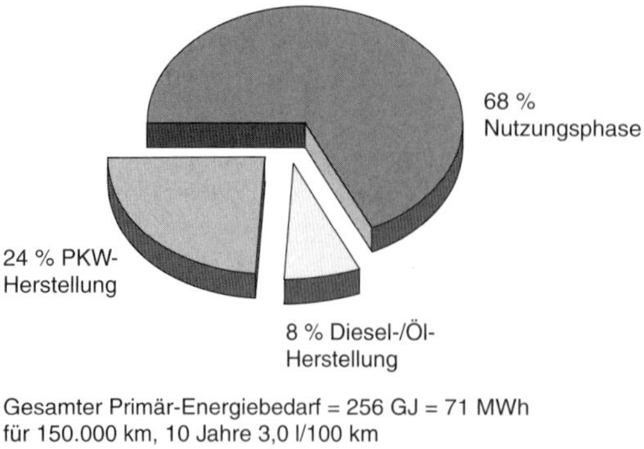

Abb. 5.129 Energiekuchen des »3 Liter Autos« [104]

Tabelle 5.8 Maßnahmen zur Verbrauchssenkung am Beispiel des VW Polo Blue Motion

Maßnahme	Wert (l/100 km)
Ausgang (1,4 l 55 kW TDI)	4,4
4 + E Getriebe	−0,2
Aerodynamik Generator	−0,1
Rollwiderstand Reifen	−0,1
Motormaßnahmen	−0,3
Dieselpartikelfilter	+0,2
Ziel: 1,4 l 59 kW TDI Euro 4/DPF	3,9

Die gute Sachbilanz ist ein Ergebnis:
- der Verarbeitung von unbedenklichen Werkstoffen (Eisen, Stahl, Aluminium),
- der Fertigungsverfahren,
- der beherrschbaren Umweltbelange,
- des hohen recyclingfähigen Materialanteils,
- der langen Lebensdauer,
- des hohen thermischen Wirkungsgrades.

Ein Maßnahmenpaket wie das des 3 l-Lupo ließ sich aufgrund der höheren Kosten am Markt nicht breit durchsetzen. Wegen der großen Herausforderung, die CO_2-Emissionen des Straßenverkehrs stark zu minimieren, muss allerdings auch auf diese Ansätze zurückgegriffen werden. Derzeit werden von verschiedenen Herstellern verbrauchssparende Konzepte angeboten, die einen Zwischenschritt darstellen. So lässt sich der Verbrauch eines Polo 1,4 l 55 kW TDI mit 4,4 l/100 km auf 3,9 l/100 km reduzieren (siehe Tab. 5.8). Der Dieselmotor ist wesentlicher Baustein des Konzepts.

So kann als Fazit festgestellt werden, dass der moderne Dieselmotor leistungsfähig, wirtschaftlich, umweltfreundlich und ressourcenschonend ist und damit eine Reihe von Möglichkeiten eröffnet, die im 21. Jahrhundert von Bedeutung sind sowohl ökonomisch als auch ökologisch. Der Dieselmotor hat auf jeden Fall neben dem Ottomotor seine Zukunftsberechtigung.

5.3 Aufladung

5.3.1 Hintergrund

Die Bedeutung der Aufladung hat in der Motorentechnik in der aktuellen Vergangenheit sehr stark zugenommen. Der Einsatz von Turboladern war ein Grund für den Erfolg von Dieselmotoren in den letzten Jahren. Heute hat nahezu jeder Dieselmotor einen Turbolader, der Anteil aufgeladener Ottomotoren wächst stetig. Genauso wie davon ausgegangen werden kann, dass Verbrennungsmotoren noch mehrere Jahrzehnte die Antriebssysteme dominieren, wird die Bedeutung der Systeme zur Aufladung solcher Motore weiter auf hohem Niveau bleiben bzw. zunehmen. Im Jahr 2010 wurden weltweit etwa 19 Millionen Turbolader gefertigt. Die Technologien zur Erfüllung gleichzeitig steigender Anforderungen hinsichtlich Verbrauch, Emissionen und Leistung werden auf verschiedenen Ebenen intensiv weiterentwickelt. Die Aufladung spielt dabei stets eine zentrale Rolle. Hierzu werden bei der Mehrzahl der Verbrennungsmotoren unterschiedliche Abgasturbolader eingesetzt. Dies hat seinen Grund insbesondere darin, dass gegenüber anderen Aufladesystemen höhere Aufladegrade bei besseren Wirkungsgraden und verhältnismäßig geringem konstruktiven Aufwand am Motor erreicht werden. Turbolader sind die technische Voraussetzung, um durch Verkleinerung von Motoren bei gleicher Leistung den Kraftstoffverbrauch dadurch zu senken, dass die Reibung reduziert, die Gemischbildung verbessert und der Betriebsbereich in verbrauchsgünstigere Bereiche verschoben wird (»Downsizing«). Dabei sind die Grenzen des Turboladers ähnlich denen des Verbrennungsmotors, wenn sich beide Maschinenarten auch in der Umsetzung thermodynamischer Prozesse generell unterscheiden. Die thermodynamisch ähnlichen Prozesse der Verdichtung und Entspannung von Verbrennungsmotor und Turbolader sind im oszillierenden Verbrennungsmotor naturgemäß vollkommen anders technisch realisiert als im rotierenden Turbolader. Der Abgasturbolader entspricht in Bauart und Energieumsetzung prinzipiell einer Gasturbine. Der Arbeitsbereich von Turboladern ist eingegrenzt durch Temperaturen (Abgas), Drehzahlen (Laufräder und Lager), Strömungsverhalten (z. B. Verdichterpumpen), Dynamik (»Turboloch«) und Wirkungsgrade (Verdichter, Turbine, Lager).

Prinzipiell lässt sich sagen, dass die Aufladung von Verbrennungsmotoren dazu dient, die Luftmenge, die für den Verbrennungsprozess im Motor zur Verfügung steht, zu steigern, um bei bestimmten Vorgaben für das Mengenverhältnis aus Kraftstoff und Luft (»Luftverhältnis«) die Menge an zugeführtem Kraftstoff steigern zu können, um wiederum die Leistung des Motors zu steigern. Diese Ideen sind so alt wie die Idee des Verbrennungsmotors selbst und wurden von Daimler und Diesel früh untersucht. Der Ansatz der Ausnutzung der Abgasenergie wie beim Abgasturbolader geht zurück auf ein Patent des Schweizers Alfred Büchi aus dem Jahr 1905. Ein erster Meilenstein bei der Umsetzung war ein Höhenrekord eines Doppeldecker-Flugzeugs, das mit einem durch einen Turbolader aufgeladenen Motor angetrieben war. Nicht nur in den vielfältigen Anwendungsfällen von aufgeladenen Verbrennungsmotoren in Fahrzeugen auf der Straße, der Schiene, dem Wasser und der Luft sowie Industrieanwendungen sind bedeutende Fortschritte durch die Aufladetechnik erreicht worden. Im Bereich der Landantriebe für Nutzfahrzeuge und Personenkraftwagen setzte sich der Turbolader nach dem zweiten Weltkrieg zunehmend durch, wobei sich in einzelnen Anwendungen auch andere Systeme, besonders nach dem Verdrängerprinzip arbeitende Verdichter (z. B. mechanisch angetriebene Rootslader), durchgesetzt haben. Entscheidende Veränderungen haben sich durch direkteinspritzende Dieselmotoren ergeben, die sich auf Grund ihres Arbeits- und Brennverfahrens besonders für die Aufladung mit Turboladern eignen. Dies drückt sich auch dadurch aus, dass seit den 80er-Jahren die Erfinderaktivität in Form von Patenten bedeutend zunimmt. In den vergangenen Jahren wurden verschiedene bedeutende Ideen im Bereich der Turbolader-Regelung marktreif entwickelt, z. B. der variable Düsenring oder die zweistufig geregelte Aufladung. Aktuell wird viel Entwicklungskapazität in weitere Verbesserungen investiert. Gerade die Kombination mehrerer Systeme, z. B. von zwei Turboladern, eines Turboladers mit einem Kompressor oder eines Turboladers mit einem Elektromotor bieten hier viele Möglichkeiten. Aber der Turbolader selbst hat auch weiteres Entwicklungspotential, z. B. durch Werkstoffoptimierungen oder Regelbereicherweiterungen. Die Vergangenheit hat dabei jedoch gezeigt, dass nicht alle scheinbar sinnvollen Überlegungen zum Erfolg führen. Oft sind die Aufwendungen für Verbesserungen im Verhältnis zum erzielten Erfolg nicht vertretbar.

Neben den Verbesserungen hinsichtlich Funktionalität spielt eine Verbesserung der Qualität eine bedeutende Rolle. Bei Kundenbeanstandungen ist der Turbolader stets auf den vorderen Plätzen zu finden. Die Mängel lassen sich in die Bereiche Fertigungsfehler, Funktionseinschränkungen, Lebensdauerprobleme und zunehmend Akustikprobleme einteilen. Begründet liegen diese darin, dass einerseits der Turboladermarkt überproportional gewachsen ist (in Westeuropa stieg der Anteil von aufgeladenen Motoren von 20 % im Jahr 1995 auf 50 % im Jahr 2010, ■ Abb. 5.130). Darüber hinaus kann festgestellt werden, dass, auch bedingt durch steigende spezifische Motorleistung, inzwischen fast alle Bauteile und Baugruppen des Turboladers an ihre Belastungsgrenzen gekommen sind. Vergleicht man an einem 100-kW-Dieselmotor die Nutzleistung von Verbrennungsmotor und Turbolader (Motor: Leistung an der Kurbelwelle, Lader: Verdichterleistung) bezogen auf die jeweilige Masse miteinander, so lässt sich feststellen, dass der Abgasturbolader spezifisch (massebezogen) dreifach höher belastet ist als der Motor (■ Tab. 5.9; Verhältnis von 1,75 kW/kg zu 0,59 kW/kg).

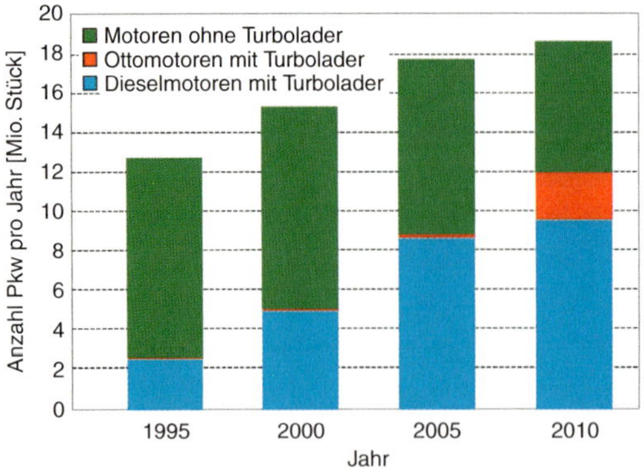

Abb. 5.130 Entwicklung des europäischen Markts von Pkw-Turboladern

Tabelle 5.9 Vergleich der Nutzleistung von Motor und Turbolader am Beispiel eines 100 kW-Dieselmotors

	Nutzleistung im Nennpunkt [kW]	Masse [kg]	Nutzleistung/Masse [kW/kg]
Verdichter	14	8	1,75
Motor	100	170	0,59

Die Zukunft des Turboladers wird dadurch entschieden werden, wie ein Beitrag zur Verbesserung der motorischen Prozesse bei akzeptablen Kosten und verbesserter Qualität erfolgen kann. Der ganz große Innovationstraum, z. B. durch einen luftgelagerten Turbolader, wird sich dabei an kontinuierlichen Verbesserungen der bestehenden Techniken messen müssen.

5.3.2 Aufladeprinzip

Bei den im Kraftfahrzeugbereich üblicherweise verwendeten 4-Takt-Motoren findet der Austausch von Abgas und Frischluft in der sogenannten »Ladungswechselschleife« statt. Da die Kraftstoffmenge insbesondere bei der Direkteinspritzung variabel und ohne entscheidende Grenze zuführbar ist, ist die Leistungsabgabe durch die zur Verfügung stehende Luftmenge begrenzt. Dabei ist der Druck (»Ladedruck«) bzw. eigentlich die Dichte der Frischluft die entscheidende Größe. Freiansaugende Motoren (ohne Aufladung) kommen somit schnell an natürliche Grenzen, wenn eingespritzter Kraftstoff nicht vollständig verbrannt werden kann. Soll die effektive Leistung P_e des Motors gesteigert werden soll, kann dies entweder durch Steigerung des Zylinderhubvolumens V_h, der Zylinderanzahl z, der Drehzahl n, der Taktzahl i oder des effektiven Mitteldrucks p_{me} erfolgen.

$$P_e = V_h \cdot z \cdot n \cdot i \cdot p_{me}$$

Die Motordrehzahl kann üblicherweise nicht beliebig gesteigert werden, eine Erhöhung von Zylinderhubvolumen oder Zylinderzahl würde größere, schwerere Motoren mit erhöhter innerer Reibung bedeuten. Der effektive Mitteldruck dagegen lässt sich auf Grund der Flexibilität des Einspritzsystems verhältnismäßig einfach steigern, er nimmt linear mit der Dichte der zugeführten Frischluft zu. Hier kommt die Aufladung ins Spiel. In der Praxis lässt sich dieser Zusammenhang am Beispiel des 1.9l-TDI-Motors von Volkswagen besonders deutlich zeigen, da er in vielen Leistungsvarianten existiert (Abb. 5.131). Gegenüber dem nicht aufgeladenen SDI-Motor wurde die Leistung der aufgeladenen TDI-Motoren bei gleichem Grundmotor nahezu beliebig durch Veränderung von Einspritzmenge und Ladedruck variiert.

5.3.2.1 Schwingrohraufladung

Zur Aufladung können verschiedene Prinzipien eingesetzt werden. Zunächst sei hier die Schwingrohraufladung (Abb. 5.132a) genannt. Hierbei wird kein aktives Aufladeaggregat eingesetzt. Stattdessen werden gasdynamische Schwingungen der Frischluft im Ansaugtrakt genutzt, um die Ladungsmenge im Motor zu erhöhen. Dabei kann sich bei geeigneter Wahl der Schwingrohrlänge und des Volumens bei einer bestimmten Motordrehzahl eine Resonanz der Luftschwingung einstellen, die zur Erhöhung des Aufladegrads führt. Dieser ist jedoch in der erreichbaren Höhe begrenzt und existiert nur bei einer bestimmten Motordrehzahl, solange die Schwingrohrlänge nicht durch beispielsweise ein Schaltsaugrohr variiert wird.

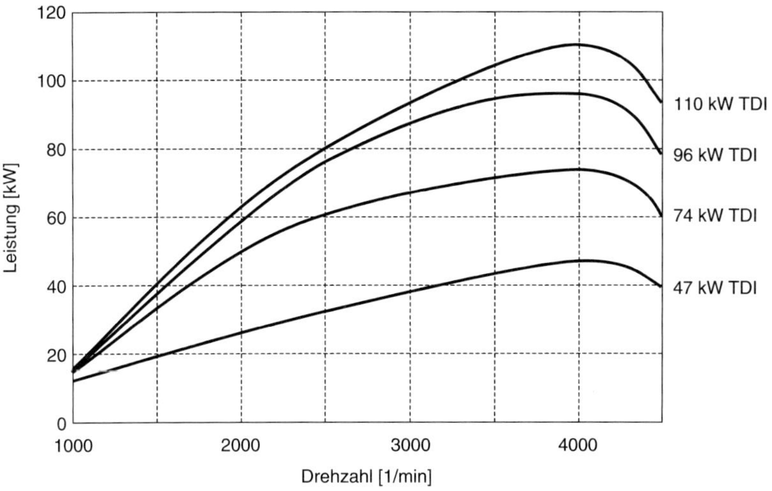

Abb. 5.131 Leistungsvariation durch Aufladung (Beispiel 1.9 l-Dieselmotor (VW))

5.3.2.2 Kompressoraufladung

Zur aktiven Aufladung kann alternativ ein Verdichter eingesetzt werden. Zunächst soll der Fall betrachtet werden, dass dieser mechanisch angetrieben wird (Abb. 5.132b). Zur Vermeidung höherer Getriebeübersetzungen wird dabei üblicherweise ein Verdichter eingesetzt, der nach dem Verdrängerprinzip arbeitet und im folgenden als Kompressor bezeichnet wird. Diese Art der motorischen Luftversorgung wird häufig »mechanische Aufladung« oder »Kompressoraufladung« genannt. Ein Kompressor führt die Druckerhöhung durch Volumenverringerung durch, wodurch die Antriebsdrehzahl proportional und in der gleichen Größenordnung der des Verbrennungsmotors ist. Dabei haben sich im wesentlichen drei Bauformen durchgesetzt, der Rootslader, der Schraubenlader sowie der Spirallader. Die entsprechenden Arbeitsverfahren zur Druckerhöhung unterscheiden sich in ihrer technischen Umsetzung, wobei es insbesondere Unterschiede hinsichtlich des erreichbaren Ladedrucks und der Herstellungsaufwendungen gibt. Mit dem Begriff »mechanische Aufladung« ist die Art des Antriebs charakterisiert. Dieser erfolgt direkt gekoppelt z. B. über eine Riemenübersetzung von der Kurbelwelle aus. Das Kennfeld weist steile Kennlinien (Linien konstanter Verdichterdrehzahl n_V) auf (Abb. 5.133a). Dies bedeutet, dass schon bei kleinen Motordrehzahlen ein hoher Ladedruck bereitgestellt werden kann, was das dynamische Verhalten des Motors positiv beeinflusst. Begrenzt ist diese Art der Aufladung dadurch, dass die aufgewendete Leistung zur Verdichtung der Luft einschließlich der Systemreibungsverluste vollständig der Nutzleistung des Motors entzogen werden muss. Üblicherweise wird der Lader geregelt betrieben. Dies kann mit einem regelbaren Bypass realisiert werden (z. B. DaimlerChrysler-4-Zylinder-Ottomotor, 1,8 l, 120 kW, »Kompressor« (Rootsverdichter)). Zusätzlich kann zur Senkung des Verbrauchs in Bereichen geringen Ladedruckbedarfs eine Abschaltung des Kompressors mit Hilfe eine steuerbaren Kupplung vorgesehen werden. Insgesamt ist der konstruktive Aufwand am Motor bei dieser Art der Aufladung hoch.

5.3.2.3 Abgasturboaufladung

Die Abgasturboaufladung (Abb. 5.132c) hat ein thermodynamisches Antriebsprinzip. Die Energie zur Aufladung wird dem Abgas entzogen. Dies hat den Vorteil, dass dabei ein Teil der Wärmeenergie des Abgases genutzt werden kann, was den Wirkungsgrad des Motors verbessert. Dabei erfolgt die Energiebereitstellung durch eine Turbine prinzipiell dadurch, dass Abgas durch die Turbine entspannt wird. Das Abgas wird vor dem Turbinenrad beschleunigt, im Laufrad wird die entsprechende Energie in Form von Drall auf die

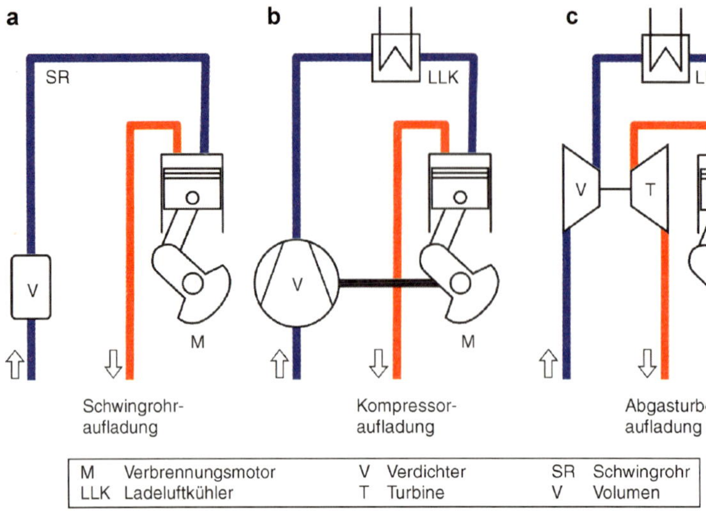

Abb. 5.132 Aufladeprinzipien

Welle übertragen. Für einen guten Wirkungsgrad ist eine hohe Leistungsdichte mit großen Umfangsgeschwindigkeiten des Laufrads nötig, was andererseits – verglichen mit den Kompressoren – in kleinem Bauvolumen der Turbolader resultiert. Bei Motoren für Personenkraftwagen werden Turbolader eingesetzt, die Drehzahlen weit oberhalb von 200.000 1/min haben können. Die heute verwendeten Turboverdichter arbeiten verglichen mit der Turbine mit einem umgekehrtem Wirkprinzip. Das Prinzip der Abgasturboaufladung mündet dabei gegenüber der mechanischen Aufladung auch in einer vollkommen anderen Verdichterbauart. Deren Kennfeld unterscheidet sich nicht nur durch eine andere Charakteristik der Linien gleicher Drehzahl (Kennlinien n_V) gegenüber dem Kompressor (Abb. 5.133b; Abflachen des Druckaufbaus bei Reduzierung des Volumenstroms; maximale Drehzahl etwa 20fach höher als bei der Kompressoraufladung). Für Turboverdichter ist zudem ein instabiler Strömungsbereich typisch. Hierfür verantwortlich sind Ablösungserscheinungen bei der zum Druckaufbau notwendigen Verzögerung der Strömung, die dazu führen können, dass sich die geförderte Luft entgegen der eigentlichen Strömungsrichtung zurück durch den Verdichter bewegt. Dieser Vorgang vollzieht sich zyklisch und wird auf Grund der Geräuschbildung als »Pumpen« bezeichnet. Den Übergang zwischen dem stabilen und dem instabilen Bereich des Kennfelds nennt man dementsprechend »Pumpgrenze«. Bei der Auslegung des Verdichters ist darauf zu achten, dass der Motor nur im stabilen Bereich des Kennfelds betrieben werden kann. Bei Diesel- und Ottomotoren hat dies in Bereichen hoher Drehmomente, d. h. hoher Ladedrücke und niedriger Motordrehzahlen, eine Einschränkung des Betriebsbereichs zur Folge.

5.3.2.4 Sonstige Systeme

Neben den drei genannten Arten der Aufladung von Verbrennungsmotoren existieren noch weitere Verfahren, die sich allerdings noch nicht durchsetzen konnten. Dazu zählt zum Beispiel die »Comprex-Aufladung«, bei der in einem als Zellenrad ausgeführten Rotor Abgas direkt Energie auf die Frischluft überträgt. Der Rotor hat dabei nicht die Funktion des aktiven, unmittelbaren Druckaufbaus, sondern dient der Synchronisierung von Abgas- und Frischluftdynamik.

Bewertet man die jährlichen Verkaufsvolumina der verschiedenen Aufladesysteme (Turbolader: etwa 15 Mio Einheiten pro Jahr; Kompressoren etwa 0,5 Mio Einheiten pro Jahr), so wird der Erfolg der Turboaufladung offensichtlich. Hierbei kann man wiederum die drei häufigsten Anwendungs-

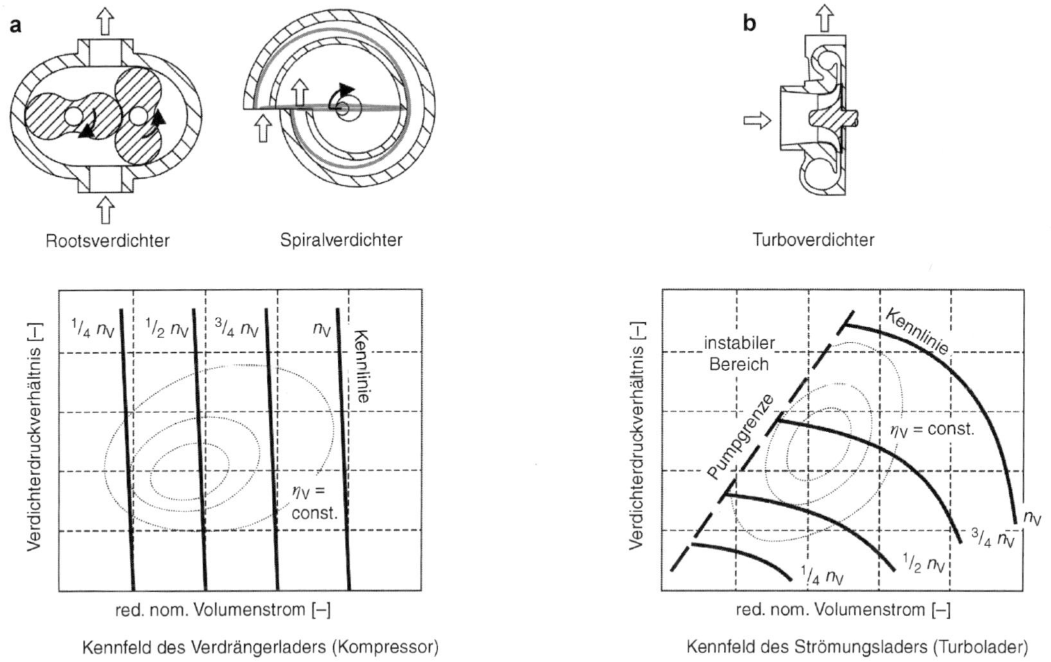

Abb. 5.133 Verdichter-Prinzipien

fälle bei PKW-Ottomotoren, PKW- und LKW-Dieselmotoren vergleichen und dabei feststellen, dass diese entsprechend der unterschiedlichen Ausbildung der thermodynamischen Arbeitsverfahren unterschiedliche Charakteristika aufweisen. Bei PKW-Ottomotoren sind insbesondere bei externer Gemischbildung die realisierbaren Ladedrücke durch die mit steigendem Aufladegrad zunehmende Klopfneigung auf maximal etwa 1 bar Überdruck begrenzt. Mit der Einführung der Benzindirekteinspritzung wird der Ladedruckbereich zu höheren Werten ausgedehnt. Typische maximale Abgastemperaturen liegen heute bei 950 °C, die Entwicklungen bei Motor- und Turboladerherstellern zielen für die Zukunft auf 1050 °C. PKW-Dieselmotoren erreichen deutlich geringere Abgastemperaturen (selten über 850 °C), dafür höhere Ladedrücke (je nach spezifischem Drehmoment bis etwa 2 bar Überdruck). Der Anwendungsbereich in PKW ist von flexiblem Fahrverhalten geprägt, sodass die Motoren in einem breiten Kennfeld zwischen Pumpgrenze und Nennleistung betrieben werden. LKW-Dieselmotoren werden in einem schmalen Kennfeld betrieben und sind üblicherweise für einen guten Verbrauch optimiert. Ihre Ladedrücke liegen deutlich oberhalb der der PKW-Anwendung (bis etwa 3 bar Überdruck) bei wiederum geringeren Abgastemperaturen. Die genannten Werte für Abgastemperaturen und Ladedrücke sind als grobe Richtwerte angegeben und variieren entsprechend motorischer Applikation. Der Ladedruck wird letztendlich von der spezifischen Belastung des Motors (Drehmoment) und vom Kraftstoff-Luft-Verhältnis bestimmt (Abb. 5.134).

Solange das motorische Brennverfahren nicht bedeutend umgestellt wird, verändert die Verwendung eines Turboladers die Konstruktion des Verbrennungsmotors verhältnismäßig wenig, da er am Abgaskrümmer montiert ist und ansonsten keinen bedeutenden Eingriff an den Bauteilen des Motors erfordert. Bei Ottomotoren ist dies nur entsprechend eingeschränkt gültig, da die Einführung der Benzindirekteinspritzung das Brennverfahren und damit die Bauteile des Motors bedeutend verändert hat. Auf der anderen Seite folgt aus dem Prinzip, dass der Turbolader mit dem Motor nur über das Abgas und nicht über die Kurbelwel-

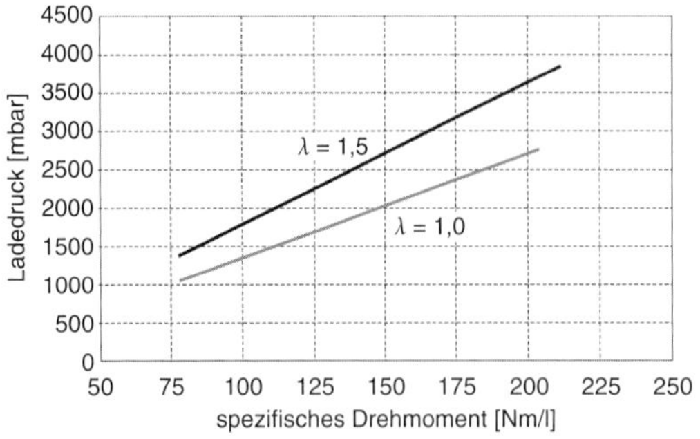

Abb. 5.134 Ladedruckabhängigkeit

le gekoppelt ist, dass das dynamische Verhalten des Motors nicht dem des stationären Verhaltens entspricht. Dies liegt einerseits daran, dass der Rotor mit den beiden Laufrädern eine Masse und damit eine Trägheit aufweist (mechanische Trägheit) und andererseits daran, dass Abgasenergie bei Beschleunigungsvorgängen immer verzögert aufgebaut wird (thermische Trägheit). Dies wird üblicherweise als »Turboloch« bezeichnet.

5.3.3 Konstruktiver Aufbau

Bestimmte konstruktive Elemente von Abgasturboladern sind unabhängig vom Anforderungsfall sehr ähnlich (Abb. 5.135). Die Laufräder von Verdichter und Turbine werden in radialer Bauweise ausgeführt. Dies bedeutet, dass die Strömungsrichtung auf der Hochdruckseite (Verdichteraustritt und Turbineneintritt) radial gerichtet ist. Die Strömung auf der Niederdruckseite (Verdichtereintritt und Turbinenaustritt) hingegen ist zur Reduzierung des Bauvolumens meist axial gerichtet. Dies führt zu der typischen, geometrisch komplexen Bauart dieser Laufräder, welche wiederum dazu geführt hat, dass die Räder in der Vergangenheit fast ausschließlich gegossen wurden. Es wird erwartet, dass Verdichterräder zunehmend häufiger vollständig gefräst werden. Dies verbessert gleichzeitig die akustischen Eigenschaften, die Ur-Unwucht sowie die Festigkeitseigenschaften. Um die Laufräder sind jeweils Spiralgehäuse angeordnet. Laufrad und Gehäuse des Verdichters bestehen im allgemeinen aus Aluminiumlegierungen, bei besonders hoher Umfangsgeschwindigkeit, hoher Temperatur oder hoher Lebensdauer werden für Verdichterräder auch Titanlegierungen verwendet. Das Turbinenlaufrad besteht auf Grund der Abgastemperatur aus Nickel-Basislegierungen. Hier gibt es zur Reduzierung der Massenträgheit Ansätze, als alternativen Werkstoff Titan-Aluminium-Legierungen einzusetzen, die gute Festigkeitseigenschaften bei deutlich geringerer Dichte auch bei typischen Abgastemperaturen aufweisen. Turbinengehäuse bestehen aus verschiedenen hochwarmfesten Gusslegierungen. Die Laufräder werden durch eine Welle miteinander verbunden, sodass ein Rotor entsteht. Welle und Turbinenrad werden verschweißt, das Verdichterrad mit der Welle verschraubt. In Einzelfällen werden Kugellager zur Lagerung des Rotors verwendet, diese haben jedoch Nachteile hinsichtlich Lebensdauer, Kosten und Akustik. Daher hat sich die an dem Motorölkreislauf gekoppelte, hydrodynamische Gleitlagerung durchgesetzt, wobei hier meist Axial- und Radiallager getrennt aufgebaut sind. Das Axiallager nimmt die aerodynamischen Kräfte aus den Laufrädern auf. Die statische Belastung der Axiallagerung ist gegenüber der Belastung der Radiallagerung verhältnismäßig hoch. In der Radiallagerung hat die Funktion der Dämpfung hohe Bedeutung, durch die das Bewegungsverhalten des Rotors im gesamten Betriebsbereich des Laders bestimmt wird. Die Abdichtung des Rotors zwischen Turbinen- bzw. Verdichtergehäuse zum dazwischen liegenden Lagergehäuse erfolgt durch Labyrinthdichtungen, die mit Hilfe von Kolbenringen aufgebaut werden.

Die konstruktive Gestaltung von Kompressoren unterscheidet sich naturgemäß entscheidend von Turboladern, da das Verdichtungsprinzip und dem folgend auch die Drehzahl vollkommen anders sind. Ihre Rotoren sind komplexe Geometrien, häufig verschränkt (Roots- oder Schraubenverdichter) oder nicht rotationssymmetrisch (Spiralverdichter). Da der Druckaufbau durch Verdrängung realisiert wird, spielen Spaltmaße zwischen rotierenden und nicht-rotierenden Bauteilen eine zentrale Rolle.

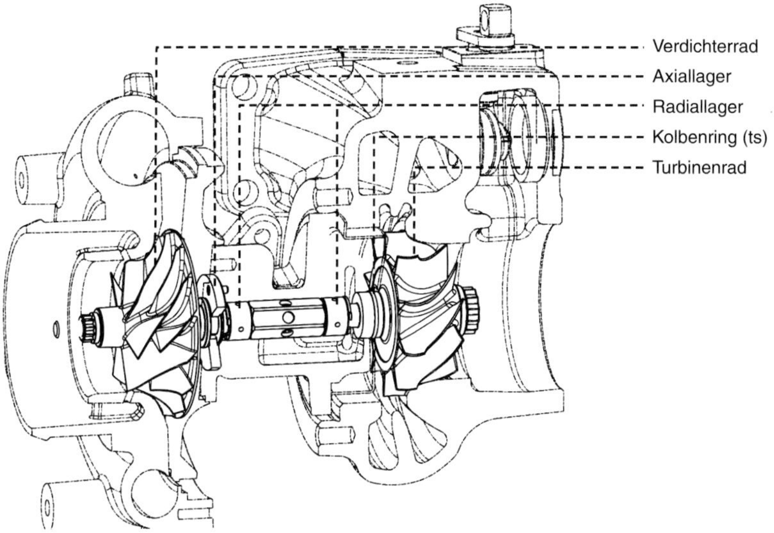

Abb. 5.135 Turboladerkonstruktion

5.3.4 Kopplung von Motor und Verdichter

Ein Fahrzeugmotor wird im allgemeinen nicht nur im Nennpunkt (Punkt mit maximaler Leistung), sondern in einem weiten Last- und Drehzahlbereich eingesetzt. Bei einem aufgeladenen Motor ist insbesondere die Änderung des Momentes und des Luftdurchsatzes in Abhängigkeit der Drehzahl wichtig. Hierfür kann das Motor-Schluckverhalten und das Verdichterkennfeld betrachtet werden. Die folgenden Betrachtungen werden hier verallgemeinert durchgeführt, ohne dass zwischen Motortypen oder Leistungsklassen unterschieden wird.

Das Zusammenwirken von Motor und Verdichter kann derart verstanden werden, dass der Motor ein »Verbraucher« des Verdichters ist. Dementsprechend lässt er sich als Charakteristik im Verdichterkennfeld darstellen. Es ergeben sich für verschiedene Motordrehzahlen die sogenannten »Schlucklinien« (Abb. 5.136, Beispiel Abgasturbolader-Verdichter, Dieselmotor). Der auf den Eintrittszustand bezogene, vom Motor »geschluckte« Volumenstrom verändert sich nahezu linear mit dem Druckverhältnis. Schnittpunkte zwischen Verdichterkennlinie n_V und Motorschlucklinie n_M stellen Betriebspunkte des Motors dar. Dies ist insbesondere bei der Auslegung von Verdichtern hilfreich, da das Betriebsverhalten im gesamten Kennfeld vorab bewertet werden kann. Bei mechanisch angetriebenen Kompressoren kann so die Übersetzung zwischen Verdichter und Motor bestimmt werden, bei Abgasturboladern helfen diese Schnittpunkte bei der Auswahl eines geeigneten Verdichters und einer geeigneten Turbine.

5.3.5 Regelung

Wachsende Anforderungen an das Betriebsverhalten (Leistung, Verbrauch, Emissionen, Dynamik) aufgeladener Motoren haben zu einer kontinuierlichen Entwicklung der Turboladerregelung mit wachsender Komplexität geführt. Ungeregelte Lader spielen in PKW-Anwendungen keine Rolle mehr. Heute sind folgende Regelungsarten von Bedeutung:

5.3.5.1 Kompressor

Mechanisch angetriebene Verdichter müssen auf Grund der direkten Kopplung an den Motor vollkommen anders als Turbolader geregelt werden. Die Lastregelung erfolgt mit einem regelbaren Bypass um den Kompressor. Dieser arbeitet bei offener Regelklappe quasi lastfrei (nur beim Rootsverdich-

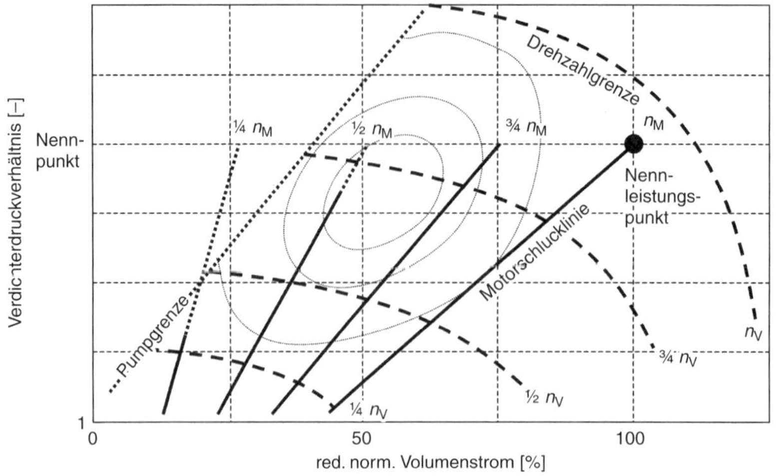

Abb. 5.136 Motorschlucklinien in einem Turboverdichterkennfeld

ter ohne innere Verdichtung möglich). Darüber hinaus kann der Kompressor abgeschaltet werden, um den Verbrauch des Motors zu reduzieren. Dies wird bei Kompressoren mit innerer Verdichtung zwingend notwendig (z. B. Schraubenverdichter), um eine Schädigung des Verdichters zu vermeiden.

5.3.5.2 Turbolader mit Bypassregelung (Wastegate)

Hierbei kann ein Teil des Abgasmassenstroms um die Turbine herumgeführt werden, sodass dieser Teil nichts zur Verdichterleistung beiträgt (Abb. 5.137a). Damit kann eine kleinere Turbine verwendet werden, die einerseits für höhere Motorleistung bei kleinen Motordrehzahlen und andererseits für eine verbesserte Motordynamik sorgt. Zur Begrenzung des Ladedrucks bzw. Vermeidung von Überdrehzahlen bei Nennleistung wird eine Klappe oder ein Ventil geöffnet. Die Regelung erfolgt üblicherweise selbstregelnd durch einen Überdruck-Aktuator, bei dem der Verdichterdruck an einer Membrane anliegt, die über ein Gestänge die Bypassklappe betätigt.

5.3.5.3 Turbolader mit Regelung über einen verstellbaren Düsenring

Zur Verbesserung der Energieausnutzung und der Regelbarkeit hat sich in anspruchsvollen PKW-Dieselmotoren die Regelung mit dem verstellbaren Düsenring durchgesetzt (Abb. 5.137b; Technologie erstmals bei Dieselmotoren eingesetzt im Jahr 1996 im Audi/VW-4-Zylindermotor, 1,9 l, 81 kW und bei Ottomotoren im Jahr 2006 im Porsche-6-Zylinder-Boxermotor, 3,6 l, 353 kW). Hierbei wird der gesamte Abgasmassenstrom durch die Turbine geführt. Die Leitschaufeln bilden einen Düsenkranz (häufig VTG genannt), mit dem das Druckgefälle über die Turbine entsprechend der verdichterseitigen Anforderungen angepasst werden kann. Dabei steht die Düsenwirkung (Beschleunigung der Strömung) gegenüber der Leitwirkung (Richtung der Strömung) im Vordergrund. Die Nachteile wiederum größerer Turbinenräder können dadurch auch hinsichtlich der Motordynamik überkompensiert werden. Der erweiterte Kennfeldbereich sowie die genauere Regelbarkeit haben sich insbesondere bei höheren Emissionsanforderungen als Vorteil erwiesen. Die Ansteuerung des Verstellmechanismus erfolgt mit Hilfe eines Aktuators, der mittels Unterdruck oder elektrisch angetrieben und gesteuert ist.

Die Düsenring-Technologie wird bei modernen Motoren nicht nur zur Regelung des Ladedrucks, sondern auch zur Regelung der Abgasrückführmengen, im Thermomanagement der Abgasnachbehandlung (Abgastemperaturen nach Turbolader) und zur Unterstützung der Motorbremse (LKW) eingesetzt.

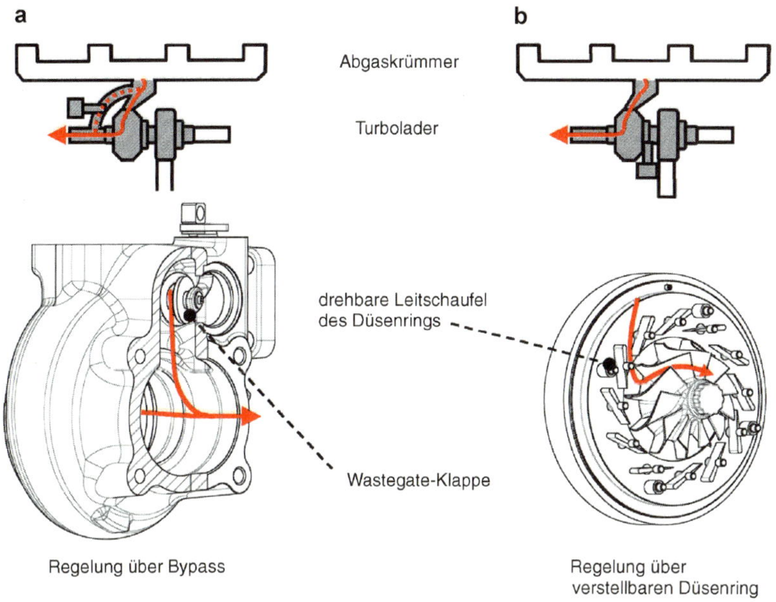

Abb. 5.137 Regelungsarten einstufiger Turbolader

Neben PKW-Dieselmotoren konnte sich diese Regelung bisher noch nicht in gleichem Maße durchsetzen. Bei LKW-Dieselmotoren stellt die deutlich höhere Lebenserwartungsanforderung das zentrale Problem dar. Bei Ottomotoren liegen die Herausforderungen an Konstruktion und Werkstoffe in der Höhe der Abgastemperatur (max. 1050 °C) begründet.

5.3.5.4 Zweistufig geregelte Aufladung aus zwei Abgasturboladern

Bedingt durch die Einschränkungen der Turbolader mit verstellbarem Düsenring sowie durch wachsende Wünsche an die Höhe des Ladedrucks entwickelte sich der Ansatz, mehrere Turbolader in einer Reihenanordnung aufzubauen und so ein System zu schaffen, dass eine Ladedruckerhöhung in mehreren Stufen realisiert. Sowohl bei Nutzfahrzeugen als auch bei PKW (z. B. BMW-6-Zylinder-Diesel-Reihenmotor, 3,0 l, 210 kW) gibt es Systeme, die aus einer Hochdruck- und einer Niederdruckstufe bestehen (Abb. 5.138a). Im einfachsten Fall wird das System mit Hilfe der Regelklappe geregelt, indem die Hochdruckturbine mit einem Bypass umgangen wird und gerade noch so viel Energie umsetzt, dass der Rotor der Hochdruckstufe nicht zum Stillstand kommt.

Dieser Aufbau kann den Anforderungen entsprechend erweitert werden, z. B. durch Einsatz eines Wastegate-Turboladers als Niederdruckstufe und eines zusätzlichen Bypasses um den Verdichter der Hochdruckstufe. Die Vorteile dieses Systems liegen neben der Erhöhung des erreichbaren Ladedrucks in einer Verbesserung der Motordynamik (da die Hochdruckstufe Ladedruck mit den Vorteilen eines kleinen Laders aufbauen kann) und des Pumpverhaltens (da die einzelnen Verdichter für sich genommen weniger hoch belastet sind und eine unkritische Pumpgrenzlage aufweisen). Außerdem können verhältnismäßig einfache Turbolader verwendet werden. Nachteilig ist das hohe Bauvolumen des Systems. In vielen Anwendungen ist es nicht möglich, den Platz für eine zweistufige Aufladung zu schaffen. Bei der Anordnung kann es dementsprechend auch zu hohen Strömungsverlusten in den Verbindungselementen (Krümmern) der Lader kommen. Außerdem stellen sich durch hohe Drücke auf der Turbinen- und Verdichterseite hohe Anforderungen an die Abdichtung von Gehäuse und Rotor.

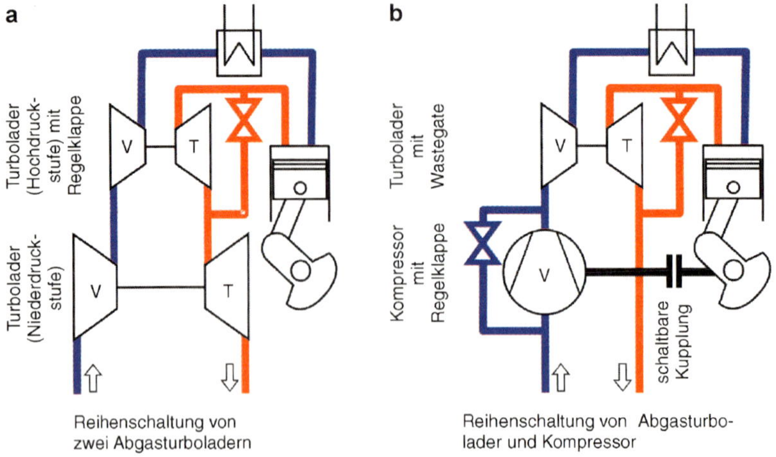

Abb. 5.138 Zweistufige Aufladung

5.3.5.5 Zweistufig geregelte Aufladung aus Abgasturbolader und Kompressor

Eine Alternative zur Aufladung mit zwei in Reihe geschalteten Turboladern kann die Reihenschaltung von Kompressor und Abgasturbolader sein (Abb. 5.138b, Prinzip des VW-TSI-4-Zylinderreihenmotor, 1,4 l, 125 kW). Dies ist insbesondere dann sinnvoll, wenn der Ladedruck im Nennlastpunkt mit einem Turbolader erreicht werden kann und insbesondere das Fahrverhalten verbessert werden soll. Der Abgasturbolader ist dabei nicht als Hochdruckstufe zu verstehen. Er ermöglicht bei maximaler Motordrehzahl das Erreichen der Nennleistung bei akzeptablem Verbrauch. Geregelt wird er mit Hilfe eines Wastegates. Bei kleinen Motordrehzahlen und hohen Drehmomenten wird der Kompressor (z. B. Rootsverdichter) permanent zugeschaltet, wodurch sich die stationäre und dynamische Leistung der Motors optimieren lassen. Der Kompressor wird mit einer Kombination aus Regelklappe (Bypass) und Magnetkupplung (komplettes Abschalten) geregelt. Der Motor kombiniert somit die Vorteile der Aufladekonzepte »Turbolader« und »Kompressor«. Der turboaufgeladene, kleinvolumige Motor sichert einen geringen Kraftstoffverbrauch (»Downsizing«), der Kompressor gleicht die entsprechenden Nachteile aus bzw. verbessert das dynamische Verhalten des Motors. Nachteilig ist naturgemäß der hohe konstruktive Aufwand dieser Aufladung. Zwar werden verhältnismäßig einfache Lader eingesetzt, deren Technologie in anderen Anwendungsfällen ausreichend erprobt ist, auf der anderen Seite existieren zwei vollständige Ladersysteme, die neben dem konstruktiven Aufwand hohe Anforderungen an die Lastregelung im dynamischen Betrieb stellen.

5.3.6 Motorkomponenten im unmittelbaren Zusammenhang zur Aufladung

5.3.6.1 Ladeluftkühlung

Die Mehrheit der aufgeladenen Motoren in Fahrzeuganwendungen ist heute mit Ladeluftkühlern ausgestattet. Diese haben den Zweck, die durch den Verdichtungsprozess erhöhten Temperatur der Frischluft zu senken. Die Lufterwärmung ist nicht zu vermeiden und findet auch bei adiabat isentropen Zustandsänderungen statt. Durch die Erhöhung der Dichte mit der Temperaturabsenkung (ideales Gasgesetz) wird eine höhere Luftmenge im Brennraum des Motors ermöglicht. Dementsprechend dient die Ladeluftkühlung primär der Leistungssteigerung. Zusätzlich ergeben sich auch noch Vorteile hinsichtlich einer geringeren thermischen Bauteilbelastung, geringerer Stickoxidbildung und Verbesserung des Klopfverhaltens (bei aufgeladenen Ottomotoren). Technisch umgesetzt wird diese Kühlung durch Wärmetauscher (Ladeluftkühler in ◘ Abb. 5.132), die entweder luft- oder wassergekühlt sind.

5.3.6.2 Abgasrückführung

Im Zuge steigender Anforderungen zur Senkung von Abgasemissionen, ist die Abgasrückführung bei Dieselmotoren nicht mehr wegzudenken. Hierbei wird Abgas meist direkt aus dem Abgaskrümmer der aufgeladenen Frischluft zugeführt. Das Abgas wirkt als Inertgas und senkt lokale Temperaturspitzen bei der Verbrennung im Brennraum. Damit wird die Stickoxidbildung reduziert. Die Menge an rückführbarem Abgas ist begrenzt durch den Druckunterschied zwischen dem Abgasdruck vor der Turbine und dem Ladedruck. Für den Turbolader hat dies verschiedene Auswirkungen. Instationär senkt die Abgasrückführung die an der Turbine zum Antrieb des Verdichters anliegende Leistung. Zur Füllung des Brennraums mit dem Gemisch aus Frischluft und zurückgeführtem Abgas muss der Ladedruck gesteigert werden. Solange Abgasrückführung nur im Teillastbereich des Motors realisiert wird, stellt dies kein Problem dar. Die schärfer werdenden Emissionsgesetze erfordern jedoch zunehmend auch Abgasrückführung im Bereich der Volllast, sodass zur Stabilisierung des Kraftstoff-Luft-Verhältnisses ein zusätzlicher Ladedruckbedarf auch im volllastnahen Bereich realisiert werden muss, was wiederum ggf. zu einem zweistufigen System führen kann.

5.3.6.3 Schubumluft

Im Ottomotor wird zur Regelung eine Drosselklappe eingesetzt, die zwischen Turboladerverdichter und Saugrohr positioniert wird. Beim Schließen dieser Klappe im Schubbetrieb wird der Verdichter stark gedrosselt. Dies kann zur Folge haben, dass der Verdichterbetriebspunkt in den instabilen Bereich des Pumpens rückt. Zur Vermeidung dieses Effekts wird ein Schubumluftventil verwendet, das den Verdichter durch einen Bypass zwischen Verdichteraus- und -eintritt entlastet. Die Querschnitte des Schubumluftventils bzw. der Schubumluftleitung sind dabei so zu dimensionieren, dass der Drehzahlabfall des Verdichters bei Schließen der Drosselklappe möglichst gering ist, um ein gutes Transientverhalten des Motors bei erneuter Lastaufschaltung zu erreichen.

5.3.7 Sonstige Regelungssysteme

Neben den oben ausführlicher beschriebenen Regelungssystemen gibt es zahlreiche weitere Entwicklungen, die entweder als Nischenlösung verstanden werden können (dort durchaus berechtigt oder erfolgversprechend sein können) oder eine ausreichende Produktreife noch nicht erreicht haben.

5.3.7.1 Turbolader mit Regelung über eine verschiebbare Hülse am Turbineneintritt

Auf Grund der Anfälligkeit und der hohen Herstellkosten verdrehbarer Schaufeln als Regeleinheit am Turbineneintritt wurde eine Technologie entwickelt, die häufig als »Schiebehülsen-Turbine« benannt wird. Hier wird die Variabilität der Turbine durch eine reine Querschnittsveränderung am Turbineneintritt realisiert. Obwohl diese Technologie bzgl. ihres Regelbereichs und ihres Wirkungsgrads erfolgversprechend war, hat sie sich im PKW nicht durchsetzen können. Dies ist insbesondere durch eine hohe thermische Belastung des Systems (dadurch resultieren höhere Kosten als erwartet) und Einschränkungen hinsichtlich der Genauigkeit der Regelung begründet. Bei Nutzfahrzeugen wiederum hat diese Turbinenreglung auf Grund ihrer Robustheit einen festen Markanteil eingenommen.

5.3.7.2 Elektrisch unterstützte Aufladung

Auf der Suche nach Erweiterungen von Freiheitsgraden beim Betrieb von Turboladern wurde die Zuführung elektrischer Leistung als eine Option entdeckt. Dabei gab bzw. gibt es verschiedene Ansätze. Entweder kann ein Elektromotor auf der Welle des Turboladers integriert werden, der bei Bedarf zusätzliche Energie auf den Verdichter übertragen kann oder es wird ein zusätzlicher, elektrisch angetriebener Turboverdichter in die Luftstrecke des Motors (vor oder hinter Turboladerverdichter) eingebaut, der direkt den Ladedruck erhöht. Die Vorteile liegen insbesondere in einer Verbesserung des dynamischen Ladedruckaufbaus bei angemessener Regelbarkeit. Nachteilig ist der sehr hohe Bedarf an elektrischer Energie. Um einen wirksamen Beitrag zur Ladedrucksteigerung zu bewirken, wird eine elektrische Leistung in ähnlicher Größenordnung der aerodynamischen Verdichterleistung (mehrere kW) über eine bestimmte Zeit (mehrere Sekunden) benötigt. Die üblichen Bordnetze (besonders 12-Volt-Technik) sind damit allerdings überfordert. Elektrische Zwischenspeicher können eine Lösung sein, führen aber zusammen mit dem Ladersystem und der Leistungselektronik zu hohen Kosten. Schließlich ist noch die Temperaturempfindlichkeit (besonders beim Elektromotor auf der Turboladerwelle) zu nennen. Insgesamt haben Untersuchungen an verschiedenen Stellen ergeben, dass die Wirkung dieser Zusatzaufladung bei vertretbarem Aufwand derzeit nicht ausreichend ist.

5.3.7.3 Registeraufladung

In Analogie zur Elektrotechnik kann die Schaltung zweier Turbolader statt in Reihenausführung auch in einer Parallelausführung erfolgen (z. B. Peugeot-4-Zylinder-Dieselmotor, 2,2 l, 125 kW). Dies wird als Registeraufladung bezeichnet. Optimal realisierbar ist dieses Prinzip bei Motoren, die ohnehin mit zwei Turboladern ausgerüstet sind (z. B. V-Motoren oder Reihenmotoren mit getrennter Abgasführung). Im Nennleistungsbereich versorgen beide Turbolader den Motor. Bei der geschalteten Parallelanordnung können die Abgasströme beider Turbolader zusammengefasst werden, um einen einzelnen Lader anzutreiben, der dann wiederum den gesamten Motor (bei V-Motoren beide Zylinderbänke) mit Frischluft versorgt. Der andere Lader wird in diesem Fall quasi abgeschaltet. Vorteilhaft ist dabei, dass das einzelne Aufladeaggregat für den Motor als verhältnismäßig kleiner Lader ein gutes dynamisches Verhalten des Motors bewirkt. Im Nennleistungsbereich arbeiten beide Lader gemeinsam. Nachteilig ist allerdings das große Bauvolumen. Außerdem ist das maximale Ladedruckniveau begrenzt. Schließlich ist anzumerken, dass das volle Potential erst bei großvolumigen Motoren mit mehr als sechs Zylindern ausgeschöpft werden kann. Diese Motoren werden allerdings häufig mit hydraulischen Wandlern zum Getriebe hin betrieben, was wiederum die Dynamikvorteile der Aufladung schwächt.

5.3.7.4 Turbo-Compound-Verfahren

Als Ergänzung zum Turbolader gibt es Systeme, bei denen das Ziel verfolgt wird, die Abgasenergie auch nach Austritt aus dem Turbolader weiter zu nutzen. Dafür kann z. B. eine zusätzliche Nutzturbine hinter dem Turbolader angeordnet werden, die dem Abgas Leistung entzieht und mechanisch über ein Getriebe auf die Motorwelle überträgt. Dies nennt man Turbo-Compound-Verfahren. Die Verbrauchsvorteile sind jedoch in einem durchschnittlichen Betrieb verhältnismäßig gering, der konstruktive Aufwand am Motor jedoch hoch. Eine Renaissance könnte dieses System dadurch erfahren, dass es ermöglicht, den Druckunterschied zwischen Abgas und Ladedruck ohne zusätzliche Drosselung und dementsprechende Verbrauchsnachteile zu erhöhen. Damit können höhere Mengen bei der Abgasrückführung erzielt werden.

5.3.8 Downsizing und Aufladung: Potentiale, Grenzen, Auswirkungen

Eine unumstritten effektive und wirksame Methode zur Verbrauchsabsenkung von Verbrennungsmotoren stellt das Downsizing dar. Das Prinzip ist dabei, die Baugröße des Motors zu reduzieren und dabei die Motorleistung konstant zu halten. Die Hubvolumenreduzierung lässt sich durch eine Verringerung der Zylinderanzahl bei gleichem Zylinderhubvolumen oder durch eine Verringerung des Zylinderhubvolumens bei gleicher Zylinderanzahl reduzieren. Die gesteigerte spezifische Leistung wird eine Erhöhung der Ladeluftdichte ermöglicht. Zunächst einmal hat die Verkleinerung des Motors einen positiven Einfluss auf die Motorreibung und die Wandwärmeverluste. Diese Vorteile können aber insbesondere durch Verbrennungsnachteile und zusätzliche Ladungswechselverluste wieder aufgebraucht werden. Die Einzeleffekte sind auf Grund unterschiedlicher Verfahren und Konstruktionen motorspezifisch. Der Hauptvorteil des Downsizing liegt darin begründet, dass der Be-

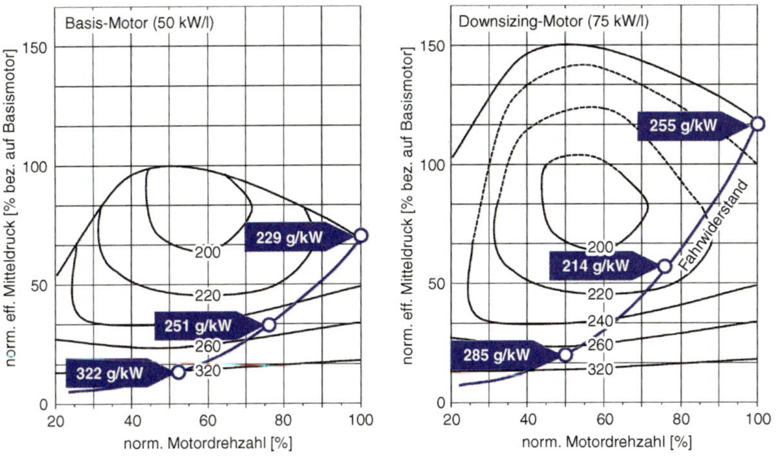

Abb. 5.139 Verbrauch im Motorkennfeld, Pkw-Motoren

trieb des Motors hin zu höheren Mitteldrücken verlagert wird. Auf einer typischen Fahrwiderstandslinie ergeben sich insbesondere bei kleinen bis mittleren Lastzuständen erhebliche Verbrauchsvorteile (Abb. 5.139), bei Nennleistung kann es zu einem Verbrauchsnachteil kommen. Begründet ist dieser Effekt dadurch, dass mit zunehmendem Mitteldruck die Verlustanteile von Reibung, Wandwärme und Ladungswechsel an der Nutzleistung abnehmen. Dieser Effekt ist allerdings begrenzt, die Wirkungsgrad-Muscheln können sich bei hohen Mitteldrücken allerdings wieder schließen (z. B. durch höhere Verbrennungs- oder Ladungswechselverluste). Motoren mit hohem Volllast-Anteil (z. B. LKW) können demnach den Downsizing-Effekt nur bedingt nutzen.

Allerdings ergeben sich durch das Downsizing steigende Anforderungen an das Aufladesystem. Bei heutigen Basis-Motorisierungen sind Turbolader häufig bereits soweit optimiert, dass Belastungsgrenzen ausgereizt sind. Durch nennenswerte Downsizinggrade (bezogene Hubraumreduzierung bei konstanter Leistung, [128]) in der Größenordnung von ab 30 % ergibt sich ein deutlich steigender Bedarf an Ladedruck (Abb. 5.140, Motorvolllastlinien eines Basis-Motors und eine Downsizing-Motors im Verdichterkennfeld). Der Motorbetrieb übersteigert die Drehzahlgrenze des Verdichters, außerdem würde der Verdichter zunehmend im instabilen Bereich links der Pumpgrenze betrieben werden. Ein weiteres Problem stellt die Variabilität der Turbinenleistung dar; bei spezifischen Leistungen oberhalb von 65 kW/l kommt Regelung mittels variablem Düsenring hinsichtlich einer ausreichenden Leistungsbereitstellung für den Verdichter und einer Kompensation der resultierenden Anfahrschwäche an ihre Grenzen. Hier sind demnach andere Maßnahmen notwendig, z. B. die Einführung einer zweistufigen Aufladung. Diese macht hohe Ladedrücke in einem breiten Kennfeldbereich bei gleichzeitig günstiger Fahrdynamik möglich, hat aber zusätzliche Ladungswechselverluste zur Folge.

Die notwendigerweise steigenden Belastungen des Turboladers wirken sich auf jedes Bauteil des Turboladers aus (Tab. 5.10).

5.3.9 Methoden in der Entwicklung

Der Entwicklungsprozess von Turbolader-Systemen ist dem von anderen Motorkomponenten generell ähnlich. Die Turbolader-Entwicklung setzt bereits in der Frühphase der Motor-Entwicklung ein, da der Turbolader einen zentralen Einfluss auf die Leistung, die Dynamik, die Emissionen und den Verbrauch des Motors hat. Üblicherweise wird der Turbolader in der A-Musterphase thermodynamisch definiert und in den B- und C-Musterphasen mechanisch abgesichert.

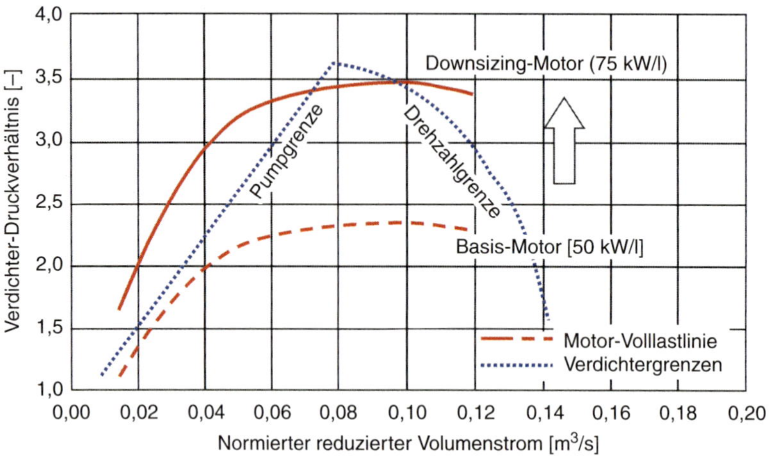

Abb. 5.140 Anforderung an das Aufladesystem durch Downsizing

Tabelle 5.10 Anforderung und Auswirkung von Downsizing

Anforderung durch Downsizing	Betroffenes Turbolader-Bauteil
Kennfeldbreite	Verdichter
Drehzahlgrenze	Verdichterrad, Turbinenrad, Radiallager
Flexibilität der Regelung	Turbine, Aktuator
Hohe Wirkungsgrade	Verdichter, Turbine, Lagerung
Abgastemperatur	Turbine, Lagerung
Zyklenfestigkeit (TMF/LCF/HCF)	Verdichterrad, Turbinenrad, Turbinengehäuse
Blowby	Kolbenring-System
Dynamik	Turbine, Gesamtsystem

Die Auslegung erfolgt auf Basis stationär vermessener Kennfelder für Turbine und Verdichter und Ziel-Motordaten entsprechend Lastenheft. Letztere basieren häufig auf Werten, die aus Motoren einer vorherigen Generation abgeleitet wurden. Es kommt heute selten vor, dass ein Motor komplett neu ausgelegt wird, dementsprechend ist die Datenbasis für die Auslegung meist gut. Als Werkzeuge werden dabei meist unternehmenseigene Programme und Datenbanken verwendet, die mit Motorprozess-Simulationstools (z. B. GT-Power, Wave, Boost) unterstützt. Auf Grund verschiedener Effekte muss der ausgelegte Turbolader in verschiedenen Varianten erprobt werden. Dabei werden meist Turbinen mit verschiedenen Durchsatz- oder Wirkungsgrad-Charakteristiken, Verdichter mit Pump- und Drehzahlgrenzen sowie Wirkungsgradvarianten und verschiedene Lagerungs- und Regelungskonzepte erprobt. Hintergrund ist hier, dass sich der reale Betrieb am Motor nur bedingt vorhersagen lässt. Zu den relevanten Einflüssen zählt, dass die Strömung am Turbolader-Prüfstand (bei der Kennfeldvermessung) stationär und am Motor-Prüfstand pulsierend ist, dass die thermischen Randbedingungen (z. B. Wärmestrahlung) abweichen oder das Package unterschiedlich ist. Die versuchsseitigen Aufwendungen sind demnach in der frühen Entwicklungsphase hoch.

Die weitere Absicherung bezieht sich auf stärker mechanische Themen. Rotordynamische Untersuchungen werden mit Hilfe von Weg- und Schwingungssensoren schwerpunktmäßig experimentell durchgeführt und dienen zur Qualifizierung der Lagerung. Die Simulation ist auf Grund der komplexen Vorgänge in der Lagerung möglich aber noch sehr aufwendig. [129]. Ähnlich ist es bei der Untersuchung vom Durchschlagverhalten berstender Räder durch Turbinen- und Verdichtergehäuse (Containment), wo die Simulation zwar vielver-

Tabelle 5.11 Absicherungsmaßnahmen in der Entwicklung (Auszug)

Absicherungsthema	Typische Muster-phase	Art der Untersuchung	S: Simulation HG: Heissgasprüfstand M: Motorprüfstand K: Komponentenp. F: Fahrzeug
Thermodynamik	A, B	Stat. Kennfelder (Turbine, Verdichter, Motor), Dynamik	S (CFD, Prozess), HG, M
Höhenreserve	A, C	Berücksichtigung bei Erstauslegung, Überprüfung im Fahrzeug	S (CFD, Prozess), F
Rotordynamik	A, B	Lagerstabilität und Drehzahlgrenze	S (Mehrkörpersimulation), HG, M
Bersten, Schaufelschwingung (HCF)	A, B	Drehzahlgrenze der Laufräder	S (FEM), HG
Lastwechsel(LCF)	B, C	Anwendungsspezifische Lebensdauerbetrachtung	S (FEM), K, HG, M
Gehäuserisse (TMF)	C	Prüfung des Rißverhaltens bei thermischen Lastwechseln	S (FEM), HG, M
Containment	C	Durchschlagsicherheit der Gehäuse bei Radbersten	S (FEM), HG
Verkokung, Blowby, Ölverlust, Korrosion	B, C	Langzeitverhalten; in Kombination mit anderen Dauerläufen	HG, M
Haltbarkeit, Verschleiß	B, C	Diverse Dauerläuf-Typen (Zyklen)	K, HG, M, F
Akustik	B, C	Prüfung der akustischen Bedeutung des Turboladers	HG, M, F

sprechend ist, der Versuch aber noch dominiert. Gerade bei lebensdauer-relevanten Vorgängen (high cycle fatigue (HCF), low cycle fatigue (LCF), thermo mechanical fatigue (TMF, [130])) sind viele Versuche und Simulationen nötig, um den Turbolader in der Entwicklung abzusichern. Themen zum Verschleiß, zur Verkokung und zur Korrosion bleiben ein mehr oder weniger reines experimentelles Untersuchungsgebiet. Die Klärung der akustischen Eigenschaften des Turboladers rundet die Absicherung ab, hier ist darauf hinzuweisen, dass auf Grund des komplexen Übertragungsverhaltens von Schall eine Prüfung erst im Fahrzeug sinnvoll ist.

Üblicherweise werden Absicherungsmaßnahmen zwischen Motor- und Turbolader-Hersteller abgestimmt und z. B. in einem DVP (design validation plan) dokumentiert; Tab. 5.11 zeigt typische Absicherungsmaßnahmen für Turbolader). Bei erfolgreicher Prüfung aller Maßnahmen erfolgt die Freigabe zur Produktion nach branchenvertrauter Vorgehensweise.

Der Simulation kommt als Teil der Serien-Absicherung offensichtlich zunehmend eine höhere Bedeutung zu. Mit der Weiterentwicklung der Rechner-Leistungen und der Verfeinerung der Software und Ergänzung der Verfahren hat die Simulation heute schon lange keinen rein akademischen Nutzen mehr, sondern wird als ein gleichwertiger Teil der Absicherung verstanden. In bestimmten Bereichen kann die Simulation den Versuch ergänzen, immer häufiger aber auch ersetzten. Häufig leiden die Verfahren darunter, dass noch nicht alle Werkstoffdaten in ausreichendem Umfang vorliegen. Langfristig ist davon auszugehen, dass Versuch und Simulation parallel bei der Absicherung Verwendung finden. Es kann nicht davon ausgegangen werden, den Versuch durch die Simulation vollständig zu ersetzen.

5.3.10 Ausblick

Die Aufladung von Verbrennungsmotoren hat seit einigen Jahren eine Schlüsselrolle bei der Verbesserung von Verbrennungsmotoren eingenommen. Mit ihr lassen sich alle relevanten Bereiche eines Motorbetriebs beeinflussen. Solange Kraftstoffe als Energiespeicher für Antriebssysteme heiß verbrannt werden, wird die Bedeutung der Aufladung zunehmen. Sowohl Lader- als auch Motorhersteller arbeiten daher intensiv an neuen Technologien. Obwohl sich der Turbolader seit seiner Erfindung 1905 im grundsätzlichen Aufbau nicht wirklich verändert hat, so gab es doch gerade in den letzten Jahren viele bedeutende Erfindungen rund um die Aufladung. Es ist damit zu rechnen, dass sich in den kommenden Jahren einige neue Technologien durchsetzen werden.

In PKW-Applikationen rückt insbesondere in der Verbesserung des Ansprechverhaltens in den Fokus der Entwicklung, das bei Turbolader-Anwendungen prinzipbedingt Handlungsbedarf besteht. Hier zeigen sich ganz unterschiedliche Technologien. Seit vielen Jahren wird beispielsweise an Wälzlagern gearbeitet, die ein hohen Potential zur Dynamik- und Wirkungsgradverbesserung aufweisen, sich aber nur vereinzelt durchsetzen [132]. Die Herausforderungen liegen in den Kosten, der Haltbarkeit und der Akustik. Als weiteres Beispiel kann das Potential von Titan-Aluminium-Legierungen als neuer Turbinenrad-Werkstoff genannt werden. Die deutlich geringe Dichte dieses Werkstoffs ermöglicht primär eine Verbesserung des Ansprechverhaltens des Motors, stellt aber neue Anforderungen an die Bearbeitung, das Fügen und schließlich ebenfalls die Kosten. Ein anderer Ansatz kann eine konstruktive Reduzierung der Massenträgheit sein, die durch Veränderungen der Laufräder erfolgt, beispielsweise eine Axialturbine [133]. Allerdings ist hier noch unklar, inwieweit Verschlechterungen des Gesamtwirkungsgrads die Vorteile der Dynamik rechtfertigen.

In der Zukunft wird sich zudem eine Vielzahl an erweiterten Ladersystemen etablieren. Zweistufige Systeme aus zwei Turboladern setzen sich zunehmend durch. Treiber dieser Entwicklung sind Dieselmotoren. Inzwischen gibt es sogar Systeme, die aus drei Turboladern aufgebaut sind [5]. Dabei ist allerdings anzumerken, dass bei diesem System nicht drei Stufen wirken, sondern eher die zweistufige Aufladung mit einer Flexibilisierung der Hochdruckstufe ergänzt wird. Es kann davon ausgegangen werden, dass der Anteil aufgeladener Ottomotoren weiter ansteigen wird, nicht zuletzt um durch deutliche Verbrauchseinsparungen steigenden Kraftstoffpreisen entgegen zu wirken. Dies muss auf Grund der erweiterten Anforderungen am den Betriebsbereich und die Betriebstemperatur zu Weiterentwicklungen der Regelungsansätze vor und auch der Werkstoffe führen. Ottomotorische Turbolader könnten sich so zu Technologie-Treibern entwickeln. Bei allen Anwendungen, Diesel oder Otto, besteht ein hoher Weiterentwicklungsbedarf z. B. hinsichtlich Verschleiß, Zyklenfestigkeit, Rissbeständigkeit, Oxidationsbeständigkeit und Festigkeit bei steigenden Temperaturen.

5.4 Triebstrang

5.4.1 Überblick

5.4.1.1 Einleitung

Getriebe sind im Antriebsstrang eines Fahrzeugs ebenso wichtig wie der Verbrennungsmotor. Erst im richtigen Zusammenspiel beider und unter Berücksichtigung der geeigneten Komponenten kann man Anfahren, Vorwärts- und Rückwärtsfahren sowie unterschiedlichste Fahrwiderstände überwinden. Dabei sind in dem Begriff Triebstrang alle Komponenten im Antriebstrang eines Fahrzeugs zusammengefasst, die die Leistung des Motors zu den Rädern leiten.

Wenn wir den Pkw betrachten, finden wir Handschaltgetriebe und Automatgetriebe je nach geographischer Region unterschiedlich stark vertreten. Die Doppelkupplungsgetriebe und automatisierten Schaltgetriebe haben bisher nur in Westeuropa nennenswerte Stückzahlen erreicht. Die größte Verbreitung stufenloser Getriebe liegt in Japan vor, mit Abstand gefolgt von Deutschland. Das Wandlerautomatgetriebe ist nach wie vor das weltweit dominierende automatische Getriebesystem (siehe Tab. 5.12).

Die Grundanforderungen an die Komponenten des Triebstrangs sind einfache Bedienung, geringe Verluste, geringes Bauvolumen und niederes Gewicht, hohe Zuverlässigkeit und Lebensdauer sowie geringe Kosten.

5.4.1.2 Aufgaben des Getriebes

Weltweit haben sich Otto- und Diesel-Motor als Fahrzeugantrieb durchgesetzt. Dies wird auf absehbare Zukunft auch so bleiben. Beide Antriebsmaschinen sind durch folgende Charakteristika gekennzeichnet:

- Sie arbeiten nur in einem bestimmten Drehzahlbereich, der durch Leerlauf- und Maximaldrehzahl begrenzt ist. Ein Fahrzeugantrieb aus dem Motor-Stillstand heraus ist nicht möglich.
- Das Motordrehmoment allein reicht für starke Beschleunigung oder zur Überwindung größerer Steigungen nicht aus.
- Die Motoren haben nur eine Laufrichtung. Vorwärts-Rückwärts-Betrieb ist damit nicht möglich.

Das Getriebe kompensiert diese Schwächen des Motors und sorgt mit verschiedenen Übersetzungen (oder auch stufenlos), zusammen mit einem Anfahrelement dafür, dass Zugkraftbedarf und Drehmomentangebot zusammenpassen. Das Getriebe bietet passende Übersetzungen für Beschleunigung, Steigungen und kraftstoffsparendes Fahren an, und ermöglicht auch das Rückwärtsfahren.

Der Fahrzustand eines Fahrzeugs wird durch die so genannte Fahrgleichung beschrieben. Sie stellt das Gleichgewicht her zwischen den zu überwindenden Fahrwiderständen einerseits und dem vom Triebstrang gewandelten Antriebsdrehmoment andererseits. Dabei ist zu berücksichtigen, dass das statische Drehmoment des Motors bei Änderungen der Drehzahl seiner rotierenden Massen vermindert oder vergrößert wird. Zwischen Getriebeingang und Rad liegt die Getriebewandlung (i/r) und auch der Übertragungswirkungsgrad η_{ges} des gesamten Triebstrangs. Die Fahrgleichung lautet somit:

$$\begin{aligned}
&\overbrace{(M_{mot} - J_{mot} \cdot \dot{\omega}_{mot}) i/r \cdot \eta_{ges}}^{\text{Antriebsmoment}} = F_w \\
&= \overbrace{m \cdot g \cdot f \cdot \cos\alpha}^{\text{Rollwiderstand}} \\
&\quad + \underbrace{c_w \cdot (r/2) \cdot A \cdot v^2}_{\text{Luftwiderstand}} + \underbrace{F_B}_{\text{Bremskraft}} \\
&\quad + \underbrace{m \cdot g \cdot \sin\alpha}_{\text{Steigungswiderstand}} + \underbrace{m \cdot \varkappa \cdot a}_{\text{Beschleunigungswiderstand}}
\end{aligned}$$

Die Wandlung (i/r) ist das Verhältnis der Antriebskraft an den Rädern zum Drehmoment am Getriebeeingang. Falls im Triebstrang kein Schlupf auftritt, entspricht (i/r) gleichzeitig der Übersetzung zwischen Winkelgeschwindigkeit am Getriebeeingang und Fahrgeschwindigkeit.

Die Wandlung (i/r) setzt sich zusammen aus den variablen Übersetzungen im Schaltgetriebe und festen Übersetzungen im Antriebsstrang wie zum Beispiel im Achsgetriebe.

Der Beschleunigungswiderstand berücksichtigt nicht nur die Fahrzeugmasse, sondern mit dem Faktor k auch die rotatorisch beschleunigten Massen des Fahrzeugs zwischen Getriebeeingang und Rädern. Dafür gilt

$$\varkappa = 1 + \frac{1}{m} \sum^{n} J_n \cdot (i_n/r)$$

Für die Auslegung der Getriebe ist es notwendig, die Grenzen zu ermitteln, innerhalb derer die Wandlung (i/r) variiert. Die größte Wandlung $(i/r)_{max}$ wird für das Befahren starker Steigungen, für hohe Beschleunigung und in der Regel auch zum Anfahren benötigt. $(i/r)_{max}$ kann aus der Fahrgleichung unter Vernachlässigung des Luftwiderstandes und für guten Kraftschluss zwischen Reifen und Fahrbahn berechnet werden. Für maximale Steigfähigkeit ist Beschleunigung 0 in die Fahrgleichung einzusetzen, für maximale Beschleunigung dagegen Steigung 0.

Tabelle 5.12 Getriebeart weltweit 2009–2015

Region	Pkw-Gesamtproduktion [Mio]		Anteil Handschaltgetriebe		Anteil Wandlerautomatgetriebe		Anteil stufenlose Getriebe		Anteil automatisierte Getriebe		Anteil Doppelkupplungsgetriebe	
	2009	2015	2009	2015	2009	2015	2009	2015	2009	2015	2009	2015
Welt	58,2	90,6	57,7 %	50,2 %	33,0 %	36,9 %	7,3 %	7,7 %	0,9 %	1,8 %	1,1 %	3,4 %
Nordamerika	8,5	15,3	8,8 %	7,5 %	82,8 %	83,5 %	7,5 %	7,0 %	0 %	0 %	0,9 %	2,0 %
Japan	7,8	10,0	18,2 %	18,3 %	43,8 %	43,3 %	37,9 %	38,1 %	0 %	<1 %	<1 %	<1 %
Westeuropa	12,9	17,7	76,0 %	72,5 %	15,0 %	17,1 %	2,9 %	<1 %	2,2 %	2,3 %	3,9 %	7,6 %
Deutschland	5,1	7,2	59,7 %	54,5 %	24,7 %	29,8 %	6,5 %	<1 %	2,0 %	<1 %	8,6 %	14,8 %

Die für beide Kriterien ermittelten Werte von $(i/r)_{max}$ sind unterschiedlich, da bei max. Beschleunigung die rotierenden Motormassen berücksichtigt werden müssen. Ebenso spielt eine Rolle, ob das Fahrzeug Front-, Heck- oder Allradantrieb hat.

Fragestellungen für die Auslegung der kleinsten Getriebewandlung $(i/r)_{min}$ sind:

1. Soll das Fahrzeug damit seine Maximalgeschwindigkeit in der Ebene erreichen (Einsatz der maximalen Motorleistung, Steigfähigkeit 0, Beschleunigung 0)?
2. Sind gute Steigfähigkeit und Beschleunigungsreserve im obersten Gang wichtig oder soll der Kraftstoffverbrauch möglichst gering sein?

Mit den in a) genannten Daten lässt sich die Wandlung $(i/r)_0$ für Höchstgeschwindigkeit aus der Fahrgleichung ermitteln.

Abweichungen von $(i/r)_0$ werden durch den so genannten Schnellgangfaktor φ definiert.

$$(i/r)_{min} = \varphi \cdot (i/r)_0$$

φ kann folgende Werte haben (siehe Abb. 5.141):

- $\varphi = 1$ Endgeschwindigkeit = Maximalgeschwindigkeit, mittlere Steigfähigkeits- und Beschleunigungsreserve, relativ hoher Verbrauch.
- $\varphi > 1$ Steigfähigkeits- und Beschleunigungsreserve wachsen, Kraftstoffver brauch nimmt zu, Getriebewandlungsbereich wird reduziert.

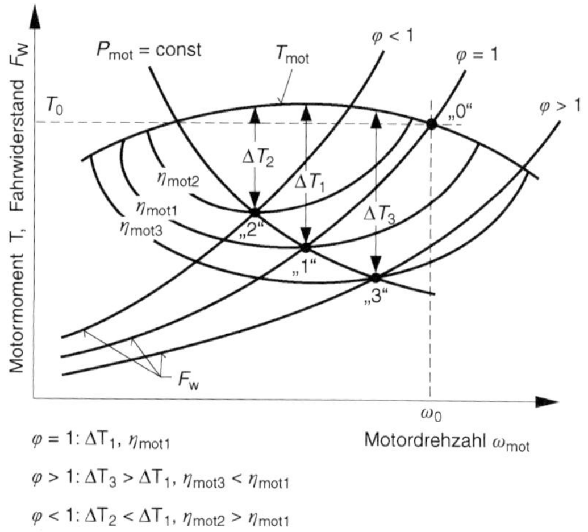

Abb. 5.141 Motorkennfeld und vom Schnellgangfaktor abhängige Lage der Fahrwiderstandskurve

- $\varphi < 1$ Steigfähigkeits- und Beschleunigungsreserve nehmen ab, Kraftstoffverbrauch sinkt, Getriebewandlungsbereich wird vergrößert.

Der Wandlungsbereich eines Getriebes ist definiert durch

$$I = (i/r)_{max}/(i/r)_{min}$$

Dieser Wandlungsbereich wird ideal mit einem stufenlosen Getriebe abgedeckt. Durchgesetzt haben sich aber Zahnrad-Stufengetriebe unterschiedlicher Konzeption mit den Vorteilen kompakte

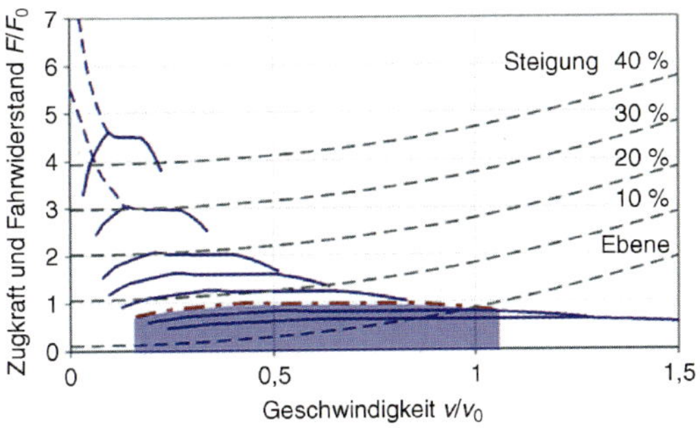

Abb. 5.142 Fahrkennfeld mit 6-Gang-Automatgetriebe

Bauweise, günstiges Gewicht, hoher Wirkungsgrad und beherrschbare Technologie. Pkw-Handschaltgetriebe sind heute überwiegend mit 5 oder 6 Gängen ausgeführt. Pkw-Automatgetriebe findet man heute mit 4 bis 8 Gängen. Die Gangstufung ist in der Regel progressiv, das heißt, dass im Bereich der unteren Gänge (hohe Übersetzungen) größere Gangsprünge vorhanden sind. In den oberen Gängen, die einen höheren Fahranteil haben, sind die Gangsprünge dagegen deutlich kleiner. Abb. 5.142 zeigt die Zusammenarbeit von Motor und Fahrzeug in Verbindung mit einem progressiv gestuften 6-Gang-Automatgetriebe.

Bei Getrieben in Gruppenbauweise, welche vorwiegend in Nutzfahrzeugen eingesetzt werden, ist bauartbedingt eine geometrische Stufung mit identischen Gangsprüngen vorzufinden.

5.4.1.3 Aufbau und Elemente des Triebstrangs

Zur Übertragung des Drehmoments der Antriebsmaschine zu den Fahrzeugrädern sind folgende Komponenten erforderlich:

- Mechanische Anfahr- und Trennkupplung oder hydrodynamischer Wandler
- Stufen- oder stufenloses Getriebe
- Achsgetriebe mit fester Übersetzung
- Differenziale für Antriebsachsen und evtl. Allradantrieb
- Wellen und Gelenke zur Leistungsübertragung im Antriebsstrang bis hin zu den Rädern
- Bedienungselemente für Kupplung, Getriebe und eventuelle Allradaktivierung.

Tabelle 5.13 zeigt die möglichen Anordnungsvarianten des Triebstrangs im Pkw.

Tabelle 5.13 Anordnungsvarianten Triebstrang

Antrieb	Motorlage	Angetriebene Achse
Standard	Front längs	hinten
Front	Front längs oder quer	vorn
Mittel	Mitte	hinten
Heck	Heck	hinten
Allrad	Front längs oder quer	vorn und hinten

5.4.1.4 Achsantrieb

Achsgetriebe haben die Aufgabe, das unterschiedliche Drehzahlniveau von Motor und Rad anzupassen. Die Ausführung des Achsgetriebes hängt von der Motoranordnung ab. Bei quer eingebautem Motor ist es ein Stirnradsatz, bei Längsanordnung des Motors ein Kegelradsatz mit Hypoidverzahnung.

Die feste Übersetzung i_a des Achsgetriebes berechnet sich zu

$$i_a = (i/r)_{min}/(i_g)_{min}$$

mit $(i_g)_{min}$ als kleinste Übersetzung des Schalt- oder stufenlosen Getriebes.

Praxiswerte für die Übersetzung des Achsgetriebes liegen zwischen ca. 2,6 bis 4,5.

5.4.1.5 Differenzialgetriebe

Differenzialgetriebe werden eingesetzt, um die bei Kurvenfahrt auftretenden oder durch unterschiedlichen dynamischen Reifenradius (Fertigungstoleranzen, unterschiedlicher Reifenluftdruck) bedingten Drehzahldifferenzen der Räder angetriebener Achsen auszugleichen. So wird Zwangsschlupf vermieden und gleichzeitig Drehmoment übertragen.

Differenzial und Achsantrieb bilden das Achsgetriebe. Abbildung 5.143 zeigt ein Hinterachsgetriebe mit Kegelradsatz (Ritzel und Tellerrad), Kegelrad-Differenzial, Gehäuse sowie An- und Abtriebsflanschen.

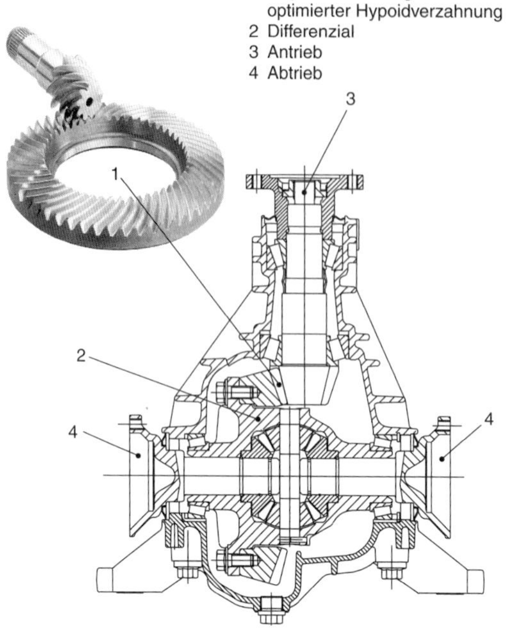

Abb. 5.143 Pkw-Hinterachsgetriebe (ZF HAG 210)

Achs-Differenziale in Kegelradbauweise haben die größte Verbreitung gefunden. Die Ausgleichsräder des Differenzials wirken wie Waagebalken und bringen die beiden Antriebsräder ins Drehmomentgleichgewicht.

Eine Alternative zu den Kegelraddifferenzialen stellen neuerdings Differenziale bestehend aus einem einfachen Plus-Planetensatz dar.

Bei Fahrbahnverhältnissen mit unterschiedlicher Traktion an den Antriebsrädern bestimmt das Rad mit dem niedrigen Reibwert – bedingt durch den Waagebalken-Effekt – die übertragbare Vortriebskraft des Fahrzeugs und rutscht bei Antriebsmoment-Überschuss durch. Dieser Traktionsverlust kann durch Sperrdifferenziale abgebaut werden. Man unterscheidet formschlüssige (schaltbare) und kraftschlüssige (selbsttätige) Sperren. Die formschlüssigen Sperren verbinden beide Achshälften starr miteinander, was zu Zwangsschlupf und Verspannung bei Kurvenfahrt führt.

Kraftschlüssige Sperrdifferenziale lassen Differenzdrehzahl zwischen den Antriebsrädern zu. Ihr Sperrmoment ist entweder proportional zum Antriebsdrehmoment (Kraftschluss durch Reiblamellen oder durch Reibung an kombinierten Schnecken- und Stirnradverzahnungen) oder abhängig von der auftretenden Differenzdrehzahl (Visco-Sperrdifferenzial).

Aktuell ist zu beobachten, dass strategiefähige, elektronisch geregelte kraftschlüssige Sperrdifferentiale an Bedeutung gewinnen. Eine Traktionsverbesserung kann auch mittels elektronisch gesteuertem Bremseneingriff erzielt werden. Durch Aktivieren der Bremse des durchrutschenden Rades wird ein Drehmoment aufgebaut, das die Traktion am nichtrutschenden Rad sicherstellt.

5.4.1.6 Allrad-Verteilergetriebe

Der Allradantrieb verbessert Traktion und Fahrsicherheit insbesondere auf nasser oder glatter Fahrbahn. Er ist entweder zuschaltbar oder permanent ausgeführt, ► Abschn. 5.5, ◘ Abb. 5.202.

Die beiden Achsen werden über ein zentral angeordnetes Verteilerdifferenzial mit hälftig oder auch asymmetrisch aufgeteiltem Drehmoment angetrieben.

Das Verteilerdifferenzial ist häufig als Stirnrad-Planetensatz ausgeführt und kommt mit formschlüssiger Sperre (bei einigen Geländewagen), mit kraftschlüssiger Sperre (z. B. das Torsen-Differenzial) oder ungesperrt zum Einsatz. In letzterem Fall auch mit intelligent gesteuertem Eingriff in die Radbremsen, um so eine Sperrwirkung sowohl am Achs- als auch am Verteilerdifferenzial zu erzielen.

In immer mehr Allrad-angetriebenen Pkw verzichtet man auf ein zentrales Verteilerdifferenzial und setzt stattdessen eine elektronisch geregelte Lamellenkupplung zur gezielten Verteilung der Antriebskraft zwischen Vorder- und Hinterachse ein.

5.4.1.7 Gelenkwellen

Gelenkwellen überbrücken den Zwischenraum bei räumlicher Trennung von Getriebe und Achsantrieb und auch den zwischen dem Achsdifferenzial und den Rädern. Die Wellen müssen durch Gelenke verbunden werden, wenn die Achsen nicht in einer Flucht liegen. Zusätzlich muss ein Längenausgleich vorgesehen sein, um Toleranzen, Elastizitäten und kinematische Einflüsse auszugleichen. Der Ausgleich der Winkelbewegungen

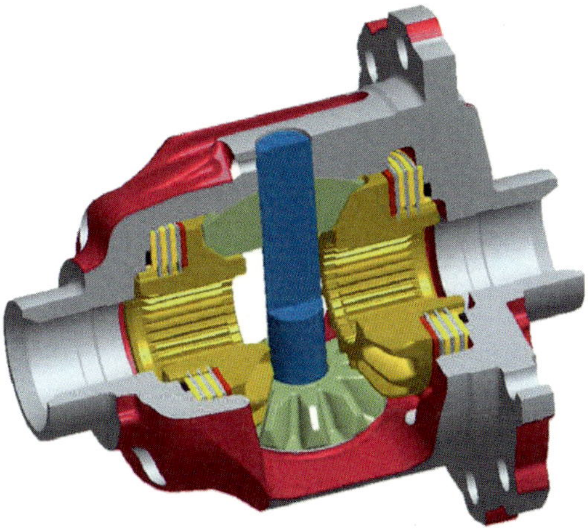

Abb. 5.144 Gleichlauf-Gelenkwelle für Frontantriebs-Pkw

erfolgt durch Kardangelenke, Gleichlaufgelenke und auch Gelenkscheiben.

An die Gelenkwellen in Frontantriebsfahrzeugen werden besonders hohe Anforderungen gestellt. Sie müssen nicht nur die Bewegungen von Motor und Rad ausgleichen, sondern auch die durch den Radeinschlag bedingten großen Beugewinkel beherrschen. Durchgesetzt haben sich Kugelgelenke, die auf eine Entwicklung von Hans Rzeppa zurückgehen, als Festgelenk und alternativ Tripode- oder Kugelgelenke als Verschiebegelenk, Abb. 5.144.

Die Gelenkwellen für Fahrzeuge mit Hinterachsantrieb sind entweder einteilig oder bei größerer Länge auch mehrteilig mit Zwischenlagern.

Einzelheiten zu Aufgaben und Elementen des Triebstrangs siehe Literatur [134–137].

5.4.1.8 Schwingungssystem

Der Antriebstrang von Fahrzeugen ist ein schwingungsfähiges System. Werden Eigenfrequenzen resonanzartig angeregt, so können, je nach vorhandener Dämpfung, Schwingungsamplituden extreme Werte annehmen. Die Folge sind Lebensdauerprobleme und störende Geräusche (Karosseriebrummen, Rasseln).

Bei der Auslegung ist immer der komplette Antriebstrang als System zu betrachten.

Schwingungen im Antriebsstrang treten auf in Form von Torsionsschwingungen, Biegeschwingungen von Gelenkwellen sowie Biegeschwingungen des Motor-Getriebe-Verbandes (Gehäuse).

Massenträgheitsmomente, Massen, Torsions- und Biegesteifigkeiten der einzelnen Antriebstrang-Komponenten sind die bestimmenden Größen für die Eigenfrequenzen.

Die Erregung geschieht typischerweise durch den Verbrennungsmotor (Zylinderzahl, Bauart) und die Gelenkwelle.

Maßnahmen zur Vermeidung von Schwingungsproblemen sind (siehe auch ► Abschn. 3.4):

5.4.1.8.1 Torsionsschwingungen

- Dämpfung des Resonanzdurchlaufs sowie Entkopplung von Verbrennungsmotor und Triebstrang im überkritischen Bereich durch Torsionsdämpfer (Mitnehmerscheibe bei konventioneller Schaltkupplung), Zwei-Massen-Schwungrad, Fliehkraftpendel, hydrodynamischer Wandler (ggf. Überbrückungskupplung mit Schlupfregelung).
- Verstimmung des Systems durch Tilger.
- Kleine Beugewinkel bei Verlegung der Gelenkwellen anstreben.

5.4.1.8.2 Biegeschwingungen

- Kurze Länge der Gelenkwellen (evtl. zwei Wellen mit Zwischenlager).
- Hohe Steifigkeit von Motor- und Getriebegehäuse.

Einzelheiten zu Schwingungen im Triebstrang siehe Literatur [138–140].

5.4.2 Anfahrelemente

5.4.2.1 Kupplungen

Für einen komfortablen Anfahrvorgang und zur Unterbrechung des Drehmomentflusses sind trockene, schaltbare Reibungskupplungen, in Öl laufende Mehrscheiben-Lamellen- und elektrische Magnetpulverkupplungen geeignet. Handschaltgetriebe erfordern für das Schalten eine sehr schnelle und vollständige Unterbrechung des Drehmomentflusses bei möglichst geringem Massenträgheitsmoment. Das leistet nur die trockene Reibungskupplung. Bei stufenlosen Getrieben (CVT) und

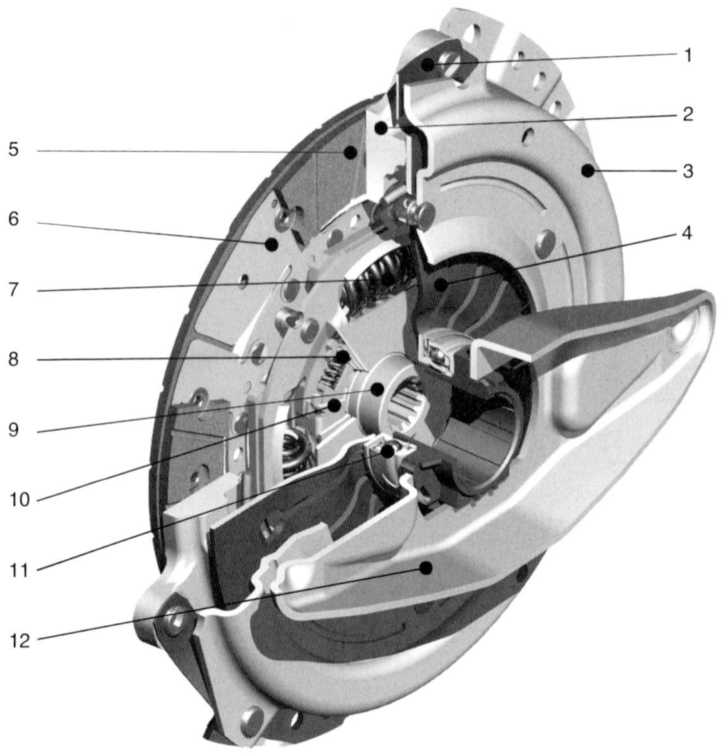

Druckplatte
1 Rückholfeder
2 Anpressplatte
3 Gehäuse
4 Membranfeder

Kupplungsscheibe
5 Reibbelag
6 Belagfeder
7 Feder für Fahrbetrieb
8 Feder für Leerlaufbetrieb
9 Nabe
10 Reibeinrichtung (Reibring, Tellerfeder, Steuerblech)

Betätigung
11 Ausrücker
12 Ausrückschwinge

Abb. 5.145 Pkw-Kupplung, bestehend aus Membranfeder-Druckplatte, Kupplungsscheibe mit Torsionsdämpfer und Ausrücker

den modernen Doppelkupplungsgetrieben sind die anderen Kupplungsvarianten mögliche Alternativen [141].

Die trockene Reibungskupplung (Abb. 5.145, im Folgenden kurz: Kupplung) besteht aus einer am Schwungrad befestigten Membranfeder-Druckplatte, der axial auf der Getriebeeingangswelle verschiebbaren Kupplungsscheibe und dem Ausrücker, der über ein Kugellager den Ausrückweg von den nicht rotierenden Betätigungselementen auf die Druckplatte überträgt [142]. Zweischeibenkupplungen finden Anwendung bei Schwerlast- und Baustellenfahrzeugen, sowie neuerdings auch bei hochmotorisierten Pkws. Zwischen Motor und Getriebe ist ein Torsionsdämpfer erforderlich, der entweder in die Kupplungsscheibe oder in das Schwungrad des Motors (Zweimassenschwungrad) integriert ist.

5.4.2.1.1 Drehmomentübertragung

Die Kupplung muss das maximale Motormoment zuzüglich dynamischer Überhöhungen übertragen. Das übertragbare Moment ist das Produkt aus Anpresskraft, Reibungskoeffizient des Reibbelags, mittlerem Reibradius und Zahl der Reibflächen [135]. Durch Variation der Anpresskraft wird die Kupplung zum Drehzahlwandler. Das Drehmoment wird unverändert durchgeleitet. Die

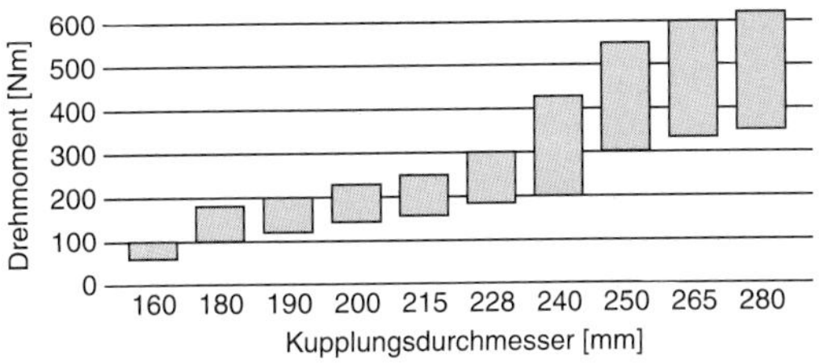

Abb. 5.146 Zusammenhang zwischen max. Motormoment und Kupplungsdurchmesser

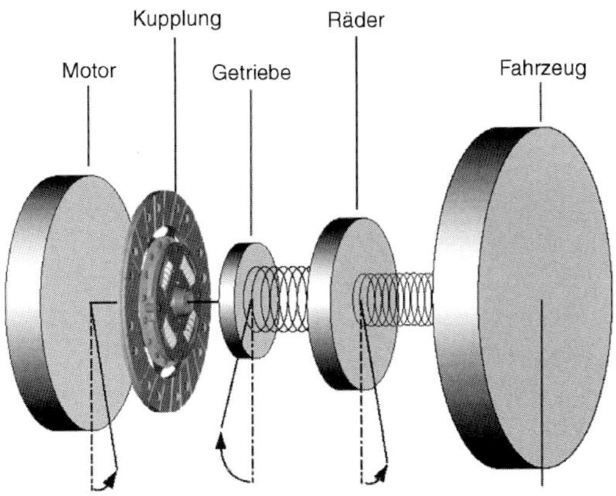

Abb. 5.147 Der Antriebsstrang als System aus vier schwingenden Massen

Drehmomentübertragung unter Schlupf erwärmt die Kupplung und verursacht damit unvermeidbar den Belagverschleiß. Als Höchstbelastung werden für die ABE fünf Anfahrten an 12 % Steigung in fünf Minuten mit zul. Ges.-Gew. (einschließlich Anhänger) gefordert. Dabei kommt es zum Reibwertabfall (Fading) und wegen der Temperaturdifferenz zwischen Reibseite und Rückseite von Anpressplatte und Schwungrad zu deren konischen Verformung, wodurch sich die wirksame Reibfläche und der wirksame Übertragungsradius vermindern. Die Belagfeder kompensiert diese Verformung teilweise. Außerdem, vermindert sie zwangserregte Rupfschwingungen (fühlbar als Schwingung z. B. beim Pkw von etwa 10 Hz) und erleichtert das ruckfreie Anfahren. Im Gegensatz zur Bremse ist für die Kupplung das Wärmespeichervermögen wichtiger als die Wärmeabfuhr. Die Bandbreite praktischer Auslegungen zeigt Abb. 5.147.

Bei der Standard-Bauweise ergibt sich die Ausrückkraft aus der Anpresskraft, geteilt durch das Übersetzungsverhältnis der Membranfeder ($i = 3 \ldots 4$).

Wahlweise kann mit einer zusätzlichen, gegen die Membranfeder arbeitenden Feder die Ausrückkraft reduziert werden. Voraussetzung dafür ist eine vom Belagverschleiß unabhängige Membranfederposition, wofür eine Einrichtung zum automatischen Verschleißausgleich geeignet ist [143].

Die Kupplungsscheibe muss den Winkel- und Mittenversatz zwischen Kurbelwelle und Getriebeeingangswelle und das durch die Kurbelwellenbiegung verursachte Schwungradtaumeln ausgleichen können, weil es sonst zum Verschleiß der Verzahnung Nabe/Getriebeeingangswelle kommt.

Die wichtigsten Eigenschaften der Reibbeläge sind der Reibungskoeffizient, die Berstdrehzahl, der Verschleiß der Beläge und Gegenreibflächen, der Verzug bei thermischer Belastung, das Massenträgheitsmoment, die Dosierbarkeit des Drehmomentaufbaus und die Neigung zu Rupfen und Reibgeräuschen. Die Koeffizienten für die Gleitreibung (während des Schlupfs) und die Haftreibung (voll eingekuppelt) sind nahezu identisch, sie liegen bei normaler Beanspruchung zwischen 0,3 und 0,45 und sinken bei Fading auf 0,2. Beläge bestehen aus Garnen (vorwiegend Glasfaser- und Aramidbündel mit einem Messing- oder Kupferdraht), eingebettet in einem Reibzement aus Harzen, Kautschuken und Füllstoffen [144]. Metallische Sinterbeläge sind wegen ihrer Rupfneigung weniger gut geeignet, man findet sie jedoch in vielen Nkw-Anwendungen in den USA.

5.4.2.1.2 Trennen

Nach dem Auskuppeln darf das Schleppmoment der Kupplung nur etwa 0,2 bis 0,5 Nm betragen. Die Auslaufzeit bis zum Stillstand der Scheibe hängt von ihrem Massenträgheitsmoment und vom Schleppmoment des Getriebes ab.

5.4.2.1.3 Drehschwingungsdämpfung

Der Antriebsstrang ist aus Gewichts- und Komfortgründen relativ verdrehweich. Im ersten Gang können bei vollem Motordrehmoment Winkel bis etwa 90° auftreten. Die zündungsbedingte

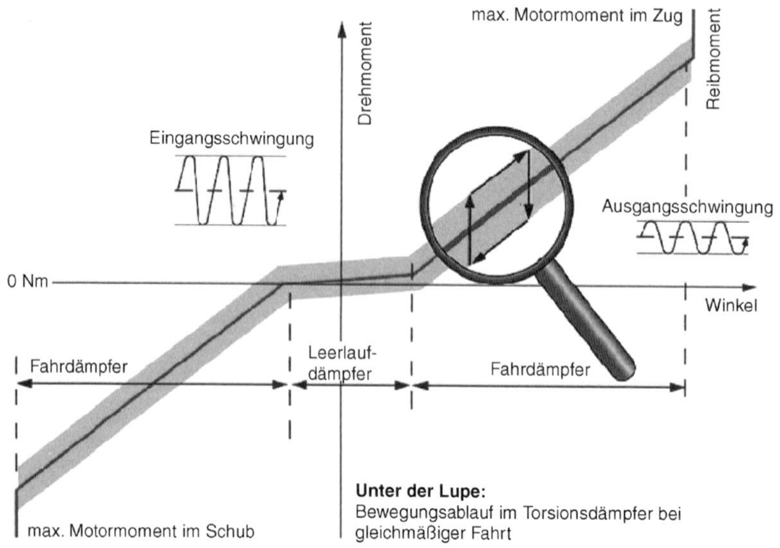

Abb. 5.148 Torsionsdämpferkennlinie

Drehungleichförmigkeit des Motors und Lastwechsel infolge schneller Fahrpedal- oder Kupplungsbetätigungen regen Drehschwingungen an (Abb. 5.146). So kann es z. B. zu Getrieberasselund Karosseriebrummgeräuschen kommen. Während des Kupplungsschlupfs ist der Motor schwingungstechnisch vom Rest des Antriebsstrangs entkoppelt.

Mit dem Torsionsdämpfer in der Kupplungsscheibe beträgt die durch die Zündfrequenz angeregte Eigenfrequenz und damit das Rassel- und Brummmaximum je nach Fahrzeugtyp und eingelegtem Gang 40–70 Hz, was zum Beispiel bei 4-Zylindermotoren 1200 bis 2100 l/min entspricht. Abb. 5.148 zeigt eine typische Torsionsdämpferkennlinie mit Zug- und Schublast und Anschlägen, die die Drehmomentspitzen aufnehmen. Der Fahrdämpfer wird so abgestimmt, dass bei niedrigst möglicher Federsteifigkeit genau die Reibungshysterese festgelegt wird, die den besten Kompromiss zwischen Resonanzdämpfung und Verschlechterung der überkritischen Entkopplung ergibt. Im Motorleerlauf ohne eingelegten Gang tritt ebenfalls Getrieberasseln auf. Dagegen hilft der Leerlaufdämpfer. Die Federsteifigkeit beträgt etwa 1 % von der des Fahrdämpfers. Der Schwingwinkel von ± 2° bis ± 4° überlagert sich dem statischen Verdrehwinkel, der sich aus dem temperaturabhängigen Schleppmoment des Getriebes ergibt.

Im Zweimassenschwungrad (Abb. 5.149) ist der fettgefüllte Torsionsdämpfer zwischen dem Primär- und Sekundärteil des Schwungrads angeordnet. Das Primärschwungrad ist wie bisher mit der Kurbelwelle verschraubt und trägt den Anlasserzahnkranz und die Zündmarkierungen. Das Sekundärschwungrad, an dem die Druckplatte befestigt ist, ist auf dem Primärschwungrad gelagert und bildet eine der beiden Gegenreibflächen der Kupplungsscheibe. Die durch die Zündfrequenz angeregte Eigenfrequenz des Antriebsstrangs sinkt auf 8 bis 12 Hz, sodass das System bei Leerlaufdrehzahl bereits überkritisch läuft. Die Entkopplungsgüte ist wegen der großen Sekundärmasse hervorragend. Beim Anlassen und Abstellen des Motors wird die Eigenfrequenz kurzzeitig durchlaufen. Die höchste Beanspruchung tritt als Folge von Fahrfehlern auf: Längeres untertouriges Fahren im Bereich der Eigenfrequenz oder extrem schnelles Einkuppeln bei niedrigen Drehzahlen.

5.4.2.1.4 Kupplungsbetätigung

Das Ausrücklager ist meist lebensdauergeschmiert und selbstzentrierend. Die Kupplung wird vorwiegend hydraulisch oder bei automatisierten Schaltgetrieben auch elektromechanisch betätigt

Abb. 5.149 Zweimassenschwungrad (Planetenraddesign, fettgeschmiert)

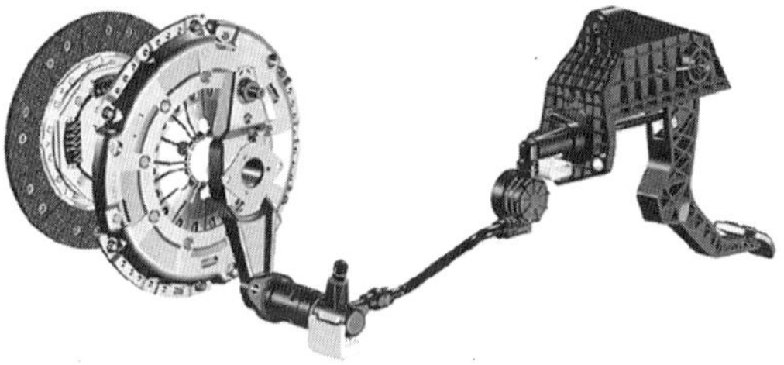

Abb. 5.150 Kupplung mit hydraulischer Betätigung

(Abb. 5.150). Die Hydraulik besteht aus dem Geberzylinder mit selbsttätiger Entlüftung, und automatischem Verschleißausgleich, dem Vorratsbehälter, der Druckleitung und dem Nehmerzylinder mit Vorlastfeder. Nehmerzylinder und Ausrücker sind zum Teil zu einem Bauteil, dem konzentrischen Nehmerzylinder (CSC), zusammengefasst.

Die Pedalcharakteristik (Abb. 5.151) leitet sich aus der Ausrückkraftkennlinie der Druckplatte ab, wobei die Übersetzungen in Pedal, Betätigungshebel und Hydraulik, ggf. eine Hilfsfeder (Übertotpunktfeder), die Reibungsverluste und die Wegverluste durch elastische Verformung zu berücksichtigen sind. Letztere sind auch Voraussetzung für eine gute Dosierbarkeit der Kupplung.

Bei der automatischen Kupplungsbetätigung übernimmt ein elektrohydraulischer oder elektromechanischer Aktuator die Arbeit des Fahrerfußes. Er wird elektronisch angesteuert, und durch Sensoren bzw. CAN-Bus über die Absichten des Fahrers und den Bewegungszustand des Fahrzeugs informiert. Der Fahrerwunsch wird aus dem Fahrpedalwinkel und der -beschleunigung erkannt. Um die Gänge schnell wechseln zu können, muss zeitlich überlappend ausgekuppelt, geschaltet und wieder eingekuppelt werden. Die automatische Kupplungsbetätigung wird künftig als Baustein für automatisierte Getriebesysteme größere Bedeutung bekommen [172].

5.4.2.2 Hydrodynamische Drehmomentwandler

5.4.2.2.1 Einleitung

Hydrodynamische Drehmomentwandler [134] sind hydrodynamische Getriebe, die sowohl Drehzahl als auch Drehmoment über einen weiten Betriebsbereich stufenlos wandeln können. Gegenüber Kupplungen bieten sie den Vorteil der Drehmomenterhöhung. Sie sind jedoch nur in Verbindung mit einer Überbrückungskupplung auch strategiefähig, da die hydrodynamische Kennlinie im Wandlerbetrieb ansonsten das Betriebsverhalten über die Abstimmung der Kreislaufteile vorgibt. Im Pkw-Antriebsstrang werden Wandler heute als Anfahrelement für Stufenautomatgetriebe mit bis zu 8 Vorwärtsgängen und bei stufenlosen Getrieben (CVT) eingesetzt. Die Spreizung eines CVT-Getriebes lässt sich so deutlich erhöhen.

5.4.2.2.2 Aufbau

Drehmomentwandler für den Einsatz in Pkw sind nach dem TriLok-Prinzip aufgebaut, d. h. Pumpen- und Turbinenrad stehen sich gegenüber. Zwischen diesen Laufrädern befindet sich das axial durchströmte Leitrad. Das Pumpenrad steht direkt mit der Kurbelwelle des Verbrennungsmotors in Verbindung, während das Turbinenrad mit der Getriebeeingangswelle gekoppelt ist. Eine Stützwelle verbindet das Leitrad mit dem Getriebegehäuse. Zwischen Leitrad und Stützwelle ist ein Freilauf angeordnet, der die Drehmomentübertragung in nur einer Richtung zulässt. Zusätzlich sind in das Wandlergehäuse bei aktuellen Pkw-Anwendungen immer Überbrückungskupplungen und häufig

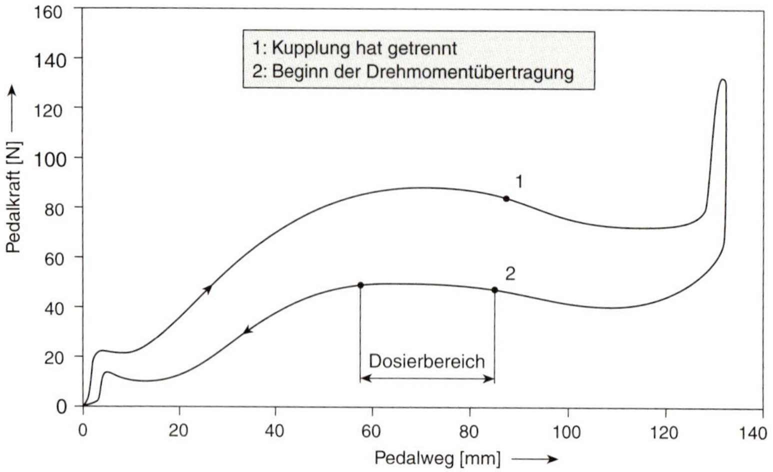

Abb. 5.151 Kennlinie eines Kupplungspedals

Torsionsschwingungsdämpfer integriert (siehe Abb. 5.152). Der Wandler ist mit dem Druckölkreislauf des Getriebes verbunden und vollständig mit Öl gefüllt. Um die anfallende Verlustwärme abzuführen, wird das Öl mit einem überlagerten Massenstrom ständig ausgetauscht.

5.4.2.2.3 Funktionsweise

Hydrodynamischer Betrieb Beschleunigt ein Fahrzeug aus dem Stand heraus, rotiert die Pumpe bei noch stehender Turbine. Durch den Fliehkraftunterschied wird ein umlaufender Massenstrom erzeugt, dadurch ein Moment übertragen und das Fahrzeug letztendlich angetrieben.

Die dabei stattfindenden inneren Strömungsvorgänge sind in Abb. 5.153 in einer Abwicklung der Schaufelgitter aufgezeigt. Die Ein- und Austrittsbereiche der Laufräder sind mit Ziffern von ① bis ⑥ gekennzeichnet und korrelieren mit Abb. 5.152.

Man definiert für den Drehzahlunterschied zwischen Pumpe und Turbine die Drehzahlwandlung

$$\nu = \frac{\omega_T}{\omega_P}$$

In der Pumpe, die direkt mit dem Motor verbunden ist, wird ein Fliehkraftdruck erzeugt. Das Öl wird vom Eintritt ① zum Austritt ② beschleunigt. Motordrehmoment M_M und Pumpenmoment M_P

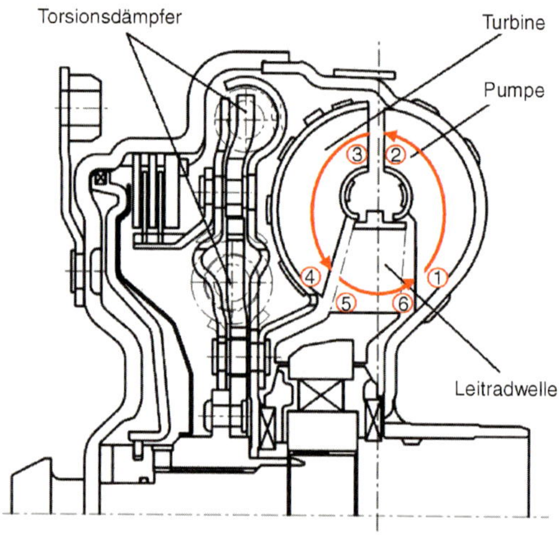

Abb. 5.152 Drehmomentwandler mit Überbrückungskupplung und Torsionsdämpfer

sind gleich. Das die Pumpe verlassende Fluid gelangt zum Turbineneintritt ③ und übt auf die Turbinenschaufel je nach Schaufelgestaltung einen Impuls aus. Damit wird das Turbinenmoment M_T, das dem Getriebeeingangsmoment entspricht, erzeugt. Im Leitradgitter (⑤ nach ⑥) erfährt das Fluid eine weitere Strömungsumlenkung mit dem resultierenden Leitradmoment M_L. In diesem Betriebspunkt stützt sich das Leitrad über den Freilauf am Getriebegehäuse ab. Die Momentbilanz des Wandlers lau-

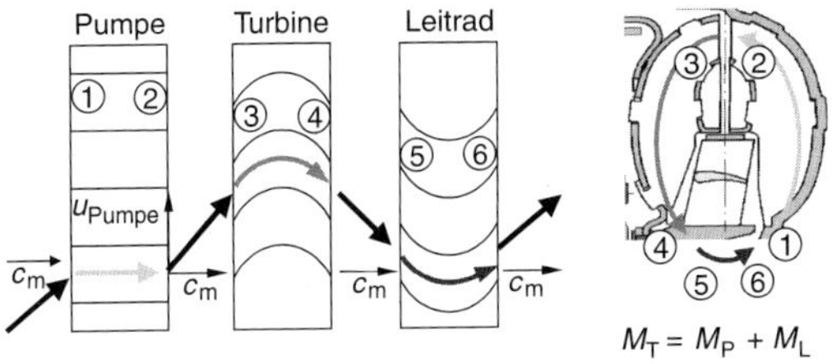

Abb. 5.153 Prinzipieller Strömungsverlauf

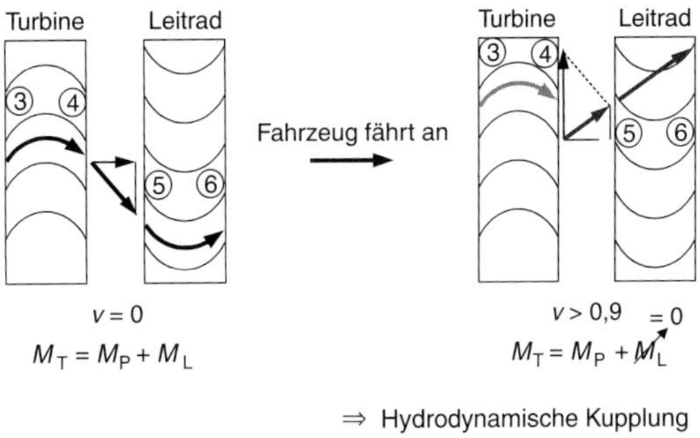

Abb. 5.154 Strömung während des Anfahrvorgangs

tet

$$\vec{M}_P + \vec{M}_T + \vec{M}_L = \vec{0}$$

Für die Beträge im dargestellten Betriebspunkt ergibt sich $M_T = M_P + M_L$ und damit die Drehmomentverstärkung bzw. Drehmomentwandlung. Diese wird mit

$$\mu = \frac{M_T}{M_P}$$

definiert und liegt für den Betriebspunkt in Wandlern dieser Bauart zwischen 1,8 und 3,0.

Nähert sich die Turbinendrehzahl der Pumpendrehzahl (Abb. 5.154), hat das Fahrzeug also seinen Anfahrvorgang nahezu beendet ($\nu > 0,9$), wird das Leitrad in einem deutlich anderen Strömungswinkel angeströmt. Ohne Freilauf würde sich die Richtung des Leitradmomentes umkehren und gemäß der Momentenbilanz $M_T = M_P - M_L$ keine Drehmomentverstärkung, sondern eine Reduktion stattfinden. Der Freilauf verhindert jedoch diese Momentübertragung, womit das Leitradmoment zu Null wird und der Wandler in den hydrodynamischen Kupplungsbetrieb übergeht. Es gilt jetzt $M_T = M_P$.

Steigt die Turbinendrehzahl weiter an bis zur identischen Drehzahl der Pumpe ($\nu = 1$), fließt aufgrund des nun gleichen Druckfeldes kein Ölstrom mehr. Es kann kein Moment mehr übertragen werden.

Im Umkehrschluss folgt daraus, dass zur Drehmomentübertragung vom Motor auf das Getriebe stets Schlupf im Kreislauf vorhanden sein muss. Dieser führt zu einer Verlustleistung innerhalb des Wandlers und damit einer Reduktion des Getriebewirkungsgrads.

In der Praxis hat sich zur Darstellung des Betriebsverhaltens eines Wandlers das so genannte Wandlerdiagramm durchgesetzt (Abb. 5.155). Es wird das Moment der Pumpe (M_{p2000}) bei einer konstanten Drehzahl (i. d. R. $n = 2000\,\text{min}^{-1}$) über der Drehzahlwandlung ν aufgetragen. Weiterhin wird die Momentwandlung μ sowie der Wirkungsgrad η betrachtet. η errechnet sich aus

$$\eta = \frac{M_T \cdot \omega_T}{M_P \cdot \omega_P} = \mu \cdot \nu$$

Charakteristisch für die Momentenaufnahme des Wandlers ist der wie bei hydrodynamischen Strömungsmaschinen übliche quadratische Zusammenhang des Moments mit der Geschwindigkeit. Der hydraulische Durchmesser des Kreislaufs geht mit der 5. Potenz ein:

$$M_P = C \cdot \omega_P^2 \cdot D_P^5$$

Die Konstante C wird bestimmt durch die Dichte des Öls sowie durch die Bauteilgeometrie.

Wird ein derartig gemessenes oder berechnetes Wandlerkennfeld mit einer Motorkennlinie in Zusammenarbeit gebracht, lässt sich theoretisch der Momentverlauf des Getriebeeingangs sowie die Verlustleistung beim Anfahren ermitteln.

Damit ist eine den Wünschen des Kunden gemäße Auslegung des Wandlers möglich. Parameter sind neben der Wandlerdurchmessergröße die Meridianform des Kreislaufs sowie die Schaufelwinkel der drei Laufräder.

Wandlerüberbrückungskupplung Zur Verbrauchsreduktion ist der Einsatz von Überbrückungskupp-

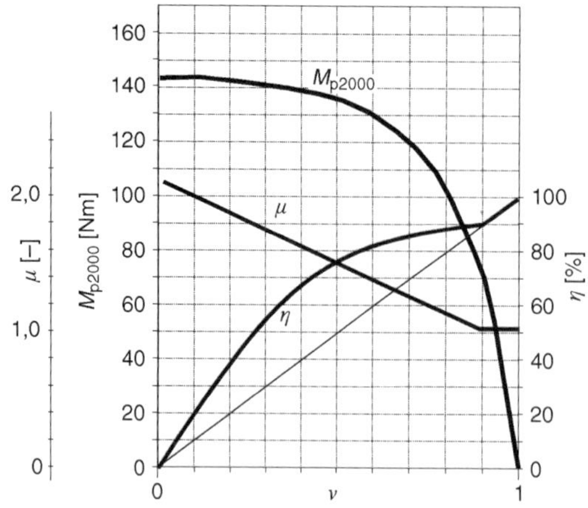

Abb. 5.155 Typisches Wandlerdiagramm

lungen, die den Rest-Schlupf des Drehmomentwandlers zwischen Pumpe und Turbine unterbindet, seit einigen Jahren Standard. Diese Kupplung erzeugt eine kraftschlüssige Verbindung zwischen Pumpe und Turbine, der Kreislauf ist kurzgeschlossen. Dazu befindet sich im Wandlergehäuse ein Kolben, der mit einem Reibbelag versehen ist. Der Kolben ist verdrehfest mit der Turbine verbunden.

Das Öffnen und Schließen der Wandlerkupplung erfolgt mit der Drucksteuerung des Getriebes. Es werden rechts und links vom Kolben unterschiedliche Drücke erzeugt, die den Kolben in Richtung »Öffnen« oder »Schließen« bewegen. Dabei ist es unbedingt erforderlich, dass der Wandler komplett mit Öl gefüllt ist.

Neben den Vorteilen der schlupffreien Leistungsübertragung bringt die Wandlerkupplung den Nachteil der starren Kopplung von Motor und Getriebe mit sich. Die hervorragenden Eigenschaften bzgl. Schwingungsdämpfung, wie sie die Hydrodynamik bietet, stehen jetzt nicht mehr zur Verfügung. Dies führte dazu, dass zusätzlich Torsionsschwingungsdämpfer, wie sie ähnlich auch bei Trockenkupplungen für Schaltgetriebe bekannt sind, im Drehmomentwandlergehäuse integriert wurden. Der Betriebsbereich, in dem mit aktiver Wandlerkupplung und hohem Komfort gefahren wird, wächst an, so weit in dem vorhandenen Bauraum ein geeigneter Dämpfer integriert werden kann.

Geregelt schlupfende Wandlerüberbrückungskupplung (GWK) Eine Funktionserweiterung der Wandlerkupplung stellt ihr Einsatz mit geregeltem Schlupf dar. Die Wandlerkupplung wird in dieser Betriebsart nicht vollständig geschlossen. Es verbleibt ein definierter Schlupf zwischen An- und Abtriebsseite. Der Schlupf verhindert, dass die vom Motor erzeugten Drehschwingungen vollständig auf das Getriebe und damit auf den Antriebsstrang übertragen werden. Die deutliche Effizienzsteigerung dieses Systems ergibt sich daraus, dass in den Fahrbereichen, die zuvor aus Komfortgründen eine geöffnete Wandlerkupplung erforderten, jetzt mit dem erheblich kleineren mechanischen Schlupf gefahren werden kann. Die Fahrbereiche, die schon zuvor ein vollständiges Überbrücken ermöglichten, bleiben selbstverständlich erhalten. Hieraus ergeben sich Verbrauchsvorteile, besonders bei Dieselanwendungen.

Die in diesem Betriebszustand anfallende Verlustleistung sollte möglichst effizient aus dem Wandler abgeleitet werden. Dazu geeignete Wandlerkupplungen verfügen zu dem Zeck über Belagnuten und Kolbendüsen. Damit wird eine Überhitzung von Belag und Öl direkt am Reibkontakt weitgehend vermieden. Dies ist auch zwingend notwendig, da in modernen Automatgetrieben keine Ölwechsel über der Lebensdauer mehr vorgesehen sind.

5.4.2.2.4 Ausblick

Der Drehmomentwandler beeinflusst wesentlich Verbrauch und Fahrleistung des Fahrzeugs. Daher obliegt er dem ständigen Zwang, weitere Optimierungen vorzuweisen. Reduziertes Systemgewicht in immer kleineren Bauräumen wird in modernen Antriebssträngen vorausgesetzt (vgl. Abb. 5.156).

Neben den Verbesserungen der hydrodynamischen Eigenschaften ist der Abstimmung des Torsionsdämpfungssystems hohe Aufmerksamkeit zu widmen. Ähnlich wie bei den Trockenkupplungssystemen müssen für den jeweiligen Fall die optimalen Steifigkeits-, Reibungs- und Massenverhältnisse gefunden werden. Ziel ist es, die Überbrückungskupplung bei noch kleineren Drehzahlen geschlossen zu halten. Deshalb zeichnet sich bei der Überbrückungskupplung ein Trend weg von der reinen Wandlerüberbrückung hin zur Funktio-

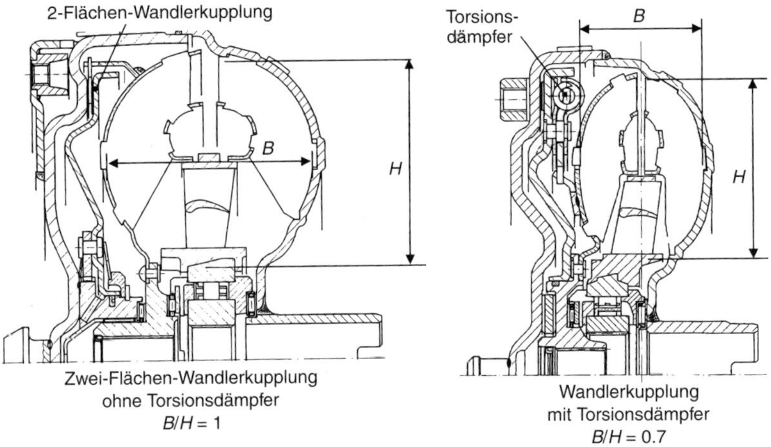

Abb. 5.156 Ausführungsbeispiele

nalität einer nassen Anfahrkupplung ab. Damit kann dem hydrodynamischen Moment während des Anfahrens ein weiteres von der Getriebesteuerung beeinflussbares Moment überlagert werden. Das mechanische System Drehmomentwandler ist somit in das elektronische Antriebsstrangmanagement integrierbar.

Aufgrund der angeführten Optimierungsmöglichkeiten sowie des systemimmanenten Vorteils des verschleißfreien Anfahrens mit Momenterhöhung ist auch in den nächsten Jahren mit einer weiten Verbreitung des Drehmomentwandlers für Pkw-Automatgetriebe zu rechnen.

5.4.3 Das Handschaltgetriebe-System

5.4.3.1 Funktion und Aufbau

Die wesentlichen Elemente von Handschaltgetrieben sind:

- Fußbetätigte trockene Anfahr- und Trennkupplung
- Synchronisiertes Zahnradstufengetriebe mit 5 bis 6 Gängen
- Getriebebetätigung mit Übertragung von Schaltbewegung und Schaltkraft vom Schalthebel zum Getriebe.

Die einzelnen Gänge werden formschlüssig geschaltet. Zum Gangwechsel ist deswegen der Kraftfluss Motor-Getriebe durch Betätigung der Kupplung zu trennen. Nach Herausnehmen des vorhergehenden Gangs und Drehzahlanpassung auf Gleichlauf am einzurückenden Schaltelement mittels Synchronisierung kann dann der neue Gang formschlüssig eingelegt werden. Das Schließen der Kupplung beendet den Schaltvorgang.

Zur mehrstufigen Übersetzungsbildung sind Zahnradpaare unterschiedlicher Zähnezahl in Vorgelegewellenbauweise im Dauereingriff. Der Rückwärtsgang wird durch ein zusätzliches Zwischenrad im Dauereingriff erzeugt. Die Getriebe haben üblicherweise eine Vorgelegewelle, gelegentlich auch zwei oder drei.

Die Handschaltgetriebe gibt es in zwei grundsätzlichen Varianten mit entweder koaxialem An- und Abtrieb oder mit Achsversatz, Abb. 5.157. Die koaxiale Getriebeausführung ermöglicht einen Direktgang ohne Zahneingriff und ist speziell für Fahrzeuge mit Standardantrieb geeignet. Getriebe mit Achsversatz haben keinen Direktgang. Sie kommen in Fahrzeugen mit Front- und Heckantrieb und Blockbauweise von Schalt- und Achsgetriebe zum Einsatz.

Handschaltgetriebe zeichnen sich durch besonders effiziente Leistungsübertragung aus. Geringe Verluste entstehen beim Abwälzen im Zahneingriff, durch Reibung an Schaltelementen mit Differenzdrehzahl, mitlaufenden Verzahnungen und an dynamischen Dichtstellen von Wellen und La-

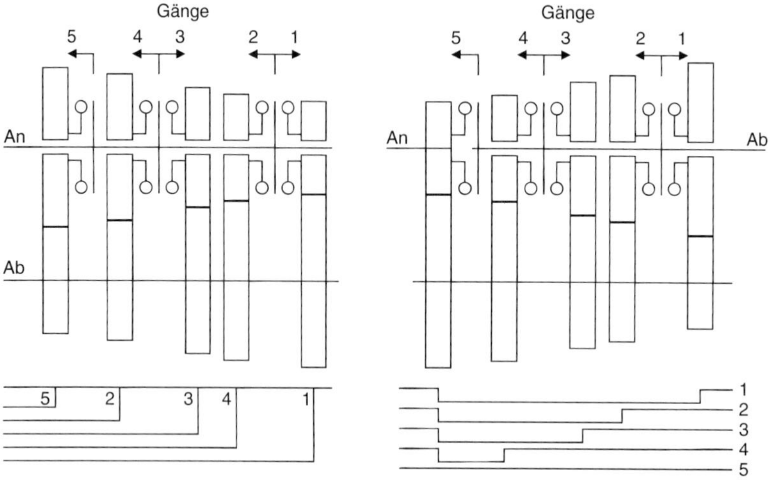

Abb. 5.157 Bauarten von Handschaltgetrieben

gern sowie durch Planschen. Koaxiale Getriebe erreichen im Direktgang einen Wirkungsgrad von annähernd 99 %.

5.4.3.2 Verzahnung

In Fahrzeuggetrieben werden ausschließlich Evolventen-Verzahnungen eingesetzt. Sie sind einfach herstellbar und unempfindlich gegenüber Achsabstands-Änderungen.

Im Pkw-Bereich kommt heute generell (mit Ausnahme des Rückwärtsgangs) Schrägverzahnung zum Einsatz.

Die Auslegung der Verzahnung erfolgt mittels Belastungskollektiven und muss Sicherheit gegen Zahnbruch, Flankenermüdung und Fressschäden bieten.

Im Pkw hat die Vermeidung von Zahnradgeräuschen besondere Bedeutung, da die akustischen Anforderungen an die Fahrzeuge ständig steigen. Neben der Schrägverzahnung sind präzise Fertigung, hohe Profilüberdeckung bis hin zur Hochverzahnung sowie geeignete Verzahnungskorrekturen (Schrägungswinkel, Höhen- und Längsballigkeit) wichtige Maßnahmen zur Reduktion von Verzahnungsgeräuschen.

Moderne Berechnungsverfahren auf der Basis der Finiten Elemente erlauben es heute bereits in der Konstruktionsphase eines Getriebes, Wellendurchbiegungen und Gehäuseverformungen unter Last für Verzahnungskorrekturen zu berücksichtigen, um so Belastbarkeit und Geräuschemission positiv zu beeinflussen.

5.4.3.3 Synchronisierung

Zwischenkuppeln und Zwischengas waren früher auch im Pkw üblich, um die für den Gangwechsel erforderliche Drehzahlanpassung der miteinander formschlüssig zu kuppelnden Teile vorzunehmen. Heute geschieht dies durch eine Einrichtung zur Synchronisierung von Drehzahldifferenzen, die der formschlüssigen Zahnkupplung vorgelagert ist.

Durchgesetzt haben sich Sperrsynchronisierungen. Sie sind als Reibungskupplung zur kraftschlüssigen Drehzahlangleichung ausgebildet, lassen das formschlüssige Einrücken des Gangs erst nach Erreichen der Drehzahlgleichheit zu und gewährleisten guten Schaltkomfort, insbesondere was die Gleichförmigkeit des Schaltungsablaufs angeht.

Es gibt verschiedene Arten der Sperrsynchronisierung. Am meisten verbreitet ist das System Borg Warner und zwar in Einfach-, Doppel- oder auch Dreifach-Konus-Bauweise, Abb. 5.158. Synchronisierungen mit Mehrfach-Konus werden bevorzugt in den unteren Gängen eingesetzt, da sie thermisch höher belastbar sind. Sie reduzieren auch die Schaltkraft und ermöglichen so eine Angleichung des Schaltkraftniveaus beim Einlegen der verschiedenen Gänge.

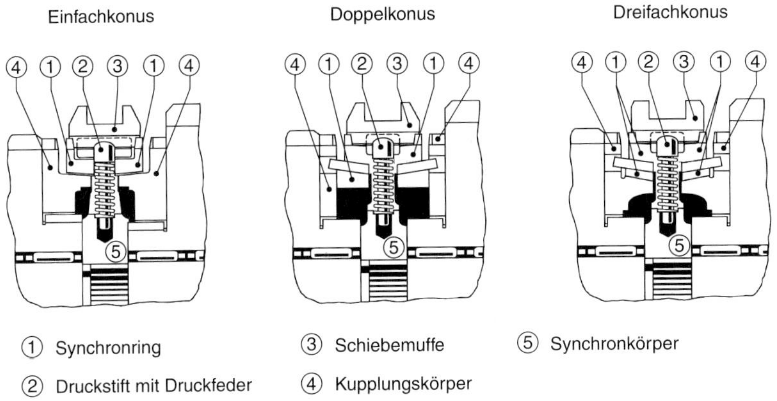

Abb. 5.158 Synchronisierungs-Systeme

Als Reibpaarungen kommen unter anderem Messing, Streusinter, Molybdän und Carbon, jeweils gegen Stahl laufend, zum Einsatz.

Nachdem die Synchronisierung mehrfach im Getriebe eingebaut wird, wird bei ihrer Weiterentwicklung natürlich besonders auf die Kostenreduktion geachtet. Modulare Ausführung der Synchronisierung mit möglichst vielen Gleichteilen und Einsatz der Blechumform- oder Sintertechnik sind die bevorzugt eingesetzten Fertigungsverfahren.

5.4.3.4 Weitere Getriebekomponenten

Leichtbau und geringe Geräuschemission stehen neben geringen Herstellkosten und hoher Zuverlässigkeit bei modernen Handschaltgetrieben im Vordergrund.

Bevorzugte Gehäusewerkstoffe sind Aluminium und zunehmend auch Magnesium. Für möglichst hohe Steifigkeit und geringe Geräuschabstrahlung werden die Gehäuse mithilfe der Finite-Elemente-Methode nach Form, Wandstärke und Verrippung optimiert.

Zur weiteren Gewichtsreduktion kommen Hohlwellen zum Einsatz.

Die Abstützung von Wellen und Zahnrädern erfolgt nahezu ausschließlich mit Wälzlagern: Nadellager für die Losräder, Kugel-, Rollen- oder Kegelrollenlager für die Wellen im Gehäuse.

Die dynamische Abdichtung geschieht mittels Radialwellendichtringen aus Elastomer-Werkstoffen, zum Teil mit Drallstegen zur Erhöhung der Dichtsicherheit. Für die statische Abdichtung von Gehäusetrennflächen und Gehäusedeckeln kommen Feststoff-Flachdichtungen sowie Flüssigdichtungen aus Silikon oder anaerob aushärtenden Kunststoffen zum Einsatz.

Handschaltgetriebe haben heute Lebensdauerfüllung. Überwiegend wird Automatic Transmission Fluid (ATF) verwendet. Das Öl muss durch günstiges Viskositäts-Temperaturverhalten Schwerschaltbarkeit bei tiefen Temperaturen vermeiden und mit geeigneter Additivierung ein möglichst gleichmäßiges Reibverhalten der Synchronisierung unter allen Betriebsbedingungen sicherstellen. Gleichzeitig sind auch Fress- und Pittingtragfähigkeit der Verzahnung zu gewährleisten.

Je nach Getriebegröße und Ausführung liegt die Ölfüllmenge zwischen ca. 1,5 bis 2 Litern. Die Getriebeschmierung erfolgt mittels Spritzöl und spezieller Ölführung mit Ölleitelementen. In Getrieben mit besonders hoher Beanspruchung (z. B. in Sport- oder Geländefahrzeuge) findet man auch eine Schmierölpumpe zur Sicherstellung der Ölversorgung.

5.4.3.5 Getriebeschaltung

Die Getriebeschaltung überträgt die Schaltbewegung des Fahrers bis hin zum jeweiligen Schaltelement im Getriebe. Zu unterscheiden sind äußere Schaltung und innere Schaltung.

Die äußere Schaltung geht vom Schalthebel bis hin zum Getriebe. Sie kann als Gestängeschaltung mit fester Verbindung ausgebildet sein

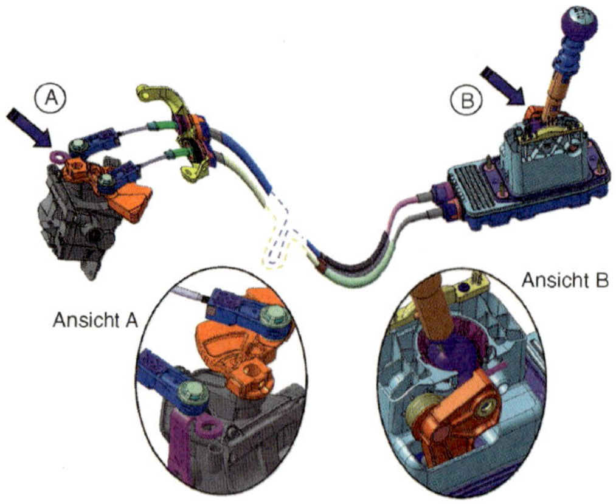

Abb. 5.159 Äußere Schaltanlage in Seilzugausführung

oder als Seilzugschaltung mit flexibler Verbindung. Die Seilzugschaltung hat Vorteile hinsichtlich des erforderlichen Freiraums, der Schwingungsentkoppelung zwischen Motor-Getriebe-Verbund und Fahrzeuginnenraum, bei Gewicht und der Montage, insbesondere bei den besonders beengten Raumverhältnissen in Fahrzeugen mit Frontantrieb und Quermotor [145].

Die innere Schaltung überträgt die eingeleitete Schaltbewegung über Schaltstangen und Schaltgabeln oder Schaltschwingen hin zur Schiebemuffe des Schaltelements.

Abbildung 5.159 zeigt die äußere Schaltanlage in Seilzugausführung für ein 5-Gang-Schaltgetriebe.

5.4.3.6 Ausführungsbeispiele

Das Mercedes-Benz-5-Gang-Getriebe SG 150, Abb. 5.160, für ein Kompaktfahrzeug mit Frontantrieb und Quermotor ist in 2-Wellen-Bauweise mit Achsversatz zwischen An- und Abtrieb konzipiert und hat 180 Nm maximales Antriebsdrehmoment [146]. Der Wandlungsbereich beträgt 4,7. Erster und zweiter Gang werden mit einer Doppelkonus-Synchronisierung geschaltet, die übrigen Gänge einschließlich RW-Gang mit Einfachkonus.

Zur Gewichtsreduktion sind die Getriebewellen hohl ausgebildet. Das Getriebe wiegt 32 kg inklusive 1,8 Liter Ölfüllung.

Das 6-Gang ZF-Getriebe S6-37, Abb. 5.161, ist für Fahrzeuge mit Standardantrieb (auch in Allradversion) konzipiert [147]. Das maximale Antriebsdrehmoment beträgt 370 Nm. Abhängig vom Antriebsdrehmoment reicht der Getriebewandlungsbereich bis 6,19 mit direkter Übersetzung im 5. Gang. Das Getriebe wiegt 41 kg einschließlich 1,6 Liter Lebensdauer-Ölfüllung. Die Vorgelegewelle ist zur Gewichtsreduktion hohl ausgeführt.

Abb. 5.160 Mercedes-Benz-5-Gang-Schaltgetriebe SG 150

Das S6-37 hat eine geräuschoptimierte Hochverzahnung und kann optional mit automatisierter Schaltung ausgestattet werden.

5.4.3.7 Automatisierte Schaltgetriebe

Automatisierte Schaltgetriebe [148] sind in einigen Pkw der unteren Leistungsklasse einerseits und in sehr sportlichen Fahrzeugen andererseits in Serie eingeführt. Basis sind Handschalt-Synchrongetriebe, die mit elektrohydraulischen oder elektro-mechanischen Aktuatoren für die Kupplungs- und Getriebebetätigung kombiniert werden,

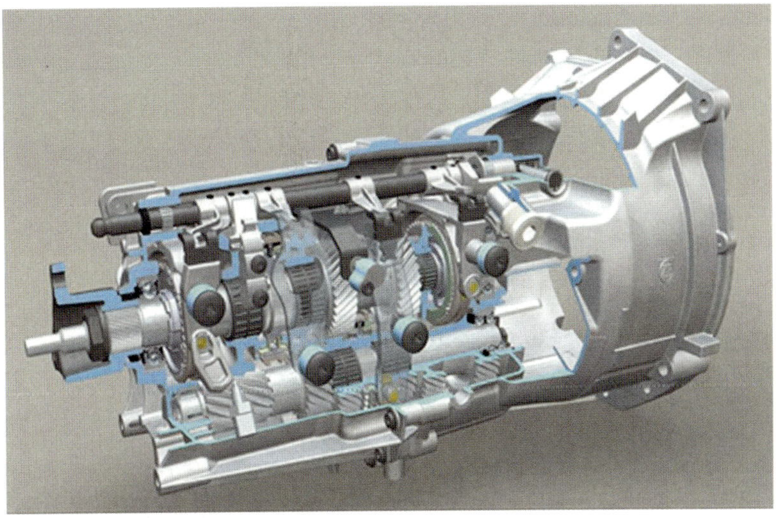

Abb. 5.161 6-Gang-Schaltgetriebe S6-37

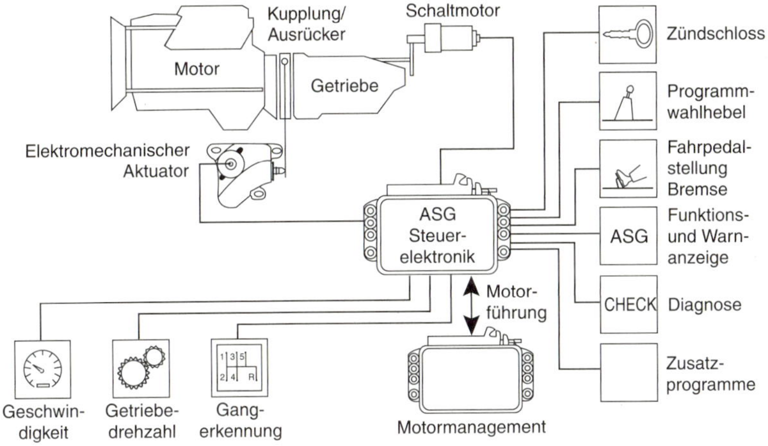

Abb. 5.162 Systemaufbau automatisierter Schaltgetriebe

Abb. 5.162. Es gibt auch speziell für die Automatisierung konzipierte Getriebesysteme mit bis zu 7 Gängen, die nicht vom Handschaltgetriebe abgeleitet sind. Während des Schaltvorgangs wird der Verbrennungsmotor durch die Getriebeelektronik geführt und die passenden Anschlussdrehzahlen nach Abschluss des Schaltvorgangs eingeregelt.

Automatisierte Schaltgetriebe verbinden den guten Wirkungsgrad von Handschaltgetrieben mit ökonomisch orientierten Schaltprogrammen. Nachteilig ist die deutlich spürbare Zugkraftunterbrechung beim Schalten insbesondere bei Beschleunigungsvorgängen unter hoher Last in den unteren Gängen.

5.4.4 Stufenautomatgetriebe

5.4.4.1 Funktionsweise

Automatische Getriebe unterscheiden sich von Handschaltgetrieben im Wesentlichen durch drei Punkte:

Das Anfahren erfolgt ohne Kupplungsbetätigung Als Anfahrelement bei automatischen Getrieben wird i. d. R. ein hydrodynamischer Drehmomentwandler eingesetzt (vgl. ▶ Abschn. 5.4.2.2). Die minimale Übertragungsfähigkeit des Wandlers bei Motorleerlaufdrehzahl ermöglicht durch geringe Bremskräfte, das Fahrzeug zu Halten oder zum Stehen zu bringen. Beim Öffnen der Bremse kriecht das Fahrzeug. Dies erlaubt ein sehr fein dosiertes Rangieren und Parkieren. Außerdem hält das Kriechmoment das Fahrzeug gegen die Hangabtriebskraft an leichten Steigungen. Die Funktionsweise des Wandlers ermöglicht neben der Auftrennung des Triebstrangs im Stillstand auch ein sehr komfortables Anfahren und durch die Anfahrwandlung eine Zugkraft-Überhöhung mit einer zur Getriebe-Gesamtübersetzung vergrößerten Anfahrbeschleunigung.

Die Schaltung erfolgt als Lastschaltung ohne Zugkraftunterbrechung Bei Handschaltgetrieben und automatisierten Schaltgetrieben wird für einen Gangwechsel die Trennkupplung zwischen Motor und Getriebe geöffnet. Dabei wird die Zugkraft unterbrochen, die Fahrzeugbeschleunigung bricht ein (vgl. ▶ Abschn. 5.4.3.1). Demgegenüber wird der Gangwechsel bei automatischen Getrieben als Lastschaltung ohne Zugkraftunterbrechung ausgeführt. Dies erfordert mehrere Schaltelemente (Kupplungen, Bremsen), die so dimensioniert sind, dass sie die Motorleistung übertragen und schalten können. In ◘ Abb. 5.163 ist das Prinzip eines automatischen Getriebes am Beispiel eines 2-Gang-Lastschaltgetriebes dargestellt. Der erste Gang wird über die Kupplung K1 übertragen, während im zweiten Gang die Kupplung K2 geschlossen ist.

Für eine Zug-Hochschaltung sind in ◘ Abb. 5.164 die Drehmomente an den beiden Kupplungen, das Abtriebsdrehmoment des Getriebes und der Motordrehzahlverlauf dargestellt. Die Schaltung ist als Überschneidungsschaltung ausgeführt. Während der Überschneidungsphase wird das übertragbare Drehmoment der abschaltenden Kupplung abgesenkt und gleichzeitig das Moment der zuschaltenden Kupplung erhöht. Am Ende der Überschneidungsphase überträgt die zuschaltende Kupplung das Drehmoment des neuen Ganges, während noch

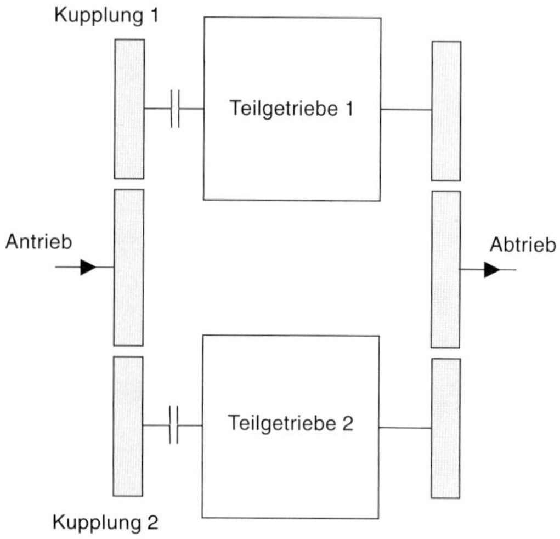

◘ Abb. 5.163 Prinzipdarstellung eines 2-Gang-Lastschaltgetriebes

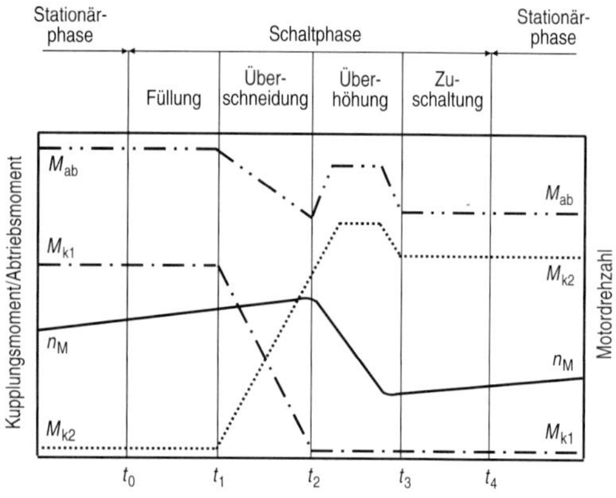

◘ Abb. 5.164 Momenten- und Drehzahlverlauf bei einer Zug-Hochschaltung

die Drehzahl des alten Ganges vorliegt. Durch eine weitere Erhöhung des Drehmoments an der Zuschaltkupplung werden die motorseitigen Drehmassen auf das Drehzahlniveau des neuen Ganges synchronisiert (Überhöhungsphase). Aus dem Verlauf des Abtriebsmomentes ist zu erkennen, dass während der Hochschaltung das Drehmoment nach der Überschneidungsphase auf das Niveau des neuen Ganges absinkt. In der Überhöhungsphase kommt es zu einem Anstieg des Abtriebsmomentes durch die Einleitung der Energie der motorseitigen Drehmassen in den Triebstrang.

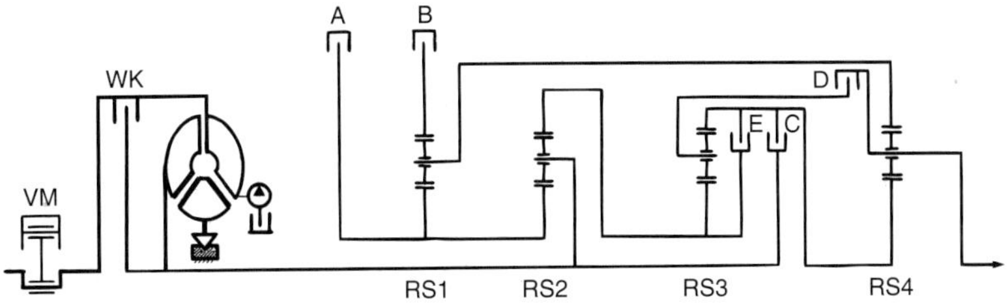

Gang	Bremse A	Bremse B	Kupplung C	Kupplung D	Kupplung E	Übersetzung i	Gangsprung
1	●	●	●			4,714	1,50
2	●	●			●	3,143	1,49
3		●	●		●	2,106	1,26
4		●		●	●	1,667	1,30
5		●	●	●		1,285	1,28
6			●	●	●	1,000	1,19
7	●		●	●		0,839	1,26
8	●			●	●	0,667	Total 7,071
R	●	●		●		–3,317	

Abb. 5.165 Getriebeschema ZF-8HP70

Mit dem Erreichen der Synchrondrehzahl ist das Abtriebsdrehzahlniveau und das Drehmoment des neuen Ganges erreicht. Der Verlauf des Abtriebsdrehmomentes während der Überhöhungsphase ist durch die Ansteuerung der zuschaltenden Kupplung und durch Manipulation des Motordrehmoments (Motoreingriff) beeinflussbar. Die anderen Schaltungsarten werden in ähnlicher Form gesteuert. Die Schaltungsabläufe sind in der Literatur ausführlich beschrieben [134].

Die Gangwechsel werden automatisch ausgeführt Bei automatischen Getrieben wird der Gangwechsel nicht durch einen bewussten Eingriff des Fahrers vollzogen, sondern erfolgt automatisch. Dies geschieht durch ein Schaltprogramm und ist im Wesentlichen von den beiden Einflussgrößen Fahrgeschwindigkeit und Drosselklappenstellung abhängig.

5.4.4.2 Aufbau

Planetengetriebe Automatische Getriebe werden i.d.R. als Planetengetriebe ausgeführt. Gründe dafür sind

- die Darstellung von mehreren Übersetzungen mit einem Radsatz (vergl. ▶ Abschn. 5.4.4.3).
- die koaxiale Anordnung der Zentralteile.
- die kompakte Bauweise.
- Die Motorleistung wird durch mehrere Zahneingriffe parallel übertragen (Leistungsteilung).
- der hohe Wirkungsgrad.

In Abb. 5.165 ist der schematische Aufbau des 8-Gang-Automatgetriebes ZF-8HP70 dargestellt, einem typischen Vertreter moderner Stufenautomatgetriebe für Heckantrieb. Das Getriebeschema zeigt die Anordnung der wichtigsten leistungsführenden Bauelemente:

- Wandler mit schlupfgeregelter Überbrückungskupplung (GWK) und Zwei-Dämpfersystem
- Kupplungen (C, D, E)
- Bremsen (A, B)
- Freilauf im Wandler
- Radsätze (4 einfache Planetenradsätze)
- mechanische Verbindungselemente (Wellen, Träger, …).

Aus dem Schaltungsdiagramm ist zu entnehmen, welche Elemente in welchem Gang geschaltet werden. Zur Leistungsübertragung sind in jedem Gang drei Schaltelemente geschlossen und zwei Schaltelemente geöffnet. Dies führt zu einem sehr guten Radsatzwirkungsgrad und geringen Schleppverlusten. Der Gangwechsel erfolgt durch das Zu- und

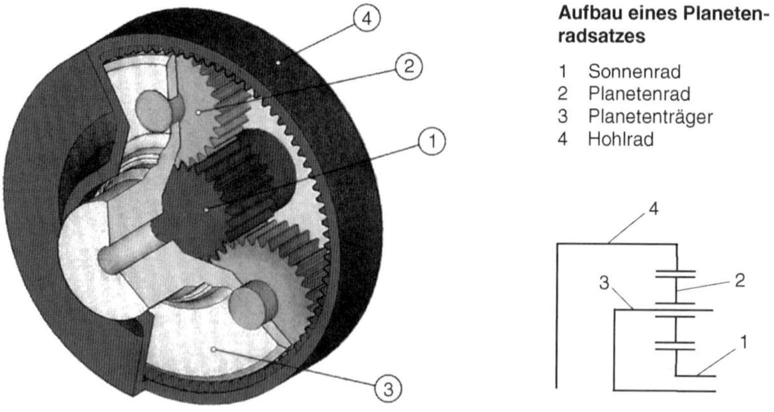

Abb. 5.166 Planetensatz: Schema und Bild

Abschalten jeweils eines Schaltelements. Die Übersetzungen in den einzelnen Gängen werden durch unterschiedliche Koppelungen der Zentralteile der Planetenradsätze gebildet.

Bei der Entwicklung eines Planetengetriebe-Systems für ein automatisches Fahrzeuggetriebe ist es wichtig, für den jeweiligen Einsatzbereich eine geeignete Übersetzungsreihe zu finden. Neben einfachen Planetensätzen kommen auch spezielle Radsätze wie der Ravigneaux-, der Simpson- oder der Wilsonsatz zur Anwendung [134, 149, 150].

5.4.4.3 Baugruppen

Planetensatz Ein Planetensatz (Abb. 5.166) besteht aus den drei Zentralteilen Sonnenrad (1), Planetenträger (3) und Hohlrad (4). Die Planetenräder (2) sind im Planetenträger gelagert. Mit einem Planetensatz lassen sich folgende drei Übersetzungen darstellen:

$$i_3 = \frac{z_4}{z_1} \quad \text{(Standübersetzung)}$$

$$i_{13} = 1 - i_3$$

$$i_{43} = 1 - \frac{1}{i_3}$$

Durch Vertauschung von An- und Abtrieb lassen sich in den genannten Übersetzungen auch ihre Reziprokwerte darstellen. Je nach realisierter Übersetzung undLeistungsanforderung werden Planetensätze mit 3 bis 6 Planeten ausgeführt. Die Sonnen- und Planetenräder sind aus einsatzgehärtetem Stahl. Die Hohlräder sind aus Vergütungsstahl, werden geräumt und für hohe Belastungen nitriert. Die Planetenträger werden aus Blechteilen zusammengeschweißt oder genietet oder sind als Aluminium-Druckgussteile ausgeführt [154]. Der Aufbau von Ravigneaux-, Simpson- und Wilsonsatz ist in der Literatur beschrieben [134, 149, 150].

Für 6-Gang-Automatgetriebe wird heute bevorzugt das Lepelletier-Getriebesystem eingesetzt [155], das aus einem eingangsseitigen einfachen Planetenradsatz und einem ausgangsseitig angeordneten Ravigneauxsatz aufgebaut ist.

Schaltelemente Die Lastschaltelemente in automatischen Getrieben werden als Lamellenkupplungen und Lamellenbremsen ausgeführt. Der Aufbau ist in Abb. 5.167 für eine Lamellenkupplung dargestellt. Sie besteht aus einem Außenlamellenträger, der die Stahllamellen radial verdrehsicher, aber axial verschiebbar aufnimmt, einem Innenlamellenträger, in dem die Belaglamellen gehalten werden, einem Zylinder mit einer Druckölzuführung und einem Kolben, der mit Öldruck auf die Stahllamellen gepresst werden kann sowie einer Rückdruckfeder, die bei abgeschaltetem Öldruck den Kolben zurückschiebt, um die Kupplung zu öffnen. Während bei der Kupplung beide Lamellenträger rotierend gelagert sind, hat die Bremse einen gehäusefesten Außenlamellenträger.

Im stationären Zustand sind die Schaltelemente drucklos geöffnet oder mit Hauptdruck hydraulisch geschlossen und übertragen das anliegende

Drehmoment kraftschlüssig. Das übertragbare Kupplungsmoment M_K errechnet sich wie folgt:

$$M_K = (F_p - F_f) \cdot n \cdot \mu_{stat} \cdot r_m$$

Dabei sind n die Anzahl der Reibflächen (zwei pro Lamelle), μ_{stat} der statische Reibwert, r_m der mittlere Reibradius der Kupplungslamellen, F_f die Rückdruckfederkraft und F_p die Druckkraft im Kolben:

$$F_p = \left[\frac{\rho_{Öl} \cdot \omega_{Öl}^2}{4} \left(r_a^2 - r_i^2\right) + p_{stat} \right] \pi \left(r_a^2 - r_i^2\right)$$

mit $\rho_{Öl}$ der Dichte des Hydrauliköls, $\omega_{Öl}$ der Winkelgeschwindigkeit, mit dem das Öl in der Kupplung rotiert, r_a dem Außen- und r_i dem Innenradius des Betätigungskolbens und p_{stat} dem eingestellten Kupplungsdruck.

Die Auslegung des Schaltmoments (maximales Schaltmoment = Motormoment plus Verzögerungsmoment der antriebsseitigen Massenträgheitsmomente) erfolgt nach der gleichen Formel, wobei für den Kupplungsdruck der variabel angesteuerte Schaltdruck p_k und der dynamische Reibwert μ_{dyn} einzusetzen sind. Bei Bremsen ($\omega = 0$) entfällt der Druckanteil aus der Fliehkraft [134].

Als Außenlamellen werden Stahllamellen verwendet. Die Dimenionsierung der Lamellendicke erfolgt nach der Wärmemenge, die während einer Schaltung entsteht und die von der Stahllamelle mit einer akzeptablen Temperaturerhöhung aufgenommen werden muss. Als Innenlamellen werden Belaglamellen eingesetzt, die aus einem Trägerblech (ca. 0,8 mm dick) bestehen, auf das beidseitig der Reibbelag aufgeklebt ist. Als Reibbelag werden so genannte »Papierbeläge« verwendet, die aus einem Stützgerüst aus Zellulose, Aramidfasern, Kunststoffbestandteilen, Mineralien und einer Phenolharztränkung bestehen. Durch die Zusammensetzung des Belags kann der Reibwert in seiner Höhe und dem Verlauf über der Drehzahl beeinflusst werden. Dies hat nicht nur erheblichen Einfluss auf die Übertragungsfähigkeit der Kupplung, sondern auch auf den Schaltkomfort des Getriebes. In den Reibbelag sind Nuten eingebracht, die auch im geschlossenen Zustand der Kupplung eine Durchströmung mit Kühlöl ermöglichen. Dadurch kann nach einer Schaltung die in der Stahllamelle gespeicherte Wärme wieder abgeführt werden.

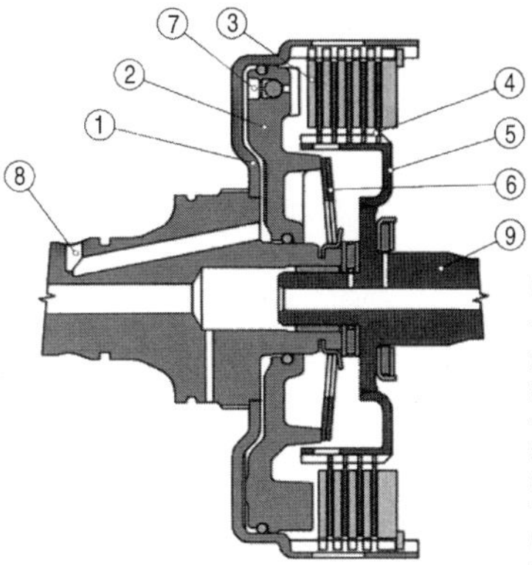

Abb. 5.167 Lamellenkupplung

Außenlamellenträger, Innenlamellenträger, Zylinderraum und Kolben werden als Blechumformteile oder Aluminium-Druckgussteile ausgeführt. Sie sind meist mit Wellen, Planetenträgern oder anderen Verbindungsteilen verschweißt oder vernietet oder bilden mit den angrenzenden Funktionseinheiten ein Bauteil [154]. Die Kolben sind mit O-Ringen abgedichtet.

Ölversorgung Die Ölversorgung eines automatischen Getriebes erfüllt folgende Funktionen:

1. Kühlung des hydrodynamischen Drehmomentwandlers.
2. Schmierung und Kühlung des mechanischen Getriebeteils (Schaltelemente, Zahnräder, Lager).
3. Druckversorgung der hydraulischen Steuerung.
4. Druckversorgung der Schaltelement-Betätigung.

Ein Getriebe hat eine Ölfüllung von etwa 6 bis 8 Litern ATF (automatic transmission fluid). Heutige ATF's bestehen aus einem Grundöl auf Mineralölbasis, dem Additive (chemische Substanzen) beigemischt sind. Durch die Additivierung erfüllt das ATF die vielfältigen Anforderungen in einem automatischen Getriebe:

- Temperaturbeständigkeit von −40 °C bis +150 °C
- thermische Alterungsbeständigkeit

- hoher statischer Reibwert und steigender Reibwertverlauf über der Schlupfdrehzahl
- möglichst geringe Viskositätsänderung über der Temperatur
- Verhinderung von Schaumbildung
- Vermeidung von Ablagerungen
- Vermeidung von Korrosion
- Verträglichkeit mit Dichtungswerkstoffen.

Die Ölversorgung übernimmt eine Innenzahnradpumpe, die durch den Hals des Drehmomentwandlers mit Motordrehzahl angetrieben wird. Die Innenzahnradpumpe passt sehr gut in den Bauraum zwischen Wandler und dem mechanischen Getriebeteil, ist einfach im Aufbau und robust in der Funktionsweise. Die theoretische Fördermenge liegt je nach Getriebeanforderung zwischen 14 und 23 cm^3/Umdrehung, der Drehzahlbereich reicht von 600 bis 7000 min^{-1} und der Druckbereich von ca. 3 bis 24 bar. Da die Pumpe für die Leerlaufdrehzahl des Motors bei hohen Öltemperaturen ausgelegt sein muss, ist der Förderstrom bei hohen Drehzahlen viel zu groß. Dieser Volumenstromüberschuss muss möglichst verlustarm in den Ölsumpf oder auf die Saugseite der Pumpe zurückgeführt werden. Um diesen Nachteil zu vermeiden, wird z. B. im 8-Gang Automatgetriebe 8HP70 von ZF, eine doppelhubige Flügelzellenpumpe verwendet (siehe ◘ Abb. 5.168). Diese Art von Pumpe ist achsparallel in der Nähe der hydraulischen Steuereinheit angeordnet. Der Antrieb erfolgt über eine ins Schnelle drehende Rollenzahnkette direkt vom Wandlerhals. Druck und Saugkanal sind mit Rohren auf kurzem Wege strömungsgünstig direkt mit der hydraulischen Steuerung verbunden, eine Saugstromaufladung vom Hauptdruckventil verbessert die Füllung der Pumpe und führt zu günstig hohen Kavitationsdrehzahlen. Gegenüber der Innenzahnradpumpe der 6-Gang-Getriebe weist die Flügelzellenpumpe einen höheren Gesamtwirkungsgrad aus (siehe ◘ Abb. 5.169).

Zur Ölversorgung gehört auch ein Ölfilter, der auf der Saugseite der Ölpumpe angeordnet ist und im Ölsumpf liegt. Er verhindert, dass Restschmutz aus der Bauteilfertigung und Abrieb, der während des Betriebs entsteht, in die Ölpumpe und die hydraulische Steuerung gelangen.

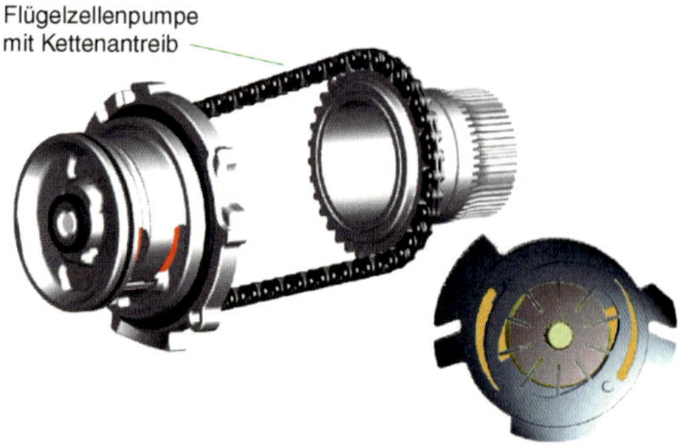

◘ **Abb. 5.168** Doppelhubige Flügelzellenpumpe

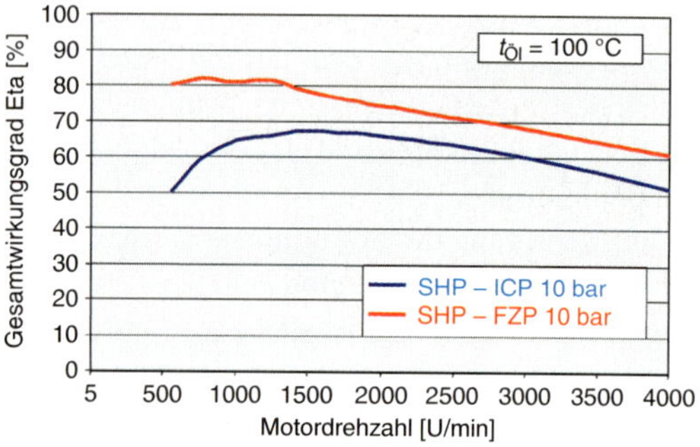

◘ **Abb. 5.169** Wirkungsgrad Pumpensysteme

Hydraulische Steuerung Seit der Einführung der elektronischen Getriebesteuerung EGS (vgl. ► Abschn. 5.4.6) hat die Bedeutung der hydraulischen Steuerung abgenommen. Zur Umsetzung der EGS-Funktionen in die leistungsführenden Bauteile des Triebstrangs ist jedoch nach wie vor die Getriebehydraulik erforderlich. Neben der Umsetzung von analogen und digitalen Drucksignalen, bei denen der Dynamik des Systemverhaltens eine entscheidende Bedeutung zukommt, verbleiben in der Hydraulik nach wie vor Grundfunktionalitäten wie z. B. Druckerhöhung oder -reduzierung, Sicherheits- und Notlauffunktionen.

Das hydraulische Steuerungssystem besteht aus folgenden Teilsystemen:

- Hauptdruckversorgung
- Schaltdrucksteuerung
- Gangwechselsteuerung
- Wandlerkupplungssteuerung
- Schmierdrucksystem
- Notlaufsystem.

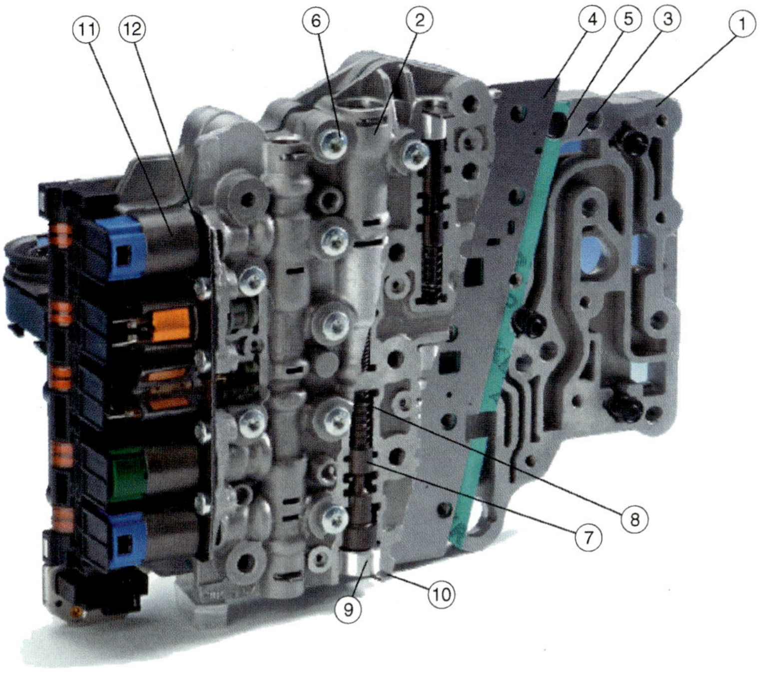

1 Ölverteilerplatte	4 Zwischenblech	7 Ventil	10 Klammer (Federspange)
2 Ventilgehäuse	5 Dichtung	8 Druckfeder	11 Druckregler
3 Durchflusskanal	6 Schraube	9 Stopfen	12 Halteblech

Abb. 5.170 Hydraulisches Schaltgerät

Der gesamte Umfang der hydraulischen Steuerungsfunktionen ist in einem Schaltplan beschrieben und im hydraulischen Schaltgerät realisiert. Abbildung 5.170 zeigt den Aufbau einer typischen Automatgetriebehydraulik. Sie besteht aus einer Ölverteilerplatte (1) und einem Ventilgehäuse (2) aus Aluminium-Druckguss mit Ölkanälen und Öldurchführungen (3) zum Getriebegehäuse. Die Kanäle sind durch ein Zwischenblech (4) und Flachdichtungen (5) mit Durchtrittsöffnungen abgedeckt. Um Leckagen zu vermeiden, werden die Gehäuseteile engmaschig miteinander und dem Getriebegehäuse verschraubt (6). Im Ventilgehäuse sind Ventilbohrungen, in denen die Ventile (7) Ölströme steuern oder Drücke regeln. Die Ventile werden durch Federn (8) in Grundstellung gehalten und mit Stopfen (9) und Klammern (10) im Gehäuse arretiert. Teil des hydraulischen Schaltgeräts sind auch die Magnetventile und Druckregler (11), die in das Ventilgehäuse montiert sind und mit einem Halteblech (12) befestigt werden. Über einen Wählschieber, der mechanisch mit dem Wählhebel verbunden ist, werden die Vorwärts- (D) und Rückwärtsfahrstellung (R) vorgegeben und in der Fahrstufe N (Neutral) mindestens ein Schaltelement drucklos geschaltet, das den Triebstrang auftrennt. Die Umschaltventile werden von außen durch die EGS über Magnetventile oder durch interne Drücke gesteuert. Mit ihnen wird von einem Gang in den anderen geschaltet. Die Regelventile werden ebenfalls von der EGS über Druckregler mit einem analogen Drucksignal angesteuert. Mit den Regelventilen wird der Druckverlauf an der zu- und abschaltenden Kupplung während des Schaltvorgangs gesteuert, der Hauptdruck proportional zum Motormoment eingestellt und die Wandlerkupplung auf eine vorgegebene Schlupfdrehzahl geregelt.

Das hydraulische Schaltgerät ist meist unten an das Getriebegehäuse angeschraubt. Über Verbindungskanäle wird das Öl zur Ölpumpe, zum Wandler, zur Schmierung und zu den Schaltelementen geleitet. Meist trägt das hydraulische Schaltgerät auch noch Sensoren für Drehzahl und Öltemperatur und die Verkabelung für die Ventile samt dem Getriebestecker. Durch geeignete Ausführung der Hydraulik und des Elektriksatzes lassen sich hydraulische und elektrische Getriebesteuerungskomponenten zu einer elektrohydraulischen Baueinheit zusammenfassen [156]. Bei modernen Automatgetrieben ist die elektronische Getriebesteuerung (EGS) ebenfalls Bestandteil dieser elektrohydraulischen Baueinheit und enthält als Mechatronikmodul die gesamte Steuerungsfunktionalität des Getriebes (vgl. ▶ Abschn. 5.4.8).

Abb. 5.171 Monostabiler Wählhebel (BMW 7er Serie)

5.4.4.4 Betätigung

Wählschieberbetätigung Automatische Getriebe weisen als äußere Schaltung einen Wählhebel auf, der mit einem Gestänge oder einem Bowdenzug mechanisch mit der Wählwelle des Getriebes verbunden ist. Mit dem Wählhebel werden im Getriebe die Grundfunktionen P (Parken), R (Rückwärtsfahrt), N (Neutral) und D (Vorwärtsfahrt) gesteuert. Dazu wirkt die mechanische Verbindung auf den Wählschieber und die Parksperre. Die Arretierung der Wählwelle erfolgt über eine Rastenscheibe mit einer Feder. Meist ist außen am Getriebe auf der Wählwelle ein Positionserkennungsschalter angebracht. Er dient zur Erkennung der Wählhebelposition, die im Kombi-Instrument angezeigt wird und zur Steuerung des Rückfahrlichts und der Anlasssperre, die ein Starten des Motors in einer Fahrposition verhindert. Bei Getrieben mit integrierter Getriebeelektronik ist der Positionsschalter Teil des Mechatronikmoduls.

Parksperre Fahrzeuge mit Handschaltgetriebe lassen sich gegen Wegrollen sichern, indem bei abgestelltem Motor ein Gang eingelegt wird. Dies ist bei automatischen Getrieben nicht möglich. Da bei stehendem Motor keine Druckölversorgung vorhanden ist, sind alle Schaltelemente geöffnet, das Getriebe befindet sich in Neutral. Um ein Wegrollen des Fahrzeugs ohne betätigte Handbremse zu verhindern, gibt es bei automatischen Getrieben eine Parksperre. Sie verriegelt durch ein verzahntes Rad und eine Klinke den Getriebeabtrieb gegen das Gehäuse. In den Wählhebelpositionen R, N, und D wird die Parksperrenklinke mit einer Rückhaltefeder am Einfallen in das Parksperrenrad gehindert. Beim Einlegen der Position P wird die Klinke über einen Keil gegen das Parksperrenrad gedrückt. Trifft die Klinke auf eine Lücke, rastet sie ein und verriegelt den Abtrieb. Trifft sie auf einen Zahn, wird sie durch einen Federmechanismus vorgespannt, sodass bei einer Drehung des Abtriebs die Klinke mithilfe der Vorspannkraft in die nächste Lücke des Parksperrenrads einrastet.

Wählhebel Moderne Automatgetriebe-Wählhebel sind monostabil ausgeführt (siehe Abb. 5.171), wobei die Hauptfahrpositionen R, N und D per Tippbewegung nach vorne (R) bzw hinten (D) angewählt werden und die Parkposition durch Drücken des Tasters am oberen Ende des Wählhebels eingelegt wird. Die Fahrstufe N befindet sich in der monostabilen Mittenposition des Wählhebels. Durch eine Seitwärtsbewegung nach links (oder rechts, je nach Ausführung) gelangt man in den manuellen Tippmodus für die Einzelgangbetätigung. Dies dient in erster Linie dem Bremsbetrieb bei Bergfahrt, kann jedoch auch von leistungsorientierten Fahrern benutzt werden, um den Motor in hohen Drehzahlbereichen zu betreiben. Beim Übergang des Wählhebels in diese Gasse schaltet die EGS vom Automatmodus in einen Handschaltmodus um. Durch eine Wählhebelbewegung nach vorn (+) wird hoch- und nach hinten (–) zurückgeschaltet. Die Einführung der Tiptronic verfolgte die Absicht, dem Fahrer eines Automat-Fahrzeugs auch die Möglichkeit zu bieten, bei Bedarf wie mit einem Handschaltgetriebe zu fahren.

5.4.4.5 Betriebsverhalten

Das kundenrelevante Betriebsverhalten eines Fahrzeugs mit Automatgetriebe zeigt sich in der Schaltqualität, also der Art und Weise, wie der Gangwechsel vollzogen wird und ob, bzw. wie er spürbar ist und im Schaltprogramm, also in welchem Gang gefahren wird und wann die Gänge gewechselt werden.

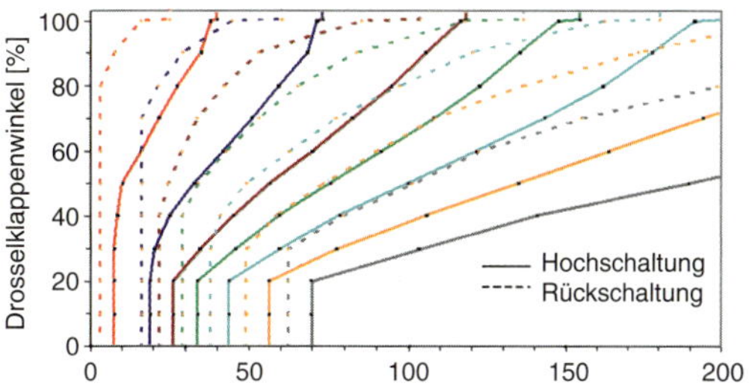

Abb. 5.172 Schaltkennfeld als Funktion der Fahrgeschwindigkeit (km/h)

Schaltqualität Da die Schaltung bei einem automatischen Getriebe definitionsgemäß automatisch erfolgt, also vom Fahrer nicht bewusst eingeleitet wird, muss sie weitgehend unspürbar ablaufen, sonst wird sie als störend empfunden. Weiterhin erwartet der Fahrer beim Betätigen des Fahrpedals eine direkte Reaktion in Form einer Fahrzeugbeschleunigung, die i.d.R. durch eine sofortige Rückschaltung erreicht wird. Das Ziel der Schaltablaufsteuerung ist es deshalb, bei Rückschaltungen spontan auf den Fahrerwunsch zu reagieren und Schaltungen möglichst ruckfrei ablaufen zu lassen. Die Grundvoraussetzungen für eine gute Schaltqualität liegen im Aufbau des mechanischen Getriebes und im hydraulischen Steuerungssystem. Mit kleinen Gangsprüngen ist eine gute Schaltung leichter zu erreichen als bei großen Stufen. In der hydraulischen Getriebesteuerung ist ein gutes Systemverhalten maßgebend für eine gute Schaltqualität, d. h. die gesamte sehr stark nichtlineare Übertragungsstrecke muss geringe Totzeiten aufweisen und in allen Betriebszuständen stabil sein. Wenn diese Voraussetzungen gegeben sind, können durch entsprechende Steuerungs- und Regelungsalgorithmen in der EGS die Schaltungsabläufe optimiert werden. Eine genaue Drehzahlerfassung von Getriebeeingangs- und -ausgangsdrehzahl ermöglicht eine Drehzahlregelung der zu- und abschaltenden Kupplung während des Schaltungsablaufs. Diese Regelung führt zu kontinuierlichen, immer gleich ablaufenden Schaltungen, unabhängig von den Betriebsbedingungen. In Schaltungsbereichen, in denen sich die Drehzahl nicht ändert, wird durch adaptive Strategien versucht, die Drucksteuerung der Kupplungen auf die richtigen Größen zu justieren. Mit Adaptionsalgorithmen wird gewährleistet, dass auch Änderungen während der Betriebsdauer, wie z. B. Setzvorgänge oder Verschleiß an den Kupplungen ausgeglichen werden und keinen negativen Einfluss auf das Schaltverhalten und die Schaltqualität des Getriebes haben.

Schaltprogramm Automatische Getriebe werden in Abhängigkeit der Fahrgeschwindigkeit und des Drosselklappenwinkels geschaltet. Ein Getriebeschaltkennfeld enthält abhängig von diesen Parametern Hoch- und Rückschaltlinien (Abb. 5.172) für alle Gangwechsel. Wird z. B. ein Fahrzeug bei konstanter Motorlast beschleunigt und dabei eine Hochschaltlinie überschritten, erfolgt eine Schaltung in den nächst höheren Gang. Wird andererseits durch ein Betätigen des Fahrpedals eine Beschleunigung des Fahrzeugs gefordert und dabei eine Rückschaltlinie überschritten, erfolgt eine Rückschaltung über einen oder mehrere Gänge. Die elektronische Getriebesteuerung bietet für die Gestaltung solcher Schaltkennfelder große Freiheiten. So können mehrere solcher Kennfelder in der EGS abgelegt werden, die eine unterschiedliche Fahrcharakteristik aufweisen. Üblich sind E-Programme (Economy) für ein sehr verbrauchsorientiertes Fahren mit frühen Hochschaltungen und späten Rückschaltungen und S-Programme (Sport) für fahrleistungsorientierte Fahrweise. Die Programme können mit einem Wahlprogrammschalter, der am Wählhebel angebracht ist, vom Fahrer ausgewählt werden oder sie werden von der Getriebeelektronik selbst bestimmt. Dies erfordert eine Schaltstrategie, die aufgrund verschiedener Einflussgrößen, wie z. B. Fahrpedalstellung, Fahrpedalbewegung, Fahrgeschwindigkeit, Längs- und Querbeschleunigung des Fahrzeugs, Bremsbetätigung, usw. eine

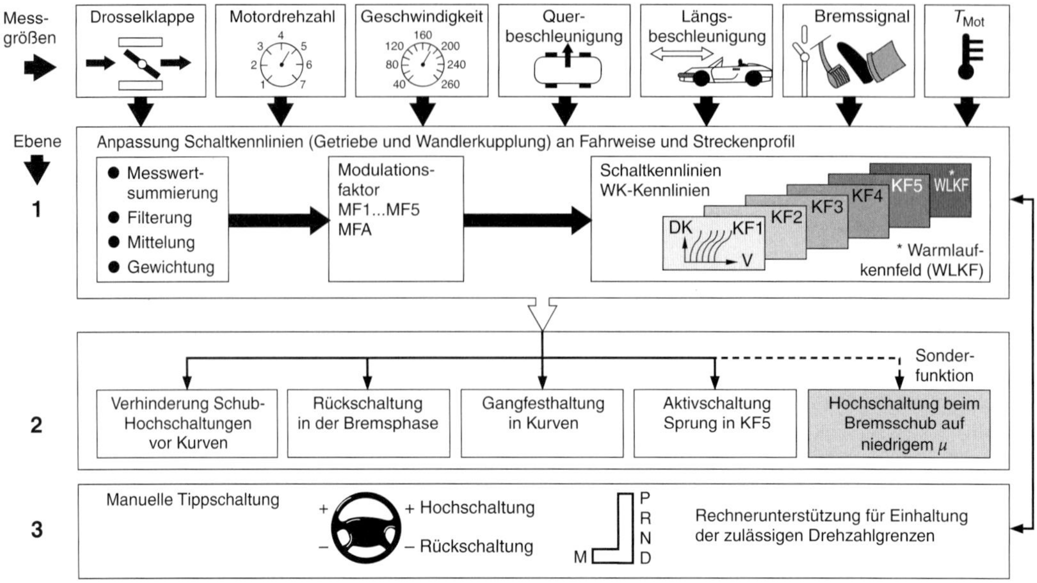

Abb. 5.173 Schaltstrategie zur Auswahl von Schaltprogrammen

Klassifizierung der Fahrbedingungen und des Fahrverhaltens vornimmt und bewertet und daraus ein entsprechend der Fahrsituation angemessenes Fahrprogramm auswählt [157]. Abbildung 5.173 zeigt den Aufbau eines solchen Verfahrens. Eine andere Möglichkeit zur Anpassung des Fahrprogramms bietet der Aufbau eines Schaltkennfeldes, bei dem die Schaltkennlinien durch verschiedene Einflussgrößen variabel an die Fahrsituation angepasst werden können [158]. Eine Übersicht über alle gängigen Methoden zur Ausführung von Schaltprogrammen findet sich in der Literatur [159].

5.4.4.6 Ausführungsbeispiele

Front-Quer-Antrieb Für Pkw mit Frontantrieb und querliegender Antriebseinheit bleibt für das Getriebe relativ wenig Platz. Es muss daher sehr kurz bauen. Aufgrund der beengten Einbauverhältnisse, der Achslage von Motor und Seitenwellen, der Anordnung von anderen Aggregaten im Vorderwagen und den hohen Anforderungen an die Crashsicherheit werden an den Getriebeaufbau Anforderungen gestellt, die sehr stark vom jeweiligen Fahrzeug-Gesamtkonzept abhängen. Die Front-Quer-Anwendung wurden bis vor kurzem noch von 4-Gang-Getrieben dominiert. Als erstes 6-Gang-Automatgetriebe für die Front-Quer-Anwendung wurde vom VW-Konzern für die Golf-Plattform das Getriebe TF-60SN vom japanischen Hersteller Aisin AW eingeführt [160]. Das Getriebe basiert auf dem Lepelletiersystem, die Übersetzungen entsprechen nahezu den in Abb. 5.165 dargestellten Werten, das Auslegungsdrehmoment liegt bei 250 Nm und die Baulänge beträgt nur 350 mm. Abbildung 5.174 zeigt einen Schnitt durch das Getriebe. Daraus sind der Aufbau und die wesentlichen Bauteile ersichtlich.

Ein schmaler Wandler mit Wandler-Überbrückungskupplung und integriertem Torsionsdämpfer und die geschachtelte Bauweise von Radsätzen und Schaltelementen sowie fertigungstechnische Maßnahmen zur Toleranzeinengung tragen zu einer kompakten Bauweise und der kurzen Getriebelänge bei. Das Getriebe hat einen Freilauf im 1. Gang, der den Innenlamellenträger der Bremse B2 gegen das Gehäuse abstützt. Charakteristisch für ein Frontantriebsgetriebe ist das integrierte Achsgetriebe. Durch unterschiedliche Stirnradstufen lässt sich die Endübersetzung den fahrzeugseitigen Forderungen nach Bergsteigfähigkeit und Höchstgeschwindigkeit anpassen.

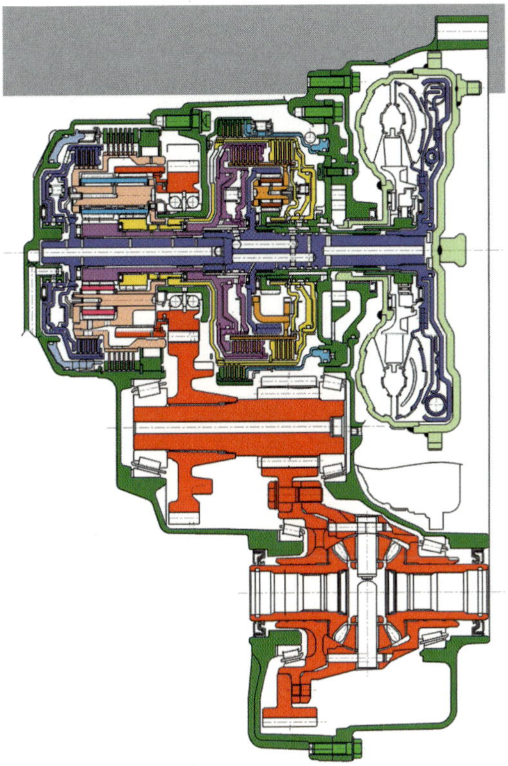

Abb. 5.174 Schnittbild AW – TF-60SN für Front-Quer-Antrieb

Standardantrieb Im Standardantrieb haben sich seit 2008 8-Gang-Automatgetriebe in der Serie etabliert. Abb. 5.175 zeigt das ZF Getriebe 8HP70, das eine Gesamtübersetzung von 7,05 aufweist und für Motordrehmomente bis 700 Nm dimensioniert ist. Das Radsatzsystem besteht aus 4 einfachen Planetensätzen. Mit nur 5 Schaltelementen werden 8 Vorwärtsgänge und derRückwärtsgang geschaltet. Das Getriebe hat keine Freiläufe, alle Schaltungen laufen als geregelte Lastschaltungen ab. Das Getriebesystem sowie eine optimale Anordnung und Gestaltung der Bauteile ermöglicht einen sehr kompakten Getriebeaufbau. Das 8-Gang-Getriebe ist grössenmässig gleich (Länge, Durchmesser) und sogar etwas leichter als ein vergleichbares 6-Gang-Automatgetriebe [173].

2003 wurde von Mercedes-Benz ein Automatgetriebe mit 7 Gangstufen eingeführt [162]. Basierend auf dem Mercedes 5-Gang-Automatgetriebe W5A330/580 wurde der einfache eingangsseitige Planetensatz durch einen invertierten Ravigneauxsatz ersetzt und eine zusätzliche Lamellenbremse ergänzt, um 7 Vorwärts- und 2 Rückwärtsgänge darzustellen. Abb. 5.176 zeigt das Getriebe- und Schaltschema dieses Getriebes, das eine Spreizung von 6,02 aufweist und für Motormomente bis 700 Nm ausgelegt ist.

Front-Längs- und Allradantrieb Für Fahrzeuge mit Frontantrieb und längs eingebauten Motoren lässt sich aus den Standard-Getrieben eine Variante ableiten, die aus demselben Basis-Getriebe besteht, der Abtrieb aber über eine Stirnradkette und einer neben dem Getriebe liegenden Welle zu einem Achsgetriebe geführt wird, an das die Seitenwellen der Vorderachse angeflanscht werden können. Durch die Integration eines Verteilergetriebes lässt sich ein sehr kompakt bauender Allradantrieb realisieren, der bei Pkw-Allradanwendungen zum Einsatz kommt. Aus dem Standard-Getriebe lässt sich durch Anflanschen eines externen Verteilergetriebes an die Getriebe-Abtriebsseite auch die Möglichkeit für einen add-on-Allradantrieb darstellen. Dies wird in erster Linie für den Einsatz in Geländefahrzeugen realisiert.

5.4.5 Stufenlose Getriebe

5.4.5.1 Funktionsweise

Stufenlose Getriebe bieten gegenüber den Stufengetrieben den Vorteil, dass mit ihnen die starre Kopplung zwischen Fahrgeschwindigkeit und Motordrehzahl für einzelne Gangstufen aufgehoben werden kann. Daraus resultieren zwei Effekte. Zum einen kann die Übersetzung genau der Zugkrafthyperbel angepasst werden (Abb. 5.177). Dies bringt einen Gewinn an Zugkraft und damit eine Steigerung der Fahrleistung. Zum anderen kann die Übersetzung im Teillastbereich, in dem heute der größte Fahranteil liegt, so eingestellt werden, dass sich der Motorbetriebspunkt im Bereich des minimalen Kraftstoffverbrauchs befindet (Abb. 5.178). Dies trägt zur Kraftstoffeinsparung bei. Während die Funktion von Stufengetrieben heute durch Zahnradstufen in Vorgelege- oder Pla-

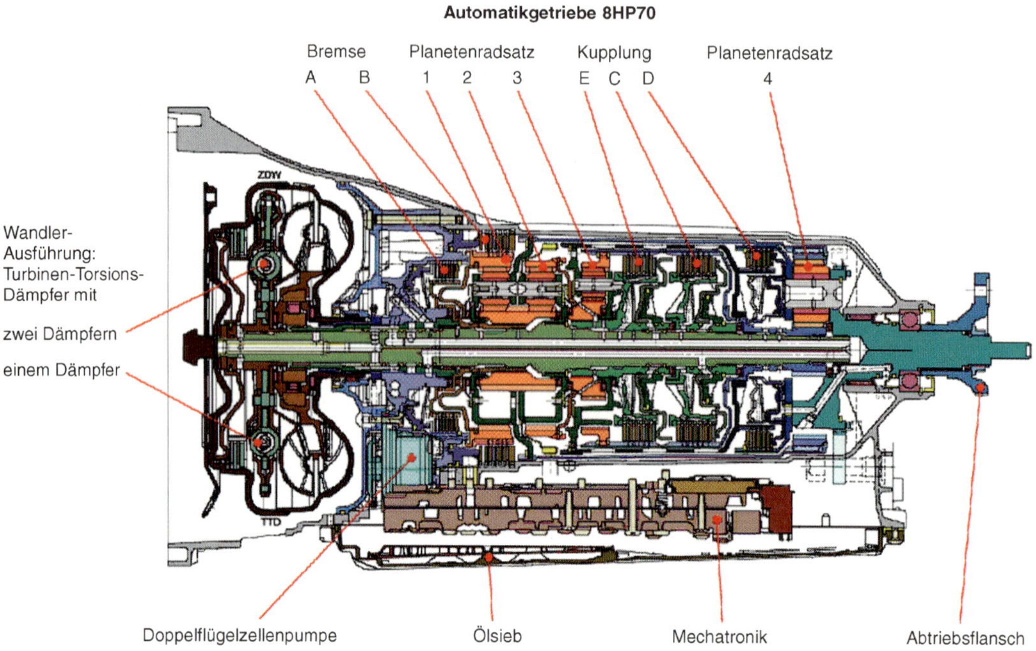

Abb. 5.175 Schnittbild ZF-8HP70 für Standard-Antrieb

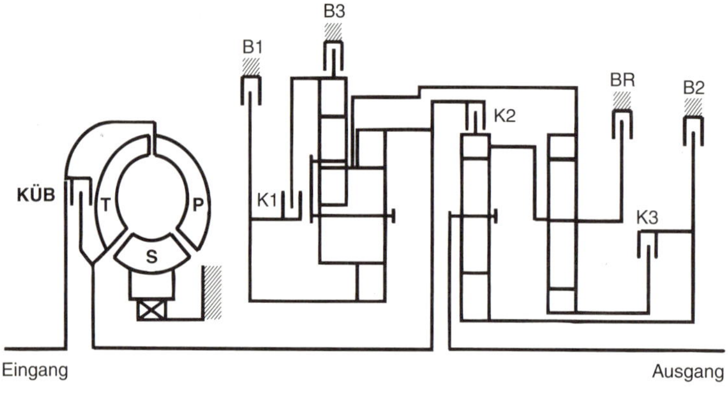

Gang	K1	K2	K3	B1	B2	B3	BR
1			●		●	●	
2			●	●	●		
3	●		●		●		
4	●	●			●		
5	●	●	●				
6		●	●	●			
7		●	●			●	
R1			●			●	●
R2			●	●			●
N			●			●	

Abb. 5.176 Getriebeschema MB 7-Gang-Getriebe W7A700

netenbauweise ausgeführt ist, kann die stufenlose Kraftübertragung mit unterschiedlichen Prinzipien realisiert werden. Eine vertiefte Darstellung von mechanischen, hydrodynamischen, hydrostatischen und elektrischen Getrieben sowie die Möglichkeiten der Leistungsverzweigung ist in der Literatur zu finden [163].

Während sich die elektrischen Antriebe im Kraftfahrzeug bisher nur sehr begrenzt durchgesetzt haben, ist der stufenlose hydrostatische Antrieb in Arbeitsmaschinen für Baufahrzeuge, Traktoren und landwirtschaftlichen Maschinen, aber auch in Nutzfahrzeugen und Bussen für spezielle Einsatzfälle zu finden. Das hydrodynamische stufenlose Getriebe – der Drehmomentwandler – ist heute praktisch jedem Stufenautomatgetriebe als Anfahrelement vorgeschaltet. Bei den mechanischen stufenlosen Getrieben unterscheidet man im Wesentlichen die Wälzgetriebe und die Umschlingungsgetriebe. Bei den Wälzgetrieben sind

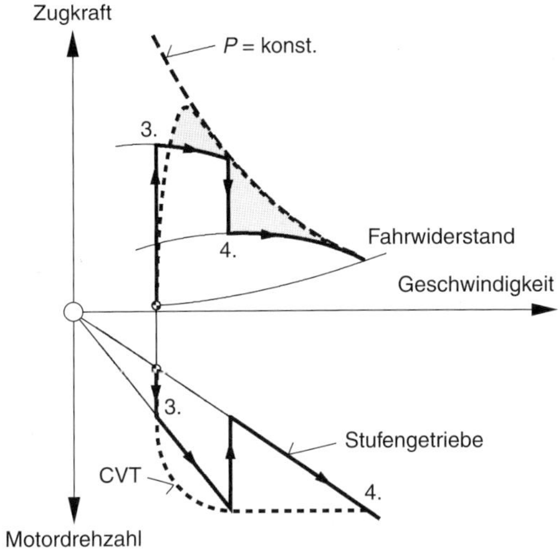

Abb. 5.177 Übersetzungsanpassung an die Zugkrafthyperbel

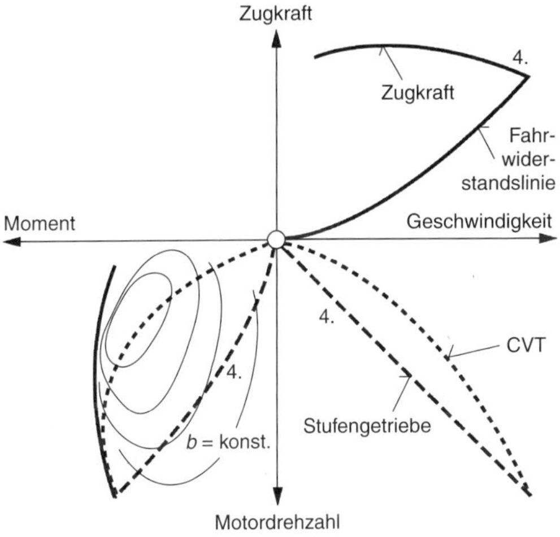

Abb. 5.178 Betrieb im optimalen Verbrauchsgebiet des Motorkennfelds

die Toroidgetriebe am weitesten entwickelt [171]. Die Kraftübertragung von einer Antriebs- auf eine Abtriebsscheibe, die in der Form eines Torus ausgebildet sind, erfolgt über schwenkbare Rollen. Durch Änderung des Neigungswinkels der Reibrollen lässt sich das Übersetzungsverhältnis zwischen An und Abtrieb stufenlos einstellen. Die Kraftübertragung erfolgt durch Reibkontakt. Dies führt zu sehr hohen Hertz'schen Pressungen an den Bauteilen und erfordert ein spezielles Traktionsfluid, das die hohen Pressungen erträgt und die Umfangskräfte übertragen kann. Toroidgetriebe waren bereits in den 30er-Jahren im Einsatz [164], konnten sich jedoch bisher nicht gegen die Stufenautomatgetriebe durchsetzen.

In der Pkw-Antriebstechnik wird heute das CVT (Continuously Variable Transmission) als stufenloses, mechanisches Getriebe in Form eines Umschlingungsgetriebes eingesetzt. Das Kernelement ist der Variator, der aus zwei Kegelscheibenpaaren besteht. Die Kraftübertragung erfolgt durch ein Umschlingungselement. Durch axiale Veränderung des Scheibenabstandes wird der Laufradius des Umschlingungselements und damit die Übersetzung geändert. Die Kraftübertragung zwischen Scheibenpaar und Umschlingungselement erfolgt durch Reibung. Die axiale Anpressung der Scheiben wird über Kolben durch hydraulischen Druck erzeugt. Die Übersetzungsverstellung wird ebenfalls hydraulisch gesteuert.

5.4.5.2 Aufbau

Der schematische Aufbau eines Getriebes für Front-Quer-Antrieb ist in Abb. 5.179 zu sehen [165]. Die für ein CVT charakteristischen Baugruppen sind im Bild bezeichnet. Als Anfahrelement kann neben dem hydrodynamischen Drehmomentwandler, der im Fahrbetrieb überbrückt wird, auch eine trocken- oder nasslaufende Lamellenkupplung oder eine Magnetpulverkupplung dienen. Die Umschaltung von Vorwärts- auf Rückwärtsfahrt ist durch einen Planetenwendesatz mit nasslaufenden Lamellenkupplungen realisiert. Ebenso ist eine Vorgelegewendestufe mit Klauenkupplungen möglich. Zur Druckversorgung steht in der Regel eine Zahnradpumpe zur Verfügung. Als Umschlingungselement dient eine Kette oder ein Schubgliederband. Der Endabtrieb wird mit schrägverzahnten Stirnrädern ausgeführt. Als Achsausgleichsgetriebe kommt ein Kegelraddifferenzial zum Einsatz. Hydraulische und elektronische Steuerungseinheit entsprechen in ihrem Aufbau den aus den Stufengetrieben bekannten Getriebesteuerungen, wobei für die Anpressdrücke um bis zum Faktor 5 höhere Werte als bei Stufenautomatgetrieben benötigt werden.

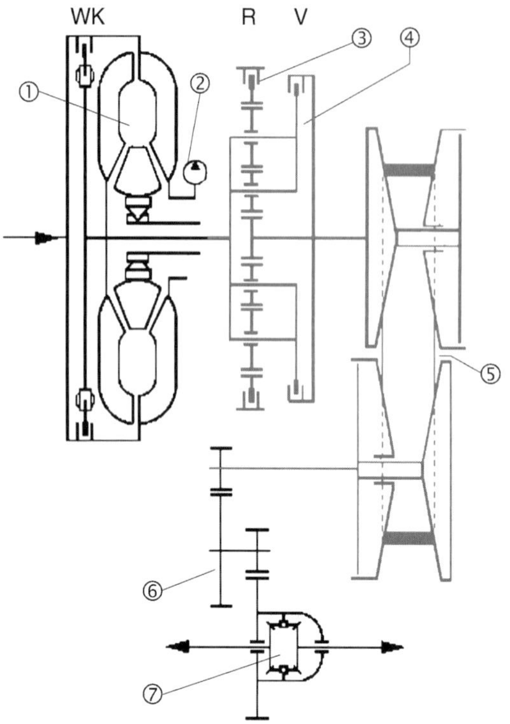

Abb. 5.179 Getriebeschema ZF-Ecotronic

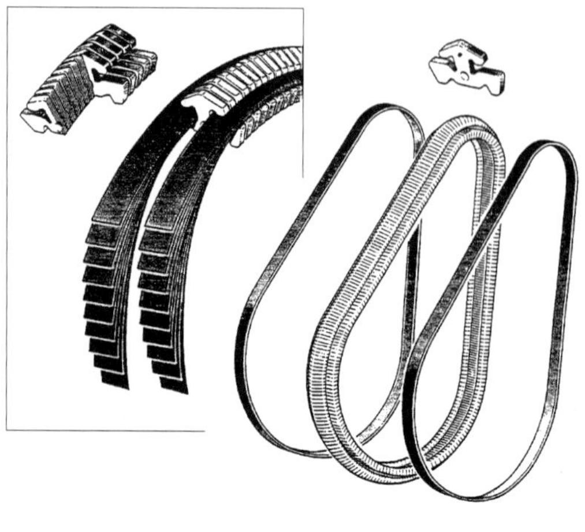

Abb. 5.180 VDT-Schubgliederband

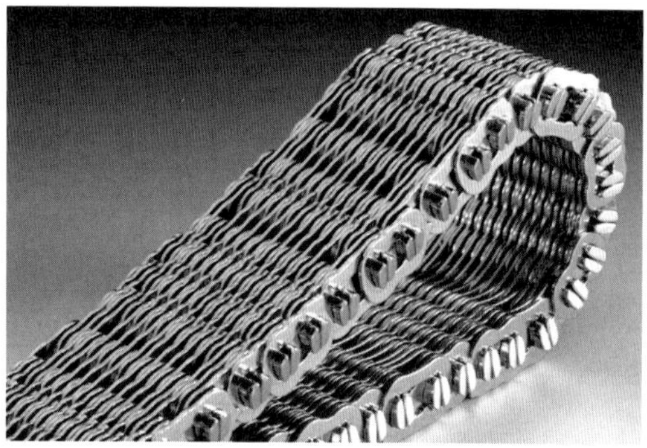

Abb. 5.181 LuK-Laschenkette

5.4.5.3 Baugruppen

Neben den von den Stufengetrieben bekannten Bauteilen und Baugruppen (vgl. ► Abschn. 5.4.4.3) verdienen die CVT-spezifischen Teile, das Umschlingungselement, der Variator und die Steuerung besondere Beachtung.

Umschlingungselement Für den Serieneinsatz im Pkw haben sich bisher als Umschlingungselemente das Schubgliederband von Van Doorne's Transmissie (VDT) und die Laschenkette von LuK bewährt. Das Schubgliederband (Abb. 5.180) besteht aus 2 mehrlagigen Bändern, die sich aus ca. 0,2 mm dicken Endlosringen aus hochfestem Stahl zusammensetzen und die Klemmstücke aus gestanztem Stahlblech zusammenhalten. Die Kraftübertragung von der Primär- auf die Sekundärscheibe erfolgt nicht wie bei einer Kette durch Zugkräfte, sondern durch Schub über die Klemmstücke.

Für unterschiedliche Leistungsklassen stehen Schubgliederbänder von 24 und 30 mm Breite mit 6, 9, 10 und 12 Stahlringen zur Verfügung. Für kleine Leistungen (Motordrehmomente < 65 Nm) kommen auch Bänder aus Gummiwerkstoffen zum Einsatz. Für den Front-Längs-Antrieb wurde 1999 von Audi ein stufenloses Getriebe mit einer Laschenkette von LuK in den Markt eingeführt [166] (Abb. 5.181). Die Kraftübertragung erfolgt von den ballig ausgeführten Variatorscheiben durch Reibung auf die zweiteiligen Stifte der Kette. Die Stifte sind miteinander durch Laschen verbunden, die die Umfangskräfte durch Zug weiterleiten.

Die übertragbare Leistung der heute eingesetzten Umschlingungselemente liegt für beide

Bauformen bei etwa 180 kW und einem maximalen Motordrehmoment von 330 Nm. Bei diesen Anwendungen beträgt die Spreizung des Getriebes mit Schubgliederband 5,4, die des Kettenvariators 6,25. Der Kettenvariator weist einen etwas besseren Wirkungsgrad auf, ist aber hinsichtlich des Geräuschverhaltens schwieriger zu beherrschen als das Schubgliederband, und erfordert i. d. R. zusätzliche fahrzeugseitige Dämmmaßnahmen [167].

Variator ◘ Abbildung 5.182 zeigt ein ZF-Ecotronic-Getriebe im Schnitt. Daraus ist der Aufbau des konischen Primär- und Sekundärscheibensatzes ersichtlich. Ein Scheibensatz besteht aus einer wellenfesten Scheibe und einer Losscheibe, die auf der Welle axial beweglich geführt ist. Die axiale Führung der Losscheibe ist als Kugelführung ausgebildet, um die Druckkraft aus den Anpresszylindern mit minimaler Reibung an die Kontaktstelle zwischen Scheibe und Band zu übertragen. Geringe Reibung kommt auch der schnellen Scheibenverstellung zugute, um eine hohe Verstelldynamik des Variators zu gewährleisten. Die Scheiben sind aus gehärtetem Stahl mit geschliffenen Kegeloberflächen. Primär- und sekundärseitige Anpresszylinder sind als Blechumformteile ausgeführt. Der Sekundärscheibensatz ist über eine Feder mit einer mechanischen Vorspannkraft beaufschlagt. Der Zylinderraum wurde mit einer zusätzlichen Blechabdeckung versehen, um die Fliehkraftwirkung des Öls zu kompensieren.

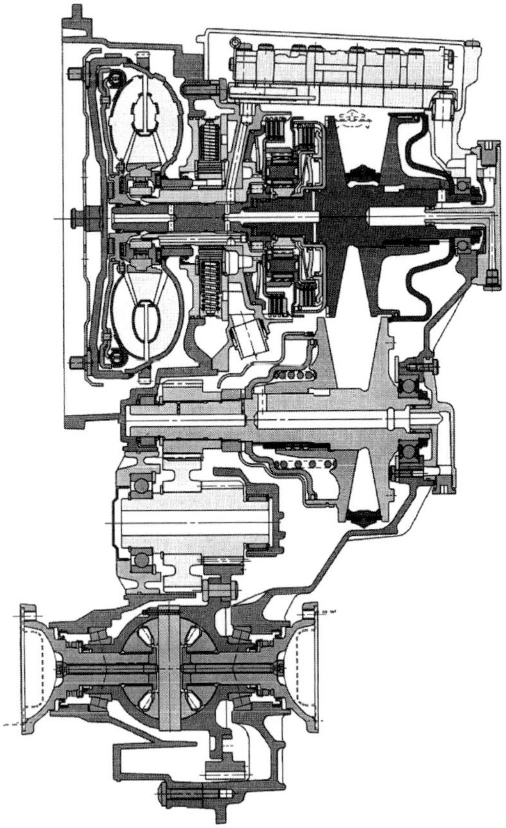

◘ **Abb. 5.182** Schnittbild ZF-Ecotronic CFT23

Steuerung Bei stufenlosen Getrieben sind keine Gänge zu schalten. Als besondere Aufgaben der Getriebesteuerung sind jedoch die Variatordrucksteuerung für die Anpressung und die Variatorverstellungen für die Übersetzungsregelung zu sehen. Die Anpressung des Bandes oder der Kette sollte proportional zum übertragenen Drehmoment erfolgen. Zu geringe Anpresskräfte führen zum Durchrutschen und zur Zerstörung des Bandes oder der Kette.

Überschüsse in den Anpresskräften bedingen hohe Drücke und daraus resultierend eine hohe Pumpenleistung. Dies führt zu einem schlechten Getriebewirkungsgrad. Deshalb ist eine möglichst genaue drehmomentabhängige Anpressdrucksteuerung von großer Wichtigkeit. Die Übersetzungsregelung erfolgt in der Regel über die Beeinflussung des Sekundärdrucks. Sowohl Anpressdruck als auch Übersetzungsregelung werden in Abhängigkeit von fahrzeugund getriebeseitigen Signalen in der Getriebelektronik errechnet und mithilfe von elektromagnetischen Druckreglern in hydraulische Drücke umgesetzt, die dann die entsprechenden Ventile in der Hydraulik steuern. Eine Systemdarstellung der Getriebesteuerung mit Signalflüssen und Funktionsinhalten zeigt ◘ Abb. 5.183.

5.4.5.4 Betätigung

Für die äußere Schaltung, den Wählhebel, den Positionserkennungsschalter, die Anzeige im Kombiinstrument und die Parksperre gelten für stufenlose Getriebe die Aussagen, wie sie in ► Abschn. 5.4.4.4 für die Stufengetriebe ausgeführt sind.

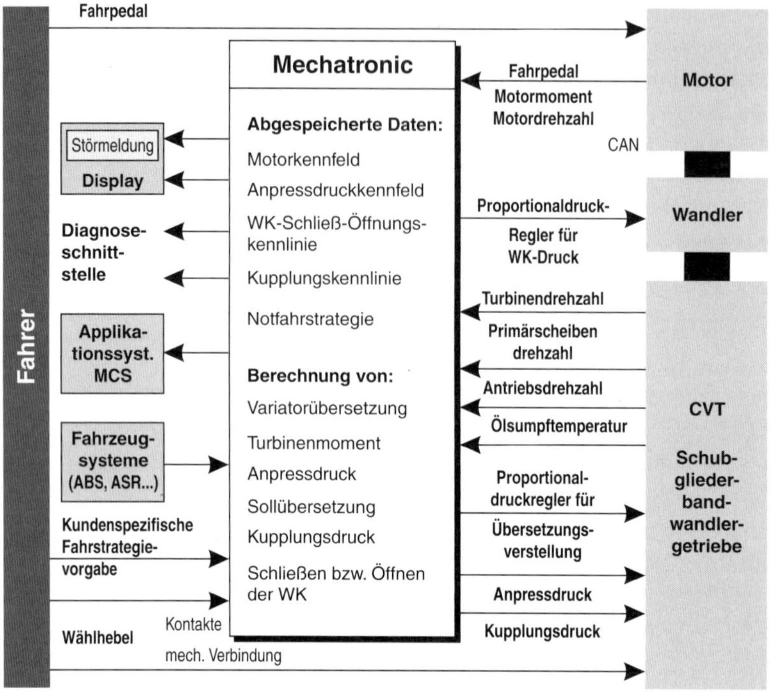

Abb. 5.183 Blockdiagramm einer CVT-Getriebesteuerung

5.4.5.5 Betriebsverhalten

Ein stufenloses Getriebe bietet in seinem Betriebsverhalten einen höheren Freiheitsgrad als Stufengetriebe. Die Zwangskopplung zwischen Fahrgeschwindigkeit, eingelegtem Gang und Motordrehzahl ist aufgehoben. Damit kann das Fahrverhalten eines Kraftfahrzeugs wesentlich beeinflusst werden.

Fahrstrategie Das Betriebsverhalten eines stufenlosen Getriebes wird von der Verstellstrategie des Variators beeinflusst. Dabei sind alle Möglichkeiten zwischen den Strategien »extrem ökonomisch« und »sehr sportlich« möglich. In Abb. 5.184 ist in einem Motordiagramm das Kennfeld einer Fahrprogrammsteuerung für unterschiedliche Strategien aufgezeigt. Dabei ist es möglich, über ein fest vorgegebenes Programm eine Betriebskennlinie auszuwählen oder über eine adaptive Betriebspunktsteuerung den geeignetsten Kennfeldpunkt in Abhängigkeit von der aktuellen Betriebssituation einzustellen.

Kraftstoffverbrauch Ein Grund für den Einsatz von stufenlosen Getrieben ist die Möglichkeit zur Reduzierung des Kraftstoffverbrauchs. Dies ist durch eine im Vergleich zu 4- und 5-Gang-Getrieben (φ = 4,0 bis 5,0) höhere Getriebespreizung von φ = 5,4 bis 6,4 gegeben. Gegenüber 6-Gang-Stufenautomaten haben stufenlose Getriebe den weiteren Vorteil, dass der Motor über weite Fahranteile in seinem verbrauchsgünstigsten Kennfeldbereich betrieben werden kann. Bei entsprechend ökonomisch eingestellter Fahrstrategie können Verbrauchswerte wie bei einem 5-Gang-Handschaltgetriebe erreicht werden. Gegenüber einem 4-Gang-Automatgetriebe lassen sich Verbrauchsvorteile von bis zu 10 % erzielen.

Beschleunigungsverhalten Durch die Möglichkeit, bei einer Fahrzeugbeschleunigung mit einem CVT direkt der Zugkrafthyperbel nachzufahren, können gegenüber einem Stufengetriebe die Zugkraftlücken ausgefüllt werden. Daraus ergibt sich ein Fahrleistungsgewinn. Dies führt zu besse-

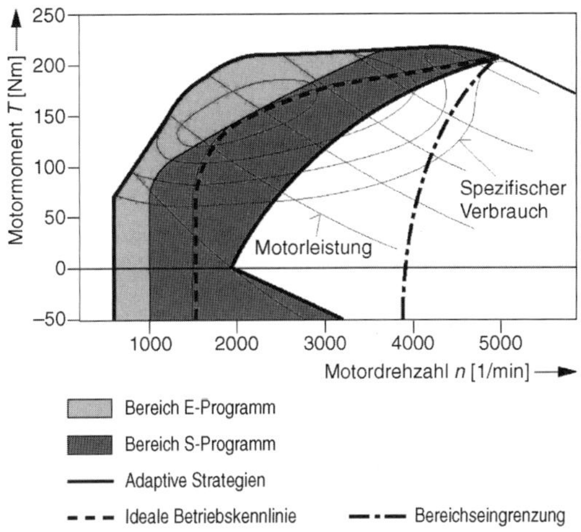

Abb. 5.184 Fahrprogrammsteuerung eines CVT-Getriebes

Abb. 5.185 Schnittbild ZF-VT1

ren Beschleunigungswerten von 0 auf 100 km/h. Messungen haben um bis zu 8 % höhere Beschleunigungswerte als bei 4-Gang-Automatgetrieben ergeben. Bei vergleichbaren Verbrauchswerten liegt ein CVT in der Beschleunigung um ca. 4 % besser als ein 6-Gang-Stufenautomat [167].

Komfort Da bei stufenlosen Getrieben per Definition keine Schaltungen auftreten, gibt es keine Schaltrucke. Unter Schaltkomfortgesichtspunkten ist das CVT ein ideales Getriebe. Je nach Verstellstrategie ist das Motordrehzahlverhalten etwas gewöhnungsbedürftig. Mit elektronisch gesteuerten Getrieben kann das Fahrverhalten jedoch weitgehend dem der Stufengetriebe angepasst werden.

Handschaltmodus Für eingefleischte Selbstschalter lassen sich auch stufenlose Getriebe mit einem Handschaltmodus ausrüsten. Geschaltet wird mit einem Wählhebel, der eine separate Schaltkulisse mit 3 Stellungen (»+« für Hochschaltung, Mittelstellung und »–« für Rückschaltung) aufweist. Mit dem CVT werden die festen Gangstufen simuliert, sodass der Fahrer über Tippschaltung z. B. wie mit einem 6-Gang-Getriebe fahren kann.

5.4.5.6 Ausführungsbeispiele

Ein Schnittbild des ZF-Ecotronic-Getriebes CFT23 zeigt Abb. 5.182. Das CVT ist mit einem Drehmomentwandler ausgestattet, um ein Anfahrverhalten und den Komfort beim Rangieren und Parkieren wie bei einem Stufenautomatgetriebe zu erhalten. Eine Besonderheit stellt die Radialkolbenpumpe dar. Sie ist zwischen Wandler und Wendesatz angeordnet. Der Volumenstrom wird durch saugseitige Drosselung auf max. 22 l pro Minute eingestellt. Damit wird die Leistungsaufnahme der Pumpe begrenzt. Dies trägt bei Motordrehzahlen ab etwa 2200 U/min zu einem guten Getriebewirkungsgrad bei. Der Variator wurde bereits in ► Abschn. 5.4.5.3 beschrieben, die Leistungsübertragung erfolgt mit einem VDT-Schubgliederband. Die doppelte Stirnradstufe der Endübersetzung ist so aufgebaut, dass durch Einsatz unterschiedlicher Verzahnungsvarianten Anfahrübersetzungen im Bereich von 12,5 bis 17,2 realisiert werden können.

Die Abb. 5.185 zeigt eine stufenlose Getriebeausführung mit nasslaufenden Lamellenkupplungen als Anfahrelement. Die Vorwärtsgangkupplung und die Rückwärtsgangbremse des Planetenwendesatzes sind so ausgebildet, dass sie gleichzeitig zum Anfahren in der entsprechenden Fahrtrichtung genutzt werden können. Als Pumpe für die

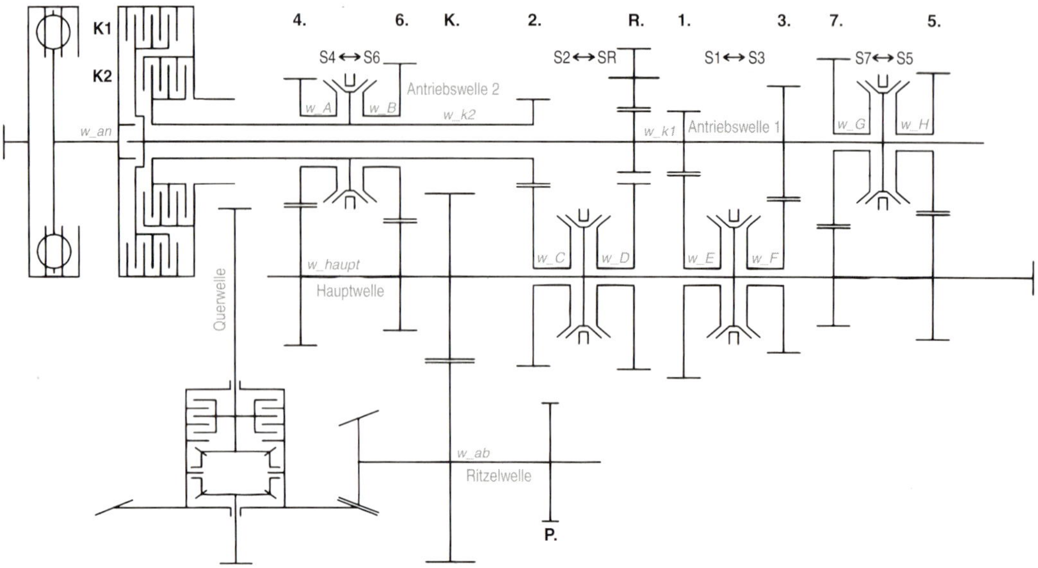

Abb. 5.186 Doppelkupplungsgetriebe aus 2 Teilgetrieben in Vorgelegebauweise

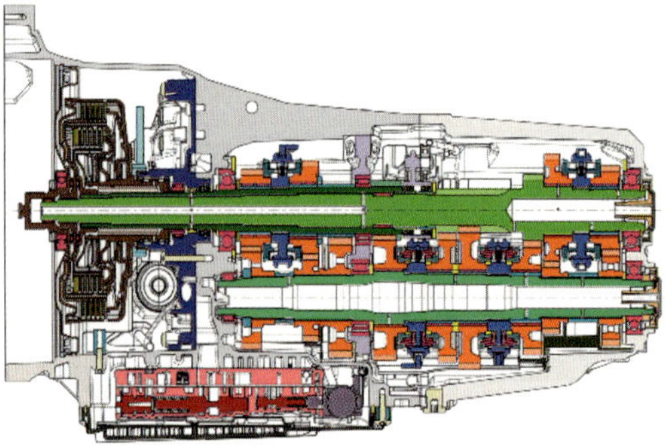

Abb. 5.187 Doppelkupplungsgetriebe PDK für Porsche Sportwagen

Ölversorgung dient eine Außenzahnradpumpe, die auf der Getrieberückseite angeordnet ist und mit einer innen durch den Primärsatz gehenden Steckwelle angetrieben wird. Das Getriebe zeichnet sich durch seine kompakte Bauweise und geringes Getriebegewicht aus. Es wurde u. a. im New Mini von BMW eingesetzt [168].

Neben dem bevorzugten Einsatzgebiet der Fahrzeuge mit Front-Quer-Antrieb [165, 167, 168] lassen sich stufenlose Getriebe vorteilhaft auch für Fahrzeuge mit Frontantrieb und längseingebauten Motoren einsetzen.

Ein Ausführungsbeispiel ist in [166] beschrieben.

5.4.6 Doppelkupplungsgetriebe

Das Doppelkupplungsgetriebe ist ein Derivat der Handschaltgetriebe. Es besteht aus zwei Teilgetrieben in Vorgelegebauweise, bei denen das eine die geraden, das andere die ungeraden Gänge abbildet (siehe Abb. 5.186). Die Teilgetriebe sind eingangseitig jeweils mit einer Kupplung versehen. Die beiden Kupplungen sind entweder axial nebeneinander oder radial übereinander angeordnet und bilden als Einheit die sog. Doppelkupplung. Über die Doppelkupplung können Lastschaltungen zwischen den beiden Teilgetrieben ausgeführt werden. Ausgangsseitig werden die Teilgetriebe über die Abtriebswelle zusammengeführt. Die Schaltung der Gänge erfolgt im jeweils nicht leistungsführenden Teilgetriebe durch konventionelle Synchronisierungen [152]. Die Lastschaltung wird nach den gleichen Prinzipien durchgeführt wie in ► Abschn. 5.4.4.1 beschrieben. Für die Vorauswahl der Gänge in den beiden synchronisierten Teilgetrieben ist ein erheblicher Steuerungs- und Absicherungswand erforderlich. Abb. 5.187 zeigt

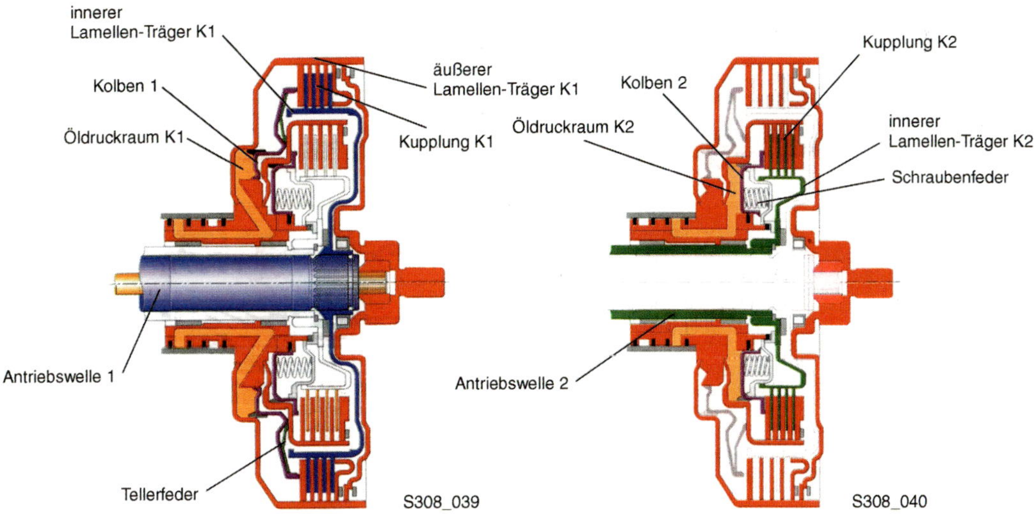

Abb. 5.188 Nasse Doppelkupplung

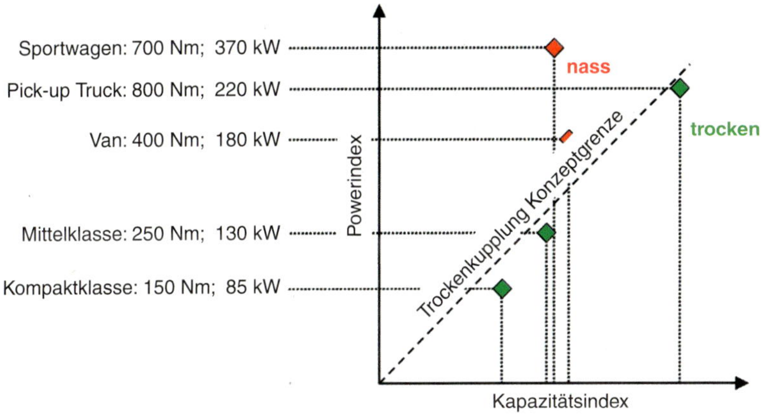

Abb. 5.189 Kapazitätsindex

als Beispiel für dieses Getriebeprinzip das bei Porsche eingesetzte Doppelkupplungsgetriebe (PDK) für heckgetriebene Sportwagen.

5.4.6.1 Funktionen und Bauteile

Doppelkupplung Je nach Anforderung und Fahrzeugsegment bestehen die Doppelkupplungen aus trockenen Reibungskupplungen oder in Öl laufenden Mehrscheiben-Lamellenkupplungen (siehe Abb. 5.188). In Abhängigkeit des Getriebelayouts werden die beiden Kuppplungen sowohl zum Anfahren als auch zum Schalten eingesetzt. Bei den trockenlaufenden Reibungskupplungen hängt die Baugröße in erster Linie vom zu übertragenden Drehmoment, der geforderten Schwingungsisolation und dem Gesamt-Fahrzeuggewicht ab (s. Abb. 5.189).

Oberstes Auslegungsziel ist die thermische Robustheit und die Fähigkeit den nicht zu verhindernden Kupplungsbelagverschleiß durch eine – vorzugsweise – kraftgesteuerte Verschleißnachstellung zu kompensieren. Die Art und die Gestaltung der Lagerung der trockenen Doppelkupplung zwischen Motor und Getriebe ist ein weiterer wichtiger Realisierungsaspekt. Aufgrund der Betätigungskräfte ist eine direkte Anbindung und Lagerung

Abb. 5.190 Trockenes 7-Gang Doppelkupplungsgetriebe von VW

auf der Kurbelwelle nicht möglich. Als geeignetste Lösung hat sich die Stützlagerung der Doppelkupplung auf der Hohlwelle des Getriebes bewährt. Das Abb. 5.190 zeigt diese Bauweise in der trockenen Doppelkupplung vom VW 7-Gang-Getriebe. Moderne Verbrennungsmotoren tendieren zu deutlich höheren Schwingungsanregungen in Richtung Getriebe. Durch entsprechend wirksame Torsionsdämpfungssysteme bestehend aus einem Weitwinkel-Bogenfederdämpfer auf der Eingangsseite der Doppelkupplung und zusätzlichen Torsionsdämpfern in einer oder beiden Kupplungsscheiben lässt sich eine ausreichende Schwingungsisolation darstellen [174].

Die nasslaufende Doppelkupplung besteht prinzipiell aus zwei getrennt ansteuerbaren Lamellenkupplungen, deren Aufbau in ▶ Abschn. 5.4.4.3 beschrieben ist. Die Doppelkupplung im PDK-Getriebe ist durch die radial übereinander angeordneten Lamelleneinheiten sehr kompakt und massearm. Dies ist mit Rücksicht auf die im Sportwagen zu erzielenden kurzen Schaltzeiten von Vorteil. Desweiteren sind die Belastungen der Synchronisationseinheiten minimiert. Das Schleppmoment in der jeweils offenen Lamellenkupplung wird durch geeignete Auswahl des Belagwerkstoffes, der Belagnutung (Form, Querschnitt, Fertigungstechnologie der Nutung etc.), Sinuswellung der Stahllamelle sowie einer bedarfsgerechten Kühlölzuführung auf niedrigstem Niveau gehalten. Ausserdem wird das Lüftspiel der beiden Kupplungen individuell und durchmesserabhängig eingestellt.

Ölversorgung Ähnlich wie bei den Stufenautomatgetrieben müssen bei einem nasslaufenden Doppelkupplungsgetriebe folgende Funktionen bei der Ölversorgung erfüllt werden:

1. Kühlung der Doppelkupplung beim Anfahren und Schalten
2. Schmierung und Kühlung des mechanischen Getriebeteils (Synchronisierungen, Lager, Zahnräder)
3. Druckversorgung zur Betätigung der Doppelkupplung und der Schaltstangen zum Ein- und Auslegen der Gänge

Den notwendigen Druck und den erforderlichen Kühlölvolumenstrom liefert eine Pumpe, deren Drehzahl ausgehend von der Drehzahl des Verbrennungsmotors gleich oder ins Schnelle übersetzt ist.

Lagerung Um die Biege- und Torsionsschwingungen eines Doppelkupplungsgetriebes möglichst niedrig zu halten, kommt der Lagerung der Eingangs- und Ausgangswellen besondere Bedeutung zu. Je nach Getriebelayout ist meist die innere Eingangswelle in einer Fest-/Loslagerung geführt, die äussere Eingangswelle verfügt über eine Trag-Stütz-Lagerung. Ziel ist es, eine kompakte Bauweise mit einem hohen Lagerwirkungsgrad in Einklang zu bringen, vorgespannte Lagerungen bei den Eingangswellen sind zu vermeiden. Bei Front-Quer-Anordnungen liegen auch die Zwischenwellen in Fest-/Loslagerungen, aus Durchbiegungsgründen müssen zusätzliche Stützlager eingesetzt werden. Die Ausgleichsgetriebe sind wegen der hohen Belastung meist mit Kegelrollenlagern geführt.

Getriebeschaltungs- und Kupplungssteuerung Es gibt verschiedene Möglichkeiten der Betätigung der Doppelkupplungsgetriebe. Am weitesten verbreitet ist ähnlich wie bei den Stufenautomatgetrieben die elektro-hydraulische Steuerung, welche meist als Mechatronik-Einheit ausgeführt ist (siehe ▶ Abschn. 5.4.7). Seit 2010 gibt es auch Doppelkupplungsgetriebe auf dem Markt, wo zur Auto-

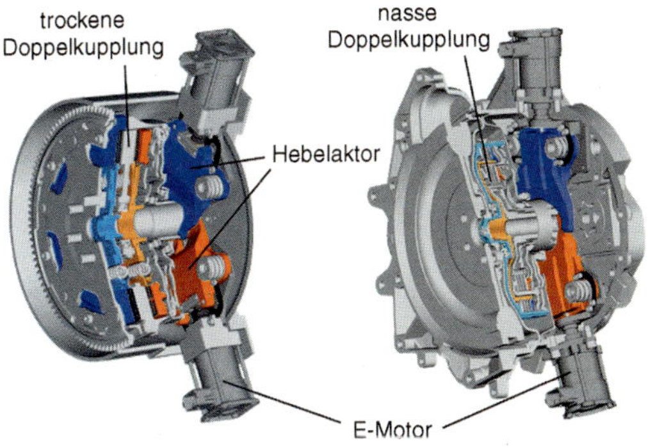

Abb. 5.191 Elektromechanischer Hebelaktor von Luk

matisierung der trockenen Kupplungen elektromotorisch angetriebene Aktoren eingesetzt werden. In Abb. 5.191 ist die elektro-mechanische Aktorik für die Doppelkupplung als Hebelaktor der Fa. Luk dargestellt. Der Hebelaktor ist hinsichtlich Steuerbarkeit und Dynamik einem hydraulischen System ebenbürtig. Der Kupplungsaktor kommt vorteilhaft mit einem Minimum an Hilfsenergie aus. Durch seine Teilintegration in die Kupplungsglocke ist der Aktorikanteil am Gesamtgetriebepackage gering.

5.4.6.2 Radsatzsynthese

Die Radsatzsynthese für Doppelkupplungsgetriebesystem erfolgt systematisch und rechnergestützt. Die besten Systeme orientieren sich an den geforderten Eigenschaften, die folgendermaßen zusammengefasst werden können:

1. optimale Wandlung des Motorkennfeldes mit Hilfe einer gut gestuften Übersetzungsreihe und ausreichend grosser Gesamtgetriebeübersetzung (Spreizung)
2. die im Leistungsfluss liegenden Bauelemente sollte wenige und gering belastet sein
3. das Getriebesystem sollte mit einer einfachen Schaltlogik bedient werden können.
4. eine Unterbringung hybrider Funktionen in Form von einer oder mehrerer E-Maschinen wird zukünftig von größerer Bedeutung sein.

Mit Hilfe einer Nutzwertanalyse werden im Regelfall die unbrauchbaren System sehr frühzeitig eliminiert. Die Getriebegrundstruktur ergibt sich aus der Anzahl der Radebenen und der Wellenzüge sowie der Anordnung des An- und Abtriebes. Getriebe können damit sowohl in Front-Quer als auch in Standardanordnung gesucht werden. Die einzelnen Syntheseschritte ergeben sich wie folgt:

1. Leistungspfaderzeugung, Erzeugung von Übersetzungen und Kopplungsgenerierung
2. Optimierung der Radsatzübersetzungen
3. Integration der Festkopplungen und Synchronisierungen

Als Ergebnis erhält man eine Lösungsmenge an Funktionalitäten.

5.4.7 Hybridantriebe

Hybridantriebe in leistungsverzweigter Bauweise wie z. B. im Toyota Prius (siehe Abb. 5.192) sind schon seit etlichen Jahren auf dem Markt und zeichnen sich durch ihre verbrauchs- und umweltschonende Fahrweise aus (bei entsprechender Fahrweise). Im Vergleich zum CO_2-Ausstoß von modernen Dieselmotorantrieben haben sich die Hybridsystems aber noch nicht wesentlich absetzen können. Aufgrund der bislang eher geringen Stückzahlen weltweit war die Verbreitung dieser Fahrzeuge aus Kostengründen entsprechend eingeschränkt. Gesetzgebung und ressourcenschonenderes Käuferverhalten haben dafür gesorgt, dass inzwischen weitere Hybridanwendungen angeboten werden. Kaum ein Fahrzeughersteller kann es sich heute leisten, keinen Hybridantrieb im Fahrzeugportfolio zu haben.

5.4.7.1 Hybridsysteme

Aus einer Vielzahl verschiedener Hybridsysteme (► Abschn. 4.3.3) weist das Parallelhybridsystem eine hohe Wirtschaftlichkeit bei größtem Kundennutzen aus.

Der Bauraum zwischen Verbrennungsmotor und Automatgetriebe bietet sich bei gleichzeitigem Entfall des Drehmomentwandlers in idealer Weise für die Unterbringung der zusätzlichen elektrischen Komponenten (u. a. E-Maschine und Leistungsanschlüsse), des Dämpfungssystems und ggfs. einer Trennkupplung zum Abkoppeln des Verbrennungsmotors an.

Baukastensysteme (siehe Abb. 5.193) mit modular einsetzbaren Hybridmodulen für Start-Stopp, Rekuperation, Boosten und elektrischem Fahren tragen dem Wunsch nach Kostenreduzierung in

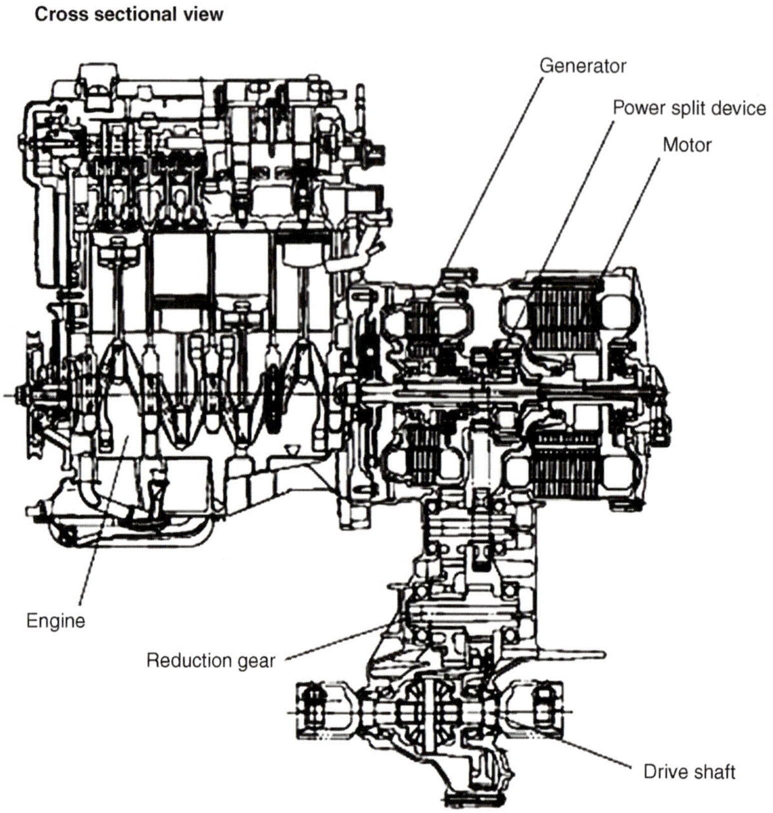

Abb. 5.192 Toyota Prius Hybridantrieb

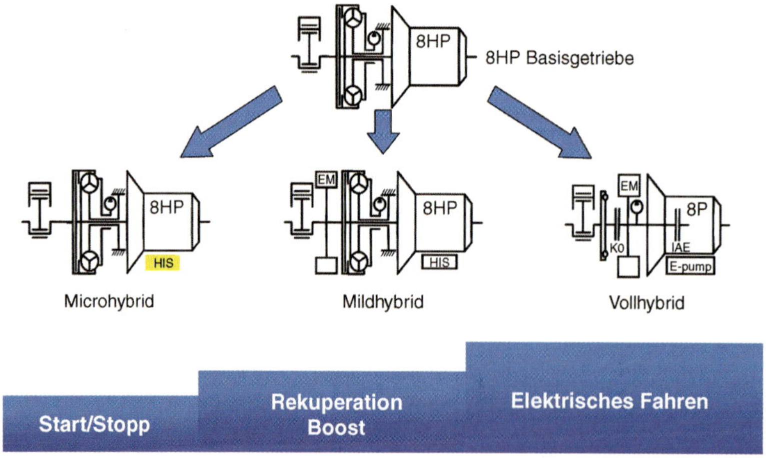

Abb. 5.193 Hybridbaukastensystem von ZF

Abb. 5.194 Mildhybridgetriebe 8HP70H von ZF

Verbindung mit einem vorhandenen Automatgetriebesystem Rechnung.

Eine andere Bauform stellen die leistungsverzweigten Hybridantriebe wie das Toyota Hybrid-System THS, welches im Toyota Prius oder diversen Modellen von Lexus eingesetzt wird, oder das Two-Mode-System von General Motors dar. Hier dienen 2 elektrische Maschinen als weiterer paralleler Übertragungszweig, welcher durch ein Planetengetriebe wieder auf den An- oder Abtrieb aufsummiert wird. Dadurch entsteht ein stufenloses Getriebe. Der Aufwand im Vergleich zu einem parallelen Hybridgetriebe ist jedoch in der Regel höher.

5.4.7.2 Mikrohybrid

Als Mikrohybrid bezeichnet man ein Start-Stopp-System, bei dem das Getriebe für eine schnelle Reaktionsfähigkeit bei einem Verbrennungsmotorwiederstart möglichst schnell den erforderlichen Öldruck im Getriebe herstellen muss. Dies erfolgt z. B. über einen hydraulischen Impulsspeicher (HIS), bei dem durch Entspannen einer Feder der Systemdruck schlagartig aufgebaut wird [176].

5.4.7.3 Mildhybrid und Vollhybrid

Beim Mild- und Vollhybridgetriebe wird die elektrische Maschine getriebeseitig verbaut, während beim Mikrohybrid die elektrische Starteinrichtung des Motors mit Hilfe eines verstärkten Starters oder durch einen Riemen-Starter-Generator dargestellt wird. In Abb. 5.194 ist das Mildhybridgetriebe von ZF dargestellt. Der Vollhybrid hat im Vergleich zum Mildhybrid mit Start-Stopp, Rekuperation und Boosten als zusätzliche Funktionalität das elektrische Fahren anzubieten. Dies wird ermöglicht durch eine zusätzliche Trennkupplung zwischen Verbrennungsmotor und Getriebe. Diese Kupplung wird zum Wiederstart des Verbrennungsmotors im elektrischen Fahrmodus eingesetzt und fungiert nicht als Anfahrkupplung. Bei einer verbrennungsmotorischen Anfahrt wird ein Schaltelement des Getriebes eingesetzt, welches für diese zusätzlichen Anforderungen ertüchtigt wird.

5.4.7.4 Verbrauchseinsparung

Eine wesentliche Motivation für den Einsatz von Hybridantrieben ist die Reduzierung des Kraftstoffverbrauches in einem konventionellen Triebstrang. Das Zusammenspiel zwischen Verbrennungsmotor und Getriebe kann durch die Hybridisierung weiter optimiert werden. Ziel ist es, den Verbrennungsmotor zu jeder Zeit im optimalen Betriebspunkt zu betreiben.

Entscheidend bei der Simulation von hybriden Antrieben ist die Wahl einer geeigneten Betriebsstrategie. Es ist stets die optimale Lastverteilung zwischen Verbrennungsmotor und E-Maschine in Abhängigkeit vom Batterieladezustand und den Fahranforderungen einzustellen. Trotz der optimal verbrauchsgünstigen Fahrstrategie wird dabei die Fahrbarkeit nicht eingeschränkt. Der Verbrennungsmotor muss mit einer Mindestdrehzahl betrieben werden und dauerhaft ein Restbeschleunigungsvermögen zur Verfügung stellen.

In Abb. 5.195 ist dieser simulierte Einfluss auf den NEFZ-Verbrauchszyklus und die Realfahrer »ams«-Runde dargestellt. Es ist zu erkennen, dass beim Hybrid im Gegensatz zum konventionellen Antriebsstrang die Betriebspunkte sich in Richtung günstigerer spezifischer Verbräuche bewegen. Ein Grund dafür ist die Möglichkeit beim Vollhybriden des rein elektrischen Fahrens. Gerade Betriebsbereiche mit sehr geringen Leistungsanforderungen und damit schlechten spezifischen Verbräuchen werden bei aureichendem Ladezustand des Energiespeichers rein elektrisch gefahren. Die dafür notwendige Energie wurde entweder beim Rekuperieren gewonnen oder aber durch eine künstliche Lastpunktanhebung, wo der V-Motor zusätzlich erzeugte Leistung durch generatorischen Betrieb der E-Maschine in die Batterie speichert. Durch diesen zusätzlichen Freiheitsgrad beim Hybridantrieb in

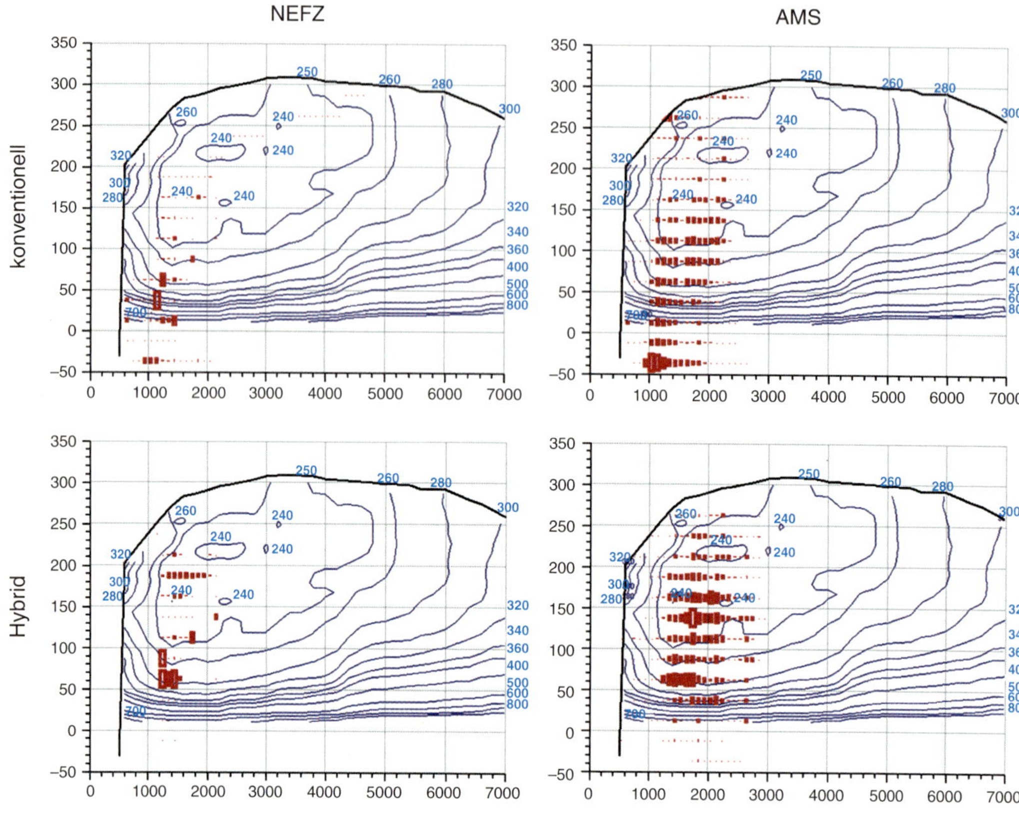

Abb. 5.195 Betriebspunktverschiebung beim Hybrid

der Lastpunktverschiebung durch Anheben (bzw. Absenken) der Last bei gleich bleibender Drehzahl wird der Betriebspunkt in bereiche eines günstigen spezifischen Verbrauches angehoben oder durch Absenken der Last bei plötzlicher Lastanforderung die Emissionen günstig beeinflusst. Bei konventionellen Antrieben besteht die einzige Möglichkeit einer Betriebspunktverschiebung hingegen durch Absenken der Drehzahl und damit Erhöhung der Motorlast entlang der Leistungshyperbel, dem sog. Down-Rating. Doch dieser Möglichkeit sind durch Schwingungsproblemen und verzögertes Ansprechverhalten, speziell bei abgasturbolaufgeladenen Motoren, Grenzen gesetzt.

Durch die Integration einer zusätzlichen Energiequelle ist es beim Hybrid möglich, den V-Motor bei sehr niedrigen Drehzahlen zu betreiben ohne an Fahrdynamik einzubüssen, da im Bedarfsfall das zusätzliche Moment der E-Maschine eingesetzt werden kann. Die Verbrauchseinsparungen im NEFZ bewegen sich beim Mildhybriden im Vergleich zu einem modernen 8-Gang-Automatgetriebe bei ca. 15 %, bei einem Vollhybridgetriebe lassen sich bis zu 25 % Kraftstoffersparnis erzielen.

5.4.8 Elektronische Getriebesteuerung

1983 wurde das erste elektronisch gesteuerte Pkw-Getriebe in Europa in den Markt eingeführt, 1990 betrug der Anteil weltweit bereits 27 %, bereits 5 Jahre später waren etwa 83 % aller Automatgetriebe elektronisch gesteuert [169]. Heute sind automatische Stufen- und Stufenlosgetriebe, Doppelkupplungsgetriebe sowie automatisierte Handschaltgetriebe ganz selbstverständlich mit einer elektronischen Getriebesteuerung ausgerüstet. Dabei wird immer mehr Funktionalität von der Hydraulik in die Elektronik verlagert. Während bei der ersten Generation der elektronischen Getriebesteuerungen nur das Schaltprogramm von der Elektronik gesteuert wurde, bleibt bei modernen Getrieben der Hydraulik nur noch die Umsetzung der elektrischen Signale in hydraulische Drücke, einige Grundfunktionen sowie Sicherheits- und Notlauffunktionen. Die wesentlichen Funktionsumfänge werden in der EGS realisiert.

5.4.8.1 Gesamtsystem

Die elektronische Getriebesteuerung (EGS) besteht aus einem elektronischen Steuergerät, das einerseits Sensorsignale aus dem Getriebe und dem Fahrzeug und Informationen von anderen Steuergeräten empfängt, diese Eingangsinformationen verarbeitet und Ausgangssignale bereitstellt, mit denen Aktoren im Getriebe und im Fahrzeug angesteuert werden. ◘ Abbildung 5.196 zeigt die Einbindung der EGS in das Kommunikationssystem des Fahrzeugs [158]. Der Datenaustausch mit anderen Steuergeräten (Motorsteuerung, Fahrdynamiksysteme, Kombi-Instrument, Wählhebel, …) erfolgt über ein Datenbussystem (CAN). Wichtige Eingangsgrößen aus der Motorsteuerung sind Motormoment, Motordrehzahl, Motortemperatur, Drosselklappenwinkel und Fahrpedalstellung. Aus den Fahrdynamiksteuergeräten werden in erster Linie die Raddrehzahlen verarbeitet. Signale vom Wählhebel über die Wählhebelstellung und das gewünschte Schaltprogramm werden meist mit separaten Kabeln übertragen. Auch die Sensorinformationen aus dem Getriebe (Drehzahlen, Positionserkennung, Getriebetemperatur, …) werden über einen Kabelstrang an das Getriebesteuergerät geführt.

Vom Steuergerät werden die Ventile im Getriebe angesteuert. Druckregler weisen eine Strom-Druck-Kennlinie auf, so dass über den Strom die Druckhöhe eingestellt werden kann, während für Schaltventile und pulsweitenmodulierte Ventile eine Digitalansteuerung ausreichend ist. Die Stromversorgung der Sensoren und Masseanbindung der getriebeinternen Elektrik erfordert ebenfalls zwei Verbindungskabel. Als weiterer Ausgang ist die Diagnoseleitung zu nennen, die nicht nur zu Diagnosezwecken, sondern auch zur Programmierung des Steuergeräts dient. Wenn das Kombi-Instrument nicht CAN-fähig ist, wird die Ganganzeige im Cockpit ebenfalls mit separaten Kabeln vom Getriebesteuergerät aus angesteuert. Spezielle Anforderungen können die Steuerung des Rückfahrlichts, von shift lock- und key lock-Funktionen sein.

5.4.8.2 Steuergerät

Getriebesteuergeräte werden größtenteils als stand alone-Geräte in Leiterplattentechnik ausgeführt und sind im Fahrzeug-Innenraum oder im Motorraum untergebracht. Die wesentlichen Bauelemente sind Mikroprozessor, Arbeitsspeicher (RAM), Parameterspeicher (EPROM und EEPROM), Timer, Watchdog, CAN-Baustein, Eingangsstufen zur Signalaufbereitung und Ausgabeeinheiten mit Leistungsendstufen, Kondensatoren, Dioden, Transistoren, Netzteil sowie mechanische Bauteile wie Kühlkörper, Stecker und Gehäuse. In heutigen Steuergeräten werden 16- oder 32-bit-Prozessoren eingesetzt. Die Speicherkapazität beträgt bis zu 512 k ROM und 64 k RAM. Für eine mögliche Datenänderung von Seriengeräten werden häufig Flash-Speicher eingesetzt, die im eingebauten Zustand neu beschrieben werden können. Die Taktzeit für einen Programmzyklus liegt zwischen 10 und 20 ms.

In den letzten Jahren haben sich elektronische Getriebesteuerungen etabliert, die in das Getriebe integriert sind. Dabei werden Elektronik, Drehzahlsensoren, Temperatursensor, ggf. Drucksensoren, getriebeinterne Leitungsverbindung, Stecker und Positionsschalter in einer mechatronischen Baueinheit auf der hydraulischen Getriebesteuerung angeordnet [151]. Aus der Umgebung im Getriebeinnenraum resultieren besonders hohe Anforderungen an die elektronischen Bauteile bezüglich Temperatur- und Schwingungsbelastung und an das Gehäuse bezüglich der Dichtheit. Die Ausführung hat jedoch Vorteile bezüglich Bauraum, Gewicht, Zuverlässigkeit, Toleranzen, Getriebeprüfung und Systemkosten. ◘ Abbildung 5.197 zeigt ein Elektronikmodul eines stufenlosen Getriebes ohne Abdeckung, so dass die Bauteile zu sehen sind:

1. Elektronische Getriebesteuerung (EGS) in Mikrohybridausführung
2. Drucksensor
3. Drehzahlsensor

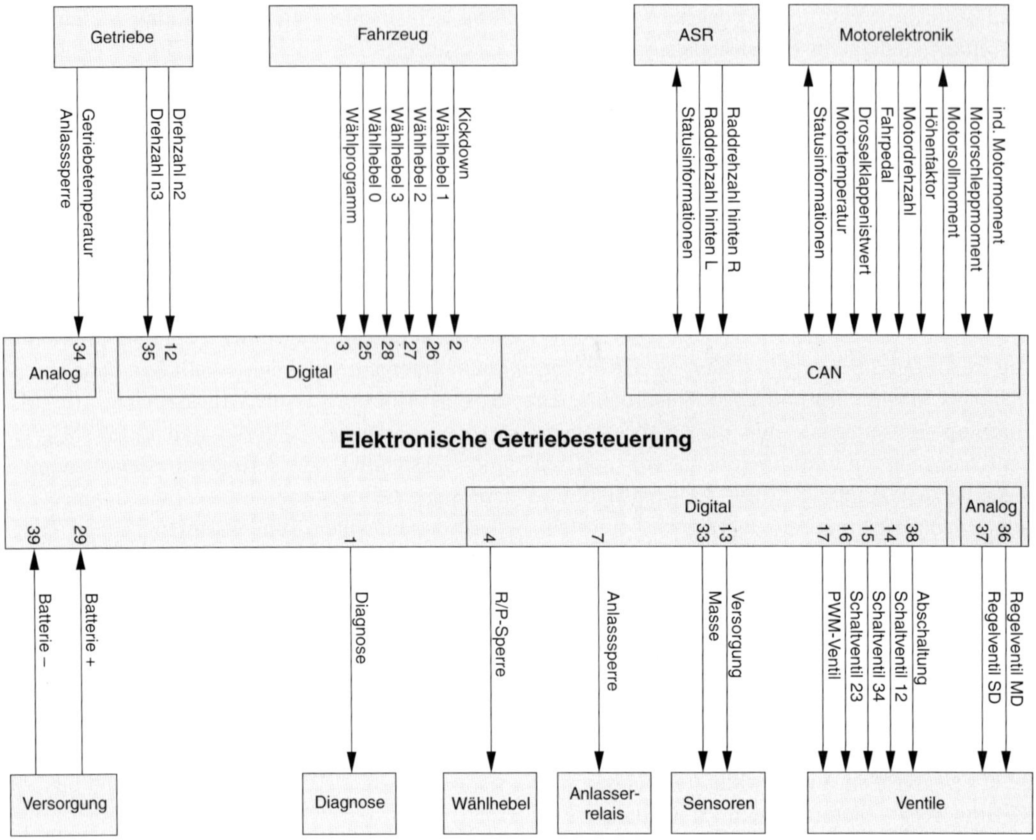

Abb. 5.196 EGS-Gesamtsystem

4. Stecker (16-polig)
5. Trägerplatte aus Aluminium
6. Leitungsverbindung als Flexfolie
7. Kunststoffgehäuse mit Stecker
8. Ventilkontaktierung

Neben der stand alone-Ausführung und der Integration des Steuergerätes ins Getriebe kommen vor allen Dingen in den USA auch Steuergeräte zum Einsatz, bei denen Motor- und Getriebesteuerung zu einer Baueinheit zusammengefasst sind (Powertrain Controller). Bei japanischen Getrieben finden sich auch außen an das Getriebe angebaute Steuergeräte.

Die Programme für elektronische Getriebesteuerungen werden heute praktisch nur noch in Hochsprache (meist C oder C++) geschrieben. Aufgrund der sehr umfangreichen und komplexen Funktionen erfolgt die Funktionsentwicklung und Programmierung mithilfe entsprechender Tools, die eine klare Strukturierung der Programme ermöglichen und in Verbindung mit Simulationsprogrammen einen sofortigen Funktionstest am Rechner erlauben sowie die Dokumentation erleichtern. Programme sind üblicherweise in einen Programmteil und einen Datenteil gegliedert, wobei die Daten in fixe Größen, variantenabhängige Daten und Applikationsparameter aufgeteilt sind. Oft wird noch zwischen steuergeräte-, getriebe- und fahrzeugspezifischen Programmteilen und Datensätzen unterschieden, die in unterschiedlichen Verantwortungsbereichen entwickelt werden können.

5.4.8.3 Bauteile

Sensoren Zur Drehzahlerfassung werden Induktivgeber oder Hallsensoren eingesetzt. Meist werden

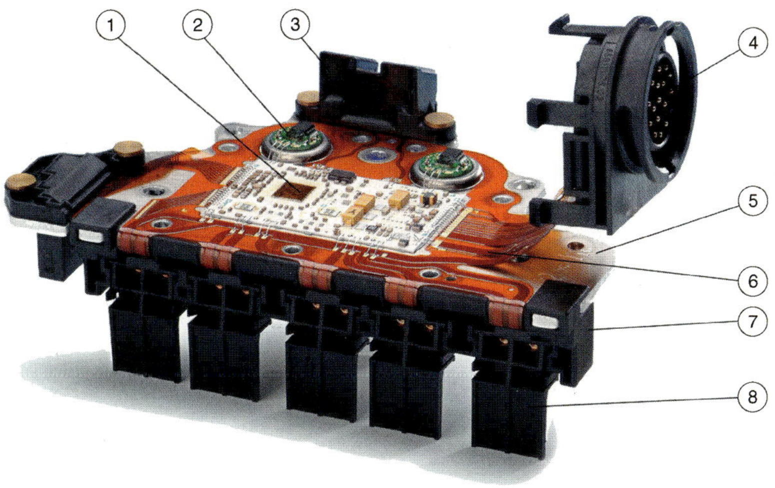

1 Elektronische Steuerung (LTCC „Low Temperature Confired Ceramics")
2 Drucksensor
3 Drehzahlsensoren
4 Getriebestecker
5 Aluminium Trägerplatte
6 Leitungsverbindung (Flexfolie)
7 Stecker für Drehzahl- und Positionssensor
8 Kontakte für Druckregler

Abb. 5.197 Elektronisches Getriebesteuerungsmodul in Mikrohybridtechnik

die Getriebeeingangsdrehzahl und die Abtriebsdrehzahl, abhängig vom Getriebekonzept auch noch getriebeinterne Drehzahlen gemessen. Auf einen Abtriebsdrehzahlgeber kann verzichtet werden, wenn die Raddrehzahlen in ausreichender Signalgüte und Dynamik vorliegen. Hallgeber beinhalten eine aufwändigere Technik, ermöglichen jedoch die Erfassung von niedrigeren Drehzahlen als Induktivgeber. Die Getriebeöltemperatur wird mit einem Halbleiterelement gemessen, das als Temperaturpille direkt an die getriebeinterne Leitungsverbindung gelötet ist. Die Wählposition wird in den meisten Fällen mit einem Positionsschalter erfasst, der außen am Getriebe auf die Wählwelle aufgesteckt ist oder im Falle einer integrierten Getriebesteuerung einen Teil des Steuerungsmoduls darstellt. Je nach Anforderung werden der EGS neben den Hauptfahrpositionen P, R, N und D auch die Stellungen 4, 3, 2 und 1 übermittelt, in Position R direkt das Rückfahrlicht angesteuert und die Positionen P und N zur Betätigung von shift- und key lock verwendet.

Aktoren Als Aktoren zur Umsetzung der Stromsignale aus der EGS in hydraulische Drücke dienen Druckregler, Umschalt- und PWM-Ventile. In Abb. 5.198 ist ein Druckregler im Schnitt mit der dazugehörigen Strom-Druck-Kennlinie dargestellt. Es handelt sich um einen Flachsitzregler mit fallender Kennlinie, d. h. er ist im nicht angesteuerten Zustand durch den anliegenden Druck geöffnet und wird mit steigendem Steuerstrom geschlossen. Je nach Anforderung werden auch Druckregler mit steigender Kennlinie eingesetzt, die mit Federkraft geschlossen sind. Druckregler werden heute für Drücke von 0,5 bis 7,5 bar und mit Steuerströmen bis ca. 1 A eingesetzt. Ebenfalls in Abb. 5.198 ist ein 3/2-Wege-Magnetventil zu sehen, wie es zur Umschaltung bei einem Gangwechsel verwendet wird. Es ist ein Plattenankerventil mit Kugelsitz, das stromlos geschlossen ist. Umschaltventile werden üblicherweise pulsweitenmoduliert (PWM) angesteuert. In der Schaltphase wird ein hoher Anzugstrom aufgebracht, um das Ventil sicher und schnell umzuschalten. In der Haltephase wird der Strom zurückgenommen, um den Strombedarf und die Verlustleistung zu reduzieren. Das Ventil bleibt hydraulisch jedoch in seiner Endlage. Anders ist dies bei PWM-Ventilen, bei denen über die modulierte Ansteuerung das Ventil auch hydraulisch moduliert wird. Durch eine stetige Auf-Zu-

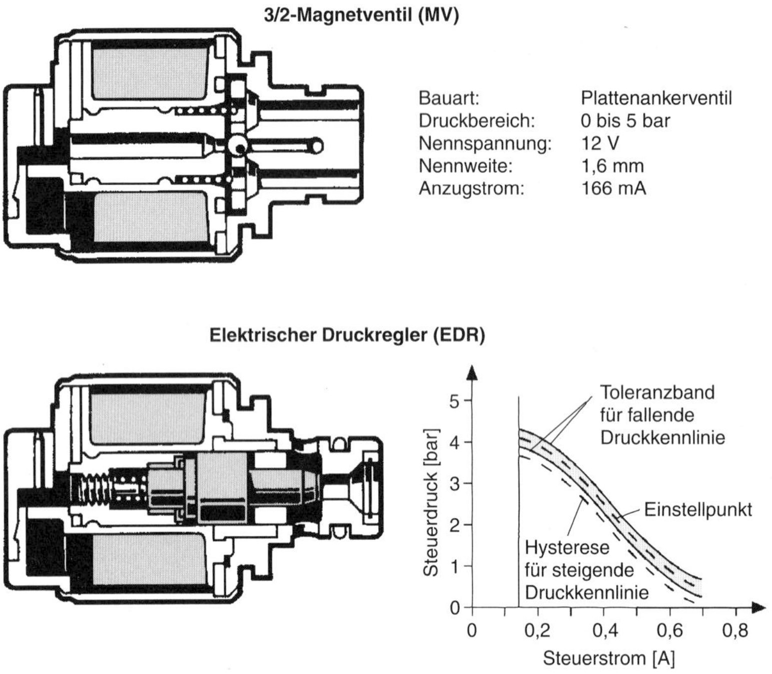

Abb. 5.198 Druckregler und Umschaltventil

Bewegung des Ventils lässt sich mit diesen Schaltventilen ebenfalls eine Druckkennlinie realisieren, die jedoch nicht der Genauigkeit einer Druckreglerkennlinie entspricht.

Verkabelung und Stecker Bei heutigen Getriebekonstruktionen wird versucht, alle elektrischen Bauteile im Getriebe anzuordnen, sie mit einem Kabelsatz zu verbinden und alle Leitungen über einen Stecker zum Anschluss an das Steuergerät nach außen zu führen. Die getriebeinterne Verkabelung besteht aus einem temperatur- und ölbeständigen Kabelstrang. Sensoren und Aktoren sind entweder direkt verbunden (Kabelschwanz-Ausführung) oder mit Steckverbindungen angeschlossen. Am Getriebestecker werden die Kabelenden gelötet oder verkrimpt. Die Anzahl der Steckerpins hängt stark von der Konfiguration des Gesamtsystems ab. Für stand alone-Steuergeräte werden zwischen 11 und 21 Pins verwendet. Eine kompakte und kostengünstige Alternative bietet ein elektrisches Steuerungsmodul, in das alle elektrischen Bauteile integriert sind und bei dem die Leitungsführung mit gestanzten Leiterbahnen erfolgt [156]. Durch die Integration des elektronischen Steuergeräts in dieses Modul lässt sich der Verkabelungsaufwand weiter reduzieren. In einem ausgeführten Beispiel einer integrierten Getriebesteuerung werden nur noch 5 Pins am Getriebestecker benötigt [151]. In dem Ausführungsbeispiel in Abb. 5.197 ist als elektrische Leitungsverbindung eine flexible Kunststofffolie eingesetzt, in die dünne Leiterbahnen aus Kupfer eingebettet sind.

5.4.8.4 Funktionen

Drucksteuerung Bei elektronisch gesteuerten Getrieben werden die Funktionen der Drucksteuerung in der Software der EGS realisiert. Die Umsetzung der elektrischen Signale in Kupplungsdrücke erfolgt mit Druckreglern in der hydraulischen Getriebesteuerung. Folgende Funktionen sind notwendig, um die Schaltelemente eines Getriebes mit dem erforderlichen Druck anzusteuern:

- Einstellung des Hauptdrucks in Abhängigkeit des Motormoments und der Drehmomentwandlung auf einen Wert, der das Getriebe-Eingangsdrehmoment übertragen kann.

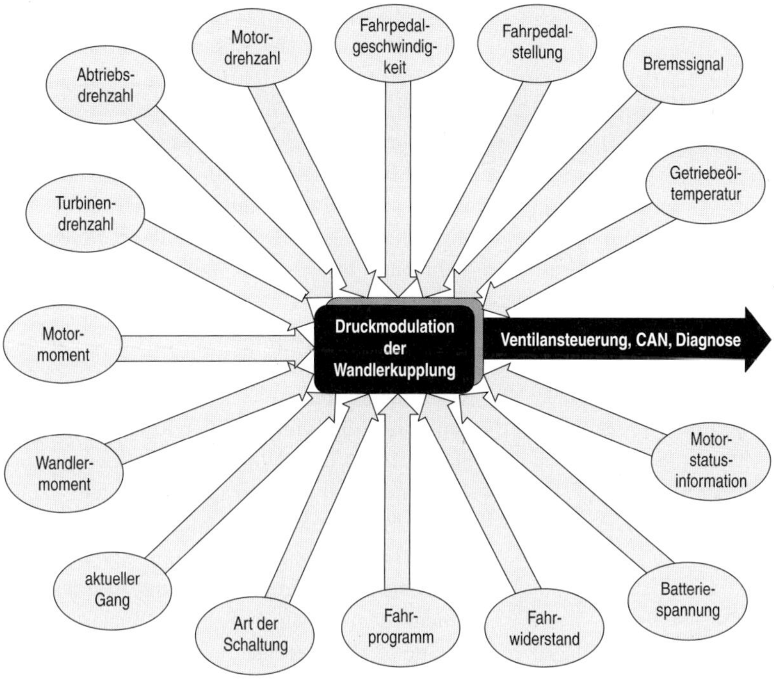

Abb. 5.199 Einflussfaktoren auf die Drucksteuerung der Wandlerkupplung

- Schaltdrucksteuerung, mit der die Lastschaltvorgänge moduliert werden. Der prinzipielle Ablauf einer Lastschaltung ist in ▶ Abschn. 5.4.4.1 beschrieben.
- Gangeinlegen bei Stillstand und während der Fahrt.
- Ansteuerung der Wandlerkupplung. Dabei sind neben der offenen und geschlossenen Kupplung auch die Schlupfregelung und die Übergangszustände zu steuern. Die Vielzahl der Einflussparameter bei der Drucksteuerung einer schlupfgeregelten Wandlerkupplung zeigt Abb. 5.199 [158].

Die Drucksteuerung bestimmt die Schaltqualität des Getriebes und damit in direktem Maß den Fahrkomfort. Somit kommt der Funktionsentwicklung und der Applikation der Drucksteuerung eine sehr hohe Bedeutung zu.

Motor-Getriebe-Management Durch die Kommunikation zwischen Motor- und Getriebesteuerung wird die Schaltqualität des Getriebes durch Beeinflussung des Motormoments während der Schaltung verbessert. In Abb. 5.200 ist dies am Beispiel einer Zug-Hochschaltung dargestellt. Während der Überhöhungsphase erfolgt die Synchronisierung der Motordrehmassen nicht allein durch eine Erhöhung des Drucks in der Zuschaltkupplung, sondern durch eine gleichzeitige Reduzierung des Motormoments. Da dieser Vorgang sehr dynamisch und in genauer Abstimmung mit der getriebeseitigen Drucksteuerung erfolgen muss, wird er durch die Verstellung des Zündwinkels realisiert [170].

Weitere Funktionen sind die Anfahrdrehzahl- und Anfahrmomentenbegrenzung. Beim Einlegen des Wählhebels in eine Fahrstellung kann die Motordrehzahl begrenzt werden, bis das Getriebe kraftschlüssig ist. Damit wird verhindert, dass Getriebe und Triebstrang mit erhöhter Stoßbelastung beansprucht werden. Ebenfalls kann in diesem Betriebszustand das Motormoment begrenzt werden, um eine unzulässige Wärmebelastung der Reibschaltelemente zu vermeiden. Beim Anfahren im ersten Gang und im Rückwärtsgang mit voller Wandlung wird durch Motoreingriff das Motormoment reduziert, so dass das Getriebe nicht das volle Wandlermoment übertragen muss. Dies ermög-

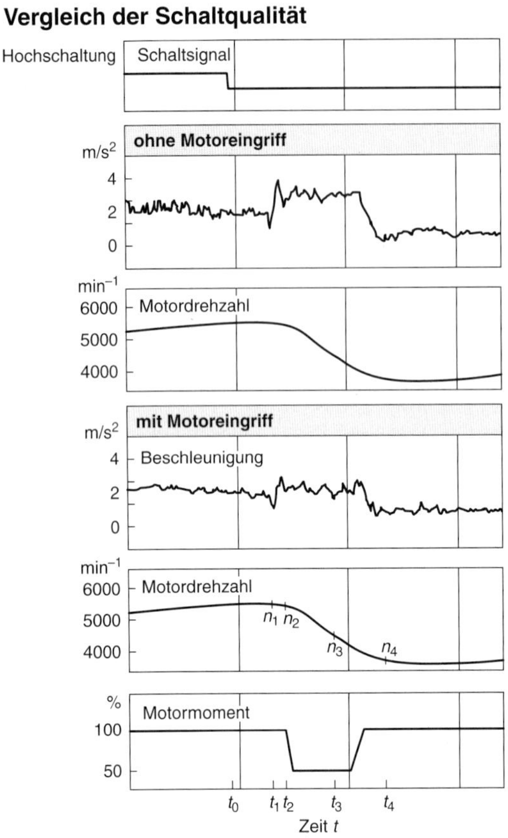

Abb. 5.200 Motoreingriff während einer Schaltung

licht eine praxisrelevante Dimensionierung von Getriebe und Triebstrang.

Schaltprogramm Mit der Einführung der elektronischen Getriebesteuerung ergaben sich für die Gestaltung von Schaltprogrammen vielfältige Möglichkeiten [157–159].

Neben der softwareseitigen Darstellung von unterschiedlichen Schaltprogrammen und der Berücksichtigung des Fahrverhaltens über eine Fahrzustandsidentifikation (vgl. Ausführungen in ▶ Abschn. 5.4.4.5 und **Abb. 5.172**) werden folgende weitere wesentliche Funktionen realisiert:

- Kompensation von Fahrwiderstandsänderungen: Dabei werden Steigungen, aber auch der Beladungszustand einschließlich Hängerbetrieb des Fahrzeugs erfasst.
- Höhenkompensation: In Höhenlagen wie z. B. bei Passfahrten verlieren Verbrennungsmotoren an Leistung. Da Schaltprogramme auf normale geodätische Höhen abgestimmt sind, müssen sie auf diese Betriebssituation angepasst werden.
- Schaltungsverhinderung in Kurven: Beim Einfahren in eine Kurve wird durch die Gasrücknahme eine Hochschaltung eingeleitet. Durch die Erfassung von Fahrpedalbewegung und Fahrzeug-Querbeschleunigung kann dies verhindert werden. Der Gang wird während der Kurvendurchfahrt gehalten.
- Bremsrückschaltungen an Gefällstrecken: Mit der Steigungserfassung kann beim Bergabfahren die Betriebsbremse durch Rückschaltungen in niedrigere Gänge unterstützt werden.
- Dynamische Vollgasrückschaltungen: Die Rückschaltungen erfolgen nicht an fest definierten Schaltpunkten, sondern in Abhängigkeit des Fahrpedalgradienten. Damit werden bei einem gemächlichen Fahrstil Rückschaltungen erst spät eingeleitet, während bei schnellen Fahrpedalbewegungen spontane Rückschaltungen zur Verfügung stehen.
- Warmlaufprogramm: Im Kaltzustand wird durch eine Schaltpunktanhebung der Motor in höheren Drehzahlen betrieben und dadurch der Katalysator schneller auf seine Betriebstemperatur gebracht.
- Traktionsanforderungen: Fahrwerks-Regelsysteme werden durch spezielle Gangwahl unterstützt.
- Tempomatanforderungen: Durch die Beeinflussung der Schaltlinien kann die Regelgüte bei Tempomatbetrieb verbessert werden.

Weitere fahrzeug- und getriebespezifischen Funktionen sind in Entwicklung, um das Fahrverhalten eines Personenwagens mit automatischen Getrieben zu verbessern. Genannt sei die Beeinflussung des Schaltprogramms durch Verkehrsleitsysteme (GPS) und die optische Erfassung der Fahrbahn und des unmittelbaren Verkehrsgeschehens.

Sicherheitskonzept und Diagnose Das Sicherheitskonzept der elektronischen Getriebesteuerung ist so aufgebaut, dass bei Ausfall von elektrischen oder elektronischen Signalen die EGS versucht, mit Ersatzwerten weiter zu arbeiten. Dies hat ggf. Auswirkungen auf die Schaltqualität des Getriebes oder schränkt die Funktionen des Schaltprogramms ein, die Verfügbarkeit ist jedoch voll und ganz gegeben. Erst bei Ausfall von Basisinformationen, ohne die ein sicherer Betrieb nicht mehr gewährleistet ist oder von habhaften Fehlern wie z. B. Kabelabfall geht die EGS in Notaus und das Getriebe in einen hydraulischen Notlauf.

Fehler im Betrieb werden von Diagnosefunktionen erfasst und in einem Diagnosespeicher festgehalten. Mithilfe eines Diagnoserechners kann der Diagnosespeicher über die Diagnoseleitung in der Werkstatt ausgelesen werden. Dies ermöglicht im Fehlerfall eine schnelle und zielgerichtete Befundung und Reparatur des ausgefallenen Bauteils.

5.4.9 Ausblick

Der Triebstrang vom Pkw wurde in der Vergangenheit nahezu ausschließlich durch einerseits Handschaltgetriebe und andererseits Wandlerautomatgetriebe geprägt. Dieses Bild hat sich gründlich verändert. Zusätzlich findet man heute automatisierte Getriebe, Doppelkupplungsgetriebe und stufenlose Getriebe (CVT).

Bei den Getriebesystemen für Pkw mit konventionellem Antrieb können folgende Zukunftsperspektiven skizziert werden:

Das kostengünstige Handschaltgetriebe und das komfortorientierte Wandlerautomatgetriebe werden auch in Zukunft eine wichtige Rolle spielen, das Handschaltgetriebe allerdings mit abnehmendem Anteil. Unter den aktuellen Wandlerautomatgetrieben findet man neben der 6-Gang-Ausführung zunehmend Getriebe mit 7 oder 8 Gängen. Die Weiterentwicklung dieser Getriebeart wird speziell unter den Gesichtspunkten Beitrag zur Verbrauchsreduktion und Verbesserung der Fahrbarkeit und Fahrdynamik erfolgen [173].

Automatisierte Getriebe in weiterentwickelter Form wird es auch künftig für kleine, nicht sehr beschleunigungsstarke und sparsame Fahrzeuge sowie für Sportwagen und Transporter geben.

Doppelkupplungsgetriebe passen gut zu sportlichen Fahrzeugen. Bei bestimmten Antriebskonzepten (front-quer und front-längs) können sich auch Vorteile in Bauraum und Gewicht gegenüber einem Wandlerautomatgetriebe ergeben. Von daher wer-

Tabelle 5.14 Formelzeichen in ► Abschn. 5.4 Größen und Einheiten

Fz.	Einh.	Beschreibung
a	m/s²	Fahrzeugbeschleunigung
c_u	m/s	Strömungsgeschwindigkeit, auf den Umfang bezogen
c_W	–	Luftwiderstandsbeiwert
f	–	Rollwiderstandsbeiwert
g	m/s²	Erdbeschleunigung
i	–	Übersetzung
i_a	–	Übersetzung Achsgetriebe
i_g	–	Übersetzung Stufengetriebe
m	kg	Fahrzeugmasse
n	–	Anzahl
p	Pa	Hauptdruck
r	m	Radius, dynamischer Reifenradius
r_m	m	mittlerer Reibradius
v	m/s	Fahrgeschwindigkeit
z	–	Zähnezahl
A	m²	Querschnittsfläche
D	m	(Profil)durchmesser
D_a	m	Außendurchmesser
D_i	m	Innendurchmesser
F_B	N	Bremskraft
F_W	N	Fahrwiderstandskraft
I	–	Wandlungsbereich Getriebe
J	kg m²	Massenträgheitsmoment
M	Nm	Drehmoment
M_K	Nm	Kupplungs-Drehmoment
$\dot{V}$	m³/s	Volumenstrom
α	°	Steigungswinkel

Tabelle 5.14 (Fortsetzung)

Fz.	Einh.	Beschreibung
Δ	–	Differenz
η	–	Wirkungsgrad
$\varkappa$	–	Faktor der rotatorisch beschleunigten Massen des Fahrzeugs
λ	–	Leistungszahl
μ	–	Drehmomentwandlung
μ_{dyn}	–	dynamischer Reibwert
μ_{stat}	–	statischer Reibwert
ν	–	Drehzahlwandlung
ρ	kg/m³	Dichte
φ	–	Schnellgangfaktor
ω	rad/s	Winkelgeschwindigkeit
$\dot{\omega}$	rad/s²	Winkelbeschleunigung

Tabelle 5.15 Formelzeichen in ► Abschn. 5.4 Indizes

Index	Beschreibung
ges	gesamt
max	maximal
min	minimal
mot	Motor
0	auf Maximalleistung bezogen
L	Leitrad
P	Pumpe
T	Turbine
1	Sonnenrad
2	Planetenrad
3	Planetenträger
4	Hohlrad

den sich die Doppelkupplungsgetriebe ihren Platz unter den Getriebesystemen erobern.

Auch die stufenlosen Getriebe werden sich weiter entwickeln, allerdings wohl nicht in der progressiven Form, wie in der Vergangenheit erwartet.

Eine weitere wichtige Entwicklungstendenz ist die zunehmende funktionale Vernetzung von strategiefähigen Komponenten und Aggregaten im Fahrzeug, z. B. Automatgetriebe, zu- und abschaltbare Allradverteiler, geregeltes Sperrdifferenzial, Lenkung sowie aktive Fahrwerkskomponenten. Diese funktionale Vernetzung wird wichtige Beiträge zur weiteren Verbesserung von Fahrdynamik, Fahrsicherheit und Fahrkomfort ergeben.

Alternative Antriebssysteme (Hybridantrieb, Brennstoffzelle) werden den Antriebsstrang beeinflussen. Erste Fahrzeuge mit Hybridantrieb haben sich auf dem Weltmarkt durchgesetzt und etabliert. Je nach künftigem Durchdringungsgrad des Hybrid wird es hier unterschiedliche, neuartige und interessante Lösungen im Antriebsstrang geben. Start-Stopp-Systeme werden in Kürze zum Stand der Technik werden. Auf jeden Fall kommen zusätzlich elektrische Komponenten in den Antriebsstrang.

Den gravierendsten Einfluss auf den Pkw-Anstriebsstrang wird die Brennstoffzelle haben, falls sie in fernerer Zukunft tatsächlich zum Serieneinsatz kommt. Sie wird die mechanische Antriebstechnik weitgehend durch elektrische Lösungen ersetzen.

5.5 Allradantriebe, Brems- und Antriebsregelungen

5.5.1 Allradantriebs-Konzepte

5.5.1.1 Verwendung von Allradantrieben

Der Vierradantrieb hat Tradition im Automobilbau und hält auch heute eine wesentliche Position im Bereich der Antriebstechnik inne. Technisch gesehen, lassen sich zwei Hauptkategorien für Allradfahrzeuge definieren:

- einmal das Segment der leicht geländegängigen Fahrzeuge (SUV's) und Geländewagen, die vier angetriebene Räder vor allem aus Traktionsgründen benötigen, und
- der Bereich der Sportwagen und Limousinen, wo neben guter Traktion die verbesserte Fahrdynamik ausschlaggebend für den Einsatz von Allradantrieb ist.

Bei reinen Geländewagen im häufigen Offroad-Einsatz bedeutet gutes Traktionsvermögen optimale Reibwertausnutzung an allen Rädern. Dies lässt sich am besten durch eine bei Bedarf starre Koppelung der Achsen erzielen.

Hochmotorisierten Personenkraft- und Sportwagen garantiert der Allradantrieb unabhängig von vorherrschenden Fahrbahnverhältnissen optimale Beschleunigungswerte. Eine gezielte Momentenverteilung im Antriebsstrang erlaubt außerdem eine spezifische Abstimmung des Fahrverhaltens.

Für diese Kategorie scheidet die starre Koppelung der Achsen aus fahrdynamischen Gesichtspunkten, Verschleiß und Komfortgründen – starke Verspannungen – aus. Um diese Verspannung zu unterbinden und eine gewünschte Steuertendenz zu erreichen, sorgen entweder Zentraldifferenziale oder entsprechende Kupplungseinheiten für den notwendigen Drehzahlausgleich. Um gegebenen Kraftschluss an allen Rädern voll auszunutzen, erweisen sich zusätzliche Differenzialsperren als sehr vorteilhaft. Zu beachten ist allerdings auch, daß beim Bremsen völlig unabhängige Räder die beste Lösung darstellen. Jede Koppelung beeinflusst die Bremsstabilität mehr oder weniger und bedarf entsprechender Zusatzmaßnahmen. Gleiches gilt auch für einwandfreie Kompatibilität mit Fahrdynamikregelsystemen (ESP).

5.5.1.2 Kennlinien von Allradantrieben

Zur Beurteilung diverser Systeme erweist sich das Traktionsschaubild (Abb. 5.201) als sehr vorteilhaft. In diesem wird die Antriebsmomentenverteilung der dynamischen Gewichtsverteilung des Fahrzeuges gegenübergestellt und so eine prinzipielle Aussage über das Fahrverhalten (Über- oder Untersteuern) ermöglicht. Vertikal werden die Beschleunigung bzw. die Steigung aufgetragen und horizontal die Antriebsmomenten- bzw. Gewichtsverteilung:

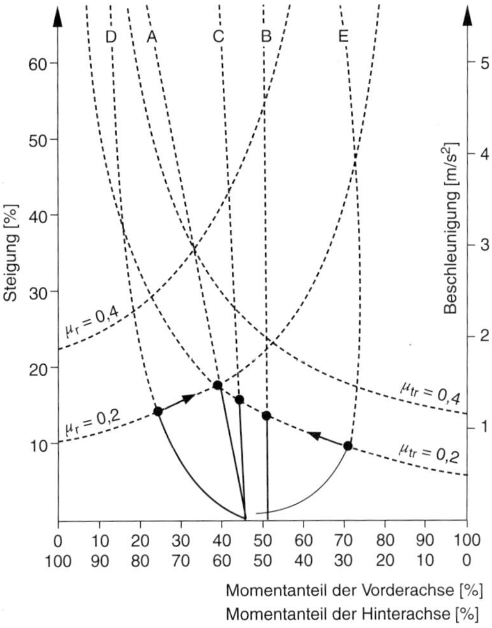

Abb. 5.201 Traktionsdiagramm

Die im Bild dargestellten Kennlinien ergeben sich durch verschiedene Parameter, wie Achslastverteilung, Radstand und Schwerpunktshöhe, wobei Verluste wie die des Antriebs und der Reifen und der Luftwiderstand nicht berücksichtigt sind. Die Koppelung der Achsen des starren Antriebes bewirkt an diesen gleichen Schlupf und somit auch gleiche Reibwertausnutzung. Gemäß der Reibwertdefinition ergibt sich

$$F_V / F_H = G_V / G_H$$

d. h. die Umfangskräfte und damit auch die Momente verteilen sich beim starren Allradantrieb wie die dynamischen Achslasten (Gerade A, auf der sich auch alle Reibwertkurven schneiden). Jede Antriebsverteilung rechts dieser Geraden ergibt eine Betonung der Vorderachse und damit eine Tendenz zu untersteuerndem Fahrverhalten, im linken Feld demnach ein entsprechendes übersteuerndes Verhalten.

Zentraldifferenziale verteilen die Momente immer im selben Verhältnis (B). Viscotransmissionen

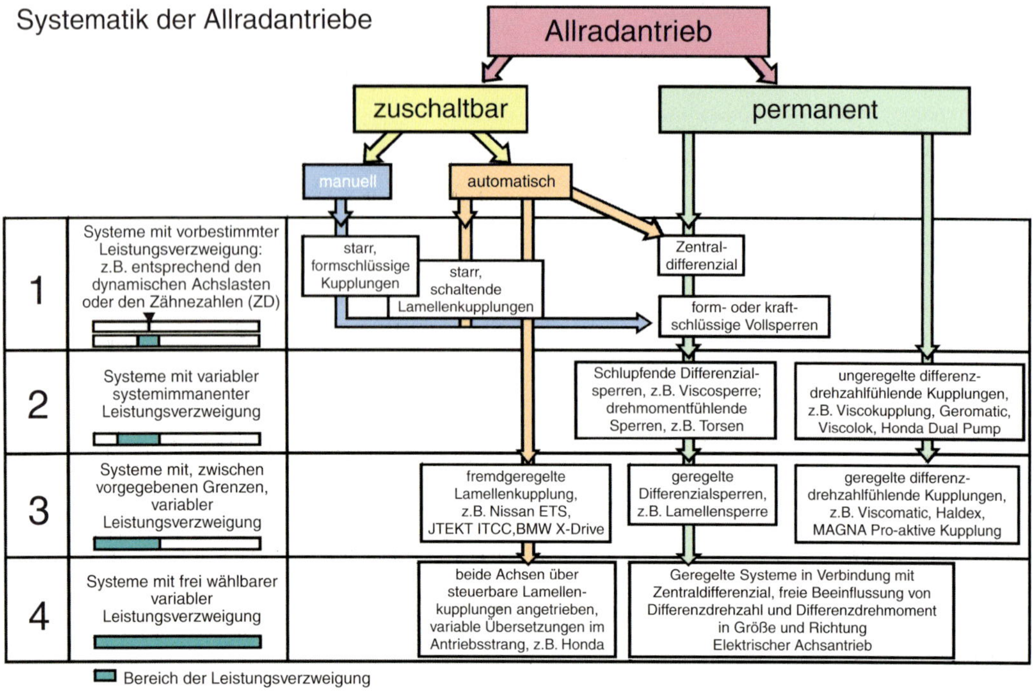

Abb. 5.202 Varianten des Allradantriebes

(D, E) bzw. Sperren (C) steuern schlupfabhängig, wobei wieder eine Abhängigkeit von Steigung bzw. Beschleunigung besteht.

Die zusätzliche Abhängigkeit von der Geschwindigkeit bzw. Drehzahl führt zu Kennfeldern. Besonders elektronisch geregelte Kupplungen und Sperren erweitern den Regelbereich noch weiter.

Bei Kupplungen z. B. kann zwischen den Grenzen Einachsantrieb einerseits und die starre Koppelung andererseits geregelt werden.

Kennfelder sind in ihren Extremwerten zu berücksichtigen und nur die Betrachtung aller Kombinationszustände gibt eine Aussage zum Fahrzeug. Das ideal ausgelegte System gibt dem Fahrer in jedem Beladungs- und Betriebszustand das selbe Fahrgefühl. Ob über-, untersteuernd oder neutral auszulegen ist, entscheidet die Philosophie des Fahrzeugherstellers.

5.5.1.3 Systematik der Antriebe

Die Einteilung nach baulichen Merkmalen ergibt sehr rasch ein unübersichtliches Bild. Wesentlich klarer ist eine Systematik nach der möglichen Leistungsverzweigung, wobei homogene Fahrbahnverhältnisse und Geradeausfahrt vorausgesetzt werden, Geschwindigkeit und Beschleunigung/Steigung werden variiert.

Nach diesen Kriterien erhält man vier Gruppen oder Generationen, welche aber keinesfalls eine Wertung der Leistungsfähigkeit der einzelnen Systeme darstellen (Abb. 5.202).

Je nach Varianten des Allradantriebes nach Einsatzfall (Traktion oder Dynamik), Fahrzeugtyp und Package ist das entsprechende System zu wählen.

Nicht vergessen darf aber werden, dass neben diesen technischen Gründen auch die Zielkosten für ein Fahrzeug einen entscheidenden Einfluss auf die Systemauswahl haben.

In die erste Gruppe fallen der zuschaltbare Vierradantrieb und der permanente Antrieb mit Zentraldifferenzial (ohne bzw. mit mechanischer Sperre).

Die zweite Gruppe baut häufig auf dieser Differenzialverteilung auf, überlagert sie jedoch mit einem systemimmanenten Sperrensystem (z. B. Viscosperre oder Torsen). Hierhin gehört auch der

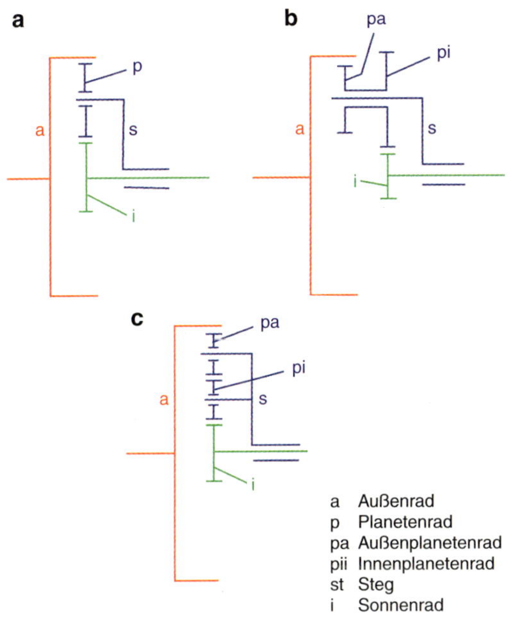

Abb. 5.203 Planetendifferenziale und ihre Bauformen

direkte Antrieb der zweiten Achse über eine differenzdrehzahlfühlende Kupplung, die das Zentraldifferenzial ersetzt und abhängig vom Radschlupf Drehmoment überträgt. Neben der bekannten Viscokupplung sind dies Lamellenkupplungen, die von differenzdrehzahlfühlenden Pumpen mit Druck beaufschlagt werden (z. B. Geromatic, Honda Dual Pump, Viscolok und das RBC-System von JTEKT).

Typisch für Systeme der dritten Gruppe ist die Verwendung von Elektronik zur externen Regelung von Kupplungen und Zentraldifferenzialsperren. Vertreter dieser Gruppe sind die regelbare Viscokupplung (Viscomatic), die MAGNA pro-aktive Kupplung und die Lamellenkupplung der Firma Haldex (VW 4motion). Diese Systeme überlagern die interne Charakteristik des Basissystems mit einer externen Regelung. Ausschließlich fremdgeregelt sind Lamellenkupplungen/-sperren, wie sie nachfolgend beschrieben werden. Zu dieser Gruppe zählen Kupplungen der Hersteller GKN, JTEKT, HALDEX IV. Generation, MAGNA und BorgWarner.

In einer vierten Gruppe verfügen Allradantriebe über eine frei wählbare Leistungsverzweigung zwischen den Achsen, neuerdings auch als »torque vectoring« bezeichnet und fallweise auch kombiniert mit freier Momentenverteilung quer an den Achsen.

5.5.1.4 Systemkomponenten

Um den Rahmen dieses Buches nicht zu sprengen, soll in Folge nur auf weitgehend etablierte Systeme eingegangen werden:

5.5.1.4.1 Zentraldifferenziale

Planetendifferenziale Neben herkömmlichen Kegelraddifferenzialen eignen sich besonders Planetengetriebe als Mitteldifferenzial, da durch gezielte geometrische Abstimmung der Planetengetriebebauteile (Sonnen-, Planeten- und Hohlrad) und den Modus der Momentenzufuhr und -abnahme eine bestimmte Momentenverteilung im Antriebsstrang erreicht werden kann.

Für die gebräuchlichste Anordnung (Abb. 5.203a) errechnet sich die Momentenverteilung bei Antrieb über den Steg über die Durchmesser der Zahnräder:

$$M_{\text{Hohlrad}}/M_{\text{Sonne}} = d_{\text{Hohlrad}}/d_{\text{Sonne}}$$

Mögliche Momentenverteilungen sind:
Anordnung a: Hohlrad : Sonne = 65 : 35 (+/– 5 %);
Anordnung b: Sonne 1 : Sonne 2 = 70 : 30 bis 30 : 70;
Anordnung c: Steg : Sonne = 65 : 35 bis 50 : 50.

Ein Beispiel für eine technische Ausführung nach Anordnung c stellt Abb. 5.204 (Mercedes-Benz 4matic) dar.

Doppel-Differenzial-Einheit (Unit) DDU Eine kompakte Lösung für 4WD-Fahrzeuge, welche aus Frontquerantrieben abgeleitet ist, stellt die Ausführung DDU dar (Abb. 5.205). Dabei werden die Momente an die Wellen entsprechend ihrer Position entlang des Kraftflusses verteilt. Der Radsatz vereinigt die Funktion eines Zentraldifferenzials und die des VA-Querdifferenziales, wobei die Platzvorgabe im Bauraum des FWD-Grund-Getriebes ausreicht.

Zugkraftunterschiede an den Vorderrädern werden durch die Wälzlagerung der Planeten-Räder nicht auffällig. Eine Sperre des Zentraldifferenzials ist möglich.

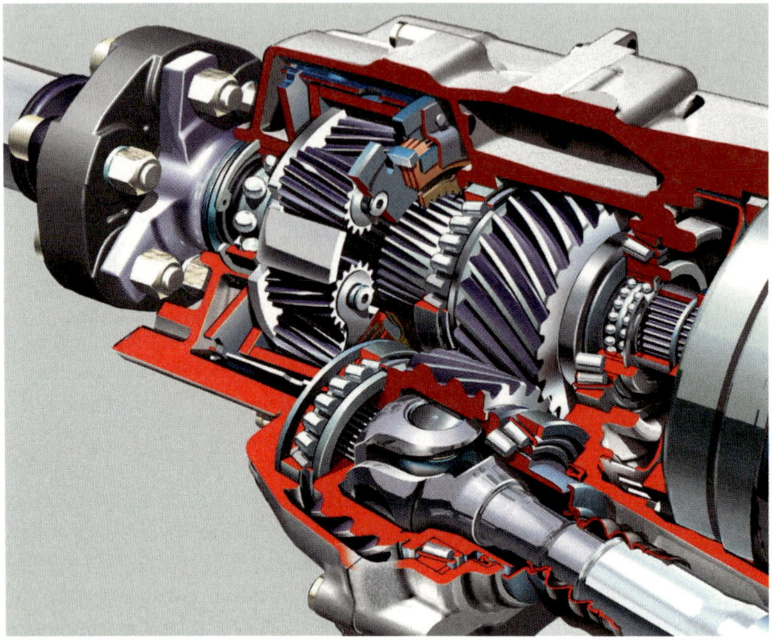

Abb. 5.204 Mercedes-Benz 4matic

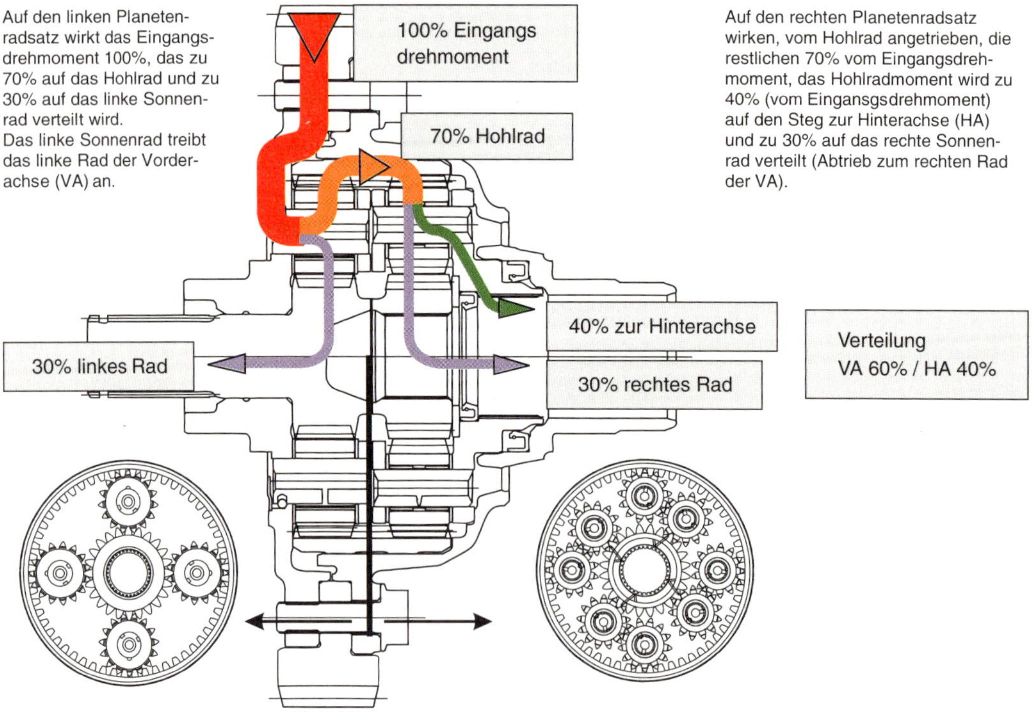

Abb. 5.205 Doppel-Differenzial-Einheit (Unit) DDU

Die Achsmomentverteilung kann beliebig gewählt werden, wobei eine Aufteilung von VA 65 %/HA 35 % bis VA 45 %/HA 55 % möglich ist.

Ausgeführt ist die Version im Hyundai Santa Fe (SUV) zur Markteinführung des Fahrzeuges. Im Zuge der weiteren Modelpflege wurde das Allradsystem auf eine geregelte Kupplung umgestellt.

Sperren Die systemimmanente und feste Momentenverteilung sogenannter »offener« Zentraldifferenziale kann aber immer nur in einem Betriebspunkt auf den Höchstwert der Traktion abgestimmt sein. Um auch für von diesem Bestpunkt abweichende Bedingungen höchstmögliche Zugkraft übertragen zu können, sind Sperren erforderlich.

Einen Sonderfall der Sperren stellt die aktive Bremsbetätigung dar. Diese wird im ► Abschn. 5.5.2 behandelt.

Mögliche Bauformen von Sperren sind:

- automatische Sperren
  - drehzahlfühlend (Viscosperren u. a.)
  - drehmomentfühlend (Torsen, GKN Powerloc®, Kronenrad Differenzial)
- extern geschaltete/geregelte Sperren
  - vom Fahrer manuell betätigt
  - elektronisch gesteuert (Steyr ADM, Lamellensperren u. a.)

Zum Vergleich der Sperrensysteme wird häufig der sogenannte Sperrwert verwendet:

$$S = (M_{\text{high}} - M_{\text{low}}) \times 100 / (M_{\text{high}} + M_{\text{low}}) [\%]$$

Ebenso gebräuchlich ist das Momentenverhältnis (torque bias).

$$M_{\text{low}} : M_{\text{high}} = 1 : x$$

Torsen-Differenziale, GKN Powrloc®, Kronenrad Differenzial Dies sind Differenzialeinheiten mit momentenabhängiger Sperrwirkung. Innere Reibung erzeugt ein vom Antriebsmoment abhängiges Sperrmoment.

Der bekannteste Vertreter ist das Torsen Typ A (◘ Abb. 5.206) mit gekreuzten Achsen der Ausgleichsräder. Mit parallelen Achsen arbeiten der Typ B und GKN. Torsen Typ C ist ein schrägverzahntes Planetengetriebe mit nur in Taschen des Steges aufgenommenen Planetenrädern. Die sogenannte »Twin Diff« Bauform beinhaltet sowohl das Vorderachsdifferenzial (mit Kegelrädern) als auch das Zentraldifferenzial (Ausführung Torsen type C). In allen Varianten wird das Sperrmoment durch die Zahngeometrie und die Reibflächenpaarungen abgestimmt.

Der große Vorteil der Torseneinheit ist die geringe Verspannung bei Kurvenfahrt, da vom Fahrzeug gewollte Differenzdrehzahlen zugelassen werden. Dies gilt auch für den Bremsvorgang, sodass die Bremsstabilität damit ähnlich wie beim offenen Differenzial gegeben ist.

Audi stellte im Jahr 2010 am Automobilsalon in Genf im Modell RS5 erstmals das Kronenrad-Differenzial vor und erweitert damit die Möglichkeiten im Allradantrieb (◘ Abb. 5.207).

Aufbau Das neue Kronenrad-Mittendifferenzial von Audi folgt einem innovativen Prinzip. Sein zylindrisches Gehäuse wird vom Getriebe angetrieben. In seinem Inneren drehen sich zwei Kronenräder, die ihre Bezeichnung ihrer kronenartigen Verzahnungsgeometrie verdanken. Das hintere Kronenrad treibt die Kardanwelle zur Hinterachse an, das vordere eine Beveloidwelle, die zum Differenzial der Vorderachse führt.

Die Kronenräder werden durch vier geradverzahnte Ausgleichsräder angetrieben, die in 90 Grad Winkeln zueinander angeordnet sind. Sie sind auf den gehäusefesten Achsen drehbar gelagert. Hierdurch wird ein Drehzahlausgleich zwischen Vorder- und Hinterachse, wie er z. B. bei Kurvenfahrt notwendig ist, möglich.

Bei exakt gleichen Drehzahlen an Vorder- und Hinterachse drehen sich die beiden Kronenräder mit gleicher Drehzahl wie das Differenzialgehäuse. Aufgrund der speziellen Verzahnungsgeometrie weisen die Kronenräder unterschiedliche Zähnezahlen und Eingriffspunkte auf verschieden großen Durchmessern auf. In der Grundverteilung strömen 60 Prozent des Motormoments zum Differenzial der Hinterachse und 40 Prozent nach vorne.

Sperrwirkung Bei der Einleitung von Antriebsmomenten über die Verzahnung der Ausgleichsräder entstehen axiale Kräfte wodurch beide Kronenräder nach außen gedrückt werden. Diese Axialkraft wird dazu benutzt, um Lamellenpakete hinter den Kronenrädern zusammen zu drücken. Hierdurch wird ein Sperrmoment erzeugt, es fließen bis zu 85 Pro-

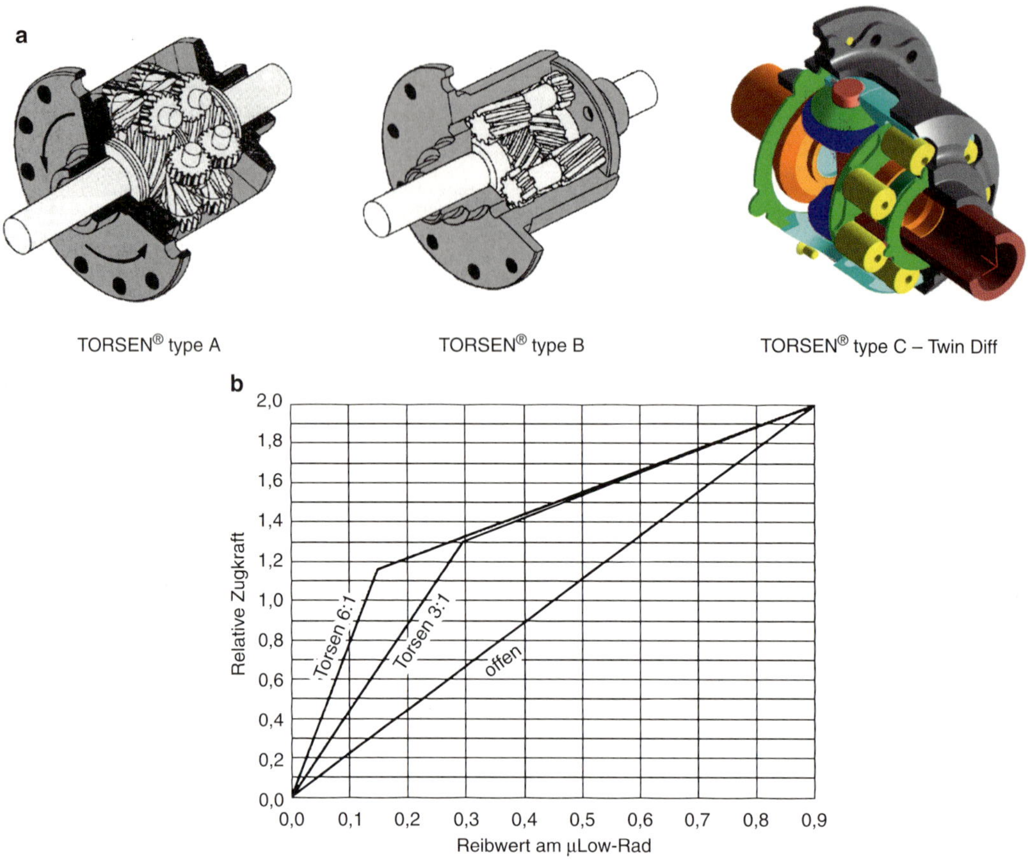

Abb. 5.206 **a** Torsen Differenzial, Typ A bis C; **b** Kennlinie

zent des Antriebsmoments nach hinten oder bis zu 70 Prozent an die Vorderachse.

Audi koppelt das Kronenrad-Mittendifferenzial mit einer intelligenten Softwarelösung, der radselektiven Momentensteuerung. Als Weiterentwicklung des ESP greift sie auf alle vier Räder zu. Der Bereich neutralen Fahrverhaltens wird erweitert, das Untersteuern beim Einlenken und Beschleunigen vermindert. Eingriffe des ESP können später und weicher erfolgen – falls sie überhaupt noch notwendig sind.

5.5.1.4.2 Kupplungen mit selbsttätiger Momentenanpassung

Alle selbsttätigen Kupplungen reagieren auf die Differenzdrehzahl zwischen Ein- und Ausgang, die durch die Drehzahlunterschiede der Räder verursacht wird. Diese sind aus unterschiedlichen Gründen immer gegeben: Neben dem Antriebsschlupf oder dem »Durchdrehen« eines Rades ergeben sich Unterschiede auch durch Kurvenfahrt, Durchmesserunterschiede der Reifen, Brems- und ESP Manöver sowie Abschleppen oder Prüfstandsbetrieb. In allen Situationen überträgt die Kupplung Drehmoment von der schnellen zur langsamen Seite. In manchen Fällen wie z. B. Bremsverhalten (siehe ► Abschn. 5.5.1.9) sind die Auswirkungen negativ und im Fahrzeugverhalten zu beachten.

Viscokupplung Viscokupplungen (Abb. 5.208) zählen zu den Übertragungselementen mit systemimmanentem Verhalten, das sowohl zur selbsttätigen Antriebsmomentenverteilung als auch zur automatischen, differenzdrehzahlabhängigen Längs-

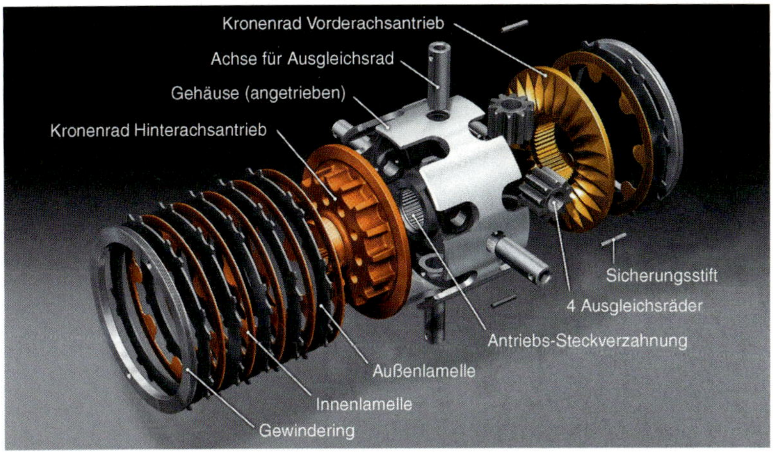

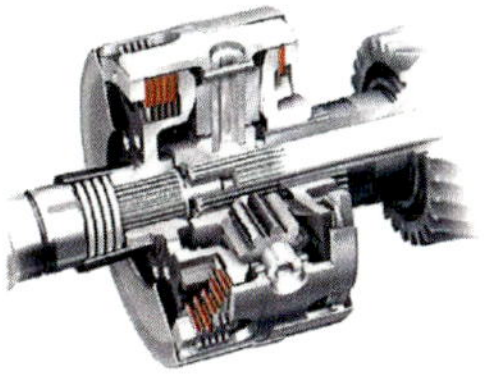

Abb. 5.207 Kronenrad-Differenzial

bzw. Quersperre verwendet wird. Die Momentenübertragung erfolgt durch Flüssigkeitsreibung zwischen den Kupplungslamellen als Folge einer aufgezwungenen Drehzahldifferenz zwischen Außen- und Innenteil.

Mit dem Einsatz von Fahrdynamik Regelsystemen (ESP) wird eine Entkoppelung des Antriebes zwischen den Rädern und Achsen notwendig. Da ungeregelte, drehzahlsensierende Systeme (z. B. die Viscokupplung) üblicherweise diese Entkoppelungsfunktion nicht aufweisen, sind diese Systeme mittlerweile mehr oder weniger vom Markt verschwunden.

Kupplungen mit externer Regelung Die Kennlinie einer ungeregelten Kupplung ist immer ein Kompromiss zwischen Traktion, Fahrdynamik, Gesamtwirkungsgrad und Komfort.

Durch eine externe Regelung erreicht man eine weitgehend kompromissfreie Erfüllung der Anforderungen.

Bei derartigen Systemen können folgende Einflüsse elektronisch erfasst und zur gezielten Antriebssteuerung eingesetzt werden:

1. Drehzahl der Räder
2. Motormoment, Drosselklappenbewegung
3. Bremssituation
4. Fahrzeug-Sensorik (z. B. ESP-Signale)
5. evt. Lenkwinkel, Retourfahrt, Kupplung
6. Sondersituationen (Abschleppen, Übertemperatur, Rollenprüfstand)

Die gewünschte Eigenlenktendenz wird über die Antriebsmomentenverteilung als Funktion obiger Betriebsdaten vorgegeben.

Eine Verknüpfung der Steuergeräte für Motor, Getriebe und Bremsen erfolgt heute über ein BUS-System.

Die Anforderungen an geregelte Systeme beziehen sich insbesonders:

- auf hohe Momentenübertragung bei sehr geringen Differenzdrehzahlen, was optimale Traktion und einen guten Wirkungsgrad bei gleichzeitig niedriger thermischer Belastung bedeutet.
- ein nahezu differenzdrehzahlunabhängiges Minimalmoment und
- die ausreichend hohen Momentenauf- und -abbaugeschwindigkeiten, um den Anforderungen

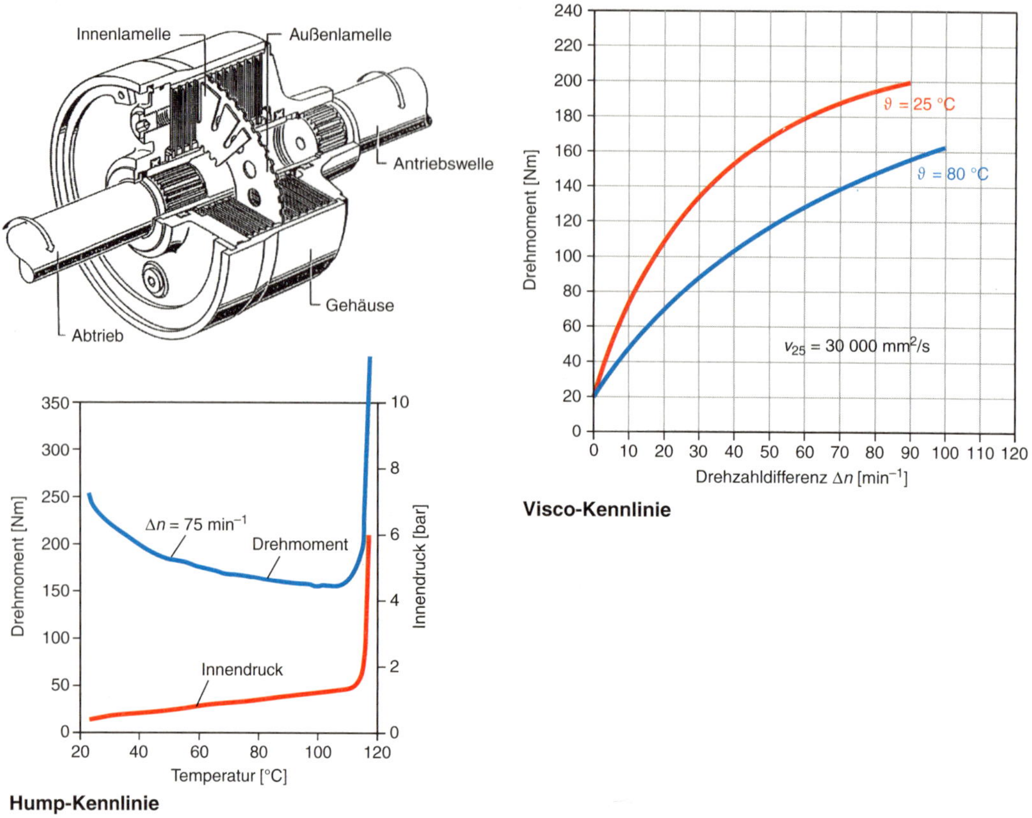

Abb. 5.208 Kennlinien/Schnittbild VC-Kupplung

der Fahrdynamik und Bremsstabilität zu genügen ($M_{max} \rightarrow M_{min} \leq 100\,\text{ms}$).

- die Möglichkeit das maximale Antriebsmoment zur geregelten Achse zu limitieren, wodurch die Komponenten zur Drehmoment Übertragung kleiner und kostengünstiger dimensioniert werden können.

Mit Ausnahme der Viscomatic (siehe unten) werden zur eigentlichen Drehmomentübertragung nasse Mehrscheibenkupplungen verwendet, die sich in den eingesetzten Aktuatoren und damit auch in ihrem Übertragungs- und Regelverhalten unterscheiden.

Die Viscomatic, die MAGNA Pro-aktive Kupplung und die Haldex-Kupplung (bis Generation III) benutzen die Differenzdrehzahl als Aktuatortreiber und als Regelgröße.

Bei Kupplungen mit reiner Fremdregelung werden Hydraulik oder Elektromechanik (Magnete oder Motoren) verwendet, als Regelgröße dient demgemäß, etwas aufwändiger, direkt die Drehmomentverteilung.

Wesentliche Vertreter dieser Gruppe sind:

Viscomatic© Basis ist eine geregelte Viscobremse, die das Abstützmoment der Sonne eines Planetengetriebes regelt.

Der Aufbau (Abb. 5.209) gliedert sich in die drei Hauptgruppen:

1. Planetengetriebe und Viscobremse
2. Hydraulik
3. Elektronik und Regellogik

Haldex© Haldex Generation I und II: Auf Basis der Kombination eines differenzdrehzahl-fühlenden Pumpensystems (Taumelscheiben und Ringkolben) und einer Lamellenkupplung wird die interne Bandbreite der Momentenübertragung durch ex-

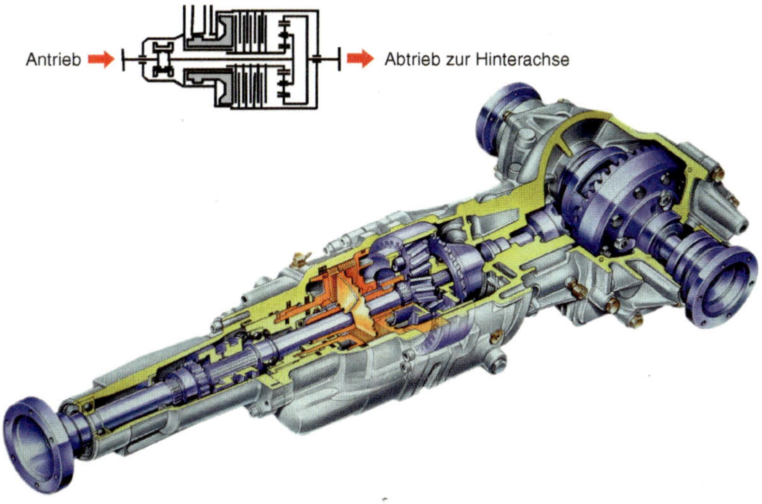

Abb. 5.209 Viscomatic

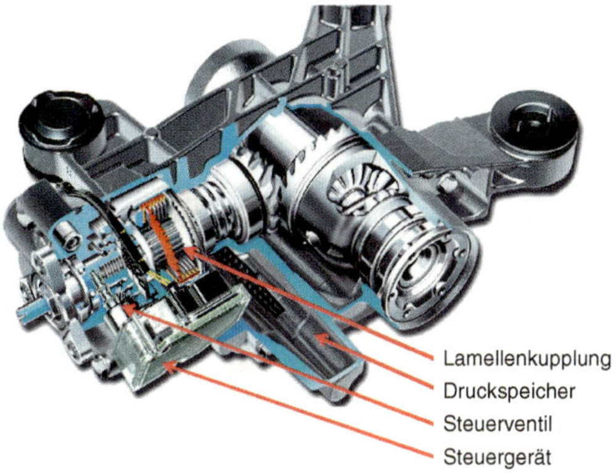

Abb. 5.210 Haldex IV Kupplung

Abb. 5.211 Pro-aktive Kupplung von MAGNA

terne Regelung erweitert. Über ein fremdgesteuertes Ventil wird das Druckniveau im Hydraulikkreis und damit der aktuelle Betriebspunkt im sehr weiten, verfügbaren Regelbereich eingestellt. Die Haldex Kupplung der III. Generation verwendet eine Vorladepumpe um bereits bei kleinen Differenzdrehzahlen ein hohes Drehmoment zu übertragen. Die neueste Haldex Kupplung der IV. Generation (Abb. 5.210) besitzt eine elektrisch angetriebene Pumpe und einen zusätzlichen Kolbenspeicher, wodurch die Abhängigkeit des übertragenen Drehmomentes von der Differenzdrehzahl nicht mehr gegeben ist. Diese Ausführung bringt eine weitere Verbesserung des Ansprechverhaltens.

MAGNA Pro-aktive Kupplung Hier handelt es sich um ein hydraulisch aktuiertes Lamellenkupplungssystem (Abb. 5.211). Da die hydraulische Leistung aus der Differenzdrehzahl generiert wird, kann dieses System den drehzahlfühlenden Systemen zugeordnet werden. Eine entsprechende Ab-Regellogik für Fahrdynamik Regeleingriffe ist vorgesehen.

BMW X-Drive Auch dieses zum Antrieb einer Vorderachse entwickelte System bedient sich einer Lamellenkupplung mit Druckmodulation (Abb. 5.212). Ein Elektromotor in Verbindung mit einem Kugelrampensystem setzt die vom Fahrdy-

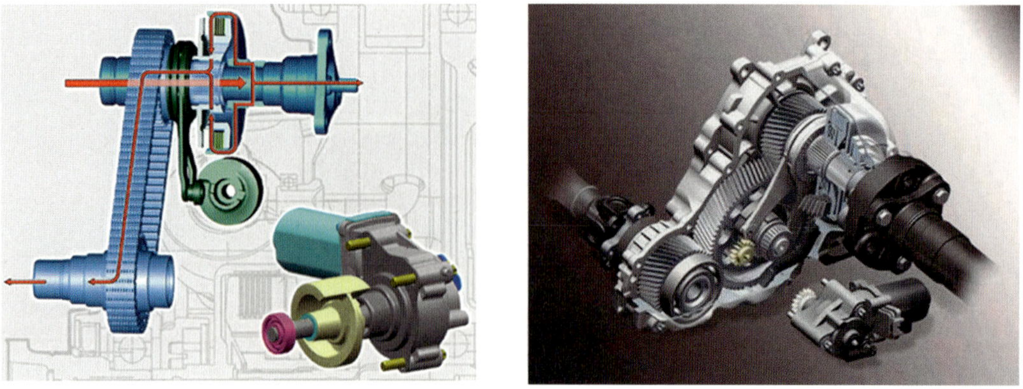

Abb. 5.212 Schema und Bild BMW X-Drive

namikregler ermittelte Soll-Drehmomentverteilung in entsprechende Anpresskräfte um. Zum Erkennen der Fahrsituation arbeitet das System mit der dynamischen Stabilitätskontrolle (DSC), dem elektronischen Stabilitätsprogramm (ESP) von BMW, zusammen und erhält hierüber ständig die notwendigen Informationen. Die Verteilergetriebe werden in 2 Ausführungsformen eingesetzt, für SUV's (X3, X5, X6) wird eine Zahnkette für den Vorderachsabtrieb verwendet, für Limousinen wird ein Stirnradabtrieb verwendet.

GKN, JTEKT, BorgWarner Kupplungen Diese Kupplungssysteme verwenden für die Aktuierung einen Magneten, dessen elektronisch geregelte Kraft auf eine Pilotkupplung wirkt (Abb. 5.213). Über ein Kugelrampensystem wird das Drehmoment der Pilotkupplung in eine Achsialkraft umgewandelt, diese aktuiert die Hauptkupplung. Das übertragene Drehmoment setzt sich hier aus den Drehmomenten der Pilot- und Hauptkupplung zusammen.

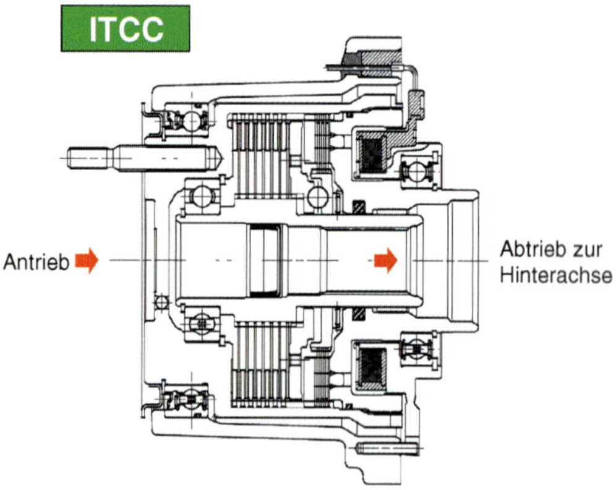

Abb. 5.213 Schema JTEKT – ITCC

Variable Drehmomentverteilung zur aktiven Beeinflussung des Gierverhaltens eines Fahrzeuges Um für sämtliche Fahrzustände (Hoch- und Niedrigreibwert) ein ausgewogenes Fahrverhalten und eine verbesserte Fahrdynamik zu erreichen, bieten moderne Allradsysteme Funktionalitäten für eine optimale Antriebskraftverteilung zwischen den Achsen. Diese Systeme werden zusätzlich durch Fahrdynamikregelsysteme (ESP, DSC, …) unterstützt, welche die Stabilität eines Fahrzeugs erhöhen. Um die Gierbewegung eines Fahrzeugs aktiv zu beeinflussen, ist eine variable Momentenverteilung zwischen den Achsen nur bedingt brauchbar – diese wirken sich nur bei schneller Kurvenfahrt beziehungsweise bei hoher Ausnutzung des Seitenkraftpotentials zwischen Reifen und Fahrbahn aus. Eine variable Drehmomentverteilung zu den Rädern einer Achse kann jedoch unter nahezu allen Fahrzuständen ein Giermoment um die Fahrzeughochachse erzeugen.

Am Markt existieren bereits unterschiedliche Konzepte, wobei man grundsätzlich von zwei Systemfunktionalitäten sprechen kann:

Torque Vectoring – Funktionalität Mit Torque Vectoring bezeichnet man Systeme im Antriebsstrang, die in der Lage sind, Moment zwischen den Achsen

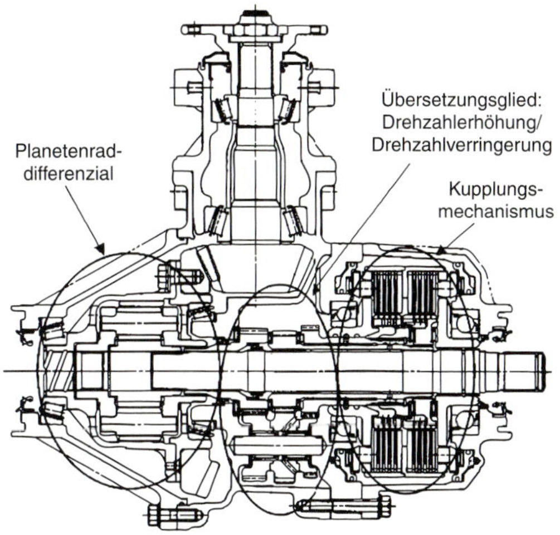

Abb. 5.214 Mitsubishi AYC

Abb. 5.215 Audi Sportdifferenzial

Abb. 5.216 BMW Dynamic Performance Control

und/oder zwischen den Rädern einer Achse variabel und kontrolliert gesteuert bzw. geregelt zu verteilen. Diese Verteilung kann unabhängig vom Antriebsmoment (z. B. Mitsubishi Lancer Evo) erfolgen.

Torque Splitter – Funktionalität Als Torque Splitter bezeichnet man Systeme, die ein Antriebsmoment zwischen den Achsen bzw. den Rädern verteilen – in diesem Fall liegt jedoch eine Abhängigkeit vom Antriebsmoment vor. Beispielhaft kann hier ein Achsantrieb mit jeweils einer geregelten Kupplung zum Antrieb eines Rades genannt werden (z. B. Honda Legend). Die Notwendigkeit eines Differenzials entfällt in diesem Fall.

Mitsubishi Active Yaw Control und Active Center Differenzial Im Jahre 1996 wurde erstmals von Mitsubishi im Lancer Evolution IV das sogenannte Active Yaw Control – System (AYC) vorgestellt und bis heute mittlerweile in der Evolutions Stufe X in Serie produziert (Abb. 5.214). Dieses stellt das erste Torque Vectoring – System in einem Serienfahrzeug dar. Ab der Version Evo VIII zeigt Mitsubishi die Möglichkeit auf, eine geregelte Zentraldifferenzialsperre (ACD) mit einem Torque Vectoring Hinterachsgetriebe zu kombinieren.

Audi Sportdifferenzial Seit dem Jahr 2010 bietet Audi für fast alle quattro Modelle ein Sportdifferenzial mit Torque Vectoring Funktion an (Abb. 5.215). Durch das Differenzial wird die Antriebskraft zielgerichtet zwischen den beiden Hinterrädern verteilt, wodurch die Kurvendynamik deutlich gesteigert werden kann.

BMW Dynamic Performance Control im X6 und X5 M Zwei Einheiten pro Achse erzeugen das geforderte Vectoring-Drehmoment, welches ein Überlagerungsmoment zu den Achsantriebsmomenten darstellt (Abb. 5.216). Ein Zahnradsatz überträgt das Vectoring-Drehmoment, welches durch eine elektromechanisch aktivierte Kupplung gesteuert wird.

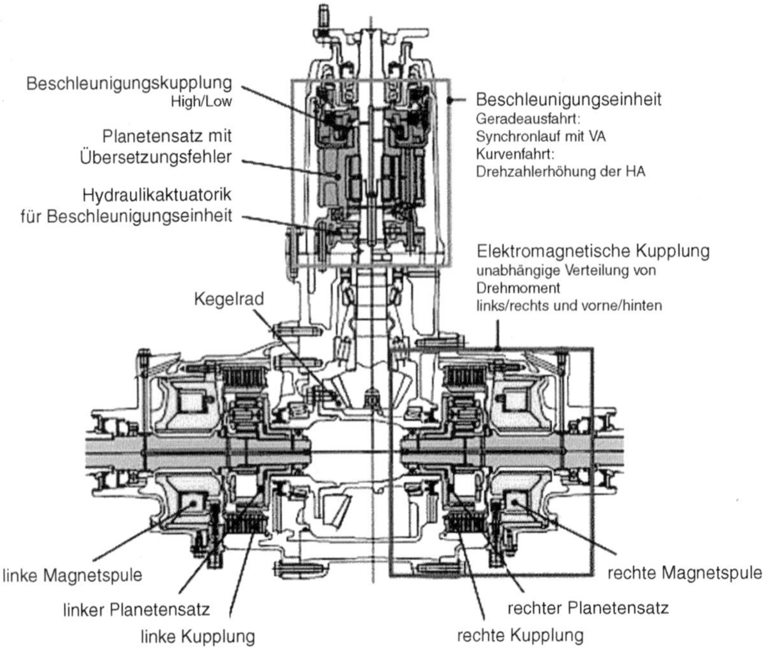

Abb. 5.217 Honda SH-AWD

Honda Super Handling All Wheel Drive System (SH-AWD) (Abb. 5.217) (Grazer Allradkongress, Tagungsband 2005) Honda brachte im Jahr 2004 unter der Bezeichnung Super Handling All Wheel Drive ein neues Antriebsstrangkonzept auf den Markt. Dieses kombiniert einen längsverteilenden Kupplungsallrad mit einer querverteilenden Momentenübertragungseinheit an der Hinterachse – in diesem Fall handelt es sich um ein Torque Splitter – System.

Der Antriebsstrang basiert auf einem Frontantrieb, das heißt die Vorderachse ist die primär angetriebene Achse. Das vordere Differenzialgehäuse treibt zusätzlich über ein Umlenkgetriebe und eine Gelenkwelle die Hinterachse an. Mittels einer Planetengetriebestufe kann über eine Kupplung eine Übersetzung zur Hinterachse zwischengeschaltet werden.

Damit wird es insbesondere bei Kurvenfahrt, (bedingt durch die kinematischen Verhältnisse der Raddrehzahlen) möglich, dem kurvenäußeren Hinterrad ein positives Antriebsmoment zuzuführen, obwohl dieses Rad schneller dreht als die durchschnittliche Drehzahl der Vorderräder. Ein herkömmliches Hinterachsdifferenzial kann entfallen, da die beiden elektromagnetisch betätigten Kupplungen schlupfend betrieben werden.

Allradantriebe mit elektrischen Antrieben auf der Sekundärachse Durch die Verbreitung von hybriden Antriebssystemen sind auch Kombinationen mit Allradsystemen möglich geworden. Eine mittlerweile etablierte Architektur wird in der Form dargestellt, daß die hauptangetriebene Achse mechanisch angetrieben wird und die zweite Achse über einen elektrischen Antrieb verfügt (Abb. 5.218). Mit dieser Architektur kann die Forderung Traktion, Erhöhung der Fahrleistung durch den elektrischen Kraftfluss (Boost) und die mögliche Energierückgewinnung im Schubbetrieb (Rekuperation bzw. Bremsenergie – Rückgewinnung) erfüllt werden. Ein wesentlicher Vertreter dieses Konzeptes ist der Lexus RX 450 H.

Dieses Allrad-Konzept hat die Vorteile einer sehr guten Regelgüte und den Entfall der Gelenkwelle. Dem stehen die Nachteile der geringeren Leistungsdichte und die höheren Fertigungskosten gegenüber.

Abb. 5.218 Elektrischer Achsantrieb

Elektrische Achsantriebe für die Hinterachse erfordern üblicherweise aus zwei Gründen eine Abschaltmöglichkeit des Elektromotors:

- Fahrsicherheit im Fehlerfall des Systems
- Abkoppelung bei hohen Fahrgeschwindigkeiten für die Verbesserung des Gesamtwirkungsgrades

Um den Vorteil der Rekuperation von Energie zu nutzen, ist der Einsatz eines Energiespeicher notwendig, der nach heutigem Stand der Technik mit einer Batterie dargestellt wird.

5.5.1.5 Getriebeabtriebe

Ausführungsbeispiele Front-Quer-Antrieb Für den Einsatz in Fahrzeugen mit Front-Quer Anordnung der Antriebsaggregate eignet sich insbesondere das System der direkt angetriebenen Vorderachse und einer über eine Kupplung angetriebene Hinterachse. Die Ausführung des Vorderachsabtriebs wird von den Faktoren der Raumverhältnisse und der Adaptierbarkeit der Basisgetriebe bestimmt.

Im Fall des Renault Scenic RX4/Kangoo ist auf Basis des Frontgetriebes ein Vorderachsabtrieb mit Stirnradstufe und Hypoidtrieb in das Getriebe- und Kupplungsgehäuse integriert, indem eine eigene Stirnradstufe an das Differenzialgehäuse angesetzt wird (Abb. 5.219). Vorteil: Es kann der Kardanwellenstrang optimal im Fahrzeug positioniert werden.

Die zweite dargestellte Ausführung basiert auf dem Schaltgetriebe MQ350 von VW für Fahrzeuge mit 4motion-Antrieb (Abb. 5.220). Der Vorderachsabtrieb ist hier eine eigene Baueinheit welche an das Kupplungsgehäuse angeflanscht wird. Der Drehmomentenabgriff erfolgt am Ausgleichsgetriebegehäuse über eine Steckverzahnung. Vorteile: Das Schaltgetriebe ist nahezu ident mit der Frontantriebsvariante aufgebaut und damit können mit einem Winkelgetriebe unterschiedlichste Wechselgetriebe mit geringen Aufwänden zu einem Allradantrieb adaptiert werden. Ausführungen mit gemeinsamen oder getrenntem Ölhaushalt sind möglich.

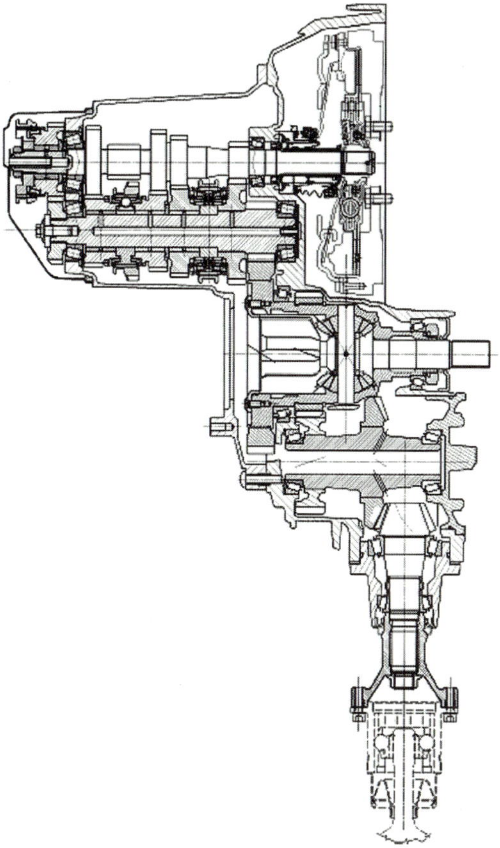

Abb. 5.219 Schnittbild Renault Scenic RX4

Ausführungsbeispiele für Längsantrieb Bei Fahrzeugen mit Längsantrieb ergeben sich 2 Möglichkeiten des Aufbaus.

Ein, nach dem oder im Hauptgetriebe angeordnetes Verteilergetriebe wurde bereits in den im Abb. 5.212 (BMW X-drive) vorgestellt. Außer in den bereits beschriebenen Allradsystemen unterscheiden sich diese beiden Verteilergetriebe durch die Art des Seitenversatzes für die Antriebswel-

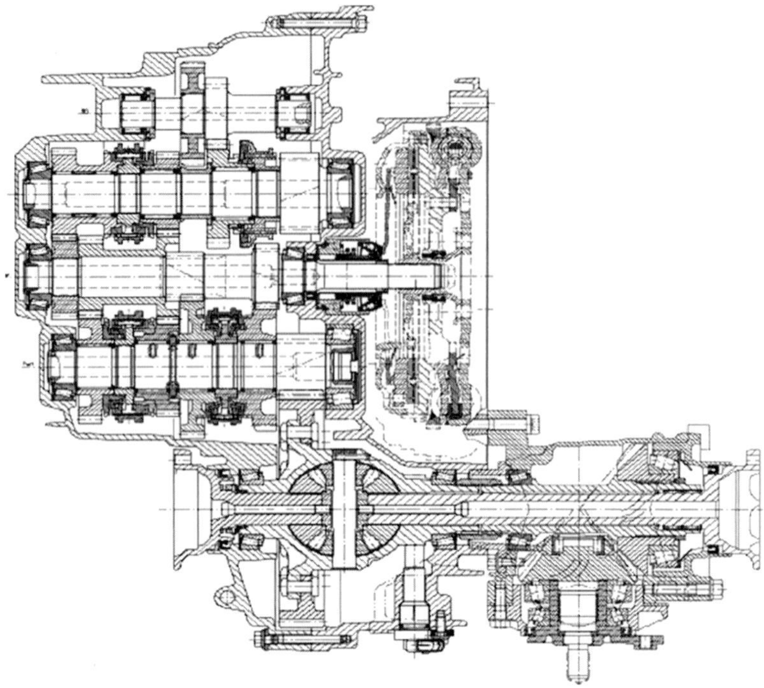

Abb. 5.220 Schnittbild VW MQ350 4motion

le zur Vorderachse. Die Verwendung eines ein- oder zweistufigen Zahnradsatzes ist typisch für den Einbau im beengten Tunnel einer Limousine. Im SUV und Geländewagen ist hingegen eine Zahnkette dominant in Verwendung, die zwar etwas mehr Bauraum benötigt aber kostenmäßige Vorteile bietet. Auch in den Kriterien Wirkungsgrad und Geräusch ist die Kette zumindest gleichwertig.

Neben den eigentlichen Allradkomponenten ist in einem Verteilergetriebe für den vollwertigen Geländewagen auch fast immer eine schaltbare Reduktionsstufe untergebracht (Abb. 5.221). Mit einem ausgeführten Übersetzungsbereich zwischen 2 und 3 werden die Zugkraft erhöht bzw. die Geschwindigkeit entsprechend reduziert.

Von der Getriebestruktur her werden dominant Planetengetriebe mit dem daraus resultierenden, typischen Übersetzungswert von 2,7 verwendet. In der Vergangenheit waren diese Getriebe nahezu ausschließlich unsynchronisiert und handgeschaltet, heute finden immer mehr synchronisierte Getriebe mit Aktuatorbetätigung (E-Motor) Verwendung.

In der Ausführung des AUDI Quattro (Abb. 5.222) sind die Funktionen Verteilerdifferenzial und Vorderachsgetriebe im Getriebe integriert.

5.5.1.6 Systemauswahl

Wie bereits bei der Systematik der Allradantriebe ausgeführt, ist die Einteilung in die vier Gruppen keine Wertung der Systeme.

Maßgebend für eine Konzeptentscheidung sind alle in einem Lastenheft für das Fahrzeug angeführten allradspezifischen Forderungen. Die wichtigsten Festlegungen sind die Marktpositionierung, das zu erwartende Einsatzprofil in Kundenhand und die daraus sich ergebende Grundkonzeption des Fahrzeuges.

Weltweit gesehen ist die erhöhte Traktion noch immer *die* dominierende Kundenerwartung, für Europa sind aber die fahrdynamischen Eigenschaften mindestens ebenso wichtig.

Gemeinsam sind die Forderungen nach niedrigsten Kosten, geringem Gewicht und gutem Wirkungsgrad. Ein deutlicher Trend führt auch

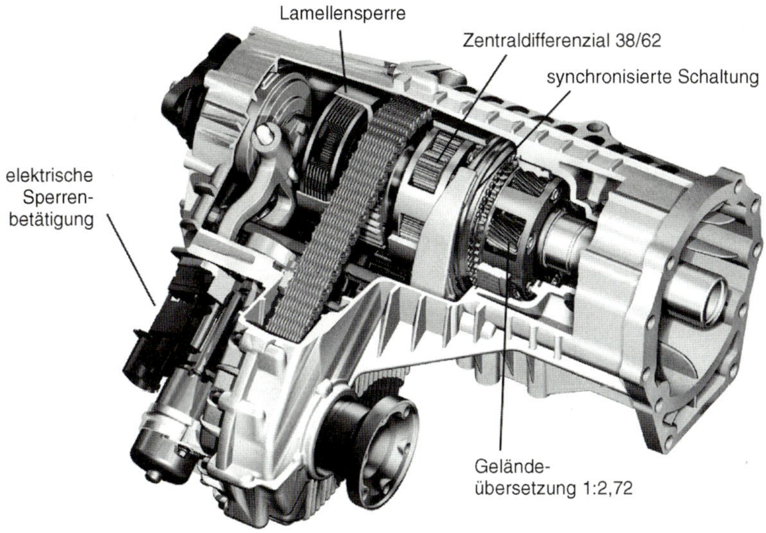

Abb. 5.221 Verteilergetriebe mit Reduktionsstufe

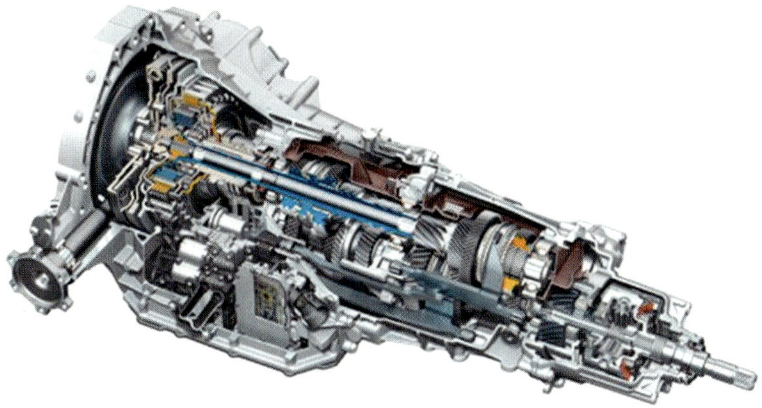

Abb. 5.222 Audi Vorderachsantrieb integriert in Doppelkupplungsgetriebe

weg von allradspezifischen Bedienungsorganen, zumindest in Europa, und hin zur Forderung der absoluten Verträglichkeit des Allradantriebes mit anderen Regelsystemen (ABS, ESP).

In Vergleichstabellen sind alle für das Fahrzeug relevanten Systeme anzuführen und zu bewerten. Die wichtigsten Kriterien dazu sind:

- Kosten des Gesamtsystems,
- Traktion,
- dynamisches Verhalten,
- aktive/passive Sicherheit,
- Gewicht des Gesamtsystems,
- Package,
- Wirkungsgrad/Verbrauch,
- Wartung,
- Bedienung,
- Image.

Die Bedeutung dieser Kriterien ist von Fall zu Fall unterschiedlich.

5.5.1.7 Einfluss auf Crashverhalten

Auch auf das Crashverhalten hat der Allradantrieb wesentlichen Einfluss. Grundsätzlich spielen die Mehrmasse des zusätzlichen Antriebsstranges sowie die geänderte Steifigkeit infolge des Antriebsstranges eine Rolle. Bei quer eingebauten

Motoren wird durch den Antriebsstrang üblicherweise die Steifigkeit im Frontcrash erhöht und damit die Deformation der Fahrgastzelle verringert, wenngleich dies auch eine Erhöhung des Crashpulses bewirkt. Speziell deformierbare Gelenkwellen (Crash-Element) werden eingesetzt, um die Kraftübertragung der Gelenkwelle zu limitieren.

5.5.1.8 Geräusch- und Schwingungstechnik Noise-Vibration-Harshness (NVH)

Die größere Anzahl an Bauteilen des Antriebsstranges von Allradfahrzeugen im Vergleich zu zweiradgetriebenen Fahrzeugen, stellt für den Fahrzeugakustiker eine besondere Herausforderung auf dem Weg zum geräuscharmen und komfortablen Automobil dar. Hinzu kommt, dass die bei der Derivatentwicklung (d. h. 4 × 2 wird zu 4 × 4) in vielen Fällen notwendigen Änderungen an der Fahrzeugstruktur, am Fahrwerk und an der Abgasanlage, meist mit einer Verminderung des Akustik- und Schwingkomforts einhergehen.

Aus Sicht der Fahrzeugakustik sind folgende Charakteristika am allradgetriebenen Fahrzeug von Bedeutung (▶ Abschn. 3.4):

NVH-Verhalten der Einzelbauteile des Antriebsstranges (z. B. Getriebeeinheiten inkl. Sperren, Antriebswellen, Lamellenkupplungen): Spezielle NVH-Quellen sind z. B. Slip-Stick Effekte bei Lamelleneinheiten und Torsen-Systemen, aber auch bei verspannten Differenzialen. Abhilfe kann durch spezielle Öle bzw. Lamellenausführungen mit spezieller Oberflächenqualität geschaffen werden.

NVH-Verhalten des Systems Antriebsstrang (Torsionsschwingungen, Biegeschwingungen, Schwingungstransfer, Geräuschabstrahlung) ist sehr stark beeinflusst durch die erhöhte Anzahl an Aggregatlagerstellen und damit Geräuschübertragungspfaden in den Fahrzeuginnenraum.

Sehr kritisch sind die vermehrten Lastwechselschläge aufgrund möglicher Bewegungen der Abstützelemente. Diesen begegnet man mit sorgfältiger Abstimmung der Aggregate und Achslagerungen und durch gezielte Auslegung des Motor-Managements um abrupte Antriebsmomentenstöße zu glätten. Auch gezielt eingesetzte Dämpfungs- oder Reibelemente bringen Abhilfe.

Dynamische Steifigkeit der Fahrzeugstruktur in globalen (Fahrzeugverwindung) und lokalen (Schwingungseinleitung) Schwingungsformen sind meist zu optimieren.

Dies ist unter dem Aspekt zu sehen, dass für ein modernes allradgetriebenes Fahrzeug hinsichtlich des Akustik- und Schwingungskomforts durchwegs die gleichen Ansprüche gestellt werden, die man von zweiradgetriebenen Fahrzeugen entsprechend des Standes der Technik erwarten kann.

5.5.1.9 Dimensionierung

Für die Dimensionierung von Getrieben im Antriebsstrang sind hauptsächlich zwei Lastfälle von Bedeutung:

- Dauerbelastung nach Kollektiv, gemessen oder synthetisch ermittelt.
- Gewaltbruchsicherheit unter Extrembelastungen wie z. B. schnelles Einkuppeln, Verlust des Kraftschlusses einer Achse (oder eines Rades) beim Beschleunigen oder im Off-Road-Betrieb. Als Grenzwert gelten je nach Motorisierung entweder das maximal mögliche Antriebsmoment oder das Rutschmoment der Räder.
- Um leichtere Antriebsstränge mit kleineren Dimensionen zu erhalten, müssen beide oben genannten Belastungen reduziert werden. Das Kollektiv kann über die gezielte Kennliniengestaltung der Allradkupplung gesenkt werden, das Maximalmoment durch geeignete Begrenzer limitiert werden.

5.5.1.10 Allradantrieb und Regelsysteme

ABS und Fahrdynamik-Regelsysteme (ESP) gehören heute zur Standardausrüstung im Personenwagen und auch im Nutzfahrzeug.

Abhängig vom Koppelungsgrad der Achsen/Räder erfolgt auch hier eine Rückwirkung durch den Allradantrieb. Beim ABS treten Probleme bei der Bildung der Referenzgeschwindigkeit auf (Abhilfe Verzögerungssensor), bei ESP führt der Einzelbremseingriff an einem Rad auch zu Brems/Antriebsmomenten an den anderen Rädern, die zwar deutlich niedriger sind, aber die Effektivität des Systems trotzdem schmälern. Für volle ESP-Tauglichkeit erhebt sich die Forderung nach vollständiger

Trennung des Drehmomentflusses zwischen den Antriebsrädern. Moderne Fahrzeugregelsysteme kombinieren das Fahrdynamik-Regelsystem mit der Allradregelung, um eine bestmögliche Synergie für das Fahrverhalten zu bewirken.

5.5.2 Antriebs- und Bremsregelung

5.5.2.1 Unfallvorbeugende Sicherheit

Ein zweckmäßig ausgelegtes Fahrwerk trägt mit den Achsen, der Federung, Dämpfung, Lenkung und Bremsanlage erheblich zur unfallvorbeugenden Sicherheit bei. Im Zusammenhang mit der Massenverteilung werden die Traktion, die Fahrstabilität und das Eigenlenkverhalten des Fahrzeugs wesentlich beeinflusst.

Die Traktion hängt von der Achslast und dem verfügbaren Reibwert zwischen Reifen und Fahrbahn ab. Die maximale Kraftübertragung ist dann erreicht, wenn die Antriebsräder nicht durchdrehen und sich im Bereich des optimalen Antriebsschlupfs befinden. Beim Allradantrieb begrenzt diejenige Antriebsachse, die als erste den optimalen Schlupf übersteigt, die maximale Anfahrbeschleunigung oder Steigfähigkeit des Fahrzeugs.

Die zwei Antriebsachsen eines Allradfahrzeugs erlauben eine höhere Traktion als bei Einachsantrieb (Heckantrieb oder Frontantrieb). Durch besondere technische Vorkehrungen (Traktionssysteme) kann sowohl bei Fahrzeugen mit Einachsantrieb als auch mit Allradantrieb eine nahezu vollständige Kraftschlussausnutzung ermöglicht werden.

5.5.2.2 Traktionssysteme

Neben mechanischen Sperren finden sowohl bei Einachs- wie bei Allradantrieb Aggregate Verwendung, bei denen durch die elektronische Regelung mit Fremdenergie (Hydraulik, Elektrik) eine Sperrfunktion realisiert wird (geregelte Sperren).

Neben den geregelten Sperren werden auch Allradsysteme mit geregelten Kupplungen, die im Bedarfsfall die zweite Antriebsachse zuschalten, verwendet. Die Kombination dieser Systeme mit zusätzlichen Längs- und Quersperren ist ebenfalls bekannt [183] (► Abschn. 5.5.1).

Ausführungsformen mit elektromagnetischer Längssperre und elektrohydraulischer Quersperre werden ebenso verwendet [184] wie voll hydraulische Lösungen. Die elektronische Regelung der Sperren erfolgt anhand der Radgeschwindigkeitssignale des ABS. Aus den achs- oder seitenweisen Differenzgeschwindigkeiten an Vorder- und Hinterachse kann das Steuergerät auf erforderliche Eingriffe an den Sperren schließen.

Aus Gründen der Aufwandsreduzierung kann die Funktion der geregelten Sperren durch Bremseneingriffe an den Antriebsrädern emuliert werden (Brems-Sperr-Differenzial BSD) [185]. Dies setzt voraus, dass eine ausreichende Bremsendimensionierung für eine längere Aktivierung des Bremseneingriffs vorliegt. Werden die Regelbedingungen für einen Bremseneingriff erfüllt, steuert die Pumpe des Bremsregelsystems (ABS, ASC ► Abschn. 5.5.2.3.1), DSC (► Abschn. 5.5.2.3.2) Volumen in die Bremse ein. Über die Magnetventile wird sichergestellt, dass durch eine Pulsstufenregelung des Bremsdruckes das Rad im Bereich optimalen Schlupfes gehalten wird. Das gegenüberliegende Antriebsrad kann durch den Bremseneingriff ein entsprechend dem eingestellten Bremsmoment höheres Antriebsmoment übertragen [186].

Das Prinzip des Bremseneingriffs an der Antriebsachse findet bei allen Antriebsarten Verwendung. In Erweiterung des Bremseneingriffs werden Systeme mit zusätzlichen Motoreingriff eingesetzt, die außer der reinen Traktionsregelung auch eine Beeinflussung der Fahrstabilität ermöglichen (Stabilitätssysteme).

5.5.2.3 Stabilitätssysteme

Systeme, die nicht einseitig die Traktionsoptimierung sondern auch die Fzg.-Stabilisierung in den Vordergrund stellen, erfordern zusätzliche Eingriffsmöglichkeiten in den Motor und ggf. weitere Sensorik, die eine Abschätzung des jeweiligen Fahrzustands gestattet. Neben passiven Systemen, die auf Fzg.-Instabilitäten mit einer Reduzierung der Kraftschlussbeanspruchung an den Antriebsrädern reagieren, gibt es aktive Systeme, die durch ein gezieltes Aufbringen von Korrekturmomenten (radindividueller Bremseneingriff) eine Stabilisierung des Fzgs. herbeiführen.

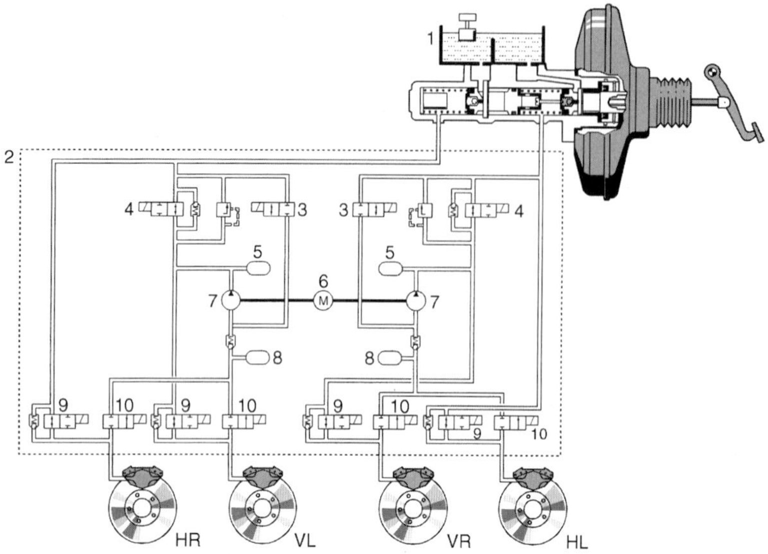

Abb. 5.223 ABS/ASC-Hydraulikschaltplan

5.5.2.3.1 Passive Systeme ASC, ASR

Passive Stabilitätssysteme verwenden in der Regel ebenso wie ABS nur Eingangssignale der Raddrehzahlfühler, nur in Sonderfällen werden weitere Signale verarbeitet. Stabilitätsregelsysteme wie ASC (Automatische Stabilitäts Control) [186] oder ASR (Antriebs Schlupf Regelung) [187] bauen auf der Basishardware des ABS auf. Zweckmäßige Modifikationen der Aktorik und Elektronik passen das System für den erweiterten Aufgabenumfang an. Durch einen Schnittstellenverbund zum Antriebsstrang besteht die Möglichkeit, Antriebsmomente in kritischen Situationen zweckmäßig zu modifizieren.

Abbildung 5.223 zeigt den prinzipiellen Hydraulikaufbau eines ASC-Systems für Fahrzeuge mit diagonaler Bremskreisaufteilung. Zur Regelung des Antriebsschlupfs an der Antriebsachse werden zusätzliche Ventile zur Trennung des Hauptzylinders von den Bremskreisen installiert, so dass an der Antriebsachse ein individueller BSD-Druckaufbau ermöglicht wird.

Über Schnittstellen zum Motor-Management können sowohl Diesel- als auch Ottomotoren in die Regelung eingebunden werden. Bei Überschreiten kritischer Antriebsschlupfwerte wird über die Momentenschnittstelle zur Motorsteuerung eine Reduktion des Antriebsmomentes vorgenommen, wobei als Regelkreise die kombinierte Zünd-/Einspritzausblendung, die Zündwinkelverstellung sowie die Drosselklappenregelung bei Ottomotoren bzw. die Einspritzmengen-Regelung bei Dieselmotoren zum Tragen kommt.

Die Aktuatorik für die Drosselklappensteuerung erfolgt überwiegend über eine elektronische Motorleistungsregelung (E-Gas). Bei Pkw Dieselmotoren wird auf die elektronische Regelung der Einspritzpumpe zurückgegriffen.

Bei Ottomotoren wird vereinzelt auf die Drosselklappe als Regelkreis verzichtet und stattdessen nur mit den Regelkreisen Zündung und Einspritzung operiert.

Um unerwünschte Pendelschaltungen während einer ASC-Regelung zu unterbinden, wird die ASC-Regelungs-Information an das Automatikgetriebe-Steuergerät übertragen.

Die negativen Auswirkungen übermäßigen Bremsschlupfs auf die Fahrstabilität an den Antriebsrädern beim heftigen Einkuppeln während eines Rückschaltvorgangs werden durch Regelkreise eliminiert, die durch einen gezielten Motoreingriff das Schleppmoment reduzieren (Motor-Schleppmomenten-Regelung MSR).

Mechanische Bremskraftregler an der Hinterachse werden weitgehend durch eine elektronische Regelung ersetzt, die sicherstellt, dass bei

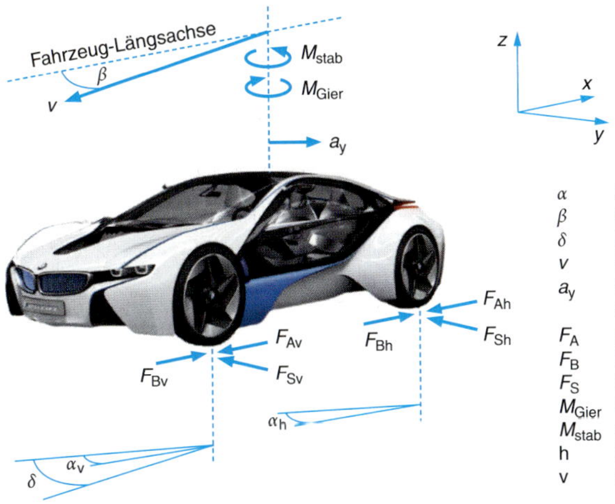

Abb. 5.224 Funktion DSC

allen Bremsvorgängen unabhängig von der Beladung und der Fahrsituation der Bremsschlupf der Hinterräder auch bereits unterhalb der ABS-Eingriffsgrenzen in stabilitätsunkritischen Bereichen gehalten wird (Elektronische Bremskraft Verteilung EBV) [188].

Bei Bremsvorgängen während spezieller Fahrsituationen – vorzugsweise bei Kurvenfahrt oder Fahrspurwechsel – kann auftretenden Instabilitäten durch eine Cornering Brake Control CBC begegnet werden [189]. Die CBC bringt durch seitenweise unterschiedliche Bremskräfte Kompensationsmomente auf, die eine fahrzeugstabilisierende Wirkung ermöglichen.

Der Zusammenbau von Steuergerät und Hydraulikaggregat (Aktuatorik mit Pumpe und Magnetventilen) führt zu kompakten Baueinheiten mit reduzierter Anzahl externer elektrischer Schnittstellen. Der Aufwand für die Verkabelung wird hierdurch minimiert, da die Ansteuerung der Magnetventile und der elektrohydraulischen Pumpe durch interne Kontaktierung erfolgt. Das Steuergerät mit Spulenträger wird über einen »magnetischen Stecker« mit der Hydraulikeinheit verbunden.

Ausführungen mit in die Betätigung integrierter Schlupfregelhydraulik haben sich wegen der damit verbundenen Variantenvielfalt nicht durchsetzen können. Heute überwiegen bei konventionellen Verstärker-Bremsanlagen Systeme, die in Add-On-Technik in die vorhandene Bremsanlage integriert werden (▶ Abschn. 7.2).

5.5.2.3.2 Aktive Systeme, DSC, ESP

Stabilitäts- und Traktionssysteme erleichtern das Befahren reibwertkritischer Fahrbahnen. Passive Systeme, die im wesentlichen nur den Längsschlupf, der aus den Raddrehzahlwerten abgeleitet wird, ausregeln, lassen in Abhängigkeit von der Fahrzeuggeschwindigkeit unterschiedliche Eingriffe an Bremse und Motor zu. Sie wirken sich entweder in einer Antriebsmomentenreduktion oder einer Umverteilung des Antriebsmoments auf die Antriebsräder aus.

Durch die Verwendung zusätzlicher Fahrdynamik-Sensorik (Querbeschleunigung, Gierrate, Lenkwinkel) lässt sich sowohl der Fahrzustand als auch die Fahrervorgabe hinsichtlich des beabsichtigten Fahrkurses ermitteln. Aus der Zielabweichung können dann die unterschiedlichen Stellorgane, die über den Schnittstellenverbund mit dem Steuergerät kommunizieren, aktiviert werden. Die aktive Stabilisierung des Fahrzeugs erfolgt über eine radindividuelle Druckbeaufschlagung der Radbremsen, um störenden Giermomenten durch entsprechende Kompensationsmomente zu begegnen, Abb. 5.224.

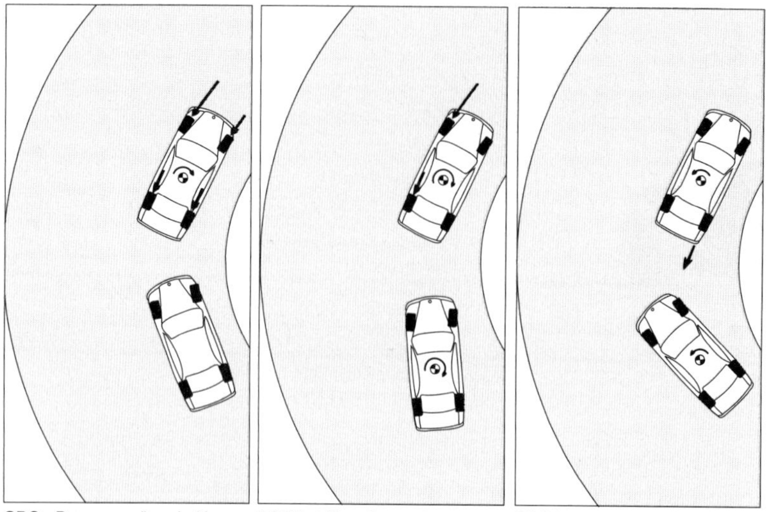

Abb. 5.225 CBC und DSC bei Kurvenfahrt

Solche Systeme – u. a. Dynamische Stabilitäts Control DSC [190], Elektronisches Stabilitäts Programm ESP [191] – weisen neben der reinen DSC-Funktion zur Giermomentenkompensation durch Korrekturmomente als unterlagerten Regelkreis ebenso wie bei der ASC die Cornering Brake Control CBC auf. CBC verschleift den Übergang zum DSC-Eingriff und erlaubt hierdurch ein unter allen Fahrsituationen komfortables Eingreifen des Regelungssystems. Die prinzipielle Wirkung von CBC und DSC ist in Abb. 5.225 dargestellt.

In mehreren Studien wurde die Unfall vermeidende bzw. Unfallfolgen reduzierende Wirkung dieser Systeme nachgewiesen. Durch den Einsatz von aktiven Fahrstabilitätssystemen können erhebliche Einsparungen der Unfall-Folgekosten mit entsprechend positiven Auswirkungen für die Volkswirtschaft erzielt werden (▶ Kap. 9). Der elektrohydraulische Aufbau von DSC/ESP erfordert neben den Magnetventilen zusätzliche Drucksensorik, hinreichend ausgelegte Rückförderpumpen sowie bei gehobenen Komfortansprüchen Sonderbauformen der Pumpe und eine stetige Regelung zumindest der Einlassventile, Abb. 5.226.

Durch Einsatz von Mehrkolbenaggregaten kann eine wesentliche Glättung des Volumenstroms herbeigeführt werden. Gepaart mit ausreichend dimensionierten elektromotorischen Antrieben lassen sich Stabilisierungsleistungen erzielen, die den Einsatz dieser Systeme weit in den fahrdynamischen Grenzbereich bei immer noch ausreichender Stabilisierung ermöglichen.

Die Verwendung des Mehrkolbenaggregates ermöglicht eine komfortable und akustisch unauffällige Nutzung der Hydraulikpumpe herunter bis in den Stillstandsbereich des Fahrzeugs. Abbildung 5.227 zeigt eine Ausführungsform mit einer 6-Kolbenpumpe (3 Kolben/Bremskreis) und einem Anbausteuergerät.

Für das Tieftemperaturverhalten der DSC wird durch Sondermaßnahmen im Bereich des Hauptzylinders und der DSC-Pumpe der negative Einfluss der Viskositätszunahme bei tiefer Temperatur auf die Druckbereitstellung der Bremse nahezu eliminiert. Früher übliche aktive Verstärker oder elektrische Vorladepumpen werden daher nur noch vereinzelt angetroffen.

DSC Systeme können entweder in konventioneller Unterdruck-Verstärkertechnik integriert werden oder mit Hilfe von hydraulischen Verstärkern realisiert werden. Die höheren Kosten von Hydraulik-Verstärkerbremsanlagen haben bislang nur zu beschränkter Verbreitung geführt.

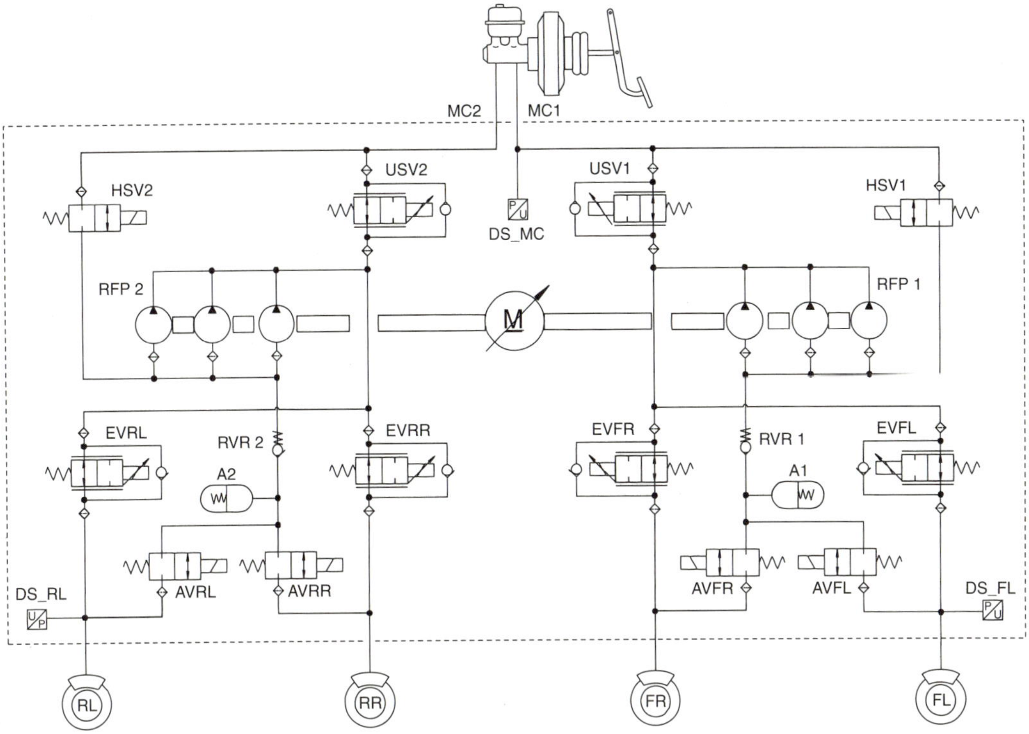

Abb. 5.226 Hydraulikschaltplan DSC (Quelle: Robert Bosch GmbH)

Abb. 5.227 DSC/ESP Aggregat mit 6-Kolbenpumpe und Anbau-Steuergerät (Quelle: Robert Bosch GmbH)

5.5.2.3.3 Elektronisches Bremsen Management EBM

Der aktive radindividuelle Bremseneingriff der Fahrdynamik-Regelsysteme (▶ Abschn. 5.5.2.3.2) ermöglicht die Realisierung umfangreicher zusätzlicher Funktionsumfänge, die unter dem Sammelbegriff des Elektronischen Bremsen Managements EBM zusammengefasst werden. In Abb. 5.228 ist ein morphologischer Stammbaum des EBM exemplarisch dargestellt.

Das EBM stellt die Verzögerungsschnittstelle zur ACC (▶ Abschn. 8.5.5) dar und ermöglicht

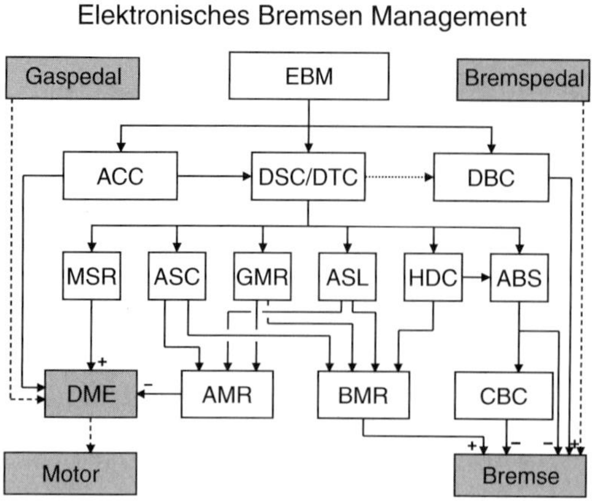

Abb. 5.228 Morphologischer Stammbaum EBM

darüber die Abstandsregelung zu vorausfahrenden Fahrzeugen.

Die Notbremsfunktion der Parkbremse (▶ Abschn. 7.2.5.9) lässt über die Verwendung der hydraulisch/elektronischen Regeleinheit Verzögerungen bis zu 0,6 g durch aktive Druckbeaufschlagung beider Bremskreise zu.

Der hydraulische Bremsassistent (▶ Abschn. 7.2.4.6) wird über die Dynamic Brake Control DBC der EBM-Regeleinheit dargestellt.

Für Bergabfahrten im unteren Geschwindigkeitsbereich besteht über die Hill Descent Control HDC die Möglichkeit der Geschwindigkeits-Konstantfahrt z. B. auch auf reibwertkritischen Fahrbahnen.

Fahrzeuggespanne werden mit Hilfe einer Anhänger Stabilisierungs Logik ASL aus dem pendelkritischen Geschwindigkeitsbereich automatisch herabgebremst.

Das EBM kann in Verbindung mit konventioneller Betätigungstechnik (Verstärkerbremsanlage, ▶ Abschn. 7.2.4.3) oder als Fremdkraftbremse (▶ Abschn. 5.5.2.4) ausgeführt sein (EHB, EMB).

5.5.2.3.4 EBMx für Allradfahrzeuge

Auf Basis des EBM lässt sich über den Bremseneingriff sowohl die Funktion einer Längssperre als auch die der Quersperren an Vorder- und Hinterachse emulieren. Hierdurch lässt sich ein sehr kostengünstiges Allradkonzept mit offenen Differenzialen realisieren.

Spezielle Detektions-Algorithmen erkennen fehlenden Bodenkontakt einzelner Räder bei Geländefahrt und ermöglichen über einen schnellen Regeleingriff an den Bremsen der betroffenen Räder eine wesentliche Traktionsverbesserung.

Weitere Anwendungen des EBMx ergeben sich bei Off-Road-Fahrzeugen über situativ zweckmäßig variierte Eingriffsgrenzen des ABS, die z. B. bei Bremsungen auf Oberflächen mit losem Untergrund bei Geradeausfahrt bewusst ein Blockieren der Vorderräder und somit ein »Eingraben« mit entsprechender Verzögerung ermöglichen.

Werden aus Gründen erhöhter Traktionsanforderungen geregelte Sperren oder Kupplungen verwendet, lässt sich deren Ansteuerung ebenfalls über eine zweckmäßig erweiterte Version des EBMx darstellen.

Die gesamte Fahrdynamikregelung verfügt dadurch in Ergänzung zur Bremse und dem Motor über einen dritten Regelkreis, mit dem gezielt die Verteilung der Antriebsmomente beeinflusst werden kann.

In Abb. 5.229 ist der Vergleich des Zeitverhaltens eines Allradsystems mit reiner Sperrenemulation über einen Bremseingriff zu einem System mit geregelter Mittenkupplung (xDrive [204]) dargestellt. Der erheblich verbesserte Momenttransfer zur Vorderachse resultiert in einer wesentlich spontaneren Beschleunigung auf den dargestellten Fahrbahnverhältnissen Eis/Asphalt.

Optimale fahrdynamische Verhältnisse liegen erst vor, wenn eine gezielte achsweise Querverteilung der Antriebsmomente vorliegt (▶ Abschn. 5.5.1). Aus Aufwandsgründen wird man hier primär auf die Achse mit dem höheren Achslastanteil fokussieren. In Ergänzung der klassischen Fahrdynamikregelung über Bremse mit radindividueller Eingriffsmöglichkeit, Antrieb und Längsmomentverteilung kann das resultierende Giermoment zusätzlich über seitenweise unterschiedliche Antriebskräfte pro-aktiv beeinflusst werden.

5.5.2.3.5 Weiterentwicklung

Durch konsequente Systemintegration und Optimierungen in der Steuergeräte- und Hydraulik-Hardware wurde eine erhebliche Gewichts- und Bauraumeinsparung im Laufe der Entwicklung erreicht.

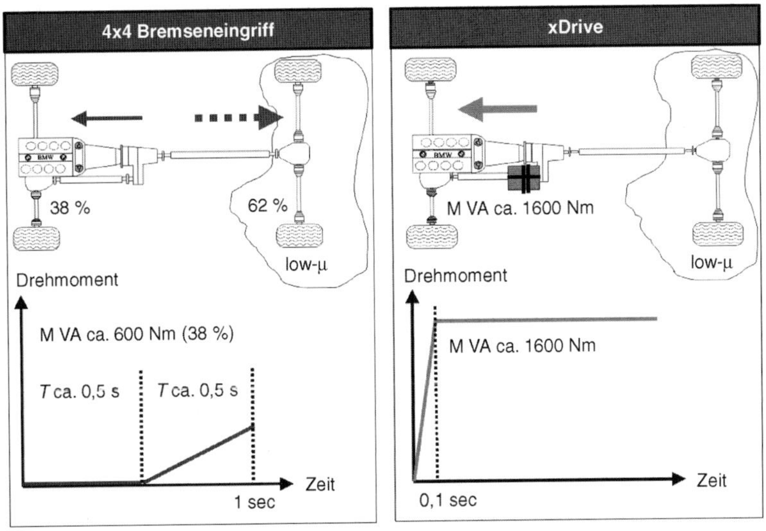

Abb. 5.229 Zeitverhalten im Vergleich zu konventionellem 4 × 4-Antrieb

Die Anbausteuergeräte-Technologie hat sich bei der absoluten Mehrzahl aller Anwendungen zum Standard entwickelt. Bei wesentlich verbesserter Funktionalität wurde die Komponentenanzahl drastisch reduziert, gleichzeitig wurden Bauvolumen und Gewicht mehr als halbiert.

Durch die Fortschritte auf dem Gebiet der Mikroelektronik wurden eine höhere Rechenleistung und ein wesentlich erweiterter Funktionsinhalt ermöglicht. Schnellere Prozessoren mit vergrößertem Speicherplatz erlauben die Einbindung weiterer kundenwerter logischer Funktionen.

Die dargelegten Maßnahmen haben wesentlich zu der rasanten Verbreitung der Bremsregelsysteme bis in Fahrzeugklassen des Kompaktsegments beigetragen. Für Anwendungen mit besonderen Komfort- und Funktionsansprüchen werden Optimierungen bestehender Systeme vorgenommen.

Durch die Verwendung der EHB-Ventiltechnik (▶ Abschn. 5.5.2.4) kann der Schaltkomfort wesentlich verbessert werden. Optimierungen an der Rückförderpumpe mit dem Ziel einer schnelleren Druckbereitstellung und einer Reduktion der hydraulischen Pulsation führen zu einer Leistungsfähigkeit, die der der Fremdkraftbremssysteme EHB und EMB (▶ Abschn. 5.5.2.3.2) sehr nahe kommt. Vorteilhaft ist dabei, dass weiterhin mit dem herkömmlichen 12 V-Bordnetz operiert werden kann.

5.5.2.4 DSC, ESP mit Fremdkraft-Bremsanlage

Verstärker-Bremsanlagen erzeugen die Bremskraft am Rad über die Bremsbetätigung des Fahrers. Die Fahrerfußkraft erfährt hinsichtlich ihrer Wirkung auf den Druckaufbau eine hydraulische oder pneumatische Verstärkung.

Im Gegensatz zu der Verstärker-Bremsanlage wird bei Fremdkraft-Bremsanlagen eine der Fahrerfußkraft proportionale Aussteuerung des Bremsmoments vorgenommen. Hierzu kommen grundsätzlich elektro-hydraulische (EHB) oder elektro-mechanische (EMB) Systeme in Frage.

Elektro-mechanische Bremssysteme sind ebenso wie elektrohydraulische Systeme wegen ihrer elektronischen Signalübertragung dem Brake-by-Wire zuzuordnen. Ausführungsformen der EHB werden vereinzelt in Pkw's verwendet, ein weiteres Einsatzgebiet ergibt sich bei Fahrzeugen mit Hybridantrieb (▶ Abschn. 5.5.2.5).

Während die bisherigen Ausführungsformen der EHB über eine hydraulische Rückfallebene verfügen, ist dies bei der EMB nicht vorgesehen. Die EMB erfordert ein Systemdesign, das sowohl hinsichtlich der Aktorik als auch im Hinblick auf Bordnetz und Datenkommunikation spezielle Vorkehrungen hinsichtlich Verfügbarkeit und Hilfsbremswirkung erforderlich macht.

Die EMB kann als direkt elektro-mechanisch zuspannender Sattel ausgeführt sein. Eine selbst verstärkende Variante stellt geringere Anforderungen an die Höhe der Bordnetzspannung.

Der Übergang von Add-On-Systemen zu integrierten Anlagen, die sowohl die Betriebsbremsfunktion als auch die Funktion der Stabilitätsregelung einschließen, kann mit Brake-by-Wire-Systemen erfolgen. Die Brake-by-Wire-Lösungen können entweder als Elektro-Hydraulische-Bremse (EHB) [192] oder Elektro-Mechanische-Bremse (EMB) [193] ausgeführt sein. In beiden Fallen wird der Bremswunsch des Fahrers sensiert und über ein Steuergerät in entsprechende Stellbefehle an die Aktuatorik gegeben. Die Rückmeldung über das eingestellte Bremsmoment erfolgt entweder über Drucksensoren oder über eine direkte Messung der Zuspannkraft.

5.5.2.5 Bremssysteme für Fahrzeuge mit Hybridantrieb

Neue Aspekte der Systemauslegung ergeben sich bei Fahrzeugen mit Hybridantrieb, bei denen ein möglichst hoher Anteil der Verzögerungsenergie als elektrische Energie zurückgewonnen werden soll. Eine Aktivierung der Reibungsbremse soll hier nur bei voll geladenem Energiespeicher oder bei hohen Verzögerungen erfolgen [216].

In allen anderen Fällen hat die Rekuperation über die als Generator arbeitende Elektromaschine zu erfolgen.

Der Verzögerungswunsch des Fahrers führt entsprechend der Betriebsstrategie zu unterschiedlichen Aktivierungen der generatorischen Bremsung sowie der Reibungsbremse. Abhängig von der Betriebsbremsanlage – Brake-by-Wire oder Verstärkerbremse – können zusätzliche Vorkehrungen erforderlich werden, um spezielle Anforderungen aus dem Rekuperationsbetrieb erfüllen zu können.

Weitere pedalentkoppelte Ausführungsformen der Bremsanlage für Hybridfahrzeuge bestehen in Sonderbauformen pneumatischer Verstärker, ◘ Abb. 5.230 die eine By-Wire-Funktionalität emulieren.

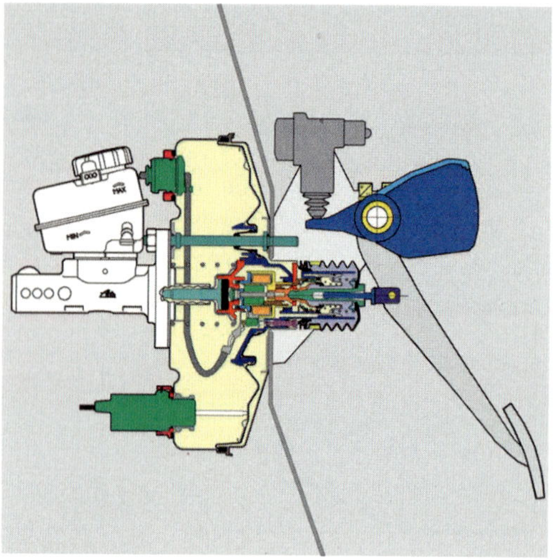

◘ **Abb. 5.230** Bremskraftverstärker für pedal-entkoppeltes Bremssystem

EH-Systeme können entweder mit Speichertechnik und entsprechend zugeordneten stetigen Ventilen kombiniert werden, oder es werden elektro-hydraulische Plunger eingesetzt.

Sowohl die EM-Lösung als auch die EH-Plungerlösung stellen erhöhte Ansprüche an die elektrische Energieversorgung.

Kombinationen von konventioneller Betätigung an der Vorderachse und elektro-mechanischer Zuspannung an der Hinterachse (Hybridbremse [205]) werden vor dem Hintergrund der Beibehaltung des 12 V Bordnetzes diskutiert.

5.5.2.6 Sensorik

Die Stabilitätsregelsysteme sind auf Sensorsignale angewiesen, die sowohl das Radverhalten als auch den Fahrzustand präzise beschreiben. Die wesentlichen Bauarten sind die Raddrehzahlfühler und die Fahrdynamiksensoren.

5.5.2.6.1 Raddrehzahlfühler

Bei der Radgeschwindigkeitssensorik wird zwischen »passiven« und »aktiven« Sensoren unterschieden. Passive Drehzahlfühler arbeiten nach dem Induktionsprinzip und liefern ein zur Drehzahl proportionales Spannungssignal, das über entsprechende Eingangsbeschaltungen im Steuergerät verarbeitet wird.

Der Drehzahlfühler tastet eine Impulsscheibe ab, die entweder als eigenständiges Bauelement im Achsbereich angordnet ist oder im Radlager integriert wird.

Da die Bewegung der Impulsscheibe Voraussetzung für die Spannungserzeugung des Sensors ist, lassen passive Sensoren keine Nullgeschwindigkeits-Messung zu.

Aktive Systeme basieren auf dem Hall Effekt oder nutzen das magnetoresistive Prinzip. Diese Sensoren können bereits aus dem Stillstand heraus ein Geschwindigkeitssignal abgeben. Durch ihre Spannungsversorgung ist bei aktiven Sensoren ein größerer nutzbar Luftspaltbereich zwischen dem Polrad und dem Sensor möglich. Eine weitere Steigerung möglicher Luftspalte ergibt sich mit Einsatz von kodierten (aufmagnetisierten) Impulsscheiben.

5.5.2.6.2 Fahrdynamiksensorik

Außer der Radgeschwindigkeitsinformation sind für fahrdynamische Regelsysteme mit aktiver Bremskrafteinsteuerung Sensoren zur Erfassung der Fahrdynamik erforderlich. Die Sensorsignale für die Gierrate [194], die Querbeschleunigung und den Lenkwinkel werden zur Ermittlung des Soll- und des Istkurses verwendet. Um Übergangszustände genauer unterscheiden zu können, wird zusätzlich der Bremsdruck sensiert.

Die Lenkwinkelsensorik zur Ermittlung des Fahrerwunsches bei DSC-Systemen muss neben der aktuellen Lenkradstellung auch den Lenkwinkelbereich erfassen können. Neben Sensoren in Potentiometer-Technologie werden auch digitale Sensoren auf opto-elektronischer oder Hall-Effekt-Basis verwendet.

Drucksensorik ist sowohl bei Brake-by-Wire Lösungen als auch bei konventionellen DSC-Systemen mit Verstärkertechnik erforderlich.

5.6 Abgasanlagen

5.6.1 Aufgaben und Komponenten der Abgasanlage

Abgasanlagen führen das bei der Verbrennung des Kraftstoff-Luftgemisches im Motor entstehende Abgas ins Freie. Die Abgasanlage übernimmt die Reinigung des Abgases und die notwendige Dämpfung des Abgasgeräusches. Dabei müssen gesetzlich vorgeschriebene Grenzwerte erreicht werden. In modernen Dieselabgasanlagen findet zusätzlich die Filterung und Verbrennung von Rußpartikeln statt, sowie die Umwandlung schädlicher NO_x-Bestandteile in N_2. Durch die Abstimmung der Abgasanlage an den Motor wird dessen Leistungs- und Drehmomentvermögen positiv beeinflusst. Zusätzliche Anforderungen wie fahrzeugtypischer Sound, geringes Gewicht (Kraftstoffverbrauch), Dauerhaltbarkeit, Optik (z. B. Endrohre) vervollständigen das Aufgabenspektrum einer Abgasanlage.

Eine Abgasanlage besteht prinzipiell aus *Abgaskrümmer, Katalysatoren, Partikelfilter (bei Diesel), Sensorik, Schalldämpfer, Endrohr, Aufhängungen, Rohrleitungen, Verbindungselementen* (■ Abb. 5.231).

Weitere Bauteile, wie z. B. Abgasrückführleitung, Turbolader, Entkopplungselemente, Injektoren, Verdampfer, Abgasklappe, Schwingungstilger, etc. werden je nach Fahrzeug- und Motorkonzept in der Abgasanlage zu einem Gesamtsystem zusammengefügt.

Der Abgaskrümmer ist das erste Bauteil einer Fahrzeugabgasanlage nach dem Motor. Die Hauptaufgabe des Krümmers ist, die Abgasströme aus den Auslasskanälen des Motors zusammenzuführen. Die Krümmergestaltung und die Gestaltung der am Krümmer oder Abgasturbolader angebundenen Rohre bzw. Katalysatoren haben einen erheblichen Einfluss auf das Leistungs- und Drehmomentverhalten des Motors sowie auf das Emissionskonzept des Fahrzeugs. Beim 4-Zylindermotor werden daher im Regelfall die Krümmerrohre der Zylinder mit maximalem Zündabstand zuerst zusammengeführt (Zylinder 1 und 4, bzw. 2 und 3), um eine negative Beeinflussung der Gaspulsationen auf den Ladungswechsel zu minimieren.

Die transiente Wärmekapazität des Krümmers spielt für die Schadstoffemission ebenfalls eine wichtige Rolle und sollte möglichst gering sein, um ausreichend Wärme für nachgeschaltete Katalysatoren bereit zu stellen.

Ein *Turbolader* dient zur Drehmoment- und Leistungssteigerung des Motors. Seine Turbinenschaufeln dämpfen dabei die vom Motor erzeugten

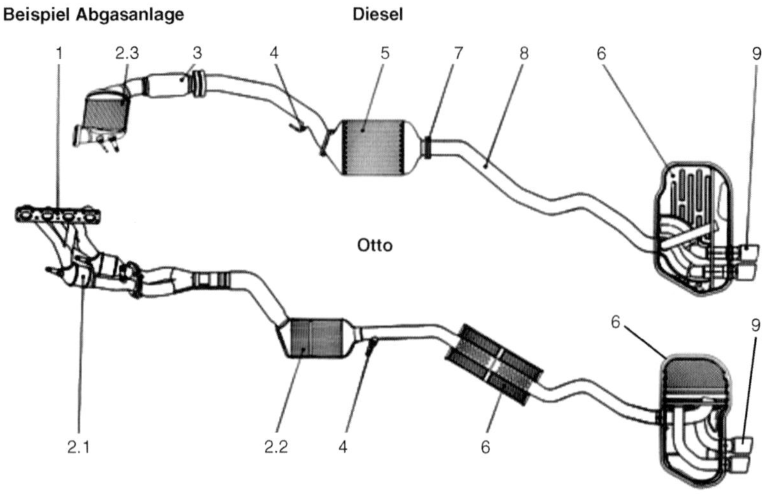

1 Abgaskrümmer, 2.1 Vorkatalysator, 2.2 Unterbodenkatalysator, 2.3 Motornaher Katalysator, 3 Entkoppelelement, 4 Sensorik, 5 Dieselpartikelfilter, 6 Mittel-, Nachschalldämpfer, 7 Verbindungselemente, 8 Rohrleitungen, 9 Endrohre

Abb. 5.231 Beispiele moderner Abgasanlagen

Gaspulsationen. Turbomotoren erfordern deshalb weniger aufwändige Abgasanlagen als Saugmotoren.

Katalysatoren vermindern bzw. eliminieren die Verbrennungsschadstoffe im Abgas von Otto- und Dieselmotoren durch Oxidations- oder Reduktionsvorgänge. Als Katalysatoren kommen in der Regel wabenartige Strukturen zum Einsatz, die längs durchströmt sind und eine große überströmte Oberfläche für die Katalyse der chemischen Reaktionen bieten. Je nach Anforderung werden ein oder mehrere Katalysatoren eingesetzt. Bei der Platzierung unterscheidet man motornahe Katalysatoren (direkt nach Krümmer bzw. nach Turbolader), Stirnwand-Katalysatoren (im Motorraum jedoch mit Abstand zum Turbolader bzw. Krümmer) und Unterboden-Katalysatoren. Ziel ist ein möglichst schnelles Anspringen des Katalysators, was durch eine motornahe Positionierung erreicht werden kann.

Dieselpartikelfilter dienen zur Reduktion von Partikelemissionen bei Dieselmotoren, deren Abgase außer den gasförmigen auch feste Schadstoffe in Form von Rußpartikeln enthalten. Im Gegensatz zu Katalysatoren wird bei Partikelfiltern das Grundmaterial direkt durchströmt, wodurch die Partikel im Filter verbleiben. Ruß, der Hauptbestandteil der Partikel wird durch Oxidation mit im Abgas enthaltenem Sauerstoff (O_2) oder Stickstoffdioxid (NO_2) entfernt. Bei diesem als Regeneration bezeichneten Vorgang verbleiben nicht oxidierbare Bestandteile als Asche im Filter.

Sensoren im Abgasstrang für chemische und physikalische Größen dienen der Funktionsüberwachung und der Regelung von Abgasreinigungssystemen.

Die für die Regelung beim Otto-Motor notwendige Kenntnis des Sauerstoffgehaltes im Abgas wird durch Lambdasonden direkt gemessen und von der Motorsteuerung entsprechend verarbeitet. Je nach Abgasanlagenkonfiguration kommen auch NO_x-Sensoren, Temperatur- und Druckmesssonden zum Einsatz.

Schalldämpfer sind meist eine Kombination verschiedener Dämpfungsmechanismen. Durch gezielte Auslegung eines Schalldämpfers und durch seine Lage im Abgassystem wird sowohl die Dämpfung der Gaspulsationen als auch das gesamte mechanische Schwingverhalten stark beeinflusst. Abhängig von der Lage im System unterscheidet man Vor-, Mittel- und Nachschalldämpfer. Bei Dieselmotoren wird auf diese vorderen Schalldämpfer zunehmend verzichtet, da Partikelfilter und Katalysatoren bereits ein ausreichendes Dämpfungsverhalten aufweisen. Im Schnitt wird für die Auslegung der Größe einer Schalldämpferanlage beim Ottomotor das 10fache des Hubvolumens angesetzt. Dieser Wert kann allerdings stark variieren, je nachdem ob es sich um ein betont sportliches oder limousinenhaftes Fahrzeug handelt. Neben der Erfüllung gesetzlicher Geräuschvorschriften hat die Erzeugung eines markentypischen und fahrzeugtypischen (z. B. Roadster) Klangbilds des Abgasgeräusches einen hohen Stellenwert.

Die Rohrleitungen einer Abgasanlage verbinden die einzelnen Abgaskomponenten zu einem abgestimmten System. Die Länge und der Querschnitt der Rohre sowie die Art der Zusammenführung beeinflussen die Leistungscharakteristik des Motors und das akustische Verhalten. Isolierte Rohre (z. B. durch Luftspalt) verändern den Wärmehaushalt in einer Abgasanlage und beeinflussen damit das Anspringverhalten des Katalysators entscheidend.

Verbindungselemente. Für die Montage, bzw. Demontage wird eine Abgasanlage in Baugruppen aufgeteilt. Als wieder montierbare Verbindungen werden Flanschverbindungen, Rohrschellen, V-Bandschellen, Kugelschellen und Verbindungshülsen eingesetzt.

Aufhängungen halten die Abgasanlage an dem Fahrzeug fest. Dabei soll die Übertragung von Schwingungen der Abgasanlage auf die Karosserie durch vibrationsdämpfende und schwingungsausgleichende Gummielemente vermindert werden. Die Aufhängung der Abgasanlage sollte vorzugsweise in den Schwingungsknoten des Gesamtsystems erfolgen.

5.6.2 Katalysatoren

Die Emissionen von Verbrennungsmotoren enthalten im Idealfall nur die Produkte vollständiger Verbrennung, also Wasser (H_2O) und Kohlendioxid (CO_2). Von realen Motoren werden jedoch außerdem eine Reihe von unerwünschten Abgaskomponenten emittiert. Gesetzlich limitiert sind die Emissionen von Kohlenwasserstoffen (HC), Kohlenmonoxid (CO), Stickoxiden (NO_x) sowie Partikeln (PM). Zur Minderung gasförmiger unerwünschter Abgaskomponenten werden Katalysatoren eingesetzt, bei Dieselmotoren auch Abgasrückführung.

Die Katalysatoren im Automobilbau bestehen aus feinzelligen wabenförmigen Strukturen aus keramischen oder metallischen Werkstoffen. Man unterscheidet zwischen beschichteten Systemen, bei denen der Monolith aus einem *Träger*, einer inerten Matrix, besteht auf die eine katalytisch aktive *Beschichtung* aufgebracht ist und *Vollextrudaten*, bei denen die Aktivkomponente in der gesamten Matrix gleichmäßig verteilt ist. Bei beschichteten Systemen wird auf den Träger ein *Washcoat* aufgebracht, der die Aktivkomponente enthält. Der Washcoat hat dabei zwei Funktionen: Zum einen ist er für die dauerhafte Verbindung von Träger und Beschichtung verantwortlich, zum anderen vergrößert er aufgrund seiner mikroskopischen Struktur die aktive Oberfläche. Die Zelldichte der Monolithe reicht je nach Einsatzfall von 200 cpsi (Zellen pro Quadratzoll) bis hin zu 1.200 cpsi, mit Wandstärken zwischen 12 mil ($\approx 0{,}3$ mm) bei Vollextrudaten und 2 mil zuzüglich Beschichtung bei Metallträgern.

Dünnwandige, hochzellige Substrate haben ein besseres Umsetzungsvermögen, weil sie eine hohe aktive Oberfläche mit schnellem Anspringverhalten nach dem Kaltstart verbinden.

Konventionelle Ottomotoren sind standardmäßig mit *Dreiwegekatalysatoren* ausgerüstet. Durch die Regelung des Verhältnisses von Kraftstoff und Verbrennungsluft auf das stöchiometrische Verhältnis $\lambda = 1$ im Abgas, werden die HC- und CO-Emissionen am Katalysator zu H_2O und CO_2 oxidiert und umgekehrt das NO_x zu Stickstoff (N_2) reduziert (▶ Abschn. 5.1.5.6).

Mager betriebene Ottomotoren verbrennen bei Sauerstoffüberschuss. Daher werden bei diesen Motortypen die HC- und CO-Emissionen mit reinen *Oxidationskatalysatoren* umgesetzt. Zur Verminderung der NO_x-Emissionen wird bei mager betriebenen Ottomotoren ein *NO_x-Speicherkatalysator* eingesetzt. Dieser Katalysator speichert im Betriebszustand $\lambda > 1$ das vom Motor emittierte NO_x in Form von Metallnitrat. Sobald der Katalysator seine maximale Speicherkapazität erreicht hat wird im Motorbetriebszustand $\lambda = 1$ das gebun-

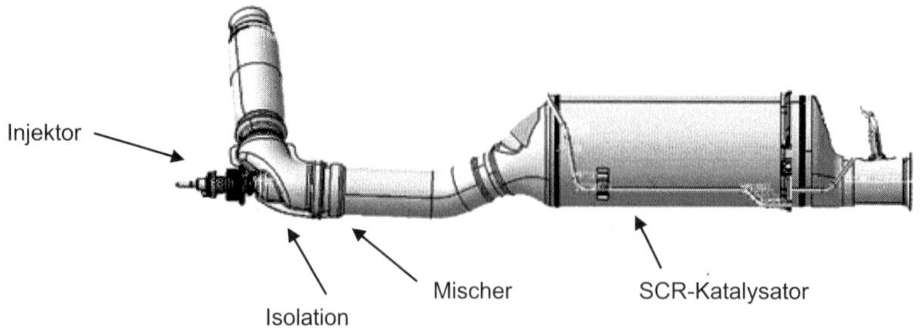

Abb. 5.232 SCR-Mischstrecke und SCR-Katalysator

dene NO_x in Form von NO_2 wieder ausgetrieben und zu N_2 reduziert.

Bei Dieselmotoren genügt zur Erfüllung der NO_x-Grenzwerte der Emissionsstufe Euro 5 seit 2009 in der Regel die Anpassung der Verbrennung mittels Einspritzpunktverschiebung und Abgasrückführung. Für Euro 6 ab 2014 sowie für die amerikanischen Emissionsgrenzwerte Tier2 Bin 5 ist eine zusätzliche NO_x-Nachbehandlung erforderlich. Zur Wahl steht neben dem NO_x-Speicherkatalysator die SCR-Technologie (Selektive Katalytische Reduktion). Dabei werden in einem speziellen Katalysator unter kontinuierlicher Eindüsung einer wässrigen Harnstofflösung (AdBlue™, in USA auch DEF – Diesel Exhaust Fluid) die Stickoxide zu Wasser und molekularem Stickstoff reduziert ▶ Absch. 5.1.5.6.

Das SCR-System (Injektor, Katalysator) ist meist nicht motornah angeordnet, sondern befindet sich zwischen dem Dieseloxidationskatalysator und dem Partikelfilter. Um dennoch eine ausreichende Betriebstemperatur im SCR-Katalysator sicherzustellen, muss die vordere Abgasanlage häufig erweiterte Isolationsmaßnahmen beinhalten. Außerdem kommt der Auslegung der Mischstrecke zwischen AdBlue™ Injektor und SCR-Katalysator eine große Bedeutung zu, um eine möglichst vollständige Umwandlung des AdBlue™ zu Ammoniak und eine gleichförmige Verteilung im nachgeschalteten Katalysator zu erreichen (siehe Beispiel in Abb. 5.232).

Alternativ zu AdBlue™ kann auch direkt Ammoniak eingespritzt werden. Die Herausforderung besteht dann in der Auslegung eines sicheren und praktikablen Ammoniak-Speicherungssystems (z. B. Metallsalze, wie Strontiumchlorid).

5.6.3 Partikelfilter

Partikelemissionen sind hauptsächlich ein Problem bei Dieselmotoren und im geringen Maße auch von direkt einspritzenden Ottomotoren. Das Größenspektrum der Partikel hat typischerweise ein Maximum bei ca. 100 nm. Diese Partikel sind Agglomerate von Kohlenstoff-Kernen mit angelagerten Kohlenwasserstoffen. Ein weiterer Bestandteil ist Asche, die sich sowohl in den Kondensaten (als Kondensationskeim) als auch in den Agglomeraten findet (▶ Abschn. 5.2.9).

Zur Eliminierung der Partikel aus dem Abgas werden derzeit hauptsächlich Filter aus keramischen Monolithen verwendet. Dabei sind die Kanäle wechselseitig auf der Ein- bzw. Auslassseite verschlossen. Das Abgas passiert die Kanalwand und Partikel werden dabei weitestgehend durch *Oberflächenfiltration* als Filterkuchen zurückgehalten. Derzeit am häufigsten eingesetzte Filtermaterialien aus Siliziumkarbid (SIC) haben Porositäten bis 40 %. Substrate mit über 60 % Porosität befinden sich bereits in der Entwicklung.

Andere Strukturen, wie keramische oder metallische Schäume, hochporöse Metallsinterfilter, sowie Faserfilter werden nur in beschränktem Umfang vor allem im Non-Road Bereich eingesetzt.

Durch die kontinuierliche Einlagerung von Ruß und Asche im Filter steigt der Abgasgegendruck. Um dem entgegenzuwirken muss der Ruß in regelmäßigen Abständen abgebrannt werden (»Regeneration«). Bei diskontinuierlicher *thermischer Regeneration* wird durch die Motorsteuerung die Abgastemperatur über die Zündgrenze von Ruß

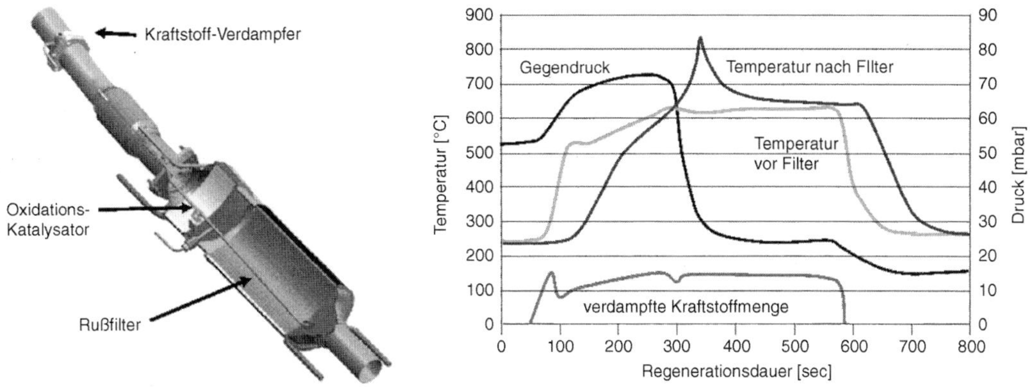

Abb. 5.233 Außermotorische Regenerationsunterstützung mittels Kraftstoff-Verdampfer

auf ca. 650 bis 700 °C angehoben. Der Ruß brennt mit O_2 ab. Um die Zündtemperatur des Rußes herabzusetzen und eine vollständige Regeneration des Filters zu gewährleisten werden teilweise katalytisch wirksame Kraftstoff-*Additive* verwendet Die dabei entstehenden Additiv-Aschen verringern zusätzlich zu den vorhandenen Ölaschen jedoch die Lebensdauer des Filters.

Rein motorische Maßnahmen zur Erhöhung der Abgastemperatur erlauben eine Filterregeneration nicht unter allen Betriebsbedingungen. In Ergänzung dazu besteht die Möglichkeit, nachmotorisch Kraftstoff beispielsweise durch Verdampfung ins Abgas einzubringen. Oxidation des Kraftstoffs an vorgeschalteten Katalysatoren oder an selbst katalytisch beschichteten Filtern erhöht die Abgastemperatur auf das für die Regeneration nötige Niveau (Abb. 5.233).

Die Reaktion zwischen NO_2 und Ruß wird zur *kontinuierlichen Regeneration* ausgenutzt. Diese Reaktion findet schon bei Temperaturen um 250 bis 300 °C statt.

Wesentlichen Einfluss auf die Regeneration eines Partikelfilters haben die Anströmung und die Verteilung der Rußbeladung über den Filterquerschnitt. Eine möglichst homogene Strömungs- und Temperaturverteilung führen zu einer gleichmäßigen Beladung des Filters. Gleichmäßige Rußverteilung ist wiederum eine Voraussetzung für eine über das ganze Filtervolumen vollständige Regeneration bei gleichzeitig minimierter thermischer Belastung für das Filtersubstrat.

5.6.4 Canning und Monolith-Lagerung

Als *Canning* bezeichnet man die Lagerung von Substraten oder Trägern in einem metallischen Gehäuse, das in den Abgasstrom eingesetzt wird. Keramische Substrate sind Monolithe, die durch hohe Druckfestigkeit in Längsrichtung aber durch geringe mechanische Stabilität quer zur Strömungsrichtung gekennzeichnet sind.

Für die Lagerung des Monolithen im Blechgehäuse wird meist eine *Lagerungsmatte* eingesetzt (Abb. 5.234).

Dadurch werden zum einen die geometrischen Toleranzen der Substrate egalisiert, zum anderen muss die Lagerungsmatte aber auch die im Betrieb unter wechselnden Temperatur- und Druckverhältnissen auftretenden Haltekräfte für den Monolith aufnehmen. Daneben dient die Matte als thermische Isolation nach außen (Reduzierung der Oberflächentemperatur) und nach innen (Wärmespeicher im Substrat). Ausreichend Haltekräfte bedingen einen entsprechenden Druck zwischen Träger und Matte. Zielkonflikt zwischen Haltbarkeit und der Funktion des Trägers: Dünnwandige Hochzeller haben weniger Festigkeit, sind also bruchempfindlicher, andererseits haben diese höhere Umsetzungsraten.

Unrunde Formen ergeben sich häufig aus der Einbausituation im Fahrzeug, die Festigkeit nimmt abhängig von der Unrundheit ab (Abb. 5.235).

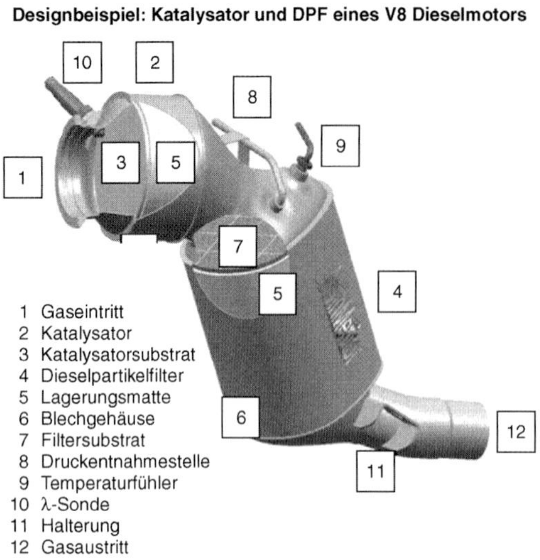

■ Abb. 5.234 Detailschnitt eines motornahen Dieselpartikelfilters mit vorgeschaltetem Oxidationskatalysator

Geometrische Toleranzen ergeben sich im Herstellungsprozess der Substrate während dem Extrudieren und Handling des Rohlings und während dem Tempern im Ofen. Im Canningprozess müssen diese Einflüsse dahingehend berücksichtigt werden, dass bei genügend Haltekraft (im Betrieb) die Prozessparameter beim Schließen des Gehäuses ausreichend toleriert sind. Zu hohe Drücke am Monolith erhöhen das Bruchrisiko, zu niedrige Drücke führen zu reduzierter Haltekraft mit der Gefahr von Monolithverschiebung.

Bei Lagerungsmatten wird grundsätzlich zwischen quellenden und nicht quellenden Materialien unterschieden. Die keramischen Fasern bei Quellmatten werden mit Vermikulliten (= Glimmerbestandteile) vermischt, die zu einer Volumenvergrößerung im Betrieb bei ausreichend Temperatur führen. Die Materialien werden durch einen Binder in eine verarbeitungsfähige Form als Matte gebracht. Eine typische Verteilung ist 10 % Binder, 45 % Fasern, 45 % Vermikullit. Nicht quellende Matten bestehen fast ausschließend aus reinen Fasern ($\geq$ 90 %) und Binder. Wichtigste Kenngröße der Matten ist das GBD (engl.: gap bulk density). Es charakterisiert die Verpressung einer bestimmten Masse des Mattenmaterials im Spalt zwischen Monolith und Rohrmantel.

Das GBD-Fenster beschreibt den Bereich zwischen dem GBD bei maximal möglichem kurzeitigem Druck, bedingt durch die Substratfestigkeit, und dem GBD bei minimal notwendiger Haltekraft (■ Abb. 5.236). Nicht quellende Matten haben ein wesentlich größeres GBD-Fenster als Quellmatten. Je größer das GBD-Fenster, desto mehr Prozessbreite ist möglich. Im Motorbetrieb sind Quellmatten (QM) wg. abnehmendem Druck kritisch im Bereich gemäßigter Temperaturen bei ca. 250 °C, wo die Binderausgasung/Oxidation beginnt, aber noch keine Expansion des Vermikullits einsetzt (sog. Binderloch). Nicht quellende, reine Fasermatten (NQM) zeigen dagegen eine weitaus geringere Abnahme des Drucks über der Temperatur (■ Abb. 5.236).

Neben den physikalischen Anforderungen unterliegen Lagerungsmatten auch Umweltgesichtspunkten, die einerseits durch die Gefahrstoffverordnung und andererseits durch die in der sog. TRGS (Technical guideline for hazardous substances) 905 (WHO-fibre), 619 (material substitutes) und 521 (fibre dust) beschrieben sind.

Canningtechnologien: 4 Methoden werden grundsätzlich unterschieden, alle haben das Ziel, ausreichend Haltekraft unter allen Betriebszuständen zu gewährleisten und während dem Canning eine möglichst geringe Belastung des Substrats zu realisieren (■ Abb. 5.237). Konstante Prozessparameter am Schließwerkzeug sollten stabiles GBD oder besser noch definierten Mattendruck zur Folge haben.

Wickeln war die am meisten verbreitete Technologie: Mit definiertem Druck auf einen vorgeformten Blechmantel wird gezielt auf gleichmäßigen Mattenspalt am Umfang verpresst. Wickeln gleicht deshalb geometrische Toleranzen der Substratoberfläche teilweise aus. Nach dem Schließen des Mantels wird dieser durch eine Längsschweißnaht geschlossen. Grenzen der Technologie: extrem flache Formen, die nach dem Schließen durch den Mattendruck wieder aufgedrückt werden. Mit Hilfe gezielter Mantelblechvorformung und segmentiertem Außendruck kann dieser Effekt reduziert werden.

Bei der *Halbschalenbauweise* wird das Substrat mit der Lagerungsmatte in die tiefgezogene Blechunterschale eingelegt und diese nach dem

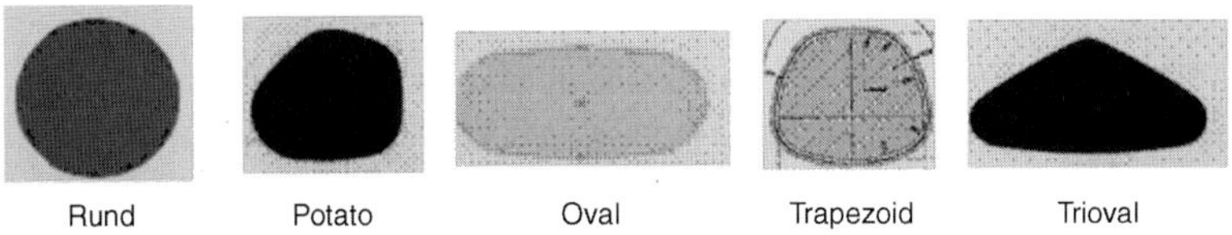

Abb. 5.235 Konturbeispiele heutiger Katalysatoren oder Partikelfilter

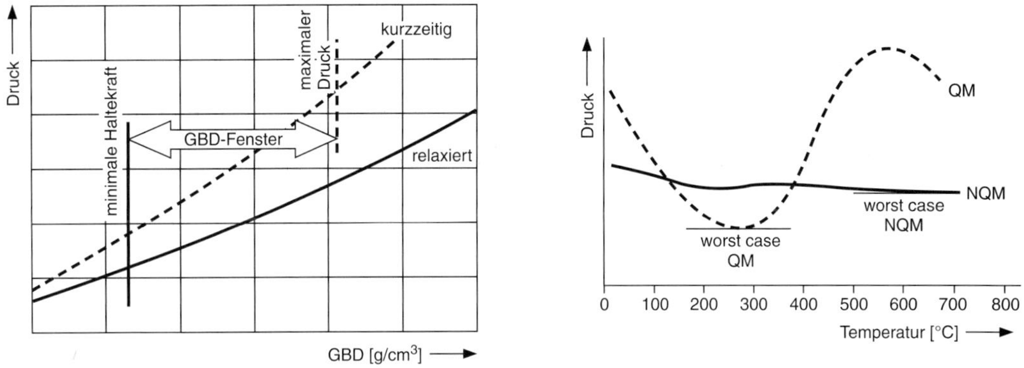

Abb. 5.236 Druck-GBD Kennlinie und Druck-Temperatur Kennlinie von Lagerungsmatten

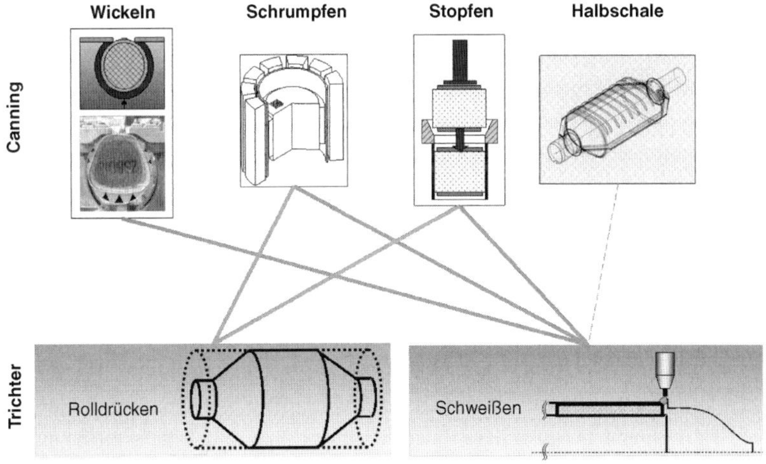

Abb. 5.237 Canning- und Trichteranbindungs-Technologien

formschlüssigen Schließen mit der Oberschale verschweißt. Verrippte Schalen erhöhen die Steifigkeit des Gehäuses bei flachen Formen. Grenzen: Durch das Schließen der Schalen wird die Streuung der Hochachse des Substrats teilweise egalisiert, Spaltstreuungen in Querrichtung und im Bereich der Gehäuserippen können nur durch eine größere Mattendicke ausgeglichen werden.

Gestopfte und geschrumpfte Katalysatoren sind Rohrkatalysatoren.

Beim *Stopfen* wird die um das Substrat gewickelte Lagerungsmatte axial in ein Rohr gepresst und dabei die Matte durch einen Konus verdichtet. Die geometrischen Substrattoleranzen werden dabei über Klassifizierungen einem definierten konstanten Rohrdurchmesser zugeordnet. Grenzen: Sind hohe Haltekräfte notwendig, führen diese wegen der zunehmenden Scherkräfte und Reibungskräfte beim Einschieben des Substrates zur Schädigung der Matte. Die Verwendung vorgeformter Rohrformen prädestiniert das Stopfen als Canning-Verfahren für unrunde Substrate.

Beim *Schrumpfen* wird das Mantelrohr mechanisch auf einen definierten Durchmesser radial reduziert. Eine vorgeschaltete radiale Druckmessung auf Matte und Substrat korreliert den Zielwert für den Durchmesser mit dem individuellen Mattendruck und dem Substratdurchmesser. Die gezielte radiale Verdichtung der Matte führt zu extrem geringen lokalen Belastungen auf das Substrat. Damit ist das Schrumpfen allen anderen Technologien überlegen. Grenzen sind gegenwärtig noch unrunde Teile wg. dem ungleichen Auffederungsverhalten am Umfang.

Die Auswahl des richtigen Canningverfahrens hängt auch von der Trichter/Mantelverbindung bzw. der Form des Trichters ab (◘ Abb. 5.237). Konzentrische *Rohrkatalysatoren* können vorteilhaft mit angerollten Konen kombiniert werden. Gewickelte Katalysatoren haben die größten Freiheiten, was die Monolithform betrifft und können mit unterschiedlichen Trichterkonturen verschweißt werden. *Halbschalenbauweise* kann Vorteile haben, wenn die aufwendigen Tiefziehteile bereits die Trichter enthalten sowie bei extrem flachen Formen.

5.6.5 Schalldämpfer

Bauarten und Wirkungsweise Je nach dem zur Verfügung stehenden Raum im Unterbodenbereich des Fahrzeuges werden Schalldämpfer in Wickel- oder Schalenbauweise bzw. mittels Rolldrücken hergestellt. Beim kostengünstigen Wickelschalldämpfer, in der Regel mit ovalem oder rundem Querschnitt, wird der Mantel durch Falzen oder Schweißen verbunden. Aufgrund der bei modernen Fahrzeugen engen Platzverhältnisse kommen vermehrt Schalenschalldämpfer zum Einsatz, deren Gehäuseober- und unterschalen durch Tiefziehen erzeugt werden. Zur Vermeidung von Resonanzen der Schalldämpferoberfläche, die zu störender Schallabstrahlung führen, werden die Schalen versickt, eine Optimierung erfolgt durch den Einsatz moderner Rechenverfahren (▶ Abschn. 11.3) [227]. Grundsätzlich kommen in heutigen Schalldämpferanlagen zwei Dämpfungsprinzipien zum Einsatz, je nach Anforderung einzeln oder auch in Kombination (◘ Abb. 5.238).

Beim *Absorptionsprinzip* wird in Schalldämpferkammern poröses Material in Form von gesundheitlich unbedenklichen Endlosglasfasern oder kurzen, biolöslichen Fasern eingebracht. Aufgrund der Ausblasgefahr der Absorptionsstoffe muss hier die Strömung in perforierten Rohren, welche ggf. noch zusätzlich mit Stahlgestrickmatten abgedeckt werden, geführt werden. Die Schallenergie wird durch Reibung in Wärme umgesetzt, die Absorption beginnt ab ca. 200 Hz und besitzt im Kilohertzbereich eine sehr hohe Dämpfung. Optimierungen können durch Variation der Fülldichten (100 bis 150 g/l), des Absorptionsmaterials (Texturierung, Faserstärke) und auch der Geometrie der Absorptionskammer erreicht werden.

Mit dem Reflexionsprinzip können hauptsächlich tiefe Frequenzen beeinflusst werden. Eine gezielte Anordnung von Kammern, die durch Rohrleitungen verbunden sind, bewirkt aufgrund der Querschnittssprünge und Interferenzen hohe Dämpfungen bis in den tiefen Frequenzbereich von unter 100 Hz.

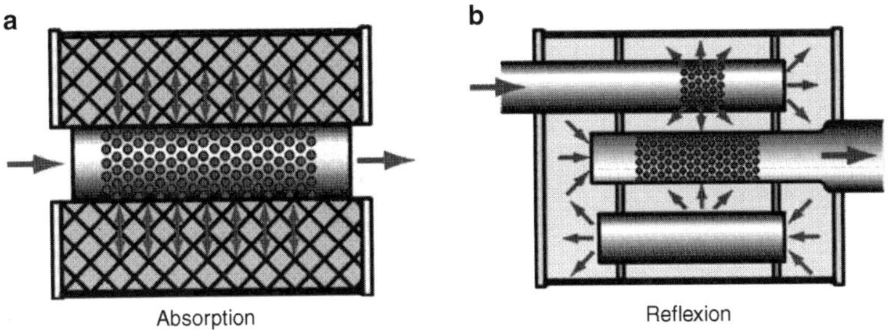

Abb. 5.238 Schalldämpfungsprinzipien

Häufig wird eine *Kombination* beider Schalldämpferprinzipien genutzt, um im gesamten Frequenzbereich die gewünschte Dämpfung zu erreichen.

5.6.6 Akustische Abstimmung

Das Mündungsgeräusch der Schalldämpferanlage wird durch den Einsatz von 1-D- und 3-D-Berechnungsmethoden ausgelegt und am Prüfstand optimiert. Dabei ist der Auslegungskonflikt zwischen niedrigem Gegendruck und hoher akustischer Dämpfung zu bewältigen. Durch die Hervorhebung oder Absenkung von bestimmten Frequenzanteilen der am Motorauslass erzeugten Abgaspulsationen in der Schalldämpferanlage kann ein spezifischer Klang erzeugt werden. Bei diesem als »Sound Engineering« bezeichneten Verfahren wird das akustische Verhalten der Abgasanlage gezielt so abgestimmt, dass sowohl ein fahrzeug- als auch markentypischer Klang entsteht [218, 219]. Ein Roadster wird daher in der Regel lauter sein und signifikante tieffrequente Geräuschanteile aufweisen, während eine Luxuslimousine möglichst keinerlei auffälliges Brummen haben darf (▶ Abschn. 3.4).

Zur Erreichung eines bestimmten Mündungsgeräusches gibt es, basierend auf dem Grundprinzip Reflexion, folgende häufig eingesetzte Schalldämpferelemente [220, 221]:

Die *Tiefpass-Kammer* dämpft breitbandig oberhalb ihrer Eigenfrequenz, die so tief abgestimmt sein muß, dass unerwünschte Brummigkeit vermieden wird. Für die Resonanzfrequenz gilt:

$$f_0 = \frac{C}{2\Pi}\sqrt{\frac{A \cdot L}{V}}$$

mit A: Rohrquerschnitt; L: Rohrlänge; V: Kammervolumen; C: Schallgeschwindigkeit.

In erster Näherung kann der Endschalldämpfer einer Abgasanlage als isolierter Tiefpass betrachtet werden. Anhand der Gleichung kann man dann ersehen, dass eine Reduzierung von f_0 und damit eine Erhöhung der Dämpfung für alle Frequenzen größer f_0 durch eine Verlängerung des Ausgangsrohrs, eine Verkleinerung des Rohrquerschnitts oder eine Erhöhung des Kammervolumens erfolgen kann. In vielen Fällen ist die Ausgangsrohrverlängerung das Mittel der Wahl, da eine Querschnittsverkleinerung unweigerlich den Druckverlust der Abgasanlage erhöht und überdies störendes Strömungsrauschen erzeugen kann. Einer ebenso möglichen Volumenvergrößerung steht sehr häufig der fehlende Baumraum entgegen [221].

Der *Helmholtz-Resonator* dämpft im Bereich seiner Resonanzfrequenz, vergleichbar einem spezifischen Filter. Die Resonanzfrequenz errechnet sich analog obiger Gleichung [222]. Helmholtzresonatoren werden eingesetzt um spezifische Störfrequenzen zu eliminieren, wie z. B. tieffrequentes Brummen im Leerlauf.

Das *Lambda-Viertel-Rohr* dämpft nur sehr schmalbandig. Dabei wird die Rohrlänge L so ausgelegt, dass sie einer viertel Wellenlänge der zu dämpfenden Frequenz entspricht. Wie in unten stehender Gleichung ersichtlich, kommt es auch

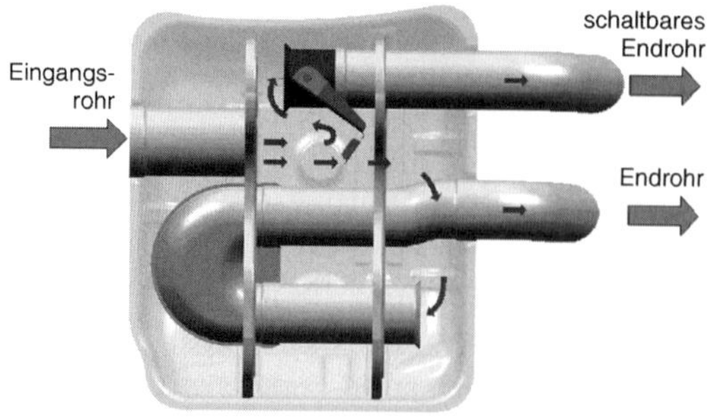

Abb. 5.239 Schalldämpfer mit Klappe; Klappe geöffnet

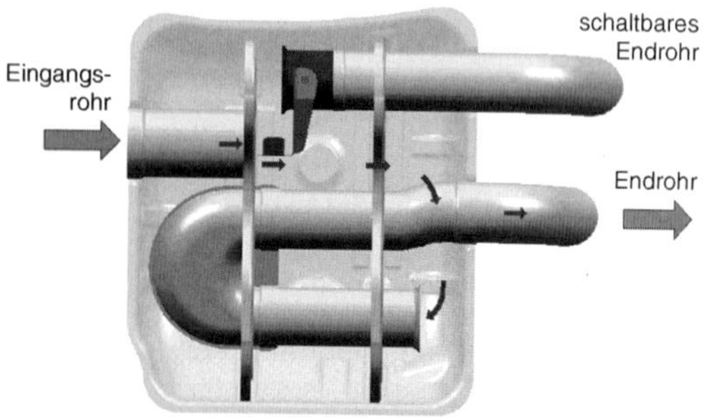

Abb. 5.240 Schalldämpfer mit Klappe; Klappe geschlossen

bei den ungeraden Vielfachen der Grundresonanz zu einer Dämpfung.

$$f_n = \frac{(2 \cdot n - 1) \cdot C}{4 \cdot L}$$

mit L: Rohrlänge; C: Schallgeschwindigkeit und n: Ordungszahl $(1, 2, 3, \ldots)$ [223].

Perforationen in Böden oder Rohren können sowohl für die gezielte Führung des Abgases innerhalb des Schalldämpfers als auch zur breitrandigen Dämpfung eingesetzt werden. Diese Dämpfung entsteht durch Reibungseffekte beim Durchtritt des Abgases. Bei dieser Durchströmung können jedoch auch ungewollte Effekte, wie erhöhter Gegendruck und erhöhtes Strömungsrauschen auftreten.

Mittels *Übersprechstelle* lassen sich in zweiflutigen Abgasanlagen die Anteile einzelner Motorordnungen beeinflussen.

Klappen erzeugen je nach Schaltstellung unterschiedliche Schall- und Strömungswege mit Vorteilen im Dämpfungs- und Abgasgegendruckverhalten. Extern gesteuerte Klappen werden drehzahl- und lastabhängig über ein pneumatisches Ventil oder einen elektrischen Aktuator geschaltet und sind im Allgemeinen in den Rohrleitungen oder im Endrohr eingebaut. Autonome Klappen werden hingegen sowohl in Reflexionsschalldämpfern als auch in den Rohrleitungen eingesetzt. Sie öffnen und schließen in Abhängigkeit vom Abgasimpuls und einer mechanischen Feder selbstständig.

Abbildung 5.239 und Abb. 5.240 zeigen exemplarisch den Strömungsweg in einen Schalldämpfer bei unterschiedlichen Klappenstellungen. Wie sich aus obiger Gleichung ableiten lässt, mindert ein Klappenschalldämpfer den Zielkonflikt »hohe Dämpfung vs. geringer Druckverlust«, über die drehzahl- und lastabhängige Bereitstellung unterschiedlicher Strömungsquerschnitte.

Aktive Abgasanlagen verfügen über einen oder mehrere Aktuatoren (meist elektrodynamische Lautsprecher), die das akustische Verhalten der Abgasanlage positiv beeinflussen. Man unterscheidet ANC (**A**ctive **N**oise **C**ancellation) und ASD (**A**ctive **S**ound **D**esign). Mit solchen Systemen kann ein gewünschtes Klangbild durch Einbringen zusätzlicher Klangkomponenten erzeugt werden (ASD), oder auch der Geräuschpegel mittels Gegenschall abgesenkt werden(ANC).

5.6.7 Körperschall

Neben dem klassischen Mündungsgeräusch wird über die Abgasanlagenaufhängungen Körperschall in die Karosserie eingeleitet. Ursache ist die mechanische Anregung der Abgasanlage durch den Motor, der eine feste Einspannstelle der Abgasanlage darstellt (Zwangserregte Schwingung). Die Abgasanlage weist aufgrund ihrer Größe, der Massenverteilung und ihrer Form ein sehr komplexes Schwingverhalten auf. Häufig treten Resonanzen bereits bei niedrigen Frequenzen auf und führen zu einem hörbaren Geräuscheintrag in die Fahrgastzelle. Eine Beurteilung des Abgasanlagenschwingverhaltens (Betriebsschwingungsanalyse) wird daher meist in Verbindung mit einer Betrachtung des Innengeräuschs durchgeführt. Die Betriebsschwingungsanalyse wird zur optimalen

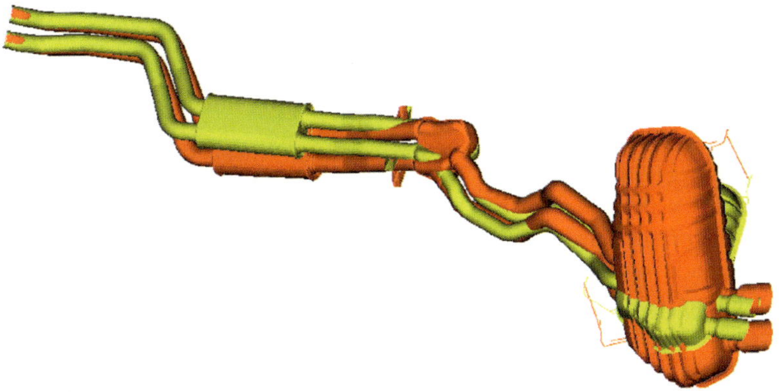

Abb. 5.241 Eigenfrequenz einer Abgasanlage bei 46 Hz; Darstellung der AGA im Grundzustand (gelb) und ausgelenktem Zustand (orange) bei einer gekoppelten Biege- und Torsionsschwingung; die Amplituden sind zur Visualisierung deutlich überhöht

Auslegung auch mittels einer Finite Element Betrachtung durchgeführt wie Abb. 5.241 zeigt.

Simple Auslegungsregeln für das Schwingverhalten der Abgasanlage existieren aufgrund der räumlich komplizierten Schwingungen nicht. In der Praxis wird daher die Abgasanlage primär anhand des zur Verfügung stehenden Bauraums konzipiert und über möglichst früh durchgeführte FEM-Berechungen im Schwingverhalten optimiert. Als Maßnahmen stehen dafür Änderungen der Massenverteilung (Verschiebung/Größenänderung von z. B. Schalldämpfern) und Steifigkeiten (Rohrdurchmesser, -wandstärken) zur Verfügung. Zusätzlich werden auch Massentilger oder motor- bzw. getriebefeste Halter eingesetzt.

5.7 Bordenergie-Management

5.7.1 Ausgangssituation

Die Anforderungen zur Reduzierung des Kraftstoffverbrauchs und der Emissionen steigen stetig. Gleichzeitig nimmt die Nachfrage an Sicherheits- und Komfortfunktionen in modernen Kraftfahrzeugen kontinuierlich zu. Die Realisierung zusätzlicher Funktionalität führt zu einem steigenden Anteil elektronischer Steuergeräte und elektrischer Verbraucher und damit zu einem vermehrten Energiebedarf. Die Erzeugung von zusätzlich 100 W elektrischer Leistung bedeutet aber einen Mehrverbrauch von etwa 0,1 bis 0,15 l/100 km und wirkt damit der Anforderung nach Reduktion des Kraftstoffverbrauchs entgegen. Um die beiden konträren Ansprüche gleichzeitig erfüllen zu können, sind neue Lösungsansätze gefragt. Eine Möglichkeit bietet ein Energiemanagement, welches die Energieflüsse im Kraftfahrzeug intelligent steuert und gleichzeitig die elektrische Energieversorgung des Kfz sicherstellt. Das Ziel eines Energiemanagements ist die Sicherstellung der Startfähigkeit und damit die weitgehende Vermeidung von Liegenbleibern durch entladene Batterien sowie die Steigerung der Energieeffizienz im Fahrzeug, um Kraftstoffverbrauch und Emissionen zu senken. Weitere Aufgaben sind die Erhöhung der Zuverlässigkeit der elektrischen Energieversorgung, Sicherstellung der Spannungsstabilität, die Optimierung der Verfügbarkeit von Komfortsystemen, auch bei Motorstillstand, und die Erhöhung der Batterielebensdauer. Diese Ziele stehen teilweise in Konkurrenz zueinander und müssen daher entsprechend priorisiert werden. Bei zukünftigen sicherheitsrelevanten Anwendungen ist ein Energiemanagement zur Sicherstellung der Energieversorgung dieser Systeme unabdingbar.

Im Folgenden sind beispielhaft einige elektrische Verbraucher aufgeführt, die aufgrund der beschriebenen Anforderungen eingeführt wurden bzw. deren Einführung angedacht wird:

- PTC-Zuheizer
- Frontscheibenheizung
- Elektrische Klimatisierung
- Elektrische Servolenkung
- Elektrische Kühlmittelpumpe

Der Einsatz elektrischer Nebenaggregate, die durch den Entfall der Kopplung mit dem Verbrennungsmotor einen bedarfsgerechten Betrieb ermöglichen und damit den Kraftstoffverbrauch senken, erhöht den elektrischen Energiebedarf weiter. Hierzu zählen die elektrische Wasserpumpe, die elektrische Ölpumpe oder Elektrolüfter. Die elektrische Servolenkung kann den Kraftstoffverbrauch senken, erhöht aber gleichzeitig den elektrischen Energieverbrauch. Die bedarfsgerechte Ansteuerung reduziert zudem den Kraftstoffbedarf bis zu 0,3 l/100 km [229]. Allerdings stellen elektrische Servolenkungen hohe Anforderungen an das elektrische Bordnetz, sowohl in Bezug auf die Verfügbarkeit als auch aufgrund der hohen auftretenden Spitzenlasten bei Lenkmanövern.

Parallel zum steigenden Energiebedarf verschlechtern sich die Randbedingungen für die elektrische Leistungserzeugung. Die Verkehrsentwicklung mit vielen Staus und hohen Leerlaufphasen reduziert das Drehzahlangebot für den Generator und damit dessen Leistungsabgabe. Kraftstoff sparende Maßnahmen im Triebstrang wie die Absenkung der Leerlaufdrehzahl oder ein Stopp-Start-Betrieb erschweren die elektrische Leistungserzeugung weiter und stellen parallel erhöhte Anforderungen an die Zuverlässigkeit des elektrischen Bordnetzes.

Hybrid- und Elektrofahrzeuge stellen darüber hinaus noch weitere Anforderungen an die elektrische Energiebereitstellung und deren Betriebssicherheit, insbesondere auch die Einführung von Spannungen oberhalb der Berührschutzspannung. Dies hat z. B. auch Einfluss auf den Werkstattservicebereich.

5.7.2 Der Klauenpolgenerator im Energiebordnetz

Zur elektrischen Versorgung eines Fahrzeugs mit konventionellem 12 V- oder 24 V-Bordnetze werden in Kraftfahrzeugen Drehstromlichtmaschinen eingesetzt. Wegen seiner robusten Bauform und der preisgünstigen Herstellung hat sich für diesen Anwendungsbereich allgemein der Klauenpolgenerator (◘ Abb. 5.242) durchgesetzt, der ein ähnliches Verhalten wie ein Schenkelpolsynchrongenerator besitzt.

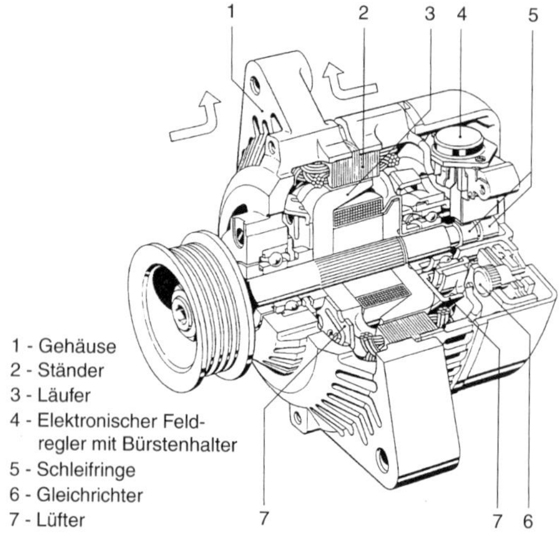

◘ **Abb. 5.242** Aufbau eines Klauenpol-Generators

Diese Generatoren besitzen ein geblechtes *Ständerpaket* mit Dreiphasenwicklung. In dieser *Wicklung* wird durch das Drehfeld ein Dreiphasen-Wechselstrom erzeugt. Da die Batterie zum Laden einen Gleichstrom erfordert, muss der Generator über einen *Gleichrichter* mit dem Bordnetz verbunden werden. Der erzeugte Drehstrom wird hierzu durch eine Diodenbrücke (B6-Brücke) gleichgerichtet. Gleichzeitig dient die Diodenbrücke als *Rückstrom-Sperre*. Ein Stromfluss ist nur vom Generator zur Batterie möglich, um ein Entladen der Batterie über den Generator zu verhindern (◘ Abb. 5.243).

Die Maschine unterscheidet sich nur im *Läuferaufbau* gegenüber üblichen Synchrongeneratoren. Der Läufer der Maschine besteht aus zwei Polplatten, deren umgebogene Polfinger wie Klauen einer Kupplung ineinander greifen. Das Polsystem wird durch eine konzentrisch zwischen den Polplatten liegende Gleichstromwicklung erregt. Diese Läuferbauform bietet den Vorteil eines mechanisch einfachen und sehr robusten Aufbaus. Die Erre-

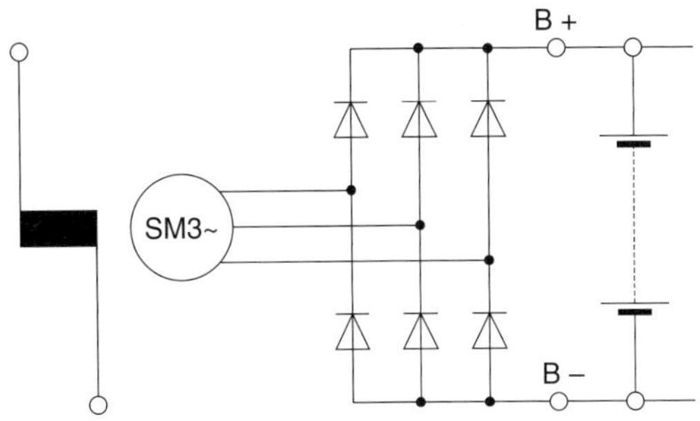

Abb. 5.243 B6-Brückenschaltung

gerwicklung rotiert meist mit dem Läufer mit und erhält ihren Erregerstrom über Schleifringe und Kohlebürsten.

5.7.2.1 Leistungs- und Wirkungsgradverhalten

Die Leistung des Generators bei konstanter Ausgangsspannung ist abhängig vom Erregerstrom und der Generatordrehzahl. Üblich ist die Darstellung des Abgabestromes (Abgabeleistung) über der Drehzahl. Dabei ist die maximale Leistung durch den maximalen Erregerstrom begrenzt. Die Abgabeleistung nimmt mit wachsender Temperatur ab, da der Widerstand der Erregerwicklung temperaturabhängig ist. Bei konstanter Bordnetzspannung (Erregerspannung z. B. 14 V bei Pkw oder 28 V bei Nkw) sinkt der maximale Erregerstrom durch den steigenden ohmschen Erregerwiderstand bei höheren Temperaturen.

Bei niedrigen Drehzahlen ist die induzierte Spannung des Generators kleiner als die Bordnetzspannung und es kann kein Strom über die Gleichrichterbrücke in das Bordnetz geliefert werden. Erreicht der Generator bei der Null-Watt-Drehzahl n_0 die Batteriespannung, beginnt er mit der Leistungsabgabe. Bei hohen Drehzahlen arbeitet der Generator nahe bei seinem Kurzschlusspunkt. Der Strom erreicht seinen Maximalwert und kann nicht weiter ansteigen. Die Abgabeleistung ist somit auf einen maximalen Wert begrenzt (**Abb. 5.244**).

Die mechanischen Verluste (diese setzen sich in erster Linie aus den Reibungsverlusten und dem Leistungsbedarf der Lüfter zusammen) und die Eisenverluste steigen stark mit der Drehzahl der Maschine an. Dadurch begründet sich die

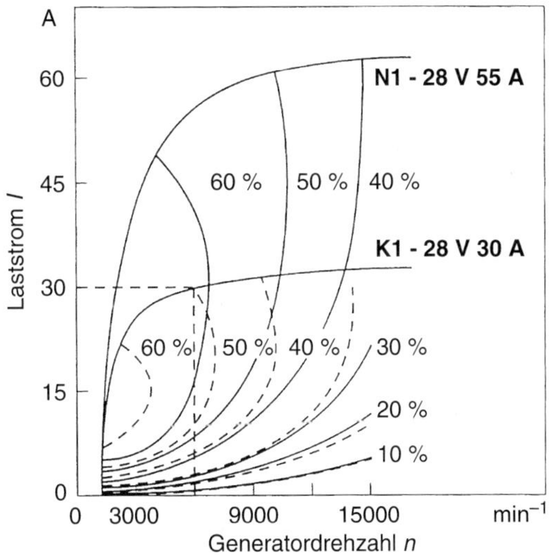

Abb. 5.244 Wirkungsgrad-Kennfelder für Generatoren Kl und N1

Tatsache, dass bei hohen Drehzahlen der Generatorwirkungsgrad stark abfällt (**Abb. 5.244**). Die Kupfer- und Gleichrichtverluste sind dagegen nur vom Belastungsstrom und somit von der abgegebenen Leistung abhängig und nicht von der Drehzahl.

Um die Leistungserzeugung dauerhaft zu steigern sind weitere Verbesserungen des Generatorwirkungsgrads anzustreben.

Nachfolgend sind einige Maßnahmen aufgeführt, die dies bewirken:

- Erhöhter Kupfereinsatz zur Reduzierung der Ständerkupferverluste
- Umschaltbare Ständerwicklung, d. h. drehzahlabhängige Anpassung der Ständerwicklungszahl und dadurch Reduktion der Kupferverluste
- Generatorbetrieb mit freier Spannung und Einstellung der Bordnetzspannung über Leistungselektronik
- Einsatz von Synchrongleichrichtern mit MOSFETs zur Reduzierung der Diodenverluste.

Die derzeit verbaute Generatorleistung für 12 V-Netze von Pkw liegt bei typischerweise 1,5 bis 2,5 kW. Für Pkw mit sehr hohem elektrischem Ausstattungsgrad werden Generatoren auch bis über 3,0 kW verbaut. Diese Leistungen können noch problemlos mit luftgekühlten Generatoren umgesetzt werden, wassergekühlte Generatoren haben sich auf Grund der höheren Kosten nicht breitflächig durchsetzen können.

Aufgabe der *Spannungsregelung* ist es, bei stark wechselnden Generatordrehzahlen und unterschiedlichen Belastungen die Bordnetzspannung auf einem konstanten Niveau zu halten. Diese Spannungsregelung kann nur im Teillastbereich des Generators arbeiten. Überschreitet die Bordnetzbelastung die maximal mögliche Abgabeleistung des Generators, kann die Bordnetzspannung unter den Wert des Toleranzbandes absinken. Dieser Fall kann insbesondere bei kleinen Generatordrehzahlen auftreten. In diesem Bereich fällt die Leistungsabgabe des Generators stark ab und die Leistung muss bei großen Lasten teilweise aus der Batterie entnommen werden.

Um bei tiefen Temperaturen ein besseres Ladeverhalten der Batterie zu erhalten, wird bei niedrigen Betriebstemperaturen die Sollspannung durch den Regler erhöht. Umgekehrt, um ein Überladen der Batterie zu verhindern, wird bei hohen Temperaturen die Spannungsvorgabe abgesenkt.

5.7.2.2 Überspannungsschutz

Überspannungen im Bordnetz können sowohl die angeschlossenen Verbraucher als auch die Bauelemente des Generators schädigen. Daher ist die maximal auftretende Spannungshöhe zu begrenzen. Bei Betrieb des Bordnetzes mit einer Batterie fängt diese einen Teil der Überspannungen ab, jedoch wird in den meisten Fällen ein Notbetrieb auch ohne angeschlossene Batterie verlangt. Auch kann bei voll geladener Batterie die Bordnetzspannung unzulässig ansteigen, da die Batterie nicht mehr aufnahmefähig ist. Überspannungen können durch verschiedene Ursachen entstehen. Als wichtige Ursache ist der *Lastabwurf* zu betrachten. Wird vom Bordnetz eine hohe Leistung entnommen und schlagartig ein großer Verbraucher abgeschaltet, steigt die Bordnetzspannung an. Der Generator ist noch nicht auf die neue Belastung eingeregelt. Der Spannungsregler des Generators kann nur mit der Zeitkonstanten des Erregerkreises reagieren (Größenordnung 100 ms). Die überschüssige Generatorleistung muss von der Batterie aufgenommen werden und führt zu einem Spannungsanstieg. Während dieser Zeit ist die Bordnetzspannung in geeigneter Weise auf einen Maximalwert zu begrenzen. Bei Generatoren für 12/14 V Bordnetze werden hierzu üblicherweise die Brückengleichrichter mit *Z-Dioden* bestückt. Die Zenerspannung der Dioden ist so gewählt, dass die Dioden bei einer Spannung von ca. 28 V in Rückwärtsrichtung leiten. Somit wird die maximale Überspannung im Bordnetz wirksam beschränkt. Durch diese Maßnahme kann das komplette Bordnetz wirksam gegen energiereiche Überspannungen geschützt werden.

5.7.2.3 Generator mit Schnittstellenregler

Generatoren mit Schnittstellenregler ermöglichen eine intelligente Regelung des Generators und damit eine Möglichkeit der Bremsenergierückgewinnung. Hierbei wird die elektrische Leistung bevorzugt dann erzeugt, wenn wenig Kraftstoff hierfür erforderlich ist. Idealerweise geschieht dies im Schubbetrieb, wenn aufgrund der Schubabschaltung die Erzeugung der elektrischen Leistung keinen Kraftstoff benötigt. Im Gegenzug wird die elektrische Leistungserzeugung gedrosselt bzw. eingestellt, wenn sie wegen des schlechten Wirkungsgrads von Verbrennungsmotor oder Generator einen hohen Kraftstoffverbrauch erfordern würde. Voraussetzung für diese Bremsenergierückgewinnung ist das gezielte Einstellen eines teilgeladenen Zustands der Batterie. Diese Änderung der konventionellen Ladestrategie, deren Ziel eine möglichst voll geladene Batterie war, ermöglicht, dass die Batterie in der Schubphase Ladung aufnehmen kann, die dann in Phasen mit geringem Wirkungsgrad wieder abgegeben wird. Das Unterschreiten eines für die Startfähigkeit notwendigen Mindestladezustands ist dabei auf jeden Fall zu vermeiden.

Um diese Funktion im vollen Umfang nutzen zu können, ist daher die genaue Kenntnis des aktuellen Batteriezustands erforderlich.

Durch diese Art der Bremsenergierückgewinnung sind, abhängig vom Fahrzyklus und der Ausprägung der Strategie, zwischen 1 % und 4 % Kraftstoffeinsparung möglich.

Weiterer Vorteil des Schnittstellen-Reglers ist die Möglichkeit, das auf den Verbrennungsmotor wirkende Drehmoment des Generators zu ermitteln und zu beeinflussen. Um das generatorische Moment abhängig von der Last des Verbrennungsmotors regeln zu können, sind moderne Generatoren durch eine LIN- oder PWM-Schnittstelle in das Informationsnetz des Motormanagements eingebunden.

5.7.3 Elektrische Speicher im Energiebordnetz

Im Kraftfahrzeug-Bordnetz hat der elektrische Energiespeicher, im Allgemeinen die Batterie, die Aufgabe, die vom Generator erzeugte elektrische Energie zu speichern. Mit der gespeicherten elektrischen Energie werden bei Bedarf, z. B. im Motorleerlauf oder bei Motorstillstand, die Verbraucher versorgt. Insbesondere muss die Batterie in der Lage sein, kurzfristig hohe Ströme für den Start des Verbrennungsmotors vor allem auch bei niedrigen Umgebungstemperaturen zu liefern.

In konventionellen Fahrzeugen kommt aus Kostengründen seit jeher die Blei-Säure-Batterie (PB-Acid) zum Einsatz, welche heute bezüglich Elektrodengeometrie und Zellenchemie als Starterbatterie für ausreichend hohe Kaltstartströme optimiert ist.

In Fahrzeugen mit elektrifiziertem Antriebsstrang kommt die Batterie zusätzlich als Energiespeicher für Traktionszwecke zum Einsatz und wird daher auch als Traktionsbatterie bezeichnet.

Die Energie- versus Leistungsdichte verschiedener Speicher ist in ◘ Abb. 5.245 dargestellt. Diese Darstellung wird als Ragone Diagramm bezeichnet.

Bei teilweise oder komplett elektrisch betriebenen Fahrzeugen (Elektro- und Hybridfahrzeuge) genügen Blei-Säure-Batterien der Anforderung nach Lade-Entladezyklen und Energieinhalt nicht. Für den Einsatz als Traktionsspeicher eignen sich daher insbesondere Batterien mit Li-Ionen Zellchemie, da sie bereits über eine hohe Energie- und Leistungsdichte verfügen, an deren Weiterentwicklung in der Automobilindustrie intensiv gearbeitet wird.

Dabei wird die Zellchemie für folgende Einsatzgebiete optimiert:

- High Power Zellen mit hoher Leistungsdichte für den Einsatz in Hybridfahrzeugen
- High Energy Zellen mit hoher Energiedichte für den Einsatz in Elektrofahrzeugen zur Maximierung der Fahrzeugreichweite

Aufgrund ihrer geringeren Energiedichte aber hohen Leistungsdichten werden Hochleistungskondensatoren (Doppelschichtkondensatoren, DLC) vereinzelt für dynamische Leistungsanforderungen von z. B. Hochstromverbrauchern oder zur Glättung der Spannungswelligkeit im Bordnetz verwendet. Dieser Speichertyp eignet sich nicht für rein elektrischen Betrieb des Fahrzeugs.

5.7.3.1 Blei-Säure Batterien

Im konventionellen Bordnetz werden Blei-Säure-Akkumulatoren eingesetzt. Wichtigste Kenngrößen eines Blei-Akkumulators sind die Nennspannung U_N und die Nennkapazität K_N. Beim Bleiakkumulator ergibt sich die Nennspannung als Vielfaches der Einzelzellenspannung von 2 V. Tatsächlich schwankt die Leerlaufspannung einer Zelle im Bereich von ca. 1,94 V bis 2,14 V zwischen leerem und voll geladenem Zustand. Typische Nennspannungen von Bordnetzbatterien sind 12 V im Pkw bzw. 24 V im Nkw. Die Nennkapazität ist definiert als die Strommenge, die innerhalb von 20 Stunden bis zu einer Entladeschlussspannung von 1,75 V/Zelle mit konstantem Entladestrom entnommen werden kann. Der dabei fließende Strom wird mit I_{20} bezeichnet. Eine weitere wichtige Kenngröße ist der Kälteprüfstrom I_{-18}. Nach DIN muss die Klemmenspannung bei Entladung mit I_{-18} 30 s nach Entladebeginn mindestens 1,5 V/Zelle und 150 s nach Entladebeginn mindestens 1 V/Zelle betragen. Der Kälteprüfstrom beträgt z. B. ca. 150 A bei einer 36 Ah-Batterie und ist eine wichtige Größe für die Auslegung des Starters.

5.7.3.1.1 Entladen von Blei-Säure-Batterien

◘ Abbildung 5.246 zeigt einen typischen Verlauf der Batteriespannung bei Konstantstromentladung. Kurz nach Beginn der Entladung fällt die Spannung auf einen Wert, der sich bis zum Erreichen der vollständigen Entladung, des so genannten Entladeschlusses, kaum ändert. Erst dann bricht die Spannung aufgrund des Verbrauchs an Säure und/oder aktivem Material der Elektroden zusammen.

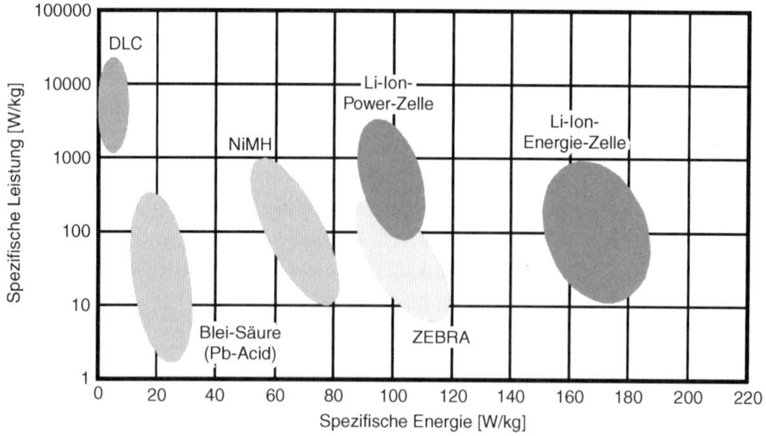

Abb. 5.245 Ragone Diagramm

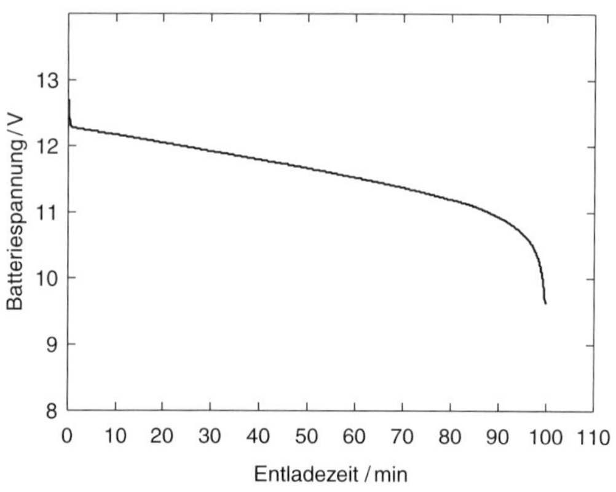

Abb. 5.246 Batteriespannungsverlauf bei Konstantstromentladung

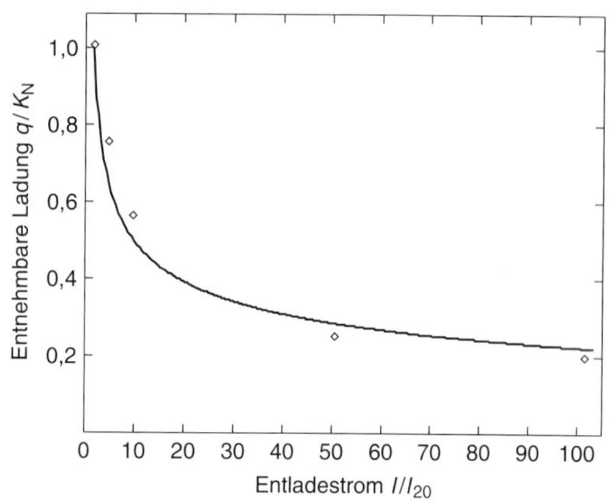

Abb. 5.247 Entnehmbare Ladung über dem Entladestrom (Peukert-Faktor = 1,3)

Wichtig ist hier auch die Abhängigkeit der entnehmbaren Ladung vom Entladestrom. Mit zunehmendem Entladestrom verringert sich der auf die 20-stündige Entladung bezogene Wert.

Dieser Zusammenhang ist in Abb. 5.247 dargestellt und kann näherungsweise durch die so genannte Peukert-Gleichung beschrieben werden:

$$I^n \cdot t_E = \text{const.},$$

mit I = Strom, t_E = Entladezeit, Peukert-Faktor n = 1,2 … 1,5.

Für den Startfall, bei dem Ströme im Bereich von 200 bis 300 A fließen, würde dies erlauben, eine Ladung von ca. 45 % der Nennladung zu entnehmen. Dies gilt jedoch nur für einen bis zum Entladeschluss konstant fließenden Starterstrom. Da die Startzeit im Allgemeinen jedoch im Bereich weniger Sekunden liegt, ist die damit verbundene Ladungsentnahme, bezogen auf die Nennkapazität, vernachlässigbar klein. Für den Startvorgang wird also von der Batterie kurzfristig eine hohe Stromabgabe und damit eine entsprechend hohe Leistungsdichte gefordert, während die zum Starten benötigte Energie und die damit verbundene Energiedichte gering sind.

5.7.3.1.2 Laden von Blei-Säure-Batterien

Beim Laden von Batterien ist zwischen Laden mit konstantem Strom und dem Laden bei konstanter Spannung zu unterscheiden. Im Kfz-Bordnetz wird die Batterie mit Spannungsbegrenzung geladen, d. h. der Ladestrom geht bei Erreichen einer vom Generatorregler eingestellten Spannungsgrenze, die unterhalb der so genannten Gasungsspannung liegt, automatisch zurück und eine schädliche Überladung, die zu verstärkter Wasserzersetzung und Gitterkorrosion führen würde, wird so vermieden. Da die Gasungsspannung stark temperaturabhängig ist, wird auch der Wert der Ladespannung von etwa 14,1 V ± 0,3 V bei 20 °C mit einem Temperaturgradienten von (−7 . . . 10) mV/K nachgeführt. Bei einer Umgebungstemperatur von 50 °C würde demnach z. B. eine Ladespannung von 13.8 V eingestellt. Zur Überwachung des Batteriezustandes und der Erhöhung der Lebensdauer setzen sich in konventionellen Bordnetzen zunehmend Batteriemanagement Systeme durch, die aus den charakteristischen Batteriekenngrößen eine Information über Ladezustand (State of Charge SoC) Gesundheitszustand (State of Health SoH) und Funktionszustand (State of Function SoF) der Batterie berechnen.

5.7.3.2 Traktionsspeicher

Als Traktionsspeicher werden Nickel-Metallhydrid Batterien und vor allem Lithium-Ionen Batterien mit Leistungen im Bereich von etwa 15 bis über 100 kW und Energieinhalten im ein- bis zweistelligen kWh-Bereich für die Versorgung des elektrischen Antriebs eingesetzt.

Für diese Batterien sind neben der Energie- und Leistungsdichte wichtige Kenngrößen die kalendarische Lebensdauer, die Zyklenfestigkeit und die Temperaturbeständigkeit. Um die Zyklenfestigkeit zu gewährleisten und den Zustand der Batterie zu überwachen, wird eine Überwachung von Zellengruppen sowie für Li Ionen Systeme Ladungskompensation von Einzelzellen während des Betriebs durchgeführt und die Lade-/Entladezyklen gesteuert.

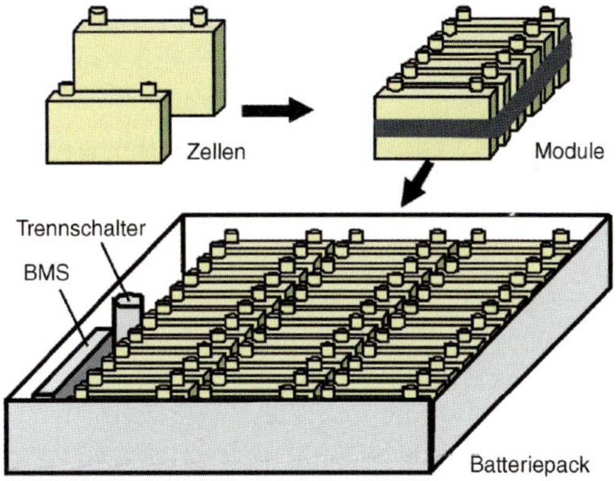

Abb. 5.248 Aufbau einer Traktionsbatterie

5.7.3.2.1 Aufbau und Auslegung von Traktionsbatterien

Die elektrische Auslegung einer Traktionsbatterie wird im Wesentlichen beeinflusst durch die Anforderungen an Fahrleistung und Reichweite des Fahrzeugs und das Spannungsniveau der Antriebsmotoren. Zur Auslegung der Traktionsbatterie werden typischerweise für Hybridfahrzeuge Zellen mit einer Nennkapazität von etwa 5 Ah, für rein batterieelektrische Fahrzeuge Zellen mit Kapazitäten im zweistelligen Ah-Bereich verwendet, Abb. 5.248. Die Zellen werden in Reihe zu Modulen verschaltet, mehrere Module werden zusammen zu einem Batteriepack verschaltet. Durch entsprechende Reihenschaltung der Zellen mit einzeln etwa 3,7 V Nennspannung kann in einem Strang die erforderliche Pack-Gesamtspannung erreicht werden. Durch Parallelverschaltung von Strängen kann bei Bedarf die Leistung und der Energieinhalt zusätzlich erhöht werden. Batteriepacks werden mit Luft- oder Flüssigkeitskühlung ausgestattet, um die Lebensdauer zu optimieren und thermisch sichere Betriebsbereiche einzuhalten.

Traktionsbatterien verfügen über ein Batteriemanagementsystem (BMS) – im Wesentlichen bestehend aus einem oder mehreren Rechnereinheiten, Strom-, Spannungs- und Temperatursensorik und I/O-Schnittstellen zur Ansteuerung von Trennrelais und weiterer Aktorik. Das BMS nimmt im Wesentlichen folgende Aufgaben wahr:

- Batteriezustandserkennung: Erfassung des aktuellen Ladezustandes und der Leistungsfähigkeit des Akkus

- Lebensdaueroptimierung: Überwachung und Ausgleich von abweichenden Ladezuständen der einzelnen Zellen untereinander und Einhaltung von optimalen Temperaturgrenzen (Thermomanagement)
- Betriebssicherheit: Vermeidung von Tiefentladung, Überladung und thermischer Überbeanspruchung sowie Abschaltung im Crash-Fall und Überwachung der Isolationsfestigkeit

Die Traktionsbatterie stellt über eine Signalleitung, typischerweise dem CAN-Bus, Informationen über ihren Zustand und die aktuellen Energieflüsse an andere Steuergeräte, z. B. dem Fahrzeugführungsrechner, bereit. Hierdurch wird ein Gesamtenergiemanagement im Fahrzeug unter Einbindung des Energiespeichers realisiert.

5.7.4 Energiebordnetze für konventionelle Fahrzeuge

5.7.4.1 Energiebordnetze für Start/Stopp Fahrzeuge

Für konventionelle Fahrzeuge mit 12 V-Energienetz schreitet in den letzten Jahren zunehmend die Einführung der automatischen Motor-Start/Stopp-Funktion vorab. Bei der automatischen Stopp-Start-Funktion wird der Verbrennungsmotor beim Fahrzeugstillstand abgeschaltet und wieder gestartet sobald der Wunsch zur Weiterfahrt erkannt wird, z. B. durch Betätigen von Kupplungs- und Gaspedal. Diese Strategie vermeidet Leerlaufverluste in Standphasen und spart dadurch Kraftstoff je nach Fahrzyklus und Randbedingungen im Bereich von etwa 4 % bis 6 %. Voraussetzung für die Akzeptanz einer Stopp-Start-Funktion ist ein zuverlässiger Wiederstart des Verbrennungsmotors sowie die Verfügbarkeit von Komfortfunktionen während der Standphasen.

Auswirkungen und Maßnahmen im Energiebordnetz:

Bei Einführung der Motor-Start/Stopp-Funktion sind Maßnahmen am Energiebordnetz erforderlich bzw. sinnvoll. So erlebt z. B. die Batterie einen deutlich höheren Ladungsmengendurchsatz, wodurch die Batteriealterung schneller voranschreitet. Der erhöhte Ladungsmengendurchsatz beruht vor allem darauf, dass in den Stopphasen der Generator bei abgeschaltetem Motor das Bordnetz nicht mehr versorgen kann und die elektrische Energie in dieser Zeit komplett durch die Fahrzeugbatterie bereitgestellt werden muss.

Der bzgl. Lebensdauer kritische kumulierte Energiedurchsatz bei heutigen Starterbatterien (Blei-Säure Nassversion) beträgt etwa die 100- bis 150-fache Nennkapazität, bei so genannten AGM (Absorbent Glass Matt) Versionen der Bleisäure-Akkus liegt der Wert bei etwa 250- bis 300-facher Nennkapazität. Daher werden für Start/Stopp-Anwendung die etwas teureren aber deutlich zyklenfesteren AGM-Batterien verwendet.

Bei zu niedrigem Ladezustand oder ungeeigneten Temperaturen der Batterie wird der Stopp-Betrieb verhindert. Die Zustandserkennung der Batterie wird durch einen Batteriesensor realisiert. Durch die häufige Anzahl an Warmstarts muss die Batterie oft kurzeitige Spitzenleistungen an den Starter bereitstellen, woraus sich Spannungseinbrüche – je nach Batteriezustand – im 12 V-Netz auch deutlich unter 12 V ergeben können. Dies kann dazu führen, dass vereinzelte Verbraucher je nach deren elektronischer Ausführung kurzzeitig eingeschränkte Funktionalität haben. Für den Fahrer wäre dies ggf. am kurzzeitigen Unterbrechung der Unterhaltungselektronik (Radio) erkennbar. Um dies zu vermeiden empfiehlt sich je nach Auslegung der E/E-Architektur der Einbau eines Spannungswandlers (DC/DC-Wandler), welcher darauf ausgelegt ist, die Spannung für ausgesuchte Verbraucher kurzzeitig während des Startvorganges zu stabilisieren.

5.7.4.2 Zwei-Batterien-Bordnetze

In Fahrzeugen der Luxusklasse mit sehr hohem elektronischem Ausstattungsgrad oder Fahrzeugen mit sicherheitsrelevanten Systemen (x-by-wire Systeme) kommen Energiebordnetze mit zwei 12 V-Batterien zum Einsatz.

Eine solche Energiebordnetzarchitektur bietet zwei Vorteile: Zum einen kann der Energienetzbetrieb so organisiert werden, dass ein Speicher stets nur für die Versorgung der (Komfort-)Verbraucher

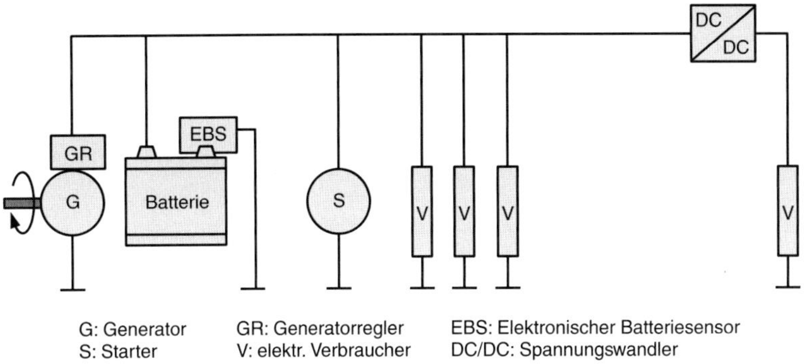

Abb. 5.249 Energiebordnetz für Start/Stopp Fahrzeuge

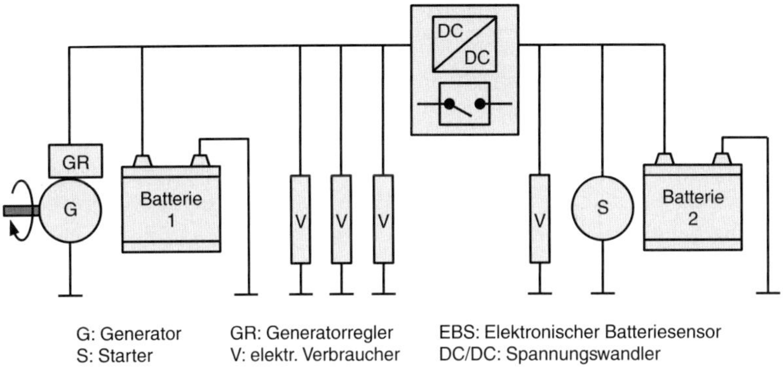

Abb. 5.250 Zwei-Batterien-Bordnetz

eingesetzt wird (in Abb. 5.250 Batterie Nr. 1), während der andere Speicher (in Abb. 5.250 Batterie Nr. 2) ausschließlich nur als Starterbatterie für den Motorstart eingesetzt wird. Eine ungewollte Entladung der Starterbatterie kann durch entsprechende Koppelelemente (Schalter oder DC/DC-Wandler) vermieden werden und somit die Startzuverlässigkeit des Fahrzeugs deutlich erhöht werden. Zum anderen kann die Zusatzbatterie aber auch als Rückfallebene zur exklusiven Versorgung eines sicherheitsrelevanten Verbrauchers verwendet werden, falls die Hauptbatterie nicht mehr genügend Leistung zur Verfügung stellen kann. Bei Verwendung von zwei Batterien ist üblich, dass die Versorgungsbatterie speziell für hohe Zyklenfestigkeit und die Starterbatterie speziell für hohe Kaltstartströme ausgelegt wird, wodurch sich das Gesamtgewicht der Batterien optimieren lässt.

5.7.4.3 Elektrisches Energiemanagement EEM in konventionellen Fahrzeugen

Der Einsatz eines elektrischen Energiemanagements, das die elektrische Energieverteilung und -erzeugung steuert, kann die Pannenzahl durch entladene Batterien deutlich senken. Das Energiemanagement führt damit zu einer erhöhten Verfügbarkeit des elektrischen Bordnetzes und des Fahrzeugs.

Abbildung 5.251 zeigt den prinzipiellen Aufbau eines Elektrischen Energiemanagements (EEM).

Es hat die Aufgabe, während des Fahrbetriebs eine positive oder zumindest ausgeglichene Ladebilanz sicherzustellen und bei Motorstillstand den Energiebedarf so zu überwachen, dass z. B. die Startfähigkeit erhalten bleibt. Zudem können durch koordiniertes Schalten von elektrischen Verbrauchern Spitzenlasten reduziert werden.

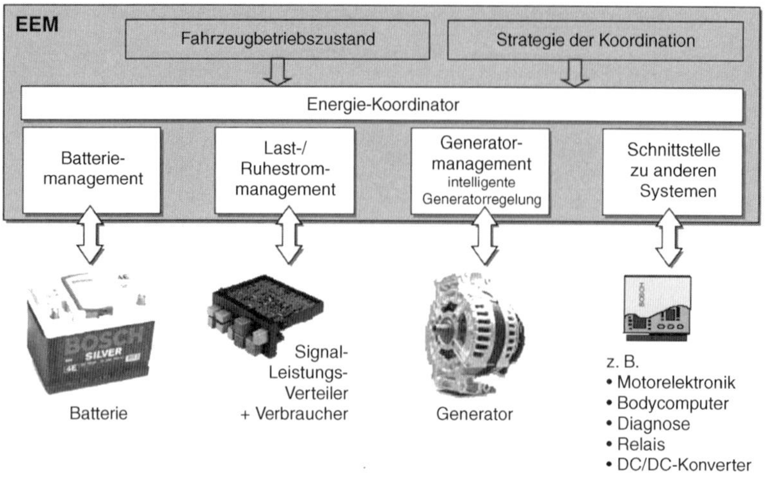

Abb. 5.251 Struktur eines elektrischen Energiemanagements (EEM)

Das EEM umfasst die Module »Batteriemanagement«, »Generatormanagement«, »Lastmanagement« und bietet auch eine Schnittstelle zu Systemen außerhalb der elektrischen Energieerzeugung, -speicherung und -verteilung, z. B. dem Motormanagement [230].

Das EEM steuert die Energieflüsse der Energieerzeugung, -speicherung und des -verbrauchs durch ein intelligentes Management der beteiligten Systeme.

Abbildung 5.252 zeigt eine mögliche Architektur des EEM. Dabei gibt es eine kundenspezifische Schicht mit den gemäß Kunden-Philosophie definierten Funktionen, wie das Anzeige- und Diagnosekonzept, aber auch die Eingriffe des Energiemanagements in der Ruhe- und der Fahrphase [231]. In der kundenunabhängigen Schicht sind Module zusammengefasst, die Eingangs- bzw. Hilfsgrößen für die Kundenfunktionen liefern. Hierunter fällt die Batteriezustandserkennung, aber auch die Ermittlung von Generatorgrößen wie Generatormoment und Leistungsreserve anhand eines Generatormodells. Die für das EEM erforderliche Erkennung der Fahrzeugzustände (Ruhemode, Startmode, …) ist ebenfalls Teil dieser Schicht.

5.7.4.3.1 Ruhestrommanagement

Ein intelligentes Ruhestrommanagement überwacht bei länger geparkten Fahrzeugen die Entladung der Batterie durch dauerhaft aktivierte Steuergeräte, die entweder geplant oder verursacht durch einen Defekt nicht in den Ruhemodus wechseln. Ebenso optimiert es die Verfügbarkeit von Verbrauchern bei abgeschaltetem Verbrennungsmotor. Hierzu zählen z. B. Standheizung und Infotainmentkomponenten wie Navigationssystem, Radio und Telefon.

Die Batteriezustandserkennung sendet bei drohendem Verlust der Startfähigkeit eine Botschaft an das Anzeigemodul, um den Nutzer zu informieren. Zudem reduziert das Verbrauchermanagement bei Annäherung an die Startfähigkeitsgrenze den Energieverbrauch bis hin zum Abschalten einzelner Verbraucher, um die Startfähigkeit möglichst lange zu erhalten.

Das Anzeige- und Abschaltkonzept im kritischen Bordnetzzustand, insbesondere die Höhe der Leistungsreduktion und die Priorität der einzelnen elektrischen Verbraucher sind Vorgaben des jeweiligen Fahrzeugherstellers und damit kundenspezifisch.

5.7.4.3.2 Fahrbetrieb/Dynamisches Energiemanagement

Bei laufendem Verbrennungsmotor und damit laufendem Generator steuert das Verbrauchermanagement das Zu- und Abschalten von Verbrauchern. Koordiniertes Schalten von Verbrauchern hilft, Leistungsspitzen zu reduzieren. Zudem kann im

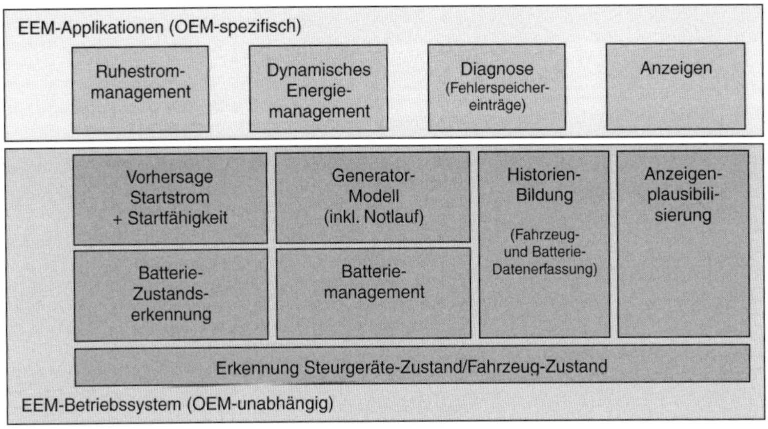

Abb. 5.252 Mögliche Architektur eines elektrischen Energiemanagements (EEM)

Vorfeld von hochdynamischen Schaltvorgängen der Schaltwunsch an das Generatormanagement kommuniziert werden, um die Erregung des Generators frühzeitig einzuleiten und damit die Spannungsstabilität zu erhöhen.

Zum dynamischen Energiemanagementmodul gehören auch die Koordination der Generatorregelung für die Bremsenergierückgewinnung und die Regelung der Hochleistungsheizsysteme wie Frontscheibenheizung und PTC-Zuheizer [232].

Durch temporäres- und prioritätengesteuertes Abschalten der Verbraucher wird erreicht, dass die Funktion der Verbraucher möglichst wenig vom Sollverhalten abweicht und die Funktionseinbußen für die Fahrzeuginsassen kaum wahrnehmbar sind. Bei länger anhaltender oder hoher Überlast ist dies nicht mehr möglich. Da der daraus resultierende Funktionsverlust vom Nutzer nur in Ausnahmefällen akzeptiert wird, muss das Bordnetz so ausgelegt sein, dass diese Phasen nur selten auftreten.

Eine Alternative zur Leistungsreduktion von Verbrauchern durch das EEM ist die temporäre Erhöhung der Leistungserzeugung. Die Leistungsabgabe bei Generatoren ist im unteren Drehzahlbereich stark reduziert. In diesem Bereich bewirken kleine Drehzahlanhebungen bereits eine deutliche Steigerung der Leistungserzeugung. Eine einfache Maßnahme zur Verbesserung der Leistungserzeugung ist daher die Anhebung der Leerlaufdrehzahl. Die Anpassung der Schaltstrategie bei Automatikgetrieben ist eine weitere Alternative zur Anhebung des Drehzahlniveaus. Wegen der negativen Auswirkungen auf Kraftstoffverbrauch und Emissionen sind diese Eingriffe nur in Zuständen sinnvoll, in denen eine beschleunigte Batterieladung erfolgen soll.

5.7.4.3.3 Diagnose und Anzeige

Im Diagnosemodul laufen die kundenspezifischen Überwachungsalgorithmen des EEM. Dies kann sowohl die Erkennung von Komponenten mit zu hohem Ruhestrom inklusive Fehlereintrag umfassen als auch Fehlereinträge durch defekte oder unplausible Eingangsgrößen des Energiemanagements.

Das Konzept der Anzeige kritischer Betriebszustände und der daraus resultierenden Eingriffe des Energiemanagements wird im Anzeigemodul festgelegt. Mit Hilfe des Anzeigekonzepts werden EEM-Eingriffe, die zum Teil Komforteinbußen zur Folge haben, dem Fahrer verständlich gemacht.

5.7.4.3.4 Zusatzfunktionen

Neben den bereits beschriebenen Funktionen unterstützt das Energiemanagement auch Sonderfunktionen (Abb. 5.253), wie:

- Werkstattdiagnose, z. B. geführte Komponentendiagnose zur Erkennung von fehlerhaften Ruhestromverbrauchern
- Diagnose während der Produktion, z. B. durch Messen der Stromaufnahme des Fahrzeugs und Erkennen fehlerhafter Steuergeräte. Die Einbin-

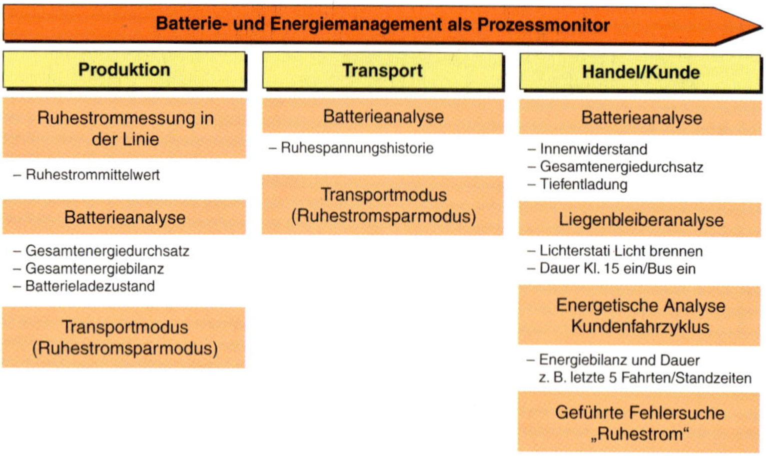

Abb. 5.253 Zusatzfunktionen des EEM

dung der für das Energiemanagement erforderlichen Sensorik in den Produktionsablauf bietet zudem noch Potenzial zur Kostenreduktion durch den möglichen Entfall von zusätzlichen Diagnosegeräten.

- Aktivierung eines Transportmodus, der z. B. bei der Verschiffung von Fahrzeugen den Ruhestrombedarf minimiert.

Das Energiemanagement bietet damit die Möglichkeit einer umfassenden Bordnetzdiagnose und kann eine fahrzeugübergreifende Systemdiagnose unterstützen [233].

5.7.4.3.5 Batteriezustandserkennung/ Batteriemanagement

Eingriffe des elektrischen Energiemanagements gehen gegenüber dem Normalbetrieb mit Komforteinbußen und/oder erhöhtem Kraftstoffverbrauch einher. Sie sind nur notwendig bei kritischem Batteriezustand und z. B. drohendem Verlust der Startfähigkeit.

Voraussetzung für ein gutes Energiemanagement ist daher eine zuverlässige Batteriezustandserkennung, welche die benötigten Batterie-Informationen aus den messbaren Batteriegrößen Strom, Spannung und Temperatur zur Verfügung stellt. Die Messung dieser Größen erfolgt z. B. über einen Elektronischen Batterie Sensor EBS.

Eingangsgrößen für das EEM sind der Ladezustand (**S**tate **o**f **C**harge, SOC), die Leistungsfähigkeit (**S**tate **o**f **F**unction, SOF) und der Alterungszustand (**S**tate **o**f **H**ealth, SOH) der Batterie, d. h. die Vorhersage des Batterieverhaltens für unterschiedliche Szenarien. Die Schnittstelle ist in Abb. 5.255 dargestellt.

Die Vorhersage der entnehmbaren Batterieladung bei vorgegebenem Stromprofil bis zum Erreichen der Startfähigkeitsgrenze oder die Vorhersage des Spannungseinbruchs bei einem vorgegebenen Laststrom, liefert Informationen, die die Strategie des Energiemanagements beeinflussen [234].

5.7.4.3.6 Batteriesensor EBS

Eingangsgrößen der Batteriezustandserkennung (Abb. 5.254) sind üblicherweise der Batteriestrom, die Klemmenspannung und die Batterietemperatur. Diese Größen müssen präzise, dynamisch und zeitsynchron erfasst werden, was eine hohe Anforderung an die Sensorik bedeutet. Aus Kosten- und Einbauraumgründen ist ein direkt am Batteriepol platzierter und mit der Polklemme kombinierter Sensor vorteilhaft (Abb. 5.256).

Da die Polnische nach DIN 72311 genormt ist, ist keine Applikation an unterschiedliche Batterien erforderlich.

Abbildung 5.254 zeigt das Blockschaltbild eines elektronischen Batteriesensor EBS mit hochintegrierter Elektronik. Der Strom wird mit Hilfe eines Shunts gemessen, wobei sowohl Ruheströme im mA-Bereich als auch Startströme bis 1500 A

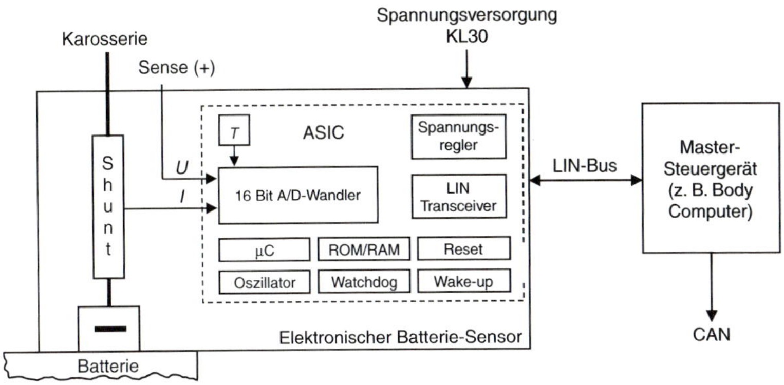

Abb. 5.254 Blockschaltbild eines EBS (Quelle: Bosch)

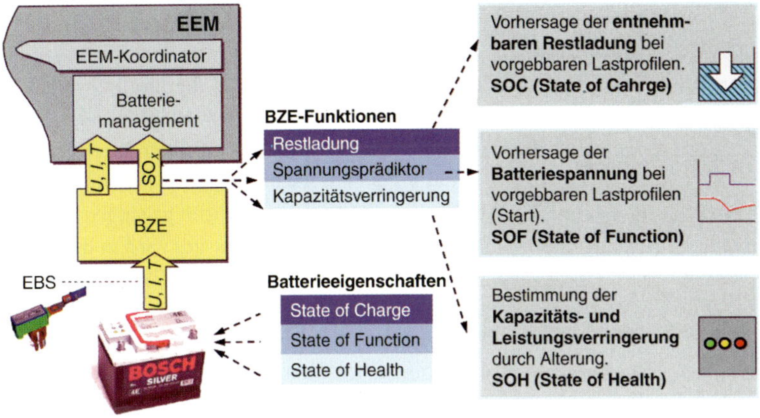

Abb. 5.255 Schnittstelle zwischen Batteriesensor und EEM

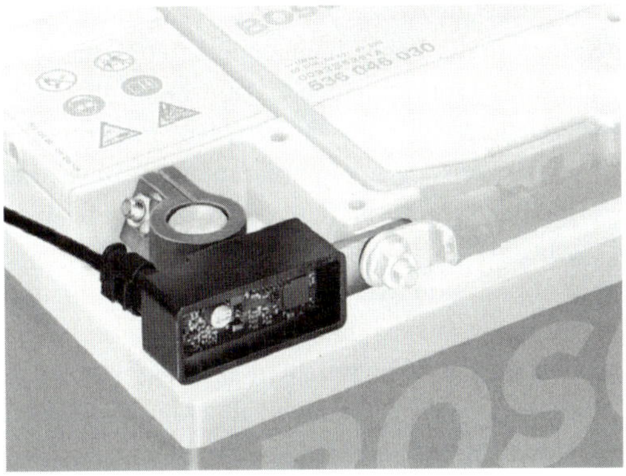

Abb. 5.256 Elektronischer Batteriesensor EBS

genau gemessen werden können. Basis des EBS ist ein ASIC, das u. a. einen leistungsstarken Mikrorechner zur Messwerterfassung und -verarbeitung enthält. Zudem laufen auf dem Mikroprozessor Algorithmen der Batteriezustandserkennung, deren Ausgangsgrößen über eine Kommunikationsschnittstelle (z. B. LIN-Bus) an übergeordnete Steuergeräte zur Weiterverarbeitung im Energiemanagement übertragen werden [235].

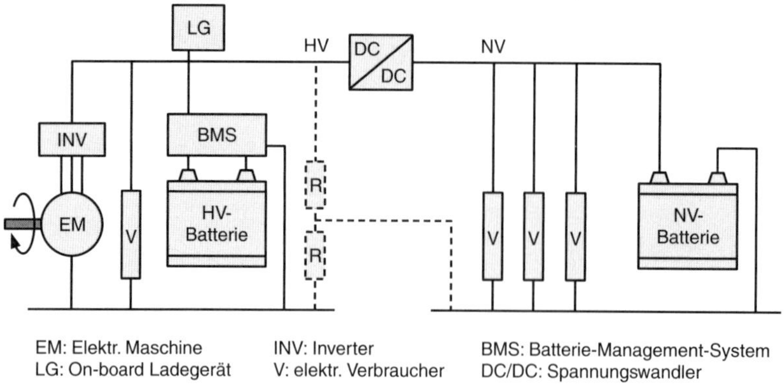

Abb. 5.257 Energiebordnetz für Fzg. mit elektrifiziertem Antriebsstrang

5.7.5 Energiebordnetze für Fahrzeuge mit elektrifiziertem Antriebsstrang

Abbildung 5.257 zeigt eine typische Energiebordnetzarchitektur für ein Fahrzeug mit elektrifiziertem Antriebsstrang.

Unterschieden wird die Hoch- und Niedervoltseite der beiden Teilbordnetze.

Der Generator, welcher im konventionellen Fahrzeug die Versorgung des Niedervolt-Netzes übernimmt wird in diesem Fall durch einen Spannungswandler (DC/DC) ersetzt, der das Niedervoltnetz aus dem Hochvoltnetz versorgt. Die Leistungsauslegung des Wandlers orientiert sich an den Verbrauchern des konventionellen 12 V-Netz und ggf. zusätzlichen Verbrauchern wie z. B. elektrifizierte Kühlmittel- und Ölpumpen, Unterdruckaggregate oder Zusatzlüfter.

Auf Hochvoltseite mit Gleichspannung bis 400 V sind der Inverter der E-Maschine, die Traktionsbatterie, ein Einbau-Ladegerät und ggf. leistungsstarke Verbraucher wie z. B. ein elektrisches Klimaaggregat angeschlossen.

Auf Hochvoltseite hat sich aus Gründen des Aufwandes für Isolationsschutz und der Verfügbarkeit von automotive-geeigneten elektronischen Bauteilen bisher eine Nennspannung von typischerweise bis zu max. 400 V etabliert.

Eine höhere Spannung hat den Vorteil, dass Elektronik, Kabelbaum und Verbindungstechnik für kleinere Ströme ausgelegt werden muss, jedoch sind die für die Leistungen resultierenden Ströme bei 400 V gut beherrschbar, so dass eher nur in Einzelfällen auf höhere Spannungen gegangen wird.

Die Masse des Hochvoltnetzes wird in der Regel »mittig« and die Karosseriemasse (Niedervoltnetzmasse) angebunden. Dies erfolgt über hochohmige Widerstände als Spannungsteiler in Abb. 5.257 gestrichelt eingezeichnet. Die mittige Anbindung erfolgt aus sicherheitsrelevanten Überlegungen, so dass im Berührfall zwischen Hoch- und Niedervoltseite eine Potentialdifferenz von nur maximal der halben Nennspannung des Hochvoltnetzes anliegt.

Das Energiemanagement in derartigen Fahrzeugen läuft in der Regel in einem Fahrzeugführungsrechner und nimmt folgende Aufgaben wahr:

- Regeneration von kinetischer Fzg.-Energie (Rückspeisung von Energie aus der E-Maschine in die Traktionsbatterie bei Verzögerungsvorgängen)
- Koordination der Energieflüsse im Fahrzeug unter Berücksichtigung der Leistungsanforderungen der Komponenten und der elektrisch bedingten verbleibenden Fahrzeugreichweite
- Fahrzeugthermomanagement unter Berücksichtigung des Kühl- und Heizbedarfs des Fahrgastraumes, der Antriebe und der Traktionsbatterie.

5.8 Chancen und Risiken des Zweitaktmotors

Anfang der neunziger Jahre wurde der Zweitaktmotor als Pkw-Antrieb aufgrund günstiger Rahmenbedingungen wieder verstärkt in den Entwicklungsabteilungen untersucht. Ein Großteil der Automobilhersteller betrachtete dieses Motorenkonzept als verbrauchs-, gewichts-, und kostengünstige Alternative zu den existierenden Viertakt-Ottomotoren. Mittlerweile sind allerdings die Viertaktmotoren durch Direkteinspritzung, Aufladung und variable Ventiltriebe weiterentwickelt, so dass die Arbeiten am Zweitaktmotor als Pkw-Antrieb eingestellt wurden.

5.8.1 Das Zweitaktverfahren

Das Prinzip des Zweitaktverfahrens ist in ◘ Abb. 5.258 im Ablauf dem Viertakt-Arbeitsverfahren gegenübergestellt. Der grundlegende Unterschied besteht darin, dass die Prozesse: Ansaugen – Verdichten – Expandieren – Ausschieben nicht über 720° Kurbelwinkel, sondern über 360° stattfinden.

Im Gegensatz zum ladungswechselsteuernden Ventiltrieb des Viertaktmotors werden im Zweitaktbereich in erster Linie Schlitze in der Zylinderbohrung eingesetzt, durch die das im Kurbelgehäuse vorverdichtete Gemisch (im Fall der direkteinspritzenden Verfahren: Luft) in den Brennraum gelangt. Dort verdrängt die Frischladung die Abgase der zuvor stattgefundenen Verbrennung durch die gleichzeitig offenen Auslassschlitze. Zur last- und drehzahlgerechten Optimierung des Ladungswechselvorgangs wird im Auslassbereich ein Walzen- oder Drehschieber verwendet. Seltener werden auf der Auslassseite Ventile zur Verringerung der Überströmverluste angeordnet.

Daher wurde das Konzept: Querspülung mit Vorverdichtung und Auslassverstellung als erfolgversprechendste Variante weiter betrachtet. Die potentiellen Vorteile und die bekannten Problembereiche der folgenden Tabelle bildeten die Schwerpunkte der Zweitaktentwicklung.

Vorteile:
- Günstigeres Package
- Geringeres Gewicht
- Günstigerer Teillastverbrauch
- Höhere spezifische Leistung
- Verbesserter Komfort
- Niedrigere Servicekosten

Problembereiche:
- Erhöhter Ölverbrauch
- Hoher Kraftstoffverbrauch, Abgasemissionen
- Schlechte Leerlaufqualität
- Unausgewogene Motorcharakteristik
- Geringe Motorbremswirkung
- Unzureichende Lebensdauer
- Ungünstiges Geräuschverhalten
- Problematische Fertigung

5.8.2 Das verwendete Konzept

Als Versuchsträger wurde ein moderner kurbelgehäusegespülter Zweitaktmotor mit elektronisch gesteuerter, luftunterstützter Direkteinspritzung, elektronisch gesteuerter Öldosierung sowie elektronisch gesteuerten, variablen Auslasssteuerzeiten (Walzendrehschieber) verwendet. Der Motor mit seinen Details ist in ◘ Abb. 5.259 dargestellt.

Weitere wichtige Details des Motors sind:
- Spülkonzept:
  - Querspülung mit Vorverdichtung im Kurbelgehäuse unter Verwendung von Reed-Ventilen zur Vermeidung des Rückströmens der Frischluft in das Ansaugsystem
- Kompressionsverhältnis:
  - geometrisch 10,5 : 1
  - aufgrund der variablen Auslasssteuerzeiten ergibt sich:
  - Auslassschieber offen 6,4 : 1
  - Auslassschieber geschlossen 9,3 : 1

Dieses Konzept erschien attraktiv, da es die einfache Bauweise eines Zweitaktmotors ohne Ventiltrieb mit einem hohen Ausmaß an Einflussmöglichkeit auf den Ladungswechsel verbindet. Durch die Wahl des Einspritzverfahrens in den Brennraum wird ein mögliches Überschieben von Frischgemisch in den Abgastrakt auf das Überschieben von Luft redu-

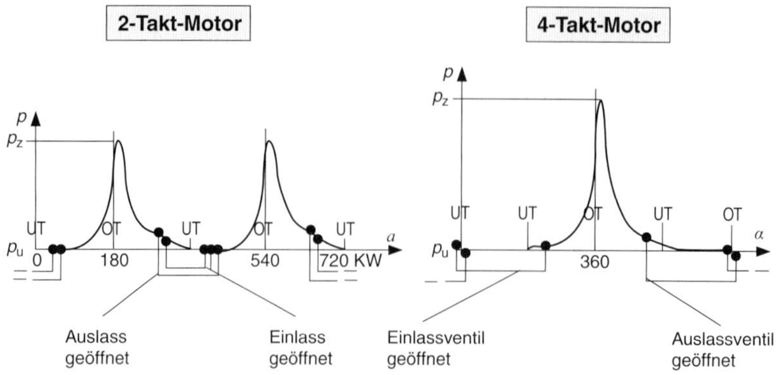

Abb. 5.258 Zylinderdruckverlauf 2- und 4-Takt-Motor

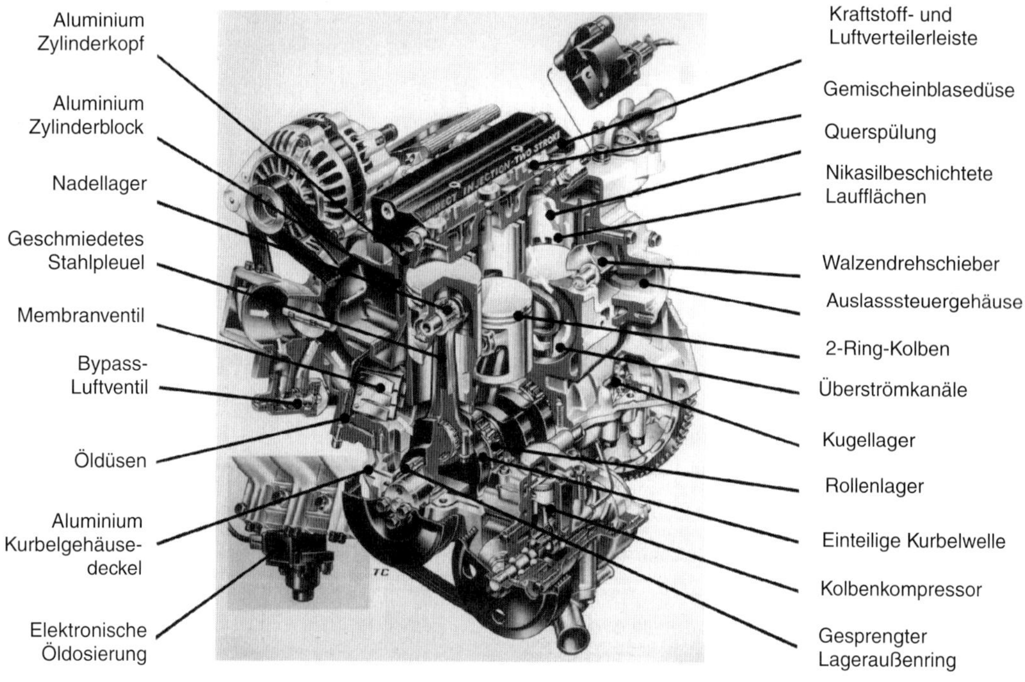

Abb. 5.259 Moderner kurbelgehäusegespülter 2-Takt-Motor

ziert. Dies ist unabdingbar um eine realistische Chance zur Einhaltung der Abgasgrenzwerte zu haben.

5.8.3 Die Entwicklungsschwerpunkte

Aus den erwarteten Vorteilen und bekannten Schwächen des Zweitaktmotors ergaben sich die Entwicklungsschwerpunkte: Abgas-, Geräuschverhalten, Kraftstoffverbrauch, mechanische Standfestigkeit, Package und Gewicht sowie Kosten.

5.8.3.1 Abgasverhalten

Das Abgasverhalten des betrachteten Zweitaktmotors wird geprägt durch die spezifischen Bedingungen seines Ladungswechsels und der Gemischbildung durch die luftunterstützte Direkteinspritzung.

Zusätzlich erschwert wird die Abgasnachbehandlung durch das nicht stoichiometrisch eingestellte Gemisch und die Verlustschmierung mit der daraus resultierenden Kontamination des Katalysators mit Verbrennungsrückständen des Öls.

Durch das mager eingestellte Gemisch sollen die NO_x-Emissionen schon motorseitig so niedrig liegen, dass die Abgasgrenzwerte ohne Abgasnachbehandlung eingehalten werden. Hieraus ergibt sich ein Zielkonflikt zwischen einer verbrauchsgünstigen Verlagerung der Betriebspunkte zu niedrigen Drehzahlen und hohen Lasten und der damit verbundenen hohen Stickoxidemissionen. Weiterhin wird durch die inhomogene Gemischbildung (Restgasschichtung, Spülprozessführung) die Abmagerungsfähigkeit eingeschränkt.

Die Nachbehandlung der Kohlenwasserstoffemissionen ist aufgrund der niedrigen Abgastemperaturen des mager laufenden Motors problematisch. Ebenso liegen die HC-Rohemissionen aufgrund der unvollständigen Verbrennung des geschichteten Gemischs höher (hohe Restgasgehalte und inhomogene Schichtung bei kleinen Lasten/Drehzahlen, unvollständiges Zusammenhalten der Gemischwolke).

Langzeitversuche zeigten, dass die NO_x-Emissionen über eine Laufzeit von 80.000 km nahezu konstant auf einem Niveau liegen, die HC-Emissionen jedoch mit der Laufleistung ansteigen. Die Bedingungen der Stufe IV Grenzwerte machen eine Abgasnachbehandlung durch einen $DeNO_x$- bzw. NO_x-Speicherkatalysator unerlässlich. Des weiteren muss ein Öl entwickelt werden das eine Kontamination des Katalysators und damit eine laufzeitbedingte Verschlechterung der Abgasnachbehandlung vermeidet.

5.8.3.2 Geräuschverhalten

Eine Analyse des Ist-Zustandes ergab, dass der Versuchsträger am oberen Ende des Streubandes vergleichbarer 8-Ventil und 16-Ventil Vierzylinder-Viertakt-Ottomotoren lag. Weiter war festzustellen, dass bei niedrigen Drehzahlen die Geräusche des Einspritzsystems, im mittleren Drehzahlbereich das direkte und indirekte Verbrennungsgeräusch und bei hohen Drehzahlen das mechanische Geräusch dominieren. Maßnahmen dieses Geräuschverhalten positiv zu beeinflussen sind: Entkopplung des Einspritz- und Ansaugsystems, Monoblockbauweise und Versteifung des Auslasssteuergehäuses, Gleitlagerung der Kurbelwelle und Einbau der Kurbelwelle in ein Tunnelgehäuse sowie eine Kapselung der Ölwanne.

Weitere Maßnahmen sind der Einsatz graphitierter Kolben, die Erhöhung der Schwungmasse sowie die Reduktion des Druckanstiegs dp/da durch eine Zurücknahme des Zündwinkels. Letztere Maßnahme muss aber mit dem einhergehenden Abfall des Drehmoments abgeglichen werden. Bei niedrigen Drehzahlen und Lasten zeigt sich das, obwohl der Drehkraftverlauf aufgrund der doppelten Zündfrequenz gegenüber einem Viertaktmotor ausgeglichener ist, die zyklischen Schwankungen aufgrund der hohen und undefinierten Restgasgehalte größer sind.

Es muss aber auch klar gesehen werden, dass ein akustisch optimierter Zweitaktmotor nicht mehr das einfache und kostengünstige Motorkonzept darstellt.

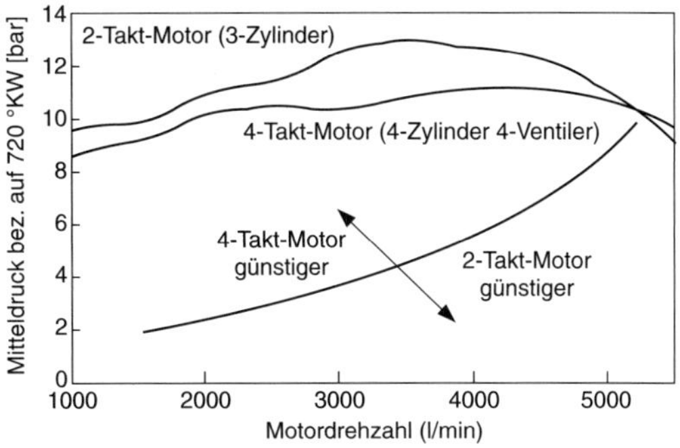

Abb. 5.260 Unterschiede im spezifischen Kraftstoffverbrauch

5.8.3.3 Kraftstoffverbrauch

Einer der Hauptgründe für die Wiederaufnahme der Entwicklung der Zweitaktmotoren war die erwartete Verbrauchsminimierung aufgrund der geringeren Drosselverluste und Reibung sowie der Verbrennung eines mageren Gemischs. Ein Vergleich der Verbrauchskennfelder von Zwei- und Viertaktmotoren ergab jedoch die in Abb. 5.260 dargestellten Unterschiede.

Bezogen auf ein Viertaktarbeitsspiel erreicht der Zweitaktmotor höhere Vollastmitteldrücke.

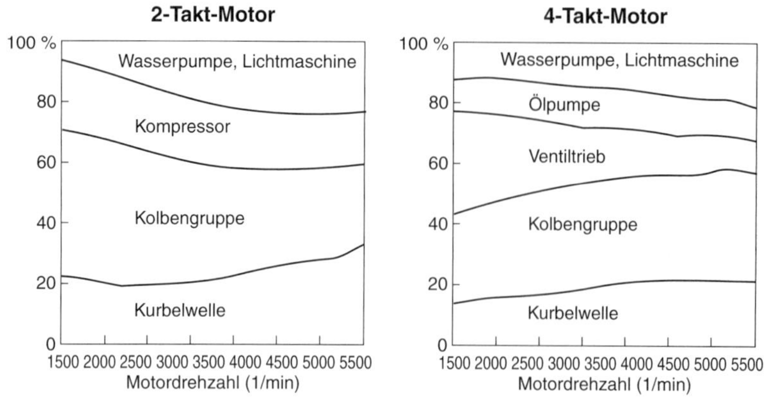

Abb. 5.261 Aufteilung der mechanischen Reibung

Dieses führt bei einer auf gleiche Fahrleistungen ausgelegten Getriebeübersetzung zu einer Verbrauchsverbesserung durch Betriebspunktverlagerung. Im gesamten Drehzahlbereich erwies sich der Viertaktmotor im oberen Lastbereich als günstiger. Damit ergaben sich im außerstädtischen Bereich des neuen europäischen Fahrzyklus sogar Verbrauchsnachteile für den Zweitaktmotor.

Eine Analyse der Reibung und der Thermodynamik sollte Aufschluss über diesen Sachverhalt geben. Da die Gesamtreibungsverluste von Zwei- und Viertaktmotor auf gleichem Niveau lagen wurde eine detaillierte Analyse durchgeführt.

Abbildung 5.261 zeigt im Vergleich die Anteile von Kurbelwelle, Kolbengruppe und Nebenantrieben (Wasserpumpe, Lichtmaschine) von Zwei- und Viertaktmotor sowie des Kompressors für die Lufteinblasung des Zweitaktmotors und Ventiltrieb und Ölpumpe für den Viertaktmotor an der Gesamtreibung in Abhängigkeit von der Drehzahl. Man erkennt, dass der entfallene Ventiltrieb durch den Kompressor (ca. 20 % der Gesamtreibung) kompensiert wird. Besonders auffallend ist der hohe Anteil der Kolbengruppe an der Reibung des Zweitaktmotors. Dies obwohl ein Zweitaktmotor ohne Ölabstreifringe mit einem Viertaktmotor verglichen wird. Die Ursache hierfür sind die Mischreibungsgebiete im Bereich der Kanäle, ein starker Verzug der Bohrung sowie Ölablagerungen in den Ringnuten. Versuche mit Motoren in Monoblockbauweise und alternativen Ölformulierungen zeigen Ansätze, diese Probleme zu beherrschen.

Eine thermodynamische Analyse zeigt Nachteile des Zweitaktmotors nicht nur aufgrund des niedrigen effektiven Verdichtungsverhältnisses. Ebenso steigen die Wärmeverluste aufgrund des insgesamt höheren Temperaturniveaus bedingt durch die doppelte Zündfrequenz an.

Im Vergleich zu einem modernen stoichiometrisch betriebenem Viertaktmotor lassen sich Verbrauchsvorteile von 5–10 % erzielen. Dies wird allerdings von direkteinspritzenden Viertaktmotoren im Schichtbetrieb oder mit variabler Ventilsteuerung mittlerweile übertroffen.

5.8.3.4 Mechanische Standfestigkeit

An den Zweitaktmotor werden die gleichen Anforderungen bezüglich der Dauerhaltbarkeit gestellt wie an jeden Viertakt Otto- oder Dieselmotor. Bisher gefertigte Zweitaktmotoren können in der Regel diese hohen Laufleistungen nicht erreichen. Fehlerursachen liegen meist im Bereich Kolben, Ringe und Zylinderrohr die konstruktiv bedingt andere Verhältnisse haben als im Viertaktmotor. Die hohe spezifische Leistung, die doppelte Zündfrequenz und die großen Kolbenoberflächen bei Kurzhubern bewirken einen hohen Wärmeeintrag in den Kolben. Der thermischen Probleme des Kolbens muss sorgfältig Rechnung getragen werden um ein frühzeitiges Versagen zu vermeiden.

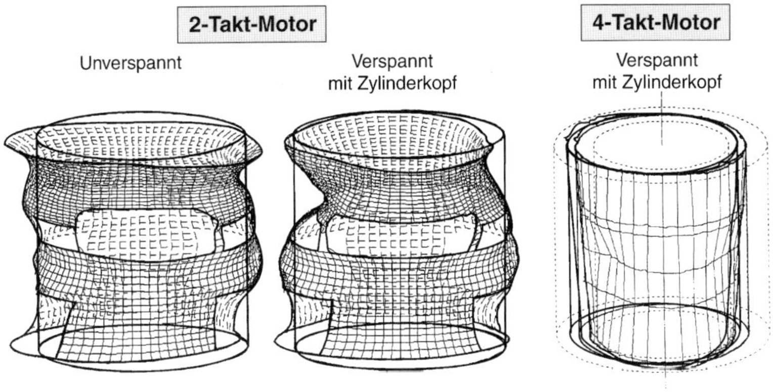

Abb. 5.262 Statische Bohrungsverzüge von 2- und 4-Takt-Motor

Die Wärmeabfuhr ist durch die von Spülschlitzen unterbrochenen Zylinderwände unzureichend. Diese Situation wird noch verschlechtert durch die starken Bohrungsverzüge aufgrund der mangelhaften Abstützung der Zylinderrohrwände durch die Spülschlitze. Abb. 5.262 zeigt diesen Zusammenhang.

Im Betrieb wird der Verzug durch die ungleiche thermische Belastung der Ein- und Auslassschlitze größer. Durch die hohen erforderlichen Kolbenspiele kommt es Verkokungen in der Ringnut und Abdampfen von Schmieröl im Ringbereich.

Ein weiterer Schwachpunkt stellt das Schmiersystem selbst dar. Das Öl wird über eine kennfeldgesteuerte Dosierpumpe dem Luftstrom im Bereich der Lamellenventile zugemischt. Überschüssiges Öl sammelt sich im Kurbelgehäuse und wird von dort in den Sammelbehälter abgepumpt. Eine gezielte Schmierung kritischer Stellen ist somit nicht möglich. Ebenso bedürfen die Ölqualitäten einer weiteren Optimierung.

Die Funktionsfähigkeit der Lamellenventile und der Kurbelwellenlager kann durch lose Kohlenstoffpartikel die mit der Abgasrückführung ins Ansaugsystem und damit ins Kurbelgehäuse gelangen beeinträchtigt werden.

Geeignete Maßnahmen gegen die genannten Probleme wären eine Fertigung des Motors in Monoblockbauweise um die Verzüge zu minimieren sowie die Abdichtung der Lager und die Verwendung einer Druckölschmierung. Diese Maßnahmen stehen jedoch dem Wunsch nach einem einfachen und kostengünstigen Zweitaktmotor entgegen.

5.8.3.5 Package/Gewicht

Die Abb. 5.263 und Abb. 5.264 zeigen die Unterschiede in den äußeren Abmessungen der Motorenkonzepte Zwei- und Viertaktmotor.

Die Breite des Motors wird in beiden Fällen durch den Ansaug- und Abgaskrümmer sowie die Anordnung der Nebenaggregate bestimmt. Die Gesamtbauhöhe des Zweitaktmotors ist geringer als die des Viertaktmotors. Dieser Vorteil ist jedoch zum größten Teil im Bereich unterhalb der Kurbelwelle zu finden und damit nur bedingt verwendbar da über das Getriebe in Verbindung mit den Antriebswellen die Position der Kurbelwelle vorgegeben ist wenn Vier- und Zweitaktmotoren im gleichen Fahrzeug verbaut werden. Nur ein spezifisch auf den Zweitaktmotor zugeschnittenes Getriebekonzept könnte diesen Bauraumvorteil nutzen. In der Länge hat der betrachtete Zweitaktmotor den Vorteil der Dreizylinderbauweise gegenüber einem Vierzylinder-Viertaktmotor. Wird der Viertaktmotor als Dreizylinder ausgeführt relativiert sich dieser Vorteil ebenfalls. Eine Optimierung des Zweitaktmotorkonzepts aus akustischen und Dauerhaltbarkeitsgesichtspunkten (Kapselung, Gleitlagerung der Kurbelwelle, Druckölversorgung) lässt keinen Spielraum die möglichen Bauraumvorteile des Zweitaktkonzepts zu behalten.

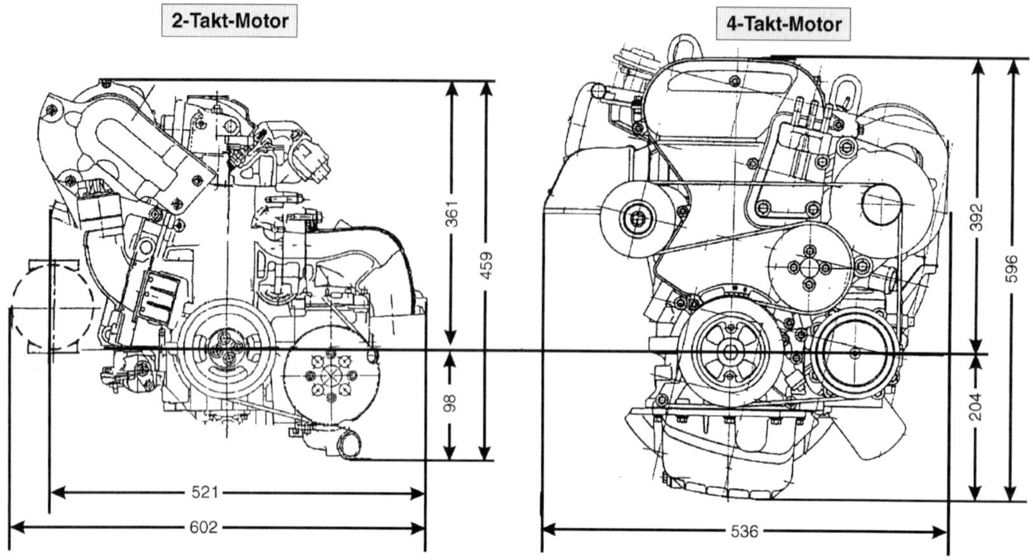

Abb. 5.263 Package-Vergleich: Breite und Höhe

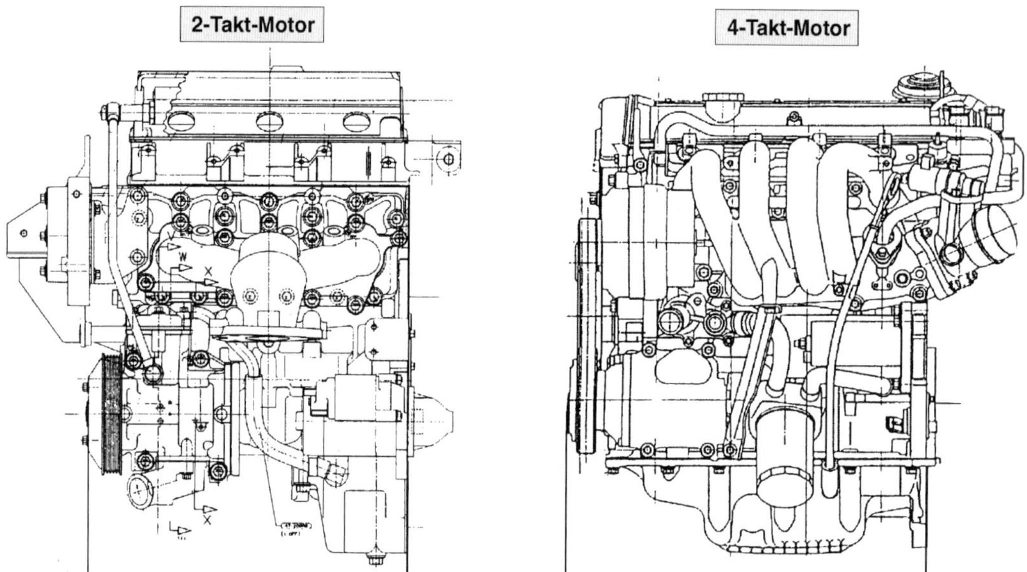

Abb. 5.264 Package-Vergleich: Länge

Die gleichen Gründe, die einen Bauraumvorteil des Zweitaktmotors unwahrscheinlich erscheinen lassen, lassen sich auch in der Betrachtung des Gewichts anführen und zeigen, dass es schwierig sein dürfte die mittlerweile erreichten Gewichte eines modernen Viertaktmotors zu erreichen.

5.8.3.6 Kosten

Durch den einfachen Aufbau des Zweitaktmotors wurde eine erhebliche Kosteneinsparung erwartet. Betrachtet man diese Problematik genauer zeigt sich eine Einsparung vor allen Dingen durch den Wegfall des Ventiltriebs und des aufwendigen

Zylinderkopfs. Im Gegenzug wird die Bearbeitung des Zylinderblocks der jetzt die Ladungswechselorgane beinhaltet, sowie die Luft für das nächste Arbeitsspiel vorverdichtet, umfangreicher. Ebenso gestaltet sich die Fertigung und Montage der Kurbelwelle und der geteilten Wälzlager der Kurbelwellenhaupt- und Pleuellager aufwendiger. Zweitaktmotorspezifische Bauteile sind die Membraneinlassventile, die die Vorverdichtung der Luft im Kurbelkasten ermöglichen und der Walzendrehschieber zur Steuerung der Restgasmenge. Ebenfalls muss das Gemischeinblasesystem in eine Kostenbetrachtung einbezogen werden. Insgesamt fällt der Kostenvorteil des Zweitaktmotors unter gleichen Randbedingungen gering aus.

5.8.4 Zusammenfassung und Bewertung

Die wesentlichen Punkte lassen sich aus heutiger Sicht wie folgt zusammenfassen:

- Emissionsgrenzwerte sind nur durch aufwendige Abgasnachbehandlung erfüllbar ($DeNO_X$-Katalysator, NO_X-Speicher) analog der Viertakt Magermotoren, bzw. Benzindirekteinspritzmotoren
- Aufwendige konstruktive Maßnahmen zur Erzielung eines befriedigenden NVH-Verhaltens erforderlich
- 5–10 % potentieller Verbrauchsvorteil gegenüber einem stoichiometrisch betriebenem Viertaktmotor (der aber auch ebenfalls homogen mager oder als direkteinspritzender Motor mit Ladungsschichtung betrieben werden kann)
- Aufwendige Maßnahmen zur Erzielung ausreichender mechanischer Standfestigkeit
- Bauraumvorteil nur in der Länge aufgrund einer geringeren Zylinderzahl bei gleicher spezifischer Leistung
- Geringer Gewichtsvorteil
- keine bis nur geringe Kostenvorteile

Der Zweitaktmotor konnte in der kurzen Entwicklungsphase Anfang der neunziger Jahre nicht so überzeugend weiterentwickelt werden um eine breite Anwendung als Fahrzeugantrieb zu finden. Er bleibt aber aufgrund seiner spezifischen Vorteile ein attraktives Motorkonzept für andere Anwendungen. Dies gilt insbesondere wenn die Anforderungen bezüglich kleiner Bauweise und eingeschränktem Betriebsbereich nur gering durch andere Anforderungen eingeschränkt werden. Anwendungsgebiete sind damit Motoren mit kleinem Hubvolumen im Zweiradbereich und das breite Feld der in erster Linie stationär betriebenen Motoren bei Generatoren, Bootsmotoren, Arbeitsgeräten (Kettensägen, etc.).

5.9 Konventionelle und alternative Kraftstoffe und Energieträger

Ein wesentlicher Pfeiler einer modernen Gesellschaft ist die Mobilität, der Transport von Gütern und Personen. Die für diese Mobilität benötigte Energie wird zurzeit zu ca. 90 % in Deutschland [250] und zu ca. 95 % weltweit [251] aus Rohöl erzeugt. Dieses Monopol der Energieversorgung verbunden mit der fossilen und endlichen Art der Energiequelle offenbart unter anderem drei große gesellschaftliche Herausforderungen:

- Lokale Emissionen (Kohlenmonoxid, Kohlenwasserstoffe, Partikel, Stickoxide)
- Global wirkende Treibhausgasemissionen (Kohlendioxid)
- Rohölabhängigkeit und Risiken in der Energieversorgungssicherheit

Regional abhängig werden verschiedene politische Strategien verfolgt, diesen Herausforderungen zu begegnen. In Europa steht die Klimaerwärmung im Vordergrund. Die politischen Strategien sollen in erster Linie die CO_2-Emissionen reduzieren helfen. In den USA dagegen befindet sich der Schwerpunkt bei der Energieversorgungssicherheit. In den Schwellenländern, in denen das schnell anwachsende Mobilitätsbedürfnis zwingend für die wirtschaftliche und gesellschaftliche Entwicklung benötigt wird, stehen die Beherrschung der lokalen Emissionsbelastung und die Energieversorgungssicherheit im Vordergrund.

Europa Das politische Ziel ist ein Anteil von 10 % erneuerbarer Energien im Transportsektor bis 2020, wobei Biokraftstoffe die Hauptlast bis 2020

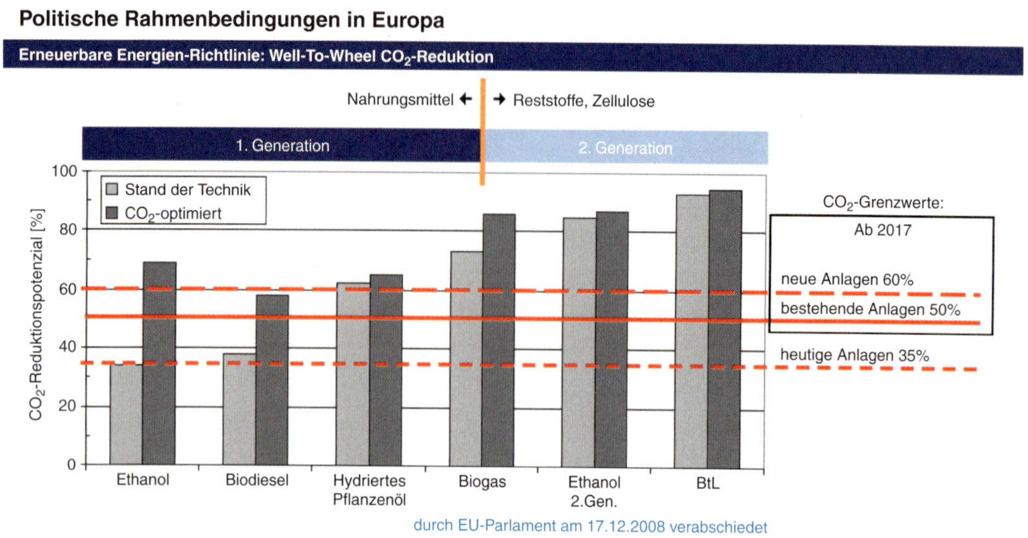

Abb. 5.265 Darstellung der in der Erneuerbare Energien Richtlinie [252] definierten CO_2-Reduktionspotenziale einiger Biokraftstoffe. Prozessoptimierungen können das CO_2-Reduktionspotenzial heutiger Biokraftstoffe deutlich anheben. Für die Anerkennung der Biokraftstoffe zum Ziel der Nutzung erneuerbarer Energien müssen neben den dort definierten Nachhaltigkeitskriterien auch mindest-CO_2-Reduktionswerte in Abhängigkeit des Inbetriebnahmezeitpunktes der Biokraftstoffanlage erreicht werden. Bei einer Inbetriebnahme ab 2017 muss der Biokraftstoff eine CO_2-Reduktion im gesamten Lebenszyklus von mindestens 60 % nachweisen. Die Berechnung der CO_2-Reduktion ist in der Erneuerbare Energien Richtlinie verankert

wegen der Verfügbarkeit tragen werden [251]. Verbunden mit dem CO_2-Reduktionspotenzial der Biokraftstoffe (siehe Abb. 5.265), werden sich die CO_2-Emissionen durch Biokraftstoffe alleine um ca. 5 % reduzieren lassen. Bei den Biokraftstoffen dominiert in Europa gegenwärtig Biodiesel aus Rapsöl. Weiterentwicklungen des Biodiesels zu hydrierten Pflanzenölen (Hydrotreated Vegetable Oils: HVO) und synthetischem Diesel (Biomass-to-Liquid: BtL) werden intensiv vorangetrieben. Eine Ablösung der Dominanz von Biodiesel durch HVO oder BtL wird erst nach 2020 erwartet. Großes Potenzial wird bei Ethanol aus Zuckerrübe und Getreide gesehen.

Die Erneuerbare Energien Richtlinie [252] sieht vor, dass Biokraftstoffe die dort definierten Nachhaltigkeitsanforderungen erfüllen müssen. Diese Nachhaltigkeitsanforderungen werden ab 2010 alle 2 Jahre einer erneuten Überprüfung unterzogen. Es besteht somit für die Biokraftstoffanlagenbetreiber das Risiko, dass früher anerkannte Biokraftstoffe bei einer erneuten Überprüfung der Nachhaltigkeitsanforderungen ihre Anerkennung verlieren. Die damit verbundene ungewisse Planungssicherheit erschwert in Europa momentan Investitionen in neue Biokraftstoffanlagen. Neben den Biokraftstoffen wird, insbesondere jenseits 2020, ein großes Potenzial in der Elektromobilität und in Wasserstoff, beides regenerativ erzeugt, gesehen.

USA Substitution von erdölstämmigen Kraftstoffen stehen im Vordergrund, wenn auch zunehmend die Treibhausgasreduktion stärker in den Fokus rückt [253]. So ist eine 10 %-ige Kohlendioxidreduktion Ziel des »Low Carbon Fuel Standards« des Staates Kalifornien. Als wichtigster Erdölersatz für den Mobilitätsbereich wird Ethanol gesehen. Dabei werden drei unterschiedliche Rohstoffquellen für Ethanol betrachtet, aus heimischem Mais, aus Zellulose (Stroh, Gras) und importiertes Ethanol. Intensive Aktivitäten sind in den USA auf dem Gebiet von Zellulose-Ethanol zu erkennen. Das politische Rahmenwerk zum Einsatz von Biokraftstoffen ist in den USA für die Biokraftstoffproduzenten deutlich klarer formuliert, wodurch die Investitionsbereitschaft in vorhandene, aber auch in neue Biokraftstoffprozesse begünstigt wird. Der Renewable Fuels Standard II der U.S. En-

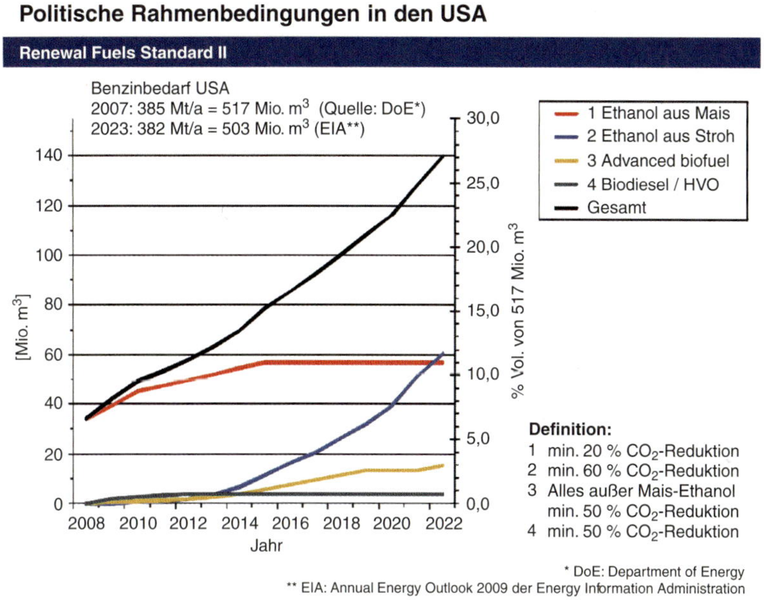

Abb. 5.266 Renewable Fuels Standard II. Die im Gesetzestext geforderten absoluten Mengen der vier verschiedenen Kraftstoffkategorien sind in Volumenprozenten umgerechnet. Der Dieselbedarf der USA entspricht ca. der Hälfte des Benzinbedarfs [253, 254]

vironmental Protection Agency, EPA [253] gibt absolute Mengen von zum Teil klar definierten Biokraftstoffen bis 2022 vor (siehe Abb. 5.266). Ein wesentlicher Vorteil für Biokraftstoffhersteller, der klare Investitionsrahmen gibt, unabhängig der Gesamtkraftstoffbedarfsentwicklung. Für die Fahrzeughersteller impliziert dies jedoch einen Nachteil, da der die Motortechnik bestimmende Beimischungsgrad an Biokraftstoff vom Gesamtkraftstoffbedarf an Benzin und Diesel abhängig ist. Insgesamt spielen neben Ethanol andere Biokraftstoffe insbesondere für Dieselmotoren eine klar untergeordnete Rolle.

Neben den sehr konkret definierten Biokraftstoffen Ethanol aus Mais und Zellulose, eröffnet die Kategorie »advanced biofuels« eine technologieneutrale Forderung, die den noch heute unbekannte Innovationen in den Biokraftstoffherstellprozessen eine Markteinführung ermöglicht.

Einen Überblick auch über andere Regionen geben die Abb. 5.267 und Abb. 5.268. Es zeigt sich, dass Ethanol als Biokraftstoff weltweit dominiert. Erdgas könnte insbesondere in den aufstrebenden Ländern eine große Rolle spielen.

Der Wunsch nach mehr Energieversorgungsunabhängigkeit aktiviert die Nutzung nationaler Ressourcen. Damit werden auch das Kraftstoffangebot und die Kraftstoffqualitäten lokal zunehmend stärker variieren. Steigender Kostendruck und weltweit steigende Anforderungen an die Emissionen der Fahrzeuge sollten durch eine harmonisierte und an die Emissionsanforderungen angeglichene und zeitlich synchronisierte flächendeckende Kraftstoffqualität gekoppelt sein. Diesem Zielkonflikt gilt es nicht nur durch technische Maßnahmen zu begegnen.

5.9.1 Marktwirtschaftliche Aspekte

Einen Überblick zu den Herstellkosten einiger biogener Kraftstoffalternativen gibt Abb. 5.269. Der Abbildung liegen Biomasserohstoffpreise in Abhängigkeit des Rohölpreises der Vergangenheit zu Grunde. Es zeigt sich, dass trotz steigendem Rohölpreis Biokraftstoff im Wesentlichen teurer als Benzin und Diesel geblieben ist und wahrscheinlich

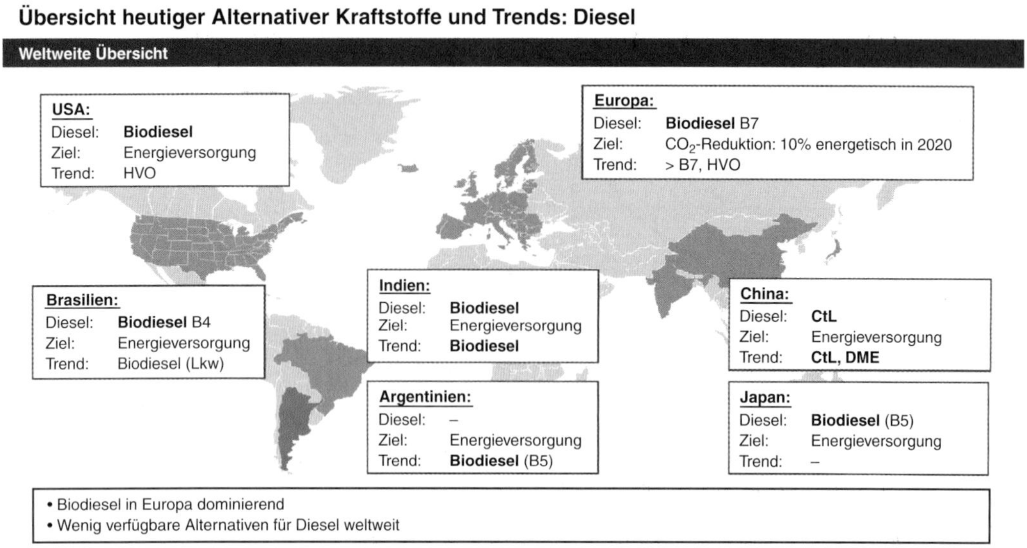

Abb. 5.267 Übersicht dieselmotorischer Kraftstoffalternativen (Quelle: Volkswagen Aktiengesellschaft)

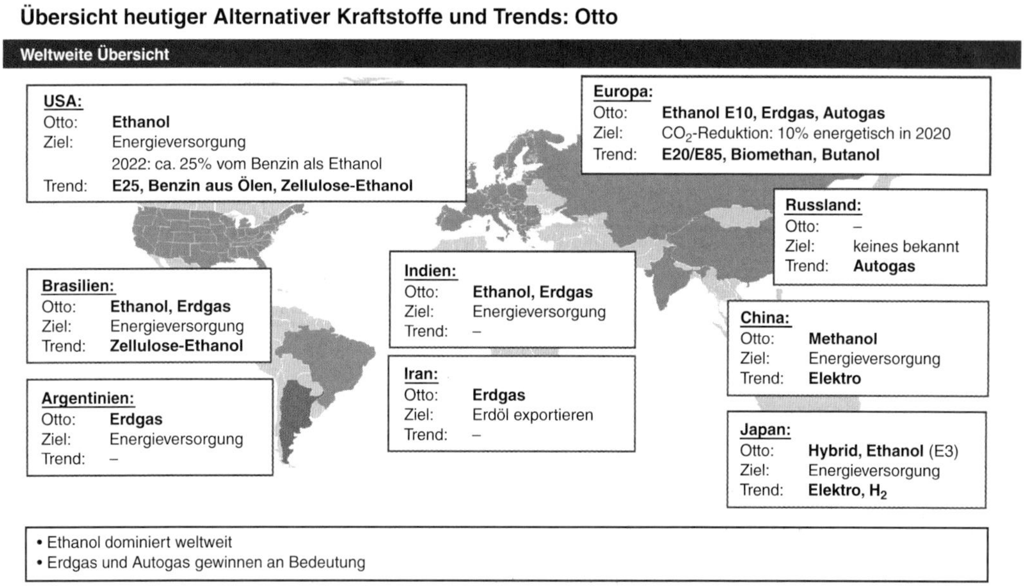

Abb. 5.268 Übersicht ottomotorischer Kraftstoffalternativen (Quelle: Volkswagen Aktiengesellschaft)

auch bleiben wird. Mit dem Rohölpreis sind viele andere Rohstoffpreise gekoppelt, so auch die für die Biokraftstoffe. Bei Rohstoffen wie Pflanzenöl, bei denen die Nachfrage groß und das Angebot überschaubar ist, kann eine 1 : 1 Kopplung festgestellt werden. Bei Rohstoffen, die noch keiner großen Verwendung unterzogen sind, bzw. das Angebot deutlich größer, als die momentane Nachfrage ist,

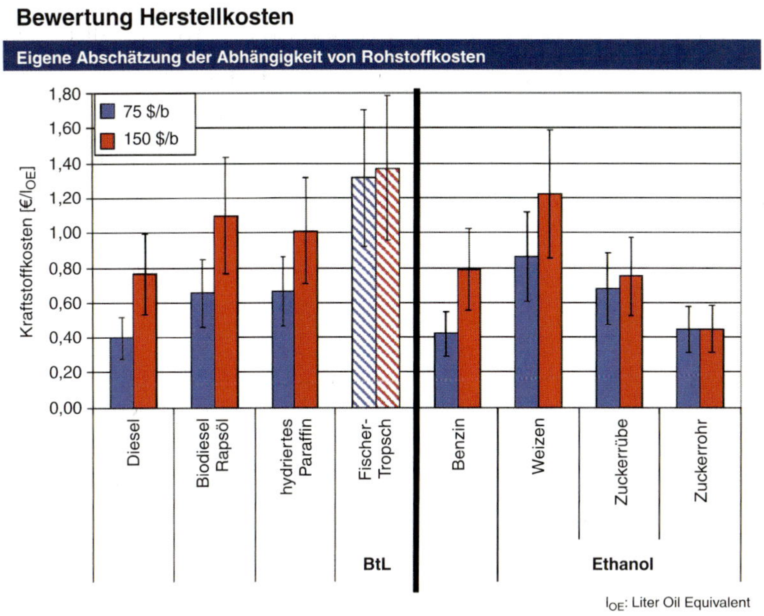

Abb. 5.269 Preisentwicklung einiger Biokraftstoffe in Abhängigkeit des Rohölpreises [255]

kann eine abgeschwächte Kopplung festgestellt werden. Ein Beispiel hierfür ist Holz. Es ist anzunehmen, dass selbst Reststoffe bei zukünftiger Nutzung eine Preiskopplung zum Erdöl aufzeigen werden. Eine Ausnahme stellt scheinbar Zuckerrohr dar. Dies ist aber nur der Fall, da zurzeit deutlich mehr Zuckerrohr zu Zucker als zu Ethanol verarbeitet wird, und daher der Zuckerpreis den Zuckerrohrpreis dominiert. Bei einer deutlichen Zunahme der Ethanolproduktion wird sich dieses Gefüge ändern.

Daher werden trotz steigendem Rohölpreis Biokraftstoffe zumindest bis ca. 2020 teurer als erdölbasierte Kraftstoffe sein. Sie werden politisch und nicht marktwirtschaftlich getrieben sein. Wobei die politische Unterstützung sich zunehmend vom Fördern hin zum Fordern wandelt, wie es die Erneuerbare Energien Richtlinie [252] und der Renewable Fuels Standard II [253] zeigen.

Die Rohstoffpreise der fossilen Alternativen Gas und Kohle sind zwar auch an den Rohölpreis gekoppelt, dennoch könnte sich ein anderer Zusammenhang für diese fossilen Alternativen ergeben. In Regionen, die über preiswerte Kohle- oder Erdgasvorkommen verfügen, und zudem noch große Investitionen in die Energieversorgung und -verteilung vornehmen müssen, werden diese Alternativen zunehmend wirtschaftlich interessant und bieten einen wirkungsvollen Beitrag zur Verbesserung der Energieversorgungssicherheit.

Ein anderer interessanter Einfluss auf den marktwirtschaftlichen Anreiz für Alternativen ist die Kraftstoffbesteuerung. Den Einfluss einer Rohölpreisverdopplung von 100 $/bbl auf 200 $/bbl auf den Kraftstoffpreis an der Tankstelle zeigt Abb. 5.270. Die Wirtschaft der Schwellenländer, in denen in der Regel niedrigere Kraftstoffsteuern erhoben werden, wird eine Rohölpreisanhebung stärker treffen, wodurch die Etablierung von alternativen Kraftstoffen besonders in diesen Regionen nicht nur politisch sondern auch marktwirtschaftlich vorangetrieben wird.

Hohe Kraftstoffsteuern reduzieren dagegen den relativen Einfluss der Rohölpreisverdopplung. Sie verringern aber auch den marktwirtschaftlichen Ansporn, Alternativen zu entwickeln und umzusetzen, obwohl der absolute Preisanstieg in allen Regionen nahezu identisch ist.

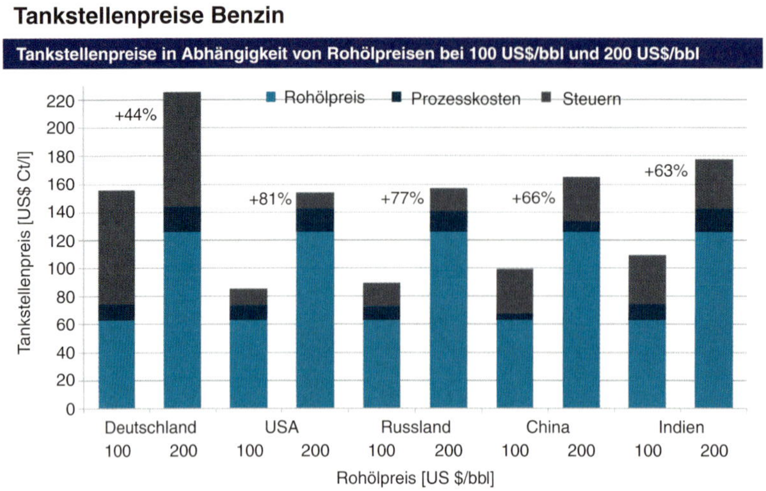

Abb. 5.270 Tankstellenpreiszusammensetzung in Abhängigkeit des Rohölpreises (Quelle: Volkswagen Aktiengesellschaft, 2009)

Eine besondere Situation stellt sich bei regenerativ erzeugter elektrischer Energie dar. Abbildung 5.271 zeigt die Herstellkosten von Strom im Jahre 2007 und eine Abschätzung für das Jahr 2020 [256]. Die zu erwartenden steigenden Rohstoffkosten für Kohle und Gas stehen der Lernkurve bei der Produktionstechnik für erneuerbaren Strom gegenüber. In 2020 wird nach dem Joint Research Centre der Europäischen Kommission erwartet, dass Strom aus Windenergie konkurrenzfähig sein wird. In Abb. 5.271 ist nur die Umsetzung von Sonnenenergie in Strom über Photovoltaik dargestellt. Eine insbesondere von dem DESERTEC-Projekt verfolgte Stromerzeugung über Solarthermie ist jedoch auch möglich und verspricht die kostengünstigere Lösung zu sein [257]. Die im Vorfeld erwähnte Kopplung vom Biomassepreis zum Rohölpreis ist bei Wind, Sonne und Wasser aufgebrochen. Der Einfluss der Energiepreisentwicklung auf die Investitionskosten der Anlagen sowie auf die Betriebskosten ist gering. Hinzu kommt, dass bei diesen regenerativen Energiequellen das Angebot deutlich größer ist, als die Nachfrage sein wird. Das Angebot allein an Sonnenenergie ist zum Beispiel 2.850-mal größer, als der derzeitige weltweite Energiebedarf [258]. Der preisbildende Faktor wird weniger die Erzeugung, sondern vielmehr das zeitliche und örtliche Management zwischen Angebot und Nachfrage werden.

5.9.2 Energieversorgungssicherheit

Zunehmend setzt sich als Treiber für alternative Kraftstoffe die Energieversorgungssicherheit weltweit durch. Daher soll diese hier vertieft betrachtet werden.

Die Energieversorgungssicherheit wird durch drei wesentliche Faktoren, bestimmt: die Verfügbarkeit der Energiequelle oder des Rohstoffs, die Verfügbarkeit des Umwandlungsprozesses vom Rohstoff in den Kraftstoff und die Verfügbarkeit der Fahrzeuge sowie der Verteilungsinfrastruktur. Erst wenn alle drei Verfügbarkeiten gegeben sind, kann der alternative Kraftstoff nennenswert zu einer Substitution von rohölstämmigen Kraftstoffen beitragen.

5.9.3 Fossile Energiequellen

Erdöl besitzt zurzeit ein Monopol der Energieversorgung der Mobilität. Dieses Monopol führte schon in der Vergangenheit zu politischen Abhängigkeiten, die unter anderem in den Ölkrisen gipfelten. Zunehmend erhärtet sich der Verdacht, dass der weltweit stetig wachsende Rohölbedarf an Grenzen auf Seiten der Rohölversorgung stoßen wird. Nicht nur die Endlichkeit des Rohöls

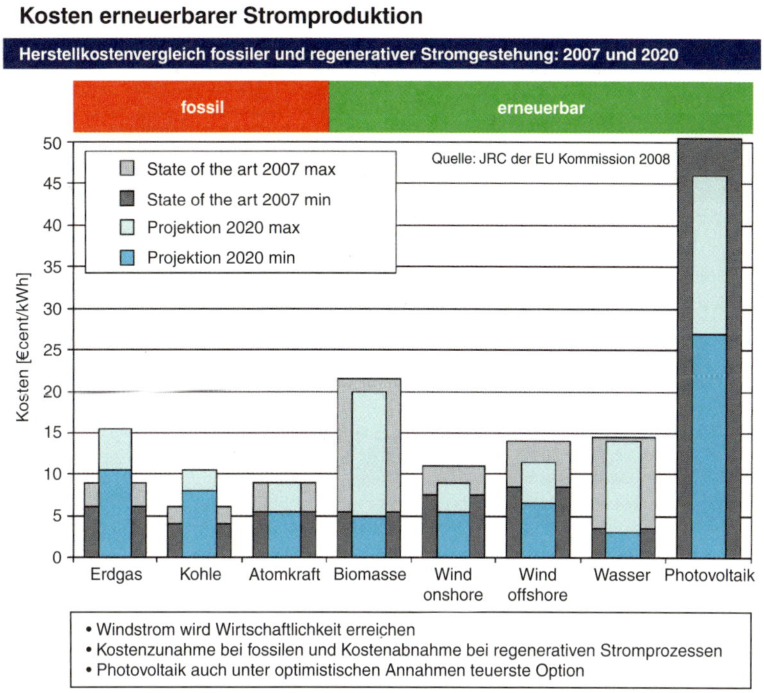

Abb. 5.271 Kostenvergleich erneuerbarer Stromproduktion mit fossiler und nuklearer Stromproduktion für 2007 und 2020 [256]

wird zum Energieversorgungsproblem, sondern möglicherweise früher schon eine schneller als die Erdölförderung anwachsende Erdölnachfrage [259]. Statt die Peak-Oil Diskussion hier weiter zu vertiefen, soll stattdessen die Situation der statischen Reichweiten der Reserven und Ressourcen von Erdöl im Vergleich zum Erdgas betrachtet werden (Abb. 5.272).

In der Darstellung sind die geförderten Mengen sowie sowohl die konventionellen als auch unkonventionellen Reserven und Ressourcen von Erdöl und Erdgas in Milliarden Barrel Öläquivalent dargestellt. Zusätzlich sind diese Mengen in Jahreseinheiten basierend auf dem heutigen Rohölbedarf von 29 Mrd. bbl/a und auf dem heutigen Erdgasbedarf von 20 Mrd. bbl/a Öläquivalent normiert dargestellt.

Es zeigt sich, dass weniger Erdgas als Erdöl verbraucht wurde und dass bei Erdgas deutlich größere Mengen bei den Ressourcen erwartet werden. Entscheidend ist das Verhältnis zwischen Ressourcen und Reserven, das auch als Maß für die zukünftige Verfügbarkeit dienen kann. Dieses Verhältnis ist für Erdgas deutlich günstiger. Erdgas hat damit auch ein größeres Potenzial, steigender Nachfrage gerecht zu werden, da noch mehr ungenutztes Potenzial im Boden verfügbar gemacht werden kann. Die Einbeziehung der unkonventionellen Ressourcen verstärkt diese Aussage, da diese Erdgas-Ressourcen die von Erdöl um mehr als den Faktor 3 übertreffen. Der zunehmende Ausbau des Erdgastransportes mithilfe verflüssigten Erdgases via Schiff, reduziert die Logistiknachteile und ermöglicht unabhängigere Handelsbeziehungen als durch den alleinigen Pipelinetransport.

Eine weitere fossile Alternative ist Flüssiggas (Liquid Petroleum Gas: LPG). Es wird zusammen mit Erdöl und Erdgas in einem durchschnittlichen Anteil von ca. 6 % gefördert [260]. Das Substitutionspotenzial von LPG ist daher auf 6 % der Erdöl- bzw. Erdgasförderung beschränkt. Hinzu kommt, dass LPG ein wichtiger chemischer Rohstoff ist

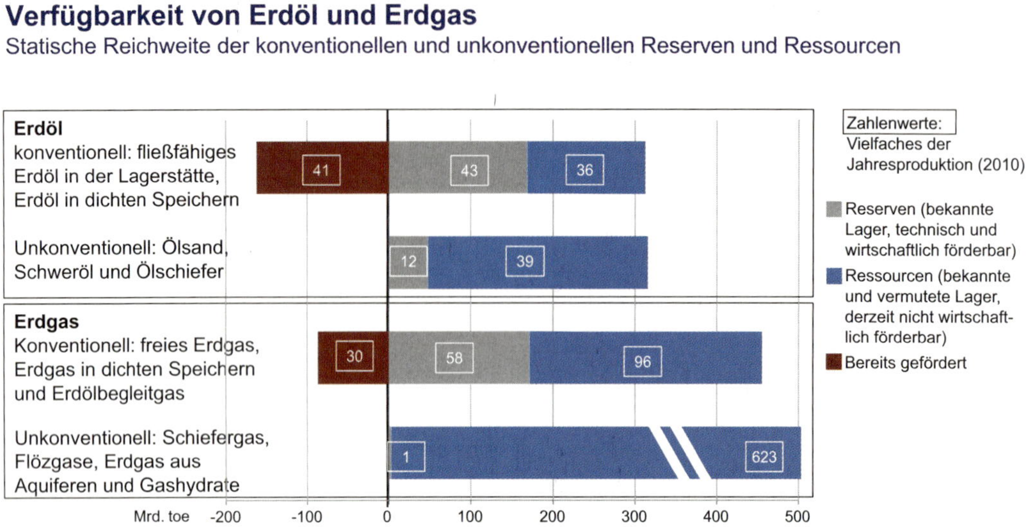

Abb. 5.272 Konventionelle und unkonventionelle Ressourcen und Reserven. Die Förderung von konventionellem Erdöl ist bereits weit fortgeschritten und daher voraussichtlich nahe am Fördermaximum (Peak-Oil). Bei konventionellem Erdgas ist die Lage deutlich entspannter: Bei ungefähr gleichen Reserven ist die Jahresproduktion deutlich kleiner. Zudem werden die Ressourcen wesentlich höher eingeschätzt als bei Erdöl. Die Einbeziehung von nicht-konventionellen Quellen verstärkt dieses Bild nochmals. Abbildung basierend auf [260].

und der zentrale Energieträger zum Kochen für Bevölkerungsteile, die weder zu Gas oder Strom Zugang haben. Daher ist das Potenzial von LPG zur Energieversorgungssicherheit für die Mobilität beschränkt.

Unbestritten besitzt Kohle bei den fossilen Energiequellen das noch größte Potenzial. Technologien zur Umwandlung von Kohle in Kraftstoffe, wie die Fischer-Tropsch-Synthese sind zwar in Südafrika sowie China großtechnisch vorhanden, jedoch nicht annähernd ausreichende Herstellkapazitäten. Außerdem steht die positive Rohstoffsituation der Kohle im Gegensatz zu den Anstrengungen, die Energieversorgung CO_2-neutraler zu gestalten.

Die Kohlendioxid Sequestrierung (Carbon Capture and Storage, CCS) könnte zu einer wichtigen Technologie werden, die den Zielkonflikt zwischen der Energieversorgung und der Treibhausgasreduktion überwinden könnte. Sie hat aber viele zu klärende technische und gesellschaftliche Herausforderungen zu meistern. So benötigt CCS unterirdische Lagerstätten, die im Wettbewerb zu Energiespeichern wie Druckluft- und Erdgaslagerstätten stehen. Gleichzeitig erzwingt die zukünftige Energieversorgung wegen des schwankenden Energieangebots (Wind, Sonne) eine deutliche Zunahme von Speichersystemen. Hier besteht ein technischer Zielkonflikt.

Eine Nutzung von CO_2 ist die Herstellung von Kohlenwasserstoffen, im einfachsten Fall Methan (CH_4) über eine Synthese mit Wasserstoff ($CO_2 + 4H_2 \rightarrow CH_4 + 2H_2O$). Der Wasserstoff könnte aus überschüssiger regenerativer Energie gewonnen werden. Solche Power-to-Gas Konzepte erscheinen insbesondere zur Glättung des schwankenden Energieangebots hilfreich zu sein [261].

Zusammenfassend ist kurz- und mittelfristig Erdgas aus Energieverfügbarkeitsaspekten eine ernstzunehmende wenn nicht sogar die potenteste Alternative zum Erdöl. Erdgas kann nicht nur zur Energieversorgungssicherheit beitragen sondern auch zur Reduzierung der lokalen und globalen Emissionen [262]. Langfristig werden die weiter unten diskutierten regenerativen Alternativen an Bedeutung gewinnen und schließlich die Energieversorgung auch für den Mobilitätsbereich dominieren.

5.9.4 Regenerative Energiequellen

Der entscheidende Vorteil der regenerativen Energien ist die per Definition nach menschlichen Maßstäben unendliche Reichweite der Reserven und Ressourcen. Die Herausforderung liegt nicht in der Energiequelle, sondern in der Nutzbarmachung dieser Energiequellen. Neben der Gewinnung nimmt das Energiemanagement, dem örtlichen und zeitlichen Abgleich von Angebot und Nachfrage, eine zunehmende Herausforderung ein, insbesondere wenn regenerativ erzeugter Strom in größerem Stile (>10 %) genutzt werden soll [263].

Biokraftstoffe Eine der bekanntesten und vom Energiemanagement recht einfachen Art Sonnenenergie für die Mobilität nutzbar zu machen, sind Biokraftstoffe. Sie nutzen die Fähigkeit der Pflanzen, Sonnenenergie in Biomasse zu wandeln und zu speichern. Dieser Vorteil der Biokraftstoffe ist zugleich auch ihr größter Nachteil. Pflanzen wandeln nur zu ca. 1 % die Energie des Sonnenlichts in Biomasse um [264]. Dieser geringe Wirkungsgrad könnte bei der kostenfrei scheinenden Sonne nebensächlich sein, mündet aber in einen großen Flächenbedarf und somit in eine Konkurrenz zur Nahrungsmittelversorgung (siehe ◘ Abb. 5.273). Damit ist das Substitutionspotenzial von nachhaltigen Biokraftstoffen beschränkt. Aus Sicht der Volkswagen Aktiengesellschaft ist das Substitutionspotenzial weltweit aus Nachhaltigkeitsgründen auf max 20 % basierend auf dem in 2020 erwarteten weltweiten Kraftstoffbedarf beschränkt. Diese theoretische Betrachtung wird ergänzt durch eine Abschätzung der realen Umsetzbarkeit des politischen Ziels der EU, 10 % erneuerbare Energien im Verkehr zu erreichen, die das JEC-Konsortium erarbeitet hat [277]. Dieses Ziel stellt bereits eine Herausforderung dar, die nur durch ein Zusammenwirken verschiedener Stakeholder (Straße, Schiene, Wasser) erreicht werden kann. Eine optimistischere Sichtweise vertritt das Biofuels Research Advisory Council – BIOFRAC, das ein Biokraftstoffpotenzial für 2030 in Europa von bis zu 25 % sieht [265]. Alle Einschätzungen setzen dabei schon neue Technologien, wie Zellulose-Ethanol und BtL voraus, die die Nutzung von Zellulose und Reststoffen ermöglichen. Des Weiteren ist auch Biogas berücksichtigt, das auf Erdgasqualität aufgereinigt wird. Der Biogasherstellungsprozess ist im Vergleich zu BtL und Zellulose-Ethanol deutlich einfacherer und ermöglicht dennoch die Nutzung insbesondere auch von feuchter Biomasse und Reststoffen. Die Nutzbarmachung von Zellulose und Reststoffen für die Biokraftstoffherstellung ist wegen des großen Biomassepotenzials bedeutend [265, 277]. Das geringste Biomassepotenzial unter den gängigen Biomasseformen von Zellulose, Stärke, Zucker und Pflanzenöl, besitzt das Pflanzenöl. Die heutige weltweite Produktion von Pflanzenölen beträgt ca. 100 Mt/a und soll sich bis 2017 um 45 % steigern [266] und bis 2030 verdoppeln [267]. Bei einem heutigen europäischen Dieselbedarf von 200 Mt/a [268] würde alleine Europa bei einer flächendeckenden 10 %igen Substitution des Dieselbedarfs durch Biodiesel ca. 20 % der weltweiten Pflanzenölproduktion benötigen. Eine andere Darstellung dieses Zusammenhangs der unterschiedlichen Biomassepotenziale gibt ◘ Abb. 5.273, die auch verdeutlicht, dass zwar heute keine nennenswerte Nahrungsmittelkonkurrenz besteht. Diese könnte sich jedoch durchaus zukünftig insbesondere durch Pflanzenölnutzung ergeben.

Die Erkenntnis, dass Biokraftstoffe nicht die alleinige Lösung der Energieversorgung der zukünftigen Mobilität sicherstellen können, auch bei Anwendung neuester Technologien, darf nicht darüber hinwegtäuschen, dass sie zu einer sehr sinnvollen und auch nachhaltigen Substitution von rohölstämmigen Kraftstoffen beitragen können. Ihr größter Vorteil ist die relativ einfache Umsetzung auf Seiten der Herstellung, und Anwendung. Das einfache Zumischen zu vorhandenen Kraftstoffen innerhalb der gültigen Kraftstoffnormen, bis hin zu neuen Herstellprozessen mit deutlich verbesserten Biokraftstoffqualitäten und erhöhten Beimischpotenzialen, ermöglicht eine Kompatibilität mit der heutigen Mobilität und der heutigen Verteilungsinfrastruktur sowie einer Unterstützung der örtlichen Wirtschaft. Das Substitutionspotenzial von maximal 20 % zeigt aber auch, dass weitere Alternativen notwendig werden.

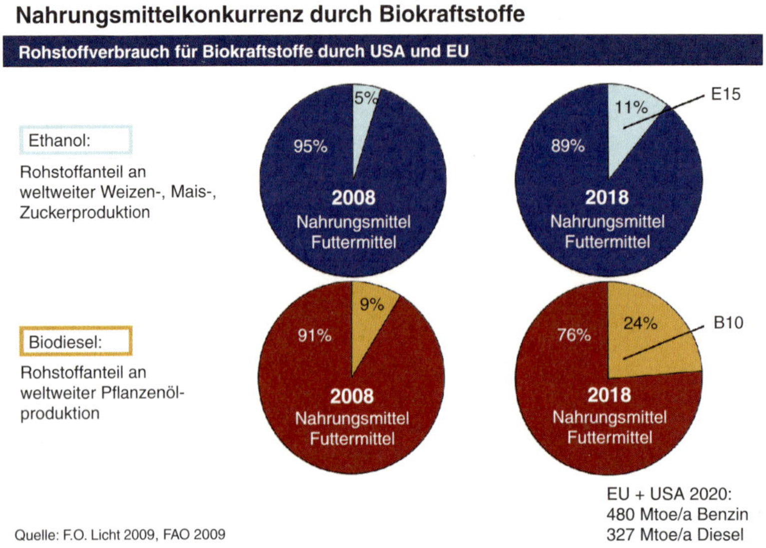

Abb. 5.273 Situation der Nahungsmittelkonkurrenz bei Weizen, Mais und Zucker sowie bei Pflanzenölen durch Ethanol und Biodiesel [267, 269]

Elektrizität Ganz anders verhält es sich bei regenerativ erzeugtem Strom. Ein sehr großes Erzeugungspotenzial steht einem momentan kleinen Nutzungspotenzial gegenüber. Theoretisch lässt sich der Energiebedarf der Mobilität durch regenerativ erzeugten Strom aus Wind, Wasser und Sonne sowie Erdwärme und Gezeitenenergie decken. Als ein Beispiel hierzu, soll das Potenzial der Photovoltaik beleuchtet werden. Selbst in mittleren Breiten von 50° Nord besitzt die Photovoltaik handelsüblicher Solarmodule einen Wirkungsgrad von 15 % [258] und somit eine Energieausbeute, die um den Faktor 15 größer ist, als die der Biomasse. Wird in den Vergleich auch die Umwandlungs- und Nutzungskette einbezogen, so erreicht der Energiepfad der Photovoltaik bis hin zum Batteriefahrzeugen einen 100fach größeres flächenbezogenes Substitutionspotenzial als Biomasse und Verbrennungsmotorfahrzeuge (siehe Abb. 5.274).

Für ein Batteriefahrzeug würden ca. 20 m^2 Photovoltaikfläche (50° Nord) für die Energieversorgung ausreichen, wenn ein Strombedarf von 20 kWh/100 km und eine Laufleistung von 10.000 km/a angenommen wird. Hinzu kommt, dass diese Photovoltaikanlage nicht auf dem Acker stehen muss und somit nicht beim Flächenbedarf mit der Nahrungsmittelversorgung konkurriert. Eine Übersicht der Flächenbedarfe von Biomasse, Strom aus Wind und Sonne gibt Abb. 5.275.

Erkauft wird dieses Energiesubstitutionspotenzial durch die Notwendigkeit einer neuen Fahrzeugtechnologie und Infrastruktur und durch eine Einschränkung des Mobilitätsangebotes. Noch sind keine Batterietechnologien greifbar, die weder heute vorausgesetzte Reichweiten von mindestens 400 km noch akzeptable Ladezeiten kleiner 5 Minuten garantieren. Dennoch könnte die mit heutiger Batterietechnologie mögliche Reichweite von 100–150 km rein statistisch 90 % der Tagesfahrleistungen darstellen (siehe Abb. 5.276).

Neben all den technischen Herausforderungen die noch bei der Elektrifizierung des Antriebs zu überwinden sind, wird auch eine Herausforderung unsere Erwartung an die Mobilität sein. So beispielsweise die Bereitschaft für neue Mobilitätsmodi und sei es nur, dass ein Fahrzeug in der Zukunft nicht mehr zwingend ein Alleskönner sein muss.

Der Traum eines schnell aufladbaren Batteriefahrzeuges stößt nicht nur bei der Batterie, sondern auch bei der Stromversorgung an physikalische

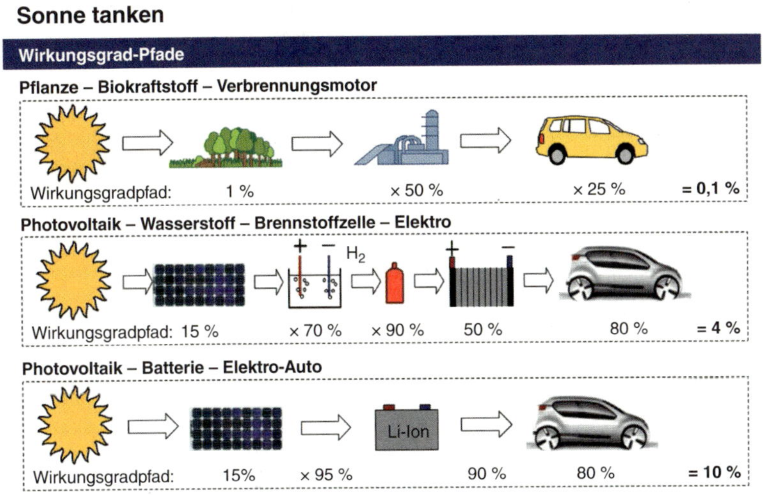

Abb. 5.274 Wirkungsgrade der Sonnenenergienutzung (Quelle: Volkswagen Aktiengesellschaft)

Grenzen. Flächendeckende Schnellladestationen für Elektrofahrzeuge wären nicht nur mit hohen Investitionen verbunden, sondern würden auch an die Grenzen der vorhandenen Leistung der Kraftwerke und der Stromverteilung stoßen. Ohne Verlustleistungen zu berücksichtigen, wäre eine Ladeleistung von 600 kW notwendig, wenn der angenommene Energiebedarf von 20 kWh für 100 km Reichweite innerhalb von 2 Minuten aufgeladen werden müsste. Zum Vergleich sei hier angemerkt, dass ein heutiger Tankvorgang von 50 Litern Diesel innerhalb von 2 Minuten einer Tankleistung von 15 MW entspricht. Batteriewechselstationen könnten diese Begrenzungen aufheben, würden aber großes totes Kapital verursachen. Sie erzwingen statt einer Batterie pro Fahrzeug ein mehrfaches Vorhalten von Batterien für ein Fahrzeug. Mehrfach deshalb, da wegen der begrenzten Reichweite von Batteriefahrzeugen das Schnellwechselstationennetz eng geknüpft sein müsste und wegen der beschriebenen Begrenzung in der Ladeleistung, die zur Überwindung von Spitzenzeiten beim Wechselbetrieb nur durch eine zusätzliche Anzahl vorgehaltener Batterien begegnet werden kann [271].

Zurzeit ist die Batterie eines der teuersten Module des Fahrzeuges. Alles mündet in ein nicht nur großen Investitionsbedarf sondern auch in der Demobilisierung von Kapital.

Diese Betrachtungen verdeutlicht, dass die meisten Aufladevorgänge der Elektrofahrzeuge langsame, vorzugsweise in der Nacht stattfindend, sein werden. Dann wird nicht nur der Energie- sondern auch der Leistungsbedarf der Elektrofahrzeuge bis 2020 vernachlässigbar und darüber hinaus beherrschbar sein. Die in Deutschland für 2020 angestrebten 1 Mio. Elektrofahrzeuge würden einen Energiebedarf von 2 TWh pro Jahr und damit 0,3 % des deutschen Strombedarfs (599 TWh in 2008 [272]) benötigen sowie einen Leistungsbedarf von 3 GW, wenn alle Fahrzeuge über Nacht gleichzeitig mit 3 kW aufgeladen werden. Dagegen würde die Schnellladung dieser Fahrzeuge eine Leistung von 60 GW benötigen, wenn angenommen wird, dass nur 10 % der einen Million Elektrofahrzeuge mit 600 kW gleichzeitig geladen würden. Dies entspricht fast der Hälfte der Kraftwerksleistung Deutschlands von ca. 130 GW [273].

Die Elektromobilität stellt eine zukunftsweisende Option dar, wenn nicht der Anspruch einer vollständigen Substitution erhoben wird. Eine Tagesfahrleistung von ca. 100 km bis 150 km, ist schon heute für einige Mobilitätsansprüche ausreichend, und das Aufladen der Batterien über Nacht erfordert keine wesentlichen neuen Investitionen bei der Infrastruktur. Einfach und provokant gesprochen: Steckdosen mit einer Leistungsabgabe von 3 kW sind in jedem Haushalt vorhanden.

Substitutionspotenziale regenerativer Energien für Deutschland

Vergleich der Potenziale von Biomasse und grünem Strom

Potenzial	Biomasse SunFuel	Wind Strom 2020	Wind Strom 2030	Sonne Strom (PV) 2020	Sonne Strom (PV) 2030
Flächenpotenzial	18.000 km^2	3,5 km^2	7 km^2	70 km^2	700 km^2
Energie-Ernte [TWh/a]	60	80 1)	135 2)	10 1)	105 2)
Kraftstoffäquivalent [Mtoe/a]*	5	18	30	2	24
Pkw Anteil**	10 %	38 %	63 %	4 %	50 %

Quelle: 1) Nach BMU/dena-Prognose bis 2020; 2) Nach BMU-Szneario > 2020

Annahmen

*** Energiebedarf für einen Golf**
TDI: 54 kWh/100km = 5,4l/100km
EV: 20 kWh/100km

**** Kraftstoffbedarf Deutschland**
2007 Straße (MWV):
Diesel: 26,4 Mt/a
Otto: 21,3 Mt/a
Summe: 47,7 Mt/a

Flächenbedarf
Windanlage: 0,5 $m^2/1000\ l_{Dieseleq.}$
Photovoltaik: 67 $m^2/1000\ l_{Dieseleq.}$
Biomasse: 3030 $m^2/1000\ l_{Dieseleq.}$

- Keine Flächennutzungskonkurrenz bei Strom aus Wind und Sonne
- Substitutionspotenzial für grünen Strom ist ein Vielfaches zu Biokraftstoffen aus Biomasse

Abb. 5.275 Vergleich des Flächenbedarfs und des Substitutionspotenzials von regenerativen Energien (Quelle: Volkswagen Aktiengesellschaft)

Wasserstoff Eine Option trotz elektrisch angetriebenem Fahrzeug, die Limitierungen der Mobilitätsperformance von Batteriefahrzeugen zu überwinden, und das Substitutionspotenzial des regenerativen Stroms zu nutzen, stellt die Brennstoffzellentechnik dar. Auf Kosten zusätzlicher Umwandlungsschritte bei der Energiebereitstellung und Nutzung im Fahrzeug, gewinnt man durch die bessere Speicherbarkeit von Wasserstoff gegenüber Strom ein Elektrofahrzeug mit akzeptabler Reichweite und gewohnt schnellem Auftanken auf dem Niveau heutiger Erdgasfahrzeuge.

Neben den Energieumwandlungsschritten, die zwar den Wirkungsgrad der gesamte Kette schmälert (siehe Abb. 5.274), ist vielmehr die parallele Einführung einer neuen und investitionsintensiven Infrastruktur und einer neuen Fahrzeugtechnik und Fahrzeuggeneration als Herausforderung zu nennen. Dieses Henne-Ei-Problem kann schwerer zu überwinden sein, als die zurzeit ca. 50-mal teureren Investitionskosten von Wasserstofftankstellen, gegenüber Zapfsäulen für flüssige Kraftstoffe wie Diesel oder Benzin, in Höhe von ca. 0,5 Mio. € [275]. Dabei kann Wasserstoff grundsätzlich sowohl in einem ottomotorischen Verbrennungsmotor umgesetzt werden, als auch mit hoher Effizienz in einer Brennstoffzelle. Aufgrund des höheren Wirkungsgrads bei der Umsetzung in der Brennstoffzelle [262] erscheint die Nutzung von Wasserstoff in der Brennstoffzelle zielführend zu sein. Bezogen auf den H_2-Verbrennnungsmotor, sind Nischenanwendungen an Orten interessant, an denen bereits heute Wasserstoff in größerer Menge – z. B. als Prozessnebenprodukt – verfügbar ist, da die Verbrennungsmotoren den evtl. »verunreinigten« Wasserstoff verwerten, der für Brennstoffzellen ungeeignet ist [274].

Wasserstoff stellt einen in der technischen und wirtschaftlichen Umsetzung aufwendigen, aber auch in der Energieversorgungssicherheit und im Mobilitätsangebot sehr weitreichenden Energieträger für die Mobilität dar. Die technischen und wirtschaftlichen Hürden zeigen, dass Wasserstoff und die Brennstoffzellentechnologie erst als Option verstärkt genutzt werden wird, bzw. sollte, nachdem die vorher genannten Optionen angegangen und umgesetzt wurden.

Diese Gedanken zeigen, dass zwar das Substitutionspotenzials von regenerativ erzeugtem Strom eine weitreichende Energieversorgungssicherheit für die Mobilität darstellen kann, jedoch entweder beim Mobilitätsangebot Abstriche hinzunehmen sind, oder gänzliche neue Fahrzeuggenerationen in Verbindung mit einer neue Wasserstoffinfrastruktur notwendig werden.

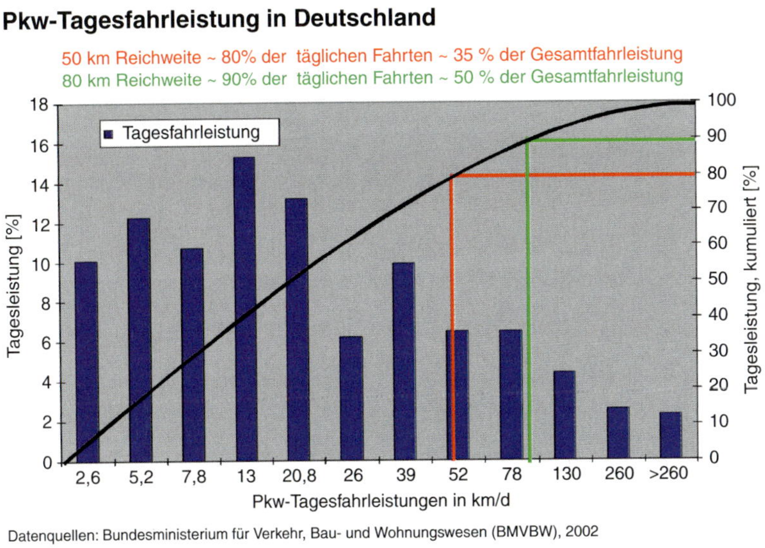

Abb. 5.276 Pkw-Tagesfahrleistung in Deutschland [270]

Strom zu Kraftstoff Eine zusätzliche zurzeit noch visionär erscheinende Option, die unerschöpflichen regenerativen Energiequellen für die Mobilität zu nutzen, ist die Umwandlung von regenerativ erzeugtem Strom in Kraftstoffe. Als Zwischenschritt dient die Wasserstofferzeugung per Elektrolyse. In einem weiteren Schritt reagiert Wasserstoff mit einem Kohlenstoffträger, Kohlenmonoxid oder Kohlendioxid, weiter zu Kohlenwasserstoffen, flüssigen oder gasförmigen Kraftstoffen. Als ein Beispiel sei die Anwendung in einer Biogasanlage genannt. Das Rohbiogas, das zu ca. 50 % Methan und 50 % Kohlendioxid besteht, wird zusammen mit Wasserstoff zu annähernd 100 % Methan aufgereinigt. Das CO_2 reagiert nach dem Sabatier-Prozess mit dem H_2 zu CH_4 und Wasser [261]. Eine andere Möglichkeit stellt der Fischer-Tropsch-Prozess bei der Herstellung von BtL dar. Extern zugeführter Wasserstoff kann hier helfen, das notwendige H_2/CO-Verhältnis, ohne die Shift-Reaktion ($H_2O + CO = H_2 + CO_2$) zu nutzen, einzustellen. Damit wird die Ausbeute von BtL pro Biomasseeinsatz verdoppelt [276].

Die Nutzungsoptionen des regenerativen Wasserstoffs für die Kraftstoffherstellung, stellt wegen seiner zusätzlichen Umwandlungsschritte einen verringerten Wirkungsgrad dar, als Strom oder Wasserstoff direkt zu verwenden. Aber er ermöglicht die Beibehaltung der vorhandenen Mobilität und Infrastruktur mit der vertrauten und geschätzten Mobilitätsperformance und eröffnet dennoch die Erschließung der regenerativen Elektrizität. Diese Option steht in der zeitlichen Umsetzung eher nach den anderen genannten Optionen. Erst ein Überschuss an regenerativem Strom rechtfertigt politisch und marktwirtschaftlich die Umwandlung in Kohlenwasserstoffe. Die technologischen Hürden sind im Vergleich zu den wirtschaftlichen eher gering. Der wirtschaftliche Reiz dieser Technologie wird in der Möglichkeit liegen, zeitliche und örtliche Überangebote an regenerativem Strom, nicht nur in speicherbare, sondern vielmehr direkt handelbare Produkte umzusetzen. Am Beispiel der Biogasanlage würde der sonst ungenutzte Strom in Methan umgewandelt und in das Erdgasnetz eingespeist werden. Er könnte somit die Erdgasimporte reduzieren helfen. Eine teure Speicherung von Wasserstoff oder anderen Energieträgern wird, zumindest bei ausreichendem Substitutionspotenzial von fossilem Erdgas, umgangen.

Strombedarf für E-Fahrzeuge

Deutschland	EU 27	Welt
2008	**2008**	**2008**
Strombedarf: **615 TWh**	Strombedarf: **3.381 TWh**	Strombedarf: **19.800 TWh**
davon Windenergie: **40 TWh**	davon Windenergie: **142 TWh**	davon Windenergie: **260 TWh**
2020	**2020**	**2020**
Strombedarf: **615 TWh**	Strombedarf: **3.587 TWh**	Strombedarf: **27.200 TWh**
davon Windenergie: **150 TWh**	davon Windenergie: **477 TWh**	davon Windenergie: **1.640 TWh**
Strombedarf 1 Mio EV**: **2 TWh**	Strombedarf 2,7 Mio EV**:**5,4 TWh**	Strombedarf 7 Mio EV**: **14 TWh**
= **0,3 %** (vom Strombedarf)	= **0,15 %** (vom Strombedarf)	= **0,05%** (vom Strombedarf)
= **1,3 %** (vom Windstrom)	= **1,1** % (vom Windstrom)	= **1,4** % (vom Windstrom)
* Quellen: Bundesverband Windenergie, Bundesministerium für Umwelt, Deutsche Energie Agentur	* Quellen: European Eind Energy Association, International Energy Agency	* Quellen: World Wind Energy Association, International Energy Agency
** Bundesregierung, 10.000 km, 20kWh/100 km	** EUCAR, 10.000 km, 20kWh/100 km	** IEA, 10.000 km, 20kWh/100 km

Abb. 5.277 Strombedarf für Elektrofahrzeuge für die Märkte Deutschland, Europa und Welt. Annahme der Menge der Elektrofahrzeuge basierend auf politischen Zielen (Quelle: Volkswagen Aktiengesellschaft)

5.9.5 Zusammenfassung

Erdöl und die daraus gewonnenen Kraftstoffe werden zumindest bis 2030 nicht ihre Dominanz, jedoch sehr wohl ihre Monopolstellung verlieren. Erdgas stellt bei den Alternativen zum Erdöl wegen seiner Verfügbarkeit und einfachen technischen sowie logistischen Nutzung sowie wegen seines Beitrages bei allen drei großen Herausforderungen der Mobilität, die wichtigste, kurz- und mittelfristige Alternative zum Erdöl dar.

Langfristig werden die regenerativen Energien und insbesondere die regenerative Elektrizität in den drei vorgestellten Nutzungsformen – Batterie, Brennstoffzelle, Strom zu Kraftstoff – dominieren. Eine direkte Nutzung von Strom in Batteriefahrzeugen wird in den nächsten 5 bis 10 Jahren etabliert werden, aber nicht nur wegen der Beschränkung in der Mobilitätsperformance kaum einen Marktanteil von über 5 % in 2020 erreichen. Ab 2020 könnte zunehmend Wasserstoff und Brennstoffzellenfahrzeuge das Straßenbild beleben. Eine breite Einführung von größer 5 % Marktanteil ist aber voraussichtlich nicht vor 2030 zu erwarten. Die Umwandlung von Strom in synthetische Kraftstoffe wird erst nach 2020 an Bedeutung gewinnen. Diese Option wird insbesondere für die Mobilitätsmodi von großem Wert sein, die auf Kraftstoffe mit hoher Energiedichte angewiesen sind.

Kurz- und mittelfristig werden Biokraftstoffe, trotz ihres begrenzten Substitutionspotenzials, wegen ihrer einfachen Herstellung und Nutzung die wichtigsten regenerativen Energieträger der Mobilität sein. Bis 2020 werden insbesondere Ethanol weltweit und Biodiesel in Europa dominieren. Neue Biokraftstoffe wie Zellulose-Ethanol werden voraussichtlich nach 2020 verstärkt in den Markt kommen. Eine Ablösung der Dominanz der etablierten Biokraftstoffe wird erst in der zweiten Hälfte der 20iger Jahre möglich sein. Lernkurven bei der Entwicklung neuer Technologien sowie deren breiten Markteinführung zeigen, dass die ersten 10 Jahre für einen Marktanteil von ca. 1 % erforderlich sind, weitere 10 Jahre führen zu einem Marktanteil von ca. 10 %. Nicht nur die Technik sondern auch die Finanzierung sowie das Gewinnen der Kundenakzeptanz führen zu solch langen Zeithorizonten. Daher werden sicherlich selbst in 2030 rohölbasierte Kraftstoffe zu mehr als 50 % die Mobilität bedienen.

Kein alternativer Kraftstoff kann die Herausforderungen der Mobilität hinsichtlich Energieversorgungssicherheit und Klimagasneutralität

			Diesel EU4	XtL, Class A	XtL, Class B	Biodiesel (RME)	HVO	DME
Energiegehalt	Dichte (15°C)	kg/l	0,83	0,78	0,79	0,88	0,78	0,67
	Heizwert	MJ/kg	43,10	43,57	43,96	37,59	44,00	28,80
	Energiedichte	MJ/l	35,86	33,98	34,86	33,19	34,32	19,30
Einspritzsystem	Viskosität (40°C)	mPas	3,00	2,59	2,85	4,42	2,60	0,15
	HFRR (60°C)	µm	300	402	591	205	592	-
	Siedeschwerpunkt	°C	275	275	251	351	293	-24
Zündung	Cetanzahl	CFR	55	>70	55	54	>65	55-60
	Cloud Point	°C	-23	-17	-60	-6	-14	-
Verbrennung	H/C	molar	1,70	2,19	2,17	1,87	2,10	3,00
	O/C	molar	0,00	0,00	0,00	0,10	0,00	0,50
	gCO2/MJ		74,39	71,06	70,52	75,25	70,78	66,41
	Lambda stöch.	-	14,36	15,05	15,02	12,58	14,93	9,00
Tanksystem	Druck	bar	1	1	1	1	1	10...20
	Flammpunkt	°C	93	77	95	151	> 55	< 0

Abb. 5.278 Eigenschaften von Dieselkraftstoffen (Quelle: Volkswagen Aktiengesellschaft)

			Super 95	Methanol	Ethanol	Iso-Butanol	Erdgas/Biogas	LPG	ETBE
Energiegehalt	Dichte (15°C)	kg/l	0,75	0,79	0,79	0,81	0,01	0,54	0,75
	Heizwert	MJ/kg	42,30	19,90	28,40	32,50	45,10	46,00	36,30
	Energiedichte	MJ/l	31,51	15,78	22,55	26,33	0,37	24,84	27,23
Zündung	RON		95	114	111	101	120-130	94-111	118
	MON		85	95	94	86	120-130	90-96	105
Verbrennung	H/C	molar	1,86	3,97	2,97	2,50	4,00	0,00	2,33
	O/C	molar	0,02	1,00	0,50	0,25	0,00	0,00	0,17
	gCO2/MJ		73,28	69,05	67,35	73,17	60,83	65,63	71,19
	Lambda stöch.	-	14,19	6,45	8,97	11,19	17,24	11,52	12,18
Tanksystem	Druck	bar	1	1	1	1	250	10...20	1

Abb. 5.279 Eigenschaften von Ottokraftstoffen (Quelle: Volkswagen Aktiengesellschaft)

mittelfristig alleine lösen. Es wird ein bunteres Nebeneinander von Kraftstoffen geben, die langfristig jedoch mit Sicherheit dominierend regenerativ erzeugt werden. Deshalb ist es wichtig alle weiteren neuen Kraftstoffe im Rahmen von international akzeptierten Normen und Standards für Blendkraftstoffe einzuführen. Nur damit kann die Nutzung in der bestehenden Flotte mit einem gleitenden Übergang zu neuen Fahrzeuggenerationen gewährleistet werden.

Es ist anzunehmen, dass die Zwänge zum Wandel wegen der Erdölreichweite oder -förderkapazität sowie wegen der Klimaerwärmung nach 2020 sehr wahrscheinlich deutlich zunehmen werden. Es gilt daher, in den kommenden 10 Jahren eine möglichst breite technologische Basis von Alternativen, mit dem langfristigen Ziel der gänzlichen regenerativen Energienutzung, zu etablieren, um den Zwängen effektiv und flexibel begegnen zu können.

Die häufig geführten Diskussionen, welcher Kraftstoff der beste sei, werden kaum zum Ziel führen können. Das Denken im »entweder oder« muss einem Denken im »sowohl als auch« weichen. Die Elektromobilität zeigt aber auch, dass möglicherweise die größte Herausforderung bei uns selbst liegen wird. In der Bereitschaft die Mobilität neu zu definieren, Abb. 5.277.

5.9.6 Kraftstoffsteckbriefe

Für einen schnellen Überblick werden im Folgenden für die wichtigsten Alternativen Kraftstoffeigenschaften für Diesel- und Benzinkraftstoffe tabellarisch dargestellt (Abb. 5.278 und Abb. 5.279). Darüber hinaus listen Steckbriefe ihre Potenziale hinsichtlich der Verfügbarkeit geordnet nach der motorischen Nutzung auf (basierend auf folgenden Quellen: [252, 254, 262, 267, 269]).

Diesel-Alternative: Biodiesel (RME)

Technische Beschreibung

RME: Rapsölmethylester

- Anwendung: Diesel-Beimischung bis 7% Vol.
- Rohstoff: Pflanzenöl: Raps, Soja, Sonnenbl.
- Prozess: Umesterung mit Methanol
- Eigenschaften: schwer siedend (~360°C) begrenzt lagerbeständig
- CO_2-Reduktion: 38% - 58%*

- Vorteile: Ausgereifte Herstelltechnologie im Markt etabliert
- Nachteile: schlechte Lagerbeständigkeit Kompatibilität mit Motor bis B7 limitierte Pflanzenölverfügbarkeit

*Quelle: EU-Kommission

Verfügbarkeit

Rohstoff:
- Pflanzenölverfügbarkeit stark begrenzt: flächendeckend Zumischung nur in Europa von 10% Vol. Biodiesels, würde 22%* des geeigneten weltweiten Pflanzenöls in 2018 benötigen !

Herstellung:
- Einfacher und in Europa etablierter Prozess
- Herstellkosten primär von Pflanzenölkosten abhängig

Anwendung:
- Bis 7% Vol. mit allen Dieselmotoren kompatibel.

*Quelle: FAO 2009

Diesel-Alternative: Hydrierte Pflanzenöle (HVO)

Technische Beschreibung

HVO: Hydrogenated Vegetable Oil

- Anwendung: Diesel-Beimischung bis 30% Vol.
- Rohstoff: alle Pflanzenöle und Tierfette
- Prozess: Hydrierung mit Wasserstoff
- Eigenschaften: ähnlich dem fossilen Diesel hohe Cetanzahl: ca. 80
- CO_2-Reduktion: 26% - 68%*

- Vorteile: sehr hohe Kraftstoffqualität Kompatibilität zu allen Diesel
- Nachteile: Investbedarf für neue Anlagen limitierte Pflanzenölverfügbarkeit

*Quelle: EU-Kommission

Verfügbarkeit

Rohstoff:
- Pflanzenölverfügbarkeit limitiert aber besser als bei Biodiesel: flächendeckend 10% Vol. HVO in Europa würde 15%* des weltweiten Pflanzenöls in 2018 benötigen .

Herstellprozess:
- Bekannte und etablierte Technologie
- Herstellkosten ca. 0,02 €/l teurer als Biodiesel

Anwendung:
- kompatibel bis 30% Vol. mit allen Dieselmotoren

*Quelle: FAO 2009

Diesel-Alternative: Synthetischer Diesel aus Holz/Stroh (BtL)

Technische Beschreibung

BtL: Biomass-to-Liquid

- Anwendung: Diesel-Beimischung bis 100% Vol.
- Rohstoff: alle Hölzer; trockene Reststoffe
- Prozess: Fischer-Tropsch-Synthese
- Eigenschaften: ähnlich dem fossilen Diesel hohe Cetanzahl: ca. 80
- CO_2-Reduktion: 93% - 95%*

- Vorteile: sehr hohe Kraftstoffqualität voll kompatibel zu allen Diesel
- Nachteile: sehr hoher Investbedarf Prozess noch nicht demonstriert

*Quelle: EU-Kommission

Verfügbarkeit

Rohstoff:
- große Rohstoffbasis incl. Reststoffe

Herstellprozess:
- Aufwendiger noch zu demonstrierender Prozess
- Herstellkosten ca. doppelt zum Biodiesel (1,25 €/l)

Anwendung:
- Volle Kompatibilität zu allen Dieselmotoren
- Sehr hohe Kraftstoffqualität

Diesel-Alternative: DiMethylEther (DME)

Technische Beschreibung

- Anwendung: Kraftstoff für Diesel
  Keine Beimischung möglich
- Rohstoff: alle Hölzer; trockene Reststoffe
- Prozess: Synthese aus Erdgas, Biomasse
  Methanol Zwischenprodukt
- Eigenschaften: gasförmig, bei ca. 8 bar flüssig
  hohe Cetanzahl ca. 80
- Vol. Heizwert: 45% vom Diesel
- CO_2-Reduktion: 92% - 95%*

- Vorteile: rußfreie Verbrennung
  Veredelung von Methanol /Erdgas für Dieselmotoren
- Nachteile: neue Infrastruktur ähnlich zu Autogas notwendig

*Quelle: EU-Kommission

Verfügbarkeit

Rohstoff:
- große Rohstoffbasis

Herstellprozess:
- Herstellkosten ähnlich bis etwas günstiger als BtL (ca. 1 €/l)

Anwendung:
- neue Infrastruktur und Fahrzeugtechnik notwendig

Benzin-Alternative: Ethanol

Technische Beschreibung

- Anwendung: Kraftstoff für Otto
  Beimischung möglich: =10%Vol.
- Rohstoff: Zucker, Stärke, (Stroh)
- Prozess: Fermentation
- Eigenschaften: flüssig,
  ROZ/MOZ: 129/103
- Vol. Heizwert: 66% vom Benzin
- CO_2-Reduktion: 16% - 71% (70% - 85%)*

- Vorteile: etablierter Prozess
  Potenzial hoher CO_2-Reduktion
  geringste Biokraftstoffherstellkosten
- Nachteile: Konkurrenz zu Nahrungsmitteln
  Ethanol aus Stroh ist zu demonstrieren

*Quelle: EU-Kommission

Verfügbarkeit

Rohstoff:
- große Rohstoffbasis
- E15 in USA und EU benötigt 11%* der weltweiten Weizen-,Mais- und Zuckerproduktion in 2018

Herstellprozess:
- Ethanol weist unter den flüssigen Biokraftstoffen die günstigsten Herstellkosten auf
- Konkurrenzfähigkeit zu fossilem Benzin bei Ethanol aus Brasilien möglich
- weltweit dominierender Biokraftstoff

Anwendung:
- Beimischung bis 10% Vol. (E10) weitestgehend für Ottomotoren möglich
- E85 erfordert neue Fahrzeugtechnik

*Quelle: FAO 2009

Benzin-Alternative: Methanol

Technische Beschreibung

- Anwendung: Kraftstoff für Otto
  Beimischung möglich: 3%Vol. (EU)
- Rohstoff: China: Kohle (Biomasse möglich)
- Prozess: Synthese
- Eigenschaften: flüssig,
  ROZ/MOZ: 106/-
- Vol. Heizwert: 50% vom Benzin
- CO_2-Reduktion: aus Holz: (91% - 94%)*

- Vorteile: etablierter chemischer Prozess
  günstige Herstellkosten
- Nachteile: Giftig: Kontaktgift, Inhalation
  aus Kohle CO_2-Nachteile
  geringe Energiedichte

*Quelle: EU-Kommission

Verfügbarkeit

Rohstoff:
- Kohle, Erdgas oder Biomasse

Herstellprozess:
- Herstellkosten aus Kohle: ca. 50% zum Benzin auf Heizwertbasis (China)

Anwendung:
- Kompatibilität in Europa bis 3% Vol. Beimischung

Benzin-Alternative: Butanol

Technische Beschreibung

• Anwendung:	Kraftstoff für Otto Beimischung möglich: 15%Vol. (EU)
• Rohstoff:	Zucker, Stärke
• Prozess:	Fermentation: bekannter Prozess ist zu teuer
• Eigenschaften:	flüssig, ROZ/MOZ: 94/80
• Vol. Heizwert:	85% vom Benzin
• CO_2-Reduktion:	Prozess noch unbekannt
• Vorteile:	hohe Energiedichte gute Kompatibilität zum Benzin
• Nachteile:	neuer Prozess ist zu demonstrieren

*Quelle: EU-Kommission

Verfügbarkeit

Rohstoff:
- Gleiche gute Rohstoffsituation wie bei Ethanol

Herstellprozess:
- Herstellkosten vom neuen Prozess noch unbekannt und vom etablierten Prozess zu hoch (Trennverfahren)
- Verfügbarkeit
  >1% bis 2020 in Europa unwahrscheinlich

Anwendung:
- Kompatibilität in Europa bis 15% Vol. Beimischung

Benzin-Alternative: Erdgas

Technische Beschreibung

• Anwendung:	Kraftstoff für Otto
• Rohstoff:	Rohstoff = Kraftstoff
• Prozess:	Komprimierung auf 200 bar
• Eigenschaften:	gasförmig (auch bei 200bar) ROZ/MOZ: 120-130/89-97
• Vol. Heizwert:	20% vom Benzin (@200bar)
• CO_2-Reduktion:	10% - 25% je nach Herkunft*
• Vorteile:	hohe Rohstoffverfügbarkeit anrechenbare CO_2-Reduktion
• Nachteile:	neue Infrastruktur notwendig aufwendiges Tanksystem

*Quelle: EUCAR-CONCAWE-JRC WtW-Studie

Verfügbarkeit

Rohstoff:
- Verfügbarkeit
  sehr gute Rohstoffverfügbarkeit
  primäre kurz- mittelfristige Alternative zum Rohöl
- Verflüssigtes Erdgas (LNG) bietet bessere logistik und zusätzliche Option zur Versorgungssicherheit

Herstellung:
- Herstellkosten
  günstige Herstellkosten ca. 20€cent/l_{Benzin}

Anwendung:
- Neue Fahrzeugtechnik und Infrastruktur notwendig
- Fahrzeugtechnologie verfügbar
- Infrastruktur teilweise verfügbar (Erdgasnetz)

Benzin-Alternative: Biomethan

Technische Beschreibung

- Anwendung: Kraftstoff für Otto
  beliebige Beimischung zum Erdgas
- Rohstoff: feuchte Biomasse, Reststoffe
- Prozess: Fermentation, Gasaufreinigung,
  bekannter Prozess, kostengünstig
- Eigenschaften: gasförmig
  ROZ/MOZ: 130/97
- Vol. Heizwert: 20% vom Benzin (@200bar)
- CO_2-Reduktion: 79% - 86%*

- Vorteile: gute Rohstoffverfügbarkeit
  hohe CO_2-Reduktion
  Reststoffe nutzbar
- Nachteile: wie Erdgas (Infrastruktur, Tank)

*Quelle: EU-Kommission und eigene Berechnungen

Verfügbarkeit

Rohstoff:
- gute und breite Rohstoffverfügbarkeit

Herstellprozess:
- Etablierter und einfacher biologischer Prozess
- günstige Herstellkosten von ca. 60 €cent/l_{Benzin}
- Erdgasnetz erleichtert dezentrale Produktion

Anwendung:
- Biomethan ist 100% zum Erdgas kompatibel.
- Gleiche Fahrzeugtechnik wie bei Erdgas notwendig

Benzin-Alternative: Autogas (LPG)

Technische Beschreibung

LPG: Liquefied Petroleum Gas
- Anwendung: Kraftstoff für Otto
  Beimischung nicht möglich
- Rohstoff: Erdgas- und Erdölbestandteil (Ø6%)
- Prozess: Abtrennung: physikalisch
- Eigenschaften: gasförmig, flüssig bei 5 bar
  Gemisch aus Propan und Butan
  ROZ/MOZ: 103-111/89-97
- Energiegehalt: 78% vom Benzin (@ 8 bar)
- CO_2-Reduktion: 10% - 13%*

- Vorteile: bessere Tankstelleninfrastruktur
  als bei Erdgas
- Nachteile: begrenzte Rohstoffverfügbarkeit
  kein biogener Pfad bekannt

*Quelle: EUCAR-CONCAWE-JRC WtW-Studie

Verfügbarkeit

Rohstoff:
- Verfügbarkeit auf 6% vom Erdöl und Erdgas beschränkt
- keine Biokomponente bekannt

Herstellprozess:
- Herstellkosten vergleichbar zu Benzin

Anwendung:
- erfordert günstigere neue Fahrzeugtechnik/Infrastruktur als bei Erdgas

5

Elektro-Alternative: regenerativer Strom

Technische Beschreibung

- Anwendung: Energieträger für Batterieauto
  Umwandlung in Wasserstoff möglich
- Rohstoff: Wind, Sonne, Wasserkraft
- Prozess: Mechanik, Photoelektrik
- Energiegehalt: 1 kWh = 0,1l Diesel
- CO_2-Reduktion: >90%*

- Vorteile: sehr gute Rohstoffverfügbarkeit
  sehr großes Substitutionspotenzial
  sehr hohe CO_2-Reduktion
  günstige Herstellkosten (Wind)
- Nachteile: Speicherung

*Quelle: EU-Kommission

Verfügbarkeit

Rohstoff:
- Keine Rohstofflimitierung

Herstellprozess:
- Herstelltechnologien vorhanden
- Herstellkosten bei Wind konkurrenzfähig (2020)*

Anwendung:
- neue Fahrzeugtechnik notwendig
- Unzureichende und teure Speichertechnologie
- Mobilitätsperformanceeinschränkung (Reichweite, Aufladezeit)
- Auf Kurzstreckenmobilität beschränkt

*Quelle: EU-Kommission

Elektro-Alternative: Wasserstoff

Technische Beschreibung

- Anwendung: Kraftstoff für Brennstoffzelle und Otto
- Rohstoff: Strom, Erdgas, Kohle, Biomasse
- Prozess: Elektrolyse oder Reformierung
- Eigenschaften: gasförmig, flüssig unterhalb -253°C
  leicht entzündlich
- Vol. Heizwert: 15% vom Benzin (@ 700 bar)
- CO_2-Reduktion: >90% aus regenerativem Strom

- Vorteile: Potenzial hoher CO_2-Reduktion
  Tankzeit und Reichweite im Vergleich zur Batterie
  große Rohstoffverfügbarkeit (Strom)
- Nachteile: Infrastruktur/Fahrzeugtechnik

Verfügbarkeit

Rohstoff:
- Keine Rohstofflimitierung

Herstellprozess:
- Herstellkosten aus Erdgas: ca. 2,2 €/100km*
  aus Wind: ca. 4 €/100km

Anwendung:
- Gleichzeitig neue Fahrzeugtechnik und Infrastruktur notwendig
- Hohe Kosten für Fahrzeug und Infrastruktur

*Verbrauch von 1 kg/100km angenommen

Literatur

Literatur zu Abschnitt 5.1.1 bis 5.1.4

1. Baehr, H.D.: Thermodynamik, 11. Aufl. Springer, Berlin, Heidelberg (2002)
2. Baehr, H.D., Stephan, K.: Wärme- und Stoffübertragung, 3. Aufl. Springer, Berlin, Heidelberg (1998)
3. Pischinger, R., Klell, M., Sams, T.: Thermodynamik der Verbrenungskraftmaschine, 3. Aufl. Der Fahrzeugantrieb. Springer, Wien, New York (2002)
4. Warnatz, J., Maas, U., Dibble, R.W.: Verbrennung (Physikalisch-Chemische Grundlagen, Modellierung und Simulation, Experimente, Schadstoffentstehung), 3. Aufl. Springer, Berlin, Heidelberg (2001)
5. Maass, H., Klier, H.: Kräfte, Momente und deren Ausgleich in der Verbrennungskraftmaschine. In: List, H., Pischinger, A. (Hrsg.) Die Verbrennungskraftmaschine Neue Folge. Bd. 2. Springer, Wien (1981)
6. Zima, S.: Kurbeltriebe (Konstruktion, Berechnung und Erprobung), 2. Aufl. ATZ-MTZ-Fachbuch. Vieweg, Braunschweig, Wiesbaden (1999)
7. Robert Bosch GmbH: Kraftfahrtechnisches Taschenbuch, 27. Aufl. Vieweg+Teubner, Wiesbaden (2011)
8. van Basshuysen, R., Schäfer, F.: (Hrsg.) Handbuch Verbrennungsmotor. Vieweg+Teubner, Wiesbaden (2010)
9. Wakayama, N.: Entwicklung des Premacy Hydrogen RE Hybrid. 31. Int. Wiener Motorensymposium. VDI Forschrittsbericht, Bd. 716. (2010)
10. Köhler, E., Flierl, R.: Verbrennungsmotoren. Vieweg+Teubner, Wiesbaden (2009)
11. Pischinger, S.: Schneller zum Markt durch virtuelle Motorenentwicklung. ATZ/MTZ Int. Congress Virtual Product Creation, Stuttgart, 2004
12. Landerl, C., Klauer, N., Klüting, M.: Die Konzeptmerkmale des neuen BMW Reihensechszylinder Ottomotors. 13. Aachener Kolloquium Fahrzeug- und Motorentechnik, 2004
13. Thomas: Analyse des Betriebsverhaltens von Kurbelwellengleitlagern mittels TEHD-Berechnung. Dissertation, RWTH Aachen (2003)
14. Dohmen: Untersuchungen zum reibungsoptimierten Triebwerk an Pkw-Verbrennungsmotoren. Dissertation, RWTH Aachen (2003)
15. Röhrle, M.D.: Kolben für Verbrennungsmotoren (Grundlagen der Kolbentechnik), 2. Aufl. Die Bibliothek der Technik, Bd. 98. Verlag moderne Industrie (2001)
16. Cierocki, Ermert: Topografischer Stopper für Zylinderkopfdichtungen. MTZ Motortechnische Zeitschrift **64**(1) (2003)
17. Schneider, Schnurrenberger, Ludwig, Unseld, Weiß: Funktionserweiterung von Zylinderkopfdichtungen – Weiterentwicklungen beim Wellenstopper. MTZ Motortechnische Zeitschrift **64**(10) (2003)
18. Schmidt, Flierl, Hofmann, Liebl, Otto: Die neuen BMW-6-Zylindermotoren. 19. Internationales Wiener Motorensymposium, 1998
19. Wurms, R., Dengler, S., Budack, R., Mendl, G., Dicke, R., Eiser, A.: Audi valvelift system – ein neues innovatives Ventiltriebssystem von Audi. 15. Aachener Kolloquium Fahrzeug- und Motorentechnik, 2006
20. Flierl, Klüting, Unger, Poggel: Drosselfreie Laststeuerung mit vollvariablen Ventiltriebskonzepten. 4. Symposium Entwicklungstendenzen bei Ottomotoren, Technische Akademie Esslingen, 1998
21. Kreuter, Heuser, Reinicke-Murmann: The meta VVH system – A continuously variable valve timing system. SAE 980765
22. Hannibal, Bertsch: VAST: A new variable valve timing system for vehicle engines. SAE 980769
23. Salber: Untersuchungen zur Verbesserung des Kaltstart- und Warmlaufverhaltens von Ottomotoren mit variabler Ventilsteuerung. Dissertation, RWTH Aachen (1998)
24. Möller, U.J., Nassar, J.: Schmierstoffe im Betrieb, 2. Aufl. Springer, Berlin, Heidelberg (2002)
25. Kessler, F., Sonntag, E., Schopp, J., Simionesco, L., Keribin, P., Bordes, F.: Die neue kleine 4-Zylinder Motorenfamilie der BMW/PSA Kooperation. 15. Aachener Kolloquium Fahrzeug- und Motorentechnik, 2006
26. Wurms, R., Budack, R., Böhme, J., Dornhöfer, R., Eiser, A., Hatz, W.: Der neue 2.0L TFSI mit Audi Valvelift System für den Audi A4 – die nächste Generation der Audi Turbo FSI Technologie. 17. Aachener Kolloquium Fahrzeug- und Motorentechnik, 2008
27. Bernard, L., Ferrari, A., Rinolfi, R., Vafidis, C.: Fuel economy improvement potential of UNIAIR throttleless technology. ATA Paper **02A5012**
28. Harada, J., Yamada, T., Watanabe, K.: Die neuen 4-Zylindermotoren mit VALVEMATIC System. 29. Int. Wiener Motorensymposium. VDI Fortschrittsbericht, Bd. 672 (2008)

Literatur zu Abschnitt 5.1.5

29. Goldbeck, G.: Kraft für die Welt, 1864–1964 Klöckner-Humboldt-Deutz AG. Econ, Düsseldorf, Wien (1964)
30. Pischinger, Hagen, Salber, Esch: Möglichkeiten der ottomotorischen Prozessführung bei Verwendung des elektromechanischen Ventiltriebs. 7. Aachener Kolloquium Fahrzeug- und Motorentechnik, 1998
31. Salber: Untersuchungen zur Verbesserung des Kaltstart- und Warmlaufverhaltens von Ottomotoren mit variabler Ventilsteuerung. Dissertation, RWTH Aachen (1998)
32. Gerhardt, Kassner, Kulzer, Sieber: Der Ottomotor mit Direkteinspritzung und Direktstart – Möglichkeiten und Grenzen. 24. Internationales Wiener Motorensymposium, 2003
33. Tsuji, N., Sugiyama, M., Abe, S.: Der neue 3.5L V6 Benzinmotor mit dem innovativen stöchiometrischen Direkteinspritzsystem D-4S. 27. Internationales Wiener Motorensymposium, 2006

34. Laubender, J., Kassner, U., Hartmann, S., Heyers, K., Benninger, K., Gerhardt, J.: Vom Direktstart zum marktattraktiven Start-Stopp-System. 14. Aachener Kolloquium Fahrzeug- und Motorentechnik, 2005
35. Kneer, Befrui, Weiten, Adomeit, Geiger, Ballauf, Vogt: Strahlgeführtes BDE Brennverfahren mit naher Anordnung von Einspritzdüse und Zündkerze: Anwendbarkeit einer nach außen öffnenden Hochdruck-Einspritzdüse. 11. Aachener Kolloquium Fahrzeug- und Motorentechnik, 2002
36. Lückert, P., Waltner, A., Rau, E., Vent, G., Schaupp, U.: Der neue V6-Ottomotor mit Direkteinspritzung von Mercedes-Benz. MTZ Motortechnische Zeitschrift **67**(11) (2006)
37. Kume, Iwamoto, Iida, Murakami, Akishino, Ando: Combustion control technologies for direct injection SI engine. SAE 960600
38. Hohenberg: Vergleich zwischen Direkteinspritzung und Saugrohreinspritzung am Mitsubishi GDI. 19. Internationales Wiener Motorensymposium, 1998
39. Sawada, Tomoda, Sasaki, Saito: A study of stratified mixture formation of direct injection SI engine. 18. Internationales Wiener Motorensymposium, 1997
40. Heil, Enderle, Karl, Lautenschütz, Mürwald: Der neue aufgeladene Mercedes-Benz 4-Zylinder-Ottomotor M 271 mit Direkteinspritzung. 23. Internationales Wiener Motorensymposium, 2002
41. Wolters, Grigo, Walzer: Betriebsverhalten eines direkteinspritzenden Ottomotors mit luftgeführter Gemischbildung. 6. Aachener Kolloquium Fahrzeug- und Motorentechnik, 1997
42. Adomeit, P., Pischinger, S., Graf, M., Aymanns, R.: Zyklische Schwankungen beim direkteinspritzenden Ottomotor. 7. Int. Symp. Verbrennungsdiagnostik, Baden-Baden, 18./19. Mai 2006
43. Krebs, Spiegel, Stiebels: Ottomotoren mit Direkteinspritzung von Volkswagen. 8. Aachener Kolloquium Fahrzeug- und Motorentechnik, 1999
44. Krebber-Hortmann, K.: Untersuchung eines strahlgeführten ottomotorischen Brennverfahrens in Kombination mit einem vollvariablen Ventiltrieb. Dissertation, RWTH Aachen (2009)
45. Adolf, Houben, Mergenthaler, Tridico, Wunderlich: Stabzündmodul für den V8-Motor von Porsche. MTZ Motortechnische Zeitschrift **65**(6) (2004)
46. Firmenschriften AUDI, BERU, DaimlerChrysler, EMITEC, Kolbenschmidt KS, MAHLE, SIEMENS, VOLKSWAGEN
47. Gross, Kubach, Spicher, Schiessl, Maas: Laserzündung und Verbrennung im Ottomotor mit Direkteinspritzung. MTZ – Motortechnische Zeitschrift **71**(08) (2010)
48. Welter, A., Unger, H., Hoyer, U., Brüner, T., Kiefer, W.: Der neue aufgeladene BMW Reihensechszylinder Ottomotor. 15. Aachener Kolloquium Fahrzeug- und Motorentechnik, 2006
49. Kerkau, M., Knirsch, S., Neußer, H.-J.: Der neue Sechszylinder-Biturbo-Motor mit Variabler Turbinengeometrie für den Porsche 911 turbo. 27. Internationales Wiener Motorensymposium, 2006
50. Middendorf, H., Krebs, R., Szengel, R., Pott, E., Fleiß, M., Hagelstein, D.: Der weltweit erste doppeltaufgeladene Otto-Direkt-Einspritzmotor von Volkswagen. Aachener Kolloquium Fahrzeug- und Motorentechnik, 2005
51. Schwaderlapp, Pischinger, Yapici, Habermann, Bollig: Variable Verdichtung – eine konstruktive Lösung für Downsizing-Konzepte. 10. Aachener Kolloquium Fahrzeug- und Motorentechnik, 2001
52. Weinowski, R., Wittek, K., Haake, B., Dieterich, C., Seibel, J., Schwaderlapp, M.: CO_2-potential of a two-stage VCR system in combination with future gasoline powertrains. 33. Wiener Motorensymposium, Wien, 2012
53. Indra, F.: Zylinderabschaltung für alle Hubkolbenmotoren. Motorentechnische Zeitschrift MTZ **72**(10) (2011)
54. Heywood: Internal Combustion Engine Fundamentals. McGraw-Hill (1988)
55. Dahle, Brandt, Velji, Hochmuth, Deeba: Abgasnachbehandlung bei magerbetriebenen Ottomotoren – Stand der Entwicklung. 4. Symposium Entwicklungstendenzen bei Ottomotoren, Technische Akademie Esslingen, 1998
56. Strehlau, Höhne, Göbel, v. d. Tillaart, Müller, Lox: Neue Entwicklungen in der katalytischen Abgasnachbehandlung von Magermotoren. AVL-Tagung Motor und Umwelt 1997
57. Krebs, Stiebels, Pott: Das Emissionskonzept des Volkswagen Lupo FSI. 9. Aachener Kolloquium Fahrzeug- und Motorentechnik, 2000
58. Enderle, Heil, Schön, Ried: Das Abgasssystem des neuen Mercedes-Benz CLK 200 CGI mit mechanisch aufgeladenem Motor M 271 mit Benzindirekteinspritzung. 11. Aachener Kolloquium Fahrzeug- und Motorentechnik, 2002
59. Quissek, König, Abthoff, Dorsch, Krömer, Sebbeße, Stanski: Einfluss des Schwefelgehaltes im Kraftstoff auf das Abgasemissionsverhalten von Pkw. 19. Internationales Wiener Motorensymposium, 1998
60. Lüders, Backes, Hüthwohl, Ketcher, Horrocks, Hurley, Hammerle: An urea lean NO_x catalyst system for light duty diesel vehicles. SAE 952493
61. Isermann, Müller: Modeling and adaptive control of combustion engines with fast neurol networks. European Symposium on Intelligent Technologies, Hybrid Systems and their Implementation on Smart Adaptive Systems, Tenerife, Spain, 13.–15. Dezember 2001
62. Isermann, Hartmanshenn, Schwarte, Kimmich: Fehlerdiagnosemethoden für Diesel- und Ottomotoren. 12. Aachener Kolloquium Fahrzeug- und Motorentechnik, 2003
63. Schürz, Ellmer: Anforderungen an das Motormanagement bei Anwendung von NO_x-Speicherkatalysatoren. 7. Aachener Kolloquium Fahrzeug- und Motorentechnik, 1998
64. Moser, Küsell, Mentgen: Bosch Motronic MED7 – Motorsteuerung für Benzin-Direkteinspritzung. 19. Internationales Wiener Motorensymposium, 1998

65. Hagen: Einfluss variabler Ventilsteuerzeiten auf das transiente Betriebsverhalten eines Ottomotors mit Abgasturboaufladung. Dissertation, RWTH Aachen (2003)
66. Urlaub: Verbrennungsmotoren, Grundlagen, Verfahrenstheorie, Konstruktion, 2. Aufl. Springer, Berlin, Heidelberg (1995)
67. Moser, Mentgen, Rembold, Preussner, Kampmann: Benzin-Direkteinspritzung, eine Herausforderung für künftige Motorsteuerungssysteme. MTZ **58**(9/10) (1997)
68. Wurms, R., Kuhn, M., Zeilbeck, A., Adam, S., Krebs, R., Hatz, W.: Die Audi Turbo FSI Technologie. 13. Aachener Kolloquium Fahrzeug- und Motorentechnik, 2004
69. Hirsch, N., Gallatz, A.: Neuartiges Raumzündverfahren mittels Mikrowellenstrahlung. MTZ – Motortechnische Zeitschrift **70**(03) (2009)
70. Pischinger, S., Stapf, K.G., Seebach, D., Bücker, C., Ewald, J., Adomeit, P.: Controlled Auto-Ignition: Kontrolle der Verbrennungsrate durch gezielte Schichtung. Proceedings 29th Int. Vienna Motor Symposium. VDI Fortschrittsbericht. Bd. 672 (2008)
71. Königstedt, Eiser, Fitzen, Hatz, Heiduk, Hermann, Müller, Reeker, Worret: V10 BiTurbo und V10 HDZ – Das neue High Performance Duo von Audi. 17. Aachener Kolloquium Fahrzeug- und Motorentechnik, 2008
72. Mastrangelo, G., Micelli, D., Sacco, D.: Extremes Downsizing durch den Zweizylinderottomotor von FIAT. MTZ Motorentechnische Zeitschrift **72**(02) (2011)
73. Adomeit, P., Sehr, A., Glück, S., Wedowski, S.: Zweistufige Turboaufladung – Konzept für hochaufgeladene Ottomotoren. MTZ Motorentechnische Zeitschrift **71**(05) (2010)

Literatur zu Abschnitt 5.2

74. Arcoumanis, C., Schindler, K. P.: Mixture formation and combustion in the DI diesel engine. SAE 972681 (1997)
75. Blessing, M.: Untersuchung und Charakterisierung von Zerstäubung, Strahlausbreitung und Gemischbildung aktueller Dieseleinspritzsysteme. Dissertation, Universität Stuttgart (2004)
76. Pischinger, F., et al.: Grundlagen und Entwicklungslinien der dieselmotorischen Brennverfahren. VDI Berichte, Bd. 714 (1988)
77. Pflaum, S., et al.: Wege zur Rußbildungshypothese. 31. Internationales Wiener Motorensymposium, Wien, 29./30. April 2010
78. Predelli, O., et al.: Kontinuierliche Einspritzverlaufsformung in Pkw-Dieselmotoren – Potentiale, Grenzen und Realisierungschancen. 31. Wiener Motorensymposium, Wien, 29./30. April 2010
79. Robert Bosch GmbH: Kraftfahrtechnisches Taschenbuch, 27. Aufl. Vieweg+Teubner, Wiesbaden (2011)
80. van Basshuysen, R., Schäfer, F.: Handbuch Verbrennungsmotor, 4. Aufl. Vieweg, Wiesbaden (2007)
81. Schnell, M., et al.: Neue Magnetventiltechnik für Common Rail Systeme von Bosch für Pkw und leichte Nutzfahrzeuge. 18. Aachener Kolloquium Fahrzeug- und Motorentechnik, 5./7. Oktober 2009, Bd. 1, S. 249
82. Schöppe, D., et al.: Delphi's new direct acting common rail injection system. 30. Internationales Wiener Motorensymposium, Wien, 7./8. Mai 2009
83. Meyer, S., et al.: Ein flexibles Piezo-Common-Rail-System. MTZ **2** (2002)
84. Engeler, W., et al.: MTZ **58**(11), 670–675 (1997)
85. Heeb-Keller, A.: Neue Aufladekonzepte – alte Aufladekonzepte im Vergleich. 15. Aufladetechnische Konferenz, Dresden, 23./24. September 2010
86. Bechmann, O., et al.: Partikelemission und -messung aus Sicht des Anwenders: heute und morgen. Wiener Motorensymposium, Wien, 2002
87. ACEA Programmes on the emissions of fine particles from passenger cars. ACEA Report, Brüssel (1999/2002)
88. Mohr, M.: Comparison study of PMP instrument candidates at EMPA. ETH Conference on Nanoparticle Measurement, Zürich, 2002
89. Schindler, K.-P., et al.: Wege zur weiteren Reduzierung der Dieselmotoremissionen und deren Messung. VDA Technischer Kongress, Bd. 2, S. 21 (2003)
90. Industry comments on proposed particulate measurement techniques. OICA contribution to PMP, Informal document Nr. 7, 45th GRPE, 2003
91. Sasaki, S., et al.: Neues Verbrennungsverfahren für ein »Clean-Diesel-System« mit DPNR. MTZ **11** (2002)
92. Hilzendeger, J., et al.: Anforderungsprofil an zukünftige Schmierstoffe für PKW-Dieselmotoren mit aktiver Abgasbehandlung. VDI-Berichte, Bd. 1808 (2003)
93. Chigapov, et al.: NO_x aftertreatment catalyst development for future emission standards. 5th Emission Control Conference, Dresden, 10./11. Juni 2010
94. Schütte, T., et al.: Erfahrungen mit AdBlue-Aufbereitung und daraus abgeleitete Anforderungen an zukünftige Systeme. 8. FAD-Konferenz, Dresden, 3./4. November 2010
95. ACEA: World-wide Fuel Charter. Brüssel (1996). http://www.acea.be
96. Quissek, et al.: Wiener Motorensymposium, 1998
97. Steiger, W., Warnecke, W., Louis, J.: Potenziale des Zusammenwirkens von modernen und künftigen Antriebskonzepten. ATZ **2** (2003)
98. Steiger, W.: Die Volkswagen-Strategie zum hocheffizienten Auto. 22. Wiener Motorensymposium, Wien, 26./27. April 2001
99. Ohata, A.: Strategic innovation for engine control system development. 31. Internationales Wiener Motorensymposium, Wien, 29./30. April 2010
100. Clever, S., Isermann, R.: Modellgestützte Fehlerdiagnose für Pkw-Dieselmotoren. 18. Aachener Kolloquim Fahrzeug- und Motorentechnik, Bd. 1, S. 281, Aachen, 5./7. Oktober 2009
101. Duesterdiek, T., et al.: Strategien zur CO_2- und Emissionsoptimierung von Diesel-Abgasnachbehandlungssystemen. 5th Emission Control Conference, Dresden, 10./11. Juni 2010

102. Dorenkamp, R.: 10 Jahre Dieselmotorenentwicklung. 8. FAD-Konferenz, Dresden, 3./4. November 2010
103. MIT: Comparative Assessment of Fuel Cell Cars. Massachusetts Institute of Technology, Cambridge, MA (2003)
104. Dick, M.: Der 3-l-Lupo – Technologien für den minimalen Verbrauch. VDI-Bericht, Bd. 1505. Düsseldorf (1999)

Allgemeine Literatur zu Abschnitt 5.2

105. Mollenhauer, K.: Handbuch Dieselmotoren. Springer, Berlin, Heidelberg, New York (1997)
106. von Fersen, O.: Ein Jahrhundert Automobiltechnik. VDI-Verlag, Düsseldorf (1986)
107. Pölzl, H.-W., et al.: Die evolutionäre Weiterentwicklung des Automobils. Der neue V8 TDI-Motor mit Common Rail. Eurotax International AG (11) (1989)
108. Hack, G.: Der schnelle Diesel. Motorbuchverlag, Stuttgart (1985)
109. Bauder, R.: Die Zukunft der Dieselmotoren-Technologie, X–XVII. MTZ **59**(7/8) (1998)
110. Basshuysen, G., et al.: Zukunftsperspektiven des Verbrennungsmotors. MTZ (60 Jahre Sonderheft) (1999)
111. van Basshuysen, R., Schäfer, F.: Handbuch Verbrennungsmotoren. Teubner, Wiesbaden (2010)
112. MTZ Sonderheft: 25 Jahre Dieselmotoren von Volkswagen. Vieweg, Wiesbaden (Mai 2001)
113. Steinparzer, F., et al.: Die Dieselantriebe der neuen BMW 7er Reihe. MTZ **10** (2002)
114. Brüggemann, H., et al.: Dieselmotoren für die neue E-Klasse. MTZ **4** (2002)
115. Hadler, I., et al.: Der weltweit stärkste Seriendieselmotor für einen PKW. ATZ/MTZ Sonderheft. Vieweg, Wiesbaden (2002)
116. VDI: Innovative Fahrzeugantriebe. Tagungsband, Dresden. VDI-Berichte, Bd. 1565. Düsseldorf (2000)
117. VDI: Innovative Fahrzeugantriebe. Tagungsband, Dresden. VDI-Berichte, Bd. 1704. Düsseldorf (2002)
118. VDI: Innovative Fahrzeugantriebe. Tagungsband, Dresden. VDI-Berichte, Bd. 1852. Düsseldorf (2004)
119. Borgmann, K.: Evolution oder Revolution – der PKW-Antrieb der Zukunft. VDI-Berichte, Bd. 1852.
120. Hadler, J.: Der Dieselmotor im Spannungsfeld zwischen Fahrspaß, Verbrauch, Emissionen und Kosten. TZ/MTZ-Tagungsband. Vieweg, Wiesbaden (2005)
121. Der Antrieb von morgen. ATZ/MTZ-Tagungsband, Ingolstadt, 17./18. Februar 2005. Vieweg, Wiesbaden (2005)
122. Dorenkamp, R., Garbe, T.: Einsatz moderner Motorentechnik im Zielkonflikt mit landesspezifischen Rahmenbedingungen. 4. FAD-Konferenz »Herausforderung – Abgasnachbehandlung für Dieselmotoren«, Dresden, 8./9. 11. 2006
123. Hadler, J.: Die neue 5-Zylinder-Dieselmotoren-Generation für leichte Nutzfahrzeuge. 27. Internationales Wiener Motorensymposium, Wien, 27./28. April 2006
124. 30. Internationales Wiener Motorensymposium, 7.–8. Mai 2009. Fortschritt–Berichte VDI. VDI Verlag, Düsseldorf 2009)
125. 31. Internationales Wiener Motorensymposium, 29./30. April 2010. Fortschritt–Berichte VDI. VDI Verlag, Düsseldorf (2010)
126. 19. Aachener Kolloquium Fahrzeug- und Motorentechnik, 4.-6. Oktober 2010, www.aachen-colloquium.com

Literatur zu Abschnitt 5.3

127. Baines: Fundamentals of Turbocharging, Concepts NREC
128. Golloch: Downsizing bei Verbrennungsmotoren. Springer
129. Schweizer, B., Sievert, M.: Nonlinear oscillations of automotive turbocharger turbines. J. Sound Vibration **321**, 955–975 (2009)
130. Schicker, J., Sievert, R., Fedelich, B., Noak, H.-D., Kazak, F., Matzak, K., Kühn, H.-J., Klingelhöfer, H., Skrotzki, B.: TMF Lebensdauerberechnung ATL-Heißteile. Abschlussbericht über Vorhaben Nr. R 542, Forschungsvereinigung Verbrennungskraftmaschinen, Bd. 902. Frankfurt am Main (2010)
131. Kaufmann, M., et al.: The new cornerstones of the BMW diesel engine portfolio. 21st Aachen Colloquium Automobile and Engine Technology, Aachen, 2012
132. Eißler, W.: Optimierung des Abgasturboladers für den 6-Zylinder Diesel von Mercedes-Benz. Aufladetechnische Konferenz, Dresden, 2011
133. Lei, V.-M. et al.: Dual boost compressor development. IMechE Turbocharging Conference, London, 2012

Literatur zu Abschnitt 5.4

134. Förster, H.-J.: Automatische Fahrzeuggetriebe. Springer, Berlin, Heidelberg, New York (1990)
135. Förster, H.-J.: Die Kraftübertragung im Fahrzeug vom Motor bis zu den Rädern, Handgeschaltete Getriebe. Verlag TÜV Rheinland, Köln (1987)
136. Neunheimer, H., Bertsche, B., Lechner, G., Naunheimer, H.: Fahrzeuggetriebe-Grundlagen, Auswahl, Auslegung und Konstruktion. Springer, Berlin, Heidelberg, New York (2007)
137. Pierburg, B., Amborn, P.: Gleichlaufgelenke für Personenkraftfahrzeuge. Verlag Moderne Industrie, Landsberg/Lech (1998)
138. Schmidt, G.: Schwingungen in Pkw-Antriebssträngen. VDI-Berichte, Bd. 1220. VDI-Verlag, Düsseldorf (1995)
139. Hafner, K.E., Maass, H.: Die Verbrennungskraftmaschine. Bd. 1 bis 4. Springer, Berlin, Heidelberg, New York (1981/1984)
140. Duditza, F.: Kardangelenkgetriebe und ihre Anwendungen. VDI-Verlag, Düsseldorf (1973)
141. Herbst, G.: Marktchancen von Doppelkupplungstechnologien. ATZ **106**, 106–116 (2004)
142. Drexl, H.-J.: Kraftfahrzeugkupplungen. Verlag Moderne Industrie, Landsberg/Lech (1997)
143. Förster, B., Lindner, J., Steinel, K., Stürmer, W.: Kupplungssysteme für schwere Nutzfahrzeuge. ATZ **106**, 878–887 (2004)
144. Trepte, S.: Verschleißvorausberechnungen und Lebensdauerprognose für Reibwerkstoffe. VDI-Berichte, Bd. 1786. VDI-Verlag, Düsseldorf (2003)

145. Ersoy, M.: Entwicklungstendenzen für Getriebe-Außenschaltungen. VDI-Berichte, Bd. 1393, S. 273–286. VDI-Verlag, Düsseldorf (1998)
146. Eberspächer, R., Göddel, T., Wefers, C.: Das Schaltgetriebe und Schaltungskonzept der Mercedes-Benz A-Klasse. VDI-Berichte, Bd. 1393, S. 491–511. VDI-Verlag, Düsseldorf (1998)
147. Mertinkat, R., Krieg, W.-E.: Die neuen 6-Gang-Handschaltgetriebe von ZF. VDI-Berichte, Bd. 1610. VDI-Verlag, Düsseldorf (2001)
148. Ottenbruch, P., Leimbach, L.: Die zukunftsweisende Automatisierung des Konventionellen Antriebsstranges. VDI-Berichte, Bd. 1323. VDI-Verlag, Düsseldorf (1997)
149. Looman, J.: Zahnradgetriebe, 2. Aufl. Springer, Berlin, Heidelberg, New York (1988)
150. Dach, H., Gruhle, W.-D., Köpf, P.: Pkw-Automatgetriebe, 2. Aufl. Verlag Moderne Industrie, Landsberg/Lech (2001)
151. Göddel, T., Hillenbrand, H., Hopff, C., Jud, M.: Das neue Fünfgang-Automatikgetriebe W5A. Sonderausgabe ATZ und MTZ: Mercedes A-Klasse **180**, 96–101 (1997)
152. Flegl, H., Wüst, R., Stelter, N., Szodfridt, I.: Das Porsche-Doppelkupplungs-(PDK-)Getriebe. ATZ **89**(9), 439–452 (1987)
153. Schreiber, W., Rudolph, F., Becker, V.: Das neue Doppelkupplungsgetriebe von Volkswagen. ATZ **105**(11), 1022–1039 (2003)
154. Wagner, G.: Gestaltung und Optimierung von Bauteilen für automatische Fahrzeuggetriebe. Konstruktion **49**(6), 31–35 (1997)
155. Wagner, G., Lepelletier, P.: Das Lepelletier 6-Gang-Planetengetriebesystem. VDI-Berichte, Bd. 1704, S. 329–348. VDI-Verlag, Düsseldorf (2002)
156. Rösch, R., Wagner, G.: Elektrohydraulische Steuerung und äußere Schaltung des automatischen Getriebes W5A330/580 von Mercedes-Benz. ATZ **97**(10), 698–706 (1995)
157. Maier, U., Petersmann, J., Seidel, W., Strohwasser, A., Wehr, T.: Porsche Tiptronic. ATZ **92**(6), 308–319 (1990)
158. Rösch, R., Wagner, G.: Die elektronische Steuerung des automatischen Getriebes W5A330/580 von Mercedes-Benz. ATZ **97**(11), 736–748 (1995)
159. Tinschert, F., Wagner, G., Wüst, R.: Arbeitsweise und Beeinflussungsmöglichkeiten von Schaltprogrammen automatischer Fahrzeuggetriebe. VDI-Berichte, Bd. 1175, S. 185–203. VDI-Verlag, Düsseldorf (1995)
160. Katou, N., Taniguchi, T., Tsukamoto, K., Hayabuchi, M., Nishida, M., Katou, A.: AISIN AW New Six-Speed Automatic Transmission for FWD Vehicles. SAE-Paper 2004-01-0651
161. Wagner, G., Bucksch, M., Scherer, H.: Das automatische Getriebe 6 HP 26 von ZF – Getriebesystem, konstruktiver Aufbau und mechanische Bauteile. VDI-Berichte, Bd. 1610, S. 631–654. VDI-Verlag, Düsseldorf (2001)
162. Greiner, J., Indlekofer, G., Nauerz, H., Dorfschmid, J., Gödecke, T., Dörr, C.: Siebengang-Automatikgetriebe von Mercedes-Benz. ATZ **105**(10), 920–930 (2003)
163. Förster, H.-J.: Stufenlose Fahrzeuggetriebe. Verlag TÜV Rheinland, Köln (1996)
164. Gott, P.G.: Changing Gears, The Development of the Automotive Transmission. SAE historial series 90-21369, Warrendale (1991)
165. Boos, M., Krieg, W.-E.: Stufenloses Automatikgetriebe Ecotronic von ZF. ATZ **96**(6), 378–384 (1994)
166. Nowatschin, K., Fleischmann, H.P., Gleich, T., Franzen, P., Hommes, G., Faust, H., Friedmann, O., Wild, H.: Multitronic – das neue Automatikgetriebe von Audi. ATZ **102**(7/8), 548–553 (2000)
167. Wagner, G., Remmlinger, U., Fischer, M.: Das stufenlose Getriebe CFT30 von ZF – Ein CVT mit Kettenvariator für 6-Zylinder-Motoren für Front-Quer-Antrieb. VDI-Berichte, Bd. 1827, S. 461–478. VDI-Verlag, Düsseldorf (2004)
168. Hall, W., Pour, R., Mathiak, D., Gueter, C.: Das stufenlose Automatikgetriebe für den neuen Mini. ATZ **104**(5), 458–463 (2002)
169. Pieper, D.: Automatic Transmission – An American Perspective. VDI-Berichte, Bd. 1175, S. 25–39. VDI-Verlag, Düsseldorf (1995)
170. Neuffer, K.: Elektronische Getriebesteuerung von Bosch. ATZ **94**(9), 442–449 (1992)
171. Fuchs, R. D. et al.: Full Torodial IVT Variator Dynamics SAE 2002-01-0586
172. Förster, B., Steinel, K.: ConAct – Kupplungsbetätigungssystem für Nutzfahrzeuge mit automatisierten Schaltgetrieben. ATZ **109**(02) (2007)
173. Wagner, G., Naunheimer, H., Scherer, H., Dick, A.: Neue Automatgetriebegeneration der ZF. 28. Internationales Wiener Motorensymposium, 26./27. April 2007
174. Kimmig, K., Wagner, U., Berger, R., Bührle, P., Zink, M.: Kupplungssysteme für hocheffiziente Doppelkupplungsgetriebe. VDI-Berichte, Bd. 2029. VDI-Verlag, Düsseldorf (2008)
175. Resch, R., Müller, J., Leesch, M.: Neue strukturoptimierte Getriebesysteme für zukünftige Nutzfahrzeuge. VDI-Berichte, Bd. 2071. VDI-Verlag, Düsseldorf (2009)
176. Gutmann, P., Gehring, A.: 8HP70H – the mild-hybrid transmission from 2F. VDI-Berichte, Bd. 2081. VDI-Verlag, Düsseldorf

Literatur zu Abschnitt 5.5.1

177. Stockmar, J.: Das große Buch der Allradtechnik. Motor-Buch Verlag, Stuttgart (2004)
178. Grazer Allradkongress (Veranstalter Magna Steyr): Tagungsbände 2000 bis 2009
179. Mohan S., Sharma A.: Torque Vectoring Axle and Four Wheel Steering: A Simulation Study of Two Yaw Moment Generation Mechanisms. SAE 2006-01-0819
180. Shibahata Y., Tomari T.: Direct Yaw Control Torque Vectoring Auto Technology, Bd. 6. (Juni 2006)
181. Double Differential Unit with Torque Sensing Locking Device. SAE paper No. 2005-26-067
182. Sacchettini P.: TORSEN center differential. Grazer Allradkongress, Graz, 2006

Literatur zu Abschnitt 5.5.2

183. Schöpf, H.-J.: Mercedes-Benz Fahrdynamik-Konzept. ASR, ASD und 4MATIC. Autec 1986
184. Sagan, E., Stickel, T.: Der neue BMW 525iX-Permanentallradantrieb mit elektronisch geregelten Sperrdifferentialen. ATZ **94**(4) (1992)
185. Müller, A., Heißing, B.: Das Fahrwerk des Audi A4. 5. Aachener Kolloquium Fahrzeug- und Motorentechnik, Aachen, Oktober 1995
186. Leffler, H.: Entwicklungsstand der ABS-integrierten BMW Schlupfregelsysteme ASC und DSC. ATZ **96**(2) (1994)
187. Gaus, H., Schöpf, H.-J.: ASD, ASR und 4MATIC: Drei Systeme im »Konzept Aktive Sicherheit« von Daimler-Benz. ATZ **88**(5, 6) (1986)
188. Kohl, G., Müller, R.: Bremsanlage und Schlupfregelsysteme der neuen 3er-Baureihe von BMW – Teil 1. ATZ **100**(9) (1998)
189. Fischer, G., Müller Kurz, R.G.: Bremsanlage und Schlupfregelsysteme der neuen 5er-Reihe von BMW. ATZ **98**(4) (1996)
190. Debes, M., Herb, E., Müller, R., Sokoll, G., Straub, A.: Dynamische Stabilitäts Control DSC der Baureihe 7 von BMW. ATZ **99**(3, 4) (1997)
191. Fennel, H.: ABS plus und ESP – Ein Konzept zur Beherrschung der Fahrdynamik. ATZ **100**(4) (1998)
192. Jonner, W.-D., Winner, H., Dreilich, L., Schunck, E.: Electrohydraulic brake system – The first approach to brake-by-wire technology. SAE Paper 960991
193. Bill, K.-H., Semsch, M.: Translationsgetriebe für elektrisch betätigte Fahrzeugbremsen. ATZ **100**(1) (1998))
194. Rittmannsberger, N.: Der Drehratensensor für die Fahrdynamikregelung. ATZ/MTZ Sonderausgabe System Partners (1997)
195. Fischer, G., Heyken, R., Trächtler, A.: Aktive Gespannstabilisierung beim X5. ATZ **104**(4) (02)
196. Schopper, M.: Sensotronic Brake Control (SBC) – die elektrohydraulische Bremse von Mercedes-Benz, Bremsen und Bremsregelsysteme. Haus der Technik e.V., Essen, 25./26. September 2002
197. Leffler, H.: Electronic brake management – A possible approach for brake and control system integration. FISITA, Prag, 1996
198. Leffler, H.: Traktions- und Stabilitätsregelung des BMW X5. Allradtechnik. Haus der Technik e.V., Graz, 10./11. Februar 2000
199. Ayoubi, M., Leffler, H.: Elektronisches Chassis Management am Beispiel des neuen 7er BMW. Steuerung und Regelung von Fahrzeugen und Motoren – Autoreg 2002, 15./16. April 2002
200. Ayoubi, M., Köhn, P., Leffler, H.: Fahrwerksregelung – Systeme und ihre Vernetzung. 4. Braunschweiger Symposium »Automatisierungs- und Assistenzsysteme für Transportmittel«, Braunschweig, 11. Dezember 2002
201. Beiker, S.: Verbesserungsmöglichkeiten des Fahrverhaltens von Pkw durch zusammenwirkende Regelsysteme. In: Verkehrstechnik/Fahrzeugtechnik. Fortschritt-Berichte, VDI Reihe 12, Bd. 418. VDI (2000)
202. Brösicke, G.: Das Parkbremssystem des neuen 7er BMW. BremsTech 2002, München, 12./13. Dezember 2002
203. Ayoubi, M., Leffler, H.: Elektronische Fahrwerks-Regelsysteme am Beispiel des neuen 7er BMW. 6. Tagung der Sächsischen Zulieferindustrie, Chemnitz, 10. Oktober 2002
204. Foag, W., Leffler, H.: Prospects and aspects of an integrated chassis management. SAE Automotive Dynamics & Stability Conference, 15.–17. Mai 2000
205. Fischer, G., Müller, R.: Das elektronische Bremsenmanagement des BMW X5. ATZ **102**(9), 764–773 (2000)
206. Ertl, C., Müller, R., Schenkermayr, G.: Der neue BMW 330d – Fahrdynamik und Stabilitätsregelung. ATZ **101**(10), 792–80 (1999)
207. Leffler, H.: BMW Fahrwerksregelsysteme – Status und Ausblick. 4. Grazer Allradkongress, 13./14. Februar 2003
208. Foag, W., Ayoubi, M., Zimprich, W., Leffler, H.: High End Brems-Regelsysteme: Wohin geht die Reise? BremsTech 2004, München, 9./10. Dezember 2004
209. Leffler, H.: Der fahrdynamische Allrad von BMW. 6. Grazer Allradkongress, Graz, 03./04. Februar 2005
210. Leffler, H., Ayoubi, M., Billig, C.: xDrive: die Allradtechnik im 3er BMW. 15. Aachener Kolloquium, 2006
211. Pfau, W., Rastel, H., Nistler, G., Billig, C., Straub, M.: BMW xDrive in der 3er und 5er Reihe. Der BMW Allradantrieb für Limousinen. ATZ **10** (2005)
212. Leffler, H., Schnabel, M.: Automotive applications of mechatronic systems: State of the art and future prospects. IFAC Congress on Mechatronic Systems, Heidelberg, 12.–14. September 2006
213. Leffler, H.: BMW 3er und 5er mit xDrive+. 7. Grazer Allradkongress, 2006
214. Kemper, H., Ruetten, O., Jentges, M., Schlosser, A.: Betriebsstrategien von Hybridfahrzeugen, Funktionen und Applikationen. 15. Aachener Kolloquium, 2006
215. Meder, K.: Innovative Bremsregelsysteme – Verbindung von Sicherheit, Dynamik und Komfort. 57. Internationales Motor Presse Kolloquium, Robert Bosch GmbH, Boxberg, 2005
216. The regenerative braking system (Prius). Auto Technology (Special: Toyota Prius) **60** (Feb. 2005)
217. Kurz: Das Fahrwerk des neuen 5er BMW, geprägt durch moderne Kundenanforderungen. Vortrag. »chassis.tech«, 2010

Literatur zu Abschnitt 5.6

218. Garcia, P., et al.: Sound Qualität einer Abgasanlage. FVV Workshop Geräuschgestaltung »Über die Kundenzufriedenheit zur Psychoakustik«, April 1996
219. Zwicker, E., Fastl, H.: Psychoacoustics: Facts and Models. Springer (1999)
220. Munjal, M.L.: Acoustics of Ducts and Mufflers – With Application to Exhaust and Ventilation System Design. Wiley, New York, Chichester, Brisbane, Toronto, Singapore (1987)
221. Davies, P.O.A.L.: Piston engine and exhaust system design. J. Sound Vibration **190**(4), 677–712 (1996)

222. Sealamet, A., Dickey, N.S.: Theoretical, computational and experimental investigation of Helmholtz resonators with fixed volume: lumped vs. distributed analysis. J. Sound Vibration **187**(2), 358–367
223. Veit, I.: Technische Akustik. 5., durchgesehene Aufl. Vogel (1996)
224. Davies, P.O.A.L.: Practical flow duct acoustics. J. Sound Vibration **124**(1), 91–115 (1988)
225. Alfredson, R.J., Davies, P.O.A.L.: The radiation of sound from an engine exhaust. J. Sound Vibration **13**(4), 389–408 (1970)
226. Beranek, L., et al.: Noise and Vibration Control Engineering. Wiley (1992)
227. Kaiser, R., et al.: Optimierung von Abgasanlagen mit gekoppelter 1D/3D Simulation. MTZ 260–267 (2005)
228. Garcia, P., Wiemeler, D., Brand, J.-F.: Oberflächenschallabstrahlung von Abgasanlagen. MTZ **11**, 852–859 (2006)

Literatur zu Abschnitt 5.7

229. Pötzl, Kornhaas, Karch, Huart: Anforderungen an zukünftige Lenksysteme bis zur Fahrzeugoberklasse. VDI Berichte. Bd. 1907 (2005)
230. Knapp: Elektrisches Energiemanagement – Funktionen im Energiebordnetz. Euroforum, Elektronik-Systeme im Automobil 2004
231. Frey, Aumayer, Buchholz, Fink, Knapp: Die Zukunft des 14 V Bordnetzes. VDI-Berichte, Bd. 1789 (2003)
232. Zuber, Sterner: Funktionsentwicklung für moderne Energiemanagement-Systeme. 2. Aachener Elektronik Symposium 2004, 23./24. September 2004
233. Mäckel: Trends in der Batterieüberwachung. »Energiemanagement und Bordnetze«. Haus der Technik e.V., Essen, 12./13. Oktober 2004
234. Iske: Erfahrungen und Entwicklungslinien von Batteriemanagement und -diagnostiksystemen. »Energiespeicher für Bordnetze und Antriebssysteme«. Haus der Technik e.V., Essen, 1./2. März 2006
235. Frey, Häffner, Merkle, Schiller: Batteriesensorik und Batteriezustandserkennung. »Energiemanagement und Bordnetze«. Haus der Technik e.V., Essen, 12./13. Oktober 2004
236. Bosch, A., Butzmann, S., Fetzer, J., Fink, H.: Battery system development at SB LiMotive. Erster Deutscher Elektro-Mobil Kongress, Bonn, 16. Juni 2009
237. Sirch, O., Immel, G.: Zukunft Energiebordnetz. 14. Internationaler VDI-Kongress Elektronik im Kraftfahrzeug, Baden-Baden, 2009
238. Groß, J., Hartmann, S., Merkle, M.: Entwicklungstrends und zukünftige Lösungen für Start/Stopp Systeme. VDI-Tagung Elektronik im Kraftfahrzeug, 2009
239. Weber, R.: Auslegung des 12 V-Energiebordnetzes in batterieelektrischen Fahrzeugen. HdT-Tagung »Elektrik/Elektronik in Hybrid- und Elektrofahrzeugen«, TU München, 23. März 2010

Literatur zu Abschnitt 5.8

240. Blair, G.P.: The Basic Design of Two-Stroke Engines. Queen's University of Belfast
241. Krickelberg, T.: Zukünftige Chancen des 2-Takt-Motors als Pkw-Antrieb, unveröffentlichter Vortrag. TU Wien/TU Graz, Nov. 1995
242. Königs, M.: Der Zweitakt-Motor, Präsentation. Ford Technologie, Köln (1991)
243. Elements of two-stroke engine development, Collected Paper. SAE-SP-988 (1993)
244. Two-stroke engines theoretical and experimental investigations, Collected Paper. SAE-SP-1019 (1994)
245. Two-stroke engine design and emissions, Collected Paper. SAE-SP-1049 (1994)
246. Progress in two-stroke engines and emission control, Collected Paper. SAE-SP-1131 (1995)
247. Design, modelling and emission control for small two-stroke engines, Collected Paper. SAE-SP-1195 (1996)
248. Design and application of two-stroke engines, Collected Paper. SAE-SP-1254 (1997)
249. Meinig, U.: Standortbestimmung des Zweitaktmotors als Pkw-Antrieb. MTZ Motortechnische Zeitschrift **62**(7/8, 9, 10, 11) (2001)

Literatur zu Abschnitt 5.9

250. Deutsches Institut für Wirtschaft, Berlin, im Auftrag des Bundesministerium für Verkehr, Bau und Stadtentwicklung: Verkehr in Zahlen (2009)
251. International Energy Agency: Energy Balances of Non-OECD Countries (edition 2009). Energy Outlook (2009)
252. European Commission: Directive 2009/28/ec of the european parliament and of the council of 23 April 2009 (2009)
253. EPA. Renewable Fuels Standard II. USA: s.n., 2010
254. Energy Information Administration: Anual energy Outlook (2009)
255. Lösche-ter Horst, Heinl, Schmerbeck: FlexFuel^{TDI} – Alternative Kraftstoffe für den Dieselmotor. Aachener Fahrzeugkolloquium, 2010
256. Commission of the european communities: »Energy Sources, Production Costs and Performance of Technologies for Power Generation, Heating and Transport«, COM 744 (2008)
257. DESERTEC Foundation: Red paper (2009)
258. Agentur für Erneuerbare Energien: Der volle Durchblick in Sachen erneuerbare Energien (2009)
259. Energy Watch Group/Ludwig Bölkow Stiftung: Future of global crude oil supply (2008)
260. Bundesanstalt für Geowissenschaften und Rohstoffe: DERA Rohstoffinformationen 2011 (2011)
261. SolarFuel: http://www.solar-fuel.net/ (2010)
262. JRC, EUCAR and CONCAWE: Well-to-wheels analysis of future automotive fuels and powertrains in the european context. Version 3c, 2011
263. Deutsche Energie Agentur: Netzstudie II (2010)
264. Barber, J.: Photosynthetic energy conversion: natural and artificial. Chem. Soc. Rev. **38**(1) (2009)
265. The Biofuels Research Advisory Council-Biofrac: Biofuels in the European Union: A Vision for 2030 and beyond 2006
266. OECD-FAO: Agricultural outlook 2008–2017 (2008)

267. Food and Agriculture Organization: World Agriculture: Towards 2015/2030. An FAO perspective (2003)
268. Mineralöl Wirtschafts Verband e.V.: Jahresbericht Mineralöl-Zahlen (2009)
269. Licht, F.O.: World ethanol and biofuels report (2009)
270. Bundesministerium für Verkehr, Bau- und Wohnungswesen (BMVBW): (2002)
271. Braess, H.-H., BMW AG: Charging and infrastructure services as central link between automotive industry and energy supplier. evs25 (2010)
272. Bundesverband der Energie und Wasserwirtschaft e.V.: Jahresbericht 2009 (2009)
273. Agricola und Agentur: Deutsche Energie, Keynote zur Diskussionsrunde: Kraftwerkspark der Zukunft. Jahreskonferenz Erneuerbare Energie ee09, Berlin, 5. März 2009
274. Willand, Grote, Dingel: Der Volkswagen Wasserstoff-Verbrennungsmotor. MTZ (2009)
275. Biermann, Erdmann.: Investitionsstrategien in eine künftige Wasserstoffinfrastruktur. DGES-Fachtagung 2005
276. Syncom GmbH: Renewable fuels for advanced powertrains (RENEW). Final report (2008)
277. JRC, EUCAR, CONCAWE: JEC biofuels program. http://ies.jrc.ec.europa.eu/about-jec (2010)

5

Aufbau

Prof. Dr.-Ing. Dr.-Ing. E.h. Hans-Hermann Braess, Dipl.-Ing. Helmut Goßmann, Dr. rer. pol. Dipl.-Ing. Ludwig Hamm, Thomas Herpel, Dr.-Ing. René Konorsa, Prof. Dr.-Ing. Roland Lachmayer, Georg Laukart, Dipl.-Ing. Ernst Peter Neukirchner, Walter Pecho, Dipl.-Ing. Volker Peitz, Prof. Dr. Rudolf Stauber, Dipl.-Ing. Lothar Teske, Dr. Klaus Werner Thomer, Dipl.-Ing. Heinrich Timm, Dipl.-Ing. Thomas Vorberg, Dipl.-Des. Peer-Oliver Wagner und Dr. Markus Wawzyniak

H.-H. Braess, U. Seiffert (Hrsg.), *Vieweg Handbuch Kraftfahrzeugtechnik*, ATZ/MTZ-Fachbuch, DOI 10.1007/978-3-658-01691-3_6,

6.1 Karosseriebauweisen

6.1.1 Selbsttragende Karosserie

In der Anfangszeit des Automobils wurde die Karosserie – dem Beispiel des Kutschenbaus folgend – auf einem Rahmengestell befestigt. Diese Bauweise findet man heute nur noch bei Lastkraftwagen und großen Off-Road-Fahrzeugen. Im Bereich der Personenwagen hat sich die selbsttragende Karosserie durchgesetzt. Sie wurde 1935 von Opel erstmalig mit dem Modell Olympia in der Großserie eingeführt. Die Innovation bestand darin, dass die Karosserie für sich komplett vorgefertigt wurde. Anschließend wurden die restlichen Komponenten wie Motor, Kupplung, Getriebe, Vorder- und Hinterachse sowie der Auspuffanlage direkt an der Karosserie befestigt und zum Fahrzeug komplettiert. Damit ist die selbstragende Karosserie der wichtigste Aggregateträger, die zudem noch vielen Anforderungen gerecht werden muss [1].

Sie reichen von konsequentem Leichtbau über wirksamen Insassen- und Fußgängerschutz bis hinzu attraktivem Aussehen.

6.1.1.1 Entwicklungsanforderungen

Der Anforderungskatalog ist umfangreich: So stellen Form- und Farbgebung (Design), Platzverhältnisse sowie Insassenschutz und Versicherungseinstufung für den Kunden kaufentscheidende Kriterien dar. Hinzu kommen die firmeninternen Entwicklungsanforderungen, die sich die Automobilhersteller selbst auferlegen, ◘ Tab. 6.1, ► Abschn. 4.2.

Aufgrund der Komplexität – in der Praxis enthält das Lastenheft für eine Karosserie viele Hundert Anforderungen und Parameter – wird vorwiegend rechnergestützt entwickelt. Dabei besteht die Aufgabe zunächst darin, jeder Anforderung ein realistisches Ziel zuzuordnen und diese Teilziele dann dem gewünschten Gesamtziel unterzuordnen.

Diese Ziele sind angesichts immer kürzer werdender Entwicklungszeiten nur durch einen eng verzahnten Entwicklungsprozess zu erreichen. Hierbei werden fast ausschließlich virtuelle Fahrzeugmodelle aufgebaut, berechnet und analysiert. Testaktivitäten haben heutzutage vor allem die Funktion, die mit analytischen Methoden gewonnenen Ergebnisse zu validieren beziehungsweise die Rechenmethode zu verfeinern und abzustimmen.

6.1.1.2 Außenhaut

Die Außenkontur eines Fahrzeuges wird durch vier Hauptfaktoren bestimmt: Das sind zunächst die Grundvorgaben aus dem Package und den notwendigen Abmessungen um gesetzliche Anforderungen wie den Fußgängerschutz zu erfüllen. Dazu kommen das Design und die Aerodynamik. Das Design ist, wie Marktuntersuchungen immer wieder zeigen, das kaufentscheidende Merkmal schlechthin.

6.1.1.2.1 Design

Das Design (► Abschn. 4.1) und die Karosserieentwicklung erfolgen simultan in einem vernetzten Prozess, da Designvorgaben sich in aller Regel auf Abmessungen und Charakteristika der Karosserie auswirken. In diesem Prozess haben die Designer die überaus wichtige Rolle von Koordinatoren, die bereits in der Entwurfsphase die physikalischen Eigenschaften der verwendeten Materialien, Konstruktionsanforderungen und Produktionsgesichtspunkte zu berücksichtigen. Deshalb müssen sie sich von Anfang an die Fachkompetenz der Konstruktionsingenieure und Fertigungsplaner sichern.

Kurz: Das Design beeinflusst die Gestaltung einer Rohkarosserie erheblich. So werden heute bereits zum Beginn der Fahrzeugentwicklung alle gewünschten Varianten berücksichtigt. Limousine und Coupé derselben Baureihe sind dafür ein gutes Beispiel: bei Planung der Limousine muss bereits berücksichtigt werden, wenn ein geplantes Coupé keine B-Säule besitzen soll. Bei der Dimensionierung von Säulen und Streben ist zu berücksichtigen, inwieweit diese im späteren Fahrzeug sichtbar sind. Der Einbau von Innenraumteilen ist möglichst flexibel zu halten, um verschiedene Austattungslinien zu ermöglichen. Sichtbare Verbindungen und Fugen, zum Beispiel zwischen Seitenwand, Türen und Heckklappe, müssen sehr präzise ausgeführt werden, um den steigenden Anforderungen an die optische Fahrzeugqualität zu entsprechen.

Tabelle 6.1 Anforderungen an die Karosserieentwicklung

Kundenrelevante Kriterien	Produktionsrelevante Kriterien
gelungenes Design	einfache Zusammenbaufolge
maximale Sicherheit	Nutzung vorhandener Fertigungseinrichtungen
geringer Kraftstoffverbrauch	geringe Teilevielfalt
hoher Komfort	einfache Fügetechniken
hohe Funktionalität	leichte Herstellbarkeit
hohe Qualität und Lebensdauer	gute Schweißzugänglichkeit
attraktiver Preis	hohe Prozessgüte
niedrige Reparaturkosten	Gleichteile- und Plattformlösungen
niedriger Geräuschpegel	optimierter Werkstoffeinsatz
alltagstaugliche Abmessungen	niedrige Fertigungskosten
...	...

6.1.1.2.2 Aerodynamik und Aeroakustik

Eine erste aerodynamische Voroptimierung erfolgt bereits mit einem Simulationsmodell im Computer. Diese Berechnung wird mit ersten Plastilin-Modellen im Maßstab 1 : 5 im Windkanal validiert und verbessert. Im weiteren Entwicklungsablauf müssen bei allen Änderungen die Belange von Design und Package immer wieder berücksichtigt werden. Die abschließende Gestaltung und Optimierung erfolgt mit einem Kunststoffmodell im Maßstab 1 : 1. Insbesondere die Bereiche der vorderen und hinteren Stoßfänger, Außenspiegel, A-Säulen, Dachleisten, Schwellerverkleidung und Unterbau werden dabei detailliert untersucht.

Die aerodynamische Optimierung umfasst eine Vielzahl von Einzelmaßnahmen, Abb. 6.1 (▶ Abschn. 3.2). Folgende konstruktive Maßnahmen haben sich bei üblichen Grundkörpern als vorteilhaft herausgestellt [2], um einem möglichst geringen Luftwiderstandsbeiwert zu erzielen:

Die Umströmung des vorderen Fahrzeugbereiches sollte möglichst ablösefrei erfolgen. Dazu ist es notwendig, die Übergänge abzurunden. Vorteilhaft ist weiterhin eine starke Neigung der Windschutzscheibe – bei Berücksichtigung der Sichtverhältnisse – in Verbindung mit einer Rundung der A-Säulen. Die Strömung wird am günstigsten über ein gewölbtes Dach geführt, wobei die Wölbung konstant verlaufen sollte. Am Fahrzeugheck ist aerodynamisch eine definierte Ablösung der Strömung erforderlich. Ein Heckeinzug (»Boat-Tailing«) hilft, das sogenannte Totwassergebiet möglichst klein zu halten, was sich auch auf die Verschmutzungsneigung positiv auswirkt. Ein solcher Einzug kann bei Stufenhecklimousinen durch das Herunterziehen des Daches gestaltet werden. Durch eine geeignete Neigung der Heckschräge kann vor allem bei Stufenheckfahrzeugen der durch Luftwirbel induzierte Luftwiderstand minimiert werden.

Deutlichen Einfluss auf den Luftwiderstand eines Fahrzeuges, aber auch auf die zu minimierenden Auftriebskräfte, hat die Gestaltung des Unterbodens. Ziel ist eine möglichst glatte Fahrzeugunterseite, wofür heute oft spezielle Unterbauabdeckungen aus Kunststoff eingesetzt werden. Natürlich müssen dabei Kompromisse eingegangen werden, um zum Beispiel die Kühlung von Bremsen und Katalysator sicherzustellen. Einen großen Anteil am Gesamtluftwiderstand haben auch die Räder (bis zu $c_W = 0{,}06$). Versuche, diesen Anteil durch kon-

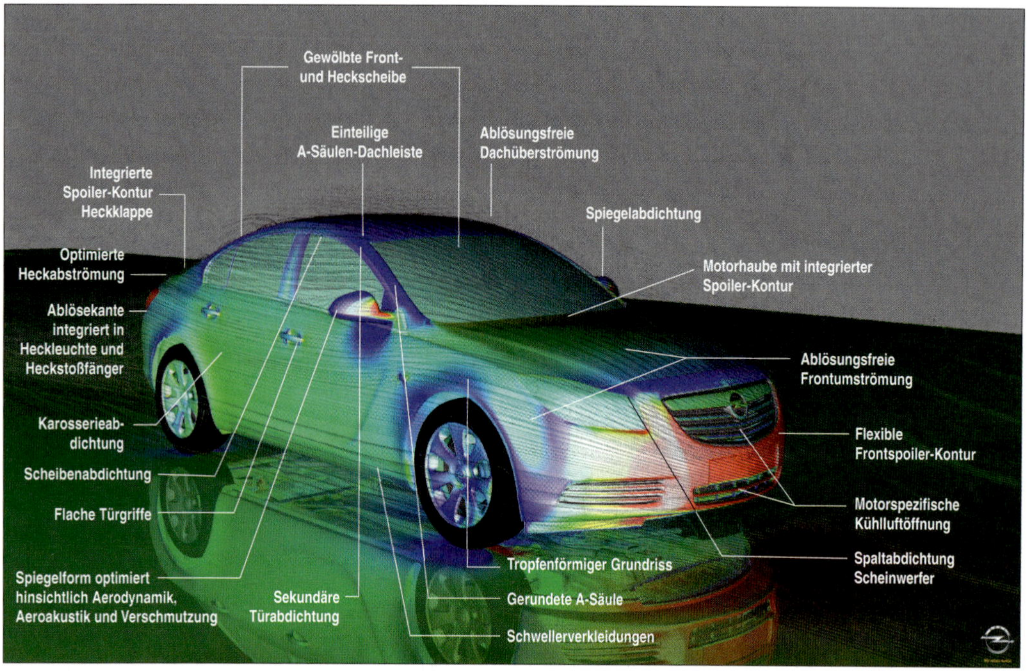

Abb. 6.1 Maßnahmen zur Aerodynamikoptimierung der Außenhaut

struktive Maßnahmen deutlich abzusenken, zum Beispiel mit zur Außenhaut bündigen Hinterrädern, brachten bislang nicht den gewünschten Erfolg.

In weiteren Entwicklungsschritten werden die durch die Umströmung der Karosserie entstehenden Windgeräusche und die Verschmutzung von Seiten- und Heckscheiben bei Regenfahrt reduziert. Scharfen Kanten und Türfugen ist dabei besondere Aufmerksamkeit zu widmen, weil sie die Windgeräusche mit zunehmender Geschwindigkeit progressiv erhöhen (▶ Abschn. 3.2 und ▶ Abschn. 3.4).

6.1.1.3 Package

Die Festlegung der Karosserieformen und -abmessungen definiert auch den Bauraum für alle einzubauenden Fahrzeugsysteme und -komponenten. Das Ergebnis dieses Festschreibungsprozesses, der sich parallel zur Design- und Aerodynamikentwicklung vollzieht, wird als Package bezeichnet (▶ Abschn. 4.2).

In der Regel stehen vor Beginn einer Fahrzeugentwicklung die wichtigen Schlüsselabmessungen als Sollwerte bereits fest, Tab. 6.2 und Abb. 6.2.

Dazu gehören nicht nur Länge und Breite über alles, sondern eine ganze Reihe weiterer markanter Fahrzeugkoordinaten, die die Karosserie beschreiben: beispielsweise der Übergang der Motorhaube zur Windschutzscheibe sowie zur Kühlerverkleidung, Böschungswinkel, Bodenfreiheit, Lage und Kontur der Stoßfänger, die Lage der Hüftpunkte vorne und hinten, Abstand des Lenkrades zum Fahrer oder das Kofferraumvolumen.

Das Package eines Fahrzeuges bestimmt das Raumgefühl der Insassen wesentlich. Positiv wirken sich vor allem folgende Eigenschaften aus:

- hohes Dach
- Übergang Motorhaube/Windschutzscheibe weit vorgezogen
- langer Radstand
- breite Spur.

Natürlich können diese Punkte nur soweit umgesetzt werden, wie dies Design, Aerodynamik und die von der festgelegten Fahrzeugklasse abhängigen Hauptabmessungen zulassen.

Basis der Innenraumauslegung ist die Sitzposition des Fahrers. Zunächst gilt es, den Verstellbereich für die Sitzlängen und -höhenverstellung festzule-

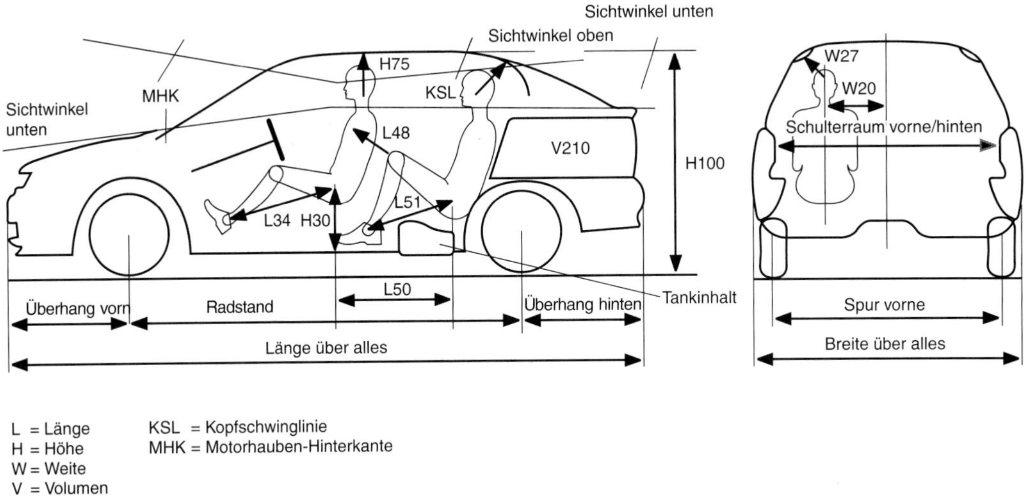

Abb. 6.2 Wichtige Fahrzeugabmessungen

Tabelle 6.2 Schlüsselabmessungen für das Package

Außenmaße	Innenmaße
Länge über alles	Beinraum vorne/hinten (L34/L51)
Breite über alles	Knieraum Passagier hinten (L48)
Höhe (H100)	Abstand Hüftpunkt vorne zu Hüftpunkt hinten (L50)
Radstand	Kopfraum vorne/hinten/seitlich (H75, Kopfschwunglinie, W27)
Spur vorne/hinten	relative Höhe der Sitze vorn und hinten zu den Fersenpunkten (H30)
Kofferraumvolumen (V210)	Sichtwinkel nach vorne und hinten, jeweils nach oben und nach unten
Tankvolumen	Schulterraum vorne/hinten sowie Breite zwischen den Armauflagen der Türverkleidung
	Abstand Mitte Fahrersitz zur Fahrzeugmitte (W20)

gen. Die Längenverstellung muss so gestaltet sein, dass der Fahrer ausreichend Platz hat: Er muss Lenkrad und Pedalerie bequem erreichen können und darf die Fondpassagiere nicht einengen. Bei der Sitzhöhenverstellung sind die Sicht über die Instrumententafel, der Kopfraum H75, die Erreichbarkeit der Pedale, Ein- und Ausstieg sowie alle Sichtwinkel zu berücksichtigen.

Anschließend wird ein Referenzpunkt in der Sitzverstellung definiert, der Hüftpunkt (H-Punkt). Er entspricht der Sitzeinstellung des 95 %-Mannes (nur 5 % der Bevölkerung auf den Zielmärkten sind größer). Dessen Sitzposition wird durch die Sitzhöhe und den Hackenpunkt bestimmt. Die Fußsohle muss das Fahrpedal berühren (► Abschn. 6.4.1).

Der H-Punkt lässt sich rechnerisch oder messtechnisch bestimmen. Ausgehend vom ihm werden die übrigen Innenraummaße wie Bein- und Kopfraum ermittelt. Die Knie- und Beinfreiheit der Fondpassagiere werden wesentlich durch den Abstand zwischen H-Punkt Fahrer und H-Punkt Fondpassagier bestimmt.

Des weiteren wird durch das Package auch die Anordnung von Motor- und Getriebeeinheit samt aller weiteren Aggregate unter der Motorhaube festgelegt. Die Hauptauslegungskriterien hierbei sind die Freigängigkeit beim Einbau und Betrieb der Aggregate, der freie Verformungsweg zur Erfüllung ei-

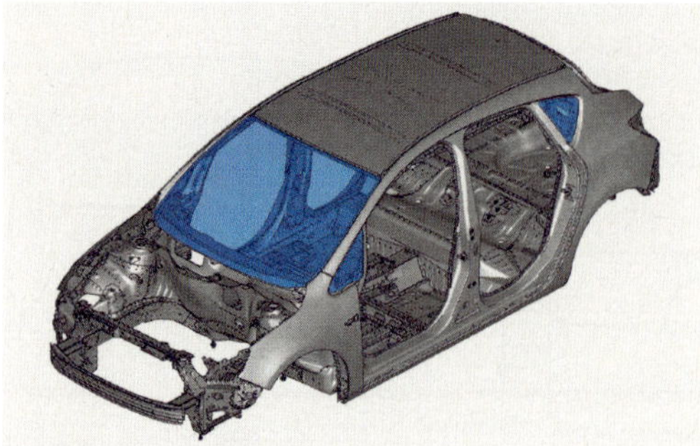

Abb. 6.3 Rohkarosserie

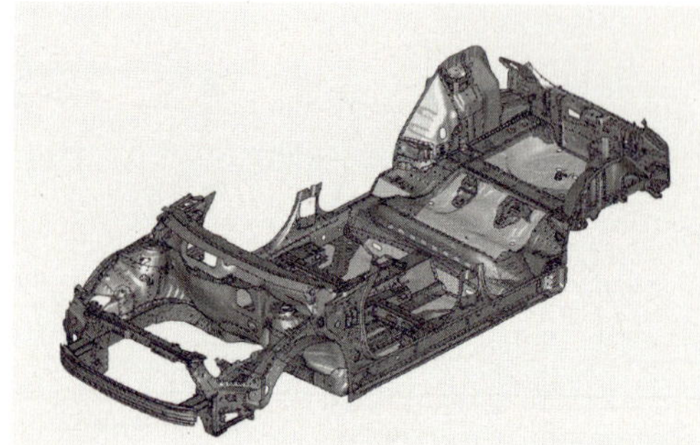

Abb. 6.4 Unterbau

ner guten Versicherungseinstufung (AZT-Typschaden) und genügend Freiraum von der Motorhaube zu »harten Teilen« um den Fussgängerschutz zu erfüllen.

6.1.1.4 Karosseriestruktur

Die Karosseriestruktur hat folgende Aufgaben:

- Aufnahme aller Kräfte und Momente,
- gestaltfester Innenraum,
- periphere Energieumsetzungszonen,
- Aufnahme aller Antriebsaggregate und der Achsmodule.

Im Folgenden wird die Konstruktion einer Rohkarosserie exemplarisch beschrieben (Abb. 6.3). Es handelt sich dabei um ein 2009 in Serie gebrachtes, fünftüriges Fahrzeug der Kompaktklasse [3]. Wenn auch abhängig von der Philosophie des Automobilherstellers, der Fahrzeugklasse und der Modellgeneration einzelne Konstruktionsumfänge von Hersteller zu Hersteller differieren, deckt die Schilderung doch viele Anwendungen ab. Die Reihenfolge der einzelnen Abschnitte entspricht dabei der Produktionssequenz im Karosserierohbau.

6.1.1.4.1 Unterbau

Der Unterbau Abb. 6.4 – auch Plattform oder Architektur genannt – besteht aus drei Unterzusammenbauten:

- Vorderwagen Abb. 6.5a
- Unterboden vorn Abb. 6.5b
- Unterboden hinten Abb. 6.5c

Basis des Unterbodens sind die Längs- und die Querträger. Sie werden vorn und hinten von Bodenblechen abgeschlossen. In die beiden vorderen Längsträger, die sich aus dem Vorderrahmen und dessen Verlängerung zusammensetzen, sind an der Stirnseite die Crashboxen mit dem Stoßfänger eingesteckt und verschraubt. Auf der rechten Seite sorgt eine eingeschweißte und mit einer Gewindeplatte versehene Verstärkung für die Aufnahme der anschraubbaren Abschleppöse. Im weiteren Verlauf der Längsträger sind an deren Unterseite die Aufnahmen für den Chassisträger angeschweißt. Außerdem sind auf dem Längsträger auch die Motorlager angebracht. An den Zusammenbau des Vorderrahmen werden zunächst die Frontteile befestigt, Das obere Frontteil muss Schloss und Verriegelung für die Motorhaube aufnehmen. Des Weiteren sind an dieser Komponente Puffer zum Einstellen der Spaltmaße für die Motorhaube sowie die Kühlerhalterungen befestigt. Es schließt sich der vordere Radkasten an – auch »Radeinbau« genannt. Er kann ein- oder zweiteilig ausgeführt werden. Auf dem Radeinbau ist die Aufnahme für das Federbein positioniert, die wegen ihrer Form »Federbeindom« heißt. Letzterer nimmt alle Reaktionskräfte des Federbeins auf. Um ausreichende Steifigkeit zu erzielen, muss der Radeinbau über ein möglichst gerades, als Zugstrebe wirkendes Element mit dem Vorderrahmen verbunden werden. Über dem Radeinbau befindet sich eine Strebe, die beim Frontalaufprall gezielt Kräfte in die A-Säule und in den Türschacht einleitet, bevor sie selbst durch kontrollierte Verformung Energie absorbiert. Der Radeinbau schließt hinten mit dem Seitenteil-Stirnwand ab. Quer dazu verläuft die Stirnwand selbst, die zusammen mit der Schließplatte und der Verlängerung des Vorder-

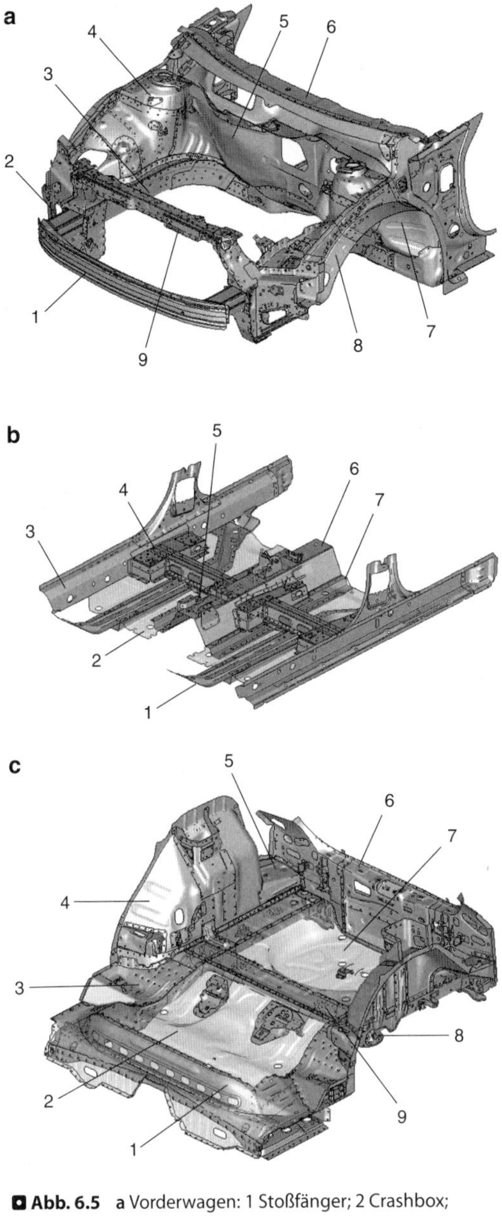

Abb. 6.5 a Vorderwagen: 1 Stoßfänger; 2 Crashbox; 3 Vorderrahmen; 4 Federbeindom; 5 Stirnwand; 6 Querträger Scheibenauflage; 7 Radkasten; 8 Strebe Radeinbau; 9 Querträger Front oben; **b** Unterboden vorn: 1 Verlängerung Vorderrahmen; 2 Bodenblech vorn; 3 Boden seitlich; 4 Sitzauflage; 5 Querträger Vordersitz; 6 Tunnel; 7 Tunnelrandprofil; **c** Unterboden vorn: 1 Verlängerung Vorderrahmen; 2 Bodenblech vorn; 3 Boden seitlich; 4 Sitzauflage; 5 Querträger Vordersitz; 6 Tunnel; 7 Tunnelrandprofil

bodens der den Motor- vom Fahrgastraum trennt. Stirnwand und Schließplatte dienen als Aggregateträger. Die Schließplatte schirmt die Fahrgastzelle zum einen vor Geräuschen und Verschmutzung ab, zum anderen verhindert sie bei einem Aufprall das Eindringen des Motors oder anderer Aggregate. Die Stirnwandeindringung nach einem Frontalaufprall gilt daher als Maß für die Strukturgüte einer Karosserie und wird oft zum Vergleich herangezogen. Über der Stirnwand befindet sich noch eine verstärkte Abdeckung, die den unteren Teil der Frontscheibenöffnung bildet.

Der Vorderrahmen, der nicht nur Motor und Vorderachse aufnehmen muss, sondern bei einem Frontalaufprall eine zentrale Rolle als energieaufnehmende Komponente spielt, wird gezielt an den Stellen mit den höchsten Lastbeaufschlagungen versteift.

Im gezeigten Beispiel mündet der Vorderrahmen in die Verlängerung Vorderrahmen im Unterboden vorn. Diese verläuft unter dem gesamten vorderen Bodenblech bis zum Fersenblech. Bei anderen Unterbaukonzepten kann sie aber auch am Sitzquerträger enden. Die Verlängerung dient vor allem dazu, im Fahrbetrieb und beim Aufprall das Durchbiegen des Bodens zu verhindern. Dafür wird zusätzlich noch eine hochfeste Verstärkung im Bereich der Verlängerung Vorderahmen auf dem Bodenblech aufgebracht. Der Sitzquerträger gewährleistet zusammen mit den auf dem Boden angebrachten Sitzauflagen eine steife Anbindung der Vordersitze. An der Sitzauflage wird auf der Oberseite auch das Schloss des Sicherheitsgurtes befestigt. Beim Frontalaufprall werden in das Schloss sehr hohe Kräfte eingeleitet, die dieser Träger gut aufnehmen kann.

Das Gerippe für den hinteren Unterboden wird aus den beiden Hinterrahmen-Längsträgern, deren Verlängerungen und den drei Querträgern für den Boden hinten, für die Hinterachse und für die Rückwand gebildet (Abb. 6.5c).

Um einen besseren Kraftfluss zu erhalten, wird der Hinterrahmen mit einem Knotenblech direkt mit dem Schweller und dem Fersenblech verbunden. Diese Anbindung ist bei einem Heckaufprall von Vorteil und erhöht die Steifigkeit der gesamten Karosserie. In diesem Bereich befindet sich auch die am Hinterrahmen angebrachte Halterung für die Hinterachse. Die Rahmenmitte wirkt als Gegenlager für die Federung der Hinterachse. Hinten links wird die Abschleppöse befestigt; rechts die Halterung für das Endrohr der Abgasanlage. Der Einsatz eines Rollprofils aus einem hochfesten Dual-Phasen Stahl ermöglichte es, im hinteren Bereich des Unterbodens – im Gegensatz zum Vorderrahmen – auf Verstärkungen zu verzichten. Bei anderen Fahrzeugen erzielt man den gleichen Vorteil durch den Einsatz von Tailored Blanks.

Der Querträger am hinteren Boden sorgt während des Fahrbetriebes dafür, dass sich der Boden im Bereich der hinteren Sitze nicht zu stark durchbiegt. Entsprechend wirkt er bei einem Heckaufprall Deformationen des Unterbodens entgegen. In diesen Träger sind auch die Aufnahmepunkte für die vorderen Tankspannbänder integriert.

Der Querträger der Hinterachse ist sowohl für den Heckaufprall als auch für die Torsionssteifigkeit entscheidend.

So stabilisiert er bei einem Heckaufprall den Hinterrahmen und verhindert unkontrolliertes Ausknicken. Als Biegeträger wirkt er starken Verwindungen des Hinterrahmens entgegen, die durch gegenläufige Verformung der Hinterrahmenprofile entstehen können. Um dieses Verhalten des Hinterachsquerträgers optimal zu nutzen, ist die Anbindung an den Hinterrahmen entsprechend zu gestalten. Dazu ist es erforderlich, den Querträger sowohl in voller Profilhöhe seitlich mit dem Hinterrahmen zu verbinden als auch eine zusätzliche Lasche mit der Rahmenunterseite zu verschweißen. Die Breite des Anschlusses ist so zu wählen, dass die beiden Flanken des Querträgers den Hinterrahmen genau dort abstützen, wo er infolge eines Heckaufpralls ausbrechen oder verdrehen würde. Außerdem ist dieser Querträger ein wichtiges Befestigungselement: er nimmt die Schrauben des hinteren Tankspannbandes auf und an ihm werden die Rücksitzbank und der mittlere Sicherheitsgurt hinten befestigt.

Der Rückwand-Querträger soll Durchbiegen des Bodens im Bereich der Reserveradmulde verhindern. Das Gerippe des hinteren Unterbaus wird mit dem Boden geschlossen. In dem gezeigten Beispiel ist die Reserveradmulde direkt in das hintere Bodenblech integriert. Gängig sind aber auch Konstruktionen, bei denen die Mulde in das Bodenblech eingeschweißt wird.

Das Radgehäuse wird innen an den vertikalen Flansch des Hinterrahmens angeschweißt. Über ein Knotenblech wird das Radgehäuse mit der Verstärkung der Rückwand verbunden. Diese Knotenbleche sind wichtig für die Torsionssteifigkeit der Gesamtkarosserie und die lokale Steifigkeit der Hecköffnung. Für den Heckaufprall wird außerdem ein zusätzlicher Lastpfad geschaffen.

6.1.1.4.2 Aufbau

Der Aufbau ◘ Abb. 6.6 besteht aus den Zusammenbauten der Seitenwand, ◘ Abb. 6.7a, des Dachs, sowie der Rückwand und der angeschraubten Kotflügel. Zum Schluss wird die Frontscheibe eingeklebt.

6.1.1.4.3 Zusammenbau Seitenwand

Der Zusammenbau Seitenwand besteht im Wesentlichen aus einem inneren und einem äußeren Teil. Im Türöffnungsbereich bilden diese Schalen zusammen mit der A-Säule innen auch die Säulenquerschnitte. Zur Gewährleistung einer guten Rundumsicht soll der A-Säulenquerschnitt ◘ Abb. 6.7b, so schlank wie möglich ausgeführt werden. Dafür muss die Verstärkung dann entsprechend aufgedickt werden oder wie bei Cabriolets auch teilweise aus hochfesten Rohrquerschnitten bestehen. Während auf dem inneren Flansch der A-Säule die Windschutzscheibe befestigt ist, trägt der äußere Flansch die Türdichtung.

Der B-Säulenquerschnitt, ◘ Abb. 6.7c, ist beidseitig mit Türdichtungen ausgestattet. Zusätzlich sind an der B-Säule die Scharniere für die Hintertür angebracht. Das Beispiel zeigt geschraubte Scharniere. In vielen Fahrzeugen sind diese Komponenten auch angeschweißt. Die Auswahl ist herstellerspezifisch. Im Bereich der Scharnieranbindungen für die Türen sind zusätzliche lokale Versteifungen angebracht. Die Versteifungen sind zwischen innerem und äußerem Seitenwandteil angebracht. Die Verstärkung der B-Säule ist für den Seitenaufprall sehr wichtig, weil sie Intrusionen in den Innenraum verringert. Sie besteht bei den meisten Fahrzeugen aus hoch- und höchstfesten Stählen mit Streckgrenzen bis zu 1500 MPa. Die Verstärkungen dienen aber auch der akustisch relevanten Reduzierung der Diagonalverformung in

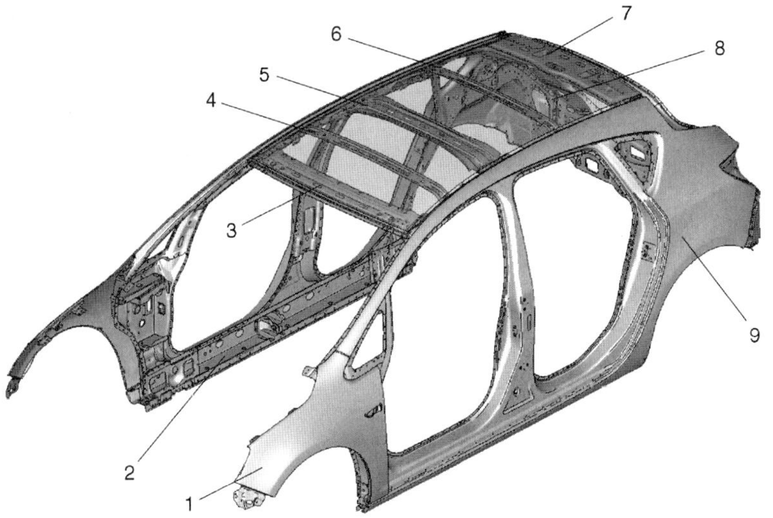

Abb. 6.6 Aufbau: 1 Kotflügel; 2 Seitenwand innen; 3 Dachrahmen vorn; 4 Dachspriegel vorn; 5 Dachspriegel mitte; 6 Dachspriegel hinten; 7 Dachrahmen hinten; 8 Dach; 9 Seitenwand außen

den Türöffnungen während des Fahrbetriebes. Im Heckbereich wird an der Seitenwand noch eine Verlängerung angebracht. Ein Ansatzstück umschließt die Öffnung für die Heckleuchten. Wie schon die Verbindung der Radgehäuse mit der Verstärkung Rückwand ist diese Maßnahme wichtig, um die Torsions- und Heckdiagonalsteifigkeit zu erhöhen.

6.1.1.4.4 Dach

Der letzte Zusammenbau in der Produktionssequenz der gezeigten Rohkarosserie ist das Dach. Es besteht aus der Dachhaut, die durch eingeklebte Dachspriegel stabilisiert wird, sowie dem vorderen und hinteren Dachrahmen. Während der vordere und hintere Dachspriegel auf die Gesamttorsionssteifigkeit und das Crashverhalten der Karosserie keinen Einfluss haben, spielt der Mittelspriegel eine entscheidende Rolle für den Seitencrash und den Pfahlaufprall. Die Ausführung des vorderen und hinteren Dachrahmens beeinflusst sehr stark die Gesamttorsionssteifigkeit. Neben dem klassischen Stahldach – mit und ohne Schiebedach – gibt es heute eine Vielzahl von verschiedenen Dachmodulen (Abb. 6.7d). Neben Doppelschiebedächern vorn und hinten, sowie Spoiler-Glasdächern, die fast die gesamte Dachfläche öffnen, gibt es feststehende Glasdächer, über die halbe oder die komplette Dachfläche. Andere Modulvarianten zum Beispiel bei Vans und Minivans dienen eher dazu zusätzlichen Stauraum und Ablagefächer zu schaffen. Eine weitere Möglichkeit für eine verbesserte Sicht nach draußen bieten sogenannte Panoramascheiben. Hierbei wird die Frontscheibe weit ins Dach gezogen, teilweise sogar bis zur B-Säule.

6.1.1.4.5 Anbauteile

Unter Anbauteilen versteht man alle zur Karosserie gehörigen Teile, die nicht mit der Rohkarosserie verschweißt werden, also unter anderem Türen, Klappen, Kotflügel und Stoßfänger. Die Entwicklung der Anbauteile ist von zwei Trends gekennzeichnet:

Modularisierung Durch die Vergabe von Entwicklung und Produktion an externe Unternehmen werden Anbauteile zunehmend als Komplettmodule an das Band des Automobilherstellers zugeliefert. Ein Beispiel hierfür stellt das Frontend-Modul dar, das neben vorderem Stoßfänger und Scheinwerfern auch den Kühler umfassen kann (▶ Abschn. 6.1.5). Türmodule bestehen mittlerweile nicht nur aus der Außenhaut, dem Fenster und der Innenverkleidung, sondern auch aus der gesamten Mechanik und Elektronik für die Verriegelung, Scheibenbetätigung, Spiegel und Lautsprecher.

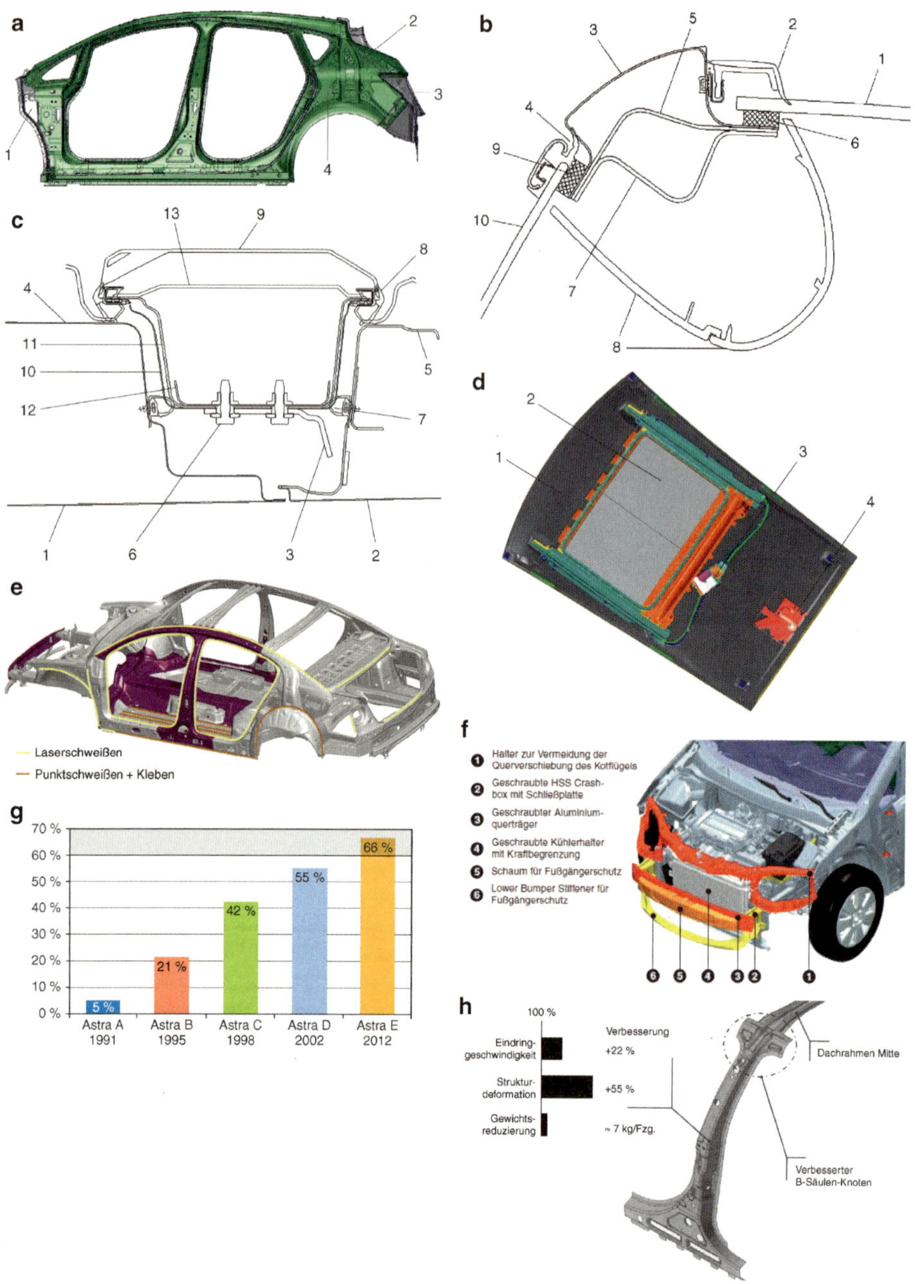

Abb. 6.7 **a** Zusammenbau Seitenwand: 1 Seitenwand innen; 2 Verstärkung D-Säule; 3 Einsatzecke Heckleuchte ; 4 Seitenwand außen; **b** Schnitt A-Säule: 1 Frontscheibe, 2 Frontscheibeneinfassung, 3 A-Säule außen, 4 Dichtung Seitenscheibe, 5 Verstärkung A-Säule, 6 Kleber Frontscheibe, 7 A-Säule innen, 8 Verkleidung A-Säule (zweiteilig), 9 Kleber Seitenscheibe, 10 Seitenscheibe; **c** Schnitt B-Säule: 1 Türaußenhaut Vordertür, 2 Türaußenhaut Hintertür, 3 Türscharnier Hintertür, 4 Gerippe Vordertür, 5 Gerippe Hintertür, 6 Verschraubung Scharnier Hintertür, 7 Sekundärdichtung, 8 Primärdichtung, 9 Verkleidung B-Säule innen, 10 Seitenwand außen, 11 Verstärkung B-Säule, 12 Versteifung B-Säule, 13 Seitenwand innen; **d** Dachmodulbild: 1 Dach (PU-Schaum mit Folie beschichtet), 2 Glasschiebedach, 3 Schiebedachmotor, 4 Antennenmodul; **e** Laser- und Punktschweißen beim VW Passat [6]; **f** Schraubteile für kostengünstige Instandsetzung; **g** Leichtbauaktivitäten – Hochfeste Stähle und alternative Materialien in der Rohkarosserie; **h** Verstärkung B-Säule

Einsatz von Leichtbau-Werkstoffen Der Einsatz neuer Karosseriewerkstoffe mit einem geringeren spezifischen Gewicht als Stahl (► Abschn. 6.2) hat in großen Stückzahlen vor allem bei den Anbauteilen begonnen [4]. So bestehen Stoßfänger überwiegend und Kotflügel zunehmend aus Kunststoffen. Motorhaube und Heckklappe werden zunehmend aus Aluminium gefertigt. Für extrem sparsame Fahrzeuge (zum Beispiel das Drei-Liter-Auto) werden auch großflächige Klappen aus Magnesium eingesetzt.

6.1.1.4.6 Verbindungstechnik

Die Auswahl des für die jeweilige Anwendung optimalen Fügeverfahrens ist entscheidend für die Güte einer Karosserie, da sie zum Beispiel auf Torsionssteifigkeit und Korrosionsbeständigkeit Auswirkungen zeigt [5]. Für die hier betrachtete Ganzstahlkarosserie ist das Punktschweißen mit Abstand das bedeutendste Fügeverfahren. Je nach Fahrzeugtyp wird die Karosserie mit 3000 bis 5000 Schweißpunkten gefügt, die heute fast ausschließlich automatisiert von Industrierobotern oder in Vielpunktschweißanlagen gesetzt werden. Die Festlegung der Schweißpunktlage mit Hilfe moderner CAE-Werkzeuge (► Abschn. 11.3) ist integraler Bestandteil der Karosserieentwicklung. Von den Schutzgas-Schweißverfahren wird im Karosseriebau das Metall-Aktivgas-Verfahren (MAG) eingesetzt. Es kommt für hochbeanspruchte Teile wie Gewindeplatten zur Aufnahme der Achsen sowie an Stellen, deren eingeschränkte Zugänglichkeit das Punktschweißen nicht erlauben, zur Anwendung. Weit verbreitet ist mittlerweile auch das Cold-Metal-Transfer (CMT) Schweißverfahren. Die Technologie ermöglicht das Fügen von Dünnstblechen ab 0,3 Millimetern, von verzinkten Blechen und von Mischverbindungen aus Aluminium und Stahl. Das Lichtbogen-Bolzenschweißen ermöglicht eine tragfähige Verbindung in Bereichen, die, zum Teil bedingt durch fertigungstechnische Abläufe, nur einseitig zugänglich sind. An einer Rohbaukarosserie werden durchschnittlich 150 stiftförmige Bolzen angeschweißt. Den größten Anteil hat dabei der Bodenbereich. In den letzten Jahren hat das Laserstrahlschweißen sich zunehmend Großserienanwendungen erobert [6]. Neben der hohen Bearbeitungsgeschwindigkeit erweist sich vor allem die bessere Oberflächenqualität als vorteilhaft. ◘ Abbildung 6.7e zeigt die Verteilung des Laserschweißens und des Punktschweißens mit Kleben. So kann eine an der Oberfläche liegende Laserschweißnaht vor dem Lackieren mit wesentlich geringerem Zeitaufwand entfernt werden. Das heute schon erfolgreich eingesetzte Laserlöten liefert im Außenhautbereich Nahtoberflächen die eine Nacharbeit überflüssig machen. Hohe Reparaturfreundlichkeit und damit eine einhergehende niedrige Typschadenklasse (AZT-Typschaden) erfordern eine zerstörungsfreie Demontage und Montage der beschädigten Teile. Erreicht wird dies durch geschraubte Stoßfängersysteme und Frontmodule wie in ◘ Abb. 6.7f gezeigt ist, was mittlerweile Stand der Technik bei allen Fahrzeugherstellern ist. In Zukunft werden mechanische Fügeverfahren wie Durchsetzfügen und Stanznieten sowie die Kombination dieser Techniken mit Kleben an Bedeutung gewinnen [5]. Speziell die Klebeanwendungen werden zukünftig zunehmen, da sie eine ideale Möglichkeit darstellen, Werkstoffkombinationen von Stahl, Aluminium und Kunststoffen problemlos zu verbinden.

6.1.1.4.7 Materialauswahl und Leichtbau

Die ständig steigenden Sicherheits- und Komfortanforderungen schlagen sich in immer höheren Rohkarosseriegewichten nieder. Die Automobilindustrie setzt sich diesem Trend mit intelligenten Leichtbaukonzepten entgegen. Eine Karosserie bestand in den achtziger Jahren fast ausschließlich aus Qualitätsstahl ST14. Dieser hat in den heutigen modernen Karosserien, wie in ◘ Abb. 6.7g gezeigt nur noch einen Anteilvon weniger als fünfzig Prozent [10].

Im Zuge der knapper und teurer werdenden Kraftstoffe, sowie der von Gesetzgebern festgelegten CO_2 Grenzwerte nimmt der Einsatz von Aluminium, Magnesium und Kunststoffen in der Rohkarosserie zu. In der Großserie werden speziell Bauteile mit niedrigen Strukturanforderungen aus Aluminium oder Kunststoff hergestellt. Bei komplexer und schwieriger Geometrie der Teile bietet sich zudem das Aluminium- bzw. Magnesium-Duckguss-Verfahren an. Komplette Karosserien aus Leichtmetall wie beim Audi A8 oder Jaguar werden zukünftig noch die Ausnahme darstellen.

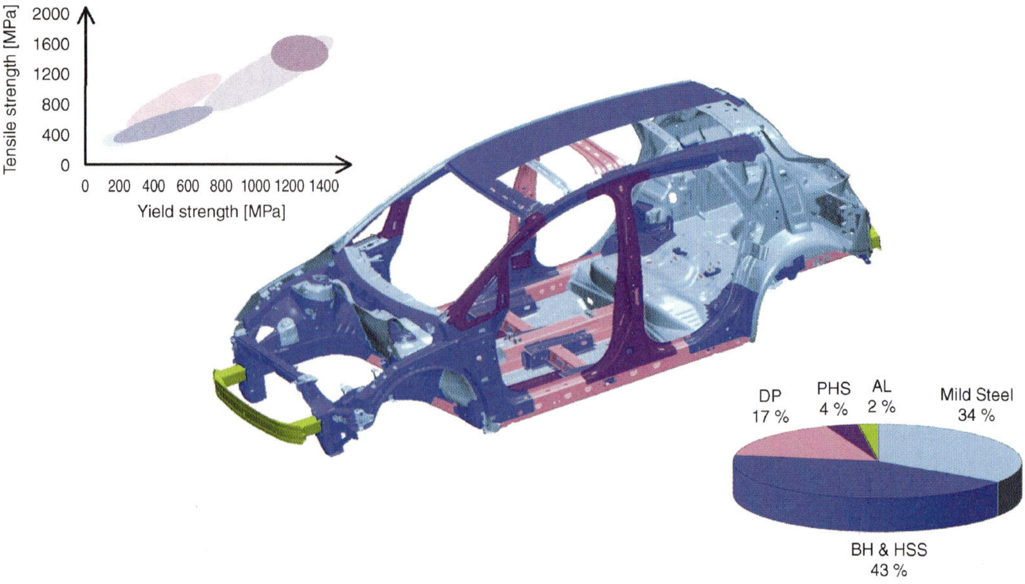

Abb. 6.8 Leichtbauaktivitäten

Kunststoffe hingegen können heute durch ihre chemische Zusammensetzung und der Zugabe von Glas- oder Kohlefasern exakt auf die Anforderungen des Bauteils zugeschnitten werden. Diese Kunststoffbauteile bieten die Möglichkeit viele Funktionen zu integrieren und damit verschiedene Stahlbauteile zu ersetzen. Der Einsatz dieser multifunktionalen Kunststoffbauteile wird deshalb in Zukunft steigen. Der größte Teil des ST14 wird aber wieder durch Stahl, jedoch mit teilweise deutlich höheren Streckgrenzen, ersetzt. Diese hochfesten Stähle nehmen beim Umformen z. B. im Crash, wesentlich mehr Energie auf als ein ST14 mit gleicher Blechdicke. In Abb. 6.7h ist die Verstärkung B-Säule eines Mittelklassefahrzeugs dargestellt. Sie wurde aus einem ultra-hochfesten Stahl im Warmumformprozess hergestellt (**P**ress **H**ardend **S**teel) und erreicht dadurch eine Streckgrenze von bis zu 1500 Mpa. Gegenüber einer konventionellen, ca. sieben Kilogramm schwereren Verstärkung aus St14, verringert sie die Eindringgeschwindigkeit beim Seitencrash um mehr als 20 Prozent und die Strukturdeformation sogar um über 50 Prozent.

In welchen Anteilen die einzelnen höherfesten Stahlsorten in einer Karosserie eines typischen Mittelklassefahrzeugs vorkommen, ist in Abb. 6.8 dargestellt [10].

Die Gewichtseinsparung die durch die Stahlsubstitution erzielt werden kann liegt zwischen 10 und 20 Prozent. Für Großserienfahrzeuge ist dies eine kostengünstigste Variante, um Gewicht zu sparen. Bei Karosserien von Nischenfahrzeugen und Kleinserien ist die Mischbauweise aus den unterschiedlichsten Materialien schon sehr weit fortgeschritten. Teilweise werden sogar schon komplette Karosserien ausschließlich aus Leichtmetallen und Kunststoff hergestellt (▶ Abschn. 6.1.2 und ▶ Abschn. 6.2). Neben der Materialsubstitution werden aber die Bauteile auch durch anforderungsgerechte Blechdickenverläufe optimiert. Das Verfahren der »Tailored Blank« Herstellung mittels Zusammensetzen von Platinen unterschiedlicher Dicke und Güte, ist schon lange bekannt und wird erfolgreich eingesetzt. Dieses Verfahren wird nun durch das »Tailored Rolled Blank« Verfahren ergänzt. Dabei wird der Walzspalt während des Kaltwalzprozesses ständig verändert um Bauteile mit einem optimalen Dickenverlauf zu erzeugen. Hierbei werden Gewichteinsparungen bis zu 25 % erreicht.

6.1.1.4.8 Sicken und Verprägungen

Große Blechflächen, die nicht zur Karosserieaußenhaut gehören, werden mit Sicken und Verprägungen stabilisiert und ausgesteift. Die optimale Anordnung wird heute mittels Finite-Element Analysen ermittelt, um die maximalen Steifigkeits- und Frequenzerhöhungen zu erreichen (► Abschn. 11.3). Zusätzliche Verprägungen werden auch dort eingebracht, wo Blechflächen direkt aufeinander liegen oder ineinander geschachtelt sind um eine optimale Benetzung der Karosserie im KTL-Bad zu gewährleisten und Spaltkorrosion zu vermeiden (► Abschn. 6.3.2.2).

6.1.1.5 Karosserieeigenschaften

6.1.1.5.1 Zusammenbautoleranzen

Allgemeines Ziel vieler Automobilhersteller ist es, Fugen (Spaltmaße), vor allem im sichtbaren Bereich, so klein wie möglich zu halten. Gleichzeitig müssen die Fugen weitestgehend parallel verlaufen. Ein entwicklungsbegleitendes Toleranzmanagement legt den Grundstein für einen qualitativ hochwertigen Rohbau.

Um eine konstante Reproduzierbarkeit im Karosseriebau sicherzustellen, werden bereits zu Entwicklungsbeginn von einer neuen Karosserie Zusammenbaustudien erstellt. Diese legen alle Mess-, Spann- und Aufnahmestellen für die Fertigungseinrichtungen, nicht nur für die Gesamtkarosserie, sondern auch für alle Einzelkomponenten fest. Dabei werden vor den möglichen Bauteiltoleranzen zunächst die Toleranzen für die Fugen festgelegt. Hierbei ist besonders darauf zu achten, dass sich die Spannstellen immer an denselben Positionen befinden, damit der Produktion gezielte Angaben zur Einarbeitung und später zur Qualitätssicherung gegeben werden können. Die Konstruktion der Werkzeuge und der Kontrolleinrichtungen erfolgt ausschließlich anhand der Zusammenbaustudien und der Produktzeichnungen. Fügestationen erlauben die hohen Qualitätsanforderungen unter Produktionsbedingungen. Diese Station erlaubt es, die Unterbodengruppe mit den Seitenwänden und dem Dach mit gleich bleibender Präzision zu verschweißen. Dies ist möglich durch den Spannrahmen der Station, der ein in sich geschlossenes, von äußeren Einflüssen unabhängiges System bildet und gewährleistet, dass die Karosseriekomponenten immer nach den Vorgaben der Zusammenbaustudie gespannt werden.

6.1.1.5.2 Karosseriesteifigkeiten

Entwicklungsziel ist stets eine steife Karosserie mit einer homogenen Struktur, die die Grundlage für ein Fahrzeug mit gutem dynamischen Geräuschverhalten und guten Fahreigenschaften bildet. Die Steifigkeitsauslegung erfolgt weitgehend mit Hilfe rechnerischer Methoden (► Abschn. 11.3).

Unter *Torsionssteifigkeit* versteht man die Verwindung der Karosserie um eine Achse bei Beaufschlagung mit einem Moment. Im Fahrbetrieb kommt es, zum Beispiel durch Fahrbahnunebenheiten, häufig zur Einleitung solcher Momente und dabei zu Relativbewegungen zwischen der Karosserie und deren Anbauteilen. Diese Verformungen können zu unerwünschten Schwingungen und Geräuschen führen, weshalb man sich um möglichst hohe Torsionssteifigkeit bemüht (siehe auch ► Abschn. 3.4).

Maßnahmen hierzu sind unter anderem:

- optimierte Profilübergänge und -verbindungen (Strukturknoten)
- Profilaufbau von Quer- und Längsträgern
- Vermeidung von Gelenken und Profileinschnürungen
- multifunktionale Verstärkungen
- optimierte Anordnung der Schweißpunkte und Klebenähte
- Einsatz von Tailored Blanks und Tailored Rolled Blanks
- zusätzliche Querträger und Knotenbleche

Folgende Torsionssteifigkeiten werden von modernen Karosserien erreicht:

- Limousinen: 15 bis 30 kNm/deg (und mehr)
- Schrägheck: 15 bis 20 kNm/deg (und mehr)
- Kombi: 15 bis 20 kNm/deg (und mehr)
- Vans: 15 bis 25 kNm/deg (und mehr).

Die Crashanforderungen von Fahrzeugen sind in den letzten Jahren stark angestiegen. Notwendige Verstärkungen wurden auch zur Erhöhung der Steifigkeiten genutzt Das hat zu Zuwächsen von ca. 40 bis 50 % geführt. Allerdings darf nie allein die Gesamtsteifigkeit betrachtet werden. Der Konstrukteur sollte für jedes Bauteil die lokale Steifigkeit optimieren. Der absolute Wert für die Torsionssteifigkeit c_T ist ebenso von nur relativer

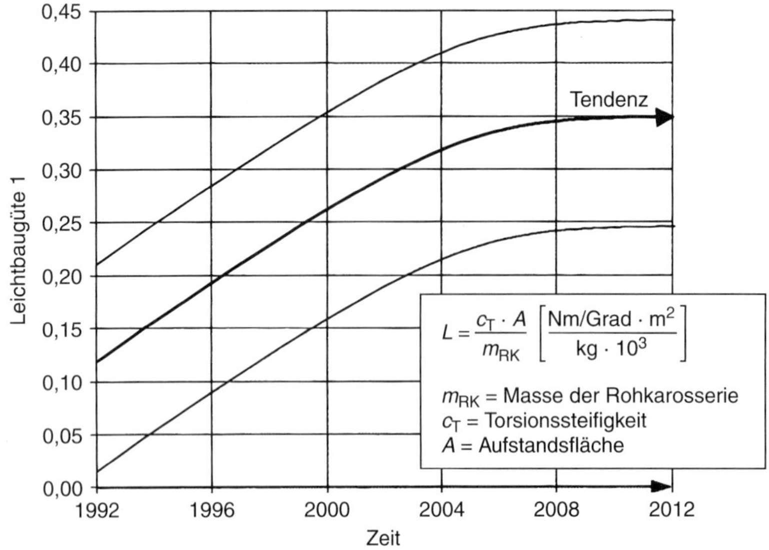

Abb. 6.9 Leichtbaugüte von Rohkarosserien

Aussagekraft. Er muss in Verbindung mit der Masse m und der Aufstandsfläche A eines Fahrzeuges gesetzt werden, da zwischen Leichtbau und Steifigkeit ein Zielkonflikt besteht. Ein typischer Wert für die Leichtbaugüte, Abb. 6.9, kann dann folgendermaßen definiert werden:

$$L = \frac{c_T A}{m}$$

Hinsichtlich zukünftiger Entwicklungen ist insbesondere bedingt durch noch höhere Crashanforderungen (Beispiel: Euro-NCAP) mit dem verstärkten Einsatz von zusätzlichen Sicherheitsmaßnahmen, wie etwa Versteifungen, zu rechnen [3]. Die daraus resultierenden Gewichtserhöhungen kompensieren die positive Entwicklung der Leichtbaugüte zum Teil.

Die *Biegesteifigkeit* gibt an, welche Kraft (kN) man aufbringen muss, um die Karosserie zwischen den beiden Achsen um einen bestimmten Betrag, zum Beispiel 1 mm abzusenken. Diese Belastungen treten im Fahrbetrieb insbesondere beim Durchfahren von Bodenwellen auf. Hohe Steifigkeit erreicht man, wenn die Längsträger, Vorder- und Hinterrahmen sowie der Schweller in ihrer Profilhöhe aufgebaut werden oder eine Verstärkung eingebracht wird.

Für die Anschraubpunkte von Fahrwerksteilen wie Achsen, Dämpfer und Federn benötigt man steife Anlenkpunkte an der Karosserie, sogenannte *Koppelpunkte*. Diese Forderung ergibt sich, da man bei der Fahrwerkabstimmung die Nachgiebigkeit der Karosserie so weit wie möglich ausschalten möchte. Um diese hohen Steifigkeiten zu erreichen, muss man an soliden Rahmenteilen anschließen und teilweise zusätzlich mit lokalen Verstärkungen arbeiten.

Die *Torsionseigenfrequenz* eines Gesamtfahrzeuges sollte zwischen 24 und 27 Hz liegen (siehe auch ► Abschn. 3.4). Um diese zu erreichen, beträgt der Zielwert für die Rohkarosserie 38 bis 40 Hz bezogen sowohl für die erste symmetrische Eigenfrequenz (Biegung) und die erste asymmetrische Eigenform. Je höher der Wert ausfallen soll, desto steifer und entsprechend leicht muss die Karosserie sein. Wichtig ist aber auch eine sich über die gesamte Karosserie erstreckende ausgewogene Steifigkeit, um die auftretenden Schwingungsamplituden niedrig zu halten.

6.1.1.5.3 Aufprallverhalten

Wesentliches Karosserie-Entwicklungsziel ist selbstverständlich ein optimales Verhalten bei allen Aufprallarten. Dabei gilt es in erster Linie, die

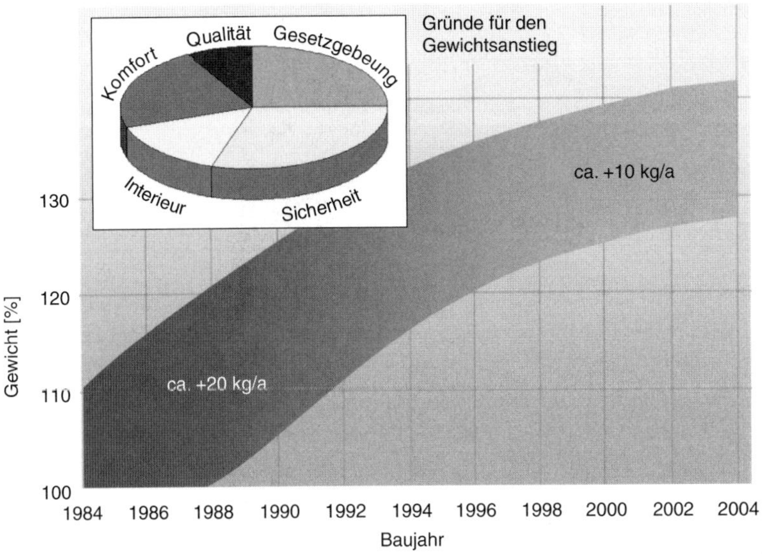

Abb. 6.10 Gewichtsentwicklung im Automobilbau

Fahrgastzelle stets intakt zu halten. Intrusionen von Karosserieteilen oder Aggregaten sind unbedingt zu vermeiden. Der Energieabbau, der nötig ist, um die Insassenbeschleunigungen durch den Aufprallimpuls zu begrenzen, sollte vor allem beim Frontalaufprall in der Vorderwagenstruktur und den Längsträgern erfolgen. Einzelne Maßnahmen sind im ► Abschn. 6.1.1.4 zur Karosseriestruktur bereits ausgeführt, weitere Einzelheiten (auch zum Fußgängerschutz) finden sich in ► Kap. 9.

6.1.1.6 Ausblick

Der Karosseriebau der Zukunft ist vor allem durch den Zwang zu weiteren Gewichtseinsparungen gekennzeichnet, um den Kraftstoffverbrauch und CO_2-Ausstoß zu reduzieren.

Nach [8] kann man bei der Verringerung des Karosseriegewichtes um 100 kg mit sekundären Gewichtseinsparungen an anderen Aggregaten wie Motor, Getriebe und Bremsen in Höhe von 16 kg rechnen. Die Ganzstahl-Karosserie wird aufgrund ihrer erwiesenen Prozessfähigkeit und der günstigen Materialkosten auch weiterhin einen hohen Marktanteil halten. Während sich allerdings der Anteil des Qualitätsstahles deutlich verringert, steigen die Anteile von höher- und höchstfesten Stahlsorten weiter an. Auch die Substitution von Stahl durch Aluminium, Magnesium und Kunststoff wird in Zukunft deutlich zunehmen.

6.1.2 Space-Frame

6.1.2.1 Einleitung

Weltweit ist seit Jahrzehnten eine deutliche Zunahme der Fahrzeuggewichte in der Automobilindustrie zu verzeichnen. So betrug seit den achtziger Jahren die Gewichtszunahme in der Mittelklasse und unteren Oberklasse im Schnitt etwa 15 kg pro Jahr. Im einzelnen ist die stetige Gewichtszunahme auf höhere Sicherheitsanforderungen, verschärfte Gesetzgebungen, gestiegene Komfortansprüche, zunehmend umfangreicher werdende Zusatzausstattungen und die Universalität der Fahrzeuge zurückzuführen (Abb. 6.10).

Diese Gewichtszunahme bedingt bei gleichen Fahrleistungen eine Anpassung des Motoren-/Getriebeaggregates und damit verbunden stärkere Fahrwerke und Bremsanlagen sowie ein größeres Tankvolumen.

Die oben genannten Gewichtszunahmen bilden eine Gewichtsspirale, die zu einer Steigerung

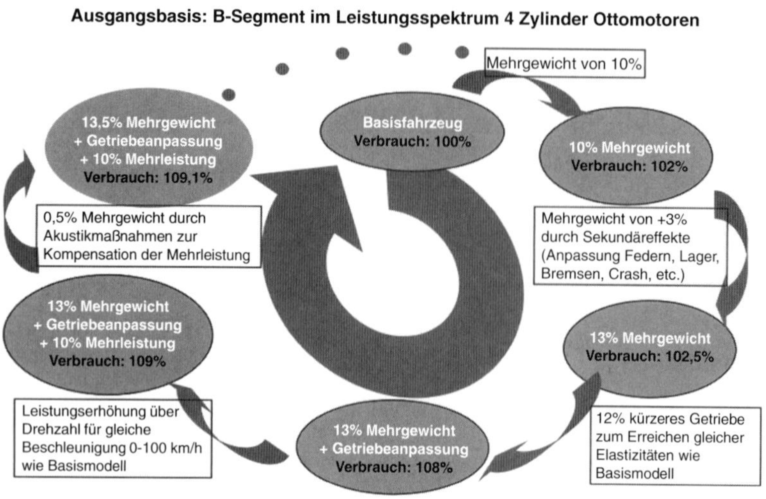

Abb. 6.11 Kompensation über Leistungssteigerung

des Energieverbrauchs und der Umweltbelastung führt. So werden üblicherweise für 100 kg Mehrgewicht je nach Fahrzeugtyp und Motorbauart etwa 0,3 l bis 0,5 l Kraftstoffmehrverbrauch pro 100 km in Ansatz gebracht (Abb. 6.11).

Der Energieverbrauch eines Fahrzeuges wird während der Laufzeit vom Gesamtfahrwiderstand und dem Energieverbrauch an Bord bestimmt. Danach ist die Masse eine wesentliche, den Fahrwiderstand beeinflussende Größe.

Nicht nur aus ökologischen Gründen werden von modernen Kraftfahrzeugen niedrigerer Kraftstoffverbrauch, geringere Emissionen und Recyclefähigkeit gefordert. Aus Kundensicht sind auch eine kontinuierliche Verbesserung der Fahreigenschaften wie Fahrzeugdynamik oder Fahrzeugagilität gewünscht, wie sie bei gleichbleibender Motorisierung durch eine Reduzierung des Fahrzeuggewichts erzielt werden können.

6.1.2.2 AUDI-Space-Frame

Das größte Gewichtsmodul im Fahrzeug bildet die Karosserie. Ein Karosserieleichtbau als primärer Schritt z. B. in Form einer Vollaluminiumkarosserie ermöglicht, zusammen mit der konsequenten Nutzung von Leichtbauwerkstoffen im ganzen Fahrzeug, zusätzliche sekundäre Gewichtsreduzierungen. So sind dann ohne Abstriche bei den Fahrleistungen kleinere Motoren einsetzbar. Weitere Gewichtserleichterungen resultieren aus geringeren Belastungen für Fahrwerk, Getriebe, Räder, Bremsen und aus einer verkleinerten Tankanlage und einer angepassten Abgasanlage (Abb. 6.12).

Die Analyse möglicher Leichtbauwerkstoffe bezüglich spezifischem Gewicht, Festigkeit, Steifigkeit, Crashverhalten, Verfügbarkeit und Energiebedarf zeigt im Kfz-Karosseriebau deutliche Vorteile für den Werkstoff Aluminium.

Die reine Substitution einer Stahlkarosserie, führt zu einer maximalen theoretischen Gewichtseinsparung von 66 %. Eine funktionsgleiche Auslegung bezüglich Crashmanagement, statische und dynamische Steifigkeiten und maximale Einzellasten, führt zu einer realistischen Gewichtseinsparung von 45 %. Die Nutzung der unterschiedlichen Halbzeugarten des Aluminiums in funktionsgerechter Gestaltung macht den leichten Werkstoff zusätzlich sehr attraktiv.

Neben dem eingesetzten Blech stehen mit Aluminium-Strangpressprofilen und Aluminium-Gussteilen kostengünstige Halbzeuge zur Verfügung, die sich zu einer aluminiumgerechten Konstruktion vereinigen lassen.

Die Verwendung dieser Halbzeugarten führte im Karosseriebau zu einem neuen Konstruktionskonzept, dem Audi-Space-Frame (ASF®).

Das Ergebnis der werkstoffgerechten Konzeptauslegung im Audi A8 führte zu einer außer-

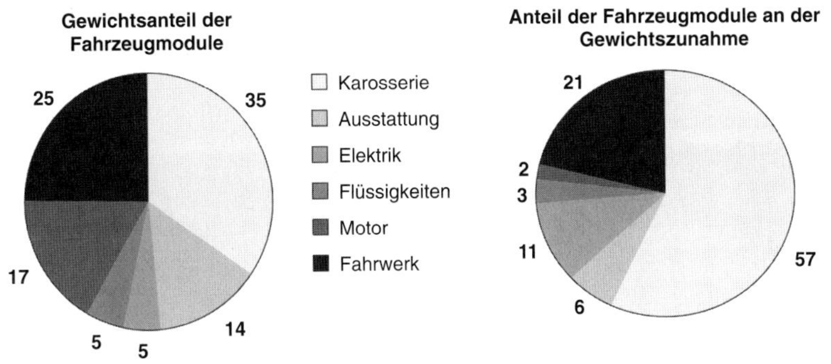

Abb. 6.12 Gewichtsanteil der einzelnen Module im Fahrzeug und deren Gewichtszunahme

gewöhnlichen Produktqualität und der besten Leichtbaugüte. Die Leichtbaugüte ist wie folgt definiert:

$$\text{Leichtbaugüte } L = \frac{m_{\text{Ger}}}{c_1 \cdot A} \left(\frac{\text{kg}}{\text{Nm/Grad} \cdot \text{m}^2} \right) \cdot 10^3$$

m_{Ger} – Gerippegewicht (ohne Türen und Klappen)

c_1 – Torsionssteifigkeit

A – Aufstandsfläche (Spur · Radstand)

Sie ist ein Maßstab dafür, mit wie wenig Masse bei gegebener Radaufstandsfläche welche Steifigkeit erreicht wurde. Mit 231 kg Karosseriegewicht ohne Türen und Klappen und einer Torsionssteifigkeit von 37.600 Nm/Grad erreicht die A8 ASF-Karosserie der dritten Generation eine Leichtbaugüte von 1,2 und ist damit eindeutig Klassenprimus. Die erreichte Gewichtseinsparung liegt gegenüber einer vergleichbaren heutigen Stahlkarosserie in Blechschalenbauweise bei etwa 45 %.

Über diese Vorteile des ASF®-Konzeptes bezüglich der Gewichtsreduzierungspotentiale und den damit verbundenen ökologischen und fahrdynamischen Konsequenzen zeichnet sich die Aluminiumstruktur mit ausgezeichnetem Energieabsorptionsvermögen, idealen Recyclingvoraussetzungen und sehr günstiger energetischer Bilanzierung aus. Derivate können mit erheblich reduziertem Aufwand gegenüber einer konventionellen Karosseriebauweise realisiert werden.

6.1.2.3 Das Karosseriekonzept des ASF®

Der Audi Space Frame wurde mit dem AUDI A8 im Jahr 1994 erstmals für ein Serienfahrzeug eingeführt. Dieses Karosseriekonzept wurde dann im A2, welcher 1999 auf den Markt kam, für einen Großserieneinsatz weiterentwickelt. Das Produktportfolio der Fahrzeuge mit einer ASF-Karosserie wurde bis Ende 2010 bei Audi um folgende Modelle ergänzt: Lamborghini Gallardo Coupé, Lamborghini Gallardo Spider, Audi TT Coupé, Audi TT Roadster, Audi R8, Audi R8 Spider und im A8 in der zweiten und dritten Generation.

Ein besonderes Merkmal des ASF ist der verwendete Aluminiumhalbzeugmix aus Guss, Profilen und Blech. Sie bilden eine selbsttragende Rahmenstruktur, in die jedes Flächenteil mittragend integriert ist. Der ASF verwirklicht mit wenig Masse eine maximale Stabilität. Er wurde für höchste Steifigkeits-, Komfort- und Sicherheitsanforderungen dimensioniert. Konstruktive Merkmale sind multifunktionale Großgussteile, lange durchgehende Profile und ein hoher Anteil von geraden Strangpressprofilen.

Es werden nur an den Stellen gebogene Profile eingesetzt, wo die Außenhautform dies notwendig macht (**Abb. 6.13**).

Über die genannten konstruktiven Maßnahmen wird eine deutliche Reduzierung der Teilezahl erreicht. Dies verbessert einerseits den Komfort (weniger Verbindungsstellen zwischen den Bauteilen), andererseits wirkt es sich günstig auf die Kosten und die Fertigungsprozesse aus. Die bekannten Verbindungstechniken wie MIG-Schweißen, Nieten und Laserschweißtechnik werden stetig weiter optimiert. Das Laserhybridschweißen vereint die Vorteile beider thermischen Fügetechnologien (MIG- und Laserschweißen), wobei die Verbin-

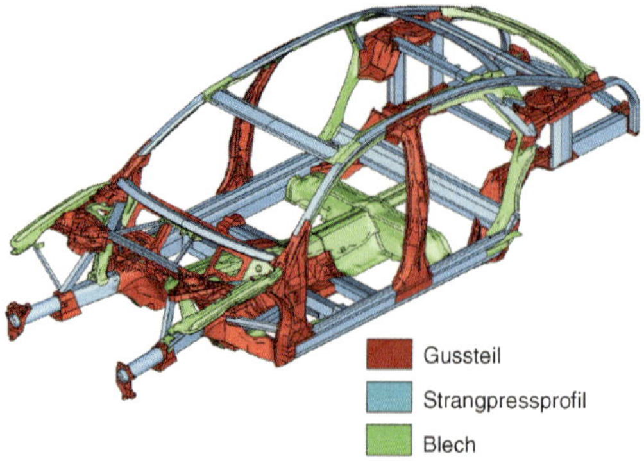

Abb. 6.13 Spaceframe Audi A8 (D3). Das Materialkonzept

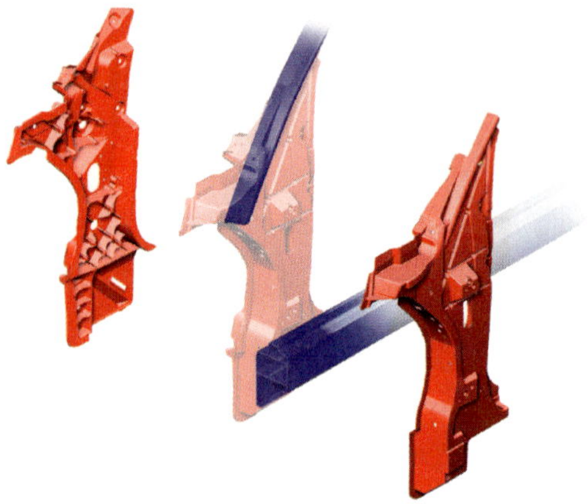

Abb. 6.14 A-Säule

dungsarten des MIG-Schweißens (Überlappnaht, Kehlnaht) und die Festigkeit der Fügezone mit der geringeren Wärmezufuhr des Laserschweißens bei gleichzeitig höheren Prozessgeschwindigkeiten kombiniert werden.

Aluminiumlegierungen, die durch eine Wärmebehandlung auf ihre Sollfestigkeit getrimmt werden, haben bei thermischen Verbindungstechnologien grundsätzlich eine Wärmeeinflusszone mit reduzierter Streckgrenze. Im modernen Karosserieleichtbau mit dem Werkstoff Aluminium geht der Trend zu kalten Verbindungstechniken. In der Großserie bei Audi haben sich als robuste und voll automatisierbare Verbindungstechniken folgende Technologien etabliert: das Stanznieten mit Halbhohlniet, das Vollstanznieten, das automatisierte Direktverschrauben auch FDS (Flow Drill Screws) genannt. Der FDS Prozess benötigt keine beidseitige Zugänglichkeit und ist somit ideal für Anbindungen an geschlossene Querschnitte.

6.1.2.4 Der Aufbau der ASF Karosserie A8 (D3)

Der Aufbau beginnt mit dem Vorder- und Hinterwagen. Diese beiden Baugruppen werden zusammen mit dem Unterboden zu einem Spaceframe zusammengebaut. Zuletzt werden dann die einteilige Seite und das Dach mit der Struktur verbunden, die dann mit Kotflügel, Türen und Klappen vervollständigt wird, bevor sie nach dem Finish in den Lackierungsprozess eingesteuert wird.

Der Vorderwagen enthält als zentrales Bauteil das Großgussteil Wasserkasten. Dieses Bauteil hält die Klimaanlage, den Pedalbock, den Scheibenquerträger und es verbindet die beiden Säulen A rechts und links. Die Säule A wird ebenfalls aus zwei Großgusshalbschalen gebildet. Sie umschließen unten den Schweller und oben den durchgehenden Dachrahmen seitlich.

Diese beiden Strangpressprofile sind neben der Tunnelstruktur die zentralen Bauteile für die Biegesteifigkeit der Karosserie (Abb. 6.14).

Die Längsträger sind in einen vorderen und hinteren unterteilt und werden durch ein Gussteil verbunden. Das Gussteil ermöglicht durch seine hohe Gestaltungsfreiheit die Vereinigung verschiedener Funktionen, wie die Aufnahmen des Hilfsrahmens, der Motortraverse, der Kotflügelbankabstützung und der Federbeinabstützung. Der vordere Längsträger ist wie beim Vorgänger geschraubt ausgeführt, um eine einfache Reparatur möglich zu machen.

Im Hinterwagen dominieren zwei zentrale Großgussteile, das Verbindungsteil Schweller/Längsträger und das Verbindungsteil Säule C/D. Das Verbindungsteil Schweller/Längsträger ist das größte Gussteil. Es nimmt den kompletten hinteren Hilfsrahmen auf und verbindet den Längsträger hinten mit dem Schweller. Seine hohe Steifigkeit schützt beim Heckcrash den dazwischenliegenden Tank. Das Verbindungsteil Säule C/D nimmt die Luftfederung oben auf und an seiner Vorderseite den Gurtroller. Es bildet das Portal für die Federbeinaufnahme der Luftfederung (Abb. 6.15).

Abb. 6.15 Das Portal der Luftfederung hinten

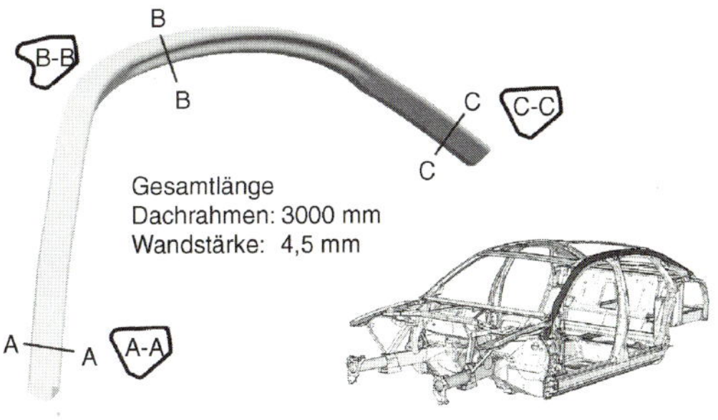

Abb. 6.16 Hydrogeformter Dachrahmen seitlich, 3D gebogen

Der Vorderwagen und der Hinterwagen werden mit dem Dachrahmen seitlich, dem Schweller, den Sitzquerträgern, dem Pfosten B und den Bodenblechen zu einem geschlossenen Space Frame zusammengeführt. Der Dachrahmen seitlich ist ein IHU (Innen-Hochdruck-Umformung) geformtes Strangpressprofil (Abb. 6.16).

Es bildet an den unterschiedlichen Stellen, je nach Notwendigkeit, verschiedene Querschnitte aus. Der Pfosten B ist ein multifunktionales Großgussteil, dass neben den Scharnieranbindungen für die hintere Türe und der Schließbügelanbindung für die vordere Tür auch die hohen Anforderungen aus den Seitencrashdisziplinen erfüllen muss. Weiterhin ist der Pfosten B ein zentrales Bauteil für den Komfort. Zum Abschluss werden die einteilige Seite und das Dach zugeführt. Der A8 hat eine einteilige Seite, die ebenso wie das Dach über Laserschweißen mit der Struktur zusammengefügt wird.

6.1.2.4.1 Fortschritte in der ASF Architektur nach sechzehn Jahren Produktionserfahrung

Audi hat das ASF Konzept zu einer Reife entwickelt, die es ermöglicht, durch Definition des spezifischen Halbzeugmixes das jeweils produktspezifische Optimum in Funktion und Wirtschaftlichkeit zu bauen.

Aus den zehn im Markt befindlichen Audi Modellen mit dem ASF Karosseriekonzept soll diese Aussage an drei Beispielen erklärt werden. Im Vergleich stehen die Karosserien des Audi R8, des Audi A8 und des Audi TT. Die ASF Struktur des Audi R8 hat das ideale Konzept einer investitionsarmen Karosserie für eine Manufakturfertigung. Hier sind 70 % des Strukturgewichtes in Strangpressprofilen hergestellt. Strangpressprofile sind die Halbzeuge mit dem günstigsten Investitionsniveau. Das Steifigkeitsniveau konnte durch die große Flexibilität in den Verrippungsstrukturen der Profile optimal erreicht werden.

Die ASF Struktur der Audi A8 Karosserie bildet mit den Großen multifunktionalen Druckgussknoten die ideale Basis für Fahrzeuge des höchsten Komfort- und Sicherheitsanspruchs. Die ASF Struktur des Audi TT stellt bereits einen nächsten Trendsetter dar. Hier wurde erstmals ein ASF-Materialhybrid Konzept realisiert. Mit dem integrierten Hinterwagen in Stahlblech wird für dieses Sportfahrzeug die ideale Achslastverteilung definiert. Das TT Packagekonzept mit dem relativ kurzem Radstand und dem Frontmotorkonzept bedarf für sportliches Handling Gewicht auf der Hinterachse. Statt zusätzliche Massen im Heck zu positionieren konnte Audi mit dem know how zu Materialhybridkonzepten einen harmonischen Kraftfluss und das gewünschte Achslastverhältnis mit einem Stahlblechhinterwagen in der ASF-Karosseriestruktur erreichen.

Das Potenzial, mit der Materialhybridbauweise Materialien unterschiedlicher Dichte zur jeweils besten Achslastverteilung am richtigen Ort zu platzieren kann in allen Karosseriebereichen realisiert werden.

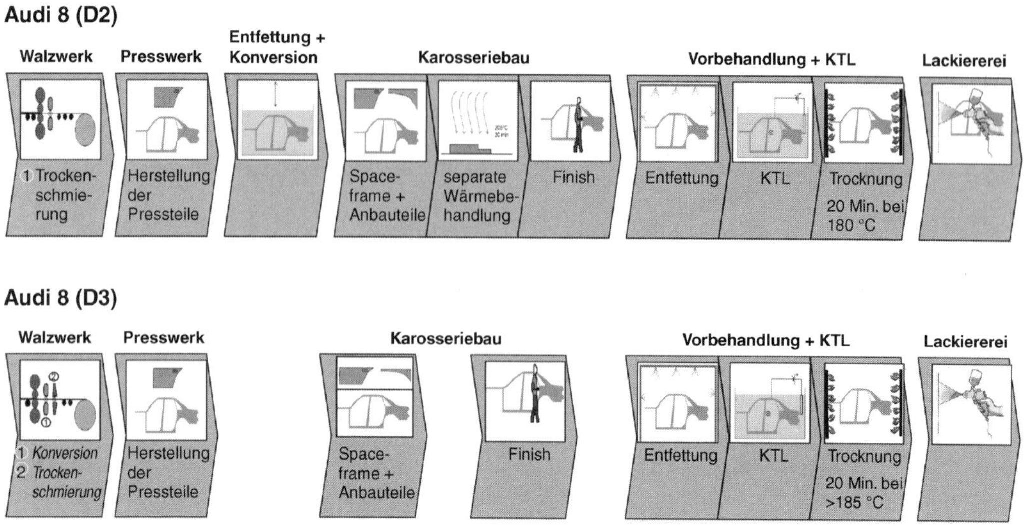

Abb. 6.17 Fertigungsprozess Audi A8 – D3

In der ASF-Karosserie des Audi A8, Modelljahr 2010, wird das Hybridkonzept aus funktionalen Gründen zum Einsatz gebracht. Der B-Pfosten benötigt zur Erfüllung der Beanspruchungen der Seitencrashanforderungen ein höchstfestes Material das für ein optimales Crashmanagement über die Bauteilhöhe unterschiedliche Dehnwerte oder Duktilitäten bedarf. Die Entscheidung fiel auf 22 MN 55, ein Warmumformstahl der durch partielle thermische Behandlung das Anforderungsprofil erbringt.

In den ASF Konzepten der Zukunft sind Integrationen aller Materialtechnologien zu erwarten. Magnesium und CFK haben den feasibilityproof bereits erledigt.

Wirtschaftlicher Leichtbau bedeutet: »Den richtigen Werkstoff in funktionsoptimiert kleinster Menge werkstoffgerecht am richtigen Platz.«

6.1.2.5 Werkstoffe und Fertigungstechnologien

6.1.2.5.1 Blechteile und Verfahren

Warmaushärtbare Legierungen werden wegen der fließfigurenfreien Oberfläche hauptsächlich für die Außenhaut verwendet. Entsprechende Legierungen werden jetzt auch im Strukturbereich eingesetzt und bieten dort höhere Festigkeiten und ein höheres Energieaufnahmepotenzial als die naturharten Legierungen.

Mit Umsetzung einer neuen Prozesskette, ohne gesonderte Warmauslagerung der Karosserie kommen, erstmalig neuentwickelte, schnellaushärtende Legierungen im Außenhautbereich zum Einsatz (**Abb. 6.17**).

Diese Legierungen auf Basis der AA 6016 A erreichen bei geringeren Temperaturen und Zeiten ein vergleichbares Festigkeitsniveau wie die herkömmlichen AA 6016 A-Legierungen. Im Innenbereich werden Legierungen nach AA 6181 A eingesetzt. Die Warmbehandlung erfolgt jetzt im Zuge der KTL-Trocknung in der Lackiererei (**Tab. 6.3**).

Weiterhin wird mit teilweisem Verzicht von Entfettungs- und Passivierumfängen der Aufwand zur Herstellung der Karosserie weiter optimiert. Alle Blechlegierungen werden im Zustand T4 als Platine oder Coil angeliefert. Nach Umformung und Warmbehandlung wird die Streckgrenze auf über 200 MPa erhöht, was gegenüber einer nichtausgelagerten Außenhaut zusätzliche Gewichtspotenziale erschließt.

Gleichzeitig werden bleibende Beulen durch Hagelschlag oder lokale Eindruckstellen beim Zudrücken von Klappen oder dem Polieren vermieden.

Tabelle 6.3 Wärmebehandlung in der Lackiererei

Halbzeug	Legierung/Zustand	Zugfestigkeit R_m in MPa	Dehngrenze $R_{p\,0,2}$ in MPa	Bruchdehnung A_{80} in %
Blech	AA6016/T4	≤ 235	≤ 130	$A_{80\,mm} \geq 24$
	AA6016/T6	≥ 240	≥ 200	$A_{80\,mm} \geq 12$
	AA6016 schnellhärtend/T4	≤ 235	≤ 130	$A_{80\,mm} \geq 24$
	AA6016 schnellhärtend/T6*	≥ 240	≥ 200	$A_{80\,mm} \geq 12$
	AA6181 A/T4	≤ 240	≤ 140	$A_{80\,mm} \geq 23$
	AA6181 A/T6	≥ 280	≥ 210	$A_{80\,mm} \geq 10$

T6*: Wärmebehandlung mit 2 % Vordehnung bei > 185 °C/20 min

Aluminiumbleche sind gegenüber den im Stahlbereich gebräuchlichen Tiefziehblechen in ihrer Umformbarkeit eingeschränkt. Die Erfahrungen aus vorangegangenen Audi-Aluminium-Karosserien erlaubte es aber, sehr komplexe Bauteilgeometrien, wie die der einteiligen Seitenwand zu realisieren (Abb. 6.18).

6.1.2.5.2 Strangpressprofile und Verfahren

Die hohe Gestaltungsfreiheit bezüglich der Profilquerschnittsgeometrie erschließt dem Konstrukteur eine Vielzahl neuer Möglichkeiten, die weit über die konventionelle Blechbauweise hinausgehen. Strangpressprofile sind ideale Tailored Tubes.

Durch die Möglichkeiten von Wanddickenvariationen im Querschnitt, Flanschanpressungen zur Verbindung anschließender Bauteile, oder der Profilverrippung durch Stege lassen sich die Halbzeuge hinsichtlich Form, Funktion und Gewicht hervorragend optimieren. Die Gestaltungsfreiheit der Profilrinnen-Verrippung bietet, ähnlich wie bei den Gußknoten, eine ideale Nutzung der topologischen Optimierung. Schließlich ergibt sich aus den geschlossenen Strangpressprofilen durch die Erhöhung der Funktionsintegration aufgrund der variablen Querschnitte eine deutliche Reduzierung der Anzahl der Einzelteile einer Karosserie. Dies wirkt sich auch positiv bei der Reduzierung der Fügelängen aus.

Beachtet werden muss aber, dass das Fügen von Hohlprofilen typischerweise Fügeverfahren mit einseitiger Zugänglichkeit benötigt, es sei denn, die Verbindung wird über einen angepressten Flansch vorgenommen. Das Audi-Spaceframe-Konzept ASF bedingt ein anderes Aufbau- und Fügekonzept als eine Blechschalenlösung. Voraussetzung für eine seriensichere, vollautomatisierte Aluminium-Verbindungstechnologie ist ein maximaler Spalt von etwa einem Drittel der minimalen Wanddicke der Profile zwischen den Fügestellen zweier Bauteile. Im Mittel weisen die ASF-Halbzeuge des A8 eine Wanddicke von 2,0 mm auf. Berücksichtigt man die Vorrichtungs- und Robotertoleranzen sowie den Schweißverzug aufgrund der Wärmeeinbringung, liegen die Toleranzanforderungen des Karosserieentwicklers hinsichtlich Formlinie und Profilquerschnitt im Bereich von ±0,3 mm.

Die Profile besitzen im Gegensatz zu den Blechhalbschalen des konventionellen Stahlkarosseriebaus bereits als Einzelteile eine sehr hohe Bauteilsteifigkeit und bieten damit keine Möglichkeit, in Spannvorrichtungen die notwendige Spaltgeometrie im Verbindungsbereich sicherzustellen. Die erhöhten Anforderungen einer vollmechanisierten Fügetechnik im Karosseriebau bedingen Toleranzen, wie sie von den Strangpressprofilherstellern im Großserienmaßstab nur bedingt erzielt werden können. Daher müssen die Strukturbauteile des Audi Space Frames ASF teilweise durch einen nachgeschalteten Kalibrierprozess »in Form« gebracht werden.

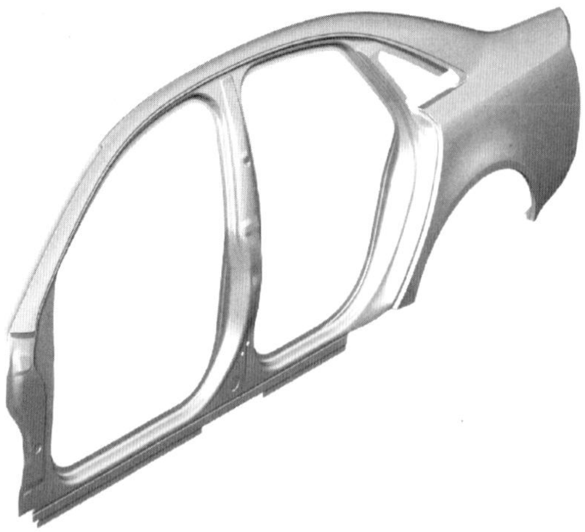

Abb. 6.18 Seitenwand Audi A8–D3

Als Bauteilwerkstoffe kommen ausschließlich Legierungen aus dem Legierungssystem AlMgSi, ähnlich der EN-AW 6106, zum Einsatz. Abgeschreckt mit den Medien Luft, Wasser oder einem nebligem Gemisch aus der Warmumformungstemperatur, kaltausgelagert und stabilisierungsgeglüht auf einen weitgehend stabilen Zustand, erreichen Legierungen dieser Spezifikation Zugfestigkeiten um 200 MPa, Streckgrenzen von zirka 100 MPa und Dehnungen (A5) um 25 %.

Kalibrierung und Innenhochdruckumformung Die Toleranzanforderungen von ±0,3 mm an den Profilquerschnitt, aber auch an die Formlinie, bedingen einen an das Strangpressen anschließenden Kalibrierprozess. Das Innenhochdruckumformen gehört zu den wirkmedienunterstützten Verfahren. Die Extrusionsteile werden in einem in Ober- und Unterteil geteilten Werkzeug, welches der Endkontur des Bauteils entspricht, mit einem Innendruck bis zu 1500 bar beaufschlagt. 4-Säulen Pressen mit Zuhaltekräften bis zu 5500 t übernehmen die Zuhaltung der Werkzeuge.

Neue Verfahren: Runden im Strangpressen Als neues Verfahren wird im A8 erstmals ein Strangpressprofil eingesetzt, welches direkt im Extrusionsprozess gerundet wurde und einen separaten Streckbiegevorgang überflüssig macht. Beim Runden im Extrusionsprozess wird der auslaufende, rund 550 °C heiße Strang durch Führungsrollen auf die gewünschte Biegekontur gebogen.

Dieses Verfahren hat neben den einfachen, kostengünstigen Formgebungswerkzeugen den Vorteil, dass durch den Rundungsvorgang kein Umformvermögen verzerrt wird und keine Einfallungen durch das Biegen auftreten. Der Verzicht auf den nachfolgenden Streckbiegevorgang reduziert zusätzlich die Fertigungskosten.

6.1.2.5.3 Gussteile und Verfahren

Der prozentuale Gewichtsanteil der Gussteile in der A8-Struktur stieg im Gegensatz zum Vorgängermodell von zirka 27 % auf etwa 34 % an. Dies gelang bei einer deutlich reduzierten Teilezahl. Die im A8 (D3) eingesetzten multifunktionalen Großgussteile stellen eine konsequente Weiterentwicklung der Gussteile dar. Es wurde großes Augenmerk auf die Funktionsintegration und der Verringerung der Teileanzahl gelegt. Vorteile der Teilereduktion liegen insbesondere bei dem reduzierten Logistikumfang. Weitere Kostenersparnisse werden durch den verkleinerten Fügeumfang erzielt. Durch die Rückführung einer Schweißgruppe auf ein Bauteil werden Fügetoleranzen vermieden und die Baugruppengesamttoleranz wesentlich verbessert.

Vakuum-Druckguss Dünnwandige Formgussteile für den Automobilbau, hergestellt in einem Vakuum-Druckgussverfahren, werden bei Audi seit 1993 in Karosseriestrukturen verbaut. Die Vorteile liegen auf der Hand. Durch das beanspruchungsgerechte, dreidimensional mögliche Anpassen der Wanddicken an die Betriebslastanforderungen und durch die lokale Versteifung durch angegossene Rippen ist es möglich, eine optimale Kombination von Gewicht und Funktionalität zu erzielen. Das Verfahren zur Bauteilherstellung ist Vakuum-Druckguss, mit dem gasarme, gut schweißbare und wärmebehandelbare Teile mit guten mechanischen Eigenschaften und hoher Maßhaltigkeit erzielbar sind.

Das Verfahren verbindet zudem eine hohe Produktivität mit der Fähigkeit zur Herstellung von »near-netshape«-Teilen. Eine Übersicht über die verwendeten Gusswerkstoffe gibt folgende Tab. 6.4.

Tabelle 6.4 Guss-Werkstoffe im A8-Spaceframe

Halbzeug	Legierung/Zustand	Zugfestigkeit R_m in MPa	Dehngrenze $R_{p\,0,2}$ in MPa	Bruchdehnung A_5 in %
Guss	GD-AlSi10Mg	≥ 180	120–155	≥ 15
	GD-AlMg3Mn	≥ 180	120–155	≥ 15
	AlSi7Mg Sandguss	≥ 200	≥ 160	≥ 7

6.1.2.6 Fügeverfahren

Das Fügen der Einzelteile zur Karosseriestruktur gehört zum Kerngeschäft eines Automobilherstellers. Da das Audi Space Frame-Konzept sich grundsätzlich von einem (Stahl-)Blechkonzept unterscheidet, ist naturgemäß sowohl die Aufbaufolge als auch die Fügetechnik unterschiedlich. Gegenüber den im alten A8 (D2) eingesetzten Fügeverfahren wurden im neuen A8 (D3) weiterentwickelte Technologien, wie das MIG-Schweißen, Stanznieten und Rollfalzkleben, aber auch neue Fügetechnologien, wie das Laserstrahl- und das Laserstrahl-MIG-Hybridschweißen, eingesetzt. Die beim ASF angewandten Verfahren sollen hier mit ihren spezifischen Eigenschaften näher erläutert werden.

6.1.2.6.1 MIG-Schweißen mit Impulslichtbogen

Beim MIG-Schweißen wurde ein Automatisierungsgrad von > 80 % erreicht. Mit der neuen Stromquellengeneration wird die Reproduzierbarkeit der Güte von Schweißverbindungen deutlich erhöht. Die Impulstechnik erlaubt auch bei Dünnblechen (t = 0,9–1,5 mm) die Verwendung von verhältnismäßig dicken Drahtelektroden (∅ 1,2 mm), wodurch die Drahtförderung verbessert und somit prozesssicherer wird. Durch den Einsatz von Großspulgeräten zur Förderung des Zusatzwerkstoffes wird die Rüstzeit zum Wechseln der Drahtrollen verringert. Gleichzeitig wird mit konstanten Eigenschaften der großen Gebinde die Stabilität des Schweißprozesses positiv beeinflusst. Ein wichtiger Beitrag zur Erhöhung der Prozesssicherheit liegt in der Anwendung von Systemen zur automatischen Brennervermessung und Korrektur des Roboterprogramms. Mit diesen Systemen werden eventuelle maßliche Veränderungen des Schweißbrenners während des Fertigungsablaufes online erfasst und in der Ablaufsteuerung des Roboters berücksichtigt. Das MIG-Schweißen wird vorwiegend zum Fügen von Strangpressprofilen, Druckgussbauteilen und zum Verbinden von Strangpressprofilen mit Gussbauteilen eingesetzt. Die Fügegeschwindigkeit kann je nach Wanddicken bis auf zirka 1 m/min erhöht werden. Dies und die Verringerung der ins Bauteil eingebrachten Energie wirkten sich positiv auf die Maßhaltigkeit der Baugruppen aus.

6.1.2.6.2 Stanznieten mit Halbhohlniet

Das Stanznieten hat sich als punktförmige Verbindungstechnik bereits 1993 bei der A8 Al-Space-Frame-Karosserie gegenüber Widerstandspunktschweißen und Clinchen durchgesetzt. Als kraft- und formschlüssige Verbindung bietet das Stanznieten gegenüber anderen punktförmigen Fügeverfahren deutlich höhere statische und dynamische Verbindungsfestigkeiten mit sehr hohem Arbeitsaufnahmevermögen. Weitere Vorteile sind das Herstellen von wärmearmen Verbindungen ohne thermische Bauteilverzüge, die zudem gas- und wasserdicht ausgeführt sind. Mit 2400 Stanznieten kommen in der neuen A8 Al-Space-Frame Karosserie nun mehr als doppelt so viele Verbindungen als in der ersten ASF-Karosserie zum Einsatz. Die Technologie wird großflächig sowohl in der Karosseriestruktur als auch bei der Fertigung von Türen, Front- und Heckklappe zum Einsatz gebracht.

Dabei müssen Bleche, Strangpressprofile und Druckgussteile in Kombination der unterschiedlichen Legierungen in einer Gesamtmaterialstärke von 2,0–6,0 mm verbunden werden. Für die rund 100 verschiedenen Werkstoff- und Materialstärken-

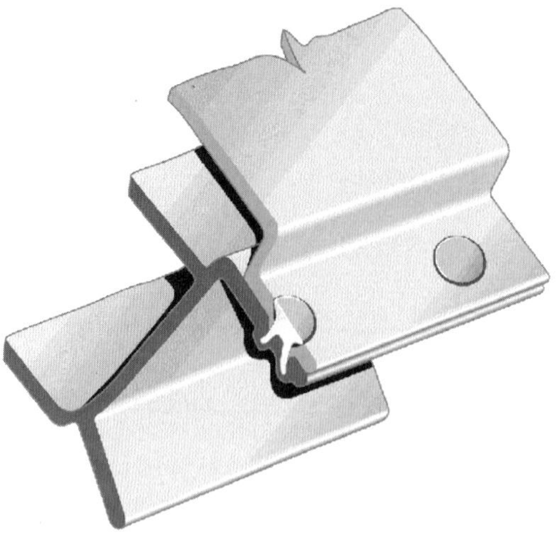

Abb. 6.19 Stanznieten mit Halbhohlniet

kombinationen mit unterschiedlichen Oberflächen kommen lediglich drei unterschiedliche Nietgeometrien mit gleicher Härte zum Einsatz. Bei einigen Anwendungen werden die Verbindungen dreilagig ausgeführt (Abb. 6.19).

Um die hohen Qualitätsstandards im Serienprozess einhalten zu können, wurde die Stanzniettechnologie über die Jahre kontinuierlich weiterentwickelt. Durch Optimierungen des Stanznietequipments und gezielter Online-Prozessüberwachung kann heute eine nahezu hundertprozentige Prozesssicherheit gewährleistet werden. Die Störhäufigkeit bei der Nietzuführung liegt dabei unter 0,25 ‰. Im Karosseriebau des neuen Audi A8 wurde gezielt daraufhin gearbeitet die Automatisierung und die Fertigungsflexibilität die Stanzniettechnik weiter zu erhöhen. Weiterhin werden bei automatisierten Anwendungen erstmalig auch klappbare C-Rahmen zum Einsatz gebracht, um das Einschwenken der Fügezangen in komplexe Bauteilstrukturen zu erleichtern und Störkonturen in der Anlage zu verringern.

6.1.2.6.3 Vollstanznieten

Wirtschaftlicher Leichtbau sollte berücksichtigen, dass zusätzliche Abdeckungen über Verbindungsnähte vermieden werden können. Mit diesem Ziel wurde die Verbindungstechnik der Vollstanznieten entwickelt. Dieser Niettyp kann an der Sichtseite völlig bündig zur zu verbindenden Bauteiloberfläche ausgeführt werden. Im Falle einer gezielten Anwendung konnten die großen Kunststoffabdeckungen der Wasserrinnen eines Sportback Fahrzeugs entfallen. Der Nietprozess verlangt eine beidseitige Zugänglichkeit. Die Nieten werden aktuell spanend gefertigt und haben demzufolge hohe Stückkosten.

6.1.2.6.4 Automatisiertes Direktverschrauben (FDS – Flow Drill Screws)

Ein besonderes Funktionsmerkmal der ASF-Bauweise ist die Bildung einer stabilen Rahmenstruktur aus steifen leichten Aluminium-Druckgussteilen und im Wesentlichen geschlossenen Strangprofilen. Die freien Flächen werden mittragend durch Schubfelder geschlossen. In dieser Bauweise ist die beste Leichtbaugüte erzielbar. Sie birgt dabei viele Verbindungen gegen geschlossene Querschnitte und verlangt Verbindungstechniken mit einseitiger Zugänglichkeit. Anfang 2003 setzte Audi erstmals eine neue für diese Prämissen hervorragend geeignete Verbindungstechnologie ein, die Flow Drill Screw Technologie.

Basis ist eine hochfeste Zink Nickel beschichtete Stahlschraube deren Spitze nach einem Patent der Firma EJOT als Bohrspitze ausgebildet ist. Das klemmseitige Bauteil ist vorgebohrt bzw. gelocht, das untere Teil ist jeweils Aluminium.

Mit einer Schrauberdrehzahl von etwa 3000 Upm und einem Anpressdruck von größer 1000 N schmilzt die Schraubspitze das Aluminium auf und das Gewinde furcht sich sein Gegengewinde direkt in das Aluminium.

Die Vorteile dieser Verbindungstechnologie sind :

- Automatisierbarer Prozess
- Verbindung für einseitige Zugänglichkeit
- Das klemmseitige Bauteil ist frei in der Materialwahl (Alu., Stahl, CFK, etc.)
- Flexibles Materialspektrum
- Vermeidung von Wärmeeinbringung in die Bauteile
- Vermeidung von Bauteilverzügen

Die belastenden Kriterien sind das Zusatzgewicht der Verbindungselemente, die derzeit noch notwendigen Vorlöcher in den klemmseitigen Bau-

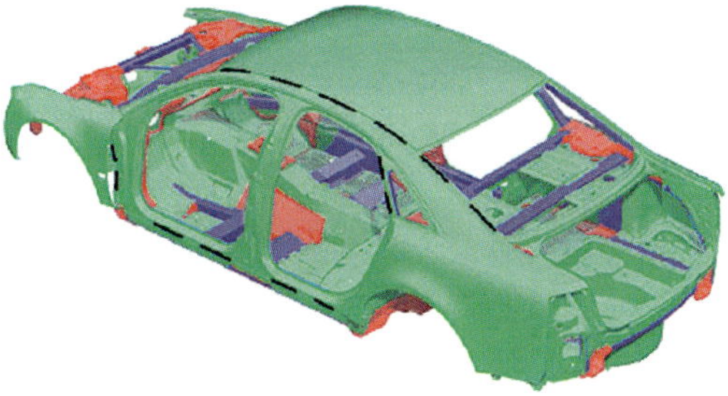

Abb. 6.20 Laserstrahl-Schweißen

teilen und die hohen Steifigkeitsanforderungen sowohl am Basisbauteil als auch in der Roboteranlage.

6.1.2.6.5 Laserstrahl-Schweißen

Im Audi A8 werden Nd:YAG-Festkörperlaser mit 4 kW Ausgangsleistung eingesetzt. Neben dem günstigen Absorptionsverhalten des Laserstrahls gegenüber Aluminiumoberflächen bei einer Wellenlänge von $\lambda = 1064\,\text{nm}$ ist diese spezifische Wellenlänge zur Strahlführung mittels flexibler Glasfaserkabel vom Strahlerzeuger zum Bauteil geeignet. Damit ist dieses Lasersystem sehr gut mit Industrierobotern kombinierbar. Die hauptsächlichen Vorteile des Laserstrahlschweißens gegenüber mechanischen Fügeverfahren sind linienförmige anstelle punktförmiger Verbindungen, geringere Flanschbreite bei Überlappverbindungen und einseitige Zugänglichkeit beim Fügen. Verglichen mit anderen Schweißverfahren ist der Laser-Prozess aufgrund der bei den gegebenen Blechdicken höheren, erreichbaren Schweißgeschwindigkeiten (3,3–5,5 m/min), der geringeren Wärmeeinbringung und damit geringerem Bauteilverzug und den geringeren Anforderungen an einen definierten Oberflächenwiderstand vorteilhaft. Insgesamt werden rund 20 m Laser-Verbindungslänge im A8-Spaceframe realisiert. Beispiele hierfür sind die Anbindung der Bodenbleche an die MIG-geschweißte Strangpressprofil-Rahmenstruktur, die Anbindung der einteiligen Seitenwand an Dachrahmen und Schweller und die Anbindung des Daches an die Dachrahmen (Abb. 6.20).

6.1.2.6.6 Laserstrahl-MIG-Hybridschweißen

Über die Kombination der beiden Fügeverfahren MIG- und Laserstrahlschweißen lassen sich diverse synergetische Effekte erzielen, welche im Anwendungsfall die fertigungstechnischen Grenzen heutiger thermischer Fügeverfahren hinsichtlich Nahtqualität, Produktivität und Wirtschaftlichkeit erweitern. Im Vergleich zum Laserstrahlschweißen mit Zusatzwerkstoff wird die Prozesssicherheit und die Spaltüberbrückbarkeit gesteigert, woraus sich hohe Nahtqualitätsgüten ergeben. Der Zusatzwerkstoff wird prozesstechnisch trivial über die abschmelzende Drahtelektrode des MIG-Prozesses dem Schmelzgut zugeführt.

Im Vergleich zum konventionellen MIG-Schweißen wird die Schweißgeschwindigkeit und die Einschweißtiefe signifikant gesteigert und der Lichtbogenprozess stabilisiert. Im Anwendungsfall wird die Anbindung von diversen Blechteilen auf das Strangpressprofil Dachrahmen mittels Hybridschweißen umgesetzt (Abb. 6.21).

Insgesamt werden zirka 5 m Nahtlänge je Fahrzeug realisiert. Bei der notwendigen hohen Materialdickenpaarung von 2 auf 4 mm kann selbst gegenüber dem Laserstrahlschweißen der Energieeintrag in das Bauteil über die Steigerung der Schweißgeschwindigkeit reduziert werden, woraus minimierte thermische Verzüge der Baugruppe resultieren.

6.1.2.6.7 Rollfalzen + Kleben

Die Verbindung von Innen- und Außenblech bei Türen und Klappen wird im A8 (D3) durch Rollfalzen und Kleben mittels robotergeführter Werkzeuge realisiert. Vorteile des Verfahrens sind die kurze Einarbeitungszeit, die hohe Flexibilität und eine bessere Qualität und Anmutung des Falzes. Erstmalig wird eine Vorhärtung des Klebers durch ein integriertes induktives Gelieren vorgenommen.

6.1.2.7 Reparaturkonzept

Für die bisher entwickelten Aluminiumfahrzeuge der Audi AG wurden die Belange des Kundendienstes von Anfang an berücksichtigt. Damit war es möglich, konsequent ein auf schnellen und kostengünstigen Service ausgerichtetes Gesamtkonzept zu realisieren.

Steifigkeitsstaffelungen in den unfallgefährdetsten Karosseriebereichen sollen die Schadenseindringtiefe möglichst gering halten. Die Deformationskraft des geschraubten vorderen Längsträgers liegt unter der Deformationskraft des anschließen-

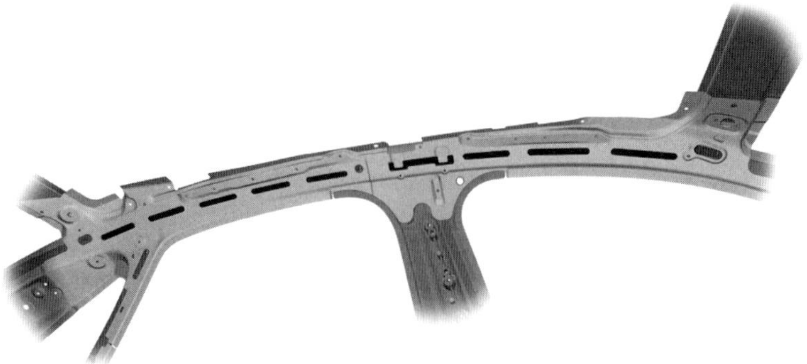

Abb. 6.21 Laserstrahl-MIG-Hybridschweißen

den hinteren Längsträgers und diese wiederum unter der Deformationskraft der Fahrgastzelle (Abb. 6.22).

Im Bereich der Fahrzeugseite wurde die Karosseriestruktur unter anderem durch das Großgussteil Säule B so steif ausgelegt, dass die Verformungstiefe bei einem Seitenaufprall gering bleibt.

Die Auslegung der Karosseriestruktur mit vorprogrammierten, definierten Verformungszonen minimiert nach einem Unfall Richtvorgänge am Fahrzeug und gibt die Reparaturabschnitte konstruktiv vor. Hierdurch werden die Reparaturzeiten verringert und die Instandsetzungskosten liegen trotz neuer Karosserietechnik günstiger oder im gleichen Rahmen wie bei üblichen Stahlkarosserien.

Für die Instandsetzung der Space-Frame-Karosserie des A2 kommen in Abhängigkeit der unterschiedlichen Halbzeugarten Blech-, Guss- und Strangpressteile unterschiedliche Konzepte zum Einsatz: Blechteile mit geringen Verformungen können rückverformt werden. Die Rückverformung geschieht unter gezielter Wärmezufuhr. Beulen lassen sich mit einem neu entwickelten Werkzeug durch ein dem Bolzenschweißen ähnliches Verfahren problemlos beseitigen. Hierzu wird ein Bolzen im Beulbereich aufgeschweißt und die Beule mit dem Bolzen herausgezogen. Anschließend wird der Bolzen durch Abschleifen entfernt.

Stärker verformte Bleche lassen sich entweder komplett oder auch abschnittsweise austauschen. Als Verbindungstechniken werden Nieten in Verbindung mit Kleben (kaltaushärtende Zweikomponentenkleber) eingesetzt. Das Spachteln und Lackieren entspricht der Vorgehensweise bei Stahlblechfahrzeugen. Blechreparaturen können von jedem dafür ausgerüsteten und ausgebildeten AUDI-Händlerbetrieb durchgeführt werden.

Beschädigte Gussteile müssen generell erneuert werden. Aus Festigkeitsgründen ist eine Rückverformung nicht zugelassen, da aufgrund der hohen Steifigkeit die Gefahr einer Rissbildung besteht. Als Fügeverfahren kommen Schutzgasschweißen (MIG), Nieten und Kleben zum Einsatz.

Strangpressprofile müssen bei Beschädigung ausgetauscht werden, da eine Rückverformung hier unkontrolliert abläuft. Der Austausch findet je nach Art der Beschädigung abschnittsweise unter Verwendung von Muffen im Trennungsbereich oder aber komplett statt. Die ausgetauschten Profilabschnitte bzw. komplette Profile werden wiederum durch Schutzgasschweißen (MIG) gefügt.

Laserstrahl-Schweißnähte werden im Reparaturfall durch MIG-Schweißen oder durch Blindnieten mit zusätzlichem Kleben ersetzt. Zum Entfernen der Lasernaht wird diese ausgeschliffen und die so voneinander getrennten Teile gelöst.

6.1.2.8 Energiebilanz

Die Verbesserung der Umweltverträglichkeit steht heute, insbesondere bei Kraftfahrzeugen, im Mittelpunkt des Interesses. Hierzu ist es erforderlich, den gesamten Produktlebenszyklus zu betrachten und zu optimieren. Dabei gilt es durch effiziente Nutzung nicht erneuerbarer Ressourcen und niedrige Schadstoffemissionen die Umweltauswirkungen zu

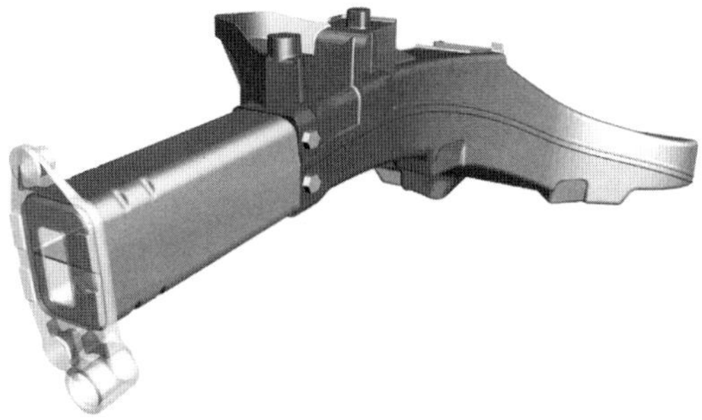

Abb. 6.22 Reparaturlösung – geschraubter Längsträger

Abb. 6.23 ULSAB-Karosserie

minimieren. Dies betrifft den gesamten Produktzyklus, von der Werkstoffgewinnung und Produkterzeugung über die Produktnutzung bis zum Recycling für den nächsten Zyklus bzw. zur umweltschonenden Entsorgung.

Studien zeigen, dass der überwiegende Energieverbrauch eines Fahrzeuges durch den Fahrbetrieb bestimmt wird.

Das CO_2 Äquivalent von einem kg Stahlblech zu einem kg Primär-Aluminiumblech ist 1 : 6. Unter Berücksichtigung der Leichtbaunutzung des Aluminiums von mehr als 40 % pro Karosserie, dem Produktionsschrott im Walzwerk und dem Produktionsschrott im Presswerk, ist das CO_2 Äquivalent für die Herstellung einer Pkw-Karosserie aus Primäraluminium etwa doppelt so hoch wie das einer vergleichbaren Stahlblechkarosserie. Durch den Fahrzeugminderverbrauch von 0,3 bis 0,5 Liter/100 km – je nach Antriebsart und Größe – liegt die Amortisationsstrecke je nach Szenario zwischen vierzigtausend und neunzigtausend Kilometern. Am Fahrzeuglebensende liegt bei diesem Szenario bereits eine sehr positive Energiebilanz vor. Der Energiebedarf zur Wiederaufbereitung des Aluminiums für eine zweite bis n-te Nutzung beträgt nur bis zu 15 % der Ersterzeugung und liegt damit günstiger als die Stahlwiederaufbereitung. Damit ist in jeder Zweitnutzung des Werkstoffs die Energiebilanz schon zum Gebrauchsbeginn besser als die konventionelle Bauweise und die Verbrauchsreduzierung über die Lebenszeit bleibt konstant.

Der Materialleichtbau sollte ab einer lohnenswerten Größe als Initiator einer sekundären Gewichtsreduzierung genutzt werden. Mit diesem Ansatz eingesparte Kilogramm müssen erst gar nicht erzeugt werden und sind einer ganzheitlichen Energiebilanz hinzuzurechnen. Ökologisch ist der Karosserieleichtbau mit Aluminium ausschließlich sehr positiv im Vergleich zum konventionellen Karosseriebau mit Stahlblech.

6.1.3 Karosserie Stahlleichtbau-Studien

6.1.3.1 Einleitung

Stahl ist noch immer mit über 50 %-Anteil der dominierende Werkstoff im Karosseriebereich. Um den Anforderungen des 21. Jahrhunderts hinsichtlich Sicherheit, Umweltverträglichkeit und Kosten gerecht zu werden, wurden im Rahmen der ULSAB-Studien drei eng verzahnte Einzelentwicklungsprojekte über den Zeitraum von 1994 bis 2001 durchgeführt.

ULSAB (Ultralight Steel Auto Body) ist das erste Projekt, das 1994 von einem Konsortium aus 35 Stahlfirmen in Auftrag gegeben wurde. Auf dem Package einer viertürigen, fünfsitzigen Mittelklasse-Limousine (Abb. 6.23) wurden die Möglichkeiten des Einsatzes von modernen Stahlwerkstoffen für den Karosserierohbau zur Erreichung maximaler Gewichtserleichterung untersucht. Zur Definition der funktionalen Ziele und zur Ermittlung von Vergleichswerten wurde ein Benchmark von insgesamt 32 Fahrzeugen bezüglich Gewicht, Steifigkeit, Package und Konzept durchgeführt.

1997 startete das Projekt ULSAC (Ultralight Steel Auto Closures) [52] mit gleicher Aufgabenstellung für Fahrzeugtüren und -deckel. Die Entscheidung bzgl. des Türkonzepts fiel bei diesem Projekt zugunsten einer rahmenlosen Tür und eines modularen Montagekonzepts.

Zwei Jahre später begann die dritte Studie – ULSAB-AVC (Ultralight Steel Auto Body – Advanced Vehicle Concepts) [49], die die Erfahrungen und Konzeptuntersuchungen der vorangegangenen Projekte um die verbleibenden Komponenten einer Gesamtfahrzeugentwicklung einschließlich Antrieb und Fahrwerk erweiterte. Dabei wurden die Rahmenbedingungen entsprechend neuer und zusätzlicher Ziele angepasst und Abgasgesetze sowie erweiterte Sicherheitsanforderungen berücksichtigt. Die Projekte ULSAB und ULSAC fokussierten neben der Entwicklung, Planung und Wirtschaftlichkeitsbetrachtung die Herstellung von Prototypen zu Versuchs- und Demonstrationszwecken und zur Validierung der Simulationsergebnisse.

6.1.3.2 Zielsetzung

Durch Einsatz moderner Stahlwerkstoffe, der zugehörigen Formgebungs- und Fügeverfahren, gewichtsorientierte Packageauslegung und nicht zuletzt durch werkstoffgerechte Konstruktion soll beim ULSAB der Nachweis erbracht werden, dass eine Gewichtserleichterung um 25 % gegenüber dem Durchschnitt der Benchmark-Karosserien realisierbar ist.

Das Projekt umfasst die Konstruktion und rechnerische Simulation des Steifigkeits-, Festigkeits- und Crashverhaltens. Zu berücksichtigen sind die gesetzlichen Grenzwerte beim 0°-Front-Crash nach US-NCAP (New Car Assessment Program), 50 %-Offsetcrash mit 55 km/h gegen die starre Barriere, Seitencrash 50 km/h nach ECE-R 95, Heckcrash mit 35 mph nach FMVSS 301 und statischen Dacheindrücktest nach FMVSS-Standard 216. Der Nachweis der angestrebten statischen Torsions- und Biegesteifigkeiten (größer oder gleich dem Durchschnitt der Vergleichsfahrzeuge) erfolgt zusätzlich durch Versuche an der Demonstrations-Hardware.

Für die Türen, Front- und Heckdeckel des ULSAC-Projekts sind 10 % Gewichtseinsparung gegenüber dem leichtesten Vergleichsbauteil nachzuweisen. Dabei soll beim quasistatischen Türeindrückversuch (vergleichbar dem Türeindrücktest nach FMVSS 214) an Realbauteilen das gleiche Kraftniveau wie beim Durchschnitt der Vergleichstüren erreicht werden.

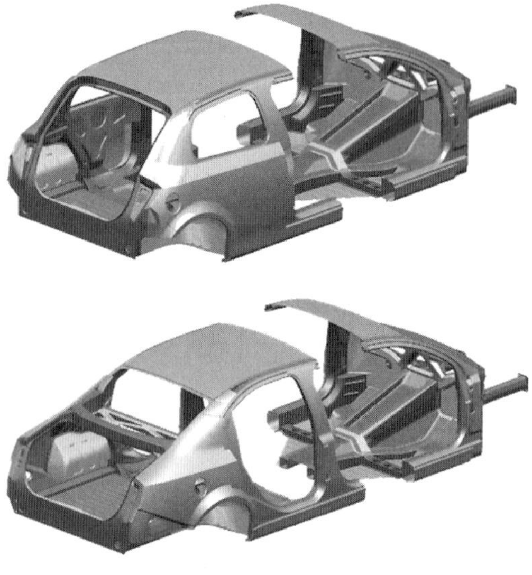

Abb. 6.24 Gleichteilkonzept ULSAB-AVC (C-Class oben, PNGV-Class unten)

Das Projekt ULSAB-AVC ergänzt den Kastenrohbau mit Türen und Deckeln um die verbleibenden Interieur-, Exterieur- und Antriebsumfänge. Dabei ist die Karosserie an ein neues Styling angepasst und auf die Erfüllung erweiterter Sicherheitsanforderungen (EURO-NCAP, Pfahl-Seitencrash) ausgelegt. Über ein Gleichteil- und Plattformkonzept werden die Marktanforderungen nach kostengünstiger Modellvielfalt berücksichtigt. Auf einer Plattform können mit geringen Modifikationen zwei unterschiedliche Karosserien, eine Fließheckvariante der europäischen Kompaktwagenklasse (C-Class) und eine amerikanische Mittelklassen-Stufenhecklimousine der PNGV-Klasse (Partnership for a New Generation of Vehicles), realisiert werden (Abb. 6.24).

6.1.3.3 Umsetzung

Durch konsequenten Werkstoff-, Form- und Fertigungsleichtbau und begleitende rechnerische Simulation werden Lösungen für die anspruchsvollen Projektziele erarbeitet.

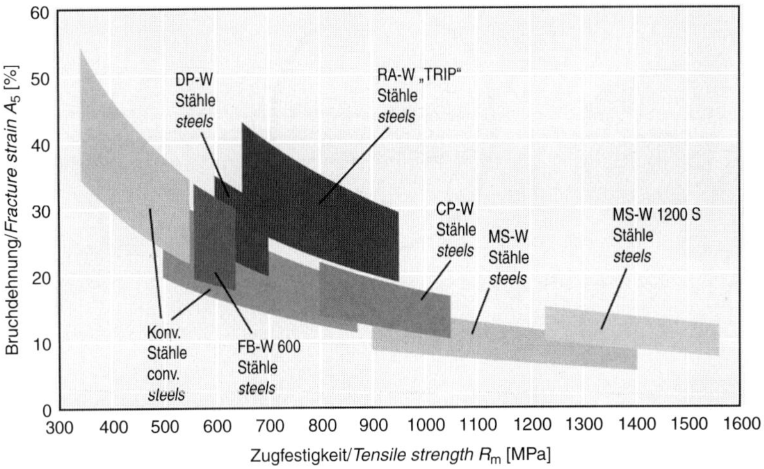

Abb. 6.25 Verteilung hoch- und höchstfester Stähle (Bruchdehnung über Zugfestigkeit)

6.1.3.3.1 Werkstoffleichtbau

Hoch- und höherfeste Stahlgüten Die bevorzugte Verwendung von Stahlwerkstoffen (Abb. 6.25) mit Streckgrenzen $Rp_{0,2}$ im Bereich von 210 bis 800 MPa ermöglicht es beim ULSAB, Potenziale zur Steigerung der Crashsicherheit, Steifigkeit und Gewichtsreduktion konsequent zu nutzen.

Zum Einsatz kommen Bake hardening-Stähle für die Karosserieaußenhaut zur Erhöhung der Beulfestigkeit und mikrolegierte Feinkornstähle für die Aufbau- und Plattformstruktur.

Um die Intrusionen in die Fahrgastzelle beim Front- und Seitenaufprall zu minimieren, werden Stirnwand- und Sitzquerträger aus borlegiertem Sondertiefziehstahl hergestellt. Das Material wird warm in das Umformwerkzeug eingelegt, tiefgezogen und anschließend abgeschreckt, dabei erhält das Bauteil seine endgültige Festigkeit ($Rp_{0,2}$ > 800 MPa). Insgesamt sind 90 % des ULSAB-Rohbaus in hoch- und höchstfesten Stahlgüten gefertigt (Abb. 6.26).

Die ULSAC-Tür besitzt eine Rahmenstruktur aus Schloss- und Scharnierrohr mit 1,0 bzw. 1,2 mm Blechstärke und einer Streckgrenze von 280 MPa. Die obere prismatische bzw. untere rohrförmige Verstärkung wird aus Dualphasenstahl DP 800 hergestellt. Für die Türaußenhaut wird wie bei den ULSAB-Außenteilen Bake hardening-Stahl mit einer Streckgrenze von 260 MPa verwendet.

Die weitergehende Leichtbaustudie ULSAB-AVC verwendet für den Kastenrohbau über 95 % hoch- und höherfeste Bleche, davon allein 75 % Dualphasenstähle mit einer Streckgrenze bis 700 MPa. Zum Schutz des Insassenraums bei Seitencrash werden borlegierte Stähle als B-Säulen- und Tunnelverstärkung eingesetzt.

Stahl-Sandwichbleche Für die Reserveradmulde und die Stirnwand des ULSAB kommen 0,93 mm dicke Stahlsandwichbleche zum Einsatz (Abb. 6.27). Gegenüber konventionellen Akustikblechen ist die Deckschichtdicke auf 0,14 mm reduziert und die Mittelschicht aus Polypropylen auf 0,65 mm erhöht. Dieser Wandaufbau ermöglicht eine Halbierung des Gewichts gegenüber den bisher hierfür verwendeten Stahlblechen von 0,8 mm Dicke.

Für die Stirnwand werden darüber hinaus Sekundärgewichtserleichterungen erzielt, weil sich die Schallabstrahlung vom Motor- in den Fahrgastraum verringert. Die isolierende Kunststofflage erlaubt kein Punktschweißen der Sandwichbleche. Sie werden deshalb mit den angrenzenden Rohbauteilen verklebt.

6.1.3.4 Fertigungsleichtbau

6.1.3.4.1 Innenhochdruckumformung (IHU)

Innenhochdruckumformung ist ein Verfahren, welches für Bauteile der Rohkarosserie noch sel-

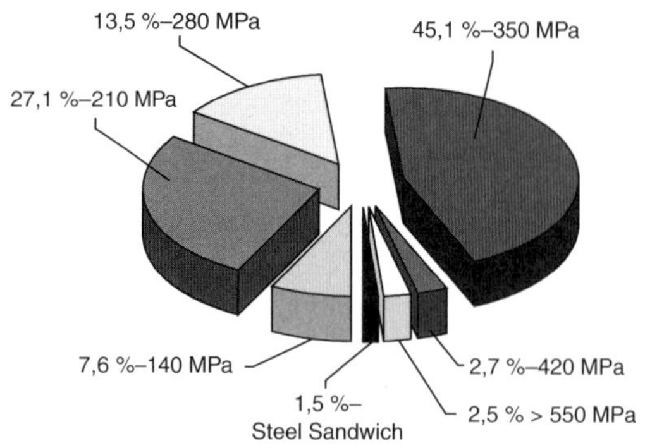

Abb. 6.26 Gewichtsanteile der Blechgüten im ULSAB nach Festigkeitsklassen

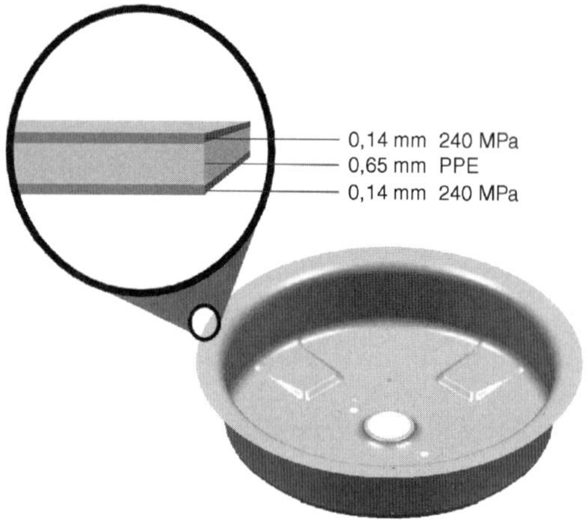

Abb. 6.27 Reserveradmulde aus Stahlsandwich

ten genutzt wird. Im Projekt ULSAB ist mit dem seitlichen Dachrahmen eine besonders anspruchsvolle Anwendung realisiert worden (Abb. 6.28).

Dieses Bauteil integriert A-Säule, Dachrahmen und C-Säule und verläuft ohne Trennung von der vorderen Scharniersäule bis an das hintere Radhaus. Die Querschnittsform ist entsprechend den Anforderungen bezüglich Festigkeit, Steifigkeit und Package (z. B. Sichtwinkel an der A-Säule) gewählt. Als Halbzeug dient ein lasergeschweißtes, hochfestes Rohr mit 96 mm Durchmesser und 1,0 mm Wandstärke aus mikrolegiertem Stahl mit einer Streckgrenze von 280 MPa.

An der ULSAC-Tür kommen ebenfalls innenhochdruckumgeformte Teile zum Einsatz. Zusätzlich zum Steifigkeitsvorteil werden bei der Herstellung der innenhochdruckumgeformten Schloss- und Scharnierrohre Funktionsteile wie Türschlossbefestigungen und Scharnierbuchsenaufnahmen zur Durchführung der Scharnierschrauben angeformt. Der Türrohbau wird durch die geschlossenen, im Querschnitt an die Belastung angepassten Profile bezüglich Durchhang, Verdrehsteifigkeit und Eindrückwiderstand gewichtsoptimal verstärkt.

Bei der Folgestudie ULSAB-AVC wird neben dem aus dem ULSAB bekannten Dachrahmen, der hier aus höchstfestem Dualphasenstahl gefertigt wird, die Innenhochdruckumformung für die vorderen Längsträger verwendet. Die Träger können aufgrund der flanschlosen Ausführung bei Ausnutzung des gleichen Bauraums auf das Gewicht bezogen eine größere Crashenergie aufnehmen.

Die dreidimensional gebogenen IHU-Bauteile der Tür, die seitlichen Dachrahmen und vorderen Längsträger werden in vier Schritten gefertigt:

1. Herstellung des Rohres durch diskontinuierliches Laser- oder Hochfrequenzschweißen
2. Vorbiegen des Rohres auf einer Dornbiegemaschine
3. Vorformen zur korrekten Startgeometrie für das anschließende Werkzeug zur Innenhochdruckumformung
4. Beaufschlagung des in ein geschlossenes Werkzeug eingelegten, vorgeformten Rohres mit hohem Druck (beim Schlossrohr 1500 bar) bis zur endgültigen Formgebung. Dabei wird das Ausgangsbauteil an die Innenkontur des Werkzeugs angeformt. Die an den Rohrenden wirkende Axialkraft führt Material während des Verformungsprozesses in das Werkzeug nach und verringert den Dünnzug bei der Umformung [46].

6.1.3.4.2 Laserschweißen

Die besonderen Merkmale des Laserschweißens – geringer Wärmeverzug trotz linienförmiger Schweißnaht, bei Automatisierung hohe Wiederholgenauigkeit und Schweißgeschwindigkeit – werden für alle Leichtbauprojekte konsequent berücksichtigt und bei jedem Projekt sukzessive ausgebaut.

Innenhochdruckgeformte Bauteile erfordern, aufgrund der entfallenen Schweißflansche, Fü-

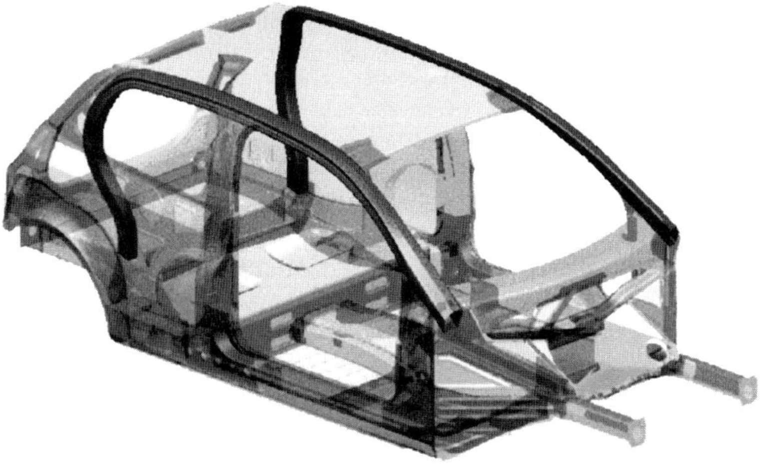

■ **Abb. 6.28** Dachrahmen seitlich ULSAB-AVC

geverfahren mit einseitiger Zugänglichkeit der Fügestelle. Bei Baugruppen in Schalenbauweise erhöhen die durchgängigen Lasernähte die statische und dynamische Steifigkeit [47]. Beim ULSAB werden daher u. a. die Tür- und Scheibenausschnitte lasergeschweißt, und die Crashträger vorne und hinten erhalten zur Erhöhung der Energieaufnahme gegenüber konventionell punktgeschweißten Strukturen durchgehende Lasernähte. Bei quasistatischen Drückversuchen von Crashträgern wurde nachgewiesen, dass durchgehend lasergeschweißte Deformationsträger mit gleicher Geometrie und aus dem gleichen Material eine bis zu 40 % höhere massenspezifische Energieaufnahme als die punktgeschweißte Variante besitzen.

Die Einzelanwendungen addieren sich in der ULSAB-Karosserie zu insgesamt 18 m Lasernaht. Mit diesen Verfahren werden bei der ULSAC-Tür (■ Abb. 6.29) die Türabschlussteile und das Spiegeldreieck auf den vorher im MIG-Fügeverfahren aus den IHU-Teilen und Verstärkungsrohren hergestellten Türrahmen geschweißt. Bei der ULSAB-AVC-Studie wird der Einsatz von Laserschweißungen weiter intensiviert, so dass dem Karosserierohbau 723 Schweißpunkte bei gleichzeitig 114 m Lasernaht genügen.

6.1.3.4.3 Tailored blanks/Tailored tubes

Durch maßgeschneiderte Platinen und Rohre kann der Materialeinsatz im Rahmen der definierten Funktionsanforderungen bezüglich Gewicht optimiert werden. Darüber hinaus können Schweißbaugruppen ersetzt und somit Fertigungszeit und Maßhaltigkeit verbessert werden.

Die umfangreichste Einzelanwendung von Tailored blanks stellt die Platine der Seitenwand des ULSAB-Rohbaus dar (■ Abb. 6.30). Sie besteht aus fünf einzelnen Zuschnitten mit fünf unterschiedlichen Blechdicken und drei Stahlgüten.

Der vordere Türkörperabschluss der ULSAC-Tür ist ebenfalls aus einer Tailored blank-Platine gefertigt, um die lokale Elastizität bei minimalem Werkstoffeinsatz so zu gestalten, dass der Türdurchhang unterhalb der geforderten Grenzwerte bleibt. Die Blechdicke der unteren Scharnieranbindung ist örtlich auf 1,2 mm gegenüber 1,0 mm im oberen Bereich erhöht.

31 % der Tiefziehteile der ULSAB-AVC-Karosserie sind Tailored blanks. Darüber hinaus werden Tailored tubes an exponierten Bauteilen eingesetzt; so sind die vorderen, innenhochdruckumgeformten Längsträger aus einem Halbzeugrohr mit zwei unterschiedlichen Blechdicken gefertigt. Der vordere, im Deformationsbereich liegende Teil wird in 1,5 mm Blechdicke und der verbleibende hintere Teil des Trägers in 1,3 mm Blechdicke ausgeführt.

6.1.3.4.4 Formleichtbau

Unter Formleichtbau versteht man die werkstoffgerechte Konstruktion, die die Bauteilgeometrie

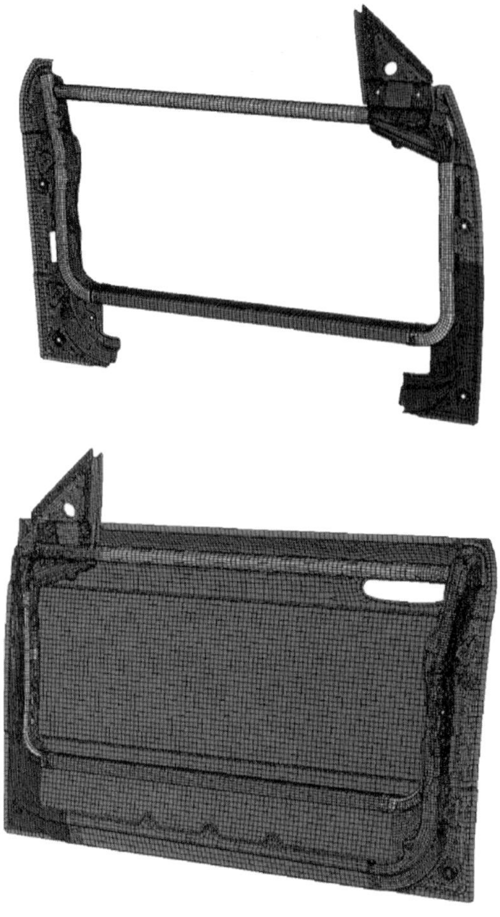

Abb. 6.29 ULSAC-Türrahmen und Komplettür

entsprechend der auf das Bauteil wirkenden Belastung und des verwendeten Werkstoffs berücksichtigt [48]. Im Karosseriebau mit strukturmechanisch biegeweichen Dünnblechen bedeutet dies, die Bauteile so auszuführen, dass Biegekräfte über Zug- und Druckkräfte abgefangen werden. Der hintere Längsträger des ULSAB ist ein Beispiel für Form- und Fertigungsleichtbau. Er besteht aus lasergefügten Halbschalen, die aus dreiteiligen Tailored blanks gefertigt werden. Den verschiedenen Zonen des Trägers kommen verschiedene Aufgaben zu.

Der Übergang vom Längsträger zum Bodenträger ist harmonisch gestaltet, um ohne zusätzliche Knotenversteifungen die Stabilität des Trägers beim Heckaufprall zu gewährleisten (Abb. 6.31). Der Querschnitt im Deformationsbereich ist hexagonal gestaltet, um einerseits ein Maximum an längenspezifischer Energieaufnahme beim Crash zu erreichen, und um andererseits hinreichend Widerstand gegen Biegekollaps aufzuweisen.

Crashboxen vor dem Fußraum des ULSAB-AVC sind weitere Ansätze im Formleichtbaukonzept (Abb. 6.32). Anstelle von Trägern mit hoher Materialstärke werden hier speziell Zonen mit definiertem Energieabsorptionsvermögen integriert. Die Fahrzeugverzögerung und die Kompaktierung des Vorderwagens können hierdurch noch spezifischer auf die Anforderungen an die Insassenbelastungen abgestimmt werden.

6.1.3.5 Wirtschaftlichkeit

Die Auswahl der Karosserie- und Teilekonzepte einschließlich der Füge- und Fertigungsmethoden berücksichtigt für alle Projekte ein Großserienproduktionsvolumen von 225.000 Einheiten pro Jahr. Die Wirtschaftlichkeitsbetrachtungen und das Ziel der Kostenreduzierung werden durch optimalen Materialeinsatz, Umstellung auf verschleißarme Fügeverfahren (von Widerstandspunkt- auf Laserschweißen) und durch Teilereduktion aufgrund von Fertigungsverfahren, wie der Innenhochdruckumformung, und der Verwendung von Tailored blanks realisiert.

Für die Kalkulation der Kosten von Bauteilen, Baugruppen, Fertigungsschritten und Fügeoperationen wurde von den Projektteams in Zusammenarbeit mit dem MIT (Massachusetts Institute of Technology, Cambridge, USA) ein Kostenmodell erstellt. Dieses berücksichtigt alle in der Produktion anfallenden Kostenarten und relevanten Parameter. In die detaillierten Kosten fließen unter anderem produktionsseitige Faktoren wie Jahresarbeitstage, Investitionskosten, Platzbedarf der Einrichtungen, Wartungsaufwand, Anschlussleistungen und Zykluszeiten der Maschinen, Materialpreise, Löhne und das Verhältnis von indirekten zu direkten Arbeitskräften ein. Betriebswirtschaftlich werden bspw. Kosten aus kalkulatorischen Abschreibungen von Maschinen und Gebäuden, kalkulatorische Zinsen, Umlaufkapitaldauer und Produktzyklus berechnet.

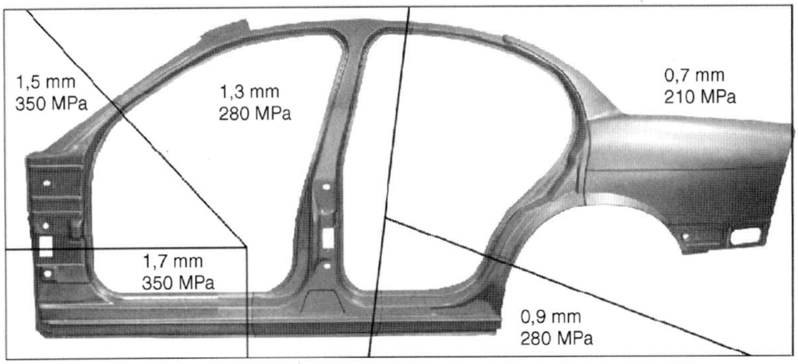

Abb. 6.30 Seitenwand ULSAB – Tailored blank Platine und Fertigteil

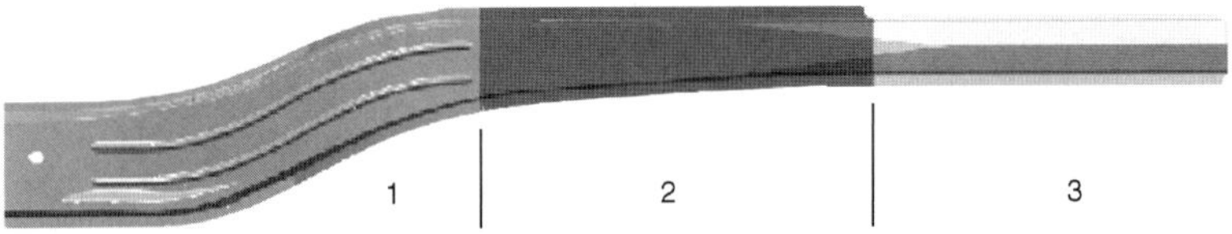

Abb. 6.31 Hinterer Längsträger: (Zone 1: Aufnahme der Fahrwerkskräfte, Zone 2: Aufnahme der Kofferraumlast, Zone 3: Energieaufnahme beim Heckcrash)

6.1.3.6 Ergebnis

Während der Entwicklung von ULSAB, ULSAC und ULSAB-AVC wurde besonders auf einen durchgängigen Simultaneous Engineering-Prozess geachtet. Zur Erreichung der Projektziele wurde das Expertenwissen aus Konstruktion, Fahrzeugsicherheit, FEM-Berechnung, Werkstofftechnologie, Einzelteil- und Zusammenbauplanung frühzeitig eingebracht.

Die ULSAC-Tür erreicht mit 10,47 kg (flächennormalisiert 13,27 kg/m^2) gegenüber dem Mittelwert der Vergleichstüren ein um 33 % geringeres Gewicht. Die ULSAB-Karosserie wiegt 203 kg und ist damit 25 % leichter als der Durchschnittswert der Benchmark-Karosserien. Crashberechnungen zeigen, dass die Struktur das geforderte Deformationsverhalten aufweist. Die statische Torsionssteifigkeit beträgt im Versuch 20.800 Nm/° und übertrifft den Durchschnitt der Benchmark-Karosserien um 80 %. Für das Gesamtfahrzeugkonzept ULSAB-AVC wurde ein Karosseriegewicht von 202 kg für die Kompaktwagenklasse und 218 kg für die Stufenhecklimousine der PNGV-Klasse errechnet.

Damit wurde das aus der ULSAB-Studie abgeleitete Gewichtsziel, trotz gleichzeitig gestiegenen Sicherheitsanforderungen, unterschritten. FEM-Simulationsergebnisse des EURO-NCAP-Crashs (64 km/h mit 40 % Überdeckung und deformierbarer Barriere) bestätigen die konzeptionelle Auslegung der Karosserie, da einerseits das gewünschte Deformationsverhalten, andererseits die notwendige Stabilität der Zelle unter Crash-Belastungen erreicht wurde. Verglichen mit aktuellen EURO-NCAP Untersuchungsergebnissen hat demzufolge ULSAB-AVC das Potenzial zu einer bestmöglichen 5-Sterne-Bewertung.

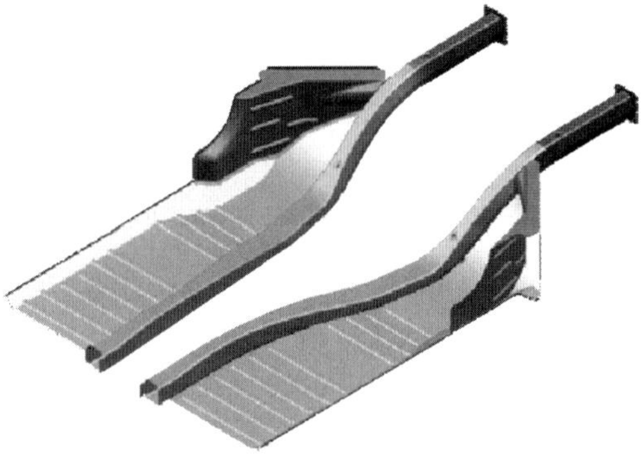

Abb. 6.32 Seitliche Crashboxen

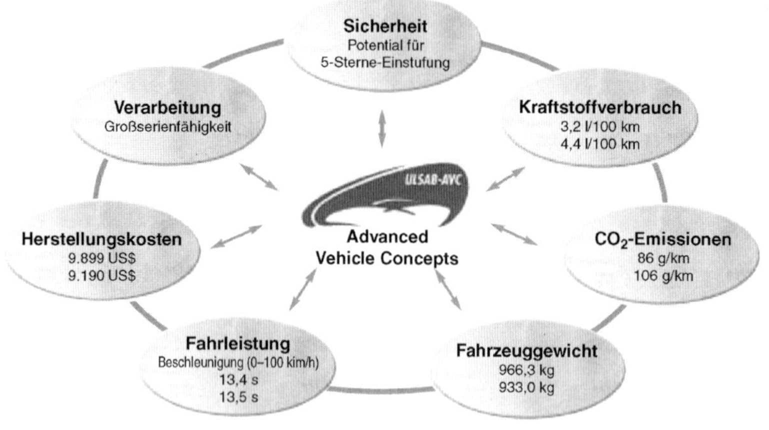

Abb. 6.33 ULSAB-AVC-Ergebnisse für das Kompaktklassen-Modell

Mit den ULSAB-, ULSAC- und ULSAB-AVC-Studien wurde gezeigt, dass bei konsequenter Anwendung heute bekannter Leichtbaumaßnahmen und dem Einsatz modernster Stahlwerkstoffe und Fertigungstechnologien deutliche Gewichtsreduzierungen gegenüber heutigen Großserienkarosserien ohne Einbußen bei Funktion, Sicherheit und Wirtschaftlichkeit möglich sind (Abb. 6.33).

6.1.4 Cabriolet

6.1.4.1 Einführung

»Cabriolet« (aus dem Franz. *cabrioler* = Luftsprünge machen) nannte man schon vor dem Zeitalter des Automobils leichte, offene Pferdewagen, die zumeist für Vergnügungsausfahrten genutzt wurden. Heute bezeichnet man als Cabriolet – kurz: Cabrio – Fahrzeuge, deren Konstruktion es ermöglicht, das Dach wegzuklappen oder abzunehmen.

Traditionell steht der Begriff Cabriolet für Fahrzeuge mit einem Stoffdach, das zurückgeklappt werden kann. In den 90er Jahren entstanden die ersten Fahrzeuge mit versenkbarem, mehrteiligen Stahl-Klappdach, so genannte »Retractable Hardtops«, kurz RHT (1996: Mercedes SLK), die auch als Coupé-Cabrios bezeichnet werden. Offene Fahrzeuge werden je nach Karosseriebauart unterschieden in:

- Cabrio-Limousine: zwei- oder viersitzig; B- und C-Säule bleiben beim Öffnen stehen,
- Cabriolet: meist viersitzig mit zwei Türen, mit Stoff- oder Metalldach, oft basierend auf Coupé-Variante (Abb. 6.34),
- Roadster: zweisitzige Sportwagen mit Stoffdach oder RHT und
- Spider, Spyder oder Speedster: Fahrzeug ohne Dach.

1,8 Millionen offene Fahrzeuge waren zum 1. Januar 2012 in Deutschland zugelassen, was rund 3,5 % des Gesamt-Pkw-Bestandes in Deutschland ausmacht [59].

6.1.4.2 Rohbau

Da Cabriolets als Nischenfahrzeuge meist nur in kleinen Stückzahlen gefertigt werden, entstehen sie aus Kostengründen in der Regel konstruktiv auf der Plattform bzw. als Karosserievariante eines Großserienmodells. Bei Cabriolets entfällt das Dach als tragende Komponente der Gesamtkarosserie. Deshalb ist es erforderlich, die Cabriolet-Karosserie vor allem im Bereich des Unterbodens und des Frontscheibenrahmens entsprechend zu verstärken, um die fehlende Versteifung durch Dach und eingeklebte Heckscheibe zu kompensieren. In Abb. 6.35 ist der Rohbau eines Cabriolets dargestellt. Die cabriospezifischen Änderungen im Karosseriebau sind markiert.

Bei Solitärkonstruktionen, die nicht auf einem Großserienmodell bzw. einer Coupé-Variante

Abb. 6.34 Ansicht eines BMW 3er Cabrios (Quelle: BMW Group)

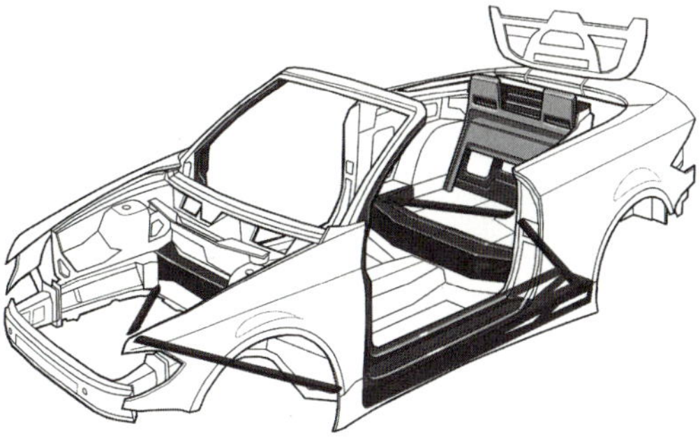

Abb. 6.35 Rohbau eines Cabriolets mit spezifischen Versteifungen

basieren (z. B. BMW Z8), werden häufig selbsttragende Konstruktionen, auch in Space-Frame-Technologie, eingesetzt. Letztere stellt eine Rahmenkonstruktion dar, in die gezielt zur Erhöhung der Steifigkeit der offenen Variante zusätzliche Strukturen (z. B. Profile) eingebracht werden können.

In der Auslegung der Cabrio-Karosserie muss die Unterbringung des Dachs berücksichtigt werden. Dies erfolgt bei den meisten Modellen in einer in die Karosseriestruktur integrierten Verdeckwanne oder im Kofferraum, der dafür über den Kofferraumdeckel oder einen separaten Verdeckdeckel im Heck zugänglich gemacht werden muss.

6.1.4.2.1 Karosseriesteifigkeit

Der Entfall des Daches führt bei einer selbsttragenden Limousinenkarosserie zu einem Steifigkeitsverlust von bis zu 85 Prozent. Wie hoch der Bedarf an zusätzlichen Maßnahmen zur Sicherung der Karosseriesteifigkeit werden kann, zeigt das BMW 3er Cabrio, dessen Gesamtgewicht 320 Kilogramm über dem der Limousine liegt [60]. Durchschnittlich liegt der Gewichtszuwachs durch Versteifungsmaßnahmen bei einer Cabrio-Karosserie gegenüber der modellgleichen Limousine bei 120 Kilogramm.

Die Karosseriesteifigkeit von Cabriolet-Karosserien wird heute mit folgenden Maßnahmen optimiert:

- Vergrößerte Längsträger-Querschnitte zum Beispiel im Bereich des Türschwellers
- Zusätzliche oder stärkere Querwände
- Steifere Auslegung der Übergänge vom Längsträger auf A- und B-Säule
- Einbringen von Diagonalstreben vorne und hinten
- Einbinden von Anbauteilen in den Torsions-Kraftfluss, z. B. vorderer Hilfsrahmen, Motorunterfahrschutz.

Die Karosseriesteifigkeit beeinflusst Sicherheit, Komfort und Haltbarkeit eines Automobils. Je weniger sich ein Fahrzeug auf unebenen Fahrbahnen oder in schnell gefahrenen Kurven »verwindet«, desto sicherer ist das Fahrverhalten. Daneben bildet eine hohe Karosseriesteifigkeit auch die Grundlage für die Crashsicherheit und die Reduzierung von Innenraumgeräuschen [61].

Ziel der Konstrukteure ist es, die Eigenfrequenzen der Karosserie von denen der schwingungsfähigen Komponenten, wie Motor, Achsen, Abgasanlage, Lenksäule, aber auch Dachsystem, zu entkoppeln.

Statische Steifigkeit Die statische Steifigkeit gewährleistet, dass Türen, Klappen wie auch das Cabriodach sich auch dann problemlos öffnen und schließen lassen, wenn das Fahrzeug auf unebenem Grund steht.

Dynamische Steifigkeit Die dynamische Steifigkeit nimmt Einfluss auf das Schwingungsverhalten eines Fahrzeugs. Torsionsschwingungen bestimmen den Komfort eines Fahrzeuges. Rückspiegel- und Lenkradzittern können durch Torsionsschwingungen der Karosserie verursacht sein (Abb. 6.36).

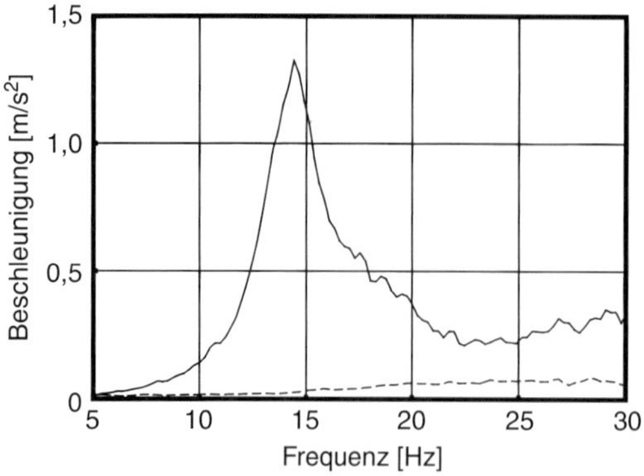

Abb. 6.36 Querbeschleunigung des Rückspiegels auf Hydropulsprüfstand —: Cabriolet; - - -: Coupé

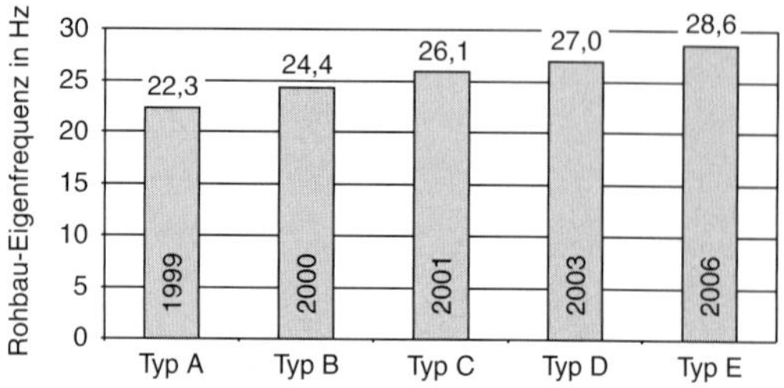

Abb. 6.37 Erste Torsionseigenfrequenz Rohbau von viersitzigen Cabriolets

Im Sitz spürbare Schwingungen gehen in der Regel auf Biegeschwingungen der Karosserie zurück.

Die Schwingungs-Problematik ist bei Cabriolets besonders relevant, da die Struktur eines offenen Autos generell nicht die Steifigkeit einer geschlossenen Karosserie erlangen kann [61]. Limousinen erreichen in der Torsionsanalyse Eigenfrequenzen von bis zu 50 Hz, viersitzige Cabriolets dagegen nur ca. 15–25 Hz (Abb. 6.37). In diesem Frequenzbereich bewegen sich auch die Achs- und Motorresonanzen, so dass den Fahrkomfort störende Torsionsschwingungen angeregt werden. Versuche zeigen, dass beim Vergleich der Querschwingungen in der Coupé- und der Cabriolet-Version eines Modells die Querschwingungen am Rückspiegel des Cabriolets um den Faktor zehn höhere Schwingungsamplituden erreichen.

6.1.4.2.2 Karosserietilger

Die im vorangegangenen Kapitel erläuterten Resonanzschwingungen der Karosserie, verursacht durch Koppelschwingungen zwischen Karosserie, Fahrwerk und Motor, erzeugen Geräusche und Vibrationen, die zu subjektiv wahrnehmbaren Einbußen an Geräusch- und Fahrkomfort führen. Um Vibrationen und Geräusche zu dämpfen, werden passive Karosserietilger in Form von gezielt platzierten Feder-Masse-Systemen eingesetzt. Sozusagen als »Nebenwirkung« dämpfen die Tilger auch schlichte Fahrbahnstöße. Einen neueren Ansatz stellt die aktive Schwingungstilgung dar: Mit hydraulischen Aktoren werden Gegenschwingungen erzeugt, die die Karosserievibrationen minimieren und so ohne Zusatzgewicht höheren Komfort vermitteln.

Als Tilger können z. B. auch die Batterie (BMW 3er Cabrio) oder – bei Cabriolets – die Hydraulikpumpe der automatischen Verdecke dienen. Bei einigen Cabrio-Modellen (z. B. New Beetle Cabriolet, Porsche Boxster) nutzten die Konstrukteure den Motor – auf einem hydraulischen Dämpfer gelagert – als Schwingungstilger.

Die Tilgermasse beträgt in vielen Cabrios zehn Kilogramm und mehr. Bei Cabriolets ist insbesondere zu beachten, dass die dynamische Steifigkeit bei offenem und geschlossenem Dach variiert, der Schwingungstilger jedoch nur auf eine Frequenz abgestimmt sein kann. Generell gilt hierzu: Je höher die Dämpfung ausgelegt wird, desto breiter die Wirkungsweise des Schwingungstilgers.

6.1.4.2.3 Betriebsfeste Auslegung von Cabrioletkarosserien

Generell gilt: Die Maßnahmen zur Erhöhung der Steifigkeit von Cabriolet-Karosserien (▶ Abschn. 6.1.4.2.1) und die Sicherstellung der geforderten Crash-Eigenschaften (▶ Abschn. 6.1.4.3) stehen in der Cabrio-Entwicklung der Forderung nach Leichtbau gegenüber.

Die wesentlichen Punkte bei der Betrachtung der Betriebsfestigkeit von Cabriolet-Karosserien sind:

- Lokale Steifigkeitssprünge aufgrund der zusätzlichen Versteifungen; diese können zur Überhöhung von Materialspannungen führen;
- Geringere Steifigkeit der Cabriolet-Karosserien resultiert in größerer Verformung und damit

auch in höherer Bauteilbeanspruchung; ggf. Verschiebung der lokalen Beanspruchung in die Fügezone von Übernahmeteilen.
- Die häufigsten Ermüdungsschäden treten bei Cabriolets an den Fügestellen (Schweißnähte, Schweißpunkte etc.) auf.

Als grundsätzliche Konstruktionsprinzipien zur Optimierung der Betriebsfestigkeit bei Cabriolets sollten daher gelten: Vermeidung von großen Steifigkeitssprüngen sowie die Platzierung von Fügestellen möglichst außerhalb hoch beanspruchter Bereiche.

6.1.4.3 Sicherheitsrelevante Auslegung von Cabriolets

Für Cabriolets gelten grundsätzlich die gleichen Sicherheitsanforderungen wie für alle anderen Personenfahrzeuge im öffentlichen Verkehr. Aktive wie passive Sicherheitssysteme aus der Großserie haben längst Einzug in die Cabriolet-Varianten gehalten und zählen bei vielen Modellen zur Standardausstattung. Einige aktive Sicherheitssysteme werden speziell auf die Bedingungen im Cabriolet angepasst: Die Funktion von Kopf-Airbags, die bei Limousinen im Dach untergebracht sind, übernehmen in Cabriolets z. B. größere Kopf-Thorax-Airbags, die in den Türverkleidungen platziert sind. Sicherheitsrelevante, cabrioletspezifische Modifikationen finden sich ferner beim Überschlagschutz (verstärkte A-Säule, Überrollbügelsysteme) und in den Türen.

Frontcrash Beim Frontcrash erfolgt der Abbau der Crashenergie vorrangig über den Fahrzeugboden, bei Cabriolets zusätzlich über den Kraftpfad Tür (▶ Abschn. 6.1.4.5). Verstärkungen im Schwellerbereich, z. B. über doppelte Blechstärken, Tailored Blanks oder Versteifungsrohre, sind daher bei Cabriolets üblich.

Seitencrash Um bei Seitencrashs die Sicherheit der Insassen zu erhöhen, wird der cabrioletspezifische Entfall der B-Säule auf Fensterhöhe durch die Versteifung des Bodens, des unteren Bereichs der B-Säule im Übergang zum Schweller sowie der Seitenwand kompensiert. In der Regel kommen bei diesen Maßnahmen Rohrverstärkungen zum Einsatz. Durch die versteiften A- und B-Säulen werden bei einem Seitencrash zudem das Türschloss und die Scharniere stärker beansprucht als das bei einem geschlossenen Fahrzeug der Fall wäre.

Heckcrash Im Fall eines Seitencrashs im hinteren Fahrzeugbereich, aber insbesondere bei einem Heckcrash muss sichergestellt sein, dass weder bei geschlossenem noch bei geöffnetem Dach Teile des Verdecks, der Verdeck-Kinematik oder der Antriebssysteme in den Fahrgastraum eindringen können.

Überschlag Generell gilt: Bei Fahrzeugen ohne schützendes, massives Dach, wie Cabriolets und offene Sportwagen, muss im Fall eines Überschlages ausreichend Überlebensraum für alle Insassen zur Verfügung stehen. Die Hauptlast im Fall eines Überschlags tragen in der Regel bei einem Cabriolet die A-Säulen und der Frontscheibenrahmen, unterstützt – falls vorhanden – von Überrollbügelsystemen.

Die konstruktiven Lösungen zur Versteifung der A-Säulen konzentrieren sich auf integrierte Rohre aus hoch- und höchstfesten Stählen; zudem können die Windläufe mittels stärkerer Bleche und/oder größerer Querschnitte verstärkt werden.

Bei den Überrollbügelsystemen herrschen heute zwei Grundprinzipien vor: starre und aktive Überrollbügelsysteme. Zu den »starren« Systemen zählen **a** fest installierte Überrollbügel, die die gesamte Fahrzeugbreite überspannen und **b** fest installierte, höhenunveränderliche Überrollbügel, die den einzelnen Fahrzeugsitzen zugeordnet sind. Bei beiden »starren« Lösungen werden erhöhter Luftwiderstand und die dadurch erzeugten Fahrgeräusche häufig als nachteilig empfunden. Auch optische bzw. designrelevante Gründe sprechen vielfach gegen diese Systeme.

Bei den »aktiven« Systemen ist der Überrollbügel in einem Kassettengehäuse oder einer Rückwand-Baueinheit abgelegt. Nur bei drohendem Überschlag wird das Bügelsystem sensorgesteuert und typischerweise mittels eines pyrotechnischen Energiespeichers in Sekundenbruchteilen in eine schützende Position aufgestellt und verriegelt.

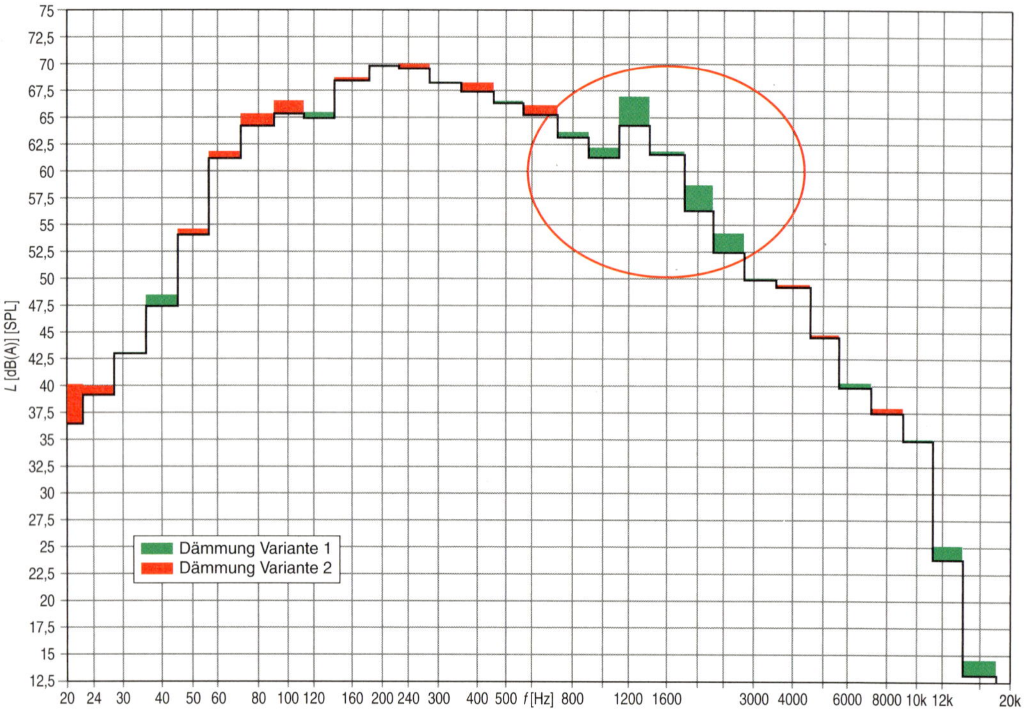

Abb. 6.38 Verlauf des Schalldruckpegels zweier unterschiedlicher Dämmmaterialien über dem Frequenzband

6.1.4.4 Aeroakustik

Einen wichtigen Stellenwert bei der Cabrioletentwicklung hat die Aeroakustik. Im Fokus stehen dabei die Minimierung von Windgeräuschen sowie die Vermeidung von Verwirbelungen, die Umströmungsgeräusche erzeugen. Zudem muss das Augenmerk auf Schwingungsanregungen von Bauteilen gelegt werden, die ebenfalls ursächlich für störende Geräusche sein können.

Umströmungsgeräusche, verursacht vor allem durch Wirbelablösungen, entstehen zum Beispiel an Dichtungsübergängen, an den Fugen zwischen Verdeck und Fahrzeug oder zwischen Verdeck und Seitenscheibe. Auch Undichtigkeiten aufgrund von Bauteiltoleranzen lassen den Schall in den Fahrzeuginnenraum gelangen. Auf diese Weise können unangenehme Pfeifgeräusche entstehen. Weitere kritische Stellen sind die Stoffnähte bei Softtops und bei den RHTs die Übergänge an den Dachschalen.

Die Intensität der Übertragung des Außengeräuschs ins Fahrzeuginnere wird maßgeblich durch das Material des Verdeckbezugs sowie der Dämmung bestimmt. Um die Geräuschübertragung möglichst weitgehend zu reduzieren, kommen Dämmmatten aus Polyestervlies oder Polyurethan zum Einsatz. Abbildung 6.38 zeigt die Messungen zweier unterschiedlicher Dämmmaterialien über den Frequenzverlauf.

Störende Geräusche wie Wummern der Heckscheibe, Schwirren von Kleinteilen oder Flattern des Innenhimmels bei geöffnetem Seitenfenster sind häufig auf Schwingungsanregungen von Bauteilen zurückzuführen. Als Maßnahmen eignen sich zusätzliches Fixieren der Bauteile oder die gezielte Beeinflussung der Anströmung von Bauteilen.

Um im offenen Fahrzeug Windgeräusche und Verwirbelungen zu minimieren, kommen Windschotts und Windabweiser zum Einsatz. Sie sorgen für zusätzlichen Komfort der Passagiere vor allem bei höheren Geschwindigkeiten. Bei viersitzigen Fahrzeugen ist das Windschott in der Regel im Bereich der Rücksitze platziert. Bei zweisitzigen

Fahrzeugen kommen auch netzartige Einsätze oder transparente Scheiben zum Einsatz, die zwischen den Überrollbügeln montiert werden. Jüngste Entwicklungen gehen dahin, zusätzliche Windabweiser am Windscheibenrahmen einzusetzen, ähnlich wie bei Schiebedächern üblich.

6.1.4.5 Türen

Der Kraftpfad Tür, der neben dem Fahrzeugboden ganz wesentlich zur Absorption der Crashenergie bei Frontcrashs beiträgt, wird über eine steifere Ausführung der im Cabriolet rahmenlosen Türen im Brüstungsbereich sowie an der Türanbindung verstärkt.

Die Scheiben der rahmenlosen Cabriolet-Türen nehmen Druck-, Torsions- und Biegekräfte auf, die bei geschlossenen Fahrzeugen vom Türrahmen aufgenommen werden. Um diesen Anforderungen zu genügen, stehen folgende konstruktive Lösungen im Vordergrund:

a) Erhöhung der Materialstärke der Türscheibe einschließlich Anpassung des Fensterhebersystems
b) Verstärkung des Türschachts.

6.1.4.6 Dachsystem

Bis vor 30 Jahren basierten die Dachsysteme für Cabrios meist auf einem einfachen Gestänge, das mit einem PVC-Bezug mit integrierter flexibler Kunststoffheckscheibe bezogen wurde. Die Verdecke waren im Heckbereich an der Karosse angebunden. Per Hand konnte eine Persenning aufgeknöpft werden. Cabrios dieser Zeit waren z. B. Ford Mustang, VW Golf oder Opel Astra. In den 90er Jahren setzten sich mehr und mehr Verdecksysteme durch, die unter einem Verdeckkastendeckel im Heck verstaut werden können. Typische Vertreter dieser Cabriolet-Gattung sind BMW 3er Cabrio, Audi 80 oder Mercedes-Benz CLK.

Bei Softtop-Dachsystemen ohne Verdeckkastendeckel führte die Weiterentwicklung zu den so genannten »Z-Faltungs-Verdecken«. Bei dieser Verdeckvariante wird der vordere Dachbereich, auch Frontspriegel oder Dachspitze genannt, als Ablagedeckel genutzt. BMW Z4, Audi A3 oder Audi TT zeigen diese Verdeckvariante.

Parallel zu den Softtops etablierten sich im Markt Metalldächer, so genannte »Retractable Hardtops« (RHT). Deren Wegbereiter waren Mercedes-Benz SLK und Peugeot 206. Anfänglich wurden die RHTs nur bei zweisitzigen Cabrios eingesetzt. Ab 2005 statteten mehrere Fahrzeughersteller auch viersitzige Cabrios mit den aufwändigeren RHTs aus, darunter Astra TwinTop, VW Eos (◘ Abb. 6.39), BMW 3er, Volvo C70. Konnten die Metalldächer für zweisitzige Cabrios noch aus zwei Dachteilen aufgebaut werden, so war es bei viersitzigen Fahrzeugen meist notwendig, das Dach in mindestens drei Segmente zu teilen. Nur so konnte der Fahrgastraum groß genug gestaltet werden, um auch den hinteren Passagieren genügend Platz zu geben.

◘ **Abb. 6.39** Dach des VW Eos (Quelle: Volkswagen AG)

Darüber hinaus finden sich im Markt Targadächer mit großen Glaselementen und dementsprechend großen Dachöffnungen (z. B. Porsche 911 Targa) sowie Faltdächer aus Textil. Letztere werden vor allem bei Kleinwagen (z. B. Fiat 500) eingesetzt. Beide Varianten werden hier jedoch nicht näher betrachtet, da sie nicht zu den klassischen Cabrioletverdecken zählen. Mischbauweisen aus den verschiedenen Verdeck- und Dachvarianten sind in Zukunft denkbar bzw. wurden auch schon in Designstudien und Kleinserien realisiert.

6.1.4.6.1 Faltbares Festdach (Retractable Hardtop)

Mit den Retractable Hardtops entstand eine neue Art von Cabrios. Faltbare Festdächer vermitteln den Kunden vor allem Vandalismusschutz sowie bessere Geräusch- und Temperaturisolation. Wobei gerade die beiden letztgenannten Punkte auch bei den Softtops durch neue Entwicklungen aufgegriffen werden.

Wurden anfangs hauptsächlich zweiteilige RHTs eingesetzt, so sind in den letzten Jahren vor allem

Cabrios mit drei- bis fünfteiligen Hardtops auf dem Markt erschienen. Die Mehrteiligkeit wird durch die Länge der Fahrgastzelle bei Viersitzern und den aus Designgründen relativ kurzem Überhang definiert. Nur wenn die Dachfläche in drei Teile unterteilt wird, lässt sich bei vollständiger Viersitzigkeit ein kurzer Überhang und die Zugänglichkeit zum Gepäckraum realisieren. Außerdem kann dank hoher Packdichte ein niedriges Heck dargestellt werden. Bei zweisitzigen Fahrzeugen werden auch weiterhin zweiteilige RHTs favorisiert.

Die RHTs bestehen zumeist aus einer Dach- und einer Heck- bzw. Verdeckkastendeckel-Kinematik. Auf dieses Gestänge werden Dachschale bzw. Deckel montiert. Dachschalen und Deckel werden je nach Stückzahlen und Gewichtsanforderungen in Stahl- oder Aluminiumblechbauweise gefertigt, auch faserverstärkte Kunststoffbauweisen kommen bereits zum Einsatz.

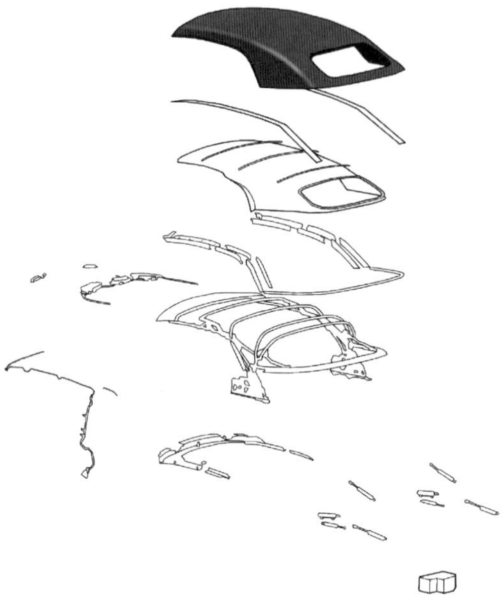

Abb. 6.40 Darstellung der Komponenten eines Softtops

6.1.4.6.2 Stoffverdeck (Softtop)

Softtops werden mittlerweile in verschiedensten Bauformen dargestellt, wobei der Unterschied meist in der Art der Faltung und der dafür notwendigen Kinematik liegt: z. B. Spannbügelverdeck, Z-Faltung, aufliegendes Verdeck mit konventioneller Faltung, Finnenverdeck [62]. Bei Stoffverdecken lässt sich – im Vergleich zu RHTs – der Bauraum für das abgelegte Verdeck variabler gestalten. Somit kommen Softtops (Abb. 6.40) vorrangig bei folgenden Fahrzeugtypen zum Einsatz: Mittelmotor-Cabrios, viersitzige Cabrios mit besonders kurzem Überhang sowie bei Cabrios, die bei abgelegtem Dach einen besonders großen Kofferraum und gute Zugängigkeit bieten sollen.

Moderne Softtops müssen zudem hohe Ansprüche an Ganzjahrestauglichkeit, Geräusch- und Temperaturisolation erfüllen – und dies über die gesamte Fahrzeuglebensdauer.

Verdeckkinematik Die Verdecksysteme, bestehend aus mehreren hundert Einzelteilen, zählen zu den aufwändigsten kinematischen Baugruppen an einem Cabrio. Nach wie vor werden im Markt manuell betätigte Verdecke angeboten, jedoch wächst der Anteil der halb- oder vollautomatischen Verdecksysteme.

Rein manuelle Verdecksysteme werden ausschließlich bei Softtops eingesetzt. Zum Öffnen wird der vordere Spriegel, auch Dachspitze genannt, an einem oder zwei manuellen Verschlüssen entriegelt und anschließend das Verdeck per Hand im Verdeckkasten verstaut. Bei halbautomatischen Verdecken wird nur der Frontverschluss manuell entriegelt. Das Ablegen des Daches übernimmt der elektrische oder elektrohydraulische Antrieb (Abb. 6.41). Diese Antriebseinheit bewegt auch die Klappen im C- oder B-Säulenbereich, die eventuell vorhandene Hutablage sowie den Verdeckkastendeckel.

Bei Z-Faltungs- und aufliegenden Verdecken reicht meist eine Kinematik aus, um das Dach zu bewegen. Soll das Dach unter einem Verdeckkastendeckel verstaut werden, so muss bei Softtops – und teilweise auch bei RHTs – der hintere Teil des Dachs zunächst über eine zusätzliche Kinematik angehoben werden, um den Verdeckkastendeckel öffnen und das Dach ablegen zu können.

Zusätzliche Verschlüsse sind notwendig, um den Stoff bei einem Softtop zu spannen bzw. bei Softtops und RHTs den nötigen Dichtungsdruck und die komplette Schließung zu erreichen.

Abb. 6.41 Verdeckgestänge für ein Softtop mit Spannbügel und elektrohydraulischem Antrieb

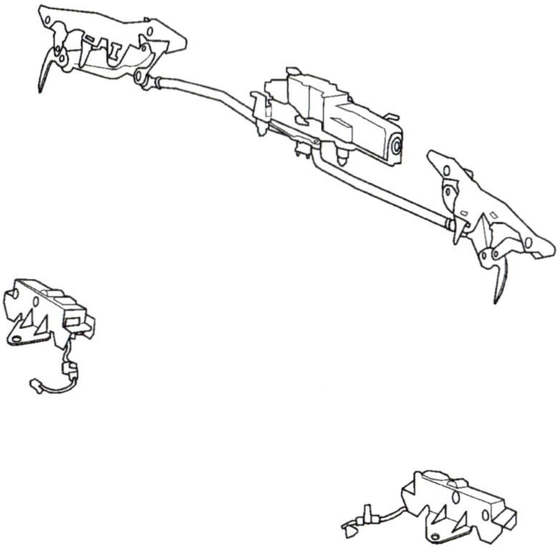

Abb. 6.42 Frontverschluss mit Grundplatten

Verschlüsse Verdecke, die im hinteren Bereich mit der Karosserie fest verbunden sind, werden nur mit Verschlüssen in der Dachspitze am Windlauf verriegelt. Am Windlauf sind so genannte »Grundplatten« (Abb. 6.42) angebracht, die das Widerlager zur manuellen oder angetriebenen Verschlusseinheit in der Dachspitze darstellen.

Das Aufspannen von Softtops mit beweglichem Spannbügel erfolgt je nach verwendeter Dachkinematik entweder über einen Verschluss in der Dachspitze oder im Heckbereich. Die Verriegelung in der Dachspitze setzt sich zunehmend durch.

Bei RHTs ergibt sich durch die aerodynamischen Kräfte sowie um Knarz- und Klappergeräusche zu vermeiden die Notwendigkeit, auch die einzelnen Dachschalen untereinander zu verriegeln. Die Verriegelungseinheiten zwischen den Dachschalen werden dazu über den Frontverschluss angetrieben. Für Klappen im C-Säulenbereich sowie den Verdeckkastendeckel kommen weitere Verschlüsse zum Einsatz. Diese werden entweder über Elektromotoren oder über die Dachhydraulik angetrieben. Die Verriegelung kann auch an die Bewegung eines Scharniers gekoppelt werden.

Textilumfang Der Textilumfang eines Softtops besteht aus dem äußeren Verdeckbezug, einem Innenhimmel, einer eventuell vorhandenen Dämmung zwischen Bezug und Himmel sowie den Spanngurten.

Der Innenhimmel erfüllt vor allem eine optische Funktion: Er deckt die Kinematikbauteile im Innenraum ab. In einem geringen Maß dient er je nach Aufbau des Textils auch der Geräuschisolation. Für den Himmel werden sowohl einlagige Materialien als auch mehrlagige Textilien eingesetzt.

Der Verdeckbezug besteht zumeist aus einem dreilagigen Aufbau, häufig ein Polyestergewebe. Nur noch in seltenen Fällen kommt eine genarbte PVC-Folie zum Einsatz. Die innere Lage ist ebenfalls ein Polyestergewebe in unterschiedlichen Webarten. Eine Gummierung als Zwischenlage stellt die Wasserdichtheit des Verdecks sicher.

Die Materialien für Verdeckbezüge werden in unterschiedlichen Qualitäten und Dicken ausgeführt, je nachdem welches Packmaß zur Verfügung steht und welche Isolationseigenschaften gewünscht sind.

Um die Isolationseigenschaften von Softtops weiter zu verbessern, aber auch um dem Verdeck den vom Styling gewünschten Strak zu geben, kommen zusätzlich Dämmmatten (Vliesmaterial, Polyurethanmatten) zum Einsatz. Wichtig neben Optik und Isolationswirkung ist hier auch das Rückstellverhalten des Materials, um bei geschlossenem Verdeck möglichst wenig Falten zu haben.

Abb. 6.43 Seitliches Dichtprofil eines Softtops

Die Stoffqualität hat wesentlichen Einfluss auf die Faltenreversibilität.

Um die Sortenreinheit bei einer späteren Verschrottung zu gewährleisten, werden die Textilumfänge meist nur noch über mechanische Verbindungen wie Clipse, Schrauben oder Nieten mit dem Verdeckgestänge verbunden. Das frühere Verkleben wird, wo möglich, vermieden.

Kamen früher noch klare Kunststofffolien als Heckscheiben zum Einsatz, so werden heute, bis auf wenige Ausnahmen, z. B. im Offroadbereich, nur noch Mineralglasscheiben mit Heckscheibenheizung eingesetzt. In vielen Fällen sind die Glasscheiben mit dem Verdeckbezug verklebt. Alternativ kann die Glasscheibe über Metallrahmen mit zusätzlichen Dichtungen oder einem Kunststoffrahmen mit dem Bezugsmaterial verbunden werden.

Die Spanngurte links und rechts werden seitlich an den Querverbindungen des Verdeckgestänges, den so genannten »Spriegeln«, befestigt. Diese thermostabilisierten Gurte übernehmen die Führung der Spriegel und stützen zugleich den Verdeckbezug.

Dichtungen Das Verdeck als eigenständiges System muss – ähnlich einer Tür – an den Schnittstellen zum Fahrzeug abgedichtet werden. Die Schnittstellen sind: Windlauf, Seitenscheiben, Fensterschachtdichtung, Verdeckkastendeckel und Karosserieflächen im Heckbereich. Für Cabrios gelten heute die gleichen Dichtheitsanforderungen wie für alle anderen Fahrzeugtypen. Um die Toleranzen an der Schnittstelle zwischen Fahrzeug und Verdeck aufnehmen zu können, kommen großvolumige Profile mit ein oder zwei Kammern und zusätzlichen Dichtlippen zum Einsatz (Abb. 6.43). An den Eckbereichen gehen die Profile in Formteile über. Die Dichtungen werden über so genannte »Fassungsschienen« mit dem Verdeckgestänge verschraubt oder vernietet. Als Fassungsschiene wird ein C-Profil verbaut, das gegebenenfalls schon in das Gummiprofil der Dichtung eingebracht ist.

Ein zusätzliches, automatisches Absenken der Seitenscheiben beim Öffnen und Schließen der Türen, auch Kurzhubabsenkung genannt, stellt sicher, dass die Seitenscheiben beim automatischen Wiederhochfahren komplett von den Dichtungen umfasst werden. So ist neben der Dichtheit auch eine Minimierung der Windgeräusche und eine Schallisolation gewährleistet.

Antriebe Elektrohydraulik ist heute die häufigste Antriebstechnologie für Softtops und RHTs, deren Verschlüsse sowie der zusätzlichen Klappen. Nur noch vereinzelt kommen auch Elektromotoren zum Einsatz. Ein Hydraulikantrieb besteht aus einer Pumpeneinheit mit E-Motor, Ölreservoir und Pumpenblock, einer Schlaucheinheit sowie den Hydraulikzylindern, die mit den zu bewegenden Baugruppen verbunden sind.

Die heute in Cabrios eingesetzten Hydraulikeinheiten wurden speziell für die Belange von Verdecksystemen entwickelt und werden so den Anforderungen an geringes Packmaß und hohe Kräfte gerecht. Dafür werden Drücke von ca. 120 bis 170 bar eingesetzt.

Bei rein elektromotorischen Antrieben besteht meist der Nachteil, dass die Kräfte über aufwändige Mechaniken auf die anzutreibenden Baugruppen verteilt werden müssen. Oder es müssen mehrere Elektromotoren eingesetzt werden. Für einfachere Verdecksysteme stellen sie dennoch eine Alternative dar.

6.1.5 Frontendmodule

Frontendmodule (Abb. 6.44) sind aus der modernen Pkw-Entwicklung nicht mehr wegzudenken, z. T. wie beim VW-Golf, werden sie bereits seit

Abb. 6.44 Frontendmodul Audi Q3 (Quelle: HBPO GmbH)

Anfang der 1990er Jahre eingesetzt. Verbunden mit dem Konzept des offenen Vorderwagens, in den der Motor von vorn eingesetzt wird, sind Frontendmodule die Baugruppen mit denen das Fahrzeug an der Front verbunden und geschlossen wird. Das Weltmarktvolumen für Frontendmodule liegt derzeit bei 15 Mio. Einheiten und wird bis zum Jahr 2015 auf 18 Mio. Einheiten davon über 8 Mio. Einheiten im europäischen Markt steigen. Unterschieden werden kann zwischen Projekten, bei denen der Fahrzeughersteller die Module selbst entwickelt und fertigt (Inhouse: Etwa 26 % des Weltmarktes), Projekten bei denen die reine Montage an Zulieferer vergeben wird (Assembly: Etwa 15 % des Weltmarktes) und Projekten, bei denen sowohl Entwicklung als auch Montage vom Zulieferer durchgeführt wird [67].

6.1.5.1 Bestandteile von Frontendmodulen

Der Begriff Frontend ist nicht genormt, so dass hersteller- und projektspezifisch unterschiedliche Umfänge gemeint sein können. Je größer der Umfang bei der Konzeption eines Frontendmoduls, desto höher das Kosteneinsparpotenzial. Typische Hauptbestandteile sind:

- Strukturträger
- Kühlkomponenten
- Stoßfängerquerträger und Crashboxen
- Scheinwerfer und weitere Front- und Signalleuchten
- Ggf. der Stoßfängerüberzug

Der Strukturträger ist die Integrationsplattform aller Einzelkomponenten für das Frontendmodul. Außerdem integriert er das Haubenschloss, den Bowdenzug, die Fanghaken und die Anschlagpuffer. Technologisch gibt es heute unterschiedlichste Lösungen für den Strukturträger. Er kann aus Plastik, Aluminium oder Stahl bestehen, wird immer häufiger aber auch als Hybridbauteil (PP- oder PA-Plastik/Stahl) im In-Mold oder Post-Mold Verfahren hergestellt. Besondere Vorteile der Hybridträger liegen in der Möglichkeit, hohe Funktionsintegration und geringe Toleranzen bei gleichzeitig hoher Steifigkeit und hoher Wärmebeständigkeit zu realisieren.

Idealerweise sollte der Strukturträger in der Lage sein, die je nach Motorisierung unterschiedlichen Kühlergrößen und Ausstattungen möglichst effizient zu integrieren.

Der Querträger mit den Crashboxen stellt im Normalbetrieb ein »Verschlusselement« des offenen Vorderwagens dar und versteift die Karosserie. Im Crashfall (bis 16 km/h gegen eine feste Barriere) soll die Crashenergie gezielt durch die Deformation des Querträgers und der betreffenden Crashbox abgebaut werden. Die Integration der Scheinwerfer und des Stoßfängerüberzugs sind stark durch Designanforderungen geprägt. Hier geht es darum, die sich ergebenden Spalten und Fugen klein und gleichmäßig zu halten. Das Ziel aller Überlegungen ist es, dass sich das gewünschte Bild am Montageband beim Fügen des Frontends ohne Nachstellarbeiten ergibt [67].

6.1.5.2 Entwicklungs- und Fertigungskompetenz für Frontendmodule

Für reine Montageprojekte liegt der Schlüssel zur erwünschten Kostenreduzierung beim Einsatz von Frontendmodulen in sehr effizienter Just-In-Time, Just-In-Sequence Fertigung und einem effizienten Projektmanagement. Aufgrund der extrem hohen Variantenzahl (Wagenfarbe, Motorisierung/Kühlung, Beleuchtungsausstattung) kann jedes Modul erst auf Abruf gefertigt werden und muss dann genau in der Reihenfolge der Fahrzeugproduktion am Montageband angeliefert werden, um aufwendige Zwischenlagerungen zu vermeiden. Die entscheidenden Fertigungsschritte in der Modulfabrik sind Montagen der beigestellten Komponenten häufig durch Klipsen oder Schrauben.

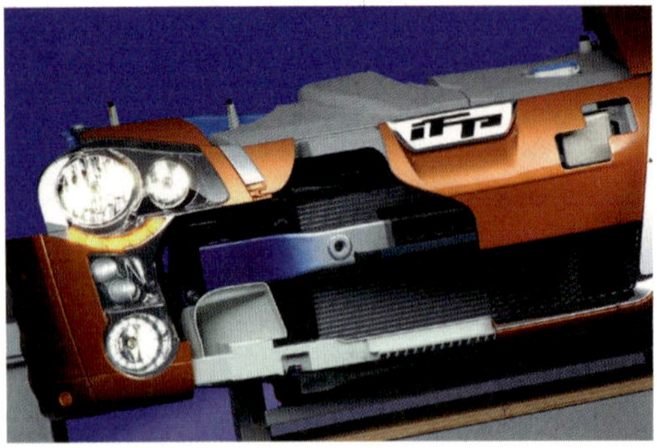

Abb. 6.45 Hochintegriertes Frontendmodul (Quelle: HBPO)

Werden auch die Entwicklungsumfänge modulbezogen vergeben, so stehen neben der Hauptaufgabe des Frontends, den Vorderwagen abzuschließen und zusammenzuhalten, folgende Anforderungen im Fokus:

- Umsetzung der Designaspekte des Automobilherstellers
- Integration von Lichttechnik und Kühlfunktion
- Außenumströmung
- Gewährleistung des Fußgängerschutzes
- Effizientes Crashmanagement
- Kostengünstige Montage

6.1.5.3 Innovationen für Frontendmodule

Durch den zunehmenden Einsatz von Kunststoffüberzügen, z. B. auch für die Seitenwand, ergeben sich völlig neue Lösungsansätze, welche die Vision von der fugenlosen Fahrzeugfront in realisierbare Nähe rücken. Abbildung 6.45 zeigt ein Frontendmodulkonzept, bei dem die Funktion der Schweinwerferabschlussscheibe so erweitert wurde, dass sie partiell auch als Stoßfängerüberzug dient. Die großflächige Scheibe aus Polycarbonat ist nur dort transparent, wo dies für die dahinter liegende Licht- und Elektronikfunktionen notwendig ist. Der Rest der Scheibe ist in Wagenfarbe lackiert. Die beiden außenliegenden Scheiben bilden zusammen mit einem Mittelteil, welches durch »Sliding Tabs« fugenlos mit ihnen verbunden wird, den Stoßfängerüberzug [68].

Die Integration komplexerer Lichttechnik, ausgereifterer Kühlerregelungen sowie von Sensoren für Fahrerassistenz und Crash-Management erhöht den Elektronikanteil im Frontendmodul erheblich und führt zu der Herausforderung, hier innovative Integrationskonzepte zu entwickeln.

Mit den gesetzlichen Regelungen zum Fußgängerschutz (EU Verordnung 2003/102/EC) in der festgelegt ist, dass Pkw und leichte Nutzfahrzeuge ab Oktober 2005 Tests für den Unterschenkel- und Kinderkopfaufprall bestehen müssen und ab September 2010 erhöhte Anforderungen auch für Oberschenkel- und Erwachsenenkopf gelten, gehen erhebliche neue Anforderungen an Frontendmodule einher. Flachere Kühlerkonzepte sind notwendig, um mehr Freiraum zwischen Außenhaut und den darunter liegenden Komponenten für Crashmaßnahmen im Hinblick auf Oberschenkel- und Kinderkopfaufprall zu bekommen. Optimierter Fußgängerschutz wird aber auch realisiert durch verstärkte Stoßfängerüberzüge oder den gezielten Einsatz von Fußgängerschutzquerträgern unterhalb des Stoßfängers, die dem Körper bei einer Frontalkollision eine Drehbewegung aufzwingen, so dass er über die Motorhaube abrollt [67]. Zu beobachten sind auch Entwicklungen das Frontend oder Teile davon als Sensor auszulegen, z. B. indem optische Fasern eingearbeitet werden, um dann bei Störung der Transmission durch Druck auf das Modul aktive Fußgängerschutz- oder Crashmaßnahmen einleiten zu können.

6.2 Materialien der Karosserie

6.2.1 Historischer Rückblick

In den Anfängen des Automobilbaus wurden Karosserieformen und -strukturen weitgehend nach der Form von Kutschen realisiert. Die entsprechenden Karosserien bestanden überwiegend aus Stahl und Holz und wurden häufig auf Fahrgestelle montiert. Es dominierte die Einzelanfertigung auf Kundenwunsch; erst später wurden im Zuge der zunehmenden Industrialisierung kostengünstigere Herstell- und Bearbeitungsverfahren entwickelt. Im heutigen automobiltechnischen Großserienbau dominieren maßgeschneiderte werkstofftechnische Systemlösungen, wobei im Karosseriebau eine brei-

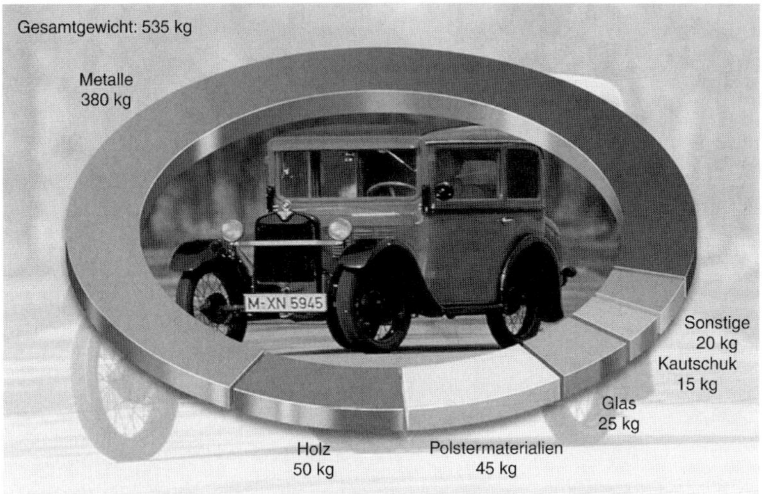

Abb. 6.46 Werkstoffeinsatz BMW DIXI

te Materialvielfalt verwendet wird, bestehend aus hochfesten und vergüteten Stählen, Leichtmetallen, wie z. B. Aluminium und Magnesium, sowie thermoplastischen und duroplastischen Kunststoffen [69] (Abb. 6.46 und Abb. 6.47).

Damit wird heute eine bestmögliche Zielerreichung in einer komplexen Anforderungsmatrix, bestehend u. a. aus Leichtbau, Sicherheit, Steifigkeit, Zuverlässigkeit, Umweltverträglichkeit und Kosten sichergestellt.

Der Innenraum von Karosserien und hier speziell das Cockpit ist eine wichtige Schnittstelle zwischen Fahrer und Technik. Die verwendeten Werkstoffe unterliegen einem ständigen Wandel, getrieben von steigenden Anforderungen u. a. an Komfort, Design und Ergonomie. Während in den frühen Jahren des Automobilbaus für das Cockpit überwiegend Metalle, Holz und Leder zum Einsatz kamen (Abb. 6.48), wird heute für derartige Anwendungen ein breites Spektrum an Kunststoffen und Textilmaterialien verwendet [70] (Abb. 6.49).

6.2.2 Konzepte und Bauweisen

Wird ein Auto in einem bestimmten Marktsegment positioniert, so werden Stückzahlen und Verkaufspreis geplant. Dies hat große Einflüsse bzw. Konsequenzen sowohl für die Funktion der Karosserie als auch auf deren Werkstoffauswahl. Die optimale Auswahl der Werkstoffe hängt von vielen Faktoren ab, da derselbe Werkstoff sich nicht in jedem Projekt wirtschaftlich rechnet.

Im heutigen Großserienautomobilbau dominiert die Blechschalenbauweise mit Stahlwerkstoffen; es werden sowohl die Karosseriestruktur als auch die Anbauteile gezielt auf die jeweilige Anforderung ausgelegt. Diese Bauweise ist für hohe Stückzahlen wirtschaftlich; hohem Anlageninvest stehen günstige Werkstoffkosten gegenüber.

Eine weitere Möglichkeit besteht darin, die Rohkarosserie komplett aus Aluminium zu fertigen. Dafür eignet sich u. a. die Aluminium Space Frame Bauweise [71], welche aus einer Gitterrahmenstruktur aus Strangpressprofilen besteht (▶ Abschn. 6.1.2). Diese Bauweise ist vor allem für Kleinserien besonders ökonomisch; die im Vergleich zu Stahl höheren Werkstoffkosten des Aluminiums werden durch die geringeren Investkosten für derartige Anlagen kompensiert (Abb. 6.50). Bei neueren Fahrzeugmodellen findet man aus Leichtbaugründen auch Mischbauweisen für die Karosseriestruktur aus Stahl und Aluminium; hierbei kann z. B. ein Aluminium-Vorderbau mit der Stahlkarosse verbunden werden.

Ein Ansatz für zukünftige Karosseriekonzepte besteht in der Bauteil- und Funktionsintegration

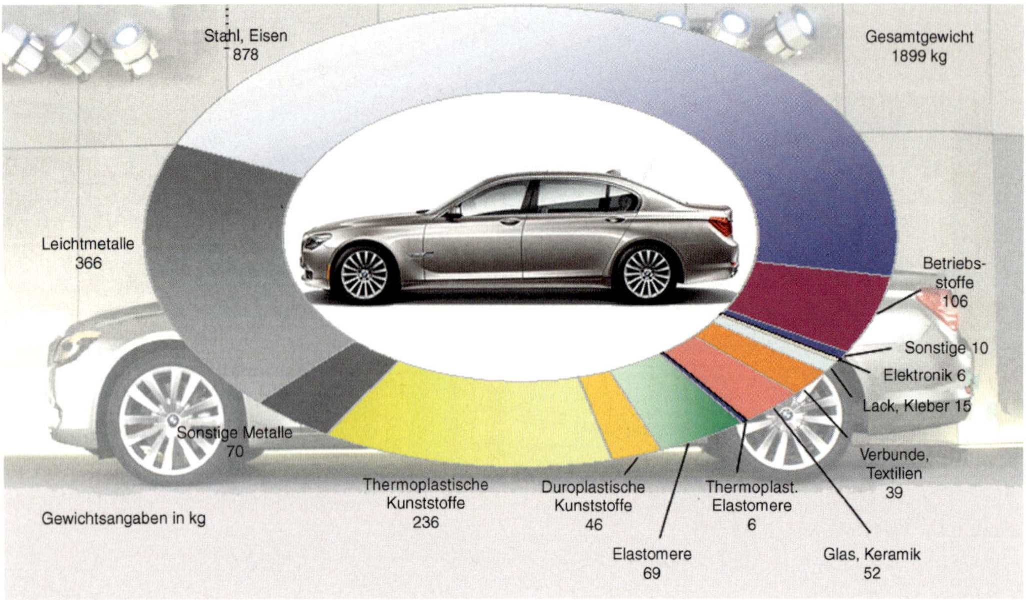

Abb. 6.47 Werkstoffeinsatz im Pkw-Bau (Beispiel 7er BMW)

Abb. 6.48 Instrumententafel des Maybach Zeppelin DS 7 (1930 bis 1937, Quelle: DaimlerChrysler)

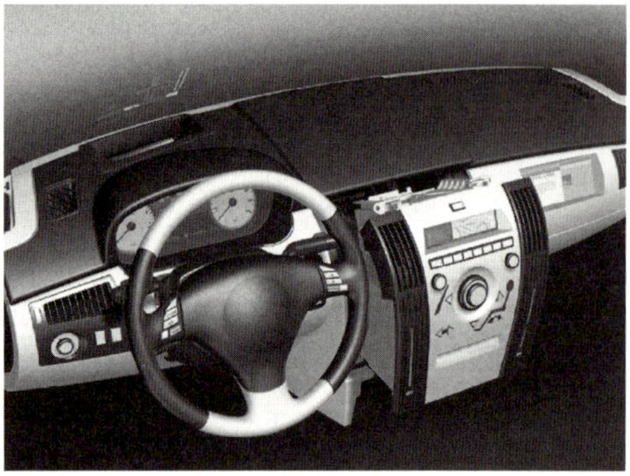

Abb. 6.49 Modulares Cockpitkonzept (Quelle: Siemens VDO)

im Bereich der tragenden Strukturelemente im Verbund mit einer optimierten Krafteinleitung und entsprechend gewählten Fertigungsverfahren [72].

Eine Übersicht von Zielkonflikten bei der Entwicklung von Karosserien gibt Tab. 6.5. Der optimale Einsatz eines geeigneten Materials spielt nicht nur in wirtschaftlicher sondern auch in technischer Hinsicht eine große Rolle. Die ersten Überlegungen müssen den grundlegenden Kriterien wie Kosten, Verfügbarkeit, Verformbarkeit, Fügen usw. gelten.

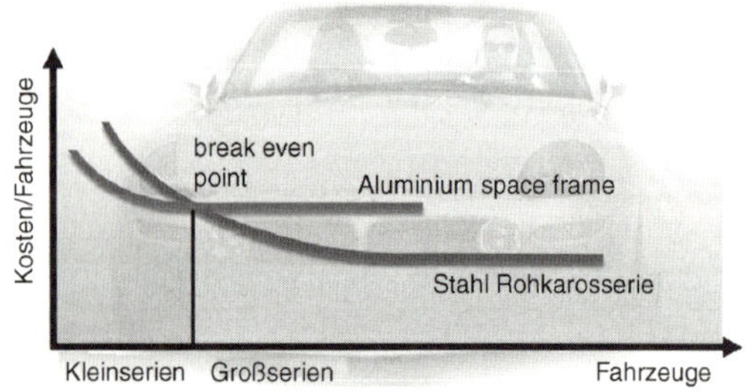

Abb. 6.50 Wirtschaftliche Betrachtung von Aluminium Space Frame vs. Stahlkarosserie

Tabelle 6.5 Zielkonflikte im Karosseriebau

Konstrukteurziele	Zielkonflikte
Einsatz des »idealen« Werkstoffes	Kosten, Korrosion, Fügen, Reparatur, Recycling, Vorschriften, ...
Gleichzeitig hohe Festigkeit und Steifigkeit	Bauraum steht in Konkurrenz steifigkeitserhöhender Strukturmaßnahmen wie Querschnittserhöhung
Multifunktionalität des Bauteiles	Werkstoffeigenschaften und Herstellbarkeit
Leichtbau	Akustische Auswirkungen
Design in Abhängigkeit der Stückzahl	Richtige Werkstoffauswahl und eventuelle Limitierung durch Herstellprozess
Kreislauffähigkeit des Materials	Kosten

Der Zielkonflikt Steifigkeit – Festigkeit – Leichtbau lässt sich anschaulich bei der Konzeption einer Karosserie verdeutlichen.

Das Leichtbau-Werkstoffkriterium für die Beulfestigkeit der Trägerstruktur ist $\sqrt{R_{p0,2}}/r$ [74]. Somit kann sie über die Werkstofffestigkeit erhöht werden. Um eine Reduzierung der Blechdicke bei gleicher Beulfestigkeit zu erreichen, muss die Festigkeit aber überproportional angehoben werden, da die Festigkeit linear, die Blechdicke aber quadratisch bis kubisch in die Beulfestigkeit einfließt. Das Potenzial höherfester Stähle in der Außenhaut ist deshalb geringer als bei Strukturteilen.

Die Beulsteifigkeit der Schalenstruktur wiederum berechnet sich nach dem Leichtbau-Werkstoffkriterium $\sqrt[3]{E}/\rho$ und ist stark vom E-Modul abhängig [74]. Da der E-Modul aber bei den Stählen ungefähr gleich ist, ist keine Verbesserung bei der Verwendung von höherfesten Stählen zu erwarten. Grosses Potenzial ist bei der Substituierung des Stahles durch Aluminium vorhanden, wenn man bei gleichem Gewicht die Blechdicke erhöht, da die Dicke, je nach Geometrie, zur 2ten oder 3ten Potenz eingeht.

Die Verwendung einer Aluminium-Lithium Legierung führt zu einem besseren Verhältnis von mechanischer Eigenschaft zu Masse, da der E-Modul erhöht und die Dichte reduziert wird.

Verringert man aus Gewichtsgründen die Stirnwanddicke, hat dies einen Einfluss auf die Akustikeigenschaften des Innenraumes. Akustikmaßnahmen, wie Dämmmatten, welche hier Abhilfe schaffen würden, sind meist teurer als eine Blechdickenerhöhung der Stirnwand.

Die verwendeten Werkstoffe sollen geeignet für Reparaturverfahren wie Ausbeulen, Schweißen, usw. sein. Die Konstruktion muss wirtschaftliche Reparaturabschnitte berücksichtigen.

6.2.3 Anforderungen und Auslegungskriterien an die Werkstoffe der Karosserie

Die Anforderungen an die Werkstoffe der Karosserie ergeben sich zuerst aus den funktionalen Eigenschaften des Fahrzeugs und einer gesamthaften Betrachtung der Prozesskette Presswerk-Karosseriebau-Oberfläche.

Anforderungsprofile der Karosserie- und der Interieurwerkstoffe sind in Tab. 6.6 und Tab. 6.7 zusammengefasst.

Mit den ausgewählten Rohkarosserie-Werkstoffen werden Schwingfestigkeitsuntersuchungen bis hin zum Ausfall unterzogen und in Wöhlerdiagrammen (Nennspannungsamplitude über der Schwingspielzahl) aufgetragen. Oft werden Dauerfestigkeitskennwerte ($N > 10^6$) angenommen, die es in der Realität in strenger Form nicht gibt. Die Schwingfestigkeit fällt nach dem Knick bei N_k der Wöhlerlinie weiterhin leicht ab (Abb. 6.51).

Tabelle 6.6 Grundlegende Anforderungen an Rohkarosseriewerkstoffe

Karosserie
Festigkeit
Steifigkeit
Leichtbau
Wirtschaftlichkeit
Korrosionsbeständigkeit
Fügbarkeit
Sicherheit
Reparaturfreundlichkeit
Optik
Verfügbarkeit
Recyclingfähigkeit

Tabelle 6.7 Grundlegende Anforderungen an Innenraumwerkstoffe

Interieur
Haptik
Optik
Steifigkeit
Festigkeit
Wirtschaftlichkeit
Energieaufnahme
Verfügbarkeit
Recyclingfähigkeit

Dadurch können Schäden im Bereich von hohen Schwingspielzahlen ($N > 10^6$) unter konstanten Belastungsamplituden auftreten. Vorhandene Erfahrungen erlauben aber eine Abschätzung des Wöhlerlinienverlaufes bis in den Bereich von Gigazyklen mit folgenden Neigungen nach dem Abknickpunkt: $k^* = 45$ (5 % Schwingfestigkeitsabfall pro Dekade) für Eisenbasiswerkstoffe und Magnesiumlegierungen, $k^* = 22$ (10 % Abfall) für Aluminiumlegierungen und Schweißverbindungen mit hohen Zugeigenspannungen. Auf Grund des beobachteten Abfalls der Schwingfestigkeit oberhalb von 10^7 Schwingspielen wird die vorhandene IIW-Richtlinie (International Institute of Welding) zur schwingfesten Bemessung von geschweißten Konstruktionen entsprechend überarbeitet [75].

Nach Festlegung der Werkstoffe bzw. Fügeverfahren und Durchführung von Simulationen werden erste Karossen mittels Betriebsfestigkeitsprüfungen zyklischen Belastungen unterzogen (Abb. 6.52). Die Belastungsamplituden sind unterschiedlich in deren Häufigkeit, wobei auch Missbrauchsfälle abgedeckt werden müssen. Sicherheitskritische Bauteile sind so auszulegen, dass sie im Falle eines Missbrauches eine definiert plastische Verformung hinnehmen, bevor sie komplett versagen.

Im Presswerk werden Themen wie Umformverhalten, notwendige Umformkräfte und das Schneidverhalten des Werkstoffes berücksichtigt. Für das Fügen der Bauteile im Karosseriebau ist die Eignung der Werkstoffe für die verschiedenen kalten und warmen Fügeverfahren zu bewerten, wobei insbesondere das Fügen unterschiedlicher Werkstoffe betrachtet werden muss. Beispiele sind Stahl-Aluminium Verbindungen.

Trotz aller gewichtssenkenden Maßnahmen steigt das Fahrzeuggewicht bei fast allen Automobilherstellern an. Ein Grund hierfür ist, wie in Tab. 6.8 gezeigt, in der zunehmenden Ausstattung der Fahrzeuge zu suchen. Vergleicht man Karosserien mit ähnlicher Aufstandsfläche und Fahrzeuglänge (z. B. BMW 3,0Si und BMW 330i) müsste die Rohkarosserie des BMW 330i um 41 kg schwerer sein. Tatsächlich sind es aber nur 10 kg bei einer Verdoppelung der Steifigkeit. Dies entspricht einer Gewichtseinsparung von 31 kg oder 12 %, die über konstruktive Maßnahmen, verbesserte Fügeverfahren und Reduzierung der Blechdicke durch z. B. Verwendung von höherfesten Stählen erreicht worden sind [76].

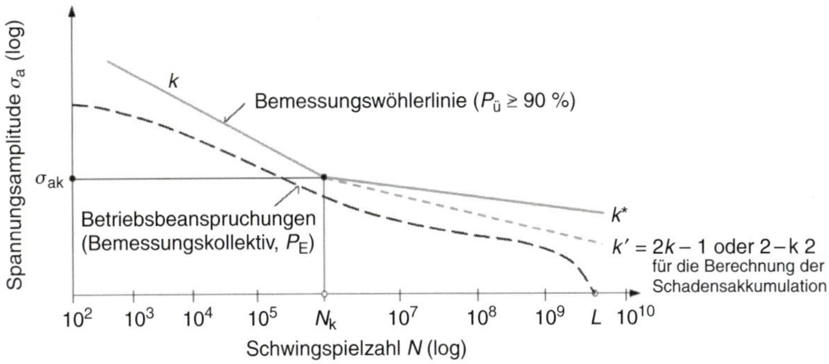

Abb. 6.51 Betriebsfeste Bemessung

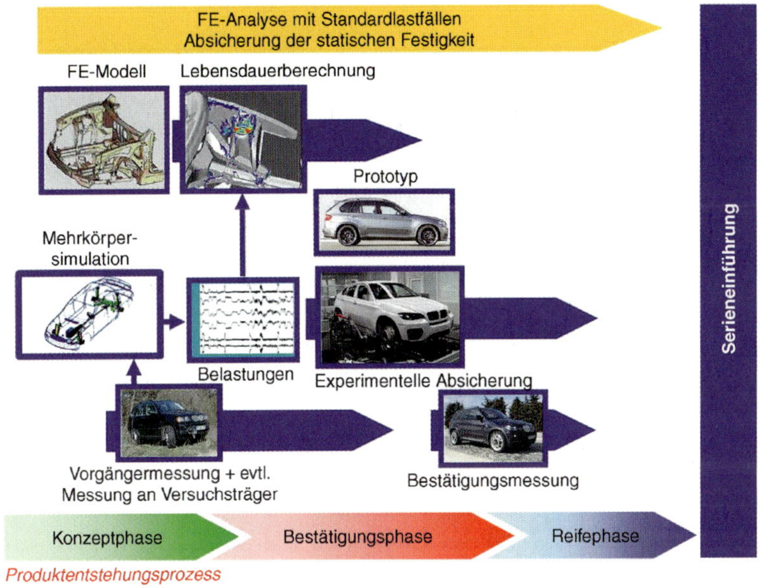

Abb. 6.52 Lebensdauerabsicherung mit Hilfe von CAE (für die Standardlastfälle)

Leichtbau und Gewichtsreduzierung im Automobilbau sind nicht nur in Kilogramm zu messen, sondern auch in Relation zu den erreichten Funktionen und der Größe zu betrachten. Die Auslegung der Rohkarosseriestruktur erfolgt hauptsächlich nach strukturdynamischen, statischen, crashrelevanten und gewichtsoptimierten Gesichtspunkten.

Strukturdynamische Auslegung: – (► Abschn. 3.4): Ziel ist das Erreichen der schwingungstechnischen und akustischen Ziele. Diese Anforderungen sind in den letzten Jahren weiter gestiegen. Sie erweisen sich in zunehmendem Maße als die treibende Kraft bei der Dimensionierung von guten Karosseriestrukturen. Als ein Maßstab für die dynamische Güte einer Karosserie kann das Schwingungsverhalten im Leerlauf betrachtet werden.

Statische Auslegung: – Bei der statischen Auslegung geht es primär um die steifigkeits- und festigkeitsrelevante Optimierung der Karosseriekonstruktion für das quasistatische Fahrverhalten wie z. B. Verwindung der Karosserie bei Kurvenfahrten.

Crashrelevante Auslegung: – (► Kap. 9): Ein ständiger Entwicklungsschwerpunkt ist die Verbesserung des Insassenschutzes. Wie auch in der statischen Auslegung (Steifigkeit) nimmt hierbei die Simulation einen besonderen Schwerpunkt ein, da sich mit ihr schon in der Konzeptphase wirksame Maßnahmen in die Karosseriekonstruktion integrieren und absichern lassen. Die zuvor beschriebenen

Tabelle 6.8 Vergleich Oberklasselimousine BJ. 1975 vs. Mittelklasselimousine 2001

	BMW 3,0 Si Bj. 1975	Δ Gewicht	BMW 330i Bj. 2001
Fahrzeuglänge	4,70 m	−10 kg	4,47 m
Innenraumlänge	≈ 1810 mm		1883 mm
Aufstandsfläche	3,99 m²	+5 kg	4,05 m²
Gewicht	1440 kg		1430 kg
Gerippegewicht	250 kg		260 kg
Beschl. 0–100	8,5 s		6,5 s
Steifigkeit	≈ 9000 Nm/°	+35 kg	≈ 17.500 Nm/°
Δ Ausstattung Blech		+11 kg	Türverstärkung, verstärkte Schlösser und Sitzgestelle, …
		$\sum$ +41 kg	
Δ Ausstattung		+71 kg	Klima/Heizung (25), 6 Airbags (6) Kopfstützen, Gurtsysteme (6), ABS, ASR (5), 5 Ganggetriebe (5), Reversible Stoßfänger (10), Fensterheber (4), 2. Spiegel (2), Abgasreinigung (8)

guten statischen und dynamischen Eigenschaften bilden eine hervorragende Basis zur Crashoptimierung.

Gewichtsoptimierte Auslegung: – Zusätzlich zu den drei vorher genannten Auslegungskriterien spielen der Kraftstoffverbrauch und die Fahrdynamik eine bedeutende Rolle. Aus Sicht der Karosserie wird der Verbrauch neben der Aerodynamik vom Fahrzeuggewicht geprägt. Durch die selbstragende, optimierte Bauweise der Karosserie ging der Anteil der Rohkarosserie am Leergewicht trotz der Funktionssteigerungen deutlich zurück [77].

Es wurde, ausgehend von den wichtigsten Karosseriefunktionen und den dazu definierten Zielen, die spezifische Leichtbauquote oder der Leichtbaugütewert L definiert, welcher der Quotient aus dem benötigten Gerippegewicht m_{Ger} (ohne Scheiben) pro Torsionssteifigkeit C_{t} (mit Scheiben) und der zugehörigen Aufstandfläche A (Spur × Radstand) ist (Abb. 6.53).

Dieser Leichtbaugütewert L, also Gewicht pro Funktion und Größe, zeigt, welche gravierende spezifische Gewichtsreduktion die Stahlkarosse in den letzten Jahren erfahren hat. Erreicht wurde die Verbesserung von L durch bessere Konstruktionen, bessere Fügeverfahren (Laserschweißen, Kleben, …) und durch neu entwickelte Werkstoffe. Die Funktionen wie statische, dynamische Steifigkeiten und passive Sicherheit haben bei annähernd gleichem Flächengewicht einen hohen Stand erreicht. Daher gilt es zukünftig unter Beibehaltung dieser Funktionen, alle Anstrengungen, sich auf die Reduzierung des Flächengewichtes zu konzentrieren und somit eine weitere Verbesserung der Leichtbaugüte zu erzielen.

6.2.4 Typische Karosseriewerkstoffe

6.2.4.1 Stahlwerkstoffe

Abbildung 6.54 zeigt, dass die über das Rohkarosseriegewicht gemittelte Mindestdehngrenze der eingesetzten Stähle in den letzten Jahren stark zugenommen hat. Zur Reduzierung des Karosseriegewichts und wegen des Wettbewerbs mit Leichtbauwerkstoffen wie Aluminium, Magnesium und Kunststoff wurden in den letzten Jahren neue Stahlsorten entwickelt. 50 % der heute ver-

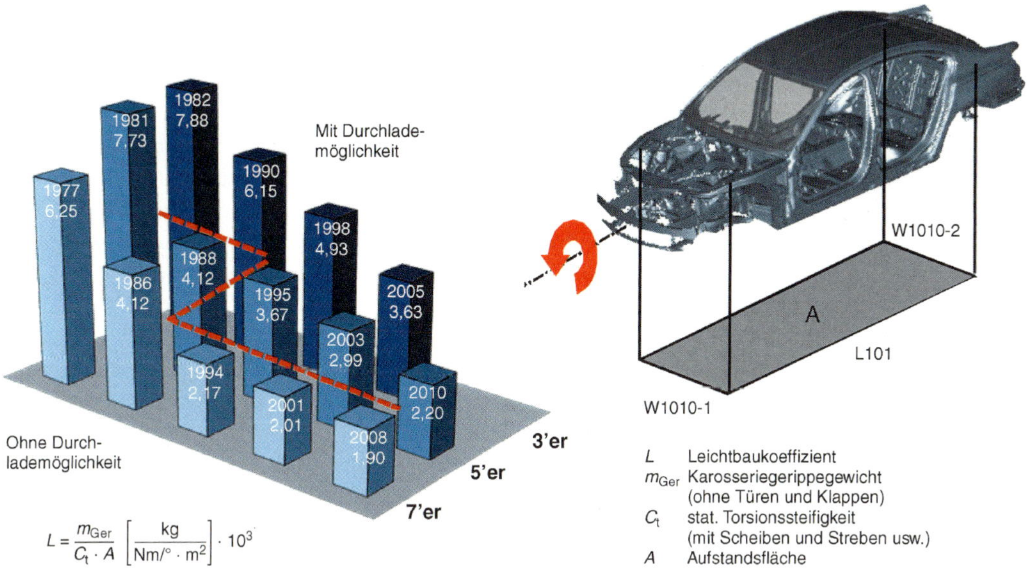

Abb. 6.53 Entwicklung des funktions- und größenbezogenen Gerippegewichtes

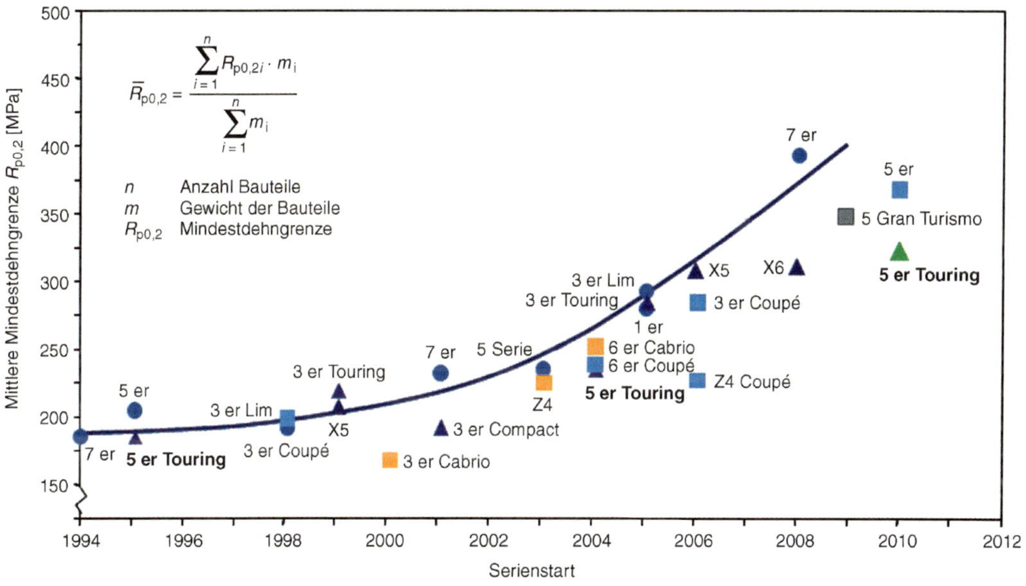

Abb. 6.54 Entwicklung der Mindestdehngrenzen von typischen Karosseriestahlwerkstoffen

fügbaren Sorten wurden in den letzten 10 Jahren entwickelt oder zumindest optimiert [76].

Bei den bisher üblichen kaltgewalzten Stählen reicht das Festigkeitsspektrum von speziellen Tiefziehsorten wie DX56 oder DC06 mit einer Mindestfestigkeit von 120 MPa bis zu mikrolegierten Sorten mit 420 MPa. Warmgewalzte Stähle erreichen heute schon Zugfestigkeiten von über 1200 MPa, kaltgewalzte Stähle gleicher Festigkeit sind in Entwicklung. In den meisten Festigkeitsklassen stehen unterschiedliche Stahlsorten mit unterschiedlichen Eigenschaften zur Verfügung.

In ◘ Tab. 6.9 ist eine Struktur und Klassifizierung der Stahlwerkstoffe abgebildet. Oft werden Stähle wie DP600 nach der maximalen Festigkeit, der Zugfestigkeit, bezeichnet. Um bei der Bauteilauslegung auf der sicheren Seite zu sein, muss aber der worst case, also die minimale Dehngrenze herangezogen werden.

Werkstoffe und Blechdicken in der Außenhaut sind u. a. nach der Beulfestigkeit (z. B. bei Hageleinwirkung) und Beulsteifigkeit (Einbeulen der Heckklappe beim Anschieben des Fahrzeuges) auszulegen.

Bake Hardening Stähle haben sich in vielen Bereichen der Außenhaut durchgesetzt, da sie im weichen Zustand gut umformbar sind und durch die Erwärmung im Lackierprozess eine zusätzliche Festigkeitssteigerung erfahren. Bake hardening Stähle zeichnen sich dadurch aus, dass der bake hardening Effekt gerade in gering umgeformten Bereichen relativ groß ist, so dass er bei der Türaußenhaut voll zum Tragen kommt.

Die Kaltverfestigung von IF-Stählen (Y-Stählen) und isotropen Stählen ist größer als die von bake hardening Stählen. Bei stärker umgeformten Bauteilen kann die Kaltverfestigung dieser Stähle alleine größer sein, als die Kaltverfestigung plus Festigkeitssteigerung durch Wärmebehandlung bei bake hardening Stählen. In diesen Fällen bieten sich isotrope Stähle für Bauteile mit Streckziehbeanspruchung und IF-Stähle für Bauteile mit Tiefziehbeanspruchung an.

Die überwiegend durch Streckziehen hergestellte Frontklappe ist ein Beispiel für die Verwendung isotropen Stahls.

Darüber hinaus ist zu beachten, dass bei Strukturteilen im Fahrzeuginneren, insbesondere in Bereichen von Blechdopplungen und Knotenpunkten die für entsprechende bake hardening Effekte erforderlichen Temperatur-Zeitverläufe in den Trocknerprozessen nicht immer erreicht werden. Die Festigkeitssteigerung durch bake hardening ist in diesen Bereichen deshalb häufig gegenüber der Kaltverfestigung bei der Umformung gering.

Dualphasenstähle (DP-Stähle) sind ab Festigkeiten von 270 MPa verfügbar. Für die Außenhaut können Bleche dieser Festigkeit nur eingesetzt werden, wenn das Design begrenzte Anforderungen an die Umformtechnik stellt. Um das Potenzial der DP-Stähle voll auszuschöpfen, muss die Umformung aber so groß wie möglich sein. DP-Stähle weisen einen bake hardening Effekt auf. Im Gegensatz zu den bisherigen bake hardening Stählen ist die Verfestigung bei geringer Bauteildehnung aber gering und nimmt erst mit zunehmender Dehnung zu. Bei geringer Umformung kann deshalb ein bake hardening Stahl gleicher Ausgangsfestigkeit zu höherer Beulfestigkeit führen.

6.2.4.2 Aluminiumlegierungen

Die Bedeutung von Aluminium als Karosseriewerkstoff hat aufgrund seiner geringen Dichte, der hohen spezifischen Festigkeit und Steifigkeit, seiner Korrosionsbeständigkeit und seiner passablen Umformbarkeit in den letzten Jahren stark zugenommen.

Aluminiumlegierungen werden abhängig vom Herstellungsverfahren in zwei Hauptgruppen eingeteilt: Plastisch verformbare Knetlegierungen und Gusslegierungen. Innerhalb dieser beiden Hauptgruppen kann man zwischen aushärtbaren und nicht aushärtbaren (naturharten) Legierungen unterscheiden.

Für die Karosserie stehen hauptsächlich die Produktformen Blech, Profil und Gussteile zur Verfügung. Bei den Blechlegierungen sind im Karosseriebereich vorrangig die 5xxx (Al-Mg Basis, nicht aushärtbar) und die 6xxx (Al-Mg-Si Basis, aushärtbar) Legierungen im Einsatz.

Die Legierungen der 5xxxer Gruppe sind naturhart, d. h. sie erfahren lediglich während der Umformung eine Kaltverfestigung, die nicht weiter gesteigert werden kann. Wenn eine Umformung notwendig ist, müssen diese Legierungen nach dem Walzen vollständig weichgeglüht werden. Während der Umformung im Presswerk erfahren sie eine Kaltverfestigung, welche während des KTL-Prozesses (Kathodische Tauch Lackierung) wieder teilweise zurückgehen kann. Neue Entwicklungen auf dem Gebiet sind Aluminiumlegierungen mit einem gut umformbaren und gleichzeitig festen Kern aus AlMg5,7Mn und einer beidseitigen Decklage aus AlMg1. Die Legierungen der 6xxxer Gruppe verhalten sich hier anders, denn sie können bei einer Warmauslagerung nach der Umformung mit einem entsprechenden Temperatur-/Zeitkollektiv noch eine Festigkeitssteigerung erfahren.

Tabelle 6.9 Klassifizierung der Stahlsorten nach Festigkeit und weiteren Eigenschaften (H = Höherfester Stahl; B = Bake hardening Stahl; Y = IF (interstitial free) Stahl; I = Isotroper Stahl; X = Dualphasen Stahl; T = TRIP Stahl)

$R_{p\,0.2}$ [MPa]	Referenz für Tiefziehen	Zusätzliche Festigkeit durch Bake Hardening bei geringer Umformung	Hohe Kaltverfestigung und bake hardening bei großer Umformung	Streck-ziehen	Verbesserte Umformbarkeit bei höheren Materialkosten	Deutlich bessere Umformbarkeit bei deutlich höheren Kosten
120	DC06, DX56				DC07, DX57	
140	DC04, DX54					
160	H160Y	H160B				
180	H180Y	H180B				
220	H220Y	H220B		H220I		
260	H260Y	H260B	H270X	H260I		
300		H300B	H300X	H300I		Austenit
340	H340LA		H340X			Austenit
380	H380LA					Austenit
420	H420LA		H400T		H400T	Austenit
500	H500X					
700	CP-W 800					
1000	MS-W 1200					Warmumformbare Borstähle

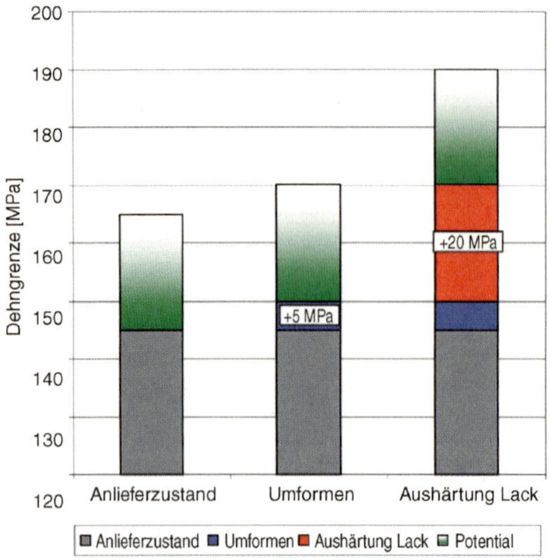

Abb. 6.55 Steigerung der Dehngrenze nach den einzelnen Verfahrensschritten zur Erreichung der endgültigen Festigkeit am Motorträger aus AlSi0,6Mg0,5

Die Festigkeit des fertigen Bauteiles wird somit entschieden beeinflusst von

- Anlieferungszustand des Platinen
- Zunahme der Festigkeit bei der Umformung
- Zeit-Temperaturverlauf der nachfolgenden Wärmebehandlungen (Abb. 6.55)

Im Gegensatz zu 5xxx Legierungen haben die 6xxx den Vorteil, dass bei einer Umformung keine Oberflächenunebenheiten in Form von großen flammenförmigen Mustern (Fließfiguren Typ A) oder in Form von feinen Streifen (Typ B) auftreten. In Europa setzen sich die Legierungen AA6016 oder die AA6181A für Außenhautanwendungen durch, wogegen in Japan großteils AlMg(Cu) Legierungen und in Nordamerika höherfeste AA6111 und AA6022 verwendet werden. Neue Entwicklungen gehen speziell das Problem der Entstehung der Fließfiguren bei 5xxx Legierungen an und die AA5182ffa (fließfigurenarm) kann als Alternative angesehen werden. Die bessere Umformbarkeit ermöglicht eine komplexere Bauteilgestaltung, wobei auch die geringeren Herstellungskosten als Vorteile zählen (Tab. 6.10).

Schmelz- und pulvermetallurgisch hergestellte Aluminiumschäume haben den Vorteil niedriger Dichte (0.2 g/cm^3) bei einer Porosität von knapp 90 Prozent. Die Potentiale sind einerseits in der Verwendung als Energieabsorber (A-Säule) oder aber als Schallisolierung zu finden.

6.2.4.3 Magnesiumlegierungen

Magnesium hat eine geringere Dichte (1,74 g/cm^3) als Aluminium und ist daher um etwa ein Drittel leichter als Aluminium. 2,7 Gewichtsprozent der Erde sowie 0,13 % der Weltmeere bestehen aus diesem Leichtmetall, was dessen Verfügbarkeit auf mehrere Jahrhunderte sichert. Die Kennwerte wie spezifische Festigkeit und die auf Dichte normierte Steifigkeit sind ebenfalls besser als von einigen Stahlsorten (Abb. 6.56 und Tab. 6.11). Magnesium kann als Strangpressprofil, als Gussmaterial und – eher noch selten – als Blech konstruktiv eingesetzt werden. Dennoch ist die Verbreitung im Karosseriebereich aufgrund der hohen Korrosionsneigung, den Materialkosten und der aufwendigen Verarbeitung derzeit noch gering. Der Korrosion versucht man mit der Verwendung von HP (high purity)-Legierungen entgegenzuwirken, welche sich durch geringe Eisen-, Kupfer- und Nickelgehalte auszeichnen.

Magnesium lässt sich im kalten Zustand aufgrund seiner hexagonalen Gitterstruktur sehr schlecht umformen. Daher werden Magnesium-Knetlegierungen hauptsächlich durch Strangpressen, Warmpressen oder Walzen umgeformt.

Magnesium-Gusslegierungen können im Vakuum Druckguss hergestellt werden, welches eine wirtschaftliche Herstellung von geometrisch komplexen Bauteilen bei geringen Wandstärken erlaubt. Auch die längeren Werkzeugstandzeiten im Druckguss sind ein Vorteil.

6.2.4.4 Kunststoffe

Kunststoffe werden seit Mitte der 70er Jahre mit Erfolg im Karosseriebereich eingesetzt. Generelle Anforderungen an Karosserieaußenhautbauteile aus Kunststoff sind: Ausreichendes mechanisches/thermisches Eigenschaftsprofil, Class-A Oberfläche, geeignetes Bruchverhalten, Lackierfähigkeit und niedrige Wärmeausdehnung.

Beleuchtet man die Hintergründe und Entscheidungskriterien bei der Auswahl eines Kunststoffsystems für eine Anwendung, so stellt man fest,

Tabelle 6.12 Vergleich der Werkstoffe (Beispiel Seitenwand 6er BMW)

Werkstoffe	Stahl	Aluminium	Thermoplast	SMC	RRIM
Gewicht pro Bauteil [kg]	4,5	2,5	2,5	2,9	3,2
Wandstärke [mm]	0,8	1,2	3	2,1	3,5
Lackierszenario	online	online	inline	online	inline
Herstellkosten [%]	100	170	100	120	150

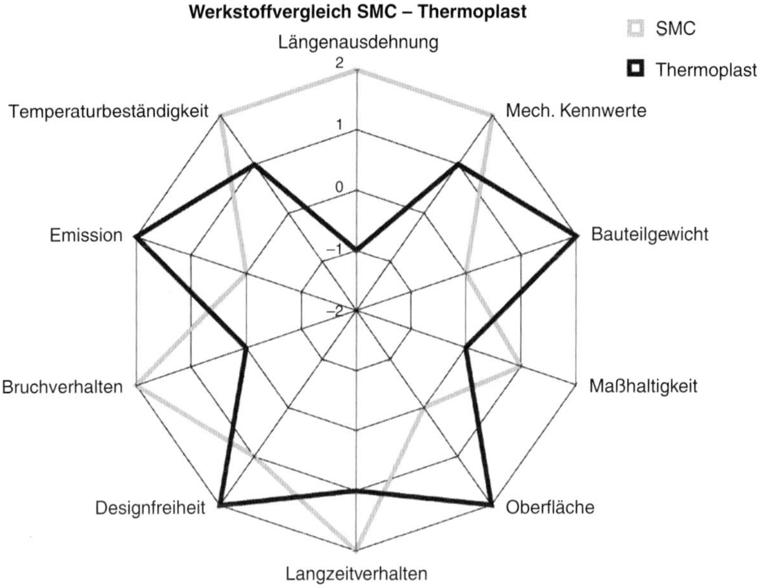

Abb. 6.57 Werkstoffvergleich SMC – Thermoplast

6.2.4.4.1 Thermoplaste

Es sind seit längerem Thermoplaste auf dem Markt erhältlich, welche die Anforderungen, die an eine Kunststoffaußenhaut gestellt werden, im wesentlichen erfüllen. Im Bereich der konventionell lackierten Thermoplast-Spritzgießbauteile kann prinzipiell zwischen zwei Werkstoffgruppen unterschieden werden, welche aufgrund der unterschiedlichen Wärmeformbeständigkeit als Offline bzw. Inline/Online-Kunststoffe eingesetzt werden und in der Tab. 6.13 verglichen werden.

Offline-Kunststoffe Diese Kunststoffe weisen ein relativ gutes mechanisches Eigenschaftsprofil auf und sind in dieser Hinsicht den Inline/Online-Kunststoffen deutlich überlegen. Die Wärmeformbeständigkeit ist jedoch wesentlich niedriger einzustufen. Die Hauptnachteile dieser Werkstoffe sind in der Farbgebung, dem sogenannten Farbmatching, zu sehen, da diese Bauteile separat lackiert werden und mit der Karosserie hinsichtlich der Farbeigenschaften (Farbton, Glanz, Brillanz) übereinstimmen müssen. Hinzu kommt, dass der separate Lackierprozess sehr kostenintensiv ist und einen entsprechenden logistischen Aufwand in der Montage erfordert.

Inline/Online Kunststoffe Diese Kunststoffe weisen deutlich niedrigere mechanische Eigenschaften als die Offline-Kunststoffe auf, mit Ausnahme

Tabelle 6.13 Eigenschaftsprofil von Online- bzw. Inline lackierten Kunststoffen (k. B. = kein Bruch)

Eigenschaft	Einheit	Prüfnorm	Off-line	On-line
Biege-E-Modul	N/mm^2	DIN 53457	3300	1800
Schlagzähigkeit	KJ/m^2	DIN 53453	k. B.	k. B.
Kerbschlagzähigkeit	KJ/m^2	DIN 53453	18	45
Zugfestigkeit	N/mm^2	DIN 53455	55	45
Reißdehnung	%	DIN 53455	23	50
Längenausdehnungskoeff.	10-6/K	DIN 53752	45	90
Vicat B/50 Erweichungs-Temperatur	°C	DIN 53460	130	175

Tabelle 6.14 Duroplaste (BMC = Bulk moulding compound; UP = ungesättigter Polyester)

Kunststoffe und Technologie	Kunststoff	Verfahren	Oberfläche
SMC	UP–GF	Pressen	Online-Lackierung
BMC	UP–GF	Spritzgießen	Inline-lackierfähig
RIM	PUR	Schäumen	Offline-Lackierung
R RIM	PUR-GF	Schäumen	Inline-lackierfähig

der deutlich höheren Wärmeformbeständigkeit. Dadurch ist eine Lackierung mit der Karosserie möglich, so dass keine Farbmatching-Probleme bei der Herstellung entstehen. Für die Funktion sind jedoch deutliche Nachteile gegenüber den Offline-Thermoplasten vorhanden.

6.2.4.4.2 Duroplaste

Zahlreiche Kriterien, wie die große Formfreiheit, Funktionsintegration und die Wirtschaftlichkeit bei niedrigen Stückzahlen sprechen für Duroplaste (Tab. 6.14), deren Einführung in der Außenhaut bereits viele Jahre zurückliegt. Von diesen Werkstoffen werden bei vergleichbarem Gewicht gleiche Funktionalitäten wie bei einer Metallkonstruktion vorausgesetzt. Durch neueste Entwicklungen werden porenfreie Bauteile mit einer entsprechenden Class-A-Oberfläche erreicht. Diese Bauteile können im Rohbau montiert werden und durchlaufen den gesamten Lackierprozess. Optimierte Emissionswerte und gute Recyclingkonzepte haben die Situation für diese Werkstoffgruppe in den letzten Jahren deutlich verbessert.

Die für Anwendungen in der Außenhaut bedeutungsvollsten Verfahren sind SMC und RRIM. Die Harzsysteme erstrecken sich über das Spektrum der ungesättigten Polyester-, Vinylester- und Epoxyharze sowie Polyurethane. Während bei den Thermoplastwerkstoffen verschiedene Eigenschaftsprofile durch deren Vielfalt abgedeckt werden, geschieht hier die Einstellung der Eigenschaften größtenteils über die Rezeptur, Art und Richtung der Verstärkungsfasern und über den Faseranteil.

Das Recycling von Duroplasten ist durch den Mahl- und Sichtprozess sehr aufwändig und führt zu einer Verteuerung der Produkte (Füll- und Verstärkungsstoffe).

6.2.5 Sortenreine Beispiele

6.2.5.1 Stahl Seitenrahmen

Dieses Bauteil ist ein schwieriges Karosserieteil, da sowohl hohe Ziehtiefen (Türausschnitte) als auch hochwertige Außenhautqualität erreicht werden muss. Bisher konnten dafür nur weiche Tiefziehsorten DC04 oder DX54 verwendet werden, in einigen Fällen waren sogar Sondertiefziehsorten DC06, DX56, DC07 oder DX57 erforderlich.

◘ Abbildung 6.58 zeigt, welcher Teil des Seitenrahmens bei Frontal-, Seiten- und Heckcrash beansprucht wird. Durch höhere Festigkeit lässt sich die Blechdicke bei gleicher Crashperformance reduzieren und Gewicht sparen.

Bei einer aktuellen Oberklasselimousine wird mit einem H180Y ein höherfester Stahl für einen Seitenrahmen eingesetzt. Die Blechdicke kann bei vergleichbarer Crashperformance gegenüber einem weichen Stahl um 0,1 mm reduziert werden was einer Gewichtseinsparung von 4 kg pro Fahrzeug entspricht.

Die Einsparung weiterer 4 kg durch Einsatz eines H220Y ist nicht möglich, da mit diesem Werkstoff, wie ◘ Abb. 6.59 zeigt, die Grenzen der Umformbarkeit überschritten sind. Auch der Einsatz eines H180B ist nicht möglich. Dieser führt in weniger stark umgeformten Bereichen, insbesondere im Außenhautbereich, zwar zu einer zusätzlichen Festigkeitssteigerung durch den Bake Hardening Effekt, die Tiefziehbeanspruchung in diesem Bauteil ist aber so hoch, dass für eine prozesssichere Fertigung der für Tiefziehen optimierte IF-Stahl H180Y erforderlich ist.

6.2.5.2 Aluminium Seitentür

Die in Schalenbauweise hergestellte Seitentür muss die gleichen Sicherheits- und Steifigkeitsziele wie eine Stahltüre aufweisen (◘ Abb. 6.60). Erreicht wird dies durch eine Alu-Schalenbauweise mit zwei V-förmig angeordneten Versteifungsstreben (Strangpressprofile) und einer Türverhakung. In hohen dauerbelasteten Bereichen werden Verstärkungen aus hochfestem Aluminium eingesetzt. Der Zusammenbau entsteht durch Fügen mit speziellen Nieten und Kleben. Durch diese Bauweise kann das Gewicht um 10 kg pro Fahrzeug im Vergleich zu einer gleich dimensionierten Stahltür reduziert werden.

6.2.5.3 Magnesium Instrumententafelträger

Die Einsatzgebiete von Magnesium erstrecken sich eher auf den Innenbereich wie z. B. Instrumententafelträger. Mit einer Integration mehrerer Komponenten kann hier bei einem mittels Druckgussverfahren hergestellten I-Tafelträger (◘ Abb. 6.61) ein Gewichtsvorteil von ca. 3 kg im Gegensatz zu einer Stahlvariante erreicht werden. Ein geschweißter Träger würde aus 25 Teilen bestehen. Zur Beherrschung der Korrosion muss gewährleistet werden, dass sich kein Elektrolyt an den Berührungsflächen zur Stahlkarosserie sammeln kann.

6.2.5.4 Hardtop als Sandwichkonstruktion

Die Vorteile des verwendeten Werkstoffs, PUR-GF/PUR Schaum Sandwich mit PUR Gießelastomercoating gegenüber Aluminium sind u. a. durch Designfreiheit und Fertigungsprozess gegeben. Voraussetzung hierbei ist die werkstoffgerechte Konstruktion. Werkzeugsystem und Oberflächenveredelung müssen für diese Anwendung angepasst werden. Bei Stückzahlen von ca. 5000 über die Laufzeit verteilt ergeben sich Kostenvorteile gegenüber einem Aluminium-Hardtop.

6.2.6 Mischbauweisen

6.2.6.1 Mischbau in der Karosserie

Für Agilität und Dynamik eines Fahrzeugs spielt nicht nur das Gesamtgewicht, sondern auch die Gewichtsverteilung eine entscheidende Rolle. Strebt man eine gleichmäßige Achslastverteilung von je 50 % auf die Vorder- bzw. Hinterachse an, kann der Vorderbau, aufgrund des schweren Motors, aus Leichtmetall bestehen und an die Stahlkarosserie angebunden werden. Ein weiterer Vorteil besteht darin, dass der Aluminiumvorderwagen im Falle eines Crashs die Verformungsenergie, bei kontrollierter Verformung, sehr gut absorbiert, hingegen die Fahrgastzelle sich nicht verformt. Bei diesem

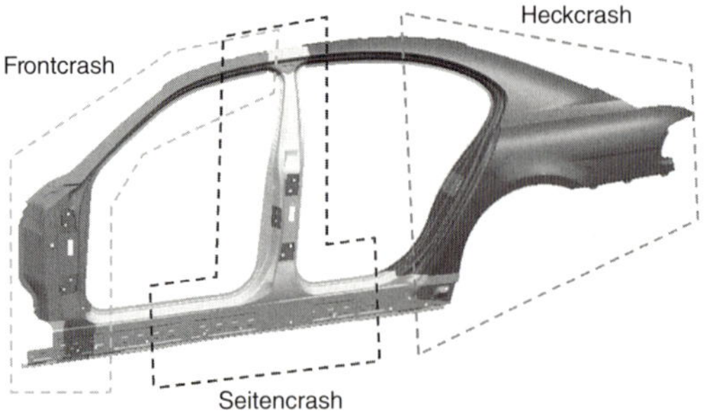

Abb. 6.58 Im Crash beanspruchte Bereiche des Seitenrahmens außen

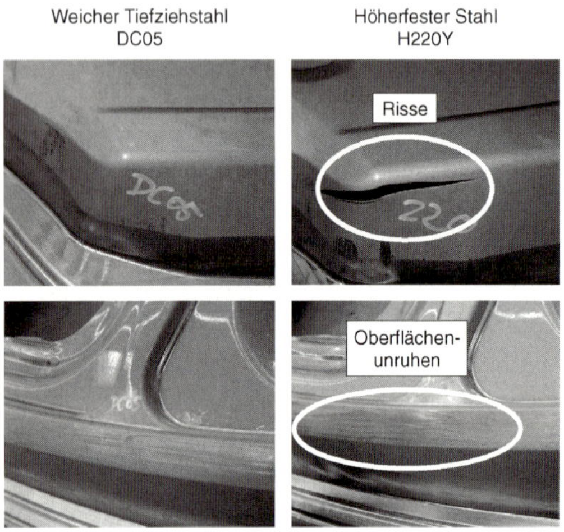

Abb. 6.59 Ziehkritische Bereiche in Seitenrahmen außen

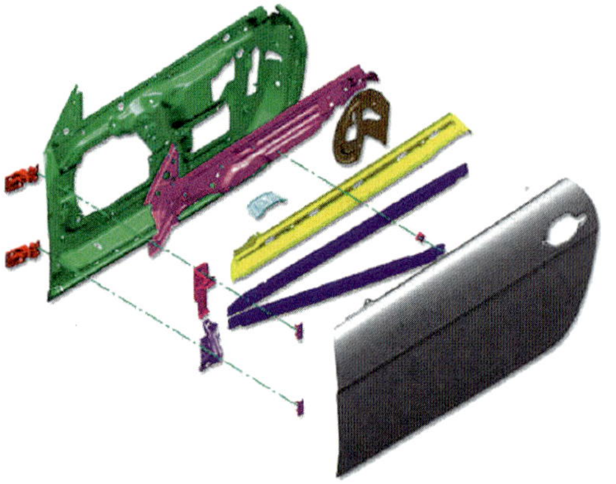

Abb. 6.60 Tür in Schalenbauweise (rot = Stahl, andere = Aluminium)

Konstruktionsprinzip müssen unterschiedliche Wärmeausdehnungen von Stahl und Aluminium, mögliche Kontaktkorrosion sowie kostengünstige Reparaturkonzepte berücksichtigt werden.

Durch den Einsatz von Aluminium im Vorderbau einer oberen Mittelklasselimousine wurde eine Gewichtsreduzierung in Höhe von ca. 20 kg erreicht (Abb. 6.62).

Die Design-Anforderungen hinsichtlich Flächenverlauf und charakterbildenden Sicken am Fahrzeug wachsen stetig. Gestalterische Einschränkungen, indem z. B. nur gewisse Radien oder Verprägungen zulässig oder Flächenbombierungen im Wechsel zwischen konkav und konvex untersagt sind, ermöglicht der Einsatz von Thermoplasten eine Umsetzung gerade dieser charakteristischen Formen. In diesem Fall lässt sich mit einer Seitenwand vorne aus einem Thermoplasten gegenüber der Stahlvariante ca. 3 kg Gewicht pro Fahrzeug einsparen. Aus diesen Gründen bestehen die vorderen Seitenwände beim BMW 3er Coupé (Abb. 6.63) aus einem mineralverstärkten Thermoplasten, der noch dazu eine kostengünstige Online-Lackierung erlaubt.

Die Realisierung hängt entscheidend davon ab, die hohe Wärmedehnung konstruktiv in den Griff zu bekommen (Abb. 6.64). Einerseits muss das Fugenbild passen, anderseits dürfen bei einer zu großen Behinderung der Wärmedehnung keine optisch sichtbaren Oberflächenunebenheiten entstehen. Gelöst wurde diese Aufgabe mit Hilfe einer äußerst innovativen Anbindungstechnik, in der sich die Seitenwand über den Stützträger und Scheinwerfer definiert nach vorne bewegen kann. Die Seitenwand wird im Bereich der A-Säule und Türeindrehung fest verschraubt. Diese Technik gewährleistet die notwendige Montagetoleranz bei der Verschraubung und lässt auch eine genau definierte Wärmedehnung zu. Die Freigängigkeiten für Toleranzausgleich und temperaturbedingte Längenänderung sind voneinander entkoppelt (Abb. 6.65). Durch den Einsatz von dafür eigens konstruierten Abdeckkappen, die die restliche auftretende Wärmedehnung in eine gleichmäßige Bombierung übergehen lässt, erkennt der Kunde optisch nicht die am Bauteil auftretende geometrische Veränderung. So kann selbst bei extremer Sonneneinstrahlung die Türfuge gehalten werden.

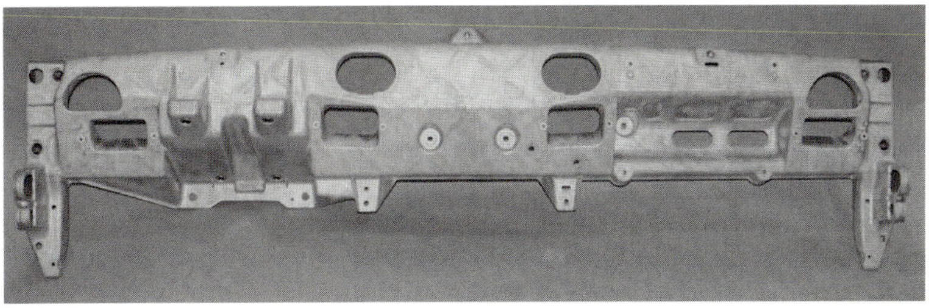

Abb. 6.61 Mg I-Tafelträger aus AM60

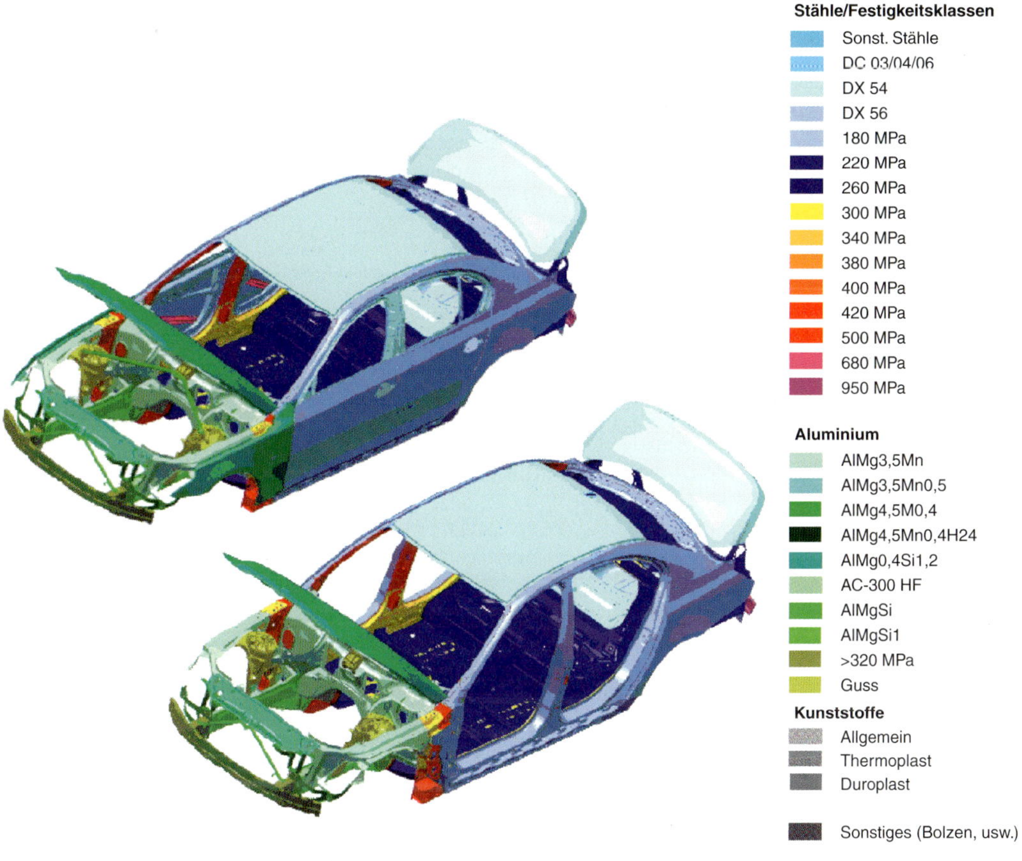

Abb. 6.62 Stahlkarosserie mit Aluminiumvorderbau

Ein weiterer Aspekt ist die Möglichkeit der Integration von verschiedenen Aufnahmen für weitere Exterieur-Elemente wie Zierelemente, seitliche Blinker usw.

Die Frontklappe und die Türen aus Aluminium sind zwei weitere Beiträge zur Gewichtsreduktion. Darüber hinaus verringert die 2 Komponenten-Verklebung der Frontklappe das Gewicht auf der Vorderachse um ein weiteres Kilogramm. Um die markanten Konturen im Heckbereich des Fahrzeugs darzustellen, fiel bei der Heckklappe die Wahl auf den Werkstoff SMC. Zudem ermöglicht er die Umsetzung der Designanforderungen mit einteiliger Außenhaut und die Integration von Abrisskante und Antennen in den Heck- und Verdeckverbund des Fahrzeugs (Abb. 6.66). SMC ist

Abb. 6.63 BMW 3er Coupé

Abb. 6.64 Detailansicht Thermoplast Seitenwand

korrosionsfrei und erlaubt kostengünstige Online-Lackierung.

6.2.6.2 Mischbau im Innenraum (Cockpit) und Frontendmodule

Da der Erfolg neuer Fahrzeugmodelle zunehmend von der Innenraumgestaltung abhängt gilt der Oberflächengestaltung und dem Akustikverhalten des Cockpits ein wachsendes Augenmerk. Diese Dekorationsverfahren reichen vom Softlackieren über das Hinterspritzen oder Hinterprägen von Kunstleder oder Softtouchfolien bis hin zum Einsatz von Gießhäuten.0.5

Die individuellen Vor- und Nachteile der einzelnen Verfahren sind in Tab. 6.15 zusammengefasst.

Speziell für Fahrzeuge der Kompaktklasse, die unter einem besonderen Kostendruck gefertigt werden, fordern die Automobilhersteller immer häufiger Materialien, die

- eine hohe Zähigkeit, Chemikalien- und Wärmeformbeständigkeit,
- sehr gute Oberflächenqualität,
- angenehme Haptik,
- günstiges akustisches Dämpfungsverhalten und
- eine problemlose Verarbeitbarkeit

Abb. 6.65 Ansicht der Verschraubung in der Wasserrinne und dem Verbindungselement

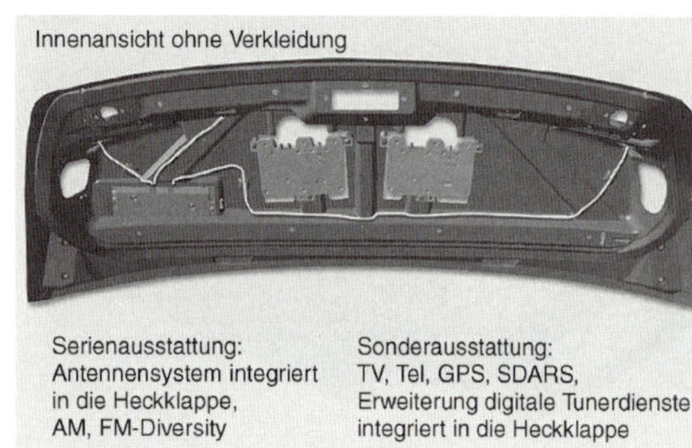

Abb. 6.66 Heckklappe in SMC

in sich vereinigen. Vor allem Blends auf Basis von PA und ABS haben sich in diesem Zusammenhang bewährt.

Neben der Gewichtseinsparung bieten die Polymerwerkstoffe zahlreiche weitere Vorteile. Diese reichen von einer größeren Designfreiheit über die Möglichkeit, zusätzliche Funktionen in die Bauteile zu integrieren, bis hin zu einem exakt definierten Crashverhalten.

Zu den jüngsten Trends bei der Gestaltung von Cockpits zählt die Integration von metallisch wirkenden Oberflächen. Dabei werden jedoch nur selten Stahl oder Aluminium eingesetzt. Für die Oberflächenmetallisierung von Kunststoffteilen stehen zahlreiche Technologien im Wettbewerb, deren Vor- und Nachteile in Tab. 6.16 zusammengestellt sind.

Tabelle 6.15 Vor- und Nachteile von Dekorationsverfahren [85]

	Spritzgießen	Softlackieren von Bauteilen	Insert moulding	Hinterspritzen und Hinterprägen von Kunstleder und Softtouchfolien	Mehrkomponentenverfahren, speziell: Überspritzen mit TPE/TPU	PUR – Gießhaut-Überfluten in 2 Prozessschritten	SkinForm-Verfahren
Lederähnliche Haptik	–	0	0	+	0/+	+	+
Kratzfestigkeit	–	–	+	+	–	+	+
Komplexe, stark dreidimensionale Oberflächen mit engen Radien	+	+	0	0	+	+	+
Durchbrüche	+	+	+	–/0	+	+	+
Kein Dekor- oder Narbungsverzug	0	0/+	–	–/0	+	+	+
Oberflächenveredelung so dünn wie möglich	0	+	0/+	0/+	–	–	+
Softtouch am Bauteil	–	–/0	–/0	+	0	+	+
Partieller Softtouch	–	–	–	–/0	–	+	+
Keine Nacharbeit	+	+	+	–	+	–	+
Keine Vorformlinge	+	+	–	0/+	+	–/+	+
Großserientaugliches Verfahren	+	+	+	+	+	+	+
Kaschieren von Spritzgießfehlern	–	–	+	+	0/+	+	+
Wenig Verzug des Bauteils	+	–/0	0	–/0	–/0	+	+
One-Shot-Prozess	+		– (Folien vorformen)	– (Bauteilbeschnitt)	+	–	+

+ gut realisierbar, 0 realisierbar mit Einschränkungen, – nicht realisierbar

Tabelle 6.16 Entscheidungsmatrix zur Fertigung metallisch wirkender Oberflächen (Quelle: Fa. Karmann) Bewertungen: + + sehr gut bis – – sehr schlecht

	Metalle	Kunststoffe					
		Lackierung	Metallisierung	Galvanisierung	Folienhinter-spritztechnik	Heißpräge-folientechnik	Eingefärbtes Spritzguss-material
Optik	+ +	+	+ +	+ +	+ +	+ +	+
Haptik	+ +	–	+	+	0	–	– –
mechanische Eigenschaften	+ +	0	0	0	0	0	0
Maßhaltigkeit	+ +	–	0	0	+	+	+ +
Alterungs-beständigkeit	+ +	0	+	+	+	+	0
Versagens-verhalten	+ +	0	0	0	+	0	0
Oberflächen-empfindlichkeit	+ +	0	– –	+	+ +	+	+
Herstellungs-verfahren	– –	– –	– –	– –	–	0	+ +
Teilepreis	– –	–	– –	– –	0	+	+ +
Werkzeugkosten	– –	– –	– –	– –	– –	– –	+ +
Gewicht	– –	+ +	+ +	+ +	+ +	+ +	+ +
Geometrische Freiheit	+ +	+ +	+ +	+ +	0	–	+ +
Recyklierbarkeit	+ +	–	–	–	–	–	+ +

Tabelle 6.17 Vorteile von Frontendmodulen (Quelle: Fa. Decoma)

Funktionsintegration	Teilereduktion
Reduzierung der Montagezeiten	Ergonomische Montage des Moduls
	Verbesserte Fahrzeugmontage
	Geringe Anzahl der Montagepunkte am Band
Einfache Werkslogistik	Geringe Zahl von Bauteilen/Modulen
	weniger Lieferanten – kurze Wege
	weniger Ansprechpartner
	geringer Lagerbestand
	reduzierter Platzbedarf
Gewichtsreduzierung	Verbesserung der Gesamtenergiebilanz
Qualitätsverbesserung	Toleranzen, Fehlerrate – Qualitätskostenreduzierung
Kurze Entwicklungszeiten	Kooperation der Entwicklungspartner
Geringe Reparaturkosten	Modulbauweise
Niedrige Versicherungseinstufung	Reparaturfreundlichkeit des Gesamtsystems

Aufgrund zahlreicher Vorteile gilt die Zusammenfassung von Stoßfängersystem samt Montageträger und Crashboxen, Scheinwerfern mit Verkabelung, Teilen der Crashsensorik, Kühler, Haubenschloss und Dichtungen zu einem montagefertigen Frontendmodul als Stand der Technik. Die Vorteile von Frontendmodulen sind in Tab. 6.17 zusammengefasst; siehe auch ► Abschn. 6.1.5. Wegen der vielfältigen Aufgaben sowie einer hohen Integrationsdichte bestehen die Frontends regelmäßig aus einer Vielzahl unterschiedlicher Werkstoffe. Neben Kunststoffen für Verkleidungsteile, Spoilerlippen, Kühlergrill, Schutzleisten oder Kennzeichenträger kommen auch Stahl und Aluminium für die Stoßfängerquerträger, Buntmetalle für den Kühler sowie Glas oder transparente Kunststoffe für die Streuscheiben der Scheinwerfer zum Einsatz.

Für die Frontmodulträger befinden sich fünf verschiedene Werkstofftypen mit unterschiedlichen Eigenschaften und Anforderungen an die Fertigungstechnik im Wettbewerb (Tab. 6.18). Hybride Strukturen erleichtern die Funktionsintegration, da die Metallstruktur das notwendige Crashverhalten und die Steifigkeit gewährleistet, während die Kunststoffteile die Integrationspunkte bilden [87].

Zu den aktuellen Herausforderungen bei der Entwicklung von Frontendmodulen zählen die Regelungen zum Fußgängerschutz (► Kap. 9). Zu den ersten Lösungen, den Beinaufprall abzumildern, zählen der Einsatz zusätzlicher Energieabsorber in Höhe des Stoßfängerquerträgers sowie die Integration eines zusätzlichen Querträgerprofils unter dem Stoßfängerquerträger als Überfahrschutz.

Tabelle 6.18 Materialalternativen für Frontmodulträger (Quelle: Fa. Decoma)

Kriterium	Werkstoff				
	Stahl	GMT	Aluminium	Hybridtechnologie BAYER Ford Focus	MKV
Werkstoff(e)	Stahlbleche mit unterschiedlichen Wandstärken	Thermoplast mit 40 % Lang-Glasfaser-Verstärkung	Aluminiumbleche mit versch. Wandstärken	Stahlträger im Verbund mit PA6, 30 % Glasfaser-Verstärkung	Hohlprofil durch Stahlträger und Spritzgussteil PP 40 % Lang-Glasfaser-verstärkt
Fügeart	Schweißen Schrauben Kleben	Metallinserts einpressen oder setzen	Schweißen Schrauben Kleben	Stahlträger wird umgespritzt	Stahlträger wird mit Spritzguss-Träger ultraschallvernietet
Steifigkeit (%)	100	30	80	100	100
Energieaufnahme (%)	100	Ca. 10	100	150	(150)
Verarbeitungstoleranzen	X Y Z ± 2 mm	X $\pm 1{,}2$ mm Y $\pm 0{,}8$ mm Z $\pm 1{,}0$ mm	X Y Z ± 2 mm	X ± 1 mm Y $\pm 0{,}5$ mm Z $\pm 1{,}5$ mm	X Y Z $\pm 0{,}8$ mm
Korrosionsschutz	Verzinkung KTL-Beschichtung	Nicht notwendig	Chromatierung KTL-Beschichtung	KTL-Beschichtung	KTL-Beschichtung
Ca. Kosten (%)	100	135 (incl. Blech)	150	120	115
Gewicht (kg)	4	4,1	2	3,1	3,3
Serienerfahrung	Ja	Ja	Ja	Ja	Bedingt (Airbag-Deckel)

6.2.7 Materialspezifische Aspekte der Fertigungstechnik

6.2.7.1 Tailored products

Zur konsequenten Kosten- und Gewichtsreduzierung, kann man je nach Belastung und Bedürfnissen unterschiedliche Blechplatinen zusammenschweißen (Laserschweißen). Sie können hinsichtlich der Werkstoffgüte aber auch in der Blechdicke der zu verbindenden Teile differieren.

Einen anderen Weg der Gewichtseinsparung bietet die Verwendung von Tailored rolled Blanks (TRB – Abb. 6.67). Hier wird der Walzspalt während des Walzvorganges verändert (Abb. 6.68). So kann die Dicke des Blechs in Längsrichtung überall den jeweiligen Belastungen des Bauteils entsprechend angepasst werden. Unterschiedliche mechanische Kennwerte stellen sich je nach Umformung ein. Dieses kostengünstige Verfahren hat zudem den Vorteil, dass es keine Schweißnaht gibt. Die homogene Umformung verhindert eine Kerbwirkung, und der Faserverlauf wird nicht beeinträchtigt. Zudem verkürzt dieses flexible Walzen den Herstellungsprozess solcher Bleche und ermöglicht ihre Umformung durch weitere Ver-

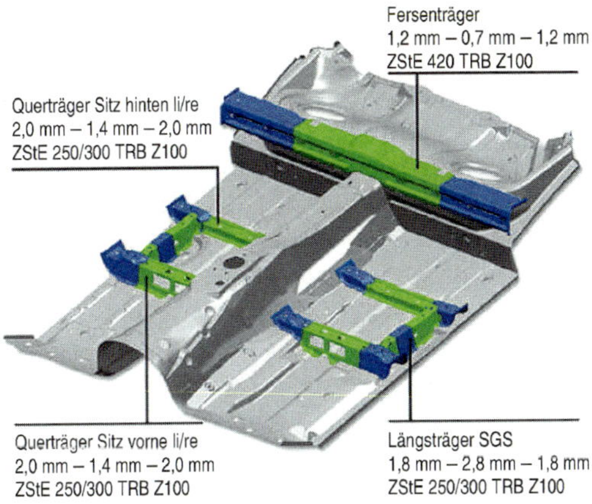

Abb. 6.67 Tailored rolled blanks gefertigte Bauteile in Coupé und Cabrio (BMW 6er)

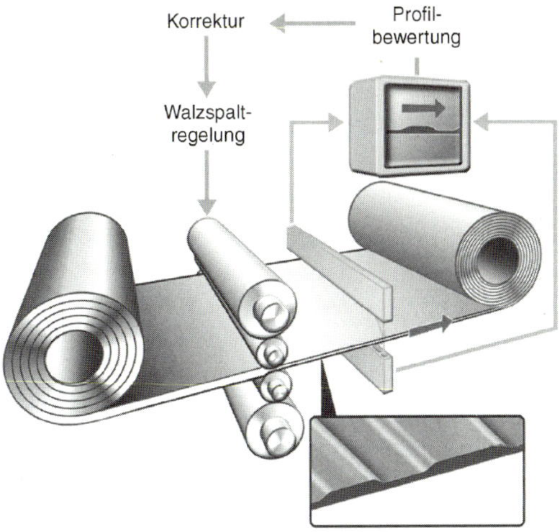

Abb. 6.68 Walzprozess der Tailored rolled blanks-Platine (Quelle: MUBEA)

arbeitungsschritte wie z. B. durch Tiefziehen oder Hydroforming.

6.2.7.2 Superplastisches Umformen (SPF)

Das superplastische Umformen ist ein Verfahren zur Herstellung komplexer Bauteilgeometrien mit hohen Umformgraden und eignet sich besonders für geringe Stückzahlen (bis ca. 1000 Einheiten pro Jahr).

Das Werkzeug besteht aus einer formgebenden Matrize und einer Lufteinlassplatte. Das Blech wird warm umgeformt, die Umformkraft wird durch Luftdruck aufgebracht. Hierfür wird das Blech auf die beheizte Matrize gelegt, die Presse wird geschlossen und durch die Luftzufuhr von oben Druck aufgebracht. Die Umformung erfolgt für Aluminium bei ca. 500 °C, der Luftdruck beträgt 10–20 bar. Das Material wird durch Druck- und Wärmeeinbringung in den plastischen Zustand gebracht. Zunächst formt es sich frei in der Matrize aus und legt sich im weiteren Verlauf der Umformung vollständig an die Matrize an (Abb. 6.69).

6.2.7.3 Innenhochdruckumformen (IHU)

Unter der Innenhochdruckumformung (IHU) ist das Aufweiten metallischer Rohre durch Wasserdruck von innen in einem geschlossenen Werkzeug zu verstehen. Die Verfahren des Innenhochdruckumformens von Hohlprofilen lassen sich nach den Spannungen in der Umformzone klassifizieren [90]. Mit der Innenhochdruckumformung lassen sich komplex geformte rohrförmige Hohlkörper aus einem Stück fertigen, die mit anderen Fertigungsverfahren nicht oder nur mehrteilig herstellbar sind.

Das Werkzeug wird dabei im Allgemeinen durch eine hydraulische Presse geöffnet, geschlossen und zugehalten. Der Umformvorgang erfolgt auf hydraulischen Pressen mit einer Öl- oder Wasserhydraulik.

Der Umformvorgang in vier Schritten wird anhand eines T-Stückes näher beschrieben (Abb. 6.70).

IHU Werkstoffe sollten tiefziehbar sein, ein feinkörniges Gefüge aufweisen und weichgeglüht sein. Beim Innenhochdruckumformen werden Rohteile aus Halbzeugen, wie gezogenen oder geschweißten Rohren, Doppelwandrohren, Strangpressprofilen oder geschweißten oder vorgeformten Platinen eingesetzt:

Vorteile dieses Verfahrens sind:

- Hohe Form- und Maßgenauigkeit
- Herstellung komplexer Geometrien in wenigen Fertigungsstufen
- Verbindungsschweißnähte entfallen
- Integration zusätzlicher Fertigungsoperationen in das Umformwerkzeug, Teilereduzierung
- Gute mechanische Eigenschaften am Bauteil

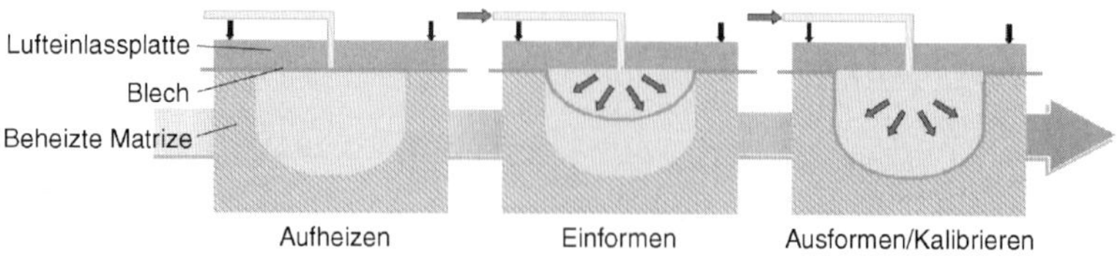

Abb. 6.69 Verfahrensprinzip Superplastisches Umformen

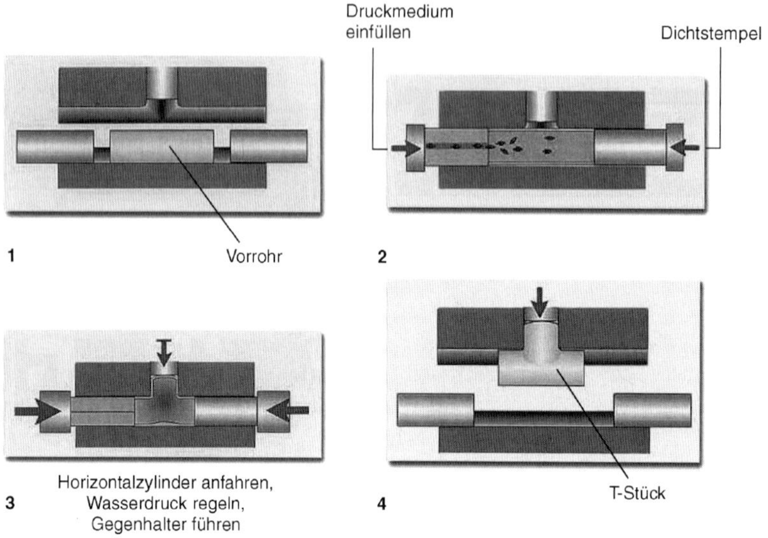

Abb. 6.70 Prozessschritte IHU (Quelle: Schuler AG)

6.2.7.4 Folientechnik als Alternative zur Nasslackierung

Die zunehmende Verwendung von Polymerwerkstoffen im Karosseriebau erfordert von den Beteiligten je nach Anwendung und verwendetem Kunststofftyp umfassende Problemlösungen (Tab. 6.19).

Allen Anwendungen und Kunststofftypen gemein ist das Problem, dass die kontinuierliche Verlagerung der Lackierung von Karosserieaußenteilen aus Kunststoff auf Zulieferer die Farbtonharmonisierung (Colour matching) erschwert. Als alternative Problemlösungen gelten Folienkonzepte, bei denen beschichtete oder eingefärbte Kunststofffolien nicht nur eine identische Farbe zwischen den unterschiedlichen Karosseriemodulen sicherstellen, sondern auch die herkömmliche Nasslackierung substituieren [88].

Der Einsatz hochglänzender Folien zum Hinterspritzen mit Thermoplasten auf Basis von PP, ABS oder PC wurde zunächst für Anwendungen im Fahrzeuginnenraum entwickelt. Seit Mitte der 90er Jahre wird die Technik zunehmend auch im Exterieurbereich angewendet. Zu den Beispielen zählten zunächst Zierleisten, Außenspiegel, Dachleisten, Radkappen, Schweller und Kühlergrills [89].

Zwar gibt es bislang keine Folie, die für alle Karosseriebereiche mit ihren unterschiedlichen Anforderungen geeignet ist oder eingesetzt wird, dennoch ließen sich für einzelne Serienanwendungen bereits Class A-Oberflächen erzielen. Das PFM-System (Paintless Film Moulding) von BASF zum Beispiel wird für das Dachmodul des Smart Fortwo eingesetzt und erzielt dort eine Class A-Oberfläche.

Für PFM-Bauteile wird zunächst eine zwei- oder dreischichtige Folie coextrudiert. Sie besteht aus einer eingefärbten ASA- oder ASA/PC-Trägerschicht und einer klaren PMMA-Deckschicht, die

Tabelle 6.19 Anwendungen und Probleme heutiger Kunststoff-Karosseriewerkstoffe (Quelle: BASF)

Material	Anwendungen	Probleme
SMC	Komplettkarosseriebeplankungen Renault Espace und Avantime, Heckdeckel DC, diverse Nutzfahrzeuge	– Hohe Nacharbeit – Nicht großserientauglich bei > 70.000 Stück/Jahr
PUR-RRIM	Heckklappe DC A-Klasse Brasilien, Kotflügel VW D1	– Nicht großserientauglich – Nacharbeit
PPE/PA	On-line lackierte Kotflügel diverser Renault, PSA Peugeot, DC A-Klasse, VW New Beetle	– Hohe thermische Längenausdehnung – Geringe Steifigkeit – Dimensionsstabilität
PBT/PC	Beplankung MCC Smart, Heckblenden, Stoßfängerblenden	– Hohe thermische Längenausdehnung
ASA/PC	Heckklappe DC A-Klasse Europa, Heckblende E-Klasse	– Mittlere Längenausdehnung – Specielles Prozess-Know-How erforderlich

für Glanz, Härte, Kratzfestigkeit und Witterungsbeständigkeit verantwortlich ist. Eine optionale zweite PMMA-Schicht zwischen Trägermaterial und Oberflächenfolie kann dazu beitragen, die Farbanmutung zu erhöhen. In einem zweiten Prozessschritt wird der Folienverbund mit verstärkten oder unverstärkten Thermoplasten auf Basis von Styrolcopolymeren und deren Blends hinterspritzt, hinterschäumt oder hinterpresst (Abb. 6.71). Je nach Hinterformmaterial und Verarbeitungstechnik können dabei unterschiedliche Bauteileigenschaften maßgeschneidert werden (Tab. 6.20). Zu den Schlüsselfaktoren zählen die Oberflächenqualität und Temperierung des Formwerkzeugs, die Sauberkeit der Umgebung von Folie und Werkzeug sowie die Qualität der eingesetzten Rohstoffe.

6.2.7.5 Fügevefahren

Im Rahmen der Entwicklung von Bauteilen aus Kunststoffen für die Fahrzeugaußenhaut wird das Thema Verbindungstechnik und im speziellen das Kleben immer wichtiger. Außenhautbauteile aus Kunststoff sind in der Regel in zweischaliger Bauweise konzipiert. Dabei wird die Außenschale in Class-A-Oberflächenqualität mit einem verstärkenden Innenteil verklebt. Bei der Innenschale kann es sich sowohl um ein verstärktes Kunststoffteil als auch um ein Metall handeln. Werden Bauteile unterschiedlicher Werkstoffe gefügt, muss

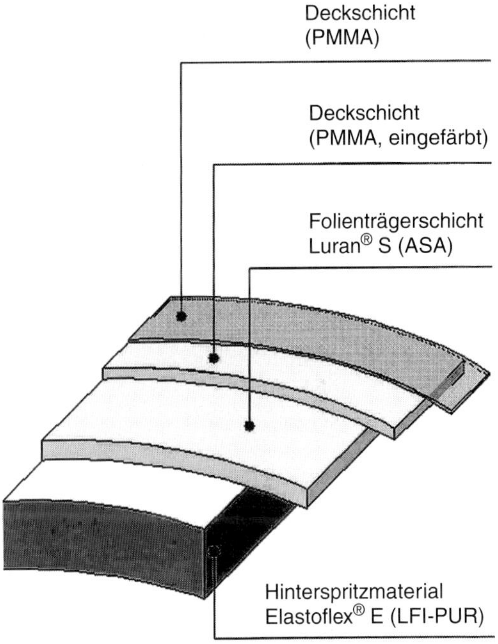

Abb. 6.71 Oberflächenaufbau eines Paintless Film Moulding (PFM)-Bauteils (Quelle: BASF)

das Ausdehnungsverhalten der einzelnen Fügepartner bei Temperaturänderung berücksichtigt werden. Gegebenenfalls müssen die Unterschiede der Längenausdehnung von Innen- und Außenschale, sofern sie aus unterschiedlichen Werkstof-

Tabelle 6.20 Einfluss der Verarbeitungsverfahren auf die Materialeigenschaften

Hinterformmaterial (ABS)	Terluran® GP-22	Terluran® GP-35	Terluran® GP-35	Terluran® GP-35
Folienträgermaterial	ASA	ASA	ASA	ASA
Glasfasergehalt [%]	15	15	30	30
Spritzguß (SG), Pressen (LFT)	SG	LFT	SG	LFT
Glasfaserlänge [mm]	1–5	> 10	1–5	> 10
E-Modul [N/mm²]	2930–3490	3365–3734	3250–4710	4135–4642
Streckgrenze [N/mm²]	47–58	42–47	49–73	44–46
Schlagzähigkeit ISO179/1fU bei 23 °C [kJ/m²]	18–21	30–36	13–17	53–69

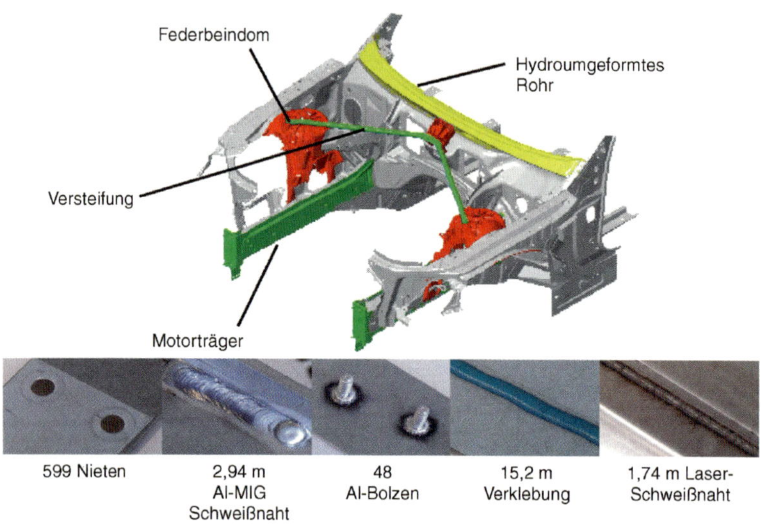

Abb. 6.72 Fügeverfahren an einem Mischvorderwagen

fen gefertigt sind, durch den Klebstoff ausgeglichen werden.

Beispiele für Fügeverfahren, welche im Metall-Mischbau angewendet werden, sind in Abb. 6.72 abgebildet.

6.3 Oberflächenschutz

Der Schutz sämtlicher Oberflächen in einem Automobil ist von entscheidender Bedeutung. Gelegentliches Auftreten aggressiver Medien in der Umwelt (saurer Regen, Streugranulate) sowie die insbesondere von der europäischen Automobilindustrie angebotenen langfristigen Garantien gegen »Durchrostung« haben zur Entwicklung aufwendiger Lack- und Korrosionsschutzsysteme geführt. Mit dem gestiegenen Umweltbewusstsein bei Herstellern und Kunden fanden ab etwa 1990 verstärkt Lackierverfahren mit reduzierten Emissionen, zum Beispiel auf Basis von Wasserlacken, in der Serienproduktion Eingang.

Das folgende Kapitel führt in die gängigen Verfahren zur Erzielung eines guten, das heißt langzeit-

stabilen Oberflächenschutzes ein. Alle Ausführungen beziehen sich, sofern nicht explizit anders vermerkt, auf die selbsttragende Ganzstahlkarosserie. Der zunehmende Einsatz alternativer Karosseriewerkstoffe wie Aluminium oder Kunststoff erfordert neue bzw. adaptierte Prozesse in der Oberflächentechnik.

6.3.1 Nutzen des Oberflächenschutzes

Die bei einem Kraftfahrzeug durchgeführten Oberflächenschutzmaßnahmen lassen sich in drei Funktionsgruppen unterteilen:

- Schutz der metallischen Karosseriewerkstoffe vor Korrosion,
- Schutz der Lackierung, die als Designelement einen hohen Wert für den Kunden darstellt,
- temporäre Maßnahmen zum Schutz des Fahrzeugs während des Transports vom Automobilhersteller zum Kunden.

6.3.1.1 Korrosionsschutz

Ein wirkungsvoller Korrosionsschutz hat mehrere positive Effekte:

- konstante Strukturfestigkeit über die Lebensdauer des Fahrzeuges,
- langfristige Werterhaltung und damit verbunden erhöhte Wirtschaftlichkeit,
- Ressourcenschonung durch längere Betriebsdauer,
- Vermeidung von Funktionsausfällen,
- optische Anmutung.

Warum tritt Korrosion an der Karosserie auf? Die meisten Metalle kommen in der Natur als Oxide, Sulfide oder Karbonate vor – als Erze also, weil diese chemischen Verbindungen die energetisch stabilste Form darstellen. Erst durch Energiezufuhr entsteht im Verhüttungsprozess aus dem Eisenerz das Metall Eisen. Wird der daraus erzeugte Stahl Umwelteinflüssen oder aggressiven Medien ausgesetzt, geht das Material wieder in den energetisch günstigeren Zustand über: das Oxid. Dann spricht man bei Metallen von Korrosion.

DIN 50900 definiert den Begriff Korrosion wie folgt: »Korrosion ist die Reaktion eines metallischen Werkstoffes mit seiner Umgebung, die eine messbare Veränderung des Werkstoffes bewirkt

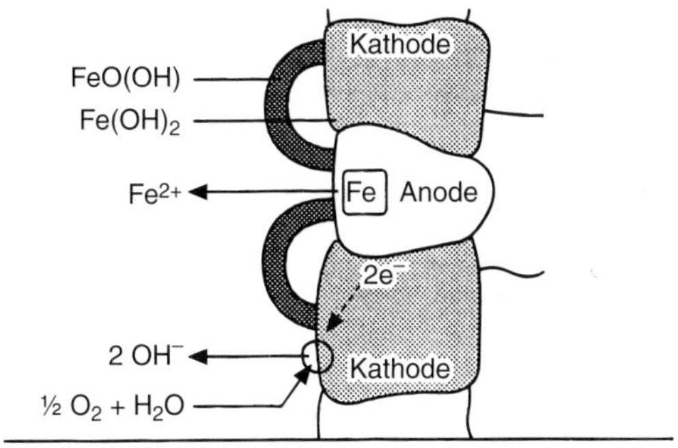

$$Fe \longrightarrow Fe^{2+} + 2e^-$$
$$\tfrac{1}{2}\,O_2 + H_2O + 2e^- \longrightarrow 2\,OH^-$$

$$Fe + \tfrac{1}{2}\,O_2 + H_2O \longrightarrow Fe(OH)_2$$
$$2\,Fe(OH)_2 + \tfrac{1}{2}\,O_2 \longrightarrow 2\,FeO(OH) + H_2O$$

Abb. 6.73 Elektrochemische Abläufe während des Korrosionsvorgangs

und zu einer Beeinträchtigung der Funktion eines metallischen Bauteiles oder eines ganzen Systems führen kann. In den meisten Fällen handelt es sich um eine elektrochemische Reaktion. In einigen Fällen kann sie jedoch auch chemischer oder metallphysikalischer Natur sein.«

Soll sich also eine Konstruktion aus metallischen Bauteilen über längere Zeit stabil verhalten, muss dieses werkstoffbedingte Verhalten bereits bei der Konstruktion und in der Produktionsplanung berücksichtigt werden.

Korrosion besteht darin, dass in einer anodischen Reaktion (Metallauflösung, Oxidation) frei werdende Elektronen über einen elektrischen Leiter (das Metall selbst) zu einer kathodischen Reaktion (Reduktion) transportiert werden. Ein ionischer Leiter (Elektrolyt) schließt dabei den Stromkreis. Die bei Korrosionsschäden an Karossen wichtigste elektronenverbrauchende Reaktion ist die Reduktion von Luftsauerstoff, Abb. 6.73. Die Stärke des Korrosionsangriffes hängt außer vom Material wesentlich von der Zusammensetzung des Elektrolyten (zum Beispiel dessen pH-Wert) und der Umgebungstemperatur ab.

An der Fahrzeugkarosserie können in der Regel drei Korrosionsarten auftreten: Oberflächen-, Spalt- und Kontaktkorrosion. Findet der beschrie-

Tabelle 6.21 Potenzialwerte ausgewählter Werkstoffe

Werkstoff	Normalpotenzial (V)	Spez. Widerstand (μΩ × m)
Eisen	−0,440	0,097
Aluminium	−1,66	0,027
Magnesium	−2,37	0,045
Zink	−0,76	0,059
Edelstahl	+0,80	0,71
CFK (Karbonfaser)	+1,30	13,75

bene Vorgang auf einer freiliegenden Metalloberfläche statt, so spricht man von Oberflächenkorrosion.

Spaltkorrosion kann an der Karosserie zum Beispiel in Flanschen oder Bördelungen und unter Dichtungen auftreten. Sie ist vor allem darauf zurückzuführen, dass Feuchtigkeit aus Spalten schlecht entweichen kann. Gleichzeitig wirken eingebrachte Salzrückstände hygroskopisch, das heißt, sie halten den Spalt ebenfalls feucht. Da sich die Oberflächen in den beschriebenen Bereichen durch mangelnde Zugänglichkeit nicht immer entsprechend beschichten und damit schützen lassen, müssen konstruktiv unvermeidbare Spalte entweder an eine trockene Stelle verlegt oder abgedichtet werden.

Haben zwei verschiedene Metalle elektrischen Kontakt, kann es in Anwesenheit eines Elektrolyten zu Kontaktkorrosion kommen. Je höher die Potenzialdifferenz (Tab. 6.21) zwischen den Werkstoffen ist und je kleiner die Anode im Verhältnis zur Kathode ausfällt, desto größer sind Korrosionsgeschwindigkeit und -schädigung. Um Kontaktkorrosion zu vermeiden, muss man entweder auf den Einsatz von Materialien mit unterschiedlichem Potenzial verzichten oder die Bauteile galvanisch voneinander trennen.

6.3.1.2 Oberflächenschutz

Die Automobillackierung schützt nicht nur den Werkstoff vor Umwelteinflüssen, sondern ist zugleich ein wesentliches Designelement. Deshalb muss speziell das Decklacksystem, das in der Regel aus zwei Schichten – farbigem Basislack und Klarlack – besteht, folgenden Einflüssen standhalten:

- Chemikalien (Kraftstoffe, Vogelkot usw.)
- UV-Strahlen
- Mechanische Einwirkungen (Steinschlag, Waschanlagen).

6.3.2 Entwicklung und Produktion des Oberflächenschutzes

Die Lastenheftanforderungen an den Oberflächenschutz für die Karosserie und ihre Komponenten sind in der Regel in firmeninternen Vorschriften festgelegt. Ergänzend dazu gibt es ein umfangreiches DIN/ISO-Normenwerk zum Korrosionsschutz. Die Verifikation einzelner Fahrzeugkomponenten erfolgt im Versuch anhand ebenfalls weitestgehend standardisierter Tests. Dazu gehören unter anderem Steinschlag-, Haftungs-, Feuchtklima-, UV-, Salznebel- und Abriebsfestigkeitsprüfungen. Diese werden sowohl im Labor als auch auf Freibewitterungsgeländen durchgeführt. Darüber hinaus wird das neuentwickelte Gesamtfahrzeug auf unterschiedlichen Strecken erprobt und Korrosionstests ausgesetzt.

Der Aufbau des Oberflächenschutzes an der Karosserie erfolgt in der Regel dem in Tab. 6.22 gezeigten Schema.

6.3.2.1 Blechvorbeschichtung

Heute kommen in erheblichem Maße verzinkte oder mit Zinklegierungen beschichtete Stahlbleche

Tabelle 6.22 Aufbau des Karosserie-Oberflächenschutzes

Schicht	Funktion	Dicke in µm
Stahlblech	Mechanische Festigkeit/Steifigkeit	
Zink (elektrolytisch + Schmelzverfahren) Zinklegierungen (elektrolytisch)	Korrosionsschutz	5–8
Phosphatierung	Korrosionsschutz und Lackhaftung	1,5
Kathodische Tauchlackierung (KTL)	Korrosionsschutz, besonders in Hohlräumen	18–35 (außen) Minimum 10 innen
Grundlack (Füller)	Schaffung einer glatten Oberfläche, UV-Schutz für KTL-Lack	20–35
Decklack	Farbton	40–70

im Karosseriebau zum Einsatz. Die Zinkschicht bietet einen sehr wirksamen kathodischen Korrosionsschutz für das Stahlblech. Ihre Wirksamkeit entfaltet sie vor allem, wenn die Lackschicht bereits verletzt ist. Dann nämlich wirkt Zink aufgrund seines niedrigeren elektrischen Potenzials gegenüber dem Eisen als galvanisches Element. Bei Anwesenheit eines Elektrolyten korrodiert so zunächst allein die Zinkschicht.

Karosseriebleche verzinkt in der Regel der Stahlhersteller. Hierbei gibt es verschiedene Arten der Vorbeschichtung. Verzinktes Stahlblech kann durch eine elektrolytische Abscheidung (elektrolytische Verzinkung) oder im Schmelztauchverfahren (Feuerverzinkung) hergestellt werden. Neben Reinzink-Schichten sind auch Zinklegierungen, wie Zink-Nickel, Zink-Eisen (Galvanneal) oder Zink-Magnesium darstellbar. Bei Duplex-Beschichtungen wird ein verzinktes Blech zusätzlich mit einem organischen Stoff beschichtet.

6.3.2.2 Maßnahmen in der Karosseriekonstruktion

Bereits in der Konstruktionsphase können Oberflächen- und Korrosionsschutz wesentlich positiv beeinflusst werden. Dies beginnt bereits bei der Werkstoffauswahl. Hinzu kommt, dass durch geeignete Materialpaarungen oder Vermeidung entsprechender Berührungsstellen sich zum Beispiel Kontaktkorrosion von vorne herein ausschließen lässt. Weiterhin können zum Beispiel Hohlräume, die Feuchtigkeit ausgesetzt sind, gezielt so gestaltet werden, dass sich eine gute Belüftung ergibt. Solche Hohlräume finden sich in Türen, Holmen und Trägern. Die Belüftungsöffnungen sorgen gleichzeitig für einen guten Lackeintritt bei der Elektrotauchlackierung.

Konstruktiv sollten außerdem alle Komponenten so gestaltet werden, dass Wasser gut auslaufen kann. Bei der Verbindung zweier Blechteile sind scharfe Kanten oder scharfkantige Übergänge zu vermeiden, ◘ Abb. 6.74. Zusätzlich muss der Konstrukteur prüfen, ob Hohlräume beispielsweise durch Wachs zu schützen oder Verbindungsstellen mit Dicht- und Klebstoffen abzudichten sind.

Maxime ist in jedem Fall die prozessgerechte Konstruktion des Fahrzeugs. Dabei sind insbesondere Vorgaben zu beachten, die zum Beispiel die Handhabung der Rohkarosserie im Produktionsprozess betreffen (Aufnahmelöcher für die Fördertechnik). Abhängig vom gewählten Fertigungsverfahren sind Öffnungen in der Karosserie vorzusehen, die das Ein- und Auslaufen von Prozessmaterialien erlauben, ◘ Abb. 6.75. Flansche, Bördel und Überlappungen sind so zu gestalten, dass das Auftragen von Klebstoff und Abdichtmaterialien leicht und prozesssicher möglich ist.

Zur korrosionsschutzgerechten Konstruktion von Fahrzeugen werden in der frühen Phase der

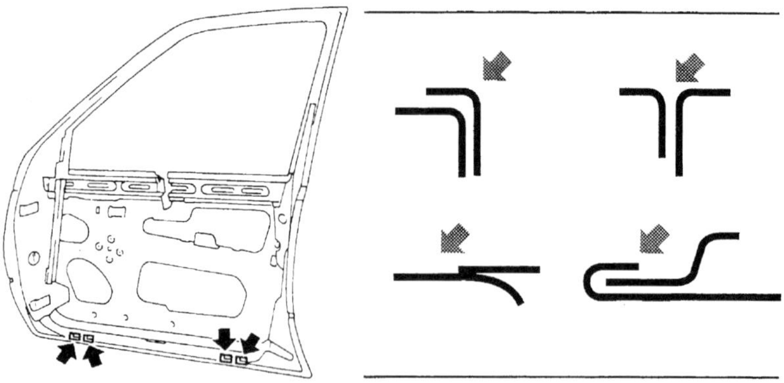

Abb. 6.74 Lage von Entlüftungsöffnungen und Gestaltungsmöglichkeiten für korrosionsoptimierte Fügestellen

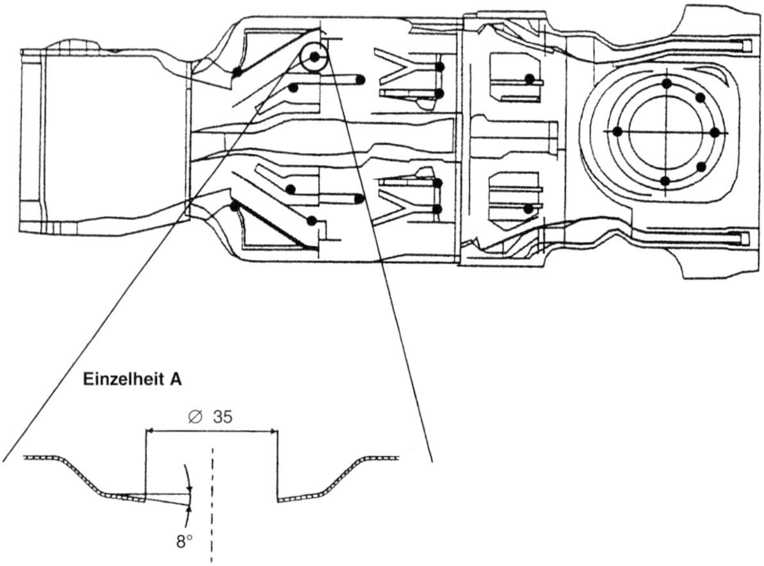

Abb. 6.75 Lage und Gestaltung von Ablauföffnungen am Fahrzeugunterboden

Produktentwicklung verstärkt Simulationstechnologien entwickelt und eingesetzt. Auf dem Markt sind inzwischen zahlreiche Programme verfügbar, z. B. zur

- Überprüfung der erzielbaren KTL-Schichtdicke in kritischen Hohlräumen,
- Vermeidung von Lufteinschlüssen bei den Vorbehandlungs- und Elektrotauchlackierprozessen,
- Reduzierung von Verschleppungen von Chemikalien von einem Prozessschritt zum Nächsten,
- Auslegung von Trocknern zur Vermeidung von Überbrennungen oder unzureichender Reaktionstemperatur/-zeit für Bauteile bzw. Chemikalien.

Für die Simulation werden die CAD-Daten der Fahrzeugkonstruktion verwendet und entsprechend den jeweiligen Anwendungsprogrammen konvertiert.

6.3.2.3 Maßnahmen in der Produktion

Abbildung 6.76 zeigt die typischen Stationen einer Automobilfertigung. Von Hersteller zu Hersteller können sich bedingt durch die unterschiedlichen Produktprogramme und mit der Zeit gewachsene Fertigungsprozesse Abweichungen ergeben.

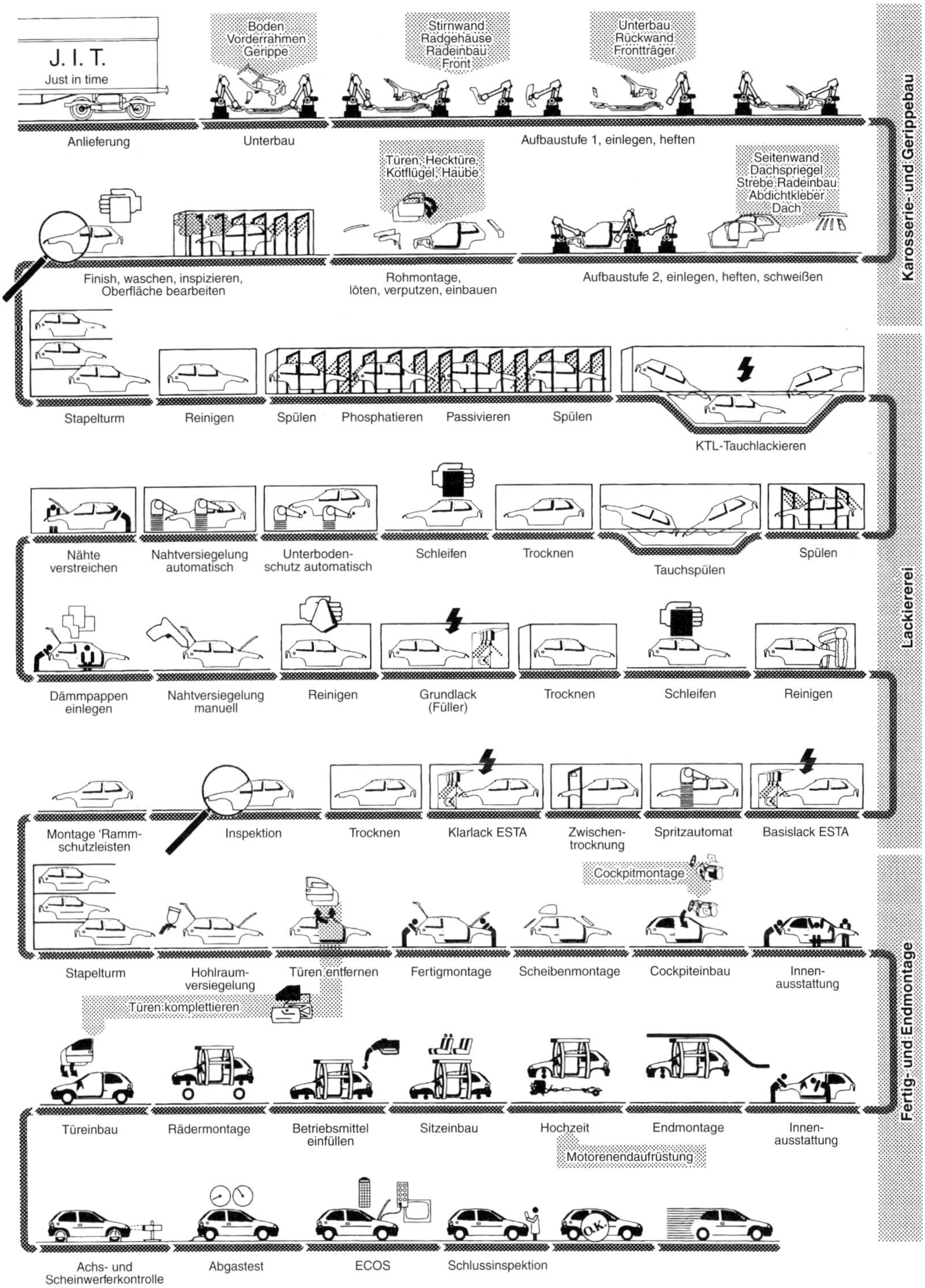

Abb. 6.76 Prozessablauf in der Automobilfertigung

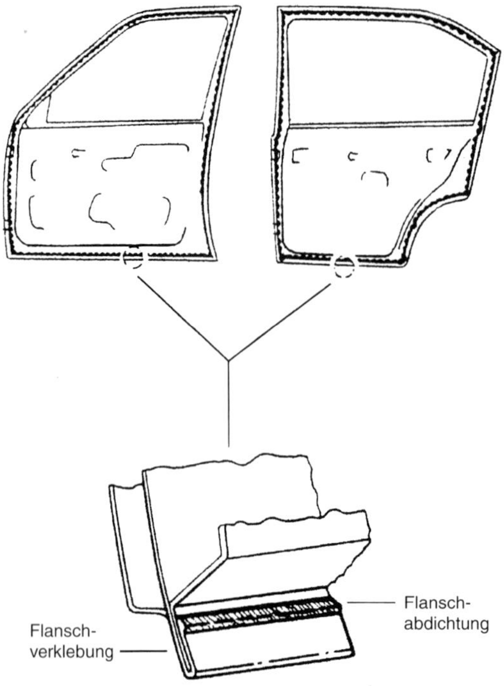

Abb. 6.77 Lage von Verklebungen und Abdichtungen

6.3.2.3.1 Kleben und Dichten

Das Fertigungsverfahren Kleben gewinnt in der Automobilindustrie zunehmend Bedeutung. Es hat den Vorteil, dass mit dem Fügen auch eine Abdichtung der Verbindungsstelle gegeben ist. Klebeverbindungen können bei prozessgerechter Konstruktion die Festigkeit von Schweißpunkten nicht nur erreichen, sondern sogar übertreffen. Durch die flexible Anwendbarkeit in Kombination mit anderen thermischen oder mechanischen Fügeverfahren ist das Kleben im modernen Automobilbau heute unverzichtbar.

Bisher waren Unterfütterungskleben, Bördelrandkleben und Versiegelungen die eingesetzten Klebeverfahren im Karosseriebau. Das Strukturkleben grenzt sich mit direktem Einfluss auf die Festigkeit der Karosserie gegen diese Prozesse ab. Im Fall der Fahrzeugkarosserie sorgt das so genannte Strukturkleben für eine dauerbeständige und kraftübertragende Verbindung von hochfesten und steifen Fügeteilen, die auch in crashbeanspruchten Fahrzeugbereichen einsetzbar sind. Hauptziele des Strukturklebens sind eine höhere Karosseriesteifigkeit, eine verbesserte Crashstabilität durch erhöhtes Energieaufnahmevermögen sowie eine verbesserte Dauerfestigkeit. Hinsichtlich der immer größeren Materialvielfalt und insbesondere Zunahme der Werkstoffkombinationen, lassen sich somit unterschiedliche Werkstoffe durch die Fügetechnik Kleben kombinieren.

Im Vergleich zu anderen Fügeverfahren stellt das Kleben zusätzliche Anforderungen an die Fertigung, da nach dem Fügen der Bauteile noch keine Anfangsfestigkeit vorhanden ist. Erst nach dem Durchlaufen des KTL-Ofens in der Lackiererei wird der Klebstoff ausgehärtet und erhält somit seine endgültigen Materialeigenschaften.

Klebungen haben u. a. akustisch dämpfende Wirkungen und auch eine abdichtende Funktion. Schweiß- und Bördelflansche werden durch den Auftrag von Dichtstoff vor dem Eindringen von Feuchtigkeit, korrosiven Medien sowie Luftsauerstoff geschützt, Abb. 6.77.

Die notwendigen Dichtoperationen sind entweder im Rohbau oder in der Lackiererei durchzuführen. Im Rohbau müssen all jene Karosseriestellen abgedichtet werden, die nach dem Zusammenbau nicht mehr zugänglich sind, wie zum Beispiel verdeckte Bördelflansche oder Stützgerippe, die zur Unterfütterung der äußeren Bleche erforderlich sind. Bei dieser Prozessabfolge sind bei der Definition der Taktzeiten im Rohbau die für Klebeverbindungen notwendigen Vor- und Nachbehandlungszeiten zu berücksichtigen. Wird die Dichtoperation in der Lackiererei durchgeführt, erfolgt der Materialauftrag normalerweise auf eine fettfreie, KTL-lackierte Oberfläche. Da die Aushärtung zusammen mit dem Grundlack erfolgen kann, ist kein zusätzlicher Trockenprozess erforderlich.

In Tab. 6.23 sind die Dichtmaterialien dargestellt. Die Entscheidung über den Einsatz eines bestimmten Werkstoffes sollte immer im Zusammenhang mit der gewünschten Festigkeit beziehungsweise Elastizität getroffen werden.

6.3.2.3.2 Vorbehandlung

Die Karosserieoberflächen werden vor dem eigentlichen Lackierprozess einer Vorbehandlung unterzogen, die zum einen dem Korrosionsschutz, zum anderen einer besseren Lackhaftung dient. Auf Ganzstahl-Karosserien ist der Standardprozess

Tabelle 6.23 Dichtmaterialien und Klebstoffe im Karosseriebau

Material	Haupteinsatzgebiet	Festigkeit	Elastizität
Epoxidharze	Strukturelle Verklebungen im Rohbau, Kleben von Bördelfalzen	++++	+
Produkte auf Kautschukbasis; Heißbutyle	Unterfütterungs-Klebstoff	+++	++
PVC-Plastisole	Abdichtungen in der Lackiererei	++	+++
Acrylat-Plastisole	Rohbauabdichtungen	+	++++

Tabelle 6.24 Schlammentwicklung im Phosphatierprozess

Substrat-Werkstoff	Schlammentwicklung (g/m³)
Stahl	3,0–5,0
Verzinkter Stahl	0,1–0,8
Aluminium	10–16

in die Stufen Reinigen/Entfetten, Spülen, Aktivieren, Phosphatieren, Spülen, Passivieren und abermaliges Spülen mit vollentsalztem Wasser untergliedert.

Der vom Rohbau gelieferten Karosserie haften noch Reste von Korrosionsschutzölen, Schmierstoffen, Schleifstäube sowie andere Verschmutzungen an, die entfernt werden müssen, um die Qualität des Lackierprozesses zu sichern. Reinigen und Entfetten der Karosserie erfolgen mit wässrigen alkalischen und tensidhaltigen Lösungen. Beim anschließenden Spülen wird die noch anhaftende Reinigungslösung entfernt. Eine Aktivierung der Oberfläche mit Titanphosphat vor der eigentlichen Phosphatierung soll die Phosphatiergeschwindigkeit erhöhen, das Schichtgewicht verringern und so für besonders feinkristalline Schichten sorgen.

Die Phosphatierung erfolgt mit einer Lösung, die als Hauptbestandteile Zink, Nickel- und Mangan-Ionen sowie Phosphorsäure und einen Beschleuniger (Oxidationsmittel wie Natriumnitrit oder Wasserstoffperoxid) enthält. Zur Behandlung einer Stahl-Aluminium-Karosserie wird zusätzlich freies Fluorid benötigt, um gelöstes Aluminium aus dem Behandlungsbad zu entfernen. Die saure Phosphatlösung wirkt als Beizmittel. Durch die Beizreaktion werden Eisen-II- und Zinkionen sowie atomarer Wasserstoff gebildet. Der Beschleuniger depolarisiert den Wasserstoff, befreit also die Metalloberfläche von Wasserstoffblasen, die die Phosphatierreaktion stören können. Aufgrund der Beizreaktion nimmt die Säurekonzentration an der Metalloberfläche stark ab, dafür bildet sich dort eine Schicht von schwer löslichem Zink- oder Zink-Eisen-Phosphat. Das Schichtgewicht liegt üblicherweise zwischen 1,5 und 4 g/m². Das entstehende Eisen-II-Phosphat wird durch das Oxidationsmittel in schwer lösliches Eisen-III-Phosphat überführt und als Schlamm abgeschieden. Auf der Karosserie verbliebene Schlammpartikel werden in einem weiteren Spülgang entfernt.

In der Phosphatschicht möglicherweise verbliebene Poren werden durch eine Passivierung mit wässriger Hexafluorzirkonsäurelösung oder organische Nachspüllösung geschlossen. Reste wasserlöslicher Salze sind abschließend mit vollentsalztem Wasser abzuspülen.

Die Vorbehandlungs-Prozessschritte erfolgen entweder im Spritz- oder im Tauchverfahren, meist in einer Kombination aus beidem.

Für Karosserien mit Multi-Metall Substraten, insbesondere bei hohem Anteil an Aluminium, wurde ein 2-Stufen-Prozess entwickelt (Tab. 6.24).

Durch angepassten Chemikalieneinsatz bei den Prozessstufen »Phosphatierung« und »Passivierung« wird erreicht, dass Stahl und verzinkter Stahl weiterhin »klassisch« phosphatiert werden,

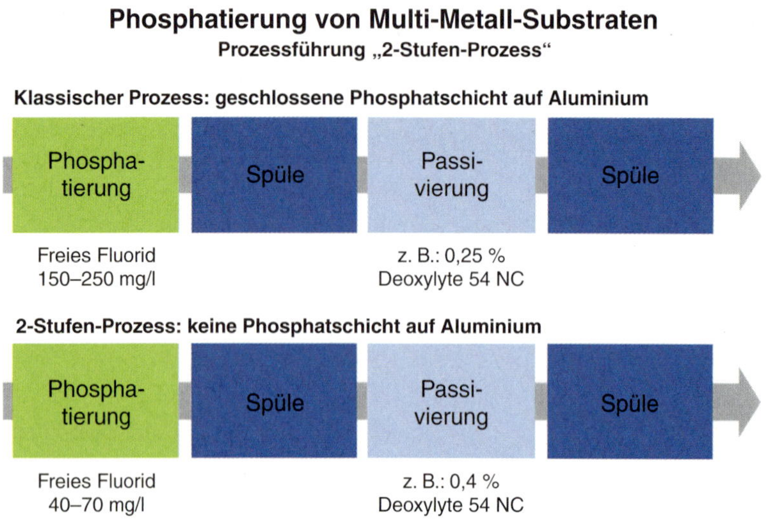

Abb. 6.78 Phosphatierung von Multi-Metall Substraten (Quelle: Henkel)

Aluminium jedoch erst im Passivierungsschritt eine Konversionsbehandlung erhält (Schichtgewicht 0,2 g/m^2 bei Aluminium gegenüber 1,5 bis 4 g/m^2 bei Stahl bzw. verzinktem Stahl) (Abb. 6.78).

Verschiedene Chemikalienlieferanten arbeiten an der Optimierung der »Dünnschicht« Prozesse ($\approx$ 100 $\times$ dünner als aktuelle Phosphatschichten), wobei der Fokus auf den ökologischen Potenzialen dieser alternativen Vorbehandlungsprozessen liegt:

- Verzicht auf Einsatz von Schwermetallen, insbesondere Nickel
- Reduzierung von Wasser, Abwasser und Schlamm, dadurch geringere Prozesskosten
- Energieeinsparung (Schichtprozess bei $\approx$ 20 °C und in ca. 30 s gegenüber 50–60 °C und ca. 3 min)
- Reduzierung von Prozessschritten, damit weniger Flächenbedarf und Investment-Kosten

Dünnschicht Vorbehandlungsprozesse werden in mehreren Automobilwerken insbesondere in USA bereits eingesetzt.

6.3.2.3.3 Elektrotauchlackierung

Durch hohe Wirtschaftlichkeit und eine sehr gleichmäßige Schichtdickenbildung hat sich die Elektrotauchlackierung als Verfahren zum Korrosionsschutz in der Automobilindustrie etabliert. Bei diesem Verfahren wird der zu lackierende Körper in ein Lack-Wasser-Bad mit einem Anteil von 15 bis 25 % dispergierter Lackteilchen getaucht. Durch Anlegen einer Gleichspannung zwischen Werkstück und Tauchbad wandern die Lackteilchen an die Werkstückoberfläche und werden dort abgeschieden. Man unterscheidet zwischen der anodischen Elektrotauchlackierung (ATL) und der kathodischen Elektrotauchlackierung (KTL). Aufgrund des besseren Korrosionsschutzes hat sich die KTL, bei der die Karosserie als Kathode wirkt, Abb. 6.79, weitgehend durchgesetzt.

Die elektrochemische Abscheidung erfolgt üblicherweise innerhalb von 2,5 bis 4 Minuten. Bei größeren Stückzahlen werden die Tauchbecken meist als Durchlaufanlage gestaltet, die zwischen zwei und sieben Gleichrichterfelder mit unterschiedlichen Spannungen besitzt. Je nach Lackart und Verfahren werden Schichtdicken an außen liegenden Teilen von 18 bis 35 μm erzielt, wobei in Hohlräumen Schichtdicken von mindestens 10 μm erreicht werden müssen.

Ein Kaskadenspülprozess befreit die Karosserie nach dem KTL-Tauchbad von elektrochemisch nicht gebundenen Lackpartikeln. Zur Reduzierung des Wasserverbrauchs und zur Lackrückgewinnung wird als Spülmittel Ultrafiltrat eingesetzt, ein Medium, das man aus KTL-Lack in einer Ultrafil-

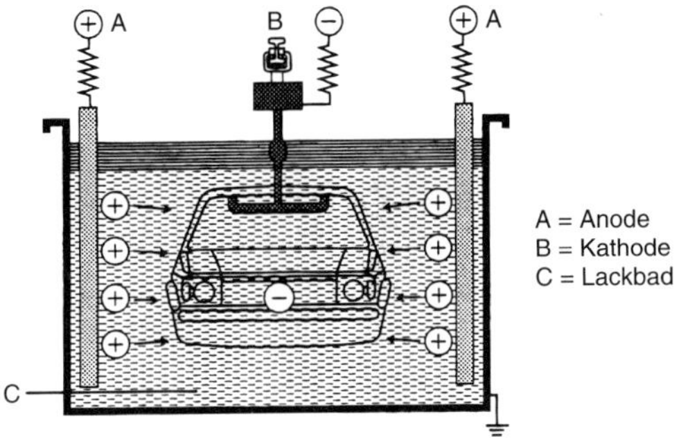

Kathodische Elektrotauchlackierung

1. Überführung von wasserunlöslichen, stickstoffbasischen Bindemitteln mit organischen Säuren in die wasserlösliche Form:

$$R_3\text{–}N + CH_3COOH \longrightarrow R_3[NH]^+\ [CH_3COO]^-$$

2. Elektrolyse des Wassers (Kathodenreaktion):

$$2\,H_2O + 2e^- \longrightarrow H_2\uparrow + 2\,OH^-$$

3. Koagulation (Abscheidung) des Bindemittelkation in der basischen Diffusionsgrenzschicht an der Kathode:

$$R_3[NH]^+ + OH^- \longrightarrow R_3\text{–}N + H_2O$$

Abb. 6.79 Kathodische Elektrotauchlackierung: Schema und Reaktionsgleichungen

trationsanlage erzeugt. Der Kaskadenspülvorgang der Karosserie verläuft entgegen der Prozessrichtung. Spülmittel und Lackreste werden danach wiederum dem Tauchbecken zugeführt. Nach einem letzten Spülgang mit vollentsalztem Wasser wird der an der Karosserie haftende Lack bei Temperaturen von 160 bis 180 °C etwa 20 min eingebrannt. Gleichzeitig kann dieser Trocknungsvorgang dazu genutzt werden für Bake-Hardening-Stähle oder Aluminiumbleche, die ihre endgültige Festigkeit erst nach einer Wärmebehandlung erreichen, sowie um Klebe- und Dichtmaterialien nach- beziehungsweise auszuhärten.

6.3.2.3.4 Grund- und Decklackierung

Der äußere Oberflächenschutz und die Farbgebung erfolgen durch aufgesprühte Nasslacke, in Einzelfällen auch durch Pulverlacke. Der Grundlack, auch Füllgrund oder Primer genannt, hat dabei die Aufgabe, eventuell vorhandene, aus den vorhergehenden Prozessschritten stammende raue Stellen oder Unebenheiten auszugleichen und einen glatten Untergrund für den Decklack zu gewährleisten. Außerdem bildet er die haftvermittelnde Schicht für den Decklack. Neben einfarbigen, meist grauen Grundlacken werden auch farbige oder sogar decklackfarbtonspezische Primer eingesetzt. Farbige Grundlacke haben den Vorteil, dass die Decklackschicht dünner ausgeführt werden kann (Kostenvorteil) und leichtere mechanische Beschädigungen im Kundenbetrieb weniger auffallen.

Als Decklack kommen in der Regel Zweischichtsysteme zum Einsatz, die aus einem Basislack zur Farbgebung und einem Klarlack bestehen. Bei den Basislacken wird zwischen Uni- und Effektfarbtönen (Metallic, Mica) unterschieden. Effektfarbtöne enthalten neben Farbpigmenten, zum Beispiel Aluminium- oder Glimmerpartikel, die abhängig von der Lichteinstrahlung verschiedene Farb- oder Glitzereffekte erzeugen. Bei der Farbtonentwicklung ist insbesondere darauf zu achten, dass die eingesetzten Pigmente lichtstabil und vollständig in das Bindemittel eingebettet sind. Ansonsten können, zum Beispiel durch dauerhafte Sonneneinstrahlung, Farbtonverschiebungen entstehen oder sich Pigmente an der Grenzschicht ansammeln und dort zu Haftungsproblemen führen.

Der Klarlack wird als Schutz zur Glättung und zur Erzielung eines Glanzeffektes eingesetzt. Er muss chemisch so beschaffen sein, dass er auch unter extremer UV-Einstrahlung nicht vergilbt. Des weiteren muss er vor Verkratzung schützen, wie sie zum Beispiel bei der Autowäsche vorkommen kann, und er muss organischen und anorganischen Stoffen wie Kraftstoff, Vogelkot, Baumharzen und saurem Regen gewachsen sein.

Beim Klarlack kommen sowohl 1-Komponenten als auch 2-Komponenten (Stammlack und Härter) Materialien zum Einsatz. 1-K Systeme sind kostengünstiger (Material, Applikationstechnik) und weisen meist eine höhere Kratzbeständigkeit auf als Standard 2-K Systeme. Die Beständigkeit gegenüber chemischen und biologischen Stoffen ist dagegen bei 2-K Systemen höher, außerdem erscheint ein 2-K Klarlack optisch höherwertig.

Zur weiteren kundenrelevanten Optimierung der Produktqualität der Klarlackoberfläche wird an der Entwicklung deutlich kratzfesterer Materialien gearbeitet:

- Produkte mit hoher Vernetzungsdichte,
- Produkte mit glasähnlicher Silikat Matrix, Einbindung von Nano-Partikeln (∅ 10–20 nm),
- UV reaktive Systeme (UV Strahlungstrocknung).

Zahlreiche Verbesserungen sind im Test bzw. auch bereits im Serieneinsatz. Eine Klarlackoberfläche, die allen mechanischen Beanspruchungen widersteht, wird jedoch noch lange auf sich warten lassen. Bei der Materialentwicklung müssen auch Lösungen gefunden werden für z. B.

- Verarbeitbarkeit der Materialien in der Lackiererei,
- Reparaturfähigkeit der Lackierung an der Lacklinie im Werk, aber auch in Werkstätten im Feld (Schleifen, Polieren, Haftung der Reparaturlackierung, ...),
- Lackierfähigkeit von Kunststoff-Anbauteilen (flexibler als Metalluntergrund).

Das komplette System aus Grund-, Deck- und Klarlack muss weiterhin die darunter liegenden Schichten vor dem Eindringen von Feuchtigkeit und UV-Strahlen schützen. Speziell die KTL-Schicht enthält Epoxidharze, die durch UV-Licht zersetzt werden könnten. Die Folge davon wären Haftungsverlust des Grundlackes und anschließendes Abblättern des Gesamtaufbaus. Eine weitere Anforderung stellt die Widerstandsfähigkeit gegen mechanische Beaufschlagung, zum Beispiel durch Steinschlag, dar, die durch einen guten Haftungsverbund der Schichten sowie eine entsprechende Flexibilität erreicht wird.

Nasslacke bestehen aus flüchtigen und nichtflüchtigen Bestandteilen. Die flüchtigen Bestandteile, organische oder wässrig-organische Lösemittel, dienen der Verarbeitbarkeit des Lackes. Die nichtflüchtigen Bestandteile bilden nach der Aushärtung den eigentlichen Lackfilm. Für die Schichtbildung sorgt das enthaltene Bindemittel, für das hauptsächlich Alkyd-, Acryl-, Polyurethan- und Melaminharz zum Einsatz kommen. In das Bindemittel eingelagert werden Farbpigmente sowie verschiedene Hilfsstoffe, unter anderem Benetzungs-, Verlaufs-, Mattierungs- und Antiabsetzmittel sowie Weichmacher, Filmbildner und Füllstoffe.

Der Auftrag des Lackes erfolgt in Spritzkabinen. Diese sind nach Möglichkeit in einem separaten Bereich des Gebäudes (Reinraum-Bereich) angeordnet. Damit wird der Prozessempfindlichkeit der Lackmaterialien in Bezug auf Schmutz oder sonstige Störungen (etwa durch Silikon) Rechnung getragen. Bei der Verarbeitung sind entsprechend enge Grenzen bei Lufttemperatur und Feuchte einzuhalten, um Farbtonschwankungen zu vermeiden. Für wasserbasierte Lacke sind dies zum Beispiel 23 °C Lufttemperatur (±3 K) und 65 % relative Feuchte (±5 %).

Während die Innenlackierung in der Regel durch Roboter oder Handlackierer erfolgt, kommen bei der Außenlackierung neben Robotern auch Spritzautomaten zum Einsatz. Für die Lackapplikation werden hauptsächlich luftzerstäubende Spritzpistolen und elektrostatische Hochrotationsglocken (ESTA) verwendet. Bei Ersatz- bzw. Neuinvestitionen werden weitgehend nur noch Lackierroboter installiert, die gemeinsam mit neuen elektrostatischen Rotationszerstäubern eine hohe Flexibilität und deutlich verbesserte Auftragswirkungsgrade garantieren.

Getrocknet wird die Karosserie in Durchlauftrocknern durch Strahlung, Umluft oder durch die Kombination von beidem. Die Trockenzeit beträgt in der Regel 30 Minuten bei Temperaturen von etwa 165 °C bei Grundlacken und 140 °C bei Decklacken. Das Lacksystem härtet während des Trockenprozesses aus, das heißt, die Molekülketten des Bindemittels reagieren und vernetzen durch den Temperatureinfluss an zuvor blockierten Stellen. Die hierbei entstehenden Makromoleküle bilden dann einen entsprechend stabilen Verband. Die eingangs erwähnten Pigmente und Hilfsstoffe sind in dem entstandenen Molekülnetz eingeschlossen und beeinflussen dessen Eigenschaften zum Beispiel in Bezug auf Härte, Schleifbarkeit, Verlauf und Glanz.

Neben den gängigen Nasslacken kommen auch Pulverlacke und Powder Slurry zum Einsatz. Sie haben aber gegenwärtig in der Automobilindustrie einen sehr kleinen Marktanteil. Bei Pulverlacken entfällt der Lösemittelanteil; die nicht an das Werkstück angelagerten Lackteilchen (Overspray) können direkt wieder dem Prozess zugeführt werden. Häufige Farbwechsel und niedrige Stückzahlen belasten allerdings die Wirtschaftlichkeit. Eine Nachbesserung ist in der Regel zudem nur mit Nasslacken möglich, was die Bereitstellung zusätzlicher Anlagen bedingt. Aus diesem Grund werden Pulverlacke heute in erster Linie als einfarbige Grundierung oder als Klarlack eingesetzt. Eine Kombination aus beiden Verfahren stellen »Powder-Slurry«-Lacke dar. Hier wird vom Lackhersteller ein Pulverlack in ein wässriges Lösungsmittel eingearbeitet. Der Lack kann dann in bestehenden, modifizierten Nasslack-Anlagen eingesetzt werden. Auch diese Technologie kommt – genauso wie das Pulverlackverfahren – praktisch ohne organische Lösemittel aus.

6.3.2.4 Hohlraumkonservierung und Unterbodenschutz

Wirksamer Korrosionsschutz von Hohlräumen und Unterboden erfordert aufgrund der dort gegebenen hohen Beanspruchungen nicht nur besondere Abdichtoperationen, sondern weitergehende Maßnahmen wie die Hohlraumkonservierung durch Wachse. Sie erfolgt in der Regel direkt nach dem Lackieren. Der Unterbodenschutz wird zum Teil in der Lackiererei und zum Teil am Ende des Produktionsprozesses aufgebracht.

6.3.2.4.1 Hohlraumkonservierung

Die Hohlraumkonservierung mit Wachs dient der Versiegelung von Spalten und Flanschen und somit der Vermeidung von Spaltkorrosion. ◘ Tabelle 6.25 nennt die zum Einsatz kommenden Wachse.

Für die Wirksamkeit der Abdichtung von engen Spalten ist das Penetrationsverhalten der Wachse entscheidend. Zwei rechteckige Prüfplatten mit definiertem Abstand werden bei Raumtemperatur waagerecht aufeinander gelegt und mit einem definierten Gewicht beaufschlagt. Anschließend ist eine Kante mit einem Überschuss an Wachs zu verschließen. Nach Ablauf der Testzeit und Auseinanderklappen der Platten lässt sich die Wachseindringstrecke messen.

Bereits bei der Fahrzeugkonstruktion muss die Art des Wachs-Applikationsverfahrens berücksichtigt werden. Die Hohlraumkonservierung kann entweder im Heißflut- oder im Spritzverfahren erfolgen. Beim Heißfluten wird die Karosserie im Beschichtungsbereich auf 60 bis 70 °C erwärmt und die Hohlräume mit etwa 120 °C heißem Wachs völlig ausgefüllt. Ein Teil des Wachses erstarrt und haftet an dem kühleren Karosserieblech, während der Rest des Materials wieder abläuft. Die Hohlräume müssen für dieses Verfahren in jedem Fall so gestaltet werden, dass ein sicheres und definiertes Auslaufen gewährleistet ist. Lufteinschlüsse im oberen Bereich der Profile sind zu vermeiden.

◘ Tabelle 6.25 Wachse zur Hohlraumkonservierung

Material	Festkörperanteil in %
Heißflutwachs	100
Heißspritzwachs	100
Lösemittelfreies Spritzwachs	>99
Spritzwachs auf Lösemittelbasis	>70
Wasserbasiertes Spritzwachs	>40

Das Spritzverfahren erfolgt im Gegensatz zum Heißflutverfahren bei Raumtemperatur, wobei Objekt- und Materialtemperatur nicht mehr als 10 K auseinander liegen sollten. Das Wachs wird mit oder ohne Vermischung mit Luft unter hohem Druck (zwischen 2000 und 12.000 kPa) in die Karosseriehohlräume eingesprüht. Konstruktiv sind deshalb unbedingt genügend Öffnungen zur Materialapplikation vorzusehen.

6.3.2.4.2 Unterbodenschutz

Der Fahrzeugunterboden ist durch Steinschlag starken mechanischen Belastungen ausgesetzt. Zudem ist die Korrosionsanfälligkeit des Unterbodens durch Feuchtigkeit und Streusalz erheblich. Als Schutz davor haben sich Materialien auf Bitumen-, PVC- und Polyurethanbasis bewährt. Eine Übersicht alternativer Methoden zum Schutz des Unterbodens zeigt ◘ Abb. 6.80.

Bereiche, die nicht durch diese Materialien zu schützen sind, werden mit Wachsen versiegelt,

Abb. 6.80 Alternative Methoden zum Schutz des Unterbodens

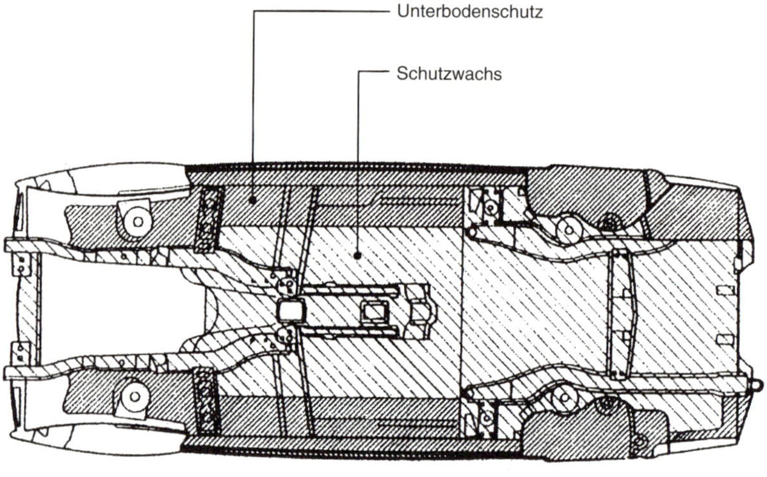

Abb. 6.81 Beispiel für den Einsatz von Unterbodenschutzmaterial und Schutzwachs

Abb. 6.81. Diese Behandlung schützt gleichzeitig die in diesem Bereich liegenden Fahrwerkskomponenten.

Mit Ausnahme des Heißwachses können die gleichen Materialien eingesetzt werden wie bei der Hohlraumkonservierung. Die verwendeten Wachse müssen sich im Unterbodenbereich weniger durch hohes Penetrationsvermögen als durch hohe Beständigkeit gegen Auswaschen auszeichnen.

Für die Applikation werden alle gängigen Spritztechniken angewendet. Automatisierte Anlagen müssen modellspezifisch gesteuert werden, da nicht alle Bereiche des Unterbodens beschichtet werden dürfen. So sind die Zonen unter der Abgasanlage einschließlich des Katalysators frei zu halten.

Tabelle 6.26 Transportschutz

System	Einsatz
Wachse (org. Lösungsmittel- oder Wasserbasis)	Serie
Acrylsysteme	Serie
Folie	Serie
Spritzbare Folien	Serie
Transportschutzhauben	Serie

6.3.2.5 Transportschutz

Der Kunde verlangt bei der Übergabe ein qualitativ und optisch einwandfreies Fahrzeug. Deshalb wird häufig vor der Auslieferung, meist am Ende der Fertigung, ein zusätzlicher Transportschutz aufgebracht und vor Übergabe des Fahrzeuges an den Kunden wieder entfernt. Er schützt den frischen Lack über einen Zeitraum von bis zu sechs Monaten vor mechanischen Einwirkungen und aggressiven Umwelteinflüssen. Von allen anderen Maßnahmen des Oberflächenschutzes unterscheidet sich der Transportschutz vor allem durch seine zeitlich begrenzte Einsatzdauer. Tabelle 6.26 zeigt die zur Verfügung stehenden Transportschutzarten und -materialien.

6.3.3 Ausblick

Der Oberflächenschutz der Karosserie hat technisch einen sehr hohen Stand erreicht, der auch durch die immer umfangreicheren von der Industrie gegebenen Garantien gegen Durchrostung dokumentiert wird.

Bei der Weiterentwicklung der Verfahren setzen Automobil-, Anlagen- und Lackhersteller immer mehr den Fokus auf umweltverträglichere Produkte und Verfahren. Die gemeinsamen Anstrengungen haben bereits erhebliche Wirkungen gezeigt. Vor allem durch den verstärkten Einsatz von Lacken auf Wasserbasis konnten die oberflächenbezogenen Lösemittelemissionen erheblich gesenkt werden, Abb. 6.82. Sollten sich Pulverlacke in ihrem Anwendungsspektrum verbessern, sind weitere Emissionsverringerungen möglich.

Weitere Beispiele für Schritte zu umweltverträglicheren Verfahren sind die Umstellung auf bleifreie Elektrotauchlackierung sowie chromfreie Nachspüllösungen. Um den Wasserverbrauch zu verringern, wird bei den Lackierprozessen zunehmend in geschlossenen Kreisläufen gearbeitet.

Etwa 50 % des Energiebedarfs eines Karosseriewerkes wird für den Lackierprozess benötigt. Deshalb gibt es viele Initiativen, diese Kosten zu reduzieren. Ein Beispiel aktueller Lösungsansätze ist die Einführung kompakter Beschichtungsprozesse, die das Ziel haben den Trockner für den Grundlack (Füller oder Primer) zu eliminieren:

- Füllerloser Prozess (statt Standardfüller werden »nass-in-nass« zwei Basislackschichten mit entsprechendem Eigenschaftsbild aufgetragen, dadurch auch Entfall der Grundlack-Spritzkabine)
- Füller und Basislack werden »nass-in-nass« appliziert (geeignet für festkörperreiche Lösemittel- und auch Wasserlacke)

Neu entwickelte Technologien zur Lacknebelabscheidung aus Lackierkabinen sind ein weiteres Beispiel für Energieeinsparungsmaßnahmen. Mit diesen Methoden ist es möglich einen großen Teil (ca. 90 %) der erforderlichen Spritzkabinenzuluft im Kreislauf zu fahren und damit die Kosten für die erforderliche Zuluftkonditionierung deutlich zu reduzieren.

Durch den Zwang zum Karosserie-Leichtbau werden in der Zukunft verstärkt Metall-Mischbauweisen in der Automobilproduktion Eingang finden und insbesondere Anbauteile aus Aluminium oder Kunststoff zum Einsatz kommen. Die Anpassung der Oberflächenbehandlungsprozesse an die Anforderungen der unterschiedlichen in einem Fahrzeug verbauten Substrate stellt eine große Herausforderung dar für die nächsten Jahre. Der Anspruch nach schnelleren und energieeffizienteren Prozessen beeinflusst zusätzlich den Lackiervorgang der Zukunft.

Die wichtigsten Aktivitäten der Zulieferindustrie auf die Forderungen der Automobilindustrie sind in Tab. 6.27 zusammengefasst.

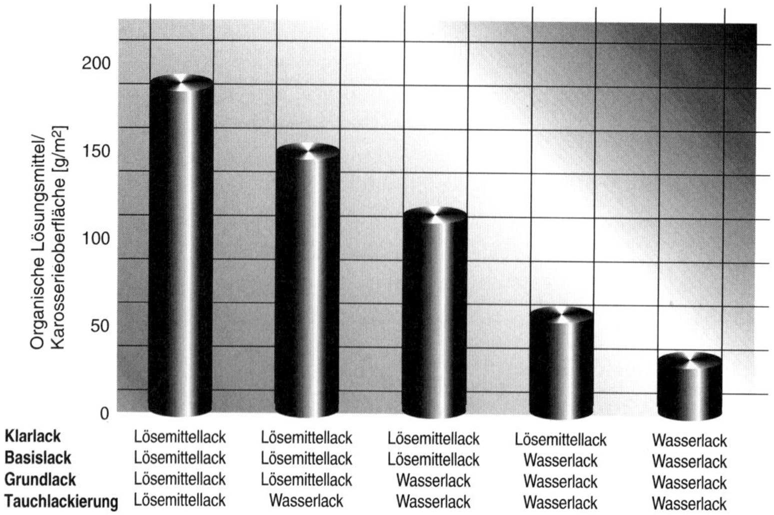

Abb. 6.82 Rückgang der Emissionen von organischen Lösemitteln

Tabelle 6.27 Aktivitäten für eine zukunftsträchtige Oberflächentechnik

Ziele	Beispiele
Erhöhung der Qualität/Funktionalität	– Appearance (Glanz, Struktur (Orange Peel), Fülle, ...) – Farbeffekte (Perleffekt, Mica, ...) – Neue Funktionen (Easy-to-Clean, keine Vereisung, ...) – Kratzfestigkeit – Beständigkeit gegen chemische und biologische Stoffe
Reduzierung der Prozesskosten	– Integrierte Prozesse (nass-in-nass, füllerlos, ...) – Reduzierung der erforderlichen Einbrenntemperaturen – Applikation mit Robotern und Glocken – Erhöhung der First-Run-Rate (Clean-Room, No-touch, ...) – Kreislaufführung der Spritzkabinenluft
Produktdifferenzierung	– Größere Farbtonvielfalt – Individualisierung (Mehr-Farben-Lackierung, Folien, ...) – Neue Farbmischkonzepte (on-line)
Umweltschutz/Nachhaltigkeit	– Erfüllung nationaler und internationaler Richtlinien – Einsatz nachwachsender Rohstoffe – Reduzierung von Emissionen, Energieverbrauch, Abfall, ... – Kreislaufführung von Prozessmedien

6.4 Fahrzeuginnenraum

6.4.1 Ergonomie und Komfort

Die Ergonomie als Begriff hat sich in den letzten Jahrzehnten von einer nur wenigen Experten bekannten Fachdisziplin in das Bewusstsein einer breiten Öffentlichkeit als Ausdruck für optimale menschengerechte Gestaltung entwickelt.

Grundsätzlich kann formuliert werden: die *Ergonomie ist die Lehre vom Menschen und seiner Arbeit.* Ziel der Ergonomie ist es, die Arbeit und die Arbeitsumgebung optimal an den Menschen anzupassen.

Man unterscheidet heute zwischen *Macroergonomics*, die Regeln der Gestaltung der Arbeitsorganisation, des Betriebs und der Arbeitsgruppen umfasst und *Microergonomics*, die Regeln für die Gestaltung von Arbeitsplätzen und Arbeitsmitteln enthält.

Im Bereich der Microergonomics lässt sich eine Unterscheidung zwischen der Auslegung von Arbeitsplätzen und der Gestaltung von Produkten treffen.

Dieser Beitrag befasst sich mit der Produktergonomie im Kraftfahrzeugbau.

6.4.1.1 Ergonomische Anforderungen an das »Gesamtfahrzeug«

In der Fahrzeugindustrie gibt es heute vielfältige Einsatzgebiete für die zugrundeliegenden ergonomischen Methoden und Anforderungen (◘ Abb. 6.83).

Im Automobilbau liegen die Schwerpunkte zunächst einmal in der Raumgeometrie und der Mensch-Maschine-Schnittstelle.

Ziel der Raumgeometrie ist es, die objektiven und subjektiven Erwartungen der Kunden zu erfüllen. Auslegungsziel der Mensch-Maschine-Interaktion ist die optimale Belastung des Fahrers (keine Über-, aber auch keine Unterforderung).

Hierbei schließt sich der Kreis der optimalen Anpassung (◘ Abb. 6.84).

Um ein »richtiges« Raumgefühl für Fahrer und Insassen festzulegen, ist in der Automobilentwicklung die Packagephase ein entscheidender Entwicklungsschritt. Im Package (▶ Abschn. 4.2) werden alle relevanten Fahrzeugkomponenten »zusammengefügt« und so in einen Plan eingezeichnet, dass sie in die Außenabmessungen hineinpassen. Eine wesentliche Komponente stellen dabei natürlich die Insassen dar. Grundsätzlich ist zunächst festzulegen, wie viele und welche Personen in das neue Fahrzeug »hineinpassen« sollen. Dabei ist es klar, dass eine fünfsitzige Limousine fünf Personen einschl. Gepäck aufnehmen können muss. Bei einem Sportcoupe ist jedoch zu entscheiden, ob vollwertige Plätze im Fond vorhanden sein müssen oder ob es sich um ein 2 + 2 Konzept (Auslegung Fond nur für kleine Personen oder Kinder) handelt.

Für die Ergonomie ist dabei von ganz wesentlicher Bedeutung, dass in dieser Phase der »Maßkettenfestlegung« fast der gesamte Lebenszyklus eines Autos in Betracht gezogen werden muss. Inklusive der Entwicklungszeit dauert ein Autoleben etwa 15 bis fast 25 Jahre.

Die durchschnittliche Zunahme der mittleren Körperlänge der Menschen in Mitteleuropa beträgt, zumindest bisher, in zehn Jahren etwa 1,5 cm. Das bedeutet, dass die Ergonomen ihr Raumkonzept für die Insassen, die in 15 Jahren wahrscheinlich größer sein werden, bereits heute auslegen müssen.

Wesentlich beeinflusst vom Gesamtfahrzeugkonzept wird die Sicht nach außen. Eine entscheidende Kenngröße dafür ist die Sichtverdeckung in der Rundumsicht, also die Summe aller Segmente des Umfeldes des Fahrzeugs, welche durch die Säulen des Greenhouse nicht einsehbar sind. Typische Sichtverdeckungswerte liegen zwischen 65° und 90°, abhängig von Anzahl, Breite und Lage der Säulen (◘ Abb. 6.85).

Fahrerarbeitsplatz Eine wichtige Schnittstelle zwischen Fahrer und Fahrzeug ist der Sitz, gemeinsam mit den informationstechnischen Komponenten (Anzeigen) und den Stellteilen für die Fahrfunktionen.

Der Sitz ist vor allem als Stütz-, Halte- und Positionierungsfunktion des Fahrers im Automobil von großer Bedeutung. Die Sitzeinstellung wird in der Regel individuell vom Fahrer vorgenommen, jedoch bestimmen oft räumliche Anordnungen von Anzeigen und Stellteilen eine andere Positio-

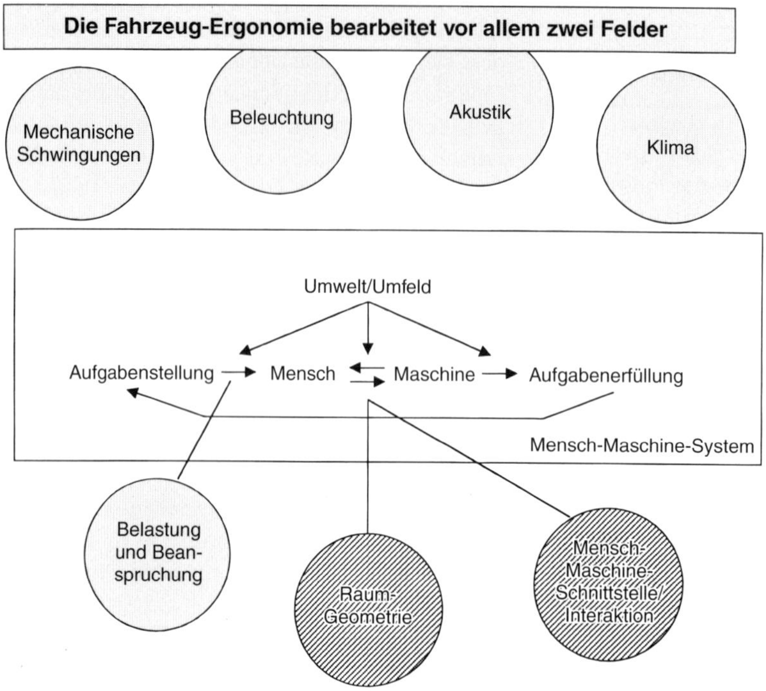

Abb. 6.83 Einsatzgebiete ergonomischer Methoden und Anforderungen

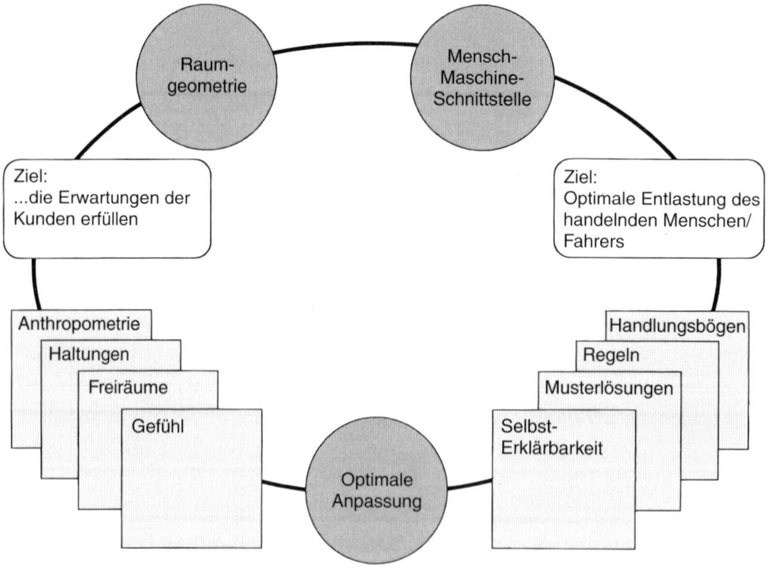

Abb. 6.84 Arbeitsweise der Ergonomie

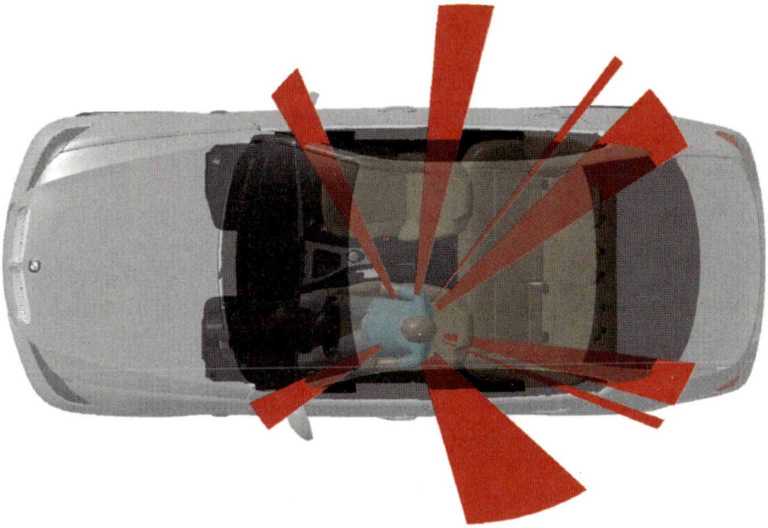

Abb. 6.85 Sichtverdeckung der Rundumsicht

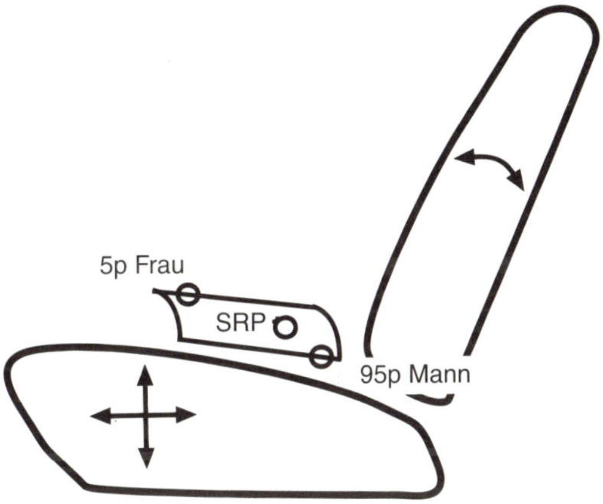

Abb. 6.86 Verstellfeld eines Sitzes (SRP = Seat Reference Point)

nierung des Sitzes, die zu einer unangenehmen Zwangshaltung und damit zu einer muskulären Verspannung des Körpers führen können. Das muss so weit wie möglich verhindert werden.

Der Fahrer soll in einer komfortablen Grundhaltung sitzen können und dabei genügend Bewegungsfreiräume durch Verstellung des Sitzes für eine optimale – orthopadische – Körperhaltung erreichen.

Das im Package von Fahrzeugtechnikern festgelegte Sitzverstellfeld zeigt die Verstellmöglichkeiten des Sitzes in Länge und Höhe. Eine kleine Frau, genannt 5-Perzentil, würde im Feld links oben und ein großer Mann (95-Perzentil) rechts unten mit seinem Becken bzw. H-Punkt = Hüftpunkt sitzen. Ein ausgewählter H-Punkt im Sitzverstellfeld ist der Sitzreferenzpunkt (SRP), der für vergleichende Messungen verwendet wird (Abb. 6.86).

Wichtig ist dabei, dass jede Einstellung im Sitzverstellfeld eine optimale Sicht auf Anzeigen und Erreichbarkeit der Stellteile, aber auch von Ablagen ermöglicht. In vielen Fahrzeugen ist deshalb heute eine zusätzliche Lenkradverstellung in Neigung und Länge zur optimalen Positionierung des Fahrers vorgesehen.

Aber auch der Sitz selbst ist mit einer Vielzahl von Verstellfunktionen versehen (Abb. 6.87); selbst diese vielen Möglichkeiten einer Komfortverbesserung werden ständig erweitert, so gibt es bereits heute »Klima-« oder »Massagesitze«. Damit wird den Ansprüchen der Nutzer an den Fahrzeugkomfort gemäß der Bedürfnispyramide entsprochen.

Bei der Gestaltung des Sitzes ist es unerlässlich ergonomische Aspekte zu berücksichtigen, bezüglich:

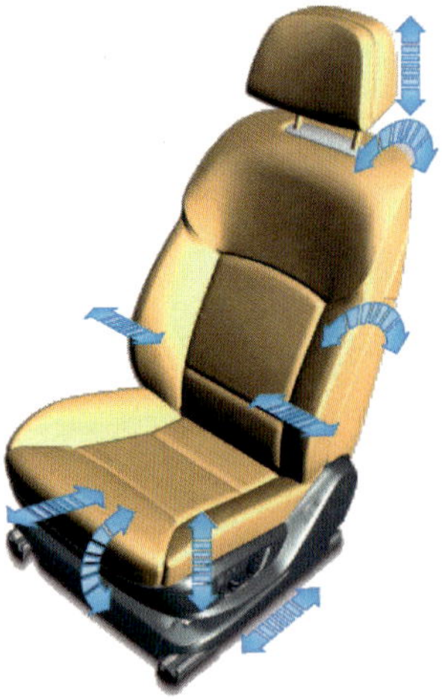

Abb. 6.87 Einrichtungsmaße und Verstellfunktionen eines Sitzes

- der Fixierung des Körpers,
- der Freiräume für Betätigungen,
- der Erleichterung des Ein- und Ausstiegs,
- und der generellen Einstellbarkeit.

6.4.1.2 Ergonomische Grundauslegungen

In frühen Definitionsphasen wird die Packageauslegung mit der Einführung der CAD-Technik in den Automobilentwicklungsprozess und damit der 3-dimensionalen Darstellung nicht nur beschleunigt, sondern es werden auch frühe und hohe *Aussagefähigkeiten ermöglicht.*

Die zunehmende Komplexität im Fahrzeug-Entwicklungsprozess führt dazu, dass im Auslegungsablauf immer früher, immer schneller und immer mehr Ziele gleichzeitig erfüllt werden müssen.

Das wird unterstützt durch den Einsatz von digitalen Menschmodellen in CAD Systemen. Es existiert hierzu eine Vielzahl von Angeboten für spezielle, zusätzliche Untersuchungsthemen wie der Crashsimulation (z. B. Madymo) oder des Klimaempfindens.

Daneben wurde jedoch eine noch größere Zahl von allgemeinen Menschmodellen entwickelt, die für die Auslegung von Arbeitsplätzen geeignet sind. Alle diese Rechnermodelle versuchen, den Menschen in bestimmten Anwendungsfällen mehr oder weniger genau nachzubilden; sie liefern ein dreidimensionales Abbild.

In der Automobilindustrie hat sich das von den deutschen Fahrzeugherstellern entwickelte Menschmodell RAMSIS als Standard durchgesetzt. Der heutige Stand des RAMSIS-Modelles erlaubt es, statische Haltungen sowie Bewegungen des Hand-Arm-Systems und der Beine in Fahrzeugkonzepten zu untersuchen. Daneben können Aussagen über die Sicht und die Erreichbarkeit von Bedienelementen gemacht werden. RAMSIS kann sogar »aus den Augen schauen« und Verdeckungen, bedingt durch Lenkrad oder Hutzen, erkennen.

Dabei ist die Übereinstimmung der gefundenen Haltung mit der eines realen Menschen durch Versuche im Fahrsimulator und durch spezielle Versuchsfahrten in einem realen Fahrzeug belegt (Abb. 6.88 und Abb. 6.89).

Von Vorteil ist dabei die Möglichkeit, über das Komfortmodell zumindest Tendenzen der Komfortverbesserung feststellen zu können. Für die Überprüfung der statischen Kopffreiheit ist z. B. die Kopfbewegungskontur ein gut einsetzbares Hilfsmittel, das dem Verhalten realer Personen entspricht.

Das entscheidende Kriterium für den Einsatz des RAMSIS ist jedoch die richtige Wahl der geometrischen Restriktionen. Hier müssen Erfahrungswerte vorhanden sein, die u. U. von Hersteller zu Hersteller verschieden sind.

Bei einem modernen Entwicklungsablauf werden mit Hilfe des RAMSIS im Package die Positionen der für die Auslegung relevanten Personen gefunden und ihre Reichweiten, Sichtfelder und Anlageflächen festgelegt. Diese Flächen werden dann in das Styling-Programm ALIAS übertragen. Ein CAS-Designer entwirft das Interieur unter Berücksichtigung dieser Vorgaben, wobei er zusammen mit dem Ergonomen Bauteile, wie z. B. Heizungs- und Radiobedienung positioniert (► Abschn. 4.1).

Das fertige ALIAS-Modell wird dann in Schaum gefräst und in ein Ergonomiemodell eingebaut, wo es von Versuchspersonen und Entscheidungsträgern beurteilt werden kann. Mit dieser Vorgehensweise können in der Regel eine Vielzahl von Konzepten durchgespielt werden, bevor man das

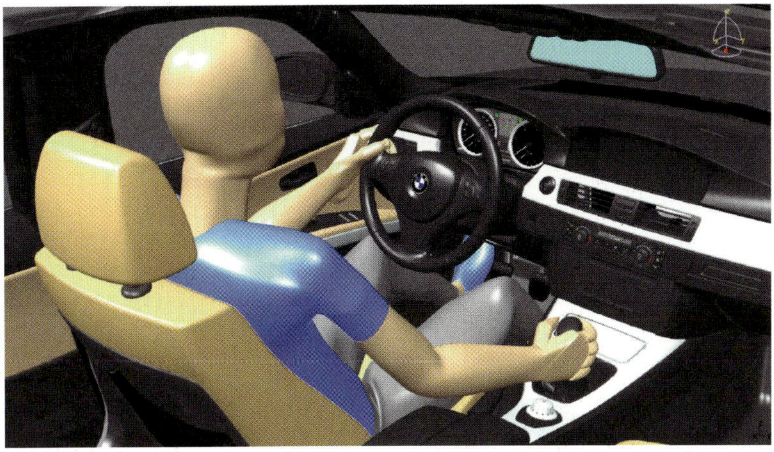

Abb. 6.88 Cockpitauslegung mit RAMSIS

Abb. 6.89 Erkennbare Überdeckungen aus Sicht der »RAMSIS-Augen« (*oben*: jeweils linkes und rechtes Auge; *unten*: Mittenauge)

zielführende Konzept in den sehr kosten- und zeitaufwendigen Aufbau von Prototypen einarbeitet.

Der Aufbau der traditionellen Konzeptmodelle gliedert sich in der Regel in die Bereiche Geometrie-Aufbauten sowie Anzeige- und Bedien-Sitzkisten. Während es sich bei letzteren hauptsächlich um einen Funktionsmusterbau handelt, der dem User-Interface-Team zur Umsetzung der Bedienkonzepte in Hardware und die damit verbundenen ergonomischen Aussagen über Anzeige- und Bedienlogik, Haptik, Material, Bedienakustik etc. dient, werden die Geometrie-Aufbauten für anthropometrische und Wahrnehmungs-Untersuchungen eingesetzt.

Zielsetzung der Modellaufbauten ist immer die Absicherung von Package- und Designvorschlägen. Viele dieser Untersuchungen können in frühen Phasen virtuell bearbeitet werden.

Anthropometrische Vermessung Mit Hilfe der oben beschriebenen Konzeptaufbauten werden Reihenuntersuchungen durchgeführt, bei denen ausgewählte Versuchspersonen die geometrischen Verhältnisse beurteilen. Dabei ist es erforderlich, die Körpermaße der Beurteiler genau zu kennen, um gesicherte Aussagen in Hinblick auf das angestrebte Kundenkollektiv zu erhalten. Heute haben sich berührungslose Messverfahren durchgesetzt. Dabei kann die Versuchsperson durch Kameras in verschiedenen Ansichten aufgenommen oder die Körperoberfläche in einem Laserscanner erfasst werden.

Bei der Aufnahme mit Kameras aus verschiedenen Richtungen wird ein Menschmodell entweder manuell oder automatisch den Bildern überlagert und so lange verändert, bis es dem Bild der zu vermessenden Person entspricht.

Bei der Vermessung mit Hilfe eines Laserscanners werden Laserlinien auf den Körper projiziert. Mehrere Kameras, die rund um den Körper angeordnet sind, nehmen die Laserlinie unter definierten Winkeln auf. Da die Position der Laserlichtquelle und der Kameras bekannt ist, lässt sich die Position eines Profilschnitts in X- und Y-Richtung berechnen. Die Position in Z-Richtung erhält man durch die Bewegung der gesamten Anordnung von oben nach unten (◘ Abb. 6.90).

Auf diese Weise entsteht eine der Körperoberfläche entsprechende dreidimensionale Punktewolke. Ein Triangulationsprogramm berechnet aus den einzelnen Punkten eine geschlossene Oberfläche.

Die Vermessung kann nun an dem dreidimensionalen Abbild der Versuchsperson erfolgen. Dabei werden Strecken und Umfänge entweder direkt gemessen oder über die Anpassung eines Menschmodelles erfasst.

Immer entscheidender wird heutzutage die Beurteilung des Raumeindrucks, also des Fahrzeugcharakters: Ab welcher Höhe vermittelt zum Beispiel eine Brüstungshöhe ein Gefühl der Sicherheit/

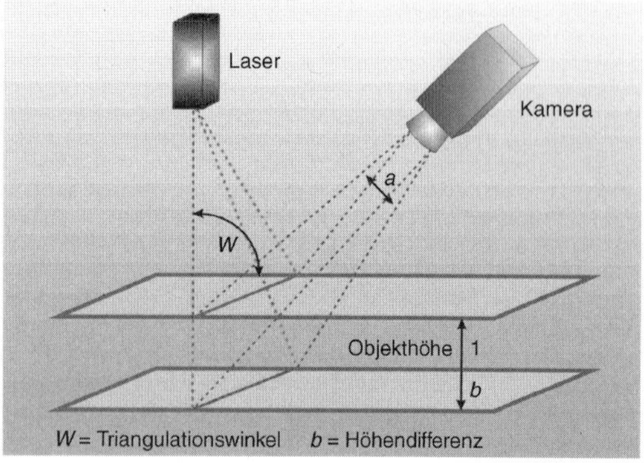

◘ Abb. 6.90 Laserschnittverfahren

Geborgenheit und, ab welcher Höhe wird die Sicht nach außen beeinträchtigt?

Um eine vergleichende Darstellung verschiedener Geometrievarianten zu ermöglichen, werden variable Modellaufbauten erstellt. Diese erlauben dem Insassen, unterschiedliche Raumgeometrien elektromotorisch einzustellen und im direkten Vergleich zu erleben. Hierbei können die Aufgabenstellungen weit gespannt sein, beispielsweise der Abgleich alter und neuer Generationen oder mit Vergleichsfahrzeugen, alternative Sitzanordnungen oder das Erleben verschiedener Exterieurvarianten als Insasse (◘ Abb. 6.91 und ◘ Abb. 6.92). Von großem Vorteil ist hier die Kombination von In- und Exterieur, der eingestellte Innenraum lässt sich so sehr leicht in seinen Außenproportionen nachvollziehen und umgekehrt (◘ Abb. 6.93). Komplexere Variationen lassen sich mit speicherprogrammierbaren Steuerungen sehr komfortabel und präzise realisieren.

Wurden Modellaufbauten bisher in Schnitten aufgebaut – dabei ist eine Fläche durch eine Anzahl von Spanten dargestellt, deren Oberflächen teilweise miteinander verbunden werden – finden heute hauptsächlich nach CA-Daten gefräste Schaumteile Verwendung (◘ Abb. 6.94).

Die kundengerechte und sichere User-Interface-Gestaltung in Kraftfahrzeugen stellt vor dem Hintergrund ständig steigender Funktionsvielfalt für Designer, Ergonomen und Bauteilkonstrukteure eine besondere Herausforderung dar. Aus der Kon-

Abb. 6.91 Lange, flache Version eines variablen Modellaufbaus

sumerelektronik bekannte Bedienkonzepte sind im Fahrzeug nur bedingt einsetzbar, da die besonderen Randbedingungen der Bedienung bei gleichzeitiger Erfüllung der Fahraufgabe zu berücksichtigen sind.

Die Zahl verfügbarer Bedienfunktionen in Kraftfahrzeugen hat sich in den letzten Jahren dramatisch erhöht. Während in den sechziger Jahren zwischen 20 und 30 Funktionen neben den reinen Fahrfunktionen zur Verfügung standen, verfügt ein gut ausgestattetes Fahrzeug der Luxus-Klasse heute über ca. 1500 dieser Funktionen. Die Grafik zeigt die zahlenmäßige Entwicklung von Bedienelementen und Anzeigen bei Kraftfahrzeugen (Abb. 6.98).

Ende der achtziger Jahre wurde vorübergehend eine Trendumkehr bei der Anzahl der Anzeigen erreicht.

Dies wurde durch den Einsatz einer multifunktionalen Anzeige erzielt, in diesem Fall ein Display zur Ausgabe von Text. Dadurch wurden viele Warnlampen für Fahrzeugzustandsmeldungen (z. B. Waschwasserstand) überflüssig.

Eine weitere Trendumkehr zeigte sich Anfang der neunziger Jahre. Erstmals sank auch die Zahl der Bedienelemente. Dies wurde wiederum durch Multifunktionalität erreicht, in vorliegendem Fall durch frei belegbare und beschriftbare Tasten.

Durch Einsatz eines Bildschirms ergeben sich neue Möglichkeiten der Darstellung und Gestaltung von Funktionen sowie der Kartendarstellung von Navigationssystemen (▶ Abschn. 6.4.2).

Durch die Vernetzung von Informationen und durch die Tatsache, dass fast überall und zu jeder Zeit Informationen abrufbar sind, ist ein steiler Anstieg der sogenannten Sekundärfunktionen, also der Funktionen, die nicht unmittelbar zum Fahren gehören, zu verzeichnen.

6.4.1.3 Entwicklungsmethoden, Einbindung der Ergonomie in den Produktentstehungsprozess

Menschmodellierung im Fahrzeugentwicklungsprozess Durch Computersimulation in der Definitions- und Konstruktionsphase eines neuen Produktes können langwierige und kostspielige Tests (wie bereits beschrieben) reduziert werden.

Seit den sechziger Jahren wurden weltweit ca. 150 verschiedene Menschmodelle mit unterschiedlichen Zielsetzungen entwickelt (Auslegung/ergonomische Bewertung von Sitzarbeitsplätzen oder manuellen Arbeitsplätzen, Klimadummies, Crashdummies, Animationstools). Die meisten davon sind sog. »In-house-Entwicklungen«, die, von

Abb. 6.92 Kurze, hohe Version eines variablen Modellaufbaus

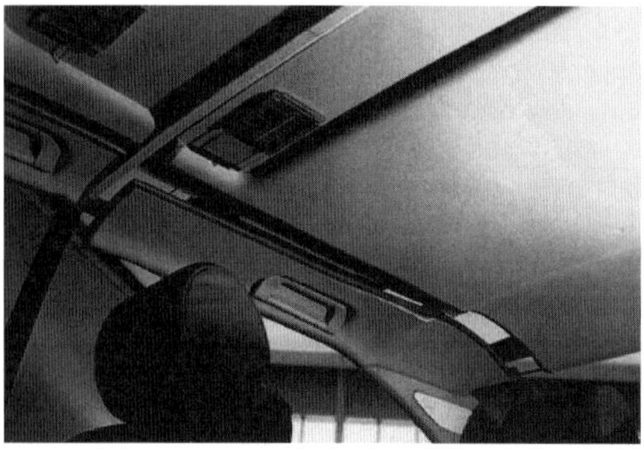

Abb. 6.93 Ermittlung der seitlichen Kopffreiheit

Abb. 6.94 CA-gefräste Schaumteile zur frühen Bewertung des Raumgefühls

Industrieunternehmen entwickelt, ganz spezielle Aufgabenschwerpunkte haben.

Einige der Werkzeuge zur Simulation menschlichen Verhaltens sollen am Beispiel Automobil (und Motorrad) exemplarisch im Kontext des Produktentstehungsprozesses erläutert werden. Der Fokus liegt hierbei auf einer prozessorientierten Betrachtung. Bewertet man den gesamten Prozess (Abb. 6.95), so wird deutlich, dass spätere Änderungen am Produkt höhere Kosten auslösen, da der Detaillierungsgrad des Produktes und die dazugehörigen Kostenauswirkungen etwa exponentiell mit der Entwicklungszeit zunehmen.

Simulationstools greifen also am effizientesten zu Beginn einer Entwicklung (▶ Abschn. 11.3). Folge ist, dass in der Zieldefinitionsphase (»Produktvision«) und in der Konzeptphase, deren Abschluss der Zielkatalog ist, alle konzeptionellen Produktparameter festgelegt werden müssen. Daher wird in diesen Phasen mit einer hohen Zahl infrage kommender Alternativen gearbeitet, die mit fortschreitendem Projektstatus immer weiter eingeengt werden. Zusätzlich steuern praktisch alle am Prozess beteiligten Fachstellen in der Vorentwicklungsphase ihre Anforderungen ein.

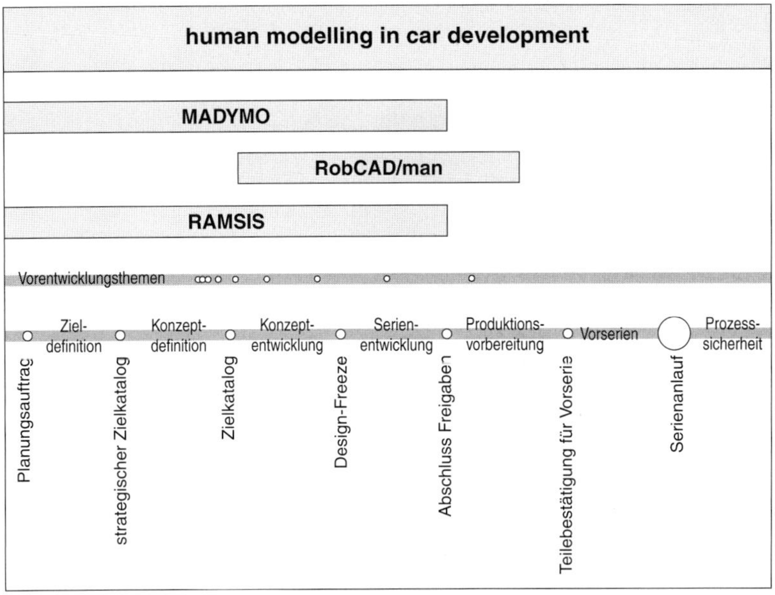

Abb. 6.95 Einbindung der Ergonomie in den Produktentstehungsprozess

Dies hat für ein Simulationstool zwei Haupt-Anforderungen zur Folge:

- Schnelligkeit: Um der steigenden Anzahl von Konzeptideen und Produktvarianten gerecht zu werden, muss die ergonomische Einzeluntersuchung in immer kürzerer Zeit mit immer höherem Aussagegehalt abgearbeitet werden.
- Transparenz: Um allen Projektpartnern eine effiziente Entscheidungshilfe zur Verfügung zu stellen, müssen die Untersuchungsergebnisse darstellerisch, inhaltlich und graphisch leicht, schnell und dennoch präzise umsetzbar sein.

Die hier vorgestellten Menschmodelle sind zur Zeit für eine Anwendung in der Automobilentwicklung prädestiniert. Ihre Zielsetzungen weichen allerdings jeweils mehr oder weniger stark voneinander ab. Für die geometrische Auslegung des Fahrzeuges ist das Simulationsprogramm RAMSIS am bedeutendsten.

- RAMSIS:
  (**R**echnergestütztes **a**nthropometrisch-**m**athematisches **S**ystem zur **I**nsassen-**S**imulation) ist ein dreidimensionales Menschmodell zur Auslegung und Analyse von Fahrerarbeitsplätzen (Abb. 6.96).

Hervorstechendstes Merkmal von RAMSIS sind die Haltungsmodelle. In Versuchen mit per Videogrammetrie oder mit Markersystemen vermessenen Probanden in verschiedenen Szenarien (Automobil, Lkw, Motorrad ...) gewonnene Daten liefern nach Auswertung mit RAMSIS selbst statistische Modelle für Gelenkwinkelverteilungsfunktionen. RAMSIS ist dann in der Lage, unter Definition der Aufgabe mittels Restriktionen wahrscheinlichste Haltungen zu simulieren.

Neben den klassischen Überprüfungsmöglichkeiten wie Sichtsimulation und Greifräume bietet RAMSIS zahlreiche Analysetools wie z. B. Spiegelsicht, Komfortbewertung der Haltungen und Gurtanalysen. Im Produktentstehungsprozess kommt RAMSIS in der Definitions- und Konzeptphase zum Einsatz.

Seit der Einführung des Programms wird in der Industrie, bei Zulieferern und an Universitäten kontinuierlich an der Weiterentwicklung der Software gearbeitet. Ein wichtiges Teilprojekt ist dabei »RAMSIS-Dynamisch« (Abb. 6.97). Hier wird das Menschmodell schrittweise in die Lage versetzt Bewegungen, von Arm- und Beinbewegungen bis zu Ganzkörperbewegungen,

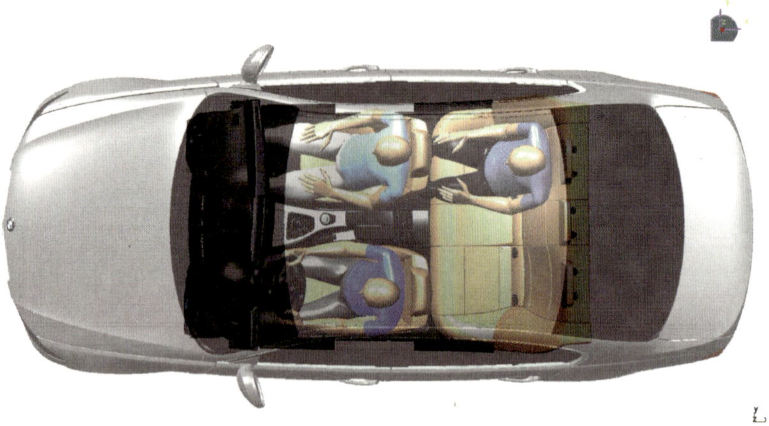

Abb. 6.96 Platzierung der Mensch-Modelle im Fahrzeug

Abb. 6.97 Weiterentwicklung des RAMSIS für den dynamischen Ein- und Ausstieg

zu simulieren. Ähnliche Weiterentwicklungen finden auch für die meisten anderen Menschmodelle (z. B. Transom/Jack oder DELMIA/SAFEWORK) statt.

Ein weiteres sehr wichtiges Problem ist die Anbindung des RAMSIS an das Fahrzeug über den Sitz. Dies geschieht bis heute durch einen Translationsvektor, der den nach SAE definierten H-Punkt mit dem Hüftgelenk des Menschmodells verbindet. Dadurch wird das Modell im Sitzverstellfeld platziert. Dieser Offset-Vektor ist für jeden Menschen unterschiedlich und der statistische Zusammenhang zwischen Geschlecht, Körpergröße und Korpulenz und Offset muss für jeden Sitz neu bestimmt werden. Mit Hilfe von Mehrkörpersystemen und der Beschreibung der Sitzeigenschaften im Rechner wird derzeit versucht das realistische Einsitzverhalten von Menschen zu simulieren.

Es könnte letztendlich vollständig auf die heute noch notwendigen und bereits beschriebenen Versuchsaufbauten (Sitzkiste) verzichtet werden. Tatsächlich wird den Entscheidungsträgern aber auch in näherer Zukunft das bestätigte Konzept in einem Gesamtmodell vorgestellt werden.

Ein wichtiges Simulationsinstrument für die Auslegung und ergonomische Überprüfung von Industriearbeitsplätzen ist neben Transom/Jack das Programm eM-Human.

- eM-Human (früher RobCAD/man):
  ist eine Applikation, die es erlaubt, Werkersimulationen innerhalb einer Untersuchungszelle des Montageplanungssystems eM-Power (Tecnomatix) durchzuführen. Hierbei können alle relevanten Werkertätigkeiten hinsichtlich ergonomischer und zeitlicher Gesichtspunk-

te virtuell abgesichert werden. Im Einzelnen werden Zugänglichkeit (Greif- und Freiräume), Einsehbarkeit, Erreichbarkeit, Taktzeiten, etc. betrachtet.

Hingewiesen werden soll noch auf weitere Entwicklungsmethoden, wie Klima- oder Akustikdummies.

Nach einer zeitweisen Konzentration der Menschmodelllandschaft werden in letzter Zeit wieder neue Simulationsprogramme entwickelt mit erweiterten Einsatzspektren und Darstellungsmöglichkeiten. Die Hersteller moderner Menschmodelle kooperieren dabei zunehmend bei der Entwicklung neuer Funktionalitäten.

Eine große Herausforderung für zukünftige Simulationstools besteht in der Aufgabe, menschliche Eigenschaften auch bis hin zu kognitiven Fähigkeiten realistisch und gesamthaft darzustellen.

6.4.1.4 Neue Entwicklungen zur Mensch-Maschine-Interaktion

Bei einer ständig steigenden Anzahl von Sekundär-, also nicht direkt der Fahraufgabe dienenden Funktionen, besteht gleichzeitig der Wunsch nach einer Vereinfachung der Bedienung.

Eine Analyse der Anzahl der Schalter und Anzeigen in den Cockpits von Fahrzeugen der letzten 50 Jahre zeigt eine starke Zunahme ab Mitte der 70er Jahre (◘ Abb. 6.98).

Zu dieser Zeit wurde durch die Mikroelektronik eine neue Ära der Fahrzeugfunktionalität eingeläutet. Da ein Ende dieses Funktionszuwachses nicht in Sicht ist, wurden neue Formen der Mensch-Maschine-Interaktion im Fahrzeug entwickelt. Die Zunahme der Infotainmentfunktionen sowie der Fahrerassistenzsysteme führen weg vom Einzelgerätekonzept hin zu multifunktionaler Anzeige und Bedienung mit Displays.

Der Bildschirm kann im primären Sichtbereich positioniert werden. Wenn der Bildschirm also sehr weit oben, möglichst nahe am Fahrgeschehen, und auch relativ weit weg vom Auge des Fahrers liegt, um die Akkomodationszeit gering zu halten, dann ist eine Lage erreicht, bei der die Ablenkung vom Verkehrsgeschehen minimal ist.

Die Bedienung des Bildschirms kann im optimalen Greifbereich, also z. B. in einer Armauflage,

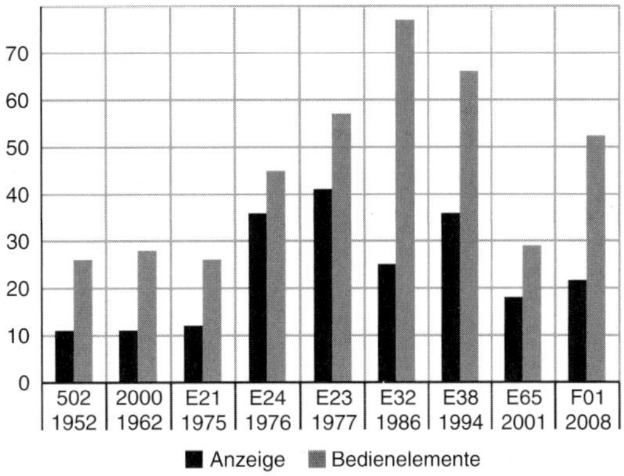

◘ **Abb. 6.98** Zunahme von Anzeigen und Bedienelementen in Fahrzeigcockpits (Beispiel BMW)

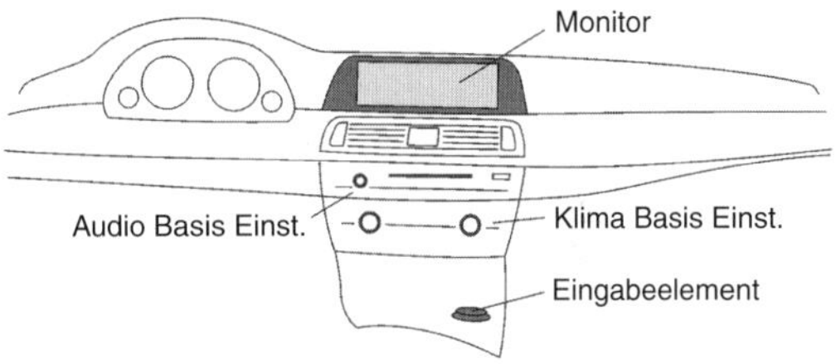

◘ **Abb. 6.99** Typische Konstellation einer Cockpit-Gestaltung in einem modernen Pkw

angeordnet werden. Voraussetzung dafür sind Bedienteile, die keine Blickzuwendung erfordern. Das bedeutet, dass die Anzahl der Schalter bzw. Eingabemöglichkeiten entsprechend reduziert werden muss (◘ Abb. 6.99).

Da der Bildschirm ein zentrales Element der neuen Bedienkonzepte ist, muss dessen Bedienung konsequent auf Fahrtauglichkeit optimiert werden. Das Ziel heißt: Bedienung mit minimaler Blickzuwendung.

Weltweit geht die Entwicklung in zwei grundsätzliche Richtungen: Systeme mit Touchscreen und Systeme mit mechanischen Eingabeelementen.

Touchscreens werden vor allem von japanischen Herstellern eingesetzt. Sie bieten den Vorteil eines kompakten, als Einheit einbaubaren Systems. Die Einstiegsschwelle für ungeübte Nutzer ist niedrig, da Hand und Auge eng zusammenspielen. Nachteilig ist die fehlende haptische Rückmeldung, sowohl beim Auffinden als auch beim Auslösen einer Funktion. Außerdem muss der Bildschirm im Greifbereich positioniert werden. Das führt zu einem relativ geringen Abstand zum Auge und zu verlängerten Akkomodationszeiten.

Systeme mit mechanischen Eingabeelementen können gute haptische Rückmeldung bieten. Die Drehknöpfe, die von vielen europäischen Herstellern eingesetzt werden, zeigen über Raststellungen das Weiterwandern eines Cursors an.

Für die Steuerung des Bildschirms werden unterschiedliche Konzepte bei den Eingabeelementen verfolgt (z. B. VW Phaeton, Audi A8). Als zentrales Element wird zwar immer ein Dreh-Druck-Knopf verwendet, doch wird eine unterschiedliche Anzahl von zusätzlichen Tasten für Menüwechsel hinzugefügt. Durch die teils fest teils variabel belegten Tasten wird die Einstiegsschwelle für unerfahrene Nutzer niedrig gehalten. Allerdings wird umso mehr Blickzuwendung notwendig, je größer die Anzahl der Tasten ist, wie man aus der Arbeitswissenschaft weiß.

Eine andere Lösung besteht darin, nur ein einziges Element zur Steuerung des Bildschirms zu verwenden und keinerlei weitere Tasten hinzuzufügen. Zum Dreh-Druck-Knopf wird noch der Freiheitsgrad »Schieben« hinzugefügt. Dies erlaubt Menüwechsel ganz ohne Blickzuwendung, da die Menüs ähnlich wie bei einer Gangschaltung aufgerufen werden. Zudem bieten neue Techniken wie variables Force-Feed-Back und Spracheingabe hervorragende Möglichkeiten, eine Fahrzeugbedienung hinsichtlich reduzierter Blickzuwendung und geringer Ablenkung vom Verkehrsgeschehen weiter zu verbessern. Ebenso lassen sich die seit längerem von den Autoradios bekannten Stationstasten zu sogenannten Favoritentasten weiterentwickeln. Sie können zusätzlich zu Audiofunktionen z. B. mit Telefonnummern und Navigationszielen belegt werden und ersparen dadurch komplexe Eingabevorgänge.

Gerade das Thema Spracheingabe wird, obwohl seit Jahren für Teilumfänge eingeführt, noch an Bedeutung gewinnen. Hier geht der Weg über Erweiterung des erkannten Wortschatzes, Erkennung von unbekannten, nur als ASCII-Zeichen vorhandenen Worten, wie z. B. Namen in einem Telefonregister, Wordspotting, also dem Erkennen von Schlüsselworten in einem flüssig gesprochenen Text hin zu natürlichsprachlichem Dialog. Dabei müssen nicht nur die reine Spracherkennertechnik weiterentwickelt werden, sondern auch die Dialogstrukturen. Die Akzeptanz von Spracheingabesystemen hängt zu einem sehr großen Teil von der Erkennerleistung ab, aber auch von den Dialogen an sich.

In den nächsten Jahren wird Spracherkennung zumindest für wichtige Funktionen weiterhin redundant ausgelegt sein, d. h. die Funktionen, die über Sprache bedient werden, können auch über ein anderes Medium bedient werden. Der Grund liegt darin, dass Situationen, in denen Spracheingabe nicht vollständig funktioniert, nicht ausgeschlossen werden können. Man denke in diesem Zusammenhang nur an Lärm von aussen, Kinder im Fahrzeug, Erkältungen, die sich auf die Stimme schlagen etc.

Eine Herausforderung für die Gestaltung der Mensch-Maschine-Interaktion stellen die Fahrerassistenzsysteme dar (s. ▶ Abschn. 8.5.5). Das sind Systeme, die den Fahrer in seiner unmittelbaren Fahraufgabe unterstützen, also in der Regelung der Längs- und Querdynamik. Wie zeigt man beispielsweise einem Fahrer an, dass er im Begriff ist, die Straße zu verlassen? Wie zeigt man an, dass der Regelbereich des Längsdynamiksystems nicht ausreicht, und der Fahrer selbst bremsen muss? Wie warnt man den Fahrer, dass die Gefahr des »Sekundenschlafes« besteht? Das Spektrum der möglichen Anzeigearten reicht von Anzeigen mit Displays über Akustik/Vibrationen bis hin zu Eingriffen am Stellteil selbst. So könnte das Fahrzeug z. B. das Erreichen des Fahrbahnrandes durch ein Lenkmoment signalisieren und den Fahrer intuitiv veranlassen, seine Spur zu korrigieren. Wenn Lenken und Verzögern nicht mehr über mechanische Verbindungen der Bedienelemente zu den Aktuatoren sondern »by wire«, also durch eine elektronische Steuerung, erfolgen, ergeben sich neue Möglichkeiten der Mensch-Maschine-Interaktion. Hier wird eine der größten Herausforderungen darin bestehen, Systeme, die sich in vielen Jahren Automobilgeschichte durchgesetzt haben, zu ersetzen und etwas spürbar Besseres zu entwickeln.

Trotz neuer Interaktionsformen und trotz Fahrerassistenzfunktionen, die den Fahrer in seiner Fahraufgabe entlasten, scheint mittlerweile eine

Grenze bei der Anzahl der einzusetzenden Funktionen erreicht. Diese Grenze wird durch zwei Faktoren bestimmt:
1. Die mentale Kapazität des Fahrers, die für die Bedienung von Sekundärfunktionen notwendig ist und die je nach Fahrsituation unterschiedlich groß ist.
2. Die Akzeptanz einer immer komplexeren Bedienung durch den Kunden. Insbesondere ältere Autofahrer akzeptieren neue und komplexe Systeme nur dann, wenn sich daraus für sie ein echter Nutzwert ergibt.

Mittlerweile hat man auch auf Seiten der Gesetzgeber in der Bedienung des Fahrzeugs potentielle Grenzen erkannt und arbeitet nun an Maßnahmen, um lenkend einzugreifen. Die weltweite »driver distraction« – Diskussion (USA, Japan, Europa) zeigt dies sehr deutlich. Diese Empfehlungen betreffen nicht die Art der Mensch-Maschine-Interaktion, da man die Entwicklung bei den Fahrzeugherstellern nicht blockieren will, wohl aber Prüfverfahren, denen sich die fertige Mensch-Maschine-Schnittstelle unterziehen sollte. Als Beispiel sei hier der sogenannte Okklusionstest genannt.

6.4.2 Kommunikationssysteme und Navigation

6.4.2.1 Ziele und Lösungen

Kommunikationssysteme und Navigation im Auto decken im Wesentlichen drei Themenkreise ab: Sie dienen dazu, die Fahrtroute zu optimieren, indem sie etwa unnötige Suchfahrten oder Wartezeiten in Staus zu vermeiden helfen. Sie bieten während der Fahrt Unterhaltung, sei es in Form von Musik aus dem Radio oder durch Beschreibungen von Sehenswürdigkeiten an der Strecke, und sie erhöhen Sicherheit und Komfort z. B. indem sie im Pannenfall die Weitergabe von Informationen aus dem Auto heraus ermöglichen oder erlauben, das passende Hotel zu finden und zu buchen.

Die Realisierung dieser Funktionen fußen auf drei Basisgeräten: Autoradio, Mobiltelefon und Navigationsanlagen. Mehr und mehr werden diese Funktionen aber in einem Gerät zusammengefasst. Zusätzlich befindet sich die mobile Nutzung von Internetdiensten sehr stark im Wachstum, wird aber im Wesentlichen durch portable Geräte (Smartphone) abgedeckt.

Die am häufigsten genutzten Standards und Systeme sind der UKW-Rundfunk, GSM (Global System for Mobile Communication), GPRS (General Packet Radio System), UMTS (Universal Mobile Telecomminications System) und GPS (Global Positioning System). Charakteristisch für die Mehrzahl der Standards ist, dass sie nicht primär für die Nutzung im Auto entwickelt wurden und dass ihre Adaption an dieses Umfeld hohen Aufwand erfordert.

Im Folgenden soll auf die Basisgeräte und einige Verknüpfungen genauer eingegangen werden.

6.4.2.2 Rundfunkempfang

Rundfunkempfang ist ein vielgenutzter Dienst im Kfz. Er erfolgt entweder über ein klassisches Autoradio, ein Radionavigationsgerät oder als Internetradio über ein Mobiltelefon.

Das Autoradio [155] steht als Oberbegriff für Rundfunkempfänger, Kassettenlaufwerk, CD-Laufwerk oder -Wechsler und ähnliche primär der Unterhaltung dienende Anlagen. Ein Standardgerät hat heute typischerweise UKW, RDS, eine 4 × 20 W-Endstufe und ein CD-Laufwerk. Geräte mit der Möglichkeit, digital komprimierte Musikstücke (z. B. MP3) abzuspielen, liegen im Trend. Anschlussmöglichkeiten tragbarer Geräte oder Halbleiterspeicher (USB-Stick, SD-Card) sind gefragt und im Begriff das CD Laufwerk abzulösen. Verstärkt wird auch eine Bluetooth Anbindung integriert, um ein Mobiltelefon anzubinden; insbesondere für eine Freisprechfunktion.

In Europa wird überwiegend UKW-Rundfunk gehört. In einigen Ländern (UK, Schweiz, Dänemark, Norwegen) ist Stand 2010 auch das Digital Radio System DAB nach dem Standard (EN300401) eingeführt worden. Weitere Länder befinden sich in der Vorbereitung zur Einführung des Digital Radios.

6.4.2.2.1 Analoger Rundfunkempfänger

Die in einem UKW-Empfänger eingesetzten Schaltungsblöcke zeigt ▪ Abb. 6.100.

In einer geregelten Vorstufe wird durch abgestimmte Bandpassfilter eine erste, grobe Selektion

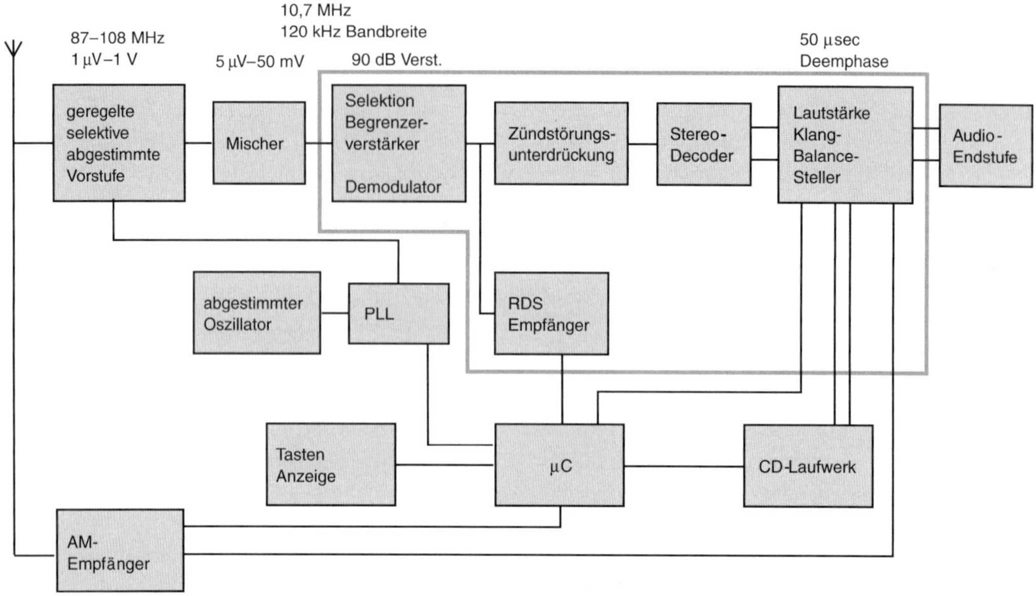

Abb. 6.100 Blockschaltbild eines einfachen Autoradios

des gewünschten Senders erreicht. Im Mischer wird das Signal mit Hilfe eines PLL-kontrollierten Oszillators auf die Zwischenfrequenz von 10,7 MHz umgesetzt. Hier findet die eigentliche Selektion des Senders statt. Das ZF-Signal wird zum Multiplexsignal (MPX-S) demoduliert. Abbildung 6.101 zeigt dessen Spektrum. Es enthält das Audiosignal in Form eines Mono- und eines Stereosignals und die Zusatzsignale des RDS. Störungen, die durch die Motorzündung hervorgerufen werden, können im MPX-Signal erkannt und ausgeblendet werden.

Nach der Stereodecodierung und dem Ausgleich der senderseitigen Höhenanhebung (Deemphase) liegen die ursprünglichen Audiosignale wieder vor.

In gängigen Empfängern erfolgt Verstärkung, Selektion, Demodulation und Stereodekodierung bis hin zur Audioverarbeitung in digitaler Form in einem Prozessor. Dadurch sind sehr viel aufwändigere Regelmechanismen als bei herkömmlichen analogen Lösungen möglich. Ein verbesserter Empfang wird z. B. durch eine variable Bandbreite des ZF-Filters möglich.

Das Audiosignal lässt sich durch die digitale Verarbeitung optimal auf die akustischen Eigen-

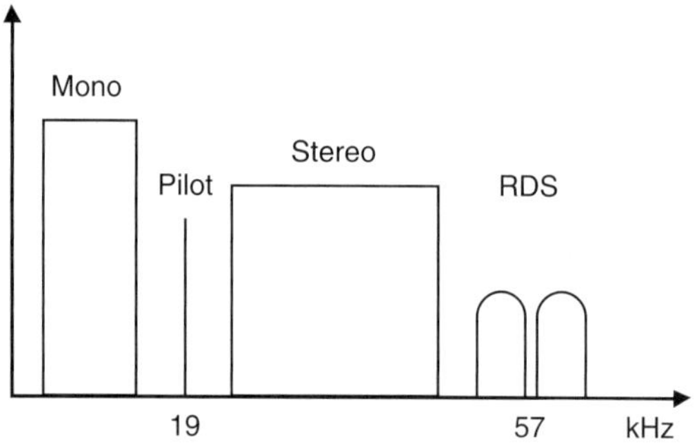

Abb. 6.101 Spektrale Aufteilung der Audio- und Zusatzsignale im MPX-Signal

schaften des Fahrzeuginnenraumes anpassen, etwa durch einen adaptiven Equalizer oder durch eine Verarbeitung, bei der Fahrgeräusch und Audiosignal analysiert werden und das Audiosignal so modifiziert wird, dass das Fahrgeräusch verdeckt wird. Um weitere vielfältige Anforderungen zu erfüllen, haben hochwertige Autoradios häufig mehrere Empfänger:

1. Es lässt sich durch die geeignete Verknüpfung der ZF-Signale zweier Empfänger, die über zwei im Fahrzeug installierte Antennen

das Signal eines gleichen Senders empfangen, die Empfangsqualität für diesen Sender verbessern. Dazu sind zwei Regelsysteme im Einsatz, einmal eine schnelle Umschaltung zwischen den beiden Signalen auf das jeweils momentan bessere Signal, zum anderen eine adaptiv gewichtete Addition der beiden Signale mit dem Ziel eines möglichst störungsarmen Summensignals. Die Wirkung lässt sich als Richtungsselektion beschreiben, die störenden Mehrwegeempfang ausblendet.

2. Im Hintergrund stimmt sich ein Empfänger ständig auf unterschiedliche Sender mit dem eingestellten Programm ab und bewertet die Qualität im Vergleich zum gehörten Sender. Falls der Empfang auf einer anderen Frequenz besser ist, schaltet das Radio automatisch auf diesen um.
3. Zusatzsignale werden nicht von allen Sendern abgestrahlt. Ein Hintergrundempfänger ermöglicht es, diese Signale von einem anderem als dem gehörten Sender zu empfangen.

Dabei werden die einzelnen Empfänger häufig situationsabhängig für unterschiedliche Aufgaben genutzt.

Durch die Miniaturisierungsfortschritte der Halbleitertechnik lässt sich heute die digitale Signalverarbeitung für mehrere Empfänger in einem Chip zusammenfassen.

6.4.2.2.2 RDS (Radio Data System)

Über RDS [156] werden unhörbar im Rundfunksignal verschiedene Steuer- und Informationsdaten übertragen, ◘ Tab. 6.28.

Die für Autofahrer wichtigsten mit RDS übertragenen Informationen sind Kennungen für Verkehrsfunksendungen und -Durchsagen.

Sehr hilfreich sind auch die Angaben über die Frequenzen von Sendern mit dem gleichen Programm (AF). Da die Region, in der ein Rundfunkprogramm empfangen werden kann, meist größer als die Reichweite eines Senders ist, muss bei Überlandfahrten öfter die Frequenz gewechselt werden, wobei die Empfangsqualität im Abstand weniger Meter schwankt. Die AF-Information ermöglicht es, dieses Umschalten im Autoradio zu automatisieren.

◘ Tabelle 6.28 Einige Informationsinhalte des RDS-Telegramms

Abkürzung	Inhaltsbeschreibung
PS	Name der Rundfunkanstalt (max. 8 ASCII-Zeichen)
PTY	Kennzeichnung des Programminhalts z. B. Nachrichten, Sport, Musik, ...
TP	Kennzeichnung eines Senders mit Verkehrsfunkmeldungen
AF	Frequenzliste von Sendern mit gleichem Programm
EON	Informationen über max. 8 andere Programmketten (PTY, TP, TA, AF etc.)
TA	Kennzeichnung einer Verkehrsfunkmeldung
TDC	transparenter Datenkanal
CT	Datum- und Zeitangabe

Eigenschaften von RDS:

Übertragungsverfahren: Amplitudenmodulation mit unterdrücktem Träger bei 57 kHz ± 2,4 kHz, phasenstarr zum Pilotton, Datenrate 1,2 kbit/s.

6.4.2.2.3 TMC

Eine Anwendung des TDC in RDS ist TMC (Traffic Message Channel). Über diesen Kanal werden Verkehrsmeldungen codiert übertragen. Für die Codierung werden standardisierte, länderspezifische Kataloge von Verkehrsknotenpunkten und Streckenabschnitten im Fernstraßennetz, Regionen und ein Katalog von standardisierter Verkehrsstörungsursachen verwendet. Hierdurch wird eine äußerst kompakte und sprachunabhängige Codierung erreicht. Für die Übertragung von TMC-Meldungen sind dadurch nur ca. 100 bit/s erforderlich.

Die TMC-Meldungen können im Empfänger decodiert werden und entweder mittels synthetischer Sprache als Audiosignal ausgegeben, als Textmeldung auf einem Display angezeigt oder für dynamische Routenberechnung in einem Navigationssystem verwendet werden. Da die Codierung sprachunabhängig erfolgt, können die Meldungen bei der Decodierung in verschiedene Sprachen übersetzt werden, was es ermöglicht, Meldungen auch im fremdsprachigen Ausland in seiner eigenen Landessprache zu hören oder als Textmeldung zu lesen.

6.4.2.3 Digitaler Rundfunkempfang

In den letzten Jahren sind digitale Übertragungsverfahren für den Rundfunk entwickelt worden. Für die terrestrische Verbreitung steht das System DAB nach der Norm [EN 300401] für die Frequenzen 170–240 MHz (Band III) und 1450–1490 MHz (L-Band) zur Verfügung. Für die Lang-, Mittel- und Kurzwelle steht das DRM System zur Verfügung. Eine Erweiterung (DRM+) eignet sich für das UKW Band (87–108 MHz).

Für die Ausstrahlung über Satellit sind in den USA zwei Systeme eingeführt worden.

6.4.2.3.1 DAB

DAB steht für Digital Audio Broadcast und ist ein digitales Übertragungssystem, mit dem Rundfunkempfang in der Qualität vergleichbar wird mit dem Hören digitaler Speichermedien. Bei der Übertragung wird nicht mehr unterschieden zwischen Audio-, Video- oder Daten sonstiger Anwendungen. Die Datenströme können freizügig aus unterschiedlichen Teildatenströmen zu einem Multiplex-Signal zusammengesetzt werden. Es ist geplant, dass DAB langfristig den UKW-Rundfunk ersetzt.

Das Übertragungsverfahren ist für mobilen Empfang konzipiert, toleriert Mehrwegeempfang und hat umfangreiche Fehlerkorrekturmöglichkeiten.

Die hohe Datenrate macht DAB besonders geeignet für Zusatzdienste mit bildlichen Darstellungen.

Erweiterte Verkehrsinformationsdienste im Rahmen des TPEG-Formates befinden sich in der Entwicklung.

Eine Variante der DAB Technologie, das so genannte DMB System ermöglicht die TV Übertragung an portable Empfänger. Erste kommerzielle Ausstrahlungen auf Basis dieser Technik existieren in Korea und Deutschland. Weitere digitale Übertragungsverfahren sind in ▶ Abschn. 8.5.4, »Infotainment/Multimedia« zu finden.

Die Ausstrahlung von DAB Programmen erfolgt im VHF Band für landesweite bzw. nationale Verbreitung. Lokale Angebote insbesondere im städtischen Bereich erfolgen im L-Band. Durch den Gleichwellenbetrieb erfolgt die Ausstrahlung für das gesamte Versorgungsgebiet auf der gleichen Frequenz. Dies stellt eine einheitliche Versorgung für alle Programme sicher, nutzt die vorhandenen Frequenzen gut aus und erspart dem Hörer das Umschalten der Frequenzen.

Nach der internationalen Frequenzplanungskonferenz RRC06 stehen ab 2007 ausreichend Frequenzen für die Hörfunkverbreitung zur Verfügung und es bestehen auf diesen Frequenzen keine Leistungsbeschränkungen.

2007 wurde die Überarbeitung DAB + eingeführt. Diese nutzt ein verbessertes Verfahren zur Audiokompression. (HE-AAC) und einen verbesserten Fehlerschutz. Damit können mehr Audio Programme in einem DAB Ensemble untergebracht werden.

6.4.2.3.2 DRM (Digital Radio Mondiale)

Digital Radio Mondial, kurz DRM, ist ein digitaler Rundfunkstandard [ES 201980] für die Lang-, Mittel- und Kurzwelle [157, 158]. Durch ähnliche Verfahren wie bei DAB wird die Übertragung von Signalen auch für diese Bänder weitgehend störungsfrei gestaltet und durch den Einsatz neuester Audiokompressionsverfahren eine gute Qualität für Musik und Sprachprogramme sichergestellt. Hierdurch wird es möglich die Vorteile der großen Reichweite zu nutzen und gleichzeitig Hörer durch gute Qualität zu gewinnen.

Im Jahr 2009 wurde die Erweiterung DRM+ ergänzt, die für Übertragungen u. a. im UKW Band (87–108 MHz) geeignet ist. Sie bietet auch eine höhere Datenrate.

6.4.2.3.3 Satellitenradio

In den USA ist seit 2001 der gebührenpflichtige Satellite Audio Radio Service (SDARS) in Betrieb. Dabei werden über Satelliten auf geostationären oder hochgradig elliptischen Umlaufbahnen im Frequenzband 2310–2360 MHz mehr als hun-

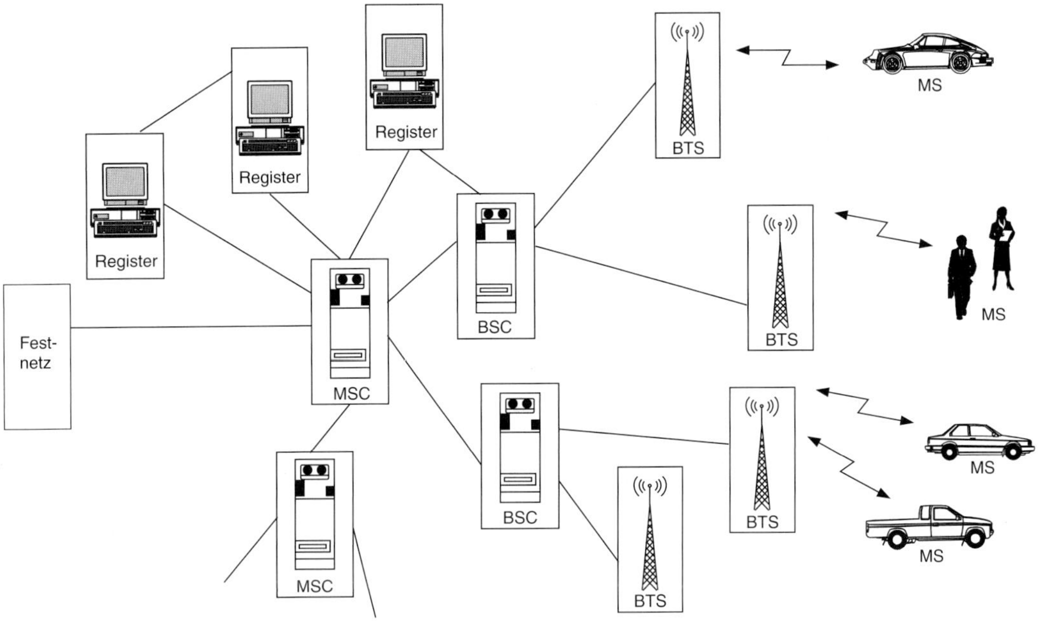

Abb. 6.102 Das Autotelefon als Teil eines großen Kommunikationsnetzwerkes

dert Rundfunkprogramme landesweit ausgestrahlt. Der Empfang ist auch im Auto möglich. Zur Ausleuchtung von Problemgebieten wie Innenstädten werden Umsetzer benutzt.

6.4.2.4 Mobilfunk im Kfz

Das Mobiltelefon bietet die Möglichkeit individuell und bidirektional Informationen auszutauschen. Technische Lösungen gibt es schon seit langem, der Durchbruch kam jedoch erst nach der Einführung des GSM-Standards (Global System of Mobile Communication) [159–161]. Er ist in Deutschland mit dem D- und dem E-Netz eingeführt und in vielen anderen Ländern weltweit.

Das Mobiltelefonnetz hat sicherzustellen, dass der Benutzer jederzeit und an jedem Ort anrufen oder angerufen werden kann. Um dieses zu ermöglichen, besteht das Netz aus umfangreichen hierarchischen Strukturen. Abbildung 6.102 skizziert den Aufbau eines GSM-Netzes.

Die mobilen Endgeräte (MS) kommunizieren über die Basisstationen (BTS) und Basiskontrollrechner (BSC) mit den Mobil-Vermittlungsstellen (MSC). In diesem Verbund werden physikalische Eigenschaften der Kommunikation wie Frequenzkanal, Feldstärke, Zeitschlitz u. ä. für die Kommunikation mit dem Endgerät festgelegt. Aufgrund von Feldstärken, Fehlerraten etc., die das Endgerät meldet, wird die aktuell zugehörige Basisstation bestimmt oder ein Wechsel der Basisstation vorgegeben. Außerdem wird die Berechtigung bei einem Einbuchungsvorgang überprüft und der Aufenthaltsort jedes eingebuchten Benutzers in anonymisierter Form verfolgt. Die mobil empfangenen Daten werden für das Festnetz aufbereitet oder umgekehrt die aus dem Festnetz stammenden für den Mobilfunk.

Bestimmten MSC sind verschiedene Register zugeordnet, in denen Daten über Benutzer, Geräte u. ä. abgespeichert sind.

Eine Besonderheit von GSM ist die SIM (Subscriber Identity Modul)-Karte. Diese ins Endgerät einzusteckende Berechtigungskarte trägt u. a. benutzerspezifische Daten, mit denen sich der Benutzer gegenüber dem Netz identifiziert.

Nutzdaten bei GSM können Sprache, allgemeine Daten oder Faxdaten sein. Parallel zu einem Telefongespräch können kurze Mitteilungen (Short Message Service, SMS) übertragen werden.

Zur Erhöhung der Datenübertragungsrate von 9,6 kByte/s (bzw. 14,4 kBit/s im Compressed Mode mit verringerter Fehlerkorrektur) wurden die Dienste HSCSD (High Speed Circuit Switched Data) und GPRS in GSM eingeführt, bei denen mehrere Datenkanäle gebündelt werden. Bei HSCSD können durch feste Zuteilung von bis zu acht Kanälen Übertragungsraten von bis zu 115,2 kBit/s erzielt werden. Bei GPRS erfolgt wie im Internet keine feste Zuordnung von Kanälen zum Nutzer, die Daten werden paketorientiert vermittelt. Mit Hilfe von WAP (Wireless Application Protocoll) lassen sich eingeschränkt Internet-Seiten im Telefon-Display darstellen.

6.4.2.4.1 UMTS

UMTS ist ein Mobilfunk-Standard der dritten Generation mit deutlich höherer Datenübertragungsrate [162].

So werden der schnelle Zugang zum Internet und mobile multimediale Video- und Daten-Anwendungen wie etwa mobile Bildtelefonie oder Datenbankabfragen möglich. Seit Mitte 2004 sind die Netze von vier Betreibern in Deutschland in Betrieb. Sie decken zunächst im Wesentlichen die Großstädte ab.

Die Datenübertragungsrate bei UMTS nimmt mit dem Abstand von der Basisstation und mit der Geschwindigkeit der Mobilstation ab. Sie fällt von 2 MBit/s bei nahezu ruhender Mobilstation in der Nähe der Basisstation auf 344 kBit/s bei Geschwindigkeiten bis etwa 120 km/h und 144 kBit/s bei höheren Geschwindigkeiten. Die tatsächlichen Übertragungsraten können je nach Netzauslastung noch darunter liegen.

6.4.2.4.2 Handys im Fahrzeug

Die Mehrzahl der Mobiltelefone sind Handys, die nicht primär für den Einsatz im Auto entwickelt wurden. Die wesentlichen Komponenten eines GSM-Handys sind ein 2-Watt Sende- und Empfangsteil, eine digitale Signalverarbeitungseinheit für die Kanal- und Sprachcodierung und ein Steuerteil, welches das Zusammenspiel mit dem restlichen Netz koordiniert. Dazu kommen Mikrofon, Lautsprecher, Antenne, Tastatur, Anzeige, Akku und SIM-Kartenleser. Externe Schnittstellen wie IrDA und Bluetooth sowie eine Kamera sind weit verbreitete Zusatzausstattungen.

Um den Einsatz von Handys im Auto zu verbessern und zu vereinfachen, gibt es Einbausätze, die zunächst eine Halterung für das Gerät bieten. Darüber erfolgt üblicherweise eine Stromversorgung aus dem Bordnetz und ein Anschluss an eine externe Antenne. Diese ist wichtig, da mit ihm die Sendeleistung des Gerätes nicht in der als Faradaykäfig wirkenden Fahrgastzelle erfolgt, sondern außerhalb abgestrahlt wird.

Telefonieren des Fahrers während der Fahrt ist aus Sicherheitsgründen in vielen Ländern, darunter auch Deutschland, verboten. Einbausätze enthalten deshalb auch häufig eine Freisprecheinrichtung, bei denen die Sprache der Insassen über ein z. B. im Bereich des Innenspiegels angebrachtes Mikrofon aufgenommen und das Telefon-Audiosignal über einen eingebauten Lautsprecher wiedergegeben wird.

Freisprecheinrichtungen müssen Rückkopplungen unterdrücken, die durch die Aufnahme des aus dem Lautsprecher kommenden Audiosignals im Mikrofon entstehen können. Digitale Signalprozessoren ermöglichen auch echokompensierende Lösungen, das gleichzeitige Sprechen und Hören sowie eine Fahrgeräuschunterdrückung im Mikrofonsignal.

Die Verbindung zwischen dem Mobiltelefon und der Freisprecheinrichtung wird häufig über Bluetooth hergestellt.

6.4.2.4.3 Internet Dienste im Fahrzeug

Mit der starken Verbreitung von Smartphones, angeführt durch das Apple I-Phone, wird die Nutzung von mobilen Internetdiensten immer populärer. Allerdings bleibt die Bedienung während der Fahrt weiterhin schwierig.

6.4.2.5 Bakenkommunikation

Baken [163, 164] dienen der Kommunikation mit einer meist hinter der Windschutzscheibe im Fahrzeug installierten Einheit (OBU »on board unit«) über Entfernungen von einigen Metern. Baken sind i. d. R. auf Brücken direkt über der Fahrbahn oder am Rand der Straße aufgestellt. Schwerpunkt ihrer Anwendung sind die Gebührenerfassung bei fließendem Verkehr z. B. an Mautstellen oder Zugangsberechtigungsanlagen. In Deutschland wird diese Technologie für die Erfassung der LKW Maut eingesetzt.

Als Übertragungsmedium hat sich die Mikrowelle bewährt. Um die OBU möglichst kostengünstig zu machen, werden Up- und Downlink unterschiedlich realisiert. Für das Uplink vom Fahrzeug zur Bake wird das Transponderprinzip genutzt, ein von der Bake ausgestrahlter 5,8 GHz-Träger wird in der OBU mit einem phasenmodulierten Unterträger von 1,5 oder 2 MHz moduliert und zurückgeschickt. Dabei werden Datenraten von 250 kbit/s erreicht. Im Downlink moduliert die Bake den 5,8 GHz-Träger in der Amplitude. Dabei ist die Datenrate 500 kbit/s.

Aus Gründen des Datenschutzes enthält die OBU häufig eine anonyme Chipkarte mit einem Guthaben, von dem die Gebühren abgebucht werden.

6.4.2.6 Fahrzeug-Fahrzeug und Fahrzeug Infrastruktur Kommunikation

Im Forschungsstadium befindet sich die sogenannte Fahrzeug-Fahrzeug Kommunikation (Abgekürzt: C2C oder V2V). Ebenfalls im Frequenzbereich von 5,8 bis 5,9 GHz sollen Funkverbindungen zwischen Fahrzeugen realisiert werden. Dabei senden Fahrzeuge automatisch Status und Gefahrensignale, die von umliegenden Fahrzeugen aufgefangen und ausgewertet werden und bei Bedarf weitergeleitet werden. Hierdurch kann der Fahrer über die aktuelle Straßensituation und Verkehrslage in seiner Umgebung informiert werden, vor kritischen Situationen gewarnt werden oder im Notfall kann das Fahrzeug Notbremsfunktionen automatisch auslösen. Für die Funkübertragung ist eine Variante »p« des WLAN Standards IEEE 802.11p entwickelt worden.

Zur Ergänzung kann eine Kommunikation zu sogenannten Road-Site Units aufgebaut werden. Hierüber fließen dann Informationen über lokale und großräumige Verkehrslagen (Abkürzung C2I).

6.4.2.7 Navigation

Navigationssysteme [165] helfen dem Fahrer, sich in fremden Straßennetzen schneller und sicherer zu orientieren.

Navigation basiert auf dem ständigen Vergleich der aktuellen Position mit einem geplanten Weg zu einem Ziel. Daraus ergeben sich unmittelbar die unbedingt notwendigen funktionalen Komponenten, ein Ortungssystem zur ständigen Bestimmung der jeweiligen Fahrzeugposition, eine Eingabemöglichkeit für das Fahrziel, eine Routenberechnungseinheit, die Navigationseinheit zur Bestimmung notwendiger Fahrmanöver sowie eine Ausgabeeinheit für Richtungshinweise (siehe ◘ Abb. 6.103).

Für den Massenmarkt des Automobils bedeutete die Einführung der Navigation, sie so zu gestalten, dass sie ohne navigatorische Vorkenntnisse zu benutzen ist, keine Bedienung während der Fahrt benötigt und möglichst wenig vom Verkehrsgeschehen ablenkt. Diese Ziele wurden durch Systeme erreicht, die dem Fahrer bei notwendigen Abbiegevorgängen rechtzeitig gesprochene Hinweise gegeben werden.

Den Durchbruch im Massenmarkt erreichten Navigationssysteme mit so genannten PNDs (Personal Navigation Device), die jeder selbst im Fahrzeug montieren kann und auch von Fahrzeug zu Fahrzeug mitnehmen kann. Diese Geräte sind damit allerdings auch nicht in Bedienkonzepte von Fahrzeugen eingebunden. Die Bedienung über die meistens verwendeten Touchscreens ist im Bereich der Windschutzscheibe meist nicht problemlos. Die Ablesbarkeit ist bei starker Sonneneinstrahlung nicht so gegeben wie bei Displays, die in Armaturentafel oder sogar im Kombiinstrument verbaut sind.

Mit einer Vielzahl von Zusatzfunktionen gehen heutige Systeme weit über die grundlegenden Navigationsfunktionen hinaus und sind häufig in Fahrerinformationssysteme integriert. Die wesentlichste Zusatzfunktion ist die Darstellung von Kartenausschnitten in einem weiten Bereich wählbarer Maßstäbe.

Die Positionsbestimmung erfolgt weitgehend über das amerikanische Satellitensystem GPS (Global Positioning System), wird aber zukünftig auch

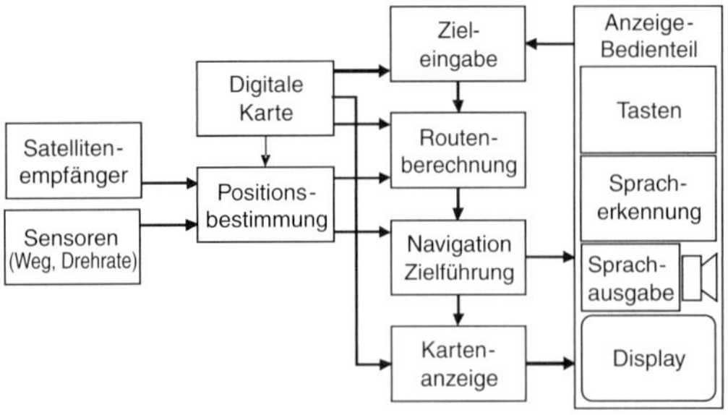

Abb. 6.103 Funktionale Basiskomponenten einer Fahrzeugnavigation

über das im Aufbau befindliche europäische System GALILEO erfolgen. Weitere Sensoren, wie Wegsignale vom Tacho oder Drehratensensoren unterstützen die Ortung in Situationen schlechten Empfangs der Satellitensignale. Die als Geo-Koordinaten mit einer Genauigkeit von ca. ± 5 m bestimmte Position ist allein für den Fahrer nicht nützlich, da er sie zumeist nicht zu interpretieren wüsste und er daraus auch keine Schlüsse für seinen Weg ziehen kann. Erst der Vergleich von Positionen mit einem digital gespeicherten Straßenplan ermöglicht eine nützliche Positionsangabe (z. B. durch den Straßennamen) und einen Vergleich mit einer geplanten Fahrtroute.

Zur Planung einer Route muss der Fahrer sein Fahrziel eingeben können. Auch dieser Schritt erfolgt in der Regel nicht unter Verwendung von Geo-Koordinaten, sondern z. B. durch Angabe einer Adresse (Stadt, Straße, Hausnummer). Hierzu ist wieder die digitale Karte erforderlich.

Die Routenberechnung erfolgt dann von der jeweils aktuellen Position zum eingegebenen Fahrziel in einem üblicherweise als gerichteter Graph gespeichertem Straßennetz der digitalen Karte. Der Nutzer kann zumeist wählen, ob die Route nach dem Kriterium der Fahrzeit, Fahrstrecke oder dem erwarteten Kraftstoffverbrauch optimiert werden soll und ob optional Mautstrecken, Fähren, Autobahnen, Tunnel etc. gemieden werden sollen. Auch die Kombination solcher Kriterien und Optionen ist möglich.

Die Zielführung erfolgt aus dem Vergleich des aktuell befahrenen Straßenabschnittes mit der Folge der Straßenabschnitte, die als optimale Route berechnet wurde.

Liegt der aktuelle befahrene Straßenabschnitt auf der Route, wird ermittelt welche Aktion der Fahrer durchzuführen hat, um den nächsten Straßenabschnitt der Route zu erreichen. Diese Aktion kann in einen Satz für eine synthetische Sprachausgabe oder in eine Grafik übersetzt werden. Muss der Fahrer nur einfach dem Straßenverlauf weiter folgen, wird zumeist nichts gesprochen und nur ein einfaches Symbol mit einer Entfernung zum nächsten Aktionspunkt ausgegeben.

Der Fahrer erwartet ein Ergebnis der Routenberechnung schon wenige Sekunden nachdem er sein Ziel eingegeben hat. Bei der Größe heutiger digitaler Karten im Fahrzeug (z. B. Westeuropa, USA/Kanada) stellt dieses hohe Anforderungen an die verwendete Algorithmik sowie an die Datenstrukturen der Karte. Auch nach irrtümlichem oder absichtlichem Abweichen von der berechneten Route besteht die Erwartung, bereits an der nächsten Abzweigung wieder einen Hinweis zu erhalten, wie die Fahrt fortgesetzt werden soll.

6.4.2.8 Digitale Karte

Die digitale Karte hat in den letzten Jahren an Inhalt erheblich zugenommen, um dem Fahrer mehr Orientierung und Information zu bieten.

Die Darstellung einer Karte auf einem Farbdisplay, die einer gedruckten Karte immer ähnlicher wird, erfordert außer dem Straßennetz Hintergrundinformationen, wie Gewässer, bebaute Flächen, Eisenbahnen und vieles mehr. Sie wird von einigen Systemen auch in perspektivischer Pseudo-3D-Darstellung gezeigt. Digitale Geländemodelle sowie Gebäude in Großstädten machen die Karte mehr und mehr zu einer fotorealistischen Darstellung.

POIs (Points-of-Interest) ermöglichen es dem Nutzer, sein Ziel nicht mittels einer Adresse auszuwählen, sondern anhand einer Kategorie und im näheren Umkreis seiner Position oder eines Fahrzieles. Hiermit wird es möglich z. B. die nächste Tankstelle oder Werkstatt zu finden oder ein Hotel oder Restaurant in der Nähe seines eigentlichen Fahrzieles zu suchen. Mit der Karte gelieferte digitale Reiseführer bieten darüber hinaus Zusatzinformation über Öffnungszeiten, Hotelzimmer, Menüangebote und alles weitere aus entsprechenden Printmedien bekannte.

Weitere Inhalte werden z. Z. in zunehmendem Umfang in die digitale Karte aufgenommen. Sie dienen in erster Linie dazu, Fahrerassistenzsystemen detaillierte Informationen über Eigenschaften der voraus liegenden Straßenabschnitte zu liefern. In einem konfigurierbaren Vorausschaubereich, dem so genannten Elektronischen Horizont [167] werden Daten über z. B. Kurvenradien, Steigungen, Straßenbreiten u.v.m. bereitgestellt. Eine Fusion dieser Daten mit denen der übrigen Sensorik von Fahrerassistenzsystemen dient außerdem der Absicherung der Signalinterpretation.

Mit dem wachsenden Datenumfang der digitalen Karte wurde die anfangs eingesetzte CD-ROM als Speichermedium zu klein. Die DVD hat sie bereits fast vollständig ersetzt. Aktuelle Systeme werden entweder mit automotive-tauglichen Festplatten ausgerüstet oder enthalten bei geringeren Anforderungen an den Datenumfang Halbleiterspeicher wie SD-Cards.

6.4.2.8.1 Dynamische Navigation

Dynamische Navigation unterstützt selbst Fahrer, die ihre Route kennen, dadurch, dass sie Meldungen über Verkehrsstörungen dazu benutzt, nach Alternativrouten zu suchen [166]. Die codierten Verkehrsnachrichten des RDS-TMC werden hierzu verwendet.

Aus den codiert übertragenen Verkehrsknotenpunkten vor und hinter einer Störung werden mittels einer Zuordnungstabelle in der digitalen Karte diejenigen Straßenabschnitte bestimmt, die von der Störung betroffen sind. Liegen solche Abschnitte auf der berechneten Route, so wird entweder automatisch eine neue Route berechnet oder es wird dem Fahrer ein Hinweis auf die Störung gegeben und abgefragt, ob er die Berechnung einer Alternativroute wünscht.

Die standardisierten Störungsursachen des TMC werden als Verringerung des Verkehrsflusses interpretiert, so dass gestörte Abschnitte mit einem erhöhten Fahrzeitbedarf bewertet werden. Nicht bei allen Störungen mit Ausnahme von Vollsperrungen ergibt sich eine sinnvolle Alternative. In solchen Fällen bleibt es bei der ursprünglichen Route, jedoch mit einem erhöhten geschätzten Fahrzeitbedarf und dem Hinweis, dass die Route Verkehrsstörungen enthält.

Bei der Berechnung einer Alternativrouten werden alle gemeldeten Verkehrsstörungen berücksichtigt, so dass die Alternative nicht über eine andere gemeldete Störung führen kann.

Auch bei Wegfall von Störungen erfolgt eine Neuberechnung der Route, so dass keine unnützen Umwege gefahren werden müssen.

Nachteile der dynamischen Navigation mittels TMC liegen darin, dass die Codierung der Verkehrsknoten numerisch begrenzt ist und deshalb nur auf das Fernstraßennetz (in Deutschland Autobahnen und Bundesstraßen) angewendet wird. Codierte Meldungen über andere Straßen erfolgen nicht. Es besteht daher die Gefahr, dass Alternativrouten über ebenfalls überlastete Sekundärstraßen geführt werden.

Ein unter der Bezeichnung AGORA-C entwickeltes Verfahren [168] soll zukünftig die Codierung von Verkehrsmeldungen auf allen Straßen und ohne Referenztabellen in der digitalen Karte möglich machen. Auf diese Weise codierte Nachrichten können wegen der benötigten Bandbreite allerdings nicht mehr über RDS übertragen werden, jedoch bietet DAB eine entsprechende Möglichkeit.

Durch die TPEG (Transport Protocol Experts Group) wurden Verkehrsmeldungen in weiterem Umfang standardisiert. Sie ermöglichen es außer den bisher bekannten Meldungsinhalten auch Verkehrsprognosen und Verkehrsleitstrategien zu übertragen. Innerhalb des TPEG-Standards können sowohl die TMC Location Codes als auch AGORA-C codierte Streckenabschnitte verwendet werden. Prognosemeldungen ermöglichen es Navigationssystemen, Umgehungen von staugefährdeten Abschnitten zu suchen, bevor die Störung entstanden ist. Meldungen mit Leitstrategien können von Verkehrsleitzentralen eingesetzt werden, um Verkehrsströme aufzuteilen.

Dabei werden Alternativrouten für unterschiedliche Zielgebiete übertragen. Diese können außerdem für Fahrzeugtypen (Pkw/Lkw) unterschiedlich sein. Überlastungen des Sekundärnetzes durch Ausweichverkehr kann damit vermieden werden. TPEG-Meldungen sind zur Übertragung über digitale Kanäle vorgesehen. Sie könnten z. B. über UMTS-Web-Services abgerufen werden.

In Japan wird dynamische Navigation über das Vehicle Information and Communication System

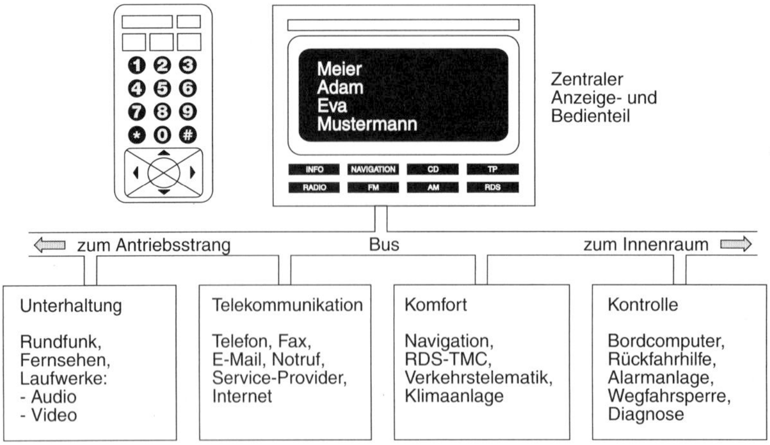

Abb. 6.104 Struktur eines Fahrerinformationssystems

(VICS) angeboten. Es arbeitet ähnlich TMC auf Basis codierter vordefinierten Punkte im Straßennetz, benutzt aber andere Kommunikationsverfahren.

6.4.2.8.2 Fahrerinformationssysteme

Navigation ist bereits in vielen Fahrzeugen ein Bestandteil von Fahrerinformationssystemen geworden. Diese erleichtern dem Fahrer die Benutzung der vielfältigen Funktionen verschiedener Systeme nach einheitlichen Prinzipien und geben ihre Informationen zumeist auf einem zentralen, gemeinsamen Display aus.

Die funktionalen Komponenten eines Fahrerinformationssystems zeigt Abb. 6.104. Sie sind zumeist über ein Bussystem miteinander verbunden und können dezentral an verschiedenen Stellen im Fahrzeug verbaut sein und sind zum Teil oder alle in gemeinsamen Gehäusen untergebracht.

Bedienelemente sind häufig als Softkeys rund um das Display angeordnet oder als Tasten in Multifunktionslenkrädern zu finden. Eine menügeführte Bedienung über einen zentralen Knopf, der gedreht, gedrückt und gekippt werden kann, liegt ebenso im Trend wie eine zunehmende Bedienbarkeit durch Spracherkennungssysteme. Eine besondere Herausforderung stellt hierbei derzeit noch die Zieleingabe von Navigationssystemen durch gesprochene Städte- und Straßennamen wegen ihrer hohen Vielzahl dar.

Die akustischen und grafischen Ausgaben der Systeme können priorisiert werden, so dass eine Informationsüberflutung des Fahrers vermieden werden kann.

6.4.3 Innenraumbehaglichkeit/ Thermischer Komfort

Die sehr hohe Ausstattungsrate mit Klimaanlagen selbst bei Kleinfahrzeugen unterstreicht die außerordentlich wichtige Rolle des thermischen Komforts und so wird eine Klimaanlage inzwischen von Fahrzeugkäufern häufig als Grundausstattung erwartet. Behaglichkeit bedeutet entspanntes Fahren, Entlastung und Konzentration auf die primären Fahraufgaben.

6.4.3.1 Komfortbedürfnisse der Fahrzeuginsassen

Bubb [172] beschreibt in einer Komfortpyramide (Abb. 6.105) die verschiedenen Bedürfnisfaktoren, die für das individuelle Komfortempfinden erfüllt sein sollten. Nach dieser Hierarchie werden Komfortmängel erst bewusst, wenn die darunter liegenden Bedürfnisse erfüllt sind.

Fanger [173] führte eine Vielzahl von Probandenstudien zum thermischen Komfort in Gebäuden durch. Er führte den PMV (Predicted Mean Vote, gemittelter Beurteilungsindex des globalen

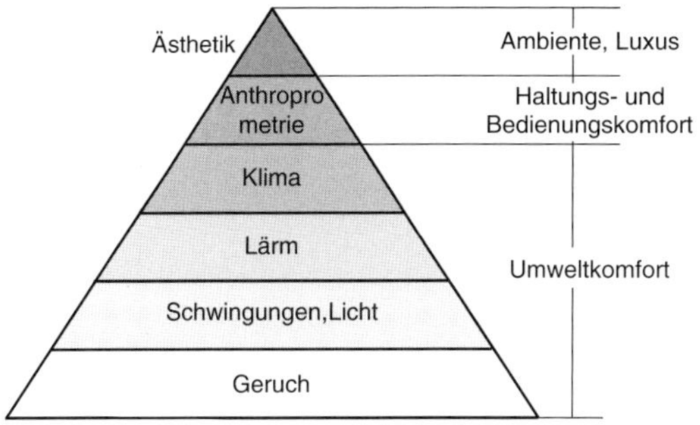

Abb. 6.105 Komfortpyramide nach Bubb

Raumklimas) ein sowie die davon abhängige Größe PPD (Predicted Percentage of Dissatisfied) als den erwarteten Prozentsatz der Unzufriedenen (siehe auch [174]). Aus den empirischen Daten leitete er erstmals eine komplexe Berechnungsformel für den PMV mit folgenden Parametern ab:

- Umwelt (Lufttemperatur, -geschwindigkeit, -feuchte, Strahlung)
- Aktivität
- Kleidung

Damit ist eine rechnerische Abschätzung des zu erwartenden thermischen Komforts möglich. Im Kraftfahrzeug herrschen jedoch inhomogenere und dynamischere Bedingungen als in Gebäuden. Die Scheiben in der oberen Kabinenhälfte führen zu völlig unterschiedlichen Strahlungs- und Isolationswerten, die wiederum unterschiedliche Luftgeschwindigkeiten und -temperaturen erfordern, um thermischen Komfort zu erreichen.

Auf Basis der Fanger'schen Behaglichkeitsuntersuchungen wurden für das Fahrzeug spezifische Bewertungsmethoden entwickelt, die anstelle des globalen Komforts den lokalen Komfort an einzelnen Körperteilen mit dem LMV (Local Mean Vote) bewerten [175–177] (Abb. 6.106). Dabei dient der bereits im frühen Stadium einer Fahrzeugentwicklung mit CFD-Berechnungen (Computational Fluid Dynamics) simulierte LMV zu einer ersten Voraussage des thermischen Komforts, der dann in realen Fahrzeugen über subjektive Komfortbewertungen oder Messungen mit thermischen Dummies bestimmt wird.

Nach der Theorie sollte es eigentlich kein regional unterschiedliches Komfortempfinden geben; in der Praxis zeigen sich jedoch tatsächlich regionale Vorlieben – während in Europa und Asien eher eine indirekte und zugfreie Klimatisierung gewünscht wird, sollte für den US-amerikanischen Markt eine direktere Klimatisierung dargestellt werden. Dies kann durch spezielle Ländervarianten der Klimaregelung, durch die Auswahl individueller Klimastile oder neuerdings auch durch spezielle Komfortausströmer erreicht werden (Abb. 6.107). Damit kann jeder Insasse die Ausströmcharakteristik der Auslaßdüse entsprechend seiner individuellen Komfortbedürfnisse zwischen diffus (zugfrei), konventionell oder spot (direkter Luftstrom) einstellen [178].

Klimatisierung reduziert den thermischen Stress und wirkt damit positiv auf Reaktion, Vigilanz, Wahrnehmung/Entscheidung und Emotionen und trägt somit auch zur Sicherheit im Straßenverkehr bei [179]. Umfangreiche Tests zeigten die Abnahme von Reaktionsgeschwindigkeit, Sinneswahrnehmung und Kombinationsgabe um 20 % bei Anstieg der Innenraumtemperatur von 25 auf 35 °C [180, 182]. Über den thermischen Komfort hinaus werden auch zunehmend Technologien gefordert, die den Aufenthalt im Fahrzeug angenehmen machen und eine Wellness-Atmosphäre schaffen. Im Umfeld der Klimatisierung zählen hierzu Beduftung und Luftionisation [181], die sich zunehmend im Markt etablieren.

6.4.3.2 Funktionen und Aufbau von Klimageräten

Das vollständige Klimatisierungssystem besteht aus dem Heizkreislauf, dem Kältekreislauf, der Luftansaugung mit Wasserabscheidung, dem Klimagerät, den Luftführungen und Luftaustritten zum Innenraum, der Kabinen-Entlüftung sowie der zugehörigen Bedienung, Regelung und Steuerung mit Sensorik und Aktuatorik.

Der Heiz- und Kältekreislauf ist bereits in ▶ Abschn. 3.3.2 beschrieben, so dass hier der Schwerpunkt auf das Klimagerät, die Luftführung und die Regelung gelegt wird.

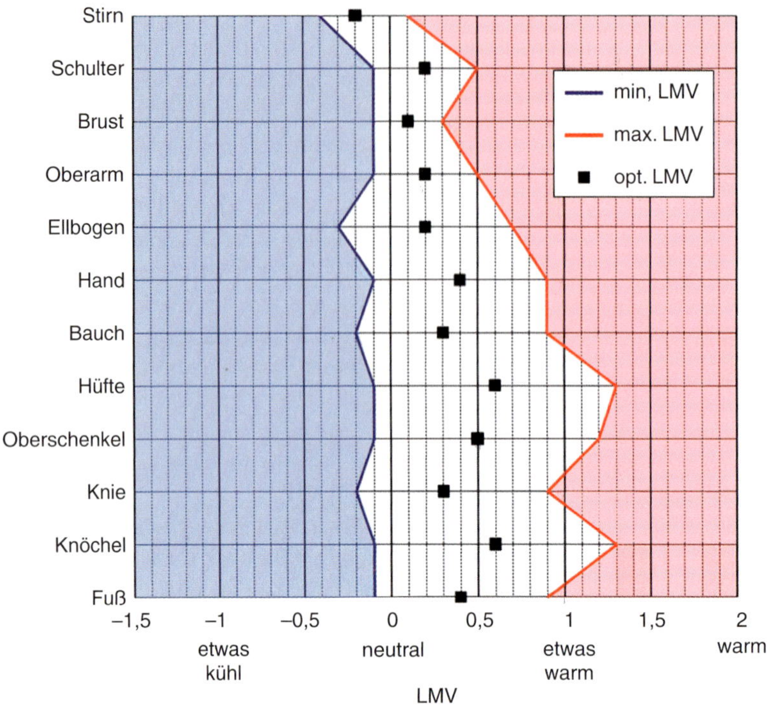

Abb. 6.106 Komfortbewertung an Körperteilen mit LMV

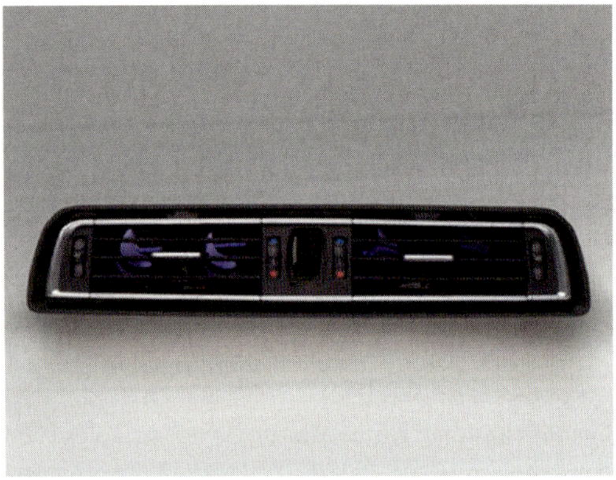

Abb. 6.107 Komfortausströmer mit einstellbarer Ausströmcharakteristik (Werkbild Behr)

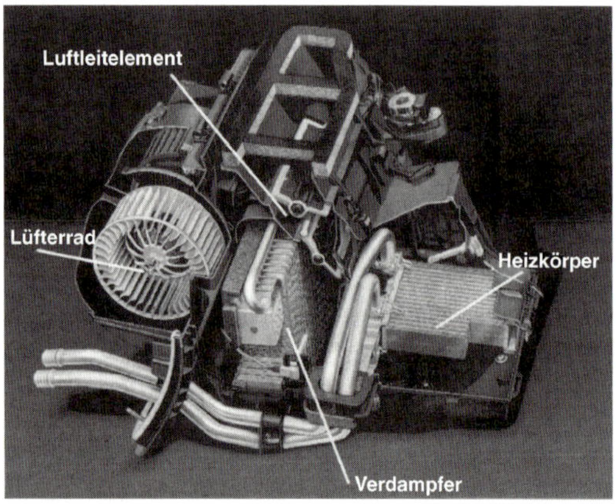

Abb. 6.108 Hauptkomponenten eines Klimagerätes

Das Modul Klimagerät besteht im Wesentlichen aus den Hauptkomponenten (siehe auch Abb. 6.108):

- Frischluft-/Umluftgehäuse
- Gebläse
- Filter
- Verdampfer zur Temperatursenkung und Luftentfeuchtung (siehe ► Abschn. 3.3.2)
- Heizkörper zur Temperaturerhöhung (siehe ► Abschn. 3.3.2)
- optional elektrischer Zuheizer (PTC) (siehe ► Abschn. 3.3.2)

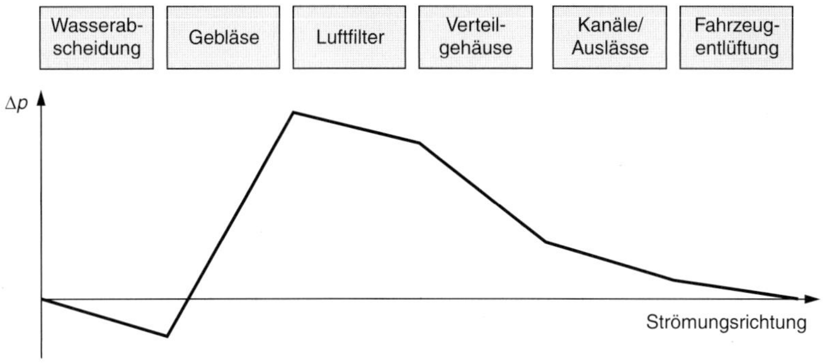

Abb. 6.109 Druckverlauf bei der Kabinendurchströmung

- Regeleinrichtung zur Temperatureinstellung
- Luftverteilung (Klappen an Auslässen)

Die Grundfunktionen eines Klimagerätes können wie folgt charakterisiert werden:

- Luft fördern
- Luft reinigen
- Luft temperieren und entfeuchten
- Luft verteilen

6.4.3.2.1 Funktionen des Klimagerätes – Luft fördern

Im Frischluftbetrieb wird die Luft vom Gebläse über Öffnungen in oder an der Motorhaube über eine Wasserabscheidung in das Klimagerät angesaugt. Durch die Luftverteilklappen wird die inzwischen temperierte Luft über Kanäle und Luftauslässe in die Kabine gefördert. Nach der Durchströmung der Kabine gelangt die Luft über Öffnungen im Heckbereich, die Entlüftung, wieder ins Freie. Bedingt durch den Druckabfall in der Entlüftung baut sich im geschlossenen Fahrzeug ein leichter Überdruck von ca. 20 Pa auf, der ein Einströmen von nicht temperierter und ungereinigter Luft durch Undichtigkeiten verhindert. In Bereichen in denen aufgrund der aerodynamischen Gegebenheiten bei Fahrt ein hoher Staudruck entsteht, wie z. B. im Stirnwandbereich, wird die Kabine besonders sorgfältig abgedichtet. Vor allem bei kalten Außentemperaturen führt direkt eindringende Außenluft zu sehr unangenehmen Zugerscheinungen.

Abbildung 6.109 zeigt einen typischen Druckverlauf von der Ansaugung bis zur Entlüftung.

In der Wasserabscheidung wird die angesaugte Frischluft vor dem Eintritt in die Kabine und ins Klimagerät von mitgerissenen Wassertropfen und Schnee getrennt. Dies erfolgt durch Umlenkungen oder durch Reduzierung der Luftgeschwindigkeit. Die Luft soll dem Klimagerät möglichst tröpfchenfrei zugeführt werden.

Die Wasserabscheidung ist im Allgemeinen vor der Kabine im Motor- oder Aggregateraum angeordnet. Der Ansaugbereich der Außenluft befindet sich meist unmittelbar am unteren Ende der Frontscheibe.

Der nachfolgende Gebläsetrakt beinhaltet das Gebläse, sowie das Frischluft-Umluftgehäuse, in welchem Klappen zur Umschaltung von Frisch- auf Umluft vorgesehen sind. Die Umluft wird im Cockpitbereich aus dem Kabineninneren angesaugt. Umluft wird vor allem zur schnelleren Kabinenabkühlung sowie zur Abschottung gegen schlechte Außenluftqualität eingestellt. Ein Luftgütesensor für die Außenluft wird heute häufig genutzt um, z. B. zur Vermeidung von unangenehmen Geruchsereignissen, automatisch auf Umluft umzuschalten.

Im Zuge der Effizienzsteigerung der Klimatisierung wird versucht, den Umluftanteil zu vergrößern. Die bereits temperierte Umluft ist mit weniger Energieeinsatz auf Wunschtemperatur zu halten verglichen zur fortlaufenden Temperierung der Außenluft. Der sinnvolle Umluftanteil wird nach oben begrenzt durch den benötigten Frischluftan-

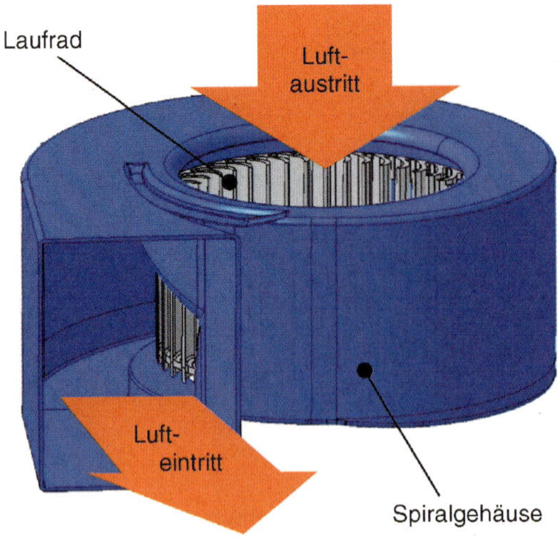

Abb. 6.110 Gebläse mit Spiralgehäuse

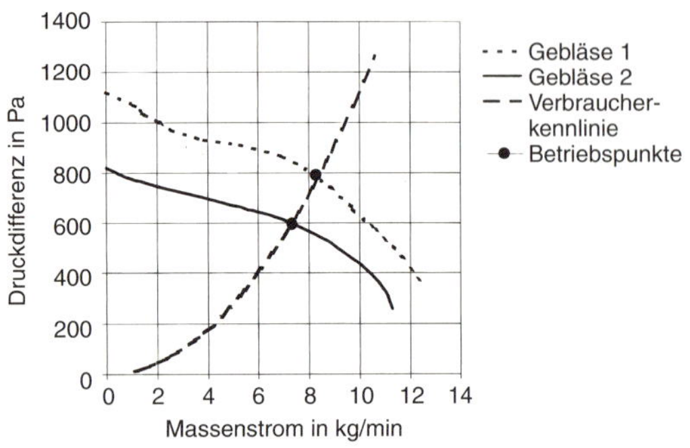

Abb. 6.111 Gebläse und Verbraucherkennlinie

teil zur Aufrechterhaltung des Sauerstoffgehaltes der Innenluft und durch den sich bei Umluft einstellenden Feuchtegehalt, der zu Scheibenbeschlag führen kann.

Das Gebläse, ausgeführt als Radialgebläse, (Abb. 6.110) besteht aus einem Lüfterrad, dem Spiralgehäuse und einem Motor. Der Gebläsemotor kann als Permanentmagnetmotor oder als bürstenloser BLDC-Motor ausgeführt sein.

Zur Luftmengenvariation erfolgt die Ansteuerung des Motors über Vorwiderstandsgruppen mit entsprechender Stufigkeit oder zunehmend stufenlos über elektronische Regler.

Je nach Kabinengröße werden die Gebläse für das Abkühlen oder Aufheizen auf eine maximale Luftmenge von 7 bis 11 kg/min ausgelegt. Im stationären Fall werden deutlich geringere Luftmengen benötigt. Zur Auswahl des passenden Gebläses wird die für ein Fahrzeug erforderliche Luftmenge mit den Druckabfällen des Gesamtsystems in einer sogenannten Verbraucherkennlinie (Abb. 6.111) aufgetragen und mit den Leistungswerten des Gebläses, den Gebläsekennlinien, abgeglichen, so dass ein Gebläse ausgewählt werden kann, welches den vorgegebenen Betriebspunkt erreicht.

Da das Gebläse durch seine Stromaufnahme und als Hauptakustikquelle im Zentrum der Bemühungen um Energieeffizienz und geräuscharme Klimatisierung steht, werden erhebliche Forschungs- und Entwicklungsaufwände zur Weiterentwicklung getrieben.

6.4.3.2.2 Funktionen des Klimagerätes – Luft reinigen

Zum Komfort- und Gesundheitsbedürfnis des Autofahrers gehört auch eine entsprechende Luftgüte – Luftverunreinigungen und unangenehme Gerüche sollen nicht in die Kabine gelangen.

Die Partikelbelastung der angesaugten Luft ist nur zum Teil dem Straßenverkehr zuzuordnen; unerwünschte Pollen müssen von den sogenannten Partikelfiltern ebenso abgeschieden werden wie normaler Straßenstaub.

Das Filtermaterial besteht aus ein- oder mehrlagigen synthetischen Mikrofaservliesen, die nach Fraktionsabscheidegrad, Staubkapazität und Strömungswiderstand spezifiziert werden.

Abbildung 6.112 zeigt die Fraktionsabscheidegrade eines Filters sowie das Größenspektrum verschiedener Partikel.

Gasförmige Luftverunreinigungen und Gerüche lassen sich durch Hybridfilter reduzieren, die zusätzlich zum Partikelfiltermaterial Aktivkohle enthalten (Abb. 6.113). Die Funktion der Aktivkohle beruht auf der enormen wirksamen Oberfläche von etwa 1000 m^2/g. Die Auslegung der Gesamtschicht erfolgt nach der Adsorptionskapazität bzw. der Adsorptionseffizienz und dem zulässigen luftseitigen Druckabfall des Filters.

Generell ist wichtig, dass sowohl die Frischluft als auch die Umluft gefiltert wird. Aufgrund der nicht zu vernachlässigenden Belastung der Umluft hat sich gezeigt, dass eine reine Frischluftfiltrati-

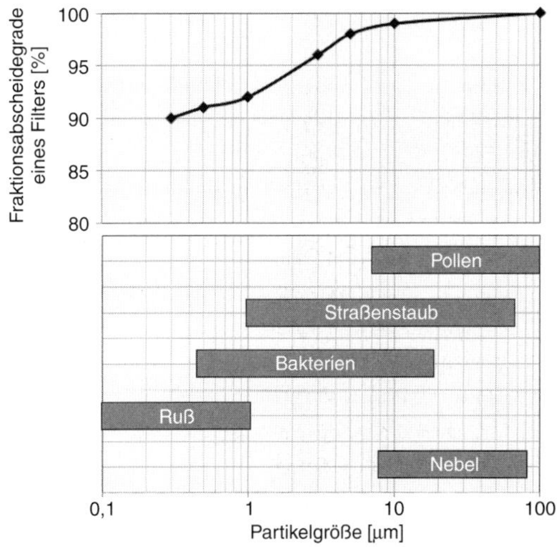

Abb. 6.112 Partikelgrößen und Abscheidegrade

on aus Komfort- und Gesundheitsgründen als nicht ausreichend bewertet werden können. Luftverunreinigungen können auch zu Korrosionsangriffen am Verdampfer führen oder diese zumindest begünstigen. Die Forderung nach einer Frisch- und Umluftfiltration führt dazu, dass Filter nach den Frischluft-/Umluftklappen, entweder saugseitig direkt vor, oder druckseitig nach dem Gebläse anzuordnen sind.

Die Nutzungsdauer von Filtern beträgt ca. 30.000 bis 50.000 km Fahrleistung, sollte allerdings 2 Jahre nicht überschreiten.

6.4.3.2.3 Funktionen des Klimagerätes – Luft temperieren und entfeuchten

Die gereinigte Luft strömt anschließend durch den Verdampfer und wird dort bei Bedarf abgekühlt. Da kühlere Luft deutlich weniger Luftfeuchtigkeit aufnehmen kann als wärmere, wird ein Teil der Kälteleistung nur dazu verwendet, die Luft zu entfeuchten. Das abgeschiedene Kondenswasser fließt durch Öffnungen an der Unterseite des Klimagerätes aus dem Innenraum ins Freie ab. Die minimale Lufttemperatur nach Verdampfer sollte ca. 2 °C nicht unterschreiten. Bei niedrigeren Temperaturen würde das Kondenswasser im Verdampfer gefrieren und den Luftstrom durch diesen blockieren. Es ist speziell darauf zu achten, dass die Lufttemperatur nach dem Verdampfer besonders homogen ist, um maximale Kälteleistung ohne Vereisungserscheinungen zu erzielen.

Nach dem Verdampfer wird der Luftstrom ganz oder zum Teil dem nachfolgenden Heizkörper zur Erwärmung zugeführt, um die gewünschten Auslasstemperaturen einzustellen. Hierbei sind zwei Varianten in Anwendung:

- Bei der wasserseitigen Regelung (siehe Abb. 6.114) wird der Volumenstrom des heißen Motorkühlmittels in den Heizkörper über kontinuierlich, manuell oder elektrisch, angesteuerte Ventile oder über quasikontinuierliche Taktventile eingestellt. Die Wärmemenge wird somit über den Volumenstrom des Kühlmittels gesteuert. Die gesamte Luftmenge strömt über den Heizkörper.
- Bei der luftseitigen Regelung (siehe Abb. 6.115) wird der Heizkörper kontinuierlich mit dem vollen Kühlmittel-Volumenstrom des Heizkreislaufes durchströmt. Der Luftstrom wird nach dem Verdampfer in zwei Teilluftströme geteilt, von denen einer durch den Heizkörper, der andere am Heizkörper vorbeigeführt wird. Mittels der Temperaturmischklappen können die Teilluftströme stufenlos eingestellt werden. Nach dem Heizkörper wird die im Heizkörper erwärmte Luft mit dem zweiten kälteren Teilluftstrom im sogenannten Mischraum vereinigt.

Im Mischbetrieb werden warme und kalte Luft so in den Mischraum gelenkt, dass aus den drei Hauptaustrittsebenen – Fußraum, Belüftungsdüsen im Cockpit und zu den Scheiben – die Luft mit verschiedenen Temperaturen in die Kabine strömt. Dies ermöglicht eine als angenehm empfundene Temperaturschichtung in der Kabine »kühler Kopf und warme Füße«.

Diese luftseitige Regelung besitzt eine besonders schnelle Ansprechcharakteristik, eine gute Regelbarkeit und eine Unempfindlichkeit gegenüber Drehzahlsprüngen des Fahrzeugmotors (Änderungen im Kühlmittelvolumenstrom). Allerdings benötigt diese Bauart etwas mehr Bauraum und Abstimmungsaufwand für den Mischraum.

Ein Nachteil dieser Ausführung ist eine im maximalen Kühlbetrieb nicht gewünschte Luftaufwärmung der kalten Luft nach dem Verdampfer um ca.

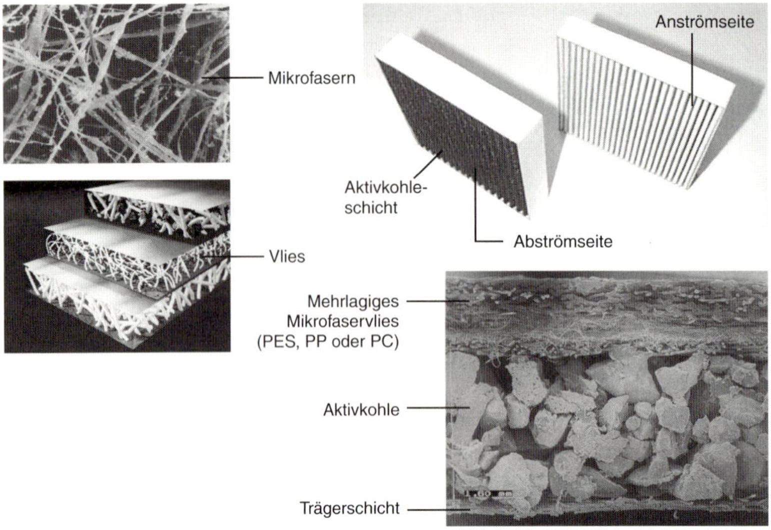

Abb. 6.113 Partikel- und Hybridfilter

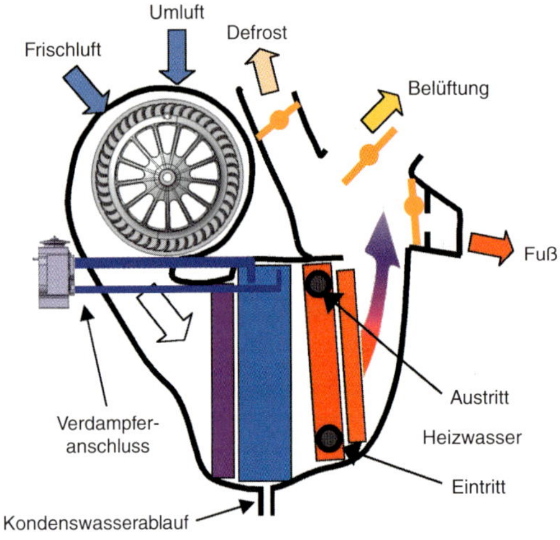

Abb. 6.114 Schnitt Klimagerät wasserseitige Steuerung

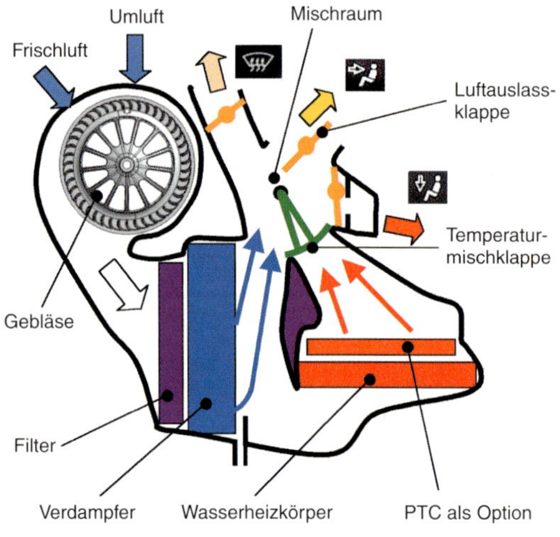

Abb. 6.115 Schnitt Klimagerät luftseitige Steuerung

1 bis 3 °K durch den dauerhaft heißen Wasserwärmetauscher.

Heute wird überwiegend die luftseitige Variante eingesetzt.

Kann der Klimakompressor und somit der Kältekreislauf nur aus- und eingeschaltet werden, wird die Luft im Verdampfer entweder gar nicht oder aber maximal, also auf ca. 2 °C, abgekühlt. Soll die Luft im Klimagerät nur geringfügig gekühlt werden, z. B. von 25 °C auf eine Austrittstemperatur von 15 °C, wird die Luft im Verdampfer zunächst auf ca. 2 °C gekühlt, um anschließend im Heizkörper auf 15 °C erwärmt zu werden.

Geregelte Klimakompressoren erlauben es heute, die Verdampfer-Austrittstemperatur auch wärmer einzustellen, bis zu Temperaturen über 10 °C. Damit kann bedarfsgerechter und somit energetisch günstiger gekühlt werden. Weiterhin kann so

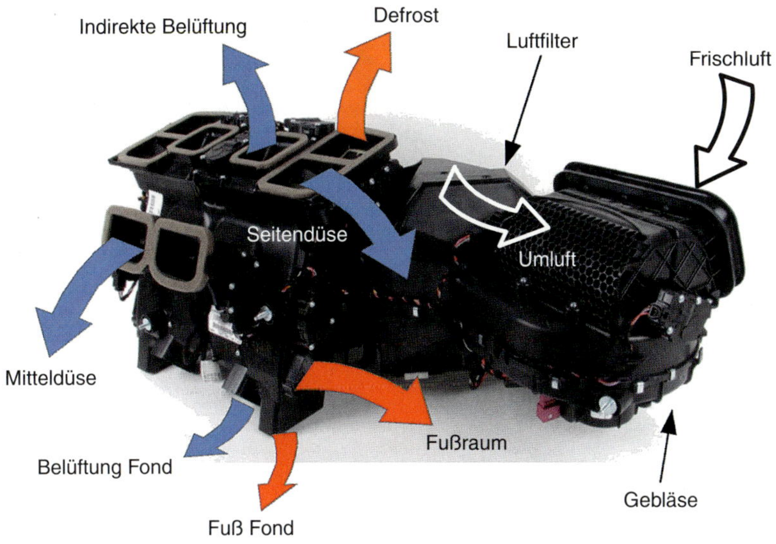

Abb. 6.116 Luftauslässe am Klimagerät

auch der Grad der Luftentfeuchtung direkt beeinflusst werden.

Gezieltes Entfeuchten, z. B. zur Verhinderung von Scheibenbeschlag, wird als Reheat-Betrieb bezeichnet. Feuchte Luft wird abgekühlt, somit entfeuchtet und anschließend im Heizkörper erwärmt. Trockene warme Luft wird in die Kabine gefördert.

6.4.3.2.4 Funktionen des Klimagerätes – Luft verteilen

Der Luftstrom aus dem Klimagerät wird, gesteuert von den Luftauslassklappen, über Kanäle und Düsen den drei Hautaustrittsebenen zugeführt:

- Fußraum
- Belüftungsebene (Mittel- und Seitendüsen)
- Defrost (Front- und Seitenscheiben)

Bei aufwändigeren Anlagen kommen entsprechende Abgänge für die Fondbelüftung mittig und/oder in den B-Säulen sowie der Fondfußraum dazu (Abb. 6.116 und Abb. 6.117).

Für verschiedene Betriebszustände haben sich verschiedenen Luftverteilungen bewährt.

Zum Kühlen und Lüften wird hauptsächlich die Belüftungsebene genutzt. Im Heizungsfall wird die Luft zu den Fußraum- und anteilig zu den Defrostausströmern geführt.

Durch kinematische Abhängigkeiten zwischen den Klappen oder durch Einzelaktuatoren werden viele weitere Konstellationen genutzt.

Vor allem beim Kühlen kann die Luftströmung aus der Mittel- und Seitendüse aufgrund von Zugerscheinungen als unangenehm empfunden werden. Um Fahrer und Beifahrer nicht direkt anzublasen wird in manchen Fahrzeugen eine zusätzliche indirekte Belüftung auf der Oberseite des Cockpits vorgesehen. Weiterhin sind sogenannte Komfortdüsen in Verwendung, welche anstelle der konventionellen Düsen verbaut werden und einen zusätzlichen zugfreien Modus bereitstellen [178].

6.4.3.2.5 Bauformen von Klimageräten

Bis auf wenige Ausnahmen sind Klimageräte für die Insassen nicht sichtbar im Cockpit verbaut. Dort belegen sie einen beträchtlichen Anteil des Bauraumes.

Bedingt durch unterschiedliche Fahrzeug-Konzepte und den für andere Einbauten, wie Airbags, Handschuhkasten und Infotainment, benötigten Einbauraum werden zwei wesentliche Bauformen für das Klimagerät genutzt:

- Bei der symmetrischen Bauform sind Gebläse, Verdampfer und Heizkörper hintereinander in Fahrzeuglängsrichtung symmetrisch zur

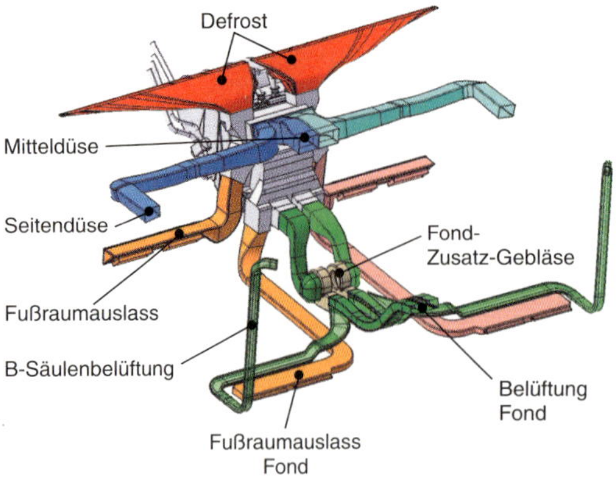

Abb. 6.117 Luftführung vom Klimagerät zu den Auslässen

Fahrzeugmitte angeordnet. Diese Anordnung führt zu günstigen Strömungsverhältnissen, hat Vorteile beim Druckabfall, benötigt aber entsprechenden Bauraum in Fahrzeuglängsrichtung. Aufgrund der Symmetrie werden keine Varianten für Links- und Rechtslenkerfahrzeuge benötigt.

- Weniger Bauraum in Fahrzeuglängsrichtung jedoch mehr in der Breite erfordert die asymmetrische Bauform. Hier sind Verdampfer und Heizkörper weiterhin mittig, das Gebläse jedoch seitlich angeordnet (bei Linkslenkerfahrzeugen i. d. R. rechts). Für Links- und Rechtslenker wird jeweils eine eigene Variante benötigt.

6.4.3.2.6 Mehrzonigkeit und Zusatzgeräte

Die in den vorherigen Kapiteln beschriebenen Funktionalitäten lassen sich auf mehrere Zonen des Fahrzeuges erweitern – bereits in der unteren Mittelklasse ist eine links/rechts getrennte Temperatursteuerung für den Frontbereich oft schon Standard. Dazu wird im Klimagerät durch Duplizierung der Temperatursteuerungsmechaniken der Luftstrom in 2 Zonen aufgeteilt. Diese Möglichkeit ist auch für die Luftverteilung gegeben. Ausgehend von der einfachen einzonigen Basis-Anlage über zweizonige (links/rechts), dreizonige Anlagen (links/rechts/Fond) bis hin zur Anlage mit 4 getrennten Temperatur- und Luftverteilzonen für den Front- und Fondbereich sind heute Klimageräte verfügbar. Durch einen modularen Aufbau des Klimagerätes lassen sich Konzepte für komplette Fahrzeugplattformen verwirklichen.

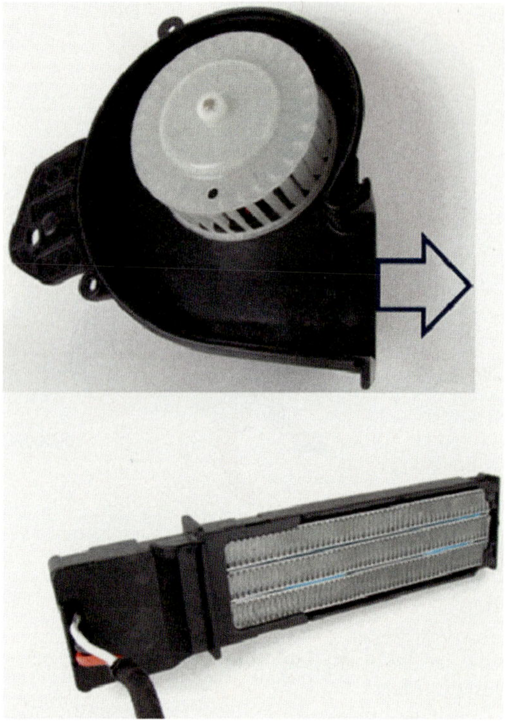

Abb. 6.118 Zusatz-Gebläse und Mini-PTC (Werkbild Behr)

Neu ist die individuelle Anpassung der Fußraumtemperatur, die sog. »variable Schichtung«. Damit kann beispielsweise für Personen mit kälteempfindlichen Füßen die Fußraumaustrittstemperatur bei unveränderter Grundeinstellung angehoben werden.

Um auch große Fahrzeugkabinen gleichmäßig zu klimatisieren werden zusätzliche Geräte im Innenraum plaziert. Diese Zusatzgeräte reichen vom kleinen Zusatzgebläse, welches die Luftverteilung des Frontgerätes nach hinten unterstützt, bis hin zu kompakten eigenständigen Klimageräten mit Gebläse, Verdampfer, Heizkörper und Luftverteilung.

Zur Heizungsunterstützung werden auch kleine PTC-Zuheizer, teilweise kombiniert mit extrem flachen Gebläsen, in den Luftverteilkanälen eingesetzt (siehe auch ► Abschn. 3.3.2, ■ Abb. 6.118).

6.4.3.3 Steuerung und Regelung von Klimaanlagen

In der Klimaregelung sind zusammengefasst die Bedienelemente zur Sollwertvorgabe, die Sensoren und Temperaturfühler zur Erfassung des aktuellen Zustandes von Kabine, Umgebung und Klimasystem, sowie die Stellglieder wie Aktuatoren, Gebläsemotor, Klimakompressor und PTC.

6.4.3.3.1 Regelung und Automatisierungsgrade

Klimaanlagen lassen sich in 3 Klassen einteilen:

- manuelle
- halbautomatische
- vollautomatische

Manuelle Klimaanlagen werden heute meist noch in Kleinfahrzeugen angeboten. Dabei werden über mechanische Stellelemente im Bediengerät die Temperatur und die Luftverteilung, z. B. mittels Bowdenzügen oder Flexwellen, eingestellt. Zur Luftmengeneinstellung wird, meist über Drehsteller am Bediengerät, eine Vorwiderstandsgruppe am Gebläse angesteuert. Häufig ist zusätzlich für den Vereisungsschutz des Verdampfers eine einfache Regelung vorgesehen.

Die Passagiere müssen das Klimagerät entsprechend ihrer Klimatisierungswünsche selbst manuell am Bedienteil einstellen.

Bei der halbautomatischen Klimaanlage wird zumindest die Innenraum-Temperatur auf einen voreingestellten Wert eingeregelt. Die Klima-Elektronik errechnet dann, z. B. aus der vorgegebenen Solltemperatur und der aktuellen Innenraumtemperatur, die benötigte Ausblastemperatur. Diese wird daraufhin durch das Mischungsverhältnis von warmer und kalter Luft (bei luftseitiger Regelung) oder über den Kühlmittelvolumenstrom (bei wasserseitiger Regelung) eingestellt.

Vollautomatische Klimaanlagen regeln zusätzlich zur Temperatur die Gebläseleistung und somit die Luftmenge und in der Maximalausführung auch die Luftverteilung. Das Gebläse wird hierbei stufenlos über einen elektronischen Regler eingestellt. Die Klappen für die Luftverteilung werden über Stellantriebe ebenfalls stufenlos in Position gebracht.

Der Regelkreis ist so aufgebaut (siehe ◘ Abb. 6.119), dass die Automatikfunktion möglichst schnell einen hohen thermischen Komfort für die Insassen einstellt und jeweils den sich verändernden Rahmenbedingungen anpasst [184]. Darüber hinaus gewinnt die energieeffiziente Klimaregelung ohne Komforteinbußen zunehmend an Bedeutung, da damit der Kraftstoffverbrauch im realen Fahrbetrieb reduziert werden kann [185].

Entsprechende Sensoren für die Klimatisierung (siehe ▶ Abschn. 6.4.3.2.3) sowie zusätzliche Daten (z. B. Außentemperatur, Fahrgeschwindigkeit, Motordrehzahl, Kühlmittel-Temperatur, länderspezifische Einstellungen, etc.), die heute im Fahrzeugnetzwerk zur Verfügung stehen, werden im Regelkreis zur Störgrößenaufschaltung berücksichtigt.

Der eigentlichen Komfortregelung für Lufttemperatur, -menge und -verteilung sind weitere Steuerungs- und Regelungsfunktionen überlagert:

- Beschlagfreihaltung der Scheiben: Luftmenge an die Frontscheibe, Luftentfeuchtungsfunktion über den Verdampfer durch variable Leistungssteuerung des Kompressors (bei trockener Zuluft ist keine Entfeuchtung erforderlich → kraftstoffsparender Betrieb möglich)
- Defrostfunktion zum schnellen Abtauen der Scheiben
- Frischluft-Umluftautomatik zur schnelleren Abkühlung durch Rezirkulation der bereits kühleren Kabinenluft oder zur Abschottung gegen schlechte Luftqualität von außen über einen Luftgütesensor
- Kompressorlaststeuerung bei Beschleunigungsvorgängen
- Steuerung von Zuheizeinrichtungen

6.4.3.3.2 Bedienung

Unabhängig vom Automatisierungsgrad müssen dem System Sollwerte vorgegeben werden. Im einfachsten Fall einer manuellen Klimaanlage entspricht die Bedienung den Grundfunktionen des Klimagerätes. D.h. folgende Bedienfunktionen sind erforderlich: Ein- und Ausschalten der Klimaanlage, die Luftmenge erhöhen oder vermindern, die Temperatureinstellung ändern, die Luftverteilung ändern und auf Frischluft oder Umluft stellen.

Mit steigendem Automatisierungs- bzw. Ausstattungsgrad kommen weitere Funktionen hinzu, z. B. links/rechts Trennung, Restwärmeausnutzung

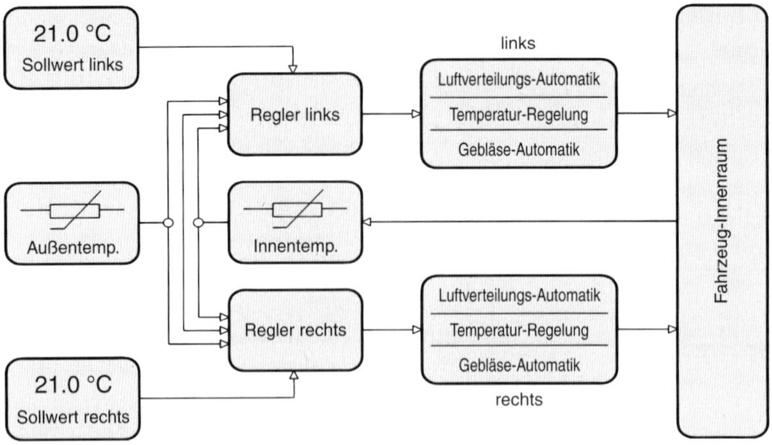

Abb. 6.119 Regelung einer vollautomatischen Klimaanlage

Abb. 6.120 Bedienelemente

(Nutzung der im Kühlmittel gespeicherten Energie bei kurzen Parkphasen), Luftgüteautomatik usw. (Abb. 6.120)

Zur Temperatureinstellung ist eine Symbolik mit »rot« und »blau« entsprechend der Zuordnung »warm« und »kalt« allgemein verständlich, mit automatischer Temperaturregelung werden auch die entsprechenden »°C«-Sollwerte angezeigt. Die Luftverteilungssymbolik erfolgt mit Piktogrammen, auf denen die entsprechende Ausströmebene ersichtlich ist. Die Gebläseleistung wird oft mittels eines stilisierten Laufrades dargestellt, je höher die Luftmenge, umso mehr gefüllt dargestellte Gebläseschaufeln.

Es gibt grundsätzlich keine Standardbedienelemente für die Klimatisierung hier ist die Einbindung in das Gesamtbedien- und Designkonzept (siehe ► Abschn. 6.4.1) des Fahrzeugs mit durchgängigen Bedienelementen, Anzeigen und Beleuchtungen erforderlich.

6.4.3.3.3 Aktuatorik, Sensorik

Die stufenlos verstellbaren Klappen im Klimagerät werden mit kompakten elektrischen Gleichstrom- oder Schrittmotoren angetrieben, wobei Drehmomente zwischen etwa 10 (einfache mittig gelagerte Klappe) und 40 Ncm (Umluftklappe mit Staudruckbelastung) erforderlich sind. Zur genauen Erkennung der Klappenposition wird bei Gleichstrommotoren häufig ein integriertes Potentiometer verwendet oder die Stromvariationen der Kommutatorrotation werden im Bediengerät elektronisch ausgewertet (pulse/ripple count). Bei den Schrittmotoren werden die Verstellschritte gezählt. Bei sogenannten direct-steppern befinden sich diese Zähler sowie Ansteuerung und Stromtreiber der Motorspulen im Bedien-/Steuergerät, bei Schrittmotoren mit Bussystem sind diese Funktionen auf einem ASIC im Aktuator integriert. In komplexen Anlagen mit vielen Klappen setzt sich zunehmend die LIN-Bus-Ansteuerung (LIN: Local Interconnecting Network) durch, um die Verkabelung und den Aufwand im Steuergerät gering zu halten.

Der Klimaanlage werden primär folgende Sensoren zugeordnet (die Sensorik des Kältekreises ist in ► Abschn. 3.2 beschrieben):

Verdampferfühler – misst die Lufttemperatur direkt nach Verdampfer zum Schutz gegen Vereisung, auch benötigt zur gleitenden Kälteleistungsregelung. Besteht aus einer einfachen NTC-Pille (NTC: Negative Temperature Coefficient) mit Gehäuse und Schutz gegen Feuchtigkeit

Ausblasfühler – misst die Temperatur der Luft nach Heizkörper (bei wasserseitigen Anlagen) oder die der in den Innenraum eingeblasenen Luft.

Innenraumtemperaturfühler – angeordnet im Bediengerät, Cockpit, oder im Bereich der Dachbedieneinheit; oft belüftet durch ein Miniaturgebläse. Zunehmend auch unbelüftete Sensoren, die mit Softwarealgorithmen kompensiert werden.

Solarsensor – erfasst die Sonneneinstrahlungsintensität und meist auch den Einfallswinkel. Der besonnte Bereich wird automatisch etwas stärker und mit kühlerer Luft angeblasen. Bei mehrzonigen Klimageräten werden auch mehrzonige Solarsensoren eingesetzt.

Feuchtesensor – dient zur Sicherstellung der Beschlagsfreiheit durch bedarfsgerechte Entfeuchtung mittels gleitender Kälteleistungsregelung (siehe auch [184–186])

Luftgütesensor – erfasst schädliche Abgase (über Leitgase, meist CO und NO_x) und dient zur automatischen Abschottung über die Umluftklappe [189].

6.4.4 Fahrzeuginnenausstattung

6.4.4.1 Zur Geschichte des Innenraums

Seitdem die Menschen Hilfsmittel zur Fortbewegung nutzen, haben Sie den Wunsch, den Innenraum dieser Vehikel so bequem wie möglich zu gestalten. Lange Zeit war komfortables oder gar luxuriöses Reisen nur auf Schiffen möglich. Landfahrzeuge wurden meist für den Transport von Waren verwendet. Mit der Erfindung der Federung im 16. Jh. wurde aus dem Warentransporter ein Reisemobil, das gegenüber Fußgänger und Reiter einen Vorteil hatte: Man war vor Wind und Wetter geschützt. Linierer, Schreiner, Kürschner – quasi die ersten Zulieferer – bemühten sich den Reisekomfort stetig zu verbessern. Die Kutsche wurde zum Statussymbol.

Auch die ersten Automobile waren nichts anderes als motorisierte Kutschen [190]. Stetig steigende Fahrgeschwindigkeiten verlangten eine erste Ergänzung im Innenraum, nämlich Anzeigeinstrumente.

Ab 1930 entdeckte man den »Luftwiderstand« auch für die Serienentwicklung. Autos bekamen geschwungene Linien, die sich auf den Innenraum übertrugen. Bleche lösten den Hauptwerkstoff Holz ab. Das nackte Blech wurde an Türen und Seiten mit Stoff überspannter Pappe verschönert, das Dach mit einem in Drahtspriegeln verspannten Stoff verkleidet. Die Sitze waren durchgehende Bänke.

Erst etwa 1950 gab es Einzelsitze für vorne, die auch längs verstellbar waren und beim Fahrer eine verstellbare Lehne haben mussten. Heizungen gab es meist nur gegen Aufpreis. Klobige Röhrenradios brachten die Welt der Musik in den Innenraum.

Anfang der 70er Jahre fanden vermehrt moderne Kunststoffe Einzug in den Innenraum. Bleche wurden zunehmend mit Kunststoffteilen verblendet. 1979 gab es in Europa den ersten elektrisch verstellbaren Sitz. Die damals hohe Zahl von Verkehrstoten zwang die Hersteller zu mehr Sicherheitsmaßnahmen: Automatikgurte und Polsterungen wurden eingeführt. Anfang der 80er Jahre kam die Airbag-Technologie in Serie. Die Innenräume differenzierten sich mehr und mehr durch anspruchsvolle Farbeffekte bei Verkleidungen und Textilien.

Die 90er Jahre waren geprägt von der Zunahme von E/E Systemen und der Variabilität der Innenraumkonzepte. Beide Trends werden heute ergänzt durch den Wunsch des Kunden nach Individualität. Der Innenraum spielt mehr denn je bei der Kaufentscheidung eine wichtige Rolle [196, 199, 203]: Das Innenraumdesign soll Emotionen wecken, Komfort, Sicherheit und Funktionalität dürfen dabei nicht leiden – alles muss verschmelzen und die Markenidentität ausstrahlen [196].

6.4.4.2 Anforderungen an Innenraum und Komponenten

Diese Wohlfühlatmosphäre [197, 203] wird von subjektiven und objektiven Faktoren (◘ Tab. 6.29) bestimmt. Für die daraus folgenden möglichst messbaren Anforderungen muss der Konstrukteur die Synthese aus konstruktiver Machbarkeit und Kostenverträglichkeit finden. Hinzu kommen Restriktionen für den zur Verfügung stehenden Bauraum und ein Zielgewicht der Innenraumkomponenten.

6.4.4.2.1 Optik

Unter Optik ist der visuelle Gesamteindruck, auch Charakter des Innenraums, zu verstehen, der sich

Tabelle 6.29 Zur Bestimmung des Wohlfühlfaktors

subjektiv	objektiv
Optik (visueller Eindruck), Olfaktorik (Geruch), Haptik (Anfassqualität), Akustik (Klangfarbe)	Ergonomie, Thermischer Komfort, Sicherheit, Akustik (Lautstärke)

z. B. zwischen den Attributen sportlich – nüchtern – luxuriös bewegt (vgl. Design ▶ Abschn. 4.1). Der Kunde kann heute aus einer Fülle von Material- und Farbkombinationen wählen. Aktuell geht ein Trend zur Mehrfarbigkeit und dem Einsatz natürlicher Stoffe [196, 199]. Für den Konstrukteur bedeutet das:

- Beherrschen verschiedener Verfahren (Lackieren, Tiefziehen/Kaschieren Folien, Färben im Werkzeug)
- Ergänzung von Oberflächen durch natürliches Material (textile I-Tafel, Stein-Dekorleisten, Leder hinterschäumt, Kleinteilbelederung)

Für die optischen Anforderungen an Geometrie/Verarbeitung bedeutet dass:

- Markenidentität/Wiedererkennungsfaktor muss bei Neukonstruktion berücksichtigt werden
- Spaltmaß b. Premium 0 bis 1 mm (u. U. bis 3 mm)
- optische Passgenauigkeit (Übergänge Türbrüstung/Cockpit; Säulenverkleidung/Himmel)
- Strichrichtung von Textilien

Abgerundet wird die Optik durch die Beleuchtung [195]. Durch die Ausleuchtung bestimmter Bereiche wird der Innenraum spezifischer, erscheint größer und strukturierter (höhere Wertigkeit/Sicherheitsgefühl). Konstruktiv herausfordernd sind die Integration von Beleuchtungsmitteln in die Verkleidungsteile und die Entwicklung von individuellen bzw. markenspezifischen Beleuchtungskonzepten, auch als ambiente Beleuchtung bezeichnet, was die Anmutung des Innenraums erhöht. Diese Konzepte erfahren einen größeren Zuwachs. Zusätzlich zu der Hinterleuchtung von Anzeigen und Funktionstasten wird indirekte Beleuchtung eingesetzt, um den Insassen ein behaglicheres Raum-/Lichtgefühl im Tag-/Nachtdesign zu vermitteln [220, 221].

6.4.4.2.2 Olfaktorik

Der Geruch ist eine subjektive Empfindung, die sich durchaus als positiv oder negativ bewerten lässt. Ein Olfaktorikteam untersucht während der Entwicklungsphase Materialproben, Bauteile (bis zu 500 pro Fahrzeug) und den gesamten Innenraum [192]. Die Materialien werden zwei Stunden unter Vakuumatmosphäre einer Temperatur von 80° ausgesetzt. Anschließend wird der Einzelgeruch, wie auch die Wechselwirkung von Werkstoffen überprüft. Die Geruchsproben bekommen Schulnoten von 1 (geruchslos) bis 6 (unerträglich). Für die Entwicklung des Innenraums bedeutet dies konkret, dass bestimmte Materialien, Werkstoffe oder Kleber nicht mehr oder nur bedingt zur Verfügung stehen. Ziel ist es, einen möglichst neutralen Duft zu erreichen. Vielfach werden die Innenräume auch unter dem Aspekt der Tauglichkeit für Allergiker ganz speziell entwickelt.

6.4.4.2.3 Ergonomie

Die konstruktive Umsetzung der in ▶ Abschn 6.4.1 gezeigten Anforderungen betrifft fast alle Baugruppen:

Cockpit – Das Infodisplay wandert von der Mittelkonsole in die I-Tafel – erfordert Umstellung d. Geometrie (Doppelhutzen, Aussparungen für klappbare/versenkbare Schirme/HUD, neue Ablagefächer)

Verkleidungsteile – Integration von mehr Bedienelementen in Tür-, Sitz-, Dachverkleidungen (durch mehr E/E-Applikationen); Integration von Kinematiklösungen, Ablagefächer

Sitze – Mechanismen für Sitzverstellung (bis zu 18-Wege Verstellung → Integration zusätzlicher Aktoren [197, 207]); Entwicklung leicht justierbarer Sitzkonzepte mit Einhandbedienung (kein Ausbau von Einzelsitzen, ebener Laderaum)

Gepäckraum – variable Ladekonzepte für SUV

Grundsätzlich gilt, dass die Ergonomie auch in Zusammenhang mit der Haptik zu sehen ist. Auch die Auswirkung von Innenraumbeleuchtungen auf die subjektive Befindlichkeit von Fahrer und Passagieren ist hier zu berücksichtigen [212, 213]. Durch die gestiegene Anzahl der visuell übertragenen Informationen im Bereich des Cockpit, Center-Stack und Dachkonsole muss die Ablesbarkeit unter unterschiedlichen Bedingungen (Tag, Nacht, Sonne) sichergestellt werden [222, 223].

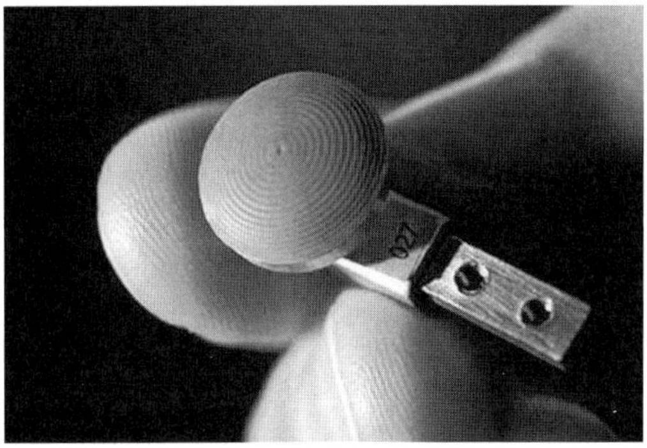

Abb. 6.121 Papillartaster (künstliche »Fingerbeere«) zur Messung von Anfassqualität (Bild aus [201])

6.4.4.2.4 Haptik

Die Haptik beinhaltet Bereiche der Physik, der Physiologie und der Psychologie [194]. Im Fahrzeuginnenraum ist zwischen der Anfassqualität der Bedienelemente und der Oberflächen zu unterscheiden. In beiden Fällen ergibt sich das Problem der Messbarkeit von Qualität (= subjektivem Empfinden) [193, 195, 196]. Seit einigen Jahren wird versucht, mit physikalischen Methoden die haptischen Eigenschaften der Materialien zu messen. Eine Messrobotic ermittelt die Drück-, Schiebe-, Zieh-, Dreh-Rückstellkräfte [193], die mit einer Bewertung durch Testpersonen verglichen werden. Die Bilanz aus beiden Methoden bildet die Grundlage für ein Lastenheft der Betätigungshaptik. Es beinhaltet u. a. die Punkte Leichtgängigkeit, mittlere Betätigungswege, definierte Endanschläge, exakte Führungen, Geräuscharmut und die eindeutige Rückmeldung am Schaltpunkt [200].

Ähnlich wird auch bei der Bewertung von Oberflächen vorgegangen [193, 201]. Zuerst werden die subjektiven Eindrücke von Testpersonen bezüglich bestimmter Materialproben festgehalten. Dabei wird »technische Narbung« höherwertig eingestuft als eine unregelmäßige N. Gleiches gilt für weiches Leder gegenüber hartem Leder [201]. Dann werden die den haptischen Eindruck beeinflussenden Materialparameter (Abb. 6.121) wie statische Verformung, Rauigkeit, Dämpfung oder Reibwert ermittelt, teilweise mit einer Messgenauigkeit von bis zu 60 Nanometern [202]. So kann gefühlte Qualität in Zahlen ausgedrückt werden.

Der Ingenieur muss dann den Materialmix finden, der die Synthese aus angenehmer Haptik und vertretbaren Kosten bildet (siehe ► Abschn. 6.4.4.3). Die erforderliche Kratzfestigkeit steht dabei teilweise im Gegensatz zu den haptischen Anforderungen.

6.4.4.2.5 Akustik

Wie beim Geruch ist ein geräuschloses Auto für die Insassen nicht angenehm (► Abschn. 3.4). Der Innenraumakustiker muss daher einen Kompromiss zwischen Schallisolierung und Sounddesign finden. Als grober Richtwert finden sich bei Autotests Messwerte für den Geräuschpegel im Innenraum, die zwischen 60 Dezibel (bei 100 km/h) und 80 Dezibel (180 km/h) liegen. Dies sagt wenig über die subjektive Qualität aus. Bei einem Sportwagen kann ein hoher lastabhängiger Geräuschpegel durchaus gewünscht sein. Um ein ausgewogenes Verhältnis der einzelnen Frequenzen zu bekommen, müssen bis zu 120 Bauteile im Innenraum berücksichtigt werden.

Dazu werden u. a. Schallabsorptions- und Schalldämmmessungen (Petite-Cabine), Verlustfaktormessungen (Vibrometer-Methode für Schäume) sowie Untersuchungen mit dem Laser-Scanning-Vibrometer durchgeführt. Eine gute Schallisolierung schlägt sich allerdings auf Gewicht (Körperschalldämpfungsschicht) oder Kosten (Alu-Polyolefin-Sandwich) nieder. Eine kosten- und gewichtsparende Alternative bilden PUR-Schäume [206]. Mit Akustik wird gleichzeitig ein Wertigkeitsgefühl vermittelt. Z.B. gibt es ein Akustik-Design für Schalter oder »satt« schließende Handschuhkästen ohne klapperigen Schließmechanismus. Dabei spielen nicht nur die Materialauswahl sondern auch Konstruktionsprinzipien eine Rolle.

6.4.4.2.6 Sicherheit

Insassen nehmen Sicherheitssysteme meist indirekt, d. h. über die Ausstattungsbeschreibung wahr (zu Grundlagen, Bestimmungen und Technik siehe ► Kap. 9). Sichtbare Airbagdeckel gelten heute als Zeichen für mindere Qualität. Daher ist man bestrebt, Airbags unsichtbar zu machen, dabei muss aber die problemlose Entfaltung sichergestellt sein. Außerdem gilt es, Bauraum für neue Sicherheitssysteme zu schaffen (Dachhimmel; Spurhalteassistent, Airbags dritte Sitzreihe, Laderaumsicherheit). Weitere konstruktive Herausforderungen ergeben sich durch die gesetzlichen Vorschriften für bestimmte Bereiche, die nicht durch einen Airbag gesichert werden können (Kopfstütze, Kniezone, Steifigkeit von Bodengruppen und Lehnen (siehe auch ► Abschn. 6.4.4.3)).

6.4.4.2.7 Thermischer Komfort

Einfache Klimaanlagen sind im Kleinwagensegment fast Standard, in der Oberklasse geht nichts mehr ohne Mehrzonenklimaautomatik (► Abschn. 6.4.3). Die konstruktive Herausforderung liegt hier in der Integration des HVAC-Moduls im Cockpitmodul (inkl. Schnittstellenmanagement), in der Konstruktion der Luftkanäle (bspw. bis zur 3. Sitzreihe) und der Ausströmer (Vermeiden von Zugluft usw.). Eine Herausforderung im Premiumsegment ist die elektrische Ansteuerung des Ausströmers bei indirekter Belüftung [203, 207, 219].

6.4.4.3 Baugruppen des Innenraums

Der Innenraum eines Fahrzeuges lässt sich durch sechs Baugruppen bzw. Module definieren, die jedoch konstruktiv stets in ihrer Gesamtheit zu betrachten sind.

6.4.4.3.1 Cockpit/Tunnelkonsole

Hier sind die primären (Hutze/Lenksäule) und sekundären (Mittel-/Tunnelkonsole) Bedien- und Anzeigenelemente (Instrumente, Lichtschalter, Radio, Navibildschirm) untergebracht, ebenso die Airbagsysteme für Fahrer und Beifahrer. Zusätzlich zum klassischen Handschuhfach befinden sich heute weitere Staufächer in der Mittelkonsole sowie im oberen Bereich der Instrumententafel. Die Tunnelkonsole verfügt mittlerweile über deutlich mehr Funktionen als nur Schaltkasten und Handbremsenabdeckung, Telekomunikation- und Navigationssteuerung werden bevorzugt hier untergebracht, des Weiteren aufwendige Cupholder-Lösungen und Armauflagen.

Eine stärker werdende Bedeutung nimmt die Consumer Elektronik im Fahrzeug ein:

- Grafikdesigner fokussieren sich auch auf neue Bedien- und Anzeigekonzepte;
- die Positionierung und Ausführung des Monitors für Navigation und Bordcomputer wird neu bewertet;
- die Schnittstellen von Mobiltelefonen, externen Navigationsgeräten, Powerbooks werden mit der Fahrzeugelektronik gekoppelt
- kapazitive Elemente übernehmen elektromechanische Funktionen. Für diese Funktionalitäten müssen entsprechende Bedien- bzw. Anzeigeelemente mit den dazugehörigen Bauräumen vorgesehen werden [224–228].

Das Cockpit ist ein überaus komplexes Bauteil des Innenraums (◘ Abb. 6.122). Es besteht aus den Hauptelementen Instrumententafel, Querrohrträger, Kabelbaum mit Schaltern sowie dem Heizklimagerät mit Luftführungen zu den Defrosterdüsen für die Scheiben bzw. zu den »Mannausströmern«. Die Instrumententafel kann als einteilig oder mehrteilig (mehr Designfreiheit) ausgeführt sein. An Bedeutung gewinnen außerdem Gleichteilkonzepte die sich für Rechts- wie Linkslenkervarianten sowie für Plattformderivate einsetzen lassen, ohne dass diese Gleichteile von den Insassen identifiziert werden können (Markenidentität).

Der Querrohrträger wird in Stahl, Aluminium oder Magnesium teilweise auch in Kunststoff ausgeführt. Aus Gewichtsgründen kommen zunehmend Hybridkonstruktionen zum Einsatz. Typische Querrohrträger wiegen bis zu 10 kg, ein Aluminium-Magnesium-Hybrid nur 6 kg bei vergleichbarer Steifigkeit. Eine Auslegung der Strukturen erfolgt aufgrund der unterschiedlichen Anforderungen und Lastkollektive mit computergestützten Optimierungsverfahren, so dass als Ergebnis gewichtsoptimierte Bauteile mit verbesserter Steifigkeit bzw. Festigkeit vorliegen. Bei den Oberflächen stehen Leder oder Kunststoff zur Auswahl: Die Palette der Verfahren reicht von Spritzguss – lackiert, Oberfläche in kaschierter Ausführung oder tiefgezogene Folien hinterschäumt mit den unterschiedlichen Kunststoffträgern (früher Blechträger) bis hin zu formgesinterten Häuten in den Materialien PVC, PU (aromatisch als auch aliphatisch) bzw. TPU oder auch IMC-TPU (in-mould coated thermoplastisches Polyurethan [205]). Der Innenraumcharakter wird durch Zierblenden aus Kunststoff, Aluminium oder auch Echtholz definiert. Tendenz zu Kunststoffen als Metallimitat

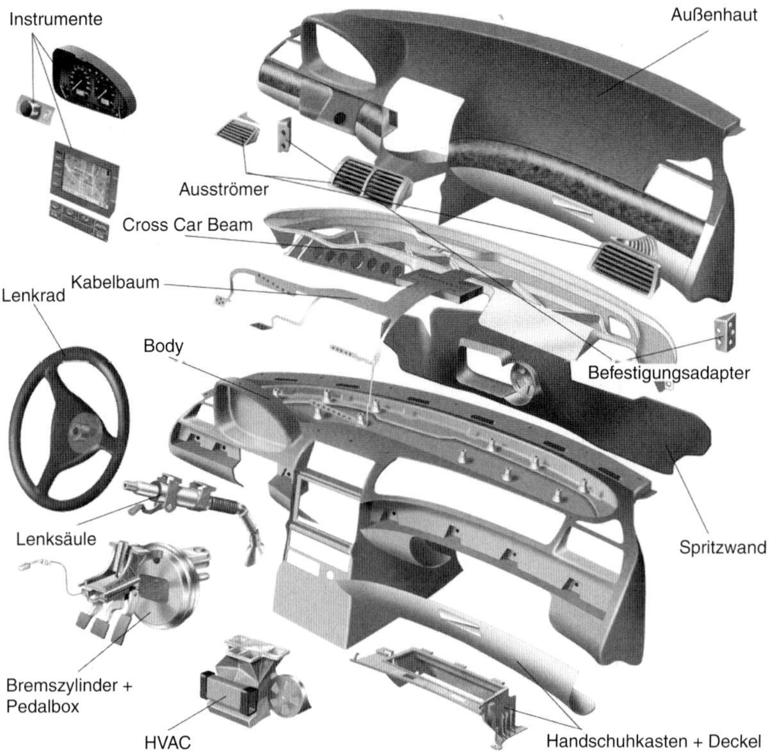

Abb. 6.122 Aufbau des Cockpits mit Darstellung der wichtigsten Bauteile

(Gewicht) und z. T. offenporigen natürlichen Werkstoffen.

Für die Unfallfolgen mildernde Sicherheit müssen alle Materialien im Cockpitbereich die Kriterien des Kopfaufpralls erfüllen sowie nicht Splittern bzw. keine scharfen Kanten aufweisen. Auch dürfen sich keine Teile im Falle eines Unfalls lösen bzw. herausfallen. Für den Beifahrerairbag wird die Schalttafel gezielt geschwächt. Diese Schwächungsverfahren sind je nach Aufbau unterschiedlich und erstrecken sich von mit Laser angebrachter Feinstlochung (Lochdurchmesser ca. 0,2 mm bei harten Oberflächen in Spritzguss) bis hin zur Laserung durch den gesamten Aufbau – durch Träger, Schaum und Haut. Airbagrisslinen können auch gefräst oder mittels Ultraschallmessern geschnitten werden. Neu sind Gieß- und Spritzverfahren, bei denen die Schwächung während des Prozesses eingebracht wird. Die Haut hat lediglich eine Restwandstärke von rund 0,4 mm.

6.4.4.3.2 Sitze

Laut ADAC verbringt ein Autofahrer etwa 300 Stunden im Jahr auf einem Autositz, 25 % der Körperoberfläche sind dabei im Kontakt mit der Sitzfläche. Primäre Funktion des Sitzes (Sitzposition s. ▶ Abschn. 4.2) ist daher das Wohlbefinden sicherzustellen: einerseits durch optimale Einstellmöglichkeiten gemäß der Körperergonomie (bis zu 18 Wege, Seitenführung, Sitzpolsterlänge) andererseits durch die Integration von Komfortfunktionen wie Memory Funktion, Easy Entry-Einstiegs- und Ausstiegsposition, Multikonturmatten mit Massage und Lordosenunterstützung, Sitzheizung und Kühlfunktion zu steigern (■ Abb. 6.123) [197, 207]. Die Sitzbelegungserkennung (z. T. mit Gewichtsdetektierung) mit Rückkoppelung auf die Systeme der passiven Sicherheit und auf Warnsysteme werden immer mehr zum Standard. Ein Großteil dieser Funktionen ist bei fast allen Segmenten für Fahrer- und Beifahrersitz erhältlich. Für Fondsitze gibt

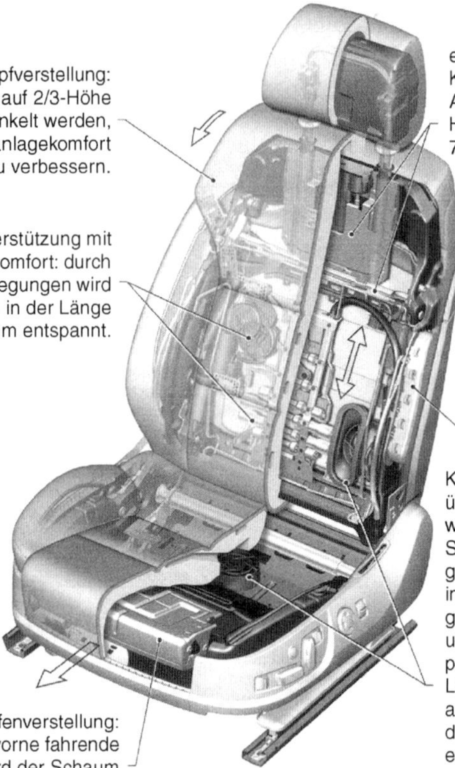

Abb. 6.123 Vollausgestatteter Fahrersitz einer Premiumlimousine (Bild aus [207])

es dies erst ab der Oberklasse. Neben den klassischen 5-Sitz-Konfigurationen gibt es für Minivans und Großraumlimousinen besondere Sitzanlagen für den Fond, die eine größere Variabilität der Raumunterteilung ermöglichen. Wichtigste Funktion: Die Sitzbänke können teilweise oder ganz in den Boden versenkt werden, um eine größere Nutzungsbreite zu ermöglichen. Leicht ausbaubare Sitze sind meist in Fahrzeugen niedrigeren Preisniveaus zu finden.

Sitze bestehen im Wesentlichen aus Sitzstruktur, Sitzpolsterung, Sitzbezug, Komfortmechanik/Elektrik und Sicherheitssystemen.

Die Sitzstruktur besteht heute weitestgehend aus Stahl, z. B. Formbleche oder Rohrrahmen, seltener aus anderen Materialien wie Aluminium, Magnesium oder Kunststoff. Dual- und Triple-Phasen Stähle ermöglichen immer dünnere Wandstärken (Reduzierung von 800–1000 Gramm an der Grundstruktur des Sitzes) [210]. Ein Nachteil höherfesten Stahls ist die geringere Duktilität [210]. Die Anwendung von Magnesium in Druckgussbauteilen kann Sitzstrukturen um bis zu 30 % leichter machen, aber geringe Schlagzähigkeit steht dem gegenüber. Mit zunehmender Anforderung zur Gewichtreduzierung sind Leichtbauwerkstoffe zu bevorzugen (ein vollausgestatteter Fahrersitz der Luxusklasse wiegt heute bis zu 52 kg [198]). Die Schaumkissen sind meistens aus offenporigem Polyurethan-Schaum gefertigt. Teilweise werden diese Schaumkissen direkt auf die in die Sitzaußenform gezogenen Textildekore bzw. Folien hinterschäumt. Für höherwertige Fahrzeugsegmente sind sowohl Sitzkissen als auch Sitzlehnen Schaumkissen aus mehreren Lagen mit unterschiedlicher Dichte angefertigt, um den höchsten Komfort zu erreichen.

Sitzoberflächen sind genähte bzw. zum Teil geformte Bezüge (Pressformen, Vakuum tiefge-

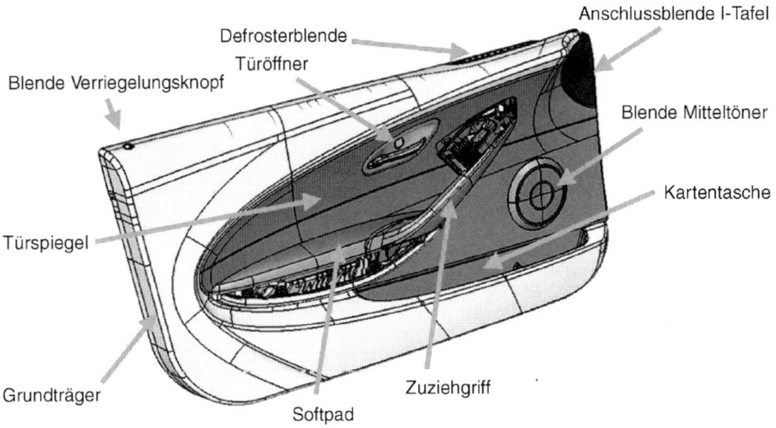

Abb. 6.124 Aufbau Türverkleidung

zogen), sie können aus den unterschiedlichen Textilien, Kunststofffolien und aus Leder gefertigt werden. Diese werden im Montagevorgang über die Sitzkissen bzw. Sitzgestelle drapiert und mit Kunststoff- oder Metallclipsen am Gestell befestigt. Sitzstoffe müssen immer geringe Dehnwerte aufweisen, um jahrelang faltenfrei und gespannt als Sitzoberfläche zu dienen, zudem hinaus atmungsaktiv, schweißabsorbierend und mit niedrigen Abriebwerten behaftet. Die Verkleidungsumfänge bestehen weitestgehend aus Kunststoffen.

Seitenairbags sind bereits Standard bei Einzelsitzen und werden zunehmend auf allen Sitzplätzen eingesetzt, häufig auch als kombinierte Kopf-Thorax-Airbags ausgeführt. Aktive Kopfstützen nutzen Massenträgheit des Insassen zur Aktivierung und federn so den Kopf bei einem Aufprall ab. Dadurch reduziert sich der Neck-Injury Criteria Wert unter 60 % des Vergleichwerts von nichtaktiven Stützen (vgl. ► Kap. 9). Eine Alternative sind in die Lehne integrierte Kopfstützen (kein Spalt zwischen Lehne und Stütze). Die Sitze müssen alle die Kriterien des Whiplash-Test erfüllen. Ziel ist dabei eine Reduzierung der Dummybelastungswerte bei einer Rückverlagerung nach einem Anprall in den Sitz.

6.4.4.3.3 Tür-, Seitenverkleidungen

Tür- und Seitenverkleidung sollen die Atmosphäre eines insgesamt stimmigen Innenraums unterstreichen (Bleche und »Mechanik« verdecken) und als zusätzliche Schallisolierung dienen. Zudem sind sie Bestandteil des Komfort- und Bedienkonzepts (Fensterheber, Spiegelsteuerung, Lautsprecher, Sitzverstellung, Türöffner). Die Türverkleidung bildet mit Fensterheber/Schließmechanik und ggf. Außenhaut oft ein Modul.

Türverkleidungen werden in unterschiedlichen Aufbauarten gefertigt. (Bestandteile der Türverkleidung s. Abb. 6.124).

Die Armauflagen sind je nach Komfortausstattung des Fahrzeuges in den seitlichen Verkleidungen angeformt bzw. bei hochwertigen Fahrzeugen zusammen mit dem Türzuziehgriff separat an der Türverkleidung bzw. an dem dahinter liegenden Rohbau angeschraubt. Ablagefächer mit Deckeln (oft auch mit Kinematik) werden als Modul angesteckt, einfache Kartentaschen werden teilweise mitgeformt.

Moderne Türverkleidungen werden üblicherweise in einem One-Step LPE/LPS-Prozess hergestellt, bei dem der Träger (z. B. ABS, PP etc.) und das Dekor (Folien und Stoffe) im gleichen Arbeitsschritt vereint werden. Die Zierleisten können aus Kunststoffen (mit unterschiedlicher Oberflächenbeschaffenheit wie Metall, Carbon, Grafit, Alu usw.) oder unterschiedlichen Holzarten hergestellt werden. Armauflagen sind meist weich gepolstert, da die Oberflächen in PVC-Schaumfolie (oder Leder, Stoff etc. ausgeführt) gefertigt werden. Bei der Türbrüstung muss darauf geachtet werden, dass der Übergang zum Cockpit fließend gestaltet wird (oft durch Slushbrüstung). Bei den Tür- und Seitenverkleidungen ist der Seitenairbag mit Hilfe von Stoffspiegeln abgedeckt. Diese sind derart befestigt, dass sie im Auslösungsfall des Airbags zur Seite gedrückt werden. Zusätzliche Sicherheitsmerkmale sind energieabsorbierende Elemente, um durch gezielte Energieaufnahme den Energieabbau bei einem Seitenaufprall zu unterstützen.

6.4.4.3.4 Dachhimmel, Säulenverkleidung

Die Primärfunktion des Himmels ist neben der Verkleidung und akustischer Dämmung des Daches die Unterbringung von Sonnenblenden und Beleuchtungen sowie die Einfassung von Schiebedächern und der dazugehörigen Schalter oder Mechaniken. Auch Luftführung, Leitungen und Kopfairbags werden in den Himmel integriert. Seit kurzem dient der Dachhimmel zusätzlich als Halterung für Unterhaltungselektronik (LCD-Bildschirme/DVD-Player) für die zweite und dritte Sitzreihe bzw. als Möglichkeit um weitere Ablagemodule zu integrieren.

Zum Dachhimmelmodul gehören die Säulenverkleidungen. Sie sorgen für den harmonischen Übergang von der Seitenverkleidung zum Himmel und dienen als Abdeckung von Luftkanälen und Gurten (■ Abb. 6.125).

Das Dachhimmelmodul besteht aus dem eigentlichen Himmel, mit integrierter Luftführung und Elektrik und den anschließenden Verkleidungsteilen. A- und C-Säule sind meist einteilig, während die B-Säule immer aus zwei Teilen besteht. Je nach Ausführung (Kombi/Minivan) gehören auch D-Säulenverkleidung bzw. Dachabschluss dazu. Außerdem sind die meisten Leuchten im Innenraum im Himmel angebracht.

Der Dachhimmel ist meist in Sandwichbauweise ausgeführt. Das Dekor besteht aus Stoff (Vlies bzw. Alcantara stehen je am Ende des Spektrums). Der Aufbau darunter variiert je nach Hersteller (z. B. PU-Schaumschicht zwischen Stoffschichten).

Die Säulenverkleidungen bei preiswerteren Fahrzeugen sind reiner Spritzguss typischerweise aus Poly-Propylen, eine gängige Größenordnung ist ca. 35 mm Deformationsweg. Höherwertige Fahrzeuge haben stoffkaschierte Säulenverkleidungen (Dekor ABS-PC, PP jeweils mit PES-Gewirke) die heute im Hinterspritzverfahren (LPS) hergestellt. Dadurch entfällt der Produktionsschritt »Kaschieren« bzw. das dafür erforderliche Auftragen von Klebern.

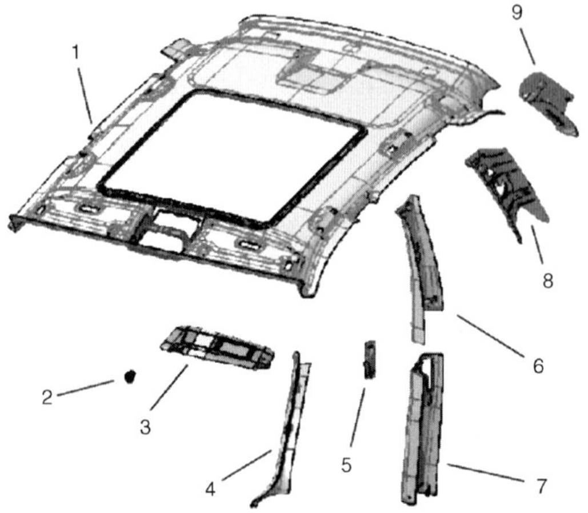

■ **Abb. 6.125** Aufbau Dachhimmel: (1) Dachhimmel mit Aussparung, (2) Befestigung Sonnenblende, (3) Sonnenblende, (4) A-Säule, (5) Gurtumlenker, (6) B-Säule, (7) B-Säule Abschluss, (8) C-Säule, (9) D-Säule/Dachabschluss

Zu beachten ist hier der »Umbug« des Dekors im Sichtbereich, der Übergang zwischen Säulenverkleidung und Seitenteilen und die Strichrichtung der Textilien.

Die Kopfairbag-Variante kommt immer mehr zum Einsatz. Sie ist in den seitlichen Himmel-Bereichen angebracht. Kritisch im Auslösungsfall ist das Abtauchen der Himmelverkleidung bzw. ein entsprechendes Wegdrücken von Säulenverkleidungen um ein einwandfreies Öffnen des Kopfairbags der über die gesamte Fahrzeugseite wie ein Vorhang (man spricht auch vom *Curtain-Airbag*) geöffnet wird, zu ermöglichen. Weitere Möglichkeiten die Sicherheit zu erhöhen betreffen die Integration von intelligenten Energieabsorptionselementen, die den Insassenschutz gemäß FMVSS 201 übererfüllen.

6.4.4.3.5 Gepäckraum/Laderaum

Angespornt durch den Erfolg von SUVs und Crossovermodellen hat sich der Laderaum zum Lifestyleprodukt entwickelt. Selbsttätige mit separat öffnendem Heckfenster versehene Heckklappen sind keine Seltenheit. In der Oberklasse sind auch elektrisch ausfahrbare Ladeböden möglich. Ein

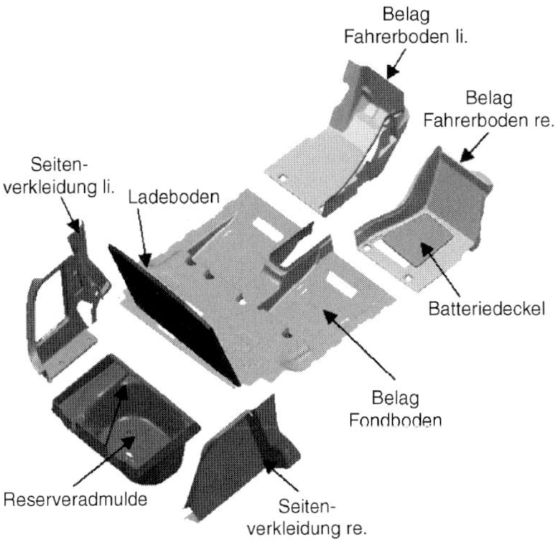

Abb. 6.126 Gepäckraum/Bodenverkleidung

hochwertiger Laderaum verfügt meist über ein variables Verzurrsystem mit Ösen und Schienen.

Der Laderaum ist aufgebaut aus Seitenteilverkleidung, Bodenverkleidung mit Bodenplatte, Laderaumabdeckung bzw. Heckklappenverkleidung (Abb. 6.126).

Im unteren Segment bestehen die Seitenteile aus nacktem PP; bei höherwertigen Fahrzeugen ist der Träger mit Dekorstoff überzogen (z. B. Softscherdilour). Der Teppich für die Bodenverkleidung besteht meist aus Strickvelour oder Perlvelour. Die Bodenplatte, die den Zugang zu Reserverad oder weiteren Ablageflächen abdeckt wird meist in Spannholz ausgeführt, wegen des Gewichts aber zunehmend auch in Sandwichbauweise aus Pappwappen.

Im Gepäckraum geht es um die Sicherung der Ladung durch Verzurrösen, Netzsicherungen und Schienensysteme. Durch die Einführung von klappbaren Zusatzsitzen im Laderaum wird verstärkt über zusätzliche Sicherungssysteme für Personen nachzudenken sein.

6.4.4.3.6 Bodenverkleidung, Akustik

Die Teppichverkleidung dient in erster Linie zur Auskleidung des gesamten Innenraumbodens und der darunter liegenden Metallstrukturen und Kabelkanäle, sowie der Schalldämmung und Isolierung von Fahr- und Betriebsgeräuschen und ist damit wesentlicher Bestandteil der Gesamtfahrzeugakustik.

Die Bodenverkleidung setzt sich zusammen aus Fahrerboden, Fondboden und Kofferraumverkleidung (Abb. 6.126). Je nach Fahrzeuggröße kann die Auskleidung des Fahrgastraums einteilig oder mehrteilig sein (zum Aufbau der Dämmung und Isolierung vgl. ► Abschn. 3.4).

Die Materialien von den Teppichauskleidungen spannen sich vom preiswertesten Nadelvlies in den unteren Fahrzeugklassen bis zu den hochwertigsten Velouren mit Anteilen von Seide in den oberen Fahrzeugsegmenten. Bei höherwertigen Fahrzeugen geht der Trend zur integrierten Isolation mit Hilfe von direkt auf den Teppich geschäumten Schaum. Diese Ausführungen sind zwar als Teppichausführung teurer, aber in der Gesamtbilanz (Gewichtsbilanz, Montagefreundlichkeit etc.) als Kompakt-System bestehend aus einem Feder-Masse-Aufbau durchaus wettbewerbsfähig [206].

6.4.4.4 Entwicklungsablauf Innenraum

Bedingt durch die immer kürzeren Entwicklungszeiten (»Virtuelle Entwicklung«) konzentrieren sich die Automobilhersteller zunehmend auf ihre Kernkompetenzen und haben große Teile der Wertschöpfung auf Zulieferer verlagert. Diese übernehmen Verantwortung für die Entwicklung und Fertigung von Modulen, Systemen und teilweise sogar kompletten Fahrzeugen. So wird die Eigenleistung der Automobilhersteller pro »Durchschnittsauto« im Jahr 2015 wahrscheinlich nur noch ca. 23 % betragen [208]. Neben den klassischen Modulen wie Sitzen und Cockpit, werden heute bereits Dach- und Türmodule von den Lieferanten entwickelt und gefertigt [217]. Die Entwicklung ist gleichzeitig ein Spagat zwischen Innovationsdruck und Kostenersparnis. Der Kunde erwartet ein neues Auto mit einem neuen Innenraum. Andererseits versucht man natürlich möglichst viele carry over-Teile zu verwenden (Abb. 6.127 zeigt den gesamten Entwicklungsablauf).

6.4.4.4.1 Lastenheft

Das Lastenheft wird bestimmt vom Finanzrahmen, der Machbarkeit, mit den eventuell vorgegebenen Produktionseinrichtungen und natürlich posi-

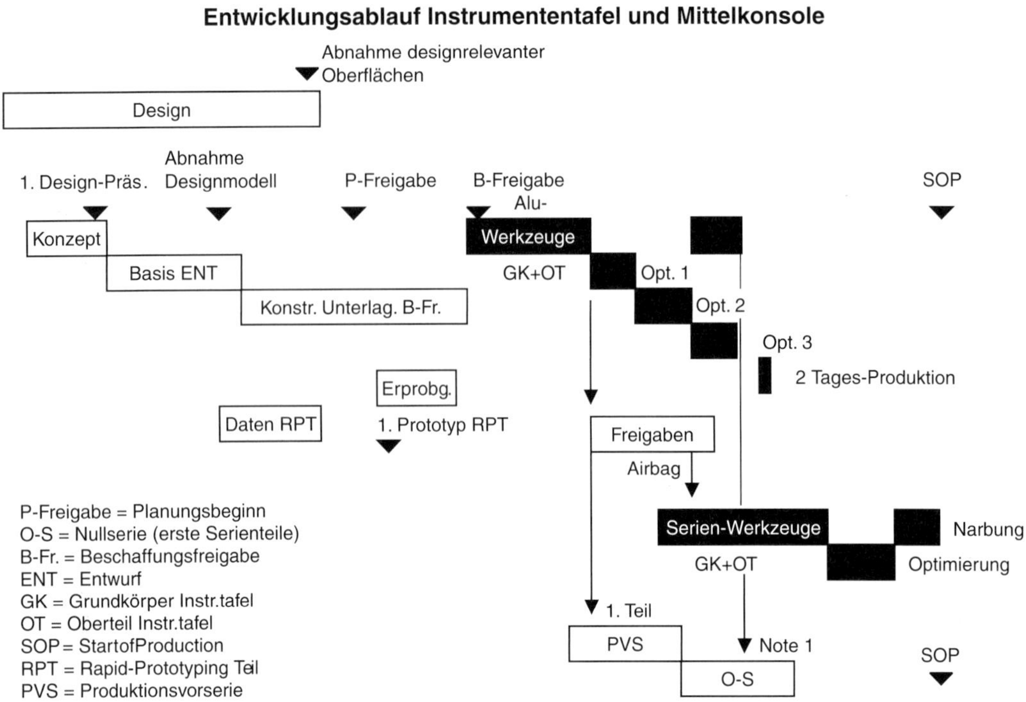

Abb. 6.127 Entwicklungsablauf

Tabelle 6.30 Anforderungen Oberfläche [205]

Oberflächeneigenschaften	Substrateigenschaften
Berührhaptik, Narbwiedergabe, Oberflächenbeständigkeit, Farbflexibilität, Mehrfarbigkeit, Alterungsbeständigkeit	Druckhaptik, Designfreiheit, physik. Eigenschaften, Anwendungsflexibilität

tioniert gegen den zukünftigen Wettbewerb und die Vertriebsmärkte. Wichtig ist die richtige Abschätzung der späteren Verkaufsstückzahlen. Sie bestimmt Ausführung und Anforderungen an Anzahl der Werkzeuge und Produktionseinrichtungen.

Zum Beispiel wird hier festgelegt, welche Verfahrenstechnik bspw. für die Instrumententafel verwendet werden soll und welche Anforderungen diese erfüllen muss (Tab. 6.30).

Selbst bei optimaler Großserienfertigung (etwa 200.000 Fahrzeuge/Jahr) bestehen die Herstellungskosten etwa zur Hälfte aus umgelegten Entwicklungskosten und Investitionen.

6.4.4.4.2 Berechnung/Digital Mockup

Passend zum Lastenheft und abgestimmt auf parallel zum Design zu erarbeitenden »Mockups« werden eine mehrfache Anzahl von Modellen zeichnerisch entworfen und die favorisierten Entwürfe in so genannten »Sitzkisten« realisiert. Ist das Plastilinmodell als montierbar und herstellbar und optisch akzeptiert abgenommen, wird es für eine endgültige Beurteilung mit Lack, Folie und Stoffen auf möglichst realistisches Aussehen getrimmt (▶ Abschn. 4.1 bzw. ▶ Abschn. 6.4.1).

Im Mockup wird parallel zum Styling in täglicher Abstimmung das Package (vgl. ▶ Abschn. 4.2) dargestellt. Für den Innenraum werden alle Modelle dann noch einmal in Einzelteilen in Gießharz gefertigt, um das Zusammenspiel nebeneinander liegender Bauteile in der Sitzkiste abzustimmen.

Nach Abnahme des Stylingmodells werden die Oberflächen nach einem Rastergitter punktförmig abgenommen und »digitalisiert«. Experten glätten diese »Punkte« zu »Flächen«. Eine Betrachtung des digitalisierten Innenraums als virtuelles Modell am Bildschirm oder in 3-D Animationen, z. B. in einer sogenannten Cave, wird häufig zur Entscheidungsfindung herangezogen. Dabei lassen sich Fugenbilder aber auch Montagevorgänge nachbilden.

Bei der Berechnung der Werkzeugauslegung im Bereich Kunststoffe hat sich die Spritzgieß-Simulation zur Werkzeugauslegung (Moldflow, CADmould etc.) weitgehend als Standard etabliert. Mithilfe der Software können wichtige Eckdaten für die Füllbarkeit (Lufteinschlüsse, Faserorientierung, Verzug, Bindenähte, Druckverlust, Schließkraft) und Kostenkalkulation des Teils ermittelt werden.

6.4.4.4.3 Teilekonstruktion

Diese von den Stylingmodellen abgenommenen Oberflächen dienen den Konstrukteuren als Basis zur Geometriebeschreibung der Einzelteile. Der geglättete Datensatz bildet die »Schokoladenseite« des Bauteiles (A-Flächen). Die Struktur und die Befestigungen werden ankonstruiert. Bei allem ist darauf zu achten, dass die Teile mit möglichst wenig Hinterschnitten hergestellt werden können. Das werkzeug- und fertigungsgerechte Design vereinfacht die Werkzeuge und hilft die Kosten zu optimieren. Gleichzeitig arbeiten Konstrukteure der Rohkarosse an der Blechstruktur unter der ebenfalls stilistisch abgenommenen Fahrzeugaußenhaut. Zwischen Rohbau und Innenausstattung ergibt sich hier eine großflächige, alles umfassende Schnittstelle.

6.4.4.4.4 Datenkontrollmodelle

Da gerade im Innenraum die Bauteile oft weich und flexibel sind, werden sogenannte Datenkontrollmodelle, meistens aus temperaturstabilen Kunststoffen, hergestellt. Es handelt sich hier immer um Teile und anliegende Teile, die mit entsprechender »Verstiftung« als Baugruppen exakt passen müssen. Diese Datenkontrollmodelle beziehen sich auf die erarbeiteten Datensätze der Teilekonstruktion. Die Grundlage ist ein ausgearbeitetes Funktionsmaßkonzept mit dem Ziel, die Bauteile kollisionsfrei im Datensatz vorliegen zu haben.

Aus den Datenkontrollmodellen entstehen dann »Lehren« für die Bauteile und Werkzeuge. Für die Werkzeuge muss bei den Datensätzen ein werkstoffgerechter »Schrumpffaktor« eingearbeitet werden.

Alle Teilehersteller haben die anschließenden Teile ihres eigentlichen Teiles als Referenzmodelle, nach denen die Qualitätsabnahme erfolgt. Es hat sich gezeigt, dass angrenzende Teile in Baugruppen von einem einheitlichen »Referenzsystem« konstruiert und auch so maßlich bestimmt werden. Hierdurch wird dann bei Werkzeugen, Lehren und bei den Bauteilen selbst vermieden, dass sich Toleranzen addieren.

6.4.4.4.5 Prototypen/Testing

Sobald die Teilekonstruktion abgeschlossen ist, werden Hilfswerkzeuge für die Ausrüstung der Prototypen erstellt. Prototypen werden benötigt, um die Crashsicherheit zu beweisen, die Dauerhaltbarkeit zu ermitteln, Geräusche zu optimieren und die Funktion als Ganzes beurteilen zu können. Bis zu 70 technische Prüfungen müssen Verkleidungsteile bestehen, bevor sie zur Produktion freigegeben werden. Die Teile dürfen sich über die gesamte Fahrzeuglebensdauer nicht verformen oder verfärben (Prüfung durch extreme Freibewitterungszyklen). Auch muss der durch Alterung entstehende Schrumpf konstruktiv berücksichtigt werden, besonders bei Kunststoff-Materialien, da sonst »Verwerfungen« möglich sind. Qualität und Herstellungskosten hängen wesentlich von Produktionsprozessen ab. Die Tendenz zur virtuellen Abwicklung dieser Aspekte ist auch im Innenraum weiter fortschreitend [218, 219].

6.4.4.4.6 Serienproduktion/Montage

Die meisten Baugruppen des Innenraums werden heute in Just-in-Time oder sogar Just-in-Sequenz gefertigt. Viele Zulieferer ziehen deshalb in die Zuliefererparks der OEM. Die Globalisierung zwingt Hersteller und Zulieferer zudem auch weltweit Produktionsstandorte zu betreiben. Dies bringt vor allem für den kritischen Punkt des Serienanlaufs große Herausforderungen mit sich: Die Werkzeuge sind neu, eventuell auch die Prozesse, was die Anfälligkeit für Fehler erhöht, die schnell zu Produktionsausfällen oder sogar Rückrufaktionen führen können. Vor allem die Individualisierung wird sich stärker auf die Serienproduktion auswirken. Gerade bei einem großen Grad der Individualisierung des Innenraums (viele Varianten) ist eine sequenzielle Belieferung mit Modulen sinnvoll. So betragen die Produktionsinvestitionen (ohne produktspezifische Werkzeugkosten) für eine Instrumententafelfertigung der gehobenen Mittelklasse rund 20 Millionen Euro und die Kosten für die produktspezifischen Werkzeuge sogar noch mehr: Alleine das Werkzeug des Trägers der I-Tafel kostet – je nach Ausführung – zwischen 500.000 und 900.000 Euro, bei einer Ausbringung von rund 1000 Teilen täglich. Daher kann für Nischenfahrzeuge und Kleinserien zukünftig Rapid-Manufacturing zunehmend interessant werden [209, 216]. Weiter wird zukünftig die ökologische Bilanz von Produktionsprozessen im Hinblick auf die Klimadiskussion und die existierende Altautoverordnung eine stärkere Rolle bei der Fertigung von Innenraumkomponenten spielen. Alternative Trägermaterialien, z. B. aus nachwachsenden Rohstoffen, werden relevanter werden [215].

6.4.4.4.7 Variantenmanagement

Dies ist derzeit immer noch eine der größten Herausforderungen für die Automobilindustrie. Sie ist der Preis, der für die seit Jahren ungebrochene Ausweitung der Modellpaletten und das Individualisierungsangebot für Endverbraucher zu bezahlen ist. Alleine bei dem Modell einer Oberklassenlimousine hat sich die Zahl der Varianten bei Handschuhkästen von 20 auf 152 und bei Türverkleidungen von 608 auf 18.819 im Vergleich zum Vorgänger erhöht [204]. Allein bei den Rücksitzen einer Luxuslimousine ergeben sich fast 5000 Varianten [207]. Die Folgen schlagen sich in Logistikplanung und Produktionssteuerung, erhöhtem Platzbedarf und Handlingsaufwand nieder. Eine Lösungsmöglichkeit bildet ein ganzheitliches Variantenmanagement [204].

6.4.4.5 Ausblick

Für die Zukunft lassen sich einige Tendenzen erkennen [191]. Die Wohlfühlatmosphäre durch verbesserte Optik und Haptik wird auch für die Bereiche von Lkw und Kleinlastern zu beachten sein [214]. Die Integration von E/E-Komponenten wird in allen Baugruppenbereichen weiter fortschreiten. Dabei spielen die Themen der Ankopplung mobiler Geräte, wie z. B. Mobiltelefone und multimedialer Einheiten eine immer größere Rolle. Nicht nur die Datenverbindung sondern auch die Energieversorgung dieser mobilen Geräte spielt eine wichtige Rolle. Durch elektrische Betätigung von Getriebe, Handbremse und eventuell auch Lenkung wird weiter Bauraum eingespart. Leichtbau und neue Materialien werden Gewichtseinsparungen bringen. Die wichtigste, weil immer größer werdende Zielgruppe der Zukunft wird die Seniorengeneration sein. Einfache, intuitive Bedienung, verbesserter Komfort bei Einstieg und Beladen werden hier verlangt werden. Parallel dazu wird die Individualisierung weiter fortschreiten. Es ist zu erwarten, dass ähnlich wie bei Handys, es in Zukunft ein voll personalisiertes Auto geben wird. Beispielsweise können ab Werk persönliche Motive durch verschiedene Verfahren auf die Dekorelemente des Innenraums projiziert werden. Die Innenraumbeleuchtung kann dem Geschmack des Fahrers angepasst werden und die Sitzbezüge können »nach Gusto« wöchentlich gewechselt werden. Für die Entwicklung wird sich auch in Zukunft alles um die technische und unternehmensübergreifende Integration drehen.

6.5 Wischer- und Wascheranlagen

Die aktive Sicherheit erfordert, dass das Sichtfeld des Fahrers (Vorschriften hierzu siehe ► Abschn. 2.2) zu bestimmten Prozentsätzen auch bei Regen und verschmutzter Scheibe gereinigt wird.

Die Wischeranlage besteht im Regelfall aus den Einzelkomponenten

- Antriebsmotor,
- Gelenkstangen,
- Wischerlager,
- Wischerarme,
- Wischerblätter.

Häufig sind gleichlaufende Wischerarme, seltener werden Gegenlauf- oder Schmetterlings-Anlagen sowie Einarm- und Einarm-Hubwischer eingesetzt.

Für die Wischqualität sind insbesondere das Anpresskraftverhalten, der Anstellwinkel der Wischerblätter sowie der Wischgummi (Werkstoff, Formgebung) verantwortlich. Vor allem Front-Wischeranlagen müssen sowohl bei Hitze als auch bei Kälte funktionsfähig sein. Bei höheren Geschwindigkeiten beeinflussen zudem die aerodynamischen Strömungsverhältnisse das Wischverhalten. Als weitere Kriterien zur Bewertung sind das Geräuschverhalten des Systems und der Fußgängerschutz zu nennen.

Bei Kompakt- und Kombifahrzeugen sind zusätzlich Heckwischeranlagen üblich.

Literatur

Literatur zu Abschnitt 6.1.1

1. www.unsere-autos.de
2. Hucho, W.-H.: Aerodynamik des Automobils, 5. Aufl. Vieweg, Wiesbaden (2005)
3. The all new Astra, Automotive Circle International Okt 2009, EuroCarBody 2009
4. Automotive Circle International Nov 2010. Dosis and Closures in Car Body Engineering 2010
5. Leuschen, B., Hopf, B.: Fügen von Stahl, Aluminium und deren Kombination. In: VDI-Bericht, Bd. 1264 (1996)
6. ATZ/MTZ-Extra »Der neue Passat«, April 2005
7. Hahn, O., Gieske, D.: Ermittlung fertigungstechnischer und konstruktiver Einflüsse auf die ertragbaren Schnittkräfte an Durchsetzfügeelementen. FAT-Bericht, Bd. 116 (1995)
8. Braess, H.-H.: Negative Gewichtsspirale. ATZ **101**(Nr. 1) (1999)
9. Weitere Informationen insbesondere in den VDI-Berichten 665 (1988), 818 (1990), 968 (1992), 1134 (1994) und 1398 (1998) sowie in der ATZ
10. Teske, L., Strehl, R., Hallik, M.: Das Karosseriekonzept des neuen OPEL Vectra C. In: VDI-Bericht, Bd. 1674, S. 85–98 (2002)
11. GZVB: Faszination Karosserie, 2. Braunschweiger Symposium, 2005
12. ATZ/MTZ-Extra-Ausgaben über Neuentwicklungen

Literatur zu Abschnitt 6.1.2

13. Rink, C.: Aluminium als Karosseriewerkstoff, Recycling und energetische Betrachtungen. Dissertation, Hannover (1996)
14. Haldenwanger, H.G.: Zum Einsatz alternativer Werkstoffe und Verfahren im konzeptionellen Leichtbau von Pkw-Rohkarosserien. Dissertation, TU Dresden (1997)
15. Stümke, A., Bayerlein, H., Eckl, F.: Laseranwendungen bei AUDI. In: Lasermaterialbearbeitung im Transportwesen. BIAS Verlag, Bremen (1997)
16. Müller, S.: Robotereinsatz beim Fügen von Aluminium-Leichtbaustrukturen. In: Fügeverfahren zur Realisierung von innovativen Leichtbaukonzepten. Erding (1999)
17. Rottländer, H.P.: Laserverbindungstechnik im Automobilkarosseriebau. Aachener Kolloquium Lasertechnik, Aachen, 1998
18. Ullrich, W.: Das Kundendienstkonzept zur Aluminium-Karosserie. In: Auditorium, Aluminium-Technologie im Karosseriebau, Oktober 1993
19. Mayer, H., Venier, F., Koglin, K.: Die ASF-Karosserie des Audi A8. In: Der neue Audi A8. ATZ/MTZ Sonderheft (2002)
20. Ruch, W., Eritt, U., Wanka, R.: New technologies in the Audi A2. Aluminium World (2001)
21. Hoffmann, A., Birkert, A.: Gestaltungsrichtlinien für die Auslegung von innenhochdruckumgeformten Strukturbauteilen aus Aluminium. DGM Internationale Konferenz »Hydroumformung«, Fellbach, 6./7. November 2001
22. Hoffmann, A.: Innenhochdruckumformen von Aluminiumprofilen. Aluminium-Kurier **3** (2002)
23. Niemeyer, M.: Lasergestützte Fügeverfahren im Aluminium-Karosseriebau. In: Sepold, G., Seefeld, T. (Hrsg.) Strahltechnik
24. Christlein, J., Schüler, L.: Audi A2: Realisierung eines zukunftsweisenden Leichtbaukonzepts mit Hilfe der Simulation. VDI-Tagung »Entwicklungen im Karosseriebau«, 11./12. Mai 2002
25. Christlein, J.: Process chain simulation in aluminium car bodies. CRASHMAT 2002 »2nd Workshop for material and structural behaviour at crash processes«, 15./16. April 2002
26. Schäper, S.: Zum Zielkonflikt Recyclingquoten versus Leichtbau/About the design conflict between recycling quotas and light weight construction. Vortrag, Gemeinschaftstagung Fachhochschule Hamburg/VDI Gesellschaft Fahrzeugtechnik, 7./8. Mai 2002. VDI Berichte, Bd. 1674, S. 213–229 (2002)
27. Timm, H., Koglin, K., Audi AG: Die neue Audi TT-Karosse. Konferenz »Automotive Circle International«, EuroCarBody 2006, Bad Nauheim/Frankfurt, 26. Oktober 2006
28. Scheurich, H., Kappler, A., Audi AG: The new Audi A8 body. Conference »Automotive Circle International«, Bad Nauheim/Frankfurt, 13./14. März 2007
29. Elend, L.-E., Hoffmann, A., Scheurich, H., Audi AG: Aluminium-Strangpreßprofile im Karosseriebau. DGM-Symposium Strangpressen, Weimar, 26./27. Oktober 2006
30. Koch, H., Audi AG: Duktiler Druckguss – Anwendungen und Tendenzen. Seminar »Eigenspannungen und Verzug beim Giessen von Leichtmetallen«, Kassel, 6. September 2005
31. Heinrich, T., Audi AG: Zukunftswerkstoffe im Automobil. Augsburg, 11. Juli 2008
32. Müller, S., Audi AG: Fügetechnologien im Karosseriebau – Status und Trends, Bad Nauheim, 29. April 2009
33. Heinrich, T., Audi AG: Materialhybride für den Karosseriebau der Zukunft. Stuttgart, 25. Juni 2009

34. Reimold, A., Audi AG: Leichtbaukompetenz in der Fahrzeugproduktion. Neckarsulm, 7. September 2009
35. Hollerweger, H., Audi AG: Leichtbau Gesamtfahrzeug. Neckarsulm, 7. September 2009
36. Heinrich, T., Audi AG: Funktionsintegrativer Karosserieleichtbau. Braunschweig, 30. September 2009
37. Heinrich, T., Audi AG: Faszination Audi Karosserieleichtbau – Historie trifft Zukunft. Zwickau, 12. November 2009
38. Heinrich, T., Audi AG: An insight into 15 years of the ASF car body and it's future. Düsseldorf, 23. November 2009
39. Müller, S., Audi AG: Laserstrahlschweißen an Aluminium Karosserien. Stuttgart, 28. Januar 2010
40. Heinrich, T., Audi AG: Audi Leichtbaukompetenz, Zeitgeist erfassen, Trends analysieren, Zukunft entwickeln. Dresden, 17. Juni 2010
41. Dick, M., Audi AG: Leichtbau mit CFK – Herausforderungen für die Mobilität der Zukunft. Neckarsulm, 24. Juni 2010
42. Heinrich, T., Audi AG: Wo liegt der Bedarf für CFK im Automobilbau? Neckarsulm, 24. Juni 2010

Literatur zu Abschnitt 6.1.3

43. The ULSAB Consortium: ULSAB Phase 2 Endgame Presentation Package (1998)
44. Stahl-Informations-Zentrum: ULSAC Overview Report (2000)
45. The ULSAB-AVC Consortium: ULSAB-AVC Overview Report, 2002
46. Leitloff, F.U.: Innenhochdruckumformung – Grundlagen, Anwendungen, Perspektiven. Vortragsreihe, VDI, Stuttgart, 1998
47. Hornig, J.: Laserstrahlende Zukunftsaussichten beim Schweißen im Karosseriebau. VDI Berichte, Bd. 1264, S. 149. VDI-Verlag, Düsseldorf (1996)
48. Lüdke, B.: Funktionaler Karosserie-Leichtbau; Von den Anforderungen an die Rohkarosserie zu den Anforderungen an die Rohkarosseriewerkstoffe. VDI Berichte, Bd. 1543, S. 115. Düsseldorf (2000)
49. ULSAB-AVC Engineering Summary, Automotive (R)Evolution in Steel, http://www.stahl-info.de/stahl_im_automobil/ultraleicht_stahlkonzepte/ulsab_avc/ulsab_avc.pdf
50. ThyssenKrupp Stahl: Warmband – Qualität in großer Bandbreite. Duisburg (2002). http://www.thyssen-krupp-stahl.com
51. ULSAB – Materials and Processes, The ULSAB-AVC Consortium: http://www.autosteel.org/ulsab/
52. Ultraleichte Automobil-Anbauteile aus Stahl, Übersetzung des ULSAC Overview Report, 1. Aufl. Stahl-Informations-Zentrum, Düsseldorf (2000). http://www.autosteel.org/ulsac/

Weiterführende Literatur zu Abschnitt 6.1.3

53. Hilfrich, E.: Closures-Konzepte aus Stahl. mobiles 29, Fachzeitschrift für Konstukteure 83 (2003/2004)
54. Adam, H., Osburg, B., Ramm, S.: Die Zukunft der Stahlkarosserie – Evolution und Revolution. mobiles 28, Fachzeitschrift für Konstrukteure 16 (2002/2003)
55. Groche, P., Henkelmann, M.: Herstellung von Profilen aus höher- und höchstfesten Stählen durch Walzprofilieren. Institut für Produktionstechnik und Umformmaschinen, TU Darmstadt. http://www.ptu.tu-darmstadt.de/content/personal/henkelmann/henkelmann.html
56. div. Publikationen (Zwischen-, Abschlussberichte) unter http://www.autosteel.org/
57. Kröff, A., Freytag, P.: Neue Karosseriekonzepte mit Hydroforming am Beispiel des ScaLight Projektes. 37. Fachtagung, Prozesskette Karosserie, 11.–13. März 2008
58. N.N.: Das InCar-Projekt von ThyssenKrupp. ATZextra Sonderheft (2009)

Literatur zu Abschnitt 6.1.4

59. Kraftfahrt-Bundesamt: Der Fahrzeugbestand am 1. Januar 2012. Pressemitteilung Nr. 3 (2012)
60. Santer B.: Bitte frei machen. Focus online. http://www.focus.de/auto/neuheiten/tid-17871/cabrios-2010-bitte-frei-machen_aid_497852.html. 10.09.2010
61. Rund um VW: Innovation & Technik, Technik-Lexikon (2010), http://www.volkswagen.at/rund_um_vw/innovation_technik/technik_lexikon/karosseriesteifigkeit.html. Zugegriffen: 10.09. 2010
62. Webasto: Vortrag im Rahmen der Fachtagung Cabrio, 2005
63. Kalinke, P., Gnauert, U.: Potenzialanalyse von aktiven Schwingungsreduktionssystemen zur Verbesserung des Schwingungskomforts bei Cabriolets. mobiles **28** (2002/2003)
64. Papenheim, T., Lüdorff, J.: Sicherheitsrelevante Auslegung von Cabriolets. VDI Tagung Innovativer KFZ – Insassen- und Partnerschutz, Berlin, September 2001
65. Schulte-Frankenfeld, N.: Fahrzeugstrukturen für hohen Insassenschutz bei Cabriolets. European Automotive Safety, Bad Nauheim, 2004
66. Franke, S., Oehmke, B.: Das innovative Dach- und Karosserie-Konzept des neuen Volkswagen EOS. Karosseriebautage, Hamburg, 2006

Literatur zu Abschnitt 6.1.5

67. HBPO GmbH, Lippstadt: Div. Firmenschriften, hbpo-group.com
68. Opperbeck, G., Hassdenteufel, K., Krasenbrink, C., Cheron, H.: Hochintegriertes Frontendmodul. ATZ **108**, 10–17 (2006)

Literatur zu Abschnitt 6.2

69. Stauber, R.: Metalle im Automobilbau – Innovationen und Trends. 9. Handelsblatt Jahrestagung Automobiltechnologien-Vision Automobil, München, April 2005

6

70. Bachsteffel, J., Rau, H., Laux, J. J.: IMC Slush Technologie im Interieur – Eine neue Werkstoffgeneration für hochwertige Oberflächen. VDI-K Tagung Kunststoffe im Automobilbau, Mannheim, April 2005
71. Timm, H.: Concept- and technology trends for a cost-attractive body lightweight construction. Aluminium **09** (2004)
72. Franke, H.-J.: Faszination Karosserie. 2. Braunschweiger Symposium, Braunschweig, Januar 2005
73. Pfestorf, M., Hooputra, H., Bassi, C.: Anforderungen an Aluminiumblechwerkstoffe im Spannungsfeld von Funktion und Fertigung. Proceedings of the 6th European Automotive Conference »The Process Chain Aluminium Automobile«. Technik + Kommunikations-Verlag, Bad Nauheim (2004)
74. Lüdke, B.: Funktionaler Rohkarosserie-Leichtbau, von den Anforderungen an die Rohkarosserie zu den Anforderungen an die Rohkarosseriewerkstoffe. VDI Bericht, Bd. 1543 (2000)
75. Sonsino, C.M.: Dauerfestigkeit – eine Fiktion. Fraunhofer Institut für Betriebsfestigkeit und Systemzuverlässigkeit (LBF), Darmstadt (2005)
76. Staeves, J., Pfestorf, M.: Einsatz höherfester Stähle im Automobilbau. 8. Umformtechnisches Kolloquium Darmstadt, Darmstadt, April 2003
77. Lüdke, B.: Funktionaler Rohkarosserie-Leichtbau am Beispiel der neuen BMW Generation. Stahl und Eisen **119**(5) (1999)
78. Grünn, R.: Die Karosserie des neuen 6er Cabrios von BMW-Ableitungskonzept, Leichtbaustrategie und Fertigungsprozess. VDI Bericht, Bd. 1833 (2004)
79. Hicken, S.: Aluminiumeinsatz in der Karosseriestruktur. Praxisbeispiele von Rolls-Royce bis BMW 7er. BMW intern
80. Poweleit, A., Rebholz, C., Kettner, G.: Die neue BMW 7er Karosserie. Euro Car Body, Bad Nauheim, 2001
81. Korzonnek, J.: Die Kunststoffkarosserie – Außenhautspezifische Risiken. SKZ-Fachtagung Würzburg, Würzburg, November 2000
82. Mehn, R., Peis, R., Zhang, S.: Einsatz flächenhafter Sandwichbauteile im Automobil. 12. Aachener Kolloquium Fahrzeug- und Motorentechnik, Aachen, 2003
83. Lüdke, B.: Von den Anforderungen an die Rohkarosserie zu den Anforderungen an den Werkstoff und die Prozesskette Presswerk-Rohbau-Lack. DVM-Tag, Berlin, April 2005
84. Schwager, H., Meyr, W., Derks, M.: Innovative Polyurethantechnologie im Premiumfahrzeugbau. KP Verlag (2001)
85. Mitzler, J., et al.: Hochwertige Innenraum-Oberflächen hergestellt im SkinForm-Verfahren. VDI-Tagung Kunststoffe im Automobilbau, S. 115, Mannheim, 2005
86. N.N.: Oberflächen aus einem Guss. AUTOMOBIL PRODUKTION Sonderausgabe Innenraum, 40 (2004)
87. Ludwig, H.-J.: Frontendmodule. VDI-K-Tagung Kunststoffe im Automobilbau, S. 165, Mannheim, 2001
88. Grevenstein, A., et al.: Kunststofffolien – Neue Konzepte für die Karosserie-Außenhaut. ATZ **12**, 1120 (2002)
89. Grevenstein, A.: Neue Technologien für Karosserieaußenteile. VDI-K-Tagung Kunststoffe im Automobilbau, S. 116, Mannheim, 2003

Literatur zu Abschnitt 6.3

90. Ondratschek, D., et al.: Besser Lackieren. Jahrbuch 2013. Vincentz-Network, Hannover (2010)
91. Schumacher, U., et al.: Das Lernbuch der Lackiertechnik. Vincentz-Network, Hannover (2010)
92. Brock, T., et al.: Lehrbuch der Lacktechnologie. Vincentz-Network, Hannover (2009)
93. Kühn, W.: Formulierung von Kleb- und Dichtstoffen. Vincentz-Network, Hannover (2009)
94. Streitberger, H.-J., et al.: Automotive Paints and Coatings. Wiley-VCH, Weinheim (2008)
95. Pfaff, G.: Special Effect Pigments. Vincentz-Network, Hannover (2008)
96. Gscheidle, R.: Fachkunde Karosserie- und Lackiertechnik. Europa Lehrmittel Verlag, Haan-Gruiten (2012)
97. Kittel, H., et al.: Lehrbuch der Lacke und Beschichtungen. Hinzel, Stuttgart (2008)
98. Sapeur, S.: Nanotechnologie. Vincentz-Network, Hannover (2008)
99. Poth, U.: Automotive Coatings Formulation. Vincentz-Network, Hannover (2007)
100. Goldschmidt, A., et al.: BASF Handbook on Basics of Coating Technologies. Vincentz-Network, Hannover (2007)
101. Braess, H.-H., Seiffert, U. (Hrsg.): Automobildesign und Technik. Vieweg, Wiesbaden (2007)
102. Kühn, W.: Digitale Fabrik – Fabriksimulation für Produktionsplaner. Carl Hanser, München (2006)
103. DIN-Taschenbücher aus dem Bereich der Normenausschüsse Anstrichstoffe und ähnliche Beschichtungsstoffe, Pigmente und Bindemittel. Beuth, Berlin
104. VDMA-Einheitsblätter »Oberflächentechnik«. Beuth, Berlin
105. VDI-Richtlinien und -Handbücher. Beuth, Berlin
106. JOT – Journal für Oberflächentechnik. Vieweg+Teubner, Wiesbaden (erscheint monatlich)
107. Besser Lackieren. Vincentz-Network, Hannover (erscheint 2× im Monat)
108. MO – Metalloberfläche. I.G.T. Informationsgesellschaft Technik, München (erscheint monatlich)
109. European Coatings Journal. Vincentz-Network, Hannover (erscheint monatlich)
110. Farbe und Lack. Vincentz-Network, Hannover (erscheint monatlich)
111. Adhäsion KLEBEN & DICHTEN. Vieweg+Teubner, Wiesbaden (erscheint 10× pro Jahr)
112. Karosserielackierung 2012 (jährlich, Bad Nauheim) – 29. Arbeitstagung des 1. Deutschen Automobilkreises. Vincentz-Network, Hannover (2012)
113. Karosserielackierung intensiv 2012 (jährlich). Vincentz-Network, Hannover (2012)
114. Strategien der Karosserielackierung 2012 (alle 2 Jahre, Berlin). Vincentz-Network, Hannover (2012)

115. European Automotive Coating 2012 – 19. DFO Automobiltagung (jährlich). Deutsche Forschungsgesellschaft für Oberflächenbehandlung (DFO), Neuss (2012)

Literatur zu Abschnitt 6.4.1

116. Bandow, F., Helbig, K., Vogt, N.: Bestimmung der Fahrersitzposition im Fahrbetrieb. ATZ **10** (2004)
117. Bengler, K., Herrler, M., Künzner, H.: Usability Engineering bei der Entwicklung von iDrive. it+ti Informationstechnik und Technische Informatik **3** (2002)
118. Bubb, H.: Ergonomie in Mensch-Maschine-Systemen. Tagung Komfort und Ergonomie in Kraftfahrzeugen, Haus der Technik, Essen, 1997
119. Bubb, H.: Ergonomie und Sitzgestaltung, Berichte aus der Ergonomie. Shaker, Aachen (2004)
120. Bullinger, H.-J., et al.: Anthropometrische und kognitve Evaluierung der Fahrer-/Fahrzeug-Schnittstelle im PKW. ATZ **98**(7/8) (1996)
121. Chaffin, D.: Digital human modeling for vehicle and workplace design. SAE (2001)
122. Cherednichenko, A., Assmann, E., Bubb, H.: Computational approach for entry simulation, digital human modeling for design and engineering. SAE Conference, Lyon, 2006
123. Distler, A., et al.: Das Anzeige- und Bedienkonzept (BMW 7er). ATZ extra **11**, 62 (2008)
124. Färber, B.: Mehr Instrumente, mehr Sicherheit? VDI-Bericht, Bd. 819, S. 1–18 (1990)
125. Fastenmeier, W.: Welche Informationen brauchen Fahrer wirklich? VDI Bericht, Bd. 948. VDI-Verlag, Düsseldorf (1992)
126. FAT-Bericht 123: »RAMSIS – Ein System zur Erhebung und Vermessung dreidimensionaler Körperhaltungen von Menschen zur ergonomischen Auslegung von Bedien- und Sitzplätzen im Auto«, FAT-Bericht 135: »Mathematische Nachbildung des Menschen – RAMSIS 3 D Softdummy«, 1997
127. Hafner, E.: Ergonomische Aspekte bei der Gestaltung zukünftiger Cockpits. In: Bubb (Hrsg.) Ergonomie und Verkehrssicherheit. Herbert Utz, München (2000)
128. Bundesamt für Wehrtechnik und Beschaffung (Hrsg.): Handbuch für Ergonomie. Koblenz (1989)
129. Jeitner, M., Küchler, W., Schaare, R.: Weniger Schalter im Fahrzeuginterieur. ATZ **107**(09), 746 (2005)
130. Keck, E.: Grundlagen zur Entwicklung und Gestaltung von Kraftfahrzeuginstrumenten. Dissertation, Berlin (1987)
131. Krems, J.F., Keinath, A., Baumann, M., Bengler, K., Gelau, C.: Evaluating Visual Display Designs in Vehicles: Advantages and Disadvantages of the Occlusion Technique. Chemnitz Technical University, Chemnitz (2000)
132. Küchler, W., Schaare, R.: Neues Konzept für Mittelkonsolen – Innovationen für mehr Bedienkomfort. ATZ **11**, 1008 (2008)
133. Künzner, H.: Entwicklung einer Bedienoberfläche für einen Fahrzeugmonitor. VDI Bericht, Bd. 948. VDI-Verlag, Düsseldorf (1992)
134. Landau, K. (Hrsg.): Mensch-Maschine-Schnittstellen. Herbstkonferenz der Gesellschaft für Arbeitswissenschaft, Oktober 1998. Verlag Institut für Arbeitsorganisation, Stuttgart (1998)
135. Luczak, H.: Arbeitswissenschaft. Springer, Berlin (1998)
136. Maier, T., Schmid, M., Petrov, A.: HMI with adaptive control elements. ATZautotechnology **07**, 50 (2008)
137. Matschi, H.: Trends am Fahrerarbeitsplatz – Konnektivität, Mensch-Maschine-Schnittstelle und Systemintegration. ATZelektronik **1**, 42 (2008)
138. Preh GmbH: Einfacher Fahren. Automobil Elektronik (Sonderausgabe »Preh GmbH«), 10 (2006)
139. Seidl, A.: RAMSIS das führende Ergonomiewerkzeug für Design und Entwicklung von Kraftfahrzeugen. Tagung Fahrzeugkomfort, Haus der Technik, Essen, 1999
140. SAE J: 1100 Motor Vehicle Dimensions. Society of Automotive Engineers, Warren Dale (Juni 1993)
141. Schmidtke, H.: Ergonomie. Carl Hanser, München, Wien (1993)
142. ATZ/MTZ: Sonderheft »VW Phaeton«. Vieweg, Wiesbaden (Juli 2002)
143. ATZ/MTZ: Sonderheft »AUDI A8«. Vieweg, Wiesbaden (2002)
144. Timpe, T.-P., Kolreb, H. (Hrsg.): Mensch-Maschine-Systemtechnik. Symposion Publishing, Düsseldorf (2002)
145. Vollmer, A.: Der Flachbildschirm fürs Auto. Automobilelektronik (April), 34 (2010)
146. Zeller, A., Wagner, A., Spreng, M.: IDrive – Zentrale Bedienung im neuen 7er von BMW. VDI-Ber., Bd. 1646. VDI-Verlag, Düsseldorf (2001)
147. Lorenz, S., Kaiser, R., Assmann, E., Engstler, F., Zöllner, R.: Ergonomieabsicherung im Fahrzeug mittels Mixed Reality: Beeinflussung der Sitzposition durch die Vorgehensweise bei der Sitzeinstellung. Z. Arb. Wiss. **1**(62), 3–14 (2008)
148. Assmann, E., Kaiser, R., Schaller, F., Wagner, P.-O.: Menschmodelle in der PKW-Entwicklung. Z. Arb. Wiss. **1**(62), 47–53 (2008)
149. Kaiser, R.: Eignung einer dynamischen Fahrsimulation zur Ergonomie-Absicherung von Fahrzeug-Innenräumen, Konferenzbeiträge zur Frühjahrskonferenz 2007. In: GfA (Hrsg.) Kompetenzentwicklung in realen und virtuellen Arbeitssystemen. GfA-Press, Dortmund (2007)
150. Kaiser, R.: Anthropometrie – Neue Erkenntnisse und Anwendungsbeispiele. Human Solutions GmbH, Kaiserslautern (2011)
151. Franz, M., Zenk, R., Vink, P., Hallbeck, S.: The effect of a lightweight massage system in a car seat on comfort and electromyogram. J. Manip. Physiol. Ther. **34**(2) (2011)
152. Franz, M., Zenk, R., Durt, A., Vink, P.: Disc pressure effects on the spine, influenced by extra equipment and a massage system in car seats. SAE Int. J. Passeng. Cars – Mech. Syst. **1**(1), 768–774 (2009)
153. Zenk, R., Franz, M., Bubb, H., Vink, P.: Spine load in automotive seating. Appl. Ergon. **43**(2) (2011)
154. Franz, M., Klawitter, T., Rother, B., Müller, A.: Innovative Sitzsysteme. ATZ Automobiltechnische Zeitschrift **10** (2010)

Literatur zu Abschnitt 6.4.2

155. Elektronik im Kraftfahrzeugwesen, Bd. 437. expert Verlag (1994)
156. RDS-Standard: CENELEC EN 50067
157. Riegler: DRM – Digital Radio Mondial. Siebel, Baden-Baden (2006)
158. Hofmann, F., Hansen, C., Schäfer, W.: Digital Radio Mondiale (DRM) – Digital sound broadcasting in the AM bands. IEEE Trans. Broadcast. **49**(3) (2003)
159. GSM recommendations, Special Mobile Group (Technical Comittee SMG), ETSI, European Telecommunications Standards Institute, F-06921 Sophia Antipolis Cedex
160. Mouly, M., Pautet, M.: The GSM System for Mobile Communications. Autorenveröffentlichung, ISBN: 2-9507190-0-7
161. Redl, S., Weber, M.: D-Netz-Technik und Messpraxis. Franzis, München (1993)
162. Walke, B., Althoff, M.P., Seidenberg, P.: UMTS – Ein Kurs. J. Schlembach Fachverlag (2001)
163. CEN, ENV 12253, CEN, ENV 278/9/#64 und 65 Road Transport and Traffic Telematics
164. Detlefsen, W., Grabow, W.: Interoperable 5.8 GHz DSRC systems as basis for europeanwide ETC implementation. 27th European Microwave Conference EMC, Jerusalem, September 1997
165. Elektrik und Elektronik für Kraftfahrzeuge, Sicherheits- und Komfortsysteme, Ausgabe 98/99, Bestell Nr. 1 987 722 037. Robert Bosch GmbH, Stuttgart (1999)
166. Neukirchner, E.: Einfluss von Verkehrsmeldungen auf die Routenempfehlungen fahrzeugautonomer Zielführungssysteme. ITG-Fachbericht »Informatik im Verkehr«, Vorträge anlässlich VDE-Kongress '96, Braunschweig, Oktober 1996. VDE-Verlag, Berlin, Offenbach
167. Vogt, V., Garrelts, M.: Navigation-based driver assistance systems. IST European Congress – TS 37 »Map Enabled ADAS«. Hannover, Germany, 3. Juni 2005
168. Ertico, Avenue Louise 326, B-1050 Brussels Belgium: Location referencing change request for ISO, Version 1.0, 10.02.2003 http://www.ertico.com/en/activities/activities/agora_website.htm
169. CAR 2 CAR Communication Consortium Manifesto. http://www.car-to-car.org
170. Baldessari, R., Festag, A., Abeille, J.: NEMO meets VANET: A deployability analysis of network mobility in vehicular communication published. Proceedings of 7th International Conference on ITS Telecommunications (ITST 2007), S. 375–380. Sophia Antipolis, France, Juni 2007
171. Hoeg, Lauterbach: Digital Audio Broadcasting. Wiley

Literatur zu Abschnitt 6.4.3

172. Bubb, H.: Ergonomie in Mensch-Maschine-Systemen, Lehrgangsunterlagen »Komfort und Ergonomie im Kraftfahrzeug«. Haus der Technik, Essen (1995)
173. Fanger, P.O.: Thermal Comfort. Analysis and Application in Environmental Engineering. Danish Technical Press, Copenhagen (1970)
174. DIN EN ISO 7730: Analytische Bestimmung und Interpretation der thermischen Behaglichkeit durch Berechnung des PMV- und des PPD-Indexes und der lokalen thermischen Behaglichkeit. Normentwurf Stand 10/2003
175. Bureau, C., et al.: MARCO, Method to Assess Thermal Comfort. VTMS6, Paper C599/051/2003, Brighton, 2003
176. Frühauf, F.: Thermische Behaglichkeit im Fahrzeug von morgen. IIR-Fachkonferenz »Innovative Konzepte für Thermomanagement im Kfz«, Stuttgart, 2002
177. Kühnel, W., et al.: CFD. Cabin flow analysis as part of the product development process. VTMS6, Paper C599/053/2003, Brighton, 2003
178. Fritsche, U., Feith, T.: Komfortdüsen für mehr Klimakomfort in der Fahrzeugkabine. ATZ **9** (2007)
179. Temming, J.: Fahrzeugklimatisierung und Verkehrssicherheit. Auswirkungen sommerlichen Klimas in Kfz auf die Leistungsfähigkeit der Fahrer, Schriftenreihe 177. Frankfurt (2003)
180. Arminger, G., et al.: Einfluss der Witterung auf das Unfallgeschehen im Straßenverkehr. ATZ **9** (1999)
181. Taxis-Reischl, B.: Wärmebelastung und Fahrverhalten. ATZ **9** (1999)
182. Kroner, P., et al.: Modulares Luftgütesystem für den Innenraumkomfort. ATZ **1** (2010)
183. Schmiederer, K.: Flexible HVAC-systems for global cross-car and cross-brand application. Auto-Technology **4** (2004)
184. Kampf, H.: Die physiologisch geregelte Klimaanlage. ATZ **9** (2001)
185. Trapp, R., et al.: Potenziale zur Energieeinsparung bei intelligetem Betrieb von Klimaanlagen. VDI-Berichte, Bd. 2033 (2008)
186. Knittel, O., Ruf, C.: Von der Erfassung der Luftfeuchtigkeit zum komfortoptimierten Klimabetrieb. VDI-Berichte, Bd. 1415
187. Knittel, O., Ruf, C.: Feuchtesensor für Klimaautomaten. ATZ **1** (2000)
188. Käfer, O.: Pkw-Klimatisierung – Umluftautomatik mit Feuchteregelung im Fahrzeuginnenraum. ATZ **6** (1998)
189. N.N.: Luftgütesensor AQS. Firmenschrift der Fa. Paragon AG, Delbrück (2005)

Literatur zu Abschnitt 6.4.4

190. Möser, K.: Geschichte des Autos. Frankfurt (2002)
191. Wildemann, H.: Entwicklungstrends in der Automobil- und Zulieferindustrie. München (2004)
192. Lüßmann-Geiger, H.: Geruchs- und Emissionsmessung in der Automobilindustrie. Vortrag, Fraunhofer WKI Workshop »Sensorische Prüfung von Produkten für den Innenraum«, Braunschweig, 20./21. Februar 2003
193. Grundler, E.: Lässt sich gefühlte Qualität objektiv beurteilen? Technische Rundschau **22**, 36–38 (2004)
194. Grunwald, M., Beyer, L. (Hrsg.): Der bewegte Sinn. Grundlagen und Anwendungen zur haptischen Wahrnehmung. Basel (2001)

195. Pietzonka, S., Bluhm, M., Zwick, H.: Technik und Design, Neue Möglichkeiten für automobile Innenlichtkonzepte. ATZ **106**(3), 211–217 (2004)
196. Schlott, S.: Fachtagung Innenraum – Emotion und Technik vereint. Automobil Produktion 70–74 (Dezember 2004)
197. Jung, C., et al.: Das Interieur des Maybach. ATZ (Maybach Sonderausgabe), 92–118 (2002)
198. Friedrichs, B., Baumeister, A.: Mobile Innenarchitektur – Harmonie und Ästhetik. ATZ (BMW 6er Sonderausgabe), 21–24 (2004)
199. Schlott, S.: Innenraumtrends – Sehnsucht nach Einzigartigkeit. Automobilproduktion (Sonderausgabe Innenraum), 6–12 (2004)
200. Mauter, G.: Haptische Anforderungen an Bedienelemente. 3. Fachtagung Fortschritte im Automobil Innenraum, Ludwigsburg, 2004
201. N.N.: Ein Gespür für Qualität. DaimlerChrysler HighTech Report **2**, 60–63 (2004)
202. Weinhold, W.: Innovative Oberflächen-Messtechnik für Mikromechanik und Haptik. Vortrag, Material Innovativ, Würzburg, März 2004
203. Feichter, E., et al.: Interieur – intelligentes Wohlfühlen mit Niveau. ATZ/MTZ (VW Passat Sonderausgabe), 26–40 (2005)
204. Alders, K.: Komplexitätsmanagment bei der Audi AG. Vortrag, Automobilforum Graz, Oktober 2004
205. Bachsteffel J., Laux, J.: IMC Slush-Technologie im Interieur – Eine neue Werkstoffgeneration für hochwertige Oberflächen. Tagungsband, VDI-Kongress Kunststoffe im Automobilbau, März 2005
206. Stricker, K.: Ganzheitliche Akustikentwicklung vom Radlauf bis zur Windschutzscheibe. ATZ **3**, 184–193 (2005)
207. Fromm, P., Cerhak, A., Hamberger, W.: Innenraum erleben. ATZ (Sonderausgabe Audi A8), 24–39
208. N.N.: Future Automotive Industry Structure (FAST) 2015. Mercer Management Consulting & Frauenhofer Gesellschaft, München (2003)
209. Büchling, J.: Rapid manufacturing – Auf direktem Weg zur Serie. Automobil Industrie **1–2**, 38–41 (2005)
210. Schlott, S.: AGR-Sitze – Komfort für alle Klassen. Automobilproduktion **3**(Sonderausgabe Innenraum), 32–34 (2004)
211. Laux, J.: Neue Werkstoffgeneration für hochwertige Oberflächen. ATZ 1014–1019 (2006)
212. Ehling, K.: »Gefühl Licht«: Lichtwahrnehmung durch den Fahrer. Vortrag, CTI Automotive Interior Lighting Conference, 9./10. Oktober 2006
213. Wambsganß, H.: Licht im Fahrzeuginnenraum. Vortrag beim Festsymposium zum 50jährigen Bestehen des Fachgebietes Lichttechnik an der TU Darmstadt, 24. November 2006
214. ATZ: Sonderausgabe »Der Neue Sprinter von Mercedes Benz« (Juni 2006)
215. Roscher, M.: Serieneinsatz, Weiterentwicklung und Neuerungen von naturfaserverstärkten Trägerwerkstoffen im automobilen Innenraum. Vortrag, 5. Fachkongress Fortschritte im Automobilinnenraum, Ludwigsburg, 14./15. November 2006
216. Miller, M.: Revolution von Oberflächendesign, Prototyping und Produktionstechnik. Vortrag, 5. Fachkongress Fortschritte im Automobilinnenraum, Ludwigsburg, 14./15. November 2006
217. Rottig, H.-J.: Der Schritt von der Innenverkleidung zum Türmodul. Kunststoffe **10**, 113–116 (2006)
218. Audi AG: Aspekte der virtuellen Entwicklung beim Innenraum des Q7. Presseinformation, Audi Q7, Februar 2006
219. Schneider, T., et al.: Modernes Thermomanagement am Beispiel der Innenraumklimatisierung. ATZ **02** (2007)
220. Wambsganß, H.: Lichtdesign – ein ganzheitlicher Ansatz in der frühen Konzeptphase. Vortrag, 9. Fachkongress Innenraum, Stuttgart, 16./17. November 2010
221. Enz, E.: Innenraum-Lichtgestaltung mit Textil-, Leder- und Holzflächen. Vortrag, 9. Fachkongress Innenraum, Stuttgart, 16./17. November 2010
222. Heers, R.: HMI experience for future cockpit electronic systems. Vortrag. 1. Fachtagung Infotainment, München, 12./13. Oktober 2010
223. El-Khoury, H.: Automotive touchscreens: Innovation, solutions and the new role for a semiconductor company. Vortrag. 1. Fachtagung Infotainment, München, 12./13. Oktober 2010
224. Steiner, P.: Infotainment im neuen Audi A8. Vortrag. 1. Fachtagung Infotainment, München, 12./13. Oktober 2010
225. Seydel, D.: Ort- und zeitunabhängige Multimedianutzung – unterwegs, zu Hause und im Fahrzeug. Vortrag, 1. Fachtagung Infotainment, München, 12./13. Oktober 2010
226. Lamberti, R.: Smartphone Apps und Automobil – eine Symbiose? Vortrag. 1. Fachtagung Infotainment, München, 12./13. Oktober 2010
227. Lindlbauer, M.: Das Internet kommt ins Fahrzeug: offenere Use Cases mit Security absichern und früher realisieren. Vortrag. 1. Fachtagung Infotainment, München, 12./13. Oktober 2010
228. Carmody, T.: Trends in connectivity and location 2012 and beyond. Vortrag. 1. Fachtagung Infotainment, München, 12./13. Oktober 2010

Literatur zu Abschnitt 6.5

229. Schmid, E.: Wischer- und Wascheranlagen für Fahrzeuge. verlag moderne Industrie (1993)
230. Robert Bosch GmbH (Hrsg.): Bosch Kraftfahrtechnisches Taschenbuch, 27. Aufl., S. 920–927. Vieweg+Teubner, Wiesbaden (2011)

Fahrwerk

Dr.-Ing. Andreas Bootz, Dipl.-Ing. Gregor Fischer, Dipl.-Ing. Steffen Gruber, Dipl.-Ing. Oliver Hohenöcker, Dr. rer. nat. Oliver Kircher, Dipl.-Ing. (FH) Martin Lauterbach, Maik Miklis, Dipl.-Ing. (FH) Roman Müller, Dipl.-Ing. Johann Niklas, Dipl.-Ing. Norbert Ocvirk, Dr.-Ing. Axel Pauly, Dipl.-Ing. James Remfrey, Dr.-Ing. Hansjörg Rieger, Dr.-Ing. Erich Sagan, Dipl.-Ing. Martin Schwarz, Dipl.-Ing. Ludwig Seethaler, Dipl.-Ing. Thomas Unterstraßer und Dipl.-Phys. Heiner Volk

H.-H. Braess, U. Seiffert (Hrsg.), *Vieweg Handbuch Kraftfahrzeugtechnik*, ATZ/MTZ-Fachbuch, DOI 10.1007/978-3-658-01691-3_7,

7.1 Einführung

Automobile sind Fahrzeuge, deren Bewegung auf einer vorgegebenen Oberfläche, in der Regel einer Fahrbahn, vom Fahrer in Längs- und Querrichtung sowie um die Hochachse (Gierachse) in bestimmten, vom Straßenverlauf oder physikalisch vorgegebenen Grenzen, frei bestimmt werden kann. Hierbei sind die Quer- und Gierbewegung eng miteinander gekoppelt.

In senkrechter Richtung zur Fahrbahn muss das Automobil hingegen dem Straßenverlauf ohne aktiven Eingriff des Fahrers folgen (Berg- und Talfahrt). Kurzwellige Fahrbahnunebenheiten sollten jedoch nur soweit auf das Fahrzeug übertragen werden, wie es die Fahrsicherheit, der Fahrerwunsch nach Fahrbahnkontakt und das subjektive Fahrkomfortempfinden erfordern.

Das quer-, längs- und vertikaldynamische Verhalten eines Automobils wird durch eine Vielzahl von Parametern bestimmt. In vielen Bereichen liegen nicht-lineare Zusammenhänge und komplexe Kopplungen der Zustandgrößen vor. Daher stellt das Fahrwerk und in erweitertem Sinne die Fahrdynamik auch heute noch ein hoch interessantes Themengebiet dar, insbesondere wenn der Fahrer als Zustandserkenner, Regler und subjektiver Beurteiler berücksichtigt wird.

7.1.1 Definition des Begriffs Fahrwerk

Mit Ausnahme der Schwerkraft und der aerodynamischen Kräfte und Momente werden alle äußeren Kräfte und Momente dem Fahrzeug über die Kontaktzone der Reifen mit der Straße aufgeprägt. Die aerodynamischen Kräfte und Momente werden in der Regel als Störgrößen betrachtet. Hierbei wird an Luftwiderstand, Auftrieb und Seitenwind gedacht. Aerodynamische Kräfte und Momente sind jedoch auch bei nicht für den Rennsport konzipierten Fahrzeugen einsetzbar zur Optimierung des Fahrverhaltens. Wegen der starken Interaktion zwischen dem Fahrwerk und der Aerodynamik bei hohen Geschwindigkeiten sind beide gemeinsam zu betrachten. Das Fahrwerk im engeren Sinn kann als Verbund der Systeme des Kraftfahrzeugs verstanden werden, die sowohl zur Erzeugung und Beeinflussung der Kräfte in den Kontaktzonen Fahrbahn/Reifen als auch zu deren Übertragung auf das Fahrzeug dienen: Rad/Reifen, Radbremsen, Radträger/Radführung/Lenksysteme, Federung/Dämpfung.

Im erweiterten Sinn werden zusätzlich alle Systeme mit einbezogen, die für das Führen eines Kraftfahrzeugs erforderlich sind: Brems-, Kupplungs- und Gasbetätigung, Lenkrad, Lenksäule, fahrdynamische Regelsysteme zur Unterstützung der Funktionen des Fahrwerks, sowie Fahrerassistenzsysteme, die zur Entlastung des Fahrers einen Teil seiner Führungsaufgaben übernehmen. Dazu gehören ebenfalls aktive Sicherheitssysteme, die bei Unfallgefahr entweder fahrdynamische Regelsysteme praekonditionieren oder unmittelbar Aktionen zur Vermeidung eines Unfalls bzw. zur Reduzierung der Unfallschwere einleiten.

Im vorliegenden Kapitel wird ein Überblick über die Funktionen der Radführung, Lenkung und Federung sowie der fahrdynamischen Regelsysteme gegeben. Die Brems- und Antriebsschlupfregelsysteme werden in ► Abschn. 5.5.2 eingehend behandelt, Fahrerassistenzsysteme in ► Abschn. 8.5.5.

7.1.2 Aufgaben des Fahrwerks

Mit seiner Rolle als Verbindungsglied zwischen Straße und Fahrzeug liefert das Fahrwerk einen wesentlichen Beitrag zu Fahrdynamik und Fahrkomfort. Darüber hinaus beeinflusst das Fahrwerk Raumnutzung, Gewicht, Aerodynamik und Kosten.

Der hohe Stellenwert des Fahrwerks im Gesamtsystem Automobil lässt sich aus Folgendem ableiten:

1. Ein fahrdynamisch gut abgestimmtes Automobil ist für den Fahrer mit geringem Aufwand zu fahren. Es setzt die vom Fahrer eingegebenen Stellgrößen unmittelbar vorhersehbar und präzise um und vermittelt ein Gefühl der Sicherheit bis hin zur Befriedigung. Dieser erlebbare Eindruck ebenso wie die fahrdynamische Bewertung in der Fachpresse, stellt bei vielen Kunden ein wichtiges Entscheidungskriterium beim Kauf dar.

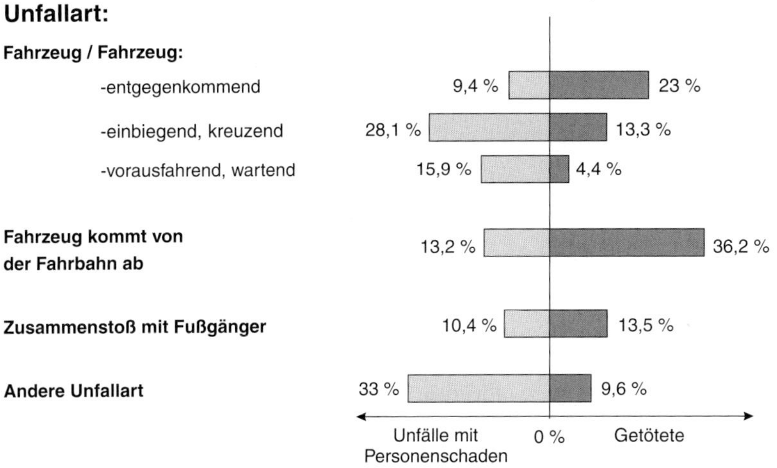

Abb. 7.1 Aufteilung der Verletzten und Toten in Abhängigkeit des Unfallgeschehens (Angaben: Statist. Bundesamt Deutschland 2002)

2. Die Fahrdynamik eines Automobils bestimmt ganz wesentlich die Möglichkeiten des Fahrers, kritische Situationen zu vermeiden oder zu beherrschen. In Deutschland sind etwa ein Drittel der im Verkehr Getöteten durch Abkommen von der Fahrbahn und etwa ein Fünftel bei Zusammenstößen mit entgegenkommenden Fahrzeugen zu beklagen (Abb. 7.1). Wegen der Häufigkeit von Unfällen als Folge des Kippens von Fahrzeugen mit hohem Schwerpunkt wurde von der nordamerikanischen Behörde NHTSA (National Highway Traffic Safety Administration) der »fish hook«-Test zur Bewertung der Kippsicherheit eingeführt [1]. Ohne Einzelanalyse der Unfallabläufe (▶ Kap. 9) ist eine quantitative Aussage über das Potenzial einer Steigerung der Sicherheit durch eine weitere Optimierung des Fahrverhaltens und des Einsatzes fahrdynamischer Regelsysteme nicht möglich. Selbst wenn dem Fahrer ein großer Einfluss zugeschrieben wird, erscheint eine deutliche Verringerung der Zahl der Unfallopfer durch Abkommen von der Fahrbahn und Zusammenstoß mit entgegenkommenden Fahrzeugen realistisch. Es wird vorausgesetzt, dass die Fahrwerkregelsysteme in Verbindung mit den Fahrerassistenzsystemen es ermöglichen werden, nicht nur die Beherrschbarkeit des Fahrzeugs durch den Fahrer zu erhöhen sondern auch die Unfallfolgen zu reduzieren (crash mitigation). So kann z. B. bei Unvermeidbarkeit eines Zusammenstoßes automatisch eine Vollbremsung eingeleitet werden. Hierzu ist jedoch eine sehr gute Erkennung und Interpretation des Umfeldes erforderlich sowie eine sichere Prognose für den möglichen Bewegungsablauf sowohl des eigenen Fahrzeugs als auch der anderen beteiligten Verkehrsteilnehmer.
3. Das Fahrwerk setzt mit den Fahrwerkregelsystemen die Voraussetzungen für die Einführung von Fahrerassistenzsystemen, die den Fahrer bei seiner Fahrzeugführungsaufgabe unterstützen. Ebenfalls werden hiermit die Voraussetzungen geschaffen für eine Automatisierung von Teilfunktionen des Fahrens. So verfügt man heute bereits über eine automatische Abstandsregelung beim Fahren, die auch das Stoppen und Anfahren im Stau übernehmen kann. Ferner kommt für begrenzte Anwendungen auch vollautomatisches Fahren in Betracht.
4. Hoher Fahrkomfort wird nicht nur subjektiv als angenehm empfunden und stellt somit ein Wettbewerbskriterium dar, sondern der Fahrkomfort hat auch einen nachgewiesenen Einfluss auf das physische und psychische Leistungsvermögen des Fahrers und somit auf die Sicherheit [2]. Es ist jedoch zu berücksichti-

gen, dass hoher Fahrkomfort im Widerspruch zu hoher Fahrdynamik und Sicherheit steht. Dieser Zielkonflikt kann durch den Einsatz adaptiver Systeme gelöst werden. Es ist jedoch zu berücksichtigen, dass die Bewertung des Fahrkomforts durch den Fahrer subjektiv erfolgt und daher sowohl von seiner fahrzeugbezogenen Erwartungshaltung als auch von seiner Motivation abhängt.

Das Fahrwerk ist nicht allein maßgebend für Fahrdynamik und Fahrkomfort, von gleichrangiger Bedeutung sind Gesamtfahrzeuggrößen wie Schwerpunkthöhe, Achslastverteilung, Trägheitsradien, Radstand und Spurweite sowie im höheren Geschwindigkeitsbereich die aerodynamischen Eigenschaften. Wegen der erforderlichen Reduzierung der zur globalen Erwärmung beitragenden Emissionen und der Verknappung und Verteuerung der Kraftstoffe, ergeben sich aufwändigere Antriebsysteme mit höherem Bauraumbedarf. Desgleichen steigt dieser für Rekuperationsspeicher und für alternative Energieträger mit geringerer volumetrischer Energiedichte. Da von den technischen Systemen das Fahrwerk nach dem Antrieb den höchsten Bauraumbedarf im Fahrzeug hat, sollte zukünftig mit geringem Bauvolumen die gewünschten Funktionen erreicht und gegebenenfalls neue Gesamtfahrzeugarchitekturen berücksichtigt werden.

Es sei noch angemerkt, dass eine Zusammenstellung der häufig vorkommenden Formelzeichen und Begriffe den Rahmen dieses einführenden Abschnitts würde. Es wird daher auf die Literatur hingewiesen, z. B. [3].

7.1.3 Fahrdynamik und Fahrwerkskräfte

Geht man von der bereits skizzierten Vorstellung aus, dass das Fahren eines Automobils die Bewegung eines Körpers in einer Gasatmosphäre und einem Schwerkraftfeld ist, wobei die vertikalen Kräfte, die Antriebs- und Bremskräfte sowie die seitlichen Führungskräfte über die Kontaktflächen der Reifen mit der Fahrbahn übertragen werden, erscheint es naheliegend und sinnvoll, die Dynamik des Fahrens ausgehend von diesen Kräften zu analysieren.

Dieser Ansatz geht konform mit der oft vorgenommenen Unterteilung der Fahrdynamik in Längs-, Quer-und Vertikaldynamik. Die 6 Freiheitsgrade des Fahrzeugs, das hier vereinfachend als ein Einmassensystem betrachtet wird, sind wie in ◘ Tab. 7.1 dargestellt an Längs-, Quer- und Vertikaldynamik beteiligt.

Die Längs-, Quer- und Vertikaldynamik sind weder bei den primär betroffenen Freiheitsgraden noch bei den sekundären Freiheitsgraden voneinander unabhängig. Darüber hinaus bestehen gegenseitige, komplexe Abhängigkeiten der Reifenkraftkomponenten (▶ Abschn. 7.3).

7.1.3.1 Querdynamik: Fahrwerkskräfte in Querrichtung

In Fahrzeugquerrichtung werden hauptsächlich die Reifenseitenkräfte von der Fahrbahn auf den Fahrzeugaufbau übertragen. Bei gelenkten Rädern ergeben sich in Fahrzeugquerrichtung auch Komponenten aus den Reifenumfangskräften, die bei größeren Lenkwinkeln nicht vernachlässigt werden können.

Definitionsgemäß besteht die primäre Aufgabe der Radführungskräfte darin, die Querdynamik des Fahrzeugs bezüglich Einhaltung der vom Fahrer gewünschten Bahn sowie der Drehbewegung um die Hochachse zu kontrollieren. Durch die Höhe des Schwerpunktes zur auf den Aufbau einwirkenden Seitenkraftkomponente ergibt sich die Wankbewegung des Fahrzeugs. Sie entkoppelt die Querbewegung des Fahrzeugschwerpunktes von der Querbewegung der Radaufstandsflächen. Das Fahrzeug und das Umfeld stellen die Regelstrecke dar, der Fahrer den Regler. Die in der Regelungstechnik üblichen Begriffe und Verfahren finden daher auch in der Fahrdynamik Verwendung, z. B. [4].

Die Reifenseitenkräfte sind im Wesentlichen eine Funktion des Schräglaufwinkels der Räder mit der Radlast und der Umfangskraft als wichtigste Parameter (▶ Abschn. 7.3). Reifenseitenkraftkomponenten, die aus dem Radsturz oder einer Asymmetrie des Reifens resultieren, sind bei Reifen für Automobile im Gegensatz zum Motorrad – oder

Tabelle 7.1 Beteiligung der Fahrzeugfreiheitsgrade an Längs-, Quer- und Vertikaldynamik

Bezeichnung	Primäre Freiheitsgrade	Sekundäre Freiheitsgrade
Längsdynamik	Längsbewegung Nickbewegung	Hubbewegung
Querdynamik	Querbewegung Gierbewegung Wankbewegung	Nickbewegung Hubbewegung
Vertikaldynamik	Hubbewegung Nickbewegung Wankbewegung	Querbewegung

für spezielle Anwendungen entwickelte Reifen von geringerer Bedeutung und werden hier nicht berücksichtigt. Sie sind jedoch für die Feinabstimmung des Fahrverhaltens, den Reifenverschleiß und die erzielbare maximale Seitenkraft von Wichtigkeit.

Die Schräglaufwinkel und mit ihnen die Reifenseitenkräfte lassen sich entsprechend ihres Entstehungsmechanismus in unterschiedliche Kategorien einteilen: als Folge vom Lenken der Räder, als Folge von Querverschiebungen der Räder relativ zum Fahrzeug und als Reaktion auf die, dem Fahrzeug von Außen aufgeprägten Kräften.

7.1.3.1.1 Lenken der Räder

Durch Aufprägen eines Lenkwinkels an den Rädern der Vorderachse erzeugt der Fahrer unmittelbar eine Änderung der Schräglaufwinkel der Räder dieser Achse. Die resultierende Seitenkraft oder Seitenkraftänderung stellt die erste Phase des Reifenseitenkraftaufbaus dar. Sie erzeugt eine Änderung der Querbeschleunigung und, da sie exzentrisch zum Fahrzeugschwerpunkt angreift, ebenfalls eine Drehbeschleunigung. Letztere enthält eine Komponente um die Gierachse und eine Komponente um die Wankachse [5]. Da die Quer-, die Gier- und die Wankbeschleunigung im ersten Augenblick ausschließlich von der Seitenkraft der gelenkten Räder verursacht werden, sind sie zueinander proportional. Hieraus kann abgeleitet werden, dass die Anfangsbewegung des Fahrzeugs um eine fahrzeugfeste Momentanachse erfolgt. Diese Momentane Drehachse ist das räumliche Analogon zum Stoßmittelpunkt bei einer ebenen Bewegung. Als Folge der Änderung des Bewegungszustandes des Fahrzeugs bilden sich sowohl an der Vorderals auch an der Hinterachse in den Radaufstandspunkten Geschwindigkeitskomponenten quer zum Reifen aus, die den ursprünglichen Schräglaufwinkel der Vorderachse reduzieren bzw. den weiteren Aufbau verzögern, während an der Hinterachse durch die sich dort aufbauende Quergeschwindigkeit der Seitenkraftaufbau erst beginnt. Die anfängliche Richtung der Seitenkraft an der Hinterachse hängt von der Lage des Schwerpunktes, den Trägheitsradien für Gieren und Wanken, dem Radstand und der Höhe der Rollzentren an Vorder- und Hinterachse ab (Abb. 7.2).

Die anfängliche Richtung prägt wesentlich das Anlenkverhalten des Fahrzeugs. Erst danach entstehen als Folge des sich aufbauenden Schwimmwinkels und der Giergeschwindigkeit die Schräglaufwinkel und Reifenseitenkräfte wie sie bei stationärer Kurvenfahrt leicht herleitbar sind.

Lenkbewegungen der Räder werden außer durch den Fahrer auch durch konstruktive Maßnahmen, den Vorspuränderungen, verursacht. Diese entstehen:

- durch die vertikalen Federbewegungen teils als Folge der Kinematik der Radführung, teils als Folge der Änderung der Kräfte in der Radführung durch die Feder- und Dämpferkräfte und der hiermit einhergehenden elastischen Verformungen

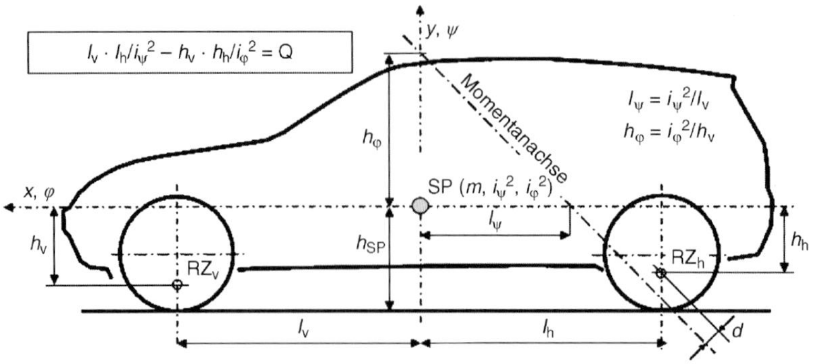

Abb. 7.2 Einfluss der Fahrzeugarchitektur auf die erste Fahrzeugreaktion bei schnellen Lenkwinkeländerungen. Lage der Momentanachse relativ zum Rollzentrum der Hinterachse: vor: $Q > 1$, auf: $Q = 1$, hinter: $Q < 1$

- durch Reifenlängs- und -querkräfte sowie Reifenrückstellmomente als Folge der elastokinematischen Eigenschaften der Radführung
- durch elastische Verformungen im Lenkungsstrang
- durch aktive Lenksysteme (▶ Abschn. 7.4.6.1).

Die beschriebenen Möglichkeiten zur Lenkwinkeländerung werden gezielt eingesetzt um den erforderlichen Grad an Fahrstabilität einzustellen, die Phasenlage zwischen Lenkwinkel, Giergeschwindigkeit und Querbeschleunigung bei instationären Fahrmanövern zu verbessern und die Kurshaltung beim Lastwechsel und Bremsen in der Kurve zu optimieren.

Konventionelle passive Fahrwerke können mit einer Art einfachen »mechanischen Regelung« versehen werden, die situativ automatisch korrigierende Lenkbewegungen an Vorder- und Hinterrädern durchführt. Zur Verbesserung von Anlenkverhalten und Stabilität gehört es zur Auslegung vieler Hinterachsen, dass sich bei Kurvenfahrt ein Lenkwinkel aufbaut, der den Gradienten der Achsseitenkraft über dem Schräglaufwinkel der Achse erhöht, während an der Vorderachse die entgegengesetzte Wirkung vorgesehen wird.

Der Nachteil dieser mechanischen passiven Regelung besteht in den sehr einfachen Abhängigkeiten der induzierten Lenkwinkelkomponente vom Einfederzustand und den einwirkenden Kräften. Außerdem stellen diese Größen nicht die optimalen Zustandsgrößen für die Beschreibung des momentanen fahrdynamischen Zustandes des Fahrzeugs dar. Es kann beispielsweise nicht unterschieden werden, ob die am Reifen wirkende Seitenkraft vom Fahrer herbeigeführt wurde um eine Richtungsänderung zu bewirken, oder ob es sich um eine Störkraft handelt. Deshalb werden von einigen japanischen Fahrzeugherstellern vereinzelt aktive Systeme an der Hinterachse eingesetzt um mittels rechnergeregeltem Lenken der Hinterräder den Seitenkraftaufbau zu beeinflussen. In Serie sind ebenfalls Systeme (z. B. Aktivlenkung von BMW [6]), die an der Vorderachse eine intelligente Interpretation der Eingabe des Fahrers ermöglichen und das Verhalten des Regelsystems Fahrer/Fahrzeug/Straße optimieren.

Bei rechnerbeeinflusstem Lenken an Vorder- und Hinterachse ist die Analogie mit »fly by wire« beim Flugzeug erkennbar. Es wird daher häufig der Begriff »steer by wire« verwendet falls die eindeutige mechanische Verbindung zwischen dem Betätigungsorgan und den Rädern mittels Regelsystemen aufgebrochen wird.

7.1.3.1.2 Querverschiebung des Radaufstandspunktes

Verschiebungen des Radaufstandspunktes (Definition siehe ▶ Abschn. 7.4.1) quer zur Rollrichtung eines Rades erzeugen ebenfalls Schräglaufwinkel, da die sich aus Längs- und Quergeschwindigkeit ergebenden Geschwindigkeitsvektoren nicht mit der Rollrichtung des Rades zusammenfallen. Die resultierenden Seitenkräfte widersetzen sich der Querverschiebung und dienen in der Regel der Spurführung des Fahrzeugs. Die Querbewegung an den Radaufstandspunkten kann zwei Ursachen haben:

- Die gesamte Achse wird als Folge von Quer-, Gier- und Wankbewegung des Fahrzeugs quer zur eigentlichen Rollrichtung der Räder bewegt. Dies kann eine Folge von z. B. Lenkbewegungen, Kurvenfahrt, Seitenwind oder Straßenquerneigung sein. Die Zusammenhänge hierzu sind in den ▶ Abschn. 7.1.3.1.1 und ▶ Abschn. 7.1.3.1.3 näher beschrieben.
- Die Radführungen erzeugen in der Regel eine Querbewegung des Radaufstandspunktes beim Ein- und Ausfedern. Das Verhältnis der Querbewegung zur Vertikalbewegung wird durch die Höhe des Rollzentrums bestimmt. Hierbei ist das Verhalten von Einzelradaufhängungen, Verbundlenkerachsen und Starrachsen unterschiedlich. Die Höhe des Rollzentrums dient sowohl dazu die Wankmomentenabstützung unabhängig von Federung und Dämpfung bei Kurvenfahrt zu erhöhen als auch das Anlenkverhalten zu verbessern. Nachteilig wirkt sich die kinematisch bedingte Querverschiebung des Radaufstandspunktes aus, wenn sie durch Fahrbahnunebenheiten hervorgerufen wird, da störende Reifenkräfte in Querrichtung entstehen, die sich ungünstig auf Geradeauslauf und Kurshaltung auswirken.

7.1.3.1.3 Stabilisieren des Fahrzeugs auf einer vorgegebenen Bahn

Die Schräglaufwinkel und damit die Reifenseitenkräfte entstehen in diesem Fall durch Abweichen von der ungestörten Fahrzeugbahn infolge äußerer Einwirkungen zum Beispiel Seitenwind, Straßenseitenneigung und -unebenheiten, aber auch durch Störung des Seitenkraftverhältnisses an Vorder- und Hinterachse durch z. B. eine vom Fahrer ausgelöste Längsbeschleunigung. Geht man vereinfachend von einem stabilen, eingeschwungenen Zustand aus, so erfolgt durch die Störung eine Quer-, Wank- und Gierbewegungskomponente des Fahrzeugs, wodurch sich die Schräglaufwinkel an den Räder des Fahrzeugs verändern. Bei einer korrekten fahrdynamischen Auslegung des Fahrwerks resultieren Kraftänderungen an den Rädern, die zu einem neuen eingeschwungenen Fahrzustand führen mit nur einer geringen Abweichung von der ursprünglichen Bahn. Die Größe der Abweichung von der ursprünglichen Bahn ist ein Maß für die querdynamische Störempfindlichkeit eines Fahrzeugs.

Die Störempfindlichkeit nimmt mit zunehmender Geschwindigkeit zu. Gründe hierfür sind:

- die Abhängigkeit der Reifenseitenkraft vom Schräglaufwinkel. Hieraus folgt, dass doppelte Fahrgeschwindigkeit doppelte resultierende Quergeschwindigkeit bedeutet bei Annahme einer gleichen seitlichen Störkraft
- die näherungsweise umgekehrt proportionale Abhängigkeit der Gierdämpfung von der Fahrgeschwindigkeit
- die proportionale Zunahme der aerodynamischen Seitenkräfte und Giermomente bei gleicher Seitenwindgeschwindigkeit mit der Geschwindigkeit
- die quadratische Abhängigkeit des Auftriebs von der Geschwindigkeit.

Aktive Lenksysteme bieten ein hohes Potenzial, Abweichungen vom Sollwert ausregeln bzw. verringern zu können. Voraussetzung ist jedoch ein ausreichend schnelles Erkennen der Abweichung und Reagieren der Regelsysteme um eine Interferenz mit der Fahrerreaktion zu vermeiden. Die derzeit zur Verfügung stehende Sensorik und Fahrzustandserkennung kann dies oft noch nicht ausreichend gewährleisten.

7.1.3.2 Längsdynamik: Fahrwerkskräfte in Fahrzeuglängsrichtung

In Fahrzeuglängsrichtung werden im Wesentlichen die Antriebs- und Bremskräfte von der Fahrbahn auf den Fahrzeugaufbau übertragen. Bei gelenkten Rädern wirken in Fahrzeuglängsrichtung ebenfalls Komponenten aus den Reifenseitenkräften, die bei größeren Lenkwinkeln nicht vernachlässigt werden können.

Die primäre Aufgabe der Antriebs- und Bremskräfte besteht darin, die Längsdynamik des Fahrzeugs bezüglich Beschleunigung und Geschwindigkeit zu kontrollieren. Durch Längsbeschleunigungen in Verbindung mit der Höhe des Fahrzeugschwerpunktes entstehen dynamische Achslaständerungen wodurch Nick- und Hubbewegung angeregt werden. Bei Kurvenfahrt wird wegen des unterschiedlichen Einfederzustandes links und rechts in der Regel auch der Wankwinkel beeinflusst und die Wankmomentenabstützung zwischen Vorder- und Hinterachse verändert.

Die Kopplung der Längs- und der Vertikaldynamik hängt von der Schwerpunktlage, dem Radstand und der Radführungskinematik (Antriebs- und Bremskraftabstützwinkel, ▶ Abschn. 7.4.1) ab. Nick- und Hubsteifigkeit sowie Dämpfung sind die stabilisierenden Größen. Bei angetriebenen Starrachsen ist zusätzlich das auf den Aufbau als Wankmoment wirkende Kardanwellenmoment zu beachten.

Folgende physikalische Zusammenhänge bewirken eine Beeinflussung der Querdynamik durch die Längsdynamik:

Die dynamische Achslastveränderung infolge Beschleunigen oder Verzögern des Fahrzeugs ergibt eine gegensinnige Veränderung der momentanen Normalkraft an Vorder- und Hinterachse. Wegen der in einem weiten Bereich annähernd linearen Abhängigkeit der Reifenseitenkraft von der Normalkraft verändert sich die Seitenkraftverteilung zwischen Vorder- und Hinterachse merklich, woraus beim Verzögern ein in die Kurve hineindrehendes übersteuerndes Moment, beim Beschleunigen ein aus der Kurve hinausdrehendes untersteuerndes Moment entsteht.

Vorspuränderungen, unmittelbar hervorgerufen durch die Änderung der Umfangskräfte (elastokinematische Vorspuränderung), mittelbar durch die Änderung des Einfederzustands der Räder (kinematische Vorspuränderung) erzeugen Seitenkraftkomponenten, die das Fahrverhalten beeinflussen (▶ Abschn. 7.4.1 und ▶ 7.4.2). Die besprochenen Vorspuränderungen ermöglichen das Abstimmen des Fahrverhaltens beim Lastwechsel oder beim Bremsen in der Kurve.

Umfangskraftdifferenzen zwischen dem linken und dem rechten Rad können durch die Bremsen oder den Antrieb verursacht werden. Sie erzeugen unmittelbar ein Moment um die Fahrzeughochachse. In der Regel wird versucht den Unterschied gering zu halten, bei den Bremsen durch das Konzept, bei angetriebenen Achsen durch die Verwendung eines Differenzialgetriebes. Bei den Brems- und Antriebsschlupfregelsystemen ist teilweise ein Kompromiss zwischen der Höhe der resultierenden Längskraft und dem infolge Asymmetrie erzeugten Giermoment erforderlich.

Das durch ungleiche Umfangskräfte erzeugte Giermoment wird jedoch auch positiv eingesetzt. Bei Sperrdifferenzialen erzeugt die Sperrwirkung je nach Fahrzustand verschiedene Wirkungen. Bei geringer Querbeschleunigung in Verbindung mit einem kleinen Kurvenradius ergibt sich ein in die Geradeausfahrt rückdrehendes Giermoment das sich der Zunahme der Untersteuerneigung durch die Achslastverlagerung überlagert. Um in diesem Fahrzustand ein ausgeprägtes Untersteuern zu vermeiden, wird die Sperrwirkung des Differenzials begrenzt bzw. geregelt. Beim Verzögern mit dem Motorbremsmoment hingegen hilft das Sperrmoment, das durch die dynamische Achslastverlagerung bewirkte übersteuernde Moment zu kompensieren.

Bei höherer Geschwindigkeit und hoher Querbeschleunigung ändert sich jedoch der Wirkmechanismus der Quersperrung. Sowohl beim Beschleunigen als auch beim Verzögern mit dem Motor stellt sich nun als Folge der unterschiedlichen Radlasten kurvenaußen und -innen eine höhere Umfangskraft am kurvenäußeren Rad ein. Durch das Beschleunigen wird das Fahrzeug nun, im Gegensatz zu vorher, übersteuernder, beim Gaswegnehmen bleibt die Untersteuertendenz jedoch auch hier erhalten. Um letzteren Effekt, der sich positiv auf das Lastwechselverhalten auswirkt, verstärkt zu nutzen, wird bei einigen Fahrzeugen die Sperrwirkung des Differenzials im Schiebebetrieb höher gewählt als beim Antreiben.

Bei Differenzialen mit regelbarem Sperrmoment können die geschilderten Wirkprinzipien genutzt werden um zusätzlich zur Radschlupfregelung eine Stabilitätsregelung des Fahrzeugs zu realisieren. Während bei einem geregelten Sperrdifferenzial bei höherer Geschwindigkeit eine fahrdynamische Wirkung nur beim Antreiben oder Verzögern erzielt wird, können mittels spezieller Achsgetriebe auch ohne Antriebs- oder Schleppmomente hinein- und hinausdrehende Giermomente erzeugt werden bzw. Gierdämpfung durch gegensinnige Umfangskräfte an einer Achse [7, 8]. Hierbei wird die Motorleistung über das spezielle Achsgetriebe wahlweise vom linken Rad auf das rechte, oder vom rechten auf das linke, übertragen.

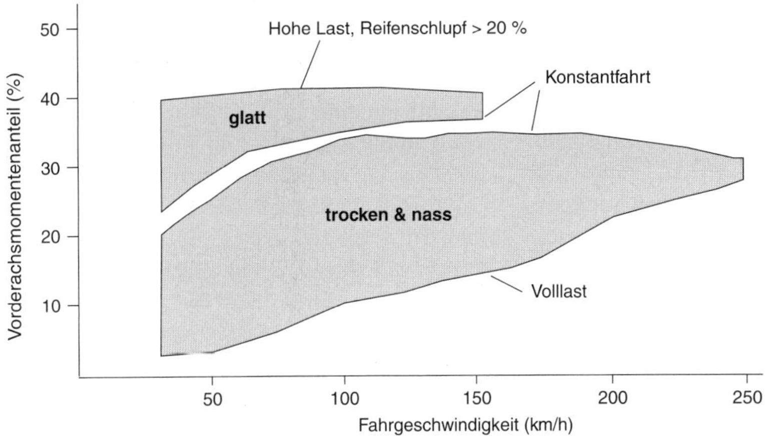

Abb. 7.3 Antriebskraftverteilung in Abhängigkeit von der Geschwindigkeit beim Porsche Carrera [10]

Bei Bremsregelsystemen wird ein geregelter asymmetrischer, vom Fahrer unabhängiger Bremseneingriff gezielt eingesetzt, um das Fahrzeug im Grenzbereich zu stabilisieren [9]. Auch außerhalb des Grenzbereiches werden die Möglichkeiten einer asymmetrischen Bremskraftverteilung genutzt um das Fahrverhalten beim Bremsen in der Kurve zu verbessern (▶ Abschn. 7.2).

Bei Bremssystemen mit der Möglichkeit zur radindividuellen Bremskraftverteilung kann die beim Bremsen auftretende Kursabweichungen a priori durch ein Giermoment, herbeigeführt durch eine gezielte Bremskraftasymmetrie, korrigiert werden.

Die *Abhängigkeit der Reifenseitenkraft von der Umfangskraft* ermöglicht es beim Bremsen über die Bremskraftverteilung zwischen Hinter- und Vorderachse das Seitenführungsvermögen einer Achse gegenüber der anderen zu schwächen und auf diese Weise mittelbar ein Moment um die Hochachse zu erzeugen. Beim Antreiben und Verzögern mit dem Motorantriebs- bzw. -schleppmoment kann analog das Seitenführungsvermögen reduziert werden. Bei Allradantrieb beeinflusst daher die Antriebskraftverteilung auf Vorder- und Hinterachse das Fahrverhalten. Der Einfluss ist jedoch im üblichen Bereich des Brems- und Antriebsschlupfes gering und wird vom Einfluss der Achslaständerung überdeckt. Jedoch im Bereich der maximal übertragbaren Kräfte an einer Achse, ist eine gezielte Verteilung der Bremskräfte und bei Allradantrieb der Antriebskräfte von wesentlichem Einfluss [7, 8]. Hierbei sind die momentanen Radlasten und der zur Verfügung stehende Reibbeiwert wichtige Einflussgrößen bei der Optimierung der Querdynamik (Abb. 7.3).

7.1.3.3 Vertikaldynamik: Fahrwerkskräfte in Fahrzeughochrichtung

Die vertikalen Kräfte, die zwischen Fahrwerk und Aufbau wirken, ergeben sich aus Feder- und Dämpferkräften sowie aus den vertikalen Reaktionskräften der Reifenquer- und -längskräfte. Die Reifennormal kräfte differieren von den resultierenden Feder-, Stabilisator- und Dämpferkräften um die Trägheits-kräfte der ungefederten Massen. Die Aufgabe der Vertikaldynamik ist es, die Aufbaumasse auf den Rädern abzustützen und Hub-, Wank- und Nickbewegungen des Fahrzeugs relativ zur Fahrbahn in engen Grenzen zu halten, bzw. bei aktiven Systemen wenigstens die Wankbewegung zu eliminieren. Das Wanken stellt einen wichtigen aber unerwünschten Freiheitsgrad dar der die Querdynamik wesentlich negativ beeinfusst. Der Aufbau soll, soweit es der Federweg zulässt, gegenüber den Fahrbahnunebenheiten isoliert werden. Um die Übertragung der Längs- und Seitenkräfte möglichst wenig zu beeinträchtigen ist eine weitere Aufgabe der vertikaldynamischen Systeme die dynamischen Radlastschwankungen ausreichend klein zu halten. Die Maxima der Radlastschwankungen treten im Bereich der Eigenfrequenz der ungefederten Massen und der Aufbaueigenmode auf. Während die Radlastschwankungen im Eigenfrequenzbereich der ungefederten Massen das Umfangskraft- und Seitenkraftpotenzial reduzieren, können die niederfrequenten Radlastschwankungen zum Anregen einer Gier-/Querschwingung des Fahrzeugs führen. Aktive Federungssysteme bieten die Möglichkeit die Aufbaubewegungen und zumindest die niederfrequenten Radlastschwankungen zu reduzieren. Der Einfluss auf Verbrauch und Emissionen ist jedoch nicht unerheblich.

Wegen der degressiven Abhängigkeit der Reifenseitenkraft von der Radlast lässt sich ab mittleren Querbeschleunigungen der Grad der Untersteuerneigung mittels der Wanksteifigkeitsverteilung zwischen Hinter- und Vorderachse beeinflussen. Dabei hängt das von der Achse erbrachte Wankmoment nicht nur vom Wankwinkel, sondern auch von der Hubbewegung und dem Nickwinkel des Fahrzeugs ab, so dass hier ein wirkungsvolles Werkzeug zur Abstimmung des Kurvenverhaltens auch beim Lastwechsel und Bremsen besteht.

Wie bereits erwähnt wirken neben den Feder- und Dämpferkräften über die Radführung auch vertikale Reaktionskräfte aus den Reifenseiten- und -umfangskräften auf den Aufbau sowie auf die ungefederten Massen. Diese Kräfte resultieren aus den Brems-, Antriebs- und Seitenkraftabstützwinkeln als Folge der kinematischen Kopplung der Längs- und Querbewegung der Radaufstandspunkte mit der Vertikalbewegung. Diese Effekte werden genutzt um Wank- und Nickwinkel zu reduzieren. Bei rasch eingeleiteten Manövern wirkt sich hierbei besonders günstig im Vergleich zur Stabilisierung über die Federrate aus, dass die Wank- und Nickbeschleunigungen und -geschwindigkeiten geringer sind. Auf diese Weise werden das Anlenken und das Wanküberschwingen günstig beeinflusst. Die Achskinematik ist dabei jedoch so auszulegen, dass unerwünschte Effekte wie Aufstützen bei Kurvenfahrt, Stempeln beim Bremsen und Antreiben sowie zu starke Beeinträchtigung des Geradeauslaufs vermieden werden.

Die Zielkonflikte zwischen den Anforderungen an Komfort, Bodenhaftung der Räder, sowie fahrdynamisch adäquater Radlastverteilung und guter, als angenehm empfundene Ankopplung des Fahrzeuges an die Fahrbahn bei instationären Fahrmanövern und langwelliger Anregung durch die Fahrbahn sind mit konventionellen voll passiven Federungssystemen nur bedingt lösbar. Erschwerend ist, dass das Fahrzeuggewicht und die Achslastverteilung wegen der oft nicht unerheblichen Zuladung schwanken [4]. Niveauregelung, semi-aktive Fahrwerke mit situativer Anpassung von Systemparametern und vor allem aktive geregelte Federungs- und Dämpfungssysteme bieten hohes Potenzial diese Zielkonflikte zu verringern (▶ Abschn. 7.4.4).

Bei der Vertikaldynamik wirken als äußere Kräfte und Momente neben Gewicht und Reifennormalkräften auch die aerodynamische Auftriebskraft und das aerodynamisches Nick- und Wankmoment. Auftriebskraft und Nickmoment werden oft mittels des Auftriebs an Vorder- und Hinterachse beschrieben (▶ Abschn. 3.2). Größe und Verteilung der aerodynamischen Auftriebskräfte haben insbesondere bei höheren Geschwindigkeiten einen bedeutenden Einfluss auf das querdynamische Verhalten, da sie die Reifennormalkraft und die Achsparameter Vorspur, Seiten- und Längskraftabstützwinkel sowie Federkraftverlauf verändern. Bei Kurvenfahrt bewirkt der Fahrzeugschwimmwinkel ein Schräganströmen des Fahrzeugs so dass eine aerodynamische Seitenkraft und ein aerodynamisches übersteuerndes Moment entstehen. Zur Kompensation dieses hineindrehenden Momentes wird in der Regel hinten ein niedrigerer Auftriebsbeiwert als vorne gewählt.

7.1.4 Basis-Zielkonflikte

Bei der Optimierung des Fahrverhaltens treten mehrere Zielkonflikte auf, deren Größe sowohl ein Indikator für die Qualität des gewählten Fahrwerks als auch des Gesamtfahrzeugkonzeptes darstellt:

- Zur Erzielung eines guten Anlenk- und Kurvenverhaltens sind in Abhängigkeit vom Massenpackage des Fahrzeugs Mikrolenkbewegungen als Funktion von Radeinfederung, Reifenseitenkraft und -rückstellmoment erforderlich. Das Fahrwerk sollte jedoch auf unebener Fahrbahn möglichst keine, den Geradeauslauf störenden Reifenkräfte und -momente erzeugen. Bei der Auswahl des Fahrzeugkonzeptes und des Package sollte daher die Rückwirkung auf das Fahrwerk und das fahrdynamische Potenzial berücksichtigt werden.

- Die unmittelbare Abhängigkeit des elastokinematischen Eigenlenkverhaltens von der Quersteifigkeit der Radträgeranbindung erfordert bei einigen Achstypen eine hohe Querlenkerlagersteifigkeit. Zur Isolierung der höherfrequenten Transversalschwingungen des Rad/Reifensystems ist jedoch eine ausreichende Elastizität der Radführung in Querrichtung wünschenswert. Es sind daher die Achskonzepte zu bevorzugen, die neben hoher Längsfederung auch eine ausreichende Querelastizität bei gutem elastokinematischem Eigenlenkverhalten zulassen.
- Die Antriebs- und Bremskräfte sollten möglichst direkt, d. h. ohne Schwingungen anregende Phasenverschiebungen und Koppeleffekte auf den Fahrzeugaufbau übertragen werden. Diese Anforderung steht jedoch in Konflikt mit der Zielsetzung, von der Fahrbahn herrührende Stöße durch eine gezielte Längsfederung und -dämpfung zu mildern. Der Zielkonflikt lässt sich fahrwerkseitig entschärfen bei Auswahl von Achskonzepten mit hoher Drehsteifigkeit um die Querachse bei gleichzeitiger hoher Längselastizität des Radträgers zur Karosserie. Die Längsfederung und -dämpfung hat bei gelenkten Rädern auch einen wesentlichen Einfluss auf die Anregung von Lenkraddrehschwingungen. Hierbei ist die Lage der Eigenfrequenzen der Längs- und Lenkschwingungsformen der ungefederten Massen sowie die Höhe der Kopplung dieser Schwingungsformen von Bedeutung.
- Bei der Auslegung des Federdämpfersystems besteht eine wesentliche Aufgabe darin, einen guten, dem Charakter des Fahrzeugs gerecht werdenden Kompromiss zwischen Fahrverhalten und Fahrkomfort zu finden. Dies wird dadurch erschwert, dass die jeweils günstigste Abstimmung sowohl von der Fahrbahnoberfläche, der momentanen Fahrgeschwindigkeit als auch von den vom Fahrer eingeleiteten Fahrmanövern abhängt. Um den Zielkonflikt bei der Federdämpferabstimmung zu entschärfen, sollte deshalb bei der Festlegung des Gesamtfahrzeugkonzeptes die Interaktion mit Schwerpunkthöhe, Nick- und Wankträgheitsradien sowie Radstand und Spurweite Berücksichtigung finden. Semi-aktive und aktive Systeme haben hier großes Potenzial, das in Zukunft verstärkt ausgeschöpft werden wird.

Anhand der hier beispielsweise aufgeführten Zielkonflikten ist zu ersehen, dass das Fahrwerk eine komplexe Aufgabe zu erfüllen hat, insbesondere auch da in die Bewertung das subjektive Empfinden des Menschen eingeht. Die genannte Aufgabenvielfalt sollte das Fahrwerk mit geringem Aufwand an Gewicht, Bauraum und Kosten erfüllen und dies möglichst unbeeinflusst von Umweltbedingungen und bei gleichbleibender Funktionsqualität über die gesamte Lebensdauer des Fahrzeugs.

Bei dieser komplexen Aufgabenstellung können die Möglichkeiten geregelter fahrdynamischer Systeme (■ Abb. 7.4) einen wichtigen Beitrag leisten sowohl zur Entschärfung der genannten funktionellen Zielkonflikte als auch zur Erzielung einer neuen Qualität der Fahrdynamik. Hierbei ist die Aufgabenverteilung zwischen der passiven mechanischen Radführung und den Eigenschaften der Regelsysteme einer Optimierung zuzuführen. Wegen der sich verschärfenden globalen Emissions- und Energiesituation sind aktive Systeme jedoch nur industrialisierbar, wenn sie einen relevanten Vorteil gegenüber passiven Lösungen bieten.

7.1.5 Ausblick

Im Bereich der Fahrwerkentwicklung erfolgt eine weitere deutliche Funktionssteigerung durch die Einführung von Fahrwerkregelsystemen, die unmittelbar oder mittelbar das Fahrverhalten verbessern [11]. Die zunehmende Zahl an fahrdynamischen Regelsystemen macht es erforderlich das Zusammenspiel der einzelnen Regelsysteme in einem Fahrzeug so zu gestalten, dass zumindest keine negativen Interferenzen auftreten, möglichst jedoch funktionale Synergien entstehen. Hierzu ist eine funktionale Integration der Regelsysteme

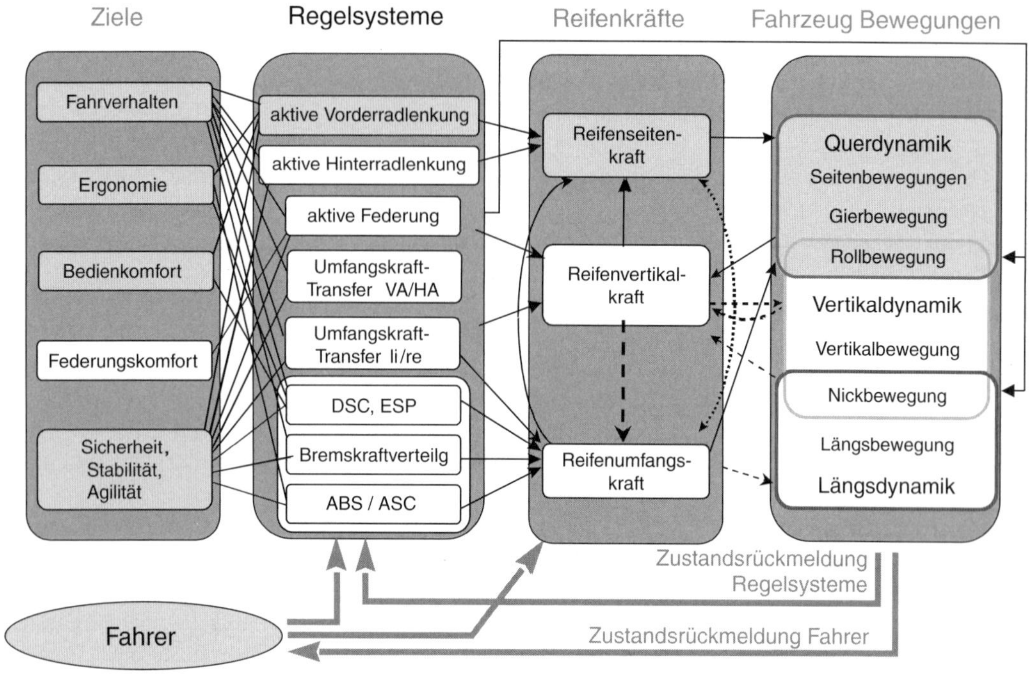

Abb. 7.4 Wirkzusammenhänge fahrdynamischer Regelsysteme [11]

zu einem »Integrated Chassis Management ICM« erforderlich [12]. Das ICM muss eine Schnittstelle zum Antriebsstrang-Management und zu den Fahrerassistenzsystemen aufweisen um deren Anforderungen, ähnlich wie die des Fahrers, umsetzen zu können. Die Koppelung der Fahrdynamik-Regelsysteme mit den Fahrerassistenzsystemen wird zu einer deutlichen Funktionserweiterung der Fahrdynamik-Regelsysteme führen, da Informationen über die Bahn des Fahrzeugs, den Straßenverlauf und über weitere Verkehrsteilnehmer zur Verfügung stehen werden um die Aktion der Regelsysteme weiter zu optimieren.

Die Notwendigkeit einer funktionalen Integration kann zu einer Lösung mit weitgehender Zusammenfassung der fahrdynamischen Regelung in einem Steuergerät führen oder zu einer Verteilung der fahrdynamischen Regelfunktionen auf mehrere Steuergeräte bei gleichzeitiger Vernetzung. Zwischen diesen beiden extremen Lösungsansätzen sind auch Kombinationen denkbar.

Zwischen der Architektur der Hardware und der Funktionsstruktur der Software besteht eine gegenseitige Abhängigkeit. Für ein Szenario integrierter Regelfunktionen gehen zwingend Ansätze zur Beherrschung der Komplexität, Variantenvielfalt und Sicherheit einher. Dies umfasst im Einzelnen:

- einen optimalen, auf funktionale Integration ausgerichteten Regelsystem-Baukasten für eine schnelle und bestmögliche Konfigurierbarkeit produktspezifischer Funktionsinhalte.
- ein Sicherheitskonzept, das wo erforderlich, funktionale Redundanz und »fail silent«-Verhalten verbunden mit »gracefull degradation« und Rekonfiguration des restlichen Systems beinhaltet.
- ein Funktions- und Konfigurationsmanagement für einen skalierbaren Funktionsumfang abhängig von Anzahl, Art und Verfügbarkeitszustand der fahrzeugindividuell verbauten Fahrdynamik-, Fahrzeugführungs-, Aktuatorik- und Sensorsysteme.
- eine offene Architektur mit standardisierten Schnittstellen, die obige Anforderungen unterstützt.

- und schließlich neue Geschäftsmodelle mit Zulieferern bei eindeutig definierten Schnittstellen in Technik und Verantwortung.

Die Beherrschung der funktionalen Integration und der Hardware Architektur stellt eine wesentliche, systemübergreifende Aufgabe bei der Entwicklung fahrdynamischer Systeme dar. Da eine Standardisierung der Schnittstellen sowie eine offene Systemarchitektur zu den Voraussetzungen zählen, hängt die zukünftige Verbreitung fahrdynamischer Regelsysteme auch von der Zusammenarbeit der Fahrzeughersteller und den Zulieferern ab. Hier sind gemeinsame Anstrengungen im Rahmen von AUTOSAR erkennbar (▶ Abschn. 8.1).

7.2 Bremssysteme

7.2.1 Einführung

Das Bremssystem gehört zu den sicherheitsrelevanten Systemen. Von seiner Funktionstüchtigkeit in allen Fahrsituationen hängt die Sicherheit der Fahrzeuginsassen und anderer Verkehrsteilnehmer ab. Die ursprüngliche Funktion, ein Fahrzeug entsprechend dem Fahrerwunsch aus jeder Fahrgeschwindigkeit abzubremsen, wurde in den letzten Jahren um umfangreiche elektronisch geregelte Funktionen erweitert. Die zunehmenden Komfortansprüche an moderne Fahrzeuge, die damit verbundene Zunahme des Fahrzeuggewichts und die heute erreichbaren Geschwindigkeitsbereiche, führen zu erweiterten Leistungsanforderungen an moderne Bremssysteme.

Wichtige Schritte zu heutigen Bremssystemen waren:

- **bis 1925** mechanisch betätigte Trommelbremsen,
- **1925** hydraulisch betätigte Trommelbremsen,
- **1950** Einführung unterdruckunterstützter Bremskraftverstärker (Hilfskraftbremse),
- **ca. 1957** hydraulische Teilbelagsscheibenbremse ausgeführt als Festsattel,
- **1965** erste Vorläufer des ABS (Einkanal-ABS),
- **1972** Schwimmrahmensattel für Fahrzeuge mit negativem Lenkrollradius,
- **1978** Faustsattel löst Schwimmrahmensattel ab,
- **1978** elektronisch geregeltes ABS-System,
- **1987** Antriebs-Schlupf-Regelsysteme (ASR),
- **1994** elektronische Bremskraftverteilung (EBV),
- **1995** elektronisches Stabilitätsprogramm (ESP),
- **1996** Bremsassistent (BAS),
- **2001** Elektrohydraulische Bremse (EHB),
- **2002** Fahrzeuge mit Bremsenergierückgewinnung.

Die in diesem Buch beschriebenen Bremssysteme beschränken sich zunächst auf hydraulisch betätigte Reibungsbremsen, wie sie heute überwiegend in Pkws und Leicht-Lkws verwendet und wohl auch in zukünftigen Fahrzeugen Anwendung finden werden. Die in den letzten Jahren auf den Markt gekommenen Hybrid-Fahrzeuge (Kombination aus Verbrennungs-und Elektromotor) oder reiner Elektroantrieb stellen neue und teilweise erweiterte Anforderungen an Bremssysteme. Als weiterführende Literatur wird das Vieweg Bremsenhandbuch [14] empfohlen.

7.2.2 Auslegung von Bremssystemen

Die physikalische Grundauslegung einer konventionellen Bremsanlage wird im Wesentlichen durch folgende Größen bestimmt:

- Leistungsanforderungen (performance) an Fahrzeug und Bremsanlage
- Leer- und zulässiges Gesamtgewicht des Fahrzeugs
- Lastverteilung auf Vorder- und Hinterachse leer und beladen
- Maximalgeschwindigkeit und Beschleunigungsvermögen
- Radstand
- Schwerpunktpositionen von Fahrzeug und Beladung
- Verfügbare Rad-/Felgen-Größe
- Reifentyp
- (Hilfs-) Energieversorgung für Bremssystem (z. B. Vakuum aus dem Verbrennungsmotor für Bremskraftverstärker)

Bremskreisaufteilungen Die Aufteilung in getrennte Bremskreise erhöht die Sicherheit gegen Ausfall eines Teils der Bremsanlage. Das Fahrzeug muss mit dem intakt gebliebenen Bremskreis noch gemäß der gesetzlichen Bestimmung abgebremst werden können.

Auf Grund unterschiedlicher Fahrzeug-Achslast-Verteilungen und Schwerpunktlagen ergeben sich verschiedene Möglichkeiten zur Aufteilung der Bremskreise. Am häufigsten sind (siehe auch DIN 74000): Vorder-/Hinterachs-Bremskreisaufteilung (»schwarz/weiß«: S/W-Aufteilung):

Hierbei werden Vorderräder und Hinterräder des Fahrzeugs jeweils von einem separaten Bremskreis versorgt. Wesentliche Aspekte hierbei sind:

- Kein Schiefziehen des Fahrzeugs bei Kreisausfall
- Einsatzmöglichkeit eines gestuften Tandem-Haupt-Zylinders (unterschiedliche »äußere Übersetzung« für Vorder- und Hinterachse)
- Verbleibende HA-Bremswirkung bei thermischer Überlastung der Vorderachse (z. B. bei Dampfblasenbildung)

Diagonale Bremskreisaufteilung (»X-Aufteilung«, »X-Split«): Bei dieser Anordnung werden jeweils die diagonal gegenüber liegenden Bremsen von einem Bremskreis versorgt. Der höhere Bremskraftanteil der Vorderachse wird dabei auch bei einem Kreisausfall immer an einem Rad genutzt. Schiefziehen bei Kreisausfall infolge der unsymmetrischen Bremskraftverteilung zwischen links und rechts kann durch entsprechende Achskonstruktion, z. B. durch einen negativen Lenkrollradius, kompensiert werden. Die diagonale Bremskraft-Aufteilung wird vorwiegend in Fahrzeugen mit höherem Vorderachslastanteil verwendet.

7.2.2.1 Physikalische Grundlagen

Bewegungsänderungen von Fahrzeugen (Lenken, Beschleunigen, Bremsen) werden von Kräften bewirkt. Alle Kräfte zur Änderung der Fahrzeugbewegung, die der Fahrer eines Fahrzeuges direkt beeinflussen kann, werden ausschließlich durch die Reibung zwischen Reifen und Fahrbahn übertragen (siehe ◘ Abb. 7.5). Die maximale Höhe dieser Reibkräfte hängt u. a. von den Normalkräften an den Rädern, den Radlasten ab. Sie werden durch die Fahrzeuggewichtskraft bestimmt und zusätzlich durch aerodynamischen Auf-/Abtrieb beeinflusst. Zu diesem statischen Anteil kommen im instationären Fahrbetrieb noch dynamische Anteile hinzu. Achslastverlagerungen (z. B. beim Beschleunigen/Bremsen, Kurvenfahrt), bedingt durch die Schwerpunktlage des Fahrzeugs oder durch Fahrbahnunebenheiten, erzeugen dynamische Radlasten, die sich den statischen Anteilen überlagern. Mit diesen Radlastschwankungen variieren im Fahrbetrieb auch die auf die Fahrbahn übertragbaren Kräfte.

Bremsanlagen werden in heutigen Fahrzeugen so ausgelegt, dass sie eine wesentlich höhere Abbremsung leisten können, als durch die gesetzlichen Vorschriften gefordert wird. Der Bremskraftübertragung wird letztendlich durch die begrenzte Reibung zwischen Reifen und Fahrbahn eine physikalische Grenze gesetzt. Unter Berücksichtigung von Reifen-Fahrbahnreibwert μ, Erdbeschleunigung g, Fahrzeugmasse m, aerodynamischem Auf-/Abtrieb F_{aero} und der Eigenverzögerungskraft F_{EV} (Luftwiderstand, Reibung) lässt sich die maximal mögliche Fahrzeugverzögerung abschätzen:

$$\ddot{x}_{\max} = \mu g + \frac{\mu F_{\text{aero}}}{m} + \frac{F_{\text{EV}}}{m}$$

Damit kann über die dynamische Achslastverlagerung näherungsweise die maximal übertragbare Vorderachsbremskraft ermittelt werden:

$$F_{\max,V} = \mu \cdot \left(G\frac{l_H}{l} + F_{\text{aero},V} + m\ddot{x}_{\max}\frac{h_S}{l} \right)$$

Die Radbremse ist nun so auszulegen, dass dieser Wert immer erreicht wird. Die Bremskraft am Rad wird von der Betätigungskraft (Fußkraft auf das Bremspedal) zuzüglich einer Hilfskraft aus dem Bremskraftverstärker erzeugt (◘ Abb. 7.6). Im (Tandem-)Hauptzylinder wird die Betätigungskraft in hydraulischen Druck gewandelt. Überschlägig lassen sich nachfolgende Gleichungen aufstellen. Der hydraulische Bremsdruck p errechnet sich aus Fahrerfußkraft F_{Fahrer}, Pedalübersetzung i, Bremskraftverstärkung V, Hauptzylinderfläche A_{HZ} und Wirkungsgrad η:

$$p = \frac{F}{A} = \frac{F_{\text{Fahrer}} i_{\text{Pedal}} V}{A_{\text{HZ}}} \eta_{\text{Betätigung}}$$

Dieser Druck wirkt auf die Radbremszylinder, welche die Reibflächen der Bremsen mit Spannkräften

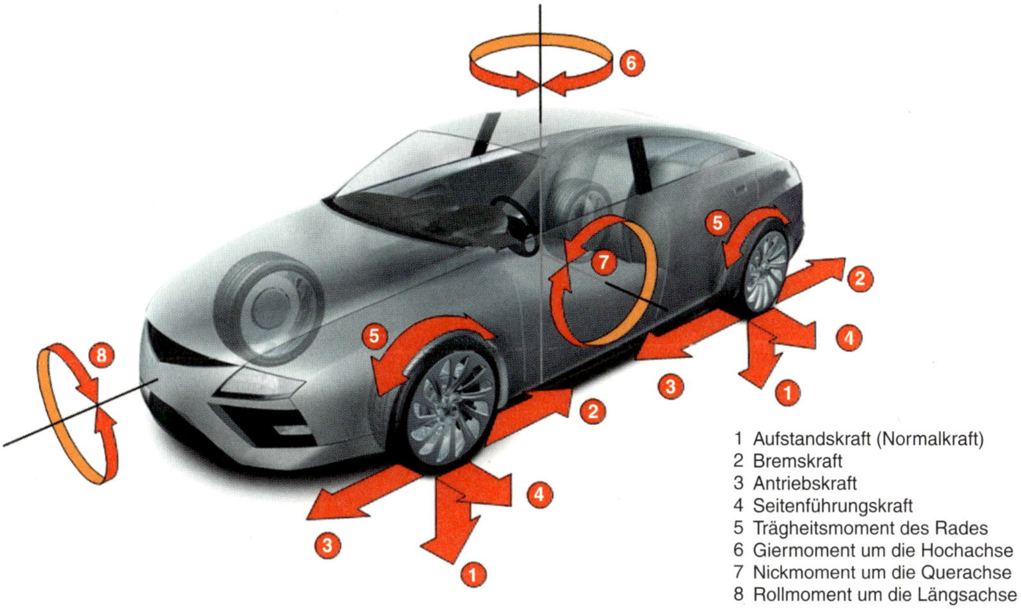

Abb. 7.5 Kräfte und Momente am Fahrzeug (1 Radlast, 2 Bremskraft, 3 Antriebskraft, 4 Seitenführungskraft, 5 Brems-/Antriebsmoment, 6 Giermoment, 7 Nickmoment um die Querachse, 8 Rollmoment um die Längsachse)

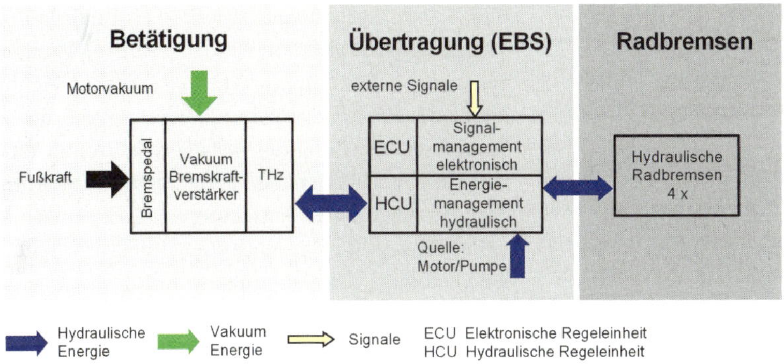

Abb. 7.6 Hydraulisches Bremssystem mit elektronischer Regelung

beaufschlagen. Dadurch wird ein Bremsmoment am Rad erzeugt, welches über die Reifen als Bremskraft auf die Fahrbahn übertragen wird. Diese Bremskraft F_B am Rad errechnet sich aus hydraulischem Druck p, Radbremszylinderfläche A_{RBZ}, Wirkungsgrad η, innerer Übersetzung C^*, wirksamem Reibradius r und dynamischem Reifenrollradius R:

$$F_B = pA_{RBZ}\eta C^* \frac{r_{wirk}}{R_{roll}}$$

Die innere Übersetzung C^* wird auch als Bremsenkennwert bezeichnet. Sie beschreibt das Verhältnis von Umfangs-/Reibkraft an den Bremsbelägen zur Spannkraft am Radbremszylinder:

$$C^* = \frac{\sum F_{Umfang}}{F_{Spann}}$$

Als äußere Übersetzung $i_ä$ wird das Verhältnis zwischen Spannkraft am Radbremszylinder und Betätigungskraft am Bremspedal bezeichnet. Sie kann auch unter Berücksichtigung des Wirkungsgrades als Verhältnis von Pedalweg zu den Spannwegen (inkl. Verlustwege) an n Bremsen dargestellt werden:

$$i_{ä} = \frac{F_{Spann}}{F_{Betätigung}} = \eta_{Betätigung} \frac{S_{Pedal}}{n \cdot S_{Spann}}$$

Kombiniert man obige Gleichungen erhält man (in stark vereinfachter Form und mit begrenztem Gültigkeitsbereich) die Radbremskraft als Funktion der Fahrerfußkraft, welche von den Eigenschaften der drei Subsysteme »Mechanik Betätigung«, »Hydraulik« und »Mechanik Radbremse« abhängt (siehe auch ◘ Abb. 7.6):

$$\frac{F_{B,RA}}{G} = \sqrt{\frac{(1-\psi)^2}{4 \cdot X^2} + \frac{1}{X} \cdot \frac{F_{B,FA}}{G}} - \frac{1-\psi}{2 \cdot X} - \frac{F_{B,FA}}{G}$$

Als rotierende Massen besitzen die Räder Trägheitsmomente. Deren Beharrungsvermögen gegenüber Drehzahlveränderungen muss insbesondere beim Bremsen mit Schlupfregelung ebenfalls berücksichtigt werden.

Neben diesen längsdynamischen Betrachtungen spielen auch querdynamische Effekte eine Rolle bei Brems- und Fahrstabilitätssystemen (siehe ◘ Abb. 7.5). Ein Drehmoment um die Fahrzeug-Vertikalachse wird als Giermoment bezeichnet. Es wird entweder durch den Fahrer (z. B. Lenken) oder durch äußere Einflüsse (z. B. Seitenwind, reibwertbedingt unterschiedliche Antriebs-/Bremskräfte auf beiden Fahrzeugseiten) erzeugt. Die sogenannten Seitenführungskräfte wirken der Zentrifugalkraft bei Kurvenfahrt entgegen und halten das Fahrzeug in der Spur. Bei Überbeanspruchung der Reibpaarung Reifen–Fahrbahn können Zentrifugalkräfte bzw. Giermoment nicht mehr ausreichend über die Seitenführungskräfte an den Rädern kompensiert werden, d. h. das stabile Kräftegleichgewicht geht verloren und das Fahrzeug kommt ins Schleudern. Im Rahmen der physikalischen Grenzen können Fahrstabilitätssysteme den Fahrer durch gezielten radselektiven Bremseneingriff in solchen Situationen unterstützen (siehe ► Abschn. 7.2.5.5).

7.2.2.2 Bremskraftverteilung

Ziel der Bremskraftverteilung ist ein neutrales bzw. stabiles Fahrverhalten auf homogener Fahrbahn im gebremsten Zustand. Dies ist idealerweise bei jeder Verzögerung an allen Rädern durch gleiche Ausnutzung des zur Verfügung stehenden Kraftschlusses zwischen Reifen und Fahrbahn anzustreben.

Die auf die Fahrbahn übertragbaren Bremskräfte sind abhängig von den in der jeweiligen Fahrsituation vorhandenen Radaufstandskräften und Reifeneigenschaften. Die Abbremsung des Fahrzeuges verursacht eine Veränderung der Radaufstandskräfte in Abhängigkeit von der Verzögerung. Die Belastung der Vorderachse nimmt zu, die der Hinterachse ab (dynamische Achslastverlagerung).

Für ein Fahrzeug lässt sich damit für jeden Beladungszustand und jede Verzögerung eine optimale achsenspezifische Bremskraft ermitteln, die so genannte »ideale Bremskraftverteilung«. Sie wird ausschließlich durch geometrische Fahrzeugdaten und Achslastverteilung bestimmt. Das Bremskraftverteilungsdiagramm verdeutlicht Abhängigkeiten zwischen Fahrbahnreibwert, dynamischer Achslast und Fahrzeugverzögerung. Indem es die ideale Bremskraftverteilung der installierten Bremskraftverteilung gegenüberstellt, bildet dieses Diagramm die Grundlage für die Auslegung von Bremsanlagen.

Üblicherweise werden in der Bremssystemauslegung einige Größen dimensionslos dargestellt. Dazu gehört die Abbremsung z als Verhältnis der Fahrzeugverzögerung b zur Erdbeschleunigung g:

$$z = \frac{b}{g}$$

Außerdem werden die Größen ψ als Verhältnis von Schwerpunktlage in Längsrichtung l_v zum Radstand l, sowie χ als Verhältnis von Schwerpunktlage in vertikaler Richtung h_s zum Radstand l verwendet (siehe ◘ Abb. 7.7). Damit lassen sich die idealen Bremskräfte für Vorder- und Hinterachse (F_{BV} und F_{BH}) bezogen auf die Fahrzeuggewichtskraft G darstellen:

$$\frac{F_{BV}}{G} = [1 - \psi + zX]z$$

$$\frac{F_{BH}}{G} = [\psi - zX]z$$

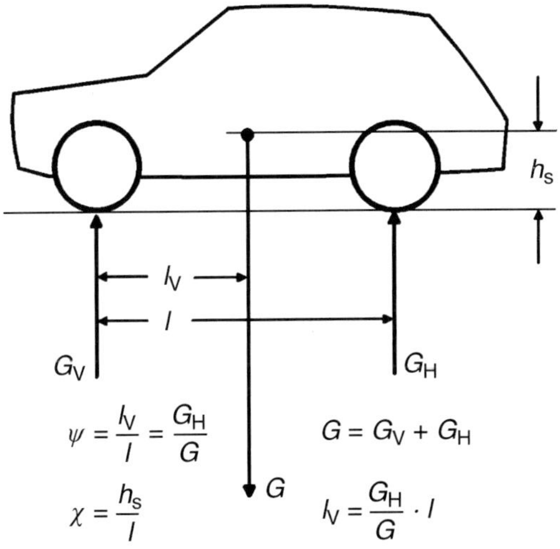

Abb. 7.7 Prinzipskizze Schwerpunktlage

Unter Zuhilfenahme dieser Gleichungen lässt sich die ideale Bremskraftverteilung (ideale Hinterachsbremskraft als Funktion der Vorderachsbremskraft) herleiten. Die ideale Bremskraftverteilung (Abb. 7.8) ist eine nichtlineare Funktion (Wurzelfunktion zuzüglich eines linearen Anteils):

$$\frac{F_{\mathrm{BH}}}{G} = \sqrt{\frac{(1-\psi)^2}{4X^2} + \frac{1}{X}\frac{F_{\mathrm{BV}}}{G}} - \frac{1-\psi}{2X} - \frac{F_{\mathrm{BV}}}{G}$$

Die ideale Bremskraftverteilung errechnet sich wie erwähnt aus den Fahrzeugdaten (Achslasten, Schwerpunkthöhe, etc.). Gemeinsam mit den fahrsituationsspezifischen Reifen-Fahrbahn-Kraftschlusskennlinien begrenzt sie den fahrdynamisch stabilen Bremsbereich des Fahrzeugs (im Beispiel instabiler Bereich dargestellt in grau). Dagegen ergibt sich die tatsächlich installierte Bremskraftverteilung über die an Vorder- und Hinterachse installierten hydraulischen Radbremskomponenten. Mit dieser installierten Bremskraftverteilung ist es jedoch nicht bei allen Fahrzeug-Beladungszuständen möglich, beide Achsen im gesamten Reibwert- und Verzögerungsbereich gleichzeitig bis zur Blockiergrenze abzubremsen. Daher sorgt z. B. ein ABS mit EBV bei Bedarf durch Regeleingriffe (= Anpassen der installierten BKV) dafür, dass das Fahrzeug stets im stabilen Betriebsbereich bleibt, und dies sowohl bei Geradeaus- als auch bei Kurvenbremsungen.

7.2.2.3 Bremspedalcharakteristik

Die Bremspedalcharakteristik ist primär durch Maßnahmen an Betätigung, Radbremse und Pedalbox beeinflussbar. Fahrzeughersteller nutzen die Pedalcharakteristik zur marken- und modellspezifischen Ausprägung ihrer Fahrzeuge, wobei das »subjektive Pedalgefühl« anhand der quasistatischen und dynamischen Zusammenhänge zwischen Pedalweg, Pedalkraft und Fahrzeugverzögerung bewertet wird. Wesentliche Beurteilungsparameter hierbei sind:

- Ansprech-/Löse-Verhalten bzw. Ansprechkräfte und Leerwege
- Springer (= definierter Startpunkt, ab dem die Bremskraftverstärkung einsetzt bzw. die Fahrzeugverzögerung spürbar ansteigt)
- Intensität der Bremskraftverstärkung (Verstärkungsfaktor)
- Kraft/Weg-Charakteristik am Pedal und resultierende Fahrzeugverzögerung
- Modulationspräzision und Hystereseverhalten (inkl. Fahrzeugverzögerungsrückmeldung)
- Erreichen des Aussteuerpunkts (= maximales Arbeitsvermögens des Bremskraftverstärkers bei gegebener Hilfskraft z. B. Unterdruck)
- Pedalrückwirkungen aufgrund von (ABS-)Regelungseingriffen
- Pedalwegverlängerung und Pedalkrafterhöhung bei Fading

Bei der Beurteilung der Pedalcharakteristik sollte zwischen verschiedenen Verzögerungsintensitäten unterschieden werden, da z. B. beim Rangieren auf einem Parkplatz andere Beurteilungsparameter im Vordergrund stehen, als bei einer Notbremsung. Zudem regelt ein menschlicher Fahrer die gewünschte Fahrzeugverzögerung aufgrund der nichtlinearen Pedalkraft-/Wegcharakteristik bei niedrigen Verzögerungen eher mit Hilfe des Pedalwegs, bei hohen Verzögerungen eher über die Pedalkraft. Dies ist bei Subjektivbeurteilungen ebenso zu berücksichtigen, wie die teilweise sehr unterschiedlichen Fahrzeugherstellervorgaben hinsichtlich des »optimalen Pedalgefühls« [16].

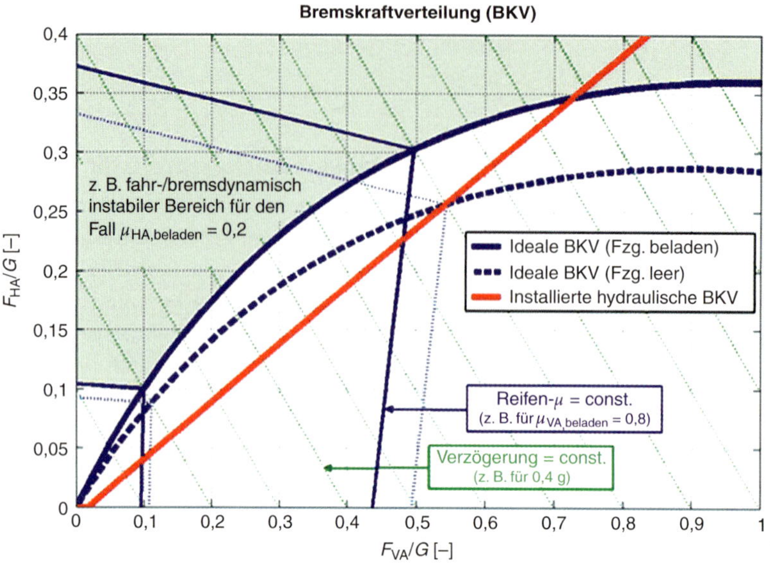

Abb. 7.8 Ideale und installierte Bremskraftverteilung (dimensionslose Darstellung: Bremskraft dividiert durch Gewichtskraft)

Konstruktive Maßnahmen zur Verbesserung der Pedalgefühlbeurteilung stehen oft in Widerspruch zu anderen Bremssystemanforderungen. Exemplarisch sei der Wunsch nach möglichst direktem Ansprechen der Bremse erwähnt, was u. a. ein geringes Bremssattellüftspiel erfordert, aber damit in Widerspruch zur Forderung nach möglichst geringem Sattelrestbremsmoment (Kraftstoffverbrauchsoptimierung) steht. Somit stellen Pedalcharakteristiken konventioneller hydraulischer Bremsanlagen oft einen Kompromiss dar zwischen technischen und haptischen Anforderungen.

Bei der Auslegung einer Bremsanlage werden schon in der Frühphase der Systementwicklung mittels Simulation Prognosen zur Pedalkraft-/Wegcharakteristik durchgeführt, um die Einhaltung von Fahrzeugherstellervorgaben zu gewährleisten. Damit lassen sich z. B. bereits in der Projektangebotsphase gezielt Anforderungen an die Einzelkomponenten zur Systemoptimierung ableiten. Auf diese Weise kann schon sehr früh im Entwicklungsprozess die Basis für eine spätere gute Subjektivbeurteilung des Pedalgefühls geschaffen werden. Abbildung 7.9 zeigt eine statistische Pedalcharakteristik-Darstellung, die mittels MonteCarlo-Simulation ermittelt wurde. Diese Methodik ermöglicht die Berücksichtigung von Bauteiltoleranzverteilungen und Betriebsparameterstreuungen und lässt auf diese Weise Prognosen zur Streuung wesentlicher System-Funktionen in den späteren Serienproduktionsfahrzeuge zu.

7.2.2.4 Thermische Dimensionierung

Beim Bremsen wird die kinetische Energie des Fahrzeugs via Reibung in thermische Energie umgewandelt, welche primär in den Bremsscheiben/-trommeln zwischengespeichert wird, bevor sie von dort aus über Wärmestrahlung und Konvektion letztendlich an die Umgebung abgegeben wird. Dabei spielt die Aerodynamik im Radhaus bzw. die Umströmungsbedingungen an Bremsscheiben und -belägen eine signifikante Rolle.

Von »Fading« spricht man, wenn die Bremsleistung aufgrund zu hoher thermischer Belastung nachlässt. Ursache ist ein (belagspezifisches) Absinken der Reibwerte zwischen Bremsscheibe und -belag bei hohen Temperaturen. Als Folge muss zum Erreichen der Wunschverzögerung zunächst die für eine bestimmte Verzögerung erforderlichen Spannkräfte im Bremssattel und somit das hydraulische Druckniveau ansteigen. Zudem können sich

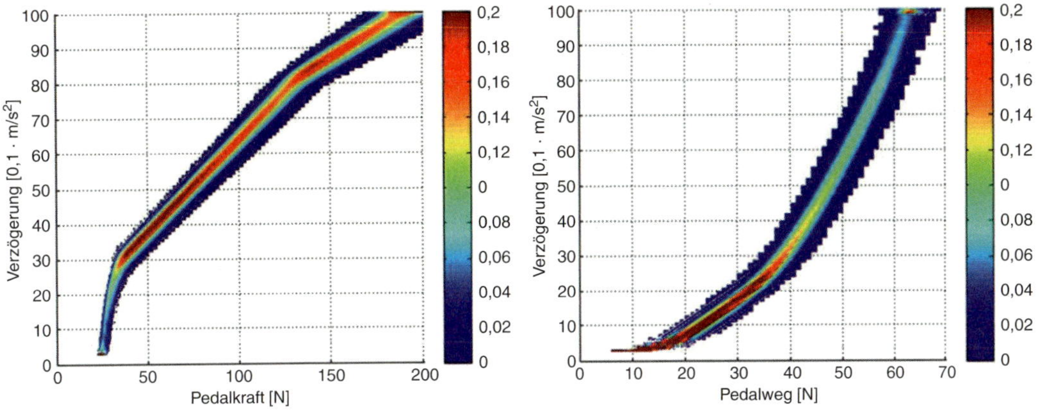

Abb. 7.9 Exemplarische Pkw Verzögerung über Pedalkraft bzw. Pedalweg inkl. Streuung (die Farbskala quantifiziert die relative Häufigkeit), ermittelt mittels statistischer MonteCarlo-Simulation

aufgrund der Temperaturerhöhung zusätzlich die Steifigkeiten bzw. Kompressibilitäten von im Kraftfluss stehenden Bauteilen negativ verändern. All dies kann zu erhöhter hydraulischer Volumenaufnahme führen. Letztendlich sind Pedalkraftanstieg und Pedalwegverlängerung unausweichlich. Im schlimmsten Fall kann der Pedalkraftanstieg derart hoch ausfallen, dass er von einem Normalfahrer kaum mehr zu bewältigen ist, oder die (hydraulische) Elastizität nimmt derart zu, dass sich der Bremsflüssigkeitsvorrat im Hauptbremszylinder erschöpft. Als Folge sinkt die noch erreichbare Fahrzeugverzögerung dramatisch. Daher werden während einer Bremssystementwicklung zahlreiche Bremsszenarien (z. B. Vollbremsungen aus Fahrzeugmaximalgeschwindigkeit, wiederholtes Beschleunigen und Abbremsen des Fahrzeugs, Passabfahrten im Gebirge ohne Ausnutzen der Motorbremswirkung, etc.) sowohl am Prüfstand als auch am Gesamtfahrzeug getestet.

Um Fadingeffekten auslegungsseitig vorzubeugen ist die »thermische Speichermasse« (Bremsscheiben/-trommeln) für die umgewandelte kinetische Energie des Fahrzeugs ausreichend groß zu dimensionieren. Um auch bei wiederholtem Bremsen ein kontinuierliches Aufschaukeln der Scheibentemperaturen zu minimieren (siehe Abb. 7.10), muss außerdem mittels geeigneter Radhaus- und Felgengestaltung für hohe Kühlluftzufuhr und gute Bremsscheibenumströmung (Maximierung des Wärmeübergangskoeffizienten) gesorgt werden. Zudem ist die Wärmeabgabe der Bremsscheiben via Wärmestrahlung möglichst wenig zu behindern. Hochwertige Reibbeläge sorgen zudem auch unter thermisch schwierigen Bedingungen für stabiles Reibverhalten. In der Praxis stehen den beschriebenen Fading-Gegenmaßnahmen sehr oft andere Anforderungen entgegen (z. B. Bauteilkosten, Packaginganforderungen, Bauraumbegrenzungen, aerodynamische Optimierung der Fahrwiderstände).

Trommelbremsen sind gegenüber Scheibenbremsen thermisch weniger belastbar, da mit der geschlossenen Bauweise Kühlungsnachteile einhergehen und thermisch bedingte Bauteildeformationen oft deutliche Reibwert- bzw. C^*-Schwankungen ergeben.

Hinsichtlich der Hydraulik ist mit Blick auf alle Komponenten eine sorgfältige Volumenaufnahmebilanzierung durchzuführen und der Hauptbremszylinder ausreichend groß zu dimensionieren, so dass im Fadingfall genügend Ausstoßvolumenreserve zur Verfügung steht, um höhere Bremsdrücke und/oder erhöhte Volumenaufnahme abzudecken.

Zudem ist durch geeignete Werkstoffauswahl und Konstruktionsart sicherzustellen, dass die thermischen und mechanischen Belastungen keine Bauteilschäden verursachen und die dauerhafte Funktion der Bremsanlage gewährleistet bleibt.

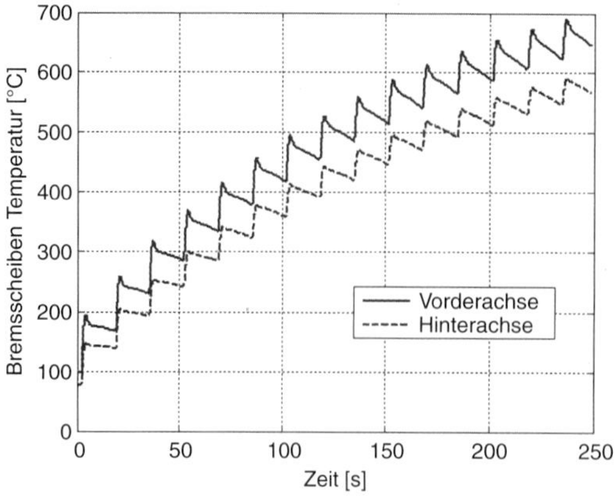

Abb. 7.10 Aufschaukeln der Bremsscheibentemperatur bei wiederholtem starken Bremsen und Beschleunigen. Der Krümmungsgrad der Kurve bzw. die Höhe der Sättigungstemperatur (= Gleichgewicht zwischen Reibenergiezufuhr und Abkühlung) wird maßgeblich durch die fahrzeugmodellspezifische Aerodynamik im Radhaus bestimmt

Bei der Auswahl der Bremsflüssigkeit muss berücksichtigt werden, dass deren Siedepunkt deutlich oberhalb von im Fahrbetrieb potenziell auftretenden Flüssigkeitstemperaturen liegt: Die aus Siedevorgängen resultierenden Dampfblasen würden einen Hydraulikdruckaufbau unterbinden und ein plötzliches Versagen der Bremsanlage wäre die Folge. Bremsflüssigkeit absorbiert aufgrund ihrer hygroskopischen Eigenschaft im Laufe der Zeit Wasser aus der Umgebungsluft. Der so eingebrachte Wasseranteil reduziert allmählich den Siedepunkt der Bremsflüssigkeit (= Nasssiedepunkt), weshalb regelmäßige Austauschintervalle heute schon vorgesehen sind.

7.2.2.5 Auslegungsaspekte bei regenerativen Bremssystemen

Bei konventionellen Bremsanlagen sind die Radbremsen über Hydraulik und Bremsgerät direkt mit dem Bremspedal in einer Wirkkette verbunden. Bei regenerativen Bremssystemen in Hybrid- und Elektrofahrzeugen ergibt sich hingegen die Aufgabe, diese mechanisch/hydraulische Wirkkette definiert zu unterbrechen, um (zeitweise) das Reibungsbremsmoment durch das Generatorbremsmoment einer elektrischen Maschine zu ersetzen. So soll wenigstens ein Teil der kinetischen Energie des Fahrzeugs zurückgewonnen werden, um diese später als Antriebsenergie nutzen zu können. Ein simples Hinzu-Addieren des nicht-konstanten Generatorbremsmoments zum konventionellen Reibungsbremsmoment wäre aus Gründen der Rekuperationsgradoptimierung und der Vorhersehbarkeit von Pedalcharakteristik und Fahrzeugverzögerungsverhalten nicht akzeptabel.

Die häufigsten Bremsvorgänge finden (statistisch gesehen) bei niedrigen Fahrgeschwindigkeiten und niedrigen Verzögerungen statt (siehe Abb. 7.11). Auch genormte Kraftstoffverbrauchszyklen (z. B. New European Driving Cycle NEDC) orientieren sich meist an derartigen Kollektiven. Daher ist es das Ziel, diesen Bereich möglichst allein durch den Generator (d. h. ohne konventionelle Reibbremseingriffe) abzudecken.

Das maximale Bremsmoment eines Generators nimmt mit zunehmender Drehzahl stark ab (siehe Abb. 7.12). Je nach gewünschter Rekuperationsleistung bzw. Generatorbremsmoment sind E-Maschinen sehr unterschiedlicher Leistungsklassen verfügbar. Trotzdem reicht die Bremsleistung Pkw-tauglicher Generatoren derzeit nicht aus, den kompletten Verzögerungsbereich eines modernen Fahrzeugs abzudecken. Die konventionelle Reibungsbremse ist daher auch in Hybrid- und Elektrofahrzeugen unverzichtbar. Für das situationsabhängige und möglichst harmonische Kombinieren von Generator- und Reibungsbremsmoment (Torque-Blending) existieren unterschiedliche mechatronische Ansätze am Markt (siehe ► Abschn. 7.2.6.2 Regeneratives Bremsen). Bei deren Entwicklung ist ein durchdachtes fail-safe-Konzept aufgrund der beschriebenen Pedalentkopplung unverzichtbar. Außerdem muss die Rekuperationsstrategie insbesondere bei Fahrzeugen, bei denen das Generatorbremsmoment ausschließlich auf die Hinterachse wirkt, auch im Hinblick auf Fahrstabilität abgestimmt werden.

7.2.3 Bremssystemkomponenten

Für Bremssystemkomponenten bestehen hohe Anforderungen hinsichtlich Robustheit, Funktionssi-

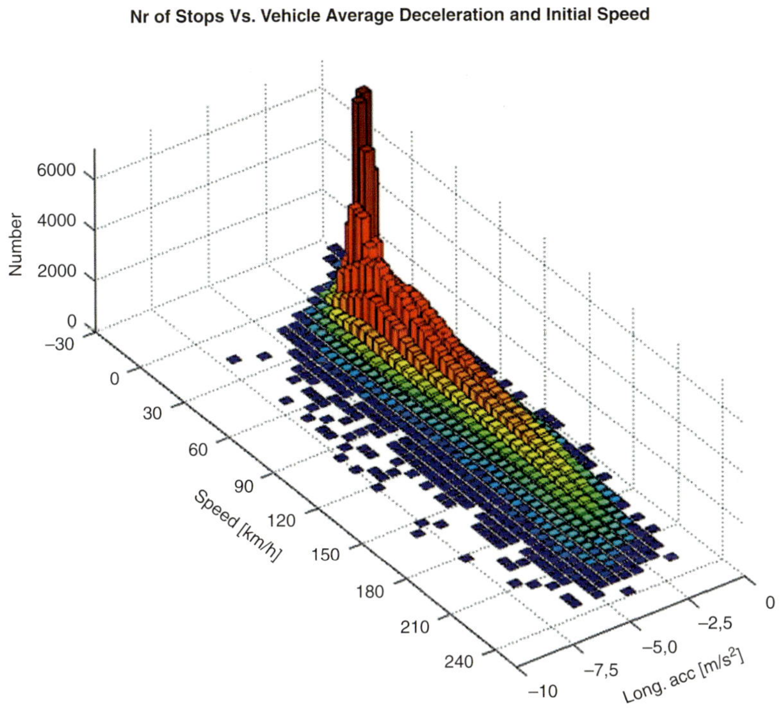

Abb. 7.11 Gemessene Bremshäufigkeitsverteilung eines Normalfahrers als Funktion von Fahrgeschwindigkeit und jeweils gemittelter Verzögerung (Quelle: Continental)

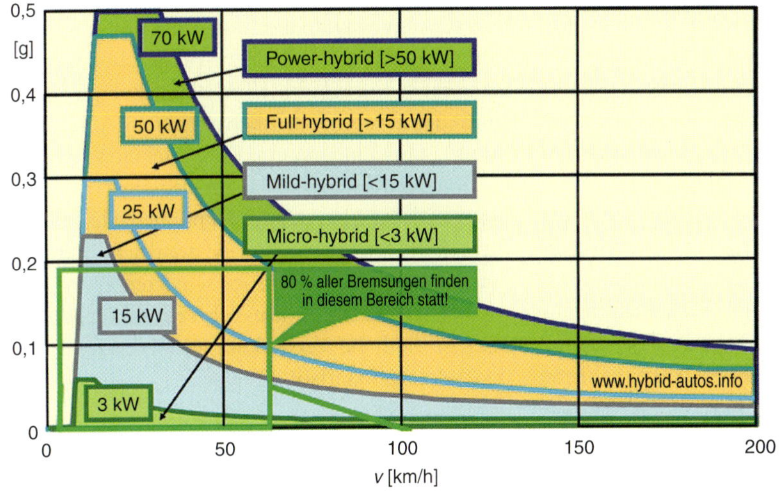

Abb. 7.12 Exemplarisches Fahrzeugverzögerungspotenzial einer elektrischen Maschine als Funktion von Fahrgeschwindigkeit und installierter Generatorleistung

cherheit bei unterschiedlichsten Umweltbedingungen, Umweltverträglichkeit, Akustik (NVH = noise, vibration, harshness) und Ausfallsicherheit.

7.2.3.1 Bremspedal

Das Bremspedal ist die wesentliche Schnittstelle zwischen Fahrer und Bremssystem. Über die Pedalcharakteristik (funktionaler Zusammenhang zwischen Pedal-Kraft, Weg und Verzögerung) erfolgt eine Rückmeldung über die Bremsung und den Zustand der Bremsanlage.

Typischerweise ist ein Bremslichtschalter in dem Pedalmodul integriert. Bei Hybridfahzeugen wird zur Fahrerwunscherkennung zusätzlich ein Pedalweg/Pedalkraftsensor eingesetzt.

7.2.3.2 Bremskraftverstärker

Bremskraftverstärker verstärken die am Pedal aufgebrachte Fußkraft durch eine sogenannte »Hilfskraft«. Sie erhöhen damit den Bedienkomfort und die Fahrsicherheit. Es werden heute hauptsächlich zwei Bauarten verwendet:

- Vakuum-Bremskraftverstärker
- Hydraulik-Bremskraftverstärker

Vakuum-Bremskraftverstärker Der Vakuum-Bremskraftverstärker – auch Vakuum-Booster genannt – hat sich bisher trotz seiner deutlich größeren Abmessungen gegenüber dem Hydraulik-Bremskraftverstärker behaupten können. Wesentliche Gründe hierfür sind seine kostengünstige Bauart und die kostenlose Verfügbarkeit der Vakuumenergie der meisten Saugmotoren.

Die Vakuumkammer des Bremskraftverstärkers ist über eine Unterdruckleitung mit dem Ansaugrohr des Motors oder einer separaten Vakuumpumpe (z. B. bei Dieselmotoren und direkteinspritzende Otto-Motoren mit sehr geringem Unterdruckniveau im Ansaugrohr) verbunden. Tiefer gehende Details zur Funktionsweise sind z. B. in [14] erläutert.

Aktiver Bremskraftverstärker Zur Darstellung von Zusatzfunktionen werden »aktive Bremskraftverstärker« eingesetzt, die zusätzlich elektrisch ansteuerbar sind (siehe ◘ Abb. 7.13). Genutzt werden können diese für die Funktionen ESP-Vorladung (▶ Abschn. 7.2.4.5), elektronischer Bremsassistent (▶ Abschn. 7.2.4.6) und ACC (▶ Abschn. 7.2.4.7).

Aktive Bremskraftverstärker weisen einen im Steuergehäuse integrierten Magnetantrieb auf. Mittels einer Schiebehülse ist es möglich, mit dem elektrisch betätigten Magnetantrieb das Tellerventil zu betätigen. Dabei wird zunächst die Verbindung zwischen Vakuumkammer und Arbeitskammer geschlossen; mit einer weiteren Strombeaufschlagung wird die Verbindung der Arbeitskammer zur Außenluft geöffnet und der Bremskraftverstärker betätigt.

Zur sicheren Erkennung des Fahrerwunsches wird ein »Löseschalter« in das Steuergehäuse integriert.

Mechanischer Bremsassistent Zur generellen Beschreibung der Bremsassistent-Funktion siehe ▶ Abschn. 7.2.5.6

Bei diesem Konzept wird die Trägheit des Bremskraftverstärkers ausgenutzt, die bei schneller Betätigung (Notbremsung) dazu führt, dass das Tellerventil einen definierten Öffnungshub überschreitet. Damit erfolgt eine Arretierung des Tellerventils, das dann geöffnet bleibt, selbst wenn die Fußkraft wieder geringfügig reduziert wird (◘ Abb. 7.14).

Hydraulik-Bremskraftverstärker Hydraulische Verstärker haben im Vergleich zu Vakuumbremskraftverstärkern Vorteile im Hinblickauf Energiedichte (und damit einen deutlich höheren Aussteuerpunkt), und Einbauraum. Dem stehen nachteilig die höheren Kosten und das bei bisherigen Hydraulikverstärkern auftretende »stumpfe Pedalgefühl« (kein Springer) gegenüber. Hydraulische Verstärker werden insbesondere in schweren Pkw (z. B. gepanzerten Sonderschutz-Fahrzeugen) eingesetzt. Hier ist die hohe Verstärkungskraft vorrangig vor der Pedalcharakteristik.

7.2.3.3 Vakuumpumpe

Die bei Fahrzeugen mit Otto-Motor im Ansaugtrakt verfügbare Vakuumenergie stellt eine kostengünstige Energiequelle für den Bremskraftverstärker dar. Durch fehlendes bzw. vermindertes Vakuum z. B. bei Einspritzmotoren (Diesel-Motor und Benzin-Direkteinspritzmotoren) werden Va-

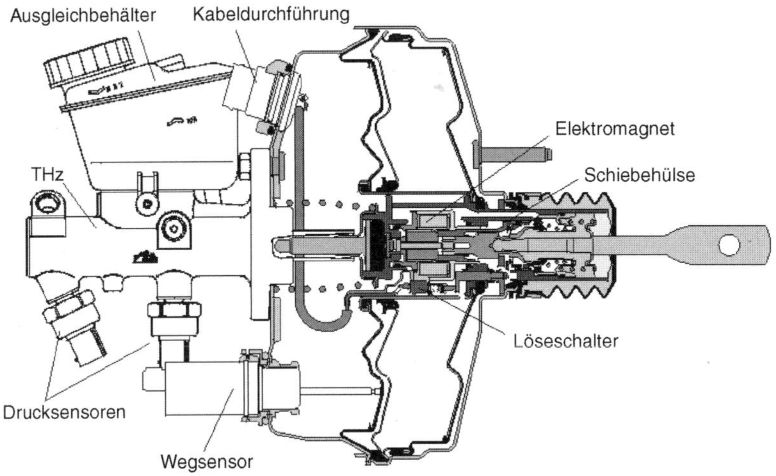

Abb. 7.13 Aktiver Bremskraftverstärker in Tandem-Bauweise

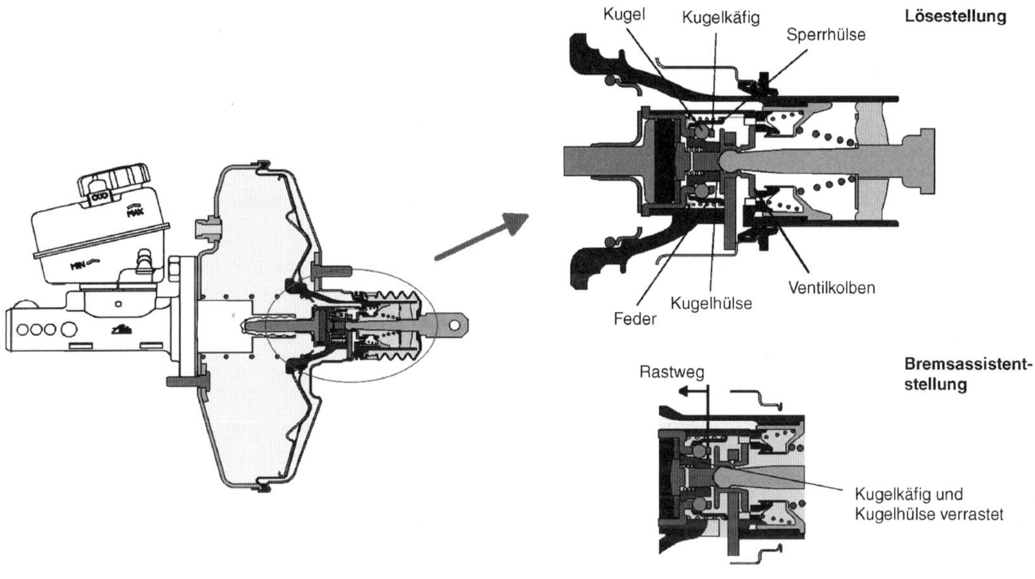

Abb. 7.14 Mechanischer Bremsassistent

kuumpumpen erforderlich. Diese Pumpen sind zumeist Flügel-Zellen-Pumpen und können mechanisch über eine Motorwelle oder bedarfsgerecht elektrisch angetrieben werden.

Elektrische Vakuumpumpe Die elektrische Vakuumpumpe (EVP) ist in der Lage, den gesamten Vakuumbedarf des Fahrzeugs abzudecken.

Daraus ergeben sich vielfältige Einsatzmöglichkeiten in

- Hybrid- und Elektrofahrzeugen
- Dieselfahrzeugen und
- Saugverlustoptimierten Verbrennungsmotoren

Eigenschaften und Vorteile am Beispiel einer aktuellen EVP mit Membranpumpen Konzept (siehe Abb. 7.15):

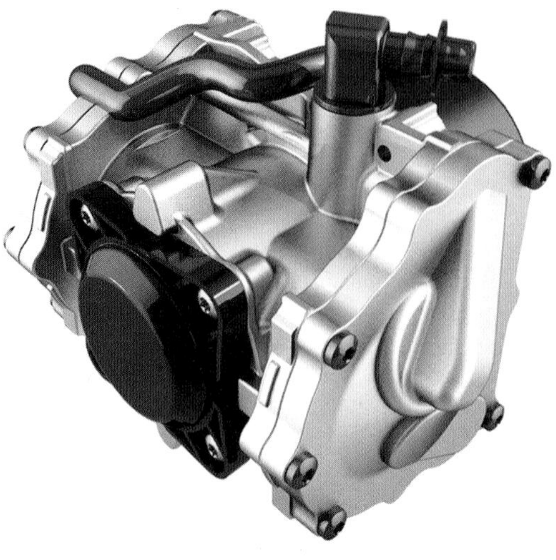

Abb. 7.15 Elektrische Vakuumpumpe

- Hocheffiziente Vakuumquelle, »Vakuum on demand«
- Hohe Verfügbarkeit durch robustes Systemdesign mit 2 redundanten Zylinderkammern
- Reibungsarme Vakuumerzeugung
- Geringe Wärmeentwicklung auf Grund eines hohen mechanischen Wirkungsgrads
- Hohe Lebensdauer
- Niedriges Geräusch- und Schwingungsniveau durch Boxeranordnung der Zylinder
- Ansteuerung durch das Bremsen-Steuergerät oder durch ein autonomes Vakuumpumpen-Steuergerät

7.2.3.4 (Tandem)-Hauptzylinder

Der (Tandem)-Hauptzylinder hat die Aufgabe die Ausgangskraft des Bremskraftverstärkers in hydr. Druck umzuwandeln.

Auf Grund der gesetzlich geforderten Zweikreisigkeit der Bremsanlage werden (Einfach)-Hauptzylinder nur noch in Sonderfällen (z. B. Rennfahrzeugen) eingesetzt.

Der heute generell eingesetzte Tandem-Hauptzylinder (THz) entspricht einer Kombination zweier hintereinander geschalteter Hauptzylinder in einem Gehäuse. Er ermöglicht den Druckauf- und -abbau in der Bremsanlage. Bei Volumenänderungen im Bremssystem, z. B. bei Temperaturänderungen oder Verschleiß der Bremsbeläge, wird über die Ausgleichbohrung und den Ausgleichbehälter der Volumenausgleich sichergestellt.

Die Kolben begrenzen zwei Kammern, die des Primärkreises (auch Druckstangenkreis genannt) und des Sekundärkreises (auch Schwimmkreis genannt). Fällt ein Kreis aus (z. B. Leckage), wird dies über einen verlängerten Pedalweg spürbar, da der jeweilige Kolben bis zum Anschlag vorgeschoben werden muss, bevor sich im anderen, intakten Bremskreis Druck aufbauen kann. Je nach Bauart werden unterschieden:

- Schnüffelloch-Tandem-Hauptzylinder
- Zentralventil-Tandem-Hauptzylinder
- Plunger-Tandem-Hauptzylinder

Tiefer gehende Details zur Funktionsweisen der verschiedenen Bauarten sind z. B. in [14] erläutert.

7.2.3.5 Ausgleichbehälter

Der Ausgleichbehälter

- beinhaltet das Reservevolumen für die zusätzliche Volumenaufnahme durch Belagverschleiß
- gewährleistet den Volumenausgleich innerhalb der Bremsanlage unter verschiedenen Umgebungsbedingungen
- verhindert bei unterschiedlichen Fahrsituationen das Ansaugen von Luft in das Bremssystem
- reduziert das Aufschäumen der Bremsflüssigkeit
- trennt bei absinkendem Flüssigkeitsspiegel das Reservevolumen der Hauptzylinderkreise

Er wird mittels sogenannter »Behälterstopfen« von oben in den Tandem-Hauptzylinder eingeknöpft. Üblicherweise ermöglicht eine weitere Befestigung mit dem Tandem-Hauptzylinder eine Erst-Befüllung des Bremssystems mit Bremsflüssigkeit auch mit höheren Drücken. Außerdem ist so gewährleistet, dass bei einem Unfall die brennbare Bremsflüssigkeit nicht austreten kann. Darüber hinaus

- kann er als Volumenspeicher für eine hydraulisch betätigte Kupplung oder auch für eine ESP-Vorladepumpe dienen und
- bevorratet gegebenenfalls die Bremsflüssigkeit, die zum Laden eines Hydrospeichers benötigt wird (z. B. Hydraulikverstärker)

Um sicherzustellen, dass die Bremsanlage in Lösestellung drucklos ist, ist der Behälterinnenraum über die Behälterverschraubung mit der Atmosphäre verbunden.

Der Bremsflüssigkeitsstand ist von außen sichtbar, da der Behälter aus durchscheinendem Material gefertigt ist. So ist Bremsflüssigkeitsverlust am Unterschreiten der »Min«-Marke erkennbar. Zusätzlich erfolgt über die Behälterwarneinrichtung eine Anzeige durch die Bremsenwarnleuchte im Armaturenbrett.

7.2.3.6 Bremsflüssigkeit

Im hydraulischen Teil der Bremsanlage ist Bremsflüssigkeit das Medium für die Energieübertragung zwischen Tandem-Hauptzylinder, gegebenenfalls hydraulischer Regeleinheit und den Radbremsen. Zusätzlich hat sie die Aufgabe, bewegte Teile wie z. B. Dichtungen, Kolben und Ventile zu schmieren und vor Korrosion zu schützen.

Bremsflüssigkeit muss auch bei Tieftemperaturen (bis zu $-40\,^{\circ}\mathrm{C}$) gute Fließeigenschaften besitzen (Viskosität), um sowohl ein gutes Ansprech- und Löseverhalten der Bremsen als auch eine gute Funktion der elektronischen Regelsysteme zu ermöglichen. Darüber hinaus muss die Bremsflüssigkeit eine hohe Siedetemperatur aufweisen, damit es selbst bei stärkster thermischer Belastung der Bremsanlage nicht zur Dampfblasenbildung kommt. Die Kompressibilität von Dampfblasen würde dazu führen, dass wegen des begrenzten Ausstoßvolumens des Tandem-Hauptzylinders kein ausreichender Druck mehr aufgebaut werden kann. Bei Bremsflüssigkeiten wird unterschieden zwischen Glykol-basierten und Silikonbremsflüssigkeiten.

Glykol-Bremsflüssigkeiten, die auf Polyglykolen und Polyglykol-Ether basieren, sind hygroskopisch. Sie nehmen Wasser auf und binden es. So wird vermieden, dass eingedrungenes Wasser ungelöst bleibt und beim Sieden Dampfblasen bilden kann. Zahlreiche internationale Normen, z. B. DOT3, DOT4, DOT5.1, fordern für die nach einem bestimmten Verfahren mit Wasser angereicherte Bremsflüssigkeit eine möglichst hohe sogenannte »Nasssiedetemperatur«. Um im Betrieb einen ausreichend geringen Wassergehalt sicherzustellen, ist ein regelmäßiger Wechsel der Bremsflüssigkeit erforderlich.

Silikonbremsflüssigkeiten nach DOT5 basieren auf hydrophobem Silikonöl, das nur Spuren von Wasser aufnehmen kann. Eventuell vorhandenes ungelöstes Wasser kann u. U. sieden (Dampfblasenbildung, s. o.) oder zu Korrosion von Bauteilen führen. Die Kompressibilität und die Menge an gelöster, u. U. ausgasender Luft ist bei Silikonbremsflüssigkeiten höher als bei Glykol-Bremsflüssigkeiten. Wegen ihres besonderen Eigenschaftsbildes dürfen diese Bremsflüssigkeiten nur nach ausdrücklicher Zustimmung des Fahrzeugherstellers eingesetzt werden. Hauptsächlich ist das der Fall bei Fahrzeugen, die über mehrere Jahre eingelagert werden (z. B. militärischen KFZ).

Bremsflüssigkeit ist heute im Allgemeinen recyclingfähig. Grundvoraussetzung hierfür ist sortenreine Sammlung, Reinigung und chemische Aufarbeitung.

7.2.3.7 Bremsleitungen und -schläuche

Zur Verbindung der hydraulischen Komponenten eines Bremssystems werden hochdruckfeste Bremsrohr-, Bremsschlauch- und armierte Schlauchleitungen (Flexleitungen) verwendet. Wesentliche Anforderungen sind Druckfestigkeit, mechanische Belastbarkeit, geringe Volumenaufnahme, chemische Beständigkeit zum Beispiel gegen Öl, Kraftstoffe und Salzwasser sowie thermische Unempfindlichkeit.

Bremsrohrleitungen stellen die hydraulische Verbindung zwischen unbeweglichen Anschlusspunkten dar. Sie bestehen aus doppelt gewickelten, hartgelöteten Stahlrohren. Zum Schutz gegen Umgebungseinflüsse wird die Rohroberfläche verzinkt und mit einem Kunststoffüberzug versehen.

Bremsschlauchleitungen finden sich an den Übergängen zu beweglichen, dynamisch stark beanspruchten Teilen wie Achsschenkel oder Bremssattel. Sie stellen die einwandfreie Weiterleitung des Flüssigkeitsdrucks zu den Bremsen auch unter extremen Bedingungen sicher. Bremsschlauchleitungen bestehen aus einem Innenschlauch, einem zweilagigen Geflecht als Druckträger und einer äußeren Gummischicht zum Schutz des Druckträgers vor äußeren Einflüssen.

Armierte Schlauchleitungen (Flexleitungen) werden ähnlich wie Bremsschlauchleitungen an den Übergängen zu dynamisch beanspruchten

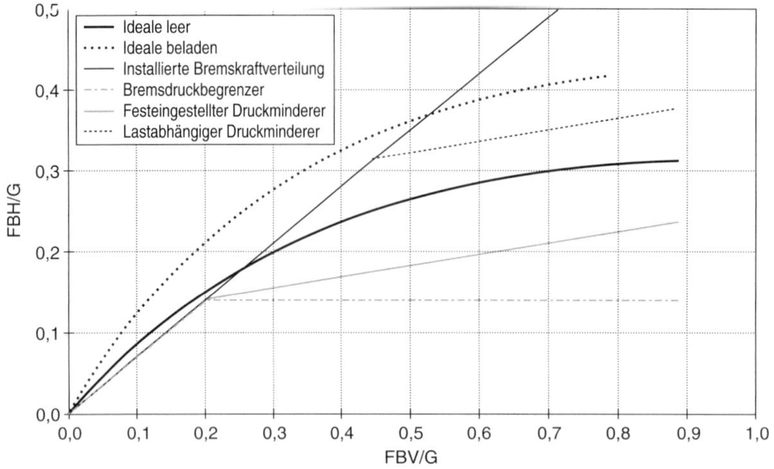

Abb. 7.16 Kennlinien von Bremskraftverteilern mit Wirkung auf die Hinterachsbremse

Teilen verbaut. Sie bestehen aus Poly-Tetrafluor-Ethylen (PTFE)-Leitungen mit Edelstahlgeflecht als Druckträger und gegebenenfalls einem anderen thermoplastischen Elastomer als äußere Schutzschicht. Dadurch ergibt sich eine gewisse Flexibilität, so dass Flexleitungen nur für Verbindungen mit geringer Bewegung genutzt werden, wie sie zum Beispiel durch Belagverschleiß an den Bremssätteln auftreten. Flexleitungen dämpfen die Körperschallübertragung und werden deshalb auch zur Verbesserung des akustischen Komforts, zum Beispiel zwischen THz und Hydraulikeinheit eingebaut.

7.2.3.8 Bremskraftverteiler

Beim Bremsvorgang bewirkt die dynamische Achslastverteilung eine Entlastung der Hinterräder. Diese können dadurch nur einen geringer werdenden Anteil der Bremskraft übertragen. Im gleichen Maße nimmt die dynamische Vorderachslast und demzufolge auch die übertragbare vordere Bremskraft zu. Zur Realisierung kurzer Bremswege ist es daher wichtig, den Bremskraftanteil der Hinterräder möglichst gut auszunutzen, ohne dass diese früher blockieren als die Vorderräder. Dieser gesetzlichen Forderung wurde zunächst durch kleiner dimensionierte Hinterradbremsen Rechnung getragen. Ausreichend ist diese Maßnahme wegen der nichtlinearen idealen Bremskraftverteilungs-Kennlinien in der Regel nicht, so dass »Bremskraftverteiler« (siehe Abb. 7.16) eingesetzt wurden, die seit Mitte der neunziger Jahre weitgehend von der elektronischen Bremskraftverteilung EBV abgelöst wurden (siehe ▶ Abschn. 7.2.5.2).

Man unterscheidet drei Bauformen:

Bremsdruckbegrenzer limitieren den ausgangsseitigen Druck zu den Radbremsen auf einen konstruktiv festgelegten Abschaltdruck.

Druckabhängige (festeingestellte) Druckminderer werden in Fahrzeugen eingesetzt, bei denen nur geringe Achslaständerungen zu erwarten sind. Die auch Bremskraftregler genannten Minderer haben einen fest eingestellten Umschaltpunkt, ab dem der Hinterachsdruck in einem festen Verhältnis zum Vorderachsdruck abgeregelt wird.

Lastabhängige Druckminderer (Abb. 7.17) werden vor allem in Fahrzeugen verbaut, bei denen die Achslasten durch hohe Zuladung stark variieren können. Auch bei Kleinwagen mit hohem Schwerpunkt und kurzem Radstand und damit stark verzögerungsabhängiger Achslastverteilung sind lastabhängige Druckminderer sinnvoll. Die Zuladung wird hierbei indirekt über die Einfederung des Fahrzeugs ermittelt, wobei der beim Einfedern verringerte Abstand zwischen Karosserie und Hinterachse zu einer Erhöhung der Federkraft und damit zu einer Erhöhung des Umschaltpunktes führt.

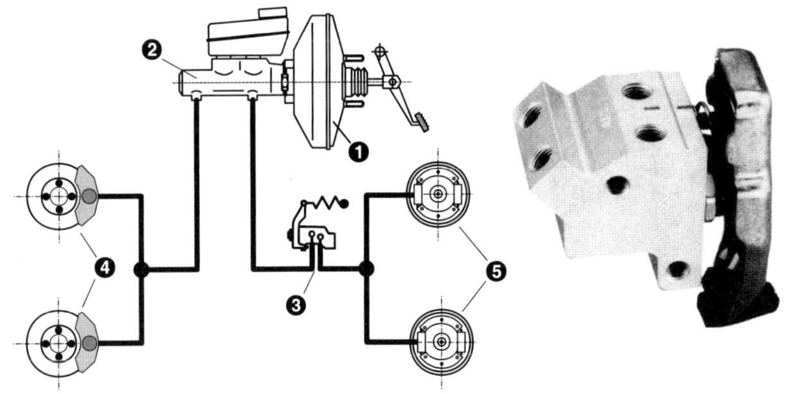

Abb. 7.17 Lastabhängiger Druckminderer: 1 Vakuum-Bremskraftverstärker, 2 Tandem-Hauptzylinder mit Ausgleichsbehälter, 3 Bremskraftregler, 4 Radbremse Vorderachse, 5 Radbremse Hinterachse

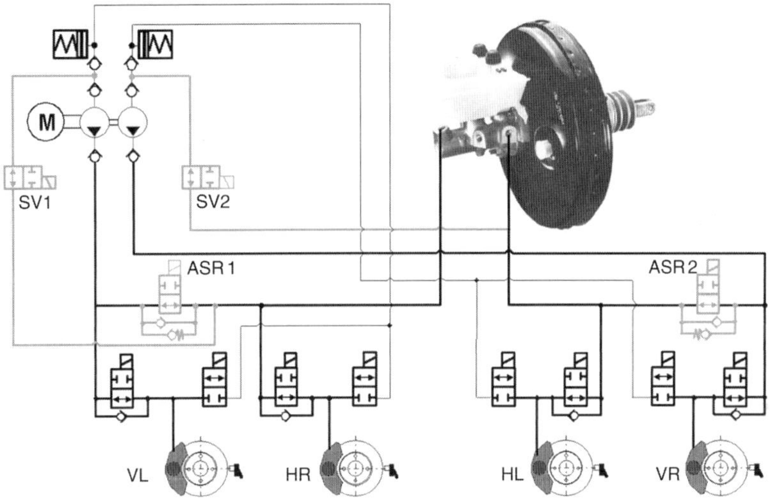

Abb. 7.18 ABS-Hydraulikschaltbild (*schwarz*) mit Zusatzkomponenten für ASR (*grau*). Pkw mit Frontantrieb und diagonaler Bremskreisaufteilung

7.2.3.9 Hydraulisch/Elektronische Regeleinheit (HECU)

Die hydraulisch/elektronische Regeleinheit heutiger ABS/ASR/ESP-Anlagen (z. B. Continental MK 100, Abb. 7.19) besteht aus einem zentralen Hydraulikblock mit Magnetventilen, einer integrierten Pumpe mit einem angeflanschten Elektromotor (HCU = hydraulic control unit) und einem Spulenträger einschließlich der darin enthaltenen Elektronik (ECU = electronic control unit). Der Spulenträger wird mittels eines »magnetischen Steckers« aufgesetzt.

Die hydraulisch/elektronische Regeleinheit ist durch zwei Hydraulikleitungen mit den Bremskreisen des THz verbunden, von der HCU führen Bremsleitungen zu den Radbremsen (Abb. 7.18).

Ventile Die elektromagnetischen Ein- und Auslassventile sind im Hydraulikblock zusammengefasst. Sie ermöglichen die Modulation der Radbremsdrücke. Jedem geregelten Bremskreis sind ein Einlassventil mit parallel geschaltetem Rückschlagventil sowie ein Auslassventil zugeordnet. Wie in Abb. 7.20 gezeigt, ist das Einlassventil im unge-

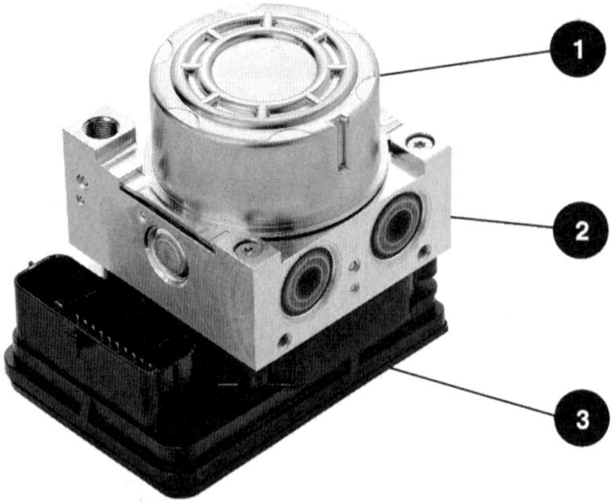

Abb. 7.19 ESP-Anlage mit angeflanschtem Motor 1, Hydraulikblock 2 und Spulenträger mit Elektronik 3

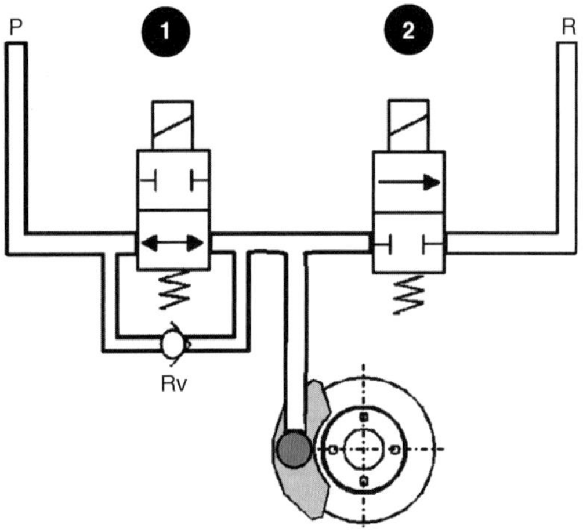

Abb. 7.20 ABS Ventilkonfiguration: 1 Einlassventil (SO), 2 Auslassventil (SG), P Anschluss zur Betätigung, R Rücklauf, Rv Rückschlagventil

schalteten Zustand offen (stromlos offen SO), das Auslassventil geschlossen (stromlos geschlossen SG).

Pumpe Während der ABS Regelung wird das aus den Radbremsen entnommene Volumen in die Niederdruckspeicher zwischengespeichert. Die in die HCU integrierte zweikreisige Kolbenpumpe fördert dieses Bremsflüssigkeitsvolumen aus dem Niederdruckspeicher zurück in die jeweiligen Bremskreise des THz. Während aktiver Regelvorgänge der ASR oder des ESP, die ohne Pedalbetätigung ablaufen, stellt die Pumpeneinheit das in der Druckaufbauphase benötigte Flüssigkeitsvolumen zur Verfügung.

Elektronische Regeleinheit für (Brems-)Regelsysteme
Auf Basis von Sensorinformationen (Raddrehzahlen, Gierrate, Lenkradwinkel, etc.) berechnet der elektronische Regler (ECU) in einer komplexen Regellogik die Steuerung der Stellglieder für den Bremsen- und Motoreingriff. Ziel dieser Eingriffe ist, dass sich die Räder mit dem für den jeweiligen Fahrzustand optimalen Schlupf drehen. Weitere wichtige Aufgaben des elektronischen Reglers sind die Pegelanpassung und Wandlung der Ein- und Ausgangssignale, die Sicherheitsüberwachung des elektronischen Regelsystems und die Fehlerdiagnose. Der Regler ist als Mikroprozessorsystem ausgeführt. Eingangsgrößen sind zum Beispiel:
- Sensorsignale (Raddrehzahl, ABS-Pumpenmotordrehzahl, Lenkradwinkel, Gierrate, etc.)
- Schaltsignale (zum Beispiel Bremslichtschalter)
- Informationen vom Verbrennungsmotor für die in das Motormanagement eingreifenden Regelsysteme
- Betriebsspannung

Ausgangsgrößen sind zum Beispiel:
- Schaltsignale (Magnetventile, ABS-Pumpenmotor der HCU, Warn- und Funktionsleuchten, etc.)
- Signale zur Anpassung des Schlepp- oder des Antriebsmoments des Verbrennungsmotors
- Signale zur Überwachung sicherheitsrelevanter Baugruppen
- Informationen über Fehlerzustände

Die in der Regellogik realisierte Struktur lässt sich als Regler mit adaptivem Verhalten bezeichnen. Das heißt: Der Arbeitspunkt wird durch Suchverfahren kontinuierlich an das jeweilige Optimum der Regelstrecke angepasst. Die Regellogik beinhaltet:
- vom jeweiligen Fahrzeug unabhängige grundlegende Algorithmen
- Algorithmen, die durch geeignete Einstellung von Parametern auf verschiedene Fahrzeugmodelle angepasst werden
- Maßnahmen, die speziell für einen Fahrzeughersteller oder ein Modell entwickelt wurden

Die Algorithmen werden in der Programmierhochsprache »C« erstellt und sind in zahlreiche Module aufgeteilt. Das erlaubt eine schnelle Anpassung der Software, die Wartbarkeit der Software bei vertretbarer Komplexität und die Kombinierbarkeit verschiedener Module wie z. B. ABS, ASR und Giermomentenregelung (GMR).

7.2.3.10 Scheibenbremsen

Die Scheibenbremsen erzeugen Bremskräfte am Rad. Nahezu alle Pkw-Vorderradbremsen sind Scheibenbremsen. Bei heutigen Fahrzeugen sind auch die Hinterachsbetriebsbremsen als Scheibenbremsen ausgeführt.

Scheibenbremsen sind Axialbremsen. Die Zuspannkräfte des Bremssattels werden über hydraulische Zylinder in axialer Richtung auf die Bremsbeläge aufgebracht, die beidseitig auf die Planreibflächen der Bremsscheibe (auch »Rotor« genannt) wirken. Die Kolben und Beläge sind in einem sattelartig über den Außendurchmesser der Scheibe greifenden Gehäuse untergebracht. Die Beläge stützen sich in Drehrichtung der Scheibe an einem am Achsschenkel befestigten Bauteil ab.

Die Bremsbelagflächen bedecken jeweils einen Teil einer ebenen Ringfläche (Teilscheibenbremse). Im Allgemeinen ist unter dem Begriff »Scheibenbremse« immer eine Teilscheibenbremse zu verstehen. Vollscheibenbremsen, bei denen die gesamte Scheibe mit einem ringförmigen Belag in Berührung gebracht wird, sind im Pkw-Bau nicht gebräuchlich. Bei Scheibenbremsen werden Fest-, Rahmen- und Faustsättel unterschieden: Festsättel beinhalten Kolben zu beiden Seiten der Bremsscheibe (■ Abb. 7.23); Schwimmrahmen- und Faustsättel nur auf einer Seite, sie sind verschiebbar gelagert ■ Abb. 7.24 und ■ Abb. 7.25).

Der Bremsenkennwert C^* einer Scheibenbremse ist linear abhängig vom Belagreibwert (■ Abb. 7.21).

Weitere Merkmale sind:

- Hohe thermische Belastbarkeit
- Geringere Empfindlichkeit gegenüber Reibwertschwankungen des Belags (s. o.)
- Gleichmäßiges Ansprechen (Reproduzierbarkeit)
- Gleichmäßiger Belagverschleiß
- Einfache (selbsttätige) Nachstellung
- Einfacher Belagwechsel

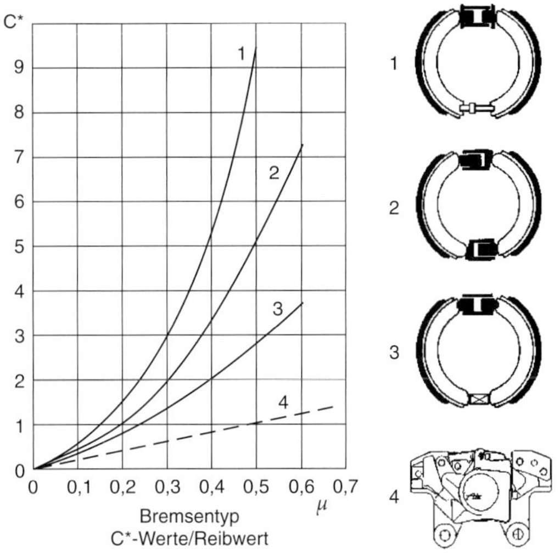

■ **Abb. 7.21** C^*-Kennwerte von Bremsen: 1 Duo-Servo Trommelbremse, 2 Duplex-Trommelbremse, 3 Simplex-Trommelbremse, 4 Scheibenbremse

Die Abdichtung der Kolben im Sattel erfolgt durch Kolbendichtringe mit quadratischem Querschnitt in einer profilierten Gehäusenut. Sie erzeugen nach dem Bremsvorgang ein Zurückziehen des Kolbens (rollback) und sorgen dadurch für ein sogenanntes »Lüftspiel« (geringes Rest-Bremsmoment). Bei starker axialer Verformung und Verschiebung der Bremsscheibe (z. B. Radlagerspiel) wird mit der Dichtungsgeometrie das Wiedervorziehen des Kolbens erreicht (knockback).

Eine Schutzkappe sichert den Bereich zwischen Kolben und Gehäusebohrung gegen das Eindringen von Feuchtigkeit und Schmutz. Sie ist als Faltenbalg geformt, da sie sich dem veränderlichen Hub anpassen muss, der durch Verschleiß der Beläge und der Scheibenreibflächen sowie axiale Toleranzen entsteht.

An der höchstgelegenen Stelle des Zylinders ist zum Entlüften der Bremsanlage (z. B. durch Werkstätten) eine Entlüfterschraube angebracht, um eventuell eingedrungene Luft aus der Bremshydraulik zu entfernen.

Sattel-Werkstoffe Die Gehäuse der Faustsättel werden im Allgemeinen aus Kugelgraphitguss in den Qualitäten GGG50 … 60 gegossen. Bei Anforderungen an geringes Gewicht setzt man verschraubte

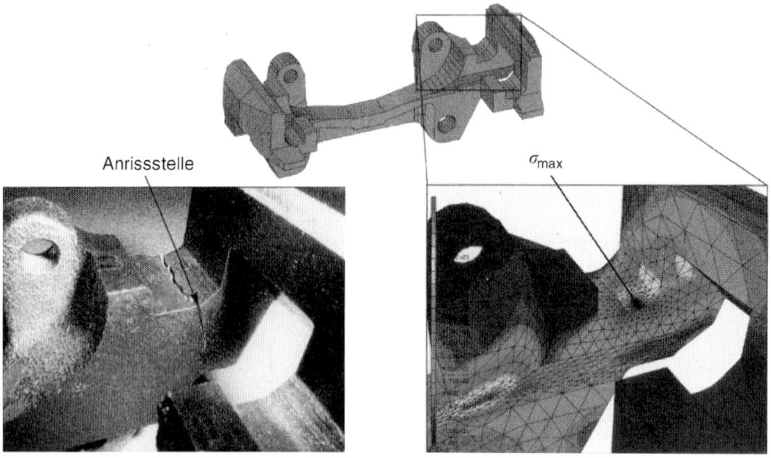

Abb. 7.22 Spannungsverteilung in der Simulation

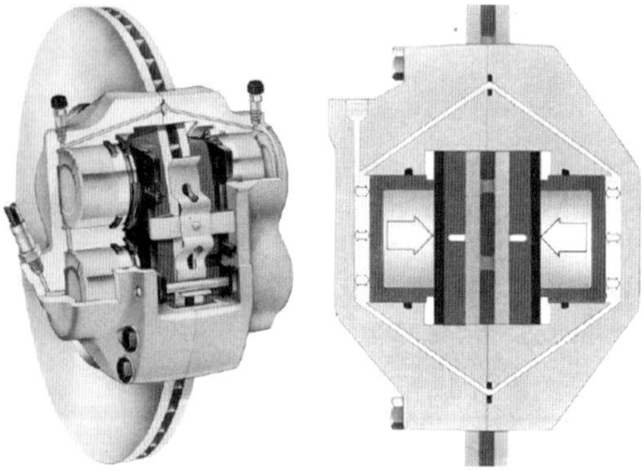

Abb. 7.23 Festsattel

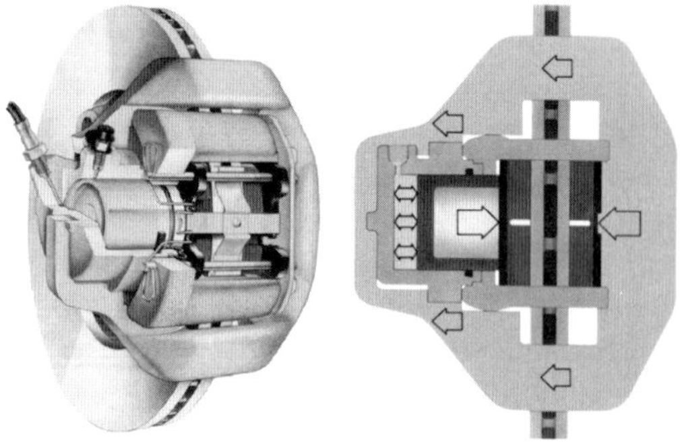

Abb. 7.24 Schwimmrahmensattel

Gehäuse ein, wobei die Zylinderseite aus hochfestem Aluminiumguss und die Gehäusepratze, die über die Scheibe auf den Belag der Felgenseite führt, aus hochwertigem Kugelgraphitguss ist. Bei besonderen Anforderungen an geringes Gewicht wird das gesamte Gehäuse als ein Teil in Aluminium ausgeführt (siehe Abb. 7.26 Faustrahmensättel).

Bremskolben werden aus a) Grauguss, b) Stahl, c) Aluminium-Legierungen und d) spritzbaren Kunststoffen hergestellt. Bei Stahlkolben ist Tiefziehen und Fließpressen üblich. Um die erforderliche Oberflächengüte und vor allem die Durchmessertoleranz sicherzustellen, ist ein Schleifen des Außendurchmessers notwendig.

Sattelauslegung Hier verwendet man (siehe auch ► Abschn. 7.2.3.13 Trommelbremse) einen C^*-Wert, der sich aus dem Verhältnis von Reibkraft und Zuspannkraft des Kolbens ergibt. Bei Scheibenbremsen gilt näherungsweise:

$$C^* = 2\mu$$

Die Zuspannkraft wird in der Kolbenmitte angreifend angenommen. Übliche Reibwerte für Scheibenbremsen liegen zwischen $\mu = 0{,}35$ bis $0{,}50$ (d. h. $C^* = 0{,}7 \ldots 1{,}0$), wobei μ als mittlerer Betriebsreibwert der Belagsorte definiert ist. Er kann in Abhängigkeit von Scheibentemperatur, Fahrzeuggeschwindigkeit, Flächenpressung, etc. schwanken.

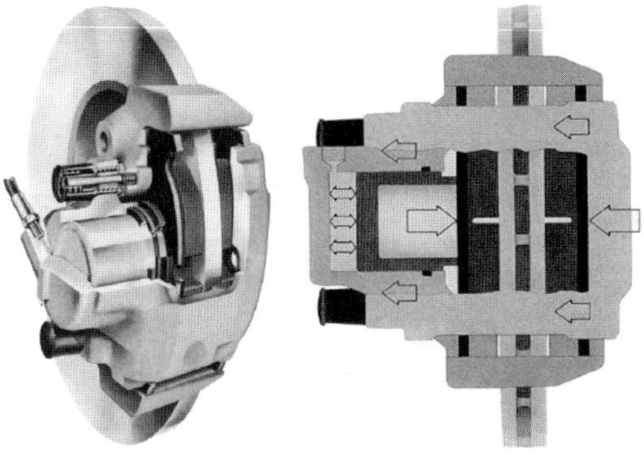

Abb. 7.25 Faustsattel Bauart Teves FN

Die Steifigkeit eines Bremssattels wird indirekt über seine Fluidaufnahme über dem hydraulischen Druck im Zylinder definiert, die »Volumenaufnahme«. Man berechnet die Volumenaufnahme mittels 3D-Modellen und überprüft dies durch Messungen im Versuch.

Der auf das Fahrzeugleben bezogene Festigkeitsnachweis eines Faustsattelgehäuses erfolgt durch hydraulische Druckbeaufschlagung mit pulsierender Belastung. Diese Erprobung erfolgt im praktischenVersuch mit genau definierten Parametern, da Gestalteinflüsse noch nicht einwandfrei mit elektronischen Rechenprogrammen erfasst werden können.

Die Spannungsverteilung im Bauteil wird heute mit modernen FEM-Werkzeugen ermittelt und dargestellt, Abb. 7.22.

Festsattel An der Vorderachse schwerer Pkw mit Heckantrieb sind Festsättel weit verbreitet, da diese Fahrzeuge ausreichend Einbauraum an der Vorderachse bieten.

Festsättel sind durch beidseitig der Scheibenreibflächen angeordnete Bremszylinder und durch ein feststehendes Gehäuse gekennzeichnet (siehe Abb. 7.23). Das Gehäuse besteht aus zwei Hälften, die axial miteinander verschraubt sind. Die auf beiden Scheibenseiten befindlichen Kolben sind durch Kanalbohrungen in den Gehäusehälften hydraulisch miteinander verbunden. Die Kanalbohrungen sind an der Kontaktfläche mit Dichtungen nach außen abgedichtet. Der Übergang dieser Bohrungen über den Scheibenaußendurchmesser ist thermisch sensibel. Besondere Maßnahmen zur Kühlluftführung und ausreichend gute Bemessung der Scheibe verhindern eine Dampfblasenbildung, die zum Bremsenausfall durch zu hohe Bremsflüssigkeitsaufnahme (= Pedal am Boden) führen könnten. Die Beläge stützen sich tangential an Anschlagführungen seitlich der Kolben ab.

Vorteil dieser Sattelkonstruktion ist die durch hohe Steifigkeit bedingte geringe Volumenaufnahme.

Rahmensattel Dadurch, dass beim Rahmensattel sich nur auf einer Seite Kolben befinden, lässt sich die Bremsscheibe axial tiefer in die Felgenschüssel (d. h. zur Felgenaußenseite) verlagern. Dies erleichtert im Allgemeinen die Realisierung eines negativen Lenkrollradius (s. ▶ Abschn. 7.4.5) [15].

Die Reaktionskraft des Kolbens wird mit einem Rahmen über die Scheibe auf den felgenseitigen Belag übertragen. Das Zylindergehäuse ist im Rahmen befestigt. Beide Beläge stützen ihre jeweiligen tangentialen Bremsumfangskräfte unmittelbar auf zwei Arme des mit der Radnabe bzw. Achsschenkels festverschraubten Halters ab. Der Vorteil von Rahmensätteln ist die niedrige Bremsflüssigkeitstemperatur im Zylinder, da zum einen die Bremsflüssigkeit nicht über die Bremsscheibe geführt wird, zum anderen der große, offene Belagschacht der Kühlluft guten Zutritt zu den Belägen erlaubt.

Faustsattel Faustsättel bieten die gleichen Einbauvorteile wie Rahmensättel. Weitere wesentliche Vorteile von Faustsätteln sind:

- Großflächige Beläge
- Optimale Belagform
- Geringes Gewicht
- Kleine Baugröße

Das meist einteilige Gehäuse gleitet auf zwei Armen eines festgeschraubten Halters oder des Achsschenkels selbst. Die beiden Halterarme können auf der Felgenseite mit einer angegossenen Brücke verbunden sein oder, wie beim Teves FN-Prinzip, Abb. 7.25, über hakenförmige Enden der Belagträgerplatte. Auf diese Weise ist es möglich, die Beläge beim Bremsvorgang zumindest teilweise als gezogene Beläge auszuführen (pull-push Prinzip). Die axialen Reibungskräfte in den Halterführungen

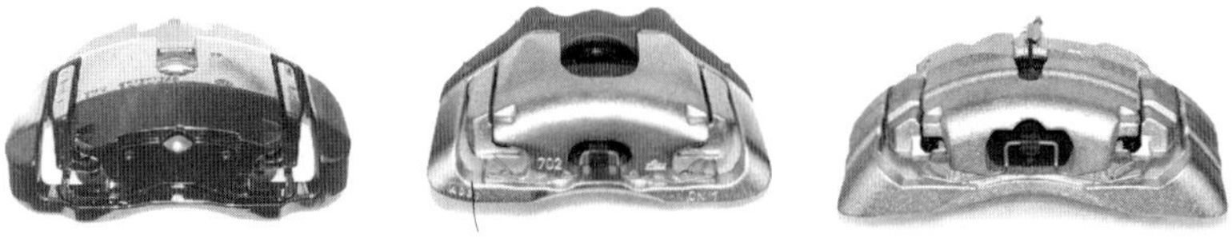

Abb. 7.26 Faustrahmensättelvarianten: FNR-AL: Aluminium, FNRG: Composite, d. h. Halter Aluminium, Brücke und Sattel aus Grauguss, FNR: Grauguss

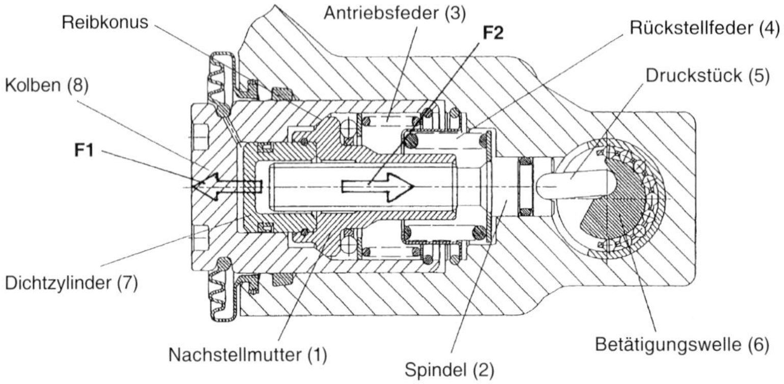

Abb. 7.27 Nachstellung

liegen auf der Scheibeneinlaufseite. Mit dieser Bauweise werden zwei wesentliche Funktionsvorteile erreicht: zum einen »schmiegen« sich die Beläge gleichmäßig an die Scheibenreibfläche an, was zum parallelen Belagverschleiß (gewünscht) wesentlich beiträgt; zum anderen werden Geräusche reduziert.

Faustsattel FN Durch eine spezielle Faustsattelkonstruktion (FN-Ausführung) wird eine nahezu gleiche Scheibengröße wie bei einer innenumgriffenen Scheibe erreicht mit dem Vorteil eines größeren Reibradius und damit höheren Bremsmomentes bei gleichem Bremsdruck. Dabei kann die Gehäusebrücke an der engsten Konturenstelle im Rad sehr lang und deshalb dünn gehalten werden, ohne dass die Sattelsteifigkeit (Volumenaufnahme) sich verschlechtert.

Faustsattel FNR Eine weitere Vergrößerung des Scheibenaußendurchmessers ist bei Einsatz eines Faust-Rahmen-Sattels (FNR) möglich, Abb. 7.26. Hierbei wird die Gehäusebrücke, wie beim Faustsattel beschrieben, ebenfalls nach außen um die beiden Haltearme herumgeführt und felgenseitig mit der mittleren Gehäusepratze zu einem einzigen Gussstück fest verbunden.

Kombinierter Faustsattel Beim Kombi-Faustsattel (FNc) werden die Funktionen von Betriebs- und Feststellbremse in einem Scheibenbremssattel zusammengefasst, wobei dieselben Reibpartner für beide Aufgaben genutzt werden.

Die Betriebsbremse ist analog dem des Faustsattels, die Feststellbremse wird über einen Bowdenzug aktiviert, welcher über einen Hebelmechanismus dieBetätigungswelle (Abb. 7.27) verdreht. Da der C^*-Wert nur dem einer Scheibenbremse mit $C^* = 2\mu$ entspricht, muss für die Feststellbremsung eine erhöhte Kraft auf den Kolben erzeugt werden. Die Betätigung erfolgt über einen Handhebel (Abb. 7.33).

Gegenüber der Verschleißnachstellung der Betriebs(scheiben)bremse – Kolben rutscht unter dem Dichtring vor – ist die Nachstelleinrichtung für die Feststellbremse aufwändiger.

Tritt während einer Bremsung zusätzlich zu Belagkompression und Verformungen des Gehäuses noch Verschleiß auf, kann dieser Verschleiß-Weg durch Gehäuseentlastung, bzw. durch die Rückstellfähigkeit des Dichtrings, nicht vollständig kompensiert werden, es erfolgt eine Verschleißnachstellung.

Die Spindel (2) wird dann durch die Kraft der Rückstellfeder (11.2) wieder zur Anlage am Druckstück (11.3) gebracht. Da die Rückstellfederkraft etwa der dreifachen Antriebsfederkraft entspricht, wird die Nachstellmutter (1) von der Spindel (2) mitgenommen, und der Reibkonus öffnet sich. Die Nachstellmutter wird nun durch die Wirkung der Antriebsfeder zur Drehung veranlasst und schließt den Reibkonus wieder. Damit ist ein axialer Längenausgleich (Nachstellung) erfolgt.

Abb. 7.28 Massive Bremsscheibe (*links*) und innenbelüftete ATE Power Disc (*rechts*)

7.2.3.11 Bremsscheiben

Ca. 90 % der beim Bremsen umgesetzten Energie geht zunächst in die Scheibe und wird von dort an die Umgebungsluft weitergegeben. Im Reibring werden, z. B. bei Bergabfahrten, Temperaturen bis zu 700 °C (Rotglut) erreicht. Um eine höhere Wärmeaufnahmekapazität zu erreichen, gibt es außerdem Entwicklungskonzepte für Systeme mit Doppelbremsscheiben.

Massive/belüftete Bremsscheibe Um eine bessere Kühlwirkung zu erreichen, werden neben den massiven Bremsscheiben zunehmend innenbelüftete Scheiben eingesetzt, Abb. 7.28.

Eine weitere Maßnahme zur Verbesserung der Kühlung und darüber hinaus zum Ansprechverhalten bei Nässe (Wasserempfindlichkeit) bildet der Einsatz von gelochten oder genuteten Bremsscheiben. Allerdings ist dies mit höheren Kosten u. U. einer stärkeren Geräuschbildung verbunden.

Um derartige Nachteile zu vermeiden, wurde die »ATE Power Disc« entwickelt, in deren Ringflächen eine Endlosnut eingearbeitet ist. Weitere Vorteile dieser Multifunktionsnut sind:

- Optische Erkennung der Verschleißgrenze
- Verbessertes Bremsen bei Nässe
- Verringertes Fading
- Riefenfreies Verschleißbild von Belag und Scheibe

Schirmung Aufgrund der Einbaubedingungen der Bremsscheibe innerhalb der Felgenkontur hat die Scheibe einen einseitigen Befestigungsflansch (Scheibentopf). Der Reibring tendiert daher bei Erwärmung dazu, zu schirmen, d. h. die Reibflächen gehen von Planflächen in Kegelflächen über. Das kann zu ungleichem Belag- und Scheibenverschleiß durch punktuelle Anlage der Belagreibfläche auf dem Reibring führen [31]. Geräuschentwicklung und Rubbeln können die Folge sein. Als Rubbeln wird eine Kombination von Lenkradschwingung, Pedalpulsation und niederfrequenter Geräuschbildung bezeichnet. Durch konstruktive Maßnahmen kann die Schirmung in Grenzen gehalten werden (Abb. 7.29). Zum Erreichen einer guten Bremsenqualität werden hohe Anforderungen an die Fertigungsgenauigkeit von Bremsscheiben gestellt. Darüber hinaus ist im Fahrzeug entsprechende Laufgenauigkeit der Scheibenanflanschfläche und optimiertes Lagerspiel sicherzustellen.

Schwimmend gelagerte Bremsscheiben Schwimmend gelagerte Bremsscheiben bestehen aus zwei Einheiten: ein völlig planer äußerer Reibring ist in axialer Richtung verschiebbar auf einem inneren, nabenfesten Scheibenträger angebracht. Vorteile sind z. B.:

- Keine Schirmung
- Minimierte Wärmeleitung in die Radlagerung
- Reduziertes Lüftspiel, da die beweglich gelagerte Scheibe nicht die Beläge (und damit die Kolben) zurückdrückt

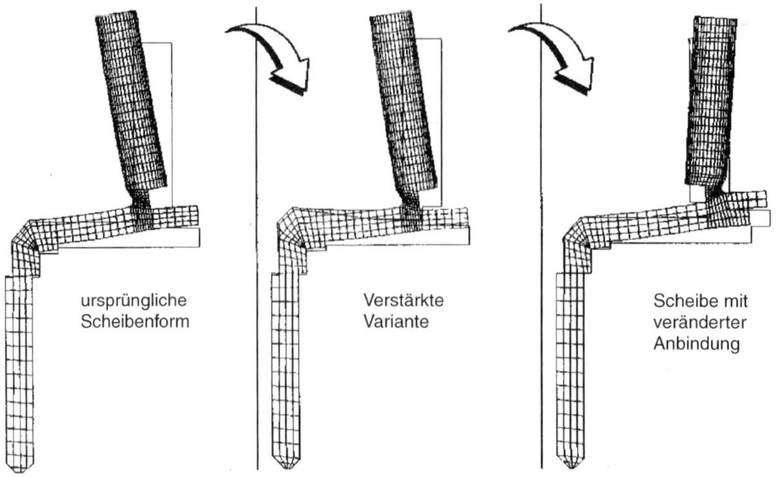

Abb. 7.29 FE-Analyse zur Reduzierung der Scheibenschirmung

Schwimmend gelagerte Bremsscheiben werden in Kombination mit Festsätteln eingesetzt, sie finden vorwiegend bei Motorrädern Verwendung.

Scheiben-Werkstoffe Der übliche Scheibenwerkstoff ist perlitischer Grauguss in den Qualitäten GG15 … 25. Geringe Zusätze von Chrom, Molybdän geben dem Werkstoff eine höhere Verschleißfestigkeit sowie ein günstigeres Wärmerissverhalten. Ein hoher Kohlenstoff-Gehalt erhöht die Wärmeaufnahmegeschwindigkeit.

Eine Neuentwicklung ist die C/SIC-Bremsscheibe (Abb. 7.30). Bei ihr kommt mit Kohlefaser (C) verstärkte Keramik mit SIC-haltiger Matrix zum Einsatz. Die Vorteile einer C/SIC Bremsscheibe gegenüber einer Grauguss-Bremsscheibe sind:

- Höhere Verschleißfestigkeit mit einer Lebensdauer bis ca. 300.000 km
- Verringerung ungefederter Massen durch 2/3 Gewichtsersparnis
- Hohe Temperaturbeständigkeit
- Korrosionsbeständigkeit (Dadurch entfallen negative Begleiterscheinungen der Grauguss-Bremsscheibe, wie z. B. Kontakthaftung oder festrostende Bremsbeläge)

Durch den hohen Fertigungsaufwand ist die C/SIC-Bremsscheibe jedoch wesentlich teurer. Sie wurde speziell für Hochleistungs-Sportwagen entwickelt und kommt darüber hinaus in besonderen Fahrzeugen der Oberklasse zum Einsatz.

Abb. 7.30 C/SIC-Bremsscheibe

7.2.3.12 Bremsbeläge

Der wesentliche Faktor für die Wirksamkeit einer Bremse ist der Bremsbelag. Seine physikalischen und chemischen Eigenschaften bestimmen die Qualität einer Bremsanlage entscheidend [17, 18]. Anforderungen an einen Bremsbelag sind u. a.:

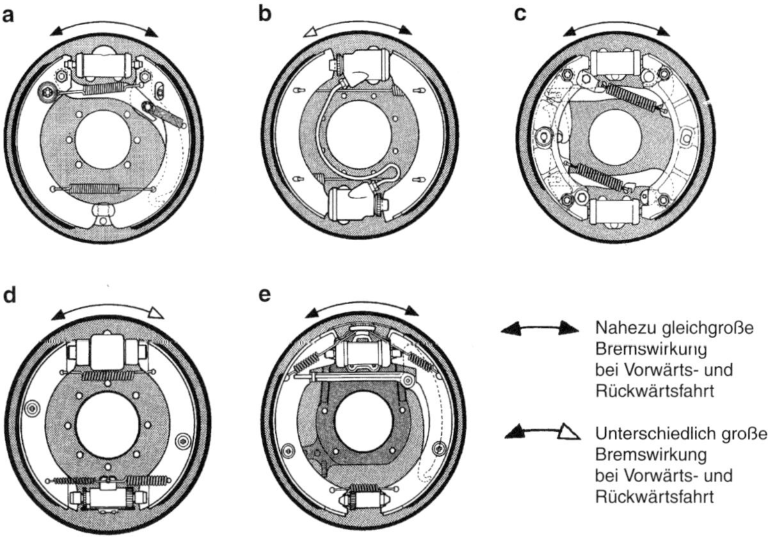

Abb. 7.31 **a** Simplex-Trommelbremse, **b** Duplex-Trommelbremse, **c** Duo-Duplex-Trommelbremse, **d** Servo-Trommelbremse, **e** Duo-Servo-Trommelbremse

- Reibwerthöhe μ
- Reibwertkonstanz (z. B. bei unterschiedlicher Temperatur, Nässe, Salz oder Schmutz)
- geringer Belagverschleiß sowie geringer Verschleiß des Reibpartners (Trommel oder Scheibe)
- minimale Geräuschbildung bzw. hohe Geräuschdämpfung, z. B. gegen (hochfrequentes) Quietschen und (niederfrequentes) Rubbeln
- geringe Kompressibilität

7.2.3.13 Trommelbremsen

Trommelbremsen sind Radialbremsen. Sie haben zwei Bremsbacken, die durch hydraulische Radzylinderbetätigung beim Bremsen nach außen gegen die Reibfläche der Trommel gedrückt werden. Bei Beendigung der Bremsung ziehen Federn die Bremsbacken wieder nach innen, so dass zwischen Trommelreibfläche und Bremsbelägen ein »Lüftspiel« entsteht.

Simplex-Trommelbremse Bei Personenwagen kann diese Bauart an der Hinterachse aus Kostengründen (Integration der Feststellbremsfunktion) eingesetzt werden. Das erzeugte Bremsmoment ist nur wenig von Reibwertschwankungen abhängig ($C^* = 1{,}8$ bis 2,3, Abb. 7.21), so dass eine gleichmäßige Bremswirkung (links/rechts) erreicht wird und damit das Fahrverhalten während der Bremsung ausreichend stabil ist.

Die in Fahrtrichtung vorn liegende Bremsbacke, die Primärbacke, erzeugt rund 65 % des Bremsmomentes, die hinten liegende Sekundärbacke nur etwa 35 %. Der Primärbelag wird daher zum Verschleißausgleich dicker ausgeführt, oder der Umfangswinkel beider Backen wird unterschiedlich groß gewählt. Der Umfangswinkel ist der Winkel in Umfangsrichtung, über den der Belag Kontakt mit der Trommel hat (Abb. 7.31a).

Duplex-Trommelbremse Bei der Duplex-Trommelbremse sind beide Backen gleich ausgeführt. Jede Backe stützt sich an einem eigenen Festpunkt am Bremsträger ab und wird über einen einfach wirkenden Sackloch-Radzylinder gegen die Trommel gedrückt. Hierbei sind beide Bremsbacken Primärbacken mit hoher Selbstverstärkung. Der C^*-Wert liegt bei etwa 2,5 bis 3,5 und erschwert die Dosierung. Die Integration einer Feststellbremseinrichtung ist überdies aufwändig, so dass diese Bauart nur geringe Bedeutung hat (Abb. 7.31b).

Duo-Servo-Trommelbremse Diese Bremse (Abb. 7.31e) erzeugt ein sehr hohes Bremsmoment, da das

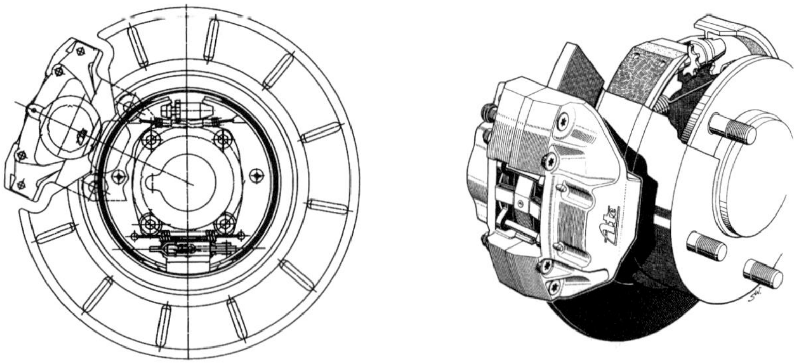

Abb. 7.32 Kombination aus Scheiben- und Duo-Servo-Trommelbremse (Topf-Bremse)

Nacheinanderschalten der beiden Bremsbacken eine besonders wirksame Selbstverstärkung erzeugt ($C^* = 3{,}5$ bis 6,5). Duo-Servo-Trommelbremsen werden daher häufig in Fahrzeugen mit hoher Nutzlast, etwa kleinen bis mittleren Lkw,verbaut. In der Regel ist ein automatischer Verschleißausgleich eingebaut, bei dem über einen Seilzug ein Nachstellhebel betätigt wird, der durch das Verdrehen einer Ritzelmutter indirekt eine nicht verdrehbare Spindelschraube herausbewegt.

Durch Befestigung eines Hebels an der Sekundärbacke und einer Druckstange zur Übertragung einer Reaktionskraft auf die Primärbacke lässt sich eine Feststelleinrichtung leicht integrieren. Sehr zweckmäßig ist der Einsatz der Duo-Servo-Trommelbremse in Kombination mit einer Scheibenbremse (»drum-in-hat«). Die nur mechanisch betätigte Trommelbremse übernimmt hierbei die Funktion der Feststellbremse und die Scheibenbremse den Betriebsbremsanteil der Hinterachse. Ein Vorteil dieser Kombination ist, dass die Beläge für Feststell- und Betriebsbremse unabhängig voneinander optimal ausgelegt werden können (Abb. 7.32).

Bremstrommel-Werkstoffe Aufgrund der kostengünstigen Herstellung sind Bremstrommeln aus Grauguss heute allgemein verbreitet. Für besondere Anwendungen gibt es gewichtsoptimierte Lösungen. Beispiele hierzu sind:

- Zweiteilig in Verbundguss hergestellt. Der äußere Bereich besteht aus einer Aluminiumlegierung, innen ist wegen der geeigneteren Reibpaarung ein Graugussring eingesetzt
- Matrix aus Keramik bzw. Aluminiumoxid eingegossen in Aluminiumtrommel

Bremstrommeln aus Aluminium sind anspruchsvoll in der Herstellung und haben wegen der niedrigen Temperaturbeständigkeit einen eingeschränkten Leistungsbereich. Am besten eignen sie sich daher für Hinterachsbremsen besonders leichter Fahrzeuge.

Nachstellung Reibbelagverschleiß bei Trommelbremsen kann durch manuelle Nachstellung mit einfachen Werkzeugen ausgeglichen werden. Da die Wartungsintervalle moderner Fahrzeuge aber immer länger werden und sich dadurch bis zur Nachstellung unerwünschter Bremspedalhub einstellen würde, werden automatische Nachstelleinrichtungen verbaut.

Mechanische Feststellbremsen Mit einer Trommelbremse ist die Feststellbremsfunktion leicht zu realisieren. Die Betätigungskraft wird über Seilzüge (Bowdenzüge) von der Betätigungseinrichtung auf die Hebel der Trommelbremse übertragen. Heute sind fast ausschließlich Systeme mit rein mechanischer Betätigung über Hand- oder Fußhebel in Gebrauch (Abb. 7.33). Sie werden zunehmend von einer elektromotorischen Betätigung, der »elektrischen Parkbremse« (EPB) ersetzt.

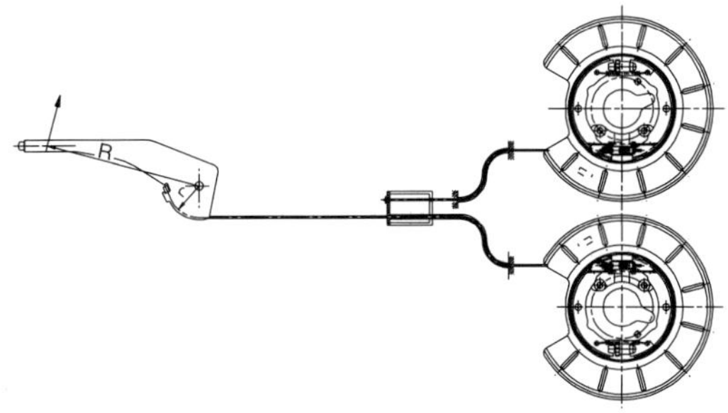

Abb. 7.33 Betätigungsmechanismus Feststellbremse (hier »Handbremse«)

7.2.4 Sensoren

7.2.4.1 Betätigungswegsensor

Der Wegsensor wird für den Bremsassistent genutzt. Dort stellt er ein elektrisches Signal zur Verfügung, aus dem die Position des Bremspedals und die Betätigungsgeschwindigkeit abgeleitet werden. Der Wegsensor ist ein Schleifpotentiometer mit linearer Kennung. In Abhängigkeit von der Schleiferposition wird der Elektronik des Bremsassistenten eine definierte Spannung zur Auswertung geliefert, Abb. 7.34.

7.2.4.2 Raddrehzahlsensor

Der Raddrehzahlsensor (auch Drehzahlfühler genannt) erfasst die aktuelle Drehzahl eines Rades. Ein am Achsschenkel befestigter Sensor und das sich mit dem Rad drehende Impulsrad bilden eine Sensoreinheit (Abb. 7.35).

Bei Fahrzeugen mit Hinterachsantrieb lassen sich die Raddrehzahlen der Hinterachse auch mit nur einem Sensor erfassen. Er sitzt antriebsseitig im Differenzial. Das Sensorsignal entspricht in diesem Fall dem arithmetischen Mittel beider Hinterraddrehzahlen.

Je nach Einbauverhältnissen und Ausführung des Impulsrades wird der Sensor axial oder radial angeordnet. Es werden zwei Sensor-Bauarten (passiv oder aktiv) unterschieden:

Induktive (passive) Raddrehzahlsensoren Passive Raddrehzahlsensoren arbeiten nach dem Induktionsprinzip. Im Sensorkopf befinden sich – wasserdicht in Kunststoff eingespritzt – ein Dauermagnet, eine Spule und eine Kabelverbindung (Abb. 7.36).

Durch die vorbeilaufenden Zähne des Impulsrades aus ferromagnetischem Material verändert sich der magnetische Fluss. Durch die magnetische Induktion entsteht eine Wechselspannung (s. Abb. 7.37), deren Frequenz proportional der Drehzahl des Rades ist. Sie kann vom elektronischen Regler nur ausgewertet werden, wenn die Amplitude innerhalb eines vorgegebenen Spannungsbereichs liegt. Um diesen Spannungsbereich sicherzustellen, ist ein festgelegter Abstand (Luftspalt) zwischen Sensor und Impulsrad einzuhalten.

Magnetoresistive (aktive) Raddrehzahlsensoren Die Sensorbaugruppe (s. Abb. 7.38) besteht aus der Kombination einer Brückenanordnung dünner magnetoresistiver Metallschichten (Elementarsensoren) mit einer elektronischen Folgeschaltung zur Signalaufbereitung. Das Wirkprinzip des Elementarsensors beruht darauf, dass sich der elektrische Widerstand der magnetoresistiven Schichten ändert, sobald sich ein parallel durch diese Schichten verlaufendes Magnetfeld ändert.

Es gibt zwei Varianten aktiver Raddrehzahlsensoren. Bei der ersten wird dem Elementarsensor zur Erzeugung des Magnetfeldes ein Permanentmagnet hinterlegt. Die Änderung der Feldstärke im Substrat ergibt sich durch ein ferromagnetisches Impulsrad, das zum Beispiel als Zahnrad ausgeführt sein kann. Bei der zweiten Variante rotiert ein magnetischer Encoder vor dem Sensor, der das Sensorelement und einen kleinen Stützmagneten enthält. Das erzeugte Stützfeld verhindert einen Frequenzverdoppelungseffekt im Sensorelement bei kleinen Luftspalten. Eine Folge gleichartiger, einander abwechselnder Nord- und Südpol-Areale bildet die Encoderspur des magnetischen Encoders. Zwei aufeinander folgende Nord-/Südpole bilden ein Inkrement und entsprechen einem Zahn bei einem ferromagnetischen Impulsrad. Der elektronische Regler versorgt die Sensoren im Betrieb mit elektrischer Energie. Die Sensoren erzeugen einen rechteckförmigen Signalstrom, dessen Frequenz proportional der Drehgeschwindigkeit der Räder ist. Die Vorteile von magnetoresistiven Raddrehzahlsensoren gegenüber induktiven sind unter anderem:

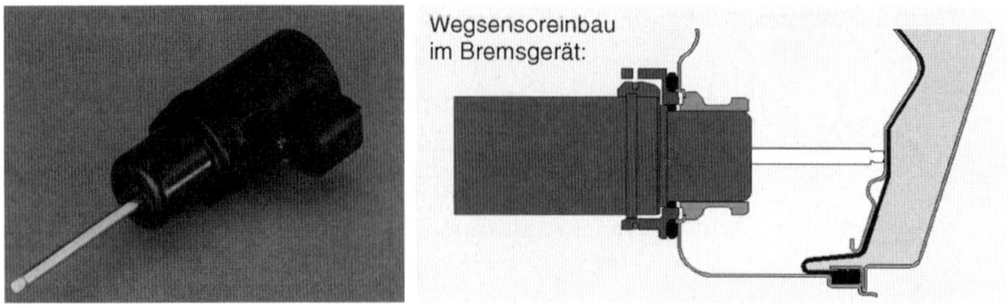

Abb. 7.34 Betätigungswegsensor

- Sensierung bis zum Stillstand ($v = 0\,\text{km/h}$)
- Verbesserung der Signalqualität (digitales Signal mit hoher Auflösung ermöglicht großen Luftspalt)
- Weitgehende Unempfindlichkeit des Signals gegenüber Temperaturschwankungen und Vibrationen
- Reduzierung von Gewicht und Bauraum

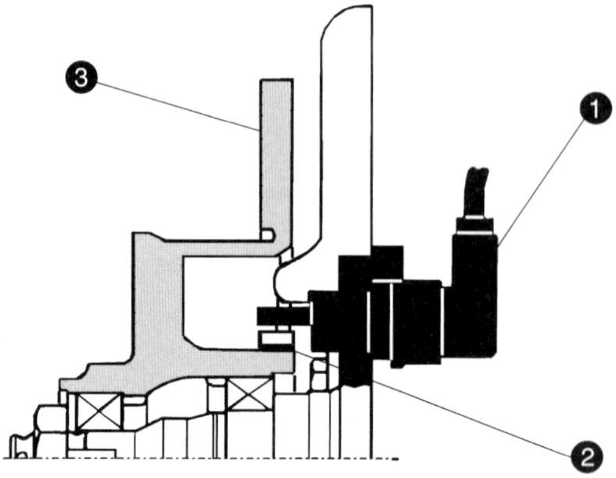

Abb. 7.35 Radial angeordneter Raddrehzahlsensor. 1 Sensor, 2 Impulsrad, 3 Bremsscheibe

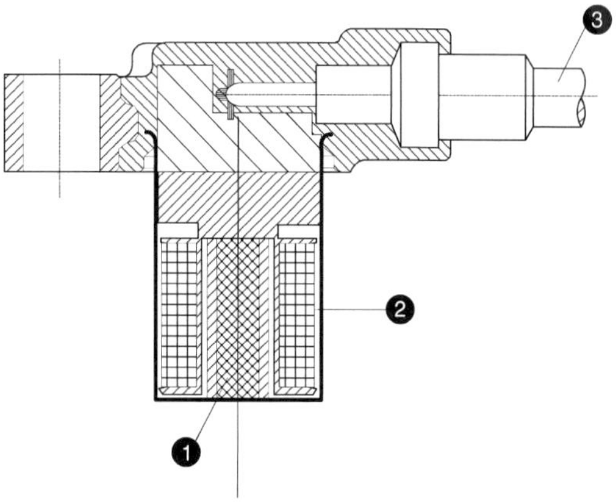

Abb. 7.36 Induktiver Raddrehzahlsensor: 1 Permanentmagnet, 2 Spule, 3 Kabelverbindung

7.2.4.3 Beschleunigungssensor (längs und quer)

Dieser Sensor (siehe **Abb. 7.39**) erzeugt ein zur Beschleunigung des Fahrzeugs proportionales Signal. Gemeinsam mit dem Gierratensensor liefert er die für die Giermomentenregelung des ESP benötigten Informationen über den querdynamischen Zustand des Fahrzeugs. Der Beschleunigungssensor besteht aus einem mikromechanischen Biegebalken, der unter dem Einfluss der Beschleunigung seine Lage ändert und damit zu einer Kapazitätsänderung einer Kondensatoranordnung führt. Die Kapazitätsänderung wird elektronisch ausgewertet, das Signal wird – z. B. über CAN-Bus – an den elektronischen Regler weitergeleitet.

7.2.4.4 Gierratensensor

Der Gierratensensor erfasst die Drehwinkelgeschwindigkeit eines Fahrzeugs um seine Hochachse, die Gierrate. Dazu erzeugt er ein der Gierrate proportionales Signal und liefert damit – gemeinsam mit dem Querbeschleunigungssensor – die für die Giermomentenregelung des ESP benötigten Informationen über den Fahrzustand.

Zwei miteinander verbundene, parallel zur Fahrzeughochachse angeordnete Quarz-Stimmgabeln bilden das Sensorelement. Eine elektronische Schaltung regt die obere Stimmgabel zu sinusförmigen Schwingungen an. Beim Gieren des Fahrzeugs wirkt auf die Zinken der Stimmgabel eine von der Drehrate abhängige Corioliskraft. Diese wird auf die untere Stimmgabel übertragen,

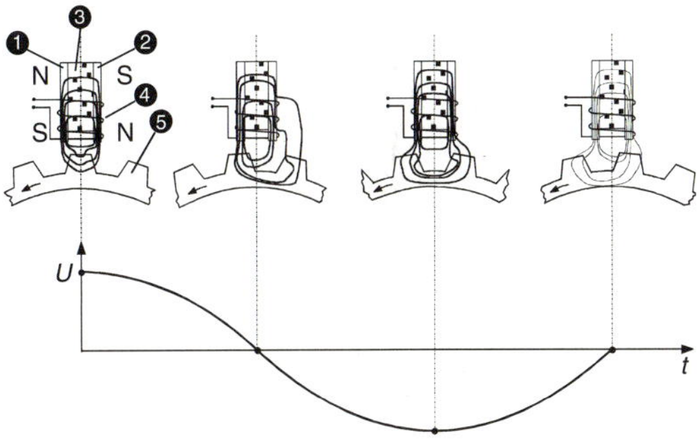

◘ **Abb. 7.37** Funktionsweise des induktiven Raddrehzahlsensors (*t* Zeit, *U* Spannung, *N* Nordpol, *S* Südpol, 1 + 2 Permanentmagnete, 3 Weicheisenkern, 4 Spule, 5 Impulsrad)

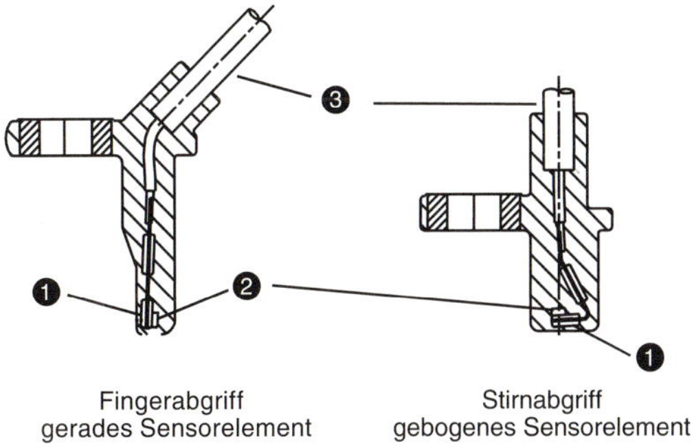

◘ **Abb. 7.38** Magnetoresistiver Raddrehzahlsensor im Schnitt. 1 Sensorelement, 2 Stützmagnet, 3 Kabelverbindung

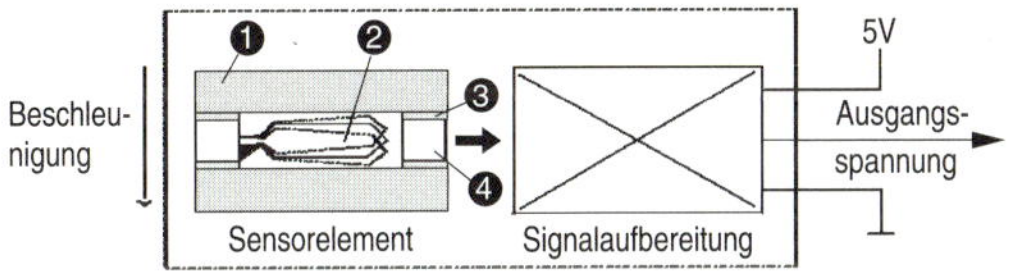

◘ **Abb. 7.39** (Quer-)Beschleunigungssensor. 1 Außenelektrode, 2 Biegebalken (seismische Masse), 3 Isolator und Verbindungselement für die Elektroden, 4 Mittelelektrode

◘ **Abb. 7.40** Sensorcluster – Zusammenfassung von Beschleunigungs- und Gierratenssensor in einem Gehäuse

◘ **Abb. 7.41** Lenkradwinkelsensor

wo sie eine sinusförmige Schwingung erzeugt, die über eine Verstärkerschaltung in ein der Drehrate proportionales Signal umgewandelt wird. Das Schaltungskonzept beinhaltet außer der Schwingungserzeugung für die obere Stimmgabel die Signalverarbeitung und Sicherheitselemente zur Erkennung interner Sensorfehler.

Der Gierratensensor befindet sich idealerweise im Fahrzeugschwerpunkt. Die Kombination des Gierratensensors mit dem Querbeschleunigungssensor in einem gemeinsamen Gehäuse mit einem Stecker wird als »Cluster« bezeichnet, ◘ Abb. 7.40. Analog der Erfassung der Gierrate wird das gleiche Sensorprinzip auch für die Erfassung der Rollrate genutzt (siehe ▶ Abschn. 7.2.5.8).

7.2.4.5 Lenkradwinkelsensor

Der Lenkradwinkelsensor übermittelt dem ESP-Steuergerät Informationen über den aktuellen Lenkwinkel und damit über die gewünschte Fahrtrichtung. Der Lenkradwinkel wird durch eine geeignete Anordnung mehrerer Fotozellen und Lichtschranken optisch gemessen und in Datenworte übersetzt. Aus Sicherheitsgründen erfolgt die Übersetzung in zwei Mikroprozessoren. Über z. B. einen CAN-Datenbus gelangen die Datenworte an den elektronischen Regler. Vom Lenkradwinkelsensor (◘ Abb. 7.41) werden neben hoher Winkelauflösung, Sicherheit und Zuverlässigkeit auch möglichst geringe Abmessungen gefordert, da im Lenksäulenbereich nur wenig Einbauraum zur Verfügung steht.

■ **Abb. 7.42** Nahbereichs-Infrarotsensor

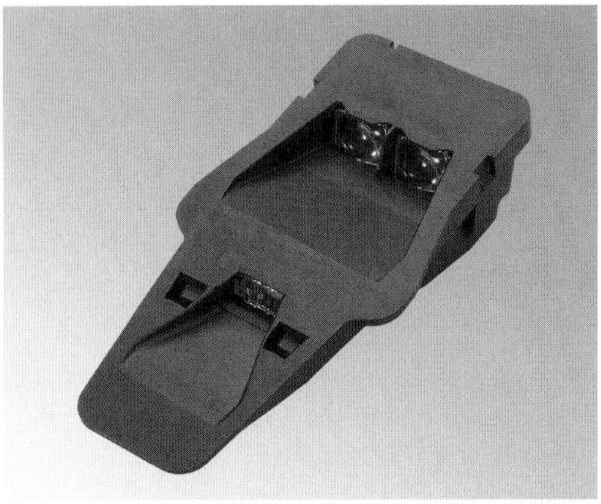

■ **Abb. 7.43** Nahbereichs-Infrarotsensor (für den Notbremsassistenten im Stadtverkehr)

7.2.4.6 Drucksensor

Der Drucksensor misst den über das Bremspedal eingesteuerten Bremsdruck. Dieser wird z. B. bei der ESP-Funktion zur Erfassung des Fahrerwunsches genutzt. Er besteht aus einer Keramikanordnung und verändert seine Kapazität bei Druckbeaufschlagung. Das keramische Messelement ist zusammen mit einer elektronischen Auswerteschaltung in einem Metallgehäuse untergebracht.

7.2.4.7 Abstandssensoren

Abstandsmessung mit Radar- oder Infrarot-Technologie Der Abstand zum vorausfahrenden Fahrzeug kann, abhängig von der zu messenden Entfernung, mit einem 77-GHZ-Radar (■ Abb. 7.42) nach dem Puls-Doppler-Prinzip oder mit einer Infrarot-Sensorik, (Nahbereichs-Infrarotsensor, siehe ■ Abb. 7.43) gemessen werden. Die leistungsfähige aber aufwändige Radar-Variante ist für große Entfernungen von ca. 200 m und höhere Fahrzeuggeschwindigkeiten einsetzbar. Damit findet sie z. Zt. hauptsächlich Anwendung in gehobenen Fahrzeugklassen.

Die kostengünstigere Infrarot-Technologie (Nahbereichs-Infrarotsensor, Abstandsmessung bis ca. 10 m) ermöglicht jedoch die Nutzung für entsprechend eingeschränkte Funktionen auch in der Mittel- und Kompaktwagen-Klasse.

7.2.5 Bremsenfunktionen und Assistenzsysteme

Das heute im Automobilbau erreichte Maß an Komfort und aktiver Sicherheit wäre ohne elektronische Regelsysteme nicht möglich, ■ Abb. 7.44. Sie werden auch künftig eine vielfältige Erweiterung der individuellen Mobilität ermöglichen. Um Sicherheit und Zuverlässigkeit der Bremsanlage trotz zunehmender Komplexität zu gewährleisten, beinhalten elektronische Regelsysteme aufwändige Sicherheitsschaltungen und modular aufgebaute Sicherheitsalgorithmen.

Zum Beispiel werden bei Ausfall eines Teilsystems die noch verbleibenden Restfunktionen der jeweils niedrigeren Ebene bis hinunter zur mechanisch/hydraulischen aufrecht erhalten. Die Bremsbetätigung bleibt auch dann gesichert, wenn die Funktion des Regelsystems vollständig ausfällt, zum Beispiel durch eine gestörte Spannungsversorgung.

7.2.5.1 Antiblockiersystem (ABS)

Die Aufgabe der Schlupfregelsysteme, Brems- und Vortriebskräfte durch geeignete Eingriffe in Bremsanlage und Motormanagement so zu modulieren, dass das bestmögliche fahrdynamische Verhalten unter den gegebenen Umständen erreicht wird, lässt sich auf unterschiedliche Weise lösen. Die Methoden und Algorithmen sind von den Grundzügen her bei allen Systemherstellern ähnlich, da auch die verwendeten Eingangsgrö-

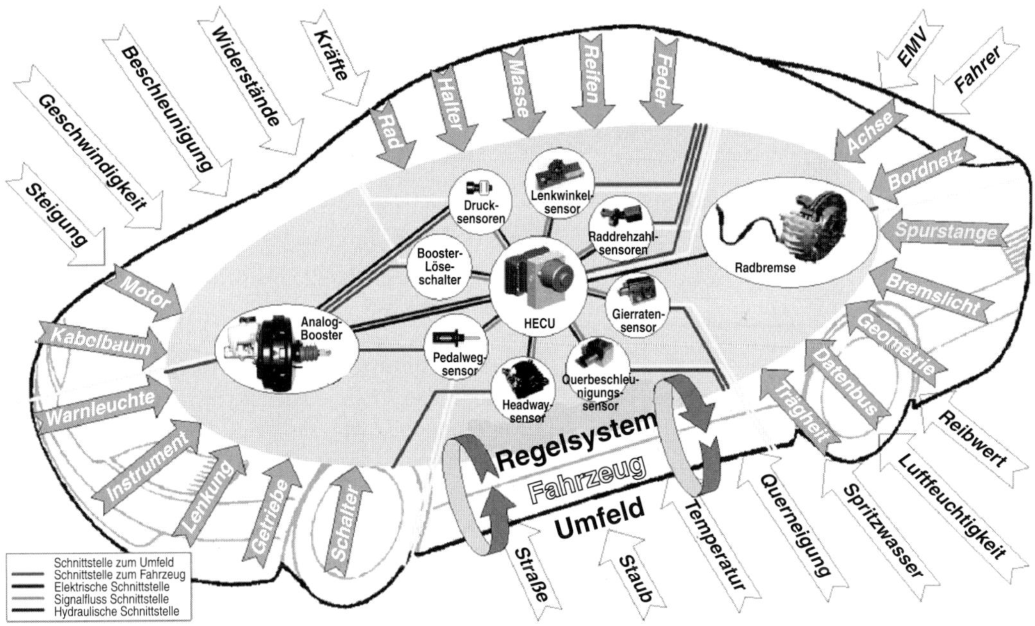

Abb. 7.44 Einflussfaktoren und Regelsystem-Schnittstellen

ßen sowie die Steuergrößen gleich sind. Was die regelungstechnische Ausführung angeht, unterscheiden sich aber die Programme erheblich. Ein wichtiger Aspekt dabei ist die jeweilige Anpassung der Elektronik (sowohl Hardware als auch Software) an die einzelnen Sensoren (mit z. T. unterschiedlichen Wirkprinzipien), an die Stellglieder des Systems, an die spezifischen Eigenschaften aller beteiligten Komponenten und insbesondere an das Fahrzeug [19].

Kraftschluss in Längsrichtung – Bremsschlupf/Antriebsschlupf Die Gesetzmäßigkeiten, die für den Kraftschluss zwischen Reifen und Fahrbahn gelten, sind komplexer als die der Coulomb'schen Reibung. Der Grund dafür liegt in den Eigenschaften des Gummireifens (siehe ▶ Abschn. 7.3 Reifen).

Ein Reifen kann nur dann Kräfte auf die Fahrbahn übertragen, wenn Gleitschlupf vorliegt. Die Umfangsgeschwindigkeit des gebremsten Rades ist folglich kleiner als die Geschwindigkeit des Fahrzeuges.

Zur Vereinfachung dieser Zusammenhänge werden spezielle Verhältniszahlen eingeführt, der Bremsschlupf λ_B und der prozentuale Antriebsschlupf λ_T:

$$\lambda_B = \frac{(\nu_F - \nu_U)}{\nu_F} \cdot 100\,\%$$

λ_B – Bremsschlupf in %
ν_F – Fahrgeschwindigkeit (Geschwindigkeit des Radmittelpunktes)
ν_U – Umfangsgeschwindigkeit des Rades

$$\lambda_T = \frac{(\nu_U - \nu_F)}{\nu_U} \cdot 100\,\%$$

λ_T – Antriebsschlupf in %

Bremskraftbeiwert und andere Einflussgrößen Die charakteristische Größe für das Bremsvermögen eines Fahrzeugs ist der Kraftschlussbeiwert oder auch Bremskraftbeiwert μ_B.

$$\mu_B = \frac{F_B}{F_A}$$

μ_B – Bremskraftbeiwert
F_B – Bremskraft
F_A – Radaufstandskraft

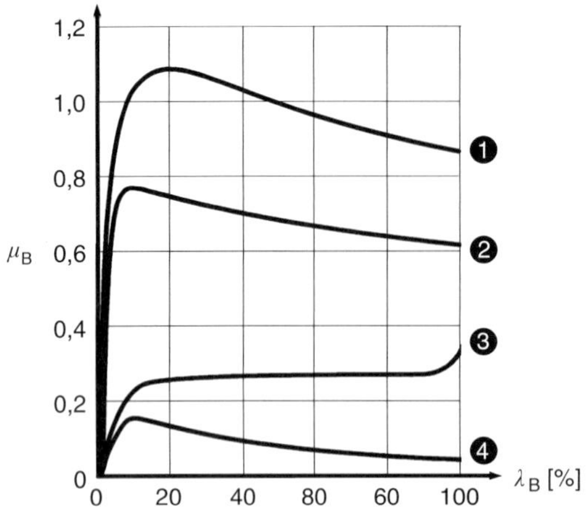

Abb. 7.45 Exemplarische Bremskraftbeiwertverläufe: λ_B Bremsschlupf, μ_B Bremskraftbeiwert, 1 trockener Asphalt, 2 nasser Asphalt, 3 Neuschnee, 4 Eis

Für jede Kombination von Reifen und Fahrbahn existiert ein bestimmter funktionaler Zusammenhang zwischen Bremskraftbeiwert und Schlupf (Abb. 7.45).

Der Bremskraftbeiwert zeigt in Abhängigkeit vom Schlupf unter fast allen Bedingungen einen ähnlichen, charakteristischen Verlauf. Ein Bremskraftbeiwert und ein Schlupf von Null kennzeichnen das frei rollende Rad. Bei einem Bremsschlupf von in der Regel zwischen 8 und 30 % erreicht der Bremskraftbeiwert seinen Maximalwert. Er fällt mit weiter steigenden Schlupfwerten mehr oder weniger stark ab. Bei einem Bremsschlupf von 100 % ist das Rad blockiert.

Der ansteigende Bereich der μ-Schlupf-Kurve (Bremskraftbeiwert-Kurve) wird als stabiler Bereich bezeichnet. Das Fahrzeug bleibt weitestgehend lenkbar und stabil. Jenseits des kritischen Schlupfes beginnt der instabile Bereich. Wird der Bremsdruck in diesem Schlupfbereich nicht schnell genug reduziert, kommt es innerhalb kurzer Zeit zum Blockieren des Rades.

Wesentliche Bedeutung für den Kraftschlussbeiwert hat die Fahrbahnoberfläche. Weiterhin ergibt sich abhängig vom Reifen eine andere Bremskraftbeiwertkurve. Wichtige Einflussgrößen sind Art und Profil des Reifens (z. B. Gummimischung, Profilform und Abnutzungsgrad), Dimension, Fülldruck, Temperatur und Radaufstandskraft.

Eine Besonderheit zeigt die Bremskraftbeiwertkurve für losen Neuschnee und Schotter. Ihr Maximum liegt bei einem Schlupf von 100 %. Diese Besonderheit wird von einem Keil aus Schnee oder Schotter bewirkt, der sich mit zunehmendem Schlupf vor den blockierten Rädern aufbaut. Auch hier existiert jedoch ein kritischer Schlupfwert. Wird er erreicht, nimmt zwar nicht das Bremsvermögen ab, doch das Fahrzeug verliert an Lenkbarkeit und Stabilität.

Kraftschluss in Querrichtung Ähnliche Zusammenhänge zwischen Reifenverformung und Kraftübertragung, wie sie beim Bremsen und beim Antreiben die Längsdynamik des Fahrzeugs bestimmen, zeigen sich auch bei der Querdynamik. Eine Seitenführungskraft, um z. B. das Fahrzeug in der gewünschten Spur zu halten, kann der Reifen nur dann aufbauen, wenn er seitlich verformt wird und »Seitenschlupf« aufgebaut wird.

Dazu müssen die Bewegungsrichtung des Radmittelpunktes und die Längsrichtung des Reifens voneinander abweichen. Der Winkel zwischen diesen beiden Richtungen wird Schräglaufwinkel α genannt.

Für das Seitenführungsvermögen wird der »Seitenkraftbeiwert« μ_S definiert:

$$\mu_S = \frac{F_S}{F_A}$$

μ_S – Seitenkraftbeiwert
F_S – Seitenführungskraft
F_A – Radaufstandskraft

Der funktionale Zusammenhang zwischen Seitenkraftbeiwert und Schräglaufwinkel α ist beispielhaft in Abb. 7.46 dargestellt.

Kombination des Kraftschlusses in Längs- und Querrichtung Unter den vorgegebenen Bedingungen von Reifen, Fahrbahn und Radaufstandskraft (Normalkraft) kann ein Rad nur eine begrenzte Gesamtkraft übertragen. Die Aufteilung der Gesamtkraft in die beiden Komponenten Bremskraft und Seitenführungskraft kann näherungsweise durch den Kamm'schen Reibungskreis (siehe Abb. 7.47) graphisch dargestellt werden.

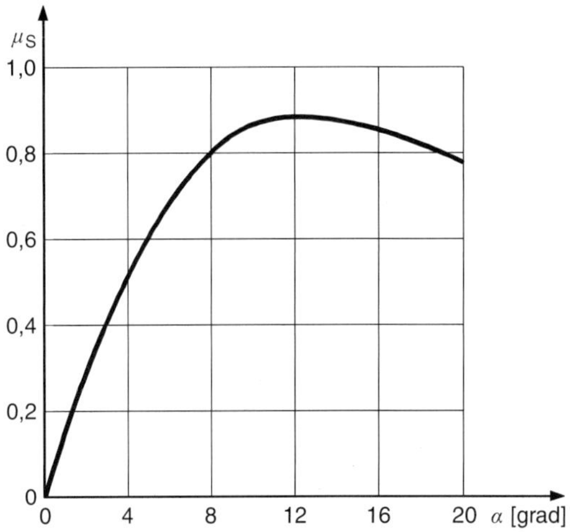

Abb. 7.46 Seitenkraftbeiwert μ_S in Abhängigkeit vom Schräglaufwinkel α

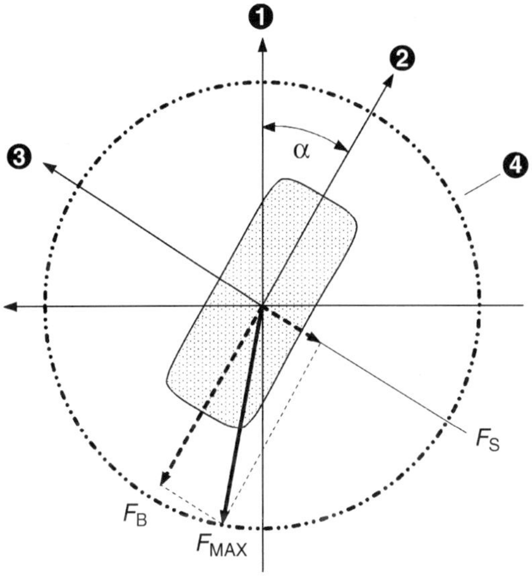

Abb. 7.47 Kamm'scher Reibungskreis F_N Normalkraft, F_{max} maximal übertragbare Gesamtkraft, F_{Rad} Gesamtkraft am Rad, μ Kraftschlussbeiwert Reifen/Fahrbahn, F_B Bremskraft, F_S Seitenführungskraft, α Schräglaufwinkel, 1 Bewegungsrichtung des Radmittelpunktes, 2 Längsrichtung des Rades, 3 Querrichtung des Rades, 4 Kamm'scher Reibungskreis (mit Radius F_{max})

Die geometrische (vektorielle) Summe beider Kraftkomponenten kann nicht größer werden als die vom Reifen maximal übertragbare Gesamtkraft. Hieraus wird deutlich:

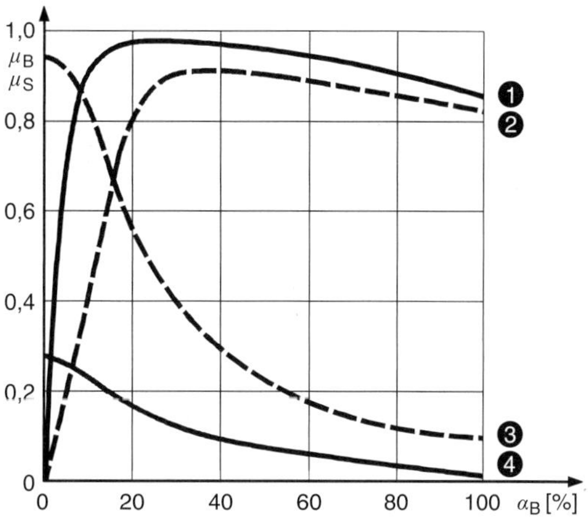

Abb. 7.48 Brems- und Seitenkraftbeiwerte als Funktion des Bremsschlupfes bei zwei verschiedenen Schräglaufwinkeln auf trockener Betonfahrbahn λ_B Bremsschlupf, μ_B Bremskraftbeiwert, μ_S Seitenkraftbeiwert, 1 Bremskraftbeiwert bei Schräglaufwinkel $\alpha = 2°$, 4 Seitenkraftbeiwert bei Schräglaufwinkel $\alpha = 2°$, 2 Bremskraftbeiwert bei Schräglaufwinkel $\alpha = 5°$, 3 Seitenkraftbeiwert bei Schräglaufwinkel $\alpha = 5°$

- Nur bei Geradeausfahrt ist die maximale Bremskraft erreichbar
- Bei extremer Kurvenfahrt ist die übertragbare Bremskraft erheblich kleiner als bei Geradeausfahrt
- Bei einer starken Verzögerung ist die Lenkbarkeit gegenüber dem ungebremsten Zustand eingeschränkt

Eine Vollbremsung mit blockierten Rädern führt zum vollständigen Verlust der Seitenführungskräfte und damit zum Verlust der Lenkbarkeit und der Stabilität.

Anhand von Abb. 7.48 wird deutlich, wie mit zunehmendem Schlupf aufgrund der Beanspruchung des Bremskraftbeiwertes in Längsrichtung der Seitenführungskraftbeiwert abnimmt.

ABS-Funktionalität Zu starkes Bremsen ohne ABS verursacht je nach Fahrbahnzustand oder Fahrsituation ungünstig große Radschlupfwerte oder gar Blockieren der Räder. Ausbrechen des Fahrzeugs aus der Spur und eine Beeinträchtigung der Lenkbarkeit sind mögliche Folgen. Abgesehen von wenigen Ausnahmefällen verlängert sich auch der Bremsweg. ABS erlaubt Vollbremsungen ohne blockierende Räder und ohne die daraus resultierenden Gefahren. Mit Hilfe des Bremspedals ist die erforderliche individuelle Dosierung der optimalen Bremskraft an jedem Rad nicht möglich. Besonders deutlich wird dies auf unterschiedlich griffigem Untergrund (z. B. rechts/links), weil der optimale Bremsdruck an den einzelnen Rädern dann unterschiedlich groß ist. ABS verbessert:

- die Fahrstabilität, indem es das Blockieren der Räder verhindert, wenn bei einer Vollbremsung der Bremsdruck bis zur Blockiergrenze und darüber hinaus steigt. Eine Drehung des Fahrzeugs um die Fahrzeughochachse (Schleudern) bei Verlust der Seitenführungskräfte an der Hinterachse wird zum Beispiel verhindert
- die Lenkbarkeit bei Vollbremsungen auch bei den unterschiedlichsten Fahrbahnzuständen. Trotz voll betätigter Bremse kann das Fahrzeug durch eine Kurve gelenkt werden oder einem Hindernis ausweichen
- den Bremsweg, da es den jeweils verfügbaren Reibwert zwischen Reifen und Fahrbahn bestmöglich ausnutzt. Insbesondere reagiert es adaptiv auf Veränderungen der Fahrbahngriffigkeit, etwa von trockenem auf nassen Asphalt. Der Bremsweg mit ABS ist kürzer als bei einer Bremsung ohne ABS.

Die Erkennung und Plausibilisierung eines notwendigen ABS-Eingriffs findet üblicherweise in wenigen 1/100 s statt, die Radstabilisierung benötigt aufgrund von Rad- und Hydraulikträgheit wenige 1/10 s. Der Fahrer kann sich auf die Bewältigung der Verkehrssituation konzentrieren, ohne sich um die optimale Dosierung der Bremsleistung Gedanken zu machen (z. B. gebremstes Umfahren eines Hindernisses). Außerdem verhindert ABS das Entstehen von Flachstellen auf der Lauffläche der Reifen (Bremsplatten).

Grenzen des ABS Sonderfälle wie Neuschnee oder Kies, der bei blockierenden Rädern einen bremsenden Keil vor den Rädern bildet, sind im Alltag kaum relevant. Hier ist die Verbesserung von Lenkbarkeit und Fahrstabilität durch ABS wichtiger als der kürzest mögliche Bremsweg bei blockierten Rädern. ABS kann die physikalischen Gesetzmäßigkeiten nicht außer Kraft setzen. Auf glatter

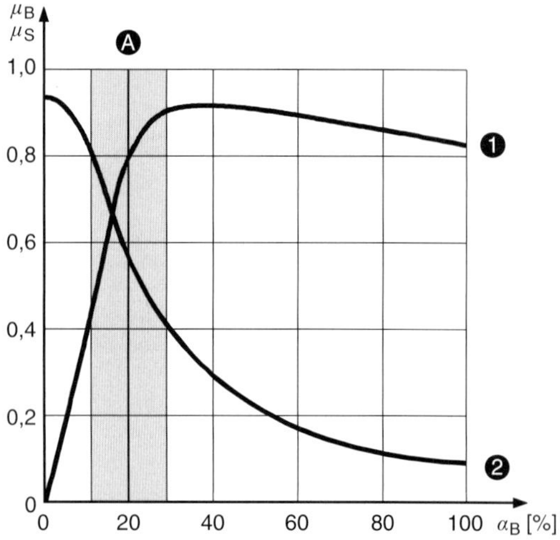

Abb. 7.49 Regelbereich (A) des ABS mit λ_B Bremsschlupf, μ_B Bremskraftbeiwert (Verlauf 1), μ_S Seitenkraftbeiwert (Verlauf 2)

Fahrbahn ist der Bremsweg trotz ABS-Regelung länger als auf trockener, griffiger Straße, denn die höchstmögliche Bremskraft bestimmt stets der Reibwert zwischen Reifen und Fahrbahn. Und Bremsen – auch mit ABS – kann bei zu hohen Kurvengeschwindigkeiten die Seitenführungskraft nicht vergrößern. Das Fahrzeug kann daher trotz ABS aus der Kurve getragen werden.

Arbeitsbereich des ABS Der optimale Schlupf und damit die beste Bremswirkung wird nicht durch maximalen, sondern durch genau dosierten Bremsdruck erreicht (Abb. 7.49). Ziel der ABS-Regelung ist es den kritischen Schlupf nicht zu überschreiten der von den jeweiligen Bedingungen zwischen Reifen und Fahrbahn bestimmt wird. Der Arbeitsbereich der ABS-Regelung wird stets so gewählt, dass zugleich bestmögliche Fahrstabilität und Lenkbarkeit gegeben sind. Wird ein Rad so abgebremst, dass es den Bereich optimalen Schlupfes überschreitet, beginnt die ABS-Regelung.

Abbildung 7.50 zeigt einen Bremsvorgang ohne ABS-Regelung. Bereich I entspricht der ungebremsten Fahrt. Die Radumfangsgeschwindigkeit gleicht der (konstanten) Fahrzeuggeschwindigkeit, es liegt kein Schlupf vor. Im Bereich II ist die Bremse leicht betätigt, es liegt ein geringer Bremsdruck

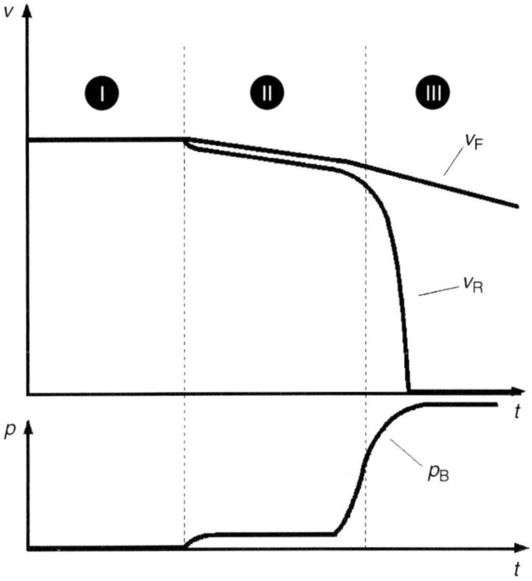

Abb. 7.50 Bremsung ohne ABS (ein Rad). *t* Zeit, *v* Geschwindigkeit, *p* Druck, I ungebremste Fahrt, II Teilbremsung, III Vollbremsung ohne ABS, v_F Fahrzeuggeschwindigkeit, v_R Radumfangsgeschwindigkeit, P_B Betätigungsdruck

an. Daher ist die Radumfangsgeschwindigkeit um einen bestimmten Anteil geringer als die Fahrzeuggeschwindigkeit, die stetig abnimmt. Der Schlupf liegt im stabilen Bereich. Bereich III entspricht einer Vollbremsung, bei der der Radbremsdruck über die Blockiergrenze steigt. Die Radumfangsgeschwindigkeit verringert sich zunehmend bis zum Stillstand des Rades. Die Fahrzeuggeschwindigkeit wird ebenfalls geringer, wobei der Blockierreibwert die Verzögerung bestimmt.

Die sehr rasche Drehzahlabnahme eines Rades ist charakteristisch für eine Blockierneigung, da die Radverzögerung größer ist als die maximal mögliche Fahrzeugverzögerung. Erkennt der elektronische Regler über den Raddrehzahlsensor den Abfall der Raddrehzahl, gibt er entsprechende Befehle zur Bremsdruckmodulation an die Magnetventile. Jeweils zwei Ventile pro Regelkreis – das in stromlosem Zustand offene Einlassventile und das stromlos geschlossene Auslassventile führen diese Modulation durch.

Regelungsphasen Der ABS-Regelungszyklus läuft prinzipiell in drei Phasen ab (Abb. 7.51).

Druckhalten (Phase 1) Bei Pedalbetätigung steigt der Radbremsdruck an und die Radumfangsgeschwindigkeit verringert sich progressiv. Zeigt die Radumfangsgeschwindigkeit eine Blockierneigung, wird das Einlassventil geschlossen. Selbst bei Erhöhung des Betätigungsdrucks kann der Radbremsdruck nicht weiter ansteigen.

Druckabbau (Phase 2) Nimmt die Radumfangsgeschwindigkeit trotz konstanten Bremsdrucks weiter ab, so dass der Radschlupf zunimmt, reduziert der elektronische Regler den Bremsdruck an diesem Rad. Dazu hält er das Einlassventil geschlossen und öffnet das Auslassventil. Daraus folgt ein vermindertes Bremsmoment an der Radbremse. Mit Hilfe der Radverzögerung lässt sich abschätzen, wie lange dieser Druckabbaupuls sein muss, damit das Rad in einer gewissen Zeit wieder beschleunigt (»prädiktive Regelung«). Verhält sich das Rad nach Ablauf dieser Zeit nicht wie erwartet, kann der Regler einen weiteren Bremsdruckabbau einsteuern. In extremen Fällen wie etwa einem Reibwertsprung von Asphalt auf Eis dauert dieser Abbau so lange, bis das Rad die gewünschte Wiederbeschleunigung aufweist.

Druckaufbau (Phase 3) Erhöht sich die Radumfangsgeschwindigkeit so weit, dass sie den Bereich des optimalen Schlupfes unterschreitet, baut der elektronische Regler wieder stufenweise Bremsdruck auf. Hierzu bleibt das Auslassventil geschlossen, während das Einlassventil mehrfach kurz geöffnet wird.

Dieser Drei-Phasen-Regelzyklus mit den Phasen Druck halten, Druck abbauen und Druck aufbauen wiederholt sich mehrmals pro Sekunde. Die Reihenfolge der drei Phasen ist variabel.

Spezielle Regelalgorithmen Durch die kontinuierliche Auswertung der Raddrehzahlsensorsignale kann der elektronische Regler stets mit einer der Situation angepassten Regelstrategie reagieren. Die Regelung der Vorderachse erfolgt radindividuell. An den Hinterrädern kommt das »Select low«-Prinzip zum Einsatz, das heißt: Das Hinterrad mit der stärkeren Blockiertendenz bestimmt das Druckniveau für beide Hinterräder. So wird die Bremskraftausnutzung an der Hinterachse vermin-

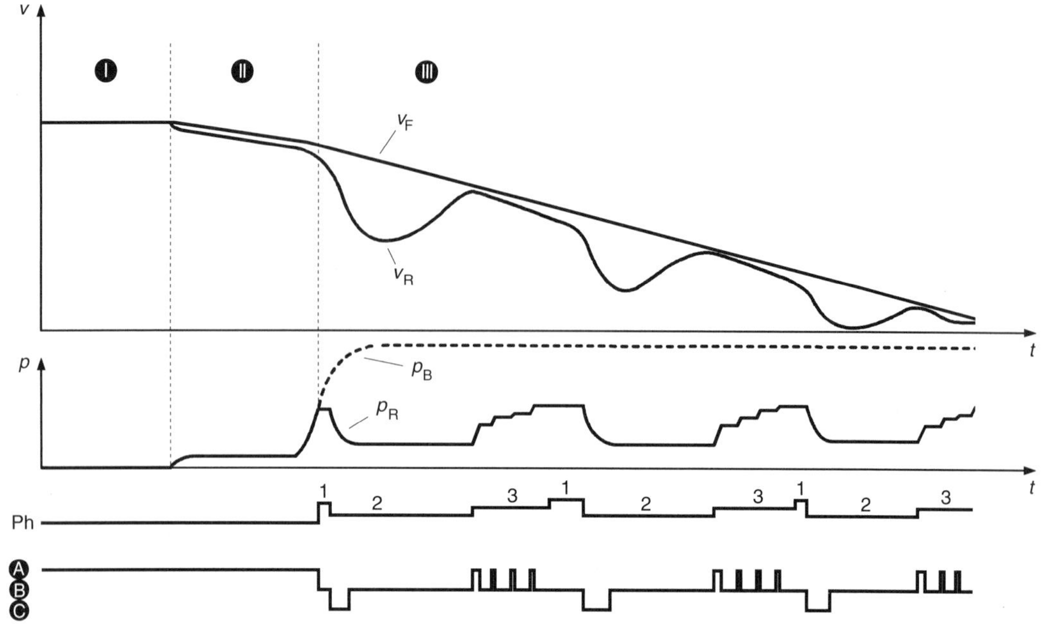

Abb. 7.51 Ablauf einer ABS-Regelung (ein Rad). *t* Zeit, *p* Druck, *v* Geschwindigkeit, *Ph* Phase, I ungebremste Fahrt, II Teilbremsung, III ABS-Bremsung, v_F Fahrzeuggeschwindigkeit, P_B Betätigungsdruck, v_R Radumfangsgeschwindigkeit, P_R Radbremsdruck, *A* Druckaufbau, *B* Druckhalten, *C* Druckabbau

dert zugunsten höherer Seitenkraft und damit zu erhöhter Fahrstabilität. Besonderen Fahrbahn- und Fahrzustands-Bedingungen wird der ABS-Regler durch speziell hierfür entwickelte Algorithmen gerecht. Zu nennen sind hier etwa Eis-Fahrbahnen, seitenweise unterschiedlich griffige Fahrbahnen (»μ-Split«), Kurvenfahrt, Schleudervorgänge, Einsatz von Noträdern und vieles mehr.

7.2.5.2 Elektronische Bremskraftverteilung (EBV)

Die elektronische Bremskraftverteilung ersetzt den hydraulischen Bremskraftverteiler (▶ Abschn. 7.2.3.8) durch einen zusätzlichen Softwarealgorithmus in der ABS-Software. Dieser Algorithmus ermöglicht im Teilbremsbereich eine optimierte Bremskraftverteilung zwischen Vorder- und Hinterachse. Damit wird die Kraftschlussausnutzung an der Hinterachse optimiert bei gleichzeitigem Erhalt der Fahrstabilität [20].

Hierzu nutzt der EBV-Algorithmus die jeweilige Fahrzeugverzögerung und die Querbeschleunigung. Beide Größen werden aus den vier gemessenen Radgeschwindigkeiten errechnet. Erkennt der elektronische Regler eine Überbremsung der Hinterachse, schließt er das entsprechende Hinterrad-Einlassventil und verhindert so einen weiteren Druckaufbau. Bei weiterer Überbremsung kann durch Öffnen des Hinterrad-Auslassventils Druck abgebaut werden. Zur bestmöglichen Ausschöpfung des Kraftschlusspotenzials führt EBV den Druck der hinteren Radbremsen bei Unterbremsung wieder pulsweise an das Druckniveau im Hauptzylinder heran. Die EBV-Funktion benötigt keine zusätzlichen Bauteile, sie nutzt die beim ABS vorhandenen Komponenten. Die Integration in das ABS-Sicherheitskonzept sorgt im Gegensatz zum hydraulischen Regler für die Überwachung der Wirksamkeit der Bremskraftverteilung.

7.2.5.3 Erweitertes Stabilitäts-Bremssystem (ABSplus)

ABSplus sorgt durch gezielt unterschiedliches Einstellen von Bremskräften an beiden Fahrzeugseiten

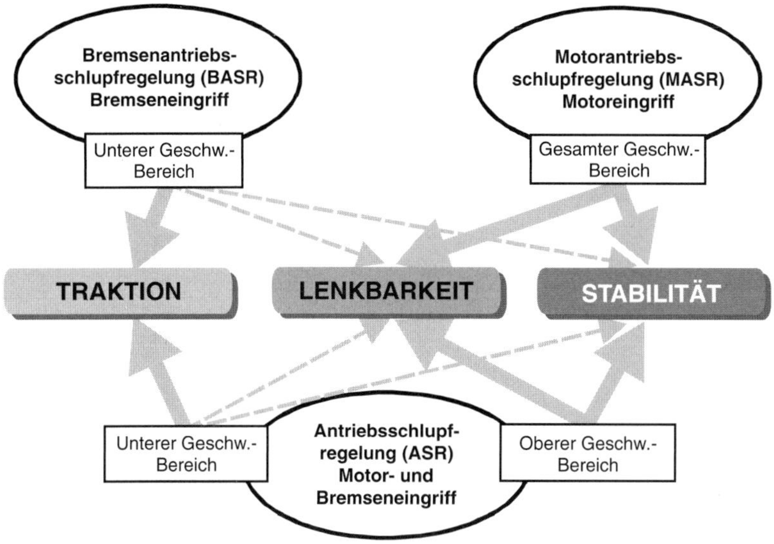

Abb. 7.52 Konzepte der Antriebsschlupfregelung

für ein korrigierendes Giermoment, so dass das Fahrzeug stabilisiert und die Lenkbarkeit verbessert wird. Diese Erweiterung des ABS-Regelalgorithmus ist als ABSplus oder CBC (Cornering Brake Control) bekannt. Allein aus den Verläufen der Raddrehzahlen erkennt dieses System die Fahrsituation – insbesondere Kurvenfahrt – ohne Gierraten- oder Querbeschleunigungssensor. ABSplus optimiert den (Brems-)Schlupf und damit die Bremskraftverteilung, zugleich bewirkt es eine Gierratenkompensation. Besonders wirkungsvoll ist ABSplus bei dynamischen Fahrmanövern wie Kurvenfahrten im Grenzbereich und Spurwechseln. Dies gilt bei Vollbremsungen (aktive ABS-Regelung) und insbesondere bei Teilbremsungen [21].

7.2.5.4 Antriebsschlupfregelung (ASR)

ASR verhindert unnötiges Durchdrehen der Antriebsräder durch einen gezielten Bremseneingriff (BASR) und/oder durch einen Eingriff in das Motormanagement (MASR).

Die Antriebsschlupfregelung basiert sowohl hardwareseitig (Hydraulik, Sensorik) als auch softwareseitig auf ABS. Zum aktiven Druckaufbau ist eine Erweiterung der HCU um Trenn- und Saugventile erforderlich (Abb. 7.20, Abb. 7.52).

ASR-Funktionalität Die Antriebsschlupfregelung
- sichert die Fahrstabilität heckgetriebener bzw. die Lenkbarkeit frontgetriebener Fahrzeuge
- wirkt als Sperrdifferenzial
- passt die Vortriebskräfte den Fahrbahnbedingungen an
- warnt durch eine Informationsleuchte vor Erreichen der physikalischen Stabilitätsgrenze (etwa bei Glätte) und
- verringert den Reifenverschleiß

Bremsenregelung der ASR (BASR) Auf unterschiedlich griffiger Fahrbahn (μ-split) kann die auf der griffigen Fahrbahnseite mögliche Vortriebskraft nicht ausgenutzt werden. Die Ursache hierfür liegt im Differenzialgetriebe zwischen den Rädern der angetriebenen Achse, bei dem die Seite mit dem geringeren Kraftschlusspotenzial das Moment auf der gegenüber liegenden Seite begrenzt. Mit Hilfe der Raddrehzahlsensoren erkennt BASR das Überschreiten der Kraftschlussgrenze an einem Rad und verringert dieses Durchdrehen mittels eines entsprechenden, aktiven Bremseneingriffs. Das dadurch aufgebrachte Bremsmoment wirkt als zusätzliche Abstutzung auf das Differenzial und steht somit am gegenüber liegenden Rad als Antriebsmoment zur Verfügung.

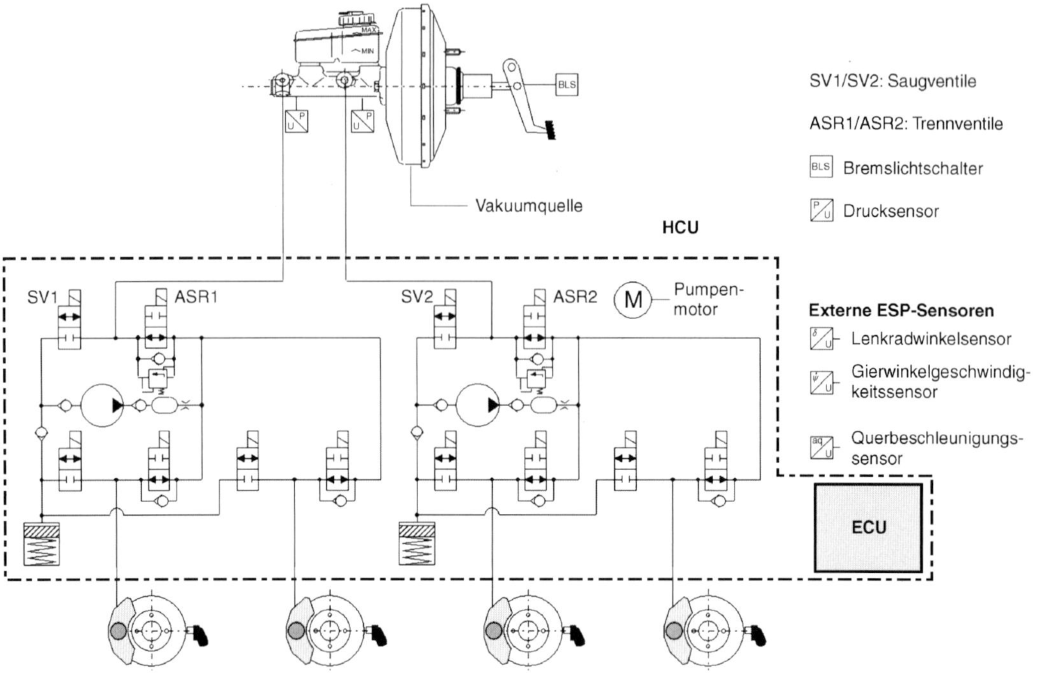

Abb. 7.53 Elektronisches Stabilitätsprogramm, Systemschaltbild: SV1/SV2 Saugventile, ASR1/ASR2 Trennventile

Bremsen-ASR regelt im wesentlichen den Anfahrbereich. Um eine thermische Überlastung der Bremse zu vermeiden, wird durch den elektronischen Regler über ein Temperaturmodell die Bremseneingriffsdauer begrenzt.

Motorregelung der ASR (MASR) Zur Entlastung der Bremsen reduziert ASR bei niedrigen Geschwindigkeiten zusätzlich zur Bremsenregelung das Motordrehmoment so weit, dass auch ohne beidseitigen Bremseneingriff an den Antriebsrädern die bestmögliche Haftwertausnutzung für den Vortrieb erreicht wird. Im oberen Geschwindigkeitsbereich, ab etwa 40 km/h, kommt es kaum noch zu Bremseneingriffen, da die Motorregelung frühzeitig das Antriebsmoment reduziert, um die Fahrstabilität zu erhöhen.

Motor-Schleppmomenten-Regelung (MSR) Hohes Motorschleppmoment, zum Beispiel bei Gaswegnahme oder Herunterschalten, erzeugt Bremsmomente an den angetriebenen Rädern, ohne dass die Bremse betätigt wird. Insbesondere bei niedrigen Reibwerten wird dadurch deutlicher Schlupf an den Antriebsrädern hervorgerufen. Vor allem bei heckangetriebenen Fahrzeugen kann es dadurch zu instabilem Fahrverhalten kommen. Die MSR reduziert durch dosiertes, aktives »Gasgeben« den durch das Motorschleppmoment generierten Schlupf. Der Eingriff ins Motormanagement erfolgt in aller Regel über CAN-Bus.

7.2.5.5 Elektronisches Stabilitätsprogramm (ESP/DSC/VSC)

Das elektronische Stabilitätsprogramm (Abb. 7.53) kombiniert die Funktionen der Radschlupfregelungen (ABS, EBV, ASR) mit der Giermomentenregelung (GMR). Die Giermomentenregelung ist eine elektronische Regelung zur Verbesserung des querdynamischen Fahrverhaltens. Unabhängig von einer Pedalbetätigung stabilisiert sie das quer- und längsdynamische Fahrverhalten durch Bremsen- und Motoreingriff [20, 22].

Mit Hilfe von Echtzeitsimulationsmodellen errechnet das elektronische Stabilitätsprogramm aus Raddrehzahlen, Lenkradwinkel und Hauptzylinderdruck das gewünschte Fahrverhalten. Das tatsächliche Fahrverhalten erfasst das elektronische Stabilitätsprogramm mit Hilfe der Gierrate und der Querbeschleunigung.

Vor allem bei sehr schnellen Lenkbewegungen kann ein Fahrzeug den Lenkradeinschlag nicht mehr in die erwartete Richtungsänderung umsetzen. Es kommt entweder zum Untersteuern oder zum Übersteuern, im Extremfall bis zum »Schleudern«. Die Abweichung zwischen Fahrer-Wunsch (Richtung, Geschwindigkeit) und Fahrzeug-Verhalten (Gierrate, Querbeschleunigung) wird ermittelt und durch die Giermomentenregelung mittels Bremseneingriff (an bis zu drei Rädern gleichzeitig) ausgeregelt.

Untersteuern korrigiert GMR primär durch Einbremsen des kurveninneren Hinterrades, Übersteuern durch Einbremsen des kurvenäußeren Vorderrades. Dieses selektive, aktive Bremsen baut einseitig wirkende Längskräfte und dadurch das gewünschte Giermoment auf. Eine unterstützende Wirkung entsteht durch die gezielte Reduzierung von Seitenführungskräften infolge der über Bremsmomente aufgebauten Längskräfte. Zu hohes Antriebsmoment reduziert das elektronisches Stabilitätsprogramm – wenn erforderlich – durch Eingriff ins Motormanagement.

Die erweiterte ABS/ASR-Hydraulik mit dem integrierten elektronischen Regler ist Kernstück des elektronischen Stabilitätsprogramms. Diese Hydraulik ermöglicht den radindividuellen, aktiven Aufbau von Bremsdruck unabhängig von einer Betätigung des Bremspedals.

Bei extremer Kälte ist wegen veränderter Bremsflüssigkeitsviskosität das Ansaugverhalten der ABS-Pumpe allein nicht ausreichend. Über verschiedene Vorladeeinrichtungen kann in solchen Situationen die notwendige Fördermenge der Pumpe erreicht werden. Ein extern ansteuerbarer Bremskraftverstärker (aktiver Booster) kann die bei extremer Kälte benötigte Vorladung für die Hydraulikpumpe sicherstellen. Eine weitere Lösungsmöglichkeit ist eine elektrische Vorladepumpe, die Bremsflüssigkeit aus dem Ausgleichs-Behälter ansaugt und am THz-Ausgang einspeist. Durch eine Blende bildet sich ein Staudruck, der als Vorladedruck vor der ESP-Hydraulikpumpe anliegt und somit die erforderliche Fördermenge sicherstellt.

7.2.5.6 Bremsassistent (MBA, EBA, HBA)

Der Bremsassistent ist ein System zur Fahrerunterstützung bei Gefahr- resp. Notbremsungen. Der BA greift automatisch in den Bremsablauf ein, sobald er eine Notbremssituation erkennt, auf die der Fahrer nicht ausreichend reagiert. Diese Situation wird erkannt, indem die Betätigungs-Charakteristik des Bremspedals – bei elektronischen Systemen in Kombination mit der Fahrzeuggeschwindigkeit – bewertet wird. Der Einsatz des Bremsassistent-Systems verkürzt in einem derartigen Fall den Bremsweg, indem schnellstmöglich die volle Bremskraft aufgebaut wird (siehe durchgezogene Verzögerungslinie in ◘ Abb. 7.54).

Die Bremsassistent-Funktion wird derzeit durch die nachfolgend beschriebenen Systeme realisiert [23].

Mechanischer Bremsassistent Für den mechanischen Bremsassistenten MBA (▶ Abschn. 7.2.3.2 und ◘ Abb. 7.14) findet als Vollbremshilfe in Notsituationen ein besonderer Bremskraftverstärker Verwendung. Bei diesem wird die Massenträgheit von Komponenten des Bremskraftverstärkers ausgenutzt, die bei schneller Betätigung dazu führt, dass das Tellerventil einen bestimmten Öffnungshub überschreitet. Mit Überschreiten dieses Öffnungshubs erfolgt eine Arretierung dieses Ventils. Im Unterschied zum elektrischen BA (s. u.) kann der Bremsdruck auch während der BA-Funktion über die Pedalstellung moduliert werden. Der Mechanismus ist vollständig integriert, die Charakteristika des Vakuum-Bremskraftverstärkers bleiben erhalten.

Elektronischer Bremsassistent Die Notsituation wird mit Hilfe eines Wegsensors über die Betätigungsgeschwindigkeit erkannt. Die Verstärkung der Fahrerfußkraft wird über einen Magnetantrieb im Bremskraftverstärker (siehe ▶ Abschn. 7.2.2) ausgelöst. Für viele Funktionserweiterungen moderner Bremssysteme werden elektrisch ansteuerbare, so genannte »aktive Booster« eingesetzt (◘ Abb. 7.13):

- in ESP-Systemen (▶ Abschn. 7.2.5.5) als Vorladung der Pumpe zur Gewährleistung einer hohen Druckaufbaudynamik, insbesondere bei tiefen Temperaturen

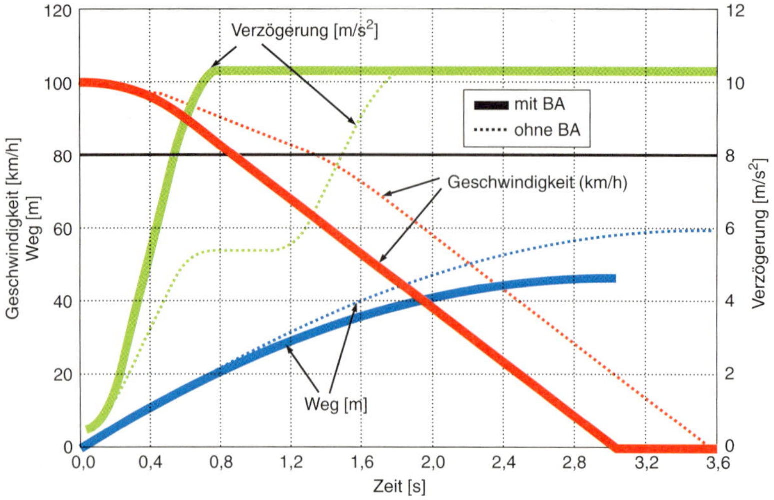

Abb. 7.54 Geschwindigkeit und Bremsweg über der Zeit mit und ohne Bremsassistent

- als Vollbremshilfe in Notsituationen
- beim Adaptive Cruise Control (ACC) (s. ▶ Abschn. 7.2.5.9) zum Einregeln einer von einer Bremspedalbetätigung unabhängigen und komfortablen Teilbremsung

Aktive Bremskraftverstärker weisen einen im Steuergehäuse integrierten Magnetantrieb auf. Mittels einer Schiebehülse ist es möglich, mit dem elektrisch betätigten Magnetantrieb das Tellerventil zu betätigen. Dies geschieht so, dass zunächst die Verbindung zwischen Vakuumkammer und Arbeitskammer geschlossen wird; mit einer weiteren Strombeaufschlagung wird die Verbindung der Arbeitskammer zur Außenluft geöffnet und der Bremskraftverstärker betätigt.

Hydraulischer Bremsassistent Die Fähigkeit der ESP-Hydraulik, unabhängig von der Brems-Pedalbetätigung Druck in den Radbremsen aufzubauen, wird für eine weitere Zusatzfunktion genutzt, den »hydraulischen Bremsassistent« (HBA). Der HBA nutzt auch die vorhandene Sensorik. Drucksensorsignale dienen dem elektronischen Regler zur Erkennung einer Vollbremsung in Notsituationen. Wird ein eingestellter kritischer Druckgradient überschritten, schließt der elektronischer Regler die ASR-Trennventile (◘ Abb. 7.53), öffnet die elektrischen Ansaugventile und aktiviert die Pumpe. Die Pumpe steigert den über das Pedal eingebrachten Druck nun auf Rad-Blockierdruckniveau. Im Gegensatz zum mechanischen Bremsassistent wird der Radbremsdruck vom elektronischen Regler analog zum THz-Druck (Fahrerwunsch) moduliert. Beim Unterschreiten eines Mindestdrucks schaltet sich die HBA-Funktion wieder ab.

7.2.5.7 Bremskraftverstärkerunterstützung

Die Hilfskraftunterstützung ist durch das zur Verfügung stehende Vakuum, sowie durch die bauliche Ausführung des Bremskraftverstärkers begrenzt. Diese Grenze wird als Aussteuerpunkt bezeichnet, welcher mit zusätzlicher Sensorik erkannt werden kann. Diese Erkennung wird für nachfolgend beschriebene Funktionen genutzt.

Die Bremskraftverstärkerunterstützungsfunktion besteht darin, dass der hydraulische Druck in den Radbremsen über den Druck im THz hinaus erhöht werden kann. Hierzu wird die Verbindung zwischen THz und Hydraulikeinheit über Magnetventile getrennt, die Pumpe angesteuert und der Druck in den Radbremskreisen moduliert. Hiermit können Unterstützungsfunktionen für folgende Betriebszustände dargestellt werden (◘ Abb. 7.55):

- Bremsenfading: Durch die hydraulische Unterstützung wird die Verstärkung über den Aussteuerpunkt des Vakuum Bremskraftverstärkers hinaus aufrecht erhalten

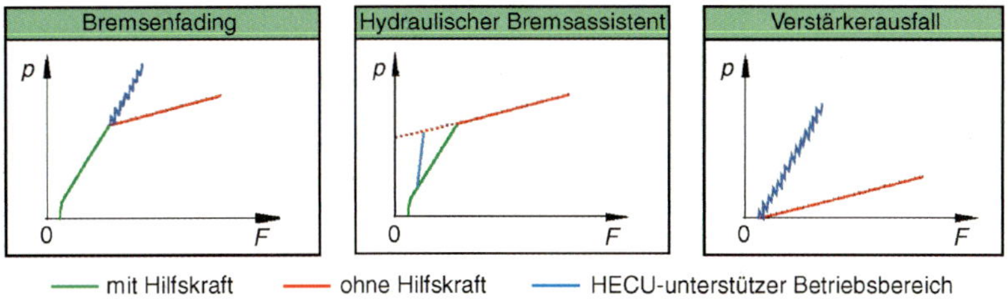

Abb. 7.55 Funktionalitäten der Bremskraftverstärkerunterstützung (F = Fußkraft)

- Hydraulischer Bremsassistent
- Reduziertes Vakuum in der Kaltstartphase des Verbrennungsmotors
- Verstärkerausfall: Durch Druckaufbau mit Hilfe der ABS/ESP-Einheit wird der Ausfall des Bremskraftverstärkers kompensiert

7.2.5.8 Active Rollover Protection (ARP)

Fahrzeuge mit kritischem Wankverhalten (z. B. hoher Schwerpunkt, »weiches« Fahrwerk) neigen unter Extrembedingungen zum Umkippen. ARP als Softwareerweiterung des ESP-Systems wirkt der Kipptendenz bei hoher Querbeschleunigung durch aktiven Bremseneingriff entgegen [24].

Mithilfe einer fahrzeugspezifischen Modellbildung sowie zusätzlicher Erkennungsmöglichkeiten (z. B. Wank-Sensorik) und geeigneter Algorithmen wird bei Kippgefahr das kurvenäußere Vorderrad überbremst, das Fahrzeug untersteuert. Durch die Reduzierung der Querkraft wird die Kippneigung reduziert.

7.2.5.9 Abstandsregelsysteme

Notbrems-Assistent für den Stadtbereich Die Notbrems-Assistenz-Funktion für den Stadtverkehr basierend auf einem CV-Sensor (Closing Velocity) soll Auffahrunfälle bei geringen Geschwindigkeiten bis zu ca. 30 km/h verhindern, Abb. 7.43. Bei höheren Stadtgeschwindigkeiten können Auswirkungen von Auffahrunfällen auf die Fahrzeuginsassen zumindest gemindert werden.

Dieses System überwacht den Raum vor dem Fahrzeug bis zu einer Entfernung von etwa 10 m zum vorausfahrenden oder stehenden Fahrzeug und ist im Bereich des Innenspiegels hinter der Windschutzscheibe angebracht. Es errechnet den Abstand zum vorausfahrenden Fahrzeug und die Annäherungsgeschwindigkeit. In begrenztem Maß werden auch seitlich Objekte erfasst.

Zur Vermeidung einer Kollision wird das Bremssystem aktiviert und autonom bis zum Fahrzeugstillstand vor dem Hindernis eingebremst. Voraussetzung dafür ist ein fremdansteuerbares Fahrzeug-Bremssystem wie z. B. ESP.

Im Stadtgeschwindigkeitsbereich über 30 km/h wird der Fahrer vom System unterstützt, wenn er das Bremspedal betätigt. Das System steuert unabhängig den vom Fahrer eingesteuerten Bremsdruck, die Fahrzeugverzögerung ein, die zur Vermeidung einer Kollision erforderlich ist [33].

Abstandsregelsystem (Adaptive Cruise Control) Das radarbasierte Abstandsregelsystem Adaptive Cruise Control ACC (auch »intelligenter Tempomat« genannt) passt die Geschwindigkeit des eigenen Fahrzeuges automatisch an den Verkehrsfluss an und hält einen zeitlich vorgegebenen Abstand zum vorausfahrenden Fahrzeug auch bei Geschwindigkeiten außerhalb des Stadtbereichs. Dies wird erreicht durch selbsttätige Änderung des Motormoments oder durch Bremsen. Als Komfortsystem nutzt das ACC im Vergleich zum Notbrems-Assistenten nicht das volle Potenzial beim Bremsen. Auch beim Beschleunigen steht der Komfort im Vordergrund. (Abb. 7.42) (siehe ► Abschn. 7.2.4.7 und ► Abschn. 8.5.5).

7.2.5.10 Elektrische Feststellbremse (Parkbremse) EPB

Um den Anforderungen an Sicherheit, Vernetzung im Fahrzeug und Komfort für den Fahrer gerecht zu werden, verdrängt die elektromechanische Parkbremse vermehrt die mechanische Feststellbremse.

Die Hauptgründe für den Einsatz einer EPB sind verbesserte Absicherung des Fahrzeugs unter Zuhilfenahme von Sensoren und automatische Betätigungen der Parkbremse ohne mechanischen Eingriff des Fahrers. Im Zusammenspiel mit anderen Fahrerassistenzsystemen wird das sogenannte »Stillstandsmanagement« realisiert, welches den Fahrer durch Automatikfunktionen weiter entlastet. Neue Gestaltungsmöglichkeiten des Fahrzeuginnenraumes ergeben sich durch den Wegfall des Hand- oder Fußbremshebels. Das notwendige elektrische Bedienelement lässt sich ergonomisch günstig integrieren. Die von der EPB aufgebrachte Kraft zum Halten des Fahrzeuges ist somit unabhängig von der individuellen Betätigungskraft des Fahrers.

Systemarchitektur und Komponenten Drei Ansätze zur Systemarchitektur sind im Markt heute verbreitet:

- EPB mit direkt betätigten Kombisätteln
- EPB Seilzugsystem mit Zentralaktuator
- EPB mit direkt betätigten DuoServo-Feststellbremsen

Zukünftig wird die Ansteuerung der Aktuatoren in das Steuergerät des elektronischen Bremssystems (ESP) integriert.

Die notwendigen Komponenten einer EPB in allen Varianten sind:

- Elektronisches Steuergerät
- Bedienelement
- Motor-/Getriebeeinheit
- Mechanische Schnittstelle zur konventionellen Bremse

EPB mit direkt betätigten Kombisätteln Die EPB-Aktuatorik ist direkt mit dem Kombisattel verbunden, der sowohl die hydraulische Betriebsbremsals auch die elektromechanische Parkbremsfunktion realisiert. Die Ansteuerung erfolgt üblicherweise über ein zentrales Steuergerät. Mit einem derartigen System ist die EPB Funktionalität kostengünstig darstellbar. Begrenzt wird die Verwendbarkeit durch die prinzipbedingt limitierte Zuspann- bzw. Bremskraft, die mit dem Kombisattel aufgebracht werden kann.

Die EPB Aktuatoren bestehen bei diesem System im Wesentlichen aus je einem Elektromotor, einem von diesem angetriebenen hochübersetzendem Getriebe und einer Mutter-Spindeleinheit. Diese wandelt die Abtriebsdrehbewegung des Getriebes in eine Zuspannbewegung des Bremskolbens um. Das die elektromechanischen Komponenten des Aktuators aufnehmende Gehäuse ist fest mit dem Bremssattel verbunden. Optional ist auch bei diesem System eine mechanische Löseeinrichtung integriert.

EPB Seilzugsystem mit Zentralaktuator Eine zentral angeordnete Einheit bestehend aus Steuergerät und Elektromechanik betätigt über Bowdenzüge die konventionellen Feststellbremsen an der Hinterachse, Kombisattel oder DuoServo Bremse (■ Abb. 7.56).

Diese Systemarchitektur weist einen hohen Grad an Flexibilität bei der Fahrzeugintegration auf. Der Einsatz konventioneller Feststellbremsen macht den optionalen Verbau einer EPB einfach möglich. Die Platzanforderungen für den Einbau von Ansteuerung (EPB-Taster), zentralem Aktuator und Verlegung der Bremsseile müssen entsprechend berücksicht werden.

Die Betätigungskraft auf die Bremsseile wird beim Zentralaktuator durch einen Elektromotor aufgebracht, der über ein Untersetzungsgetriebe auf eine Keilwelle wirkt. Diese arbeitet nach dem Mutter/Spindel Prinzip und ist selbsthemmend ausgeführt, so dass die Feststellbremsen ohne weitere Zufuhr von (elektrischer) Energie in Betriebs- oder Lösestellung gehalten werden. Als Zwei-Seil-Aktuator arbeitet diese EPB nach dem Reaktionsprinzip; auf beide Bremsseile wirken gleiche Kräfte und die Aktuator-Gehäusebefestigung bleibt weitgehend kraftfrei. Die Zuspannkraft im Betriebs- sowie das Belaglüftspiel der Bremse im Lösefall werden durch eine Kraft/Weg-Sensorik überwacht. Optional ist eine manuelle Notlöseeinrichtung vorhanden mit deren Hilfe die Parkbremse bei Ausfall der Spannungsversorgung gelöst werden kann.

EPB mit direkt betätigten DuoServo-Feststellbremsen Das Feststellbrems-System »EPB DuoServo-integriert« ist ein teilintegriertes Bremssystem an der Hinterachse. Bei diesem System ist die hydraulische Betriebsbremse baulich von der Feststellbremse getrennt. Die DuoServo-Feststellbremsen wer-

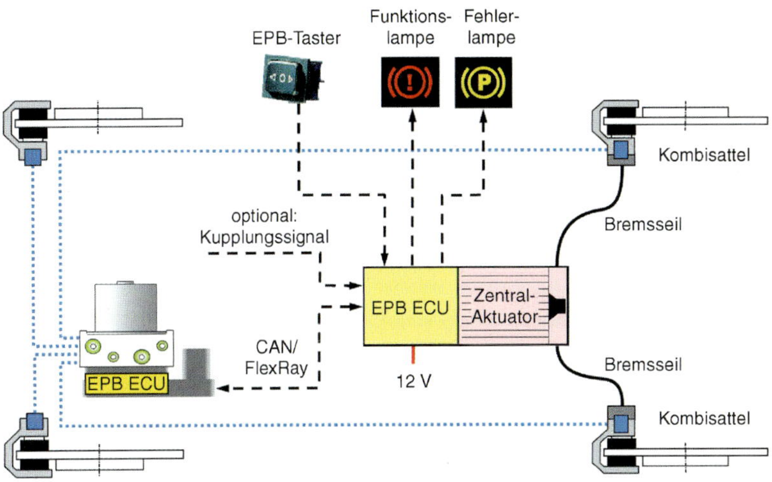

Abb. 7.56 Systemlayout EPB Seilzugsystem mit Zentralaktuator

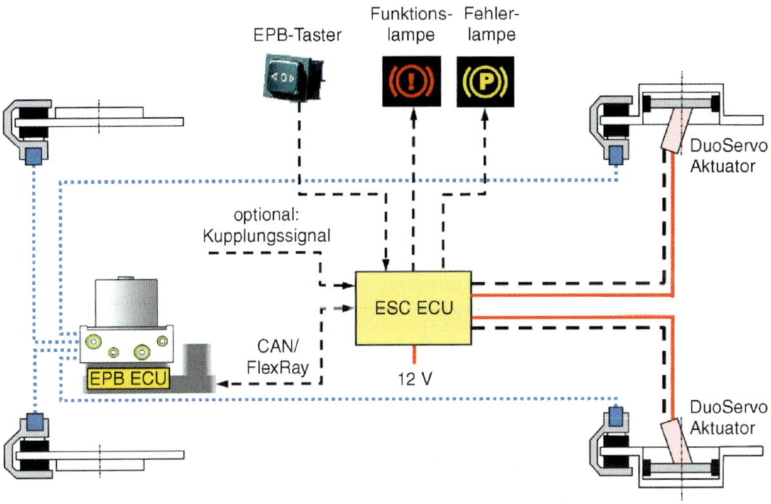

Abb. 7.57 Systemlayout EPB DuoServo-integriert

den direkt – ohne Bremsseil – von jeweils einem entsprechenden elektromechanischen Aktuator betätigt. Diese sind am Radträger verbaut und werden durch ein zentral angeordnetes elektronisches Steuergerät angesteuert.

Bedingt durch die große Selbstverstärkung der DuoServo Bremse wird eine große Feststellbremskraft mit vergleichsweise kleinen Aktuatoren erzeugt. Damit eignet sich dieses System insbesondere für den Einsatz in schweren Fahrzeugen oder Fahrzeugen (insbesondere Sportwagen), die Festsättel an der Hinterachse aufweisen.

Die Aktuatoren der integrierten DuoServo-Bremse betätigen die Bremsbacken der Trommelbremse an der Hinterachse direkt. Die Gehäuse der Aktuatoren nehmen die Umfangskräfte der Bremsbacken der Trommelbremse im Betriebsfall auf und leiten diese an den Radträger weiter (siehe Abb. 7.57). Ein Aktuator dieses Systems besteht aus einem Elektromotor, der über ein Untersetzungs- und ein Schneckengetriebe eine Gewindespindel betätigt, das in Wirkverbindung mit den Bremsbacken steht. Die Gewindespindel ist selbsthemmend und verbleibt ohne weitere

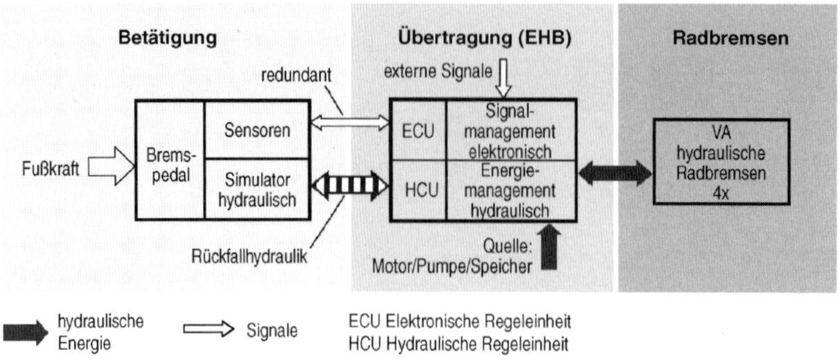

Abb. 7.58 Elektrohydraulisches Bremssystem

Energiezufuhr in Betriebs- bzw. Lösestellung. Zur Überwachung des Lüftspiels der Bremse, sowie zur Regelung der Zuspannkraft weist der Aktuator einen Drehgeber am Motor auf, mit dem indirekt der Betätigungsweg der Spindel erfasst wird. Optional ist eine mechanische Notlöseeinrichtung vorhanden, mit deren Hilfe bei Ausfall der Spannungsversorgung die Bremse in Lösestellung gebracht werden kann.

7.2.6 Neue und zukünftige Systemarchitekturen

7.2.6.1 Elektrohydraulisches Bremssystem (EHB)

Die elektrohydraulische Bremse ist ein Fremdkraftbremssystem [25]. Die wesentlichen Merkmale sind: geringe Baugröße, zeitoptimiertes Ansprechverhalten des Bremssystems und modellierbare Bremspedal-Charakteristik. Die EHB ist sowohl bei Normalbremsung als auch in der Radschlupfregelung ein von der Betätigung (Bremspedal) entkoppeltes und dadurch rückwirkungsfreies Bremssystem. Es besteht aus den Baugruppen (Abb. 7.58):

- Bremspedalgefühl-Simulator (elektronisches Bremspedal mit applizierbarem Bremsgefühlgeber)
- hydraulisch/elektronische Regeleinheit (HECU = hydraulic electronic control unit)
- vier hydraulischen Radbremsen

Aus dem gemessenen Pedalwegsignal und dem im Simulator aufgebauten Druck wird die gewünschte Verzögerung abgeleitet. Der mit Magnetventil absperrbare Simulator nimmt einen Teil des Hauptzylindervolumens auf, um gemeinsam mit einem Federpaket die Bremspedalcharakteristik darzustellen (Abb. 7.59). Weg- und Drucksignale werden über Kabel (»by-wire«) an den elektronischen Regler geleitet und mit weiteren, den Fahrzustand und Fremdbremseingriffe beschreibenden Sensorsignalen (z. B.: Raddrehzahlen, Lenkwinkel, Gierrate, Querbeschleunigung) verarbeitet. Der elektronische Regler errechnet daraus die Vorgaben für – hinsichtlich Bremsverhalten und Fahrstabilität optimale – radindividuelle Bremsdrücke.

Versorgt aus einem Druckspeicher wird mit Hilfe der hydraulischen Regeleinheit die Bremsenergie entsprechend dieser Vorgabe erzeugt. Die Vorladung des Druckspeichers erfolgt durch eine integrierte Motor-Pumpen-Einheit.

Beim Bremsen wird die hydraulische Verbindung zwischen THz und hydraulischer Regeleinheit unterbrochen. Der Bremsdruck im Rad wird aus der vorgeladenen Speichereinheit über Regelventile eingestellt.

Neben den bereits genannten Vorteilen ist das System geräuscharm, zeigt ein besseres Crashverhalten und ermöglicht eine verbesserte Pedalergonomie.

Vorteile für den Fahrzeughersteller sind:

- Höhere Bremsdynamik (Druckspeichersystem)
- Verbessertes Packaging und vereinfachte Montage durch Wegfall des Vakuumbremskraftverstärkers im Spritzwandbereich
- Verwendung einheitlicher Baugruppen für unterschiedliche Fahrzeugvarianten
- Einfache Realisierung von Fremdbremseingriffen über externe Signale

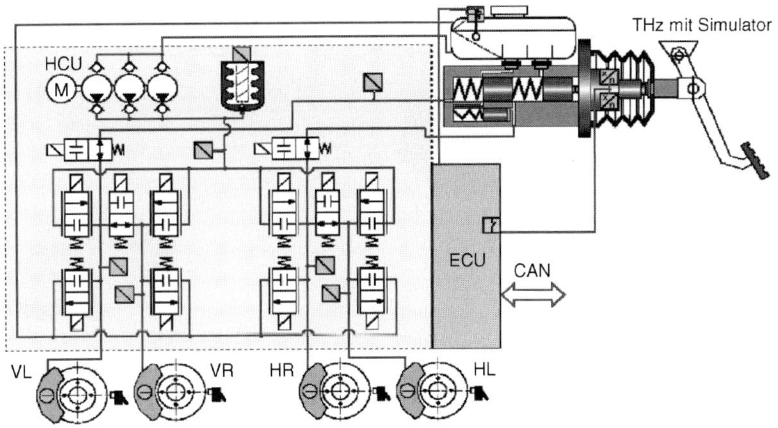

Abb. 7.59 Schaltbild EHB mit schematischer Darstellung der Systemkomponenten

- Vakuumunabhängig, daher optimale Eignung für saugverlustoptimierte Verbrennungsmotoren
- Einfache Vernetzbarkeit mit zukünftigen Verkehrsleitsystemen

Der Aufbau der Regeleinheit ermöglicht die Integration aller heutigen Bremseingriffs- und Radschlupf-Regelfunktionen (z. B. ABS, EBV, ASR, ESP, BA, ACC, …) ohne weiteren Hardware-Aufwand (ABS: Anti Blockier System, EBV: Elektronische Bremskraftverteilung, ASR: Antriebs-Schlupf-Regelung, ESP: Elektronisches-Stabilitäts-Programm, BA: Bremsassistent, ACC: Abstands-Regel-Tempomat).

Bei Störungen des Systems stehen zwei Rückfallebenen zur Verfügung:

Erste Ebene: Bei einem Ausfall des Hochdruck-Speichers bleibt die »brake-by-wire« Funktion weiterhin erhalten, die Bremsen werden jedoch ausschließlich von der Pumpe versorgt.

Zweite Ebene: Bei einer Störung der »brake-by-wire Funktion (z. B. wegen eines Ausfalls der elektrischen Energieversorgung) bleiben die hydraulischen Verbindungen des Hauptzylinders zu den beiden Radbremskreisen erhalten und es wird ohne Verstärkung proportional zur aufgebrachten Fußkraft in alle vier Radbremsen eingebremst. Die Simulatorfunktion ist dabei abgeschaltet.

Die gesetzlich geforderte hydraulische Zweikreisigkeit des Bremssystems bleibt trotz Teilausfall erhalten.

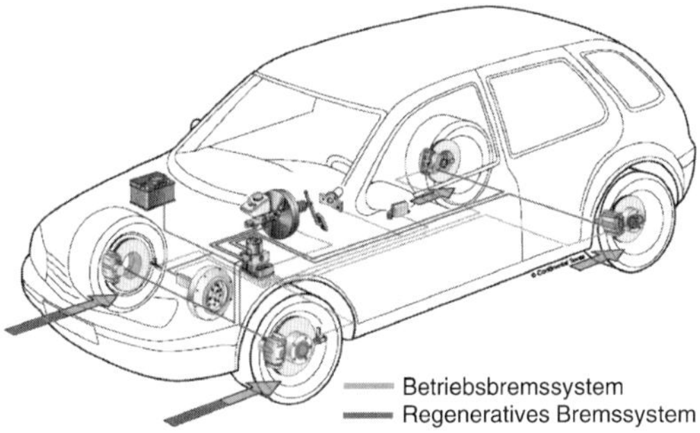

Abb. 7.60 Regeneratives Bremssystem im Fahrzeug

7.2.6.2 Regeneratives Bremsen

Die Bremsenergierückgewinnung (Rekuperation) bietet noch Potenzial im Hinblick auf verbrauchsoptimiertes Fahren (siehe Einsatz in Hybridfahrzeugen, ► Abschn. 4.3.3). Ziel der Rekuperation ist es, die Bewegungsenergie des Fahrzeuges nicht ausschließlich – wie beim hydraulischen Bremssystem – in thermische Energie umzusetzen und an die Umgebung abzugeben. Vielmehr soll eine Energieform erzeugt werden, die sich speichern lässt und direkt oder indirekt wieder als Antriebsenergie nutzbar wird. Im Antriebsstrang integriert bietet ein Kurbelwellen- oder Getriebe-Starter-Generator (siehe auch ► Abschn. 5.7) die Möglichkeit zur Unterstützung der Bremsfunktion, Abb. 7.60.

Zur Rückgewinnung der Bremsenergie ist ein spezielles Bremssystem notwendig (Abb. 7.61). Dieses regelt bei jeder Bremsbetätigung den Grad

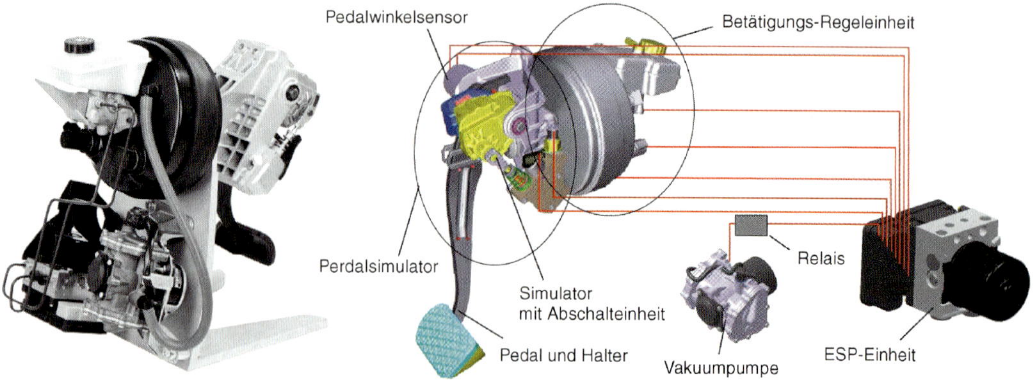

Abb. 7.61 Regeneratives Bremssystem inklusive Betätigungseinheit, Simulatoreinheit, ESP-Modulator und Vakuumpumpe

der Energierückgewinnung und die Notwendigkeit zur Nutzung der konventionellen Reibungsbremse in Abhängigkeit vom Fahrerwunsch. Erforderlich ist daher der Einsatz einer entsprechenden Betätigungseinheit zur Erfassung und Umsetzung des Fahrerbremswunsches. Außerdem ist für die Synthese (blending) von klassischem Reibungsbremsmoment und Generatorbremsmoment eine entsprechend komplexe Regelung notwendig, siehe dazu auch ► Abschn. 7.2.2.4. Sollen die Grundkomponenten und Baugruppen der konventionellen Bremse weitgehend beibehalten werden, ist die Verwendung eines »SBA-Systems« (Simulator Brake Actuation) sinnvoll. Dieses Bremsbetätigungssystem basiert auf bewährten Komponenten der hydraulischen Bremse und ermöglicht viele Zusatzfunktionen der Brake-by-Wire-Technologie.

Das Prinzip: Zunächst übernimmt die Generatorfunktion des Hybridantriebs das Bremsen. Dabei wird die Bremsenergie in Strom umgewandelt, der die Batterie lädt. Erst wenn diese Bremswirkung nicht ausreicht, wird über das regenerative Bremssystem die konventionelle Bremse aktiviert. Der Bremsbetätigungs-Simulator SBA vermittelt dem Fahrer jederzeit ein optimales Pedalgefühl durch einen Pedalgefühlsimulator. Der Bremsbefehl wird vom Pedalwinkelsensor erkannt, die Hydraulikeinheit baut dann »by-wire« den zur Verzögerung erforderlichen Bremsdruck auf.

Das System ist in allen Hybrid-Fahrzeugen sowie für Elektro- und Brennstoffzellenfahrzeuge einsetzbar.

Kurbelwellen-Starter-Generator Systeme Das System (z. B. Integrated Starter Alternator Damper, ISAD) kombiniert in einer leistungsfähigen elektrischen Maschine die Generator- und Anlasserfunktion. Abhängig vom Batterie-Ladezustand wird das im Generatorbetrieb erzeugte Bremsmoment als elektrische Energie der Batterie zugeführt. Reicht das Generatormoment nicht aus, um die vom Fahrer gewünschte und über das Bremspedal eingesteuerte Abbremsung zu erreichen, wird der fehlende Anteil über die hydraulische Reibungsbremse ergänzt. Je größer das bereitgestellte Bremsmoment des Generators ist, desto geringer ist der Anteil der Reibungsbremse. Für die situationsgerechte Verteilung der Bremsenergie auf Generator und Reibungsbremse sorgt eine Elektronik. Beim Beschleunigen ist das ISAD-System darüber hinaus in der Lage über einen von der Batterie-Ladung begrenzten Zeitraum die Antriebsleistung des Verbrennungsmotors mit einem zusätzlichen Antriebsmoment zu unterstützen.

Damit bietet ein regeneratives Bremssystem wertvolles Potenzial zur Erfüllung der Verordnung der europäischen Automobilindustrie zur Senkung der CO_2-Emmissionen.

7.2.6.3 Elektrisch-Hydraulische Combi Bremse (EHCB)

Als EHCB wird ein System bezeichnet, bei dem die Zugspannkräfte für die Reibungsbremse an der Vorderachse hydraulisch und an der Hinterachse elektromechanisch erzeugt werden [26], Abb. 7.62 und Abb. 7.63.

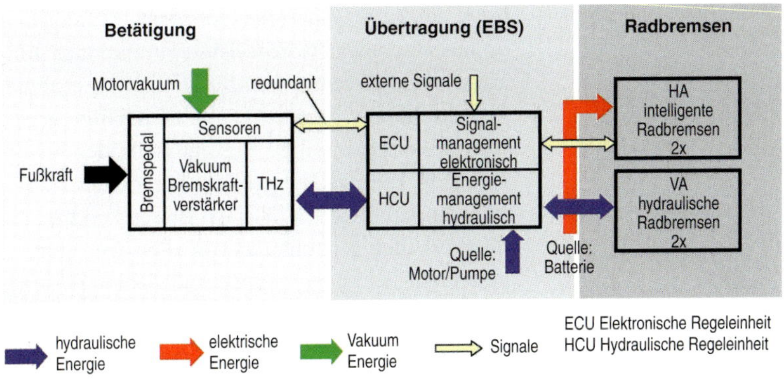

Abb. 7.62 Elektrisch-Hydraulische Combi Bremse

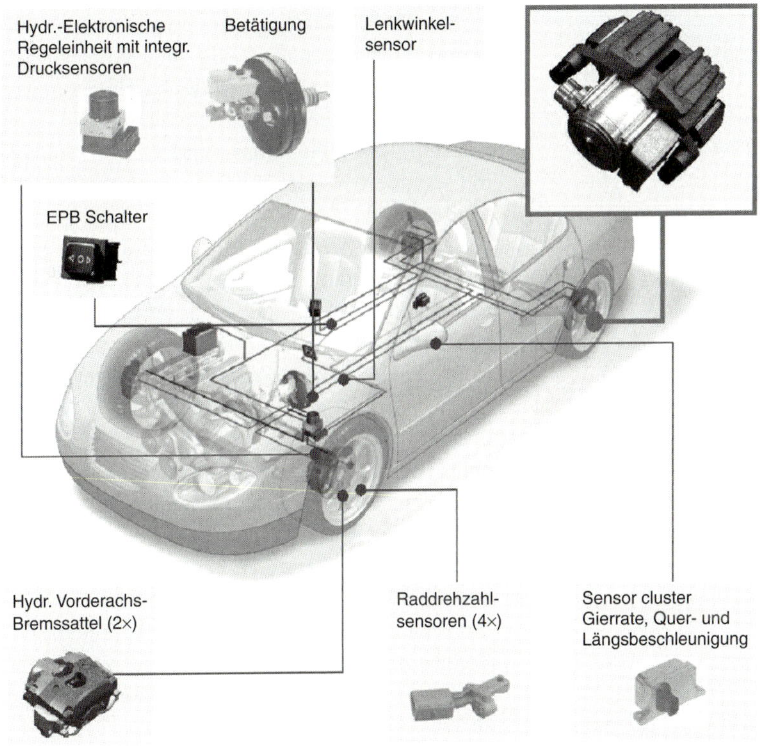

Abb. 7.63 Elektrisch-Hydraulische Combi Bremse, Komponenten im Fahrzeug

Dabei ermöglicht die elektromechanische Hinterachsbremse die Betriebs-Brems- und die Feststell-Brems-Funktion in einem kompakten Bauteil. Eine integrierte Arretiervorrichtung sichert die Feststell-Brems-Funktion auch bei ausgeschalteter Zündung. Je nach Bremskreisaufteilung (▶ Abschn. 7.2.2) wird die Vorderachse über einen Hauptzylinder oder Tandem-Hauptzylinder mit Bremsdruck versorgt. Die Bremskraft der Hinterräder wird abhängig von Brems-Pedal-Weg und/oder -Kraft elektronisch geregelt. Das System bietet folgende Vorteile:

- Kleiner dimensionierte Betätigung (Bremskraftverstärker + Tandemhauptzylinder)

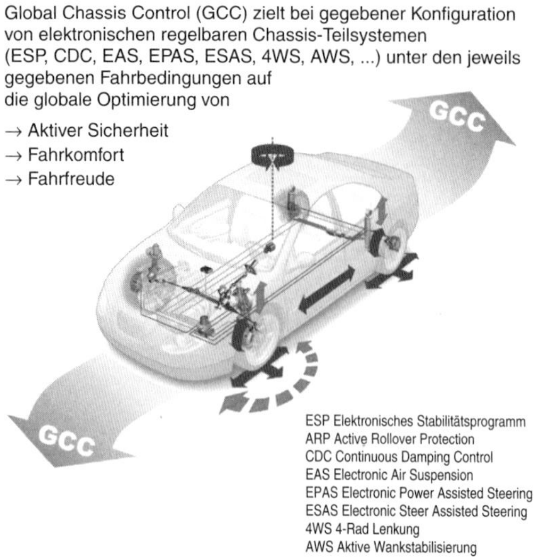

Abb. 7.64 Beispiel für ein vernetztes Chassis System: Global Chassis Control GCC von Continental

- Größen- und Komponenten-reduzierte elektronisch/hydraulische Regeleinheit
- Reduzierter Erstmontage- und Wartungsaufwand
- Kein Hinterachs-Restbremsmoment
- Minimierte ABS-Pedalrückmeldung
- Niedriges Geräuschniveau
- Nutzung von vorhandener, nicht-redundanter 12 V-Bordnetzstruktur

Assistenz-Funktionen wie elektronische Bremskraftverteilung, Berg-Anfahr-Hilfe (Hill Holder) und elektrische Parkbremse sind durch Software-Erweiterung realisierbar.

7.2.6.4 Vernetztes Chassis

In heutigen Fahrzeugen wirkt der Fahrer mit seinen Bedienelementen Lenkrad, Gaspedal und Bremspedal direkt auf die jeweiligen Systeme Lenkung, Antrieb und Bremse [27], Abb. 7.64. Eine bedarfsgerechte, den Fahrerwunsch interpretierende Kombinationsregelung existiert bisher nur in Ansätzen, wie z. B. bei dem aus dem Bremsstabilitätssystem ESP initiierten Motoreingriff während der Traktions- bzw. Gierratenregelung.

Mit der Evolution der Einzelsysteme in Richtung computergesteuerter Fremdkraftsysteme ergeben sich neue Ansätze bei der Chassissystementwicklung. Dies gilt einerseits vor dem Hintergrund zusätzliche, über die Einzelsystemfunktionen hinausgehende Gesamtsystemfunktionen zu erschließen, anderseits aber auch vor dem Hintergrund ungewollte gegenseitige Beeinflussung der auf die gleichen Fahrzustandsgrößen wirkenden Regelkreise auszuschließen [30]. Als Beispiel sei hier das Gierverhalten genannt, das von allen drei Chassissystemen, Lenkung, Bremse und Fahrwerk sowie darüber hinaus auch vom Antrieb (speziell bei regelbaren Zwischengetrieben) beeinflusst werden kann. Die weitere Optimierung des Chassis mit fremdeingriffsfähigen Systemen bedingt folglich eine gesamtheitliche Betrachtung der Wirkkette.

Bei der Entwicklung von Global Chassis Control ist zu beachten, dass eine hohe Abhängigkeit zwischen Funktionalität, Softwarearchitektur und E/E-Architektur besteht [28]. Dabei steht insbesondere eine klare Funktions- und Gerätehierarchie mit definierten, einheitlichen Schnittstellen im Vordergrund. Global Chassis Control erreicht ohne entsprechende Struktur sonst schnell einen Komplexitätsgrad, der einen nicht vertretbaren Entwicklungs- und Applikationsaufwand nach sich zieht. Folgende Szenarien zeigen exemplarisch die Vorteile eines solchen Vernetzungsansatzes.

Gesamtbetrachtung Anhalteweg Der Anhalteweg eines Fahrzeugs bei einer Notbremsung setzt sich zusammen aus dem Reaktionsweg, den das Fahrzeug ungebremst während der Zeit zurücklegt, die der Fahrer zum Reagieren benötigt, dem Schwellweg, der in der Übergangsphase vom Zeitpunkt der Pedalberührung bis zur vollen Ausbildung der Bremsung zurückgelegt wird und dem sich daran anschließenden Bremsweg bis zum Stillstand, Abb. 7.65.

Signifikante Anhaltewegverkürzungen kann man nur erreichen, wenn die beteiligten Komponenten und Prozesse in einem ganzheitlichen Ansatz gemeinsam optimiert werden. Durch den sinnvollen Zusammenschluss der technischen Möglichkeiten und des Know-Hows auf der Reifen- (siehe ► Abschn. 7.3), Bremsen- und Fahrwerkseite (► Abschn. 7.4) konnte sowohl der Reaktions- als auch der Bremsweg in einer Notbremssituation in der Größenordnung von 10–15 % gegenüber dem heutigen Stand reduziert werden [29].

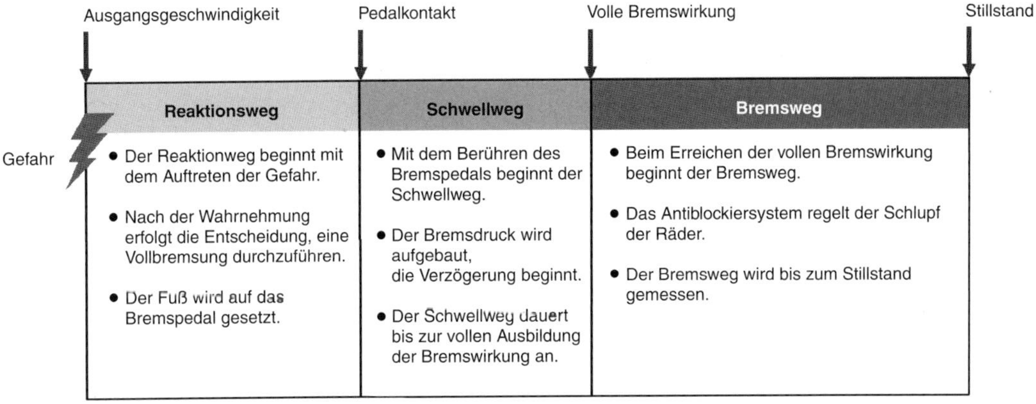

Abb. 7.65 Phasen des Anhalteweges

Erweitertes Elektronisches Stabilitätsprogramm ESP II
Aufbauend auf das heutige Fahrdynamikregelsystem ESP lässt sich am Beispiel einer Notbremsung auf Fahrbahnen mit unterschiedlichen Reibwerten (μ-Split) der Vorteil der Vernetzung von Bremssystem und Lenkung eindrucksvoll darstellen.

Steht im vernetzten System zusätzlich die aktive Lenkung zur Verfügung (Abb. 7.66), kann das von den unterschiedlichen Bremskräften herrührende Giermoment durch ein computergesteuertes Gegenlenken kompensiert werden. Der Fahrer kann das Lenkrad weitgehend gerade halten (Geradeausbremsung). Die Lenkradstellung entspricht also dem gewünschten Fahrzeugkurs. Die schnelle Giermomentenkompensation durch die Lenkung lässt gleichzeitig einen nahezu unverzögerten Bremsdruckaufbau an den Rädern und eine modifizierte Hinterachs-Bremsdruckregelung zu. Der Bremsweg auf μ-Split reduziert sich dadurch erheblich.

7.2.6.5 Elektromechanisches Bremssystem (EMB)

Die elektromechanische Bremse auch »trockenes brake-by-wire« genannt arbeitet ohne Bremsflüssigkeit.

Das System besteht aus einer Bremsbetätigung mit integrierter Steuerelektronik und vier elektromechanischen Radbremsmodulen. Die Übertragung von Bremssignalen und Bremsenergie erfolgt rein elektrisch/elektronisch, Abb. 7.67. Wie bei der EHB (Elektro-Hydraulische Bremse) ist die Betätigung rückwirkungsfrei durch die Entkopplung des Pedals (Sollwertvorgabe) von den Bremsen. Zur Sicherstellung der Zweikreisigkeit wird ein redundantes Signal- und Energienetz benötigt. Wegen der für die Vorderachsbremsung benötigten höheren Leistung, ist eine 12 V-Architektur nicht mehr ausreichend. Die oben genannten Anforderungen bedingen neue E/E-Architekturen (► Abschn. 8.1) [32].

Die Betätigung besteht aus einem elektronischen Bremspedal, welches als Bestandteil eines verstellbaren Pedalmoduls ausgeführt werden kann, das neben dem Brems- auch das Gaspedal und die zentrale Elektronik enthält. Das elektronische Bremspedal setzt sich zusammen aus dem Pedalgefühlsimulator und Sensoren zur Fahrerwunscherfassung. Die Pedalweg- bzw. Pedalkraft-Signale werden von der zentralen Elektronik mit weiteren, den Fahrzustand und Fremdbremseingriffe beschreibenden externen Signalen (z. B.: Raddrehzahlen, Gierrate, Querbeschleunigung) verarbeitet und in hinsichtlich Bremsverhalten und Fahrstabilität optimale radindividuelle Bremsenzuspannkräfte umgerechnet. Die entsprechenden elektrischen Informationen werden über ein redundantes Bussystem (by wire) an die Radbremsmodule übertragen. Jedes der elektromechanischen Radbremsmodule besteht aus einer Radbremsen-ECU und einem elektromechanischen Aktuator (Motor-Getriebeeinheit).

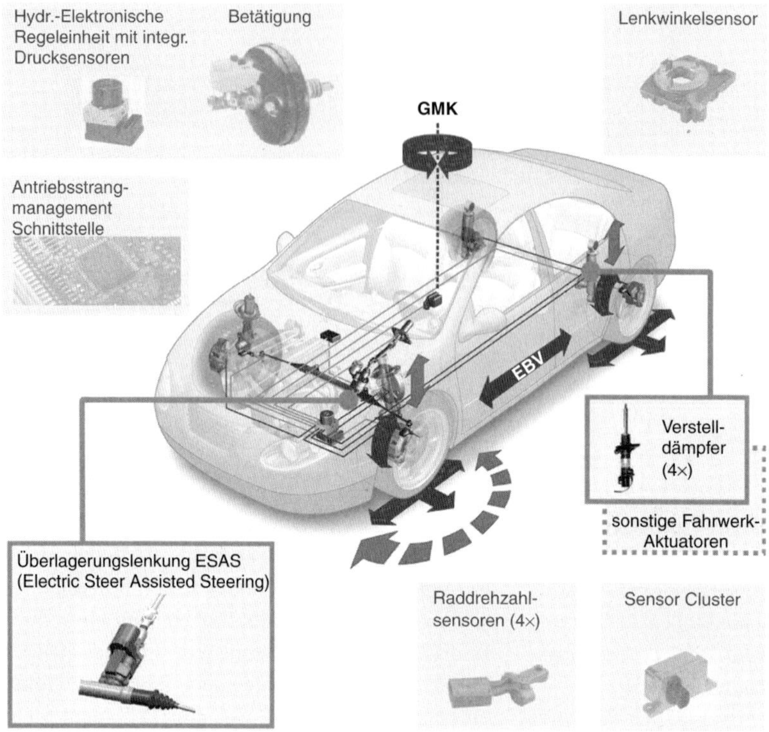

Abb. 7.66 ESP II – ESP kombiniert mit aktivem Lenk- und optionalem Fahrwerkseingriff

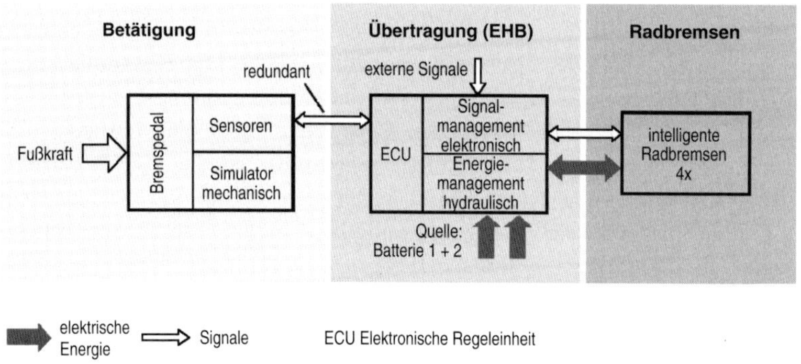

Abb. 7.67 Elektromechanisches Bremssystem

Wie bei der EHCB wird die Brems-Funktion durch eine integrierte Arretiervorrichtung sichergestellt. Die Ansteuerung erfolgt über einen Taster und eine rein elektrische Signalankopplung.

Bei Radschlupf-Regelungsvorgängen (z. B. durch ABS, ASR, ESP) ist die Bremsmomenten-Modulation dem vom Fahrer eingesteuerten Bremsenwunsch übergeordnet.

Das System hat gegenüber hydraulischen Bremssystemen folgende Vorteile:

- Höhere Bremsdynamik
- Optimales Brems- und Stabilitätsverhalten
- Einstellbare Bremspedalcharakteristik
- Keine Betriebsgeräusche
- Verbesserte Ergonomie durch verstellbares Pedalmodul

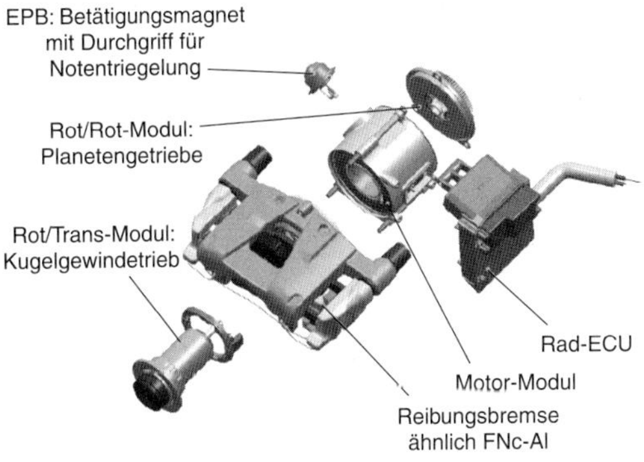

Abb. 7.68 Schnittbild der EMB (hier Hinterachsbremse)

- Verbesserte Umweltverträglichkeit und Verringerung der Brandgefahr bei Unfällen durch Entfall der brennbaren Bremsflüssigkeit
- Keine Restbremsmomente
- Besseres Crashverhalten

Vorteile für den Fahrzeughersteller sind:

- Geringster Packaging- und Montageaufwand (»plug & play« anstelle »fill and bleed«)
- Geringe Anzahl an Komponenten
- Vakuumunabhängig, daher optimale Eignung für saugverlustoptimierte Verbrennungsmotoren
- Darstellbarkeit der Schnittstelle zu Assistenzsystemen (z. B. ACC stop & go, Einparkhilfe usw.) mit geringem Aufwand
- Einfache Vernetzbarkeit mit zukünftigen Verkehrsleitsystemen

Nachteilig bei der EMB ist, dass aus Sicherheitsgründen ein redundantes Signal- und Energienetz (z. B. zwei Batterien) vorgesehen werden muss, da keine hydraulische, mit Muskelkraft betätigbare Rückfallebene existiert,

7.2.6.6 Elektro-Hydraulische Bremsbetätigung

Eine elektro-hydraulische Bremsbetätigung (z. B. MK C1 der Firma Continental) kann deutlich schneller als herkömmliche hydraulische Systeme Bremsdruck aufbauen und ist Motorvakuumunabhängig. Sie erfüllt die gestiegenen Druckdynamikanforderungen von neuen Fahrerassistenzsystemen zur Unfallvermeidung und Fußgängerschutz. Desweiteren kann das System die

Abb. 7.69 Elektro-Hydraulische Bremsbetätigung MK C1 (Continental AG)

Anforderungen auf hohem Komfortniveau erfüllen, die an ein rekuperatives Bremssystem gestellt werden. Die Funktionen von Bremsbetätigung, Bremskraftverstärkung und Regelsystem (ABS, ESC) können in einem kompakten und gewichteinsparenden Bremsmodul zusammengefasst werden (Abb. 7.69) [34].

7.2.6.7 Ausblick

Die Bestrebungen nach Verbrauchsoptimierungen der Antriebsaggregate führen dazu, dass die bisherige Hilfsenergie »Motorvakuum« immer weniger zur Verfügung steht. D. h. für die Unterstützung des Fahrers druch Bremskraftversträrkung ist entweder das fehlende Vakuum durch entsprechende mechanisch oder elektrisch angetriebene Pumpen zu erzeugen, oder eine alternative Hilfsenergiequelle bereitzustellen. Beispiele hierzu wären Hydrauliksysteme mit Druckspeicher oder elektromechanische Verstärkerlösungen. Zudem besteht die Notwendigkeit die heute ausschließlich hydraulischen Bremssysteme durch Systeme zu ersetzen, die an die Besonderheiten von Hybrid- bzw. Elektrofahrzeugen angepasst sind.

Außerdem muss das Zusammenwirken von klassischer Reibungsbremse und rekuperativer Generatorbremse mit innovativen mechatronischen Ansätzen (By-Wire-Systeme) realisiert werden, um die kinetische Energie des Fahrzeugs zurückzu-

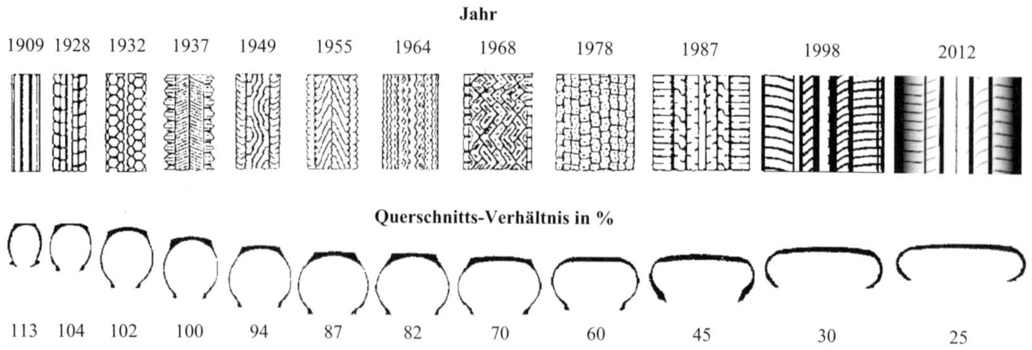

Abb. 7.70 Entwicklung der Querschnittsverhältnisse in den Jahren 1909 bis 2012

gewinnen und diese später als Antriebsenergie nutzen zu können (siehe ▶ Abschn. 7.2.2.4). Dabei sollen heute übliche Bremspedalcharakteristiken (Pedalgefühl) erhalten bleiben. Auf dem Weg zur rein elektromechanischen Betriebsbremse mit den damit einhergehenden hohen elektrischen Leistungsanforderungen ist eine Kombination aus hydraulischem Bremssystem an der Vorderachse und elektromechanischen Bremsen an der Hinterachse inklusive Feststellbremsfunktion denkbar.

Durch die steigenden Anforderungen hinsichtlich Verkehrssicherheit werden aktive und passive Fahrzeugsicherheitssystemen zunehmend miteinander vernetzt. Dabei spielt das effiziente Zusammenwirken von Sensoren und Algorithmen zur Umfelderkennung und Bremsdynamik eine größer werdende Rolle.

7.3 Reifen, Räder, Gleitschutzketten

7.3.1 Einführung

Im Jahre 1845 erhielt der Schotte Robert William Thomson das britische Patent 10990 auf einen elastischen luftgefüllten Reifen aus gummiertem Gewebe und Leder. Thomson war seiner Zeit weit voraus, sein Patent, es enthielt bereits Ansätze wie Profilnuten als Gleitschutz oder den Einsatz für Schienenfahrzeuge, geriet in Vergessenheit.

Im Jahre 1888 wird der Luftreifen durch John Boyd Dunlop zum zweiten Mal erfunden, da »vorbekannt«, erhält er nur in England ein Patent. Inzwischen machte das Fahrrad eine stürmische Entwicklung durch; ausgehend vom eisenbereiften »Knochenschüttler« Draisine war die Einführung des Luftreifens nach dem zwischenzeitlichen Verwendung von Vollgummi- bzw. Hohlraumreifen ein entscheidender Schritt zu erhöhtem Komfort bei reduziertem Rollwiderstand. Aufbauend auf die Erfahrungen mit den »Pneumatics« für das Fahrrad nahmen die Reifenhersteller die Weiterentwicklung für die deutlichen höheren Ansprüche an Automobilen auf. Die Reifenhersteller mussten die skeptischen Autopioniere von den Vorteilen des Luftreifens durch eigene Versuche überzeugen.

Nicht unerwähnt bleiben sollte jedoch, dass sowohl Dunlop als auch Thomson bei ihren Erfindungen von einer Entdeckung profitierten, die der amerikanische Chemiker Charles Goodyear 1839 gemacht hatte: die Vulkanisation des Kautschuks mit Hilfe des Schwefels.

Die Entwicklung des Luftreifens verlief durchaus nicht geradlinig hin zu unseren heutigen Fahrzeugreifen, vielmehr erfolgte sie auf mehreren, teils parallel verlaufenden, teils sich beeinflussenden Entwicklungsrichtungen der Vulkanisate, Festigkeitsträger, Reifenstrukturen, Querschnittsverhältnisse (Abb. 7.70) usw.

Der entscheidende Schritt auf dem Wege zum Reifen von heute war die Einführung des Radialreifens mit Vorteilen in der Lebenserwartung, im Rollwiderstand, Kraftschluss und im Fahrverhalten. Der Radialreifen ist bei PKW-Reifen weitgehend Standard, bei Nutzfahrzeugreifen schreitet die Radialisierung schnell voran. In den Industrienationen werden kaum noch Diagonalreifen

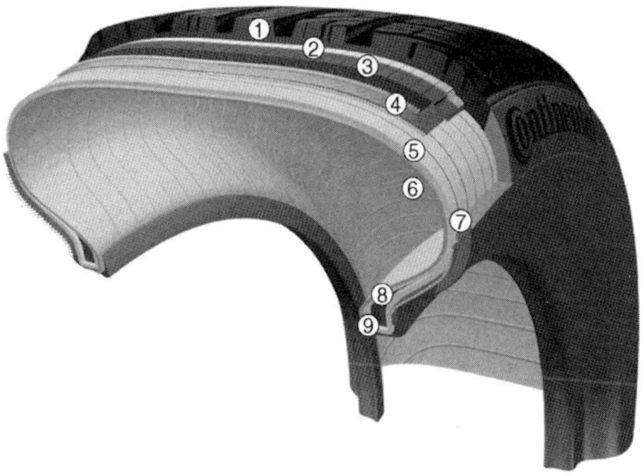

Abb. 7.71 Reifenaufbau für einen typischen Pkw-Reifen mit den Bauteilen: (1) Laufstreifen, (2) Unterplatte, (3) Bandage, (4) Stahlkord Gürtellagen, (5) Karkasse, (6) Innenschicht, (7) Seitenwand, (8) Kernprofil, (9) Kern

gefahren. Deshalb wird hier auf den Diagonalreifen kein Bezug mehr genommen.

7.3.2 Reifenaufbau

Der Reifen ist ein komplexer Verbundkörper aus Materialien unterschiedlichster physikalischer Eigenschaften Abb. 7.71).

Der Radialreifen besteht aus den Hauptbauelementen
- Reifenwulst
- Karkasse
- Gürtel
- Laufstreifen.

Der Reifenwulst gewährleistet den festen Sitz des Reifens auf der Felge. Um diese Aufgabe erfüllen zu können, sind in den Reifenwulst ein oder mehrere zugfeste Drahtkerne eingebettet. Beim schlauchlosen Reifen übernimmt der Reifenwulst außerdem die Abdichtung des eingeschlossenen Luftvolumens gegenüber der Umgebung.

Der eigentliche Festigkeitsträger eines Reifens ist der Gewebeunterbau oder die Karkasse. Die Karkasse besteht aus einer oder mehreren Gewebelagen, die am Kern verankert sind.

Beim Radialreifen haben die Kordfäden einen Winkel von etwa 90° zur Laufrichtung. Die für die Funktion dieses Reifens notwendige Steifigkeit wird durch die zusätzliche auf der Karkasse liegende Gürtelkonstruktion erreicht.

Der Laufstreifen umgibt die Karkasse an ihrem äußeren Umfang und muss die zwischen Kraftfahrzeug und Fahrbahn auftretenden Kräfte übertragen. Die Gummimischung und die Profilierung des Laufstreifens werden nach den geforderten Eigenschaften ausgelegt. Die abriebfeste Seitenwand schützt die Gewebelagen vor äußeren Einflüssen.

Das Profil der Lauffläche kann sehr unterschiedlich gestaltet werden und hängt stark vom vorgesehenen Einsatz ab. Für Winterreifen zum Beispiel hat sich in den letzten Jahrzehnten eine deutliche Wandlung vom grobstolligen Klotzprofil hin zum weichen Hochlamellenprofil vollzogen (Abb. 7.72).

7.3.3 Anforderungen an Reifen

Im System Fahrzeug–Straße nimmt der Reifen eine hervorragende Rolle ein: Als Bindeglied zwischen Fahrbahn und Fahrzeug überträgt er alle Kräfte und Momente, sein Übertragungsverhalten geht deutlich in Fahrverhalten, Komfort und Sicherheit des Gesamtfahrzeugs ein (▶ Abschn. 7.1).

Die dynamischen Eigenschaften eines Fahrzeuges werden damit maßgeblich durch das Reifenverhalten beeinflusst. Radlast, Federung, Dämpfung, Achskinematik und Fahrwerkselastizitäten, Motorleistung und Geschwindigkeit sowie die Einsatzart haben einen großen Einfluss auf die Auslegung von Reifen. (Abb. 7.73).

Beim pneumatischen Reifen ist das unter Überdruck eingeschlossene Gas oder Gasgemisch das tragende Element; die Hülle bestimmt nach Form, konstruktiver Auslegung und Materialeinsatz weitgehend die Gebrauchseigenschaften des Reifens. An die Gebrauchseigenschaften werden von der Kraftfahrzeugindustrie, dem Endverbraucher und in zunehmendem Maße vom Gesetzgeber Anforderungen gestellt, die nicht immer miteinander in idealer Weise vereinbar sind. Widerstreitende Anforderungen führen unabdingbar zu Zielkonflikten, die die Reifenindustrie ständig zu lösen hat.

Reifen werden im harten Wettbewerb nach den Pflichtenheften der Fahrzeugindustrie und eigenen

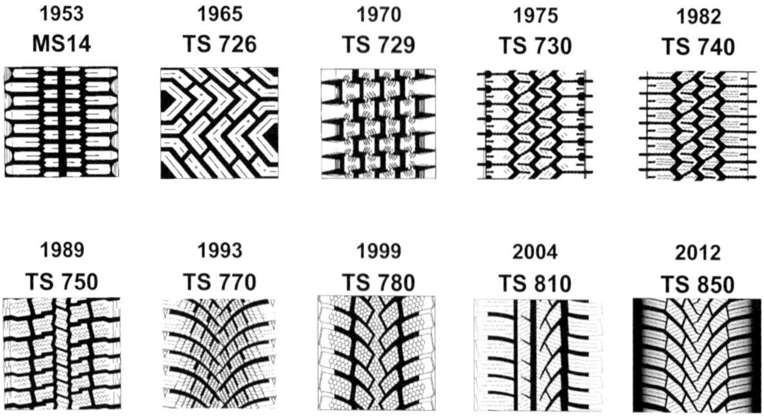

Abb. 7.72 Entwicklung der Profile von Winterreifen; vom groben Klotz- zum Hochlamellenprofil

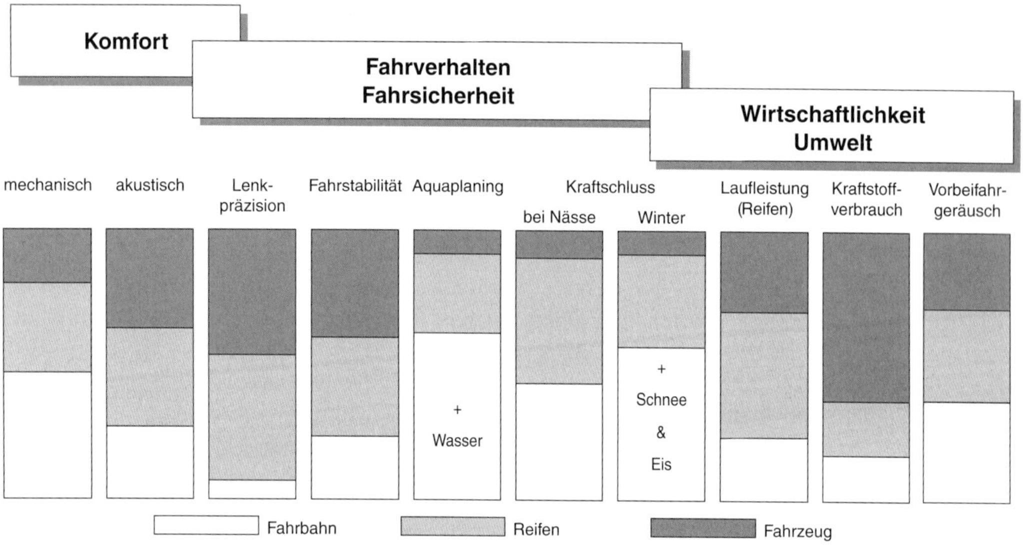

Abb. 7.73 Einfluss von Fahrbahn, Reifen und Fahrzeug auf Gebrauchseigenschaften

ehrgeizigen Vorgaben stetig weiterentwickelt. So stellen die heutigen im Markt befindlichen Serienreifen einen weitgehend ausgewogenen Kompromiss dar, der allen Belangen der Fahrsicherheit, des Fahrkomforts, des Lenkverhaltens, der Fahrstabilität und der Wirtschaftlichkeit, aber auch den verstärkten Forderungen des Umweltschutzes in einer für den Verbraucher vernünftigen Weise Rechnung trägt.

7.3.3.1 Gebrauchseigenschaften

Die Entwicklung von Pkw- und Lkw-Reifen wird entscheidend durch die sich ständig ändernden und darüber hinaus wachsenden Anforderungen der Pkw- und Lkw-Hersteller an die Kraftfahrzeuge beeinflusst.

Tabelle 7.2 zeigt die typischen Abhängigkeiten von Einflussgrößen der Reifenauslegung auf die Gebrauchseigenschaften:

Die Gebrauchseigenschaften beschreiben für den Verbraucher die einzelnen Eigenschaften der Reifen und sind immer in Verbindung mit Fahr-

Tabelle 7.2 Einfluss der Reifenparameter auf die Gebrauchseigenschaften

Einfluss \ Eigenschaft	Nassgriff	Geräusch	Laufleistung	Rollwiderstand	Aquaplaning	Qualität
Form, Kontur	•	•	•	●	●	•
Profil	●	●	•	•	●	•
Material	●	•	●	●	•	•
Konstruktion	•	•	●	•	•	•
Herstellungsprozess				•		●

Fahrkomfort	Lenkverhalten	Fahrstabilität
Federungskomfort	... im 0°-Bereich	Geradeausstabilität
Geräuschkomfort	... im Proportionalbereich	Kurvenstabilität
Laufruhe	... im Grenzbereich	Bremsen in Kurven
	Lenkpräzision	
Kraftschluss	**Haltbarkeit**	**Wirtschaftlichkeit/Umwelt**
Traktion	Strukturelle Dauerhaltbarkeit	Lebenserwartung
Bremsweg	Hochgeschwindigkeitstüchtigkeit	Rollwiderstand
Rundenzeiten	Platzdruck	Runderneuerungsfähigkeit
Aquaplaning	Durchschlagsfestigkeit	Vorbeifahrgeräusch

Abb. 7.74 Übersicht über Bewertungskriterien von Pkw-Reifen

zeug, Straße und Fahrer zu sehen. Zur Ermittlung der Gebrauchseigenschaften werden Versuche durchgeführt, die sowohl nach subjektiven als auch nach objektiven Kriterien bewertet werden.

Gebrauchseigenschaften dienen zur Bewertung in Hinblick auf die jeweilige Kundenerwartung. Da sich die Rahmenbedingungen im Laufe der Zeit ändern, unterliegen auch die Anforderungen an die Erfüllung bestimmter Gebrauchseigenschaften einem zeitlichen Wandel.

Die Entwicklung im Automobilbau in den letzten Jahrzehnten hat in Verbindung mit dem Ausbau des Straßennetzes dazu geführt, dass die Anforderungen an Pkw- und Lkw-Reifen gestiegen sind. Dieser Anstieg wird auch deutlich an der Zahl der Gebrauchseigenschaften, die heute im Rahmen technischer Reifenfreigaben geprüft werden müssen.

1960 gab es für Pkw-Reifen im Wesentlichen 10 Kriterien, die am Fahrzeug oder auf dem Prüfstand untersucht und bewertet wurden. Es waren z. T. sehr spezielle Einzelmerkmale, wie z. B. Schienenführigkeit (die Fähigkeit des Reifens, das Fahrzeug ohne plötzlichen Seitenversatz aus den Straßenbahnschienen hinauszuleiten, ein bei den damals gebräuchlichen Diagonalreifen wichtiges Kriterium), z. T. aber auch sehr pauschale Merkmale wie Kurvenfahrt.

In den Jahren danach erwies sich eine feinere Aufteilung des Beurteilungsgitters als sinnvoll, um von Seiten der Reifenhersteller eine gezielte Optimierung der Reifen, auch im Hinblick auf besondere fahrzeugspezifische Probleme, durchführen zu können. Parallel dazu führte der Übergang vom Diagonal- zum Radialreifen zum Wegfall einiger Beurteilungskriterien, die für Radialreifen nicht relevant waren.

Heute hat sich ein Beurteilungskatalog als sinnvoll herausgestellt, der mehr als 40 einzelne Beurteilungskriterien enthält, die zu einer Reihe grundsätzlicher Zielkonflikten führen. Eine Übersicht liefert Abb. 7.74. Die nachfolgend aufgeführten z. T. allgemein bekannten, fahrdynamischen Beurteilungskriterien (▶ Abschn. 7.5) werden dabei unter rein reifenspezifischen Gesichtspunkten betrachtet, d. h. es wird nur der Einfluss des Reifens auf das Verhalten des Gesamtfahrzeugs untersucht.

Die subjektive Bewertung eines Kraftfahrzeugs stellt auch heute immer noch den Maßstab dar, ob ein Reifen für ein bestimmtes Kraftfahrzeug geeignet ist. Trotzdem werden große Anstrengungen unternommen, die Bewertung mehr objektiv vorzunehmen.

Der Vorteil der objektiven Bewertung ist die größere Reproduzierbarkeit und die bessere Erklärbarkeit der Ergebnisse durch eine physikalische Beschreibung der Phänomene. Kennt man die Physik hinter einer Reifeneigenschaft, kann eine gezielte Optimierung bezüglich der gewünschten Eigenschaft erfolgen.

Für den Bereich Fahrkomfort wurde durch Messung der Vertikalbeschleunigung an der Hinterachse eines Pkw bei der Überfahrt einer Schlagleiste

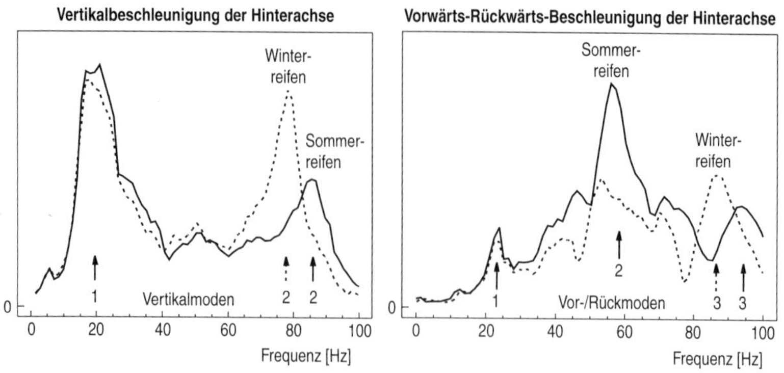

Abb. 7.75 Vergleich Komfort von Winter- und Sommerreifen bei Überfahrt einer Schlagleiste (Zahlen im Bild = Eigenfrequenzen)

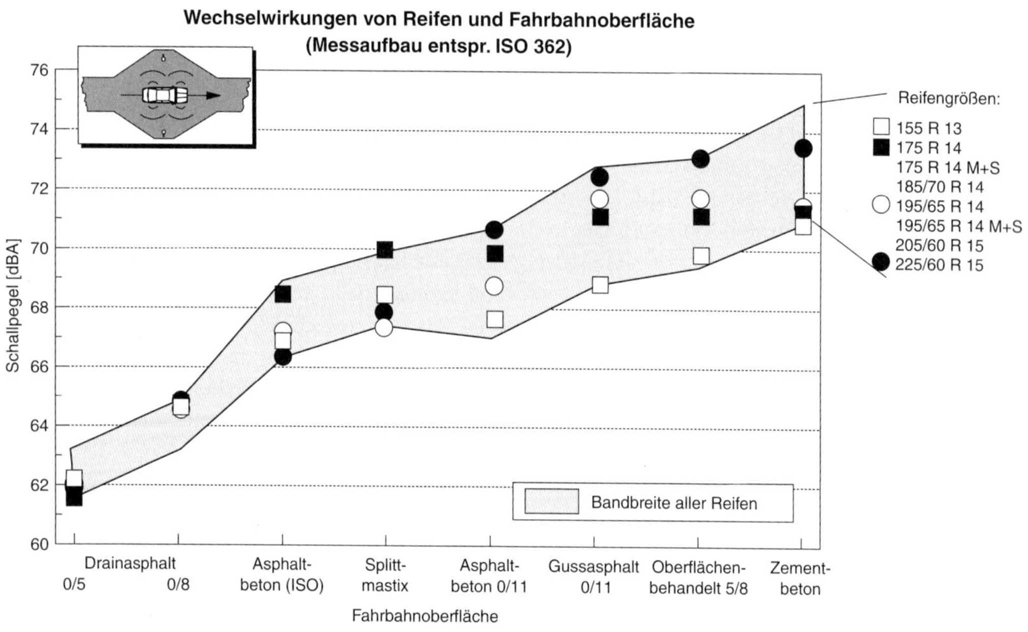

Abb. 7.76 Schallpegel auf unterschiedlichen Fahrbahnoberflächen

ein Zusammenhang zwischen der subjektiven Beurteilung und den Spitzenwerten der Beschleunigung im Frequenzbereich bis 100 Hz gefunden (Abb. 7.75).

Der Winterreifen regt bei der vertikalen Beschleunigung die Achse mit seiner Vertikalmode (ca. 75 Hz) wesentlich stärker an als der Sommerreifen, dessen Frequenz um ca. 10 Hz höher liegt. Diese fahrzeugspezifische Anregung kann im Fahrzeug als Dröhnen wahrgenommen werden. Beim Sommerreifen ergibt sich eine stärkere Anregung der zweiten Vorwärts-/Rückwärtsmode bei ca. 55 Hz.

Durch Kenntnis der Eigenmoden der Reifen und der gemessenen Beschleunigungsfrequenzspektren am Fahrzeug lassen sich die vorhandenen Frequenzspitzen erklären und die notwendigen konstruktiven Änderungen.

Auch beim Reifenfahrbahngeräusch ist die Wechselwirkung mit der Fahrbahn entscheidend. Abb. 7.76 zeigt, dass die Bandbreite der Geräuschentwicklung infolge unterschiedlicher Fahrbahno-

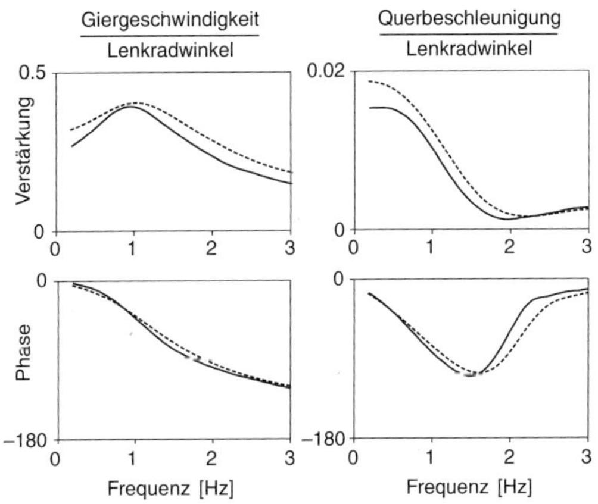

◘ Abb. 7.77 Übertragungsfunktionen nach Verstärkung und Phase für einen typischen Pkw mit einem subjektiv sehr guten (*gestrichelte Linie*) und mäßig guten (*durchgezogene Linie*) Reifensatz

berflächen größer ist als die Bandbreite durch Reifengrößen und Profilausführungen.

Zur Beurteilung des Fahrverhaltens im Proportionalbereich, d. h. bei Querbeschleunigungen bis zu 0,4 g, lassen sich zusätzlich zur subjektiven Beurteilung die Übertragungsfunktionen eines Fahrzeugs heranziehen, wobei die Übertragungsfunktionen durch unterschiedliche Fahrmanöver ermittelt werden können (◘ Abb. 7.77). Günstig ist im Allgemeinen für eine gute subjektive Beurteilung:

- ein großer Frequenzbereich der Querbeschleunigung
- eine große Gierdämpfung und
- eine kleine Phasenverschiebung

Auf dem heutigen Entwicklungsstand haben Qualitätsreifen hohe Haltbarkeitsreserven und damit auch eine zunehmende Missbrauchsresistenz. Trotzdem sind Ausfälle durch Verletzungen und Betriebsfehler nicht ganz auszuschließen.

Eine eindeutige Analyse der »Schadensgeschichte« von zerstörten Reifen ist problematisch. Reifen haben ein integrierendes Gedächtnis für die Folgen von Fehlbehandlungen. Dem Reifenfachmann gelingt ein Nachweis für einen längeren Einsatz mit Minderluftdruck anhand von Kriterien wie Wulstanscheuerungen und Innenseelenverfärbungen.

Die Wirtschaftlichkeit von Reifen betrifft weniger die Herstellung oder die Verwertung als vielmehr den Betrieb am Fahrzeug. Durch den Rollwiderstand der Reifen muss ständig vom Motor Arbeit zur Überwindung aufgebracht werden. Je weniger Rollwiderstand die Reifen besitzen, desto geringer ist der Kraftstoffverbrauch.

In ◘ Abb. 7.78 ist dieser Zusammenhang mit der Auswirkung auf die Volkswirtschaft der Bundesrepublik Deutschland für 1997 dargestellt, die aber weitgehend heute immer noch Bestand hat. Durch eine Reduzierung des Reifenrollwiderstandes um 30 % lässt sich der Kraftstoffverbrauch um ca. 4,8 % senken, was einer Einsparung von ca. 60 l pro Reifen während des Reifenlebens entspricht. Volkswirtschaftlich gerechnet ließe sich durch eine Rollwiderstandsreduzierung in dieser Größenordnung eine Kraftstoffmenge von über 2,5 Mrd. Liter Kraftstoff einsparen.

Runderneuerte Reifen haben gegenüber Neureifen meist einen Nachteil im Rollwiderstand bis zu 10 %. Demzufolge ist die Runderneuerung aus Energiebilanzgründen fraglich, da meist eine größere Menge an Kraftstoff im Betrieb verbraucht wird als durch die Wiederverwendung der Karkasse eingespart wird.

Der Reifen-Rollwiderstand wird weiterhin von seinen Einsatzbedingungen am Fahrzeug mitbestimmt. Während die reine Reifenmessung nur bei Geradeausfahrt ohne Sturz durchgeführt wird, kommen beim Einsatz am Fahrzeug Vorspur oder bei Kurvenfahrt Schräglaufwinkel und Sturz hinzu.

Reifenmessungen zeigen, dass ein Sturzwert bis −2° den Rollwiderstand nur gering (0–2 % je nach Schräglaufwinkel), ein Schräglaufwinkel von bereits 1° den Rollwiderstand bis zu 30 % erhöht. Die Erhöhung ist mit zunehmendem Schräglaufwinkel progressiv.

7.3.3.2 Gesetzliche Anforderungen

Die gesetzlichen Anforderungen an Reifen beziehen sich auf die Reifenbeschriftung mit den entsprechenden Kennzeichnungen sowie dem Genehmigungszeichen und der Genehmigungsnummer nach ECE-Regelung 30. Die Reifen tragen in einem Kreis ein E und die Nummer des Genehmi-

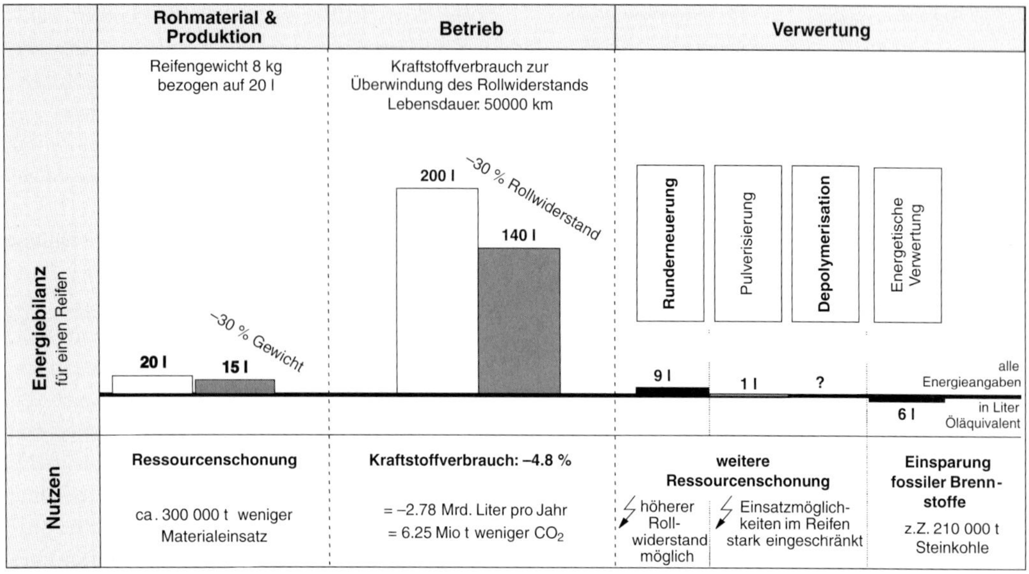

Abb. 7.78 Energiebilanz von der Produktion über Betrieb bis zur Verwertung von Reifen (BR Deutschland, 1997)

gungslandes sowie nachgestellt eine mehrstellige Genehmigungsnummer, z. B.:

(E12) 028355

7.3.3.3 Reifen und Räder, Normung

Die Normung von Reifen und Rädern ist in der ETRTO und der DIN festgeschrieben. Als Beispiel die Bezeichnung der Reifengröße für einen Reifen der Größe **195/65 R 15 91 T**:

195 – Reifennennbreite (mm)

65 – Nenn-Querschnittsverhältnis (%)

R – Symbol für Radialreifen (Gürtelreifen)

15 – Felgendurchmesser (Zoll-Code)

91 – Tragfähigkeitskennzahl oder »Load Index« (»91« bedeutet, dass der Reifen mit maximal 615 kg belastet werden darf)

T – Geschwindigkeitssymbol für zulässige Höchstgeschwindigkeit (T = 190 km/h)

Weitere Kennzeichnungen auf der Seitenwand:

TUBELESS – schlauchlos TUBE TYPE Reifen dürfen nur mit Schlauch montiert werden

DOT – Department of Transportation (USA-Verkehrsministerium)

0302 – verschlüsseltes Produktionsdatum (03 = 3. Woche, 02 = Jahr 2002) (bis zum 31.12.1999 stand nach der dritten Ziffer ein Dreieck)

TWI – Kennzeichnung des Profilabnutzungsanzeigers (TWI = Tread Wear Indicator) Über den Umfang gleichmäßig verteilte Querstege in den Längsprofilrillen, die bei 1,6 mm Restprofil auftauchen.

Reinforced – bei verstärkten Reifen mit erhöhter Tragfähigkeit

M+S – bei Winterreifen

7.3.3.4 Reifenkennzeichnung, EU-Label

Ab November 2012 ist der Verkauf von Reifen mit einem Label in der EU mit der Verordnung Nr. 1222/2009 vorgeschrieben (Abb. 7.79). Das Label dient zur Steigerung der Sicherheit sowie der wirtschaftlichen und ökologischen Effizienz im Straßenverkehr. Klassifiziert werden die Reifeneigenschaften Rollwiderstand, Nassgriff und Geräusch.

Für die ersten beiden Eigenschaften gibt es zur Bewertung die Klassen A–G, für das Geräusch 1–3 gefüllte Schallwellensymbole. Die Messungen der Reifeneigenschaften sind gemäß Regelung Nr. 117 der Wirtschaftskommission der Vereinten Nationen (UN/ECE) durchzuführen.

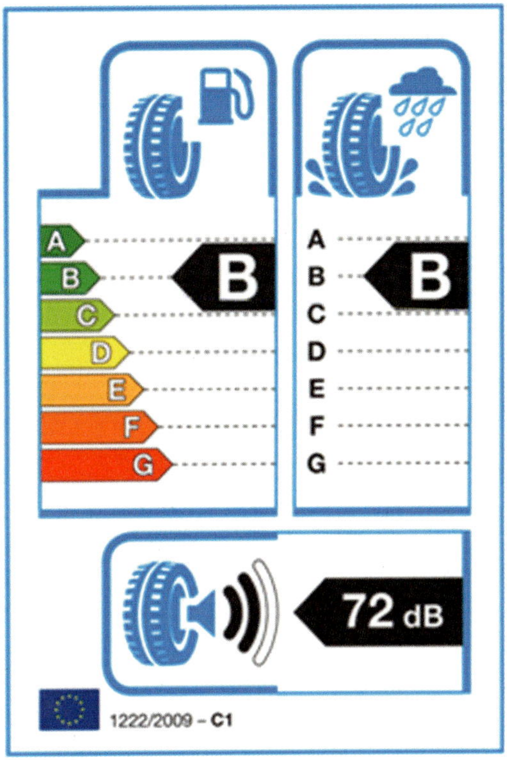

Abb. 7.79 EU Label für Reifen

Für normale Pkw-Reifen (Reifenklasse C1) werden die Bewertungen wie folgt festgelegt:

Rollwiderstand Die Energieeffizienz eines Reifens wird gemessen über den Rollwiderstand und wird klassifiziert durch den Rollwiderstandsbeiwert (Cr). Er ist definiert als Rollwiderstandskraft dividiert durch die Radlast in kg/t (Tab. 7.3).

Nassgriff Die Nasshaftung wird durch den Vergleich mit einem vorgegebenen Referenzreifen auf nasser Straße ermittelt. Gemessen wird der Nasshaftungskennwert G, der die Nasshaftung relativ zum Referenzreifen beschreibt (Tab. 7.4).

Geräusch Die Geräuschangabe auf dem Label bezieht sich auf das Vorbeifahrgeräusch bei 80 km/h. Das Geräuschsymbol mit 1 bis 3 gefüllten Schallwellensymbolen bezieht sich auf die Geräuschgrenzwerte (LV = Limit Value ab Nov. 2010) (Tab. 7.5).

Tabelle 7.3 Energieeffizienzklassen

Energieeffizienzklasse für Reifenklasse C1	Cr in kg/t
A	$Cr \leq 6{,}5$
B	$6{,}6 \leq Cr \leq 7{,}7$
C	$7{,}8 \leq Cr \leq 9{,}0$
D	leer
E	$9{,}1 \leq Cr \leq 10{,}5$
F	$10{,}6 \leq Cr \leq 12{,}0$
G	$Cr \geq 12{,}1$

Tabelle 7.4 Nasshaftungsklassen

Nasshaftungsklasse für Reifenklasse C1	G Relativwert zum Referenzreifen
A	$1{,}55 \leq G$
B	$1{,}40 \leq G \leq 1{,}54$
C	$1{,}25 \leq G \leq 1{,}39$
D	leer
E	$1{,}10 \leq G \leq 1{,}24$
F	$G \leq 1{,}09$
G	leer

Tabelle 7.5 Geräuschwertsymbole

Geräuschsymbol mit	Geräuschwert N in dB(A)
1 gefüllte Schallwelle	$N \leq LV\text{-}3$
2 gefüllte Schallwellen	$LV\text{-}3 < N < LV$
3 gefüllte Schallwellen	$N > LV$

Bis Nov. 2016 dürfen weiterhin Reifen verkauft werden, die nur die Grenzwerte vor Nov. 2010 ein-

Tabelle 7.6 Geräuschgrenzwerte

Nennbreite in mm	Grenzwert (LV) in dB(A)
≤ 185	70
$> 185 \leq 215$	71
$> 215 \leq 245$	71
$> 245 \leq 275$	72
> 275	74

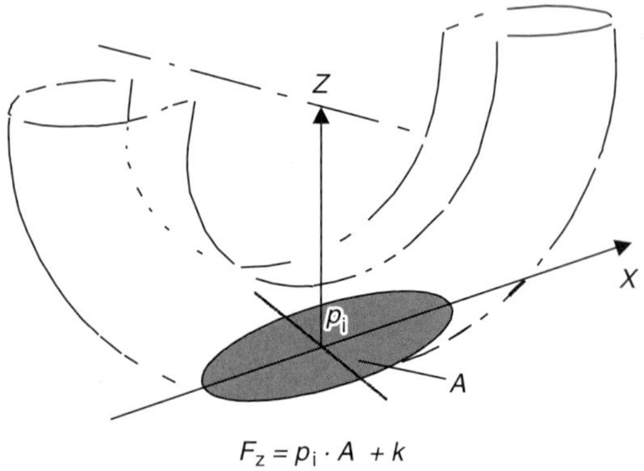

Abb. 7.80 Tragverhalten eines Luftreifens

halten. Diese werden mit 3 gefüllten Schallwellen gekennzeichnet.

Der Geräuschgrenzwert (LV) ist abhängig von der Nennbreite des Reifens. Für normale Pkw-Reifen der Klasse C1 sind die Grenzwerte wie folgt festgelegt (Tab. 7.6).

Für M+S Reifen, Extra-Load (XL)-Reifen oder verstärkte Reifen, oder einer Kombination dieser Reifeneigenschaften, erhöhen sich die genannten Grenzwerte um 1 dB(A).

7.3.4 Kraftübertragung Reifen–Fahrbahn

Der Reifen muss nicht nur bei den unterschiedlichsten Fahrbahnbelägen (Asphalt, Beton, Pflaster), sondern auch bei allen Witterungsbedingungen und Geschwindigkeiten des Fahrzeugs die Kraftübertragung zur Straße sicherstellen.

Damit bedeutet das Kraftschlussverhalten einen Schwerpunkt für den Reifenentwickler. Als Einflussgrößen auf das Kraftschlussverhalten werden vor allem Reifenart und Reifenzustand, Fahrbahnart und Fahrbahnzustand, Betriebsbedingungen und Betriebsfehler berücksichtigt.

7.3.4.1 Tragverhalten

Das Tragverhalten (F_z) einer idealen Membran ist beschrieben durch Innendruck (p_i) · Kontaktfläche (A) (Abb. 7.80). Beim Reifen kommt durch die steife Schalenstruktur des Reifens noch ein zusätzlicher Strukturtraganteil (k) von ca. 10–15 % hinzu. Bei Reifen mit Notlaufeigenschaften ist k deutlich größer (siehe ▶ Abschn. 7.3.5.6).

Für die Fahrwerksauslegung ist die vertikale oder radiale Reifensteifigkeit ein wichtiger Parameter.

Abhängig von Reifenbreite und Querschnittsverhältnis nimmt die Steifigkeit mit zunehmender Reifenbreite und abnehmendem Querschnittsverhältnis in der Regel zu (Abb. 7.81).

7.3.4.2 Kraftschlussverhalten, Aufbau von Horizontalkräften

Das Kraftschlussverhalten von Reifen wird im Wesentlichen von den Reibpartnern Gummi–Fahrbahnoberfläche bestimmt.

Der Kraftschlussbeiwert ist nicht konstant sondern hängt von der Reibpaarung Laufflächenmischung und Straßenoberfläche, dem Kontaktdruck, der Gleitgeschwindigkeit sowie der Temperatur ab (Abb. 7.82).

Im Allgemeinen gilt: Je niedriger der Kontaktdruck gehalten werden kann und je homogener die Druckverteilung innerhalb der Bodenaufstandsfläche ist, desto höher sind die übertragbaren Seiten- und Umfangskräfte. Bei höheren Schlupf- oder Gleitgeschwindigkeiten nehmen die Kraftschlussbeiwerte ab.

Je nach Einsatzgebiet entwickeln Gummimischungen in unterschiedlichen Temperaturbereichen ihre höchsten Kraftschlusswerte. Bei einem Betrieb außerhalb dieses Temperaturbereichs sind die Werte deutlich kleiner. So werden häufig Win-

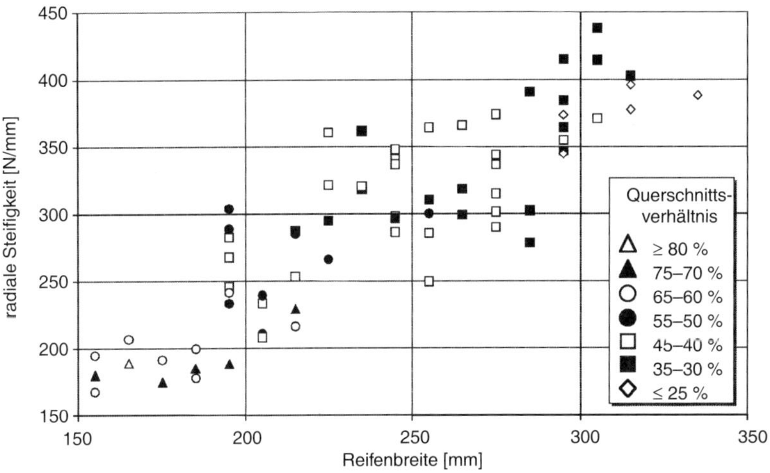

Abb. 7.81 Radiale Reifensteifigkeit bei vorgeschriebenem Fahrzeugluftdruck gemessen mit unterschiedlichen Reifenausführungen in Abhängigkeit von Reifenbreite und Querschnittsverhältnis

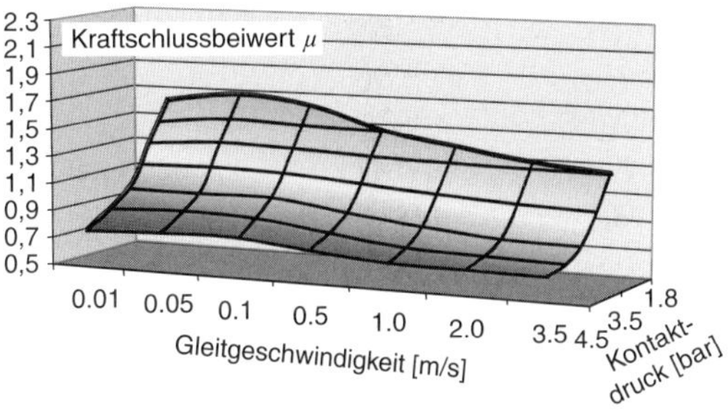

Abb. 7.82 Labormessung des Kraftschlussbeiwerts μ abhängig vom Kontaktdruck und der Gleitgeschwindigkeit

terreifen für einen Temperaturbereich von −20 bis 10 °C, Sommerreifen auf Korund-180 für eine typische Laufflächenmischung von 5 bis 40 °C ausgelegt. In diesen Temperaturbereichen haben sie den höchsten Kraftschluss.

Die Adhäsion bestimmt die übertragbaren Kräfte im Bereich kleiner Gleitgeschwindigkeiten (z. B. vorderer Bereich der Reifenaufstandsfläche beim ABS-Bremsen), die Hysterese im Bereich hoher Gleitgeschwindigkeiten (z. B. Blockierbremsen).

Der (Gummi-)Mischungsentwickler hat durchaus Möglichkeiten, seine Schwerpunkte auf den Kraftschluss im »Haft-« oder »Gleitbereich« zu legen, d. h. der beste »ABS-Reifen« ist nicht notwendigerweise der beste »Blockierreifen«.

Das dynamische Verhalten des viskoelastischen Werkstoffs Gummi beschreibt ein komplexer Modul, der aus Speichermodul und Verlustmodul besteht ($E^* = E' + iE''$). Der Verlustbeiwert $\tan\delta$ als Verhältnis Verlustmodul zu Speichermodul ist ein Maß für die Energieverluste bei der Deformation des viskoelastischen Gummis. Als stark verkürzte Erklärung mag hier genügen, dass der Entwickler verschiedenen Temperaturbereichen der $\tan\delta$ Kurve auf Basis eines Temperatur-Frequenz-Äquivalentprinzips (WLF-Transformation) bestimmte typische Reifeneigenschaften zuordnen kann.

Physikalisch unterscheiden sich die in Abb. 7.83 gekennzeichneten Bereiche der $\tan\delta$-Kurve: Bereiche 1 und 2 sind relevant für das Bremsen auf nasser Fahrbahn, Bereich 1 vor allem für den quasi Haftbereich mit sehr kleinen Gleitgeschwindigkeiten im vorderen Bereich der Bodenaufstandsfläche (Vergleiche auch Abb. 7.85), Bereich 2 für die höheren Gleitgeschwindigkeiten im hinteren Teil der Aufstandsfläche oder beim Blockierbremsen. Bereich 3 ist relevant für den Rollwiderstand mit der zyklischen Gummideformation beim Rollen.

Dem Bereich 1 kann physikalisch eine adhäsionsunterstützte nanoskalige Hysteresereibung, Bereich 2 eine mesoskalige Hysteresereibung und Bereich 3 eine impulsförmige Gummideformati-

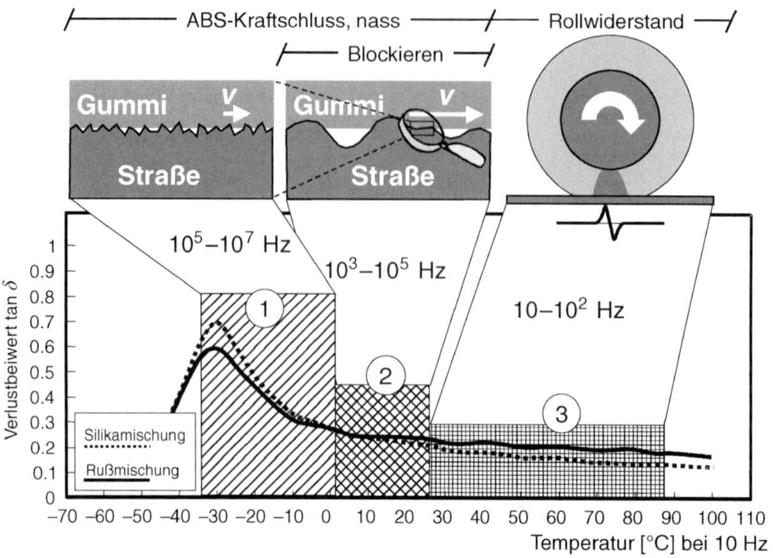

Abb. 7.83 Typischer Verlauf des Verlustbeiwerts tan δ über der Temperatur mit den relevanten Bereichen für Kraftschluss auf nasser Straße und Rollwiderstand für zwei Reifenmischungen (Ruß- und Silikamischung) und Umrechnung nach der WLF-Transformation (Proben aus Reifen, Messung bei 10 Hz mit konstanter Kraft)

on zugeordnet werden. Anschaulich: Je kleiner die Rauigkeitsskala im Kontakt Reifen–Straße wird, desto höher ist die zugeordnete Frequenz.

Die Kompromisslage niedriger Kraftstoffverbrauch durch niedrigen Rollwiderstand (tan δ klein im Bereich 3 bei 60 °C) bei kurzen Bremswegen (tan δ groß in den Bereichen 2 und 3, d. h. kleiner ca. 20 °C) soll auf ein möglichst hohes Niveau gebracht werden. Wie aus Abb. 7.83 zu entnehmen, ist dies bei Silikamischungen gelungen.

7.3.4.3 Antreiben und Bremsen; Umfangskräfte

Im Abb. 7.84 wird beispielhaft ein Bremsvorgang ohne ABS dargestellt. Hier soll nicht auf Bremssysteme, sondern auf den Beitrag der Reifen eingegangen werden. Dargestellt ist der Kraftschlussbeiwert μ, definiert als Quotient aus Umfangskraft und Normalkraft aufgetragen gegenüber dem Radschlupf beim Bremsen.

Allgemein wird der Schlupf λ bei seitenkraftfrei rollendem Rad definiert als

$$\lambda = \frac{R_{\text{dyn}} \cdot \omega - v}{v}$$

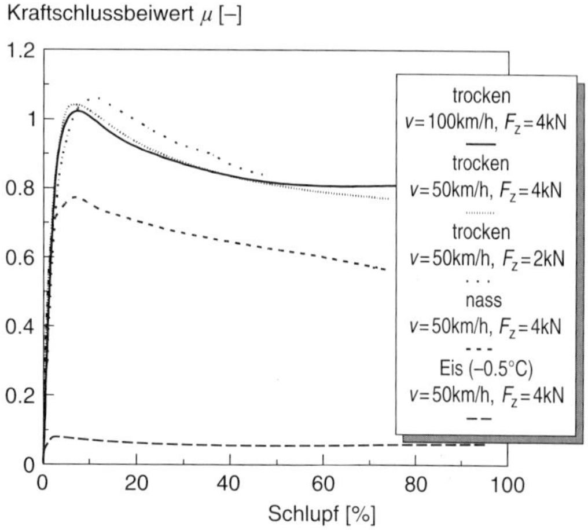

Abb. 7.84 Kraftschlussbeiwert μ bei unterschiedlichen Fahrbahnzuständen und Einsatzbedingungen

mit R_{dyn} = dynamischer Reifenradius, ω = Raddrehzahl und v = Fahrzeuggeschwindigkeit. Der dynamische Reifenradius ist der wirksame Abrollradius des Rades. Er kann nur indirekt aus der zurückgelegten Strecke und der Anzahl der Radumdrehungen bestimmt werden.

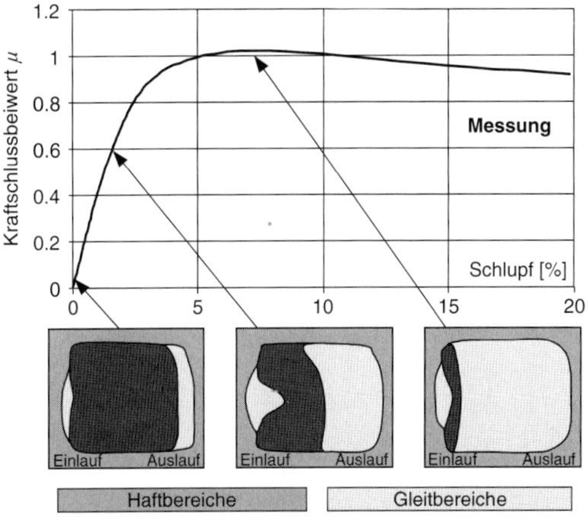

Abb. 7.85 Haft- und Gleitzonen in der Bodenaufstandsfläche eines Reifens beim Bremsen bei unterschiedlichem Radschlupf aus FEM Berechnungen (*links*: Einlauf, *rechts*: Auslauf)

Um beim Antreiben bei durchdrehendem Rad nicht auf Werte über 1 bzw. 100 % zu kommen, wird der Schlupf häufig auch statt auf die Fahrzeuggeschwindigkeit auf die Radgeschwindigkeit $R_{\text{dyn}} \cdot \omega$ bezogen.

Abbildung 7.84 macht deutlich, dass Reifen über den ganzen Bereich bis zum Schlupf 100 % gefordert werden können. Bemerkenswert ist, dass die Reifen beim Bremsen mit blockierten Rädern die gesamte kinetische Energie verzehren müssen, beim ABS-Bremsen wird der größte Anteil von der Bremsanlage »übernommen«.

Mit Erhöhen des Bremsschlupfes bilden sich zunehmende Gleitbereiche in der Aufstandsfläche aus (Abb. 7.85). Vom Auslauf, jeweils auf der rechten Seite vergrößert sich die Gleitzone Richtung Einlauf. Kurz vor dem Erreichen des Schlupfmaximums befindet sich fast die gesamte Kontaktzone im Gleitzustand. Der im vorderen Teil der Bodenaufstandsfläche als Haftbereich gekennzeichnete Teil charakterisiert einen Bereich, in dem nur sehr kleine Gleitgeschwindigkeiten auftreten also makroskopisch quasi Haften vorliegt.

Neben der Abhängigkeit von der Fahrzeugauslegung und der Fahrgeschwindigkeit haben Reifenart und Fahrbahnrauigkeit einen bestimmenden Einfluss.

Die Darstellungen in Abb. 7.84 bis Abb. 7.86 stellen den erreichbaren Kraftschluss abhängig von den Einflussfaktoren Fahrbahn, Reifen und Betriebsbedingungen dar und damit Kenngrößen für erreichbare Antriebsbeschleunigungen und Bremswege.

Verschiedene Kombinationen von Reifenprofilen und Laufflächenmischungen können sehr unterschiedliche Traktion auf Schnee erzeugen (Abb. 7.86). Die Kombination zeigt, dass für die Wintereigenschaften vor allem die Laufflächenmischung mit Wintereigenschaften entscheidend ist, die bei tiefen Temperaturen elastischer bleibt gegenüber typischen Sommermischungen.

7.3.4.4 Schräglauf; Kräfte und Momente

Für die Fahrdynamik von Kraftfahrzeugen sind die Größe und Charakteristik der zu übertragenden Kräfte von entscheidender Wichtigkeit für ein angenehmes und sicheres Fahren. Mit zunehmendem Schräglaufwinkel des Reifens wird die Seitenkraft radlastabhängig bis zu einem Maximalwert im Bereich zwischen 5° und 15° Schräglaufwinkel aufgebaut (Abb. 7.87).

Durch die Latschverformung und die beginnenden Gleitvorgänge in der Kontaktzone zwischen Reifen und Fahrbahn entsteht ein Rückstellmoment. Das Rückstellmoment versucht, das Rad und damit auch das Lenkrad wieder in die Ausgangsstellung zurückzudrehen. Es erreicht ein Maximum, wenn die Schräglaufkennlinie beginnt, den linearen Anstieg deutlich zu verlassen und kann bei weiter zunehmendem Schräglaufwinkel negativ werden.

Zusätzlich dargestellt ist der Sturzeinfluss des Rades. So erhöht ein negativer Sturz die Seitenkraft bei Kurvenfahrt, vermindert aber gleichzeitig das Rückstellmoment. Ein positiver Sturz wirkt umgekehrt.

Eine kompakte Darstellung der Reifenkräfte ermöglicht das sog. Gough-Diagramm, (Abb. 7.88) für die Parameter Seitenkraft, Rückstellmoment, Reifennachlauf, Radlast und Schräglaufwinkel. Der Nachlauf ist definiert als der Abstand des Angriffspunkts der resultierenden Seitenkraft im Latsch zur Reifenmitte.

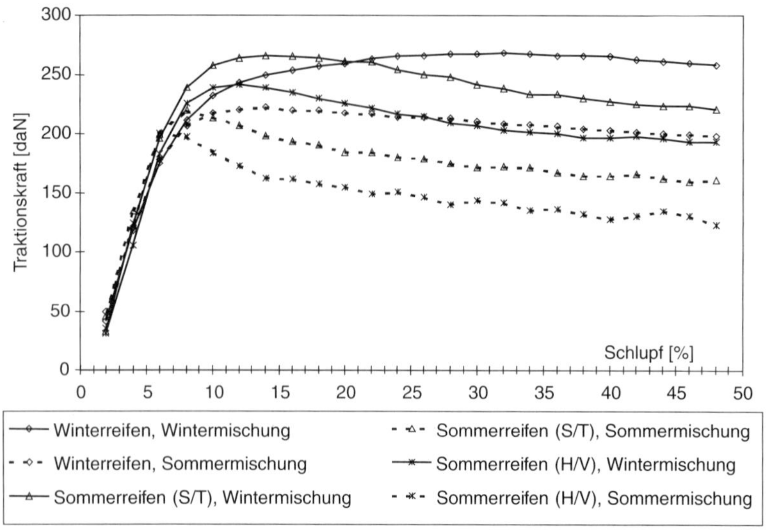

Abb. 7.86 Beeinflussung des Kraftschlusspotenzials durch Reifen und Laufflächenmischungen bei Traktion auf Schnee

Das Gough-Diagramm ermöglicht die quasistatische Bestimmung der Seitenkräfte und Rückstellmomente an beiden Rädern einer Achse bei Kurvenfahrt.

Alle bisher betrachteten Kräfte und Momente gelten für den stationär rollenden Reifen. Bei einer Änderung der Betriebsbedingung des Reifens wie Schräglaufwinkel, Last, Sturz und Felgenquerverschiebung relativ zum Latsch dauert es eine gewisse Zeit, bis sich der neue stationäre Zustand eingestellt hat. Dies soll an zwei Beispielen für die Seiten- und Umfangskraft verdeutlicht werden:

Die Änderung der Seitenkräfte wird über das Einlaufverhalten des Reifens beschrieben und ist besonders für die Querdynamik des Fahrzeugs von Bedeutung. Der Reifen baut die Reaktionskräfte über eine bestimmte Abrollstrecke auf, deren Länge im Wesentlichen von den Reifenparametern Masse, Dämpfung, Reibung im Latsch und den Betriebszuständen abhängt.

Die entsprechende Kenngröße ist die Relaxations- oder Einlauflänge; sie ist definiert als die Wegstrecke, bei der die Seitenkraft $F_y = F_{y0} \cdot (1 - 1/\mathrm{e})$ erreicht (Abb. 7.89). Für Pkw-Reifen liegen typische Einlauflängen zwischen 0,2 und 0,7 m.

Die Einlauflänge l kann auch über

$$l = C_\alpha / C_y$$

mit der Schräglaufsteife C_α und der Quersteifigkeit C_y abgeschätzt werden.

Wird z. B. an einem freirollenden Rad der Schräglaufwinkel schnell genug verstellt, folgen Seitenkraft und Rückstellmoment wegverzögert. Die eindeutige Zuordnung von Schräglaufwinkel, Seitenkraft und Rückstellmoment geht mit wachsender Lenkfrequenz verloren. Zusätzliche Radlastschwankungen im niederfrequenten Bereich führen zu weiteren dynamischen Einlaufvorgängen. So können bei Kurvenfahrt durch langwellige Straßenunebenheiten über den Reifen Kräfte und Momente in die Lenkung eingeleitet werden, die vom Fahrer kompensiert werden müssen.

Die ganze Komplexität des Reifenverhaltens kann dann nicht mehr mit einfachen Gleichungen sondern nur noch mit dynamischen Reifenmodellen beschrieben werden.

Grundsätzlich gibt es Einlauflängen für alle Kraftrichtungen. Bei periodischen Änderungen der Betriebsbedingungen ergibt sich ein Phasengang. Dazu kommt die dynamische Antwort des schwingungsfähigen Systems im Zeitbereich.

In Abb. 7.90 ist die Umfangskraft-Bremsschlupfkennlinie für zwei Geschwindigkeiten dargestellt. Beim Aufbringen eines Bremsimpulses nimmt zunächst der Schlupf zu, bevor die Kraft aufgebaut wird. Es bildet sich eine Reihe von

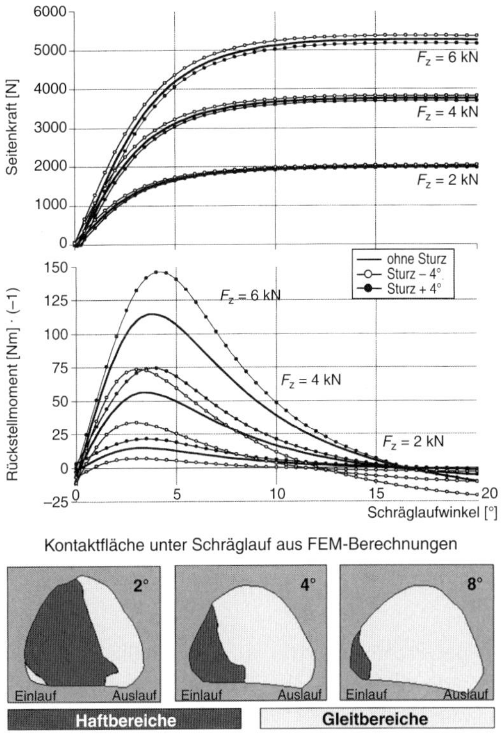

Abb. 7.87 Seitenkraft und Rückstellmoment über Schräglaufwinkel für einen typischen Pkw-Reifen bei unterschiedlichen Radlasten mit zugehörigen Kontaktbereichen bei 2°, 4° und 8° Schräglaufwinkel

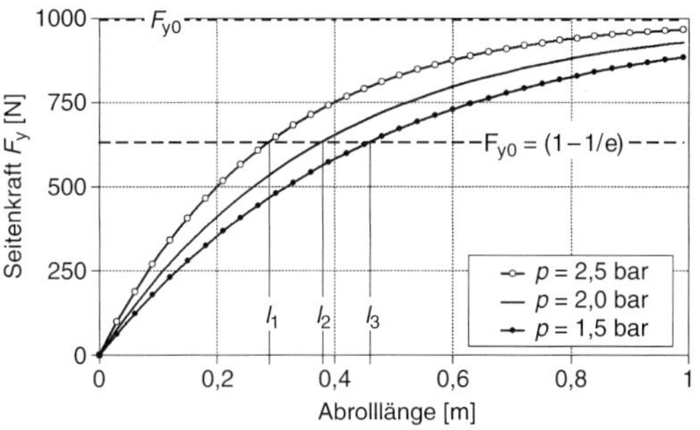

Abb. 7.89 Aufbau der Seitenkraft mit zugehörigen Einlauflängen l_x in Abhängigkeit vom Luftdruck p bei einer Schräglaufwinkeländerung von 0° auf 1°

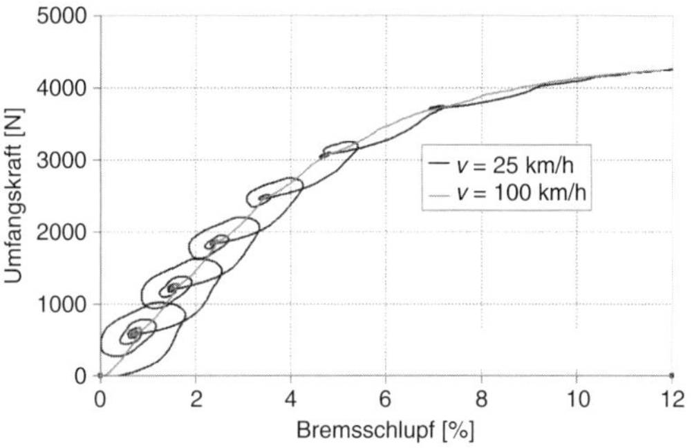

Abb. 7.90 Dynamische Reifenantwort auf eine stufenweise Erhöhung der Bremskraft

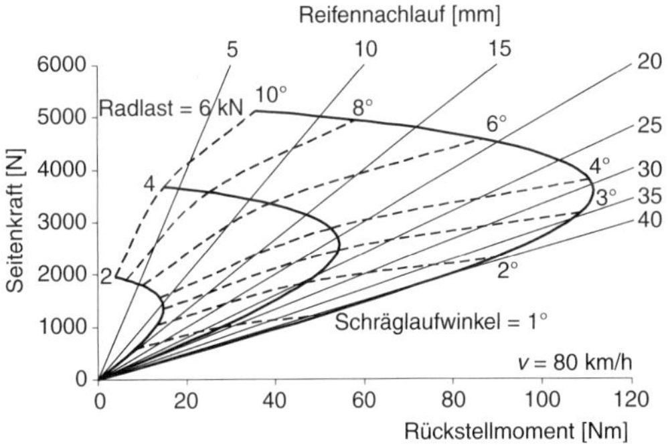

Abb. 7.88 Gough-Diagramm für einen typischen Pkw-Reifen

Konvergenzpunkten, die den stationären Kurvenverlauf kennzeichnet. In diesem Falle wird das Antwortverhalten des Reifens auf die Änderung des Bremsmoments bestimmt von der Reifendynamik und der Einlauflänge in Umfangsrichtung.

7.3.4.5 Reifen unter Quer- und Längsschlupf

Hier ist neben der Frage des Kraftschlusses insbesondere auch die Reifencharakteristik für die Beherrschbarkeit eines Fahrzeuges im Grenzbereich interessant. Sportlich geübte Fahrer nutzen einen höheren, schmalen Grenzbereich für höhere Kurvengeschwindigkeiten, für den Normalfahrer ist ein breiter Grenzbereich – in den er ungeübt nur selten in Grenzsituationen kommt – eine Chance.

Zunächst soll Abb. 7.91 die Geschwindigkeits- und Schlupfverhältnisse am rollenden Rad unter Schräglauf verdeutlichen.

Der Reifen kann sein maximales Kraftschlusspotenzial jeweils nur in einer Richtung anbieten (Abb. 7.92).

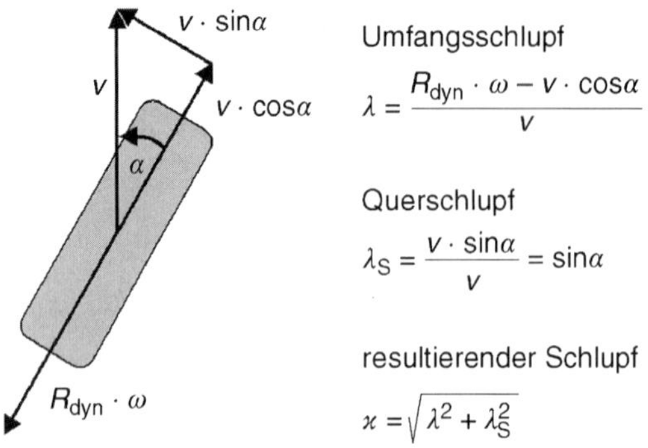

Abb. 7.91 Geschwindigkeits- und Schlupfverhältnisse am rollenden Rad unter Schräglauf (R_{dyn} = dynamischer Reifenradius, ω = Raddrehzahl, α = Schräglaufwinkel und v = Fahrzeuggeschwindigkeit)

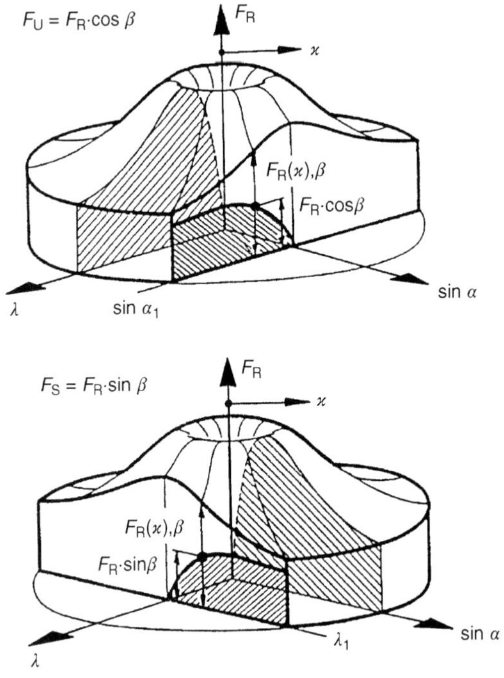

Abb. 7.92 »Reibungskuchen« nach Prof. Weber als eine allgemeine Darstellung für die resultierenden Führungskräfte am Reifen (F_U = Umfangskraft, F_S = Seitenkraft, F_R = Reibkraft, χ = resultierender Schlupf, α = Schräglaufwinkel, α_1 = beliebiger Schräglaufwinkel $\neq 0$, λ = Längsschlupf, λ_1 = beliebiger Längsschlupf $\neq 0$, β = Winkel der Richtung der Reibkraft im Kamm'schen Kreis)

Da die Kraftschlussmaxima in Umfangsrichtung und Querrichtung bis zu einem bestimmten Gra-

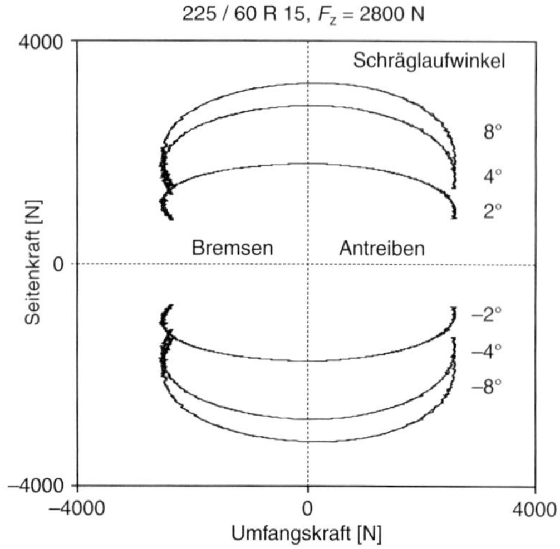

Abb. 7.93 Kraftschlusspotenzial bei kombinierter Reibkraft durch Seiten- und Umfangskraft

de unterschiedlich sind, wird der verallgemeinernd angesetzte (Kamm'sche) Kraftschlusskreis zu einer Ellipse.

Für verschiedene Schräglaufwinkel ist das Verhältnis zwischen Seiten- und Umfangskraft in Abb. 7.93 dargestellt.

7.3.4.6 Reifengleichförmigkeit

Strukturseitenkraft und Konizität Reifen laufen ohne Führung durch die Radaufhängung aufgrund ihres Schichtaufbaus der Festigkeitsträger nicht geradeaus. Jeder Reifen besitzt konstante Seitenkräfte, die ein Abweichen von der idealen Gerade bewirken. Diese Kräfte setzen sich zusammen aus der drehrichtungsabhängigen Strukturseitenkraft F_{SS} und der drehrichtungsunabhängigen Konizität F_K.

Die Strukturseitenkraft ergibt sich aus der inneren Struktur des Reifens, die Konizitätskraft aus der Reifengeometrie.

Durch Wenden eines oder mehrerer Reifen auf der Felge lassen sich in der Praxis Reklamationen wegen »einseitigen Ziehens« vielfach beseitigen (Abb. 7.94).

Reifenrundlauf Eine Reifenungleichförmigkeit beschreibt die Abweichung des Reifens von einem idealen Rotationskörper. Die geometrischen Abweichungen werden durch Höhen- und Seiten-

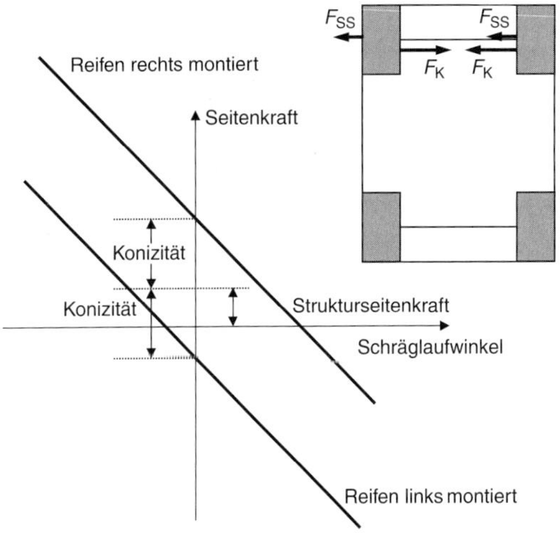

Abb. 7.94 Einfluss der Drehrichtung auf die resultierenden Kräfte von Strukturseitenkraft F_{SS} und Konizität F_K

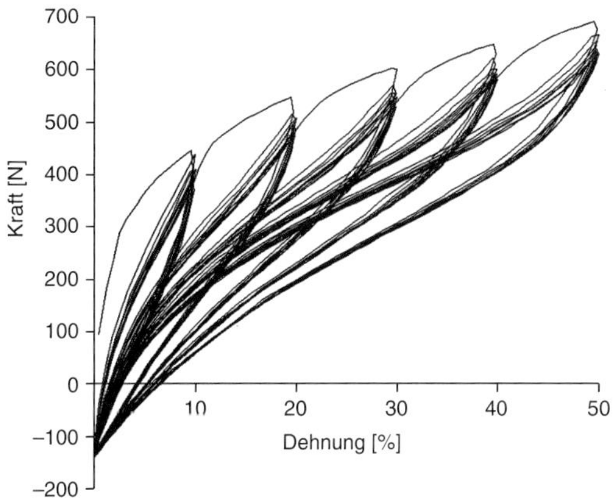

Abb. 7.95 Experimentelle Untersuchung des Dehnungsverhaltens einer rußgefüllten Gummiprobe bei zyklischer Belastung über 5 Laststufen

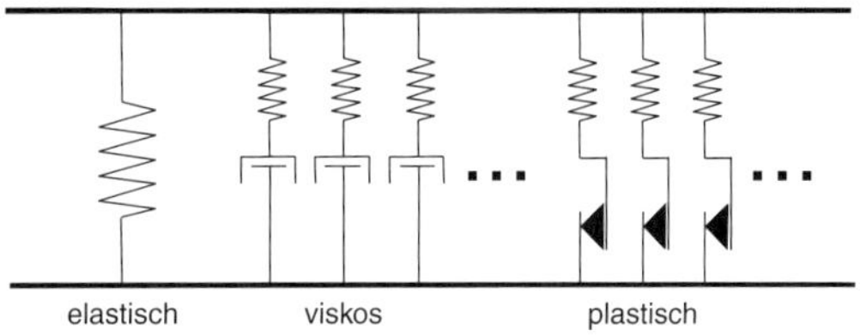

Abb. 7.96 Ersatzmodell für Gummiverhalten

schläge dargestellt. Wichtiger sind die Kraftschwankungen des eingefedert rollenden Rades in radialer, lateraler und tangentialer Richtung. Sie stellen die Summenwirkung aus der Variation von Geometrie und Steifigkeit über dem Umfang dar. Im Allgemeinen werden für diese Größen Grenzwerte festgelegt, die nicht überschritten werden dürfen, damit im Fahrzeug diese Störungen nicht spürbar werden.

7.3.5 Reifen als integraler Baustein des Gesamtsystems Fahrzeug

Die Reifenentwicklung wird zunehmend innerhalb des Gesamtsystems Fahrzeug bzw. von Subsystemen unter Einsatz von Simulationswerkzeugen durchgeführt. Ziel ist es, den virtuellen Reifen am virtuellen Fahrzeug im Entwicklungsstadium so zu optimieren, dass nur noch Versuchsmuster mit hoher Erfolgswahrscheinlichkeit auf schnellerem Wege zu einem besseren Verhalten des Fahrzeugs führen. In enger Entwicklungspartnerschaft gibt es in zunehmendem Maße gemeinsame Projekte zwischen Reifen- und Fahrzeugindustrie, in denen im Vorfeld Reifen- und Fahrzeugkonzepte abgestimmt werden.

7.3.5.1 Reifenmechanik, Materialeigenschaften

Die mathematische Beschreibung des Verhaltens von Gummi ist wegen des stark nichtlinearen und über der Zeit veränderlichen Verhaltens anspruchsvoll. Abbildung 7.95 zeigt einen Zugversuch bei dem in 5 Stufen die Dehnung um jeweils 10 % erhöht wurde. In den jeweiligen Stufen wurde die Dehnung 10-mal hoch- und heruntergefahren. Der erste Zyklus einer Laststufe zeigt immer die höchsten Kraftwerte, die dann während der nächsten Zyklen immer weiter abnehmen, bis ein stationärer Zustand erreicht ist.

Dieses Materialverhalten modellmäßig abzubilden erfordert einen hohen Aufwand für die Simulation. Die Nachbildung kann z. B. durch eine Anordnung von Federn, Dämpfern und Reibelementen erfolgen, die für verschiedene Dehngeschwindigkeiten das elastische, viskose und plastische Gummiverhalten beschreiben (Abb. 7.96).

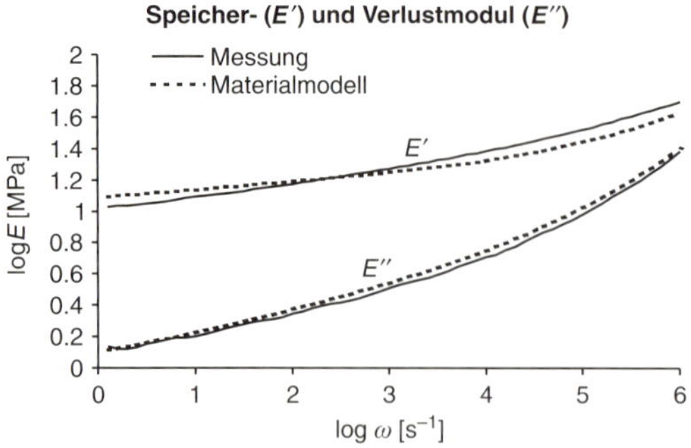

Abb. 7.97 Anpassung des Materialgesetzes an die Messwerte über einen Frequenzbereich von 5 Dekaden

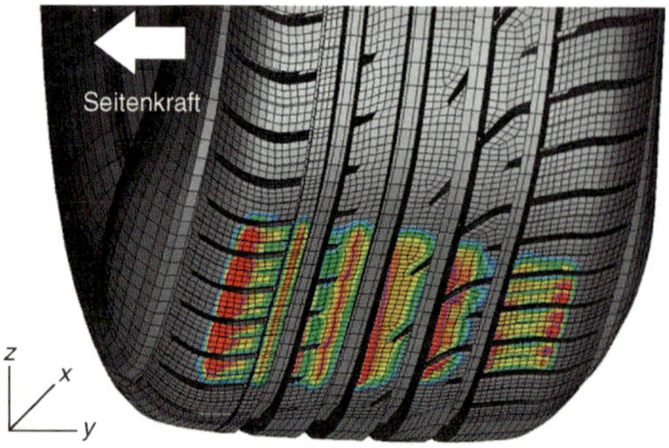

Abb. 7.98 Anpassung der Materialgesetze an die Materialhysterese im stationären Zustand bei unterschiedlichen Dehnamplituden

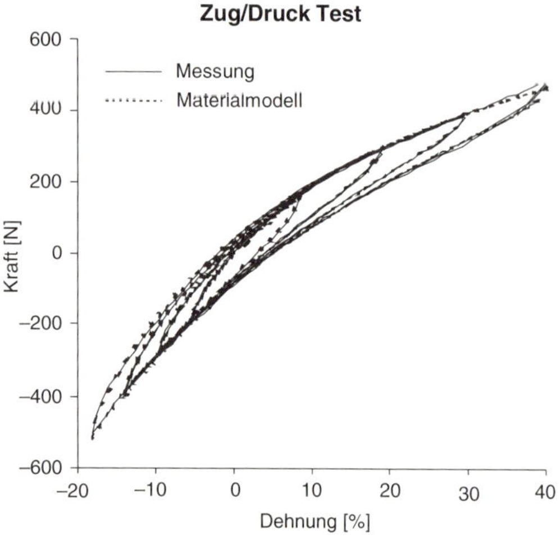

Abb. 7.99 Reifenberechnung mit der Finiten Elemente Methode (FEM) für einen stationär rollenden Reifen unter Schräglauf/Seitenkraft mit berechnetem Kontaktdruck

Die einzelnen Anteile können physikalisch erklärt werden:

Das elastische Verhalten beschreibt allgemein das Gummiverhalten. Es wird durch eine meist nichtlineare Feder beschrieben, die sowohl die Nichtlinearität der Spannungs-Dehnungs-Kurve als auch die Inkompressibilität berücksichtigt.

Der viskose Anteil kommt aus der geschwindigkeits- d. h. damit auch frequenzabhängigen Steifigkeit des Gummimaterials und beschreibt über das Temperatur-Frequenz-Äquivalent auch das Temperaturverhalten. Je höher die Frequenz oder je tiefer die Temperatur desto härter reagiert Gummi auf eine äußere Belastung.

Die Anpassung des Speicher- (E') und Verlustmoduls (E'') über einen Frequenzbereich von ca. 5 Dekaden (Abb. 7.97) ist mit 10 Maxwell-Elementen bestehend aus je einer Feder und einem Dämpfer möglich.

Mit dem plastischen Anteil kann der inneren Materialstruktur Rechnung getragen werden. Eine Hypothese besagt, dass unter Deformation die Polymerketten auf den Füllstoffoberflächen gleiten, wodurch eine Reibungshysterese hervorgerufen wird. Sichtbar wird dieses Verhalten in Abb. 7.98 dadurch, dass die Kraft auch bei niedrigen Dehngeschwindigkeiten bei Dehnungszunahme (Belastung) größer ist als bei Dehnungsabnahme (Entlastung).

Die Anpassung erfolgt über die Prandtl-Elemente (Feder und Reibelemente), die den plastischen Materialanteil beschreiben (Abb. 7.96). Sowohl die Kurvenform als auch die typische Gummihysterese für gefüllte Netzwerke werden richtig wiedergegeben.

Das Einbringen der komplexen Gummibeschreibung in Form von Materialgesetzen in die Reifenberechnung ermöglicht eine Vielfalt an Vorhersagen von Reifeneigenschaften. Ein Beispiel ist die Reifenverformung unter Schräglauf im stationär rollenden Zustand mit Informationen über die Kraft- und Reibverhältnisse in der Bodenaufstandsfläche zur Optimierung von Kraftschluss unter Seitenkraft bei Antreiben und Bremsen (Abb. 7.99).

Dabei müssen den Reibverhältnissen in dem Kontaktbereich Reifen-Fahrbahn besondere Auf-

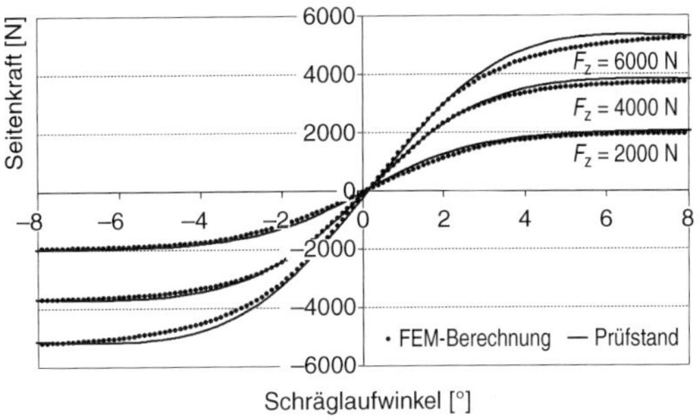

Abb. 7.100 Vergleich von Prüfstandswerten mit FEM berechneten Seitenkraft-Schräglaufkennlinien für einen Standard-Pkw-Reifen bei drei Radlasten

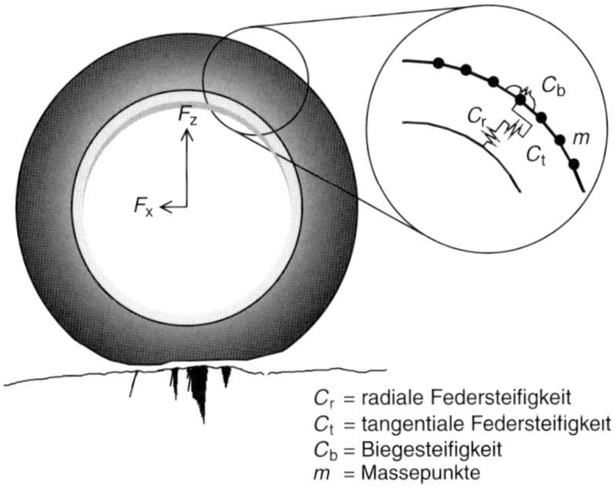

Abb. 7.101 Einfaches MKS-Reifenmodell (FTire) zur Fahrt über eine raue Straßenoberfläche; Darstellung der Achs- und Kontaktkräfte nach Größe und Richtung

merksamkeit geschenkt werden. Die Kraftübertragung ist im Wesentlichen abhängig von dem lokalen Anpressdruck, der Gleitgeschwindigkeit der Profilklötze und der Temperatur in der Kontaktzone.

Diese Werte müssen durch separate Tests von Materialproben mit der Fahrbahnoberfläche ermittelt werden. Das kann im Labor oder mit mobilen Prüfeinrichtungen auf der Teststrecke durchgeführt werden. Die in Abb. 7.82 gezeigte Abhängigkeit des Reibkoeffizienten μ vom Kontaktdruck und der Schlupfgeschwindigkeit muss für eine erfolgreiche Berechnung berücksichtigt werden.

Um einen hohen Kraftschluss zu erhalten, sollte bei Optimierungsrechnungen angestrebt werden, den Kontaktdruck möglichst niedrig und die Druckverteilung in der Bodenaufstandsfläche möglichst homogen d. h. ohne Kontaktspitzen zu halten.

Unter Berücksichtigung dieser Kontaktphänomene lassen sich mit FEM-Analysen stationäre Kennlinien für Seitenkraft, Rückstellmoment und Umfangskraft schon recht genau berechnen. Einen Vergleich von gemessenen zu berechneten Seitenkraft-Schräglaufkennlinien zeigt Abb. 7.100.

Weitere Anwendung findet die FEM bei der Vorhersage von Haltbarkeit, Rollwiderstand, Temperaturverteilung, Abrieb, Aquaplaning, usw.

7.3.5.2 Reifenmodelle

Reifenmodelle dienen dazu, Reifeneigenschaften qualitativ oder quantitativ darzustellen und vorherzusagen. Sie können je nach Anforderung unterschiedliche Komplexität besitzen, beginnend bei einfachen mathematischen bis hin zu detaillierten dynamischen FEM-Modellen.

Als Beispiel für ein einfaches MKS-Reifenmodell (MKS = Mehrkörpersystem), bestehend aus Federn, Massen und Dämpfern, kann das Modell aus Abb. 7.101 angesehen werden. Sichtbar sind die Felge und das deformierte Gürtelband sowie die Kräfte an der Achse und in der Reifenaufstandsfläche.

Die zur Berechnung notwendigen Reifenparameter können über spezielle Messungen oder Berechnungen aus komplexeren Reifenmodellen (z. B. FEM) bestimmt werden. Das Modell ist damit in der Lage, eine unebene Straße zu überfahren und die entstehenden Kräfte an die Achse und damit ein angekoppeltes Fahrzeugmodell weiterzugeben. Der Bodenkontakt wird über sog. Bürsten (nicht dargestellt) abgetastet und die entstehenden Kontaktkräfte berechnet.

7.3.5.3 Gesamtmodelle

Ein Austausch der Modelle zwischen Reifen-Fahrzeugindustrie am Beispiel Continental verbreitert die Fahrzeugkompetenz durch Ausweiten der automotiven Produktpalette.

Zur Simulation des komplexen Zusammenspiels von Fahrzeugkomponenten und Reifen kommen bevorzugt Mehrkörpersysteme zum Einsatz (Abb. 7.102).

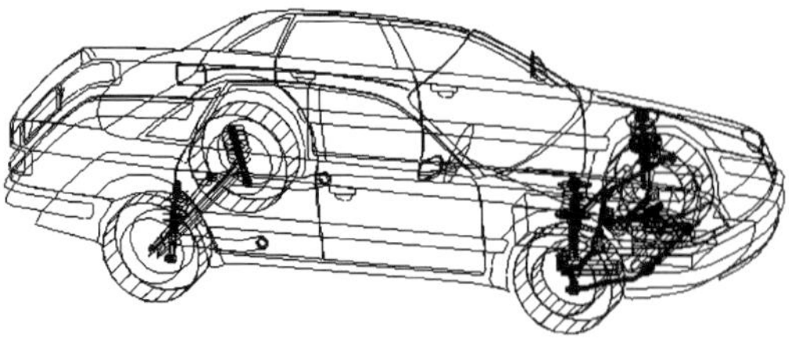

Abb. 7.102 Komplexes Fahrzeugmodell für die Fahrdynamiksimulation

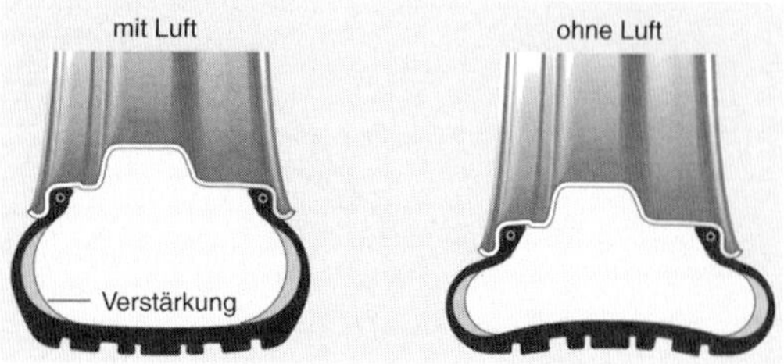

Abb. 7.103 Reifen mit selbsttragender Karkasse

Reifenmodelle für die Horizontaldynamik, die mit den Fahrzeugmodellen gekoppelt werden, geben in der Simulation auf ebenen Fahrbahnen und konstanten Reibwert das Reifenverhalten mit hoher Genauigkeit wieder. Um Aussagen auch zur Längs- und Vertikaldynamik machen zu können, werden zukünftig auch komplexe Reifenmodelle zum Einsatz kommen, die die Reifenkräfte und -momente auch auf unebenen Fahrbahnen mit wechselnden μ-Werten liefern.

7.3.5.4 Beschreibung des Fahrverhaltens

Die »letzte Instanz« bei der Beurteilung von Komfort und Fahrverhalten ist der Fahrer. Das Verstehen der Physik, die das subjektive Fahrerurteil begründet, ist Voraussetzung für eine gezielte Entwicklung vor allem auf der Basis von Simulationsrechnungen. Der Reifenentwickler wird in die Lage versetzt, die Wirkung konstruktiver und materialtechnischer Maßnahmen auf das Verhalten des Systems Fahrzeug objektiv zu bewerten.

7.3.5.5 Synergien zwischen Reifen und anderen Systemkomponenten

Die Kenntnis der Wechselwirkung zwischen Reifen und anderen Komponenten führt zu Synergien für Eigenschaften und Kosten sowohl im Hinblick auf das System als auch für die Komponenten wie den Reifen.

Als Beispiel kann die Abstimmung von Reifen auf das ABS/ESP-Bremssystem und umgekehrt zur Erreichung möglichst kurzer Bremswege angeführt werden. Sind am Fahrzeug zusätzlich noch geregelte Dämpfer vorhanden, so lassen sich diese ebenfalls mit in eine Abstimmung einbeziehen.

7.3.5.6 Reifensysteme mit Notlaufeigenschaften

Die Forderung nach Reifen mit Notlaufeigenschaften werden in zunehmendem Maße von der Automobilindustrie gefordert. Diese leitet sich ab aus dem Anspruch der Verbraucher nach mehr Sicherheit und Komfort sowie dem Wunsch der Fahrzeughersteller, auf das Reserverad zukünftig zu verzichten. Es gibt mehrere unterschiedliche Systemansätze.

Zu heutigen Rad-Reifensystemen kompatible Systeme sind die selbsttragende Karkasse sowie im Rad integrierte Stützringe.

Bei der selbsttragenden Karkasse (Abb. 7.103) werden die Reifenflanken so verstärkt, dass im Falle eines Luftverlustes die Reifenstruktur die Trageigenschaften übernehmen kann. Die Reifenkonstruktion erfordert dafür spezielle Gummimischungen und Verstärkungen, die trotz der hohen Deformation in der Seitenwand nicht überhitzen und damit unnötig hohen Rollwiderstand erzeugen sowie noch akzeptablen Abrollkomfort liefern.

Bei moderaten Fahrgeschwindigkeiten lassen sich im Pannenlauf durchaus Distanzen bis zu 100 km und mehr zurücklegen. Dem Fahrer wird damit der Reifenwechsel in einer gefahrlosen Umgebung oder einer Werkstatt ermöglicht.

Zur Abdichtung von Leckagen durch eingedrungene Fremdkörper im Laufflächenbereich werden Reifen auch in Europa mittlerweile mit einer gelartigen, hoch klebrigen und zähen Beschichtung auf der Innenseite angeboten. Diese Gelschicht kann kleinere Fremdkörper wie Nägel umschließen und das Leck abdichten (Abb. 7.104). Es entstehen dabei meist nur geringe Luftverluste. Sol-

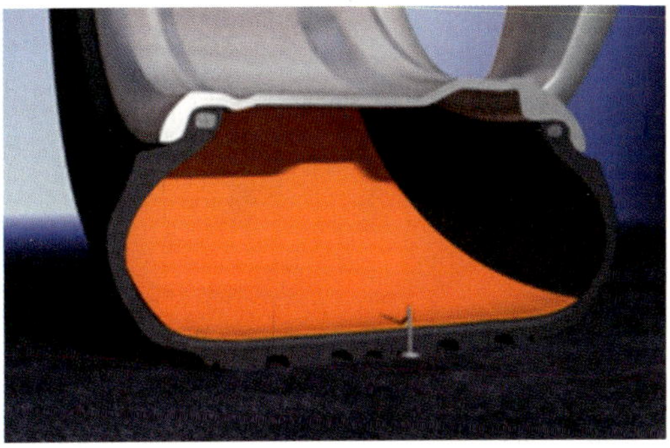

Abb. 7.104 Prinzipwirkung eines selbstdichtenden Materials gegen Luftverlust bei eingedrungenem Fremdkörper durch die Lauffläche

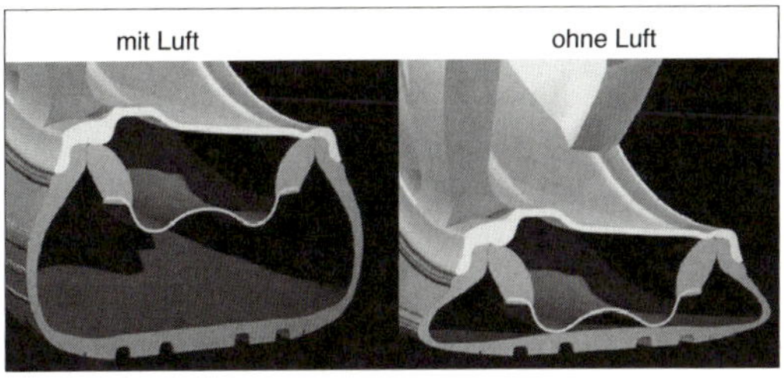

Abb. 7.105 Metallring mit Gummilagerung im Standardreifen als Stützelement beim Pannenlauf

che Reifen sollten regelmäßig auf eingedrungene Fremdkörper kontrolliert werden.

Im Rad integrierte Stützelemente können auf herkömmlichen Felgen zusammen mit herkömmlichen Reifen montiert werden. Im Pannenfall rollt der Reifen auf dem Stützelement ab. Dieses verhindert auch das Abrutschen der Reifenwülste ins Tiefbett. Eine Ausführungsform zeigt Abb. 7.105: Das Tragelement besteht aus einem profilierten Metallring mit Gummifüßen. Im Pannenfall erfolgt eine Schmierung der Kontaktfläche zum Reifen, da hier große Relativbewegungen auftreten.

Neueste Entwicklungsansätze gehen in Richtung Reifen ohne Innendruck, bei denen die ganze Traglast von der Reifenstruktur getragen wird.

Der im Falle eines Luftverlustes meist noch gute Fahrkomfort und für den Normalfahrer auch häufig nicht wahrgenommene Verlust an Handling, machen die Kopplung mit einem Warnsystem notwendig. Im Falle eines Druckverlustes sollte der Fahrer optisch oder akustisch gewarnt werden.

7.3.6 Zukünftige Reifentechnologien

Der etwa 100 Jahre alte Reifen – jünger als das Automobil – hat erhebliches Potenzial für die Zukunft. Der unter ► Abschn. 7.3.5. beschriebene Weg wird zu neuen Technologieansätzen führen.

Bei den klassischen Gebrauchseigenschaften werden besonders der Rollwiderstand, die Fahrsicherheit und der Fahrkomfort im Vordergrund stehen. Für das neue Fahrzeugsegment der Elektrofahrzeuge wird es neue Reifen und Reifengrößen geben, die einen besonders niedrigen Rollwiderstand aufweisen und damit die Reichweite dieser Fahrzeuge erhöhen. Es deutet sich eine Entwicklungsrichtung zu größeren Außen- und Felgendurchmessern an.

Zunehmend gefordert wird eine ausreichende Pannenlauffähigkeit bei Luftverlust.

7.3.6.1 Reifenbezogene Zusatzprodukte

Reifenbezogene Zusatzprodukte können z. B. zur Geräuschdämpfung durch Absorber und Resonatoren im Reifen und im Radhaus Eingang finden. Die Auslegung der Reifen erfolgt so, dass die Schallabstrahlung in die Richtung dämpfender Radhausauskleidungen gelenkt wird.

7.3.6.2 Reifendruckkontrolle

Ein weiteres Zusatzprodukt ist die Luftdrucküberwachung während der Fahrt. Die Luftdruckkontrolle von Reifen ist in den USA für Neufahrzeuge bereits gesetzlich vorgeschrieben. Anlass waren viele Unfälle, die aufgrund von Minderluftdruck aufgetreten sind.

Auf dem Markt verfügbar sind zwei unterschiedliche Messprinzipien: Die direkt messenden und die indirekt messenden Systeme.

Bei den direkt messenden Geräten wird über ein im Innenraum des Reifens an der Felge oder am Reifen selber angebrachtes Sensormodul der Luftdruck und die Reifeninnenraumtemperatur gemessen. Per Funk werden die Informationen von allen Rädern an einen Empfänger im Fahrzeug übermittelt. Die heutigen Geräte benötigen eine Batterie; in der Entwicklung sind aber bereits Geräte, die die Energie von außen über elektromagnetische Felder einspeisen oder die die Energie aus der Rollbewegung des Reifens generieren.

Die indirekt messenden Systeme nutzen die Tatsache aus, dass Reifen bei unterschiedlichen Luftdrücken einen unterschiedlichen Abrollumfang haben. Die Raddrehzahl kann leicht über die ABS-Sensoren bestimmt werden. Diese Systeme benötigen keine zusätzlichen Sensoren und können zusammen mit einem ABS-System relativ preiswert realisiert werden. In der Weiterentwicklung wird mit der Auswertung luftdruckabhängiger Schwingungen im ABS Signal eine erhöhte Genauigkeit erzielt.

Die Genauigkeit der aufwändigeren, direkt messenden Systeme wird von den indirekt messenden Systemen nicht erreicht. Beide Systeme geben dem Fahrer eine Warnung bei Luftverlust und sind bereits mit stark zunehmender Durchdringung im Markt. Mit der Überwachung des Reifendruckes im Fahrzeug wird die Anzahl von Pannenfällen durch Früherkennung entscheidend reduziert und damit ein wesentlicher Schritt zu mehr Sicherheit vollzogen.

Bei Fahrzeugen mit Reifendruckregelung wird die Kontrolle vom Regelsystem übernommen.

7.3.6.3 Auf Reifen abgestimmte Komponenten im Fahrwerk

Für eine Abstimmung zwischen Reifen und Fahrwerkskomponenten bietet sich z. B. das Federbeinkopflager an, so dass die reifenspezifischen Anregungen im Geräusch- und Vibrationsbereich von der Einleitung in das Chassis abgekoppelt werden. Gleiches gilt auch für andere Fahrwerkslager.

Es zeichnet sich ab, dass zukünftig auch adaptive Fahrwerklager zum Einsatz kommen, die situative Verstellmöglichkeiten bieten und speziell auf die Reifenbedürfnisse angepasst sind.

Als weiterer Trend wird die Optimierung von Reifen und Fahrwerk auf bestimmte Betriebszustände wie zum Beispiel Kurvenfahrt oder Bremsen an Bedeutung zunehmen. Für den Reifen kann das bedeuten, dass die Vergleichmäßigung der Kontaktkraft in der Reifenaufstandsfläche unter unterschiedlichen Einsatzbedingungen eine bessere Ausnutzung des Kraftschlusspotenzials zur Folge hat. Erste Veröffentlichungen haben das bestehende Optimierungspotenzial bereits aufgezeigt.

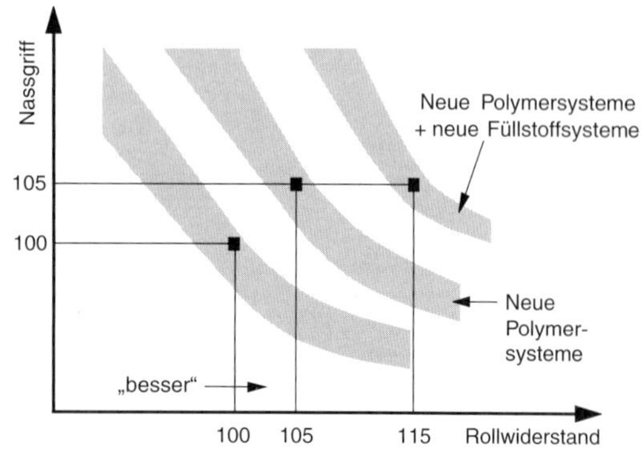

Abb. 7.106 Potenzial neuer Mischungskonzepte zur Minderung der Kompromisslage Nassgriff zu Rollwiderstand (Rollwiderstand > 100 % bedeutet geringere Energiedissipation, daher »besser«)

7.3.6.4 Materialentwicklung

Die Anhebung der Kompromisslage zwischen Kraftschlusserhöhung und Rollwiderstandsreduzierung steht seit jeher im besonderen Blickpunkt der Materialentwicklung. Mit der Einführung der Silikatechnologie ist bereits ein bedeutender Schritt zur Überwindung der Kompromisslage gelungen (Abb. 7.106).

Darüber hinaus zeichnet sich ab, dass der Gummi selbst noch ein Entwicklungspotenzial in Richtung eines adaptiven Werkstoffes besitzt. Als Beispiel dafür sind sogenannte »partiell thermoreversible Kautschuknetzwerke« zu nennen. Zusätzliche, chemisch maßgeschneiderte, thermoreversible Vernetzungsdomänen auf Basis supramolekularer Strukturen werden in das konventionelle Polymernetzwerk so integriert, dass sich die viskoelastischen Eigenschaften einer Reifenlauffläche den Einsatzbedingungen hinsichtlich Temperatur, Frequenz und Verformung anpassen können.

Die Entwicklung des Verständnisses bruchmechanischer Vorgänge auf molekularem Niveau und die Erarbeitung darauf aufbauender Konzepte zur Vorhersage der Lebensdauer von Gummiwerkstoffen sind eine weitere Herausforderung an die Materialforschung am Reifen.

7.3.6.5 Reifen mit erweiterten Funktionen

In seiner Funktion zuverlässig Kräfte und Momente im Kontakt zur Fahrbahn zu übertragen und somit Fahrstabilität sowie Fahrkomfort zu gewährleisten, ist der Reifen die Systemkomponente, die alles »erfährt«, was sich zwischen Fahrzeug und Straße – sozusagen direkt vor Ort – abspielt.

Unter der Überschrift »intelligenter Reifen« werden verschiedene Ansätze verfolgt, die Funktionen von Reifen, insbesondere auch mit geeigneter Sensorik, zu erweitern. Entwicklungsziel ist ein Reifen, der als integrale Komponente des Fahrwerks möglichst viele Informationen an Fahrer und Fahrzeug liefert.

Der Reifen wird über seine derzeitige Funktion hinaus zum Datenträger und Datengeber zur Erfassung und Bereitstellung von Informationen über

- seine *Identität* und seine *Eigenschaften* (z. B. Herstellungsdatum, Sommer- oder Winterreifen),
- seinen *Zustand* (z. B. Reifendruck, Reifentemperatur),
- den *Fahrbahnzustand* (eisig, verschneit, nass, trocken) und
- den *Fahrzustand* (aktuell wirkende Kräfte und Momente).

Diese Daten dienen zur direkten Information des Fahrers und als Eingangsgrößen für elektronische Sicherheits- und Komfortsysteme.

Von Seiten der Automobilindustrie wird heute schon die Einbringung von Elektronik in den Reifen zur eindeutigen Identifizierung von Reifen und zur automatischen Dokumentation der Zuordnung zum Fahrzeug gefordert.

Dies soll über RFID-Transponder (RF = Radio Frequency) geschehen, die zum Lesen und Schreiben mit einer externen Antenne angefunkt werden. Jeder Transponder besitzt eine Identifikationsnummer und kann mit zusätzlichem Speicherplatz für eine Speicherung von Daten ausgestattet sein. Die vom Reifenhersteller abgelegten Daten wie DOT-Nummer, Reifengröße, Seriennummer, Profilvariante, Lastindex aber auch Messdaten können bei Bedarf ausgelesen und um weitere Informationen ergänzt werden.

Reifen werden zukünftig mit geeigneten Sensorsystemen Luftdruck, Temperatur, Kräfte, Geschwindigkeit und Beschleunigungen detektieren, die, ins Fahrzeug übertragen, als Kontrollsignale für Fahrdynamik-Regelsysteme zur Verfügung stehen. Darüber hinaus werden Ansätze verfolgt, das aktuelle maximale Kraftschlusspotenzial zwischen Reifen und Fahrbahn abzuschätzen.

Ein Wunsch für die Zukunft ist, dass der Reifen nicht nur seinen oder den Zustand der Umgebung detektiert, sondern sich aktiv an die jeweilige Fahrsituation anpasst.

Das kann z. B. heißen: wenn in einer Fahrsituation keine besonderen Anforderungen gestellt werden, rollt der Reifen leise, komfortabel und mit wenig Rollwiderstand. Wenn Seiten- oder Bremskraft gefordert sind, wird der Kraftschluss mit der Straße erhöht und das Profil versteift sich, um ein Kippen der Profilklötze zu verhindern. Bei Aquaplaning vergrößern sich die Profilrillen, um mehr Wasser abführen zu können.

Es gibt die Vision, durch Ein- und Ausschalten von elektromagnetischen Feldern chemische »Schalter« in den Reifenmischungen zu aktivieren oder über magneto- oder elektrorheologische Effekte die Verbindungsstellen im Gummi nach Bedarf knüpfen und lösen zu können, um so die Steifigkeit und den Rollwiderstand gezielt zu verändern.

Auf diesem Gebiet ist noch viel Grundlagenarbeit zu leisten. Daher wird der Reifen als Aktuator wohl noch einige Zeit auf sich warten lassen.

7.3.7 Räder

7.3.7.1 Einführung/Historie

Das Rad zählt zu den bedeutendsten Erfindungen der Menschheit. In der Natur gibt es keine Vorbilder. Es ist aus Rollen oder Walzen entstanden, die zum Transport schwerer Lasten beim Bau der Pyramiden verwendet wurden. Um 4000 v. Chr. kam man auf die Idee, hölzerne Kreisscheiben mit einer Achse zu verbinden. Die Sumerer hatten um 3000 v. Chr. Fahrzeuge, auch mit 4 Rädern, in Gebrauch. Von der Kreisscheibe bis zum Holzspeichenrad mit »Reifen« aus Metall zur Ver-

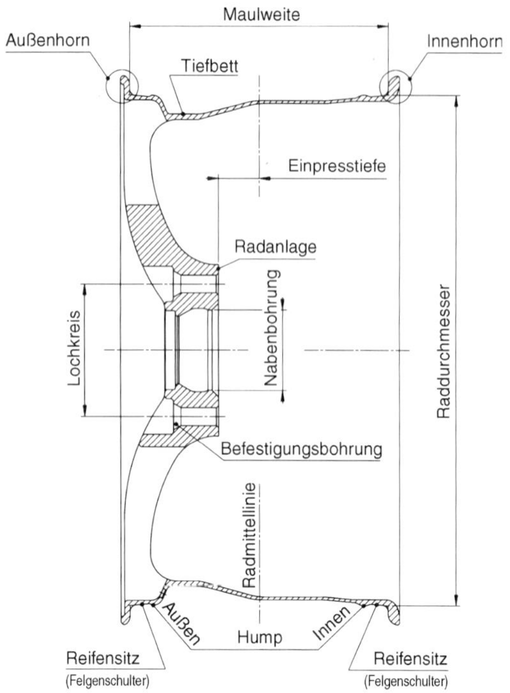

Abb. 7.107 Rad Terminologie

schleißreduzierung, wie etwa 1000 v. Chr. von den Assyrern erstmalig verwendet, vergingen 3000 Jahre. Nahezu weitere 3000 Jahre dauerte es, bis mit der industriellen Revolution weitere Bauweisen aufkamen, die teilweise bis heute Bestand haben (Stahlspeichenrad, 1888 Luftreifen, Vollscheibenstahlrad).

Es folgte 1926 das erste Aluminium Gussrad auf einem Bugatti. Heute werden Räder hauptsächlich aus Stahl oder Aluminium gefertigt. Welche Bauweisen letztendlich zum Einsatz kommen, wird vom Belastungsprofil, den fahrdynamischen Anforderungen, der Ästhetik und den Kosten bestimmt. Der Zwang zum Energiesparen und damit auch zur Reduzierung der Luftverschmutzung erfordert konsequenten Leichtbau.

7.3.7.2 Normung/Terminologie

Räder sind durch die Europäische ETRTO – Norm in Bezug auf Größen und Felgenprofile festgelegt. Je nach verwendeten Reifen kommen unterschiedliche Profile zur Anwendung.

Die Schnittstelle zum Fahrzeug (Bremsenfreigängigkeit, Einpresstiefe, Lochkreis, Nabenbohrung) ist sehr individuell und wird vom Fahrzeughersteller vorgegeben. Alle anderen Bereiche (Radschüssel, Felgenaußenseite, teilweise auch Felgenkontur) folgen stilistischen Vorgaben und den Belastungsanforderungen (Abb. 7.107).

7.3.7.3 Wesentliche Herstellverfahren

- Gießen
  - Aluminium und -MagnesiumRad
    - Niederdruck Kokillenguss
    - Schwerkraft Kokillenguss
- Gesenkschmieden (Pressen)
  - Aluminium – und Magnesiumrad
- Blechumformung/Stanzen/Walzen
  - Stahlrad, Aluminium-Bandrad

7.3.7.4 Serieneinsatz (Marktanteile heute und in Zukunft)

Weltweit wurden 2005 für Pkw- und Leicht-Lkw Neufahrzeuge weit mehr als 300 Mio. Räder benötigt. In Deutschland und USA ist dabei der Aluminium-Rad-Anteil bereits über 50 % mit weiter steigender Tendenz. Sonderkonstruktionen, wie mehrteilige Räder und Räder aus exotischen Werkstoffen (Magnesium, Kunststoffe, Verbundwerkstoffe), spielen hierbei eine vernachlässigbare Rolle.

7.3.7.5 Entwicklungs-Methodik

7.3.7.5.1 CAD Konstruktion

3D Geometrie (Abb. 7.108), 2D Zeichnungsableitung, Surface, Solids. Diese Daten werden für die Festigkeitsanalyse, Gieß-/Umformsimulation, Herstellung der Kokille, Schmiedeform, Spannmittel, Prüfpläne und zur Programmierung der Bearbeitungsmaschinen benötigt.

7.3.7.5.2 Finite Elemente Analyse

Mit Hilfe der Finite Elemente Analyse können vielfältige, mehrachsige Lastfälle im Rad simuliert werden. Die FE-Lastmodelle der üblichen Prüfstände (Umlaufbiegung – Abb. 7.109 und Abrollen – Abb. 7.110) ermöglichen relativ genaue Vorhersagen zur Versagenswahrscheinlichkeit, vorausgesetzt der Hersteller verfügt über eine umfangreiche Ergebnisdatenbank und daraus abgeleitete

Abb. 7.108 3D Modell

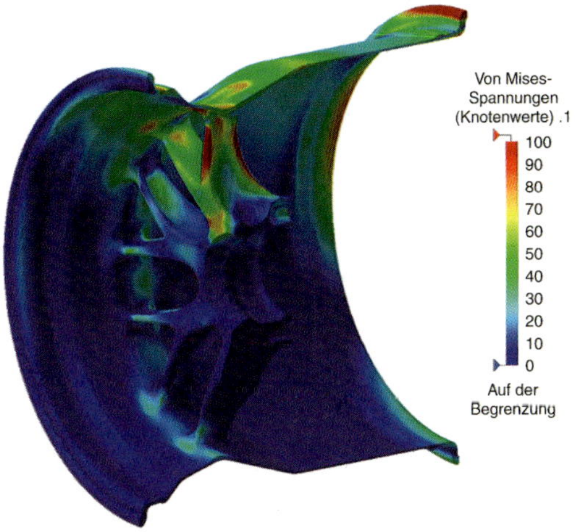

Abb. 7.110 FE-Analyse (Steifigkeitsmodell, Hoch- und Seitenkraft)

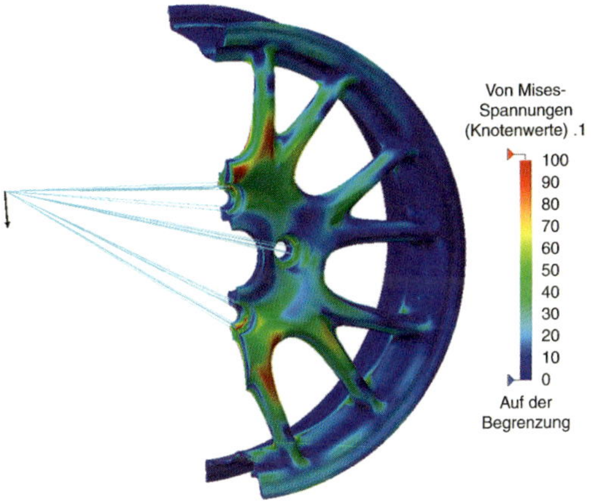

Abb. 7.109 FE-Analyse (Umlaufbiegemodell)

Bauteilermüdungskurven zum jeweils verwendeten Material und Herstellverfahren. Daraus lassen sich die maximal zulässigen Vergleichs-Spannungen ermitteln. Die Zwarp-Prüfung (zweiaxiale Abrollprüfung) und auch die Impact-Prüfungen werden noch mit empirischen Methoden mit Hilfe von statischen Ersatzmodellen simuliert, da nicht-lineare Berechnungsmethoden bisher wegen des hohen Aufwands nicht gerechtfertigt waren.

7.3.7.5.3 Prüfstandserprobung

Die Prüflasten und Anforderungen ergeben sich aus:

- Fahrzeuggewicht
- Reifen (dynamischer Abrolldurchmesser, laterale Haftreibungszahl μ)
- Prüfkriterien (Fahrzeughersteller, TÜV)
- Oberflächenanforderung
- Thermische Belastung

Daraus ergeben sich für die FE Analyse die entsprechenden Randbedingungen wie:

- Radlast
- Seitenkraft
- Stoßfaktoren → Bodenwellen, Schlaglöcher, Schwellen, Bordsteine
- Antriebs- und Bremsmomente
- Materialeigenschaften

Verschiedene, standardisierte Prüfungen helfen die Dauerfestigkeit und Crashsicherheit nachzuweisen.

- Umlaufbiegeprüfung
  Bei Kurvenfahrt wird das kurvenäußere Rad durch Seitenkraft und erhöhte Radiallast belastet. Diese Kräfte erzeugen im Rad zwei Biegemomente deren Werte durch den dynamischen Halbmesser (r_{dyn}) und die Einpresstiefe (e od. ET) als Hebelarme bestimmt werden. Für die Umlaufbiegeprüfung wird als Prüflast die zweifache max. Radlast angesetzt (Abheben kurveninneres Rad, Abb. 7.111). Das so ermittelte Biegemoment wird dann zum Nachweis der Dauerfestigkeit bei der Umlaufbiegeprüfung (Abb. 7.112) erzeugt, wobei

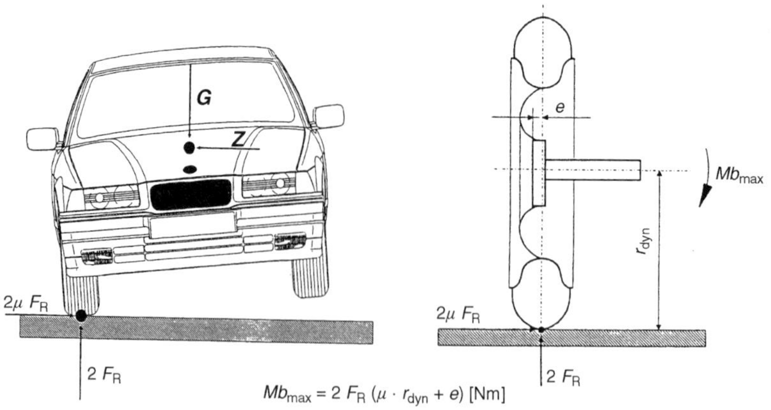

Abb. 7.112 Umlaufbiegeprüfung (schematisch)

Tabelle 7.7 Entwicklungsziele

Entwicklungsziele	Einfluss auf
Geringes Gewicht, geringes Massenträgheitsmoment	Fahrdynamik, Kraftstoffverbrauch
Stabilität, Steifigkeit	Fahrdynamik, Lebensdauer, Deformationen
Dauerfestigkeit, Duktilität	Sicherheit, Lebensdauer
Korrosionsschutz	Werterhalt, Optik, Sicherheit
Ästhetik	Marketing, Verkaufsargument
Gute Bremsenkühlung	Sicherheit

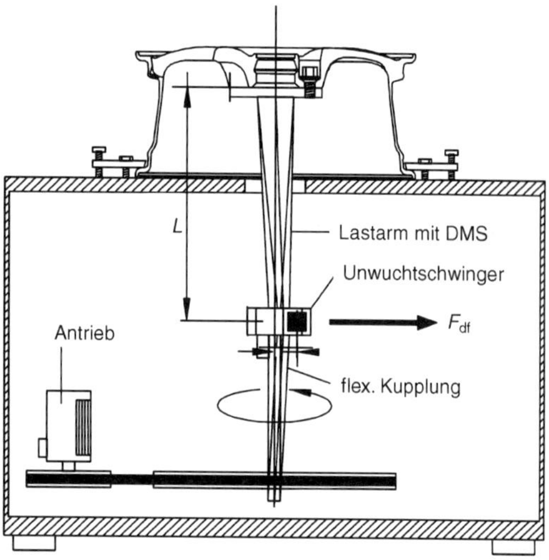

Abb. 7.111 Kräfte am Rad (TÜV Vereinfachung)

unterschiedliche Anforderungen über die prozentuale Höhe geregelt werden.

- Radiallastprüfung
  Diese dynamische Prüfung dient ebenfalls, wie die Umlaufbiegeprüfung, zum Absichern der Ermüdungsfestigkeit, normalerweise unter konstanter Radiallast (bei Pkw 2,5-fache maximale Radlast). Einige Automobilhersteller fordern jedoch eine zusätzliche Seitenkraftkomponente, die durch Schrägstellung (Lenkwinkel) erzeugt wird (Abb. 7.113).
- Zweiaxiale Räderprüfung (ZWARP)
  Umlaufbiege- und Abrollprüfung können die Realität nicht in allen Bereichen des Bauteils genau abbilden. 100 %ige Sicherheit ist deshalb nicht gewährleistet, wie Räder mit Anrissen nach längerem Fahrbetrieb in der Vergangenheit immer wieder zeigten.
  Aus diesem Grund wurde vom Fraunhofer-Institut (LBF in Darmstadt) vor einigen Jahren die ZWARP Prüfung entwickelt (Abb. 7.114). Das bereifte Rad wird dabei einer ständig wechselnden dynamischen Belastung in radialer und

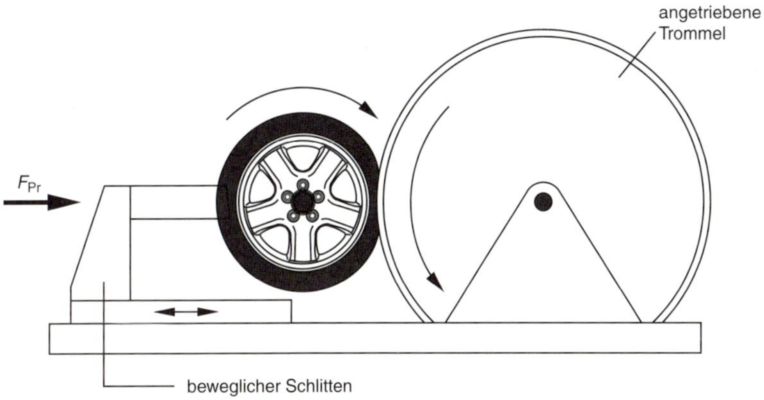

Abb. 7.113 Radiallastprüfstand (schematisch)

Abb. 7.114 Zweiaxiale Räderprüfung (ZWARP)

lateraler Richtung ausgesetzt. Die Steuerungssoftware ermöglicht dabei das Nachfahren verschiedener, realitätsnaher Lastkollektive wie Hockenheimring, Nürburgring und den sog. Europazyklus.

- Impact Test (SAE J175)
  Mit dieser Prüfung wird ein seitlicher Aufprall auf einen Bordstein simuliert. Dabei wird das bereifte Rad (Felgenhorn außen und die Radschüssel) einer hohen dynamischen Belastung ausgesetzt, welche durch ein Fallgewicht erzeugt wird. Der Impact darf nicht zum schlagartigen Luftverlust oder Bruch führen.
- Cass Test 240 h/Salzsprühtest 1000 h SS DIN 50021
  Die Prüfungen dienen zum Nachweis der Korrosionsbeständigkeit. Die Lackoberfläche wird vor Testbeginn teilweise bis auf das Grundmaterial vorgeschädigt (Ritzspur, Steinschlag) und danach mit einer Salzlösung besprüht.

- Radialschlagtest
  Hierbei fällt ein Gewicht mit einer Schlagfinne auf das stehende bereifte Rad. Diese Prüfung simuliert das Überfahren eines Hindernisses. Die Aufprallgeschwindigkeit beträgt bis zu 5,2 m/s. Die Fallenergie wird abhängig von der Radlast in bis zu 3 Laststufen eingestellt.
- Wechseltorsionsprüfung
  Hierbei wird das Rad einem wechselnden Torsionsmoment zur Simulation der Brems- und Antriebskräfte ausgesetzt. Dieser Test ist für Kraftrad-Räder zwingend vorgeschrieben, bei Pkw-Rädern nur, falls hinsichtlich der Anzahl und Querschnitte der Speichen Bedenken bestehen.
- Werkstoffprüfung
  Diese wird zur Absicherung an den geprüften Rädern – um bei späteren Ausfällen im Fahrbetrieb Werkstofffehler ausschließen zu können – und während der Serie durchgeführt. Mindestwerte für Zugfestigkeit, Streckgrenze und Bruchdehnung sind vorgegeben (Fahrzeughersteller, TÜV).

7.3.7.5.4 Fahrerprobung im Rahmen der Fahrzeugentwicklung (Dauerläufer)

Im Rahmen der Fahrerprobung bei neuen Fahrzeugmodellen wird das Serienrad beim Automobilhersteller »freigefahren«, das heißt alle Aspekte hinsichtlich Fahrdynamik, Struktur- und Korrosionsfestigkeit werden geprüft.

Es gibt zahlreiche weitere Prüfungen, die jedoch meist Fahrzeughersteller-spezifisch angewandt werden.

7.3.7.5.5 Entwicklungstendenzen zur Methodik

- automatisierte Strukturoptimierung, Bionik für Radspeichen, Evolutionsstrategien
- Lastwechselvorhersagen zur ZWARP-Prüfung (Software, welche die Ergebnisse dieser Prüfung prognostiziert)
- Gießsimulation
- Umformsimulation

Abb. 7.115 Stahlscheibenrad

7.3.7.6 Fertigungsverfahren – Weiterentwicklung

7.3.7.6.1 Stahlrad

Das Stahlscheibenrad (Abb. 7.115), immer noch Basisausstattung bei vielen Pkw im unteren Median und bei Nkw fast ausschließlich verwendet, hat Kostenvorteile. Allerdings gilt dies nur für die Großserie, wegen der hohen Anfangsinvestition in Anlagen und Werkzeuge. Es wird aktuell aus höherfesten Stählen gefertigt und besteht aus zwei verschweißten Teilen, der Felge und der Radschüssel. Neuere Entwicklungen ermöglichen durch eine beanspruchungsgerechte, variable Materialverteilung in der Felge Gewicht zusätzlich einzusparen. Dabei werden die weniger belasteten Bereiche der Felgenschultern ausgedünnt. Dieses wird in heutigen Serienproduktionen mittels Drückwalzen des gerundeten zylindrischen Felgenbandes oder in einer Kombination Drückwalzen und Felgenprofilierung ausgeführt.

Felgenherstellung: Coil → Zuschneiden → Rundwalzen, → Verschweißen → Entgraten → Rund drücken → Voraufweiten → Profilieren (3 Operationen) → Kalibrieren → Ventilloch Stanzen und Entgraten

Radschüssel: Coil → Zuschneiden → Tiefziehen/Formpressen (3–5 Operationen) → Stanzen

Abb. 7.116 Stahlstrukturrad

Abb. 7.117 Aluminium-Rad

Lüftungs- und Bolzenlöcher → Entgraten Lüftungslöcher

Komplettrad: Verschweißen → Oberflächenbehandlung (Reinigen, Entfetten, Tauchlackieren).

Mit Full/Semi-Full-Face Scheibenrädern, bei denen die Anbindung der Felge an die Radschüssel am Felgenhorn oder unter dem äußeren Reifensitz statt im Tiefbett erfolgt, wird das Aussehen wegen der größeren Schüssel verbessert. Ebenfalls zur Aufwertung der Optik aber auch zur Verbesserung der Bremsenkühlung, wurde neuerdings die klassische Speichenradoptik (5 oder mehr Speichen) umgesetzt. Die Herstellung der Radschüssel dieses so genannten Stahlstrukturrades (Abb. 7.116) ist aufwändiger durch notwendige größere Materialdicken, komplexere Formgebung und erheblich größere Lüftungslöcher. Nach wie vor verwendete Kunststoff-Radabdeckungen können mit höherem gestalterischem Freiheitsgrad dargestellt werden.

7.3.7.6.2 Leichtmetallrad

Alu-»Bandrad«, Alu-Gussrad, Alu-Schmiederad, Mg-Gussrad, Mg-Schmiederad.

Das **Aluminium-Bandrad** aus einer Knetlegierung, wird ähnlich einem Stahlrad gefertigt und erreicht spezifische Tragfähigkeiten deutlich über dem Stahlrad, dem Aluminium - Gussrad und Schmiederad. Wie beim Stahlrad ist die stilistische Freiheit eingeschränkt und es sind hohe Investitionen in Werkzeuge erforderlich. Aus diesem Grund wird es nur als Basisausstattung für höherwertige Pkw verbaut mit dem Ziel, Gewicht einzusparen.

Das **Aluminium-Gussrad** (Abb. 7.117) wird für Groß- und Kleinserie hauptsächlich im Kokillenguss hergestellt. Die Gestaltungsfreiheit ist hier am höchsten. Als Lifestyle-Produkt tritt häufig die Funktionalität eher in den Hintergrund. Obwohl aus Leichtmetall gefertigt sind die Radgewichte nicht zwingend optimal niedrig. Als Legierungen kommen die veredelte untereutektische $AlSi_7Mg$ bzw. naheutektische $AlSi_{11}Mg$ zum Einsatz (teilweise ohne T6 Warmbehandlung).

Standardherstellung: Schmelzen → Gießen → (Warmbehandlung) → mechanische Bearbeitung (Vorbohren oder Stanzen, Drehen, Bohren, Entgraten, Schleifen) → Oberflächenbehandlung (Entfetten, Passivieren, Pulvergrundieren, Lackieren).

Zur Verbesserung der Festigkeit als Gewichtsoptimierungs-Maßnahme wird bei höherwertigen Rädern zusätzlich ein *Flow-Forming* (Drückwalzen unter erhöhter Temperatur) des Felgenbetts durchgeführt.

Mit aufwändigen Technologien kann bei großen Durchmessern dem damit verbundenen Gewichtszuwachs entgegen gewirkt werden (Abb. 7.118):

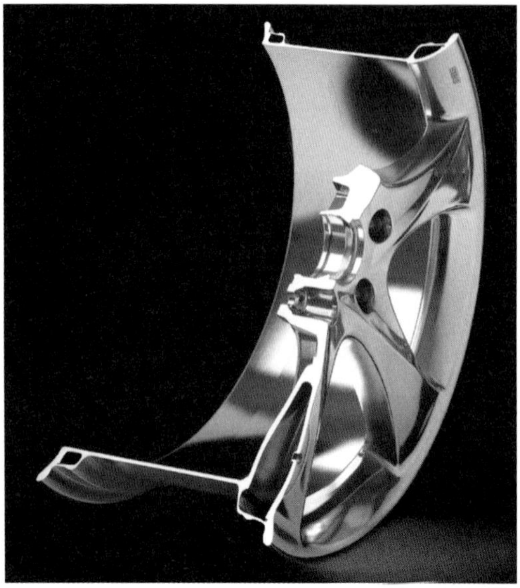

Abb. 7.118 Aluminium Hohlkammer-Gussrad

- Speichen hohl gegossen
- umlaufende Hohlräume in der Felgenschulter außen (Stylingfreiheit ohne höheres Gewicht)
- umlaufender Hohlraum in der Felgenschulter innen (hohe Steifigkeit um Stöße besser abzufangen)

Das **Aluminium-Schmiederad** ist nochmals teurer als alle vorgenannten Bauarten, hat aber eine höhere spezifische Tragfähigkeit als das Alu-Gussrad bei etwas reduzierter Gestaltungsfreiheit. Dieses Rad wird, ausgehend von einem Stutzen (meist $AlMgSi_1$), durch mehrstufiges Pressen (Radspeiche, Felgenansatz) und Drückwalzen hergestellt. Presskräfte bis zu 8000 to sind dazu erforderlich. Eine preisgünstige Variante stellt das Leichtschmiederad mit vereinfachtem Styling und weniger Pressstufen dar (Kostenvorteil).

Herstellung: Rundstange (gegossen oder extrudiert) → Stutzen → mehrstufiges Pressen → Drückwalzen Felge → Warmbehandlung → danach wie Alu-Gussrad.

Das **Magnesium-Gussrad** und **Magnesium-Schmiederad** wird wie das entsprechende Alu-Rad hergestellt.

Die deutlich höheren Kosten sind durch den Materialpreis, größeren Aufwand beim Schmieden- und Drückwalzen sowie höheren Aufwand beim Korrosionsschutz bedingt. Gussräder sind vom Markt nahezu verschwunden. Schmiederäder finden im Rennsport und teilweise im high-end Segment Verwendung. Dort wird die hohe spezifische Festigkeit einiger Magnesiumlegierungen genutzt um sehr leichte Räder zu bauen.

7.3.7.6.3 Kunststoff-Rad (Composite-Rad)

Seit den 70ger Jahren und sporadisch bis heute wird versucht Räder aus faserverstärkten Kunststoffen herzustellen. Diese bestanden aus Glasfaser eingebettet in eine Duromer-Matrix. Aspekte, wie das Problem der thermischen Belastung, das spröde Bruchverhalten und die Verwendung zufällig orientierter Glasfasern, die eine geringe oder überhaupt keine Gewichtsersparnis ergab, wurden vernachlässigt.

Konstruktionen, die z. B. endlose, ausgerichtete Kohlestofffasern verwenden, sind extrem teuer. Außerdem ist bei tatsächlich sehr viel leichterem Rad ein hohes Sicherheitsrisiko vorhanden, da jeder Stoß die innere Struktur schädigen kann (Delamination). Die geringe Bruchzähigkeit der verwendeten duromeren Harze ist dafür verantwortlich. Solch ein Rad bedarf also einer ständigen Überwachung, es sei denn man geht den Weg einer extremen Überdimensionierung. Dann aber ist der Gewichtsvorteil nicht mehr gegeben. Bis heute finden Composite Räder fast nur im Rennsport Verwendung, wo ständige Überprüfung geleistet werden kann.

7.3.7.7 Gewichtsrelationen

Ungefederte Massen, Massenträgheitsmoment und Steifigkeit beeinflussen maßgeblich das fahrdynamische Verhalten des Fahrzeugs in Bezug auf Lenkkräfte, Lenkpräzision, Radlastschwankungen sowie Beschleunigungs- und Bremsdynamik. Da das Rad sowohl translatorisch als auch rotatorisch beschleunigt bzw. verzögert werden muss und außerdem zu 100 % den ungefederten Massen zuzurechnen ist, wirkt sich Gewichtsreduzierung durch Leichtbau im Vergleich zu anderen Bauteilen am Fahrzeug mehrfach aus (Tab. 7.8).

Bei der Gewichtsreduzierung hat das Stahlrad durch höherwertige Stähle in den letzten Jahren große Fortschritte gemacht.

Tabelle 7.8 Rädergewichte

Ausführung	Gewicht [%]	Pkw Rad 8 × 18″ Radlast 700 kg
Stahlrad (Standard-/Strukturrad)	100	12.500–13.500 g
Alu gegossen	80–110	10.500*)–14.000 g
Alu geschmiedet	≈ 73	9500 g*)
Mg gegossen	≈ 73	9600 g*)
Mg geschmiedet	≈ 63	7900 g*)
Composite (mit duromerem Harz)	< 45 bis > 75	6000–10.000 g**)

*) Gewichtsoptimiert bzw. leichtes Styling
**) je nach Sicherheit

7.3.7.8 Größenrelationen

Die Entwicklung von ursprünglich sehr großen und schmalen Rädern zu breiteren, kleineren Rädern war bestimmt durch verbesserte Straßenoberflächen und immer höheren Kurvengeschwindigkeiten. Seit den 70er Jahren setzt allerdings beim Pkw wieder ein Trend zu größeren Rädern ein, der verschiedene Ursachen hat (Ästhetik, Fahrdynamik, größere Bremsen). Räder mit 13″ Durchmesser sind in einigen Anwendungsfällen solchen mit 18″ und mehr gewichen.

7.3.7.9 Rad/Reifen – Besondere Aspekte

- **Verdrehen des Reifens auf der Felge**
  Probleme können bei der Übertragung der Brems-/ Antriebsmomente auftreten, insbesondere bei sportlichen und leistungsstarken Fahrzeugen und Reifen mit höheren μ-Werten (heutige Sportreifen bringen es auf bis zu 1,2, üblich ist 0,9), kann es zum Verdrehen des Reifens auf der Felge kommen. Durch Anpassen der Oberflächenbeschaffenheit im Reifensitz, zum Beispiel durch spezielle Anti-Rutsch-Lacke, wird versucht dem entgegen zuwirken.
- **Horndeformationen/Beschädigung durch Bordsteine**
  Niedrige Reifenquerschnitte führen zu hoher Belastung der Felge beim Überfahren von Schlaglöchern, Bodenwellen, Schwellen und Bordsteinen und dadurch zu Horndeformationen und Beschädigungen. Anfahrschutz aus Edelstahl oder Composite-Material kann helfen Folgekosten bei Beschädigung des Außenhorns zu reduzieren.
- **Hochfrequente Schwingungen**
  Fahrbahn- und Reifen- initiierte Schwingungen im hochfrequenten Bereich führen zu erhöhtem Verschleiß der Felgenhörner im Bereich der Kontaktflächen. Auch hier kann ein Anti-Rutsch-Lack verschleißhemmend wirken.
- **Unwucht**
  Sensitive Radaufhängungen erfordern geringe Toleranzen für Rundlauf- und Planlauf am Rad. Unwuchten, verursacht durch ungleiche Massenverteilung in radialer Richtung (statische Unwucht) und in axialer Richtung (dynamische Unwucht), werden bei Aluminium-Rädern meist durch Spannfehler beim Bearbeiten, Verzug der Rohlinge, Dichteschwankungen (beim Gussrad) hervorgerufen. Mit zunehmendem Raddurchmesser und Radgewicht sind diese Unwuchten schwerer zu beherrschen.

7.3.7.10 Energiebetrachtung bei Herstellung/Recycling

Der weitaus größte Teil der Räder wird aus Stahl und Aluminium gefertigt. Eine Energiebetrachtung für diese Materialien ist von Bedeutung, zumal gerade beim Aluminium von weiter steigendem Bedarf auszugehen ist und bereits heute der Anteil am weltweiten Stromverbrauch zur Herstellung von Primäraluminium bei mehr als 2,5 % liegt.

Zur Herstellung von einer Tonne Primäraluminium werden 4 t Bauxit benötigt und es sind dazu heute ca. 13 bis 18 MWh Strom über die gesamte Prozesskette (Bauxit → Tonerde Al_2O_3 → Elektrolyse) erforderlich. Diese Energie ist im Werkstoff gespeichert und könnte zum großen Teil wieder zurück gewonnen werden, was allerdings auf Grund der hervorragenden Recyclingfähigkeit von Aluminium und ständig steigendem Bedarf eine rein hypothetische Betrachtung ist. Beim Recyclingprozess (Sekundäraluminium-Gewinnung) werden nämlich lediglich ca. 5 % der ursprünglichen Energie (auf Grund des niedrigen Schmelzpunktes von 660 °C) benötigt und es gibt keine Qualitätseinbuße. Diese Recyclingfähigkeit kann, über mehrere Bauteilzyklen gesehen, die Energiebilanz deutlich verbessern, wenn nicht sogar positiv werden lassen, da die Energieeinsparung (siehe ▶ Abschn. 7.3.7.11) durch Leichtbau und die Schonung von Ressourcen durch Langlebigkeit nicht vernachlässigt werden darf.

Für die Stahlerzeugung wird in etwa 6–8 MWh Strom pro Tonne verbraucht. Stahl erfordert jedoch einen höheren Energieaufwand beim Recycling und zwar nicht nur beim Einschmelzen (ca. 1500 °C) sondern bereits im Vorfeld beim Einsammeln, Transport, Sortierung, da höhere Gewichte bewegt werden müssen. Wenn man den zusätzlichen Kraftstoffverbrauch einrechnet, den schwerere Bauteile verursachen aber auch den höheren Energieverbrauch im Laufe von Recyclingzyklen, wird die Energiebilanz im Vergleich zum Aluminium immer irgendwann negativ. Bauteile aus Aluminium sind damit auch eine Investition in die Zukunft.

7.3.7.11 Umweltschonung

Gewichtsoptimierte Leichtbau-Räder helfen Kraftstoffverbrauch und Emissionen zu reduzieren. Wie oben erwähnt, wirkt sich Gewichtsreduzierung am Rad im Vergleich zu anderen Bauteilen am Fahrzeug mehrfach positiv aus.

7.3.8 Gleitschutzketten

7.3.8.1 Einleitung

Gleitschutzketten sind Vorrichtungen zur Erhöhung der Kraftübertragung zwischen Reifen von Kraftfahrzeugen bzw. deren Anhängern, und schneebedeckten, vereisten Fahrbahnen oder schmierigem, schlammigem Gelände. Gemäß ihrem häufigsten Einsatzgebiet werden sie auch als Schneeketten bezeichnet. Schneeketten müssen den Bedingungen des Verkehrszeichens »Schneeketten vorgeschrieben« entsprechen [100]. Gemäß StVO ist die Höchstgeschwindigkeit bei Verwendung von Schneeketten auf 50 km/h begrenzt [101].

7.3.8.2 Wirkungsprinzip von Gleitschutzketten

Gleitschutzketten sollen auf dem Reifen locker montiert werden, um durch eine Relativbewegung zwischen Reifen und Kette – als »Wandern« bezeichnet – sich selbst und das Reifenprofil zu reinigen und so stets neue Greifkanten in die Aufstandsfläche einzubringen. Bei zu stramm montierten Gleitschutzketten kann dieser Effekt nicht eintreten. Darüber hinaus können bei längerer Fahrt auf trockener Fahrbahn lokal erhöhte Temperaturen auftreten mit negativer Einwirkung auf die Reifen.

Durch das Aufschlagen der Kette auf die Fahrbahn und den erhöhten örtlichen Druck der Kettenglieder in der Aufstandsfläche des Reifens drücken sich Kettenteile in die Fahrbahn ein und führen zu einem Verzahnungseffekt. Da sich auf Eis oder Schnee im Bereich zwischen 0 und −8 °C – insbesondere unter Druck – ein Wasserfilm oder Kompressionseis bildet, ist die Wirksamkeit von Gleitschutzketten in diesem Temperaturbereich besonders groß. Bei tiefen Temperaturen ändern sich die Eigenschaften von Schnee und werden tendenziell denen von Sand ähnlich, wodurch die Reifeneigenschaften dominieren.

7.3.8.3 Aufbau von Gleitschutzketten

Gleitschutzketten bestehen aus einem Laufnetzteil, das sind diejenigen Kettenteile, die unmittelbar mit der Lauffläche des Reifens und der Fahrbahn in Kontakt stehen, sowie seitlich angeordneten

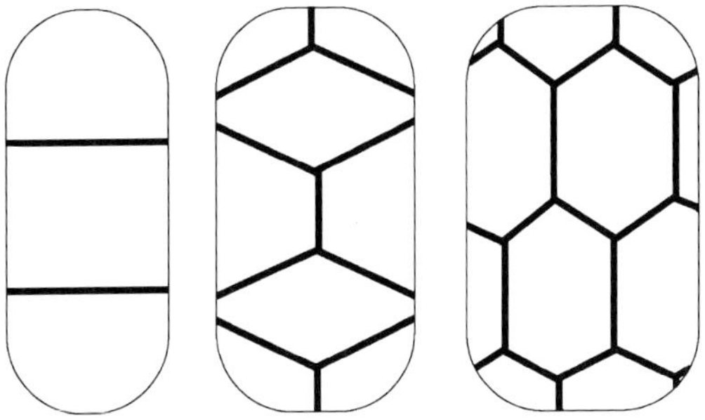

Abb. 7.119 Laufnetzformen

Befestigungseinrichtungen. Durch geeignete Konstruktionsmerkmale sind Gleitschutzketten der Form und der Dimension des Reifens anzupassen [102–105].

7.3.8.3.1 Laufnetzformen

Gemäß der Anordnung von Kettenteilen auf der Lauffläche unterscheidet man gemäß Abb. 7.119 Leiter-, Spur- und Netzketten. Wichtig für die Abstimmung zwischen Reifen und Kette ist, dass stets ein Wechsel zwischen freien Reifenflächen und Kettenteilen stattfindet. Gleitschutzketten sollen aus dem Reifen kein »Eisenrad« machen. Die Scherflächen zwischen den Kettenteilen sind wesentlich für die Kraftübertragung auf weichem Untergrund. Durch die quer gerichteten Kettenstränge wird Vortriebskraft erzielt, durch die längs gerichteten Kettenstücke Seitenführungskraft. Netzketten sind für breite Reifen geeignet, wie sie insbesondere bei Fahrzeugen für die Schneeräumung eingesetzt werden.

Das Laufnetz der Gleitschutzkette muss annähernd gleichmäßig über den Reifenumfang verteilt sein, so dass sich in jeder Radstellung Kettenteile in der Aufstandsfläche des Reifens befinden. Die gleichmäßige Aufteilung des Laufnetzes, wie beispielsweise bei der Netzkette, führt zu einem ruhigen Lauf.

7.3.8.3.2 Greifelemente

Das Laufnetz der Gleitschutzkette kann aus unterschiedlichen Greifelementen bestehen, die die Griffigkeit wesentlich beeinflussen. Die älteste Ausfüh-rungsform ist die gedrehte Kette. Ketten mit zusätzlich aufgeschweißten Elementen, wie Stachel zur Erhöhung der Griffigkeit und Verschleißfestigkeit, sind in Mitteleuropa nicht zulässig, da sie zu einer Beschädigung der Straße führen können. Im Forsteinsatz sind diese Ketten jedoch gängig. Moderne Gleitschutzketten bestehen aus kurzen Kettengliedern, die bruchunempfindlicher sind als lange Kettenglieder. Um die Griffigkeit zu erhöhen können die Kettenglieder durch Zusatzelemente, wie Greifstege, ergänzt werden (Abb. 7.120). Diese Greifelemente wirken wie Spaten auf Schnee oder weichem Untergrund und führen zu einer hohen Punktbelastung, so dass sich diese Elemente besonders gut in den Untergrund eindrücken können und somit maximale Vortriebskraft ergeben. Dies ist besonders beim Schneeräumeinsatz wichtig.

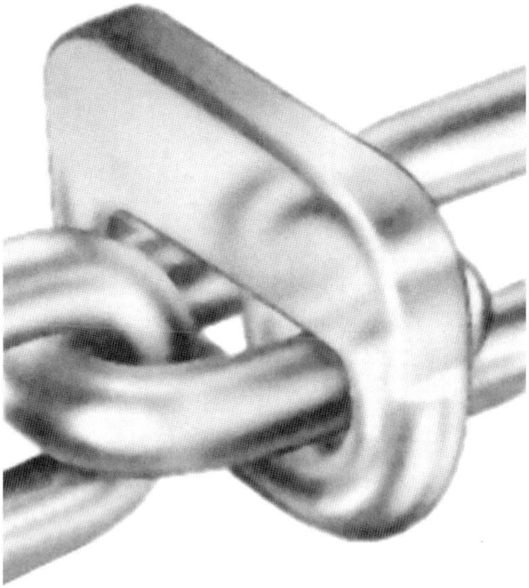

Abb. 7.120 Beweglicher Greifsteg, insbesondere für Gleitschutzketten für Arbeitsmaschinen

Moderne Winterreifen haben Profilstollen mit einer Vielzahl von Lamellen, die alle als Greifkanten wirken. Ansätze, einen ähnlichen Effekt mit textilen Materialien zu erreichen, sind sehr alt. In den letzten Jahren wurden Textilien auf Grund ihrer angenehmen Haptik bei kaltem Wetter erneut aufgegriffen. Diese Produkte werden über den Reifen gestülpt und durch seitliche Gummihalte-

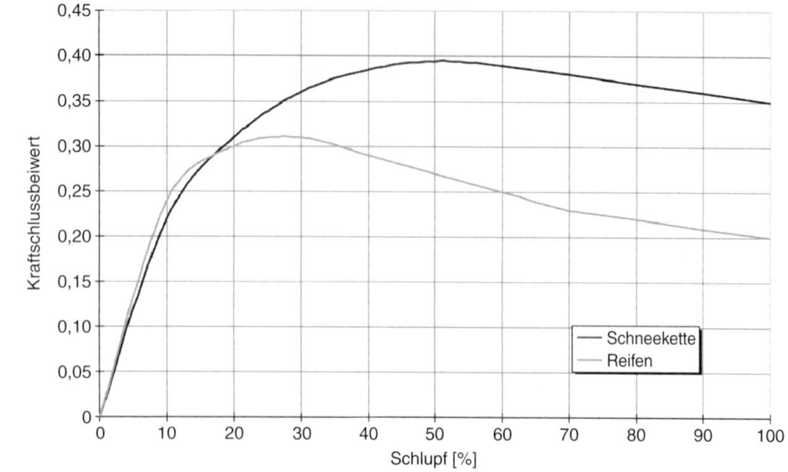

Abb. 7.121 Kraftschluss-Schlupf-Diagramm auf Schnee (−1 °C

rungen fixiert. Ihre Wirkung ist jedoch begrenzt, abgesehen von einer sehr geringen Haltbarkeit auf schneefreien Straßen. Gummi- oder Kunststoff-Gleitschutzmittel können die Traktion moderner Winterreifen kaum steigern [109].

7.3.8.3.3 Dimensionierung

Die Dimensionierung von Gleitschutzketten wird im Wesentlichen durch das Fahrzeuggewicht, die Antriebsleistung und die Reifendimension bestimmt. Gleitschutzkettenglieder müssen eine hohe Oberflächenhärte und einen zähen Materialkern aufweisen. Dies wird durch die Verwendung von einsatzgehärteten Stählen erreicht. Gleitschutzketten für Pkw bestehen üblicherweise aus Kettengliedern mit einem Materialdurchmesser von 3–4 mm, die für Lkw liegen im Bereich von 7–9 mm.

Gleitschutzketten benötigen einen zusätzlichen Freiraum zwischen Reifen und Fahrzeugteilen. Gemäß Ö-Norm V 5117 darf bei Pkw-Reifen der Überstand der montierten Kette auf der Reifeninnenseite höchstens 20 mm und auf der Reifenaußenseite 25 mm betragen. Im Betrieb heben sich die Laufnetzteile der Gleitschutzkette von der Lauffläche ab. Die auftragende Höhe ist vom Reifenquerschnittsverhältnis, der Geschwindigkeit und der Kettenspannung abhängig [106]. Die sich vom Reifen abhebenden Kettenteile schlagen auf die Fahrbahn auf. Dies führt einerseits auf glatter Fahrbahn zur Erhöhung der Griffigkeit durch das Eindringen der Stahlteile in die Fahrbahnoberfläche, andererseits aber auch zum Verschleiß der Kette. Der Verschleiß wird durch die Schlagenergie verursacht, welche mit dem Quadrat der Geschwindigkeit ansteigt. Auf eisiger Fahrbahn, z. B. Blitzeis, sind Ketten aus groben Gliedern ungeeignet. Hier wirken kleine kurzgliedrige Ketten aus kantigen Profilen.

7.3.8.4 Kraftübertragung Kette–Fahrbahn

Die Hauptaufgabe der Gleitschutzkette ist, das Kraftschlussverhalten zu verbessern, das entscheidend vom Reifen, dem Fahrbahnzustand und den Betriebsbedingungen abhängt [107, 108].

Der Kraftschlussbeiwert, aufgetragen über dem Schlupf für eine Schneefahrbahn (Abb. 7.121) zeigt beispielhaft, dass sich zunächst der Kraftschluss mit steigendem Schlupf erhöht, ähnlich wie beim Reifen. Im Unterschied zum Reifen wird jedoch der Höchstwert des Kraftschlusses mit Ketten bei höherem Schlupf erreicht, d. h. dass unter bestimmten Schneebedingungen auch bei 100 % Schlupf noch ein guter Kraftschluss gegeben ist. Im Unterschied dazu verliert der Reifen unter diesen Bedingungen deutlich an Kraftschluss. In der Praxis zeigt sich, dass beim Anfahren am Berg stets etwas unterschiedliche Bedingungen zwischen dem rechten und linken Rad eines Fahrzeuges herrschen.

Dies führt, zumindest bei Fahrzeugen ohne weitere Regelsysteme dazu, dass ein Rad durchdreht (100 % Schlupf) und kein Anfahren möglich ist. Im Unterschied dazu ist beim beketteten Reifen Kraftschluss gegeben. Dieser Effekt ist besonders deutlich erkennbar bei Temperaturen im 0 °C-Bereich, da die Schnee- oder Eisoberfläche mit einem dünnen Wasserfilm überzogen ist. Unter dem Druck des Reifens in der Aufstandsfläche wird der Wasserfilm verstärkt. Viele Autofirmen haben dieser Erkenntnis Rechnung getragen, indem das ESP-System bei Schneekettenbetrieb ausgeschaltet werden kann.

Fahrzeuge mit Gleitschutzketten erreichen auf schneebedeckter Fahrbahn den kürzesten Bremsweg bei blockierten Rädern. Das Fahrzeug ist in diesem Zustand jedoch nicht mehr lenkbar. Deshalb ist es wichtig, dass Gleitschutzketten im normalen Regelbereich des ABS, d. h. bei Schlupfwerten unter ca. 30 %, den Kraftschluss erhöhen. Hierzu sind feingliedrige Netzketten mit kantigen Gliedern oder zusätzlichen Greifelementen geeignet.

Abb. 7.122 RUD Centrax

7.3.8.5 Montagesysteme

Eine Gleitschutzkette wird bestimmungsgemäß unter schlechten Witterungsbedingungen benötigt. Deshalb ist eine einfache Montage, insbesondere auch unter widrigen Umgebungsbedingungen, ein entscheidendes Kriterium für den Einsatz einer Kette. Die verschiedenen Montagesysteme lassen sich wie folgt gliedern:

- Geteilte Ketten stellen das älteste Kettensystem dar. Es wird heute nur noch bei einfachsten Ketten und im Lkw-Bereich verwendet. Die Kette wird bei diesem System vor oder hinter dem Reifen ausgebreitet und bandartig auf den Reifen aufgezogen.
- Bei Seilketten besteht die innere Seitenkette aus einem Drahtseilring, der im offenen Zustand hinter dem Reifen durchgeführt werden muss, um ihn dann im oberen Reifenbereich zu schließen, so dass ein Seilring auf der Innenseite des Reifens entsteht. Auf der Außenseite gibt es verschiedene Verschlussmechanismen, die teilweise ein automatisches Nachspannen ermöglichen.
- Bei Bügelketten besteht die innere Seitenkette aus einem Federstahlbügel, an dem die Laufnetzteile befestigt sind. Mit Hilfe des Bügels kann die Kette problemlos über den Reifen geschoben werden, was insbesondere bei engen Radkästen, wie beispielsweise Heckfahrzeugen oder winterlich vereisten Radkästen besonders wichtig ist. Die Schließung erfolgt nach einer kurzen Radbewegung durch eine von außen zu betätigende Spannkette.
- Gleitschutzketten, die im Wesentlichen aus einem Kettengürtel bestehen, können auf eine innere Halterung verzichten, um engsten Durchgangsverhältnissen zwischen Reifen und Fahrzeugteilen Rechnung zu tragen, sofern sie auf der Radaußenseite durch Haltearme am Rad fixiert sind. Diese Kettentypen sind mit Abstand am leichtesten zu montieren, da keine Handgriffe auf der dem Fahrzeug zugewandten, nicht einsehbaren hinteren Radflanke nötig sind (Abb. 7.122).
- Rotationsketten wurden für Nutzfahrzeuge entwickelt, da mit größer werdendem Reifen-

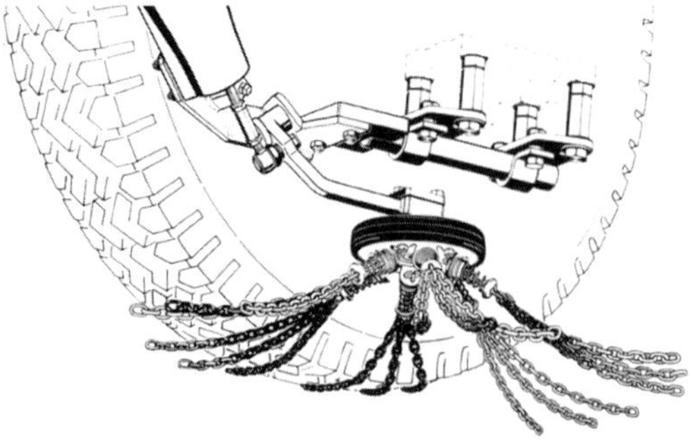

Abb. 7.123 Rotogrip-System

durchmesser die Gleitschutzketten schwerer werden, was natürlich die Montage behindert. Bei diesem System wird über einen angetriebenen Schwenkarm ein Reibrad gegen die Innenseite des Reifens ge-drückt, an welchem Kettenstränge befestigt sind, die gleichsam wie Streusplitt vor den Reifen geworfen werden und nach Überfahren durch den Reifen wieder eingesammelt werden (Abb. 7.123). Die Funktion dieses Systems erreicht jedoch noch nicht den Stand einer vollwertigen Gleitschutzkette. Es ist daher für den Kurzstreckenverkehr oder als Anfahrhilfe geeignet. Rotationsketten können auf Knopfdruck vom Fahrzeug aus eingeschaltet werden.

7.4 Fahrwerkauslegung

7.4.1 Kinematik der Radaufhängung

Die Kinematik der Radaufhängung bestimmt die räumliche Bewegung des Rades bei Federungs- und Lenkbewegungen. Wegen der entscheidenden Bedeutung der Stellung des Rades und damit des Reifens zur Straße spielt die kinematische Analyse der Radaufhängung eine wichtige Rolle. Sie steht am Anfang des Entwicklungsprozesses, wenn das Achskonzept festgelegt wird und findet später im CAD-System zur Freigangsuntersuchung der Bauteile ihre Fortsetzung. Im fortgeschrittenen Entwicklungsstadium wird der Einfluss der Achskinematik auf das Fahrverhalten in Simulationsrechnungen mit Vollfahrzeugmodellen beurteilt und im realen Fahrversuch optimiert.

Einige kinematische Kenngrößen sind genormt (ISO 8855/DIN 70000); vollständige Beschreibungen finden sich in [110, 111].

7.4.1.1 Radhubkinematik

Der Sturzwinkel γ, der auf ebener Fahrbahn die Neigung des Rades zur Vertikalen beschreibt, beeinflusst die Übertragbarkeit von Seitenkräften zwischen Reifen und Straße. Beim üblicherweise negativen Sturz zeigt die Oberseite des Rades in Richtung Fahrzeugmitte, und das Rad möchte wie ein umgelegter Kegel auf einer Kreisbahn abrollen. Wird es von der Radaufhängung daran gehindert, entsteht eine Seitenkraft nach fahrzeuginnen. Außerdem wird durch negativen Sturz die innere Reifenschulter höher belastet und damit die Verformung des Latsches durch Seitenkraft von außen, die zur Entlastung des inneren Latschbereichs führt, zum Teil kompensiert. Daher ist das Seitenkraftübertragungspotenzial von Reifen unter negativem Sturz (innerhalb des verfügbaren Kraftschlusses) höher als bei positiven Werten. Für extreme Niederquerschnittsreifen ist zur Straße Sturz 0° anzustreben, um Kantenlauf zu vermeiden [112]. Bei Einzelradaufhängungen sollte also die Sturzänderung beim Einfedern den Wankwinkel des Fahrzeugs bei Kurvenfahrt zumindest teilweise kompensieren, um positiven Sturz am kurvenäußeren Rad zu vermeiden. Starrachsen bieten hier den Vorteil, dass der Sturz zur Fahrbahn bei Kurvenfahrt konstant bleibt.

Der Vorspurwinkel ist positiv, wenn die Räder in der Draufsicht nach vorne innen zeigen, andernfalls spricht man von Nachspur. Durch einen kleinen stationären Vorspurwinkel im Minutenbereich werden im Reifenlatsch bei Geradeausfahrt geringe seitliche Schubspannungen erzeugt. Daraus resultieren links und rechts gegengleiche Seitenkräfte, die die Elastizitäten in der Radaufhängung vorspannen und an Vorderachsen das eventuell vorhandene Spiel in Spurstangengelenken und Lenkgetriebe eliminieren. Das Fahrzeug kann dadurch schneller auf Lenkwinkeleingaben reagieren und läuft stabiler geradeaus, da durch die Vor-

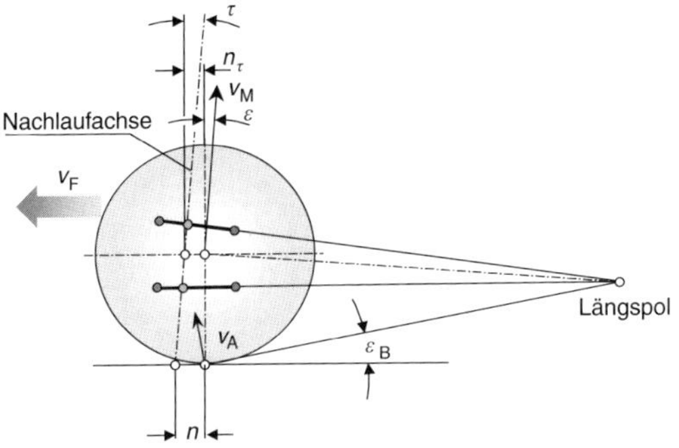

Abb. 7.124 Schematische Seitenansicht (Vorderachse)

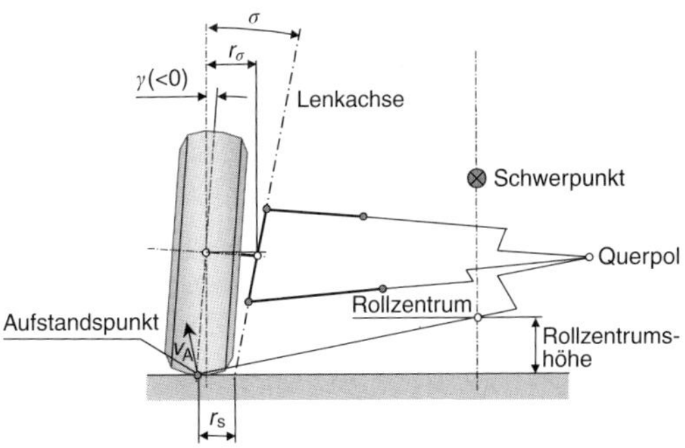

Abb. 7.125 Schematische Heckansicht (Vorderachse)

spannung ein Nulldurchgang der Gelenkkräfte im Lenkungsstrang vermieden wird.

Bei Federungsbewegungen kann sich der Vorspurwinkel mit dem Radhub ändern und das Eigenlenkverhalten des Fahrzeugs beeinflussen; man spricht dann von Rollsteuern oder Wanklenken. Der für das Fahrverhalten maßgebliche Einfluss ist hier die Vorspuränderung beim Einfedern, also am kurvenäußeren Rad mit der höheren Radlast. Da die Hinterachse i.a. nicht direkt vom Fahrer beeinflusst werden kann, sind die Lenkwinkel, die sich über dem Federweg oder unter äußeren Kräften (s. ► Abschn. 7.4.2 Elastokinematik) einstellen, für das Fahrverhalten des Gesamtfahrzeugs entscheidend, obwohl sie klein sind. So kann beispielsweise mit einer Vorspurtendenz beim Einfedern an der Hinterachse ein untersteuernder Effekt erzeugt werden. Große Vorspuränderungen über dem Federweg führen auf unebener Fahrbahn aber zu niederfrequenten Lenkmomentschwankungen, die die Fahrspurhaltung beeinträchtigen, und sollten deshalb vermieden werden.

Die räumliche Bewegung der Radaufhängung, insbesondere des Radaufstandspunkts und des Radmittelpunkts, kann projiziert werden in die Radmittellängsebene (Seitenansicht) und in die Radquerebene (Ansicht von hinten).

Der Punkt in der jeweiligen Ebene, der das momentane Zentrum der Drehbewegung darstellt, ist der Momentanpol. Die beiden Pole, Längs- und Querpol, ◼ Abb. 7.124 und ◼ Abb. 7.125, können ersatzweise als Verbindungsstellen der Radaufhängung zum Aufbau betrachtet werden. Von ihnen gehen die Polstrahlen aus, die senkrecht auf den Geschwindigkeiten der betrachteten Punkte der Radaufhängung stehen. Stellt man sich als Ersatz für die Radaufhängung eine Geradführung des Radaufstandspunkt senkrecht zum Polstrahl vor, so hat eine Kraft senkrecht auf die Geradführung keine Bewegung des Radaufstandspunkts zur Folge. Diejenigen Komponenten von Längs- und Seitenkräften, die durch die Pole gehen, werden also direkt von den Lenkern der Radaufhängung aufgenommen, der Rest erzeugt Federungs- und damit Aufbaubewegungen. Der Winkel der Polstrahlen zur Horizontalen bestimmt den Anteil der Kräfte, der in den Lenkern abgestützt wird, und heißt deshalb Stützwinkel.

Beim Bremsen entsteht am Radaufstandspunkt eine Resultierende aus Bremskraft und dynamischer Achslastverlagerung. Zeigt diese Resultierende durch den Längspol, spricht man von 100 % Bremsnickausgleich, da keine Federungsbewegung auftritt. Der Bremsnickausgleich hängt von Radstand, Schwerpunktshöhe und Bremskraftverteilung ab; der Bremsstützwinkel $ε_B$ ist dagegen achsspezifisch und beschreibt die Neigung des Polstrahls vom Längspol zum Radaufstandspunkt. Da das Bremsmoment sich üblicherweise an der Radaufhängung abstützt, kann man sich Rad und Radträger fest verblockt vorstellen. Die ganze Einheit und so auch der Radaufstandspunkt drehen sich damit um den Längspol der Radaufhängung, für den Bremsstützwinkel ist also die Bewegung des Radaufstandspunkts als Angriffspunkt der Bremskraft maßgeblich.

Der Polstrahl vom Längspol zum Radmittelpunkt legt dessen momentane Geschwindigkeit fest; wenn diese eine Komponente nach hinten hat, spricht man von positivem Schrägfederungswinkel. Im Gegensatz zur Längsfederung aus den Gummilagern der Radaufhängung hat der Schrägfederungswinkel für den Fahrkomfort keine große Bedeutung mehr; er stellt aber den Antriebs-Stützwinkel ε für den Antrieb über Gelenkwellen dar. In diesem Fall bleibt nämlich die Radaufhängung momentenfrei, die Antriebskraft greift für die Radaufhängung in Radmitte an. Das Versatzmoment von Radmitte zum Radaufstandspunkt ist das Antriebsmoment und wird am Achsgetriebe abgestützt. Damit bleibt das Rad gegenüber der Radaufhängung drehbar und der Radaufstandspunkt dreht sich nicht mehr um den Längspol der Aufhängung, sondern bewegt sich parallel zum Radmittelpunkt. Für den Antriebsstützwinkel ist also die Bewegung der Radmitte als Angriffspunkt der Antriebskraft maßgeblich. Ein Anfahrnickausgleich ergibt sich bei negativen Schrägfederungswinkeln an Vorderachsen und bei positiven an Hinterachsen. Bei Starrachsen dagegen stützt sich das Antriebsmoment am Achskörper ab; man kann sich Rad und Aufhängung fest verblockt vorstellen und der Antriebsstützwinkel ist gleich dem Bremsstützwinkel. Radträgerfeste Vorgelege-Untersetzungsgetriebe mit Drehrichtungsumkehr erhöhen den Antriebs-Stützwinkel; gleichsinnig drehende reduzieren ihn.

Der Querpol beschreibt die Bewegung des Radaufstandspunktes relativ zum Aufbau in der Radquerebene. Aus Symmetriegründen schneiden sich die Polstrahlen der beiden Achshälften in Fahrzeugmitte und legen das Rollzentrum fest. Die Verbindung der Rollzentren von Vorder- und Hinterachse heißt Rollachse, um sie beginnt das Fahrzeug bei Kurvenfahrt im Moment des Anlenkens zu wanken. Der Abstand der Rollachse zum Schwerpunkt ist der Hebelarm der Trägheitskraft und bestimmt das Wankmoment, das über die Federung abgestützt wird. Ein Rollzentrum auf der Fahrbahn führt zu großen Federbewegungen und hohen Wankwinkeln. Liegen die Rollzentren in Schwerpunktshöhe, so nimmt die Federung keine Kraftkomponenten mehr auf und damit entsteht auch kein Wankwinkel. Hohe Rollzentren sind bei Einzelradaufhängungen aber mit deutlichen Spurweitenänderungen beim Durchfedern und damit mit Querschlupf am Radaufstandspunkt verbunden. Mit Rücksicht auf Traktion und Seitenführung sind deshalb Rollzentrumshöhen über 150 mm heute selten. (Starrachsen mit ihrer konstanten Spurweite können höhere Rollzentren aufweisen.) Durch die Neigung der Rollachse lässt sich die Verteilung der Wankfederrate auf Vorder- und Hinterachse beeinflussen. Ein z. B. an der Hinterachse höherliegendes Rollzentrum entspricht einer höheren Wankabstützung hinten, die zu größeren Radlastdifferenzen hinten führt, das Seitenführungspotenzial hinten reduziert und damit einen übersteuernden Einfluss darstellt. Die Summe der Radlastdifferenzen hängt nur von Schwerpunktshöhe und Spurweite ab und ist für alle Rollzentrumshöhen konstant, nur die Verteilung vorn zu hinten ist mit der Lage der Rollachse beeinflussbar.

Wenn sich die Rollzentren über dem Einfederweg ändern, verschiebt sich auch die Lage der Rollachse bei Beladung. Damit das Fahrverhalten bei voller Zuladung nicht unerwünscht beeinträchtigt wird, muss also die Rollzentrums-Höhenänderung von Vorder- und Hinterachse aufeinander mit dem Ziel abgestimmt werden, die Neigung der Rollachse und damit die Wankratenverteilung vorn zu hinten mit zunehmender Beladung nicht zu stark zu ändern.

Die Rollzentren und damit die Rollachse sind für den symmetrischen Federungszustand in der Fahrzeug-Symmetrieebene definiert. Beim einseitigen Federn lässt sich zwar zeichnerisch ein Schnittpunkt der beiden Polstrahlen vom Querpol zum Radaufstandspunkt bestimmen, der dann i.a. nicht mehr in der Mittellängsebene liegt, sondern seitlich versetzt; physikalisch deuten aber kann man die entstehende seitlich verlagerte Rollachse anschaulich nicht mehr. Entscheidend für die Aufbaubewegung unter Querbeschleunigung sind die Ein- und Ausfederwege.

Bei Kurvenfahrt und ausgeprägtem Wankwinkel ergibt sich durch die antimetrische Federungsbewegung eine links und rechts unterschiedliche Krafteinleitung in die Radaufhängung. Welchen Anteil der Resultierenden dabei die Lenker und welchen die Federung aufnimmt, hängt von der Höhe des Querpols ab, bzw. von dessen Höhenänderung über dem Federweg. Ist diese Höhenänderung klein oder Null (z. B. bei Längslenkerachsen), sind die in die Federung eingeleiteten Kraftkomponenten kurvenaußen kleiner als kurveninnen, das Fahrzeug federt also außen weniger ein als es innen ausfedert. Daraus resultiert eine Schwerpunktsanhebung, die das abzustützende Wankmoment vergrößert. Diesen unerwünschten Effekt nennt man Aufstützen. Er lässt sich durch ausreichende Rollzentrumshöhenänderung (abhängig von der Rollzentrumshöhe) verringern oder ganz vermeiden, weil dadurch die Asymmetrie der Federkraftänderung kurvenaußen und -innen reduziert wird.

7.4.1.2 Lenkkinematik

Die Lenkung soll sowohl die Führung des Fahrzeugs ermöglichen als auch eine Rückmeldung über Fahrzustand und Fahrbahnbeschaffenheit an den Fahrer geben. Diese Eigenschaften lassen sich im Wesentlichen mit einer gezielten Auslegung der Lenkdrehachse erreichen, um die das Rad bei Lenkbewegungen schwenkt.

Dabei sind in ◘ Abb. 7.125 der Spreizungswinkel σ als Neigung der Lenkdrehachse zur Vertikalen gezeigt und der Lenkrollhalbmesser oder -radius r_S als horizontaler Abstand des Radaufstandspunktes vom Durchstoßpunkt der Lenkdrehachse durch die Radaufstandsebene. In der Seitenansicht, ◘ Abb. 7.124, ergibt sich der Nachlaufwinkel τ ebenfalls als Neigung der Lenkdrehachse zur Vertikalen und die Nachlaufstrecke n als horizontaler Abstand des Radaufstandspunkts vom Durchstoßpunkt. Nachlaufwinkel und -strecke können unabhängig voneinander gewählt werden, wenn man einen Nachlaufversatz n_τ einführt, der den horizontalen Abstand der Lenkdrehachse von der Radmitte in der Seitenansicht beschreibt.

Der Nachlaufwinkel erzeugt am kurvenäußeren eingeschlagenen Rad negativen Sturz, der sich günstig auf das Seitenkraftübertragungspotenzial der Reifen auswirkt. Kurveninnen ergibt sich positiver Sturz, der den Platzbedarf des voll eingeschlagenen Rades im Radhaus reduziert. Zusammen mit Nachlaufstrecke und Lenkrollradius ergibt sich ein Hebelarm der Radlast um die Lenkdrehachse, der Radlasthebelarm. Die entstehenden Momente bewirken eine Rückstellung der Lenkung, wenn sich die Größen kurveninnen und kurvenaußen unsymmetrisch ändern, was wegen der Ackermannbedingung i. A. der Fall ist (s. ▶ Abschn. 7.4.5, Gewichtsrückstellung). Bei schnellerer Kurvenfahrt überwiegt der Einfluss der Seitenkraft, die um die Nachlaufstrecke (und den Reifennachlauf) versetzt an der Lenkdrehachse angreift und ebenfalls rückstellend wirkt [113].

Beim Durchfedern dreht sich der Radträger in der Seitenansicht um seinen Längspol, und Nachlaufwinkel und -strecke ändern sich. Um diese Änderung zu begrenzen, und damit das Rückstellverhalten nicht zu sehr zu beeinflussen, muss der Längspol genügend weit entfernt sein, was die Größe der Stützwinkel einschränkt. Der Lenkrollradius stellt den Hebelarm der Bremskraft dar; bei negativen Werten (Radaufstandspunkt innerhalb des Durchstoßpunkts) ergibt sich ein Lenkwinkel, der dem bei unsymmetrischen Bremskräften entstehenden Giermoment entgegengesetzt ist. Allerdings ist auch die Rückmeldung am Lenkrad entgegengesetzt zur Störung.

Der Spreizungsversatz r_σ als horizontaler Abstand des Radmittelpunkts vom Schnittpunkt Lenkdrehachse/Radachse in der Ansicht von hinten ist der Hebelarm einer Stoßkraft, die auf das ungebremste Rad einwirkt. Der Spreizungsversatz wird deshalb auch Störkrafthebelarm genannt. Das Versatzmoment zwischen Radaufstandspunkt und Radmittelpunkt geht dabei als Beschleunigungsmoment in die Raddrehzahl ein; die Radaufhängung bleibt momentenfrei.

Beim Antrieb über Gelenkwellen muss der Beugewinkel zwischen radseitigem und getriebeseitigem Wellenteil berücksichtigt werden. Der Hebelarm der Antriebskraft oder Triebkrafthebelarm [110] ist bei Beugewinkel 0° gleich dem Störkrafthebel. Für nach innen oben geknickte Abtriebswellen wird der Triebkrafthebel größer, für nach innen unten geknickte kleiner als der Störkrafthebel.

7.4.2 Elastokinematik

Die Elastokinematik beschreibt die Bewegung der Räder gegenüber der Karosserie unter Berücksichtigung der aus den Radkräften resultierenden elastischen Verformungen der Achskomponenten (ISO 8855).

Mit Hilfe von Elastomerlagern (meist als Gummilager ausgeführt) werden Elastizitäten der Radaufhängung gezielt in Achsen eingebaut. Um den heute bei einem PKW geforderten Abrollkomfort realisieren zu können, muss die Radaufhängung eine Längsfederung zulassen, die üblicherweise durch Gummilager realisiert wird. Auch um Geräusche von den Insassen fern zu halten, sind Gummilager zwischen den Metallbauteilen unverzichtbar. Zusätzlich sind Elastizitäten unvermeidbar, denn neben den Gummilagern weisen auch die Stahl- und Aluminiumbauteile nennenswerte Elastizitäten auf. Diese bewirken unter Lasten Änderungen von Vorspur und Sturz. Achsgeometrie und -elastizitäten müssen so aufeinander abgestimmt werden, dass das durch elastische Verformungen bedingte Lenkverhalten die Fahreigenschaften optimiert. Da die Lenkwinkel aus den Elastizitäten verhältnismäßig klein sind, kann durch sie vor allem das Fahrverhalten bei kleinen Schräglaufwinkeln und bei höherer Geschwindigkeit verbessert werden.

Nachstehend werden einige prinzipielle Zusammenhänge dazu erläutert. Eine genaue Achsauslegung ist nur durch Simulation möglich, weil viele Einzeleinflüsse und die räumliche Anordnung der gesamten Radaufhängung zu berücksichtigen sind. Als Simulationsmodelle werden heute meist MKS-Modelle, wo erforderlich (z. B. Verbundlenkerachsen) auch nichtlineare FEM-Modelle verwendet (▶ Abschn. 11.3).

7.4.2.1 Wirkung von Bauteilelastizitäten

Unter Bauteilelastizitäten werden die unvermeidlichen Elastizitäten der benötigten Metallbauteile verstanden. Die Verformungen der Achsbauteile und der Gummilager wirken sich prinzipiell gleichermaßen auf das Fahrverhalten aus und können deshalb beide gezielt genutzt werden [114]. Zu beachten ist jedoch, dass sich Gummi während der Fahrzeuglebensdauer setzt und verhärtet, während Metalle ihre Elastizitäten beibehalten. Für die Schwingungsisolation ist es günstig, die Elastizitäten in Gummilagern zu realisieren, vgl. ▶ Abschn. 7.4.2.2, weil die Materialdämpfung von Gummi erheblich größer ist als jene von Stahl oder Aluminium.

Zu beachten ist, dass die Verschiebungen an den Kinematikpunkten der Achsträger bei hohen Lasten bis zu einigen Millimetern betragen können und deshalb gegenüber den Gummilager-Verformungen nicht zu vernachlässigen sind.

Dreieckslenker tragen in Doppelquerlenker- und Federbeinachsen erheblich zur Gesamtelastizität bei.

So kann der Querlenker einer Federbeinachse durchaus eine zusätzliche Längsfederung von mehreren Millimetern bewirken. Der Beitrag des Radträgers zur Elastokinematik hängt stark vom Achsprinzip ab. In Federbeinachsen wirkt der Dämpfer als radführendes Element und ist folglich auf Biegung belastet. Die Durchbiegung des Dämpfers bewirkt nicht nur Verkantungswinkel am Kolben und an der Stangenführung, sondern liefert auch unter Seitenkraft einen Beitrag zum Sturz, ggf. auch zum Lenkwinkel. Die Elastizität der Karosserie kann zu Klapper- und Knarzgeräuschen sowie zu Zitterbewegungen führen, siehe auch ▶ Abschn. 3.4. Durch ihre globale Torsion und Biegung beeinflusst die Karosserie zwar nicht die Elastokinematik der Radaufhängung, wohl aber das Fahrverhalten. Den größeren Einfluss haben jedoch lokale Elastizitäten. Sie dürfen meist nicht einzeln betrachtet werden, weil sich eine Belastung an einem Karosserielager auch an anderen Lagern als Verformung auswirkt [115, 116]. Entscheidend ist, ob durch die Gesamtverformung ein Lenkwinkel hervorgerufen wird. Während gerade Stablenker in der Regel als starr betrachtet werden können, muss die Elastizität der wegen der Freigängigkeit gekröpften Lenker berücksichtigt werden. Auch Kugelgelenke weisen meist eine relevante Elastizität auf, die sich zusätzlich über der Laufzeit eines Fahrzeuges erhöhen kann.

Da Fahrzeuge auch kosten- und gewichtsmäßig zu optimieren sind, kann nicht gefordert werden, dass alle Bauteile beliebig steif sein sollen. Vielmehr müssen durch geschickte Konstruktion die Bauteile und die gesamte Radaufhängung so ausgelegt werden, dass die Elastizitäten keine schädliche Wirkung haben oder besser sogar nützlich sind [117].

In der Fahrzeugentwicklung wird zunächst durch Simulation untersucht, welche Elastizitä-

Abb. 7.126 Prüfstand zur Messung der Kinematik und Elastokinematik

ten zulässig sind. Diese werden auf Gummilager, Kugelgelenke und Achsbauteile aufgeteilt. Dann werden die Bauteile konstruiert. Mit der Methode der Finiten Elemente (FEM) wird die Festigkeit überprüft und die erreichte Steifigkeit ermittelt. In der Achs- und Gesamtfahrzeugsimulation wird das Verhalten unter Berücksichtigung aller relevanten Elastizitäten beurteilt. Wenn die Bauteile gefertigt sind, werden auf Prüfständen die Steifigkeiten der Achsbauteile und Gummilager überprüft, aber auch das elastische Verhalten einer Achse oder des Gesamtfahrzeuges nachgemessen. Bei dem in Abb. 7.126 gezeigten MTS System-Prüfstand wird die Karosserie gefesselt. Während über Plattformen die vier Räder weg- oder kraftgesteuert belastet werden, nehmen Sensoren die Winkel- und Positionsänderungen an den Rädern auf. Die Messergebnisse werden mit den vorher durchgeführten Berechnungen verglichen, um ggf. genauere Erkenntnisse über die eingesetzten Simulationsverfahren zu gewinnen. Im Fahrversuch zeigt sich schließlich, ob das Zusammenwirken aller Einflüsse, d. h. insbesondere der Kinematik und Elastokinematik, unter allen denkbaren Fahrzuständen tatsächlich das gewünschte Fahrverhalten ergibt.

7.4.2.2 Elastomerlager

Elastomerlager haben eine Reihe von Aufgaben im Fahrwerk zu erfüllen. So sollen sie

- Winkelbewegungen z. B. als Alternative zu Kugelgelenken ermöglichen,
- Federwege in den Fahrwerkanbindungspunkten zur Verfügung stellen sowie über Bedämpfung und Isolierung von Schwingungen des Rad-/Reifensystems und der Aggregate den Komfort für die Insassen verbessern,
- als Gestaltungselement der elastokinematischen Fahrwerksauslegung das Vorspurverhalten der Räder in Abhängigkeit von äußeren Längs-, Quer- und Hochkräften gezielt beeinflussen.

Diese funktionalen Anforderungen stehen häufig im Widerspruch zueinander.

Gelenkfunktion Im Vergleich zum Kugelgelenk stellt ein entsprechend ausgelegtes Elastomerlager die Gelenkfunktion kostengünstiger dar. Gleichzeitig wird bei der Übertragung der Kräfte eine oft erwünschte Elastizität und Dämpfung erreicht. Ein weiterer Vorteil von elastischen Gelenken ist das Fehlen von Losbrechmomenten, insbesondere unter Vorlast (z. B. Radlast). Dieser Vorteil kann bei großen Auslenkungen und gleichzeitig erforderlicher hoher radialer Steifigkeit des Lagers jedoch zum Nachteil werden. Das resultierende elastische Rückstellmoment kann dann z. B. die gewünschte Gelenkfunktion beeinträchtigen oder die hohe Torsionsbelastung einen Kompromiss bei der radialen Steifigkeitsauslegung erfordern.

Schwingungsisolation und -dämpfung Bei stoßförmiger Störungseinleitung ermöglicht eine elastische Lagerung sowohl einen allmählichen Anstieg der weitergeleiteten Kraft als auch eine kurzzeitige Speicherung der eingeleiteten Stoßenergie mit anschließender teilweiser Absorption durch die Dämpfung des Elastomers. Hieraus ist erkennbar, dass neben den elastischen Eigenschaften des Elastomerlagers auch die Dämpfung eine wesentliche Rolle spielt.

Die dynamische Federsteifigkeit hat auf das Schwingungsisolationsverhalten einer elastischen Lagerung einen großen Einfluss und ist damit eine wichtige Beurteilungs- und Auslegungsgröße.

Federsteifigkeit und Dämpfung bei dynamischer Beanspruchung sind durch die viskoelastische Natur der Elastomere im Wesentlichen von der

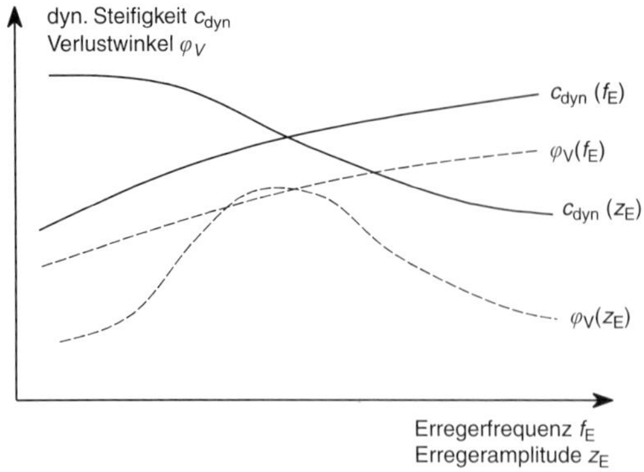

Abb. 7.127 Frequenz- und Amplitudenabhängigkeit von Elastomerlagereigenschaften

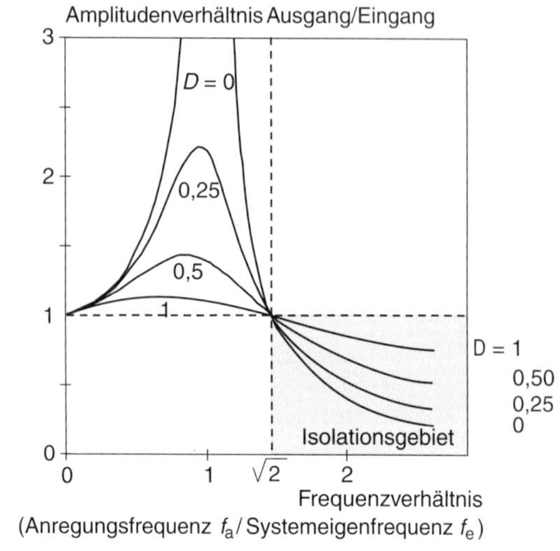

Abb. 7.128 Einfluss von Dämpfung und Frequenzverhältnis beim Ein-Massen-Schwinger mit Fußpunkterregung

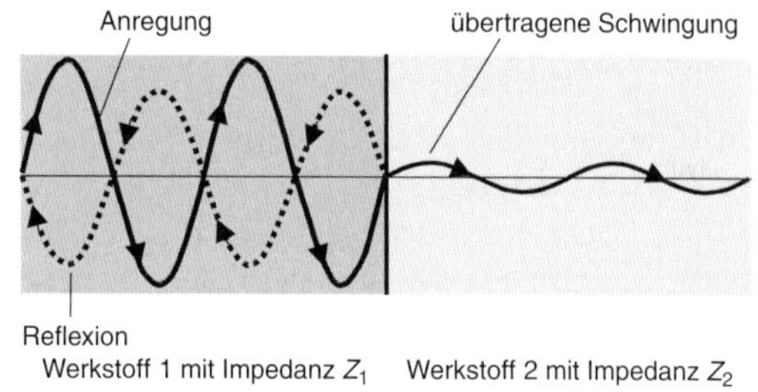

Abb. 7.129 Schallisolierung durch Reflexion am Werkstoffübergang

Frequenz, der Erregeramplitude und der Temperatur abhängig, Abb. 7.127. Mit steigender Frequenz vergrößern sich u. a. dynamische Federsteifigkeit, Verlustwinkel und Dämpfung. Mit abnehmender Erregeramplitude ist ebenfalls eine Erhöhung der Steifigkeit verbunden, bei gleichzeitiger Ausbildung eines Maximums des Verlustwinkels. Schließlich beeinflusst auch die Temperatur des Elastomer-Federkörpers sowohl Federrate als auch Dämpfung des Lagers und wirkt sich auf die Lebensdauer aus.

Voraussetzung für gute Isolationswirkung ist ein genügend großes Verhältnis von Erregerfrequenz zu Systemeigenfrequenz [118]. Liegt die Erregerfrequenz unterhalb des Wurzel 2-fachen der Systemeigenfrequenz, ist keine Isolation mehr möglich, Abb. 7.128. In der Praxis hat sich ein Verhältnis zwischen Lagersteifigkeit und lokaler Karosseriesteifigkeit von mindestens 1 : 10 bewährt.

Isolierung von schwingenden Bauteilen Die Isolierung von Erregungen aus Rad-/Reifensystem, Motor/Getriebe, Hinterachsgetriebe, Achsträger usw. von der Karosserie bzw. den Insassen stellt einen der wichtigsten Beiträge der Elastomerlager dar. Hierbei wird versucht, durch weiche Lagerung des schwingenden Körpers die im Lagerelement als Funktion der Auslenkung entstehende Kraft niedrig zu halten bzw. nur stark gemindert in die Karosserie einzuleiten. Unter diesem Abbau von Erregerkräften versteht man im schwingungstechnischen Sinne Isolation bzw. Dämmung oder Entstörung. Bei dieser Funktion der Elastomerlager ist Dämpfung nicht erwünscht, da sie zu einer Erhöhung der übertragenen Kraft führt. Da sich Körperschall in festen und flüssigen Medien wellenförmig ausbreitet, wird die Schallisolierung in elastischen Lagerungen mittels Reflexion bewirkt, Abb. 7.129. Stößt die Welle dabei auf eine Übertragungsstelle zweier unterschiedlicher Werkstoffe mit den Schwingwiderständen (Impedanzen) Z_1 und Z_2, so wird sie teilweise reflektiert, d. h. in ihrer Ausbreitung gehindert. Dabei ist die Reflexion umso größer, je größer der Impedanzsprung p als Verhältnis Z_1/Z_2 ist.

Elastomerwerkstoffe besitzen einen niedrigen Elastizitätsmodul und geringe Dichte, daraus resultieren die sehr wirkungsvollen körperschalldämmenden Eigenschaften. Da es sich oft nicht

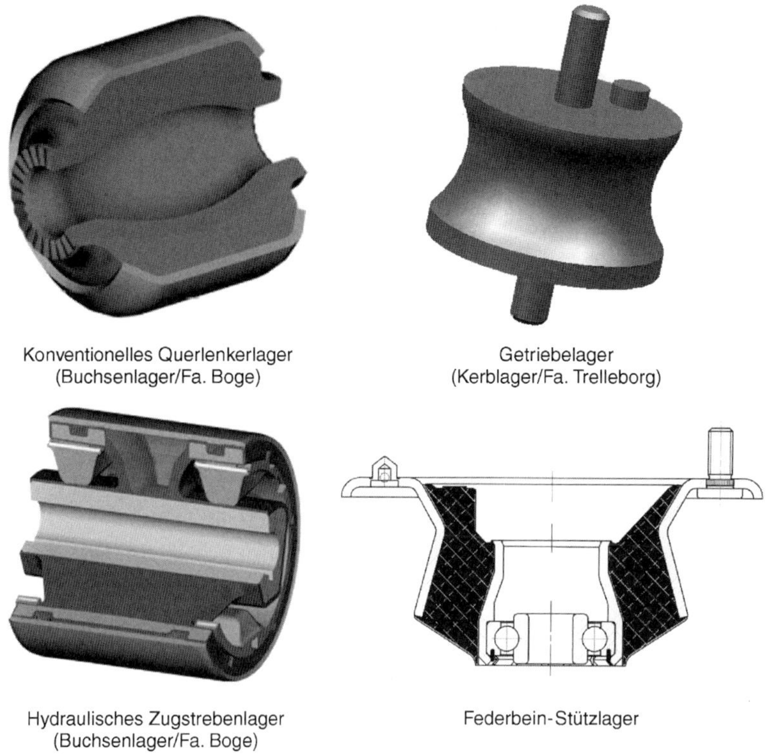

Abb. 7.130 Beispiele für Lagerausführungen

vermeiden lässt, im Betrieb Resonanzstellen des Systems zu durchfahren, ist es von hoher Wichtigkeit, die elastische Lagerung mit ausreichender Dämpfung zu versehen, um dem schwingenden System kinetische Energie durch Umwandlung in Wärme zu entziehen. Dadurch werden Schwingungsausschläge beim Durchfahren einer Resonanzstelle in Grenzen gehalten. Verlustwinkel und Dämpfungsmaß beschreiben den Parameter Dämpfung in einem schwingungsfähigen System. Der Verlustwinkel sagt aus, um wieviel Grad die aus elastischem und dämpfendem Anteil zusammengesetzte Kraft der elastischen Verformung vorauseilt; das Dämpfungsmaß ist das dimensionslose Verhältnis der gegebenen Dämpfung zur kritischen Dämpfung [119].

Die Dämpfung entsteht durch die innere Reibung der Elastomere. Damit verbunden ist aber auch eine dynamische Verhärtung, die mit zunehmender Frequenz ansteigt, sodass die Isolierwirkung bei höheren Frequenzen abnimmt. Es überlagert sich die schon erwähnte Zunahme der Steifigkeit mit abnehmender Amplitude, sodass hier auch die Grenzen der reinen Elastomerlager deutlich werden. Mit zunehmender Shore-Härte nimmt die Werkstoffdämpfung im Allgemeinen zu. Steifigkeit, Dämpfung und Festigkeit werden wesentlich von den dem Grundpolymer beigefügten Füllstoffen beeinflusst, wobei (klar spezifizierte) technische Ruße eine besondere Rolle spielen [120].

Bauarten (Abb. 7.130): Grundsätzlich kann Gummi in Elastomerlagern auf Schub (Scherung) oder Druck/Zug beansprucht werden. Aufgrund der Volumenkonstanz des Werkstoffs lässt sich bei der Druck/Zug-Beanspruchung eine größere Steifigkeit realisieren als bei Schubbeanspruchung. Mit diesen zwei Beanspruchungsarten können konstruktiv richtungsabhängige Lager ausgelegt werden. Eine positive Beeinflussung hinsichtlich Funktion (z. B. Vergrößerung der möglichen Torsionswinkel bei Lenkerbuchsen) und Lebensdauer kann durch Einbringung von Druckvorspannun-

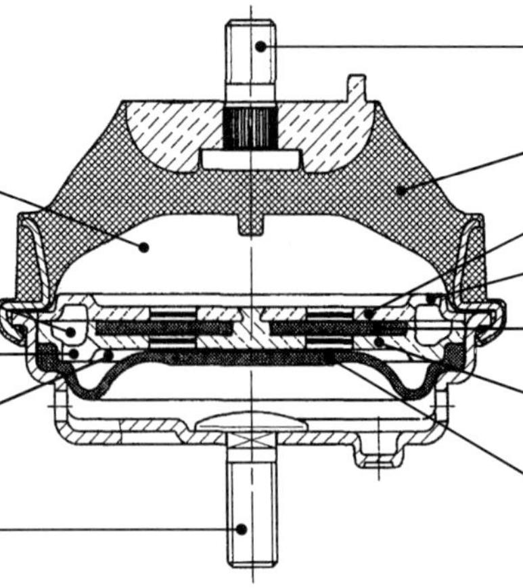

Abb. 7.131 Einkammer-Hydrolager mit Entkopplung

gen in den Elastomerkörper erzielt werden. U. a. werden hierdurch die Schrumpfspannungen kompensiert, die durch das Abkühlen nach dem Vulkanisieren entstehen [121].

Konventionelle Gummilager Für viele Anwendungsfälle wie z. B. die Anbindung von Lenkern, Streben oder Stoßdämpfern gehören rotationssymmetrische Buchsenlager nach wie vor zu den kostengünstigsten Lösungen. In Abhängigkeit von den auftretenden Belastungen ist hierbei der Gummi am Innen- und Außenteil anvulkanisiert, eingepresst oder auch eingeknöpft. Zur Erzielung richtungsabhängiger und funktionsoptimierter Kraft-/Weg-Kennlinien werden Buchsenlager häufig mit Nieren versehen. Darüber hinaus kann durch entsprechend angeordnete Stege und Anschlagpuffer sowie das Einvulkanisieren von Zwischenblechen die Variabilität der Kennlinien weiter erhöht werden. Insbesondere für die Motor-/Getriebelagerung wird neben den Buchsenlagern eine Vielzahl weiterer Bauformen eingesetzt, um entsprechend Aggregatanordnung, Lagerungskonzept und verfügbarem Bauraum bestmögliche Lagereigenschaften zu erzielen. Häufig verwendete Ausführungsformen sind z. B. Keillager, Dachlager und sog. Kerblager [118–120].

Hydrolager Über die reine Elastomerdämpfung hinaus kann durch Kombination des Gummilagers mit einer entsprechenden Hydraulikvorrichtung das Dämpfungsangebot erheblich erhöht und innerhalb gewisser Grenzen in Abhängigkeit von Schwingfrequenz und -amplitude bedarfsgerecht angepasst werden. Hierbei stehen zwei grundsätzliche Effekte zur Verfügung: 1. Dämpfung durch viskose Reibung, 2. Schwingungstilgung durch Beschleunigung von Fluidmasse. Abbildung 7.131 zeigt exemplarisch die Ausführung eines hydraulischen Motorlagers: Die Arbeitskammer wird durch die äußere Schwingungsanregung in ihrem Volumen verändert und dadurch Über- oder Unterdruck erzeugt. Die Flüssigkeitsmasse im Kanal und die Blähwandsteifigkeit der Elastomerfeder bilden ein schwingfähiges System, das durch die Anregung in einem abgestimmten Frequenzbereich in Resonanz gerät und durch die Trägheit sowie Dissipation der Strömung ein hohes Dämpfungsmaß erzeugt. Die beiden Gitter mit zwischenliegender, oftmals spielbehafteter Membran sorgen dafür, dass für kleine Anregungen die hydraulische Dämpfung abgeschaltet wird; dies verbessert die Akustik. Im Automobilbau hat sich die Anwendung hydraulisch gedämpfter Lager für die Längsschwingbewegung der Räder und bei der Aggregatelagerung bewährt [122]. Als gewisser Trend bei den hydraulischen Motorlagern ist die Integration der Anschlagfunktion zur Begrenzung der Aggregatebewegung (insbesondere im Fahrbetrieb und bei Unfallsituationen im niedrigen Geschwindigkeitsbereich) in das Lager erkennbar [133, 134].

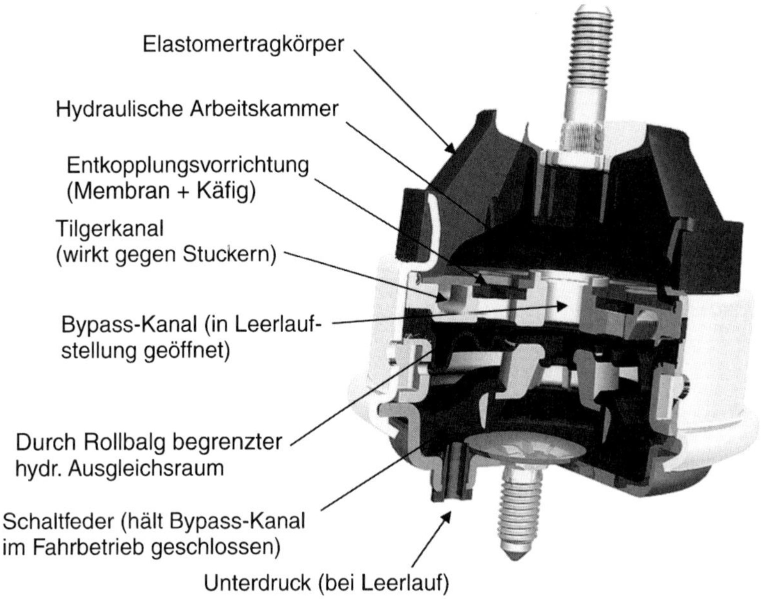

Abb. 7.132 Dämpfungssteuerbares Hydrolager (Vibracoustic)

Schaltbare Lager Nicht nur zur Lagerung von Dieselmotoren werden heute vielfach Hydrolager eingesetzt, bei denen die Hydraulik entweder je nach Betriebszustand zu- bzw. abgeschaltet, oder aber bedarfsgerecht verändert werden kann. Ziel ist hierbei meistens, im hinsichtlich Akustik und Vibrationen kritischen Leerlauf ein Maximum an Isolation zu erhalten und dagegen im Fahrbetrieb durch Zuschalten oder entsprechendes Verstellen der Hydraulik die raderregte Aggregatbewegung (Stuckern) unter Inkaufnahme eines reduzierten Isolationsgrades in gewünschtem Maße zu bedämpfen. Die Verstellung kann hierbei elektrisch [123] oder mittels Unterdruck erfolgen. Abbildung 7.132 zeigt ein Schaltlager, bei dem durch Anlegen von Unterdruck ein Bypasskanal geöffnet wird, der dann den auf die Stuckerfrequenz abgestimmten Ringkanal überbrückt. Hierdurch wird der hydraulisch bedingte Dämpfungsanstieg in einen höheren, im Leerlauf nicht relevanten Frequenzbereich verschoben. Zusätzlich kann der vor diesem Anstieg auftretende Abfall der dynamischen Steifigkeit dazu genutzt werden, in einer dominanten Anregungsfrequenz die Isolation lokal zu erhöhen.

Nachteil der bisher beschriebenen »dämpfungssteuerbaren Hydrolager« ist einerseits, dass die Hydraulik und damit die Verstellung der dynamischen Steifigkeit nur in einer Richtung wirkt und andererseits, dass nur die dynamische, nicht aber die statische Federrate verändert werden kann. Dieser Nachteil wird durch »steifigkeitssteuerbare Hydrolager« behoben, Abb. 7.133. Hierzu sind 2 konzeptionelle Ansätze bekannt, die beide auf der Parallelschaltung eines auf den Leerlauf abgestimmten Basisgummilagers mit einem zuschaltbaren, für den Fahrbetrieb optimierten Hydrolager beruhen. Während bei der von der Fa. Trelleborg entwickelten Ausführung die An- bzw. Abkopplung der beiden Lagerelemente durch einen elektrisch angetriebenen, kardanischen Klemmmechanismus erfolgt (Abb. 7.134), dient bei dem Konzept von der Fa. ContiTech ein wahlweise aufzubauendes Luftpolster als Entkopplungselement.

Aktive Lager Unter diesen Begriff fällt eine ganze Reihe neuer, größtenteils noch nicht abgeschlossener Entwicklungen. Im erweiterten Sinn werden darunter Lager verstanden, bei denen die Eigenschaften durch Änderung der Parameter Dämpfung, Steifigkeit oder Masse dem jeweiligen

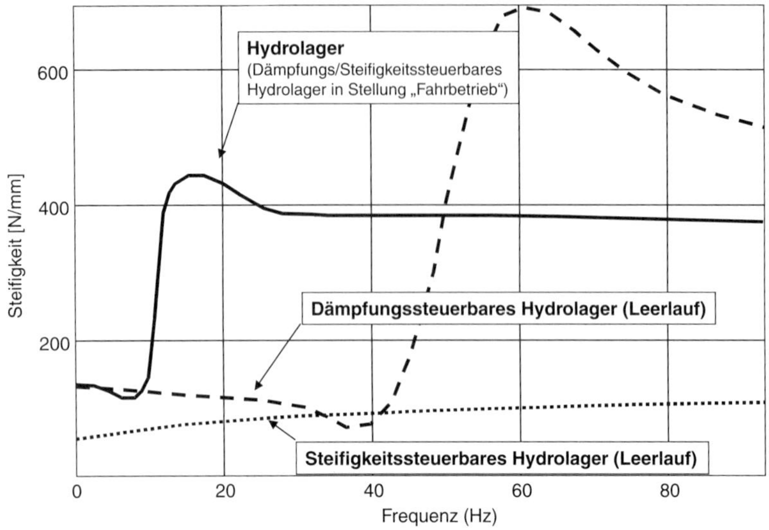

Abb. 7.133 Vergleich der dynamischen Steifigkeitskennlinien schaltbarer Hydrolager

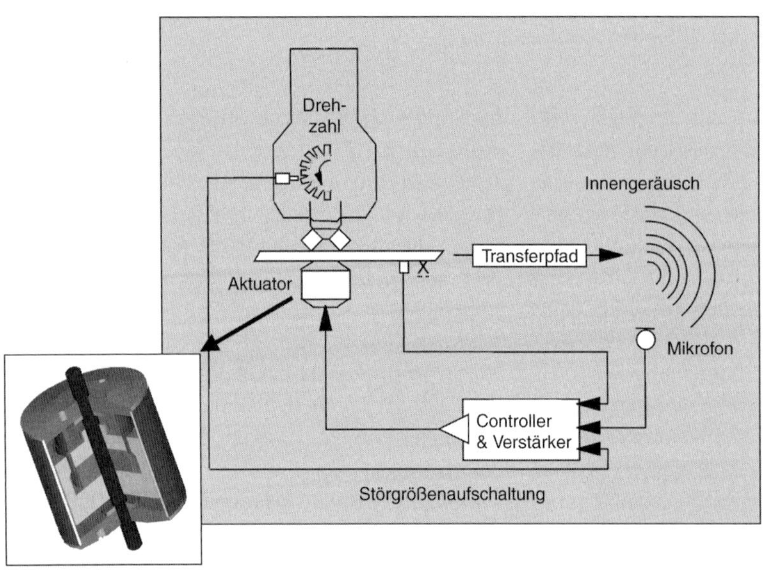

Abb. 7.134 Beispiel für ein aktives Lagerungssystem mit elektromagnetischem Aktuator (Fa. Trelleborg)

Betriebszustand optimal und deutlich schneller als bei den vorgenannten Schaltlagern angepasst werden können. Ansätze zur technischen Umsetzung bieten hierbei u. a. elektro- sowie magnetorheologische Flüssigkeiten, deren Viskosität durch Anlegen eines elektrischen bzw. magnetischen Feldes erhöht werden kann. Die Ansteuerung solcher Lager kann dabei als einfache »Open-Loop«-Steuerung in Abhängigkeit eines oder mehrerer Betriebsparameter wie z. B. der Motordrehzahl oder aber auch als komplexes, selbst optimierendes Regelungssystem ausgeführt sein [124]. Selbstverständlich fallen aber auch diejenigen Lagerausführungen unter diese Rubrik, die selbst Aktionskräfte erzeugen und dem System zur Schwingungskompensation ge-genphasig zur störenden Anregung aufprägen.

Dies kann direkt, z. B. durch Unterdruck oder über einen Elektromagneten geschehen, oder aber auch in Form einer schwingenden, sogenannten seismischen Masse. Zur Krafterzeugung sind neben den klassischen hydraulischen, pneumatischen und elektromagnetischen Lösungen auch piezoelektrische und magnetostriktive Aktoren interessante Alternativen [125]. Bis auf wenige spezielle Einzelanwendungen im Bereich der Aggregatlagerung konnten sich aktive Lager bisher nicht als technische Serienlösungen durchsetzen. Hauptgrund hierfür ist wohl der im Verhältnis zum erzielbaren Nutzen heute noch beträchtliche Kostenaufwand.

Kombination von Elastomerlagern mit anderen Bauelementen Ein nicht zu unterschätzender Vorteil von Elastomerlagern ist, dass sie sich zur Erzielung einer kompakten, gewichtsoptimierten Bauweise leicht zusammen mit anderen Komponenten in komplexere Bauteile integrieren lassen. Beispiele hierfür sind das in ◘ Abb. 7.130 dargestellte Federbeinstützlager oder die elastische Anbindung eines Kugelgelenkes mittels anvulkanisierter Gummihülse an einen Querlenker zur Erzielung positiver elastokinematischer Effekte [126]. Um den durch die Elastomereigenschaften begrenzten Spielraum (z. B. hinsichtlich der Dämpfungsuntergrenze oder des Verhältnisses Axial- zu Radialsteifigkeit) zu vergrößern, können die Elastomerfedern auch mit anderen Federelementen wie z. B. Schraubenfedern aus Stahl kombiniert werden [127].

Tilger Einen Sonderfall für den Einsatz von Elastomerlagern stellen Schwingungstilger dar, bei denen eine elastisch aufgehängte Masse zur Tilgung störender Vibrationen verwendet wird. Die Tilgerwirkung beschränkt sich hierbei allerdings auf eine bestimmte Frequenz. Durch Erhöhung der Dämpfung, ggf. auch mittels Hydraulik, kann die »Breitbandigkeit« erhöht werden. Auch hier besteht die Möglichkeit, durch den Einsatz von Aktuatorik den wirksamen Frequenzbereich bedarfsgerecht auszuweiten. So kann eine aktive Lagerung auch als Kombination eines konventionellen Lagerelements mit einem aktiven Tilger dargestellt werden.

Lagerauslegung In Anbetracht der sehr speziellen und komplexen Eigenschaften der einsetzbaren Werkstoffe ist es bei der Entwicklung von Elastomerlagern besonders wichtig, von Anfang an sämtliche Anforderungen sowie Rahmenbedingungen zu kennen und zu berücksichtigen. Gegebenenfalls muss nach Vorliegen einer ersten Lagerauslegung auch noch einmal der umliegende Bauraum verändert werden. Die konstruktive Auslegung der Lager erfolgt heute standardmäßig mit Hilfe entsprechender Simulations- und FEM-Programme [116, 118, 122]. In diese Untersuchungen müssen auch verstärkt Toleranz- bzw. Grenzmusterbetrachtungen mit einfließen, um später in der Serienfertigung eine gleich bleibende Qualität der Fahrzeuge bezüglich Fahrverhalten und Komfort sicherzustellen [135].

Neben den positiven funktionalen Eigenschaften weisen Elastomere noch eine Reihe einschränkender Merkmale auf, die bei der konstruktiven Auslegung der Lager sowie deren Umfeld berücksichtigt werden müssen. So verändern Elastomerwerkstoffe in Abhängigkeit von den einwirkenden Lasten, Temperaturen und Medien ihre Eigenschaften wie Steifigkeit, Dämpfung und Festigkeit über der Zeit [129]. Hinzu kommt ein mit höherer Temperatur stärker werdendes Fließverhalten, das bei statisch vorbelasteten Lagern zu vermehrten Setzungserscheinungen führen kann. Diese treten hauptsächlich während der ersten Kilometer eines Fahrzeugs auf und müssen unter Umständen konstruktiv vorgehalten werden. Bei der Auslegung hinsichtlich der statischen und dynamischen Lagereigenschaften muss angesichts der unterschiedlichen Einsatzbedingungen oft ein Kompromiss gefunden werden, der alle Extrembedingungen abdeckt und auch die zeitlichen Veränderungen des Elastomers mit berücksichtigt. Neben hohen und sehr niedrigen Temperaturen wirken sich UV-Licht und Ozon negativ auf Lebensdauer und Bruchlast aus. Insbesondere im Hinblick auf das Haftsystem ist auch auf mögliche korrosive Medien wie Salzwasser ein besonderes Augenmerk zu richten. Bezüglich der Temperaturbelastung ist nicht nur die auftretende Umgebungstemperatur, sondern auch die infolge Dämpfungsarbeit im Lager selbst entstehende Wärme zu berücksichtigen.

Wegen seiner insgesamt ausgeglichensten Eigenschaften ist Naturkautschuk (NR) der am häufigsten für Lager eingesetzte Elastomerwerkstoff.

Sein größter Nachteil ist seine eingeschränkte Temperaturbeständigkeit. Während für NR-Mischungen von den Lagerherstellern im Allgemeinen eine maximale Dauertemperatur von ca. 80 °C genannt wird, liegen die kurzzeitig im Fahrzeug von den Bauteilen zu ertragenden Temperaturen oft deutlich höher. Da sich aber bei höheren Temperaturen die Lebensdauer reduziert, ist in solchen Fällen neben den Betriebslasten die genaue Kenntnis des im Fahrzeugleben auftretenden »Temperaturkollektivs« wichtig. Häufig müssen in der Lagerumgebung temperatursenkende Maßnahmen ergriffen werden. Dazu gehören Wärmeschutzbleche, aber auch die gezielte Zuführung von Kühlluft. Grundsätzlich stehen zwar mit synthetischen Kautschuksorten wie z. B. EPDM (Ethylen-Propylen-Dien-Kautschuk), FKM (Fluor-Kautschuk), oder VMQ (Silikon-Kautschuk) auch Elastomerwerkstoffe für Temperaturen bis über 150 °C zur Verfügung, doch weisen diese deutliche Nachteile hinsichtlich der mechanischen Eigenschaften auf [116, 118]. Erste Anwendungen von Motorlagern mit Silikontragfeder zeigen jedoch für die Zukunft ein Potenzial auf.

7.4.2.3 Wirkung äußerer Kräfte

Die am Rad angreifenden Vertikal-, Längs- und Querkräfte verändern die durch Vorspur und Sturz beschriebene Radstellung. Welche Änderungen unter verschiedenen Fahrsituationen günstig sind, wird im Folgenden kurz erläutert. Eine ausführliche Darstellung findet sich z. B. in [130]. Wie die Radstellungsänderung konstruktiv beeinflusst wird, hängt vom Achsprinzip, der Anordnung der Lenker und den Elastizitäten ab und wird exemplarisch veranschaulicht. Zur Vertiefung empfiehlt sich [131].

Die Änderung von Vorspur und Sturz über dem Radhub ist zunächst eine Eigenschaft der Kinematik. Die Bedeutung für das Fahrverhalten wurde in ► Abschn. 7.4.1.1 beschrieben. Durch die Elastizitäten in der Radaufhängung werden beide Kenngrößen verändert. Bei der kinematischen Auslegung einer Achse ist deshalb die elastische Änderung vorzuhalten.

Abbildung 7.135 zeigt den Querlenkerverband einer Doppelgelenk-Federbeinachse, die konstruktive Ausführung der gesamten Achse ist in Abb. 7.144 zu sehen. Die Führung des Radträgers in Längs- und Querrichtung erfolgt durch den Querlenker Q und die Zugstrebe Z; gelenkt wird mit der Spurstange S. Da das Federbein nach innen geneigt sein muss, bewirkt die Radaufstandskraft eine Zugbelastung im Querlenker Q und verschiebt wegen der Elastizität c_Q den radträgerseitigen Querlenkerpunkt nach außen. Das Stützlager wandert nach innen. Dadurch nimmt der negative Sturz zu. Wie sich die Vorspur ändert, hängt davon ab, ob die Lenkung vor oder hinter Radmitte angeordnet ist.

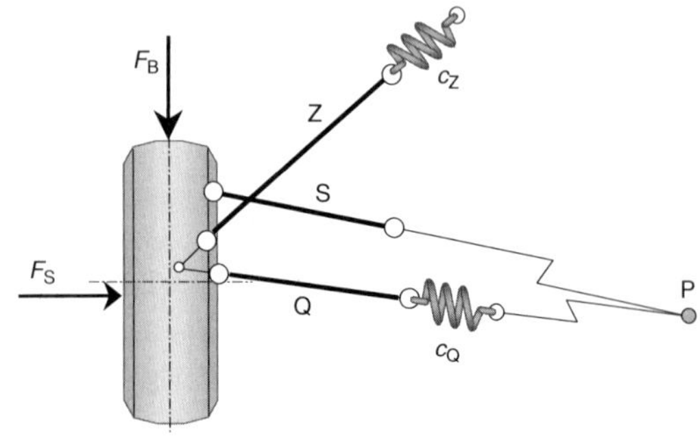

Abb. 7.135 Schematische Draufsicht des Querlenkerverbandes einer Doppelgelenk-Federbeinachse

Liegt sie wie im Bild vorne, geht die Achse durch die oben beschriebene Verlagerung des Querlenker-Anlenkpunktes unter Radaufstandskraft in Vorspur.

Bezüglich der Längskraft-Elastokinematik gibt es verschiedene Anforderungen. Sowohl beim Bremsen als auch beim Beschleunigen geradeaus ist es erfahrungsgemäß für die Fahrstabilität günstig, wenn beide Achsen leicht in Vorspur gehen. Die übertragbaren Kräfte beim Beschleunigen sind jedoch größer, wenn der Schräglaufwinkel der Reifen möglichst klein ist.

Beim Bremsen auf unterschiedlichen Reibwerten (μ-split) bewirken links und rechts ungleiche Bremskräfte ein Giermoment, welches das Fahrzeug zur Hochreibwertseite drehen möchte. Wenn nun die Vorderachse durch die Bremskraft in Vorspur geht, entsteht durch die Lenkwinkeländerung ein entgegengerichtetes Giermoment, welches das Fahrzeug stabilisiert. Entsprechendes gilt, wenn die Hinterachse auf Nachspur geht.

Anders sind die Verhältnisse, wenn bei Kurvenfahrt das Gas weggenommen wird (Lastwechsel) oder beim Anbremsen in der Kurve. Bei beiden Manövern ändern sich zunächst die Radlasten: die Vorderachse wird mehr, die Hinterachse weniger belastet. Bei höherer Radlast und zunächst gleichem Schräglaufwinkel bauen die Reifen vorne eine größere Seitenkraft, hinten wegen der Entlastung eine kleinere Seitenkraft auf, sodass in der Summe ein Giermoment entsteht, welches das Fahrzeug nach kurveninnen lenken möchte. Dieses Giermoment wird reduziert, wenn die Vorderachse so ausgelegt ist, dass sie durch eine Bremskraft in Nachspur geht, und die Hinterachse so, dass sie in Vorspur geht. Zwar ändern die Räder links und rechts ihren Lenkwinkel gleichermaßen, da aber die Radlast der Kurvenaußenräder höher ist, kommt die Lenkwinkeländerung dieser Räder stärker zum Tragen und bewirkt ein nach kurvenaußen gerichtetes Giermoment.

Generell ist für das Fahrverhalten die Elastokinematik beider Achsen wichtig. Beim Bremsen ist die elastokinematische Lenkwinkeländerung an der Vorderachse größer als an der Hinterachse, weil die Bremskraft vorne im Allgemeinen deutlich größer ist als hinten. Ferner wirkt sich die Lenkwinkeländerung vorne stärker aus, weil dort die Radlast zunimmt. Beim Anfahren kann die Längskraft-Elastokinematik nur an der angetriebenen Achse genutzt werden.

Die Ausführungen zeigen auch, dass es eine einzige optimale elastokinematische Abstimmung nicht geben kann. Vielmehr ist eine Abstimmung immer eine achsbezogene Synthese aus den Anforderungen verschiedenster Fahrzustände. Die Abstimmung muss ferner die Ziele der Gesamtfahrzeugauslegung berücksichtigen und ist immer im Zusammenhang mit anderen Parametern wie Reifenverhalten, Federung, Stabilisatoren etc. zu sehen. In der Realität sind die Fahrzeuge meist so ausgelegt, dass die Vorderachse unter Bremskraft leicht in Nachspur geht und die Hinterachse leicht in Vorspur. Wenn es das Achskonzept zulässt, werden angetriebene Hinterachsen zusätzlich so ausgelegt, dass sie auch bei Vortriebskraft in Vorspur gehen.

Bei der in ◘ Abb. 7.135 gezeigten Doppelgelenk-Federbeinachse wird die Längsfederung durch das Zugstrebenlager mit der Steifigkeit c_Z realisiert. Für das freirollende Rad ist c_Z klein. Beim Auftreten einer Bremskraft F_B dreht sich der Radträger zunächst um den Pol P, d. h. die Achse geht bei der dargestellten Anordnung leicht in Nachspur. Bei großer Bremskraft geht das Zugstrebenlager auf Anschlag (c_Z wird groß). Dann kommt auch das Querlenkerlager mit seiner erheblich höheren Steifigkeit c_0 zur Wirkung. Da der Querlenker beim Bremsen auf Druck belastet ist und die Spurstangenkraft verhältnismäßig klein bleibt, stellt sich die vorliegenden Achse weiter in Nachspur, ◘ Abb. 7.136.

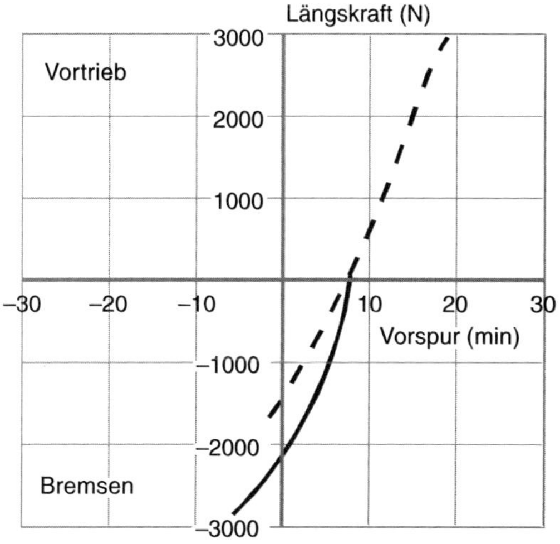

◘ Abb. 7.136 Typischer Verlauf der Vorspur einer Federbeinachse unter Brems- und Vortriebskraft

Ein weiterer wichtiger Aspekt der Elastokinematik ist die Änderung von kinematischen Kenngrößen durch elastische Verformungen. ◘ Abbildung 7.137 zeigt schematisch eine Doppelquerlenkerachse in Seitenansicht. Die Spreizachse S ergibt sich als Verbindungslinie der beiden radträgerseitigen Querlenkerpunkte für Längskraft 0 (gestrichelte Lenkerlage), die zugehörige Nachlaufstrecke n ist eingetragen.

Die Radlängsfederung sei durch die karosserieseitigen Gummilager realisiert. Da ein Bremsmoment als Kräftepaar von den Querlenkern aufgenommen werden muss, bewegt sich der untere nach hinten und der obere nach vorne. Dadurch »zieht sich der Radträger auf«, d. h. er verdreht

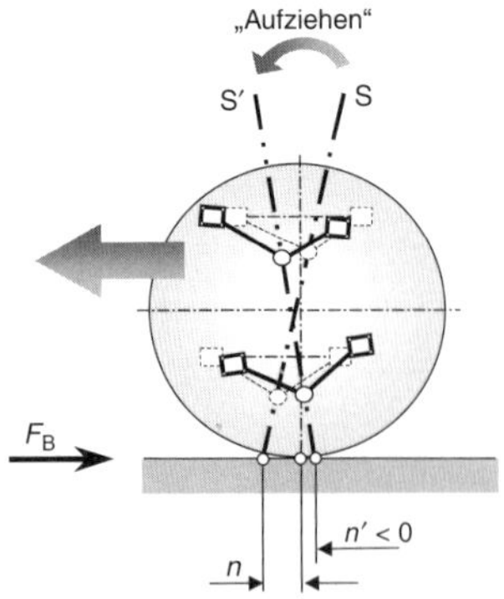

Abb. 7.137 Prinzipbild einer Doppelquerlenkerachse unter Bremskraft in Seitenansicht

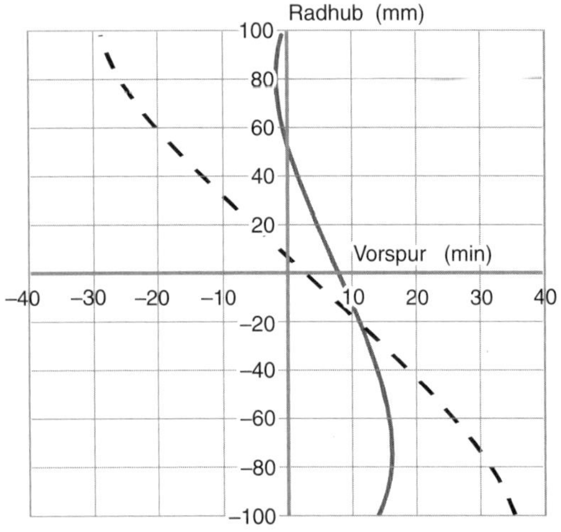

Abb. 7.138 Typischer Verlauf der Vorspur einer Doppelquerlenkerachse über dem Radhub

sich um die Fahrzeugquerachse. Die Spreizachse S dreht damit nach S', aus der Nachlaufstrecke n wird die negative Nachlaufstrecke n' (auch Vorlauf genannt).

Ein weiterer Effekt beim Aufziehen des Radträgers ist, dass sich die Neigung der Spurstange ändert, welche den Verlauf der Vorspur über dem Radhub steuert. Das bedeutet, dass der Verlauf der Vorspur über dem Radhub unter Bremskraft gegenüber dem Verlauf ohne Bremskraft geneigt wird, Abb. 7.138.

Um das Aufziehen des Radträgers zu begrenzen, ist es wichtig, eine große Abstützbasis zwischen den Lenkern zu realisieren. Es ist deshalb günstig, bei einer Doppelquerlenkerachse den oberen Querlenker über dem Rad anzuordnen, Abb. 7.137. Muss der obere Querlenker in die Radschüssel gelegt werden, so kann die für den Komfort wichtige Längsfederung mittels eines elastisch gelagerten Achsträgers realisiert werden, die Querlenker können dann härter ausgeführt sein. Günstig ist es auch, wenn das Bremsmoment mittels eines Integrallenkers über den unteren Querlenker aufgenommen wird, weil sich dann im oberen Querlenkerverband keine Längskräfte ergeben. Dies ist bei der Integrallenker-Hinterachse realisiert, Abb. 7.147.

Auch die Seitenkraft verändert durch die in einer Achse vorhandenen Elastizitäten Vorspur und Sturz. Wie in ▶ Abschn. 7.4.1.1 gezeigt, entsteht bei Einzelradaufhängungen aus dem Wankwinkel am Kurvenaußenrad ein Sturzverlust, der nur teilweise durch die Kinematik ausgeglichen werden kann. Eine nach innen weisende Kraft kann bei allen gängigen Achsen den Sturzverlust nur vergrößern. Unter diesem Aspekt ist bei der Achse in Abb. 7.135 ein steifes Querlenkerlager erforderlich.

Durch die Lenkwinkeländerung aus der Seitenkraft wird das Lenkverhalten des Fahrzeugs beeinflusst. In der Regel soll auch durch die Seitenkraft-Elastokinematik ein leicht untersteuerndes Verhalten (siehe ▶ Abschn. 7.1) erreicht werden. Dazu ist es erforderlich, dass bei einer nach fahrzeuginnen wirkenden Seitenkraft die Vorderachse in Nachspur geht und die Hinterachse in Vorspur. So wird mit den aus der Querbeschleunigung resultierenden Radkräften ein Lenkwinkel erzeugt, der die Querbeschleunigung abbaut. Durch den Lenkwinkel an der Hinterachse wird zugleich der Schwimmwinkel reduziert.

Andere Anforderungen ergeben sich aus Bedingungen wie Seitenwind und Fahrbahnquerneigung, denn diesen äußeren Kräften soll das Fahrzeug nicht unerwünscht nachgeben. Vor allem für die Unempfindlichkeit gegen Seitenwind ist es aus elastokinematischer Sicht günstig, wenn eine nach fahrzeuginnen weisende Kraft an der Vorderachse Vorspur bewirkt.

In der Regel werden – sofern möglich – beide Achsen so ausgelegt, dass sie auch durch die Seitenkraft untersteuern. Entscheidend für das Fahrver-

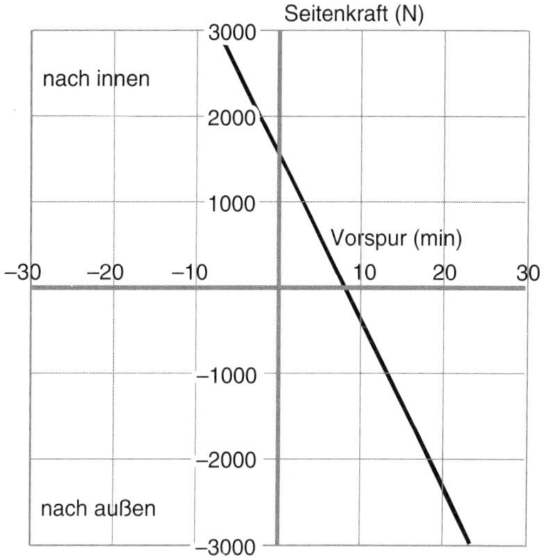

Abb. 7.139 Typischer Vorspurverlauf einer Federbein-Vorderachse mit vornliegender Lenkung unter Seitenkraft bei festgehaltenem Radhub

halten ist das Zusammenspiel beider Achsen. Die konkrete Abstimmung ergibt sich aus den Fahreigenschaftszielen und ist im Zusammenhang mit vielen anderen Abstimmparametern wie der Federung, Stabilisierung, Aerodynamik u. s. w., aber auch mit kinematischen und elastokinematischen Einflüssen aus Radhub und Längskraft zu sehen.

Bei der in Abb. 7.135 dargestellten Achse geht der Querlenker Q unter einer nach innen weisenden Seitenkraft F_S auf Druck. Liegt nun die Lenkung vorne, so geht die Achse wegen der Elastizität c_Q in Nachspur, Abb. 7.139. Ist die Lenkung hinten angeordnet, so geht sie in Vorspur. In diesem Fall ist eine sehr hohe Querlenkersteifigkeit erforderlich.

Ein etwas anderes Bild ergibt sich, wenn bei einer Federbeinachse die Lenkung hinten und deutlich oberhalb des Querlenkers angeordnet ist. Durch die nach innen weisende Seitenkraft entsteht im Dämpfer ein Biegemoment. Die Durchbiegung des Dämpfers vergrößert den (positiven) Sturz des Kurvenaußenrades, was zur Folge hat, dass der Radträger oberhalb des Querlenkers nach außen gedrückt wird. Da er am Spurstangengelenk festgehalten wird, ergibt sich ein Einfluss in Richtung Nachspur.

Ein weiterer wichtiger Aspekt für das Seitenkraft-Lenkverhalten ist die Torsionselastizität der Lenksäule als Teil der Gesamt-Lenkelastizität. Bei den für die elastokinematische Auslegung relevanten Fahrzuständen (kleine bis mittlere Lenkwinkel und Schräglaufwinkel) ist die Summe aus geometrischem Nachlauf und Reifennachlauf stets positiv. So ergibt sich das für das Lenkgefühl wichtige rückstellende Moment am Lenkrad. Das Moment bewirkt eine Verdrehung der Lenksäule, welche ihrerseits bei festgehaltenem Lenkrad einen untersteuernden Lenkwinkel an den Rädern verursacht.

An der Hinterachse ist es günstig, wenn die Räder unter einer nach fahrzeuginnen weisenden Seitenkraft in Vorspur gehen. Bei den gewichts- und kostengünstigen Längslenke-, Schräglenker- und Verbundlenkerachsen wirken die Elastizitäten der Achsbauteile dieser Forderung entgegen. Durch schräggestellte Gummilager zwischen der Karosserie und dem Hinterachsträger bzw. dem Verbundlenker kann das Lenkverhalten der Bauteile teilweise kompensiert werden. Bei den aufwändigeren Doppelquerlenker-, Raumlenker- und Integrallenker-Achsen dagegen lässt sich das Seitenkraftsteuerverhalten beliebig einstellen, siehe ► Abschn. 7.4.3 sowie [117, 131, 132].

Die Betrachtungen in diesem Abschnitt zeigen, wie mittels Elastizitäten das Fahrverhalten beeinflusst werden kann. Dabei werden stets durch Radkräfte Lenkwinkel und Sturzänderungen bewirkt. Die Kräfte selbst sind unvermeidbar, sie resultieren aus dem Betrieb des Fahrzeugs. Für konventionelle Fahrwerke muss bei der Auslegung das gesamte Spektrum möglicher Kräfte berücksichtigt werden, was immer zu Kompromissen bei der Synthese zwingt. Wenn es gelingt, durch Regelungssysteme ein Fahrzeug zusätzlich vorteilhaft zu beeinflussen, kann sich die Gewichtung bei der Abstimmung der Elastokinematik verschieben.

7.4.3 Radaufhängungen

Die Radaufhängung übernimmt mit den Bauteilen Radträger, Radlager, Lenker (mit Gelenken und Gummilagern), Feder und Dämpfer die Führung des Rades und die Abstützung äußerer Kräfte. Da-

Tabelle 7.9 Einige Auswahlkriterien für Achskonzepte

	Starrachsen	Einzelradaufhängungen			Verbundachsen
		eben	sphärisch	räumlich	
Kinematisches Auslegungspotenzial	−	0	+	++	0
Längsfederung	−	0	+	++	−
Kosten	+	0	−	−−	+
Bauraum	−−	0	0	+	−
Gewicht	−	0	+	+	0
Unempfindlichkeit (Achslast, Geländetauglichkeit, Toleranzen, …)	++	0	−	−	0

bei unterscheidet man je nach Freiheitsgrad der Aufhängung Starrachsen, Einzelradaufhängungen und Verbundachsen [139, 140]. Starrachsen können einseitig oder parallel einfedern, weisen also zwei Freiheitsgrade auf. Bei Einzelradaufhängungen ist der symmetrische und antimetrische Federungsvorgang identisch und entspricht nur einem Freiheitsgrad. Verbundachsen können je nach Ausführung unterschiedliche Grade der Kopplung von linkem und rechtem Rad aufweisen und liegen in den Eigenschaften daher zwischen Starrachsen und Einzelradaufhängungen. Bei gelenkten Achsen kommt jeweils ein Freiheitsgrad dazu, nämlich die Drehbarkeit des Rades um die in der Nähe der Hochachse liegende Spreizachse.

Die Auswahl des Achskonzepts wird von vielen Randbedingungen beeinflusst, z. B. Einsatzspektrum (Geschwindigkeitsbereich, Achslast …), Bauraum, Antriebsart, Kosten, Gewicht usw., Tab. 7.9. Allgemein gilt, dass die Möglichkeit, die kinematischen Auslegungsparameter zu optimieren, mit der Zahl der Lenker und Gelenke zunimmt. So kann beispielsweise die Lenkdrehachse von Vorderachsen durch die radseitigen Kugelgelenke von zwei Dreieckslenkern festgelegt werden. Die Lage der Gelenke ist allerdings durch den notwendigen Bauraum für die Bremse und den erforderlichen Freigang zur Felge beim Lenken nicht frei wählbar. So müssen Kompromisse z. B. hinsichtlich Spreizungswinkel, Spreizungsversatz und Lenkrollradius eingegangen werden. Werden die beiden realen Gelenke durch die virtuellen Pole von je zwei Stablenkern ersetzt, lässt sich die Spreizachse unabhängig von Bauraumzwängen festlegen. Die virtuelle Spreizachse kann sich über dem Federweg und dem Lenkeinschlag auch gezielt ändern, was weitere Freiheitsgrade der Auslegung eröffnet.

Bauraumüberlegungen spielen auch bei der Festlegung von Reifen- und Felgendimension eine Rolle. Im Hinblick auf Leichtbau sowie niedrige ungefederte und rotierende Massen wären möglichst leichte, also kleine und schmale Rad-/Reifenkombinationen wünschenswert, zur Reduzierung des Kraftstoffverbrauchs durch niedrigen Rollwiderstand schmale Reifen mit großem Durchmesser. Aus optischen und fahrdynamischen Gründen werden allerdings gerne große Felgen mit breiter Bereifung gewählt, die u. a. auch Einbauraum für großdimensionierte Bremsscheiben und -sättel bieten. Diesem Vorteil stehen der erhöhte Platzbedarf im Radhaus mit Auswirkung auf das Gesamtfahrzeugpackage (Lenkeinschlag, Wendekreis, Kofferraumvolumen, …) und das in der Regel höhere Gewicht gegenüber. Der Gewichtsproblematik begegnet man mit dem Einsatz innovativer Materialien und Verfahren, z. B. Aluminium-Bandräder als Substitution des Stahlrades, Leichtbauschmiederäder zunehmend auch als Serienausstattung, Leichtmetallgussräder mit Aluschaumkernen, Magnesium, faserverstärkte Kunststoffe.

Im Missbrauchs- oder Crashfall muss die Radaufhängung spezielle Anforderungen erfüllen: im Falle der Überlastung eines Bauteils soll sich vor dem endgültigen Versagen eine deutliche Verformung einstellen. Zum einen, um (vor dem Bruch) auf die Schädigung durch die Überlastung erkennbar hinzuweisen und eine Weiterfahrt auszuschließen, zum anderen aus Produkthaftungsgründen: die Verformung beweist, dass dem Bruch des Bauteils eine missbräuchliche Überlastung vorhergegangen ist, die in einer unfallartigen Situation entstand. Damit ist die Kausalität von Unfall und Bauteilversagen festgelegt: erst Crash, dann Bruch und nicht umgekehrt. Die verwendeten Materialien für radführende Bauteile müssen deshalb Bruchdehnungen von mindestens 6 % aufweisen.

7.4.3.1 Starrachsen

Wegen ihrer robusten Bauart sind Starrachsen als Vorder- und Hinterachsen von Gelände- und Nutzkraftfahrzeugen häufig zu finden, ◘ Abb. 7.140. Die Achsbrücke verbindet linkes und rechtes Rad starr und enthält bei angetriebenen Achsen das Achsgetriebe. Antriebs- wie Bremsmomente stützen sich also am Achskörper ab, damit sind Brems- und Anfahrstützwinkel (ohne Vorgelege-Getriebe) identisch. Die Führung erfolgt im einfachsten Fall über Blattfedern, sonst über Längs- oder Dreieckslenker. Die Seitenführung übernimmt meist ein sogenannter Panhard-Stab, der möglichst lang ausgeführt wird, um Querschütteln zu minimieren.

Vorteilhaft bei Starrachsen ist vor allem die Spur- und Sturzkonstanz beim Wank- und Parallelfedern, was die Reifentragfähigkeit günstig beeinflusst. Außerdem sind guter Anfahr- und Bremsnickausgleich sowie ein hochliegendes Rollzentrum ohne Spurweitenänderung möglich, wodurch Wank- und Nickbewegungen des Aufbaus reduziert werden können. Angetriebene Starrachsen kommen ohne Gleichlaufgelenke für die Abtriebswellen aus; nicht angetriebene Achsen sind relativ kostengünstig auszuführen. Ein für Geländefahrzeuge wichtiger Pluspunkt ist die gleich bleibende Bodenfreiheit des Achskörpers beim Einfedern.

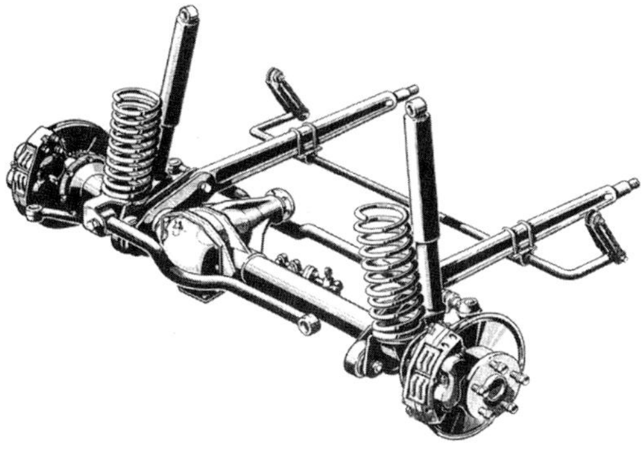

◘ **Abb. 7.140** Angetriebene, lenkbare Starrachse (Mercedes G-Modell)

Nachteilig sind die hohen ungefederten Massen der Starrachse und der große Raumbedarf der Achsbrücke beim Durchfedern. Wegen störender elastokinematischer Lenkwinkel bei einseitiger Längskraft ist nur geringe Längsfederung in den Lenker-Gummilagern möglich. Durch die Beeinflussung des anderen Rades beim einseitigen Einfedern entstehen dort Radlast- und Sturzänderungen; außerdem ergibt sich wegen der endlichen Länge des Panhard-Stabes ein Querversatz. Schließlich ist die übertragbare Leistung bei gegebener Achslast begrenzt, da die Abstützung des Antriebsmoments bei längsliegender Gelenkwelle zu Radlastunterschieden führt, die am entlasteten Rad erhöhten Schlupf verursachen. Dieser Effekt lässt sich durch ein Sperrdifferenzial vermeiden. Bei angetriebenen Starrachsen mit separat an der Karosserie aufgehängtem Achsgetriebe (DeDion-Achsen) bleibt der Achskörper selbst frei von Antriebsmomenten und es treten beim Anfahren keine Radlastunterschiede auf.

7.4.3.2 Einzelradaufhängungen

Die Einzelradaufhängungen lassen sich nach der Bewegungsgeometrie klassifizieren: Rad und Radträger können um eine feste Drehachse schwenken und führen damit eine Bewegung in einer Ebene aus, die senkrecht auf der Drehachse steht (ebene Radaufhängung). Schwenkt die Momentanachse beim Federn um einen festen Punkt, bewegen sich die Radträgerpunkte auf Kugelschalen um diesen Zentralpunkt. Man spricht deshalb von sphärischen Radaufhängungen. Im allgemeinen Fall der räumlichen Bewegung ist der Drehung um die Momentanachse eine Vorschubbewegung in Achsrichtung überlagert, die Momentanachse wird damit zur Momentanschraubachse. Das kinematische Potenzial der Aufhängung steigt hierbei mit der Zahl der unabhängig voneinander wählbaren Parameter. Eine Gerade im Raum ist durch 4 Parameter festgelegt (Punkt und Richtung), damit können die 5 Auslegungsparameter (Vorspur- und Sturzänderung, Anfahr- und Bremsnickausgleich sowie Rollzentrumshöhe) nicht alle frei gewählt werden. Bei einer räumlichen Radaufhängung mit Momentanschraubachse kommt als unabhängiger 5. Parameter die Schraubensteigung hinzu. (Für nicht angetriebene Achsen ist der Antriebsstützwinkel natürlich ohne Bedeutung, damit reichen 4 frei wählbare Parameter aus.)

Die Sturzänderung über dem Federweg soll den Sturzverlust zur Straße bei Kurvenfahrt mit Karosserie-Wankwinkel kompensieren. Wegen der beidseitigen Einfederung über der Zuladung ist das mit Rücksicht auf die Reifentragfähigkeit bei hohen Sturzwerten nur teilweise möglich. Diesen Zielkonflikt versuchen Sturzverstellsysteme zu lösen (aktiv: Mercedes F400; passiv: Michelin OCP-System), allerdings noch nicht in Serie.

Ebene Einzelradaufhängungen Hierzu gehören alle Aufhängungen mit fester Drehachse wie Längslenker-, Schräglenker- oder Doppelquerlenkerachsen mit parallelen Lenker-Drehachsen. Als Beispiel sei eine Schräglenker-Hinterachse näher beschrieben, ◘ Abb. 7.141.

Die Sturzänderung über dem Federweg lässt sich so wählen, dass der Sturzverlust zur Straße durch den Wankwinkel bei Kurvenfahrt zumindest teilweise kompensiert wird. Durch den hochliegenden Längspol ist der Bremsnickausgleich gut. Angetriebene Schräglenkerachsen besitzen üblicherweise einen Hinterachsträger, der das Achsgetriebe mit aufnimmt. Mit großvolumigen Gummilagern ist dann gute Längsfederung und akustische Entkopplung erreichbar.

Wegen der eingeschränkten Auslegungsfreiheit ist eine Vorspuränderung beim Durchfedern ebenso wenig vermeidbar wie die geringe Rollzentrumshöhenänderung, die einen Aufstützeffekt bei Kurvenfahrt hervorruft. Bei Seiten- und Längskraft stellen sich durch die Lenkerlager- und Bauteilelastizitäten unerwünschte übersteuernde Lenkwinkel ein, die nur durch erhöhten Aufwand bei der Hinterachsträgerlagerung kompensiert werden können. Dabei werden Lager mit unterschiedlichen Federraten längs und quer verbaut und so angestellt, dass sie einen Federschwerpunkt hinter dem Seitenkraftangriff bilden, sodass die ganze Achse um den Federschwerpunkt schwenkt und das kurvenäußere Rad in Richtung Vorspur mitnimmt.

◘ Abb. 7.141 Schräglenkerachse (Hinterachse BMW Z3)

Sphärische Einzelradaufhängungen Der Zentralpunkt, um den die Momentanachse und alle Radträgerpunkte schwenken, ist oft als karosserieseitiger Längslenker-Lagerpunkt ausgeführt. Sind Radträger und Längslenker ein integrales Bauteil, so sind zur kinematischen Bestimmtheit noch 2 Querlenker notwendig (aus Gründen der Vorspurkonstanz relativ lang, Zentrallenkerachse BMW Z4, ◘ Abb. 7.142) oder 3 kürzere Lenker mit einer Querbeweglichkeit des Längslenkers. Diese 4-Lenker-Achsen werden zunehmend als hochwertige Hinterachsen von Frontantriebsfahrzeugen eingesetzt (Schwertlenkerachse Ford Focus, Mehrlenker-Hinterachsen VW Golf VII/Audi, ◘ Abb. 7.143, Mazda 6). Ihre Vorteile liegen im hohen fahrdynamischen Potenzial und in der Möglichkeit, durch kompakte und tiefliegende Anordnung von Federn und Dämpfern ein großes Kofferraumvolumen mit guter Durchladebreite zu

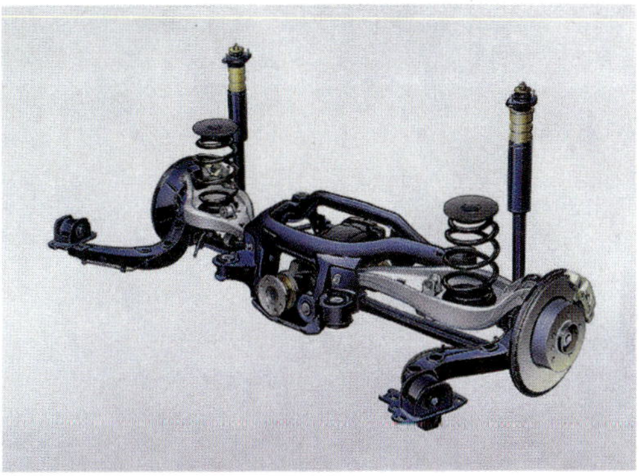

Abb. 7.142 Zentrallenker-Hinterachse

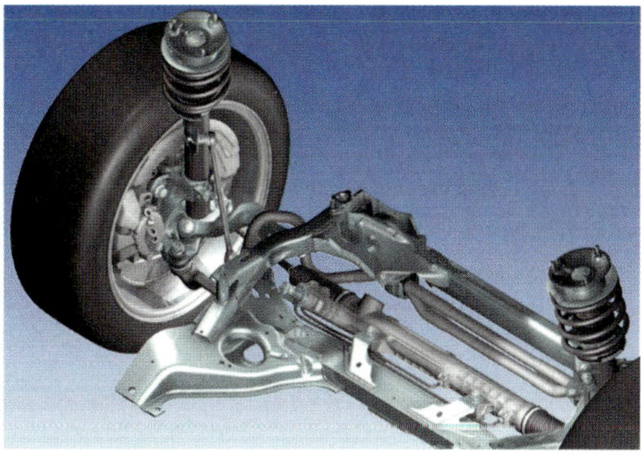

Abb. 7.144 Doppelgelenk-Federbein-Vorderachse (BMW 3er-Reihe)

Abb. 7.143 Hinterachse VW Golf VII/Audi A3

realisieren. Sphärische Aufhängungen sind aber auch Achsen mit Trapezlenker und Sturzlenker, wenn die radträgerseitige und karosserieseitige Drehachse des Trapezlenkers einen gemeinsamen Schnittpunkt haben (Audi [138], Jaguar [137], Porsche Weissach-Achse [136]).

Bei der Zentrallenkerachse kann der Sturzverlauf ähnlich wie beim Schräglenker gewählt werden, durch die zusätzliche Auslegungsfreiheit bei bewegter Momentanachse lässt sich über dem Einfederweg auch noch Vorspurkonstanz erreichen. Anfahr- und Bremsnickausgleich sind gut; das großvolumige Längslenkerlager ermöglicht ausreichende Längsfederung. Durch sorgfältige Abstimmung der axialen und radialen Federraten und die Anstellung des Lagers in der Draufsicht können stabilisierende Vorspuränderungen bei Längs- und Seitenkräften eingestellt werden.

Nicht frei wählbar ist dagegen die Rollzentrumshöhenänderung, die einen ähnlichen Aufstützeffekt erzeugt wie die Schräglenkerachse. Die zwei langen Querlenker benötigen außerdem relativ viel Bauraum; bei der Ausführung mit drei kurzen Lenkern steigt der Aufwand an Bauteilen.

Räumliche Einzelradaufhängungen Vorderachsen sind wegen der Lenkbarkeit im Allgemeinen räumliche Mechanismen. Sehr verbreitet ist die Federbeinachse, Abb. 7.144, bei der der Dämpfer fest mit dem Radträger verbunden ist und radführende Aufgaben übernimmt. Feder und Dämpfer sind im Prinzip konzentrisch angeordnet und bilden als Federbein eine Einheit. Mittels einer Schräganordnung der Feder zur Dämpfermittelachse kann die durch Querkräfte erhöhte Dämpferreibung reduziert werden; man spricht vom Querkraftausgleich.

Wegen ihres günstigen Bauraumbedarfs und der geringen Zahl an Bauteilen hat die Federbein- (auch McPherson-)Achse sich als häufigste Frontantriebs-Vorderachse etabliert. Kinematisch entspricht das Federbein einer Geradführung, die man sich ersetzt denken kann durch einen unendlich langen Dreieckslenker senkrecht zum Federbein durch das Stützlager. Quer- und Längspol lassen sich dann wie bei Doppelquerlenkerachsen konstruieren. Wenn der untere Dreieckslenker (oder Sichellenker) aufgelöst wird in zwei Stablenker, ergibt sich ein Pol, der die Spreizachse festlegt. Damit können Bauraumzwänge (z. B. wegen der Bremsscheibe) umgangen werden.

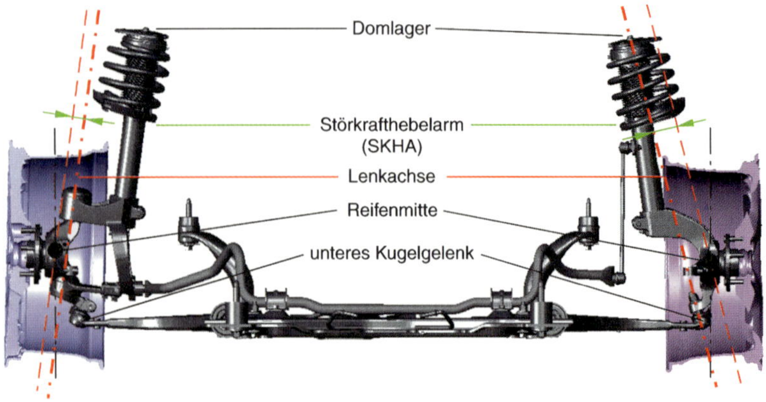

Abb. 7.145 Vorderachse Ford Focus, *links* Revo-Knuckle (Ford Focus RS 500), *rechts* Standard-Federbein [142]

Wird auch der obere Dreickslenker in zwei Einzellenker aufgelöst, entsteht eine 5-Lenker-Achse als allgemeine Form der räumlichen Radführung. Die Spreizachse ist jetzt durch zwei Pole festgelegt und zur virtuellen Spreizachse geworden. Dieser Aufwand wird aber zur Zeit nur bei angetriebenen Achsen betrieben.

Eine bauraumneutrale Alternative zur konventionellen Federbein-Achse ist die Revo-Knuckle-Vorderachse (Abb. 7.145), die im Ford Focus RS 500 für eine Antriebsleistung von 257 kW/350 PS ausgelegt ist. Durch einen geteilten Radträger wird die Lenkdrehachse so nahe an die Radmittelebene verschoben, dass die Antriebseinflüsse auf die Lenkung trotz der hohen Leistung gering bleiben [142].

Angetriebene räumliche Hinterachsen sind in unterschiedlichen Ausführungen auf dem Markt: 5 einzelne Stablenker (Raumlenkerachse Daimler, Abb. 7.146), 3 Stablenker und 1 Dreieckslenker (Porsche 911), Trapezlenker mit 2 Querlenkern und Pendelstütze (Audi, Integralachse BMW 5er-/7er-Reihe [141], Abb. 7.147).

Durch die unabhängig wählbaren Parameter ist bei räumlichen Achsen ein Optimum an kinematischen Eigenschaften erreichbar: günstiger Vorspur- und Sturzverlauf, gute Anfahr- und Bremsabstützung, Vermeidung des Aufstützeffekts durch geeignete Rollzentrumshöhenänderung. Die elastokinematische Auslegung bietet durch die vielen Gummilager die Möglichkeit, unter allen äußeren Lasten stabilisierende Lenkwinkel zu erzeugen und gleichzeitig gute Längsfederung zur Verfügung zu stellen. Da der Hinterachsträger, an dem die Lenker angebunden sind, üblicherweise gummigelagert mit der Karosserie verbunden ist, können auch die Hinterachsgetriebegeräusche vom Innenraum fern gehalten werden. Je nach Auslegung kann die gesamte Längsfederung der Achse entweder nur durch die Hinterachsträgerlager realisiert werden oder auch teilweise in den Lenkerlagern. Den funktionellen Vorteilen steht der hohe Bauaufwand gegenüber, den die vielen Lenker, Gelenke (mit störenden Losbrechmomenten), Gummilager und der komplizierte Hinterachsträger mit sich bringen.

Abb. 7.146 Raumlenker-Hinterachse (Maybach)

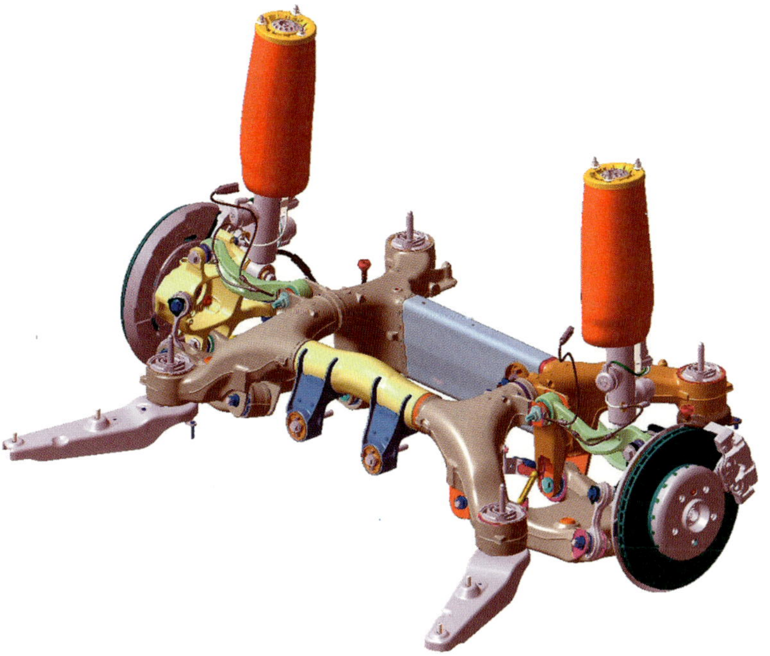

Abb. 7.147 Integral-Hinterachse (BMW 7er Reihe)

7.4.3.3 Verbundachsen

Allgemein zeigen Achsen dann Verbundwirkung, wenn beim einseitigen Federn das andere Rad nicht unbeeinflusst bleibt bzw. wenn sich der parallele und der wechselseitige Federungszustand unterscheiden. Das ist z. B. auch bei den heute nicht mehr gebräuchlichen Eingelenk-Pendelachsen der Fall. Die Verbundlenkerachse im engeren Sinne, die heute noch die übliche Hinterachse für Frontantriebs-Pkw darstellt, Abb. 7.148, besteht meistens aus zwei biege- und torsionssteifen Längsarmen, die die Räder tragen, und einem torsionsweichen Querprofil, das die beiden Längsarme verbindet. Je nach Positionierung des Querprofils (näher an den Längsarmlagern oder näher an den Radmitten) entsprechen die kinematischen Eigenschaften eher denen einer Längslenkerachse oder einer Starrachse. Für den Fall, dass das Profil etwa in der Mitte der Längsarme liegt, ergibt sich beim einseitigen Einfedern eine Momentanachse durch das Längsarmlager und den Schubmittelpunkt des Querprofils, der aus Symmetriegründen in Ruhe bleibt. Diese Momentanachse liegt im Raum ähnlich wie eine Schräglenker-Drehachse und erzeugt

Abb. 7.148 Verbundlenker-Hinterachse (Audi A3)

Vorspurzunahme und mehr negativen Sturz am einfedernden Rade. Beim gleichsinnigen Einfedern dagegen wird das Querprofil nicht tordiert, Vorspur und Sturz bleiben an beiden Rädern annähernd konstant.

Diese Vorspur- und Sturzkonstanz ist neben der kostengünstigen Bauart mit nur zwei Lagerstellen der Hauptvorteil der Verbundlenkerachse.

Nachteilig sind der Bauraumbedarf des Querprofils beim Durchfedern sowie die elastokinematische Übersteuerneigung bei Längs- und Seitenkräften. Durch angestellte Gummilager mit axial und radial unterschiedlichen Federraten können allerdings korrigierende Vorspurwinkel erzeugt werden. Wie bei Starrachsen ist die Längsfederung wegen der Lenkeffekte bei einseitiger Längskraft begrenzt. Einer Verwendung als angetriebene Achse steht die Kollision des Querprofils mit der Gelenkwelle im Weg.

Eine Weiterentwicklung der klassischen Verbundlenkerachse in Verbindung mit einem Watt-Gestänge findet sich im Opel Astra [143]. Durch die optimierte Seitenkraftabstützung ergibt sich die Möglichkeit einer weicheren Abstimmung der Gummilager, was sich auf den Abrollkomfort günstig auswirkt.

7.4.4 Federung, Dämpfung, Stabilisatoren

Die Federung als Oberbegriff für das Zusammenwirken von Tragfedern, Stabilisatoren und Schwingungsdämpfern hat eine Reihe für das Gesamtverhalten des Fahrwerks höchst bedeutsame Aufgaben zu erfüllen. So soll sie

- den Fahrzeugaufbau und damit vor allem auch die Insassen vor unangenehmen Hub-, Nick- und Wankschwingungen sowie vor Stößen schützen und damit zum mechanischen Schwingungskomfort beitragen.
- für eine möglichst gleichmäßige Bodenhaftung der Räder sorgen, als Voraussetzung für die zur Kurshaltung, zum Antreiben und Bremsen erforderliche Kraftübertragung zwischen Reifen und Fahrbahn. Dies ist ein wesentlicher Aspekt der Fahrsicherheit.
- durch eine ausgewogene Kräfte- und Momentenverteilung zwischen den Rädern einer Achse einerseits und den beiden Achsen andererseits das Fahrverhalten positiv mitgestalten. Dies tangiert sowohl Aspekte des Fahrkomforts als auch der Fahrsicherheit.

Für die Auslegung der einzelnen Komponente ist die Aufgabe nicht schwer; die eigentliche Kunst liegt in der ausgewogenen und auf die Fahrverhaltens- und Komfortziele abgestellten Abstimmung aller Funktionen zueinander. Der Prozess wird im Folgenden am Beispiel eines komfortorientierten Fahrzeugs näher erläutert. Hinweise für abweichende Vorgehensweisen beim Sportfahrzeug finden sich am Ende.

Die verwendeten Formelzeichen leiten sich aus dem Modell nach ◘ Abb. 7.149 ab. Mit der Reifenwahl (▶ Abschn. 7.3) ist c_1 festgelegt. Nachdem inzwischen auch ein Achskonzept vorliegt, ist m_1 bekannt und der verfügbare Bauraum für die Federung beschrieben. Die Koppelmasse m_K kann erfahrungsgemäß für die meisten Pkw näherungsweise zu 0 gesetzt werden, gleichbedeutend mit einer Entkoppelung von Hub- und Nickschwingungen.

7.4.4.1 Tragfeder

Wie der Name nahe legt, haben die Federn c_2 vorrangig eine Tragfunktion, nämlich das Tragen der anteiligen Aufbaumasse m_2. Da ein Fahrzeug gegenüber der Konstruktionslage auch be- und entladen wird, ändert sich m_2 von $m_{2,\text{leer}}$ bis zur vollen Zuladung $m_{2,\text{voll}}$ im Einzelfall erheblich.

Für alle Beladungen wird ein möglichst gleich bleibender Schwingungskomfort gewünscht, was zunächst einmal die Forderung nach stets ausreichendem Federweg bedeutet; mit Rücksicht auf die Schwingungsempfindung des Menschen aber auch niedrige (0,7–2 Hz) und möglichst konstante Eigenfrequenz der Freiheitsgrade $m_{2\text{v}}$ und $m_{2\text{h}}$ [147, 150, 152].

◘ Abbildung 7.150 zeigt, dass die Aufbaubeschleunigungen von der Feder c_2 nur in der Umgebung der Aufbaueigenfrequenz (um 1 Hz) maßgeblich beeinflusst werden. Die Überhöhungen nehmen mit weicher werdender Feder deutlich ab und verlagern sich entsprechend der abnehmenden Eigenfrequenz.

Dies gilt im unteren Frequenzbereich auch für die Radlastschwankungen; bei höheren Anregungsfrequenzen werden Letztere durch die weiche Feder allerdings vergrößert.

Für ein Rad aus dem Halbfahrzeugmodell nach ◘ Abb. 7.149, lassen sich einige vereinfachte Zusammenhänge ableiten:

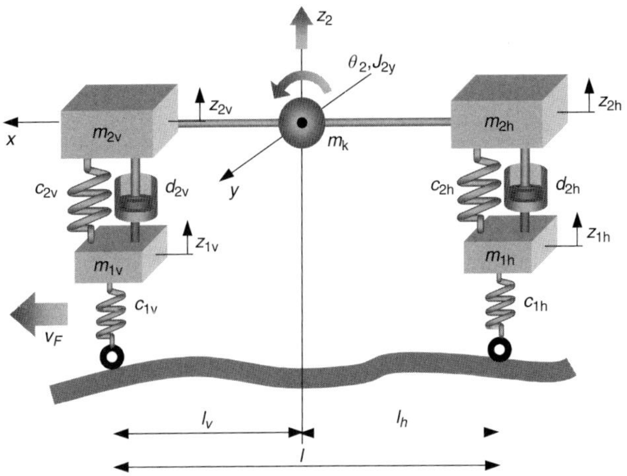

m_{2v}, m_{2h}	anteilige Aufbaumassen
m_K	Koppelmasse (≈ 0)
m_{1v}, m_{1h}	ungefederte Massen
c_{2v}, c_{2h}	Aufbaufederkonstanten
d_{2v}, d_{2h}	Aufbaudämpferkonstanten
c_{1v}, c_{1h}	Reifenfederkonstanten
l_v, l_h	Schwerpunktabstände VA, HA
l	Radstand
v_F	Fahrgeschwindigkeit

$$m_2\ddot{z}_2 + (d_{2v} + d_{2h})\dot{z}_2 + (c_{2v} + c_{2h})z_2 - (d_{2v}l_v - d_{2h}l_h)\dot{\theta}_2 - (c_{2v}l_v - c_{2h}l_h)\,\theta_2 - d_{2v}\dot{z}_{1v} - d_{2h}\dot{z}_{1h} - c_{2v}z_{1v} - c_{2h}z_{1h} = 0 \quad (1)$$

$$J_{2y}\ddot{\theta}_2 + (d_{2v}l_v^2 + d_{2h}l_h^2)\,\dot{\theta}_2 + (c_{2v}l_v^2 + c_{2h}l_h^2)\theta_2 - (d_{2v}l_v - d_{2h}l_h)\dot{z}_2 - (c_{2v}l_v - c_{2h}l_h)z_2 + d_{2v}l_v\dot{z}_{1v} - d_{2h}l_h\dot{z}_{1h} + c_{2v}l_v z_{1v} - c_{2h}l_h z_{1h} = 0 \quad (2)$$

Abb. 7.149 Halbfahrzeugmodell für Hub- und Nickschwingungen sowie zugehörige Schwingungsgleichungen (nach [150])

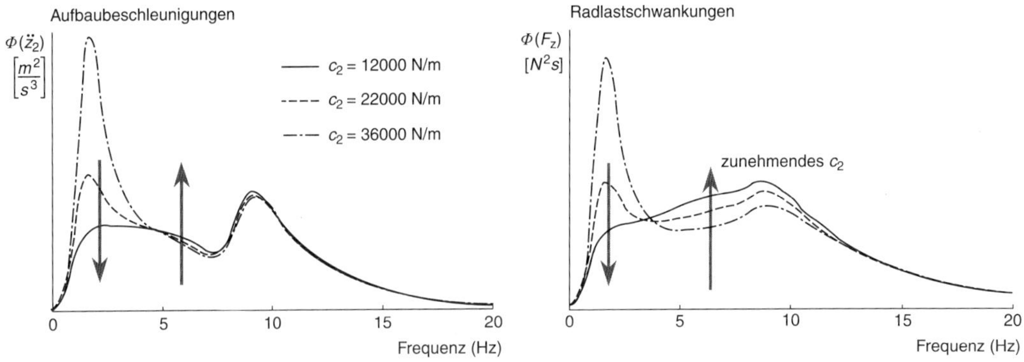

Abb. 7.150 Einfluss der Federsteifigkeit c_2 auf die Leistungsspektren von Aufbaubeschleunigung und Radlastschwankungen

Die Aufbaueigenfrequenz in Hz

$$f_2 = \frac{1}{2\pi}\sqrt{\frac{c_2}{m_2}}\,, \quad (7.1)$$

bzw. die bei Konstrukteuren beliebtere Schwingzahl in min^{-1}

$$n_2 = 60 f_2 \quad (7.2)$$

die statische Einfederung unter m_2 in m

$$z_{21,0} = z_{2,0} - z_{1,0} = \frac{m_2 g}{c_2} \quad (7.3)$$

und über Vergleich mit Gl. (7.1)

$$z_{21,0} = \frac{g}{4\pi^2 f_2^2}\,. \quad (7.4)$$

Gleichung (7.4) quantifiziert den unmittelbaren Zusammenhang von Eigenfrequenz und statischer Einfederung. So lässt sich leicht nachrechnen, dass für den oben angegebenen Bereich günstigen Schwingungsempfindens statische Federwege bis 500 mm benötigt würden. Da üblicherweise im Pkw aber aus Packagegründen nur ca. 200 mm Gesamtfederweg verfügbar sind, muss für Werte

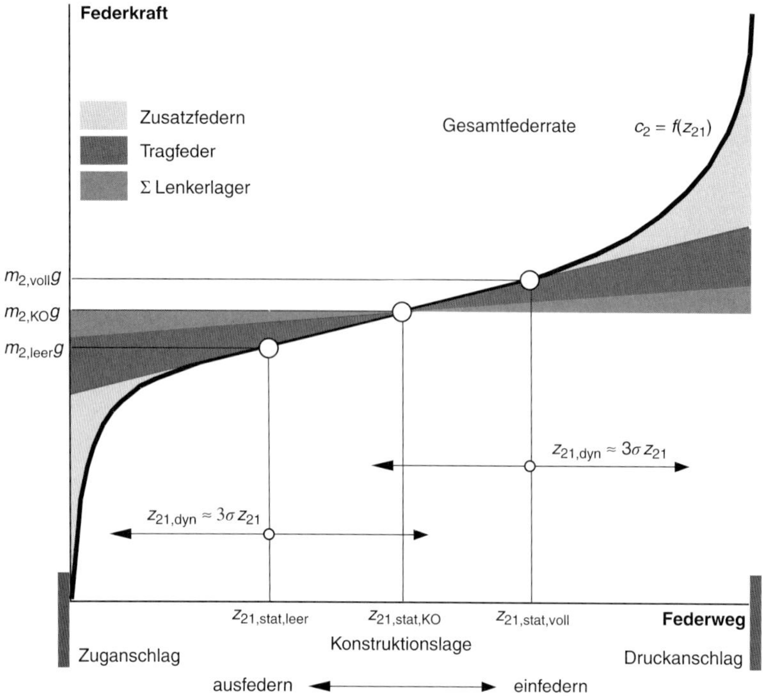

Abb. 7.151 Zusammensetzung der Gesamtfederkennlinie für die Tragfederung

$f_2 < 1$ Hz schon an den zusätzlichen Einbau einer Niveauregulierung (► Abschn. 7.4.4.4) zur Kompensation der statischen Einfederung gedacht werden. Als weitere Synthese-Randbedingung verdeutlicht Gl. (7.1), dass für eine angestrebte Konstanz der Eigenfrequenz über der Zuladung progressive Federn benötigt werden. Während die Gasfeder, siehe ► Abschn. 7.4.4.4 und [146], diesem geforderten Verhalten prinzipbedingt nahe-kommt, sind Stahlfedern in der verbreitetsten Form als gerade zylindrische Schraubenfedern erst einmal linear. Um Stöße abzumildern, wie sie beim Durchfahren von Bodenwellen mit entsprechender Fahrgeschwindigkeit auftreten können, werden deshalb Zusatzfedern (meist PU-Schaum-Teile) verbaut, so dass durch Kennlinienüberlagerung ohnehin eine Progressivität der Gesamtfederkennlinie entsteht, ◘ Abb. 7.151. Zur Reduktion des Bauraumbedarfs, insbesondere bei Unterflur-Hinterachsen werden Schraubenfedern mit inkonstantem Draht- und Wickel-Durchmesser verwendet (Miniblockfeder). Durch das Aufliegen, sprich »Abschalten« von Windungen wird hierbei eine progressive Kennlinie erzielt. Ferner sind bei der Auslegung der annähernd lineare Federanteil aus den Gummilagern der Achslenker und die Gasfederrate des Gasdruck-Stoßdämpfers als »Nebenfederraten« einzubeziehen. Weiteres Feintuning der Kennlinie ist durch geeignete hubabhängige Federübersetzungen oder z. B. den Einsatz »gewundener« Schraubenfedern möglich [145]. Die Progression hilft im Übrigen auch bei wechselseitigen Federungsvorgängen, weil sie die Wankwinkelzunahme über der Last degressiv gestaltet; gleichzeitig erzeugt sie aber einen Aufstützeffekt.

Damit ist eine erste Federvariante für die im vorliegenden Fall stärker zuladungsabhängige Hinterachse festgelegt.

Bei der Auslegung der Vorderachse muss nun das erwünschte Zusammenwirken von Vorder- und Hinterachse umgesetzt werden. Für den Komforteindruck der Insassen, der meist durch die Effektivwerte von Aufbaubeschleunigungen – besser unter Einbeziehung des menschlichen Empfindens mit dem K-Wert [152] auf dem Sitz – beschrieben wird, zeigt [150] sehr anschaulich, dass es unter

Einbeziehung von Nickschwingungen auf die Lage der Sitze ankommt, wie die Abstimmrelation vorn/hinten zu wählen ist (hier werden nur Nickschwingungen aus Fahrbahnunebenheiten behandelt; Anfahr- und Bremsnicken s. ▶ Abschn. 7.4.1).

Da zum Zeitpunkt der Federungsauslegung die Lage der Sitze i. A. festgelegt ist, muss sich der Konstrukteur am Auslegungsziel orientieren: vom Komfort her fahrerorientiert oder bevorzugt für Mitreisende auf den hinteren Sitzen ausgelegt. Während im ersten Fall die Federung vorn weicher als hinten auszulegen wäre, lässt sich mit dem umgekehrten Auslegungsansatz hinten ein deutlich höherer Komfort darstellen. Dass im Fall der Fondorientierung hinten generell bessere K-Werte erreichbar sind, ist durch die Phasenlage der Aufbaubeschleunigungen vorn/hinten bei Vorwärtsfahrt begründet. Weil die Phasenlagen aber wiederum fahrgeschwindigkeitsabhängig sind, hängt natürlich auch dieser Zugewinn davon ab. Weil bei Fahrzeugen mit Front- bzw. Standardantrieb aber die Hinterachse nahezu die ganze Zuladung erfährt, ist der Fondkomfort-Ansatz praktisch nur in Verbindung mit Niveauregelung umsetzbar, oder die Vorderachse müsste unnötig hart gefedert werden, was dem Hubkomfort wieder schaden würde. In jedem Fall ist es sinnvoll, nicht zuletzt auch mit Rücksicht auf das Verhalten beim Überfahren von Einzelhindernissen, die Eigenfrequenzen von Vorder- und Hinterachse auseinander zulegen, weil dadurch Nickschwingungen in jedem Fall schneller beruhigt werden. Daher wird in der Praxis meist $f_{2,\mathrm{v}}/f_{2,\mathrm{h}} = 0{,}8\text{–}0{,}95$ angewendet.

Als konventionelle Tragfedern kommen Schrauben-Druckfedern, Drehstabfedern oder Blattfedern zum Einsatz. Die früher sehr verbreiteten geschichteten Blattfedern mit Führungsfunktion an Starrachsen sind heute fast nur noch im Nutzfahrzeugbereich zu finden [172]. Auch Drehstabfedern werden aus Kosten- und Bauraumgründen eher selten verwendet. Durchsetzen konnte sich die aus Draht gewickelte Schraubenfeder, vor allem in der zylindrischen Ausführungsform.

Für die zylindrische Druckfeder gilt:

stat. Federkraft

$$F = \frac{\pi d^3}{8D}\,\tau_\mathrm{t}$$

Federweg

$$s = \frac{8D^3 n}{G d^4}\,F$$

Federrate

$$c = \frac{G d^4}{8D^3 n}$$

Federarbeit

$$W = \frac{\pi^2 d^2 D n}{16G}\,\tau_\mathrm{t}^2$$

mit

- d – Drahtdurchmesser
- D – Windungsdurchmesser
- n – Windungszahl
- τ_t – Torsions-Schubspannung
- G – Schubmodul

Für eine hohe Federarbeit bei wenig Materialeinsatz ist also eine möglichst hohe zulässige Schubspannung anzustreben. Aus diesem Grund kommen als Federwerkstoffe höchstfeste hochlegierte Stähle wie z. B. 54SiCr6 zum Einsatz, die nach dem Umformen zur weiteren Festigkeitssteigerung noch kugelgestrahlt werden. Damit lassen sich bei Zugfestigkeiten von 2000 MPa zulässige Torsionsspannungen bis zu 1300 MPa erreichen.

Um Geräusche und ein Beschädigen/Verschleißen der Feder zu vermeiden, werden zwischen Feder und Federteller Federunterlagen aus Gummi eingesetzt, die auch der Federpositionierung dienen.

7.4.4.2 Stabilisierung

Nachdem beide Achsen bezüglich der Tragfedern definiert sind, richtet sich das Augenmerk auf das Wankverhalten. Da, wie z. B. in [150] gezeigt, Wankschwingungen und Hub-/Nickschwingungen als entkoppelt betrachtet werden können, sieht das Schwingungsmodell nach ◘ Abb. 7.152 für eine Achse dem ◘ Abb. 7.149 sehr ähnlich, nur dass jetzt beide Achsen betrachtet werden, die durch eine ausreichend torsionssteife Aufbaumasse m_2 miteinander verbunden sind und zusätzlich Stabilisatorfedern $c_{\mathrm{S,v}}$ und $c_{\mathrm{S,h}}$ enthalten.

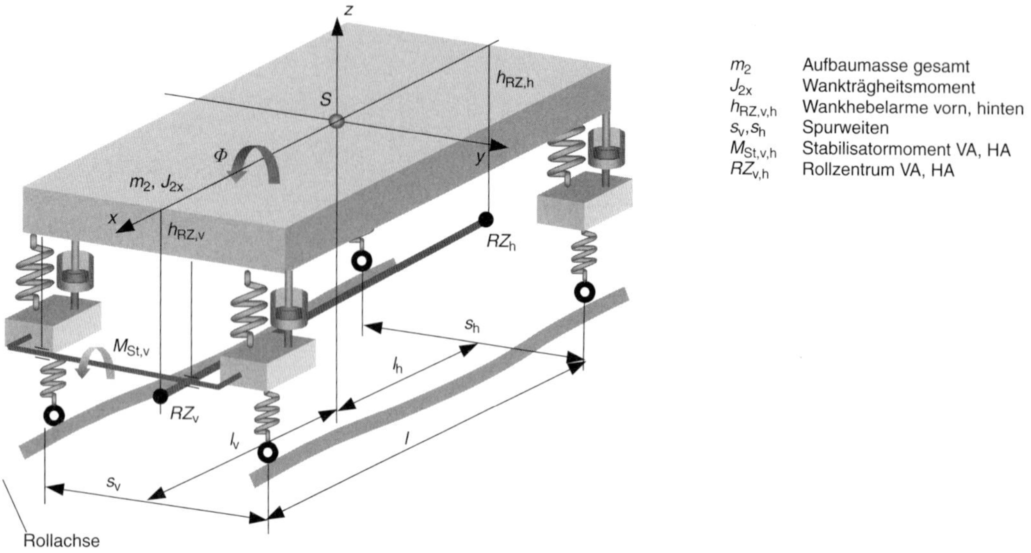

Vereinfachungen: gleiche Spurweiten $s_v = s_h = s$
gleiche Reifenfedern $c_{1v} = c_{1h} = c_1$ und damit $\dot{\Phi}_{1v} = \dot{\Phi}_{1h} = \Phi \ldots$

$$\frac{2J_{2x}}{s^2}\ddot{\Phi}_2 + (d_{2c} + d_{2h})(\dot{\Phi}_2 - \dot{\Phi}_1) + (c_{2v} + c_{2h})(\Phi_2 - \Phi_1) = 0 \quad (1)$$

$$(m_{1v} + m_{1h})\ddot{\Phi}_1 - (d_{2v} + d_{2h})(\dot{\Phi}_2 - \dot{\Phi}_1) - (c_{2v} + c_{2h})(\Phi_2 - \Phi_1) + 2c_1\Phi_1 = 4c_1\Delta h \quad (2)$$

Abb. 7.152 Fahrzeugmodell für Wankschwingungen und die wichtigsten Schwingungsgleichungen nach [150]. Weitere Bezeichnungen siehe Abb. 7.149

Bei Kurvenfahrt mit der Querbeschleunigung a_y greift im Schwerpunkt S eine Beschleunigungskraft (Fliehkraft) F an, die mit dem Hebelarm h_{RZ} zum Kippmoment des Aufbaus

$$M_K = m_2 \cdot a_y \cdot h_{RZ} \quad (7.5)$$

führt, welches sich nach Einstellen eines Wankwinkels ϕ noch um die Komponente $m_2 \cdot g \cdot h_{RZ} \cdot \phi$ vergrößert. h_{RZ} ist der Wankhebelarm und ergibt sich aus dem Abstand Schwerpunkt–Rollachse, ► Abschn. 7.4.1. Das etwas vereinfacht dargestellte Kippmoment M_K muss mit dem Wankfederungsmoment M_W im Gleichgewicht stehen:

$$\begin{aligned} M_K &= m_2 h_{RZ}(a_y + g\varphi) \\ &= (c_{\varphi v} + c_{\varphi h})\varphi = M_W\,, \end{aligned} \quad (7.6)$$

wobei $c_{\phi v}, c_{\phi h}$ die resultierenden Achs-Wankraten sind, in deren Verhältnis sich auch das Moment M_W auf die Achsen verteilt (torsionssteifer Aufbau vorausgesetzt). Eine detailliertere Betrachtung findet sich in [149].

Die Wankneigung lässt sich nun leider nicht einfach durch Anheben der Rollzentrumshöhen auf Höhe des Schwerpunktes ($h_{RZ} = 0$) abstellen. Das würde (außer bei Starrachsen) zu sehr ungünstigen Raderhebungskurven mit großen Spurweitenänderungen führen und damit zu Traktionsproblemen und hohem Reifenverschleiß. Eine völlige Eliminierung des Wankwinkels ist zumindest im fahrdynamischen Grenzbereich aus Gründen der Fahrerinformation auch gar nicht gewünscht.

Bei normalen Wankhebelarmen um 500 mm und einer aus Komfortgründen weichen Tragfederung muss daher, um den Wankwinkel gering zu halten, ein zusätzlicher Stabilisator verbaut werden, der eine parallel geschaltete, aber nur bei wechselseitigen Radhüben wirksame Feder darstellt. Die Wankfederrate ergibt sich dann, bei Vernachlässigung der Nebenfederraten, aus der Addition der beiden Federn unter Einführung der Spurweite $s_{v,h}$

an den Achsen zu

$$c_{\varphi \mathrm{v,h}} = (c_{2\mathrm{v,h}} + c_{S\mathrm{v,h}})\,\frac{s_{\mathrm{v,h}}^2}{2}\,. \tag{7.7}$$

Wenn an der, in der Regel vertikal weicher ausgelegten Vorderachse die Stabilisatorrate so ausgelegt ist, dass der angestrebte Maximal-Wankwinkel nicht überschritten wird, müssen Aufstütz- und Eigenlenkverhalten überprüft werden. Solange die Vorderachse allein stabilisiert ist (aus Kostengründen häufig bei Fahrzeugen der unteren Klasse der Fall), übernimmt sie wegen der deutlich höheren Wanksteifigkeit auch einen entsprechend größeren Teil der Wankmomentabstützung.

Die radbezogenen Stabilisatorkräfte führen zu einer stärkeren Radlastverlagerung zwischen kurveninnerem und -äußerem Rad und ab Querbeschleunigungen von ca. 0,4 g wegen der Nichtlinearität der Reifen-Seitenkraftkennlinien (▶ Abschn. 7.3) zu einem progressiv höheren Schräglaufwinkelbedarf der Achse. Weil der Fahrer jetzt nachlenken muss, um den Kurvenradius beizubehalten, spricht man von Untersteuern. Dieser Effekt ist aus Fahrstabilitätsgründen in bestimmtem Maß erwünscht, da Untersteuern für Normalfahrer wesentlich einfacher zu beherrschen ist als Übersteuerndes Fahrverhalten. Ist der Untersteuergrad allerdings zu hoch, kann es erforderlich sein, die Hinterachse stärker zur Abstützung des Wankmoments heranzuziehen. Wenn aus Komfortgründen dort nicht die Aufbaufeder steifer ausgelegt werden kann, wird auch an dieser Achse ein Stabilisator vorzusehen sein.

Zur Lagerung des Stabilisators werden Elastomerlager verbaut, die als zusätzliche Federelemente wirksam sind und dem Toleranzausgleich zur Verbaubarkeit dienen. Bei ungebundenen Stabilisatorlagern kann es durch Umwelteinwirkungen (Nässe, Schmutz) zu Relativbewegungen zwischen Stabilisator und Gummilager kommen. Die Folge können Geräusche und Verschleiß sein. Dies wird durch auf den Stabilisator gehaftete Gummilager vermieden. Aktuell sind zwei wesentliche Verfahren auf dem Markt verbreitet, das Postvulkanisationsverfahren [151] und das Klebeverfahren [153].

Stabilisatorlager aus Elastomerwerkstoffen weisen die bekannten Harshness-Effekte über Amplitude und Frequenz auf, die zu einer, bei hohen Frequenzen und Amplituden, abnehmenden Isolationswirkung führen. Bei den Rolls Royce Modellen z. B. wird der Stabilisator zur Maximierung des Fahrkomforts in Wälzlagern aufgenommen.

7.4.4.3 Schwingungsdämpfung

Wenn über die Trag- und Stabilisatorfederung gute Voraussetzungen für den gewünschten Hub-/Nick- und Wank-Komfort geschaffen sind, müssen noch Maßnahmen zur Beruhigung der durch äußere Kräfte eingeleiteten Schwingungen ergriffen werden. Diese Aufgabe kommt den Schwingungsdämpfern zu. Die Dämpfung wirkt dabei nicht nur auf die Aufbaumasse, sondern trägt auch ganz maßgeblich zur Fahrsicherheit bei, ◘ Abb. 7.153, während die Tragfederraten einen geringeren Einfluss auf die Radlastschwankungen hatten, ◘ Abb. 7.150. So gilt für die Dämpfungsmaße an Aufbau $D_{2\mathrm{v,h}}$ und Rad $D_{1\mathrm{v,h}}$:

$$D_{2\mathrm{v,h}} = \frac{d_{2\mathrm{v,h}}}{2\sqrt{(c_{2\mathrm{v,h}} m_{2\mathrm{v,h}})}} \tag{7.8}$$

$$D_{1\mathrm{v,h}} = \frac{d_{2\mathrm{v,h}}}{2\sqrt{(c_{1\mathrm{v,h}} + c_{2\mathrm{v,h}})\, m_{1\mathrm{v,h}}}} \approx \frac{d_{2\mathrm{v,h}}}{2\sqrt{c_{1\mathrm{v,h}} m_{1\mathrm{v,h}}}}\,. \tag{7.9}$$

In der Praxis liegen Werte für $D_{2\mathrm{v,h}}$ bei 0,2–0,25 und für $D_{1\mathrm{v,h}}$ etwas darüber, zumindest, wenn die ungefe-derten Massen klein sind. ◘ Abbildung 7.153 und ◘ Abb. 7.154 zeigen für stochastische Fahrbahnanregung sehr anschaulich, dass entlang der Linie für eine gegebene Aufbaufederkonstante c_2 durch die Wahl der Dämpferkonstanten d_2 eine wesentliche Entscheidung für die Synthesequalität Komfort–Fahrsicherheit getroffen wird. Wegen der stets kombinierten Hub- und Nickschwingungen sowie der Abhängigkeit des gesamten Diagramms von Fahrgeschwindigkeit, Zuladung und vor allem auch dem Unebenheitstyp der angesetzten spektralen Fahrbahnunebenheiten empfiehlt sich eine parallele Optimierung der Dämpferkonstanten $d_{2\mathrm{v,h}}$ an Vorder- und Hinterachse unter Variation der wesentlichen Einflussparameter in der Simulation.

Wie in ◘ Abb. 7.153 ersichtlich, verändern unterschiedliche Dämpfungswerte die im Fahrbetrieb wirksamen gedämpften Eigenfrequenzen

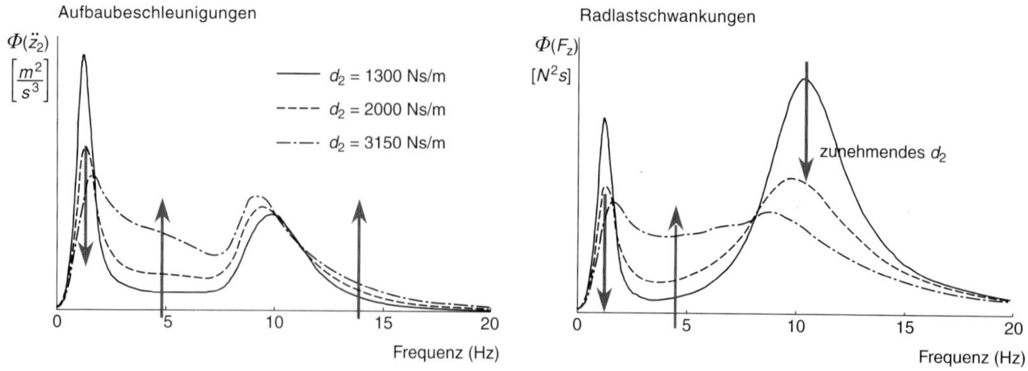

Abb. 7.153 Einfluss der Dämpfer d_2 auf die Leistungsspektren von Aufbaubeschleunigung und Radlastschwankungen

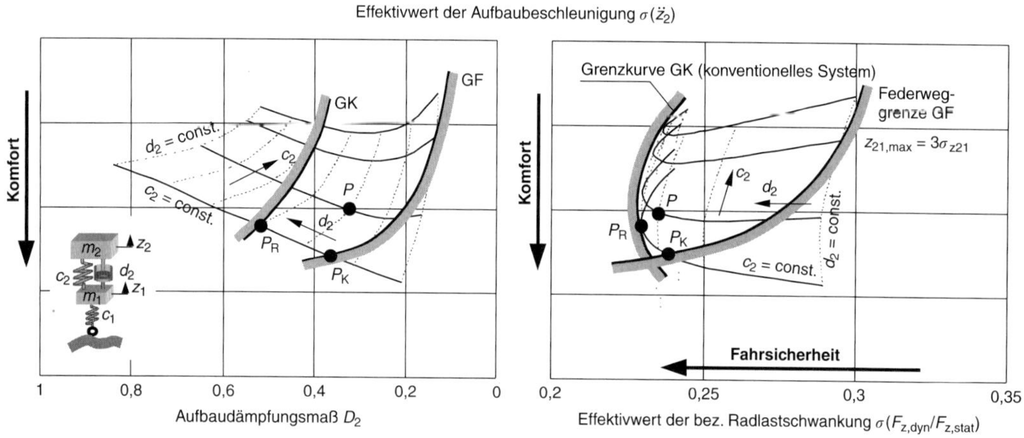

P_R= Auslegung auf minimale Radlastschwankung
P_K = Auslegung auf maximalen Komfort
P = Auslegungspunkt (Beispiel mit notwendiger Federweg-Reserve für Einzelhindernisse)

Abb. 7.154 Auslegungsgrenzen im Konfliktschaubild Komfort-Fahrsicherheit als Funktion von Federung und Dämpfung sowie zugehörige Dämpfungsmaße

und Resonanzüberhöhungen von Aufbau und Rädern. Um weiterführend zur Auslegung der ungedämpften Eigenfrequenzen der Achsen, wie in ► Abschn. 7.4.4.1 beschrieben, ein optimales Zusammenspiel der gedämpften Eigenfrequenzen von Vorderachse und Hinterachse zu erreichen, müssen in einer simulativen Grundauslegung auch die Eigenschaften der Dämpfer aufeinander abgestimmt werden. Im Allgemeinen ist die Hinterachse dabei stärker bedämpft als die Vorderachse. Die erarbeitete Auslegung stellt hierbei immer einen Kompromiss zwischen Fahrkomforteigenschaften (z. B. Parallelität, Aufbauschwingverhalten) und Fahrstabilität (z. B. dynamische Verteilung des Wankmomentes aus Feder- und Dämpfungselementen bei hochdynamischen Fahrmanövern) dar.

Als ausgeführte Schwingungsdämpfer werden heute fast ausschließlich zwei Bauarten – hydraulische Teleskopdämpfer in Einrohr- und Zweirohrausführung – eingesetzt, welche in vielen Konstruktionsvarianten und Ventilsystemen angeboten werden.

Bisher konnte durchaus mit linearer Dämpferkennung, ■ Abb. 7.155, gerechnet werden. Wird nun aber, wie schon oben bei der Federauslegung, wegen des signifikanten Komforteinflusses [148] auch das Verhalten bei Einzelhindernissen (z. B.

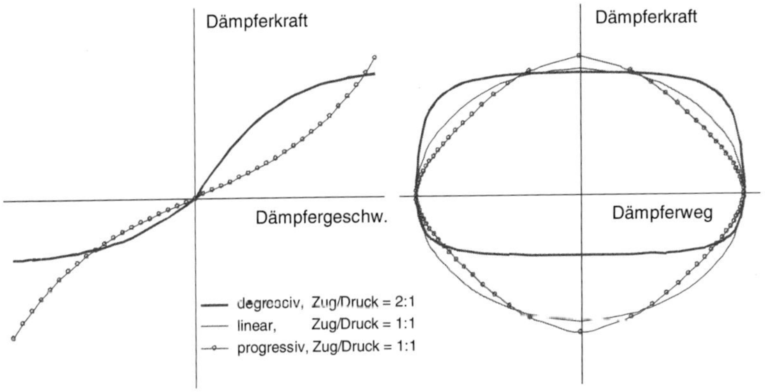

Abb. 7.155 Beispiele für Kennlinien von Dämpferkräften über Dämpfergeschwindigkeit und Auswirkung auf Arbeitsdiagramme

Bodenwellen, Kanaldeckel) oder Fahreraktionen (z. B. Anlenken) in die Betrachtung einbezogen, dann muss der konkrete Verlauf der Dämpferkraft F_d über der Dämpferkolbengeschwindigkeit v_D weiter angepasst werden: die Dämpferkennlinie wird nichtlinear.

Eine gebräuchliche Form der Nichtlinearität ist die Degression im Zugstufenast der Dämpferkennung. Sie resultiert aus dem Bestreben, für kräftige Ausweichmanöver einen zeitlich harmonischen Wankwinkelaufbau zu erreichen, der für das subjektive Sicherheitsgefühl in einer solchen, in der Regel eher ungewohnten Fahrsituation sehr wesentlich ist. Dafür sind schon bei niedrigem v_D hohe Dämpfkräfte an den kurveninneren Rädern erforderlich. Dies bedeutet ein stärkeres Anstellen der Zugkennung als aus der linearen Rechnung bestimmt ($d_{2Z} > d_{2\,lin}$) und würde bei hohen v_D neben zunehmendem Unkomfort zu einer Überdämpfung der Räder und damit auch zu größeren Radlastschwankungen führen.

Deshalb wird ab $v_D \approx 0{,}15\,m/s$ die Kennung etwas unter $d_{2\,lin}$ abgesenkt. Die Kurven im Arbeitsdiagramm werden fülliger, die Dämpferarbeit ist damit bei niedrigen v_D größer geworden.

Verbreitet werden auch geknickte Dämpferkennungen mit unterschiedlichen Dämpferkonstanten für Einfedern (Druckstufe d_{2D}) und Ausfedern (Zugstufe d_{2Z}) verwendet, wobei die Druckstufe vor allem an Vorderachsen bis auf Verhältnisse von $d_{2D} : d_{2Z} = 1:3$ abgesenkt wird. Damit soll beim Auffahren auf rampenförmige Einzelhindernisse das »Anfedergefühl« verbessert werden. Dies kann in Grenzen auch erreicht werden; weil aber mit zunehmender Unsymmetrie der Dämpferkennlinie der statistische Komfort ab- und die Radlastschwankung zunimmt, sollte das Druck-/Zug-Verhältnis nicht unnötig abgesenkt und die positive Wirkung einer ausreichenden Längsfederung der Achsen ausgeschöpft werden.

In den vorausgehenden Abschnitten wurde gezeigt, dass die Erarbeitung einer bezüglich der Fahrzeugziele erfolgreichen Gesamtabstimmung einen komplexen Syntheseprozess darstellt, der vom Konstrukteur entweder empirisch mit viel Erfahrung, besser unter Nutzung moderner Simulationstools umgesetzt werden muss.

Dies reicht von stark vereinfachten Implementationen analytischer Gleichungen in der Konzeptionsphase über Mehrkörpersimulationsumgebungen bis hin zum Einsatz von Simulatoren, in welchen virtuelle Fahrzeuge von den Entwicklern bereits vor dem Vorliegen echter Komponenten erlebt und erfahren werden können.

Wird die Simulation derart eingesetzt, können u. a. auch bessere, dafür aufwendigere Komfortbewertungskriterien eingesetzt werden. War eingangs nur der K-Wert für die Vertikalbeschleunigung erwähnt worden, lässt sich [159] durch vektorielle Addition aller an der jeweiligen Betrachtung beteiligten Teilschwingungen der aussagefähigere Gesamtwert der bewerteten Schwingstärke K_{ges}

berechnen:

$$K_{\text{ges}} = \sqrt{K_1^2 + K_2^2 + \ldots + K_n^2} = \sqrt{\sum_{i=1}^{n} K_i^2}\,. \quad (7.10)$$

Auf den Komfort kann nicht so viel Rücksicht genommen werden, wenn das Fahrwerk für ein Sportfahrzeug ausgelegt werden soll. In diesem Fall wird neben besonders guter Bodenhaftung (Kurvengrenzgeschwindigkeit) Wert auf kleine Wankwinkel und geringe Radlastschwankungen gelegt, was zu deutlich härteren Federn, geringerem Federweg und entsprechend straffer Schwingungsdämpfung sowie höheren Stabilisatorraten führt.

Durch einen diagonalen Dämpfungsverbund (Audi RS6, Audi RS4 zeitweise), also eine ungeregelte Verbindung der Dämpfer vorn links mit hinten rechts und umgekehrt, lässt sich die Bedämpfung der reinen Hub-Bewegung von der Wank- oder Nickbewegung entkoppeln. Dabei wird das gegensinnige Federn der diagonal gegenüberliegenden Räder beim Wanken oder Nicken durch Drosselverluste in der Verbindungsleitung stärker bedämpft als das Parallelfedern.

Die hochmotorisierten Modelle des Peugeot 3008 weisen zur Kompensation des hohen Schwerpunkts eine Querverbindung der Hinterachs-Stoßdämpfer mit einer zusätzlichen Dämpfungsventil- und Gasvorspanneinheit auf. Die Dämpfung der Wankbewegung wird hiermit gezielt beeinflusst und als Nebenfunktion eine zusätzlicher, wenn auch nicht vollständiger, Beladungsausgleich geschaffen.

7.4.4.4 Vertikaldynamiksysteme

Ein großes Verbesserungspotenzial im Vergleich zu den passiven Komponenten bieten Vertikaldynamik-Systeme, also Regelsysteme, welche die Vertikalkräfte zeitlich bedarfsgerecht optimieren. Bei der Abstimmung von passiven Federn, Schwingungsdämpfern und Stabilisatoren lässt sich immer nur ein Kompromiss zwischen Fahrverhalten (Handling, Agilität) und Fahrkomfort realisieren, d. h. die Fahrwerke lassen sich sportlich oder komfortabel, aber nicht im zeitlichen Sinne zugleich beliebig sportlich und komfortabel abstimmen. Aufbaubewegungen ergeben sich bei passiven Fahrwerken immer als Reaktion auf äußere Einflüsse, bei geregelten Systemen können Kräfte semiaktiv (nur Stellenergie zur Beeinflussung von Kennlinien erforderlich) oder aktiv (unabhängig von der aktuellen Bewegungsrichtung, aktive Energieeinbringung erforderlich) beeinflusst werden.

Vertikaldynamiksysteme stellen bedarfsgerechte, fahrzustandsabhängige Vertikalkräfte zwischen Rad und Karosserie ein, um den Zielkonflikt zwischen Fahrverhalten und Fahrkomfort in weiten Bereichen aufzulösen, ► Abschn. 7.4.4.3. Bezogen auf ◘ Abb. 7.154 bedeutet dies ein Durchbrechen der Grenzkurve GK in Richtung mehr Komfort und Fahrsicherheit. Hierfür benötigen diese Systeme Sensoren, ein Steuergerät, Aktuatoren sowie eine Energieversorgung und eine geeignete Regelstrategie und Sicherheitslogik. Die Vertikaldynamiksysteme prägen den Normalfahrbereich und sind somit im Gegensatz zu den Sicherheits- bzw. Schlupfregelsystemen nicht nur im Grenzbereich, sondern permanent erfahrbar und »erlebbar«.

Nachstehend folgt eine Kurzbeschreibung in drei Kategorien:

- Niveauregulierung (heute vorzugsweise mit Luftfederung),
- Verstelldämpfersysteme und
- Aktiv-Federn/Aktiv-Stabilisatoren.

Die Niveauregulierung führt bei Beladungsänderungen ein Betriebsmedium den Federbeinen zu oder ab, sodass der Fahrzeughöhenstand konstant bleibt und damit immer eine optimale Federwegreserve zur Verfügung steht. Diese Kennlinie lässt sich ohne Rücksicht auf Niveauänderungen durch Beladung auslegen. Beide Punkte führen zu einem verbesserten Schwingkomfort, der nicht nur bei Zuladung erfahrbar ist. Aufgrund von Gewichts- und Kostenvorteilen setzt sich die Luftfederung als Niveauregulierung zunehmend durch und löst die hydropneumatische Federung ab. Zudem besitzt die Luftfederung den Vorteil einer weitgehend konstanten Aufbaueigenfrequenz über der Beladung, ◘ Abb. 7.156. Bei Fahrzeugen mit hohem Komfortanspruch im oberen Marktsegment ist inzwischen eine starke Durchdringung von 2 Achs-Luftfedern [155] feststellbar.

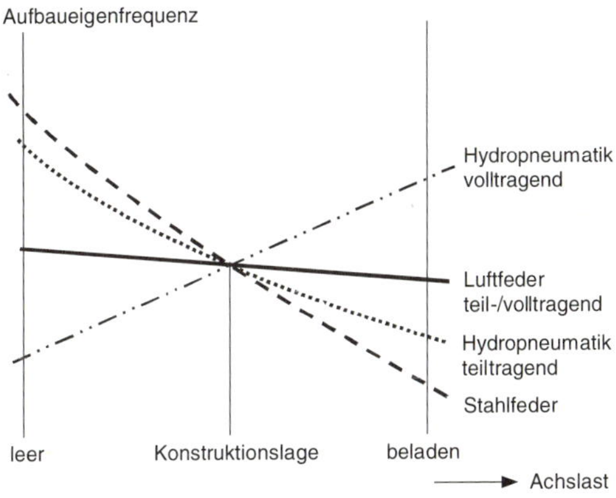

Abb. 7.156 Beladungseinfluss auf die Aufbaueigenfrequenz bei verschiedenen Niveauregelsystemen

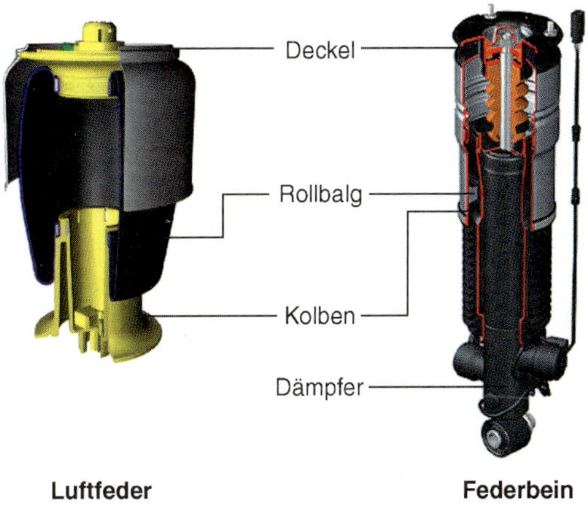

Abb. 7.157 Bauform einer Luftfeder und Beispiel für eine Federbein-Realisierung

Bei den Luftfedern der Fahrzeug-Niveauregulierung handelt es sich um Niederdruckgasfedern mit konstantem Gasvolumen. Die Energie zur Regulierung des statischen Fahrzeughöhenstandes bei Beladungsänderung oder eines anderen vorgegebenen Sollhöhenstandes wird im Allgemeinen von einer Kompressoreinheit bereitgestellt. Von den zwei Luftfederarten Faltenbalg- und Rollbalgfeder hat sich für die Anwendung im Pkw nur die Rollbalgfeder durchgesetzt. Wesentliche Bestandteile des Luftfederelementes sind Deckel, Abrollkolben und Rollbalg mit Spannelementen, Abb. 7.157. Der Rollbalg ist ein Elastomerschlauch mit einvulkanisiertem Festigkeitsträger. Letzterer besteht aus zwei oder mehreren gekreuzten Fadenlagen, kann aber für Sonderausführungen auch aus nur einer axial verlaufenden Fadenlage bestehen. Dann ist zwingend eine Außenführung des Rollbalges als Stützelement erforderlich. Die Luftfeder kann sowohl als einzelstehende Feder, als auch als Federbein ausgeführt werden.

Die (federwegabhängige) Gasfederrate einer Luftfeder setzt sich im allgemeinen Fall aus zwei Anteilen zusammen:

$$c_G = c_V + c_A \qquad (7.11)$$

mit der Volumensteifigkeit

$$c_V = (P_a + p_ü) \cdot n \cdot \frac{A_W \cdot A_g}{V_0} \qquad (7.12)$$

und der Flächenfedersteifigkeit

$$c_A = p_ü \cdot \frac{\partial A_W}{\partial z_{21}} \,. \qquad (7.13)$$

Hierin sind:

A_W – wirksame Querschnittsfläche als von der Berührlinie der Tangentialebene an die Rollbalgfalte eingeschlossene Fläche, B links

A_g – geometrische Querschnittsfläche (theoretische Größe)

$\partial A_W/\partial z_{21}$ – Änderung der wirksamen Fläche über dem Federhub

n – Isotropenexponent (abhängig von der Federungsgeschwindigkeit 1,00 bis 1,38)

$p_ü$ – Überdruck in der Luftfeder

p_a – Umgebungsdruck

V_0 – Innenvolumen in Konstruktionslage

Ist der Verlauf der wirksamen Federfläche über dem Federhub konstant, z. B. bei zylindrischem Rollbalg auf zylindrischem Abrollkolben, so wird die Flächenfedersteifigkeit zu Null und die Gasfederrate allein durch die Volumensteifigkeit bestimmt.

Je nach Geschwindigkeit der thermodynamischen Zustandsänderung der Luft beim Federn wird zwischen dynamischen (adiabaten) Federvorgängen ($n = 1{,}38$) und quasi-statischen (isothermen) Federvorgängen ($n = 1{,}0$) unterschieden, z. B. [156].

Neben den rein thermodynamischen Federungseigenschaften machen sich bei sehr kleinen Anregungen zusätzlich die Eigenschaften der Rollbalgwand als Steifigkeitsanteil c_{RB} bemerkbar [157]. Dies äußert sich in einer mit abnehmendem Federhub exponentiell zunehmenden Verhärtung der Feder, die je nach Balgaufbau die Größe der Gasfederrate leicht überschreiten kann und deshalb zwingend in die Gesamtfederrate $c_{\mathrm{LF,ges}}$ einbezogen werden muss:

$$c_{\mathrm{LF,ges}} = c_G + c_{\mathrm{RB}} \ . \tag{7.14}$$

Da kleinamplitudige Federwege auch auf guten Straßen bis zu hohen Geschwindigkeiten vorkommen, wird der Komfortverlust (Harshness) aus der Rollbalgverhärtung besonders deutlich und unangenehm empfunden. Durch den Einsatz eines Einlagen-Axialbalgs oder eines axialnahen Kreuzlagenbalgs mit Außenführung und sehr dünner Balgwandstärke kann dieser negative Effekt deutlich verringert werden.

Die elektronischen Verstelldämpfersysteme verändern die Vertikalkräfte über den Dämpfkräften abhängig vom sensierten Fahrzustand. Einen guten Einblick in das Verbesserungspotenzial des Schwingkomforts durch Verstelldämpfersysteme sowie deren grundsätzliche Funktion gibt nochmals ▪ Abb. 7.153.

Das Bild zeigt links die Leistungsspektren der vertikalen Aufbaubeschleunigung des Fahrzeugs für unterschiedliche Dämpferkennlinien, die jeweils fest beim Befahren einer mittleren Landstraße eingestellt waren. Das Leistungsspektrum der Aufbaubeschleunigung des Fahrzeugs ist, wie oben schon erwähnt, ein gebräuchliches, wenn auch vereinfachtes objektives Bewertungsmaß für den Schwingkomfort. Je kleiner die Amplituden des Spektrums sind, umso weniger störende Schwingungen erfahren die Insassen beim Befahren der Straße, d. h. kleine Flächeninhalte der Spektren bedeuten statistisch mehr Schwingkomfort. Es ist erkennbar, dass im Frequenzbereich von ca. 2 bis 30 Hz die weiche Kennlinie des Dämpfers einen besseren Komfort liefert; von 0,3 bis ca. 1,5 Hz reduziert die harte Kennlinie die Beschleunigungsamplituden und verbessert so den Schwingkomfort.

Da neben dem Komfort weiterhin die Fahrdynamik und die dynamischen Radlastschwankungen zu berücksichtigen sind, ▪ Abb. 7.153 rechts, ergibt sich folgende prinzipielle Systemfunktion für Verstelldämpfersysteme: Bei primär aufbaufrequenten Vertikalschwingungen – um 1,2 Hz – sowie dominanten längs- und querdynamischen Fahrzeugbewegungen werden härtere Dämpfkräfte über vier Verstelldämpfer gestellt, die die Aufbaubewegung beruhigen bzw. reduzieren. Bei primär radfrequenten Vertikalschwingungen – ca. 12 Hz – sind eher mittlere Dämpfkräfte vorteilhaft, die noch eine befriedigende Radbedämpfung liefern. Bei Anregungen zwischen diesen beiden Fahrzeugeigenfrequenzen sind sehr weiche Dämpfkräfte für einen guten Fahrkomfort einzustellen. Für die Erkennung des Fahrzustandes verwenden die Verstelldämpfersysteme als Informationsquelle z. B. Sensoren für die Aufbau- und Radbeschleunigungen, das Lenkwinkelsensorsignal sowie die Vorderradsignale des ABS-Systems. Die Verstelldämpfersysteme verwenden als Regelstrategie das sogenannte »Sky-Hook-Prinzip« [159], welches Funktionsvorteile bei aufbaufrequenten Straßenanregungen bietet.

1987 wurde erstmalig ein Verstelldämpfersystem unter dem Namen EDC (Electronic Damping Control) eingeführt (BMW 7er 2. Generation E32 [158]). Basis dieser ersten EDC-Generation waren Verstelldämpfer mit 3 automatisch geschalteten Dämpferkennlinien. Seit 2001 werden kontinuierlich verstellbare Dämpfersysteme [159] in Großserienfertigung eingesetzt (u. a. BMW 7er 4. Generation E65 [159] und X5, RR Phantom, VW Phaeton [170] und Touareg, Audi A8 [171] und Q7, Porsche Panamera und Cayenne, Bentley). Es wird hierbei zwischen Dämpfern mit einem innenliegenden und einem extern angebrachten Verstellventil unterschieden. Diese Verstelldämpfer spreizen ein zug-/druckabhängiges Dämpferkennfeld auf und bieten damit ein Zugewinn an Fahrkomfort (Aufbauruhe, Isolation) und Fahrdynamik. Die internen Systeme setzen den Schwerpunkt der Fahrwerksabstimmung im Bereich Fahrkomfort, die externen Systeme mehr auf die Fahrdynamik.

Seit 2008 wird ein neues Verstelldämpfersystem mit einer erstmals getrennten kontinuierlichen Zug-/Druckstufenverstellung angeboten (BMW

7er 5. Generation F01 [154]). Mit diesen jeweils zwei außenliegenden, kontinuierlich verstellbaren Ventilen kann eine weitere Verbesserung des Aufbauschwing- sowie Abrollkomforts erzielt werden. Zusätzlich ermöglichen diese Verstelldämpfer durch eine große Spreizung zwischen Hart und Weich eine Verbesserung der Agilität und Zielgenauigkeit.

Während oben genannte Verstelldämpfersysteme den Strömungswiderstand des Dämpferöls beeinflussen, gibt es auch Anwendungen von magnetorheologischen Flüssigkeiten (u. a. Cadillac Seville, Chevrolet Corvette, Audi TT und R8 [174]), die die physikalischen Eigenschaften des Dämpferöls ändern. Bei diesem System wird durch Variation eines Magnetfeldes die Viskosität der Dämpferflüssigkeit derart verändert, dass je nach Bedarf weiche bzw. harte Dämpfkräfte erzeugt werden können.

Aktive Federn werden seit 1990 auf dem japanischen Markt [160, 161] angeboten, aktive Pendelstützen bzw. Stabilisatorstangen in Europa seit 1995 [162]. Aktive Stabilisatoren sind erstmals 1999 im Land Rover Discovery II in Serienproduktion gegangen, 2001 als Schwenkmotorlösung in Mehrlenkerachsen im BMW Dynamic Drive.

Aktive Federn können nahezu beliebige Vertikalkräfte im Bereich der Aufbau-Eigenfrequenz stellen und aktive Stabilisatoren entsprechende Vertikalmomente. Die kundenwertigen Funktionsvorteile sind je nach Systemausprägung unterschiedlich. Generell stehen die hohen technischen Aufwendungen dieser Systeme einer breiten Marktdurchdringung entgegen.

Die Lösungen der japanischen Produzenten zur Aktiven Federung basieren auf einer hydropneumatischen Aktivfeder (ersetzt konventionelle Feder und Dämpfer), einer Hydraulikversorgung, einem Steuergerät und mehreren Sensoren. Die Versorgung beinhaltet eine Axial- oder Radialkolbenpumpe, Versorgungs- und Pulsationsspeicher, einen Ölbehälter, einen Kühler, einen Hochdruckfilter sowie Verbindungsleitungen. Die Versorgung realisiert ein Konstantdrucknetz, d. h. der Versorgungsdruck wird möglichst konstant auf dem Maximaldruck von z. B. 160 bar gehalten.

Derartige Konstantdrucknetze machen erhebliche technische Aufwendungen erforderlich, um einen geringen akustischen Geräuschpegel zu realisieren. Die hydropneumatische Aktivfeder basiert auf der hydropneumatischen Federung, die aus einem Differentialzylinder, einem Gasdruckspeicher (Wirkung als Federelement) und einer Drossel (Wirkung als Dämpferelement) besteht sowie einem Regelventil, welches in den Differentialzylinder Hochdrucköl zu- bzw. abführen kann. Der aktive Eingriff erfolgt über das Regelventil und ist als Zusatzmaßnahme realisiert. Im Gegensatz zur vollaktiven Feder [164] federt die aktive hydropneumatische Feder auch ohne Zu- und Abfuhr von Drucköl. Dies führt zu Vorteilen im Schwingkomfort und in der Energiebilanz, wenn man die vollaktive Feder als Vergleichspartner betrachtet. Der notwendige Sensoraufwand ist erheblich. Nissan verwendet für die Erfassung des Fahrzustands 2 Quer-, 1 Längs- und drei Vertikalbeschleunigungssensoren sowie 4 Höhenstandssensoren. Toyota verbaut zusätzlich 5 Drucksensoren. Das Steuergerät wertet diese Informationen aus und steuert die 4 hydropneumatischen Aktivfedern bedarfsgerecht. Der reale Kundennutzen ist im Vergleich zum Aufwand und insbesondere zum Energiemehrverbrauch kritisch zu betrachten. So haben die aufwendigen Aktivfedern auf dem japanischen Markt auch keine wirkliche Verbreitung gefunden.

Eine alternative Form der aktiven Feder, die vom technischen Aufwand durchaus vergleichbar ist zu den Systemen der japanischen Anbieter, wird von Mercedes-Benz unter dem Namen ABC – Active Body Control angeboten [165]. Der grundsätzliche Unterschied zu den zuvor behandelten aktiven Federn ist der Aufbau der vier Federbeine. In ◘ Abb. 7.158 ist ein Schnittbild des oberen Teils eines ABC-Federbeins dargestellt. Die Hülse eines Plungerzylinders stützt sich auf der Schraubenfeder ab, die den Fahrzeugaufbau trägt. Durch Zu- und Abfuhr von Drucköl über ein Regelventil führt die Hülse des Plungerzylinders Bewegungen aus, spannt so die Schraubenfeder entsprechend dem Hülsenweg vor und erzeugt damit die gewünschten Zusatzkräfte. Letztere sollen ebenso wie bei den zuvor dargestellten aktiven Federn die Bewegungen der Karosserie in den Freiheitsgraden Nicken, Wanken und Huben im Aufbaufrequenzbereich weitgehend reduzieren sowie eine Niveauregulierung ermöglichen. Neben der Schraubenfeder ist

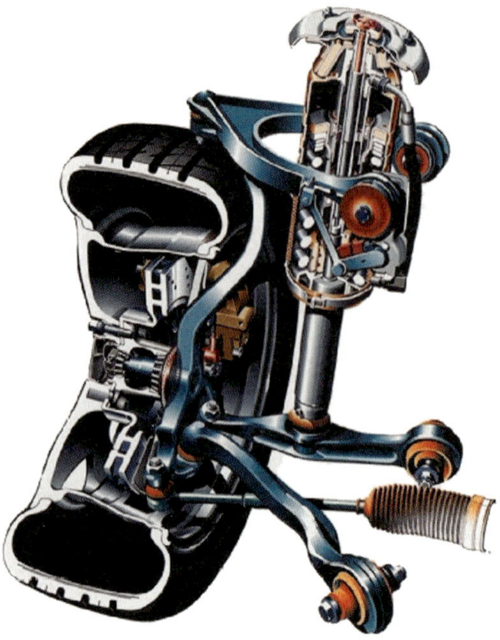

Abb. 7.158 Active Body Control-Federbein der Daimler AG

ein passiver Gasdruck-Schwingungsdämpfer im Federbein integriert, der eine weiche Kennlinie hat, welche die Radbewegung noch ausreichend bedämpft. Ebenso wie bei den hydropneumatischen Aktivfedern ist ein Konstantdrucknetz realisiert, es sind eine Vielzahl von Regelventilen notwendig und es werden ähnliche Sensoren wie in [160] verwendet. Dazu kommen noch die Lagesensoren zur Reglung der Plungerzylinder. Gegenüber den hydropneumatischen Aktivfedern besitzt die ABC-Lösung also prinzipielle Vorteile: geringere Reibungskräfte, die im Kraftfluss Rad zur Karosserie wirken sowie mehr Freiheitsgrade in der Gestaltung der Federkennlinie. Da der Aufwand der ABC-Technologie erheblich ist, wird der Markt wohl auch bei diesem System auf ein sehr kleines Fahrzeugsegment beschränkt bleiben.

Als Lösung zur Reduktion der Wankbewegungen bei einem Geländefahrzeug mit hoher Schwerpunktslage wurde im Land Rover Discovery II mit ACE (Active Cornering Enhancement) ein Wankstabilisierungssystem angeboten, das bei Kurvenfahrt durch aktive Stabilisatoren Vertikalmomente aufbaute, die dem Wankmoment des Fahrzeugaufbaus entgegenwirken [163]. Am aktiven Stabilisator war ein hydraulischer Differentialzylinder mit Hebelarm anstelle eines Stabilisatorschenkels verbaut. Als einkanaliges System, wurden beide Aktuatoren an Vorder- und Hinterachse mit dem gleichen Druck angesteuert, so dass lediglich eine Wankstabilisierung mit konstanter Wankmomentverteilung möglich war.

BMW Dynamic Drive realisiert eine aktive Wankstabilisierung und als zweikanaliges System gleichzeitig ein optimales Eigenlenkverhalten durch eine fahrzustandsabhängige Verteilung der Stabilisierungsmomente zwischen Vorder- und Hinterachse [169]. Das Handling und die Agilität werden hierdurch deutlich verbessert, verbunden mit einem Gewinn an Fahrsicherheit und Aufbauschwingkomfort, letzteres in besonderem Maße bei Geradeausfahrt bzw. sehr geringen Querbeschleunigungen.

Dynamic Drive besteht aus zwei aktiven Stabilisatoren, einem Ventilblock mit integrierten Sensoren, Hydraulikversorgung, sowie einem Steuergerät. An Vorder- und Hinterachse sind in den mechanischen Stabilisatoren drehende hydraulische Aktuatoren integriert (siehe Abb. 7.159). Die aktiven Stabilisatoren wandeln Druck in ein Torsions- sowie über die Anbindung in ein Stabilisierungsmoment um, so dass die Wankbewegung des Fahrzeugaufbaus bei Kurvenfahrt minimiert bzw. gänzlich beseitigt wird. Durch die entsprechende Verteilung der Momente zwischen Vorder- und Hinterachse wird eine hohe Agilität und Zielgenauigkeit über dem gesamten Geschwindigkeitsbereich und ein optimales Eigenlenk- sowie ein gutmütiges Lastwechselverhalten erzeugt. Andererseits sind die Aktuatoren bei Geradeausfahrt bzw. sehr geringen Querbeschleunigungen drucklos, so dass die Drehfederrate des Stabilisators die Grundfederung nicht verhärtet und die Kopierbewegung des Fahrzeugaufbaus reduziert wird.

Eine neue Anwendung des Dynamic Drive in enger Systemvernetzung mit einem modernen Verstelldämpfersystem wird seit 2006 im BMW X5 unter der Systembezeichnung Adaptive Drive eingesetzt [173]. Porsche brachte im Cayenne und Panamera ebenfalls die vernetzte Kombination aus Aktiver Wankstabilisierung und Verstelldämpfung zur Marktreife [178].

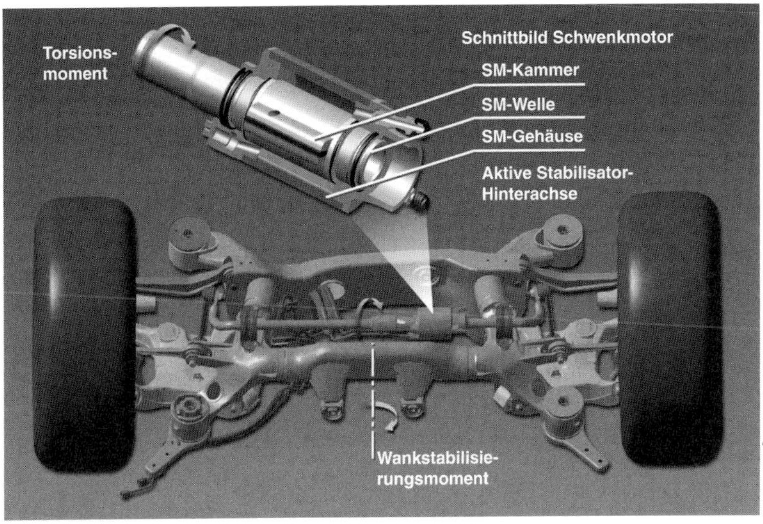

Abb. 7.159 Aktive Stabilisator-Hinterachse des Dynamic Drive im BMW 7er

Zur Reduktion des Systemaufwands und Optimierung des Energiebedarfs und damit der CO_2 Emission ist ein Trend weg von hydromechanischen hin zu elektromechanischen Lösungen bei den aktiven Federungselementen erkennbar. Bei hybridem und rein elektrischem Fahrzeugantrieb steht der klassische Nebenaggregate-Antrieb über Riemenantrieb vom Verbrennungsmotor nicht mehr zur Verfügung, d. h. entweder muss die Hydroversorgung über Pumpenaggregate dargestellt werden oder auf rein elektromechanische Aktuatorik gewechselt werden.

Elektromechanische Federfußpunktverstellungen als Alternative zum hydraulischen Mercedes Benz ABC System sind aus der Literatur und Patentveröffentlichungen bekannt [175].

Toyota hat als erster Hersteller ein Wankstabilisierungssystem mit einem elektromechanischen Aktuator im Lexus RX450h sowie in den US Versionen des LS 600h und GS460 in Serie realisiert [177].

7.4.4.5 Ausblick

Durch kontinuierliche Weiterentwicklung der Fahrwerkselemente, durch immer besseres und tieferes Verständnis der Fahrzeug- und Zulieferindustrie für das komplexe Zusammenwirken sowie durch immer leistungsfähigere Entwicklungsinstrumente, Materialien und Herstellverfahren konnten gerade in den letzten 2 Jahrzehnten wieder erstaunliche Fortschritte in der Qualität von Fahrwerken erzielt werden. Obwohl aus Kostengründen auch heute noch die meisten Fahrwerke konventioneller Natur, d. h. aus passiven Komponenten aufgebaut sind, darf also zu Recht von einem hohen erreichten Niveau »mechanischer Intelligenz« gesprochen werden.

Zukünftige Herausforderung auf dem Gebiet der konventionellen Fahrwerkstechnologie werden ein noch intensiverer Leichtbau zur CO_2 Reduktion bzw. Reichweitensteigerung bei Elektromobilität sein. Die Spreizung der Eigenschaften der Bauteile zur Darstellung unterschiedlicher Charaktere der breiter werdenden Derivatlandschaft wirft neue Zielkonflikte auf.

Bei dem Versuch, die Frage zu beantworten, was noch erwartet werden kann, hilft zunächst möglicherweise ein wenig Selbstkritik: Bis heute ist aufgrund der Komplexität der Aufgabe streng genommen kaum jemand in der Lage zu sagen, ob ein neu entwickeltes, hervorragendes Fahrwerk das wirkliche, unter den gegebenen Randbedingungen erreichbare Maximum darstellt, oder eben »nur« die aktuelle Bestleistung des beteiligten Entwicklerteams. Deshalb sollte die Chance genutzt werden, im Zuge fortschreitender Virtualisierung des Entwicklungsprozesses den heute vorliegenden, systemübergreifender gewordenen Kenntnisstand über kausale Zusammenhänge, zusammen mit leistungsfähigen Rechnern und Programmen sowie der intensiveren Einbeziehung anderer Wissenschaftszweige als wichtige Hilfen auf der Suche nach dem jeweils möglichen globalen Optimum einer neuen Fahrwerksynthese zu nutzen. Erste Ansätze und Fortschritte gibt es dazu bereits. Der gezielte Einsatz von Berechnungstools ermöglicht es, eine große Bandbreite und vom Umbauaufwand im Versuch her sehr aufwendige Fahrzeugkonfigurationen zu erstellen und zu untersuchen. Mit Hilfe von Simulatoren können diese innerhalb von Sekunden erlebt und verglichen werden. Dies trägt zu einem immer tiefer greifenden Verständnis der im Fahrwerk existierenden Wirkzusammenhänge bei und ermöglicht so eine viel größere und umfassendere Variation der Fahrwerksparameter auf der Suche nach dem globalen Maximum, als dies im realen Fahrversuch jemals wirtschaftlich möglich wäre. Die Folge ist ein besserer Ausgangspunkt für die Endabstimmung der Fahrzeuge im Fahrversuch, eine Reduktion der notwendigen Iterationsschleifen und damit ein deutliches Kostensenkungspotenzial in der Entwicklung des Fahrwerkes

Die nächsten technischen Evolutionen auf dem Sektor der geregelten Fahrwerksysteme werden einerseits leistungsfähige, intensiver vernetzte Fahrwerkregelsysteme mit zukunftsorientierter Systemkonfiguration, bis hin zu »Previewing« (zeitliche und räumliche Vorausschau für Fahrspurführung und Fahrbahnunebenheiten) sein.

Previewing Systeme wurden seit Jahrzehnten in der Theorie aufbereitet, z. B. [166–168], und teilweise auch prototypenhaft erprobt. Mercedes-Benz kündigte als erster Hersteller diese Technologie, basierend auf dem Active Body Control unter der Systembezeichnung Magic Body Control an [176, 179]. Andererseits werden Komfortsysteme wie Verstelldämpfung und Fahrerassistenz eine größere Marktdurchdringung erhalten.

7.4.5 Lenkung

Die Fahrzeugführung erfolgt bei Straßenfahrzeugen durch den Fahrer (fast ausschließlich) über das Lenkungssystem. Für die Verkehrssicherheit ist es von erheblicher Bedeutung, mit welcher Genauigkeit einerseits der Fahrzeugführer einen persönlich gewünschten oder von Straßenverlauf und Verkehrsgeschehen vorgegeben Kurs einhalten kann, und andererseits das Fahrzeug eine solche Vorgabe selbstständig beibehält. Der Fahrer muss stets das sichere Gefühl haben, dass das Fahrzeug zuverlässig auf seinen Wunsch reagiert. Die Genauigkeit der Kurshaltung ist umso besser, je schneller der Fahrer gewollte und auch ungewollte Kursänderungen erkennen kann und je rascher und je genauer den Erwartungen entsprechend das Fahrzeug auf Lenkeinschläge des Fahrers reagiert.

Für den Lenksystementwickler ergeben sich daraus eine Anzahl von Anforderungen und Hinweisen zur kundennahen Auslegung:
- Kleiner Wendekreis, niedrige Parkierkräfte, kleine Lenkwinkel am Lenkrad
- Leichtgängigkeit, Feinfühligkeit, Zielgenauigkeit, guter Geradeauslauf, ausreichende Direktheit, spontanes Ansprechen
- Ausgeprägter Straßenkontakt, Rückmeldung des Kraftschlusses Reifen/Fahrbahn
- Selbstständiges Rückstellen in Mittellage, stabilisierendes Verhalten bei allen Fahrmanövern
- Störgrößenunterdrückung aus Fahrbahnunebenheiten, Seitenwind, Antrieb, Bremsen, Reifenbauarten ..., keine ausgeprägte Neigung zu Eigenschwingungen
- Erfüllung der Crashvorschriften zum Insassenschutz
- Verschleiß- und Wartungsarmut sowie kein negativer Einfluss auf das Verschleißverhalten der Bereifung.

7.4.5.1 Lenkungskinematik

Kenngrößen zur Lenkkinematik Die grundlegenden Eigenschaften einer Lenkungsanlage sind durch vier geometrische Größen zur Beschreibung von Lage und Ausrichtung der Lenkdrehachse des Rades (Spreizachse) im Fahrzeug bestimmt:
- Lenkrollradius und Nachlaufstrecke
- Spreizungswinkel und Nachlaufwinkel

Darüberhinaus gibt es auf Radmitte bezogene Kennwerte wie Spreizungs- und Nachlaufversatz. Letztere sind redundant und ergeben sich nach Festlegung der Spreizachse zwangsweise. Alle Größen sind bereits in ▶ Abschn. 7.4.1 erläutert (◘ Abb. 7.124, ◘ Abb. 7.125).

Die Größen Lenkrollradius, Nachlaufstrecke, Spreizungsversatz etc. stellen wirksame Hebelarme für äußere Kräfte auf die Lenkung dar. Für die seitens der Normung sehr einfache, für die Berechnung aber nicht ausreichend exakte Definition dieser Kennwerte wird auf [180] verwiesen. Die Bedeutung dieser Kenngrößen zur Lenkungskinematik bei der Fahrwerkauslegung und bevorzugte Größenordnungen bei modernen Straßenfahrzeugen werden nachstehend anhand der wichtigsten Betriebszustände und der dort auftretenden äußeren Kräfte diskutiert.

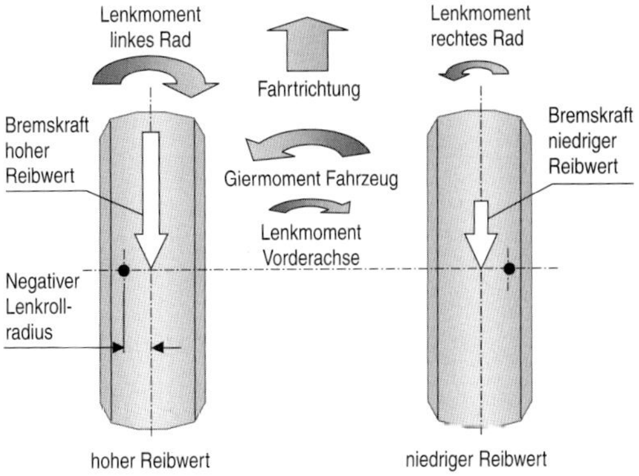

◘ **Abb. 7.160** Kräfte und Momente an der Vorderachse bei negativem Lenkrollradius und μ-Split-Bremsvorgang

Lenkrollradius – Bremskraft Der Begriff Lenkrollradius lässt vermuten, dass der Radaufstandspunkt des gelenkten Rades auf einer Bahn mit diesem Krümmungsradius abrollt. Dies gilt aber nur für den Sonderfall einer völlig senkrechten Spreizachse. Bei vorhandenem Spreizungs- und Nachlaufwinkel vergrößert sich der Krümmungsradius, die Bahnkurve wird spiralförmig [180]. Der Lenkrollradius bezeichnet daher keinen Halbmesser einer Kreisbahn, sondern kann nur als wirksamer Hebelarm von Längskräften um die Spreizachse gesehen werden, die in der Fahrbahnebene wirken und am Radaufstandspunkt angreifen, wenn sich Antriebs- oder Bremsmomente auf dem Radträger abstützen und so Rad und Radträger als momentan fest verbunden gedacht werden können. Dies gilt z. B. für heute übliche außen, d. h. in der Radschüssel liegende Radbremssysteme, und entsprechend für in der Radschüssel liegende Antriebsmotoren (z. B. Elektrofahrzeug mit Radnabenmotor).

Überlegungen zur optimalen Größe des Lenkrollradius wurden früher wegen fehlender Servounterstützung bezüglich des Lenkmoments im Stand angestellt und führten deshalb zu relativ großen Lenkrollradien. Dies hatte bei unsymmetrischen Bremsmomenten (Bremsenverzug, besonders bei Trommelbremsen) oder Fahrbahnreibwerten Probleme bei der Kurshaltung zur Folge und führte zum negativen Lenkrollradius, z. B. [181, 184]. Vor allem in Abhängigkeit vom Antriebskonzept propagieren die verschiedenen Fahrzeughersteller bis heute unterschiedliche Konzepte bezüglich Betrag und Vorzeichen des Lenkrollradius, ◘ Tab. 7.10.

Der negative Lenkrollradius wurde durch seine stabilisierende Wirkung beim Bremsen auf unterschiedlichen Reibwerten (μ-split) bekannt. Für den stationären Fall erzeugt ein Bremsvorgang bei (μ-split durch die höheren Bremskräfte auf der Hochreibwertseite ein Giermoment hin zu dieser Fahrzeugseite mit Folge einer entsprechender Kursänderung. Bei einer Fahrwerksauslegung mit negativem Lenkrollradius wird auf der Hochreibwertseite ein zum niedrigen Reibwert hindrehendes Lenkmoment erzeugt, welches dem Giermoment aus den Bremskräften entgegenwirkt, ◘ Abb. 7.160. Für den hier beschriebenen Fall lässt sich für einen stationären Arbeitspunkt eine Abstimmung finden, welche ohne Eingriff des Fahrers am Lenkrad zu einem Gleichgewicht im Lenkungssystem und somit zur weitgehend ungestörten Geradeausfahrt führt.

Für Fahrzeugkonzepte mit Frontantrieb (auch Allradantrieb) und Federbeinachsen ist der negative Lenkrollradius eine willkommene Möglicheit, den Spreizungsversatz und somit den für die Antriebseinflüsse wichtigen Störkrafthebelarm zu reduzieren.

Zu beachten ist, dass beim negativen Lenkrollradius das Lenkrad zur Fahrzeugseite mit dem niedrigen Reibwert (d. h. üblicherweise zur Fahrbahnaußenseite) zieht und dadurch den Fahrzeugführer zur Gegenreaktion veranlasst. Diese Reaktion verstärkt aber die beginnende Gierbewe-

Tabelle 7.10 Kinematische Kennwerte aktueller Fahrzeuge in Konstruktionslage (Daten aus [193–206])

		Frontantrieb						Allrad			Heckantrieb							
		Audi A1	Audi A4	MB A-Klasse	VW Polo V	VW Golf V	Ford Mondeo	MB GLK-Klasse	Porsche Cayenne	VW Phaeton	BMW 3er	BMW 5er	MB E-Klasse	BMW 7er	Mb S-Klasse	Mybach 57	Porsche Boxster	MB SL
Achsprinzip*	–	FB	ML	FB	FB	FB	FB	DFB	ML	ML	DFB	DFB	ML	DFB	ML	ML	FB	ML
Lenkrollradius	mm	–9,5	–7,8	–20,7	–17	–	–16	–24,6	3,5	–0,5	6,1	2	–0,6	0	2,11	12,5	-7	4,5
Nachlaufstrecke	mm	33,2	21,9	13,8	32	40	–	31,8	47,7	26,1	19,7	27,9	31,7	26	32,7	39,2	41	36
Spreizungsversatz	mm	57,7	11,2	44,1	49	–	–	51,9	67	22,2	77,8	78,8	26,4	88,1	27,2	72,3	83	31
Nachlaufwinkel	°	5,2	3,1	2,8	5,27	7,5	2,5	9,6	8,5	3,7	7,1	7,9	9,2	8,11	9,1	10,6	8	11,8
Spreizungswinkel	°	–	4,1	14,1	–	14,8	14,7	13,9	–	5,2	14,1	14,5	6	15,4	5,2	14,7	–	6,1

* FB: Eingelenk-Federbeinachse, DFB: Doppelgelenk-Federbeinachse, ML: Mehrlenkerachse

7

gung des Fahrzeugs. Bei der Argumentation für den positiven Lenkrollradius wird dieses »Fehlverhalten« des Fahrers als Teilnehmer im Regelkreis Lenkung und die damit verbundenen (unbewussten) Lenkkorrekturen einbezogen.

Der Lenkrollradius sollte also so wenig von Null abweichen, dass der Einfluss instationärer Bremskräfte unterdrückt wird und die Information des Fahrzeugführers über den Betriebszustand des Fahrzeuges eindeutig ist.

Nachlaufstrecke – Seitenkraft – Reifennachlauf Nachlauf liegt vor, wenn der Radaufstandspunkt hinter dem Durchstoßpunkt der Lenkachse durch die Fahrbahnebene liegt, ◘ Abb. 7.124. Die Nachlaufstrecke ist Teil des wirksamen Hebelarms einer in der Fahrbahnebene angreifenden Seitenkraft senkrecht zur Projektionsebene des eingeschlagenen Rades. Dabei ist zu beachten, dass die Reifenseitenkraft um den Betrag des Reifennachlaufs (▶ Abschn. 7.3) versetzt wirkt und sich deshalb der wirksame Hebelarm aus Nachlaufstrecke und Reifennachlauf zusammensetzt. Seitenkräfte führen bei wirksamen Hebelarmen > 0 zu einem rückdrehenden Moment und tragen somit zu einem stabilen Geradeauslauf bei.

Spreizungsversatz (Störkrafthebel) – Rollwiderstandskräfte, Antriebskräfte Alle äußeren Kräfte und Kraftkomponenten können beim frei rollenden Rad nur über die Radlagerung und den Radträger auf die Lenkachse übertragen werden. Dies sind bei nicht angetriebenem Rad Rollwiderstandskräfte, Stoßkräfte und mit dem Rad/Reifen umlaufende Unwuchtkräfte. Diese Kräfte wirken über den Spreizungsversatz (Störkrafthebelarm) als Störkräfte auf die Achsaufhängung. Im Allgemeinen gilt der Spreizungsversatz auch als wirksamer Hebelarm einer über Antriebswellen erzeugten Antriebs-, Schlepp- oder Bremskraft. Diese Aussage gilt aber nur für den Sonderfall Beugewinkel Null in den Antriebsgelenken.

Nachlaufversatz Der Nachlaufversatz ist der waagrechte Abstand der Radmitte zur Spreizachse in der Seitenansicht eines Fahrzeuges. Da an der Radmitte keine Seitenkräfte angreifen, hat dieser Kennwert als Krafthebelarm keine Bedeutung. Bezüglich der Kräfte ist es somit für den Entwickler unbedeutend, ob durch die Wahl von Nachlaufstrecke und Nachlaufwinkel ein Nachlauf- oder ein Vorlaufversatz entsteht. Dies gilt aber nicht für die räumliche Bewegung des Rades und der damit verbundenen Bauteile. Ein Nachlaufversatz führt z. B. bei angetriebenen Achsen zu einer erhöhten Längenänderung der Antriebswelle während des Lenkvorgangs. Deshalb sind dem Versatz von Radmitte und Lenkdrehachse bei Frontantrieb Grenzen gesetzt. Positiv für den Raumbedarf des gelenkten Rades ist ein Vorlaufversatz: Die hinter der Radmitte liegende Schwenkachse (Spreizachse) lässt den Reifen beim kurveninneren Lenkeinschlag im kritischen Bereich der Stirnwand weniger weit zur Fahrzeuginnenseite schwenken. Selbstverständlich wird der Raumbedarf für kurvenäußere Radeinschlagwinkel dafür größer. Da aber der kurveninnere Radlenkwinkel größer als der kurvenäußere ist, wird mit dieser Maßnahme eine Ausmittelung des seitlichen Raumbedarfs und somit mehr Raum für Motor und Karosseriestruktur erreicht.

Die nun folgenden Kennwerte haben keinen direkt sichtbaren Konstruktionsparameter zur Folge, sind aber für die Beurteilung verschiedener Konzepte sehr hilfreich bzw. für die optimale Funktion einer Fahrzeuglenkung von entscheidender Bedeutung.

Radlasthebelarm – Hochkraft – Gewichtsrückstellung Sind Spreizungswinkel und Nachlaufwinkel gleich Null, d. h. die Spreizachse steht senkrecht, so erfährt das Rad bzw. der Aufbau bei Lenkbewegung keine Höhenstandsänderung, der Radlasthebelarm, ◘ Abb. 7.161, ist gleich Null. Ist die Spreizachse geneigt, hebt oder senkt sich das Rad gegenüber dem Fahrzeugaufbau bei Lenkeinschlag; die Radlast stützt sich offensichtlich auf einem Hebelarm größer Null ab. Durch diese Hubbewegung wird Energie dem Aufbau (und der Federung) zugeführt oder freigesetzt. Diese Energie wirkt sich über das Lenkgestänge am Lenkrad aus.

Mathematisch ausgedrückt, ist der Radlasthebelarm die Ableitung der Hubbewegung des Rades nach dem Lenkwinkel:

$$p = -\frac{dz}{d\delta} \,. \qquad (7.15)$$

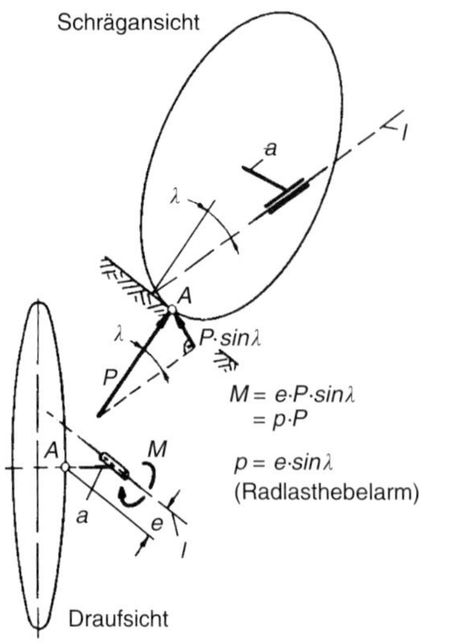

Abb. 7.161 Zeichnerische Darstellung des Radlasthebelarms (nach [189])

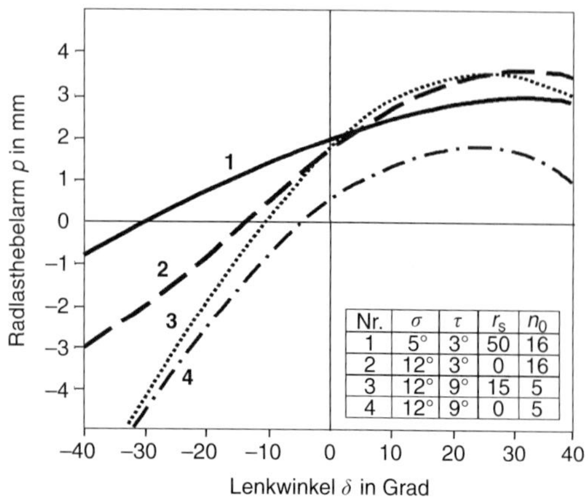

Abb. 7.162 Radlasthebelarm p über Lenkwinkel δ, für verschiedene Lenkgeometrien (nach [180]). (Spreizungswinkel σ, Nachlaufwinkel τ, Lenkrollradius r_S, Nachlaufstrecke n_0 bei $\delta = 0$)

Der Radlasthebelarm, Abb. 7.162, sollte in der Geradeausstellung der Lenkung nahe Null sein, um Lenkmomente aus Vertikalkraftschwankungen (einseitigen Straßenanregungen) zu vermeiden. Ferner sollte er bei Lenkeinschlag am kurvenäußeren Rade kleiner werden, um eine »Gewichtsrückstellung« der Lenkung zu bewirken. Beim (größeren) kurveninneren Radeinschlag ergibt sich nämlich bei positivem Radlasthebelarm eine Anhebung des Aufbaus, beim kurvenäußeren eine Absenkung und nur durch links und rechts unterschiedliche Hub- bzw. Senkbewegung kann in der Summe eine Anhebung des Schwerpunkts erzeugt werden, die rückstellend wirkt. Die Ableitung des Radlasthebelarms nach dem Lenkwinkel, das bedeutet die zweite Ableitung des Radhubs nach dem Lenkwinkel in der Geradeausstellung, Gl. (7.16), ist der »Hebelarm der Gewichtsrückstellung« [180, 185]. Ersatzweise kann dieser Hebel als Pendel gedacht werden, dessen Pendelmasse das Gewicht des Vorderwagens hat und das bei Auslenkung um den Radlenkwinkel ein entsprechendes Rückstellmoment ergibt.

$$\frac{\mathrm{d}p}{\mathrm{d}\delta} = r_\sigma \tan\sigma - n \cdot \tan r \qquad (7.16)$$

$$\text{(feste Spreizachse)}\,.$$

Die Gewichtsrückstellung ist bei Geradeausfahrt die einzige Größe (bei Vorspur- und Sturzwinkel gleich Null), welche die Lenkung in der Mittelstellung zentriert!

Bei Radaufhängungen mit virtueller Spreizachse kann die Gewichtsrückstellung durch die Schwenkbewegung der Spreizachse über dem Lenkwinkel [185] oder durch Erzeugen einer Schraubbewegung entlang der Spreizachse zusätzlich verstärkt bzw. auch verringert werden. Unabhängig von der Lenkungskinematik lassen sich die Rückstellmomente in der Lenkung durch die Anlenkung von Federelementen (Stabilisator, Federung, Kurvenscheiben usw.) direkt am Radträger beeinflussen. Zu beachten ist, dass sich damit bei unsymmetrischen Radlaständerungen Rückwirkungen in die Lenkung ergeben.

Triebkrafthebelarm – Antriebsmoment, Schleppmoment Bei Radaufhängungen mit fester Spreizachse (z. B. übliche Doppelquerlenkerachsen) ist der Spreizungsversatz oder Störkrafthebelarm unveränderlich über Lenkeinschlag und Radhub und demnach am kurvenäußeren und kurveninneren Rad immer gleich groß. Bei gleichem Antriebsmoment an beiden Rädern sollte sich somit unter Vernachlässigung der Wirkung von Lenkdifferenzwinkeln auch bei Störkrafthebeln größer Null ein Momentengleichgewicht der vortreibenden Kräfte ergeben und die Lenkung unbeeinflusst bleiben. Trotzdem kann man bei Frontantriebsfahrzeugen den Antriebseinfluss in der Lenkung beobachten. In [183] führten diese Beobachtungen zur Definition eines Hebelarms der Triebkräfte. Analog dem Lenkrollradius muss dieser Hebelarm als diejenige Größe betrachtet werden, welche bezüglich der Lenkachse wirksam wird, wenn bei blockiertem Antrieb Längskräfte im Radaufstandspunkt auf das Rad wirken. Dieser Triebkrafthebelarm ist an einem sehr einfachen Beispiel mit fester Spreizachse und ebener Kinematik ohne Herleitung in ◘ Abb. 7.163 dargestellt. Eine Parallele zur Winkelhalbierenden zwischen Radachse und Antriebswelle im Schnittpunkt von Radachse und Spreizachse durchstößt die Fahrbahnebene im Abstand des Triebkrafthebelarmes vom Radaufstandspunkt. Aus dem Bild lässt sich leicht ableiten, dass nur bei Gelenkwellenbeugewinkel Null der Spreizungsversatz dem Triebkrafthebelarm entspricht und weiter, dass sich der Triebkrafthebelarm am eingefederten Rad verringert und am ausgefederten Rad vergrößert. Bei ungleich langen Antriebswellen führt dies nicht nur bei Kurvenfahrt, sondern auch beim parallelen Ein-/Ausfedern zu Differenzen zwischen linkem und rechtem Rad und somit zu Antriebseinflüssen in der Lenkung.

Wirkung von Störgrößen Störanregungen, hervorgerufen durch Unwucht des Rades, Radialkraftschwankungen des Reifens (elastische Ungleichförmigkeit) oder Bremsmomentschwankungen führen an der Radaufhängung und somit im Lenksystem zu drehfrequenz- und damit fahrgeschwindigkeitsabhängigen Schwingungserscheinungen in verschiedenen Richtungsebenen: Lenkradvertikalschwingung, Lenkraddrehschwingung usw. Über die richtige Wahl der oben beschriebenen kinematisch wirksamen Hebelarme können die Wirkungen der immer vorhandenen Störanregungen/Eigenfrequenzen vermindert bzw. so weit unterdrückt werden, dass der Fahrer sie nicht mehr wahrnimmt. Weitere wichtige Parameter sind die Steifigkeiten der Radführungselemente und die Lage der elastokinematischen Lenkdrehachse zum Schwerpunkt der ungefederten Massen. Auch richtungsabhängige Wirkungsgrade von Lenkgetrieben können hier helfen, indem ein hoher Wirkungsgrad von oben nach unten die Feinfühligkeit der Lenkung unterstützt, während ein niedriger Wirkungsgrad von unten nach oben bei der Unterdrückung von Störgrößen hilft. Zahlreiche Beiträge wie z. B. [188] zeigen, dass die vom Fahrer als Lenkunruhe reklamierten Erscheinungen ein häufiges und ernst zu nehmendes Problem darstellen.

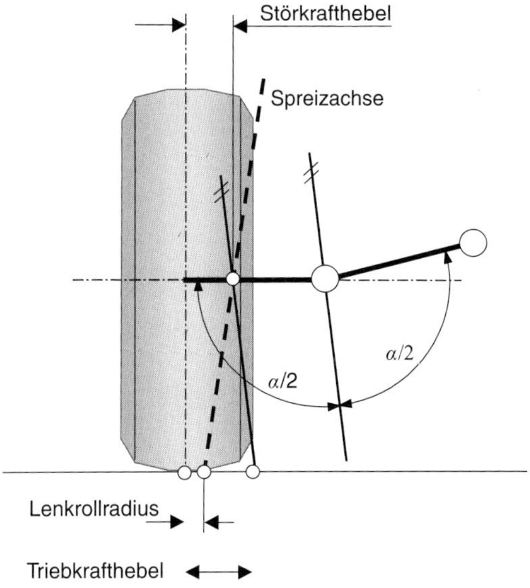

◘ **Abb. 7.163** Triebkrafthebelarm einer angetriebenen Achse bei fester Spreizachse

Bestimmung der idealen Lenkeinschlagwinkel am Rad Bisher wurde die Lenkungskinematik diskutiert, ohne zu behandeln, wie beide Räder idealerweise gelenkt werden müssen, um die primäre Aufgabe der Lenkung zu erfüllen, das Fahrzeug auf einen vom Fahrer bestimmten Kurs sicher zu führen. Kinematisch einwandfrei gelenkt ist ein Fahrzeug dann, wenn sich die Normalen auf die Geschwindigkeitsvektoren aller Räder in einem Punkt treffen. Für eine Kurvenfahrt bei geringer Querbeschleunigung und kleinen Seitenkräften und somit sehr kleinen Schräglaufwinkeln (siehe ► Abschn. 7.3) können vereinfachend die Verlängerungen der Radmittelachsen zur Bestimmung des für jeden Kurvenradius optimalen Lenkeinschlagwinkels verwendet werden, ◘ Abb. 7.164. Ein derartiges Gesetz wurde erstmalig von Lankensperger und Ackermann beschrieben. Für Zweispurfahrzeuge mit zwei Achsen (Vorderachse gelenkt), ergibt sich nach Ackermann folgende Vorschrift für die Lenkwinkelbeziehung der beiden gelenkten Räder:

$$\cot \delta_a = \cot \delta_i + \frac{b}{l} \,. \tag{7.17}$$

Das Lenkgestänge sollte nun nach Ackermann derart gestaltet sein, dass jede beliebige Krümmung bis zum konstruktiv festgelegten minimalen Wendekreisdurchmesser mit zwangsfrei abrollenden Rädern befahren werden kann. Lenkfehler, d. h. Abweichungen von der idealen Lenkwinkelbeziehung (Ackermannfunktion) nach Gl. (7.17) führen dagegen zum zwangsweisen Schräglauf der Reifen. Ist der Lenkfehler z. B. derart gestaltet, dass der kurveninnere Lenkeinschlagwinkel kleiner ist als der Solllenkwinkel, spricht man von einer Abweichung hin zum Paralleleinschlag. Von Bedeutung ist dieser Lenkwinkelfehler für den Lenkungsrücklauf bei großen Lenkeinschlagwinkeln und langsamer Kurvenfahrt: hier fehlt das rückstellende Moment aus der Seitenkraft. Der erzwungene Schräglaufwinkel wirkt wie eine viel zu große Vorspur und hat an beiden Rädern eine nach innen weisende Seitenkraft zur Folge, ◻ Abb. 7.165. Die Seitenkraft des kurveninneren Rades greift bei Radaufhängungen mit großen Spreizungs- und Nachlaufwinkeln (Federbeinachsen) aufgrund des Lenkeinschlagwinkels an einer vergrößerten Nachlaufstrecke, die kurvenäußere Seitenkraft an einer verkleinerten Nachlaufstrecke an und kann somit das eindrehende Lenkmoment nicht kompensieren. Ist das kurvenäußere Rad schon in Vorlauf, wird das eindrehende Moment des kurveninneren Rades durch das kurvenäußere sogar verstärkt; die Lenkung dreht ein.

Die realisierte Lenkfunktion darf also bei Federbeinachsen nur geringfügig von der Sollfunktion nach Ackermann abweichen ($< 3°$). Dies ist bei vorne liegender Zahnstangenlenkung leichter zu erreichen als bei Lenkungslage hinter Radmitte. Für den leicht parallelen Lenkungseinschlag spricht der kleinere Lenkwinkel des kurveninnen eingeschlagenen Rades und der damit verbundene geringere Raumbedarf im Radhaus. Bei gleicher mittlerer Lenkungsübersetzung (siehe unten) führt

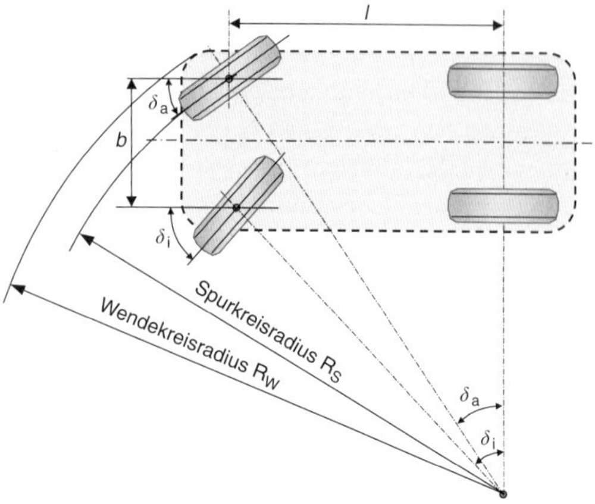

◻ Abb. 7.164 Ackermannbedingung für Lenkeinschlagwinkel kurvenaußen/kurveninnen sowie Definition Spur- und Wendekreis

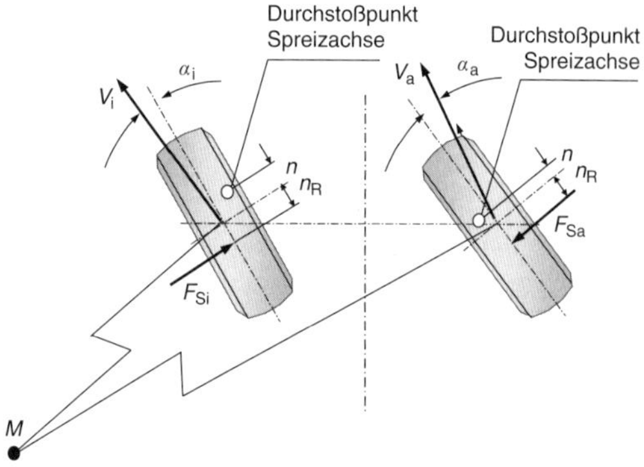

◻ Abb. 7.165 Wirksame Kräfte und Hebel bei eingeschlagenen Rädern und falschem Spurdifferenzwinkel

eine Auslegung in Richtung Parallellenkung zu einem schnelleren Ansprechen, da das verstärkt fahrzeugführende kurvenäußere Rad durch den überlagerten Vorspurwinkel schneller Seitenkraft aufbaut.

Einfluss der Lenkgetriebebauart auf das Lenkgestänge Die Übertragung der vom Fahrer eingeleiteten Lenkbewegung erfolgt über Lenkgetriebe und Lenkgestänge auf die Räder. In der Regel muss das Lenkgestänge zusätzlich die Radhubbewegung nachvollziehen. Dies führt bei Einzelradaufhängungen zu geteilten Spurstangen, deren Position und Länge so zu wählen sind, dass bei der Federbewegung das gewünschte Eigenlenkverhalten und

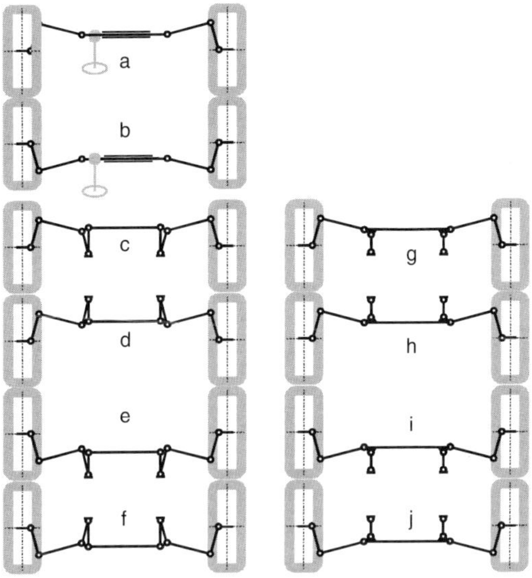

Abb. 7.166 Lenkgestängebauarten. **a,b** Zahnstangenlenkung, **c–f** Hebellenkung, Spurstangen am Lenkstockhebel, **g–j** Hebellenkung, Spurstangen an mittlerer Spurstange

bei der Lenkbewegung die angestrebte Lenkfunktion erreicht wird.

Bei einer Zahnstangenlenkung wird die Drehbewegung des Lenkrades direkt auf die Zahnstange übertragen und dabei in eine lineare Bewegung übersetzt. Die Spurstange fungiert als Koppelglied zwischen dem aufbaufesten Lenkgetriebe und dem mit dem Radträger fest verbundenen Spurhebel. Die lineare Bewegung der Spurstange wird in der Lenkdrehachse wieder in eine Schwenkbewegung (Lenkeinschlag) des Rades umgesetzt.

Da die Spurstangen aufgrund der Aufgabenstellung im Wesentlichen quer zur Fahrzeuglängsachse verlaufen sollen, sind bei Zahnstangenlenkungen grundsätzlich zwei Positionen für den radseitigen Spurhebel wählbar: eine nach hinten oder eine nach vorne weisende Position, Abb. 7.166. An dieser Stelle sei auch erwähnt, dass zur Einleitung einer korrekten Drehbewegung das Ritzel der Zahnstangenlenkung bei vorneliegendem Spurhebel hinter der Zahnstange und bei hintenliegendem Spurhebel vor bzw. auf der Zahnstange liegen muss.

Bei einer Hebellenkung wird die Drehbewegung des Lenkrades mittels eines Getriebes auf einen Hebel untersetzt (Lenkstockhebel) und über die Spurstange und den radseitigen Spurhebel auf das Rad übertragen. Aus dieser Tatsache ergeben sich in Kombination mit den bereits oben diskutierten Spurhebellagen zwei weitere Möglichkeiten, ein Lenkgestänge aufzubauen: Lenkstockhebel (der Hebel am Lenkgetriebe) nach vorne und nach hinten weisend, Abb. 7.166c–f. Zur Verbindung der gegenüberliegenden Fahrzeugseite dient eine quer angeordnete mittlere Spurstange. Diese überträgt den Lenkbefehl auf einen symmetrisch zum Lenkstockhebel und zur Fahrzeuglängsachse gelagerten Schlepphebel, den Lenkführungshebel. Eine weitere Verdoppelung der konstruktiven Möglichkeiten ergibt sich bei Hebellenkungen aus der Art der Anlenkung der inneren Spurstangengelenke: direkt am Lenkstockhebel oder an der mittleren Spurstange, Abb. 7.166g–j. Zu beachten ist, dass bei der Anlenkung der äußeren Spurstangen an der mittleren Spurstange alle vier Gelenke auf einer Wirkungslinie liegen, andernfalls muss die mittlere Spurstange verdrehsteif und achsparallel zum Lenkstockhebel gelagert sein.

Entscheidend für die Wahl einer dieser Varianten sind die räumlichen Möglichkeiten im Fahrzeug und die angestrebte Funktion. Abbildung 7.167 zeigt die charakteristischen Lenkfunktionen für die im Pkw übliche Lenkgestängeanordnungen bei fester Spreizachse.

Die besten Ergebnisse sind erfahrungsgemäß mit vorne liegenden radseitigen Spurhebeln erreichbar. In Kombination mit einem gegenläufigen Lenkstockhebel lässt sich darüber hinaus die beste Annäherung an die ideale Lenkfunktion darstellen. Leider ist gerade diese Anordnung im Pkw kaum realisierbar, da das weit vorne liegende Lenkgetriebe und die Lenkstockhebel erhebliche Bauraumprobleme verursachen.

Einfluss des Gesamtfahrzeug- und Achskonzepts auf die Lenkung Ungewollte Lenkeinschläge durch Federbewegungen der Räder während der Fahrt müssen vermieden werden, bzw. nach Betrag und Richtung derart erfolgen, dass die Fahrzeugführung und Fahrzeugstabilisierung unter allen Umständen gewährleistet ist. Diese Funktion übernimmt das Lenkgestänge. Anhand des bei modernen Straßenfahrzeugen weit verbreiteten Achstyps Federbeinachse sollen hier die Ausprägungen von

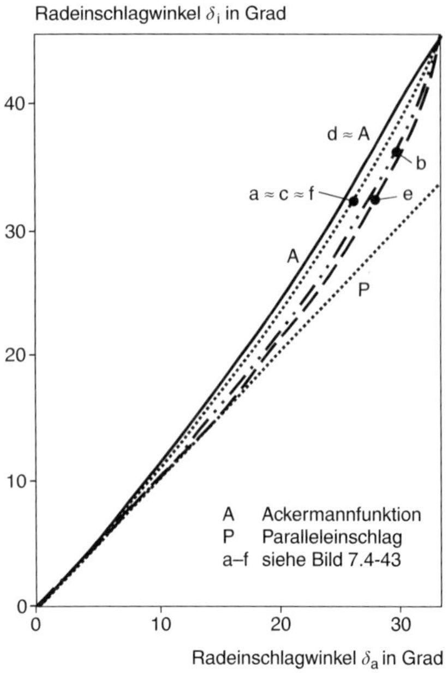

Abb. 7.167 Lenkfunktionen der Lenkgestängebauarten aus Bild 7.4-43 (nach [180])

Lenkgestängen in Verbindung mit Lenkgetriebebauarten gezeigt werden. Der Trend geht aufgrund der optimalen Synthese von Funktion, Kosten und Gewicht in allen Fahrzeugklassen zur Zahnstangenlenkung, weshalb diese Bauart nachstehend angesprochen werden soll.

Alle bisher diskutierten Lenkgestängekonfigurationen wurden nur bezüglich ihrer Lage in der Ebene diskutiert. Für eine optimale Entkoppelung der Lenkung von der Federbewegung ist darüber hinaus die richtige Spurstangenlänge zur jeweiligen Höhenposition zu finden. Für Fahrzeuge mit Frontantrieb, quer eingebautem Antriebsaggregat, Federbeinachse und Zahnstangenlenkgetriebe gibt es z. B. nur zwei realisierbare Positionen: unter der Karosseriestruktur auf Höhe der Radmittelachse oder über Karosseriestruktur und Reifen; jeweils hinter der Vorderachse. Da bei der Federbeinachse der obere Querlenker durch die Schubführung des Dämpfers ersetzt ist, liegt der Krümmungsmittelpunkt des Ersatzlenkers auf einer Normalen zur Federbeinachse durch den Stützlagerpunkt und im Unendlichen. In Abb. 7.168 ist die Bestimmung der Spurstangenlänge für diesen Fall nach einem vereinfachten (ebenen) Verfahren von Bobillier dargestellt. Wird eine Spurstangenlage in Höhe des unteren Querlenkers gewählt, nähert sich auch die Spurstangenlänge LU der des unteren Querlenkers. Je höher die Spurstange angeordnet wird, umso länger muss diese für eine optimale Spurwinkelführung des Rades ausgeführt werden (LO). Aus diesem Grund können bei Federbeinachsen außen am Zahnstangenlenkgetriebe angelenkte Spurstangen nur bei Tieflage realisiert werden. Hoch liegende Spurstangen erfordern mittig angelenkte Lenkgetriebebauarten, siehe Abb. 7.174 unten.

Grenzen des Lenkeinschlagwinkels Schon bei der Bestimmung der optimalen Lenkfunktion und des daraus resultierenden Gelenkvierecks bzw. -dreiecks ist es vorteilhaft, die Begrenzung des Lenkeinschlagwinkels durch die Übertragungsglieder zu ermitteln. Für die Funktionssicherheit eines Lenkgestänges ist der Übertragungswinkel der Spurstange an der Lenkgetriebeseite und an der Radseite wichtig.

Wird er zu klein, bedeutet dies, dass das Gestänge unter Einwirkung äußerer Kräfte in Strecklage geraten und somit die exakte Führung des Rades nicht mehr erfüllen, im Extremfall sogar überdrückt werden kann. Zur Beurteilung des Übertragungswinkels müssen bei räumlichen Achsen die wirksamen Hebelarme senkrecht zur Drehachse in allen möglichen Radstellungen herangezogen werden. Ohne mechanische Lenkeinschlagbegrenzung sollte beim Pkw der Übertragungswinkel nicht kleiner als 25° sein.

Bei Fahrzeugen mit Frontantrieb ist zusätzlich die Begrenzung des Lenkeinschlags durch die Antriebswellen zu untersuchen. Die Fortschritte der Gelenkwellenindustrie ermöglichen heute Antriebswellenbeugewinkel in Extremlagen von nahezu 50°. Bei optimierten Frontantriebskonzepten ergeben sich damit gegenüber dem Standardantrieb keine nennenswerten Nachteile.

Lenkgesamtübersetzung Die Lenkgesamtübersetzung als Verhältnis von Lenkraddrehwinkel zu Radwinkel wird nach unten begrenzt von der Direktheit des Lenkungsansprechens bei hohen Fahrgeschwindigkeiten; hier sind Werte unter-

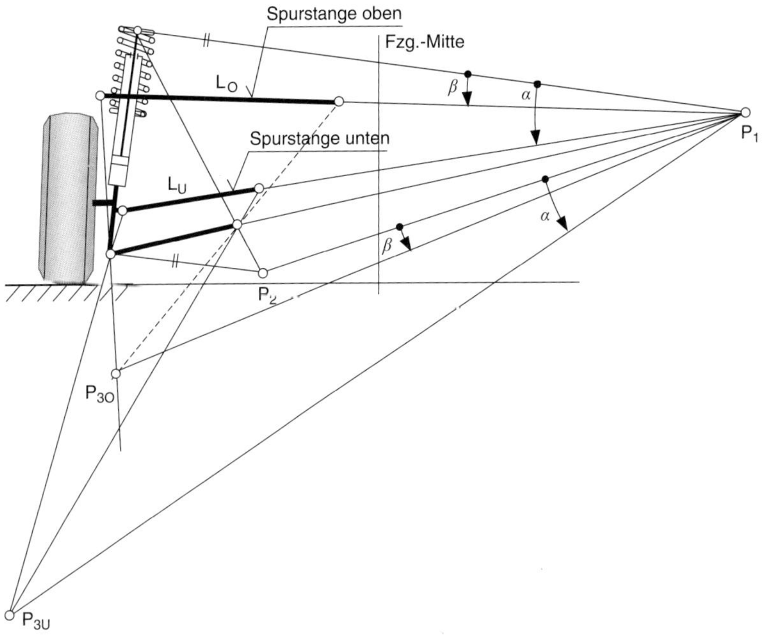

Abb. 7.168 Bestimmung der Spurstangenlänge bei Federbeinachsen und unten bzw. oben liegender Spurstange

halb von 14 selten. Die obere Grenze folgt aus der Höhe des zumutbaren Lenkaufwands im Parkierbereich, dies hängt somit unmittelbar mit dem Vorhandensein einer Servounterstützung zusammen und überschreitet eine Übersetzung von 20 kaum. Die Festlegung eines konkreten Wertes wird durch die gewünschte Positionierung des Zielfahrzeugs (sportlich agil oder komfortbetont) mitbestimmt [189]. Konstruktiv entspricht die Lenkgesamtübersetzung dem Produkt aus Lenkgestänge- und Lenkgetriebeübersetzung. Für die Lenkgestängeübersetzung muss dabei der Mittelwert aus kurvenäußerem und kurveninnerem Lenkeinschlagwinkel berücksichtigt werden. Bei bekannten wirksamen Spurhebeln, Abb. 7.169, lässt sie sich aus dem Verhältnis Spurhebel zu Lenkstockhebel bestimmen.

Lenkspindel Nur in den wenigsten Anwendungsfallen ist die Verbindung zwischen Lenkrad und Lenkgetriebe durch eine einfache und gerade Verbindungswelle (Lenkspindel) zu realisieren. Üblich sind Lenksäulen mit einem oder zwei Winkelgelenken. Bei geringen Beugewinkeln (bis ca. 5°) lassen sich die Kreuzgelenke durch Gelenkscheiben ersetzen. Lenksäulen mit einem Kreuzgelenk erzeugen bei Beugewinkeln $> 15°$ einen für den Fahrer spürbaren Ungleichfömigkeitsgrad U:

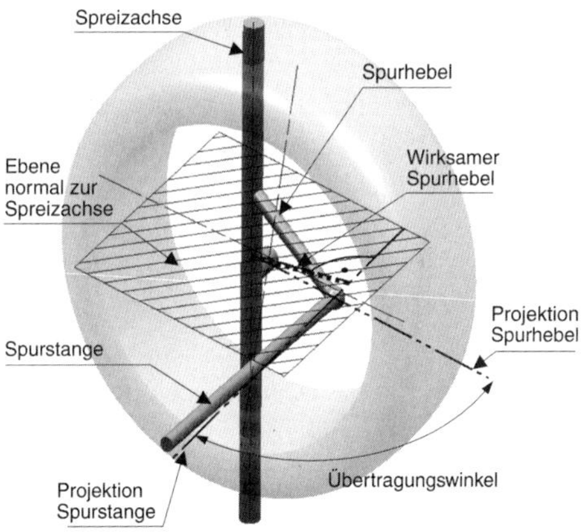

Abb. 7.169 Übertragungswinkel zwischen Spurhebel und Spurstange

$$U = \frac{\omega_{2\,\max} - \omega_{2\,\min}}{\omega_1} = \tan\beta \cdot \sin\beta\ . \qquad (7.18)$$

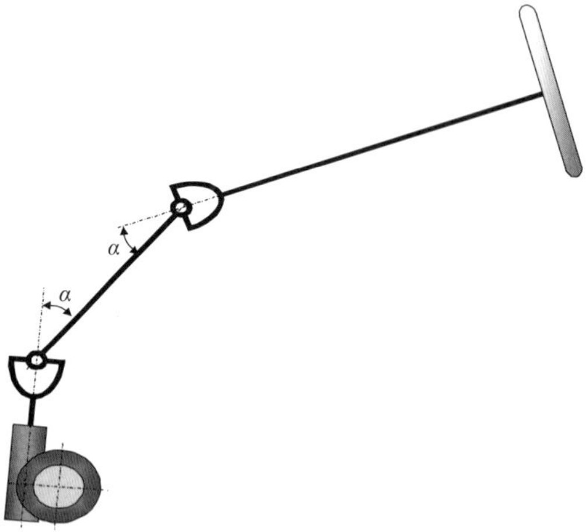

Abb. 7.170 Beispiel einer »ebenen« Lenksäule mit zwei Kreuzgelenken in W-Anordnung und ausgeglichenen Beugewinkeln

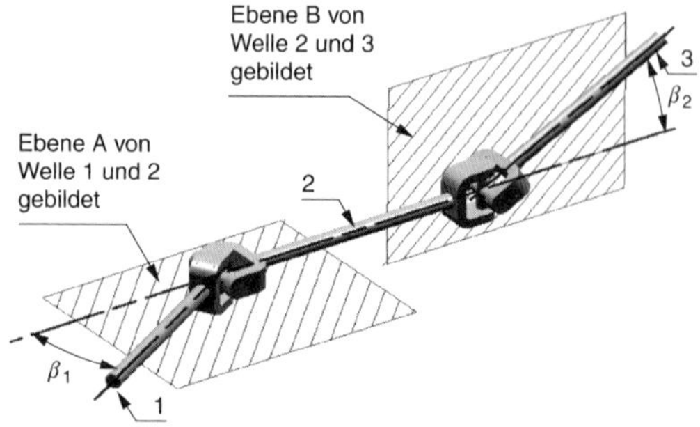

Abb. 7.171 Beispiel einer »windschief« angeordneten Lenkspindel mit zwei Kreuzgelenken in Z-Anordnung und vollständigem Ausgleich

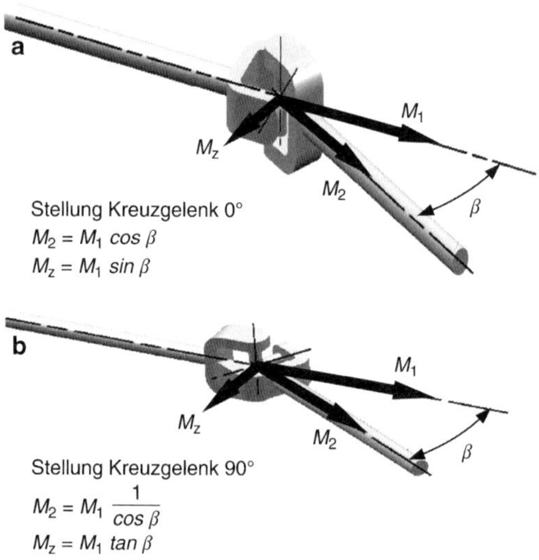

Abb. 7.172 Spezielle Kreuzgelenkstellungen 0° (**a**) und 90° (**b**)

In derartigen Fällen ist eine Zwischenwelle und ein zweites Kreuzgelenk einzuführen, Abb. 7.170.

Die Drehungleichförmigkeit nach dem ersten Kreuzgelenk kann durch das zweite Gelenk wieder aufgehoben werden. Dabei müssen folgende Bedingungen erfüllt sein:

- die Beugewinkel der Gelenke müssen gleich sein und
- die Gabeln der mittleren Welle müssen gleichzeitig in ihren aus An- und Abtriebswellen gebildeten Ebenen A und B liegen, Abb. 7.171, [186, 187].

Bei einem in der Ebene liegenden Lenkstrang bedeutet dies, dass die Gabeln der mittleren Welle in einer Ebene liegen. Bei »windschief« zueinander stehenden Lenkspindeln müssen die Gabeln um den Winkel ϕ der Beugungsebenen beider Gelenke zueinander verdreht sein. Die beiden Kreuzgelenke können dabei gleichsinnig (W-Anordnung) oder gegensinnig (Z-Anordnung) gebeugt sein.

Die Umlenkung des Lenkmoments im Gelenk bewirkt an der Gabel ein Zusatzmoment MZ, Abb. 7.172. Dieses Zusatzmoment bewirkt Kräfte auf die Lager, welche die Wellen biegend beanspruchen. In der praktischen Anwendung bedeutet dies, dass Gelenkbeugewinkel über 30° generell vermieden werden sollten, da die hieraus resultierenden hohen Querkräfte in Verbindung mit der vorhandenen Lagerreibung und der endlichen Lagersteifigkeit auch bei bezüglich der Beugewinkel ausgeglichenen Lenkspindelanordnungen zu spürbaren Lenkmomentschwankungen führen.

7.4.5.2 Lenkgetriebe und -gestänge

Lenkgetriebe und -gestänge haben die Aufgabe, den vom Fahrer vorgegebenen Lenkraddrehwinkel in einen definierten Radeinschlagwinkel am kurveninneren und kurvenäußeren Rad (bei Pkw's: Vorderrad) umzusetzen. Nachstehend werden die gebräuchlichsten Lenkgetriebe-Bauarten beschrieben.

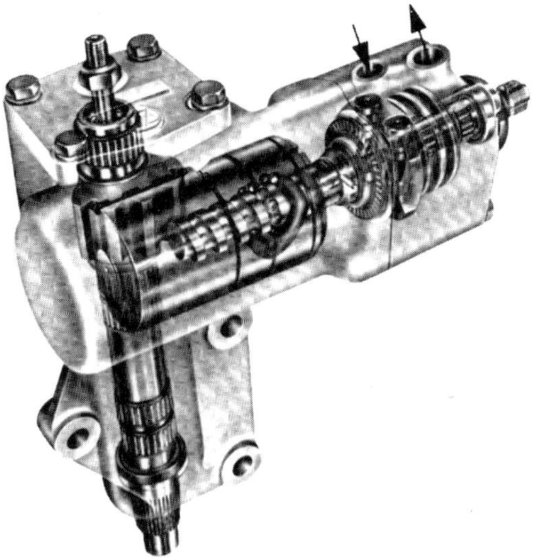

Abb. 7.173 Kugelmutter-Hydrolenkgetriebe mit Drehkolbenventil (Quelle: ZF)

Kugelmutterumlauf-Lenkgetriebe Über Jahrzehnte war vor allem im oberen Pkw-Segment und bei leichten Nutzfahrzeugen das Kugelmutterumlauf-Lenkgetriebe – vorzugsweise mit hydraulischer Unterstützung – weit verbreitet (Abb. 7.173). Aufgrund deutlicher Gewichts- und Kostennachteile gegenüber der Zahnstangenlenkung ist diese Lösung allerdings bei den Personenkraftfahrzeugen inzwischen so gut wie verschwunden.

Die am Lenkrad ausgeführte Drehbewegung wird über die Lenksäule der Eingangswelle des Lenkgetriebes zugeführt. Diese Welle ist an ihrem unteren Ende als Schnecke ausgebildet, deren Drehbewegung über eine endlose Kugelkette den Lenkgetriebekolben axial hin- und herbewegt. Bei der Hydraulikausführung wird je nach Drehrichtung eine Seite des Kolbens mit Drucköl beaufschlagt und so die mechanisch eingeleitete Axialbewegung des Kolbens hydraulisch unterstützt.

Die rechtwinklig dazu angeordnete Segmentwelle wird über den Zahneingriff des Kolbens in Drehung versetzt.

An der Segmentwelle ist der Lenkstockhebel montiert, der über ein Kugelgelenk ein Lenkgestänge bewegt, das aus einer mittleren Spurstange und – daran rechts und links ebenfalls über Kugelgelenke fixierten – seitlichen Spurstangen besteht. Spiegelbildlich zum Lenkstockhebel befindet sich auf der rechten Fahrzeugseite zur Führung des Lenkgestänges ein Lenkführungshebel. Die seitlichen Spurstangen sind außen an den radseitigen Achsschenkeln befestigt. Zur Vorspurwinkel-Einstellung der Vorderräder können die seitlichen Spurstangen über ein Verstellgewinde in ihrer Länge verändert werden. Über eine Höhenverstellung des Lenkstockhebels am Lenkgetriebe lassen sich ggf. vorhandene Toleranzen der Höhenlage der inneren Spurstangengelenke ausgleichen. Dadurch können für das linke und rechte Vorderrad identische Vorspurkurven über dem Federweg erreicht werden, was für einen stabilen Geradeauslauf beim beidseitigen Einfedern des Fahrzeugs erforderlich ist. Auslegungskriterien für das Lenkgestänge sind im Wesentlichen die gewünschte Achskinematik, Freigängigkeitserfordernisse und die zu übertragenden Kräfte (Knicksteifigkeit).

Die Vorteile einer Kugelmutterlenkung liegen in einem hohen Lenkkomfort mit geringer Stoßempfindlichkeit aufgrund der höheren Gesamtelastizität des Systems. Außerdem bietet die variable Auslegungsmöglichkeit des Lenkvierecks dem Konstrukteur große Freiheiten zur Realisierung von günstigen Vorspurkurven und Gesamtlenkübersetzungen mit niedrigen Belastungen der Spurstangen und des Lenkgetriebes. Die größere Elastizität kann sich jedoch auch nachteilig bezüglich Lenkungsansprechen und Lenkgefühl um die Mittellage auswirken.

Entscheidend für den zunehmenden Rückgang der Kugelmutterlenkung im Pkw-Sektor in jüngster Zeit dürften jedoch die deutlichen Gewichts- und Kostennachteile gegenüber der Zahnstangenlenkung sein.

Zahnstangenlenkgetriebe In heutigen Pkw's am meisten verbreitet ist die Zahnstangenlenkung immer häufiger auch bei kleineren Fahrzeugen mit hydraulischer oder elektrischer Unterstützung. Auch in Fahrzeugen der Oberklasse verdrängt sie zunehmend die Kugelmutterlenkung, Abb. 7.174.

Bei der Zahnstangenlenkung werden die Drehbewegungen des Lenkrades über ein meist schrägverzahntes Ritzel in eine Verschiebebewegung der Zahnstange umgesetzt. Gegenüber der Verzahnung ist ein federbelastetes Druckstück so angeordnet,

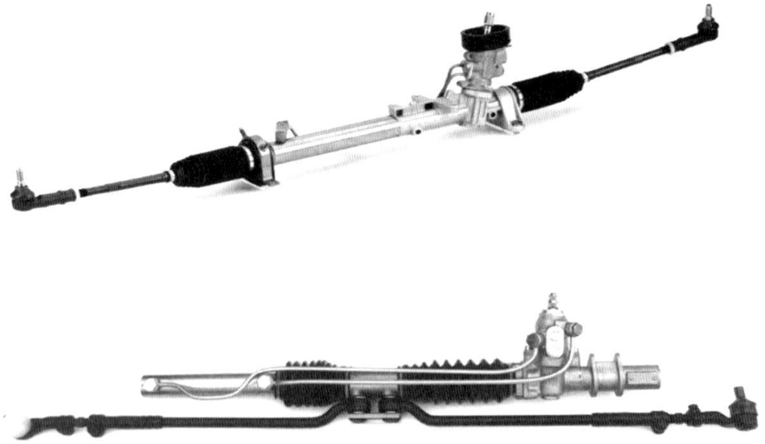

Abb. 7.174 Zahnstangen-Hydrolenkgetriebe (Quelle: ZF)

dass ein möglichst spielfreies Ineinandergreifen von Ritzel und Zahnstange über dem gesamten Hub gewährleistet ist.

An der Zahnstange sind die seitlichen Spurstangen über Kugelgelenke befestigt und mit Faltenbälgen aus Gummi oder Kunststoff gegen Verschmutzung und Wassereindringen geschützt. Für verschiedene Anwendungsfälle können die Spurstangen beidseitig, mittig oder beide an einem Ende der Zahnstange angebracht sein. Die Spurstangen sind außen wiederum über Kugelgelenke mit den radseitigen Achsschenkeln verbunden und können über ein Gewinde zur Vorspurwinkel-Einstellung in ihrer Länge verändert werden.

Zur mechanischen Auslegung eines Zahnstangenlenkgetriebes sind neben Festigkeits- und Bauraumüberlegungen besonders zwei Dinge wichtig: der Zahnstangendurchmesser und die Zahnstangenlänge. Der Zahnstangendurchmesser wird maßgebend durch die Belastung beim sog. Bordsteinabdrücktest bestimmt. Hierbei dürfen bei blockiertem Vorderrad mit zulässiger Vorderachslast und bei voller hydraulischer Unterstützung mit einem Lenkradmoment von 80 Nm keine bleibenden Verformungen an der Zahnstange auftreten. Die Zahnstangenlänge ergibt sich bei einer Hydrolenkung mit seitlich angebrachten Spurstangen zu min. 6 mal dem einfachen Zahnstangenhub (2 × Hub Verzahnung + 2 × Hub Hydraulikkolben + 1 × Hub Verzahnungsende bis innere Dichtung + 1 × Hub Axialgelenk bis äußere Stangendichtung). Dazu kommen noch die axialen Bauräume für die Dichtungen und die Verzahnungsausläufe. Ist diese erforderliche Zahnstangenlänge nicht im Fahrzeug unterzubringen, so sind Nachteile im Wendekreis (kürzerer Hub) oder im Fahrverhalten (kürzere Spurstangen, dadurch geänderte Vorspurkurve beim Ein-/Ausfedern der Räder) zu erwarten.

Bessere Voraussetzungen für genügend lange Spurstangen bietet der erwähnte Mittenabgriff. Eine andere Möglichkeit ist, den Hydraulikarbeitszylinder außen liegend parallel zur Zahnstange anzubringen.

Die Vorteile einer Zahnstangenlenkung gegenüber der Kugelmutterlenkung liegen auf der Hand:

- geringere Kosten, geringeres Gewicht durch einfacheren Aufbau und Entfall von Lenkzwischenhebeln und -stangen,
- geringerer Raumbedarf; allerdings ist bei tiefliegender Lenkung u. U. weiterer Bauraum unter der Motorölwanne erforderlich,
- geringere Lenkelastizität und damit direkteres Ansprechen der Lenkung.

Bauartbedingt ist der Wirkungsgrad einer Zahnstangenlenkung in beiden Richtungen (Ein- und Rückdrehen) bei höheren Lenkmomenten zunächst gleich und liegt in der Größenordnung von 90 %, Abb. 7.175. Das bedeutet zusammen mit der hohen Steifigkeit gute Lenkpräzision, aber auch

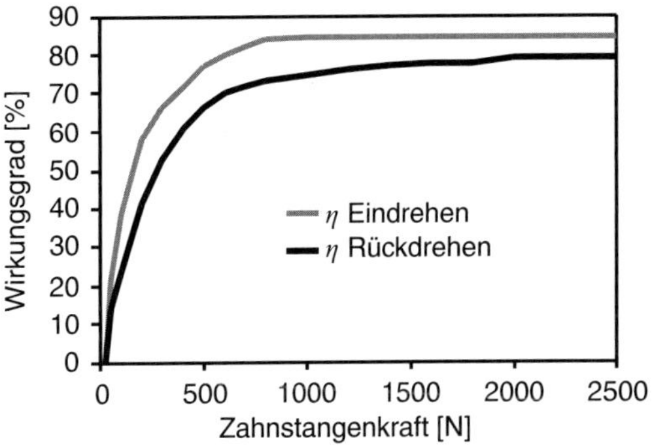

Abb. 7.175 Wirkungsgradverläufe einer Zahnstangenlenkung

Empfindlichkeit auf Störungen (Stößigkeit, Lenkunruhe). Durch Maßnahmen wie Vergrößerung des Winkels zwischen Ritzel und Gehäuse kann der Wirkungsgrad und damit die Störungsempfindlichkeit um bis zu 10 % reduziert werden, allerdings zum Preis erhöhter Reibung auch in Eindrehrichtung. Eine Erhöhung der Dämpfung z. B. durch Rückschlagventile im Zulauf, Dämpfungsventile am Zylinder oder eine elastische Lenkgetriebelagerung steigert den Lenkkomfort ebenfalls.

Bei der Kugelmutterlenkung dagegen ist Eindreh- und Rückdrehwirkungsgrad unterschiedlich (Eindrehen 75–80 %, Rückdrehen 65–70 %), was sich auf die Isolierung von Störungen günstig auswirkt. Dämpfung und Elastizität liegen höher als bei der Zahnstangenlenkung und sorgen für guten Lenkkomfort, verbunden allerdings mit etwas geringerer Lenkpräzision.

In der Summe sind die Unterschiede zwischen beiden Lenkungsbauarten im Fahrzeug oft kaum noch fühlbar, weshalb sich die kostengünstigere Zahnstangenlenkung durchgesetzt hat.

7.4.5.3 Lenkunterstützung

Auch im Kleinwagensegment gehört inzwischen die Servolenkung weitestgehend zur Basisausstattung. Hierbei werden die vom Fahrer aufzubringenden Lenkkräfte durch einen hydraulisch oder elektrisch betriebenen Aktuator verringert.

Prinzipiell bietet auch das manuelle Lenkgetriebe die Möglichkeit einer gewissen Lenkunterstützung in Form der Lenkgetriebe- und Lenkgestängeübersetzung. Bei größerer Lenkgetriebeübersetzung werden die Lenkkräfte am Lenkrad dementsprechend geringer, allerdings unter Inkaufnahme größerer Lenkraddrehwinkel. So ausgelegte Fahrzeuge wirken leicht unhandlich, Agilität und Lenkgefühl gehen zunehmend verloren. Bis zu einem gewissen Grad lässt sich dieser Nachteil bei manuellen Zahnstangen-Lenkgetrieben durch eine variable Lenkübersetzung verringern. Dabei wird die Verzahnung über dem Hub mit unterschiedlichem Modul und Eingriffswinkel in einem speziellen Taumelfließpressverfahren gefertigt, das Ritzel ist normalverzahnt. Die Übersetzung wird so ausgelegt, dass sie im Mittenbereich ausreichend direkt ist und zu den Endanschlägen hin zur Reduzierung der Parkierkräfte immer indirekter wird. Die Wirkung einer Hilfskraftlenkung ist damit allerdings nicht zu erreichen. Eine derartige variable Übersetzung zwischen Kolben und Segmentwelle ist auch bei einer Kugelumlauflenkung möglich.

Hydraulische Lenkunterstützung Vor allem bei Pkws mit höheren Vorderachslasten und damit höherem Lenkleistungsbedarf ist die hydraulische Lenkunterstützung immer noch weit verbreitet. Am Beispiel einer Zahnstangenhydrolenkung mit Drehschieberventil, Abb. 7.176, soll das Funktionsprinzip erklärt werden.

Eine vom Fahrzeugmotor üblicherweise über einen Keilriemen angetriebene Hydraulikpumpe E (bei Pkw heute vorwiegend Flügelzellenpumpen) liefert das für die Lenkunterstützung erforderliche Drucköl über einen Hochdruck-Dehnschlauch H zum Lenkventil im Lenkgetriebe. In Geradeausstellung des Lenkrades fließt ein konstanter Ölstrom durch das in Neutralstellung stehende Lenkventil (offene Mitte) und durch die Rücklaufleitung zurück in den Ölbehälter. Der Druck in den beiden Kammern des Arbeitszylinders ist gleich groß und entspricht dem wegen innerer Strömungswiderstände im Lenksystem aufgebauten Umlaufdruck von ca. 2–5 bar. Es erfolgt in dieser Stellung keine Lenkunterstützung.

Beim Drehen des Lenkrads im Uhrzeigersinn wird die Zahnstange und somit auch der Kolben des Arbeitszylinders nach rechts verschoben. Da die Bewegung des Kolbens durch Drucköl unterstützt werden soll, muss dieses in den linken

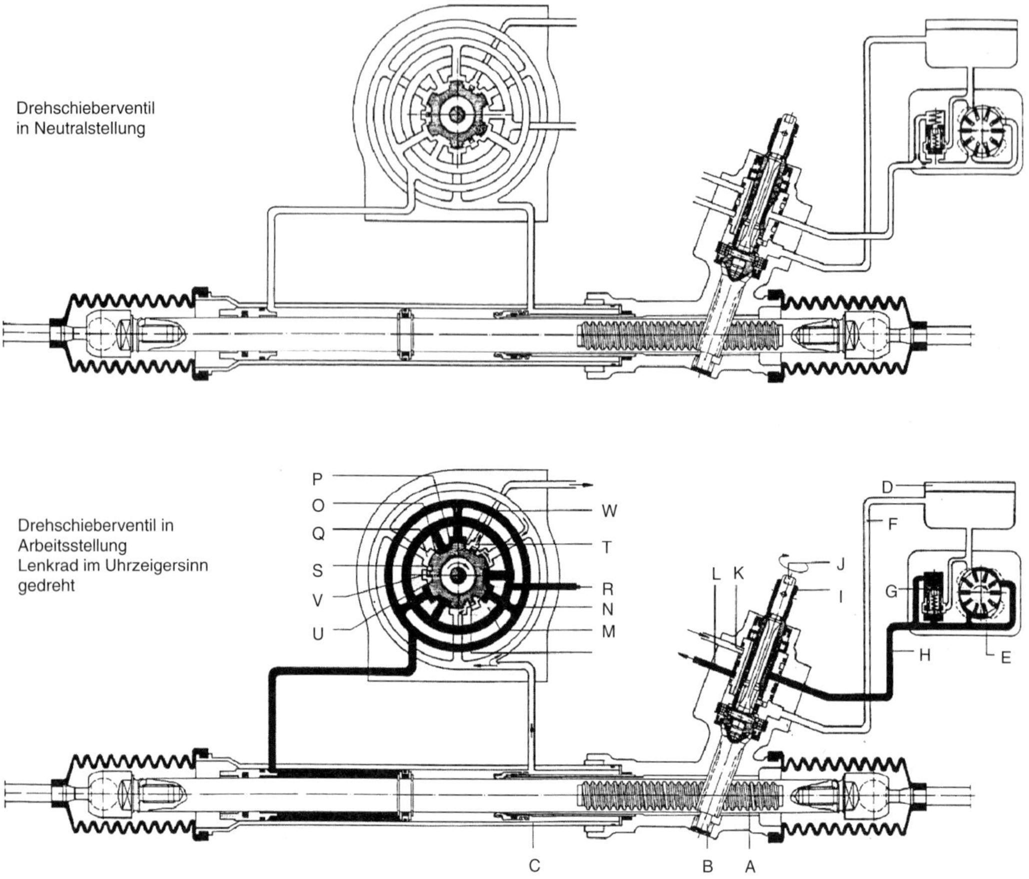

A Zahnstange
B Antriebsritzel
C Arbeitszylinder
D Ölbehälter
E ZF-Flügelpumpe
F Rücklaufleitung
G Druck- und Strombegrenzungsventil
H Druckleitung
I Untere Lenkspindel
J Drehstab
K Radialnut
L Radialnut
M Drehschieber
N Steuerbüchse
O Einlassschlitz
P Einlassschlitz
Q Axialnut
R Axialnut
S Rücklaufschlitz
T Rücklaufnut
U Rücklaufschlitz
V Steg
W Steuerschlitz

Abb. 7.176 Zahnstangen-Hydrolenkung mit Drehschieberventil und Seitenantrieb (Quelle: ZF)

Zylinderraum geleitet werden. Die drei Steuernuten des Drehschiebers werden im Uhrzeigersinn verschoben und die Einlassschlitze (P) für den Druckölzulauf weiter geöffnet. Die Einlassschlitze (O) jedoch schließen und sperren den Druckölzulauf zu den Axialnuten (Q) der Steuerbüchse. In der Arbeitsstellung des Ventils fließt das Drucköl durch die Einlassschlitze (P) in die untere Radialnut (L) der Steuerbüchse und gelangt von dort in den linken Zylinderraum, sodass für die hydraulische Unterstützung der Kolbenbewegung gesorgt ist. Die geschlossenen Steuerschlitze (W) verhindern, dass das Öl zum Behälter abfließt. Das Öl aus dem rechten Zylinderraum wird verdrängt. Es fließt über die obere Radialnut (K) in der Steuerbüchse zu den Rücklaufnuten (S) des Drehschiebers. Die Stege (V) des Drehschiebers unterbinden den direkten Übertritt des Öls zu den stets zum Ölbehälter geöffneten Rücklaufnuten (T) der Steuerbüchse. Wird das Lenkrad gegen den Uhrzeigersinn gedreht, setzt die hydraulische Unterstützung im rechten Zylinderraum ein.

Die erforderliche Größe der hydraulischen Unterstützung hängt ab von der maximal aufzubringenden Spurstangenkraft, die beim Einschlagen der Räder in den Endstellungen mit maximaler Vorderachslast, Größtwert der Reibung bei ungünstigster Reifenwahl und zusätzlicher Betätigung der Fußbremse auftritt. Zusätzliche Einflussgrößen sind wie bereits erwähnt die Gesamtlenkübersetzung (Lenkgetriebe- und Lenkgestängeübersetzung) und das maximal zulässige Handlenkmoment. Ausgehend von der erforderlichen Unterstützungskraft kann mit dem maximal von der Pumpe aufgebrachten Druck die erforderliche Kolbenfläche und mit dem aus Festigkeitsgründen meist vorgegebenen Zahnstangendurchmesser auch der erforderliche Arbeitskolbendurchmesser und damit der Lenkgetriebedurchmesser im Zylinderbereich berechnet werden.

Ein weiterer wichtiger Auslegungswert für das Lenksystem ist der von der Pumpe zu liefernde Ölvolumenstrom. Er ist bestimmend für die erreichbare Lenkwinkelgeschwindigkeit, d. h. mit welcher Geschwindigkeit der Fahrer das Lenkrad drehen kann, ohne dass eine hydraulische Verhärtung eintritt.

Wie bereits erwähnt, ist es die Aufgabe des Lenkventils, je nach Drehrichtung des Lenkrads Drucköl in die dazugehörige Arbeitskammer zu leiten und so die Kraft auf den Arbeitskolben auf der entsprechenden Seite zu verstärken, mit dem Ziel, das am Lenkrad aufzubringende Lenkmoment zu reduzieren.

Die Abhängigkeit des Handlenkmoments vom vorhandenen Öldruck wird mit der sog. Ventilkennlinie dargestellt und ist ein direktes Maß für die vorhandene Lenkunterstützung.

Meist wird bei Zahnstangenhydrolenkgetrieben der Differenzdruck in den beiden Arbeitskammern gemessen. Bei Kugelmutterlenkgetrieben ist die Differenzdruckmessung schwierig, deshalb wird hier der Öldruck am Lenkgetriebeeingang gemessen. Es ergibt sich prinzipiell die gleiche Ventilkennlinie, jedoch verschoben um den im System herrschenden Umlaufdruck.

Die Ventilkennlinie kann durch Modifikationen an den Ventilsteuerkanten und durch Änderung der Steifigkeit des Ventildrehstabs den jeweiligen Erfordernissen der Lenkungsabstimmung (Lenkkräfte, Lenkgefühl) angepasst werden. Eine Möglichkeit, die Kennlinienvariation während des Fahrbetriebs zu realisieren, wird mit der geschwindigkeitsabhängigen Servolenkung geboten. Fa. ZF entwickelte dafür die elektronisch gesteuerte »Servotronic«.

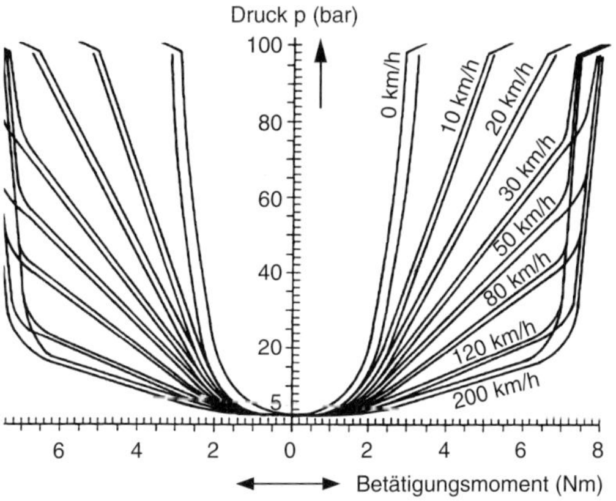

Abb. 7.177 Servotronic-Ventilkennlinien-Diagramm (Quelle: ZF)

Sie arbeitet rein geschwindigkeitsabhängig, d. h., nur die vom elektronischen Tachometer angezeigte Fahrgeschwindigkeit steuert die Leichtgängigkeit der Lenkung, unabhängig von der jeweiligen Motordrehzahl. Ein Mikroprozessor wertet die Geschwindigkeitssignale aus und bestimmt die Größe der hydraulischen Rückwirkung und damit die Betätigungskraft am Lenkrad. Diese Größe wird in Form elektrischer Impulse über einen elektrohydraulischen Wandler auf das Drehschieberventil der Lenkung übertragen, wobei sich die hydraulische Rückwirkung im Verhältnis zur Fahrgeschwindigkeit ändert. Die spezielle Auslegung der Lenkungscharakteristik, Abb. 7.177, bewirkt, dass im Parkierbereich und beim Lenken im Stand nur minimale Kräfte am Lenkrad aufzubringen sind, während sich mit zunehmender Geschwindigkeit fast das Gefühl einer mechanischen Lenkung einstellt. Somit wird bei hohen Geschwindigkeiten exaktes, zielgenaues Lenken ermöglicht. Dabei ist jedoch zu bemerken, dass Öldruck und Volumenstrom zu keinem Zeitpunkt reduziert werden und deshalb in Notsituationen, z. B. bei schnellen Lenkkorrekturen Lenkraddrehgeschwindigkeiten bis

800°/s ohne Einbruch in der Servofunktion sicherstellen. Durch diese Eigenschaften wird eine außerordentlich hohe Lenkpräzision und Sicherheit bei gleichzeitig bestem Lenkkomfort erreicht und damit der Zielkonflikt zwischen niederen Parkierkräften und Lenkpräzision bei hohen Geschwindigkeiten weitgehend gelöst.

Abschließend sei noch erwähnt, dass die bei manuellen Lenkgetrieben angesprochene variable Lenkgetriebeübersetzung natürlich auch bei Servolenkungen wendung findet, jedoch hier mit umgekehrter Zielrichtung. Während bei manuellen Lenkgetrieben die Übersetzung zu den Endanschlägen hin indirekter wird, um die Parkierkräfte zu reduzieren, wird bei Servolenkungen die Lenkungsgesamtübersetzung bei größeren Lenkeinschlägen direkter, weil hier wegen der Servounterstützung nicht auf niedrige Parkierkräfte geachtet werden muss. Dadurch lassen sich sehr kleine Werte für die Anzahl Lenkradumdrehungen von Anschlag zu Anschlag erreichen (ca. 3 Umdrehungen), welche ein optimales Fahrzeughandling beim Parkieren und bei Wendemanövern ermöglichen.

Über Jahrzehnte hat sich die beschriebene Hydrolenkung mit »offener Mitte« (Open-Center) zur bewährten und funktional perfekt ausgereiften Standardlösung für Kraftfahrzeuge entwickelt. Infolge der mechanischen Kopplung der Hydraulikversorgung an den Antriebsmotor ergeben sich jedoch Nachteile, insbesondere hinsichtlich des Leistungsbedarfs. Diese konnten bis heute nicht vollständig behoben werden, auch wenn inzwischen durch Einsatz von bedarfsorientiert ansteuerbaren bzw. geregelten Energiesparpumpen die Verlustleistung des Hydrauliksystems deutlich reduziert werden kann [221].

Eine bezüglich Wirkungsgrad optimale Lösung wäre durch den konzeptionellen Umstieg vom hydraulischen Open-Center- auf ein Closed-Center-Prinzip möglich, bei dem im Ruhezustand kein Volumenstrom und damit auch keine Verlustleistung erzeugt wird [222]. Einem Serieneinsatz in absehbarer Zukunft stehen aber die hohe Komplexität eines solchen Systems und noch viele ungeklärte Fragestellungen entgegen.

Elektrohydraulische Lenkunterstützung Eine spezielle Ausführung der hydraulischen Lenkunterstützung ist die elektrohydraulische Unterstützung. Hier wird die Ölpumpe (Flügelzellen-, Rollenzellen- oder Zahnradpumpe) nicht vom Fahrzeugmotor angetrieben, sondern von einem Elektromotor. Die Einzelkomponenten E-Motor, Ölpumpe, Ölbehälter und Elektronikeinheit können zu einer kompakten Einheit, dem sog. Powerpack, zusammengefasst werden, ◘ Abb. 7.178. Das Servolenkgetriebe bleibt weitgehend unverändert (bis auf Ventilkennlinienanpassung).

Die Vorteile eines solchen Powerpacks liegen einerseits in der Kompaktheit des Aggregats, das ggf. eine Vormontage des Lenksystems ermöglicht. Andererseits bietet die elektrohydraulische Lenkung natürlich die Möglichkeit, bei abgeschaltetem (z. B. im Schubbetrieb, vor Ampeln oder Bahnübergängen) oder auch ausgefallenem Fahrzeugmotor weiterhin eine Lenkungsunterstützung zur Verfügung zu haben.

Der E-Motor lässt sich bedarfsgerecht ansteuern, sodass die Pumpe nur beim Lenken betrieben werden muss. Dadurch ist ein geringerer Energieverbrauch und damit eine Kraftstoffeinsparung möglich. Die bei der hydraulischen Lenkunterstützung mit relativ hohen Mehrkosten realisierte geschwindigkeitsabhängige Lenkung lässt sich durch elektronische Steuerung des E-Motors relativ einfach und kostengünstiger realisieren.

Nachteilig bei dieser Ausführung sind die derzeit noch höher als bei einer konventionellen Hydrolenkung liegenden Systemkosten und das durch den zusätzlichen E-Motor bedingte Mehrgewicht, welches durch den Entfall der Saug- und Rücklaufleitungen nur zum Teil kompensiert werden kann. Zudem ist der Einsatz der elektrohydraulischen Lenkung aufgrund der erreichbaren Leistung derzeit noch nicht in Fahrzeugen mit höherer Vorderachslast möglich.

Elektrische Lenkunterstützung Bei Personenkraftwagen kann die elektromechanische Lenkung (**E**lectric **P**ower **S**teering) durchaus als die Lenkung der Zukunft betrachtet werden. Die wesentlichen Gründe hierfür sind:

1. **Optimaler Wirkungsgrad**: Von allen heute bekannten Lösungen ist die EPS das Lenksystem mit dem höchsten Wirkungsgrad. Im Gegensatz zur herkömmlichen Hydrolenkung verbraucht

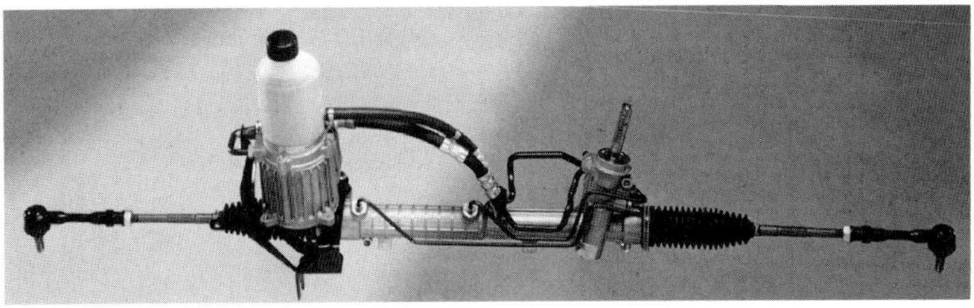

Abb. 7.178 Zahnstangen-Lenkgetriebe mit elektrohydraulischer Unterstützungseinheit: »Powerpack« (Quelle: TRW)

sie nur dann Energie, wenn dem System tatsächlich Lenkleistung abgefordert wird. Damit liefert diese Lenkung einen nennenswerten Beitrag zur CO_2- bzw. Verbrauchsreduzierung der Fahrzeuge.

2. **Zusatzfunktionen**: Im Gegensatz zur Hydrolenkung, bei der die Lenkmomentencharakteristik nur durch körperliche Modifikationen bzw. Ergänzung von Komponenten (Lenkventil, Servotronic-Steller) beeinflusst werden kann, geschieht dies bei der EPS über die Software. So kann z. B. die Unterstützungskraft geschwindigkeits- oder auch lenkwinkelabhängig geregelt werden. Damit kann auch dem Fahrer die Möglichkeit gegeben werden, per Knopfdruck zwischen unterschiedlichen Lenkungscharakteristiken zu wählen.
3. **Einfache Abstimmbarkeit**: Diese Tatsache erleichtert natürlich auch die Entwicklungsarbeit. Der »Hardware-Aufwand« bei der Lenkungs-Abstimmung für ein bestimmtes Fahrzeug kann dadurch deutlich reduziert werden.
4. »**Enabler-Funktion**«: Für die Realisierung von Fahrerassistenzsystemen, die ein automatisches Fahren – z. B. beim Einparken – ermöglichen, bietet die elektrische Lenkung die besten Voraussetzungen, da die hierfür erforderliche Aktuatorik (im Gegensatz zur Hydrolenkung) bereits mit der Basislenkung zur Verfügung steht. Damit eröffnet die EPS auch prinzipiell die Möglichkeit zur Verwirklichung von sog. »steer by wire«-Systemen, bei denen die mechanische Verbindung zwischen Bedienelement und gelenkten Rädern aufgehoben ist und die Umsetzung des fahrerseitigen Lenkbefehls nur noch auf elektronischem Weg erfolgt.

Bei den elektromechanischen Lenksystemen wird die erforderliche Lenkkraftunterstützung direkt von einem E-Motor aufgebracht, der an verschiedenen Stellen im Lenksystem angeordnet sein kann. Derzeit kommen 4 Einbauorte in Betracht, die jeweils unterschiedliche Vor- und Nachteile haben:

- Die Servoeinheit, bestehend aus E-Motor, Schneckengetriebe, Elektronik und Sensorik ist in die Lenksäule integriert, Abb. 7.179a.
  Vorteile: geringer Raumbedarf, Lenksäule und Servoeinheit einbaufertig montiert
  Nachteile: evtl. beim Crashverhalten; Geräusche, wenn Servoeinheit im Fahrzeuginnenraum platziert ist; Unterstützungsmoment geht über untere Lenkspindel, deshalb nur für kleinere Fahrzeuge mit geringen Lenkkräften geeignet.
- Die Servoeinheit wirkt auf das Ritzel, Abb. 7.179b
  Vorteile: Lenkgetriebe und Servoeinheit sind ein Bauteil, die Unterstützungskraft wirkt direkt auf das Ritzel, deshalb sind höhere Lenkmomente möglich
  Nachteile: größerer Platzbedarf im Motorraum, höhere Temperatur-, Dichtheits- und Lebensdaueranforderungen bzgl. Verschleiß
- Eine Variante dieser Ausführung ist die Doppelritzellösung, Abb. 7.179c. Dabei sitzt beim Linkslenkergetriebe die Servoeinheit an der Stelle, an der beim Rechtslenker die Lenksäule ans Lenkgetriebe montiert wird. Beim Rechtslenkerlenkgetriebe wird das Ganze spiegelbildlich ausgeführt. Vorteilhaft wirkt sich hier aus, dass üblicherweise der Platzbedarf für eine Rechtslenkerlenkgetriebevariante vorgehalten ist, der dann für die Servoeinheit des Linkslenkers genutzt werden kann. Nachteilig

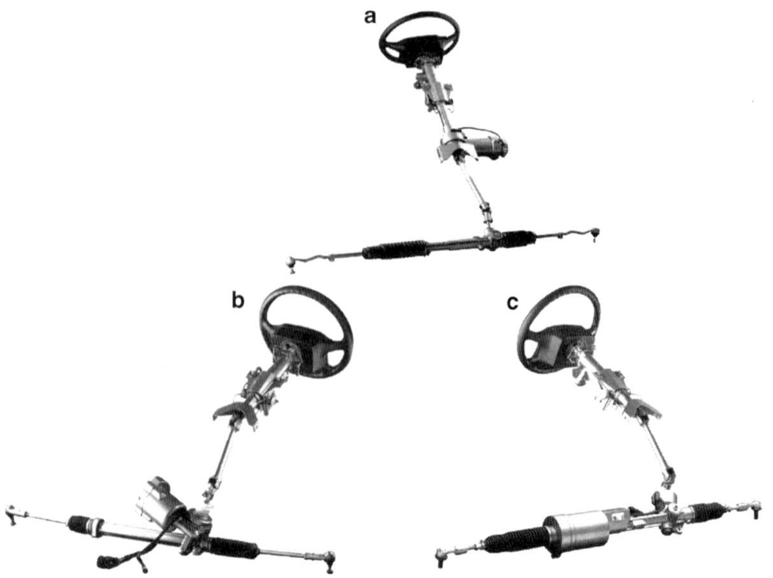

Abb. 7.179 ZF-Servolectric, Ausführungsmöglichkeiten (Quelle: ZF)

sind die Kostenmehrung und evtl. Toleranzprobleme durch die erforderlich werdenden doppelten Ritzel und Zahnstangenverzahnungen.

- Die Servoeinheit wirkt direkt auf die Zahnstange. Der E-Motor ist konzentrisch um die Zahnstange oder achsparallel zu ihr angeordnet und überträgt sein Moment mittels eines Reduktionsgetriebes, z. B. bestehend aus Zahnriemen und Kugelumlaufgetriebe.
  Vorteil: Die Unterstützungskraft wird direkt an der Stelle erzeugt, an der sie auch benötigt wird. Damit sind auch höhere Zahnstangenkräfte zu realisieren.
  Nachteil: höherer Aufwand durch zusätzliches Getriebe, höhere Temperatur- und Dichtheitsanforderungen, Engstelle zu Ölwanne oder Vorderachsträger.

Der Einsatz elektrischer Lenksysteme ist natürlich sehr stark von den Gegebenheiten des elektrischen Bordnetzes abhängig. Das heute übliche 12 V-Bordnetz wird in vielen Fällen – speziell im Oberklassesegment – für einen Einsatz der EPS nicht ausreichen. Zusätzliche Bordnetzmaßnahmen, die z. B. die Anhebung der am Aktuator verfügbaren Spannung bewirken, können hier jedoch Abhilfe schaffen.

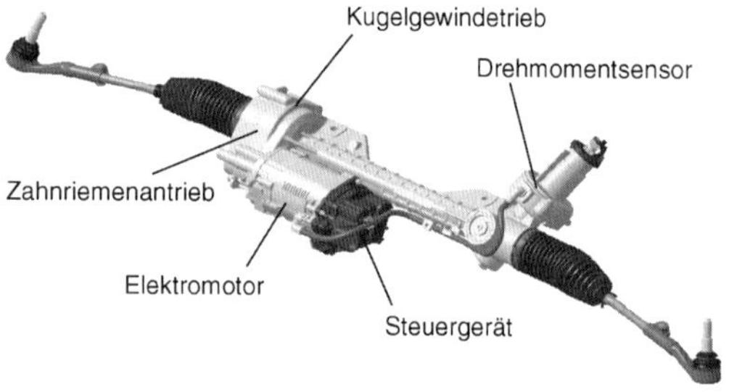

Abb. 7.180 EPS mit achsparallelem Antrieb für die BMW 1er- und 3er-Reihe der Fa. ZFLS [225]

Generell lässt sich sagen, dass mit dem heutigen Stand der Elektrolenkungen aufgrund der begrenzten Leistungsfähigkeit des 12 V-Bordnetzes noch keine Fahrzeuge der Oberklasse ausgerüstet werden können. Eine Umstellung auf ein Bordnetz mit höherer Spannung (z. B. 42 V) könnte hier einen deutlichen Entwicklungsschub mit sich bringen (▶ Abschn. 5.7).

Der notwendige Engineering-Aufwand zur Erreichung des von der hydraulischen Lenkung her bekannten Lenkgefühls und die derzeit gegenüber einer konventionellen Hydrolenkung noch höheren Gesamtkosten stehen einer schnellen Verbreitung entgegen. Andererseits bieten die Elektrolenkungen gegenüber der elektrohydraulischen Lösung den Vorteil einer noch größeren Kraftstoffeinsparung durch bedarfsgerechte Regelung und eine hohe Wartungsfreundlichkeit, da Ölstands- und Dichtheitskontrollen wie bei Hydrolenkungen entfallen. Die Elektrolenkung bietet schnelle und vielfältige Variationsmöglichkeiten bezüglich der Lenkungsabstimmung durch Softwareanpassungen statt durch Hardwareänderungen. So kann z. B. die Unterstützungskraft geschwindigkeits-, last- oder auch lenkwinkelabhängig geregelt werden. Eine aktive Umschaltung der Lenkcharakteristik als Fahrerwunsch ist einfach über die Software umsetzbar.

Die Elektrolenkung stellt weiterhin die bevorzugte Grundlage für zukünftige Entwicklungen hinsichtlich der Vernetzung von Regelsystemen dar.

7.4.6 Aktive Lenksysteme

7.4.6.1 Einleitung

In ▶ Abschn. 7.1 wurden die verschiedenen Mechanismen des Aufbaus der Reifenseitenkräfte diskutiert und die Möglichkeit dargestellt, diese Kräfte durch Radlenkwinkeländerungen, die von einem Fahrdynamikregler berechnet werden, zu beeinflussen. Im Gegensatz zu den konstruktiv vorgegebenen kinematischen und elastischen Lenkwinkelkorrekturen wirken diese nicht reaktiv als Folge von äußeren Kräften und Momenten, sondern aktiv und können als Funktion von mehreren fahrdynamischen Zustandsgrößen dargestellt werden. Auf diese Weise sind Regelungsstrategien möglich, die das querdynamische Verhalten bis zu den physikalisch Grenzen deutlich optimieren.

Sieht man von einzelnen Weiterentwicklungen der konventionellen Servolenkung ab, die der Kategorie der Aktiven Lenksysteme zugeordnet werden können (▶ Abschn. 7.4.6.2.1), waren es zunächst fahrdynamische Lenksysteme für die Hinterachse, die den Beginn der Entwicklung aktiver Lenksysteme in den vergangenen zwei Jahrzehnten begründeten. Treiber dieser Entwicklung war die Erkenntnis, dass durch die Beeinflussung des zeitlichen Aufbaus der Seitenkräfte an der Hinterachse und durch die Reduzierung des Fahrzeugschwimmwinkels bereits mit einer Steuerung ohne Rückführung von fahrdynamischen Zustandsgrößen oder sogar mit einer einfachen mechanischen Ankoppelung der Hinterradlenkung an die Vorderradlenkung, gleichsinniges Einschlagen der Hinterräder wie die Vorderräder, eine Verbesserung des instationären Fahrverhaltens bei höheren Geschwindigkeiten erzielt werden konnte.

Aktive Vorderachslenksysteme, die einen Lenkwinkel an den Vorderrädern ermöglichen, der von dem vom Fahrer vorgegebenen Lenkradwinkel deutlich abweichen kann, wurden sehr früh für Forschungszwecke realisiert [226, 227]. Die Idee wurde jedoch für einen möglichen Einsatz in Serienfahrzeugen erst ab Mitte der neunziger Jahre von Fahrzeugherstellern und Zulieferern wieder aufgegriffen [228, 229], zur Serienreife entwickelt [230] und in 2003 von BMW erstmals in Serie gebracht. Seit dem Jahr 2007 bietet auch AUDI mit der Dynamiklenkung im A4 ein aktives Lenksystem an [243]. Neben den fahrdynamischen Eingriffen des aktiven Lenksystems ist die signifikante Reduzierung des Lenkradwinkelbereichs – und damit der vom Fahrer während des Parkierens aufzubringenden Lenkarbeit – ein maßgeblicher Faktor, weshalb sich aktive Vorderradlenkungen im Markt etablieren.

Mit der aktiven Winkelüberlagerung, die einen unmittelbaren Eingriff in das Fahrgeschehen darstellt, hat nach der Längsdynamik auch in der Querdynamik die elektronische Regelung zur Verbesserung des Fahrverhaltens vollends Einzug gehalten. Dies kann als ein wesentlicher Schritt hin zu einer höheren Automatisierungsebene des Gesamtfahrzeugs angesehen werden, d. h. die Voraussetzungen für ein automatisiertes oder auch teilautonomes Fahren sind somit auf der Seite der Aktuatorik geschaffen.

Im gleichen Zusammenhang sind sogenannte Spurhaltesysteme [231], zu nennen, welche durch aktive Lenkradmomente das Einhalten der Fahrspur unterstützen und bereits Marktverbreitung gefunden haben. Die hierfür erforderliche Aktuatorik wurde mit den elektrischen Lenksystemen flächendeckend eingeführt.

Neben grundsätzlichen Entwicklungszielen wie der Reduzierung von Gewicht, Kosten und Energiebedarf sowie der Sicherstellung von Verfügbarkeit und funktionaler Sicherheit ist es eine der Hauptaufgaben für den Entwickler, die aktiven Eingriffe des Lenksystems so zu gestalten, dass sie vom Fahrer entweder nicht bemerkt oder als positiv empfunden werden. Die Lenkung muss daher stets eine der Fahrererwartung entsprechende Rückmeldung und Fahrzeugreaktion auf eine Lenkwinkeleingabe gewährleisten.

Die gesetzlichen Vorschriften für Lenksysteme wurden in Europa angepasst, so dass auch nachfolgend beschriebene by-wire-Lenksysteme zulassungsfähig sind. Die europäische Vorschrift ECE R79 [244] stellt die konkreteste gesetzliche Vorgabe dar, die in vielen Ländern anerkannt wird. Die Zulassungsfähigkeit alleine ist allerdings kein ausreichendes Kriterium, auch Risiken der Produkthaftung sind im Zusammenhang mit aktiven Lenksystemen stets zu prüfen. Als verbindlicher Sicherheitsstandard – auch für aktive Lenksysteme – kann auf die Norm ISO/DIS 26262 [245] verwiesen werden, wo die Anforderungen an die E/E-Regelsysteme in Straßenfahrzeugen beschrieben werden.

7.4.6.2 Aktive Vorderradlenkungen

Ursprünglich unter dem Begriff »steer by wire« gerieten aktive Vorderradlenkungen ab Mitte der neunziger Jahre verstärkt in den Focus der Entwicklungsarbeit. Oft wird unter dem Begriff »steer by wire« nicht das Aufbrechen der mechanischen Verbindung zwischen Lenkrad und Rädern mit Hilfe einer elektronischen Regelung verstanden, sondern der spezifische Lösungsansatz mit elektromechanischen Aktuatoren. Diese restriktive Interpretation steht jedoch im Widerspruch zum in der Luftfahrt üblichen Sprachgebrauch wo keine Einschränkungen bezüglich der Art der Aktuatoren bestehen. Aus diesem Grund wird hier der allgemeinere Begriff »aktive Vorderradlenkung« vorgezogen, der alle aktiven Lenksysteme beinhaltet, die zur Verbesserung des Zusammenspiels Fahrer/Fahrzeug eingesetzt werden können.

Im Folgenden werden die bekannten Lösungsansätze für aktive Vorderradlenkungen nach ihrer Funktion klassifiziert.

7.4.6.2.1 Aktive Servolenkungen

Charakteristisch für diese Lenksysteme ist die Überlagerung des vom Fahrer aufgebrachten Momentes am Lenkrad mit einem geregelten Moment, das eine Funktion zusätzlicher fahrdynamischer Zustandsgrößen ist. Es kann die Aktion des Fahrers, situativ durch einen Regler moduliert, mehr oder weniger stark unterstützen, dem Fahrer entgegenwirken oder unabhängig vom Fahrer die Lenkbewegung kontrollieren. Eine wie bei heutigen Lenkungen übliche, weitgehend feste geometrische Relation zwischen dem Winkel am Lenkrad und dem Lenkwinkel an den Rädern bleibt dabei erhalten.

Zu dieser Kategorie von Lenkungen zählen:

- Lenkungen mit variablen, z. B. geschwindigkeitsabhängigen Betätigungskräften. Hierzu zählen die meisten elektrischen Servolenkungen, da sich bei ihnen diese Funktion ohne konstruktiven Mehraufwand realisieren lässt. Auch hydraulische Lenkungen bieten diese Funktionalität, wozu aber ein elektrohydraulischer Aktuator wie z. B. in der ZF Servotronic [246] benötigt wird.
- Lenkungen mit Erkennung des Freihand-Modus und aktivem Lenkungsrücklauf sowie Bedämpfung der Lenkrad/Fahrzeugschwingungen. Waren diese Funktionen früher Gegenstand einer aufwändigen technischen Lösung (z. B. in Citroen-Fahrzeugen), so sind sie heute in elektrischen Lenksystemen einfach darstellbar [233].
- Lenkungen mit situativ wirkenden, angepassten Momenten im Sinne einer Assistenz für den Fahrer [231]. Solche Spurhaltesysteme warnen den Fahrer z. B. durch ein hochfrequentes Vibrieren im Lenkrad oder mit gerichteten Lenkmomenten vor dem Verlassen der Fahrspur und sind heute schon in Serie.

7.4.6.2.2 Lenkungen mit aktiv veränderlicher Übersetzung

Unter diesen Begriff fallen Lenkungen, bei denen die mechanische Übersetzung zwischen dem Lenkrad und den Vorderrädern über einen Verstellmechanismus verändert werden kann. Honda brachte im Jahr 2000 eine derartige Lenkung auf den Markt [234]. Das Konzept der einfachen Übersetzungsänderung hat sich jedoch nicht im Markt durchgesetzt.

7.4.6.2.3 Überlagerungslenkungen

Überlagerungslenkungen sind dadurch charakterisiert, dass dem vom Fahrer vorgegebenen Lenkradwinkel ein zusätzlicher Lenkwinkel durch einen Aktuator überlagert werden kann. Der zusätzliche Winkel wird durch eine Berechnungsvorschrift vorgegeben und dient der Erhöhung von Agilität und Stabilität des Fahrzeugs sowie zur Kompensation von Störgrößen wie z. B. dem destabilisierenden Giermoment bei einer μ-Split-Bremsung. Darüber hinaus kann der Gradient des Radlenkwinkels über dem Lenkradwinkel z. B. als Funktion der Fahrgeschwindigkeit und des Lenkradwinkels variabel gestaltet werden. Gegenüber der oben beschriebenen Lösung von Honda mit einer effektiven Veränderung der mechanischen Übersetzung bietet das Überlagerungsprinzip insbesondere den Vorteil, dass sich das Lenkkraftniveau nahezu unabhängig von der wahrgenommenen (Winkel-)Übersetzung verhält. Wegen der Möglichkeit, eine eigene rechnergeregelte Lenkwinkelkomponente zu erzeugen, sind die Anforderungen an das Sicherheitskonzept jedoch höher. Da bei der Überlagerungslenkung eine direkte mechanische Verbindung zwischen Lenkrad und gelenkten Rädern besteht, bleibt nach Ausfall des Aktuators die herkömmliche Lenkfunktion erhalten. Durch diese Eigenschaft sind die Sicherheitsanforderungen wesentlich leichter zu erfüllen als bei den nachfolgend beschriebenen reinen »steer by wire«-Systemen. Eine weitere, in der Regel positiv bewertete Eigenschaft ist die direkte mechanische Übertragung des Rückstellmomentes der Räder auf das Lenkrad. Der Aufwand für die Erzeugung eines vollständig synthetischen Rückstellmomentes, wie bei reinen »steer by wire«-Systemen, ist nicht erforderlich.

Neben der Differenzierung durch die Regelstrategie unterscheidet man die heute im Markt befindlichen Überlagerungslenkungen durch folgende konstruktive Ausführungsformen:

- Überlagerung der Rotationsbewegung mit Hilfe eines durch ein Schneckenrad angetriebenes Planetengetriebe am Lenkgetriebe (s. ▪ Abb. 7.181). Das Planetengetriebe weist ein Übersetzungsverhältnis von ca. 1 : 1,3 auf, d. h. die Drehung der Eingangswelle wird auf die Ritzelwelle des Lenkgetriebes ins Schnelle übersetzt. Der Zusatzlenkwinkel wird gestellt, indem das Schneckenrad durch den außenliegenden elektrischen Motor angetrieben wird. Diese Lösung, deren Wirkprinzip ▪ Abb. 7.182 zeigt, wird seit 2003 von BMW in vielen Fahrzeugen angeboten. In Fahrzeugen mit Frontantriebsarchitektur ist jedoch der Bauraum an der Vorderachse begrenzt, so dass ggf. alternative Lösungskonzepte erforderlich sind.
- Überlagerung der Rotationsbewegung durch ein in der Lenksäule integriertes koaxial angeordnetes Wellgetriebe [243]. Sowohl Toyota (seit 2003) als auch Audi (seit 2007) haben dieses Konzept realisiert, das in ▪ Abb. 7.183 und in ▪ Abb. 7.184 dargestellt ist.

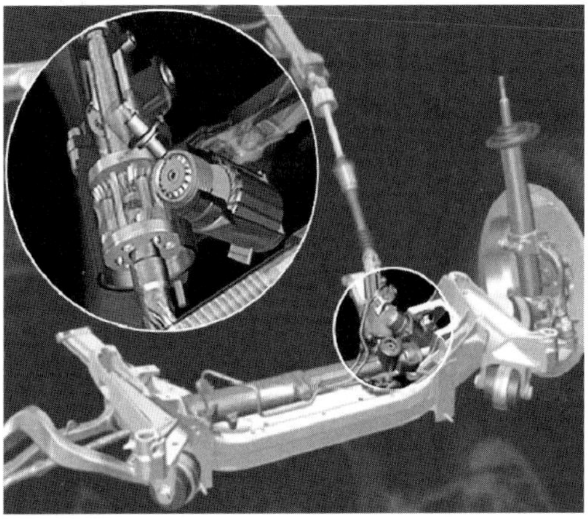

▪ **Abb. 7.181** Überlagerungsgetriebe von BMW (Quelle: BMW)

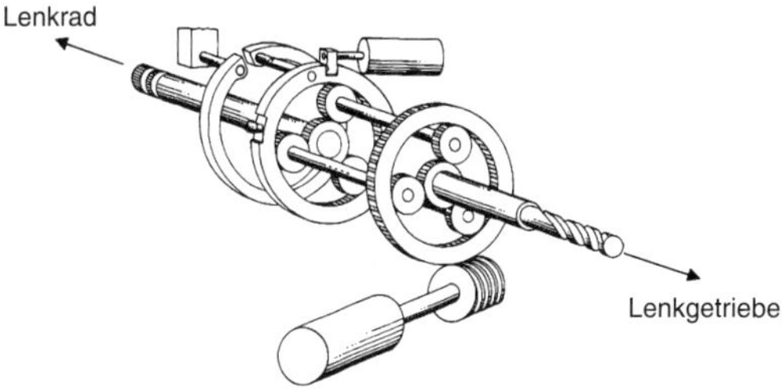

▪ **Abb. 7.182** Wirkprinzip der aktiven Winkelüberlagerung mittels Planetengetriebe

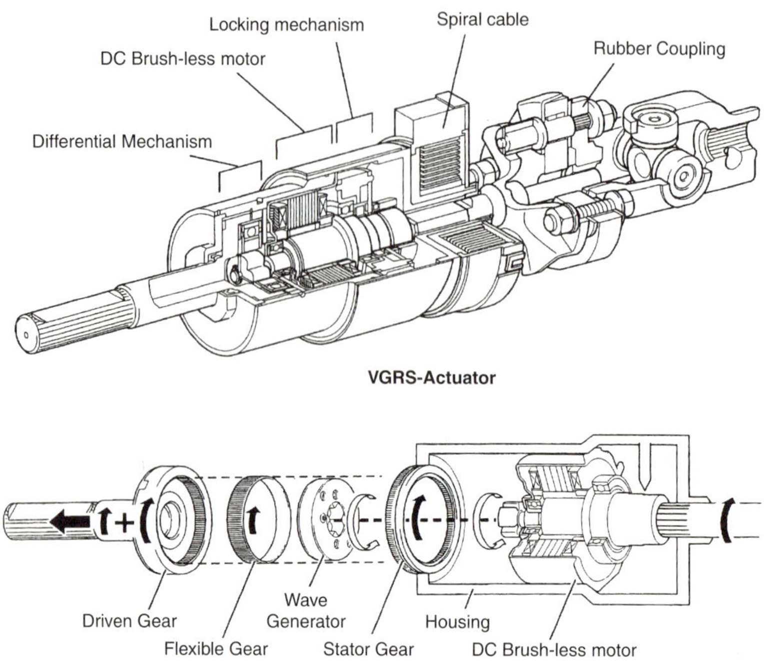

Abb. 7.183 Überlagerungsaktuator des Toyota Land Cruiser Cygnus (Quelle: Toyota)

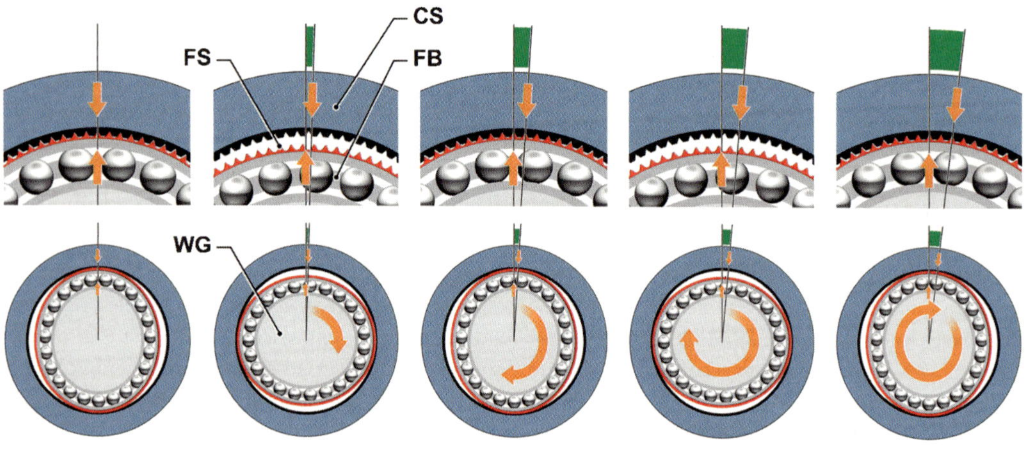

Abb. 7.184 Wirkprinzip des Überlagerungsstellers mit Wellgetriebe [243]

Kernelemente des Überlagerungsgetriebes sind das Hohlrad (CS), der darin angeordnete Flextopf (FS) und eine innenliegende elliptische Antriebswelle (WG). Die Hochachse der Ellipse reicht aus, um die Außenverzahnung des Flextopfes und die Innenverzahnung des Hohlrades in Eingriff zu bringen. Das Hohlrad weist eine geringfügig kleinere Zähnezahl als der Flextopf auf. Dreht nun die Antriebswelle, so wälzt sich der Flextopf gegenüber dem Hohlrad ab und das Hohlrad dreht sich mit einer der Übersetzung entsprechenden geringfügig kleineren Drehzahl als der Flextopf. Im passiven Betrieb der Überlagerungslenkung ist der mechanische Durchtrieb des Fahrers zur Straße über dem ruhenden Verzahnungseingriff ge-

■ **Abb. 7.185** Lenkrad mit Überlagerungssteller (Quelle: Takata)

währleistet. Im aktiven Betrieb wird zusätzlich die elliptische Welle über einen Elektromotor angetrieben, der Zahneingriff dreht sich mit der Antriebsdrehzahl und die Drehbewegung wird dem Übersetzungsverhältnis entsprechend in einen Zusatzlenkwinkel umgesetzt. Der Vorteil dieses Überlagerungsgetriebes ist die modulare Bauweise in der Lenksäule, die es erlaubt, das Lenkgetriebe für die Überlagerungslenkung und für eine Basislenkung in einem baugleichen Gehäuse unterzubringen.

- Überlagerung einer Rotationsbewegung durch ein Schneckenradgetriebe im Lenkrad: Dieses Konzept der Fa. Takata [240] zeigt ■ Abb. 7.185. Wesentliches Merkmal des Systems ist das im Lenkrad angeordnete mitdrehende Schneckenradgetriebe, das gegenüber der Karosseriestruktur nicht abgestützt werden muss. Der Vorteil dieses Getriebes ist der sehr einfache Aufbau. Die Herausforderung besteht in der Übertragung der elektrischen Stellerleistung über die drehbare Schnittstelle zwischen Lenkrad und Lenksäule.

Alle vorgestellten Konzepte haben den Vorteil, dass der vom Fahrer aufgegebene Lenkradwinkel in weiten Grenzen von einem elektronisch geregelten Antrieb überlagert werden kann. Darüber hinaus sind die Aktuatoren nicht im Kraftfluss zwischen Lenkunterstützung und Achse, so dass eine Überlagerung des Fahrerlenkwinkels lediglich die Fahrereingabe und nicht die Lenkkräfte an der Vorderachse abstützen muss.

Vergleicht man die Ausführungsformen von Überlagerungslenkungen, so sind die beiden letztgenannten Konzepte aufgrund ihrer Modularität vorteilhaft. Das erstgenannte Konzept von BMW bietet den Vorteil der kompakten Bauweise in einem Teilsystem Lenkgetriebe.

Bezüglich der Möglichkeit, mittels eines Reglers einen von der Vorgabe des Fahrers unabhängigen Radlenkwinkel zu stellen, unterscheiden sich die Aktiven Lenksysteme nach dem Überlagerungsprinzip nur insoweit von den im ▶ Abschn. 7.4.6.2.5 behandelten »steer by wire«-Lenksystemen, als dass die an den Rädern wirkenden Lenkmomente auf das Lenkrad übertragen werden.

7.4.6.2.4 Integration von Überlagerungslenkung und geregelter Servolenkung

Der integrierte Betrieb einer Überlagerungslenkung und einer regelbaren Servolenkung ermöglicht, beide Zustandsgrößen einer Lenkung, die Winkelzuordnung zwischen Lenkrad und Rädern sowie das Lenkradmoment, mit Hilfe eines Reglers in einem weiten Bereich frei zu gestalten. Die vielfältigsten Freiheitsgrade bietet dabei eine elektrische Servolenkung in Verbindung mit einer Überlagerungseinheit, da diese im Unterschied zu den üblichen Bauformen der hydraulischen Servolenkung in allen vier Quadranten der durch Lenkmoment und Lenkradbewegung aufgespannten Ebene auf die Fahrerrückmeldung einwirken kann.

Theoretisch ist es sogar möglich, die aus Stellbewegungen der Überlagerungseinheit resultierenden Lenkmomentanteile durch entsprechendes Ansteuern der elektrischen Lenkunterstützungseinheit zu kompensieren – und damit die vollständige steer-by-wire-Funktionalität zu erreichen. Tatsächlich ist dies eine sehr anspruchsvolle Regelungsaufgabe, die die genaue Kenntnis der Regelstrecke zwischen den beiden Aktuatoren voraussetzt. Die heute mit denen im Markt befindlichen aktiven Lenksystemen angebotenen Zusatzfunktionen erfordern diese aufwändige Mehrgrößenregelung nicht zwingend.

Wichtige Zusatzfunktionen, die heute mit den aktiven Lenksystemen angeboten werden sind die geschwindigkeitsabhängige Lenkübersetzung und Lenkmomentregelung sowie stabilisierende Lenkeingriffe zur Beeinflussung der Gesamtfahrzeugdynamik.

Zukünftig können mit der Weiterentwicklung von Fahrerassistenzsystemen auch aktive Lenkeingriffe zur Störungskompensation, für automatisiertes oder gar autonomes Fahren genutzt werden.

Als wesentlicher funktionaler Unterschied zu den im folgenden Kapitel abgehandelten »steer by wire«-Systemen bleibt bei der »Aktivlenkung« die direkte mechanische Verbindung zu den Vorderrädern auch im Normalbetrieb bestehen. Durch dieses Merkmal wird ein »authentisches« Lenkgefühl mit feinfühliger Rückmeldung des Fahrbahnzustandes gewährleistet, wichtige Aspekte hierzu siehe [250]. Die direkte mechanische Verbindung stellt gleichzeitig eine mechanische Rückfallebene dar, wodurch das Sicherheitskonzept vereinfacht wird.

7.4.6.2.5 »Steer by wire«-Lenksysteme

Bei den unter diesen Oberbegriff fallenden Systemen ist keine direkte mechanische Verbindung zwischen dem Lenkrad und den gelenkten Rädern im störungsfreien Betrieb vorhanden und der Lenkwinkel der Räder wird mittels eines geregelten hydraulischen oder elektrischen Stellers erzeugt. Wie bei der Überlagerungslenkung ist der feste kinematische Zusammenhang zwischen Lenkradwinkel und Radlenkwinkel aufgehoben. Darüber hinaus erfolgt keine unmittelbare Übertragung des Rückstellmomentes der Räder, so dass das Lenkradmoment aktiv eingestellt werden muss und sich die Möglichkeit ergibt, das Lenkmoment rein nach ergonomischen und physio-psychologischen Gesichtspunkten zu gestalten, wie sie z. B. durch [251] beschrieben werden. Diese Freiheit wird allerdings mit der Notwendigkeit eines aktiven Lenkmomentenstellers mit der dazugehörenden Regelung erkauft.

Dient das Lenkrad nicht mehr dazu, zumindest einen Teil der vom Fahrer aufzubringenden Lenkarbeit in das Lenkungssystem einzuspeisen, kommen auch andere Formen von Betätigungsorganen in Frage. So wurde in [235] die Übertragbarkeit der vom Flugzeug her bekannten Betätigungen auf das Automobil untersucht. Zu beachten sind die beim Kraftfahrzeug auftretenden Störungen durch die Massenträgheit der Arme und des gesamten Körpers als Folge der sehr schnellen Änderung von Längs- und Querbeschleunigung. Aus diesem Grund wurde in [236] die Verwendung eines hydraulisch bedämpften, auf Störkräfte unempfindlichen Drehknaufs einem »side stick« vorgezogen. Es ist jedoch zu berücksichtigen, dass das Lenkrad den Lenkhebel der ersten historischen Automobile verdrängt hat, da es eine sinnvolle ergonomische Alternative darstellte, um den Weg der durch den Fahrer ausgeübten Handkraft wesentlich über den des Lenkhebels hinaus vergrößern zu können. So konnte bei ausreichend niedrigen Betätigungskräften lange Zeit die erforderliche Lenkarbeit auch ohne Servosystem erbracht werden.

Diese Möglichkeit, die das Lenkrad bietet, hat einen wichtigen Einfluss auf die Sicherheitsarchitektur von »steer by wire«-Systemen. Um den Sicherheitsanforderungen zu genügen, muss ein »fail functional«-Verhalten sichergestellt sein, das bis zu zwei Fehler toleriert. Auch nach Auftreten des ersten Fehlers muss ein sicheres Weiterfahren gewährleistet sein. Diese Anforderung, die auch eine zweifach redundante Energieversorgung erfordert, belastet Kosten, Gewicht, Bauraumbedarf, Komplexität und Verfügbarkeit.

Bei Verwendung einer per se als sicher geltenden mechanischen oder hydraulischen Rückfallebene reicht eine einfache Ausführung der Aktuatorik des Lenksystems ausreichen, um den Sicherheitsanforderungen zu genügen.

Die Anforderungen an Lenksysteme sind in der ECE R79 [244] beschrieben. Die aktuelle Fassung (Revision 2, 2006) schließt steer-by-wire-Systeme grundsätzlich nicht aus. In allen Ländern, in denen diese Regelung verbindlich anzuwenden ist, kann daher von einer Zulassungsfähigkeit ausgegangen werden, wobei dies im Einzelfall natürlich zu prüfen verbleibt.

Eine Differenzierung der verschiedenen Systeme lässt sich bei »steer by wire«-Lenkungen nach folgenden Merkmalen durchführen:

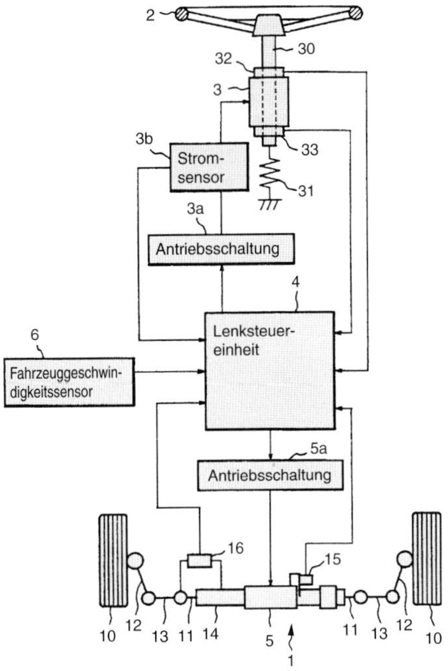

Abb. 7.186 Prinzipdarstellung eines elektromechanischen Lenksystems mit elektrischem Lenkmomentensimulator [Koyo Seiko, DE 19806458 A1]

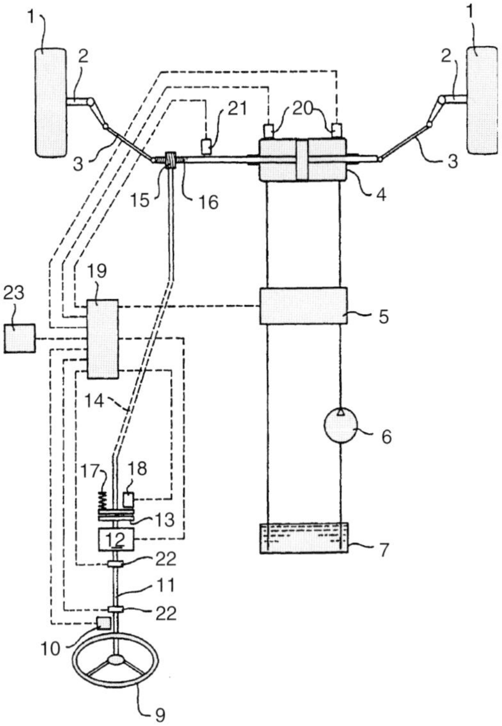

Abb. 7.187 Prinzipdarstellung eines elektrohydraulischen Lenksystems mit elektrischem Lenkmomentsimulator und mechanischer manueller Rückfallebene [DaimlerChrysler, Patentschrift DE 19755044 C1]

- Gemeinsamer Steller für beide Räder einer Achse oder radindividuelle Lenkung. Letzteres erscheint wegen des hohen Aufwandes nur in Sonderfällen vertretbar.
- Elektromechanische, Abb. 7.186, oder hydrostatische Aktuatoren, Abb. 7.187.
- Vorhandensein und Ausführung einer manuellen Rückfallebene. Ein Beispiel für eine mechanische Rückfallebene mit Kupplung ist in Abb. 7.187 schematisch dargestellt.
- Steuerungs- und Regelungsalgorithmen für die Übertragungsfunktionen von Winkeln und Momenten zwischen Lenkrad und Vorderrädern.
- Strategie der Stabilisierungs- und Störgrößenausregelungsfunktionen.
- Lenkradrückstellmomenten-Strategien sowohl im Hinblick auf die Leistungsoptimierung des Systems Fahrer/Fahrzeug/Umfeld als auch auf eine positive subjektive Bewertung durch den Fahrer.

Bisherige Bestrebungen, Steer-by-wire-Systeme in Serie zu bringen, sind an den Kosten und der Beherrschung der Komplexität gescheitert.

7.4.6.3 Aktive Hinterradlenkungen

Aktive Hinterradlenksysteme bieten die Möglichkeit sowohl die Größe des Schwimmwinkels als auch den zeitlichen Verlauf des Aufbaus der Seitenkräfte an der Hinterachse unmittelbar beeinflussen zu können. Ihr Potenzial kann jedoch nur in Verbindung mit einer Überlagerungslenkung oder einer »by wire«-Lenkung an der Vorderachse voll ausgeschöpft werden. Hierfür gibt es mehrere Gründe:

- Der Einschlagwinkel der Hinterräder beeinflusst den Einschlagwinkelbedarf der Vorderräder.
- Eine rechnergesteuerte Lenkung an der Vorderachse und an der Hinterachse ermöglicht die

Tabelle 7.11 Übersicht aktiver Hinterachslenksysteme (Quelle: BMW)

Hersteller	Bauweise	Aufbau	Funktionsziele	Lenkwinkel [°]	Fahrzeuge
Toyota	mechanisch	Verbindung zur Vorderradlenkung, Getriebe	WKR	4	Celica (1990), Carina (1989)
	elektro-hydraulisch	Hydraulikpumpe, Hydraulikventile, Stellzylinder	WKR	15	Mega Cruiser (1995),
	elektro-hydraulisch	Hydraulikpumpe, Hydraulikventile, Stellzylinder	WKR, FS (FDR)	5	Soarer (1991), Crown (1992)
	elektro-mechanisch	Elektromotor, Getriebe, Spindeltrieb	FS (FDR)	2	Aristo (1997), Majesta (1997)
Nissan	hydraulisch	Hydraulikpumpe, Hydraulikventile, Stellzylinder	FS (VS)	1	Skyline (1985), Silvia (1988), 180SX (1989), Fairlady Z (1989), Cefiro (1992), Laurel (1993)
	elektro-mechanisch	Elektromotor, Getriebe, Spindeltrieb	FS (FDR)	1	Skyline (1993), Silvia (1993), Fairlady Z (1993), Laurel (1997), Cedric (1994), Stagea (1998),
	elektro-mechanisch	Elektromotor, Getriebe, Spindeltrieb	FS (VS), FS (FDR)	ca. 1,5	Infinity FX50 (2008), G37 (2007), Stagea (2002), Fuga (2004)
Honda	mechanisch	Verbindung zur Vorderradlenkung, Getriebe	WKR	5	Prelude (1987), Accord (1990)
	elektro-mechanisch	Elektromotor, Spindeltrieb	WKR, FS (VS)	8	Prelude (1991)
Mazda	hydraulisch	Hydraulikpumpe, Elektromotor, Getriebe	FS (VS)	5	626 (1988), MX-6 (1987)
	hydraulisch	Hydraulikpumpe, Elektromotor, Getriebe	FS (FDR)	7	Eunos800 (1992), RX-7 (1985)

Tabelle 7.11 (Fortsetzung)

Hersteller	Bauweise	Aufbau	Funktionsziele	Lenkwinkel [°]	Fahrzeuge
Mitsubishi	elektro-hydraulisch	Hydraulikpumpe, Hydraulikventile, Stellzylinder	FS (VS)	1,50	Galant (1988), Lancer/Eterna (1988), GTO/3000GT (1991)
	elektro-hydraulisch	Hydraulikpumpe, Hydraulikventile, Stellzylinder	FS (VS)	0,8	Galant (1993), Emeraude (1994), Lancer/Eterna (1994)
Subaru	elektro-mechanisch	Elektromotor, Getriebe	FS (VS)	1,5	Alcyone (1991)
Daihatsu	mechanisch	Verbindung zur Vorderradlenkung, Getriebe	WKR	7	Mira (1992)
BMW	elektro-hydraulisch	Hydraulikpumpe, Hydraulikventile, Stellzylinder	FS (VS)	1,7	850i, 850csi (ab 1990)
	elektro-mechanisch	Elektromotor, Spindeltrieb	WKR, FS (VS), FS (FDR)	3 2,5	7er (2008), 5er GT (2009), 5er (2010)
Renault	elektro-mechanisch	Elektromotor, Getriebe, Spindeltrieb	WKR, FS (VS), FS (FDR)	3,5	Laguna GT (2008), Laguna Coupe (2008)
GM	elektro-mechanisch	Elektromotor, Getriebe, Spindeltrieb	WKR, FS (VS)	12	GMC Sierra (2002), Silverado (2002)

Freiheitsgrade Querbewegung und Gieren des Fahrzeugs weitgehend unabhängig voneinander zu regeln.

- Die Hinterradlenkung ermöglicht eine vorbeugende Stabilitätsregelung, während eine aktive Vorderradlenkung auch zur Gierstabilität beiträgt, wenn die Hinterachse bereits in der Sättigung ist.

Da für die Verbesserung der Fahrdynamik nur ein relativ geringer Radeinschlagwinkel (2–3°) erforderlich ist und die Reduzierung des Schwimmwinkels zur Agilitäts- und Stabilitätserhöhung auch ohne Gierratenregelung möglich ist, werden fahrdynamische Hinterradlenksysteme bereits seit längerem von einigen Fahrzeugherstellern angeboten. Das hohe Potenzial bei der Verringerung des Wendekreises bei Fahrzeugen mit langem Radstand wie »mobile homes« und »light trucks« hat zur Verstärkung der Aktivitäten bei der Hinterradlenkung geführt. Der durch den großen Einschlagwinkel der Hinterräder benötigte Raumbedarf ist bei diesen Fahrzeugen nicht so entscheidend wie bei üblichen Automobilen.

Vom Sicherheitsaspekt her sind aktive Hinterradlenkungen ähnlich zu bewerten wie Überlagerungslenkungen, da ein »fail silent« Verhalten in der Regel als ausreichend gesehen wird. Voraussetzung ist, dass die Hinterräder in ihrer Position festgesetzt werden. Dies kann bei hydraulischen Systemen vorzugsweise durch vorgespannte Federn erfolgen [237]. Bei elektromechanischen Aktuatoren bieten sich Getriebe mit ausreichender Selbsthemmung an. Eine Rückführung in Geradeaustellung ist bei Ausfall der Positionsregelung oder

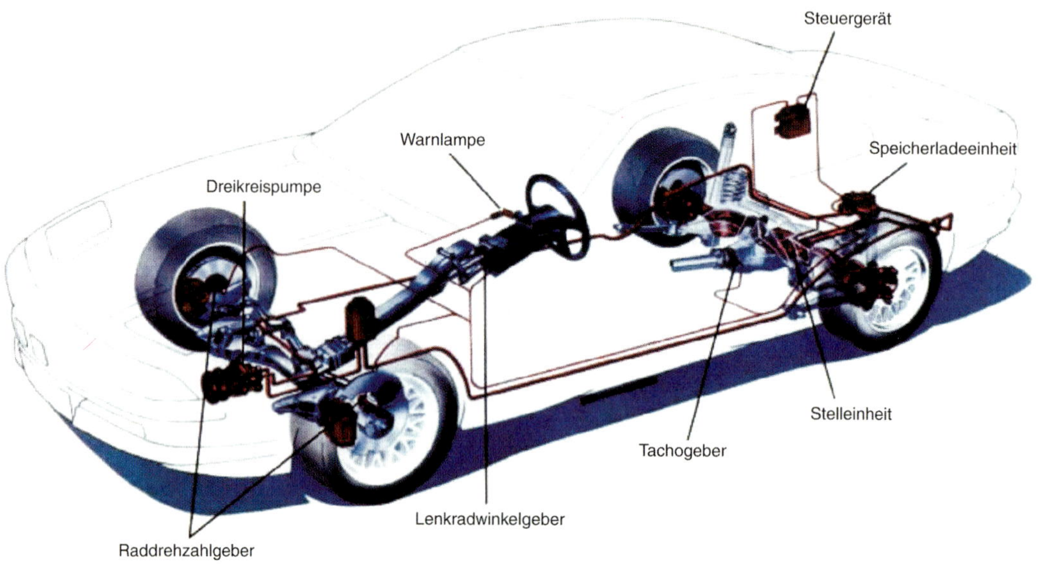

Abb. 7.188 Hinteradlenkung BMW 850 CSI, 1990, Anordnung Gesamtsystem [247]

der Energieversorgung nur mit kaum vertretbarem Aufwand möglich.

Die folgende Tabelle zeigt einen aktuellen Überblick der Allradlenksysteme, die in der jüngeren Vergangenheit und aktuell von unterschiedlichen Herstellern angeboten wurden bzw. immer noch im Markt sind.

7.4.6.3.1 Hinterradlenkungen ohne fahrdynamische Regelung

Erste Systeme (z. B. Honda 1987) begnügten sich mit einer mechanischen Ankopplung einer Hinterradlenkung an die Lenkung der Vorderachse [238]. Streng genommen stellt diese nur eine spezielle Form der schon lange bekannten Allradlenkungen für Sonderfahrzeuge dar. Doch während letztere dazu dienen, den Wendekreis zu verringern und bei mehrachsigen Fahrzeugen auch den Reifenverschleiß zu reduzieren, wurden mit dem erwähnten System von Honda bereits fahrdynamische Ziele verfolgt.

Durch das gleichsinnige Einschlagen der Hinterräder zu den Vorderrädern wird der Aufbau der Seitenkräfte an der Hinterachse bei instationären Fahrmanövern beeinflusst. Hierdurch erfolgt eine Verkürzung der Ansprechzeit der Querbeschleunigung des Fahrzeugs auf Lenkwinkeländerungen bei gleichzeitiger Verringerung des Schwimmwinkels und Erhöhung der Stabilität, da das Überschwingen der Giergeschwindigkeit verringert wird.

Bei sehr niedriger Fahrgeschwindigkeit sollte die Lenkbewegung der Hinterachse jedoch gegensinnig zu den Vorderrädern erfolgen. Auf diese Weise wird die Lenkbarkeit der Hinterachse auch zur Reduzierung des Wendekreises genutzt.

In dem von Honda entwickelten System erfolgte die Ansteuerung der Hinterachse noch durch eine Mechanik, die mit zunehmendem Lenkradwinkel den Übergang von einem gegensinnigen zu einem gleichsinnigen Radeinschlag gewährleistet. Einen Fortschritt gegenüber mechanisch gekoppelten Systemen stellte die in Abb. 7.188 gezeigte Ausführung einer elektronisch geregelten hydromechanischen Hinterradlenkung dar (BMW 1990). Der Hinterradlenkwinkel wird in diesem System mittels eines geschwindigkeits- und lenkwinkelabhängigen Kennfeldes definiert [239]. Ein Zeitglied verzögert den Aufbau des Lenkwinkels an der Hinterachse, um das Fahrverhalten im unteren Geschwindigkeitsbereich agiler zu gestalten. Da keine Rückführung von fahrdynamischen Zustandsgrößen erfolgt, stellt die BMW-Lenkung bezüglich ihrer fahrdynamischen Funktion eine Steuerung dar. In Abb. 7.189 ist die Auswirkung

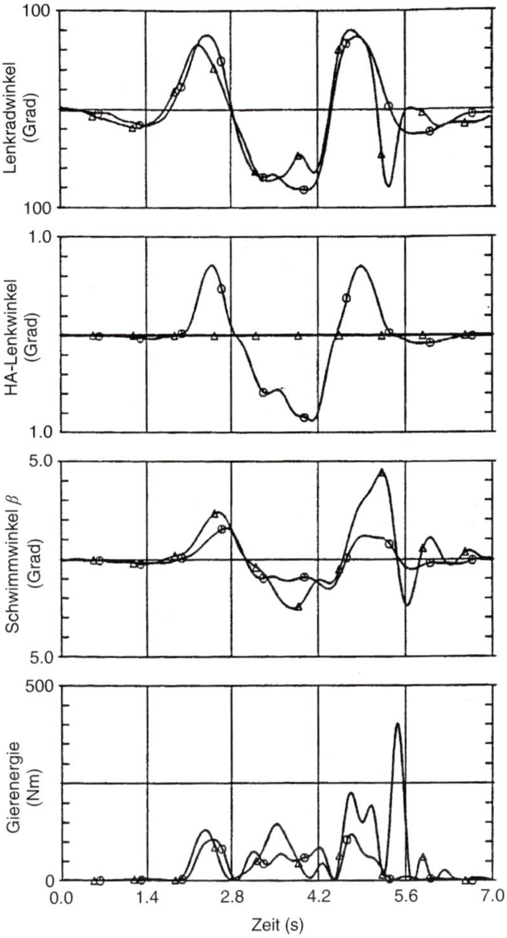

Abb. 7.189 Beispiel eines doppelten Fahrspurwechsels mit und ohne Hinterradlenkung. Die Reduzierung von Lenkaufwand, Schwimmwinkel und Giergeschwindigkeit ist vor allem beim zweiten Fahrspurwechsel erkennbar [237]

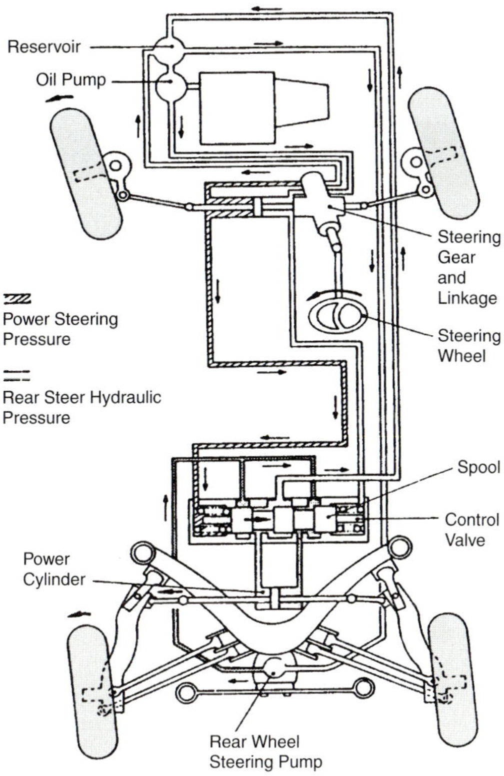

Abb. 7.190 Hinterradlenkung Mitsubishi (1988), Prinzipdarstellung [248]

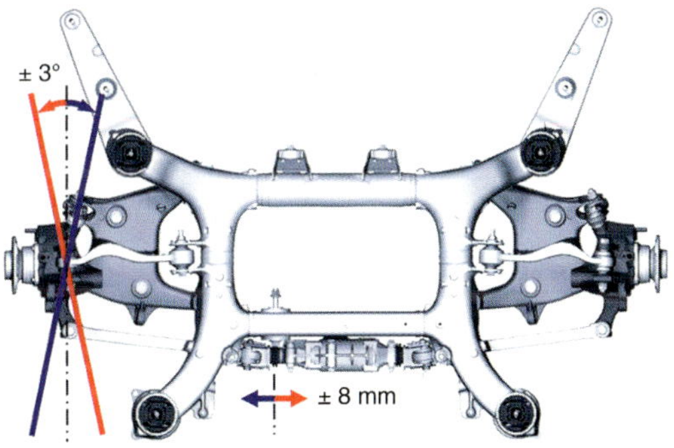

Abb. 7.191 Hinterachse des BMW 5er (2010) mit aktivem Steller [242]

dieser aktiven Hinterradlenkung bei einem doppelten Fahrspurwechsel dargestellt.

7.4.6.3.2 Hinterradlenkungen mit fahrdynamischer Regelung

Eine Besonderheit stellt die in Abb. 7.190 gezeigte Hinterradlenkung dar (Mitsubishi 1988), da sie eine rein hydromechanische Steuerung beinhaltet, bei der jedoch der fahrdynamische Zustand über den in der Servolenkung aufgebauten Druck Berücksichtigung findet. Mit dem Druck in der Servolenkung an der Vorderachse wird ein hydraulisches Ventil der Hinterradlenkung angesteuert, das die Richtung des Lenkwinkels der Hinterachse in Richtung Untersteuern sowie seinen Betrag bestimmt. Hierbei wird über die Druckdifferenz im Servosystem sowohl die Lenkwinkelgeschwindigkeit als auch das

Abb. 7.192 Darstellung des Hinterachsenaktuators am BMW 5er (2010) [242]

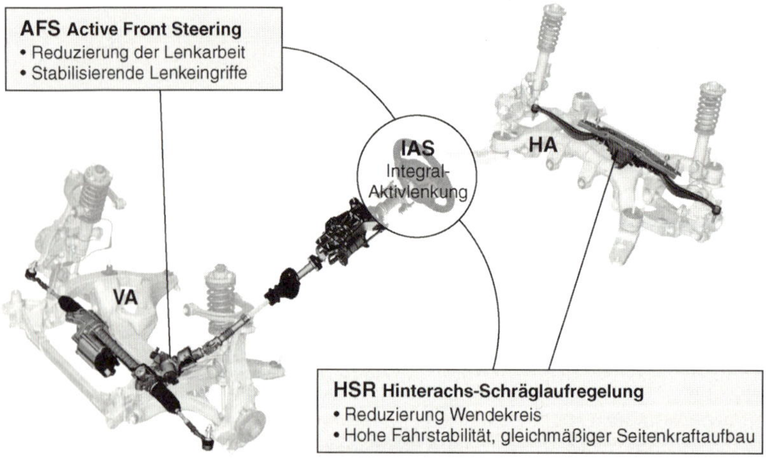

Abb. 7.193 Kombination der Eigenschaften von aktiver Vorderachs- und Hinterachslenkung mit der Integral-Aktivlenkung im BMW 5er (2010) (Quelle: BMW)

Seitenkraftniveau an der Vorderachse erfasst. Eine von der Hinterachse angetriebenen Pumpe versorgt mit einem von der Fahrzeuggeschwindigkeit abhängigen Volumenstrom das Hydrauliksystem der Hinterradlenkung. Hierdurch wird die gewünschte Abhängigkeit des Lenkwinkels der Hinterachse von der Fahrzeuggeschwindigkeit erreicht.

Mit fortschreitender Entwicklung der Sensorik, insbesondere des Gierratensensors, führten japanische Hersteller in den 90er Jahren Hinterradlenkungen auf dem japanischen Markt ein, die eine elektronische fahrdynamische Regelung verwenden. Auf diese Weise werden auch Störungen von einem Regler ausgeregelt, der gezielt ein Sollverhalten einstellt.

Eine Weiterentwicklung der Systeme der 90er Jahre stellt die von BMW im 7er (2008) eingeführte Hinterachslenkung (HSR, Hinterachs-Schräglaufregelung) dar, auf die im nächsten Kapitel noch näher eingegangen wird. Abbildung 7.191 zeigt die Anordnung des Lenkaktuators an der Hinterachse. Der Spurlen-ker wird durch einen zentral angeordneten Linearantrieb ausgelenkt, so dass ein Radeinschlag von bis zu 3° einstellbar ist.

Abbildung 7.192 zeigt eine schematische Darstellung des Aktuator, der über einen bürstenlosen Hohlwellenmotor und ein Kugelumlaufgetriebe eine lineare Stellbewegung einstellt.

7.4.6.4 Aktive geregelte Vorder- und Hinterachslenksysteme

Während in den 90er Jahren viele japanische Hersteller Hinterachslenksysteme entwickelten, hat dieser Boom mittlerweile nachgelassen. Mit Nissan, Renault und BMW setzen nunmehr drei Hersteller derzeit auf den Einsatz solcher Systeme.

BMW bietet dabei die aktive Hinterradlenkung ausschließlich mit der aktiven Vorderachslenkung als Integral-Aktivlenkung an. Abbildung 7.193 zeigt die Anordnung der beiden aktiven Lenksysteme an Vorder- und Hinterachse.

Das Ziel dieser Anordnung ist die Zusammenführung der positiven Eigenschaften beider Lenksysteme in einem Fahrzeug. Beide Radlenkwinkel können nach gewünschter fahrdynamischer Ausprägung frei eingestellt werden.

Das Regelungsziel, das damit verfolgt werden soll, ist die sog. stationäre Gierneutralität [242, 252]: Aus dem stationären Verhalten eines Fahrzeugs mit Hinterachslenkung geht hervor, dass bei gleichem Lenkradwinkel (und damit Radlenkwinkel) der Schwimmwinkel im Fahrzeugschwerpunkt kleiner ist als der eines Fahrzeugs mit konventioneller Lenkung – was zunächst ein wünschenswertes Regelungsziel sein kann. Abbildung 7.194 zeigt diesen Umstand, aus demaber auch hervorgeht, dass der mit gleichem Lenkradwinkel erzielte Kurvenradius gegenüber dem konventionellen Fahrzeug größer ist. Das durch den reduzierten Schwimmwinkelaufbau gewonnene Mehr an Fahrstabilität muss mit einem stärkeren Lenkradeinschlag erkauft werden.

Hier greift ein wesentlicher Gedanke der Integralaktivlenkung an. Durch ein aktives Zulenken an der Vorderachse kann der Zielkonflikt gelöst werden und bei gleichem Lenkradwinkel und gleichem Kurvenradius ergibt sich ein Fahrverhalten mit deutlich reduziertem Schwimmwinkel.

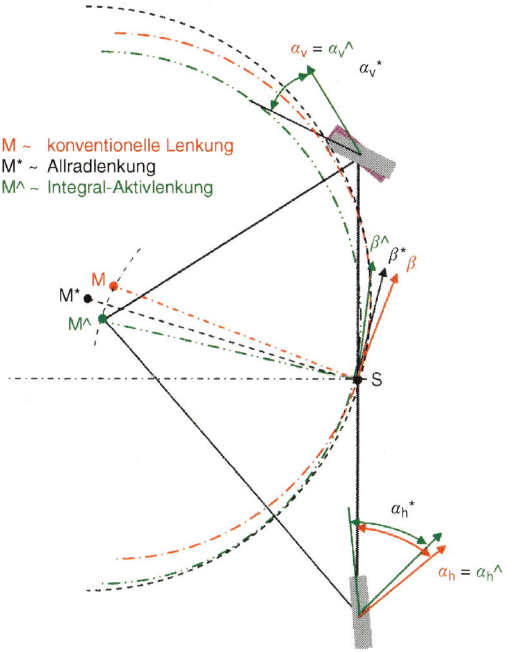

Abb. 7.194 Veränderung des Kurvenhalbmessers und des Schwimmwinkels bei stationärer Kreisfahrt mit unterschiedlichen Lenksystemen (gleichsinniges Einschlagen der Hinterachse) [210]

Abbildung 7.195 zeigt dieses Verhalten über der Querbeschleunigung.

Ziel der Applikation des Fahrdynamikreglers für stationäre Gierneutralität ist es, bei nahezu gleichem Lenkwinkel und gleicher Gierrate einen deutlich reduzierten Schwimmwinkel gegenüber einem Fahrzeug mit konventioneller Vorderachslenkung zu erreichen. Der Schwimmwinkel des Fahrzeugs mit der Integral-Aktivlenkung weist einen um über 50 % reduzierten Wert gegenüber dem konventionellen Fahrzeug auf. Zudem verläuft der Anstieg über der Querbeschleunigung gleichmäßiger, womit das Fahrzeug signifikant besser beherrschbar ist.

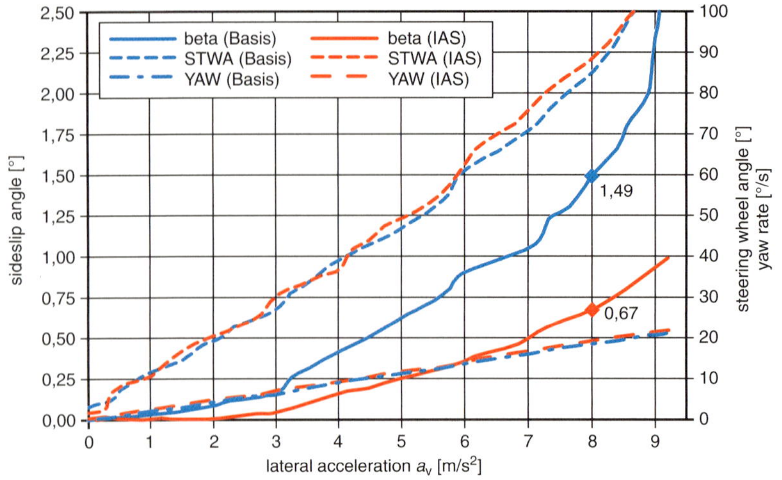

Abb. 7.195 Veränderung des Schwimmwinkels mit einer Allradlenkung und einer Integral-Aktivlenkung bei stationärer Kreisfahrt [242]

7.5 Beurteilungskriterien

7.5.1 Subjektive Fahreigenschaftsbeurteilung

Die subjektive Beurteilung ist auch in der Zeit hoch entwickelter Messtechnik und CAE-Entwicklungsmethoden nach wie vor ein wesentliches Instrument zur Feinabstimmung der Fahreigenschaften.

Grund hierfür ist die Fähigkeit versierter Versuchsingenieure, komplexe Zusammenhänge wie das Fahrverhalten in vergleichsweise kurzer Zeit hinreichend gut einordnen zu können. Zudem sind einige Kriterien aus den Themengebieten Geradeauslauf, Fahrkomfort und Lenkgefühl aufgrund ihrer Komplexität bisher nur unzureichend objektiv messbar [253, 273].

In der Regel gewinnt man gleichzeitig einen umfassenden Eindruck der Gesamtfahrzeugeigenschaften, wodurch auch die Sichtweise des sog. »Normal«-Fahrers, d. h. des späteren »Kunden« mit betrachtet wird.

Die Durchführung der Bewertung erfolgt üblicherweise anhand von aneinander gereihten Fahrmanövern auf speziellen Versuchsstrecken mit bekannten Kurvenverläufen, Reibwerten, usw.

Zweckmäßig ist auch der Vergleich mit einem bekannten Referenz- oder Wettbewerbs-Fahrzeug unter gleichen Voraussetzungen.

Ergänzt wird dies durch Beurteilungsfahrten unter Kundenbedingungen auf öffentlichen Straßen.

So ergibt sich für den versierten Versuchsingenieur letztlich ein umfassender Eindruck über Quer-, Längs- und Vertikaldynamik und deren Kopplungen.

Die Bewertung des weitläufigen Gebietes der Gesamtfahreigenschaften erfolgt mittels Bewertungsbögen. Diese werden untergliedert, z. B. in

- Geradeaus-Fahreigenschaften
- Übergangs-Fahreigenschaften
- Kurven-Fahreigenschaften
- Lenkeigenschaften
- Bremseigenschaften
- Anfahren/Traktion
- Abrollkomfort und Solidität
- Aufbau- und Humanschwingungskomfort

Eine klare Zuordnung der zahlreichen Einzelkriterien nach entsprechenden Themengebieten ist eine notwendige Voraussetzung für eine zielorientierte Bewertung und damit Weiterentwicklung der zu untersuchenden Entwicklungsstände von Fahrzeugen.

Für die subjektive Beurteilung der Fahrzeuge wird entsprechend der zu bewertenden Teilbereiche ein Fragebogen aufgestellt, in dem die Beurteiler die Fahrzeuge nach einer bestimmten Skala bewerten können.

Für die Bewertung der Einzelkriterien hat sich eine offene unipolare Notenskala mit 10 Stufen (0 = untauglich, 10 = herausragend) als zweckmäßig erwiesen. Hier bietet sich auch die Möglichkeit, über mehrere Beurteilungskriterien oder auch Bewerter einen Mittelwert bilden zu können.

Um hierbei die Streuung der Ergebnisse einzuengen, sind an die Beurteiler hohe Anforderungen hinsichtlich ihrer Urteilsfähigkeit zu stellen. Sie müssen ausreichend sachkundig sein, um die entsprechenden Eigenschaften beurteilen und unterscheiden zu können. Des Weiteren ist ein ausgezeichnetes Wahrnehmungsgedächtnis erforderlich, um alle Empfindungen bis zur Endbeurteilung präsent zu haben.

Wird die Bewertung durch eine Gruppe von Beurteilern durchgeführt, so besteht die Möglichkeit sog. »Ausreißer« (große Abweichungen vom Mittelwert) zu erkennen und zu eliminieren.

Die subjektive Fahreigenschaftsbeurteilung ist auch ein wesentlicher Bestandteil bei der Entwicklung objektiver Messverfahren zur Beschreibung der Fahreigenschaften. Erst durch Korrelationsbetrachtung von Subjektivurteilen und objektiv erfassten Daten (siehe ▶ Abschn. 7.5.2) können die aussagekräftigsten Mess-/Kenngrößen für o. g. Einzelkriterien identifiziert werden.

7.5.2 Objektive Fahreigenschaftsbeurteilung

Obwohl der Fahrer eines Kraftfahrzeugs die Fahreigenschaften stets gesamthaft subjektiv beurteilen wird, gewinnt die objektive Beurteilung immer mehr an Bedeutung. Im systematischen Entwicklungsprozess eines Fahrzeugs sowie beim Vergleich verschiedener Fahrzeuge untereinander ist die Ermittlung objektiver Kenngrößen ein nicht mehr wegzudenkendes Werkzeug. Diese Kenngrößen bzw. auch Kennfunktionen lassen sich aus Messungen, die während der Fahrt mit einem realen Fahrzeug aufgenommen werden, oder auch – neuerdings immer häufiger – aus Simulationsergebnissen mit einem Fahrzeugmodell am Computer, bestimmen. Die zugehörigen Fahrmanöver sind weitestgehend definiert und vereinheitlicht und zum großen Teil auch in ISO/DIN-Normen beschrieben. Hauptsächlich handelt es sich hier um sogenannte »open-loop«-Testverfahren der Querdynamik. Vertikal-dynamische Verfahren sind bisher noch nicht so weit verbreitet bzw. vereinheitlicht. Die nachfolgenden Beschreibungen beziehen sich deshalb nur auf die querdynamischen Eigenschaften eines Fahrzeugs.

»Open-loop«-Verfahren werden gewählt, um den Fahrereinfluss aus den Messergebnissen oder auch Rechenergebnissen möglichst herauszuhalten, d. h. bei den Fahrmanövern ist die Fahreraktivität darauf beschränkt, die Bedienelemente wie z. B. Lenkrad oder Gaspedal während der Messung möglichst konstant zu halten oder auch loszulassen. Eine umfassende Übersicht über die querdynamischen Testverfahren ist in [254] zu finden.

Grundlage für die Beurteilungen sind die Fahrzeugbewegungen im Koordinatensystem nach ◘ Abb. 7.196. Hauptsächlich werden gemessen und beurteilt:

- Längs- und Quergeschwindigkeit $\dot{x}$, $\dot{y}$, auch zur Bestimmung des Schwimmwinkels

$$\beta = \arctan\left(\frac{\dot{y}}{\dot{x}}\right)$$

- Längs- und Querbeschleunigung $\ddot{x}$, $\ddot{y}$
- Gierwinkel und Giergeschwindigkeit ψ, $\dot{\psi}$
- Wank- und Nickwinkel φ, θ

sowie die Betätigungsgrößen des Fahrers:

- Lenkradwinkel und Lenkmoment δ_H, M_H
- Gas- und Bremspedalwege, bzw. -kräfte
- Bremsdruck

Als Messaufnehmer für die Fahrzeugbewegungsgrößen (Beschleunigungen und Winkel) haben sich kreiselstabilisierte Plattformen (oder ähnliche Messverfahren) und für die Geschwindigkeiten korrelationsoptische Sensoren bewährt. Die Kreiselstabilisierung ist notwendig um die Ursprungsebenen des Koordinatensystems erdfest festzuhalten und so die translatorischen Beschleunigungen des Fahrzeugs unabhängig von Nick- und

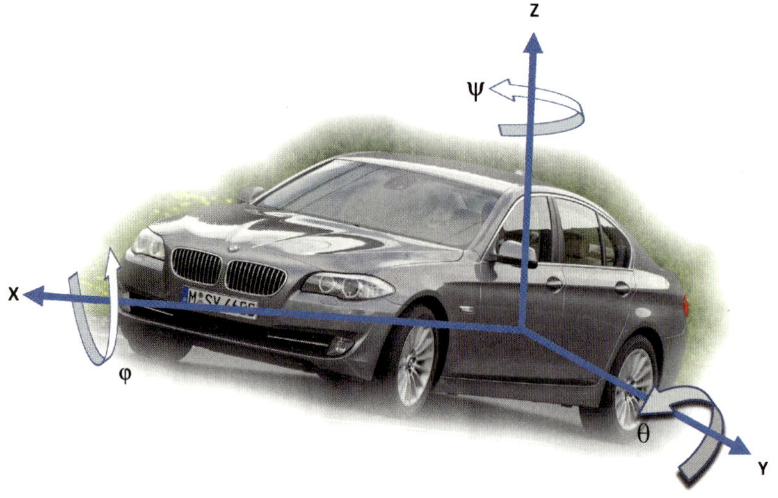

Abb. 7.196 Fahrzeug im Koordinatensystem

Wankwinkeln messen zu können. Neuere Messgeräte (z. B. sog. VBoxen) nutzen die Ortung über Satelliten (GPS) und berechnen daraus Geschwindigkeiten und Beschleunigungen. Die Messung von Lenkraddrehwinkel und Lenkmoment erfolgt meist durch spezielle Messlenkräder, die anstelle des ursprünglichen Lenkrads montiert werden. Die Messdaten lassen sich über einen Messaufbau im Fahrzeug on-line verarbeiten. Neuere Testverfahren stellen immer höhere Anforderungen hinsichtlich genauer Lenkwinkeleingaben, z. T. auch abhängig von der Fahrzeugreaktion. Z. B. ist beim sogenannten »Fish-hook« Test (s. ▶ Abschn. 7.5.2.4) die Einleitung einer Lenkrichtungsumkehr abhängig vom Wankwinkel bzw. von der Wankwinkelgeschwindigkeit. Diese Tests können nur mit einer Lenkmaschine gefahren werden. Die Anordnung im Fahrzeug zeigt Abb. 7.197. Das Lenkrad wird ersetzt durch ein Messlenkrad mit Elektromotor und einer Abstützung für das Reaktionsmoment.

Abb. 7.197 Lenkmaschine im Fahrzeug zur genauen Vorgabe von Lenkwinkelfunktionen

Zusätzlich gibt es eine Menge von Messeinrichtungen, die in der Fahrzeugentwicklung zur Beurteilung und Optimierung der einzelnen Eigenschaften, vor allem auch der Bauteilkomponenten, Anwendung finden. So ist z. B. zur Beurteilung der Fahrdynamik wichtig zu wissen, wie sich die einzelnen Räder am Fahrzeug hinsichtlich ihrer Vorspur- und Sturzeinstellung in den verschiedenen Fahrmanövern, z. B. beim Bremsen in der Kurve, verhalten. Eine Messeinrichtung für die Messung dieser Größen während der Fahrt zeigt Abb. 7.198. Laserstrahlen, deren Quellen radseitig befestigt sind, treffen auf karosseriefeste Empfänger, die die Radwinkeländerungen registrieren. Über die zeitgleiche Darstellung des Fahrzeugbewegungsablaufs können so wichtige achselastokinematische Funktionen analysiert und in ihren Auswirkungen beurteilt werden. Alternativ zur Messung der Radstellung durch Laserstrahlen besteht auch die Möglichkeit Spur-, Sturz- und Radpositionsänderungen mit einem kamerabasierten optischen Verfahren aufzuzeichnen [275].

Abb. 7.198 Einrichtung zur Messung von Vorspur und Sturz während der Fahrt

Eine Lösung zur synchronen Aufzeichnung nahezu aller fahrdynamischen Größen im fahrenden Fahrzeug ist in [274] beschrieben. Für die komplexen Messaufgaben kommen hier verschiedene Messsysteme zum Einsatz, die als kompakter Gesamtverbund vorgestellt werden.

7.5.2.1 Geradeausfahrt

Bei der Beurteilung der Geradeausfahrt ist zwischen zwei verschiedenen Randbedingungen zu unterscheiden:

a) die »ungestörte« Geradeausfahrt mit konstanter Geschwindigkeit, bei der nur Störungen durch die (auch vermeintlich ebene) Fahrbahn ins Fahrzeug eingeleitet werden und
b) die gestörte Geradeausfahrt, bei der Seitenwind-, Brems- und Antriebskräfte oder auch Kräfte aus einem mitgeführten Anhänger auf das Fahrzeug einwirken.

Zu a) gibt es nur wenig allgemein verbreitete Messverfahren. Zum einen sind die Fahrzeugbewegungsgrößen sehr klein und damit nur erschwert interpretierbar und zum anderen ist bei einer längeren Geradeausfahrt immer der Fahrereinfluss vorhanden, so dass eine eindeutige Fahrzeugbeurteilung nicht ohne weiteres möglich wird. Lösungsansätze sind hier in der Aufnahme von Lenkradwinkelspektren bei Fahrt auf einer bestimmten Straße, in der Zeitbetrachtung bis zum Verlassen eines Spurkanals bei festgehaltenem Lenkrad oder in der Ermittlung des »Giergeschwindigkeitsfehlers« zu finden. Nach [255] werden Giergeschwindigkeitsmessungen während der Geradeausfahrt aufgeteilt in einen Anteil, der aus den Lenkradwinkeln stammt (ermittelt aus einem »Einspurmodell«) und einen Restanteil. Dieser Restanteil ist der sogenannte »Giergeschwindigkeitsfehler«, der ein Maß für die Abweichung von der Geradeausfahrt ist. In [256] wird ein enger Zusammenhang zwischen dem Phasenverzug von Lenkeingabe zu Fahrzeugquerbeschleunigung und der Geradeauslaufgüte beschrieben. Fahrzeuge mit kleinen Phasenverzügen und damit schnellem Ansprechverhalten zeichnen sich durch gute Regeleigenschaften aus und werden dadurch auch im Geradeauslauf mit »gut« beurteilt. Zur Beurteilung des »Lenkgefühls« bei Geradeausfahrt eignet sich der »Weave Test« nach ISO 13674, Part 1, bei dem mit einer Lenkfrequenz von 0,2 Hz ein Sinuskurs gefahren wird und aus dem Verlauf des Lenkradmoments über dem Lenkradwinkel im Bereich der Lenkradmittelstellung auf die Lenkeigenschaften hinsichtlich Kurskorrigierbarkeit geschlossen werden kann. In ISO 13674, Part 2 wird der »Transition Test« beschrieben, bei dem aus der Geradeausfahrt bei langsamer Lenkwinkelzunahme die Fahrzeugreaktionen Giergeschwindigkeit und Querbeschleunigung in Abhängigkeit von Lenkwinkel und Lenkmoment aufgezeichnet werden.

Zu b) gibt es zahlreiche Testmanöver. Zum Beispiel wird die Seitenwindempfindlichkeit eines Fahrzeugs häufig an einer Seitenwindanlage beurteilt. Gebläse erzeugen dabei einen künstlichen Seitenwind von ca. 60–80 km/h, der meist rechtwinklig zur Fahrtrichtung wirkt. Die Gebläse haben meistens eine Gesamtlänge von 15–40 m. Als Beurteilungsgrößen werden hauptsächlich die während der Vorbeifahrt gemessenen Gierwinkel,

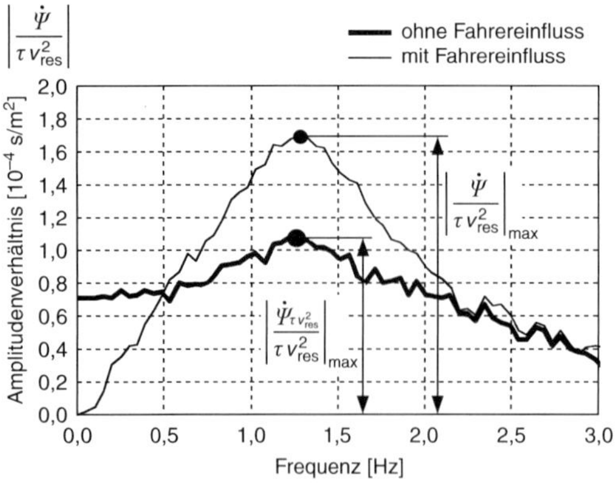

Abb. 7.199 Fahrzeuggierreaktion (bezogen auf die Windstörung) bei Seitenwind mit und ohne Fahrereinfluss aus [265]

Giergeschwindigkeiten und Querabweichungen herangezogen. Im Vergleich zum natürlichen Wind gibt es jedoch eine Reihe von Unzulänglichkeiten (Anströmwinkel, Böen), die zur Entwicklung von Messverfahren bei natürlichen Bedingungen führten. In [257] wird die Windstörung nach Stärke und Richtung mittels einer auf dem Fahrzeugdach montierten »Windfahne« gemessen und die auftretenden Fahrzeugreaktionen (Giergeschwindigkeit) dazu ins Verhältnis gesetzt. Die Untersuchung des Gesamtsystems Fahrer/Fahrzeug unter natürlichen Windbedingungen nach [265] kommt zu dem Ergebnis, dass ein Fahrer Windstörungen unter 0,5 Hz gut ausregeln kann und die Seitenwindreaktionen des Fahrzeugs dadurch geringer werden, Abb. 7.199. Zwischen 0,5 und 2,0 Hz verstärkt der Fahrer eher die Gierreaktionen und ab 2 Hz ist kein Fahrereinfluss mehr feststellbar, d. h. für die Beurteilung des Seitenwindverhaltens sind auch die Lenkeigenschaften des Fahrzeugs von großer Bedeutung.

Die Erfassung von instationären aerodynamischen Kräften am Fahrzeug unter böigem Seitenwind und beim Überholen von Lkw ist in [272] beschrieben. Die Kräfte werden aus Druckverläufen berechnet, die mit auf der Karosserieoberfläche verteilten Sensoren gemessen wurden. Die Ergebnisse zeigen, dass zur Beurteilung des Seitenwindverhaltens neben dem stationären Giermomentengradienten auch der instationäre Gradient betrachtet werden muss.

Versuche zur Beurteilung der Bremseigenschaften bei Geradeausfahrt beziehen sich in erster Linie auf die erzielten Bremswege (vergl. DIN 70028) und die Fahrtrichtungshaltung (auftretende Giergeschwindigkeit) auf unterschiedlichen Fahrbahnoberflächen und -reibwerten. Zusätzlich wird bei diesen Versuchen und auch beim Beschleunigen der auftretende Nickwinkel gemessen, der ein Maß für die »Anti-Dive«- Eigenschaften des Fahrwerks ist. Gute Fahrwerke reagieren hier im Normalfall mit Nickwinkeln $\leq 1°$.

Bei Kombination des Pkw mit einem Anhänger kann es zu deutlichen Einbußen in der Fahrstabilität kommen. Mit dem Lenkwinkelimpulstest wird die Fahrstabilitätsgrenze ermittelt. Der Fahrzeugzug wird dazu aus ungestörter Geradeausfahrt zu Gierschwingungen mittels kurzem Lenkimpuls angeregt. Aus dem Verlauf der Differenz der Gierbewegungen zwischen Pkw und Anhänger – dem sogenannten Knickwinkel – lässt sich das Dämpfungsmaß bestimmen. Die Dämpfungsmaße bei verschiedenen Fahrgeschwindigkeiten ergeben durch Inter- bzw. Extrapolation die Fahrgeschwindigkeit, bei der die Stabilitätsgrenze erreicht, die Dämpfung also 0 wird. Übliche Stabilitätsgrenzen für Pkw mit etwa gleichschweren Anhängern liegen je nach Anhängerbauart zwischen 80 und 140 km/h.

7.5.2.2 Kurvenverhalten

Zur Beurteilung des Kurvenverhaltens gibt es vor allem die Fahrmanöver:

- stationäre Kreisfahrt
- Lastwechsel aus stationärer Kreisfahrt
- Bremsen, Beschleunigen in der Kurve
- Aquaplaning

Bei der stationären Kreisfahrt wird das Fahrzeug zur Erreichung konstanter Querbeschleunigungen entweder mit unterschiedlichen Geschwindigkeiten auf einer Kreisbahn mit gleichbleibendem Radius gefahren oder mit konstanter Geschwindigkeit auf unterschiedlichen Kreisradien. Die Messergebnisse werden üblicherweise über der Querbeschleunigung, s. Abb. 7.200, aufgetragen. Der Lenkwinkelverlauf ist ein Maß für das Eigenlenkverhalten. Die Zunahme mit der Querbeschleunigung ist typisch für ein untersteuerndes Fahrzeug; der Grenzbereich (üblicherweise

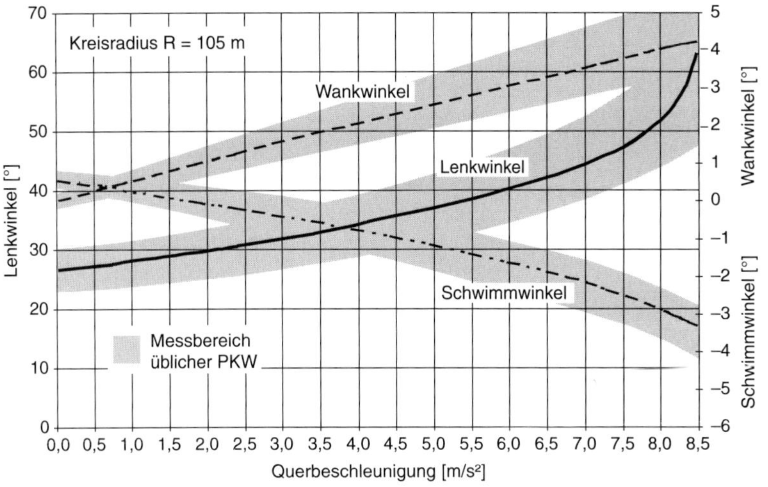

Abb. 7.200 Lenk-, Schwimm- und Wankwinkelverlauf in Abhängigkeit der Querbeschleunigung bei stationärer Kreisfahrt mit einem Radius von 105 m

Querbeschleunigung ab $7\,m/s^2$) wird dem Fahrer durch eine starke Zunahme des Lenkwinkels (und meistens auch Abnahme des Lenkmoments, hier nicht dargestellt) angekündigt. Schwimm- und Wankwinkelverlauf sind ein Komfort- und Sicherheitsmaß und entsprechen in diesem Beispiel den Anforderungen eines modernen Pkw's.

Die Lastwechselreaktion bei Kurvenfahrt wird gemessen, indem bei stat. Fahrt auf einem bestimmten Kreisradius plötzlich das Gaspedal losgelassen wird. Am Fahrzeug stellt sich aufgrund des Motorbrems-moments eine Verzögerung ein, die durch Achslastverlagerungen und auch achselastokinematischen Änderungen eine Kursabweichung zur Folge hat. Die Größe dieser Kursabweichung wird beurteilt anhand der gemessenen Giergeschwindigkeit und Querbeschleunigung. Zur kompakten Darstellung und unter Berücksichtigung der menschlichen Reaktionszeit haben sich hier die 1-Sekundenwerte bewährt, d. h. es wird die Änderung der Fahrzeugbewegungsgröße 1 s nach Ereignisbeginn (hier das Loslassen des Gaspedals) betrachtet. Ein Ergebnisbeispiel dazu zeigt Abb. 7.201. Die Änderung der Giergeschwindigkeit nach 1 s ist über der Ausgangsquerbeschleunigung aufgetragen. Bei niedrigen Ausgangsquerbeschleunigungen ist fast keine Kursabweichung feststellbar, die Giergeschwindigkeitsänderung ist geringfügig negativ aufgrund des langsamer werdenden Fahrzeug. Erst bei höheren Querbeschleunigungen ist eine Zunahme der Giergeschwindigkeit feststellbar, d. h. das Fahrzeug dreht in die Kurve hinein.

Das Bremsen und Beschleunigen während der Kurvenfahrt wird in einem ähnlichen Fahrmanöver beurteilt. Zusätzlich wird nach der Freigabe des Gaspedals die Bremse mit unterschiedlichem Druck betätigt bzw. das Gaspedal weiter betätigt um verschiedene Abbremsungen bzw. Beschleunigungen zu erzielen. Die Darstellung der 1-Sekundewerte erfolgt ähnlich wie beim Lastwechselversuch, die Längsverzögerung erscheint als zusätzliche Variable.

Ein sehr spezielles Fahrmanöver ist die Untersuchung des Aquaplaningverhaltens. Es ist dazu eine Kreisteststrecke notwendig, die segmentweise bewässerbar ist. Das Fahrzeug wird bei verschiedenen Geschwindigkeiten und damit auch verschiedenen Querbeschleunigungen mit festgehaltenem Lenkrad und konstanter Drosselklappenstellung durch das Segment gefahren. Die Änderungen von Giergeschwindigkeit und Querbeschleunigung sind wiederum ein Maß für die Kursabweichung.

7.5.2.3 Übergangsverhalten

Das Übergangsverhalten beschreibt die Fahreigenschaften eines Fahrzeugs, die beim Übergang von der Geradeausfahrt in eine Kurve bzw. beim plötzlichen Kurswechsel in Erscheinung treten.

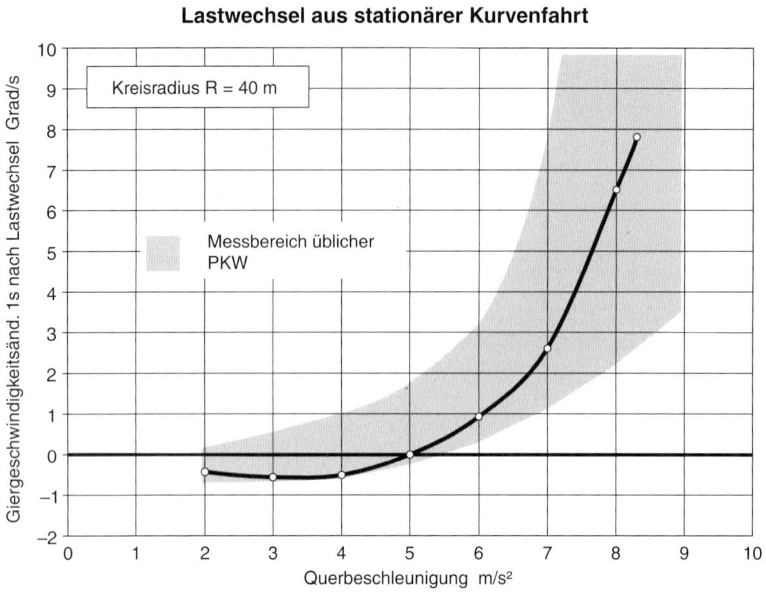

Abb. 7.201 1-Sekundenwerte der Giergeschwindigkeitsänderung beim Lastwechsel aus stationärer Kreisfahrt mit einem Radius von 40 m

Der Lenkwinkelsprung ist hier ein typisches Beurteilungsverfahren. Aus der Geradeausstellung wird das Lenkrad schnell um einen bestimmten Winkel verdreht und anschließend festgehalten. Die Fahrzeugantwort, hauptsächlich gemessen in Giergeschwindigkeit, Querbeschleunigung und Schwimmwinkel ist ein Maß für die Schnelligkeit des Ansprechens, die Fahrstabilität unter diesen Bedingungen und die »Direktheit« der Lenkung. Bei einem großen Zeitverzug zwischen Lenkeingabe und Anstieg der Giergeschwindigkeit wirkt das Fahrzeug träge und kurvenunwillig. Sind beim Übergang auf die stationären Giergeschwindigkeits- und Querbeschleunigungswerte große Amplituden und lange Einschwingzeiten zu beobachten, ist die Stabilität beeinträchtigt. Der »Verstärkungsfaktor« des Fahrzeugs ist das Verhältnis aus Giergeschwindigkeit zu Lenkradwinkel und beschreibt, wieviel Lenkwinkel der Fahrer für eine bestimmte Gierreaktion des Fahrzeugs aufbringen muss. Eine sehr direkte Lenkung zeichnet sich danach durch einen großen Verstärkungsfaktor aus.

Weitere »open-loop«-Verfahren sind durch andere Eingabeformen des Lenkwinkels gekennzeichnet. Man unterscheidet eine Einzel-, Dauersinus-, Dreieckimpuls- und regellose Lenkwinkeleingabe (vergl. ISO 7401). Beim Einzelsinus werden ähnlich wie beim Lenkwinkelsprung die Verzögerungszeiten zwischen Lenkeingabe und Fahrzeugreaktion (Giergeschwindigkeit und Querbeschleunigung) beurteilt, bei den anderen Verfahren findet eine Auswertung der Fahrzeugbewegungsgrößen im Frequenzbereich statt. Üblicherweise werden Frequenzen bis 4 Hz ausgewertet. Die Verstärkungsfunktionen für Giergeschwindigkeit und Querbeschleunigung sowie die zugehörigen Phasengänge geben Aufschluss über die querdynamischen Eigenschaften des Fahrzeugs. Möglichst bis zu einer Frequenz von 2 Hz gleichbleibende Verstärkungen und geringe Phasenverzüge sind Kriterien für ein harmonisches Fahrverhalten im Übergangsbereich. Eine übersichtliche Darstellung der Ergebnisse in einem Diagramm nach Weir Di-Marco [266] lässt den Zusammenhang zwischen Gierverstärkung und Zeitverzug zwischen Fahrzeugeingabe und Fahrzeugreaktion erkennen. Die Gierverstärkung ist dabei das Verhältnis zwischen Giergeschwindigkeit und Lenkwinkel im stationären Zustand. Der Zeitverzug ist der Kehrwert der Frequenz bei der die Phasennacheilung gerade 45° beträgt.

Auch »closed-loop«-Verfahren finden hier Anwendung. Der Fahrer hat die Aufgabe, bestimmte Kurse möglichst schnell zu durchfahren. Am bekanntesten ist der doppelte Fahrspurwechsel nach ISO 3888 (nur genormte Spurgasse, die Durchführung selbst ist zu sehr fahrerabhängig und deshalb nicht als Norm geeignet). Geübte Fahrer durchfahren die ISO-Gasse mit modernen Pkw mit ca. 120–140 km/h (und mehr). Daneben gibt es noch zahlreiche Slalomtests. Die Pylonenabstände betragen meist 18, 30 oder 36 m. Als objektive Beurteilungsgrößen dienen die gemessene Durchfahrtzeit und die während der Fahrt aufgezeichneten Fahrzeugbewegungsgrößen. Bei Betrachtung der Slalomtests ist darauf zu achten, dass das Ergebnis wesentlich von dem Zusammenspiel des Pylonenabstandes mit dem Radstand, der Länge und der Giereigenfrequenz des Fahrzeuges abhängig ist.

Eine umfassende Untersuchung zum Zusammenhang verschiedener objektiver Kennwerte aus den Tests zum Übergangsverhalten mit dem menschlichen Wahrnehmungsempfinden und der Gefallensbeurteilung ist in [262] beschrieben. Mit einem Versuchsfahrzeug mit mechatronischem Vorder- und Hinterachslenksystem konnten Gier- und Querbeschleunigungsaufbau, sowie Direktheit, zeitliche Verzögerung und auch das Lenkmoment weitgehend unabhängig voneinander variiert und von den Probanden zeitnah beurteilt werden. Relativ gute Korrelationen zum Subjektivempfinden lassen sich durch Kombination von objektiven Kennwerten erzielen, z. B. der Direktheit und dem Zeitverzug. Bei der Einbeziehung der Regelkreisgrößen, z. B. im ISO-Spurwechsel, stellt sich heraus, dass die Ausprägung des Lenkmoments eine wesentliche Rolle bei der Fahrzeugbeurteilung spielt.

Im Jahre 1997 ist der »Elchtest« als Prüfung für die Kippstabilität sehr populär geworden. Aufgrund der sehr breiten Fahrgasse ist hier jedoch ein sehr großer Fahrereinflusss festzustellen, so dass der Test als objektives und reproduzierbares Beurteilungsverfahren keine Anerkennung gefunden hat. Eine zum Verband der Deutschen Automobilindustrie gehörende Expertenkommission hat den Elchtest überarbeitet und die Gassenbreite (abhängig von der Fahrzeugbreite) soweit eingeschränkt, dass der Fahrereinfluss möglichst klein gehalten wird [258]. Zudem gibt es eine eindeutige Definition zur Gaspedalbetätigung. Der »VDA«-Test wird ab 10 m vor Ende der ersten Gasse im Schubbetrieb gefahren. Diese Fahrsituation soll dem realen Geschehen näherkommen, bei dem der Fahrer in einer Notsituation wohl das Gaspedal freigeben wird. Ähnlich wie die Gasse des doppelten Spurwechsels ist auch die VDA-Gasse in der ISO 3888, Teil 2, beschrieben.

7.5.2.4 Weitere Testverfahren

Im Rahmen der Aktivitäten von Behörden und Verbraucherschutzorganisationen zur Entwicklung von Beurteilungsverfahren zur Aktiven Sicherheit sind einige sehr spezielle Testmanöver entstanden bzw. in der Diskussion, die durch genau beschriebene Randbedingungen möglichst reproduzierbar und revisionssicher gestaltet werden sollen. Zum Beispiel wurde von der amerikanischen Behörde NHTSA (National Highway Traffic Safety Administration) der »Fish-hook« Test zur Bewertung der Kippsicherheit eines Fahrzeugs eingeführt [263]. Über eine Lenkmaschine wird eine Lenkwinkeleingabe nach ◘ Abb. 7.202 vorgegeben. Das »Gegenlenken« findet dabei genau zu dem Zeitpunkt statt, wenn der Wankwinkel sein Maximum erreicht hat. Dadurch soll möglichst der »worst case« getestet werden. Als Bewertungskriterium für »Kippen« gilt das gleichzeitige Abheben von 2 Rädern um mindestens 50 mm von der Fahrbahn. Die Fahrgeschwindigkeit wird ausgehend von ca. 50 km/h bis auf 80 km/h stufenweise gesteigert, wenn kein »Kippen« festgestellt wird. Im Fall des »Kippens« wird der Test beendet. Ähnlich kippkritische Manöver und Zusammenhänge sind auch in [268] beschrieben.

Zum Nachweis der Wirksamkeit von Fahrzeugstabilisierungssystemen (ESP, DSC, ESC im Amerikanischen) wurde von der NHTSA in den USA der »sine with dwell«-Test vorgeschrieben [264]. Bei einer Fahrgeschwindigkeit von 80 km/h wird nach Freigabe des Gaspedals ein sinusförmiger Lenkradwinkel mit einer Haltezeit von 500 ms in der zweiten Halbwelle aufgebracht und die Fahrzeugantwort über Giergeschwindigkeit und Querbeschleunigung gemessen, ◘ Abb. 7.203. Für

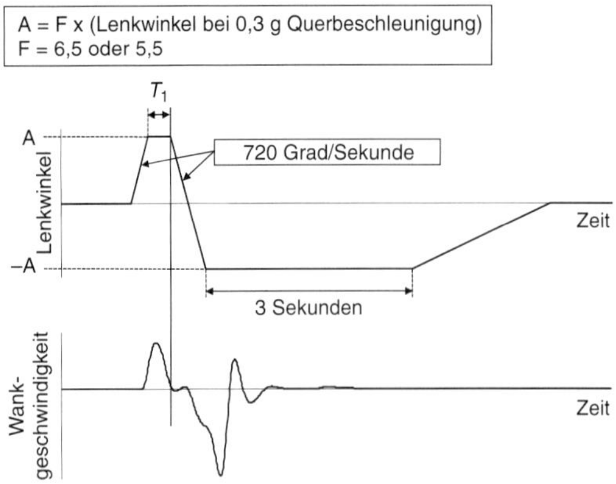

Abb. 7.202 Lenkwinkeleingabe in Abhängigkeit der Wankbewegung beim Fish-hook Test

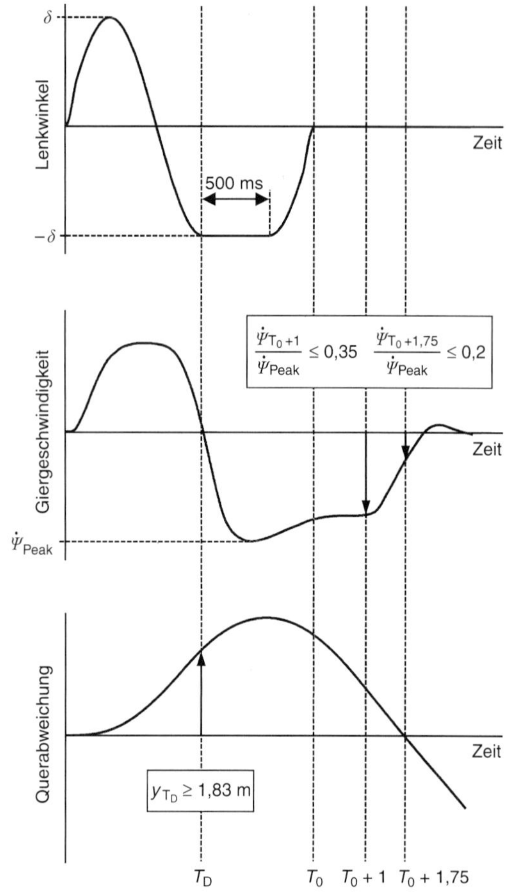

Abb. 7.203 ESC-Nachweistest, Zeitverläufe von Lenkradwinkeleingabe und Fahrzeugantwort (Giergeschwindigkeit und Querabweichung)

die exakte Eingabe des Lenkradwinkels ist wie beim Fish-hook-Test eine Lenkmaschine notwendig. Die Amplitude des Lenkradwinkels wird stufenweise gesteigert bis zu einem max. Wert von 270°. Bewertet wird die Stabilität und das Ausweichvermögen (Responsiveness) des Fahrzeugs. Die Stabilität gilt als erfüllt, wenn die Giergeschwindigkeit 1 s, bzw. 1,75 s nach Beendigung des Lenkmanövers unter 35 bzw. 20 % ihres Maximalwertes gesunken ist, s. Abb. 7.203. Das Ausweichvermögen wird anhand des Querweges, integriert aus der gemessenen Querbeschleunigung, beurteilt. Hier ist ein Mindestweg von 1,83 m zu Beginn der Haltezeit des Lenkradwinkels notwendig.

Inzwischen wurde der ESC-Nachweistest auch in die Richtlinie ECE-13H [270] übernommen.

7.5.2.5 Ausblick

Wie beschrieben, gibt es schon eine Reihe von objektiven Testverfahren. Sie erlauben allerdings nur Aussagen über spezielle Fahreigenschaften in »künstlichen« Fahrsituationen unter genau definierten Randbedingungen. Eine Beurteilung der Gesamtfahreigenschaften ist mit diesen bisher nur beschränkt gültigen Ergebnissen nicht möglich. Es müssen vielmehr noch weitere Verfahren entwickelt werden, die zum einen auch die Vertikaldynamik mit einbeziehen und zum anderen auch den Fahrer bzw. die Fähigkeiten des Menschen als Regler berücksichtigen.

Um hier herauszufinden, welche physikalische Bewegungsgröße im Fahrbetrieb vom Menschen wahrgenommen und in ihrer Intensität als mehr weniger gut bzw. schlecht empfunden wird, wurden bereits einige Forschungsarbeiten durchgeführt. Dabei wurde stets versucht, eine möglichst gute Korrelation zwischen Fahrerurteilen und gemessenen Größen bei bestimmten Fahrmanövern zu finden. In einer umfassenden Studie [259], (FAT/BAST) in der zahlreiche Normal- und Testfahrer die ISO-Spurwechselgasse und einen Landstraßenkurs befuhren, wird berichtet, dass der Zeitverzug zwischen Lenkwinkeleingabe und Giergeschwindigkeits- und Querbeschleunigungsaufbau und die Größe des Schwimmwinkels wesentlich das Fahrerurteil prägen.

Der hier, wie bisher üblich, verwendete korrelative Ansatz wird in [260] kritisch hinterfragt und gerade wegen der immer geringer werdenden Unterschiede zwischen modernen Fahrzeugvarianten – zumindest im üblichen Fahrbetrieb – nicht mehr ohne weiteres als zielführendes Werkzeug angesehen. Eine verbesserte Methode wird in einem handlungsorientierten Ansatz gesehen [261], bei dem der Frage nach der Beanspruchung des Fahrers durch fahrdynamische Zustände nachgegangen wird. Die Fahrerhandlung im geschlossenen Regelkreis rückt hier also mehr in den Mittelpunkt. In individuell vorgegebenen Beanspruchungsstufen sollen die fahrdynamisch relevanten Bedienhandlungen der Fahrer analysiert werden und vor allem auch die Fahr- und Handlungsfehler betrachtet werden. In [267] wird diesen Anforderungen weitgehend entsprochen und über Fahrsimulatorversuche eine gute Korrelation zwischen Fahrerkriterien (Vorausschauzeit, Schnittfrequenzen, usw.) und Subjektivurteilen gefunden. Die Fahrerkriterien werden ähnlich wie auch in [265] aus dem gesamten Regelkreis Fahrer/Fahrzeug ermittelt. Eine weitere Studie der FAT/BAST [269] untersucht die Auswirkungen von Vertikaldynamik-Störungen auf den Regelkreis Fahrer/Fahrzeug und kommt zu dem Ergebnis, dass hauptsächlich Gier- und Wankbewegungen in die Störungsbewertung eingehen. Eine ganz wesentliche Größe des Regelkreises, das Lenkmoment, wird in [271] hinsichtlich Wahrnehmung und Auswirkungen auf die Fahrerreaktionen näher untersucht. Dabei zeigte sich, dass hier starke Abhängigkeiten von der jeweiligen Fahrsituation feststellbar und zu beachten sind.

Aufbauend auf diesen Erkenntnissen sind die Zusammenhänge der menschlichen Wahrnehmung, der menschlichen Urteilsfindung und der objektiven fahrdynamischen Größen zukünftig noch intensiver zu untersuchen. So wird es möglich werden, grundsätzlich einen großen Bereich der Fahreigenschaften objektiv zu beschreiben und damit die systematischem Methoden in der Fahrwerksentwicklung stetig zu verbessern und den Erfordernissen nach immer mehr Fortschritt anzupassen. Nach heutigem Kenntnisstand wird letztendlich jedoch stets das Subjektivurteil über die Gesamtfahreigenschaften eines Fahrzeugs entscheiden.

Diese Zusammenhänge sind auch bei den z. Zt. laufenden Vorbereitungen eines EuroNCAP (New Car Assessment Programe) zur Aktiven (unfallvorbeugenden) Sicherheit zu beachten. Mögliche, reproduzierbare Testmanöver auf trockenen Fahrbahnen, z. B. Bremsen in der Kurve, Bremsweg geradeaus, usw., sind reine open-loop Manöver bei denen nicht festgestellt werden kann, wie gut ein Fahrer zur Vermeidung eines Unfalls mit dem Fahrzeug harmoniert bzw. schon in früher Phase durch Fahrzeug- oder Lenkmomentreaktionen einen kritischen Fahrzustand wahrnehmen und ausregeln kann. Das EuroNCAP kann deshalb nur einen Teilaspekt der Unfallvorbeugung bewerten.

7.6 Kraftstoffsystem

7.6.1 Gesetzliche und kundenspezifische Vorschriften

7.6.1.1 Gesetzliche Vorschriften

Steigendes Umweltbewusstsein und damit einhergehende schärfere Emissionsgesetzgebungen sowie zunehmende Anforderungen an die Sicherheit der Verkehrsteilnehmer stellen die Entwickler von Kraftstoffversorgungsanlagen laufend vor neue Herausforderungen. Die Einhaltung der Grenzwerte wird darüber hinaus über eine immer höhere Lebensdauer gefordert.

Gesetzliche Vorschriften haben grundsätzlich einen nationalen oder einen mehrere zusammengeschlossene Staaten umfassenden Geltungsbereich. Allerdings kann ein Erfüllungsnachweis gleicher oder ähnlicher Anforderungen als Basis zur Zertifizierung in anderen Ländern herangezogen werden, trotzdem bleibt eine Harmonisierung der gesetzlichen Anforderungen das Ziel, um die derzeit wichtigsten Vorschriften aus den USA, dem ECE-Raum und Japan zu vereinheitlichen. Die gesetzlichen Anforderungen in den meisten anderen Staaten orientieren sich heute an diesen drei Rechtskreisen.

StVZO § 45 und § 46 (BRD) Diese nationale Vorschrift ist bei ausschließlich auf die Bundesrepublik Deutschland beschränkten Zulassungen anwendbar. Für die Typgenehmigung in der Europäischen Union wird sie durch die entsprechende EU-Richtlinie ersetzt.

70/156 EWG Gemäß dieser Rahmenrichtline wird in der europäischen Union die Betriebserlaubnis für Gesamtfahrzeuge erteilt. Darin wird hinsichtlich der Anforderungen an die einzelnen Fahrzeugsysteme (wie z. B. Kraftstoffanlage, Emissionen, Bremsen, Geräuschentwicklung) auf EG-Richtlinien bzw. äquivalente ECE-Regelungen verwiesen, in denen sich dann die jeweils einzuhaltenden Grenzwerte und Prüfanforderungen wieder finden.

70/221/EWG Diese Richtlinie befasst sich unter anderem mit den Anforderungen an Kraftstoffbehälter und legt einige konstruktive Grundsätze fest. Der Tank muss korrosionsfest sein, einen Überdruck von 0,3 bar aushalten und ein Druckausgleichssystem besitzen. Der Kraftstoffbehälter darf nicht im Insassenraum liegen, die Einfüllöffnung darüber hinaus nicht im Gepäck- oder Motorraum. Aus dem Tank oder Einfüllstutzen austretender Kraftstoff darf nicht in den Innenraum gelangen, entweichender Kraftstoff ist so abzuleiten, dass er sich nicht an heißen Bauteilen entzünden kann. Während eines normalen Betriebs des Fahrzeugs darf aus dem Tankverschluss oder Entlüftungssystem kein Kraftstoff austreten, bei einem Überschlag ist ein geringes Austropfen zulässig. Der Kraftstoffbehälter muss so im Fahrzeug verbaut sein, dass er bei einem Front- oder Heckaufprall geschützt ist. Am gesamten Tank und Einfüllstutzen darf es zu keiner elektrostatischen Aufladung kommen.

Für aus Kunststoff hergestellte Kraftstoffbehälter existieren eine Reihe weiterer Prüfungen, bei denen die Dichtheit am Ende des Tests nachzuweisen ist.

1. Aufprallversuch mit einem pyramidenförmigem Stahlpendel bei −40 °C und 30 Nm.
2. Mechanische Festigkeit: 5 Stunden mit 0,3 bar Überdruck bei 53 °C.
3. Kraftstoffdurchlässigkeit eines im Permeationsgleichgewicht befindlichen Tanks bei einer 8-wöchigen Lagerung bei 40 °C (Grenzwert: Massenverlust von 20 g/24 h).
4. Kraftstoffbeständigkeit: Nach der Prüfung 3 müssen die Prüfungen 1 und 2 wiederholt werden.
5. Brandtest: Der zu 50 % mit Kraftstoff befüllte Behälter wird für 2 min einer definierten Beflammung ausgesetzt.
6. Formbeständigkeit des zu 50 % mit Wasser befüllten Kraftstofftanks bei 95 °C für 1 Stunde.

TRIAS 42 Diese japanische Verordnung entspricht inhaltlich weitestgehend der europäischen Richtlinie 70/221/EWG.

GB 18296 Zusätzlich zu den Anforderungen der 70/221/EWG wird in dieser chinesischen Verordnung eine Rüttelprüfung mit definierten Amplituden und Beschleunigungen verlangt.

49 CFR 571.301 (FMVSS 301) Diese US-Vorschrift behandelt die Unversehrtheit (Dichtheit) der Kraftstoffanlage nach definierten Crashversuchen. Die Anforderungen beinhalten Frontalaufprall-Konfigurationen im Bereich von −30° bis +30° mit jeweils 48 km/h gegen eine starre Barriere, einen Heckaufprall mit einer beweglichen deformierbaren Barriere mit einer Geschwindigkeit von 80 km/h, sowie einen Seitenaufprall mit beweglicher deformierbarer Barriere in Krebsgangkonfiguration mit einer Geschwindigkeit von 53 km/h. Anschließend an jeden Aufprallversuch muss ein statischer Roll-Over-Test (Drehung um die Fahrzeuglängsachse) absolviert werden. Der Kraftstoffbehälter ist bei jedem Test zu 90 % bis 95 % mit Ersatzflüssigkeit gefüllt und darf nach Ende jedes Tests nur eine definierte Menge an Flüssigkeit verlieren.

TRIAS 33 In dieser japanischen Vorschrift werden ebenfalls Crash-Versuche zur Überprüfung der Kraftstofftankdichtheit beschrieben. Allerdings stellt die FMVSS 301 die härtere Anforderung dar.

ECE R34 Diese Regelung (Insassenschutz im Frontalaufprall) enthält ebenfalls Anforderungen an die Dichtheit der Kraftstoffanlage nach einem Frontalaufprall mit 56 km/h gegen eine deformierbare Barriere mit nur 40 % Überdeckung. Eine Lecka-

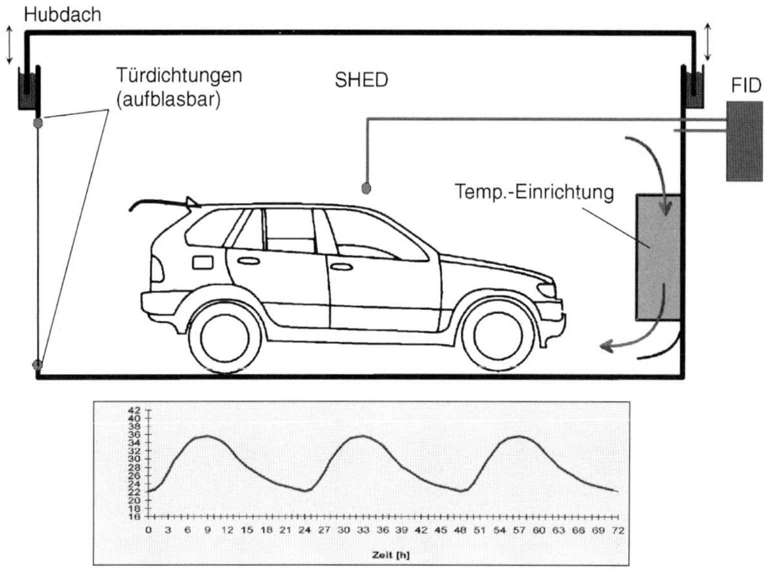

Abb. 7.204 VT-SHED. (VT = Variable Temperature) (Quelle: BMW)

gemenge von mehr als 30 g/min ist nach dem Aufprall nicht zulässig.

Verdunstungs-Emissionen Mittlerweile gelten nahezu weltweit Vorschriften zur Begrenzung der Verdunstungs-Emissionen von Kohlenwasserstoffen aus Pkw. Diese Emissionen des Gesamtfahrzeuges werden im so genannten SHED-Test (Sealed Housing for Evaporative Determination) in einer gasdichten Prüfkammer gemessen. Die Prüfabläufe dieser SHED-Tests sind national unterschiedlich, bestehen jedoch immer aus einer Vorkonditionierung, die dazu dient, das Fahrzeug in einen reproduzierbaren Zustand zu bringen und dem eigentlichen Emissionstest, bei dem sowohl die Emissionen in einer einstündigen Heißabstellphase als auch in einem oder mehreren 24 h-Abstellzyklen gemessen werden, Abb. 7.204. Zur Zeit sind die Vorschriften in den USA am umfangreichsten und die Grenzwerte, besonders LEV II (0,5 g/Test) und PZEV (0,35 g/Test) in Kalifornien, die strengsten. Die kalifornischen Vorschriften sind mittlerweile von weiteren Bundesstaaten übernommen worden (z. B. New York, Massachusetts, Maine, Vermont, ...). Eine weitere Besonderheit an der amerikanischen Gesetzgebung ist der sog. ORVR-Test (On Board Refueling Vapour Recovery). Im Gegensatz zu den europäischen Anforderungen muss hier das Fahrzeug die bei der Betankung entstehenden Kraftstoffdämpfe auffangen.

All diese Vorschriften reglementieren stets die Emissionen des gesamten Fahrzeuges. Für die Fahrzeug-, bzw. Komponentenentwicklung unterteilt man die Emissionsquellen in zwei Gruppen.

Dies sind zum ersten die »Fuel-Emissionen«, also Emissionen aus verdampfendem Kraftstoff. Kraftstoffdampf kann im Fahrzeug aus allen kraftstoff- und kraftstoffdampfführenden Komponenten emittieren. Hierbei unterscheidet man drei Quellen:

- Mikroleckagen (aus den Verbindungsstellen)
- Permeation (durch die Wände der Bauteile)
- Migration (z. B. über die Aktivkohle im Aktivkohlebehälter)

Der zweite Teil sind die »Non-Fuel Emissionen«, also Emissionen, die nicht vom Kraftstoff herrühren. Zu diesen zählen Kohlenwasserstoffe aus Betriebsmitteln wie der Kühlflüssigkeit, dem Kältemittel der Klimaanlage, Ölen und Schmierstoffen. Des Weiteren können neben Lacken, Klebstoffen und Konservierungsstoffen auch Kunststoffe, wie z. B. Reifen, Interieur-Bauteile, Dämmmaterialien und Verkleidungen, Kohlenwasserstoffe emittieren, Abb. 7.205.

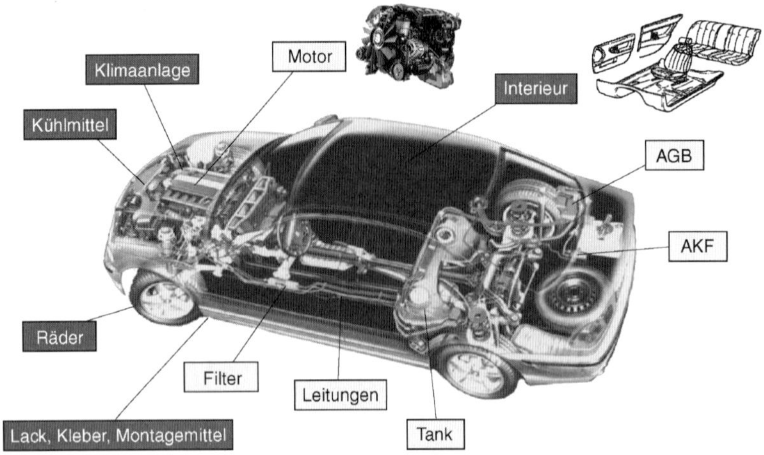

Abb. 7.205 Quellen von Kohlenwasserstoffemissionen am Pkw (Quelle: BMW)

Bei der Entwicklung von Teilsystemen werden von den gesetzlich vorgeschriebenen Fahrzeug-Tests abgeleitete Komponenten-Tests in Mini-SHEDs durchgeführt. Die gesetzlichen Grenzwerte werden für diese Tests in herstellerspezifische Komponenten- und Teilsystem-Zielwerte aufgeteilt.

OBD II (On-Board-Diagnosis, Stage II) Diese offiziell als »Section 1968.1 of Title 13, California Code of Regulations (CCR)« bezeichnete Verordnung ist in Kalifornien gültig ab Modelljahr 1994. Zweck dieser Verordnung ist die Reduzierung von Emissionen, indem Fehlfunktionen des Katalysators und des Motors, Kraftstoffverdunstungsemissionen sowie andere, Emissionen verursachende Komponenten ständig kontrolliert werden und dies im Versagensfall schnellstmöglich über eine Warnlampe am Armaturenbrett angezeigt wird. Es sollen also nicht nur Totalausfälle von Bauteilen, sondern auch eine Überschreitung von Grenzwerten detektiert werden. Dabei ist die OBD II-Regelung eine Fortsetzung der OBD I, in der Art, dass physikalische Systemfunktionen wie die Kraftstoffsystemdichtheit online kontrolliert werden können. Die Umsetzung im Kraftstoffsystem erfolgt über Unter- oder Überdrucksysteme im Fahrbetrieb oder im Stand.

7.6.1.2 Kundenspezifische Anforderungen

Neben den gesetzlichen Vorschriften haben natürlich die Anforderungen des Kunden einen erheblichen Einfluss auf die Ausführung des Produktes. DieseAnforderungen sind allgemeiner Art in Lastenheften (LH), in technischen Lieferbedingungen (TL), Qualitätsvorschriften (QV), Prüfvorschriften (PV) und Versuchsrichtlinien (VR), herstellerinternen Normen und Spezifikationen angeführt. Sie können grob in Funktions- und Werkstoffanforderungen unterteilt werden.

7.6.2 Anordnung im Fahrzeug

Die Anordnung des Kraftstoff-Behälters im Fahrzeug (**Abb. 7.206**) erfolgt unter Berücksichtigung folgender Punkte:

- Lage Motor-Getriebeeinheit (Front-/Heck- bzw. Mittelmotor)
- Karosserievariante (Limousine, Kombi, Roadster usw.)
- Sicherheitsaspekte (z. B. Einbaulage außerhalb der primären Knautschzonen usw.)

Üblicherweise wird der Kraftstoff-Behälter außerhalb des Fahrzeug-Innenraumes angeordnet. Bei Fahrzeugen mit hochgesetzter Fahrgastzelle, Unterflurmotoranordnung, (A-Klasse MB, Mini-Vans usw.) sind auch Anordnungen hinter der Vorder-

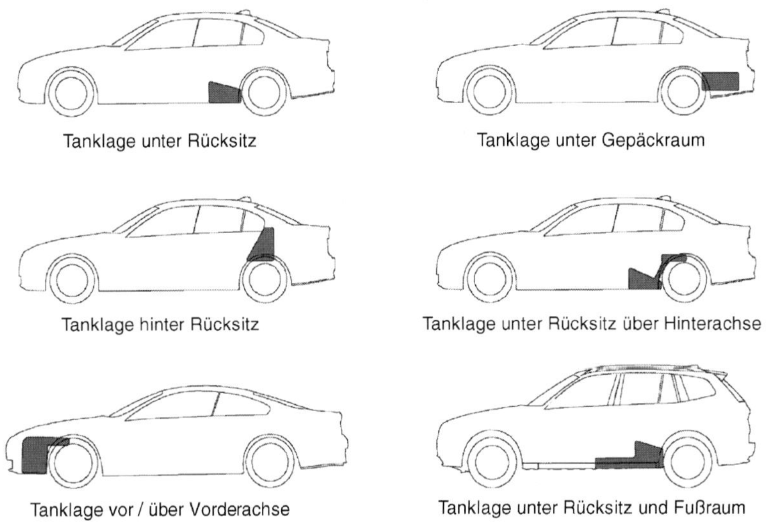

Abb. 7.206 Anordnung Kraftstoff-Behälter in Limousinen

achse unter dem Bodenblech verwirklicht. Bei der Anordnung hinter den Rücksitzen im Gepäckraum sind geeignete Sicherheitsvorrichtungen, z. B. dichte Trennwand aus Stahlblech oder sonstige geeignete Materialien zum Fahrzeug-Innenraum vorzusehen; die Kombination mit einer Durchladevorrichtung ist nicht realisierbar, der Einsatz eines Skisacks ist erschwert.

7.6.3 Systemvarianten

Großen Einfluss auf die Auslegung der Kraftstoff-Versorgungs-Anlage (KVA) haben die Emissionsanforderungen, die Be- und Entlüftung im Betriebszustand, sowie die Aufnahme der Kraftstoffvolumenerhöhung durch Wärmeausdehnung. Größte Verbreitung haben die beiden nachstehend beschriebenen Systeme.

Aufgrund der Hybridisierung der Fahrzeuge und der damit einhergehenden Reduzierung der für den Aktivkohlefilter (AKF) zur Verfügung stehenden Spülluft rücken auch Systeme in den Focus, bei denen die Gasentwicklung durch Druckbeaufschlagung minimiert wird. Diese geschlossenen Systeme weisen Innendrücke von −150 mbar bis +350 mbar auf. Dadurch wird die Beladung des AKF sowohl während der Fahrt als auch im Stillstand minimiert. Ein weiterer Vorteil eines geschlossenen Systems ist die Möglichkeit, die erweiterten Fahrzyklen zur Regeneration des AKF, die sich aus der ORVR-Testprozedur für ein non integrated system (Quelle: 40 CFR § 86.98-2) ergeben, zu nutzen.

7.6.3.1 Externes Ausgleichsvolumen

Diese Systemvariante ist auf einen zusätzlichen Kraftstoff-Ausgleichsbehälter angewiesen (Abb. 7.207), der im Idealfall mittig über dem Krst.-Behälter angeordnet ist. Da eine solche Anordnung bei den meisten Fahrzeugen nicht realisierbar ist (Beeinträchtigung des Fahrzeuginnenraums), wird eine Anordnung des Kraftstoff-Ausgleichs-Behälters im Bereich der hinteren Radhäuser realisiert. Als erforderliches Ausgleichsvolumen werden 3 bis 5 % des Kraftstoff-Behältervolumens vorgesehen. Über diesen Kraftstoff-Ausgleichsbehälter erfolgt auch die Betriebsent-/belüftung des Systems.

7.6.3.2 Internes Ausgleichsvolumen

Diese Variante (Abb. 7.208), erleichtert durch den Entfall von Bauteilen (externer Ausgleichbehälter, Leitungen und Verbindungen) die Einhaltung der gestiegenen Emissionsanforderungen. Jedoch ist abhängig von der Tankform ggf. ein etwas größeres Ausgleichsvolumen vorzuhalten. Die

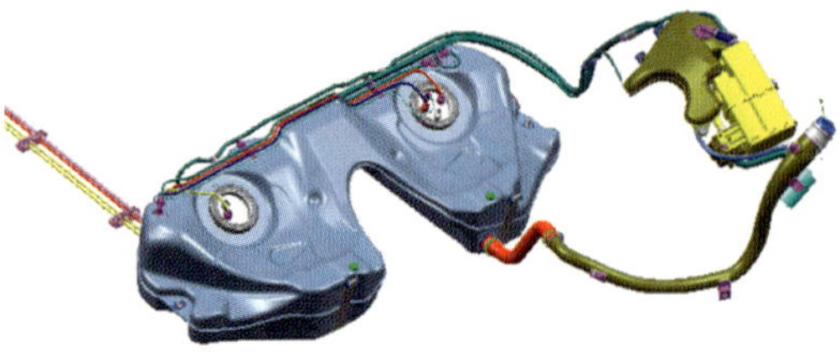

Abb. 7.207 Kraftstoffsystem mit externem Ausgleichsvolumen, BMW 7er-Reihe E65

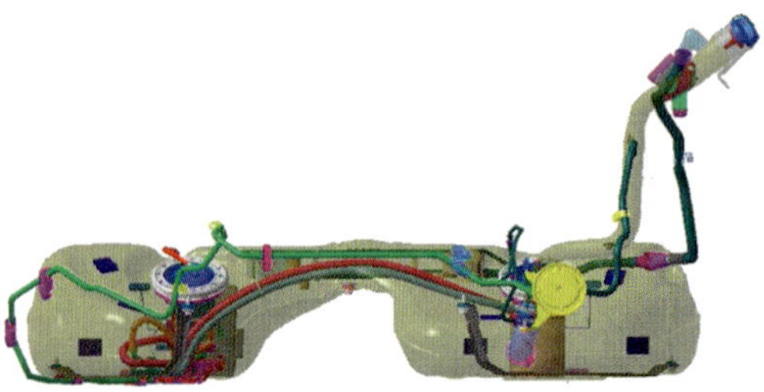

Abb. 7.208 Kraftstoffsystem mit internem Ausgleichsvolumen, BMW 3er E90

Volumenbereitstellung erfolgt durch Steuern der Betankungsmenge im Krst.-Behälter mit Ventilen, bzw. durch den Verschluss der Betankungsentlüftung über den Kraftstoff-Spiegel.

Aus Emissionsgründen ist es heute auch üblich, weitere Bauteile und Verbindungen, wie Kraftstoffpumpe, Ventile, Druckregler und Filter in den Kraftstoffbehälter zu integrieren.

7.6.3.3 Auslegungskriterien

Die Auslegung des Entlüftungssystems erfolgt unter Berücksichtigung eines statischen und eines dynamischen Prüfverfahrens. Im statischen Verfahren werden die maximalen Schräglagen (Kenngrößen herstellerspezifisch) des Fahrzeuges überprüft, wobei ein Austritt von Kraftstoff nicht zulässig ist. Das dynamische Verfahren entspricht dem kundentypischen Fahrzyklus auch unter extremen Randbedingungen (z. B. hohe Außentemperaturen mit Winterkraftstoffen). Zur Vermeidung von Kraftstoff-Dampfaustritt erfolgt die Verbindung zur Atmosphäre über ein Aktivkohlefilter.

7.6.4 Kraftstoff-Behälter

Die heutigen Materialien des Kraftstoff-Behälters werden unter verschiedenen Gesichtspunkten ausgewählt. Einige davon sind:
- Stabilität unter Crash- u. Umwelteinflüssen
- Permeationsdichte (LEV II, Zero EVAP)
- Alterungsbeständigkeit
- Gute Verarbeitungseigenschaften [277]
- Herstellbarkeit von anspruchsvollen Geometrien
- Recycling.

Im Schema (Abb. 7.209) werden die verwendeten Verfahren dargestellt: Man unterscheidet grundsätzlich zwei Kategorien:
1. Metall-Kraftstoff-Behälter
2. Kunststoff-Kraftstoff-Behälter

7.6.4.1 Metall-Kraftstoff-Behälter

Der Metall-Kraftstoff-Behälter weist eine lange Historie auf. Schon die ersten Autos und Motorräder fuhren mit Metalltanks. Heute verwendet man für die sehr komplex gewordenen Geometrien primär St14Zi/Ni, sowie hochlegierte Stähle, z. B. X5CrNi1810 und legierte Aluminiumbleche (vorrangig bei Motorrädern). Nach dem Umformungsprozess werden die Schalen durch ein automatisches Schweißverfahren gasdicht miteinander verschweißt. Die meistverbreiteten dieser Verfahren sind:
- 2D-/3D-Rollnahtschweißen
- Laserschweißen
- Induktionsschweißen
- Löten.

7.6.4.2 Kunststoff-Kraftstoff-Behälter

In den 70er-Jahren begann die Automobilindustrie mit der Entwicklung des Kunststofftanks. Aufgrund der immer komplizierteren Geometrie wurden zusammen mit der kunststoffverarbeitenden Industrie und den Produzenten von Kunststoffmaterialien ein Extrusionsblasverfahren [278] weiter- und entsprechende Materialien neu entwickelt. Dabei handelt es sich um ein Hochdruck-Polyethylen (HDPE), welches so modifiziert wurde, das es gegen den Einfluss von allen weltweit handelsüblichen Kraftstoffen resistent ist. Die meistverbreiteten Materialien sind:

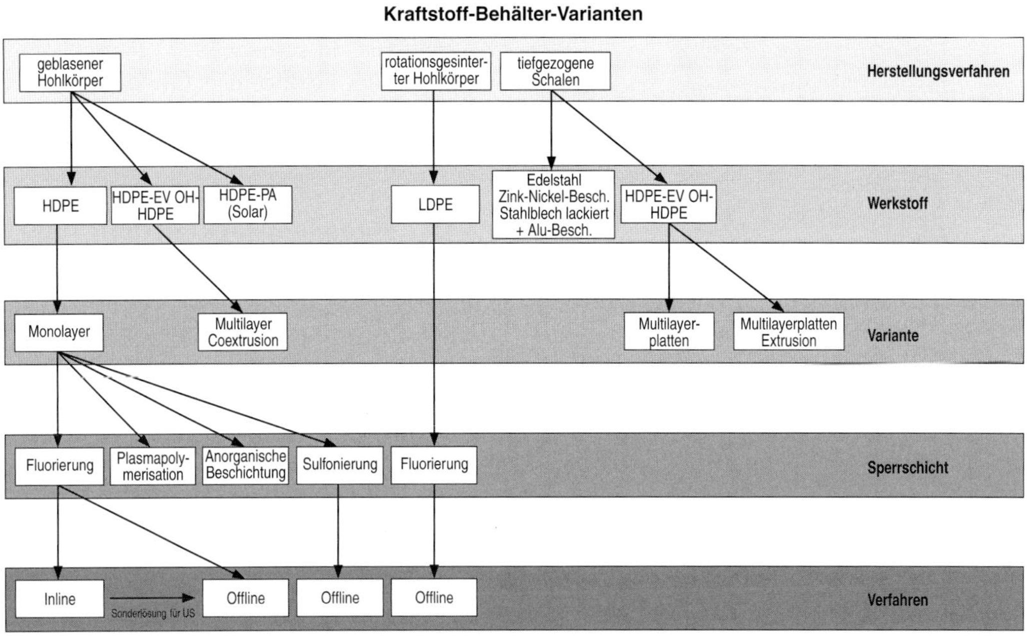

Abb. 7.209 Kraftstoff-Behälter-Herstellungsverfahren

Lupolen 4261 A	(Fa. Basell)
Hostalen GM 9350 C	(Fa. Basell)
HDPE 201B	(Fa. Total Petrochemicals)
Eltex RSB 714	(Solvay)

Durch die Verschärfung der Emissionsgesetzgebung mussten zusätzlich Diffusionssperren entwickelt werden. Zuerst wurde die Tankblase mit Fluorgas (F_2) behandelt. Dies kann entweder im Extrusionsblasprozess erfolgen – man spricht von Inline-Fluorieren – oder nach dem Blas- und Schweißkomplettierungsprozess, genannt Offline-Fluorieren. Beim Fluorieren wird der Behälter nach einer Inertisierung mit einem F_2/N_2-Gasgemisch beaufschlagt. Dadurch entsteht eine polare Oberfläche, welche die Löslichkeit und damit die Permeation von unpolaren Medien im Basispolymer deutlich verringert. Im Vergleich zu unbehandelten HDPE-Kraftstoff-Behältern werden die Permeationsverluste bei Benzin um mehr als 99 % reduziert. In den 90er-Jahren wurde ein bis dahin nur von der Verpackungsindustrie genutztes Verfahren, das Blasverfahren mit coextrudierten Kunststoffmaterialien (siehe ◻ Abb. 7.210 und ◻ Abb. 7.211), für die Herstellung von Kunststofftanks entwickelt. Hierbei werden bis zu 7 Schichten unterschiedlicher Kunststoffe während des Blasvorgangs miteinander verbunden. Eine spezielle Zwischenschicht aus polarem EVOH (Ethylenvinylalkohol-Copolymer) bildet dabei eine Permeationssperre.

Um den steigenden Komplexitätsgrad und der enormen Reduktion der Emissionsgrenzwerte Rechnung zu tragen, wurde das Extrusionsblas-Verfahren weiterentwickelt. Dabei wird der extrudierte Kunststoffschlauch vor dem Formprozess in zwei Streifen aufgetrennt und diese in die beiden Formhälften eingelegt. Mittels Vakuum werden die Kunststoffplatten dann im noch plastischen Zustand tiefgezogen.

In die noch heiße Kunststoffmasse der Halbschalen werden dann die Intankkomponenten (Entlüftungssystem, Tankanzeige, Fördereiheit) eingebracht.

Anschließend werden die Formhälften zusammengefahren, die immer noch plastische Trennfuge verschweißt sich, und der Tank wird analog zum konventionellen Blasverfahren mit Innendruck beaufschlagt, um die endgültige Geometrie zu erhalten.

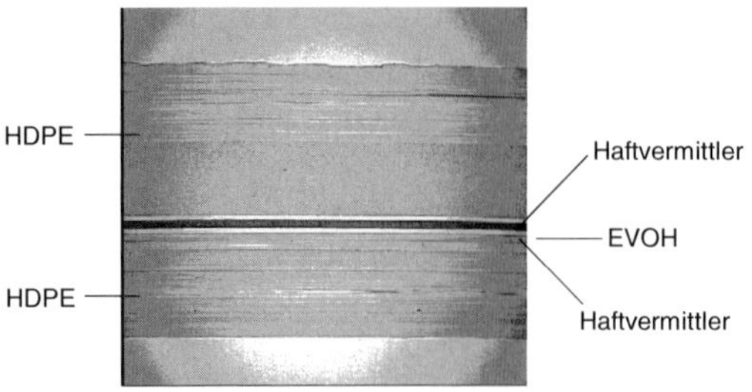

Abb. 7.210 Wandaufbau eines coextrudierten Kraftstoff-Behälters

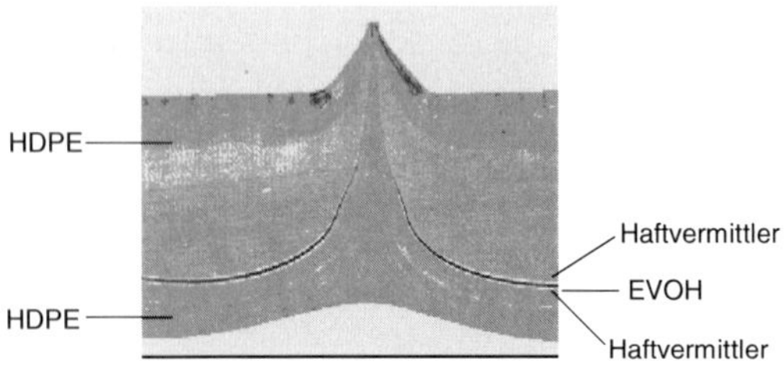

Abb. 7.211 Nahtaufbau eines coextrudierten Kraftstoff-Behälters

Dieses Verfahren ermöglicht es, Kraftstofftanks mit hochkomplexen Geometrien darzustellen, die gleichzeitig mit einer reduzierten Anzahl von Schnittstellen gefertigt werden können, da keine reinen Montageöffnungen für diverse Tankeinbauten, wie Ventile und Entlüftungsleitungen benötigt werden.

Bei der Komplettierung des extrusionsgeblasenen Tanks mit Bauteilen wie z. B. Stutzen, Halter usw. verwendet man verschiedene Schweißverfahren. Einige der bekanntesten sind:
- Vibrationsschweißung
- Ultraschallschweißung
- Heizelementschweißung
- Laserschweißung.

7.6.5 Fördersysteme

Die grundsätzliche Aufgabe der Fördersysteme ist es, den Motor in allen Betriebszuständen mit einer ausreichenden Kraftstoffmenge zu versorgen. Eine große Anzahl verschiedener Einflussgrößen führt zu ganz unterschiedlichen Ausführungen der Fördersysteme. Wurde z. B. in der Vergangenheit der Kraftstoff noch in einem großen Kreislauf, sprich vom Kraftstoff-Behälter über die Einspritzleiste wieder zum Kraftstoff-Behälter gefördert, so sind heute fast nur noch rücklauffreie Systeme im Einsatz.

7.6.5.1 Förderung des Kraftstoffs

Um die Anforderungen an die Förderung des Kraftstoffs zu erläutern, muss speziell das Zusammenwirken der Kraftstoff-Pumpe und des Schwalltopfes, bzw. Kraftstoff-Behälters betrachtet werden. Die Kombination hat erheblichen Einfluss auf das Absaugverhalten und damit das nutzbare Kraftstoffvolumen.

7.6.5.2 Elektro-Kraftstoff-Pumpe (EKP) und deren Anordnung

Stand der Technik sind 1-stufige und 2-stufige elektrische Kraftstoffpumpen mit unterschiedlichen Pumpen (Zahnring-/Trochoiden-, Seitenkanal-, Peripheralkanal-, Flügelzellen- bzw. Rollenzellen- und Schrauben-Pumpen). Die Seitenkanal- und Peripheralkanal-Pumpen zählen zur Gruppe der Strömungs-Pumpen, die anderen genannten gehören zur Gruppe der Verdrängerpumpen. Bei höheren Systemdrücken von bis zu 7 bar haben sich in der Praxis die Trochoiden-Pumpen bewährt. Seitenkanal- und Peripheralkanal-Pumpen gibt es in verschiedenen Varianten. Sie zeichnen sich durch ihren kontinuierlichen Druckaufbau mit sehr geringen Pulsationen und durch große Laufruhe aus. Bezüglich ihres maximalen Druckaufbaus und des Wirkungsgrades sind sie gegenüber Verdrängerpumpen jedoch im Nachteil. Diese Strömungs-Pumpen werden bei erhöhten Anforderungen an das Heißförderverhalten oft als Vorstufe in Kombination mit den oben behandelten Trochoiden-Pumpen eingesetzt. Flügel- und Rollenzellen-Pumpen haben aufgrund des Herstellaufwandes und der gestiegenen Geräuschanforderungen an Bedeutung verloren. Zur Geräuschminimierung und Reduzierung der Abnutzung müssen Werkstoffe mit sehr guten Gleiteigenschaften ausgewählt werden.

Der derzeit weitverbreitetste elektrische Teil einer Kraftstoffpumpe ist der kommutierte Gleichstrommotor.

Aufgrund der Empfindlichkeit von Kupferkommutatoren haben sich aufgrund der wechselnden Kraftstoffzusammensetzungen und der steigenden biogenen Anteile (Ethanol und FAME) Kohlekommutatoren durchgesetzt.

Da künftig immer mehr biogene Beimischungen (E85, M15, M25, B20) und deren Sekundärprodukte in den Kraftstoffen zu finden sind, müssen vollständig medienunabhängige Motoren verwendet werden. Dies lässt sich durch elektrisch kommutierte Motoren (Drehstrommotoren) erreichen. Dabei wird die Antriebsenergie rein über das elektrische Feld übertragen.

Eine elektrisch kommutierte Kraftstoffpumpe ist im Gegensatz zu den Kraftstoffpumpen mit mechanischem Kommutator nur mit einem Steuergerät zu betreiben. Um diese EC-Pumpen (electric commutated) betreiben zu können, muss die Gleichspannung des Fahrzeug-Bordnetzes über ein Steuergerät zu einer Dreiphasen-Wechselspannung umgerichtet werden.

Bei der Dimensionierung der Kraftstoff-Pumpe müssen zwei Gesichtspunkte besonders beachtet werden:

a) Beim Kaltstart muss die EKP bei verminderter Betriebsspannung, d. h. verminderte Drehzahl, genügend Kraftstoff bei vorgegebenem Systemdruck (meist unterhalb Nenndruck) zum Verbrennungsmotor fördern.
b) Der maximale Volumenstrom einer EKP muss aus nachfolgenden Gründen immer höher als der maximale Kraftstoffbedarf des Motors sein:
   - über die Vor-/Rücklaufleitung wird häufig zumindest eine Saugstrahlpumpe betrieben, die, zur einwandfreien Funktion, eine Mindestdurchflussmenge von 15–25 l/h benötigt,
   - der Kraftstoffdruckregler benötigt bei Mittelklassefahrzeugen eine Mindestdurchflussmenge von ca. 15 l/h, um in einen stabilen Regelbereich zu gelangen,
   - Zuschläge für Bordnetzschwankungen, Heißförderabfall.

Druckbegrenzungs- und Systemdruckhalteventil Im Pumpenkörper können ein Druckbegrenzungsventil und ein Systemdruckhalteventil enthalten sein. Wird die Kraftstoffleitung abgequetscht, so verhindert das Druckbegrenzungsventil einen Druckaufbau über den zulässigen Berstdruck der Kraftstoffleitung hinaus. Das Systemdruckhalteventil soll nach dem Abstellen des heißen Fahrzeugs den Druck zwischen Pumpe und Druckregler für eine gewisse Zeit aufrechterhalten, in der der Kraftstoff wieder auf normale Temperaturen abfallen kann. Wird der Druck nicht beibehalten, wird ein Start nach kurzer Zeit (Heißstart) erschwert.

7.6.5.3 Pumpenanordnungen

Grundsätzlich gibt es für Elektro-Kraftstoff-Pumpen zwei Einbaukonzepte, einmal als Inline-Version und zum anderen als In-Tank-Version. Inline-Pumpen werden in einer geräuschdämpfenden Halterung außerhalb des Tanks an der Karosserie in die Kraftstoffvorlaufleitung eingebaut. Zu den wichtigsten Anforderungen zählt hier vor allem die Dichtheit der EKP sowie die Beständigkeit gegen Salzwasser, Schmutz und diverse Betriebsstoffe wie Motoröl, Frostschutzmittel, Bremsflüssigkeit etc. Aufgrund der Entfernung vom Kraftstoff-Behälter muss die EKP ein gutes Ansaugverhalten besitzen. Ein großer Vorteil ist der einfachere Zugriff im Falle einer Reparatur.

Die In-Tank-Pumpe wird entweder am Verschlussflansch oder im Schwalltopf befestigt und in beiden Fällen mit Dämpfungselementen vom Behälter schwingungsentkoppelt. Der Abstand des saugseitigen Filters zum Behälterboden ist eine wichtige Einflussgröße für das Ansaugverhalten. Für die ideale Ausnutzung des Tankvolumens muss der Abstand zum Boden unabhängig von Behälterdeformationen besonders gering gehalten werden. Dies kann durch eine Teleskopausführung, d. h. durch eine federnde Abstützung realisiert werden. Die vertikale Auslenkung der Tankeinbaueinheit kann durch Ausbuchtungen am Behälterboden eingeschränkt werden.

7.6.5.4 Anforderungen zur elektrischen/elektronischen Systemeinbindung

Stellvertretend für alle elektrischen Bauteile der Kraftstoff-Versorgungs-Anlage sollen hier Anforderungen zur elektrischen/elektronischen Einbindung erläutert werden. Immer höhere Aufwendungen werden zur Absicherung der elektromagnetischen Verträglichkeit erforderlich (▶ Abschn. 8.4). Das Aussenden von Spannungsspitzen auf Stromversorgungs-, Signal-, Daten- und Steuerleitungen darf demnach keine negativen Auswirkungen haben. Außerdem sollen elektrische Komponenten für alle üblichen Funk- und Radiowellenbereiche hinreichend entstört sein. Neben der angemessenen Isolation der elektrischen Leitungen darf keine Funktionsbeeinträchtigung entstehen, die ihre Ursache in einem falschen Anschluss der elektrischen Leitungen hat (Verpolsicherheit).

7.6.5.5 Elektro-Kraftstoff-Pumpen-Regelung

Zur Senkung des Stromverbrauchs und damit des CO_2-Ausstoßes eines Fahrzeugs wird die hydraulische Leistung der elektrischen Kraftstoffpumpe (EKP) bedarfsgerecht geregelt. Derzeit gibt es zwei Regelungsarten in Serie: Drehzahlregelung und Druckregelung. Bei der Drehzahlregelung wird die EKP-Drehzahl entsprechend der Solldrehzahl eingeregelt. Die Solldrehzahl ergibt sich aus der im EKP- Steuergerät hinterlegten Kennlinie die abhängig ist von der Charakteristik der EKP, der benötigten Kraftstoffmenge des Verbrennungsmotors und der Saugstrahlpumpen im Tank. Bei der Druckregelung wird der Kraftstoffdruck direkt vor der Kraftstoff-Hochdruckpumpe bzw. Einspritzleiste gemessen und mit dem Solldruck verglichen. Bei Abweichungen zu diesem wird die EKP-Spannung vom EKP-Steuergerät entsprechend angepasst und somit die hydraulische Leistung reguliert.

Neben dieser Konstantdruck-Regelung gibt es noch die Möglichkeit, einen variablen Vorlaufdruck einzustellen. Dies ermöglicht eine weitere Steigerung des Wirkungsgrades der Kraftstoffversorgung, da der Verbrennungsmotor mit den jeweils niedrigst möglichen Druck versorgt wird. Der maximale Systemdruck wird nur angefordert, wenn der Verbrennungsmotor mit niedriger Last, bzw. im Leerlauf betrieben wird. Der geringe Motorverbrauch verhindert in diesem Fall die Innenkühlung der Einspritzventile oder Hochdruckpumpe, so dass mit dem hohen Systemdruck

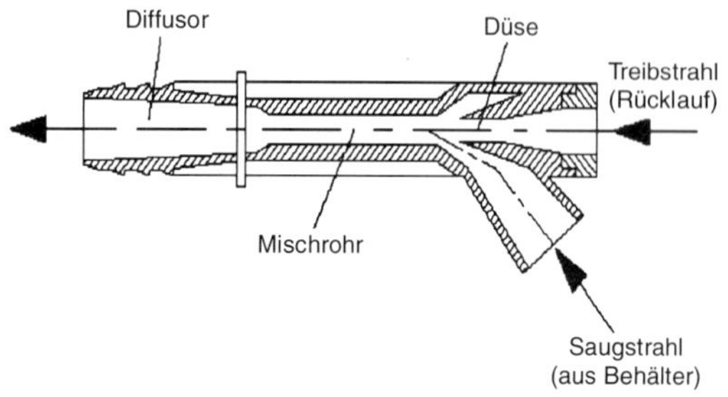

Abb. 7.212 Saugstrahlpumpe rücklaufgetrieben

einer Dampfblasenbildung entgegengewirkt werden muss.

Mit zunehmender Motorlast und damit verbundenem Kraftstoffverbrauch findet keine kritische Aufheizung des Kraftstoffes in den Einspritzventile oder Hochdruckpumpe statt und der Systemdruck kann entsprechend abgesenkt werden.

7.6.5.6 Saugstrahlpumpe

In Abb. 7.212 ist der Aufbau einer Saugstrahlpumpe [279] prinzipiell dargestellt. Diese Ausführung ist eine passive Pumpe ohne mechanische, bewegte Bauteile nach dem Venturi-Prinzip und wird durch den Kraftstoff der Vor- oder Rücklaufleitung angetrieben. Mit ihr wird bei Mehrkammerbehältern der in entlegenen Kammern vorhandene Kraftstoff in den Haupttankbereich mit Schwalltopf und EKP gefördert.

Oft ist eine weitere Saugstrahlpumpe zur aktiven Befüllung des Schwalltopfes aus der Hauptkammer erforderlich. Bei Einkammerbehältern wird die Saugstrahlpumpe meist direkt am Schwalltopf befestigt bzw. in die Konstruktion des Schwalltopfes einbezogen. Die Dimensionierung variiert je nach Antrieb über Vor- (Hochdruck) oder Rücklauf (Niederdruck).

7.6.5.7 Schwalltopf

Die zurzeit technisch verwirklichten Schwalltöpfe sind aufgrund der Einbausituation und der Motoranforderungen von der Form her sehr verschieden. Gemeinsam ist ihnen das Ziel: Geringe, im Behälter verbliebene Kraftstoffmengen bei Extremsituationen am Absaugort der Pumpe bereitzustellen, so dass die einwandfreie Funktion des

Motors gewährleistet ist. Unter Extremsituationen versteht man z. B.:

- Steigungen und Gefälle in Fahrtrichtung,
- Schräglagen quer zur Fahrtrichtung,
- volle Beschleunigungen und maximale Verzögerungen des Fahrzeugs oder
- lange Kurvenfahrten mit hohen Querbeschleunigungen.

Die ersten beiden Punkte betreffen das Ansaugverhalten im Betrieb wie auch nach u. U. längeren Abstellzeiten des Fahrzeuges. Als Einbauort empfiehlt sich jeweils eine Stelle, an der sich der Kraftstoff leicht sammeln kann. Dies muss bei der Konstruktion der Behälterkonturen berücksichtigt werden. Je nach Ausführung können noch zusätzliche Funktionen in den Schwalltopf integriert werden. Die Anforderungen an den Schwalltopf sind immer im Zusammenhang mit der EKP und der jeweiligen Behälterbauform zu sehen. Der Schwalltopf kann auf folgende Art und Weise im Kraftstoff-Behälter befestigt werden:

- Verschweißung des Schwalltopfes mit dem Behälter,
- Nachträgliche Verbindung durch Bajonettverschluss, Schnappverbindung etc.
- Andrücken des in der Tankeinbaueinheit integrierten Schwalltopfes auf dem Tankboden mittels Federelementen.

7.6.6 Filtrierung des Kraftstoffs

Zur Reduzierung von Verschleiß und zur Erhaltung der Funktion für Bauteile der Kraftstoffversorgung und des Motors muss der Kraftstoff von Verunreinigungen getrennt werden. Der Schmutz kann unterschieden werden in »Urschmutz«, der fertigungsbedingt während der Produktion in den Kraftstoffkreislauf gelangen kann, sowie in Staub, Lack- und Metall-Partikeln, Rost, ferner bei Dieselkraftstoffen Wasser, Teer und Paraffin. Die erste Filtrierung erfolgt normalerweise an der Saugseite der EKP. Hier sollte die Maschenweite der Siebe nicht zu klein gewählt werden, da sonst eine Beeinträchtigung des Ansaugverhaltens entstehen kann. Stützkörper verhindern hier das Zusammenziehen des Filters. Die zweite und eigentliche Filtrierung erreicht man durch separate Filter, die in die Kraftstoffvorlaufleitung eingesetzt sind. Diese unterscheiden sich in ihrer Auslegung deutlich nach den verwendeten Kraftstoffarten für Dieselmotoren und Ottomotoren. Die Standzeit und die Filterfeinheit müssen auf die Umgebungseinflüsse abgestimmt werden. Filter für Ottomotoren sind aufgrund der gestiegenen Emissionsanforderungen zunehmend im Kraftstofftank integriert (Reduktion von Schnittstellen).

Filter für Dieselkraftstoff sind wesentlich aufwendiger. Bei tiefen Temperaturen, d. h. unterhalb des Trübungspunktes, kann das im Kraftstoff enthaltene Paraffin kristallisieren und so den Filter verstopfen. Dies wird durch Heizsysteme vermieden, die sich selbstständig in vorgegebenen Temperaturbereichen zuschalten. Nach Bedarf werden Wasserabscheider mit elektronisch arbeitenden Wasserstandsmeldern und Entlüftungssysteme für die Sicherung des guten Startverhaltens nach Wartungsarbeiten eingesetzt. Erwähnte Zusatzkomponenten können im Filter integriert oder vor bzw. nach dem Filter eingebaut werden. Um an den Einspritzventilen unabhängig von der abgenommenen Kraftstoffmenge einen konstanten Systemdruck zu erhalten, werden Kraftstoffdruckregler eingesetzt. Sie werden aus Stahl bzw. Edelstahl hergestellt und sind entweder in der Einspritzleiste integriert oder zunehmend im Tank installiert.

Aufgrund der elektrostatischen Aktivität von Kraftstoff müssen Kraftstofffilter zusätzlich leitfähig und geerdet ausgeführt sein, damit das Ladungspotenzial sicher abgeleitet werden kann.

7.6.7 Volumen-Messeinrichtung

Zur Messung des Kraftstoffinhaltes sind grundsätzlich verschiedene physikalische Prinzipien mit ihren unterschiedlichsten Ausführungen denkbar:

- direkte Füllhöhenmessung
- Ermittlung des Kraftstoffgewichtes
- Kapazitive Messung
- Optische Messung
- Ultraschallmessung.

Unter der Bewertung von Genauigkeit und Auflösung, Adaption an verschiedene Tankgeometrien,

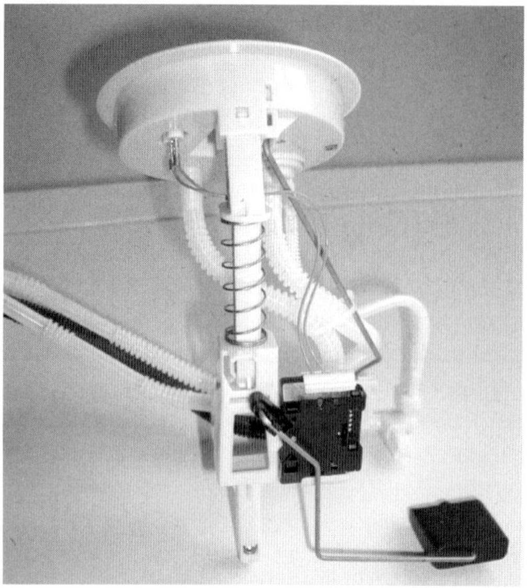

Abb. 7.213 Hebelgeber mit Bodenabstützung, BMW 3er-Reihe E90

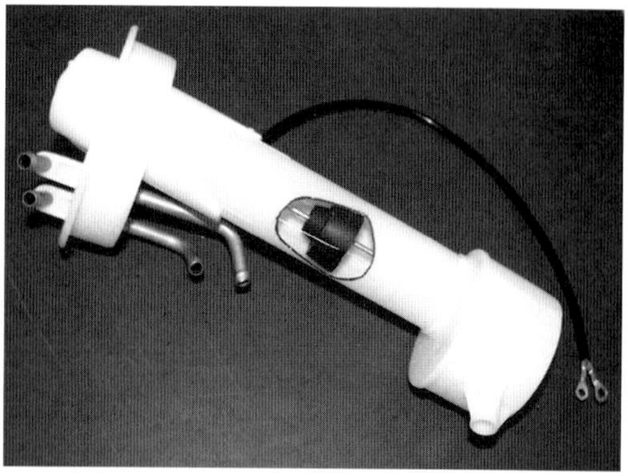

Abb. 7.214 Tauchrohrgeber (geschnitten), BMW 5er-Reihe E34

Lebensdauer, Signalverarbeitung, Montage- und Wartungsfreundlichkeit, Unabhängigkeit von verschiedenen Betriebszuständen und nicht zuletzt der Kosten hat sich bis heute die direkte Füllhöhenmessung in fast allen Fahrzeugen durchgesetzt.

7.6.7.1 Hebelgeber

Beim Hebelgeber (Abb. 7.213) ist der Schwimmer am Ende eines Drahthebels befestigt. Durch die Konstruktion des Hebels als auch der verschiedenen Schwimmer lässt sich der Messbereich entscheidend beeinflussen. Die Schwimmer sind in unterschiedlicher Geometrie (z. B. quaderförmig, kugelig), in verschiedenen Verfahren (z. B. geblasen, geschäumt) als auch durch unterschiedliche Materialien abgedeckt. Die Höhe des Schwimmers wird über ein offenes oder gekapseltes Potentiometer in ein elektrisches Signal umgesetzt und zur Weiterverarbeitung ans Kombiinstrument weitergeleitet. Die Dämpfung des Signals bei Schwappbewegungen des Kraftstoffs erfolgt elektronisch mittels der Software im Kombiinstrument.

Bei der Befestigung der Füllstandsgeber unterscheidet man grundsätzlich zwischen der bodenabgestützten und der deckelabgestützten Ausführung. Ausschlaggehend für die Auswahl ist neben der Formbeständigkeit des Behälters auch die gewünschte Erfassungsgenauigkeit des jeweiligen Füllstandsbereichs.

7.6.7.2 Tauchrohrgeber

Bei diesen Gebern (Abb. 7.214) gleitet der Schwimmer in Form einer Ringscheibe in einem senkrecht stehendem Rohr über einen Führungsstab. Am Schwimmer befestigte Kontakte greifen einen Widerstand ab. Durch ein hydraulisches Labyrinth wird eine Dämpfung der Schwimmerbewegung bzw. des abgegebenen Signals erreicht.

7.6.8 Aktivkohlefilter (AKF)

Um die gesetzlichen Verdunstungsemissions-Grenzwerte und die Kundenanforderungen bezüglich Kraftstoffgeruch zu erfüllen, werden die Kohlenwasserstoff-Dämpfe aus der Tankentlüftung in einem Aktivkohlefilter (AKF) aufgefangen. Zur Regenerierung des AKF wird ein Teilstrom der Motoransaugluft durch den Filter geleitet und die Kohlenwasserstoffe somit der Verbrennung zugeführt.

Es wird zwischen zwei verschiedenen Ausführungen des AKF unterschieden, der US- und der ECE-Ausführung. Darüber hinaus sind die AKF oft als Mehrkammersysteme aufgebaut. Diese können mit verschiedenen Kohlesorten befüllt sein, um besonders niedrige Emissionswerte zu erreichen. Um die besonders niedrigen Emissionsgrenzwerte

Abb. 7.215 Aktivkohlefilter 2 Kammer mit Doppelhoneycomb (Quelle: Fa. Kayser)

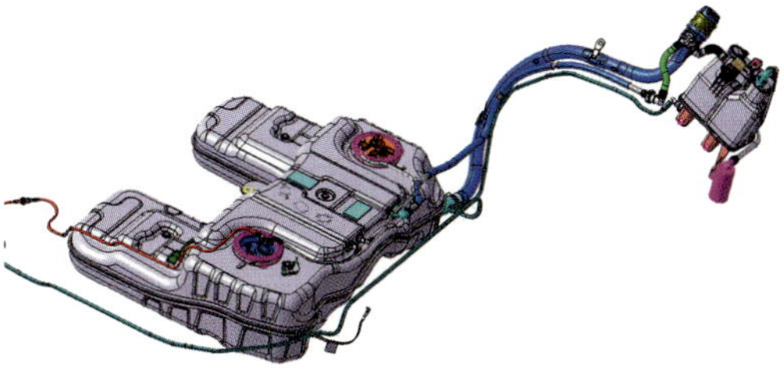

Abb. 7.216 Kraftstoffversorgungsanlage X5 Hybrid E72

bei PZEV-Systemen erreichen zu können, werden Aktivkohleelemente verwendet, die aus wabenförmig extrudierten Monolithen bestehen. Diese Monolithen haben zwar eine niedrige absolute Aufnahmekapazität für Kohlenwasserstoffe, lassen sich aber auch mit begrenzten Spülluftmengen gut regenerieren und weisen ein extrem niedriges Restemissionsniveau auf (sog. Bleed Emissions).

Die US-Variante hat ein größeres Kohlevolumen, da sie neben den Verdunstungsemissionen bei Fahrzeugstillstand auch die Benzindämpfe bei der Betankung (ORVR; Onboard Refueling Vapour Recovery) aufnehmen muss.

Hierbei ist auf eine optimale Durchströmung des Aktivkohlebetts zu achten, um vorzeitiges Abschalten der Zapfpistole bei der Betankung durch zu hohen Druckverlust im AKF zu verhindern (Abb. 7.215).

7.6.9 Besondere Anforderungen an die KVA bei hybridisierten Fahrzeugen

Um die Anforderungen eines Hybrid-Fahrzeuges an das Kraftstoffversorgungssystem erfüllen zu können, sind weitere Schritte zur Optimierung des Verdunstungskontroll-Systems und des Kraftstoffkreislaufes notwendig.

Durch die elektrischen Fahranteile eines Hybrid-Fahrzeuges kann vom Verbrennungsmotor nicht mehr genügend Spülluft zur Regeneration des AKF zur Verfügung gestellt werden. Damit ist es notwendig, entweder die Belastung des AKF durch Benzindämpfe zu reduzieren, oder die verbleibende Spülluftmenge optimal auszunutzen.

Ersteres kann zum Beispiel dadurch erreicht werden, dass ein geschlossenes System realisiert wird. Dabei handelt es sich um einen druckfesten Kraftstofftank (bis 350 mbar) mit einem Absperrventil im Entlüftungspfad. Hierdurch wird das Ausgasen des Kraftstoffs in den meisten Betriebszuständen verhindert und der AKF nicht beladen. Bei US-Systemen ist der AKF dann nur für die Betankungsemissionen nötig (ORVR) (Abb. 7.216). Damit lässt sich das in ▶ Abschn. 7.6.2 beschriebene Non Integrated System darstellen. Bei sehr hohen Umgebungstemperaturen werden während des Fahrbetriebs nur minimale Mengen Benzindämpfe bei Überschreiten des Betriebsdrucks des Tanks in den AKF geladen, die sofort wieder durch den Motor herausgespült werden. Während der Abstellphasen des Fahrzeugs wird durch den Überdruck im Tank das Ausgasen des Kraftstoffs unterdrückt.

Für die optimale Ausnutzung der Spülluftmenge muss zum einen die Betriebsstragegie des Fahrzeugs so ausgelegt werden, dass die elektrischen Fahranteile in Bereichen, die für die Ausgasung des Kraftstoffs kritisch sind, eingeschränkt werden. So kann es beispielsweise notwendig sein, das Abschalten des Verbrennungsmotors bei hohen Umgebungstemperaturen und stark beladenem AKF zu unterdrücken, um ein Durchschlagen des

AKFs zu vermeiden, was zu einer Geruchsbelästigung führen würde.

Konstruktiv lässt sich eine optimale Spülluftausnutzung durch mehrere Maßnahmen am AKF erreichen.

Zum einen ist es notwendig, die Durchflusswiderstände im Spülluftpfad zu minimieren, da das zur Verfügung stehende Druckgefälle zwischen Verbrennungsmotor und AKF ist aufgrund der Entdrosselung moderner Motoren sehr gering ist.

Zum Anderen muss der Bereich im Spülluftpfad des Aktivkohlefilters zwischen Kraftstofftank und Verbrennungsmotor konstruktiv so gestaltet sein, dass ein Puffer für Kraftstoffdämpfe entsteht.

Durch die Dämpfung der Konzentrationsänderungen der Kohlenwasserstoffe in der Spülluft wird damit das Spülluft-Regelverhalten des Verbrennungsmotors schneller und das zur Verfügung stehende Spülluftvolumen steigt.

Schließlich kann der Aktivkohlefilter selbst für niedrige Spülluftmengen ausgelegt werden. Dazu wird neben den in ▶ Abschn. 7.6.8 erwähnten Möglichkeiten die Reihenschaltung mehrerer Aktivkohle-Monolithen realisiert. So lässt sich durch die Verwendung eines zweiten Monolithen der Spülluftbedarf eines bestehenden AKF um bis zu 20 % reduzieren.

Um diese Spülluft optimal nutzen zu können, kann man den Aktivkohlefilter beheizen um dem Temperaturabfall bei der endothermen Desorption entgegenzuwirken. Idealerweise geschieht dies über elektrische Heizelemente, die direkt im Kohlebett liegen.

Die Vorteile dieser Technologie müssen jedoch mit den resultierenden Mehraufwänden aufgewogen werden. Da diese Heizung einen entscheidenden Einfluss auf das Emissionsverhalten des AKF und damit des Fahrzeuges hat, kann eine OBD-Überwachung dieses Systems erforderlich werden, je nachdem, welche Emissionsverschlechterung bei Versagen der Heizelemente eintritt.

7.6.10 Ausblick

Aufgrund der endlichen fossilen Energieträger wird der weltweite Einsatz alternativer Kraftstoffe und neuer Additive in naher Zukunft eine weitere Herausforderung für die Kraftstoffversorgungsanlagen darstellen.

Weiterhin stellen die enorm wachsenden Märkte in Schwellenländern besondere Herausforderungen bereit. Besonders in Brasilien, Russland, Indien und China hinkt die Versorgung mit hochwertigen Kraftstoffen der Nachfrage weit hinterher. Die Kraftstoffe in diesen Ländern schwanken stark in ihren Eigenschaften (Dampfdruck, Klopffestigkeit), sind stellenweise stark mit Feststoffen verunreinigt und enthalten agressive Substanzen (Säure, Wasser, freier Schwefel), die Komponenten des Kraftstoffsystems angreifen.

Viele der heutigen Komponenten (z. B. Kraftstoffpumpen, Füllstandsgeber und Dichtungen) müssen dafür neu ausgelegt werden.

Auch die weitere Verschärfung der Emissionsvorschriften wird es erforderlich machen, die Systeme weiter zu verbessern. So ist für USA die Grenzwertstufe LEV III ab 2018 geplant (Quelle: CARB's Advanced Clean Cars Workshop 16.11.2010) und die Bestrebungen für eine weltweite Angleichung der Emissionsvorschriften sind deutlich zu erkennen.

7.7 Kraftstoffversorgungsanlagen für alternative Energieträger

7.7.1 Anforderungen

Das Spektrum der alternativen Energieträger und ihr jeweiliges Potenzial für eine Verwendung als Kraftstoff werden in ▶ Abschn. 5.9 behandelt. Im Hinblick auf die Handhabung und Speicherung von alternativen Kraftstoffen ist davon auszugehen, dass die Anforderungen der Kunden sich an den Gewohnheiten im Umgang mit Benzin und Diesel orientieren und Nachteile kaum akzeptiert werden.

Wie in vorstehenden Abschnitten ausgeführt, können Methanol und Rapsmethylester (RME, auch Biodiesel genannt) grundsätzlich zu den alternativen Kraftstoffen gezählt werden. Beimengungen, wie von 5 % bis zu 10 % RME im Dieselkraftstoff sind in Europa schon üblich bzw. geplant. In einigen Ländern, insbesondere in Brasilien und in den USA, sind Kraftstoffe mit hohen Anteilen von Ethanol am Markt. Da der Ethanol-Anteil variiert (»Flexible Fuel«) ist ein Sensor notwendig, der das jeweilige Mischungsverhältnis von Ethanol und Benzin ermittelt, um den Motorbetrieb an das aktuelle Mischungsverhältnis anpassen zu können. Die Speicherung von Methanol, Ethanol und RME erfolgt in Kraftstoffversorgungsanlagen, wie sie oben beschrieben wurden, wenn bei der Wahl der Werkstoffe die besonderen chemischen Eigenschaften von Methanol, Ethanol und RME berücksichtigt wurden.

Wie ▶ Abschn. 5.9 weiterhin zeigt, sind Erdgas und langfristig auch Wasserstoff für den mobilen Einsatz geeignet. Die Speicherung dieser beiden Energieträger erfolgt gasförmig in Druckspeichern oder verflüssigt bei tiefen Temperaturen in sogenannten Kryospeichern. Beim Erdgas unterscheidet man daher zwischen CNG (Compressed Natural Gas, komprimiertes Erdgas) und LNG (Liquified Natural Gas, verflüssigtes Erdgas). Letzteres ist bei rund −160 °C flüssig, während Wasserstoff (LH_2) bei Temperaturen um −250 °C flüssig gespeichert werden kann. Tiefkaltes, überkritisches Wasserstoffgas (CcH_2, »Cryocompressed Hydrogen«) lässt sich auch bei Temperaturen größer −240 °C und Drücken oberhalb von 13 bar speichern.

7.7.2 Gesetzliche Vorschriften

Die bei der Speicherung von Erdgas und Wasserstoff eingesetzte Technik muss dem heute gültigen Sicherheitsbedürfnis und den aktuellen Standards entsprechen. So sind die zu treffenden Maßnahmen umfangreicher als bei Benzin- und Dieselkraftstoff, die bereits vor etwa einem Jahrhundert eingeführt wurden und zu denen viele Erfahrungen vorliegen. Es existieren sowohl für die Speicherung in Druckbehältern als auch in Kryospeichern eine Vielzahl von Vorschriften.

Es müssen, anders als bei einer Kraftstoffversorgungsanlage für Benzin oder Diesel, die wichtigen Bauteile der Druckbehälter oder Kryospeicher noch eine behördliche Zulassung besitzen.

Die Bestimmungen für die Zulassungen sind in den verschiedenen Ländern unterschiedlich, aber zumindest im Bereich der Europäischen Union vereinheitlicht.

Für mit komprimiertem Erdgas betriebene Fahrzeuge wurde im Jahr 2000 eine ECE Regelung in Kraft gesetzt, die die Typgenehmigung von CNG Fahrzeugen regelt [293] Für Wasserstofffahrzeuge gibt es auf europäischer Ebene seit 2009 eine Verordnung (EC 79/2009) [311] mit der sowohl Fahrzeuge mit Flüssig- als auch mit Druckwasserstoffspeicherung typgenehmigt werden können.

Im Rahmen der weltweiten Harmonisierung von Vorschriften für die Typgenehmigung von Fahrzeugen unter dem Dach der UNO wird momentan an einer globalen technischen Regelung (GTR) [312] für Wasserstoff Fahrzeuge gearbeitet.

7.7.3 Anordnung im Fahrzeug

Die im Fahrzeug verwendeten Druck- und Kryospeicher sind von gleichartigen, stationären Speichern oder Transportbehältern, wie sie in der Logistik von technischen Gasen verwendet werden, abgeleitet und weiterentwickelt. Neben dem erforderlichen Platzbedarf müssen die Anforderungen zur Crashsicherheit, Montierbarkeit und auch bezüglich der Gewichtsverteilung im Fahrzeug berücksichtigt werden. Zudem verbleibt bei vielen Konzepten mit Verbrennungsmotoren der Benzintank im Fahrzeug, damit dieses als Bi-Fuel-Fahrzeug, auch bei nur wenigen vorhandenen Tankstellen für Erdgas oder Wasserstoff, alltagstauglich bleibt [294].

Sehr häufig wird der Speicher in den Gepäckraum eingebaut, wobei die Reduzierung des Gepäckraumvolumens in Kauf genommen werden muss. So wurde der BMW 316 g, das erste europaweit zugelassene Erdgasauto, eigens für den Einsatz in Fahrzeugflotten, z. B. bei Energieversorgungsbetrieben konzipiert. Die Rücksitzbank ist zugunsten eines größeren Gepäckraumes für die Unterbringung des Druckspeichers entfallen. Nur wenige Einschränkungen ergeben sich für den Kunden, wenn die Speicher »versteckt« in der Fahrzeugstruktur untergebracht werden können. Dieses ist z. B. beim Fiat Multipla Bipower (◘ Abb. 7.217)

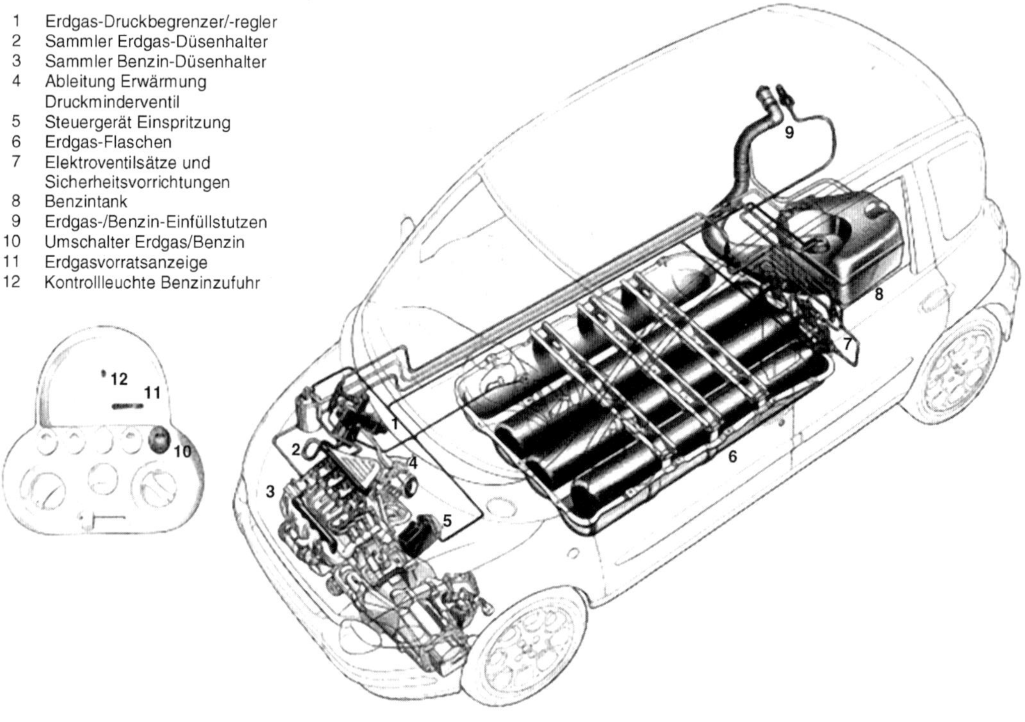

Abb. 7.217 Fiat Multipla bipower mit Erdgasantrieb (Quelle: Fiat)

der Fall, bei dem mehrere Druckspeicher im Wagenboden integriert sind.

Bei Speicherung von kryogenem Erdgas oder Wasserstoff können durch die erheblich höheren Dichten die jeweiligen Speichergrößen im Vergleich zu Druckspeichern reduziert werden, was deren Integration erleichtert. Wird die Speichergröße belassen, ermöglichen Kryospeicher im Vergleich zur Druckspeicherung bei 700 bar eine bis zu 60 % größere Reichweite des Fahrzeuges.

7.7.4 Kraftstoffbehälter und Kraftstoffsysteme für Druckgas

7.7.4.1 Kraftstoffbehälter

Druckspeicher für Erdgas werden in der Regel mit 200 bis 250 bar, Druckspeicher für Wasserstoff mit 350 oder 700 bar betrieben. Dabei haben die Entwicklungstendenzen der vergangenen Jahre gezeigt, dass sich für die Speicherung von Wasserstoff kurz- bis mittelfristig wahrscheinlich ein Speicherdruck von 700 bar gegenüber 350 bar durchsetzen wird. Ausgehend von Stahlbehältern, wurden in den letzten Jahren Speicher aus neuen Werkstoffen entwickelt, die leichter und weniger korrosionsanfällig sind. So werden heute Speicher aus Kohlefaser-Verbundwerkstoffen mit Linerwerkstoffen aus Aluminium oder PE/PA entwickelt. Das Gewicht eines Speichers aus kohlefaserverstärktem Verbundwerkstoff mit Aluminiumliner beträgt nur noch ein Drittel des Gewichtes eines reinen Stahlspeichers [295] (Abb. 7.218, Tab. 7.12).

Auch wenn es immer wieder Experimente mit unterschiedlichen Geometrien gibt [296], die den Anforderungen aus dem Package besser entsprechen würden, werden heute nach wie vor ausschließlich zylinderförmige Speicher eingesetzt.

Durch die Verwendung zäher Werkstoffe kann sichergestellt werden, dass der Druckspeicher nicht schlagartig bersten kann, auch wenn alle Sicherheitssysteme versagen würden.

Tabelle 7.12 Druckgas Behältertypen

Behältertyp	I	II	III	IV
Material Innenbehälter (Liner)	Metall	Metall	Metall	Kunststoff
Material Tankstruktur	Metall	Umfangbewickelt (Nur zylindrischer Bereich)	Vollständig bewickelt	Vollständig bewickelt

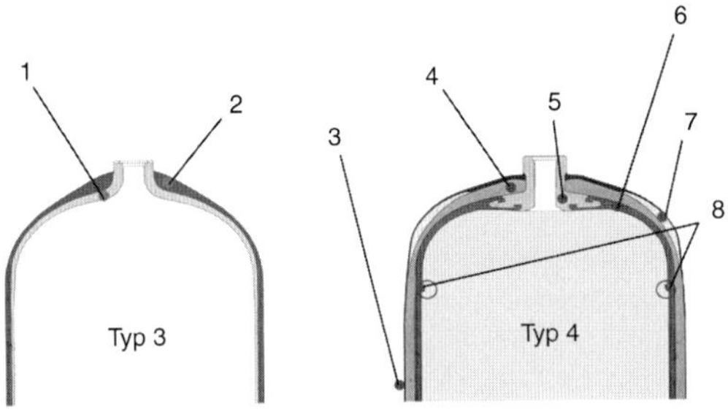

Abb. 7.218 Aufbau Druckgasbehälter. 1 Nahtloser Metall-Innentank, 2 Faserverbund, 3 Schutzschicht, 4 Faserverbund-Umwicklung, 5 Anschlussstück aus Metall, 6 Kunststoffliner, 7 Stoß-Schutz, 8 Schweißnaht Liner

7.7.4.2 Kraftstoffsysteme

Als für den Betankungsvorgang von Wasserstoff-Druckgasspeichersystemen maßgebliche Vorschrift hat sich der Surface Vehicle Technical Information Report SAE J 2601 etabliert. Er beschreibt die Anforderungen an eine Druckwasserstoff-Tankstelle und das Verfahren, nach dem eine sichere und schnelle Betankung erfolgen soll.

Es wird hierbei zwischen 350 bar und 700 bar (letztere aufgeteilt in Tankgrößen 1–7 kg und 7–10 kg), sowie die jeweils zu erreichende Vorkühlungstemperatur des Wasserstoffs am Austritt des Betankungsstutzens unterschieden. Es werden Wasserstoff-Temperaturen von −40 bis −33 °C (Kat. »A«), −22,5 bis −17,5 °C (»B«), 0 °C (»C«) und keine Vorkühlung (»D«) vorgeschlagen. Eine 700 bar-Betankung wird aufgrund der hohen Kompressionswärme und der hieraus resultierenden sehr langen Befüllzeiten nur als »A« oder »B«-Betankung als sinnvoll erachtet. Eine weitere Unterteilung besteht darin, ob zwischen Fahrzeug und Tankstelle ein Datenaustausch stattfindet oder nicht. Mithilfe des Austauschs von Informationen während der Betankung kann ein höherer Befüllgrad erreicht werden. Die Gewährleistung einer sicheren Betankung auch ohne Kommunikation soll durch die Verwendung von Tabellen erfolgen, die in Abhängigkeit von der aktuellen Außentemperatur sowie dem gemessenen Initialdruck und Füllstand des Tanks den zu verwendenden Druckgradienten für den Betankungsvorgang liefern. Hierbei wird davon ausgegangen, dass der Tank und sein Inhalt umgebungswarm sind. Da diese Annahme nicht unter allen Umständen gültig ist, wird bei der Auswahl des entsprechenden Betankungsdruckgradienten ein um einen Sicherheitsabschlag niedrigerer Wert angesetzt und damit ein Überdrücken des Tanks verhindert. Besteht ein Datenaustausch, so wird die tatsächliche Tanktemperatur an die Tankstelle übermittelt und automatisch ein Druckgradient gewählt, der eineBetankung mit maximalem Befüllgrad ermöglicht. Der erreichbare Befüllgrad je nach Umgebungstemperatur und Initialdruck für eine Betankung ohne Kommunikation liegt zwischen 84 % und 94 %.

Eine Thermosicherung am Speicher verhindert, dass der Druck im Speicher im Brandfall über das zulässige Maß hinaus ansteigt, indem diese das Gas aus dem Speicher entweichen lässt. Diese Sicherung kann punktuell durch Schmelzlotsicherungen, Glasampullen oder umfassender durch eine lineare Thermosicherung dargestellt werden [297] (Abb. 7.219).

Da die Dichte gasförmiger Kraftstoffe stark von deren Temperatur abhängt, reicht die einfache Druckmessung zur genauen Bestimmung des Füllstandes bei Druckspeichern nicht aus. Neben

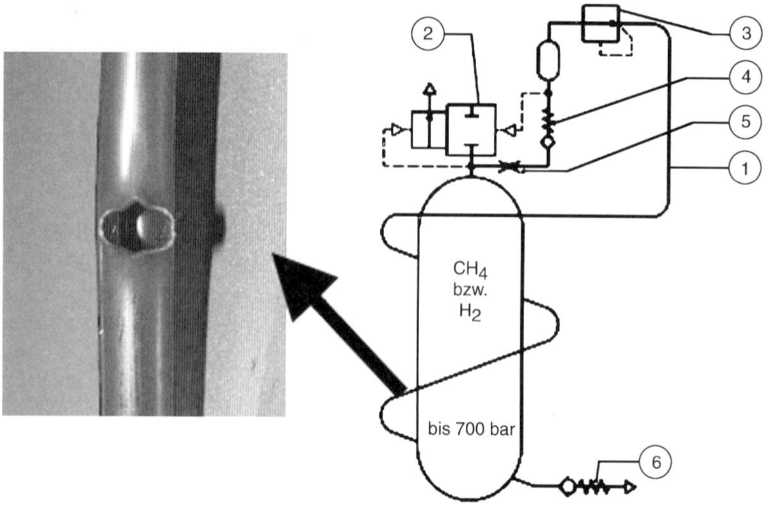

Abb. 7.219 Schema Lineare Thermosicherung. 1 Thermopositiver Polymerschlauch mit charakteristischem Berstbild, 2/2 Wegeschaltventil, 3 Druckregler, 4 Rückschlagventil, 5 Drossel, 6 federbelastetes Sicherheitsventil (Quelle: Rotarex)

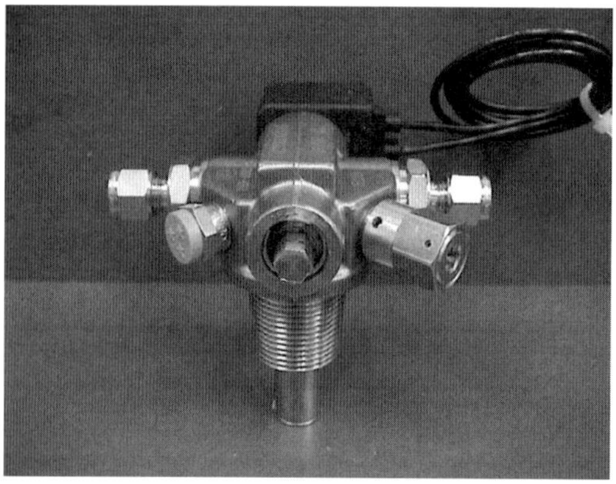

Abb. 7.220 Absperreinheit für Druckgas (Quelle: Rotarex)

dem Druck wird auch die Temperatur des Gases gemessen und daraus der Kraftstoffinhalt im Speicher berechnet.

Um zu verhindern, dass große Mengen Gas aus dem Speicher austreten, falls die Leitung vom Speicher abreißen sollte, sind die Druckspeicher mit einem Durchflussbegrenzer ausgestattet. Alle notwendigen Armaturen, also Sicherheitsventile sowie Betankungs-, Absperr- und Magnetventile und Druckregler werden in einem einzigen Ventilkopf (Abb. 7.220), der direkt an der Flasche angeordnet ist, integriert.

7.7.5 Kraftstoffbehälter und Kraftstoffsysteme für tiefkalt flüssige Gase

7.7.5.1 Kraftstoffbehälter

Kryobehälter bestehen aus zwei Hüllen (siehe Abb. 7.221), zwischen denen sich eine Vakuum-Superisolation befindet. Durch das Vakuum werden die Konvektion, durch die reflektierenden Aluminiumfolien und Glasfasermatten zur Abstandshaltung der Folien die Strahlung minimiert. Dadurch können die Werte des Wärmeeintrags abhängig von der Größe der Behälter auf ca. 1–2 W begrenzt werden. Über die Aufhängung des Innentanks und die Rohrleitungen werden zusätzlich jeweils ca. 1 W Wärme eingetragen. Auch bei diesem geringen Wärmeeinfall siedet das flüssige Erdgas bzw. der flüssige Wasserstoff und der Druck im Kryobehälter steigt an. Dasselbe gilt bei der Erwärmung von überkritischem Wasserstoff. Bei Erreichen des maximal zulässigen Betriebsdruckes entweicht das Gas über ein Überströmventil [298]. Das Gas kann dann primär in einer Brennstoffzelle genutzt oder in einem Boil-off-Managementsystem oxidiert oder in die Atmosphäre abgegeben werden (Abb. 7.222). Auch Kryobehälter sind mit zwei voneinander unabhängigen Druckbegrenzungs-

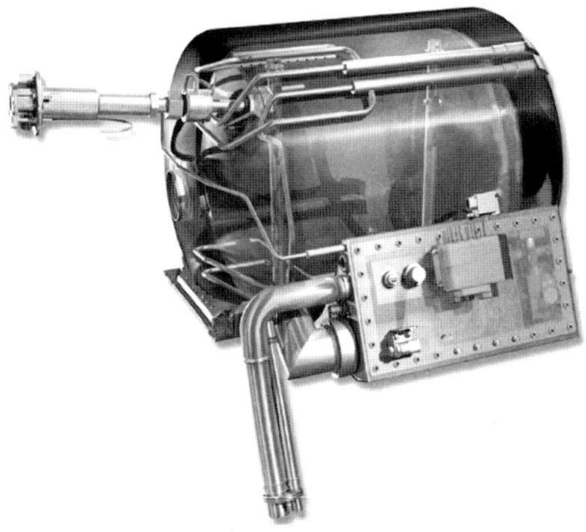

Abb. 7.221 Kryospeicher (Quelle: BMW AG)

einrichtungen ausgerüstet, die den Speicher öffnen, falls der höchstzulässige Druck überschritten werden sollte [299].

7.7.5.2 Kraftstoffsysteme

Die Betankung von kryogenen Flüssig-Systemen erfolgt mit unterkühltem Kraftstoff. Der Kraftstoff wird in den Tank eingesprüht. Dadurch kommt es an den unterkühlten Tröpfchen zur Kondensation des Gases im Tank. Die Rückgasmenge wird dadurch erheblich reduziert oder kann bei flüssigem Erdgas sogar fast vollkommen verhindert werden. Die Betankung erfolgt deshalb meist über zweiflutige Kupplungen, die es zulassen, dass gleichzeitig flüssiger Kraftstoff aufgenommen und Rückgas abgegeben werden kann. Im Rahmen eines internationalen Konsortiums wurde eine nutzerfreundliche Kupplung für Flüssigwasserstoff entwickelt, die weltweit standardisiert werden soll [300].

Die Messung der Füllhöhe erfolgt in Systemen mit Flüssigkeiten über kapazitive Sonden oder über die Änderung des temperaturabhängigen Widerstandes einer Sonde. Baugruppen, bei denen Leckagen von Kraftstoff möglich sind, wie zum Beispiel Ventile oder Sensoren, werden in einer gasdichten Nebensystemkapsel untergebracht. So können Kraftstoffleckagen aufgefangen, detektiert und gezielt entsorgt werden.

Die Förderung des Gases erfolgt bei Kryobehältern in der Regel über das Druckgefälle zwischen dem Speicher und dem Gemischaufbereitungssystem der Brennstoffzelle oder des Motors. Der Kraftstoff kann dem Tank flüssig oder gasförmig entnommen werden. Der Druck im Kryobehälter kann aufgebaut oder aufrecht erhalten werden, indem durch eine Heizung der Kraftstoff kontrolliert verdampft und erwärmt wird. Dies kann als elektrische Heizung oder mit erwärmtem Kraftstoff indirekt über einen Wärmetauscher erfolgen. Für alle Systeme ist eine tanknahe Absperrvorrichtung erforderlich. Dies bedeutet bei kryogenen Systemen, dass Ventile im Bereich des tiefkalten Kraftstoffs anzuordnen sind. Derartige Ventile, deren Verschleißteile austauschbar sind, wurden für niedrige Drücke entwickelt und sind jetzt verfügbar.

Die Kraftstoffsysteme sind für Fahrzeuge mit Brennstoffzellenantrieb und verbrennungsmotorischem Antrieb prinzipiell identisch. Beim BMW Hydrogen 7, dem ersten Serienfahrzeug mit Verbrennungsmotor und Flüssigwasserstoffspeicher, ist die Kraftstoffversorgungsanlage in Heck des Fahrzeugs untergebracht. Der Tank befindet sich im crashgeschützten Bereich über oder vor der Hinterachse, die Kraftstoffaufbereitungseinrichtungen (Ventile, Sensoren, Wärmetauscher) in einer direkt am Tank integrierten Nebensystemkapsel (Abb. 7.223).

Zum Antrieb führt eine Wasserstoffleitung für gasförmigen Wasserstoff mit etwa Umgebungstemperatur, sowie Kühlwasserleitungen, die über das Kühlwasser die Energie zur Erwärmung des Wasserstoffs bereitstellen.

7.7.6 Entwicklungstendenzen

Grundsätzlich sind zwei Hauptgebiete der Entwicklung sichtbar, die Integration von Tankssystemen in das Fahrzeug und die Entwicklung automobilgerechter Komponenten [301]. Kraftstoffsysteme für unter Normalbedingungen gasförmige Medien haben bezogen auf den Energieinhalt einen mehrfachen Bauraumbedarf, beispielsweise ca. 4-fachen Raumbedarf für Flüssigwasserstoff gegenüber Benzin. Für künftige Fahrzeuggenerationen

Abb. 7.222 Wasserstoff-Versorgungssystem in einem Fahrzeug mit Brennstoffzellenantrieb (Quelle: Adam Opel AG)

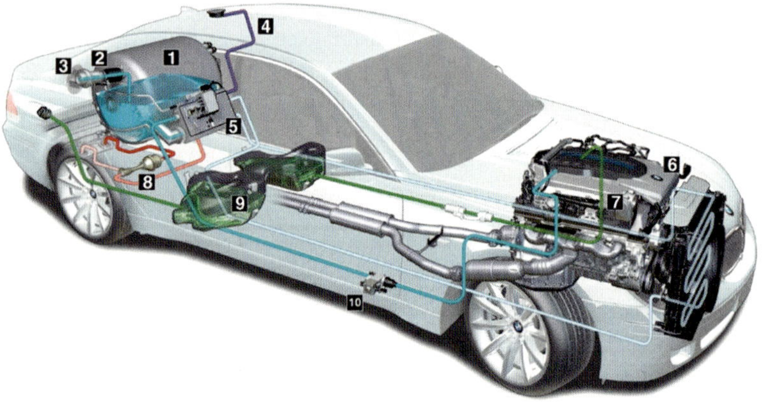

Abb. 7.223 Wasserstoff-Versorgungssystem in einem Fahrzeug mit Verbrennungsmotor (Quelle: BMW AG).
1 Flüssigwasserstoff-Behälter, 2 Tankklappe Wasserstoff, 3 Tankkupplung, 4 Sicherheitsabblaseleitung, 5 Nebensystemkapsel, 6 Bivalenter Verbrennungsmotor, 7 Sauganlage mit H2 Rail, 8 Boil-off-Management-System, 9 Benzintank, 10 Druckregler

sind deshalb Konzepte zu entwickeln, die dem großen Raumbedarf des Tanks Rechnung tragen, den Nutzwert des Fahrzeugs sicherstellen und zugleich eine sichere Unterbringung im Fahrzeug gewährleisten [302].

Aus Kostengründen werden Systeme mit einem Speicher bevorzugt, deshalb werden zunehmend Konzepte mit einer Anordnung in einem zentralen Mitteltunnel verwirklicht.

Sowohl für Systeme mit kryogener Speicherung als auch für Drucksysteme mit Drücken bis zu 700 bar werden Bauteile entwickelt, die einen sicheren und uneingeschränkten Einsatz im Fahrzeug zulassen und gleichzeitig kostengünstig sind. Weiter sind Betankungseinrichtungen und -Verfahren zu entwickeln und weltweit zu standardisieren um einen reibungslosen Betrieb der neuen Technologie sicherzustellen.

Die Kryodruckgasspeicherung bei Temperaturen oberhalb der kritischen Temperatur (33 K) in einem kohlefaserverstärkten superisolierten Drucktank weist interessante Potenziale bzgl. einer hohen Speicherkapazität ($\geq 1{,}1$ kWh/L Systemvolumen, $\geq 1{,}8$ kWh/kg Systemgewicht) bei deutlich verlängerten verlustfreien Druckaufbauzeiten ($\geq$ 10 Tage bei typischen Ausgangszuständen des Tanksystems vor langen Fahrzeugstandzeiten), sowie einer schnellen verlustfreien Betankung bei gleichzeitiger Reduktion der Komplexität der Tankstelle auf [303–310]. Voraussetzung für die schnelle verlustfreie Betankung mit hochdichtem Kryodruckgas ist die Verfügbarkeit einer leistungsfähigen LH_2-Hochdruckpumpe. Seit 2010 stehen hocheffiziente LH_2-Hochdruckpumpen zur Verfügung, die bei 300 bar Ausgangsdruck kryogenes Druckgas mit einer Dichte von 80 g/L bei 100 kg/h Massenstrom bereitstellen können und für die Kompression von 1 bar auf 300 bar einen elektrischen Energiebedarf von weniger als 1 % des unteren Heizwerts des Wasserstoffs aufweisen [305]. Die mögliche Auslegung des Kryodruck-Speichersystems auf einen Betriebsdruck von bis zu 350 bar würde es bei entsprechender Absicherung zudem erlauben, in einen Kryodruck-Speicher CGH_2-Druckgas bis 350 bar zu betanken und somit in der Anfangsphase neben ersten Kryodruck-Tankstellen auch 350 bar Druckgastankstellen nutzen zu können.

Die aktuell laufenden Entwicklungsschritte an Fahrzeugtanks sowie einer parallel entwickelten automotiven Betankungsanlage werden in den kommenden Jahren belegen, in wieweit die Kryodruck-Speicherung in Zukunft eine Ergänzung der 350 bar und 700 bar Hochdruckspeicherung werden kann.

Literatur

Literatur zu Abschn. 7.1

1. National Highway Traffic Safety Administration: A Demonstration of the Dynamic Test Developed NHTSA's NCAP Rollover Rating System; DOT HS 809 705 August 2004
2. Wierwille, W.W., Gutmann, J.C., Hicks, T.G., Muto, W.H.: Secondary task measurement of work load as a function of simulated vehicle dynamics and driving conditions. Human Factors 557–575 (1977)
3. Mitschke, M., Wallentowitz, H.: Dynamik der Kraftfahrzeuge. Fahrverhalten, Bd. C. Springer, Heidelberg (2004)
4. Zomotor, A.: Fahrwerktechnik: Fahrverhalten. Vogel Fachbuch, München (1987)
5. Pauly, A.: Dynamique transitoire, contribution à l'étude du comportement de guidage non stationnaire. Vortrag S.I.A., Ecole Centrale de Lyon (1979)
6. Fleck, R.: Aktivlenkung – ein wichtiger erster Schritt zum Steer-by-Wire. HdT-Tagung Pkw-Lenksysteme – Vorbereitung auf die Technik von morgen, Essen, April 2003
7. Furukawa, Y., Abe, M.: Advanced chassis control systems for vehicle handling and active safety. Veh. Syst. Dyn. **28**, 59–86 (1997)
8. Greger, M.: Auswirkung einer variablen Momentenverteilung auf die Fahrdynamik. Dissertation, TU München (2006)
9. van Zanten, AT., Erhardt, R., Pfaff, G.: Die Fahrdynamikregelung von Bosch. at – Automatisierungstechnik **44**(7) (1996)
10. Birch, S.: New stability from the Porsche stable. Automot. Eng. Int. Februar 1999, 16 (1999)
11. Pauly, A.: Active Front Steering – ein wichtiger Baustein von Drive by Wire. VDI Arbeitskreis Fahrzeug- und Verkehrstechnik, UniBw Hamburg, 06. Dezember 2001
12. Leffler, H., Ayoubi, M.: ECM – Elektronisches Chassis Management; Steuerung und Regelung von Fahrzeugen und Motoren – AUTOREG 2002. VDI-Bericht 1672, Mannheim, April 2002
13. Ammon, D.: CO2-mindernde Fahrwerk- und Fahrdynamiksysteme. ATZ **10**, 770–775 (2010)

Literatur zu Abschn. 7.2

14. Breuer, B., Bill, K.: Bremsenhandbuch, 4. Aufl. Springer Vieweg, Wiesbaden (2012)
15. Strien, H.: Auslegung und Berechnung von Pkw-Bremsanlagen. Selbstverlag Alfred Teves GmbH, Frankfurt/Main
16. Trutschel, R.: Analytische und experimentelle Untersuchung der Mensch-Maschine-Schnittstellen von Pkw Bremsanlagen. Universitätsverlag, Ilmenau (2007)
17. Oehl, K.-H., Paul, H.-G.: Bremsbeläge für Straßenfahrzeuge. Bibliothek der Technik. Bd. 49 Verlag Moderne Industrie, Landsberg/Lech (1990)
18. Brecht, J.: Materialeigenschaften von Reibwerkstoffen. 23. Internationales μ-Symposium, Bad Neuenahr, 24./25. Oktober 2003
19. Fennel, H., Gies, P., Sticher, T.: Strategien zur Software-Entwicklung für Kfz-Regelsysteme. ATZ Automobiltechnische Zeitschrift **1** (2002)
20. Rieth, P.: Elektronisches Stabilitätsprogramm. Die Bremse, die lenkt. Bibliothek der Technik, Bd. 223. Verlag Moderne Industrie, Landsberg/Lech (2001)
21. Fennel, H.: ABS plus und ESP – Ein Konzept zur Beherrschung der Fahrdynamik. ATZ Automobiltechnische Zeitschrift **4** (1998)
22. Robert Bosch GmbH (Hrsg.): Kraftfahrtechnisches Taschenbuch. Vieweg+Teubner, Wiesbaden (2011)

23. Weisse, J.: Gibt es Verbesserungspotenzial für den Bremsassistenten? 23. Internationales μ-Symposium, Bad Neuenahr, 24./25. Oktober 2003
24. Fennel, H.: Technology solutions to vehicle rollovers. An integrated strategy for active and passive rollover protection. Vortrag, SAE Government/Industry Meeting, Washington, 13.–15. Mai 2002
25. v. Albrichsfeld, C., Eckert, A.: EHB als technologischer Motor für die Weiterentwicklung der hydraulischen Bremse. Fachtagung Hydraulik im Kraftfahrzeug, Haus der Technik, Essen, 2003
26. Schmittner, B., Rieth, P.: Das Hybrid-Bremssystem – Die Markteinführung der elektromechanischen Bremse EMB. brems.tech 2004, München, 9./10. Dezember 2004
27. Rieth, P., Remfrey, J.: APIA – the way to the accident and injury preventing vehicle, crash.tech 2005, Nuremberg, 10 Mai 2005
28. Semmler, S., Rieth, P.: Global Chassis Control – Das vernetzte Fahrwerk. 13. Aachener Kolloquium »Fahrzeug- und Motorentechnik«, 04.–06. Oktober 2004
29. Huinink, H., Rieth, P., Becker, A.: Maßnahmen zur Verkürzung des Anhaltewegs in Notbremssituationen – Das »30 m Auto«. VDA Technischer Kongress 2001, Bad Homburg, 26.–27. März 2001
30. Kelling, E., Remfrey, J., Rieth, P., Semmler, S.: Integrationstrends in der Fahrzeugelektronik am Beispiel Global Chassis Control. 7. Symposium zum Thema AAET, Braunschweig, 23. Februar 2006
31. Schumann, M.: Analysenmethode zur Beurteilung des ungleichförmigen Bremsscheibenverschleißes an Pkw-Scheibenbremsen. Fortschr.-Ber. VDI Reihe 12, Nr. 635. VDI Verlag, Düsseldorf
32. Dausend, U.: Potenzial der Selbstverstärkung und einer nicht konstanten Getriebekennung zur Verminderung der Leistungs- und Energieaufnahme einer elektromechanischen Radbremse. VDI Verlag, Düsseldorf (2006). Fortschr.-Ber. VDI Reihe 12 Nr. 621
33. Rieth, P., Remfrey, J.: Skalierbar und kostenattraktiv – Anforderungen eines durchgängigen Sicherheitskonzepts. VDA Technischer Kongress 2009, Wolfsburg, 25./26. März 2009
34. Continental: Dynamischer und effizienter Bremsen durch Integration. Pressemitteilung. 30. September 2011

Literatur zu Abschn. 7.3

35. Amtsblatt der Europäischen Union, VERORDNUNG (EG) Nr. 661/2009 DES EUROPÄISCHEN PARLAMENTS UND DES RATES über die Typgenehmigung von Kraftfahrzeugen, Kraftfahrzeuganhängern und von Systemen, Bauteilen und selbstständigen technischen Einheiten für diese Fahrzeuge hinsichtlich ihrer allgemeinen Sicherheit vom 13. Juli 2009
36. Amtsblatt der Europäischen Union, VERORDNUNG Nr. 1222/2009 DES EUROPÄISCHEN PARLAMENTS UND DES RATES über die Kennzeichnung von Reifen in Bezug auf die Kraftstoffeffizienz und andere wesentliche Parameter vom 25. November 2009
37. Andre, F.: OPC Michelin Fahrwerksystem. 11. Aachener Kolloquium Fahrzeug- und Motorentechnik 2002
38. N.N.: Drucklose Reifen-Felgen-Kombination. ATZ, März 2005, 182 (2005)
39. N.N.: Weniger Rollwiderstand durch Einsatz von Organosilanen. ATZ, Juni 2008, 532 (2008)
40. Bachmann, T.: Literaturrecherche zum Reibwert zwischen Reifen und Fahrbahn. Verkehrstechnik/Fahrzeugtechnik, Bd. 286, Fortschritt-Berichte VDI Reihe 12. VDI Verlag
41. Becherer, T., Oehler, R., Raste, T.: Der Seitenwandtorsions-Sensor SWT. ATZ Automobiltechnische Zeitschrift **11** (2000)
42. Becker, A., Seifert, B.: Simulation von Abrieb und von Reifenkennwerten für Handling mit einem stationär rollenden FE-Reifenmodell. 6. Fachtagung Reifen Fahrwerk Fahrbahn. VDI-Berichte 1350 (1997)
43. Becker, A., Dorsch, V., Kaliske, M., Rothert, H.: A material model for simulating the hysteretic behavior of filled rubber for rolling tires. Tire Sci. Technol. **26**(3) (1998)
44. Böhm, F., Willumeit, H.-P.: Proceedings of the 2nd International Colloquium on Tyre Models for Vehicle Dynamic Analysis, University of. Swets & Zeitlinger Publishers, Berlin (1997)
45. Bungart, T., Huinink, H.: Alles über Reifen. ReifenMagazin **2**/03, **3**/03, **4**/03, **5**/03, **1**/04, (2003/2004)
46. Clark, S.K.: Mechanics of Pneumatic Tires, DOT HS 805 952. U.S. Department of Transportation National Traffic Safety, Washington, D.C. (August 1981)
47. Eichhorn, U.: Reibwert zwischen Reifen und Fahrbahn – Einfluss und Erkennung. Dissertation, TH Darmstadt, Fachgebiet Fahrzeugtechnik. Fortschritt-Berichte VDI Reihe 12, Nr. 222. VDI-Verlag, Düsseldorf (1994)
48. Eichler, M.: A ride comfort tyre model for vibration analysis in full vehicle simulation. Veh. Syst. Dyn. Supplement **27**, 109–122 (1997)
49. Ernst, G.K.: Nassgriff: Dauerauftrag für die Reifenentwicklung. Tagungsband HDT, Essen, November 1994
50. ETRTO, Standard Manual, Brüssel
51. ETRTO, Engineering Design Information, Brüssel
52. Fach, M.: Lokale Effekte der Reibung zwischen Pkw-Reifen und Fahrbahn. Dissertation, TU Darmstadt (1999). Fortschritt-Berichte VDI Reihe 12, Nr. 411. VDI-Verlag, Düsseldorf (2000)
53. Fischer, M., Ehlich, J., Schröder, C., Peda, K., Wies, B.: Virtuell basierter Entwicklungsprozess für UHP Reifen mittels Target Setting für ein exzellentes Fahrerlebnis. 19. Aachener Kolloquium Fahrzeug- und Motorentechnik, 2010
54. Fischlein, H., Gnadler, R., Unrau, H.J.: Der Einfluss der Fahrbahnoberflächenstruktur auf das Kraftschlussverhalten von Pkw-Reifen bei trockener und nasser Fahrbahn. ATZ Automobiltechnische Zeitschrift **10** (2001)
55. Freitag, D.: Reifen/Fahrbahn-Geräusch, Rollwiderstands-, Verschleiß- und Nassgriff-Eigenschaften von Reifen. VDA 11. Technical Congress 2009

56. Gabler, A., Straube, E., Heinrich, G.: Korrelationen des Nassrutschverhaltens gefüllter Vulkanisate mit ihren viskoelastischen Eigenschaften. Kautschuk Gummi Kunststoffe **46** (1993)
57. Giessler, M., Gauterin, F., Wiese, K., Wies, B.: Influence of friction heat on tire traction on ice and snow. Tire Sci. Technol. TSTCA **38**, 1 (2010)
58. Giessler, M., Gauterin, F., Hartmann, B., Wies, B.: Influencing parameters on force transmission of tires on snow tracks. VDI-Berichte, Bd. 2014. VDI (2007)
59. Gipser, M.: FTire software: Advances in modelization and data supply. 25th Annual Meeting and Conference on Tire Science and Technology, Akron, 2006
60. Gnadler, R., Huinink, H., Frey, M., Mundl, R., Sommer, J., Unrau, H.-J., Wies, B.: Kraftschlussmessungen auf Schnee mit dem Reifen-Innentrommelprüfstand. ATZ **3**, 198–207 (2005)
61. Görlich, M., Volk, H., Strzelczyk, M., Wies, B.: Ein Reifenkonzept für geringe CO_2-Emissionen und Elektrofahrzeuge. VDI-Tagung »Reifen – Fahrwerk – Fahrbahn« 2011
62. Goertz, H., Hüsemann, T.: Der intelligente Reifen – Ein Ansatz zum unfallfreien Verkehr. tyre.wheel.tech, München (2004)
63. Haken, K.-L., Essers, U., Wohanka, U.: Neue Erkenntnisse zum Einfluss der Reifenbreite und -querschnittsform auf die Reifeneigenschaften und ihre Berücksichtigung bei der Fahrwerksauslegung, VDI-Tagung »Reifen, Fahrwerk, Fahrbahn«, Hannover, 1993
64. Heinrich, G.: The dynamics of tire tread compound and their relationship to wet skid behaviour. Prog. Colloid Polym. Sci. **90**, 16–26 (1992)
65. Heinrich, G., Schramm, J., Klüppel, M., Müller, A., Kendziorra, N., Kelbch, S.: Zum Einfluss der Straßenoberflächen auf das Bremsverhalten von PKW-Reifen. VDI-Tagung »Reifen, Fahrwerk, Fahrbahn«, Hannover, 2003
66. Hilscher, C.: Komfortrelevante Charakterisierung des Übertragungsverhaltens von Reifen in Messung und Simulation. 19. Aachener Kolloquium Fahrzeug- und Motorentechnik, 2010
67. Holtschulze, J.: Analyse der Reifenverformungen für eine Identifikation des Reibwerts und weiterer Betriebsgrößen zur Unterstützung von Fahrdynamikregelsystemen. Schriftenreihe Automobiltechnik. ika RWTH, Aachen (2006)
68. Huinink, H., Schröder, C.: Dynamische Interaktion Bremse – Reifen – Straße. XVIII. Internationales μ-Symposium Bremsen-Fachtagung. Fortschritt-Berichte VDI Reihe 12, Bd. 373. VDI-Verlag, Düsseldorf (1999)
69. Hüsemann, T., Goertz, H.: Bestimmung der Reibwerte zwischen Reifen und Fahrbahn – Ein methodischer Ansatz. 15. Aachener Kolloquium Fahrzeug- und Motorentechnik, 2006
70. Kaliske, M., Rothert, H.: Internal material friction of rubber modelled by multiplicative elasto-plastic approach. Proceedings of the 4th International Conference on Computational Plasticity, Barcelona, 1995
71. Kendziorra, N., Härtel, V.: Einsichten in die Dynamik des Reifen/ Fahrbahn-Kontaktes und deren Bedeutung für geregelte Bremsvorgänge. VDI-Tagung »Reifen, Fahrwerk, Fahrbahn«, Hannover, 2003
72. Kluge, St., Volk, H.: Der intelligente Reifen – Neue Trends und Entwicklungen. 4. Darmstädter Reifenkolloquium, 2002
73. Kötz, C., Strübel, C.: Reifenrollwiderstandsoptimierung im Zielkonflikt zu sicherheitsrelevanten Reifeneigenschaften. VDA 10. Technical Congress 2008
74. Leister, G.: Fahrzeugreifen und Fahrwerkentwicklung. Vieweg+Teubner, Wiesbaden (2009)
75. Lion, A., Espenau, Kardelky, C.: Representation of the thermomechanical behaviour of reinforced rubber in continuum mechanics. Int. Rubber Conference, Nürnberg, 2003
76. Mitschke, M.: Dynamik der Kraftfahrzeuge, Antrieb und Bremsung, 3. Aufl., Bd. A. Springer, Berlin (1995)
77. Normann, N.: Reifendruck-Kontrollsystem für alle Fahrzeugklassen. ATZ Automobiltechnische Zeitschrift (2000)
78. Ozawa, Y., Endo, N., Kondo, H., Shimizu, T., Morita, K.: Recent developments in tire elastomers. Int. Rubber Conference, Nürnberg, 2003
79. Pacejka, H.B., Besselink, I.J.M.: Magic formula tyre model with transient properties, S. 234–249. Swets & Zeitlinger, Lisse, the Netherlands (1997)
80. Reimpell, J.: Fahrwerktechnik, Reifen und Räder. Vogel, München (1982)
81. Rhyne, T.B., Cron, S.M.: Development of a non-pneumatic wheel. Tire Sci. Technol. (2006)
82. Ripka, S., Lind, H., Wangenheim, M., Wallaschek, J., Wiese, K., Wies, B.: Investigation of friction mechanisms of siped tire tread blocks on snowy and icy surfaces. Tire Sci. Technol. **40**(1) (2012)
83. Scaltritti, D., Matrascia, G., Danesin, D., Girardin, C.: A new methodology for indoor and out-door tyre testing. tyre.wheel.tech, München, 2004
84. Schröder, C., Chung, S.: Influence of tire characteristic properties on the vehicle lateral transient response. 8th Annual Meeting and Conference on Tire Science and Technology, Akron, Ohio, March, 1994
85. Schulze, T., Bolz, G., Strübel, C., Wies, B.: Reifen im Zielkonflikt von Rollwiderstand und Nassgriff. ATZ 516–523 (2010)
86. Tomka, G.J., Eaton, S., Milne, J., Hall, W., Jones, P., Mottram, J.T.: Foresight vehicle: Smarter tires using advanced sensors for improved safety. SAE 2002-01-1871 (2002)
87. Wallentowitz, H.: Fahrwerkstechnologie im nächsten Jahrtausend. Tag des Fahrwerks am 5. Oktober 1998 im Institut für Kraftfahrwesen Aachen (ika)
88. Wang, Y.Q., Gnadler, R., Schieschke, R.: Einlaufverhalten von Automobilreifen. ATZ Automobiltechnische Zeitschrift (1994)
89. Weber, R.: Reifenführungskräfte bei schnellen Änderungen von Schräglauf und Schlupf. Habilitationsschrift, Universität Karlsruhe, Fakultät Maschinenbau (1981)

90. Wiese, K., Kessel, T., Mundl, R., Wies, B.: An analytical thermodynamic approach to friction of rubber on ice. Tire Sci. Technol. **40**(2) (2012)
91. Zegelaar, P.W.A.: The dynamic response of tires to brake torque variations and road unevennesses. Dissertation, Delft University (1998)
92. Arbeitskreis Räder (Audi, BMW, Mercedes Benz, Porsche, VW): AK-Lastenheft-LH08 4.42
93. Bönning, M., Michelin: Konzepte zur Optimierung von Pkw Rädern. Rad.Tech (2002)
94. Deutscher Automobil Veteranen Club e.V.: Kulturhistorische Reminiscenzen – Am Anfang war das Rad
95. ETRTO Standard Manual 2006
96. Quinkertz R.: Optimierung der Energienutzung bei der Aluminiumherstellung. Dissertation, (Mai 2002)
97. Reimpell, J.: Fahrwerktechnik Reifen und Räder. Vogel, München (1986)
98. TÜV: Richtlinie für die Prüfung von Sonderrädern an Kraftfahrzeugen, Krafträdern und Anhängern v. 14.12.1995
99. WVM – WirtschaftVereinigung Metalle: Artikel Aluminium – Leichtgewicht unter den Metallen (2006)
100. StVZO § 37, Gebotsschild Nr. 268
101. StVO § 3, Abs. 4, Höchstgeschwindigkeit 50 km/h
102. Ö-Norm V 5117, 12/2004 »Schneeketten für Fahrzeuge der Klassen M1, N1, 01, 02 – Anforderungen, Prüfung, Normkennzeichnung« und Ö-Norm V 5119, 12/2004 »Schneeketten für Fahrzeuge der Klassen N2, N3, M2, M3, O3, O4 – Anforderungen, Prüfung, Normkennzeichnung«
103. CUNA/NC 178-01, 07/2001 »Road vehicles«
104. NFR 12-780, 1989
105. SAE Classification J 1232, 1985
106. Zeiser, P., Maute, D.: Prüfstand und Messverfahren zur Ermittlung der Hüllkurven von Gleitschutzketten mit bewegter, ebener Fahrbahn. ATZ **11** (1992)
107. N.N.: Schneeketten. lastauto-omnibus **10** (1972)
108. N.N.: Haftungsfrage. MAN-Magazin **1** (1988)
109. Stiftung Warentest 11/2003

Literatur zu Abschn. 7.4

110. Matschinsky, W.: Radführungen der Straßenfahrzeuge, 3. Aufl. Springer, Heidelberg (2007)
111. Reimpell, J.: Fahrwerktechnik: Grundlagen, 3. Aufl. Vogel Buchverlag, Würzburg (1995)
112. Haken, K.-L., et al.: Besondere Eigenschaften von Niederquerschnittsreifen bei trockener und nasser Fahrbahn und ihre Auswirkung auf die Fahrdynamik. Stuttgarter Symposium Kraftfahrwesen und Verbrennungsmotoren, K8.1, 1995
113. Zomotor, A., Reimpell, J. (Hrsg.): Fahrwerktechnik: Fahrverhalten, 2. Aufl. Vogel Buchverlag, Würzburg (1991)
114. Sagan, E.: Auslegung von Achskinematik und Elastokinematik – immer ein Kompromiss? Haus der Technik, Tagung Fahrwerktechnik, Osnabrück, 2001
115. Drecoll, N.: Der Einfluss der Karosseriedeformation auf die Fahrwerkskinematik. Logos Verlag, Berlin (2001)
116. Hempel, J. (Hrsg.): Schwingungstechnik für Automobile. Vibracoustic GmbH & Co. KG, Weinheim (2002)
117. Matschinsky, W.: Radführungen der Straßenfahrzeuge, 3. Aufl. Springer, Heidelberg (2007)
118. Hofmann, M.: Antivibrationssysteme. Die Bibliothek der Technik, Bd. 225. Verlag Moderne Industrie (2001)
119. Mitschke, M.: Dynamik der Kraftfahrzeuge, 3. Aufl. Schwingungen, Bd. B. Springer, Heidelberg (1997)
120. Hinsch, P.: Einige Untersuchungen zum Messen dynamischer Moduln von Elastomeren. Kautschuk Gummi Kunststoffe **42**(9), 752–756 (1989)
121. Naploszek, H.: Vorgespannte Elastomerlager zur Reduktion von Nebenfederraten. ATZ **2**, 94–96 (1999)
122. Müller, M., Heidrich, M., Bernhard, U.: Die Auslegung von Motorlagerungssystemen. ATZ **2**, 92–99 (1997)
123. van Basshuysen, R., Kuipers, G., Hollerweger, H.: Akustik des Audi 100 mit direkteinspritzendem Turbo-Dieselmotor. ATZ **1**, 14–21 (1990)
124. Melcher, J., Krajenski, V., Hanselka, H.: Adaptronik im Automobilbau. ATZ **4**, 256–265 (1998)
125. Haldenwanger, H.-G., Klose, P.: Schwingungsisolation und -kompensation durch piezokeramisch aktivierte Motorlagerungen. ATZ **4**, 174–179 (1993)
126. Hartig, F., Reichel, M.: Das Fahrwerk des neuen 3er (Der neue 3er). ATZ (MTZ Sonderausgabe) (1998)
127. Denker, D.: Schnittstellenprobleme zwischen Aggregat und Karosserie und ihre Lösung bei Leichtbaukonzepten. ATZ (MTZ Sonderausgabe System Partners 97), 116–117 (1997)
128. Becker, K., et al.: Entwicklung von Akustik und Schwingungskomfort am neuen Audi A6. ATZ (MTZ Sonderausgabe Der neue Audi A6), 53–55 (2004)
129. Hutter, W., Wölfl, A.: Elastomerlager im PKW. KGK Kautschuk Gummi Kunststoffe **7/8**, 506–511 (1998)
130. Mitschke, M., Wallentowitz, H.: Dynamik der Kraftfahrzeuge, 3. Aufl. Fahrverhalten, Bd. C. Springer, Heidelberg (2003)
131. Merker, T., et al.: Das SL-Fahrwerk – Dynamik und Komfort vereint. ATZ (Sonderausgabe Der neue Mercedes SL) (2001)
132. Riedl, H., Kölbel, S.: Das Fahrwerk des neuen 7er. ATZ (Sonderausgabe Der neue BMW 7er) (2001)
133. Riedl, H., et al.: Das Fahrwerk des neuen 5er. ATZ **81**(MTZ Sonderausgabe Der neue BMW 5er) (2003)
134. Bauer, M., et al.: Das Fahrwerk des Porsche Cayenne. ATZ **100/101**(MTZ Sonderausgabe Porsche Cayenne) (2003)
135. Daubenschmid, W., et al.: Auf Achse, S-Klasse – Abstimmung und Erprobung. ATZ **61/62**(MTZ Sonderausgabe Die neue SLK-Klasse) (2004)
136. Bantle, M., Braess, H.-H.: Fahrwerksauslegung und Fahrverhalten des Porsche 928. ATZ **9**, 369–378 (1977)
137. Cartwright, A.J.: The development of a high comfort, high stability rear suspension. Proc. Instn. Mech. Engrs. **200**(D5), S53–S60 (1986)
138. Leitermann, W., et al.: Der neue Audi 200 quattro. ATZ **10**, 417–421 (1984)
139. Matschinsky, W.: Radführungen der Straßenfahrzeuge, 3. Aufl. Springer, Heidelberg (2007)

140. Reimpell, J.: Fahrwerktechnik: Grundlagen, 4. Aufl. Vogel Buchverlag, Würzburg (2000)
141. Kurz, G.: Das Fahrwerk des neuen 5er BMW, geprägt durch moderne Kundenanforderungen. Chassis.tech plus(2010)
142. Simon, M., Gerhards, T., Frantzen, M., David, W.: Das Fahrwerk des Ford Focus RS 500. ATZ **10**, 764–768 (2010)
143. Winterhagen, J.: Der neue Opel Astra. ATZ **12** (2009)
144. Heißing, B., Ersoy, M., Gies, S. (Hrsg.): Fahrwerkhandbuch. Vieweg+Teubner, Wiesbaden (2011)
145. von Estorff, H.-E.: Technische Daten Fahrzeugfedern, Teil 1: Drehfedern, Stahlwerke Brüninghaus Werdohl (1973)
146. Gold, H.: Eigenschaften einer ausschließlich mit Gas (Luft) arbeitenden Feder-Dämpfer-Einheit. VDI-Berichte, Bd. 546. VDI-Verlag, Düsseldorf (1984)
147. Griffin, M.J.: Handbook of Human Vibration. Academic Press, London (1990)
148. Hennecke, D.: Zur Bewertung des Schwingungskomforts von PKW bei instationären Anregungen. Fortschr.-Ber. VDI-Reihe 12. Bd. 237 VDI Verlag, Düsseldorf (1995)
149. Matschinsky, W.: Radführungen der Straßenfahrzeuge: Kinematik, Elasto-Kinematik und Konstruktion, 3. Aufl. Springer, Berlin, Heidelberg (2007)
150. Mitschke, M., Wallentowitz, H.: Dynamik der Kraftfahrzeuge, 4. Aufl. Springer, Berlin, Heidelberg (2004)
151. Wolf, F. J., Schleinitz, U., Koczar, P.: Drehstabschulterlager. Woco AVS GmbH, Schutzrecht EP 1048861 (10.03.2005)
152. VDI Verein Deutscher Ingenieure: Einwirkung mechanischer Schwingungen auf den Menschen, Blatt 1–3, Bd. 2057. VDI (2002)
153. Krause, J.: Gummi-Lager, Vorwerk Autotec GmbH & Co.KG, DE 102 31 311 (2004)
154. Jautze, M., et al.: Das Verstelldämpfersystem – Dynamische Dämpfer Control. ATZ (MTZ Sonderausgabe Der neue BMW 7er) (2008)
155. Scheerer, H., Römer, M.: Luftfederung mit adaptivem Dämpfungssystem im Fahrwerk der neuen S-Klasse. 7. Aachener Kolloquium Fahrzeugtechnik, 1998
156. Schützner, E.-C.: Thermodynamische Analysen von Luftfedersystemen. VDI-Berichte, Bd. 1153. (1994)
157. Dreyer, W., Oehlerking, C.: Untersuchungen von Luftfeder-Rollbälgen für Personenkraftwagen. ATZ **10** (1986)
158. Hennecke, D., et al.: Anpassung der Dämpferkennung an den Fahrzustand eines PKW. VDI-Bericht: Reifen, Fahrwerk, Fahrbahn, Bd. 650. , Hannover (1987)
159. Konik, D., et al.: Electronic damping control with continuously working damping valves (EDCC). AVEC '96, Aachen (1996)
160. Fukushima, N., Fukuyama, K.: Nissan hydraulic active suspension. Fortschritt der Fahrwerkstechnik 10, Aktive Fahrwerkstechnik, Braunschweig (1991)
161. Tanaka, H., et al.: Development of a vehicle integrated control system. FISITA '92, London (1992)
162. Goroncy, J.: Citroen Xantia Activa mit neuem Fahrwerk. ATZ **7/8** (1995)
163. Parsons, K.G.R., et al.: The Development of ACE for Discovery II. SAE 2000 World Congress, Detroit, 2000
164. Williams, D.A., Wright, P.G.: Fahrzeugaufhängungsanordnung. Group Lotus PLC, Schutzrecht EP 0142947 (26.05.1988)
165. Merker, T., et al.: Das SL-Fahrwerk, Dynamik und Komfort vereint. ATZ (MTZ Sonderausgabe Mercedes SL) (2001)
166. Gipser, M.: Verbesserungsmöglichkeiten durch aktive Federungselemente aus theoretischer Sicht. VDI-Berichte, Bd. 546 (1984)
167. Acker, B., Darenberg, W., Gall, H.: Aktive Federung für Personenwagen. Ölhydraulik und Pneumatik **11**(33) (1989)
168. Wallentowitz, H., Konik, D.: Actively influenced suspension systems – Survey of actual patent literature. EAEC Conference 1991
169. Jurr, R., Behnsen, S., Bruns, H., Held, G., Hochgrebe, M., Straßberger, M., Zieglmeier, F.: Das aktive Wankstabilisierungssystem Dynamic Drive. ATZ (MTZ Sonderausgabe BMW 7er) (2001)
170. Eichler, M., et al.: Das Fahrwerk des VW Phaeton. ATZ (MTZ Sonderausgabe VW Phaeton) (2002)
171. van Meel, F., et al.: Audi adaptive air suspension – die neue Luftfederung des Audi A8. ATZ (MTZ Sonderausgabe Audi A8) (2002)
172. Wauro, F.: Querkräfte von zylindrischen Schraubendruckfedern. Federn – Unverzichtbare Bauteile der Technik. VDI-Verlag, Düsseldorf (2006)
173. Nienhuys, M., Fröhlich, M.: Das Verstelldämpfersystem des BMW X5 – Entwicklung des Sensor- und Beobachterkonzepts. ATZ **3** (2007)
174. Glaser, H., Kainz, P.: Das Fahrwerk des Audi R8. TÜV Süd, TU München, chassis.tech (März 2007)
175. Gilsdorf, H.J., Hoffmann, J.: Elektromechanische aktive Aufbaukontrolle. ATZ **09** (2009)
176. Streiter, R.: ABC Pre-Scan im F700. Das vorausschauende aktive Fahrwerk von Mercedes-Benz. ATZ **05** (2008)
177. Winterhagen, J.: Lexus bringt CO_2-Emission bei Luxus-Geländewagen auf unter 150 Gramm. http://www.atzonline.de/Aktuell/Nachrichten/1/9819/Lexus-bringt-CO2-Emission-bei-Luxus-Gelaendewagen-auf-unter-150-Gramm.html. 29. November 2010
178. Danisch, R.: Der Porsche Panamera. ATZ **10** (2009)
179. Deleker, J.: Neues Komfortsystem von Mercedes. http://www.auto-motor-und-sport.de/testbericht/aktive-fahrwerke-neues-komfortsystem-von-mercedes-2747425.html#article_detail. 13. Dezember 2010
180. Matschinsky, W.: Radführungen der Straßenfahrzeuge, Kinematik, Elastokinematik und Konstruktion, 2. Aufl. Springer, Berlin (1998)
181. Braess, H.-H.: Ideeller negativer Lenkrollhalbmesser. ATZ 203–207 (1975)
182. Reimpell, J.: Fahrwerktechnik Grundlagen, 3. Aufl. Vogel Buchverlag, Würzburg (1995)
183. Matschinsky, W.: Bestimmung mechanischer Kenngrößen von Radaufhängungen. Dissertation, TU Braunschweig (1992)

184. Braess, H.-H.: Beitrag zur Fahrtrichtungserhaltung des Kraftwagens bei Geradeausfahrt unter besonderer Berücksichtigung des Lenkrollhalbmessers. ATZ 218–221 (1965)
185. Matschinsky, W., Dietrich, C., Winkler, E.: Die Doppelgelenk-Federbeinachse der neuen BMW-Sechszylinderwagen der Baureihe 7. ATZ 357–365 (1977)
186. Reinecke, W.: Konstruktions-Richtlinien für die Auslegung von Gelenkwellenantrieben. MTZ **10**, 349–352 (1958)
187. Eugen Klein KG Gelenkwellen: Firmenschrift
188. Dödlbacher, Gaffke: Untersuchung zur Reduzierung der Lenkungsunruhe. ATZ 317–322 (1978)
189. Weir, D.H., di Marco, R.J.: Correlation and evaluation of driver/vehicle directional handling data. SAE-Paper 780010 (1978)
190. Riedl, Kölbel: Das Fahrwerk des neuen 7er. ATZ (MTZ Sonderausgabe, November), 58–75 (2001)
191. Merker, et al.: Da E-Klasse-Fahrwerk. ATZ (MTZ Sonderausgabe, Mai), 94–106 (2002)
192. Eichler, et al.: Das Fahrwerk des VW Phaeton. ATZ (MTZ Sonderausgabe, Juli), 68–89 (2002)
193. Glaser, Rossié, Rüger, et al.: Das Fahrwerk des Audi A1. ATZ (MTZ Sonderausgabe Juni), 32 (2010)
194. Heißing, Block: Audi A4: Fahrwerk und Antriebsstrang. ATZ (MTZ Sonderausgabe November), 84 (2000)
195. Mödinger, Bublitz, Grebe, et al.: Das Fahrwerk der neuen A-Klasse von Daimler-Benz. ATZ (MTZ Sonderausgabe), 102 (1997)
196. Kreutz, Bartusch, Ullrich, et al.: Der VW Polo V: Das Fahrwerk. ATZ (MTZ Sonderausgabe Mai), 28 (2009)
197. Rischbieter, Maus, Manz, et al.: Das Fahrwerk des neuen VW Golf. ATZ (MTZ Sonderausgabe Oktober), 74 (2003)
198. Bortz, Niemöller, Thrimer, et al.: Die neue GLK-Klasse von Mercedes Benz. Souveränes Fahrverhalten unter allen Bedingungen. ATZ (MTZ Sonderausgabe, September), 20 (2008)
199. Eichler, Rischbieter, Gier, et al.: Das Fahrwerk des VW Phaeton. ATZ (MTZ Sonderausgabe, Juli), 68 (2002)
200. Aden, Bastian, Bauer, et al.: Das Fahrerlebnis Porsche Cayenne. ATZ (MTZ Sonderausgabe), 114 (2003)
201. Hartig, Reichel: Das Fahrwerk des neuen 3er. ATZ (MTZ Sonderausgabe), 72 (1998)
202. Schmitz, Lippok: Ford Mondeo: Fahrwerk und Fahrdynamik. ATZ (MTZ Sonderausgabe Oktober), 78 (2000)
203. Riedl, Kölbel, Nixel, Schwarz: Das Fahrwerk des neuen 5er. ATZ (MTZ Sonderausgabe Augus), 80 (2003)
204. Merker, Jeglitzka, Koepp, et al.: Das E-Klasse-Fahrwerk. ATZ (MTZ Sonderausgabe Mai), 94 (2002)
205. Riedl, Kölbel: Das Fahrwerk des neuen 7er. ATZ (MTZ Sonderausgabe November), 58 (2001)
206. Jeglitzka, Riedel, Wolfsried, Zech: Das Fahrwerk der Mercedes-Benz S-Klasse, Leicht und agil. ATZ (MTZ Sonderausgabe), 142 (1998)
207. Merker, Kübler, Tattermusch, et al.: Das Fahrwerk des Maybach. ATZ (MTZ Sonderausgabe September), 130 (2002)
208. Hentschel, Wahl: Das Fahrwerk des Porsche Boxster. ATZ (MTZ Sonderausgabe), 34 (1996)
209. Merker, Wirtz, Hill, Jeglitzka: Das SL Fahrwerk. ATZ (MTZ Sonderausgabe Oktober), 84 (2001)
210. Pfeffer, P., Harrer, M. (Hrsg.): Lenkungshandbuch. Vieweg+Teubner, Wiesbaden (2011)
211. Duminy, J.: Contribution of modern steering systems to improve driving stability. 3. EAEC-Konferenz, Straßburg, 1991
212. Junker, H.: Moderne Lenkungstechnologie. Von den Anforderungen zur technischen Realisierung. Automobil-Industrie **4**, 379–389 (1990)
213. Stoll, H.: Fahrwerktechnik: Lenkanlagen und Hilfskraftlenkungen, 1. Aufl. Vogel Buchverlag, Würzburg (1992)
214. ZF-Kugelmutter-Hydrolenkungen für Pkw und leichte Nutzfahrzeuge. Veröffentlichung aus dem Geschäftsbereich Lenkungstechnik der ZF Friedrichshafen AG (1995)
215. Müller, S.: Zukünftige verbrauchsarme Servolenkungen für vollständige Steer-By-Wire-Funktionalität. ATZ **4** (2004)
216. ZF-OCE-Lenksystem, Elektrohydraulisches Lenksystem für Pkw und Transporter. Veröffentlichung aus dem Geschäftsbereich Lenkungstechnik der ZF Friedrichshafen AG (1997)
217. ZF-Servolectric, die elektrische Servolenkung. Veröffentlichung aus dem Geschäftsbereich Lenkungstechnik der ZF Friedrichshafen AG (1998)
218. Ruck, G., Dominke, P.: Electric Power Steering – The First Step on the Way to «Steer-by-Wire«. SAE 1999-01-0401
219. Harnett, P.: Objective methods for the assessment of passenger car steering quality. VDI Fortschritt–Berichte Reihe 12, Bd. 506.
220. Poestgens, U.: Servolenksysteme für Pkw und Nutzfahrzeuge. Verlag. Moderne Industrie (2001)
221. Bootz, A., et al.: Evolutionäre Energiesparkonzepte für die Hydrauliklenkung im PKW. 5. Internationale Fluid Power Konferenz Aachen, 2006
222. Müller, S., et al.: Analysis of a closed-center hydraulic-steering-system for full steer-by-wire-functionality and low fuel consumption. Proceedings of the Ninth Scandinavian International Conference on FluidPower, SICFP05, Linköping, Schweden, 1.–3. Juni 2005
223. Brunschweiler, D.: Moderne Lenksysteme. ATZ **2**, 104–109 (2005)
224. Harrer, M., Schmitt, T., Fleck R.: Elektromechanische Lenksysteme – Herausforderungen und Entwicklungstrends. 15. Aachener Kolloquium Fahrzeug- und Motorentechnik (2005)
225. Debusmann, C., Budaker, M.: Ein elektromechanisches Lenksystem der oberen Leistungsklasse am Beispiel der EPS-APA im 3er-BMW. PKW-Lenksysteme – Vorbereitung auf die Technik von morgen, Haus der Technik, 24./25. April 2007
226. Segel, L.: The Variable Stability Automobile – Vehicle Concept and Design. SAE 650658

227. Niemann, K., et al.: Entwicklungsmöglichkeiten an Lenksystemen für Kraftfahrzeuge und ihr Einfluß auf die Kurshaltung. ATZ **10**, 525–532 (1980)
228. Krämer, W.: Improved driving safety by electronic steering assistance. EAEC 6th European Congress 1997
229. Akita, T., Yamazaki, M., Kikkawa, T., Yoshida, T.: User benefits of active front steering control system: Steer-by-wire. ISATA 1999
230. Pauly, A., Fleck, R., Baumgarten, G., Eckrich, M., Köhn, P.: A steer by wire concept for passenger cars designed for function, safety and reliability. JSAE Paper, 2001, Nr. 20015329
231. Donges, E., Naab, K.: Regelsysteme zur Fahrzeugführung und -stabilisierung in der Automobiltechnik. at Automatisationstechnik **5**, 226–236 (1996)
232. Aerospace Recommended Practise 4754, Certification Considerations for Highly-Integrated or Complex Aircraft Systems. SAE Dezember 1996
233. Badawy, A., Zuraski, J., Bolourchi, F., Chandy, A.: Modeling and analysis of an electric power steering system. SAE Paper 1999-01-0399
234. Kawai, T., Shibahata, Y., Shimizu, Y., Kohno, F., Sano, S.: Variable gear ratio steering system. Tagung »Pkw-Lenksysteme im Jahr 2000«, Essen
235. Eckstein, L.: Entwicklung und Überprüfung eines Bedienkonzepts und von Algorithmen zum Fahren eines Kraftfahrzeugs mit aktiven Sidesticks. VDI Fortschrittsbericht 12. Bd. 471 (2001)
236. Pauly, A.: Lenkmaschine zur Untersuchung des instationären Fahrverhaltens von Kraftfahrzeugen. ATZ **7**, 307–310 (1977)
237. Schneider, R.: Konzipierung einer marktgerechten Stelleinheit als Aktuator einer aktiven Hinterradlenkung für Personenkraftwagen. Dissertation, RWTH Aachen (1995)
238. Shoichi, S., Tateomi, M., Yoshimi, F.: Operational and design features of steer angle dependent four wheel steering system. 11. ESV-Konferenz 1987
239. Donges, E., Aufhammer, R., Fehrer, P., Seidenfuß, T.: Funktion und Sicherheitskonzept der Aktiven Hinterachskinematik von BMW. ATZ **10**, 580–587 (1990)
240. Hesseling, R.: Das Lenkrad – Innovationsträger der Zukunft. Tagungsbeitrag steering.tech 2008, ATZlive, München, 2008
241. Kurz, G.: Das Fahrwerk des neuen 5er BMW, geprägt durch moderne Kundenanforderungen. Chassis.tech plus (2010)
242. Herold, P., Schuster, M., Thalhammer, T., Wallbrecher, M.: The new steering system of BMW – Integral active steering, synthesis of agility and sovereignty. FISITA 2008 World Automotive Congress 2008
243. Kohoutek, P.: Der neue Audi A4 – Entwicklung und Technik. ATZ/MTZ-Typenbuch. Vieweg, Wiesbaden (2008)
244. ECE R79 – Regelung Nr. 79, Einheitliche Bedingungen für die Genehmigung der Fahrzeuge hinsichtlich der Lenkanlage. Revision 2 (2006), Deutschsprachige Fassung, Homepage des Bundesministeriums für Verkehr, Bau und Stadtentwicklung. http://www.bmvbs.de
245. ISO/DIS 26262, Road Vehicles – Functional Safety, Part 1 to 10, International Organisation for Standardisation, 2009
246. ZF-Servotronic 2 für PKW und leichte Nutzfahrzeuge, Produktinformation ZFLS 7831 P-WA 3/07 d, ZF Lenksysteme GmbH, Schwäbisch Gmünd, 2007
247. Donges, E.: Aktive Hinterachskinematik für den BMW 850i. Automobil Revue **38** (1991)
248. Yamaguchi, J.: Global Viewpoints. Automot. Eng. April, 96–113 (1988)
249. Meitinger, T.: The electric steering systems of the BMW 5 series. chassis.tech plus 2010, ATZlive, München, 8. Juni 2010
250. Braess, H.-H.: Chassis- und Fahrdynamik-Entwicklung nach dem 2. Weltkrieg – Eine Erfolgsgeschichte. chassis.tech plus 2010, ATZlive, München, 8. Juni 2010
251. Wolf, H.: Untersuchung des Lenkgefühls von Personenkraftwagen unter besonderer Berücksichtigung ergonomischer Erkenntnisse und Methoden. Dissertation, TU München (2008)
252. Herold, P.: Die Integral-Aktivlenkung. ATZ **11**(ATZ extra: Der neue BMW 7er) (2008)

Literatur zu Abschn. 7.5

253. Hennecke, D.: Zur Bewertung des Schwingungskomforts von Pkw bei instationären Anregungen. Diss., TU Braunschweig (1994)
254. Zomotor, A., Braess, H.-H., Rönitz, R.: Verfahren und Kriterien zur Bewertung des Fahrverhaltens von Personenkraftwagen. ATZ **12** (1997). ATZ **3** (1998)
255. Dettki, F.: Methoden zur Bewertung des Geradeauslaufs von Pkw. VDI-Bericht, Bd. 1335, S. 385–405. (1997)
256. Loth, S.: Fahrdynamische Einflußgrößen beim Geradeauslauf von Pkw. Diss., TU Braunschweig (1997)
257. Schaible, S.: Fahrzeugseitenwindempfindlichkeit unter natürlichen Bedingungen. Diss., RWTH Aachen (1998)
258. VDA-Pressemitteilung der ad hoc Arbeitsgruppe Fahrzeugsicherheit vom 1. April 1998
259. Riedel, A., Arbinger, R.: Subjektive und objektive Beurteilung des Fahrverhaltens von Pkw. FAT (Forschungsvereinigung Automobiltechnik e.V.). Bd. 139
260. Neukum, A.: Bewertung des Fahrverhaltens im Closed Loop – Zur Brauchbarkeit des korrelativen Ansatzes, Bd. 12, S. 1–20. Haus der Technik Fachbuch (2002)
261. Neukum, A., Krüger, H.-P., Schuller, J.: Der Fahrer als Messinstrument für fahrdynamische Eigenschaften? VDI-Berichte, Bd. 1613, S. 13–32. (2001)
262. Decker, M.: Zur Beurteilung der Querdynamik von Personenkraftwagen. Diss., TU München (2009)
263. National Highway Traffic Safety Administration: A demonstration of the dynamic tests developed for NHTSA's NCAP rollover rating system DOT HS 809 705 (August 2004). http://www-nrd.nhtsa.dot.gov/vrtc/ca/capubs/RolloverPhaseVIIIReport_NCAPdemo081104.pdf
264. National Highway Traffic Safety Administration: Electronic stability control systems, control and displays NHTSA-2007-27662. http://www.nhtsa.gov/Laws+&+Regulations/Electronic+Stability+Control+(ESC)

265. Wagner, A.: Ein Verfahren zur Vorhersage und Bewertung der Fahrerreaktion bei Seitenwind. Diss., Universität Stuttgart (2003)
266. Weir, D.H., DiMarco, R.J.: Correlation and evaluation of driver/Vehicle directional handling data. SAE-Paper 780010 (1978)
267. Henze, R.: Beurteilung von Fahrzeugen mit Hilfe eines Fahrermodells. Diss., TU Braunschweig (2004)
268. Baumann, F.: Untersuchungen zur dynamischen Rollstabilität von Personenkraftwagen. Diss., TU Darmstadt (2003)
269. Neukum, A., et al.: Fahrer – Fahrzeug – Wechselwirkungen bei Fahrmanövern mit Querdynamikbeanspruchungen und zusätzlichen Vertikaldynamikstörungen. FAT Schriftenreihe, Bd. 208, (2007)
270. ECE-R13H, Anhang 9, Systeme zur elektronischen Stabilitätskontrolle, Ausgabe 2009-07-03
271. Neukum, A., Paulig, J., Frömmig, L., Henze, R.: Untersuchung zur Wahrnehmung von Lenkmomenten bei Pkw. FAT Schriftenreihe, Bd. 222, (2009)
272. Schrefl, M.: Instationäre Aerodynamik von Kraftfahrzeugen: Aerodynamik bei Überholvorgang und böigem Seitenwind. Diss., TU Darmstadt (2008)
273. Botev, S.: Digitale Gesamtfahrzeugabstimmung für Ride und Handling. VDI Reihe 12, Bd. 684. VDI Verlag, Düsseldorf (2008)
274. Barz, D., Drews, R.: Kompatible Messsysteme – Unterschiedliche Fahrdynamiksysteme synchron messen. ATZelektronik **04** (2008)
275. AICON 3d systems – wheel watch – http://www.aicon3d.de/produkte/moveinspect-technology/wheelwatch/

Literatur zu Abschn. 7.6

276. Meinig, U., Heinemann, J.: Neue Anforderungen für Tankentlüftungssysteme. Automobiltechnische Zeitschrift **03** (1999)
277. Saechtling, H.-J.: Verarbeitungsverfahren. Kunststoff Taschenbuch, 26. Aufl., S. 305–317. Hanser, München (1995)
278. Sievert, H., Thielen, M.: Trends beim Coextrusionsblasformen. Kunststoffe **8**, 1218–1221 (1998)
279. Strahlpumpen. Techniker Handbuch, S. 1184. Vieweg, Braunschweig (1995)
280. Entwurf der »Economic Commission for Europe (ECE)« TRANS/WP.29/1998/33 (1999)
281. California Environmental Protection Agency, Manufacturers Advisory Correspondence MAC #99-01 (1999)
282. Hämmerl, A., Kramer, F., Langen, P., Schulz, G., Schulz, T.: BMW-Automobile für den wahlweisen Benzin- oder Erdgasbetrieb. Automobiltechnische Zeitschrift **12** (1995)
283. Wozniak, J.J.: The John Hopkins University Applied Physics Laboratory, Advanced Natural Gas Vehicle Project (1998)
284. Gase Handbuch, 3. Aufl. Messer, Griesheim (1989)
285. Pehr, K.: Experimentelle Untersuchungen zum Worst-Case-Verhalten von LH2-Tanksystemen. VDI-Berichte, Bd. 1201, S. 57–72. VDI-Verlag, Düsseldorf (1995)
286. Klee, W., et al.: Barrieretechnologien: Ein Beitrag zur Emissionsreduzierung von Kraftstoffanlagen. In: Kunststoffe im Automobilbau, S. 309–335. VDI-Gesellschaft Kunststofftechnik (2000)
287. Berry, G.D., Martinez-Frias, J., Espinosa-Loza, F., Aceves, S.M.: Hydrogen Storage and Transportation. Encyclopedia of Energy. Academic Press, in Vorbereitung
288. European Integrated Hydrogen Project EIHP. http://www.eihp.org/
289. N.N.: Visteon, Intelligente Tanksysteme der Zukunft. ATZ **6**, 590–596 (2003)
290. Kroiss, H.: Entwicklung der Anforderung an die Kraftstoffförderung. Tanktech, Plenarvortrag 2003
291. N.N.: Das Kraftstoffsystem der nächsten Generation. ATZ **11**, 834–839 (2011)
292. Colemann Jones, C., Schulz, M.: GM perspektive on ethanol. Tanktech, Plenarvortrag 2007

Literatur zu Abschn. 7.7

293. Übereinkommen über die Annahme einheitlicher technischer Vorschriften für Radfahrzeuge, Ausrüstungsgegenstände und Teile, die in Radfahrzeuge eingebaut und/oder verwendet werden können, und die Bedingungen für die gegenseitige Anerkennung von Genehmigungen, die nach diesen Vorschriften erteilt werden, Regelung Nr. 110: Einheitliche Bedingungen für die Genehmigung der I. Speziellen Bauteile von Kraftfahrzeugen, in deren Antriebssystem komprimiertes Erdgas (CNG) verwendet wird, II. Fahrzeuge hinsichtlich des Einbaus spezieller Bauteile des genehmigten Typs für die Verwendung von komprimiertem Erdgas (CNG) in ihren Antriebssystemen. (ECE-R-110) vom 28. Dezember 2000
294. Hämmerl, A., Kramer, F., Langen, P., Schulz, G., Schulz, T.: BMW-Automobile für den wahlweisen Benzin- oder Erdgasbetrieb. Automobiltechnische Zeitschrift **12** (1995)
295. Sirosh, N.: High pressure hydrogen storage: Lessons-learned and the path forward. The 2003 Hydrogen Production & Storage Forum 2003
296. Wozniak, J.J.: The John Hopkins University Applied Physics Laboratory, Advanced Natural Gas Vehicle Project (1998)
297. Andreas, T.E.: Neues Sicherheitssystem für H2 Druckgasbehälter. HZwei **04** (2006)
298. N.N.: Gase Handbuch, 3. Aufl. Messer Griesheim (1989)
299. Pehr, K.: Experimentelle Untersuchungen zum Worst-Case-Verhalten von LH2-Tanksystemen. VDI-Berichte, Bd. 1201, S. 57–72. VDI-Verlag, Düsseldorf (1995)
300. Danner, S.: Liquid hydrogen refueling coupler – Series production status as a premise for standardization. hydrogen.tech, München, 2006
301. Brunner, T.: Liquide hydrogen storage for passenger car application – Roadmap to mass market. Hyderogen Production & Storage Forum, Vancouver, 2006
302. Lapetz J., Natkin R., Zanardelli V.: The design, development, validation and delivery of the Ford H2 ICE E-450 Shuttle Bus. International Symposium on Hydrogen Internal Combustion Engines, Graz, 2006
303. Aceves, S., Berry, G., Weisberg, A., Perfect, S., Espinosa, F.: Advanced concepts for vehicular containment of com-

pressed and cryogenic hydrogen. 16th World Hydrogen Energy Conference, Lyon, 2006
304. Brunner, T., Kircher, O.: Herausforderung Wasserstoffspeicher – Perspektiven kryogener H2-Speicher. Booklet zur Konferenz »Erneuerbare Energien – Moderne Speichertechnologien als Voraussetzung?«, Forum für Zukunftsenergien, Berlin, 2007
305. Espinoza-Loza, F., Aceves, S., Ledesma-Orzco, E., Ross, T.O., Weisberg, A.H., Brunner, T., Kircher, O.: High density automotive hydrogen storage with cryogenic capable pressure vessels. Int. J. Hydrogen Energy **35**(3), 1219–1226 (2010)
306. Kircher, O., Brunner, T.: Advances in cryo-compressed hydrogen vehicle storage (CcH2). FISITA 2010 World Automotive Congress, Paper A018 2010
307. Kircher, O., Derks, M., Garth, I., Brunner, T.: Hochleistungscomposites für kryogene Wasserstoff Druckspeicher. Kongress Kunststoffe im Automobilbau, Tagungsband, S. 347–362. VDI (2010).
308. Kircher, O., Braess, H.: Challenges and requirements for car industry. In: Léon, A. (Hrsg.) Hydrogen Technology, S. 187–205. Springer, Berlin (2008)
309. Brunner, T., Kircher, O.: Cryogenic hydrogen vehicle storage – a viable option for future serial application? Conference Proceedings JSAE Annual Congress, Paper 134, Yokohama, Japan (2007)
310. Kircher, O., Greim, G., Burtscher, J., Brunner, T.: Validation of cryo-compressed hydrogen storage (CcH2) – a probabilistic approach. Proceeding of the International Conference on Hydrogen Safety, San Francisco, 2011
311. Regulation (EC) No 79/2009 of the European Parliament and of the Council on type-approval of hydrogen powered motor vehicles and amending Directive 2007/46/EC, 14. Januar 2009
312. ECE/TRANS/WP.29/GRSP/2011/33. Draft global technical regulation (GTR) on Hydrogen Fuelled Vehicle, 28. November 2011

Elektrik/Elektronik/Software

Dr. Heinz-Bernhard Abel, Dr. Heinrich-Jochen Blume, Prof. Dr. rer. nat. Ludwig Brabetz, Prof. Dr. Dr. h.c. Manfred Broy, Dr. Dirk Dudenbostel, Dr. Lothar Ganzelmeier, Dr. Jörg Helbig, Dipl.-Ing. Gerhard Heyen, Dipl.-Ing. Günther Kasties, Dipl.-Ing. Markus Kreye, Prof. Dr.-Ing. Peter Knoll, Dipl.-Ing. Bernd Kunkel, Prof. Dr.-Ing. Roland Lachmayer, Prof. Dr.-Ing. Karsten Lemmer, Prof. Dr.-Ing. Jürgen Leohold, Dr. Wolfgang Pfaff, Dr.-Ing. Thomas Scharnhorst, Dr.-Ing. Guido Schneider, Dipl.-Ing. Klaus Schneider, Dr. Gabriel Schwab und Dipl.-Ing. Thomas Volk

H.-H. Braess, U. Seiffert (Hrsg.), *Vieweg Handbuch Kraftfahrzeugtechnik*, ATZ/MTZ-Fachbuch, DOI 10.1007/978-3-658-01691-3_8, © Springer Fachmedien Wiesbaden 2013

8.1 Bedeutung Elektrik/Elektronik/Software für das Automobil

8.1.1 Einleitung

Steigende Anforderungen hinsichtlich Sicherheit, Umweltschutz und Komfort führten in den vergangenen Jahren zu einem starken Anstieg der Fahrzeugfunktionen. Wesentliche Treiber dafür waren verschärfte Abgas- und Sicherheitsbestimmungen; in den letzten Jahren kamen komplexe Infotainment- und Assistenzsysteme hinzu, die nur durch ein Zusammenwirken mehrerer Steuergeräte realisiert werden konnten. Deren intuitive Bedienung sowie Personalisierung der Funktionen erforderte eine systemübergreifende Mensch-Maschine-Schnittstelle (HMI = Human Machine Interfaces). Durch die massiv gestiegene Anzahl an elektrischen Verbrauchern nahm auch der Energiebedarf deutlich zu, sodass über elektronische Energiemanagementsysteme ein ausgeglichener Energiehaushalt sichergestellt werden musste.

Die Integration zusätzlicher Funktionen führte dazu, dass innerhalb kurzer Zeit die Zahl der Steuergeräte in modernen Fahrzeugen um den Faktor 2–3 auf etwa 40 Steuergeräte gestiegen ist (◘ Abb. 8.1). Über verschiedene Bussysteme (z. B. CAN, LIN, MOST) sind die Steuergeräte eng miteinander vernetzt.

Die gewachsenen Ansprüche der Kunden konnten im Wesentlichen durch den zunehmenden Einsatz von Elektronik befriedigt werden, deren Technologie in den letzten Jahren enorme Fortschritte zu verzeichnen hatte (◘ Abb. 8.2). Rechenleistung und Speicherdichte stiegen in den vergangenen Dekaden exponentiell an, während die relativen Hardwarekosten überproportional sanken.

Die zunehmende Bedeutung der Elektronik hat die Automobilindustrie in den letzten Jahren geradezu revolutioniert und verlief in mehreren Phasen [3]. In der Anfangsphase wurden bei der Konstruktion neuer Systeme die Eigenschaften bewusst auf die mechanischen und elektrischen/elektronischen Teilsysteme verteilt, um ein optimales Einzelsystem zu erhalten. Die Innovationsphase ist gekennzeichnet durch die Einführung der Datenbussysteme, insbesondere des CAN [4]. Die Vernetzung bildet die Grundlage der eigentlichen Revolution, da sie es ermöglicht, Funktionen auf mehrere Steuergeräte zu verteilen. Die zunehmende Integration von Mobiltelefonen in das System Fahrzeug bietet sogar die Möglichkeit, Daten mit der Umwelt auszutauschen.

Der Anteil der Elektroniksysteme an den Herstellkosten des gesamten Fahrzeugs ist stetig gestiegen. Zur Zeit liegt er je nach Ausstattungsvariante bei ca. 20 %. Die Wertschöpfung hat sich von der Mechanik zur Elektronik und Software verlagert [18]. Neuere Prognosen gehen davon aus, dass sich dieser Verlagerungseffekt weiter fortsetzen wird (◘ Abb. 8.3).

Qualitätssichernde Maßnahmen haben dazu geführt, dass die Ausfallsicherheit von Bauteilen und Teilsystemen deutlich erhöht werden konnte (◘ Abb. 8.4a). Die gestiegene Anzahl von Steuergeräten bei gleichzeitig starker Erhöhung der Funktionalität hat zur Folge, dass Anzahl und Umfang der Funktionen pro Steuergerät deutlich zugenommen haben und jedes Steuergerät zu einem Konstrukt hoher Komplexität geworden ist. Das vernetzte Gesamtsystem Fahrzeug hat vielstufige funktionale Wechselwirkungen und dynamische Abhängigkeiten, die trotz umfangreichen Wissens über Komponenten- oder Teilsystemverhalten nur schwer zu beherrschen sind. Hinzu kommt eine Heterogenität bei Bussen, Subbussen, Protokollen und Gateways sowie bei den Prozessen [16].

Von dieser Entwicklung ist nicht ein Kfz-Hersteller allein betroffen, sondern alle OEMs stehen vor derselben Herausforderung. In jüngster Vergangenheit sind die Auswirkungen besonders deutlich bei Fahrzeugen im Premiumsegment zu Tage getreten, da diese Fahrzeuge eine sehr hohe Funktionsdichte und Komplexität aufweisen, die nur noch mit großem Aufwand zu beherrschen ist (◘ Abb. 8.4b).

Elektronik wird auch künftig als wesentlicher Innovationsmotor der Automobilindustrie gesehen. Auf sie entfallen in Zukunft ca. 90 % aller Innovationen im Automobil, von denen wiederum bis zu 80 % in Software realisiert werden [19]. Um die steigende Komplexität weiterhin beherrschen zu können, müssen neue Anforderungen an Entwicklungsprozess und Technologie erfüllt werden.

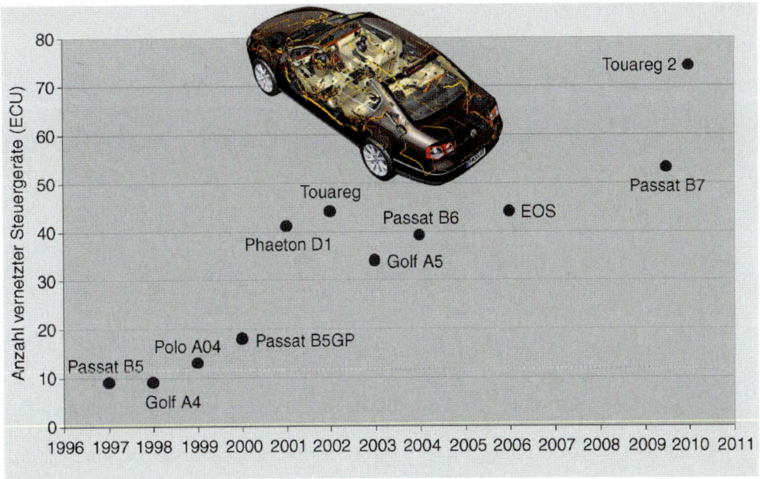

Abb. 8.1 Entwicklung der Steuergeräteanzahl in Kraftfahrzeugen, am Beispiel von Volkswagen

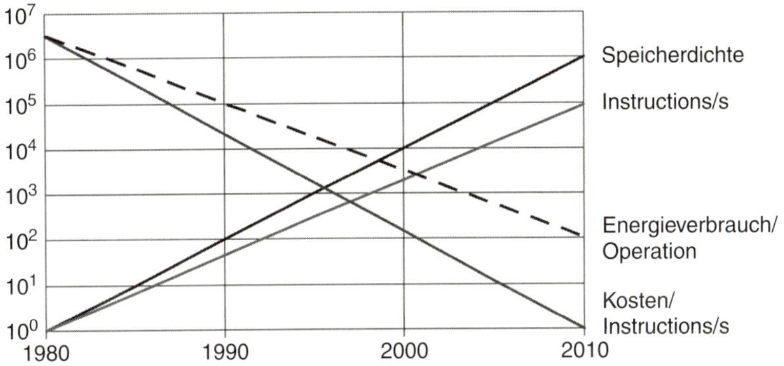

Abb. 8.2 Entwicklung von Hardware-Performance und -Kosten

8.1.2 Neue Anforderungen an Entwicklungsprozess und Technologie

Das Beherrschen der wachsenden Systemkomplexität wird für Fahrzeughersteller und Zulieferer wettbewerbsentscheidend, vor allem wenn Zeitbedarf, Kosten und Qualität des Entwicklungsprozesses betrachtet werden. Eine ganzheitliche Entwicklung der Fahrzeugelektronik wird unter Fortführung der heutigen, komponentenorientierten Bauteilentwicklung nur noch mit enormen Aufwand möglich sein, weil die Funktionen zunehmend miteinander vernetzt und auf mehrere Steuergeräte verteilt werden. Eine übergreifende Betrachtung des Systems Fahrzeug und seiner Teilsysteme ist Voraussetzung für qualitäts- und termingerechte Markteinführung zukünftiger Innovationen auf Basis einer leistungsfähigen Systemarchitektur und -integration. Dazu ist es notwendig, den Betrachtungshorizont von der Ebene der Bauteilschnittstellen auf die Ebene der Funktionsschnittstellen zu erweitern.

Diese Vorgehensweise stellt die vom Kunden gewünschte Funktion – unabhängig von der Hardware – in den Mittelpunkt der Entwicklung und bildet die Grundlage für die anschließende Umsetzung in Softwaremodule sowie deren Verteilung auf Steuergeräte. Zudem lassen sich die Softwaremodule flexibel einsetzen und wieder verwenden sowie Funktionsumfänge an die Anforderungen der je-

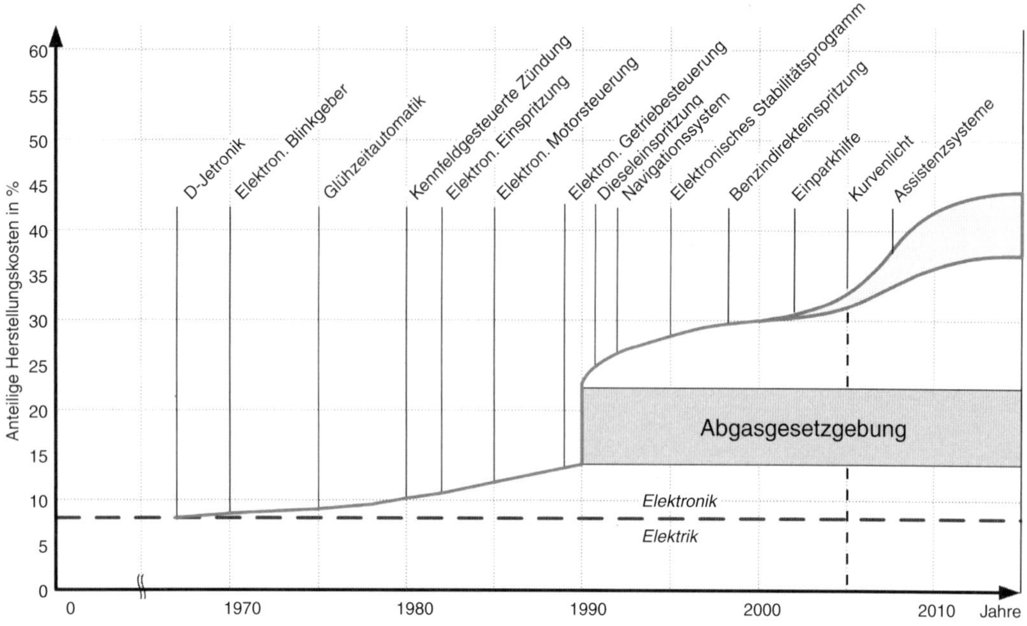

Abb. 8.3 Entwicklung der anteiligen Herstellkosten für Elektronik nach [3]

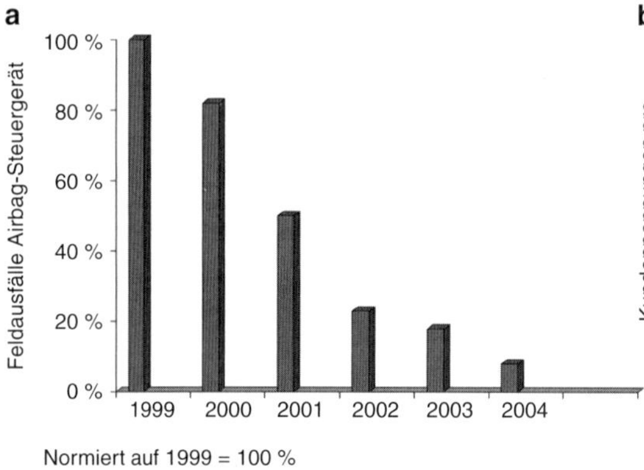

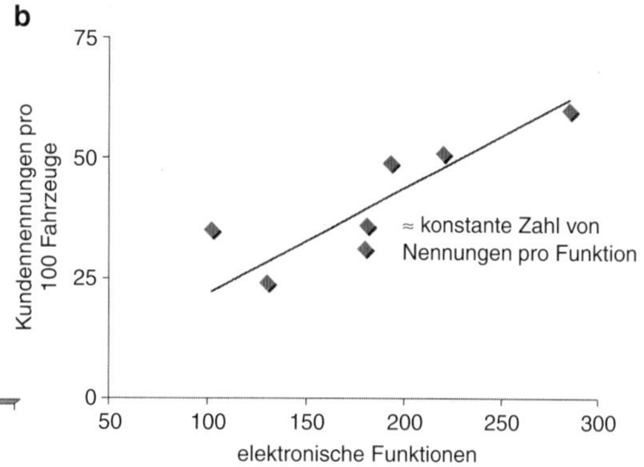

Abb. 8.4 Ausfallsicherheit am Beispiel des Airbag-Steuergeräts (**a**) [2], Qualitätsprobleme in Abhängigkeit der Zahl elektrischer Funktionen (**b**) [9]

weiligen Fahrzeugklasse vom Kleinwagen bis hin zum Premiumfahrzeug skalieren. Bisher fehlte allerdings noch eine geeignete, OEM-übergreifende und standardisierte Architektur, Softwaremodule ohne Änderungen auf unterschiedliche Hardwareplattformen verschiedener OEMs zu portieren.

Konsequentes Systems Engineering [7] unterstützt durch Standardisierung ist die Voraussetzung, sowohl die Komplexität zu beherrschen als auch kürzeren Technologielebenszyklen und steigenden Qualitäts- und Sicherheitsanforderungen gerecht zu werden. Sowohl die Spezifikation als auch die Integration softwarebestimmter Systeme muss damit zur Kernkompetenz der Automobilhersteller werden. Eine qualitätsgerechte Softwareentwicklung ist ohne strukturierte Entwicklungs-

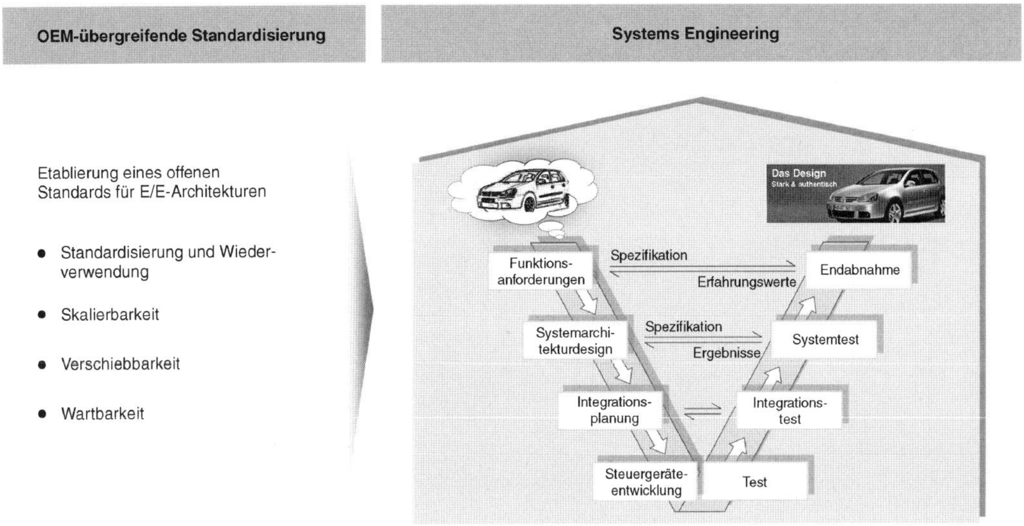

Abb. 8.5 Unterstützung des Systems Engineering durch Standardisierung

abläufe nicht mehr möglich. Die Herausforderung besteht darin, die linke und rechte Seite des V-Diagramms über die Sprossen miteinander zu vernetzen und dies in der Organisation abzubilden (Abb. 8.5).

8.1.3 Systems Engineering

Ziel des Systems Engineering ist es, sich künftigen technologischen Herausforderungen zu stellen und die Anforderungen weltweiter Märkte unter Berücksichtigung der Unternehmensentwicklung zu erfüllen (Abb. 8.6).

Dabei verfolgt das Systems Engineering den interdisziplinären Ansatz, komplexe Systeme in ihrer Gesamtheit zu verstehen, deren Komplexität zu beherrschen und diese letztendlich in hoher Qualität umzusetzen. Systems Engineering fokussiert in einer frühen Phase des Entwicklungsprozesses auf Kundenwünsche und die daraus resultierenden Funktionen. Diese Vorgehensweise erfordert eine ganzheitliche, integrierte Sicht der Anforderungen an die Fahrzeugentwicklung, die den gesamten Produktlebenszyklus, d. h. von der Fertigung eines Fahrzeugs über den Kundendienst bis hin zur Verwertung erfasst. Insbesondere sind die möglichen Einflüsse der schnelllebigen Elektroniktechnologien bei den Schnittstellenanforderungen zu berücksichtigen, da eine Fahrzeugreihe bis zu 20 Jahre betreut werden muss (Abb. 8.7). Der dazugehörige Entwicklungsprozess wird im Folgenden vertieft.

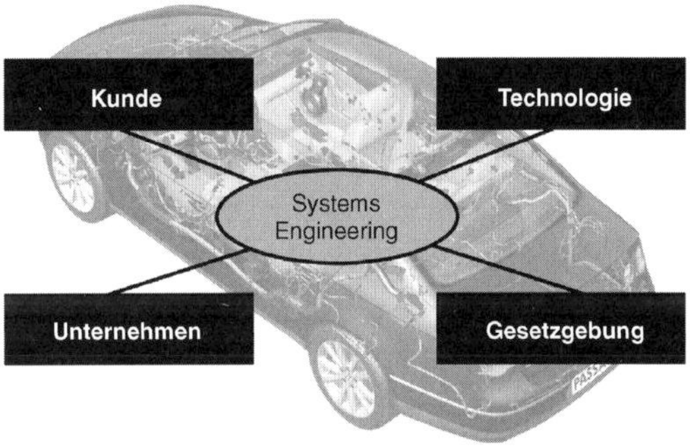

Abb. 8.6 Ganzheitliche Sicht der Produktentwicklung beim Systems Engineering

8.1.3.1 Eigenschaften des Entwicklungsprozesses

Die Ziele des Systems Engineering können nur durch eine methodische Vorgehensweise erreicht werden. Zudem ist es erforderlich, dass Vorgaben und Beschreibungen von Funktionen folgende Eigenschaften aufweisen:

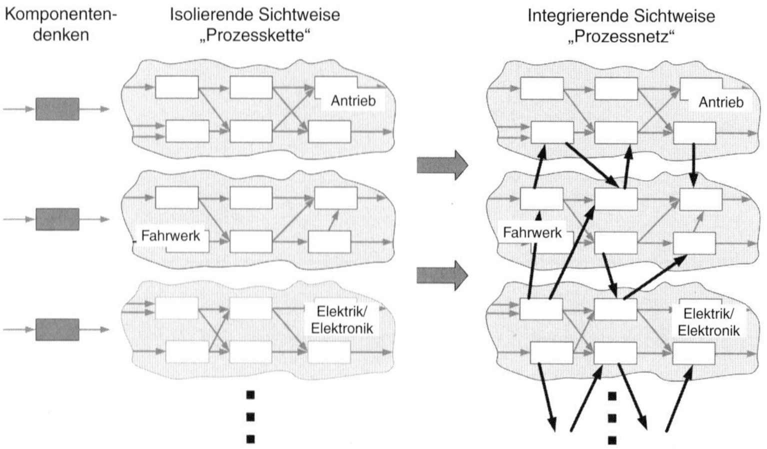

Abb. 8.7 Systems Engineering bedingt einen Wechsel von der komponenten- hin zur funktionsorientierten, domänenübergreifenden Fahrzeugentwicklung [16]

- Klarheit
- Vollständigkeit
- Nachvollziehbarkeit
- Widerspruchsfreiheit/Konsistenz
- Verbindlichkeit
- Realisierungsunabhängigkeit
- Eindeutigkeit und
- Wiederverwendbarkeit.

Die Funktionsbeschreibungen und -vorgaben können mit Hilfe des Requirements Engineering (s. u.) so verfasst werden, dass die ersten sechs Anforderungen vollständig erfüllt werden. Die Beschreibung der für den Kunden erlebbaren Funktionen steht im Mittelpunkt. Durch Modellierung und Simulation von Funktionen kann zusätzlich eine Eindeutigkeit der Funktionsdarstellung sichergestellt werden. Erfolgt die Beschreibung unabhängig von einer möglichen Implementierung, wird implizit deren Wiederverwendung ermöglicht; einmal erstellte Funktionsbeschreibungen lassen sich für Folgeprojekte verwenden, auch wenn die Technologie zur Umsetzung sich zwischenzeitlich geändert hat. Die Vorteile dieser Methodik werden insbesondere sichtbar, wenn Funktionen vom OEM spezifiziert und anschließend vom Zulieferer in Software umgesetzt werden. Anforderungsdokumente sind in standardisierter Form vorhanden und lassen keinen Spielraum für mögliche Fehlinterpretationen sowie für fehlerhafte und unvollständige Funktionsumsetzungen.

In frühen Phasen der Fahrzeugentwicklung lassen sich zum einen, unterstützt durch Rapid Control Prototyping Verfahren (s. u.) und auf Basis ausführbarer Beschreibungen, Funktionen bereits im Vorfeld erlebbar und entscheidbar präsentieren und dadurch können stabile Konzeptentscheidungen herbeigeführt werden. Zum anderen lassen sich aus präzisen und eindeutigen Funktionsbeschreibungen frühzeitig Testszenarien ableiten, um später in der Integrations- und Testphase die Umsetzung der Kundenfunktionen genau überprüfen zu können. Darüber hinaus eröffnet die Unabhängigkeit der Beschreibung neue wirtschaftliche Möglichkeiten, insbesondere beim Lieferantenmanagement und bei der Förderung des Wettbewerbs.

Die Erstellung von Funktionsanforderungen wird aber nur dann wirklich erfolgreich sein und den Reifegrad des zu entwickelnden Produkts deutlich erhöhen, wenn angemessene Methoden, Prozesse und am Ende auch geeignete Tools eingesetzt werden. Die Präzision und Nachvollziehbarkeit der Anforderungen kann durch den Einsatz von Requirements Engineering erreicht werden. Die Eindeutigkeit und auch die Beurteilbarkeit von Funktionskonzepten wird durch den Einsatz von Modellierungstechniken unterstützt, während die Erstellung von frühen Umsetzungen mit Methoden des Rapid Control Prototypings erreicht werden kann.

Diese drei methodischen Ansätze werden im Folgenden näher erläutert.

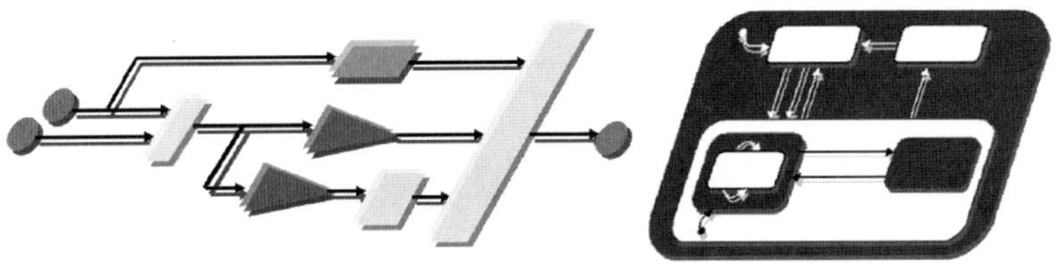

Abb. 8.8 Grafische Beschreibungstechniken [10]

Requirements Engineering Requirements Engineering (RE) ist eine Methodik mit dem Ziel, eine explizite mit allen Beteiligten abgestimmte Anforderungs- und Systemspezifikation auszuarbeiten und zu dokumentieren, die als Basis für die weitere Entwicklung dient [6]. So lässt sich u. a. die Vollständigkeit und Konsistenz von Anforderungen erreichen. Die in der Folge reduzierte Anzahl von Änderungen ermöglicht eine intensivere Bewertung jeder einzelnen Änderung. In Summe lässt sich durch diese Effekte der Reifegrad der Entwicklung beurteilen und Ansatzpunkte identifizieren, wie der Reifegrad erhöht werden kann.

Die Anforderungsspezifikation beschreibt sowohl die geforderten funktionalen als auch nicht funktionalen Eigenschaften. Wesentliches Ziel ist dabei eine detaillierte Beschreibung des Verhaltens der zu entwickelnden Funktion im Fahrzeug auf Systemebene. Es wird dabei nur die Funktion beschrieben, die für den Fahrer später auch erlebbar ist. Das Dokument selbst wird nach Themenfeldern untergliedert, insbesondere nach funktionalen und nicht funktionalen Anforderungen. Die Anforderungen sind semantisch zu analysieren, um Vollständigkeit, Konsistenz und Eindeutigkeit der Beschreibung zu gewährleisten. Die Erweiterung der Anforderungen um Modelle ist in vielen Fällen sinnvoll, um das Gesamtverständnis des betrachteten Systems zu verbessern und die Nachvollziehbarkeit der Entwicklung sicherzustellen. Die formalisierte Struktur der Anforderungsspezifikation erlaubt es, Anforderungen zu priorisieren und ihre Umsetzung und Überprüfung zu verfolgen [11].

Modellentwurf/Simulationstest Modelle bilden die Realität in abstrahierter Form nach. Der Abstraktionsgrad der Modelle richtet sich nach den jeweiligen Ansprüchen. Für die Unterstützung der Anforderungsspezifikation sind die Modelle sehr abstrakt gestaltet, um die Komplexität zu reduzieren und die allgemeinen Abhängigkeiten und Abläufe verständlich darzustellen. Soll der Inhalt der Modelle erlebbar sein, müssen die Modelle detaillierter und vor allem ausführbar gestaltet werden. Hier kommen grafische Beschreibungstechniken wie Blockdiagramme oder Zustandsautomaten zum Einsatz (Abb. 8.8). Blockdiagramme, häufig auch als Datenflussdiagramme bezeichnet, stellen kontinuierliche Daten- oder Signalflüsse dar. Beim Zustandsautomaten hingegen werden diskrete Zustände und die jeweils klar definierten Zustandsübergänge abgebildet. Trotz der grafischen Beschreibung sind diese Techniken als formal oder zumindest semiformal anzusehen, da die verwendeten Modelle weitestgehend eine formale, eindeutige Semantik haben. Das Verhalten ist exakt beschrieben und kann daher nicht falsch interpretiert werden.

Die zu entwickelnden Funktionen lassen sich mit diesen Beschreibungstechniken nach dem Baukastenprinzip zusammenstellen. Unter bestimmten Voraussetzungen ist es auch möglich, die beiden Techniken miteinander zu kombinieren. Für die Modellerstellung sind keine Programmierkenntnisse im herkömmlichen Sinne erforderlich. Die modellierten Inhalte lassen sich überprüfen, sobald die Modelle in ausführbarer Form vorliegen.

Rapid Control Prototyping/Codegenerierung Simulationen im Labor können nicht alle relevanten Testfälle abdecken. Insbesondere bei dynamischen Systemen ist eine Abarbeitung in Echtzeit am realen Prozess erforderlich. Die Interpretation der Modelle selbst erlaubt keine Abarbeitung in Echtzeit. Dazu müssen die grafischen Modelle in konkre-

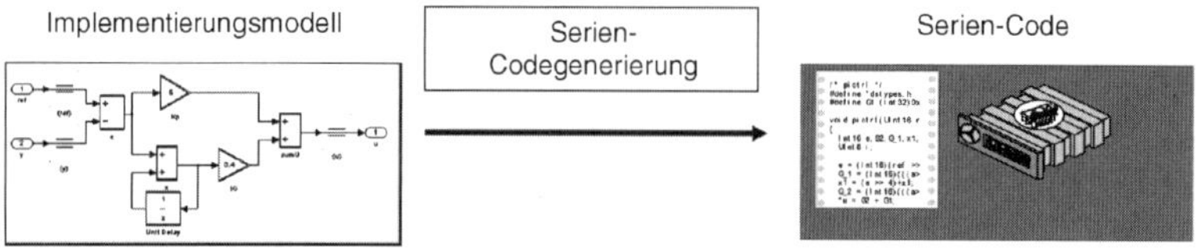

Abb. 8.9 Automatisierte Codegenerierung für den Serieneinsatz [10]

te Programmiersprachen übersetzt werden und in ein Echtzeitbetriebssystem eingebettet werden. Auf geeigneten Rechnern können die übersetzten Modelle in der realen Umgebung zuerst im Labor und anschließend im Fahrzeug erprobt werden. Diese Vorgehensweise wird als Rapid Control Prototyping bezeichnet und hat sich in den vergangenen Jahren etabliert, insbesondere bei der Entwicklung von Fahrerassistenzsystemen [21]. Dadurch können die zu entwickelnden Funktionen schon in einer sehr frühen Phase im realen Fahrzeug »erlebt« werden. Die Validierung der Modelle lässt sich realitätsnah durchführen. Zusammen mit der abstrakten Beschreibung können schnell alternative Ideen real getestet werden, sodass in der Folge ein stabiles und abgesichertes Konzept entsteht. Die Risiken und der Aufwand bei der nachfolgenden, kostspieligen Realisierung der Modelle können so minimiert werden.

Die Implementierung eines validierten Modells im Seriensteuergerät wird automatisiert mit Hilfe von Codegeneratoren durchgeführt ([10], Abb. 8.9). Hocheffizienter Seriencode kann automatisiert jedoch nur dann generiert werden, wenn die Modelle in einem angepassten Modellierungsstil erstellt sind. Dazu gehört die Beschränkung auf solche Modellierungselemente, die vom Codegenerator in effizienten Code umgesetzt werden können und mit den begrenzten Ressourcen des Seriensteuergeräts auskommen. Die Verwendung und Einhaltung von Modellierungsrichtlinien ist daher notwendig. Bei Verwendung eines seriennahen Prototyping-Systems oder des Seriensteuergeräts selbst ist ein Test in der realen Umgebung am Prüfstand oder im Fahrzeug möglich [22].

8.1.3.2 Systemintegration

Kernaufgabe des Automobilherstellers bei der Integration ist es, die Funktionssicherheit des elektronischen Gesamtsystems und insbesondere der vernetzten Steuergeräte zu garantieren. Bis vor wenigen Jahren reichte es aus, lediglich einzelne Steuergeräte unabhängig voneinander zu erproben. Heute dagegen sind in immer stärkerem Maße Erprobungen im Systemverbund erforderlich. Offene Signalschnittstellen, die im realen System durch Sensoren bzw. Aktoren bedient werden, werden durch Simulatoren nachgebildet. Zur Durchführung einer stufenweisen Integration der Elektronikkomponenten und deren Funktionsabsicherung ist ein Prozess notwendig, der aus den vier einzelnen, in Abb. 8.10 dargestellten und nachfolgend beschriebenen Testebenen besteht.

Jede Ebene hat dabei ihre eigene Testschwerpunkte. Folgende Erprobungsumfänge werden berücksichtigt:

- Simulation und Tests der Busphysik und -topologie
- Tests der Botschafts- und Signalebene
- Test des Transportprotokolls
- Entwicklung von Prüfständen und Teststrategien
- Tests realer, vernetzter Steuergeräte im Verbund
- Test der gesamten Vernetzung in einem realen Fahrzeug
- Test des Netzwerkverhaltens im Dauerlauf
- Einhaltung von Prüfnormen und -vorschriften

Testautomatisierung Um die wachsende Menge der Aufgaben im Testumfeld bei zunehmender Reduzierung der Entwicklungszeit und unter Berücksichtigung der Kosten- und Qualitätsanforderungen zu bewältigen, muss ein immer größerer Teil der Tests automatisiert ablaufen. Dadurch können Tests auch während der Nacht und am Wochenende durchgeführt werden (»Lights-out-Tests«). Der Zeitgewinn kann wiederum dazu genutzt werden, Testtiefe und Testabdeckung zu steigern. In den späten Entwicklungsphasen hat

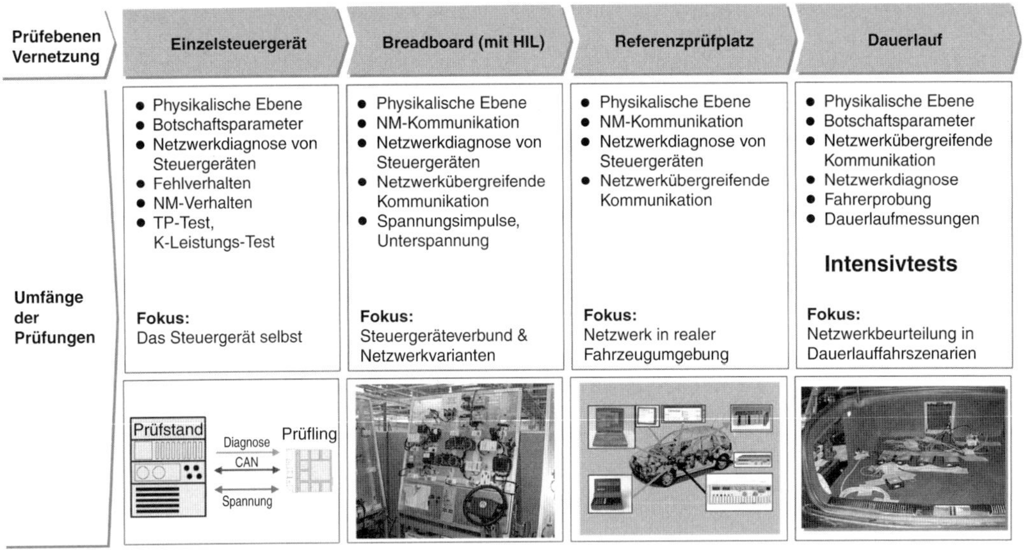

Abb. 8.10 Prüfebenen der Vernetzung [17]

sich das automatisierte Testen bereits etabliert. Die Tests der Steuergeräte werden mit Hilfe von Hardware-in-the-Loop (HIL)-Simulation durchgeführt. Dazu werden die realen elektronischen Steuergeräte in eine Simulationsumgebung eingebunden. Die Generierung der Sensorsignale sowie die Erfassung und Verarbeitung der Aktorsignale erfolgen dabei in dem echten Zeit- und Werteverhalten. Komplexe Fahrzeugkomponenten wie Motor, Getriebe oder Fahrwerk werden im Simulator über spezielle mathematische Modelle nachgebildet. Großer Vorteil dieser Simulatoren ist, dass die Tests jederzeit reproduzierbar sind. Der Nutzen von HIL-Simulation und Testautomatisierung konnte bereits in vielen Projekten nachgewiesen werden [15].

Einzelsteuergerätetest Die einzelnen Steuergeräte werden bezüglich ihres spezifischen funktionalen Verhaltens bis zur Schnittstelle geprüft. Die Schnittstelle kann entweder ein Bussystem sein oder aber aus konventionellen Signalleitungen bestehen. Für diese Tests werden HIL-Simulatoren eingesetzt. Auf diese Weise lassen sich Funktionsfehler unter Echtzeitbedingungen aufdecken, die als Einzelfehler im späteren Fahrzeugnetzwerk nur schwer zu diagnostizieren sind.

Weiterhin wird die Grundkommunikation des Steuergeräts überprüft. Um das Verhalten des Steuergeräts im Fehlerfall, vor allem bei Leitungsfehlern, zu analysieren, werden bewusst Fehler injiziert, um die Fehlertoleranz des Prüflings zu bestimmen.

Integrationstest Bei der nächsten Teststufe werden die Wechselwirkungen zwischen Funktionen verschiedener Steuergeräte und deren Kommunikation im Verbund überprüft, um festzustellen, ob sich das zusammengesetzte System den Vorgaben entsprechend verhält.

Der so genannte Breadboardtest stellt den ersten Steuergeräteübergreifenden Test eines vernetzten Systems oder Teilsystems innerhalb des Fahrzeugs dar (Abb. 8.11). Im Gegensatz zu den Komponententests werden die Schnittstellen zwischen den Steuergeräten in die Tests integriert. Dazu werden die Steuergeräte über die Bussysteme miteinander verbunden und mit Sensoren und Aktoren so funktionsnah wie möglich betrieben. Die Eingangsparameter werden über weite Bereiche variiert, die Reaktionen erfasst und ausgewertet. Zusätzlich ist die Möglichkeit der Fehlerinjektion gegeben. Der Prozess kann mit HIL-Simulatoren unterstützt werden. Für jedes Bussystem werden getrennte Breadboardtests durchgeführt.

Bei dem Referenzfahrzeugtest werden elektronische Funktionen an einem exemplarisch aufge-

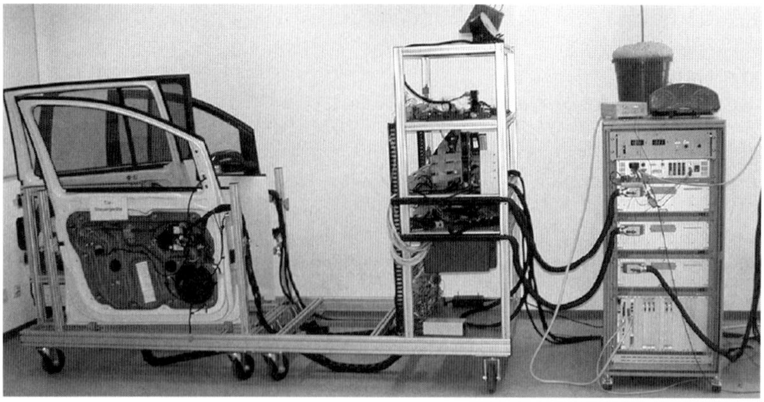

Abb. 8.11 Breadboardaufbau des CAN-Komfortsystems (inklusive Subsysteme) [17]

bauten Fahrzeug überprüft, das aus einer Fahrzeugkarosse, einem kompletten Fahrzeugbordnetz, den zugehörigen Steuergeräten sowie den Sensoren und Aktoren eines Fahrzeugprojektes besteht. Motor und Getriebe werden weiterhin mit einem eigenen Simulator nachgebildet. Ziel dieses Tests ist es, den Einsatz von Steuergeräten mit neuen Hard- und/oder Softwareversionen abzusichern. Die vernetzten Fahrzeuggrundfunktionen werden dazu nach standardisierten Testumfängen anhand des Prüfkatalogs abgeprüft. Der Schwerpunkt liegt besonders auf Funktionen, die Fahrer und Insassen wahrnehmen.

Gesamtsystemtest Die Dauerlauferprobung dient der Beobachtung und Analyse von Vernetzungsproblemen in einem realen Fahrzeug im Dauereinsatz. Die Priorität liegt dabei nicht auf den gefahrenen Kilometern, sondern auf der Betriebszeit der elektrischen Komponenten. Schwerpunktmäßig wird die Zuverlässigkeit dieser Komponenten wie Scheibenwischer oder Fensterheber bei der Bedienung getestet. Dazu wird ein aus bekannten Fahrszenarien zusammengesetzter Fahrzyklus verwendet.

Die Intensivtests stellen die letzte Station der Integration von Elektronik in ein Fahrzeug dar. Das Gesamtsystemverhalten aus Kundensicht wird in intensiven Prüfungen unter definierten Bedingungen getestet, die die möglichen Einsatzszenarien des Fahrzeugs möglichst exakt widerspiegeln und auch Missbrauchtests enthalten. So werden die Fahrzeuge in Klimakammern auf ihr Verhalten in besonders heißen oder kalten Umgebungen getestet. Es werden aber auch Messungen beispielsweise des Ruhestroms oder des EMV-Verhaltens vorgenommen. Grundlage für die Durchführung dieses Tests sind elektrisch aktuelle Fahrzeuge. Durch eine kontinuierliche Baustandsaktualisierung wird die Verfügbarkeit solcher Fahrzeuge sichergestellt.

Als Abschluss dieses Tests sind die Erprobungsfahrten zu sehen, bei denen die fertigen Fahrzeuge in realer Umgebung auf ihre Funktionsfähigkeit überprüft werden. Auch hier werden Extremsituationen ausgesucht, um das Grenzverhalten der Fahrzeuge festzustellen. Verlaufen diese Tests erfolgreich, steht der Freigabe für die Produktion dieser Fahrzeuge von Seiten des Gesamtsystemverhaltens nichts mehr im Wege.

8.1.4 Neues Technologiekonzept: AUTOSAR

Das Potenzial von Systems Engineering kann nur dann voll ausgeschöpft werden, wenn unterstützende Maßnahmen wie Standardisierungen umgesetzt werden. Seit den 90er Jahren gibt es eine Reihe von Standardisierungsbestrebungen hinsichtlich der Vereinheitlichung von Betriebssystemen (z. B. OSEK), Bussystemen (z. B. FlexRay, Most), Basis Software (z. B. HIS) und Funktionsschnittstellen (z. B. Cartronic). Ein Großteil dieser Bestrebungen wird seit Mitte 2003 unter AUTOSAR zusammengeführt und konzeptionell neu ausgerichtet.

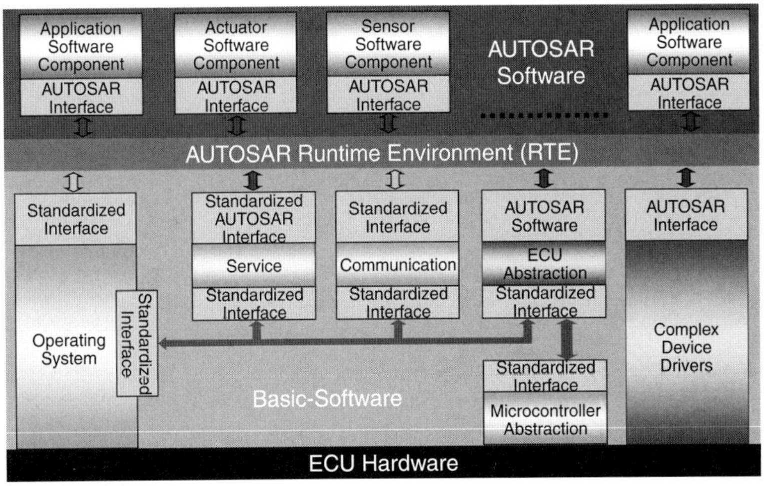

Abb. 8.12 AUTOSAR-Architektur [17]

AUTOSAR, Automotive Open System Architecture, ist eine Entwicklungspartnerschaft von Automobilherstellern und Zulieferern mit dem Ziel, gemeinsam ein standardisiertes Elektrik/Elektronik (E/E)-Architekturkonzept zu entwickeln, mit dem die steigende Komplexität der E/E-Systeme beherrscht werden kann [17].

Die AUTOSAR-Partnerschaft hat eine dreigliedrige Struktur. Sie ist unterteilt in Core Partners, Premium Members sowie Associate Members. Bis auf Associate Members können sie im Rahmen verschiedener Vereinbarungen mit spezifischen Rollen aktiv an den Entwicklungen mitwirken.

AUTOSAR soll als grundlegende Infrastruktur für das Management von Funktionen innerhalb zukünftiger Anwendungen und Standard-Software-Modulen dienen. AUTOSAR berücksichtigt die Bereiche der Karosserie-Elektronik, Antrieb, Fahrwerk, Sicherheit, Multimedia-Systeme, Telematik sowie die Mensch-Maschine-Schnittstelle. Standardisierungen haben bereits zu vielen positiven Effekten innerhalb der Automobilindustrie geführt. AUTOSAR wird diesen Nutzen für Automobilhersteller, Zulieferer sowie für Toolhersteller und neue Entwicklungspartner zur Verfügung stellen.

Die AUTOSAR-Mitglieder wollen bei Automobilelektronik speziell den Grad an Austauschbarkeit von Funktionssoftware erhöhen. Sogar zwischen den Fahrzeugplattformen der Anbieter soll sich eine gewisse Austauschbarkeit einstellen, wenn es sich um nicht wettbewerbsrelevante Funktionen, wie z. B. die Lichtsteuerung, handelt. Komplexe Anwendungen wie Informations- und Assistenzsysteme und erhöhte Komfortstandards sind zentrale Treiber für die AUTOSAR-Partnerschaft.

Die Ziele von AUTOSAR sind klar definiert. Die Implementierung und Standardisierung von Basisfunktionen soll als industrieweite Basic Software etabliert werden. Die Skalierbarkeit über Fahrzeuge, Plattformen und Hersteller ist ebenso unabdingbar wie die Integration von funktionellen Modulen verschiedener Zulieferer. Außerdem sollen Funktionen im Netzwerk verschiebbar sein.

Die AUTOSAR Steuergeräte-Software-Architektur gliedert sich in die Ebenen Applikation, AUTOSAR Run Time Environment (RTE) und Basic Software, siehe Abb. 8.12. Die Applikation wird immer funktionsorientiert spezifiziert und entwickelt. Die Implementierung der Software-Komponenten ist unabhängig von der Infrastruktur. Die Kommunikation von AUTOSAR-Softwarekomponenten erfolgt über funktionale Schnittstellen.

Das AUTOSAR RTE bildet die Kommunikationsschicht beim Datenaustausch zweier oder mehrerer Applikationen. Aber auch der Datenaustausch mit der Basic Software wird durch das AUTOSAR RTE übernommen, das jeweils für ein

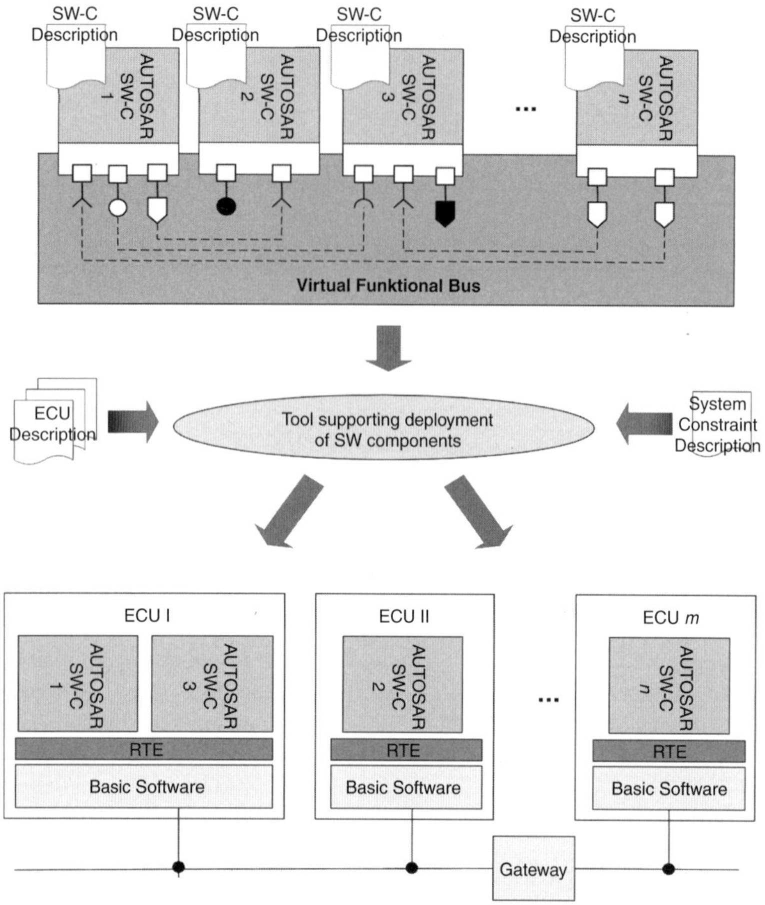

Abb. 8.13 AUTOSAR Virtual Functional Bus [17]

konkretes Steuergerät und die darin vorhandenen Softwarekomponenten generiert wird.

Die Basic Software repräsentiert die Schicht der nichtfunktionalen Standardsoftware. Dazu gehören Standarddienste wie Diagnose oder Speichermanagement. Aber auch die Bereitstellung der Kommunikation (CAN, LIN, FlexRay, I/O, etc.) wird durch die Basic Software realisiert. Wichtig ist in diesem Zusammenhang auch die Abstraktion des Microcontrollers. Zusätzlich können komplexe proprietäre Gerätetreiber notwendig sein, die parallel zur Basic Software einen direkten Zugriff auf die Hardware ermöglichen.

Die AUTOSAR-Methode definiert auch die Vorgehensweise bei der Erstellung der Systemarchitektur, die aus der formalen Beschreibung von Software- und Hardware-Komponenten abgeleitet wird, siehe Abb. 8.13. Das Zusammenwirken von AUTOSAR-Softwaremodulen wird im Entwurfsstadium mit Hilfe des »Virtual Functional Bus« überprüft. Für jedes Softwaremodul existiert eine Beschreibungsdatei, in der die Schnittstelleneigenschaften des Moduls formal beschrieben sind. Bevor das System generiert und die Software implementiert wird, lässt sich auf Basis der »Software Component Descriptions« prüfen, in wie weit das Zusammenspiel aller Komponenten und Schnittstellen funktionieren kann. Für die Hardware der Steuergeräte existiert ebenfalls eine formale Beschreibung. Die »ECU-Descriptions« enthält Informationen zu den Schnittstellen und Ressourcen der Hardware. Die »System Constraint

Description« beinhaltet die Randbedingungen für das Gesamtsystem. Auf Grundlage dieser formalen Beschreibungen der SW Komponenten, ECU-Ressourcen und des gesamten E/E-Systems kann die Verteilung der SW Komponenten auf die einzelnen Steuergeräte durchgeführt werden. Die Generierung einer geeigneten Systemarchitektur kann durch den Einsatz entsprechender Tools entscheidend unterstützt werden.

In 2004 wurde das AUTOSAR-Konzept erstellt. Mitte 2006 wurde die Spezifikationsphase abgeschlossen und die AUTOSAR-Methode endgültig definiert, so dass nach erfolgreicher Integration und Validierung Ende 2006 die Technologiereife von AUTOSAR erreicht wurde. Autosar ist seit 2009 nunmehr in Serie, zunächst in einzelnen neuentwickelten Fahrzeugsteuergeräten. Da die E/E-Architektur der vorhandenen Fahrzeuge nicht schlagartig auf die neue AUTOSAR-Architektur umgestellt werden kann, ist die parallele Verwendung von AUTOSAR-Modulen und bestehenden proprietären Komponenten von vornherein vorgesehen. Seit Ende 2009 liegt die Version 4.0 vor [25] mit Spezifikationen nun auch für Ethernet und Konzepten für Sicherheitsanwendungen (ISO-26262) und Verschlüsselungsmechanismen [26] sowie Softwareaufteilungen bei Mehrprozessoranwendungen. Bis Ende 2012 sind für ein Release 4.1 u. a. Spezifikationen für ein effektives Energiemanagement zu erwarten. Ständig neue Veröffentlichungen und Erfahrungsberichte sind unter [27] verfügbar.

8.1.5 Ausblick

Wertigkeit und Charakter moderner Kraftfahrzeuge werden zunehmend durch komplexe Softwarefunktionen bestimmt. Neue Funktionen bestehen häufig aus Teilfunktionen unterschiedlicher Zulieferer und sind nur im Systemverbund realisierbar. Die hieraus resultierende, stark wachsende Komplexität der E/E-Architektur stellt für die Automobilindustrie eine Herausforderung dar, die wettbewerbsentscheidend wird. Systems Engineering ist ein ganzheitlicher Ansatz, auf Basis einer funktionsorientierten Entwicklung die E/E-Komplexität zu beherrschen.

Hilfreich für das Komplexitätsmanagement ist die Entwicklungspartnerschaft AUTOSAR, im Wesentlichen durch deren Standardisierung von Funktionsschnittstellen und nicht wettbewerbsrelevanter Basis Software. Die Weichen sind gestellt, den Paradigmenwechsel von der steuergeräte- hin zur funktionsorientierten Entwicklung zu vollziehen und neue Geschäftsfelder zu eröffnen. Durch die klare Trennung von Hardware und Software und deren Wiederverwendbarkeit gewinnt Software als Produkt an Bedeutung.

8.2 Das Bordnetz

8.2.1 Bestandteile des Bordnetzes

8.2.1.1 Übersicht

Unter Bordnetz versteht man einen Sammelbegriff für alle zur Verbindung und Versorgung der elektrischen Bauteile eines Fahrzeuges erforderlichen Komponenten, einschließlich der zu ihrer Integration (Befestigung, Einbau) ins Fahrzeug nötigen nichtelektrischen Bauteile. Damit umfasst es wesentlich mehr als die zur Signalübertragung und Energieversorgung erforderlichen Leitungen.

Von den etwa 11.000 Teilen, die laut Stückliste eines Fahrzeugmodells der Elektrik zugeordnet werden, entfällt der weitaus größte Umfang auf das Bordnetz aufgrund seiner vielen Ausführungsvarianten (◘ Abb. 8.14). In ◘ Tab. 8.1 sind die wichtigsten Teilegruppen aufgeführt. Sie sind überwiegend in Kabelsätzen als *Fertigungsmodule* zusammengefasst, können aber auch, z. B. als Befestigungs- oder Schutzteile an der Karosserie, Aggregaten oder anderen Montageeinheiten vor Einbau der Leitungssträngen im fahrzeugbauenden Werk vormontiert werden.

Obwohl das Bordnetz scheinbar aus einfachen Komponenten in bewährten Technologien hergestellt wird, hat seine Ausführung auf die Qualität des Endproduktes Automobil einen großen Einfluss. Infolge der hohen Teile- und Variantenzahl, seiner unhandlichen Form und vieler manueller Fertigungsschritte ist die Beherrschung jedes Details nicht nur in der Konstruktion, sondern stärker als bei allen anderen Elektrikkomponenten in der

Tabelle 8.1 Bestandteile des Bordnetzes und, in Klammern, typische Teilezahlen in einem Fahrzeug der unteren Mittelklasse

Elektromechanik	Mechanik
Einzelleitungen (~ 600) Leitungen mit Aktuator/Sensor Spezialleitungen Steckgehäuse und Kontakte (~ 170/700) Potenzialverteiler Splice (Crimps, US-Verbindungen) (~ 90) Massebolzen/Verbindungen Andere Verbindungen Relais, Halbleiterschalter, Unterbrecher Elektronische Leistungsmodule (11.1) Sicherungselemente	Bänder, Schläuche, Wellrohre, Schaumrohr Kabelkanäle, Schutzelemente Befestigungselemente und Clipse Formteile, Umschäumungen Durchführungen, Tüllen Relais- und Sicherungsboxen (5)
Autarke Leitungssätze (Frontend, Cockpit, Himmel, Türen und Klappen, Sitze ...) Hauptleitungssätze	

Abb. 8.14 Elektronikkomponenten (*blau*) und Bordnetz (*braun*) eines Oberklasse-Fahrzeugs

Logistik und den Fertigungsabläufen von Bedeutung.

Die Vorgehensweise bei der Grundauslegung eines Bordnetzes hat sich über lange Zeit relativ geradlinig dargestellt. Ausgehend von der in Schaltplänen dokumentierten elektrischen Verschaltung vordefinierter Komponenten wurde in den durch die Fahrzeugauslegung vorgegebenen Kabeltrassen eine Leitungsführung entwickelt, die man bei Bedarf durch Unterteilung mittels Steckverbindungen an die Gegebenheiten der Fahrzeugmontage angepasst hat. Diese Vorgehensweise führt aufgrund des stark angestiegenen Umfangs an elektrisch/elektronischen Systemen in modernen Fahrzeugen nicht nur zu unwirtschaftlichen, sondern auch zu nicht mehr verbaubaren Lösungen. Besondere Anforderungen stellen in diesem Zusammenhang die Einführung der elektrischen Traktion, z. B. in Hy-

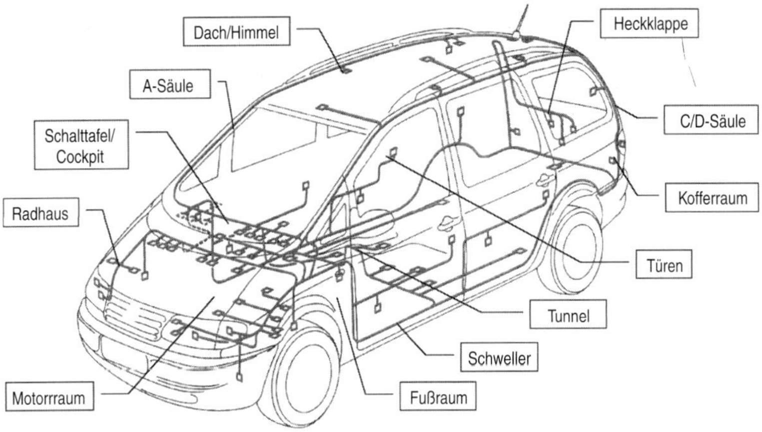

Abb. 8.15 Typische Kabeltrassen in einem Pkw

bridfahrzeugen, der Einsatz weiterer elektrischer Nebenaggregate und die damit verbundene Implementierung eines Hochleistungsbordnetzes.

8.2.1.2 Randbedingungen

Eine immer effizientere Ausnutzung des Innenraums des Fahrzeuges und die wachsende Zahl an Leitungen schränken die Freiheitsgrade des Entwicklers zunehmend ein. Da das Bordnetz keine direkte Kundenrelevanz hat, müssen im Einzelfall immer Kompromisse zugunsten anderer Anforderungen eingegangen werden. Eine gute Auslegung entsteht daher in der Regel in sehr vielen Iterationsschleifen. Darüber hinaus muss das Packaging (d. h. die Positionierung und Dimensionierung von Einbauräumen für Komponenten und Kabeltrassen) eng mit der Montagefolge des Fahrzeuges abgestimmt werden, für welche eine möglichst einfache Struktur mit wenigen Abzweigungen und parallelen Zweigen vorteilhaft ist. Die typischen Kabeltrassen in einem Pkw sind in Abb. 8.15 aufgeführt. Ihre Nutzung ist durch die Position der elektrischen Bauteile und die verfügbaren Trassenquerschnitten, aber auch durch die E/E-Architektur vorgegeben. Zu berücksichtigen sind dabei nicht nur unterschiedliche Fahrzeugvorgaben, z. B. Karosseriederivate oder Motorvarianten, sondern auch sehr unterschiedliche elektrische Funktionsausstattungen. Erschwerend kommt hinzu, dass die EMV Anforderungen aufgrund neuer Leistungsverbraucher und sicherheitskritischer elektrischer Systeme weiter steigen und eine separate Verlegung bedingen können. Darüber hinaus gelten natürlich auch für das Bordnetz die allgemeinen fahrzeugtypischen Spezifikationen.

8.2.1.3 Leitungen

Das Leitermaterial von Fahrzeugleitungen ist überwiegend Kupfer und wird als Litze ausgeführt, um eine flexible Verlegung und Robustheit gegen Vibration und mechanische Belastungen zu ermöglichen. Bei Kabelstrecken, die Biegewechselbelastungen unterworfen sind, ist ggf. eine hochflexible Ausführung mit feineren Litzen erforderlich. In selteneren Fällen wird auch verzinntes Kupfer verwendet. Als Alternative für größere Querschnitte kommt zunehmend auch Aluminium aufgrund seiner Gewichts- und Kostenvorteile zum Einsatz. Allerdings benötigt Aluminium ein größeres Volumen und erfordert aufgrund seines Fließverhaltens und der Oberflächenoxidation aufwendigere Verbindungstechnologien, z. B. Reibschweißen oder ein modifiziertes Ultraschallschweißen.

Signalleitungen müssen zur Verbesserung von Störein- und Abstrahlung verdrillt (twisted-pair) oder als Koaxialleitung eingesetzt werden. Die koaxiale Ausführung mit geflochtenem Schirm ist nur aufwändig zu verarbeiten. Man strebt leicht zu kontaktierende Einzelleiter an, was sich z. B. durch einen beigelegten zusätzlichen Leiter in einer leitfähiger Ummantelung als Verbindung zum Schirm realisieren lässt. Alternativ kommen für Signalleitungen auch optische Medien aus Kunststoff zum Einsatz, welche sehr breitbandig sind und keine EMV Probleme aufweisen. Nachteilig sind aber der begrenzte Temperaturbereich und der zusätzliche Aufwand für die Signalkonvertierung.

Weiterhin sind Schirmungen in Form von Einzelleiter- oder Mantelschirmung erforderlich für die Versorgungsleitungen von Hochleistungsverbraucher, da sonst bei Wechselspannungen von bis zu einigen 100 V und Strömen von einigen 100 A nicht akzeptable Störabstrahlungen und unkontrollierte Ableitströme auftreten.

Die Leitungsquerschnitte werden zunächst nach elektrischen Kriterien bestimmt, und zwar nach dem Spannungsabfall, welcher für den angeschlossen Verbraucher noch zulässig ist, und nach der maximalen Temperatur, welche sich unter Strombelastung einstellt. Diese darf die spezifizierte Arbeitstemperatur des Isoliermaterials nicht überschreiten und ist natürlich auch von der Umgebungstemperatur abhängig. In einer heißen Umgebung ist die Stromtragfähigkeit folglich niedriger. Ein weiteres Kriterium sind die bei der Montage auf die Leiter wirkenden Zugkräfte, welche den Einsatz von Einzelleiter mit Querschnitten kleiner 0,35 mm^2 im Fahrzeugbau praktisch verbieten. Der Querschnitt der meisten Signalleitungen ist damit nicht durch ihre elektrische, sondern die mechanische Beanspruchung bestimmt. Für spezielle Punkt zu Punkt Verbindungen wie zwischen Geräten im Infotainment Bereich werden mehradrige Spezialkabel eingesetzt. Hier werden die Zugkräfte von dem Leitungsverbund aufgenommen, so dass auch kleinere Querschnitte eingesetzt werden dürfen.

Als Isolationsmaterial wird im Fahrzeugbau nach wie vor überwiegend PVC eingesetzt. Ersatzstoffe sind aus Umweltschutzgründen seit langem in Untersuchung, konnten sich aber wegen hoher Kosten oder schlechterer Eigenschaften bisher nicht durchsetzen. PVC erreicht seine Grenzen bei hohen Umgebungstemperaturen über ca. 105 °C, wie sie zunehmend in Aggregatenähe erreicht werden. Hier können nur Elastomere (Silikon, bis ca. 150 °C), vernetzte Kunststoffe (z. B. XPE) oder PTFE (Teflon o. ä. bis > 200 °C) verwendet werden. Neben Temperatur und Umweltverhalten ist der Isolationswerkstoff noch nach Isolierfähigkeit, Flexibilität/Härte, mechanischer Belastbarkeit, Abriebfestigkeit, Medienbeständigkeit und Flammwidrigkeit den Einsatzbedingungen entsprechend auszuwählen.

Auch hier stellen Leitungen für Anwendungen mit einigen 100 V besondere Anforderungen hinsichtlich Isolierfähigkeit, Alterung durch Teilentladung und meist auch Temperaturbereich. Infolge der damit erhöhten Isolationsdicken, Schirmung und i. d. R. großen Querschnitte haben derartige Leitungen ein beträchtliches Gewicht, z. B. 656 g/m bei einem Querschnitt von 50 mm^2 und sind nur sehr eingeschränkt flexibel.

Leitungen sind in der Regel mehrfarbig kodiert, um Fertigung und Reparatur zu unterstützen. Eine standardisierte Zuordnung erfolgt i. A. für bestimmte Potenziale und Signale. Eine besondere Bedeutung kommt aus Sicherheitsgründen den Farben Gelb für Airbagsysteme und Orange für Hochvoltleitungen zu.

Neben den beschriebenen Rundleitern existieren auch unterschiedliche Formen von Flachleitern. In geeigneten Geometrien, z. B. Himmel oder Tür, bieten sie Möglichkeiten hinsichtlich Bauraum, Gewicht oder Montage. Ausführungsformen sind das FFC (Flexible Flat Cable) oder FEC (Flexible Extruded Cable) ◘ Abb. 8.16, eine laminierte oder extrudierte und als Meterware verfügbare Flachleitung mit mehreren Leitern. Nachteilig sind zusätzliche Fertigungsschritte (Crimpen, Schweißen) für Verzweigungen. FPC (Flexible Printed Circuit) sind hingegen mit einer aus der Leiterplattenherstellung abgeleiteten Technologie hergestellt. Sie erlauben auf Basis flexibler Träger eine beliebige Leiterführung in einer Ebene. Lediglich für elektrische Brücken werden zusätzliche Verbindungen benötigt. Nachteilig ist der Aufwand für größere Leitungslängen. Die Potenziale dieser noch jungen Leitersysteme liegen in der möglichen Automatisierung und der Integration weiterer elektrischer/elektronischer Komponenten, z. B. LEDs. Eine weitere Entwicklung sind massive Rechteckprofile als Leiter für hohe Ströme.

8.2.1.4 Knotenpunkte

Die Topologie des Bordnetzes beinhaltet meist mehrere im Fahrzeug verteilte Knotenpunkte, in denen Leitungsmodule über Steckverbinder gekop-

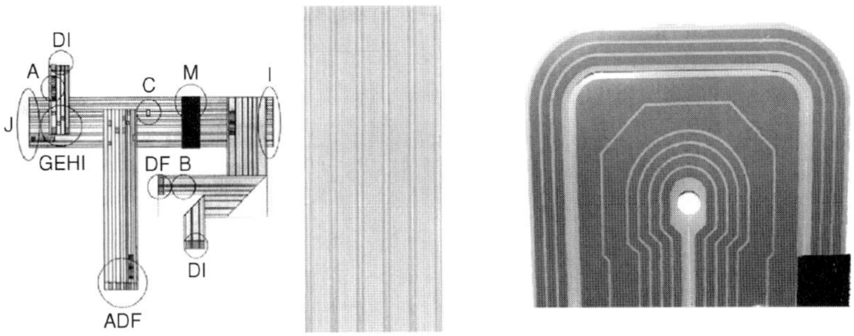

Abb. 8.16 Flachleiter FFC (*links*) und FPC (*rechts*) (Quelle: Coroplast)

pelt oder Energieleitungen verzweigt und erneut abgesichert werden. Auch sind häufig Schaltelemente oder Steuereinheiten integriert. Dies führt auf Koppelstationen (**Abb.** 8.17 oben), deren Volumen meist durch die Steckverbinder, Sicherungselemente und Relais bestimmt wird. Zur internen Verschaltung werden neben Platinen, die schnell ihre Grenzen erreichen, wenn große Ströme zu verteilen sind, Stanzgitter eingesetzt. Beide Technologien bringen den Nachteil relativ hoher Investitionskosten und langer Werkzeuglaufzeiten mit sich, so dass dort, wo große Flexibilität von Bedeutung ist, häufig eine direkte Kontaktierung und Verschaltung im Leitungssatz zum Einsatz kommt.

Aus den Anfangszeiten der Fahrzeugelektrik mit rein mechanischen Schaltern hat das Relais als elektromechanisches Funktionselement überlebt. In einer modernen Ausführung aus optimierten und automatisierten Fertigungsprozessen erreicht es akzeptable Qualitätswerte und sehr kleine Übergangswiderstände. Vornehmlich bei größeren Strömen (>10 A) und Umschaltern hat es noch Kostenvorteile gegenüber den alternativ eingesetzten Halbleiterschaltern. Es wird in Relais-, Verteil- und Sicherungsboxen verbaut und mit dem Leitungsstrang verbunden, allerdings infolge der Verbreitung elektronischer Steuerungen im klassischen Energieverteilungsbereich zunehmend auch in elektronische Steuergeräte (»Bordnetz-Steuergeräte«, »intelligente Leistungsmodule«, »Schalt- und Auswerte-Modul«) integriert (**Abb.** 8.17 unten).

Durch den Aufbau auf Platinen lassen sich wesentlich kompaktere Baugruppen realisieren, da Sockel und Kontakte entfallen, Signalverteilung im Layout statt über Einzelleiter umgesetzt wird so-

Abb. 8.17 Bordnetzkomponenten: einfache Relais-/Sicherungsbox (*oben links*), Bordnetzsteuergerät mit Elektronik, Schmelzsicherungen, Relais und Steckeraufnahmen, geöffnet (*unten links*), verschiedene Bauformen elektromechanischer Relais (*oben rechts*)

wie die Steuerlogik in Form eines Mikrocontrollers und elektronische Schaltelemente integriert werden können.

8.2.1.5 Sicherungen

Sicherungselemente unterbrechen den Stromfluss im Fehlerfall. Ihre Aufgabe muss immer mit Priorität der Leitungsschutz sein, sodass sie nach elektrischer Belastung und thermischen Eigenschaften der nachgeschalteten Leitungen zu dimensionieren sind. Während in früheren Fahrzeugen oft aus Kostengründen Kompromisse im Absicherungskonzept eingegangen wurden und man sich auf die leistungsführenden Leitungen beschränkte, hat das gestiegene Qualitäts- und Sicherheitsbewusstsein dazu geführt, dass ein – wie in anderen Bereichen der Elektrotechnik üblich – konsequentes Absicherungskonzept allgemeiner Standard ist. Hierdurch bedingt hat die Zahl der Sicherungselemente im Fahrzeug deutlich zugenommen.

Schmelzsicherungen sind mit Abstand die preisgünstigste Ausführung. Dort, wo nur die reine Sicherungsfunktion gegen Leitungsfehler (Kurzschluss o. ä.) zu realisieren ist, werden sie fast ausschließlich verwendet. Ihr Hauptnachteil, die irreversible Auslösefunktion, ist wegen der niedrigen Auftretenswahrscheinlichkeit meist akzeptabel. Es besteht nur die Einschränkung, dass sie in für den Nutzer einfach zugänglichen Bauräumen verbaut werden müssen. Ihre Auslösecharakteristik kann gut der zu schützenden Leitung angepasst werden. Soll die Sicherung auch Geräteschutzfunktionen übernehmen, z. B. den Schutz eines Verstellmotors gegen Überlastung bei Blockierung (festgefrorene Wischer, Fensterheber u. ä.), werden reversible Elemente wie »Circuit Breaker« mit thermischer Auslösung über Bimetallkontaktstreifen verwendet. Für kleinere Ströme kommen auch rücksetzbare Sicherungen aus leitfähigen Polymeren (Markennamen »Polyswitch«, »Polyfuse«) zum Einsatz. Bei Überschreitung des Auslösestromes brechen die Polymerketten auf, was zu einer drastischen Erhöhung des Längswiderstands führt. Mit Rücknahme des Laststroms und nach Abkühlung des Elementes kehrt das Material in seinen Ausgangszustand mit guter Leitfähigkeit zurück. Auch ein bereits vorhandener Halbleiterschalter mit Stromsensorik und entsprechender Ansteuerung kann mit der zusätzlichen Funktion Absicherung genutzt werden.

8.2.1.6 Steckverbindungen

Man unterscheidet Steckverbindungen nach ihrem Verwendungszweck als Kupplungen und Geräteanschlüsse. Sie bestehen generell aus dem Gehäuse und dem Kontaktteil, das den Strom führt. Das Gehäuse erfüllt folgende Aufgaben:

- Elektrische Isolation zwischen den Kontakten: Bei hohen Spannungen bzw. hohen Eingangsimpedanzen der angeschlossenen Geräte müssen Kriechströme unterbunden werden. Ursachen sind i. d. R. Feuchtigkeit oder leitfähige Stäube auf der Gehäuseoberfläche, welchen durch entsprechend dimensionierte Kontaktabstände oder zusätzliche Stege zur Verlängerung der Kriechstrecke entgegengewirkt wird.
- Mechanischer Schutz der Kontakte: Das Gehäuse muss durch Materialwahl und Konstruktion allen bei Montage (Trittfestigkeit) und im Betrieb auftretenden Krafteinwirkungen widerstehen können. Eine wichtige Fehlermöglichkeit, die Verbiegung der Kontakte z. B. bei schrägem Zusammenführen der Steckgehäuse (*Kojiri-Test*), lässt sich durch lange Gehäuseführungen oder zusätzliche Nut-Steg-Führungen verhindern. Bei hohen Ansprüchen (Airbag-Steckverbinder) wird u. U. auch der Schutz bei offenem Steckverbinder gefordert, dann sind mit Scharnieren am Gehäuse angebundene oder lose Schutzhauben sinnvoll.
- Führung und Fixierung des Kontaktes: Die Kontaktkammern sind so zu dimensionieren, dass das Kontaktelement beim Steckvorgang gerade so viel Bewegungsfreiheit hat, dass es sein Gegenstück findet, ein Stoß auf Kanten aber ausgeschlossen ist. Zur Aufnahme der beim Fügevorgang oder bei Zug an der Leitung entstehenden Kräfte stützt sich das Kontaktelement mittels Rasthaken oder der Kontaktschulter am Gehäuse ab (»Wirkebene« in ◘ Abb. 8.18). Bei Einschubkontakten kann die Abstützung über die Kontaktschulter nur durch ein parallel zur Wirkebene nach Kontaktmontage eingeführtes Teil realisiert werden. Diese sog. *Sekundärverriegelung* stellt zwar einen Zusatzaufwand dar, ist jedoch zur Realisierung hinreichend großer Kontaktkräfte sinnvoll. Sie wird gleichzeitig zur Absicherung des gesamten Montagevorgangs der Steckverbindung genutzt.
- Zugentlastung für den Kontakt: Um die Zugkräfte auf die Verbindung von Leitung und Kontakt oder die Belastung der Kontaktverriegelung zu begrenzen, kann eine Zugentlastung, z. B. einfach durch Anwickeln bzw. Kabelbinder zwischen Leitung und einer passenden Ausformung des Gehäuses erforderlich sein.

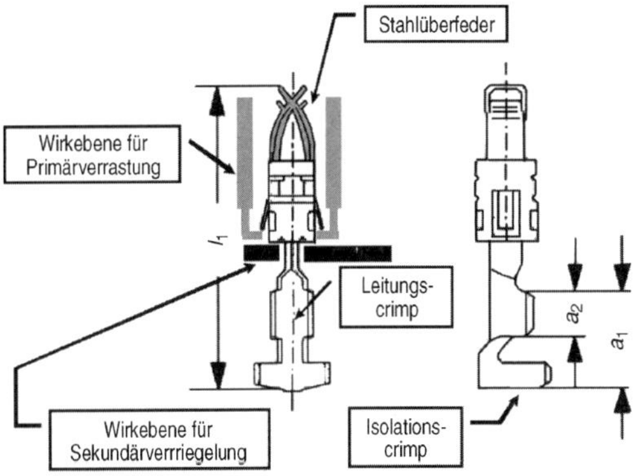

Abb. 8.18 Funktionselemente eines Flachkontaktes

- Abdichtung der Kontaktelemente: Zu unterscheiden sind die Dichtungen Stecker zu Gegenstecker und Leitung zu Steckergehäuse. Für Erstes stellt das radial über mehrere Lippen wirkende elastische Dichtelement das sicherstes Dichtprinzip dar. Die früher meist verwendeten axial (in Steckrichtung) wirkenden Dichtungen sind empfindlich gegen Fremdkörper, da diese die Dichtlippe anheben und damit in kleinen Bereichen öffnen. Die Dichtung zwischen Leitung und Gehäuse erfolgt optimalerweise ebenfalls radial durch sogenannte *Seals*, zylindrische Silikonkörper mit radialen Dichtlippen und einer Bohrung, durch die die Leitung geschossen und die dann in die rohrförmige Gehäuseaufnahme gepresst werden. Bei hochpoligen Steckverbindern werden auch Silikonmatten oder Gele verwendet. Einzelne Hersteller setzen auch Gussmassen ein. Dichtungen sollten immer innerhalb des Gehäuses liegen, um den Schutz der empfindlichen Lippen gegen Außenwirkung zu gewährleisten.
- Dämpfung mechanischer Schwingungen: Besonders Niederdruckkontakte sind empfindlich gegen Mikrobewegungen der Kontaktzone, wie sie bei Einkopplung von Vibration vom Gehäuse oder von der Leitung entstehen können. Schwingungen werden oft durch die o. g. Seals ausreichend gedämpft, reicht dies nicht aus, muss die Leitung fest an das Gehäuse gekoppelt werden (z. B. mit der Zugentlastung), dann allerdings ist auch auf eine feste Verbindung des Gehäuses mit dem Gegenstück zu achten.
- Verbindung der Steckelemente: Im Fahrzeugbereich am meisten verbreitet sind bei Kunststoffgehäusen einfach aus dem Grundmaterial im Spritzvorgang hergestellte Verriegelungsarme oder solche aus Federstahl. Sie verrasten auf Nasen auf dem Gegenstück und sollten gegen Verhakeln im Leitungsstrang durch Kammern oder Stege geschützt sein. Bei hochpoligen Verbindungen werden Hebelarme eingesetzt, die über eine Kulissenführung oder einen Zahntrieb die Steckkräfte herabsetzen. Speziell hochpolige Trennstellen im Feuchtraum werden auch mit Bajonettverschlüssen ausgeführt. Sie benötigen mehr Raum für die Montage, sind aber gut abzudichten und zu handhaben. Unabhängig vom Prinzip ist eine wirksame haptische, akustische und ggf. optische Rückmeldung über die korrekte Verriegelung entscheidend. Auch sollte eine stabile Halbsteckung nicht möglich sein, z. B. indem durch geeignete Rückstellkräfte eine solche Verbindung sich wieder löst.
- Codierung der Steckverbindung als Sicherheit gegen Fehlsteckung. Eine einfache Farbcodierung ist hilfreich, aber nur als Montagehilfe geeignete. Wesentlich prozesssicherer sind Formcodierungen, bei welchen Gehäuseform oder Stege eindeutig auf das Gegenstück abgestimmt sind.
- Gehäuse von Schneid-Klemm-Verbindern werden mehrteilig ausgeführt. Beim Fügen der Gehäusehälften werden die Leiter in die Kontaktschneiden gedrückt.

Darüber hinausgehende Anforderungen werden an Hochvolt-Steckverbinder gestellt:

- Die Schirmung von der Leitung bis zur anzuschließender Komponente ist durch den Steckverbinder sicherzustellen,
- Der Berührschutz leitender Teile muss gewährleistet sein (Abb. 8.19 zeigt ein Ausführungsbeispiel für Kontakte),
- und die Montage unter Spannung muss verhindert werden. Hierfür wird z. B. konstruktiv eine »Verlangsamung« der Demontage sichergestellt und mittels in den Steckverbindern zusätzlich

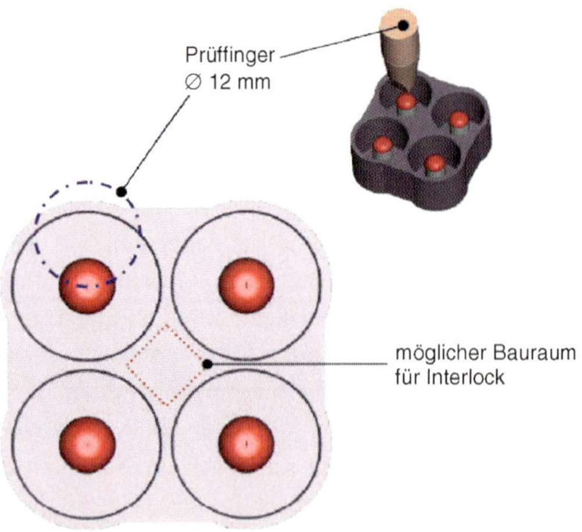

Abb. 8.19 Berührschutz für Kontakte durch Isolation der Kontaktspitzen (Quelle: Tyco Electronics)

eingebauten Interlock-Kreisen eine rechtzeitige Abschaltung eingeleitet.

Steckverbindungen werden im Bordnetz manuell gefügt. Die Verbindungselemente sollten konstruktiv so ausgeführt sein, dass alle infolge der Prozessunsicherheiten möglichen Fehler verhindert werden. Praktisch lässt sich dies realisieren, indem alle Montageschritte so abgesichert werden, dass im Fehlerfall der nächste Arbeitsgang nicht vollzogen werden kann. Am Beispiel der Sekundärverriegelung (Abb. 8.18) lässt sich dies Prinzip gut darstellen: Wird der Kontakt nicht so weit in das Gehäuse eingeschoben, dass die Federn im Gehäuse verrasten, steht sein Kasten über die Wirkebene der Sekundärverriegelung hinaus und verhindert das Einschieben des Verriegelungsteils. Dies ragt damit seitlich aus dem Gehäuse und blockiert das Aufsetzen des Steckers auf sein Gegenstück. Sowohl eine einfache Sichtkontrolle als eine Durchgangsprüfung zeigen den Fehler auf.

8.2.1.7 Kontakte

Eine Kontaktierung erfolgt über ein elastisches System aus Stift und Hülse. Die Funktionselemente eines Kontaktteils sind, Abb. 8.18

a) die **Kontaktzone**, auszulegen nach
   - dem Konstruktionsprinzip: verbreitet für normale Signal- und Energieübertragung sind *Rund-* und *Flachkontakte*. Hohe Ströme (> 100 A) oder spezielle Anforderungen wie Schirmung führen zu Sonderaufbauformen. Speziell am Aggregat und an Fahrwerksteilen sind Kontakte extrem durch Vibration beansprucht. Mikrobewegungen der Kontaktzone erzeugen hohen Verschleiß und führen zu vorzeitigem Ausfall. In solchen Fällen werden vornehmlich Hochdruckkontakte eingesetzt.
   - dem Material und ggf. der Oberflächenbeschichtung: üblich sind Messing, Bronze oder Speziallegierungen, mit Oberflächen aus Zinn oder, speziell für niedrige Ströme, aus Gold,
   - den Federeigenschaften: bei guten Kontaktmaterialien verändern sich die Federeigenschaften durch Relaxation mit der Zeit, daher werden bei hochwertigen Kontakten die Kontaktkräfte über ein unabhängiges Element, eine Stahlüberfeder erzeugt. Sie werden so dimensioniert, dass bei gutem Übergangswiderstand die Steckkräfte noch akzeptabel sind,
   - der Strombelastung: sie bestimmt die Kontaktgröße, bei Flachkontakten wird sie durch die Breite des Messerteils gekennzeichnet. Verbreitet sind die Größen 0,63 mm (< 3 A), 1,5 mm (< 10 A), 2,8 mm (< 20 A), 4,8 mm (< 35 A) und 9,5 mm (< 70 A).

b) dem **Leitungsanschluss:** Das früher verbreitete *Löten* wird nur noch geräteintern (Leiterplattenanschluss) verwendet, da *Crimpen* (Abb. 8.23/▶ Abschn. 8.2.2.2) bei richtig ausgelegtem Fertigungsprozess, wie er mit modernen Anschlagautomaten gewährleistet ist, nicht nur preisgünstig, sondern auch qualitativ ohne Einschränkungen einsetzbar ist. Ein guter Crimpanschlag ist zweiteilig. Auch Ultraschallschweißen wird vereinzelt eingesetzt. Für die mechanische Sicherung der Leitung wird i. d. R. noch eine Fixierung auf der Isolation, der sogenannte Iso-Crimp, vorgenommen.

c) der **Gehäuseaufnahme:** *Einschubkontakte* benötigen Rastfedern, die den Kontakt nach dem Einschieben im Gehäuse fixieren. Bei Einsatz einer *Sekundärverriegelung* muss das Kontaktgehäuse so gestaltet werden, dass das Verriegelungselement vorbeigeführt werden

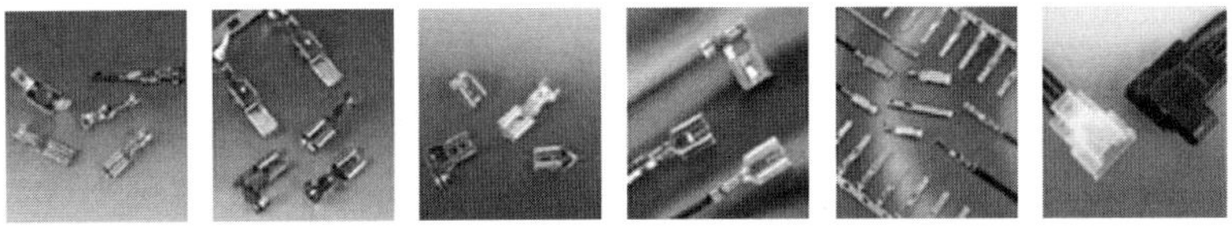

Abb. 8.20 Kontaktausführungen (Quelle: GHW)

und Zugkräfte aufnehmen kann (Abb. 8.20). *Schneid-/Klemm-Kontakte* werden unmittelbar formgebend im Gehäuse fixiert.

Die genannten Stromwerte stellen nur Richtwerte bei normalen Umgebungsbedingungen dar. Wird der Kontakt unter hohen Umgebungstemperaturen wie z. B. im Motorraum eingesetzt, muss er nach der *Derating-Kurve* dimensioniert werden. Sie gibt die Stromtragfähigkeit in Abhängigkeit von der Umgebungstemperatur wieder und ist abhängig vom Übergangswiderstand, welcher die thermischen Verluste bestimmt, und der Wärmeableitung aus der kritischen Kontaktzone. Da die Verlustleitung im Wesentlichen vom Leiter aufgrund seiner guten Leitfähigkeit abgeführt wird, lässt sich die zulässige Belastung eines Kontaktes durch Überdimensionierung der angeschlagenen Leitung erhöhen. Größere Leitungsquerschnitte können auf diese Weise durchaus auch zur gezielten Kühlung der angeschlossenen Komponente beitragen.

Das wichtigste elektrische Auslegungskriterium ist der Spannungsfall am Kontakt, dessen Rückwirkungen auf den Stromkreis zu bewerten sind. Der Widerstand im Starterkreis beispielsweise darf Werte von wenigen Milliohm nicht überschreiten, was einen Strompfad über mehrere Kontakte praktisch verbietet. Aus dem Prüfplan (Tab. 8.2) sind weitere Kriterien ersichtlich.

8.2.2 Auslegungskriterien

8.2.2.1 Bestandteile einer qualitätsorientierten Bordnetzauslegung

Fehlerquellen Aufgrund der hohen Teilezahl, verbunden mit vielen manuellen Fertigungsschritten sowohl bei der Herstellung des Kabelbaums als auch beim Einbau in das Fahrzeug, ist das Bordnetz eine der Hauptfehlerquellen in jeder Qualitätsstatistik. Ursachen für Schäden, die sich entweder als Unterbrechung oder Kurzschluss zeigen, sind

- lockere Kontakte infolge nicht gesteckter oder nicht verrasteter Steckverbindungen,
- mechanische Beschädigung der Isolation durch Scheuern: Besonders gefährlich sind Bewegungen an scharfen Blechkanten, oder – vornehmlich bei Verlegung im Außenraum wie z. B. im Radhaus – durch Sand, Split u. ä.,
- Bruch des Leiters durch Dauerbewegung: Kritisch an Übergängen zu Türen und Klappen sowie zum Aggregat und Fahrwerkteilen,
- Ausfall der Verbindung durch Überhitzung: Entweder elektrisch durch zu hohe Strombelastung oder durch Umgebungstemperaturen, die die Materialgrenzwerte überschreiten,
- Korrosion an Kontaktelementen: Wassereintritt ist selbst bei abgedichteten Steckgehäusen z. B. durch Kapillarwirkung über mehrere Meter im Leiter beobachtet worden.

Gute Qualitätswerte lassen sich nur durch konsequente Detailarbeit erreichen. Die konstruktive Auslegung muss nicht nur die Beanspruchungen im Betrieb, sondern gleichermaßen während Fertigung und Montage berücksichtigen. Infolge der vielen möglichen Fehlerursachen sollte sie fehlertolerant sein.

Leitungsverlegung Im Bereich der Leitungsverlegung bedeutet dies, die Kabelstränge so präzise zu führen, dass Berührung mit kritischen Teilen sicher ausgeschlossen werden kann und ein möglicher Schaden bei Fehlverbau trotzdem durch Schutzelemente wie Bandagierung, Schläuche, Wellrohre oder Kabelkanäle verhindert wird.

Insbesondere der Hauptleitungsstrang muss aufgrund seiner Größe und vielen Verzweigungen eng toleriert werden. Hierzu muss er in Bereichen mit großen Krümmungen und engen Platzver-

Tabelle 8.2 Prüfplan für Kontaktsysteme nach DIN 46249

Mechanische Prüfung	Elektrische Prüfung	Thermische Prüfung	Korrosions-Prüfung
Aufsteckkraft	Kontaktspannungsabfall	Stromerwärmung 1 Stunde	Spannungsabfall
Abziehkraft	Crimpspannungsabfall	Feuchte Wärme 2 Tage	Korrosion Salznebel 96 Stunden
Ausziehkraft		Temperatur-/Stromwechselprüfung 500 Stunden	Korrosion Schadgas SO_2
		Spannungsabfall	Spannungsabfall

hältnissen dreidimensional vorgeformt sein. Dies erreicht man mit Kunststoff-Formteilen, die gleichzeitig die Einzelleitungen zusammenfassen und schützen. Zur exakten Positionierung des Leitungssatzes im Fahrzeug müssen Aufnahmepunkte an der Karosserie (Schweißbolzen, Löcher) und am Leitungssatz (Clipse, Aufnahmen an den Kabelführungen) eng toleriert gesetzt werden. Freie Befestigungspunkte z. B. mit Kabelbindern, die früher üblich waren, dürfen nur an unkritischen Stellen wie an Zwischenpunkten langer geradliniger Trassen (z. B. im Schwellerbereich) vorgesehen werden, da sie keine Sicherheit gegen Fehlmontage (ungenaue Position, »Vergessen« des Montageschrittes) bieten.

Abbildung 8.21 zeigt anhand der Zunahme verschiedener Elemente der Leitungsverlegung eines Fahrzeugmodells den dramatischen Anstieg der Anforderungen in diesem Bereich. Obwohl sich hier auch das Wachstum des Umfangs an Fahrzeugelektrik abbildet, überwiegt der Einfluss durch den in dieser Zeit vorangetrieben Qualitätsanspruch.

Für bestimmte Sonderleitungen wie Koaxialkabel und insbesondere Lichtwellenleiter, die zur Vernetzung der Infotainment-Komponenten eingesetzt werden, müssen Mindestbiegeradien eingehalten werden, da sie sonst entweder mechanisch geschädigt oder Signale zu stark bedämpft werden. Erreicht wird dies durch geschickte Trassenwahl, meist ist der Einsatz von Formteilen unumgänglich, um auch beim Handhaben der Leitungssätze eine Beschädigung sicher auszuschließen.

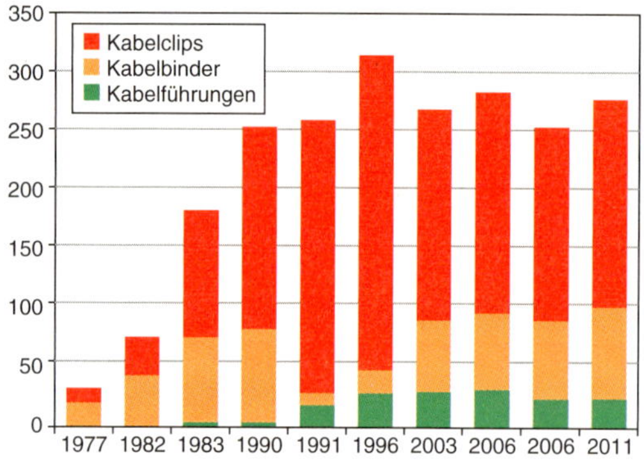

Abb. 8.21 Entwicklung der Zahl der Befestigungsteile des Bordnetzes über drei Dekaden

Für den thermischen und mechanischen Schutz, die Vermeidung von Störgeräuschen und, im sichtbaren Bereich, auch aus Designgründen werden leitungsstrangseitig unterschiedliche *Bänder, Schläuche, Wellrohre* und *Kabelkanäle* genutzt. Für spezielle Anwendungen, z. B. im Radbereich, kommen auch umspritzte oder umschäumte Leitungen zum Einsatz. Karrosserieseitig lassen sich als Schutzmaßnahmen z. B. *Sicken* oder *Wärmeschutzbleche* vorsehen und, soweit als möglich, scharfe Kanten vermeiden. Weitere Elemente sind *Tüllen und Faltenbälge,* die Leitungen an Übergängen zwischen Bauräumen (Karosserie zu Türen, Deckeln …) gegen mechanische Beanspruchung, Staub und Feuchtigkeitseintritt schützen.

Ähnliche Funktionen erfüllen *Durchführungen.* Die Löcher bzw. Ausschnitte in Karosserieblechen,

Abb. 8.22 Ablängen von Einzelleitungen (Quelle: VW Bordnetze GmbH)

die zur Durchführung von Leitungen erforderlich sind, weisen oft die vielfache Fläche des Kabelquerschnitts auf, um bei der Montage das Durchfädeln der Steckverbinder zu ermöglichen. Kritischer Einsatzfall ist aufgrund der hohen Leitungszahl die Durchführung vom Innen- zum Motorraum. Neben der sicheren Abdichtung des Leitungssatzes zum Blech muss auch der Feuchtigkeitseintritt durch Kapillarwirkung zwischen den Einzelleitern verhindert werden. Dies erfolgt z. B. durch Bandagierung, elastische Massen, Verguss oder Umschäumung

Weitere Qualitätsfaktoren Für eine hohe Produktqualität sind darüber hinaus schon bei der Konstruktion des Bordnetzes folgende Gesichtspunkte zu berücksichtigen:

- Unterstützung der Fertigung: Zu verwenden sind weitgehend standardisierte Komponenten nach dem Stand der Technik (Haptik, Robustheit). Eindeutige Codierungen von Steckern und Leitungen sind vorzusehen. Prozessparameter der Verarbeitungsmaschinen sind zwingend zu beachten, weniger robuste (z. B. Doppelanschläge) oder exotische Prozesse sind zu vermeiden und Möglichkeiten der Automatisierung sollten genutzt werden. Die Topologie des Bordnetzes schließlich hat einen wesentlichen Einfluss auf die Modularisierung der Fertigung und damit auf die Darstellung der Produktvarianz und sollte daher nicht nur nach der Funktion ausgelegt werden.
- Absicherung der Montage: Diese Anforderung bedingt viele Detaillösungen; beispielhaft seien einige allgemeine Maßnahmen aufgelistet: Eindeutige und prozesssichere Verlegung sowie Codierung der Steckverbinder, robuste Komponenten, sichere Erkennbarkeit von Fehlern, sinnvolle Verpackung und Montagehilfen, Vorformung kritischer Bereiche und nicht zuletzt Absicherung der Variantensteuerung.

8.2.2.2 Leitungsstrangfertigung

Die Arbeitsschritte bei der Fertigung eines Fahrzeug-Bordnetzes sind:

◘ Abb. 8.23 Crimpen: Verbindung von Kontakt und Leitung (Quelle: VW Bordnetze GmbH)

- **Leitungen:** Das Ablängen, Abisolieren und Crimpen der Leitungen sowie das optionale Setzen von Dichtungen geschieht automatisiert (◘ Abb. 8.22). Bei der kritischen Crimpverbindung von Leiter und Kontakt muss eine robuste und gasdichte Verpressung aller Litzen mit dem Crimp (◘ Abb. 8.23) gewährleistet werden. Die notwendige Prozesssicherheit erfolgt i. d. R. durch eine Überwachung von Kraft und Weg der Crimpstempel, um so alle Fehler und Toleranzen ausschließen zu können. Während der gesamten Verarbeitungskette ist eine Beschädigung der offenen Kontakte unbedingt zu vermeiden.
- **Splice vorfertigen:** Verbindungen innerhalb des Kabelbaums sollen nur wenig Bauraum beanspruchen und besonders zuverlässig sein, da sie nach der Montage nicht mehr zugänglich sind. Bewährt hat sich hier die *Ultraschallverschweißung*, die ebenfalls prozessoptimierte Automaten verlangt. Weiterhin eingesetzt werden *Quetschverbinder*.
- **Konfektion:** Das Zusammenlegen der Einzelleitungen zu Leitungssätzen geschieht fast ausschließlich manuell auf so genannten *Legebrettern* (◘ Abb. 8.24). Ansätze zu Automatisierung wurden in den 1980er Jahren intensiv verfolgt, haben aber zu sehr komplexen und teuren Maschinen geführt. Parallel dazu setzte die Verlagerung der Produktionsstätten in Niedriglohnländer ein, so dass aus überwiegend wirtschaftlichen Gründen trotz aller Prozessrisiken die manuelle Fertigung beibehalten wurde. Lediglich einfache Leitungsstrangtopologien werden automatisiert hergestellt.
Steckverbinder und Kabelführungen werden auf den *Legebrettern* fixiert, die Leiter in gabelförmige Aufnahmen eingelegt, Kontakte gesteckt und Inline-Verbindungen hergestellt. Der Strang wird abschließend umwickelt bzw. mit weiteren Schutzelementen versehen. Präzise Vorgaben auf dem Legebrett sind die Voraussetzung für eine eng tolerierte Formgebung, welche für Bereiche mit komplizierter Leitungsverlegung auch dreidimensionale sein kann. Das Ergebnis dieses Prozesses sind fertige Leitungsstränge oder auch Vorprodukte (Fertigungsmodule).
- **Fertigung aus Modulen:** Um den Konflikt zwischen kostengünstiger Großserienfertigung und fahrzeugspezifischer Ausführung des Kabelbaums zu lösen, teilt man diesen in mehrere Fertigungsmodule mit wenigen Ausführungsformen auf, aus denen dann der fahrzeugspezifische Kabelbaum aufgebaut wird. Die Fertigungsschritte sind wie zuvor, ergänzt um die elektrische Verschaltung. Module können mit zeitlichem Vorlauf in großen Losen gefertigt werden, aus Kostengründen erfolgt dies meist in weiter Entfernung von der Fahrzeugmontage. Logistische Zwänge können hingegen die Produktion des fertigen Fahrzeugkabelbaums in der Nähe des Fahrzeugherstellers bedingen.
- **Weitere Fertigungsschritte** seien, da vielfältig, nur beispielhaft aufgeführt. Hierzu gehören die Montage der Knotenpunkte und ihre Bestückung mit Sicherungen und Relais, diverse Verguss, Schäum- und Schrumpfprozesse und die Konfektion von Sonderleitungen wie Batterie- und Hochvoltleitungen, Antennen oder Lichtwellenleiter.
- **Prüfen:** Um die in den manuellen Fertigungsschritten und der komplexen Logistik begründeten Prozessunsicherheiten auszuschließen, wird eine elektrische, rechner- und varianten-

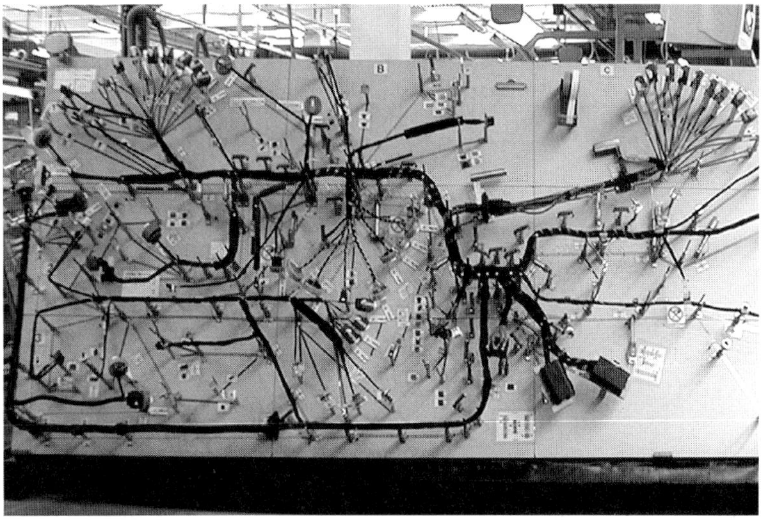

Abb. 8.24 Leitungsstrangfertigung auf dem Legebrett (Quelle: VW Bordnetze GmbH)

gesteuerte 100 %-Prüfung des Endproduktes vor Auslieferung vorgeschrieben. Weiterhin werden automatisiert Typ, Vorhandensein und Position von Sicherungen und Relais sowie die Kontaktverrastung und korrekte Position der Sekundärverrieglung überprüft. Oft erlaubt der Aufbau der Prüftische eine Plausibilisierung der Leitungssatzgeometrie. Weitere Prüfungen sind anwendungs- und produktspezifisch.

8.2.2.3 Variantenbildung

Alle Variationsmöglichkeiten bei der Konfiguration eines Fahrzeuges, die elektrische Komponenten betreffen, erhöhen die Variantenzahl im Bordnetz. In modernen Großserienfahrzeugen der Mittelklasse lassen sich in der Größenordnung von weit über 10^9 theoretische Varianten des Hauptkabelbaums ermitteln. Tabelle 8.3 zeigt einige Einflussfaktoren.

Eine individuelle Fertigung des Komplettbordnetzes für Großserienfahrzeuge wäre absolut unwirtschaftlich. Da eine Senkung der Variantenzahl meist aus vertrieblichen Gründen nicht akzeptabel ist, wurden zwei Lösungen entwickelt. Ein Ansatz ist, wie im vorangegangenen Abschnitt beschrieben, durch intelligente Steuerung und Nutzung von Fertigungsmodulen kundenspezifische Hauptleitungssätze herstellen zu können. Ein alternativer Ansatz ist das sogenannte modulare

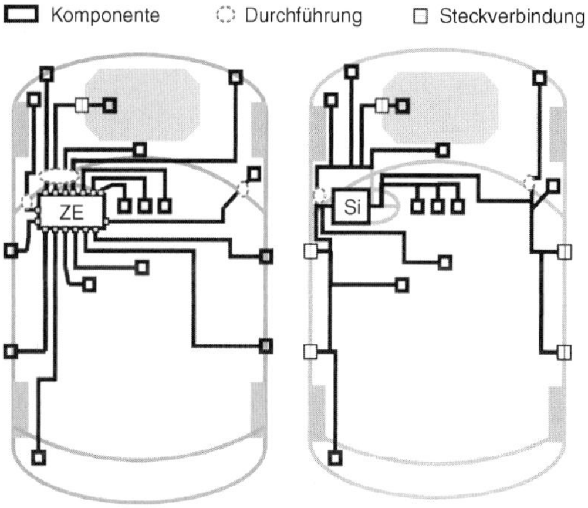

Abb. 8.25 Mehrteiliges modulares Bordnetz (*links*) und einteiliger kundenspezifischer Kabelbaum (*rechts*)

Bordnetz gemäß der links in Abb. 8.25 dargestellten Topologie. Es besteht aus vielen Leitungssätzen, die räumlich begrenzt sind und demzufolge eine jeweils nur geringe Variantenzahl n_i haben. Die Gesamtzahl der zu verwaltenden und zu fertigenden Leitungsstrangvarianten wäre demnach die Summe der n_i. Durch ihre Kombination kann dann, und das ist der Vorteil, die erforderliche wesentlich höhere Anzahl Varianten erzeugt werden, sie wäre idealerweise das Produkt der n_i. Dies ist nur ein

Tabelle 8.3 Variantenbildende Faktoren mit Beispielen

Faktor	Beispiele	
Karosserieform & Fahrerposition	Limousine, Coupe, Kombi, Cabrio, Kurzheck, SUV, … 2/4 Türen, Schiebetüren, … Linkslenker, Rechtslenker	
Antriebsstrang	Otto, Diesel, Gas, Mikro bis Full-Hybrid, E-Antrieb (Batterie, FC) … Zylinderzahl, Motorsteuerung, Auslegung und Peripherie Handschalter oder Automat (viele Varianten), 2 oder 4 Radantrieb	
Assistenzsysteme	ABS, ASR, ESP, Bremsassistent Geschwindigkeits- und Abstandsregelanlage, Spurhaltung, Warnung,… Elektrische Servo- oder Überlagerungslenkung, Wankstabilisierung, …	
	Licht	Nebelscheinwerfer/-Schlussleuchte Halogen oder Xenonlampen, LED, Niveauregelung Coming Home, Kurvenlicht, …
Ausstattung	Zugang	Zentralverriegelung, Fensterheber, Schiebedach Zugangskontrollsysteme, Diebstahlwarnanlage, …
	Infotainment	Radio, Navigation, TV, GSM, Telematik…
	Komfort	Klimaanlage, Zusatzheizung, beh. Frontscheibe, el. Sitze, Spiegel, Lenksäule, Andere
	Sicherheit	Diverse Rückhalte- und Sensorsysteme. …
	Andere	
Länder	Gesetzliche oder marktspezifische Vorgaben, z. B. Frequenzbänder, Tagesfahrlicht, Klima, Zugang, Sicherheit, …	
Technik	Unterschiedliche Software und Hardware-Stände (Produktänderungen) Ausstattungsabhängige Umsetzung (z. B. Steuergerät/Direktschaltung)	

theoretischer Wert, der bei weitem nicht erreicht wird, da räumliche und funktionale Aufteilung des Bordnetzes nur teilweise übereinstimmen. Die Konfektion erfolgt möglichst spät im Fertigungsfluss, also bei der Montage des Fahrzeuges oder in einer vorgelagerten Fertigungsstätte des Systemlieferanten. In Tab. 8.4 sind Vor- und Nachteile beider Ansätze gegenübergestellt, aus strategischen Gründen (Fertigungstiefenreduzierung) und Qualitätsgesichtspunkten (100 % Vorprüfbarkeit des Bordnetzes) hat sich die zweite Variante durchgesetzt.

Überwiegend dort, wo der Fertigungsablauf des Fahrzeuges *ausgelagerte Montagen* vorsieht (z. B. Türen, Dach, Stoßfänger, ….), kommen Teilleitungssätze zum Einsatz, die separat im *Montagemodul* verlegt und erst bei seiner Montage am Fahrzeug mit dem Bordnetz verbunden werden.

8.2.2.4 Logistik und Fahrzeugmontage

Die logistischen Abläufe bei der Bordnetzfertigung sind eng mit denen des Fahrzeugherstellers verknüpft (Abb. 8.26).

Die langen Herstellungs- und Transportzeiten bedingen, dass der Bordnetzlieferant, um Zwischenlager zu vermeiden, seine Modulstruktur und Fertigungsabläufe auf die vom Fahrzeughersteller vorgegebenen Zeitpunkte abstimmen muss. Hierzu

Tabelle 8.4 Vor- und Nachteile verschiedener Modularisierungskonzepte

Konfektion bei der Fahrzeugmontage	Konfektion in der Leitungssatzfertigung
+ wenig Leitungsstrangvarianten	+ Exakte Verlegung + 100 % Vorprüfung des Zusammenbaus möglich + minimale Montagezeit beim Fahrzeughersteller
– Montageaufwand für Zusammenbau im fahrzeugbauenden Werk – ungenaue Verlegung	– Aufwändige Logistikkette beim Zulieferer – Fahrzeugspezifische Leitungssätze mit hohen Variantenzahlen erfordern Just-in-Time Anlieferung
– fahrzeugfeste Befestigungsteile bedeuten Zusatzaufwand – zusätzliche Steckverbindungen	– sehr große Hauptleitungssätze

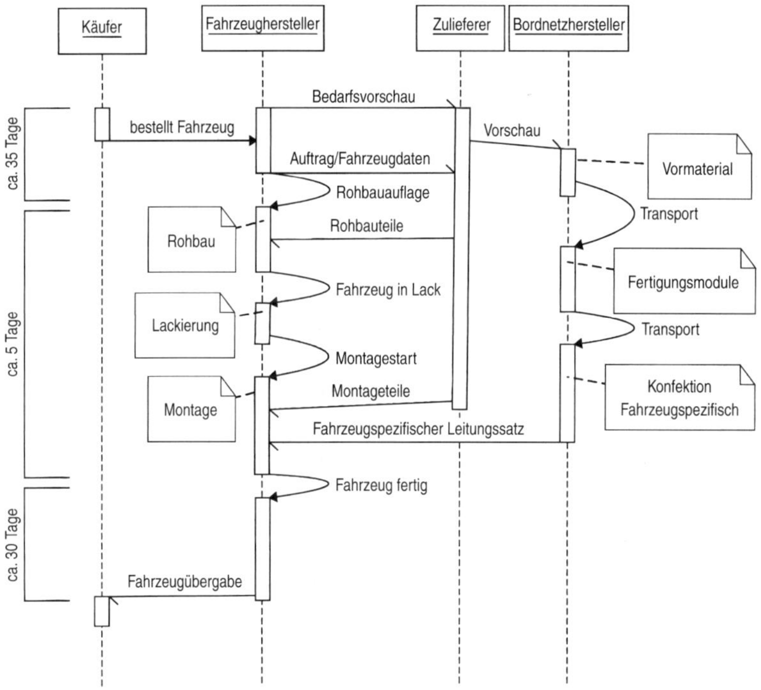

Abb. 8.26 Logistische Verknüpfung von Bordnetz- und Fahrzeugfertigung

existiert ein mehrstufiger Informationsfluss, über den von einer Grobplanung des Fahrzeugvolumens (»Vorschau«) bis zum Just-in-Time Abruf des fahrzeugspezifischen Kabelbaums Teileflüsse und Fertigungsschritte von Hersteller und Lieferant synchronisiert werden.

Der Einbau der Leitungsstränge in das Fahrzeug und die Verbindung mit den elektrischen Komponenten geschieht im Montagewerk des Herstellers. Mit Blick auf die Produktqualität (Tab. 8.5) muss hier jeder Schritt prozesssicher ausgeführt werden. Eine vollständige Prüfung des Bordnetzes ist

Tabelle 8.5 Prozesssicherheit bei der Montage des Bordnetzes

Montagegesichtspunkte	Umsetzungsmöglichkeit
Fertigungsmodule	Vorverkabelung von Fertigungsmodulen mit robusten Trennstellen: Stoßfänger, Türen, Sitz, Motor, ggf. Dach. Anlieferung vorverkabelter und vorgeprüfter Baugruppen: z. B. Klimagerät, Türaggregateträger, Tank, …
Überprüfung der Montageschritte an Zwischenstationen und am Bandende	Leitungsdurchgang über Onboard-Diagnose der Steuergeräte, vom Prüfrechner der Fertigung abgefragt. Befestigungselemente von Verkleidungsteilen so auslegen, dass ihre Montage bei fehlerhafter Verlegung eines Kabelbaums blockiert wird.
Sichere Befestigungspunkte	Am Leitungsstrang fixierte Clipse/Kanäle verhindern das »Vergessen« von Montageelementen. Fehlerhafter Einbau blockiert die folgende Montage der Verkleidungsteile.
Reduzierung des Risikos von Halbsteckungen	Steckung nur im zugänglichen Bereich, dafür ggf. Stecker mittels »Kabelschwanz« von der Komponente weg verlagern. Sichtkontrolle.
Prozesssichere Schraubverbindungen	Beispiel Massebolzen: mit Rohbau verschweißt, Hutmutter hält Kontaktflächen lackfrei. Verschraubungen automatisiert mit Drehwinkel- und Drehmomentkontrolle durchführen.

unwirtschaftlich und nach erfolgter Vorprüfung beim Systemlieferanten auch unnötig. Solange der Fahrzeughersteller konsequent seine eigenen Wertschöpfungsumfänge prüft und die Qualitätssicherung des Lieferanten entsprechend auditiert, ist eine vollständige Prüfabdeckung gegeben.

Die Verlegung des Hauptleitungssatzes erfolgt überwiegend im Innenraum. In der Regel ist er so groß und stark verzweigt, dass er in einem Behälter verpackt angeliefert wird. Als Ausgangspunkt der Verlegung wählt man sinnvollerweise einen Knotenpunkt, oft ist dies die Zentralelektrik oder eine entsprechende Koppelstation im Schalttafelbereich. Andere Konzepte gehen von einer den Innenraum abdeckenden Kabelführung aus, mit der der Leitungssatz in einem Arbeitsgang eingesetzt und verlegt ist. Aufgrund der Größe der Teile lässt sich dies in einigen Fällen nur mit Handhabungsautomaten (Robotern) durchführen.

8.2.3 Architektur des Bordnetzes

8.2.3.1 Topologie, Koppel- und Trennstellen

Die Topologie, d. h. die räumliche Ausprägung des Leitungsstranges, ist durch die vorgegebenen Kabeltrassen begrenzt. Position und Verschaltung der elektrischen Komponenten geben die zu verlegenden Leitungen vor. Freiheitsgrade bestehen in Grenzen bei der Wahl der Trassen für die einzelne Leitung. Der so entstehende Kabelbaum muss die schon beschriebenen Randbedingungen der Leitungsstrangfertigung sowie der Montage im Fahrzeug erfüllen. Letztere sind im Wesentlichen durch das Montagekonzept bzw. die Produktionsanlagen des Fahrzeugherstellers definiert.

Alle ausgelagerten Montagen – die so genannten *Fertigungsmodule* (hier im Sinne des Fahrzeugs) – erfordern separate Leitungssätze und damit Trennstellen zum restlichen Bordnetz. Die Position der Steckverbindung zu dieser Trennstelle kann fahrzeug- oder modulseitig gewählt werden. Vorteile lassen sich erzielen, wenn existierende Steckverbindungen mitgenutzt werden. So kann das Türsteuergerät, wenn es in der Nähe des Leitungsübergangs zur Tür platziert wird und einen modularen Stecker besitzt, gleichzeitig die Funktion der Koppelstelle übernehmen, so dass durch die Trennung keine zusätzliche Kontaktstelle entsteht.

Der verbleibende *Hauptleitungssatz* muss im Fahrzeug verlegt werden. Schwierigkeiten entstehen bei den Übergängen zu Vorder- und Hinterwagen, den Radhäusern und anderen außerhalb der Fahrzeugzelle liegenden Teilen. Hier müssen Durchführungen (Löcher) in Blechen vorgesehen und als Schutz gegen Feuchtigkeit und Staub gedichtet und oft auch akustisch gedämmt werden. Wird der Leitungssatz nicht getrennt, müssen Teile durch die Durchführungen gefädelt werden, was immer dann problematisch wird, wenn große oder viele Steckverbinder oder sogar Kabelführungen an diesen Zweigen montiert sind. Zu wählen ist dann zwischen großen, die Festigkeit der Blechteile schwächenden Löchern mit komplexen Dichtungsausführungen oder einer zusätzlichen Steckverbindung, mit der der Leitungssatz geteilt und damit beidseitig montierbar wird.

Leitungssätze weisen immer eine baumähnliche Struktur auf. *Maschen* sind in der Regel nicht verlegbar und müssen ggf. durch eine Steckverbindung aufgetrennt werden.

Für Leitungen einiger Funktionen existieren Einschränkungen bezüglich der Trassenwahl, u. A. aus EMV Bedingungen:

- Diebstahlschutz
- Sicherheitssysteme
- Antennen
- Hochvoltleitungen

8.2.3.2 Ausstattungsvarianten

Eines der wesentlichen Ziele bei der Auslegung der Elektrik ist es, ein Kostenoptimum für den Gesamtumfang zu erreichen. Die Bewertung darf nicht auf eine Fahrzeugvariante beschränkt sein, sondern muss über die vollständige Angebotspalette erfolgen. Speziell die Mehrausstattungen und ihr geplanter Marktanteil haben eine große Bedeutung. Da bei Fahrzeugen mit einfacher Basisausstattung meist andere Gerätekonfigurationen wirtschaftlich sind als bei hoch ausgestatteten Fahrzeugen, kann nur über eine Mischkalkulation das Optimum berechnet werden. Ein anderer Ansatz besteht darin, Gerätekonfiguration und Bordnetz ausstattungsabhängig zu steuern, so dass sich für jede Modellvariante die günstigste Kombination ergibt.

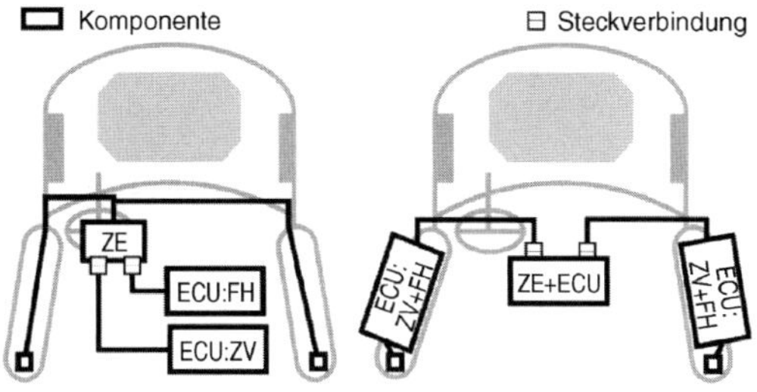

Abb. 8.27 Architekturvarianten: Einfluss der Angebotsstruktur auf die Funktionsverteilung

Abbildung 8.27 zeigt zwei Architekturvarianten für die Funktionen Zentralverriegelung und Fensterhebersteuerung. Bei niedriger Ausstattungsrate ist der modulare Aufbau (links) optimal. Bei hochvolumiger Ausstattung mit elektrischen Fensterhebern und Zentralverriegelung ist die rechte Variante vorteilhaft. Zwar sind in jedem Fahrzeug zwei Steuergeräte in den Türen zu verbauen, diese decken aber beide Funktionen ab, haben eine gemeinsame Energieversorgung und Signale können effektiv auf einem Netzwerk mit einfacher Verkabelung ausgetauscht werden. Einer Vereinfachung des Kabelsatzes steht ein höherer Aufwand in der Elektronik gegenüber.

8.2.3.3 Systemarchitekturen

Im traditionellen Entwicklungsprozess wurden die elektrischen Komponenten von den Systementwicklern vorgegeben. Sie bilden damit feste Randbedingungen für die Bordnetzauslegung, die höchstens in ihrer Zuordnung zu Einbauräumen variiert werden können.

Sprengt man dieses Paradigma und ordnet in der Konzeptphase den Einbauräumen universelle Steuergeräte zu, auf die die Funktionen frei verteilt werden können, öffnen sich neue Freiheitsgrade für die Optimierung. Abbildung 8.28 zeigt die interne Architektur eines Steuergerätes mit ihren Schnittstellen zum Bordnetz. Die internen Ressourcen wie

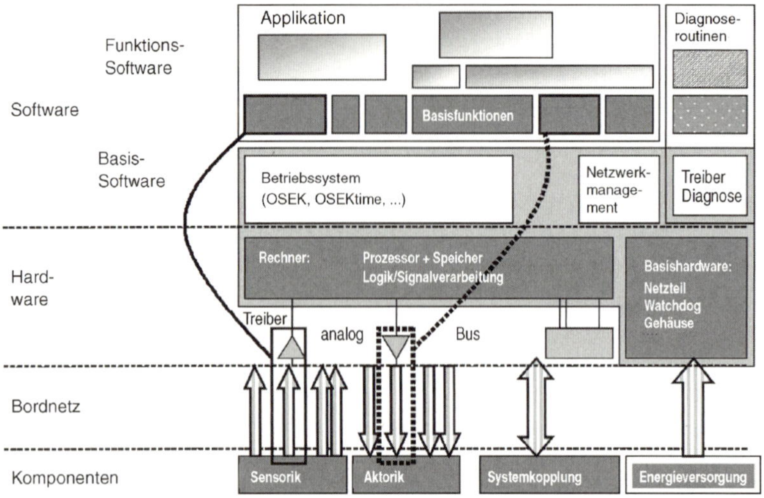

Abb. 8.28 Steuergerätearchitektur mit Schnittstellen zum Bordnetz

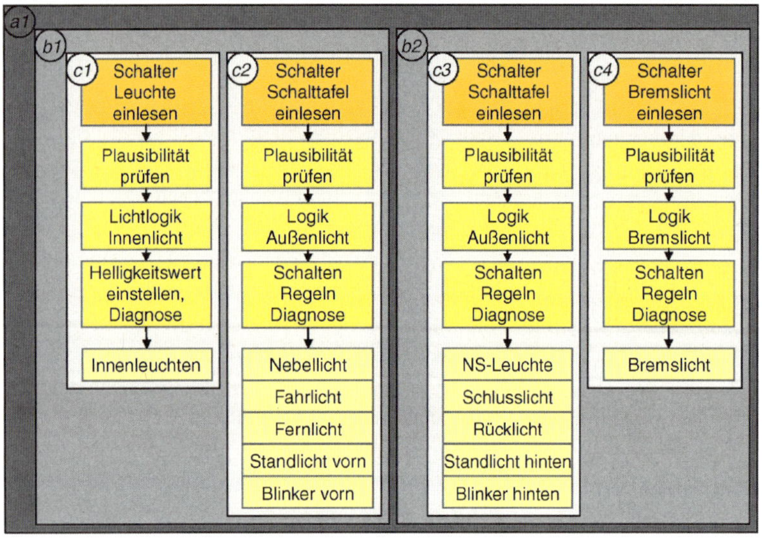

Abb. 8.29 Alternative Funktionsaufteilungen auf a) ein, b) zwei oder c) vier Steuergeräte am Beispiel einer vereinfachten Lichtsteuerung

Rechenleistung, Speicher und die spezifische Ausprägung der Treiber hängen von den im Steuergerät zu verarbeitenden Funktionen ab. Mit der Zuordnung von Funktionen zu Steuergeräten sind auch die Verschaltung und damit wesentliche Parameter des Bordnetzes festgelegt. Ein *ganzheitlicher Optimierungsansatz* variiert dementsprechend neben der Bordnetztopologie die *Funktionsverteilung* im Fahrzeug, **Abb.** 8.29. Auch horizontale Aufteilungen sind möglich, z. B. die Zusammenfassung aller Lese-, Steuer- und Regelfunktionen in einem Steuergerät und die der Schalt- und Diagnosefunktionen in weiteren Einheiten. Die Kosten setzen sich aus denen der Elektrik/Elektronik-Komponenten, der Bordnetzkomponenten, dem möglichen Mehraufwand für Kommunikation und der Leitungsstränge einschließlich des Aufwandes für die Leitungsverlegung zusammen.

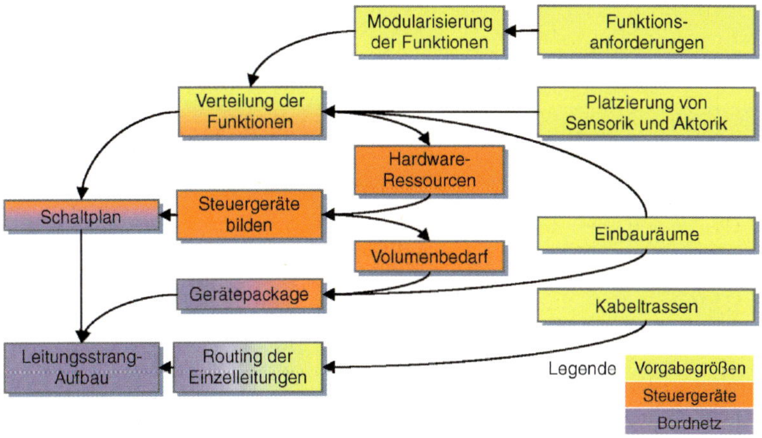

Abb. 8.30 Arbeitsablauf bei der Architekturfestlegung

Während auf Software- und Kommunikationsebene u. A. die Funktionsaufteilung und deren Formalisierung und Standardisierung über die Autosar Initiative adressiert werden, ist ein entsprechender Ansatz für die zugehörige Signal- und Energieverteilung noch nicht vorhanden. Wohl aber existieren bereits Werkzeuge für die Konzeptphase, welche eine durchgängige Verbindung zwischen Funktionalität, Hardware und Bordnetzarchitektur herstellen.

Die Wechselwirkung der verschiedenen Parameter und die Arbeitsabläufe bei der Konzeption der Systemarchitektur sind in Abb. 8.30 dargestellt. Zusätzlich zu den aus der Bordnetzentwicklung bekannten Vorgaben von Einbauräumen und Kabeltrassen fließen die Funktionsanforderungen mit ein. Sie resultieren aus der technischen Produktbeschreibung (Lastenheft) des Fahrzeuges. Ein gewisser Freiheitsgrad besteht bezüglich der Unterteilung der Funktionen. Wie an dem Beispiel der Lichtsteuerung (Abb. 8.29) ersichtlich, kann man sie als monolithischen Funktionsblock oder als vernetzte Struktur von Funktionsmodulen vorgeben. Die Granularität dieser Vorgabe (Unterteilung bzw. Modularisierung der Funktionen) gibt den Rahmen für die räumliche Verteilung vor. Ein monolithischer Funktionsblock erzwingt automatisch ein einzelnes Steuergerät. Bei verteilten Funktionen hingegen ergeben sich Steuergeräte aus den in den verschiedenen Einbauräumen platzierten Funktionsumfängen. Zu beachten ist, dass die Software derart *verteilter Systeme* deutlich komplexer ausfällt, z. B. müssen Zustandsinformationen und das Zeitverhalten der verteilten Prozesse synchronisiert werden.

Neben den technischen Einflüssen unterliegen derartige Architekturoptimierungen starken organisatorischen und kommerziellen Randbedingungen. Traditionell werden Steuergeräte nach Funktionsumfängen abgegrenzt und von *Systemlieferanten* entwickelt und gefertigt, die auf ein Anwendungsgebiet spezialisiert sind. Im Fall der freien Funktionsverteilung muss der Fahrzeughersteller die entsprechende Verantwortung übernehmen und die Kompetenzen zur Integration besitzen.

8.2.3.4 Energieversorgung und Absicherung

Über das Bordnetz werden alle elektrischen Komponenten mit Energie versorgt. Alle Leitungen sind gegen Kurzschluss abzusichern. Dabei ergibt sich eine eindeutige Zuordnung von Sicherungswert zu Leitungsquerschnitt und, zumindest prinzipiell, die Vorgabe, nach einem Sicherungselement nur Leitungen eines Querschnittes zu verwenden. Bei Abweichungen muss entweder ein sehr geringes Risiko vorliegen oder es sind konstruktive Maßnahmen vorzusehen, andernfalls ist ein weiteres Sicherungselement einzuführen. Die hohen Sicherheits- und Qualitätsanforderungen bedingen damit eine hohe Anzahl an Sicherungselementen mit einer entsprechend aufwendigen Verkabelung.

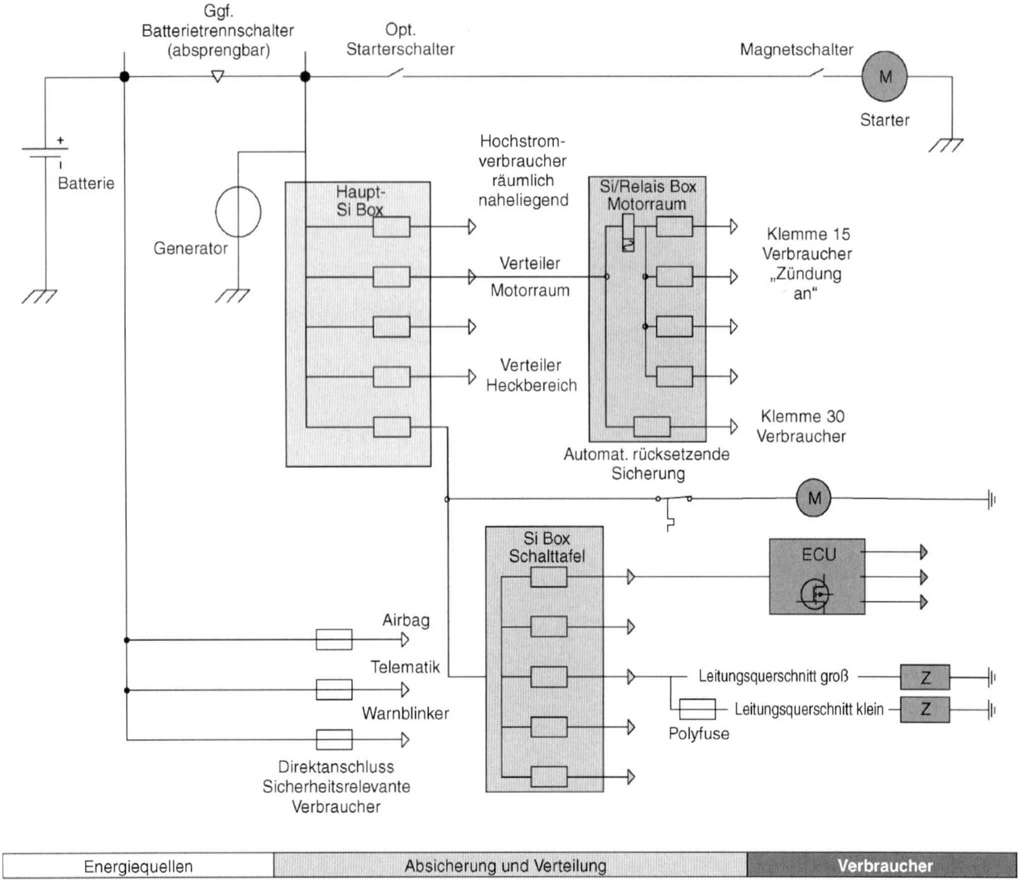

Abb. 8.31 Konventionelle Struktur der Energieversorgung

Baumförmige Energieverteilungsstrukturen (Abb. 8.31) – wie sie bis heute überwiegend verwendet werden – sind flexibel und erweiterbar, bilden keine Maschen und sind optimal hinsichtlich Materialaufwand, verlangen aber ein hierarchisches Sicherungskonzept. Üblicherweise wird in der Nähe der Batterie eine Hauptsicherungsbox untergebracht, von der die Hauptenergieleitungen zu weiteren Verteilungsknoten in Schalttafel, Heck und ggf. Motorraum geführt und nahe liegende leistungsstarke Verbraucher gespeist werden. Die Unterverteilung und deren Absicherung finden in den Knoten statt.

Die Sicherungselemente sind so zu dimensionieren, dass nur der direkt von einem Fehler betroffene Zweig abgetrennt wird (*Selektivität*), der übergeordnete dagegen funktionsfähig bleibt. Dies erreicht man durch entsprechende Staffelung von Sicherungswert und Auslösecharakteristik.

Problematisch ist die Absicherung der *Starterleitung*. Zum einen ist der zusätzliche Widerstand einer Schmelzsicherung unerwünscht, zum anderen überlappt der Bereich zulässiger Starterströme sich mit dem der Kurzschlussströme, wenn man realistische Übergangswiderstände an der Fehlerstelle berücksichtigt. Die Lösung liegt in der Wahl eines anderen Auslösekriteriums. Der praktisch relevante Fehlerfall ist der Kurzschluss, der bei einem Fahrzeugcrash durch Blech- oder Motorteile, die die Leitungsisolation durchschneiden, entsteht. Der Crashsensor im Airbagsteuergerät liefert ein geeignetes Signal, mit dem ein Trennschalter nahe der Batterie geöffnet wird. Möglich sind hierfür Batterieklemmen mit Schaltern auf Basis von Pyroelektrik und Halbleitern.

Auch hinsichtlich der Absicherung sind die Leitungen zur Energieversorgung von sicherheitsrelevanten Systemen besonders zu behandeln. Um ihre Verfügbarkeit zu maximieren, sollten sie auf der obersten Ebene abgesichert werden, wie in ◘ Abb. 8.31 für Warnblinker, Airbag und Telematikeinheit (Notruf) dargestellt. Für Fahr- und Standlicht des Fahrzeuges wird eine Teilredundanz gefordert. Bei Ansprechen einer Sicherung im Lichtstromkreis darf nur die Beleuchtung auf einer Fahrzeugseite betroffen sein, also sind die Leitungen doppelt zu verlegen und abzusichern. Vollständige *Redundanz*, wie sie für sicherheitskritische Systeme mit *fail-operational* Charakteristik erforderlich wird, setzt eine andere als die in ◘ Abb. 8.31 gezeigte konventionelle Energieversorgungsarchitektur voraus.

Die Anforderungen an die elektrische Energieversorgung sind in ◘ Tab. 8.6 zusammengestellt. Mit Einführung der Vernetzung und elektronischer Schaltelemente im Bordnetz bilden sich neue Strukturen heraus, ebenso führt der steigende Bedarf an elektrischer Energie zu neuen Spannungsebenen oder Mehrspannungsbordnetzen.

8.2.3.5 Bordnetzstabilisierung

Die Zunahme elektrischer Verbraucher stellt neue Anforderungen hinsichtlich Energie und Leistungsbilanz. Insbesondere Verbraucher mit kurzer, aber hoher Stromaufnahme wie Start/Stopp-Systeme können kritisch sein, da zum einen die hierfür notwendige Leistung unter allen Umständen bereitgestellt werden muss und zum anderen die Qualität der Versorgungsspannung sicherzustellen ist. Zu Letzterem gehören vor allem die Vermeidung von Spannungseinbrüchen unterhalb einer kritischen Grenze und die Unterdrückung von leitungsgebundenen Pulsen.

Die naheliegende Möglichkeit, das Bordnetz und die Batterie entsprechend höher zu dimensionieren, kann sinnvoll sein, stößt aber schnell an Kosten- und Gewichtsgrenzen. Ebenso wäre der Aufwand viel zu groß, die Spezifikationen für die übrigen Verbraucher und Steuergeräte so anzuheben, dass eine geringere Stabilität der Versorgungsspannung akzeptabel wäre. Aus diesen Gründen sind weitergehende Maßnahmen auf Komponenten-, System- und Architekturebene notwendig:

- Einführung weiterer Batterien: Die Aufteilung auf Starter- und Bordnetzbatterien führt zur Stabilisierung des Bordnetz und kann auch weitere Vorteile haben, da die Batterien nach Leistung und Energie optimiert werden können und die Sicherheit durch die Redundanz der Speicher steigt. Der Aufwand für die Batterien, Bauräume und zusätzliche Schaltelemente ist allerdings erheblich und begrenzt die Einsatzmöglichkeit.
- Einsatz von DC/DC-Wandlern: Sensible oder sicherheitskritische Verbraucher, aber auch direkt für den Fahrer wahrnehmbare Funktionen wie Beleuchtung, werden an einen eigenen, mittels DC/DC-Wandler stabilisierten Versorgungskreis angeschlossen. Darüber hinaus lassen sich DC/DC-Wandler allgemein zur Entkopplung von Spannungsebenen, zur Bereitstellung höherer Versorgungsspannungen und zum optimalen Laden von Speichern, insbesondere von Doppelschichtkondensatoren, einsetzen.
- Verwendung von Doppelschichtkondensatoren: Aufgrund ihres sehr kleinen Innenwiderstandes und der exzellenten Zyklisierbarkeit können Doppelschichtkondensatoren (DSK) sowohl zentral wie auch dezentral, also komponentennah, als Leistungsbuffer eingesetzt werden. Allerdings ist ihr spezifischer Energieinhalt über Kosten und Gewicht noch vergleichsweise gering, was ihre Anwendung zur Zeit eingrenzt. Will man sie effizienter nutzen, so muss man, da es sich ja um Kondensatoren und nicht Batterien handelt, einen größeren Spannungsbereich zulassen. Dies kann zu Schaltungen mit DC/DC-Wandlern, Generatoren mit geänderter Spannungsregelung oder Verbrauchern mit einem weiten Versorgungsspannungsbereich führen. Auch hier sind weitere Komponenten, z. B. Leistungsschalter, notwendig.
- Energiemanagement: Maßnahmen zur Verbesserung der Energiebilanz bewirken i. d. R auch die Sicherstellung der Bordnetzleistung. Neben Lastmanagement und Generatoreingriff ist na-

Tabelle 8.6 Anforderungen an die Energieverteilungsstruktur und ihre Elemente

Anforderung	Umsetzung
Niedrige Spannungsabfälle zum Verbraucher	Innere Widerstände minimieren Höheres Spannungsniveau (42 V oder größer)
Möglichst konstante Versorgungsspannung	Geregelter Generator Speicher (Batterie) mit Stützfunktion
Robuste Energieleitungen	Geschütze Leitungsverlegung mit Kabelführungen, Wellrohr, Schutzschlauch Sonderleitungen mit hochflexibler Litze, speziellen Isolierungen
Absicherung gegen Bordnetzfehler	Kurzschluss nach Masse: Sicherungselemente Weitere Fehlerarten bei Mehrspannungsbordnetzen: Weiche Kurzschlüsse zu anderen Spannungsebenen elektronisch abgesichert
Komponentenschutz gegen Überlast (blockierte Motoren)	Konflikt Leitungs-/Verbraucherschutz: Rücksetzbare Sicherungen bzw. Halbleiterschalter
Ansprechen der Absicherung betrifft möglichst wenige Verbraucher	Hoher Absicherungsgrad: Leitungszweige fein strukturiert, hierarchische Absicherung
Selbstheilende Absicherung	Rücksetzende Sicherungen, Halbleiter
Diagnose von Fehlern in allen Bordnetzelementen (Leitungen, Sicherungen, Kontakte, Verteiler)	Strom/Spannungsmessungen mit Anbindung an Kommunikationsnetzwerke
Hohe Verfügbarkeit, ggf. hohe Sicherheit	Ausfallsicherheit durch redundante Strukturen
Eingriffsmöglichkeiten für Lastmanagement	Abschaltung und Leistungssteuerung für Lastkreise durch elektronische Schaltelemente
Eingriffsmöglichkeiten für Ruhestrombegrenzung	Zwangsabschaltung von Zweigen durch aktive Lastschalter
Erfassung der Leistungsflüsse	Ankopplung der Steuerungen mit Lastschaltern an ein Energiemanagement Ggf. Strommessung in Steuergeräten
Option auf mehrere Spannungsebenen	12 V, 12 V–60 V, >60 V: Kopplungselemente (DC/DC Wandler zwischen Ebenen)
Minimale Störabstrahlung/keine Störeinkopplung in Steuer/Medienleitungen	Verlegung, Schirmung, Filterelemente

türlich auch die Optimierung der Effizienz und Regelung der Leistungsverbraucher ein wichtiger Ansatzpunkt.

- Bordnetztopologie und Absicherungsbaum: Auf konstruktiver Ebene sind kurze Wege, geringe Übergangswiderstände und eine möglichst weitgehende Entkopplung der kritischen Versorgungskreise wichtig. Gleiches gilt für die Verbindung zur Fahrzeugmasse.

Die potenzielle Anzahl an Architekturen ist aufgrund der vielen möglichen Kombinationen und Verschaltungen der Komponenten sehr hoch. We-

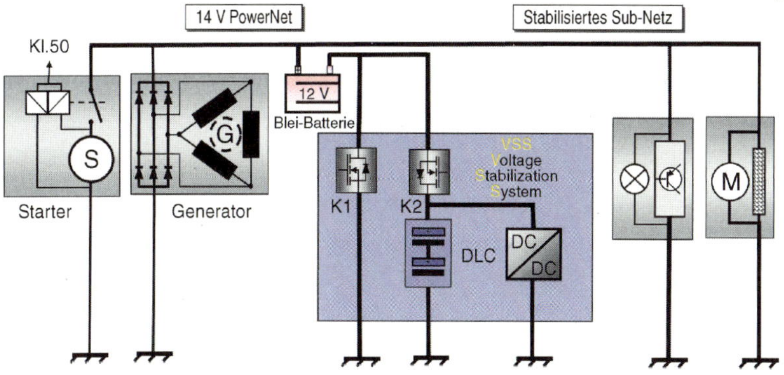

Abb. 8.32 Bordnetzarchitektur-Variante zur Spannungsstabilisierung und Start-Stopp Unterstützung (Quelle: Continental)

sentlich für die Dimensionierung sind der Aufwand, die Sicherheit und das Anwendungsprofil. Abbildung 8.32 zeigt beispielhaft eine Architekturvariante, in welcher durch schnelles serielles Hinzuschalten von DSK der Spannungseinbruch beim Starten für das gesamte Bordnetz, also auch den Starter, kompensiert wird. Über den DC/DC-Wandler erfolgt Ladung und ggf. Entladung der Kondensatoren. Hier wird mit moderaten Kapazitäten eine hohe Wirkung erzielt, der Aufwand entsteht dafür vermehrt auf der Seite der Leistungselektronik.

Eine andere Situation stellt sich in Hybridfahrzeugen, in welchen zum einen bestimmte Hochleistungsverbraucher an das Hochvoltbordnetz angeschlossen werden können und es zum anderen die Möglichkeit gibt, über einen DC/DC-Wandler Leistung für das Niederspannungsnetz bereitzustellen. Für E-Fahrzeuge gilt darüber hinaus, dass leistungskritische Verbraucher wie Start/Stopp-Systeme entfallen, dafür aber andere Funktionen, wie z. B. Klima und Heizung, elektrisch auszuführen sind.

8.2.3.6 Bordnetzspannungen

Die heutigen Bordnetzspannungen von 12 V im PKW- und 24 V im Nutzfahrzeugbereich haben sich historisch etabliert, sind aber nicht zwingend das technische Optimum. Die erhöhten Leistungsanforderungen, neue elektrische Funktionalitäten und die breitere Einführung von hybriden Antriebkonzepten erfordern daher eine Neubewertung unter Berücksichtigung der folgenden Randbedingungen:

- Verlustminimierung: Durch eine deutlich höhere Bordnetzspannungen werden alle Verluste an Dioden oder Ohm'schen Widerständen, z. B. von Leitungen, Wicklungen oder Durchgangswiderständen, erheblich reduziert. Damit lassen sich eine höhere Energieeffizienz bei gleichzeitiger Verringerung des thermischen Deratings oder aber konstruktive Vorteile und Materialeinsparungen erreichen.
- Technische Notwendigkeit: Einige System, z. B. eine Ausführungsform der elektrischen Frontscheibenheizung, lassen sich nur mit Spannungen über 12 V realisieren, andere sind hinsichtlich Kosten, Volumen und Gewicht nur mit hohem Aufwand im 12 V Bordnetz umsetzbar. Fahrzeuge hoher elektrischer Ausstattung schließlich stoßen an die Leistungsgrenze des 12 V Bordnetzes.
- Lichtbogen: Bereits ab Spannungen um 20 V besteht die Gefahr von Lichtbögen mit dem Risiko von thermischer Zerstörung oder Brand. Damit sind höheren Spannungen nachteilig für alle Komponenten, welche eine mechanische Leitungskreisunterbrechung vorsehen, also Schalter, Relais, Sicherungen und Kontakte, und erfordern zusätzliche konstruktive oder präventive Maßnahmen.
- Komponentenabhängigkeit: Leistungsaktuatoren sowie Leistungselektronik können bei höheren Spannungen kompakter und effizienter ausgelegt werde, thermische Leuchtelemente

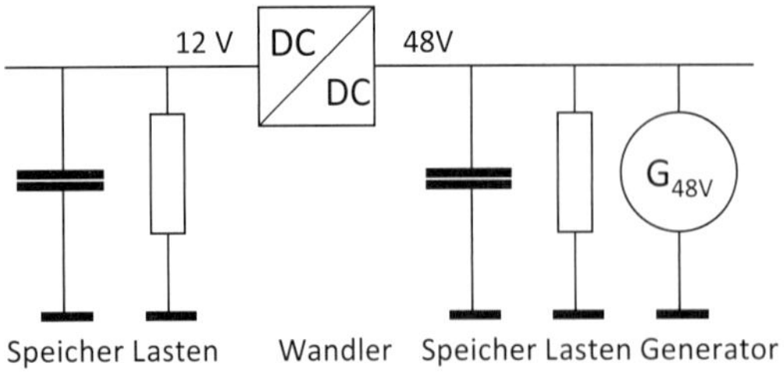

Abb. 8.33 Bordnetzarchitektur-schematische Darstellung des 12 V/48 V Bordnetzes

hingegen haben bei höheren Spannungen eine reduzierte Lebensdauer und Sensoren, Rechner und Signalelektronik können durchaus effizienter bei einer Bordnetzspannung unter 12 V betrieben werden.

- Sicherheit und Berührschutz: Ab 60 V Gleichspannung ist verbindlich sicherzustellen, dass kein Personenkontakt möglich ist, wodurch der konstruktive und sicherheitstechnische Aufwand deutlich zunimmt. Diese Grenze ist für alle Systemzustände einzuhalten, so dass eine Betriebsspannung um einen entsprechenden Sicherheitsabstand unter 60 V liegt. Für höhere Spannungen sind zudem die Massen im Fahrzeug separat zu führen.
- Kompatibilität: Einige technische, aber vor allem ökonomische Gründe sprechen für eine Beibehaltung des 12 V Bordnetzes, so dass eine höhere Versorgungsspannung aktuell nur parallel zu realisieren ist. Neben einem komplexeren Bordnetz sind daher auch neue und zusätzliche Komponenten, z. B. DC/DC Wandler oder Speicher, zu berücksichtigen.

Für sehr hohe elektrische Leistungen, z. B. in Hybridfahrzeugen, sind Spannungen deutlich über 100 V sinnvoll und führen zu den in ▶ Abschn. 8.2.3.7 beschriebenen aufwendigen Hochvoltbordnetzen. Für Fahrzeuge mit nur geringer Elektrifizierung des Antriebes (Micro-Hybride) oder mit hoher elektrischer Ausstattung hingegen wird die Einführung einer Zwischenspannung unter 60 V, das sogenannte 48 V Bordnetz, angestrebt. Insbesondere für die bei moderater Rekuperation auftretenden elektrischen Leistungen bietet es Vorteile, und anders als bei der zuvor diskutierten, aber schließlich nicht realisierten 42 V Initiative ist nur eine partielle Umsetzung geplant (Abb. 8.33). Außerdem wird in Zusammenarbeit deutscher Fahrzeughersteller eine gemeinsame Spezifikation (LV148) erarbeitet (Abb. 8.34).

8.2.3.7 Hochvoltbordnetze

Nach VDE Vorschriften werden Spannungen kleiner als 1 kV als Niederspannung und größer 1 kV als Hochspannung bezeichnet, wobei in der Energietechnik auch die Einteilung in Mittelspannung bis 30 kV, Hochspannung bis 110 kV und Höchstspannung für höhere Spannungen üblich ist. Hochvoltbordnetz ist ein Begriff in der Automobiltechnik und bezeichnet den Bereich von über 60 V bis zu aktuell ungefähr 600 V. Die Auswirkungen und konstruktiven Maßnahmen auf Komponenten- und Bordnetzebene wurden schon in den ▶ Abschn. 8.2.1 und ▶ 8.2.2 beschrieben. Hinsichtlich der Architektur sind die folgenden, vom 12 V Bordnetz abweichenden Aspekte zu berücksichtigen:

- Die Spannungen liegen meist weit über 100 V. Daraus ergibt sich:
  - Für Personen muss unter allen Umständen, auch bei Reparatur, Verunfallung oder unsachgemäßen Gebrauch, ein möglichst weitgehender Schutz gewährleistet sein. Dazu gehören konstruktive Schutzmaßnahmen, sichere Verlegung und auch aktive Vorkehrungen wie Interlockschaltungen. Ebenso sind spannungsführende Komponenten zu dokumentieren und farblich oder durch Warnhinweise zu kennzeichnen.
  - Lade- und Entladevorgänge benötigen Zeit und können aufgrund parasitärer Kapazitäten zu nicht vernachlässigbaren Strömen führen.
  - Generell besteht die Gefahr von Lichtbögen, vor allem natürlich bei der mechanischen Trennung von Stromkreisen unter Spannung, also z. B. bei Steckverbindern, Relais oder Sicherungen. Die Leistungsdichte kann beträchtlich sein und zur Schädigung und Zerstörung der Kontaktteile bis hin zu Brand und größeren Folgefehlern führen.
  - Kriechströme, also oberflächengeleitete Ströme, sind deutlich kritischer und führen ggf. zu nichtgewollten Potenzialen.

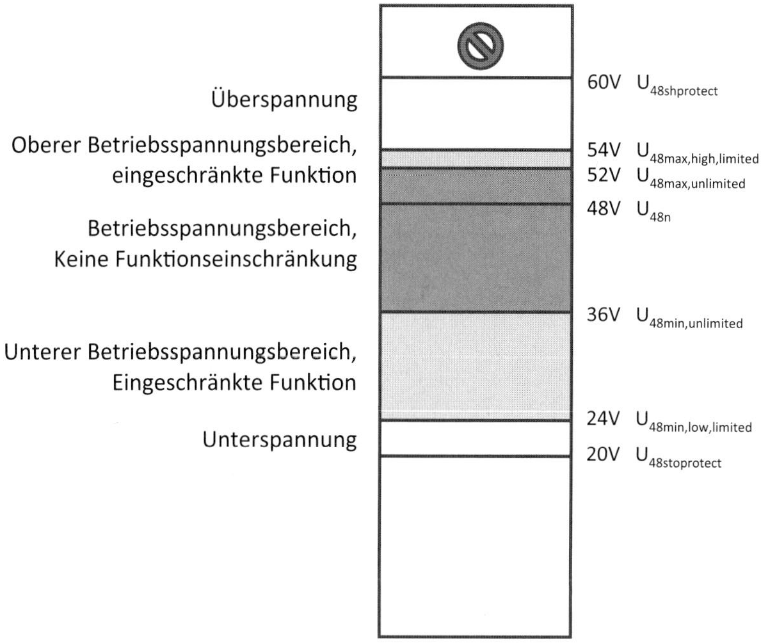

Abb. 8.34 48 V Bordnetz, Spannungslevel

- Die Ströme liegen bei teilweise weit über 100 A. Dies hat zur Folge:
  - Übergangswiderstände müssen dauerhaft sehr gering sein, um Verluste und lokale Erwärmung zu vermeiden. Bei sehr hohen Strömen werden Verschraubungen statt Steckverbinder eingesetzt. Leitungslängen sollten so kurz wie möglich sein, die Querschnitte sind als Optimum zwischen elektrischen und thermischen Verlusten und Aufwand und Gewicht zu dimensionieren. Eine Eliminierung von Verbindungen durch Integration, z. B. Umrichter an Motor, kann sinnvoll sein.
  - Die Spannungsquellen sind in der Lage, im Kurzschlussfall extrem hohe Ströme von einigen 1000 A zu liefern. Die Auslegung der Bordnetzkomponenten und der Absicherung muss dies berücksichtigen.
  - Die Karosserie kann nicht als Rückleiter und Masseanbindung eingesetzt werden. Die Massen des Hochvoltbordnetzes und des 12 V Bordnetzes sind also nicht identisch. Da es Schnittstellen zwischen beiden Systemen gibt, sind Signal- und Energieübertragung mit entsprechender Potenzialtrennung auszuführen.
- Neben Gleichspannung kommen auch Dreiphasen-Wechselströme zum Einsatz:
  - Die EMV Auslegung hinsichtlich Störausstrahlung muss konsistent sein.
  - Ableitströme sind in einer nicht zu vernachlässigenden Größenordnung.
- Elektrische Energie und Leistung:
  - Ein DC/DC Wandler kann das 12 V Bordnetz stützen und ein Downsizing der Bordnetzbatterie ermöglichen. Zwischensspannungen sind optional möglich.
  - Hochleistungsverbraucher, wie z. B. eine elektrische Klimaanlage, können über das Hochvoltbordnetz versorgt werden.
  - In Fahrzeugen mit Range Extender oder in E-Fahrzeugen sind neue Steckverbinder zur Netzverbindung und ggf. fahrzeugseitig ein Ladegerät vorzusehen. Hierzu gibt es naheliegenderweise erhebliche Bemühungen um Standardisierung, während alternative Entwicklungen die leitungslosen

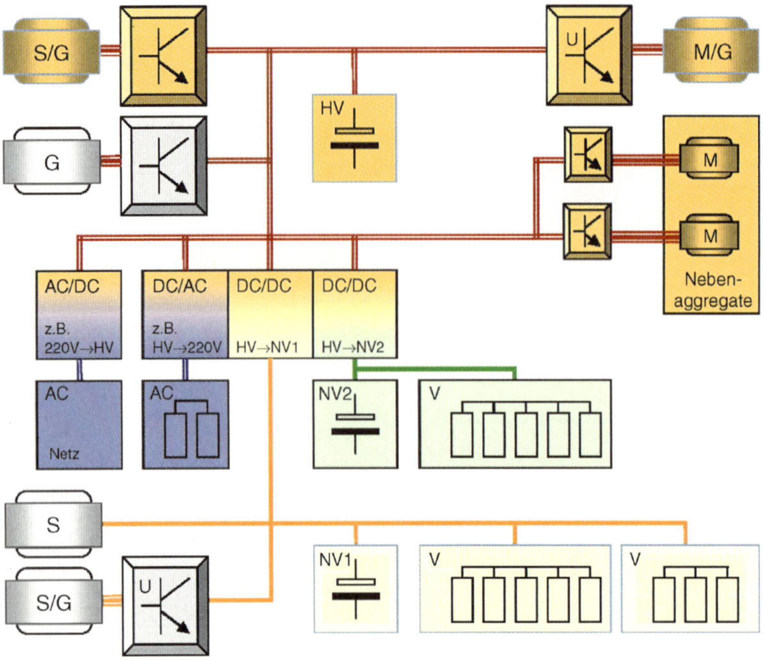

◘ Abb. 8.35 Bordnetzarchitektur-schematische Darstellung aller möglichen Komponenten (S: Starter, G: Generator, M: Motor, U: Umrichter/Gleichrichter, V: Verbraucher, AC/DC, DC/DC und DC/AC: Wandler, NV1 = 12 V, 12 V < NV2 < 60 V, HV > 60 V)

Energieübertragung zum Ziel haben. Umgekehrt können auch Netzspannungen, z. B. 220 VAC, mobil mit erhöhter Leistung zur Verfügung gestellt werden.

- Topologie: Im Hochvoltbordnetz findet man fast ausschließlich Punkt zu Punkt Verbindungen mit meist zwei oder drei Leitungen (◘ Abb. 8.35). Damit unterscheidet sich der Produktionsprozess erheblich von der Konfektion eines konventionellen Bordnetzes, besitzt einen wesentlich höheren Automatisierungsgrad und eine einfachere Logistik. In einigen Fällen ist eine 3D-Formgebung notwendig; auch Schutz- und Befestigungselemente werden eingesetzt. Aufgrund des größeren Volumens und der erhöhten Steifigkeit sind Hochvoltkabelsätze sorgfältig zu dimensionieren und zu packagen.

8.2.4 Der Bordnetz-Entwicklungsprozess

8.2.4.1 Abläufe

Konzeptphase Die Entwicklung eines Bordnetzes beginnt mit der Zusammenstellung der Basisdaten (◘ Tab. 8.7). Unter Berücksichtigung der vielfältigen Kriterien aus *Funktion*, *Package* und *Fertigung* wird daraus das Konzept zur Platzierung aller Komponenten und zum Routing der Kabelstränge abgeleitet. Trotz zunehmender Werkzeugunterstützung erfolgt dieser Schritt noch weitgehend manuell und setzt viel Erfahrung voraus, um eine hinreichend optimierte Lösung zu erzielen.

Damit lassen sich sodann die Leitungsstränge konstruieren, hierzu werden im Wesentlichen die elektrischen Daten genutzt, allerdings sind die Stränge auf Einhaltung der Trassenquerschnitte zu kontrollieren. Gleichzeitig werden Absicherungs- und Massekonzept entwickelt, dabei entstehen Sicherungsdosen und elektrische Verteil-

Tabelle 8.7 Basisdaten des Bordnetz-Entwicklungsprozesses

Elektrische Daten	**Mechanische Daten**
Elektrische Komponenten im Fahrzeug	
Schnittstellenbeschreibung – Steckerzahl und -typ – Signalbelegung – Kontaktart – Strombelastung	Geometrische Modelle mit – Abmaßen: Form, Oberflächen – Befestigungsart – Spezifikation Temperatur, Feuchtigkeit
Integration zu Systemen im Fahrzeug	
Anforderungen an – Energieversorgung – Masseverbindung – elektromagnetische Verträglichkeit	Einbauräume für Komponenten – Lage und Größe – Umgebungsbedingungen – Zugang für Montage und Leitungsführung
Schaltpläne mit Informationen zur – Verschaltung der Komponenten zu Systemen – Anschluss an Netzwerke	Kabeltrassen – Verlauf (Topologie) – Querschnitt – Umgebungsbedingungen – Fertigungsbedingte Trennstellen

und Schaltmodule, die ebenfalls im Package vorgehalten werden müssen.

Für das Hochvoltbordnetz ist die zumeist einfache Verschaltung (mit Punkt zu Punkt Verbindungen) vorgegeben. Allerdings ist hier eine deutlich stärkere Abstimmung mit der HV-System- und Komponentenentwicklung notwendig, um z. B. eine optimale elektrische und thermische Dimensionierung zu erreichen. Wie schon in ▶ Abschn. 8.2.3.7 beschrieben, sind zusätzliche Randbedingungen für die Entwicklung zu beachten.

Serienentwicklung Der Prozess der Serienentwicklung umfasst die Detailkonstruktion aller Komponenten. Aufgrund der umfangreichen Schnittstellen ist mehr als bei allen anderen Fahrzeugteilen eine regelmäßige Abstimmung mit allen benachbarten Baugruppen (Kollisionsuntersuchungen am *Digital Mockup*, in Referenzfahrzeugen…) unumgänglich. Speziell die mit der Leitungsverlegung befassten Personen müssen in vielen bereichsübergreifenden Entwicklungsgruppen (*SET*s) mitarbeiten. Umfangreiche Ressourcen sind für die Detailkonstruktion der Leitungsverlegung erforderlich. Diese beinhaltet:

- Bearbeitung der Bordnetz-Schnittstellen zu Karosserie-, Aufbau- und Aggregat-Teilen: Konstruktion von Sicken, Löcher, Eindrückungen, Entschärfung von Blechkanten zur Gestaltung der Trassen
- Setzen von Bolzen und Löchern für Clipse zur Befestigung der Kabelführungen
- Festlegung der Masseverbindungen unter EMV-Gesichtspunkten
- Detailkonstruktion und Einbau der Kabelführungen und Befestigungsteile (in der Regel Kunststoff-Spritzgussteile, teilweise Blechhalter)
- Veränderungen an Steuergeräte-Gehäusen oder Konstruktion spezieller Halter für elektrische

Komponenten zur Befestigung in den Einbauräumen
- Detailkonstruktion der projektspezifischen Sicherungsdosen, Koppelstationen, Tüllen und Boxen
- Einbau aller Bordnetz-Umfänge, auch der aus anderen Projekten übernommenen *Gleichteile*.

Da in Fahrzeugprojekten auch während der Entwicklungszeit häufig geändert wird und in Folge seiner Ausdehnung meist das Bordnetz betroffen ist, besteht der Bordnetz-Entwicklungsprozess real aus vielen Iterationsschleifen.

In dieser Phase entstehen folgende Daten:
- Systemschaltplan: elektrische Verschaltung aller zu einer Systemfunktion gehörigen Bauteile mit Detaillierung hinsichtlich Kontakt/Pinnummern und Potenzialen
- Kabelschaltplan: elektrische Verschaltung der Bauteile unter Einbeziehung der Topologie des Leitungssatzes. Fasst alle Leitungen verschiedener Systeme, die entsprechend der Leitungsverlegung einen einzelnen Leitungsstrang bilden, zusammen. Ergänzt werden Leitungsfarben, Querschnitte und Kabelsatz-interne Verbinder (Splices).
- 3D-CAD-Datensätze und Zeichnungen aller Komponenten sowie der Leitungsstrangverlegung und des Packagings der Bordnetzkomponenten.
- DMU (Digital Mockup): Geometriedaten aller Fahrzeugteile in ihrer vorgesehenen Einbauposition. Während der Entwicklung des Bordnetzes werden daraus die Informationen über die umgebenden Teile gezogen und im Gegenzug alle Teile des Bordnetzes eingestellt.
- Leitungssatzzeichnung: Zweidimensionale Zeichnung eines Leitungssatzes als Produkt- und Fertigungsdokumentation. Entsteht aus dem Kabelschaltplan, ergänzt um alle Details des Leitungssatzaufbaus (Befestigungsteile, Schutzelemente, Umwicklung, usw.) und alle geometrischen Maße, reduziert um Details der elektrischen Verschaltung.
- In der Stückliste werden die Produktdaten verwaltet, Details für die Fertigung aufgeführt und, besonders wichtig, die Varianten definiert.
- Weitere Dokumente werden aus den oben Aufgeführten abgeleitet, z. B. Einbauskizzen für die Fertigung, Darstellungen für den Service oder Daten für die Logistik.

Erprobung Mit der Verfügbarkeit erster Prototypen beginnt die Erprobung in Laboraufbauten durch Zusammenschalten von Bordnetz und elektrischen Komponenten. Dies ermöglicht zwar nur das Auffinden einfacher Verschaltungsfehler, stellt aber einen schnellen und effektiven Test hinsichtlich der häufigsten Fehlerarten dar. Gezielte Messungen werden dort vorgenommen, wo die entwicklungsbegleitenden Analysen wie *FMEA* oder *FTA* besondere Risiken ausweisen. *Hil-Tests* im Systemverbund und der Dauerlauf im Fahrzeug vervollständigen die elektrische Erprobung. Alle mechanischen Eigenschaften der Bordnetzkomponenten werden ähnlich dem Ablauf bei anderen Fahrzeugteilen Dichtigkeits-, Schwingungs-, Festigkeits- und Klima-Tests auf Prüfständen und im Fahrzeug unterworfen. Wie alle Komponenten wird auch das Bordnetz erst nach Erprobung im Fahrzeug freigegeben.

8.2.4.2 CAE und CAD-Werkzeuge

Zur Steigerung der Effizienz und der Prozesssicherheit hat man schon früh versucht, in der Entwicklung CAD-Werkzeuge einzusetzen. Zur Schaltplan- und Zeichnungserstellung war dies ab den 1960er Jahren möglich. Die beim Bordnetz unerlässliche Einbeziehung der Geometriedaten des Fahrzeuges scheiterte lange Zeit an der Leistungsfähigkeit der verfügbaren Rechenanlagen. Um ein Bordnetz hinreichend genau im CAD-System nachbilden zu können, müssen die umgebenden Teile dreidimensional mindestens in ihrer Außengeometrie sehr genau und in der Regel das ganze Fahrzeug abdeckend modelliert werden. Dadurch entstehen Datenvolumina, die erst seit den 1990er Jahren mit einer für Arbeitsabläufe akzeptablen Geschwindigkeit von Arbeitsplatzrechnern bewältigt werden.

Die Arbeitsabläufe und damit auch die Verkettung der dabei entstehenden Daten gliedern sich in zwei parallele Stränge (◘ Abb. 8.36). Beide gehen von Datenbanken mit Komponenteninfor-

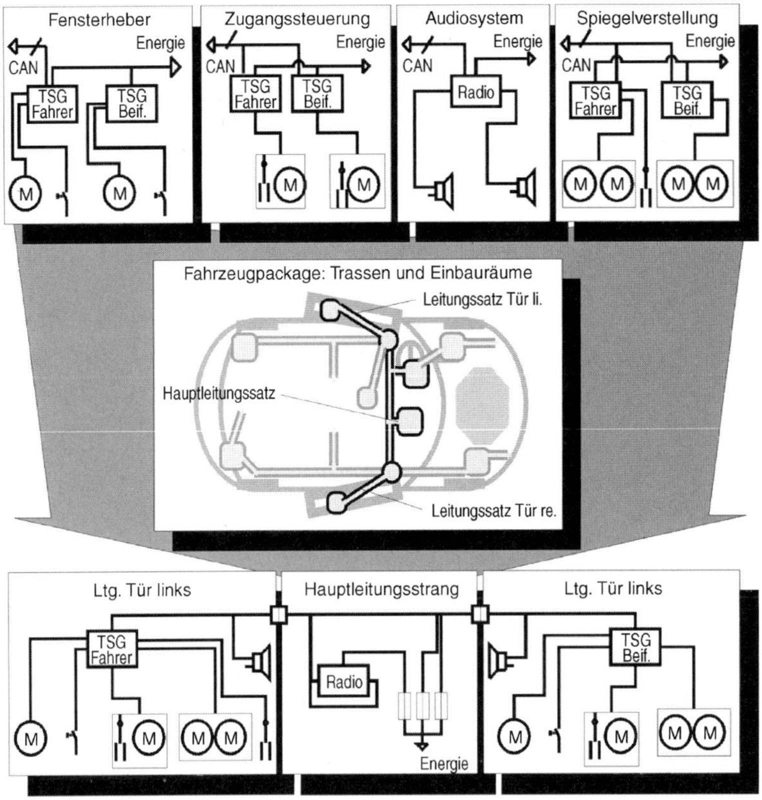

Abb. 8.36 Ableitung der Kabelschaltpläne aus Systemschaltplänen und Package. *Oben*: Schematische Darstellung der Schaltpläne von den 4 die Türleitungen bildenden Systemen, *unten*: Schematische Darstellung der Topologie der Türleitungssätze und eines Teils des Hauptleitungsstranges

mationen aus. Mit auf die elektrischen Parameter ausgelegter CAD-Software werden System- und Kabelschaltpläne bearbeitet, während mit Mechanik-CAD-Werkzeugen im DMU (Digital Mockup) Bauteile platziert, Leitungsstränge, Befestigungs- und Formteile konstruiert und dann unter Verwendung der Schaltplandaten eine Zeichnung entwickelt wird (Abb. 8.37). Die Kerne der Werkzeuge sind in der Regel verbreitete Programme aus ähnlichen Anwendungsbereichen. Ein echter Effizienzgewinn wird allerdings erst erzielt, wenn diese über Schnittstellen untereinander und mit den Stücklistensystemen, Teiledatenbanken und dem DMU-System gekoppelt werden. Ebenso sollte eine Schnittstelle zur Fertigungsvorbereitung des Lieferanten vorhanden sein. Damit werden manuelle Übertragungsvorgänge überflüssig und automatische Plausibilitätsprüfungen wie

- Beachtung von elektrischen, funktionalen, konstruktiven und formalen Regeln,
- Übereinstimmung und Konsistenz von Stücklisten und Variantensteuerung,
- Konsistenz der Verschaltung in allen Dokumenten im Einklang mit einer Netzliste,
- Korrekte Zuordnung von Leiterquerschnitten und Kontaktgrößen auf Basis der in den Komponentendaten enthaltenen Stromwerte,

möglich.

Die Systeme bilden das reale Verhalten der biegeschlaffen Leitungsstränge so gut ab, dass das daraus entstehende virtuelle Bordnetz (Abb. 8.38) für Kollisions- und Montageuntersuchungen im DMU verwendet werden kann. In der Regel ist jedoch eine manuelle Korrektur der Leitungslängen über Prototypenbau und Montage und Vermessung im Fahrzeug erforderlich, um aus den vielfältigen To-

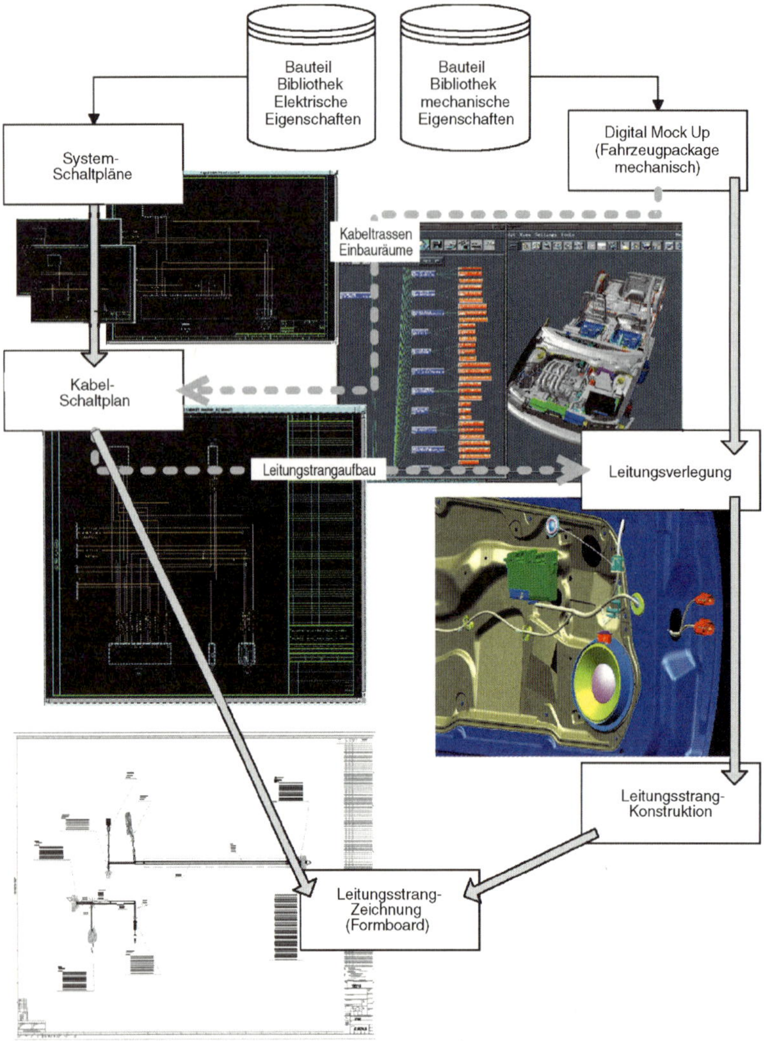

Abb. 8.37 Datenfluss in einer CAD Werkzeugkette zur Bordnetzentwicklung

leranzeinflüssen ein für die Großserie optimiertes Produkt zu ermitteln.

In zunehmendem Maße werden auch CAE Werkzeuge eingesetzt. So unterstützen Simulationsrechnungen auf Basis der elektrischen Daten frühzeitig die Dimensionierung und Validierung eines Bordnetzes, Testvektoren können für die Verschaltungsprüfung realer Leitungsstränge generiert werden und regelbasierte oder interaktive Entwurfs- und Optimierungsverfahren assistieren bei der konstruktiven Auslegung.

8.2.4.3 Lieferantenstruktur

Die große Zahl an Teilen in unterschiedlichen Technologien, verbunden mit komplexen Fertigungsabläufen, bedingen ähnlich komplexe Organisationsstrukturen für Entwicklung und Fertigung eines Bordnetzes. Während bis in die 1970er Jahre viele Automobilhersteller ihre Kabelsätze selbst hergestellt haben, ist heute die Entwicklung in Teilen und die Fertigung vollständig an so genannte Systemlieferanten ausgelagert.

Der Fahrzeughersteller konzentriert sich auf die für das Fahrzeug relevanten Eigenschaften des

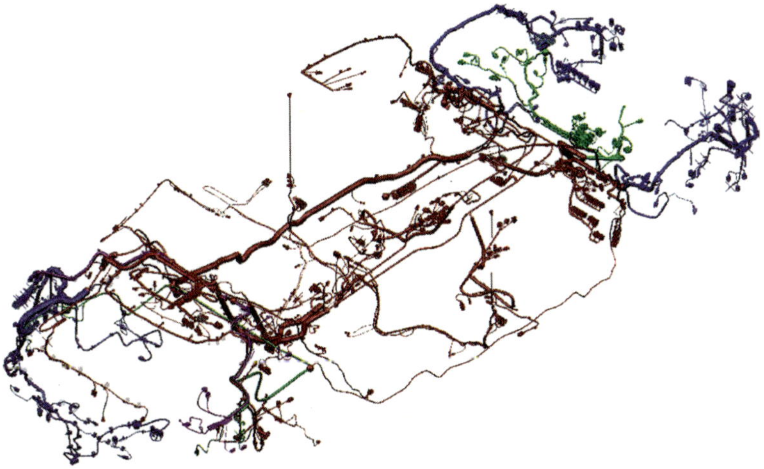

Abb. 8.38 CAD-Modell eines Fahrzeug-Bordnetzes (VW Phaeton)

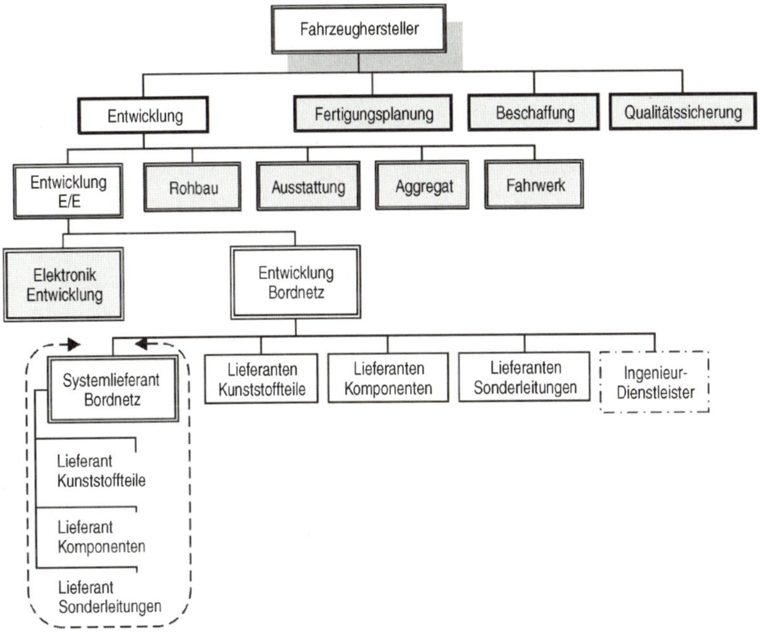

Abb. 8.39 Organisatorische Einbindung der Lieferanten in die Bordnetz-Entwicklung

Bordnetzes, er spezifiziert die Anforderungen, gibt Systemschaltpläne und Montageabläufe vor und koordiniert die Auslegung des Packagings. Die Detailkonstruktion wird bei Lieferanten durchgeführt. Je nach deren Produktspektrum kommen Leitungen, Komponenten und Kunststoffteile aus einer Hand oder werden weiter untervergeben. Da man anstrebt, möglichst viele Gleichteile modellübergreifend einzusetzen und außerdem gewisse Teile erst in der Fahrzeugfertigung montiert werden, greift die Beschaffung des Herstellers auch direkt auf Unterlieferanten zu. Ein großes Fahrzeugprojekt bindet allein für die Bordnetzentwicklung etwa 50 bis 100 Personen, Abb. 8.39 zeigt die typische Organisationsstruktur und ihre Schnittstellen in dieser Phase.

Tabelle 8.8 Trends in der Bordnetzentwicklung

Bordnetz	Trends
Leitungen und Stecker	– Leitermaterialien: Aluminium für größere Querschnitte, Messing und Kupferlegierungen im Signalbereich und Einsatz von Lichtwellenleitern – Querschnitte: Einsatz sehr kleiner Querschnitte im Signalbereich und generell bessere Querschnittsanpassung – Isolatoren: Wachsender Anteil von nicht PVC basierten Materialien, höhere Temperaturfestigkeit – Aufbau: Leitungen für den Hochvoltbereich, optimierte Schirmung, nichtflexible Leiter, Flachleiter (FFC/FPC), andere 2D-Leitersysteme – Optimierte und sichere Steckersysteme für hohe Ströme und Spannungen, elektrische und mechanische Sicherungselemente – Vermeidung von Verkabelung und Steckersystemen durch Integration
Schalter und Sicherungen	– Neue Relais und Halbleiter im Hochvoltbereich – Zunehmende Übernahme von Sicherungs-, Schalter- und Relaisfunktionen durch Leistungshalbleiter. – Erweiterte Diagnose-, Steuer- und Regelmöglichkeiten, Einsatz verteilter Bordnetzsteuergeräte
Architektur und Aufbau	– Aktive Maßnahmen für die Spannungsstabilität durch Einsatz von Wandlern und/oder Speichern. – Mehrspannungsnetze, zumindest mit jeweils einem Hochvolt- und Niedervoltpotenzial. – Eigene Masseführung im Hochvoltteil; ggf. auch im Niedervoltteil bei nichtleitenden Strukturelementen der Karosserie – Vorformung zur Montageunterstützung – Sowohl einteilige wie auch modulare Bordnetztopologien
Kommunikation	– Weitere Vernetzung bzw. Busanbindung von Steuergeräten, Sensoren und Aktuatoren sowie erhöhte Diagnosefähigkeiten – Vermehrter Einsatz von deterministischen und fehlertoleranten Bussystemen; Verbesserung der Erweiterbarkeit – Weitere Schnittstellen für den Bereich Infotainment und für die externe Netzanbindung von Fahrzeugen (C2CC, C2IC)

8.2.5 Entwicklungstrends

Aufgrund der zunehmenden Anzahl elektrischer Komponenten und den damit steigenden Anforderungen hinsichtlich Sicherheit, Funktionalität, Bauraum, Gewicht und Effizienz, aber auch wegen des relativ großen Einflusses des Bordnetzes auf Kosten und Qualität des Fahrzeugs und der starken Wechselwirkung mit anderen Bauteilen herrscht ständig Bedarf zur weiteren Optimierung. Generell resultiert daraus ein ständiger und kontinuierlicher Verbesserungsprozess auf Komponenten- und Detailebene. Einige der darüber hinausgehenden Trends sowohl technologischer wie methodischer Art sind in Tab. 8.8 stichwortartig aufgeführt.

Tabelle 8.8 (Fortsetzung)

Prozesse	Trends
Entwicklung	– Durchgängige, datenbankgestützte CAX Entwicklungswerkzeuge vom Entwurf bis zur Fertigungsvorbereitung – Zunehmender CAE Einsatz in den Bereichen Simulation, Regelkonformität, Optimierung und Validierung sowie weitere Etablierung der 3D Werkzeuge und Virtual Reality – Weitere Standardisierung auf Komponentenebene zur Umsetzung von Skalierungseffekten – Ganzheitliche Entwicklung von Bordnetz- und Elektronikarchitektur
Fertigung	– Automatisierung der Konfektion in Ansätzen – Weitere Optimierung der Logistik und Variantensteuerung – Kontaktierungsverfahren für Aluminium

8.3 Kommunikationsbordnetze

8.3.1 Einleitung

Der Anteil der Elektronik im Fahrzeug hat in den letzten Jahren stetig zugenommen. Selbst in preiswerten Kleinwagen sind deshalb eine Vielzahl von Sensoren, Aktoren und Steuergeräten installiert. In Fahrzeugen der Oberklasse, wo zusätzlich auch noch Unterhaltungs-, Klima- und Navigationsgeräte sowie aufwändige Assistenzsysteme eingesetzt werden, summiert sich die Zahl der Steuergeräte auf mittlerweile bis zu 30–50 Electronic Control Units (ECU). Weil viele dieser Einheiten funktional voneinander abhängig sind und zum Beispiel das Airbagsteuergerät auf die Crashsensoren oder das ABS-Steuergerät und die Navigationseinheit auf die Radsensoren angewiesen sind, müssen diese Komponenten miteinander kommunizieren können. Eine konventionelle Verkabelung einzelner Geräte über dezidierte Signalleitungen ist angesichts der Vielzahl der zu vernetzenden Steuergeräte kaum mehr möglich. Deshalb kommen im Fahrzeug zunehmend so genannte Busse zum Einsatz. Das sind Leitungssysteme mit dazu gehörigen Steuerungskomponenten, die zum Austausch von Daten und/oder Energie zwischen verschiedenen Hardware- oder auch Software-Komponenten dienen.

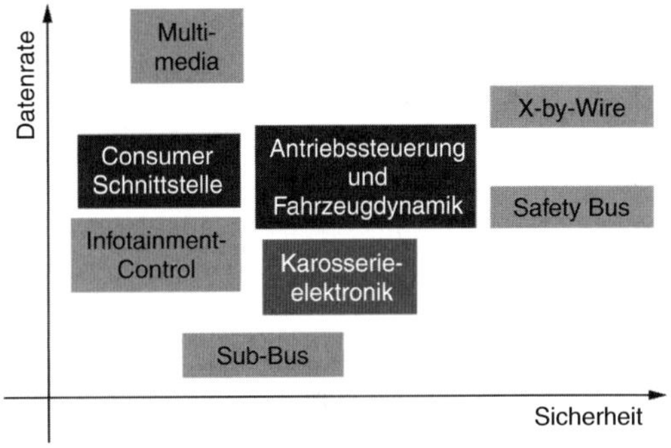

Abb. 8.40 Funktionale Anwendungsprofile von BUS-Systemen

Dabei haben sich seit Beginn der siebziger Jahre zahlreiche unterschiedliche Bussysteme etabliert, die sich vor allem hinsichtlich ihrer technischen Auslegung, der Leistungsfähigkeit und ihrer Kosten unterscheiden und deshalb im Fahrzeug für jeweils unterschiedliche Aufgabenstellungen und Einsatzgebiete genutzt werden (siehe Abb. 8.40).

Die Kommunikation zwischen diesen einzelnen Netzwerken erfolgt über spezielle Gateways und Schnittstellen. Obwohl damit viele Informationsstränge gebündelt werden können, haben die erforderlichen Netzwerke eine immense Größe: Während in den Fünfziger Jahren rund 30 m Kabel im Fahrzeug verlegt worden sind, machen etwa in der Mercedes S-Klasse (W 220) rund 1900

Leitungen, ca. 3800 Steckverbindungen und eine Gesamtlänge von drei Kilometern den Kabelbaum zu einer der aufwändigsten und teuersten Komponente. Diese in elektrische und optische Systeme unterteilten Busse werden im ersten Teil dieses Kapitels in ihren Grundzügen erklärt und in Leistungsfähigkeit und Funktionsspektrum gegenüber gestellt.

Über diese Kommunikationsnetzwerke innerhalb des Fahrzeugs hinaus wächst in der Automobilindustrie die Bedeutung von Netzwerken, die das Fahrzeugsystem nach außen öffnen und den Wagen mit seiner externen Umwelt verbinden. Statt Kabeln oder Lichtleitern kommen dann Funknetzwerke zum Einsatz, die im zweiten Teil des Kapitels vorgestellt werden.

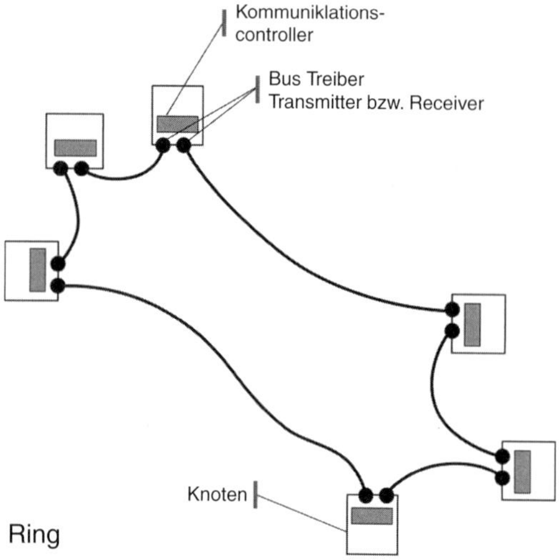

Abb. 8.41 Ringschaltung eines optischen Systems

8.3.2 Kabelgebundene Bordnetze

Für die Vernetzung der fahrzeuginternen Systeme werden heute ausschließlich kabelgebundene Datenbusse eingesetzt. Sie übermitteln sämtliche Informationen und Befehle aus den Bereichen »Control« (Sensoren von der Außentemperatur bis zur Raddrehzahl) und »Command« (Steuerung vom Fensterheber bis zum Assistenzsystem) und sind auch die Basis für Entertainment-, Multimedia- und Video-Applikationen. Außerdem ersetzen sie unter dem Stichwort »x-by-wire« zunehmend mechanische Verbindungen etwa beim »elektronischen Gaspedal«.

Klassifiziert werden diese Netzwerke neben der Datenkapazität und der Übertragungstechnik nach ihrer Topologie, also dem Aufbau der Verbindung [1]. Dabei gibt es drei Grundtypen:

- **Punkt-zu-Punkt-Verbindung:** Ein Netzwerk mit nur zwei Teilnehmern (wird im weiteren nicht betrachtet).
- **Ring-Netzwerk:** Ein Netzwerk, bei dem alle Komponenten in einem Ring miteinander verbunden werden (Abb. 8.41). Größter Vorteil dieser Architektur ist der geringe Verkabelungsaufwand und die schnelle Verbindung. Dafür jedoch ist die Datenübertragung zwischen allen Komponenten gefährdet, wenn der Ring an einer Stelle unterbrochen ist. Deshalb müssen aufwändige Kontroll-Systeme und »Bypass«-Lösungen entwickelt werden.
- **Sternverbindung:** Sie verknüpft alle Komponenten über einen im Zentrum des Sterns installierten »Hub«, auch »Bus Guardian« (Bus-Wächter) genannt, der die reibungslose Kommunikation gewährleistet (Abb. 8.42). Weitere Kontrollsysteme sind nicht nötig, so dass der Stern deutlich kostengünstiger ist als der Ring. Außerdem kann auch beim Ausfall eines Strahls auf allen anderen Strahlen weiter kommuniziert werden. Allerdings steigt beim Stern der Aufwand für die Verkabelung und damit auch das Fahrzeuggewicht. Bei einem Ausfall des Hubs kommt es zum Totalausfall des Netzes.

Unabhängig von der Architektur bieten Bussysteme gegenüber der singulären Signalleitung zwischen einzelnen Komponenten eine Reihe von Vorteilen:

- Jede Fahrzeugkomponente muss nur einmal an den Bus angeschlossen werden. Die Verkabelung wird einfacher, der benötigte Bauraum kleiner, das Gewicht geringer und die Kosten sinken. In der Mercedes S-Klasse (W220) spart der Einsatz der Bussysteme bei Maximalausstattung etwa 17 kg Kabelsatzgewicht (39 kg statt 56 kg) und 1000 m Kabelsatzlänge (2200 m statt 3200 m).

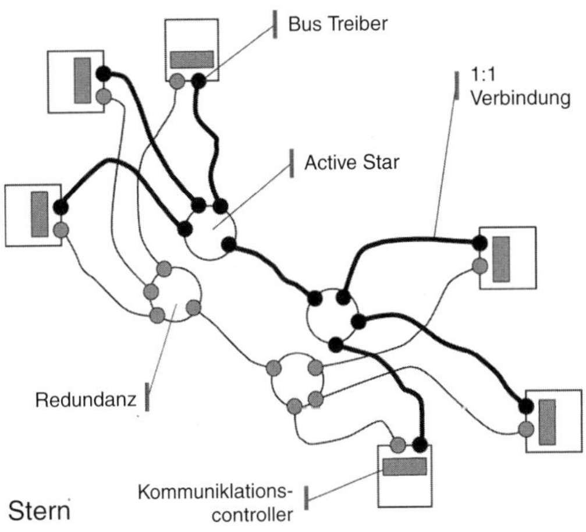

Abb. 8.42 Konfiguration mit aktivem Stern

- Sämtliche Geräte an einem Bus können miteinander kommunizieren und aufeinander reagieren. Zum Beispiel startet dann bei eingeschaltetem Scheibenwischer mit dem Einlegen des Rückwärtsgangs automatisch auch der Heckscheibenwischer. Diese Verknüpfung nennt man »Multiplexing«.
- Mit redundanten Leitungen können Ausfälle besser vermieden werden.
- Weil der Bus, seine Schnittstellen und die Kommunikation standardisiert sind, steigt die Modularität der Komponenten. So können viele Steuergeräte in unterschiedlicher Konfiguration in verschiedenen Fahrzeugen verwendet werden, wobei dann nur einzelne Module für zusätzliche Funktionen integriert oder entsprechend herausgenommen werden müssen.

Grundsätzlich muss bei den kabelgebundenen Bordnetzen zwischen zwei Übertragungstechniken unterschieden werden: Den elektrischen und den optischen Datenbussen (Abb. 8.43). Diese Systeme werden im nachfolgenden Abschnitt vorgestellt.

8.3.2.1 Elektrische Kommunikationsbordnetze

Bei der elektrischen Kommunikation im Netzwerk werden die Daten über konventionelle Kupferkabel als elektrische Impulse versendet. Diese Übertragung ist grundsätzlich relativ preiswert und sehr robust gegenüber mechanischer Belastung. Allerdings sind kabelgebundene Netzwerke anfällig für elektromagnetische Störungen und müssen deshalb aufwändig abgeschirmt und isoliert werden (▶ Abschn. 8.4), was die Kosten erhöht. Außerdem sind die Kabelbäume verhältnismäßig schwer. Dennoch stellen sie den Löwenanteil der Netzwerke im Fahrzeug.

Die wichtigsten BUS-Systeme im Einzelnen [50, 53]:

LIN: Das Local Interconnect Network (LIN) ist der einfachste und preiswerteste Bus im Fahrzeug. Er besteht aus einem einzigen 12 V-Kabel und ermöglicht mit einem seriellen Datenformat die kostengünstige Kommunikation für Sensoren und Aktoren mit einer geringen Bandbreite von 19,6 kBit/s. Der Bus hat nur einen Master (Sender) und bis zu 16 Slaves (Empfänger) und vernetzt vor allem Temperatur- und Feuchtigkeitssensoren, Aktoren und Beleuchtungselemente. Um Energie zu sparen, kann das LIN-Netzwerk auch in einem »Schlaf«- oder Standby-Modus betrieben werden, bis eine »wake-up«-Message die Slaves aktiviert.

CAN: Das Controller Area Network – kurz: CAN – findet seit Anfang der neunziger Jahre verstärkten Einsatz im Fahrzeugbau und vernetzt mit einem zweiadrigen Kabelstrang zum Beispiel das ABS-System oder die Motorsteuerung. Der serielle CAN-Bus verfügt über eine Datenübertragungsgeschwindigkeit von 10 kBit/s bis 1 MBit/s bei einer Buslänge bis zu einem Kilometer. Die maximale Anzahl der Teilnehmer (»Knoten«) im Bus beträgt 32, weil die Netze jedoch intern aufgeteilt werden können, sind deutlich höhere Gesamtzahlen möglich. Sämtliche Teilnehmer im CAN können »Master« oder »Slave« sein und dann Informationen nicht nur empfangen, sondern auch versenden. Dieses Konzept nennt man »Multi-Master-Bus«. Gesteuert wird die Kommunikation über die Ereignisse: Wann immer eine ECU eine Informationen senden will, wird der entsprechende CAN-Controller beauftragt und bringt die Nachricht auf den Weg, sobald der Kanal frei ist. Müssen gleichzeitig mehre Informationen gesendet werden, regelt die vorgegebene Prioritätenliste die Reihenfolge. Empfängeradressen gibt es auf dem CAN-Bus nicht; die jeweilige Information erreicht immer alle Teilnehmer. Um den CAN-Bus vor den

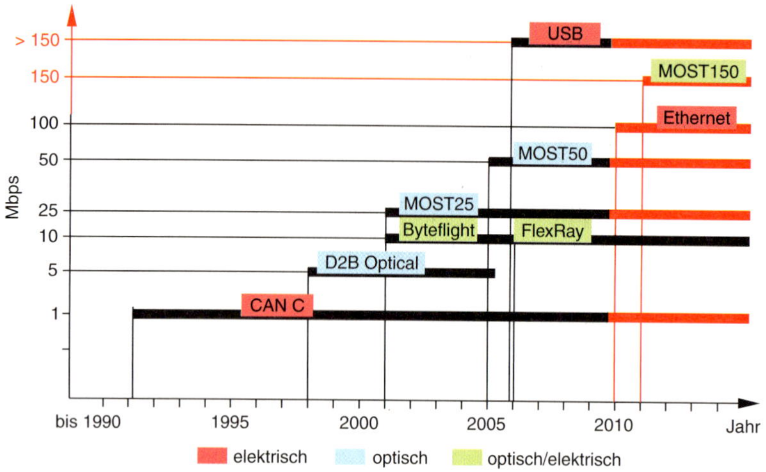

Abb. 8.43 Ausgewählte kabelgebundene Bussysteme im Vergleich

Einflüssen starker elektromagnetischer Felder zu schützen, verfügt das System über einen Mechanismus, der fehlerhafte Übertragungen erkennt und wiederholt. Außerdem können Fehler lokalisiert und entsprechende Controller vom Netzwerk getrennt werden.

TTCAN: Vor allem in sicherheitsrelevanten Systemen kommt als Weiterentwicklung des CAN-Busses der so genannte Time Triggered CAN (TTCAN) zum Einsatz. Dort erfolgt die Kommunikation nicht ereignis-, sondern zeitgesteuert: Alle Knoten werden mit Referenznachrichten auf eine gemeinsame Systemzeit geeicht und kommunizieren danach in festgelegten Zeitfenstern. Während auf dem normalen CAN die Laufzeit und die Sendezeit einer Nachricht nicht präzise bestimmt werden können, ist auf diese Weise sichergestellt, dass die entsprechenden Informationen nach einem genauen Zeitplan übermittelt werden.

DC-BUS: Während die zuvor beschriebenen BUS-Systeme zusätzliche Kabelbäume verlangen, benutzt dieser Ansatz die im Fahrzeug bestehenden Gleichstromleitungen für den Datenaustausch. Diese »Power Line Communication« ist aber zahlreichen Störeinflüssen ausgesetzt und deshalb bis heute noch in keinem Serienfahrzeug verwirklicht worden.

USB/Ethernet: Um den wachsenden Anforderungen an die Übertragungskapazität Rechnung zu tragen, werden für Telematik-, Assistenz- und Infotainmentsysteme zunehmend die aus der Computerwelt entlehnten Busse USB und Ethernet eingesetzt. Sie erlauben Übertragungsraten von 100 bis 480 MBit/s. Allerdings erfordert ihr Kommunikationsprotokoll mit der isochronen Übertragung schnelle Zwischenspeicher an jedem Knoten. Im Bereich von Multimedia Anwendungen im Fahrzeug kommt USB als Schnittstelle zu mobilen Datenträgern als auch bei der Vernetzung verteilter Infotainmentsysteme zum Einsatz.

Ethernet hat im industriellen Bereich seine Zuverlässigkeit und Qualität längst bewiesen und bietet sich als kostengünstige Lösung für den Einsatz im Fahrzeug an. Verschiedene Automobilhersteller erwägen daher seit geraumer Zeit den Einsatz von Ethernet-Netzwerken im Fahrzeug. Im ersten Schritt wird Ethernet für die Fahrzeug-Diagnostik und den Software-Download zu verschiedenen ECU (Engine Control Unit) im Fahrzeug genutzt. Im zweiten Entwicklungsschritt folgt die Erweiterung um eine Datenübertragung für Echtzeitanwendungen wie Sprache, Audio oder Video. Hierzu ist jedoch ein Netzwerkpfad mit geringer Latenz erforderlich, da längere oder diskontinuierliche Unterbrechungen im Datenfluss von zeitkritischen Anwendungen die Sprach- und Bildqualität negativ beeinflussen. Um die Servicequalität zeitkritischer Dienste wie digitales Audio oder Video über Ethernet garantieren zu können, hat IEEE eine Arbeitsgruppe für Audio/Video-Bridging (AVB) als Teil des Standards 802.1 gebildet. Der hieraus resultierende AVB-Standard wird den Automobilherstellern als Basis für zukünftige Multimedianetzwerke über Ethernet in Fahrzeugen dienen.

8.3.2.2 Optische Kommunikationsbordnetze

Neben den elektrischen Bordnetzen haben sich im Fahrzeug für schnelle und volumenstarke Datenverbindungen auch optische Systeme etabliert. Dort werden die Informationen von elektrischen in optische Impulse umgewandelt und dann mit Lichtleitern aus Kunststoff POFs (Plastic Optical Fiber) übertragen. Der Vorteil der Lichtleiter liegt vor allem in der deutlich höheren Übertragungsrate und im geringeren Gewicht. Außerdem gibt es keine EMV-Störungen. Allerdings sind derartige Netzwerke in der Herstellung etwas teurer und in der Produktion sehr viel sensibler, weil sie mechanisch nicht stark beansprucht werden können. So dürfen zum Beispiel bei der Montage maximal zulässige Biegeradien von einigen Zentimetern nicht unterschritten werden. Zudem müssen von den Werkstätten Spezialwerkzeuge für Wartung und Reparatur vorhalten werden.

Die wichtigsten optischen BUS-Systeme im Einzelnen [2]:

D2B Optical: Der Domestic Data Bus (D2B Optical) war das erste in Serie eingesetzte optische Netzwerk. Mit einer Übertragungsrate von 5,6 MBit/s hat es mit einer Ringstruktur bis zu fünf Teilnehmer über eine 0,98 mm dicke Leitung aus Polymetylmethacrylat (PMM) synchron vernetzt. Eingesetzt wurde es ausschließlich für Multimedia-Komponenten.

MOST: 1998 wurde für die Multimedia-Umgebung im Fahrzeug der Bus für Media Oriented Systems Transport (MOST-Bus, MOST25) eingeführt. MOST-Netzwerke werden als Ring ausgeführt, bei sicherheitskritischen Anwendungen können auch Doppelringe zum Einsatz kommen. In einem solchen MOST25 Ring können bis zu 64 MOST-Geräte eingebunden werden. Weil das System auf einfache Bedienung (Plug-and-Play) hin konzipiert worden ist, können einzelne Geräte mühelos entfernt oder hinzugefügt werden. In einem MOST-Netzwerk übernimmt ein MOST-Gerät die Rolle eines Timing-Masters, der kontinuierlich MOST-Frames in den Ring einspeist. Die zu Beginn der Übertragung eines MOST-Frames versendete Präambel dient den Timing-Slaves zur Synchronisation. Über die der synchronen Übertragung zugrunde gelegten Biphasen-Codierung können sich die Timing-Slaves ständig nachsynchronisieren. Insgesamt steht der Übertragung von Streaming-Daten (synchrone Datenübertragung) und von Paketdaten (asynchrone Datenübertragung) eine Bandbreite von circa 23 MBit/s zur Verfügung. Diese ist in 60 physikalische Kanäle gegliedert, die vom Anwender selektiert und konfiguriert werden können. MOST unterstützt bis zu 15 unkomprimierte Stereo-Audio-Kanäle in CD-Qualität oder bis zu 15 MPEG1-Kanäle zur Audio-Video-Übertragung [3]. Die Übertragung von hochauflösenden, unkomprimierten Videodatenströmen ist mit MOST allerdings noch nicht möglich. Gleichzeitig bietet MOST einen Kanal zur Übertragung von Kontrollbotschaften. Dazu steht eine Bandbreite von 768 kB zur Verfügung. Pro Sekunde können damit fast 3000 Kontrollbotschaften übertragen werden. Mit Hilfe der Kontrollbotschaften können MOST-Geräte sowie die synchrone bzw. asynchrone Datenübertragung konfiguriert werden.

Die zweite Generation, MOST50, bietet eine Verdoppelung der Bandbreite von 25 auf 50 Mbit/s verbunden mit der Erweiterung um die MOST Specification of Electrical Physical Layer Rev. 1.1 [6]. Diese ermöglicht eine Datenübertragung über ungeschirmte, verdrillte Kupferkabel (UTP; unshielded twisted pair) unter Einhaltung der im Automobilsektor herrschenden strengen Vorgaben an die elektromagnetische Verträglichkeit.

Mit der dritten Generation, MOST150, wird die Übertragungsrate auf 150 Mbit/s erweitert werden. MOST150 unterstützt dabei weiterhin den Einsatz von POFs (Plastic Optical Fiber) und LEDs als Lichtquellen und gewährleistet so den reibungslosen Übergang von MOST25. Zusätzlich zur höheren Übertragungsrate bietet MOST150 einen isochronen Übertragungsmechanismus zur Unterstützung komplexer Video-Anwendungen sowie einen Ethernet-Kanal für die effiziente Übertragung von IP-Paketdaten. Der Ethernet-Kanal überträgt Ethernet-Frames gemäß IEEE 802.3, so dass die Kommunikation von Standard-TCP/IP-Software-Stacks ohne Änderungen möglich ist. Damit bietet die neue Generation von MOST den einsatzbereiten Physical Layer für Ethernet typische Kommunikation im Auto. Eine Anpassung der Übertragungsraten-Aufteilung an die jeweiligen Anforderungen von IP-Kommunikation einerseits und konventionellen Streaming-Verbindungen andererseits ist dynamisch möglich. Zusätzlich unterstützt MOST150 den bewährten asynchronen Kanal, um rückwärtskompatibel zu MOST25-Anwendungen zu bleiben. Diverse Fahrzeughersteller sind mit ersten Serienprojekten bereits in der Implementierungsphase und planen den Einsatz des MOST150-Netzwerks in Fahrzeugen ab 2011.

Byteflight/FlexRay: Für größere Datenmengen vor allem in »x-by-wire«-Systemen und sicherheitsrelevanten Anwendungen werden seit einigen Jahren der Byteflight-Bus und dessen Weiterentwicklung FlexRay eingesetzt. Sie ermöglichen eine frei konfigurierbare synchrone und asynchrone Übertragung mit einer hohen Bandbreite von maximal 10 MBit/s. Das flexible und erweiterbare Netzwerk besteht aus maximal 64 Knoten, die entweder mit Punkt-zu-Punkt-Verbindungen oder über eine klassische Bus-Strukur miteinander verknüpft werden können. Als physikalisches Übertragungsmedium werden Kupferkabel oder aber mehrheitlich Lichtleiter eingesetzt. In seiner Grundkonzeption ist FlexRay vergleichbar mit dem zeitgesteuerten CAN-Bus. Während der TTCAN allerdings die Fehlertoleranz und die Sicherheit in den Vordergrund stellt, liegt hier der Schwerpunkt auf der Flexibilität der Kommunikation. Die Entwicklung von FlexRay wurde 1999 von BMW und DaimlerChrysler initiiert. Mittlerweile sind aber weitere Automobilhersteller und alle namhaften Zulieferer am entsprechenden Konsortium beteiligt.

8.3.3 Drahtlose Kommunikationsbordnetze

Die kabellose Vernetzung wird im Fahrzeug vor allem für die Integration externer Systeme für Kommunikation oder Infotainment genutzt [4]. Zwar sind heute einzelne Komponenten wie das Mobiltelefon oder der PDA mehrheitlich noch per Kabel mit dem Fahrzeug verbunden. Doch wachsende Komfortansprüche, die schnellen Wechselintervalle der mobilen Endgeräte und eine steigende Zahl der Systeme machen eine Umstellung dringend erforderlich.

Für die kabellose Verbindung stehen verschiedene Techniken zur Wahl, die in den kommenden Abschnitten vorgestellt werden (vgl. ◘ Abb. 8.44):

Infrarot: Eine Möglichkeit zur kabellosen Systemintegration bietet die Infrarot-Technik. Dafür haben vor allem Unternehmen aus der Computerindustrie in den neunziger Jahren des letzten Jahrhunderts die Infrared Data Association (IrDA) gegründet und die physische Spezifikationen sowie die Standards für Kommunikationsprotokolle einer Schnittstelle definiert, die mittels infrarotem Licht den Austausch von Daten ermöglicht. In der fortschrittlichsten Spezifikation werden damit Datenraten von 16 MBit/s erreicht. Ein Vorteil dieser Technik ist der preisgünstige Aufbau der Systeme. Nachteilig sind aber die geringe Übertragungsentfernung, die in der Spezifikation mit 100 cm festgelegt ist, sowie die zwingend benötigte Sichtverbindung zwischen Sender und Empfänger. Aus diesen Gründen kommen Infrarot-Übertragungen im Fahrzeug allenfalls bei Fernbedienungen zum Einsatz.

Zigbee: Zigbee ist ein drahtloses Netzwerk, das nur auf kurze Entfernungen arbeiten kann und vor allem für die Kommunikation von und zu Sensoren eingesetzt wird. Es bietet eine Datenübertragungsrate von 106 oder 212 kBit/s und wird in Zukunft auch 424 kBit/s übermitteln können. Im Auto überbrückt Zigbee meist nur wenige Zentimeter und kommt deshalb als Nischenanwendung zum Beispiel in der Kommunikation mit den Luftdrucksensoren der Reifen zum Einsatz.

Bluetooth: Eine Schlüsselrolle bei der Vernetzung der internen und externen Komponenten im Fahrzeug kommt dagegen der Bluetooth-Technologie zu. Definiert und verwaltet wird dieser Standard von der Bluetooth Special Interest Group (SIG), in der bislang über 2000 Unternehmen zusammen geschlossen sind. Dieser Standard für die kabellose Vernetzung von Geräten über kurze Distanz definiert eine drahtlose Schnittstelle, über die sowohl mobile Kleingeräte wie Mobiltelefon

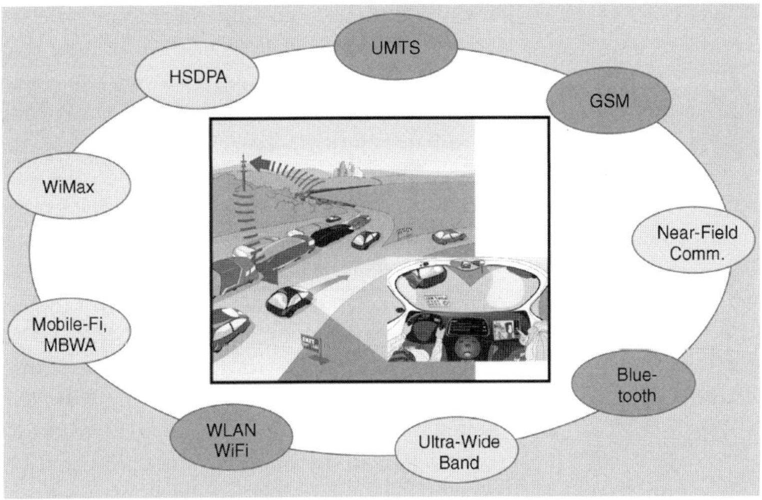

Abb. 8.44 Mit drahtlosen Netzwerken erfolgt der Datenaustausch zwischen Fahrzeug und Umwelt/Infrastruktur

und PDA als auch Computer oder Peripheriegeräte in einem Netzwerk miteinander kommunizieren können. Ein solches Netzwerk wird auch als »Wireless Personal Area Netzwerk« (WPAN) bezeichnet. Die verfügbare Nutzer-Datenrate liegt bei derzeit maximal 2,5 MBit/s (Bluetooth 2.0 plus Enhanced Data Rate (EDR)). Herzstück des Systems ist ein Mikrochip, das Bluetooth-Modul. Es benötigt wenig Energie, bietet integrierte Sicherheitsmechanismen und ist günstig herzustellen. Somit kann es in einer breiten Palette von elektronischen Geräten eingesetzt werden. Prinzipiell besteht ein Bluetooth-Modul aus einem HF-Teil und einem Basisband-Controller, der die Schnittstelle zum Hostsystem, zum Beispiel dem PC, Laptop oder Handy darstellt. In der Norm sind drei Sendeleistungsklassen mit 1 mW (0 dbm), 2,4 mW (4 dBm) und 100 mW (20 dBm) definiert, die Reichweiten von 10 bis 100 m zulassen (vgl. Abb. 8.45). Ein direkter Sichtkontakt zwischen Sender und Empfänger ist nicht nötig. Beim Einsatz im Fahrzeug ist aber vor allem die Reflektion der Funkwellen am Metall sowie die Absorption des menschlichen Körpers zu berücksichtigen. Bluetooth-Geräte dürfen weltweit zulassungsfrei betrieben werden und senden im 2,4-GHZ-ISM-Funkband (ISM = Industrial, Scientific and Medical). Ein Bluetooth-Netzwerk kann aus bis zu 255 Teilnehmern bestehen, wovon acht Geräte gleichzeitig aktiv sein können. Ein Gerät übernimmt die Rolle des Masters und kann bis zu sieben weitere Teilnehmer (Slaves) ansprechen. Der Master steuert die Kommunikation und vergibt Sende-Slots an die Slaves.

Da Bluetooth universell einsetzbar ist, hat die Bluetooth SIG etwa 20 so genannte Profile definiert, die als Bindeglied zwischen den Anwendungen und der Bluetooth-Hardware fungieren. Diese Profile werden entwickelt und betreut von drei Expertengruppen innerhalb der Bluetooth-Organisation, die eine zielgerichtete Applikationsentwicklung ermöglichen sollen. Den automobilen Bereich betreut die »Car Working Group« (CWG), die künftige Anwendungsszenarien im Automobil erkennen und in die Definition neuer Profile einarbeiten soll. Dabei steht Bluetooth für zweierlei Anwendungen: den Datenaustausch zwischen portablen Endgeräten und dem Fahrzeug sowie den drahtlosen Transport von Audio- und Videosignalen für Unterhaltung und Information. Die erste Phase der Integration von Bluetooth in die Fahrzeuge ist abgeschlossen. So verfügen einige Modelle vor allem in der Mittel- und Oberklasse aber auch zunehmend Kleinwagen über eine Bluetooth-Schnittstelle für Mobiltelefone, so dass die Gespräche über das Audiosystem des Fahrzeugs geführt werden können. Für die Zukunft rechnen Experten mit einem erweiterten Funktionsumfang durch das Einbringen weiterer Bluetooth-Profile. Zum Beispiel:

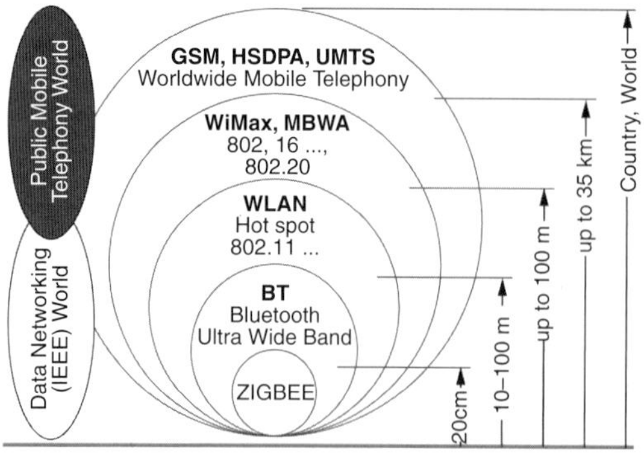

Abb. 8.45 Reichweiten von Kommunikationsnetzen

- Mobiltelefone werden weiter integriert und der SIM-Zugriff für kommerzielle Anwendungen geöffnet
- Location Based Services erweitern die Funktionen des Navigationssystems
- Fahrzeugfunktionen wie die Schließanlage oder die Standheizung können universell ferngesteuert werden.

Eine Erweiterung von Bluetooth 2.0/2.1 stellt der im April 2009 verabschiedete Bluetooth 3.0 Standard dar. Bluetooth 3.0+HS sieht als Basis eine 3-MBit-Funkverbindung vor, über die Steuerdaten und Sitzungsschlüssel ausgetauscht werden. Wenn größere Datenmengen übertragen werden sollen, dann wird in den Highspeed-Modus gewechselt. Hierbei wird auf die WLAN-Übertragungstechnik IEEE 802.11g (54 MBit/s) zurückgegriffen die im gleichen Frequenzbereich wie die Bluetooth-Funktechnik arbeitet. Dafür setzt Bluetooth einen Adhoc-Modus ein, der eine Verbindung mit WLAN-Technik zwischen nur zwei Geräten vorsieht.

Ultra Wide Band: Als eine künftige Übertragungstechnik für die Kommunikation im Fahrzeug sehen die Entwickler das Ultra Wide Band (UWB), das Datentransferraten bis zu 480 MBit/s ermöglichen wird und sich damit zum Beispiel für die kabellose Übertragung auch von bewegten Bildern in Echtzeit eignet. So könnte beispielsweise der nachträgliche Einbau von Displays für ein Rear Seat Infotainment System erheblich vereinfacht werden, aber auch bei der Erstausstattung würden durch den Wegfall von Kabelbäumen erhebliche Ressourcen eingespart. Dabei setzt die Industrie auf den Anfang 2008 von der Bundesnetzagentur freigegebenen Frequenzbereich zwischen 30 MHz und 10,6 GHz. Ein weiterer Vorteil dieser Technologie ist der sehr geringe Energiebedarf, der weit unterhalb der Bluetooth-Kommunikation liegt. Erste Anwendungen im Consumer-Bereich existieren heute. Der Einsatz im Fahrzeug wird entsprechend verzögert erfolgen.

WLAN: Eine Alternative und Ergänzung zur Bluetooth-Kommunikation vor allem für den Datenexport aus dem Fahrzeug heraus ist die WLAN-Technologie. Dieser Begriff steht für Wireless Local Area Network und bezeichnet ein drahtloses Funknetzwerk verschiedener Rechner oder Steuereinheiten, dem in der Regel ein Standard der IEEE 802.11-Familie zugrunde liegt. Auch WLAN-Netzwerke senden wie Bluetooth-Anwendungen auf dem weltweit verfügbaren 2,4-GHz-Band oder auch auf dem ebenfalls lizenzfreien 5-GHz-Band und erreichen je nach Standard eine Datenübertragungsrate von 11 MBit/s (Protokoll 802.11b) bis 54 MBit/s (Protokoll 802.11g), wie **Abb. 8.46** zeigt. Im Vergleich zu WPANs haben WLANs eine deutlich größere Sendeleistung und damit größere Reichweiten. So können Daten im Idealfall über rund 300 m übertragen werden.

Premiumhersteller statten derzeit ihre Fahrzeuge mit einem mobilen Internet-Zugang aus. Dabei wird die Verbindung je nach Netzverfügbarkeit über GPRS und UMTS hergestellt und per WLAN an beliebige Endgeräte im Fahrzeug weitergeleitet.

Dem Nutzer bleibt es hierbei freigestellt eine eigene SIM-Karte zu verwenden oder per Bluetooth und SIM Access Profile ein vorhandenes Handy mit der im Auto fest eingebauten Modem-Router-Kombination verbinden.

WLAN für Car-to-Car-Kommunikation: Um die Erforschung, Standardisierung und Einführung zu beschleunigen, haben namhafte Automobilhersteller und Zulieferer im Jahr 2005 das Car-2-Car Communication Consortium (C2C CC) gegründet, das auf Basis von WLAN auf europäischer Ebene möglichst schnell einen offenen Industriestandard für die Kommunikation zwischen Fahrzeugen und zwischen Fahrzeugen und Infrastruktureinrichtungen erarbeiten soll. Diesen neuen Kommunikationspfad wollen die Hersteller vor allem zur Optimierung der Verkehrsflüsse und

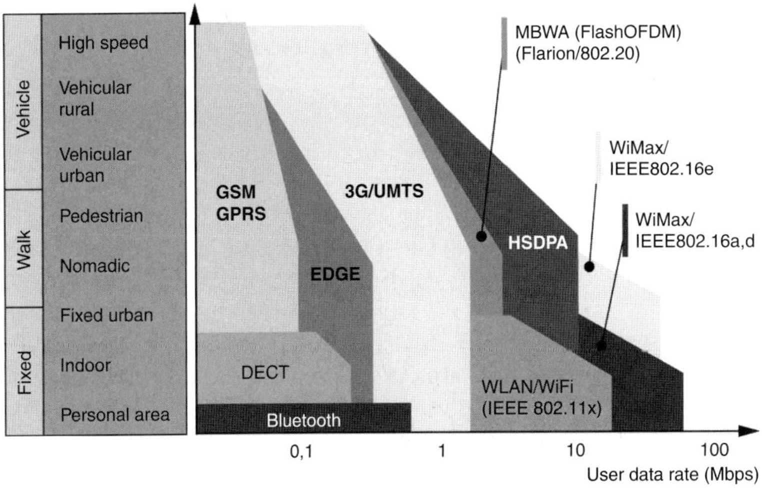

Abb. 8.46 Datenübertragungsraten verschiedener Einsatzfelder im Vergleich

zur Steigerung der Sicherheit nutzen: So könnte zum Beispiel ein Fahrzeug, das plötzlich in Stau, Nebel, Glatteis oder einen Unfall gerät, Informationen an alle betroffenen Verkehrsteilnehmer im unmittelbaren Umkreis der Gefahrenstelle weitergeben. Dann könnte der nachfolgende Verkehr rechtzeitig gewarnt werden und entsprechend auf die neue Situation reagieren. In der Vision der Entwickler kann jedes Fahrzeug in diesen ad-hoc-Netzwerken die Rolle des Senders, Empfängers oder Vermittlers (Routers) übernehmen. So baut sich ähnlich eines Staffellaufs eine Informationskette auf, die auch weite Entfernungen überbrücken kann. Parallel zum Kontakt von Fahrzeug zu Fahrzeug soll auf diesem Wege auch die Kommunikation mit stationären Einrichtungen verbessert werden. So würde die Werkstatt den Fehlerspeicher online auslesen, ohne auch nur die Motorhaube zu öffnen. Und statt ständig neue Navigationskarten zu kaufen, könnten Autofahrer die aktuellsten Daten einfach an der Tankstelle downloaden.

Mobile Broadband Wireless Access: Die Mobile Broadband Wireless Access-Technologie (MBWA) ist eine Weiterentwicklung von WLAN für mobile Klienten. Während WLAN zwar kabellos aber prinzipiell ortgebunden und statisch ist, wird diese Funkverbindung eine Datentransferrate von 384 kBit/s bis 4 MBit/s ermöglichen, auch wenn sich das Fahrzeug mit bis zu 250 km/h bewegt. Die Reichweite einer Funkzelle ist auf bis zu 35 km ausgelegt (Abb. 8.45). Der Zeitpunkt wann mit ersten Einsätzen im Fahrzeug zu rechen ist bleibt aufgrund der erforderlichen Infrastruktur abzuwarten. Einen ähnlichen Ansatz verfolgt die WiMAX-Technologie, die einen mobilen Internetzugang mit einer Datenrate von maximal 10 MBit/s in Aussicht stellt. WiMAX wird durch die CE-Industrie, z. B. Intel, massiv gefördert. Ob diese Netzwerke allerdings auch für das Auto relevant werden, ist derzeit noch nicht abzusehen.

GSM, UMTS und HSDPA: Als Alternative zum Download von Infotainment- oder Navigationsdaten wie WLAN oder MBWA gelten die klassischen Mobilfunkverbindungen. Mit einer Datenrate von 14,4 kBit/s ist GSM allerdings dafür nicht leistungsstark genug. Auch in UMTS-Netzen ist die Transferrate mit 384 kBit/s noch relativ gering. Erst wenn der Standard High Speed Downlink Packet Access (HSDPA) Datenraten von bis zu 14,4 MBit/s ermöglicht, wird man tatsächlich Spielfilme oder Kartenupdates ins Auto laden können.

8.3.4 Zusammenfassung und Ausblick

Die stetig steigende Anzahl elektronisch geregelter Komfortfunktionen, die wachsende Zahl von Infotainment-Komponenten und vor allem eine Vielzahl neuer Assistenz- und Sicherheitssysteme von der Umfeldüberwachung bis zum automatischen Eingriff in das Fahrzeuggeschehen in Grenzfällen, z. B. bei drohenden Unfällen, werden den Daten- und Informationsfluss im Fahrzeug weiter anschwellen lassen. Gleichzeitig wird die Vernetzung mit anderen Fahrzeugen, mit Verkehrsleitzentralen und externen Datenbanken für Infotainment-Inhalte oder sonstige Informationen zunehmen.

Innerhalb des Fahrzeugs benötigen die Entwickler leistungsfähige Busse mit hoher Zuverlässigkeit und großen Transferraten. Weil kabellose Verbindungen dafür nicht genügend Sicherheit bieten, gehört die Zukunft auf diesem Feld den leitergebundenen Bordnetzen wie MOST und Ethernet. Das gilt besonders für die Multimedia-Anwendungen, deren fortschreitende Entwicklungen einen stetig wachsenden Bedarf an steigenden Transferraten erwarten lässt. Aus Kostengründen allerdings werden auch konventionelle Busse wie LIN, CAN oder FlexRay in spezialisierten Anwendungen weiterhin zum Einsatz kommen.

Obwohl jeder Zentimeter Kabel oder Lichtleiter zusätzliches Gewicht, zusätzlichen Platzbedarf und zusätzliche Kosten bedeutet, werden sich die Fahrzeughersteller von der festen physikalischen Verbindung der einzelnen Knoten zunächst nur dann lösen, wenn externe mit den internen Systemen vernetzt werden müssen. Also zum Beispiel bei der Integration von Mobiltelefonen oder Handheld-Computern. Ebenfalls kabellos muss selbstverständlich die Vernetzung mit anderen Fahrzeugen oder mit entsprechenden Steuerzentralen erfolgen.

Bei diesen externen Verbindungen innerhalb des Fahrzeugs wird sich Bluetooth als Standard weiter etablieren, bevor sich die UWB-Technik mit höherer Übertragungsrate und geringerem Energieverbrauch durchsetzt. Für die Kommunikation zwischen Fahrzeug und Umwelt dagegen sind die Perspektiven noch nicht so klar: Dort konkurrieren WLAN und MBWA bzw. WiMAX als Computernetzwerke mit wachsender Reichweite und steigender Übertragungsrate auf der einen und GSM, UMTS und HSDPA als leistungsstarke Mobilfunknetzwerke auf der anderen Seite.

8.4 Elektromagnetische Verträglichkeit – EMV

Die Bedeutung der Sicherstellung der elektromagnetischen Verträglichkeit (EMV) hat in den letzten Jahren weiter zugenommen. Während in der Vergangenheit die meisten Fahrzeugfunktionen überwiegend mechanisch/hydraulisch oder elektromechanisch vorgenommen wurden, erfolgen die Regel- und Steuerungsfunktionen immer öfter über elektronische Systeme mit mikroprozessorbestückten Steuergeräten und elektronischen Sensoren und Aktuatoren, die in der Regel über unterschiedliche Datenbus-Systeme, wie dem CAN oder LIN, miteinander vernetzt sind. Zusätzlich wird die Situation dadurch verändert, dass zunehmend auch der Fahrzeugantrieb elektrifiziert werden wird, wodurch erheblich größere Ströme und Spannungen im Fahrzeug zum Einsatz kommen. Allgemein versteht man unter EMV, dass ein elektronisches Gerät eine angemessene Störfestigkeit aufweist, also nicht unzulässig beeinflusst wird, und seine Störaussendung soweit begrenzt wird, dass in seiner Umgebung ein störungsfreier (Rund-)Funkempfang ermöglicht wird. Für das Kraftfahrzeug bedeutet das, dass sich die elektronischen Systeme nicht gegenseitig stören, nicht durch Sender beeinflusst werden und störungsfreier (Rund-)Funkbetrieb im Kraftfahrzeug und seiner Umgebung möglich ist (◘ Abb. 8.47).

8.4.1 Eigenentstörung

Für das Kraftfahrzeug bedeutet dies zunächst, dass durch die Auslegung der elektronischen Systeme sichergestellt werden muss, dass die Systeme der Fahrzeugelektronik im selben Fahrzeug untereinander störungsfrei funktionieren und sich nicht gegenseitig beeinflussen. Bei der Behandlung dieser EMV-Problematik muss eine Vielzahl von Störmechanismen berücksichtigt werden. Unter diese Thematik fallen die durch Schalthandlungen entstehenden impulsförmigen Störspannungen, deren Amplituden ein Vielfaches der 12-V-, 24-V-Bordnetzspannung betragen können. Diese Störimpulse, die durch benachbarte Komponenten der Bordnet-

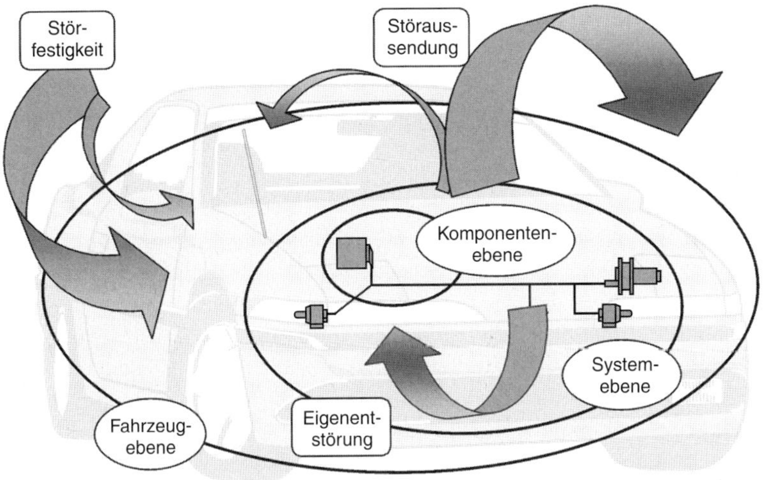

Abb. 8.47 EMV im Kraftfahrzeug

zelektrik und -elektronik hervorgerufen werden können, gelangen über die Signal- und Versorgungsleitungen an die Ein- und Ausgänge der anderen elektronischen Komponenten und können dort zu Beeinflussungen führen, wenn diese Komponenten nicht entsprechend störfest ausgelegt sind. Durch geeignete Messverfahren (Laboraufbauten) werden einerseits die elektrischen und elektronischen Komponenten als Störquellen charakterisiert, andererseits wird über genormte Prüfimpulse ihre Störfestigkeit getestet. Durch die Abstimmung der Anforderungen an die Komponenten bezüglich ihres Verhaltens als Störquellen und Störsenken, kann der Gesamtaufwand optimiert werden. Dazu werden in den entsprechenden Standards geeignete Entstörgrade definiert. Durch geeignete Wahl der Entstörklassen für die Störquellen und der Störfestigkeitsklassen für die Störsenken kann die EMV sichergestellt werden, ohne den Aufwand für die Entstörung unnötig in die Höhe zu treiben. Besonderer Bedeutung wird hier zukünftig auch die Thematik der Elektromobilität bekommen. Es muss natürlich auch bei der Auslegung der elektrischen Antriebskomponenten sichergestellt werden, dass durch deren vergleichsweise hohen Spannungen, die benachbarten elektronischen Systeme nicht beeinflusst werden. Zur Absicherung wird neben den genannten Labormessungen generell durch abschließende Fahrzeuguntersuchungen die Verträglichkeit der Systeme untereinander überprüft, da letztendlich auch der Einbau im Fahrzeug und die Fahrzeugverkabelung einen erheblichen Einfluss auf das Störverhalten haben können.

Das Thema Eigenentstörung schließt auch ein, dass in bordnetzeigenen (Rund-)Funkempfängern ein störungsfreier Empfang möglich ist und durch im Fahrzeug betriebene Sender die Systeme der Fahrzeugelektronik nicht beeinflusst werden. Die Bedeutung der mobilen Kommunikation nimmt weiter zu. Neben dem klassischen Rundfunkempfang, Navigation und dem Mobiltelefon haben auch Fernsehempfang und mobiles Internet wachsende Bedeutung. Alle im Bordnetz auftretenden Ströme und Spannungen weisen ein von den Signalformen abhängiges Frequenzspektrum auf. Die Charakteristik der Spektren hängt von den Eigenschaften der Komponenten ab. Gleichstrommotoren mit konventionellem Bürstenkommutator haben ein kontinuierliches Spektrum während getaktete Systeme von der Taktfrequenz charakterisierte Spektren aufweisen. Die Störsignale können bei unzureichender Entstörung als Störgrößen entweder leitungsgebunden über den Kabelbaum oder gestrahlt über die Empfangsantennen im Fahrzeug an die Eingänge der unterschiedlichen Funkempfänger gelangen, wo diese Signale nicht von Nutzsignalen unterschieden werden können. Das von den elektronischen Komponenten ausgesandte Störspektrum muss deshalb soweit begrenzt werden, dass an den Antenneneingängen keine unzulässig hohen Störsignale auftreten. Durch den Einsatz von elektrischen Antrieben ergeben sich auch zusätzliche Herausforderungen für den Schutz des Funkempfangs. Besonders die Auswirkung der gegenüber der konventionellen Automobilelektronik höheren Ströme und Spannungen müssen durch geeignete Entstörmaßnahmen wie Schirmung und Filterung begrenzt werden. Zur Beurteilung des Störverhaltens der elektrischen und elektronischen Komponenten werden in der Prüftechnik verschiedene Messverfahren im Labor angewendet, die die Beurteilung der Störaussendung dieser Komponenten erlauben. Abhängig vom späteren Einsatz im Fahrzeug müssen dabei bestimmte Grenzwerte eingehalten werden. Abschließend wird das gesamte Störverhalten im Serienfahrzeug mit fest eingebauten Empfängern und den eingebauten Antennensystemen überprüft.

8.4.2 Störfestigkeit gegen externe elektromagnetische Felder

Da Kraftfahrzeuge sich in einer unbekannten elektromagnetischen Umgebung bewegen, muss sichergestellt werden, dass zum Beispiel durch leistungsstarke Rundfunksender keine Beeinflussung der Fahrzeugfunktionen auftritt. Bei seinem Betrieb können das Kraftfahrzeug und damit seine elektronischen Komponenten wie auch bei der Verwendung von Sendern im Fahrzeug erheblichen elektromagnetischen Feldern ausgesetzt sein. Die Sendersignale werden von den Fahrzeugstrukturen, z. B. vom Kabelbaum, aufgefangen und gelangen dadurch an die Ein- und Ausgänge der elektronischen Geräte. Besonders für hohe Frequenzen im Gigahertz-Bereich koppeln die elektromagnetischen Felder auch direkt in die Strukturen der elektronischen Geräte ein. In den Halbleiterbauelementen können diese Signale, ähnlich wie in den Empfängerschaltungen der Funkempfänger, demoduliert werden und zu ungewollten Pegelverschiebungen führen. Werden in den elektronischen Schaltungen die dadurch veränderten Signalspannungen als vermeintliche Nutzsignale interpretiert, kann dies zu Funktionsstörungen führen, z. B. zum Abschalten von Sicherheitssystemen, wie ABS, ASR oder ESP, zu Leistungsverlusten im Motor oder auch zu fehlerhaften Anzeigen, die den Fahrer irritieren. Daher muss durch eine geeignete Auslegung der elektronischen Komponenten eine entsprechende Störfestigkeit sicher gestellt werden. Durch geeignete Messverfahren, z. B. durch Bestrahlung mit Antennen oder andere Verfahren, mit denen hochfrequente Signale in die Prüflinge eingekoppelt werden können, wird zunächst im Labor an den Komponenten und später am Serienfahrzeug die Störfestigkeit überprüft. Für Fahrzeugmessungen werden dazu große Schirmhallen, ausgekleidet mit Hochfrequenzabsorbern, und mit Rollenprüfstand eingesetzt, um das Fahrzeug realistisch betreiben zu können.

Das Kraftfahrzeug nimmt, wegen seiner Betriebsart, und dass bei einer Fehlfunktion infolge einer eventuellen Beeinflussung durch externe Sender eine Gefährdung von Leib und Leben auftreten kann, gegenüber anderen Produkten in Bezug auf die Anforderungen (Feldstärke) eine Sonderstellung ein. Daher müssen die Störfestigkeit der Fahrzeuge und ihrer Komponenten für entsprechend hohe Feldstärken ausgelegt werden. In der zulassungsrelevanten Richtlinie UN ECE R10 wird für die Typgenehmigung von Fahrzeugen eine Störfestigkeit von 30 V/m gefordert. In der Praxis haben die Fahrzeugherstellern meistens noch deutlich höhere Anforderungen an die Störfestigkeit ihrer Fahrzeugmodelle.

8.4.3 Fernentstörung

Neben den Anforderungen an die Störfestigkeit werden in der UN ECE R10 auch Anforderungen zum Schutz des ortsfesten (Rund-)Funkempfangs gestellt. Die Störaussendung des gesamten Fahrzeugs muss soweit begrenzt werden, dass in einer festgelegten Entfernung die vorgegebenen Störfeldstärken nicht überschritten werden. Besonderes Augenmerk muss dabei auf die richtige Auslegung der Hochspannungszündanlage und der Komponenten der Leistungselektronik gelegt werden, da diese in der Regel die höchsten Störfeldstärken außerhalb des Fahrzeugs hervorrufen.

Tabelle 8.9 Internationale EMV-Normen für Kraftfahrzeuge

Bezeichnung	Titel
Störaussendung	
IEC/CISPR 12	Vehicles, boats, and internal combustion engines – Radio disturbance characteristics – Limits and methods of measurement for the protection of off-board receivers
IEC/CISPR 25	Vehicles, boats and internal combustion engines – Radio disturbance characteristics – Limits and methods of measurement for the protection of on-board receivers
Störfestigkeit	
ISO 7637	Road vehicles – Electrical disturbances by conduction and coupling Part 1: Definitions and general considerations Part 2: Electrical transient conduction along supply lines only Part 3: Electrical transient transmission by capacitive and inductive coupling via lines other than supply lines
ISO 10605	Road vehicles – Test methods for electrical disturbances from electrostatic discharge
ISO 11451	Road vehicles – Vehicle test methods for electrical disturbances from narrowband radiated electromagnetic energy – Part 1: General principles and terminology Part 2: Off-vehicle radiation sources Part 3: On-board transmitter simulation Part 4: Bulk current injection (BCI)
ISO 11452	Road vehicles – Component test methods for electrical disturbances from narrowband radiated electromagnetic energy – Part 1: General principles and terminology Part 2: Absorber-lined shielded enclosure Part 3: Transverse electromagnetic (TEM) cell Part 4: Bulk current injection (BCI) Part 5: Stripline Part 7: Direct radio frequency (RF) power injection Part 8: Immunity to magnetic fields Part 9: Portable transmitters Part 10: Immunity to conducted disturbances in the extended audio frequency range Part 11: Reverberation chamber

IEC/CISPR: Commission Électrotechnique Internationale/Comité International Spécial des Pertubations Radioélectriques International Electrotechnical Commission/International Special Committee on Radio Interference
ISO: International Organisation for Standardisation

8.4.4 Normen und Richtlinien

Die einschlägigen EMV-Messverfahren sind in nationalen und internationalen Normen beschrieben. In der folgenden Tab. 8.9 sind die wichtigsten internationalen Normen für die EMV von Kraftfahrzeugen zusammengestellt. In Deutschland ist für die Fahrzeugzulassung (Typgenehmigung) in Bezug auf EMV der § 55a der StVZO relevant, in dem die Einhaltung der in der internationalen Richtlinie UN ECE R10 beschriebenen Anforderungen festgelegt ist. In der UN ECE R10 werden für die Typgenehmigung von Fahrzeugen Anforderungen für die Störaussendung und Störfestigkeit festgelegt. Daneben kann man aber auch elektronische Komponenten und Systeme einer Typgenehmigungsprozedur unterziehen. Dafür sind ebenfalls Anforderungen bezüglich der Störaussendung von Funkstörungen und der Störfestigkeit gegenüber elektromagnetischen Feldern angegeben, aber auch Anforderungen bezüglich der Auswirkungen von Schalthandlungen im Bordnetz (siehe ► Abschn. 8.4.1).

8.4.5 Sicherstellung der EMV

Während in früheren Jahren die notwendigen Entstörmaßnahmen häufig nachträglich, außerhalb der zu entstörenden Komponente in Form eines Entstörfilters oder einer zusätzlichen Schirmung, vorgenommen wurden, ist eine derartige Vorgehensweise bei modernen Serienfahrzeug nicht mehr wirtschaftlich einsetzbar.

Eine angemessene Störfestigkeit und eine Begrenzung der Störaussendung muss wie andere Produkteigenschaften als Anforderung in den Entwicklungsprozess integriert werden und hat häufig einen erheblichen Einfluss auf die Auslegung der elektronischen Komponenten. Bei elektronischen Komponenten müssen die EMV-Anforderungen beim Schaltungskonzept, bei der Auswahl der Bauelemente, bei der Gestaltung des Gehäuses und beim Layout der Leiterplatte berücksichtigt werden. Bei Elektromotoren und elektromechanischen Stellern wird durch die konstruktive Gestaltung und ggf. durch eine geeignete interne Beschaltung mit Entstörelementen die Störaussendung minimiert. Durch den Einsatz geeigneter Berechnungsverfahren zur Schaltungssimulation und zur numerischen Berechnung elektromagnetischer Felder begleitet durch Entwicklungsmessungen kann die Wirkung der vorgesehenen Maßnahmen zur Sicherstellung der EMV bereits frühzeitig überprüft werden. Die Erfüllung der Anforderungen wird dann in abschließenden Freigabemessungen nach den standardisierten Messverfahren überprüft.

8.5 Funktionsdomänen

8.5.1 Einleitung

Die Elektrifizierung des Automobils begann schon vor dem 1. Weltkrieg, mit Lichtmaschine, Zündung, Beleuchtung und Anlasser.

Heute gibt es kaum noch eine Funktion am Fahrzeug, an der Elektrik, Elektronik und Software nicht beteiligt sind. Deren Teilfunktionen und Zusammenwirken mit Antrieb, Fahrwerk und Karosserie sind in den entsprechenenden Teilkapiteln dargestellt.

Im Folgenden sollen noch wichtige eigenständige Funktionsdomänen erläutert werden.

8.5.2 Beleuchtung

Ausgehend von der Glühlampentechnologie des 20ten Jahrhunderts hat sich die Fahrzeugbeleuchtung in den vergangenen 20 Jahren mit der Einführung der Gasentladungstechnik, der LED Technologie und in Kombination mit moderner Sensorik ihrem Ziel optimale Ausleuchtung, Sicherheit und Komfort bei minimaler Blendung zu ermöglichen erheblich genähert. Trotzdem ist die Unfallhäufigkeit bei Dunkelheit immer noch doppelt so hoch wie bei Tageslicht, so dass die Notwendigkeit zur Weiterentwicklung besteht [77, 80, 81, 84].

Die Herausforderungen liegen dabei in einer Umsetzung des technisch Möglichen zu, für den Massenmarkt, akzeptablen Kosten und der Optimierung der Wechselwirkungen unterschiedlicher Systeme im Verkehrsraum unter physiologischen Aspekten auch durch die Weiterentwicklung einschlägigen Vorschriften [96].

8.5.2.1 Zulassung

Lichttechnische Einrichtungen an der Fahrzeugaußenseite müssen zugelassen sein. Die entsprechenden Regelungen bestehen aus Anbau- und Betriebsvorschriften. Zunehmend werden nationale Regelungen durch internationale ersetzt. Die weltweite Anwendung gliedert sich in

- ECE-Anwendungen (für Rechts- und Linksverkehr)

Tabelle 8.10 Lichttechnische Einheiten

Lichttechnische Einheiten	
Größe	**SI-Einheit**
T Lichtstrom	lm (Lumen)
I Lichtstärke	cd (Candela)
L Leuchtdichte	cd/m²
Q Lichtmenge	lm · s
P Leistung	W (Watt)
J Lichtausbeute	lm/W
E Beleuchtungsstärke	1 lx = lm/m² (Lux)

- Länder, die im Wesentlichen ECE-Regelungen anwenden, aber diese Regelungen noch nicht voll (z. B. Japan) oder nur teilweise übernommen haben (z. B. China, Australien). Die Richtlinie E76/756/EWG [73] regelt den Anbau.
- SAE-Anwendungen gelten für die USA und mit Modifikationen in Kanada [74].

Manche Länder erkennen sowohl ECE- als auch SAE-Regelungen an.

Speziell zwischen den ECE- und SAE-Regelungen wird eine Harmonisierung versucht, um gleiche lichttechnische Einrichtungen weltweit einsetzen zu können [75]; allerdings bleibt die Unterscheidung nach Rechts- und Linksverkehr.

Die nationalen Zulassungsbehörden im ECE-Bereich vergeben Prüfzeichen, die aus einem E und einer Zahl bestehen. Beispielsweise ist E1 = Deutschland (ECE) und e1 = Deutschland (EG). Für die USA sind DOT-Zeichen erforderlich. Zulassungszeichen sollten möglichst auf der Außenseite von Scheinwerfern und Leuchten angebracht werden [76].

8.5.2.2 Lichttechnische Begriffe

Einheiten – Sichtbares Licht stellt einen kleinen Teil des elektromagnetischen Spektrums dar und reicht von 380 bis 700 nm Wellenlänge.

Messverfahren – Für Scheinwerfer ist die Messentfernung in Europa oft 25 m, dann besteht der Zusammenhang 1 lx ≙ 625 cd. Für die Messung müssen die Messeinrichtungen entsprechend der Farbempfindlichkeit des menschlichen Auges $V(\lambda)$ korrigiert sein. Am besten sehen wir bei Tageslicht im hellen Grün (555 nm) bei Dunkelheit besser im Blauen.

Reichweite – Üblich ist die Definition eines Abstandes, in dem die Beleuchtungsstärke einen definierten Wert erreicht. Für Abblendlicht wird oft der Punkt am eigenen Straßenrand genannt, an dem die Beleuchtungsstärke 1 Lux ist.

Isolux-Darstellungen – Zur Lichtbeurteilung können Darstellungen gleicher Beleuchtungsstärke (Isolux) oder Lichtstärke (Isocandela) dienen, sowohl als Wanddarstellung (meist nur für einen Scheinwerfer) oder als umgerechnete Straßendarstellung.

Sichtweite – Subjektive und von vielen Faktoren abhängige Entfernung, in der ein Gegenstand noch erkannt werden kann.

Blendung – Physiologische Blendung ist messbar als Beleuchtungsstärke im Gegenverkehr, *psychologische* Blendung stellt den subjektiven Grad der Störung dar und kann von Lichtfarbe und Größe der leuchtenden Fläche abhängen. Zunehmend bekommt die Leuchtdichte und ihre Messung Relevanz in Bezug auf die physiologische Beurteilung.

8.5.2.3 Scheinwerfer

Scheinwerfer dienen zur Ausleuchtung der Fahrzeugumgebung. Zugelassene Scheinwerfer sind heute bei mehrspurigen Fahrzeugen stets paarweise angeordnet.

8.5.2.3.1 Historische Entwicklung

Acethylenscheinwerfer versorgt über einen mitgeführten Karbid-Gaserzeuger erlaubten bereits um 1905 eine als ausreichend und von manchen als zu grell empfundene Illumination bei Nachtfahrten. Acethylensysteme wurden allerdings bald vollständig durch elektrische Systeme ersetzt.

Ab 1957 wurde dann asymmetrisches Abblendlicht eingeführt, welches den eigenen Fahrbahnrand weiter ausleuchtet, ohne den Gegenverkehr zu blenden, womit auch unterschiedliche Scheinwerfer für Rechts- und Linksverkehr notwendig wurden.

Während in den USA zeitweise nur *sealed beam* Scheinwerfer zulässig waren arbeitete man in Euro-

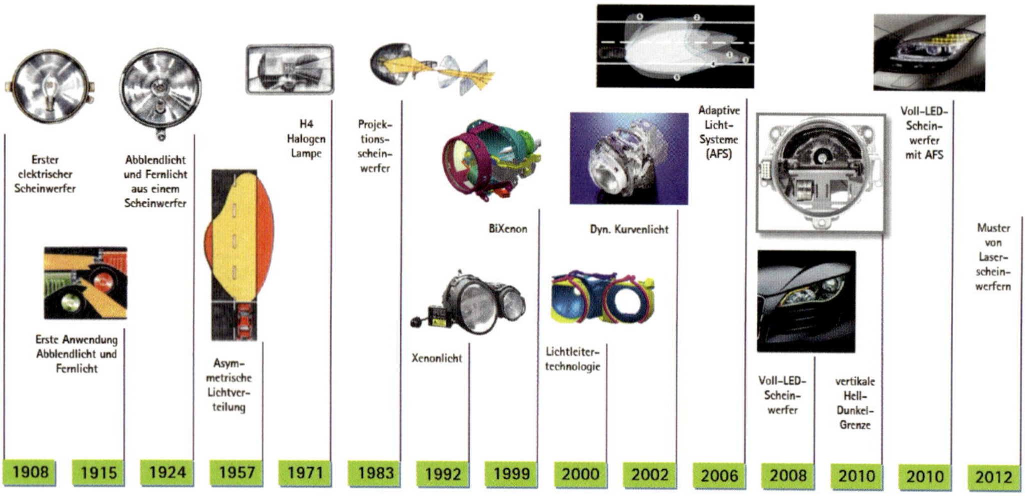

Abb. 8.48 Entwicklung von Fahrzeugscheinwerfern

pa mit genormten Lampentypen und ab 1960 dann weltweit mit Halogenlampen, die gegenüber konventionellen Glühlampen etwa den doppelte Lichtstrom erzeugen können.

Seit der Einführung der Xenonscheinwerfer 1991 mit 3200 lm pro Lichtquelle konzentriert sich die Entwicklung mehr darauf mit dem verfügbaren Lichtstrom den Verkehrsraum optimal auszuleuchten ohne andere Verkehrsteilnehmer zu blenden.

Seit 2002 sind mechatronische Lichtsysteme im Markt die durch Bewegung von Modulen und Blenden ihre Lichtverteilung der jeweiligen Straßen und Verkehrssituation anpassen und mit der Einführung der LED Technologie werden noch smartere Lösungen für adaptive Lichtsysteme möglich (Abb. 8.48).

8.5.2.3.2 Scheinwerferarten

- Abblendlichtscheinwerfer – bei der heutigen Verkehrsdichte das am meisten (95 bis 97 %) benutzte Fahrlicht.
- Fern- und Zusatzfernscheinwerfer – allein oder zusammen mit dem Abblendlicht betrieben.
- Nebelscheinwerfer – dürfen in D nur bei Nebel, Regen oder Schnee und geringen Sichtweiten betrieben werden (in CH und N auch als »Kurven-Scheinwerfer«).
- Rückfahrscheinwerfer – sind eigentlich Leuchten, auch wenn speziell bei NKW oft Nebelscheinwerfer dafür eingesetzt werden.
- Arbeits- und Suchscheinwerfer – dürfen nicht zur Fahrbahnbeleuchtung während der Fahrt verwendet werden.

Zwei-/Vier-Scheinwerfer-System Wird derselbe Reflektor für Abblend- und Fernlicht verwendet, so handelt es sich um ein ZweiScheinwerfer-System. Sind dagegen Abblend- und Fernlichtfunktion getrennt, so ergibt sich ein Vier-Scheinwerfer-System das sich insgesamt durchgesetzt hat.

Rechts-/Linksverkehr Für Europa werden für Großbritannien und Irland linksasymmetrische Scheinwerfer benötigt, ansonsten rechtsasymmetrische. Für Fahrten vom Kontinent nach Großbritannien und umgekehrt sollte die Möglichkeit bestehen, den asymmetrischen »Lichtfinger« des Abblendlichtes abzuschatten. Bei Reflexionsscheinwerfern geschieht dies durch Abkleben der Streuscheibe, bei Projektionsscheinwerfern müssen interne Abschatter betätigt werden.

8.5.2.3.3 Reflektortechnologie

Scheinwerfer bestehen im Wesentlichen aus der Lichtquelle und einem Reflektor, der das Licht sammelt und richtet. Zusätzlich können transparente optische Elemente wie Linsen oder Prismen die Lichtverteilung bewirken und eventuell mit der transparenten Abschlussscheibe kombiniert sein.

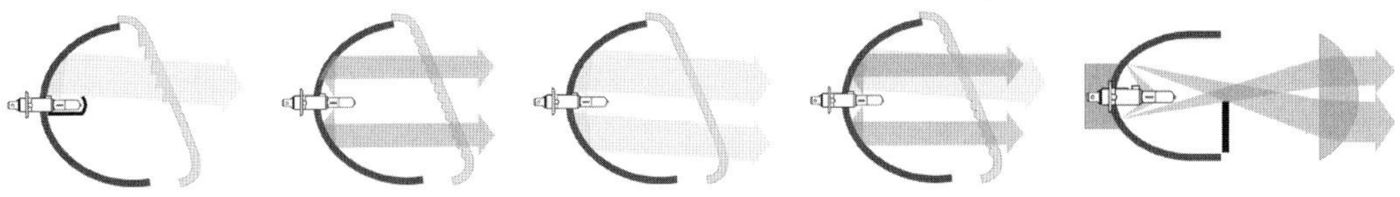

Abb. 8.49 Strahlengänge in Scheinwerfersystemen

Zwei grundsätzlich verschiedene Systeme lassen sich unterscheiden:

Reflektionssystem Licht aus dem Brennpunkt einer Rotationsparabel (Paraboloid) wird parallel gerichtet und stellt damit eine gute Basis für Fernlicht dar. Eine Lichtquelle außerhalb des Brennpunktes erzeugt ein konvergierendes Lichtbündel (Abb. 8.49). Der obere geneigte Teil des Bündels ergibt Abblendlicht, der untere Teil muss für europäische Lichtverteilungen abgeschattet werden. Bei zwei Wendeln – wie z. B. in der H4 Lampe – kann aus demselben Paraboloidreflektor Abblend- und Fernlicht erzeugt werden. Die eigentliche Lichtverteilung wird durch Prismen und Zylinderlinsen auf der Streuscheibe erzeugt [76]. Heute werden Freiflächen-Reflektoren eingesetzt, die mit Computerprogrammen so berechnet werden, dass die gewünschte Lichtverteilung direkt ohne zusätzliche Profile erzeugt wird. Sinnvoll ist eine Strahlenblende, die innen matt sein sollte, um direkt austretendes Licht abzuschatten und außen aus dekorativen Gründen meist glänzend erscheint.

Projektionssystem Während das Reflektionssystem großflächige Reflektoren benötigt, kann das Projektionssystem bei gesteigertem Lichtstrom mit einer kleinen (ca. 70 mm Durchmesser) asphärischen Linse auskommen. Seit Mitte der achtziger Jahre haben sich Projektionssysteme zunächst mit Ellipsoid- dann mit Freiflächen-Reflektoren durchgesetzt und dominieren die automobile Mittel- und Oberklasse. Vorteile sind neben dem kompakten und modularen Aufbau die beliebige Gestaltung der Hell-Dunkel-Grenze durch die Form der im Inneren befindlichen Blende, deren Abbild von der Linse auf die Straße projiziert wird [80, 81].

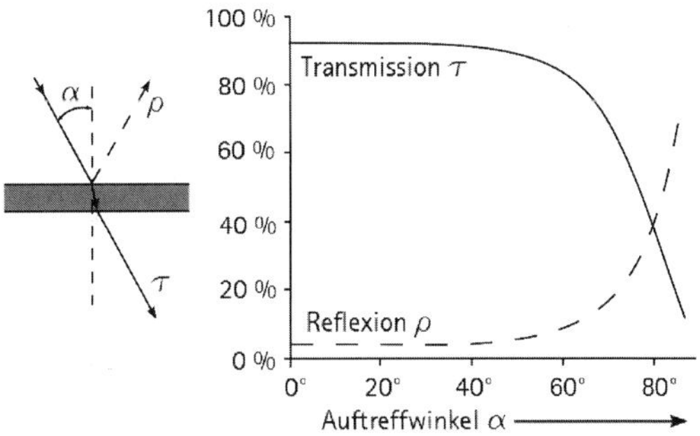

Abb. 8.50 Reflexionsgrad und Transmissionsgrad in Abhängigkeit vom Auftreffwinkel

Im Zusammenhang mit LED Scheinwerfern kommen weitere Optiksysteme in die Diskussion. Insbesondere, durch das »kalte« Licht der LED (den geringen Infrarotanteil der Strahlung), lassen sich Freiformlinsen und transmissive Optiken aus Kunststoff einsetzen die neben lichttechnischen auch neue stilistische Möglichkeiten bieten [95, 98].

Reflektormaterialien und Oberflächen Traditionelle Reflektoren waren aus Blech, überwiegend Stahl, seltener Messing oder Aluminium gepresst [75]. Die Oberfläche ist durch Lack eingeebnet und mit Reinaluminium im Vakuum metallisiert. Einschließlich einer zusätzlichen Korrosionsschutzschicht beträgt der Reflexionsgrad etwa 87 %. Reflektoren aus Metallguss (Magnesium, Aluminium und früher Zink) werden bei kleinen Abmessungen und hohen Temperaturen (speziell Projektionssystemen) benutzt. Bei größeren Reflektionssystemen wird heute allerdings am häufigsten Duroplast (BMC) verwendet (z. B. LPP – *Low Profile Polyester*), das gute Wärmebeständigkeit und Formtreue vereinigt, aber eine Grundlackierung benötigt.

An die Reflektorfläche werden hohe Ansprüche gestellt. Die Rauigkeit darf nur etwa 1/10.000 mm betragen. Kondensierte Flüssigkeit im Scheinwerfer zerstört die Reflektoren; deshalb ist auf eine geeignete Durchlüftung von Scheinwerfern und Korrosionsschutz zu achten.

8.5.2.3.4 Abschlussscheibe

Abschlussscheiben mit optischen Profilen (sog. Streuscheiben) können nur max. 25° aus der Senkrechten gekippt werden. Bei Freiflächen-Reflektoren sind »optikfreie« Abschlussscheiben möglich, die erheblich stärker geneigt und »gepfeilt« sein können. Summenwinkel von 60° und mehr sind keine Seltenheit, dabei ist aber zu beachten, dass die Lichtverluste in Abhängigkeit vom resultierenden Auftreffwinkel der Lichtstrahlen stark zunehmen (■ Abb. 5.203). Bei 0°C beträgt die Transmission bei Glas etwa 92 % und bei Kunststoff etwa 88 %. Gepresste Glasscheiben werden nur noch bei Zusatzscheinwerfern verwendet wo ihre gute Wärmebeständigkeit von Vorteil ist.

In Europa wurden ausschließlich gepresste (seltener gewalzte) Glasscheiben verwendet. Der Pressvorgang legt der Gestaltung enge Grenzen auf und ergibt durch schnellen Werkzeugverschleiß grobe Toleranzen. Positiv ist die Kratzfestigkeit und die relativ gute Temperaturbeständigkeit, die durch chemische oder thermische Härtung gesteigert werden kann.

1993 wurde erstmalig eine Kunststoffscheibe nach der neuen ECE-Regelung zugelassen [79, 80]. In USA und Japan wurden schon etwas früher Kunststoffscheiben erfolgreich eingesetzt [78]. Die Vorteile gegenüber Glas sind das geringe Gewicht und die Designfreiheit. Überwiegend ist das Basismaterial Polycarbonat, geschützt durch eine äußere Hartbeschichtung, die unter Reinraumbedingungen aufgebracht werden muss. Eine maximale Temperatur von 145°C darf auch bei verschmutzter Scheibe nicht überschritten werden, das erfordert speziell bei Halogenlicht besondere Berechnungs- und Simulationsprogramme.

Bei leichter Verschmutzung der Abschlussscheiben erhöht sich zunächst die Blendung, bei zunehmender Verschmutzung sinkt dann die Lichtleistung. Scheinwerfer-Reinigungsanlagen (■ Abb. 8.51) stellen ein wichtiges Sicherheitselement dar und waren z. B. bis zur Übernahme der EG-Regelungen in Skandinavien Vorschrift. Für die Reinigung von Kunststoffscheiben können nur Strahlwasseranlagen und keine Wischer mehr eingesetzt werden [78–80]. Neben feststehenden Düsen werden vorzugsweise Teleskope eingesetzt, die am einfachsten durch den Wasserdruck ausgefahren werden. Betätigung erfolgt in Verbindung mit der Windschutzscheibenreinigung, wenn das Licht eingeschaltet ist [75, 76, 80]. Bei Verwendung von Hochleistungshalogenlampen und speziell Xenonlampen für das Abblendlicht ist in der ECE-Regelung die Installation einer Scheinwerfer-Reinigungsanlage vorgeschrieben.

8.5.2.3.5 Scheinwerfer-Einstellung

Die korrekte Ausrichtung des Lichtbündels muss bei der Erstmontage, nach Reparaturen und eventuell nach dem Lampenwechsel hergestellt werden.

Beim Abblendlicht richtet sich die Vertikaleinstellung nach der waagerechten Hell-Dunkel-Grenze, die horizontale nach dem Knickpunkt des (meist) 15° Winkels. Dazu kann eine Markierung auf einer Tafel, ein optisches oder ein elektronisches Einstellgerät dienen. Fernscheinwerfer werden – wenn sie nicht mit dem Abblendlichtteil verbunden sind – nach dem Maximum eingestellt. Die Grundeinstellung beim Abblendlicht kann zwischen 1,0 % und 1,6 % betragen und wird am Scheinwerfer angegeben [73].

In Nordamerika wurde aus Anlagepunkten auf der Streuscheibe der lange Zeit allein zulässigen *Sealed Beam* (SB) Einsätze eine rein mechanische Einstellung abgeleitet, die mit sogenannten *»Aimern«* erfolgt [74].

Seit 1990 ist es zulässig, vertikale (meist Wasserwaagen) und horizontale Aimer in jeden amerikanischen Scheinwerfer einzubauen. Damit wurde der Einsatz von »Gehäuse-Scheinwerfern« mit feststehender Frontscheibe auch in Nordamerika möglich [74].

Seit 1997 ist in Nordamerika auch ein dem europäischen Verfahren ähnliches »visual aiming« wahlweise für eine rechte oder linke waagerechte Hell-Dunkel-Grenze zulässig [74]. Ist die horizontale Ausrichtung – wie in Nordamerika häufig – nicht genau definiert, kann auf eine horizontale Einstellung ganz verzichtet werden.

Die Scheinwerfer-Einstellung ist auf das unbeladene Fahrzeug ausgelegt. Beladung bewirkt ein Ab-

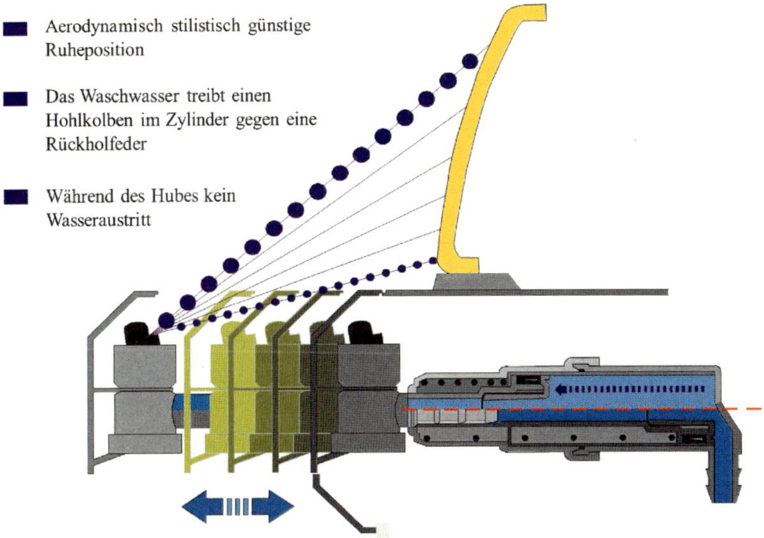

Abb. 8.51 Scheinwerfer-Reinigungsanlage

senken des Fahrzeug-Hecks und zum Teil erhebliche Blendung des Gegenverkehrs.

Eine vom Fahrersitz bedienbare vertikale Leuchtweitenregelung (LWR) der Scheinwerferneigung ist seit 1991 in Deutschland und seit 1998 europaweit Vorschrift [73]. Das elektrische System hat sich gegenüber mechanischen, hydraulischen und pneumatischen durchgesetzt.

Die korrekte Bedienung der LWR ist nicht immer gegeben. Für Xenonlicht und andere intensive Lichtquellen schreibt die ECE-Regelung 48 daher eine automatische LWR vor, die selbsttätig Beladungsänderungen ausgleicht. Nicht vorgeschrieben, aber sehr wirksam, ist eine Erweiterung zur dynamischen LWR, durch die auch Fahrzeugbewegungen beim scharfen Bremsen und Beschleunigen ausgeglichen werden. Diese LWR müssen in Sekundenbruchteilen reagieren und erfordern sehr viel größere Verstellwege der Reflektoren. Es werden meist Schrittmotoren eingesetzt [80].

Zur Ansteuerung der automatischen LWR muss die Lage der Fahrzeugkarosserie relativ zur Fahrbahn erkannt werden, dazu dienen Drehwinkelsensoren, die über ein Gestänge die Einfederung der Vorderund/oder Hinterachse feststellen.

8.5.2.3.6 Scheinwerfer-Lichtquellen

Nur die in den internationalen Regelungen genormten Lichtquellen dürfen als austauschbare Lichtquellen verwendet werden. Durch »Deregulation« in Amerika und die Übernahme von amerikanischen Glühlampen in die europäischen Regelungen ist für viele Lichtquellen ein weltweiter Einsatz möglich geworden.

Glühlampen strahlen vor allem unsichtbares Infrarotlicht (also Wärme) ab, daneben sichtbares Licht, das im Vergleich zum Tageslicht gelblichweiß erscheint. Bis 1992 war in einigen Ländern (speziell Frankreich) gelbes Licht vorgeschrieben und ist dort auch noch zulässig. Die Anforderungen an Fahrzeug-Glühlampen sind bedingt durch Erschütterungen und Spannungsschwankungen erheblich höher als an Haushaltslampen. Glühlampen gibt es für 6, 12 und 24 V Anwendungen.

Der Halogenprozess verhindert das Schwärzen des Lampenkolbens und regeneriert die Glühwendel, so dass im Vergleich zu normalen Glühlampen eine etwa doppelte Lichtmenge, eine höhere Lichttemperatur und doppelte Lebensdauer erzielt werden können [82, 83]. Die Halogenlampen sind in Regelung 37 für die Einwendellampen und Regelung 8 für die H4 Doppelwendellampe zusammengefasst [95, 99].

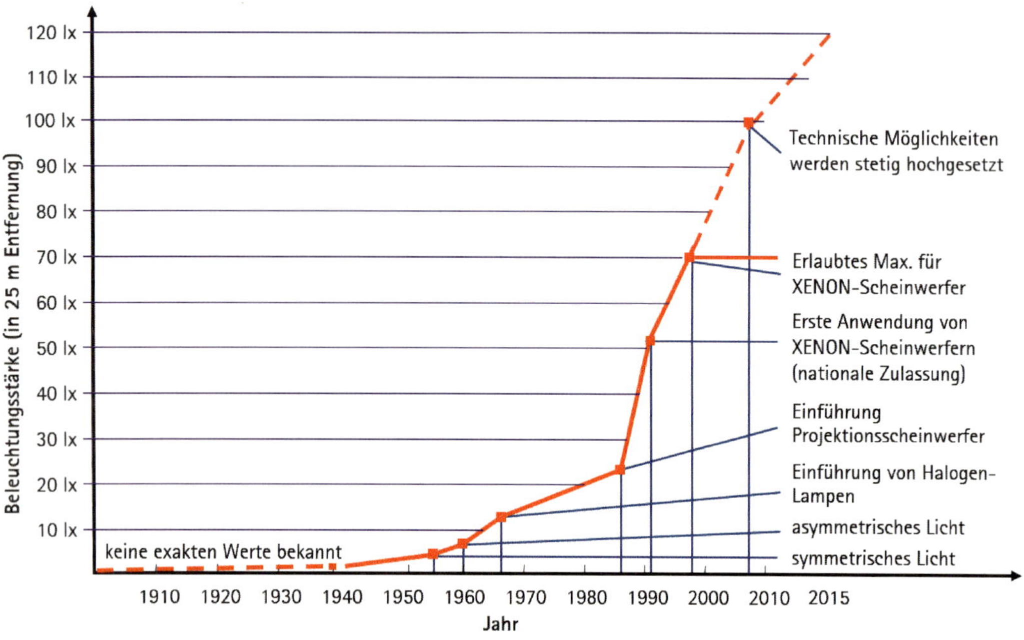

Abb. 8.52 Anstieg der Beleuchtungsstärke bei Kraftfahrzeug-Scheinwerfern

Bedeutung haben:

- H1 für Abblendlicht, Nebellicht und Fernlicht
- H3 vorzugsweise für Nebelscheinwerfer
- H4 für Abblend- und Fernlicht aus demselben Reflektor
- H7 alternativ zu H1

Neuer sind Halogenlampen mit Dichtsockel: H8 (vorzugsweise für Nebellicht), H9 (Fernlicht) und H11 (Abblendlicht). Der Bajonett-Sockel erleichtert den Austausch besonders bei der Sonderform der H7 Lampe als »One-Touch«, die neben dem Bajonett noch Schleifkontakte zur elektrischen Verbindung hat. In Nordamerika sind als Ein-Wendel-Lampen HB(Halogen Bulb)3 für Fernlicht und HB4 für Abblendlicht üblich. Dort hat bei den Zwei-Wendel-Lampen die HB5 die HB1 ersetzt und ist ihrerseits in den letzten Jahren durch die H13 ersetzt werden.

Wegen einer anderen Gewährleistungspraxis sind in Nordamerika vorwiegend Lampen im Einsatz, die bei Verzicht auf hohe Lichtleistung eine hohe Lebensdauer aufweisen.

Zur Angabe der Lampenlebensdauer dienen verschiedene Kennzahlen (Tab. 8.11):

Tc bezeichnet die Anzahl von Stunden bis 63,6 % und B3 die Zeit, bis 3 % der Prüflinge ausgefallen sind. Glühlampen sind extrem empfindlich gegen Überspannung, andererseits ist die tatsächliche Lebensdauer von Qualitätslampen höher als die Spezifikation. Wenn auf langes Lampenleben Wert gelegt wird, sind bei gleicher oder nur geringfügig schwächerer Lichtleistung unter verschiedenen Herstellerbezeichnungen Lampen mit optimierter Lebensdauer, sogenannte LL (Longlife) Typen erhältlich.

8.5.2.3.7 Xenonlicht

Neben den Halogenlampen werden seit 1992 erstmals in Serie die als Xenonlicht bekannten Gasentladungslampen (GDL = *gas discharge lamp* oder HID = *high intensity discharge*) für Abblendlichtscheinwerfer im Kfz eingesetzt.

Die Lebensdauer einer Xenonlichtquelle hängt von der Anzahl der Einschaltvorgänge nicht von der Brenndauer ab. Im Normalfall übertrifft die Lebensdauer diejenige des Fahrzeugs.

Die hohe Leuchtdichte der anfangs relativ kleinen Projektionslinsen (Durchmesser 60 mm) wurde von vielen Verkehrsteilnehmern als störend, die

Tabelle 8.11 Lebensdauerwerte verschiedener Halogen-Lampen, spezifizierte und tatsächliche Lebensdauer

	Spezifizierte Lebensdauer Tc (DIN 60810) (in Stunden)	Realistische Lebensdauer Tc (in Stunden)
H1	400	960
H3	400	990
H4 (Abblendlicht)	700	1050
H 7	550	630
H7LL = long life	930	1000
H11	2000	2100

überragende Lichtleistung dagegen als entscheidender Sicherheitsgewinn empfunden.

Heute beträgt die Neuausstattungsquote mit Xenonlicht in Deutschland etwa 30 %, weltweit dürfte sie nur bei etwa 15 % liegen.

Das Xenonlicht ist etwa 2,5-mal intensiver und tageslichtähnlicher als Halogenlicht. Erzeugt wird es durch einen etwa 4 mm langen Lichtbogen in einem erbsengroßen Entladungsgefäß, in dem sich in kleinen Mengen Salze von seltenen Erden befinden. Während bei der Halogenlampe ein kontinuierliches Spektrum abgestrahlt wird mit wenig UV- und viel IR-Licht, enthält Xenonlicht fast nur sichtbares Licht und sehr wenig IR. Bei der ersten Generation der Xenonlampen entstand ein hoher UV-Lichtanteil. Bei der zweiten Generation seit 1995 wird durch einen zusätzlichen Filterkolben der UV-Lichtanteil reduziert [79, 82, 83].

Im Gegensatz zu Halogenlampen benötigt Xenonlicht eine Ansteuerelektronik (ballast) zum Betrieb am 12 V oder 24 V Bordnetz. Die Funktionen dieser Elektronik sind:

- Erzeugen einer Zündspannung von 18.000 bis 28.000 V
- Verdampfen der Halide durch kurzzeitig hohe Energiezufuhr (bis 17 A)
- Konstanter Betrieb mit nur ca. 35 W Leistungsaufnahme (also deutlich weniger als den 60 W einer Halogenlampe)
- Automatisches Wiederzünden z. B. bei Erlöschen durch starke Erschütterung
- Spannungsstabilisierung für Versorgungsspannungen zwischen 9 und 18 V
- Kurzschluss- und Nebenschlussüberwachung zum Schutz gegen Berührung.

Bedingt durch das komplizierte Startverfahren erreicht Xenonlicht bei Kaltstart erst nach etwa 3 s die volle Leistungsfähigkeit. Um sofort beim Einschalten des Lichtes eine ausreichende Beleuchtungsstärke zu haben, enthält das Entladungsgefäß eine Xenongasfüllung.

Seit 1996 ist mit den ECE Regelungen 98 und 99 ein weltweiter Einsatz von Xenonscheinwerfern möglich, für das ECE-Gebiet in Verbindung mit Scheinwerferreinigungsanlage und automatischer LWR. Eben solange ist die zweite Lampengeneration D2R für Reflexions- und D2S für Projektionssysteme auf dem Markt. Diese Lampen weisen eine konzentrische Steckverbindung auf. Sie sind damit auswechselbar, was aber wegen des empfindlichen Aufbaus und der möglichen elektrischen Gefährdung nur in einer Fachwerkstatt erfolgen sollte. Der Aufbau der Ansteuerelektronik kann variieren, gängig ist eine Trennung von Hochspannungs- und Niederspannungsteil. Dabei stehen seit einigen Jahren mit der D1S oder D1R Lampentypen mit integriertem Hochspannungsteil zur Verfügung (◘ Abb. 8.54). Hinsichtlich der Integration weiterer Funktionen variiert der Niederspannungsteil, beispielsweise kann die Ansteuerung dynamischer Lichtfunktionen wie Kurvenlicht in den Niederspannungsteil der Xenonelektronik integriert sein.

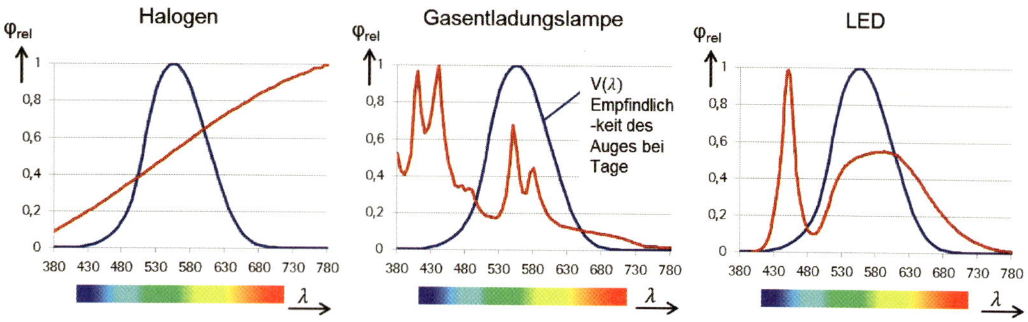

Abb. 8.53 Typische Spektren von Halogen-, Gasentladungs- und LED-Lampen

Abb. 8.54 Halogen und Xenonlampen (R2, sog. Bilux *Nicht-Halogen-Lampe* zum Vergleich)

Im Markt findet man aber auch Lösungen bei denen eine Funktionstrennung zwischen Xenon Ballast und einem zusätzlichen Scheinwerfersteuergerät für Kurvenlicht und z. B. die Ansteuerung von LED Modulen realisiert ist.

Die, aufgrund des geringen Quecksilberanteils (ca. 0,5 mg) in den D2 und D1 Lampen, über Jahre geführte Diskussion der Umweltverträglichkeit dürfte seit der Einführung leistungsfähiger quecksilberfreier Gasentladungslampen unter den Bezeichnungen D3 (mit integriertem Zündteil) und D4 (ohne Zündteil) und ihren ersten Anwendungen in Serienfahrzeugen nun obsolet sein.

8.5.2.4 Bi-Xenon

Der Einsatz von zwei Xenonlichtquellen für Fern- und Abblendlicht in einer Lampe ist prinzipiell unmöglich. Die Verwendung von zwei Xenonsystemen für Fern- und Abblendlicht ist sehr aufwändig. Deshalb war zunächst das Hinzuschalten einer Halogenlichtquelle zum Xenon-Abblendlicht die Lösung für das Fernlicht. Eine konsequente Weiterentwicklung der Xenon Technologie stellen jedoch seit 1999 die Bi-Xenon-Systeme dar, Abb. 8.55. Bei diesen wird ein Umschalter eingesetzt, der angetrieben durch einen Zugmagneten eine Blende so bewegt, dass wahlweise Abblend- und Fernlicht aus derselben Xenonlichtquelle entsteht. Die Umschaltung erfolgt dabei so schnell ($< 0{,}3$ s), dass auch eine effektive Lichthupenwirkung erzielt werden kann. Bei Ausfall geht das System durch Federzug in die Abblendlichtstellung. Wegen des einfachen und betriebssicheren Aufbaus und der überragenden Lichtleistung hat sich das System in Projektionstechnik schnell durchgesetzt, während entsprechende Reflektionssysteme mit bewegter Lampe, verschobenem Reflektor oder bewegter Strahlenblende nur vereinzelt eingesetzt werden [85, 87, 90].

8.5.2.5 Lichtbewertung

Der überproportionale Anteil von Unfällen bei Nacht zeigt, dass hier ein erhöhtes Risiko herrscht. Die Sicht bei Scheinwerferlicht ist daher als wichtiges Sicherheitselement erkannt und bewertet [75] wird aber auch in Kombination mit moderner Sensortechnik im Sinne von Lichttechnischen Fahrerassistenzsystemen weiter optimiert werden können [96, 97].

Abb. 8.55 Projektionsmodule (Quelle: Hella KgaA)

Allgemein sollte ein gutes Scheinwerfer-Abblendlicht

- die Straße gleichmäßig und fleckenlos ausleuchten
- eine gute Sichtweite am eigenen Fahrbahnrand haben
- die eigene Fahrbahn betonen (Führungslicht)
- ausreichende Streubreite haben
- den Gegenverkehr nicht blenden
- bei Nebel nur geringe Eigenblendung erzeugen
- die eigene Fahrbahn bis etwa 40 m nicht zu stark ausleuchten, da bei nasser Straße dies durch Reflexion zu extremer Blendung des Gegenverkehrs führt.

Gegenüber dem Abblendlicht ist in Mitteleuropa Fernlicht von untergeordneter Bedeutung, wird in Nordeuropa aber sehr viel höher bewertet (Elche!).

Die Lichtleistung wird durch die Eigenschaften der Scheinwerfer und durch fahrzeuggebundene Einflüsse bestimmt. Beim Scheinwerfer spielen Reflektorgröße oder die Auslegung und Linsengröße des Projektionssystems sowie Neigung und Pfeilung der Abschlussscheibe eine entscheidende Rolle, außerdem Lampentyp und speziell die tatsächliche Versorgungsspannung. Fahrzeuggebunden sind Anbauhöhe, Sitzposition, Neigung der Windschutzscheibe und eventuelle Tönung oder Metallisierung der Scheibe.

Vergleichende Lichttests von Zeitschriften sind umstritten aber populär. Fair durchgeführt können sie das Bewusstsein für gutes Scheinwerferlicht schärfen und fortschrittlichen Lichttechniken zum Durchbruch verhelfen. Ein guter Lichttest umfasst einen statischen Test, vorzugsweise in einem »Lichtkanal« und Fahrtests unter unterschiedlichen Umgebungsbedingungen. Durch »Virtual Reality Methoden« lässt sich in der Entwicklungsphase die spätere Scheinwerferleistung heute sowohl statisch, als auch dynamisch (Virtuelle Nachtfahrt) bereits ausreichend genau simulieren und optimieren [79].

8.5.2.6 Tagfahrlicht und Positionslicht

Um bewegte Fahrzeuge auch bei Tage auffällig zu gestalten und damit Unfälle zu vermeiden forderten unter anderem die skandinavischen Länder, Kanada und die Schweiz durchgängig Tagfahrlicht. 2008 wurde für Europa mit der Richtlinie 2008/89/EG der Rahmen geschaffen, nach dem ab Februar 2011 alle neuen PKW mit Tagfahrlicht und ab Februar 2012 alle neuen Fahrzeuge mit Tagfahrleuchten ausgestattet sein müssen, während in USA und Kanada weiterhin dass Fahren mit Abblendlicht oder spezielle Fernlichtern möglich sein wird.

Die Lösung mit speziellen Tagfahrleuchten wird in Europa deshalb favorisiert, da beim ständigen Fahren mit Abblendlicht relativ viel elektrische Energie und damit Kraftstoff verbraucht würde (120 W Leistung = etwa 0,12 l pro 100 km) während spezielle Tagfahrleuchten typisch nur etwa 12 W, beim Einsatz von weißen LED's noch weniger Leistung verbrauchen. Ein zukunftsweisender Ansatz ist hier die Integration der Tagfahrleuchten in den Scheinwerfer und die Kombination mit der Positionslichtfunktion, speziell wenn diese als Stylingelement geformt ist. 2003 stellte der Einsatz von weißen LED für Tagfahrlicht/Positionslicht die erste LED-Anwendung für Scheinwerferfunktionen überhaupt dar [88, 90], Abb. 8.56. Inzwischen nutzen viele Fahrzeughersteller die stilistischen Optionen die diese Funktion bietet um ihr Nachtdesign markenspezifisch zu definieren.

Abb. 8.56 Scheinwerfer mit LED-Tagfahrleuchte

8.5.2.7 Zusatzscheinwerfer

Nach ECE-Regelung 19 ist ein Paar Nebelscheinwerfer zulässig, die bei schlechter Sicht das Abblendlicht unterstützen oder zusammen mit dem Positionslicht allein betrieben werden können. Große Streubreite zur Ausleuchtung der Fahrbahnränder und eine scharfe waagerechte Hell-Dunkel-Grenze sind Kennzeichen guter Nebelscheinwerfer [75].

Eine Verstärkung des Fernlichts kann durch fest zugeschaltete oder wahlweise betriebene Fernscheinwerfer bewirkt werden. Die regionalen Regelungen sind unterschiedlich. In Mitteleuropa darf eine gesamte Referenzzahl (bezieht sich auf das Maximum) von 37,5 nicht überschritten werden.

8.5.2.8 Intelligente Scheinwerfer

Im Prozess der internationalen Normung wurde in den letzten Jahren AFS (Adaptive Frontlighting System), ein Scheinwerfersystem, das sich selbsttätig und optimal an die jeweiligen Verkehrsverhältnisse anpasst intensiv diskutiert und mit ECE Regelung R123 verabschiedet, Abb. 8.57.

Im Einzelnen sind statt des bisherigen Abblendlichtes eine Vielfalt von Lichtverteilungen für spezifische Fahrsituationen vorgesehen:

- **Town light** für niedrige Geschwindigkeiten
- **Cross country** wie heutiges Abblendlicht
- **Motorway light** als weitreichendes Licht
- **Adverse weather light** Schlechtwetterlicht mit Reduktion der Blendung des Gegenverkehrs bei gleichzeitiger kräftiger Ausleuchtung des eigenen Fahrbahnrandes

Alle diese neuen Lichtverteilungen lassen sich mit einem **Kurvenlicht** kombinieren, Abb. 8.58. Beim statischen Kurvenlicht oder Abbiegelicht wird zur Kurveninnenseite Licht aus einem separatem Reflektor oder Projektor hinzugeschaltet. Beim dynamischen Kurvenlicht schwenken die Scheinwerfer ebenfalls zur Kurveninnenseite in Abhängigkeit vom Kurvenradius. Während für statisches Kurvenlicht Halogenlicht verwendet wird, kann dynamisches oder »mitlenkendes« Kurvenlicht sowohl durch Halogenlicht als auch besonders vorteilhaft durch schwenkende Bi-Xenon Projektionssysteme realisiert werden. In der Ober- und Mittelklasse ist dies bereits die bevorzugte Ausführung. Ihr Vorteil ist eine drastische Verbesserung der Sichtweite um 60 bis 90 % in engen Kurven sowohl beim Abblendlicht als auch beim Xenonfernlicht. Durch modularen Aufbau lässt sich eine solche kompakte Schwenkeinheit mit Bi-Xenon-Projektions-Modul und Schrittmotor mit Getriebe und gegebenenfalls Rückmeldung leicht im Scheinwerferdesign integrieren.

Der modulare Aufbau kann so erweitert werden, dass an Stelle der beweglichen Blende des Bi-Xenon-Systems entweder mehrere Blenden oder eine drehbare Freiform-Walze die unterschiedlichen Lichtverteilungen erzeugen. Zusätzlich sind speziell beim Autobahnlicht (motorway light) einfache aber wirksame Maßnahmen wie das Anheben des Scheinwerfers durch den Leuchtweitesteller sowie eine elektrische Leistungssteigerung des Xenonlichtes möglich.

Seit 2006 sind die ersten AFS-Scheinwerfersysteme im Markt [94].

Zur Ansteuerung der »intelligenten« Scheinwerfer können neben Geschwindigkeitssignal, Lenkwinkelsensor und Querbeschleunigungssensor alle weiteren Informationen über die Verkehrssituation vorzugsweise über Kameras und Bildverarbeitung sowie das Navigationssystem herangezogen werden [87–90, 97, 98]. Werden Informationen aus dem Verkehrsraum für die prädiktive Lichtsteuerung eingesetzt so spricht man von assistierenden Lichtsystemen. Diese können neben Witterungsbedingungen und der Infrastruktur vor dem Fahrzeug auch andere Verkehrsteilnehmer identifizieren und bei der Auswahl der Lichtverteilung berücksichtigen. Ein erstes System dieser Art wurde 2005 als

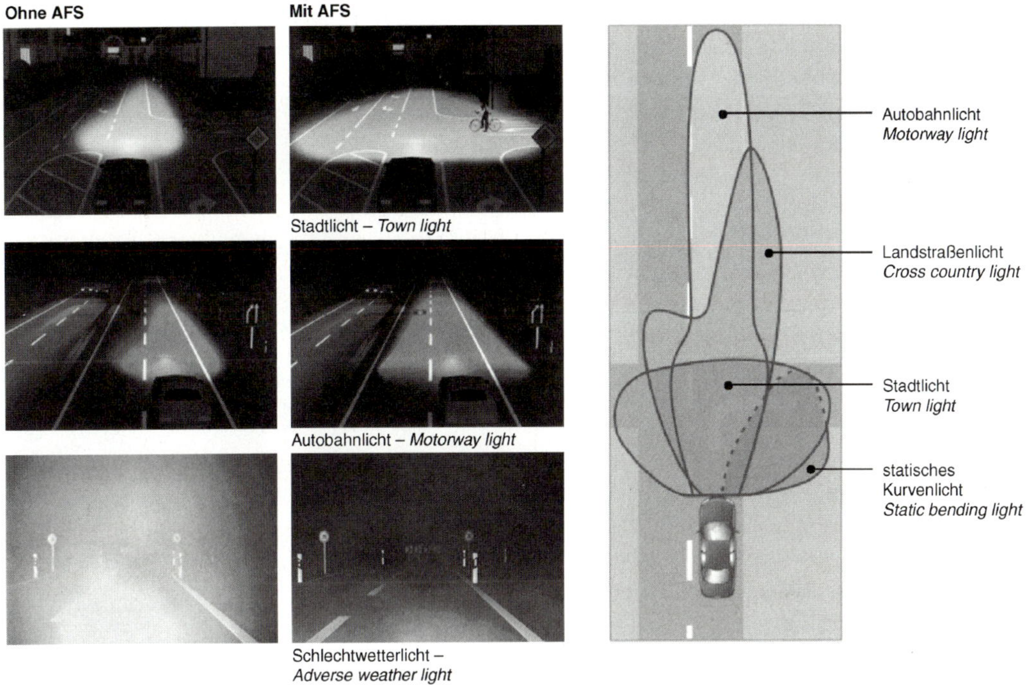

Abb. 8.57 AFS-Prinzip

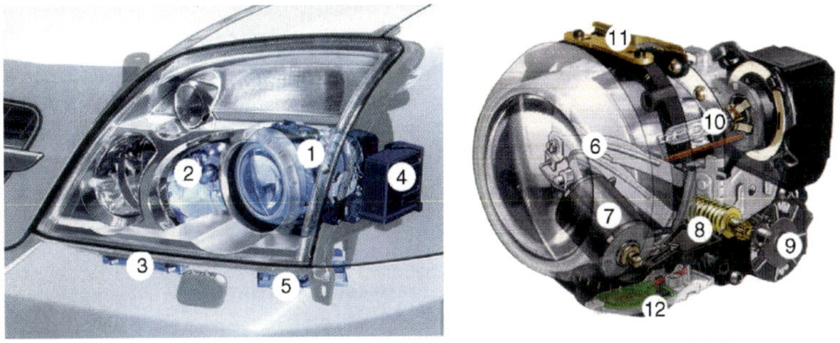

Abb. 8.58 Kurvenlicht-Scheinwerfer (Quellen: Opel AG, Hella KgaA)

Fernlichtassistent in den Markt gebracht und schaltet automatisch zwischen den klassischen Fern- und Abblendlichtverteilungen. Seit 2008 gibt es auch Systeme, die kamera- und bildverarbeitungsbasiert die Lichtfunktionen innerhalb der AFS Regelungen variieren. Die Kameras werden dabei mit Spurhaltesystemen, Schildererkennung, ACC Funktionen oder Nachtsichtsystemen gemeinsam genutzt. Die Kurvenlichtsteuerung wird neben Kameras auch durch GPS Signale unterstützt.

Reine Nachtsichtsysteme für Kfz haben sich dagegen bisher nur in Nischen etabliert. Während die passiven Nachtsichtsysteme nur die vorhandene Wärmestrahlung aufnehmen, wird bei den leistungsfähigeren aktiven Systemen gezielt für den Menschen nicht sichtbares Infrarotlicht in den

Fernbereich zur Unterstützung des sichtbaren Abblendlichtes ausgestrahlt. Die über eine Kamera aufgenommenen Infrarotbilder werden für den Fahrer dann in einem Display dargestellt [90] (siehe auch ◘ Abb. 8.52).

8.5.2.9 LED Scheinwerfer

LEDs (Light-Emitting-Diodes) sind Halbleiterdioden in denen die Energie des elektrischen Stroms bei geringer Wärmeentwicklung an sogenannten p-n-Übergängen in Licht umgewandelt wird. Dabei wird Licht eines sehr schmalen Spektrums ausgesendet (Lichtfarben wie rot, gelb, blau oder grün werden direkt durch den eingesetzten Halbleiter erzeugt). Zur Realisierung weißer LEDs können entweder das Licht verschiedener Farb-LEDs überlagert oder das Licht blauer LEDs mittels eines fluoreszierenden Leuchtstoffes in weißes Licht transformiert werden. Da einzelne LEDs, aufgrund begrenzter Chip Größe, einen relativ geringen Lichtstrom erzeugen werden meist mehrere LEDs in Modulen oder mehrere Chips in Arrays zusammengefasst wobei jeder LED eine eigene Optik oder gemeinsame Optiken für ein Array eingesetzt werden.

Erste Voll-LED-Scheinwerfer, d. h. Geräte bei denen neben den heute schon vielfach realisierten Signalfunktionen erstmals auch Abblendlicht und Fernlicht mit Leuchtdioden als Lichtquellen realisiert sind, wurden ab 2006 in Fahrzeugen der Luxusklasse in den Markt eingeführt. Seit 2010 erstmals auch in der Kombination Voll-LED-Scheinwerfer und intelligentes Lichtsystem (AFS Funktionen) [98]. LED-Scheinwerfer sind mittlerweile serienmäßig in einigen Fahrzeugen erhältlich (Abb. 8.59).

Dabei erreichen diese LED Scheinwerfer auf der Straße gemessen Lichtleistungen von 1100 lm und mehr, wie sie bisher Xenon Systemen vorbehalten waren.

Treibende Kraft der Entwicklung sind stilistische und technologische Motive, da die Aufwendungen für das Optiksystem – insbesondere auch die Abstimmung der einzelnen Elemente aufeinander –, die LEDs und ihre elektronische Beschaltung sowie die Klimatisierung der Geräte, zunächst noch weit über denen etablierter Lösungen liegen.

◘ **Abb. 8.59** Beispiele für LED-Scheinwerfer (Quellen: BMW AG, Seat S.A., Audi AG)

Für die Zukunft erhofft man sich von LED Scheinwerfern, einhergehend mit komplett neuen Gerätekonzepten und Leistungssteigerungen bei den Halbleitern, jedoch eine ganze Reihe an Vorteilen:

- Helleres Licht (Farbtemperatur über 4000 K)
- Geringerer Energieverbrauch
- Kein Lampenwechsel (da LED's eine sehr hohe Lebensdauer aufweisen)
- Kleinere Gerätevolumen und neue Integrationskonzepte
- Freie Programmierbarkeit der Lichtverteilung.

Gerade der letzte Punkt motiviert Forschungsarbeiten in denen es unter Verwendung frei programmierbarer LED-Arrays darum geht quasi permanent mit Fernlicht zu fahren und nur ganz gezielt die Sichtbereiche anderer Verkehrsteilnehmer auszublenden oder Licht gezielt einzusetzen um Gefahrenstellen im Verkehrsraum zu markieren.

Wesentliche Etappenziele sind mit der Einführung der LED-Funktionalitäten in die ECE-Regelung 112 und der LED basierten AFS Funktionen in die GRE erreicht.

Gegenstand weiterer Forschung ist die Entwicklung von Scheinwerfern auf Basis von Laserlichtquellen. Einige Fahrzeughersteller haben bereits derartige Scheinwerfersysteme angekündigt.

8.5.2.10 Signalleuchten

Im Gegensatz zu Scheinwerfern dienen Signalleuchten nicht zur Fahrbahnausleuchtung (Ausnahme Rückfahrlicht), sondern um die Fahrzeugabmessungen, das Kennzeichen und die Absichten des Fahrers darzustellen. Auch hier dürfen nur in den Regelungen enthaltene Funktionen und zulässige Lichtquellen verwendet werden. Signalleuchten tauchten erst spät an Fahrzeugen auf und beschränkten sich oft auf eine kombinierte Rück-/Kennzeichenleuchte. Fahrtrichtungsänderungen wurden zunächst freiwillig durch drehbare Pfeile, Armzeichen und später durch beleuchtete Winker dargestellt.

Signalleuchten sind heute großflächige Gestaltungselemente, die bei homogener oder »brillanter« Ausleuchtung eine große Vielfalt von Erscheinungsbildern darstellen und zudem im »kalten« Zustand fast beliebige Farben aufweisen können, ◘ Abb. 8.60.

Die Fahrzeugabmessungen werden vorn durch zwei weiße Positionslichter, hinten durch zwei rote Positionslichter (Schlusslichter) dargestellt. Fahrtrichtungsänderungen und Warnblinken werden durch vordere, hintere und seitliche Blinkleuchten, Bremsen durch hintere und mittlere hochgesetzte Bremsleuchten angezeigt.

Hintere Kennzeichenbeleuchtung oder selbstleuchtende Schilder und gegebenenfalls seitliche Markierungsleuchten komplettieren die bei Dunkelheit ständig zu betreibenden Signalleuchten.

Das Rückfahrlicht dient der Ausleuchtung der rückwärtigen Fahrbahn, zeigt aber auch die Absicht des Rückwärtsfahrens an. In Schweden sind zudem vordere Rückfahrleuchten zulässig.

Die Nebelschlussleuchte(n) ist (sind) bei neuen Fahrzeugen vorgeschrieben, in USA geduldet. Rückstrahler sind aus praktischen Gründen oft mit Heckleuchten zusammengebaut, dreieckige Rückstrahler sind Anhängern vorbehalten.

Vordere Fahrtrichtungsanzeiger richten sich in ihrer Intensität nach dem Abstand zum Abblend- oder Nebellicht. Für vordere Blinkleuchten wird aus Stylinggründen im ausgeschalteten Zustand oft ein »weißes« oder ein brillantes Erscheinungsbild gewünscht, ihr Licht ist gelb (amber).

Rückwärtige Fahrtrichtungsanzeiger sind ebenfalls gelb, in USA auch oft rot. Die lichttechnischen Anforderungen sind geringer als bei den vorderen. Das gilt auch für die für Neufahrzeuge geforderten seitlichen Zusatzblinkleuchten.

Die vorderen Begrenzungsleuchten (Positionsleuchten) sind oft in einem der Scheinwerferreflektoren angeordnet. Zusammen mit dem Abblendlicht stellen sie das »Nachtdesign« des Fahrzeuges dar. Eine viel beachtete Alternative stellt die Gestaltung des Positionslichtes als beleuchtetes Designelement dar. In 2000 wurden erstmalig leuchtende Ringe eingesetzt, die ein »Markenzeichen« geworden sind. Ursprünglich mit flexiblen Lichtleitern beleuchtet, eignen sich heute besonders weiße LEDs zur direkten Einkopplung und ermöglichen die Kombination mit Tagfahrlicht die von unterschiedlichen Herstellern genutzt wird, um die Identität ihrer Fahrzeuge zu erhöhen.

In USA können Schlussleuchten in Mehrfachfunktion als Bremsleuchten und auch als Fahrtrichtungsanzeiger dienen [74]. In Europa sind Doppelfunktionen von Schluss-Bremslicht mit Zweiwendellampen zulässig, allerdings sind Einzelfunktionen vorzuziehen.

Zunächst in Deutschland wurde ab 1980 ein Paar hochgesetzte Bremsleuchten zulässig. Von Vorteil war die Sichtbarkeit durch die Rückfenster und Frontscheiben mehrerer Fahrzeuge und damit eine frühere Bremsbereitschaft [75, 76]. Durch zu hohe Lichtwerte, Abstrahlung ins Fahrzeuginnere und fragwürdige mechanische Befestigung geriet das Konzept in Europa in Misskredit. In USA wurden mit einer einzelnen hochgesetzten Bremsleuchte erfolgreiche Feldversuche gemacht [78]. 1985 wurde in den USA die hochgesetzte Bremsleuchte Vorschrift [74], seit 1991 wird sie in Europa geduldet, seit 1998 ist sie Vorschrift (EG).

Eine oder zwei rote Nebelschlussleuchten mit Lichtstärken höher als beim Bremslicht sollen bei

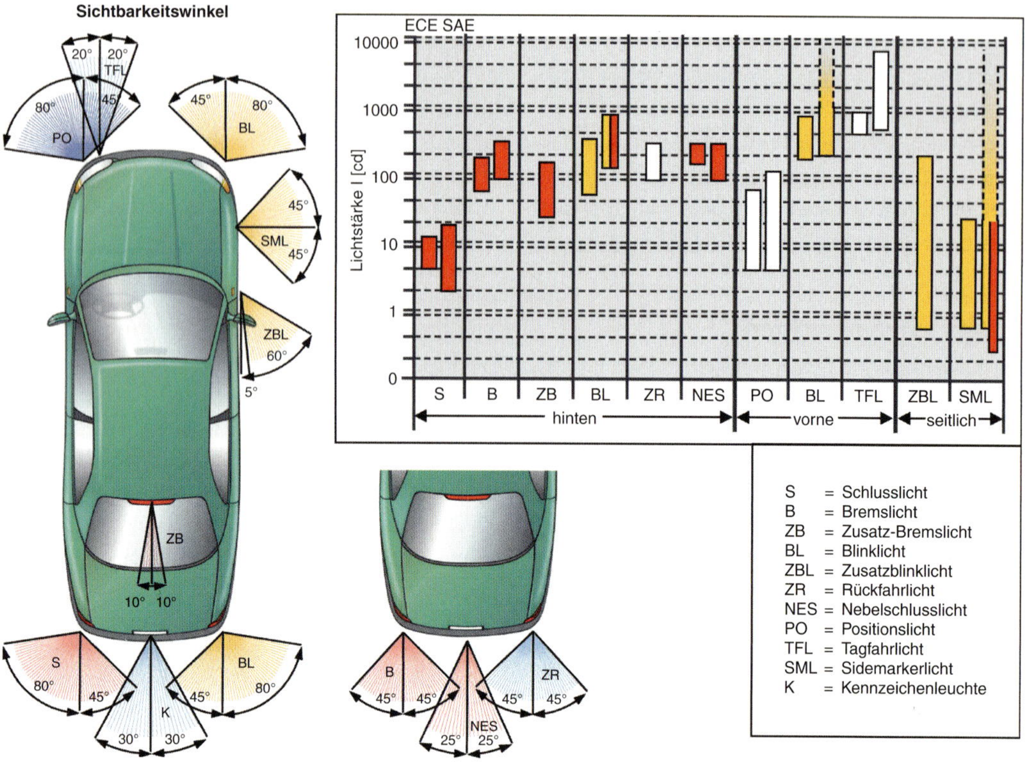

Abb. 8.60 Signalleuchten Anforderungen

schlechter Sicht das Fahrzeug sichtbar machen. Zum Bremslicht muss ein Abstand von 100 mm eingehalten werden.

Parkleuchten sind optional und strahlen nach vorn weiß, nach hinten rot. Häufig werden ein vorderes Positionslicht und eine Schlussleuchte als Parkleuchte verwendet.

8.5.2.11 Lichtquellen für Signalleuchten

Normale Glühlampen dominierten die Signalleuchten-Anwendung werden jedoch zunehmend trotz des höheren Preises der Lichtquellen durch LEDs ersetzt. Für Glühlampen in Signalleuchten üblich sind Bajonettsockel und *Wedgebase*. Kodierung der Bajonette verhindert Fehlbestückung. Solange die Lichtquellen wechselbar sind, dürfen nur solche verwendet werden, die in der ECE-Regelung verankert sind. Zur Erleichterung des Lampenwechsels werden speziell bei Heckleuchten die Lampen auf Lampenträgern zusammengefasst.

Halogenlampen finden nur gelegentlich Anwendung bei Signalleuchten, obwohl sie Vorteile hinsichtlich Lichtfarbe (weiß), Energieverbrauch und Intensität haben. Ein Beispiel für Halogenlampen ist die H6W, die im vorderen Positionslicht eingesetzt wird.

LEDs bieten im Vergleich zu Glühlampen viele Vorteile für Signalfunktionen, insbesondere

- Schnelles Einschaltverhalten, ca. 170 ms kürzere Reaktionszeit
- Neue Optiksysteme und Gestaltungsmöglichkeiten
- Geringer Energieverbrauch, es wird direkt Licht im roten Spektrum erzeugt
- Lange Lebensdauer
- Geringer Raumbedarf

Die beste Anwendung für LEDs ist die Bremslichtfunktion speziell bei hochgesetzten Bremsleuchten [78–80]. Aber auch Schluss-, Bremslichtkombinationen und gelegentlich Blinklichter mit LEDs kommen zum Einsatz.

Neonröhren haben ähnliche Eigenschaften wie LEDs, erfordern aber wegen der Ansteuerelektronik und der schwierigen EMV (elektromagnetische Verträglichkeit) hohen Aufwand und werden bei Neuentwicklungen nicht mehr eingesetzt [78, 79].

Abb. 8.61 Dynamisches Bremssignal (Quelle: BMW AG)

8.5.2.12 Bauformen

Signalleuchten können sowohl als Einzelfunktionen, als auch zusammengebaut ausgeführt werden. Im Frontbereich werden die Signalfunktionen Positionslicht, Fahrtrichtungsanzeiger und für die USA beleuchteter *sidemarker* (sowie der passive *side reflector*) meist mit dem Scheinwerfer zu einer Lichteinheit vereinigt. Im Seitenbereich dominieren Einzelfunktionen für Zusatzblinkleuchte und – wenn vorhanden – Seitenmarkierungsleuchten. Im Heckbereich sind die Funktionen meist in einer gemeinsamen Heckleuchte pro Seite vereinigt, gelegentlich auf zwei Teilbereiche verteilt. Bei Heckleuchten werden häufig komplizierte Spritzgusstechniken in Mehrfarbenmaschinen (bis 4 Farben) angewendet. Die farbigen Signalfunktionen können betont oder kaschiert werden, in letzter Zeit sind ähnlich wie bei Scheinwerfern brillante Aufbauten mit klarer Abschlussscheibe populär geworden.

Früher wurden die Leuchten in zwei Kategorien eingeteilt: Leuchten mit (Paraboloid-)Reflektor, die sowohl das direkte Licht als auch das vom Reflektor gerichtete Licht ausnutzen und Leuchten ohne Reflektor, die das direkt abgestrahlte Licht über Prismen in der Abschlussscheibe verteilen [76]. Inzwischen sind weitere Prinzipien wie Ellipsoidreflektoren, Facettenreflektoren und Freiformreflektoren entstanden.

Bei den Streuoptiken gibt es verschiedene Muster, die ein homogeneres Erscheinungsbild erlauben [80]. Die nach dem französischen Physiker benannte Fresnel-Optik stellt eine Stufenlinse mit guten Richteigenschaften dar. Bei flachem Aufbau erfasst sie einen großen Raumwinkel [76].

Ähnlich der Fresnellinse kann ein Leuchtenreflektor aus konzentrischen Reflektorsegmenten zusammengesetzt werden. Eine zukünftige Weiterentwicklung stellen holographische Reflektorstrukturen dar [80–83].

Ähnlich der Anwendung beim Scheinwerfer erlaubt der Freiflächenreflektor eine kontinuierliche Lichtverteilung ohne irgendwelche optischen Profile auf der Lichtscheibe.

Leuchtenfunktionen lassen sich auch mit Lichtleitern darstellen, wobei farbiges Licht in transparente Stäbe eingespeist und durch Prismen quer zur Stabachse abgestrahlt wird [80].

8.5.2.13 Dynamisches Bremslicht und Leuchten-Zukunftsentwicklungen

Zur Anzeige von starker Verzögerung ist ein zweistufiges Bremslicht bereits im Einsatz, hierbei wird die leuchtende Fläche oder die Intensität des Bremslichtes vergrößert (Abb. 8.61). Eine andere Lösung ist es, die hochgesetzte Bremsleuchte oder alle Bremsleuchten mit einer Frequenz von 7 Hz blinken zu lassen. Ebenfalls realisiert wurde die automatische Einschaltung der Warnblinkanlage bei besonders starker Verzögerung.

In Untersuchung sind weitere Verfeinerungen der Signalbeleuchtung wie Anpassung der Leuchtstärke an die Umgebungsbedingungen wie Helligkeit, Sichtweite oder Verschmutzung, wozu auch der sinnvolle Ersatz der Nebelschlussleuchte(n) gehört. Denkbar wäre es auch, bei Verwendung eines rückwärtigen Näherungssensors zu schnell herankommende z. B. am Stauende durch die Signalleuchten automatisch zu warnen.

Bisher konnten diese adaptiven sicherheitsverbessernden Lösungen allerdings noch nicht in Vorschriften überführt werden.

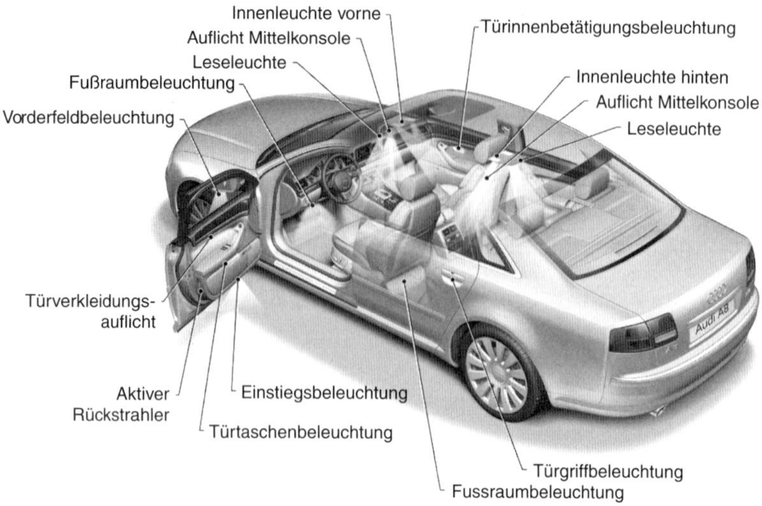

Abb. 8.62 Innenbeleuchtung (Quelle: Audi AG)

8.5.2.14 Innenbeleuchtung und Einstiegsleuchten

Den gestiegenen Komfort-Erwartungen wird eine einfache Innenleuchte nicht mehr gerecht, in Oberklassenfahrzeugen sind bereits mehr als hundert Lichtaustritte im Innenraum installiert worden (Abb. 8.62). Neben Bedarfslichtquellen wie Leseleuchten ist das Bestreben der *ambienten Innenbeleuchtung* Orientierung und Raumgefühl zu vermitteln. Fortschritte in der LED Technologie haben dazu geführt, dass bevorzugt wartungsfreie LED statt Glühlampen (z. T. mit Lichtleitern) eingesetzt werden. Das gilt auch für spezielle Einstiegsleuchten im Außenbereich wie Vorfeld- und Handgriffleuchten [86].

Zukünftig könnten gerade im Innenraum erste Anwendungen für den Einsatz organischer LED's in der Fahrzeugbeleuchtung liegen.

8.5.2.15 Beleuchtungsstyling

Die Beleuchtungseinrichtungen am und im Fahrzeug haben sowohl im »kalten« wie im eingeschalteten Zustand einen dominierenden Styling-Effekt bekommen. Beim Tag- wie Nachtdesign wird eine eigenständige Erscheinung bei gleichzeitigem Behalten einer »Familienähnlichkeit« angestrebt. Zusätzlich gilt es, Modetrends zu berücksichtigen. Darüber hinaus eignen sich die Beleuchtungseinrichtungen dazu, bei Sondermodellen und »Facelifts« ein geändertes oder frischeres Aussehen ohne grundlegende Änderung des Fahrzeugblechkleides zu realisieren.

Moderne Berechnungs- und Entwicklungsverfahren sowie Fortschritte bei den Lichtquellen ermöglichen die Berücksichtigung von Stylingwünschen ohne Einbuße oder sogar bei Steigerung der lichttechnischen Funktionalität.

8.5.3 Cockpit-Instrumentierung

8.5.3.1 Einleitung

Unter dem Begriff Instrumentierung fasst man die Anzeigen und Bediengeräte im Fahrzeug-Cockpit zusammen, mit deren Hilfe der Fahrer unmittelbar auf die Fahraufgabe bezogene Aufgaben des Beobachten und Bedienens ausführt. Somit ist die Instrumentierung eine zentrale Schnittstelle zwischen Mensch und Maschine (engl. Human Machine Interface HMI) im Fahrzeug. Bedingt durch immer mehr Fahrerassistenz- und Informationssysteme hat das HMI als Teil des Fahrerarbeitsplatz es stark an Bedeutung gewonnen. Zwischen Instrumentierung und Infotainment (d. h. Radio, Navigation, Multimedia und Connectivity) hat sich aus ergonomischen Gründen eine räumliche Trennung etabliert, Abb. 8.63 (▶ Abschn. 6.4.1).

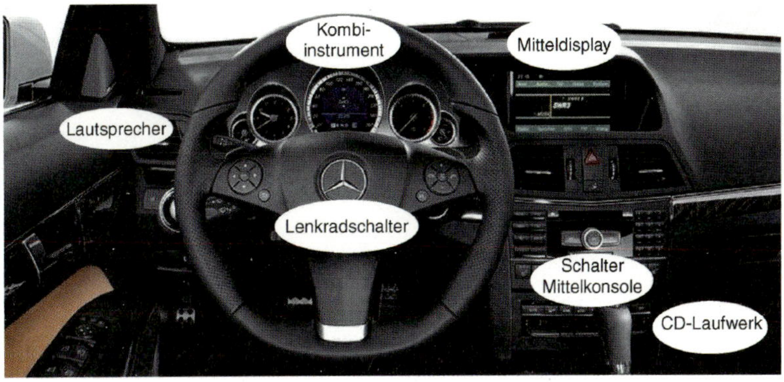

Abb. 8.63 Typische Struktur der Instrumentierung im Cockpit (Quelle: Daimler AG)

Wegen ihrer Bedeutung für die unmittelbare Fahraufgabe befindet sich nur die Instrumentierung innerhalb eines 30° umfassenden Blickfeldes in Sehrichtung des Fahrers. Die Instrumentierung trägt erheblich zur stilistischen Gestaltung des Cockpits bei.

8.5.3.2 Informationsdarstellung

Die Hauptaufgabe der Instrumentierung besteht unter anderem darin, Fahrzeugzustände (z. B. Geschwindigkeit und Drehzahl sowie wichtige Zustands- und Warnmeldungen) unter allen Lichtverhältnissen in erfassbarer Form darzustellen. Als visuelle Schnittstelle dafür dient das Kombinations-Instrument, dessen Größe vom Lenkradauschnitt bei Geradeauslauf begrenzt wird. Um auf dieser Fläche möglichst viele Informationen darstellen zu können, werden die Kontrolllampen und dedizierten (Rund-)Anzeigen der Hauptinstrumente zunehmend durch multifunktional genutzte Displays ergänzt.

8.5.3.2.1 Kombinations-Instrument

Kombinationsinstrumente werden heute in ihrer Funktionsvielfalt für low-, mid- und high-Varianten skaliert. Integrierte Kombinations-Instrumente der gehobenen Klasse sind de facto grafikfähige Controller, die teilweise in Master-Slave-Architektur ausgeführt werden. Als Beispiel kann hier ein leistungsfähiges Kombinations-Instrument mit einem 5–6″ Farb TFT-LCD (Auflösung VGAwide, VGA), zwei 32-bit-RISC-Prozessoren 64–300 MHz, 8–256 MB Flash, SRAM und Grafik-Beschleuniger dienen [100]. Integrierte Kombinations-Instrumente beruhen vielfach auf der Verbindung aus einer starren Multilayer-Funktionsleiterplatte und einer flexiblen Leiterplatte. Die Bestückung mit oberflächenmontierbaren Bauelementen (SMD-Komponenten) in hoher Packungsdichte sowie mit Leuchtdioden (LEDs) ist charakteristisch für den heutigen Kompaktaufbau. Die geforderte Grafikfähigkeit sowie neue Funktionen und das hohe Maß an Vernetzung einzelner Funktionen und Subsysteme (z. B. Wegfahrsperre, Map Matching als Teil des Navigationssystems) haben den Softwareanteil an der Instrumentierung stark gesteigert.

Zeigerantrieb für Instrumente Als Antrieb von Rundanzeigen im Kombinations-Instrument haben sich Schrittmotoren wegen ihrer höheren Genauigkeit und Maßhaltigkeit sowie ihren geringeren Abmessungen etabliert. Anzeigeschrittmotoren, die technisch auf einem zweipoligen Drehmagneten innerhalb einer Kreuzspulanordnung sowie einem Untersetzungsgetriebe basieren, erlauben eine hohe Schrittauflösung und verhältnismäßig hohe Zeigermassen. Für spezielle Anwendungen wird der Schrittmotor auch in Kombination mit einem Getriebe als Ringzeigersystem eingesetzt. Die Ansteuerung erfolgt entweder mit einem IC oder einem modularen Controller.

Beleuchtung Für die Beleuchtung der Instrumentierung besteht ein sehr großer Dynamikbereich in Bezug auf dieUmgebungslichtverhältnisse im

Abb. 8.64 Kombinations-Instrument mit Ringzeiger und LED Skalenringbeleuchtung (Quelle: Daimler AG)

Abb. 8.65 Kombinations-Instrument mit den Rundinstrumenten integrierter Farb-TFT-Anzeige (Quelle: Daimler AG)

Straßenverkehr. Stand der Technik ist heute der Einsatz von LEDs zur Beleuchtung von der Unterseite der Instrumentenoberfläche her (Backlight). Dank des schnellen Entwicklungsfortschritts bei der LED-Technik lässt sich inzwischen das gesamte Lichtfarbspektrum im Fahrzeug nutzen. Die steigende Lichtausbeute von LEDs führt dazu, dass die Instrumente mit einer Helligkeit von 600 cd/m^2 betrieben werden können, Abb. 8.64.

8.5.3.2.2 LC-Displays im Kombinations-Instrument

Durch die Integration von Punktmatrix-Displays in Kombinations-Instrumenten ist es möglich, die Komplexität des HMI variabel zu gestalten, während ihr Leistungsumfang tatsächlich steigt. Durch die hohe Variabilität besteht die Möglichkeit, Informationen alphanumerisch bis hin zu videobasierten, bildhaften Darstellungen auf konfigurierbaren Anzeigeflächen zu ermöglichen. Unterschiedliche Flüssigkristallanzeigearten (Liquid Crystal Display, LCD) erleichtern es zudem, dem Fahrer situationsbezogen so viel Information wie nötig und doch so wenig wie möglich anzubieten. Weil die grafische Darstellung von Informationen und die farbliche Informationspriorisierung eine wachsende Rolle spielt, sind vollfarbfähige Aktivmatrix-Displays in Dünnschichttechnik (Thin Film Transistor LCD, TFT-LCDs) zum Standard in der Fahrzeug-Instrumentierung geworden. Üblich ist die mechanische Integration eines Displays im Kombinations-Instrument entweder zwischen den Rundinstrumenten oder als Bestandteil der Rundanzeige(n), Abb. 8.65. Inzwischen sind vollflächige LCDs für die gesamte Informationsdarstellung im Einsatz.

8.5.3.2.3 Weitere Display-Arten im Cockpit

Während Vakuum Fluoreszenzanzeigen (Vacuum Fluorescence Display, VFD) im Vergleich zur dominierenden LCD-Technik vor allem in Europa immer seltener eine Rolle spielen, zeichnet sich mit der Organischen Licht Emittierenden Diode (Organic Light Emitting Diode, OLED) eine neue Displaytechnologie mit Potenzial als Ergänzung zur LCD- beziehungsweise TFT-Technologie ab. Mit einem verbreiteten Einsatz im Fahrzeug ist zu rechnen, sobald z. B. die Lebensdauer von OLEDs für bestimmte Farben weiter verbessert ist.

8.5.3.2.4 Head-up-Display (HUD)

Das aus der Luftfahrttechnik bekannte und in Monochromausführung vereinzelt schon länger im Fahrzeug genutzte Head-up-Display (HUD) ist in vollfarbfähiger Ausführung im Automobil inzwischen etabliert. Bei dieser Darstellungsform werden Fahrzeug- und verkehrsbezogene Informationen direkt in den Bereich der Windschutzscheibe eingeblendet.

Zur Realisierung des Systems befindet sich ein Modul, bestehend aus einem Spiegelsystem, ein transmissives TFT-Display und eine sehr leuchtstarke LED-Lichtquelle im Inneren der Armaturentafel [101, 102]. Bedingt durch den optischen Strahlengang nimmt der Fahrer die Anzeige in einer scheinbaren Entfernung von 2 bis 2,5 m wahr, Abb. 8.66.

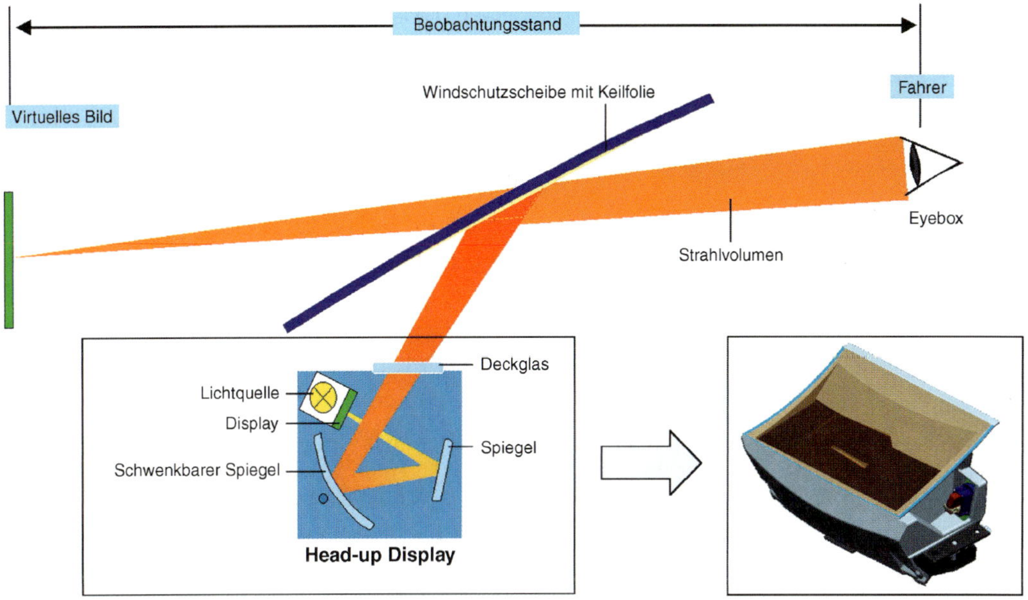

Abb. 8.66 HUD-Strahlengang und HUD-Modul (Quelle: Continental Automotive GmbH)

Durch den Abstand des virtuellen Bildes im unteren Teil der Windschutzscheibe reduziert sich die Akkomodation der Augen erheblich beim Ablesen der Anzeige. Dies führt zur Reduzierung der Ablesezeit im Vergleich zum Ablesen des Kombinationsinstrumentes. Durch permanente Nachregelung der Leuchtintensität in Abhängigkeit von der Helligkeit des Hintergrunds bleibt die Anzeige bei wechselnden Umgebungslichtbedingungen immer gut ablesbar. Zusätzliche Relevanz gewinnt das HUD, weil es neue Möglichkeiten bietet, etwa um die Anzeige eines Nachtsichtsystems zu integrieren.

8.5.3.3 Eingabeelemente

Neben den etablierten elektromechanischen Bedienelementen (Lenkstockschalter, Schalter, Taster) bedingt die Funktionsfülle in höher ausgestatteten Fahrzeugen neue Bedienkonzepte [103].

Im zentralen Cockpitbereich, wie z. B. Radio, Navigation und Klimaanlage, gibt es die Möglichkeit die einzelnen Eingabegeräte sowohl designerisch als auch elektrisch in ein Gesamtsystem zu integrieren, den sogenannten Integrated Center Stack, Abb. 8.67.

Weiterhin werden alternativ zu den bekannten mechanischen Tastern und Drehstellern die aus der Unterhaltungselektronik bekannten berührungssensitiven Oberflächen (z. B.: kapazitiv, resistiv) in die Bedienoberflächen der Fahrzeuge integriert.

Vorteile ergeben sich aus den in der Elektronik entstehenden Synergien sowie einer erhöhten Vielfalt beim Oberflächendesign.

Zentrale Eingabeelemente, ausgeführt meist als Dreh-, Drücksteller mit umliegend angeordneten Funktionstasten, sind ab der gehobenen Mittelklasse mittlerweile bei den meisten Fahrzeugherstellern etabliert.

Eine weitere Funktionsintegration basierend auf kapazitiver Sensortechnologie wird zukünftig in diesen zentralen Eingabeelementen Einzug halten.

Funktionen wie die Erkennung von Multitouch-Gesten sowie die Eingabe von Schriftzeichen die der Fahrer einfach mit dem Finger auf eine ergonomisch angeordnete Oberfläche eingibt (analog einem Touchpad eines Laptops) sind damit unter anderem bereits heute technisch realisierbar, Abb. 8.67.

Teilweise geben zentrale Bedienelemente dem Fahrer eine programmierbare haptische Rückmel-

Abb. 8.67 Darstellung eines Center Stacks mit unterschiedlichen Bedienelementen für ein Fahrzeuginformationssystem (Quelle: ▶ www.cars.about.com)

dung, werden also zusätzlich als Ausgabeelement genutzt [104].

Im Vorserienstadium befinden sich Bedienelemente-Lösungen mit berührungsempfindlicher Oberfläche (Touchpad), die dem Fahrer Eingaben in Form von Buchstaben und Symbolen erlauben [105].

8.5.3.4 Ausblick

Vor allem die Bedeutung der Displaytechnik (Größe, Darstellungsqualität und Anzeigeort) in der automobilen Mensch-Maschine-Schnittstelle wird weiter steigen. Im Hinblick auf eine drohende Überforderung des Fahrers durch die steigende Zahl elektronischer Systeme im Fahrzeug werden multimodale HMI-Lösungen einschließlich Sprachbedienung und taktilem Kommunikationskanal an Bedeutung gewinnen. Die Rechen- und Speicherkapazitäten der Elektroniksysteme werden zunehmen, da aufgrund der zu erwartenden, steigenden Funktionsvielfalt der Softwareanteil weiter wächst. Mechanische Anforderungen bestehen darin, die Instrumente kompakter (vor allem flacher) werden zu lassen.

8.5.4 Infotainment/Multimedia

8.5.4.1 Einleitung

Unter einem Infotainmentsystem versteht man im Automobilbereich ein System von Komponenten, welches verschiedene Funktionen im Bereich Komfort oder Sicherheit bereitstellt, wobei in den folgenden Kapiteln der Schwerpunkt auf die Komfortbereiche gelegt wird. Dazu gehören in erster Linie Multimedia und Navigation. Das Infotainmentsystem ermöglicht die zentrale Steuerung dieser Bereiche mit den jeweiligen Unterfunktionen und zeigt weiterhin verschiedene Status- , Fahrzeug- und Statistikinformationen an. Infotainmentsysteme werden etwa seit dem Jahr 2000 für Fahrzeuge der Luxus- und oberen Mittelklasse angeboten. Aufgrund der inzwischen gesunkenen Preise sind sie auch verstärkt in niedrigeren Fahrzeugkategorien anzutreffen.

Abbildung 8.68 gibt einen Überblick über die wichtigsten Marktsegmente im Bereich Infotainment sowie eine Zusammenstellung der wichtigsten Funktionen die in den einzelnen Segmenten angeboten werden.

Erwähnenswert ist hierbei die Abgrenzung zwischen den »geschlossenen Systemen« (Segmente 1–3) sowie den »Offenen Systemen« (Segmente 4–6). Die geschlossenen Systeme stellen derzeit noch den Standard auf dem Markt dar. Sie sind nicht offen für sog. »Apps« (→ Applikationen wie sie in sog. »App Stores« erworben werden können) was bedeutet, dass die Funktionalität des Gerätes über die Lebensdauer nicht erweitert werden kann. Im Gegensatz dazu können die offenen Systeme mit Hilfe von Apps bei Bedarf in ihrem Funktionsumfang erweitert werden. Für diese Art von Infotainmentsystemen ist für die nächsten Jahre ein rasantes Wachstum vorhergesagt, getrieben durch das Bedürfnis im Fahrzeug eine ähnliche Funktionalität zur Verfügung gestellt zu bekommen wie es bei Mobiltelefonen bzw. Smartphones der Fall ist.

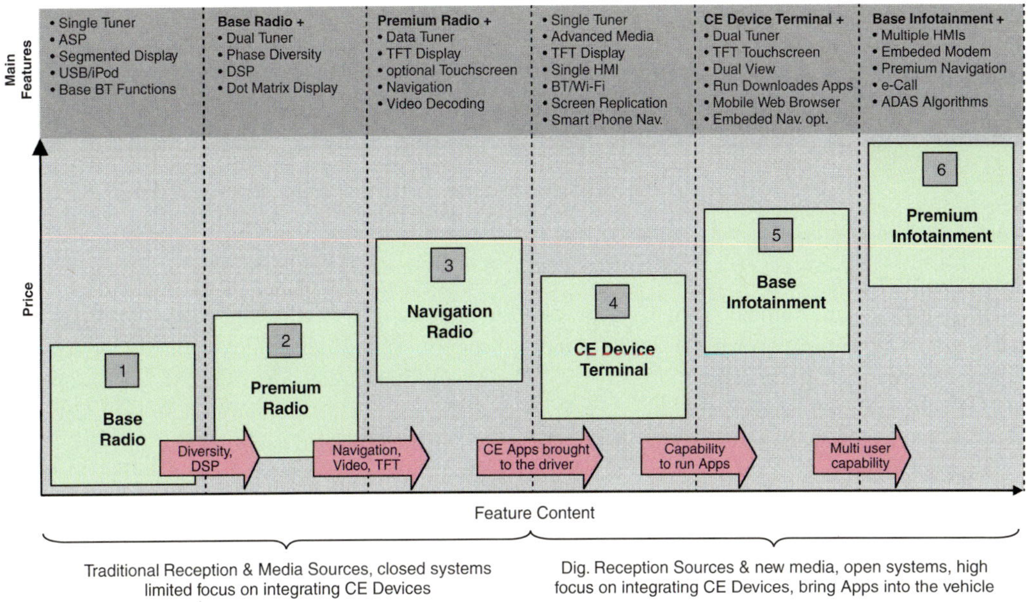

Abb. 8.68 Übersicht Infotainmentsegmente

In den folgenden Unterkapiteln werden nun zunächst die wichtigsten Funktionen bzw. Einzelkomponenten der Infotainmentsysteme betrachtet.

8.5.4.2 Broadcasting

8.5.4.2.1 Audio Broadcasting

AM/FM Radio Neben dem traditionellen Rundfunk auf UKW, Mittelwelle und Kurzwelle entwickeln sich weltweit mehrere digitale Standards. Sie zeichnen sich durch eine verbesserte Klangqualität und zusätzliche Datendienste aus.

Digital Radio ***Digital Audio Broadcasting (DAB)*** Die Verbreitung von Radioprogrammen über UKW stößt an ihre Grenzen, da die Frequenzen angesichts der Vielzahl von Veranstaltern knapp werden. Weiterhin unterliegen analoge Funksignale unterschiedlichen Arten von Störungen wie z. B. Reflektionen, die u. a. durch Berge, Gebäude und Witterungseinflüsse verursacht werden. DAB ist ein digitales System zur terrestrischen Übertragung von Daten aller Art. Es wurde im Rahmen des Eureka 147 Projektes entwickelt und bietet nahezu CD Qualität, sowie zusätzliche Radio- und Datendienste. Die Codierung der Audiodaten erfolgt über MP2 (DAB), AAC (DAB+) und AAC bzw. BSAC (DMB).

DAB verwendet die folgenden beiden Frequenzbänder:

1. Das Band III (174–240 MHz)
2. Das L-Band (1452–1492 MHz).

In Deutschland wird in beiden Frequenzbereichen gesendet, während in Großbritannien nur im Band III und in Kanada nur im L-Band gesendet wird. Das L-Band wird in Deutschland für lokale Ausstrahlungen genutzt während das Band III landesweit zu empfangen ist.

Beim Digitalradio muss der Hörer keine Frequenz mehr einstellen. Mehrere Programme, dessen Namen auf dem Display angezeigt werden, sind in sog. Ensembles zusammengefasst. Ensembles werden regional unterschiedlich angeboten. Die Rundfunkstationen strahlen in der Regel programmbegleitende Informationen wie z. B. Liedtitel, Komponist oder Albumname aus, die vom Empfänger angezeigt werden können. Die Betriebskosten von DAB sind verglichen mit UKW geringer, obwohl mehr Sender notwendig sind um eine gleichgroße Fläche abzudecken.

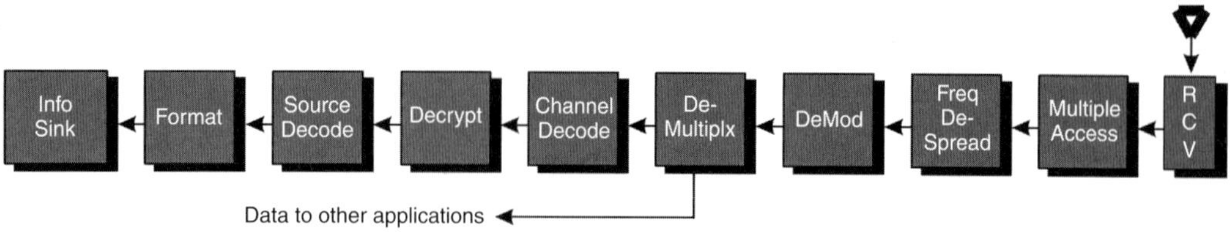

Abb. 8.69 Signalpfad bei HD Radio

Beim Einsatz im Automobilbereich geht der Trend zum Doppeltuner wobei der zweite Tuner folgende Funktionen haben kann:

- Aktualisierung der Senderlisten
- Empfang von Datendiensten außerhalb des aktuellen Ensembles
- Diversity Empfang (ähnlich wie beim verbreiteten AM/FM Doppeltuner)

HD Radio Eine effiziente Möglichkeit, die Klangqualität zu verbessern und gleichzeitig die bestehende FM Infrastruktur zu erhalten ist HD-Radio. Hierbei werden die 200 kHz Abstände zwischen den Sendern benutzt, um zusätzliche digitale Informationen zu versenden. Das Verfahren nennt sich In-Band-On-Channel (IBOC) und findet in den USA immer mehr Anklang. Es wird im FM-Band (88–108 MHz) und AM-Band (520–1710 kHz) verwendet. Moduliert wird im Coded Orthogonal Frequency Division Multiplex (COFDM)-Verfahren. Hierbei wird das kodierte Signal mit einer Fehlerkorrektur versehen und dann über mehrere modulierte Trägerfrequenzen verteilt gesendet. Das Verfahren sorgt dafür, dass die sonst üblichen Störgeräusche und Signalschwankungen, so genannte Kanalfadings und Überlagerungen, nicht mehr auftreten. Der komplette Daten/Signalpfad ist in Abb. 8.69 gezeigt.

Satellite Digital Audio Radio Services (SDARS) Das digitale Satellitenradio ist in den USA mittlerweile sehr erfolgreich. Dem Zuhörer stehen etwa 150 Kanäle zur Verfügung, angefangen vom Musikspartensender über Informationssendungen bis hin zu Verkehrsinformationen. Alle Kanäle werden in den gesamten USA in annähernd CD-Qualität ausgestrahlt. Die Empfänger werden durch Bezahlung einer monatlichen Gebühr freigeschaltet. Der Anbieter Sirius/XM verwendet ein Hybrid-Übertragungssystem aus Satelliten und terrestrischen Sendern. Das Modulationsverfahren der terrestrischen Transmitter ist COFDM, die Satelliten benutzen QPSK (Quadrature Phase Shift Keying). Die Satellitenträgerfrequenz beträgt 2,3 GHz.

Digital Radio Mondiale – DRM Eine interessante Alternative zum konventionellen Rundfunk ist DRM. Hierbei werden digitale Audiodaten und Informationen über Kurz-, Mittel-, und Langwelle versendet. Die sehr schmalen Kanalbreiten erfordern eine leistungsstarke Komprimierung der Audiodaten. Hierfür wurde der MPEG4 AAC Codec in Kombination mit einem Spectral Band Replication (SBR) Verfahren ausgewählt. SBR ermöglicht eine weitere Datenreduktion um 40 %. Als Modulationsverfahren wurde ebenfalls das COFDM-Verfahren verwendet. Somit ergibt sich eine quasi-UKW Klangqualität mit großer Reichweite. Außerdem lassen sich Zusatzinformationen wie Programmnamen und Textmeldungen übertragen. DRM wird seit 2003 ausgestrahlt.

Beim etwas neueren DRM+ handelt es sich um eine Weiterentwicklung von DRM, die ebenfalls einen Übertragungsmodus für das FM-Band vorsieht.

8.5.4.2.2 Video Broadcasting

Ebenso wie der digitale Radioempfang wird auch der digitale Fernsehempfang als Funktion in Infotainmentsystemen angeboten. Üblicherweise wird dieser deaktiviert sobald sich das Fahrzeug in Bewegung setzt. Wie im Heimbereich gibt es weltweit eine Vielzahl unterschiedlicher Standards, die in Abb. 8.70 dargestellt sind.

Digital Video Broadcasting-Terrestrial (DVB-T) Das im Heimbereich schon sehr weit verbreitete DVB-

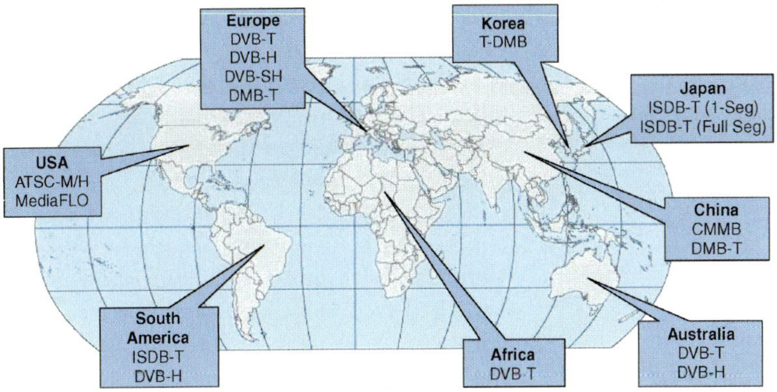

Abb. 8.70 Übersicht digitaler Fernsehstandards

T wird zunehmend auch für den digitalen Empfang von Fernsehprogrammen im Fahrzeug genutzt.

Da DVB-T ursprünglich nicht für bewegte Empfänger entwickelt wurde, wird im Fahrzeug ein (im Vergleich zum Heimempfänger) aufwendigerer Doppeltuner benötigt. Dieser garantiert einen weitgehend störungsfreien Empfang auch oberhalb von 80 km/h.

DVB-T arbeitet mit MPEG2 codierten Fernsehsignalen. Als Modulationsverfahren kommt COFDM zum Einsatz (siehe auch ▶ Abschn. 8.5.4.2.1).

Der Nachfolgestandard DVB-T2 zeichnet sich durch eine höhere Effizienz aus und verwendet MPEG-4 codierte Signale.

Eine weitere Variante ist DVB-H, wobei H für »Handheld« steht. Es handelt sich um einen Übertragungsstandard mit dem digitale Multimediadienste (insb. Fernsehen) über kleine und/oder mobile Geräte empfangen werden können.

Advanced Television Systems Committee (ATSC) Bei ATSC handelt es sich um eine amerikanische Organisation die Standards für digitales Fernsehen festlegt. Sie wurde 1982 gegründet und hat ihren Sitz in Washington, D.C.

Der ATSC Standard soll das bisherige amerikanische NTSC-Fernsehsystem ersetzen und bietet Vorteile in der Auflösung der Bilder. ATSC unterstützt Bilder im 16:9 Format mit bis zu 1920×1080 Pixel was in etwa der sechsfachen Auflösung des NTSC Standards entspricht.

Integrated Services Digital Broadcasting – Terrestrial (ISDB-T) Dieser Standard für digitale Medienübertragung basiert auf MPEG-2 und wurde 1999 in Tokio eingeführt. Er erlaubt mehrere Modulationsverfahren und kann so den vielfältigen Inhalten bei der Medienübertragung gerecht werden. Bei Bedarf können mobile Endgeräte (z. B. Mobiltelefone) Daten in reduzierter Qualität mit geringerer Bandbreite empfangen.

8.5.4.3 Medien

8.5.4.3.1 Interne Medienquellen

Aktuelle Infotainmentsystemen werden mit CD oder DVD Laufwerken, teilweise auch mit zusätzlicher Festplatte als Massenspeicher ausgestattet. CD Laufwerke befinden sich bereits auf dem Rückzug, einerseits aus Kostengründen, andererseits weil sie aus Speicherplatzgründen nicht mehr das bevorzugte Medium für die Musikbibliothek sind. Deutlich beliebter sind hierfür USB Stick und Mediaplayer die noch in den nachfolgenden Kapiteln behandelt werden. DVD Laufwerke wurden in Europa und Nordamerika als Speichermedium für die Navigationskarten verwendet, sind jedoch auch rückläufig und wurden in diesem Bereich von der deutlich günstigeren SD Karte verdrängt (siehe auch ▶ Abschn. 8.5.4.3.2). In Asien und Südamerika werden DVD Laufwerke noch etwas länger eingesetzt werden, da hier ein Fokus auf dem Abspielen von Videos liegt. Festplatten mit Kapazitäten von bis zu 80 GB werden verwendet zum Aufbau einer Musikbibliothek im Fahrzeug sowie dem speichern der Navigationskarten.

8.5.4.3.2 Connectivity

Die Bedeutung von Connectivity hat in den letzten Jahren stark zugenommen. Während Infotainmentsysteme in der Vergangenheit in erster Linie auf interne Medienquellen zugegriffen haben (siehe ► Abschn. 8.5.4.3.1), gewinnt die Vernetzung mit mobilen Geräten (z. B. USB Stick, MP3-Player, Mobiltelefon) sowie Infrastrukturen außerhalb des Fahrzeuges zunehmend an Bedeutung. Die Insassen eines Fahrzeuges erwarten inzwischen, dass o. g. mobile Geräte aus dem Bereich der Unterhaltungselektronik mit dem Fahrzeug vernetzt werden können, so dass ihre Funktionen in das Infotainmentsystem des Fahrzeuges integriert sind. Für den Fahrer spielt hier die Sicherheit eine große Rolle da aus den zusätzlichen Funktionen keine Ablenkung resultieren darf.

Abbildung 8.71 zeigt eine Übersicht der wichtigsten Technologien, die zur Vernetzung innerhalb des Fahrzeuges bzw. zur Herstellung einer Verbindung mit einer Infrastruktur außerhalb des Fahrzeuges dienen. Diese Technologien werden anschließend näher beschrieben.

Nomadic Device Connectivity Hierbei wird eine Verbindung innerhalb des Fahrzeuges zwischen einem sog. »Nomadic Device« (z. B. iPOD, USB Stick, Mobiltelefon, Smartphone etc.) und dem Infotainmentsystem hergestellt. Diese Verbindung kann entweder drahtlos oder drahtgebunden erfolgen. Wird eine Verbindung zu einem Mobiltelefon bzw. Smartphone hergestellt, besteht die Möglichkeit dieses als Zugangspunkt zum Internet zu verwenden.

Die hierfür derzeit gängigsten Technologien werden nachfolgend beschrieben.

USB USB ist ein serieller Bus was bedeutet dass die einzelnen Bits eines Datenpaketes nacheinander übertragen werden. Hierbei erfolgt die Datenübertragung symmetrisch über verdrillte Leitungen. Übertragen wird das Datensignal auf der einen und das invertierte Datensignal auf der anderen Leitung. Durch die Verdopplung des Spannungsunterschiedes zwischen den 0- und 1-Pegeln werden eingestrahlte Störungen weitgehend eliminiert. Zwei weitere Leitungen dienen zur Stromversorgung der angeschlossenen Geräte.

USB wird in der Unterhaltungselektronik für eine Vielzahl von Geräten eingesetzt, im Fahrzeug konzentriert sich die Anwendung im Infotainmentbereich derzeit auf reine Massenspeicher (USB Sticks), Media Player (z. B. iPOD) sowie Mobiltelefone.

Bluetooth (BT) Bluetooth ist ein offener Standard zur drahtlosen Kommunikation zwischen Desktop- und Laptop-Computern, PDA's, Mobiltelefonen, Druckern, Scannern und sogar Haushaltsgeräten. Eine weltweite Kompatibilität ist über die Benutzung des global verfügbaren Frequenzbandes von 2,4 GHz gewährleistet. Bluetooth wurde ursprünglich von Ericsson entwickelt und nun von der Special Interest Group (SIG) vorangetrieben. Die SIG ist eine Interessengemeinschaft von mehr als 8000 Firmen, die an der Weiterentwicklung und Verbreitung der Technologie interessiert sind. Sie ist Eigentümer des Bluetooth-Warenzeichens und Herausgeber der Bluetooth-Spezifikation. Diese beinhaltet den Link Layer und den Application Layer, diese unterstützen Daten, Sprache und Applikationen.

Da verschiedene Anwendungen unterschiedliche Anforderungen haben, wurden diese in sogenannten Profilen zusammengefasst, die im Bluetooth Standard definiert werden. Die Profile regeln den Austausch der Daten zwischen den kommunizierenden Bluetooth Geräten. Nach dem Aufbau der Bluetooth Verbindung tauschen die Geräte ihre Profile aus und legen dadurch fest, welche Dienste sie für das jeweils andere Gerät zur Verfügung stellen können bzw. welche Daten und Befehle sie für die Kommunikation benötigen.

Beim Kauf von Geräten muss unbedingt auf die Kompatibilität der Profile geachtet werden da ansonsten keine fehlerfrei Kommunikation gewährleistet ist. Die unterstützten Profile werden üblicherweise auf der Verpackung bzw. Bedienungsanleitung der Geräte angegeben.

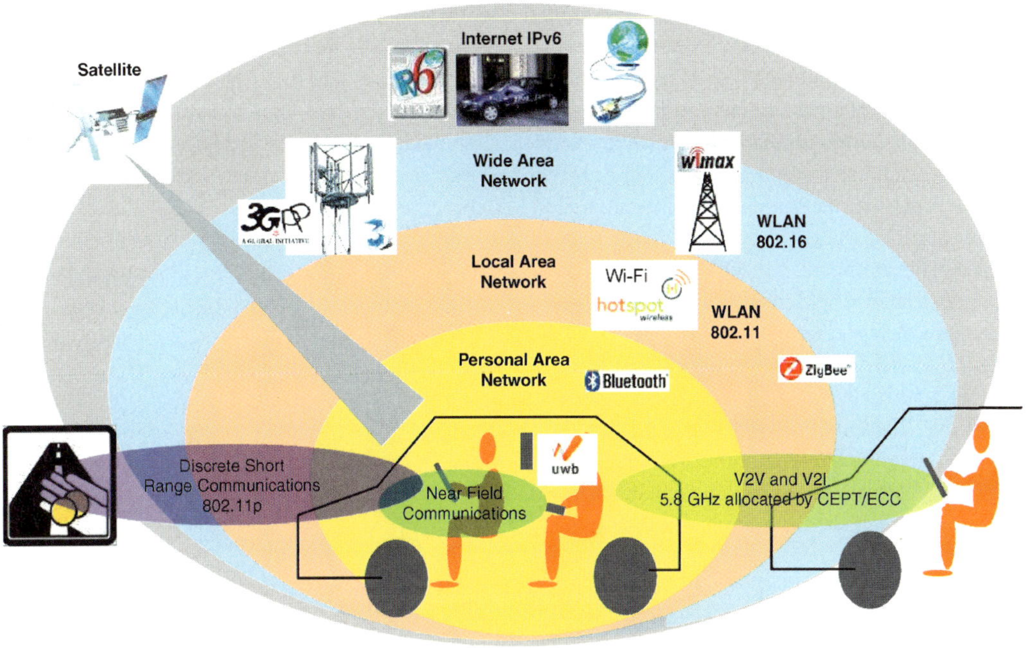

■ **Abb. 8.71** Übersicht Connectivity Technologien

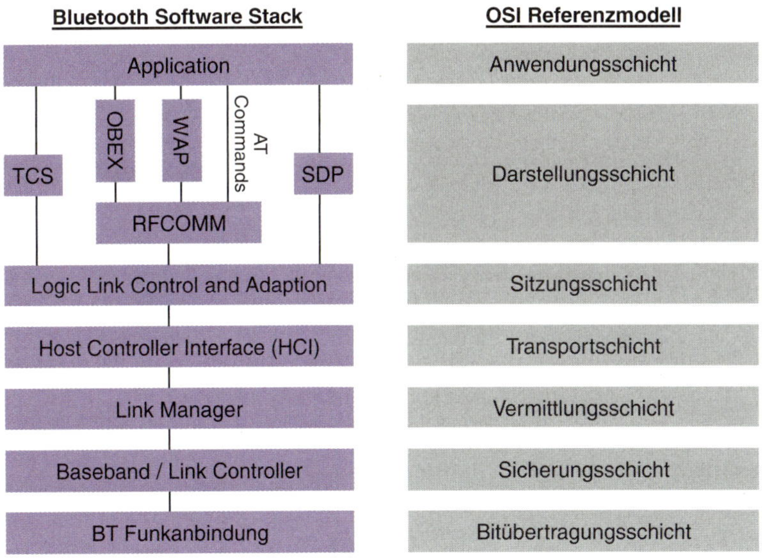

■ **Abb. 8.72** Vergleich des BT Software Stacks mit dem OSI Referenzmodell

Die Liste der freigegebenen bzw. in der Entwicklung befindlichen Profile ist mittlerweile lang, es wird deshalb an dieser Stelle auf eine detaillierte Auflistung verzichtet. In ■ Abb. 8.72 ist der für Bluetooth notwendige Software Stack im Vergleich zum OSI Referenzmodell dargestellt.

Wi-Fi In einigen Ländern wird Wi-Fi als Synonym für WLAN (Wireless Local Area Network) verwendet. Es handelt sich um einen für Marketingzwecke erfundenen Kunstbegriff, der auch ein Firmenkonsortium (das Geräte mit Funkschnittstellen zertifiziert) bezeichnet. Diesem gehören mehr als 300 Unternehmen an, die Produkte verschiedener Hersteller auf der Basis des IEEE-802.11 Standards zertifiziert. Hierdurch soll die fehlerfreie Kommunikation zwischen den Geräten, die das Wi-Fi Logo tragen gewährleistet werden.

Im Infotainmentbereich ist Wi-Fi noch nicht sehr weit verbreitet jedoch zeigen Marktprognosen einen langsamen Anstieg. Vorteil gegenüber dem weit verbreiteten Bluetooth 2.0 ist die deutlich höhere Übertragungsgeschwindigkeit, die jedoch vom neuen Bluetooth 3.0 Standard auch erreich wird. Im Gegensatz zu Bluetooth gibt es keine definierten Profile zur Regelung der Datenübertragung für die gebräuchlichsten Anwendungsfälle.

Bereits im Fahrzeug erhältlich sind Infotainmentsysteme die Wi-Fi unterstützen und als Hot-Spot agieren können. D. h., dass Fahrzeuginsassen eine Wi-Fi Verbindung von ihrem Notebook zum Infotainmentsystem aufbauen können, worüber wiederum eine Internetverbindung aufgebaut werden kann.

SD Memory Card Eine SD Memory Card (Kurzform für Digital Secure Memory Card) ist ein Digitales Speichermedium was nach dem Prinzip der Flash-Speicherung (Flash-EEPROM) arbeitet. Die Bezeichnung »Secure Digital« resultiert aus zusätzlich implementierten Hardware Funktionen die das sog. Digital Rights Management (DRM) unterstützen. Hierdurch wird das unrechtmäßige Abspielen geschützter Mediendateien verhindert.

SD Karten gibt es in unterschiedlichen Bauformen (SDHC, miniSD, microSD) wobei in Infotainmensystem üblicherweise SDHC Karten mit maximal 64 GB Speicherkapazität eingesetzt werden. Sie werden bevorzugt zur Speicherung der Navigationskarten eingesetzt und haben in diesem Bereich in den letzten Jahren die CD und DVD verdrängt.

Obwohl heutige Infotainmentsystem bevorzugt USB Ports im Bereich der Nomadic Device Connectivity zur Verfügung stellen, haben SD Karten einen wesentlichen Vorteil in der Bauform. Während USB Sticks je nach Anbringung der Schnittstelle einige Zentimeter abstehen (was bei der Crashsicherheit ein Problem darstellen kann) lassen sich SD Karten einfacher im Gerät versenken wobei sie bündig mit der Frontblende abschließen.

Infrastructure Connectivity Hierunter versteht man eine drahtlose Datenübertragung zwischen dem Infotainmentsystem und einer Infrastruktur außerhalb des Fahrzeuges (z. B. Server). Diese Verbindung kann entweder bidirektional (GSM, Wi-Fi) oder unidirektional (AM/FM Radio, Digitalradio, Digitalfernsehen) bestehen.

Global System for Mobile Communications (GSM) Dieser weit verbreitetet Standard für Mobilfunknetze wurde in seinen Anfängen hauptsächlich für Telefonie, inzwischen aber verstärkt für leitungs- und paketvermittelte Datenübertragung sowie Kurzmitteilungen (SMS) genutzt. Es handelt sich um einen Telefonstandard der zweiten Generation (2G), da die Übertragung im Gegensatz zur ersten Generation (A-, B- und C-Netz) komplett digital erfolgt. In Europa verwendet der GSM-Standard die Frequenzbereiche 900 MHz und 1800 MHz, in den USA wird der Frequenzbereich 1900 MHz verwendet.

Universal Mobile Telecommunications System (UMTS) Hierbei handelt es sich um einen Mobilfunkstandard der dritten Generation (3G), mit dem im Vergleich zu GSM deutlich höhere Datenübertragungsraten möglich sind (bis zu 14,4 MBit/s). UMTS ermöglicht erweiterte multimediale Dienste wie z. B. Audio- und Videotelefonie, Nachrichtendienste und Internetzugang.

Long Term Evolution (LTE) Hierunter versteht man einen Mobilfunkstandard, der als UMTS Nachfolger vom »3rd Generation Partnership Project« (3 GPP) definiert wird. LTE wird üblicherweise als Mobilfunkstandard der vierten Generation (4 G) angesehen. Bei einer Bandbreite von 20 MHz sollen Datenraten von bis zu 300 MBit/s im Downlink und bis zu 75 MBit/s im Uplink erreichbar sein.

8.5.4.4 HMI

Klassisch ist das Autoradio im Centerstack der Vorgänger eines modernen Infotainment-Steuergerätes. Während jedoch das Autoradio noch eine Benutzeroberfläche ähnlicher Komplexität wie das in der Regel direkt darunter befindliche Klimasteuergerät aufweist, erfordern erweiterte moderne Infotainmentfunktionen weitaus mehr an Benutzerinteraktion. Damit erhält dann ein modernes Infotainmentsteuergerät eine grafische Bedienoberfläche mit einem hochauflösenden Farbdisplay sowie dazu passende Eingabegeräte, entweder einen Touchscreen oder ein Steuergerät das es erlaubt, den Cursor auf dem Bildschirm in beiden Achsen zu positionieren. Damit ist dann auch die Benutzerschnittstelle für Infotainment so komplett ausgestattet dass sie durchaus auch die Bedienung anderer Fahrzeugfunktionen wie z. B. Klimatisierung ersetzen und mit übernehmen kann.

Die Benutzerschnittstelle (HMI, »Human-Machine Interface«) für Infotainment hat viele Anforderungen zu erfüllen.

Zum einen bedingen es die Funktionen von Infotainment, dass sehr viele Parameter erreichbar sein müssen, von denen einige wiederum einen sehr großen Wertebereich annehmen können. Beispielhaft sei die Zieleingabe bei der Navigation genannt: die Auswahl einer Adresse, bestehend aus Land, dazu passend Stadt, Straße und Hausnummer, mit möglichst wenigen Eingaben und zudem tolerant gegen abweichende Schreibweisen und Zuordnungen kann durchaus eine Herausforderung sein. Ähnliches kann für die Auswahl eines bestimmten Musiktitels aus einer Auswahl von einigen tausend auf der Festplatte des angeschlossenen iPods gelten.

Gleichzeitig soll die Bedienung während der Fahrt ohne allzu große Ablenkung des Fahrers möglich sein; das setzt eine intuitive und effektive Bedienerführung in Verbindung mit übersichtlicher Bildschirmgestaltung und gut zugänglichen Anzeige- und Bedienelementen voraus.

Außerdem stellt die für den Benutzer sehr sichtbare Benutzerschnittstelle das größte Potenzial dar, ein Fahrzeug in Punkto Infotainment von anderen zu unterscheiden. Die Benutzerschnittstelle mit all ihren Gestaltungsmöglichkeiten wird von den Fahrzeugherstellern bewusst zur Unterscheidung zwischen Fahrzeugen verschiedener Modelle und Marken herangezogen.

Bei der Gestaltung der HMI wirken sich beschränkend die Kosten aus: hochauflösende Displays, die Rechenleistung zur Erzeugung komplexer grafischer Animationen mit hohen Bildwiederholfrequenzen sowie Speicherplatz für unterstützende Daten wie Kartenmaterial, Coverart oder die Photos der Kontakte im Telefonbuch tragen spürbar zu den Gesamtkosten des Systems bei.

8.5.4.4.1 Anzeigeelemente

Die Anzeigeelemente und die damit verbundenen Schnittstellenkonzepte wachsen mit der Ausbaustufe des Infotainmentsystems.

Nach wie vor kommen bei einfachen Radios monochrome segmentierte Anzeigen zum Einsatz. Ein- bis zweizeilige Displays reichen im einfachsten Falle aus. Sobald jedoch auch Medien aus potenziell vielen vorhandenen Titeln selektiert werden müssen, sind zur Handhabung der Listen mindestens vier Zeilen erforderlich.

Mit monochromen Dotmatrixdisplays mit einigen hundert Pixel lassen sich dann auch einfache Graphiken und Symbole sowie unterschiedliche Schriftgrößen umsetzen. Frühere Implementationen die mit solchen Displays auch eine einfache Turn-by-Turn Navigation umgesetzt haben sind jedoch nicht mehr üblich.

Kleine TFT Farbdisplays haben häufig eine QVGA (320 × 240) Auflösung und 5–7 Zoll Bildschirmdiagonale, was durchaus die Umsetzung einer vollwertigen GUI (Graphical User Interface) ermöglicht. Bei den größeren Bildschirmdiagonalen helfen höhere Auflösungen für eine klarere Darstellung ohne dass einzelne Pixel sichtbar werden – die größten derzeit eingesetzten Displays reichen bis zu 12 inch Diagonale und WXGA (1280 × 800) Auflösung. Größere Bildschirmdiagonalen sind im Fahrzeug räumlich kaum unterzubringen, und höhere Auflösung bei gleicher Diagonale bringt kaum noch sichtbaren Qualitätsgewinn.

Auf Graphikdisplays werden auch Animationen eingesetzt; hier bestimmt die erreichbare Bildwiederholfrequenz die Flüssigkeit des Bildes; Frequenzen zwischen 4 und 20 fps (frames per second) sind üblich.

8.5.4.4.2 Bedienelemente

Verschiedene Bedienelemente werden eingesetzt um eine bestimmte Funktion (z. B. »Radio hören«) mit bestimmten Parametern (Lautstärke, Senderfrequenz) erreichen zu können.

Naturgemäß können auf einfachen Displays keine großen Auswahlmenüs dargestellt werden; deshalb haben solche Geräte in der Regel eine größere Anzahl von Bedienelementen, die direkt einer Funktion zugeordnet sind (z. B. Lautstärke, Sendereinstellung, Stationstasten).

Mit zunehmender Systemkomplexität würde diese Strategie sehr schnell sehr viel dedizierte Bedienelemente erforderlich machen – statt dessen werden die Auswahlmöglichkeiten auf der dann größeren Anzeige dargestellt und mittels weniger Mehrzweck-Bedienelemente (Softkeys, Cursortasten, Pointerdevice etc.) ausgewählt. Ein berührungsempfindliches Display erlaubt die direkte Wahl der angezeigten Elemente auf dem Bildschirm.

Schließlich sind moderne HMIs zunehmend »multimodal«, d. h. sie erlauben Ein- und Ausgaben mit verschiedenen redundanten Geräten, je nach Situation und Präferenz des Benutzers. So können Menupunkte über den Touchscreen oder alternativ über Cursortasten am Lenkrad oder ein Pointerdevice in der Mittelkonsole angesteuert werden. Die Eingabe z. B. einer Telefonnummer kann über Auswahl von Zeichen auf dem Bildschirm mittels Pointerdevice, direkt auf einer Tastatur oder auch in einem Stück als Spracheingabe erfolgen.

8.5.4.4.3 Spracherkennung

Die Kommunikation mittels Sprache ist für den Menschen die natürlichste Form der Kommunikation. Insbesondere für den Fahrer eines Kraftfahrzeuges bietet die automatische Spracherkennung daher die Möglichkeit bestimmte Funktionen innerhalb des Fahrzeuges unter minimaler Ablenkung vom Straßenverkehr auszuführen.

Während der Funktionsumfang und damit auch die Anzahl der Kommandos, die das Spracherkennungssystem erkennen muss für die Bereiche Klima und Audio recht beschränkt ist, ist für die Bereiche Navigation und Telefon das Gegenteil der Fall. Nimmt man beispielsweise die Funktion der Zieleingabe bei einem Navigationssystem, so muss das Spracherkennungssystem in diesem Fall alle in Frage kommenden Zielorte erkennen können, wobei es sich um einige tausend verschiedene Worte handeln kann. Damit wird klar, dass man bei der Spracherkennung zur Steuerung eines Navigationssystems nicht mit einem Spracherkennungssystem arbeiten kann, welches die Erkennung auf der Basis von ganzen Worten durchführt. Vielmehr setzt man in diesem Fall heute üblicherweise so genannte phonembasierte Spracherkennungssysteme ein, die auf der Basis der verschiedenen lautsprachlichen Einheiten aus denen eine Sprache aufgebaut ist, den Phonemen, arbeiten. Die deutsche Sprache besteht zum Beispiel aus etwa 40 verschiedenen Phonemen. Eine Voraussetzung für den Einsatz eines phonembasierten Spracherkennungssystems ist, dass für jedes zu erkennende Wort die entsprechende Phonemfolge aus der es besteht, die phonetische Transkription, bekannt ist. Falls sich die vom Spracherkennungssystem zu erkennenden Worte im Laufe der Zeit dynamisch ändern können, wie dies zum Beispiel bei Telefonbucheinträgen der Fall ist, so muss das System selbstständig in der Lage sein, aus der geschriebenen Form des zu erkennenden Wortes die phonetische Transkription zu ermitteln. Dies geschieht mittels eines »Grapheme to Phoneme« (G2P) Konverters.

Neben der durch den Funktionsumfang bedingten Fähigkeit eine große Anzahl verschiedener Worte und einen sich dynamisch ändernden Wortschatz erkennen zu können, stellt die automatische Spracherkennung im Fahrzeug die folgenden generellen Anforderungen an das verwendete Spracherkennungssystem:

- Robustheit gegenüber einer geräuschvollen Umgebung: Die in einem Fahrzeug vorherrschenden Fahrgeräusche können sich in Abhängigkeit von verschiedenen Faktoren wie Fahrgeschwindigkeit, Wetterbedingungen, Öffnungszustand der Fenster usw. stark ändern.
- Sprecherunabhängige Spracherkennung und Abdeckung von Dialekten, Einstellbarkeit auf die jeweilige Landessprache
- Guter Sprachdialog: Die Qualität einer Sprachanwendung hängt neben der reinen Erkennungsleistung des Spracherkenners in sehr hohem Maße vom guten Design des Sprach-

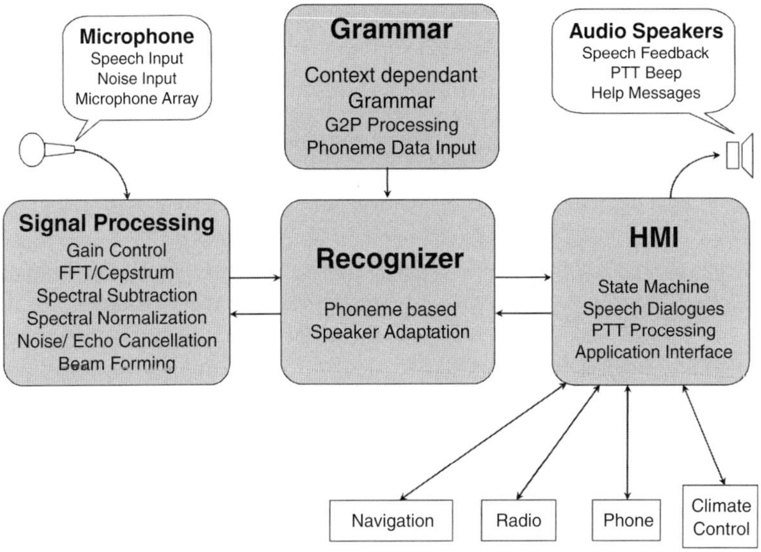

Abb. 8.73 Spracherkennung

dialogs, der sogenannten Grammatik, ab. So hat z. B. die Art und Weise, wie der Dialog im Falle einer Fehlerkennung fortfährt einen großen Einfluss auf die vom Benutzer »gefühlte« Qualität der Sprachanwendung.

Abbildung 8.73 zeigt ein Blockdiagramm eines modernen Spracherkenners, welcher die oben genannten Anforderungen zur Anwendung in einem Kraftfahrzeug erfüllt.

8.5.4.5 Architektur

8.5.4.5.1 Hardwarearchitektur im Fahrzeug

Das Infotainment Gesamtsystem im Fahrzeug war historisch als ein einziges Gerät implementiert: bei den ersten Autoradios war außer zu Stromversorgung, Antennen und Lautsprechern keine weitere Verbindung zu anderen Geräten gegeben. Eine solche Eingerätekonstellation findet sich auch heute noch bei Ausstattungen am unteren Ende des Preis- und damit Komplexitätsspektrums.

Allerdings haben im Laufe der Zeit die wachsenden Funktionsumfänge zu komplexeren Systemen geführt.

Schon bei ansonsten sehr einfachen Systemen verfügen die Geräte meist über eine Datenverbindung zum Fahrzeug. Hierüber werden Zustandsinformationen des Fahrzeuges bereitgestellt, wie z. B. die Geschwindigkeit für eine geschwindigkeitsabhängige Lautstärkeeinstellung. Darüber hinaus werden über diese Datenverbindung auch im Fahrzeug verteilte Bedien- und Anzeigeelemente angeschlossen (z. B. Bedienelemente am Lenkrad oder in der Mittelkonsole, oder Anzeige von Infotainmentinformationen im Instrumentencluster), sowie im Wartungsfall Diagnosedaten und Softwareupdates ausgetauscht. Eine solche Datenverbindung wird meist als CAN-Bus ausgeführt. Dieser Infotainment-CAN-Bus wird in der Regel von anderen Fahrzeugnetzwerken mit höherer Betriebssicherheitsanforderung zur Karosserie oder Antriebsstrangsteuerung getrennt und nur über ein Gateway verbunden.

Im Fahrzeug sind bezüglich der Einbausituation des Infotainmentsystems besondere Anforderungen zu erfüllen. So müssen natürlich die Bedienelemente vom Fahrer und teilweise auch vom Beifahrer leicht zu erreichen sein, was im unteren und mittleren Bereich der Mittelkonsole der Fall ist. Anzeigeelemente müssen vom Fahrer gesehen werden können, ohne dass der Blick weit oder lange von der Straße genommen wird – das wird am besten im oberen Teil des Cockpits der Fall sein. Zusammen mit anderen Bauraumbeschränkungen

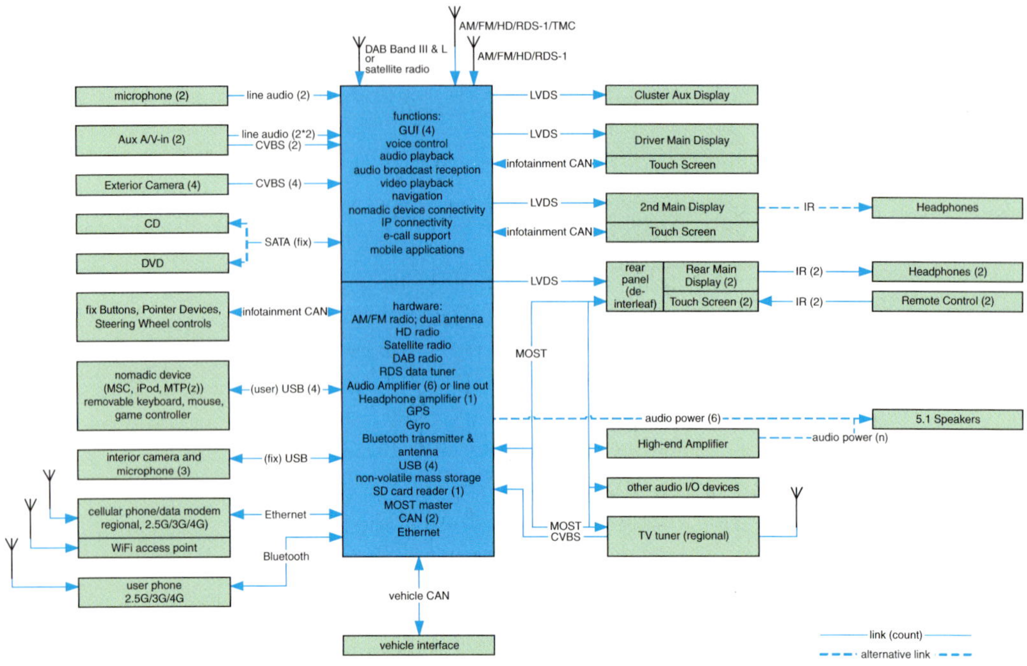

■ **Abb. 8.74** Infotainment Fahrzeugarchitektur

im Bereich von Mittelkonsole und Cockpit führt dies immer öfter zu einer Trennung auch der Anzeige vom eigentlichen Infotainmentsteuergerät. Solange an die Anzeige nur Zustandsinformationen übertragen werden kann dies noch mit einem CAN-Bus erfolgen. Sobald aber eine hochauflösende Graphik vom Steuergerät erzeugt wird ist mehr Bandbreite erforderlich: Bildwiederholfrequenz (10–25 Hz) × Auflösung (400 × 240 bis 1280 × 800 Pixel) × Farbtiefe (16–24 Bit/Pixel) ergibt bis zu über 600 MBit/s Nettodatenraten, die im allgemeinen durch eine Punkt-zu-Punkt LVDS (Low Voltage Differential Signal) Datenverbindung umgesetzt werden.

Mit wachsender Funktionalität des Gesamtsystems ist auch die Eingerätelösung für das Infotainment-Steuergerät bei höherwertigen Systemen die Ausnahme. So werden häufig Zusatzgeräte als Optionen angeboten, die dann nur im Bedarfsfall installiert und mit dem Basisgerät verbunden werden. Solche sind heute zum Beispiel CD-Wechsler, TV-Tuner, Rückfahrkamera, digitale Radioempfänger, externe Schnittstellen zum Anschluss von vom Benutzer mitgebrachten Geräten wie Telefonen und Audio- oder Video-Abspielgeräten. Neben der Forderung, solche zum Teil unterschiedlichen Funktionen als Optionen in unterschiedlichen Märkten anbieten zu können, führt auch die rasante Entwicklung in der Unterhaltungselektronik häufiger dazu, dass neue Peripheriegeräte eher als separates Modul angeboten werden, als sie effizient in das zentrale Steuergerät integriert werden können. Diese externen Geräte müssen so mit dem zentralen Steuergerät verbunden werden, dass sie sowohl von dort gesteuert werden können, als auch Multimediadaten wie Audio oder Video austauschen können. ■ Abbildung 8.74 zeigt ein Beispiel der resultierenden Architektur des Infotainmentsystems im Fahrzeug.

Häufig findet man zur Kommunikation zwischen Steuergerät und Peripheriegeräten eine Kombination von CAN für Steuerdaten und analogen Schnittstellen für A/V Signale, oder auch einen MOST-Bus. Letzterer kann mit einer Bandbreite von 25–150 MBit/s ausreichend viele unkomprimierte Audiosignale übertragen; komprimierte Videoübertragung ist nur beschränkt möglich, während unkomprimierte Videoübertragung mit

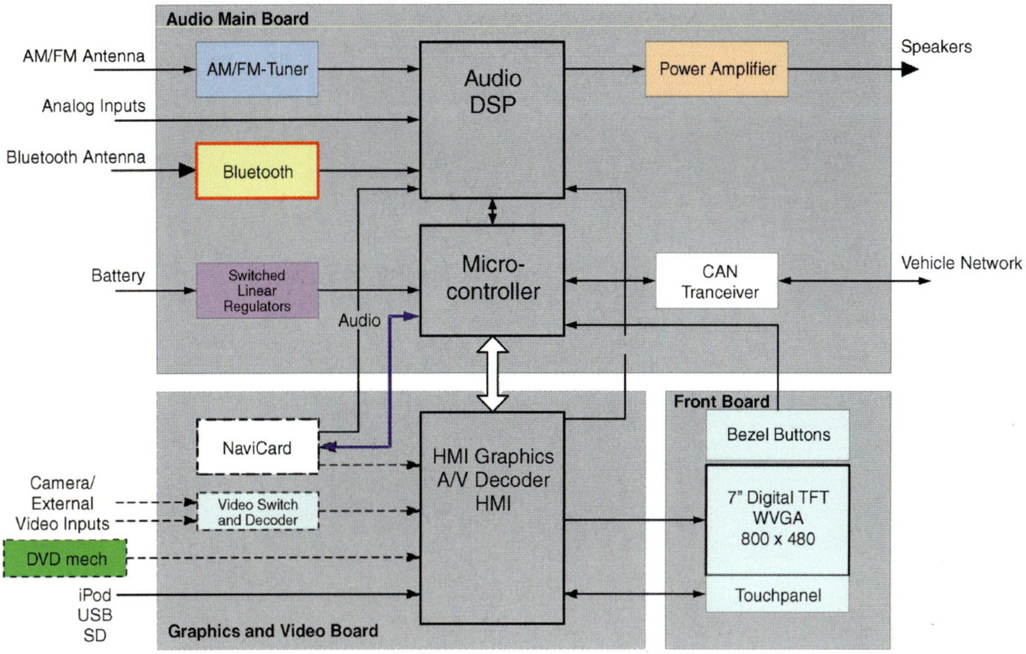

Abb. 8.75 Low End Infotainmentgerät

dieser Bandbreite nicht möglich ist. Ein Vorteil der MOST-Technologie ist es, dass neben synchroner Übertragung der abgetasteten Audiosignale auch asynchrone Daten und Steuersignale übertragen werden können. Bei den Steuersignalen definieren standardisierte MOST-Funktionsblöcke den Datenaustausch bis zur Präsentationsebene des OSI Referenzmodells. Dennoch wird Kompatibilität zwischen Geräten verschiedener Automobilhersteller wegen Unterschieden in den Funktionsblöcken leider nicht erreicht wird.

Wegen der hohen Kosten und beschränkten Bandbreite des MOST-Busses wird derzeit die alternative Verwendung von Ethernet AVB bis zu 1 GBit/s geprüft. Außerdem wäre für diesen Zweck ein Bus nach IEEE1394 »Firewire« schon seit langem verfügbar; dieser hat sich aber nicht für die Verwendung im Kraftfahrzeug durchsetzen können.

Während optionale, regional unterschiedliche oder neue Peripheriegeräte meist als externe Module an das Infotainmentsteuergerät angeschlossen werden, so wächst dennoch die in das Steuergerät integrierte Funktionalität stetig. So waren z. B. Bluetooth-Schnittstelle, Sprachsteuerung oder USB-Schnittstelle anfangs als externe Module implementiert, sind aber mittlerweile im Standardumfang des Infotainmentsteuergerätes enthalten.

8.5.4.5.2 Infotainment-Hardwarearchitekturen

Innerhalb des Infotainmentsystems existiert immer ein zentrales Steuergerät, dass innerhalb des jeweiligen Austattungsniveaus die Basisfunktionen implementiert, während optionale Funktionen in den peripheren Geräten umgesetzt werden.

Generell ist ein Trend zur Integration von mehr Funktionalität in das Infotainment Steuergerät zu erkennen – neue Funktionen werden oft erst als separates Gerät umgesetzt, bevor sie dann zum Standard geworden in das Basisgerät mit integriert werden.

Ebenfalls gibt es einen Trend, Anzeige und Bedieneinheiten als externe Geräte an günstigen Positionen im Fahrerumfeld zu positionieren, und das

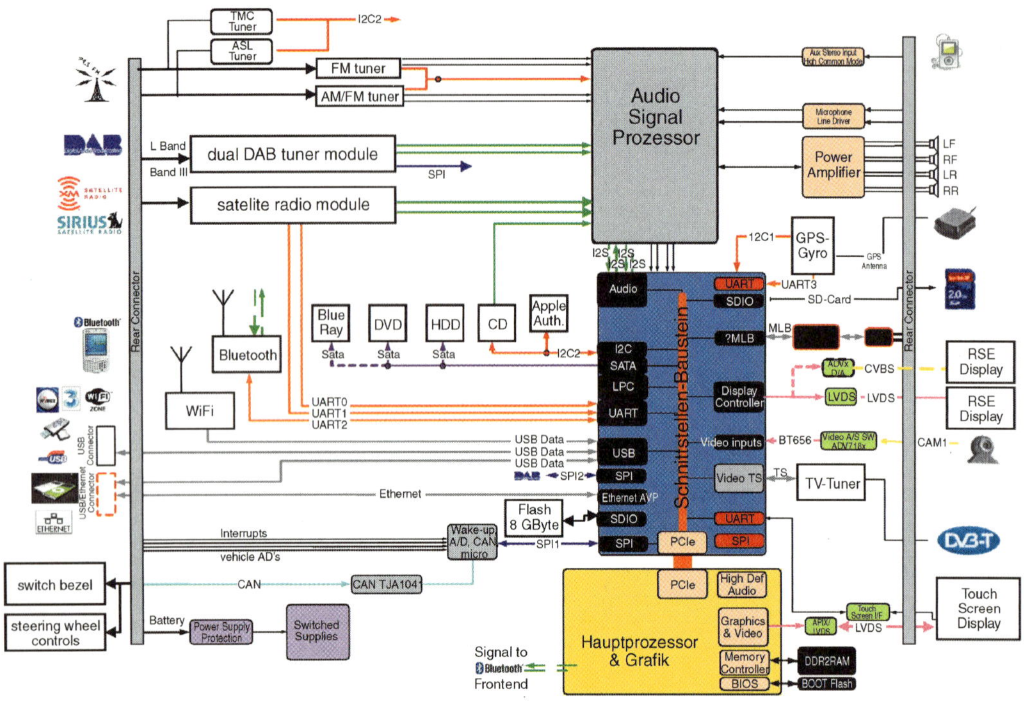

Abb. 8.76 High End Infotainmentgerät

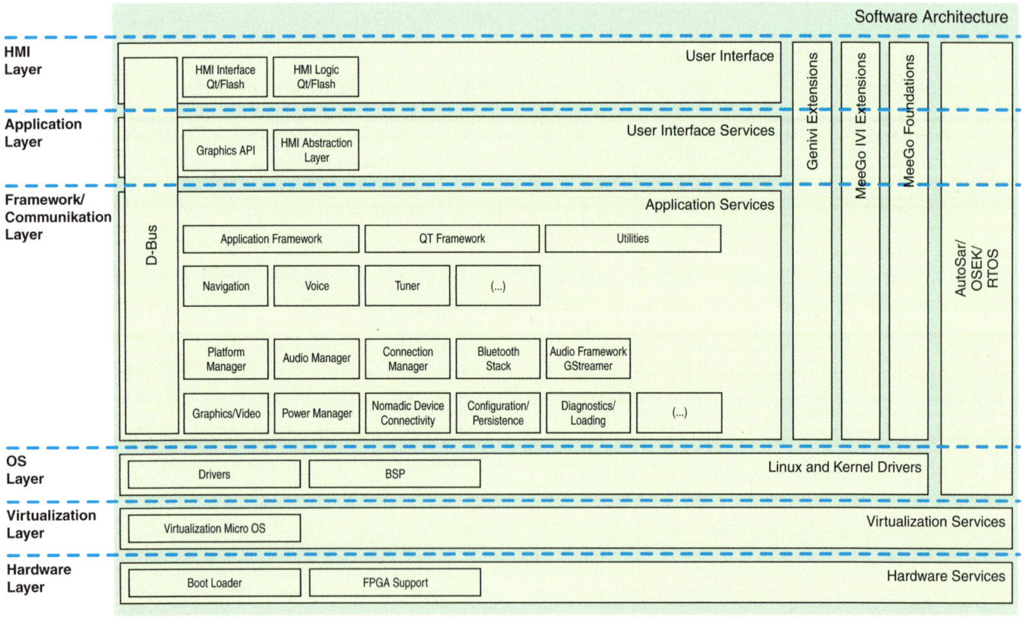

Abb. 8.77 Infotainment Software Architektur

Infotainment Steuergerät als »silver box« nicht direkt sichtbar zu verbauen.

Abbildung 8.75 zeigt einen typischen Aufbau eines Infotainment Steuergerätes am unteren Ende der Skala, mit integrierten HMI Ein- und Ausgabegeräten.

Abbildung 8.76 zeigt zum Vergleich den inneren Aufbau eines Infotainmentgerätes am oberen Ende der Ausstattungsskala, wie dort weitgehend üblich mit abgesetztem Display und Bedienelementen.

8.5.4.5.3 Infotainment-Softwarearchitekturen

Auch bei der Softwarearchitektur des Infotainment-Steuergeräts ist eine Entwicklung erkennbar, die den rapide wachsenden Funktionalitäten bei high-end Geräten Rechnung trägt.

Einfache Autoradios haben historisch den Großteil der Signalverarbeitung in Hardware oder fest programmierten Signalprozessoren oder Modulen umgesetzt. Die Benutzerschnittstelle ist mit der Verwendung von segmentierten oder kleinen Matrix-Displays ebenso wie die verbleibende Steuersoftware relativ einfach und wird deshalb oft noch mit proprietären Betriebssystemen umgesetzt.

Bei komplexeren Geräten neuerer Bauart sind zum einen weit mehr Funktionen enthalten (z. B. grafische animierte Bedienoberfläche, Navigation, Sprachein- und -ausgabe). Zudem sollen immer mehr Funktionen über die Lebensdauer des Fahrzeuges upgradefähig bleiben – dies trifft insbesondere für die Schnittstellen-Softwarestacks bei Bluetooth, USB und WiFi, die Audio- und Video-Codecs, sowie auf komplexere Funktionen wie Navigation zu. Damit wird dann die Verwendung kommerzieller Standardbetriebssysteme wie QNX, WinCE oder Linux schon deshalb erforderlich, um auch für die Anwendungen Graphik, Navigation, Spracherkennung, Kommunikation usw. auf für diese Betriebssysteme kommerziell verfügbare Software zurückgreifen zu können. Eine proprietäre Eigenentwicklung des gesamten Softwarepaketes wird aus Kosten-, Zeit- und Qualitätsgründen zunehmend unmöglich. Abbildung 8.77 zeigt beispielhaft eine Infotainment Softwarearchitektur, wie sie in der Genivi Initiative zugrunde gelegt wird.

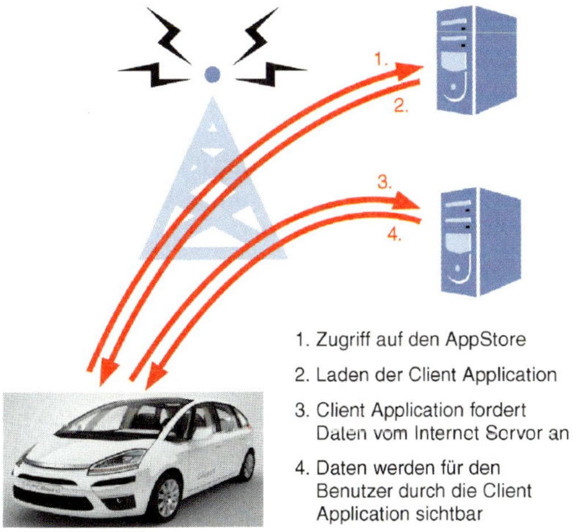

Abb. 8.78 Prinzip der »Downloadable Apps«

Ganz neue Herausforderungen and die Software werden in naher Zukunft diejenigen Systeme bringen, die eine Verbindung zum Internet dazu nutzen, um ständig neue Dienste in das Fahrzeug zu bringen. Dies können zum einen vom Fahrzeughersteller vermittelte Telematikdienste sein, zum anderen aber auch von Drittanbietern im Internet generell angebotene Dienste aller Art sein. All diesen Diensten gemeinsam ist, dass das Infotainment-Steuergerät einen Dienste-Client enthalten muss, der über eine IP (Internet Protocol)-Verbindung mit einem Dienste-Server im Internet kommuniziert. Da aber die angebotenen und auch vom Endverbraucher gewünschten Dienste sehr vielfältig sind und sich sehr schnell verändern und weiterentwickeln, kann eine feste Programmierung der Clients im Infotainment-Steuergerät keine adäquate Lösung bieten. Vielmehr bietet es sich hier analog zur Entwicklung bei Smartphone »Apps« an, eine standardisierte Laufzeitumgebung für Clients anzubieten, sodass der Endbenutzer jederzeit selbst neue oder verbesserte Clients von einem »AppStore« herunterladen, installieren und ausführen kann (Abb. 8.78).

Grundsätzlich werden Infotainmentsysteme wie auch andere Systeme im Fahrzeug zum Serienanlauf vollständig und im Fahrzeugumfeld validiert, so dass von einer bekannten und hohen Qualität des ausgelieferten Produktes ausgegangen werden kann. Wenn aber nun zukünftig vom Endbenutzer Teile der Software aus möglicherweise unbekannter Quelle nachgeladen werden können, ergeben sich nachträglich unvorhersehbare und damit unvalidierbare Konfigurationen. Um hier noch eine akzeptable Gesamtfunktion sicherstellen zu können wird versucht, die a priori unbekannten Applikationen in ihrer Laufzeitumgebung so zu isolieren, dass sie zwar im Falle ungenügender Qualität vielleicht selbst nicht einwandfrei funktionieren, in keinem Falle aber die vorinstallierten Grundfunktionen des Gerätes beeinflussen können (»Sandboxing«). Damit wird auch die Gewährleistung für solche Fehlfunktionen von der Gewährleistung für das Grundgerät getrennt und dem jeweiligen Lieferanten zugeordnet.

8.5.4.6 Ausblick

Schon immer ist Infotainment im Kraftfahrzeug der Entwicklung im Konsumerbereich gefolgt – wenn eine neue Entwicklung als Consumer Electronics in den Regalen auftauchte und sich durchsetzte, so war diese Entwicklung stets mit einiger Verzögerung auch im Fahrzeug erhältlich. Diese grundsätzliche Entwicklung wird sich auch in der Zukunft fortsetzen, wenn auch in stark beschleunigter Form:

- Die Innovationsrate bei Geräten der Konsumelektronik steigt stetig an. Während die Zyklen für eine Technologie früher Jahrzehnte dauerten (z. B. die Lebensdauer der analogen Radioübertragung), so halten heute neue Technologien nur wenige Jahre (die Ära der CD im Fahrzeug erreicht bereits jetzt ihr Ende), während andere Technologieumsetzungen noch nicht einmal die Lebensdauer des Fahrzeuges erreichen (Fahrzeuge mit frühen Navigationssystemen sind durchaus noch straßentauglich, während die Navigation im Vergleich zu Konsumelektronikangeboten deutlich veraltet ist). Wieder andere Geräte (z. B. Mobiltelefone) haben eine so kurze Lebensdauer, dass eine physische Integration der Funktion in das Infotainmentsystem im Fahrzeug überhaupt nicht sinnvoll umgesetzt werden kann.
- Zunehmend sind viele der Funktionen die der Endverbraucher in der Konsumelektronik wahrnimmt und dementsprechend auch im Fahrzeug erwartet, gar nicht mehr in der Gerätetechnik angelegt. Stattdessen sind Funktionen weitgehend durch austauschbare Software im Gerät, und immer mehr auch durch ständig sich erneuernde Dienste meist von Internetservern bestimmt.

Diese beiden Entwicklungen bedingen Folgen, die in den nächsten Jahren sehr stark die Entwicklung von Infotainmentsystemen im Kraftfahrzeug bestimmen werden:

- Neue gerätetechnische Entwicklungen werden zunehmend den Weg nehmen, wie heute schon bei Mobiltelefonen sichtbar: anstatt dass es nach einiger Zeit zu einer physischen Übernahme in das Fahrzeug-Infotainmentsystem kommt, werden vielmehr die Konsumelektronikgeräte selbst ins Fahrzeug importiert. Die Herausforderung wird es hier sein, die vom Benutzer mitgebrachten Geräte mit ihren Funktionen sinnvoll im Fahrzeugkontext darzustellen – das Konsumelektronikgerät selbst wird weiterhin für die Benutzung durch den Fahrer weitgehend ungeeignet bleiben.
- »Off-board« Dienste von Internetservern werden auch im Fahrzeug angeboten werden müssen. Hier wird die Integration des Smartphones mit dem Dienste-Client in das Infotainmentsystem mittels Terminalmode stattfinden. Auch bleibt aber hier die Umsetzung der Clients für das Smartphone in der Regel ungeeignet für den Fahrer eines Fahrzeuges – Abhilfe werden auf das Fahrerumfeld abgestimmte Clients sein, die dann entweder weiterhin auf einem mitgebrachten Smartphone, oder auch direkt in der Infotainment Headunit ausgeführt werden. Wichtig wird es in jedem Fall sein, dass die Bereitstellung der Funktion der Entwicklung der Dienste und Funktionen zeitnah folgen kann – das bedingt die Notwendigkeit, dem Endverbraucher einen einfachen Weg zur Hand zu geben, selbst seine Clients im Fahrzeug auszuwählen und aufzufrischen.

8.5.4.7 Fahrzeugantennen

Während noch vor wenigen Jahrzehnten Fahrzeuge nur zur Versorgung des Radios mit einer Antenne ausgestattet wurden, hat heutzutage die Anzahl der

Dienste, die im Fahrzeug empfangen werden, stark zugenommen. Tabelle 8.12 zeigt eine Aufstellung der in modernen Fahrzeugen vorhandenen Dienste mit ihren Frequenzen.

Die Aufgabe aller Antennen besteht darin, die Energie aus dem elektromagnetischen Feld einer Freiraumwelle in das elektromagnetische Feld einer Leitungswelle zu überführen, d. h., die Feldwellenimpedanz des freien Raums von $Z_{\text{Freiraum}} = 120\pi\,\Omega \approx 377\,\Omega$ [109] auf die Impedanz der im Fahrzeug verlegten Leitung – typ. 50 Ω, selten 75 Ω – zu transformieren. Eine wichtige Kenngröße von Antennen für den Einsatz im Fahrzeug ist daher die Fußpunktimpedanz, eine weitere das Richtdiagramm, das die Strahlungsleistung S_r einer Antenne in Abhängigkeit der Raumwinkel angibt.

Abbildung 8.79 zeigt links das Richtdiagramm eines vertikal ausgerichteten Hertz'schen Dipols [109, 110] der Länge h, der von einem konstanten Strom I_0 durchflossen wird, in logarithmischer Darstellung in der Ebene senkrecht zur Dipolachse, rechts in der Ebene parallel zur Dipolachse. Der Dipol und seine Ausrichtung im Raum wird durch den Pfeil gekennzeichnet. Ein Hertz'scher Dipol besteht aus einem sehr kurzen, sehr dünnen elektrischen Leiter und soll hier stellvertretend für kurze lineare Antennen, wie sie als Kotflügel- oder Dachstabantennen häufig für Rundfunkempfang eingesetzt werden, betrachtet werden. Sein Richtdiagramm in der horizontalen Ebene (links) über dem Azimutwinkel ist kreisrund, d. h., der Dipol empfängt aus allen Richtungen gleich gut. In der vertikalen Ebene im Bild rechts zeigt sich in der Längsrichtung des Dipols eine Nullstelle, d. h., aus dieser Richtung ist mit einer solchen Antenne kein Empfang möglich. Da die Ausrichtung eines Automobils zu einem zu empfangenen terrestrischen Sender im Alltagsbetrieb rein zufällig ist, ist für praktisch alle Fahrzeugantennen ein kreisrun des Richtdiagramm in der horizontalen Ebene notwendig. Prinzipiell eignen sich daher Dipolantennen bzw. kurze lineare Antennen oder auch $\lambda/4$-Monopole überleitenden Ebenen besonders gut für Anwendungen im Automobil.

Eine weitere wichtige Anforderung an Fahrzeugantennen liegt in der Breitbandigkeit. So lautet z. B. die Fußpunktimpedanz R_s einer kurzen linearen

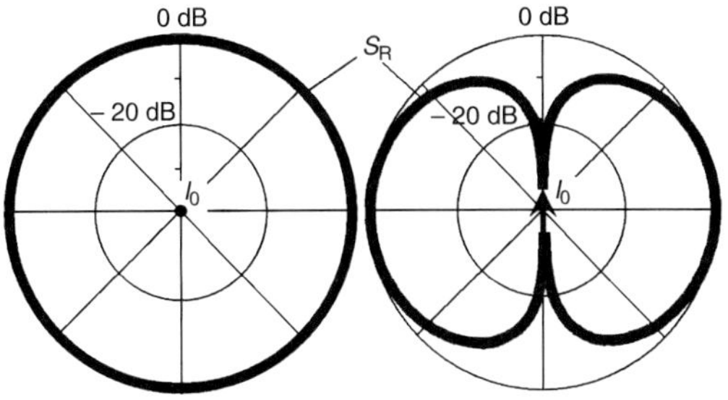

Abb. 8.79 Richtdiagramm eines Hertz'schen Dipols

Antenne mit $h \ll \lambda$ [109] im Freiraum

$$\begin{aligned} R_s &= \frac{2}{3} Z_{\text{Freiraum}} \pi \left(\frac{h}{\lambda}\right)^2 \\ &= \frac{2}{3} Z_{\text{Freiraum}} \pi \left(\frac{hf}{c}\right)^2 \end{aligned} \tag{8.1}$$

mit der Wellenlänge λ, der Ausbreitungsgeschwindigkeit c und der Frequenz f. R_s hängt quadratisch von der Frequenz f ab und ist damit nicht breitbandig, sondern nur für eine einzige Frequenz an das o. g. 50 Ω-Niveau des Fahrzeugbordnetzes anpassbar. Durch einen nachgeschalteten breitbandigen Verstärker kann die Bandbreite der Antenne in engen Grenzen erhöht werden. Solche Antennenverstärker werden in direkter Nähe zur Antennenstruktur, z. B. bei Stabantennen im Antennenfuß, verbaut. Die Spannungsversorgung der Verstärker erfolgt über eine separat verlegte Leitung oder aber über den Innenleiter der Antennenleitung vom Empfänger aus (sog. Phantomspeisung). Gleichung (8.1) verdeutlicht insbesondere die Notwendigkeit, für jeden Dienst nach Tab. 8.12 eine eigene Antenne ins Fahrzeug zu integrieren. So ist es nicht möglich, über eine einzige Antenne alle Dienste bei den verschiedensten Frequenzen zu empfangen.

Viele Störungen insbesondere im UKW- und TV-Empfang werden durch Mehrwegeausbreitung verursacht. Von der Fahrzeugantenne werden neben dem direkten Empfangspfad vom Sender zum Empfänger auch Reflektionen beispielsweise an Gebäuden, Bergen oder Bäumen empfangen, die sich dem Signal des direkten Pfades überlagern. Falls die zeitliche Verzögerung des »Umwegs« gegenüber dem direkten Pfad gerade einer halben

Tabelle 8.12 Im Fahrzeug empfangbare Dienste und ihre Frequenzen

Dienst	Frequenzbereich
Langwelle	153 ... 279 kHz
Mittelwelle	531 ... 1611 kHz
DRM (Digital Radio Mondiale)	unterhalb 30 MHz
Ultrakurzwelle	87,5 ... 108 MHz (76 ... 90 MHz in Japan)
Fernsehen, analog oder digital (DVB-T: Digital Video Broadcast – terrestrial)	48 ... 68 MHz (Band I) 90 ... 108 MHz (nur Japan) 174 ... 230 MHz (Band III) 470 ... 850 MHz (Band IV/V)
DAB (Digital Audio Broadcast): digitaler Radioempfang in Europa	174 ... 240 MHz (Band III) 1452 ... 1491 MHz (L-Band)
Funkfernbedienungen für Zentralverriegelung, Standheizung und/oder heimisches Garagentor Aktive Sensoren zur Reifenfülldrucküberwachung	315 MHz in Nordamerika 433 MHz in Europa oder 868 MHz, je nach OEM
Telefon	698 ... 862 MHz (LTE, div. Einzelbänder) 880 ... 960 MHz (GSM900) 824 ... 894 MHz (AMPS USA) 810 ... 956 MHz (PDC Japan) 1427 ... 1447 MHz (UMTS Japan) 1447 ... 1510 MHz (LTE, div. Einzelbänder) 1710 ... 1920 MHz (GSM1800, UMTS, LTE) 1850 ... 1990 MHz (PCS USA/Japan) 1920 ... 2170 MHz (UMTS, LTE) 2300 ... 2400 MHz (UMTS, LTE) 2496 ... 2690 MHz (LTE)
GPS (Global Positioning System)	1575,42 MHz
GLONASS (Globalnaja Nawigazionnaja Sputnikowaja Sistema): Globales Satellitennavigationssystem	1602,56 MHz ... 1615,50 MHz
SDARS (Satellite Digital Audio Radio Services): digitales Satellitenradio in Nordamerika	2320 ... 2345 MHz
WLAN	2400 ... 2484 MHz 5150 ... 5725 MHz
Bluetooth	2402 ... 2482 MHz
DSRC (Digital Short Range Communication), z. B. ETC (Electronic Toll Collect): elektronische Mauterfassung	5,8 GHz

Wellenlänge bei der Nutzfrequenz entspricht, interferieren die verschiedenen Pfade destruktiv und die Empfangsfeldstärke bricht ein. Diese Punkte minimaler Feldstärke sind örtlich sehr stark begrenzt. Durch Verwendung mehrerer voneinander unabhängiger Antennen im Fahrzeug lässt sich die Qualität des Empfangssignals insbesondere in stark gestörten Umgebungen verbessern [111], da sich mit hoher Wahrscheinlichkeit mindestens eine Antenne außerhalb solch einer Mehrwegestörung befindet.

Dieses sog. Antennendiversity, das vorwiegend bei UKW-Rundfunk- und Fernsehempfang zum Einsatz kommt, lässt sich durch einen Schalter realisieren, der, sobald die Qualität des Empfangssignals unter eine definierte Grenze sinkt, eine andere Antenne zum Empfänger durchschaltet. Dabei sind Zeitkonstanten von 25 μs für die Erkennung der Störung und die Umschaltung der Antenne einzuhalten [111], um zu verhindern, dass die Mehrwegestörung im Audiosignal hörbar bzw. im Bildsignal sichtbar wird. Sinkt die Signalqualität erneut unter die definierte Grenze, wird auf die nächste Antenne umgeschaltet usw. Prinzipiell ist die Anzahl der Antennen bei diesem System nicht beschränkt, praktisch werden jedoch nicht mehr als vier Antennen im Fahrzeug integriert. Seit einigen Jahren kommen vermehrt sog. Phasendiversity-Systeme insbesondere bei UKW-Rundfunk zum Einsatz. Diese zunächst auf zwei Antennen beschränkten Systeme stellen jeder Antenne einen eigenen Empfänger zur Verfügung. Ein Signalprozessor verknüpft digital [112] die Empfangssignale beider Empfänger und kann so das Signal-zu-Rausch-Verhältnis des resultierenden Signals auch außerhalb von Mehrwegeempfangsstörungen um bis zu 3 dB im Vergleich zur Einzelantenne steigern. Digitale Rundfunksysteme wie DAB (Digital Audio Broadcast) oder DVB-T (Digital Video Broadcast terrestrial) können durch die speziellen Vorteile ihres digitalen Modulationsverfahrens COFDM (Coded Orthogonal Frequency Division Multiplexing) [113] als sog. Gleichwellennetze aufgebaut werden. Alle Sender im Sendegebiet der jeweiligen Radiostation arbeiten bei derselben Frequenz. Es ist sogar vorteilhaft und gewünscht, dass am jeweiligen Empfangsort Signale von mehreren Sendern empfangen werden können und sich überlagern. Diese Systeme sind sehr unempfindlich gegen Störungen durch Mehrwegeempfang.

Neben den bereits erwähnten Stabantennen kommen für Radio-, Fernseh- und die Funkfernbedienungsanwendungen im Fahrzeug häufig integrierte Antennen zum Einsatz. Diese bieten den Vorteil, dass das Fahrzeugdesign nicht durch sichtbare Anbauteile eingeschränkt wird, und einen Schutz vor Vandalismus sowie einen Komfortgewinn z. B. in Waschanlagen oder Garagen mit niedriger Raumhöhe, da das Abmontieren eines Antennenstabes entfällt. Metallische Strukturen, die in dielektrische Teile der Karosserie integriert werden, dienen als passive Strahlerelemente. Als Dielektrikum wird vorwiegend Glas verwendet. Somit bieten sich alle nicht versenkbaren Scheiben als Träger für Antennenstrukturen an, die z. B. durch Silberdruck aufgebracht werden. Häufig verwendete Scheiben sind – falls vorhanden – Seitenscheiben im Bereich des Kofferraums oder auch die Windschutz- oder die Heckscheibe. In der Heckscheibe kann eine eigene Struktur als optische Erweiterung des Heizfeldes der Heckscheibenheizung oder aber das Heizfeld selbst sehr unauffällig als Antenne verwendet werden.

▣ Abbildung 8.80 zeigt das Heizfeld in einer geöffneten Heckklappe eines Kompaktklassefahrzeugs mit integrierter Antennenstruktur für Rundfunk und Fernsehen. Bei dieser Lösung deuten nur die senkrechten Leiter (s. Ellipsen) im Heizfeld, die zur Abstimmung der Antenne eingefügt wurden und keine Heizwirkung haben, darauf hin, dass hier Antennen in das Fahrzeug integriert worden sind. In der Maximalausstattung befinden sich je zwei Antennen für UKW und Fernsehen in der Heckscheibe. Zusätzlich befinden sich die o. g. Verstärker zur Verstärkung der empfangenen Signale und zur breitbandigen Anpassung der Impedanz an das Fahrzeugbordnetz nicht sichtbar hinter den Verkleidungselementen der Heckklappe. Wird wie in ▣ Abb. 8.80 das Heizfeld selbst als Antennenstruktur verwendet, ist für einen einwandfreien Empfang durch geeignete elektrische Filter sicherzustellen, dass die empfangenen, hochfrequenten Ströme auf dem Heizfeld nicht über die Spannungsversorgung des Heizfeldes gegen die Fahrzeugmasse kurzgeschlossen werden, sondern in die Antennenleitung zum Empfänger eingekoppelt werden können. Die zweite Aufgabe der Filter besteht darin, hochfrequente Störungen im Empfangsfrequenzbereich der Antennen, die sich verursacht durch nicht vollständig entstörte Steuergeräte im Fahrzeug in den Bordnetzleitungen ausbreiten, von der Antennenstruktur zu entkoppeln.

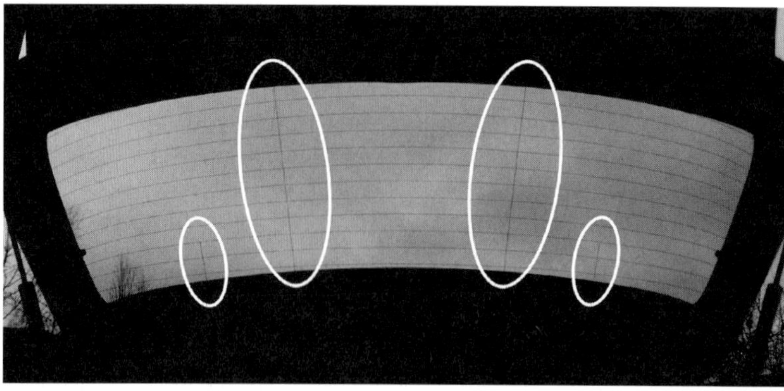

Abb. 8.80 Blick auf die geöffnete Heckklappe eines Kompaktklassefahrzeugs mit integrierter AM/FM/TV-Antennenstruktur

Weitere mögliche Einbauorte für integrierte Antennen sind – falls im Fahrzeug vorhanden – Kunststoffkarosserieteile oder beispielsweise Kunststoffspoiler. Diese Integration kann z. B. durch Einclipsen von Drähten, die als Antennenstrukturen fungieren, erfolgen oder auch durch Verbau von Kunststofffolien, die mit Antennenstrukturen bedruckt sind.

Für Telefon- bzw. Datenanwendungen über WLAN oder Bluetooth haben sich kurze lineare Antennen in verschiedensten Ausführungsformen und Designs oder gedruckte Strukturen auf stehenden Platinen in passiven Dachantennen durchgesetzt. Je nach Anwendungsfall werden diese Antennen zur Versorgung der PKW-Insassen mit Bluetooth- oder WLAN-Verbindungen für das eigene Mobiltelefon oder den eigenen Laptop im Fahrzeuginneren z. B. innerhalb von Steuergeräten verbaut oder aber zur Anbindung des Fahrzeugs an ein externes Netz per WLAN beispielsweise in passiven Dachantennen. Alternativ lassen sich unter schwarz gefärbten Randbereichen von flach stehenden Scheiben, vorzugsweise Windschutz- oder Heckscheiben, Schlitzstrahler nicht sichtbar integrieren. Weitere Bauräume für integrierte Telefonantennen bieten ggf. vorhandene Kunststoffkarosserieteile. Da die zur Verfügung stehenden Bauräume durch die Karosserie und das Fahrzeugdesign in ihren Abmessungen vorgegeben sind, können hier sog. Faltdipole [114] in verschiedensten fahrzeugmodellspezifischen Ausführungsformen zum Einsatz kommen. Der neueste Mobilfunkstandard LTE (LongTerm Evolution) ist aus Antennensicht besonders anspruchsvoll, da weltweit eine Vielzahl an Frequenzbändern verwendet wird und daher sehr breitbandige Antennen benötigt werden. Tabelle 8.12 zeigt die weltweit verwendeten Frequenzbänder, wobei nicht jedes Frequenzband in jedem Land für LTE genutzt wird.

Während Rundfunk- und Telefonantennen vorwiegend auf Empfang in der horizontalen Ebene hin optimiert werden, wird von Empfangsantennen für die satellitenbasierten Systeme GPS, GLONARS und SDARS eine nahezu halbkugelförmige Richtcharakteristik gefordert. An jedem Ort der Welt sind immer mindestens 4 GPS-Satelliten empfangbar. Diese können relativ zum Fahrzeug unter beliebigen Azimut- und Elevationswinkeln am Himmel positioniert sein. Dahingegen lassen sich für den Empfang der Satellitensignale des SDARS Betreibers SiriusXM Satellite Radio aufgrund der Satellitenbahnen und des auf die USA und Kanada begrenzten Empfangsgebiets Vorzugselevationswinkel zwischen 50 und 70° gegen den Horizont angeben. Dennoch kann abhängig von der Fahrzeugausrichtung, dem Fahrzeugneigungswinkel und der jeweils aktuellen Satellitenposition auch Empfang aus allen anderen Elevationswinkeln notwendig sein. Hinzu kommt, dass insbesondere in urbanen Gebieten, wo durch bauliche Gegebenheiten die Wahrscheinlichkeit einer Abschattung der Satellitensignale sehr hoch ist, zusätzliche terrestrische Antennen zur Verbreitung des Programms eingesetzt werden. Die Signale dieser terrestrischen Antennen werden unter einem sehr kleinen Elevati-

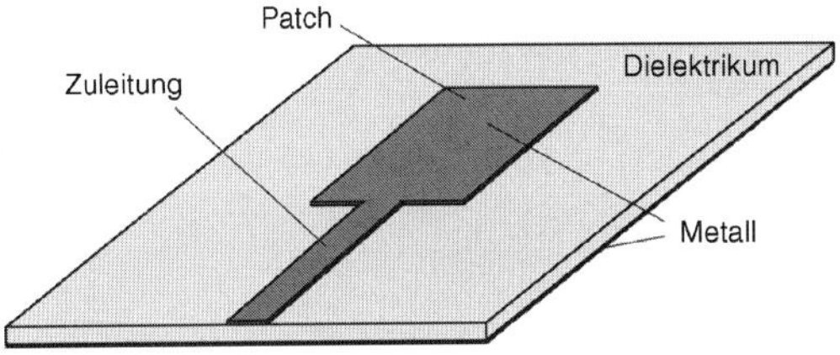

Abb. 8.81 Schematische Darstellung einer Patch-Antenne

onswinkel von unter 10° zum Horizont empfangen. Solche nahezu halbkugelförmigen Richtdiagramme lassen sich mit Mikrostreifenantennen, sog. Patch-Antennen [109], realisieren.

Abbildung 8.81 zeigt die schematische Darstellung einer Patch-Antenne. Eine durch seine Abmessungen auf die Arbeitsfrequenz abgestimmte metallische Fläche (»Patch«) ist auf ein auf der Rückseite ebenfalls metallisiertes Dielektrikum, z. B. eine Keramik oder ein Platinenmaterial, aufgebracht. Die Kantenlänge des Patches entspricht in etwa einer halben Wellenlänge bei der Arbeitsfrequenz. Als Empfangsantenne verwendet ist es in der Lage, Signale aus nahezu allen Raumwinkeln oberhalb der Ebene des Dielektrikums zu empfangen. Das Patch wird z. B. über eine ebenfalls auf das Dielektrikum aufgebrachte Zuleitung wie im Bild oder über eine rückseitig angeschlossene Koaxialleitung kontaktiert. Antennen dieser Art werden meist in Dachantennen, vereinzelt auch unter Kunststoff oder Glas integriert. Durch die hohe Dämpfung auf der langen Übertragungsstrecke vom Satelliten zur Empfangsantenne sind die Empfangsfeldstärken an den Satellitenantennen sehr gering. Deshalb ist es notwendig, das Empfangssignal direkt an der Empfangsantenne mit sehr rauscharmen Vorverstärkern mit Rauschzahlen im Bereich von 0,5 bis 1,5 dB und hohen Verstärkungen von ca. 22 bis 30 dB zu verstärken, bevor es dem Empfänger zugeführt wird.

8.5.5 Fahrerassistenzsysteme

Bereits Ende der 1980er Jahre wurde im europäischen Forschungsprogramm PROMETHEUS (PROgraMme for a European Traffic with Highest Efficiency and Unlimited Safety) die Vision für einen Straßenverkehr mit höchster Effizienz und mit höchstem Sicherheitsniveau entwickelt [115]. Allerdings waren damals die notwendigen Komponenten (wie z. B. Sensoren zur Umfelderfassung und kompakte Hochleistungsrechner) und Systeme nicht verfügbar. Heute sind sie da und rücken die Vision vom »sensitiven Fahrzeug«, das sein Umfeld erfasst und aus der Lage und der Relativgeschwindigkeit von Objekten zum eigenen Fahrzeug Warnungen und Fahrzeugeingriffe zur Vermeidung von Unfällen ableitet, immer näher. Ultraschall-Einparkhilfesysteme erfreuen sich zunehmender Kundenakzeptanz, ACC (Adaptive Cruise Control)-Systeme und videobasierte Systeme sind in Serie. Weitere Sensoren und Systeme befinden sich in einem raschen Entwicklungsprozess. Auf ihrer Basis werden neue Funktionen mit hoher Relevanz für Sicherheit und Komfort entwickelt.

Die Wirkung aktueller aktiver und passiver Sicherheitssysteme kann weiter verbessert werden, wenn zuverlässige Informationen über die Umgebung des Fahrzeugs einbezogen werden. Denn je früher die Systeme einen möglichen Autounfall erkennen, desto wirkungsvoller können sie ihre Aufgabe erfüllen. Durch frühzeitige Warnung des Fahrers kann eine Vorverlegung der Fahrerreaktion herbeigeführt werden. Bei »aktiven« Fahrerassistenzsystemen, bei denen vom Rechner in die Fahrzeugdynamik eingegriffen wird, erfolgt eine schnellere Fahrzeugreaktion als dies mit der normalen Reaktion des Fahrers auf einen erkannten Gefahrenzustand möglich wäre.

8.5.5.1 Unfallursachen und Fahrerassistenzsysteme zu ihrer Vermeidung

Nach einem ersten Programm zur Reduzierung der Unfalltoten in Europa, USA und Japan im Zeitraum zwischen 2000 und 2010 haben aufgrund der immer noch hohen Anzahl der Verkehrstoten (in 2009 weltweit mehr als 1,4 Millionen) zahlreiche Regierungen ihre Ziele verschärft, um die Sicherheit auf den Straßen weiter zu erhöhen. In Europa hat die EU-Kommission sich im Jahr 2010 das Ziel gesetzt, die Verkehrstoten bis 2020 nochmals zu halbieren.

Entscheidend bei der Entwicklung aktiver und passiver Fahrerassistenzsysteme ist die Fähigkeit

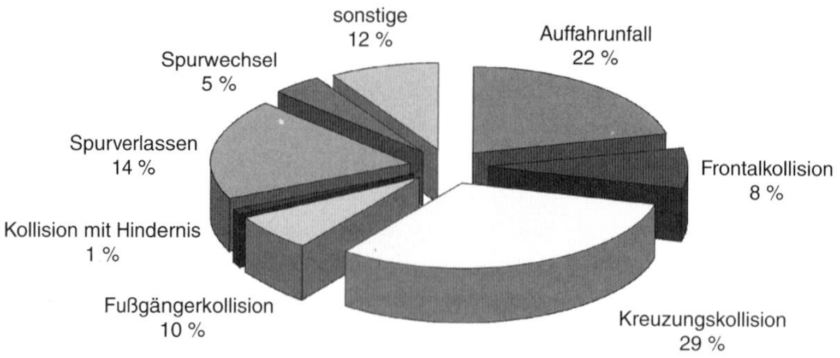

Abb. 8.82 Unfälle in Deutschland innerhalb und außerhalb geschlossener Ortschaften [128]

des Fahrzeugs, seine Umgebung wahrzunehmen und zu interpretieren, gefährliche Situationen vorausschauend zu erkennen und den Fahrer bei seinen Fahrmanövern bestmöglich zu unterstützen. In kritischen Fahrsituationen entscheiden häufig lediglich Bruchteile von Sekunden, ob es zu einem Unfall kommt oder nicht. So haben frühere Studien von Enke [116] ergeben, dass rund 65 Prozent der Auffahrunfälle, fast ein Drittel der Frontalzusammenstöße und die Hälfte der Kreuzungsunfälle gar nicht passieren würden, wenn der Fahrer nur eine halbe Sekunde früher reagieren könnte.

Um Schwerpunkte bei der Entwicklung solcher Systeme setzen zu können, die das höchste Unfallvermeidungspotenzial besitzen, wurde und wird weiterhin die Unfallstatistik beobachtet, s. Abb. 8.82 [128].

Nach dieser nur wenig veränderten Statistik der BASt (Bundesanstalt für Straßenwesen) aus dem Jahre 2004 sind etwa 30 % aller Unfälle durch Auffahren und Frontalzusammenstöße zurückzuführen.

Weitere 20 % werden durch Spurwechsel und durch unbeabsichtigtes Verlassen der Fahrspur verursacht. Spurverlassen-Unfälle haben sich wegen zunehmender ESP-Durchdringung gegenüber 2004 um 5 % verringert. Bei den restlichen handelt es sich um relativ komplexe Unfallhergänge wie Kreuzungsunfälle und Kollisionen mit Fußgängern.

8.5.5.2 Fahrerassistenz

Was versteht man unter Fahrerassistenz? Fahrerassistenzsysteme sollen den Fahrer in allen Verkehrssituationen unterstützen und ihm ein entspanntes, stress- und unfallfreies Fahren ermöglichen. Der Begriff wird vielfach genutzt. Je nach Anwendung ist zu unterscheiden zwischen:

- Fahrerinformationssystemen; Beispiele: Navigation, Verkehrszustandsmeldungen (TMC = Traffic Message Channel, DAB = Digital Audio Broadcast, das Mobilfunknetz GSM),
- Fahrzeugkommunikationssystemen; Beispiele: Systeme zur Fahrzeug-Fahrzeug-Kommunikation und zur Kommunikation zwischen Fahrzeugen und Infrastruktureinrichtungen
- Fahrerassistenzsystemen zur Fahrzeugstabilisierung; Beispiele: ABS (Antiblockiersystem), ESP (Elektronisches Stabilitäts-Programm), ASR (Automatische Schlupfregelung) u. a.
- Prädiktiven Fahrerassistenzsystemen, die mit Hilfe von Rundumsichtsensoren die Fahrzeugumgebung abtasten; Beispiele: Einparkhilfe, ACC (Adaptive Cruise Control), Spurverlassenswarner,
- Systemen zur Erkennung des Fahrerzustands zur adaptiven Gestaltung von Warnungen und Fahrzeugeingriffen.

Schon während des eingangs erwähnten PROMETHEUS-Programms wurde eine Struktur zur Fahrerassistenz entwickelt, s. Abb. 8.83 [115].

Je nach Situation erhält der Fahrer Informationen aus dem optischen, akustischen oder haptischen Sinneskanal. Situationsgerechte Fahrzeugeingriffe durch ein Fahrerassistenzsystem müssen für den Fahrer jederzeit transparent und nachvollziehbar sein, damit er nicht erschrickt und möglicherweise falsch reagiert. Die Bedienung von Assistenzsystemen sollte weitestgehend intuitiv und ohne lange Blickabwendungen möglich sein.

Durch die ständige Zunahme von Assistenzsystemen im Fahrzeug kommt der Ausgestaltung der Mensch-Maschine-Schnittstelle (HMI = Human Machine Interface bzw. Interaction) hohe Bedeutung zu.

8.5.5.3 Fahrzeugkommunikationssysteme

Die rasche Verbreitung von Funksystemen im Heim- und Bürobereich (WLAN = Wireless LAN) macht solche Systeme auch für die Fahrzeugapplikation interessant. Für Fahrzeuganwendungen wurde der Frequenzbereich zwischen 5,8 und 5,9 GHz reserviert. Anwendungen liegen im Bereich der Fahrzeug-Fahrzeug-Kommunikation (C2CC = Car to Car Communication) und der Kommunikation zwischen Fahrzeugen und Infrastruktureinrichtungen (C2IC). Im Bereich der Fahrerassistenzsysteme sind neben dem Unterhaltungsbereich vor allem Sicherheitsanwendungen von hohem Interesse. Für telematische und sicherheitskritische Dienste wurde der IEEE802.11p-Standard definiert. Die C2CC-Anwendungen liegen im Bereich der Übermittlung von akuten Warnungen bei Unfällen und Staumeldungen. Im C2IC-Bereich wird an Kommunikation mit Ampeln, Verkehrsschildern oder Schranken gedacht, aber auch der Download von aktuellen Verkehrsinformationen ist vorgesehen [118].

Hierzu werden zwischen den Fahrzeugen und den Infrastruktureinrichtungen hochdynamische ad hoc-Netzwerke aufgebaut. Voraussetzung für die Schaffung eines solchen Systems ist zunächst ein Standard für die Kommunikation, der mittlerweile in einem Konsortium erarbeitet wurde, dem die großen deutschen Automobilhersteller und Zulieferer angehören. Ständige Verfügbarkeit des Netzes und die Sicherheit gegen das Eindringen von Hackern ist von großer Bedeutung.

8.5.5.4 Fahrerassistenzsysteme zur Fahrzeugstabilisierung

Ende 2001 wurde eine Erhebung des Statistischen Bundesamtes [117] veröffentlicht, aus der hervorgeht, dass die Häufigkeit für Schleuderunfälle bei Fahrzeugen, die mit dem Elektronischen Stabilitäts-Programm (ESP) ausgerüstet sind, signifikant gesunken ist. Diese, bisher einmalige Einführung eines Fahrerassistenzsystems zu einem definierten Zeitpunkt, erlaubte eine klare statistische Zuordnung und bestätigte damit die These, dass Fahrerassistenzsysteme ein hohes Unfallvermeidungspotenzial besitzen. Mittlerweile wurde aufgrund des großen Erfolgs dieses Systems von der EU die Einführung von ESP bei allen Neufahrzeugen ab 01.11.2014 vorgeschrieben.

Zusätzliche Verbesserungen werden von Systemen wie PRE-SAFE erreicht, s. ► Kap. 9. PRE-SAFE löst z. B. präventive Sicherheitsmaßnahmen aus, um die Fahrzeuginsassen und Systeme auf einen eventuell bevorstehenden Unfall vorzubereiten (reversible Gurtstraffer, Lehnen senkrecht stellen, Schiebedach schließen, Bremsdruck optimieren).

Das schon hohe Unfallvermeidungspotenzial ist in noch höherem Maße auf prädiktive Fahrerassistenzsysteme übertragbar, da diese vorausschauend auf eine gefährliche Situation reagieren können. Sie erweitern den Detektionshorizont des Fahrzeugs durch Einsatz von Umfeldsensoren. Damit können Objekte und Situationen im Umfeld des Fahrzeugs in die Berechnung von Unfall-vermeidenden und Unfallfolgen-mildernden Maßnahmen einbezogen werden.

8.5.5.5 Prädiktive Fahrerassistenzsysteme

Durch eine elektronische »Rundumsicht« lassen sich zahlreiche Fahrerassistenzsysteme realisieren. Heute sind die für solche Systeme notwendigen elektronischen Komponenten – hochempfindliche Sensoren und Hochleistungs-Mikrorechner – verfügbar und werden ständig weiterentwickelt.

8.5.5.5.1 Sensoren für Fahrerassistenzsysteme

Für die Erkennung von Objekten im Fahrzeugumfeld ist eine Reihe von Sensoren erforderlich. Ultraschallsensoren befinden sich seit etwa 1993 für Einparkhilfen im Einsatz, Radarsensoren für den »Intelligenten Tempomaten« seit 1999/2000. Die Videotechnik hat beim Nachtsichtassistenten Ende 2005 im Fahrzeug-Premiumsegment Einzug gehalten zeitgleich mit Mikrobolometer-Sensoren zur Erfassung von Wärmebildern. Weitere, neue

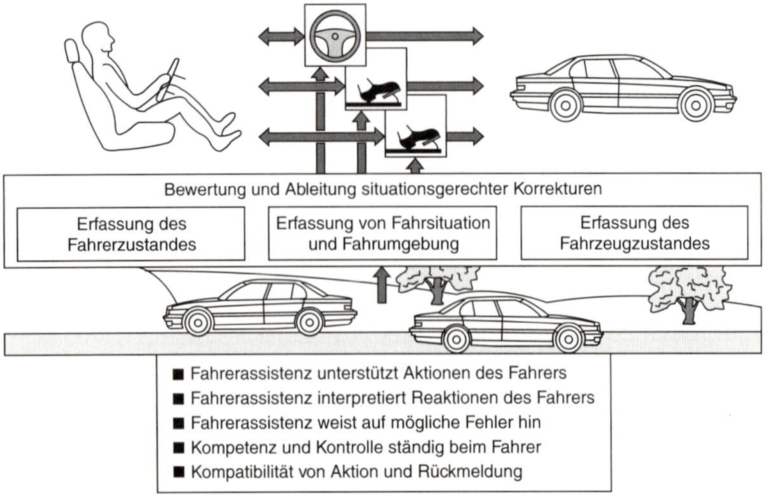

Abb. 8.83 Konzept der Fahrerassistenz [115]

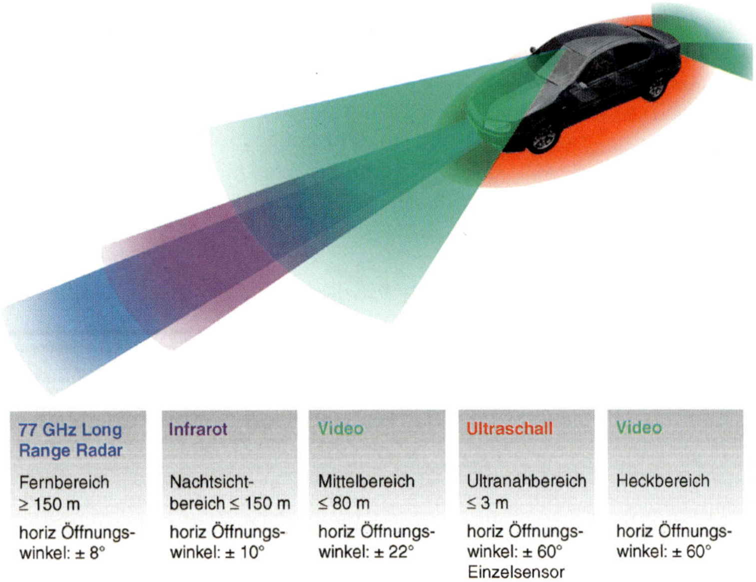

Abb. 8.84 Erfassungsbereiche von Umfeldsensoren

Sensoren befinden sich in Entwicklung. Mit all diesen Sensoren werden Objekte erfasst und ihre Position und Relativgeschwindigkeit zum eigenen Fahrzeug errechnet. Hieraus lassen sich Gefahrenzustände ermitteln. Die Detektionsbereiche sind in Abb. 8.84 dargestellt.

8.5.5.5.2 Ultranahbereichssensoren in Ultraschalltechnik

Heutige Einparkhilfen nutzen Ultranahbereichs-Sensoren in Ultraschalltechnik. Sie besitzen eine Reichweite von etwa 2,5 m. Die Sensoren werden im Stoßfänger angebracht. Beim Annähern an ein Hindernis erhält der Fahrer eine akustische und/oder optische Anzeige.

Abb. 8.85 Ultraschallsensor der 4. Generation

Abb. 8.86 77 GHz-Radar der dritten Generation mit integriertem Steuergerät. *Obere Platine*: HF-Teil, *untere Platine*: Steuergerät

Abbildung 8.85 zeigt einen Ultraschallsensor der 4. Generation mit unterschiedlichen Steckerabgängen. Die Ansteuerelektronik und die Signalauswertung sind im Sensor integriert [119, 120].

Diese Sensoren wurden baugleich mit einer noch höheren Reichweite von 4,5 m zum Einsatz in Parkassistenzsystemen weiterentwickelt.

8.5.5.5.3 Fernbereichsradar 77 GHz

Der mehrzielfähige Fernbereichs-Sensor mit einer Reichweite von bis zu 250 m basiert auf dem Radarprinzip. Der Begriff Radar steht für Radio Detection and Ranging. Abbildung 8.86 zeigt den Fernbereichs-Radarsensor der dritten Generation (Serienanlauf 2007). Er zeichnet sich gegenüber der 1. und 2. Generation durch einen größeren Öffnungswinkel der Radarkeule aus. Beim Bosch-Radar sind Hochfrequenzteil und Steuergerät in einem Gehäuse integriert Beim Hochfrequenzteil wurde die diskrete Gunn-Oszillator-Technik durch integrierte MMICs (Monolithic Microwave Integrated Circuits) in SiGe-Technologie ersetzt. Sie führt zu Verbesserungen bei den Kosten, der Qualität und den Abmessungen bei weiterem Integrationspotenzial. Die Elektronik greift über CAN direkt auf Bremse und Motronic zu.

Die Radarkeule mit einem Öffnungswinkel von $\pm 16^{\circ}$ tastet den Raum vor dem Fahrzeug ab und ermittelt den Abstand sowie die Relativgeschwindigkeit zu vorausfahrenden Fahrzeugen. Die Winkelinformation gewinnt der Radarsensor aus der Auswertung von vier Radarstrahlen, die von 4 Polyrods (s. obere Platine) emittiert werden. Die zur Vermeidung von Vereisung heizbare Linse am Vorderteil des Sensors dient zur Bündelung der Radarstrahlen auf den Öffnungswinkel [119–122].

8.5.5.5.4 Fernbereichslidar

Lidarsensoren für ACC-Anwendung sind in Japan seit vielen Jahren im Einsatz, wenngleich mit gegenüber Radar reduziertem Leistungsvermögen. Lidar (Light Detection and Ranging) benutzt elektromagnetische Wellen im infraroten Wellenlängenbereich zwischen 800 und 1000 nm. Lidarstrahlen werden durch Nebel und schlechte Sichtverhältnisse, vor allem Gischt, mitunter erheblich gedämpft, die Messreichweite wird dadurch entsprechend reduziert.

8.5.5.5.5 Nahbereichssensoren

Für den Nahbereich kommen neben Ultraschallsensoren mit erweitertem Entfernungsmessbereich (bis etwa 4,5 m) Short-Range-Radar-Sensoren auf Basis 24 GHz oder Lidar infrage. Sie können einen »virtuellen Sicherheitsgürtel« um das Fahrzeug bilden, die beiden letztgenannten mit einer Reichweite bis zu 50 m.

Für das 24 GHz Ultra Wide Band (UWB) wurde Anfang 2005 eine EC-Richtlinie verabschiedet, die einen zeitlich begrenzten Einsatz bis Mitte 2013 regelt. In diesem Zeitraum durfte zum Schutz der etablierten Dienste (Radioastronomie, Erderkundungs-Satelliten-Service) eine Penetrationsrate von 7 % je europäisches Land nicht überschritten werden. Die Nachfolgefrequenz (79 GHz UWB) wurde bereits 2004 in Europa ohne Einschränkungen freigegeben, entsprechende Sensoren wurden entwickelt um einen nahtlosen Übergang zu gewährleisten.

8.5.5.5.6 Video Sensor

▣ Abbildung 8.87 zeigt eine automobiltaugliche Videokamera, die speziell für Nahinfrarot-basierte Nachtsichtsysteme entwickelt wurde. Der Kamerakopf enthält den Bildaufnehmer-Chip (Imager) mit der Optik und einer Elektronik zur Ansteuerung der Kamera. Die Bildverarbeitung erfolgt in einem separaten Hochleistungsrechner.

Da die Helligkeit von Bildszenen im automotiven Umfeld nicht kontrollierbar ist, reicht der Dynamikbereich herkömmlicher Bildsensoren (CCD) nicht aus. Es werden daher hochdynamische Imager benötigt. CMOS-Technologie mit nichtlinearer Luminanzkonversion deckt heute einen sehr großen Helligkeits-Dynamikbereich (bis max. 150 dB) ab und ist damit für die typischen Automobilanwendungen herkömmlichen CCD-Sensoren weit überlegen.

Da mit der Videotechnik auch andere, vor allem Tagfunktionen realisiert werden, wurde diese Kamera zu einer für mehrere Funktionen gleichzeitig nutzbare »Multipurpose-Kamera« weiter entwickelt [141, 142].

Sie besitzt etwa die gleiche Baugröße wie die in ▣ Abb. 8.87 dargestellte Kamera, hat aber einen integrierten Hochleistungsrechner für die Bildauswertung und Bildverarbeitung integriert. ▣ Abbildung 8.88 zeigt diese Kamera.

▣ **Abb. 8.87** CMOS-Kamera für Automobilanwendungen

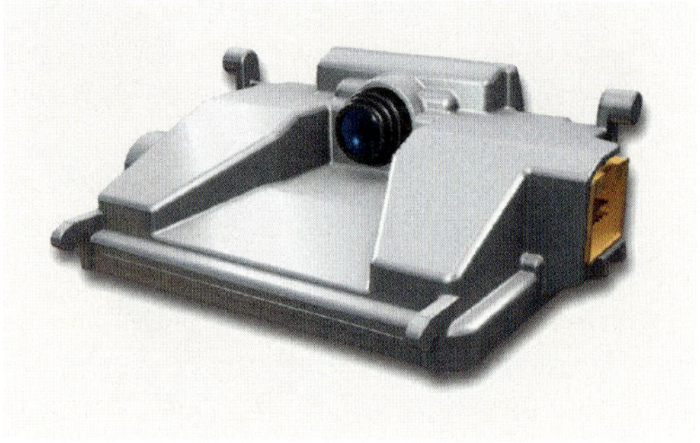

▣ **Abb. 8.88** Multipurpose-Kamera für mehrere Funktionen gleichzeitig

8.5.5.6 Fahrerassistenzsysteme für Komfort und Sicherheit

Auf Basis der beschriebenen einzelnen Sensoren und deren Kombination (Sensordatenfusion) lässt sich eine Vielzahl von Fahrerassistenzsystemen realisieren [142, 143].

8.5.5.6.1 Einparkhilfe-Systeme

Durch konsequentes Windkanal-Design moderner Fahrzeugkarosserien ist die Sicht beim Rangieren mitunter stark eingeschränkt. Vorhandene Hindernisse rund um das Fahrzeug sind somit häufig nur schlecht oder überhaupt nicht erkennbar. So sieht der Durchschnittsfahrer beim Blick durch die Heckscheibe die Straßenoberfläche erst in einem Abstand von 8 bis 10 m. Auch direkt vor dem Fahrzeug befindliche Hindernisse entziehen sich dem Blick des Fahrers, da sie durch den Fahrzeugvorbau verdeckt werden.

Um die Sicht des Fahrers um eine »elektronische Sicht« zu erweitern, sind Einparkhilfen auf Basis der in ► Abschn. 8.5.5.5.2 beschriebenen Ultraschallsensoren sehr gut geeignet. Sie haben mittlerweile hohe Akzeptanz beim Endkunden, dem Fahrzeugführer, gefunden.

Einparkhilfen überwachen einen Bereich von ca. 20–250 cm hinter oder vor dem Fahrzeug, s. ▣ Abb. 8.89. Andere Fahrzeuge und Hindernisse werden erkannt und durch optische und/oder akustische Mittel angezeigt.

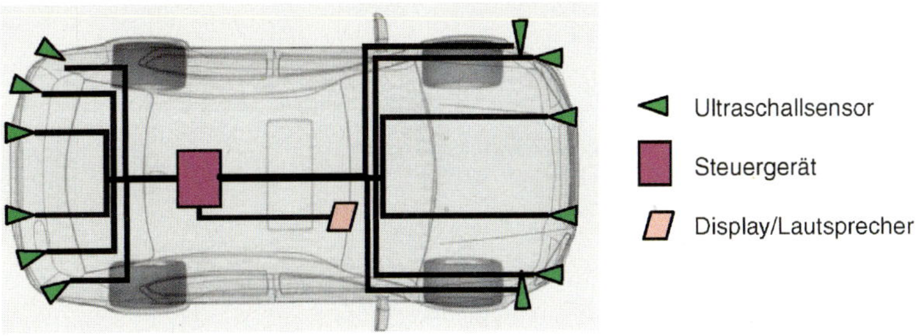

Abb. 8.89 Einparkhilfesystem

Es gibt verschiedene Ausführungsformen der Einparkhilfe. Einfachere Systeme nutzen 3 bis 4 Sensoren am Fahrzeugheck, aufwändigere Lösungen nutzen bis zu 12 Sensoren am Fahrzeug (6 an der Fahrzeugfront, 6 am Fahrzeugheck). Hierbei kann durch Anbringung von Sensoren an den Fahrzeugecken auch eine wirkungsvolle Eckenabsicherung realisiert werden [120].

Neben den Ultraschallsensoren besteht das Gesamtsystem noch aus den Komponenten Steuergerät und Warnelement. Die Aktivierung des Systems erfolgt beim Einlegen des Rückwärtsgangs bzw. bei Systemen mit zusätzlicher Frontabsicherung mit dem Unterschreiten einer Geschwindigkeitsschwelle von ca. 15 km/h. Während des Betriebes gewährleistet die Selbsttestfunktionalität eine permanente Überwachung aller Systemkomponenten.

Die an der Fahrzeugfront seitlich angebrachten Sensoren eignen sich gleichzeitig für die Parklückenvermessung. Sie messen während des Vorbeifahrens an einer Parklücke deren Länge und Tiefe aus und geben dem Fahrer eine Information ob sie für das eigene Fahrzeug ausreichend groß ist. Hindernisse in der Parklücke werden erkannt und dem Fahrer signalisiert.

In einem zweiten Schritt errechnet das System aus den Signalen der beiden seitlich angebrachter Ultraschallsensoren eine optimalen Einparktrajektorie. Der Fahrer erhält Hinweise zum optimalen Einparken über ein Display im Kombiinstrument.

Der dritte Schritt wurde mit sog. Aktiven Einparksystemen gegangen. Sie interagieren direkt mit dem Fahrzeug in der Art, dass das System das Fahrzeug in die Parklücke lenkt während der Fahrer nur noch die Kontrolle über die Längsführung des Fahrzeugs übernehmen muss (Semiautonomer Parkassistent).

Der vierte Schritt, die Weiterentwicklung zum vollautomatischen Einparkassistenten, ist klar vorgezeichnet: Auch die Längsführung (beschleunigen, Bremsen) wird dann vom System übernommen. Autonome Einparksysteme werden dann auch ein vollautomatisches Einparken erlauben, bei denen sich der Fahrer außerhalb des Fahrzeugs befindet. Prototypen-Fahrzeuge wurden bereits präsentiert [137].

Von weiterem Nutzen kann die Ultraschallsensorik bei Rangieren erbringen. Der Rechner speichert während des Fahrens die Lage der Hindernisse rund um das Fahrzeug und warnt den Fahrer wenn z. B. die Gefahr besteht, dass er mit einem Betonpfeiler kollidiert.

8.5.5.6.2 Adaptive Cruise Control (ACC)

ACC in seiner heutigen Ausprägung misst den Abstand zum vorausfahrenden Fahrzeug und regelt den Sicherheitsabstand zum Vordermann. Abbildung 8.90 zeigt die prinzipielle Funktion des ACC.

Bei freier Fahrbahn fährt das Fahrzeug mit der vorgewählten Geschwindigkeit (Tempomat-Modus, Abb. 8.90, oben). Bei Erfassung eines vorausfahrenden Fahrzeugs passt ACC die Fahrgeschwindigkeit automatisch an und folgt im festgelegten Sicherheitsabstand (Abb. 8.90, Mitte).

Die gesetzte Wunschgeschwindigkeit und der Sicherheitsabstand werden durch Eingriff in Gas und Bremse eingehalten. Bei zu hoher Annäherungsgeschwindigkeit wird der Fahrer gewarnt.

Verlässt das langsamer vorausfahrende Fahrzeug die eigene Spur (Abb. 8.90, unten) so be-

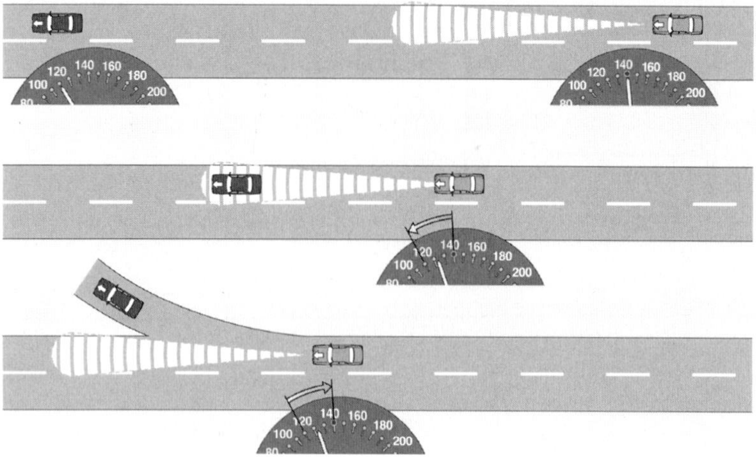

Abb. 8.90 Funktionsweise des ACC-Systems

schleunigt das eigene Fahrzeug wieder auf die zuvor eingestellte Wunschgeschwindigkeit.

Um Kurvenfahrten mit zu hoher Geschwindigkeit auszuschließen, werden zusätzlich die Signale der ESP-Sensorik einbezogen. ACC reduziert dann automatisch die Geschwindigkeit. Das ACC-System kann vom Fahrer jederzeit durch Betätigung des Gaspedals überstimmt oder durch ein kurzes Antippen des Bremspedals abgeschaltet werden [123]. ACC in der heutigen Ausprägung funktioniert bei Geschwindigkeiten oberhalb 30 km/h bis etwa 200 km/h.

Die nächste Stufe der Funktionserweiterung ist mit der Funktion ACCplus in 2006 in Serie eingeführt. Diese Funktion erlaubt es, das Fahrzeug bis zum Stillstand abzubremsen.

Ein weiterer Entwicklungsschritt wurde mit der Funktionserweiterung Staufolgefahren (Low Speed Following, LSF) beschritten, bei der eine Fusion der Daten des Long Range Radar und eines Mittelbereichssensors oder eines Nahbereichssensors vorgenommen wurde. Die Überlappung der Bereiche der einzelnen Sensortypen gestattet eine Steigerung der Detektionszuverlässigkeit. Diese Funktion erlaubt es, das Fahrzeug bis zum Stillstand abzubremsen aber nach dem Abbremsen des Fahrzeugs in den Stillstand reicht es aus, beim wieder Anfahren das Gaspedal zu betätigen um ACC bei freier Fahrt wieder zu aktivieren.

In einem noch weiteren Entwicklungsschritt wurde der Funktionsumfang auf ACC FSR (Full Speed Range) erweitert. Nach dem Abbremsen des Fahrzeugs in den Stillstand fährt es innerhalb eines vorgegebenen Zeitintervalls selbständig wieder an und nimmt damit dem Fahrer das lästige Stop-and Go-Fahren im Kolonnenverkehr ab. Durch Kombination von ACC FSR mit einer Videosensorik wird es dann wegen der Möglichkeit, Objekte zu klassifizieren, möglich sein, eine vollständige Längsführung in allen Geschwindigkeitsbereichen und auch im Stadtverkehr vorzunehmen.

8.5.5.6.3 Prädiktive Sicherheitssysteme (Predictive Safety Systems, PSS)

Das heutige ACC ist als Komfortfunktion ausgelegt, das den Fahrer bei seiner Arbeit entlastet. Von 2005 an wurde ACC als Bestandteil des »Predictive Safety Systems« zum Sicherheitssystem erweitert.

Da in 68 % aller Auffahrunfälle Unachtsamkeit die Ursache für den Unfall ist, besitzt PSS ein hohes Unfallvermeidungspotenzial. In weiteren 11 % kommt zur Unaufmerksamkeit noch zu dichtes Auffahren hinzu, in 9 % aller Auffahrunfälle ist zu dichtes Auffahren die alleinige Ursache [125]. Diesem hohen Anteil an Auffahrunfällen kann durch prädiktive Fahrerassistenzsysteme zur Längsführung entgegengewirkt werden, den beiden letztgenannten bereits durch die normale ACC-Funktion.

Abbildung 8.91 zeigt eine Analyse des Bremsverhaltens bei Unfällen [126], die später durch eine Analyse auf Basis der GIDAS-Datenbank aktualisiert wurde [144].

Eine echte Notbremsung erfolgt nur in etwa 2 % aller Fahrzeug-Fahrzeug-Unfälle bzw. in 45 % der Unfälle, bei denen zu zaghaft gebremst wurde (Bremsverzögerung zwischen 2 und $8\,\mathrm{m/s^2}$). In nahezu der Hälfte aller Kollisionen wird überhaupt nicht oder nur sehr zaghaft gebremst (Bremsverzögerung $< 2\,\mathrm{m/s^2}$) gebremst. Diese Analyse bestätigt, dass prädiktive Fahrerassistenzsysteme einen hohen Beitrag zur Unfallvermeidung und Unfallfolgenmilderung leisten können, wenn es gelingt, mit ihnen das Bremsverhalten des Fahrers zu unterstützen, zu beschleunigen oder durch einen Rechnereingriff vornehmen zu lassen.

Für die Weiterentwicklung von prädiktiven Sicherheitssystemen wurde schrittweise vorgegangen:

- 1. Stufe: Unterstützung bei der optimalen Vollbremsung
  In der ersten Stufe bereitet das System die Bremsanlage auf eine mögliche Notbremsung vor. In unfallkritischen Situationen baut es dazu Bremsdruck auf, legt die Bremsbeläge unmerklich an die Scheiben an und passt den hydraulischen Bremsassistenten an. Der Fahrer gewinnt so wichtige Sekundenbruchteile bis die volle Bremswirkung eintritt. Macht er nun eine Notbremsung, erhält er die schnellstmögliche Bremsreaktion bei optimalen Verzögerungswerten und damit den kürzestmöglichen Anhalteweg. Kommt es zu einem Unfall, kann das System die Folgen mildern und dabei auch Leben retten.
  In ungefähr der Hälfte aller Kollisionen prallen die Fahrer nahezu ungebremst auf das Hindernis auf. Für diese Art von Unfällen wurden die zwei Folgegenerationen des Predictive Safety Systems entwickelt. Die Serieneinführung erfolgte in 2005.
- 2. Stufe: Warnung bei drohenden Auffahrunfällen
  Das Predictive Safety System der 2. Generation bereitet nicht nur die Bremsanlage vor, es warnt den Fahrer zudem rechtzeitig vor kritischen Verkehrssituationen und kann damit in vielen Fällen Unfälle verhindern. Dazu warnt das System optisch und akustisch und löst einen kurzen, starken Bremsruck aus wenn der Fahrer nicht auf die Warnung reagiert hat. Wie Fahrerstudien gezeigt haben, lenkt eine solche kinästhetische Warnung die Aufmerksamkeit des Fahrers mit der kürzesten Reaktionszeit auf das Fahrgeschehen. Alternativ oder zusätzlich kann das System den Fahrer durch ein kurzes Anziehen der Sicherheitsgurte alarmieren. Durch diese Systemausprägung lassen sich somit zusätzlich zu den Unfallsituationen, in denen die 1. Stufe wirkt, auch die, in Abb. 8.91 dargestellten Fälle adressieren, bei denen hauptsächlich wegen Unaufmerksamkeit gar nicht oder nur mit geringer Bremsverzögerung gebremst wird. Die Serieneinführung ist Ende 2006 erfolgt.
- 3. Stufe: Bremsung und Notbremsung bei unvermeidbaren Kollisionen
  Hat der Fahrer auf diese Warnung immer noch nicht reagiert, so beginnt das System mit mittlerer Bremskraft zu bremsen. Bei immer noch ausbleibendem Eingriff des Fahrers in die Bremse verstärkt das System die Bremskraft weiter. Erst dann, wenn das System erkennt, dass eine Kollision mit dem vorausfahrenden Fahrzeug nicht mehr vermeidbar ist, wird eine automatische Notbremsung mit maximaler Fahrzeugverzögerung ausgelöst. Damit wird die Schwere des Unfalls reduziert. Die automatische Steuerung der Fahrzeugfunktion verlangt eine sehr hohe Sicherheit bei der Erkennung von Objekten und der Abschätzung des Unfall-

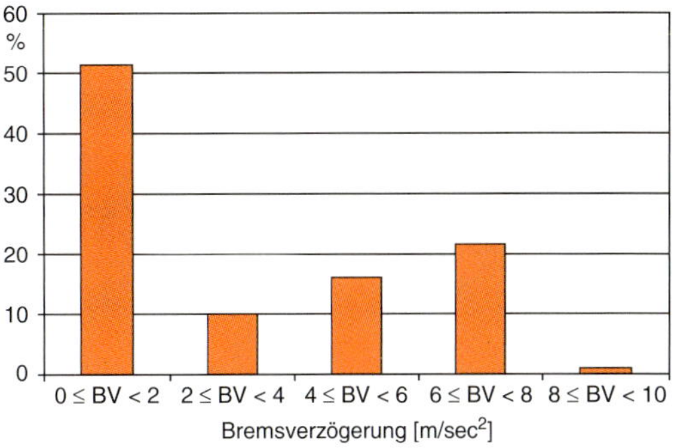

Abb. 8.91 Bremsverhalten bei Unfällen

Abb. 8.92 Side-View-Assistent

risikos, beispielsweise durch Kombination der Radarsensorik mit Videosensoren zur Objektklassifizierung unterstützen [124]. Die durch das Wiener Weltabkommen von 1968 auferlegten Beschränkungen für den Einsatz solcher Systeme im öffentlichen Straßenverkehr werden momentan innerhalb der EU-Mitgliedstaaten heftig diskutiert mit dem Ziel, Rechnereingriffe in Situationen, in denen der Fahrer aufgrund seiner langsamen Reaktionsfähigkeit selbst nicht mehr reagieren kann, auch gegen den Fahrerwillen zuzulassen.

8.5.5.6.4 Bildgebende Video Systeme

Die Videotechnik kam zunächst bei bildgebenden Assistenzsystemen zum Einsatz wurde dann aber rasch zu warnenden Systemen weiterentwickelt.

Rückfahr- und Manövrierhilfen Einfache Kameras für Rückfahr- und Rangiersysteme sind vor allem in japanischen Fahrzeugen schon seit geraumer Zeit zu finden. Solche Systeme zeigen dem Fahrer das Bild der Videokamera auf einem Bildschirm in der Mittelkonsole. Erste Systeme zeigen eine starke Bildverzerrung des Weitwinkel-Objektivs, was die Abschätzung zu Hindernissen stark erschwert hat. Mittlerweile werden die Kamerabilder entzerrt und z. T. wird auch Zusatzinformation, z. B. Entfernungsmarkierungen zum besseren Abschätzen der Entfernung oder die aus dem momentanen Lenkwinkel errechnete Trajektorie beim Zurücksetzen des Fahrzeugs dargestellt.

Abbildung 8.93 zeigt ein Beispiel.

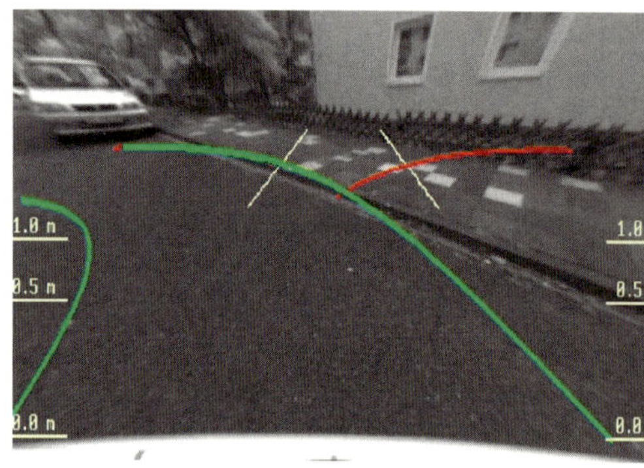

Abb. 8.93 Bild einer Rückfahrkamera mit Hilfslinien und Entfernungsangaben

Seit kurzem werden von verschiedenen Fahrzeugherstellern auch videobasierte Manövrierhilfen angeboten. Ein System, der »Side-View-Assistent«, unterstützt den Fahrer beim Ausfahren aus engen Einfahrten. Eine Kamera ist hinter 2 um 45° gegen die Fahrzeugachse gekippte Spiegel angeordnet und gestattet den Blick nach rechts und nach links. Abbildung 8.92 zeigt den Blick auf das Display [138]. In der Mitte unten ist der Blickbereich dargestellt.

Das »Top-View-System« gestattet gar einen Blick auf das eigene Fahrzeug und die Umgebung aus der Vogelperspektive. Hierzu werden die Bilder von 4 Ultra-Weitwinkelkameras zu einem 360°-Rundumsichtbild verrechnet.

Nachtsichtsysteme Systeme zur Verbesserung der Nachtsicht können einen wesentlichen Beitrag

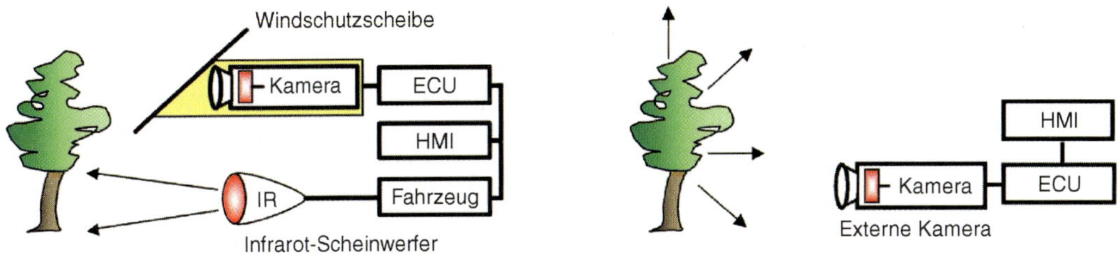

Abb. 8.94 Nahinfrarotsystem (links) und Ferninfrarotsystem (rechts)

zur Reduktion von Unfällen leisten, da sich fast 50 % aller tödlichen Unfälle bei Nacht ereignen obwohl nur rund ein Fünftel aller Fahrten bei Nacht stattfinden [128]. Neben schlechten Wetterverhältnissen kommt beschränkte Sicht bei Nacht vor allem bei Gegenverkehr vor. Es sind bereits Scheinwerfer in Serie, die ihre Lichtverteilung an bestimmte Verkehrsverhältnisse anpassen, sie können jedoch das Problem der Blendung, von der vornehmlich ältere Fahrer betroffen sind, nicht eliminieren.

Derzeit sind zwei verschiedene Verfahren zur Nachtsichtverbesserung in Serie, nämlich ferninfrarot (FIR)-basierte Systeme und nahinfrarot (NIR)-basierte Systeme. Abbildung 8.94 zeigt den prinzipiellen Unterschied zwischen den beiden Verfahren [129].

- **Ferninfrarot (FIR) Systeme**
  FIR-Nachtsicht-Verbesserungssysteme empfangen Wärmestrahlung im sog. »fernen« Infrarot-Wellenlängenbereich zwischen 7 und 12 µm, die von Gegenständen ausgestrahlt wird. Es handelt sich um passive Systeme, die keine zusätzlichen Strahlungsquellen zur Beleuchtung der Objekte benötigen.
  Die pyroelektrische Wärmebildkamera oder Mikrobolometerkamera zur Aufnahme des Wärmebildes ist nur im oben angegebenen Wellenlängenbereich sensibel. Sie benötigen eine Temperaturregelung. Da Windschutzscheibenglas diese Wellenlängen nicht durchlässt, muss die Kamera im Außenbereich des Fahrzeugs verbaut werden. Die Auflösung aktuell verfügbarer Kameras reicht bis VGA (640 × 480 Bildpunkte). Die Signale der Kamera werden über ein Steuergerät (ECU) auf ein Display (HMI) gegeben.
  Warme Gegenstände zeichnen sich im Bild als helle Konturen im dunklen (kälteren) Umfeld ab. Die Bilddarstellung ist jedoch für den Fahrer eher ungewohnt, da das Erscheinungsbild nicht dem eines normalen Reflexionsbildes entspricht. Nachteilig ist auch, dass sich Objekte, bei tiefen Außentemperaturen kontrastreich, bei warmem Umfeld hingegen nur noch schwach abzeichnen.
- **Nahinfrarot (NIR) Systeme**
  Nahinfrarotsysteme verwenden Infrarotstrahlung im nahen Spektralbereich zwischen 800 und 1000 nm, nahe dem sichtbaren Spektrum. Da Gegenstände keine Strahlung in diesem Wellenlängenbereich aussenden, müssen sie mit speziellen Scheinwerfern bestrahlt werden, damit sie von einer infrarotempfindlichen Videokamera aufgenommen werden können. Bildsensoren aus Silizium sind in diesem Wellenlängenbereich sensibel und damit für Taganwendungen ebenso geeignet wie für Nachtsichtsysteme.
  Halogenlampen für Automobilscheinwerfer besitzen einen hohen Infrarotanteil, der von der Grenze des sichtbaren Spektrums (380–780 nm) bis zu Wellenlängen jenseits 2000 nm reicht, mit einem Maximum zwischen 900 und 1000 nm. In Praxis werden zur Realisierung des NIR-Systems zusätzliche IR-Leuchtmodule in die Frontscheinwerfer integriert. Durch die Nähe des NIR-Spektrums zum sichtbaren Spektrum reflektieren natürliche Objekte NIR ähnlich wie sichtbares Licht, d. h. das Bild gleicht weitgehend dem normalen Seheindruck bei Fernlicht und erscheint dem Fahrer vertraut.
  Um ein kontrastreiches, brillantes Bild zu erhalten und um Objekte gut erkennen zu können,

Abb. 8.95 Erscheinungsbild eines NIR-Systems (oben) und eines FIR-Systems (unten)

Abb. 8.96 Betriebsmodi des Kombiinstruments, *oben*: Tachometer-Anzeige, *unten*: Nachtsicht-Modus

wird bei hochwertigen Systemen das Videobild nachbearbeitet. Damit können Fußgänger in einer Entfernung von bis zu 150 m sicher vom Fahrer erkannt werden.

Heute verfügbare Videosensoren haben eine Auflösung von 640 × 480 Bildpunkten und mehr.

Abbildung 8.95 zeigt die Ansichten eines NIR-Systems (oben) und eines FIR-Systems (unten). Im oberen Bild ist deutlich zu erkennen, dass nur Objekte erkennbar sind, die von den IR-Scheinwerfern angestrahlt werden. Das Bild erscheint dem Betrachter so vertraut wie ein Schwarzweiß-Fernsehbild. Spurmarkierungen zeichnen sich im Bild deutlich ab.

Beim unteren FIR-Bild fällt vor allem die große Reichweite auf. Es werden alle Gegenstände erfasst, deren Temperatur höher als die Umgebungstemperatur ist. Spurmarkierungen sind hingegen nur andeutungsweise sichtbar. Ein Vergleich der Eigenschaften der beiden Systeme ist in [129–131] und [133, 134] zu finden und zeigt Vorteile für das NIR-System.

- **Darstellung von Nachtsichtinformation**

  Das Kamerabild kann an verschiedenen Orten im Fahrzeug platziert werden, nämlich in der Windschutzscheibe als Head-up Display (HUD), in der Mittelkonsole oder im Kombiinstrument. Wissenschaftler der Universitäten Berlin und Chemnitz haben in einer Studie [135] festgestellt, dass das Kombiinstrument vom Endverbraucher am besten akzeptiert wird. Dieser Einbauort wurde bei der S-Klasse (Einführung in 2005) gewählt. Abbildung 8.96 zeigt die beiden Betriebsmodi.

Im Nachtsichtmodus wird die Geschwindigkeitsanzeige in Form eines horizontalen Balkens realisiert.

8.5.5.6.5 Videosysteme mit Bildverarbeitung

Während die bisher vorgestellten videobasierten Systeme entweder eine direkte Bilddarstellung oder eine Bilddarstellung mit vorheriger Bildbearbeitung durchführen, benötigen anspruchsvollere Fahrerassistenzsysteme auf Basis der oben beschriebenen Videotechnik einen leistungsfähigen Rechner zur Bildverarbeitung. Abbildung 8.97 zeigt den prinzipiellen Aufbau eines solchen Videosystems.

Die im Bild aufgelisteten Punkte zeigen beispielhaft auf, welche Informationen von einem Bildverarbeitungssystem extrahiert werden können. Das Videosystem ist i. a. multifunktional als Plattform ausgelegt, d. h. mit einer Kamera kann eine Vielzahl von warnenden und Fahrzeug eingreifenden Funktionen realisiert werden. Die extrahierten Bildmerkmale werden in Form von

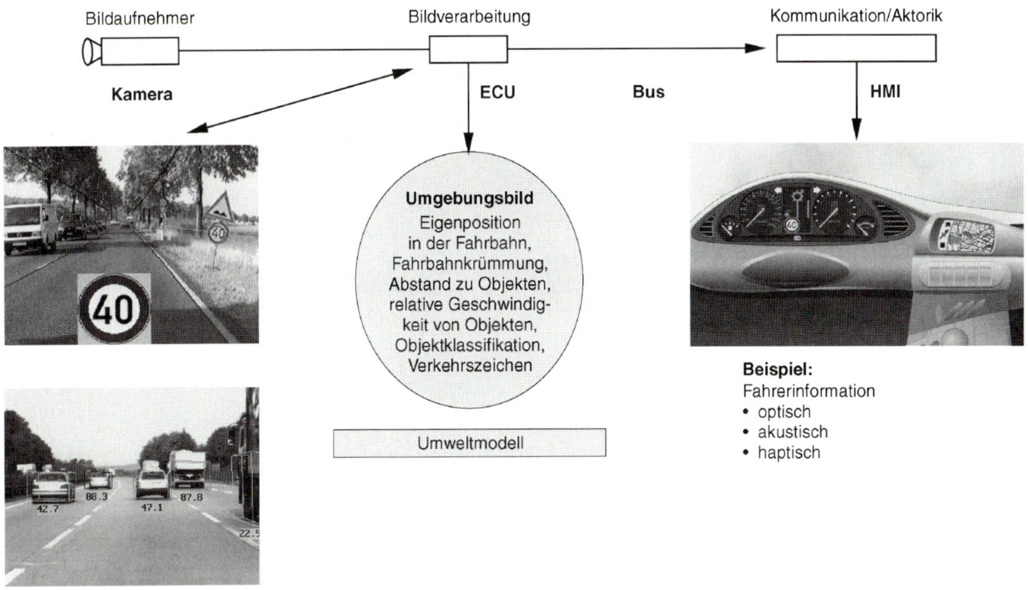

Abb. 8.97 Prinzip eines Videosystems mit Funktionsbeispielen

Objektlisten über einen Datenbus anderen Komponenten im Fahrzeug zur Verfügung gestellt. Im gezeichneten Beispiel wird die vom Bildverarbeitungsrechner erkannte und als solches interpretierte Geschwindigkeitsbeschränkung vom Kombiinstrument übernommen und als Symbol im Graphikdisplay des Kombiinstruments angezeigt. Beachtet der Fahrer die Geschwindigkeitsbegrenzung nicht, so warnt ihn das System zusätzlich akustisch oder haptisch, beispielsweise durch Erschweren der Gaspedalbetätigung [124].

Auf Basis dieser Komponenten und Informationen sind anzeigende, warnende und Fahrzeug eingreifende Funktionen möglich. Die Frontkamera kann neben einer rein anzeigenden Nachtsichtfunktion andere Funktionen wie z. B. Spurerkennung mit Spurverlassenswarnung oder eine Verkehrszeichenerkennung einschließen. Daneben kann sie, wie oben beschrieben, als Unterstützung des ACC-Sensors dienen, um neben der Entfernungsmessung eine Objekterkennung und -klassifikation durchzuführen.

Nachtsichtsysteme der 2. Generation In Weiterentwicklung dieser ersten Generation von Nachtsichtsystemen werden neuerdings Bildverarbeitungsverfahren für die Erkennung von Fußgängern eingesetzt. Der Fußgänger wird durch die typische Kopf-Schulterpartie sicher erkannt und der Fahrer wird situationsgerecht durch eine optische Anzeige und/oder einen Warnton gewarnt. Durch weitere Objektklassifizierungsalgorithmen kann die Warnung auch auf Tiere und andere Objekte erweitert werden. Für eine Warnung ist es dann natürlich wichtig zu wissen, ob sich das erkannte Objekt auf oder neben dem eigenen Fahrstreifen befindet, was die NIR-Technik wiederum überlegen

Abb. 8.98 Darstellung einer Warnung vor Fußgängern im Head-up Display [138]

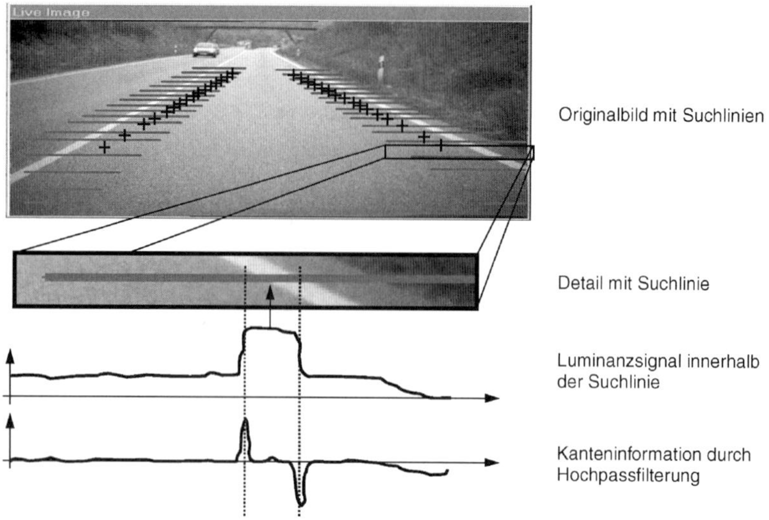

Abb. 8.99 Details des Spurerkennungsalgorithmus

macht. Solche Systemausprägungen beschleunigen die Erkennung relevanter Objekte und wirken einer eventuellen, längeren Blickabwendung zum Ablesen des Bildschirms entgegen.

In der oben genannten Studie [135] wurde festgestellt, dass die Einblendung eines Warnsymbols in der Windschutzscheibe auf hohe Akzeptanz bei den Testpersonen stößt. Abbildung 8.98 zeigt ein Beispiel eines von BMW im Jahre 2008 eingeführten FIR-Systems.

Spurverlassenswarner/Spurwechselassistent Unbeabsichtigte Spurwechsel gehören zu den häufigsten Unfallursachen. Sie sind zumeist durch Müdigkeit (Sekundenschlaf) oder durch Ablenkung verursacht. Ein Spurwechselassistent wirkt dieser Unfallursache entgegen, indem er die voraus liegenden Fahrbahnbegrenzungen detektiert und den Fahrer warnt, wenn die Gefahr besteht, dass eine Begrenzungslinie überfahren wird, ohne dass der Blinker gesetzt wurde.

Systeme zur Spurverlassenswarnung (LDW = Lane Departure Warning) können sowohl in Mono- wie auch in Stereotechnik aufgebaut werden. Die Reichweite eines Monosystems liegt, bei VGA-Auflösung des Imagers, bei guten Wetterverhältnissen und guten Spurmarkierungen im Bereich knapp über 40 m, beim Stereosystem sind es etwa 10–20 % mehr. Bisher konnten sich nur Monosysteme am Markt etablieren. Abbildung 8.99 zeigt das Prinzip der Fahrspurerkennung.

Wie in Abb. 8.99 dargestellt, sucht das Bildverarbeitungssystem nach Fahrspurmarkierungen vor dem Fahrzeug, indem Kontrastunterschiede zwischen Asphalt und Spurmarkierung ausgewertet werden. Lücken in den Spurmarkierungen werden durch Kalman-Filterung überbrückt. Das obere Bild zeigt das Kamera-Bild mit Suchlinien (siehe Detail im zweiten Bild von oben) und die Kreuze im oberen Bild markieren den Spurverlauf, der vom Bildverarbeitungsrechner berechnet wird. Um eine Linie zu detektieren, wird das Luminanzsignal innerhalb der Suchlinie analysiert. Durch Hochpassfilterung werden die Grenzen der Fahrspurmarkierung detektiert.

Aus diesen Signalen kann eine Warnung für den Fahrer abgeleitet werden wenn er die Fahrspur überfährt. Verschiedene Warnmodalitäten sind hierbei denkbar: Eine akustische Warnung in Form eines Warntons aus dem Fahrzeuglautsprecher (Stereoton vermittelt zusätzlich eine Richtung) oder ein sog. »Nagelbandrattern« haben sich als wirksame Warnung erwiesen. Zusätzlich kann man für die Warnung den haptischen Sinneskanal verwenden. Ein Vibrieren des Sitzes (mit Richtungsinformation) wurde Ende 2004 auf den Markt gebracht.

Vibrieren des Lenkrads (Vorteil: direkte Assoziation mit der Lenkung) oder Beaufschlagung der Lenkung mit einem leichten Gegenmoment stellen weitere Systemausprägungen dar.

Verkehrszeichenerkennung Wie in ◘ Abb. 8.100 [139] dargestellt, kann ein Bildverarbeitungssystem auch Verkehrszeichen erkennen und interpretieren. Vorbedingung ist, dass die zu erkennenden Verkehrsschilder dem System zuvor eingelernt wurden. Während der Fahrt sucht der Rechner permanent nach Objekten, welche die Form von Verkehrsschildern haben.

Ist ein solches Objekt erkannt worden, wird es zunächst so lange verfolgt (»getrackt«) bis das Schild nahe genug ist, um es mit der dem Imager eigenen Auflösung lesen zu können. Dann kann die Geschwindigkeitsbegrenzung im Kombiinstrument angezeigt werden. Das Zeichen bleibt gespeichert so lange es aktuell ist und kann den Fahrer vor Bußgeldern bewahren wenn z. B. gerade seine Aufmerksamkeit in eine andere Blickrichtung gelenkt war.

◘ **Abb. 8.100** Verkehrszeichenerkennung

8.5.5.7 Adaptive Systeme

Während konventionelle Fahrerassistenzsysteme wie ABS oder ESP den Fahrer in Situationen unterstützen, die sensoriell einfach zu ermitteln sind, müssen bei Fahrerassistenzsystemen mit maschineller Wahrnehmung Situationen interpretiert und als zutreffend angenommen werden. Während das System warnt oder automatisch agiert, überwacht der Mensch die Systemgrenzen.

Heutige Systeme arbeiten mit starren Algorithmen, die den Zustand des Fahrers außer acht lassen. Bekanntlich reagieren und handeln nicht alle Menschen gleich, da sie sich individuell unterscheiden und unterschiedliche Fahrpraxis besitzen. Das Reaktions- und Handlungsvermögen unterliegt zudem während einer Fahrt Schwankungen; der Mensch wird müde, wird abgelenkt oder unterliegt Stimmungsschwankungen, die seine Fähigkeiten zur Führung des Fahrzeugs beeinträchtigen und einschränken [145].

Daher besteht die nächste Aufgabe darin, Fahrerassistenzsysteme adaptiv auszugestalten, d. h. die Warnung oder der Fahrzeugeingriff wird dem Fahrerzustand angepasst. Diese Adaptivität kann sich auf mehrere Parameter (z. B. Fahrpraxis, Reaktionsvermögen, Ermüdungszustand, Termindruck, Verkehrsdichte, u. a.) erstrecken. Als Eingangsgrößen zur Ermittlung dieser Parameter stehen Fahrzeugsignale (Geschwindigkeit, Beschleunigung, Lenkverhalten, Bremsverhalten, …), Lenkzeiten, Lidschlagverhalten u. a.m. zur Verfügung.

Zunächst gilt es, Fahrertyp, Fahrerzustand und Fahrerabsicht zu erkennen. Dies lässt sich durch intelligente Verknüpfung der Größen: Fahrgeschwindigkeit, Beschleunigungsverhalten, Bremsverhalten, Lenkverhalten etwa mithilfe eines neuronalen Netzes erreichen.

- Fahrertyp: Der unerfahrene oder ängstliche Fahrer kann z. B. durch niedrige gefahrene Durchschnittsgeschwindigkeit, durch zahlreiche Bremsmanöver und durch zaghaftes Beschleunigen ermittelt werden, der routinierte Fahrer durch zügige Fahrweise.
- Der Fahrerzustand ist vor allem durch das Lenk- und Beschleunigungsverhalten zu ermitteln. Ein müder Fahrer fährt zunächst Schlangenlinien, wenn er schließlich keine Lenkbewegungen mehr ausführt, so schläft er. Damit einher geht eine geringere Beschleunigungsdynamik. Daimler wendet diese Methode beim »Attention Assist«-System an, der den müden Fahrer nach längerer Lenkzeit und erkannter Müdigkeit zu einer Kaffeepause animiert indem das Symbol einer Kaffeetasse im Kombiinstrument erscheint.

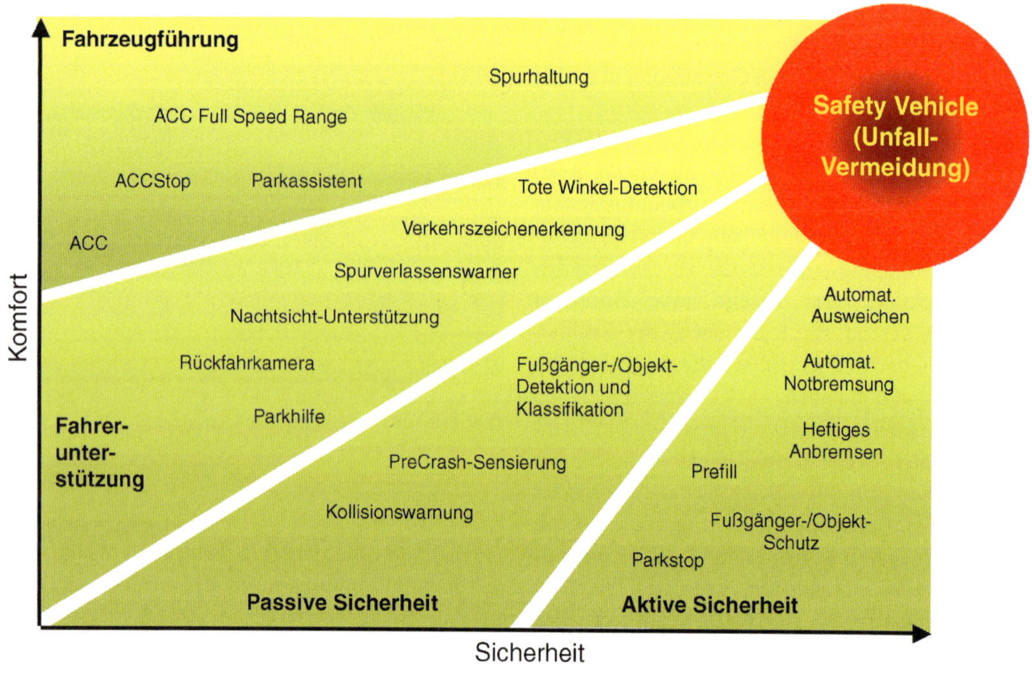

Abb. 8.101 Fahrerassistenzsysteme ebnen den Weg zum Unfall vermeidenden Fahrzeug

- Auch die Fahrerabsicht lässt sich durch Verknüpfung von Lenk- und Beschleunigungsverhalten ermitteln. So wird in [140] aufgezeigt, dass eine Überholabsicht auch ohne gesetzten Blinker mit einer Signifikanz > 90 % ermittelt werden kann. Auch für den Fahrerzustand werden in der Arbeit sehr gute Werte erreicht.

Sind diese Informationen gewonnen, lassen sich Warnungen, Dialoge und Fahrzeugeingriffe adaptiv gestalten, d. h. der jeweiligen Situation anpassen. Idealerweise geschieht das dann, wenn der Fahrer die Warnung oder den Eingriff erwartet und nicht dann, wenn er zu spät gewarnt wird oder wenn er gerade keine Warnung erhalten möchte. Hierzu einige Beispiele:

- Parklückenvermessung: Der unerfahrene Fahrer erwartet die Empfehlung einer längeren Parklücke als der routinierter Fahrer.
- ACC: Die Zeitlücke kann abhängig von der Verkehrsdichte eingestellt werden. Hiermit kommt das System dem Fahrerwunsch entgegen, kürzere Sicherheitsabstände einzuhalten um das Einscheren anderer Verkehrsteilnehmer zu verhindern. Umgekehrt kann bei entspannter Fahrweise oder bei schlechten Sichtverhältnissen eine größere Zeitlücke eingehalten werden und/oder eine Geschwindigkeitsbegrenzung erfolgen.
- Termindruck: Das ACC erkennt die Situation durch Analyse eines aggressiveren Fahrverhaltens, hält eine kurze Zeitlücke ein und unterdrückt Warnungen z. B. bei absichtlichem Überfahren einer durchgezogenen Fahrspurbegrenzung
- Müdigkeit: Mit zunehmender, vom System erkannten Müdigkeit des Fahrers kann die Warnung vor einer gefährlichen Situation früher und/oder intensiver (z. B. durch einen kurzen Bremsruck) erfolgen und somit der verlängerten Reaktionszeit des Fahrers angepasst werden.

Die Aufzählung zeigt eine Auswahl aus dem reichen Potenzial zur adaptiven Ausgestaltung von Fahrerassistenzsystemen.

8.5.5.8 Zusammenfassung und Ausblick

Abbildung 8.101 zeigt das vielfältige Einsatzgebiet von Fahrerassistenzsystemen auf dem Weg zum »Safety Vehicle« mit weitgehender Unfallvermeidung. Sie lassen sich untergliedern in:

- Komfortsysteme mit dem Fernziel »Semiautonomes Autofahren« und in
- Sicherheitssysteme mit dem Ziel der Unfallvermeidung.

Fahrerunterstützende Systeme warnen den Fahrer vor Gefahren im Fahrzeugumfeld oder schlagen Fahrmanöver vor. Beispiele hierfür sind die Einparkhilfe oder Systeme zur Verbesserung der Nachtsicht. Auch Spurverlassenswarmer und Systeme zur Detektion von Objekten im toten Winkel können einen hohen Beitrag zur Unfallvermeidung leisten.

Die Systeme zur Fahrzeugführung führen vom ACC-System bis zur vollständigen Längsführung auch in urbanen Bereichen und bei hohen Fahrzeuggeschwindigkeiten. Hierbei geht man von einer komplexen Datenfusion von Radar- und Videodaten aus. Ergänzt man die Längsführung um ein – ebenfalls videobasiertes – System zur Querführung (Spurhalteassistent), ist eine autonome Fahrzeugführung im Prinzip denkbar.

Passive Sicherheitssysteme beinhalten die vorausschauende Erkennung möglicher Crash-Situationen (Precrash) und die Funktionen zum Fußgängerschutz.

An die Funktionen der aktiven Sicherheit werden die höchsten Anforderungen bezüglich Funktionalität und Zuverlässigkeit gestellt. Sie reichen vom einfachen Parkstop, der das Fahrzeug beim Einparken vor einem Hindernis automatisch abbremst, bis hin zu den prädiktiven Sicherheitssystemen. An dieser Stelle geht die Perspektive bis hin zum Unfall vermeidenden Fahrzeug, mit rechnergestützter Durchführung von Fahrmanövern zur Kollisionsvermeidung.

Dennoch: Der Funktionalität der genannten Systeme sind heute noch Grenzen gesetzt, die im Wesentlichen durch Unzulänglichkeiten der Sensorik bedingt sind. Ein erster Schritt ist die Datenfusion, z. B. Radar mit Video. Radar erlaubt eine exzellente und schnelle Messung von Entfernung und Geschwindigkeit, kann aber nur sehr eingeschränkt eine Aussage über Größe und Art eines Hindernisses machen. Hier ergänzt die Videosensorik in idealer Weise. Sie ist in der Lage, eine Größenabschätzung des Hindernisses vorzunehmen. Kombiniert mit den Signalen des Radars ist eine recht gute Aussage über Art und Relevanz eines erkannten Objekts möglich. Weitere Entwicklungen, insbesondere im Bereich der Videotechnik und Bildverarbeitung werden immer weiter führende Aussagen über die Art der Objekte zulassen (Objektklassifikation). Eine Szeneninterpretation mit Vorhersage der Bewegung anderer Verkehrsteilnehmer wird dann in den Bereich der komplexen Unfallvermeidung führen [127].

Die Anpassung von Warnschwellen und Eingriffen an die physischen und psychischen Eigenschaften des Fahrers kommt in Zukunft bei adaptiven Systemen den Erwartungen der Fahrer an die Performanz der Assistenzsysteme entgegen.

Auch komplexe Fahrerassistenzsysteme dürfen den Fahrer nicht dazu verleiten, die Kontrolle über das Fahrzeug einem Rechner zu überlassen. Heutige Systeme sind so konzipiert, dass die Kontrolle und die Verantwortung über das Fahrzeug jederzeit beim Fahrer liegen. Der Fahrerwunsch hat immer Vorrang. Eingriffe in das Fahrzeug gegen den Fahrerwillen sind nach dem Wiener Weltabkommen nicht zulässig.

Trotz aller technischen Fortschritte wird der unfallfreie Straßenverkehr nach Einschätzung des Verfassers eine Vision bleiben. Aber es gibt zahlreiche Maßnahmen zur schrittweisen Einführung von Komfort- und Sicherheitssystemen, die maßgeblich zum entspannteren Fahren, zur Milderung von Unfallfolgen und zur Vermeidung von Unfällen beitragen können. Die EU hat mit dem e-Safety-Programm die richtige Initiative ergriffen. Fahrzeughersteller und Zulieferer haben die Aufgabe aufgegriffen und tragen ihren Beitrag zur Erreichung dieses Ziels bei.

8.5.6 Telematik

Um Mobilität nachhaltig zu sichern, bedarf es der Nutzung neuer Informations-, Kommunikations- und Leittechnologien im Verkehr. Die **Verkehrstelematik** bezeichnet als Zusammenfassung von Telekommunikation und Informatik den Einsatz modernster Technologien zur Effizienzsteigerung von Verkehrs- und Transportprozessen, zur Erhöhung der Sicherheit, des Reisekomforts sowie

Abb. 8.102 Städtisches Verkehrschaos bei Nacht

der Umweltschonung. Die rasante Entwicklung im Bereich der mobilen Kommunikation und die Möglichkeit, große Datenmengen sicher, zeitnah und kostengünstig zu übertragen, werden die Telematik in Form des »Ctx« im Bereich »Car to Car« und »Car to Infrastructure« Kommunikation in eine neue Dimension führen.

Ein wichtiger Baustein für europaweite Telematikanwendungen ist ein hochgenaues und zuverlässiges Ortungs- und Navigationssystem. Daher hat die Europäische Union den Aufbau eines globalen, zivilen Satellitennavigationssystems einschließlich terrestrischer Infrastruktur beschlossen. GALILEO wird voraussichtlich ab 2014 einsatzbereit sein, Tab. 8.13, Abb. 8.102.

8.5.6.1 Grundlagen und Technologien der Verkehrstelematik

Die **zentrale Aufgabe** der Verkehrstelematik ist eine Verkehrsbeeinflussung durch Information, Kommunikation, Steuerung und Regelung, aber auch Überwachung mit dem Ziel einer Minderung der Negativwirkung des Verkehrs in allen seinen Teilbereichen.

Zum Einsatz kommen terrestrische und satellitengestützte mobile Kommunikationssysteme, zunehmend wird auch die Internet-Technologie in Fahrzeugen genutzt. Transportiert werden Daten zur Verkehrslage, zu Routenempfehlungen, zu Aufträgen und Ladungen. Das Informatik-Element beschreibt die Verarbeitung eingehender Verkehrs- oder Dispositionsdaten in Planungs- und Simulationstools. Die Ausgabedaten werden entweder

Abb. 8.103 Einsatz von Galileo

betriebsintern verwendet oder im Rahmen von Mehrwertdiensten (z. B. Flottenmanagement) angeboten.

Die **Positionsbestimmung** mobiler Objekte ist ein zentrales Element der Verkehrstelematik, sie ermöglicht die Zielführung von Fahrzeugen und die Abbildung der Verkehrssituation durch z. B. Floating Cars.

An Verfahren stehen derzeit Map-Matching, die Koppel- und Satellitennavigation (GPS/DGPS/Galileo) und die Ortung mit Hilfe der Mobilfunksysteme einzeln und in Kombination zur Verfügung. Einen Vergleich zwischen Galileo und Navstar GPS zeigt Tab. 8.14.

Intermodale Telematikansätze versuchen, die verschiedenen Verkehrsträger in einem einheitlichen Konzept zu integrieren, um so z. B. die Verfolgung eines Containers während des Transports auf Schiene, Schiff oder Straße (besonders auch im grenzüberschreitenden Verkehr) zu ermöglichen, eine optimale Transportroute mittels verschiedener Verkehrsträger zu ermitteln oder einem Verkehrsteilnehmer Informationen über die Anschlussmöglichkeiten zu anderen Verkehrsmitteln zur Verfügung zu stellen.

Neben den technischen Aspekten beschäftigt sich die Verkehrstelematik auch mit den sozialen,

Tabelle 8.13 Galileo-Dienste

Galileo Services	Open Service	Commercial Service		Public Regulated Service		Safety-of-Life Service
Coverage	Global	Global	Local	Local	Global	Global
Accuracy	15–30 m (single frequency) 5–10 m (dual frequency)	5–10 m (dual frequency)	< 10 cm–1 m (local augmentation signals)	1 m (local augmentation signals)	4–6 m (local augmentation signals)	4–6 m (local augmentation signals)
Availability	99 %	99 %	99 %	99–99 %	99–99 %	99–99 %
Integrity	Not generally required	Value-added services		Mandatory requirement		Yes
Alert Limit	–	20–45 m	2–3 m	3–5 m	< 15 m	15–20 m
Time to Alert	10 s	1 s	1 s	6 s	6 s	
Integrity Risk	–	2×10^{-7}/hour	2×10^{-7}/hour	2×10^{-9}/150 s	$3{,}5\times10^{-7}$/150 s	2×10^{-9}/150 s
Continuity Risk	–	10^{-4}/hour	10^{-4}/hour	$< 10^{-5}$/15 s	$< 10^{-5}$/15 s	8×10^{-6}/15 s
Certification and Service Guarantees	No	Guarantee of service possible		Build for certification, guarantee of service possible		Yes

ökonomischen und ökologischen Auswirkungen der Verkehrssteuerung durch IuK (Informations- und Kommunikations-) Technologien. Dazu gehören die Verringerung der negativen Auswirkungen des Verkehrs auf die Umwelt, der Wandel des Mobilitätsverhaltens innerhalb der Gesellschaft und die Verbesserung der Wirtschaftlichkeit im Personen- und Güterverkehr durch die Optimierung der Kapazitätsauslastung der vorhandenen Transport- und Verkehrsinfrastruktur.

Vorteile, die Verkehrstelematikanwendungen für den **Umweltschutz** bieten, können in folgende Punkte zusammengefasst werden:
- Energieeinsparung durch Stauvermeidung und verstärkte Nutzung öffentlicher Verkehrsmittel,
- Verringerung der Abgasemissionen durch Verkürzung des Stop-and-Go-Verkehrs und Vermeidung von Umwegen,
- weniger Autofahrten durch zuverlässigere und damit attraktivere öffentliche Verkehrsmittel,
- Verringerung weiterer Straßenbaumaßnahmen und damit geringerer Landschaftsverbrauch.

Verkehrstelematikdienste sorgen für einen **besseren Ablauf des Verkehrs** und unterstützen die **Mobilität im Individual- und öffentlichen Verkehr** z. B. aufgrund folgender Wirkungen:
- Geringere Wartezeiten beim ÖPNV durch Fahrplanauskunftssysteme und sichere Anschlüsse,
- optimale Kombination öffentlicher und privater Verkehrsmittel,
- Beschleunigung des Bus-, Straßenbahn- und Zugverkehrs durch Betriebsleitsysteme,
- Verringerung der Irrfahrten in unbekannten Städten durch automatisierte, dynamische Zielführungs- und Parkleitsysteme,

Tabelle 8.14 Vergleich Galileo–GPS (Quellen: Deutscher Funknavigationsplan Band 2, Schlussbericht, GALILEO Open Service (OS SIS ICD) Signal in Space Interlace Control Document)

	Galileo		**Navstar GPS**	
Beginn Entwicklung	2001		1973	
1. Satellitenstart (Testsatellit)	12/2005		27.06.1977	
Gesamtanzahl Satelliten	27 + 3 Ersatz		21 + 3 Ersatz	
Umlaufbahnen	3		6	
Höhe	23.616 km		20.180 km	
Inklination der Bahnen	56 Grad		55 Grad	
Umlaufzeit	13 h 45 min		11 h 58 min	
Frequenzen	E5, E5a, E5b, E6, E1		L1, L2	
geodätisches Datum	GTRF		WGS 84	
Zeitsystem	(GST) GALILEO Zeit		GPS Zeit	
Zeitkorrektur	GPS/UTC		UTC (USNO)	
Signalcharakteristik	Code Identifikation		Code Identifikation	
Codes	für jeden Satelliten verschieden		für jeden Satelliten verschieden	
künstliche Systembeeinflussung	PRS Signale verschlüsselt		S/A bis 05/2001, AS	
Integrity-Information	ja		nein	
	E5a	1176,45 MHz	L1	1575,42 MHz
	E5b	1207,14 MHz	L2	1227,6 MHz
	E6	1278,75 Mhz		
	E1	1575,42 MHz		
	E5	1191,795 MHz		

- schnelleres Eintreffen der Rettungsdienste (e-call).

Einsparungen, die durch den Einsatz von Verkehrstelematikdiensten erreicht werden können, sind z. B.

- Weniger Leerfahrten durch Fracht- und Flottenmanagement,
- Verringerung der Fahrzeugbestände durch bessere Auslastungsquoten,
- weniger Kilometerleistung und Zeiteinsparung durch individuelle Zielführungssysteme, Umgehung von Staus,
- bessere Abstimmung der Verbindungen zwischen verschiedenen Verkehrsträgern (Modal Split),
- schnellere Abwicklung von Grenzformalitäten,
- geringere Lagerhaltungskosten (Just-In-Time-Steuerung).

Der Austausch von Informationen zwischen mobilen Objekten und Dienstleistungszentralen erfolgt derzeit mit Hilfe unterschiedlicher Telekommunikationsmittel. Dabei spielt der Ortsbezug für viele Dienste eine wichtige Rolle. Die »Location based services« werden u. a. als Motor für die Einführung dieser Technologien in einem breiten Marktsegment gesehen. Die Navigationssysteme in Fahrzeugen sind schon weit verbreitet und werden durch neue Technologien zum mobilen Internet, dem Wireless World Wide Web, ausgebaut. Derzeit benötigt man noch verschiedenste Einheiten für die Aufgaben der Kommunikation, Ortung und Organisation der Abläufe. Diese Einheiten entwickeln sich zu einem persönlichen, digitalen Assistenten. Spracheingaben, Nahfeld-Sensoren und Nahfeld-Kommunikation (WLAN, Bluetooth) werden unsere Welt verändern. Die Zeitabstände der technologischen Sprünge werden ständig verkürzt. Dieses ist bereits jetzt bei den Nutzern von Mobiltelefonen Realität, denn nach zwei Jahren nach Ende der normalen Vertragslaufzeit werden in der Regel die Geräte durch neue und weiterentwickelte Geräte ersetzt. Die Kunden haben sich bereits auf diese Marktentwicklung eingestellt. Dadurch werden Dienstleistungen möglich, die noch vor Jahren völlig utopisch waren. Auch das, was man heute als Telematik bezeichnet, wird hierin aufgehen.

8.5.6.2 Endgeräte

Die eigentlichen Endgeräte werden sich dahingehend entwickeln, dass neue Technologien und neue Formen der sog. Mensch-Maschine-Schnittstelle völlig neuartige Gerätetypen auf den Markt bringen werden, die z. T. eigene Standards setzen. Die Kommunikationstechnologie und deren rasante Entwicklung in den letzten Jahren haben gezeigt, dass der Abstand der Quantensprünge innerhalb dieser Technologien immer kürzer wird. Das Handy hat sich vom eigentlichen Gerät der Sprachkommunikation mehr und mehr zu einem Gerät der Datenkommunikation entwickelt. Die klassischen Bereiche, die gestern auch hardwaremäßig und softwaremäßig getrennt voneinander existieren, also die Ortung, die Kommunikation und die Datenverarbeitung, sind miteinander verschmolzen. Hierzu wird es neue Formen der Kommunikation zwischen dem Menschen und den Geräten bzw. den Geräten untereinander geben. Die Spracheingabe ist bereits ein wesentliches Element der Mensch-Maschine Schnittstelle darstellen. WLAN und Bluetooth haben die Kommunikation zwischen den Geräten revolutioniert. Die Hardwaretechnologie hat dazu geführt, dass Rechnersysteme und Kommunikationssysteme inklusive Ortungskomponenten in einem Gerät verschmelzen. Nicht nur die Berufswelt, sondern insbesondere unser tägliches Leben hat sich weiter entwickelt, so dass viele bereits mit einem PDA, einem Persönlichen Digitalen Assistenten, ausgestattet sind. Dieser Assistent organisiert für uns wesentliche Aufgaben des täglichen Lebens. Er stellt einfachste Kommunikationsverbindungen her, er führt uns, wenn wir es wünschen, zu bestimmten Orten, er kann auch unsere logistischen Probleme organisieren, uns Hilfestellung geben bei Navigationsaufgaben, nicht nur im Auto, sondern in allen Verkehrsträgern, er wird bei Notfällen schnell und zielgenau Hilfe organisieren und noch vieles mehr.

8.5.6.3 Dienstleistungen der Zukunft

Bei den Dienstleistungen der Zukunft im Bereich der Verkehrstelematik spielen zunächst alle Dinge eine große Rolle, die mit der Vernetzung der Verkehrsträger zu tun haben, ◘ Abb. 8.104. Dies ist die eigentliche zentrale Aufgabe, um einen Verkehrskollaps, wie er ja schon prognostiziert worden ist, für die Zukunft durch intelligente Systemlösungen in der Wirkung abzuschwächen. Die Mobilität der Bevölkerung wird mehr und mehr zunehmen und hierauf müssen sich auch die entsprechenden Dienstleister einstellen. Studien belegen, dass bis zum Jahr 2015 durch den Einsatz der Telekommunikation das Verkehrsaufkommen um etwa 5 % zurückgehen wird. In dieser Zeit wird sich aber das Mobilitätsverhalten der Menschen wesentlich verändern. Junge Menschen werden früher und ältere Menschen länger als heute individuell mobil sein. Die Zahl der Teilnehmer am Verkehrsgeschehen wird wachsen. Verkehrsströme werden sich verlagern, Berufsverkehr und Freizeitverkehr werden andere Gewichtungen erhalten. Auch in diesem Bereich wird die Ortung eine immer größere Rolle spielen, da z. B. Übergänge von einem Verkehrssystem auf das andere damit zusammenhängen,

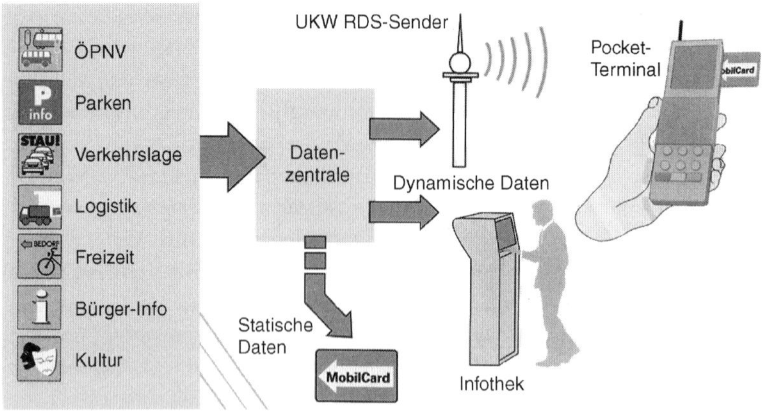

Abb. 8.104 Mögliche Dienstleistungen durch Telematiksysteme

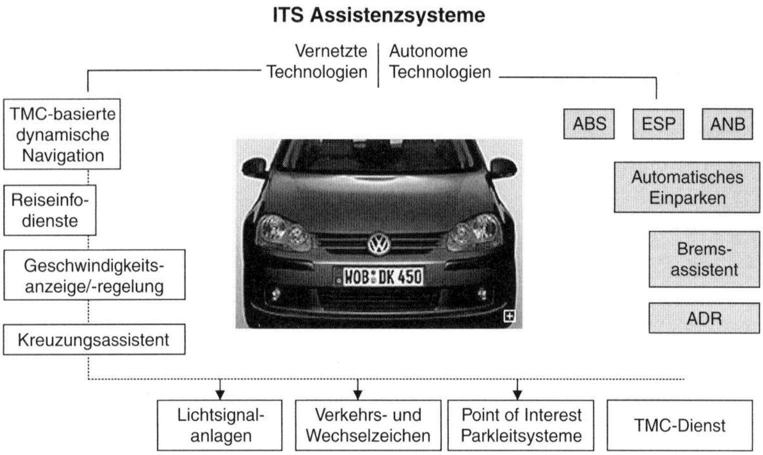

Abb. 8.105 ITS Assistenzsysteme

wo man sich befindet und wie lange man noch benötigt, um zu einem Verkehrsübergabepunkt zu gelangen.

Ein immer wieder diskutiertes Thema im Bereich der Verkehrstelematik ist die Gebührenerfassung. Die Einführung der Lkw-Maut wurde mit erheblicher Verzögerung im Jahr 2005 in Deutschland realisiert und hat im Jahr 2009 4,41 Milliarden Euro eingebracht. Die Mauterfassungssysteme werden sicherlich die Diskussion neu beleben, ob auch andere Verkehrsteilnehmer auf besonderen Autobahnen (privat finanziert) zur Finanzierung beitragen sollen. Der Aspekt des Datenschutzes und der Integrität der Datenerfassung muss dabei allerdings immer berücksichtigt werden. Heute ist es jedoch mehr ein politisches als ein technisches Problem. Die Dienstleistungen der Zukunft werden auch die Gebührenerfassung im Verkehrsgeschehen flexibel und mobil realisieren. Hierzu zählt nicht nur das Thema Autobahngebühren, hierzu zählt auch das Thema Electronic Ticketing, das sicherlich eine weitere interessante Ergänzung im Dienstleistungsbereich darstellen wird. Wir werden in Zukunft mit unserem mobilen Endgerät, wie immer das letztendlich aussehen wird, auch den Zahlungsverkehr nicht nur im Bereich ÖPNV oder anderer Verkehrsträger realisieren.

Kraftfahrzeugbezogen bieten die neuen Technologien der Verkehrstelematik eine Reihe von Ansatzmöglichkeiten, um die Verkehrssicherheit zu verbessern. So sind sowohl elektronische Abstandswarnsysteme (Abb. 8.105), die Auffahrunfälle verhindern, als auch Systeme, die den Fahrer bei Abbiege- und Fahrstreifenwechselvorgängen unterstützen (optisch und/oder akustisch) oder auch in Kurven über die Fahrzeug-Fahrzeug-Kommunikation vor Staus warnen, entwickelt. Als weitere Telematikanwendungen werden von der Industrie derzeit für Kraftfahrzeuge fahrerunabhängige Hilfen zur automatischen Steuerung des Fahrzeugabstandes und der Geschwindigkeit bis hin zur Koppelung mehrerer Lkw im Konvoi entwickelt. Diese technischen Möglichkeiten, die eine Vielzahl von Rechtsfragen berühren, müssen frühzeitig im Dialog mit der Industrie unter ordnungs- und rechtspolitischen Gesichtspunkten abgeklärt werden, um den Nutzen zu optimieren und Fehlentwicklungen zu vermeiden.

Mit dem europäischen zivilen Satellitennavigationssystem Galileo soll die Unabhängigkeit von national kontrollierten Systemen und Anwendungsmöglichkeiten in sicherheitskritischen und hoheitlichen Anwendungsbereichen eröffnet werden. Die Wettbewerbsfähigkeit der europäischen Industrie soll in zukunftsgerichteten Aufgabenfeldern gestärkt werden. Dazu gehören u. a. alle Bereiche, die eine präzise Ortsbestimmung und/oder Zeitangaben benötigen, wie Finanzdienstleistungen, Flottenmanagement, Frachtverfolgung, Geodäsie und Landwirtschaft sowie Anwendungsbereiche mit hohen Grundanforderungen nach Kontinuität, Integrität und Präzision der Systeme, wie z. B. vollautomatischer Präzisionsanflug im Luftfahrtbereich, Zugleit- und Überwachungssysteme im Schienenverkehr, weltweite Verfolgung von Containern oder Kollisionswarnsysteme in Flugzeugen. Die meisten Anwendungen von Galileo liegen im Verkehrsbereich. Deshalb wird das Bundesministerium für Verkehr, Bau- und Wohnungswesen im Rahmen der Aktivitäten der Europäischen Kommission an diesem Projekt weiterhin mitarbeiten.

Die Altersstruktur der Bevölkerung wird dazu führen, dass der Bedarf an sicheren Informations- und Notrufsystemen wachsen wird. Dadurch wird eine deutliche Steigerung der Qualität, insbesondere auch für ältere Mitbewohner im Bereich der Mobilität erreicht werden. **Mobilität und Sicherheit** werden einen großen Bereich von zukünftigen Dienstleistungsangeboten darstellen.

In diesem Zusammenhang müssen eine Reihe erheblicher Schwierigkeiten überwunden werden, damit das europäische Verkehrssystem seiner Aufgabe, dem Mobilitätsbedarf der europäischen Wirtschaft und Gesellschaft zu entsprechen, in vollem Umfang gerecht werden kann:

- Rund 10 % des Straßennetzes gelten als überlastet, und die dadurch jährlich verursachten Kosten machen ca. 0,9–1,5 % des BIP der EU aus.
- 72 % der verkehrsbedingten CO_2-Emissionen entstehen im Straßenverkehr, der zwischen 1990 und 2005 um 32 % zugenommen hat.
- Trotz eines Rückgangs der Zahl der Verkehrstoten (−24 % seit 2000 in der EU27) liegt die Zahl mit 42.953 Todesopfern im Jahr 2006 noch immer um 6000 über dem angestrebten Ziel, die Zahl der im Verkehr getöteten Menschen im Zeitraum 2001–2010 um die Hälfte zu verringern.

Angesichts einer erwarteten Zunahme des Güterverkehrs um 50 % und des Personenverkehrs um 35 % zwischen 2006 und 2020 ist es umso dringender, sich diesen Herausforderungen zu stellen [151].

8.6 Mensch-Maschine-Interaktion

Das Führen eines Kraftfahrzeuges kann als eine klassische Domäne der Mensch-Maschine-Interaktion bezeichnet werden. Gerade hier ist das Zusammenwirken eines Menschen mit einem technischen System von essenzieller Bedeutung. Verbindend ist hierbei die gemeinsame Aufgabenstellung bzw. Zielstellung für das Mensch-Maschine-System. Der Ausgestaltung der Schnittstelle kommt dabei eine besondere Bedeutung für die realisierbare Interaktion zwischen dem Menschen und der Maschine zu. Dieses kann sich auch in dem Realisierungsgrad der Aufgabenstellung bzw. dem Erfüllungsgrad zur Zielerreichung spiegeln.

Die Allokation der Aufgabenstellung auf der menschlichen oder auf der maschinellen Seite soll an dieser Stelle genauer betrachtet werden. Aus der schon in der Antike dokumentierten Motivation, durch den Einsatz von Hilfsmitteln

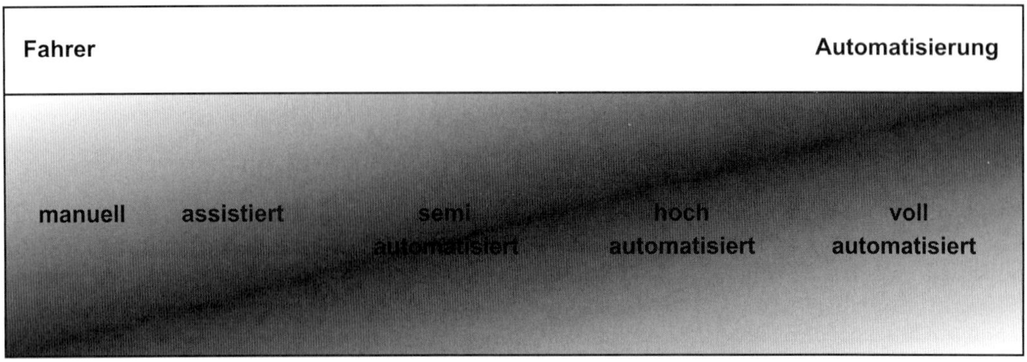

Abb. 8.106 Spektrum vom manuellen zum autonomen Fahren

sich die Arbeit zu vereinfachen, leiten sich die Ziele einer Automatisierung ab. Im Sinne der Rationalisierung von Prozessen, Verbesserung der Qualität oder der Erhöhung der Sicherheit bilden Lösungen zum Messen, Steuern, Regeln und Überwachen hier die Grundlage. Allgemein lässt sich festhalten, dass aufgrund von unterschiedlichen Randbedingungen in unterschiedlichen Domänen differenzierte Lösungsansätze zur Automatisierung existieren. Ein wichtiger Aspekt ist hier insbesondere die Aufgabenallokation auf der menschlichen bzw. maschinellen Seite. Dies spiegelt sich in unterschiedlichen Automatisierungsgraden von assistiert über semi-automatisiert und hochautomatisiert bis hin zur Vollautomatisierung wider (Abb. 8.106).

Der Mensch bleibt auch – oder gerade – bei steigender Automatisierung ein wichtiger Bestandteil im Prozess. Die Bedienbarkeit, das Prozessverständnis und ein gutes Störfallmanagement durch den Bediener spielen zur Gewährleistung eines effizienten Prozessablaufes sowie zur Reduktion von Störungen und Ausfallzeiten eine wesentliche Rolle. Frühzeitige Usability Untersuchungen können die Gebrauchstauglichkeit der Gesamtlösung nicht nur bewerten, sondern zu einer signifikanten Optimierung führen. Weiterhin ist die Frage der Sicherheitsverantwortung nicht nur aus Gründen der Produkthaftung klar zu beantworten. Diese Verantwortung wird man, außer beim vollautomatischen Fahren, sicher gern beim Fahrer belassen, dennoch ist die Frage der Beherrschbarkeit, der »Controlability« vor der Einführung solcher Systeme zu beantworten. Insbesondere die Frage und Organisation des Wechsels von der menschlichen Verantwortung und Handlung zur (teil-)automatischen Übernahme und vice versa kommt hier eine besondere Bedeutung zu.

Elementare Anforderungen an das Gesamtsystem sind auf abstraktem Level die Fragen der Sicherheit, der Wirtschaftlichkeit und der Effizienz. Eine funktionale Unterteilung kann im Wesentlichen unter den Aspekten der Erhöhung der Sicherheit sowie der Erhöhung des Komforts erfolgen.

Im Bereich der Sicherheit sind zum einen die Aspekte der Beherrschbarkeit des technischen Systems als herausragende Systemeigenschaft zu unterstreichen, andererseits jedoch auch die Leistungsfähigkeit des Systems, die Menschen adäquat zu unterstützen und so die Sicherheit des Gesamtsystems zu erhöhen. Auf der Komfortseite ist die Fragestellung der Entlastung sowie der Nutzenerhöhung im Sinne der Gebrauchswertsteigerung besonders zu betrachten. Gleichzeitig ist jedoch das Risiko der Monotonie und Unaufmerksamkeit bei zu starker Entlastung zu bedenken.

Für die Gestaltung einer effizienten Mensch-Maschine-Interaktion sind Fragestellungen aus multidisziplinären Arbeitsfeldern zu beantworten. Hierbei sind Aspekte der Ergonomie und Anthropotechnik sowie der kognitiven Wissenschaften auf der menschbezogenen Seite sowie Aspekte der Systemtechnik auf der technischen Seite von besonderer Bedeutung. Die Frage der Bedienbarkeit und der Beherrschbarkeit steht dabei besonders im Vordergrund (siehe auch ▶ Abschn. 6.4.1).

Neue technische Systeme im Kraftfahrzeug eröffnen neue Potenziale, wobei der Vernetzung einzelner Systeme ebenso wie der ergonomischen Gestaltung der Ein-/Ausgabemedien eine besondere Rolle zukommt. Durch die im Fahrzeug mittlerweile vorhandene (Rechner-)Infrastruktur ergeben sich bei der Vernetzung neue Realisierungsmöglichkeiten. So kann z. B. der Monitor des Navigationssystems als Anzeigemedium beim Einparken dienen, der Rechner kann für die Ermittlung der optimalen Einparktrajektorie genutzt werden. Hier kann dann eine symbolisch ausgewertete Darstellung des Sensorsignals erfolgen oder möglicherweise ein Kamerabild mit idealer Fahrtrajektorie angezeigt werden. Wird der Einparkvorgang auch noch motorisch durch eine direkte Ansteuerung der Lenkung unterstützt, so wird der Fahrer hier stark entlastet – ihm verbleibt die motorische Handlung in Form von Gasgeben und Bremsen und die Überwachungsaufgabe. Gleichzeitig ist damit gewährleistet, dass die Aufmerksamkeit des Fahrers erhalten wird, da er zwar von Teilaufgaben entlastet wurde, jedoch aktive Teilaufgaben noch immer bei ihm verbleiben.

8.6.1 Das System Fahrer–Fahrzeug

Neben der Tatsache, dass eine Vernetzung der im Fahrzeug verbauten technischen Komponenten wirtschaftliche Vorteile bietet, kommt unter dem Blickwinkel der Mensch-Maschine-Interaktion auch der funktionalen Vernetzung eine besondere Bedeutung zu. Bei der funktionalen Vernetzung geht es um die Gestaltung eines Gesamtsystems, das die intuitive Nutzung erlaubt. Hierbei geht es nicht um punktuelle Schnittstellen zum Fahrzeug oder um die Erfassung der Umgebung, sondern um eine konsistente Darstellung und um ein konsistentes Erleben seitens des Fahrers für das Verhalten des Fahrzeugs, des Assistenzsystems in Bezug zur Fahrsituation und der aktuellen Umgebungssituation. Dieses erfordert ein Management der realisierten Funktionen, um widersprüchliche Aussagen zu vermeiden oder eine Überbeanspruchung, gerade in für den Fahrer belastenden/kritischen Situationen, zu unterbinden. Hierfür ist die technische Vernetzung der Informationen eine notwendige Voraussetzung, jedoch noch nicht ausreichend für eine situationsadaptive Systemrealisierung. Grundsätzlich bilden jedoch die kombinierte technische als auch die funktionale Vernetzung der entsprechenden Unterstützungsfunktionen einen Schlüssel für die Systemakzeptanz.

Bei dem Mensch-Maschine-System »Fahrer–Fahrzeug« und der hierfür notwendigen Interaktion handelt es sich auf abstraktem Niveau um eine Aufgabenteilung innerhalb definierter Grenzen des Gesamtsystems. Hierbei geht es um die Aufnahme und Bewertung der Umgebungs- und Prozessinformationen und der daraus abgeleiteten Reaktion in dem Zusammenspiel des technischen Systems mit dem Fahrer. Dabei gilt es schon im Systemdesign stetig einen optimalen Informationsfluss herzustellen. Aus diesem Grund sollen im Folgenden zunächst die Grundaufgaben des Fahrers bei der Fahrzeugführung und in einem zweiten Schritt das System »Fahrer–Fahrzeug–Umwelt« unter dem Blickwinkel der jeweiligen Interaktionspotenziale betrachtet werden. Diese Potenziale bieten auch Ansatzpunkte für den Einsatz möglicher Assistenzsysteme in Kraftfahrzeugen.

Elementare Aufgaben der Fahrzeugführung spiegeln sich im Wesentlichen in den drei Kernaufgaben

- Navigation
- Längsführung
- Querführung

wider.

Für das Fahren von einem Startpunkt zu einem Zielort sind im Rahmen der Navigation wichtige Aufgabenstellungen zu lösen. Hierbei geht es im Wesentlichen auch um die planerischen Aufgaben der Auswahl einer dedizierten Route, auf der das Ziel erreicht werden soll. Im Rahmen der Längsführung sind neben der primären Fragestellung, z. B. der Geschwindigkeitsregelung, auch die Aufgaben der Abstandshaltung zum Vordermann im Kontext des Verkehrsflusses zu betrachten. Bei der Querführung geht es insbesondere um die Fragestellung der Spurhaltung bzw. des Spurwechsels. Sowohl Längs- als auch Querführung erfüllen stabilisierende Aufgaben, die in ihrer Kombination entsprechende Fahrmanöver ermöglichen. Gleichzeitig muss die Ausführung dazugehöriger Sekundäraufgaben für

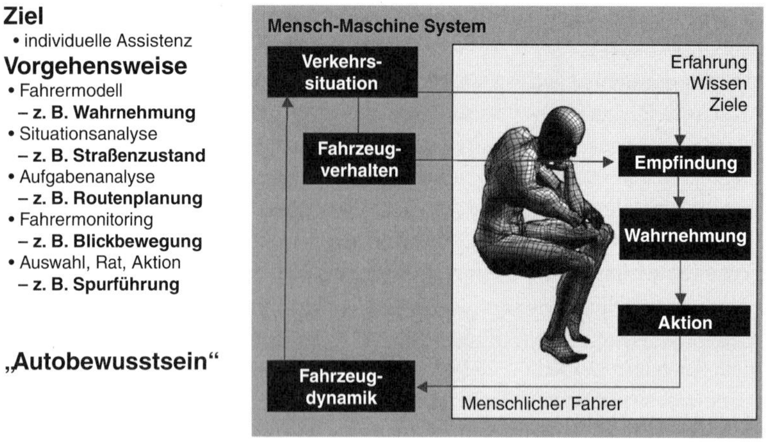

Abb. 8.107 Zukünftige Assistenzsysteme zur Unfallvermeidung

eine sichere Fahrzeugführung gewährleistet werden. Neben dem Einschalten der Beleuchtung, dem Betätigen des Scheibenwischers und dem Anzeigen der Fahrtrichtung werden häufig weitere Aufgaben gelöst. Dieses kann Funktionen der Klimatisierung und Lüftungssteuerung ebenso wie das Überwachen bei Systemstörungen oder auch der Realisierung von Nebenaufgaben, wie z. B. Radiohören, Telefonieren etc., beinhalten.

Bei der Gestaltung der Mensch-Maschine-Interaktion im Kraftfahrzeug ist es wichtig, die Erfüllung der primären Aufgabenstellung sicherzustellen und zu unterstützen. Aber auch die Ausführung der Sekundäraufgaben ist für eine sichere, effiziente Fahrzeugführung von herausragender Bedeutung. Einen deutlichen Mehrwert stellt jedoch auch die Unterstützung und Ermöglichung der Wahrnehmung spezifischer Tertiäraufgaben ohne negative Einflüsse auf die Sicherheit dar. Um eine entsprechende Steigerung im Bereich der Sicherheit und des Komforts zu ermöglichen, wurden und werden nach wie vor zahlreiche Unterstützungs- und Assistenzsysteme erforscht und entwickelt. Hierfür sollen im Folgenden die Grundaufgaben und die entsprechenden Grundfunktionen betrachtet werden.

Mit dem Ziel, leistungsfähige Assistenzsysteme zu realisieren, (Abb. 8.107) kommt der Frage nach der individuellen Assistenz eine besondere Bedeutung zu. Aufbauend auf einem (kognitiven) Fahrermodell sind die Aspekte

- der Situationsanalyse,
- der Aufgabenanalyse,
- des Fahrermonitorings und
- der Reaktion (Information, Unterstützung, Übernahme)

zu betrachten. Ein langfristiges Ziel könnte in diesem Zusammenhang auch die Entwicklung eines »Auto-Bewusstseins« darstellen mit dem »Selbstverständnis«, den Fahrer adäquat zu unterstützen.

Als gängige Einteilung in der vielfältigen Literatur wird häufig in Situationserfassung, Situationsanalyse, Situationsbewertung, Aktionsauswahl und Aktionsausführung unterteilt. Im Bereich der Situationserfassung und -analyse nimmt die Erfassung der Umgebungssituation eine besondere Stellung ein. Diese kann sowohl technisch über eine entsprechende Sensorik als aber auch über den Menschen realisiert werden. Über eine entsprechende sensorische oder menschliche Wahrnehmung entsteht ein – im Idealfall adäquates – Situationsbewusstsein. Die entsprechende Situationsbewertung und die sich daraus ergebende situative Reaktion kann wiederum sowohl durch ein technisches System (z. B. Pre-crash-detection, Collision mitigation) als auch direkt durch den Menschen erfolgen. Bei der Aktionsausführung kann dies sowohl automatisch oder teilautomatisch als aber auch im Sinne einer sensomotorischen Unterstützung, wie z. B. eine entsprechende Kraftverstärkung (Servolenkung), umgesetzt werden.

Bei der Realisierung von Assistenzsystemen bzw. automatischen oder teilautomatischen Eingriffen gilt es, die adäquate Einbeziehung des Fahrers sicherzustellen. Hierbei ist es wichtig, dass das Systemverhalten für den Fahrer erwartungsgemäß erfolgt. Bei allen Aktivitäten und Systemreaktionen ist zu gewährleisten, dass der Fahrer grundsätzlich im Loop bleibt. Hierfür ist es nicht notwendig, dass diese Einbindung starr erfolgt, vielmehr ist auch eine dynamische Verteilung zwischen technischem System und Fahrer denkbar. Hieraus können sich abgestufte Reaktionen, je nach der aktuellen Einbindungsintensität des Fahrers, ableiten. Die Schwierigkeit ist es dabei allerdings, sicherzustellen, dass die Einbindung des Fahrers gerade in kritischen Situationen nicht nur schnell, sondern auch korrekt und adäquat erfolgt. Wie bei allen Automatisierungen besteht die Gefahr des abnehmenden Situationsbewusstseins, gerade bei komplexen Aufgabenstellungen. Dies kann sich in dem Unvermögen, die aktive Kontrolle in kritischen Situationen übernehmen zu können, äußern, da ein Verständnis für den aktuellen Prozesszustand nicht mehr gegeben ist. Vorausgegangen ist hier oftmals »ein Abschalten« des Fahrers aufgrund von »Langeweile«. Dies bedeutet, dass im Rahmen der Kopplung zwischen System und Fahrzeug das Assistenzsystem die Funktion der Einbindung des Fahrers gewährleisten muss. Das kann sehr wohl eine dynamische Kopplung sein, die eine engere Einbindung des Fahrers oder auch eine losere Einbindung mit einer höheren Automatisierungsfunktion verkoppelt. Dabei darf der Aspekt der Risikohomöostase, d. h. die Kompensation der sichernden und unterstützenden Funktion durch eine zunehmende Risikobereitschaft, nicht unberücksichtigt bleiben.

Grundsätzlich und allgemein aufgebaut lässt sich die Fragestellung nach der Allokation der entsprechenden Aktivitäten aus den Arbeiten von Rasmussen [154, 155] ableiten. Standen bei Rasmussen die kognitiven Verhaltens- oder Fertigkeitsebenen beim Menschen wie

- sensomotorische Fähigkeiten,
- regelbasiertes Verhalten und
- wissensbasiertes Verhalten

im Vordergrund, so können diese Ebenen nicht nur als eine Basis für deren Zuordnung zum Menschen verstanden werden, sondern auch – ggf. in Teilen – von einem technischen System übernommen werden. Hierbei kommt jedoch der Frage des »Situationsbewusstseins« ebenso eine starke Bedeutung zu wie der der adäquaten Interaktion. So müssen zum Beispiel die mittels eines »Night Vision Systems« technisch sensierten Parameter und die daraus abgeleiteten Informationen auch dem Fahrer, entsprechend *seiner* sensorischen Fähigkeiten, vermittelt werden.

Die Vermittlung der relevanten Information ist insbesondere auch unter dem Blickwinkel der verwendeten Technologien zu betrachten. Hierbei soll im Folgenden exemplarisch die Ein-/Ausgabe über Monitorsysteme und Sprachsysteme genannt werden.

8.6.2 Informationsvermittlung

Weit verbreitet sind inzwischen auch Multifunktionsanzeigen im Cockpit, die auf der Basis von LCD-Anzeigen oder LED-Arrays Informationen über Uhrzeit, Außentemperatur, Verbrauch, Reichweite etc. darstellen. Diese Informationen sind häufig in einer sequentiellen Folge abrufbar. Dieser Abruf erfolgt häufig über entsprechende Wippschalter, die in der Nähe des Lenkrades oder am Lenkrad selbst angebracht sind. Ebenso werden bestimmte Informationen für den Fahrer über diese Anzeigen besonders hervorgehoben. Dieses erfolgt durch Blinken der Anzeigen, zum Beispiel beim Unterschreiten einer bestimmten Temperaturgrenze. Gleichzeitig wird die Aufmerksamkeit des Fahrers durch einen akustischen Warnton auf diese Besonderheit gezogen. Zusätzlich zu den Multifunktionsanzeigen werden nach wie vor spezifische Informationen, einzelne symbolische Anzeigen, in den Instrumenten eingesetzt. Eine logische Selektion der einzelnen Anzeigen in einer koordinierenden Art und Weise erfolgt in den seltensten Fällen. Hier wäre es wichtig, zum einen Anzeigen adäquat zu priorisieren, zum anderen diese Anzeigen situationsspezifisch darzustellen.

Ein weiteres Medium zur Anzeige von Informationen ist das sogenannte Head-up-Display. Hiermit werden bestimmte Informationen in die

Scheibe eingespiegelt, wobei die eingespiegelte Information für den Fahrer virtuell vor dem Auto liegt. Dieses hat den Vorteil, dass Ablenkungen vom Verkehrsgeschehen minimiert werden können. Andererseits ist jedoch zu beachten, dass im Einzelfall bei besonderen Sichtverhältnissen (zum Beispiel Nebel) es auch hier zu Ablenkungseffekten kommen kann.

Bei der Ausgabe von Informationen ist zukünftig eine verstärkte 3D-Darstellung zu erwarten. Die derzeitigen Probleme hinsichtlich der Anforderungen an Prozessor und Speicherkapazität werden durch neue, Ressourcen sparende Subsets, z. B. auf der Basis von OpenGL, gelöst [156]. Offene Systeme bilden die Basis zur Gestaltung neuer Funktionalitäten. Über OSGI (Open Services Gateway Initiative) und den dahinter stehenden Zusammenschluss von Industriepartnern eröffnen sich Vernetzungsmöglichkeiten von bisher isoliert ausgeführten Applikationen. Infotainment- und Telematikanwendungen stehen dabei primär im Fokus. Ähnliches gilt für die Initiative AUTOSAR (Automotive Open System Architecture). Ebenfalls wird hier die Widerverwendbarkeit, Kompatibilität und Erweiterbarkeit durch Standardisierung von Systemfunktionen und Schnittstellen erreicht.

Die Möglichkeit, Eingaben über Touch Screen Monitore im Fahrzeug zu realisieren, ist unter Ablenkungsgesichtspunkten zu betrachten. Hier ist der Blickkontakt zur Positionierung der Eingabe auf dem Schirm notwendig, wobei zum Beispiel bei rastenden Drehwählern – nach einiger Übung – ein Blickkontakt kaum noch notwendig erscheint bzw. sich dessen Dauer entsprechend verkürzt. Ähnliches gilt u. a. auch für fest positionierte Druckschalter.

Insgesamt ist die erzielte Reaktionszeit des Systems von besonderer Bedeutung. Längere Latenzzeiten, eine mehr als drei Sekunden dauernde Wartezeit (»Sanduhr«), erscheint nicht akzeptabel. Hier sind mindestens signifikante (Teil-)Reaktionen sicherzustellen.

Sprachsteuersysteme können konzeptionell eine sinnvolle Alternative darstellen. Hier ist jedoch auf der Nutzerseite qualitativ eine sehr hohe Erwartungshaltung zu verzeichnen. Neben einer hohen Erkennungsrate mit kurzen Reaktionszeiten bildet eine einfach strukturierte Schnittstelle die Basis. »Information on demand«, kontextabhängige Hilfen etc. bilden hier einen zukünftig Applikationspool.

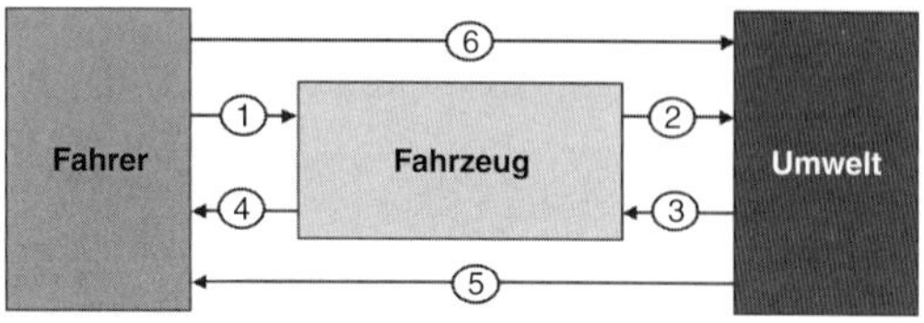

Abb. 8.108 Das System Fahrer-Fahrzeug-Umwelt

Ein weiteres Element mit einer starken Auswirkung für die Mensch-Maschine-Interaktion ist für den Infotainment-Bereich zu erwähnen. Neben den klassischen Elementen wie Radio, CD-Spieler, Kassettendeck etc. halten hier auch zunehmend Video und DV-Systeme Einzug. Ziel dieser Systeme ist es, Unterhaltungsmedien, zum Beispiel für Fond-Passagiere zu bieten. Aus Sicherheitsgründen ist zu gewährleisten, dass der Fahrer während der Fahrt nicht durch diese Systeme übermäßig abgelenkt wird.

8.6.3 Ein einfaches kognitives Fahrermodell

Bei der Betrachtung des Fahrzeugführers und dessen notwendiger Interaktion ist ein kognitives Fahrermodell nützlich. Die Interaktion zwischen Fahrer, Fahrzeug und Umwelt ist schematisch in Abb. 8.108 dargestellt. Der Fahrer wirkt dabei durch seine Bedienhandlungen auf das Fahrzeug ein (11.1), was wiederum zu Wirkungen in der Umwelt führt (2). Entsprechend ergibt sich ein Rückzweig mit Reaktionen der Umwelt (3) über das Fahrzeug zum Fahrer (4). Ebenso gibt es direkte Wechselwirkungen zwischen Fahrer und Umwelt (5, 6). In einem einfachen kognitiven Fahrermodell (Abb. 8.109) sind einzelne Instanzen ebenso wie unterschiedliche Interaktionsschnittstellen zu identifizieren. Anzeigen und Reaktionen seitens des Fahrzeugs und der Umwelt müssen vom Fahrer wahrgenommen werden. Hier sind mindestens die Stufen der sensorischen Verarbeitung und die Reizidentifikation zu unterscheiden. Die folgende

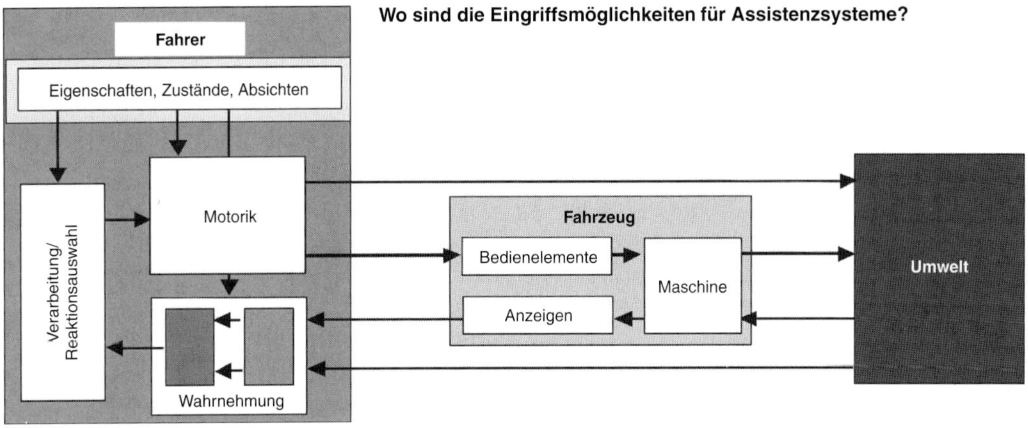

Abb. 8.109 Ein einfaches Fahrer-Fahrzeugmodell

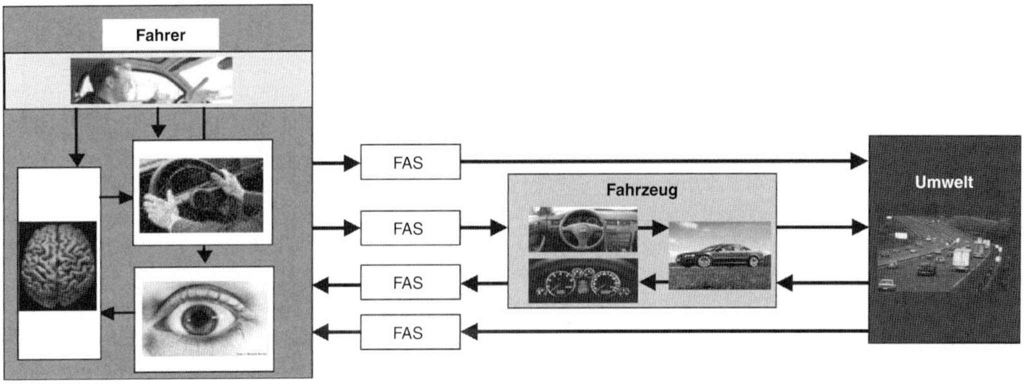

Abb. 8.110 Eingriffsmöglichkeiten für Fahrerassistenzsysteme (FAS)

Verarbeitung, Reaktionsauswahl und Reaktion bis hin zur motorischen Umsetzung schließt sich an.

Setzen Fahrerassistenzsysteme an den unterschiedlichen Stellen an (Abb. 8.110), so gilt es auch hier, die Interaktionsschnittstellen entsprechend zu gestalten. Eine Unterteilung in Sicherheitsrelevante- und Komfortsysteme ist nur beschränkt sinnvoll. Bei den meisten Systemen können aus Sicht der Mensch-Maschine-Interaktion diese Aspekte nicht vollständig separiert werden. Die Ausprägung der Assistenzfunktionen liegt hier zum einen in der Funktion selber, auf der anderen Seite jedoch sehr stark in der Realisierung der entsprechenden Mensch Maschine-Interaktion und der damit einhergehenden Auslegung der Benutzerschnittstelle. Daher wird im Folgenden die Klassifikation nach Art des Eingriffs bevorzugt. Hierbei ist es sinnvoll, die assistierenden Systeme in informierende, handlungsunterstützende und übernehmende, automatische Systeme zu unterscheiden.

Durch den Einsatz der Systeme verändern sich die kognitiven Prozesse. In Verbindung mit den individuellen Zielen und Zuständen des Fahrers wird die individuelle Bewertung und Akzeptanz durch die subjektive Bewertung der Mensch-Maschine-Interaktion und auch von Fahrerassistenzsystemen insbesondere dann positiv ausfallen, wenn der individuelle Handlungsspielraum den Eigenschaften des Fahrers entspricht und die Wahrnehmung der kognitiven Assistenz als adäquat empfunden wird.

Stand bislang die notwendige Technik bei der Entwicklung von Assistenzsystemen im Vordergrund, kommt hier dem Zusammenspiel von Mensch und Maschine eine steigende Bedeutung zu. Durch die stärkere Einbeziehung von Assistenzfunktionen in die bewussten kognitiven Prozesse des Fahrers ändert sich die Anforderung an die Assistenzsysteme für den Fahrer und das Fahren signifikant.

Mit steigender Komplexität der Systeme und der gelieferten Unterstützungsleistung gilt es, die durch die Assistenz erreichte Änderung der Fahraufgabe, frühzeitig bei der Entwicklung von Assistenzsystemen zu berücksichtigen, und dieses für den Bedarf des Fahrers stimmig zu gestalten.

8.6.4 Messung der Leistung, Belastung und Beanspruchung

Den Fragestellungen der Leistung, Belastung und Beanspruchung bei der Mensch-Maschine-Interaktion kommt eine besondere Bedeutung zu. Im Folgenden soll in Anlehnung an Johannsen dieser Aspekt kurz beleuchtet werden [152]. Die Belastungsgrößen der Mensch-Maschine-Interaktion bedingt durch Verfahren, Aufgabe, Situation und Umgebung sowie die entsprechenden Leistungsgrößen im Sinne von konkreten Ergebnissen der Aufgabenerfüllung, haben einen objektivierbaren Charakter und sind den direkten Messungen zugänglich. Hierbei können auch simulative Einrichtungen oder Forschungsfahrzeuge, wie z. B. das ViewCar®, eingesetzt werden.

Hierbei handelt es sich um ein Fahrzeug, dass mit einer besonderen Sensorik zur Untersuchung der Mensch-Maschine-Interaktion ausgerüstet ist. Sechs Videokameras zeichnen dabei die Umgebungssituation um das Fahrzeug herum auf. Gleichzeitig werden über spezielle Sensorik, wie z. B. Laserscanner oder Radar, Umgebungsparameter sowie die Relation zu umgebenden Objekten erfasst und aufgezeichnet. Über weitere Videosysteme ist das Verhalten des Fahrers erfassbar und über ein entsprechendes Blick-Bewegungs-System wird die Blickrichtung und die Blickverweildauer entsprechend sensiert. Ebenfalls lassen sich weitere Parameter des Fahrers wie z. B. Lidschluss, Puls, Frequenzänderungen der Stimme, Muskelspannungen etc. zeitsynchron mit anderen Daten aufzeichnen. Längs- und Querführungsaufgaben können anhand eines integrierten Spurerkennungssystems sowie einer hochauflösenden Ortungsplattform erkannt werden. Diese Ortungsplattform besteht aus einem Differenzial-GPS in Verbindung mit einer Odometrie und einer eigenen Inertialplattform. Selbstverständlich werden alle Informationen des internen Fahrzeugbusses auch zeitsynchron zu den übrigen Daten aufgezeichnet. Damit kann das Zusammenwirken von Belastung, Beanspruchung und Leistung bei Realfahrten untersucht werden.

8.6.5 Simulation

Für eine adäquate Systementwicklung und ein entsprechendes Design der Mensch-Maschine-Schnittstelle gilt es, die Fahrerbedürfnisse frühzeitig im Entwicklungsprozess zu berücksichtigen. Neben dem Test der Konzepte für die Assistenz gilt es, auch hier die Akzeptanz und das Verhalten/den Umgang mit den Systemen systematisch zu untersuchen. Diesem Aspekt kommt vor dem Hintergrund einer emotionalen Ablehnung von Produkten gerade an der Schnittstelle zum Käufer zukünftig eine besondere Bedeutung zu. Neben der Untersuchung in Realfahrten, wie oben beschrieben, kommt, auf diesen Erfahrungen aufbauend, dem Einsatz von Simulatoren eine zunehmende Bedeutung zu. Neben der subjektiven Bewertung solcher Systemausprägungen ergibt sich hiermit auch die Möglichkeit, den Umgang des Menschen mit diesen technischen Systemen zu objektivieren. Aufbauend auf den Ergebnissen der Kognitionswissenschaften, kann die Ergonomie aus dem Lern- und Interaktionsverhalten der Fahrer Ansätze für eine optimale und transparente Bedienlogik und Ausprägung des Systems entwickeln.

Mittlerweile werden vielfach Fahrsimulatoren zur Bewertung der Potenziale und der Untersuchung von Bedien- und Anzeigenkonzepten herangezogen. Hierfür werden sowohl Festsitzsimulatoren als auch dynamische Simulatoren, die einen realistischeren Fahreindruck vermitteln, eingesetzt.

Wesentliche Vorteile des Einsatzes von Simulatoren für die Untersuchung dieser Schnittstellen

Abb. 8.111 DLR Fahrsimulator

liegt in der Möglichkeit der Reproduzierbarkeit der Ergebnisse bei konstanten bzw. gezielt veränderbaren Umweltbedingungen. Die Möglichkeit der korrekten Wiederholbarkeit ermöglicht überhaupt erst die Aussage auf der Basis von repräsentativen Gruppen in der Nutzung und im Umgang bestimmter Systeme. Ebenso lassen sich auch Extremsituationen, die in der Realität eine Gefährdung der Probanden darstellen würden, systematisch untersuchen. Hiermit ergibt sich die Chance, insbesondere auch frühzeitig mit einer definierten Variabilität, eine realitätsnahe Untersuchung von kritischen Variablen von Assistenzsystemen in der Relation zum Menschen durchzuführen.

Ein leistungsfähiges Untersuchungskonzept ergibt sich damit in mehreren Schritten. Zunächst können mit Versuchsfahrzeugen in Realfahrten grundsätzliche Untersuchungen durchgeführt werden. Die Versuchsfahrten liefern Ergebnisse mit einem nur beschränkt detailliert wiederholbaren Charakter der Fahrtindikatoren für belastende und beanspruchende Situationen und dem Potenzial für Assistenzuntersuchungen. Diese ersten Ergebnisse können reproduzierbar in einer simulativen Umgebung mit zunächst einfacheren Systemen, wie Festsitz-Simulatoren oder in Virtual Reality Laboren, untersucht werden. Eine deutliche Verfeinerung dieser Ergebnisse erreicht man durch den Einsatz von dynamischen Fahrsimulatoren (Abb. 8.111), wo die Realitätstreue von Umgebungseindrücken durch entsprechende Bewegungen bzw. Beschleunigungen abgebildet werden kann. Hier lassen sich vielfältige Aussagen schon sehr realitätsnah, aber dennoch unter dediziert reproduzierbaren Bedingungen darstellen. Aufbauend auf diesen Ergebnissen sind dann die Ergebnisse wieder in Form von Realfahrten zu validieren, wobei dieses insbesondere mit flexiblen Versuchsträgern, wie z. B. dem FASCar realisiert werden können. Hierbei ist es möglich, entsprechende Assistenzeingriffe kraft- und zeitmäßig limitiert im Realverkehr oder auch unlimitiert auf dem Testgelände einzusetzen.

Mit diesem integrierten Zyklus lassen sich sowohl die Fragen des objektivierbaren Nutzens als auch der notwendigen Akzeptanz durch den potenziellen Kunden evaluieren. Diese Vorgehensweise ist im Abb. 8.112 nochmals schematisch dargestellt.

Anders als bei körperlichen Belastungen, wo in der Regel die Minimierung von Belastungen angestrebt wird, ist die mentale Belastung zu optimieren. Gerade im Zusammenwirken mit automatisierenden Systemen sind für die Mensch-Maschine-Interaktion die folgenden Aspekte zu betrachten.

Durch die Automatisierung kann sich für den Menschen eine primäre Reduktion der Beanspruchung bis hin zur vollständigen Entlastung ergeben. Hier kommt der notwendigen Aufgabengestaltung eine besondere Bedeutung zu, da von einer entsprechenden Verminderung der Aufmerksamkeit ausgegangen werden muss. Eine angepasste Reaktion bei einem Ausfall des technischen Systems ist unter Umständen unmöglich oder zumindest kritisch.

Andererseits kann sich für den Menschen auch eine deutliche Erhöhung der Beanspruchung ergeben. Die Informationen zur Systemüberwachung durch den Menschen können für diesen eine besondere und möglicherweise eine stärkere kognitive Anforderung darstellen. Insbesondere die Informationsvermittlung nur über einen Kanal (z. B. nur Visualisierung) kann dabei eine besondere Herausforderung bedeuten.

Generell stellt der teilweise extrem kurzfristige, aufgabenbedingte Wechsel zwischen den oben genannten Verhaltens- oder Fertigkeitsebenen herausragende Anforderungen an den Menschen. Die Beanspruchungsgrößen für den Menschen spiegeln sich zum einen in dem subjektiven Empfinden des Fahrers, sind aber auch teilweise über physiologische Messmethoden und subjektive Bewertungen

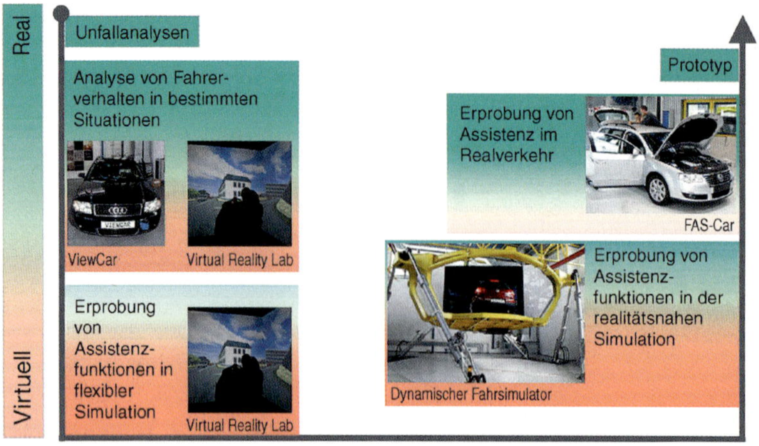

Abb. 8.112 Integrierter Systementwurf von Assistenzsystemen

und Befragungsmethoden zugänglich. Auch diese Ansätze sind in dem oben genannten ViewCar® realisierbar.

8.7 Software

Wie im Mooreschen Gesetz vorhergesagt, steigt die Leistungsfähigkeit der Halbleiter und der Steuergeräte bei konstanten Preisen exponentiell. Mit der billigeren und höheren Hardwareleistung können IT-Systeme wirtschaftlich sinnvoll in neue Anwendungsbereiche vordringen. Dies eröffnet immer weitere Möglichkeiten für den Einsatz von elektronik- und softwarebasierten Funktionen in Fahrzeugen.

Vor diesem Hintergrund nimmt der Anteil an Software in Fahrzeugen durch die anhaltenden Wünsche nach höherer und differenzierter Funktionalität schnell zu.

Die Folge ist eine immer umfassendere Funktionalität, die erhebliche Beiträge zur Beherrschbarkeit der Fahrzeuge, zur Unfallsicherheit sowie zum Komfort leistet. Die Kehrseite ist aber auch eine erhebliche Zunahme der Komplexität der Softwaresysteme in den Fahrzeugen. Dies führt auf zahlreiche Herausforderungen in Hinblick auf die Beherrschbarkeit der Entwicklung und des Einsatzes von Software (Abb. 8.113).

Abb. 8.113 Überblick Software im Automobil

8.7.1 Vorbemerkungen zum Thema Software

Mit Software kommt ein technisches Konzept in die Fahrzeuge, das sich radikal von den hergebrachten Denkweisen und Konzepten des Maschinenbaues unterscheidet und entsprechend grundlegend andere Entwicklungs- und Logistikmethoden erfordert. Software benötigt zwar zur Ausführung Hardware. Die Software selbst aber ist immateriell. Sie besteht aus Programmen (»Algorithmen«) und Daten, die auf der Hardware ausgeführt werden. Die Hardware besteht aus programmierbaren integrierten Schaltungen (Sensoren, Aktuatoren,

Prozessoren und Steuergeräte und deren Vernetzung), auf die die Software geladen und zur Ausführung gebracht wird.

Hardware ist dabei meist uniform, weitgehend anwendungsunspezifisch und folglich für unterschiedliche Anwendungen einsetzbar. Die Software bestimmt in der Regel die eigentliche Verhaltensweise (die »Funktionalität«) eines Hardware-/Softwaresystems. Die Hardware ist charakterisiert durch ihre Leistung wie Verarbeitungsgeschwindigkeit und ihr Speicherplatzvolumen und bestimmt damit die Performanz, mit der die Software ausgeführt wird, die Software wird durch ihre Funktionalität und ihren Ressourcenbedarf gekennzeichnet.

Software benötigt im Gegensatz zu den Erzeugnissen des Maschinenbaus keine eigentliche Produktion. In der Produktion eines Fahrzeuges muss die Software lediglich in die Steuergeräte eingebracht werden, soweit das nicht bereits durch den Zulieferer erfolgt, der für das Steuergerät verantwortlich ist. Damit ergeben sich für Software völlig andere Kostenstrukturen. Hauptkostenfaktor sind die Entwicklungskosten und Kosten für die Wartung. Hinzu kommen noch Folgekosten für Gewährleistung und Betriebsrisiken.

Die Unterschiede zwischen Software, elektronischer Hardware und klassischer Mechanik des Maschinenbaus erfordern bei der schnell wachsenden Bedeutung von Software neue Fachkompetenzen in der Automobilindustrie. Das schnelle Umsetzen innovativer Funktionen im Automobil, basierend auf Software, verspricht hohes Potenzial, erfordert aber Lernprozesse und birgt naturgemäß Risiken. Entwicklungs- und Wartungsprozesse müssen auf die schnell wachsende Bedeutung von Software ausgerichtet werden.

8.7.2 Softwareentwicklungsprozess

Die Entwicklung von Software erfordert darauf gezielt zugeschnittene Entwicklungsprozesse. Der Entwicklungsprozess wird typischerweise in Phasen aufgeteilt (◘ Abb. 8.114). In jeder Phase werden spezifische Zwischenergebnisse erarbeitet, die in den folgenden Phasen genutzt werden. Nachstehend werden die Phasen grob beschrieben.

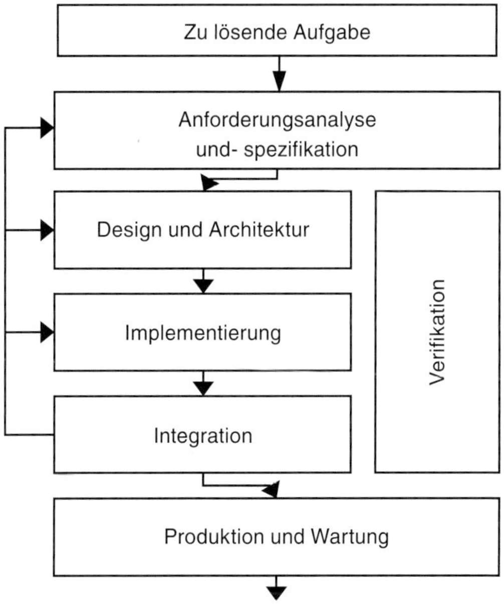

◘ **Abb. 8.114** Entwicklungsphasen

Dabei ist zu beachten, dass die Entwicklung von Softwaresystemen für Fahrzeuge in aller Regel verteilt und arbeitsteilig erfolgt. Neben dem Automobilhersteller, der vornehmlich für die frühen Phasen zuständig ist, sind Zulieferer für den Entwurf und die Implementierung der Software, oft auch für eine Teilintegration in Baugruppen zuständig. Die Integration ins Fahrzeug als Gesamtsystem erfolgt dann in der Regel wieder durch den Automobilhersteller. Diese Arbeitsteilung erfordert eine besonders systematische Festlegung der Anforderungen und der Architektur, da beides für die Beherrschung der Integrationsphase entscheidend ist.

8.7.2.1 Einbettung in den Systementwicklungsprozess

Da die Softwarefunktionen eng in die unterschiedlichsten Funktionen eines Fahrzeugs eingreifen und damit das Verhalten und die Charakteristik entscheidend mitprägen, ist die Softwareentwicklung von der Entwicklung des Gesamtsystems Fahrzeug nicht zu trennen. Das »Software Engineering« ist somit in das »Systems Engineering« zu integrieren.

Besonders bedeutsam ist diese Verzahnung in der Anforderungsfestlegung. Im Systems Engi-

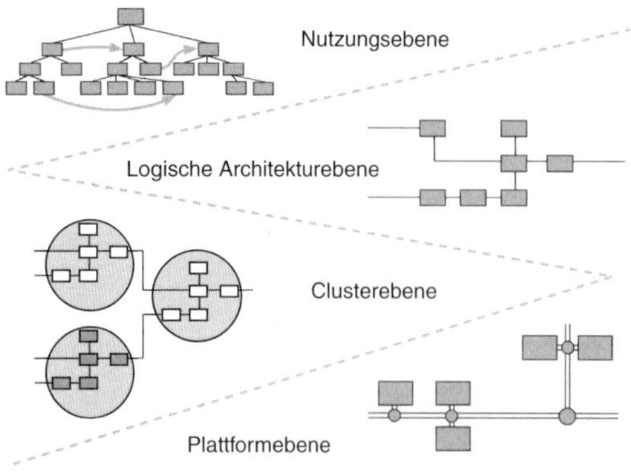

Abb. 8.115 Abstraktionsebenen im Entwicklungsprozess

neering werden die Fahrzeugfunktionen festgeschrieben. Auf dieser Grundlage werden dann die softwarebasierten Funktionen spezifiziert. Dabei ist zu beachten, dass keine andere Technik so viel Freiheitsgrade für Spezifikation und Entwurf bietet wie die Software.

Die Entwicklung softwarebasierter Systeme im Fahrzeug verläuft, wie in Abb. 8.115 schematisch dargestellt, von der Festlegung der Anforderungen und Funktionen (Nutzungsebene) über die logische Architektur und die Clusterebene, in der logische Komponenten zu Softwareeinheiten zusammengefasst werden, die dann in Steuergeräten abgebildet werden können, bis hin zur Plattformebene, die aus der Hardwarearchitektur mit der Laufzeitumgebung wie Betriebssystem, Bus- und Gerätetreibern besteht.

8.7.2.2 Anforderungsanalyse und -spezifikation

Eine gerade in Hinblick auf die Neuartigkeit vieler Funktionen und die verteilte Entwicklung in ihrer Bedeutung oft unterschätzte Phase der Softwareentwicklung ist die Anforderungsphase. Dabei wird zunächst in einer Analysephase die zu lösende Aufgabe analysiert. Auf Basis dieser Analyse werden dann die Anforderungen an das System spezifiziert.

Dabei sind im Wesentlichen zwei Schwierigkeiten zu bewältigen. Es ist bei einer Vielzahl konkurrierender Zielvorgaben zu ermitteln, welche funktionalen und nichtfunktionalen Anforderungen an das Zielsystem tatsächlich bestehen bleiben. Funktionale Anforderungen richten sich auf das Verhalten eines Softwaresystems, nichtfunktionale Anforderungen betreffen Eigenschaften der Realisierung oder des Entwicklungsprozesses. Ferner sind die Anforderungen unmissverständlich zu dokumentieren, so dass sie als verbindliche Vorgaben für die weitere Entwicklung dienen können.

Die Festlegung der Anforderungen ist weniger einfach, als es im ersten Moment klingen mag, da Softwaresysteme große Entscheidungsspielräume für die Festlegung ihres Verhaltens lassen. Hinzu kommt, dass das Verhalten der zu erstellenden Systeme in allen Konsequenzen zum Zeitpunkt der Anforderungsspezifikation nur schwer vorstellbar ist. Ferner ist die unmissverständliche, präzise Beschreibung von Anforderungen ein nicht zu unterschätzendes Problem. Besonders kritisch sind die Vielzahl von Gesichtspunkten und die große Zahl unterschiedlicher Interessengruppen, die alle bei der Erstellung einer Anforderung zu berücksichtigen sind.

Dabei sollte eine Anforderungsfestlegung weitgehend unabhängig von der späteren Realisierung erfolgen. Generell sollte die Anforderungserhebung ohne Rücksicht auf die später stattfindende Partitionierung in Hard- und Software erfolgen, um Entwurfsentscheidungen nicht zu früh festzulegen.

8.7.2.3 Design und Architektur

In der Architektur eines Softwaresystems wird die Untergliederung eines Systems in seine Bestandteile (»Softwarekomponenten«) festgelegt. Die Architektur ist für die arbeitsteilige Entwicklung eines Systems von entscheidender Bedeutung und erfordert deshalb besondere Sorgfalt in der Festlegung. Hier sind Methoden des Top-Down-Entwurfs, bei dem ein System ausgehend von einer Nutzungssicht schrittweise in Teilsysteme zerlegt wird, mit Methoden des Bottom-Up-Entwurfs zu kombinieren, wobei aus bestehenden Systemkomponenten schrittweise das Gesamtsystem aufgebaut wird. Hier kann sich insbesondere der Einsatz von Modellen (siehe ▶ Abschn. 8.7.3.1) vorteilhaft auswirken, die die Funktionsweise der Komponenten über ihre Systemgrenzen (die »Schnittstellen«) unmissverständlich beschreiben.

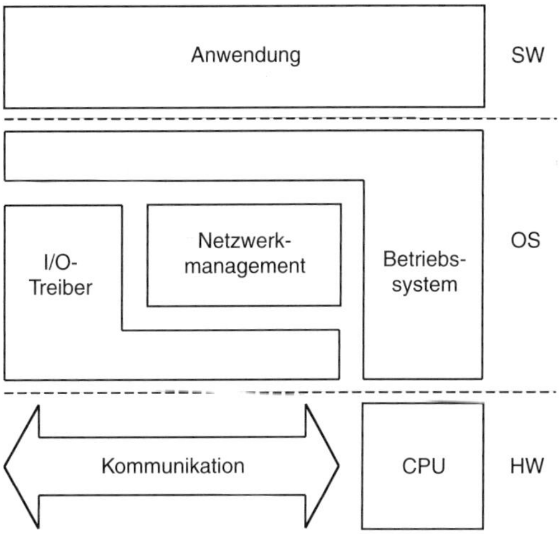

Abb. 8.116 Systemarchitektur

Für die Architektur unterscheiden wir zwischen der Hardwarearchitektur und der Softwarearchitektur. Für die Software ist dabei die eigentliche Anwendungssoftware von der Systemsoftware, insbesondere dem Betriebssystem, zu unterscheiden (Abb. 8.116). Das Betriebssystem setzt auf dem Steuergerät (»CPU«) auf.

Die Hardwarearchitektur besteht aus den Hardwarekomponenten wie Prozessoren (Steuergeräte, CPU), Sensoren, Aktuatoren sowie den sie verbindenden Netzwerken. Die Softwarearchitektur besteht in der Regel aus Betriebssystemanteilen sowie Systemdiensten und den sich darauf abstützenden Anwendungsprogrammen. Diese können zweckmäßigerweise in Schichten aufgebaut sein.

8.7.2.4 Implementierung und Modultest

In der Implementierung werden die in der Softwarearchitektur festgelegten Bestandteile durch Programme realisiert. Wir sprechen von Codierung. Dies kann händisch durch die Programmierer erfolgen oder durch Generierung des Codes durch ein Werkzeug aus Modellen. Letzteres setzt voraus, dass das Verhalten so präzise in Modellen erfasst wird dass der Code daraus automatisch abgeleitet werden kann.

Ein wesentlicher Bestandteil der Codierung ist die Qualitätssicherung durch Maßnahmen der Verifikation wie etwa Codeinspektion und Modultest. Nur wenn die Softwaremodule weitgehend fehlerfrei sind, ist die Voraussetzung für eine Beherrschung der Integration gegeben.

8.7.2.5 Integration

Die realisierten Programme sind in der Regel in Module gegliedert. Diese werden in der Integration schrittweise zu größeren Softwareeinheiten zusammengefügt.

Die Software ist schließlich in die Zielhardware einzubringen und mit ihrer technischen Umgebung zu integrieren. Dann ist aus den so entstehenden Systemteilen in Schritten (»inkrementell«) das Gesamtsystem aufzubauen. Kritisch ist bei der Integration die Sicherstellung des korrekten Zusammenspiels der Systemteile und unterschiedlicher Teilfunktionen. Um dieses zu gewährleisten, sind umfangreiche Tests erforderlich. Im ungünstigen Fall werden Fehler im Architekturkonzept oder in der Realisierung der Module erst zu diesem Zeitpunkt entdeckt.

8.7.2.6 Validierung und Verifikation

Validierung hat zum Ziel zu überprüfen, ob die Formulierungen den tatsächlichen Anforderungen (»das richtige System wird entwickelt«) entsprechen. Verifikation beschreibt die Konsistenzsicherung zwischen Artefakten der Entwicklung (»das System wird korrekt gemäß den formulierten Anforderungen entwickelt«). Beides ist wesentlicher Teil der Qualitätssicherung.

Die Durchführung der Implementierung und Integration erfordert eine sorgfältige Qualitätssicherung. Ziel ist der Nachweis, dass die realisierte Software den Anforderungen genügt. Dazu bieten sich Techniken des Reviews, der Inspektion, des Testens und auch der maschinengestützten Modellprüfung oder logischen Verifikation an.

Dabei ist darauf zu achten, dass durch Validierung und Verifikation die in jeder Phase der Entwicklung unvermeidlich auftretenden Fehler möglichst früh entdeckt und beseitigt werden. Verschleppte Fehler bergen enorme Risiken, verursachen in den späteren Entwicklungsphasen und erst recht im Feld überproportionale Kosten und Zeitverzögerungen.

8.7.2.7 Produktion und Wartung

In der Fahrzeugproduktion ist die Software in die Hardware des Fahrzeugs einzubringen. Im Laufe der Nutzung des Fahrzeuges werden neue verbesserte (»Update«), in Hinblick auf die Funktion erweiterte (»Upgrade«) Versionen der Software erzeugt und nachgeladen.

Besonders kritisch wird dadurch die Wartung von Software im Fahrzeug, da neue Versionen kompatibel in die Hardware im Fahrzeug eingebracht werden müssen. Dies erfordert sorgfältige logistische Überlegungen in Hinsicht auf Kompatibilität, Konfiguration und Versionsbildung.

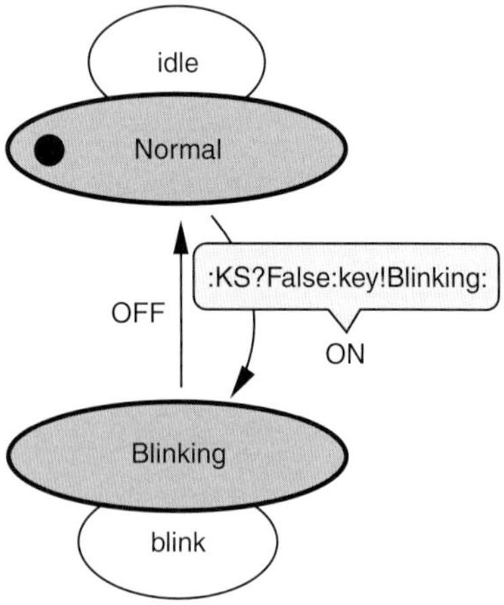

Abb. 8.117 Zustandsübergangsdiagramm

8.7.3 Erfolgsfaktoren

Der enorme Zuwachs von Software im Fahrzeug an Umfang und Funktionalität stellt die Automobilindustrie vor neue Herausforderungen. Besonderes Augenmerk kommt der Komplexitätsbewältigung in Hinblick auf die Zuverlässigkeit der Software zu und der Erhöhung der Produktivität in Hinblick auf die dramatisch steigenden Aufwände bei der Entwicklung der Software.

Hier ist die Avionik mit der Zuverlässigkeit von Software in Verkehrsflugzeugen weiter. Moderne Verkehrsflugzeuge fliegen »by-Wire«. Die Zuverlässigkeit ist beeindruckend hoch. Allerdings sind die Kostenmodelle unterschiedlich zu denen in der Fahrzeugentwicklung.

8.7.3.1 Modellbildung

Wie kaum ein anderes Gebiet ist die Softwaretechnik auf angemessene Techniken zur Modellbildung angewiesen. Eine besondere Rolle spielt bei der Software im Fahrzeug das Thema Reaktivität und Echtzeit. Die Software muss auf Ereignisse aus der Umgebung angemessen werden und zur richtigen Zeit reagieren.

Da Software immateriell ist und dabei komplexe dynamische Vorgänge mit statischen Mitteln beschreibt und bis ins letzte Detail festlegt, kommt Techniken, die es erlauben, das Verhalten der Software nachvollziehbar und überprüfbar zu beschreiben, eine besondere Bedeutung zu.

Die Informatik hat eine ganze Reihe von Modellen entwickelt, um Software zu beschreiben und anschaulich darzustellen. Inzwischen existieren auch Modellierungssprachen und Werkzeuge, die das Erstellen von Modellen unterstützen. Reaktionen von Systemen lassen sich anschaulich durch Zustandsübergangsdiagramme darstellen (siehe Abb. 8.117).

Die Bildung von Modellen für Software schafft die Möglichkeit, frühzeitig ohne die Betrachtung störender technischer Details, die Softwarefunktionalität fachlich unmissverständlich festzulegen und zu überprüfen. Dies führt auf den modellgetriebenen Ansatz der Softwareentwicklung.

8.7.3.2 Mensch-Maschine-Interaktion

Die auf Basis von Software geschaffene umfangreiche, neuartige Funktionalität in Fahrzeugen erfordert neue Konzepte, um diese Funktionalität dem Fahrer und Nutzer in angemessener Weise zur Verfügung zu stellen. Allein die hohe Zahl der Funktionen und die Schwierigkeit, ihre Wirkungsweise unmissverständlich zu verstehen, führt auf große Herausforderungen. Wir sprechen bei der Aufgabe, den Nutzern (Fahrer, Beifahrer, aber auch Wartungspersonal) die elektronisch basierten Funktionen durch Dialog mit der Maschine transparent für den Zugriff zur Verfügung zu stellen, von der Mensch-Maschine-Interaktion (kurz MMI). Insbesondere der Umfang an Funktionen bereitet hier zunehmend Schwierigkeiten, wie auch die vielfältigen Einstellungsmöglichkeiten der Funktionen eines Fahrzeugs, die die Software dadurch bietet.

Durch die Softwaresysteme können Fahrzeuge in einer völlig neuen Weise auf die Bedürfnisse eines Fahrers zugeschnitten werden. Wir sprechen von »Personalisierung«. Dazu ist es jedoch erforderlich, dass dem Fahrer entsprechende Möglichkeiten der Einstellung gegeben werden. Die bisher im Fahrzeug vorherrschenden Techniken durch Schieber, Knöpfe und Anzeigeinstrumente kommen dabei schnell an ihre Grenzen. Neue Bedien- und Anzeigekonzepte sind gefragt, die einfach und selbsterklärend sind und trotzdem dem Fahrer die volle Verfügung über alle vorhandenen Funktionen geben und ihm auch die entsprechenden Informationen über den Zustand seines Fahrzeugs zurückspiegeln. Neuartige Konzepte der Interaktion zwischen Nutzern und Fahrzeug kombinieren akustische Signale, Sprache und visuelle sowie taktile Möglichkeiten. Es entsteht eine multimodale Mensch-Maschine-Interaktion

Dabei ist bemerkenswert, dass auch die Mensch-Maschine-Schnittstelle durch Software selbst flexibel und programmierbar wird. Die Nutzung von Anzeigeinstrumenten aus der Computertechnik, also von Bildschirmen und programmierbaren Anzeigen (wie »Menue«-Techniken, etc.), erlaubt es, eine Vielzahl von unterschiedlichen Konzepten im gleichen Fahrzeug zu realisieren. Die angemessene Gestaltung und Nutzung dieser Möglichkeiten ist eine der großen Herausforderungen der Zukunft.

8.7.3.3 Qualitätssicherung

Die enorme Komplexität der Software in Fahrzeugen stellt die Entwicklung vor große Herausforderungen. Durch die hohe Kombinatorik des Systemverhaltens sowie die Vernetzung und dadurch oft bedingten verdeckten logischen Abhängigkeiten gibt es viele Fehlerquellen, wie beispielsweise logische Fehler der Software und auch Integrationsfehler, die oft nur schwer zu ermitteln sind. Auch Fehler in der Infrastruktur können zu erheblichen Störungen führen. Besonders kritisch ist, dass das Auftreten unerwarteter Fehler oft Folgefehler verursacht, die folgenschwere Beeinträchtigungen der Funktionen nach sich ziehen, aber auch schwer zu diagnostizieren sind.

Entscheidend ist es, die Fehler vor Anlaufen der Produktion zu finden und zu beseitigen. Dazu sind umfangreiche Inspektionen, Reviews, Tests und Erprobungen erforderlich. Spontane Ausfälle der Fahrzeugsoftware (»transiente« Fehler) im Feld rühren immer von der Hardware her, Softwarefehler sind hingegen stets systematische, logische Fehler, also Versäumnisse in der Entwicklung. In Hinblick auf Hardwarefehler kann Software jedoch mit geeigneten Methoden fehlertolerant gestaltet werden. Dies führt jedoch in der Regel auf höhere Kosten.

Da die Funktionen immer stärker vernetzt werden, aber gleichzeitig im Baukastenprinzip unterschiedliche Teile des Fahrzeugs und damit auch Funktionen von unterschiedlichen Herstellern geschaffen werden, kommt der Integration und der Integrationsfähigkeit im Zusammenhang mit Software im Fahrzeug eine herausragende Bedeutung zu. So müssen die Softwaresysteme, die von Zulieferern geschaffen werden und Schnittstellen zu anderen Softwaresystemen im Fahrzeug haben, im Hinblick auf ihre Schnittstellen genau beschrieben werden, so dass sie dann in einen Integrationsrahmen, der durch die Softwarearchitektur gegeben ist, eingepasst werden können (siehe ▶ Abschn. 8.1 zum Thema Dienstleister und Zulieferer).

Zur Bewältigung der angesprochenen Probleme wird es in Zukunft erforderlich sein, die Softwaresysteme im Fahrzeug viel stärker aus einer Gesamtsystemsicht zu sehen und zu entwickeln. Frühzeitig ist eine Funktions- und Softwarearchitektur festzulegen mit genau abgegrenzten Schnittstellen, wie das in der Softwaretechnik üblich ist. Auf dieser Basis ergibt sich ein systematisches Top-Down-Vorgehen, in das sich realisierte Softwaresysteme mit ihrer Vernetzung systematisch einfügen müssen.

8.7.4 Entkopplung von Infrastruktur und Plattformen

Die Software wird auf der Hardware des Fahrzeugs ausgeführt. Da die Hardware (Steuergeräte) starke Unterschiede aufweist, ist es für die Übertragbarkeit der Software zwischen unterschiedlichen Hardwareplattformen sinnvoll, einheitliche Softwarestrukturen (»Softwareplattform«) zu verwenden, auf denen dann die Anwendungssoftware aufsetzen kann. Wichtigster Bestandteil ist dabei das Betriebssystem.

Langfristig ist zu erwarten, dass einheitliche Plattformen, zumindest bei den einzelnen Herstellern, entstehen, die es erlauben, Lösungen von Fahrzeugreihen auf andere Fahrzeugreihen zu übertragen und auch innerhalb der einzelnen Fahrzeugreihen unterschiedliche Hardwarelösungen einzusetzen, ohne dass die Software massiv dafür geändert werden muss. Dies ist eines der wesentlichen Ziele von Autosar, eines gemeinsamen Projektes von Automobilherstellern und Zulieferern zur Vereinheitlichung und Standardisierung der Plattformen im Fahrzeug.

8.7.5 Produktlinien

Typischerweise sind in den Fahrzeugen immer wieder ähnliche Funktionen durch Software realisiert. Deshalb empfiehlt sich der Produktlinienansatz, der der systematischen Entwicklung immer wieder neuen Versionen eines Produkts Rechnung trägt.

Der Produktlinienansatz ist ein inzwischen in vielen Details beschriebener Ansatz für die Entwicklung von Softwaresystemen mit immer wieder ähnlichen Funktionsmerkmalen. Wichtigster Bestandteil des Produktlinienansatzes sind das so genannte Domänenmodell und auch die Domänenarchitektur, in der die Funktionen eines Fahrzeuges strukturiert dargestellt werden (»Featurebaum«). Dieser kann am günstigsten nach dem Prinzip der Nutzungsfälle (modelliert durch Szenarien; ◘ Abb. 8.118) aufgebaut werden, in denen dargestellt wird, für welche Aufgaben die einzelnen Softwaresysteme und im Überblick das gesamte Softwaresystem im Fahrzeug gedacht ist. Zweiter wesentlicher Bestandteil der Produktlinien ist es dann, eine Komponentenarchitektur (◘ Abb. 8.119) für das Fahrzeug zu entwerfen, auch Systemarchitektur oder logische Architektur genannt, in der zur Realisierung der Funktionen das Softwaresystem in einzelne Komponenten zergliedert wird. Aus dieser Architektur wird dann schließlich die Softwarearchitektur gewonnen, die zeigt, wie die Bestandteile der Software sich gliedern, und ferner die Hardwarearchitektur, die die Bestandteile des Hardwaresystems umfasst. Die Idee des Produktlinienansatzes ist es, alle diese Architekturen in verallgemeinerter Form zu entwickeln, so dass aus ihnen durch Spezialisierung die Lösungen für die einzelnen Baureihen abgeleitet werden können.

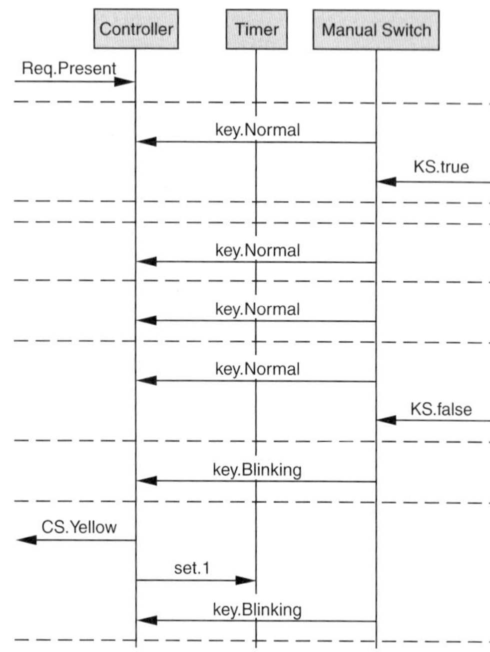

◘ **Abb. 8.118** Interaktionsdiagramm

8.7.6 Anwendungsfelder

Die Anwendungsfelder der Software in Fahrzeugen werden immer vielfältiger. Die Software erlaubt es, umfangreich differenzierte Funktionen ins Fahrzeug einzubringen.

Grundsätzlich lassen sich zwei Arten von Gründen für die Implementierung von Funktionen im Fahrzeug durch Steuergeräte und Software unterscheiden. Zum einen wird diese Technik eingesetzt, um neuartige Funktionen im Fahrzeug zu realisieren. Typisches Beispiel ist die elektronisch unterstützte Fahrstabilität, die in ihrer ausgeprägten Form ohne Steuergeräte und zugeschnittene Software nicht denkbar wäre. Weitere Beispiele

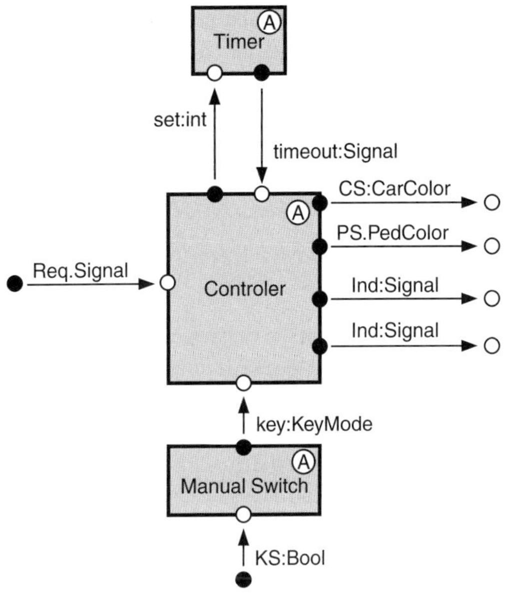

Abb. 8.119 Strukturdiagramm

sind Navigationsgeräte oder Formen der Personalisierung im Fahrzeug durch die Einstellung von Komfortfunktionen und Fahrzeugcharakteristika auf die Bedürfnisse einzelner Fahrer.

Ein zweiter wichtiger Komplex der Anwendung von Software ist die Realisierung bekannter Funktionen, die bisher mechanisch und hydraulisch durch elektronische und elektrische Bauteile realisiert worden sind. Das wichtigste Gebiet in diesem Zusammenhang ist wohl das Gebiet des »Drive by Wire«. Dabei werden klassische Funktionen des Fahrzeugs, wie etwa Bremsen durch Hydraulik oder Lenkung mit Lenkgestänge, durch Elektromotoren und Steuergeräte sowie Software ersetzt. Man verspricht sich dabei Vorteile im Hinblick auf das Packaging, auf kostengünstigere Produktionslösungen, aber auch im Hinblick auf neuartige Funktionalität, die Potenzial für weitere Innovationen aufweist.

Damit treffen sich beim »Drive by Wire« beide Beweggründe für den Einsatz von Software im Fahrzeug. Zunächst werden herkömmliche Funktionen durch Hardware-/Softwarerealisierungen ersetzt, was Vorteile für die technische Realisierung – die Kosten der Produktion oder das Packaging – hat. Durch den Umstand, dass nun diese Funktionen elektronisch angesteuert werden, ist es möglich, im Fahrzeug zusätzlich Funktionalitäten zu schaffen und dem Fahrer zur Verfügung zu stellen.

Allerdings erfordert der Einsatz umfassender »By-Wire«-Lösungen in den Fahrzeugen eine deutliche Erhöhung der Zuverlässigkeit der Systeme. Gerade in sicherheitskritischen Anwendungen ist ein Einsatz nur dann zu verantworten.

8.7.6.1 Fahrerassistenzsysteme

Ein wichtiges Anwendungsfeld von Software sind Fahrerassistenzsysteme, die den Fahrer unterstützen, seine Aufgaben vereinfachen, ihn warnen und zusätzliche Informationen geben (siehe auch ► Abschn. 8.5). Auch auf diesem Gebiet sind die technischen Möglichkeiten bei weitem nicht ausgeschöpft. Bisher werden schon heute verfügbare Techniken nur in Ansätzen genutzt, durch Beobachtungen des Fahrers und seiner Aktivitäten, Informationen über seine Befindlichkeiten, Absichten und seine Ziele zu sammeln und daraus Schlussfolgerungen zu ziehen, wie das Fahrzeug stärker auf die Bedürfnisse des Fahrers eingestellt werden kann und zusätzliche Hilfen und Informationsdienste zur Verfügung gestellt werden können. Nur langsam klären sich in diesem Bereich die Fragen, welche Form der Unterstützung der Fahrer benötigt und wünscht, wie man sicherstellen kann, dass man den Fahrer nicht entmündigt, dass er sich über das Potenzial seines Fahrzeuges noch bewusst ist und dieses realistisch einschätzen kann und wie man den Fahrer in die Lage versetzt, die Charakteristika seines Fahrzeugs so weit wie möglich nach seinen eigenen Vorstellungen zu bestimmen.

8.7.6.2 Infotainment

Neben der Unterstützung der primären Funktionen im Fahrzeug steigt der Bedarf an Information und Unterhaltung im Fahrzeug. Über längst verbreitete Funktionen hinaus, wie dem Autoradio, sind drahtlose Telefone, Fernsehen, Navigationsgeräte und die Einbindung typischer Informatiktechnologie bis hin zu Spielen und Informationsdiensten verstärkt in Fahrzeugen zu finden. Gerade die drahtlose Kommunikation eröffnet eine Vielzahl neuer Möglichkeiten.

Nahezu grenzenlose Möglichkeiten bietet die Integration von übergreifenden Verkehrsleitsystemen und Kommunikationssystemen zwischen den Fahrzeugen mit dem Fahrzeug selbst. Dadurch wird es beispielsweise möglich, dass hintereinander fahrende oder in eine Kreuzung einfahrende Fahrzeuge Informationen austauschen. So kann beispielsweise auf eine Vollbremsung des Vordermannes elektronisch reagiert werden. Weiter wird es auch möglich, Informationen aus den Fahrzeugen zu sammeln und diese an zentrale Verkehrsleitstände zu geben. Somit wäre eine zuverlässige Gewinnung von Daten über die Verkehrssituation gegeben. Gleichzeitig könnten spezifische Daten in die Fahrzeuge zurück übertragen werden.

Diese Beispiele zeigen bereits auf, wie umfangreich die Möglichkeiten durch die Vernetzung von Kommunikation und Software im Fahrzeug bereits heute sind. Nur langsam klären sich die Geschäftsmodelle, nach denen diese Möglichkeiten genutzt werden, aber auch die Wünsche der Kunden und ihre Akzeptanz gegenüber entsprechenden Lösungen.

8.7.6.3 Karosserie- und Komfortfunktionen

Die Funktionen in und um den Innenraum bieten eine Fülle von Möglichkeiten für eine Unterstützung von Fahrern und Passagieren. Beispiele sind Schließung, Steuerung der Fenster, der Spiegel, des Lichts, der Scheibenwischer, Klimatisierung, Sitze und vieles mehr. Gerade hier kann ein hoher Komfort durch eine starke Personalisierung erreicht werden.

8.7.6.4 Sicherheitsfunktionen

Eine Fülle von Möglichkeiten bieten Funktionen zur passiven und aktiven Sicherheit in Hinblick auf Unfälle. Dies beginnt mit Funktionen zur Unfallvermeidung (»aktive Sicherheit«) bis hin zum Eingriff in die Reaktionen des Fahrers. Dies führt auf kritische technische und konzeptionelle Fragen für die Mensch-Maschine-Schnittstelle. Auch schwierige rechtliche Fragen sind hierbei zu klären.

Im Falle eines Unfalls können Systeme der passiven Sicherheit die Insassen oder Unfallgegner vor schweren Verletzungen schützen. Beispiele sind Gurtstraffer, adaptive Airbagsteuerung und vielfältige Precrashfunktionen, durch die ein Fahrzeug auf einen als unvermeidlich erkannten Unfall so vorbereitet wird, dass das Verletzungsrisiko gemindert wird.

8.7.7 Technische Herausforderungen zur Software im Fahrzeug

Besondere Probleme der Software ergeben sich aus der Festlegung der Anforderungen, der Beherrschung der Komplexität der Realisierung und der Qualität und der Softwarelogistik (Wartung und Fehlerbeseitigung). Kritisch sind auch der ständig steigende Entwicklungsaufwand und die Beherrschung der Entwicklungsprozesse.

8.7.7.1 Zuverlässigkeit

Unter der Zuverlässigkeit von Software verstehen wir die Fehlerfreiheit, Verfügbarkeit und angemessene Reaktion auch in Grenzsituationen im Sinne der Anforderungen. In bestimmten Anwendungsfeldern ist die garantierte Zuverlässigkeit der Software absolutes Muss. Beispiele sind Softwaresysteme, deren Zuverlässigkeit für die Unfallvermeidung, die Fahrzeugfunktionen oder die Verhinderung von technischen Defekten zwingend Voraussetzung ist.

Allerdings unterscheiden sich die Methoden zur Messung, Steigerung und Sicherung der Zuverlässigkeit von Software stark von denen der Ermittlung und Bewertung der Zuverlässigkeit mechanischer Systeme. Für Software gibt es keinerlei Schwierigkeiten in Hinblick auf Fragen wie etwa Materialermüdung. Software kann aber logische Fehler durch eine inkorrekte Realisierung oder Konzeptfehler in Folge einer fehlerhaften Festlegung der Anforderungen aufweisen.

Die Zuverlässigkeit softwarebasierter Funktionen im Fahrzeug hat noch nicht den hohen Standard erreicht, wie er in der zivilen Luftfahrt heute anzutreffen ist. Die Gründe dafür sind vielfältig. Die unterschiedlichen Stückzahlen und Stückkosten erlauben für viele bewährte Ansätze der zivilen Luftfahrt, wie der redundanten Auslegung von Steuergeräten, ein Übertragen auf den Automobilbereich nicht. Auch sind die Vorschriften und Zulassungsprozesse in der zivilen Luftfahrt rigider. Im Automobilbereich sind die Verfahren des TÜV noch zu wenig auf die Besonderheiten softwareintensiver Systeme zugeschnitten.

Problematisch sind nicht zuletzt die rechtlichen Gesichtspunkte bei der Freigabe innovativer Systeme. Greifen Systeme stark in die Autonomie des Fahrers ein, indem sie seine Fahrmanöver korrigieren, sind bisher ungelöste Haftungsfragen zu klären (siehe H. Winner et al.: Handbuch Fahrerassistenzsysteme Grundlagen, Komponenten und Systeme für aktive Sicherheit und Komfort. Vieweg+Teubner 2009). Dies führt dazu, dass bestimmte Funktionen, die durchaus im statistischen Mittel einer Unfallvermeidung dienen könnten, nicht zum Einsatz kommen.

8.7.7.2 Wartung und Logistik

Nicht nur die Erstellung der Software, auch die Einbringung der Software in die Fahrzeuge während der Produktion, die Wartung der Software und das Ersetzen der Software im Fahrzeug durch neue Softwarestände bringen eine Vielzahl von Schwierigkeiten mit sich. Insbesondere ist Software in diesem Zusammenhang kaum mit den üblichen Prozessen der Automobilindustrie angemessen zu behandeln.

Eine Schwierigkeit ist dabei beispielsweise, dass, bedingt durch die großen Unterschiede bei den Sonderausstattungen, kaum ein Softwaresystem in einem Fahrzeug einer Baureihe einem anderen gleicht.

Zugleich werden die Softwaremodule im Rahmen von Fehlerkorrektur, Funktionserweiterung und Anpassung an neue Hardware weiterentwickelt. Es entstehen unterschiedliche Versionen der Softwaremodule. Dieses Problem der Versionierung von Softwaresystemen erfordert eine hohe Modularität und weitgehende Kompatibilität der Software.

Heute wird bei der Wartung von Fahrzeugen mit so genannten Softwareständen gearbeitet. Ein Softwarestand definiert eine Konfiguration, die sich aus einer Familie von untereinander verträglichen Softwareversionen zusammensetzt.

Macht man sich klar, dass für die Software immer wieder neue, verbesserte Softwarestände produziert und freigegeben werden, so ist eine der großen Schwierigkeiten, in den individuellen Fahrzeugen die genaue Information über den aktuellen Softwarestand zu haben und über die Möglichkeiten, diesen Softwarestand insgesamt oder in Teilen zu verändern.

Die Inkompatibilität zwischen unterschiedlichen Softwareteilen und die Inkompatibilität zwischen gewissen Hardware- und Softwarekomponenten führen letztlich auf schwer beherrschbare Probleme. Werkstätten müssen den aktuellen Softwarestand eines Fahrzeugs feststellen können und bei Wartungs- und Reparaturarbeiten darauf achten, das wieder konsistente Softwarestände im Fahrzeug sichergestellt sind.

Im Gegensatz zu der üblichen Schnelllebigkeit in der Computerindustrie, wo typischerweise Hardware nach drei bis fünf Jahren ausgemustert wird, müssen wir im Automobil Voraussetzungen dafür schaffen, dass Fahrzeuge zwanzig Jahre und länger im Markt sind. Sie müssen über diese ganze Zeit auch im Hinblick auf ihre Softwarestände gepflegt und gewartet werden. Dies bringt völlig neue Herausforderungen mit sich.

8.7.7.3 Vernetzung

Waren die ersten Softwaresysteme in Fahrzeugen im Wesentlichen bestimmt von regelungstechnischen Aspekten und liefen diese Systeme weitgehend isoliert, ohne mit anderen Funktionen in Interaktion zu treten, so beobachten wir heute eine immer stärkere Vernetzung der einzelnen Funktionen. Traditionell funktional völlig unabhängige Bestandteile des Fahrzeugs werden durch die Vernetzung ihrer Steuergeräte plötzlich voneinander abhängig. Beispiele sind Fahrstabilitätssysteme oder die komfortable elektronische Feststellbremse. Durch angepasste Bremsanlagen werden heute funktionale Abhängigkeiten zwischen Fahrzeugteilen, wie Motor, Bremsen und Fahrwerk geschaffen, die bisher nicht vorhanden waren.

Diese Abhängigkeiten sind typischerweise »Bottom up« entstanden. Dies heißt, dass unsystematisch die Vernetzung einzelner Funktionen stattgefunden hat. Inzwischen sind die funktionalen Abhängigkeiten so vielfältig, dass im Entwicklungsprozess leicht die Übersicht verloren geht. Dies führt dazu, dass gelegentlich überraschende, unbeabsichtigte Abhängigkeiten auftauchen, die in ungewollten fehlerhaften Verhalten resultieren (»Feature Interactions«). Dieses Phänomen, das aus Softwaresystemen, beispielsweise der Telekommunikation, wohl bekannt ist, erzwingt, dass in Zukunft der Entwurf der Funktionen im Fahrzeug viel stärker systematisch »Top down« erfolgt und dass das Fahrzeug und seine Softwaresysteme grundsätzlich von vornherein als Gesamtsystem gesehen werden.

8.7.7.4 Multiplexing, Zeitbeherrschung und Determinismus

Die Hardwarestrukturen werden aus Kostengründen gemeinsam für unterschiedliche Funktionen genutzt. So laufen auf den Steuergeräten Programme zeitlich versetzt ab, die die unterschiedlichen Funktionen realisieren. Wir sprechen von Multiplexing. Die Festlegung, welche Funktion wann zur Ausführung kommt, wird durch das »Scheduling« bestimmt. Auch auf den Bussystemen werden Nachrichten und Signale für unterschiedliche Anwendungen zeitlich versetzt übertragen.

Die zeitlich verschränkte Ausführung führt dazu, dass die Reaktionszeiten bei den einzelnen Funktionen nicht nur durch die Geschwindigkeit der Steuergeräte, sondern auch durch die Reihenfolge der Ausführung bestimmt werden. Durch zufällige Verdrängung der Ausführung einzelner Funktionen können unerwartete Verzögerungen auftreten, wenn die Steuerung der Steuergeräte und der Bussysteme jeweils auf die auftretenden Ereignisse reagiert. Bei dieser Vorgehensweise spricht man von Ereignissteuerung. Das zeitliche Verhalten einzelner Funktionen erscheint dann nicht vorhersagbar und nichtdeterministisch.

Dieser Nichtdeterminismus ist für sicherheits- und zeitkritische Anwendungen nicht akzeptabel. Abhilfe schaffen Methoden der Zeitsteuerung, bei denen das Scheduling auf Steuergeräten und Bussen nicht über Ereignisse, sondern über fest vergebene Zeitintervalle erfolgt. Flexray ist ein Bussystem, das das Konzept der Zeitsteuerung unterstützt und zurzeit in erste Serienfahrzeuge eingebaut wird.

8.7.7.5 Funktionale Sicherheit

Funktionale Sicherheit adressiert die Eigenschaft eines Systems, das von ihm für seine Nutzer bei ordnungsgemäßem Betrieb keine Gefahren ausgehen. Da Software-basierte in vielerlei Hinsicht in Fahrfunktionen eingreifen, ist das Thema der funktionalen Sicherheit für die Software im Fahrzeug von herausragender Bedeutung. Hierzu findet sich ein bemerkenswerter Unterschied in der Behandlung von Software im Verhältnis zu mechanischen oder elektrischen Systemen. Software kennt grundsätzlich den Begriff des Defektes nicht. Für Software gibt es keine Materialermüdung, im Grunde genommen auch keine Fehler in der Fertigung. Fehler in der Software sind grundsätzlicher, systematischer Natur. Dies stellt das Thema »Funktionale Sicherheit« vor ganz neue Herausforderungen. Mit der ISO 26260 ist eine Norm zum Thema »Funktionale Sicherheit« verfügbar, die umfassende Vorgaben für die Entwicklung Software-basierter Funktionen im Automobil im Hinblick auf funktionale Sicherheit macht.

Gemäß dieser Norm ist für Software-basierte Funktionen im Automobil eine Sicherheitseinstufung vorzunehmen und abhängig von der Sicherheitseinstufung sind eine Reihe von Regeln in der Entwicklung von Software zu beachten.

Erhält Software die höchste Sicherheitseinstufung, so ist in umfassender Weise durch Maßnahmen sicherzustellen, dass das Auftreten von Fehlverhalten mit entsprechend hoher Wahrscheinlichkeit ausgeschlossen ist. Eingesetzt werden dabei Techniken der Fehlerbaumanalyse und der Abschätzung der Auswirkungen von Fehlern (siehe ISO 26262).

8.7.7.6 IT-Security

Die Vernetzung der Fahrzeuge nach innen und außen schafft Anforderungen in Hinblick auf die IT-Sicherheit (engl. Security) der Informationen und Funktionen im Fahrzeug. Hinzu kommen wichtige Fragen der so genannten Privacy, das heißt, der Sicherstellung, dass vertrauliche Daten über den Fahrer nicht unzulässig gesammelt und unbefugt genutzt werden.

Insgesamt nimmt das ganze Thema der IT-Zugriffssicherheit (engl. Security im Fahrzeug) einen immer höheren Stellenwert ein. Die Sicherung der Informationen im Fahrzeug gegen unbefugte Nutzung und Manipulation wird eine der kritischen Fragestellungen für moderne Hardware-/Softwaresysteme in Fahrzeugen.

8.7.8 Potenzial

Software bietet enormes Potenzial für Kraftfahrzeuge. Sie erweist sich als der dominante Innovationstreiber.

Wie bereits erwähnt, wird auf das Thema »Drive by Wire« in der Automobilindustrie mit besonderen Erwartungen geblickt. Bisher gibt es zwar nur vereinzelt Lösungen in dieser Hinsicht (siehe ► Kap. 5 und 7), aber langfristig erwarten sich die Automobilhersteller umfassende Lösungen, bei denen beispielsweise die Lenkung eines Fahrzeugs völlig durch Elektronik ersetzt wird. Versuchsträger dazu existieren bereits. Dies erfordert Stellmotoren zur Steuerung der Räder und gleichzeitig Aktuatoren und Sensoren in der Lenkung, mit denen die Lenkbewegungen des Fahrers erfasst werden. Damit der Fahrer auch noch das Gefühl für die Straße hat, ist dabei ein so genanntes haptisches Feedback erforderlich. Die auf das Fahrzeug wirkenden Kräfte werden so ebenfalls auf elektronischem Weg auf die Lenkung des Fahrers rückübertragen.

Drive by Wire bedingt hohe Anforderungen im Hinblick auf die Zuverlässigkeit der Systeme. Insbesondere die Frage, wie man die Systeme ausfallsicher macht, sobald keine mechanischen Notsysteme mehr vorhanden sind, steht hierbei im Vordergrund.

Gelingt es »Steer by Wire« zu realisieren, so sind die Möglichkeiten für weitere Innovationen nahezu unbeschränkt. Beispielsweise ist keine Notwendigkeit mehr für ein Lenkrad gegeben. Das Fahrzeug kann möglicherweise ebenso gut durch einen »Joystick« gelenkt werden, wobei die damit verbundenen ergonomischen Fragen noch zu klären sind (siehe auch ► Abschn. 6.4.1). Dies erlaubt wiederum völlig andere Lösungen im Bereich der Armaturen und der Gestaltung des Fahrgastraums. Sind die Steuersignale der Lenkung erst mal elektronisch erfasst, so gibt es vielfältige Möglichkeiten, auch hier zusätzliche Funktionen aufzusetzen. Dies geht von der automatischen Einparkfunktion über die Korrektur der Lenkvorgänge bei Instabilitäten bis hin zu Fragen einer dynamisch beeinflussten Lenkung, bei der der Lenkeinschlag geschwindigkeitsabhängig gewählt wird.

Das Beispiel »Drive by Wire« zeigt das riesige Potenzial von Softwarelösungen im Fahrzeug, aber gleichzeitig die bisher nicht vollständig bewältigten Herausforderungen für die Entwicklungsingenieure.

8.7.9 Organisatorische Herausforderungen

Die starke Zunahme von Software in Fahrzeugen hat nicht nur tiefgreifende technische Auswirkungen auf das Fahrzeug und seine Entwicklung, sondern auch tiefwirkende organisatorische Auswirkungen auf Automobilunternehmen und die Zulieferindustrie. Zum einen müssen Kompetenzen in dieser Hinsicht aufgebaut werden, des Weiteren müssen die Prozesse auf die neuen Techniken zugeschnitten werden.

Eine Vielzahl fortgeschrittener Prozesse and Verfahren der Informatik findet in der Praxis der Softwareentwicklung für Automobile noch nicht hinreichend Berücksichtigung. Eine Erhöhung ihres Softwarereifegrads ist für viele Hersteller und Zulieferer deshalb ein Ziel hoher Priorität. Dazu werden standardisierte Verfahren zur Bewertung des Softwarereifegrades von Unternehmen verwendet wie CMMI und SPICE.

8.7.9.1 Prozesse

Besonders gravierend wirkt sich dabei aus, dass die Lebenszyklen in der Softwareindustrie typischerweise deutlich kürzer sind als üblicherweise im Automobilbereich. Ein eindringliches Beispiel in diesem Zusammenhang sind die mobilen Telefone in Fahrzeugen. Neue Generationen mobiler Telefone erscheinen in der Regel alle ein- bis eineinhalb Jahre. Eine neue Fahrzeuggeneration wird alle sechs bis acht Jahre angegangen. Diese Unterschiede zeigen schon, dass bei konsequentem Einbau aktueller Technologie in Fahrzeuge in einem Serienmodell alle ein- bis eineinhalb Jahre neue Telefontypen eingebaut werden sollten, was bedeutet, dass während der Lebensdauer der Fahrzeugproduktion drei- bis viermal das Konzept des mobilen Telefons erneuert werden muss. Diese unterschiedlichen Zyklen, auch bei der Entwicklung von Software vor Anlauf der Produktion, sind auf die klassischen Automobilprozesse heute völlig unzureichend abgestimmt.

Langfristig stellt sich auch die Frage, ob im Gegensatz zur heutigen Situation Software im Automobilumfeld nicht immer stärker auch ein eigenständiges Produkt wird. Heute werden Softwarelösungen in der Regel verkapselt in Hardwarelösungen vertrieben. So produzieren Zulieferer die mechanischen Geräte wie Bremsen, die dazugehörigen Sensoren und Aktuatoren, die Stellmotoren, die Steuergeräte und schließlich die Software in der Regel in einem Bauteil. Mittel- bis längerfristig ist jedoch zu erwarten, dass die Anzahl der Prozessoren in den Fahrzeugen eher wieder abnimmt und dass eine Vielzahl von Funktionen auf einzelnen Prozessoren und Steuergeräten zusammengefasst wird. Dies bedeutet, dass die Software für unterschiedliche Funktionen nicht mehr in den entsprechenden Geräten verkapselt in dafür gewidmeten Steuergeräten läuft, sondern, wie in klassischen Informatiksystemen, im Multiplexbetrieb auf einem Prozessor. Dies führt unweigerlich dazu, dass die Software getrennt von den Geräten gesehen und integriert werden muss. Der nächste Schritt liegt auf der Hand. Damit kann die Software auch unabhängig von der Mechanik der Sensorik und Aktuatorik erstellt werden.

Damit sind langfristig neue Formen der Zuliefer- und Softwareindustrie zu erwarten, die die Bedürfnisse der Automobilindustrie in dieser Hinsicht befriedigen. Software wird auch im Fahrzeug zum eigenständigen Teilprodukt. Letztlich kann Software auch nachträglich den Funktionsumfang eines Fahrzeugs erweitern.

8.7.9.2 Auswirkungen und langfristige Perspektiven

Software im Fahrzeug stellt schon heute, aber stärker noch für die Zukunft, eine der Herausforderungen schlechthin für die Automobilindustrie dar. Dramatische Änderungen im Produkt, in den Entwicklungs-, aber auch Produktionsprozessen, in den Geschäftsmodellen und im Markt sind zu erwarten.

Software-basierte Funktionen sind für die Zukunft entscheidende Innovationstreiber. Das Thema zeigt damit hohes Potenzial, aber auch Risiken. Alle beteiligten Unternehmen der Automobilindustrie sind heutzutage organisatorisch, personell und technisch auf diese Herausforderungen noch nicht hinreichend eingestellt. Die Fähigkeit, sich schnell und flexibel auf die angesprochenen Themen auszurichten und einzustellen, diese zu bewältigen und beherrschen, und dabei die Marktführerschaft zu behalten, wird eine der entscheidenden Fähigkeiten im Wettbewerb der Zukunft sein.

8.8 Moderne Methoden der Regelungstechnik

Moderne Regelsysteme sind eine wichtige Grundlage für die Innovationen im Automobil der vergangenen Jahre und werden zukünftig für weitere wesentliche Veränderungen im Bereich der individuellen Mobilität verantwortlich zeichnen. Die eingesetzten Regelungsverfahren sind für die Leistungsfähigkeit moderner Fahrerassistenz-, Antriebs- und Sicherheitssysteme im Kraftfahrzeug von großer Bedeutung.

In diesem Abschnitt wird ein Überblick über die modernen Methoden der Regelungstechnik gegeben und eine Bewertung der einzelnen Verfahren vorgenommen. Dieses Instrumentarium kann unterstützend für die Auswahl eines passenden Entwurfsverfahrens für die jeweils vorliegende Regelungsaufgabe herangezogen werden.

8.8.1 Anforderungen an Regelsysteme im Kraftfahrzeug

Trotz der unterschiedlichen übergeordneten Ziele (Sicherheit, Umweltschutz, etc.) lassen sich die Anforderungen an Regelungssysteme im Kraftfahrzeug zusammenfassen zu:

- Der Regler muss das System stabilisieren.
- Das System hat im geregelten Zustand neben der Stabilität zusätzliche definierte Güteeigenschaften zu erfüllen (z. B. schnelles Einschwingen und Einhalten einer max. zulässigen Abweichung vom Sollwert).
- Das für den Reglerentwurf oftmals benötigte Modell des Systems kann resultierend aus Abweichungen zwischen System- und Modellverhalten Unsicherheiten besitzen, die im Entwurf berücksichtigt werden müssen.

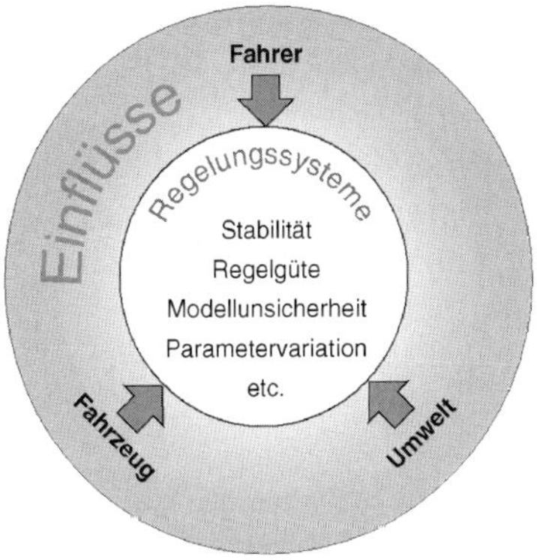

Abb. 8.120 Anforderungen an moderne Regelungsverfahren im Kraftfahrzeug-Umfeld

- Stabilität und Güteeigenschaften müssen erfüllt werden, auch wenn das zu regelnde System während der Laufzeit Parameterschwankungen unterliegt, die nicht genauer ermittelt werden können (z. B. Reifengriffigkeit oder Zuladung).

Da Regelungssysteme zunehmend in sicherheitsrelevanten Bereichen eingesetzt werden, müssen diese unter den gegebenen Randbedingungen einer kritischen Fahrsituation sicher und zuverlässig funktionieren. Andernfalls könnten kostenintensive und imageschädigende Rückrufaktionen die Folge sein.

Entsprechend Abb. 8.120 müssen moderne Regelungen ausreichende Robustheit gegenüber Modellunsicherheiten und Parametervariationen aufweisen, um Stabilität und Güteeigenschaften auch unter realen Einsatzbedingungen erfüllen zu können. Hierzu müssen die Modellunsicherheiten, verrauschten Signale und Parameterschwankungen bereits während des Entwurfs berücksichtigt werden. Dafür sind sehr gute Kenntnisse der klassischen Regelungstechnik und ein intensives Verständnis des zu regelnden Prozesses notwendig. Werden diese Anforderungen bereits im Entwurf des Regelungssystems eingebracht, so können hervorragende Robustheits- und Performance-Eigenschaften erzielt werden.

8.8.2 Moderne Reglerentwurfsverfahren

Die im Fahrzeugsektor am weitesten verbreitete PID-Regelung [201] umfasst die einfachste, vom Aufwand/Nutzen-Verhältnis allerdings sehr attraktive Klasse von Reglern. Der Regelfehler wird proportional, integral und differenzial gewichtet. Sämtliche Kombinationen dieser Gewichtung sind möglich. Viele Anwender besitzen grundlegende Kenntnisse der PID-Regelung, da diese Regelungen Bestandteil der überwiegenden Anzahl technisch-orientierter Ausbildungskurse sind. Brauchbare Regler können für viele Anwendungen ohne explizites Modellwissen durch einfaches Anpassen der Parameter oder durch automatisierte Parametrierung erzielt werden. Aussagen bzgl. Robustheit sind jedoch nicht explizit möglich, weshalb dieses Verfahren für eine Vielzahl anspruchsvoller Anwendungen nicht ausreichend ist.

Nachfolgend wird eine Auswahl von modernen Reglerentwurfsverfahren unter anwendungsorientierten Gesichtspunkten erörtert. Es kann keine generelle Aussage darüber getroffen werden welches der Verfahren zu favorisieren ist, da die verfahrenspezifischen Vor- und Nachteile mit den aus dem jeweils individuell vorliegenden Anwendungsfall resultierenden Anforderungen abzugleichen sind.

8.8.2.1 Adaptive Regelung

Mit adaptiven Reglern können Systeme mit Modellunsicherheiten bzw. mit zeitlich veränderlicher Dynamik gehandhabt werden. Veränderungen im Verhalten der Regelstrecke werden detektiert und der Regler in Folge dessen an das neue dynamische Verhalten angepasst (Abb. 8.121). Die Adaption kann sowohl offline als auch online durchgeführt werden.

Voraussetzung für den Einsatz adaptiver Regelungssysteme sind solide Kenntnisse in klassischer Regelungstechnik, nichtlinearen und digitalen Systemen sowie im Bereich der Systemidentifikation. Ein Derivat adaptiver Regler sind selbsteinstellende Regler, vorzugsweise PID-Regler [213]. Sie sind industriell beliebt, da sie sich per Knopfdruck selbst einstellen. Populär ist das sogenannte Gain- oder

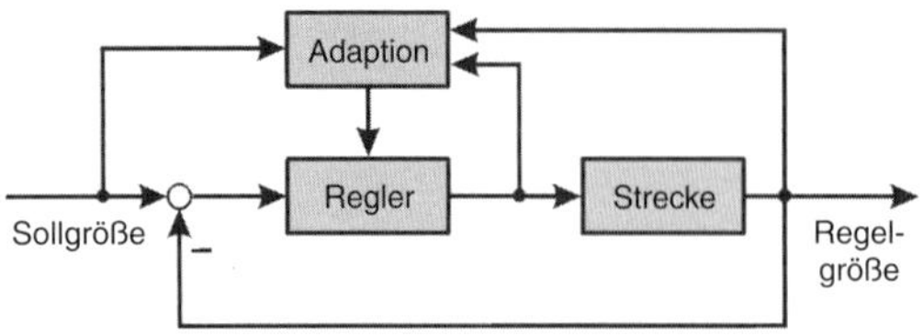

Abb. 8.121 Struktur einer adaptiven Regelung

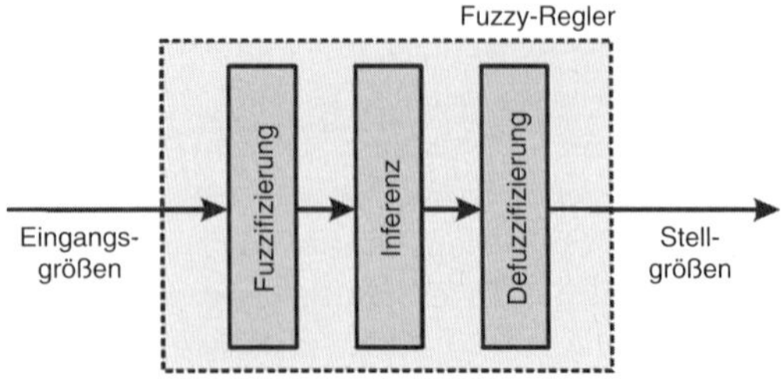

Abb. 8.122 Struktur eines Fuzzy-Reglers

auch Parameter-Scheduling. Die Reglerparameter werden vorab für verschiedene Betriebspunkte, zwischen denen während des laufenden Betriebes umgeschaltet wird, ausgelegt. Bei der höchstwertigen Form der adaptiven Regler, den modellbasierten adaptiven Reglern, werden die Parameter kontinuierlich aufgrund des aktuellen Streckenverhaltens nachgeführt [199]. Im Kfz-Bereich werden adaptive Regelungen z. B. bei der adaptiven Dämpferregelung eingesetzt, mit der unterschiedliche Fahrwerkscharakteristiken bei einem Fahrzeug realisiert werden können.

8.8.2.2 Fuzzy-Regelung

Bei Fuzzy-Regelungen wird das Regelgesetz intuitiv mit vorhandenem Wissen über die Prozessregelung in sprachlich formulierten Wenn-Dann-Regeln aufgestellt. Die Einbettung dieser sogenannten Inferenz in die Reglerstruktur ist in Abb. 8.122 dargestellt. Zum Design einer Fuzzy-Regelung ist kein mathematisches Modell der Regelstrecke und damit auch keine Linearisierung notwendig. Soll der Reglerentwurf von einer Simulation begleitet werden, so wird dieser Vorteil hinfällig, da für Simulationszwecke zwangsläufig ein Modell der Regelstrecke vorliegen muss. Wichtigste Voraussetzung zum Entwurf einer Fuzzy-Regelung ist das Vorhandensein von Wissen über die Regelung des Prozesses. Mit einfachem Verständnis der Fuzzy-Entwurfsmethodik können schnell brauchbare Regler realisiert werden. Höherwertige Fuzzy-Regler gestalten sich aufgrund der extrem hohen Anzahl an verfügbaren Parametern als aufwändig. Für gute Lösungen ist eine solide Kenntnis der Fuzzy-Theorie unumgänglich. Bei der schnell unüberschaubar werdenden Anzahl an potenziellen Regeln wirkt sich eine fehlende Systematik zur Erstellung des Regelwerks nachteilig aus. Außerdem gibt es keine Möglichkeit sich widersprechende Regeln zu erkennen. Nichtlinearitäten können bei Fuzzy-Reglern einfach integriert werden. Häufig wird durch das intuitive Vorgehen gute Robustheit erzielt, im Entwurf kann dies aber nicht quantitativ berücksichtigt werden [202]. Eine exemplarische Anwendung ist ein Fuzzy-ABS-System, bei dem sowohl der eigentliche Regler als auch eine Schätzung der Geschwindigkeit des Fahrzeugschwerpunktes auf Methoden der Fuzzy-Logik beruht [208].

8.8.2.3 Γ-Synthese

Die Γ-Synthese kann als konsequente Weiterentwicklung des klassischen Polvorgabe-Entwurfs mit einer Erweiterung auf unsichere Regelstrecken verstanden werden. Die Lage sämtlicher Eigenwerte des geschlossenen Kreises soll trotz Anwesenheit von Unsicherheiten auf ein definiertes Polgebiet beschränkt werden [198]. Das Verfahren beschränkt sich im Wesentlichen auf die Modellierung von Unsicherheiten in physikalischen Parametern, also strukturierte Unsicherheiten. Nicht nachgebildetes dynamisches Verhalten oder Modellvereinfachungen können nicht über unstrukturierte Unsicherheiten abgefangen werden. Die Modellierung der Unsicherheiten, wie auch alle weiteren Betrachtungen im Rahmen der Γ-Synthese, erfolgen ausschließlich anhand des charakteristischen Polynoms des geschlossenen Kreises. Mit dieser Fokussierung wird zwar a priori das Potenzial vergeben, auch Zeit- und Frequenzbereichs-Einflüsse von Nullstellen in den Reglerentwurf zu integrieren, dafür kann aber auf das gesamte Wissen der klassischen Regelungstechnik aufgebaut werden. Die Γ-Synthese bietet ein breites Spektrum an Hilfsmitteln zum Reglerentwurf – aber es ist auch ein intensives Verständnis der Regelstrecke notwendig.

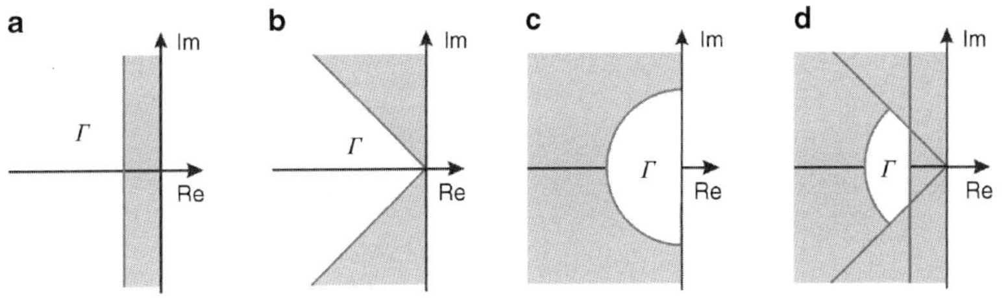

Abb. 8.123 Polgebiete zur Performance-Spezifikation

Die Performance-Anforderungen werden über Polgebiete formuliert (Abb. 8.123). Zeitbereichs-Anforderungen wie minimale Einschwingzeit oder minimale Dämpfung aber auch Frequenzbereichs-Anforderungen wie Beschränkung der Bandbreite können so vorgegeben werden. Das aus einfachen geometrischen Elementen zusammengesetzte zulässige Polgebiet wird als Γ-Gebiet bezeichnet. Liegen alle Eigenwerte des mit Unsicherheiten behafteten geschlossenen Kreises in dem gewünschten Gebiet Γ, so wird dies in der Γ-Synthese als robuste Performance bezeichnet. Darüber hinaus müssen wichtige Vorgaben wie z. B. die Struktur des gewünschten Reglers vor Beginn des Entwurfs vom Anwender festgelegt werden. Die Γ-Synthese zeigt dann in grafischer Form die zulässigen Koeffizientenbereiche auf, aus denen der Entwurfsingenieur nach eigenem Ermessen die günstigsten auswählen kann. Diese Reglerentwurfsmethodik wurde bei der Stabilisierungsfunktion der BMW-Aktivlenkung, die sich heute in den Baureihen 3, 5 und 6 im Serieneinsatz befindet, angewendet [200].

8.8.2.4 Neuronale Regelung

Als Vorbild für künstliche neuronale Netze dient das biologische Nervensystem. Ein neuronales Netz wird darauf trainiert, eine bestimmte Funktion auszuführen. Aufgrund dieser Eigenschaft werden neuronale Netze für adaptive Regler und schwerpunktmäßig zur Systemidentifikation, teilweise auch für prädiktive Regelungen eingesetzt. Neuronale Netze können aber auch als Regler verwendet werden [210]. Der Ansatz der Verhaltensnachbildung verbindet die neuronalen Regelungen mit den Fuzzy-Regelungen. Beide werden häufig unter dem Begriff Soft Computing zusammengefasst. Für neuronale Regelungen muss sich der Anwen-

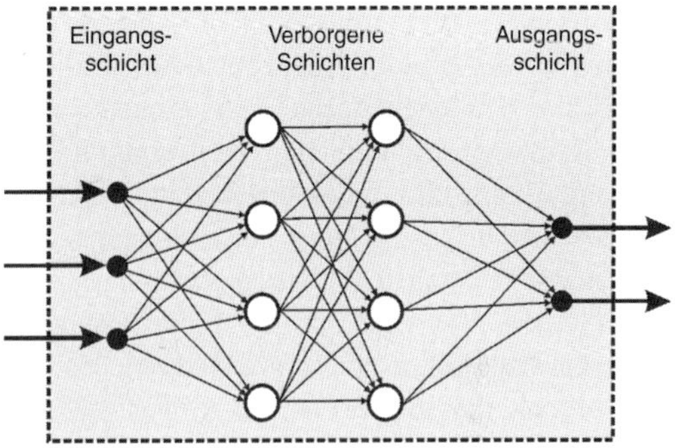

Abb. 8.124 Struktur eines neuronalen Netzes

der intensiv mit der spezifischen Funktionsweise neuronaler Netze auseinandersetzen und gute Kenntnisse in der Systemidentifikation besitzen. Allgemeine regelungstechnische Kenntnisse sind sekundär. Da neuronale Netze erst ihre eigentliche Funktion antrainiert bekommen müssen, sind umfangreiche Lerndaten erforderlich. In Fällen von schwierig durchzuführender Modellbildung können so Messdaten über das Systemverhalten aufgenommen und als Lerndaten zur Systemidentifikation mittels neuronaler Netze verwendet werden. Neuronale Netze werden aber auch als Modellfolgeregler verwendet. Die Komplexität eines neuronalen Netzes bestimmt der Anwender durch die Vorgabe der Anzahl an Schichten des Netzes (Abb. 8.124). Transparenz ist bei neuronalen Netzen aufgrund der Black Box Struktur nicht gegeben. Typisches Einsatzgebiet neuronaler Netze ist z. B. das momentenbasierte Motormanagement [205].

8.8.2.5 Norm-optimale Regelung

Bei den norm-optimalen Entwurfsverfahren handelt es sich um sehr junge Verfahren bei denen zum

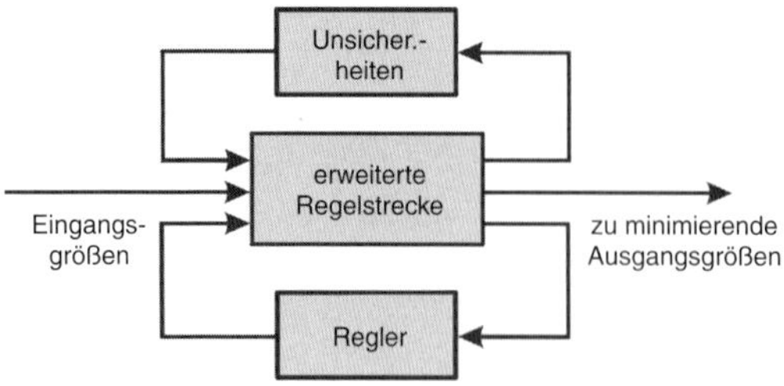

Abb. 8.125 Struktur einer norm-optimalen Regelung

ersten Mal die Definition einer Norm für regelungstechnische Fragestellungen herangezogen wird. Diese Entwurfsverfahren sind eine konsequente Fortentwicklung der optimalen Zustandsregelung kombiniert mit einem optimalen Beobachter. Zu den norm-optimalen Entwurfsverfahren zählen die H_2- und H_∞-Regelung [212], die μ-Synthese [214] sowie die lediglich im diskreten lösbare L_1-optimale Regelung [211].

In den Reglerentwurf können bereits Modellunsicherheiten integriert werden (Abb. 8.125). Für die Modellierung von Unsicherheiten werden zumeist frequenzabhängige Wichtungsfunktionen verwendet. Mit ihnen kann abgestimmt nach Frequenzbereichen eine prozentuale (multiplikative Unsicherheit) oder absolute Abweichung (additive Unsicherheit) vom nominellen Modell beschrieben werden. Die Performance-Anforderungen werden ebenfalls anhand von Wichtungsfunktionen formuliert. Die gebräuchlichste Struktur mit drei Wichtungsfunktionen ist der Mixed-Sensitivity-Entwurf, der die gezielte Modellierung frequenzabhängiger Eigenschaften ermöglicht. Während der Reglersynthese wird ein Gütefunktional minimiert, woraus ein für die gestellten Anforderungen optimaler Regler resultiert. Eine Analyse im Anschluss an den Entwurfsvorgang ist nicht erforderlich, da der resultierende Regler die geforderten Robustheitseigenschaften garantiert einhält.

Da die Reglerübertragungsfunktion Ergebnis eines automatisch ablaufenden Iterationsprozesses ist, muss der Regler als Black Box betrachtet werden – aus welchen Komponenten sich der Regler zusammensetzt, kann nicht transparent nachvollzogen werden. Damit besteht auch keinerlei Möglichkeit einer nachträglichen »manuellen Optimierung«. Ein mögliches Anwendungsgebiet norm-optimaler Regler im Kfz-Bereich sind Spurführungsassistenten [207].

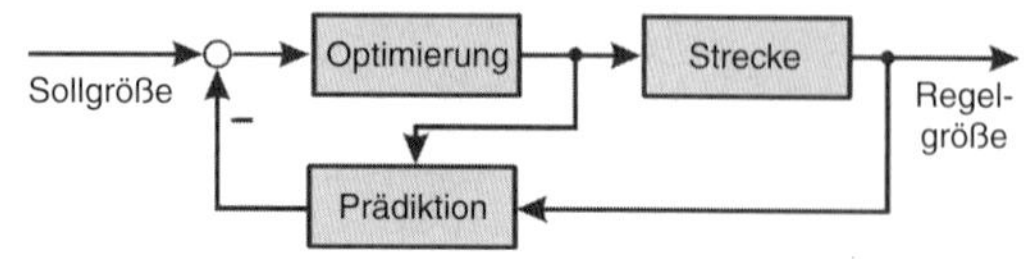

Abb. 8.126 Struktur einer prädiktiven Regelung

8.8.2.6 Prädiktive Regelung

Regelungen, die auf Basis eines Streckenmodells das zukünftige Verhalten der Regelstrecke über einen definierten Zeithorizont berücksichtigen und anhand einer Optimierung in die Stellgrößenberechnung integrieren, werden als prädiktive Regelungen bezeichnet (Abb. 8.126). Anwender prädiktiver Regelungen benötigen allgemeine Kenntnisse in digitaler Regelung und Handhabung von Gütekriterien. Der Zeitaufwand für den Entwurf konzentriert sich vor allem auf die Erstellung eines exakten Streckenmodells. Der Entwurf eines ersten Reglers ist relativ einfach, beim Entwurf höherwertiger Regler besteht die größte Schwierigkeit in der hohen Anzahl an zu berechnenden Parameter. Das Umsetzen von Anforderungen in die Syntax des Verfahrens über individuell definierbare Gütekriterien ist gut realisierbar. Stabilität ist bei prädiktiven Reglern nicht garantierbar, dafür können Stellgrößenbegrenzungen berücksichtigt werden und eine Erweiterung auf nichtlineare Prozesse ist möglich [209]. Prädiktive Regler werden z. B. bei der Gierratenregelung eingesetzt, um einem Über- bzw. Untersteuern des Fahrzeugs frühzeitig entgegenzuwirken.

8.8.2.7 Quantitative Feedback Theory (QFT)

Der Entwurf für robuste Regelungen mit der Quantitative Feedback Theory (QFT) ist ein Verfahren im Frequenzbereich und ist anwendbar auf ein breites Spektrum von Systemen: zeitinvariant und zeitvariant, linear und nichtlinear, kontinuierlich und zeitdiskret, Ein- und Mehrgrößensysteme [212]. Ziel der QFT-Synthese ist es, einen Regler mit möglichst niedriger Ordnung und minimaler Bandbreite zu

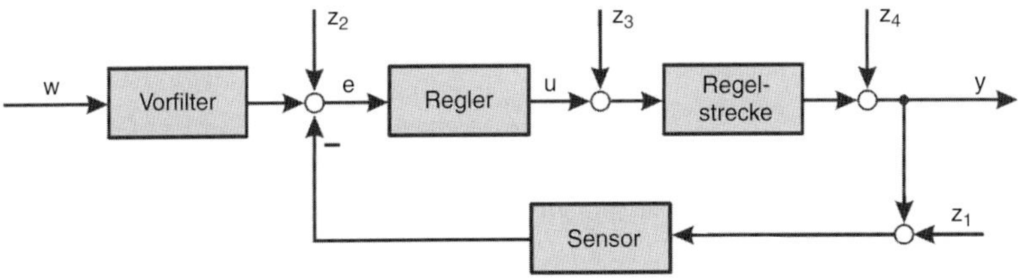

Abb. 8.127 Regelkreisstruktur für QFT-Entwurf (w – Sollgröße, y – Regelgröße, z_1 bis z_4 – Störgrößen, e – Regelabweichung, u – Stellgröße)

entwerfen, der trotz Unsicherheiten in der Regelstrecke sowohl robuste Stabilität als auch robuste Performance gewährleistet. Als roter Faden entlang des gesamten Entwurfsprozesses zieht sich dabei das gezielte Nutzfrequenzbereichs-orientierte Formulieren von sowohl den Unsicherheiten als auch den Performance-Anforderungen. Als grafisches Hilfsmittel wird das Nicholsdiagramm verwendet, das die Vorteile von Bode-Diagramm und Polardarstellung in sich vereint. Die strukturierten Unsicherheiten werden mit den in die Übertragungsfunktion eingehenden Parameterintervallen festgelegt. Die unstrukturierten Unsicherheiten können am einfachsten auf die gleiche Art und Weise beschrieben oder bei der Beschreibung der Performance-Anforderungen in den Entwurf integriert werden.

Zur Formulierung der Performance-Anforderungen steht dem Anwender ein breites Spektrum an Möglichkeiten zur Verfügung: Sowohl im Zeitbereich mit Toleranzschläuchen als auch im Frequenzbereich mit Begrenzungsfunktionen können Anforderungen an jede im System auftretende Übertragungsfunktion formuliert werden (Abb. 8.127). Anforderungen an die Performance des geschlossenen Kreises können damit äußerst flexibel und gleichzeitig sehr gezielt in den Entwurf eingebracht werden.

Der Entwurfsvorgang besteht darin, durch das gezielte Ergänzen von Reglerelementen den Phasen- und Betragsverlauf des Frequenzganges so zu verändern, dass die über die Grenzkurven definierten Anforderungen nicht verletzt werden. In diesem Loop Shaping stehen dem Anwender alle bekannten Übertragungsfunktionselemente zur Verfügung. Mit wie vielen bzw. wie wenigen Elementen im Regler die Anforderungen erfüllt werden, hängt wesentlich vom Know-How des Entwurfsingenieurs ab. Mit solider Erfahrung in der klassischen Regelungstechnik können auf einfache Art und Weise robuste Regler mit sehr niedriger Ordnung und geringer Bandbreite erzeugt werden. Bei weniger Erfahrung besteht die Gefahr, dass durch das Hinzufügen zu vieler Elemente Regler mit zu hoher Ordnung erzeugt werden. Seine Leistungsfähigkeit hat das QFT-Entwurfsverfahren z. B. bei der automatischen Spurführung von Pkw unter Beweis gestellt [204].

8.8.3 Evaluierung moderner Regelungsverfahren

Nachdem die grundlegenden modernen Reglerentwurfsverfahren mit ihren spezifischen Eigenschaften erläutert wurden, die Entwurfsmethoden und die synthetisierten Regler je nach Betrachtungsweise jedoch große Unterschiede aufweisen, wird nun eine Evaluierung der vorgestellten Verfahren vorgenommen. Zur Bewertung der Reglerentwurfsverfahren wurden praxisorientierte Gesichtspunkte entsprechend den Kategorien *Entwurfsvorgang* und *Entwurfsergebnis* ausgewählt. Anhand von 7 Kriterien wird die Leistungsfähigkeit der Reglerentwurfsverfahren beurteilt und eingestuft. Dies entspricht dem Versuch einer objektiven und transparenten Bewertung der betrachteten Entwurfsverfahren für moderne Regler in dem sonst aufgrund heterogener Vorgehensweisen und verfahrensspezifischer Nomenklaturen schwer zu vergleichenden Feld. Ein Anspruch auf Vollständigkeit wird bei dieser Übersicht nicht erhoben.

Tabelle 8.15 Reglerentwurfsverfahren im Vergleich

	Entwurfsvorgang				Entwurfsergebnis		
	notw. regelungstechnischer Verständnisgrad[1]	Entwurfsaufwand[2]	Umsetzung von Anforderungen in Entwurfsmethodik	Toolunterstützung	Performance	Robustheit	Transparenz
Adaptive Regelung	–	–	–	0	+	+	+
Fuzzy-Regelung	+	+	–	+	0	0	+
Γ-Synthese	–	– –	0	+	+	+	+
Neuronale Regelung	–	– –	– –	+	–	0	– –
Norm-optimale Regelung	– –	–	+	+	+	++	– –
Prädiktive Regelung	–	0	+	+	+	–	0
QFT	– –	–	++	+	+	++	++

[1] +: niedriger Verständnisgrad, –: hoher Verständnisgrad
[2] +: wenig Aufwand, –: hoher Aufwand

In der ersten Kategorie wird der Entwurfsvorgang bewertet. Die Reglertypen werden an Fragen gemessen, welcher Anspruch von dem Verfahren an den notwendigen regelungstechnischen Verständnisgrad gestellt wird und welcher Engineering-Aufwand mit dem Entwurf verbunden ist. Außerdem wird bewertet, wie die gestellten Anforderungen im Rahmen des Entwurfs eingebracht werden können und inwieweit eine Toolunterstützung notwendig und gegeben ist.

Die zweite Kategorie beurteilt die Leistungsfähigkeit des entstandenen Reglers. Kriterien wie die erzielbare Performance und die Robustheit der synthetisierten Regler werden ebenso analysiert wie deren Transparenz.

Ziel dieser Evaluierung ist es, dem Anwender ein Instrumentarium zur zielsicheren Auswahl geeigneter Regelungssysteme für effiziente Anwendungen bereitzustellen. Die in Tab. 8.15 zusammengefassten Beurteilungen können allerdings nur als Anhalt für den jeweiligen Reglertyp gewertet werden. Für eine detailliertere Bewertung ist eine intensive Analyse der einzelnen Entwurfsverfahren für die jeweiligen Reglertypen unerlässlich.

8.8.4 Ausblick

Moderne Reglerentwurfsverfahren setzen sich verstärkt insbesondere in anspruchsvollen und sicherheitsrelevanten Bereichen auch in der Kraftfahrzeugtechnik durch. Die dargestellten modernen Entwurfsverfahren bringen zahlreiche Vorteile und eine erhebliche Leistungssteigerung gegenüber den üblichen klassischen Regelungen mit sich. Allerdings können bei Systemen mit hochgradig nichtlinearem Verhalten, wie beispielsweise der Fahrzeuglängsführung, selbst diese Verfahren nicht die gestellten Anforderungen erfüllen. Für derartige Anwendungsfälle kann auf nichtlineare Regelungen, bei denen das Verhalten der Regelstrecke mit einem nichtlinearen Modell abgebildet wird, zurückgegriffen werden [203]. Eine Linearisierung des Modells entfällt hierbei komplett. Spezifika nichtlinearer Systeme sind mehrere mögliche Gleichgewichtspunkte und das Auftreten von Grenzzyklen. Der Entwurf von Regelungen für nichtlineare Systeme ist stark mathematikorientiert [206], was fundierte Kenntnisse in Mathematik für den Anwender unabdingbar macht. Die Modellierung dynamischer Prozesse in nichtlinearer Form ist in den meisten Fällen realitätsnaher als eine linearisierte und damit nur für einen begrenzten Bereich um einen Arbeitspunkt herum gültige Betrachtungsweise. Inwieweit sich dieser Vorteil lohnt, muss aufgrund des extrem hohen Aufwandes für den Entwurf im Einzelfall abgeschätzt werden.

Literatur

Literatur zu Abschn. 8.1

1. Automotive Open System Architecture. www.AUTOSAR.org
2. Denner, V.: Automobilelektronik der Zukunft, Euroforum Kongress Elektronik Systeme im Automobil, München 2005
3. Ehlers, T.: Verfahren zur Sicherstellung der Systemintegrität in Fahrzeugen mit vernetzten Steuergeräten. Dissertation, Technische Universität Braunschweig, Institut für Elektrische Messtechnik, Braunschweig (2003)
4. Etschberger, K.: CAN Controller Area Network Grundlagen, Protokolle, Bausteine, Anwendungen. Hanser, München, Wien (1994)
5. Fischer, P.: Moore's Law, die rasante Entwicklung der Technologie. Vorlesungsunterlagen Digitale Schaltungstechnik, Universität Mannheim, Institut für Technische Informatik, Mannheim (2004)
6. Fleischmann, A., Geisberger, E., Pister, M.: Herausforderungen für das Requirements Engineering eingebetteter Systeme, TUM-INFO-09. Technische Universität München, München (2004)
7. INCOSE: Systems Engineering Handbook v2a. www.incose.org (2004)
8. Isaac, R.: Influence of Technology Directions on System Architecture, Presentation IBM, IBM Research Division (2004)
9. JD Power IQS ratings: defects per 100 vehicles, October 2003, Summe von Features and Controls, Sound System, HVAC, Quelle: JD Power & Associates; McKinsey and Company
10. Klein, T.: Modellbasierte Entwicklung von Fahrzeugsoftware in der Automobilindustrie, Vorlesung Institut Software Systems Engineering, Technische Universität Braunschweig, Braunschweig (2004)
11. Klein, T., Fey, I., Grochtmann, M., Conrad, C.: Modellbasierte Entwicklung eingebetteter Fahrzeugsoftware bei DaimlerChrysler. In: Rumpe, B., Hesse, W. (Hrsg.) Proceedings Modellierung. GI-Edition Lecture Notes In Informatics. Marburg (2004)
12. Kurzweil, R.: The Age of Spiritual Machines: When Computers Exceed Human Intelligence. Penguin, USA (2001)
13. Mercer Management Consulting: Technologische Veränderungen und deren Konsequenzen für die Automobilzulieferer und -ausrüster Industrie bis 2010, Studie. Mercer Management Consulting, München (2001)
14. Moore, G.: No exponential is forever, International Solid State Circuits Conference (ISSCC), San Francisco, 2003
15. Otterbach, R., Schütte, F.: Effiziente Funktions- und Software-Entwicklung für mechatronische Systeme im Automobil, Workshop Intelligente, mechatronische Systeme, Paderborn, 2004
16. Reichart, G.: Systems Engineering – ein neues Entwicklungsparadigma für die Automobilindustrie? 9. EUROFORUM Tagung Elektronik-Systeme im Automobil, München, 2005
17. Scharnhorst, T.: Management of the E/E complexity by introducing a software development process and the Open System Architecture, 6th Braunschweig Conference AAET, Braunschweig, 2005
18. Schernikau, J.: Gestaltung von mechatronikgerechten Organisationen in der Produktentwicklung. Dissertation, Lehrstuhl für Produktionssystematik des Werkzeugmaschinenlabors (WZL) der RWTH Aachen. Shaker, Aachen (2001)
19. Schleuter, W.: Herausforderungen der Automobil-Elektronik, IKB Unternehmerforum, Köln, 2002
20. Scott, S.: Designing for the high end, 10th International Symposium on High Performance Computer Architecture, Madrid, 2004
21. Schwab, G.: Untersuchungen zur Ansteuerung adaptiver Kraftfahrzeugscheinwerfer. Dissertation, Technische Universität Ilmenau, Fachgebiet Lichttechnik. Der Andere Verlag (2003)
22. Stroop, J., Köhl, S., Lamberg, K., Otterbach, R.: Simulation, Implementierung und Test vernetzter, zeitgesteuerter Fahrzeugsysteme. 4. Symposium Steuerungssysteme für den Antriebsstrang von Kraftfahrzeugen, Berlin, 2003
23. Scharnhorst, T., et al.: AUTOSAR – Challenges and achievements 2005. VDI Konferenz Elektronik im Fahrzeug, Baden Baden, 2005
24. Fennel, H., et al.: Achievements and exploitation of the AUTOSAR development partnership Convergence 2006. Detroit (2006)
25. Fürst, S., et al.: AUTOSAR – A Worldwide Standard is on the Road. 14. Internationaler VDI Kongress Elektronik im Fahrzeug, Baden-Baden, 2009

26. Bunzel, S., Fürst, S. et al.: Safety- and security-related features in AUTOSAR. Automotive-Safety & Security, Stuttgart 2010
27. AUTOSAR: http://www.autosar.org/publications

Ergänzende Literatur zum Thema Bordnetz

28. BOSCH: Schaltzeichen und Schaltpläne. In: Elektrik und Elektronik für Kraftfahrzeuge. Bosch Gelbe Reihe. (1999)
29. BOSCH: Hybridantriebe. In: Elektrik und Elektronik für Kraftfahrzeuge. Bosch Gelbe Reihe. (2008)
30. Brabetz, L., Jäschke, J., Müller, D.: Elektrische Energieverteilung im Kfz – Optimierung der Bordnetztopologie. In: Elektronik im Kraftfahrzeug, Bd. 1547. VDI-Gesellschaft Fahrzeug- und Verkehrstechnik, Düsseldorf (2000)
31. Brabetz, L.: Energieeffiziente Bordnetzarchitekturen, VDE Kongress E-Mobility, Leipzig (2010)
32. Döring, M., et al.: Methoden zur Optimierung der Wirtschaftlichkeit von Komponenten und deren Verkabelung im Kfz bei gegebener Zuverlässigkeit und Topologie. In: Elektronik im Kraftfahrzeug, Bd. 1646. VDI-Gesellschaft Fahrzeug- und Verkehrstechnik, Düsseldorf (2001)
33. Forum Bordnetz: Road vehicles – Conditions for electrical and electronic equipment for a 42 V powernet – Part 1: General, 2000
34. Forum Bordnetz: Road vehicles – Conditions for electrical and electronic equipment for a 42 V powernet – Part 2: Electrical Loads, 2000
35. Friedrich, R., et al.: Technische Raffinesse: Die Elektrik und Elektronik der neuen BMW 3er Baureihe. ATZ/MTZ (1998)
36. Gemmerich, R., et al.: Ein ganzheitlicher Ansatz zur Generierung und Optimierung von Fahrzeugbordnetzen, 14. Internationaler Kongress Elektronik im Kraftfahrzeug, VDI, Baden-Baden (2005)
37. Ginsberg, T., Brand, R., Baus, A., Eckel, M.: Sichere Leistungsübertragung in Hochspannungsbordnetzen, 4. VDI Tagung Baden-Baden Spezial 10 (2010)
38. Hofmann, P.E.H., Thurner, T.: Neue Elektrik/Elektronik Architekturansätze. In: Elektronik im Kraftfahrzeug, Bd. 1646. VDI-Gesellschaft Fahrzeug- und Verkehrstechnik, Düsseldorf (2001)
39. Jung, C., Melbert, J., Koch, A.: Dynamische Wechselwirkungen im 42 V-Bordnetz. In: Elektronik im Kraftfahrzeug, Bd. 1547. VDI-Gesellschaft Fahrzeug- und Verkehrstechnik, Düsseldorf (2000)
40. Kalb, H.: Bordnetz und Kabel im Umfeld der Elektromobilität, 4. VDI Tagung Baden-Baden Spezial 10 (2010)
41. Knorr, R., Gilch, M., Auer, J., Wieser, C.: Stabilisierung des 12 V Bordnetzes, Ultrakondensatoren in Start-Stopp-Systemen. ATZ Elektronik **5**, 48–53 (2010)
42. Leohold, J.: Auslegung und Optimierung von Fahrzeug-Bordnetzen. In: Elektronik im Kraftfahrzeug, Bd. 1287. VDI-Gesellschaft Fahrzeug- und Verkehrstechnik, Düsseldorf (1996)
43. Leohold, J., et al.: Das elektrische Bordnetz. ATZ/MTZ (Sonderheft Volkswagen Phaeton) (2002)
44. Olk, J., Rosenmayr, M., Stich, U.: Vorsicherungs- und Bordnetzsteuergeräte für neue Bordnetzstrukturen. In: Elektronik im Kraftfahrzeug, Bd. 1646. VDI-Gesellschaft Fahrzeug- und Verkehrstechnik, Düsseldorf (2001)
45. Scheele, O.: Entwicklung von EE-Architekturen: Vom Entwurf bis zur Konzepteinführung in der Serie. EE-Systems, Nürtingen (2008)
46. Schöttle, R., Threin, G.: Elektrisches Energiebordnetz: Gegenwart und Zukunft. In: Elektronik im Kraftfahrzeug, Bd. 1547. VDI-Gesellschaft Fahrzeug- und Verkehrstechnik, Düsseldorf (2000)
47. Schramm, D., Bouda, H., Brand, R.: Zentralelektriken und Module zur Leistungsverteilung als integrale Bestandteile zukünftiger Bordnetze. ATZ/MTZ Automotive Electronics (Sonderheft), 56–60 (2001)
48. Wieland-Werke: Wieland-Buch Kupferwerkstoffe, 5. Aufl. Wieland-Werke AG, Ulm (1986)

Literatur zu Abschn. 8.3

49. Bärz, R.: Kommunikation in Mobilen Systemen, Seminar Mobile Systeme 2003, Universität Koblenz-Landau, 2003
50. Dohmke, T.: Bussysteme im Automobil: CAN, FlexRay und Most, TU Berlin (2002)
51. Dudenbostel, D.: IBEC 2002 Conference Paris, France, 9–11 July 2002, MPEG Compression used for in Car Mobile Multimedia Transmission (MOST)
52. Wallentowitz, H., Reif, K.: Handbuch Kraftfahrzeugelektronik, 2. Aufl. Vieweg+Teubner, Wiesbaden (2011)
53. Wolf, M., Weimerskirch, A., Paar, C.: Security in Automotive Bus Systems. ESCAR, Bochum (2004)
54. Tiehl, C.: MOST history, from Germany into the whole wide world. MOST Forum 2010

Weitere Informationen

55. LIN: http://www.lin-_subbus.org/
56. CAN: http://www.can-_cia.org/
57. TTCAN: http://www.can-_cia.org/
58. USB: http://www.usb.org/home
59. MOST: http://www.mostcooperation.com
60. BYTEFLYGHT: http://www.byteflight.com
61. FLEXRAY: http://www.flexray.com
62. INFRAROT: http://www.irda.org/
63. ZIGBEE: http://www.zigbee.org/
64. BLUETOOTH: https://www.bluetooth.org/
65. UWB: http://www.palowireless.com/uwb/tutorials.asp
66. IEEE: http://www.ieee.org

Literatur zu Abschn. 8.4

67. Gonschorek, K.-H., Neu, H. (Hrsg.): Die elektromagnetische Umwelt des Kraftfahrzeugs, FAT-Bericht Nr. 101 (1993)
68. Lindl, B., Scheyhing, J.: EMV – die Entstörung von Kraftfahrzeugen. ATZ , 292–301 (1999)
69. Pfaff, W.R., Bauer, H.: Elektromagnetische Verträglichkeit (EMV) und Funkentstörung. In: Reif (Hrsg.) Bosch Autoelektrik und Autoelektronik. S. 542–555. Vieweg+Teubner, Wiesbaden (2011)
70. Pfaff, W.R.: Bewertung von EMV-Prüfkonzepten für Kraftfahrzeuge, EMV'94, Karlsruhe (1994)

71. Ludwig, A., Ehrhard, R., Mäurer, C.: Einsatz der numerischen Feldsimulation in der EMV. In: GMM-Fachbericht Elektromagnetische Verträglichkeit, S. 85–92. VDE-Verlag, Berlin, Offenbach (2002)
72. Automotive Electromagnetic Compatibility (EMC) Rybak, Terence, Steffka, Mark, 2004

Literatur zu Abschn. 8.5

73. Europäische Gemeinschaft Richtlinie E 76/756 EWG
74. NHTSA, FMVSS 108
75. Bockelmann, W.: Auge – Brille – Auto. Springer, Berlin (1987)
76. Robert Bosch GmbH (Hrsg.): Kraftfahrtechnisches Taschenbuch. Vieweg+Teubner, Wiesbaden (2011)
77. PAL Symposium, Proceedings, TU Darmstadt, 1997/1999/2001/2003/2005/2007/2009
78. SAE conference, jährliche Vorträge auch zu lichttechnischen Themen
79. Lachmayer, R., et al.: Intelligente Frontbeleuchtung. ATZ (1996)
80. Hella KGaA, Automotive Lighting, Valeo, Visteon Firmenschriften und Internet
81. Bosch, Veröffentlichungen des früheren K2-Bereiches
82. Philips, Forschungsberichte
83. Osram, Firmenschriften
84. Eichhorn, K., Labahn, N., Decker, D.: Adaptive Lichtsteuerung, Adaptronic Congress 2000, Potsdam, 2000
85. Lachmayer, et al.: Synergien von Licht und Mechatronik, Elektronik im Kfz, Baden-Baden, 1998
86. Abel, B., Labahn, N., Pietzonka, S.: Systementwurf für situationsgerechte Innenbeleuchtung, SIP 2000
87. Hendrischk, W., Lachmayer, R.: Bi-Xenon. VDI (2000)
88. Hendrischk, W., Grimm, M., Kalze, F.-J.: Adaptive Scheinwerfer. ATZ **11**, 2–3 (2002)
89. Thiemann, M., Seuss, J., Bertram, T., Opgen-Rhein, P.: Mechatronik im Scheinwerfer. ATZ **01**, 70–76 (2002)
90. Kesseler, W., Kleinkes, M., Könnig, T.: Nachtsichtsysteme kurz vor der Serienreife. ATZ **107**, 20–25 (2005)
91. Pressemitteilungen Audi, BMW, Mercedes, Opel 2003–2011
92. Lachmayer, R., Amsel, C.: Light-based driver assistance, Vision Kongress, Rouen, 2006
93. Lachmayer, R., Götz, M., Kleinkes, M., Pohlmann, W.: LED-Technik im Scheinwerfer. ATZ **108**, 956 (2006)
94. Kalze, F.-J.: Lichttechnik in Kraftfahrzeugscheinwerfern. ATZ **12**, 362–368 (2008)
95. Schug, J., Mutschler, J.-M.: LED-Scheinwerfer und HiPerVision-Lampen. ATZelektronik **04**, 62–67 (2009)
96. Wördenweber, B., Wallaschek, J., Boyce, P.: Automotive Lighting and Human Vision. Springer, Berlin (2007)
97. Amsel, C., Pietzonka, S., et al.: Die nächste Generation Lichtbasierter Fahrerassistenz. ATZ **112**, 758–763 (2010)
98. Neumann, R., et al.: LED-Vollscheinwerfer mit adaptivem Fernlicht. ATZ **113**, 20–25 (2011)
99. Hamm, M.: Innovative Lichtquellen für Fahrzeuge. ATZ **113**, 8–15 (2011)
100. Weber, M., Päger, B., Roppel, M., Abel, H.-B.: Industrialising IPS-technologies for automotive applications, SID-ME Chapter, Fall Meeting 2010, Automotive Displays – Applications, Chances and Challenges, Sindelfingen, Germany, 23.–24. September
101. Richter, P.: Head-up Display und Nachtsicht, Fachkongress Innenraum, 6. Fachkongress Fortschritte im Automobil, Der Fahrzeuginnenraum: Von der Idee zur Realisierung, Ludwigsburg, 6.–7. November 2007
102. Richter, P.: Anforderungen an die Beleuchtung für Head-up Display, Opto-NET, Join-Workshop, Moderne Beleuchtungskonzepte, Jena, 31. Januar 2008
103. Abel, H.-B., Meier-Arendt, G., Willnauer, B.: Ergonomische Bedienelemente für elektronische Fahrzeugsysteme. ATZ **107**, 5 (2005)
104. Hautnah am Geschehen – Automobil Produktion, Sonderheft Innenraum, März 2003
105. Jungmann, T.: Auto erkennt Handschrift des Fahrers. www.all4engineers.com. 12. September 2003
106. Layer, David: Digital Radio Takes to the Road, http://www.spectrum.ieee.org/WEBONLY/publicfeature/jul01/dig.html
107. Susen, A.: Spracherkennung. VDE-Verlag (1999)
108. Labiod, H., Afifi, H., de Santis, C.: Wi-Fi, Bluetooth, Zigbee and WiMax. Springer (2010)
109. Bächtold, W.: Mikrowellentechnik. Vieweg, Wiesbaden (1999)
110. Pozar, D.M.: Microwave and RF Design of Wireless Systems. Wiley (2000)
111. Lindenmeier, H.K., Reiter, L.M., Hopf, J.F., Schwab, A.J.: Multiple FM window antenna system for scanning diversity with an integrated processor. 40th IEEE VTC, S. 1–6, Mai 1990
112. Litva, J., Lo, T.K.-Y.: Digital Beamforming in Wireless Communications. Mobile Communications Series. Artech House Publishers (1996)
113. Scott, J.H.: The how and why of COFDM. EBU Technical Review (Winter 1998) (1998)
114. Meinke, H., Gundlach, FW.: Komponenten, 5., überarb. Aufl. Taschenbuch der Hochfrequenztechnik, Bd. 2. Springer (2008)
115. Braess, H.H.: Das intelligente Auto auf der intelligenten Straße – Was hat PROMETHEUS gebracht?, 5. Stuttgarter Symposium Kraftfahrzeuge und Verbrennungsmotoren, 18.–20. Februar 2003
116. Enke, K.: Possibilities for improving safety within the driver vehicle environment loop, 7th Intl. Technical Conf. on Experimental Safety Vehicle, Paris, 1979
117. Anonymisierte Stichproben aus Unfalldaten des Statistischen Bundesamtes (1998–2001)
118. Lübke, L.: Car-to-Car Communication – Technologische Herausforderungen. In: Tagungsband VDE-Kongress, 18.–20. Oktober 2004. Berlin (2004)
119. Robert Bosch GmbH (Hrsg.): Sicherheits- und Komfortsysteme. Vieweg, Wiesbaden (2004)
120. Robert Bosch GmbH (Hrsg.): Kraftfahrtechnisches Taschenbuch, 27. Aufl. Vieweg+Teubner, Wiesbaden (2011)

121. Kühnle, G., et al.: Low-Cost Long-Range-Radar für zukünftige Fahrerassistenzsysteme, 11. Aachener Kolloquium Fahrzeug- und Motorentechnik, Aachen, 2002
122. Olbrich, H., et al.: A small, light radar sensor and control unit for adaptive cruise control. SAE Technical Paper Series **980607** (1998)
123. Winner, H., et al.: Adaptive Fahrgeschwindigkeitsregelung ACC, Bosch Technische Unterrichtung, 1. Aufl. Bosch (2002)
124. Knoll, P.M.: Vorausschauende Sicherheitssysteme – die Schritte zur Unfallvermeidung, VDA Technischer Kongress, Rüsselsheim (2004)
125. NHTSA–Report (2001)
126. Langwieder: Analyse des Bremsverhaltens bei Verkehrsunfällen. Gesamtverband der deutschen Versicherungswirtschaft (2001)
127. Frank, R.: Sensing in the Ultimate Vehicle, Proceedings Convergence 2004/21/0055, 2004
128. Unfallstatistik Deutschland des Statistischen Bundesamts (2002)
129. Knoll, P.M.: Nachtsichtsysteme im Kraftfahrzeug – Status und Entwicklungstrends, VDI-Tagung Optische Technologien, 2010
130. Frost & Sullivan: Marktstudie Fahrerassistenzsysteme FAS 2005-15 in Europa (09/2005)
131. Tauner, A.: Ansätze zur Fahrbahnerkennung in Wärmebildern bei der Orientierung in einem passiven NightVision-Bild. VDI-Berichte, Bd. 1907. VDI (2005)
132. Tsimoni, O., et al.: Pedestrian Detection with Night Vision Systems Enhanced by Automatic Warnings, Studie der University of Michigan, UMTRI-2005-23 (2005)
133. Knoll, P.M.: Nachtsichtverbesserung im Kraftfahrzeug. ATZ **01** (2006)
134. Locher, J.: Mensch-Maschine Interaktion in der automobilen Displaytechnik, Vortrag Lichttechnik-Tage in Karlsruhe (LTiK), 08. November 2005
135. Mahlke, S., et al.: Evaluation of six night vision enhancement systems: Qualitative and quantitative support for intelligent image processing. Human Factors **49**(3), 518–531 (2007)
136. Seiffert, U., et al.: Automotive Safety Handbook, 2. Aufl. SAE Intl., Warrendale
137. Oertel, K.: Garagenparker von BMW (Garage Parking Device). Hanser automotive (5), 6 (2006)
138. Homepage der BMW AG, Side-View-Assist, Top-View, Night Vision. www.bmw.de
139. Daimler Media-Center 04/2009
140. Schmitz, C.: Adaptiver Spurverlassenswarner – Entwicklung eines Systems mit fahrerabsichts- und fahrerzustandsabhängiger Warnstrategie. Dissertation, Universität Karlsruhe. Shaker (2004)
141. Pirkl, B.: Ganzheitliche Vernetzung von Systemen und Sensoren – ein smarter Ansatz zur effizienten Unfallvermeidung, 13. Euroforum-Jahrestagung Elektronik-Systeme im Automobil, 10.–12. Februar 2009
142. Knoll, P.M.: Video-Sensorik – erste Erfahrungen und Ausblick, VDA-Technischer Kongress 2007
143. Winner, Hakuli, Wolf (Hrsg.): Fahrerassistenzsysteme. Vieweg+Teubner, Wiesbaden (2009)
144. Bosch: Analyse des Bremsverhaltens bei Unfällen auf Basis der GIDAS-Datenbank, Interne Studie (2008)
145. Holzmann, F.: Adaptive Cooperation between Driver and Assistant System. Springer, Berlin (2007)
146. BMBF: Delphi '98-Umfrage. Studie zur globalen Entwicklung von Wissenschaft und Technik. Karlsruhe (1998)
147. BMVBW: Telematik im Verkehr – Entwicklungen und Erfolge in Deutschland, Stand: August 2004
148. Kasties, G.: Vortrag Euroforum – 8. Jahrestagung Elektronik Systeme im Automobil, Fachtag Umsetzung von Telematik und Multimedia im Automobil, Februar 2004
149. Kasties, Günther: Vortrag Euroforum – 9. Jahrestagung Elektronik Systeme im Automobil, Fachtag Telematik und Multimedia im Automobil Februar 2005
150. Evers, H.-H., Kasties, G.: Kompendium der Verkehrstelematik. TÜV-Verlag
151. Aktionsplan zur Einführung intelligenter Verkehrssysteme in Europa, KOM (2008) 886

Literatur zu Abschn. 8.6

152. Johannsen, G.: Mensch-Maschine-Systeme. Springer (1993)
153. Jürgensohn, T., Timpe, K.-P. (Hrsg.): Kraftfahrzeugführung. Springer (2001)
154. Rasmussen, J.: Skills, rules and knowledge, signals, signs and symbols and other distinctions in human performance models. IEEE Transactions on Systems, man and Cybernetics **13**, 139–193 (1983)
155. Rasmussen, J.: Information Processing and Human Machine Interaction. North-Holland (1986)
156. Struck, N.: Fahrzeuginnovation und Infotainment in 3D. Elektronik Automotive **1**, 100–103 (2005)
157. Vollrath, M., Lemmer, K.: Wahrnehmung von Assistenzsystemen, Symposium Automatisierungs- und Assistenzsysteme für Transportmittel, 2003
158. Suikat, R., Rataj, J., Schäfer, H., Reulke, R.: ViewCar – den Fahrer verstehen, VDI-Tagung Optische Technologien in der Fahrzeugtechnik, Baden-Baden, 18./19. Juni 2003
159. bast, Berichte der Bundesanstalt für Straßenwesen, Fahrzeugtechnik: Ableitung von Anforderungen an Fahrerassistenzsysteme aus Sicht der Verkehrssicherheit, Heft F 60, 2006
160. Birbaumer, N., Frey, D., Zimolong, B., Kuhl, J., et al.: Wirtschafts-, Organisations- und Arbeitspsychologie. Enzyklopädie der Psychologie: Ingenieurpsychologie, Bd. 2. Hogrefe, Göttingen (2006)
161. Lee, J.D.: Human Factors and Ergonomics in Automation Design. In: Salvendy, G. (Hrsg.) Human Factors and Ergonomics. Wiley, New Jersey (2006)
162. Sheridan, T.B., Parasuraman, R.: Human-automation interaction. In: Nickerson, R.S. (Hrsg.) Reviews of Human Factors and Ergonomics, Human Factors and Ergonomics Society. Santa Monica (2006)
163. Stanton, N.A., Salmon, P.M., Walker, G.H., Baber, C., Jenkins, D.P.: Human Factors Methods. Ashgate, Aldershot (2006)

164. Shneiderman, B.: Designing the User Interface: Strategies for Effective Human-Computer Interaction. Addison-Wesley, Amsterdam (2009)
165. VDI: Der Fahrer im 21. Jahrhundert, Tagungsbände erschienen beim VDI, VDI-Berichte Nr. 2085, 2009
166. VDI: Der Fahrer im 21. Jahrhundert, Tagungsbände erschienen beim VDI, VDI-Berichte Nr. 2134, 2011
167. VDI: Fahrerassistenz und Integrierte Sicherheit, Tagungsbände erschienen beim VDI, VDI-Berichte 2166, 2012

Literatur zu Abschn. 8.7

168. Bauer, A., Broy, M., Romberg, J., Schätz, B., Braun, P., Freund, U., Mata, N., Sandner, R., Ziegenbein, D.: AutoMoDe-notations, methods, and tools for model-based development of automotive software. In: Proceedings of the SAE 2005 World Congress, Society of Automotive Engineers, Detroit, MI, April
169. Broy, M.: Challenges in automotive software engineering. Key Note 28th International Conference on Software Engineering (ICSE) 2006
170. Broy, M.: The Grand Challenge in Informatics: engineering software-intensive systems. IEEE Computer (Oktober), 72–80 (2006)
171. Broy, M., Pretschner, A., Salzmann, C., Stauner, T.: Software-intensive systems in the automotive domain: challenges for research and education. In: Proceedings of the SAE 2006 World Congress, Society of Automotive Engineers, Detroit, MI, April 2006
172. Broy, M., Rausch, A.: Das neue V-Modell XT – Ein anpassbares Vorgehensmodell für Software und System Engineering. Informatik Spectrum (Juni) (2005)
173. Bühne, S., Lauenroth, K., Pohl, K., Weber, M.: Modeling features for multi-criteria product-lines in the automotive industry. Proc. 1st Intl. Workshop of Software Engineering for Automotive Systems, S. 9–16 2004
174. Decomsys: Designer Pro. http://www.decomsys.com/htm/frs/3_flexraydesign_pro.htm (2006)
175. Douglass, B.P.: Real-Time UML – Developing Efficient Objects for Embedded Systems. Addison-Wesley (1999)
176. Clements, P., Northrop, L.M.: Practices and Patterns. Addison-Wesley. Software Product Lines (2001)
177. Kneuper, R.: CMMI – Verbesserung von Softwareprozessen mit Capability Maturity Model Integration. dpunkt.verlag, Heidelberg (2002)
178. Hardung, B., Kölzow, T., Krüger, A.: Reuse of Software in Distributed Embedded Automotive Systems. Proc. EMSOFT'04 , 203–210 (2004)
179. ISO 26262 Road Vehicles – Functional Safety
180. Hindel, B., Hörmann, K., Müller, M., Schmied, J.: Basiswissen Software-Projektmanagement – Aus- und Weiterbildung zum Certified Project Manager nach dem iSQI-Standard. iSQI-Reihe. dpunkt.verlag, Heidelberg (2006)
181. Jackson, M.A.: Software Requirements & Specifications – a lexicon of practice, principles and prejudices. Addison-Wesley Press (1995)
182. Liggesmeyer, P.: Software-Qualität. Spektrum, Heidelberg (2002)
183. Leveson, NG.: Safeware – System Safety and Computers. Addison-Wesley (1995)
184. Mores, R., Hay, G., Belschner, R., Berwanger, J., Ebner, C., Fluhrer, S., Fuchs, E., Hedenetz, B., Kuffner, W., Krüger, A., Lormann, P., Millinger, D., Peller, M., Ruh, J., Schedl, A., Sprachmann, M.: FlexRay – The Communication System for Advanced Automotive Control Systems. Doc. No. SAE 2001-01-0676. SAE (2001)
185. Peled, D.A.: Software Reliability Methods. Springer, Berlin, Heidelberg, New York (2001)
186. Scharnhorst, T.: Systementwurf für Elektronikarchitekturen im Fahrzeug. 4. Braunschweiger Symposium Automatisierungs- und Assistenzsysteme für Transportmittel. VDI Reihe 12, Bd. 525. (2003)
187. Sommerville, I.: Software Engineering. Addison-Wesley (2001)
188. Spillner, A., Linz, T.: Basiswissen Softwaretest: Aus- und Weiterbildung zum Certified-Tester. dpunkt.verlag, Heidelberg (2003)
189. Weber, M., Weisbrod, J.: Requirements engineering in automotive development: Experiences and challenges. IEEE Software **20**, 16–24 (2003)
190. X-by-Wire Consortium: X-by-wire – Safety related fault tolerant systems in vehicles – final report. Project BE95/1329, Contract BRPR-CT95-0032 (1998)
191. VDI/VW Gemeinschaftstagung Integrierte Sicherheit und Fahrerassistenzsysteme, Wolfsburg, Germany, Oct. 12–13, 2006
192. Broy, M., Reichart, G., Rothhardt, L.: Architekturen softwarebasierter Funktionen im Fahrzeug: Von den Anforderungen zur Umsetzung. GI Informatik Spektrum , 42–59 (2011)
193. Pretschner, A., Broy, M., Krüger, I.H., Stauner, T.: Software engineering for automotive systems: A roadmap. Proc. 2007 IEEE Future Software Eng. (FOSE '07) , 55–71 (2007)
194. Schäuffele, J., Zurawka, T.: Automotive Software Engineering: Grundlagen, Prozesse, Methoden und Werkzeuge, überarb. und erw. Aufl. Vieweg+Teubner, Wiesbaden (2010)
195. Wallin, P., Axelsson, J.: A case study of issues related to automotive E/E system architecture development. Proc. 15th Annu. IEEE Int. Conf. Eng. Comput. Based Syst. (ECBS '08) , 87–95 (2008). Washington, DC
196. AUTOSAR on the Way to Becoming a Global Standard. http://www.autosar.org/
197. Broy, M.: Mit welcher Software fährt das Auto der Zukunft? ATZ extra **4**, 92–97 (2011)

Literatur zu Abschn. 8.8

198. Ackermann, J.: Robust Control – The Parameter Space Approach, 2. Aufl. Springer, Berlin, Heidelberg (2002)
199. Åström, K.J., Wittenmark, B.: Adaptive Control, 2. Aufl. Addison-Wesley, Reading, MA (1995)
200. Bünte, T., Schweiger, C., Odenthal, D., Baumgarten, G.: Modellierung, Regelung, Simulation und Bewertung der Fahrdynamik. Erster Verkehrstechnischer Tag, Braunschweig (2004)

201. Dorf, R.C., Bishop, R.H.: Modern Control Systems, 10. Aufl. Prentice-Hall, Upper Saddle River (2005)
202. Driankov, D., Hellendoorn, H., Reinfrank, M.: An Introduction to Fuzzy Control, 2. Aufl. Springer, New York (1996)
203. Ganzelmeier, L.: Nichtlineare H_∞-Regelung der Fahrzeuglängsdynamik. Fortschritt-Berichte VDI: Reihe 8, Bd. 1069. VDI, Düsseldorf (2005)
204. Helbig, J.: Robuste Regelungsstrategien am Beispiel der PKW-Spurführung. Fortschritt-Berichte VDI: Reihe 8, Bd. 1025. Düsseldorf (2004)
205. Isermann, R., Hafner, M., Schüler, M.: Einsatz schneller neuronaler Netze zur modellbasierten Optimierung von Verbrennungsmotoren. MTZ Motortechnische Zeitschrift **61**, 704–711 (2000)
206. Isidori, A.: Nonlinear control systems. Springer, Berlin (1996)
207. Jaschke, K.P.: Lenkregler für Fahrzeuge mit hoher Schwerpunktlage. Dissertation, TU Braunschweig (2002)
208. Kiencke, U., Nielsen, L.: Automotive Control Systems. Springer, Berlin, Heidelberg, New York (2000)
209. Levine, W.S.: The Control Handbook. CRC-Press, Boca Raton (1996)
210. Liu, G.P.: Nonlinear Identification and Control: A Neural Network Approach. Springer, London (2001)
211. Müller, K.: L1-optimale Abtastregelungen mit minimaler Stellgröße. Fortschritt-Berichte VDI: Reihe 8, Bd. 844. Düsseldorf (2000)
212. Sidi, M.: Design of Robust Control Systems. Krieger Publishing, Malabar (2001)
213. Yu, C.-Cn.: Autotuning of PID Controllers. Springer, Berlin, Heidelberg, New York (1999)
214. Zhou, K., Doyle, J.C.: Essentials of Robust Control. Prentice-Hall, London (1998)

8

Fahrzeugsicherheit

Dr.-Ing. Mark Gonter, Prof. Dr.-Ing. Ulrich Seiffert, Dr.-Ing. Thomas Schwarz und Dr. rer. nat. Robert Zobel

H.-H. Braess, U. Seiffert (Hrsg.), *Vieweg Handbuch Kraftfahrzeugtechnik*, ATZ/MTZ-Fachbuch,
DOI 10.1007/978-3-658-01691-3_9, © Springer Fachmedien Wiesbaden 2013

9.1 Allgemein

Die Sicherheit des Transports hat weltweit einen hohen Stellenwert. Obwohl in den Industrieländern erhebliche Fortschritte erzielt wurden, waren 2009 weltweit mehr als 1,2 Mio. Verkehrstote pro Jahr zu verzeichnen. Die UN hat daher beschlossen, weltweit Programme zu initiieren, um den negativen Trend umzukehren, siehe auch FISITA summit 2010 (▶ www.fisita.com). In den Industrieländern wurden die Erfolge durch Verbesserung der Verkehrsinfrastruktur, der Verkehrsinformation, der Ausbildung der Verkehrsteilnehmer und deutliche Fortschritte bei Fahrzeugen erreicht. In den Entwicklungsländern spielt in diesem Zusammenhang die Verkehrsinfrastruktur eine besonders große Rolle. Zunehmend wird auch die Automotive Security, d. h. der Schutz des Insassen und des Fahrzeugs sowie seiner Teile und Funktionen vor Angriffen wie Diebstahl, unberechtigtem Zugriff und Manipulation wichtiger.

Nicht nur der Gesetzgeber, sondern auch die Wissenschaft und Industrie sowie Verbraucherschutzorganisationen sind aktiv [1]. Personen der 1. Stunde waren z. B. Prof. Koeßler, TU Braunschweig mit der Definition: »Fahrzeuge müssen so konstruiert und gebaut werden, dass der Transport von A nach B möglichst schnell, sicher und komfortabel ist«; der Entwickler Barenyi mit seinem grundlegenden Patent »Das Prinzip des gestaltfesten Fahrerraums« aus dem Jahr 1952 [2] und der Verbraucheranwalt Ralph Nader, der in den USA Mitte der 60er Jahre wesentlich dazu beitrug, dass die NHTSA (National Highway Traffic Safety Administration) schnell mit der Sicherheitsgesetzgebung voranschritt. Inzwischen gibt es weltweit Sicherheitsgesetze, die durch Verbraucherinformationen und Produkthaftung ergänzt werden. Die Verbraucherinformation wird durch Gesetzgeber, inzwischen auch für unfallvorbeugende Systeme, Versicherungen, Verbraucherschutzorganisationen und Automobilfachzeitschriften erarbeitet. Der Impuls der Produkthaftung ist immens. Der Hersteller übernimmt die Verantwortung für einwandfreie Technik und stellt sicher, dass das Fahrzeug mindestens dem Stand der Sicherheitstechnik entspricht. Ein sicherheitstechnisch positiv bewertetes Fahrzeug ist ein wesentliches Kaufargument.

Inzwischen gibt es kaum ein Fahrzeugteil, welches nicht durch Vorschriften beeinflusst wird. Details dazu sind in den ▶ Abschn. 2.2.1–2.2.7 zu finden.

In keinem anderen Gebiet ist die Kooperation der Fahrzeughersteller so groß wie die ESV-Experimentiersicherheitskonferenzen [3] und die Aktivitäten zur Biomechanik u. a. das Forschungsnetzwerk Trauma-Biomechanik (▶ www.hs-regensburg.de) sowie die Unfallforschung zeigen.

9.2 Gebiete der Fahrzeugsicherheit

Die Fahrzeugsicherheit lässt sich in die in ◘ Abb. 9.1 dargestellten Bereiche unterteilen. Erste grundlegende Definitionen wurden von Wilfert und Seiffert erarbeitet [4, 5].

Zeitgerecht sind folgende Begriffe:

- Integrale Sicherheit: Kombination aus Unfallvorbeugung und Unfallfolgenmilderung
- Unfallvorbeugung: alle Maßnahmen mit dem Zweck Unfälle zu verhindern
- Unfallfolgenmilderung: alle Maßnahmen zur Reduzierung der Unfallfolgen
- PreCrash – Der Unfall ist unvermeidbar, Eingriff von reversiblen und irreversiblen Maßnahmen zur Verminderung der Unfallfolgen.

Hauptverursacher von Unfällen ist nach wie vor der Mensch. Allerdings ist die Schwankungsbreite der Ursachenzuordnung sehr groß. Der gleiche Fahrer kann bei unterschiedlichen Fahrzeug-Modellen auch ein unterschiedliches Unfallverhalten zeigen. Alkohol- und drogenfreies Fahren, guter Komfort und Ergonomie, ausreichende Beleuchtung und gute Sicht, zahlreiche Assistenzsysteme speziell im Bereich des Fahrverhaltens (Bremsen, Antriebe, ABS, Giermomentregelung, Bremsassistenten, siehe ▶ Kap. 7), hohe Fahrstabilität, Windunempfindlichkeit sowie Informations- und Kommunikationssysteme werden die Unfallhäufigkeit weiter reduzieren. ◘ Abbildung 9.2 zeigt den Weg der Veränderung auf einem Teilgebiet der Unfallvorbeugung [5].

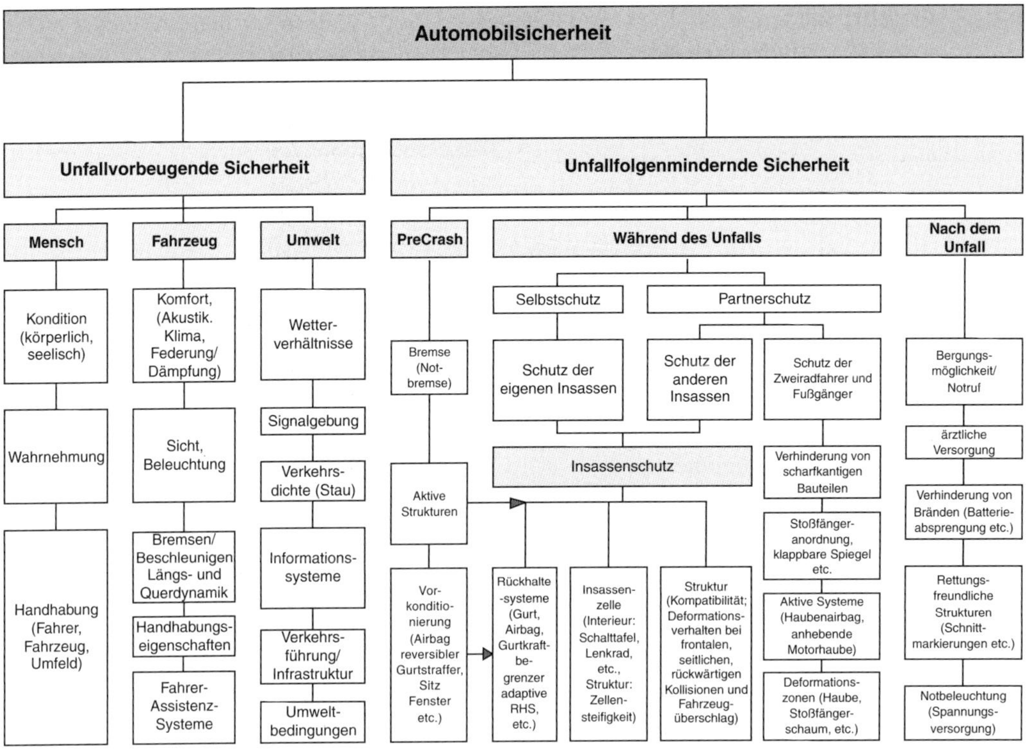

Abb. 9.1 Gebiete der Fahrzeugsicherheit

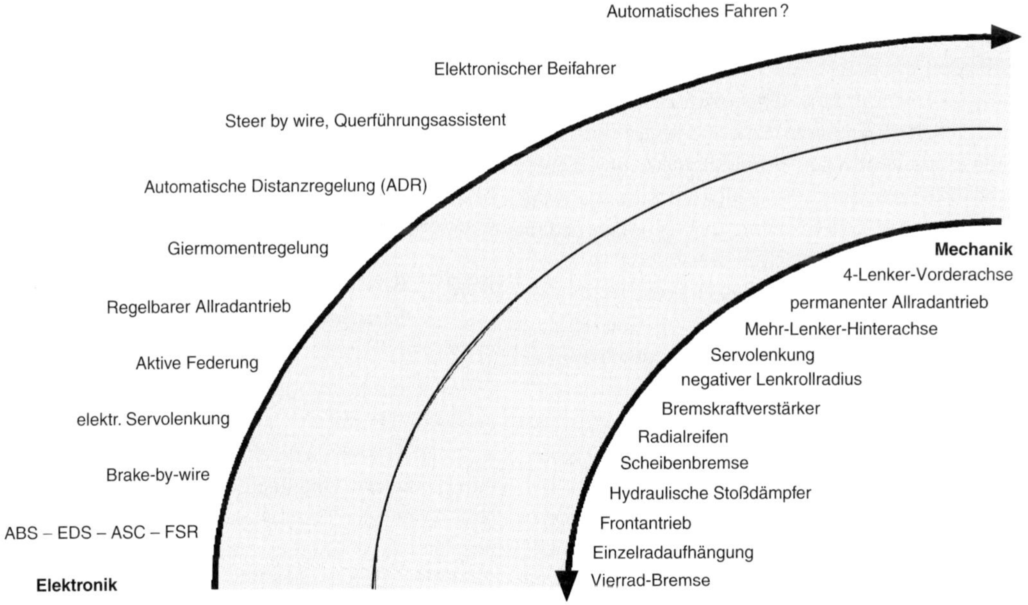

Abb. 9.2 Maßnahmen zur Unfallvorbeugung im Bereich Fahrdynamik

9.3 Ergebnisse aus der Unfallforschung

9.3.1 Einleitung

Durch die kontinuierliche Entwicklung der Fahrzeugsicherheit wurde in der Vergangenheit bereits ein erheblicher Beitrag zur Verbesserung der Verkehrssicherheit geleistet. Viele konstruktive Beispiele die dazu beitrugen, werden in diesem Buch beschrieben. Nachweisen lässt sich diese Verbesserung auch anhand der Verkehrsunfallzahlen der vergangenen Jahre. Im Jahr 2011 gab es 50,9 Mio. zugelassene Kraftfahrzeuge in der Bundesrepublik. Davon waren 42,3 Mio. Personenkraftwagen [6, 10]. Mit steigendem Bestand nimmt auch die Gesamtfahrleistung dieser Fahrzeuge zu. Erfreulicherweise ist die Anzahl der Verkehrsunfälle nicht im gleichen Maße gestiegen.

Abbildung 9.3 gibt einen Überblick über die Entwicklung des Pkw-Unfallgeschehens in der Bundesrepublik Deutschland. Die Zahl der im Straßenverkehr getöteten Pkw-Insassen war von 1980 bis 1985 rückläufig und blieb dann bis 1989 etwa gleich hoch. Einen starken Einfluss hatte dabei 1984 die Einführung des Bußgeldes bei nicht Einhalten der bereits seit 1976 bestehenden Gurtanlegepflicht. Der kurzzeitige Anstieg von 1989 bis 1991 resultiert aus dem Hinzukommen der Pkw-Fahrer aus den neuen Bundesländern und deren Fahrleistungen. Seit 1991 reduziert sich die Zahl der getöteten Verkehrsteilnehmer in Pkw wieder. Der seit 1980 festzustellende Trend setzt sich fort. Die Zahl der verletzten Pkw-Insassen ist in den letzten fünf Jahren leicht rückläufig. Das Risiko, in Deutschland bei einem Straßenverkehrsunfall getötet oder verletzt zu werden, ist trotz der gestiegenen Fahrleistungen deutlich gesunken. Das Risiko ist die Anzahl der unerwünschten Ereignisse bezogen auf eine Bezugsgröße, hier werden die Straßenverkehrsunfälle durch die Fahrleistungen dividiert. Klanner weist ebenfalls auf den Rückgang des Risikos in den EU Staaten hin. Die Werte sind stark unterschiedlich für die einzelnen Länder (besonders niedrig Großbritannien, Schweden, besonders hoch Griechenland, Spanien) [7].

In einigen Ländern ist die Zahl der Getöteten im Jahr 2007 gegenüber 2001 gestiegen: Rumänien, Slowenien, Litauen, Slowakei, Polen. Einen wesentlichen Einfluss haben die stark gestiegenen Fahrleistungen auf Grund der wirtschaftlichen Entwicklung [10].

Der Rückgang des Risikos ist auf die Verbesserung des Straßenwesens, des Rettungswesens und der Notfallmedizin, aber auch auf die Maßnahmen der Fahrzeughersteller zur Erhöhung der Automobilsicherheit zurückzuführen. Dabei wurden in den vergangenen Jahren die größten Fortschritte im Bereich der unfallfolgenmildernden Sicherheit erreicht [8]. Ein Beispiel dafür ist die kontinuierliche Entwicklung der Rückhaltesysteme vom einfachen Sicherheitsgurt zu aufwendigen Mehrkomponentensystemen mit Gurtstraffer, Gurtkraftbegrenzer und vielfältigen Airbagsystemen. Dies war nur durch die konsequente Nutzung der Erkenntnisse der Unfallforschung möglich. Der Nachweis über die erreichten Verbesserungen und insbesondere die Identifikation weiterer möglicher Verbesserungsbereiche erfordert die Unfallforschung.

Datenbasis Für die Analyse von Verkehrsunfällen werden von unterschiedlichen Organisationen Unfälle untersucht und die Erkenntnisse in Unfalldatenbanken zusammengefasst. Da diese Erhebungen verschiedenen Zielen dienen, unterscheiden sie sich auch erheblich in der Datenmenge, Datenqualität und Erhebungstiefe. Die wichtigsten Datenbanken in Europa werden im Folgenden kurz beschrieben und Erkenntnisse aus ihnen gezogen.

9.3.2 Amtliche Straßenverkehrsunfallstatistik

Das Statistische Bundesamt erfasst alle Straßenverkehrsunfälle von der die Polizei Kenntnis erhält. Von den Beamten werden an der Unfallstelle Daten zum Unfallort, Unfallhergang und personenbezogene Daten der Beteiligten in der Verkehrsunfallanzeige erfasst und den statistischen Landesämtern zugeführt. Dabei entsteht eine recht große Datenmenge die ein relativ gutes Bild der Verkehrsunfallsituation in Deutschland gibt. Der Polizei sind jedoch längst nicht alle Straßenverkehrsunfälle

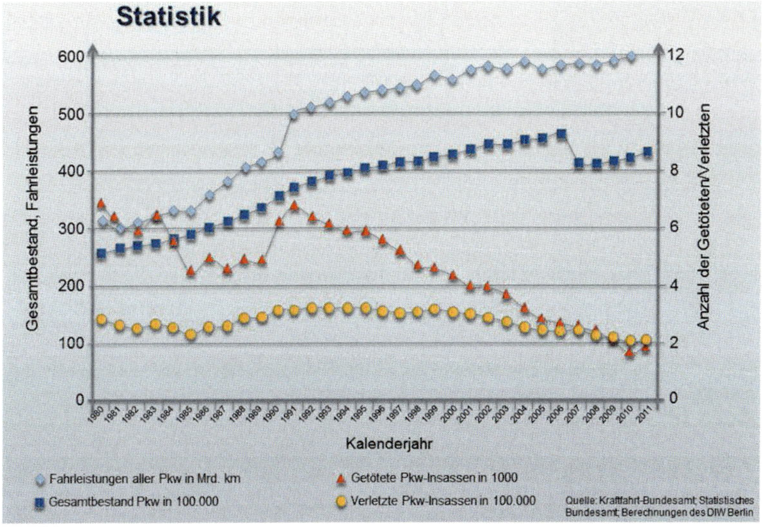

Abb. 9.3 Getötete und verletzte Pkw-Insassen sowie Pkw-Bestand und -Fahrleistungen in der Bundesrepublik Deutschland [6]

bekannt, so dass man insbesondere bei den Bagatelleunfällen von einer hohen Dunkelziffer ausgehen muss. Des Weiteren sind die Genauigkeit und die Datentiefe dieser Erhebungen begrenzt. Beispielsweise werden viele für die Unfallforschung sehr wichtige Merkmale wie z. B. Gurtbenutzung, Sitzpositionen, Fahrzeugdeformationen, Verletzungen nicht oder ungenau erfasst [9].

Die in der amtlichen Statistik der europäischen Länder, den USA und weiteren Ländern aufgenommenen Daten werden in der International Road Traffic and Accident Database (IRTAD) zusammengefasst [10]. Mit dieser Datenbasis lässt sich das Unfallgeschehen der Länder vergleichen.

9.3.3 Verkehrsunfalldaten der Versicherungen

Der Gesamtverband der Deutschen Versicherungswirtschaft e.V. (GDV) erfasst die Verkehrsunfalldaten aus den Versicherungsakten der in diesem Verein zusammengeschlossenen Einzelversicherungen. Aus den Gerichtsakten, Obduktionsberichten, Sachverständigen-Gutachten und den Versicherungsfragebögen werden nachträglich bis zu 500 Einzelparameter je Unfall erhoben. Durch die große Fallzahl dieser Datenbank und die größere Datentiefe gegenüber der amtlichen Statistik lassen sich mit diesen Daten detailliertere Auswertungen erstellen (z. B. Einzelverletzungen, technischer Zustand der Fahrzeuge, Gurtbenutzung).

Mit vielen Untersuchungen auf der Basis dieser Unfalldaten haben Danner und Langwieder vom GDV in Deutschland zur Steigerung der Fahrzeugsicherheit beigetragen (z. B. [11]). In [12] wird der hohe Nutzen von Fahrdynamikregelsystemen prognostiziert. Langwieder zeigt den großen Anteil der »Risikosituation Schleudern in der PreCrash-Phase«. Insbesondere in diesen kritischen Situationen unterstützen Fahrdynamikregelsysteme, wie ESP, den Fahrer bei der Fahrzeugstabilisierung und reduzieren die Unfallhäufigkeit oder mindern die Unfallschwere.

9.3.4 »In-Depth« Unfallerhebungen

Der sicherlich größte Wissenszuwachs lässt sich durch die sogenannten »In-Depth« Verkehrsunfalldatenerhebungen erzielen. Bereits 1973 wurde an der Medizinischen Hochschule Hannover (MHH) in Kooperation mit der Technischen Universität

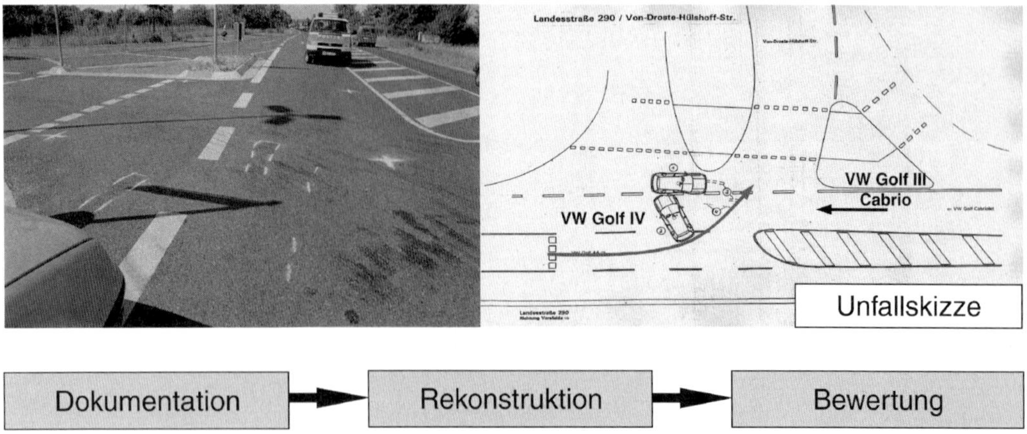

Abb. 9.4 Prinzipielle Vorgehensweise der VW Unfallforschung [15]

Berlin (TUB) ein unabhängig arbeitendes Team, bestehend aus Ingenieuren und Medizinern, zur detaillierten Unfalldatenerhebung im Auftrag der Bundesanstalt für Straßenwesen (BASt) installiert. 1984 wurden die Erhebungsziele und ein Erhebungsgebiet im Großraum Hannover langfristig definiert um eine repräsentative Datenbasis zu erfassen. Seitdem nimmt man in Hannover ca. 1000 Verkehrsunfälle pro Jahr mit bis 3000 Parametern auf.

1999 wurde diese Erhebung zum Gemeinschaftsprojekt GIDAS (German In-Depth Accident Study) zwischen der Forschungsvereinigung Automobiltechnik e.V. (FAT) und der BASt erweitert. Dabei wurde ein zweites Erhebungsteam an der TU Dresden (TUD) aufgebaut, das nach dem gleichen Schema wie an der MHH ebenfalls ca. 1000 Unfälle jährlich erhebt [13, 20]. Das Projekt wird durch einen Lenkungsausschuss mit Vertretern von BASt und FAT koordiniert und weiterentwickelt.

Die Erhebungsteams werden von Polizei, Rettungsdiensten und Feuerwehr über die Unfälle im Erhebungsgebiet informiert und wählen nach einem festgelegten Zufallsverfahren Unfälle aus. Die Erhebungskriterien sind:

- Straßenverkehrsunfall,
- Unfall im Großraum Hannover bzw. Dresden,
- mindestens eine verletzte Person, unabhängig von der Verletzungsschwere.

Durch die Unfallaufnahme vor Ort lassen sich detaillierte Informationen zum Unfallort, den Umweltbedingungen sowie den beteiligten Fahrzeugen erheben, die nachträglich eine genaue Rekonstruktion des Unfalls ermöglichen. Informationen, die am Unfallort nicht erhoben werden können, werden nachträglich ermittelt, wie z. B. genaue Vermessung der Fahrzeugdeformationen, weitere Behandlung, Art und Schwere der Verletzungen der Unfallbeteiligten [14].

Ergänzt werden diese »In-Depth«-Unfallerhebungen durch eigene Unfallerhebungen verschiedener Fahrzeughersteller, die sich in der Regel auf Unfälle mit beteiligten Fahrzeugen der aktuellen, eigenen Produktion beschränken (Audi, BMW, Daimler, Volkswagen).

Abbildung 9.4 zeigt die prinzipielle Vorgehensweise bei der Volkswagen Unfallforschung.

Durch diese zusätzlichen Erhebungen ist es möglich, schneller Informationen über das Verhalten neuer Fahrzeuge im realen Unfallgeschehen zu gewinnen, bereits bevor diese in ausreichender Zahl den Gesamtmarkt durchdrungen haben.

In Tab. 9.1 ist der Nutzen des Elektronischen Stabilitätsprogramms (ESP) anhand verschiedener internationaler Studien belegt [16].

Systeme der Unfallschwereminderung lassen den größten Sicherheitsgewinn für die Zukunft erwarten. Dabei ist jedoch eine Unterscheidung zwischen dem Nutzen von Systemen der Unfallfolgenmilderung und der Unfallschwereminderung schwierig, da diese Systeme zunehmend verschmelzen. Zurückblickend kann man feststellen, dass der

Tabelle 9.1 Internationale Studien zu ESP zeigen hohe Effektivität [16]

Studie	Zeitraum	Rückgang Fahrunfälle
NHTSA (23)	Sept 2004	PKW -35,9% SUV -67%
IIHS (26)	Okt 2004	-41%

Internationale Studien zu ESP

- GDV (1998)
- Swedish National Road Administration (2002)
- DaimlerChrysler (2002, update Mai 2004)
- Toyota (Mai 2003)
- GDV (Mai 2003)
- EACS (Juni 2003)
- Volkswagen (Februar 2004)
- University of Iowa (März 2004)
- Ford (September 2004)
- **NHTSA (September 2004)**
- LAB (September 2004)
- GDV (Oktober 2004)
- **IIHS (Oktober 2004)**
- EU/CEA SARAC (Januar 2005)

Quelle: Langwieder, 2te Tagung Aktive Sicherheit, 2006

größte Nutzen durch den Sicherheitsgurt erzielt wurde, gefolgt von Strukturmaßnahmen an der Fahrgastzelle, dem elektronischen Stabilitätsprogramm (ESP) und den Airbagsystemen (vgl. auch [17]).

Vergleichbar zu GIDAS in Deutschland gibt es ähnliche »In-Depth«-Unfallerhebungsprojekte auch in anderen Ländern (z. B. Frankreich, Großbritannien, Schweden, USA, Japan, China). Derzeit ist es jedoch noch nicht gelungen eine identische Datenstruktur aufzubauen um einen Vergleich dieser Daten untereinander zu ermöglichen. Europäische Forschungsprojekte widmen sich dieser Problematik.

Anwendung Um das Sicherheitsniveau von Fahrzeugen überprüfen und miteinander vergleichen zu können, werden von verschiedenen Organisationen eine Vielzahl von Tests durchgeführt. Ziel ist es, mit diesen Tests einen möglichst großen Teil des realen Unfallgeschehens abzudecken, und durch die Auslegung der Fahrzeugsicherheitssysteme auf diese Bedingungen einen möglichst optimalen und effektiven Schutz der Insassen, aber auch der äußeren Verkehrsteilnehmer zu erreichen. Die durchgeführten gesetzlichen Crashtests (die einen gewissen Mindeststandard an Sicherheit garantieren) und die Verbraucherinformationstests versuchen diesen Schutz zu garantieren und unterliegen deshalb auch einem kontinuierlichen Entwicklungsprozess [18].

Es muss jedoch berücksichtigt werden, dass eine alleinige Auslegung auf solche Labortests bestimmte Möglichkeiten der unfallvermeidenden Sicherheit ausblenden würde. Darüber hinaus muss überprüft werden, ob eine Verbesserung der Testergebnisse auch zu einer Verbesserung im realen Unfallgeschehen führt. Das sinkende Verletzungsrisiko durch verbesserte Strukturmaßnahmen und neuartige Rückhaltesysteme mit Hilfe von Daten des GIDAS-Projektes ist in [19] dargestellt, siehe Abb. 9.5.

Auf Basis der Unfallzahlen kann auch eine Bewertung der Effektivität von Sicherheitssystemen vorgenommen werden. Eine Reihung verschiedener Fahrerassistenzsysteme und Systeme der unfallfolgenmildernden Sicherheit nach erwarteter oder auch bereits erwiesener Effektivität zeigt Abb. 9.6 [17].

Diese Überprüfung der Nachbildung der realen Unfallwelt durch Testverfahren und die Findung von neuen Möglichkeiten zur Verbesserung der Sicherheit der Fahrzeuge ist ein ständiger Prozess. Dazu ist es permanent nötig, die Unfallwelt in Form von Datenbanken aufzunehmen und auszuwerten.

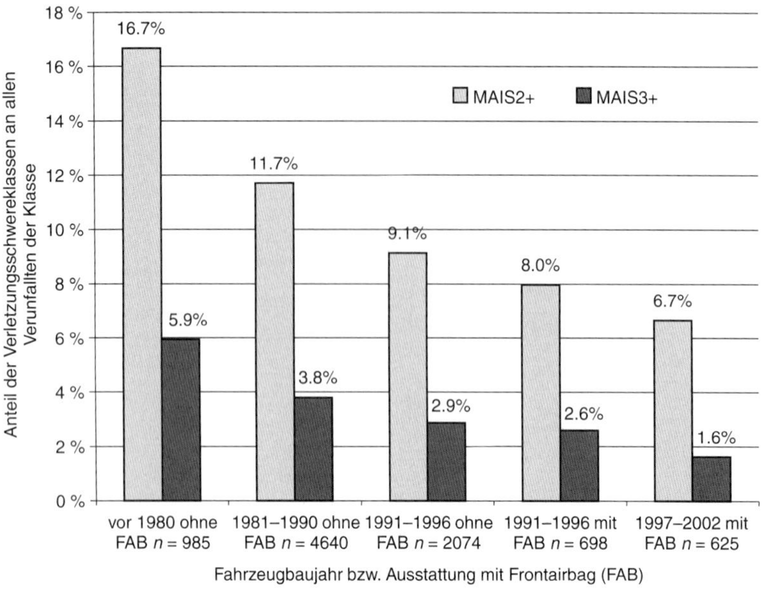

Abb. 9.5 Entwicklung der Gesamtverletzungsschwere nach Fahrzeugbaujahr für gegurtete Fahrer, alle Kollisionsarten (MAIS = Maximaler AIS je Person, AIS Skala s. ► Abschn. 9.5.1.2)

Des Weiteren unterliegt die Unfalldatenaufnahme selbst ständigen Veränderungen. Durch die Einführung von neuen Sicherheitssystemen wie z. B. ABS wird die Analyse und Bewertung von Verzögerungsspuren in der Pre-Kollisions-Phase immer schwieriger. Die Entwicklung von unfallvermeidenden Sicherheitssystemen ist auf Informationen zur Fahrzeuggeschwindigkeit und der Fahrerreaktion angewiesen. Diese Daten könnten durch einen Unfalldatenspeicher, der die wichtigsten Daten wie Fahrzeuggeschwindigkeit, -verzögerung usw. aufzeichnet, gewonnen werden. Derzeit wird eine Einführung solcher Unfalldatenspeicher durch die Automobilhersteller und den Gesetzgeber überprüft. Dadurch könnten für die Unfallforschung zusätzliche Informationen gewonnen werden und damit zu einem besseren Verständnis des Unfallablaufes und letztlich zu einer Weiterentwicklung unfallvermeidender Systeme führen [15].

Der in **Abb. 9.6** vorgelegte Katalog von Sicherheitsmaßnahmen wurde auf Basis deutscher Zahlen ermittelt. Er ist – streng genommen – nur für die Städte Hannover und Dresden gültig, in denen die Unfalldaten erhoben werden. Die Erhebung ist

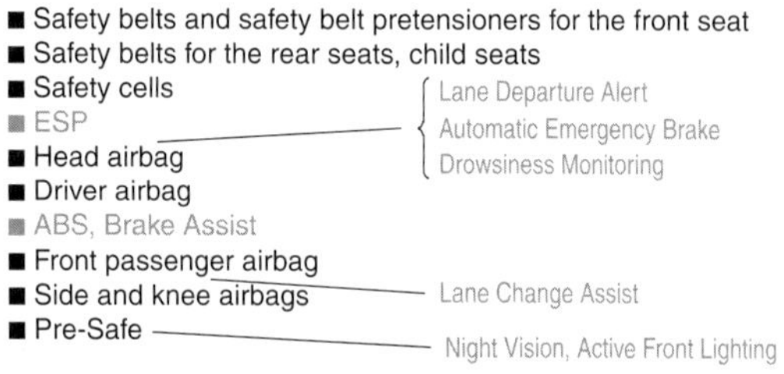

Abb. 9.6 Reihung verschiedener Fahrerassistenzsysteme und Systeme bezüglich der Sicherheit nach erwiesener (*links*) oder erwarteter (*rechts*) Effektivität im Unfallgeschehen

aber so gestaltet, dass die in der GIDAS dokumentierten Unfälle für das deutsche Unfallgeschehen als repräsentativ gelten können. Man wird annehmen können, dass in Ländern, die eine mit Deutschland vergleichbare Motorisierung haben, ähnliche Verhältnisse herrschen und die Ergebnisse damit übertragbar sind. Bereits für die östlichen Mitgliedsstaaten der EU stellt sich aber die Frage, ob eine für Deutschland abgeleitete Priorisierung übertragbar ist. In diesen Ländern gibt es eine andere Durchmischung des Verkehrs mit Pkw, Lkw, Zweirädern und Fußgängern. Es gibt einen höheren Anteil von

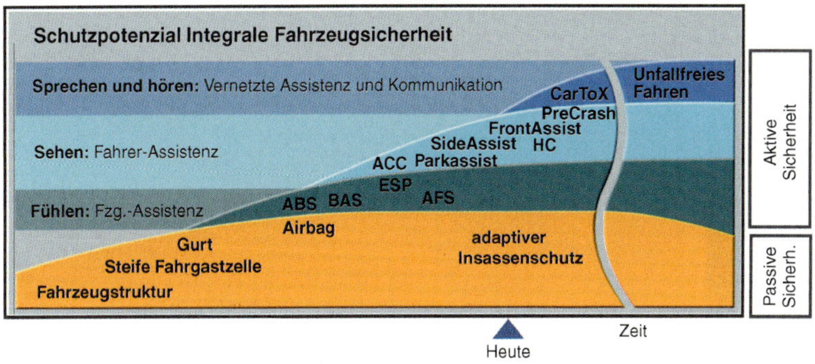

Abb. 9.7 Schutzpotenzial Integrale Fahrzeugsicherheit [26]

Führerscheinneulingen und es gibt eine andere Verteilung des Verkehrs auf Landstraßen, Autobahnen und Stadtverkehr.

Erhebliche Unterschiede ergeben sich, wenn man in die sich entwickelnden Staaten schaut, wie z. B. China. Dort stehen Maßnahmen zur Erhöhung der Gurtanlegequote, Verkehrserziehung und Durchsetzung der Verkehrsregeln durch Bußgelder ganz oben in der Priorisierung. Die Entwicklung der Infrastruktur besitzt dort eine sehr hohe Priorität, damit sie mit dem allgemeinen Wachstum des Wohlstandes Schritt hält. Erst wenn z. B. eine Gurtanlegung durchgesetzt worden ist, ergeben die klassischen Maßnahmen der passiven Sicherheit: Steife Zelle und Airbag einen nennenswerten Nutzen. Ein Autofahrer, der hauptsächlich im Stadtverkehr fährt, hat andere Anforderungen an sein Fahrzeug als ein Autofahrer, der auf kurvenreichen Außerortsstraßen einem höheren Schleuderrisiko ausgesetzt ist.

Diese Erkenntnisse müssen bei der Bewertung der Aussagen von Abb. 9.6 berücksichtigt werden. Ein wichtiges Ergebnis der vergleichenden internationalen Unfallforschung ist, dass es die eine weltweit überall effiziente Sicherheitsmaßnahme nicht gibt, sondern dass den regionalen Unterschieden Rechnung getragen werden muss. Die von Volkswagen initiierte Unfallforschung in Shanghai/China, die heute von einem größeren Konsortium von Herstellern getragen wird, ist ein Schritt in diese Richtung.

9.4 Unfallvermeidende Sicherheit

Zur unfallvermeidenden Sicherheit tragen neben den nachfolgenden beschriebenen Assistenzsystemen grundlegend auch die komfortsteigernden Maßnahmen bei, die einen positiven Einfluss auf die Leistungsfähigkeit des Fahrers ausüben. Dazu zählen beispielsweise Klimaanlagen, eine gute Sichtbarkeit und Ausleuchtung durch Licht, die Verbesserung der eigene Sicht (Spiegel, Scheiben) oder auch ein ausgewogenes Fahrwerk.

Den aktuellen Entwicklungsstand der aktiven und passiven Systeme und deren Schutzpotenzial zeigt Abb. 9.7. Die aktive Sicherheit lässt sich dabei in Fahrzeugassistenz (Sensoren detektieren den Fahrzeugzustand), Fahrerassistenz (Umfelderkennung) und vernetzte Assistenz (Kommunikation) unterteilen. Während sich die Fahrzeugassistenz auf assistierende Systeme der Fahrzeugebene beziehen (s. ▶ Abschn. 9.4.1), lassen sich die Systeme der Fahrerassistenz mit einer Umfelderkennung in Systeme der Längsführung, der Querführung und der Nachtassistenz unterteilen (s. ▶ Abschn. 9.4.2). Die Analogie der menschlichen Sinne wird zukünftig mit der Kommunikation der Fahrzeuge untereinander komplettiert. Dadurch wird sich das Schutzpotenzial weiter erhöhen. Durch die innovative Weiterentwicklung der Elektronik und die integrale Vernetzung der Sicherheitssysteme (Integrale Sicherheit) rückt die Vision vom unfallfreien Fahren näher.

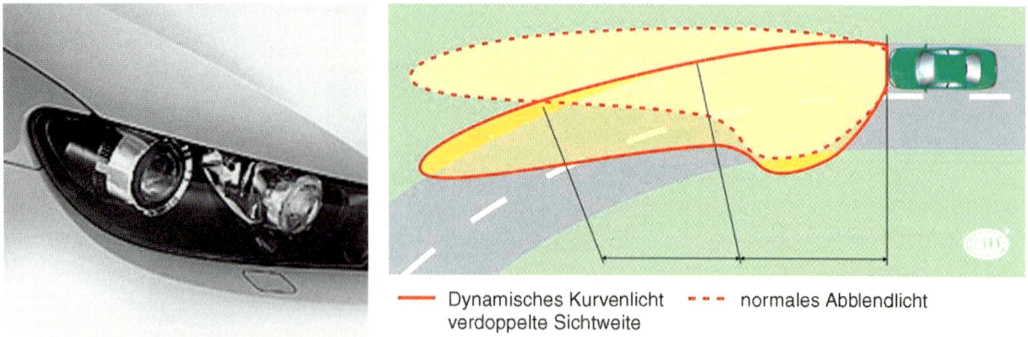

Abb. 9.8 Kurvenlicht [22, 23]

9.4.1 Assistenzsysteme der Fahrzeugebene

Das Antiblockiersystem (ABS) verhindert bei einer Vollbremsung oder bei glatter Fahrbahn das Blockieren der Räder und erhält die Lenkfähigkeit des Fahrzeugs. Blockierende Räder können keine Seitenführungskräfte mehr übertragen, das Fahrzeug wird unkontrollierbar. Damit das nicht geschieht, überwacht das ABS-Steuergerät mittels Raddrehzahlsensoren die Drehzahlen aller Räder des Fahrzeuges. Droht eines zu blockieren, reduziert ein Magnetventil in der Steuereinheit des Antiblockiersystems den Bremsdruck für das entsprechende Rad, bis es wieder frei läuft. Danach wird der Druck bis zur Blockiergrenze wieder erhöht. Das Fahrzeug bleibt stabil und die Lenkbarkeit erhalten. Der Fahrer spürt den Einsatz des Antiblockiersystems an einem leichten Pulsieren des Bremspedals. Im Regelbereich des Antiblockiersystems kann das Fahrzeug trotz maximaler Verzögerung problemlos gelenkt werden. ABS hilft so Hindernissen auszuweichen und eine Kollision zu verhindern.

Der Bremsassistent (BAS) unterstützt den Fahrer bei einer Not- oder Panikbremsung. Es erkennt anhand der Betätigungsgeschwindigkeit des Bremspedals, ob der Fahrer eine Vollbremsung wünscht und erhöht den Bremsdruck automatisch bis in den ABS-Regelbereich, solange der Fahrer das Bremspedal betätigt. Bei nachlassender Bremsdruckvorgabe durch den Fahrer verringert das System den Bremsdruck wieder auf den Vorgabewert. Mit dem Bremsassistenten kann der Anhalteweg deutlich verkürzt werden. Das System arbeitet kaum spürbar für den Fahrer.

Das elektronische Stabilisierungsprogramm (ESP) erkennt kritische Fahrsituationen, zum Beispiel Schleudergefahr, und beugt einem Ausbrechen des Fahrzeuges gezielt vor. Damit ESP auf kritische Fahrsituationen reagieren kann, muss das System ständig Informationen erhalten. Beispielsweise: Wohin der Fahrer lenkt und wohin das Fahrzeug fährt. Die Antwort auf die erste Frage erhält das System vom Lenkwinkelsensor und den Raddrehzahlsensoren. Aus diesen beiden Informationen errechnet das Steuergerät die Soll-Lenkrichtung und ein Soll-Fahrverhalten des Fahrzeuges. Weiterhin wichtige Daten sind die Gierrate und die Querbeschleunigung des Fahrzeuges. Mit Hilfe dieser Informationen errechnet das Steuergerät den Ist-Zustand des Fahrzeuges. ESP verhindert eine Instabilität des Fahrzeuges bei Kurvenfahrt, die entweder bei unangepasster Geschwindigkeit, bei unvorhersehbarer Änderung der Fahrbahnoberfläche (Nässe, Glätte, Verschmutzung) oder bei einem plötzlich erforderlichen Ausweichmanöver eintreten kann. Dabei spielt es keine Rolle, ob das Fahrzeug untersteuert (Fahrzeug schiebt trotz eingeschlagener Räder zum Kurvenaußenrand) oder übersteuert (Ausbrechen des Hecks). Die Rechnereinheit des elektronischen Stabilisierungsprogrammes erkennt die Art der Instabilität anhand der von der Sensorik gelieferten Daten und steuert die Korrektur über den Eingriff in das Bremssystem und das Motormanagement. Beim Untersteuern verzögert ESP das kurveninnere

Hinterrad. Gleichzeitig reduziert es die Motorleistung, bis sich das Fahrzeug wieder stabilisiert hat. Übersteuern verhindert ESP durch gezieltes Ansprechen der kurvenäußeren vorderen Bremse und Eingriff in das Motor- und Getriebemanagement. Zunehmende Erfahrung und eine deutlich feinfühligere Sensorik erlauben eine ständige Weiterentwicklung dieses komplexen Regelsystems, (wie z. B. Torque Vectoring).

Die Xenon-Scheinwerfer mit dynamischem und statischem Kurvenfahrlicht sorgen für eine um bis zu 90 % verbesserte Ausleuchtung von Kurven beziehungsweise des Abbiegebereichs. Die Lichtverteilung wird dabei stets an die Geschwindigkeit angepasst. Beim dynamischen Kurvenfahrlicht folgen die Lichtkegel ab einer Fahrgeschwindigkeit von mehr als 10 km/h dem Lenkradeinschlag. Stellmotoren in den Scheinwerfereinheiten schwenken – anhand des Lenkradwinkels und der Fahrzeuggeschwindigkeit – die Scheinwerfer, um den Kurvenverlauf ideal auszuleuchten. Um eine Blendung des Gegenverkehrs zu vermeiden, ist der Schwenkwinkel des dynamischen Kurvenfahrlichts auf 15° begrenzt. Auf diese Weise sind der Kurvenverlauf sowie Hindernisse, Personen oder Tiere bei einer Kurvenfahrt für den Fahrer früher wahrnehmbar. Der Fahrer gewinnt zusätzliche Reaktionszeit, das Unfallrisiko sinkt erheblich.

9.4.2 Assistenzsysteme mit Umfeldsensorik

9.4.2.1 Systeme der Längsführung

Möchte ein Fahrer derzeit entspannt fahren, so nutzt er in den neueren Fahrzeugmodellen das Adaptive-Cruise-Control (ACC), ◘ Abb. 9.9. Mit diesem radarbasierten System ist es dem Fahrer bis zu einem bestimmten Grad möglich, in dem fließenden Verkehr mitzuschwimmen, ohne manuelle Geschwindigkeitsanpassungen durchführen zu müssen. Nach Auswahl einer Geschwindigkeit und Zeitlücke, die zu einem möglich Vorausfahrenden gewünscht wird, passt sich das Fahrzeug, automatisch daran an. Das geschieht allerdings nur, wenn sich das andere Fahrzeug unterhalb

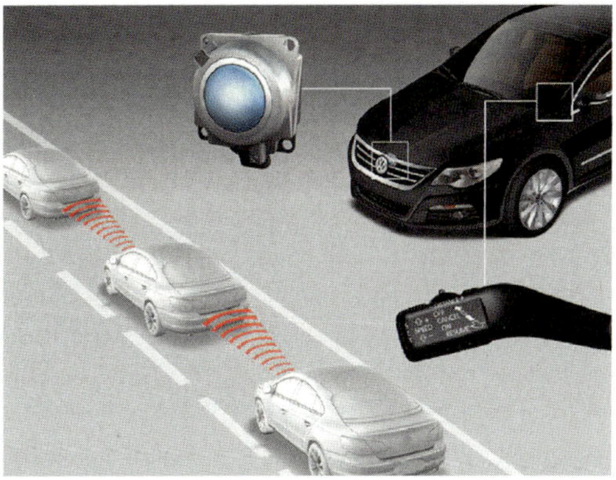

◘ **Abb. 9.9** ACC [24]

der eingestellten Wunschgeschwindigkeit bewegt. Die Erkennung relevanter Objekte geschieht dabei über ein Radar-System, sowie über den Fahrspurverlauf des eigenen Fahrzeuges anhand von Dynamikdaten. Je nach Ausführung des ACC gibt es verschiedene Modi zum Folgeverhalten und eine automatische Anpassung des Beschleunigungsverhaltens durch die vom Radarsystem erkannte Fahrzeugumgebung.

Die Komfortfunktion ACC wird mittlerweile durch Elemente der Fahrzeugsicherheit ergänzt. Wenn durch das Umfeldbeobachtungssystem eine kritische Annäherungssituation erkannt wird, dann wird das Fahrzeug durch das Vorbefüllen der Bremsen (PreFill) und durch die Sensibilisierung des hydraulischen Bremsassistenten auf eine bevorstehende Fahrernotbremsung vorkonditioniert. Beides erhöht die Wirksamkeit einer Fahrerbremsung.

Zusätzlich wird eine 2-stufige Warnung ausgegeben, bestehend aus einer optisch-akustischen Warnung und einem Bremsruck. In eindeutig erkannten Situationen, in denen der Fahrer nicht eingreift, wird dann eine automatische Notbremsung eingeleitet. Die Fahrzeug-Eingriffe sollen dabei, je nach Situation, einen Unfall aktiv vermeiden bzw. die Folgen einer Kollision mildern.

9.4.2.2 Systeme der Querführung

Der Side Assist, ◘ Abb. 9.10, unterstützt den Fahrer, indem er ihn vor oder bei einem Spurwechsel auf sich nähernde Fahrzeuge aufmerksam macht. Eine

Abb. 9.10 Side Assist [25]

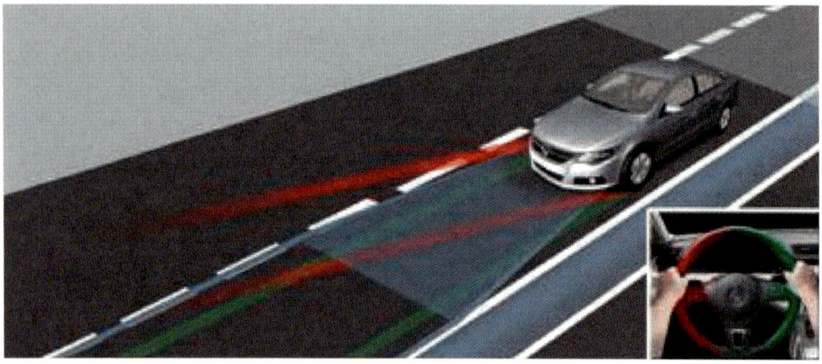

Abb. 9.11 Lane Assist [26]

intuitiv verständliche Rückmeldung über Warnlampen in den Außenspiegeln informiert oder warnt den Fahrer innerhalb der Systemgrenzen vor Fahrzeugen in einem Bereich von 50 m hinter dem eigenen Fahrzeug und im toten Winkel. So können Fahrsituationen besser eingeschätzt und eine Gefährdung vermieden werden. Das System ist so ausgelegt, dass es den Fahrer nur in relevanten Situationen warnt: So erfolgt keine Warnung für stehende Objekte oder entgegenkommende Fahrzeuge. Ebenso werden Fahrzeuge, die mehr als eine Fahrspur entfernt sind, ignoriert. Dadurch wird eine unnötige Irritation des Fahrers durch zu häufiges Ansprechen vermieden. Side Assist schafft vor allem einen Zugewinn an Komfort. Als Fahrerassistenzsystem vereint das System leichte Handhabung und Komfort. Es kann und soll jedoch den Fahrer nicht bei einem Überholvorgang von seiner Sorgfaltspflicht und dem Blick in den Rückspiegel entheben.

Ein weiteres System zur Erhöhung der Sicherheit ist der Spurhalteassistent (Lane Assist), Abb. 9.11 das auf Wunsch des Fahrers aktiviert werden kann. Gerade bei langen eintönigen Fahrten kann die Konzentration des Fahrers nachlassen. Ein Abkommen von der Fahrbahn kann die Folge sein. Durch einen leichten korrigierenden Lenkeingriff des Lane Assist kann das vermieden werden. Grundlage dafür ist die über Kamerasensorik erfasste Fahrbahnmarkierung. Sollte diese erkennbar sein und sich die Geschwindigkeit oberhalb von 65 km/h befinden, so ist das System aktiv und wird dem Fahrer im Kombiinstrument angezeigt. Weicht der Wagen nun von seiner Spur ab, lenkt der Spurhalteassistent leicht gegen. Dass ein Fahrer bei aktivem System die Hände vom Lenkrad nimmt, ist aufgrund des Aufmerksamkeitverlustes des Fahrers nicht wünschenswert. In diesem Fall gibt das Fahrzeug eine Übernahmeaufforderung an den Fahrer und schaltet sich ab.

Abb. 9.12 Nachtsichtassistent mit Fußgängermarkierung [27]

9.4.2.3 Nachtassistenz

Bei Nachtassistenzsystemen, Abb. 9.12 unterscheidet man zwischen Systemen, die das Fahrzeugvorfeld in einem Display anzeigen, und Fernlicht-Assistenzsystemen. Diese passen die Lichtverteilung so an, dass immer maximale Sicht für den Fahrer bei gleichzeitig minimierter Blendung entsteht.

Die Nightvision-Systeme erfassen den Bereich vor dem Fahrzeug mit einer Kamera. Hierbei kommen entweder passive oder aktive Systeme zum Einsatz. Die passiven Systeme zeichnen sich durch den Einsatz einer Wärmebildkamera aus. Diese reagiert empfindlich auf sämtliche Wärmequellen in ihrem Sichtbereich (z. B. Fußgänger, Fahrzeuge) und zeigt diese deutlich aufgehellt in einem Display im Cockpit an. Zusätzlich können über eine intelligente Bildverarbeitung Fußgänger klassifiziert, und bei Bedarf in der Anzeige markiert werden. Dies ist zum Beispiel hilfreich, wenn ein Fußgänger die Straße überquert.

Bei aktiven Nachtsicht-Assistenzsystemen wird das Vorfeld mittels eines Infrarotscheinwerfers ausgeleuchtet. Die Reichweite beträgt etwa 150 m. Mit einer normalen Fahrzeugkamera, die auch im infraroten (IR) Bereich empfindlich ist, wird das von der Umgebung reflektierte IR-Licht sensiert. Dem Fahrer wird ein – im Gegensatz zum passiven System – vollständig aufgehelltes Bild seiner Umgebung auf einer Anzeige zur Verfügung gestellt.

Das frühzeitige Erkennen von relevanten Objekten kann auch durch die Fernlicht-Assistenzsysteme unterstützt werden. Diese beobachten, mit Hilfe einer Kamera, den entgegenkommenden und vorausfahrenden Verkehr, und passen die Lichtverteilung der Scheinwerfer dementsprechend an. Die einfachste Variante ist der Fernlichtassistent (FLA), bei dem das Fernlicht im Falle entgegenkommender oder vorausfahrender Fahrzeuge abgeschaltet wird. Ist das Vorfeld wieder frei, wird es automatisch reaktiviert [28].

Abb. 9.13 Gleitende Leuchtweitenregulierung [29]

Eine Weiterentwicklung des FLA ist die gleitende Leuchtweitenregulierung, Abb. 9.13. Hier wird nicht nur bestimmt ob, sondern auch in welcher Position sich andere Fahrzeuge im Vorfeld befinden. Mit diesen Informationen ist es nun möglich, die Hell-Dunkel-Grenze (HDG) der Frontscheinwerfer stufenlos zwischen Abblend- und Fernlichtverteilung zu adaptieren, je nach Entfernung der entgegenkommenden oder vorausfahrenden Fahrzeuge.

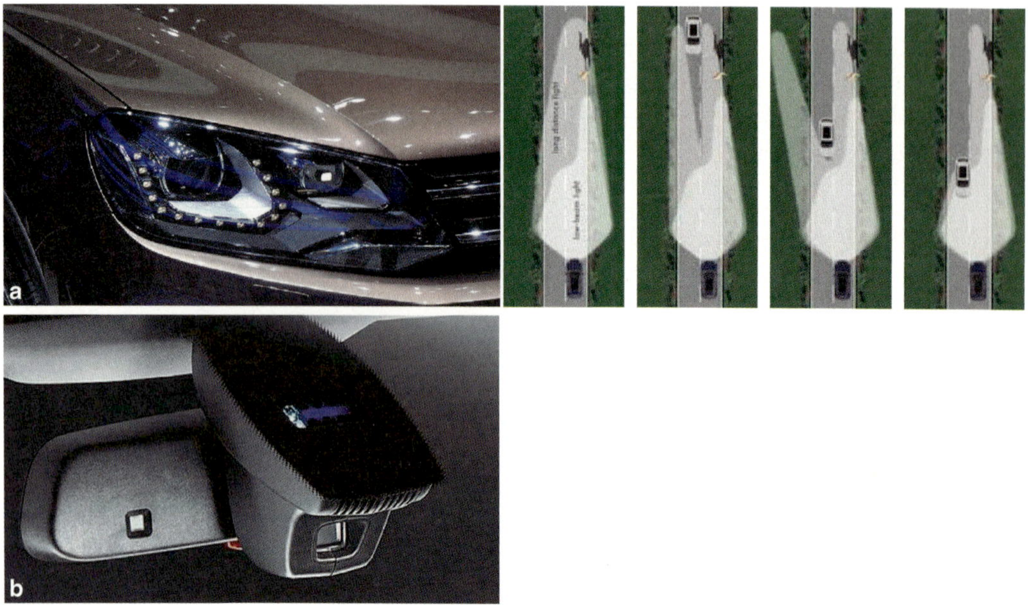

Abb. 9.14 **a** Blendfreies Fernlicht [30, 31], **b** Kamera für Fernlichtassistenz

Eine weitere Entwicklungsstufe stellt das blendfreie Fernlicht, auch Dynamic Light Assist, Abb. 9.14a und b genannt, dar. Hier wird die Lichtverteilung nicht nur in vertikaler Richtung adaptiert, sondern kann auch horizontal geschwenkt werden. Das ermöglicht ein Aussparen der anderen Verkehrsteilnehmer im Fernlicht und maximiert somit die Sicht des Fahrers, da nur dort das Licht abgeschattet wird, wo es entgegenkommende und vorausfahrende Fahrzeuge blenden würde.

9.5 Biomechanik und Schutzkriterien

9.5.1 Biomechanik

9.5.1.1 Grundlagen

Beginnend in den USA, später in Europa und dem Rest der Welt wird die Biomechanik verstärkt erforscht. Wesentlichen Anteil an der Untersuchung der menschlichen Widerstandsfähigkeit gegen stoßartige Belastungen hatte der amerikanische Colonel Stapp, der im Selbstversuch als erster Mensch aus einer Geschwindigkeit von 632 mph (rd. 1000 km/h) in 1,4 s bis zum Stillstand verzögert wurde. Eine Würdigung findet man in [32]:

> *The Stapp Car Crash Conferences are named in honor of Colonel John Stapp, USA (MC), who pioneered (and is still pioneering) in establishing human impact tolerance levels. His historic rocket sled rides at Holloman Air Force Base, New Mexico, in 1954, in which he voluntarily subjected himself to up to 40 G accelerations while stopping from a speed of 632 miles per hour in 1,4 s still represent the best basis for quantitating human tolerance to acceleration. In addition to his own dangerous volunteers work, he has directed countless other safety research programs involving human volunteers, animals and cadavers. The equipment and techniques developed under his guidance habe contributed much to the advancement of safety. The naming of these conferences after Colonel STAPP is a fitting tribute to a man who has dedicated his life – even to the point of risking it – to research aimed at ancreasing man's chances of survival in adverse crash environments.*

Neben der Stapp-Conferences sind IRCOBI [33] = International Research Council on the Biomechanics of Impacts und das EEVC = European Experimental Vehicle Commitee weitere wichtige Institutionen zur Erarbeitung und zum Austausch biomechanischer Forschungsergebnisse. Für die Fahrzeugsicherheit ist die Biomechanik ein Mittel zur Beschreibung der Verletzungsmechanismen und ein Instrument zur Ermittlung der mechanischen Belastbarkeit des menschlichen Körpers. Die Resultate der biomechanischen Forschung führen zur Festlegung von Belastungsgrenzen. Daraus werden die Schutzkriterien abgeleitet, die als physikalische Größen mit Versuchseinrichtungen gemessen werden und deren direkter Messwert oder daraus abgeleitete Grenzen nicht überschritten werden dürfen.

9.5.1.2 Belastungsgrenzen

Die Belastungsgrenzen beschreiben u. a. Knochenbrüche, Organschädigungen und andere Verletzungen. Eine Klassifizierung wird durch den »Abbreviated Injury Scale« (AIS) bzw. »Overall Abbreviated Injury Scale« (OAIS) vorgenommen. AIS und OAIS beurteilen eine Einzel- bzw. die Gesamtverletzungen und reichen von 0 bis 6 [34], ◘ Tab. 9.2.

Die Belastungsgrenzen werden beeinflusst durch das Alter, Geschlecht, Anthropometrie, Masse und Masseverteilung. Deshalb ist es schwierig, in Unfallsimulationsversuchen alle vom Unfall Betroffenen (Fahrzeuginsassen, Fußgänger) darzustellen. Mit Hilfe von Versuchspuppen soll ein möglichst großes Spektrum erfasst werden.

Im Folgenden werden einige Belastungswerte für den Menschen näher beschrieben.

Äußere Verletzungen Schnittverletzungen im Gesicht und am Hals konnten bei früheren Fahrzeugkonstruktionen durch Aufschlag gegen die Windschutzscheibe entstehen. Eine Bewertung dieser Verletzungen ist von Prof. Patrick, Wayne State University, USA, vorgenommen worden. Die eingeklebte Verbundglasscheibe hat ganz wesentlich zur Reduzierung von Schnittverletzungen beigetragen und hält den Fahrer- und Beifahrer-Airbag zurück.

Schädelbrüche durch das Aufschlagen auf Teile des Fahrzeuginnenraums werden nach Swearingen [36] wie folgt begrenzt: Die Verzögerung an der Schädelpartie, multipliziert mit der Kopfmasse, ergibt eine Kraft, die ein Brechen der Schädelpartie bei flächenhafter Lasteinleitung hervorruft. Beschleunigungsgrenzwerte betragen z. B. für die Stirn $200g$, die Nase $30g$ und das Kinn $40g$. Brustverletzungen können durch das Aufschlagen auf Lenkrad und Armaturenbrett entstehen. Deshalb

◘ Tabelle 9.2 AIS-Skala (Abbreviated Injury Scale)

AIS-Stufe	Verletzungsschwere
1	Leichte Verletzung, z. B. – Schürf- und Schnittwunden – Prellungen
2	Mittelschwere Verletzung, z. B. – tiefe Fleischwunden – Gehirnerschütterung mit Bewusstlosigkeit (unter 15 min)
3	Schwere Verletzung, z. B. – Gehirnerschütterung mit Bewusstlosigkeit (unter 1 h) – Zwerchfellriss – Verlust eines Auges
4	Sehr schwere Verletzung (lebensgefährlich), z. B. – Hirnquetschung mit Bewusstlosigkeit (unter 24 h) – Magenriss – Beinverlust, oberhalb des Knies
5	Sehr schwere Verletzung (niedrige Überlebenschance), z. B. – Hirnquetschung mit Bewusstlosigkeit (über 24 h) – Herzmuskelriss – Rückenmarksverletzung mit Querschnittslähmung
6	Sehr schwere Verletzung (sehr niedrige Überlebenschance, nicht behandelbar), z. B. – Schädelzertrümmerung – Brustkorbzerquetschung – Abriss des Rückenmarks in Höhe des 3. Halswirbels oder darüber

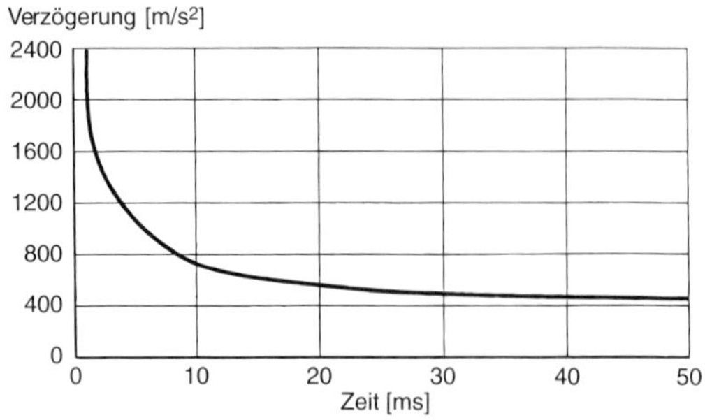

Abb. 9.15 Patrick-Kurve (Maßstab zur Beurteilung der Belastungen des menschlichen Gehirns)

soll die Aufprallreaktionskraft möglichst kleiner als 8000 N sein. Die Brustdeformation sollte 5 cm nicht überschreiten.

Ein Bruch des Oberschenkels kann bei Längskräften von mehr als 11.000 N eintreten. Nachdem Kopf und Körper inzwischen gut geschützt sind, rücken Verletzungen der unteren Extremitäten (Fußgelenke) stärker in den Vordergrund.

Innere Verletzungen Sehr viel schwieriger sind die inneren Verletzungen des Menschen zu erfassen. Die größten Probleme sind zweifelsohne die Beanspruchung des Gehirns und der Halswirbelsäule. Für den Kopf gilt die Aussage, dass in anterior-posterior-Richtung eine Beschleunigung von 80 g über einen Zeitraum von 3 ms nicht überschritten werden soll. Bewusstlosigkeit und schwere Beschädigungen des Gehirns werden nach der Patrick Kurve [37] beurteilt, Abb. 9.15 Sie zeigt den Zusammenhang zwischen Verzögerungshöhe und Einwirkdauer. Aus der Patrick-Kurve wurde auch das Head Injury Criterion (HIC) abgeleitet.

Über die Grenzbelastung durch die Rotationsbeschleunigung gibt Fiala in [38] Auskunft. Er hat bei einer Gehirnmasse von 1300 g eine Drehbeschleunigung von weniger als $7500\,\mathrm{rad/s^2}$ als zulässig ermittelt.

Ebenso kritisch wie der Kopf ist der Hals. Als verbindendes Element zwischen Rumpf und Kopf wird er bei allen Unfällen einer mehr oder weniger großen Belastung ausgesetzt. Das betrifft insbesondere den aus sieben Halswirbeln bestehenden Nacken, der bei einer relativen Vorwärtsbewegung des Kopfes zum Rumpf (Flexion) und bei einer relativen Rückwärtsbewegung zum Rumpf (Extension) hoch belastet ist. Bei diesen Bewegungen entstehen Zug-, Druck- und Scherkräfte sowie Drehmomente. Je nach Muskulatur und Verhaltensweise des Insassen können dabei schwere Verletzungen auftreten. besonders kritisch kann ein zu hohes Moment am okzipitalen Condylus (Hinterhauptgelenkknochen) sein.

Verletzungen der Halswirbelsäule rücken zunehmend in den Vordergrund, nachdem durch den Sicherheitsgurt und Airbag Kopf und Körper schon gut geschützt sind. Der Airbag hat insbesondere die Kopfverletzung, der Gurtkraftbegrenzer die Brustverletzung reduziert. Für die unterschiedlichen Fahrzeuginsassen ist ein adaptiver Insassenschutz erforderlich [39].

9.5.2 Schutzkriterien

Da man Versuche bei denen Verletzungen auftreten können, nicht mit lebenden Personen durchführen kann, stehen Nachbildungen von Körperteilen z. B. Kopfformen oder Ganzkörperversuchspuppen zur Verfügung. Im Gegensatz zu den biomechanischen Grenzwerten benötigt man auf diese Versuchseinrichtungen bezogene Grenzwerte. Logischerweise sind sie auch von der Art der eingesetzten Versuchspupe abhängig.

Für den Frontalaufprall gelten die in Abb. 9.16 dargestellten Werte, wobei sich die länderspezifischen Anforderungen zum Teil vermischen. Das HIC, HPC = head injury criteria bzw. head protection criteria ist wie folgt definiert:

$$\mathrm{HIC} \leq 1000$$

$$\approx \left[\frac{1}{t_2 - t_1} \int\limits_{t_1}^{t_2} a_{\mathrm{res}}\,\mathrm{d}t \right]^{2,5} (t_2 - t_1)\,.$$

Die betrachteten Zeitabschnitte betragen 15 bzw. 36 ms.

Die meisten Grenzwerte sind aus Abb. 8.49 ersichtlich, einige sollen noch näher erläutert werden.

Oberschenkelkraft $< 9{,}07\,\mathrm{kN}$ bei 0 ms und $< 7{,}56\,\mathrm{kN}$ nach 10 ms

Schienbeinindex: = Tibiaindex, gemessen oben und unten, soll $\leq 1{,}3$ sein

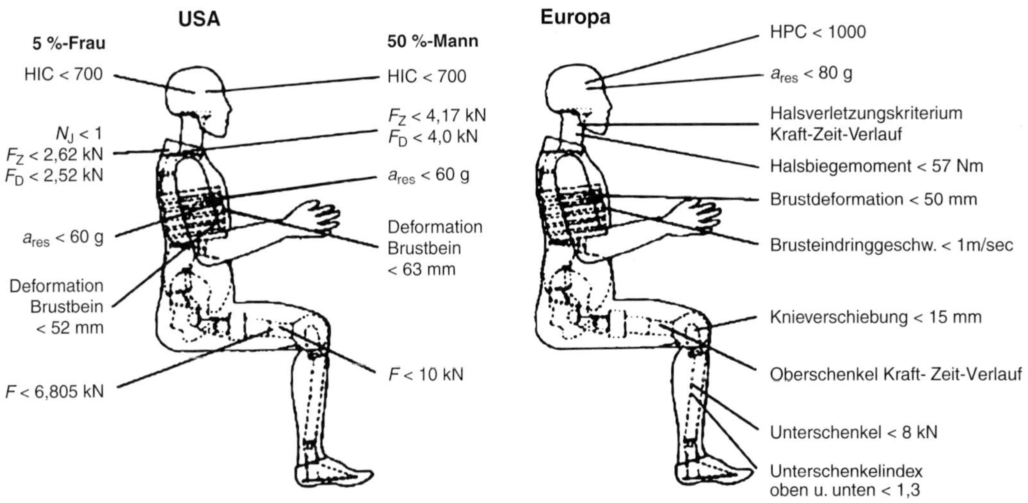

Abb. 9.16 Anforderungen für Versuchspuppen (Frontalaufprall)

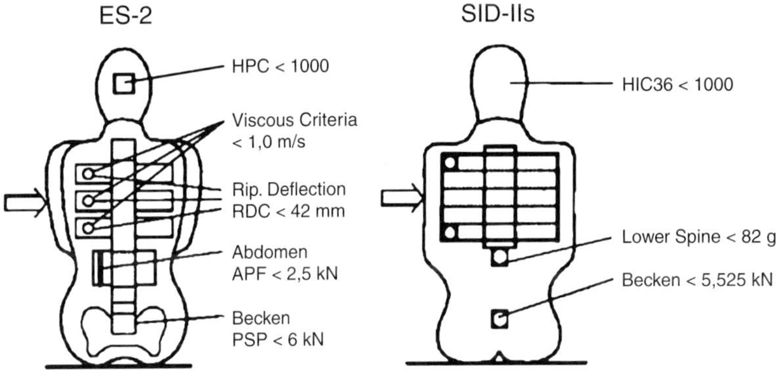

Abb. 9.17 Anforderungen für Versuchspuppen (Seitenaufprall)

Der Tibia-Index ist: $\mathrm{TI} = |M_R/(M_C)_R| + |F_Z|/(F_C)_Z|$ mit M_X = Biegemoment um die x-Achse, mit M_Y = Biegemoment um die y-Achse

$(M_C)_R$ = Kritisches Biegemoment $< 225\,\mathrm{Nm}$

$(F_C)_Z$ = Kritische Kompressionskraft in Z-Richtung mit $< 35{,}9\,\mathrm{kN}$

$$M_R = \sqrt{(Mx)^2 + (My)^2}\,.$$

Nacken: Das Nackenverletzungskriterium Neck Injury Criteria (NIC) darf die Zug- und Scherkräfte (KN als $f(t)$) nicht überschreiten. Das Biegemoment um die y-Achse bei der Rückwärtsbewegung soll $< 57\,\mathrm{Nm}$ sein, bei der Vorwärtsbewegung $< 190\,\mathrm{Nm}$.

Weitere Forderungen: Nach wie vor gilt, dass die Lenkradverlagerung der Lenkradmitte $< 80\,\mathrm{mm}$ vertikal und $< 100\,\mathrm{mm}$ horizontal (rückwärts) beim Frontalcrash sein soll.

Bezüglich der möglichen Fußverletzungen gibt es noch keine präzisen Kriterien. Auf jeden Fall soll eine zu große Drehung und ein direkter Bauteilkontakt vermieden werden.

Für den Seitenaufprall gelten die in Abb. 9.17 dargestellten Werte, dabei ist zu berücksichtigen, dass der Euro SID 2 auch für den amerikanischen Test eingesetzt werden kann.

Die Bezeichnungen bedeuten

RDC – Rip Deflection Criteria

APF – Abdomen Belastung

PSP – Schambeinfugenbelastung

Bei der Auslegung der Fahrzeuge und Rückhaltesysteme muss man die Toleranzen des gesamten Systems berücksichtigen. D. h., um gesichert mit allen Fahrzeugen z. B. einen Grenzwert für das HIC von 1000 zu unterschreiten, muss das Entwicklungsziel deutlich niedriger sein.

9.5.3 Simulationseinrichtungen

9.5.3.1 Kopf

Der Kopf wird für mehrere Tests simuliert. Der nach J 921 [41] spezifizierte Kopf hat eine reduzierte Pendelmasse von 6,8 kg. Er kann Beschleunigungen und Flächenpressungen (Folie) bewerten. Für den »containment test« wird ein Linearimpaktor mit 18 kg und für den Fußgängertest eine Kinderkopfform mit 3,5 kg und eine Erwachsenenkopfform mit 4,5 kg eingesetzt.

9.5.3.2 Bein, Hüfte

Für den Fußgängerschutz sind in der europäischen Gesetzgebung Bein- und Hüftaufprallsimulatoren spezifiziert.

9.5.3.3 Rumpf

Für das Messen der Kraft in horizontaler Richtung beim Aufprall auf die Lenkanlage wird als Belastung ein Körperblock nach SAE 944a verwendet. Dieser Körperblock repräsentiert den Rumpf eines 50 %- Mannes und wiegt 36 kg. Allerdings wird der Rumpf nach der Installation von Airbags und Dreipunktgurten nicht mehr als Entwicklungstool eingesetzt.

9.5.3.4 Gesamtkörper

Für die Simulation des gesamten Körpers gibt es zahlreiche Versuchspuppen. Sie reichen von Kinderpuppen (verschiedene Altersstufen) über die 5 % Frau, den 50 % Mann bis zum 95 % Mann. Die Prozentangabe schließt immer den entsprechenden Größenbereich ein. Für die Unfallsimulationstests, inklusive der Überprüfung der gesetzlichen Vorschriften werden die 5 % Frau, der 50 % Mann, ◘ Abb. 9.18 und der 95 % Mann sowie die Kinderversuchspuppen verwandt. Grundsätzliche Vorträge zu den Versuchspuppen wurden unter anderem bei der FISITA-Konferenz 2010 gehalten.

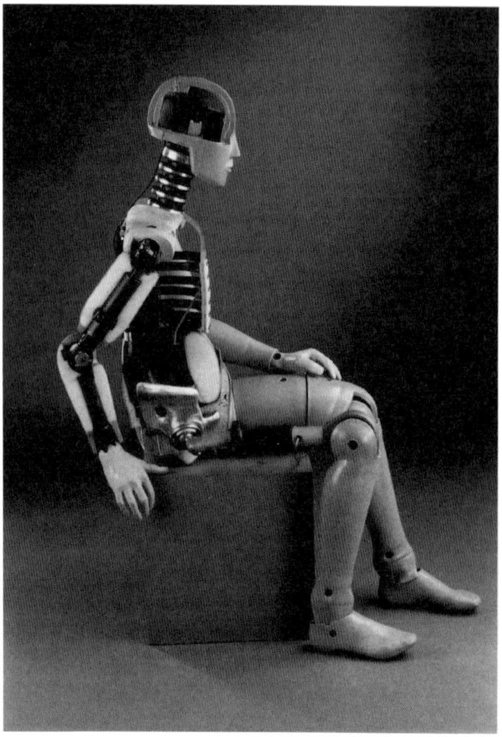

◘ **Abb. 9.18** Hybrid III 50 %-Mann Versuchspuppe [42]

Für die Seitenaufprallsimulation sind in den USA der SID und in Europa der Euro-SID vorgeschrieben. ◘ Abbildung 9.19 demonstriert die Unterschiede im Aufbau der Versuchspuppen.

Bezüglich der Weiterentwicklung der Seitenaufprall-Versuchspuppen gibt es zahlreiche Aktivitäten. Der Euro-SID 2 wird für die NCAP-Tests eingesetzt. Dies gilt auch für den durch eine Rippenerweiterung veränderten Dummy Euro-SID-2re. Für den US-Standard FMVSS 201 wird die SID-2re Versuchspuppe verwandt. Dies ist eine Kombination des US-SID und der Hybrid III-Version. Zukünftig soll weltweit eine einheitliche Versuchspuppe, der World-SID, benutzt werden.

Bei allen Versuchspuppen sind Messwertaufnehmer im Kopf, im Nacken, in der Brust, im Becken und in den Oberschenkeln installiert.

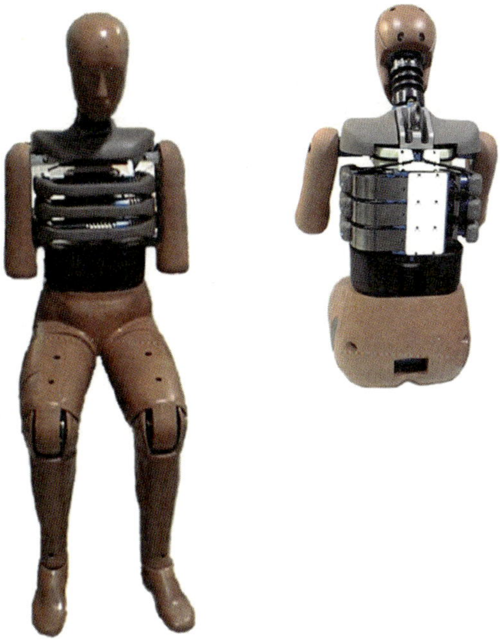

Abb. 9.19 Unterschiede von den Versuchspuppen im Seitenaufprall (*links*, Euro SID 2re , *rechts*, US – SID IIs)

9.6 Quasistatische Anforderungen an die Karosserie

9.6.1 Sitz- und Sicherheitsgurtverankerungspunkttests

Für den Fall, dass das innenliegende Sicherheitsgurtschloss am Sitz befestigt ist, werden Sitz und Verankerungspunkte gleichzeitig geprüft. Über Körperblöcke wird mit Zugbändern die Kraft gleichmäßig entsprechend FMVSS 210 aufgebracht. Je Körperblock müssen mehr als 14.000 N Widerstand geleistet werden. Die Verstärkung im Bereich der oberen Befestigungspunkte in den B-Säulen muss so ausgeführt sein, dass ein Einreißen der B-Säule infolge zu großer örtlicher Steifigkeit vermieden wird.

Die Sitze selbst können im Regelfall die am Gurtverankerungspunkt auftretenden Kräfte nicht aufnehmen, da der Sitz nur das 20fache seines Eigengewichts als Kraft über einen Zeitraum von 30 ms aushalten muss. Für den innenliegenden Verankerungspunkt bedient man sich des steifen Fahrzeugmitteltunnels, an dem eine zackenförmige Sitzführungsschiene befestigt ist. Bei einer Belastung durch einen entsprechend schweren Unfall rastet der Verankerungspunkt fest ein. Sitze, an denen auch der obere Gurtverankerungspunkt angebracht ist, müssen über die Lehne die Kräfte und Momente abstützen und sind wegen der notwendigen Steifigkeit relativ schwer gebaut.

9.6.2 Dachfestigkeit

Zur Überprüfung der Dachfestigkeit entsprechend des FMVSS 216 wird z. B. für Fahrzeuge mit einem Leergewicht von bis zu 2727 kg eine quasistatische Prüfkraft entsprechend dem 3-fachen Fahrzeuggewicht aufgebracht. Diese Gesetzverschärfung wurde ab dem Jahr 2010 stufenweise in den USA eingeführt.

9.6.3 Seitenstruktur

Neben den Erprobungen durch dynamische Versuche, gibt es nach FMVSS 214 auch einen quasistatischen Test. Bei diesem Versuch wird ein Zylinder senkrecht zur Fahrzeuglängsachse in die Tür gedrückt. Die Unterkante des Zylinders ist dabei 5 inches (= 12,7 cm) über dem untersten Punkt der Tür. Der Prüfkörper hat einen Durchmesser von 12 inches (= 30,5 cm). Seine Höhe muss mindestens so bemessen sein, dass er die Unterkante des Fensterausschnittes um mindestens 1/2 inch (= 1,27 cm) überragt. Abbildung 9.20 zeigt die Widerstandsfähigkeit einer Karosserie, wobei eine Tür mit und ohne Biegeträger geprüft wurde. Bei derartigen Versuchen wird die erreichbare Höchstkraft durch die Fähigkeit zur Kraftübertragung über Schloss und Scharniere auf die A- und B-Säulen begrenzt, so dass in beiden Fällen (mit und ohne Biegeträger) etwa die gleiche Höchstkraft erreicht wird. Deutliche Unterschiede bestehen in dem erreichten Niveau bei 6 inches = 15,2 cm und bei 12 inches = 30,5 cm. Besonders zu Beginn der Deformation bietet eine Tür mit Biegeträger erheblich mehr Widerstand gegen das Eindringen eines Stoßkörpers.

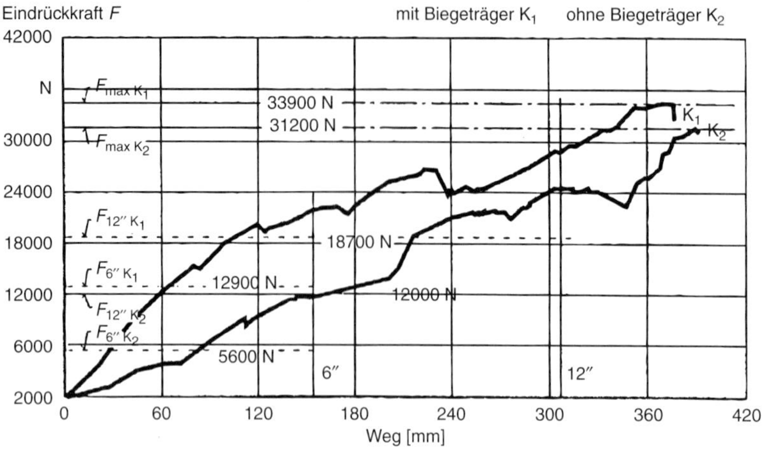

Abb. 9.20 Versuchsergebnisse (für eine Tür mit und ohne Biegeträger) eines Türeindrückversuches

9.7 Dynamische Fahrzeugkollision

9.7.1 Frontale Kollision

Zur Überprüfung einer eventuellen Beschädigung der Scheinwerfer, Leuchten und weiterer, für die Sicherheit wichtiger Bauteile (z. B. bewegliche Fahrwerksteile) werden Aufprallversuche mit niedriger Geschwindigkeit gegen eine feste Wand und Pendelaufschlagversuche gegen den Stoßfänger durchgeführt. Während es in den USA hierzu ein Gesetz gibt, ist in Europa diese Anforderung nur in einigen Ländern zwingend. Der Schadenumfang am Fahrzeug bei niedrigen Aufprallgeschwindigkeiten wird indirekt über die Einstufung in die Kfz-Versicherungsklassen abgedeckt, wodurch weniger die Sicherheit, sondern vielmehr die Reparaturkosten berücksichtigt werden. Bis zu Aufprallgeschwindigkeiten von 8 km/h sollen keine bleibenden Beschädigungen auftreten. Für die Beurteilung von Reparaturschäden wird bis zu 16 km/h Aufprallgeschwindigkeit geprüft.

Bei höheren Aufprallgeschwindigkeiten muss die Bewegungsenergie der Kollisionspartner zum größten Teil durch die Deformation von Fahrzeugbauteilen abgebaut werden. bei einer Frontalkollision gegen ein festes Hindernis, das 90° zur Fahrzeuglängsrichtung steht, ergeben sich die in Abb. 9.21 dargestellten Verzögerungs-, Geschwindigkeits- und Deformations-Zeit-Verläufe. Der Rückprall, erkenntlich an der negativen Geschwindigkeit, zeigt, dass auch für diesen Fall ein elastischer Anteil des Fahrzeugs von rd. 10 % vorhanden ist, so dass beim Aufprall gegen eine feste Wand mit 50 km/h die gesamte Geschwindigkeitsänderung rd. 55 km/h beträgt. Die von dem aufprallenden Fahrzeug auf die Barriere übertragenen Kräfte erreichen bis zu 300 kN bei einem Aufprall mit 50 km/h eines 1000 kg schweren Fahrzeugs gegen eine feste Barriere.

In Abb. 9.22 sind die Anteile eines Fahrzeugvorderbaus während des Frontcrashes bezüglich der Energieabsorption dargestellt.

Der Aufprall gegen eine feste Wand lässt sich unter Annahme eines plastischen Stoßes mit folgenden Größen beschreiben:

$\ddot{s}_{FZ}$ – Verzögerung des Fahrzeuges während des Aufpralles als *f(t)*,

$\dot{s}_{FZ}$ – Geschwindigkeit des Fahrzeuges während des Aufpralles als *f(t)*,

s_{FZ} – Weg des Fahrzeuges während des Aufpralles als *f(t)*,

$F, \bar{F}$ – Deformationskraft, mittlere Deformationskraft,

v_i – Aufprallgeschwindigkeit, Δv Geschwindigkeitsänderung.

Nimmt man an, dass die Deformationskraft konstant ist, und $\ddot{S}_{FZ} = -a$, $\dot{s}_{FZ(t=0)} = v_i$,

$$s_{FZ\,(t=0)} = 0\,,$$

$$\ddot{s}_{FZ(t)} = -a$$

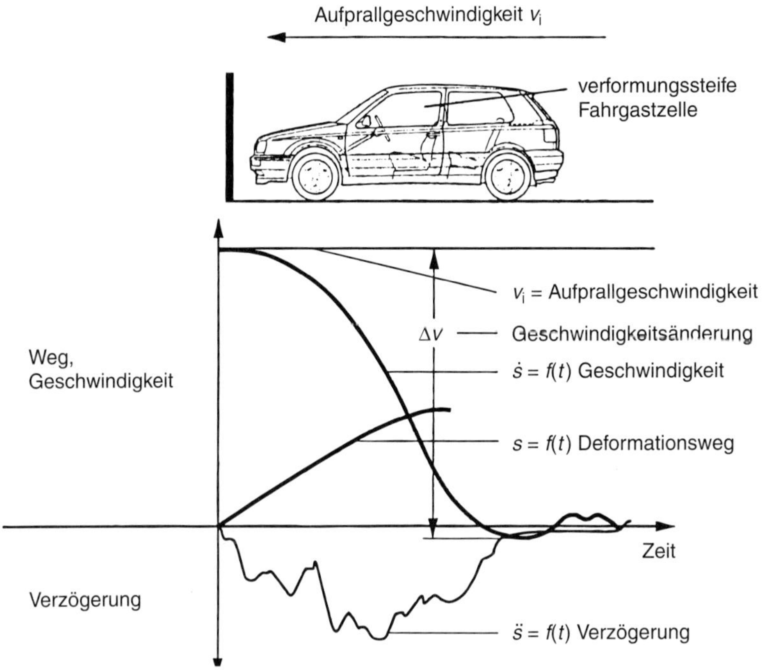

Abb. 9.21 Prinzipielle Verläufe von Verzögerung, Geschwindigkeit und Deformationsweg bei einem Frontalaufprall

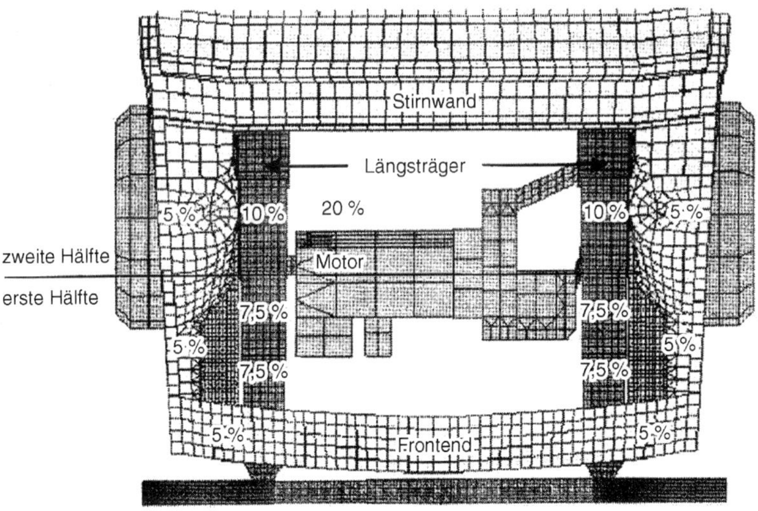

Abb. 9.22 Energieabsorptionsverteilung beim Frontalaufprall [43]

und

$$\frac{m_{FZ}}{2}\left(v_i^2 - \dot{s}^2\right) = \int\limits_0^s F \cdot ds = \bar{F} \cdot s_{FZ}\,,$$

$$\dot{s}_{FZ(t)} = -a \cdot t + v_i\,,$$

$$s_{FZ(t)} = -\frac{a \cdot t^2}{2} + v_i \cdot t\,,$$

$$s_{FZ(s)} = \frac{v_i^2 - \dot{s}^2}{2a}\,.$$

$\dot{s}$ – momentane Geschwindigkeit

Ersetzt man die mittlere Deformationskraft durch

$$\bar{F} = m_{FZ} \cdot a \quad \text{oder} \quad v_i^2 = 2a \cdot s_{FZ}\,,$$

dann ergibt sich:

$$\frac{m_{FZ}}{2} \cdot v_i^2 = m_{FZ} \cdot a \cdot s_{FZ}$$

oder

$$v_i^2 = 2a \cdot s_{FZ}\,.$$

Daraus folgt, dass sich beim frontalen Aufprall die Deformationskräfte unterscheiden können. Je größer die Fahrzeugmasse ist, desto größer ist der Wert $F = m \cdot a$. Es gilt aber auch, dass wegen der Insassenbeanspruchung – gleiche Verzögerung vorausgesetzt – die Deformationswege beim Aufprall gegen ein festes Hindernis aufprallgeschwindigkeitsabhängig und nicht masseabhängig sind. Bei einer Aufprallgeschwindigkeit von ca. 50 km/h haben der Großteil der Fahrzeuge Deformationswege von 450 bis 750 mm. Diese steigen bei Aufprallgeschwindigkeiten von 35 mph (≅ 56 km/h) um rd. 100 bis 150 mm.

Das Verhalten beim 30°-Aufprall ähnelt sehr stark einem frontalen Fahrzeug-Fahrzeug-Zusammenstoß; durch die Abgleitphase im Vergleich zum Frontalaufprall führt dies eher zu einer schwächeren Belastung der Insassen. Im Gegensatz dazu ist der Offset-Aufprall eine extrem starke Beanspruchung für die Fahrzeugstruktur. Der größte Teil der zu absorbierenden Energie muss von einer Fahrzeugseite aufgenommen werden. Die jeweiligen Geschwindigkeitsänderungen (im Schwerpunkt) Δv_x und Δv_y betragen, auf die Fahrzeugmitte bezogen,

30°-Aufprall

$$v_i \approx 50\Delta v_x \approx 57{,}6\Delta v_y \approx 14{,}4\,\text{km/h},$$

40 %-Offset-Aufprall

$$v_i \approx 50\Delta v_x \approx 52{,}2\Delta v_y \approx 13{,}7\,\text{km/h}.$$

Beim frontalen Zusammenstoß zweier Fahrzeuge mit den Massen m_1 und m_2 gelten folgende Zusammenhänge:

$$\frac{m_1 \cdot v_{i2}^2}{2} + \frac{m_2 \cdot v_{i2}^2}{2} = \frac{1}{2}(m_1 + m_2) \cdot u^2 + F \cdot (\Delta s_1 + \Delta s_2)$$

u ist die gemeinsame Geschwindigkeit nach dem Stoß:

$$u = \frac{m_1 \cdot v_{i1} + m_2 \cdot v_{i2}}{m_1 + m_2}\,.$$

Beim Einsetzen der Anfangsrelativgeschwindigkeit

$$v_r = v_{i1} - v_{i2}$$

beider Fahrzeuge ergibt sich:

$$v_r^2 = 2F \cdot (\Delta s_1 + \Delta s_2) \cdot \frac{m_1 + m_2}{m_1 \cdot m_2}\,.$$

Damit sind die Geschwindigkeitsänderungen für die Fahrzeuge 1 und 2:

$$\Delta v_1 = v_{i1} - u = (v_{i1} - v_{i2}) \cdot \frac{m_2}{m_1 + m_2} = v_r \cdot \frac{m_2}{m_1 + m_2}\,,$$

$$\Delta v_2 = v_{i2} - u = (v_{i2} - v_{i1}) \cdot \frac{m_2}{m_1 + m_2} = v_r \cdot \frac{m_1}{m_1 + m_2}\,.$$

Für die häufig diskutierte Frage, welche Geschwindigkeiten bei einem Frontalaufprall gegen eine feste Wand gewählt werden muss, um eine frontale Kollision zweier identischer Fahrzeuge mit jeweils gleichen Anfangsgeschwindigkeiten $v_{i1} = v_{i2}$ zu simulieren, gilt, dass dann auch die Geschwindigkeitsänderung der betrachteten Fahrzeuge gleich sein muss, also Δv_{1B} beim Aufprall gegen eine feste Barriere gleich Δv_{1FZ} bei der Fahrzeug-Fahrzeug-Kollision. Für den plastischen Stoß ergeben sich dann folgende Zusammenhänge:

Fall I. Aufprall gegen eine feste Barriere

$$\Delta v_{1B} = (v_{i1} - v_{i2}) \cdot \frac{m_2}{m_1 + m_2}$$

mit $m_2 = \text{Barriere} = \infty$ und $v_{i2} = \text{Barriere} = 0$

$$\Delta v_{1B} = v_{i1} .$$

Fall II. Aufprall gegen ein zweites Fahrzeug

$$\Delta v_{1\mathrm{FZ}} = (v_{i1} - v_{i2}) \cdot \frac{m_2}{m_1 + m_2}$$

mit $m_2 = m_1 = m$ und $v_{i2} = -v_{i1}$

$$\Delta v_{1\mathrm{FZ}} = v_{i1} .$$

Somit entspricht der Barriereaufprall eines Fahrzeuges mit v_{i1} einem Fahrzeug-Fahrzeug Aufprall, bei dem jedes Fahrzeug eine Geschwindigkeit von v_{i1}, allerdings entgegengesetzt hat, oder dem Aufprall eines Fahrzeuges mit $2 \cdot v_{i1}$ auf ein stehendes Fahrzeug. Ein 50-km/h-Aufprall gegen eine feste Barriere hat damit, einen plastischen Stoß vorausgesetzt, die gleichen Folgen wie ein Zusammenstoß zweier Fahrzeuge gleicher Masse bei einer Relativgeschwindigkeit von 100 km/h. Berücksichtigt man jedoch die Tatsache, dass das elastische Verhalten bei einem Barrierenaufprall ausgeprägter ist, dann entspricht dies einer Geschwindigkeit von rd. 110 km/h. Bei der normalerweise eintretenden Reboundphase durch die Teilelastizität ist die äquivalente Testgeschwindigkeit beim Aufprall gegen eine feste Barriere ca. 10 % niedriger als im echten Unfallgeschehen.

Die Sicherheitsuntersuchungen des Frontalaufpralls sind sehr zahlreich, allein für USA gelten die in Abb. 9.23 dargestellten Anforderungen.

9.7.2 Seitliche Kollisionen

Auch für seitliche Kollisionen sind über die Gesetzgebung und die Verbrauchertests zahlreiche Simulationstests im Einsatz, z. B.:

- Der FMVSS 214, hier fährt eine Barriere mit 1368 kg Masse im »Krebsgang« mit 54 km/h in die Seite des zu prüfenden Fahrzeugs, als Versuchspuppe werden der ES-2re oder der SID IIs verwendet.
- Für Europa, die ECE R95 und Euro NCAP sowie US-IIHS fährt eine Barriere mit 950 kg (IIHS 1500 kg) unter 90° Aufprallwinkel mit 50 km/h in die Seite des zu prüfenden Fahrzeugs
- Für EURO + US NCAP, den FMVSS 201 und den FMVSS 214 gibt es außerdem einen Pfahlseitenaufprall Pfahl Ø254 mm mit Aufprallgeschwindigkeiten von 29 km/h bzw. 32 km/h. Je nach Testverfahren sind der ES-2, SID-H3, ES-2re und SID IIs im Einsatz.

9.7.3 Heckkollision

Die Simulation der Heckkollision dient im Wesentlichen zwei Aufgaben:

- Die Beurteilung von Sitzen und Kopfstützen bei Heckkollisionen und
- die Sicherstellung der Dichtigkeit der gesamten Kraftstoffanlage.

Als Simulationstools sind die verschiedenen beweglichen Barrieren (s. Seitenaufprall) im Einsatz. Neu ist der Offsetaufprall der 1368 kg schweren deformierbaren Barriere mit 80 km/h auf das Heck des zu prüfenden Fahrzeugs (FMVSS 301) [45].

9.7.4 Fahrzeugüberschlag

Der Fahrzeugüberschlag rückt speziell in den USA wieder stärker in den Vordergrund. Folgende Testverfahren sind relevant: Fish-Hook-Test (NHTSA) zur Kippsicherheit, ► Abschn. 7.5. Die Dichtheit der Kraftstoffanlage wird mittels eines »Rhönrades« vor und nach der frontalen, seitlichen und Heckkollision durch das Drehen des Fahrzeuges in 90°-Schritten getestet (Verweildauer in jeder Position: 5 min). Gegen das Auslaufen des Kraftstoffes sind Schwerkraftventile in der Leitung zwischen Kraftstofftank und Aktivkohlebehälter eingebaut, die bereits bei Schräglage sperren (► Abschn. 7.6).

Im Zusammenhang mit der Überprüfung des Insassenverhaltens wird das gesamte Fahrzeug einem dynamischen Überschlagtest unterzogen. Hierzu wird das Fahrzeug unter 23° auf einen Schlitten gestellt, der mittels einer genau definierten Verzögerung aus einer Geschwindigkeit

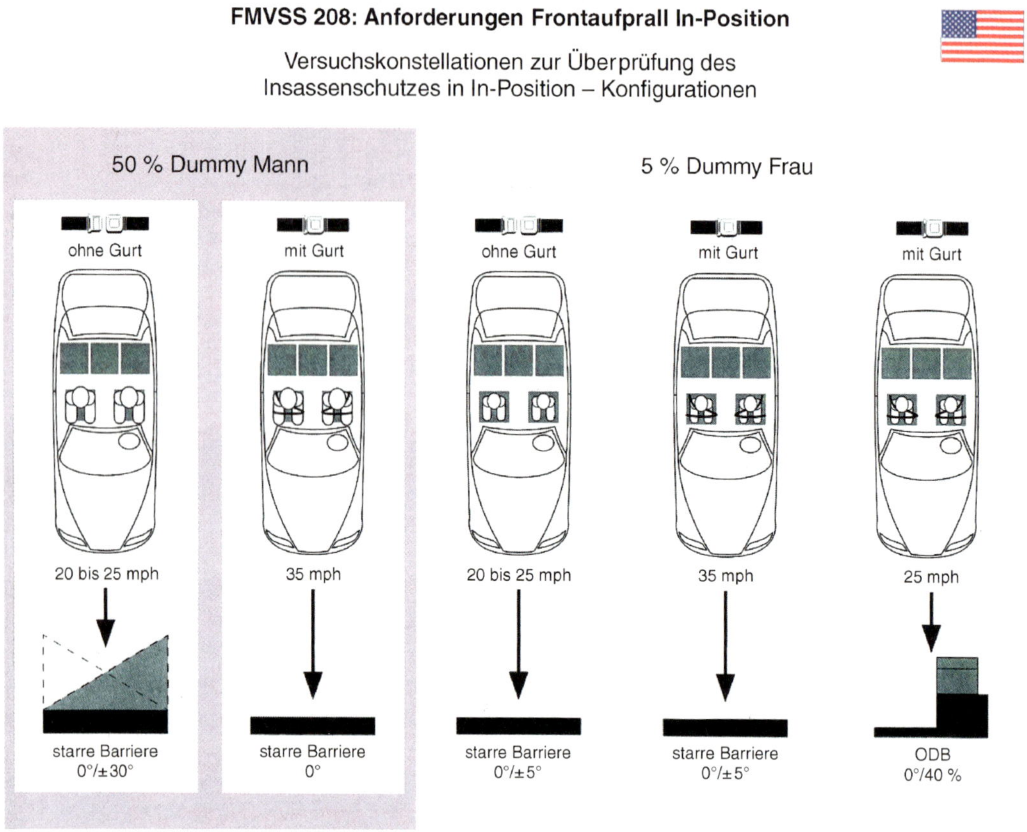

FMVSS 208: Anforderungen Frontaufprall Out of Position

Vordersitz	Dummy	Testkonfiguration
Fahrerseite	HIII 5 % female	Kinn auf Airbagmodul im Lenkrad Kinn am Lenkradkreuz oben
Beifahrerseite	1 jähriger Kinderdummy	in 23 definierten Kindersitzen/Positionen
	3-jähriger CRABI-Dummy	Brust auf Instrumententafel Kopf an Instrumententafel
	6-jähriger CRABI-Dummy	Brust auf Instrumententafel Kopf an Instrumententafel

Abb. 9.23 Beispiele für Frontalaufprallsimulation für den US-Standard FMVSS 208 [44]

von 30 mph (= 48,3 km/h) abgebremst wird. Das Fahrzeug führt dann mehrfache Rotationsbewegung aus, wie in Abb. 9.24 dargestellt. Interessant sind die im Vergleich zur frontalen und seitlichen Kollision zeitlich viel längeren Abläufe von bis zu mehreren Sekunden. Sie garantieren den angegurteten Insassen eine höhere Überlebenschance ohne große Verletzungen, wenn der Überlebungsraum erhalten bleibt.

Aufgrund der Situation in den USA hat die NHTSA eine Verschärfung verschiedener existierender Gesetze vorgenommen, z. B. die FMVSS 206, 214 und 216. Neu definiert ist ein »containment-Test«, welcher unter dem Standard 226 zu finden ist. Hier wird definiert, dass eine Kopfform von 18 kg mit 24 km/h seitlich gegen Seitenairbag und Scheiben geschossen wird, begrenzt ist der Auspendelweg [46].

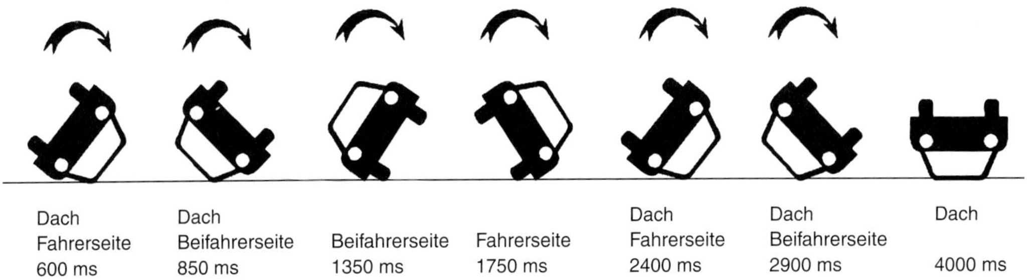

Abb. 9.24 Bewegungsablauf eines Fahrzeuges im Überschlagtest

9.8 Insassenschutz

9.8.1 Fahrzeuginnenraum

Neben den klassischen Rückhaltesystemen (Sicherheitsgurte) unterliegt der gesamte Fahrzeuginnenraum speziellen Anforderungen. Es darf z. B. in möglichen Kopfaufschlagsbereichen (Prüfung mit einer Kugel von 165 mm Durchmesser) ein Bauteilradius von 2,5 bis 3,2 mm (je nach Lage) nicht unterschritten werden.

Die FMVSS 201 erfordert bei zahlreichen Aufschlaggebieten im Fahrzeuginnenraum mit einer Kopfform die Unterschreitung eines vorgegebenen Beschleunigungsniveaus. Einen besonderen Schwerpunkt bilden auch die Lenksäulen mit den Airbag-Lenkrädern. Im Zusammenwirken mit dem Sicherheitsgurt und Sitz sind sie ein wesentliches Element für den Insassenschutz. Damit die Lenksäule mit Lenkrad nicht zu weit in den Innenraum eindringt, obwohl durch den FMVSS 208 technisch überholt, ist auch bei einem Aufprall mit ca. 50 km/h das Eindringen der Lenkradmitte in horizontaler und vertikaler Richtung begrenzt. Die definierte Bewegung des Lenkgetriebes erlaubt ein teleskopartiges Zusammenschieben der Lenksäule. Auch beim »steer-by-wire« wird das Lenkrad den Airbag aufnehmen, zumal der Einsatz der Joystick-Lenkung im Pkw sehr unsicher ist. Einen Überblick über Sicherheitslenkungen findet man in [47, 48].

Ebenso darf das Fußhebelwerk während einer Frontalkollision nicht zu weit in den Innenraum eindringen und scharfkantig splittern.

Auch alle übrigen Fahrzeuginnenteile haben direkt oder indirekt etwas mit der Fahrzeugsicherheit zu tun. Speziell für den Seitenschutz ist die Gestaltung der Türinnenseite von Bedeutung, da sie dazu beitragen kann, die Belastungen des Insassen abzubauen.

9.8.2 Rückhaltesysteme

Bei den Rückhaltesystemen wird unterschieden zwischen Einrichtungen, die aktiviert werden müssen damit ihre Schutzwirkung erreicht wird – Sicherheitsgurt anlegen oder Kinderrückhaltesysteme sind hierfür gute Beispiele –, und Einrichtungen, deren Schutzwirkung ohne Zutun der Insassen automatisch beim Unfall aktiviert wird, z. B. Gurtwegbegrenzung, Gurtstrammer, Airbag.

Moderne Gurtsysteme besonders in Kombination mit dem Airbag sind äußerst leistungsfähig und garantieren den Insassen einen hervorragenden Schutz im Kollisionsfall.

Ein entscheidendes Kriterium für die Güte und Wirksamkeit eines Gurtrückhaltesystems ist die Abstimmung der Einzelkomponenten aufeinander, d. h. nur das perfekte Zusammenspiel von Fahrzeugstruktur, Lenkradbewegung, Sitzverhalten, Innenraumgestaltung, Gurtcharakteristik und Airbagverhalten garantiert einen optimalen Insassenschutz. Adaptive Rückhaltesysteme können dabei in Abhängigkeit der unterschiedlichen Unfallschwere und Insassen angesteuert werden [49].

9.8.2.1 Sicherheitsgurte

Weltweit hat sich der Dreipunktgurt mit Aufrollautomatik durchgesetzt. Der Dreipunktgurt ist inzwischen im Regelfall bei allen außen liegenden Sitzen und immer häufiger auch bei dem Mittelsitz eines 5-Sitzers der hinteren Sitzreihe eingebaut. Das Schloss ist bei verstellbaren Sitzen direkt am Sitz befestigt, die außen liegende Seite des Gurtes an der B- oder C-Säule.

Das zulässige Feld der Gurtverankerungspunkte ist durch gesetzliche Regelungen exakt vorgeschrieben, Abb. 9.25. Der außen obenliegende Punkt ist bei den meisten Fahrzeugen höhenverstellbar. Das Komfortempfinden des Menschen für die Lage des Gurtes und dessen Schutzwirkung gehen konform.

Für das Sperren der Gurte beim Unfall sorgen zwei voneinander unabhängige mechanische Systeme. Ein System nutzt die Fahrzeugbeschleunigung oder -verzögerung (Pendelprinzip). Bei einem Impuls von mehr als 0,7g wird die Sperrung ausgelöst. Eine zweite Sperre reagiert auf die Gurtauszugsbeschleunigung, wobei oberhalb eines festgelegten Wertes gesperrt wird, d. h. bei Auszugsbeschleunigungen von mehr als 1g tritt die Sperrung innerhalb von 20 mm Auszugslänge ein.

Für das optimale Zusammenwirken von Sicherheitsgurten und der Fahrzeugstruktur hat sich der Einsatz der pyrotechnischen Gurtstraffer und teilweise von zusätzlichen Kraftbegrenzern durchgesetzt. Abbildung 9.26 zeigt eine Ausführung eines pyrotechnischen Gurtstraffers.

Beim pyrotechnischen Gurtstraffer wird in Abhängigkeit von der Unfallschwere, sensorgesteuert nach Überschreiten einer Verzögerungsschwelle das Gurtband gestrafft. Innerhalb von 20 ms wird der Gurt bei einem entsprechend schweren Unfall dynamisch bis 2 kN vorgespannt (bleibend 500 N).

Bei PreSafe-Systemen werden die Gurte durch elektrische Stellmotoren vor dem Unfall gestrafft.

Es gibt zusätzlich noch eine Reihe von Kraftbegrenzern, damit der Brustkorb nicht über Gebühr belastet wird. Welche Art der Zusatzeinrichtung verwendet wird ist abhängig vom Zusammenwirken aller für den Unfallablauf wichtigen Komponenten: Fahrzeugdeformationscharakteristik, Sitz, Rückhaltesysteme und geometrische Anordnung.

Für die Bereitschaft zum Anlegen des Gurtes ist der Komfort ebenfalls eine wichtige Größe. Die Anordnung des Gurtschlosses am Sitz und die Gurthöhenverstellung haben hierzu bereits sehr positive Beiträge geleistet. Eine weitere Maßnahme zur Minimierung der Gurtlose beim Dreipunktgurt ist die Optimierung der Rückzugskraft durch den Gurtautomaten, um ein einwandfreies Aufrollen zu garantieren, ohne dass im angelegten Bereich die Kraft übermäßig hoch ist. Teilweise werden auch zwei Automaten pro Gurt angeboten, um den Komfort auch im Beckengurt zu steigern.

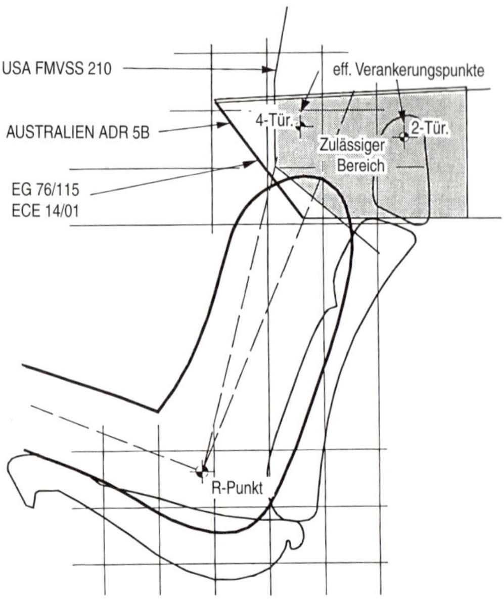

Abb. 9.25 Gesetzlich vorgeschriebene Bereiche für die geometrische Lage des oberen Gurtverankerungspunktes

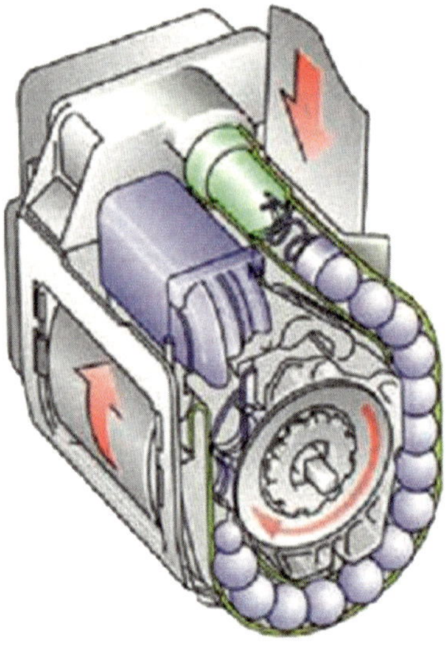

Abb. 9.26 Ausführung eines pyrotechnischen Gurtstraffers [50]

9.8.2.2 Kinderrückhaltesysteme

Es gibt kein singuläres Kinderrückhaltesystem, dass allen Alters- und Entwicklungsstufen gerecht werden kann. Bei der Auslegung von Kinderrückhaltesystemen muss insbesondere die im Vergleich zu Erwachsenen unterschiedliche Massenverteilung heranwachsender Menschen berücksichtigt werden.

Einige Hersteller bieten Kindersitze an, die auch für die Befestigung im Fahrzeug optimal ausgelegt sind.

Innerhalb der Europäischen Union sind mit der ECE-Regelung ECE-R44 die Anforderungen definiert [51].

Klasse 0 für Kinder mit einem Körpergewicht von weniger als 10 kg;
Klasse 0+ für Kinder mit einem Körpergewicht kleiner 13 kg,
Klasse I für Kinder mit einem Körpergewicht von 9 kg bis 18 kg,
Klasse II für Kinder mit einem Körpergewicht von 15 kg bis 25 kg,
Klasse III für Kinder mit einem Körpergewicht von 22 kg bis 36 kg.

Dies gilt auch für ISOFIX-Kinderrückhaltesysteme bei denen die Befestigung im Fahrzeug vorgesehen ist. Der ISOFIX Tether Kindersitz hat darüber hinaus noch eine obere Befestigung.

Die Fahrzeughersteller haben zusätzlich zu den Zubehörlieferanten reagiert und bieten, wie ◘ Abb. 9.27 zeigt eine komplette Palette von Kinderrückhaltesystemen an.

Für den Einbau gibt es zwei grundsätzlich unterschiedliche Möglichkeiten:

Rückwärts gerichtete Kindersitzsysteme und in Fahrtrichtung eingesetzte Systeme. Beim Rebound-System sitzt das Kind entgegen der Fahrtrichtung. Diese Anordnung ist für Babys und Kleinkinder besonders empfehlenswert, da diese Position die Gefahr schwerer Halswirbelverletzungen besonders bei Frontkollisionen minimiert. Gerade in dieser Altersklasse ist der Kopf, bezogen auf die entwickelte Halsmuskulatur, zu schwer. Bei Fahrzeugen mit Beifahrerairbag wird derselbe beim Einbau des Kindersitzes auf dem Beifahrersitz deaktiviert. Ältere Kinder mit entsprechend entwickelter Halsmuskulatur können ohne Bedenken Kindersitze benutzen, die in Fahrtrichtung angebracht sind [53].

9.8.2.3 Airbag-Systeme

Auch beim Airbag gibt es teilweise unterschiedliche Ausführungen, was auf die amerikanische Gesetzgebung zurückzuführen ist.

Durch die in den USA erhobene, nicht ganz glückliche Forderung nach »passive restraints« ergibt sich bei den Airbag-Kunden eine sinkende Bereitschaft, die Gurte anzulegen. Das ist aber geradezu eine Pervertierung des Sicherheitsgedankens. Das Airbag-System sollte und darf nur eine Ergänzung zum Gurt sein. Die unterschiedliche Insassenkinematik, angegurtet oder nicht angegurtet, erfordert unterschiedliche Airbag-Systeme, die jeweils optimal auf das gleichzeitig eingebaute Rückhaltesystem abgestimmt sein müssen.

Bei Systemen mit Dreipunktgurt bewegt sich der Insasse zunächst relativ zum Fahrzeug nach vorn, bis der Gurt sperrt. Danach setzt sich die Relativbewegung verzögert nach vorn fort. Diese wird durch den Beckengurt in Verbindung mit einer Sitzrampe mit einer vertikalen Kraft nach unten beeinflusst. In der Schlussphase des Aufpralls entsteht eine stärkere Kopfrotation, die durch die zusätzlichen Fahrer- und Beifahrer-Airbag-Systeme deutlich reduziert werden kann.

Die Airbag-Systeme bestehen aus kompakten Einheiten. Ein bzw. mehrere Sensoren bewerten den Verzögerungs-Zeit-Verlauf, also die Unfallschwere. Hat der Sensor ausgelöst, wird ein Zünder in einem pyrotechnischen Behälter aktiviert, der seinerseits die Verbrennung des pyrotechnischen Materials auslöst. Mit dem erzeugten Gas wird der Bag gefüllt. Die Sensorauslösezeit bei einem 50-km/h-Wandaufprall beträgt bis zu 30 ms, die Zeit für das anschließende Aufblasen des Bags rd. 25 ms. Der zunächst herrschende Bag-Innendruck beträgt etwa 1,3–1,8 bar. Der prinzipielle Ablauf nach der Sensorauslösung ist für Fahrer- und Beifahrerseite in ◘ Abb. 9.28 dargestellt.

In den Ländern mit geringer Sicherheitsgurtanlegequote, z. B. in den USA, müssen die zulässigen Insassenbelastungswerte auch mit Systemen ohne Sicherheitsgurte erreicht werden. Das erfordert eine entsprechende Gestaltung des Bereiches unterhalb des Armaturenbrettes, z. B. durch den Einbau

Abb. 9.27 Volkswagen Kindersitze für den Golf [52]

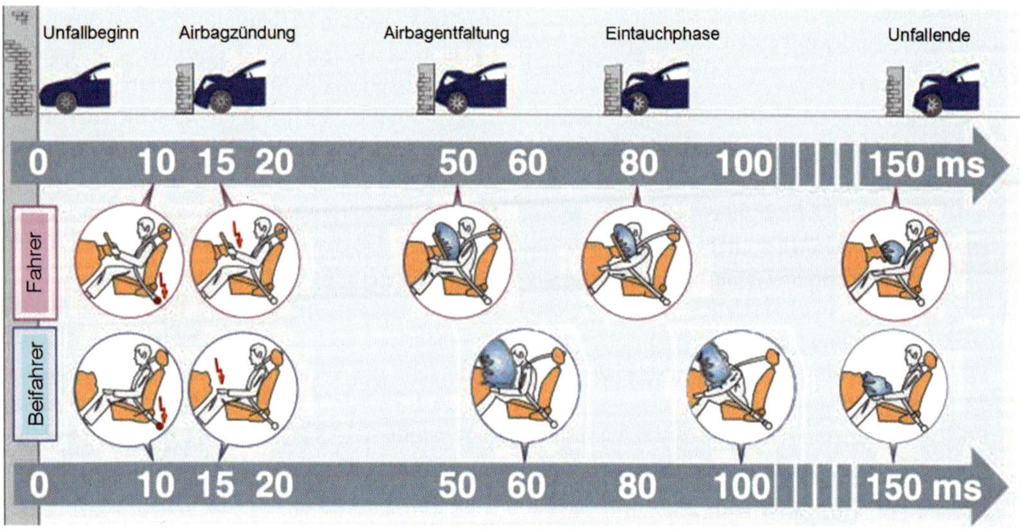

Abb. 9.28 Zeitlicher Ablauf und Schutzwirkung eines Rückhaltesystems aus Dreipunktgurt und Airbag im Frontalaufprall (Fahrer und Beifahrerseite)

eines energieabsorbierenden Kniepolsters, ähnlich wie in Fahrzeugen mit einem passiven Gurtsystem. Das Sensorsystem muss bei dieser Auslegung (Airbag als einziges Rückhaltesystem) wesentlich präziser arbeiten und auch bei schräger Stoßrichtung ($-30°$ bis $+30°$ zur Fahrzeuglängsrichtung) noch sicher auslösen. Das System ist so ausgelegt, dass es allein die gesamte Rückhaltefunktion des Insassen übernehmen kann. Das Fahrerbagvolumen beträgt bei solchen Systemen rd. 80 l, das Beifahrer-

Tabelle 9.3 Prüfanforderungen für Airbag-Systeme, FMVSS 208

Testanforderungen	Dummy				
	50 % erwachsener Mann	**5 % erwachsene Frau**	**6 Jahre altes Kind**	**3 Jahre altes Kind**	**12 Monate altes Baby**
Feste Barriere, angegurtet, 48 km/h, senkrecht	X	X	N/A	N/A	N/A
Feste Barriere, angegurtet, 56 km/h, senkrecht	X	N/A	N/A	N/A	N/A
Feste Barriere, angegurtet, 32–40 km/h, senkrecht und 30° Offset	X	N/A (nur senkrecht)	N/A	N/A	N/A
Offset deformierbare Barriere Crashtest (Fahrerseite) angegurtet, 40 km/h		X			
Automatische Unterdrückung (Statischer Test um zu bestimmen, wann der Airbag automatisch deaktiviert wird, wenn ein Kind in einem Fahrzeugsitz ist oder falls ein Kind im Beifahrersitz in den Positionen ist, die im Standard definiert sind.)	N/A	N/A	X	X	X
Option Aufblasen mit geringem Risiko (Das Fahrzeug muss die Verletzungskriterien erfüllen, wenn der Fahrer- oder Beifahrerairbag aufgeblasen wird wie im Standard definiert.)	N/A	X	X	X	X
Option »Out of Position«; automatische Airbag-Unterdrückung	N/A	X	X	X	N/A

volumen rd. 150 l. Die Abstimmung des Bags darf nicht nur für den 50 %-Mann vorgenommen werden. Sie muss auch kleine Personen (im Extremfall vor dem Armaturenbrett stehende Kinder) und sehr große und schwere Insassen berücksichtigen. Öffnungen im Bag sorgen für ein gesteuertes Kraft-Weg-Verhalten. Durch das schnelle Aufblasen des Airbags wird entsprechend der Unfallsituation und der Größe des Insassen und der Sitzposition gezündet und in ihrem Aufblasdruck/Zeitverlauf variiert.

In der Anfangsphase des Airbageinsatzes wurden in den USA mehr als 100 Personen tödlich verletzt [54] und das Gesetz musste komplett überarbeitet werden, um zum Beispiel »out of position« und Insassen unterschiedlicher Größe zu berücksichtigen. Tabelle 9.3 zeigt eine Übersicht über diese Forderungen [55].

Auch die Anforderungen an die »Advanced Airbags« wurden für die USA-Fahrzeuge in zwei Stufen (die erste bis 2007 und die zweite bis 2009) eingeführt. Die Stufe zwei erhöht die Aufprallgeschwindigkeit für die angegurteten Insassen frontal gegen die Barriere von 48 auf 56 km/h.

Airbag-Systeme werden inzwischen auch für andere Sitzpositionen und Unfallarten, z. B. für Fondpassagiere und für den Seitenschutz, eingesetzt. Dabei stellt sich beim Seitenaufprall das Erkennen eines schweren Unfalls als besonders schwierig heraus. Die Zeit für das Erkennen des Unfalles und für das Aufblasen eines Airbags muss sehr kurz sein, da

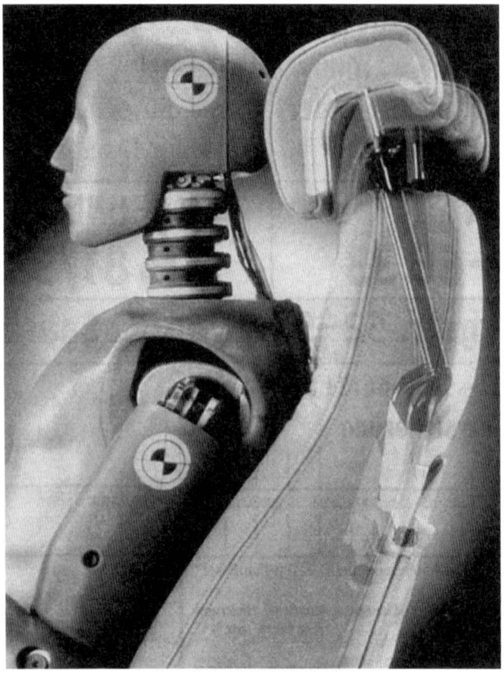

Abb. 9.29 Kopfstütze (SAAB)

der Insasse bei einem 50-km/h-Seitenaufprall nach rd. 25 ms bereits Kontakt mit der Türinnenseite haben kann. Für den Seitenschutz wurden zunächst Airbags angeboten, die den Brust- und Beckenbereich schützen. Bei zahlreichen Fahrzeugen wurde dies in Richtung Kopfairbag für beide Fahrzeuginnenseiten erweitert, Abb. 9.33. Diese Kopfairbags können bei entsprechender Sensorik auch für den Schutz bei Überschlagunfällen eingesetzt werden, um Kopfverletzungen zu reduzieren und das Herausschleudern zu verhindern.

9.8.2.4 Sitze, Sitzlehne und Kopfstütze

Die Verbesserungen in der Frontal- und Seitenkollision hat zunehmend den Fokus auch auf die Heckkollision und eine einwandfreie Funktion der Kopfstütze gelegt. Die Halswirbelverletzungen verursachen häufig sehr langwierige Erholungsprozesse, so dass neue Lösungen erarbeitet wurden. Daher wird die Kopfstütze, falls ein schwerer Unfall vorliegt, näher an den Kopf geführt. Die Aktivierung erfolgt pyrotechnisch, federbasiert oder auch elektrisch mit einem Heckaufprallsensor oder durch die Rückwärtsbewegung des Insassen. Auch Airbag-Lösungen gibt es.

Abbildung 9.29 zeigt bei einem Saab wie sich die Kopfstütze nach oben und näher an den Kopf bewegt.

9.8.3 Zusammenwirken von Rückhaltesystemen und Fahrzeug

9.8.3.1 Insasse

Beim frontalen Aufprall eines Fahrzeuges gegen eine feste Barriere oder ein anderes Fahrzeug bewegt sich der Insasse aufgrund seiner Trägheit relativ zum Fahrzeug in Richtung Armaturenbrett und/oder Lenkrad. In erster Näherung gilt:

Fahrzeug	Insasse bis Aufschlag
$\ddot{s}_{FZ} = -a$	$\ddot{s}_1 = 0$
$\dot{s}_{FZ} = -a \cdot t + v_I$	$\dot{s}_1 = v_I$
$s_{FZ} = \dfrac{a \cdot t^2}{2} + v_I \cdot t + s_0$	$s_I = v_I \cdot t + s_0$

Der Relativweg zwischen Insasse und Fahrzeug ist:

$$\Delta s = s_I - s_{FZ} = \frac{a \cdot t^2}{2}.$$

Bei einem 50-km/h-Aufprall, einer mittleren Fahrzeugverzögerung von 15 g und einem Abstand Insasse-Lenkrad von 0,30 m schlägt der Insasse nach rd. 64 ms auf. Die Differenzgeschwindigkeit beträgt dann noch rd. 33,9 km/h. Ohne Rückhaltesystem muss die kinetische Energie des Insassen von Lenkrad, Armaturenbrett und Windschutzscheibe aufgenommen werden, so dass die mittlere Verzögerung des Insassen ca. 58 g beträgt.

9.8.3.2 Angelegter Dreipunktgurt

Beim Dreipunktgurt ohne Gurtstraffer wird der Insasse nach dem Blockieren der Automaten zunächst so weit nach vorne bewegt, bis das Gurtband auf der Automatikrolle zusammengezogen ist (Abb. 9.30). Durch den Beckengurtteil und den Oberkörpergurt wird der Körper des Insassen relativ zum Fahrzeug zurückgehalten. Der Beckengurt erzeugt mit wachsender Kraftbeanspruchung auch eine vertikale Kraft nach unten, so

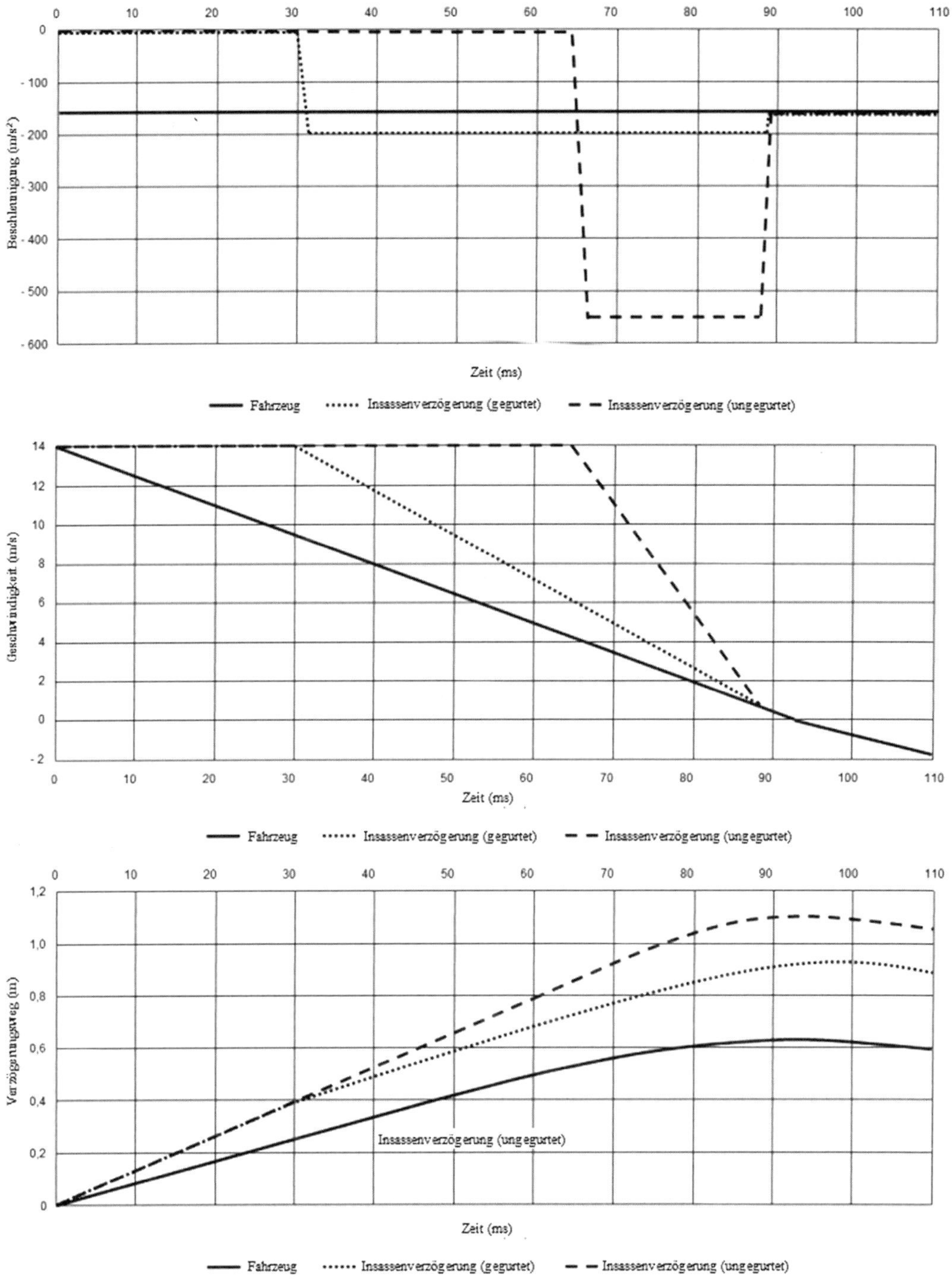

Abb. 9.30 Verzögerung-Zeit-, Geschwindigkeit-Zeit- und Weg-Zeit-Verläufe bei einem 50-km/h-Aufprall auf ein festes Hindernis

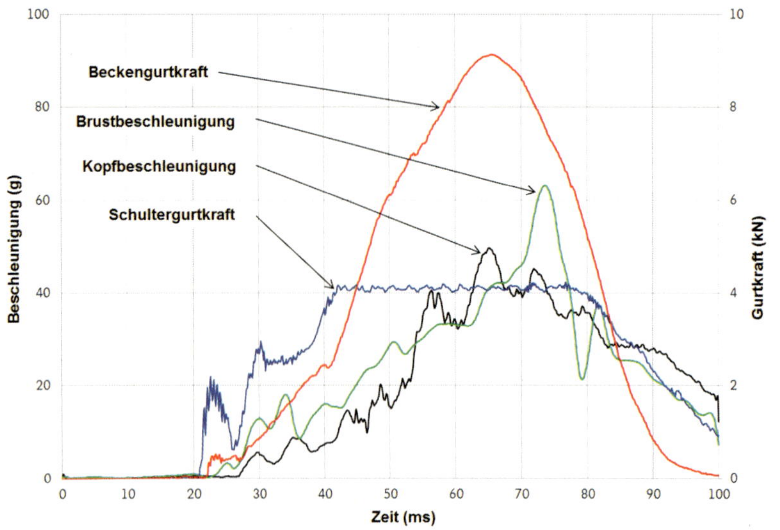

Abb. 9.31 Beispiel für Verzögerungs-Zeit- und Gurtkraft-Zeit-Funktion für eine mit einem Dreipunktgurt angeschnallte Versuchspuppe bei einem 50-km/h-Barrierenaufprall

dass auch die Sitzschalenkonstruktion und deren Abstützung in das Insassenschutzsystem mit einbezogen werden muss. Abbildung 9.31 zeigt typische Kopf-Verzögerungs-Zeit und Brust-Verzögerungs-Zeit-Funktionen und den Verlauf der Gurtkräfte für eine mit einem Dreipunktgurt angeschnallte Versuchspuppe beim 50-km/h-Barrierenaufprall.

Um die relative Vorwärtsverlagerung des Insassen speziell auf der Fahrerseite zu begrenzen, werden Gurtstraffer eingesetzt. Nach dem Erreichen einer fahrzeugtypischen Aufprallschwere wird der pyrotechnische Strammer über einen Sensor aktiviert.

Es ergeben sich zwei Effekte: Der Anstieg der Gurtkraft beginnt früher und das Kraftniveau ist im Vergleich zu einem normalen Dreipunktgurt bei gleichem Verzögerungs-Zeit-Verlauf kleiner.

9.8.3.3 Airbag-Systeme

Die beiden unterschiedlichen Auslegungen »Airbag plus Dreipunktgurt« und »Airbag ohne Gurtsystem« führen zu unterschiedlicher Insassenbewegung. Zunächst zum System mit Dreipunktgurt. Der Insasse macht am Anfang eine ähnliche Bewegung wie bei konventionellen Rückhaltesystemen. Nach dem Aufblasen des Bags wird die Kopfrotation deutlich reduziert, und auch die Brustverzögerungswerte verbessern sich. In speziellen Versuchen wird auch die Flächenpressung gemessen, die beim Aufschlag auf ein energieabsorbierendes Lenkrad im Vergleich zu einem Airbag-Lenkrad entsteht. Beim Airbag-Lenkrad ist die Flächenpressung deutlich geringer.

Beim Airbag-System, das im Wesentlichen für den Fall des unangeschnallten Insassen ausgelegt ist, wird die Verzögerung des Insassen auf der Fahrerseite über den Airbag, die Lenksäule und das energieabsorbierende Kniepolster aufgebracht. Auf der Beifahrerseite muss die Energie durch den Airbag und das Kniepolster bzw. Kneebag absorbiert werden. Besonders kritisch sind bei nicht angelegtem Gurt die »Out-of-position« Probleme, z. B. das Nichtmittig zum Airbag Sitzen. Schon deshalb ist es notwendig, dass der Dreipunktgurt angelegt wird. Inzwischen sind bei den meisten Fahrzeugen zumindest die Sensorikhardwarekomponenten und die Airbaggrößen länderunabhängig einheitlich ausgelegt. Über Softwareanpassung werden spezielle Wünsche berücksichtigt.

Funktionen der Airbag-Technik

- Das Crashsignal wird ausgewertet, entsprechend der Schwere wird die erste oder zweite Stufe des Gasgenerators gezündet bzw. der Airbag wird nicht ausgelöst.

- Die Gurtanlegung wird überprüft. Darüber hinaus kann der Beifahrersitz mit Ultraschall, Video, Sitzmatte und über Infrarot-Sensoren überwacht werden, um Informationen über die Sitzbelegung, »Out of Position« oder das Vorhandensein eines Kindersitzes zu erhalten.
- Die situative Airbagzündung ist im Grunde genommen bereits eine adaptive Auslegung. Die Berücksichtigung unterschiedlicher Insassen und Unfallschweren wird als adaptiver Insassenschutz bezeichnet. Dabei werden unterschiedliche Airbaghärten und Gurtkräfte zur Verfügung gestellt [49, 56].

9.8.4 Seitenkollisionen

Die Möglichkeiten des Einsatzes besonderer Rückhaltesysteme zum Schutz der Insassen bei seitlichen Kollisionen sind wegen der örtlichen Nähe des Insassen zur Tür begrenzt. Die beeinflussbare Größe ist die Steifigkeit der Karosserie gegen das Eindringen des stoßenden Fahrzeuges, z. B. durch eine kollisionsgerechte Konstruktion des Schwellers oder durch Türbiegeträger und Türverstärkungen in Schulterhöhe. Auch innerhalb der Fahrgastzelle sind Querverstärkungen unter dem Armaturenbrett, Sitzquerträger, Sitzkonstruktion und Querverstärkungen im hinteren Fahrzeugbereich für den Insassenschutz hilfreich.

Die zweite Größe ist die Gestaltung des Fahrzeuginnenraums. Besondere Bedeutung haben die Form und das Material der Tür- und Seitenteilverkleidungen. Erste Versuche den Insassen und Sitz vom stoßenden Fahrzeug weg zu bewegen sind erfolgreich verlaufen. Das Airbag-System für die Fahrzeugseite ist abhängig von einem funktionsfähigen Sensorsystem, das so frühzeitig das Eintreten eines schweren Unfalles erkennen muss, dass der Bag gefüllt werden kann, bevor der Kopf des Insassen die Seitenscheibe berührt.

9.8.4.1 Theoretische Betrachtung

Im Vergleich zum Frontalaufprall ist beim Seitenaufprall die Variationsbreite des möglichen Unfallvorganges noch größer (z. B. Stoßrichtung, Anstoßpunkt). Außerdem steht den Fahrzeuginsassen nur wenig Deformationsweg zur Verfügung.

Wesentliche Faktoren sind: Beteiligte Kollisionspartner (Masse, Struktursteifigkeit, Strukturgeometrie), Aufprallort und -winkel, Aufprallgeschwindigkeiten und Insassenplatzierung, Fahrzeuginnenraumgestaltung, Benutzung von Rückhaltesystemen.

In ◘ Abb. 9.32 wird der Fahrzeug-Fahrzeug-Seitenaufprall prinzipiell erklärt. Dargestellt sind das stoßende und das gestoßene Fahrzeug mit einem Insassen an der Stoßseite, das abgeleitete mechanische Ersatzmodell und der vereinfachte Bewegungsablauf des Stoßvorganges am Beispiel eines Geschwindigkeits-Zeit-Diagrammes.

Die Ziffern 1 bis 7 kennzeichnen die Geschwindigkeit-Zeit-Verläufe der fahrzeugbezogenen indizierten Bauteile und des Insassen. Die von diesen »Geschwindigkeitsbahnen« eingegrenzten Flächen entsprechen den Relativwegen (Deformationswegen) zwischen den indizierten Bauteilen bzw. zwischen den Bauteilen und den Insassen.

Die Kraft-Weg-Kennungen der Strukturen und des seitlichen Rückhaltesystems (Polster) werden zwecks einfacher Darstellung als rechteckförmig angenommen. Schwingungen des mechanischen Ersatzsystems werden nicht berücksichtig. Die daraus resultierenden Funktionen $a = f(t)$ und $s = f(t)$ weichen damit von denen eines realen Unfalles ab. Aufgrund dieser Randbedingungen und des Einmassen-Insassen-Systems ist nur ein qualitativer Vergleich des im Folgenden diskutierten Kollisionsmodells mit den realen Gegebenheiten möglich. Das stoßende Fahrzeug fährt mit der Geschwindigkeit v_{st} unter 90° in die Seite eines stehenden Fahrzeuges. Die Türaußenseite 5 hat nach kurzer Zeit die gleiche Geschwindigkeit wie der Stoßfänger 6. Die Türinnenseite 3 hat bei t_T die gleiche Geschwindigkeit wie der Stoßfänger. Der Kontakt zwischen Insasse und Rückhaltesystem 3 beginnt zum Zeitpunkt t_A. Bei t_T ist die Relativgeschwindigkeit zwischen Insassen und Tür am größten. Sie ist größer als die Geschwindigkeitsänderung des gestoßenen Fahrzeuges. Der Insasse wird vom Polster verzögert. Der Deformationsweg ist SR. Insasse 1 und Stoßfänger 6 haben bei t_R die gleiche Geschwindigkeit. Bis t_{ges} werden Insasse und Stoßfänger gleichzeitig verzögert. Die Deformation der Seitenstruktur ist bei t_F beendet (Sitze gehen z. B. auf Block, d. h. es steht kein wei-

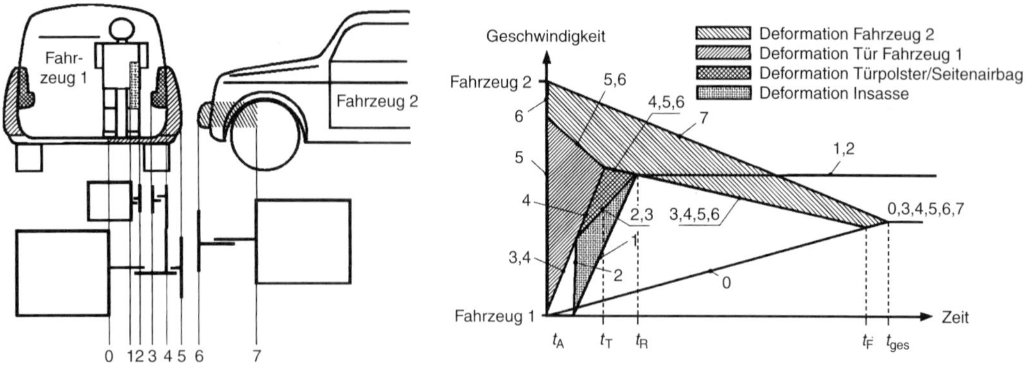

Abb. 9.32 Schematische Geschwindigkeit-Zeit-Darstellung für Fahrzeugstruktur und Insassen bei einer rechtwinkligen Seitenkollision

terer Deformationsweg mehr zur Verfügung). Die Frontstruktur des stoßenden Fahrzeuges hat sich um s_F deformiert. Die Deformation der Seitenstruktur wird durch die Relativbewegung der Tür 3 zu einem unverformten Punkt des Fahrzeuges bestimmt.

9.8.4.2 In den USA und Europa definierte Seitenaufpralltests

Für die Simulation der dynamischen Fahrzeug-Fahrzeug Kollision setzt in den USA stufenweise der neue Barrieretest ein. Die Bedingungen sind wie folgt:

Barriere: 1368 kg Masse, 279 mm Bodenfreiheit, Barrierefront 1676 mm Breite,
Aufprallgeschwindigkeit 54 km/h,
Aufprallrichtung: seitlich 90° mit 27° Krebsgang,
Versuchspuppen: ES-2re vorn/SID-II$_s$ hinten, Stoßseite,
Kriterien: SID II$_s$ · HiC$_{36}$ < 1000 [–], Beschleunigung lower Spine < 82g,
Beckenkraft < 5, 525 kN,
ES-2re: HIC$_{36}$ < 1000 [–], Brusteindrückung < 44 mm,
Abdomenkraft < 2, 5 kN, PSPF < 6 kN

Für Europa gelten die Bedingungen ECE R95 und 96/27/EG

Barriere: 950 kg Masse, 300 mm Bodenfreiheit, Barrierefront 800 mm hoch, 1500 mm breit,
Aufprallgeschwindigkeit: 50 km/h,
Versuchspuppe: ES-2 vorn,
Kriterien: HPC < 1000,
Viscosekriterium < 1 m/sec,
Brusteindrückung < 42 mm,
Abdomenkraft < 2, 5 kN, PSPF < 6 kN

Leider wirken die länderspezifischen Verfahren sich auch unterschiedlich bezüglich der Seitenschutzmaßnahmen aus.

Zunächst wurde der Schutz bei seitlicher Kollision durch das Fahrzeug selbst – widerstandsfähige Karosse und energieabsorbierender Innenraum – erzielt. Nach Einsatz eines Brust-Airbag, der aus der Sitzlehne oder Armbrüstung kommt, werden immer mehr Oberkörper- und Kopfairbags, wie Abb. 9.33 zeigt, eingesetzt [57]. Das Bild zeigt den »Fenster-Airbag«, welcher in diesem Fall 2 m lang, 250 mm breit und 60 mm dick ist. Mit 9 Kammern hat er ein Volumen von 12 l. Innerhalb von 25 ms ist er »aufgeblasen«. Wegen der schnellen Zeitabläufe im Seitencrash werden an die Crashsensorik erhöhte Anforderungen gestellt.

Aufgrund der amerikanischen Forderung des »containment test« ist der Seitenfensterairbag zur Zeit in intensiver Weiterentwicklung.

Dies gilt auch für die Kompatibilität der Kollisionspartner im Seitencrash.

9.8.5 Kompatibilität

9.8.5.1 Allgemeine Aussage

Da mit dem Gebiet der Unfallfolgenmilderung bereits erhebliche Fortschritte erreicht wurden,

Abb. 9.33 Kopf-Airbag beim Seitenaufprall [57]

findet die Verträglichkeit bzw. Kompatibilität der Verkehrsteilnehmer untereinander zunehmende Bedeutung bei sicherheitsrelevanten Maßnahmen. Die ersten Arbeiten zu diesem Thema reichen bereits in die frühen 70er-Jahre [58–60] zurück.

Im Unfallgeschehen des Straßenverkehrs sind besonders folgende Teilnehmergruppen zu berücksichtigen: Fußgänger, Zweiradfahrer, Pkw-, Lkw- und Businsassen. Verletzungen können bei Unfällen mit anderen Kollisionspartnern oder beim Alleinunfall auftreten. Bei Kompatibilitätsuntersuchungen hat sich gezeigt, dass ein globaler Ansatz, der alle Kollisionsgruppen einschließt, außerordentlich komplex ist und die Lösungsmöglichkeiten sehr erschwert. Für die Auslegung von Fahrzeugen gehen unter Kompatibilitätsaspekten folgende Kriterien in den Kollisionsablauf ein:

- Massenverhältnis, Geometrie der Fahrzeugstruktur, Kraft-Weg-Kennung der Fahrzeugstruktur, Anordnung und Masse der Antriebsaggregate,
- Rückhaltesysteme, Geometrie der Fahrgastzelle (Überlebensraum),
- Verhalten von Lenkung, Armaturenbrett, Aufpolsterung usw.

Bei Kompatibilitätsbetrachtungen muss die Verringerung der Unfallfolgekosten, allen daraus relevanten Folgen, wie evtl. verringerter Komfort, erhöhter Energie- und Rohstoffverbrauch und die Herstellkosten, gegenübergestellt werden. Allerdings wird von den heutigen Fahrzeugbesitzern vorausgesetzt, dass der Selbstschutz, d. h. der Schutz als Insasse im eigenen Fahrzeug, nicht verringert wird. Neben der Beschreibung der Unfallart muss daher auch eine Information über die Verletzungsart und – schwere vorliegen. Zwischen der Verletzungsschwere, die nach der »AIS«-Skala eingestuft wird und dem Verletzungskriterium, das mittels Versuchspuppe gemessen und berechnet wird, muss eine Beziehung gefunden werden, um die jeweilige Maßnahme bewerten zu können.

Für verschiedene Masseklassen und Rückhaltesysteme können die Kraft-Deformations-Kennlinien so verändert werden, dass ein Minimum der Gesamtkosten (Unfallfolgekosten, Herstell- und Betriebskosten) erreicht wird. Kennt man

- das Unfallgeschehen in Korrelation zur »AIS«-Verletzungsschwere,
- die Korrelation der »AIS«-Insassenverletzung zu den Messdaten der Versuchspuppe,
- die finanzielle Bewertung der Insassenverletzung und der durch den Konstruktionsaufwand entstehenden Kosten,

so kann man Fahrzeuge und Rückhaltesysteme im Hinblick auf minimale Gesamtkosten optimieren [61]. In den letzten Jahren haben sich Wissenschaftler und Automobilunternehmen [62] wieder verstärkt diesem Thema gewidmet.

Neuere Untersuchungen [63] bestätigen die Notwendigkeit der mathematischen Versuchspuppenmodelle um eine präzisere Aussage über das Kompatibilitätsverhalten von Fahrzeugen zu definieren. Örtliche Kraftspitzen bedeuten automatisch ein reduziertes Kompatibilitätsverhalten. Man kann daher mit FEM- Modellen und/oder der Kraftmessung beim Frontalaufprall die Kraftverteilungsgüte als ein Maß für die Kompatibilität einsetzen. Besonders das erarbeitete »bulk head concept« ist eine interessante Lösung [64]. Bei diesem Konzept wird davon ausgegangen, dass bei genügender Steifigkeit der Fahrgastzelle die Möglichkeiten der heutigen Rückhaltesysteme ausreichen, um eine Überlebenschance auch bei sehr schweren Fahrzeug-/Fahrzeugunfällen zu garantieren. Nach mehr als 30 Jahren Forschungs- und Entwicklungsarbeiten werden die gesetzlichen Anforderungen speziell in den USA konkreter. Die von IIHS definierte Barriere von 1500 kg mit dem hochgesetzten Deformationselement fährt mit 50 km/h unter 90° in die Seite des zu prüfenden Fahrzeuges. Für die Front zu Front Kompatibilität werden geometrische Forderungen an die absorbierende Struktur gestellt. Auch die Höhe der Deformationskraft und ein Höhengewichtung sind in Diskussion [65, 66]. Diese Anforderungen schließen »Light Duty Trucks« und SUV = Sport Utility Vehicles« mit ein. Erste positive Ergebnisse durch geometrische Optimierungen sind bereits erkennbar [87].

9.8.5.2 Pkw/Lkw-Kollision

Ein besonderes Kompatibilitätsproblem ist die Kollision zwischen einem Lkw und einem Pkw, da nicht nur das Massenverhältnis, sondern vor allen Dingen die geometrischen Verhältnisse kritisch sind. Auch in den USA wird die Inkompatibilität zwischen den »light duty trucks« und den Pkw als sehr bedenklich eingestuft.

Für den Lkw-Bereich wird in [67] eine zukunftsweisende Lösung aufgezeigt: der Plankenrahmen, der den gesamten Lkw und Hänger umgibt und somit ein Unterfahren verhindert.

9.8.5.3 Fußgängerkollision

Eine weitere Inkompatibilität ist bei der Kollision von Fußgängern und Pkw's vorhanden. Sowohl die Massenverhältnisse als auch die unterschiedlichen Körpergrößen und Widerstandsfähigkeit der Fußgänger lassen nur geringen Spielraum für eine Verbesserung der Situation. Allgemein gilt, dass folgende Maßnahmen positiv sind:

- die reduzierte Wartezeit an Lichtsignalanlagen < 40 s,
- die geometrische Gestaltung von Fußgängerüberwegen, die automatisch den Blick der Fußgänger in Richtung ankommenden Verkehr wenden,
- die getrennte Signalisierung von Abbiegern und Fußgängern,
- das Bewusstsein wecken beim Kraftfahrer für den Geschwindigkeitseinfluss beim Bremsen,
- Verkehrserziehung insbesondere Kindergarten/Schule, Erscheinungsbild, Aufmerksammachen auf die Gefahrensituation: Abbiegen.

In zahlreichen Staaten hat der Fußgängerschutz eine hohe Priorität. So hat Europa in das Gesetz zum Fußgängerschutz (EG 78/2009) auch unfallvorbeugende Elemente mit aufgenommen (66), siehe ◘ Tab. 9.4.

Einen weiteren wichtigen Schub hat der Fußgängerschutz dadurch erreicht, dass er nun fester Bestandteil der Euro NCAP – Beurteilung (▶ www.euroncap.com) ist. Neben der nationalen Gesetzgebung gibt es auch im Rahmen der Global Technical Regulation eine weitere Möglichkeit der Vereinheitlichung der nationalen Gesetzgebung, ◘ Abb. 9.34.

Die Anzahl der Komponenten für den Fußgängerschutz im Vorderbereich umfasst zahlreiche Bauteile:

Stoßfänger, Spoiler, Kühler, Scheinwerfer und Frontend, Fronthaube samt Verriegelung und Scharnieren, Kotflügel, A-Säulen und Windschutzscheibe, Scheibenwischerachsen sowie die Bauteile im Motorraum direkt unter der Frontklappe. Bei einer aktiven Haubenverstellung um den notwendigen Freiraum für die Energieabsorption des Kopfaufschlags zu erreichen benötigt man eine entsprechende Sensorik.

Tabelle 9.4 Integration aktiver und passiver Sicherheitssysteme beim Fußgängerschutz. Gesetze: EU Fußgängerschutzverordnung vom 4.2.2009

(NT = Neue Modelle NR = Erstzulassungen)	Bremsassistent	Phase 1	Neue Phase 2
M1 ≤ 2500 kg zGG	NT 24. Nov. 2009 NR 24. Feb. 2011	NT (seit 1. Okt, 2005*)) NR 31. Dez. 2012	NT 24. Feb. 2013 NR 24. Feb. 2018
$N1_{(M1)}$**) ≤ 2500 kg zGG	NT 24. Nov. 2009 NR 24. Feb. 2011	NT (seit 1. Okt. 2005*)) NR 31. Dez. 2012	NT 24. Feb. 2013 NR 24. Feb. 2018
Alle M1	NT 24. Nov. 2009 NR 24. Feb. 2011		NT 24. Feb. 2015 NR 24. Feb. 2019
Alle N1	NT 24. Feb. 2015 NR 24. Aug. 2015		NT 24. Feb. 2015 NR 24. Feb. 2019

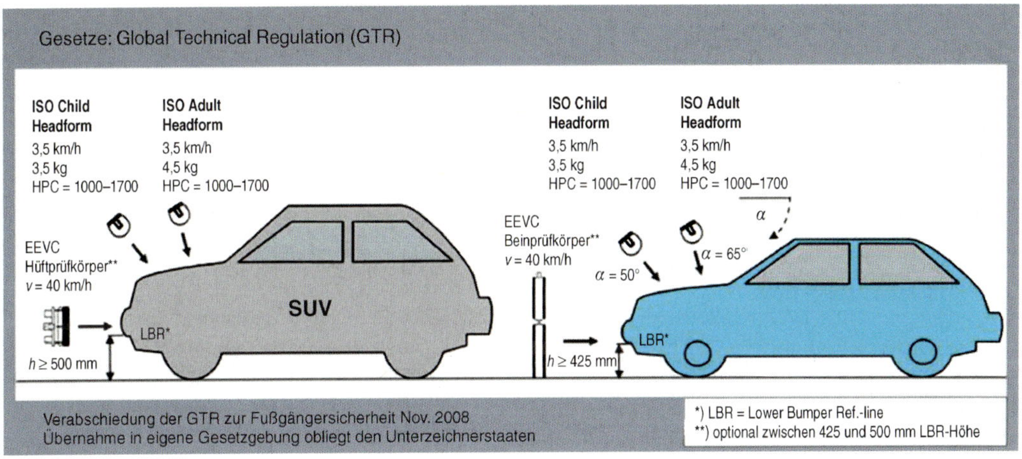

Abb. 9.34 Gesetzgebung Fußgängerschutz

9.9 Integrale Sicherheit

In der Vergangenheit wurde die Sicherheit in zwei wesentlichen Bereichen weitgehend unabhängig voneinander mit Erfolg weiterentwickelt. Durch die Integration der aktiven und passiven Sicherheit zur Integralen Sicherheit lassen sich zukünftig weitere Potenziale zur Steigerung der Fahrzeugsicherheit erzielen, Abb. 9.36 [69, 70]. Durch die Vernetzung der Systeme der unterschiedlichen Systemebenen ergeben sich neue Funktionsausprägungen, die bestehende Systeme adaptiv verbessern und ganz neue Systeme ermöglichen. Durch die Vernetzung können unter Nutzung einer gemeinsamen Sensorik unterschiedliche Systeme wirtschaftlicher dargestellt werden. Im Ergebnis steigt damit die Funktionsgüte und Verfügbarkeit der Systeme.

Abbildung 9.35 zeigt die Teilbereiche der Integralen Sicherheit. Die Einordnung erfolgt über die zeitliche Abfolge der Funktionen vom Beginn des Systemeingriffs bis zum Crash und der anschließenden Unterstützung bei der Rettung. Dies stellt die Reihenfolge eines typischen Unfallablaufs dar. Das Ziel muss sein, zunächst über die Warnung (visuell, haptisch, auditiv) den Fahrer zu einer Handlung zu bringen, damit der Unfall noch vermieden werden kann. Der Fahrer ist dabei mit seiner Erfahrung und visuellen Fähigkeiten und der Interpretation der Situation heutiger Sensorik noch in vielen Situationen überlegen. Damit werden

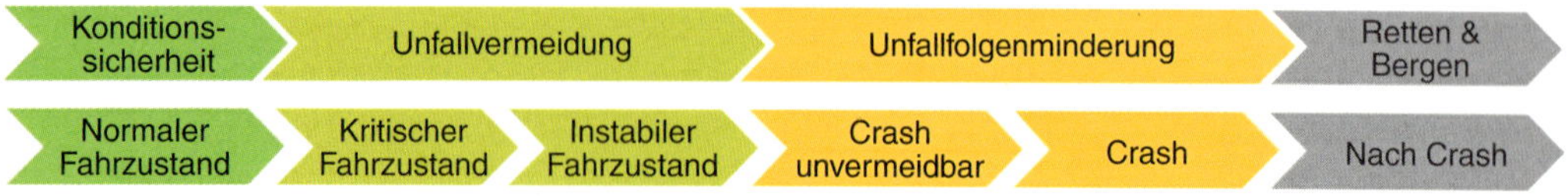

Abb. 9.35 Teilbereiche der Integralen Sicherheit

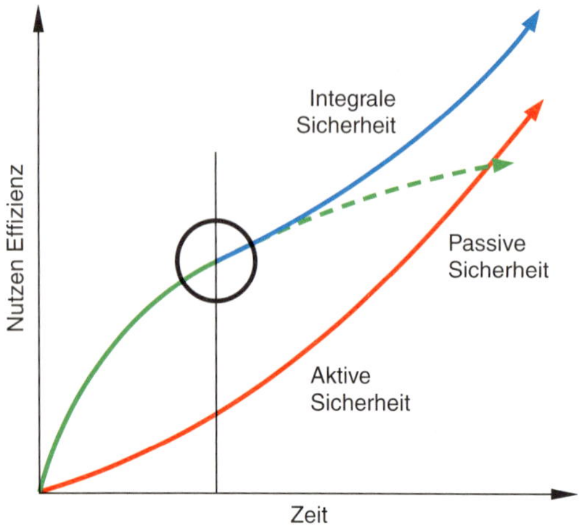

Abb. 9.36 Potenzial der Integralen Sicherheit

Fehlauslösungen und mögliche Produkthaftungen vermieden. Bei einer Nichtreaktion des Fahrers erfolgt ein fahrzeugseitiger Eingriff durch Bremsen und ggf. Lenken. Im Zeitbereich kurz vor der Kollision, bei dem der Unfall nicht mehr vermeidbar ist, greifen zusätzlich PreCrash-Maßnahmen. Der systemseitige Eingriff erfordert hohe Auslösegüten bei einem sehr geringen Grad an möglichen Fehlinterpretationen [71, 72].

Die Integration der unterschiedlichen Systeme zu einem Gesamtsystem mit unterschiedlichen Eskalationsstufen wird in ▶ Abschn. 9.9.3 beispielhaft anhand des integralen Fußgängerschutzes dargestellt. Zukünftig wird der ganzheitliche Ansatz von Sicherheitsfunktionen über den gesamten Unfallablauf notwendig, um die unterschiedlichen Einzelfunktionen über einen Entscheider in einer Gesamtfunktion darstellen zu können.

9.9.1 Fahrer, Fahrzeug und Umfeld

Zur Erkennung von kritischen Fahrsituationen werden unterschiedliche Informationen vom Fahrzeug und dem Umfeld benötigt. Fahrzeuginterne Informationen wie z. B. Eigengeschwindigkeit, oder fahrdynamische Informationen wie Querbeschleunigung, ESP- und ABS-Einsatz können direkt vom Bussystem (Can, Flexray) entnommen werden. Fahrzeugintegrierte Umfeldsensorik bietet die Möglichkeit Informationen über das Umfeld zu erhalten. Darin können andere bewegte Objekte, aber auch statische Hindernisse und die Seitenraumgestaltung detektiert werden.

Darüber hinaus benötigt die Auslegung des HMI des Systems zunehmend die Berücksichtigung des Fahrers. Dabei ist insbesondere das funktionelle Design zwischen System und Fahrer (HMI) auszulegen, damit der Fahrer die Funktion und die Systembedienung intuitiv versteht. Mit der Fahrermodellierung (Leistungsfähigkeit, Fahrertyp, Risikobereitschaft, aktuelle Verfassung) ist ein Systemeingriff adaptiv auf den Fahrer abstimmbar. Damit steigt prinzipiell die Akzeptanz des Fahrerassistenz- und Sicherheitssystems.

Jeder der oben erwähnten Bereiche stellt unterschiedliche Möglichkeiten der Modellierung des Fahrers dar. Die Leistungsfähigkeit beschreibt das aktuelle Leistungsvermögen des Fahrers. Geringes Leistungsvermögen bedeutet, dass der Fahrer nicht in der Lage ist, gefährliche Situationen zu erkennen oder rechtzeitig bzw. richtig darauf zu reagieren, z. B. auf Grund von Müdigkeit oder Ablenkung. Die Prädiktion von Fahrmanövern liefert eine Aussage über die aktuelle Verfassung des Fahrers. Wenn aktuell gefahrene Fahrmanöver nicht in der bekannten Form durchgeführt werden, können möglicherweise Rückschlüsse auf Stress oder aggressives Fahrverhalten gezogen werden. Der Fahrertyp beschreibt die Grenzen, innerhalb derer sich der Fahrer sicher fühlt und sein Fahrzeug und die Fahrsituation unter Kontrolle hat. Unter Risikobereitschaft wird verstanden, wie stark der Fahrer durch sein Fahrverhalten sich und seine Umwelt gefährdet. Diese unterschiedlichen Modelle des Fahrers können unterschiedliche Aspekte von Assistenz- und Sicherheitssystemen verbessern.

Grundlage eines systemseitigen Eingriffs ist die Bestimmung der Gefährlichkeit der aktuellen Fahrsituation. Diese wird üblicherweise aus dem Zustand des eigenen Fahrzeugs und dem anderer Verkehrsteilnehmer ermittelt, die mit Hilfe von Sensoren erfasst werden können. Für eine hinreichend genaue Umfeldwahrnehmung und deren Interpretation mit dem eigenen Fahrzeug ist eine präzise Bestimmung verschiedener Größen während der Fahrt zwingend erforderlich. Aus diesem Grund liefern intelligente Sensoren zyklisch ihre Daten auf dem Bussystem. Insbesondere die Messung von fahrwerkrelevanten Signalen wird von vielen Teilfunktionen benötigt. So werden die Geschwindigkeit, die Gierrate oder auch die Nick- und Wankbewegung mit hoher Auflösung und Updaterate ermittelt. Sowohl die Komponenten der Umfeldwahrnehmung als auch die Module, die die Prädiktion kritischer Situationen umsetzen, benötigen diese Daten um ein für vorausschauende Sicherheitsfunktionen notwendiges Abbild der Situation zu bestimmen. Es können jedoch zusätzliche Informationen hinzugezogen werden, wie beispielweise Kartendaten und Erkenntnisse aus der Fahrermodellierung, Je komplexer sich eine Situation darstellt, umso mehr Informationen werden für einen sicheren Eingriff benötigt.

9.9.2 PreCrash

Da den aktuellen Sicherheitssystemen aus technischen Gründen nicht immer und überall alle relevanten Informationen zur Verfügung stehen, erfolgt ein Eingriff erst nach einer sicher prädizierten Kollision. Erst in diesem Zeitraum ist eine Kollision unabhängig von der Fahrsituation durch den Fahrer nicht mehr vermeidbar. Dieser Zeitbereich vor der Kollision wird als PreCrash-Phase beschrieben (vgl. ◻ Abb. 9.37).

Die Auswertung des Unfallgeschehens zeigt, dass eine fahrdynamische Unvermeidbarkeit erst sehr kurz vor der Kollision erreicht wird. Damit verbleiben in der PreCrash-Phase nur wenige hundert Millisekunden bis zum Zeitpunkt der Kollision (◻ Abb. 9.38). Dieser Zeitbereich könnte genutzt werden, um die Kollisionsgeschwindigkeit durch Bremseingriffe zu verringern, Rückhaltesysteme zu adaptieren oder die Insassen frühzeitig anzukoppeln. Zukünftige PreCrash-Systeme könnten mit zusätzlichen Informationen aus der Umfeld- und Fahrermodellierung tendenziell früher eingreifen ohne die Sicherheit zu beeinträchtigen.

Außerdem ist eine sehr hohe Präzision in der Objektrepräsentation gefordert. Systemseitig wird eine möglichst frühe Erstdetektion, eine stabile Zielverfolgung und geringe Prädiktionsdauer gefordert. Für die bei einer PreCrash-Funktion verwendeten Aktoren sollte die Aktivierungszeit kleiner sein als die bis zum Crash prädizierte verbleibende Zeit, um einen optimalen Schutz für die Insassen zu erreichen.

9.9.2.1 Automatischer Bremseingriff

Aus der GIDAS Unfalldatenbank wird ersichtlich, das nur etwas mehr als die Hälfte der Pkw-Fahrer bei Frontalunfällen (zumeist noch zu schwach) bremsen. In diesen Fällen unterstützt der Bremsassistent. In den verbleibenden Unfällen, in dem der Fahrer keine Reaktion zeigt, verbleiben aufgrund des Unvermeidbarkeitsansatzes nur wenige hundert Millisekunden Eingriffzeit bis zum Zeitpunkt der Kollision, ◻ Abb. 9.37. Einige dieser Unfälle können teilweise mit einer automatischen Notbremse auf ESP Basis angesprochen werden (▶ Kap. 7). Aufgrund der Ansprechzeit der ESP Einheit ist der Bremsdruckaufbau bis zum Vollbremsdruck mit bis zu 0,6 s allerdings zu langsam, so dass in der PreCrash-Phase schnelle Bremsaktoren erforderlich werden. Zukünftige schnelle elektrische oder pyrotechnische Bremsaktoren können dabei Bremsgradienten von bis zu 1000 bar in der Sekunde realisieren, ◻ Abb. 9.39.

Damit können in einer Notsituation innerhalb 100 bis 300 ms vor dem Crash Geschwindigkeiten von 3 bis zu 8 km/h abgebaut werden, um die Unfallschwere zu verringern. Der schnelle Bremsdruckanstieg ist besonders in Fahrsituationen von Vorteil, wo eine schnelle Zielerkennung und -verfolgung durch die Sensoren erforderlich sind, wie z. B. beim Ein- und Abbiegen, in Kreuzungsbereichen sowie beim Überschreiten der Fahrbahn von Fußgängern oder Radfahren (◻ Abb. 9.40).

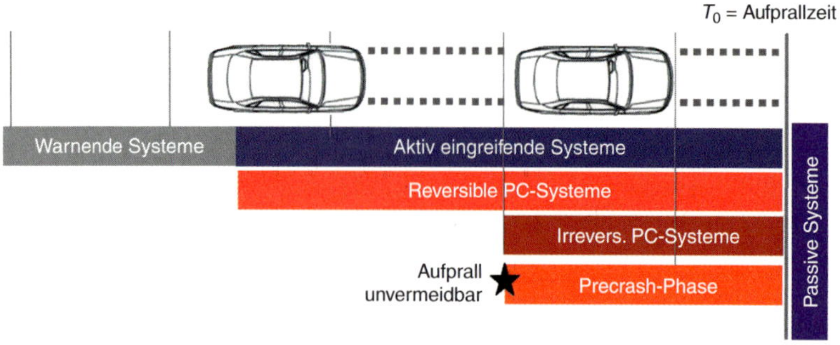

Abb. 9.37 Definition der PreCash-Phase [73]

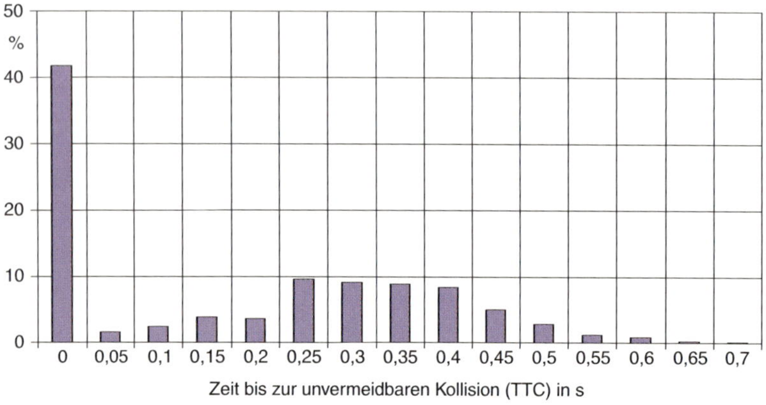

Abb. 9.38 Zeitbereiche der fahrdynamischen Unvermeidbarkeit bei Pkw-Frontalunfällen [74]

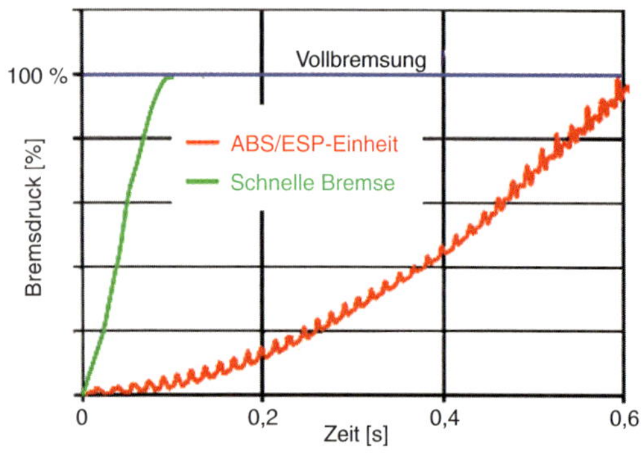

Abb. 9.39 Zeitbereiche der fahrdynamischen Unfall-Unvermeidbarkeit bei Pkw

Für die Auslösung einer schnellen Bremse, ist es erforderlich eine sichere Funktionalität des Systems zu gewährleisten. Die Erfüllung des gleichzeitigen Anspruchs einer sehr hohen Auslösegüte und einer sehr geringen Falschalarmwahrscheinlichkeit stellt eine große Herausforderung dar.

9.9.2.2 Präventiv wirkender Insassenschutz

Reversible Rückhaltesysteme werden vor einer möglichen Kollision ausgelöst um die Fahrzeuginsassen schon vor einer möglichen Kollision bestmöglich vorzubereiten. Das präventiv wirkende Insassenschutzsystem erhöht dabei das bereits hohe, passive Schutzpotenzial nochmals.

Erkennt das System eine potenzielle Unfallsituation, erfolgt eine elektrische Straffung der Sicherheitsgurte. Dadurch werden Fahrer und Beifahrer im Sitz fixiert, um so das bestmögliche Schutzpotenzial durch das Airbag- und Gurtsystem zu erreichen. Bei hoher Querdynamik werden zusätzlich die Seitenscheiben und das Schiebedach bis auf einen Restspalt geschlossen. Durch

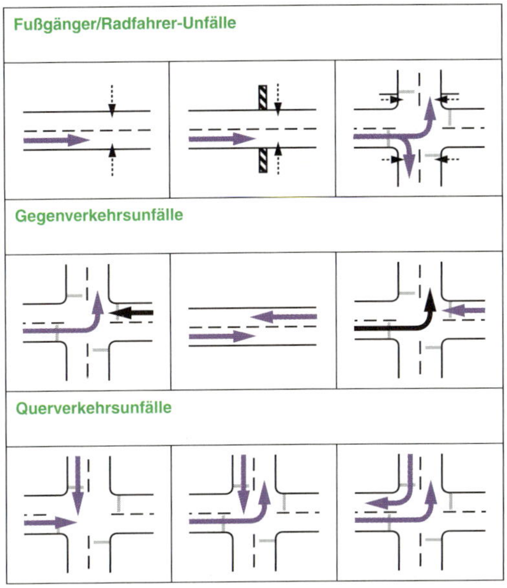

Abb. 9.40 Beispiele typischer Situationen für den Einsatz einer schnellen Bremsaktuatorik

Abb. 9.41 Präventiv wirkender Insassenschutz [75]

das Schließen der Scheiben können sich die Kopf-/Seitenairbags optimal abstützen sowie die Gefahr des Herauspendelns von Körperteilen reduzieren.

Wesentliches Merkmal des Insassenschutzsystems ist die Verbindung von aktiven und passiven Sicherheitselementen. Die technische Basis bilden dabei die Sensoren der fahrdynamischen Regelsysteme (zum Beispiel Bremsassistent und ESP). Sie helfen, kritische Situationen mit erhöhtem Unfallpotenzial frühzeitig zu erkennen und zu entschärfen. Die Aktivierung des Systems erfolgt bei einer Not- oder Gefahrenbremsungen mit sehr schneller Bremspedalbetätigung, die in der Regel einhergeht mit einer Aktivierung des Bremsassistenten, oder bei starkem Unter- oder Übersteuern mit ESP-Eingriff.

Einem integralen Sicherheitsansatz folgend, ist das präventiv wirkende Insassenschutzsystem mit der Umfeld-Sensorik der Automatischen Distanzregelung (ACC) zu einem gemeinsamen System verbunden. Basierend auf Radar-Sensorik und Kameratechnik, die weit vorausschaut und die Umgebung des Fahrzeugs überwacht, kann der Fahrer bei einem drohenden Auffahrunfall gewarnt und durch Bremseingriffe bis hin zur autonomen Notbremsung unterstützt werden. Insbesondere in Verbindung mit einem Notbremssystem verringert der Einsatz des reversiblen Gurtstraffers die Vorverlagerung der Insassen wirkungsvoll. Während der Fahrer sich am Lenkrad abstützt, kann der Beifahrer bei Bremsverzögerungen eine Vorverlagerung erfahren.

9.9.2.3 Irreversible Rückhaltesysteme

Für den Fall einer PreCrash Auslösung des Rückhaltesystems ergeben sich vor allem neue Möglichkeiten bei der Auslegung der Airbags im Vergleich zu den heutigen Standardairbags. Eine PreCrash Auslösung des Airbags vor einer Kollision ermöglicht eine Verbesserung der Anpassung des Airbags an den zeitlichen Verlauf der Insassenkinematik.

Bei entsprechender Auslegung ist der Airbag bereits zu dem Zeitpunkt voll befüllt, wenn die Vorverlagerung des Insassen beginnt. Durch die längere Aufblaszeit des Airbags kann außerdem das Volumen des PreCrash Airbags gegenüber dem Standardairbag vergrößert werden. Für den Insassen ergeben sich damit folgende Vorteile:

- frühes Ankoppeln an den Airbag und damit frühzeitige Teilnahme an der Fahrzeugverzögerung (insbesondere ohne Gurt),
- Verlagerung der Rückhaltewirkung vom Gurt auf den Airbag (großflächige Abstützung),
- Fixierung des Insassen im Sitz wird durch den größeren Airbag verbessert,
- verbesserte Performance beim Schrägaufprall durch größeren Abdeckbereich des Airbags,
- reduzierte Aggressivität des Airbags durch längere Aufblaszeit,
- evtl. ist ein sanftes Zurückdrücken eines nach vorn gebeugten Insassen möglich.

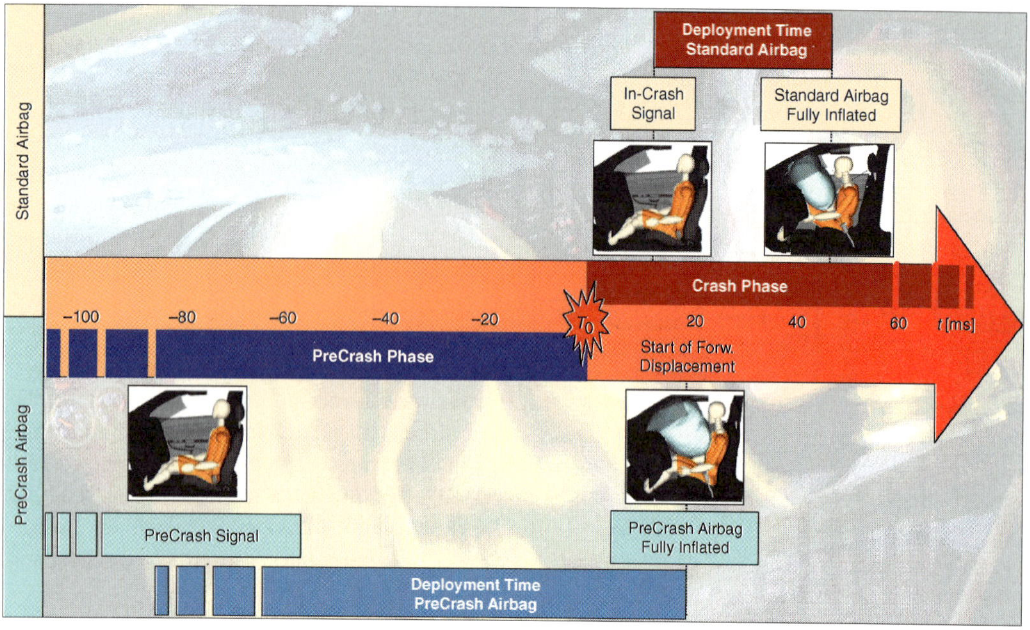

Abb. 9.42 Phasen des Standard- und PreCrash-Airbags [73]

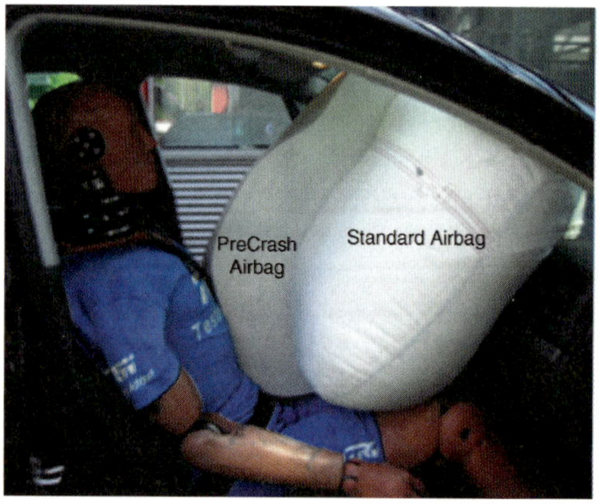

Abb. 9.43 Volumen Standard und PreCrash-Airbag [73]

Die durch die längere Aufblaszeit reduzierte Airbagaggressivität wird auch zur Erfüllung der Out-of-Position-Anforderungen mit dem größeren PreCrash Airbag benötigt. Zur Umsetzung der verbesserten Ankopplung des Insassen an den Airbag kann das Volumen des Standardairbags um circa 30 % erhöht werden, Abb. 9.43 [73].

Da aus heutiger Sicht eine PreCrash Sensorik noch keine ausreichende Detektionsrate hat, muss im Konzept eines irreversiblen PreCrash Rückhaltesystems die Möglichkeit einer In-Crash Auslösung als Rückfallebene vorgehalten werden. Der PreCrash Airbag besteht daher aus einem Bi-Volume Bag. Das Entfaltungsverhalten des Luftsackes kann dann über zwei Fangbänder im Bag gesteuert werden.

Eine Abschätzung des Wirkfeldes eines PreCrash Rückhaltesystems für Fahrer und Beifahrer ergibt unter der Einbeziehung der Tatsache, dass nicht alle Unfallkonstellationen ausreichend sicher detektiert werden können, einen für 1/3 aller Pkw-Insassen möglichen Nutzen.

9.9.3 Integraler Fußgängerschutz

Die Motivation für einen integralen Fußgängerschutz ergibt sich aus dem hohen Anteil getöteter und schwerverletzter Fußgänger, die im Straßenverkehr zu beklagen sind (Deutschland 2009: 591 getötete Fußgänger). Die Ursachen der tödlichen Unfälle sind in über 80 % der Fälle Fehleinschät-

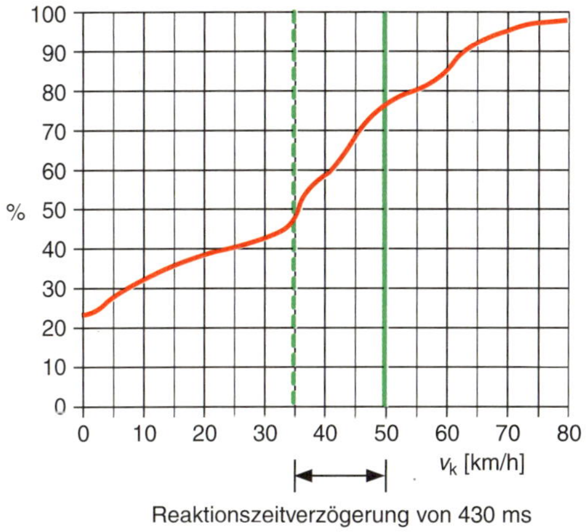

Abb. 9.44 Fußgänger Verletzungsrisikofunktion MAIS 2+ mit Pkw sowie kleine Nutzfahrzeuge als Kollisionsgegner

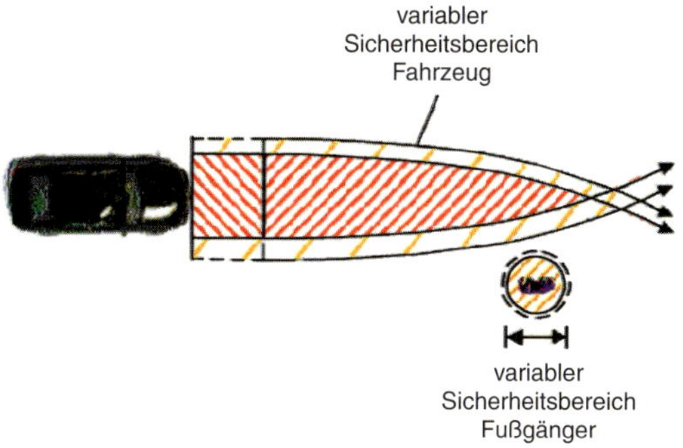

Abb. 9.45 Bewegungsbereich für Algorithmus mit variablem Sicherheitsbereich

zung der Fußgänger und eine zu späte Reaktion der Fahrzeugführer.

Passive Fußgängerschutzmaßnahmen tragen zu einer Verringerung der Verletzungen der Fußgänger beim Anprall bei. Die Maßnahmen sind im Frontbereich des Fahrzeugs untergebracht (z. B. Fußgängerschutz-Schaum im Frontbereich und deformierbare Hauben). Passive Maßnahmen sind allerdings begrenzt. Ein nicht unerhebliches Verletzungsrisiko, insbesondere für Kopfverletzungen, entsteht durch den sekundären Aufprall des Fußgängers auf der Straßenoberfläche. Das zukünftige Ziel die Kollisionsgeschwindigkeit durch aktive Bremsung des Fahrzeugs nennenswert zu verringern, verspricht daher ein größeres Potenzial (Abb. 9.44).

Aufgrund der möglichen Fußgängerbewegung sind Unfälle zwischen Fahrzeugen und Fußgängern durch einfaches Stehenbleiben der Fußgänger bis kurz vor der Kollision noch vermeidbar. Dadurch ergeben sich die Anforderungen an schnell eingreifende Systeme.

Eine Vorausschau einer Fußgängerbewegung ist komplex. Während Fahrzeuge durch die höhere Geschwindigkeit, ihre hohe Masse und die geringe Aufstandsfläche in ihrer weiteren Bewegung träge und damit gut physikalisch beschreibbar sind, sind Bewegungen von Fußgänger deutlich dynamischer. Daher ist ein spezieller Fußgänger-Algorithmus mit variablem Sicherheitsbereich erforderlich, der die Bewegung des Fußgängers abbildet, Abb. 9.45.

Aufgrund der hohen Dynamik des Fußgängers ist eine Unfallvermeidung durch den Einsatz von eingreifenden Systemen im Bereich der Unvermeidbarkeit (wie z. B. eine Notbremse) nicht immer möglich. Daher ist ein integrales Fußgängerschutzkonzept erforderlich, das den Fahrer in kritischen Situationen informierend und warnend unterstützt und erst nachgeschaltet durch eine automatische Bremse eingreift (Abb. 9.46).

Die Integration der unterschiedlichen Systeme zu einem Gesamtsystem mit unterschiedlichen Eskalationsstufen wird zukünftig über den gesamten Unfallablauf notwendig. Die unterschiedlichen Einzelfunktionen werden dabei über einen Entscheider in eine Gesamtfunktion überführt.

So kann dem Fahrer zunächst eine richtungsbezogene Information auf die Fußgänger gegeben werden, die sich im Fahrschlauch befinden bzw. so darauf zu bewegen, dass eine Kollision möglich werden könnte. Parallel wird ein PreFill der Bremsen durchgeführt. Aufgrund der möglichen Fußgängerbewegung kann erst unterhalb einer TTC (TimeToCollision) von 2 s Informiert werden, um Fehlwarnungen zu vermeiden.

In Abhängigkeit der vorhergesagten Anprallposition des Fußgängers am Fahrzeug aktiviert der vorgeschaltete Entscheider eine haptische Lenkempfehlung, wenn bereits eine geringe Lenkreaktion zum Ausweichen ausreichen sollte. In den anderen Fällen wird eine Bremswarnung bestehend aus Bremsruck, visuell-akustischer Warnung erzeugt, auf die der Fahrer möglichst intuitiv reagiert.

Ein automatischer Notbremseingriff könnte nachgeschaltet erfolgen, wenn der Fahrer nicht

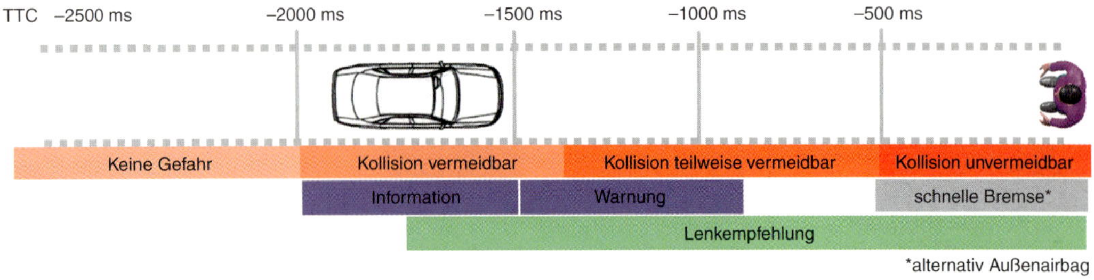

Abb. 9.46 Zeitlicher Ablauf Aktionskonzept Fußgängerschutz

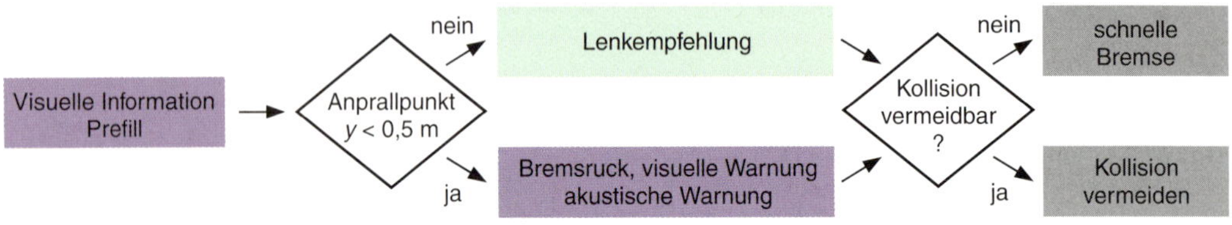

Abb. 9.47 Aktionskonzept Fußgängerschutz

reagiert hat und die mögliche Kollision bis zu diesem Zeitpunkt (ca. < 500 ms) nicht entschärft werden konnte. In dieser PreCrash-Phase wäre eine schnelle eingreifende Bremse vorteilhaft, um die verbleibende Unfallschwere möglichst gering zu halten, Abb. 9.47.

9.9.4 Entwicklungsprozess integraler Funktionen

Die Entwicklung von integralen Sicherheitsfunktionen erfordert aufgrund der bereichsübergreifenden Disziplinen eine sehr große Vernetzung innerhalb des Entwicklungsprozesses. Dabei wachsen die Kompetenzen aus Fahrwerk, Elektronik, Aufbau und Sicherheit immer weiter zusammen.

Die parallele Entwicklung vernetzter Funktionen und Systeme erfordert eine besondere Strukturierung der Entwicklungsaufgaben und -prozesse. Ausgehend von der Funktionsspezifikation sind Systeme und Komponenten in einem gemeinsamen Architekturprozess zu entwickeln. Dabei ist eine definierte Rollenverteilung der am Entwicklungsprozess Beteiligten einzuhalten, sowie eine durchgängige und transparente Dokumentation der für die Funktion notwendigen Spezifikationen und Schnittstellen sicherzustellen. Nicht zuletzt ist die exakte und abgestimmte Durchführung der Tests und Erprobungen maßgeblich für den Erfolg der Entwicklung.

9.9.4.1 Simulation vorausschauender Sicherheitssysteme

Im Entwicklungsprozess wird bereits frühzeitig auf die Simulation zurückgegriffen, um die Zuverlässigkeit einer Sicherheitsfunktion zu gewährleisten. Hierzu ist vor allem eine Quantisierung der Detektions- und der Falschalarmrate auf Basis repräsentativer Daten und eine darauf basierende Extrapolation des Nutzens erforderlich. Aufgrund der Vielzahl der notwendigen Messdaten und der Komplexität des Absicherungsvorgangs ist ein rechnergestützter Entwicklungsprozess notwendig. In mehrfachen Iterationsschleifen werden reale Messdaten aufgenommen, ausgewertet und parallel Algorithmen zur Funktionsapplikation entwickelt. Die Funktionsentwicklung erfolgt meist Modell- oder auch Software-in-the-Loop (MiL, SiL) basiert. Außerdem werden auf der Basis synthetisch erstellter oder simulierter Daten die für die Funktion notwendigen logischen Berechnungsvorschriften erstellt. Der Vorteil bei diesem Entwicklungsschritt ist, dass die logische Komponente von der zeitlichen

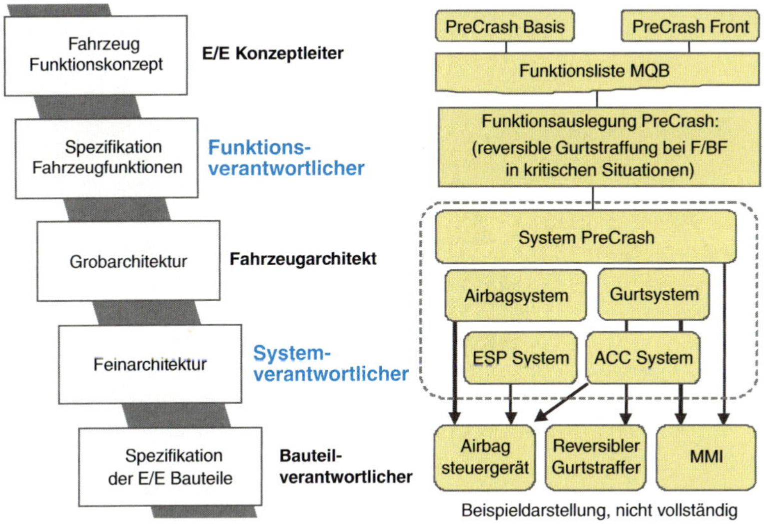

Abb. 9.48 Entwicklung vernetzter elektrisch/elektronischer Systeme (Beispiel PreCash-Insassenschutz)

nahezu entkoppelt ist und sich große Datenmengen in kürzester Zeit untersuchen lassen.

In dem darauf folgenden Entwicklungsschritt wird der Einfluss von real angebundenen Steuergeräten und realem (Echt-)Zeitverhalten im Hardware-in-the-Loop (HiL) Test festgestellt. Komponenten wie die Buskommunikation, das Prototypensteuergeräte- oder auch das Aktuatorikverhalten werden analysiert und Teilfunktionen abgeprüft. Für die Echtzeitfähigkeit einer Systemfunktion muss das zeitliche Jitterverhalten bestimmbar sein. Die Funktion wird dementsprechend tolerant ausgelegt.

Für den finalen Applikationsschritt der Gesamtfunktion im Fahrzeug steht nach den erfolgten MiL/SiL/HiL-Tests eine flexible, bereits ausgereifte Systemsoftware zur Verfügung. Über verschiedene Parametersätze kann konservatives, neutrales oder pro-aktives System- und Funktionsverhalten direkt in der Gesamtfahrzeugumgebung in realen Fahrszenarien eingestellt werden.

9.9.5 Retten und Bergen

Der integrale Sicherheitsansatz betrachtet neben den unfallvermeidenden und unfallfolgenmindernden Systemen auch die Unterstützung der Fahrzeuginsassen nach dem Crash. Die Systeme werden unter dem Begriff Retten und Bergen zusammengefasst. Darunter sind z. B. die Erhaltung der Beleuchtungseinrichtungen oder auch rettungsfreundliche Strukturen zu nennen, die es den rettenden Feuerwehren erleichtern ihr Rettungsgerät an der Karosserie optimal anzusetzen.

Integrale Systeme können zukünftig die Rettung verbessern, indem Sie Daten aus der Vorunfall- und Unfall-Phase nutzen. So könnten wichtige Informationen, wie zum Beispiel die Anzahl der Insassen, die Schwere des Unfalls und der Unfalltyp, den Rettungskräften schon vor Ihrem Eintreffen mitgeteilt werden, um eine zielgerichtete Rettung zu organisieren.

Verkehrsunfälle treten zu allen Tages- und Nachtzeiten sowie in allen Gegenden, in der Stadt, auf dem Land oder auf der Autobahn auf. Nicht immer sind mehrere Parteien an einem Unfall beteiligt. Daraus resultierend ist in Unfallsituationen gegebenenfalls niemand vor Ort, der schnell Hilfe für mögliche Verletzte herbeirufen kann. Oftmals kann der Verletzte selbst auch nicht für Hilfe sorgen, da er beispielsweise eingeklemmt ist, bewusstlos ist oder sein Handy beim Unfall zerstört wurde.

Die schnelle bzw. rechtzeitige medizinische Versorgung ist jedoch der Schlüssel zum Überleben. Bei einem Herz-Kreislauf-Stillstand sinkt

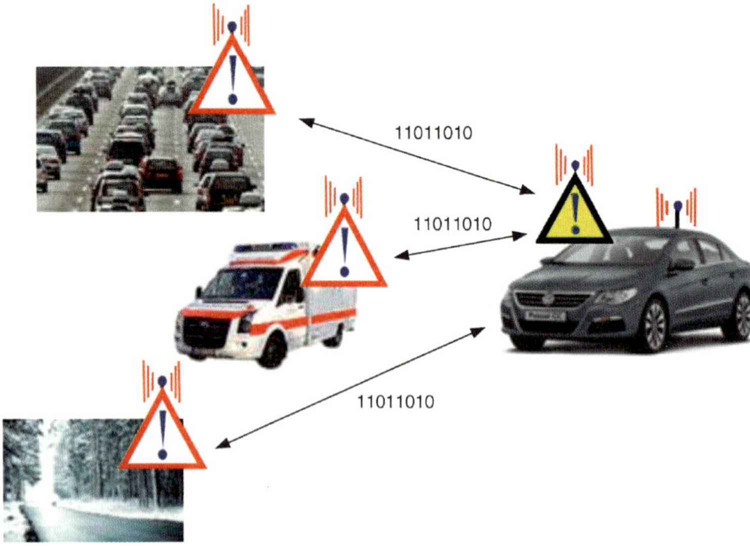

Abb. 9.49 Gefahrenwarnung mit Car2X

beispielsweise die Überlebenschance pro Minute um 10 % [93].

eCall soll hierbei Abhilfe schaffen. Ziel dieses Systems ist die automatische Benachrichtigung von Rettungsleitstellen bzw. die Sicherstellung einer Kommunikationsmöglichkeit für den Verletzten im Falle eines Unfalls. eCall ist daher an die Airbagauslösung gekoppelt, kann aber auch manuell vom Fahrer aktiviert werden.

Technisch wird eCall durch eine crashsichere Box realisiert, die mit einem GPS-Empfänger sowie einem GSM-Modul ausgestattet ist. Im Falle einer Aktivierung werden dann diverse Daten (genannt Minimum Set of Data (MSD)) an die Rettungsleitstelle übermittelt. Zu diesen Daten gehören beispielsweise Ortungsdaten, Fahrgestellnummer, Zeitstempel usw., die eine verbesserte Einschätzung der vorliegenden Unfallsituation zulassen und eine schnellere und gezieltere Rettung ermöglichen.

Die Umsetzung von eCall orientiert sich an vielen europäischen Normen und Standards (unter anderen ETSI, CEN). Die Spezifikation eines einheitlichen eCall-Systems mitsamt der dazugehörigen Infra- und Serverstruktur ist auf europäischer Ebene noch nicht abgeschlossen.

9.9.6 Car2X Safety – Ausblick

Die zukünftige Entwicklung von aktiven Sicherheitssystemen basierend auf Fahrzeugkommunikationstechnologien werden als Car2X Safety bezeichnet und bilden in der Fusion mit der Integralen Sicherheit die Basis für eine Vision vom unfallfreien Fahren.

Mit einer Fahrzeug zu Fahrzeug Kommunikation oder einer Fahrzeug zu Infrastruktur Kommunikation ist es möglich, das Potenzial der Fahrzeugsicherheit weiter zu erhöhen. Es können damit zum Beispiel Funktionen zur Gefahrenwarnung vor Glätte, Stauenden, Unfällen, Pannenfahrzeugen und Einsatzfahrzeugen, welche zur Einsatzstelle fahren oder eine Einsatzstelle absichern, entwickelt werden (Abb. 9.49). Kreuzungsassistenzsysteme könnten von einem Datenaustausch profitieren, besonders wenn die Umfeldsensoren der sich kreuzenden Fahrzeuge das jeweilige andere Fahrzeug nicht detektieren können, weil eine Sichtbehinderung vorherrscht. Für zeitkritische Funktionen mit automatischen Eingriffen, ist es notwendig, Car2X Informationen mit Daten der Umfeldsensorik zu fusionieren. Die Vorteile der Fusion sind

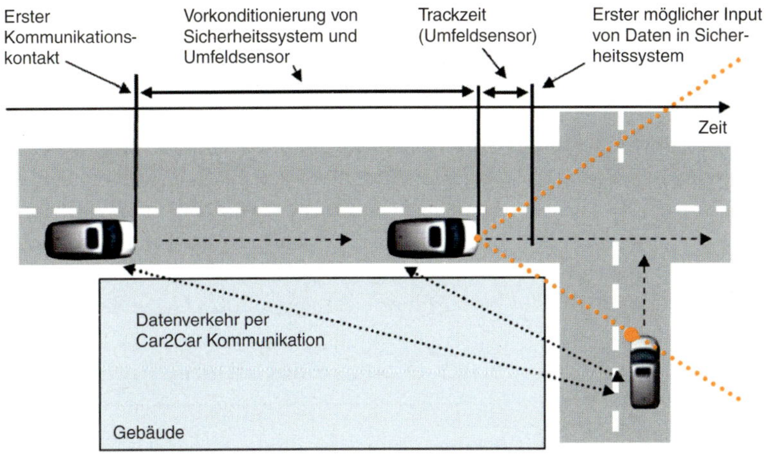

Abb. 9.50 Beispielszenario Fusion von Car2X Informationen mit Daten der Umfeldsensorik [76]

eine zusätzliche Validierung der Umfeldsensordaten und ein frühzeitiger Systemeingriff aufgrund einer Reduzierung der Track-Zeit der Umfeldsensoren. Durch die Fusion entsteht ein erweitertes Umfeldmodell.

Ein Beispielszenario für eine Fusion von Car2X Informationen mit Daten der Umfeldsensorik ist in Abb. 9.50 gegeben. Ohne die Nutzung von Fahrzeugkommunikation detektiert der Umfeldsensor das kreuzende Fahrzeug erst bei direktem Sichtkontakt. Danach erfolgt die Trackzeit. In Szene B (mit Fahrzeugkommunikation) erfolgt der erste Datenaustausch per Kommunikation bereits viel früher. Es kann eine Pre-Konditionierung der Umfeldsensoren und des Sicherheitssystems erfolgen. Die Trackzeit verkürzt sich. Deswegen können zu einer früheren Zeit Daten in das Sicherheitssystem einfließen, wobei dieser Input auch zusätzliche Daten, wie zum Beispiel die Fahrzeugmasse enthalten kann.

Inzwischen hat sich ein Konsortium vFSS-Group gebildet, welches die Bewertung der integrierten Sicherheit im Sinne eines weltweit harmonisierten Ansatzes vornimmt [88, 90].

9.10 Rechnerunterstützung bei der Entwicklung von Sicherheitskomponenten

9.10.1 Grundlagen

Schon in der Vorentwicklungsphase eines Kraftfahrzeuges muss anhand der geometrischen Vorgaben ein Optimierungsprozess zwischen Unfallverhalten, Masse, Innenraumakustik und Schwingungsverhalten gefunden werden. Der Durchbruch auf dem Gebiet der Berechnung wurde durch Entwicklung von stabilen Softwareprogrammen und die Weiterentwicklung der Rechnersysteme erreicht. Wenn auch viele Parameter die Ergebnisse bei Unfallsimulationsversuchen beeinflussen, so ist doch die Berechnung ein wichtiger Beitrag zur Verbesserung der gesamten Entwicklungsabläufe. Beim Produktentstehungsprozess spielt die Berechnung für das Zusammenwirken von Entwicklung, Produktion, Marketing, Finanzen sowie Qualitätssicherung und -planung eine immer größere Rolle (▶ Abschn. 10.3).

9.10.2 Beschreibung der numerischen Werkzeuge

Die wichtigste Aufgabe bei jeder rechnergestützten Ingenieurarbeit ist die Erstellung und Anwendung physikalisch-mathematischer Modelle [77].

Der wesentliche Aspekt für den Automobilingenieur ist nicht die Entwicklung neuer Software, sondern die kreative Anwendung zur Lösung einer Fragestellung unter Beachtung der Modellgrenzen (Validierung und Aussagegenauigkeiten) [78].

Im Frontalaufprall kommt es nicht immer zum direkten Kontakt zwischen Insassen und Fahrzeuginnenraum. Daher ist häufig eine getrennte Struktur- und Rückhaltesystemauslegung möglich. Für die Berechnung der Fahrzeugstruktur beim Frontalaufprall werden die Massen der Insassen durch einfache FEM- Versuchspuppenmodelle simuliert. Für die Insassen und Rückhaltesimulation wird der im Aufprall gemessene Beschleunigungsimpuls zu Grunde gelegt. Dieser Beschleunigungsimpuls wird der Fahrgastzelle vorgegeben und dient zur Überprüfung der MKS (Mehrkörpersimulation)-Insassenmodelle zusammen mit den Rückhaltesystemen und Sitzen. Zusätzlich ist es manchmal notwendig, eine relative Bewegung von Fahrzeugbauteilen (Lenksäule, Pedalerie, Instrumententafel und Spritzwand) abzubilden. Für Aufgaben mit höherem Detaillierungsgrad werden die MKS Versuchspuppenmodelle durch FEM-Insassenmodelle ersetzt. Dies ist z. B. unterhalb der Schalttafel und im Bereich des Fußraums notwendig.

Im Seitenaufprall kommt es schon bei mittelschweren Kollisionen sehr schnell zum Kontakt zwischen Struktur und Insassen, so dass der Seitenaufprall im Wesentlichen komplett mit FEM berechnet wird. Das heißt, es findet eine Gesamt-FEM-Simulation für die Struktur, für die Rückhaltesysteme und die Insassen statt.

Mit wachsender Rechnerleistung und immer höheren Anforderungen an die Modellierungsgüte wird auch der Frontalaufprall zunehmend komplett mit FEM berechnet.

Die Rückkopplung mit Versuchsergebnissen hat sich ebenfalls wesentlich beschleunigt, dies gilt nicht nur für die Erfassung und Auswertung der Beschleunigungssignale sondern auch für den Vergleich mit den Highspeed-Videoaufnahmen.

Die CAD-Daten (CAD = Computer Aided Design) bilden die Basis für das FEM-Modell (FEM = Finite Element-Methode). Hiermit wird das Fahrzeugstrukturverhalten untersucht; von den einzelnen Komponenten bis hin zur Gesamtfahrzeugstruktur. Dabei ist die bei den meisten Automobilherstellern auf Supercomputern installierte Software ein wesentliches Element.

9.10.3 Komponentenberechnung

Wichtige Bauteile für die Energieabsorption bei vielen Unfällen sind die vorderen Längsträger. Zahlreiche Theorien haben sich mit dem Phänomen des Faltenbeulens als Mittel zur optimalen Energieumsetzung beschäftigt. Es gilt folgende Beziehung für die mittlere Faltenbeulkraft F [79]:

$$F = \sigma_F \cdot \delta_F \cdot \alpha_F \frac{s_x^2 \cdot Ux}{Ua} \; ;$$

σ_F = Formbeiwert, δ_F = Fließgrenze des Werkstoffes, $\alpha_F = 1,0$ bis 1,5 geschwindigkeitsabhängiger Erhöhungsfaktor, s_x = Blechdicke, U_x = Profilumfang mit Blechdicke s_x, U_a = Gesamtumfang des Profiles.

Mit den Programmbausteinen DYNA3D und PAM-Crash können derartige Probleme heute auch nach der Finite-Element-Methode gelöst werden. Besonders wichtig sind die Längs- und die Querabstützung, z. B. die vorderen Querträger, die die Kräfte in die Karosserie einleiten. Der Beginn des Faltenbeulens ist deutlich zu erkennen. Beim Faltenbeulen wird je Deformationslänge die größte Energie umgesetzt. Am geringsten ist die Energieaufnahme bei einer Knickung durch hohe Biegemomente. ◘ Abbildung 9.51 zeigt die rechnerische Simulation eines Längsträgers [80].

Auch andere Herstellverfahren, wie Kleben, Clinchen, Laserschweißen, andere Werkstoffe wie faserverstärkte Kunststoffe etc. werden untersucht [80].

Natürlich können noch sehr viele weitere Einzelkomponenten wie Details des Fahrzeuginnenraums, der Airbags, der Sicherheitsgurte, der Lenkanlage, des Kopfaufschlaggebiets etc. simuliert werden.

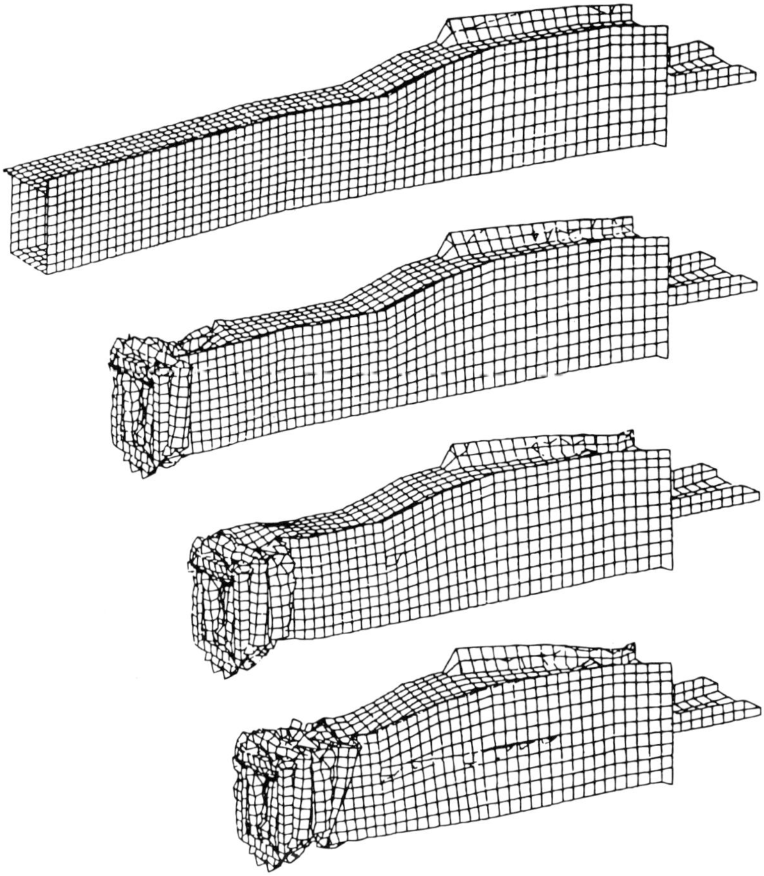

Abb. 9.51 Finite-Element-Modell eines Längsträgers (Verhalten während der Deformation)

9.10.4 Gesamtfahrzeugauslegung

Schon in der Konzeptionsphase kann der Konstrukteur mit den vorgegebenen Eckdaten der grundsätzlichen Auslegung wie Radstand, Spurweite, Aggregatlage, Aggregatgröße und sonstigen Dimensionierungsdaten erste Berechnungsläufe durchführen, die als Prinzipstudien allerdings noch keine quantifizierbare Aussage liefern. Sie ermöglichen aber den Bau von Prototypen, deren Sicherheitsverhalten gut vorausgesagt werden kann. In der späteren Entwicklungsphase werden schon wesentlich präzisere Aussagen sowohl aus Berechnung als auch aus den Versuchen erwartet.

Dank gestiegener Rechenkapazität (Parallel-Rechner) können detaillierte FEM-Modell eingesetzt werden, so dass auch Fahrzeug-Fahrzeug-Kollisionen im Bereich akzeptabler Rechenzeiten liegen. Abbildung 9.52 zeigt als Beispiel eine Fahrzeug-Fahrzeug-Kollision [81].

9.10.4.1 Gesamtfahrzeugmodell

Es ist notwendig, dass sowohl das Fahrzeug als auch das Insassenverhalten in einer gesamten Berechnung ermittelt werden können. Wie bereits erwähnt, ist der Einsatz der Methodik sehr von der Aufgabenstellung abhängig. Inzwischen gibt es Lösungen, die eine erste Auslegung in einer sehr frühen Phase des Produktentstehungsprozesses ermöglichen [82].

9.10.4.2 Fahrzeugmodell

Das im FEM-Programm definierte Fahrzeugmodell kann z. B. bestehen aus

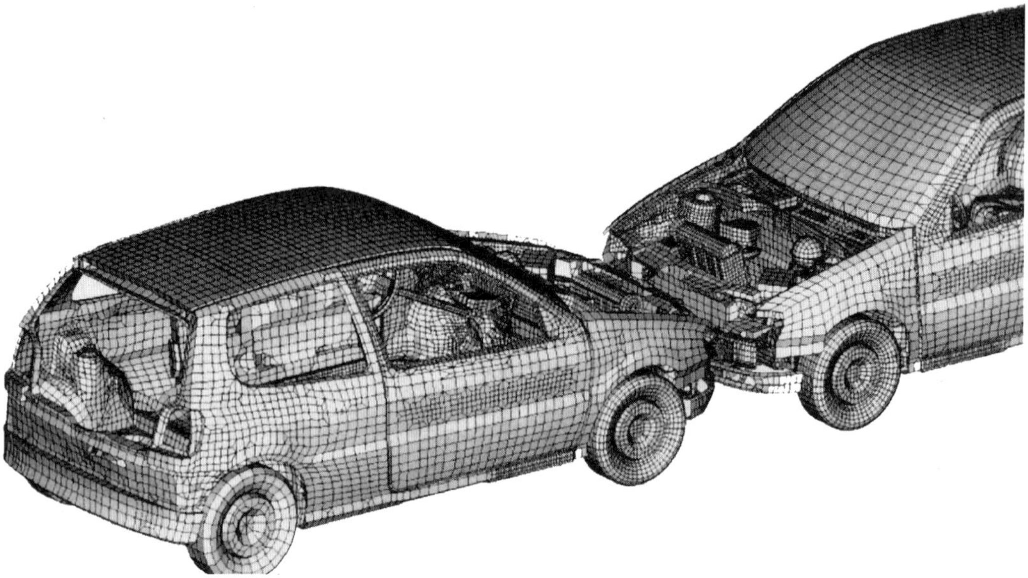

Abb. 9.52 Fahrzeug/Fahrzeug-Kollisionssimulation

- einem Vorderwagen mit 72 Balkenelementen,
- einem Motorblock,
- einer flachen Shellstruktur (220 Shellelemente) als Kontaktfläche,
- einer starren Fahrgastzelle.

Der Vorderbau aus Balkenelementen ermöglicht eine variable Steifigkeitsverteilung sowohl in Längs-, Quer- als auch in Höhenrichtung, so dass (mit weniger Aufwand und Rechenzeit als bei den komplexeren FEM-Modellen) Modellvarianten untersucht werden können. Die Deformationskräfte der Balkenelemente werden vom Benutzer vorgegeben. Die Kraft-Weg-Kennungen dieser Balkenelemente können beliebig definiert, aber auch zur »Abbildung« von Versuchen mit wirklichen Fahrzeugen bzw. konventionellen FEM-Rechnungen verwendet werden.

9.10.4.3 Insassensimulation

Mittels Insassensimulation über MKS-Programme können Insassenrückhaltesysteme optimiert werden. Für die Modelbildung werden exakte Eingabedaten insbesondere der Versuchspuppen benötigt. Bei der Simulation der Versuchspuppen wird bezüglich der Modellbildung intensiv zwischen den Automobilherstellern zusammengearbeitet [83].

Die MKS-Simulation erlaubt, die Sicherheitsentwicklung in drei wesentlichen Bereichen weiterzuführen:

- Prinzip- und Trendanalyse,
- Plausibilitätsprüfung des Systems,
- Bauteil-Datenentwicklung.

Bei der Optimierung von Sicherheitsgurten (z. B. Analyse des Einflusses von Gurtklemmer, Gurtstraffer, Sitzverhalten, Lage der Gurtverankerungspunkte) und Airbags kann die MKS-Methode angewendet werden.

Es können auch die Relativbewegungen der Versuchspuppe zur Karosserie oder einzelnen Bauteilen, aber auch die Verzögerungs-Zeit-, Kraft-Zeit und Weg-Zeit-Verläufe dargestellt werden. Durch die Kopplung von Struktur- und Insassenverhalten ergibt sich die Möglichkeit, das Gesamtsystem (Fahrzeug und Insasse) rechnerisch zu bewerten.

Abbildung 9.53 enthält einen Hybrid III-Dummy, einen Fahrzeuginnenraum, eine Lenkanlage, einen Fahrerairbag.

Im Gegensatz zu den meisten Insassenmodellen werden die Dummies des Modells nicht von einem Beschleunigungsfeld belastet. Vielmehr wird der Innenraum, also die Umgebung der Insassen, mit der Fahrgastzelle des Fahrzeugmodells gekop-

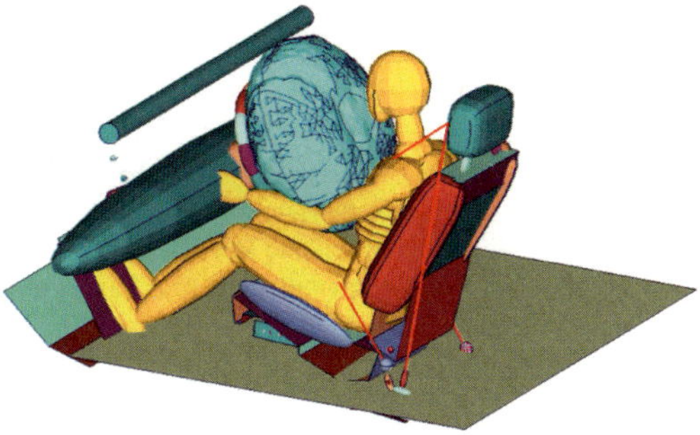

Abb. 9.53 Insassensimulation

pelt. Diese Kopplung ist interaktiv. Deshalb ist eine Rückwirkung der Insassen auf das Fahrzeug möglich. Durch die Kopplung wird (ohne den Aufwand einer nachgeschalteten Berechnung) den Insassen die dreidimensionale Bewegung des Fahrzeugs aufgeprägt. Um in einer Rechnerwelt zu bleiben und speziell für die Simulation des Seitenaufpralls gibt es inzwischen FEM-Ausführungen der verschiedenen Versuchspuppen. Diese erfordern zwar einen höheren Rechenaufwand, erzielen aber praxisnähere Ergebnisse [82, 83].

Die Simulation des Aufprallverhaltens einschließlich des Rückhaltesystems unter Berücksichtigung der Versuchspuppen ist ein wichtiges Hilfsmittel im Entwicklungsprozess. Der Aufwand für die Modellerstellung kann dann als gerechtfertigt bezeichnet werden, wenn das Modell die Basis für eine ganze Modellreihe ist. Aufgrund der vielfältigen Motor- und Getriebekombination ist die Berechnung auch hilfreich für eine »Worst-case«-Betrachtung, d. h. die Betrachtung der denkbar schlechtesten Konfiguration. Allerdings wird auch in Zukunft auf Entwicklungs- und Bestätigungsversuche nicht verzichtet werden können.

Die rechnerische Simulation von Unfällen beschränkt sich nicht auf die unterschiedlichen Frontal- und Seitenkollisionen, sondern wurde um den Fahrzeugüberschlag und den Fußgängerschutz erweitert. Abbildung 9.54 zeigt ein entsprechendes Bild einer Testkonfiguration für die Simulation eines Beinaufschlags gegen die Fahrzeugkarosserie [84].

Die Fortschritte auf dem Gebiet der Berechnung erlauben eine deutliche Entlastung der Versuchsarbeit pro Modell. Die frei werdende Kapazität wird für die vergrößerte Anzahl der Modellvarianten und die Erhöhung der Zahl der Versuche dringend benötigt.

Abb. 9.54 Simulation Beinimpaktor

9.11 Zusammenfassung

Die Fahrzeugsicherheit ist ein integraler Bestandteil des Produktentstehungsprozesses. Die Möglichkeiten, das Fahrzeug als Transportmittel noch sicherer zu machen, sind durch den Einsatz von moderner Technik weiter gestiegen. Die Initiativen einzelner Hersteller haben – unabhängig von den sicherlich notwendigen gesetzlichen Regelungen – wieder Bewegung in dieses Fachgebiet gebracht. Da auf dem Gebiet der unfallfolgenmildernden Maßnahmen mehr als 90 % der denkbaren und sinnvollen Systemverbesserungen eingesetzt haben (aktuell sind die weiteren Verbesserungen zum Fußgängerschutz, zu smart restraints und zur Kompatibilität), kommt der Unfallvorbeugung eine wesentlich größere Bedeutung zu.

Wo immer die dabei eingesetzte Sensorik, z. B. PreCrash-Erkennung vorhanden ist, kann sie auch bei der weiteren Systemverbesserung bezüglich des Insassenschutzes helfen. In Position bringen des Sitzes, der Sitzlehne, der Kopfstütze, das Schiebedach und Seitenscheiben schließen, die Gurtstraffer teilweise vorspannen etc. Lösungen haben als erste in Serienfahrzeugen eingesetzt. Auch die Vereinbarung der Europäischen Kommission und der Automobilindustrie, ein automatisches Notrufsystem einzusetzen, welches bei schweren Unfällen aktiviert wird, ist sehr positiv zu sehen [85]. Es ist daher schon fast als selbstverständlich anzusehen, dass auch die Hybrid- und Elektrofahrzeuge, insbesondere die Batterien den gleichen Sicherheitsmaßstäben unterworfen werden müssen [86, 89]. Die Vision, den Straßenverkehr so sicher wie den Schienenverkehr zu machen ist realisierbar.

Literatur

1. Braess, H.-H.: Aktive und passive Sicherheit im Straßenverkehr. Zeitschrift für Verkehrssicherheit **42** (1996)
2. Barény, I. B.: Das Prinzip des gestaltfesten Fahrerraums. Deutsches Bundespatent 854.157 (1952)
3. Wilfert, K.: Entwicklungsmöglichkeiten im Automobilbau. ATZ 273–278 (1973)
4. Seiffert, U.: Fahrzeugsicherheit Personenwagen. VDI-Verlag, Düsseldorf (1992)
5. Seiffert, U.: Die Automobiltechnik nach der Jahrtausendwende. Euroforum München 25./26. Mai 1998
6. Statistisches Bundesamt Deutschland, Verkehr, 2011
7. Klanner, W.: Status report and future development of the Euro NCAP programme. 17th International Technical Conference on the Enhanced Safety of Vehicles, Amsterdam, 2001
8. Seiffert, U., et al.: Automotive Safety Handbook. Professional Engineering Publishing (2003)
9. Appel, H., Krabbel, G.: Unfallforschung und Unfallmechanik. Vorlesungsskript, TU Berlin, ISS Fahrzeugtechnik (1994)
10. International Road Traffic and Accident Database (2006)
11. Danner, M., Langwieder, K., Hummel, T.: Experience from the analysis of accidents with a high belt usage rate and aspects of continued increase in passenger safety. 11th International Technical Conference on the Enhanced Safety of Vehicles, Washington, DC, 1987
12. Langwieder, K.: Perspektiven der aktiven und passiven Fahrzeugsicherheit. Verkehrsunfall und Fahrzeugtechnik (1) (2003)
13. Brunner, H., Georgi, A.: Drei Jahre Verkehrsunfallforschung an der TU Dresden. ATZ **Jahrgang 105**(2) (2003)
14. Scheunert, D., Sferco, R., Becker, H.: Unfallforschung – Wo liegen Potenziale? Verband der Automobilindustrie: Technischer Kongress, Stuttgart, 2002
15. Jungmichel, M., Stanzel, M., Zobel, R.: Special aspects in accident reconstruction in the accident investigation department of Volkswagen. EVU Tagung 2002, Portoroz, Slovenija
16. Langwieder, K.: 2te Tagung Aktive Sicherheit, München, 2006
17. Zobel, R.: Bewertung der Wirksamkeit von Maßnahmen der aktiven und passiven Sicherheit/Evaluation of effectiveness of measures of primary and secondary safety. 15. Aachener Kolloquium Fahrzeug- und Motorentechnik, 2006
18. Schwarz, T.: Vergleich der Crashtestbedingungen für Personenkraftwagen mit dem realen Unfallgeschehen. Technische Universität Berlin, ISS-Fahrzeugtechnik, März 1999
19. Becker, H., Sferco, R.: Anwendung von Realunfalldaten in der Fahrzeugentwicklung am Beispiel des Frontairbags. Schriftenreihe der Bundesanstalt für Straßenwesen. Bergisch Gladbach (2003)
20. Brühning, E., Otte, D., Pastor, C.: 30 Jahre wissenschaftliche Erhebungen am Unfallort für mehr Verkehrssicherheit. Zeitschrift für Verkehrssicherheit **4**, 175–181 (2005)
21. Rabe, M., et al.: Fahrzeugtechnologien zur Steigerung der Verkehrssicherheit. MPC Verkehrssicherheitstage, Berlin, 25./26. August 2008
22. http://www.volkswagen.at/modelle7Scirocco/zahlen_fakten/sonderausstattungen/. Zugegriffen: Oktober 2010
23. http://www.7-forum.com/modelle/e65/zulieferer/hella/kurvenlicht.php. Zugegriffen: Oktober 2010
24. http://www.volkswagen.de/vwcms/master_public/virtualmaster/de3/unternehmen/innovation_technik/assistenzsysteme/acc.html. Zugegriffen: Oktober 2010
25. http://http:www.audi.de/etc/medialib/cms4imp/audi2/product/a8/a8/d3.Par.0299.Image.jpg. Zugegriffen: Oktober 2010
26. Schulenberg, P., Gonter, M.: Active safety by driver assistance systems. International Seminar on Automotive Electronics Technology, Society of Automotive Engineers of China (SAE-China), Shanghai, 17./18. März 2009
27. http://www.auto-_esthofer-_team.com/Haendler/A00340/?audi&id=98000&DOM=/haendler/modelle/a7/a7_Sportback/ausstattung/assistenz_Systeme/nachtassistent_mit_marketing_erkannter_fussg/. Zugegriffen: Oktober 2010
28. http://www.bmw.com/com/de/newvehicles/3series/coupe/2006/allfacts/ergonomics_bmw_autobeam.html. Zugegriffen: Oktober 2010
29. Hella: Fahrerassistenz-System: Technische Informationen. Hella KG Hueck & Co., Lippstadt. http://www.hella.com/hella-de-de/assets/media_global/Autoindustry_ti_fas_d.pdf . Zugegriffen: Oktober 2010
30. http://www.volkswagen.de/vwcms/master_public/virtualmaster/de3/modelle/touareg/highlights/Innovationen.html. Zugegriffen: Oktober 2010
31. http://www.volkswagenag.com/vwag/vwcorp/info_center/de/themes/2010/05/Shining_light.html. Zugegriffen: Oktober 2010
32. Eigth Stapp Car Crash Conference, Wayne State University Press, Detroit, 1996
33. IRCOBI proceedings 1998, International IRCOBI conference on Biomechanics of Impact. Göteborg, 16.–18. September 1998
34. AAAM (American Association for Automotive Medicine): The Abbreviated Injury Scale, 1980 Revision

35. Otte, D., et al.: Der neue Abbreviated Injury Scale (AIS) 2005. Zeitschrift Verkehrsunfall und Fahrzeugtechnik (2006)
36. Swearingen, I.: Tolerances of human face to crash impact, repart no. AM 65-20. Federal Aviation Agency, Oklahoma City, Juli 1965
37. Patrick, L.M., et al.: Survived by Design-Head-Protection, 7. Stapp Car Crash Conference, Oklahoma City
38. Fiala, E., et al.: Verletzungsmechanik der Halswirbelsäule, Technische Universität Berlin, März 1970, Forschungsbericht
39. IRCOBI 1999 International Ircobi Conference on the Biomechanics of Impact, Sitges, Spain, 1999
40. Gonter, M., et al.: Potential of adaptive restraints in frontal collisions. 7th International Airbag Symposium on Car Occupant Safety Systems, 2004
41. Prüferschrift nach SAE J 921 Motor Vehicle Instrument Panel Laboratorium Impact Test Procedere – Head Area, November 1971
42. Denton ATD Inc. Product Description, Milan, USA, www.denton.com
43. Wittemann, W.: Improved Vehicle Crash-Worthiness. Design by Control of the Energy Absorption for Different Collision Situations. Eindhoven (1999)
44. Safety Wissen by cars. US-Standard, FMVSS 208
45. US-FMVSS – No. 301: Fuel System Integrity, National Highway Safety Administration; NHTSA: FMVSS 214: Schutz gegen Seitenaufprall, Washington, USA
46. Chou, E., et al.: A literature review of rollover test methodologies. Int. J. Vehicle Safety **1**(Nos 1/2/3) (2005)
47. Buck, W.: Energy absorbing sterring column and safety steering wheels in focus. Automobil Industrie **3**, 27–42 (1975)
48. Juby, D., O'Neill, B.: Steering column movement in several frontal crashes and its appearent effect on airbag performance. 17. ESV-Conference, Amsterdam, 2001
49. Gonter, M.: Steuerkonzepte für adaptive Airbagsysteme zur Insassen- und unfallspezifischen Optimierung des Insassenschutzes. ProBusiness Verlag, Berlin (2007)
50. http://www.seat.de/seat_/magazin/technik-lexikon/p/pyrotechnische_gurtstraffer/contentParagraphs/0/image/pyrotgurt.jpg. Zugegriffen: Oktober 2010
51. Economic Commission for Europe (ECE): Einheitliche Bedingungen für die Genehmigung der Rückhalteeinrichtung für Kinder in Kraftfahrzeugen
52. http://www.volkswagen-zubehoer.de/shop/index.php?cat=c93_Kindersitze.html . Zugegriffen: Oktober 2010
53. Degener, M.: ISOFIX, das neue Befestigungssystem für Kindersitze. Haus der Technik, Essen, 29. September 1998
54. Insurance Institute for Highway Safety. Status Report, Vol. 33, 9. Oktober 1998
55. Sziliagyi, I., et al.: Consequences of the new NHTSA regulations. 5th International Symposium Airbag, Karlsruhe Dezember 2000, ISSN 0722
56. Gonter, M., et al.: Systemanforderungen und Potentiale des adaptiven Insassenschutzes. VDI Tagung, Innovativer Insassen- und Partnerschutz, Berlin, 2005
57. Die neue S-Klasse. ATZ/MTZ Sonderausgabe (1998); Der neue Maybach. ATZ/MTZ (2002)
58. Ventre, P.: Homogenous Safety and heterogeneous Car-population? 3. International Technical Conference on Experimental Safety Vehicles, Washington, D.C., Juni 1972
59. Seiffert, U.: Probleme der Fahrzeugsicherheit. Dissertation, Technische Universität Berlin (1974)
60. Appel, H.: Sind kleine Wagen unsicherer als große? VDI-Nachrichten **7** (1975)
61. Richter, B., et al.: Entwicklung von Pkw im Hinblick auf einen volkswirtschaftlich optimalen Insassenschutz. Abschlussbericht BMTF, S. 116, gefördert vom Bundesminister für Forschung und Technologie, 1984
62. Huber, G.: Passive safety of vehicles including partner protection. Fisita, Prag (1996)
63. Relou, J., et al.: Entwicklung kompatibler Fahrzeuge mittels kompatibilitätsbewertender Crashsimulation. VDI, Berechnungstagung, Würzburg, 1998; Relou, J.: Methoden zur Entwicklung crash-kompatibler Fahrzeuge. Dissertation, TU Braunschweig (2000)
64. Schwarz, T.: Selbst- und Partnerschutz bei frontalen Pkw-Pkw-Kollisionen (Kompatibilität). VDI-Bericht, Reihe 12. Bd. 502. VDI-Verlag, Düsseldorf
65. Scheef, J.: Anforderungen an Fahrzeugsicherheit. Symposium Concept, Graz, Februar 2004
66. Insurance Institute für Highway Safety: Status Report Side Impact Crash Tests, Bd. 39, Nr. 5, April 2004
67. Schimmelpfennig, K.-H.: Bord Frame, a possible contribution to improve passive safety. 15. International Technical Conference on the Enhanced Safety of Vehicles, Melbourne, Australia, May 1996
68. http://wg17.eerc.org/wg17publicdoes/wg17publication.html
69. Gonter, M.: Moderne Rückhaltesysteme in Fusion mit der Aktiven Sicherheitl. Tagung Airbags, Ludwigsburg, 2001
70. Gonter, M., et al.: Entwicklungstendenzen bei Sicherheitseinrichtungen moderner Pkw. Symposium »Die neue Fahrzeuggeneration«, Landesfeuerwehrschule Hamburg, 2003
71. König, M., et al.: A sensor system for pre-crash deployment with extremely low false alarm rate. 5th International Workshop on Intelligent Transportation (WIT), Hamburg, Germany, 2008
72. Waldt, N., et al.: Testing of pre-crash-airbag-systems with extreme low false alarm rate. 9th International Airbag Symposium on Car Occupant Safety Systems 2008
73. Wohllebe, T., et al.: Potential of pre-crash restraints in frontal collisions. 8th International Airbag Symposium on Car Occupant Safety Systems, Dezember 2006
74. Gonter, M., et al.: PyroBrake baut noch 100 Millisekunden vor dem Crash Energie ab. Volkswagen, Wolfsburg (2008)
75. http://www.volkswagen.de/vwcms/master_public/virtualmaster/de3/metacontent/Technik_Lexikon/proaktives_insassenschutzsystem.popup.html. Zugegriffen: Oktober 2010

76. Rößler, et al.: Car2X Safety – Future development of active safety systems based on vehicle communication systems. 7th International Workshop on Intelligent Transportation (WIT), Hamburg, Germany, 23.–24. März 2010
77. Seiffert, U., Scharnhorst, T.: Die Bedeutung von Berechnungen und Simulationen für den Automobilbau. VDI-Bericht, Bd. 669. VDI-Verlag, Düsseldorf (1988)
78. Gonter, M.: Ermittlung von Einflussgrößen in der Insassensimulation – Adaptive Airbagsteuerung – modellgestützte Identifikation von Einflussfaktoren und Wechselwirkungen, DOE-Tag, Wolfsburg, 2003
79. Vortragsausdrucke der 4. IfT-Tagung. Braunschweig, Juni 1982
80. FAT-Bericht Nr. 146: Konzept für numerische Auslegung durch Blechbauteile (1999)
81. Relou, J., et al.: Berechnung und Simulation im Fahrzeugbau. VDI-Bericht, Bd. 1411. VDI-Verlag, Düsseldorf (1998)
82. Kersten, R.: Methodik zur Entwicklung von crashkompatiblen Gesamtfahrzeugkonzepten. Dissertation, TU Braunschweig (2004)
83. FAT-Bericht Nr. 150: Charakterisierung von US SID und EUS ID-1 zur Ermittlung von Daten für FEM-Crashsimulation
84. Strutz, T., et al.: Frontendgestaltung für den passiven Fußgängerschutz. 2. Braunschweiger Symposium Karosserie 2005, GZVB, Braunschweig (2005)
85. Europäische Kommission: IP/05/134 Notrufnummer »112« von Auto, Brüssel, 03.02.2005
86. Michael, V.: Integrale Sicherheit in der Elektromobilität. Hanser Automotive **11** (2010). http://www.sgs-tuev.de
87. Baker, B.C., et al.: Crash compatibility between cars and light trucks: benefit of lowering front-end-energy absorbing structure in SUVs and pickups. Accident analysis and prevention **40**, 116–125
88. Seeck, A.: Bewertung integrierter Sicherheit im Sinne eines harmonisierten Ansatzes. 2. Automobiltechnisches Kolloquium, VDI, München
89. VDA, Verband der Automobilindustrie: Tagungsband 13. Technischer Kongress, Berlin, 2011
90. Bartstübner, J.: Einmalige Chance. Automobilindustrie **5**, 22–31 (2011)
91. Kramer, F.: Passive Sicherheit von Kraftfahrzeugen. Springer Vieweg, Wiesbaden (2009)
92. Appel, H., Krabbel, G., Vetter, D.: Unfallforschung, Unfallmechanik, Unfallrekonstruktion. Vieweg, Wiesbaden (2002)
93. http://www.avd.de/startseite/service-news/news/alle-news/2009/oktober/avd/avd-und-kvda-fordern-warnsystem-fuer-einsatzfahrten-der-rettungskraefte

Allgemeine Literatur

94. Kramer, F.: Passive Sicherheit von Kraftfahrzeugen, Grundlagen – Komponenten – Systeme. Springer Vieweg, Wiesbaden (2013)
95. Seiffert, U., et al.: Automotive Safety Handbook. SAE International, Warrendale (2004)
96. Zobel, R., et al.: International technical automotive conference compatibility in road traffic. ATZ, MTZ, Dresden (2005)
97. Winner, H., Hakuli, S., Wolf, G. (Hrsg.): Fahrerassistenzsysteme. Vieweg+Teubner, Wiesbaden (2009)
98. VDI-Berichte zu Innovativem Insassen- und Partnerschutz
99. VDI-Berichte zur Berechnung und Simulation im Fahrzeugbau
100. VDI-Berichte zu »Automotive-Security«
101. Fraunhofer Institut Chemische Technologie: Air Bag. Internationale Symposien, Karlsruhe,
102. FISITA–Conferences
103. FISITA Safety Summit, 2010/www.FISITA.com
104. ESV – Experimental Safety Conferences
105. VDA, Frankfurt, Berlin: Tagungsbände zu den Technischen Kongressen
106. GZVB e.V./ITS Niedersachsen e.V. Braunschweig. Tagungsbände zu AAET

Werkstoffe und Fertigungsverfahren

Dr. rer. pol. Dipl.-Ing. Ludwig Hamm, Berthold Krautkrämer, Reinhart Malik, Dipl.-Ing. Volker Peitz, Dr.-Ing. Robert Plank und Dr. Peter Solfrank

H.-H. Braess, U. Seiffert (Hrsg.), *Vieweg Handbuch Kraftfahrzeugtechnik*, ATZ/MTZ-Fachbuch,
DOI 10.1007/978-3-658-01691-3_10, © Springer Fachmedien Wiesbaden 2013

10.1 Ein Blick zurück

Die Werkstoffe und Technologien, die in den Automobilen zum Einsatz kommen, spiegeln den jeweils vorhandenen Stand der Technik wider. Der für die gegebenen Anforderungen bestgeeignete Werkstoff bzw. das bestgeeignete Fertigungsverfahren kommt zum Einsatz. Somit ist ein Exkurs in die Werkstoffe der frühen Automobile zugleich ein Blick zurück in die Werkstofftechnik der damaligen Zeit, siehe auch ■ Tab. 10.1 und ■ Tab. 10.2.

Die Automobile des 19. Jahrhunderts mussten mit einer aus heutiger Sicht »überschaubaren« Werkstoff-Vielfalt auskommen. Die Materialien aus dem Kutschenbau für Fahrwerk und Aufbau sowie die Eisen- und Buntmetalle aus dem Stationär-Motorenbau für das Antriebsaggregat bildeten den Ausgangspunkt einer dann auch durch das Automobil getriebenen Werkstoff-Neu- und Weiterentwicklung.

Die Aufbauten boten zunächst keinen Wetterschutz, eine Innenausstattung im heutigen Sinne gab es nicht.

Als Werkstoff für Bremsbeläge an Klotzbremsen kam Leder zum Einsatz. Die Rahmen bestanden aus Stahlrohren und wurden in den ersten Jahren des 20. Jahrhunderts durch kombinierte Holz- und Eisenrahmen und dann gepresste Stahlrahmen, die eine erhöhte Tragfähigkeit bei niedrigem Gewicht aufwiesen, ersetzt.

Als Material für Karosserien wurde zunächst vorwiegend Holz verwandt, wobei vereinzelt auch Aluminium, Holz- oder Blechkombinationen vorkamen. Motorhauben zum Beispiel waren häufig aus Aluminiumblech in einem Stück gefertigt.

Holz blieb bis in die 30er-Jahre das wichtigste Material für die Karosserieaufbauten. Es brauchte je nach verwendeter Holzart eine entsprechende aufgespachtelte, mehrlagige Grundierung, die dann über Tage austrocknen musste. Darauf wurde dann ebenfalls in mehreren Lagen der Decklack aufgebracht. Für das Armaturenbrett wurden Holzbretter verwendet; sie leben im Namen des Bauteils auch heute noch weiter. Die Räder hatten, wie im Kutschenbau, Holzspeichen.

Das vielfach auftretende Versagen von Teilen aufgrund von Ermüdung (z. B. Kurbelwellen oder Federn) führte zu starken Überdimensionierungen der Fahrzeugkomponenten. General Motors gründete im Jahr 1911 sein erstes Werkstofflabor, um ein besseres Verständnis für Metalle zu erarbeiten.

Für die Vorderachse seines »Model T« verwendete Ford 1907 einen teuren, mit Vanadium legierten Stahl, der eine höhere Festigkeit als die herkömmlichen Stähle aufwies.

Bereits nach dem ersten Weltkrieg waren die Konstrukteure bemüht, das Gewicht der Fahrzeuge niedrig zu halten. Dieses führte unter anderem zu einem verstärkten Einsatz von Aluminium, z. B. für Kurbelgehäuse, Getriebegehäuse und Karosseriekomponenten. Schon vorher begann man primär in Amerika damit, Aluminium-Druckgussteile, zum Beispiel zur Verbindung von Rahmen, für den Automobilbau zu verwenden. Die dortige Automobilindustrie wurde sehr schnell der größte Anwender von Druckgussteilen. Mit Sandgussformen wurden vereinzelt sogar großflächige und dünnwandige Teile wie Dächer oder Türen produziert.

Es gab jedoch auch Probleme, wie das Beispiel der Zink-Druckgusstechnik zeigt.

Verunreinigungen der Zinklegierungen mit Kupfer, Blei und Zinn führten in Kombination mit Feuchtigkeit zu elektrolytischen Vorgängen, die zu einem Zerfall des Bauteils führen konnten (sog. »Zinkpest«). Erst durch Einführung hochreiner Legierungen konnte dieses Problem beseitigt werden.

Für die Firmen Dodge und Pontiac fand 1913 bzw. 1915 die Ganzstahlkarosserie zum ersten Mal Einzug in den Serienwagenbau. Biege- und Torsionssteifigkeit waren höher als bei der bis dahin verwendeten Mischbauweise aus Holz und Blech. Um die Karosserien zu bauen, die auf einem Patent von Edward G. Budd basierten und aus bis zu 300 Blechteilen bestanden, wurden aus Frankreich neu entwickelte Acetylen-Schweißanlagen nach Amerika importiert. Auch Punktschweißmaschinen existierten zu dieser Zeit bereits. Zu einer entsprechenden Automobilkarosserie gehörten damals ungefähr 1100 Schweißpunkte.

Die Umformung der Bleche war Handarbeit für Spezialisten und entsprechend teuer. Dieses kann auch als Grund dafür angesehen werden, warum sich die Ganzstahlkarosserie erst in den 20er und 30er-Jahren immer weiter bei Serienfertigungen

Tabelle 10.1 Beispiele für Innovationserfolge und Fehlversuche

Jahr	Firma/Fahrzeug	Bemerkung	
1922	Weymann-Karosserie	Lederbespannte Karosserie zur Reduzierung der Klappergeräusche	↓
1924	du Pont	Pyroxylin Lack, der die notwendige Lackierzeit von etwa 3 Wochen auf 2 Tage reduzierte und eine Oberflächenqualität garantierte, die um einiges über der bis dahin üblichen Lacke lag.	↑
1926	Safety Stutz	Splitterfreies Sicherheitsglas mittels einer in der Mitte des Glases eingelegten Drahteinlage.	↑
1936	Volkswagen	Magnesium Gussteile, im Wesentlichen für Getriebe- und Kurbelgehäuse mit der Folge einer großen Gewichtsersparnis	↑
40er/50er	Crosley-Kleinwagen	Motor aus gepresstem und gestanztem Stahlblech	↓
1941	Opel	Tauchgrundierung	↑
1945	Grégoire AF	Aluminium-Karosserie mit Aluminiumgussteilen für die tragende Struktur	↓
Ende 40er	Michelin	Stahlgürtelreifen	↑
50er	Lloyd 300 (»Leukoplastbomber«)	Hartholz-Fachwerk-Gerippe mit Sperrholzverkleidung und Kunstlederbezug	↓
1954	Panhard Dyna 54	Selbsttragende Karosserie aus punktgeschweißten Aluminiumblechen	↓
1954	GM Corvette	Stahl-Karosserie mit faserverstärkten Kunststoffaußenteilen	→
1957	Lotus Elite Coupé	Karosserie aus glasfaserverstärktem Kunststoff. Drei großflächige Teile, die miteinander verklebt werden.	→
1962	Glas	Kunststoff-Zahnriemen zum Nockenwellenantrieb	↑
1977	Porsche	Feuerverzinktes Stahlblech für die Rohkarosserie ermöglicht 6-, später 10-jährige Korrosionsschutzgarantie	↑
1980	GM Corvette	Glasfaserverstärkte Blattfeder	→
1981	DMC (DeLorean Motor Company)	Stahl-Zentralrahmen, faserverstärkte Kunststoffstruktur mit daran angeschraubten Edelstahl-Außenhautteilen	↓
1983	Polimotor Research Inc.	Vierzylinder-Ottomotor, bei dem die ruhenden Teile, wie zum Beispiel der Motorblock, aus Phenol-Verbundwerkstoff bestehen.	↓
1994	Audi A8	Voll-Aluminium-Karosserie in »Aluminium Space Frame«-Bauweise	↑
1997	Bosch	Hochdruck Dieseleinspritzung Common Rail	↑

↑ Konnte sich in dieser oder abgewandelter Form durchsetzen
→ Wurde zumindest partiell weiterverfolgt
↓ Konnte sich nicht durchsetzen

Tabelle 10.1 (Fortsetzung)

Jahr	Firma/Fahrzeug	Bemerkung	
1997	Toyota Prius	Erstes serienreifes Hybridfahrzeug	↑
2000	US-Marine	Ziviler Einsatz von GPS wird ermöglicht	↑
2003	Porsche Carrera GT	Erstes Serienfahrzeug mit Chassis und Aggregateträger vollständig aus CFK	↑
2008	Tesla Roadster	Erstes serienreifes Elektrofahrzeug der Neuzeit	→

↑ Konnte sich in dieser oder abgewandelter Form durchsetzen
→ Wurde zumindest partiell weiterverfolgt
↓ Konnte sich nicht durchsetzen

Tabelle 10.2 Der Motorsport als Schrittmacher für neue Werkstoffe und Technologien

Jahr	Firma/Fahrzeug	Bemerkung
1895	Michelin	Fahrzeug mit Luftbereifung im Rennen Paris-Bordeaux-Paris
1899	Dürrkopp	Entwicklung eines kleinen Sportwagens, der zur Gewichtsreduzierung eine Aluminium-Karosserie besaß.
1900	Maybach/Daimler	Für Jellinek gelieferter Daimler, den dieser dann nach seiner Tochter »Mercedes« nannte, hatte einen weitgehend aus Aluminium und Magnesium hergestellten Motor sowie einen Bienenwabenkühler aus Messing.
1934	Auto-Union	Kurbelgehäuse und Zylinderköpfe aus Aluminiumguss gefertigt beim 16-Zylinder Motor
1962	Porsche	Titan für die Pleuel des Formel 1-Motors
1963	Porsche 904 GTS	Erstes deutsches Serienfahrzeug mit GFK-Außenhaut
1967	Porsche 910/8	Verwendung eines Aluminium-Gitter-Rohrrahmens mit part. Sekundärfunktion der Rohre als Ölleitung
1971	Porsche 917	Verwendung von Magnesium für Gitter-Rohrrahmen
1981	Hercules/McLaren/Lotus	Tragende Struktur von Formel 1-Fahrzeugen erstmals aus kohlefaserverstärkten Kunststoffen
1982	Hohlspeichenfelge (Mg- Guss) mit Reifendrucküberwachung	Hohlgegossene und reibgeschweißte Felge für den Porsche 956
1986	Stabi aus CFK	Einsatz im Porsche 956
1986	Kevlar-Kohlefaser-Verbund als Unterbodenschleifschutz	Einsatz im Porsche 959 (Ralley- Version) mit wesentlich geringeren Gewicht bei verbesserter Verschleißfestigkeit als eine Metallausführung
1994	Mg- Schmiedefelge, BBS	Einsatz bei Ferrari

durchsetzte. Voraussetzung dafür war die Entwicklung leistungsstarker Pressen für Karosseriebleche, um eine Serienfertigung von entsprechenden Blechteilen in größerer Stückzahl zu ermöglichen. Ford zum Beispiel baute sein T-Modell mit Holzgerippe-Karosserie bis zur Produktionsumstellung 1927. Ebenfalls in jenem Jahr präsentierte Krupp ein speziell für Karosserieteile geeignetes Tiefzieh-Feinblech.

Weiterhin dominierte die Bauweise eines fahrfähigen Leiterrahmens, auf den anschließend die Karosserie montiert wurde.

Es gab Ausnahmen, wie zum Beispiel der im Oktober 1922 präsentierte Lancia Lambda, der einen kastenförmig hochgezogenen Rahmen besaß und damit als das erste Fahrzeug mit einer teilweise selbsttragenden Karosserie angesehen werden kann. Lancia besaß das Patent für ein Fahrzeug ohne herkömmliches Fahrgestell.

In den dreißiger Jahren ersetzte Aluminium als Werkstoff für Kolben das Gusseisen in den meisten Motoren. Zylinderköpfe aus Aluminium dagegen waren zu diesem Zeitpunkt aus Gründen der Haltbarkeit weniger erfolgreich.

Ebenfalls in den 30er-Jahren stiegen die Anwendungen für Elastomere. Chrysler zum Beispiel verwendete zur Steigerung des Akustik-/Schwingungskomforts Gummilager für seinen 4-Zylinder Motor. Weiterhin wurden Elastomere erstmals zur Abdichtung der Karosserie eingesetzt.

Da auch das Design der Fahrzeuge immer mehr zu einem Verkaufsargument wurde, fing man an, diese äußerlich zu verzieren. So verwendete Ford rostfreie Stähle für Kühlergehäuse, Türgriffe und Haubenabdeckungen. Mit dem gleichen Ziel wurden in den 30er-Jahren ebenfalls vermehrt verchromte Bauteile als Stilelement verwendet.

Das durchschnittliche Automobil verwendete 1955 ungefähr 5 kg an Kunststoffen mehrheitlich für dekorative Teile, wie z. B. Raddeckelembleme oder Hupenknöpfe. Zwischen 1960 und 1970 stieg der durchschnittliche Anteil an Kunststoffen von 11 kg auf 45 kg. Der größte Anteil davon entfiel auf nichttragende Interieurbauteile.

Die Einführung der Kunststoffe in das Fahrzeug verlief eingangs nicht reibungslos. Sie wurde zwischendurch getrübt durch »billig« und unfertig wirkende Anwendungen. Erst in den sechziger Jahren wurde Kunststoff generell akzeptiert und verlor zunehmend sein Image des preiswerten Ersatzwerkstoffes.

Mehrere Gründe haben dazu geführt, dass sich Faserverbundkunststoffe bis heute noch nicht in größerer Stückzahl im Automobilbau durchgesetzt haben. Diese sind z. B. gegenüber Aluminium und Stahl höhere Werkstoffkosten, aufwändigere Fertigungsverfahren mit zum Teil langen Zykluszeiten und aufwändige Prüf- und Qualitätssicherungsverfahren.

10.2 Werkstoffe moderner Kraftfahrzeuge

Der folgende Abschnitt gibt einen Gesamtüberblick zum umfangreichen Thema »Werkstoffe und Fertigungsverfahren« sowie zu den damit eng verknüpften Fertigungs-, Füge-, und Recylingverfahren im Automobilbereich.

10.2.1 Materialanteile im Automobilbau

◻ Abbildung 10.1 zeigt die Anteile von unterschiedlichen Werkstoffen in Pkws für das Jahr 2007 und als Ausblick für das Jahr 2015.

Entgegen früherer Aussagen hat sich der Anteil der Stahlwerkstoffe in den vergangenen 30 Jahren nicht so stark reduziert, wie dies in der Vergangenheit angekündigt worden ist. Auch für die Zukunft wird mit einer weiteren geringfügigen Reduzierung des Stahlanteils gerechnet, der von Werkstoffen aus dem Bereich der Nicht-Eisenmetalle (Leichtmetalle) und modernen Kunststoffen substituiert wird.

Karosserie Der nach wie vor dominierende Werkstoff in der Karosserie ist Stahl. Unter dem Fokus des Leichtbaus werden verstärkt hoch- und höchstfeste Stähle mit einer Streckgrenze $R_{p0,2}$ von 180 MPa bis sogar >1800 MPa (Bor-legierte Stähle) ausgewählt [8]. Aluminiumintensive Karosseriekonzepte sind im Wesentlichen auf Fahrzeuge der Oberklasse beschränkt, hatten zwischenzeitlich in Verbindung mit dem »3-Liter-Auto« aber auch in

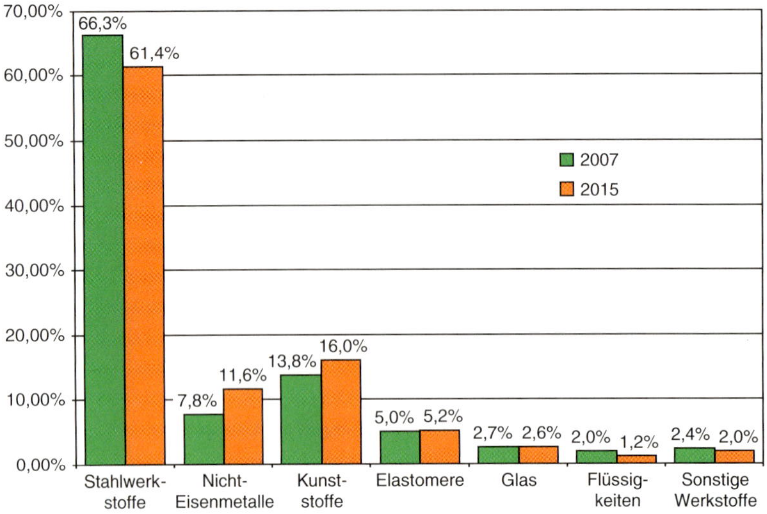

Abb. 10.1 Werkstoffanteile [%] im Pkw [7]

der Kompakt- und Kleinwagenklasse Einzug gehalten (z. B. der frühere Audi A2).

Magnesium kommt bereits in vielen Bereichen der Karosserie moderner Kraftfahrzeuge zum Einsatz. Z. B. für Sitzrahmen, Türrahmen, Instrumententafelträger oder Verdeckkomponenten.

Kunststoffe spielen vor allem im Interieur eine dominierende Rolle. Im Exterieurbereich findet man sie hauptsächlich im Bug- und Heckverkleidungen. Kunststoff wird auch in Kombination mit metallischen Werkstoffen in Form von Hybridbauteilen eingesetzt, wobei die positiven Eigenschaften der unterschiedlichen Werkstoffe miteinander kombiniert werden.

Faserverbundwerkstoffe spielen für Großserienfahrzeuge bislang keine oder nur eine untergeordnete Rolle. Aufgrund der aufwändigen Verarbeitung und der schwierigen Qualitätssicherung ist ein breiter Einsatz bislang ausgeblieben. Womöglich kann das Joint Venture von SGL Carbon und der BMW AG zum Bau von Karosseriebauteilen aus kohlefaserverstärkten Kunststoffen für das »Mega City Vehicle« neue Wege aufzeigen [9].

Eine zunehmende Anzahl von Karosserien weist einen sog. Werkstoffmischbau mit unterschiedlichen Anteilen von Stahl, Aluminium, Magnesium oder Kunststoffen im Rohbau auf. Dabei ist es das Ziel, den für den jeweiligen Bereich am besten geeigneten Werkstoff einzusetzen. Beispiele für Karosserien in Mischbauweise sind die Fahrzeuge von Aston Martin, der Audi TT, oder der Porsche Panamera.

Fahrwerk Auch im Fahrwerk stellen Leichtmetalle, speziell Aluminium als Guss- oder Knetlegierung, einen immer größeren Werkstoffanteil. Der Anteil an Stahl- und Eisenwerkstoffen nimmt dementsprechend auch im Fahrwerk kontinuierlich ab.

Magnesium wird in den typischen Fahrwerksbereichen (Schwenklager, Lenker, etc.) aufgrund der Korrosionsrisiken und der niedrigen mechanischen Kennwerte dagegen nicht eingesetzt.

Magnesiumräder sind zwar technisch machbar, blieben jedoch auf Kleinserienanwendungen im Sportwagenbereich (z. B. Porsche Carrera GT) oder den Zubehörhandel beschränkt [11].

Antrieb Im Antrieb kommt heute schon eine Vielzahl von Werkstoffen zum Einsatz, so dass hier der Begriff »Multi-Material-Design« am ehesten gerechtfertigt ist [12].

Kurbelgehäuse aus hochsiliziumhaltigem Aluminium (z. B. AlSi17Cu4) oder Grauguss finden sich ebenso wie Ansaugrohre aus glasfaserverstärktem Kunststoff oder Kurbelwellen aus geschmiedeten Stahlwerkstoffen. Keramikmaterialen in Katalysatoren sind heute ebenso Stand der Technik wie sog. Keramik-Preforms für verschleißarme Zylinderlaufflächen als Einlegeteile in Aluminiumkurbelgehäusen. Im Reihensechszylinder Ottomotor von BMW wurde der Werkstoff Magnesium zum ersten Mal als Mg/Al-Verbundkurbelgehäuse in Serie gebracht. Gegenüber einem vergleichbaren Aluminium Kurbelgehäuse wurden hierdurch ca. 10 kg Gewicht eingespart. Neben dem Kurbelgehäuse besteht die Zylinderkopfhaube aus Magnesium.

Zusammenfassend bleibt festzuhalten, dass die Verwendung von Stahl anteilig zwar gesunken ist, Stahlwerkstoffe aber nach wie vor eine dominierende Rolle im Automobilbau spielen. Die Steigerungsraten der Kunststoffe haben sich in den letzten Jahren abgeschwächt, doch werden sie in innovativen Fahrzeugkonzepten zukünftig weiter eine wichtige Rolle spielen. Leichtmetalle, und hier liegt der Fokus besonders auf Aluminium, werden bei der Auslegung zukünftiger, gewichtsoptimierter Fahrzeuge weiter an Bedeutung gewinnen. Mit zunehmender Verkehrsdichte und durch gesellschaftliche und ökologische Veränderungen wurden und werden die Anforderungen an Automobile immer komplexer und anspruchsvoller. Nicht durch alleinige Werkstoffsubstitution, sondern erst durch eine integrale Betrachtungsweise von Werkstoff + Bauweise + Verfahren werden neue Lösungsansätze zur Bewältigung zukünftiger Aufgaben entwickelt.

10.2.2 Fortschritte in den Leistungsmerkmalen

10.2.2.1 Festigkeit und Verarbeitung

10.2.2.1.1 Stahlwerkstoffe

Karosseriestrukturen sind heute immer noch geprägt durch die klassische Stahl-Schalenbauweise. Ein weiteres Leichtbaupotenzial wird durch die Weiterentwicklung von Stahlwerkstoffen und -halbzeugen gehoben, die zu kostenoptimierten Karosserien in Stahl-Schalenbauweise mit deutlichen Gewichtseinsparungen gegenüber aktuellen Karosserien führen werden [13].

Im Folgenden werden speziell Entwicklungen im Bereich der Stahl-Feinbleche betrachtet (■ Tab. 10.3). Nach den früher ausschließlich eingesetzten weichen Stählen wurden im ersten Schritt zunächst höherfeste Bleche (Mindestdehngrenze > 180 MPa) entwickelt. In jüngster Zeit sind durch intensive Weiterentwicklung höchstfeste Stahlbleche, teilweise mit Zugfestigkeiten von bis zu 1200 MPa, im Einsatz.

Weiche Stähle Aufgrund der gestiegenen Anforderungen an die Tiefzieh- bzw. Streckziehbarkeit der Werkstoffe wurden neben den seit längerem bekannten weichen Stahlfeinblechen die Stahlsorten DX56 und DX57 mit einer extrem hohen Bruchdehnung entwickelt. Hierbei ist es gelungen, durch eine Optimierung der Vakuumbehandlung immer niedrigere Kohlenstoff- und Stickstoffgehalte einzustellen bzw. Kohlenstoff und Stickstoff durch entsprechende Legierungselemente abzubinden.

Höherfeste Stähle

Mikrolegierte Stähle (Index LA) Zu den mittlerweile bewährten und bereits seit längerem bei vielen Fahrzeugherstellern eingeführten Stählen gehören mikrolegierte Stähle (Legierungselemente Niob, Vanadium und Titan). Diese Stähle wurden Mitte der 70er-Jahre konzipiert und seit dem kontinuierlich weiterentwickelt. Bereits heute wird im Rohbau häufig ein (gewichtsbezogener) Anteil an hoch- und höchstfesten Blechen von über 50 % realisiert. Seit Beginn der Entwicklung dieser Stahlsorten war eine stetige Festigkeitssteigerung gegenüber unlegierten Stählen bei gleichzeitig besseren Verarbeitungseigenschaften möglich. Heute können diese Stähle bis zu einer Mindestdehngrenze von 500 MPa geliefert werden.

Bake Hardening Stähle (Index B) Unter der Bezeichnung Bake Hardening Stähle werden Kaltbandstähle geliefert, die bei Raumtemperatur alterungsbeständig sind und im Anlieferungszustand eine gute Kaltumformbarkeit infolge einer niedrigen Dehngrenze aufweisen. Sie werden nach einem Verfahren hergestellt und behandelt, welches eine bedeutende Dehngrenzensteigerung durch eine Warmbehandlung im Niedrigtemperaturbereich (z. B. durch den Lackeinbrennprozess) zur Folge

Tabelle 10.3 Auszug aus der DIN-EN 10346 »Kontinuierlich schmelztauchveredelte Flacherzeugnisse aus Stahl« [16]

	Dehngrenze $R_{p0,2}$ **MPa**	**Zugfestigkeit** R_m **MPa**	**Bruchdehnung** A_{80} **% min.**	**Senkrechte Anisotropie** r_{90} **min.**	**Verfestigungsexponent** n_{90} **min.**
Weiche Stähle					
DX54D+Z	120–220	260–350	36	1,6	0,18
DX56D+Z	120–180	260–350	39	1,9	0,21
DX57D+Z	120–170	260–350	41	2,1	0,22
Mikrolegierte Stähle					
HX260LAD+Z	260–330	350–430	26	k.A.	k.A.
HX340LAD+Z	340–420	410–510	21	k.A.	k.A.
HX420LAD+Z	420–520	470–590	17	k.A.	k.A.
Bake-Hardening Stähle					
HX180BD+Z	180–240	290–360	34	1,5	0,16
HX260BD+Z	260–320	360–440	28	k.A.	k.A.
HX300BD+Z	300–360	400–480	26	k.A.	k.A.
IF-Stähle					
HX180YD+Z	180–240	330–390	34	1,7	0,18
HX220YD+Z	220–280	320–400	32	1,2	0,15
HX300YD+Z	300–360	390–470	27	1,3	0,15
Dualphasen-Stähle					
HCT500X+Z	300–380	$\geq$ 500	23	k.A.	0,15
HCT600X+Z	340–420	$\geq$ 600	20	k.A.	0,14
HCT780X+Z	450–560	$\geq$ 780	14	k.A.	k.A.
HCT980X+Z	600–750	$\geq$ 980	10	k.A.	k.A.
TRIP-Stähle					
HCT690T+Z	430–550	$\geq$ 690	23	k.A.	0,18
HCT780T+Z	470–600	$\geq$ 780	21	k.A.	0,16

10

Tabelle 10.3 (Fortsetzung)

	Dehngrenze $R_{p0,2}$ MPa	Zugfestigkeit R_m MPa	Bruchdehnung A_{80} % min.	Senkrechte Anisotropie r_{90} min.	Verfestigungsexponent n_{90} min.
Complexphasen-Stähle					
HCT780C+Z	500–700	$\geq$ 780	10	k.A.	k.A.
HCT980C+Z	700–900	$\geq$ 980	7	k.A.	k.A.
Martensitphasen-Stähle (warmgewalzt)					
HDT1200M+Z	900–1150	$\geq$ 1200	5	k.A.	k.A.

hat. Es kann also bei gleichzeitiger Beibehaltung guter Umformeigenschaften ein erheblich höheres Festigkeitsniveau am Fertigteil erreicht werden. Die so erzielte Dehngrenzenerhöhung, der sog. »Bake-Hardening Effekt« (BH), beträgt ca. 40 MPa. Die Mindestdehngrenzen im Anlieferungszustand liegen zwischen 180 und 340 MPa.

IF-Stähle (Index Y) IF-Stähle werden nach einem Verfahren erzeugt, das eine interstitielle Einlagerung von Legierungselementen verhindert (IF: Interstitial Free). Die Steigerung der Festigkeit wird durch Zulegieren von Mangan, Silizium und Phosphor zur Ferritmatrix während der Stahlerzeugung erreicht. So wird die Tiefziehfähigkeit optimiert. Ein niedriges R_e/R_m-Verhältnis und einer hoher Verfestigungsexponent n sorgen für ausgezeichnete Tiefzieheigenschaften und eine gleichmäßige Verteilung der Verformung.

Mehrphasenstähle (Index X, T, C, M) Für Konstruktionselemente und crashrelevante Strukturteile im Fahrzeugbau sind zunehmend hoch- und höchstfeste Stähle von Interesse. Das grundsätzliche Problem einer steigenden Werkstofffestigkeit ist dabei eine naturgemäße Verminderung des Umformvermögens. Hierdurch können die Einsatzmöglichkeiten des Werkstoffes begrenzt sein.

Dies führte zu neuen Konzepten, den sog. Mehrphasenstählen. Die Festigkeitssteigerung beruht hier auf einer Gefügehärtung (structural hardening). In eine Matrix bestehend aus weichen, ferritischen Anteilen wird möglichst gleichmäßig verteilt ein härterer Gefügeanteil aus einer oder mehreren anderen Phasen eingebracht.

Begonnen hat diese Entwicklung mit den Dualphasenstählen (DP, Index X), gefolgt von Rest-Austenit/TRIP Stählen (TRIP = **Tr**ansformation **I**nduced **P**lasticity, Index T). Hinzugekommen sind in jüngster Zeit höchstfeste Complexphasenstähle (CP, Index C) und Martensitphasenstähle (MS, Index M). Diese decken einen Festigkeitsbereich von ca. 750–1200 MPa ab. Erfolgreich eingesetzt werden die CP- und MS-Stähle bereits bei Türaufprallträgern, Stoßfängerquerträgern, Sitzquerträgern und anderen, crash-relevanten Bauteilen (z. B. Verstärkungen, Säulen).

Herstellung und Gefüge von Mehrphasenstählen Wie bereits einleitend erwähnt, basieren die besonderen Eigenschaften der Mehrphasenstähle auf ihrer Mikrostruktur. Eine oder mehrere Härtungsphasenmüssen möglichst gleichmäßig in die weiche Ferritmatrix eingebettet sein (Abb. 10.2). Ausgehend von einem Austenit-Ferrit Zweiphasengefüge, das beim Warmband nach dem Walzende bzw. beim Kaltband im Durchlaufglühprozess während des Glühens eingestellt wird, erfolgt eine rasche Abkühlung, mit der die sonst übliche Perlitumwandlung so weit wie möglich unterdrückt und eine Martensitbildung des verbliebenen C-angereicherten Austenits erreicht wird. So lässt sich bspw. beim DP-Stahl ein Martensitgehalt von ca. 10–20 % mit Zugfestigkeiten von 500–1000 MPa erzielen. Weitere Entwicklungen deuten noch höhere Festigkeiten dieser Werkstoffvariante an.

Bei TRIP- und CP-Stählen findet die Austenitumwandlung gezielt bei höheren Temperaturen im Bereich des Bainits statt. Daher setzt sich das Gefüge bei einem Trip-Stahl neben dem Hauptbestandteil Ferrit aus einem Anteil an eingelagertem Bainit und einem geringen Anteil metastabilen Restaustenits zusammen. Dieser Restaustenit wandelt sich erst bei einer nachfolgenden Verformung, z. B. dem Tiefziehen, in Martensit um. ◘ Abbildung 10.3 zeigt eine schematische Darstellung der Glühbehandlung eines kaltgewalzten TRIP-Stahls mit den jeweils entstehenden Phasen. TRIP-Stähle sind derzeit mit Festigkeiten von 700–800 MPa verfügbar. Sie weisen gegenüber DP-Stählen bei vergleichbaren Festigkeiten höhere Dehnungen und damit eine bessere Umformbarkeit auf, sind jedoch aufgrund der oben beschriebenen anspruchsvollen Prozessführung bei der Erzeugung deutlich teurer.

CP-Stähle weisen ebenfalls eine sehr feine Gefügestruktur gemäß obigem Muster auf. Zusätzlich findet jedoch durch feine Karbid- und/oder Nitridausscheidungen eine Ausscheidungshärtung statt. Der Festigkeitsbereich dieser Stähle liegt zwischen 800 und 1000 MPa. Aufgrund der vergleichsweise geringen Dehnung ist die Umformbarkeit dieser Werkstoffe allerdings eingeschränkt, so dass hier häufig das Rollformen als formgebendes Verfahren eingesetzt wird (z. B. für Stoßfänger- und Türaufprallträger).

Eigenschaften von Mehrphasenstählen Das gute Verformungsverhalten dieser Stähle beruht auf der überwiegenden Konzentration der plastischen Verformung auf die weichere Matrix, speziell zu Beginn des Umformprozesses. Im klassischen Zugversuch drückt sich ein gutes Verfestigungsvermögen in einem hohen n-Wert (Verfestigungsexponent) bzw. einem niedrigen Streckgrenzenverhältnis R_e/R_m aus. Bei konventionellen höherfesten mikrolegierten Güten kann die Streckgrenze mehr als 90 % der Zugfestigkeit betragen. Bei DP-Stählen weist sie dagegen nur ca. 70 % der Zugfestigkeit auf. Dies erleichtert den Umformprozess erheblich. Das Risiko für ein partielles Ausdünnen oder gar des Reißens bei schwierigen Umformprozessen wird durch das hohe Verfestigungsvermögen dieser Stähle verringert. Durch die starke Verfestigung werden trotz niedriger Ausgangsstreckgrenzen nach der Umformung hohe Bauteilfestigkeiten erzielt.

Noch niedrigere Streckgrenzenverhältnisse und gleichzeitig gute Verfestigungswerte werden mit TRIP-Stählen erreicht. Die mit diesen Stahlsorten, gemessen an ihren Festigkeiten im Bereich von 700–800 MPa, erreichbare Umformbarkeit ist bislang unübertroffen.

CP-Stähle wurden zunächst nur als Warmband mit einer minimalen Dicke von ca. 1,5 mm hergestellt, mittlerweile sind auch kaltgewalzte Güten verfügbar. Bislang bekannte Werkstoffe dieser Festigkeitsklasse mussten in der Regel warmumgeformt und danach vergütet werden. Der Vorteil der CP-Stähle liegt darin, dass eine Kaltumformung (ohne anschließende Vergütung) und damit ein erhebliches Kosteneinsparungspotenzial möglich ist.

Wegen des nochmals erhöhten Martensitanteils bieten MS-Stähle Zugfestigkeiten von ca. 1200 MPa, allerdings bei einer vergleichsweise geringen Bruchdehnung von 5 %. Daher werden Bauteile aus solchen Güten, die derzeit nur als Warmband verfügbar sind, ausschließlich mittels Rollformen hergestellt (z. B. Türaufprallträger).

Der bereits oben beschriebene Bake-Hardening Effekt kann auch bei den Mehrphasenstählen beobachtet werden. Eine (Feuer-)Verzinkung im Herstellprozess, also direkt am Coil, der hier beschriebenen Werkstoffe ist möglich und aus Korrosionschutzgesichtspunkten, speziell bei reduzierten Blechdicken, auch sinnvoll.

Generell ist festzuhalten: Die Auswahl der einzusetzenden Feinblechsorte für ein bestimmtes Festigkeitsniveau soll mit besonderem Blick auf die hauptsächlich zu erwartende Umformbeanspruchung (Streck- oder Tiefziehbeanspruchung) getroffen werden. In einer Kombination von Streck- und Tiefziehbeanspruchungen haben Stähle mit gleichermaßen hohen r- und n-Werten Vorteile [174].

Formhärtbare Stahlwerkstoffe Die kontinuierlich steigenden Anforderungen an die passive Sicher-

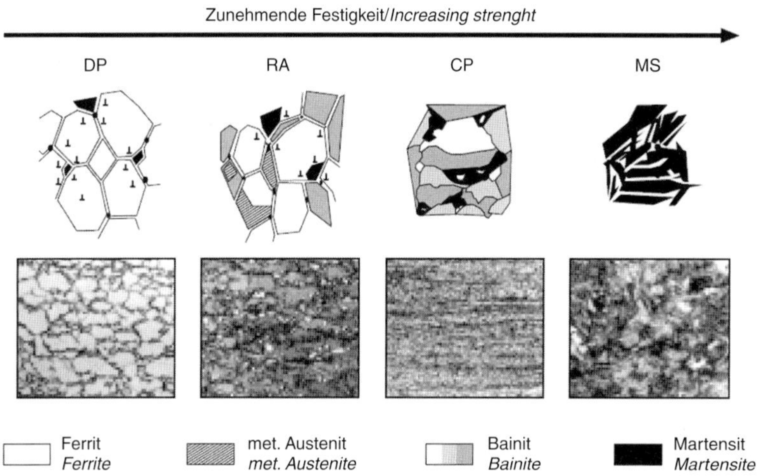

Abb. 10.2 Gefügehärtung bei Mehrphasen-Stählen [15]

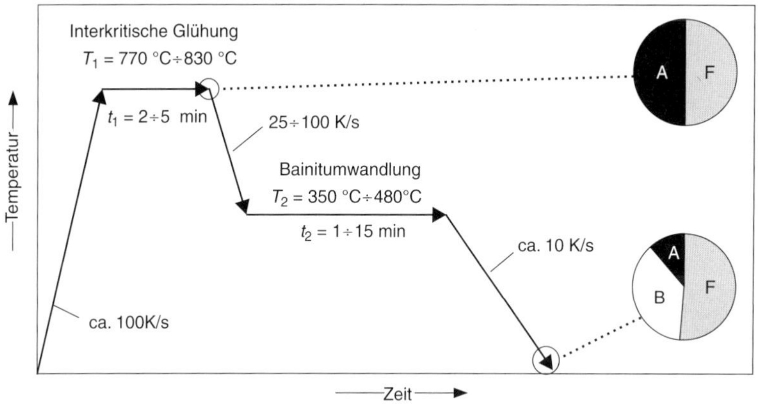

Abb. 10.3 Schematische Darstellung der Glühbehandlung von kaltgewalzten TRIP-Stäben mit Angabe der entstehenden Phasen: A = Restaustenit, F = Ferrit, B = Bainit [14]

heit und der damit steigende Bedarf an höchstfesten Stahlwerkstoffen in crashrelevanten Bereichen der Karosserie (z. B. für Seitenaufprallträger, A- und B-Säulen, Schweller, Dachrahmen oder Querträger) hat zu einem verstärkten Einsatz von sog. formhärtbaren Stählen und zur Entwicklung eines geeigneten Herstellungsprozesses geführt. Bei den als »Formhärten« bzw. »Presshärten« genannten Verfahren unterscheidet man prinzipiell zwei mögliche Herstellungswege:

1. das direkte Warmumformen und
2. das indirekte Formhärten.

Beim direkten Warmumformen (vergl. Abb. 10.4) wird das ferritisch-perlitische Halbzeug (typischerweise ein Mangan-Bor-legierter Stahl, z. B. 22 MnB5) in einem Durchlaufofen vollständig austenitisiert (T = 850–950 °C). Im nächsten Schritt wird die noch im austenitischen Zustand befindliche Platine in einem gekühlten Werkzeug umgeformt und gleichzeitig durch den Abkühlvorgang gehärtet (Abkühlgeschwindigkeit ca. 30 K/s). Dabei wandelt sich der Austenit in ein Gefüge, bestehend aus angelassenem Martensit, durchsetzt mit bainitischen Phasenanteilen um. Bei blanken Bauteilen

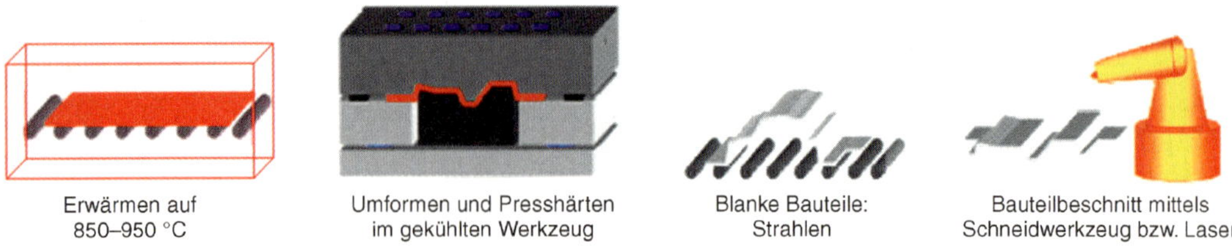

Abb. 10.4 Schematischer Ablauf des direkten Warmumformen s [18]

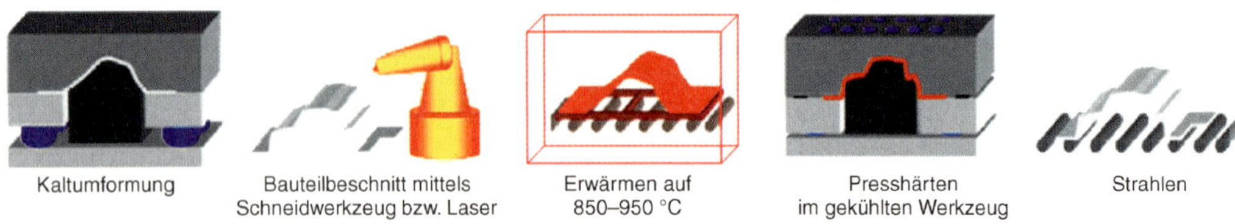

Abb. 10.5 Schematischer Ablauf des indirekten Formhärtens [18]

ist im Anschluss ein Strahlen zur Entfernung des Zunders erforderlich, bevor der Beschnitt erfolgen kann. Bei feueraluminierten Oberflächen bzw. Oberflächen mit einer Nano-X Beschichtung ist kein Strahlen erforderlich [17]. Der Beschnitt kann bei dünnen Bauteilen bis 1 mm Dicke durch ein Schneidwerkzeug oder bei dickeren Bauteilen mit einem Laser erfolgen.

Beim indirekten Formhärten (vgl. Abb. 10.5) wird die Platine im weichen Ausgangszustand zunächst kaltumgeformt. Dann erfolgt bereits der Beschnitt der Bauteile auf Endkontur, bevor sich der eigentlicheHärteprozess, bestehend aus Erwärmen (Austenitisieren) und Presshärten (Umwandlung in das oben beschriebene martensitisch- bainitische Gefüge) im gekühlten Werkzeug anschließt. Metallurgisch laufen die gleichen Prozesse ab, wie beim direkten Warmumformen. Auch beim indirekten Formhärten müssen blanke Bauteile nach dem Härteprozess durch Strahlen von Zunder befreit werden. In der Regel werden beim indirekten Formhärten Halbzeuge mit feuerverzinkten oder galvannealed beschichteten Oberflächen verwendet, die das unkontrollierte Verzundern verhindern.

Die durch Formhärten hergestellten Bauteile sind aufgrund des Herstellungsprozesses nahezu frei von Eigenspannungen, was zu einer hohen Maßhaltigkeit führt. Folgende Anhaltswerte der mechanischen Kennwerte für einen 22MnB5 im vollständig gehärteten Zustand können genannt werden:

Dehngrenze $R_{p0,2}$:	950 bis 1300 MPa
Zugfestigkeit R_m:	1400 bis 1800 MPa
Bruchdehnung A_{80}:	$\geq$ 4,5 %.

Neben einer hohen Festigkeit werden in crashrelevanten Bauteilen auch Zonen benötigt, die bei mechanischer Belastung durch plastische Verformung Energie aufnehmen. Daher können neben den vollständig gehärteten Bauteilen auch *partiell gehärtete Bauteile/tailored Tempering Bauteile* oder Bauteile als *tailored welded Blanks* (z. B. die Kombination aus einem härtbaren Stahl mit einem Tiefziehstahl) hergestellt werden. Beim partiellen Formhärten wird das Werkzeug je nach gewünschten Eigenschaften sowohl gekühlt, als auch temperiert. Dadurch kommt es beim Presshärten in den wärmeren Bereichen des Werkzeugs zu einer langsameren Abkühlung, so dass die Umwandlung in Martensit nicht vollständig erfolgt und das Bauteil entsprechend duktile Zonen aufweist.

Neben Platinen können auch Rohre oder Profile entsprechend der oben genannten Verfahrensprinzipien hergestellt werden.

Die Verfahrenstechnik ist bereits bei einer Vielzahl von Bauteilen im Einsatz.

Gusseisen Bei Gusseisen handelt es sich um Eisen-Kohlenstoff-Legierungen mit mindestens 2 % Kohlenstoff sowie weiteren Legierungselementen, vor allem Silizium.

Man unterscheidet:

- Gusseisen mit Lamellengraphit (DIN EN 1561)
- Gusseisen mit Kugelgraphit (DIN EN 1563)
- Gusseisen mit Vermiculargraphit
- Tempergusseisen (DIN EN 1562)
- Austenitisches Gusseisen (DIN EN 1564)
- Hartguss
- Verschleißbeständiges legiertes Gusseisen (DIN 1695)
- Bainitisches Gusseisen (DIN EN 1564)

Gusseisen mit Lamellengraphit, auch als Grauguss bezeichnet, ist mit Abstand der am meisten vergossene Gusswerkstoff. Es kommen verschiedene Qualitäten mit Zugfestigkeiten von 100–200 MPa (EN-GJL 100) bis zu Zugfestigkeiten von 350–450 MPa (EN-GJL-350) zur Anwendung.

Einige Gründe, den Werkstoff Grauguss zu wählen, sind der relativ niedrige Kilopreis, die leichte Herstellbarkeit, die guten gießtechnischen Eigenschaften, die gute Bearbeitbarkeit, eine im Verhältnis zur Zugfestigkeit hohe Druck- und Biegewechselfestigkeit, die Unempfindlichkeit gegen höhere und tiefere Temperaturen sowie gegen Temperaturwechsel, die Unempfindlichkeit gegen Kerben, das gute Dämpfungsverhalten und die guten Notlaufeigenschaften. Einsatz im Kraftfahrzeug u. a. bei Bremsscheiben, Motorblöcken und als Schalenhartguss bei Nockenwellen.

Gusseisen mit Kugelgraphit, auch als Sphäroguss bekannt, hat gegenüber Gusseisen mit Lamellengraphit den Vorzug einer höheren Zugfestigkeit und vor allem einer höheren Duktilität. Es kommen Qualitäten mit Zugfestigkeiten größer 350 MPa (EN-GJS-350-22) bis zu Zugfestigkeiten größer 900 MPa (EN-GJS-900-2) zum Einsatz. Verwendung findet Sphäroguss im Kraftfahrzeug bei Ausgleichsgetriebegehäusen, Pleueln, Achsschenkeln, Schwungrädern, Ausrückhebeln und Kurbelwellen.

Bainitisches Gusseisen unterscheidet sich in die Gruppen

- Bainitisch-austenitisches Gusseisen mit Kugelgraphit
- Bainitisches Gusseisen mit Kugelgraphit
- Austempered Ductile Iron, ADI (Bezeichnung nach dem Warmbehandlungsverfahren, angelsächsischer Sprachgebrauch)
- Austenitisch-ferritisches Gusseisen mit Kugelgraphit (Bezeichnung nach dem Gefüge der metallischen Grundmasse »Ausferrite«) [22].

Im Folgenden wird auf die Qualität ADI bzw. Austenitisch-ferritisches Gusseisen mit Kugelgraphit eingegangen, eine neue Entwicklung im Bereich bainitisches Gusseisen. Diese neue Gusseisensorte zeichnet sich durch eine günstige Kombination von Festigkeit, Zähigkeit, Dämpfungsfähigkeit und Verschleißbeständigkeit aus. ADI wird durch eine Vergütungsbehandlung von hochwertigen Gussstücken aus Gusseisen mit Kugelgraphit hergestellt. Das Gussstück wird auf eine Temperatur von 840 bis 950 °C erhitzt, zur Austenitisierung auf dieser Temperatur gehalten und dann auf die Umwandlungstemperatur in der Bainitstufe von 230 bis 450 °C rasch abgekühlt [23]. Die Grundmasse von ADI besteht aus nadligem Ferrit in einer Matrix aus hochgekohltem, stabilisiertem Austenit, auch als Ausferrit bezeichnet. Dieses Gefüge hat mit dem bei Stahl vorliegenden Bainit nur entfernte Ähnlichkeit.

Es wird in vier Qualitäten mit mindestens 800 MPa Zugfestigkeit (EN-GJS-800-8) bis mindestens 1400 MPa Zugfestigkeit (EN-GJS-1400-1) unterschieden. Typische Bauteile für diesen Werkstoff sind Achsgehäuse, Radnaben, Zahnkränze und Kurbelwellen.

10.2.2.1.2 Leichtmetalle

Hochfeste Aluminiumlegierungen Insbesondere im Fahrwerk konzentriert sich die Entwicklung auf hochfeste und gleichzeitig hochzähe Legierungen. Im Folgenden sollen zwei typische Vertreter dieser Legierungen kurz vorgestellt und charakterisiert werden.

»*Magsimal-59*«, chemische Bezeichnung ENAC-AlMg5Si2Mn, ist ein von der Fa. Rheinfelden entwickelter innovativer Gusswerkstoff für Druckguss und Squeeze Casting, (siehe ▶ Abschn. 10.2.5), der im Gusszustand (Bezeichnung *F*) hohe Festigkeit bei höchster Bruchdehnung besitzt. In ◘ Tab. 10.4 ist die Werkstoffzusammensetzung nach DIN EN 1706:2010-06 wiedergegeben [24].

Tabelle 10.4 Chemische Zusammensetzung der Legierung AlMg5Si2Mn (Massenanteil in %)

	Si	Fe	Cu	Mn	Mg	Zn	Ti	andere	
								einzeln	gesamt
min.	1,8			0,4	4,7				
max.	2,6	0,25	0,05	0,8	6,0	0,07	0,25	0,05	0,15

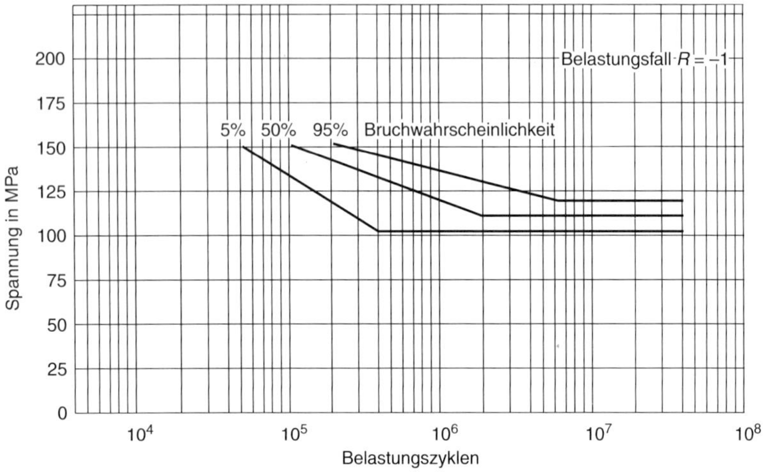

Abb. 10.6 Wöhlerkurven für die Legierung AlMg5Si2Mn (Magismal-59) im Gusszustand. Bem.: Idealisiert dargestellt! In der Praxis erkennt man einen leichten Abfall der Dauerfestigkeit

In vielen Fällen ist eine Wärmebehandlung der Gussstücke nicht mehr notwendig. Trotzdem werden nahezu die gleichen Festigkeitseigenschaften einer vergleichbaren Warmaushärtung T6, bei gleichzeitig hervorragenden Dehnungswerten, erreicht.

Die mechanischen Eigenschaften der Druckguss- und Squeeze Casting-Bauteile hängen von den Abkühlungsgeschwindigkeiten und den erzielbaren Dendritenabständen in den einzelnen Bauteilabschnitten und damit von den Wandstärken und der Werkzeugtemperatur ab. Bis 4 mm Wandstärke liegen im Gusszustand gute Streckgrenzen- ($R_{p0,2}$), Zugfestigkeits- (R_m) und Dehnungswerte (A_5) vor. Mit zunehmenden Wandstärken bis 12 mm ist neben Zugfestigkeit und Dehnung vor allem die Streckgrenze von einem Abfall betroffen.

Bei 5 % Bruchwahrscheinlichkeit beträgt die Dauerfestigkeit für den Zustand »*F*« 100 MPa (Abb. 10.6). Im Vergleich dazu hat AlSi7MgT6 Kokillenguss warmausgehärtet, unter gleichen Prüfbedingungen geprüft, 93 MPa Dauerfestigkeit. Da auf eine Wärmebehandlung bei der Verwendung von »*Magsimal-59*« verzichtet werden kann, können diese Teile kostengünstig hergestellt werden.

Mögliche Anwendungsbeispiele sind Lenkradskelette, Fahrwerksträger, Gussknoten für Space Frame Karosserien, Naben für Speichenräder mit eingegossenem Stahl und Bremsringe.

»*Silafont 36*« (Fa. Rheinfelden), chemische Bezeichnung AlSi9MgMnSr, ist eine duktile Druckgusslegierung mit geringem Eisengehalt, eine Weiterentwicklung auf Basis des bekannten Werkstoffs AlSi9Mg, Tab. 10.5.

Der Richtwert für Silizium wird mit 10,5 % angegeben, womit die Legierung gut gießbar ist und ein gutes Formfüllungsvermögen aufweist. Der

Tabelle 10.5 Mechanische Eigenschaften von »Silafont 36« in Abhängigkeit vom Behandlungszustand

Werkstoffzustand	$R_{p0,2}$ [MPa]	R_m [MPa]	A_5 [%]	HB 5/250-30
F	120–150	250–290	5–10	75–95
T4	95–140	210–260	15–22	60–75
T5	155–245	275–340	4–9	90–110
T6	210–280	290–340	7–12	100–110
T7	120–170	200–240	15–20	60–75

Eisen-Gehalt wurde so niedrig wie möglich eingestellt, um den Anteil der meist plattenförmig vorliegenden AlFeSi-Phasen möglichst gering zu halten. Diese Phasen sind wesentliche Ursache für niedrige Festigkeits- und Dehnungswerte.

Zur Erhöhung der Gestaltfestigkeit und zur Verringerung der Klebeneigung des Bauteils in der Form wurde der Mangangehalt auf rund 0,65 % angehoben. Mangan besitzt bei der Herabsetzung der Klebeneigung die gleiche Wirkung wie Eisen. Damit die Siliziumphase bereits im Gusszustand fein verteilt vorliegt, ist die Legierung mit Strontium dauerveredelt. Die mechanischen Eigenschaften werden durch die Höhe des Magnesiumgehaltes eingestellt [26].

Niedriger Magnesiumgehalt bedeutet hohe Dehnung bei geringer Festigkeit, und umgekehrt bedeutet hoher Magnesiumgehalt hohe Festigkeit, bei geringerer Dehnung.

Die mechanischen Eigenschaften für die verschiedenen Behandlungszustände sind in Tab. 10.5 dargestellt [27].

Durch Variieren der Auslagerungstemperatur und der Auslagerungszeit können Dehnungs- und Festigkeitswerte gezielt beeinflusst werden (Abb. 10.7) [25].

Bei 5 % Bruchwahrscheinlichkeit liegt die höchste Dauerfestigkeit im Gusszustand *F* vor, gefolgt von den Zuständen T4 und T6 (Abb. 10.8).

Die Unterschiede sind allerdings nicht sehr groß, was zeigt, dass die Dauerfestigkeit nicht vom Warmbehandlungszustand abhängt. Im Zustand *F* wird eine Dauerfestigkeit von 89 MPa erreicht [25].

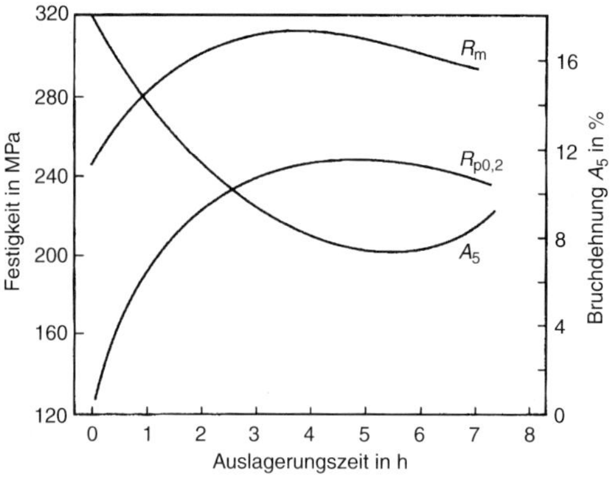

Abb. 10.7 Mechanische Eigenschaften als Funktion der Auslagerungszeit. Mg-Gehalt 0,3 %, Wärmebehandlung: 490 °C/3 h; Abschreckung in Wasser; Auslagerungstemperatur: 170 °C

Die neue Legierung wird bereits für eine Vielzahl von Gussteilen (z. B. Lenkradskelette, Gussknoten für »Space-Frame«, Integralträger und Fahrzeugtürrahmen) eingesetzt [25].

Die Entwicklung duktilerer Aluminium-Legierungen ist bereits soweit fortgeschritten, dass ganze Bauteile (wie z. B. B-Säule im Audi A8) komplett aus Aluminium in Serie druckgegossen werden können. Durch Absenken des Silizium-Gehaltes auf 4 % in Kombination mit einem Magnesium-Gehalt zwischen 0,1 und 0,2 % können Bruchdehnungswerte von 16–20 % bei einer Dehngrenze von 100–220 MPa erreicht werden (AlSi4Mg2Mn). Durch Zugabe von Kupfer konnte die Dehngrenze

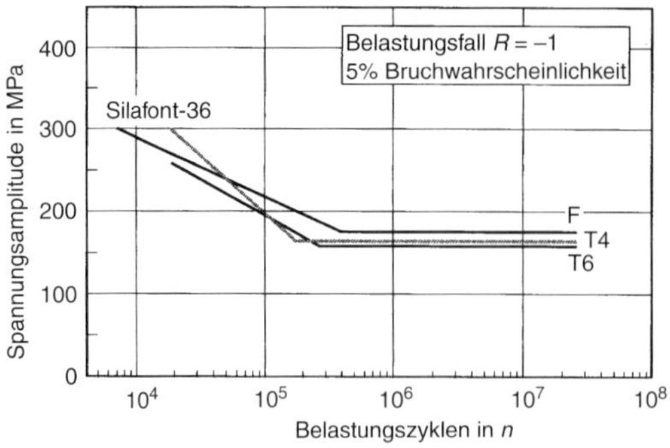

Abb. 10.8 Wöhlerkurven von »Silafont 36« unter Berücksichtigung der Wärmebehandlung; Bem.: Idealisiert dargestellt! In der Praxis erkennt man einen leichten Abfall der Dauerfestigkeit

zusätzlich gesteigert werden. Höhere Anforderungen an die Festigkeit im Gusszustand wurden durch Anhebung des Magnesium-Gehaltes erreicht.

Magnesium-Legierungen Magnesium ist mit einer Dichte von etwa 1,74 kg/dm^3 der leichteste aller metallischen Werkstoffe. Magnesium wurde bereits vor 80 Jahren erfolgreich als Konstruktionswerkstoff im Fahrzeug- und Flugzeugbau eingesetzt. Bereits im VW Käfer steckten über 17 kg Magnesiumlegierungen – für Kurbelgehäuse, Getriebegehäuse, Lichtmaschinenarm und andere Bauteile. Wegen der geringen Wärme- und Korrosionsbeständigkeit wurde lange Zeit der Einsatz von Magnesium im Automobilbereich begrenzt. Erst als es Mitte der 80er-Jahre gelang, reinere und damit korrosionsbeständigere Legierungen herzustellen, gewann Magnesium, auch aufgrund eines fallenden Material- bzw. Halbzeugpreises und interessanter Eigenschaften, wie hoher spezifischer Energieaufnahmefähigkeit und wirtschaftlichen Recyclingpotenzials, wieder an Bedeutung.

Ergänzend muss jedoch erwähnt werden, dass das Problem der Kontaktkorrosion dieser Legierungen nicht gelöst wurde und durch einen entsprechenden Oberflächenschutz und eine abgestimmte Verbindungstechnik berücksichtigt werden muss.

Komplexe Bauteile mit unterschiedlichen, variablen Wanddicken werden heute aus Magnesium-Walzplatten durch spanende Bearbeitung mit geringen Schnittkräften und -momenten gefertigt. Hierbei sind allerdings besondere Arbeitsvorschriften zu berücksichtigen, um der leichten Entflammbarkeit der Magnesium-Stäube und -Späne entgegen zu wirken [28, 29].

Rund 90 % aller Magnesiumbauteile werden wegen der hervorragenden Gießeigenschaften von Magnesium als Gussbauteile hergestellt. Aber auch als Schmiede-, Strangpress- oder Blechbauteil hält Magnesium in der Karosserie Einzug und kann gegenüber einer bereits gewichtsoptimierten Al-Bauweise das Gewicht der Komponenten um weitere 15–20 % reduzieren [30].

Magnesium für Gussbauteile AZ91HP (MgAl9Zn1HP) und AZ81HP (MgAl8Zn1HP) sind Magnesiumgusswerkstoffe mit guten Festigkeitseigenschaften, guter Korrosionsbeständigkeit und sehr guter Gießbarkeit. Der Zusatz HP – high purity (hochrein) bedeutet eine starke Absenkung der Schwermetallanteile Eisen, Nickel und Kupfer und eine damit im Vergleich zu herkömmlichen Magnesiumlegierungen verbesserte Korrosionsbeständigkeit.

Beide Legierungen sind mit der Bezeichnung EN-MCMgAl9Zn1(A) und EN-MCMgAl8Zn1 in der DIN EN 1753:1997-08 aufgeführt. In Abhängigkeit vom Gießverfahren und vom Behandlungszustand werden für die Legierungen MgAl9Zn1(A) und MgAl8Zn1 die in Tab. 10.6 aufgeführten, mechanischen Werkstoffeigenschaften erzielt.

Diese Legierungen kommen vor allem bei Druckgussteilen, wie z. B. Deckeln und Zylinderkopfhauben, zum Einsatz.

AM60HP (MgAl6HP) und AM50HP (MgAl5HP) sind ebenfalls High Purity Mg-Legierungen. Sie zeichnen sich durch hohe Festigkeit und Dehnung, verbunden mit guter Gießbarkeit aus. Beide Legierungen sind mit der Bezeichnung EN-MCMgAl5Mn und EN-MCMgAl6Mn in der DIN EN 1753:1997-08 aufgeführt.

In Tab. 10.7 sind die in Abhängigkeit von Gießverfahren und Behandlungszustand erzielbaren mechanischen Werkstoffeigenschaften aufgeführt. Diese Legierungen eignen sich sehr gut zur Herstellung von Sitzteilen (z. B. DaimlerChrysler), Instrumententafelträger, Räder, Cabrio-Verdeckgestellen (Porsche: Boxster und 911 Carrera) und Lenkradskeletten, die in Druckguss gefertigt werden.

Tabelle 10.6 Mechanische Werkstoffeigenschaften von Magnesium-Gusslegierungen

Legierung	Gieß-verfahren	Zustands-bezeichnung	Zugfestigkeit [MPa] min.	0,2 %-Grenze [MPa] min.	Bruch-dehnung [%] min.	Brinellhärte [HB-5/250][b]
MgAl9Zn1(A)[a]	Druckguss	– F	200–260	140–170	1–6	65–85
	Kokillenguss	– F	160	110	2	55–70
		– T4	240	120	6	55–70
		– T6	240	150	2	60–90
	Sandguss	– F	160	90	2	50–65
		– T4	240	110	6	55–70
		– T6	240	150	2	60–90
MgAl8Zn1[a]	Druckguss	– F	200–250	140–160	1–7	60–85
	Kokillenguss	– F	160	90	2	50–65
		– T4	240	90	8	50–65
	Sandguss	– F	160	90	2	50–65
		– T4	240	90	8	50–65

[a] Übereinstimmung nach DIN EN 1753:1997-08; die angegebenen Werte gelten für gesondert gegossene Proben; bei Druckguss handelt es sich nur um Anhaltswerte
[b] Anhaltswerte nach DIN EN 1753:1997-08

Tabelle 10.7 Mechanische Werkstoffeigenschaften von Mg-Gusslegierungen in Abhängigkeit von Gießverfahren und Behandlungszustand

Legierung	Gieß-verfahren	Zustands-bezeichnung	Zug-festigkeit [MPa]	0,2 %-Grenze [MPa]	Bruch-dehnung [%]	Brinellhärte [HB-5/250][b]
MgAl6Mn[a]	Druckguss	– F	190–250	120–150	4–14	55–70
MgAl5Mn[a]	Druckguss	– F	180–230	110–130	5–15	50–65

[a] Übereinstimmung nach DIN EN 1753:1997-08; die angegebenen Werte gelten für gesondert gegossene Proben; bei Druckguss handelt es sich nur um Anhaltswerte
[b] Anhaltswerte nach DIN EN 1753:1997-08

Im Antriebsbereich ist neben guten mechanischen Eigenschaften oft eine hohe Kriechfestigkeit gefordert. Diese wird durch Zugabe von Metallen der seltenen Erden zur Magnesiumlegierung erzielt. Bei AE44 (MgAl4RE4) beispielsweise handelt es sich um eine höher kriechfeste, von Hydro Magnesium entwickelte, Druckgusslegierung. Die Legierung zeichnet sich weiter durch eine hohe

Abb. 10.9 Felge des Porsche Carrera GT

Duktilität und eine gute Korrosionsbeständigkeit aus und kommt bei thermisch höher beanspruchten Bauteilen, wie Ölführungsgehäusen, Ölwannen und Ventildeckeln, zum Einsatz.

Faser- bzw. partikelverstärkte Aluminium- und Magnesiumverbundwerkstoffe, deren Hauptvorteile in der Erhöhung von Zugfestigkeit, Streckgrenze, E-Modul und Warmfestigkeit erwartet werden, sind in Entwicklung, kommen aber derzeit aus Kostengründen in Großserie noch nicht zum Einsatz.

Magnesium für Schmiedebauteile Im Porsche Carrera GT kamen zum ersten Mal in einem Serienfahrzeug Felgen aus Magnesium (Abb. 10.9) [31] zum Einsatz, die als Rohlinge im Schmiedeverfahren hergestellt wurden. Das spezielle Verfahren verbessert das Dauerfestigkeitsverhalten des Werkstoffs und ermöglicht eine 25 prozentige Gewichtseinsparung gegenüber Rädern in Aluminium-Gusstechnik. Allerdings sind bedingt durch das Fertigungsverfahren im Vergleich zu Gussbauteilen Designmöglichkeiten – wie z. B. Hinterschnitte – eingeschränkt.

Verwendet wird die Magnesium-Knetlegierung AZ80A (MgAl8Zn) mit einer Zugfestigkeit im Bereich von 290–320 MPa und einer Bruchdehnung A_5 von etwa 5–12 %. Zur Reduzierung der Korrosionsempfindlichkeit wird das Rad zuerst geschliffen, anodisiert, KTL-beschichtet und anschließend lackiert. Bei der Auslegung des Bauteils ist besonders durch Vermeidung scharfer Kerben und Kanten der Kerbempfindlichkeit des Werkstoffs entgegenzuwirken. Auch zur Vermeidung der Kontaktkorrosion ist eine galvanische Trennung zu verschiedenen Anbauteilen notwendig.

Magnesium für Blechbauteile Die Leichtbau- und Verbrauchsdiskussion hatte in den letzten Jahren auch die konsequente Weiterentwicklung der Magnesium-Blechherstellung zur Folge. Das Potenzial lässt sich besonders bei großformatigen dünnwandigen Blechbauteilen entfalten. Betrachtet man die dichteabhängigen Leichtbaufaktoren, so hat Magnesium-Blech bei gleichem Bauteilgewicht eine 1,35-fache Biege- und Beulsteifigkeit im Vergleich zu Aluminium. Eine Gewichtseinsparung von 20–30 % ist somit prinzipiell möglich [36].

Aktuell werden drei Fertigungsrouten für Magnesiumblech verfolgt:

1. Gießwalzen
2. Warmwalzen aus der Bramme
3. Herstellung von Rohren und Aufspalten zu Blech

Das Verfahren des Gießwalzens ist schon vom Werkstoffen Stahl und Aluminium bekannt. Das Produktionsverfahren auf Magnesiumbleche und Bänder zu übertragen, bietet die Möglichkeit, Flachprodukte für Umformanwendungen zukünftig noch wirtschaftlicher zu machen. Dabei liegt der wesentliche Vorteil gegenüber dem konventionellen Warmwalzen im Einsatz von kostengünstigerem Rohmaterial und dem Wegfall der Walzschritte von der Bramme bis zur Platine. Die aktuell verfügbare Blechbreite liegt bei 700 mm, die auch als Coil verfügbar ist [37]. Großformatige Tafeln können durch Längs- und Querwalzen oder durch das Zusammenschweißen zu Tailored Blanks gefertigt werden.

Beim konventionellen Warmwalzen wird das Magnesiumblech aus stranggegossenen Brammen erzeugt. Die Ausgangsbramme der Stärke 120 mm wird in etwa 15 Walzvorgängen auf eine Dicke von 2 mm heruntergewalzt. Die aktuell verfügbare Blechbreite beträgt 2000 mm. Magnesiumblech ist aktuell in einer Stärke ab 0,4 mm erhältlich.

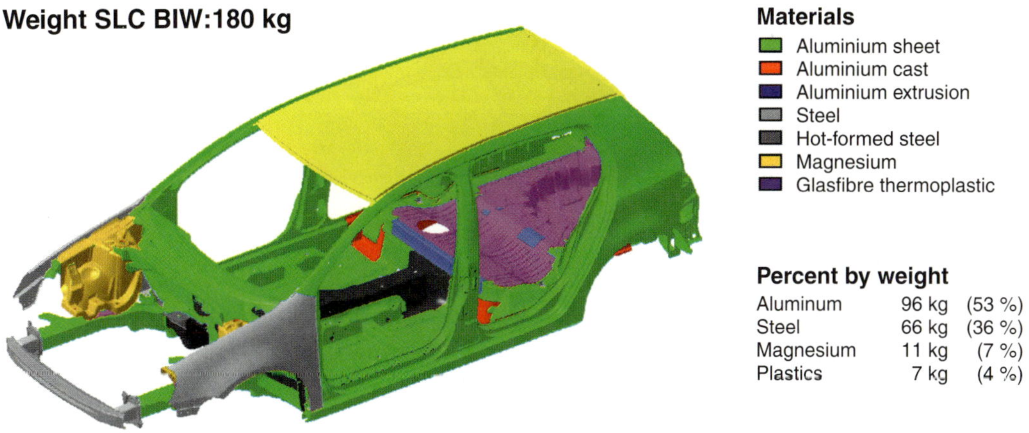

Abb. 10.10 Magnesiumeinsatz im SLC-Projekt [38]

Die Blechfertigungsroute über die Herstellung von Rohren und das anschließende Aufspalten zu Blechen ist gerade in der Entwicklung.

Bei der Weiterverarbeitung der Bleche müssen die Eigenschaften des Magnesiums beachtet werden. Aufgrund der hexagonalen Gitterstruktur verfügt Magnesium – wie Titan auch – nur über eine Gleitebene und bietet daher bei 3 Gleitrichtungen nur 3 Gleitsysteme (im Vergleich dazu hat Aluminium 12 Gleitsysteme). Dies bedeutet, dass Magnesium grundsätzlich bei Raumtemperatur ein geringes Formänderungsvermögen und eine hohe Kerbempfindlichkeit hat. Erst durch ein temperiertes Tiefziehverfahren können in dem hexagonalen Kristallaufbau weitere Gleitsysteme aktiviert und so die Umformbarkeit deutlich verbessert werden. Abhängig von der Legierung, der Gefügestruktur und -morphologie liegt die Umformtemperatur zwischen 150 und 250 °C.

Im Carrera GT setzte Porsche als erster Hersteller Magnesiumblech im Sichtbereich des Fahrers in der Mittelkonsole ein [31]. Als zweischalige Bauweise mit Laserlötung wurde zum einen der Gewichtsanforderung, zum anderen den optischen und haptischen Qualitätsansprüchen durch Einsatz von Magnesium Rechnung getragen. Verwendet wird die Legierung AZ 31 mit einer Zugfestigkeit zwischen 240 und 260 MPa.

Dic Entwicklung von Magnesium-Blechen wird ferner seit Oktober 1998 durch das BMBF gefördert. An dieser Stelle werden einige wichtige Verbundvorhaben kurz erwähnt: Im Vorhaben »Entwicklung von Umformtechnologien für die Verarbeitung von Walzprodukten aus Magnesiumlegierungen« wurden die ersten Grundlagen zum Umformen von Magnesium gelegt. Im Jahre 2001 folgte dann das Projekt »Einfluss thermomechanischer Behandlungen auf die Entwicklung von Mikrostrukturen und Texturen sowie auf das Ermüdungsverhalten von Magnesiumknetlegierungen«. Im folgenden Vorhaben ULM (Ultra-Leichtbauteile aus Magnesium) wird eine Magnesiumblechstruktur für die Verkehrstechnik entwickelt. Im Projekt MIA (Magnesium im Automobil) konzentriert sich die Entwicklung auf die Herstellung von Fahrzeugkomponenten aus Mg-Knetlegierungen als Schmiede-, Strangpress- oder Blechbauteile. Den Abschluss der Reihe bildet das Projekt M^3 (Mobil mit Magnesium), in dem die neuen Werkstoffkonzepte und Fertigungsrouten auf der Magnesiumblech-Halbzeugseite mit anwendungsbezogenen Weiterverarbeitungsstrategien zusammenzuführen wurden, um die Darstellung von Hochleistungsprodukten mit Magnesiumblech innerhalb technisch gesicherter Prozessketten mit nachhaltiger Einsatzperspektive zu ermöglichen. Parallel dazu wurde 2005 das von der EU geförderte Projekt SLC (Super Light Car) gestartet, in dem ein Magnesium-Dach entwickelt wurde (Abb. 10.10).

Die vorhandenen Herausforderungen im Bereich der Fügetechnik und Korrosion konnten

1 Scheinwerfer (Gehäuse)
2 Kühlergrill
3 Symbole und Embleme
4 Elektronische Baugruppen (Airbagsensoren)
5 Pumpengehäuse
6 Lüftungsklappen
7 Instrumenteinfassung
8 Pedale
9 Teile des Türöffnungssystems
10 Innenausstattung (z. B. Aschenbecher)
11 Autositz (Baugruppen)
12 Gurt (Baugruppen)
13 Vulkanisator im Gummi
14 Tankabdeckung
15 Heckleuchte (Gehäuse)
16 Zierleiste, Heck
17 Verschlussmechanismus
18 Antenne
19 Dachkomponenten
20 Sonnendach (Einfassung)
21 Fensterheber (Gehäuse, Mechanismus)
22 Innenspiegel (Gehäuse)
23 Lenksäule
24 Schließzylinder (Diebstahlsicherung)
25 Radio/RF/CD-Player/GPS/ Navigation (Rahmen)
26 Außenspiegel (Gehäuse)
27 Kindersicherung
28 Scheibenwischanlage (Wischarm)
29 Scheibenwischanlage (Motorengehäuse)

Abb. 10.11 Bauteile aus Zink in einem Pkw [39]

durch anwendungsspezifisch differenzierte Konzepte im Rahmen der geförderten Forschungsprojekte gelöst werden.

Aufgrund der aktuellen Preisentwicklung von Magnesium-Blech (bis 700 mm unter 10 € pro Kilogramm Blech) wird ein steigender Einsatz im Fahrzeug erwartet.

Zink im Kraftfahrzeug Laut einer Studie der International Zinc Association enthalten Pkws aus Japan, Europa und den USA im Schnitt 10,2 kg Zink. Davon entfällt mit 4,9 kg der größte Teil auf Zinkdruckgussbauteile, etwa 3 kg befinden sich als Korrosionsschutzschicht auf Stahlbauteilen und ein geringer Anteil (ca. 0,5 kg) als Aktivator in dem für Reifen eingesetzten Gummi (siehe Abb. 10.11). Zink bietet aufgrund seiner Vielseitigkeit ein breites Spektrum von Einsatzmöglichkeiten im Kraftfahrzeug. Darüber hinaus kann Zink problemlos rezykliert werden.

Verzinkte Stahlbleche Bereits seit Anfang der 70er Jahre wird Zink als Korrosionsschutz bei Stahlblechen im Kraftfahrzeugbau eingesetzt. Seit dieser Zeit wurde das Spektrum an verfügbaren Stählen enorm erweitert, so dass heute weiche und gut umformbare Güten bis hin zu höher- und höchstfesten Stählen in Kraftfahrzeugen zum Einsatz kommen. In gleichem Maße wurde auch der Einsatz von Zink als Schutzschicht auf diesen Stählen weiterentwickelt, so dass heute nahezu jede Stahlsorte mit einer Zinkschutzschicht verfügbar ist. Die Schutzwirkung ist dabei auf den kathodischen Korrosionsschutz des Zinks auf dem Stahl zurückzuführen. Das unedlere Zink geht bei korrosiver Belastung in Lösung und schützt so das darunter liegende Stahlblech vor Korrosion.

Bei Stahlblechen für die Kraftfahrzeugindustrie unterscheidet man in der Regel zwischen feuerverzinkten und elektrolytisch abgeschiedenen Zinkbeschichtungen:

Bei den feuerverzinkten Güten wird das Stahlblech nach dem Walzprozess durch ein flüssiges Zinkbad geführt. Dabei bleibt das Zink an der Oberfläche haften und bildet mit dem Eisen des Stahls eine Legierungsschicht aus. Überschüssiges Zink wird durch starke Düsen (Air Knifes) von der Oberfläche entfernt, so dass die gewünschte normgerechte Schichtdicke des Zinks im µm-Bereich eingestellt werden kann.

Bei der elektrolytischen (galvanischen Verzinkung) durchläuft das Stahlblech keine Schmelze, sondern ein Zinkelektrolyt. Das Zink wird dabei galvanisch auf dem Stahl aufgebracht. Durch Kontrolle der Prozessgrößen pH-Wert, Stromdichte und Temperatur lassen sich die gewünschten Schichtdicken auf der Stahloberfläche genau abscheiden. Ein Abstreifen wie beim Feuerverzinken ist so nicht nötig. Im Gegensatz zur Feuerverzinkung kann die elektrolytische Verzinkung beidseitig oder nur auf einer Seite erfolgen.

Gängige Zinkschichtdicken bei Karosserieblechen liegen im unverformten Zustand zwischen 5 und 20 µm. Auch bei nachfolgenden Umformschritten bleibt die Zinkschicht erhalten. Thermische Fügeverfahren (Schweißen und Löten) führen – eng begrenzt – zu einer Entfernung der Zinkschicht im Bereich der Wärmeeinflusszone der Fügestelle. Aufgrund der Fernwirkung des Zinks bleiben diese Stellen bei korrosiver Belastung vor einem Angriff geschützt.

Stückverzinken Einzelne kompakte Bauteile, z. B. Fahrwerkskomponenten, wie Querlenker oder Spurstangen, können durch das so genannte Stück- oder Feuerverzinken sicher vor der Korrosion geschützt werden. Dazu wird das Bauteil in eine flüssige Zinkschmelze getaucht, in der sich je nach Höhe der Temperatur und der Zeit wie bei den bandverzinkten Stählen eine kristalline Zinkschicht bildet, die durch eine Übergangszone fest mit dem Substrat verbunden ist. Während des Tauchvorgangs wandern Metallatome vom Zink in den Stahl und umgekehrt Eisenatome in die Zinkschicht, so dass Eisen- Zink-Legierungsschichten entstehen.

Die Schichtdicke beim Feuerverzinken ist mit 35 bis 80 µm deutlich höher als bei bandbeschichteten Blechen, so dass entsprechend geschützte Bauteile stärkeren korrosiven Belastungen ausgesetzt werden können. Die Schichten sind zudem so hart und abriebfest, dass sie auch bei starken mechanischen Belastungen z. B. bei Transport oder in der Nutzungsphase nicht beschädigt werden.

Zinkdruckguss Ein Großteil des in PKWs zum Einsatz kommenden Zinks entfällt auf Druckgussbauteile. Zinkdruckgusslegierungen sind in den Normen EN 1774 (Gusslegierungen) und EN 12844 (Gussstücke) genormt. Hauptlegierungselemente sind Aluminium, Kupfer und Magnesium. Hauptsächlich kommen für Druckgussbauteile die wenig legierten Legierungen ZP0400, ZP0410 und ZP0430 zum Einsatz, die auch als ZAMAK bezeichnet werden.

Die wichtigste physikalische Eigenschaft der Zinklegierungen für den Druckguss ist das hervorragende Fließverhalten. Mit den gebräuchlichen Legierungen sind so Wandstärken von 0,5 bis 0,8 mm möglich [39]. Dies ermöglicht im Druckgussprozess hochkomplexe dünnwandige Bauteile. Zusätzlich können Anschraubpunkte nachbearbeitungsfrei mit gegossen werden, was die benötigte mechanische Nacharbeit auf ein Minimum reduziert. Aufgrund des niedrigen Schmelzpunktes unter 400 °C werden die für den Druckguss benötigten Stahlformen wesentlich weniger belastet, was den Verschleiß reduziert und damit die Formstandzeit deutlich verbessert.

Zink im Interieur Neben der bereits erwähnten guten Gießbarkeit und der damit verbundenen großen Gestaltungsfreiheit kommt bei Interieurbauteilen noch eine weitere positive Eigenschaft des Zinks zum Tragen. Zink kann mit verschiedenen galvanisch abgeschiedenen Oberflächen versehen werden. So können für den Kunden attraktive optische und haptische Dekore dargestellt werden. Die Bandbreite ist nahezu unendlich groß und reicht von matten Beschichtungen mit Anti-Fingerprintausrüstung bis hin zu hochglänzenden polierten Chromoberflächen in zahlreichen Metallfarbnuancen. Die durch Gießen hergestellten Schalter, Türgriffe oder Zierteile (siehe ▪ Abb. 10.12) werden nach dem Entformen und Entgraten zunächst einer mechanischen Bearbeitung in Form von Schleifen und Polieren unterzogen, um so die Oberfläche für die Beschichtung vorzuberei-

Tabelle 10.8 Mechanische Kennwerte der gebräuchlichsten Zink-Druckgusslegierungen (Quelle: EN 1774)

Werkstoff Nr.	Kurz-zeichen	E-Modul [GPa]	Dehn-grenze $R_{p0,2}$ [MPa]	Zug-festigkeit R_m [MPa]	Bruch-dehnung A_5 [%]	Kerbschlag-arbeit [J]	Härte HBS 10-500-30
ZP 0400	ZP3	85	200	280	10	57	83
ZP 0410	ZP5	85	250	330	5	9258	92
ZP 0430	ZP2	85	270	335	5	10.259	102

ten. Dann wird in einem mehrstufigen Beschichtungsprozess die gewünschte Oberfläche appliziert. Schalter können durch einen Laserschnitt mit Piktogrammen versehen werden, die dann mit einem speziellen Harz transparent ausgegossen werden, so dass die Schalter illuminiert werden können (siehe Abb. 10.13 und [40]).

Zink in weiteren Fahrzeugkomponenten Neben der primären Verwendung von Zink für Bauteile im Fahrzeug, spielt das Metall als Zinkoxid auch bei der Herstellung von Reifen eine große Rolle. Zinkoxid ist als Aktivator ein unverzichtbarer Teil des Vulkanisationsprozesses. Der so hergestellte Gummi wird beständig gegen Temperatur, Druck, chemische und mechanische Beanspruchungen und erhält die notwendigen dauerelastischen Eigenschaften. Pro Pkw-Reifen werden etwa 100 g Zinkoxid benötigt.

Auch in Lacken kommt Zinkoxid zum Einsatz: Dabei macht man sich die Eigenschaft des Zinkoxids zunutze, die durch das Sonnenlicht einfallende Strahlungsenergie in Wärme umzuwandeln. Zinkoxid verhindert so die Alterung der Lacke durch UV-Strahlung.

Metallschäume im Automobilbau In Anlehnung an die Bionik wird versucht, »metallische Knochen« zu entwickeln. Metallschäume sind vergleichbar porös wie Knochen (Abb. 10.14) und können das Gewicht um 90 % reduzieren.

Metallschäume sind bereits seit den 50er-Jahren bekannt, jedoch war es bislang nicht möglich, geschäumte Metalle in ausreichender Menge und gleich bleibender Qualität herzustellen.

Abb. 10.12 Mittelkonsole des Mercedes SLS [40]

Man unterscheidet zwischen pulvermetallurgischen, schmelzmetallurgischen und speziellen Herstellungsverfahren (z. B. Abscheide-Technik), wobei die pulvermetallurgischen Varianten als die geeignetsten angesehen werden. Hierbei wird ein Treibmittel mit dem Metallpulver vermischt und

Abb. 10.13 Beispiel für Schalter aus Zink [39]

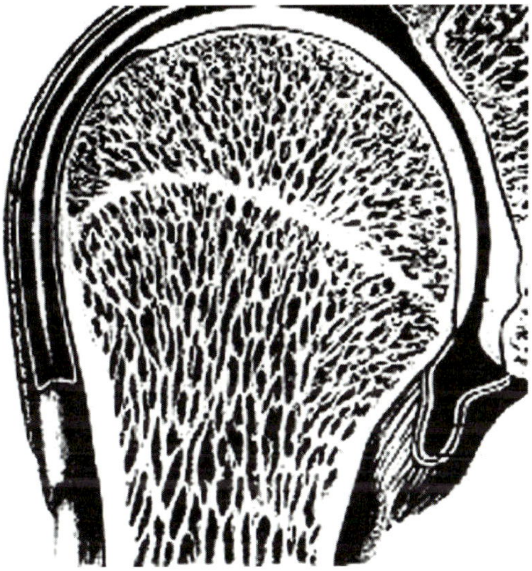

Abb. 10.14 Knochenaufbau des Humerus

Abb. 10.15 Rohrprofile mit Aluminiumschaum

Abb. 10.16 Tiefgezogenes und anschließend geschäumtes Blech

konsolidiert (HIP, Strangpressen, etc.). Danach kann dieses Halbzeug durch Erwärmung auf Temperaturen nahe dem Schmelzpunkt reproduzierbar aufgeschäumt werden.

Um qualitativ einen guten Schaum zu erhalten, ist im Aufschäumprozess die Degradation des Schaumes einzuschränken. Aufgrund der Schwerkraft und der Oberflächenspannung strebt die Schmelze aus den Stegen in die Knoten. Risse und zu große Poren sind die Folge. Mit Hilfe der numerischen Simulation können die Randbedingungen des Aufschäumprozesses bestimmt und für die jeweiligen Anforderungen angepasst werden [47].

Neben den bekannten Aluminiumschäumen lassen sich weitere Metalle und Legierungen aufschäumen, so z. B. Zink, Zinn, Bronze, Messing und Blei. Titan- und Eisenschäume [46] befinden sich noch in der Entwicklung. Zurzeit werden fast ausschließlich geschlossenporige Schäume hergestellt. Metallschäume erlauben die Herstellung einer Vielzahl von Formenvarianten, wie z. B. ausgeschäumte Hohlformen (Abb. 10.15) oder Werkstoffverbunde und Platten. Die Platten können vor dem Aufschäumen tiefgezogen werden, was die Formvarianz noch erhöht (Abb. 10.16). Das Fügen von Metallschäumen kann mit Hilfe von Laserschweißprozessen, aber auch durch Kleben, Verschrauben oder Nieten erfolgen. Das Löten eignet sich nicht, da es hierbei zu Korrosionsproblemen aufgrund von Kontaktkorrosion in den Poren kommen kann [42–44].

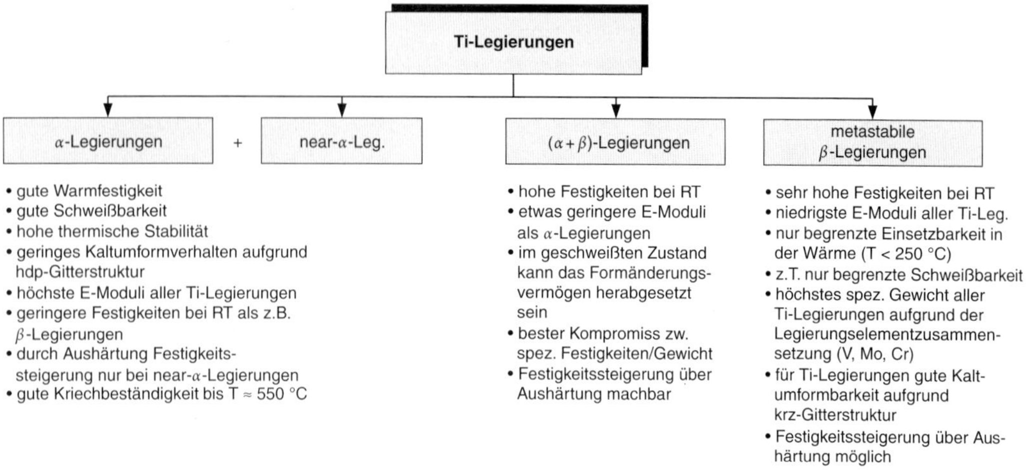

Abb. 10.17 Titan-Legierungen

Die mechanischen Eigenschaften (Festigkeit, E-Modul) steigen mit zunehmender Schaumdichte stark an. Die elektrische und thermische Leitfähigkeit der Schäume ist gegenüber den massiven Legierungen deutlich reduziert, während der thermische Ausdehnungskoeffizient unverändert bleibt. Bei der plastischen Verformung von Metallschäumen bleibt das Spannungsniveau über einen großen Verformungsweg hin nahezu konstant und ähnelt dabei stark einem idealen Absorber. Gängige Aluminiumschäume können bei Stauchung etwa 80 bis 90 % der Energie des idealen Absorbers aufnehmen. Aus diesem Grund lassen sich Metallschäume z. B. für energieabsorbierende Front-, Seiten- und Heckaufprallelemente ein- setzen. Eine weitere Anwendung der metallischen Schäume ergibt sich aus der Tatsache, dass diese das Knick- und Stauchverhalten von Hohlprofilen deutlich steigern und deshalb z. B. als Versteifungen eingesetzt werden können. Das Korrosionsverhalten von Metallschäumen hängt stark von den verwendeten Metallen und ihrer Lage im Fahrzeug ab. Die für die Verwendung im Kraftfahrzeug in Frage kommenden Aluminiumschäume können als eher unkritisch angesehen werden, da sie über eine geschlossene Oxidschicht verfügen, die bei unterschiedlichen Metallkombinationen eine genügende Isolation bietet.

Titan-Legierungen Titan-Legierungen werden derzeit vor allem in der Luft- und Raumfahrt sowie im Fahrzeugrennsport eingesetzt. Der Hauptbeweggrund für den Einsatz von Titan ist die Reduzierung des Gewichtes.

Das größte Potenzial für die Anwendung von Titan im Fahrzeug bietet sicherlich der Antriebsbereich, da hier durch eine Gewichtseinsparung, d. h. eine Verringerung der bewegten Massen, der Kraftstoffverbrauch im besonderen Maße reduziert werden kann. Mögliche Serienanwendungen von Titanlegierungen sind z. B. Pleuel, Tassenstößel, Zahnräder, Ventile, Ventilsitzringe, Ventilfederteller, Schrauben, Differentialgehäuse, diverse Antriebswellen etc.

Die Vorteile von Titanlegierungen sind eine hohe statische und dynamische Festigkeit in Verbindung mit einer geringen Dichte, eine gute Warm- und Zeitstandfestigkeit und sehr gute Korrosionseigenschaften.

Nachteilig sind die schwierige Umformbarkeit (wie Mg-Legierungen), die schwierige mechanische Bearbeitung, eine höhere Kerbempfindlichkeit als Stahl sowie ein ungünstiges Tribologieverhalten.

Zur Verbesserung der Verschleiß- und Dauerfestigkeit werden Bauteile aus Titanlegierungen häufig nitriert.

Eine weitere Möglichkeit, die tribologischen Eigenschaften von Titanlegierungen zu verbessern, ist die Oberflächenbeschichtung. Neben den bekannten klassischen elektrochemischen oder chemischen Verfahren finden die plasma- und ionengestützten Hochvakuumverfahren (CVD,

Tabelle 10.9 Eigenschaften verschiedener Titanlegierungen

Eigenschaft	Einheit	α-TiAl (Ti48Al2Cr)	$\alpha+\beta$ (TiAl6V4)	γ-Ti
Dichte	[g/cm³]	3,7–3,9	4,5	4,6–4,9
E-Modul	[GPa]	155–180	105–115	90–105
Streckgrenze	[MPa]	400–750	850–950	1200–1350
Zugfestigkeit	[MPa]	400–850	900–1100	1200–1600
Bruchdehnung RT	[A%]	1–4	10–16	12–25

PVD) in Kombination mit den galvanischen Verfahren immer breitere Anwendung [48].

Man unterscheidet zwischen verschiedenen Titanlegierungen (Abb. 10.17). In der Entwicklung befinden sich neue intermetallische γ-TiAl (Cr,Mo,Si)-Legierungen für hochwarmfeste Anwendungen wie z. B. Ventile, Turbolader, Pleuel, Kolbenbolzen [49].

In Tab. 10.9 sind die mechanischen Kennwerte von α-, und $\alpha+\beta$-Legierungen im Vergleich zur γ-TiAl-Legierung (Ti48Al2Cr) aufgeführt [48].

Die hohen Kosten zur Gewinnung von Titan und die hohen Verarbeitungskosten lassen trotz moderner Herstellungstechnologien einen Serieneinsatz im Pkw-/Lkw-Bereich in naher Zukunft unwahrscheinlich erscheinen. Als Konzept wurde eine Abgasanlage aus Titan im Audi A2 ÖKO untersucht.

Für den Porsche Carrera GT2 (2007) kam serienmäßig eine Abgasanlage mit einem Endschalldämpfer sowie Endrohren aus Titan zum Einsatz. Gegenüber einem vergleichbaren Endschalldämpfer aus Edelstahl konnte so das Gewicht um etwa 50 % reduziert werden.

Eine Weiterentwicklung bei der Titangewinnung und fortschrittliche Verarbeitungstechniken sollten jedoch mittel- bis langfristig den Einsatz von Titan auch in der Großserie ermöglichen.

Sandwichverbunde

Plattierte Bleche Beim Plattieren wird ein stählerner Kern aus Band oder Blech mit Auflagen aus anderen Metallen untrennbar verbunden. Als Auflage kommen beispielsweise NE-Metalle wie Aluminium, Bronze, Kupfer, Messing, Nickel und Titan, aber auch spezielle Edelstähle zum Einsatz.

Mit diesem Verfahren ist es möglich, die guten Gebrauchseigenschaften von Stahl, wie Festigkeit, Federungs-, Umform- und Tiefziehvermögen, um weitere, bei anderen Metallen angelegte spezifische Eigenschaften zu ergänzen. Dies können beispielsweise elektrische Leitfähigkeit, Wärmereflexion bzw. -leitung, Hitzebeständigkeit, Korrosionsbeständigkeit sein.

Beim Plattieren wird zunächst durch hohe Press- und Reibungskräfte ein mechanischer Verbund erzeugt, bei dem der Auflagewerkstoff durch Adhäsion mit dem Stahl verbunden wird. Bei der anschließenden Wärmebehandlung geht die Adhäsionshaftung in Diffusionshaftung über, die Metalle sind untrennbar miteinander verbunden. Die so produzierten Bänder bzw. Bleche bestehen aus zwei, drei oder noch mehr Lagen, wobei große Freiheit bei der Kombination von Werkstoffen und der Dicke ihrer Auflage gegeben ist. Nahezu täglich werden plattierte Werkstoffe in die Hand genommen. Sie kommen im Automobil als Bestandteil von Schalldämpferanlagen, Hitzeschilden, Schutzblechen, Kugellagerkäfigen, Schlauchkupplungen und Zylinderkopfdichtungen vor.

Metall-Kunststoff-Metall Verbunde Eine interessante Neuentwicklung für Anwendungen im Karosseriebereich stellen Metall-Kunststoff-Metall Verbunde dar (Abb. 10.18). In diesem Fall wurden die jeweiligen Werkstoffgrenzen durchbrochen und durch Kombination von bekannten Materialien und deren positiven Eigenschaften ein in Bezug

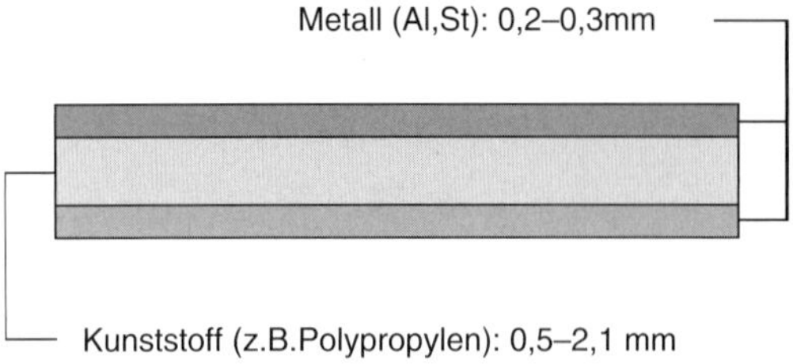

Abb. 10.18 Metall-Kunststoff-Metall Verbund

auf Steifigkeit, Gewicht und Akustik optimierter Werkstoffverbund entwickelt [51].

Im Vergleich zu Stahlblechen mit gleicher Biegefestigkeit oder Aluminiumblechen (1 mm) sind diese Sandwichbleche (0,2 mm Al/0,8 mm Polypropylen/0,2 mm Al), ca. 60 % bzw. 35 % leichter. Durch Verwendung von unterschiedlichen Deckschichtmaterialien und Kernschichtwerkstoffen, zusammen mit angepassten Wandstärken, lassen sich die Eigenschaften den Anforderungen anpassen. In der Regel wird als Kernschicht Polypropylen in einer Dicke von ca. 0,8 mm verwendet, das beidseitig mit ca. 0,2 mm starken Aluminium- oder Stahlfolien verklebt ist.

Erste Untersuchungen in Form einer Reserveradmulde im ULSAB-Projekt (Stahl-Kunststoff-Stahl) und einer Fronthaubenstudie des VW Lupo (Al-Kunststoff-Al) untermauern das hohe Leichtbaupotenzial dieses Verbundes.

Wie bei jedem neuen Werkstoff müssen aber auch hier die materialspezifischen Besonderheiten bei der Verarbeitung berücksichtigt werden.

So sind die im Karosseriebereich überwiegend eingesetzten Schweißverfahren mit der damit verbundenen Temperaturbelastung aufgrund der thermoplastischen Kernschicht nicht als Fügeverfahren geeignet.

Mögliche Fügeverfahren sind dagegen die mechanischen Fügeverfahren (Stanznieten, Bördeln, Durchsetzfügen) und das Kleben.

Auch beim Tiefziehen müssen die Prozessparameter den im Vergleich zu herkömmlichen Stahl- oder Aluminiumblechen geänderten Werkstoffeigenschaften angepasst werden.

Gleiches gilt für das gesamte Fertigungslayout, wo die heute üblichen KTL- bzw. Decklacktemperaturen der Karosserielackierung eine On-Line-Lackierung dieser Sandwichbleche unter Umständen unmöglich machen (Schmelztemperatur der Polypropylen Kernschicht: ca. 163 °C, KTL-Temperatur ca. 160–185 °C).

Die ersten Ansätze sind jedoch Erfolg versprechend und lassen auf weitere Fortschritte hoffen.

10.2.2.1.3 Edelmetalle

Als Edelmetalle werden die Elemente Silber (Ag) und Gold (Au), sowie Ruthenium (Ru), Rhodium (Rh), Palladium (Pd), Osmium (Os), Iridium (Ir) und Platin (Pt) bezeichnet. Da sie elektrochemisch sehr edel sind, d. h. eine hohe Korrosions- und Oxidationsbeständigkeit aufweisen, werden sie vor allem in der Chemie- und Elektronikindustrie eingesetzt.

Elektronikkomponenten Edelmetalle, insbesondere Gold- und Silberlegierungen, finden Anwendung in verschiedenen elektronischen Komponenten im Fahrzeugbau.

Gold- und Silberlegierungen werden primär in Bereichen eingesetzt, in denen

- niedrige elektrische Ströme fließen (< 5 mA),
- niedrige Übergangswiderstände gefordert sind,
- die Kontakte vor Korrosion geschützt werden müssen,
- Kontakte vor Abrieb (hervorgerufen durch Relativbewegungen im Mikrobereich) geschützt werden müssen,
- eine sehr hohe Kontaktsicherheit elektronischer Sicherheitsbauteile gefordert ist.

Beispiele für den Edelmetalleinsatz in der Automobilindustrie:

- vergoldete Kontakte in Airbagmodulen
- Bonddrähte aus Gold zur Kontaktierung auf Leiterplatten in Integrated Circuits (IC)
- Silberlegierungen werden aufgrund ihrer niedrigen Durchgangswiderstände und der niedrigen Ströme sowohl in den leitenden Schichten der Leiterbahnen als auch in Relais verwendet
- Sensortechnik (Raddrehzahlaufnehmer, Außenluftkühler, Lambdasonden, ...)
- Katalysatoren für Verbrennungsmotoren (Platin, Palladium und Rhodium).

10.2.2.1.4 Kunststoffe

Aus der Reihe der vielen Weiterentwicklungen innerhalb der Kunststoffe (Hochkristallines Polypropylen, PPO/PA-Blends, etc.) ist vor allem die Entwicklung von endlosfaserverstärkten Thermo-

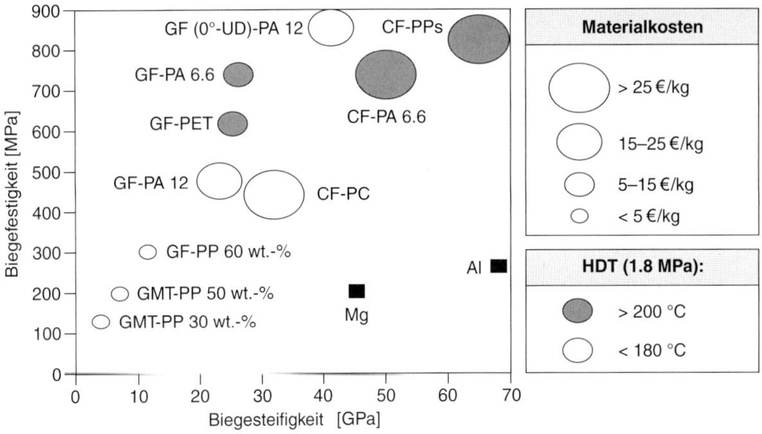

Abb. 10.19 Eigenschaftsspektrum thermoplastischer Composites

plasten und die Langglasfaser-Technologie hervorzuheben.

Flächige, gewebeverstärkte Thermoplaste Diese Werkstofffamilie, konsolidiert in der Praxis des Öfteren auch als »Organoblech« [57] bezeichnet, schließt die Lücke zwischen den kurz- und langglasfaserverstärkten Spritzgusstypen und den glasmattenverstärkten Thermoplasten (GMT) und SMC (Sheet-moulding-Compound)-Materialien.

Als Matrixwerkstoffe kommen hauptsächlich Polypropylen (PP), Polyester (PET) und Polyamide (PA) zum Einsatz. Als Gewebe- bzw. Gestrickwerkstoff sind Glasfasern, synthetische Fasern (z. B. Aramid), Carbonfasern oder Kombinationen aus diesen möglich. Durch mehrlagige Gewebeaufbauten lassen sich darüber hinaus verschiedene Faserrichtungen festlegen (z. B. $+45°/-45°$, $0°/90°$).

Aus Kostengesichtspunkten konzentrieren sich die derzeitigen Überlegungen hauptsächlich auf die Glasfaser. Abhängig von Matrixmaterial, Fasertyp, Fasergehalt und Gewebetyp lassen sich die mechanischen Eigenschaften dieser Prepregs leicht variieren und den gegebenen Anforderungen anpassen (Abb. 10.19) [55].

Die Eigenschaften dieser Werkstoffe können unter folgenden Schlagworten zusammengefasst werden:

- geringe Dichte
- hohe mechanische Kennwerte (Festigkeit, E-Modul)
- Korrosionsbeständigkeit
- hohe Energieabsorption/Zähigkeit
- schweißbar
- recyclingfähig
- tiefzieh-/thermoformbar [56]

Durch die thermoplastische Matrix können die Prepregs oder die vorkonsolidierten Halbzeugplatten (»Organobleche«) durch Aufheizen über den jeweiligen Schmelzpunkt der eingesetzten Matrix und anschließendem Tiefziehen und Verpressen zum fertigen Bauteil umgeformt werden (Abb. 10.20) [58].

Die erreichbare Oberflächenqualität ist aufgrund der hohen Faseranteile eher schlecht, so dass eine Anwendung in optisch anspruchsvollen Außenhautbereichen (Class-A-Oberflächen) nicht möglich ist.

Auch unter Recyclinggesichtspunkten lassen sich diese Werkstoffe gut wiederverwerten, indem sie gemahlen und dann als kurzglasfaserverstärktes Spritzgussmaterial weiterverarbeitet werden bzw. als Kernschicht in Sandwichverbundwerkstoffen Verwendung finden.

Als Nachteile müssen jedoch die immer noch zu hohen Halbzeugkosten und die Aufwendungen zur Qualitätssicherung genannt werden.

Lang-Faserverstärkte-Thermoplaste (LFT) Zwischen den etablierten Werkstoffsystemen (GMT, SMC, bzw. Kurzglasfaser verstärkte Thermoplaste), entwickelt sich zurzeit eine weitere Werkstoffgruppe, die sogenannten **L**ang-**F**aserverstärkten-**T**hermoplaste (LFT).

Tabelle 10.10 Klassifizierung thermoplastischer FVK-Systeme

	Kurzfaserverstärkte Thermoplaste		**Langfaserverstärkte Thermoplaste**		
Faserlänge im Bauteil [mm]	< 1	1–5	5–25	5–25	> 10
Rohmaterial Halbzeug	Kurzfaser-granulat	LFT-Granulat	LFT-Granulat	Direkt-LFT Direktverfahren	GMT Matten-technik
Verarbeitungsverfahren	Spritzgießen		Fließpressen		
Neigung zur Anisotropie	sehr hoch	gering	hoch	hoch	gering

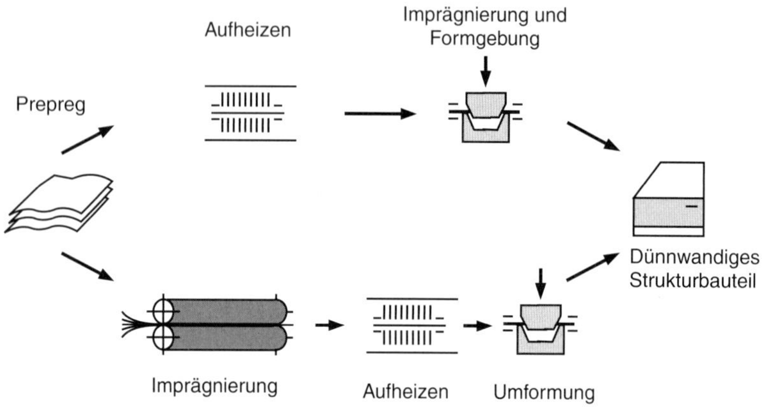

Abb. 10.20 Gebräuchliche Produktionsvarianten zur Herstellung dünnwandiger Strukturbauteile

Hohe Steifigkeit bei sehr gutem Energieaufnahmevermögen zeichnen diesen neuen Werkstoff aus, der damit den Anforderungen der »Leichtbauweise« vollauf gerecht wird. Die Langglasfaserverstärkung bewirkt außerdem eine deutliche Steigerung der Kerbschlagzähigkeit und Wärmeformbeständigkeit. Durch den Glasfaseranteil und der damit verbundenen schlechten Oberflächenqualität sind sichtbare »Class-A«-Außenanwendungen nicht, bzw. Interieuranwendungen im Sichtbereich nur mit starken Einschränkungen möglich. Typische Anwendungen sind Frontmodulträger oder kaschierte Schalttafelträger.

Es gibt derzeit drei LFT-Werkstofftypen, die bereits mit Erfolg eingesetzt werden. Man unterscheidet hierbei zwischen unterschiedlichen Faserlängen und den dazugehörigen Verfahrenstechniken (Tab. 10.10).

Um die guten mechanischen Eigenschaften des Granulats möglichst ohne Verluste im Bauteil umzusetzen, gilt für die LFT-Verarbeitung als wichtigste Forderung die Faserschonung, d. h. ein weitgehender Erhalt der Faserlänge.

Eine schonende Verfahrensvariante ist das Fließpressen. Durch eine LFT-gerechte Schneckengeometrie des Plastifizierextruders und einem Schmelzeeintrag über eine Breitschlitzdüse in das offene Werkzeug werden mit dieser Technik Faserschädigungen durch unzulässige Scherung im Vergleich zum Spritzgießen deutlich reduziert.

In Verbindung mit wärmeformbeständigeren Matrixmaterialien (z. B. PA, PBT, etc.) und anderen Faserverstärkungen (z. B. Carbonfasern) werden Langfaserverstärkte-Thermoplaste weitere neue Anwendungen erschließen, die heute noch metallischen Werkstoffen vorbehalten sind.

Tabelle 10.11 Eigenschaften unterschiedlicher Fasern im Vergleich mit Stahl und Aluminium (aus [60])

			E-Modul	Festigkeit		spezifische Eigenschaften			
Material	Faser	Verstärkung		Zug	Druck	Gewicht	E-Modul	Zugfestigkeit	Druck-festigkeit
			MPa	MPa	MPa	g/cm^3	km	km	km
Aluminium			71.000	540	480	2,80	2586	19,7	17,5
Stahl			207.000	1655	1520	7,83	2696	21,6	19,8
GFK	E-Glas	Gewebe	22.800	463	507	2,00	1163	23,6	25,9
GFK	E-Glas	UD	46.200	1070	660	2,03	2321	53,8	44,5
AFK	Kevlar	Gewebe	29.000	414	165	1,37	2159	30,8	12,3
AFK	Kevlar	UD	76.000	1400	235	1,46	5308	97,8	16,4
CFK	hochfest HT	Gewebe	67.230	524	500	1,55	4423	34,5	32,9
CFK	hochfest HT	UD	138.000	1447	1447	1,55	9079	95,2	95,2
CFK	mittelsteif HM	UD	155.000	2200	1400	1,60	9879	140,2	89,2
CFK	hochsteif UMS	UD	380.000	880	240	1,80	21.529	49,9	13,6
BFK	Bor	UD	204.000	1260	2500	1,86	11.185	69,1	137,1

GFK = Glas-Faser-Kunststoff
AFK = Aramid-Faser-Kunststoff (Kevlar, Twaron etc.)
CFK = Carbon-Faser-Kunststoff (Carbon, Kohlefasern, Kohlenstofffasern)
BFK = Bor-Faser-Kunststoff

Kohlenstofffaserverstärkte Kunststoffe Eine besondere Form der faserverstärkten Kunststoffe (FVK) stellen die mit Kohlenstofffasern verstärkten Kunststoffe (CFK) dar. Dabei wird die herausragende Festigkeit der Kohlenstofffasern genutzt, um Bauteile mit einer optimalen Kombination der folgenden Eigenschaften herzustellen:

- hohe spezifische Festigkeiten und Elastizitätsmodule
- geringe thermische Ausdehnung
- gutes Dämpfungsverhalten
- hohe Ermüdungsfestigkeit und
- hohe chemische Beständigkeit.

Wie auch bei anderen faserverstärkten Bauteilen ist auch bei CFK-Bauteilen die Auswahl der Faser, ihre Eigenschaften und Orientierung, ihr Volumenanteil und die Haftung zwischen der Matrix und der Faser, ausschlaggebend für die Eigenschaften der so hergestellten Bauteile. Die hohen mechanischen Kennwerte der Kohlenstofffasern können nur genutzt werden, wenn die auf das Bauteil wirkenden Kräfte über die Matrix in Faserrichtung eingeleitet werden können. Während bei Metallen in der Regel nur eine geringe Anisotropie der mechanischen Eigenschaften festzustellen ist, ist diese bei faserverstärkten Werkstoffen je nach Anordnung der Fasern wesentlich größer. Die mechanischen Kennwerte von Kohlenstofffasern (siehe ◘ Tab. 10.11, mechanische Eigenschaften von verschiedenen Fasern) liegen in Faserrichtung auf einen sehr hohen Niveau, quer zur Faserrichtung sind die mechanischen Kennwerte dagegen sehr gering. Schon geringe Abweichungen von der Faserrichtung führen so zu einem deutlichen Festigkeitsabfall.

Bei der Konstruktion eines Bauteils aus CFK ist daher die möglichst exakte Kenntnis seiner späteren Belastungen von zentraler Bedeutung. Aufgrund der komplexen Anforderung an mechanisch belastete Bauteile, z. B. durch überlagerte Zug-, Druck-, Torsions- und Biegebeanspruchung, werden multiaxiale Gelege mit Faserorientierungen von 0°, 45° und 90° verwendet. So kann durch die geschickte Kombination der Faserorientierungen im Bauteil die größtmögliche Belastbarkeit erreicht werden. Aufgrund der großen Gestaltungsfreiheit von CFK-Bauteilen kann durch Aussparen bzw. gezielte Reduktion von Wandstärken in gering belasteten Bereichen das Bauteilgewicht weiter reduziert werden.

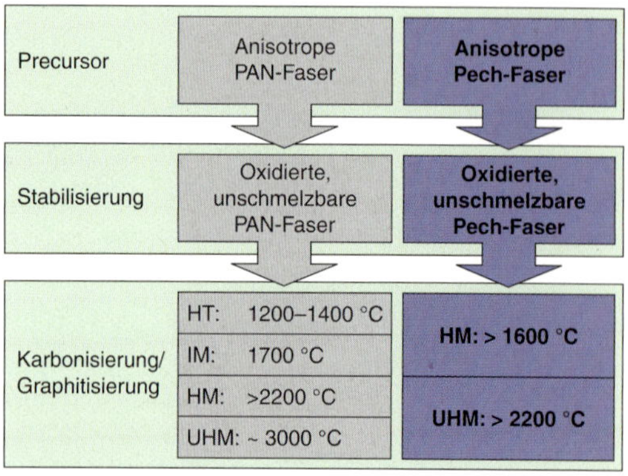

◘ **Abb. 10.21** Schematische Darstellung der Herstellungswege von Kohlenstofffasern (aus [61])

Herstellung der Kohlenstofffasern Die Herstellung der Kohlenstofffasern erfolgt im Wesentlichen durch zwei unterschiedliche Wege, die sich dabei durch die jeweils eingesetzten Vorstufen (sog. Precursoren) unterscheiden. ◘ Abbildung 10.21 zeigt dabei schematisch die Unterschiede der beiden Herstellungswege für Kohlenstofffasern aus dem Precursor PAN (Polyacrylnitril) und aus dem Precursor Pech.

Je nach Wahl der Endbehandlungstemperatur im Prozessschritt Karbonisierung/Graphitisierung werden die Festigkeitsklassen der Kohlenstofffasern eingestellt. Man unterscheidet: Hochfeste Fasern: HT; Zwischenmodulfasern: IM; Hochmodulfasern: HM und Ultrahochmodulfasern: UHM. Ihre mechanischen Kennwerte sind in ◘ Abb. 10.22 dargestellt.

Zur Verbesserung der Haftungseigenschaften in der Matrix können die Oberflächen der Kohlenstofffasern noch oxidiert und damit aktiviert, oder beschichtet werden.

Herstellungswege von CFK-Bauteilen Für die Herstellung von kohlenstofffaserverstärkten Verbundwerkstoffen gibt es verschiedene Prozessrouten, die sich hinsichtlich der Eigenschaften des späteren Bauteils und ihrer Herstellungsaufwands unterscheiden:

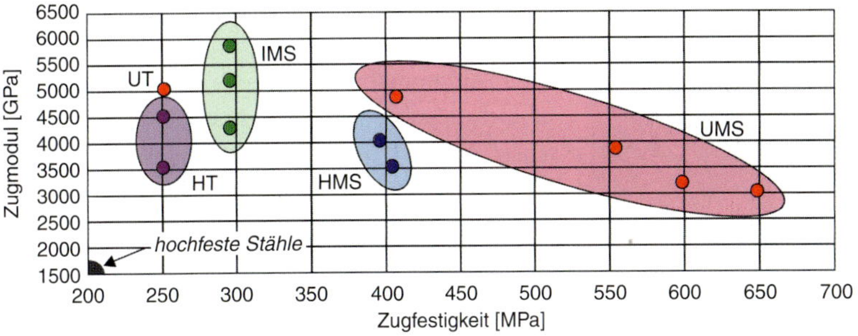

Abb. 10.22 Mechanische Kennwerte unterschiedlicher Kohlenstofffasern (erweitert aus [61])

- die Preforming-Route
- die Prepreg-Route und
- das Filament-Winding-Verfahren.

Bei der Herstellung nach der Preforming-Route werden aus den Kohlenstofffasern zunächst durch klassische, aus der Textilindustrie stammende Verfahren textile Strukturen hergestellt. Das einfachste Verfahren zur Herstellung von Geweben ist das Weben, was allerdings nur zweidimensionale Strukturen erlaubt. Weitaus komplexere Strukturen lassen sich durch das Vernähen von Kohlenstofffaserbündeln erzeugen. So hergestellte textile Strukturen werden als Gelege oder Non-Crimp Fabrics (NCF) bezeichnet. Eine weitere Möglichkeit bieten 3D-Geflechte. Bei diesem Verfahren werden mehrere Kohlenstofffaserstränge zu Profilen miteinander verflochten. Eine entsprechende Steuerung erlaubt so die Herstellung von Bauteilen mit unterschiedlichen Querschnitten und auch Krümmungen. Für die Herstellung eines Bauteils werden die textilen Strukturen zugeschnitten, mit einem geeigneten Harz imprägniert und dann das Harz ausgehärtet. Ein Beispiel für ein kommerziell häufig eingesetztes Verfahren nach der Preforming- Route ist das sog. Resin Transfer Moulding (RTM)-Verfahren. Dabei werden mehrere Lagen der textilen Strukturen übereinander in eine Form gelegt. In die geschlossene Form wird dann das Harz injiziert. Durch das Erwärmen der beheizbaren Form wird das die Polymerisationsreaktion des Harzes eingeleitet.

Bei der Prepreg Route wird ein mit Harz imprägniertes Halbzeug (z. B. eine textile Struktur), das sog. Prepreg (engl. **pre** im**preg**nated) verwendet. Die Prepregs werden vor dem Verarbeiten entsprechend zugeschnitten und zusammengelegt. Die eigentliche Herstellung des Bauteils erfolgt dann durch Laminieren einzelner Prepregs in eine Form. Es lassen sich so durch Beschnitt und entsprechende Stapelungen komplexe Bauteilformen erzeugen. Es ist so auch möglich, z. B. metallische Elemente (z. B. Anschraubstellen) im Bauteil einzulaminieren. Die durch Laminieren hergestellte Struktur wird dann mit einer Folie umgeben und in einen Autoklaven gebracht. Durch Vakuum wird der Struktur die während des Laminierens eingeschlossene Luft entzogen, bevor durch Druck und Temperatur die vollständige Aushärtung des Harzes erfolgt.

Bei der letzten Prozessroute, dem sog. Filament-Winding-Verfahren, wird eine Form durch Rotation mit Kohlenstofffasern umwickelt. Die Fasern werden dabei kontinuierlich mit Harz getränkt. Durch die entsprechende Steuerung der Achsen der Maschine können so rotationssymmetrische Bauteile unterschiedlicher Wandstärke erzeugt werden.

CFK im Automobilbau Aufgrund der erreichbaren hohen Festigkeiten und des geringen spezifischen Gewichtes werden Bauteile aus CFK vor allem für extreme Leichtbaustrukturen in Kraftfahrzeugen eingesetzt. Durch die komplexen und aufwändigen Herstellungsprozesse sind Bauteile aus CFK allerdings sehr teuer und eignen sich aufgrund ihrer langwierigen Prozessroute bislang nicht für Großserienbauteile/-fahrzeuge. Daher finden sie sich vor allem in Hochleistungssportwagen und in Rennfahrzeugen.

Abb. 10.23 CFK-Dach, BMW M3 (Quelle: BMW- Archiv)

Abb. 10.24 Der Porsche Carrera GT mit Monocoque und Aggregateträger aus CFK

Einzelne Komponenten von Fahrzeugen werden z. T. schon in CFK ausgeführt. Ein Beispiel dafür ist das CFK-Dach des BMW M3 (Typ E92) (Abb. 10.23). Das Dach wird im BMW Landshut im RTM-Verfahren hergestellt und dann mittels Kleben in der Karosserie sicher befestigt [63]. Beim Porsche Carrera GT wurde zum ersten Mal in einem Serienfahrzeug das Monocoque, wie auch der gesamte Aggregateträger, vollständig aus CFK hergestellt, was optimale Eigenschaften hinsichtlich Festigkeit und Gewicht ergeben hat (siehe Abb. 10.24).

Ausblick Die Autoindustrie ist sich der hervorragenden Eigenschaften der kohlenstofffaserverstärkten Kunststoffe (CFK) voll bewusst. Bislang verhindern der hohe Preis der Fasern und der aufwändige und zeitintensive Herstellungsprozess den Einsatz in der Serienproduktion. Verschiedene Automobilfirmen, Unternehmen aus dem Bereich Kohlefasern und Institute arbeiten intensiv an der Entwicklung von CFK- Bauteilen für Großserien. Vor allem in elektrisch betriebenen Fahrzeugen muss das zusätzliche Gewicht der Batterien durch den Einsatz von Leichtbaumaßnahmen kompensiert werden, um dem Kunden das von Verbrennungsmotoren angetriebenen KFZs bekannte Nutzungsspektrum zu bieten. Als Herausforderungen für den Großserieneinsatz von CFK sind folgende Arbeitspunkte zu nennen:

- großserientaugliche und automatisierbare Herstellungsprozesse mit möglichst kurzen Prozesszeiten
- preiswerte Faser- und Matrixgrundwerkstoffe
- sichere Detektion von Fehlstellen in fertigen Bauteilen
- Simulation von CFK- Werkstoffen (z. B. Crashsimulationen und Betriebsfestigkeitsvorhersagen bei komplexen Bauteilen)

Erst wenn diese Punkte erarbeitet wurden, können CFK-Bauteile auch in Großserienfahrzeugen Einzug halten und dort die gewünschte Gewichtsreduzierung ermöglichen.

Elastomere Auch auf dem Gebiet der Elastomere kam es zu prägnanten Neuentwicklungen. Ein Beispiel sind Kautschukmischungen für Schläuche zum Einsatz in Klimaanlagen. Chlor- bzw. Brombutylkautschuk sowie HNBR sind ausgezeichnete Basispolymere für Kautschukmischungen zum Einsatz in Kfz-Klimaanlagen. Elastomere aus diesen Werkstoffen erfüllen die strengsten Spezifikationen der Automobilhersteller.

Ein weiteres Beispiel sind die Kautschukmischungen für Schläuche zum Einsatz im Kraftstoffbereich.

Durch die Umweltanforderungen werden vom Gesetzgeber sehr strenge Anforderungen an die Kraftstoffpermeation (▶ Abschn. 7.6) gestellt. Durch umfangreiche Untersuchungen wurde festgestellt, dass eine Verminderung der Permeation nur durch eine zusätzliche Sperrschicht erreicht werden kann. Hier erwies sich FPM als ausgezeichnete Sperrschicht. Die Ergebnisse dieser Untersuchungen zeigen, dass durch den Einsatz einer FPM-Innenschicht die Permeation gegenüber einem Standardschlauch stark verringert werden kann.

Neue Kautschukmischungen wurden auch in der Reifenindustrie entwickelt (▶ Abschn. 7.3).

Thermoplastische Elastomere (TPE) gewinnen immer mehr an Bedeutung; diese sollen ihren Platz zwischen Elastomeren und Thermoplasten finden. Die Automobilindustrie erscheint hier häufig als Ort des Wettbewerbs zwischen Elastomeren und TPE. Hier stehen vor allem die Faltenbälge der Achsen und Antriebswellen im Blickpunkt, wobei nun auch auf der Motorseite TPE-E den konventionellen Elastomerwerkstoff zu verdrängen sucht. Die Vorteile der TPE liegen im Vergleich zu Elastomeren in der Gewichtsreduktion, Rezyklierbarkeit und Verarbeitung. Durch die thermoplastische Verarbeitbarkeit der TPE ergibt sich nicht selten ein Kostenvorteil. Die Nachteile der TPE hinsichtlich Medien- oder Wärmeformbeständigkeit werden zunehmend durch neue Materialentwicklungen oder TPE-gerechte Konstruktion aufgefangen [65].

Textilien Komfort und Wohlbefinden sind die zentralen Themen, die mit der Verwendung von textilen Werkstoffen und Leder im Automobil verknüpft sind. Doch nicht nur im Interieur, sondern auch in vielen anderen Bereichen sind Textilien wichtige Helfer zur Erfüllung unterschiedlicher funktioneller Anforderungen [68]. Je nach Einsatzgebiet und Anwendung sind dabei eine Vielzahl von Anforderungen bzgl. Funktion und Verarbeitung zu erfüllen (◘ Tab. 10.12) [68].

Die früher eingesetzten Naturfasern wurden zwischenzeitlich größtenteils von Kunstfasern verdrängt. Die dominierenden Fasertypen sind Polyester- und Polyamidfasern, die in den letzten Jahren durch die wesentlich kostengünstigeren PP-Fasern ergänzt wurden. Naturfasern, wie z. B. Wolle, findet man teilweise noch in Sitzanwendungen. Neben den eigentlichen Faserwerkstoffen ist vor allem der Gewebetyp und der Gesamtaufbau des Gewebes ausschlaggebend für das spätere Eigenschaftsprofil.

Einen groben Überblick über die heute eingesetzten textilen Materialien am Beispiel der Mercedes-Benz S-Klasse zeigt ◘ Tab. 10.13 [68]. Mehrlagige Verdeckstoffe für Cabrios sind aus Polyester- bzw. Polyester/Polyacryl-Mischgeweben mit einer Zwischenschicht aus Chloropren-Kautschuk aufgebaut.

◘ **Tabelle 10.12** Anforderungsprofil an textile Werkstoffe

Funktion	Verarbeitung
Dehnbarkeit	Verformbarkeit
Heißlichtechtheit	Druckempfindlichkeit
Luftdurchlässigkeit	Vernähbarkeit
Scheuerfestigkeit	Verschweißbarkeit
Steifigkeit	Klebefähigkeit
Schwerentflammbarkeit	Vulkanisierbarkeit
Klimabeständigkeit	...
Fogging/Geruch	
...	

◘ **Abb. 10.25** Lederbezogene Interieurteile

Leder Leder kann als der klassische Werkstoff zur Gestaltung und Individualisierung des Fahrzeuginnenraums bezeichnet werden (◘ Abb. 10.25).

Die Vorteile von Leder sind neben der hohen Qualitätsanmutung, die haptischen Eigenschaften sowie das angenehme »Sitzgefühl« durch die hohe Wasserdampfdurchlässigkeit. Aufgrund der hohen Materialkosten und der sehr anspruchsvollen Lederherstellung und Kaschierung von Bauteilen kommt Leder hauptsächlich in gehobenen Mittel-

Tabelle 10.13 Beispiele für textile Anwendungen in der S-Klasse, Mercedes-Benz Typ W 220

Bauteil	Materialverwendung	Textiles Produkt	Werkstoffe
Sitz	Polsterstoff (Sitzfläche)	Flachgewebe kaschiert	55 Gew.-% Polyester + 45 Gew.-% Wolle; Polyurethan-Schaum; Polyamid oder Polyester
		Veloursgewebe	70 Gew.-% Polyester + 30 Gew.-% Wolle im Flor
	Verkleidungsstoff	gerautes Gewirke kaschiert	Polyester; Polyurethan Schaum; Polyamid oder Polyester
	Polstermaterial	genadelte Watte	50 Gew.-% Wolle + 25 Gew.-% Zellulosefasern +25 Gew.-% Synthesefasern
	Unterfütterung	Gewebe	50 Gew.-% Zellulose + 50 Gew.-% Polyester
	Unterpolsterung	Gummihaarmatte	22,5 Gew.-% Kokosfasern + 22,5 Gew.-% Schweinshaare + 55 Gew.-% Latex als Binder
	Sicherheitsgurt	Webband	Polyester
Himmel	Bezugsmaterial Fertighimmel	Rundstrickvelours kaschiert	Polyester; Polyurethan Schaum; Trägerteil
Tür-verkleidung	Bezug Mittelteil	Flachgewebe kaschiert	55 Gew.-% Polyester + 45 Gew.-% Wolle; Polyurethan Schaum schweißfähig
	Bezug Unterteil Türtasche	Veloursteppich getuftet	Polyamid auf Polyester-Vlies bzw. Polyester Gewebe

und Oberklassefahrzeugen zum Einsatz. In der Vergangenheit wurde besonders auf die Verbesserung des Schrumpfverhaltens bei höheren Temperaturen sowie einer Optimierung des Fogging- und Geruchsverhaltens geachtet. Das Schrumpfverhalten konnte mit Einführung der chromfreien Gerbung zusammen mit speziellen Trocknungsverfahren deutlich verbessert werden. Fogging- und Geruchsoptimierungen erreichte man durch die Verwendung geruchs- und foggingarmer Hilfsstoffe während der Gerbung. Heute wird Leder zur Erzielung einer möglichst guten Farbegalität und einer makellosen Oberfläche mit einer ca. 25 µm »dicken« Lackschicht lackiert.

Zukünftige Entwicklungen beschäftigen sich mit dem Kundenwunsch nach Naturleder, d. h. einer stärkeren Betonung des natürlichen Ledercharakters (Geruch, Haptik, Optik) mit möglichst wenig Einbußen in Bezug auf die Alltagstauglichkeit (Verschmutzung, Farbechtheit, Abrieb, …). Hierfür gibt es erste Lösungsansätze aus der Nanotechnologie: Neue Beschichtungssysteme auf Basis anorganisch-organischer Hybridpolymere, die über die chemische Zusammensetzung und Prozessparameter speziellen Anforderungen angepasst werden können, bewirken durch einen 4 µm dünnen Oberflächenschutz eine nahezu unveränderte Gebrauchseigenschaft (natürliche, optische und haptische Eigenschaften) des Leders. Der Vorteil dieser noch in der Entwicklung befindlichen Beschichtung liegt auf der ausgeprägten Hydrophobie bei gleichzeitig hoher Wasserdampfdurchlässigkeit. Die Hybridpolymerschicht besticht durch eine sehr gute Kratzfestigkeit und verbessert neben der Verschleißfestigkeit des Leders auch die Lichtechtheit [70].

Verglasung Die Anforderungen an die moderne Autoverglasung sind vielfältig und reichen von den ästhetischen Wünschen des Kunden bis hin zu komplexen Schutzfunktionen. Dementsprechend groß ist die Anzahl der unterschiedlichen Glassorten und Kombinationsmöglichkeiten mit anderen Materialien. Der Trend geht vor allem in Richtung verschiedener Farbgebungs- und Beschichtungssysteme mit flexiblen und vielfältigen Eigenschaften.

Generell unterscheidet man zwischen Einscheibensicherheitsglas (ESG) und Verbundscheibensicherheitsglas (VSG). ESG wird in einer Stärke von 3,15 mm bis 4,85 mm in Fahrzeugen eingesetzt, die aber aus Gewichtsgründen weiter gesenkt werden soll. Im Gegensatz zu dem ESG ist das VSG deutlich vielfältiger. Auch stehen verschiedene Funktionsintegrationen im Vordergrund des Interesses. Die gängige Dicke des VSG liegt im Bereich 5 bis 6 mm, die sich in zwei Scheiben von je 2,1 bis 2,6 mm und eine dazwischen liegende PVB-Folie (Polyvinylbutyral) aufteilt. Beim Panamera von Porsche wird aus Gewichtsgründen in den Fondtüren eine Glaspaarung von 1,6/1,6 mm eingesetzt. Die gleiche Dickenkombination kam auch bei der Frontscheibe des 3 L Lupos zum Einsatz.

Mechanische sowie aeroakustische Anforderungen, besonders bei Fahrzeugen mit Frontmotorisierung, führen aber wieder zurück zur 2,1/2,1 mm Glaspaarungen. Neuste Serienentwicklungen für den Bereich Dachverglasung vereinen die jeweiligen positiven Eigenschaften von ESG und VSG mit zusätzlichen, wünschenswerten Funktionen, die bisher im Markt so nicht verfügbar waren: So besteht z. B. das ProTec® Glas (Lieferant Fa. Webasto) im Wesentlichen aus einer Glasscheibe und einer speziellen Splitterschutzfolie. Das Glas kommt vor allem bei Dachmodulen zum Einsatz. Bei Fremdeinwirkung, die zum Bruch des Glases führt, werden Glassplitter durch die Folie im Dach gehalten. Die glatte, elastisch stabile Dach-Innenfläche bleibt erhalten. Zudem wird ein hoher Rückhalteeffekt gegenüber Einwirkungen von außen und innen erzielt [75].

Bewegliche Seitenscheiben haben eine Gesamtdicke zwischen 4 und 6 mm, feste Seitenscheiben mindestens eine Dicke von 3,15 mm. Aufgrund der Schichtstruktur der VSG können weitere Funktionen, wie z. B. spezielle Beschichtungen oder Antennen integriert werden. So werden bei besonders hochwertigen Scheiben Metalloxidschichten aufgebracht, die die (nicht sichtbare) Infrarot-Wärmestrahlung des Sonnenlichtes bis zu 60 % reflektieren und so die Aufheizung des Fahrzeuginnenraumes vermindern. Zudem können Metalloxidschichten auch als Scheibenheizung betrieben werden. Die Schichten können außerdem auch als Radio- und TV-Antenne verwendet werden. Gedruckte Antennen werden teilweise durch Feindrahtstrukturen ersetzt, die kaum noch mit bloßem Auge zu erkennen sind.

Auf der Außenseite von Fahrzeuggläsern dienen hydro- und oleophobe Silanbeschichtungen zur Verbesserung des Verschmutzungsverhaltens. Durch die geringe Oberflächenspannung zwischen Glas und Wassertropfen perlt dieser stärker ab, als bei einer unbehandelten Seibe. Dies führt zu einer besseren Durchsicht bei Regen und zu einer geringeren Neigung gegen Verschmutzen. Häufig werden vordere Türscheiben mit einer langlebigen, hydro- und oleophoben Schicht versehen. Frontscheiben sind weniger für diese Schichten geeignet, da die Scheibenwischer die Oberfläche abtragen und es zu verstärktem Streulicht bei Regen kommen kann.

Eine weitere Möglichkeit ist die Kombination von Glas mit Polykarbonat. Dabei wird eine dünne Glasscheibe auf eine nicht kratzbeständige, aber leichtere Polykarbonatscheibe als Träger aufgeklebt. Durch diese Kombination ist eine weitere Gewichtsreduktion möglich. Nachteilig ist die dadurch reduzierte Steifigkeit der Scheibe. Die Darstellung solcher Systeme ist z. Z. noch auf zweidimensionale kleinere Formate (DIN A4) beschränkt. Als nächstes Entwicklungsziel ist das Herstellen großer, gekrümmter Scheiben geplant [71].

Die Heckscheibe des Porsche 911 GT3 RS ist ein Beispiel für den Einzug von Polycarbonat in der Automobilverscheibung. Weiterhin sind bereits die hinteren feststehenden Seitenscheiben des Smart 4Two sowie der hintere Teil des Panoramadachs der Mercedes Benz G-Klasse aus Polycarbonat gefertigt. Vorteile dieser Technik sind, neben der möglichen Gewichtseinsparung von bis zu 40 %, eine sehr gute Schlagzähigkeit und eine durch die Spritzgießtechnologie sehr große Gestaltungsfreiheit bei gleichzeitig großer Integrationsfähigkeit (z. B. von Antennenmodulen, Jalousien, Beleuchtungskörpern oder auch Solarzellen) [73].

Kosten, Kratz- und Alterungsbeständigkeit, mechanische Eigenschaften, geringe Schalldämmung, Herstellbarkeit und Qualitätsanmutung sind nur einige Aspekte, die im Vergleich zu Glas ganzheitlich für einen Einsatz im Automobil abgewogen werden müssen.

10.2.2.2 Tribologie

Das Ziel der Tribologie ist es, eine möglichst verlustfreie Energie-, Stoff- und Signalübertragung zu erreichen. Bereits in der Entwicklung kann darauf durch konstruktive Maßnahmen im Bezug auf Geometrie, Kraftfluss und Werkstoffauswahl positiv Einfluss genommen werden.

In einem Tribosystem können Aussagen über das Reibungs- und Verschleißverhalten von Bauteilen oder Stoffen, aufgrund der relevanten Auswirkungen verschiedener Einflussparameter, nicht allein getroffen werden. Es handelt sich dabei nicht um reine Materialeigenschaften, sondern Systemeigenschaften die durch komplexe tribophysikalische und tribochemische Abläufe ausgelöst werden.

Dabei kann ein Tribosystem in Abhängigkeit der Anforderungen extrem unterschiedlich ausgelegt sein. Es werden bezogen auf die Reibung und den Verschleiß aufgabenspezifische hohe und niedrige Werte gefordert. Mit einer gezielten Modifikation der Wirkflächen von Grund- und Gegenkörper ist ein gewünschtes Systemverhalten zu erlangen.

Bei der Entwicklung von Kupplungs- und Bremsbelägen wird ein **hoher Reibwert** gefordert, um eine maximale Kraft zwischen den Reibpartnern zu erzeugen.

Im Gegensatz dazu werden z. B. Gleitlager mit sehr **niedrigen Reibwerten** konzipiert, damit sie nicht hemmend und leistungsmindernd auf das Gesamtsystem in Maschinen, Apparaten, Anlagen oder Fahrzeugen wirken.

Hoher Verschleiß wird beim Einlaufvorgang von Gasturbinen gefordert. Der Stator ist mit einer leicht verschleißenden Schicht versehen und wird bei Bewegung der Turbinenschaufel soweit abgetragen, dass ein minimaler Spalt zwischen Druck- und Saugseite entsteht. Daher kann auf zusätzliche Abdichtungen verzichtet werden [76].

Niedriger Verschleiß wird bei fast allen mechanisch bewegten, geschmierten und nicht geschmierten, Maschinenteilen verlangt, um einen Ausfall durch verschleißbedingte negative Erscheinungsformen zu vermeiden.

Die Verschleißeigenschaften metallischer Werkstoffe werden in erster Linie durch Legieren und/oder durch eine Oberflächenbehandlung verbessert. Eine weitere Möglichkeit ist der Einsatz von Sintermetallen, die Herstellung von Verbundwerkstoffen oder die Verwendung keramischer Werkstoffe.

Keramik Innerhalb der technischen Keramik (Hochleistungs-, Ingenieur-, Industrie-, Konstruktions-, Elektro-, Funktions- oder Strukturkeramik) werden drei Gruppen unterschieden:

Silikatkeramik Zu den bekannten Werkstoffen zählen Porzellan, Steatit, Cordierit und Mullit. Im Fahrzeugbau wird z. B. Cordierit aufgrund seiner hohen Thermoschockbeständigkeit und des niedrigen Wärmeausdehnungskoeffizienten trotz niedriger Festigkeiten als Katalysatorträger eingesetzt.

Oxidkeramik Oxidkeramische Werkstoffe sind einphasige, einkomponentige Metalloxide auf der Basis von Aluminium, Magnesium, Zirkon, und Titan oder Mischoxide wie z. B. Aluminiumtitanat oder Bleizirkonattitanat (Piezokeramik). Eingesetzt werden diese überwiegend für elektrische Anwendungen (z. B. Isolatoren, Klopf- und Abstandssensoren, in Lambda-Sonden, etc.).

Nichtoxidkeramik Hauptsächlich auf der Basis von Kohlenstoff, Silizium, Stickstoff und Bor hergestellte Keramik und Sialone (Si-, Al-, O-, N-Verbindungen). Verwendung finden diese als Gleitringe, Lager- oder Isolationsbuchsen z. B. in Wasser- und Kraftstoffpumpen, Abgasregelventilen, etc. Eine weitere mögliche Anwendung ist der Einsatz von Ventilen aus Siliziumnitrid [81]. Die Reibleistung kann mit diesen Ventilen um bis zu 40 % reduziert, gleichzeitig das Verschleißverhalten verbessert und die Geräuschemission minimiert werden. Aufgrund der hohen Fertigungskosten haben sich diese allerdings, trotz nachgewiesener technischer Vorteile, nicht durchgesetzt.

Die Vorteile von technisch relevanten Keramiken sind die hohe Druckfestigkeit und Härte, die

■ **Abb. 10.26** Porsche Ceramic Composite Brake (PCCB)

■ **Abb. 10.27** Porsche Ceramic Composite Clutch (PCCC) [85]

hohe Verschleiß- und Hochtemperaturfestigkeit, sowie eine gute Korrosionsbeständigkeit und eine geringe Dichte.

Die Nachteile von Keramik sind die geringe Duktilität, eine hohe Streuung der Werkstoffkennwerte, z. T. eine geringe Thermoschockbeständigkeit, die aufwändige Herstellung und Bearbeitung und die komplizierte Fügetechnik mit anderen Werkstoffen.

Die Einlagerung von Fasern ist derzeit die aussichtsreichste Möglichkeit zur Erhöhung der Bruchzähigkeit von keramischen Werkstoffen und Darstellung von Strukturkomponenten. Keramische Bestandteile im Verbund sind eine Möglichkeit, die Vorteile der neuen Werkstoffe zu nutzen. Mit der Porsche Ceramic Composite Brake (PCCB) aus carbonfaserverstärktem Siliziumkarbid (C/SiC) im Porsche 911 GT2 wurde erstmalig ein Serienfahrzeug mit einer Keramikbremsscheibe ausgerüstet (■ Abb. 10.26). Die PCCB ist leicht und thermisch extrem belastbar. Dabei ist es hart und bruchzäh zugleich, das heißt unempfindlich gegen Thermoschocks und mechanische Schlageinwirkung. Das Gewicht einer derartigen Bremsscheibe beträgt lediglich die Hälfte einer herkömmlichen Graugussscheibe. Das reduziert vor allem die ungefederten Massen, wodurch Fahrsicherheit und Fahrkomfort weiter verbessert werden [82]. Wegen ihrer technischen Vorteile hat sich die Keramikbremse heute im Sportwagen- und hochmotorisierten Oberklasse- und SUV-Bereich etabliert [83].

Neben der Bremse kann Keramik auch für die Kupplung eines Fahrzeugs verwendet werden. Sie wurde beim Porsche Carrera GT zum ersten Mal serienmäßig in einem Sportwagen eingesetzt. Die sog. Porsche Ceramic Composit Clutch (PCCC) (■ Abb. 10.27) kann mit einem Durchmesser von 169 mm ein Drehmoment von maximal 1000 Nm übertragen.

Eine immer breitere Anwendung finden keramische Oberflächenbeschichtungen, wie z. B. PVD-, CVD-, sowie thermisch gespritzte Schichten.

Diese Schichten werden auf ein metallisches Bauteil aufgebracht, um die Härte und somit die Verschleiß- und die Temperaturbeständigkeit an der Oberfläche zu erhohen. Sie sind in der Regel dünn und müssen normalerweise nicht nachbearbeitet werden.

Gerade unter Leichtbaugesichtspunkten sind diese Oberflächenbehandlungen vorteilhaft, da der Werkstoff des Bauteils nicht mehr über die hochbelasteten Randbereiche definiert wird. Die Beschichtung von Zylinderlaufflächen und Lageranwendungen sind dabei die technisch interessantesten Anwendungsgebiete.

Keramische Werkstoffe für elektrotechnische Anwendungen Bei mechanisch belasteten Bauteilen und Komponenten macht man sich die hohe Härte und die Verschleißbeständigkeit keramischer Werkstoffe zunutze. Diese Eigenschaften stehen bei elektronischen Bauteilen nicht im Vordergrund. Hier kamen durch die Weiterentwicklung der technischen Keramiken und die Erforschung ihrer physikalischen Charakteristika folgende technisch nutzbare Eigenschaften hinzu:

- elektrische Isolation (z. B. Zündkerzen, elektrische Miniaturschaltungen allgemein)
- hohe Hitzebeständigkeit (z. B. Heizelemente)
- hohe Dielektrizitätskonstanten (Einsatz als Dielektrikum in elektrischen Kondensatoren) und
- piezoelektrische Eigenschaften.

Bereits zu Beginn der Entwicklung der Kraftfahrzeuge wurde mit der Zündkerze eine der bekanntesten Einsatzmöglichkeiten keramischer Werkstoffe als Isolator gefunden, mit der es überhaupt erst möglich war, schnelllaufende Benzinmotoren zu betreiben. Auch in modernen Motoren sind Zündkerzen erforderlich und für eine gezielte Verbrennung unerlässlich. Das in den Zündkerzen als Isolatorwerkstoff verwendete Al_2O_3 (Aluminiumoxid) kommt auch als Substratplatte bei Mikrochips in Dickschichttechnik zum Einsatz. So hergestellte Chips eignen sich z. B. zum Einsatz bei erhöhten Betriebstemperaturen in Motorsteuergeräten.

Eine besondere Eigenschaft verschiedener, vor allem keramischer, Werkstoffe, der piezoelektrische Effekt, führt zum Einsatz in zahlreichen unterschiedlichen elektronischen Komponenten in Kraftfahrzeugen. Beim piezoelektrischen Effekt kommt es durch eine von außen wirkende mechanische Kraft (Druck, Zug, Verdrillung, Scherung oder Biegung) zur Deformation des Kristallgitters und damit einhergehend zu einer Ladungsverschiebung aus der elektrisch neutralen Position (siehe

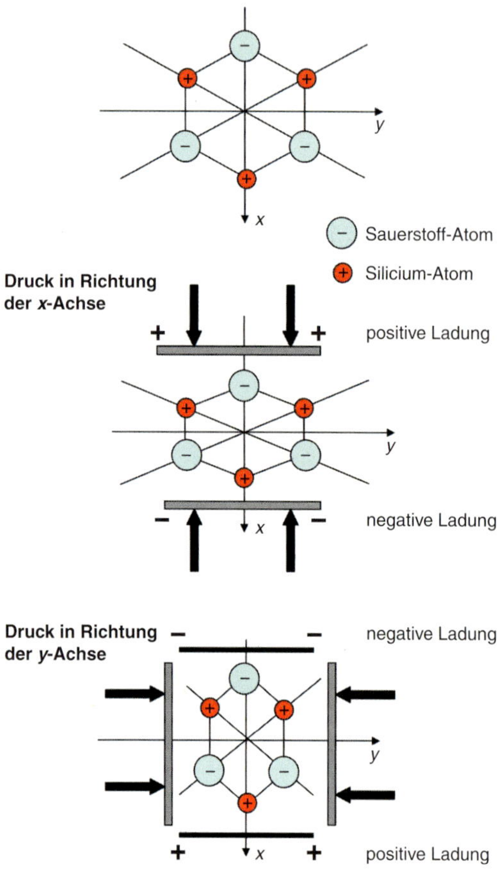

Abb. 10.28 Schematische Darstellung des piezoelektrischen Effektes am Beispiel des Quarz-Kristalls [86]

Abb. 10.28). Diese Ladungsverschiebung führt makroskopisch zu einer messbaren Spannung am Kristall. Umgekehrt führt eine von außen angelegte elektrische Spannung zur Verformung des Kristalls. Mit einer Wechselspannung kann der Kristall in Schwingungen versetzt werden, was z. B. zur Erzeugung von Schallwellen genutzt wird.

Der piezoelektrische Effekt kommt bei Kraftfahrzeugen in einer Vielzahl von Bereichen zur Anwendung:

- Deformationselemente z. B. zum Auslösen von Airbags oder Gurtstraffern
- Klopfsensoren am Motorblock
- Ultraschallsensoren als Einparkhilfe
- piezoelektrische Einspritzdüsen in Dieselmotoren für Common-Rail-Einspritzsysteme
- Beschleunigungssensoren

Typische Vertreter piezoelektrisch wirksamer Werkstoffe sind Quarz (auch bekannt aus den quarzgetakteten Uhren), Turmalin und verschiedene Titanate (z. B. Bariumtitanat). Man verwendet für elektrische Anwendungen hauptsächlich keramische Werkstoffe mit einer sog. Perowskit-Struktur, da diese einen wesentlich stärker ausgeprägten piezoelektrischen Effekt aufweisen als Quarz.

Aufgrund des Stoffverbotes verschiedener Elemente (z. B. Blei oder Barium) gibt es Bestrebungen, alternative Verbindungen zu finden und so die schwermetallhaltigen Titanate durch Verbindung mit vergleichbaren Eigenschaften zu substituieren [87].

10.2.2.3 Korrosionsschutz

DIN EN ISO 8044 definiert die Korrosion wie folgt:

»Korrosion ist die Reaktion eines metallischen Werkstoffes mit seiner Umgebung, die eine messbare Veränderung des Werkstoffes bewirkt und zu einer Beeinträchtigung der Funktion eines metallischen Bauteiles oder eines ganzen Systems führen kann. In den meisten Fällen ist die Reaktion elektrochemischer Natur, in einigen Fällen kann sie chemischer oder metallphysikalischer Natur sein.«

Der Begriff Korrosionsschutz muss von dem der Korrosionsbeständigkeit unterschieden werden, der als grob qualitatives Maß des Widerstehens eines Metalls gegen den Angriff durch das Korrosionsmedium gebraucht wird. Ein an sich völlig korrosionsbeständiger Überzug, z. B. aus Gold, ist nicht zwingend der absolute Korrosionsschutz. Der Goldüberzug kann porig sein und dann die Korrosion des unedleren Grundmaterials fördern, ohne selbst angegriffen zu werden. Zink als Überzugsmetall auf Stahl verhält sich entgegengesetzt. Bei durchgehenden Verletzungen geht Zink in Lösung und schützt durch Eigenkorrosion das Substrat.

Werkstoffbeschichtungssysteme Die Oberflächenbehandlung eines Werkstoffes verfolgt das Ziel, ihn für eine Anwendung zu optimieren oder eine Anwendung zu ermöglichen.

Dies gilt sowohl für die klassischen Beschichtungsverfahren als auch für Umwandlungsprozesse wie Ätzen, Oxydieren oder Implantieren. Wesentliche Anwendungsziele sind Oberflächenfunktionen als Korrosionschutz, Oxidationsschutz, Verschleißschutz, Gleitvermögen, Wärmedämmung, Abdeckung oder das Erzielen eines Oberflächeneffekts. Oft sind mehrere Ziele gleichzeitig zu berücksichtigen.

Die Anforderungen an eine Oberflächenbeschichtung zum Korrosionsschutz können dekorativ/funktionell oder nur funktionell ausgerichtet sein. Diese Unterscheidung ist wichtig, da dekorative Beschichtungen im Regelfall eine aufwändigere mechanische Vorbehandlung benötigen und damit auch die Beschichtungskosten beeinflusst werden. Im Interesse eines technisch und wirtschaftlich optimalen Entwicklungsprozesses müssen die Belange einer späteren Oberflächenbeschichtung von Anfang an mit einbezogen werden.

Elektrolytisch abgeschiedene Metallschichten Die Metallabscheidung kann in einem Elektrolytbehälter oder ohne diesen mittels Tampon-Galvanisieren (eingesetzt zum selektiven Beschichten, meist als Reparaturlösung) erfolgen [89]. Das Bauteil ist als Kathode gepolt. Aus der Vielzahl abscheidbarer Metalle finden zum Korrosionschutz folgende Anwendung: Chrom, Nickel, Kupfer, Zink, Silber, Zinn, Gold und Blei. Von den galvanisch abscheidbaren binären Metalllegierungen haben ZnCo, ZnFe, ZnNi an Bedeutung gewonnen. Diese Schichten sind chromatierbar und ersetzen aufgrund ihrer deutlich besseren Korrosionsbeständigkeit die chromatierten Zinkschichten bei Verbindungselementen und Bauteilen im Fahrwerk- und Motorbereich. Zusätzliche organische Dünnschichtüberzüge steigern nochmals den Korrosionschutz und die Temperaturbeständigkeit. Solche Oberflächen finden auch Anwendung in Kontakt mit Magnesiumbauteilen [90].

Bei höchstfesten Stählen ($\geq$ 1000 MPa) und elektrolytischer Abscheidung ist immer die Gefahr der Wasserstoffversprödung gegeben [91]. Man denke in diesem Zusammenhang auch an stark kalt umgeformte Blechteile und auch daran, dass bei der kathodischen Tauchentfettung und beim Beizen mit Mineralsäuren Wasserstoff erzeugt wird. Diese Vorbehandlungsverfahren werden häufig für Beschichtungsverfahren eingesetzt, die selbst keine Wasserstoffschädigung verursachen. Dies trifft auch auf die galvanische Abscheidung von Aluminium zu. Bei der Abscheidung aus aprotischen, d.h. wasserfreien Lösungen tritt keine Wasserstoffversprödung auf. Die Aluminierung ist außerordentlich duktil, lässt sich chromatieren und bei Schichtdicken ab ca. 20 μm auch farbig anodisieren. Sie eignet sich z.B. für Schlauchquetschverbinder.

Galvanisch abgeschiedene Schichten sind nicht konturtreu. An Ecken und Spitzen werden aufgrund der höheren Stromdichten dickere Schichten erzeugt. Wegen der begrenzten Streufähigkeit ist das Beschichten von komplexen Geometrien oft nur unter Zuhilfenahme von Zusatz- bzw. Innenelektroden möglich. Bei der Konstruktion der Teile ist auf gute Spülmöglichkeit zu achten. Verschleppte Elektrolyte verteuern den Prozess, am Werkstück zurückbleibende können zur Korrosion führen. Es empfiehlt sich, die Konstruktionsempfehlungen in den Publikationen der Fachverbände zu beachten.

Außenstromlos abgeschiedene Metalle Für den Korrosionsschutz ist es vorzugsweise Nickel. Weitere abscheidbare Metalle sind Kupfer, Silber und Zinn [88]. Die Schichten werden mit Hilfe chemischer Reduktionspartner aus wässrigen Metallsalzlösungen abgeschieden. Daraus resultiert auch die Bezeichnung »Chemisch Nickel« [92]. Besonderer Vorteil ist die Konturtreue im Vergleich zu galvanischen Schichten. Das Verfahren gestattet die Beschichtung innenliegender Flächen. Es kann Stahl und Aluminium beschichtet werden, aber auch auf Graphit, Keramik oder Kunststoffen ist eine Abscheidung möglich, wenn vorher Metallschichten aufgebracht wurden, die eine chemische Reaktion ermöglichen. Die ausgezeichnete Korrosionsbeständigkeit wird durch passiven Schutz gewährleistet, d.h. auf Stahl und Aluminium darf die Schicht keine Poren oder Risse aufweisen, die das Grundmetall freilegen. Bei starker Korrosionsbelastung sind auf Stahl mindestens 25 μm, auf Aluminium höhere Schichten erforderlich. Die Empfindlichkeit gegenüber Spannungsrisskorrosion von hochfesten Stählen lässt sich durch chemischen Nickel herabsetzen, zum Teil sogar verhindern.

Eine weitere positive Eigenschaft ist das tribologische Verhalten von stromlos Nickel. Durch Einlagerung von PTFE, SiC, und Diamant-Partikeln lässt es sich auch als Dispersionschicht in weiten Bereichen steuern. Stromlos Nickelschichten können die Dauerfestigkeit in Abhängigkeit vom Grundwerkstoff, der Wärmebehandlung und der Schichtdicke bis zu 60 % verringern.

Anodisieren Umwandeln der Oberflächenschicht eines Metalls in eine oxidische Deckschicht durch anodisches Oxidieren, beim Aluminium meist in schwefelsaurer oder chromsaurer Lösung. Bauteile mit Überlappungen, aus welchen der Elektrolyt nicht entfernt werden kann, dürfen nicht nach dem Schwefelsäureverfahren, Werkstoffe mit mehr als 7,5 % Legierungsanteilen nicht nach dem Chromsäureverfahren behandelt werden. Die Schichten weisen nachverdichtet ein ausgezeichnetes Korrosionsverhalten auf, lassen sich zudem einfärben und eignen sich ferner zur Vorbehandlung zum Lackieren. Für den letzten Fall darf dann aber aus Haftungsgründen die Schicht nicht mehr verdichtet werden [93].

Durch »Hartanodisieren« mit gekühlten Elektrolyten bestimmter Zusammensetzung lassen sich Schichtdicken von 50–100 μm erzielen. Diese sind in der Lage, elektrisch und thermisch zu isolieren. Die Schichten sind hart und spröde und bilden unter mechanischer Belastung Risse. Die Dauerfestigkeit wird durch Rissfortschritt ins Grundmaterial erheblich verringert.

Lackieren Lackierungen sind Schutzschichten auf Basis organischer Substanzen, in der Regel auf Basis von Polymeren. Verschiedene Zusätze wie z.B. Zinkchromat, Bleimennige und andere toxische Pigmente sind nicht mehr zulässig oder mit hohen Arbeitsschutzauflagen verbunden. Diese aktiven Korrosionsschutzpigmente waren in der Lage, mangelhafte Oberflächenvorbehandlungen zu kaschieren. Unabhängig von Substrat, Lackchemie und Auftragsverfahren ist eine werkstoffgerechte Oberflächenvorbereitung und Vorbehandlung die Voraussetzung für eine korrosionsbeständige Lackierung. Für Bauteile aus Magnesium gilt insbesondere, dass bei hoher Korrosionsbelastung eine Lackierung keinen Schutz gegen Kontaktkorrosion bietet.

Ein weiterer Punkt, der berücksichtigt werden muss, ist das Setzverhalten organischer Beschichtungen. Vorspannkräfte können erheblich beeinträchtigt werden (Kriechen, vor allem unter Temperatureinfluss). Weitere Beschichtungsverfahren, auf die hier nicht näher eingegangen wurde, sind:

- *Thermische Spritzschichten (Flamm-, Lichtbogen-, Detonations- und Plasmaspritzen)*
- *PVD- und CVD-Schichten*
- *Schmelztauchschichten*
- *Walzplattierschichten*
- *Diffusionsschichten.*

10.2.3 Fortschritte in der Fügetechnik

10.2.3.1 Schweißen und Löten

Im folgenden Abschnitt sollen ausgewählte Entwicklungen speziell aus den Bereich der Fügeverfahren von im Karosseriebereich eingesetzten Blechen (► Abschn. 10.2.2.1.1) betrachtet werden.

Widerstandspunktschweißen Im Bereich der Stahlwerkstoffe ist das Widerstandspunktschweißen nach wie vor das dominante Verfahren. Hierbei hat speziell im Bereich des Karosserierohbaus in den letzten Jahren verstärkt die sog. Mittelfrequenzschweißung (1000 Hz) Einzug gehalten. Durch diese Technik ist es möglich, robotergeeignete Transformatorschweißzangen zu realisieren, die ein erheblich reduziertes Gewicht und kleinere Bauformen gegenüber herkömmlichen 50 Hz Wechselstromschweißzangen aufweisen. Durch ein günstigeres Verhältnis von Effektivstrom zu Spitzenstrom konnte darüber hinaus die Spritzerneigung beim Punktschweißen deutlich reduziert werden. Verbesserte Steuerungen und intelligente Regelungen erlauben heute eine sichere Verschweißung auch höherfester bzw. beschichteter Bleche.

Das Punktschweißkleben, bei dem Klebstoff zusätzlich in der Fügeebene appliziert wird, kann das Tragverhalten solcher Verbindungen gerade auch in Bezug auf die Schwingfestigkeit nochmals verbessern.

Laserschweißen Das Laserschweißen, das zunächst Verbreitung im Fahrzeugbau bei den Tailored Blanks (► Abschn. 6.1.3) gefunden hat, kommt zunehmend auch beim Fahrzeugzusammenbau zum Einsatz. Hierbei wird das Tragverhalten speziell von höherfesten Blechen dadurch positiv beeinflusst, dass die Bleche quasi flächig miteinander verbunden sind. Derzeit werden sowohl CO_2-Laser als auch Festkörperlaser (Nd-YAG) eingesetzt. Konstruktiv lassen lasergeschweißte Verbindungsbereiche eine Reduzierung der Flanschbreite zu. Auch können Fügungen bei nur einseitiger Zugänglichkeit (z. B. im Dachbereich) mit hoher Sicherheit geschweißt werden. Gestiegene Laserleistungen bei gleichzeitig verbesserten Strahlqualitäten lassen darüberhinaus auch ein Schweißen mit Zusatzdraht zu. Hierdurch lassen sich andere Fügegeometrien, z. B. auch Kehlnähte, realisieren bei gleichzeitig verbesserter Spaltüberbrückbarkeit.

Löten Die modernen im Karosseriebau verwendeten Verfahren sind das MIG-, Plasma- und Laserlöten. Der wesentliche Unterschied zum Schweißen besteht darin, dass nur das verwendete Zusatzmaterial, vorzugsweise eine Kupferlegierung, nicht aber der zu fügende Grundwerkstoff aufgeschmolzen wird. Das flüssige Lot benetzt den Grundwerkstoff, dringt in die Oberfläche ein und stellt durch Erzeugung einer Legierung an der Grenzfläche die Verbindung her [94]. Das Verfahren ermöglicht bei Karosserielötstellen aufgrund der Größe des Verbindungsbereichs Festigkeiten, die teilweise über denen des Grundwerkstoffs liegen.

Durch das abgesenkte Temperaturniveau beim Fügevorgang kommt es bei verzinkten Blechen zu einer reduzierten Beeinflussung der Zinkschicht und ggfs. zu einer verminderten Aufhärtung in der Wärmeeinflusszone. Weiterhin ist die Spaltüberbrückbarkeit mit dem verwendeten Zusatzmaterial besser und der Wärmeverzug geringer. Allerdings muss wegen der unterschiedlichen elektrochemischen Potenziale der verwendeten Werkstoffe, speziell im Falle verzinkter Bleche, im Fügebereich ein ausreichender Korrosionsschutz z. B. durch eine einwandfreie KTL-Beschichtung erfolgen.

Hochfrequenzschweißen In der Einführung befindet sich derzeit das Hochfrequenzschweißen von Tailored Blanks. Hierbei werden die Platinen mit einem definierten Spalt zueinander gespannt. Der hochfrequente Strom wird mittels Spannschienen direkt über die Platinen geführt. Durch elektrodynamische Effekte konzentriert sich der

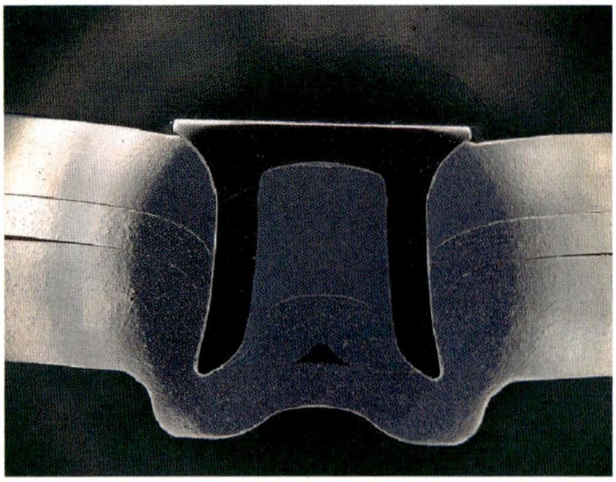

Abb. 10.29 Dreilagige Aluminiumverbindung im Schliffbild

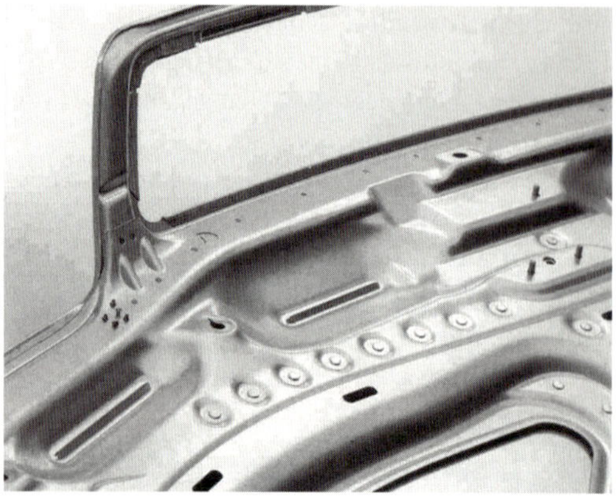

Abb. 10.30 Praxisbeispiel für Stanznietanwendungen: Audi A6-Motorhaube

Schweißstrom an den Blechkanten. Nach Erreichung der notwendigen Temperatur wird der Strom abgeschaltet und die erwärmten Fügekanten werden zusammengepresst. Es lassen sich extrem kurze Schweißzeiten realisieren (1 s/m). Die Anforderungen an die Nahtkantenvorbereitung sind geringer als beim Laserschweißen, auch nichtlineare Nähte lassen sich leicht realisieren. Als Verfahrensvariante lässt sich das Verschweißen auch bereits umgeformter Bauteile, d. h. also auch konturierter dreidimensionaler Nähte, sehen. Auf diese Weise ist es denkbar, bspw. bei Automobilseitenwänden gleiche Vorderteile mit unterschiedlichen Heckvarianten zu verbinden. Als nachteilig ist jedoch anzusehen, dass die aufgrund des Stauchvorgangs entstandenen Nahtüberhöhungen abgearbeitet werden müssen.

10.2.3.2 Mechanische Fügeverfahren

Als Alternative zum Widerstandspunktschweißen bieten sich zunehmend umformtechnische Fügeverfahren wie das Stanznieten und das Durchsetzfügen (Clinchen) an. Das Fügen durch Umformen ist eine Sammelbezeichnung für Fertigungsverfahren, bei denen die Fügeteile und/oder die Hilfsfügeteile örtlich, bisweilen auch ganz umgeformt werden [95]. Mit diesen mechanischen Verfahren lassen sich sowohl unbeschichtete als auch beschichtete Blechformteile verbinden. Ein weiterer Vorteil ist darin zu sehen, dass bei den mechanischen Verfahren keine Anwendungsbegrenzung auf Stahlwerkstoffe besteht. Vielmehr lassen sich auch metallurgisch unverträgliche Werkstoffe miteinander verbinden.

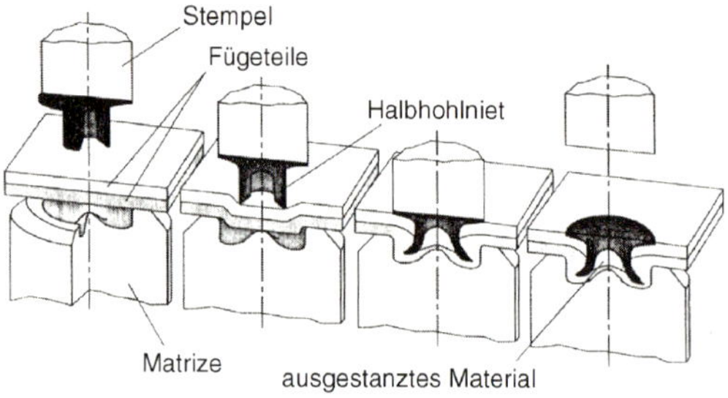

Abb. 10.31 Arbeitsfolge beim Stanznieten mit Halbhohlniet

Stanznieten Beim Stanznieten werden die zu verbindenden Teile ohne Vorlochen mit Nietelementen verbunden (Abb. 10.29 und Abb. 10.30) [98]. Das beim »konventionellen« Nieten erforderliche Vorlochen der Fügeteile wird durch einen entsprechenden Niet-Schneidvorgang ersetzt.

Stanznieten mit Halbhohlniet Beim Stanzen mit Halbhohlniet entsteht die Verbindung in einem durchgehenden Stanz- und Umformvorgang (Abb. 10.31) [95]. Die zu verbindenden Blechteile werden auf die Matrize gelegt. Mit dem Vorschub der Setzeinheit erfolgt durch das Aufsetzen der Setzeinheit eine Fixierung der Fügeteile. Mit dem weiteren Vorschub wird der Niet der Fügestelle zugeführt.

Im sich anschließenden Fügevorgang durchtrennt der Stanzniet das obere, stempelseitige Blechteil und verformt bei gleichzeitiger eigener Verspreizung das untere, matrizenseitige Blechteil plastisch zu einem Schließkopf. Die Form des Schließkopfes wird hierbei wesentlich durch die Kontur der Matrizengravur bestimmt.

Das Nietelement bildet im plastisch umgeformten Werkstoff der Fügeteile über eine Spreizung einen Hinterschnitt aus, der ein Maß für die Verbindungsfestigkeit darstellt. Das aus der oberen Blechlage ausgestanzte Material füllt den hohlen Nietschaft aus und wird dabei unverlierbar eingeschlossen [95].

Das Erreichen einer grossen Verspreizung des Nietschaftes ist eine wichtige geometrische Kenngröße. Sie hat wesentlichen Einfluss auf die übertragbaren Scherzug- und Kopfzugkräfte. Außerdem wird der Stanzniet axial und radial verspannt, sodass ein Kraftschluss in die Verbindung eingebracht wird.

Stanznieten mit Vollniet Beim Stanznieten mit Vollniet dient das Nietelement als Einweg-Schneidstempel. Er wird jedoch selbst nicht umgeformt. Die verwendeten Werkstoffe der Stanzniete müssen härter sein als die zu fügenden Teile. In der Praxis eingesetzte Werkstoffe sind Stahl, Kupfer, Aluminium und Edelstahl mit verschiedenen Oberflächenbeschichtungen.

Durchsetzfügen Beim Durchsetzfügen (Clinchen) handelt es sich um ein umformtechnisches Fügen von Werkstoffen ohne Hilfsfügeteil [96, 97]. Eine Charakterisierung der Durchsetzfügeverfahren ist folgendermaßen möglich:

- nach der Fügeelementausbildung: Durchsetzfügen mit und ohne Schneidanteil
- nach der Kinematik der Werkzeugteile: ein- und mehrstufiges Durchsetzfügen [95]

Durchsetzfügen mit Schneidanteil Beim Durchsetzfügen mit Schneidanteil entsteht das Fügeelement unter der lokalen Wirkung eines kombinierten Scherschneid- und Durchsetzfügevorganges und eines Kaltstauchvorganges. Der aus der Blechebene heraus verschobene Blechwerkstoff wird gestaucht, so dass durch Breiten eine kraft- und formschlüssige Verbindung entsteht. Das Durchsetzen und das Einschneiden begrenzen den Fügevorgang. Je nach Art und Zuordnung der Schneiden bzw. des Durchsetzens und des Stauchens kann zwischen ein- und mehrstufigen Durchsetzfügesystemen unterschieden werden.

- Einstufiges Durchsetzfügen mit Schneidanteil: Einstufiges Durchsetzfügen ist gegeben, wenn die Verbindung während eines ununterbrochenen Hubes eines einzigen Werkzeugteiles entsteht. Diese Verfahrensvariante ist mit einfach wirkenden Fügepressen ausführbar.
- Mehrstufiges Durchsetzfügen mit Schneidanteil: Mehrstufiges Durchsetzfügen ist gegeben, wenn die Verbindung unter Einwirkung nacheinander bewegter Werkzeugteile hergestellt wird. Mit einem mehrteiligen Fügewerkzeug werden die Fügeteile an der Verbindungsstelle partiell eingeschnitten und versetzt [95].

Durchsetzfügen ohne Schneidanteil Auf der Grundlage der Durchsetzfügeelemente mit Schneidanteil wurden in den letzten Jahren weitere Fügeelemente entwickelt. Charakteristisches Kennzeichen dieser Fügeelemente ist es, die Verbindungsfestigkeit nicht nur durch Vergrößerung der Scherfläche, sondern durch Verminderung des Schneidanteils zugunsten des Umformanteils zu erhöhen.

Beim Durchsetzfügen ohne Schneidanteil wird in einem kombinierten Einsenk- und Durchsetzvorgang (das Einsenken begrenzt den Fügebereich) sowie einem Kaltstauchvorgang (das durchgesetzte Werkstoffvolumen wird gestaucht) eine kraft- und formschlüssige Verbindung durch Fließpressen erzeugt. Für das ein- oder mehrstufige Durchsetzfügen ohne Schneidanteil sind entsprechende Werkzeugsysteme mit und ohne bewegte Matrizenteile konzipiert worden.

- Einstufiges Durchsetzfügen ohne Schneidanteil (■ Abb. 10.32): Beim einstufigen Durchsetzfügen ohne Schneidanteil ist der Grundgedanke, ein unterschiedliches Fließverhalten von matrizenseitigem und stempelseitigem Fügeteil zu erreichen. Erst dadurch wird ein nachweisbarer Hinterschnitt und damit eine kraft- und formschlüssige Verbindung möglich.
- Mehrstufiges Durchsetzfügen ohne Schneidanteil: Das mehrstufige Durchsetzfügen ohne Schneidanteil ist durch eine zeitliche Trennung von Durchsetz- und Stauchphase gekennzeich-

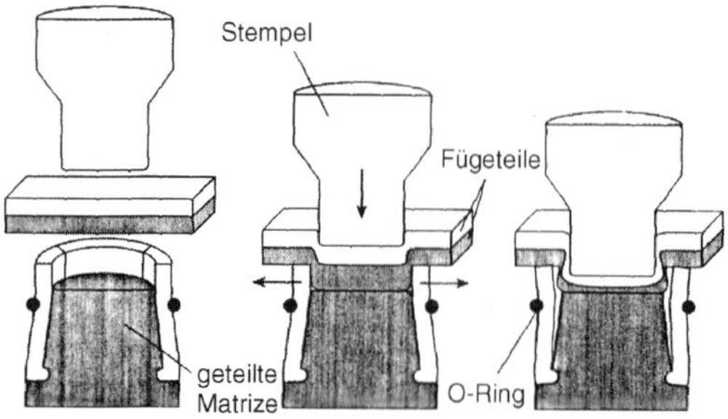

Abb. 10.32 Arbeitsfolge beim einstufigen Durchsetzfügen ohne Schneidanteil

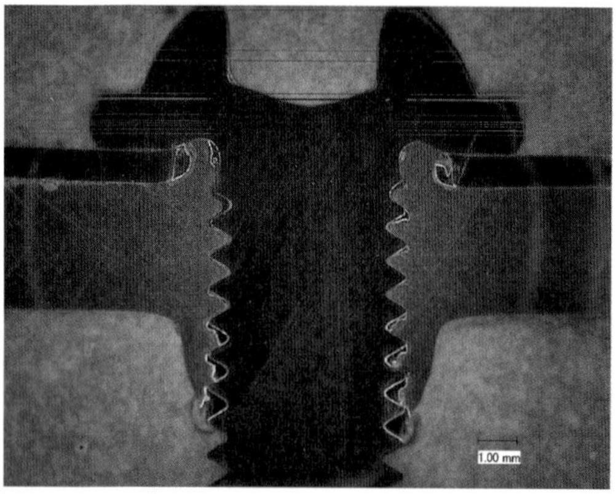

Abb. 10.33 Beispiel (Schliff) einer Direktverschraubung mit Vorloch im oberen, klemmseitigen Blech

net. Dadurch ist der Fügekraftbedarf zur Herstellung eines Fügeelementes etwa 20 % geringer als beim einstufigen Durchsetzfügen [95].

Direktverschraubung Die Direktverschraubung kommt als Fügetechnik im modernen Karosserierohbau aufgrund zunehmender Mischbauweise und der vielfach nur einseitigen Zugänglichkeit der Fügestelle, z. B. beim Einsatz von Aluminium Strangpressprofilen, vermehrt zum Einsatz [99].

Je nach Art und Geometrie der Schraube sowie der zu verschraubenden Werkstoffe wird mit oder ohne Vorloch in den Bauteilen gearbeitet. Beim Eindrehen einer loch- und gewindeformenden Schraube wird in den Bauteilen ein Durchzug geformt, der zu einer Anzahl an tragenden Gewindegängen führt (siehe Beispiel Abb. 10.33).

Der Fügeprozess der Direktverschraubung verläuft wie in Abb. 10.34 dargestellt: Nach der Zuführung der Schraube und der Positionierung der Schraube auf dem Einschraubbauteil drückt zunächst ein Niederhalter auf die Fügestelle. Einer Spaltbildung zwischen den beiden Bauteilen im Schraubprozess wird dadurch entgegengewirkt. Über eine definierte Andruckkraft und eine hohe Drehzahl wird dann zwischen Schraubenspitze und Blech Reibungswärme erzeugt, die das Ein- und Durchdringen der Schraube durch die Bleche ermöglicht. In den Blechen wird ein metrisches Muttergewinde geformt. Das weitere Einschrauben führt zur Anlage des Schraubenkopfes auf dem klemmseitigen Blech, und die Schraube wird mit einem voreingestellten Anziehdrehmoment angezogen.

10.2.3.3 Kleben

Dem Kleben als eigenständigem Fügeverfahren, vor allem aber in Kombination mit Schweiß- und mechanischen Fügeverfahren, kommt eine zunehmend wichtige Bedeutung zu [102, 104].

Der Einsatzschwerpunkt dieser Technologie liegt heute innerhalb der Automobilindustrie eindeutig im Karosseriebereich, wobei die Klebtechnik in allen Bereichen zur Lösung unterschiedlichster Aufgaben und Anforderungen beitragen kann:

- Verbinden unterschiedlicher Materialien
- Schall- und Schwingungsdämpfung
- Gas- und Flüssigkeitsdichtung
- Erhöhung der Bauteilsteifigkeit
- Korrosionsschutz (Spaltkorrosion, Kontaktkorrosion)
- Verzugsarmes Fügen durch geringe Temperaturbelastung
- Flächige Krafteinleitung [102, 103]

Aus der Vielzahl möglicher Aufgabenstellungen resultiert eine entsprechende Anzahl zur Verfügung stehender Klebstoffsysteme (Abb. 10.35) [101].

Im Bereich der strukturellen Verklebungen dominieren im Automobil heißhärtende, 1 K-Epoxid-Klebstoffe. Ihr Vorteil liegt im Wesentlichen in den hohen mechanischen Kennwerten und dem gut automatisierbaren Klebeprozess sowie dem gutmütigen Verarbeitungsverhalten.

Stehen dichtende, schall- oder schwingungsdämpfende Maßnahmen im Vordergrund, haben sich vor allem PUR- und PVC-Klebstoffe bewährt.

Entscheidende Bedeutung bei allen Klebungen hat die Oberflächenbeschaffenheit der Fügepartner. Bei metallischen Werkstoffen beeinflussen haupt-

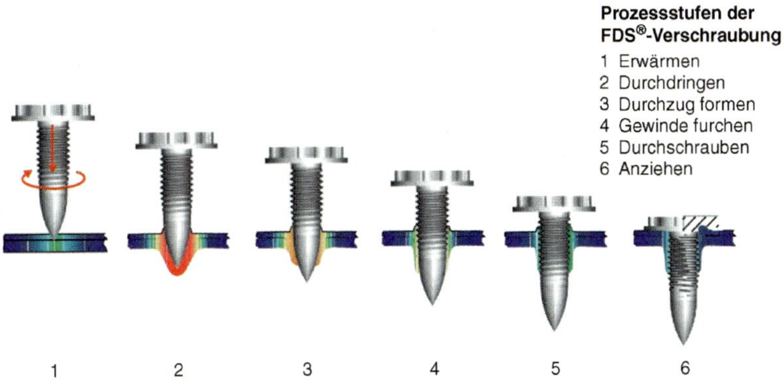

Abb. 10.34 Schraubvorgang am Beispiel einer FDS-Schraube der Fa. Ejot ohne Vorloch

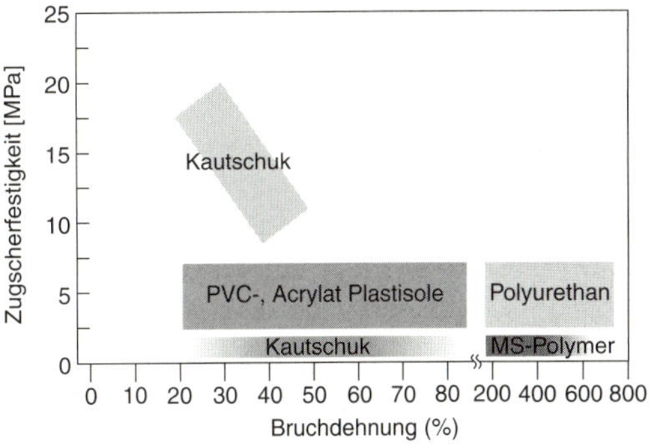

Abb. 10.35 Klebstoffsysteme

sächlich durch Umformung (Tiefziehöle, etc.) und Transport entstandene Verunreinigungen, aber auch Korrosionsprodukte an der Oberfläche die Fügequalität negativ.

Dagegen spielt bei polymeren Materialien auch die molekulare Struktur und die damit verbundene Polarität der Oberfläche eine entscheidende Rolle. In vielen Fällen ist deshalb vor dem Verkleben eine Reinigung (Entfettung) bzw. im Bereich der Kunststoffe eine Vorbehandlung (Beflammen, Plasmabehandlung) notwendig.

Je nach Anforderung an die Fügestelle können die mechanischen Eigenschaften durch zusätzliche chemische (Haftprimer) oder mechanische Verfahren (Aufrauen, Strahlen) nochmals verbessert werden [105].

Auch durch eine klebstoffgerechte Konstruktion lassen sich geklebte Verbindungen positiv beeinflussen. Am sichersten sind in dieser Hinsicht Scher- und Zugbeanspruchung der Verbindung; am ungünstigsten die Schälbeanspruchung [106]. Einige Konstruktionshinweise zeigt Abb. 10.36a und b.

Da es sich bei allen Klebstoffsystemen um polymere Werkstoffe handelt, müssen, neben den bereits beschriebenen konstruktiven und die Oberfläche betreffenden Einflüssen, auch temperatur- und alterungsbedingte Effekte bei der Auslegung von Klebeverbindungen berücksichtigt werden [106].

Aus diesen Gründen (Krafteinleitung, Temperatur, Alterung) liegt eine Kombination der Klebtechnik mit den bekannten thermischen, aber auch mechanischen Fügeverfahren auf der Hand.

So kann durch Punktschweiß-Kleben die Steifigkeit und die Schwingfestigkeit der Karosserie aufgrund der deutlichen Reduzierung der Mikrobewegungen in den Flanschen bei gleichzeitiger Reduzierung der Zahl der Schweißpunkte deutlich erhöht werden; gleiches gilt für die Kombination von Durchsetzfügen und Kleben [101].

Für eine gleichbleibende und reproduzierbare Verbindungsqualität sind folgende Voraussetzungen notwendig:

- Klebegerechte Flanschauslegung und Spaltmaße
- Definierte Klebstoffmenge und Zusammensetzung durch:
  - Robotergeführte Auftragssysteme
  - Kontinuierliche Prozessüberwachung (z. B. photographische On-Line-Kontrolle)

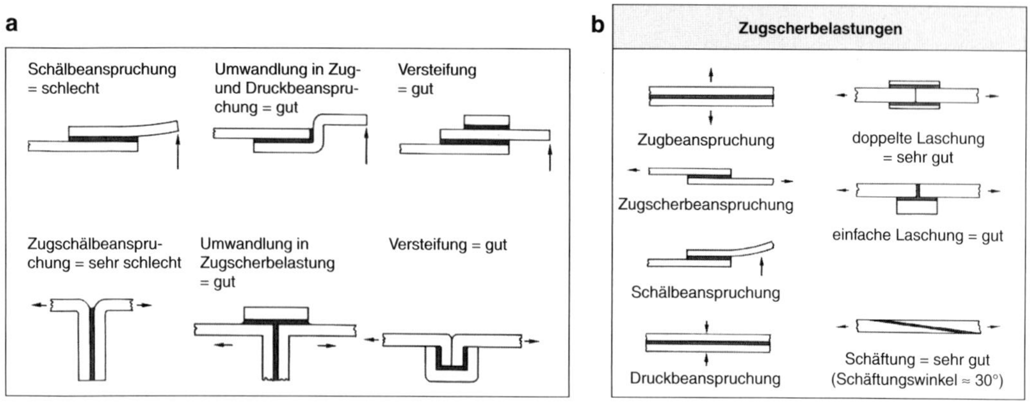

Abb. 10.36 Konstruktionsbeispiele für Klebeverbindungen

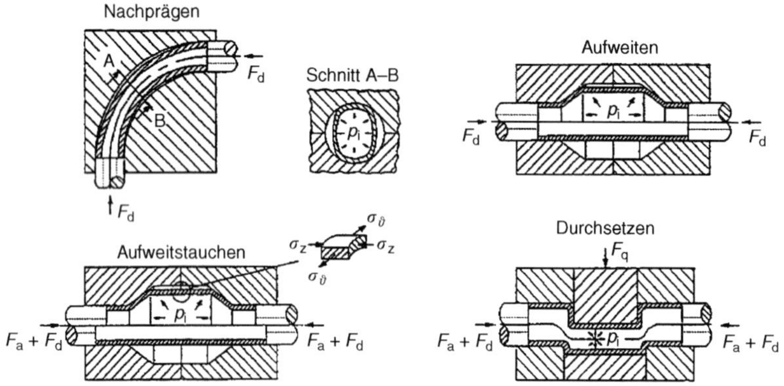

Abb. 10.37 Prinzipskizzen der Verfahrensvarianten der IHU

Unter Berücksichtigung dieser Aspekte ist die Integration der strukturellen Verklebung in bestehende Fertigungslinien bei vielen Automobilherstellern erfolgreich durchgeführt worden (Tab. 10.14). Weitere Entwicklungen zielen in erster Linie auf ein besseres, d. h. praxisgerechtes Verständnis der Alterungsvorgänge und einer weiteren Optimierung der Automatisierung und Prozesskontrolle. In Hinblick auf die Altfahrzeugentsorgung ist weiterhin das Thema Recycling, d. h. die Trennung von Klebeverbindungen, in die Forschungs- und Entwicklungsaufgaben mit einzubeziehen (▶ Abschn. 10.2.5).

10.2.4 Fortschritte in der Um- und Urformung

10.2.4.1 Metalle

10.2.4.1.1 Innenhochdruckumformen

Das Verfahren des Innenhochdruckumformens basiert auf der Aufweitung eines Körpers bis zur Anlage an eine Werkzeuggravur durch die kraftgebundene Wirkung eines flüssigen Mediums unter direktem Kontakt des Mediums mit dem Werkstück. Der kraftgebundenen Wirkung des flüssigen Mediums können andere Kräfte, wie z. B. Axialkräfte und Querkräfte, überlagert werden, die dann eine den Umformprozess unterstützende Funktion haben.

Tabelle 10.14 Exemplarische Klebstoffanwendung in der Serienfertigung von Pkws am Beispiel der AUDI AG [107]

Einsatzzweck	Materialbasis
Rohbau	
Bördelfalz- und Punktschweißklebstoff	Epoxidharz
Bördelfalz- und Punktschweißklebstoff für Aluminium	
Strukturklebstoff	
Struktur- und Falzverklebung, auswaschbeständig	Kautschuk, Epoxidharz
Unterfütterungsklebstoff	Kautschuk, Acrylat, PVC/Epoxidharz, Polyurethan
Lackiererei	
Feinnahtabdichtung	PVC, Festkörper ca. 97 %
Grobnahtabdichtung	PVC, Festkörper ca. 97 %
Montage	
Scheibenklebestoff	Polyurethan (luftfeuchtigkeitshärtend)
Glasaktivator*	Silan, Ethanol > 95 % (ca. 1–2 g/Fahrzeug)
Glasprimer*	Polyurethan, Acetate und Ketone (ca. 1–2 g/Fahrzeug)

* Lösemittelhaltige Produkte

Das Innenhochdruckumformen lässt sich nach der kennzeichnenden Gestaltgebung in vier Verfahrensvarianten unterteilen (Abb. 10.37), die wie folgt beschrieben werden können:

- *Nachprägen*: In der Literatur auch als Kalibrieren bezeichnet. Ein durch Biegen und Andrücken vorgeformtes Werkstück wird durch die alleinige Wirkung des Innendruckes zur Anlage an das Formwerkzeug gebracht.
- *Aufweiten*: Das Material wird in der Wandung abgestreckt und damit die Oberfläche vergrößert.
  Hierbei erfolgt die Umformung allein durch die Wirkung des Flüssigkeitsdruckes. Die mögliche Größe der Ausformung richtet sich nach der Dehnfähigkeit des eingesetzten Werkstoffes in der Umformrichtung.
- *Aufweitstauchen*: Durch axiales Nachschieben wird zusätzlich Werkstoff in die Umformzone eingebracht. Es lassen sich somit geometrisch größere Formelemente gegenüber dem Aufweiten erzielen. Die Lage und die Anzahl dieser Formelemente ist indes begrenzt, da die Axialkräfte den Werkstoff aufgrund der Reibung mit dem Werkzeug nicht über längere Wege, starke Biegungen sowie Querschnittsveränderungen transportieren können.
- *Durchsetzen*: Versetzen der Achse eines Hohlkörpers über eine Teillänge durch ein seitlich dazu wirkendes Werkzeugelement. Durch das zusätzliche Aufbringen einer Querkraft können die Werkstücke in einem Schritt unter Innenhochdruck gebogen und gleichzeitig aufgeweitet werden [108].

Technische Vorteile des Innenhochdruckumformens:

- Bauteile komplexer Geometrien in einem Stück herstellbar
- Entfall von Verbindungsschweißnähten
- Hohe Form- und Maßgenauigkeit der Bauteile
- Erhöhung der Bauteilfestigkeit und -steifigkeit durch Kaltverfestigung des Werkstoffes
- Im gleichen Werkzeug können Rohre mit unterschiedlichen Wanddicken und unterschiedlichen Werkstoffen eingesetzt werden [109]

Technische Nachteile des Innenhochdruckumformens:

- Komplizierte, lange Bauteile werden durch Abstreckung geformt, daher nur begrenzte Umfangsunterschiede möglich
- Aufwändige Prototypenwerkzeuge
- Zykluszeiten relativ langsam
- Komplexe Anlagentechnik

In der Karosserie steht dabei hauptsächlich die im IHU-Verfahren optimale Bauraumausnutzung, durch den Wegfall von Schweißflanschen und damit eine Gewichtsersparnis bei zugleich ho-

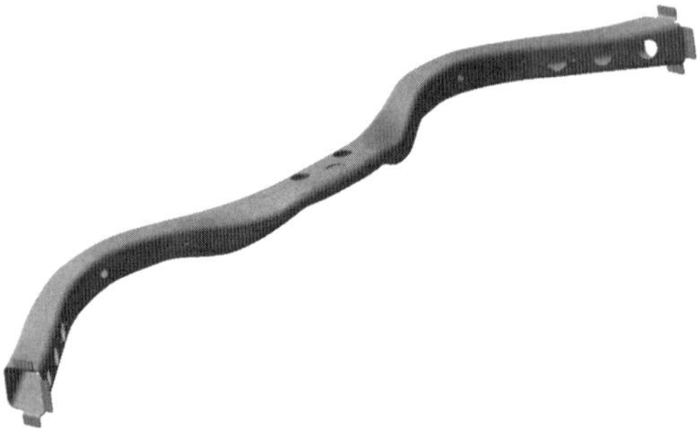

■ **Abb. 10.38** Stirnwandquerträger im Porsche Panamera

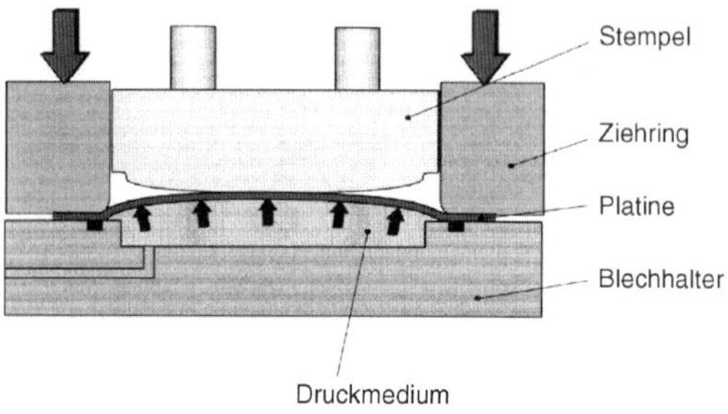

■ **Abb. 10.39** Hydro-Mec-Verfahrens-Werkzeug geschlossen und Vorreckprozess

her Bauteilsteifigkeit, im Vordergrund. Einteilige, durchgängige Längsträger oder Überrollbügel belegen eindrucksvoll die Vorteile dieser Technik. Der Stirnwandquerträger des neuen Porsche Panamera ist erstmalig einteilig mit der Innenhochdruck-Umformung (IHU) in Edelstahl gefertigt und verbindet damit höchste Sicherheitsanforderungen mit hoher Präzision und Wirtschaftlichkeit (■ Abb. 10.38) [202].

Aber auch im Fahrwerk konnte sich diese Technik in Form einer IHU-umgeformten Hinterachskonstruktion bereits beweisen.

Den klassischen Anwendungsfall im Antrieb stellen Abgaskrümmer in jeglicher Form und Größe dar. Hier war vor allem die komplexe Formteilgestaltung ausschlaggebend für die Auswahl der IHU-Technologie.

10.2.4.1.2 Hydromechanisches Umformen

Im Gegensatz zum herkömmlichen mechanischen Tiefziehen wird beim hydromechanischen Tiefziehen das Werkstück gegen einen Flüssigkeitsdruck in der Ziehkammer geformt. Im Tiefziehteil entsteht hierbei ein dreiachsiger Spannungszustand, der sich günstig auf das Ziehverhalten auswirkt. Im Vergleich zum herkömmlichen Tiefziehen sind Verbesserungen bei Ziehtiefe, Oberflächengüte und geringere Wanddickenreduzierung im kritischen Bereich realisierbar.

Eine Weiterentwicklung des hydromechanischen Umformens ist das Aktive Hydro-Mec-Verfahren der Firma SMG Engineering. Konventionell hergestellte Motorhauben, Dächer oder Türaußenbleche verfügen bei konv. Umformung je nach Formgebung in der Bauteilmitte nur über eine sehr geringe Beulsteifigkeit. Ursächlich dafür ist der geringe Umformgrad und damit keine ausreichende Materialverfestigung in diesem Bereich [110].

Beim »Aktiven Hydro-Mec«-Verfahren wird die Platine mittels eines gesteuert eingebrachten Druckmediums zunächst vorgereckt, wodurch eine Materialverfestigung stattfindet, dann wird gegen einen einseitigen Formkonturstempel ausgeformt. In ■ Abb. 10.39 ist die Wirkungsweise des Aktiven Hydro-Mec-Verfahrens dargestellt [110] .

10.2.4.1.3 Zwei-Platinen-Innenhochdruckumformen

Verfahrensprinzip Neben Rohren und Profilen lassen sich auch zwei lose aufeinander liegende oder im Randbereich miteinander verschweißte Blechplatinen durch einen IHU-Prozess umformen. Hierzu werden die Platinen paarweise in das Werkzeug eingelegt. Abhängig von der Bauteilgeometrie gibt es verschiedene Verfahren, über die das flüssige Wirkmedium zwischen die Bleche eingeleitet wird [111]. Als Beispiel ist eine Lanze zu nennen, die zwischen die beiden Bleche reicht. Eine weitere Möglichkeit bietet der halbkugelförmige Dichtstempel, dessen Austrittsöffnung nach dem Schließen des Werkzeugs zwischen den beiden Platinen liegt (■ Abb. 10.40) [111]. Die untere Platine wird hierzu vorgelocht. Nach dem Schließen des Werkzeugs beginnt unmittelbar mit dem Einbringen des Wirkmediums der Umformvorgang.

Während es bei der IHU-Rohrumformung nötig ist, das Werkstück zu Beginn des Arbeitsgangs

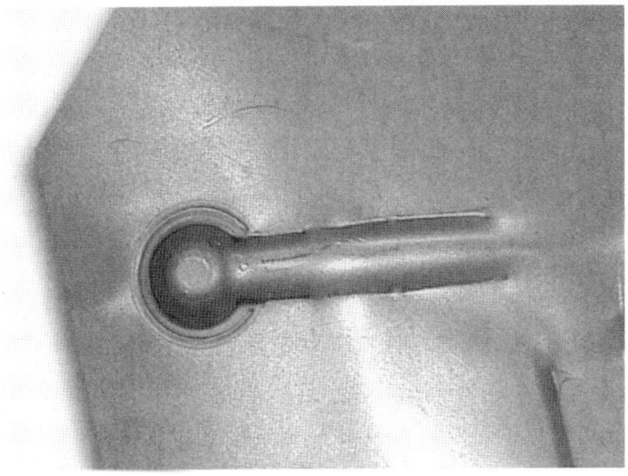

Abb. 10.40 Platine mit Ausformung durch Dichtstempel

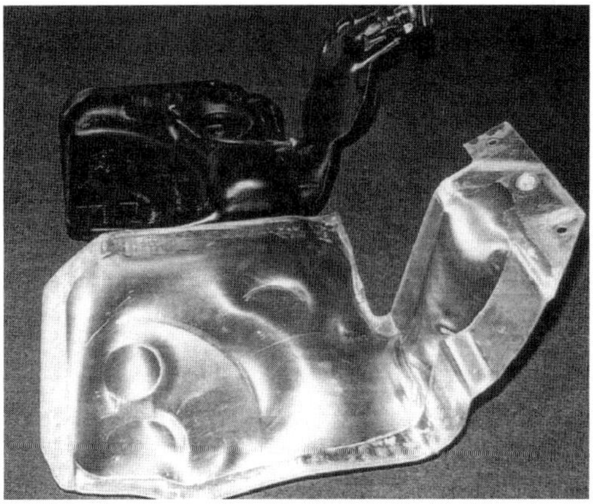

Abb. 10.41 Kraftstofftank aus zwei Aluminiumplatinen

zu entlüften, entfällt dieser Schritt bei der Blechumformung, da zwischen den beiden flach aufeinander liegenden Blechen kein Hohlraum vorhanden ist. Die unter Druck zwischen die Bleche zugeführte Flüssigkeit bläst das Werkstück auf. Der Einsatz von Doppelblechen bietet analog zum Tiefziehen die Möglichkeit, speziell zugeschnittene Formplatinen einzusetzen, deren Abmessungen sich über die Länge stark ändern. Das für die Ausformung der Werkzeuggravur erforderliche Material wird also in den jeweiligen Werkstückquerschnitten bereitgehalten.

Verfahrensvarianten Bei der Umformung miteinander verschweißter Platinen werden die Flansche von Ober- und Unterteil gleichzeitig in die Formgravur eingezogen. Dieses Verfahren eignet sich zur Herstellung von Bauteilen, deren Ober- und Unterschale im Querschnitt in etwa das gleiche Abwicklungsverhältnis aufweisen. Gegenüber dem konventionellen Verfahren, bei dem zwei Halbschalen durch einen Tiefziehprozess hergestellt und anschließend verschweißt werden, bietet das IHU verschweißter Platinen den Vorteil, dass die Bleche im ebenen Zustand und nicht erst nach der Umformung gefügt werden. Bei dieser Verfahrensart werden Bauteile mit dicht geschweißten Flanschen hergestellt, bspw. Kraftstofftanks (Abb. 10.41) [112].

Dabei lässt sich die Prozesskette verkürzen und der Betriebsmittelaufwand reduzieren. Ein weiteres Einsparpotenzial bietet sich im Bereich der Umformwerkzeuge: Während man für das Innenhochdruck-umformen lediglich zwei Werkzeugmatrizen – die obere und die untere Formwerkzeughälfte – benötigt, ist beim Tiefziehen von Bauteilober- und Bauteilunterschale jeweils ein komplettes Ziehwerkzeug bestehend aus Ziehstempel, Blechhalter und Matrize je Werkzeugstufe erforderlich.

Soll mit Hilfe eines IHU-Prozesses ein Bauteil hergestellt werden, dessen Ober- und Unterschale deutlich verschiedene Ziehtiefen aufweisen, so müssen unverschweißte Platinen eingesetzt werden. Die fehlende Schweißnaht erlaubt, dass sich Ober- und Unterteil während der Umformung relativ zueinander bewegen. Dadurch wird die Gefahr der Falten- und Rissbildung weitestgehend eliminiert. Beim Einsatz dieses Verfahrens ist besonders zu beachten, dass die Trennfuge zwischen Ober- und Unterteil ausschließlich durch die Stößelkraft abgedichtet wird. Daher müssen obere und untere Werkzeughälfte sehr sorgfältig durch Touchieren und Feinschleifen aufeinander eingearbeitet werden.

10.2.4.1.4 Kaltfließpressen

Kaltfließpressen ist ein Prozess aus der Reihe der Massivumformverfahren mit einer Umformtemperatur unterhalb der Rekristallisierungstemperatur. Ein Zuschnitt oder Pressrohling wird in einem Gesenk durch einen Stempel, der den notwendigen Druck ausübt, umgeformt. Stempel und

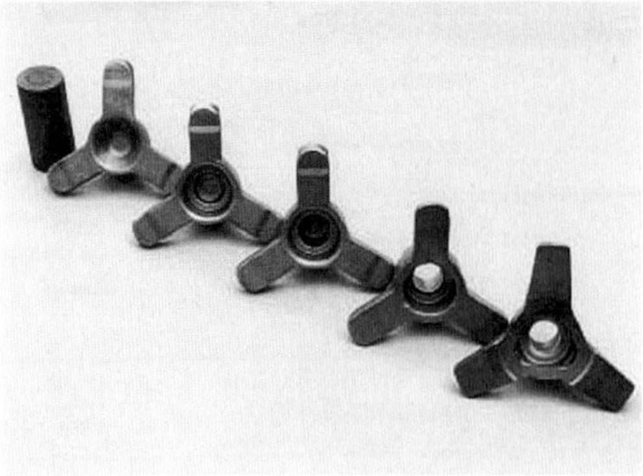

Abb. 10.42 Kaltfließpressteil aus C45

Gesenkwände bilden zusammen das Kaliber [113]. Untergliedert wird das Verfahren nach der Richtung des Materialflusses im Werkzeug: a) Rückwärtsfließpressen zur Herstellung von Näpfen, b) Querfließpressen für Fittings und c) Vorwärtsfließpressen zur Querschnittsänderung.

Ursprünglich war das Verfahren nur für die Verarbeitung von Kupfer, Aluminium und kleineren Stahlapplikationen geeignet. Bei der Herstellung von Verbindungselementen aus Stahl, wie bspw. Schrauben und Nieten, wird diese Art der Umformung seit langem erfolgreich praktiziert. Mit fortschreitender Entwicklung der Anlagentechnik erweiterte sich der Werkstoffeinsatz auf Stahlteile mit Stückmassen von bis zu 15 kg (Abb. 10.42) [115].

Dabei ist bei der Werkzeugauslegung darauf zu achten, dass die Flächenpressung ca. 2500 MPa nicht überschreitet.

Kaltfließpressen bietet gegenüber anderen Umformtechniken eine Anzahl von Vorteilen, wie Werkstoffeinsatz, hohe Ausbringung, hohe Maßhaltigkeit und Reproduzierbarkeit und optimierte Nutzung der Werkstoffeigenschaften durch den günstigen Faserverlauf bei sehr guter Oberflächenqualität [114].

Der Trend der Kaltumformung geht zu weitestgehend endkonturnah geformten Teilen, die keiner (Net shape) oder die nur noch einer geringen Bearbeitung (Nearnet shape) bedürfen. Die Entwicklung wird durch neue Werkzeugbauwerkstoffe, hochverschleißfeste Beschichtungen und rechnergestützte Prozess- und Werkzeugauslegung unterstützt. Aktuelle Anwendungen für das Verfahren sind u. a. Achszapfen, Tripoden und Karosseriebefestigungen, wie Achs- und Stoßfängeraufnahmen.

10.2.4.1.5 Gießtechnik

In der Gießtechnik konzentrierten sich die Anstrengungen hauptsächlich auf die Entwicklung neuer und die Optimierung bestehender Verfahren, mit dem vorrangigen Ziel, wärmebehandelbare und schweißbare Bauteile aus Al-Druckguss herstellen zu können. Das entscheidende Merkmal solcher Bauteile besteht in einer möglichst geringen Gasporosität. Als Ergebnis dieser Entwicklungen konnten sich die Verfahren, »Squeeze Casting«, »Thixo Casting« und Vakuumdruckguss am Markt etablieren.

Squeeze Casting Squeeze Casting verbindet die wirtschaftlichen Vorteile des Druckgießens mit den besonderen Anforderungen an wärmebehandelbare und schweißbare Gussteile. Der Squeeze Casting Prozess zeichnet sich dabei durch ein abgestimmtes Geschwindigkeitsprofil des Gießkolbens aus, der die Luft aus der Gießkammer und dem Angusskanal verdrängt. Die kontrollierte und geregelte Gießkolbengeschwindigkeit führt, zusammen mit einer optimierten Geometrie von Gießkammer und Angusskanal, zu einer laminaren und damit gasarmen Formfüllung (0,5 ÷ 2,0 m/s Anschnittgeschwindigkeit).

Eine exemplarische Darstellung des Verfahrens zeigt Abb. 10.43 [116].

Thixo Casting Vor dem eigentlichen Thixo Casting, auch unter »Semi-Solid Metal« (SSM)-Guss bekannt, wird zuerst spezielles Stangenmaterial hergestellt und anschließend zu Bolzen geschnitten [117].

Die Herstellung des Stangenmaterials aus der SSM- Legierung erfolgt im Strangguss-Verfahren, kombiniert mit elektromagnetischem Rühren. Der dabei entstehende Gefügezustand (Dendritenbildung) verleiht den Legierungen das thixotrope Verhalten im halbflüssigen Zustand [118].

Die Bolzen werden danach z. B. durch Induktionsspulen auf eine bestimmte Temperatur erhitzt, bei welcher sowohl feste als auch flüssige Alumi-

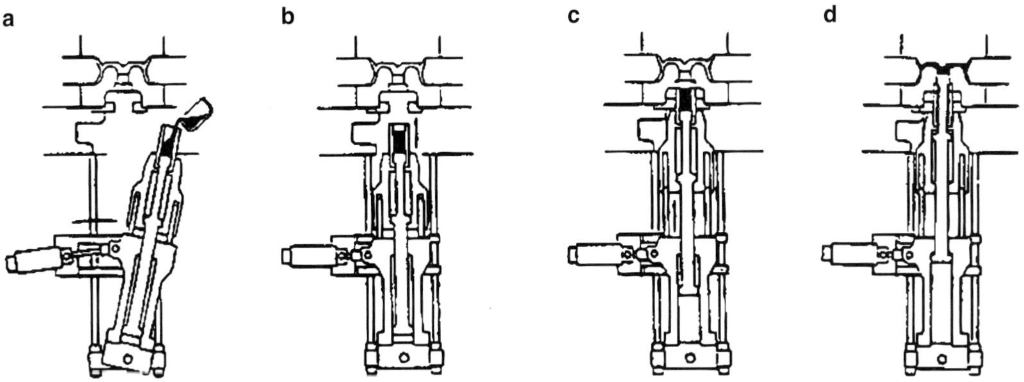

Abb. 10.43 Gießzyklus beim Indirect-Squeeze-Casting: **a** Dosieren, **b** Schwenken in die Vertikale, **c** Andocken an die Form, **d** Formfüllen und Erstarren

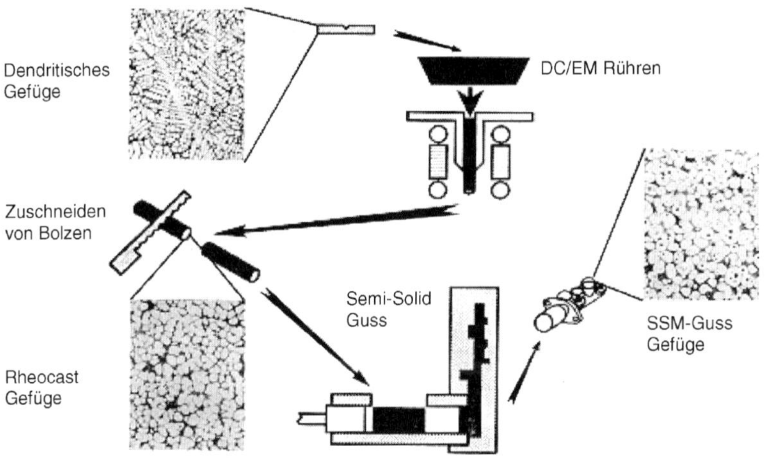

Abb. 10.44 Verfahrensablauf beim Thixo Casting

niumteile vorhanden sind. Die erweichten Bolzen werden anschließend in die Gießkammer der Druckgussmaschine eingelegt und in die Druckgussform gepresst (Abb. 10.44).

Die aufgeheizten Bolzen behalten ohne äußere Krafteinwirkung die äußere Form und fließen erst unter Druck wie eine Flüssigkeit.

Zurzeit steht nur die Legierung AlSi7Mg zur Verfügung. Weitere Aluminiumlegierungen und Magnesiumlegierungen sind in Entwicklung.

Die von Gasporosität und Schwindungslunkern freien Gussteile sind wärmebehandelbar und schweißbar. An wärmeausgelagerten Bauteilen aus AlSi7Mg werden folgende mechanische Kennwerte erreicht:

Streckgrenze $R_{p0.2}$:	≥ 230 MPa
Zugfestigkeit R_m:	≥ 290 MPa
Dehnung A_5:	≥ 11 %.

Thixomolding Auch bei dem so genannten Thixomolding macht man sich den teilerstarrten und thixotropen Zustand zunutze. Im Gegensatz zum Thixocasting wird bei diesem Verfahren Magnesiumgranulat als Ausgangsmaterial eingesetzt.

Das Thixomolding gleicht in seinem Verfahrensablauf dem Thermoplast-Kunststoffspritzguss (siehe Abb. 10.45) und wurde auf deren Basis Mitte der 70er Jahre am MIT in den USA entwickelt. Das Magnesium-Granulat wird ebenfalls einer Förderschnecke zugeführt und kontinuier-

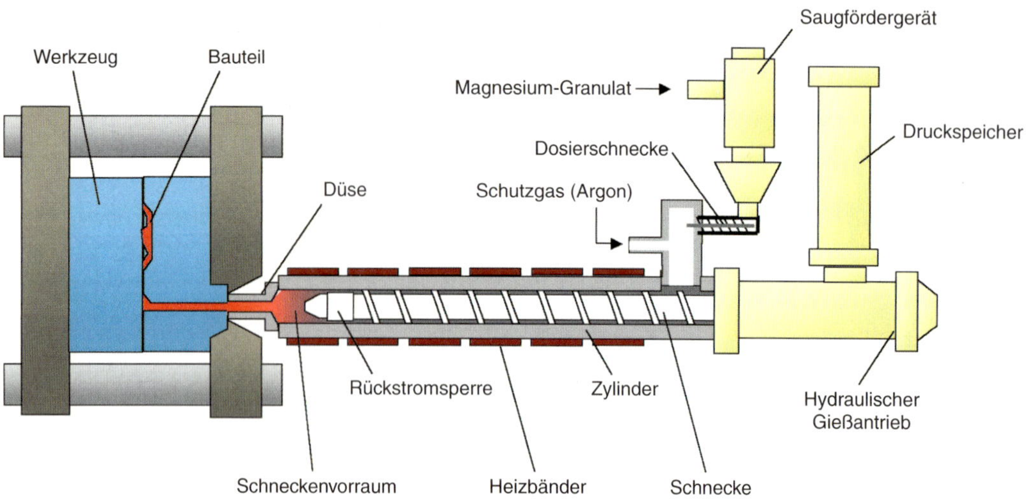

Abb. 10.45 Schematischer Aufbau einer Thixomolding-Maschine [116]

lich erwärmt, bis es in den halbfesten/halbflüssigen Zustand übergeht. Die Erwärmung erfolgt dabei hauptsächlich durch Wärmeleitung von Widerstandsbändern oder anderen Heizelementen. Um die teilaufgeschmolzene Masse in der Maschine vor der unkontrollierten Reaktion mit dem Luftsauerstoff zu schützen, wird der Extruder mit Argongas geflutet. Diese Schutzgasatmosphäre muss dabei während der Prozessphasen aufrecht erhalten werden.

Die kontinuierliche Rotationsbewegung der Extruderschnecke schert und homogenisiert die Masse, so dass aus dem zu Beginn dendritischen Gefüge der Granulatpartikel eine Schmelze mit gleichmäßig verteilten globularen Partikeln entsteht. Die Größe und Verteilung dieser Partikel wird durch die Schneckenbewegung und die Temperaturführung kontrolliert und bestimmt später die mechanischen Eigenschaften des Bauteils. In der letzten Phase des Prozesses wird die thixotrope Masse über eine Rückstoßsperre in den Schneckenvorraum transportiert. Durch eine schnelle Vorschubbewegung der Schnecke wird dann die Masse über ein Angusssystem in die Form gepresst. Um das Zurückfließen zu verhindern, ist die Rückstromsperre dabei geschlossen. Nach dem Füllen der Form fährt die Schnecke zurück, die Rückstromsperre öffnet und das Bauteil kann entnommen werden. Am Ende der Maschinendüse bildet sich durch Erstarren der thixotropen Masse ein Pfropfen. Dieser verhindert, dass Material vor dem nächsten Schuss aus der Maschine austritt. Der Pfropfen wird bei jedem Schuss in einen eigens dafür vorgesehenen Pfropfenfänger in die Kavität gespritzt.

Im Gegensatz zum Thixocasting bietet das Thixomolding die Möglichkeit einer kontinuierlichen Prozessführung. Die verwendeten Materialien sind gut handhabbar und benötigen deutlich weniger Sicherungsmechanismen als Beispielsweise das Druckgießen. Darüber ermöglicht das Verfahren durch die niedrigeren Temperaturen und den geringeren Schwund die Fertigung sehr komplexer und genauer Bauteile, die nicht mechanisch nachbearbeitet werden müssen. Verschiedene Quellen berichten außerdem von verbesserten mechanischen Kennwerten in Bauteilen und eine reduzierte Porosität, die, wie auch beim Druckguss, eine gezielte Formauslegung und Prozessführung voraussetzt [118].

Das Thixomolding wird bereits erfolgreich in der Produktion von elektronischen Komponenten, Laptops und Kameragehäusen vor allem im asiatischen Raum genutzt. In Kraftfahrzeugen kommt das Verfahren für Bauteile im Verdeckbereich (GM Corvette C6, Porsche 911 Cabrio Typ

997) zum Einsatz. Prinzipiell eignen sich alle Teile, die auch in Magnesiumdruckguss gefertigt werden. Allerdings limitiert die geringe Anzahl von kommerziellen Anbietern und die von den Maschinenherstellern zur Verfügung gestellte geringe Maschinenschließkraft derzeit die größere Verbreitung des Thixomoldings. Neueste Entwicklungen lassen hier aber eine Verbesserung in den nächsten Jahren erwarten.

Vakuumdruckguss Auch im Vakuumdruckguss können druckdichte, warmaushärtbare und schweißbare Druckgussteile mit hohen Festigkeits- und Dehnungswerten hergestellt werden.

Das entscheidende Verfahrensmerkmal ist die Evakuierung von Druckgussform, Anschnitt und Füllkammer, wobei Werte deutlich unter 100 mbar erreicht werden. Die Zykluszeit verlängert sich nur unwesentlich, so dass die Wirtschaftlichkeit des Druckgießens erhalten bleibt.

Durch die Evakuierung wird die Gasporosität im Bauteil auf ein Maß reduziert, das es ermöglicht, an den Gussteilen eine Wärmebehandlung durchzuführen. An warmausgelagerten Bauteilen aus der Legierung AlSi10Mg werden in Abhängigkeit von Wärmebehandlungsparametern, Bauteilgeometrie und Abkühlbedingungen in der Gießform folgende mechanische Kennwerte erreicht:

Streckgrenze $R_{P0,2}$: $\geq$ 180–260 MPa
Zugfestigkeit R_m: $\geq$ 230–320 MPa
Dehnung A_5: $\geq$ 6–14 %.

Aus Materialsicht unterliegt dieses Verfahren keinerlei Beschränkungen, so dass sowohl die heute üblichen Aluminium- als auch Magnesiumlegierungen zur Anwendung kommen.

10.2.4.1.6 Schmieden

Unter Schmieden versteht man eine Gruppe von Fertigungsverfahren, die nach DIN 8583-1 überwiegend den Verfahren der Umformtechnik in der Gruppe Druckumformen zuzuordnen sind. Dazu zählen das Freiformen, Gesenkformen, Eindrücken und Durchdrücken. Nach dem Unterscheidungsmerkmal Freiformen und Gesenkformen unterteilt sich das Schmieden in Freiformschmieden und Gesenkschmieden.

Das Freiformschmieden erfordert einfache, im Allg. nicht an die Form des Werkstückes gebundene Werkzeuge. Das Gesenkschmieden erfolgt mit an die Werkstückform gebundenen Werkzeugen.

Das Schmieden wird üblicherweise in einem Temperaturbereich durchgeführt, bei dem im Werkstoff Erholungs- und Rekristallisationvorgänge ablaufen. Dies dient dazu, das Umformvermögen des Werkstoffes zu erhöhen und Spannungen im Werkstoff abzubauen. Bei einigen Legierungen liegt die Schmiedetemperatur in einem eng begrenzten Temperaturbereich, um unerwünschte Phasenumwandlungen zu vermeiden [122].

10.2.4.1.7 Schmiedestahl

Zum Schmieden werden unlegierte und legierte Stähle, vor allem Einsatz- und Vergütungsstähle verwendet. Das Formänderungsvermögen und damit die Schmiedbarkeit nehmen mit steigendem Kohlenstoffgehalt ab.

Zum Schmieden wird das Halbzeug abgeschert, auf Schmiedetemperatur erwärmt, plastisch umgeformt und anschließend wärmebehandelt. Die Wärmebehandlung kann aus der Schmiedehitze (energiesparend) oder als weitere Behandlung durchgeführt werden.

Eine Reinigung der Schmiedeoberflächen erfolgt durch Strahlen. Meist werden gesenkgeschmiedete Bauteile anschließend noch an den Funktionsflächen spanend bearbeitet.

Die Vorteile von Schmiedebauteilen gegenüber Gussbauteilen sind z. B. gute mechanische Eigenschaften aufgrund des eingestellten Gefüges und geringere Streuungen in der Produktion infolge einer geringen Häufigkeit innerer Werkstofffehler.

Ein wesentlicher Einsatzbereich von Schmiedeteilen sind hochbeanspruchte und sicherheitsrelevante Bauteile, wie z. B. Pleuel, Kurbelwellen, Schwenklager, Achsschenkel, Getriebegangräder etc.

Trotz allem ist der Anteil von Schmiedestahl rückläufig. Durch Weiterentwicklung der Schmiedeverfahren versucht man, diesen Trend aufzuhalten. Dazu gehören z. B. das Präzisionsschmieden, Halbwarmschmieden, gratlos Schmieden oder das Schmieden unter Schutzgas, um eine Zunderbildung und eine Entkohlung zu vermeiden.

Vor einer Entscheidung für die Gasinnendrucktechnik ist deshalb eine Abklärung evtl. anfallender Lizenzgebühren unerlässlich.

Vor- und Nachteile der GIT können wie folgt zusammengefasst werden:

+ größere Gestaltungsfreiheit bei der Formteilauslegung
+ kürzere Zykluszeiten bei dickwandigen Formteilen
+ Steifigkeitserhöhung bei gleichem Gewicht
+ weniger Verzug, geringere Eigenspannungen
+ Reduzierung von Einfallstellen
+ Verringerung der Schließkraft
– höhere Anlagenkosten
– anspruchsvollere Prozessführung
– höherer Aufwand für Qualitätssicherung
– Mehrfachkavitäten realisierbar, aber aufwendig und empfindlich

Hybridtechnik Eine interessante Technik innerhalb der Kunststoffverarbeitung stellt die Hybridtechnik dar. Die bisher in vielen Anwendungen eingesetzten Stahlbleche versprechen zwar Stabilität, sind aber relativ schwer. Kunststoffe zeichnen sich durch Leichtigkeit aus, besitzen aber oft zu geringe Festigkeits- und Steifigkeitswerte [130]. Die Hybridtechnik dagegen nutzt gezielt die Vorteile der unterschiedlichen, im Wettbewerb stehenden Werkstoffe, um sie in einem Formteil miteinander zu kombinieren [129]. Der Durchbruch dieser Technologie gelang mit der serienmäßigen Einführung des Frontend-Trägermoduls im Audi A6 [131]. Türträgermodule zur Aufnahme von Fensterheber, Lautsprecher und der Scheibenführung sind darüber hinaus ebenso denkbar wie Tragstrukturen von Heckklappen oder Instrumententafelträger.

Um ein Hybridbauteil anzufertigen, wird ein tiefgezogenes und gelochtes Stahlblechteil in ein Spritzgießwerkzeug eingelegt und mit einem geeigneten Kunststoff umspritzt. Dabei dringt die Kunststoffschmelze durch die eingestanzten Öffnungen des Bleches und bildet so beim Erstarren eine hochbelastbare kraft- und formschlüssige Verbindung. Das Blech benötigt weder einen Haftvermittler noch anderweitige zusätzliche Behandlungen [132].

Abb. 10.49 Hybrid-Frontend, Porsche Cayenne (2010)

Mit dieser Technik lassen sich tragende Metallteile sehr dünnwandig auslegen. Hierdurch lassen sich mit der Hybridtechnik Gewichtseinsparungen von bis zu 40 % im Vergleich zu einer ebenso belastbaren reinen Metallkonstruktion erzielen [132]. Kosteneinsparungen können durch Modulbauweise realisiert werden, indem Befestigungselemente, Lagerstellen für Frontklappen und Scheinwerfern, Kabelhalterungen oder Frontverkleidungen in die Bauteile bereits bei der Fertigung integriert werden (Abb. 10.49, ▶ Abschn. 6.1.5) [134].

Ein weiterer Vorteil: Der Kunststoff bringt zugleich Farbe in die Hybridbauteile, denn die eingesetzten Thermoplaste sind in einer Fülle von Farbtönen verfügbar. Darüber hinaus wird angestrebt, dass sich die Kunststoffoberflächen mit Textilien bzw. Folien dekorieren lassen, und das in einem Arbeitsgang beim Spritzgießen. Dieses Verfahren wird IMD (In-Mould-Decoration, Patent Bayer AG) genannt [134].

Der typische Nachteil von Verbundbauteilen in Bezug auf die Recyclingfreundlichkeit ist bei Hybridbauteilen nicht zu erwarten. Ausgediente Hybridbauteile lassen sich sehr schnell mittels einer Hammermühle zerkleinern und mit Hilfe von Sieben und Magneten voneinander trennen und danach problemlos wieder verwerten.

Zusammenfassend kann gesagt werden: Metall/Kunststoff Verbundteile stellen überall dort eine optimale Lösung dar, wo Stabilität, Festigkeit und Funktionssicherheit gefordert sind und/oder ein niedriges Gewicht der Baugruppe Vorteile bringt. Hybridbauteile bieten gegenüber gleichstarken Metallkonstruktionen deutliche Kosten- und Gewichtsvorteile. Diese Vorteile fallen umso größer aus, je höher der Grad der Integration von Zusatzfunktionen in das Bauteil ist.

10.2.5 Fortschritte in der Umweltverträglichkeit

In den letzten 30 Jahren ist das Umweltbewusstsein von Gesellschaft und Verbrauchern stark gestiegen. Außerdem wurden die gesetzlichen Regelungen zu verschiedenen Umweltaspekten in vielen Ländern zunehmend ausgeweitet und verschärft. Eine Vorreiterrolle haben dabei oft die EU und einzelne Staaten in den USA gespielt. Dies hat dazu geführt, dass in der Fahrzeugentwicklung die Umweltverträglichkeit eine feste Zielgröße geworden ist. Ein niedriger Kraftstoffverbrauch, Schadstofffreiheit von Werkstoffen, Recyclingfreundlichkeit und der Einsatz von energie- und emissionsoptimierten Fertigungsverfahren sind nicht nur per Gesetz festgelegte Vorgaben, sondern mittlerweile auch ein Wettbewerbsfaktor.

Einsatz umweltverträglicher Werkstoffe Zur Bewertung der Umweltverträglichkeit von Werk- und Inhaltsstoffen sind die Herstellung der Stoffe, die Fertigung der Bauteile und Fahrzeuge, der Betrieb der Fahrzeuge und die spätere Verwertung und Entsorgung der Altfahrzeuge zu betrachten. Die Verwendung von schädlichen Werk- oder Inhaltsstoffen wird daher auch mit unterschiedlichen gesetzlichen Ansätzen geregelt. Dazu gehören beispielsweise das Gefahrstoffrecht, Gesetze zum Arbeits- und Gesundheitsschutz und Vorgaben zur Verwertung und Entsorgung von Altfahrzeugen.

Grundsätzlich ist die Verwendung von schädlichen Stoffen zu vermeiden oder auf ein Minimum zu reduzieren. Um dies in der Fahrzeugentwicklung ausreichend zu berücksichtigen, wird in der Automobilindustrie seit einigen Jahren eine Negativliste, die sogenannte GADSL (**G**lobal **A**utomotive **D**eclarable **S**ubstance **L**ist)-Liste verwendet [135]. In ihr ist aufgeführt, ob ein Stoff oder eine Verbindung verboten oder zumindestens deklarationspflichtig sind, d. h. sein Einsatz vom Zulieferer dem Fahrzeughersteller mitzuteilen ist. Bei Neuentwicklungen ist durch die Verwendung dieser Liste der Einsatz von schädlichen Stoffen im Rahmen der regulären Entwicklungsaktivitäten vermeidbar. Etwas anders ist dies, wenn sich in der laufenden Produktion die Notwendigkeit ergibt, Werkstoffe auf umweltverträglichere Alternativstoffe umzustellen. In der EU-Altfahrzeugrichtlinie 2000/53/EG, die im Jahr 2000 in Kraft trat, wurde z. B. die Verwendung von Blei, Quecksilber, Kadmium und sechswertigem Chrom in Neufahrzeugen und Ersatzteilen ab dem 01.07.2003 nur noch mit erheblichen Einschränkungen zugelassen. Sechswertiges Chrom Cr(VI) war in zahlreichen Oberflächen zum Korrosionsschutz enthalten und ist seit dem 01.07.2007 in Neufahrzeugen komplett verboten. Die Umstellung auf Cr(VI)-freie Oberflächen ist der Automobilindustrie auch in der laufenden Produktion gelungen, war aber mit einem erheblichem Entwicklungs- und Erprobungsaufwand und hohen Investitionen verbunden.

Weiter zurückliegende Beispiele aus der Vergangenheit für den Ersatz von schädlichen Stoffen sind die Verwendung von asbestfreien Dichtungen, Brems- und Kupplungsbelägen, FCKW-freien Kältemitteln in Klimaanlagen, kadmiumfreien Kunststoffstabilisatoren und umweltfreundlichen Wasserlacken zur Grundierung der Karosserie.

Meistens sind solche Fortschritte für den Fahrzeugkunden nicht wahrnehmbar. In manchen Fällen profitiert er aber sehr direkt von Verbesserungen. Dies ist bei der Luftgüte im Fahrzeuginnenraum der Fall. Für die Emissionen von Werkstoffen sind im Fahrzeuginnenraum Grenzwerte zu beachten. Um die Innenraumemissionen zu reduzieren, werden z. B. mittlerweile TPO-Schaumfolien als Cockpitkaschierung sowie geruchs- und emissionsoptimierte Polymere verwendet.

Ermittelt werden die Emissionen durch unterschiedliche Messverfahren. Zum einen wird der VOC-Wert (**V**olatile **O**rganic **C**omponents) nach VDA 278 gemessen. Hierbei wird die Konzentration von leicht flüchtigen, gasförmigen Kohlenwasserstoffen untersucht. Zum anderen wird der Fog-Wert gemäß VDA 278 ermittelt. Dieser sagt aus, wie hoch der Anteil schwer flüchtiger Kohlenwasserstoffe im Fahrzeuginneren ist. Desweiteren wird die Formaldehyd-Flaschenmethode nach

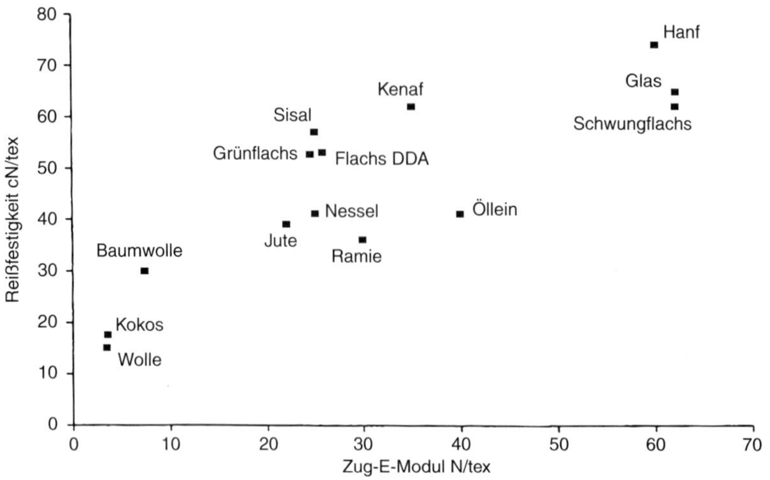

Abb. 10.50 Vergleich der mechanischen Eigenschaften verschiedener Fasern (Quelle: FH Reutlingen, Institut für angewandte Forschung)

VDA 275 angewendet. Alle Messverfahren setzen voraus, dass die Prüfungen innerhalb von zwei Tagen durchgeführt werden, da die Emissionen stark von der Lagerdauer der Bauteile beeinflusst werden. Neben den oben aufgeführten, sensorischen Messungen ist der subjektive Eindruck der Nase nicht zu unterschätzen. Experten auf diesem Gebiet ermitteln, wie ein neues Auto riechen muss, damit das Fahrzeug dem Qualitätsanspruch des Kunden auch auf diesem Sektor gerecht wird [136].

Einsatz nachwachsender Rohstoffe Zusätzlich zu den bisher in der Automobilindustrie bekannten Werkstoffen auf Basis nachwachsender Rohstoffe, z. B. HM-PP (Holzmehl gefülltes Polypropylen) oder Holzfaserformstoffe HFFS (Holzfaser mit Bindersystemen auf duroplastischer Basis), werden seit geraumer Zeit vermehrt Werkstoffe aus Naturfasern mit verschiedenen Matrices verwendet.

Primär werden Nawaro (**Na**ch**wa**chsende **Ro**hstoffe) als Bestandteil von Trägerteilen in Fahrzeuginnenräumen, Trägern für Kofferraumauskleidungen oder geschlossenen Laderäumen bei Nutzfahrzeugen eingesetzt.

Neben den bekannten Anwendungen im Fahrzeuginnenraum werden verstärkt auch Teile im Exterieurbereich auf Basis nachwachsender Werkstoffe untersucht. Die Faseraufbereitung erfolgt mit herkömmlichen oder leicht modifizierten Maschinen aus dem Bereich der Textiltechnik [137]. Bei Werkstoffsystemen auf thermoplastischer Basis werden heute zu einem großen Teil Hybridvliese verwendet, die sich aus einer Mischung von Naturfaser und Polypropylenfaser (Mischungsverhältnis 30 %/70 % bis 50 %/50 %) zusammensetzen. Zum Ausgleich von größeren Qualitätsschwankungen bei Naturfasern werden häufig Mischungen verschiedener Fasern hergestellt. Mit einer Mischung können außerdem speziell gewünschte mechanische Eigenschaften gezielt hergestellt werden [138], (Abb. 10.50).

Werden Duroplaste als Matrix-Werkstoff verwendet, kommen neben den seit langem bekannten Polyester- und Epoxid-Harz-Systemen seit kurzer Zeit auch Polyurethan-Systeme zum Einsatz. Auf der Faserseite wird heute primär die Gruppe der Bastfasern Flachs, Sisal und Kenaf eingesetzt. Aus der Gruppe der Hartfasern wird primär Sisal verwendet [139].

Je nach Bauteilgeometrie und verwendetem Werkstoffsystem kommen die bekannten Verarbeitungsverfahren wie das Fließpress- und das Umformverfahren zur Anwendung. Das Spritzgießverfahren mit naturfaserverstärkten Werkstoffen findet derzeit noch keine Anwendung in größeren Serien, ist aber in Erprobung. Ein Problem hierbei ist die wesentlich höhere Belastung bei der Verarbeitung, was zu einer Vorschädigung der Faser führen kann [140].

Ein neueres Verfahren, das bereits für Serienanwendungen eingesetzt wird, ist das Polyurethan-Sprühverfahren. Hierbei werden Naturfasermatten beidseitig mit einem hochreaktiven Polyurethan mittels Roboter besprüht und anschließend sofort in einem Presswerkzeug unter Druck und Temperatur ausgehärtet [141, 142].

Die Vor- und Nachteile der Naturfasern können wie folgt zusammengefasst werden:

+ niedrigere Dichte im Vergleich zu Glasfasern
+ gute akustische Eigenschaften
+ gutmütiges Bruchverhalten
+ CO_2-neutrale Verbrennung
– Wasseraufnahme (bis ca. 15 %)
– Geruchsverhalten
– Inhaltsstoffe (Fungizide, Pestizide)
– Qualitätsschwankungen

Ungeachtet dieser Nachteile stellen Naturfasern eine sinnvolle Ergänzung im Materialspektrum dar und konnten bereits in vielen Automobilanwendungen traditionelle Werkstoffe verdrängen.

Verbesserung der Recyclingquoten Die Altfahrzeugverwertung und -entsorgung ist ganz wesentlich durch die EU-Altfahrzeugrichtlinie geprägt. Die Situation bei Altfahrzeugen stellte sich zum Zeitpunkt ihres Inkrafttretens im Jahr 2000 wie folgt dar: Etwa ca. 75-Gew.% von Altfahrzeugen (Baujahr 1987 und älter) wurden rezykliert. Im Wesentlichen handelte es sich dabei um alle metallischen Werkstoffe, d. h. Eisen- und NE-Metalle, die im Schredder zerkleinert, sortiert und anschließend einem werkstofflichen Recycling (Stahlwerk, Umschmelzhütte) zugeführt wurden. Die restlichen 25-Gew. %, die sogenannte »Shredderleichtfraktion« (SLF), landete dagegen auf der Deponie. Sie setzt sich zu ca. 1/3 aus Kunststoffen, aber auch aus Glas, Elastomeren, Holz und Schmutz zusammen.

In der Europäischen Gemeinschaft fielen jährlich zwischen 8 und 9 Millionen Tonnen Abfälle aus Altfahrzeugen an. Das Ziel war daher, Abfälle soweit wie möglich zu vermeiden, Abfälle wiederzuverwenden bzw. nicht wiederverwendbare Teile zu verwerten.

Das Europäische Parlament hat aus diesem Grund in der Altfahrzeugrichtlinie die Hersteller dazu verpflichtet, bis spätestens 01.01.2006 eine Wiederverwendung und Verwertung bei allen Altfahrzeugen von mindestens 85 % des durchschnittlichen Fahrzeuggewichts zu erreichen. Bis spätestens 1. Januar 2015 müssen die Wiederverwendung und Verwertung bei allen Altfahrzeugen auf mindestens 95 % des durchschnittlichen Fahrzeuggewichts pro Jahr erhöht worden sein.

Die Lösung dieser Anforderungen liegt in der Annäherung an möglichst geschlossene Materialkreisläufe, so wie es sie grundsätzlich beim Metallrecycling schon seit langem gibt. Zur Beurteilung, ob sich eine Aufbereitung prinzipiell lohnt, wurde in der Automobilindustrie auf eine allgemein gültige Formel zurückgegriffen, mit der die Kreislaufeignung (KE) eines Bauteils oder einer Baugruppe grob bestimmt werden kann (1) [143]:

$$\mathrm{KE} = \frac{\text{Kosten (äquivalentes Neumaterial} + \text{Entsorgung)}}{\text{Kosten (Demontage, Logistik, Aufbereitungskosten)}}$$

Ist der Quotient größer oder gleich 0,8, kann das untersuchte Bauteil bzw. die Baugruppe wirtschaftlich einem stofflich geschlossenen Materialkreislauf zugeführt werden. Als bestimmende Größe erweisen sich dabei die Demontagekosten, die notwendig sind, um eine sortenreine Trennung der einzelnen Werkstoffe zu erreichen. Demontageanalysen, mit deren Hilfe eine strukturierte Zerlegung und Auswertung des kompletten Fahrzeugs stattfindet, liegen heute bei allen Automobilherstellern vor, liefern wichtige Aussagen über derzeit wirtschaftlich erreichbare Recyclingquoten bestehender Fahrzeuge und zeigen gleichzeitig Optimierungspotenziale für Neukonstruktionen auf. Um eine bessere Wiederverwertung zu erreichen, wird z. B. empfohlen, Klebverbindungen zwischen Bauteilen aus unverträglichen Werkstoffen zu vermeiden und eine möglichst optimale Zugänglichkeit für Demontagewerkzeuge zu gewährleisten. Ebenso sollte angestrebt werden, halogenfreie Flammschutzmittel und Leiterplatten zu verwenden.

Beobachtungen aus der Verwertungspraxis und die Erkenntnisse aus Fahrzeugzerlegungen bil-

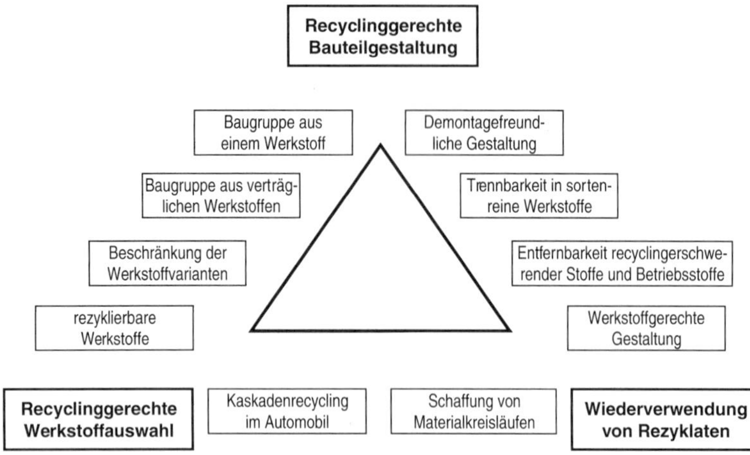

Abb. 10.51 Recyclingdreieck

den zusammen mit internen Recyclingnormen der Automobilhersteller bzw. der VDI-Norm 2243 (Recyclingorientierte Produktentwicklung) und der Europäischen Recyclingnorm »Design for Recycling, DFR« den Grundstock für eine recyclinggerechte und ökonomisch realisierbare Fahrzeugentwicklung. Die inhaltlichen Schwerpunkte lassen sich in einem sog. »Recyclingdreieck« darstellen (Abb. 10.51) [144].

Messbare Erfolge erkennt man am deutlich gestiegenen Anteil von Kunststoffrezyklaten in Neufahrzeugen bezogen auf den gesamten Kunststoffanteil im Fahrzeug, der verstärkten Freigabe von Rezyklaten und an Bemühungen um »Einstoff-Lösungen«, wie sie z. B. an der Schalttafel des Porsche »Boxster« und des Porsche »911 Carrera« – Modelljahr 1997 bis Modelljahr 2004 in Form einer »All-PP-Variante« erfolgreich umgesetzt wurden.

Energetische Nutzung Der hohe Kunststoffanteil in der SLF legt nahe, den hohen Energiegehalt dieser Fraktion optimal zu nutzen und energetisch zu verwerten. Diese Verwertung kann man in den meisten Fällen auch als stoffliches Recycling interpretieren, da die für eine Verbrennung notwendige Menge an Primärenergieträgern wie z. B. Öl, Gas oder Kohle durch die SLF ersetzt bzw. reduziert werden kann. Gleiches gilt für den Einsatz als Reduktionsmittel bei der Stahlherstellung. Das Haupthindernis für den Zugriff auf diese Prozesse liegt weniger in der technischen Beherrschbarkeit der Verfahren als vielmehr in der mangelnden umweltpolitischen Akzeptanz, wodurch dieser Lösungsweg bisher in vielen Fällen blockiert wird.

Einen zusammenfassenden Überblick auf das vom VDA entworfene Konzept der Altautoverwertung zeigt (Abb. 10.52) [145].

Ökobilanz/Energiebilanz In der Automobilindustrie werden Ökobilanzen seit mehreren Jahren gezielt eingesetzt, um die Umweltverträglichkeit der Produkte zu analysieren und zu verbessern. Das Vorgehen ist in gewissem Maße standardisiert (durch ISO 14040/44) [146, 147]. Damit kann die Umweltverträglichkeit quantitativ bewertet und die Entscheidungsfindung frühzeitig im Entwicklungsprozess unterstützt werden. Dies lässt sich u. a. dazu nutzen, die Auswirkungen und die ökologische Sinnhaftigkeit von Leichtbaumaßnahmen mit Betrachtung des gesamten Lebenszyklus des Fahrzeugs zu untersuchen und konkrete, ökologisch begründete Entscheidungen bei der Festlegung von Werkstoffen und Bauweisen zu treffen [148]. Grundsätzlich sind bei der Erstellung einer Ökobilanz alle die Umwelt betreffenden Stoff- und Energieströme als Input- und Outputströme zu berücksichtigen, gegeneinander abzuwägen, zu gewichten und abschließend zu bewerten. Die isolierte Betrachtung einer einzelnen Umweltauswirkung ist nur mit Einschränkungen möglich, weil

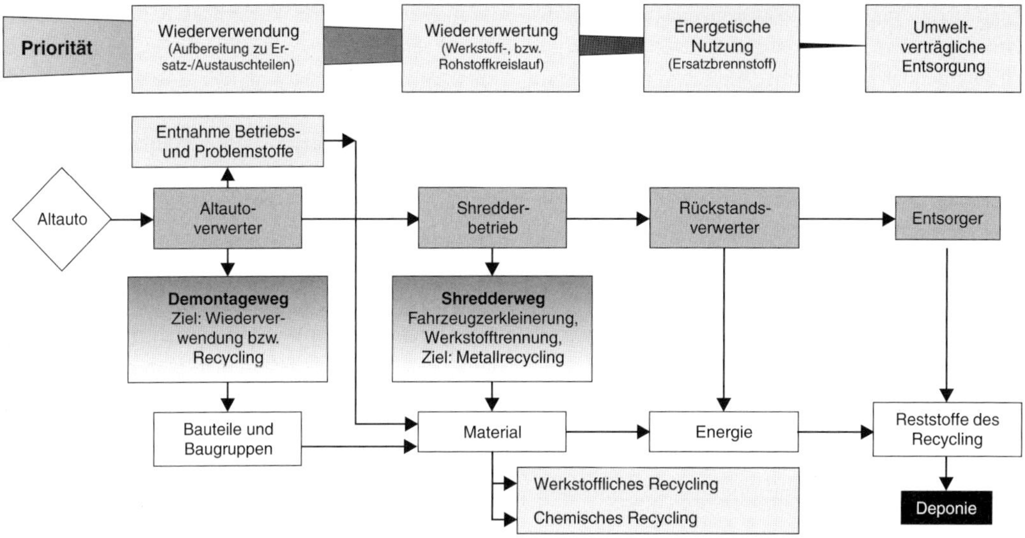

Abb. 10.52 VDA-Konzept zur Altautoverwertung

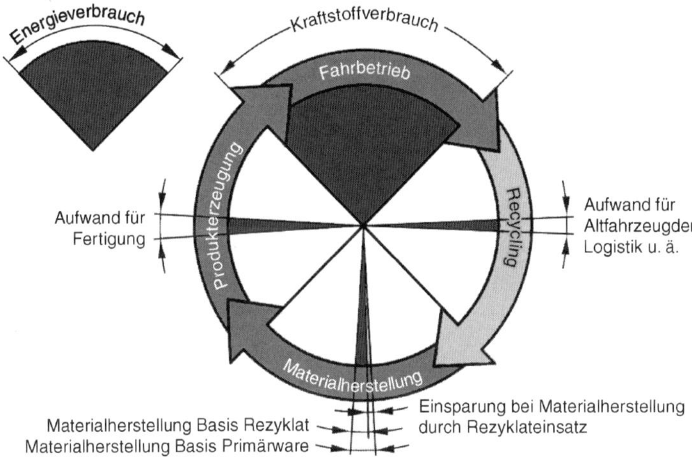

Abb. 10.53 Prinzip der Energiegesamtbilanz eines Materialkreislaufs

die verschiedenen Umweltauswirkungen in sehr komplexen Wechselwirkungen miteinander stehen. Eine Sonderrolle kann man aber der Energiebilanz zubilligen. Sie steht in engem Zusammenhang mit dem Verbrauch eines Fahrzeugs, der als Größe dem Kunden unmittelbar zugänglich ist. Die Energiebilanz ist ein gut geeignetes Instrument zur Bewertung unterschiedlicher Materialien in Verbindung mit speziellen Bauteilen oder Baugruppen zum Beispiel bei der Suche nach einem Optimum für den Leichtbau (Abb. 10.53).

Ein geringeres Fahrzeuggewicht bedeutet in der Nutzungsphase eines Fahrzeugs einen geringeren Kraftstoffverbrauch und ist grundsätzlich positiv zu bewerten. In der ganzheitlichen Betrachtung sind jedoch auch die Herstellung und die Verwertung bzw. Entsorgung zu berücksichtigen. Tendenziell ist die Herstellung von Bauteilen aus Leichtbauwerkstoffen wie CFK, Magnesium oder Aluminium vergleichsweise energieaufwändig. Es ist also jeweils zu prüfen, ob sich der Mehraufwand bei der Herstellung in der Nutzungsphase energetisch auch lohnt, d. h. die Energieeinsparung in der Nutzungsphase größer ist als der höhere Energieeinsatz bei der Herstellung. Ausschlaggebend kann dabei auch die Altfahrzeugverwertung sein. Gelingt ein Recycling und die Bereitstellung von Sekundärwerkstoffen mit einem geringeren Energieaufwand als bei der Herstellung des entsprechenden Primärmaterials, wird dies in der Ökobilanz mit einer Energiegutschrift belohnt.

Die Schließung von Stoffkreisläufen lohnt sich energetisch sehr oft (z. B. im allgemeinen bei Metallen), aber nicht immer (z. B. in einigen Fällen bei Kunststoffen). Sehr hohe Recyclingquoten sind als Vorgabe unter dem Gesichtspunkt des Leichtbaus unter Umständen also kontraproduktiv [149] und nicht für alle Werkstoffgruppen gleich erstrebenswert.

Gesamtfahrzeug- oder Teilökobilanzen werden von den Fahrzeugherstellern vor allem intern in der Entwicklung eingesetzt, um Produktentscheidungen unter ökologischen Aspekten zu treffen. Mittlerweile werden von einigen Fahrzeugherstellern aber auch die Ergebnisse von Gesamtfahrzeugbilanzen nach ISO 14040 veröffentlicht, die recht detailliert Auskunft über vielfältige Umweltauswirkungen des jeweiligen Fahrzeugs geben. Durch Vergleich mit Vorgängermodellen lassen sich deutliche Fortschritte in der Umweltverträglichkeit nachweisen. So ist zum Beispiel beim Vergleich der neuen Mercedes S-Klasse im Jahr 2005 mit dem Vorgängertyp ablesbar, dass zwar die Herstellung etwas energieaufwändiger geworden ist, aber der Gesamtenergiebedarf durch einen erheblich niedrigeren Kraftstoffverbrauch in der Nutzungsphase deutlich reduziert wird [150].

10.2.6 Thermoelektrizität und mögliche Anwendungen im Pkw

Unter dem Begriff Thermoelektrizität wird der Zusammenhang von Temperatur und Elektrizität in Festkörpern zusammengefasst. Dabei werden folgende Effekte unterschieden:

- der Seebeck-Effekt,
- der Peltier-Effekt und
- der Thomson-Effekt.

Beim Seebeck-Effekt kommt es bei einem Leiter, der an seinen Ende unterschiedliche Temperaturen aufweist, zur Entstehung der sog. Thermospannung. Die physikalischen Ursachen für diesen Effekt sind kompliziert. Als vereinfachte Modellvorstellung kann das sog. Elektronengasmodell bei metallischen Leitern verwendet werden: Die Temperaturerhöhung am warmen Ende des oben beschriebenen Leiters verursacht bei den beweglichen Elektronen einen Anstieg der kinetischen Energie ($E = \frac{1}{7}2\,\mathrm{mv}^2$), was zu einer Bewegung von energiereichen Elektronen in Richtung des kalten Endes führt. Dadurch wird eine Ladungsverschiebung und somit die Ausbildung einer elektrischen Spannung verursacht. Die Größe der Spannung wird durch den sog. Seebeck-Koeffizienten und die Temperaturdifferenz bestimmt. Praktischen Nutzen erfährt der Effekt, wenn zwei unterschiedliche Leiter an zwei Kontaktstellen miteinander in Verbindung gebracht werden. Weisen diese beiden Kontaktstellen unterschiedliche Temperaturen auf, entsteht ein sog. Thermoelement. Aufgrund der Differenz der jeweiligen Thermospannungen der verwendeten Werkstoffe entsteht eine Gesamtspannungsdifferenz. Damit können z. B. Temperaturen gemessen werden. Bei thermoelektrischen Generatoren (TEG) macht man sich dieses Prinzip ebenfalls zunutze. Dabei wird gezielt aus Wärmeenergie elektrischer Strom gewonnen. Bei metallischen Werkstoffen ist der Seebeck- Effekt so gering, dass sich diese nicht für einen Einsatz in thermoelektrischen Generatoren eignen. Aus diesem Grund werden in TEGs Halbleiterwerkstoffe (Bi2Te3; PbTe- und SiGe- Legierungen) verwendet. Der Einsatz von Halbleiterwerkstoffen ermöglicht theoretische Wirkungsgrade zwischen 3 und 8 %. Bisher werden thermoelektrische Generatoren in der Raumfahrt z. B. in Isotopenbatterien genutzt. Im Kraftfahrzeugen laufen erste Versuche zur Nutzung der Abwärme im Antriebsbereich [151]. Das deutsche Zentrum für Luft- und Raumfahrt (DLR) hat dazu ein Versuchsfahrzeug aufgebaut, bei dem die im Motor entstehende Verlustwärme (ca. 2/3 der im Kraftstoff gebundenen Energie wird in Abwärme umgewandelt) genutzt wird. Dazu wurde ein neuer mehrschichtig aufgebauter TEG entwickelt, der bei einer Fahrgeschwindigkeit von 130 km/h eine Leistung von 200 W erreicht. Die DLR erwartet,

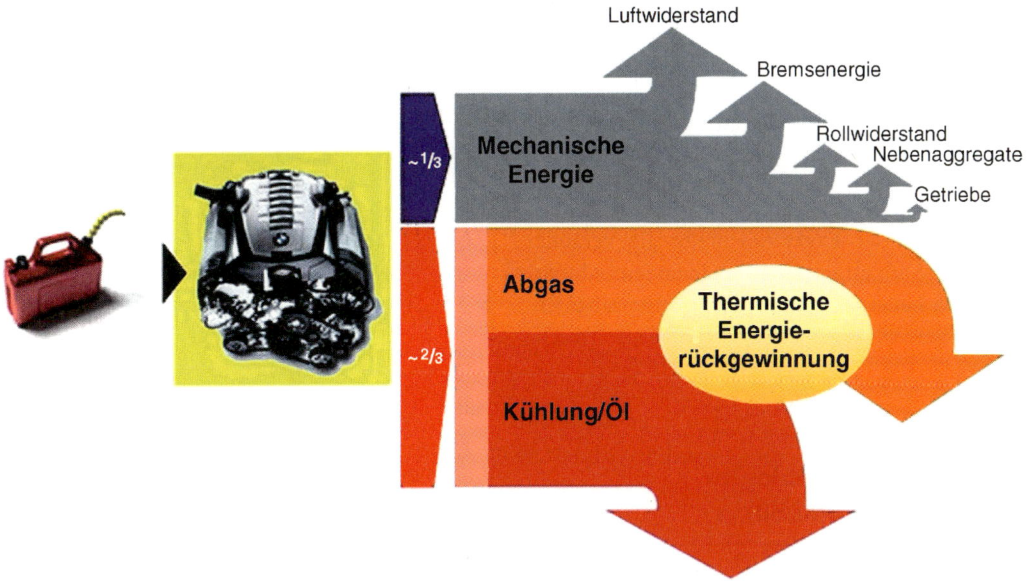

Abb. 10.54 Thermoelektrisch nutzbarer Anteil der Energiebilanz eines Pkw-Motors [151]

Abb. 10.55 Der TEG der DLR im Versuchsfahrzeug [151]

dass durch die Weiterentwicklung der verwendeten thermoelektrisch wirksamen Werkstoffe bei Geschwindigkeiten von 100 bis 130 km/h etwa 600 bis 700 W erzielbar sein können.

Beim Peltier-Effekt wird der Seebeck-Effekt umgekehrt: durch Anlegen einer äußeren Spannung und dem damit verbundenen Stromfluss wird der Wärmetransport verändert: Je nach verwendeter Werkstoffpaarung kommt es dabei entweder zu einer Abkühlung oder zu einer Erwärmung. Als technische Anwendung sind vor allem Peltier-Kühler interessant. Diese kommen vor allem dort zum Einsatz, wo aufgrund der Platzverhältnisse der Einsatz einer konventionellen Kältemaschine nicht möglich ist, z. B. bei elektronischen Komponenten (Peltier-Kühler für Mikrochips etc.). In Kraftfahrzeugen findet der Peltier-Effekt bislang nahezu keine Anwendung. Lediglich Kühlboxen werden auf diese Weise betrieben. Es besteht die Möglichkeit, beheizte/gekühlte Cupholder mit Hilfe des Effektes zu betreiben.

Der Thomson-Effekt beschreibt die Veränderung des Wärmetransportes in einem stromdurchflossenen Leiter mit einem Temperaturgradienten. Er hat derzeit keine technisch nutzbare Anwendung.

10.2.7 Nanotechnologie (im Automobil)

Definition Die Nanotechnologie befasst sich mit der definierten Erzeugung von Bauteilen, Schichten und Strukturen auf Atom- und Molekülebene. Der Nanobereich (10^{-9} m = 1 nm) beinhaltet Objekte und Strukturen von der Größe einzelner Atome und Moleküle (◘ Abb. 10.56) [152]. Die Größe eines Atoms beträgt 1/4 bis 1/2 nm, die eines Moleküls ca. 1 bis einige nm. Als Definition für Nanostrukturtechnik gelten Anordnungen, die in mind. einer Dimension 100 nm nicht überschreiten. Die Abmessungen von Bauteilen der Mikrosystemtechnik sind um Faktor 10^3 größer. Der Lotus-Effekt zum Vergleich, der formal keine Nanostruktur darstellt, wird durch Oberflächenstrukturen der Blätter der Lotuspflanze (*Nelumbo nucifera*) hervorgerufen, die im Bereich von 5–300 µm (1 µm = 10^3 nm) liegen.

Sie spielt sich in einem Übergangsbereich zwischen individuellen Atomen oder Molekülen einerseits und größeren Festkörpern andererseits ab. In diesem Zwischenbereich treten Phänomene auf, die an makroskopischen Gegenständen bislang nicht beobachtet werden konnten (◘ Abb. 10.57). Für Lacke und Farben können z. B. unterschiedliche Farbeffekte durch kontrollierte Änderung der Partikelgröße realisiert werden. Minimale Beimischungen von Nanopartikeln ändern die Eigenschaften eines Festkörpers deutlich, so dass Folien reißfester werden oder Keramiken kaum noch zerbrechen [157].

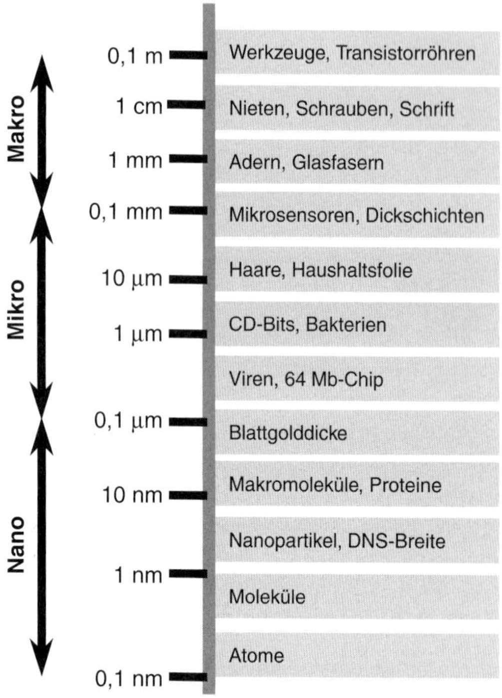

◘ **Abb. 10.56** Von der Nano- zur Makrowelt: Größenbeispiele

Entwicklung der Nanotechnologie Im Jahr 1981 wurde es möglich, die theoretischen Überlegungen der Nanowelt, die 1959 erstmalig vom Physiker R. P. Feynman veröffentlicht wurden, zu visualisieren. Die feine Spitze eines Rastertunnelmikroskops (Scanning Tunnel Microskope = STM) fährt eine zu untersuchende Oberfläche berührungsfrei im konstanten Abstand ab, dabei gehen durch Quanteneffekte Elektronen von dem Prüfkörper zur Mikroskopspitze über. Dieser Tunnelstrom kann ausgewertet werden und bildlich die Oberfläche darstellen [153].

Ein weiterer Schritt folgte 1985, als nachgewiesen wurde, dass Werkstoffe im nanoskaligen Bereich andere Eigenschaften als im Makroskopischen besitzen: Eine neuentdeckte Erscheinungsform des Kohlenstoffs, welche aus hohlkugelförmigen Molekülen mit 60 oder 70 Kohlenstoffatomen (»Buckyballs«, s. ◘ Abb. 10.58) besteht und die Vorstufe zu den Nanotubes darstellt. Diese Nanotubes haben die höchste Zugfestigkeit aller bekannten Materialien, sind elektrisch leitend und in der Lage,

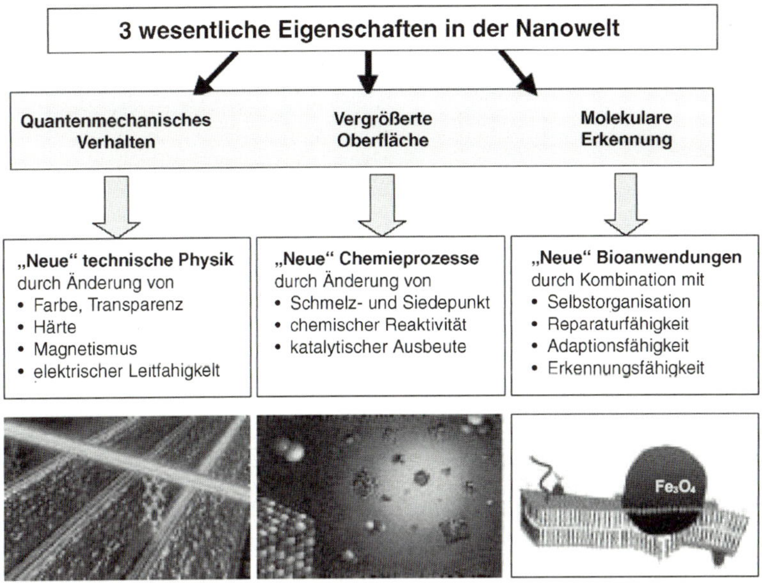

Abb. 10.57 Wesentliche Eigenschaftsänderungen in der Nanowelt

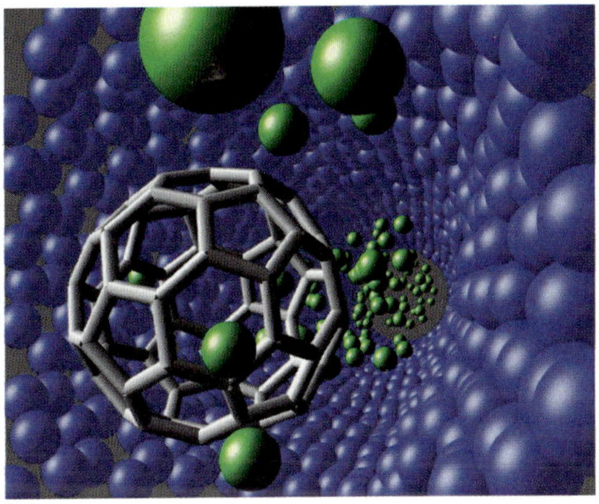

Abb. 10.58 Buckyballs

aufgrund der hohlen Struktur andere Stoffe aufzunehmen.

Mit der Entdeckung des GMR-Effektes (Giant Magnetoresistance) 1988 bei Schichtanordnungen von Eisen und Chrom in atomarer Dimension ist ein zusätzlicher Nachweis erbracht, dass sich Materialeigenschaften auf Molekülebene vom Festkörper unterscheiden, und damit das Gebiet der Nanotechnologie endgültig als Zukunftstechnik etabliert. Der GMR-Effekt beschreibt eine starke Abhängigkeit der elektrischen Leitfähigkeit der Schichten vom angelegten Magnetfeld. Diese Wirkung wird heute bei praktisch allen Festplatten-Leseköpfen genutzt und stellt eine der am meisten verbreiteten Nanotechnologieanwendungen dar.

Industrielle Produktion Die aus der Nanotechnologie erwachsenden Potenziale stellen die Industrie vor die Aufgabe, Ergebnisse aus Forschung und Entwicklung schnell in die Praxis umzusetzen, um die Anschlussfähigkeit im internationalen Wettbewerb zu erhalten und auszubauen. Ziel ist, mit neuartigen Verfahren sowohl der Präzisionsfertigung als auch der Mikrostrukturtechnik neue Grenzen im Nanometerbereich (einige hundert nm) zu beherrschen.

Neue Verfahren der Oberflächenbeschichtungen ermöglichen Funktionsschichten, die auf ultradünnen Schichten mit charakteristischen Schichtdicken von weniger als hundert Nanometern beruhen. Die Herausforderung besteht hier, die auf kleinen Flächen reproduzierbar herstellbaren Schichten auf große Flächen aufzubringen, wobei oftmals Toleranzen von wenigen Atomlagen einzuhalten sind.

Tabelle 10.15 Beispiele für einstellbare Eigenschaften von Nanomaterialien

Eigenschaft	Beispiele für Effekte durch nanoskalige Konfiguration
Katalytisch	Erhöhte katalytische Wirkung durch stark vergrößerte Oberfläche
Elektrisch	Erhöhte elektrische Leitfähigkeit in Keramiken und magnetischen Nanokompositen, höherer elektrischer Widerstand in Metallen
Magnetisch	Erhöhte magnetische Koerzitivität bis zu einer kritischen Korngröße (unterhalb dieser Größe Abnahme der Koerzitivität bis zu superparamagnetischen Verhalten)
Mechanisch	Erhöhte Härte und Festigkeit von Metallen und Legierungen, verbesserte Duktilität, Härte und Formbarkeit von Keramiken
Optisch	Spektrale Verschiebung der optischen Absorptions- und Fluoreszenzeigenschaften, Steigerung der Lumineszens von Halbleiterkristallen
Sterisch	Erhöhte Selektivität und Wirksamkeit von Membranen, Anpassung von Hohlräumen für den Transport oder die kontrollierte Abgabe spezifischer Moleküle
Biologisch	Erhöhte Durchlässigkeit für physiologische Barrieren (Membrane, Blut-Hirn-Schranke etc.), erhöhte Biokompatibilität

Bei der Produktion von Nanomaterialien ist zur Sicherstellung einer hochwertigen Qualität darauf zu achten, dass der Werkstoff eine enge Korngrößenverteilung aufweist. Denn je enger die Korngrößenverteilung ist, desto besser kommen die typischen Eigenschaften der Nanoteilchen, wie optische Eigenschaften, Magnetismus oder chemische Reaktionsfähigkeit, zum Tragen. Die Weiterverarbeitung dieser Nanomaterialien stellt die Industrie vor große Herausforderungen, um neuartige Werkstoffe, wie transparente Keramiken mit besonderen Eigenschaften, herzustellen [157].

Als schwierig erweist sich meist, diese erwünschten Eigenschaften über den nachfolgenden Fabrikationsprozess hinaus zu erhalten. So neigen lose Schüttungen von Nanopulvern vieler Werkstoffe schon bei Raumtemperatur dazu, durch Diffusionsprozesse zu größeren Partikeln bzw. fest verbundenen Agglomeraten zusammenzuwachsen [157].

Nanomaterialien Tabelle 10.15 gibt einen Überblick über wesentliche physikochemische und biologische Eigenschaften von Nanomaterialien, die sich aufgrund der Nanoskaligkeit gezielt einstellen und optimieren lassen.

Nanostrukturen sind sowohl strukturierte Oberflächen, dünnste Schichtanordnungen als auch nanomechanische Festkörper. Die Eigenschaften der Nanomaterialien basieren auf dem sehr großen Verhältnis von Ober- bzw. Grenzfläche zu Volumen sowie den hier in den Vordergrund tretenden Quanteneffekten. Feste Materialien können aus der Gasphase, aus der flüssigen Phase und aus Festkörpern so hergestellt werden, dass sie in wenigstens einer Dimension nanoskalig (d. h. per Definition kleiner als 100 nm) sind.

Für Materialsynthesen aus der Gasphase kennt man mehrere relevante Verfahren. Es handelt sich um die Chemische Gasphasenabscheidung (CVD, Chemical Vapour Deposition), die Physikalische Gasphasenabscheidung (PVD, Physical Vapour Deposition), aerosolbasierte Methoden, wie die Gasphasenkondensation (CVC, Chemical Vapour Condensation), Sputtertechniken und die Flammensynthese. Während letztere Methode nur zur Herstellung von Pulvern geeignet ist, können mit den anderen sowohl Pulver als auch dünne Schichten abgeschieden werden.

Die wichtigsten Verfahren zur Herstellung bzw. Abscheidung von Pulvern und dünnen Schichten aus der flüssigen Phase sind das Sol-Gel-Verfahren und die elektrochemische Abscheidung. Beide Verfahren eignen sich weiterhin zum Aufbau nanoporöser Volumenkörper. Industriell genutzte Anwendungsgebiete für den Sol-Gel-Prozess sind zum Beispiel kratzfeste Lacke, Antireflexbeschichtungen oder hydrophobe (wasserabweisende) Schutzschichten.

Nanoporöse Festkörper lassen sich auch über polymerpyrolytische Methoden realisieren. Ferner lassen sich über Laserstrahlschmelzen ultradünne Oberflächenfilme erzeugen. Ein weiteres bedeutendes Verfahren ist die zerstörungsfreie In-situ-Erzeugung von Nanostrukturen in Volumenkörpern. Hier handelt es sich primär um die gesteuerte Kristallisation amorpher Werkstoffe zu nanokristallinen Kompositen. Diese Methode gewinnt für Metalle und Legierungen stark an Bedeutung. Nanoporöse Festkörper lassen sich beispielsweise über elektrochemische Oxidationsprozesse aus dichten metallischen Volumenkörpern gewinnen [157].

Metalloxide, insbesondere Siliziumdioxid, Ceroxid, Titandioxid, Aluminiumoxid, weisen im Bereich der anorganischen Nanopartikel gegenwärtig die größte wirtschaftliche Bedeutung auf. Im Bereich der Katalyse machen Nanopartikel als poröse Trägerschicht für Autoabgaskatalysatoren den größten Marktanteil aus. Hierbei wird vor allem nanoskaliges Aluminiumoxid verwendet, das als poröser Gerüststoff für den Edelmetallkatalysator dient, der fein verteilt in-situ auf das Substrat abgeschieden wird. Nanostrukturierte Kohlenstoffpartikel finden hauptsächlich Verwendung in Füllstoffen für Gummi und Pigmente, die zum Beispiel bei der Herstellung von Autoreifen eingesetzt werden.

Unter dem Begriff Nano-Kompositmaterialien werden folgende Materialien zusammengefasst:

Polymerbasierte Nanokomposite, Keramische Matrixmaterialien, Metallische Matrixmaterialien, Aerogele sowie Zeolithe.

Im Automobilbereich werden *polymerbasierte Nanokomposite* zur Verbesserung der (thermo)-mechanischen Eigenschaften (Brandschutz, mechanische Verstärkung) eingesetzt. *Keramische Matrixmaterialien* verbessern vor allem die thermomechanischen Eigenschaften, die Bruchzähigkeit und die Warmumformbarkeit (plastische Verformung) dieser an sich spröden Werkstoffgruppe [157].

Durch Verstärkung von Metallen durch keramische Fasern, insbesondere Siliziumkarbid, aber auch Alumiumoxid oder Aluminiumnitrid lassen sich thermisch hochbelastbare *metallische Matrixmaterialien* mit hoher Festigkeit herstellen. Durch ein nanoskaliges Gefüge der Metall-Matrix-Komposite lassen sich eine höhere Festigkeit und Beständigkeit gegen Materialermüdung und darüber hinaus eine bessere Formbarkeit und Superplastizität erzielen. Auch partikelverstärkte Stähle sind derzeit für den Automobilsektor in der Entwicklung.

Aerogele sind hochporöse Feststoffe mit einer inneren Oberfläche zwischen 600 und 1000 m^2 pro Gramm. Mit einer Dichte zwischen 0,003 und 0,35 g/cm^3 gelten sie als die leichtesten bekannten Feststoffe. Besonders für den Automobilsektor ist neben den anderen herausragenden technisch nutzbaren Eigenschaften die extrem niedrige thermische und akustische Leitfähigkeit von Interesse.

Ähnlich wie Aerogele sind *Zeolithe* hochporöse Festkörper auf Basis von Alumosilikaten, die sowohl in der Natur vorkommen als auch künstlich hergestellt werden, aber für den Automobilbereich eine geringe Bedeutung haben [157].

Durch nanoskalige Schichtsysteme lassen sich viele Effekte durch Beschichtung bzw. Oberflächenfunktionalisierung erzielen, die im Automobilsektor vor allem mit dem Ziel des Verschleißschutzes (kratzfeste Kunststoffoberflächen), des Einsatzes von Antibeschlagschichten und Easy-to-clean-Schichten durch hydrophile bzw. hydrophobe Oberflächen (Lotus-Effekt) sowie der Nutzung optischer Eigenschaften (antireflektierende Gläser) zum Einsatz kommen (sollen). Beim Porsche Carrera (Typ 997) wird bei den Seitenscheiben und den Außenspiegeln die Oberflächeneigenschaft hierdurch beeinflusst. Die Seitenscheibe ist hydrophob (wasserabweisend), der Außenspiegel hydrophil (wasseranziehend), was in beiden Fällen zu einem Selbstreinigungseffekt führt. Interessant für den automobilen Einsatz von nanoskaligen Schichtsystemen ist aber auch die Verbesserung der thermischen und chemischen Eigenschaften, die sich hierdurch als Korrosionsschutz für Metalloberflächen eignen [157].

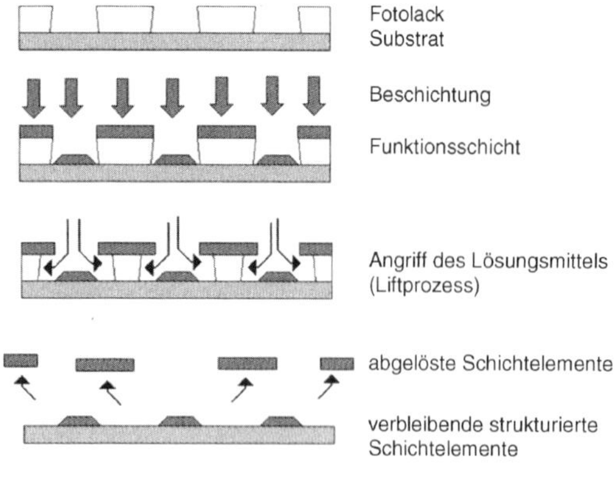

Abb. 10.59 Lift-off-Verfahren

Abb. 10.60 Corvette – Head up Display

Nanoanwendungen, wie bsw. optische Leiter von Displays, Nanomarkierungen oder Leiterbahnen für elektronische Bauteile, werden durch subtraktive und additive Erzeugung von Nanostrukturen hergestellt. Zu den subtraktiven Verfahren zählt das Lift-off-Verfahren (Abb. 10.59). Ein fotolackbeschichtetes Substrat mit Nanofunktionsschicht, wobei der Fotolack die gewünschte Kontur abbildet, wird einem Lösungsmittel ausgesetzt. Am Prozessende bleibt das Substrat mit der definierten Nanofunktionsschicht. Dieses Verfahren eignet sich zur Produktion von optischen Leitern, die als Head up Displays in Windschutzscheiben verwendet werden können (Abb. 10.60). Ein Beispiel der additiven Herstellungsarten von metallischen Nanostrukturen für elektronische Komponenten ist die elektronenstrahlinduzierte Zersetzung von Metallsalzen (Abb. 10.61). Eine Nanobeschichtung aus Palladiumacetat wird mit einem Elektronenstrahl lokal behandelt. Dabei wandelt sich das Palladiumacetat örtlich in metallisches Palladium um. Dieses Edelmetall ist gegen den anschließenden Ätzvorgang resistent [154].

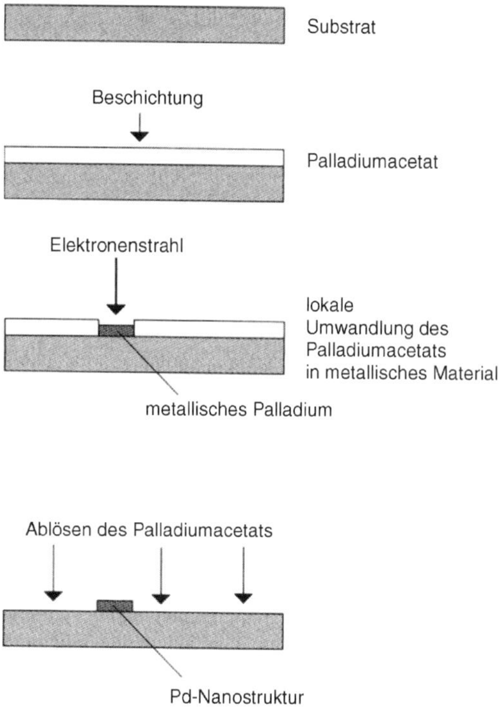

Abb. 10.61 Elektronenstrahl-induzierte Zersetzung

Nanoprodukte im Automobilbereich Durch die Nanotechnologie können in der Fahrzeugentwicklung zum einen Innovationen dargestellt und zum anderen bei bekannten Bauteilen Produkteigenschaften kombiniert und verbessert werden.

Das gezielte Einstellen von Oberflächeneigenschaften ist ein Anwendungsgebiet der Nanostrukturtechnik im Automobil. Auf leichte und preiswerte Grundkörper wird mit Nanoverfahren die gewünschte Oberfläche aufgebracht. Die Bedampfung von Scheinwerferelementen mit Aluminium, um daraus Reflektoren herzustellen, ist eine klassische nanotechnische Umsetzung. Das Reflexionsvermögen des Aluminiums wird auf eine leichte, nahezu beliebig darstellbare Form

Abb. 10.62 Instrumententafel Audi TT: Links ohne und rechts mit Antireflexbeschichtung

eines Scheinwerferreflektors übertragen. Weitere Applikationen mit Serienreife sind u. a. Antireflexbeschichtungen von Instrumenten und hydrophobe Beschichtungen von Verglasungen. Bei Innenspiegeln wird durch elektrochrome Nanobeschichtungen die Transparenz entsprechend der einfallenden Lichtintensität angepasst, wodurch ein automatischer Abblendeffekt erzeugt wird (Abb. 10.62).

Mit der Einstiegschwelle vom Chevrolet Astro und GMC Safari Midsize Van wurde 2001 erstmalig ein Fahrzeug mit einen Außenteil aus Nanocomposit versehen. Dieses thermoplastische Teil besitzt einen Kreidefüllstoff (Smectite) in Nanodimension. Das Ergebnis der größeren interagierenden Fläche zwischen Polymermatrix (TPO) und Füllstoff ist ein Teil mit ca. 8 % verringertem Gewicht bei vergleichbaren mechanischen Kennwerten [155].

Für die nahe Zukunft wird Nanotechnologie bei der Entwicklung von Head-up-Displays für Fahrzeugen von Bedeutung sein. Teiltransparente Bildschirme, die Bestandteile der Frontscheibe sind, stellen dem Fahrer direkt und ohne Umwege über einen Projektor die Informationen der Instrumente in Augenhöhe zur Verfügung.

Ein Blick in die Zukunft Das gezielte Einstellen einer Feinstruktur bei Nanophasenmetallen, die ein Mehrfaches an Festigkeit verglichen mit einem herkömmlichen Konstruktionswerkstoff besitzen, bergen durch die mögliche Gewichtsreduzierung für die Automobilindustrie ein zukünftiges Potenzial zur Verbrauchsverringerung. Die besondere

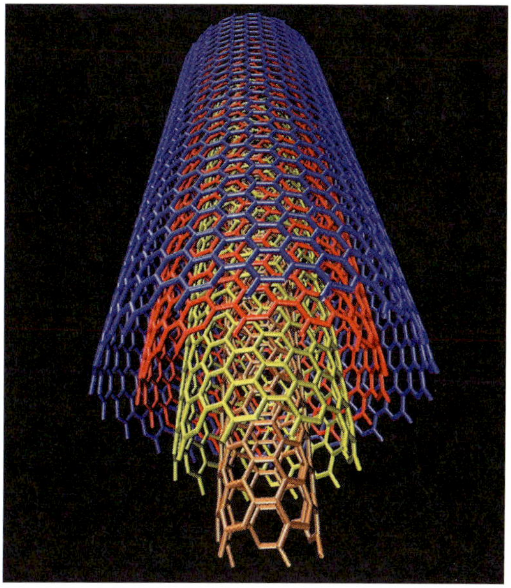

Abb. 10.63 Nanotubes

Eigenschaft von Nanophasenmaterialien ist, dass sie keine Versetzungen (eindimensionale Gitterfehler) bilden und daher um ein vielfaches härter sind und gleichzeitig auf eine duktile Grundstruktur aufgebracht werden können. Im Motorenbau bietet sich der Einsatz von nanotechnischen Applikationen zur Steigerung der Lebensdauer durch reibungsarme Beschichtungen an.

Mit dem Voranschreiten der Entwicklung von Brennstoffzellen wird sich ein weiteres Einsatzgebiet der Nanotechnologie eröffnen. Durch Kompaktierung von Nanopulvern oder alternativ durch Porösitäten in Festkörpern lassen sich makroskopische Bauteile mit großen inneren Oberflächen erzeugen, welche in Brennstoffzellen und bei der Speicherung von Gasen maßgeblich sind. Wasserstoffspeicher aus hohlen Nanofasern (Nanotubes), Abb. 10.63, besitzen eine Kapillarwirkung, die eine Speicherkapazität vom Dreifachen ihres Eigengewichts erreichen kann.

Nanobeschichtete Bleche der Karosserie könnten zukünftig den Korrosionsschutz, der aktuell durch Zinkbeschichtung, Grundierung und Lack gebildet wird, übernehmen. Dabei können die Nanopartikel farblich eingestellt und vor der Umformung aufgebracht werden, so dass der abschließende Lackierprozess entfallen kann. Edelstahlaußenhautflächen an Fahrzeugen wurden aufgrund von optischen Abzeichnungen, die durch Hautberührungen hervorgerufen werden, wenig verwendet. Bei Einsatz geeigneter Nanobeschichtungen wären unversiegelte Edelstahlapplikationen möglich, weil Handabdrücke auf den Flächen nicht mehr sichtbar sind.

Ein weiterer Teilaspekt der Nanotechnologie ist das Fügen von Bauteilen mit Nanooberflächen. Der im Allgemeinen unerwünschte Effekt des Kaltverschweißens von polierten Oberflächen kann zukünftig durch definierte Rauigkeiten kleiner 1 nm genutzt werden. Diese Wirkung, die heute bereits bei Halbleiterelementen eingesetzt wird, kann in der Zukunft makroskopische Bauteile aus unterschiedlichen Werkstoffen verbinden, die zurzeit ohne Zusatzmaterial (Kleber oder Lote) nicht fügbar sind.

Unter dem Begriff »MagneRide®« ist die erste semiaktive Fahrwerksregelung im Jahr 2002 in einem Cadillac Seville STS serienmäßig zum Einsatz gekommen. Es handelt sich hierbei um eine magneto-rheologische Flüssigkeit, die die Eisenpartikel in der Flüssigkeit so ausrichtet, dass dadurch die Dämpferkraft aktiv geregelt werden kann. Das System besteht aus Einrohr-Stoßdämpfern, Sensoren und einem Steuergerät und verbessert sowohl die Fahrdynamik als auch den Fahrkomfort.

Weitere Einsatzfelder von Nanopartikeln sind ebenso die Reifen: Dort verändern sie die innere Reibung, wodurch sich die Lebensdauer erhöht, der Kraftstoffverbrauch und die Abrollgeräusche sich gleichzeitig verringern [156]. Auch Nanobeschichtungen von Fasern sind ein Ansatzpunkt. Die nicht hinreichend alterungsbeständigen und leicht entflammbaren Naturfasern werden so zu feuerbeständigen Konstruktionswerkstoffen, welche auch in Außenbereichen und in Hochtemperaturzonen eingesetzt werden können.

Nicht alle der vorgestellten Einsatzgebiete der Nanotechnologie sind heute bereits serientauglich, jedoch haben viele Einzelaspekte schon in der Konsumgüterindustrie Einzug gehalten. Der zukünftige Erfolg und eine hohe Marktdurchdringung von neuen nanotechnisch-optimierten Bauteilen wird stark davon abhängen, wie schnell großseriengeeignete preiswerte Produktionsverfahren zur Verfügung stehen und vorhandene Lücken der Grundlagenkenntnisse geschlossen werden.

Für die Zukunft wird Kohlenstoffnanoröhren (CNT) ein hohes wirtschaftliches Potenzial prognostiziert aufgrund ihrer außergewöhnlichen molekularen Eigenschaften, wie z. B. extrem hohe Zugfestigkeiten (auf molekularer Ebene eine ca. 100 mal bessere Zugfestigkeit als Stahl) sowie eine hervorragende thermische und elektrische Leitfähigkeit.

Mit Piezofaser-Funktionswerkstoffen ist es gelungen, adaptive Materialien zu entwicklen, die sich an ihre ständig ändernde Umgebung anpassen können. Dieses Anwendungsfeld wird auch als *Adaptronik* bezeichnet und ist ein grundlegender Baustein für die zukünftige Realisierung von »X-by wire«-Techniken. Mit Hilfe von piezoelektrischen Materialien (z. B. Fasern aus Blei-Zirkon-Titanat – PZT), die auf mechanische Umformung reagieren und ein elektrisches Signal erzeugen oder durch Anlegen einer elektrischen Spannung verformt werden, können diese beide Eigenschaften in Bauteile integriert werden. Keramisches PZT wird mittels eines Sol-Gel-basierten Spinnverfahrens hergestellt. Schon mit einem geringen Gehalt an PZT-Fasern lassen sich sehr gute Sensoren realisieren, die auf mechanische Verformungen wie Stoß, Biegung oder Druck reagieren. Aktorische Anwendungen lassen sich mit einem höheren Gehalt an Fasern verwirklichen [159, 160].

Die *Adaptronik* eröffnet vielfältige Anwendungsfelder im Automobilsektor. Prototypen solcher aktiven Bauteile dämpfen z. B. den Lärm in Autos (z. B. durch adaptive Motorlagerungen, Radaufhängungen, Dach oder Kardan- und Antriebswellenwellen). Als elektronisch gesteuerte Injektoren haben sich Piezokeramiken bereits heute in Diesel Common Rail Systeme etabliert [161].

Es ist abzusehen, dass eine nanotechnologische Kompetenz im Automobilbau in Zukunft zu den Kernfähigkeiten gehören wird. Zusammenfassend zeigt ◘ Tab. 10.16, welche Anwendungen der Nanotechnologie im Automobilbau möglich sind.

Neben den umfangreichen Möglichkeiten zur Verbesserung der Produkte werden die Risiken der Nanotechnik, insbesondere die Aufnahme von nanoskaligen Partikeln in den menschlichen Körper

Tabelle 10.16 Potenzielle Nanotechnologie-Anwendungen im Automobilbau in verschiedenen Stufen der Wertschöpfungskette

Grundstoffe/-verfahren (Nanomaterialien/Tools)	Komponenten/Systeme	Anwendungen
Materialien, Werkstoffe – Hochfeste Stähle – Metall-Matrix-Komposite – Nanopartikel verstärkte Polymere – Katalytische Nanopartikel – Thermoelektrika – Nano-Klebstoffe – Nanofluide … **Verfahren/Tools** – PVD-, CVD-Verfahren – Nanopartikelsynthese – Ionenstrahl-/Plasmaverfahren … **Funktionale Schichten** – Ultra-hydrophob – Elektrochrom – Antireflex – Verschleißschutz – Kratzfestigkeit **Elektronik und Sensorik** – Magnetoelektronik – WBG-Halbleiter (SiC, GaN) – LED, OLED …	**Fahrwerk** – Reifen – Stoßdämpfer – Sensorik **Antriebssystem** – Zündanlage, Einspritzung – Kraftstofftank/-zusätze – Abgasanlage – Brennstoffzelle – Batterien – Schmiermittel, Kühlung – Thermoelektrische Abwärmenutzung **Karosserie/Außenhaut** – Tragende Struktur – Scheiben – Lackierung – Außenhaut-Funktionalisierung **Innenraum/Ausstattung** – Konsolen/Armaturen – Anzeigen/Displays – Beleuchtungstechnik – Elektronik, DV	**Sicherheit** – Aktive Sicherheit (Bremsen, Scheinwerfer, Sicht (indirekte Sicht, Radar etc.), Fahrverhalten) – Passive Sicherheit (Fahrzeugstruktur, Airbag, Fußgängerschutz) **Komfort/Design** – Klimatisierung – Effektlackierung – Selbstreinigende Oberflächen – Unterhaltung/Infotainment (Internet, Videodienste) – Navigations-/Verkehrsleitsysteme **Umwelt/Nachhaltigkeit** – Kraftstoffverbrauch – Schadstoffemissionen – Geräuschemissionen – Ressourcenschonende Produktion – Recycling

diskutiert. Eine endgültige Aussage kann dazu an dieser Stelle noch nicht erfolgen.

10.3 Wettbewerb und Zusammenspiel der Werkstoffe

Die erste Dekade des 21sten Jahrhunderts hat weltweit zu spürbaren Veränderungen der Wettbewerbssituation bei Kraftfahrzeugen geführt. Neben den etablierten OEMs aus Japan und Südkorea, die bereits heute eine starke Konkurrenz für die deutschen OEMs darstellen, hat die sich bereits seit vielen Jahren abzeichnende und nachhaltige Industrialisierung der großen Volkswirtschaften China, Indien und Brasilien und der dort ebenfalls vorhandene Wunsch nach individueller Mobilität bereits dazu geführt, dass die USA nicht nur als wichtigster Abnehmer von Kraftfahrzeugen durch China verdrängt worden ist, China holt auch bei der Produktion von Kraftfahrzeugen auf. Allein in China gibt es nahezu 100 Hersteller, von denen aber wahrscheinlich nur sehr wenige überleben werden. Die chinesischen Hersteller haben sich lange im Niedrigpreissegment bewegt, werden aber zukünftig entweder durch Zukäufe oder eigene Entwicklungen auch andere Marktsegmente zu besetzen suchen.

Im Bereich der Zulieferer führten wirtschaftliche Interessen, aber auch die Schwäche einzelner Unternehmen zu Fusionen und Übernahmen und so zu einer reduzierten Anzahl von Anbietern im Markt. Auch hier entstehen weltweit neue Standorte, die eine wirtschaftliche Fertigung ermöglichen.

Die international festgelegten Ziele einer deutlichen Reduzierung der CO_2- und der Schadstoffemissionen, insbesondere bei Kraftfahrzeugen, wird sich stark auf die benötigten Techniken auswirken. Die Beschlüsse von Kyoto und den nachfolgenden Klimagipfeln werden bei allen Fahrzeugherstellern und auch den Zulieferern zu verstärkten Anstrengungen führen, die CO_2- und die Schadstoffemissionen der Fahrzeuge weiter zu reduzieren. Dies ist auch angesichts der zunehmenden Industrialisierung und aufgrund der steigenden Nachfrage nach individueller Mobilität in den beiden großen Volkswirtschaften in China und Indien notwendig, um die Umwelt und die begrenzten Ressourcen zu schonen. Die weltweite Urbanisierung der Bevölkerung wird den Trend zu emissionsarmen bzw. emissionsfreien Kraftfahrzeugen zusätzlich antreiben. Zahlreiche bereits gestartete nationale Programme zur staatlich bezuschussten Einführung von ZEVs befördern diese Entwicklung zusätzlich.

Für die Kraftfahrzeughersteller bedeutet dies weiter steigende Anforderungen an Werkstoffe und kostengünstige Fertigungsverfahren. Leichtbau wird aufgrund von Emissionsreduzierungen und/oder des Einsatzes von Batteriesystemen für alle Fahrzeugklassen immanent werden und dieser Trend wird sich in der nächsten Dekade fortsetzen. Leichtbauwerkstoffe werden zur Gewichtsreduzierung auf breiter Front (so auch in Kleinwagen) zum Einsatz kommen: arbeitet BMW beim Mega City Vehicle an einer Leichtbaustruktur aus CFK in Kombination mit Aluminiumbauteilen, während Daimler mit der japanischen Firma Toray ein Abkommen über die Entwicklung und Fertigung von Leichtbaukomponenten aus CFK bekannt gegeben hat.

Die Gewichtsreduzierung in Kraftfahrzeugen wird – und das verdeutlicht das Beispiel des Mega City Vehicle – nicht mehr durch die Substitution eines Werkstoffs durch einen anderen erreicht werden, sondern durch das gezielte Zusammenspiel aller aus wirtschaftlichen und fertigungstechnischen Gesichtspunkten sinnvollen Werkstoffe und Materialien. Das Spektrum der Möglichkeiten ist dabei groß und reicht von den Stählen mit ihren unterschiedlichen Festigkeitsklassen über Leichtmetalle, wie Aluminium oder Magnesium, bis hin zu Kunststoffen bzw. faserverstärkten Werkstoffen und den Keramiken. Neben dem Leichtbau steigen die Anforderungen an die Sicherheit und Langzeitqualität der Fahrzeuge. Weltweit sind Mindeststandards bzgl. passiver Sicherheitssysteme einzuhalten. Dies ist nur durch den Einsatz modernster Werkstoffe und geeigneter Fertigungsverfahren zu erfüllen.

Im Hinblick auf die bereits heute nahezu unüberschaubare Vielfalt an möglichen Varianten während der Fahrzeugentwicklung wird die computerunterstützte Simulation in allen Bereichen immer wichtiger. Schon bei der Entwicklung neuer Werkstoffe sind Simulationen unentbehrlich: In diesem Fall bilden FE-Programme werkstoffphysikalische Prozesse während der Herstellung nach und erlauben so im Vorfeld Aussagen über den Werkstoff. Bei der Fertigungstechnik sind Simulationsprogramme bereits seit vielen Jahren erfolgreich im Einsatz (Bsp: Umformtechnik, Formfüll- und Erstarrungssimulation bei Gussbauteilen). Diese werden aufgrund der ebenfalls kontinuierlichen Steigerung der Rechenleistung verfügbarer Computersysteme immer genauere Prognosen und eine feinere Abbildung von Bauteilen und Prozessen ermöglichen. Allerdings werden reale Versuche weiterhin notwendig bleiben, da die Simulation nur einen Idealfall dargestellt, bzw. das Modell die Realität abzubilden und vorauszusagen versucht.

Die Werkstoff- und Fertigungstechnik wird auch in Zukunft eine treibende Kraft des Fortschritts im Automobilbau darstellen. Die steigenden Anforderungen an die Eigenschaften von Komponenten und Bauteilen im Kraftfahrzeug können nur durch die konsequente und kontinuierliche Weiterentwicklung von Werkstoffen und ihren Herstellungstechniken erfüllt werden.

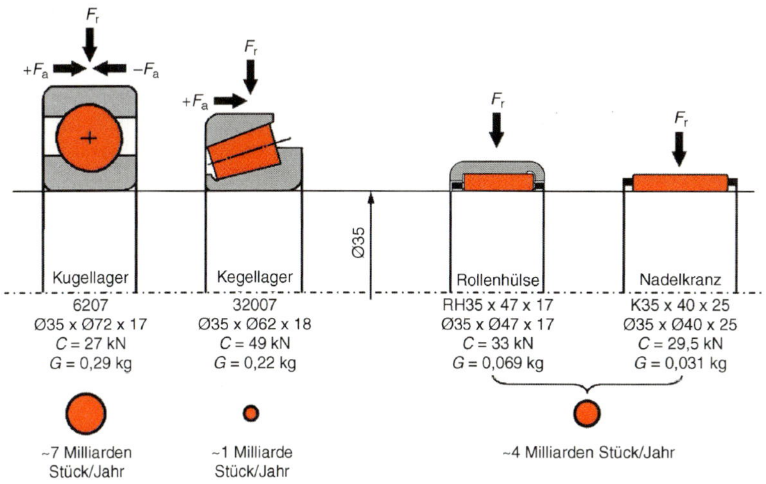

Abb. 10.64 Wälzlager-Bauarten und jährliches Produktionsvolumen

10.4 Wälzlager im Fahrzeugbau

10.4.1 Einleitung

Wälzlager und jede Art von Rollenlager repräsentieren im Maschinenbau die Technik, um die sich alles dreht: Sie sind der klassischen Erfahrung nach anspruchslos im Schmierstoffbedarf, heikel gegen Verschmutzung und kraft ihrer gigantischen Stückzahlen enorm preisgünstig. Das gilt vor allem für die klassischen Baumuster, deren Stückzahl -zig-Milliarden pro Jahr erreicht (Abb. 10.64): 7 Milliarden Kugellager gefolgt von 4 Milliarden Nadellagern und 1 Milliarde Kegelrollen sind stolze Summen (Stand 2010).

Wälzlager sind per Definition Lager, bei denen zwei zueinander bewegliche Komponenten, der sogenannte Innenring sowie der Außenring, durch rollende Körper getrennt sind. Sie dienen wahlweise als Fest- oder Loslager zur Fixierung von Achsen und Wellen, wobei sie die radialen und axialen Kräfte aufnehmen und gleichzeitig die Rotation von Welle oder Rad ermöglichen. Zwischen den drei Hauptkomponenten eines Lagers, nämlich Innenring, Außenring und Wälzkörper, tritt hauptsächlich Rollreibung auf. Da die Wälzkörper auf gehärteten Stahlflächen mit optimierter Schmierung abrollen, ist die Tragzahl dieser Lager hoch und gleichzeitig die Rollreibung relativ gering.

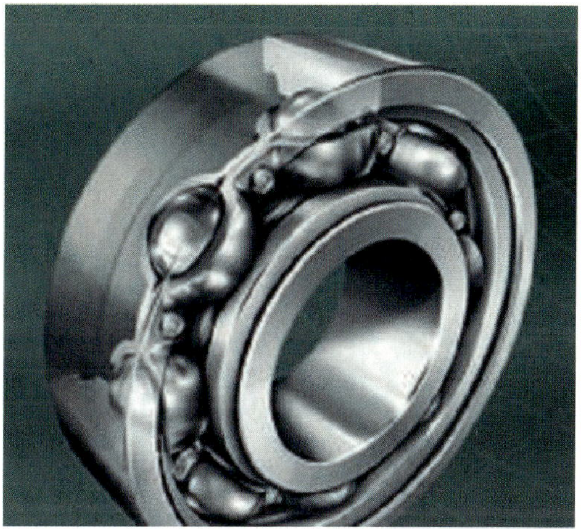

Abb. 10.65 Einreihige Rillenkugellager decken 80 % aller Gebrauchsfälle ab

Nachdem Verbrauch und detaillierte CO_2-Reduktion als Entwicklungsziel in der Fahrzeugentwicklung alle anderen Tendenzen überragen, bieten sich für den Ersatz von konventionellen Gleitlagern zunehmend neue Wälzlager-Technologien an, die für einen bestimmten Einsatzzweck regelrecht »maßgeschneidert« wurden. So übernehmen Radlager der jüngeren Generation mittels aufgesetzter Signal-Sensor-Paarungen die Ermittlung von Raddrehzahlen für die Kontrolleinheiten von ABS, ESP und ASR-Systemen.

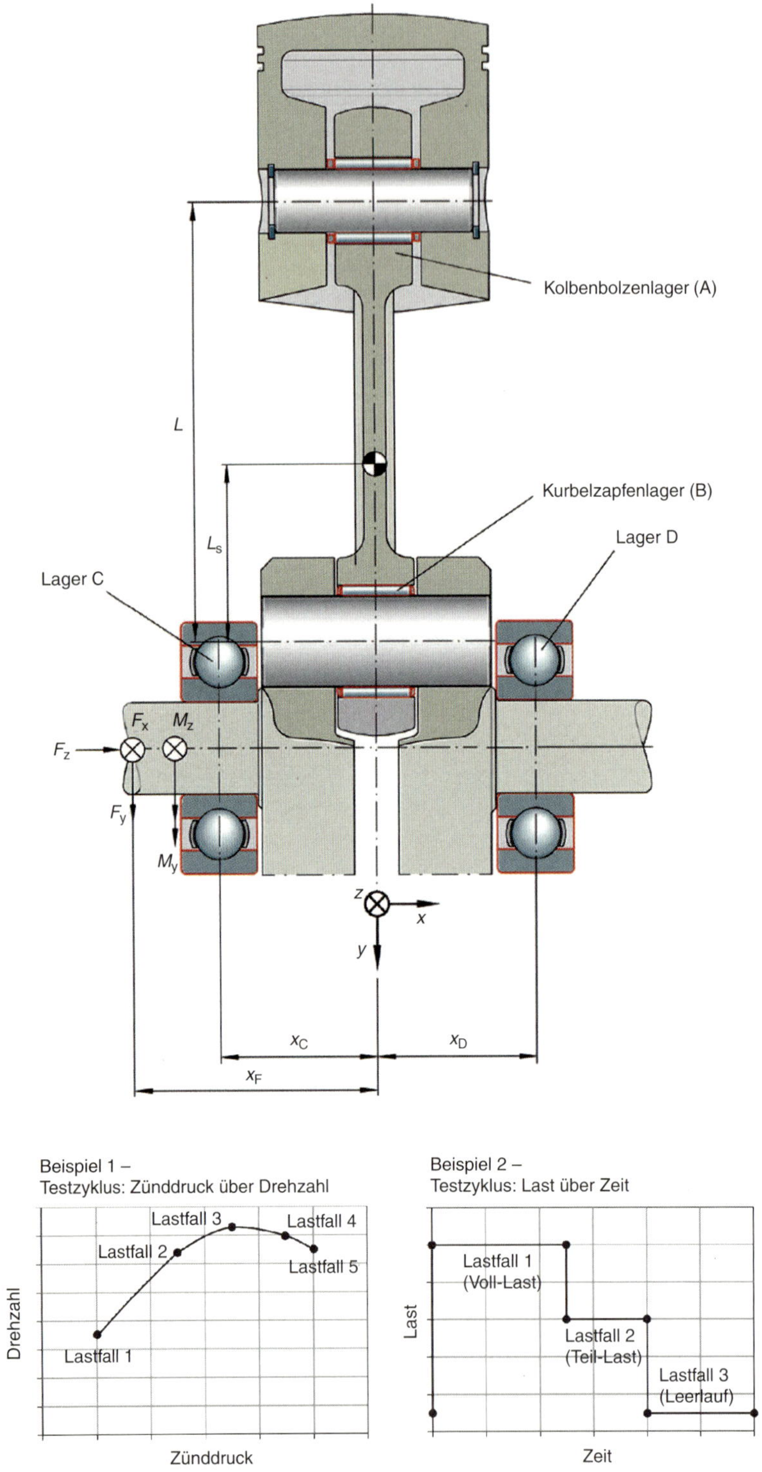

Abb. 10.66 Rollenlager im Motorenbau sind nicht nur für Motorsägen, Rasenmäher und Mopeds eine gängige Lösung, sondern bieten sich im Zuge weiterer Verbrauchsoptimierung für Automotoren an (siehe ► Abschn. 10.4.4.3.6)

10.4.2 Gebräuchliche Wälzlager-Bauarten

10.4.2.1 Einreihige Rillenkugellager

Rillenkugellager (■ Abb. 10.65) gibt es heute normiert mit Außendurchmessern von 26 bis 90 mm. In der Bedarfs-Struktur dominieren sie weltweit mit mehr als 80 %. Üblich ist ein Nietkäfig aus Stahl, auf Wunsch mit Polyamidkäfig. Die normale Toleranzklasse heißt p6; auf Anfrage auch mit engerer Toleranz p5 lieferbar. Gängige Lager können mit einer oder zwei Spaltdichtungen (Bezeichnung »Z« oder »2Z«) sowie mit einer oder zwei Lippendichtungen (Bezeichnung »HRS« oder »2HRS«) bestellt werden, auf Anfrage auch mit sehr reibungsarmen nicht berührenden Labyrinthdichtungen (2BRS). Zudem stehen alle Rillenkugellager wahlweise mit größerer (Ausführung C3, C4) oder kleinerer (C2) Radialluft zur Verfügung [162].

10.4.2.2 Nadellager, Nadelkränze

Alle Laufbahnen für die Nadellager müssen jeweils gehärtet, geschliffen und gehont sein. Nadelkränze für Kurbelzapfen sind außengeführt, das heißt, die Pleuelbohrung führt den Käfig radial mit kleinem Spiel. Die radiale Bewegung des Käfigs gegenüber der Pleuelbohrung und den Wälzkörpern ist möglichst gering. Die Käfige sind aus vergütetem Stahl gefertigt, durch Beschichtung verschleißarm, von hoher Festigkeit und haben große, schmiertechnisch günstig gestaltete Führungsflächen [163].

10.4.2.3 Kegelrollenlager

Kegelrollen-Wälzlager gibt es für sämtliche Belastungsfälle und Anforderungen. Kegelrollenlager sind zerlegbar, Innenring und Außenring können getrennt eingebaut werden. Da Kegelrollenlager axiale Kräfte nur in einer Richtung aufnehmen können, ist ein zweites, spiegelbildlich angeordnetes Kegelrollenlager zur Gegenführung erforderlich. In dieser Eigenschaft sind sie mit den Schrägkugellagern vergleichbar, weisen jedoch generell eine höhere Tragfähigkeit auf, gleichzeitig eine geringere Drehzahleignung.

Gängige Anwendungen für Kegelrollenlager sind: Radlager in Pkws, Lkws, als Lenkkopf- oder Schwingenlager für Motorräder. Üblich sind Lager in metrischen und auch Zollabmessungen, letztere haben ein völlig eigenes Bezeichnungsschema [164].

10.4.3 Auslegung von Wälzlagern

10.4.3.1 Wellen- und Lagerberechnung nach Formelsammlung

Verfahren zur Berechnung der Lebensdauer:
Kenngrößen L_{10} und L_{100} nach ISO 281
Modifizierte Lebensdauer L_{NA} nach DIN ISO 281 ist seit 1990 nicht mehr Bestandteil der ISO 281, erweiterte modifizierte Lebensdauer L_{nm} nach ISO 281.
Nominelle Lebensdauer (Quelle: DIN ISO 281 Beiblatt 2)
Variable für die Eingaben:

C – Dynamische Tragzahl in kN = Tragzahl für gegebenes Lager aus Lagertabelle der Hersteller

P – Dynamische äquivalente Belastung in kN

p – Lebensdauerexponent, $p = 3$ (für Kugellager), $p = 10/3$ (für alle anderen Lager)

n – Drehzahl in 1/min (Umdrehungen pro Minute)

$$\text{Ergebnis:}\quad L_{10} = \left(\frac{C}{P}\right)^p$$

L_{10} – Nominelle Lebensdauer in Millionen Umdrehungen, welche von 90 % einer genügend großen Menge gleicher Lager erreicht oder überschritten wird, bevor die ersten Anzeichen einer Werkstoffermüdung auftreten.

$$L_{10\,\mathrm{h}} = \frac{10^6}{60 \cdot n} \cdot L_{10} = \left(\frac{16.666}{n}\right) \cdot \left(\frac{C}{P}\right)^p$$

$L_{10\,\mathrm{h}}$ – Nominelle Lebensdauer in Betriebsstunden entsprechend der Definition für L_{10}.

Die hier enthaltene Dynamische äquivalente Belastung P ist ein technischer Wert. Er stellt eine in Größe und Richtung konstante Radiallast bei Radiallagern dar, entsprechend einer Axiallast bei Axiallagern.

Eine Belastung mit P ergibt die gleiche Lebensdauer wie die tatsächlich wirkende kombinierte Belastung.

Zur Berechnung gehören folgende Variable für die Eingabe:

X, Y – Radial- und Axialfaktoren aus den Maßtabellen oder der Beschreibung des Produktes. Diese Faktoren sind generell im Lagerkatalog enthalten.

Abb. 10.67 Kegelrollenlager bewähren sich im paarweisen Einsatz

F_r – Radiale dynamische Lagerbelastung in kN

F_a – Axialkraft dynamische Lagerbelastung in kN

Formel: $P = x \cdot F_r + y \cdot F_a$
Ergebnis: P = Dynamische äquivalente Belastung in kN
Nota: Diese Berechnung ist nicht anwendbar für Radial-Nadellager sowie Axial-Nadellager und Axial-Zylinderrollenlager. Bei diesen Lagern sind kombinierte Belastungen nicht zulässig.

Die Lebensdauer für andere Ausfallwahrscheinlichkeiten wird durch Multiplikation von L_{10} mit einem Faktor berechnet:

$L_5 = 0{,}62 \cdot L_{10}$ in Millionen Umdrehungen bei 5 % Ausfallwahrscheinlichkeit
$L_4 = 0{,}53 \cdot L_{10}$ in Millionen Umdrehungen bei 4 % Ausfallwahrscheinlichkeit
$L_3 = 0{,}44 \cdot L_{10}$ in Millionen Umdrehungen bei 3 % Ausfallwahrscheinlichkeit
$L_2 = 0{,}33 \cdot L_{10}$ in Millionen Umdrehungen bei 2 % Ausfallwahrscheinlichkeit
$L_1 = 0{,}21 \cdot L_{10}$ in Millionen Umdrehungen bei 1 % Ausfallwahrscheinlichkeit

Die modifizierte Lebensdauer L_{NA} kann berechnet werden, wenn neben der Belastung und Drehzahl weitere Einflüsse bekannt sind, etwa besondere Werkstoff-Eigenschaften die Schmierung oder wenn eine von der 90-Prozentigen Definition abweichende Lebensdauer gefordert wird.

Dieses Berechnungsverfahren wurde 2007 in ISO 281 durch die Berechnung der erweiterten modifizierten Lebensdauer ersetzt.

$$L_{NA} = a_1 \times a_2 \times a_3 \times L_{10}$$

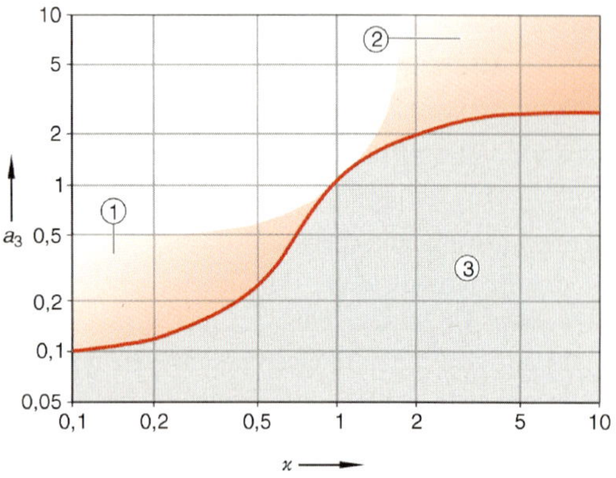

Abb. 10.68 Wenn die Sauberkeit der Schmierung nicht gewährleistet ist, bleibt von der generell guten Lebensdauer der Wälzlager nicht viel übrig

L_{NA} – 10^6 Umdrehungen, Modifizierte Lebensdauer für besondere Werkstoffeigenschaften und Betriebsbedingungen bei einer Erlebenswahrscheinlichkeit von $(100 - n)$ %

L_{10} – 10^6 Umdrehungen, = Nominelle Lebensdauer

a_1 – Lebendauerbeiwert für eine Erlebenswahrscheinlichkeit, die von 90 % abweicht.

a_2 – Lebensdauerbeiwert für besondere Werkstoffbeiwerte, für Standard-Werkzeugstähle $a_2 = 1$

a_3 – Lebendauerbeiwert für besondere Betriebsbedingungen, besonders für den Schmierungszustand, gängige Werte reichen von Faktor 10 (sehr sauber, korrekte Additive) bis hinunter zu 0,05 (schlechte Schmierung, Schmutz), siehe hierzu Abb. 10.68 [162].

10.4.3.2 Wellen- und Lagerberechnung mittels spezieller Software

Lagerberechnung und -auslegung ist heute kein Fall mehr für den Rechenschieber, sondern ein klares Aufgabenfeld für die Online verfügbaren Berechnungsmodule, etwa der Schaeffler-Group. »Bearinx« heißt das hochflexible Berechnungstool [162], das vom einzelnen Lager bis zur komplexen Getriebe-Konstruktion keinen Aufgabenbereich offen lässt. Andere Lagerhersteller verfügen über vergleichbare Mittel zu Unterstützung der Konstruktionsabteilungen und der Hochschulen.

10.4.4 Exemplarische Ausführungen aus der jüngeren Wälzlager-Entwicklung

Es steht fest, dass ein Wälzlager im Vergleich zum Gleitlager reibungstechnisch Vorteile hat. Zudem ist der Vorteil der geringen Wartung prägnant: Ein definiert beschaffener Ölnebel – etwa im Pumpen-freien Getriebegehäuse durch Panschen der Zahnräder verfügbar – reicht aus, um ein Rollenlager auf enorme Lebensdauer sicher zu versorgen. Der Komplikationsgrad von Ölkreisläufen für Viertaktmotoren, die heute bereits mittels Register-Ölpumpen auf optimale Effektivität in Druckniveau und Fördermenge getrimmt werden, mag als Indikator dafür gelten, dass dem Rollenlager auch im Motorenbau eine wachsende Verwendungsmöglichkeit offensteht. Neue Entwicklungen für viele Spezialeinsätze werden diese Tendenz künftig weiter verstärken.

So ist heute schon speziell für sehr hohe Drehzahlen der Einsatz von Keramikkugeln sinnvoll. Sie bewirken einen sogenannten »Self-Healing-Bearing«-Effekt. Dabei wird bei einem Rillenkugellager im Kugelsatz eine einzige Keramikkugel integriert. Während so ein Getriebelager im Normalfall an der Oberfläche durch Überrollen von Schmutzpartikeln im üblichen Maß verschleißt, so sorgt die Keramikkugel aufgrund ihrer höheren Härte für einen gewissen Glättungs- oder Politur-Effekt für die metallischen Oberflächen. Das führt zur Verlängerung der Lagergebrauchsdauer. Ausschließlich für die Formel 1 werden seit 2008 aus Gewichtsgründen verstärkt Wälzkörper aus Keramik eingesetzt. Jedoch ist für einen Einsatz in großen Serienstückzahlen die Wirtschaftlichkeit noch nicht gegeben.

Die Idee, Wälzlager im Motorenbau einzusetzen, ist nicht neu. Rollenlager-Motoren existierten seit langem bei Zweitaktmotoren und Motorrädern – etwa bei allen BMW-Modellen vor 1969. Auch wurden vor dem 2. Weltkrieg viele Flugmotoren komplett in Rollen gelagert. Aufgrund des Potenzials, das ein Wälzlager gegenüber einem Gleitlager hat, kann sich dieses Prinzip künftig stärker verbreiten, sobald die wirtschaftlichen Rahmenbedingungen und die Nachfrage zur passenden Stückzahl dafür geschaffen sind.

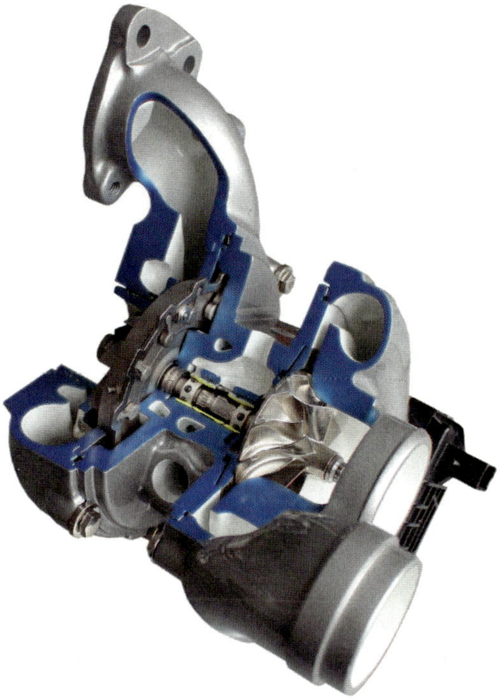

Abb. 10.69 Erster wälzgelagerter Turbolader in Großserie

Die Grenzen hinsichtlich Lager-Belastung und Lebensdauer entwickeln sich durch verstärkte Detailarbeit in höhere Grenzbereiche als jemals zuvor: So hat INA beispielsweise einen Lagersatz entwickelt, mit dem es gelingt, Wartungsintervalle bis zu 200.000 Kilometer für einen Riementrieb zur Nockenwelle von Automotoren zu erreichen und dabei gleichzeitig die Steuerzeiten für Einspritzung und Verbrennung im günstigen Maß zu optimieren.

Eine andere Neuentwicklung liegt im Bereich der Diesel-Einspritzung bei Rolle-Buchse-Bolzen-Einheiten für Common-Rail-Systeme, die bei minimalem Verschleiß und geringer Reibung Einspritzdrücke bis 3500 bar im Dieselmotor gewährleisten. Darüber hinaus werden heute speziell bei Ausgleichswellen zunehmend Wälz- statt Gleitlager eingesetzt, um die Energieeffizienz zu steigern und dadurch einen Beitrag zur CO_2-Reduzierung zu leisten.

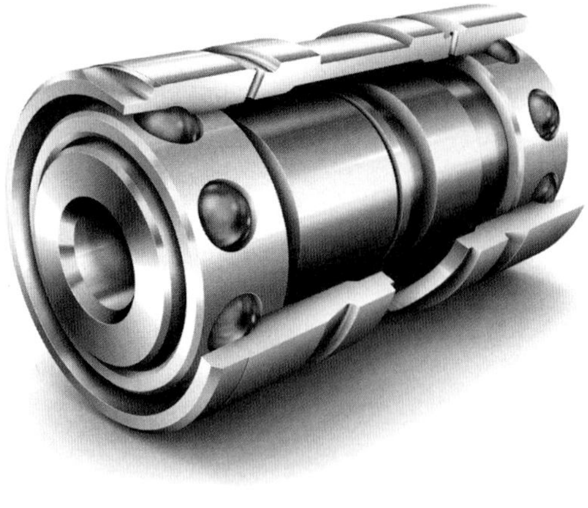

Abb. 10.70 Wälzlager-Kartusche für Turbolader

Tabelle 10.17 Kugellager, Kugelrollenlager, Zylinderrollenlager im direkten Vergleich

Kriterien	Wälzlager				
	Rillen-kugellager DIN 625	Kugel-rollenlager	Zylinderrollenlager DIN 5 412		
	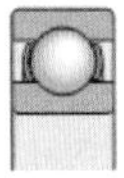	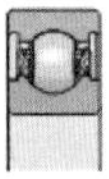	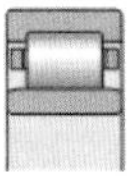	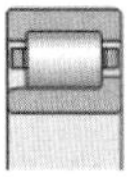	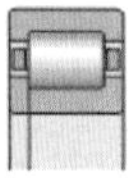
		BXRE	NU, N	NJ	NUP
Radiale Belastbarkeit	+	++	+++	+++	+++
Axiale Belastbarkeit	+	++	--	++	+
Kombinierte Belastung	++	+	--	-	++
Wechselnde axiale Belastung	+	--	--	--	++
Festlager	+++	++	--	+	+++
Eignung für hohe Drehzahlen	+++	++	-	-	-
Längenausdehnung im Lager	--	--	+++	-	--
Längenausdehnung durch Schiebesitz	+	+	--	--	+
Reibungsverhalten	+++	+++	++	++	++
Schmierung (Fettraum)	++	+++	++	++	++

+++ sehr gut
++ gut
+ normal
− mit Einschränkung
−− nicht geeignet

10.4.4.1 Wälzgelagerter Turbolader

Im Mai 2010 begann die Serienproduktion der Wälzlagerung für den Turbolader im 3,0 l V6 Diesel-Motor von Daimler (Abb. 10.69): Eine Lagerkartusche (Abb. 10.70) enthält zwei Kugellagerreihen mit auf die Welle montierbaren Innenringen, Keramikwälzkörpern in Metallkäfigen und einem einteiligen Außenring. Durch die Wälzlagerung wird das Reibmoment im Turbolader bei Betriebstemperatur gegenüber der gleitgelagerten Variante halbiert; bei niedrigeren Temperaturen fällt der Vorteil sogar noch deutlich höher aus und ist damit für den Bereich des Kaltstarts besonders augenfällig und wirkungsvoll. Im Teillastbereich stellt sich eine gegenüber der gleitgelagerten Ausführung erhöhte Drehzahl des Laders ein, wodurch das Ansprechverhalten bei Lastanforderung wesentlich verbessert wird. An einem 2,2 l Motor wurden neben deutlich verbesserten Emissionswerten ein Verbrauchsvorteil im NEFZ von 2,5 % und unter Volllast sogar von 4 % ermittelt.

10.4.4.2 Radlager

Wurden bis vor etwa 50 Jahren für Radlagerungen von Personenwagen noch angestellte einreihige Kugellager oder Schrägkugellager verwendet, so kamen seit den 60er Jahren hauptsächlich zweireihige Schrägkugellager-Einheiten mit einem ungeteilten Außenring und ein bis zwei getrennten Innenringen zum Einsatz. Diese Baumuster müssen im Betrieb nicht mehr nachgestellt werden. Zugleich sind seither alle Einheiten mehr oder weniger fehlerfrei in der Handhabung, so dass ab der Endmontage eine deutlich höhere Betriebssicherheit erreicht wird, als in früheren Zeiten. Alle Bauformen seither sind in O-Anordnung ausgeführt, um eine möglichst große Stützbasis und damit hohe Steifigkeit gegen Seitenkräfte zu erzielen. Die folgende Übersicht wird außerdem von dem Trend geprägt, wonach immer mehr und immer stärkere Fahrzeuge mit Frontantrieb von den Bändern laufen, die zudem eine immer höhere Kippsicherheit des Lagers erfordern.

Es ist weitgehend überholt, von »dem Radlager« zu sprechen. Gebräuchlich sind heute insgesamt sechs Bauformen von Radlagern plus einer siebten Sonderform mit Stirnverzahnung am Ende dieses Kapitels. Alle Baumuster werden heute gleichzei-

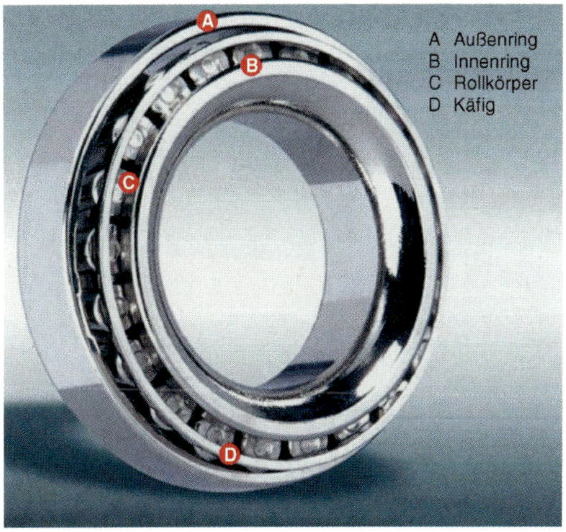

Abb. 10.71 Standardlager mit Kegelrollen

Abb. 10.72 Radlager der 1. Generation für Pkw mit Schrägkugellager

tig und manchmal tatsächlich nebeneinander am gleichen Band verwendet.

Die höher integrierten Einheiten der aktuellsten Generationen mit Sensor-Technologie passen durchweg zu den Premium-Fahrzeugen der weltweiten Märkte, während die einfacheren Modelle in die Kleinwagen oder in solche Modelle gehen, welche vordergründig nach dem Muster der »Intelligent Simplicity« konstruiert wurden, etwa der Dacia Logan und der Tata Nano. Der folgende Abriss der sechs gängigen Baumuster soll helfen, ein wenig Klarheit in die Möglichkeiten der hohen Integration zu bringen.

Standard-Kegelrollenlager (Abb. 10.71) sind zerlegbar, Innenring und Außenring können getrennt eingebaut werden. Da Kegelrollenlager axiale Kräfte nur in einer Richtung aufnehmen können, ist ein zweites, spiegelbildlich angeordnetes Kegelrollenlager zur Gegenführung erforderlich. In dieser Eigenschaft sind sie mit den Schrägkugellagern vergleichbar, bieten dabei bei höherer Tragfähigkeit, jedoch geringer Drehzahleignung.

Radlager der 1. Generation sind kompakte Einheiten, die von FAG mit definierter und voreingestellter Lagerluft, »for-life«-Fettschmierung (wartungsfrei auf Lebenszeit = 250.000 km) und Abdichtung ausgestattet werden (Abb. 10.72). FAG hat für Vorderräder und Hinterräder in Pkw-Anwendungen Schrägkugellager mit hoher Momententragfähigkeit zur Abstützung der Seitenkräfte bei Kurvenfahrt entwickelt.

Abb. 10.73 1T Generation Pkw: Radlager mit Schrägkugellager

Radlager der sogenannten 1T Generation (Abb. 10.73) sind ebenso wie die Baumuster mit Schrägkugellager sehr kompakte Lagereinheiten. Sie tragen aber anstatt Kugeln Kegelrollen als Wälzkörper. Diese Verwendung von Kegelrollen ermöglicht die Erträglichkeit hoher Achslasten bei gleichzeitig niedriger Seitenbeschleunigung. Unter Einbeziehung der Umgebung wurden hier auf Lebensdauer geschmierte Kegelrollenlagereinheiten

Abb. 10.74 Radlager der 2. Generation mit Schrägkugellager

Abb. 10.75 Radlager der 3. Generation mit Schrägkugellager und Zweiflansch-Ausführung

Abb. 10.76 Technik mit dem integrierten ABS-Impulsgeberring – Radnabe mit ABS-Sensorlager (*links*) und mit konventionellem ABS-Sensorring (*rechts*)

ohne Wartungsbedarf mit definierter Lagervorspannung geschaffen.

Die Radlager der zweiten Generation (Abb. 10.74), die seit 1970 im Serieneinsatz laufen, verfügen über einen drehbaren Flansch zur Aufnahme von Bremsscheibe und Felge innerhalb des gemeinsamen Außenringes. Dies spart ein zusätzliches Bauteil pro Radführung ein und verringert die ungefederten Massen.

Gesichert wird so eine Radlagereinheit im Radträger generell mit einem Sicherungsring, der gleichzeitig den Lageraußenring axial verspannt.

Die Baumuster mit Schrägkugellagern der 3. Generation (Abb. 10.75) sind hochintegrierte Radlagereinheiten mit zwei getrennten Flanschen zur Führung von Bremsscheibe und Felge. Sie werden direkt am Radträger befestigt. Im Lager direkt integrierte Drehzahl-Encoder generieren die für die Fahrwerkssteuerung erforderlichen Signale für ABS und ESP-System. Die Lagerklemmkraft wird hier mittels kaltwälzgenietetem Bund aufgebracht. Aus der Zweiflansch-Ausführung rührt ein deutlich vereinfachter Montageaufwand.

Im Fahrzeugbau kommen seit einiger Zeit vermehrt Radlager mit magnetischem ABS-Impulsgeberring (Abb. 10.76) zum Einsatz. Dieser übernimmt die Funktion des früher an Radnaben oder Antriebswellen angebrachten ABS-Sensorringes, der oft als Zahnscheibe ausgeführt war.

In den heute aktuellen Fällen wird ein Signal mit zur Raddrehzahl proportionaler Frequenz erzeugt, welches ein Eingangssignal für die ABS-/ESP-/ASR-Regeleinheiten darstellt. Bei passiven induktiven Sensoren ist die Amplitude des Sinussignals störempfindlich und zudem von der Geschwindigkeit abhängig. Deshalb eignen sich solche Systeme nicht für sicher definierte Regelungsschritte bis hinunter zum Stillstand des Fahrzeuges. Erst mit der Verwendung von aktiven Sensoren, die mit Hall-Differenz-ICs oder magnetoresistiv arbeiten, steht ein stabiles Ausgangssignal bis zu Tempo Null zur Verfügung. Neuere Baumuster besitzen zusätzliche Intelligenz durch Drehrichtungs-Erkennung und sogenannte Luftspaltreserven: Dadurch wird einsetzender Verschleiß am Sensorsystem frühzeitig erkannt. Die Überwachung der elementar wich-

Abb. 10.77 Neue Bauform der Radlager-Einheit mit Stirnverzahnung – Dieses Radlager ist mittels Stirnverzahnung mit der Gelenkglocke der Antriebswelle nicht mehr radial sondern axial verbunden. So lässt sich das Bauteil bei 10 % weniger Gewicht absolut spielfrei montieren und die Montagekosten am Band fallen deutlich günstiger aus

Abb. 10.78 Getriebe mit trockener Doppelkupplung haben sich nach dem Zitat der Fachpresse als »die besseren Automatikgetriebe« etabliert und sind dabei, durch den sehr guten Systemwirkungsgrad einen wichtigen Beitrag zur CO_2-Reduzierung zu leisten

tigen Systeme ABS oder ESP wird dadurch stark vereinfacht.

Früher wurde für die Montage von Antriebswellen stets die Verzahnung der Gelenkglocke an der Antriebswelle axial in das Radlager geschoben. Die Übertragung des Antriebsmoments erfolgt bei dieser Lösung über eine Längsverzahnung. Diese Montageart hat sich millionenfach bewährt, doch sie birgt auch eine Reihe von Nachteilen: Die recht massive, und damit schwere Konstruktion weist – um die Montage zu erleichtern – ein definiertes Spiel auf. Die übliche Belastung im Fahrbetrieb birgt das Risiko, dass sich der Verband über das Montagespiel hinaus lockert.

Das neue FAG-Radlagermodul mit Stirnverzahnung (Abb. 10.77) dagegen bietet den im Radlager auftretenden Kräften förmlich die Stirn: Für den Kraftschluss zwischen Radlagerträger und Antriebswelle sorgt nunmehr eine Stirnverzahnung. Diese neue Lösung besticht durch einfachste Montage, denn die selbst zentrierende Axial-Verzahnung wird einfach an die Gelenkglocke angelegt und mittels Zentralschraube fixiert. Die Montage erfordert – anders als das bisher notwendige Einschieben von Radialverzahnungen – keinen nennenswerten Kraftaufwand. Im Betrieb bleibt das Lager spielfrei fest und sicher in der Verzahnung; ganz gleich ob 1000 oder 100.000 km zurückgelegt werden. Der Gewichtsvorteil summiert sich an den vier Rädern leicht auf mehr als ein Kilogramm. Da diese Gewichtsersparnis die ungefederten Massen reduziert, kommt sie unmittelbar den Fahreigenschaften zugute. Das niedrigere Gewicht der rotatorischen Massen leistet darüber hinaus aber auch einen Beitrag zur Senkung von CO_2-Emissionen [166].

10.4.4.3 Beispiele für richtungweisende Technologien mit Wälzlagerung

10.4.4.3.1 Doppelkupplungs-Systeme

Bedingt durch Bauraumrestriktionen und durch die Festlegung auf ein spezielles Aktorkonzept für die Kupplungs- und Getriebesteuerung, mussten zum Teil unterschiedliche trockene Doppelkupplungs-Anordnungen entwickelt werden (Abb. 10.78). Dies zeigt gleichzeitig, dass die modernen Kupplungstechnologien geeignete Lösungen für fast alle möglichen Anwendungen im Drehmomentbereich von 150–500 Nm bieten. Im Wesentlichen basierend auf intelligent angewandter Wälzlager-Technologie bewegt sich die Weiterentwicklung des Systems in zwei Richtungen. Zum einen werden speziell für kleine Fahrzeuge mit Drehmomenten von 120–180 Nm kompakte, trockene Doppelkupplungssysteme anwendungsreif. Zum anderen müssen in ähnlichen Bauräumen wie die der aktuellen Systeme noch höhere Drehmomente abgedeckt werden. Auch bei der Erweiterung der Antriebsstränge um Hybridfunktionen wie Stopp-Start, elektrisches Fahren sowie Rekuperation in Verbindung mit zusätzlichen Elektromotoren und geeigneten Batterien stellt das sogenannte »trockene DKG mit elektromechanischer Betätigung« eine ideale Ausgangsbasis dar [167].

Abb. 10.79 In zwei der drei Lagerstellen laufen die Ausgleichswellen des Mercedes OM 651 direkt auf den geschmiedeten Lagerwangen. Der Gesamtwirkungsgrad des Ausgleichs-Systems wird so zu neuen Höhen geführt (Grafik: Mercedes-Benz)

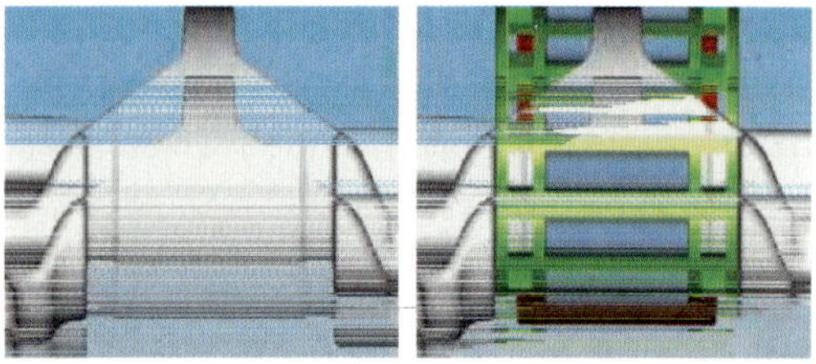

Abb. 10.80 Eine teilweise Ausprägung der Lagerstellen als Lauffläche der Nadellager reduziert die rotierenden Massen und erhöhte die Effektivität des gesamten Ausgleichs-Systems

10.4.4.3.2 Ausgleichswellen mit direkter Wälzlagerung

Da die Kraftwirkung von Ausgleichswellen durch deren Unwucht erzeugt wird, handelt es sich hier um eine mit der Welle umlaufende Kraft: Ihre Wirkrichtung ändert sich bezüglich der Welle selbst nicht. Für das Wälzlager bedeutet dies, dass stets nur diejenigen Wälzkörper Kräfte von der Welle auf das Gehäuse übertragen, die sich gerade auf der Seite der Unwuchtmasse befinden (siehe Abb. 10.79 und Abb. 10.80). Die unbelasteten Wälzkörper in dem Bereich gegenüber der Unwucht werden bei hinreichend schneller Rotation der Welle aufgrund ihrer Fliehkräfte im Kontakt mit der Außenlaufbahn bleiben und haben im Kontakt zur Welle keine kraftübertragende Funktion. Damit ist die Wellenlaufbahn an dieser Stelle eigentlich überflüssig. Allein bei abgestelltem Motor oder aufgrund von Antriebseinflüssen pflegt eine kraftabstützende Funktion dieses Bereichs notwendig zu sein. Dann jedoch sind die auftretenden Kräfte so gering, dass eine deutlich reduzierte Laufbahnbreite ausreicht.

Dieser Effekt macht bei typischen Anwendungen für Vierzylinder-Motoren zwischen 20 und 40 % der ursprünglichen Masse für die Wuchtgewichte und damit bis zu einem Kilogramm pro Motor aus. Mit der Massenreduzierung der Ausgleichswellen reduziert sich das Massenträgheitsmoment. So ergeben sich im Antriebsstrang geringere Antriebsmomente, die entlastend wirken und zu weniger akustischen Anregungen führen: Weniger Masse läuft leiser.

Ein zusätzlicher Vorteil dieses Prinzips liegt darin, dass durch die schmale Laufbahn der Ölnebel aus dem Motorraum unmittelbar in das Wälzlager gelangt. Damit ist die Schmierung sichergestellt [168, 169].

Abb. 10.81 Ursprünglich ein Getriebe aus der Luftfahrt-Technik, gewinnen Kugelgewinde immer mehr Anwendungen im Fahrzeugbau

10.4.4.3.3 Kugelgewinde-Antrieb

Kennzeichnend für die stürmische Entwicklung der Antriebs-Systeme ist das Kapitel der Lenkungen: Zunächst wurden praktisch alle Lenksysteme mit elektrischer anstatt hydraulischer Unterstützung von der Fachpresse überaus negativ beurteilt. Erst mit der Einführung von Kugelgewinde-Antrieben (Abb. 10.81) für die Vermittlung von mechanischen und elektrischen Lenkmomenten und weiteren Maßnahmen stieg die sogenannte Rückmeldung auf ein akzeptables Maß, welches seitens der Fachpresse auch in anspruchsvollen Vergleichen zu den etablierten Systemen als akzeptabel bewertet wurde. Damit waren die Wege zur weiteren Verbreitung offen: Im Fokus steht primär die Entwicklung neuer Lenkungs- und Fahrwerksfunktionen, für die es bislang noch gar keinen Markt gegeben hat: Wank-Stabilisierung, Niveauregulierung, Hinterradlenkung, Radantrieb für E-Mobilität sowie Radkraft-Messung [166].

10.4.4.3.4 CVT-Getriebe

Ein breites Feld der Entwicklung für Wälzlagertechnik bietet das CVT-Getriebe, dessen Technik umfangreiche Aufgaben für die Wälzlagertechnik bereitstellt. Die Tendenz steht heute schon fest: Künftig werden auch die Märkte in Indien und China optimierte Effizienz und Verbrauchs-Reduzierung höhere Bedeutung zumessen. Für diese Märkte wurde das High Value CVT als Konzept entwickelt (Abb. 10.82). Das Getriebekonzept muss hier mit Rücksicht auf die Bandbreite zulässiger Fahrzeuggewichte eine leichte Anpassung der Achsübersetzung ermöglichen. Speziell in Sachen Wirkungsgrad lässt sich das CVT gezielt weiterentwickeln. Gegenüber Handschaltgetrieben sind weitere Einsparungen von mehr als 5 % in Aussicht. Für alle Arten von Antriebssträngen werden Komponenten mit einer hohen Leistungsdichte für reduzierte Bauräume immer wichtiger. Gleichzeitig sind Gegensätze wie Preissensibilität und Zuverlässigkeit zu berücksichtigen. Am Beispiel des High Value CVT zeigt sich, dass die konsequente Weiterentwicklung der Bauteile diesen Forderungen entspricht.

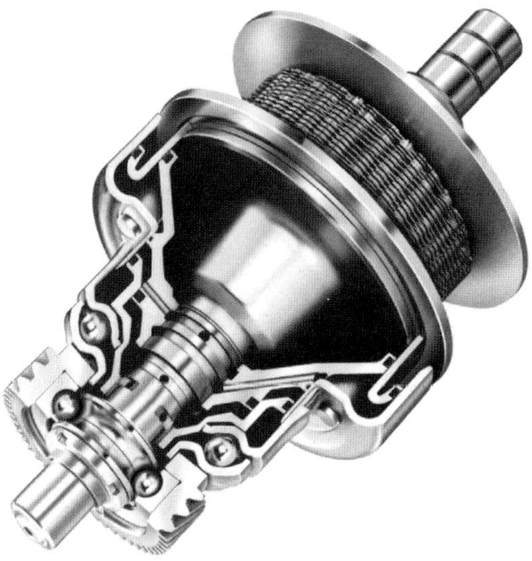

Abb. 10.82 CVT-Getriebe als Einsatz komplexer Wälzlagertechnik

10.4.4.3.5 Leichtbau-Differenzial

Ein neues und besonders vielschichtiges Einsatzgebiet für Rollenlager breitet sich bei der neuen Bauweise für Differentialgetriebe aus: Obwohl noch nicht allgemein eingeführt, zeigen alle vorliegenden Erkenntnisse, dass das Stirnrad-Differenzial bereits heute ein enormes Potenzial gegenüber dem Kegelrad-Differenzial besitzt. Das gilt auch gegenüber verschiedener bewährter Torsen-Konzepte, die bisher wegen ihrer selbstregulierenden Sperrwirkung recht beliebt waren. Das neu entwickelte Stirnrad-Differenzial mit Geradverzahnung zielt durch eine hohe Anzahl von Gleichteilen auf klei-

Abb. 10.83 Leichtbau-Differenzial in Stirnrad-Bauweise

nere Stückzahlen und bietet doch gleichzeitig den konventionellen Funktionsumfang des Kegelrad-Differenzials. Das schrägverzahnte Stirnrad-Differenzial (siehe Abb. 10.83) zielt dagegen aufgrund unterschiedlicher Planeten-, Sonnenräder und auch Gehäusehälften sowie der spanlosen Fertigungstechnologie für die Radträger-Elemente auf hohe Stückzahlen.

Gegenüber einem Kegelrad-Differenzial benötigt das Stirnrad-Differenzial deutlich weniger Bauraum und ermöglicht zudem manche Zusatzfunktionen, die bisher nicht in Getrieben in Front-Quer-Anordnung vorgesehen werden konnten. So sind Entwicklungen für zuschaltbare Hinterachs-Abtriebe sowie integrierte Verteiler-Differenziale bereits im Gange. Vor allem stellt das Stirnrad-Differenzial eine fruchtbare Basis für elektrische Achsen dar, wo Addition und Subtraktion von Drehmoment zum ständigen Arbeitsumfang gehört. Auch weil die Stirnrad-Differenziale kleiner und kompakter ausfallen als Einheiten mit Kegelrad, werden sie in den Kompaktfahrzeugen der Zukunft den Trend zu optimiertem Verbrauch optimieren helfen [173].

10.4.4.3.6 Hybridantriebe

Eine besonders aktuelle Entwicklung mit hoch integrierter Wälzlagertechnik sind die modernen Vollhybridantriebe. Durch die erweiterte Funktionalität sowie die Nutzung des Downsizing beim Verbrennungsmotor können heute Verbrauchseinsparungen bis zu ca. 25 % realisiert werden.

Ein Vollhybridsystem mit LuK-Komponenten ist bei Porsche und VW bereits seit 2010 in Serie gegangen (Abb. 10.84). Basis für die Anwendung bildet bei Porsche ein Dreiliter-V6 mit 440 Nm abgebendem Kompressor-Benzinmotor in Verbindung mit einem Achtgang-Automatikgetriebe. Für die Erweiterung zum Hybrid wird zwischen Kurbelwelle und Drehmomentwandler eine Einheit, bestehend aus einer elektrischen Maschine mit einer Leistung von ca. 34 kW und der Trennkupplung, integriert. Diese Kupplung ermöglicht die vollständige Hybridfunktionalität wie das Abkoppeln des Verbrennungsmotors im Schub, die Stopp-Start Funktion sowie das rein elektrische Fahren.

Die kritischsten Fahrsituationen für die Akzeptanz des Gesamtkonzepts bietet der Wiederstart des Verbrennungsmotors nach Rollbetrieb im Freilauf – welche immerhin bis zu 150 km/h möglich ist – oder nach elektrischer Fahrt im unteren Geschwindigkeitsbereich. Der Startablauf definiert wichtige Anforderungen für die Trennkupplung. Zunächst wird nach dem Startbefehl die Kupplung mit hoher Dynamik auf das zum »Anschleppen« des Verbrennungsmotors notwendige Drehmoment von ca. 100 Nm gesteuert. Hieraus resultiert die Anforderung einer hohen Schließdynamik bei gleichzeitig guter Regelbarkeit der Kupplung in diesem Drehmomentbereich.

Weiterhin muss das Massenträgheitsmoment der Kupplungskomponenten möglichst weitgehend reduziert werden, um den Leistungsaufwand zum Beschleunigen der Kurbelwelle vor dem möglichst ruckfreien Einkuppeln zu minimieren. Der erreichte Wert liegt für den oben beschriebenen Antrieb mit weniger als 0,1 kg m^2 (Summe für

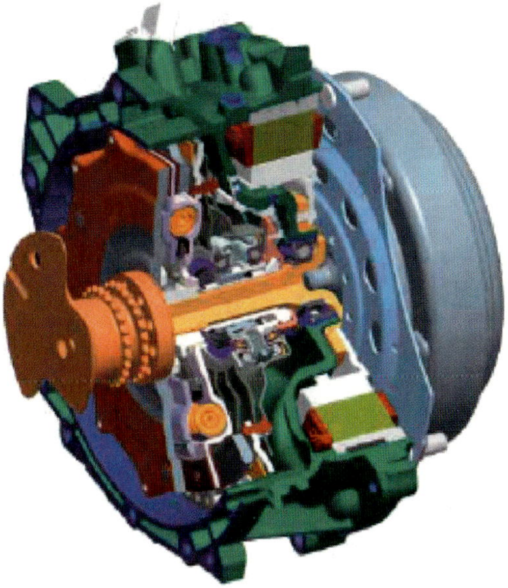

Abb. 10.84 Hybridantriebe stellen neue Anforderungen an die Technologie der fliegend ausgeführten Rollenlagerung. P2-Hybridmodul des VW Touareg Hybrid

Schwungrad plus Kupplung) auf gleicher Höhe wie auf der Primärseite aktueller Serienkupplungen mit Zweimassen-Schwungradsystem [167].

10.4.4.3.7 Wälzlagerung des Kurbeltriebs im Verbrennungsmotor

Rollenlager im Motorenbau waren früher schon einmal an der Tagesordnung: Kolbenmotoren für Flugzeuge der 40er Jahre vertrauten ebenso auf diese Bauart wie Zweitaktmotoren für Autos und Motorräder (BMW, DKW, Wartburg, Yamaha). Neu ist das Motiv, den Verbrennungsmotor mittels Wälzlager-Technologie zu besserer Effektivität zu verhelfen. Die folgenden Ausführungen stammen aus einem Forschungsbericht des FEV-Forschungsinstitutes für Motorentechnik in Aachen. Abbildung 10.85 zeigt einen Wälzlager-Demonstrator der ersten Generation.

Den technischen Vorteilen steht ein Mehraufwand in der Produktion gegenüber. Während Fertigung und Montage eines früheren Motors mit gegossener Kurbelwelle und teilbaren Pleuel-Fußlagern weitgehend dem heutigen Standard entsprach, ergeben sich für das optimierte Mo-

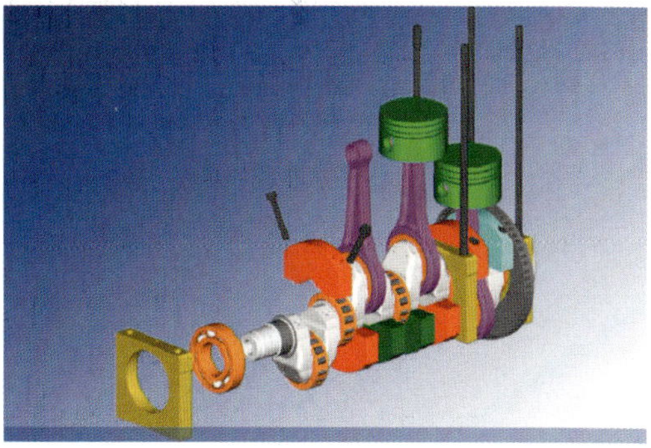

Abb. 10.85 Versuchsmotor mit Rollenlagerung der Kurbelwelle (Quelle: FEV Motorentechnik GmbH, Aachen)

torkonzept einige wesentliche Unterschiede hinsichtlich der Vormontage des Kurbeltriebes und beim Zusammenbau des Bottom-ends. So müssen etwa die einteiligen Pleuel auf die Welle gefädelt werden, bevor die Gegengewichte der Kurbelwelle einzeln aufgeschraubt werden können. In Summe ergeben sich für den Wälzlagermotor der Vorversuchs-Generation etwa 70 € Mehraufwand. Dies entspricht bei einer Verringerung des Kraftstoffverbrauchs in der Größenordnung von 5 % Kosten von 10 bis 14 € je eingespartes Prozent Kraftstoff (Stand 2011).

10.4.5 Schmierung und Schmierstoffe für Wälzlager

Allein aus dem Einsatzgebiet eines Kraftfahrzeuges ergibt sich ein gewaltiges Spektrum an Betriebszuständen für jedes Wälzlager an Bord. Temperaturbereiche von minus 40 °C bis plus 200 °C sind an der Tagesordnung. Die höchsten Temperaturen (> 200 °C) ergeben sich durch die stetig wachsende Belastung der Bremsanlagen für die Radlager. Selbstverständlich soll die Schmierung über die gesamte Lebensdauer des Fahrzeugs aufrecht erhalten werden. Das Austauschen von Lagern ist unpopulär und wird in Dauertests der einschlägigen Fachpresse über 100.000 km überwacht und im Schadensfall überaus negativ kommentiert.

Das Einfachste vorweg: Auch während der Stillstandszeiten eines Lagers darf sich keine Korro-

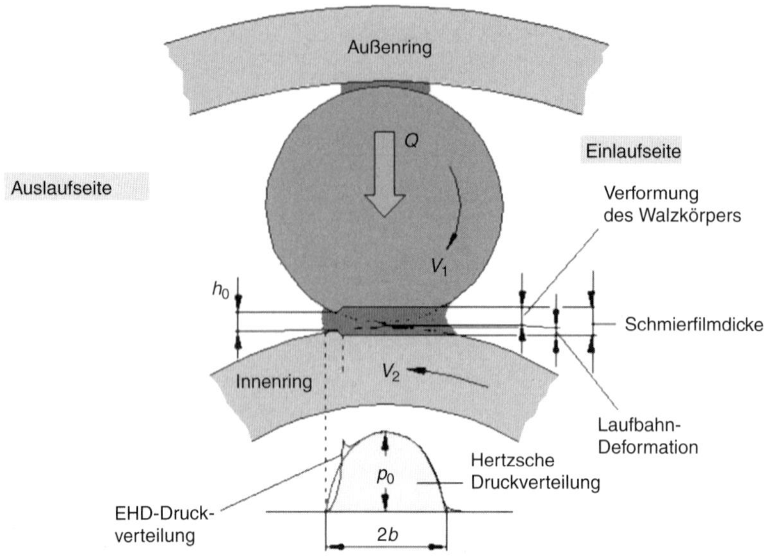

Abb. 10.86 Elastohydrodynamische Grundlagen bezüglich Druckverteilung und Tribologie im Wälzlager

sion bilden. Schon schwieriger: Winterbetrieb mit der gesamten Kondenswasser-Problematik, sowie Schlechtwegestrecke – auch bei intensiv genutzten Geländewagen – müssen selbst für hochbelastete Radlager mit ausschließlicher Fettschmierung kalkuliert verträglich ausfallen. Wälzlager im Getriebe verfügen im Gegensatz dazu wohl über eine definierte Ölnebelschmierung, sind aber dadurch noch nicht allein im Vorteil: Der Trend, immer höhere Betriebsdrehmomente von hoch aufgeladenen Dieselmotoren über immer kleinere Zahnräder zu führen, fordert die Kunst der Tribologen hinsichtlich Additivschmierung immer wieder in den Grenzbereich. Die Wälzlager müssen sich hier gelegentlich mit dem zufriedengeben, was der Getriebe-Verzahnung gut tut, und Widersprüche sind mitunter fast unüberwindbar. Daher macht eine gesonderte Betrachtung der Wälzlager-Schmierung besonderen Sinn, schon um Ausfälle zu vermeiden.

Die isolierte Betrachtung aller im Wälzlager auftretenden Funktionsflächen wird in Abb. 10.86 systematisch dargestellt. Es gilt, auch unter Last möglichst jeden Metallkontakt zu vermeiden und es kommt daher bei der Lager-Auslegung im Wesentlichen darauf an, alle vorhandenen Funktionsflächen durch einen ausreichend dicken Schmierfilm erfolgreich auf Abstand zu halten – oder durch eine physikalisch-chemische oder rein chemische Trennschicht zu separieren.

Die meisten Lager werden fettgeschmiert. Damit muss die Tendenz zu steigenden Anforderungen im Lagerbereich – etwa für Radlager, die unter Einfluss von immer stabileren mechanischen Koppelungen der Bremsaggregate stehen (siehe ► Abschn. 10.4.4.2) sowie durch steigende Leistungsfähigkeit der Bremsanlagen – sorgsam ausbalanciert werden. Hier hilft nur die passende Auswahl von geeignetem Schmierfett, damit die höheren Beanspruchungen auch im Hinblick auf steigende Betriebstemperaturen austariert werden können.

Zugleich gilt es, auch im Zusammenhang mit besserer Geräuschisolierung auf der Antriebsseite und mit thermisch entkoppelten Motorräumen, die kühlenden Fahrtwind nur noch dann einlassen, wenn das Kühlsystem dies erfordert, auf immer höhere thermische Lager-Belastung vorbereitet zu sein.

Bisher werden die Anforderungen bezüglich der unzureichenden physikalischen Trennung der Kontaktflächen im Lagerkörper durch speziell »eingestellte« Eigenschaften der Schmierfett-Qualitäten und deren »Verdicker« ausbalanciert. Grundsätz-

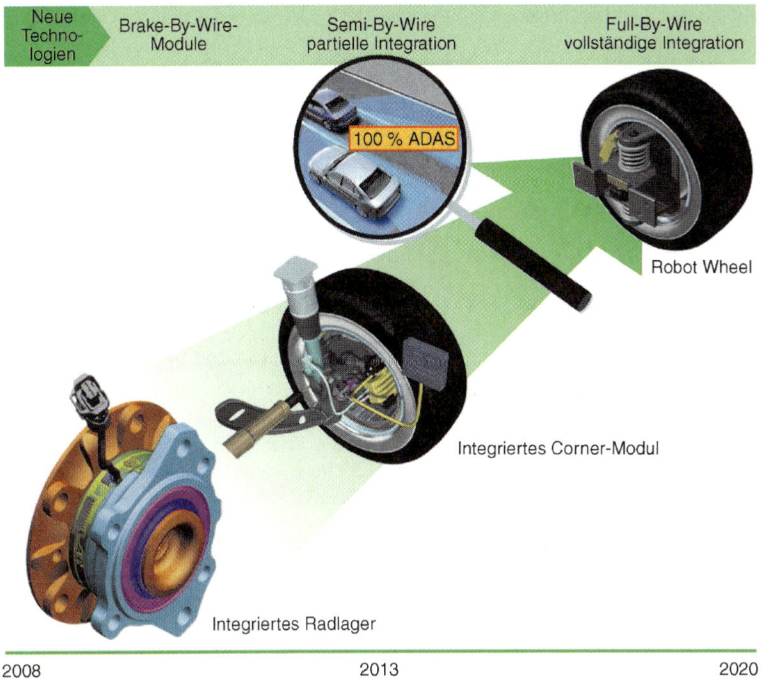

Abb. 10.87 Höhere Integration von Aufgaben und Funktionen bei der Entwicklung des rollenden Rades hin zum sogenannten Robot-Wheel: Auch für die Wälzlager-Schmierung muss mit immer höheren Aufgaben gerechnet werden

lich gilt in immer stärkerem Maße, dass jede Lagerstelle einer gesonderten Analyse bedarf, und in immer mehr Fällen auch einer speziellen Lösung.

Die Wälzlager-Hersteller haben in letzter Zeit besondere Prüfmethoden entwickelt, um Lager plus Schmierstoffe in besonderen Auslegungs- und Prüfzyklen auf ihre gesonderte Verwendung konstruktiv einzustellen. Im Zusammenhang mit innovativen Konzepten wie Doppelkupplungs-Systemen, Zweimassen-Schwungrädern mit und ohne Fliehkraft-Tilgern sowie Radnaben-Motoren für elektrische Antriebelemente, z. B. Abb. 10.87 kommt der dosierten Pflege der Spezialanfertigungen im Wälzlagerbereich eine gehobene Rolle zu. Die beinahe unglaubliche Vielfalt der immer spezieller veranlagten Belastungsprofile lässt diesen Bereichen auch für die Zukunft eine ganz besondere Rolle zukommen [170].

Literatur

Literatur zu Abschn. 10.1

1. Bott, H.: Fortschritte im Automobilbau am Beispiel der Rennwagentechnik. 100 Jahre Automobil. VDI-Berichte. Bd. 595. VDI-Verlag, Düsseldorf (1986)
2. Hediger, F., v. Fersen, H.-H., Sedgwick, M.: Klassische Wagen: 1919–1939. Hallwag AG, Bern und Stuttgart (1988)
3. Gloor, R.: Nachkriegswagen: 1945–1960. Personenautos. Hallwag AG, Bern und Stuttgart (1980)
4. Gloor, R.: Personenwagen der 60er-Jahre. Hallwag AG, Bern und Stuttgart (1984)
5. Werkstoffe im Automobil. ATZextra **1** (2007)
6. Kunststoffe im Automobilbau. VDI-Gesellschaft 2002–2011, Kunststofftechnik

Literatur zu Abschn. 10.2

7. Balelaar, I.D.: ELV treatment in the Netherlands. 10th International Conference, Florence ATA, 2007
8. Lüdke, B.: Funktionaler Rohkarosserie-Leichtbau – Von den Anforderungen an die Rohkarosserie zu den Anforderungen an die Rohkarosseriewerkstoffe. In: VDI/FVT Jahrbuch 2001, Fahrzeug- und Verkehrstechnik, S. 90. VDI-Verlag, Düsseldorf (2001)
9. N.N.: http://www.project-i.com

10. Gotzmann, G.: Hybridtechnologie für den Automobil-Leichtbau. mobiles, Fachzeitschrift für Konstukteure **28**, 92f. (2002/2003)
11. Steinhauser, D.: Der Porsche Carrera GT – ein innovatives Fahrzeugkonzept. mobiles, Fachzeitschrift für Konstrukteure **30**, 6ff. (2004/2005)
12. Friedrich, H.E.: Leichtbautechnologien im Pkw – die Konkurrenz von Werkstoffen und Bauweisen nimmt zu. 5. Euroforum-Werkstofftagung für die Automobilindustrie, Bonn, 17./18. Februar 1997
13. Adam, H., Osburg, B., Ramm, St.: Die Zukunft der Stahlkarosserie – Evolution und Revolution. mobiles, Fachzeitschrift für Konstukteure **28**, 16ff. (2002/2003)
14. Bleck, W.: TRIP-Stähle – Eine neue Klasse hochfester, kaltumformbarer Stähle. In: 30 Jahre Forschung für die Stahlanwendung. S. 18. Studiengesellschaft Stahlanwendung, Düsseldorf (1998)
15. Thyssen Krupp Stahl AG: Warmband. Qualität in großer Bandbreite. Duisburg. http://www.thyssen-krupp-stahl.com (2002)
16. DIN EN 10346 Kontinuierlich schmelztauchveredelte Flacherzeugnisse aus Stahl. Technische Lieferbedingungen, Ausgabe Juli 2009
17. Winkel, J.: Die Gesamtbilanz zählt beim Presshärten. Blech InForm, Varl. Hanser, München (2006)
18. Lenze: Herstellung von Karosseriebauteilen aus warmgeformten höchstfesten Stahlwerkstoffen. Präsentation der ThyssenKrupp Steel, Erlangen 2006
19. Geiger, M., Merklein, M.: Berichts- u. Industriekolloquium der DFG-Forschergruppe FOR 552. 1. Erlanger Workshop Warmblechumformung, 2006
20. Goppelt: Gusseisen mit ausgezeichneten Materialeigenschaften für Leichtbau. ATZ/MTZ **11**(Sonderausgabe Werkstoffe im Automobilbau), 107 (2005)
21. Radebach: Moderne Gusseisen Werkstoffe für leichte und effiziente Downsizing Motoren. MTZ **2**, 70 (2009)
22. Konstruieren + Gießen **3**, 22 (1997)
23. Bainitisches Gusseisen mit Kugelgraphit im Vergleich zu anderen Konstruktionswerkstoffen. Gießerei Praxis **3/4**, 71 (1996)
24. DIN EN 1706, Ausg. Juni 2010: Aluminium und Aluminiumlegierungen – Gussstücke – Chemische Zusammensetzung und mechanische Eigenschaften
25. Hielscher, U., Sternau, H., Koch, H., Franke, AJ.: Duktile Druckgusslegierung mit geringem Eisengehalt. Gießerei **82**(15), 517–523 (1995)
26. Hielscher, U., et al.: Gießerbrief **5**, 1 (1997)
27. Fa. Rheinfelden: Verarbeitungsmerkblatt Silafont-36
28. Miller, F.: Leichtbau. Fraunhofer Magazin **4**, 8 (2002). Fraunhofer-Gesellschaft, München, http://www.fraunhofer.de/magazin
29. Hausberg, K., Götzinger, B., Friesenbichler, T.: Entwicklung eines Stoßfängerquerträgers mit Crashboxen aus Magnesium. mobiles, Fachzeitschrift für Konstrukteure **28**, 58 (2002)
30. Friedrich, H.E.: Leichtbau und Werkstoffinnovationen im Fahrzeugbau. ATZ Automobiltechnische Zeitschrift **3**, 258 (2002)
31. Steinhauser, D.: Der Porsche Carrera GT – ein innovatives Fahrzeugkonzept. mobiles, Fachzeitschrift für Konstrukteure **30**, 6ff (2004/2005)
32. Innovativer Werkstoffleichtbau in der Rohkarosserie. ATZ/MTZ **11** (Sonderausgabe Der neue BMW 7er), 110 (2008)
33. Eigenschaften und Verarbeitung hochfester Aluminiumbleche. ATZ/MTZ **1** (Sonderausgabe Werkstoffe im Automobilbau), 68 (2007)
34. Hielscher, U., Sternau, H., Koch, H., Klos, R.: Neuentwickelte Druckgusslegierung mit ausgezeichneten mechanischen Eigenschaften im Gusszustand. Gießerei **85**(3), 62–65 (1998)
35. Enß, J., Evertz, T., Reier, T., Juchmann, P., Schumann, S., Sebastian, W.: Neue Magnesium-Blechprodukte für den Automobilbau. ATZ Automobiltechnische Zeitschrift **02**, 142–145 (2001)
36. Engl, B., Nguyen, D.C.: Erweiterte Anwendungspotenziale für Magnesiumbleche durch eine neue Herstellungstechnologie. In: Wendler-Kalsch, E. (Hrsg.) Zukunftsorientierter Einsatz von Magnesium im Verkehrswesen. S. 34. expert Verlag
37. Vollrath, K.: Magnesiumbleche werden billiger. ke **05**, 46 (2005)
38. Volkswagen Group Research: Multi-material lightweight vehicle structure. Status Final SLC-Body Concept, May 2008, S. 4. http://www.superlightcar.com/public/index.php?option=com_content&task=view&id=28&Itemid=107
39. Grund, S.: Werkstoff Zink im Automobilbau. ATZ/MTZ (Sonderausgabe) (2006)
40. N.N.: Zinkdruckguss für höchste Ansprüche: Initiative Zink kürt Preisträger. Druckguss **03**, (2010)
41. Vollrath, K.: Automobil: Metalldesign für echtes Premium-Feeling. Druckgusspraxis **4** (2006)
42. Banhart, J., Baumeister, J., Weber, M.: Metallschaum – ein Werkstoff mit Perspektiven. ALUMINIUM **70**, 209 (1994)
43. Aluminiumschäume – Konstruktionswerkstoffe mit großem Potential. ALUMINIUM **73**, 336–339 (1997)
44. Banhart, J., Baumeister, J., Weber, M., Melzer, A.: Aluminiumschaum – Entwicklungen und Anwendungsmöglichkeiten. Ingenieur Werkstoffe **7**, 43–45 (1998)
45. Baumeister, J.: Verfahren zur Herstellung von Metallschäumen. In: Banhart, J. (Hrsg.) Metallschäume, Beiträge zum Symposium Metallschäume, S. 10, Bremen, 6./7. März 1997. MIT-Verlag (1997)
46. Forschungsvereinigung Stahlanwendung e.V.: Entwicklung von Technologien zur Herstellung von Stahlschäumen (Projekt 431), Berichte aus der Anwendungsforschung, Ausgabe 2/2003, Düsseldorf (November 2003). http://www.stahl-online.de/stahlforschung/1/Aktuelles/Aktuelles.htm

47. Singer, R.F.: Visionen in Metall – leichter, fester, billiger. Beiträge zum Symposium Material Innovativ, 10. März 2005, Nürnberg
48. Repenning: Titan – ein Werkstoff für tribologische Beanspruchungen. Ingenieur Werkstoffe **2**, 14 (1998)
49. Knippscheer, Frommeyer: Intermetallische Leichtbaulegierungen für Motorkomponenten. Ingenieur-Werkstoffe **3**, 32 (1998)
50. Stahl-Informations-Zentrum: Plattierte Werkstoffe – Clever kombinieren macht Stahl leistungsfähiger. http://www.stahl-info.de/aktuelles/pm_plattierte_werkstoffe.htm
51. Friedrich, H.E.: Leichtbau und Werkstoffinnovationen im Fahrzeugbau. ATZ **3**, 258 (2002)
52. Kopp, G., Kuppinger, J., Friedrich, H.E.: DLR, Stuttgart, Fraunhofer Inst. f. Chemische Technologie, Pfinztal: Innovative Sandwichstrukturen für den funktionsintegrierten Leichtbau. Automobiltech. Z **4**, 111 (2009)
53. Loesch, Giese, Goeckl, Kleinschmidt, O.: ThyssenKrupp, Duisburg: Motorhaube aus steifigkeitsoptimiertem Sandwichwerkstoff. Automobiltech. Z. **11**(Extra Das InCar Projekt von ThyssenKrup), 111 (2009)
54. Beck, G.: Edelmetall-Taschenbuch, 3. Aufl. Degussa AG, Giesel (2001)
55. Mayer, C.: Wirtschaftliche Herstellung von textilverstärkten thermoplastischen Halbzeugen. 28. Internationale AVK-Tagung, 01./02. Oktober 1997. AVK, Frankfurt, S. 3 (1997)
56. Neitzel, M., et al.: Gewebeverstärkte Thermoplaste im Karosseriebau. Autohausspezial **14/15**, 113 (1996)
57. Ostgathe, M., et al.: Organobleche aus Thermoplastpulver. Kunststoffe **1838** (1996)
58. Breuer, U., Ostgathe, M.: Halbzeug- und Bauteilherstellung – Umformverfahren-, Faserverbundwerkstoffe mit thermoplastischer Matrix. expert Verlag, S. 108 (1997)
59. Bürkle, E.: Status quo in der PP-Spritzgießverarbeitung, Fortschritte mit Polypropylen im Kfz-Bereich. Tagung 17./18. Juni 1998, Süddeutsches Kunststoffzentrum, Würzburg
60. Fa. Sutter Kunststoffe AG: Info-Material. http://www.swiss-composite.ch
61. AVK Industrievereinigung: Handbuch Faserverbundkunststoffe: Grundlagen, Verarbeitung, Anwendung, 3. vollst. überarb. Aufl. Vieweg+Teubner, Wiesbaden (2009)
62. AVK Industrievereinigung: Faserverstärkte Kunststoffe und duroplastische Formmassen. Vieweg+Teubner, Wiesbaden (2010)
63. Hailer, R., Sedlmaier, H., Lohse, H., Schumacher, R.: CFK-Dach M3 CSL Leichtbaustrategie dank Klebtechnik. Adhäsion **48** (2004)
64. Jäger, H., Hauke, T.: Carbonfasern und ihre Verbundwerkstoffe. Verlag moderne Industrie (2010)
65. Raue, F.: Elastomere vs. TPE. Kunststoffe **12**, 2279–2283 (1998)
66. Stauber, R., BMW: Kunststoffe im Automobilbau: technische Lösungen und Trends. Automobiltech. Z **3**, 109 (2007)
67. Die Branche hat verstanden – Elastomere. Kunststoffe **1**, (2008)
68. Eissler, E., et al.: Einsatz textiler Materialien bei der Mercedes-Benz S-Klasse, Textilien im Automobilbau. VDI-Kongress, S. 18–40, 30./31. Oktober 1991. VDI-Gesellschaft Textil und Bekleidung, Düsseldorf (1991)
69. Francke, G.: Leder – ein klassischer Interieurwerkstoff, Kunststoffe im Automobilbau, S. 337–349. Tagung Mannheim, 25/26. März 1998. VDI-Verlag, Düsseldorf (1998)
70. ORMOCERe für Lederzurichtung, Handout am Ausstellerstand vom Fraunhofer Instituts Silicatforschung (ISC), Würzburg. Symposium Material Innovativ, Nürnberg, 10. März 2005
71. Assmann, K.: Automobilverscheibung – sicherer Durchblick mit Polycarbonat. Kunststoffe **10**, 366–368 (1996)
72. Dauerhaft geschützt – Kratzfestlackierungen von Platten und Fertigteilen. Kunststoffe **8**, 1111–1112 (1996)
73. Assmann, K.: Leichte Scheibensysteme für Automobile. VDI-Z Spezial Ingenieurwerkstoffe (1995)
74. Lehner, E., Aengenheyster, G.: Automobil-Verscheibung aus Polycarbonat – Anforderungen der Automobilindustrie und Lösungen. Beitrag zum Internationalen Kongress »Kunststoffe im Automobilbau«, VDI Kunststofftechnik, Mannheim, 9./10. März 2005
75. http://www.webasto.com/press/de/3023_5139.html
76. Vollertsen, F., Haberdank, G., Partes, K.: Maßgeschneiderte Tribologie durch Laseroberflächenbehandlung. In: Materialwissenschaft und Werkstofftechnik, 1. Aufl. Wiley-VCH, Zürich (2008)
77. Czichos, H., Habig, K.-H.: Tribologie-Handbuch. Vieweg+Teubner, Wiesbaden (2011)
78. Deters, L., Fischer, A, Santner, E., Stolz, U.: Tribologie. GfT Arbeitsblatt 7, Gesellschaft für Tribologie, Aachen
79. Köhler, E., Lenke, I., Niehues, J.: LOKASIL – eine bewährte Technologie für Hochleistungsmotoren – im Vergleich mit anderen Konzepten. VDI-Bericht, Bd. 1612, S. 35–54. VDI-Verlag, Düsseldorf (2001)
80. Eibisch, H., Hartmann, M., Singer, R.F.: Herstellung und Eigenschaften von Kohlenstofflangfaserverstärktem Magnesium im Druckguss, Tagungsband, S. 142–151. Ranshofener Leichtmetalltage, 23.–25. Juni 2004
81. Hoenen, W.: Technische Keramik im Fahrzeugbau, Einzigartige Eigenschaften. Sonderdruck. Automotive Materials **01**, 12–18 (2007)
82. Martin, R.: Neue Werkstoffe für Bremsscheiben. ATZ Automobiltechnische Zeitschrift **12**, 1086 (2000)
83. Renz, R., Seifert, G.: Keramische Hochleistungsbremsscheiben im Sportwagenbereich. DVM-Tag Reifen, Räder, Naben, Bremsen, Berlin, 09.–11. Mai 2007. DVM-Bericht **674**, 85–94 (2007)
84. Kohlenstofflangfaserverstärkte Magnesium-Werkstoffe. Handout am Ausstellerstand von Neue Materialien Fürth GmbH. Symposium Material Innovativ, Nürnberg, 10. März 2005 http://www.nmfgmbh.deh

85. Becker, C.: Klein, stark, schwarz, Christophorus 306
86. Kleber, Bautsch, von Oldenburg, B.: Einführung in die Kristallographie. Verlag Technik (1998)
87. Nientiedt, M.: Piezokeramiken – High Tech im Alltag. Beitrag der Frühjahrstagung Didaktik der Physik, Leipzig, 2002
88. Simon, H., Thoma, M.: Angewandte Oberflächentechnik für metallische Werkstoffe, 2. Aufl. Hanser, München (1989)
89. Hoch, H.: Tampon-Galvanisieren. Handbuch der Galvanotechnik, Bd. II, Abschnitt 20.1. Hanser, München (1966)
90. Koeppen, H.-J., Laudien, G.: Bewertung von Oberflächenschutzsystemen für Schrauben. Jot **9**, 74–81 (1998)
91. Boss, M.: Wasserstoffversprödung: Verstehen der Ursachen ermöglicht Gegenmaßnahmen. Metalloberfläche **47**, 24–27 (1993)
92. Verfahren mit Zukunft: Chemisch vernickeln. Oberfläche + Jot **10**, 16–21 (1982)
93. Hibben, M., Blecher, A.: Oberflächenbehandlung von Aluminium-Karosserieblechen. Neue Werkstoffe im Automobilbau. Tagung Wolfsburg 30.11./01.12.1995. VDI-Verlag, Düsseldorf, S. 127 (1995)
94. Posch, T., Christiansen, T.: Untersuchung der Einflussparameter beim Laserlöten. 4. BIAS-Anwenderforum, Bremen, 2002
95. Budde, L., Pilgrim, R.: Stanznieten und Durchsetzfügen. Verlag Moderne Industrie (1995)
96. Budde, L., Bold, M., Hahn, O.: Grundsatzuntersuchungen zum Festigkeitsverhalten von Durchsetzfügeverbindungen aus Stahl. FAT Schriftenreihe, Bd. 89. Frankfurt (1991)
97. Hahn, O., Gieske, D.: Ermittlung fertigungstechnischer und konstruktiver Einflüsse auf die ertragbaren Schnittkräfte an Durchsetzfügeelementen. FAT Schriftenreihe, Bd. 116. Frankfurt (1995)
98. Böllhoff Systemtechnik GmbH & Co. KG: Stanznieten im Karosserieleichtbau. mobiles, Fachzeitschrift für Konstrukteure **27**, 61ff (2001/2002)
99. Bangel, M., Hornbostel, N.: Die Karosserie des neuen Audi TT – Intelligenter Mischbau erfordert innovative Fügeverfahren. 13. Paderborner Symposium Fügetechnik, S. 181–188, 2006
100. Merkblatt DVS/EFB 3440-4, Funktionselemente Loch- und gewindeformende Schrauben, Juli 2006
101. Jost, R.: Punktschweißkleben in der Serienfertigung. In: 6. Paderborner Symposium Fügetechnik, S. 106–112. Druckerei Reike, Paderborn (1998)
102. Hennemann, O.D.: Fügetechniken – Basis für den modernen Leichtbau. In: Neue Werkstoffe im Automobilbau. VDI-Bericht, S. 71–79. VDI-Verlag, Düsseldorf (1235)
103. Bischoff, J.: Fügetechniken im Vergleich. Adhäsion, Kleben **4**, 10–16 (1994)
104. Kötting, G.: Klebetechnik fördert Leichtbau. Automobil-Produktion , 08–110 (1998)
105. Wuich, W.: Metallklebverbindungen mit Kunststoffklebern. Kunststoffberater **7/8**, 27–30 (1984)
106. Habenicht, G.: Kleben – Grundlagen, Technologie, Anwendungen, S. 308–313. Springer, Berlin, Heidelberg, New York, Tokyo (1986)
107. Peters, N., Nunge, S., Geldermann, J., Rentz, O.: Klebstoffverarbeitung. Bericht über Beste Verfügbare Techniken (BTV) im Bereich der Lack- und Klebstoffverarbeitung in Deutschland, Bd. 2. Deutsch-Französisches Institut für Umweltforschung (DFIU), Universität Karlsruhe (TH) (2002)
108. Lichtenberg, S.: Möglichkeiten und Grenzen des Umformens von Stahlwerkstoffen mit hydraulischen Wirkmedien. Studiengesellschaft Stahlanwendung (1996)
109. Schuler: Handbuch der Umformtechnik, S. 431. Springer (1996)
110. Käsmacher, H.: Innenhochdruckumformen – eine Alternative in der Fertigungstechnik. EFB-Tagungsband, Bd. T16. Europäische Forschungsgesellschaft für Blechverarbeitung e.V., Hannover (1996)
111. Birkert, A.R., Sünkel, R.: Hydroforming – Umformen mit Wirkmedien im Automobil. Bibliothek der Technik, Bd. 230, S. 45. Verlag moderne Industrie (2002)
112. Goppelt, G.: Neue Umformverfahren für Aluminium in Kraftfahrzeugen. ATZ Automobiltechnische Zeitschrift **12**, 1092 (2000)
113. Landgrebe, D., et al.: Massivumformtechniken für die Fahrzeugindustrie. Bibliothek der Technik, Bd. 213. Verlag moderne Industrie (2001)
114. Schacher, H.D.: Trends and developments of cold forging in the automotive industry, S. 55. 10th Int. Cold Forging Congress. VDI-Berichte, Bd. 1555. VDI-Verlag, Düsseldorf (2000)
115. www.uni-stuttgart.de/ifu/broschuere/6_23.htm. Zugegriffen: 23. Juli 2002
116. Lohmüller, A.: Grundlagen des Magnesiumspritzgießens (Thixomolding), Bd. 35. D82 (Dissertation, RWTH Aachen). Shaker (2002)
117. Goyany, V., Mauk, P., Myronova, O.: Thixomolding. Stand der Technik. Gießerei **02** (2006)
118. Kiess, J.: Untersuchung des Magnesium Thixomolding-Verfahrens durch Gießsimulation und Analyse eines anwendungsnahen Prinzipbauteils im Vergleich zu Druckguss, Bd. 50. D82 (Diss., RWTH Aachen). Shaker (2006)
119. Kaufmann, H.: Endabmessungsnahes Gießen: Ein Vergleich von Squeeze-casting und Thixocasting. Gießerei **11**, 342–350 (1994)
120. Young, K.P.: Semi-Solid Metal Guss – eine neue Technologie von Bühler (ohne Jahresangabe)
121. Hasse, S.: Gießerei-Lexikon, 18. Aufl., S. 1286. Schiele, Berlin (2000)
122. Gräfen, H.: Lexikon Werkstofftechnik. VDI-Verlag, Düsseldorf (1991)
123. Michaeli, W., Galuschka, S.: Hinterspritztechnik, Teil 1: Eine Analyse der Randbedingungen. Plastverarbeiter **3**, 102–106 (1993)

124. Mischke, J., Bagusche, G.: Hinterspritzen von Textilien, Teppichen und Folien. Kunststoffe **3**, 199–203 (1991)
125. Bürkle, E.: Hinterpressen und Hinterprägen – eine neue Oberflächentechnik. Innovative Spritzgießtechnologien – ein Beitrag zur Konjunkturbelebung. Fachtagung Süddeutsches Kunststoffzentrum, S. 23, Würzburg, 01./02. Dezember 1993
126. Imam, Naughton, Toccalino: Dow Automotive, Schwalbach: Polymere Werkstoffe für den Leichtbau von Automobilkarosserie und Automobilinterieur. Automobiltech. Z **111**, 4 (2009)
127. Johannaber F.: Gas-Injektions-Technik beim Spritzgießen (GIT), Innovative Spritzgießtechnologien – ein Beitrag zur Konjunkturbelebung. Fachtagung Suddeutsches Kunststoffzentrum 01/02. Dezember 1993, Würzburg
128. Ehritt, J., Schröder, K.: Gasinnendruck- und Zweikomponenten-Spritzgießverfahren. Hüthig GmbH, Heidelberg (1995)
129. Goldbach, H., Hoffner, J.: Hybridbauteile in der Serienfertigung. Kunststoffe **87**, 1133–1138 (1997)
130. Ein Werkstoff-Traumpaar für das angestrebte Drei-Liter-Auto. Hybrid-Technologie vereinigt die Vorteile von Metall und technischen Thermoplasten, VDI-Nachrichten, Bd. 50, Heft 35 (1996)
131. Innovative Systemlösungen mit Bayer-Werkstoffen für den Audi A6. Bayer-Broschüre 11/98
132. Stark im Verbund. Hybridtechnologie integriert Zusatzfunktionen beim Herstellprozess. Zeitschrift: Produktion, Landsberg **37**(42) (1998)
133. Kohake, H.: Präzision durch Spritzgießen mit extrem dünnen Wandstärken am Beispiel von Metall-Kunststoffverbindungen. Präzision im Spritzgießprozess. Tagung Baden-Baden, S. 135–140, 7./8. März 2001. VDI-Verlag, Düsseldorf (2001)
134. Hybridtechnologie für den Automobil-Leichtbau – Die Entwicklung geht weiter. Böllhoff Bayer AG. mobiles, Fachzeitschrift für Konstrukteure **27**, 8–12 (2001/2002)
135. http://www.gadsl.org
136. Pagani, A., Weidinger, B., Kranner, L.: Emissionen – Messvorschriften und analytische Erfahrungen. 5. Workshop »Geruch und Emissionen bei Kunststoffen«, Kassel, 7.–8. April 2003
137. Schüssler, A.: Automobilinnenteile aus Naturfaservliesen – Verwendung von Naturfasergemischen und PP-Fasern. Kunststoffe **7**, 1006–1008 (1998)
138. Flemming, M., Roth, S., Ziegmann, G.: Faserverbundbauweisen – Fasern und Matrices. Springer, München (1997)
139. Einteilung der Fasern gemäß DIN 60001 T1, Textile Faserstoffe, Mai 2001
140. Colberg, H., Sauer, M.: Spritzgießen naturfaserverstärkter Kunststoffe. Kunststoffe **12**, 1780–1782 (1997)
141. Starke Leichtgewichte. Plastverarbeiter **8**, 108–109 (1998)
142. Müller, H., Fries, K.-W.: PURe Natur im Automobil. Kunststoffe **4**, 544–546 (1998)
143. Volkhausen, W.: Methodische Beschreibung und Bewertung der umweltgerechten Gestaltung von Stahlwerkstoffen und Stahlerzeugnissen. Dissertation, Fakultät für Werkstoffwissenschaft und Werkstofftechnologie der Technischen Universität Bergakademie Freiberg (2003)
144. Mast, P., et al.: Ressourcenschonung durch Recycling von Kunststoffbauteilen aus Automobilen, Kunststoffe im Automobilbau – Anwendung und Wiederverwendung, VDI-K. VDI-Verlag, Düsseldorf (1991)
145. Schäper, S., Haldenwanger, H.-G., Rink, C., Sternau, H.: Materialrecycling von aluminiumintensiven Altfahrzeugen am Beispiel des AUDI A8. VDI-Bericht, Bd. 1235, S. 249–266. VDI-Verlag, Düsseldorf (1995)
146. DIN EN ISO 14040: Umweltmanagement – Ökobilanz – Grundsätze und Rahmenbedingungen (ISO 14040:2006)
147. DIN EN ISO 14044: Umweltmanagement – Ökobilanz – Anforderungen und Anleitungen (ISO 14044:2006)
148. Krinke, S., Koffler, C., Deinzer, G., Heil, U.: Automobiler Leichtbau unter Einbezug des gesamten Lebenszyklus. ATZ Automobiltechnische Zeitschrift **112**, 438 (2010)
149. Schäper, S.: Nebenwirkungen der Recyclingquoten der EU-Altautodirektive auf Leichtbaukonzepte sowie auf den Einsatz nachwachsender Rohstoffe im Pkw. EUROFORUM-Konferenz, Freising, 10./11. Oktober 2000
150. Umwelt-Zertifikat Mercedes-Benz S-Klasse, Herausgeber DaimlerChrysler AG, Mercedes Car Group, Stuttgart (2005)
151. N.N.: Thermoelektrischer Generator wandelt Abwärme in Strom um. NET-Journal **7/8**
152. Bachmann, G.: Innovationsschub aus dem Nanokosmos. Zukünftige Technologien, Bd. 28. VDI-Technologiezentrum (1998)
153. Niggemann, J., Franz, O.: Research-Studie Nanotechnologie. HWAG Hamburg (2001)
154. Köhler, M.: Nanotechnologie – Eine Einführung in die Nanostrukturtechnik. Wiley-VCH, Weinheim (2001)
155. Buchholz, K.: Nanocomposite debuts on GM vehicles. Automot. Eng. Intern. **10**, 56 (2001)
156. Niedermeier, W., Freund, B.: Nanostrukturruße – Eine neue Generation für verbesserte Lkw-Reifen. Kautschuk-Gummi-Kunststoffe **10**, 670 (1999)
157. Luther, W., Malanowski, N., Bachmann, G., Hoffknecht, A., Holtmannspötter, D., Zweck, A., Heimer, T., Sanders, H., Werner, M., Mietke, S., Köhler, T.: Nanotechnologie als wirtschaftlicher Wachstumsmarkt Innovations- und Technikanalyse, Bd. 53. VDI-Technologiezentrum im Auftrag des BMBF (Hrsg.) (2004). http://www.bmbf.de/pub/nanotech_als_wachstumsmarkt.pdf
158. Langenfeld, S., Friedrich, H.: Nanotechnology in cars – prospect and venture. Kunststoffe im Automobilbau, S. 299–304. Tagung Mannheim, 13./14. März 2002. VDI Verlag, Düsseldorf (2002)
159. Warzelhan, V.: Innovationspipeline Polymere – Anwendungspotential Nanotechnologie. Symposium Material Innovativ, Nürnberg, 10. März 2005
160. Piezofaser-Funktionswerkstoffe. Handout am Ausstellerstand der Fraunhofer Allianz FhG. Symposium Material Innovativ, Nürnberg, 10. März 2005

161. Michaelis, A.: Neue Materialien für zukünftige Innovationen in Elektronik und Energietechnologie. Symposium Material Innovativ, Nürnberg, 10. März 2005

Literatur zu Abschn. 10.4

162. Wälzlager-Katalog der Schaeffler Gruppe, Berechnungsgrundlagen: Ausgabe 2008, 1640 Seiten, 1. Überarbeitete Ausgabe, Vertrieb über die Schaeffler Gruppe, INA (Schaeffler Gruppe) Industriestraße 1–3 (info@schaeffler.com), 91074 Herzogenaurach oder FAG (Schaeffler Gruppe), Georg Schäfer Straße 30, 97421 Schweinfurt, (FAGinfo@schaeffler.com)
163. Nadelkränze für Kurbelzapfen und Kolbenbolzen, Broschüre der Schaeffler Gruppe
164. Broschüre »Radlager«, FAG-AS@Schaeffler.com www.LuK-AS.de
165. Einreihige Kugelrollenlager: Neue Bauform zwischen Kugel- und Rollenlager. Eine Broschüre. FAG-AS@Schaeffler.com. www.LuK-AS.de
166. Kraus, M.: Zukunft der Fahrwerkssysteme: »Schaeffler kann mehr als Lager«. Vortrag zum 9. Schaeffler-Kolloquium 2010
167. Kimmig, K.L., Bührle, P., Henneberger, K., Ehrlich, M., Rathke, G., Martin, J.: Mit Effizienz und Komfort zum Erfolg: Die trockene Doppelkupplung etabliert sich auf dem Automatikmarkt. Vortrag zum 9. Schaeffler-Kolloquium, 2010
168. Solfrank, S., Ihlemann, A., Dombos, L., Mederer, T.: Chancen zur CO_2-Reduzierung durch den Einsatz von Wälzlagern im Motor. ATZ-Sonderdruck
169. van Basshuysen, R., Schäfer, F. (Hrsg.): Lexikon Motorentechnik. Vieweg, Wiesbaden (2004)
170. Gombert, B.: Vom intelligenten Radlager zum Robot-Wheel. Vortrag zum 9. Schaeffler-Kolloquium, 2010
171. Wagner, U., Reitz, D.: Die Zukunft kommt automatisch: Effiziente Automatikgetriebe als Basis für hybridisierbare Antriebsstränge. Vortrag zum 9. Schaeffler-Kolloquium, 2010
172. Tiemann, C., Kalenborn, M., Orlowsky, K., Steffens, C., Bick, W.: Ein effektiver Weg zur Verbrauchsreduktion Wälzlagerung im Verbrennungsmotor. FEV Motorentechnik GmbH, Aachen
173. Leichtbaudifferenziale schaffen Freiräume. Pressemitteilung der Schaeffler Gruppe vom 24. Juni 2010

Weiterführende Literatur

174. Karosserie und Bleche. ATZ Special **09** (2010)
175. Eibisch, H., Hartmann, M., Singer, R.: Herstellung und Eigenschaften von Kohlenstofflangfaserverstärktem Magnesium im Druckguss. 3. Ranshofener Leichtmetalltage 2004, 23.–25. Juni 2004, Ranshofen (Österreich). Druckguss-Praxis **6**, 255–260 (2004)
176. Mordike, B., Wiesner, P.: Fügen von Magnesiumwerkstoffen. Fachbuchreihe Schweißtechnik, Bd. 147 (2005)
177. Lerch: Leicht und fest: Leichtmetalle im Auto. Autotech. **4**, 9 (2004)
178. Tagungsband zum VDI Kongress »Kunststoffe im Automobilbau 2005«, Bd. 4270, Mannheim, 9.–10. März 2005
179. Brecher, Kermer-Meyer, Dubratz: Fraunhofer-Inst. f. Produktionstechnologie, IPT, Aachen: Thermoplastische Organobleche für die Grossserie. ATZ/MTZ **11** (Sonderausgabe Karosserie und Bleche) (2010)
180. SKZ (Hrsg.): Langfaserverstärkte Thermoplaste (LFT). Tagungshandbuch. (2006). Fachtagung vom 06.–07.12.2006 in Würzburg
181. Berlin, Stoetzner, Rueegg, Jaggi: Karosserie aus Kunststoff. Kunststoffe **7** (2009)
182. Köth, C.-P.: Megapläne (Artikel zu den Plänen von BMW zum sog. »Megacity-Vehicle«). Automobilindustrie **7–8** (2010)
183. Honsel, G.: Das Auto von der Rolle. Technol. Rev. **12** (2010)
184. N.N.: http://project-i.com. (Marketingseite der BMW AG zum Megacity-Vehicle)
185. Hegenauer, H.: Fachkunde für Leder verarbeitende Berufe, 8. überarb. Aufl. Ernst Heyer, Essen (2001)
186. Brisanter Stoff. Technische Textilien im Automobil. Automobil-Produktion **3** (2005)
187. Schottner, G., Abersfelder, G. (Hrsg.): Fahrzeugverglasung. Expert Verlag (1995)
188. Pollak, M., Teschner, H.: Verglasung heutiger und zukünftiger Fahrzeugdächer. In: Braess, H.-H., Seiffert, U. (Hrsg.) Automobildesign und Technik. Vieweg, Wiesbaden (2007)
189. Kittel, H.: Lehrbuch der Lacke und Beschichtungen, 2. erw. Aufl. S. Hirzel, Stuttgart (1998)
190. Jelinek, W.: Praktische Galvanotechnik: ein Lehr- und Handbuch, 5. Aufl. Leuze (1997)
191. Englisch, BMW: Korrosionsschutz und Dichtheit des Gesamtfahrzeugs. ATZ/MTZ **11** (Sonderausgabe Der neue BMW 7er), 110 (2008)
192. Krusche, Volkswagen: Karosseriebezogene Maßnahmen zur Entwicklung des Korrosionsschutzes bei Volkswagen. 3. Braunschweiger Symposium Faszination Karosserie, 2007
193. Schmidt, M.: Hochfrequenzschweißen in der Automobilindustrie. Industriekolloquium »Fertigen in Feinblech«. Universität Clausthal, Clausthal (1998)
194. Emmelmann, C.: Stand der Technik und Entwicklungstendenzen. 3. Euroforum-Konferenz »Lasereinsatz im Automobilbau«, Aachen, 13./14. Februar 2001
195. Hahn, O.: Fügen durch Umformen. Dokumentation 707. Studiengesellschaft Stahlanwendung (1996)
196. Hahn, O.: Neue Lösungen mit Stahl beim Automobil-Leichtbau. Studiengesellschaft Stahlanwendung (1997)
197. Füssel: Fügen hochfester Bleche im Automobilbau. ATZ/MTZ-Konferenz 2010; 11. Int. Tagung Karosseriebau Hamburg, Mai 2010
198. Wendt, Donhauser, Schübeler: Mischbauweisen flexibel fügen – Vollstanznieten. ATZ/MTZ **11**(Sonderausgabe Karosserie und Bleche) (2010)
199. Sauer, J.: Automobilkarosserien Kleben. Kunststoffe **3** (2003). Fachartikel
200. BMW: Kleben verbindet – Kleben im Automobilbau. Automobil-Produktion **23**(1/2) (2010)

201. Scheffels: Kleben statt Schweißen. Special Report Fertigung: Kleben und Hybridfügen von Karosserieteilen. Automob.-Ind. **55**, 4 (2010)
202. Stumpp: Fügen und Umformen vereint – Innenhochdruckumformen. Automobil-Produktion **21**, 5 (2008)
203. Simulation von Bauteileigenschaften unter besonderer Berücksichtigung der Wärmebehandlungsparameter. VDI-Bericht 2007; Gießtechnik im Motorenbau, Tag. Magdeburg, Februar 2007; VDI-Berichte Nr. 1949
204. Gasinjektionstechnik – Verfahrenstechnik, Anlagentechnik, Gestaltungsregeln. Institut für Kunststoffverarbeitung in Industrie und Handwerk an der RWTH Aachen (1995)
205. Thermoplastische Hybridstrukturen – Kombination aus wirtschaftlichen Serienverfahren mit lokalen Verstärkungs-Inserts. VDI-Reihe Kunststofftechnik, Kunststoffe im Automobilbau (2010)
206. Michaeli, Hoffmann: Hybride Verbindungen – thermische Fügeverfahren. Kunststoffe **6** (2009)
207. Steinbichler, Egger, Pitschender: Innovationen in der Spritzgießtechnik für das Automobil der Zukunft. VDI-Reihe Kunststofftechnik, Kunststoffe im Automobilbau. (2006)
208. Bauer, H., Haldenwanger, H.-G., Schneider, W.: Recycling von Altfahrzeugen: Kreislaufeignung von Werktstoffen als Funktion der Demontagewirtschaftlichkeit. In: Kunststoffe im Automobilbau – Trends, Technologien, Anwendungen. VDI-Kunststofftechnik, S. 165–179. VDI-Verlag, Düsseldorf (1997)
209. Schlösser, T.: Naturfaserverstärkte Fahrzeugteile. Kunststoffe **9** (1997)
210. Braess, H.-H.: Das Automobil von der Produkt- zur Systemoptimierung – Ziele und Aufgaben des Life-Cycle-Managements. ATZ Automobiltechnische Zeitschrift **12** (1999)
211. Müssig, J.: Untersuchung der Eignung heimischer Pflanzenfasern für die Herstellung von naturfaserverstärkten Duroplasten – vom Anbau zum Verbundwerkstoff. Fortschr.-Bericht, VDI Reihe 5, Bd. 630. VDI-Verlag, Düsseldorf (2001)
212. Senftleben, D.: Verfahren zur Generierung von Leitindikatoren für die ganzheitliche Entwicklung und Beurteilung von Automobilkomponenten. Dissertation, Uni Siegen (2006)
213. Pelster, R., Pieper, R., Hüttl, I.: Thermospannungen – Viel genutzt und fast immer falsch erklärt! PhyDid **1**(4), 10–22 (2005)
214. Bergmann-Schaefer: Elektromagnetismus, 8. Aufl. Lehrbuch der Experimentalphysik, Bd. 2. de Gruyter, Berlin (1999)
215. Jänsch, D.: Thermoelektrik: Eine Chance für die Automobil. Expert Verlag (2008)
216. Christ, Öchsner, Nothhelfer-Richter: Nanolacke erschließen neue Anwendungen – Anwendung der Nanotechnologie in Lacken und anderen Beschichtungsstoffen. Met.-Oberfläche **7/8**, 63 (2009)
217. Büthe, Funkhauser, Rau, W., BASF: Kunststoffe für das Automobil der Zukunft: unsichtbarer Beitrag – sichtbarer Erfolg. In: Kunststoffe im Automobilbau. VDI-Reihe Kunststofftechnik. (2006)
218. Bauer, Haldenwanger, Audi: 10**9 Anwendungen aus dem Nanokosmos im Automobilbau. Gummi Fasern Kunststoffe **9**, 57 (2004)

Produktentstehungsprozess

Prof. Dr.-Ing. Dr.-Ing. E. h. Hans-Hermann Braess,
Prof. Dr.-Ing. Thomas Breitling, Dr.-Ing. Claus Ehlers,
Dipl.-Ing. Norbert Grawunder, Dr.-Ing. Ulrich Hackenberg,
Prof. Dr.-Ing. Volker Liskowsky und Dr.-Ing. Ulrich Widmann

H.-H. Braess, U. Seiffert (Hrsg.), *Vieweg Handbuch Kraftfahrzeugtechnik*, ATZ/MTZ-Fachbuch,
DOI 10.1007/978-3-658-01691-3_11, © Springer Fachmedien Wiesbaden 2013

11.1 Simultaneous Engineering und Projektmanagement im Produktentstehungsprozess

11.1.1 Einleitung

In ihrem Vorwort charakterisieren die Herausgeber die Produktentstehung sehr treffend als einen hochkomplexen Prozess, dessen Gestaltung und Optimierung immer größere Bedeutung gewinnt. Letztendlich muss dieser Prozess termingerecht zu einem Fahrzeug führen, das für die Zielkunden so attraktiv ist, dass sie es zu einem Preis erwerben wollen, der mit den Renditevorstellungen des Automobilunternehmens im Einklang steht und damit dessen Wettbewerbsfähigkeit sichert. ■ Abbildung 11.1 umreißt einen Produktentstehungsprozess schematisch.

Die hohe Komplexität des Produktentstehungsprozesses (im weiteren PEP genannt) beruht auf den vielfältigen Anforderungen an die Produktgestaltung, insbesondere wenn es sich um ein Fahrzeug für den globalen Einsatz handelt. An diesem Prozess sind zahlreiche kreative Mitarbeiter beteiligt, sowohl innerhalb der Organisation des Automobilherstellers (im Weiteren als OEM, Original Equipment Manufacturer, bezeichnet) als auch im Lieferantenumfeld und bei diversen Dienstleistern, die zur Abdeckung von Kapazitätsspitzen heute bei jedem OEM eine wichtige Rolle spielen.

In der Summe können es über 1000 Beteiligte sein, die interdisziplinär und lokal variabel in einem Simultaneous-Engineering-Prozess miteinander vernetzt werden müssen. Bedingt durch globale Beschaffungsstrategien nimmt die lokale Variablität der Prozessbeteiligten ständig zu. Dabei müssen Kultur- und Sprachbarrieren überwunden werden, und es müssen zu jedem Zeitpunkt und an jedem Ort aktuelle, aufeinander abgestimmte Produktdaten verfügbar sein.

Dies alles bedarf einer straffen und durchgehenden Organisation, eines möglichst lückenlosen Regelwerks und eines transparenten Prozess-Controllings. Die Organisation muss den Entwicklungsprozess auf der Basis fest vereinbarter Meilensteine vorantreiben, den qualitativen Fortschritt monitoren und für alle Beteiligten transparent machen. Dabei geht es auch darum, Probleme beim Prozess als auch bei den Produkteigenschaften unmittelbar zu identifizieren und mit gezielten Maßnahmen zu lösen. Meine persönliche Erfahrung sagt: »Ein gefundenes Problem ist ein gelöstes Problem.« Deshalb kommt dem offenen und offensiven Umgang mit Problemen innerhalb des PEP eine entscheidende Bedeutung zu.

Im Folgenden möchte ich auf einige unterschiedliche Organisationsformen eingehen, mit denen der PEP bei verschiedenen OEMs geführt wird, und die diversen Prozessabschnitte im Detail beleuchten. Dazu soll die Marke AUDI als Referenz dienen.

11.1.2 Produktentstehungsprozess

11.1.2.1 Organisationsformen

Nahezu alle großen OEMs sind heute in den Bereichen, die am Produktprozess beteiligt sind, crossfunktional organisiert. Auf der einen Seite stehen die Linienbereiche, die sich an den klassischen Fahrzeugkomponenten wie den Aggregaten, dem Aufbau, der Elektrik und der Eigenschaftsentwicklung des Gesamtfahrzeuges orientieren. Auf der anderen Seite existieren projektorientierte Managementbereiche, die den Produktprozess treiben.

Die Unterschiede zwischen den einzelnen OEMs liegen darin, wie die Verantwortung zwischen dem Linien- und dem Prozess- beziehungsweise Produktmanagement aufgeteilt ist. Die Bandbreite bei den Produktmanagern reicht hier von einer reinen Prozess- oder Projektverantwortung mit dem Schwerpunkt Koordination bis hin zur vollen Produktverantwortung mit ganzheitlicher Entscheidungsbefugnis über das Eigenschaftsspektrum des Fahrzeuges. In letzterem Fall spricht man von heavy product management.

Im ersten Fall – der traditionellen Vorgehensweise – sind die am Prozess beteiligten Fachleute disziplinarisch den einzelnen Linien zugeordnet, und die Eigenschaftsverantwortung liegt beim Linienmanagement (siehe ■ Abb. 11.2). Die verantwortliche Beauftragung von Dienstleistern obliegt ebenfalls den Linienmanagern. Die Aufgabe der Projektmanager besteht darin, die Vernetzung der

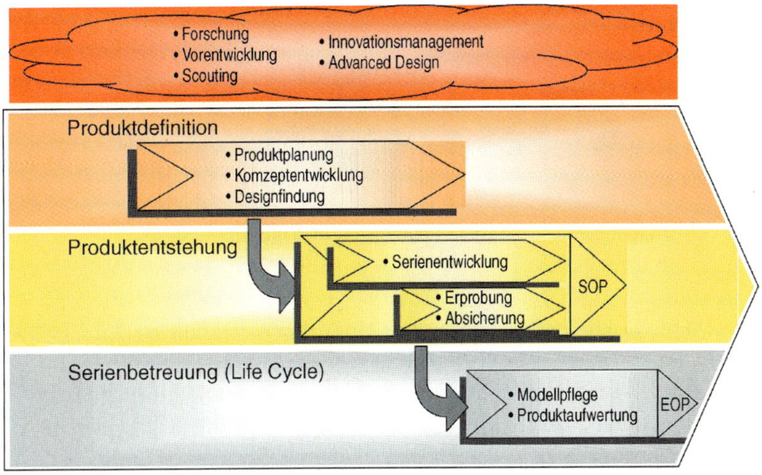

Abb. 11.1 Produktentstehungsprozess: Von der Forschung bis zur Serienbetreuung

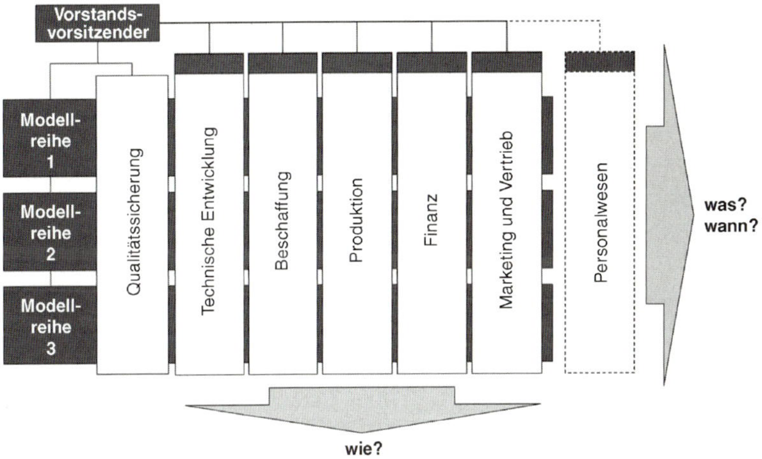

Abb. 11.2 Beispiel einer Organisationsform: Modellreihen vernetzen die Linienbereiche

Linienbereiche zu organisieren und den Projektfortschritt zu treiben und zu monitoren.

Im zweiten Fall – beim heavy product management – sind alle Mitarbeiter disziplinarisch dem Produktmanager unterstellt, der dann auch die Einhaltung der Produkttargets (Ziele) und der Produkteigenschaften verantwortet. Die Linienmanager organisieren in diesem Fall lediglich die Bereitstellung kompetenter Fachkapazitäten und haben hinsichtlich der einzelnen Projekte eine »Betreuungs«-Verantwortung. Denkbar ist in diesem Fall auch die Beauftragung externer Entwicklungsteams unter der Verantwortung des Produktmanagements.

Zwischen diesen Extremformen stehen zahlreiche Mischformen. Alle Organisationsformen sind mit den richtigen Menschen und Systemen an Bord arbeitsfähig und können zu wettbewerbskonformen Produkten führen, solange bewusst mit den systembedingten Besonderheiten umgegangen wird. Die linienorientierte Organisation birgt die Gefahr längerer Entscheidungszyklen und einer starken Belastung der Entscheidungsträger in der Linie; ihre Stärke ist die hohe Durchgän-

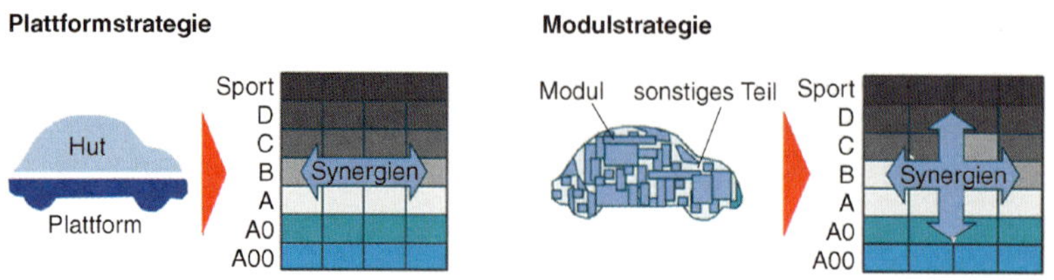

Abb. 11.3 Plattform- und Modulstrategie: Große Hersteller müssen komplexe Aufgaben meistern

gigkeit technischer Lösungen und Eigenschaften.

Heavy-product-management-Organisationen, wo mehrere autarke Projektorganisationen mit unabhängiger Entscheidungsverantwortung parallel ablaufen, bringen einen entgegengesetzten Schwachpunkt mit sich: Hier muss dem Auseinanderlaufen und der Verselbstständigung der Projektmannschaften entgegengewirkt werden, sonst können Synergien zwischen den einzelnen Produkten auf der Strecke bleiben und die Markenidentität der Produkte leiden.

Eine nächste Ebene an Organisationskomplexität wird notwendig, wenn ein Konzern über mehrere Marken mit eigener Markenidentität und entsprechend unterschiedlichen Eigenschaftsspektren der Fahrzeuge verfügt. Beim Volkswagen-Konzern mit seinem breiten Marken-Portfolio beispielsweise ist dies der Fall. Für die Entwicklung der Karosserien (»Hüte«) gelten hier bei den einzelnen Marken Organisationsformen nach den oben beschriebenen Mustern. Hinsichtlich der Plattformen und Komponenten-Baukästen sind jedoch zentrale Verantwortlichkeiten zu definieren, die, zeitlich aufeinander abgestimmt, einen Entwicklungsverbund mit den Entwicklungen der einzelnen Marken eingehen.

Im VW-Konzern liegen die Entwicklungsverantwortung und das Produktmanagement für die Quer-Plattformen – die Plattformen mit quer zur Fahrtrichtung eingebautem Antrieb – in der Verantwortung der Marke Volkswagen. Nutzt beispielsweise AUDI als Ersteinsetzer eine neue Quer-Plattform, so stellt VW sie als Basisentwicklung termingerecht dem AUDI-Projekt zur Verfügung. Die markenspezifische Eigenschaftsentwicklung liegt anschließend bei AUDI. In gleicher Weise handelt AUDI, wenn es darum geht, dass die Marke Volkswagen eine – bei AUDI entwickelte – Längs-Plattform nutzen will.

Die hohe Flexibilität von Fahrzeugkonzepten, die heute existiert, führt zu der Gefahr, dass es bei den Hüten zu einem Wildwuchs an Komponentenkomplexität kommen kann. Um dem entgegenzuwirken, haben sich in den großen Mehrmarken-Konzernen inzwischen sogenannte Modulmanagement-Organisationen etabliert, die die Verfügbarkeit von Komponenten verantworten (Abb. 11.3).

Im VW-Konzern beispielsweise werden die sogenannten Roadmaps der Fahrzeugkomponenten für alle Marken über vier Managementbereiche hinweg verantwortet. Bei den vier Roadmaps handelt es sich um die Aggregate, das Fahrwerk, die Elektrik/Elektronik und den Aufbau. Auf diese Art ist ein verbindlicher Komponentenbaukasten entstanden, der innerhalb eines Regelwerks für alle Marken des Konzerns zugänglich ist. Da die Mehrzahl der Komponenten von Zulieferern hergestellt und auch von ihnen mitentwickelt werden, ist deren Einbindung eine der zentralen Aufgaben im Prozess.

Die gemeinsamen Komponentenbaukästen sind für alle größeren OEMs zur Grundlage der Modellpolitik und der Entwicklungsarbeit geworden. Sie bringen zahlreiche Vorteile mit sich: Sie sparen Entwicklungszeit und Entwicklungskosten, sie senken über die erhöhten Stückzahlen und die damit möglichen Scale-Effekte die Einkaufspreise drastisch, und sie ermöglichen es, ein bewährtes Zusammenspiel der Bauteile auf neue Modelle zu übertragen.

Noch in den 90er Jahren vollzog sich diese Strategie bei den Herstellern in Grenzen, die durch die tragenden Teile der Karosserie und die Fahrwerkskonstruktion – also die Blech-Plattformen – starr vorgegeben waren. Die Flexibilisierung und Dynamisierung, die in der Zwischenzeit im gesamten PEP stattgefunden hat, versetzt die Ingenieure heute in die Lage, die Plattformen so flexibel zu nutzen, dass starke Differenzierungen zwischen den Modellen möglich sind.

Auf einem weltweiten Automobilmarkt, auf dem sich die wenigen Fahrzeugklassen von einst in hohem Tempo immer weiter aufsplitten, sichert diese Flexibilität dem OEM die Zukunft. Sie macht es ihm möglich, mehr Produkte in kürzerer Zeit zu geringeren Kosten in besserer Qualität und höherer Komplexität auf den Markt zu bringen.

11.1.2.2 Projektorganisation eines OEM

Unabhängig von den Zuständigkeiten bei der Produktverantwortung ist es für eine Projektstruktur notwendig, alle am PEP beteiligten Unternehmensbereiche umfassend abzubilden. Das höchste Entscheidungsgremium ist eine Runde, die aus den Vorständen der Marke und dem Top-Management besteht. Unterhalb dieses Gremiums trifft das Produktteam, abgestuft nach dem Level der Aufgabe (Eigenschaften, Kosten, Aufwand, Termine), die anstehenden Entscheidungen selbst.

◘ Abbildung 11.4 zeigt eine typische Projektorganisation eines OEM. Die Leitung des Fahrzeugprojekts liegt in den Händen eines Produktmanagers. Er ist außerhalb der Linienbereiche angesiedelt, berichtet direkt an die Unternehmensleitung und arbeitet damit bereichsneutral. Ihm sind weitere Mitarbeiter unterstellt, die Unterprojekte führen oder unterstützende Aufgaben wahrnehmen. Der Produktmanager führt ein zentrales Produktteam aus Vertretern der Linienbereiche. Sie arbeiten zu 100 % für das Projekt, gehören jedoch disziplinarisch ihren Linien an. Dieses Team treibt das Projekt, monitort seinen Fortschritt und bereitet gegebenenfalls Vorlagen zur weiteren Entscheidungsabfolge vor.

Die Simultaneous-Engineering-Struktur, die unterhalb dieser Ebene liegt, ist auf sogenannte Fachteams aufgeteilt. Dies sind die Fachteams Aggregate, Fahrwerk, Karosserie, Ausstattung, Elektrik/Elektronik und Gesamtfahrzeug. Die komponentenbezogenen Teams bearbeiten Produkteigenschaften, Kosten, Termine und Ähnliches. Gleichzeitig behandelt das Fachteam Gesamtfahrzeug die Gesamtfahrzeugeigenschaften (beispielsweise Gewicht), den Fahrzeugbau innerhalb der Produktentstehung – Stichwort Prototypen, Vorserien – und die Fahrzeugerprobung. Die sogenannten SE (Simultaneous Engineering)-Teams sind feste Größen im PEP und bereichsübergreifend besetzt. Ihre Aufgabe ist die Umsetzung auf Bauteilebene. In Summe existiert eine feste Struktur von ca. 50 SE-Teams, die sich für die Projekte immer wieder neu bilden.

Für die Vernetzung ist es sehr hilfreich, wenn die Projektmitarbeiter räumlich nahe beieinander angesiedelt sind, um die Kommunikationswege kurz zu halten und den Teamgedanken zu fördern. Ein Beispiel für eine solche moderne Organisation ist das Elektronik-Center von AUDI. Auf dem Gelände der Technischen Entwicklung angesiedelt, werden alle Kompetenzen der Marke auf diesem Gebiet unter einem Dach gebündelt. Hier arbeiten mehrere hundert Mitarbeiter aus der Elektronik-Entwicklung, aus verschiedenen Einkaufsbereichen, aus der Produktionsvorbereitung und Qualitätssicherung, aus dem Kundendienst und dem Controlling zusammen.

Die jeweiligen Projektteams kooperieren bereichsübergreifend. Sie können räumlich zusammengefasst werden, ohne dass dafür größere Umbauten nötig wären. Da sich das Feld Elektronik, das AUDI als Schlüsseltechnologie und Kernkompetenz betrachtet, mit hoher Dynamik entwickelt, besitzen effiziente Prozesse und flache Hierarchien hier besondere Bedeutung.

11.1.2.3 PEP-Ablauf und Meilenstein-Definition

Damit sich derart komplexe Organisationsformen auf die Sache, also den Produktfortschritt konzentrieren können, ist ein durchgängiger PEP-Ablauf mit einer entsprechenden Meilenstein-Struktur Grundvoraussetzung. Die PEPs der einzelnen OEMs sind sich prinzipiell ähnlich, unterscheiden sich allerdings im Detail aufgrund der Kompetenzstrukturen und der Aufteilung zwischen Kerneigenleistung und Fremdleistung. Eine große Rolle spielt auch die Frage, wie sicher ein Entwicklungsbereich mit virtuellen Entwicklungsmethoden umgehen kann. Ich möchte mich hier auf das Beispiel AUDI konzentrieren.

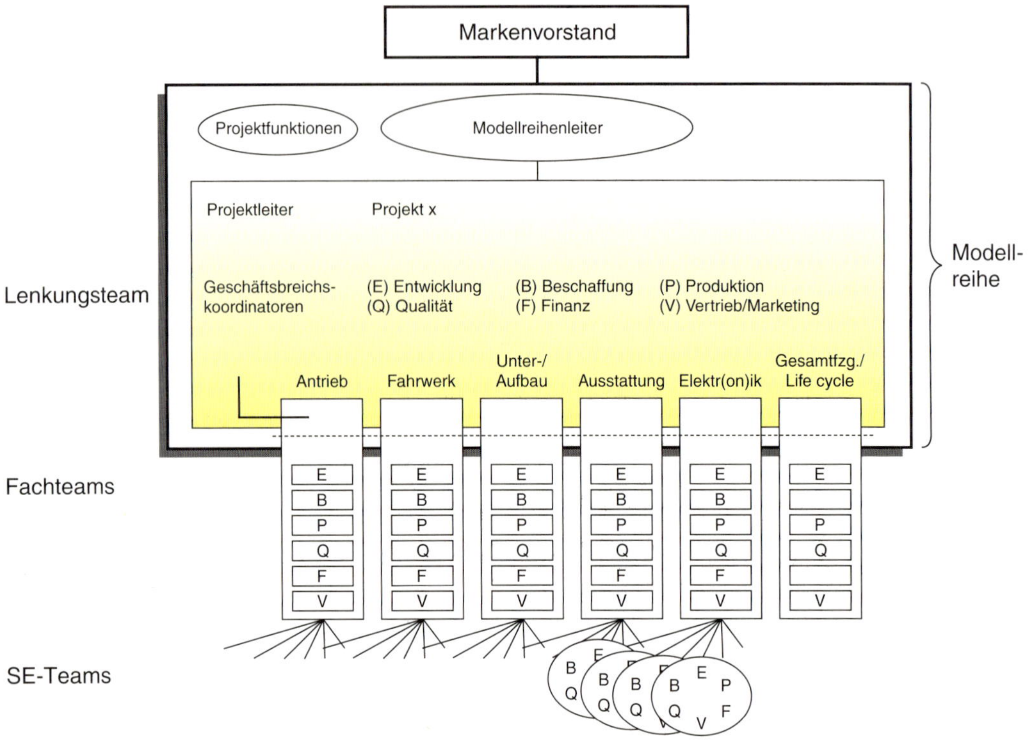

Abb. 11.4 Typische Projektorganisation eines OEM: Linienbereiche und Fachteams arbeiten eng vernetzt

Der PEP bei AUDI setzt sich aus den Prozessen Produktplanung, der eigentlichen Produktentstehung (Serienentwicklung) und der Produktpflege (Serienbetreuung, Modellpflege) über den Lebenszyklus des Fahrzeugs zusammen. Während die Produktplanung schon sehr früh beginnen kann – wichtig ist, dass sie zum vereinbarten Stichtag steht und in sich »feasible« (durchführbar) ist –, dimensioniert AUDI den Prozess der Serienentwicklung terminlich so knapp wie möglich.

Hierfür gibt es mehrere Gründe:

- Eine späte Designentscheidung ist ein Garant für ein hochaktuelles Design. Der »goldene Schuss« zu Beginn eines Projekts ist die absolute Ausnahme. Ein gutes Design muss reifen, und nach meiner Erfahrung kommen die besten Designideen immer – fast zu – spät.
- Die Serienentwicklung ist kostenintensiv, es besteht ein proportionaler Zusammenhang zwischen Zeit und Kosten.
- Die Serienentwicklung bindet eine Vielzahl von Mitarbeitern, die möglichst schnell wieder für Folgeprojekte frei werden müssen.

Bei einem Premiumhersteller wie AUDI spielt das Design eine entscheidende Rolle, weil es Charakter und Prestige der Marke vermitteln muss. Die Herausforderung liegt darin, sowohl Proportionen aus allen Betrachtungswinkeln, als auch spezielle Technikelemente, wie etwa die LED-Leuchten, mit der spezifischen Formensprache von Audi in Einklang zu bringen. In traditioneller Manier startete die Arbeit der Designer mit Bleistift und Zeichenblock, wie in Abb. 11.5 dargestellt.

Grundsätzlich beginnt die Serienentwicklung bei AUDI mit der Designentscheidung und erstreckt sich über einen Zeitraum von zirka 2 Jahren bis zum Start of Production (SOP). Dieser Zeitraum ist als Idealablauf definiert, er kann sich bei besonders guten, aber späten Ideen der Designer auch noch einmal reduzieren – das ist fast die Regel.

Abb. 11.5 Designskizze: Die AUDI-Designer gaben dem A8 ein markantes Gesicht mit

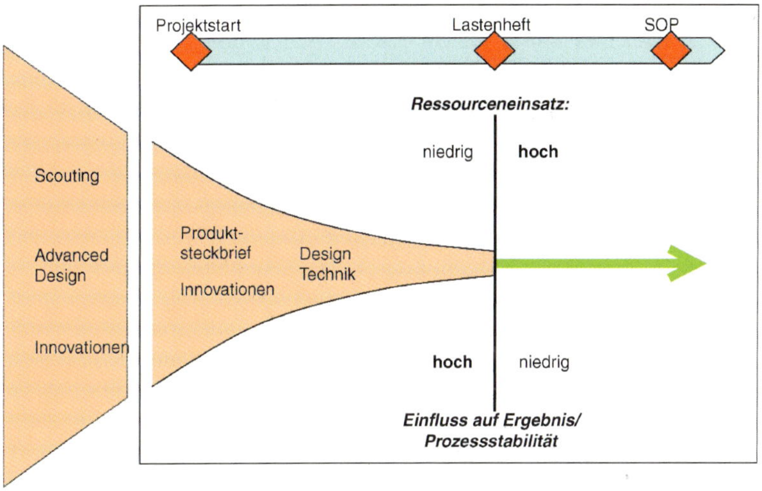

Abb. 11.6 Frühe Prozessorganisation: Überschaubarer Ressourceneinsatz führt zu hoher Prozesssicherheit

Voraussetzung für derart kurze Abläufe ist, dass alle nicht Design-relevanten Entwicklungsumfänge – zum Beispiel die Plattformen oder Neuentwicklungen aus den Bereichen Aggregate, Fahrwerk oder Elektronik – einen beherrschbaren Umfang nicht überschreiten. Die Voraussetzungen dafür müssen bereits früh, im Rahmen der Produktplanungsphase, definiert und verbindlich verabschiedet werden. Deshalb kommt dieser frühen Phase eine signifikante Bedeutung hinsichtlich der späteren Prozessbeherrschung zu.

Die exakte Organisation der Prozesse in einem möglichst frühen Stadium ist ein Prinzip, das im gesamten PEP immer höhere Bedeutung gewinnt. Wird es konsequent angewendet, so lassen sich in der Planungsphase mit einem relativ geringen Einsatz der Gesamtressourcen die wesentlichen Kriterien zur Prozessstabilität festlegen, wie Abb. 11.6 zeigt. Dieses Prinzip kommt nicht nur in der Produktplanungsphase zur Anwendung, sondern auch in den folgenden Unterabschnitten des Entwicklungsprozesses.

11.1.3 Produktplanung

Der Kunde ist das Maß der Dinge. Deshalb beginnt jede Produktplanung mit einer Analyse der zukünftigen Kundenbedürfnisse, wie sie sich zum Zeitpunkt des SOPs darstellen werden. Diese Analysen sind sehr tiefgreifend. Sie nutzen das in der eigenen Organisation erarbeitete Know-how, beziehen sich aber auch auf Szenarienforschungen einschlägiger Institute.

Wesentliche Fragestellungen lauten beispielsweise:

- Wie verändert sich die allgemeine Wirtschaftslage?
- Wie entwickeln sich die globalen Märkte?
- Wie entwickelt sich die Verfügbarkeit von Öl und damit Kraftstoffen?
- Welche alternativen Antriebsarten setzen sich durch?
- Wie verändert sich die Steuerpolitik?
- Welchen Einfluss hat die Alterspyramide auf das Kaufverhalten? Beispielsweise legen ältere, kaufkräftige Kunden mehr Wert auf komfortable Ausstattungen.
- Wie entwickeln sich soziale Strukturen der Kunden? Wie nimmt die Bedeutung des Markenprestiges zu?
- Wie verändert sich das Wettbewerbsumfeld? Auf welche Wettbewerber wird das neue Auto treffen?
- Und viele Fragen mehr.

Diese Szenarien werden für alle bedeutenden Märkte erarbeitet und ergeben einen Spiegel des zu erwartenden Kundenverhaltens. Natürlich sind die Ergebnisse nicht absolut, deshalb arbeiten die Analysen mit gewissen Bandbreiten – sie definieren Leitplanken, innerhalb derer das Kundenverhalten zu erwarten ist.

Eine weitere Steuergröße ist die Unternehmensstrategie. Hier nehmen strategische Fragestellungen zur langfristigen Ausrichtung des Unternehmens Einfluss auf die Produktdefinition:

- Wie sieht die Wachstums-Strategie des Unternehmens aus? Das Wachstum muss über alle Bereiche klar definiert sein. Dabei beginnt man rückwärts mit dem Marktpotenzial und kommt über die Handelskette, die Fertigungskapazitäten und die Entwicklungskapazitäten zur Produktdefinition.
- Welche Volumen- und Renditeziele soll das neue Fahrzeug erfüllen?
- Sind die Ziele des Unternehmens mit der vorhandenen Modellpalette erreichbar oder muss in neue Segmente investiert werden?
- Und viele Fragen mehr.

Wenn es um die Definition eines Nachfolgemodells geht, können sich die Produktplaner auf die Erfahrungen vom Vorgängermodell stützen und schwerpunktmäßig die bestehenden Kunden und das Wissen der Vertriebsorganisation in ihre Analyse einbeziehen. Dieses Vorgehen ist eher konservativ und zielt darauf ab, den bestehenden Kunden eine attraktive Produktfortführung anzubieten. Bei Premiummarken kann man von einer hohen Loyalitätsrate ausgehen. Die Kunden sind in der Regel weniger experimentierfreudig und erwarten eher einen evolutionären Produktfortschritt.

Steht jedoch die Kreation neuer Modelle im Vordergrund, um neue Marktsegmente und Kunden zu erobern, dann sind erweiterte Techniken notwendig. Sie lassen sich unter dem Begriff »Scouting« zusammenfassen und meinen eine Art von Trendforschung. Beispielsweise werden Teams von Produkt- und Marktspezialisten in Märkte mit Trendcharakter entsandt. Dort sollen sie die potenziellen Kunden und deren Bedürfnisse kennen lernen und analysieren, um daraus die entsprechenden Schlüsse für Produktideen oder -ausprägungen zu ziehen.

Die Produktideen fließen in ein Eigenschaftsspektrum des zu entwickelnden Fahrzeugs ein. Es orientiert sich auf der einen Seite an den kurzfristigen Kundenbedürfnissen, muss aber auf der anderen Seite auch die langfristigen Ziele der Marke absichern – die Kernwerte, die etwa bei AUDI Sportlichkeit, Prestige und progressive Technik heißen. Vom Kunden erlebbar, müssen sich diese Kernaussagen in jedem neuen Produkt wiederfinden, um die Glaubwürdigkeit der Marke langfristig sicherzustellen. Autos wie der A8 und der TT sind für die Markenidentität von AUDI absolut glaubwürdig, ein gewerblicher Lieferwagen hingegen würde dem Markenimage schaden.

Auf diese Art entsteht ein Eigenschaftsspiegel, der – wie in ◘ Abb. 11.7 dargestellt – in Form einer Eigenschaftsspinne visualisiert werden kann. Bei der Definition der Produktinhalte bietet eine solche Kategorisierung Entscheidungshilfen bei der

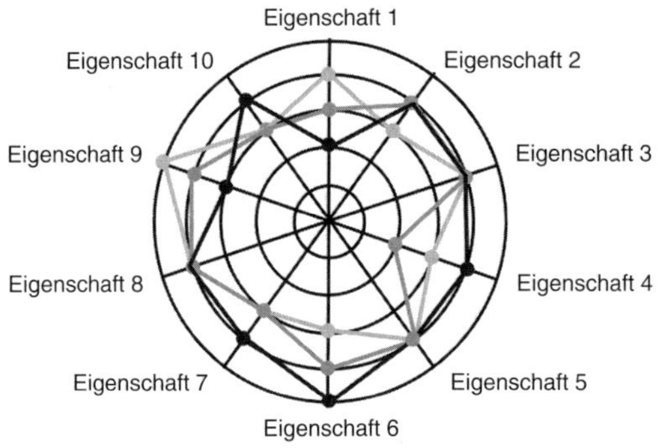

Abb. 11.7 Eigenschaftsspinne: Unterschiedliche Fahrzeugprofile bei drei Herstellern

Frage, welche Bereiche hinsichtlich Kosten und Aufwendungen Priorität erhalten sollen.

Eine wichtige Frage innerhalb der Produktplanungsphase ist, ob und inwieweit die notwendigen Komponenten bereits im Unternehmen verfügbar sind, oder ob ihre Entwicklung zeitsynchron noch angestoßen werden muss. Hier können sich die Produktplaner auf die Vorentwicklungs-Roadmaps der einzelnen Linien beziehen. Gegebenenfalls müssen sie aber auch die entsprechenden Entwicklungen anstoßen.

Am Ende einer Produktfeasibility ist das Fahrzeug hinsichtlich der Inhalte und Eigenschaften beschrieben, die einzelnen Kostenblöcke sind zugeordnet und targetiert, und der planerische Nachweis der Rentabilität ist erbracht. Die Organisation, die den weiteren PEP zu verantworten hat, muss von diesem Punkt an in der Lage sein, sich den erarbeiteten Targets zu unterwerfen und das Produkt mit den verfügbaren Kapazitäten wie beschrieben zu entwickeln.

11.1.4 Innovationsmanagement

Über die Attraktivität eines Fahrzeuges entscheiden neben der zielgenauen Positionierung im angestrebten Kundensegment hinsichtlich Markenimage, Design, Produkteigenschaften und Preis nicht zuletzt die innovativen Technikinhalte. Besonders bei Technologie-orientierten Marken sind Innovationen ein »added value« (zusätzlicher Wert) für die Glaubwürdigkeit der Markenaussage. Wichtige Innovationen, die bis heute den Markenwert von AUDI prägen, waren zum Beispiel der quattro-Antrieb, die vollverzinkte Karosserie und der Aluminium Space Frame. Bei Volkswagen spielten der TDI-Antrieb oder das Doppelkupplungsgetriebe DSG wichtige Rollen.

Zur Stärkung einer Marke ist es wichtig, dass die oft mit viel Aufwand und Ingenieurskunst etablierten Innovationen konkret und nachhaltig mit der Marke identifiziert werden. Innovationen wie ABS und ESP haben sich inzwischen klar im Markt durchgesetzt, werden vom Kunden jedoch nicht mehr mit einem bestimmten Hersteller assoziiert und sind deshalb markenneutral etabliert. Es reicht also nicht, Innovationen zu generieren – sie müssen auch gepflegt und immer wieder mit der Marke in Zusammenhang gebracht werden.

Innovationen sind kein Zufallsprodukt. Sie müssen vielmehr langfristig geplant werden und bedürfen eines geregelten Ablaufes im Vorfeld des PEP. Die Basis einer Innovation ist die Idee; das technologische Umsetzen und die erfolgreiche Markteinführung machen aus der Idee eine Innovation. Ein Automobilunternehmen ist auf Ideen und deren Umsetzung zu Innovationen angewiesen, um sich im Wettbewerb zu behaupten. Deshalb wird das Generieren von Ideen heute systematisiert, und zwar mit dem Focus auf die Kernaussagen der Marke und damit auf die Eigenschaftsprofile der Fahrzeuge.

Die Systematisierung beginnt bereits mit der Angewandten Forschung, in der naturwissenschaftliche Erkenntnisse hinsichtlich automobiler Anwendungen erarbeitet werden. Auf dieser Basis werden Tools wie Brainstorming, Ideenwettbewerbe und Innovations-Workshops genutzt. Dieser Prozess läuft kontinuierlich und permanent, unabhängig von Fahrzeugmodell-Zyklen.

Der nächste Schritt ist die Integration der neuen Lösung in eine Fahrzeugumgebung. Sie findet im Rahmen einer Vorentwicklung statt. In dieser Phase werden die Komponenten fahrzeuggerecht gestaltet und in einem Fahrzeugumfeld erprobt. Ziel ist es, die Eigenschaftspotenziale der Innovation im Fahrzeug und ihre Fähigkeit zur Serienentwicklung zu überprüfen und nachzuweisen. In dieser Phase ist es wichtig, die Verantwortung zumindest teilweise schon an die Serienentwickler mitzuübertragen.

Der serienverantwortliche Entwickler muss die Serienentwicklungsfähigkeit bestätigen, um eine verbindliche Zusage für die Umsetzung im Fahrzeug geben zu können. Deshalb muss sich die Vorentwicklungsphase am Zeitplan des Zielfahrzeuges orientieren. So kann die vorentwickelte Komponente in den Komponentenpool beziehungsweise Baukasten aufgenommen werden, der den Konzeptentwicklern zur Verfügung steht. Dieser Ablauf bedarf einer produktorientierten Steuerung und Verfolgung.

Lieferanteneinbindung Innovationen entstehen heute zu einem großen Teil in Zusammenarbeit mit Lieferanten. Für die Lieferanten bedeutet ein Produktangebot mit Innovationspotenzial einen strategischen Wettbewerbsvorteil gegenüber der Konkurrenz. Eine für einen OEM attraktive Produkteigenschaft oder ein Produktinhalt mit Wettbewerbsvorteilen hinsichtlich »time to market« stärkt die Position des Zulieferers gegenüber dem OEM.

Der Zulieferer kann sich sozusagen für eine gewisse Zeit eine Monopolstellung erarbeiten, die ihm das Verhandeln von Preisen und Lieferbedingungen erleichtert. Innovationsstärke ist somit gerade für Zulieferer hinsichtlich der Zukunftsabsicherung von strategischer Bedeutung. Häufig suchen potente Lieferanten und OEMs nach strategischen Partnerschaften, in denen gemeinsam erarbeitete, langfristige Innovations-Roadmaps die Grundlage für gemeinsame Wachstums-Szenarien bilden.

Auch die Einbindung von Lieferanten in Innovationsprozesse muss kontinuierlich getrieben werden, um langfristig erfolgreich zu sein. Es bedarf eines Managements, um den Austausch zu initiieren und operativ am Leben zu erhalten. Als hilfreich haben sich hier Lieferanten-Roadshows und -Workshops erwiesen, die organisatorisch auf Top-Management-Ebene initiiert und thematisch auf zu erwartende Szenarien ausgerichtet sind. In ihnen definieren beide Seiten die Leitplanken für die gemeinsamen Kreativitätsziele.

Konkreter und auch näher an der Projektintegration sind sogenannte Konzeptworkshops, zu denen in Frage kommende Zulieferer eingeladen werden. Hier wird über die industrielle Umsetzung eines konkreten Innovationsansatzes diskutiert. Für solche Konzeptworkshops bewerben sich in der Regel mehrere Lieferanten im gegenseitigen Wettbewerb.

Gegenseitiges Vertrauen und eine stabile Unternehmenskultur des OEM sind Grundvoraussetzungen, damit alle Lieferanten ihre besten Ideen in diesem Wettbewerb offen legen und ein Technologievorsprung nicht über den OEM gleichgerichtet wird. Nach Festlegung der Leitplanken ist die frühzeitige Einbindung des Lieferanten eine Grundvoraussetzung, um dessen Kompetenzen für die weitere Gestaltung des Fahrzeuges zu nutzen.

11.1.5 Produktinhalte, Lastenhefte, Gesetze

Die Eigenschaften, die in der Phase der Produktplanung definiert worden sind, werden in der nächsten Arbeitsphase in sogenannten Eigenschaftsprofilen hinterlegt. Ausgehend von einer technischen Produktbeschreibung werden diese Profile auf die Ebenen der einzelnen Bauteile heruntergebrochen, so dass funktionale Lastenhefte definiert werden können. Sie bilden die Basis für detaillierte Bauteil-Lastenhefte, deren technische Zielwerte während der Entwicklungsphasen kontinuierlich validiert (überprüft) werden. Wenn beispielsweise – wie beim AUDI TT – der Aspekt »Sportlichkeit« in der Eigenschaftsspinne hohen Stellenwert genießt, fließt er auch in die funktionalen Lastenhefte ein. Die Fahrwerksingenieure bekommen damit das Ziel gesetzt, eine entsprechende Konstruktion zu erarbeiten. Das Gleiche gilt auch für die anderen Entwicklungsbereiche.

Ebenfalls müssen die Vertriebsmärkte definiert werden, wobei die Zulassungskriterien wie die Gesetze und Normen, die in den einzelnen Ländern gelten, zu berücksichtigen sind. Zugleich werden jetzt das Aggregate-Programm für die Länder sowie die gewünschten Serien- und Sonderaustattungen festgelegt. Bei den gesetzlichen Vorgaben ist zwischen Produktgesetzen (Abgasnormen, Crash- und Beleuchtungsvorschriften) und Auflagen zu den Produktionsverfahren zu unterscheiden. Ergänzend zu den Gesetzesvorgaben ist aus Produkthaftungsgründen der sogenannte »state of the art« in den Lastenheften zu berücksichtigen; das heißt, dass alle definierten Anforderungen mindestens dem Stand der Technik entsprechen müssen.

Parallel zu den funktionalen Lastenheften entstehen Projekt-Lastenhefte. In ihnen werden die technischen Produkteigenschaften mit finanziellen Kennzahlen und Targets, Qualitäts- und Service-Anforderungen und Angaben zur terminlichen Zielerreichung zusammengeführt. Die Projektlastenhefte müssen zum Ende der Konzeptphase zur Verfügung stehen; sie geben die Rahmenbedingungen für eine geordnete Serienentwicklung vor.

11.1.6 Konzeptentwicklung

Die Aufgabe der Konzeptentwicklung ist es, das Fahrzeug im Rahmen der vielfältigen Anforderungen zu definieren und die Umsetzbarkeit seines Konzepts nachzuweisen. Die Konzeptdefinition beginnt schon sehr früh, parallel zur Produktplanungsphase. Initiiert durch die Produktidee werden auf der Basis von Analysen und Benchmarks erste Konzeptideen erarbeitet und als Input in die Produktplanung eingesteuert. Nachdem das Fahrzeug im Rahmen der Produktplanung beschrieben wurde und die Wirtschaftlichkeit auf Basis von Unternehmens-Szenarien und Untersuchungen zu den Renditezielen nachgewiesen wurde, wird das Projekt zur weiteren Konzeptdetaillierung freigegeben.

Die Konzeptentwicklung muss ein gesamtheitlicher Prozess sein, an dem alle wertschöpfenden Bereiche aktiv und simultan beteiligt sind. Das Konzeptteam soll sich aus spezialisierten Konzeptingenieuren zusammensetzen und Fachingenieure aus allen Bereichen, die im PEP Verantwortung tragen, einbinden. Diese frühe Integration der für die Serienentwicklung verantwortlichen Bereiche aus der Entwicklung, der Produktion, dem Kundendienst und der Qualitätsabsicherung ist besonders wichtig, da ein gutes Konzept von gelungenen Kompromissen lebt. Sie sind zwar in der Konzeptphase zu erarbeiten, müssen aber später im weiteren Entwicklungsprozess bis hin zur Produktabsicherung und schließlich vor dem Kunden getragen werden.

Im Zeitalter der Derivatisierung von Fahrzeugsegmenten kommt der Konzeption von Plattformen und Baukästen eine immer stärkere Bedeutung zu. Der Grundstein für eine Plattform beziehungsweise einen Baukasten wird in der Phase der Konzeptdefinition gelegt. Dazu muss bekannt sein, welche Ausprägung die zu integrierenden Fahrzeugderivate haben sollen. Wichtige Eckdaten sind die Rädergrößen, die Aggregatestränge und die Grundabmessungen, insbesondere in der Breite und der Höhe. Auch die Dimensionierung des Bordnetzes mit der Vernetzungsarchitektur und seine späteren Ausbaustufen sind in dieser Phase festzulegen.

Die Konzeptdetaillierung startet zeitgleich mit dem Beginn der Designarbeit. Im Fall des AUDI A8 gehörte es zu den wichtigen Prämissen, eine Langversion des Fahrzeuges anbieten zu können. Daraufhin wurden zwei unterschiedliche Radstände festgelegt. Ferner definierte die Konzeptentwicklung wichtige Parameter wie die Kapazität des Tanks und den Einsatz der Luftfederung.

Technikmodell Grundsätzlich stehen die Konzeptentwickler vor der Aufgabe, ein Package zu erarbeiten, das die Realisierung des zuvor beschriebenen Eigenschaftsspektrums zulässt. Früher umfasste das Grundpackage wenig mehr als die wesentlichen Außen- und Innenabmessungen, die den Designern als Vorgabe für ihre Modellentwürfe dienten. Heute jedoch starten die Konzeptentwickler mit einem sogenannten Technikmodell, das – noch unabhängig vom Design – ein virtuelles Gesamtfahrzeug darstellt (▶ Abschn. 4.2).

Es handelt sich um eine Zusammenstellung von Schnitten und Strukturknoten, deren Konstruktionssystematik in Berechnungsprogrammen niedergelegt ist, wie ◘ Abb. 11.8 illustriert. Die Programme beinhalten das methodische Know-how, mit dem die Konstrukteure eine Fahrzeugstruktur auslegen. Gekoppelt an die Karosseriestruktur werden auch die Anbauteile wie Türen und Klappen sowie die Anbauteile des Interieurs dargestellt.

Dieses Technikmodell dient den Designern als Vorgabe für ihre diversen Modellentwürfe. Es ist so aufgebaut, dass es sich den Daten der sich ändernden Designmodelle parametrisch anpasst. Die wesentlichen Konzeptschnitte sind im Technikmodell als Konstruktionsgrundlagen programmiert, so dass Formänderungen aus dem Designprozess unmittelbar zu einer Anpassung der Konstrukti-

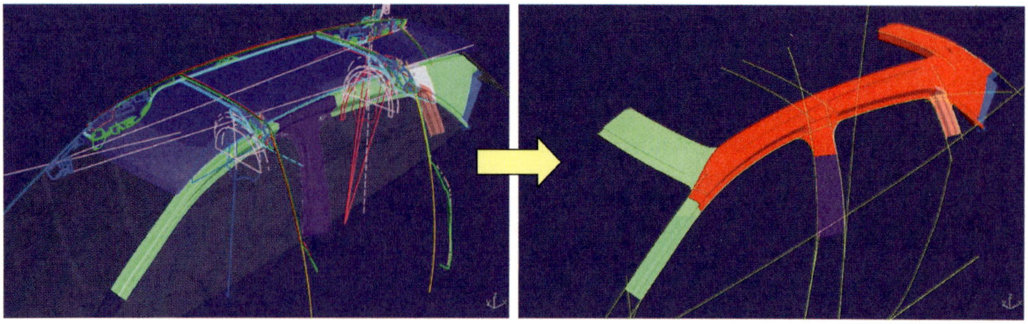

Abb. 11.8 3D-Technikmodell: Schnitte eines Dachrahmens

on führen, die auch die Nachbarbereiche selbsttätig einbezieht. Die Integration von Mindestquerschnitten und der Verbund mit Simulationstools zur Strukturberechnung zeigen auf, wenn eine neue Designlösung durch die Architektur der Konstruktion nicht mehr abgebildet werden kann.

Die Daten des Technikmodells bilden auch die erste Basis für den virtuellen Nachweis der Fahrzeugeigenschaften, die in der Produktplanungsphase definiert worden sind. So lässt sich ständig kontrollieren, ob das Eigenschaftsprofil weiterhin erreicht wird, wenn sich die Designausprägungen ändern, was besonders in der Frühphase des Projekts oft intensiv der Fall ist.

Da das Technikmodell die wesentlichen kostentreibenden Bauteile des Fahrzeugs beinhaltet, kann es auch als Basis für erste Kostenkalkulationen dienen, die dann analog zur weiteren Detaillierung des Modells in ihrer Qualität reifen.

Je nach Detaillierung des Technikmodells ist es im Lauf der Konzeptphase möglich, jene Hardware zu generieren, mit der sich Entscheidungen absichern lassen. So haben zum Beispiel Sitzkisten auch im Zeitalter der virtuellen Entwicklung nach wie vor hohe Bedeutung, um das subjektive Raumgefühl und die Komfortsubstanz des Fahrzeuginnenraums zu überprüfen. Bei allem Grundwissen, das die Konzeptausleger besitzen, gibt ihnen eine Sitzkiste zusätzliche Sicherheit. Hier können sie den Entwurf durch Personen beurteilen lassen, die einen unterschiedlichen Körperbau und unterschiedliche Subjektivität mitbringen, und können ihn im Bedarfsfall noch korrigieren (▶ Abschn. 6.4.1).

Ich persönlich lege zur Absicherung eines Konzeptentwurfs großen Wert auf ein echtes, fahrbares Konzeptfahrzeug, das sich aus den Konstruktionsdaten des Technikmodells ableiten lässt. Als erstes reales Fahrzeug innerhalb des PEP dient es ganz wesentlich der Entscheidungssicherheit und -disziplin. Eine reale Abnahmefahrt gibt den Kompetenz- und Entscheidungsträgern aus allen Unternehmensbereichen Gelegenheit, ihre Kritik zu formulieren oder ihre Akzeptanz zu bestätigen. So stehen sie schon in der Frühphase des Projektes in der direkten Verantwortung für die Konzeptentscheidung.

11.1.7 Produkt Daten Management (PDM)

Wenn die Erarbeitung des Fahrzeugkonzepts beginnt, entstehen projektbezogene Daten, die, zeitlich aufeinander abgestimmt, allen Beteiligten im Projekt zur Verfügung stehen müssen. Im Produktdatenmanagement (PDM) geht es darum, die Verfügbarkeit dieser Daten strukturiert zu sichern. Das Ziel liegt darin, zu jeder Zeit zusammenarbeitsfähige Daten zur Verfügung stellen zu können, und zwar für interne (Geschäftsbereiche des OEM) und externe Nutzer (Lieferanten, Dienstleister).

Die operativen Engineering-Prozesse und Aufgaben werden im PDM durch eine Vielzahl von Methoden (zum Beispiel Konstruktionsmethoden) und Werkzeugen (CAD-, CAE, CAM-Anwendungen) unterstützt. Diese durchgängig rechnergestützten Aufgaben werden unter den Begriffen »digital engineering« beziehungsweise »virtual engineering« zusammengefasst.

Eine wesentliche Basis für das PDM-System ist die sogenannte Produktstruktur, auch Stückliste genannt. In der frühen Phase des PEP beginnt sie zu reifen, sie muss erstellt und kontinuierlich gepflegt werden. Zu Beginn ist sie nach Konstruktionsbelangen aufgebaut; sie bildet zu jedem Zeitpunkt den aktuellen Reifegrad des Fahrzeugs ab. Von der Produktstruktur profitieren Werkzeuge wie das digitale Datenmodell DMU (Digital Mock-up), das regelmäßig aktualisiert wird, und die Prototypen, und zwar sowohl die virtuellen als auch die physischen Prototypen.

Die Produktstruktur ist ein zentrales Werkzeug der Entwicklung. Sie stellt das Kommunikationsmedium mit den anderen Fachbereichen dar und darf nur durch die Entwicklung geändert werden. Die Produktstruktur ist die verbindliche und transparente Sicht auf das Fahrzeug für alle am PEP beteiligten Organisationseinheiten. Zugleich dient sie als Bindeglied beziehungsweise Integrationsmedium zu den anderen Geschäftsbereichen des OEM und zu den Lieferanten und Dienstleistern.

Die Produktstruktur ermöglicht die Filterung und Konfiguration des Fahrzeugprojekts und seiner Inhalte nach den Anforderungen und Informationsbedürfnissen der beteiligten Organisationseinheiten. Die Struktur und ihre Inhalte werden zu definierten Zeitpunkten und Intervallen den beteiligten Geschäftsbereichen, zum Beispiel der Produktionsplanung und Produktion, vorgelegt. Änderungen werden abgeglichen und in entsprechende Planungs- und Produktionsinstrumente überführt.

Im Verlauf des PEP verändert sich die Produktstruktur: Mit der Zeit findet ein Übergang von der Entwicklungsstückliste zur Fertigungsstückliste statt. Die Entwicklungsstückliste enthält die Entwicklungsfreigabe, die Fertigungsstückliste die Produktionsfreigabe im jeweiligen Werk.

11.1.8 Product Lifecycle Management (PLM)

Die Idee des Product Lifecycle Managements (PLM) ist noch relativ jung. Als Lösung zum Management der Daten und Prozesse über den Produktentstehungsprozess hinaus setzt sie sich erst seit einigen Jahren durch. Der PLM-Ansatz stellt das Produkt – als wichtigste Wertschöpfungsquelle des Unternehmens – sowie alle darauf bezogenen Prozesse ins Zentrum aller Betrachtungen.

Im Rahmen der Engineering-Prozesse werden Produkte und deren Realisierung, Herstellung, Nutzung und Verwertung überwiegend von Ingenieuren geplant, konzipiert, definiert, verifiziert und dokumentiert. Die meisten Aktivitäten finden am Anfang des Produktlebens vor dem Realisierungs-/Herstellungsstart statt. Sie enden aber nicht mit dem Tag des Produktionsbeginns (SOP), vielmehr begleiten sie das gesamte Produktleben.

Die wichtigsten Methoden im Product Lifecycle Management sind:

- Methoden zum Datenmanagement (zum Beispiel Suche, Verteilung, Visualisierung, Archivierung von Daten),
- Methoden zum Prozessmanagement (zum Beispiel Strukturierung, Planung und Steuerung von Prozessen),
- Management der Anwendungsintegration (zum Beispiel Schnittstellen zu CAD-, CAE-, CAM-Systemen).

Zusätzlich zu diesen Methoden gehören zum PLM-Kern auch weitere prozessübergreifende Methoden, zum Beispiel das Zugriffsmanagement.

Das Product Lifecycle Management beginnt mit der ersten Produktidee und führt bis zum Ende des Lebenszyklus des Fahrzeugs.

Der schonende Umgang mit Ressourcen wird als eine ganzheitliche Aufgabe gesehen. Die daraus resultierenden Anforderungen werden frühzeitig in den Entwicklungsprozess eingebracht und umgesetzt. Interne Checklisten und Vorgaben wie z. B. Umweltnormen unterstützen alle Beteiligten bei der umweltgerechten Entwicklung der Bauteile, um schon heute den Anforderungen der Zukunft gerecht zu werden.

Dabei gilt es unter Betrachtung des gesamten Produktlebenszyklus, d. h. von der Auswahl umweltgerechter Werkstoffe, der Technologieprozesse und Fertigungsverfahren bis hin zum Recycling und Rückführung in den Materialkreislauf durch effiziente Nutzung nicht erneuerbarer Ressourcen und niedrige Emissionen die Auswirkungen auf die Umwelt zu minimieren.

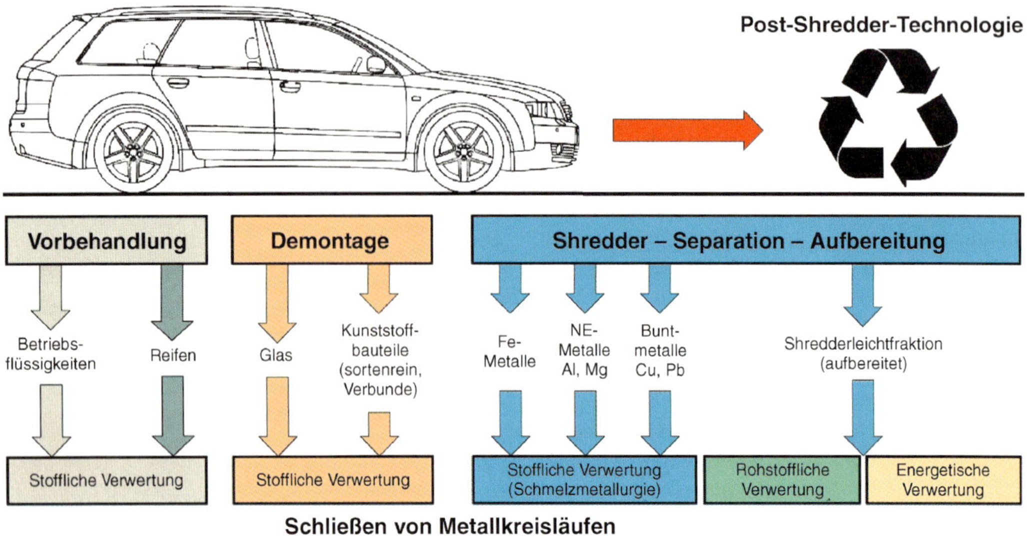

Abb. 11.9 Verwertungsprozess

Da die Gesamtenergiebilanz eines Fahrzeuges durch den Fahrbetrieb dominiert wird, werden verbrauchssenkende Maßnahmen entsprechend der Fahrwiderstandsgleichung wie z. B. der Reduzierung der Fahrzeugmassen durch konsequenten Einsatz von Leichtbauwerkstoffen – höchstfeste Stähle, Aluminium/Magnesium oder Nichteisenmetalle, Kunststoffe – und Wirkungsgradverbesserung der Antriebssysteme umgesetzt und weiterentwickelt. Auch das Fahrzeugrecycling liefert bei der ganzheitlichen Betrachtung einen sehr nützlichen Beitrag. Obwohl das Fahrzeug erst in 20 Jahren oder später in die Verwertung kommt, wird bereits vor Markteinführung das Gesamtfahrzeug auf praxisorientierte Recyclingprozesse hin untersucht (Abb. 11.9), (▶ Abschn. 10.2.5).

Nach der Markteinführung läuft das PLM kontinuierlich weiter. Gesetzliche Vorgaben wie die Substitution von z. B. Cr6 und anderen umweltkritischen Werkstoffen werden im Serienänderungsprozess frühzeitig eingebracht und umgesetzt.

Im Rahmen des PLM werden auf allen Märkten bedarfsgerecht neue Motorisierungen, Karosserie- und Ausstattungsvarianten sowie Optionen eingeführt, mitunter als Reaktion auf veränderte gesetzliche Vorgaben. Auch die Modellpflege, die das Fahrzeug für die zweite Hälfte seines Zyklus am Markt frisch hält, entsteht innerhalb des PLM.

Gleichzeitig fließen Erkenntnisse aus dem PLM natürlich auch in die Planung und Entwicklung der Nachfolgegeneration mit ein. Erfahrungen mit der bisherigen Technologie und mit dem Kaufverhalten der Kunden sind wichtige Grundlagen für die Ausplanung des zukünftigen Angebots. Im Rahmen eines frühen Variantenmanagements können so Varianten vorgehalten werden, die auch zukünftig die Bedürfnisse der Kunden erfüllen und andere Varianten entfallen, die diesen voraussichtlich nicht mehr entsprechen. Von zentraler Bedeutung für diesen Prozess sind ebenso sich abzeichnende Trends, die die OEMs mit Hilfe des Marktforschungsinstruments der Kunden-Klinik analysieren.

Hierfür kann es durchaus sinnvoll sein, die Reaktion potenzieller Kunden an einem physischen Modell zu testen bis hin zur Vorstellung eines Showcars, mit dem Elemente der nächsten Fahrzeuggenerationen einer breiten Öffentlichkeit zugänglich gemacht werden. Der OEM wertet die Reaktionen auf solche Studien sorgfältig aus und lässt sie gegebenenfalls in den späteren Entwicklungsprozess des Serienmodells einfließen. Bevor die Entscheidung über den Bau einer Variante fällt, werden allerdings alle wesentlichen Parameter wie Kosten und Absatzvolumina in einem Business Case dargestellt.

11.1.9 Serienentwicklung

11.1.9.1 Strak

Mit der Konzeptentscheidung und der Designfestlegung beginnt die Erarbeitung des sogenannten Serien-Straks. Der Begriff Strak, der ursprünglich aus dem Schiffsbau stammt, meint eine mathematische Beschreibung der Designflächen sowie die Detailkonstruktion und Auslegung der Karosseriefügungen und der Anbauteile. Für Exterieur- wie Interieur-Oberflächen werden Konstruktionsdaten mit Visualisierungsdaten vernetzt. Bei AUDI werden in jedem Entwicklungsprojekt zwischen 600 und 800 Oberflächen-Bauteile »gestrakt«.

Ab dem Meilenstein Designfestlegung gilt es, das Modell möglichst ohne Entwicklungsschleifen und Verzögerungen zum Serienanlauf zu bringen, denn ab diesem Zeitpunkt altert das Design. Weitere Designschleifen verursachen zudem Terminprobleme und erhebliche Kosten. Deshalb gehört der Prozess der Strak-Erarbeitung zu den dichtesten Entwicklungsphasen, bezogen auf die Komplexität der Entscheidungen.

11.1.9.2 Datenkontrollprozess

Im PEP ist Datenkontrolle ein weiterer wesentlicher Meilenstein. Seine Verabschiedung bedarf der Unterschrift der wichtigsten Entscheidungsträger. Auf dem Weg zu ihm sind alle physikalischen und ästhetischen Bedingungen einander gegenüber zu stellen, zu bewerten und zu beurteilen. In dieser Phase findet die eigentliche virtuelle Entwicklung des Fahrzeugs statt. Sie umfasst sowohl die Eigenschaftsnachweise der Fahrzeugphysik als auch die Fragen der Herstellbarkeit mit den freigegebenen Anlagen und Betriebsmitteln der Fabriken – die gesamte fahrzeugseitige Kompetenzkette des Unternehmens wird abgefragt.

Auf das Fahrzeug bezogen, geht es in diesem Abschnitt beispielsweise um die Simulation der Aerodynamik und Aero-Akustik, um die Optimierung von Strömungsabrissen zur Vorhersage von Windgeräuschen, um die Simulation von Regen- und Schmutzbeaufschlagung oder um die Membranschwingungen von Außenhautflächen. Für die spätere Produktion erfolgen unter anderem Methodensimulationen zur Ziehbarkeit der Blechteile, Fließsimulationen von Kunststoffspritzverfahren, Simulationen von Fügeprozessen in der Karosseriebaufertigung und die Lackier-Simulation.

Eine wesentliche Voraussetzung für stabile Entscheidungen sind die Visualisierungstools. Sie beginnen mit einem in Schaum gefrästen Referenzmodell und führen zu virtuellen Projektionstechniken. Welches dieser Tools als Entscheidungsgrundlage Anwendung findet, hängt vom Prozess des OEMs und von der Komplexität der Formensprache ab (▶ Abschn. 11.3).

11.1.9.3 Planungsfreigabe

Nach der Datenkontrolle wird die sogenannte Gussfreigabe erteilt. Die Serienkonstruktion der Außenhaut geht in die Vorbereitung auf den nächsten wichtigen Schritt, die Planungsfreigabe. Zur Planungsfreigabe ist das Fahrzeug einmal komplett durchkonstruiert. An diesem Punkt ist die Auslegung der Pressen und der Werkzeuge definiert, die Ziehbarkeit der Bleche ist nachgewiesen, der Montageablauf ist beschrieben, die Montagezeiten der einzelnen Bauteile sind definiert und als Target an den Konstrukteur weitergegeben. Der komplette Fertigungsablauf ist im Rahmen von Simulationen durchgeplant (digitale Fabrik), der Prozess der Fertigungsplanung damit abgeschlossen.

Die Fertigungsplanung bildet das Bindeglied zwischen Produktentwicklung und -fertigung. Bereits in der frühen Phase der Produktentwicklung werden konkrete Fertigungskonzepte ausgearbeitet, die aus vorher festgelegten Modell-übergreifenden Standards ausgewählt werden. Hierbei spielen die eingesetzten Füge- und Verbindungstechniken sowie die Aufbaureihenfolgen des Fahrzeugs entscheidende Rollen.

In diese Planungsphase fließen Prozessinnovationen ein, die neue Funktionalitäten ermöglichen und für eine noch wirtschaftlichere Fertigung sorgen. Schon am Design-Modell wird die technische Umsetzbarkeit einzelner Konstruktionsvarianten geprüft. Dieser Prozess stellt sicher, dass notwendige Produktänderungen zu einem Zeitpunkt der Entwicklung erfolgen, zu dem sie noch möglichst kostenneutral umgesetzt werden können.

In der frühen Phase kommt der Reduzierung von Varianz und Komplexität im Produkt eine Hauptrolle zu, während in der Umsetzungsphase der Schwerpunkt auf einer fertigungsgerechten Konstruktion von Modulen und Bauteilen liegt. Tools wie die FMEA (Failure Mode and Effects Analysis, eine analytische Methode, um Schwachstellen zu finden) und die Toleranzkette-Analyse versetzen die Fertigungsplaner in die Lage, die konstruktive Ausprägung qualitativ zu beurteilen. Über die komplette Planungszeit hinweg kommen virtuelle Planungstechniken zum Einsatz, um unterschiedliche Fertigungsszenarien zu simulieren und damit die optimale Prozessgestaltung sicherzustellen.

In der Phase der Umsetzungsplanung werden die Prozesse in den Bereichen Presswerk, Karosseriebau, Lackiererei und Montage inklusive der zugehörigen Logistik im Detail geplant. Hierzu zählt auch die Gestaltung der Betriebsmittel und Fertigungseinrichtungen. Die Herstellung der Betriebsmittel übernehmen in der Regel sowohl externe als auch interne Lieferanten, wobei die Fertigungsplanung die Projektarbeit koordiniert und die Sicherstellung des Anlaufs gewährleisten muss. Ihr obliegt ferner die Verantwortung für die anfallenden Investitionen. Im Mittelpunkt ihrer Aktivitäten steht eine wirtschaftliche Fertigung mit möglichst geringen laufenden Kosten.

11.1.9.4 Virtuelle Entwicklung

Mit dem Planungsfreigabestand hat das Fahrzeug eine erste Entwicklungsschleife durchlaufen, jetzt ist seine Baubarkeit unter Berücksichtigung der fertigungstechnischen Einrichtungen sichergestellt. Der Status des Eigenschaftsspektrums wird zu diesem Zeitpunkt rein virtuell abgeleitet – mit Ausnahme des singulären Konzeptfahrzeugs und von Design-Modellen sowie Sitzkisten. Geeignete Werkzeuge hierfür sind DMUs (Digital mock-up) und sogenannte Virtuelle Prototypen. Im DMU lassen sich Kriterien wie die Baubarkeit, die Freigängigkeit der Aggregate sowie die Montageabläufe in der Fabrik und später in der Werkstatt darstellen.

Der Begriff Virtueller Prototyp meint eine mathematische Beschreibung des Konstruktionsstandes und eine mathematische Beschreibung der Fahrzeugeigenschaften. Der Konstruktionsstand bezieht sich auf die Oberflächen – innen und außen –, auf alle zu konstruierenden Bauteile sowie

Abb. 11.10 Die »Cave«: Hier kann sich der Ingenieur im virtuellen Raum bewegen

auf die Überprüfung der Positionierung und Bewegungsfreiräume im Fahrzeug. Die Beschreibung der Fahrzeugeigenschaften umfasst alle Eigenschaften, die sich simulieren lassen. Zwischen den Herstellern kann sich die Matrix der operativen Simulationsverfahren, bedingt durch Kompetenz und Verfügbarkeit der Tools, stark unterscheiden.

Im Volkswagen-Konzern sind im PEP inzwischen mehrere hundert Simulationsverfahren im operativen Einsatz, beginnend mit der Struktur- und Crashberechnung über Gesamtfahrzeug-Schwingungen, Aerodynamik, Akustik, elektromagnetische Verträglichkeit, Klima- und Sitzkomfort bis hin zur fahrdynamischen Abstimmung des Fahrwerks (▶ Abschn. 11.3). Der Begriff »operativer Einsatz« bedeutet, dass diese Verfahren als Entwicklungsinstrumente der spezifischen Eigenschaften genutzt werden, teilweise als Ersatz für Hardware-Methoden und teilweise in Ergänzung zu diesen. In der sogenannten »Cave« beispielsweise (Abb. 11.10) bewegt sich ein Ingenieur mit 3D-Brille und virtueller Hand in einer vom Rechner erstellten Karosserie.

Der Vorteil der Simulationen liegt auf der Hand: Was auf virtueller Ebene konstruiert, zerstört, geprüft, verändert und dargestellt werden kann, muss später von der Hardware nur noch bestätigt werden. Bei einer Crash-Analyse kann der Computer bis zu zweieinhalb Millionen Elemente berechnen und dabei den Ablauf in kleinste Zeiteinheiten bis 250 ms zerlegen (siehe ▶ Abschn. 11.3). Die Abläufe im Rechner lieferten Aufschlüsse über die Belastung der Passagiere, die den späteren Resultaten im Versuch bereits sehr nahe kamen.

Mit jedem Projekt kommen neue Verfahren hinzu. In ihrer Einführungsphase werden sie parallel zur Hardware-Erprobung eingesetzt. Wenn der Nachweis gelingt, dass sie entscheidungsstabile Erkenntnisse generieren, können sie die Hardware-Methode ersetzen. Diese Vorgehensweise spart Kosten für die Hardware und insbesondere Zeit und erlaubt es, den Optimierungsprozess mit höherer Qualität zu betreiben. Allerdings entstehen in der Installationsphase einer neuen Methode auch höhere Kosten, da virtuelle und Hardware-Erprobung nebeneinander laufen.

Die virtuellen Methoden erlauben es heute, mit nur einer Prototypen-Baustufe auszukommen; bei AUDI basiert sie auf der Planungsfreigabe. Die Hardware-Prototypen erlauben es, die virtuellen Eigenschaften gegen die Hardware-Eigenschaften abzugleichen und die Simulationsmodelle fein zu trimmen. So können die weiteren Optimierungen auf Basis der virtuellen Verfahren weiterbetrieben werden. Die endgültige Absicherung und Dokumentation der Eigenschaften – die auch gegenüber dem Gesetzgeber Hardware-bezogen ausgelegt sein muss – erfolgt dann mit den Vorserienfahrzeugen, die schon mit serienfallenden Bauteilen aufgebaut werden.

Eine solche Vorgehensweise bedarf einer exakten Festlegung der virtuellen Methoden zu Beginn der Serienentwicklung, so dass der Erprobungsprozess entsprechend geplant werden kann. Stets entscheidet der für eine Eigenschaft verantwortliche Entwickler zu Beginn eines Projektes, ob er für seine Beschaffungs-Freigabe noch eine Hardware-Baustufe benötigt oder ob das virtuelle Verfahren genügt. Die virtuellen Methoden kommen auch nach der erteilten Freigabe zum Einsatz und werden weiter gepflegt.

Sollten Bauteile später ein unerwartetes Verhalten zeigen, so steht im Absicherungsprozess ein analysefähiges Werkzeug zur Verfügung.

11.1.9.5 Fahrzeugerprobung

Die Hardware-Prototypen dienen auch zu vielfältigen Versuchen (▶ Abschn. 11.4). In das Elektronik-Center von Audi ist eine sogenannte Absorberhalle integriert, in der die elektromagnetische Verträglichkeit des Fahrzeugs ermittelt wird, also die Unempfindlichkeit gegenüber Störungen aus der Umwelt und die Störungen, die das Fahrzeug etwa mit der Audio- und der Telefonanlage selbst aussendet. Die sogenannte EMV-Halle ist metallisch abgeschirmt und im Inneren mit pyramidenförmigen Absorbern ausgekleidet, die Reflexionen der Funkwellen vermindern. Große Antennen schicken elektromagnetische Felder im Frequenzbereich von 1 MHz bis 3 GHz auf die Fahrzeuge (◘ Abb. 11.11 und ◘ Abb. 11.12).

Auch beim Windkanal (◘ Abb. 11.13) handelt es sich um eine Anlage auf dem jüngsten Stand der Technik. Eine Turbine mit vier Metern Durchmesser und 2,6 MW Antriebsleistung beschleunigt die Luft auf bis zu 250 km/h. Für spezielle Untersuchungen der Kühlluftströmung stehen Thermo-Windkanäle zur Verfügung. Hier lässt sich der bis zu 240 km/h schnelle Luftstrom auf maximal 50 °C aufheizen. Auch der Boden der Messstrecke ist beheizbar, um warme Straßenoberflächen abbilden zu können.

Auch wenn der Anteil der Hardware-Erprobung mehr und mehr durch virtuelle Methoden und Prüfstände ersetzt wird, stellt die physische Erprobung nach wie vor das Salz in der Suppe der Fahrzeugentwicklung dar. Dies gilt insbesondere für die Fahrerprobung, für die im Falle des Audi A8 mehrere Millionen Testkilometer absolviert wurden. Die ersten Prototypen werden von einem Team aus Entwicklern und Fertigungstechnikern aufgebaut. Sie nutzen diesen Arbeitsschritt, um Entwicklungsprobleme zu identifizieren und Montageprozesse abzusichern. Das Duplizieren der Prototypen erfolgt dann durch die Vorserienteams, die daraus Erkenntnisse zur Prozessoptimierung ziehen.

Die Erprobung hat den Nachweis der Eigenschaften zum Ziel, orientiert an den vielfältigen Einsatzbedingungen des Fahrzeugs auf seinen unterschiedlichen Zielmärkten. Kernerprobungen sind die Winter- und Sommerfahrten, bei denen die Eigenschaften unter klimatischen Extrembedingungen überprüft werden, am Polarkreis bei Temperaturen bis −40 °C.

Bestimmte Materialien wie Kunststoffe, Gummi und Öle, aber auch elektronische Komponenten verhalten sich bei extremer Wärme und Kälte

Abb. 11.11 EMV-Labor: In der Halle werden die Prototypen starken elektromagnetischen Feldern ausgesetzt

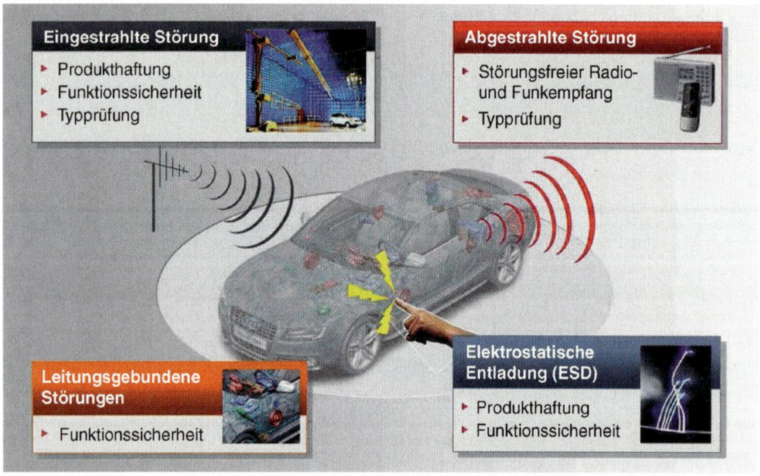

Abb. 11.12 EMV-Analyse: Die Versuche klären sowohl die Einstrahlung ins Fahrzeug als auch die Abstrahlung aus ihm heraus

sehr unterschiedlich. Aus Komplexitätsgründen und auch aufgrund des nicht planbaren Einsatzspektrums durch den Kunden können sie nicht in vollem Umfang maßgeschneidert werden. Weitere klimabedingte Erprobungen sind Regenfahrten und Staub-Tests. Sie sind einer virtuellen Berechnung nicht in vollem Umfang zugänglich, werden aber auf der Basis von Laborversuchen bereits vorerprobt.

Alle Festigkeitserprobungen laufen inzwischen auf speziellen Prüfständen. Trotzdem werden die Prototypen in harten Dauerläufen überprüft, um das Zusammenspiel der vielen Komponenten und Eigenschaften im Gesamt-Fahrzeug abzusichern.

Abb. 11.13 Windkanal: Prototypen und Vorserienexemplare des AUDI A8 verbrachten hier über 1000 Stunden

Es ist sehr komplex und lässt sich über den Fahrversuch nach wie vor am besten und kostengünstigsten erproben.

11.1.9.6 Änderungsmanagement und Launch-Freigabe

Obwohl das Prinzip der möglichst frühen Prozessorganisation bei allen OEMs immer größere Bedeutung gewinnt, lassen sich späte Änderungen nicht vermeiden. Sie resultieren ebenso aus den Resultaten der Erprobungen als auch aus Erkenntnissen, die auf dem Gebiet der Fertigung gewonnen werden. Alle Änderungen fließen letztendlich in eine finale Überarbeitung des Fahrzeugs ein, die hinsichtlich des Umfangs sehr effizient gemanagt werden muss.

In dieser Phase zählt Geschwindigkeit, denn die Bauteile befinden sich bereits in der Werkzeugerstellung. Zugleich sind Änderungen zu diesem Zeitpunkt kostenintensiv und müssen hinsichtlich ihrer Notwendigkeit gründlich durchleuchtet und bewertet werden, bevor die Entscheidung erfolgt. Grundsätzlich gilt: Je später eine Änderung erfolgt, desto teurer wird sie. Bei allen wünschenswerten Änderungen findet deshalb ein detaillierter Abgleich von Aufwand und Nutzen statt.

Das Änderungs-Management verfolgt und steuert die notwendigen Änderungen mit Abschluss der Lieferanten-Vergaben und stellt sicher, dass die Werkzeugerstellung beim Lieferanten durchgängig verfolgt werden kann.

Etwa ein Jahr vor dem Start of Production (SOP) wird eine sogenannte Launch-Freigabe ausgesprochen. Diese Freigabe hat den Herstellungsstart der Vorserienfahrzeuge im Focus und muss sicherstellen, dass die dafür benötigten serienfallenden Bauteile verfügbar sind. Auf Basis der Launch-Freigabe beginnen die Aktivitäten zur Vermarktung des Fahrzeuges.

11.1.9.7 Meisterbock

Vorbereitend zum Aufbau der Vorserienfahrzeuge wird die Passgenauigkeit der Bauteile an sogenannten Meisterböcken analysiert und optimiert; dies sind Leiterrahmen aus Aluminium, auf denen die Komponenten montiert, vermessen und bewertet werden. Bei der Struktur- und Außenhaut ist ein Außen-Meisterbock im Einsatz, bei der Innenausstattung ein Innen-Meisterbock. Für den Einbau der Aggregate und der Unterboden-Mechanik (Abgasanlage, Tank, Leitungen und Ähnliches) werden Unterboden-Böcke genutzt. Die Meisterböcke sind ein wichtiges Optimierungs-Werkzeug für die Prozessstabilität in der Fertigung. Sie garantieren die Vermeidung von Nacharbeit und eine hohe Anmutungsqualität der Passungen.

11.1.9.8 Breitenabsicherung

Die Vorserienfahrzeuge werden zum einen zum Einrichten der Fertigungsanlagen genutzt, sind zum anderen aber auch unerlässlich, um die Dokumentationsversuche für die Zulassung durchführen zu können. Darüber hinaus dienen sie dazu, um auf der Basis von einzelnen Baulosen aus den Serienwerkzeugen eventuelle Abweichungen der Serienteile zu den Prototypenteilen zu identifizieren. Baulose können sich durch Toleranzen unterscheiden – auch solche Phänomene lassen durch eine intensive Erprobung aufhellen. Diese Erprobung geschieht durch kundennahe Fahrer, die die Fahrzeuge nach einem Profil bewegen, das dem Kunden-Einsatz stark ähnelt.

Wenn Optimierungen an den Werkzeugen notwendig werden, dann veranlassen Task Forces sie bei den Lieferanten. Sie operieren im Rahmen eines Production Readiness Managements mit kürzesten Entscheidungswegen. In dieser Phase konzentriert sich die gesamte Analysekompetenz des Unternehmens auf die Eventualitäten des Anlaufes. Identifizierte Probleme werden als Erfolge betrachtet, denn es wäre viel schlimmer, wenn sie erst beim Kunden auftreten würden.

11.1.10 Serienbetreuung

Nach dem SOP ist die Arbeit keineswegs beendet. Im Rahmen des Product Lifecycle Managements (PLM) betreuen die Ingenieure das Fahrzeug in der laufenden Serie weiter. Im Mittelpunkt dabei steht der Kunde mit seinen sich ändernden Wünschen – sie können neue Motorvarianten ebenso betreffen wie modifizierte Ausstattungen oder neue verfügbare Lösungen, insbesondere im schnell wachsenden Bereich der Kommunikations- und Unterhaltungselektronik und der Assistenzsysteme. Über den Lifecycyle des Produkts hinweg ist auch damit zu rechnen, dass sich auf den jeweiligen Märkten die gesetzlichen Regelungen – wie Abgas- oder Zulassungsvorschriften – ändern können. Der OEM muss auf all diese Einflüsse schnell und flexibel reagieren können.

Im Rahmen des PLM fließen Verbesserungen in der Qualität ebenso in die Produktion ein wie Optimierungen bei den Produktionskosten und bei den Abläufen der Fertigung. Allerdings sind in der laufenden Serie, wenn die Fertigungsplanung bereits abgeschlossen ist, erheblich geringere Änderungen zu erwarten als bei einer Neuentwicklung.

11.1.11 Ausblick

In einem Ausblick auf die nächsten Jahre lassen sich mehrere wichtige Linien identifizieren, an denen entlang die weitere Entwicklung aller Voraussicht nach verlaufen wird. Die Entwicklungszeiten dürften sich weiter verkürzen, weil »time to market« einen wesentlichen Wettbewerbsvorteil darstellt und immer mehr virtuelle Tools zum Einsatz kommen werden. In diesem Zusammenhang sei darauf hingewiesen, dass die Entwicklungszeit noch vor wenigen Jahren üblicherweise bei 36 Monaten lag, und das bei viel geringerer Komplexität der Fahrzeuge.

Auch die möglichst frühzeitige Organisation der Prozesse, die eine exakte Steuerung gewährleistet, dürfte noch erheblich an Bedeutung gewinnen. Ein weiteres großes Ziel, auf das alle OEMs hinarbeiten, ist eine zusätzliche Verkürzung der Fertigungszeiten in der Serie. Sie lässt sich erreichen, indem die Beteiligten im PEP die Aspekte des Serienbaus von vornherein noch stärker berücksichtigen. Auch die konsequente Targetierung der Montagezeiten für die einzelnen Bauteile wird stark zur weiteren Straffung beitragen.

Das Produktdatenmanagement (PDM), das die Verfügbarkeit aller Daten für alle Beteiligten strukturiert sicherstellt, hat als zentrales Tool im Entwicklungsprozess eine hohe Bedeutung gewonnen. Gleiches gilt für das Product Lifecycle Management (PLM), in dem das Datenmanagement, das Prozessmanagement und die Anwendungsintegration über den gesamten Lebenszyklus des Fahrzeugs inklusive des nötigen Änderungsmanagements zusammengefasst werden.

All diese verfeinerten Werkzeuge und Methoden werden die OEMs in die Lage versetzen, ihre Produkte noch genauer auf die Kundenwünsche zuzuschneiden, die auf den jeweiligen Märkten existieren. Die Matrix der Vernetzung wird noch feiner werden, beginnend von Ausstattungsinhalten über Motorvarianten bis hin zu Karosserieversionen, die speziell für einzelne Märkte aufgelegt werden. Gleichzeitig werden die großen Mehrmarken-Konzerne oder strategische Kooperationspartner ihre modularen Komponenten- und Fahrzeugarchitekturbaukästen noch gezielter nutzen, um für die verschiedenen Marken differenzierte Varianten schnell, effizient und mit hohem Anlaufreifegrad zu entwickeln.

11.2 Fahrzeugkonzeption in der frühen Entwicklungsphase

11.2.1 Einführung

11.2.1.1 Definition

Die Entwicklung eines Fahrzeuges lässt sich unabhängig davon, ob es sich um eine Nachfolgeentwicklung oder um eine neue Produktidee handelt, in zwei Hauptphasen gliedern:

1. die **Konzeptphase** (die frühe Entwicklungsphase) und
2. die **Serienentwicklungsphase**.

Die Konzeptphase beginnt üblicherweise mit einem top-down gesetzten Auftrag zur Realisierung einer **Produktvision** (mit entsprechenden Zieldefinitionen) und endet mit dem **Fahrzeuglastenheft**.

In der Serienentwicklungsphase werden ausgehend von den in der frühen Phase festgelegten Konzepten und Inhalten Spezifikationen für alle Fahrzeugumfänge verbindlich vereinbart und im weiteren Prozess umgesetzt. Der Serienentwicklungsprozess endet mit dem »Job Nr. One« – dem ersten kundenfähigen Fahrzeug aus Serienproduktionsanlagen.

11.2.1.2 Zielsetzung der frühen Entwicklungsphase

Diese Phase ist hauptsächlich dadurch gekennzeichnet, dass ein Lösungsangebot an Konzeptalternativen erarbeitet wird, die den Zielsetzungen der Produktvision und dem damit verbundenen »Business-Case« entsprechen kann. Die Beschreibung von zukünftigen gesellschaftlichen Entwicklungen und Trends [12] sowie der Kundenanforderungen [13], beides in der Regel auch regional spezifisch betrachtet, ist dafür eine wichtige Grundvoraussetzung, damit der Zielraum für ein neues Fahrzeug beschrieben werden kann. Es gilt hierbei einen Abgleich zwischen den funktionalen, den vertrieblichen und den betriebswirtschaftlichen Zielen auf der einen Seite und den realen Lösungsmöglichkeiten auf der anderen Seite zu schaffen. Ergebnis dieses Iterations- und Integrationsprozesses ist ein Konzept- oder in weiterer Detaillierung dann das (Grob-)Lastenheft.

Es wird damit das **Gesamtfahrzeugkonzept** und damit die wichtigsten Hauptmerkmale wie Fahrzeugcharakter, Proportionen, Fahrzeugarchitektur, Hauptmasse, Crashtauglichkeit, Fahrleistungen, Gewicht, Ausstattungsinhalte, Wertanmutung, Innovationen, vor allem aber auch die Herstellkosten maßgeblich determiniert. Das zu diesen Anforderungen passende Antriebsstrangportfolio ist dabei eine wesentliche Eingangsgröße für die Erarbeitung des neuen Fahrzeugkonzepts. Dies wird bei der zukünftig stärkeren Verbreitung von alternativen Antrieben und deren Anforderungen an Packageräume im Fahrzeug besonders deutlich. Verbunden mit dieser Beschreibung wird eine detaillierte Festlegung des Entwicklungsablaufes mit den entsprechenden Reifegradzielen festgelegt.

Spätere Konzeptänderungen (in der Serienentwicklungsphase) sind in der Regel mit hohem technischem Risiko und finanziellem Zusatzaufwand verbunden. Daher ist der Anspruch an die Aussagequalität in dieser frühen Phase in den letzten Jahren enorm gestiegen. Dieser Erkenntnis Rechnung tragend, sind diese Aktivitäten der Konzeptfindung und -evaluierung wie auch die Toolentwicklung für diese Phase heute von besonderer Bedeutung und stellen einen strategischen Erfolgsfaktor dar.

11.2.1.3 Fahrzeugkonzeptinhalte der frühen Phase

Wesentliche Voraussetzung für ein änderungsresistentes und damit stabiles Lastenheft ist die Ausarbeitung von Konzeptalternativen, die hinsichtlich der geforderten Produktziele (z. B. Innenraumgröße, Variabilität, Komfort, Fahrdynamik, Fahrleistung, Verbrauch, Sicherheit, Herstellkosten, …) mit ausreichender Prognosesicherheit bewertbar sein müssen. Häufig werden in bestehenden Marktsegmenten bereits bekannte Grundkonzepte (Limousine, Kombi, etc.) weiterentwickelt. Wenn jedoch die Produktziele so nicht erreichbar sind, wird ein neues Konzept nötig. Dies ist besonders eindrucksvoll bei dem Anspruch an ur-

Abb. 11.14 Smart fortwo

bane Mobilitätsbedürfnisse mit dem Konzept des Smart fortwo gelungen (Abb. 11.14). Hier wurde Mitte der 90er Jahre ein neues Grundkonzept vorgestellt und mit einer neuen Marke erfolgreich in den Markt eingeführt. Dieses neue Marktsegment hat sich als nachhaltiger Trend bestätigt und zahlreiche Hersteller folgen diesem Beispiel. Dies nennt man ein »purpose-design« Konzept. Eine solche Anforderung kann auch aus den bestehenden Antriebstechnologien resultieren, wie z. B. der Sandwichboden der A-/B-Klasse in idealer Weise die Komponenten eines Brennstoffzellenantriebs ermöglicht.

Das Gesamtfahrzeugkonzept wird aus Einzelkonzepten zusammengesetzt, die sich entweder durch direkte Übernahme von vorhandenen Komponenten oder durch Modifikation erprobter Standardkonzepte als zielführende Lösung anbieten. Ergänzt werden diese Basiskonzepte durch Technologien, Innovationen und neuartige Lösungsansätze, die den zum Markteinführungstermin geltenden gesetzlichen Anforderungen Rechnung tragen und den neuesten Stand, bzw. die Attraktivität des Produktes sicherstellen sollten. Um die Risiken bei Neukonzepten beherrschen zu können, werden diese meist in den Innovationsstrategien (der Fahrzeughersteller und Systemlieferanten) verankert und können somit im Vorfeld außerhalb des kritischen Pfades eines Fahrzeugprojektes abgesichert werden.

Darüber hinaus müssen vom sogenannten Leadfahrzeug gegebenenfalls noch Aufbauvarianten abgeleitet und abgesichert werden.

Dabei wird das Fahrzeugkonzept schrittweise konkretisiert und so zu einem **Groblayout** verdichtet, das alle erforderlichen Komponenten in ihrer räumlichen Ausdehnung und Anordnung erfasst werden und gleichzeitig die funktionalen Anforderungen bzgl. der systemischen Verknüpfungen und auch der notwendigen Freiräume erfüllt werden.

Diese erste dreidimensionale Beschreibung des Fahrzeugs erlaubt nun einen ersten Abgleich mit den wesentlichen geometrischen, physikalischen und auch funktionalen Zielgrößen. Darüber hinaus dient diese Datensammlung als Basis für eine erste **Produktbeschreibung**, die wiederum die Grundlage einer ersten wirtschaftlichen Bewertung liefert.

Die Gestaltung des Exterieurs beschränkt sich in dieser frühen Phase auf Proportionsstudien und Ideenskizzen, da die endgültige Festlegung der Form (Design-Freeze) so spät wie möglich erfolgen sollte. Für die Interieurgestaltung gilt sinngemäß dieselbe Logik. Hier sollten frühzeitig die Fahrerpositionen (inkl. Verstellfelder), die wichtigsten Innenraummaße und das Bedien- und Anzeigenkonzept festgelegt werden. Da die Anmutungsqualität im Interieur einen wichtigen Kostenaspekt abbildet, sollte das Material- und Oberflächenkonzept ebenfalls in der frühen Konzeptphase definiert werden. Die eigentliche Formfestlegung des Interieurs erfolgt dann aber aus Gründen der Marktnähe so spät wie möglich.

11.2.2 Vorgehensweise

11.2.2.1 Prozess

Das Entwicklungsteam nähert sich dem gesetzten Ziel, das zu diesem frühen Zeitpunkt nur in Form einer grob beschriebenen Produktvision vorliegt, wie eingangs erwähnt, durch einen iterativen Optimierungsprozess. Dieser Prozess der Konzeptsynthese ist gekennzeichnet durch die vergleichende Bewertung von konkurrierenden Konzeptvarianten auf Teilsystemebene und deren konstruktive Integration und Adaption in das Fahrzeuggesamtkonzept.

Die Bewertung dieser Konzeptalternativen erfolgt nach technischen, funktionalen und wirtschaftlichen Kriterien unter dem Einsatz effizienter Methoden und Tools.

11.2.2.2 Digitaler Prototyp

Der digitale Prototyp bündelt alle CAE-Berechnungsdisziplinen, um die Funktionen eines Fahrzeugs schon sehr früh im Entwicklungsprozess in einer virtuellen Abbildung darzustellen, zu testen und zu verbessern.

Wesentliche Fahrzeugfunktionen sind z. B.:

- Fahrleistung, Verbrauch, Schadstoffemissionen
- Struktursteifigkeit
- Schwingungen/Vibrationen/Geräusche
- Betriebsfestigkeit/Lebensdauer
- aktive Sicherheit (Fahrdynamik, Assistenzsysteme)
- passive Sicherheit (Crashtauglichkeit, Insassenschutz/Rückhaltesysteme, Fußgängerschutz)
- Strömungen (Aerodynamik/Aggregate-Kühlung/Klimatisierung, Energiemanagement [14])

Sofern es sich um einfachere Berechnungsprobleme handelt, wie es z. B. bei Fahrleistung- und Verbrauchsprognosen der Fall ist, können diese mit PCs oder Workstations erledigt werden.

Komplexe, 3-dimensionale Gesamtfahrzeugsimulationen benötigen hingegen eine größere Rechenleistung, die über Workstations oder Berechnungscluster zur Verfügung gestellt werden. Das sind Hochleistungsrechner oder neuerdings Cluster einzelner Rechnereinheiten, die mit einer hohen Anzahl von Prozessoren und Speicher ausgestattet sind.

Der Rechnerbedarf richtet sich nach der Berechnungsdauer einer jeweiligen Problemstellung.

Ziel ist es, die komplexen Simulationen »über Nacht« zu rechnen, damit das Ergebnis schon am nächsten Arbeitstag für eine Analyse bereitsteht.

Die rasante Entwicklung der Rechnertechnik ermöglicht heute Probleme mit Modellgrößen von mehreren Millionen Finiten-Elementen (FE) zu simulieren. Die Modellgenauigkeit hat sich in den letzten 15 Jahren um den Faktor 100 erhöht, so dass Modellstände Datenmengen von mehreren Tausend Gigabytes umfassen (◘ Abb. 11.15).

Um den Entwicklungsstand erlebbar zu machen, stehen den Ingenieuren neben den Berechnungsmethoden zusätzlich moderne Simulatortechniken zur Verfügung, die mit Virtual Reality-Methoden virtuelle Probefahrten ermöglichen, noch bevor reale Prototypen aufgebaut sind. Ergonomieuntersuchungen können mittels modernen Simula-

◘ **Abb. 11.15** Digitaler Prototyp

tionstools (z. B. RAMSIS [15]) zunächst virtuell bewertet werden. Diese Tools berücksichtigen dabei nicht nur geometrische Aspekte sondern können auch Kraftbedarfsniveaus und damit »Bequemlichkeitsindizes« für Einstiegs- oder Bedienaufgaben bewertbar machen. Falls nötig können mit Ergonomieprüfständen Maßkonzepte von Fahrzeugtypen sehr schnell dargestellt und variiert werden. Testfahrer nehmen darin Platz und absolvieren vorgegebene Fahraufgaben. Ergonomen und Psychologen beobachten die Probanden, um den Sitz- und Sichtkomfort sowie den Umgang mit Bedien- und Anzeigesystemen bewerten zu können. Die VR-Technik animiert in Echtzeit die aktuelle Fahrzeugumgebung mit Straßen-, Städte- und Landschaftsbildern. Ein Fahrdynamikmodell stellt die physikalische Grundlage für die Fahrzeugbewegung, welches interaktiv in Echtzeit die Steuerungsparameter von Lenkung, Pedalerie und Gangschaltung verarbeitet und an die Bildprojektion übermittelt. Dies kann man dann als 3D-Information bewerten, z. B. in einer Cave, einem Raum, in dem um den Betrachter herum bis zu 5 Projektionsflächen das Eintauchen in die virtuelle Welt des Fahrzeugs ermöglichen [16].

Des Weiteren gibt es Fahrsimulatoren, die die Bewegung eines Fahrzeugs während einer Probefahrt über komplexe Bewegungssysteme nachstellen. (◘ Abb. 11.16). Dabei unterscheidet man im Wesentlichen 2 Bereiche der Fahrzeuganregung.

Der eine Bereich befasst sich mit dem Fahren (Ride) ohne Lenkungseinfluss vom Fahrer. Das Fahrzeug wird in diesem Fall hauptsächlich durch die Beschaffenheit der Fahrbahnoberflächen angeregt. Der Frequenzbereich liegt bei ca. 0,2 bis 30 Hz.

Der andere Bereich der Fahrzeuganregung wird »Handling« genannt, indem die Effekte der vom Fahrer induzierten Lenkmanöver, wie Spurhalten,

Abb. 11.16 Der neue Daimler Fahrsimulator

Kurvenfahren, analysiert werden. Hier liegt der Frequenzbereich zwischen 0 und 5 Hz.

Der Proband erfährt dabei an seinem Körper Kräfte und Beschleunigungen, wie bei einer realen Probefahrt.

Die Fahrzeugdaten im Zusammenspiel mit den Informationen der Beschaffenheit realer Teststrecken ermöglichen es den Ingenieuren das neue Fahrzeugmodell wirklichkeitsgetreu »fahren« zu können. Dazu legen Experten mehrere tausend Kilometer an Probefahrten auf virtuellen Teststrecken zurück. Mit Hilfe des DPT können so relevante Fahr- und Bremsmanöver im Computer abgespult werden, bevor sicherheitskritische Fahrversuche mit realen Prototypen durchgeführt werden [17, 18].

Diese Vorgehensweise spart Entwicklungszeit, reduziert den Prototypenaufbau und hilft Zielkonflikte bei einer Gesamtkonzeptauslegung zu erkennen und Ideen zur Konfliktbeseitigung frühzeitig zu bewerten.

11.2.2.3 Tools

Der Tooleinsatz in der frühen Phase unterscheidet sich von der Serienentwicklungsphase dadurch, dass die Konstruktion auf Basis vieler Unbekannten im System beginnen muss. Vom Groben zum Feinen vorgehend ist es daher wichtig, auf effiziente Weise Package-, Geometrie- und Rechenmodelle zu kreieren, mit denen entsprechende Eigenschaftsbereiche aller Fahrzeugfunktionen wie z. B. das fahrdynamische Verhalten, Fahrkomfort, Kühlung, Klimatisierung und Bauteiltemperaturen abgesichert werden [19]. Dabei gilt es den in dieser Phase schnellen Änderungszyklen gerecht zu werden. Einfache Handformeln wie beispielsweise der Static Stability Factor (siehe ► Abschn. 11.2.3.1) und auch die geometrische Ableitung zur Ermittlung der Crashenergiebilanz, dienen als Basis zur Erstellung neuer Methoden und der konzeptionellen Grundbewertung. Tools mit parametrischen Funktionen ermöglichen durch die Variation von z. B. wichtigen Haupt- u. Komfortmassen den schnellen Aufbau von alternativen Fahrzeugvarianten [20].

Das Zusammenwirken zwischen Geometrie und Physik stellt die Hauptherausforderung dar. Aktuelle Systeme zur frühen Konzeptbeschreibung und -berechnung, z. B. SFE Concept, bieten die Chance zur schnellen Beschreibung und Bewertung von Konzeptalternativen [21]. Die am vielversprechendsten Konzepte werden dann mittels CAD-Systemen und den Funktionalitäten zur Parametrisierung von Geometriemodellen detailliert aufgebaut. Die Veränderung von einzelnen, wenigen Parameterwerten bewirken eine komplette 3D-Konstruktionsänderung, die automatisch ausgeführt wird. Die geänderte Geometrie wird über Schnittstellen an Vernetzungsprogramme übergeben, die je nach Aufgabenstellung die Vernetzung des Modells automatisch durchführt. Rand- und Zwangsbedingungen zu Krafteinleitung und Lagerung komplettiert das vernetzte Modell zu einem Eingangsdatensatz für eine physikalische CAE-Funktionsanalyse [22].

Die verwendeten Simulationstools werden sowohl in der Konzept- als auch in der Serienentwicklung eingesetzt. Einzige Unterschiede liegen in der Detaillierung der Inputdaten. So werden bei Fahrleistungs- und Verbrauchsanalysen künftige Motorleistungen von existierenden extrapoliert und vorhandene Grobgewichtswerte eingesetzt. Bei der Fahrdynamikbetrachtung werden die Grobschwerpunktwerte und erste Achskinematiken zugrunde gelegt und für die Modelle Analogien (kinematische oder elastokinematische Kennwerte der Achsauslegung) aus anderen Fahrzeugen verwendet. Die jeweiligen Grenzwerte sind konzeptspezifisch und berücksichtigen den Spielraum der zugrunde gelegten Achskonzepte [23].

Steifigkeits-, Festigkeits-, Schwingungs- und Crash-Berechnungen greifen abhängig vom Entwicklungsablauf auf Fahrzeugdaten (Inputdaten) zurück, die viel Erfahrung der Ingenieure bei der Interpretation der Ergebnisse erfordern.

Der physikalische Modellstand eines Fahrzeugs wird digitaler Prototyp DPT genannt, der sukzessive verfeinert und komplettiert wird. Das Ergebnis des digitalen Prototyps ist die funktionale Bewertung aller relevanten Fahrzeugfunktionen unter Verwendung bekannter Randbedingungen und Kennwerte zu einem festgeschriebenen Fahrzeug-Modellstand. Im späteren Verlauf der Fahrzeugentwicklung werden diese sukzessiv durch physische Prototypen ersetzt, um reale Erprobungen (z. B. Fahrversuche, etc.) durchführen zu können.

Moderne Optimierungsverfahren (Topologie-, Wanddickenoptimierung, ...), Sensitivitätsanalysen bis hin zu multidisziplinären Methoden unterstützen und stabilisieren den Konzeptfindungsprozess und tragen zur Erhöhung des Konzeptreifegrads bei.

11.2.3 Beispiele

11.2.3.1 Fahrdynamik

Die Aktive Sicherheit und das fahrdynamische Verhalten werden heute in allen relevanten Fahrsituationen genau analysiert.

Um die wichtigsten Fahrzustände abzudecken, werden in der Fahrzeugentwicklung viele verschiedene Fahrmanöver durchgeführt, um die relevanten Kennwerte und das Fahrverhalten eines Fahrzeugs zu ermittelt.

Während die klassische Fahrverhaltensanalyse sich hauptsächlich auf Messdaten aus Versuchsfahrten abstützt, kann das Fahrverhalten in einer frühen Phase der Fahrzeugentwicklung nur über modellbasierte Ansätze erfolgen.

Einen ersten wichtigen Anhaltspunkt für das fahrdynamische Verhalten liefert der Static Stability Factor (SSF), der die Spurweite w und die Schwerpunkthöhe h ins Verhältnis setzt.

$$\mathrm{SSF} = \frac{w}{2h}$$

und die statische Kippstabilität eines Fahrzeugs beschreibt.

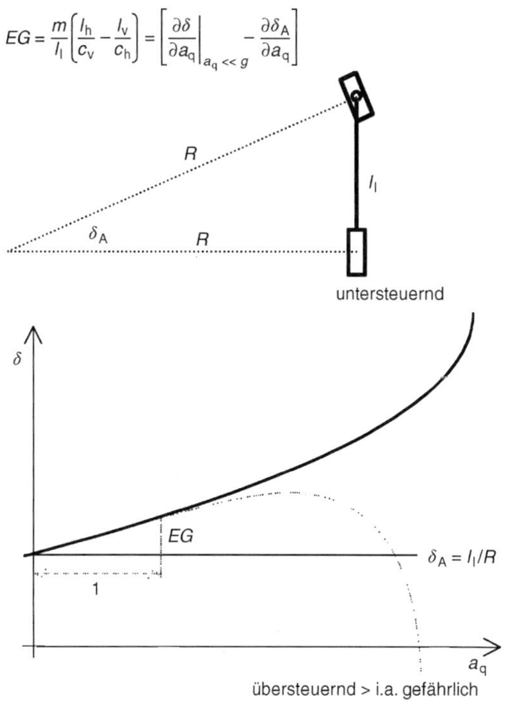

Abb. 11.17 Eigenlenkgradient

Weitere wertvolle Kennwerte für die erste Charakterisierung des Fahrverhaltens hinsichtlich Reifen-, Fahrwerkseigenschaften und Lenkungselastizitäten werden über die stationäre Kreisfahrt auf konstanten Radius gewonnen:

- Eigenlenkgradient
- Achsseitenkraftkennlinien
- Wankwinkelgradient
- Schwimmwinkelgradient

Der Eigenlenkgradient EG beschreibt das Verhältnis der Lenkwinkeländerung zur Änderung der Querbeschleunigung bei zunehmender Fahrtgeschwindigkeit und weist darauf hin, ob das Fahrzeug bei hohen Kurvengeschwindigkeiten eher unter- oder übersteuert [19], (Abb. 11.17).

$$\mathrm{EG} = \frac{m}{l_l}\left(\frac{l_h}{c_v} - \frac{l_v}{c_h}\right) = \left[\frac{\partial\delta}{\partial a_q}\Big|_{a_q \ll g} - \frac{\partial\delta_A}{\partial a_q}\right].$$

Die Simulation weiterer Fahrmanöver kann dann über die Eingabe weiterer Lenkradwinkeln und

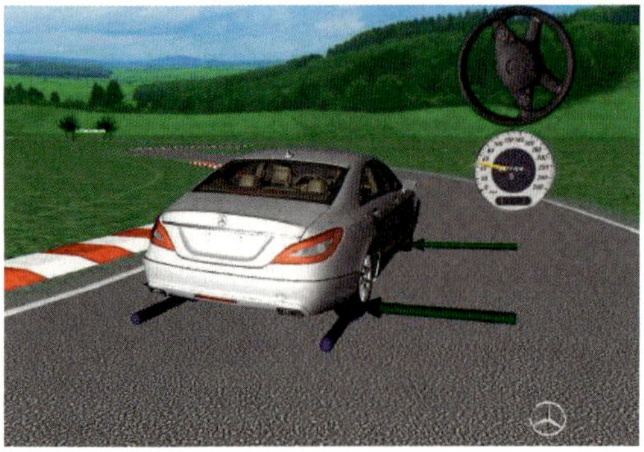

Abb. 11.18 Fahrdynamiksimulation CLS

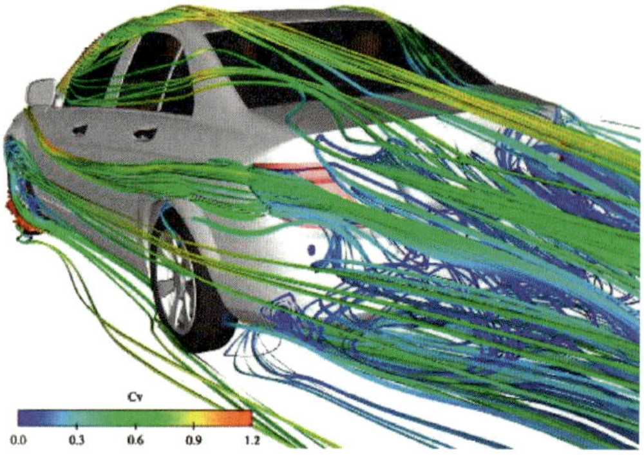

Abb. 11.19 Aerodynamiksimulation Mercedes C-Klasse

Fahrgeschwindigkeiten durchgeführt und ausgewertet werden (Abb. 11.18).

Eine Variantenabsicherung erfolgt, indem neben Standardbeladungszuständen auch kritische Fahrzeugbeladungen (z. B. Dachlast, max. Kofferraumlast, Anhänger) abgeprüft werden. Nur die in der Simulation als kritisch identifizierten Beladungen werden dann im Fahrversuch nochmals gesondert abgeprüft.

Darüber hinaus werden die Chassiskonzepte in Verbindung mit Komfort- und Fahrdynamik-Regelungssystemen in den Modellen abgebildet.

Besondere Bedeutung kommt dabei der Integration der Regelalgorithmen zu. Diese können in Form von Software in die Rechenmodelle integriert werden (Software-in-the-Loop SIL) oder es werden die Steuergeräte direkt angebunden (Steuergeräte-Hardware-in-the-Loop Simulation HIL).

11.2.3.2 Passive Sicherheit – Betriebsfestigkeit

Sobald erste Konstruktionsmodelle von Gesamtfahrzeugen in CAD vorliegen, können automatisiert 3D-Netzmodelle generiert werden, die je nach Berechnungsaufgabe (Insassenschutz, Fußgängerschutz, Crashtauglichkeit, Betriebsfestigkeit) unterschiedliche Detaillierungsgrade aufweisen. Auf Basis der Geometrie, in Form der 3D-Netzmodelle, wird zusammen mit geeigneten Materialmodellen, Rand- bzw. Zwangsbedingungen sowie Belastungen ein numerisches Modell der Gesamtfahrzeugstruktur erzeugt. Mit Hilfe leistungsfähiger Finite-Elemente-Programmen kann der Entwicklungsstand des Fahrzeugs hinsichtlich Crash, Betriebsfestigkeit, Noise/Vibration/Harshness (NVH) etc. bewertet werden. Die enge Kommunikation von Konstruktion und Berechnung ermöglicht eine effektive und kontinuierliche Verbesserung der Fahrzeugstruktur [22, 25, 26].

11.2.3.3 Aerodynamik

Auch hier gilt, sobald 3D-Geometriemodelle vorliegen, können numerische Simulationsverfahren eingesetzt werden, um dem Ingenieur einen Einblick in das Strömungsverhalten und über Optimierungspotenziale zu geben (Abb. 11.19).

Aufgrund der Komplexität der numerischen Verfahren wird die finale Modelloptimierung nach wie vor im Windkanal durchgeführt.

11.2.3.4 Fahrleistung und Verbrauch

Diese lassen sich auf Basis der gewonnenen Konzeptdaten bereits relativ exakt berechnen. Mit zunehmender Reife erhärten sich die Werte für Gewicht, Aerodynamik, Motorkennfeld, Getriebe und Achsübersetzungen und Rollwiderstand [27].

11.2.4 Ausblick

Die außerordentliche Bedeutung der Konzeptphase haben die Bemühungen um die Verbesserung von effizienten Tools und den Einsatz von parametrischen Methoden in den Mittelpunkt der Weiterentwicklung gestellt. Dazu werden vor allem wissensbasierte und parametrische Funktionen in

Konstruktionstools integriert (z. B. Verwendung von Templates in Catia V5 [28] zur Konstruktion und funktionalen Absicherung). Darauf ausgerichtete Datenbankmanagementsysteme (Engineering Data Managementsysteme EDM) bilden das Rückgrat dieser Produktentwicklung. Die verbesserte Integration von CAD und CAE und insbesondere die Verwendung Multidisziplinärer Optimierungs-Verfahren (MDO) [29] ist ein entscheidender Erfolgsfaktor für eine weitere Prozessbeschleunigung in der Zukunft. Dabei werden in Zukunft neben den klassischen Konstrukteursdisziplinen auch Methoden und Tools zur Kostenprognose in der frühen Phase eine zunehmend wichtige Rolle spielen.

11.3 Berechnung und Simulation in der Fahrzeugentwicklung

11.3.1 Einleitung

Neben Faktoren wie Qualität und Innovation entscheidet heute in immer stärker werdendem Maße auch die Zeit von der Idee bis zur Serienreife über den Erfolg eines Produktes. Zusätzlich ist der Automobilmarkt von einer fortschreitenden Kundenorientierung geprägt, die mit einer stark ansteigenden Komplexität einhergeht. Somit müssen immer mehr, komplexere Fahrzeuge in immer kürzerer Zeit entwickelt werden. Um dieser Forderung gerecht zu werden, ist es von entscheidender Bedeutung, dass Zielkonflikte bereits in der frühen Phasen der Entwicklung entdeckt und gelöst werden können.

Vor diesem Hintergrund wächst der Einsatz von computerbasierten Methoden (»Computer Aided Design«, CAD und »-Engineering«, CAE) kontinuierlich. Kunden führen als primären Kaufgrund von Automobilen das Design an, gefolgt von den Eigenschaften des Fahrzeugs. Dies sind insbesondere Wirtschaftlichkeit, Fahrleistungen, Sicherheit, Schwingungskomfort und Akustik. Während die virtuellen Techniken für Designpräsentationen noch am Anfang stehen, da bislang in der Simulationsumgebung die ästhetischen Effekte für die Designbeurteilung nur unzureichend abgebildet werden konnten, haben sich für die Eigenschaftsauslegung mittels CAE-Methoden in den vergangenen Jahrzehnten sehr erfolgreich Berechnungsverfahren entwickelt [32, 75]. Diese werden in ihren Grundzügen anhand von aktuellen Beispielen aus der Fahrzeugentwicklung dargestellt. Ergänzend werden Ausführungen zu eigenschaftsprägenden Bauteil-Herstellprozess-Simulationen, wie Umform- und Gießsimulation gemacht. Wegen der großen Herausforderungen an die Produktinnovation auf Bauteil-, Komponenten- und Systemebene wird der Frage der Optimierung und die dazu eingesetzte Methodik ausführlich diskutiert.

Während sich die Berechnungsmethoden versuchsbegleitend entwickelt haben, steht heute mehr und mehr der funktionale Konzept-Entwurf in den frühen Entwicklungsphasen im Fokus von CAE. Aufgabe dieser Art von Funktionsauslegung ist es zusammen mit Design, Package, Konstruktion und Versuch funktionale Konzepte zu bewerten, Zielkonflikte aufzudecken, alternative Lösungen zu erarbeiten und die Zielerreichbarkeit im Konzept festzustellen. Dabei gilt es die Anforderungen an Bauteile aus dem Verhalten im Gesamtsystem abzuleiten. Aus diesem Grund wird die Einbindung der Simulation in den Entwicklungsprozess zum entscheidenden Faktor. Wegen der phasenabhängig etwas unterschiedlichen Herangehensweise wird einführend der CAE-Prozess im Unternehmensprozess skizziert.

11.3.2 CAE-Prozess und notwendige Infrastruktur in der Produktentstehung

Beim CAE-Einsatz ist es wichtig, dass die Physik in den verwendeten Modellen gut nachgebildet wird, aber auch auf eine hohe Funktionalität und Zuverlässigkeit des CAE-Einsatzes, d. h. auf einen hohen Nutzen und auf eine optimale Einbindung in den phasenabhängigen Entwicklungsprozess ist zu achten. Dementsprechend werden die CAE-Methoden in enger Abstimmung mit dem jeweiligen Projektzeitplan ausgewählt und mit der fortschreitenden Produktdefinition verfeinert. In der sehr frühen Phase erfolgt die Untersuchung und Auswahl der Konzepte anhand von Handformeln. Typische Beispiele sind die Achslastverteilung, die Abschätzung

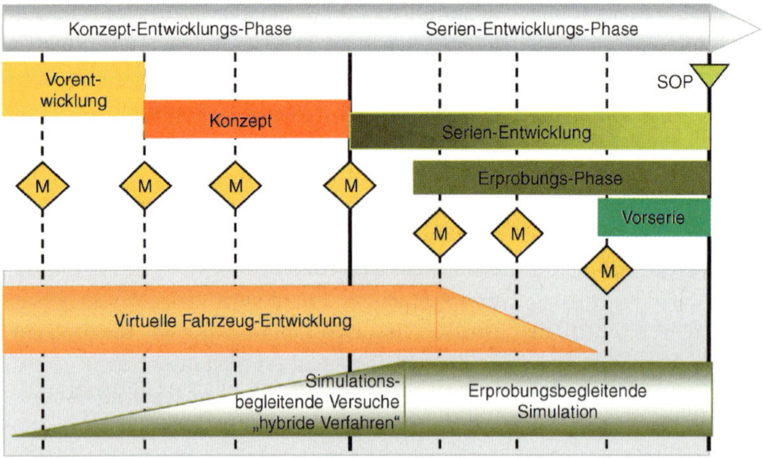

Abb. 11.20 Phasenabhängiger Einsatz der Simulation im Produktentstehungsprozess (PEP) und Meilensteine (M) zur Synchronisation des Entwicklungsprozesses (Design-Reviews)

der Wankneigung oder die Größe der benötigten Kühlernetze. Mit zunehmender Detaillierung werden Rechenmodelle für unterschiedliche Disziplinen aufgebaut.

Die Produktentstehung gliedert sich in zwei Hauptphasen: die virtuelle Phase und die Hardware-Erprobungs-Phase. Beide Phasen beinhalten Meilensteine zu denen wichtige Produktentscheidungen getroffen werden. Die Meilensteine dienen der Synchronisation des Entwicklungsprozesses zwischen den einzelnen Fachbereichen. Der wichtigste Meilenstein der virtuellen Phase ist das Ende der Konzeptphase. Die Ergebnisse der Auslegung zu diesem Meilenstein finden sich später in den physischen Prototypen wieder (Abb. 11.20).

Um die Produktreife möglichst rasch zu steigern und damit die späteren Änderungskosten niedrig zu halten, wird in Auslegungsgesprächen der Reifegrad der Konstruktion kontinuierlich entwickelt. Deshalb ist es sinnvoll, dass zu den frühen Meilensteinen eine synchronisierte Bewertung des Funktionsstands stattfindet und die funktionale Aussage auf die jeweiligen Geometriestände der Konstruktion referenziert wird. Da die »virtuelle Welt« bestimmte Bearbeitungszeiten (ca. 4–6 Wochen) benötigt, müssen vor einem Review-Meilenstein CAD-Stände »eingefroren« und als Basis für das CAE-Modell genutzt werden. Zum Meilenstein wird dann üblicherweise ein geometrischer Reifegrad über den Prozess des DMU (»Digital MockUp«) und ein funktionaler Reifegrad über die Berechnung berichtet. Ein konzernweit vernetztes Datenmanagement ist hierfür unentbehrlich.

11.3.2.1 CAE-Einsatz in den unterschiedlichen Entwicklungsphasen

Konzeptphase In der frühen Konzeptphase werden die geometrischen Details festgelegt, die die wesentlichen Eigenschaftspotenziale des Produkts bestimmen, wie Crashperformance, Verbrauch, Fahrkomfort. Deshalb spielt die Berechnung bei der Auslegung und Optimierung des Package eine besonders wichtige Rolle.

Allerdings tritt in dieser frühen Phase ein Problem zu Tage, dass der klassische Standardprozess der CAE-Auslegung auf Basis von exakten Konstruktionsdaten noch nicht möglich ist. Abhilfe bietet entweder die Nutzung angepasster Vorgängermodelle oder die Erstellung spezifischer Konzeptmodelle mittels parametrischer Konzepttools. Solche Werkzeuge erlauben es das modulare Fahrzeugkonzept durch wenige (Größenordnung 1000) Parameter zu beschreiben (Abb. 11.21). Jeder dieser Parameter kann interaktiv geändert werden. Die geänderte Konstruktion wird automa-

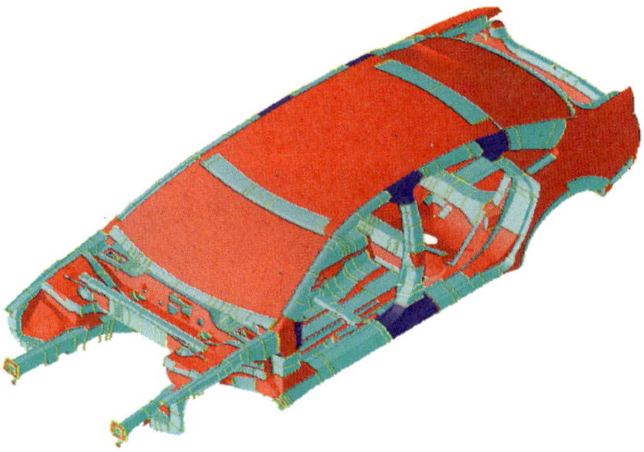

Abb. 11.21 Beispiel eines parametrisierten Karosserie-Modells in der Konzeptphase (Quelle: Audi AG)

tisch in den durch diese Veränderung beeinflussten Nachbarbereichen der Geometrie angepasst. So lässt sich zum Beispiel die komplette B-Säule innerhalb weniger Minuten um 5 cm nach hinten verschieben; ein Prozess der im konventionellen CAD-Ansatz mehrere Tage in Anspruch nehmen würde. Durch integrierte Gittergeneratoren lassen sich Netze für die numerische Simulation erzeugen. Der Nachteil, dass die Modelle nur zu einem bestimmten Grad die Details des geplanten Fahrzeugs wieder geben, wird durch die Geschwindigkeitsvorteile aufgewogen [31, 32, 65]. In späteren Phasen der Entwicklung werden exaktere Karosserie-Modelle erstellt und durch Kopplung mit Fahrwerksmodellen zu einem Gesamtfahrzeug erweitert (s. ▶ Abschn. 11.3.3.2).

Zur Verbesserung der Prognosegüte der Simulation in der Konzeptphase kommen immer häufiger »hybride« Verfahren zum Einsatz. Hierbei werden durch die Berechnung begleitete Komponenten- oder Ersatzversuche durchgeführt mit denen neu zu entwickelnde Konzepte oder Materialien abgesichert werden. Beispiele sind Materialuntersuchungen für Werkstoffe mit hohem Versagensrisiko, Kenngrößen von Defoelementen, Feder- und Dämpferelementen aber auch die Erstellung von Teil-Hardwaremodellen, die experimentell untersucht werden, um die Berechnungsmodelle möglichst früh zu kalibrieren. Dadurch können in erheblichem Umfang Prototypenversuche eingespart und die Erprobungsprozesse verkürzt werden. In einigen Disziplinen, bspw. der Fahrwerksentwicklung werden diverse Umfänge zusätzlich über frühe Technikträger entwickelt und abgesichert.

Serienentwicklung und Erprobungsphase Der klassische CAE-Prozess unterscheidet fünf Phasen: Datenbereitstellung, Vernetzung, Modellaufbau, Berechnung und Auswertung (Post-Processing). Die Datenbereitstellung für die Berechnung ist ein wesentlicher Zeitfaktor. Er wird wesentlich verbessert, wenn eine gute Anbindung an die Bauteil- und Produktstrukturdaten aus der Konstruktion, d. h. dem eingesetzten PDM-System (Produktdatenmanagement) besteht [64]. Bei der Vernetzung für Finite Elemente Rechnungen oder Strömungsberechnungen werden rechenfähige Gitterstrukturen erzeugt. Dieser Vernetzungsprozess lässt sich dadurch verkürzen, dass Systeme in mehrere Teilpakete aufgeteilt und parallel vernetzt werden. Den erzielten hardware- und solverspezifischen Leistungssteigerungen stehen kontinuierlich steigende Modellgrößen der Simulationen gegenüber. Heutzutage umfassen die Modellgrößen für Crashanalysen bis zu 2,5 Mio. Elemente und man rechnet Vorgänge bis zu 250 ms Dauer. Eine typische Seitencrash-Berechnung auf 16 Cores benötigt etwa 12 h. NVH-Modelle sind von ähnlicher Größe und ein typischer Rechenlauf zur Dynamik-Auslegung einer massenausgestatteten Karosserie dauert etwa 2,5 h auf 1 Prozessor. Für CFD benutzt man Modellgrößen bis 60 Mio. Zellen. Ein typischer Rechenlauf dauert etwa 48 h auf 128 Cores.

Beim Aufbau der rechenfähigen Modelle aus den FE (Finite Elemente)-Netzen besteht die Herausforderung darin, möglichst zügig ein Gesamtfahrzeug-Modell aufzubauen, in das im fortschreitenden Entwicklungsprozess nötige Änderungen gut eingearbeitet werden können (◘ Abb. 11.22). Nach der Berechnung ist es wichtig, dass die Modell- und Ergebnisdaten automatisch so in einer Datenverwaltung gespeichert werden, dass nachvollziehbar ist, zu welchen Berechnungsvarianten sie gehören. Hier kann ein Datenmanagementsystem effektiv unterstützen und den Berechnungsingenieuren wieder mehr Zeit für die eigentlichen Entwicklungsaufgaben verschaffen.

Voraussetzung dafür ist es allerdings, dass in den Berechnungsteams Standards für die Auswertung und die Datenorganisation vereinbart sind.

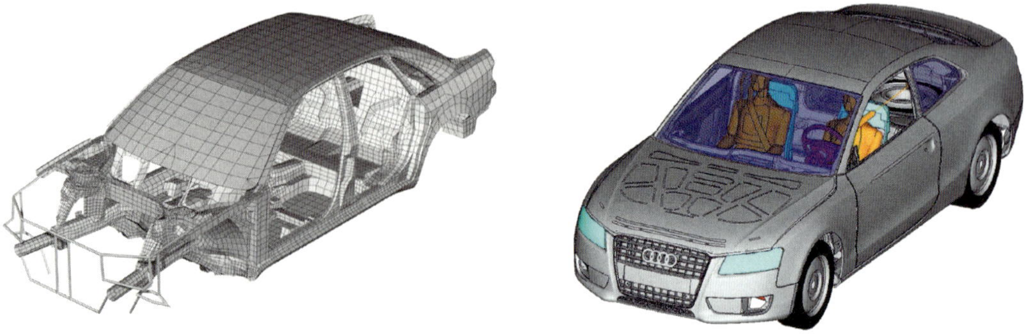

Abb. 11.22 Typisches FE-Modell gestern und heute. Während vor einigen Jahren grobe FE-Modelle aufgebaut wurden, sind heute Gesamtfahrzeugmodelle zur Bewertung zahlreicher Detailprobleme im Einsatz (Quelle: Audi AG)

Beim Post-Processing hilft ein Datenmanagementsystem die berechneten Varianten automatisiert zu vergleichen und in standardisierten Berichten abzuspeichern. Das projektübergreifende Vergleichen von Resultaten wird auf diese Weise deutlich erleichtert und hilft dabei, das Know-how vergangener Projekte transparenter zu nutzen. Durch eine Anbindung der CAE-Datenbank an die Datenbanksysteme der Versuchsabteilungen kann auch ein schneller Vergleich zwischen Berechungs- und Versuchsergebnissen erfolgen (CAX-Integration).

In der Serienentwicklung erfolgt die Feinabstimmung der Komponenten des Fahrzeugs entsprechend des gewählten Konzepts. Während in den Konstruktionsabteilungen durch Visualisierung der CAD Daten in Form von DMU-Reviews und Einbausimulationen die Baubarkeit von virtuellen Prototypen betrachtet wird, zielen die Berechnungsmethoden auf die Funktionen, die auch an Hardware-Protoypen getestet werden (z. B. Schwingungskomfort, passive Sicherheit, Lebensdauer). Die Simulationsverfahren greifen auf CAD-Daten zu, die seitens Konstruktion einen hohen Detaillierungsgrad aufweisen. Durch den Einsatz leistungsfähiger Softwaresysteme werden aus den CAD-Daten Netze für FE-Berechnungen oder zur Untersuchung der Strömungstopologie generiert.

In der Erprobungsphase ist es Aufgabe der Simulation den Versuch im Feinabgleich von Parametern ggf. mit Variantenrechnungen zu unterstützen. Das Experiment dient im Idealfall als physikalische Bestätigung der vorangegangenen virtuellen Bauteilentwicklung und zur endgültigen Bauteil- bzw. Systemfreigabe. Für die Simulation ist es nun wichtig, dass Modelle zur Verfügung stehen, die bis ins Detail mit dem Versuch abgeglichen werden können. Diese Modelle finden dann später Eingang in weitere Entwicklungsprojekte.

11.3.2.2 CAE-Organisation im Unternehmen

Um die Herausforderung synchronisierter virtueller Prozesse und Methoden voranzubringen ist es sinnvoll, die CA-Organisation in Summe weiter zu entwickeln. Dabei muss ein Transformationsprozess durchlaufenwerden, in dem zunächst die oftmals kleinen CAE- Gruppen zunächst gebündelt werden um das nötige Know-How sowie die erforderlichen Prozesse aufzubauen. Eine enge Zusammenarbeit von Methodenentwicklung und den Projektgruppen ermöglicht ein hohes Maß an Praxisrelevanz und die zügige Einbettung neuer Methoden in die Auslegungsprozesse. Um eine enge Verzahnung der Berechnung mit Konstruktion und Versuch und eine gute Einbindung in den Entwicklungsprozess zu gewährleisten ist es von Vorteil, wenn die Berechnungsteams räumlich nahe den jeweiligen Konstruktions- und Versuchsteams organisiert sind, so dass ein intensiver Austausch und direkter Informationsfluss gewährleistet ist (Abb. 11.23).

In einem späteren Schritt kann die Berechnung wieder in den Fachbereichen dezentral verwurzelt werden. Werden Versuch und Berechnung zusammengefasst, dann können alle durchgeführten Si-

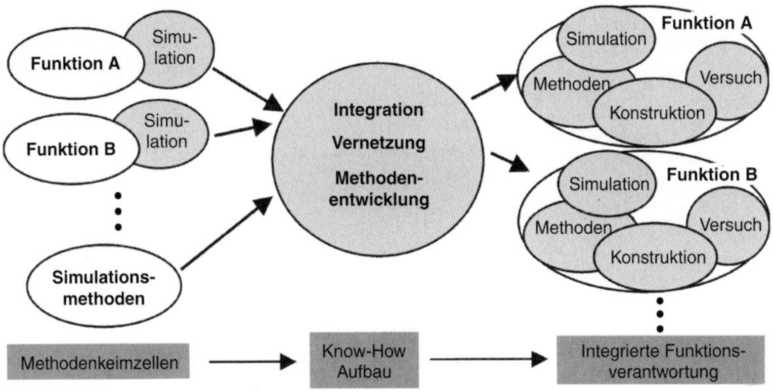

Abb. 11.23 Transformation der Organisation zur Entwicklung geschlossener CA-Prozesse [61]

mulationen und Versuche kosten- und zeiteffizient verknüpft werden. Allerdings muss darauf geachtet werden, dass der integrative Aspekt nicht verloren geht. Jede Funktion wird ggf. an unterschiedlichen Zielen gemessen und es muss bei Zielkonflikten sichergestellt bleiben, dass gesamtheitliche Lösungen erarbeitet werden.

11.3.2.3 Computer Ressourcen für CAE

Traditional waren die CAE-Berechnungen eine Domäne der Supercomputer mit ihren speziellen Recheneinheiten (Vektor-CPUs) und Großrechner-Betriebssystemen – meist Unix aber auch proprietären Systemen. Seit einigen Jahren zeigt sich ein deutlicher Wandel in der Systemarchitektur. Dies ist auf den enormen Leistungszuwachs im Floating Point Bereich der Desktop Computer Prozessoren zurückzuführen. Durch das sehr günstige Preis-Leistungs-Verhältnis erreicht man durch das Zusammenschalten vieler Prozessoren – dem sog. Cluster [34]. Da bei Automobilunternehmen nach durchschnittlich etwa 18–24 Monaten die Rechneranlagen erneuert werden und ein großer Teil der CAE Simulationen gut parallelisierbar ist, nutzt auch die Automobilindustrie diesen Trend. Bei diesen Systemen fällt dabei die Wahl des Betriebssystem auf Linux, welches über eine ausgezeichnete Stabilität verfügt. Da dieses Betriebssystem eigentlich ein klassisches Unix System ist, können auch die vielfältig vorhandenen Batch-Tools und Prozessdefinitionen genutzt werden.

Den erzielten hardware- und solverspezifischen Leistungssteigerungen stehen kontinuierlich steigende Modellgrößen der Simulationen gegenüber. Heutzutage umfassen die Modellgrößen für Crashanalysen bis zu 2,5 Mio. Elemente und man rechnet Vorgänge bis zu 250 ms Dauer. Eine typische Frontcrash-Berechnung auf 16 Cores benötigt etwa 12 h. NVH-Modelle sind von ähnlicher Größe und ein typischer Rechenlauf zur Dynamik-Auslegung einer massenausgestatteten Karosserie dauert etwa 2,5 h auf 1 Prozessor. Für CFD benutzt man Modellgrößen bis 60 Mio. Zellen. Ein typischer Rechenlauf dauert etwa 48 h auf 128 Cores. Die fortschreitende Rechenleistung erlaubt immer feiner werdende Modelle.

11.3.3 Anwendungsgebiete und Methoden

Die Einsatzfelder der numerischen Simulation sind in den vergangenen Jahren kontinuierlich gewachsen. Im folgenden wird auf die standardisierten Verfahren etwas ausführlicher eingegangen und deren Nutzen anhand von Beispielen illustriert. Tabelle 11.1 gibt einen Überblick über die wesentlichen CAE-Einsatzgebiete in der Produktentwicklung und bewertet deren Prognosefähigkeit.

Die ersten CAE-Methoden, die in der Automobilindustrie eingesetzt wurden, basierten auf der Methode der Finiten Elemente (FE) und dienten

Tabelle 11.1 Einsatzgebiete und Bedeutung der Simulationstechnologie

	A	B	C
Aufbau			
Steifigkeit global, lokal	X		
Festigkeit, Spannungen	X		
Akustik unter 100 Hz	X		
SEA	X		
Modalanalyse	X		
Türen, Klappen	X		
Klappern, Quietschen			X
Lebensdauer		X	
Crash-Struktur	X		
Sensorik	X		
Fußgängerschutz, Typschaden	X		
Insassenschutz	X		
Interieurbauteile	X		
Sitz	X		X (Komfort)
Tiefziehsimulation	X		
Gießsimulation	X		
Verbindungstechnik	X (Dynamik)	X (Crash, Lebensdauer)	
Dichtungen, Steifigkeit	X		
Aggregate			
Festigkeit, Spannungen	X		
Modalanalyse	X		
Steuertriebsdynamik	X		
Schallabstrahlung		X	
Zylinderinnenströmung, Gemischaufbereitung	X		
Verbrennung			X
Strömung Wassermantel, Ölkreislauf	X		

A – im Einsatz, hohe Prognosegüte; B – im Einsatz, entwicklungsbegleitend; C – beschränkter Einsatz, unvollständige Methode

Tabelle 11.1 (Fortsetzung)

	A	B	C
Gesamtfahrzeug			
Fahrdynamik, -komfort	X		X (Komfort)
Fahrleistung, Verbrauch	X		
Schwingungen	X		
Aerodynamik	X		
Aeroakustik			X
Motorraumdurchströmung	X		
Klimatisierung	X		X (Komfort)
Energiemanagement			X
Wärmemanagement		X	
Elektrik/Elektronik			
E/E-Architektur		X	
Scheinwerfer/Leuchten	X		
EMV		X	
Audioqualität		X	
Fahrwerk			
Kinematik, Elastokinematik	X		
Festigkeit, Spannungen	X		
Lebensdauer, Betriebsfestigkeit		X	
Fahrerassistenzsysteme			X
Aktives Fahrwerk		X	
Abgasanlage		X	

A – im Einsatz, hohe Prognosegüte; B – im Einsatz, entwicklungsbegleitend; C – beschränkter Einsatz, unvollständige Methode

der Optimierung der Statik von Karosseriebauteilen. Heute werden mittels FE-Methoden sämtliche Fragestellungen zur Strukturauslegung behandelt. Die Berechung hochgradig dynamischer, nichtlinearer Vorgänge erflogt mit expliziten FEM-Lösungsmethoden. Für die Modalanalyse, also die Ermittlung der stationären Eigenfrequenzen (s. NVH) werden implizite Methoden eingesetzt.

Die wesentlichen Auslegungsmerkmale sind zunächst die bauteilbezogenen Größen Steifigkeit, Festigkeit und Lebensdauer sowie die Verbindungstechnik.

Im Gesamtfahrzeug liegen die Schwerpunkte der Auslegung auf Fahrleistung und Verbrauch, Fahrdynamik, Schwingungskomfort, Akustik und Crash-Berechnung. Die kinematische Auslegung des Fahrwerks erfolgt auf Basis von MKS-Simulationen. Die Einsatzgebiete für Strömungssimulationen reichen von der Aerodynamik bis hin zur Zylinderinnenströmung. Die Simulation des Herstellprozesses von Bauteilen ist sowohl wichtig für die frühe Produktplanung als auch für die Eigenschaftsbewertung eines Produkts mit CAE-Verfahren. Denn es ist bekannt, dass der Vorverarbeitungsprozess von Werkstoffen Einfluss bspw. auf das Materialverhalten im Crash oder auf die Festigkeit hat. Aus diesem Grund gewinnt die Verknüpfung von Blechumform- und Gießsimulation in Verbindung mit der Funktionsauslegung zunehmend an Bedeutung.

11.3.3.1 Finite Element-Methoden

Eine statische Belastung einer Struktur bewirkt eine Formänderung und daraus resultierende Spannungen. Diese hängen von den Steifigkeiten und den Lagerbedingungen ab. In einem Finite-Element Modell werden diese Zusammenhänge, die durch Differentialgleichungen mathematisch berechnet werden können, näherungsweise gelöst. Dazu wird das Bauteil in Finite Elemente diskretisiert. Die Elemente sind an sog. Knoten miteinander verbunden, an denen Kräfte und Momente übertragen werden. Im Berechnungsprozess werden nun die Knotenverschiebungen und -verdrehungen bestimmt und über kinematische Beziehungen und Materialgesetze die resultierenden Spannungen aufgrund äußerer Kräfte berechnet. Dabei werden die zugehörigen Werte eines Elements mit denen des Nachbarelements interpoliert. Je nach Struktur können Balken, Stab, Membran, Scheiben, Platten, Schalen- oder Volumenelemente modelliert werden. Eine Modellierung durchzuführen ist die große Herausforderung für den Berechnungsingenieur. Wesentliche Fehlerquellen können in der Idealisierung, wie bspw. die Annahmen zur Topologie der Struktur, den Randbedingungen, Belastungen und Materialgesetzen, als auch Mängel bei der Diskretisierung, bspw. die Wahl des Elementtyps, deren Größe und die Netzqualität sein. Darüber hinaus können Berechnungsfehler (z. B. Lösungsmethode, Solverspezifika) und Einflüsse der Computer-Hardware (z. B. Rundungsfehler, Speicherverwaltung) auftreten [32, 35, 63].

Steifigkeit, Festigkeit und Lebensdauer Viele Komponenten des Fahrzeugs müssen im Hinblick auf die größtmögliche Steifigkeit ausgelegt werden. Die Steifigkeit wird von Materialeigenschaften und den geometrischen Parametern der Struktur bestimmt. Die berechneten Spannungen erlauben es das Bauteil geometrisch so zu verändern, dass Spannungskonzentrationen vermieden werden.

Ein klassisches Beispiel aus dem Karosseriebereich für die Steifigkeitsauslegung anhand statischer Ersatzlastfälle stellt die Grundauslegung der Türen- und Klappen dar. Hier werden statische Torsions- und Biegelastfälle, aber auch Türabsenkung, Türüberdrückung und Gasfederlastfälle von Klappen berechnet. Das erforderliche FE-Modell entsteht aus den CAD-Daten unter Berücksichtigung von Materialkenndaten. Bei der Modellbildung werden bereits in frühen Projektphasen Scharniere, Säulen an denen die Türen angebunden sind, und Dachrahmen bei den Heckklappen, mitsamt ihrer Umgebung einbezogen. Auch Nichtlinearitäten wie Kontakte, Reibung und Plastifizierung werden in der Modellbildung berücksichtigt. Weitere Beispiele neben den Karosseriebauteilen sind Aggregatehalter, Fahrwerksbauteile, wie Achsbauteile, Lenksäule und Fußhebelwerk.

Die Lebensdauer eines zyklisch belasteten Bauteils setzt sich aus zwei Bereichen zusammen. So wird unterschieden zwischen der Lebensdauer bis zum technischen Anriss des Bauteils und der sich anschließenden Restlebensdauer. Die Berechnung der Anrisslebensdauer ist von großer Bedeutung, weil der Bruch eines sicherheitsrelevanten Bauteils sicher vermieden werden muss.

Zur Bestimmung der Lebensdauer werden die betrieblichen Bauteilbelastungen und die Wöhlerkennlinien benötigt [36]. Belastungen auf ein Bauteil im System können über eine Simulation im Mehrkörpersystem definiert werden. Hier lassen sich mit den Systemeingangsgrößen die

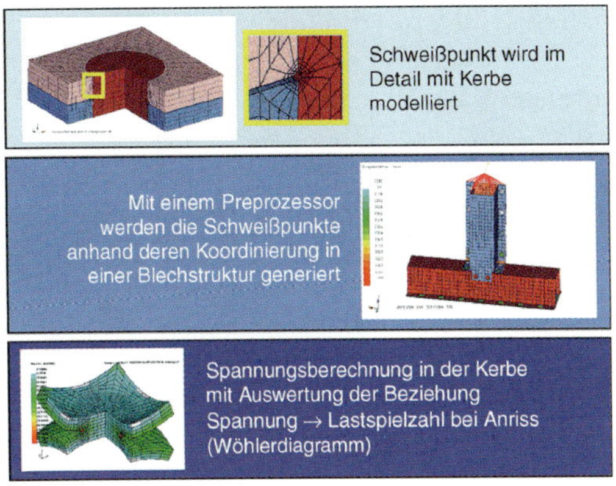

Abb. 11.24 Prinzipielle Vorgehensweise bei der Lebensdauerberechnung von Schweißpunkten [32, 36, 37]

auf ein Bauteil oder Baugruppen einwirkenden Randbedingungen und Schnittgrößen ermitteln (s. ▶ Abschn. 11.3.3.2). Aus den physischen Eigenschaften (Form, Material) ergibt sich nun ein Nennspannungskollektiv, das den Spannungszeitverlauf für die Berechnung darstellt.

Nach dem Stand der Technik sind die Berechnungswerkzeuge zur Bewertung der Funktionalität und der Lebensdauer z. T. noch mit erheblichen Unsicherheiten behaftet. Gründe hierfür sind z. B., dass die Aussagegüte der Simulation stark von Annahmen zur lokalen Bauteilfestigkeit abhängt, die z. T. erheblich durch die Fertigung beeinflusst wird. Bauteilgebundene Bewertungsansätze bieten hier eine höhere Zuverlässigkeit bei der Auslegung [36]. Abbildung 11.24 beschreibt das prinzipielle Vorgehen der Auslegung mit einem speziellen Elementtyp zur Berechnung der Kerbspannungen an Schweißpunkten in der Karosserie.

Das Ziel der Simulation ist es durch Relativvergleiche den Erprobungs- und Versuchsprozess deutlich zu entlasten. Am Ende der Absicherungsphase steht allerdings nach wie vor der experimentelle Betriebsfestigkeitsnachweis. Methodische Herausforderungen sind zum Beispiel die Berücksichtigung von Korrosions- und Alterungsprozessen, Werkstoffmodelle für Kunststoffe und Verbundwerkstoffe und auch verbesserte Berechnungsmethoden für die eingesetzten Fügeverfahren.

Schwingungskomfort, Akustik Die schwingungstechnische Grundauslegung des Fahrzeugs besteht darin, die Resonanzen aller Subsysteme möglichst gut zu entzerren. Überlagerungen von Resonanzen führen zu erhöhten Schwingpegeln, die für den Insassen negativ wahrnehmbar sind und vermieden werden müssen (▶ Abschn. 3.4).

Mittels FE-Berechnungen werden die Eigenschwingungen der Subsysteme im Fahrzeug bestimmt. Aufgabe ist es, die Eigenfrequenzen dieser Systeme möglichst zu entzerren und die Punkte, an denen Kräfte in die Karosserie eingeleitet werden, so zu legen, dass sie nahe an Schwingungsknoten liegen, weil hier die Amplituden geringer sind bzw. dort weniger Vibrationsenergie in die Karosserie eingeleitet werden kann. Der Energieeintrag kann weiterhin durch hohe lokale Steifigkeiten an den Koppelstellen zwischen Karosserie und Achsen sowie Antrieb verringert werden. Ein Impedanzsprung zwischen steifer Karosserie und weichem Elastomerlager entkoppelt, reflektiert also Energie (Abb. 11.25).

Die Eigenfrequenzentzerrung (nach Frequenzlandkarte des Fahrzeugs), Schwingformen und hohe lokale Steifigkeiten erlauben die Grundauslegung auf Komponentenebene, z. B. für die Karosserie allein. Eine Feinabstimmung und absolute Bewertung der Schwingpegel kann nur im FE-Gesamtfahrzeug(modell) stattfinden. Hier gilt es die aus dem Fahrwerk eingeleiteten Kräfte zu berücksichtigen. Dies geschieht wirkungsvoll durch die Kopplung von MKS-Simulationen (s. ▶ Abschn. 11.3.3.2) mit FE-Berechnungen. Geeignete Lastfälle für die Bewertung im Gesamtfahrzeugmodell sind die Radunwucht und die Vier-Stempelanregung auf dem Hydropuls-Prüfstand, weil sie gut reproduzierbar und standardisierbar sind.

Für die Bewertung der Fahrzeugakustik im Innenraum haben sich abhängig vom jeweiligen Zielfrequenzbereich zwei Verfahren entwickelt. Die niederfrequente Akustik bis ca. 250 Hz kann mit der FEM unter Verwendung eines gekoppelten Fluid-Struktur-Modells prognostiziert und optimiert werden [67]. In diesem niedrigen Frequenzbereich sind die akustischen Phänomene von einzelnen Moden der Subsysteme geprägt. Schalldruckmaxima entstehen z. B. bei Resonanz-

Abb. 11.25 Beispielhafte Aufgabenübersicht in der CAE-Auslegung Schwingungskomfort, Akustik [41]

frequenzen des Hohlraums und einzelner, großer Blechflächen. Mit der Frequenz steigt die Dichte der Moden so stark an, dass der Rechenaufwand für die FEM nicht mehr vertretbar ist. Statt dessen kann ab ca. 400 Hz mit statistischen Methoden (Statistische Energieanalyse SEA, [67]) auf Basis von Energie und Leistungsbilanzen gearbeitet werden. Die Struktur und die Hohlräume der Karosserie und die umgebende Luft werden dabei in Subsysteme (ca. 100–500) zerlegt, die Energie dissipieren und untereinander austauschen. Als Last werden Schall-Leistungen in einzelnen Subsystemen eingegeben. In den Kavitäten, wo sich die Köpfe der Insassen befinden, kann der daraus resultierende Schalldruck ermittelt werden. Da sich mit der Methode die Schalltransferpfade erschließen, können konstruktive Maßnahmen zur Beeinflussung des Schalldrucks gezielt analysiert und optimiert werden. Die Schwierigkeit des Verfahrens liegt in der korrekten Ermittlung der Kopplungs- und Dämpfungsverlustfaktoren. Meist müssen sie experimentell an Prototypen ermittelt werden. In einigen Fällen ist es bereits gelungen über Erfahrungswerte eine hohe Prognosegüte zu erzielen [32].

Um die Frequenzlücke zwischen SEA und FEM zu schließen, werden derzeit Anstrengungen unternommen, eine sinnvolle Kombination beider Verfahren zu generieren. Ein Ansatz ist es die Kopplungs- und Dämpfungsverlustfaktoren für die SEA über die FEM mit geeigneten Mittelungsalgorithmen zu gewinnen [71].

In der niederfrequenten Akustik mit der FEM gibt es ebenfalls noch Handlungsbedarf. Die Darstellung der Massenausstattung und der dämpfenden und absorbierenden Wirkung der Innenausstattung (Sitze, Himmel, etc.) wird kontinuierlich verbessert. Die Prognose der durch Fahrwerk und Antriebsstrang in die Karosserie eingeleiteten Kräfte bietet auch Verbesserungspotenziale. Zur Vorhersage der Kräfte aus dem Aggregat wird an Methoden gearbeitet, die Kombinationen aus MKS und FEM-Systemen darstellen. Die Übertragungseigenschaften der Achsen lassen sich mit der FEM allein heute bereits recht gut darstellen. Wesentliche Arbeitspunkte sind noch die Reifeneigenschaften, die Abbildung der komplexen Interaktion zwischen Fahrbahn und Reifen und die virtuelle Ermittlung von dynamischen Eigenschaften der Elastomerlager. Bis diese Methoden entwickelt sind, wird man auf den hybriden Weg setzen, in dem Eigenschaften komplexer Komponenten (Reifen, Dämpfer, Elastomerlager etc.) messtechnisch erfasst werden und im Gesamtmodell virtuell »nur« das Zusammenspiel aller Komponenten analysiert und optimiert wird.

Zur weiteren Verbesserung des Schwingungskomforts bietet die gezielte Auslegung des Sitzes mit FE-Methoden noch Potenzial. Ziel ist die Abbildung der schwingungstechnischen Eigenschaften des Gesamtsitzes und als Zusammenspiel zwischen Struktur, Schaum, Bezug und Insasse. Als Nebenprodukt ergibt sich daraus die Möglichkeit zur Vorhersage von wichtigen Ergonomiegrößen (▶ Abschn. 6.4.1), wie dem H-Punkt, und statische Komfortparameter wie die Druckverteilung zwischen Insasse und Sitz [32].

Sicherheit Die steigende Anzahl an Sicherheitsanforderungen lässt den Entwicklungsaufwand in den letzten Jahren kontinuierlich steigen (s. ▶ Kap. 9). Insbesondere in der Crash- und Insassensimulation ist diese Herausforderung nur mit dem Einsatz von Simulationsmethoden beherrschbar [66].

Es kommen fast ausschließlich nicht-lineare explizite Finite Element-Codes zum Einsatz, welche in der Insassensimulation aufgrund der deutlich reduzierten Rechenzeiten teilweise durch MKS (Mehrkörpersysteme)-Codes (s. ▶ Abschn. 11.3.3.2) unterstützt werden.

Neuerdings werden auch reduzierte FE-Modelle eingesetzt, in denen nur die für den Lastfall relevanten Module mit hoher Genauigkeit abgebildet werden. Diese vereinen die Rechenzeitvorteile von MKS-Methoden mit der Genauigkeit aktueller FE-Methoden.

Crash-Strukturauslegung Bei einem Aufprall handelt es sich um eine Fortpflanzung einer Stoßwelle in der Struktur mit Körperschallgeschwindigkeit, die elastische und plastische Verformungen verursacht [60]. Die Berechnung innerer Spannungen und äußerer Kräfte sowie die Einhaltung der Materialgesetze (z. B. Fließbedingung) und der Randbedingungen (z. B. Kontakt), werden für jeden Zeitschritt auf Elementebene ausgeführt (◘ Abb. 11.26). Mit einigen effizienten Vereinfachungen ermöglicht diese Methode eine effiziente Behandlung der Crashlastfälle. Zur Gewährleistung der Stabilität der zumeist eingesetzten expliziten Integrationsverfahren sind sehr kleine Zeitschritte erforderlich, die sich an der höchsten Eigenfrequenz der Struktur orientieren. So muss die kleinste Elementkantenlänge bei der Diskretisierung der Struktur begrenzt werden, um die Rechenzeit in einem akzeptablen Bereich zu halten.

Die meisten Crashlastfälle ergeben sich aus Gesetzesanforderungen und Verbrauchertests, wobei die Verbrauchertests in der Regel strengere Anforderungen darstellen. Zur Sicherstellung der Funktionen werden bei einer Fahrzeugentwicklung Crashlastfälle für Front-, Seiten-, Heckcrash, Dachstabilität, Reparatur-Verbrauchertests bzw. Stoßfängertests und Partnerschutz (Kompatibilität und Fußgängerschutz) simuliert. Die Integration der Bauteilvorgeschichte in die Funktionsauslegung kann in Zusammenwirken mit Umform-, Gieß- und Fügesimulation ermöglicht werden und verbessert die Prognosesicherheit in stark verformten Crash-Regionen der Karosserie [39].

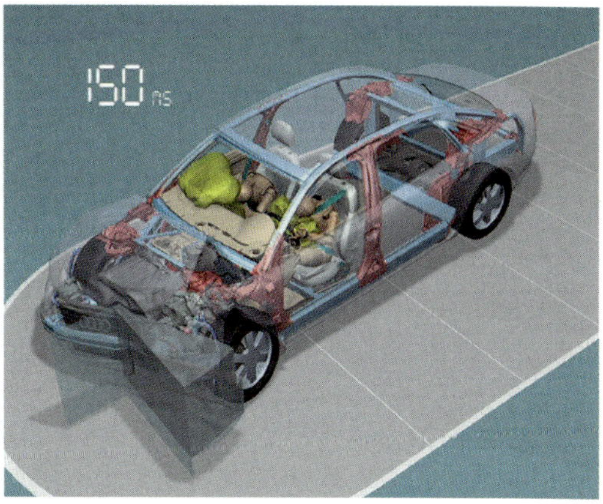

◘ **Abb. 11.26** FE-Modell nach Offset-Crash (Quelle: Audi AG)

Handlungsbedarf besteht in validierten Modellen für die Behandlung von Bauteil- und Verbindungsversagen (Schweißen, Nieten, Kleben etc). Materialmodelle für neue Werkstoffe wie Kunststoffe, Schäume sind Gegenstand von Untersuchungen [32].

Insassenschutz Im Insassenschutz werden die Belastungswerte der Dummies beim Crash analysiert. Ziel ist die optimale Auslegung der Rückhaltesysteme (RHS) wie der Gurte, Airbags etc., welche in ihrem Zusammenspiel auf das Fahrzeug abgestimmt werden. Neben den reinen Gesetzesanforderungen sind Verbrauchertests sowie die aus Unfallforschungsdaten abgeleitete Anforderungen im Felde zu beachten (▶ Kap. 9).

In der Regel werden Insassensimulationen an Teilmodellen durchgeführt. Beim Frontcrash wird dazu die Zelle samt Interieur (Sitz, Cockpit, Lenkrad) und Dummies betrachtet. Die aus dem Strukturcrash vorliegenden Ergebnisse – Verformung der Zelle und Bewegung (Puls) über der Zeit – werden aufgeprägt. Auf diese Weise ist eine effektive und ressourcenschonende Simulation des Gesamtvorgangs möglich. Zudem werden durch diesen Ansatz die Anteile, welche die Struktur und welche die RHS zu bringen haben, klar getrennt. Von der Struktur werden das Einhalten bestimmter zulässiger Verformungen und eine bestimmte Beschaffenheit des Verzögerungspulses verlangt.

Auslegung Interieurbauteile Die zentrale Rolle bei der Auslegung sicherheitsrelevanter Interieurbauteile nimmt der Kopfaufprall ein. Hierbei wird zum einen das Cockpit und die Mittelkonsole mittels eines starren, halbkugelförmigen Pendels angeschlagen zum anderen werden die Säulen und der Himmel mittels eines frei fliegenden Dummy-Kopfs beschossen. In allen Fällen wird die am Messinstrument auftretende Beschleunigung gemessen und bewertet. Ziel ist es, den Innenraum weich, d. h. energieabsorbierend zu gestalten.

Als Vorauslegung für den Knieaufprall der ungegurteten Personen werden die Knieschutzsysteme mittels spezifischer Impaktoren vorabgestimmt. Erst wenn bestimmt Voraussetzungen bezüglich des Verformungsverhaltens erfüllt sind, werden die Stände an die Frontschutz-Simulation übergeben und im Zusammenspiel mit allen RHS-Komponenten bewertet. Auch dem Sitz kommt eine erhebliche Bedeutung in der Sicherheitsauslegung zu. Schutz vor Ladung, »Whiplash«, Lehnenverlagerung beim Crash sind typische Lastfälle die mittels FE-Rechnungen ausgelegt werden.

Eine weitere Anforderung im Innenraum stellt die Simulation der Airbag-Öffnung dar. Dies umfasst sowohl die Simulation der Schalttafel, welche den Airbag freigibt, als auch die Reaktionskräfte an der Modulbefestigung. In der Simulation müssen, entsprechend der Realität, gefaltete Airbags, eingesetzt werden. Dazu wird in einer eigenen Vorsimulation der Faltungsprozess abgebildet. Um die Prognosefähigkeit der Airbag-Analysen zu steigern, muss zukünftig die Gasströmung berücksichtigt werden [32]. Es entsteht eine Kopplung der Gasdynamik mit dem mechanischen Problem. Damit lässt sich insbesondere die Impulsübertragung durch das Gas in den ersten 5–10 ms der Entfaltung deutlich verbessern (◘ Abb. 11.27).

Einen breiten Raum für Verbesserungen bieten nach wie vor die Materialmodelle insbesondere, wenn sie die Vorhersage des Materialversagens und die im Innenraum eingesetzten Kunststoffe betreffen. Neben der Entwicklung immer komplexerer Modelle darf die Materialcharakterisierung nicht vernachlässigt werden. Im Projekteinsatz müssen sich alle Werkstoffkennwerte innerhalb kurzer Zeit bestimmen lassen.

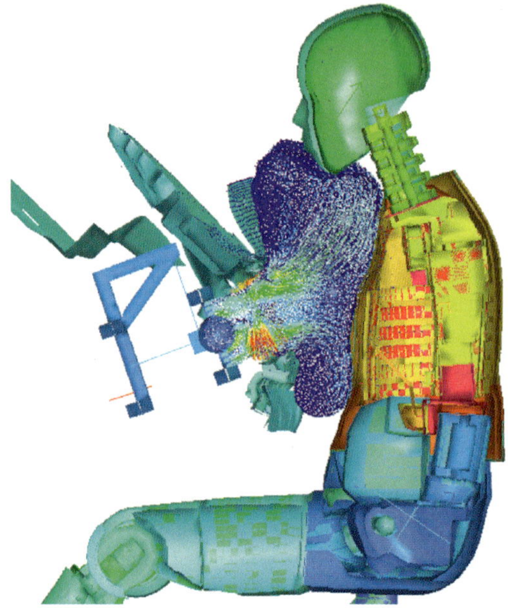

◘ Abb. 11.27 Berechnung der Airbag-Entfaltung mit Gasdynamik (Quelle: Audi AG)

Sensorik Die Charakteristik der bei einem Crash auftretenden Beschleunigungs- oder Drucksignale sind entscheidend für die Aktivierung der Rückhaltesysteme. Deshalb steht auch Simulation von Sensorsignalen im Mittelpunkt und bietet die Chance für die Bewertung der Integrierbarkeit verschiedener Sensoren.

Airbagsteuergeräte werten die hochfrequenten Signalanteile der verwendeten Druck- und Beschleunigungssensorsignale aus. Die Beschleunigungssignale können von den FE-Methoden im Gesamtfahrzeug unter Berücksichtigung der auftretenden Toleranzen nicht gut prognostiziert werden. Deshalb zielen die eingesetzten FE-Methoden auf die Vorhersage des Geschwindigkeitssignals am Sensor. Hauptaugenmerk ist die richtige Positionierung der Sensoren im Fahrzeug. Neuerdings werden die berechneten Signale mittels moderner Data Mining Methoden zur Vorauslegung von Crashklassifizierungs-Algorithmen herangezogen [40].

11.3.3.2 Mehrkörpersystem-Methoden

Mit der Starrkörpersimulation, kurz MKS (Mehr-Körper System Simulation) wird ein mechanisches

System in ein rechnerisch relativ leicht abbildbares Modell aus Starrkörpern abgebildet, welches aus den am Prozess beteiligten Elementen besteht. Die Massen bzw. Massenträgheitsmomente, die aktiven Kräfte und Momente sowie die Bindungs- und Kontaktbedingungen der einzelnen Starrkörperelemente, welche die Zahl der Freiheitsgrade bestimmen, beeinflussen im wesentlichen das dynamische Verhalten der physikalischen Realitäten und somit auch des Simulationsmodells.

Ein MKS-Programm setzt aus den geometrisch definierten Zwangsbedingungen eigenständig das Gleichungssystem zusammen und berechnet die Kinematik oder Dynamik im Zeitbereich. Als Ergebnis stehen die kinematischen Größen der Einzelkörper und die Kräfte zur Verfügung. Die Bauteilbelastungen (Dehnungen und Spannungen) können nicht im MKS-Programm berechnet werden. Dazu ist ein Rücktransport der Berechnungsergebnisse in ein FE-Programm notwendig.

Die Mehrkörpersystem-Analyse wird immer dann verwendet, wenn Bewegungen kompakter Körper simuliert werden sollen. Das kann der Kopf eines Dummies sein, der beweglich auf dem Rumpf sitzt, oder ein Kolben, der sich im Motorblock auf und ab bewegt. So lassen sich zum Beispiel Bewegungsabläufe im Motor optimieren, Fertigungstoleranzen festlegen und Stoßfedern einpassen.

Hauptanwendungsgebiete sind die Berechnung von Antriebsstrangbauteilen/-modulen, die Berechnung von Fahrwerksbauteilen, insbesondere die Auslegung der Elastokinematik der Achsen, Gesamtfahrzeugdynamik und -komfort, Stuckern und Zittern, die Aggregatebewegung und die Simulation auf virtuellen Teststrecken zur Ableitung von dynamischen Lasten für die Festigkeitsauslegung [42, 43].

Elastokinematik und Gesamtfahrzeugdynamik Mittels MKS-Verfahren werden bereits in der Konzeptphase die kinematischen Positionen des Fahrwerks und die dynamischen Radhüllkurven berechnet und zur Auslegung der Freigänge zur Karosserie herangezogen. Nach der elastokinematischen Grundauslegung von Vorder- und Hinterachse werden Gesamtfahrzeugberechnungen durchgeführt. ◘ Abbildung 11.28 zeigt die prinzipielle Vorgehensweise [32, 62]. Dazu werden Gesamtfahrzeugmodelle aufgebaut, die aus Vorder- und Hinterachse, Karosserie, Lenkung, Aggregat/Antriebsstrang und Reifen bestehen. Zusätzlich zu den in den Achsen verbauten elastischen Lagern, müssen insbesondere die Eigenschaften der Reifen exakt modelliert werden. Für schnelle dynamische Manöver müssen zusätzlich zu den Massen und deren Lage, die Trägheitsmomente im Aufbau bekannt sein. Bei den Fahrmanövern wird zwischen »open-loop« und »closed-loop« unterschieden, je nach dem ob ein Fahrermodell verwendet wird. Die Simulation errechnet die Zeitsignale der Fahrzeugeigenschaften und durch deren Nach-Auswertung werden die Handlingseigenschaften bewertet. Die erreichten Genauigkeiten sind ausreichend um z. B. das Verhalten in einer stationären Kreisfahrt und auch transiente Phänomene bis hin zu Frequenzbereichen von 8 Hz vorauszubestimmen. Bewertungskriterien sind die Aufbaubewegungen, Stuckern/Zittern, als auch die Wank/Nick-Neigung des Fahrzeugs sowie das Eigenlenkverhalten (▶ Abschn. 7.5).

Fahrkomfort-Simulation Fahrkomfort-Analysen mit MKS zielen auf Effekte im Frequenzbereich von 5 bis 50 Hz. Dabei wird zwischen der Überfahrt diskreter Hindernisse, wie positive oder negative Kanten und stochastischer Fahrbahnanregung unterschieden. Auch das Verhalten auf der Hydropuls-Vierstempelanlage wird simuliert. Beschleunigungssignale werden an allen komfortrelevanten Punkten, wie bspw. Sitzschiene, Lenkrad und Kopfstütze und an Punkten der Krafteinleitung bestimmt. Die Untersuchung benötigt eine modale Repräsentation der Karosserie, die amplituden- und frequenzabhängigen Eigenschaften der relevanten Komponenten wie bspw. die Lager und Dämpfer, als auch das Reifenmodell das den Fahrbahnkontakt nachbildet. Durch Bewertungsmodelle, die aus Korrelation von Beschleunigungssignalen und subjektiven Beurteilungen aus Vorgängermodellen ermittelt wurden, können die subjektive Bewertung des Fahrkomforts abgeschätzt werden [32, 42, 62].

Simulation der Aggregatebewegung Ein Hauptaugenmerk in der Entwicklung des Aggregates und des Antriebsstrangs gilt dem Verhalten bei Lastwechseln [32, 45]. Drehschwingungen beim

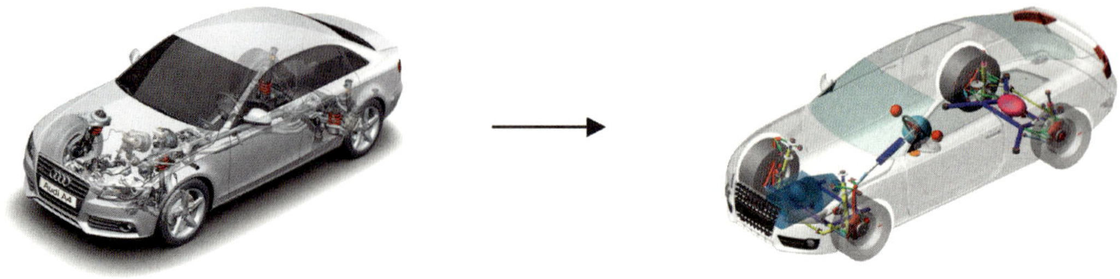

Abb. 11.28 Schematische Transformation eines mechanischen Fahrzeugs in ein MKS Modell, inkl. Reifen, Achsen, Lenkung, Bremsen, Antriebsstrang, Aufbau, Fahrermodell (Quelle: Audi AG)

Anlass- oder Abstellvorgang des Aggregats bewirken Longitudinalschwingungen des Fahrzeugaufbaus. Die wichtigsten Lastfälle sind: Drehschwingungen des Aggregats, Ampelstart, Volllastbeschleunigung, Handling in Slalomstrecken, Lastwechsel bei Kurvenfahrt und Hindernisüberfahrt. Diese Simulationen erfordern eine detaillierte Abbildung von Kupplung, Getriebe, Schwungrad, Differentiale inklusive aller torsionalen Elastizitäten und Spiele. Besonders wichtig sind die genaue Abbildung der Lager und Dämpfer und das verwendete Reifenmodell.

Die Bewegungsinformation aus den Simulationen kann ebenfalls genutzt werden um die dynamischen Hüllkurven für Freigangsuntersuchungen im Vorderwagen zu liefern.

11.3.3.3 Strömungssimulation

Zur Strömungsberechnung sind heute üblicherweise numerische 3D-Verfahren im Einsatz, die auf den Navier–Stokes Gleichungen aufbauen. Diese Gleichungen drücken für jedes Volumenelement in einer Strömung das Gleichgewicht aller wirksamen Kräfte aus; dieses sind die Massenträgheits-, die Druck- und die Reibungskräfte. Die hiermit aufgestellte Kräftebilanz bildet zusammen mit der aus dem Satz von der Erhaltung der Masse abgeleiteten Kontinuitätsgleichung die Basis aller theoretischen Verfahren. Für kompressible Strömungen muss noch die Energiegleichung hinzugenommen werden. Der Einfluss der Kompressibilität kann jedoch bis etwa 250 km/h vernachlässigt werden. Auch Verfahren, die auf einem Lattice-Boltzmann Ansatz beruhen haben sich bewährt [44]. Dabei wird das Fluid durch idealisierte Partikel modelliert, die sich einem kubischen Gitter mit diskreten Geschwindigkeiten in diskreten Zeitschritten bewegen. 1D-Verfahren werden insbesondere bei Rohrströmungen oder rohrähnlichen Strömungen angewendet. Druckverluste infolge Drosselung, Umlenkungen, Verzweigungen u. ä. werden durch Näherungsformeln oder aus vorliegenden Messwerten abgeleitet [44, 73, 74].

Aerodynamik Eine Grundaufgabe von CFD (engl. CFD computational fluid dynamics) in der Aerodynamik ist die Bewertung von verschiedenen Designrichtungen in der frühen Projektphase. Die Berechnung ersetzt hier in vielen Fällen schon die Windkanalversuche an verkleinerten Modellen und unterstützt durch Erkenntnisse über das Strömungsfeld die experimentelle Optimierung. Zusätzlich zu diesem klassischen Einsatz zur Ermittlung der aerodynamischen Beiwerte c_W und c_A des Fahrzeugs dient CFD in der Aerodynamik auch dazu, die konstruktive Auslegung von diversen Bauteilen zu unterstützen (► Abschn. 3.2).

Der große Vorteil von CFD besteht darin, dass man nicht nur integrale Größen wie Kräfte und Momente erhält, sondern darüber hinaus detaillierte Informationen über das gesamte Strömungsfeld. Anhand der statischen Druckverteilung auf der Fahrzeugoberfläche (siehe ◘ Abb. 11.29) werden die aerodynamischen Kräfte, die auf der Motorhaube, den Türen oder einem Schiebedach wirken, mit hoher Genauigkeit berechnet und dienen somit als Basis für die Festigkeitsauslegung dieser Bauteile mittels Finiter Elemente (s. ► Abschn. 11.3.3.1).

Das Wischverhalten von Scheibenwischern wird von den Druckverhältnissen im Scheibenbereich beeinflusst. Die Auslegung der Wischerblattposition erfolgt heutzutage unter Zuhilfenahme der rech-

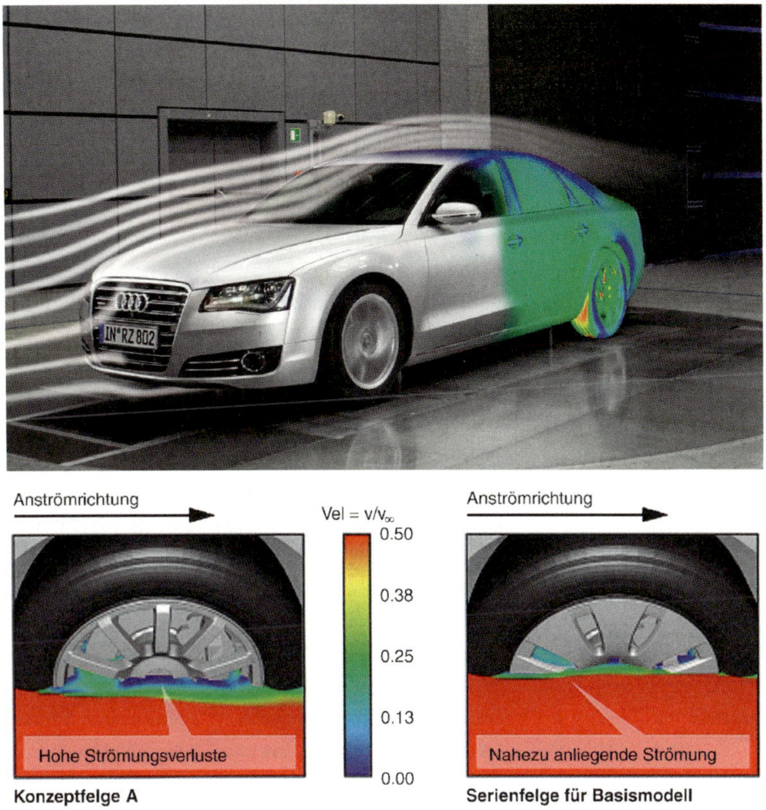

Abb. 11.29 **a** Beispiel einer statischen Druckverteilung auf der Fahrzeugoberfläche des Hinterwagens und Stromfaden im Mittelschnitt und **b** relative Strömungsgeschwindigkeiten an Felgen (Quelle: Audi AG)

nerisch ermittelten Oberflächendrücke. Ebenso werden die zur Be- und Entlüftung des Fahrgastraumes notwendigen Öffnungen mittels berechneter Oberflächendruckverteilung bestimmt.

Ein Einsatz der Berechnung ist besonders dort interessant, wo man mit den bisherigen, experimentellen Methoden auf Schwierigkeiten stößt. Der c_W-Wert des Fahrzeugs wird stark von den Vorderrädern bzw. den dort montierten Reifen beeinflusst. Eine Formoptimierung der Reifen ist im Experiment sehr schwierig, besonders wenn – physikalisch richtig – mit drehenden Rädern gemessen wird. Für die Berechnung ist diese Aufgabe leichter zu lösen [46].

Die Prognosegüte heutiger CFD-Rechnungen kann heute als brauchbar, insbesondere für Relativaussagen, bezeichnen werden. Allerdings werden die Strömungsdetails nicht immer richtig wieder gegeben, auch wenn die berechneten Gesamtkräfte und Momente in guter Übereinstimmung mit Messergebnissen stehen [44, 73, 74].

Aeroakustik Die numerische Simulation aeroakustischer Phänomene (*Computational Aeroacoustics*, CAA befindet sich noch weitgehend in der Phase der Methodenentwicklung, d. h., sie wird derzeit noch nicht als gängiges Entwicklungswerkzeug eingesetzt. Jedoch haben trotz der o. g. Einschränkungen Forschung und Entwicklung auf diesem Gebiet innerhalb der letzten Jahre zu einigen Ansätzen geführt, die den Einsatz von CAA-Verfahren in der Praxis handhabbar machen. Hierbei handelt es sich im wesentlichen um sog. Hybridverfahren, in denen die Berechnung der Strömung und die der Akustik von einander entkoppelt werden.

Die Berechnung der Schallquellen auf der Oberfläche eines vereinfachten Fahrzeug-Außenspiegels ergab mit ausreichend hoher Gitterauflösung gute Ergebnisse für die Oberflächendruckverteilung und die Strömungstopologie. Aus den berechneten Schallquellen konnte bei angemessener Gitterauflösung auch das abgestrahlte Geräusch bis etwa 300 Hz gut vorhergesagt werden [47, 48].

Wummerphänomene entstehen bei der Umströmung von offenen Seitenscheiben oder Schiebedächern. Hierbei induzieren Wirbel, die sich an der Vorderkante der Öffnung ausbilden, niederfrequente Druckschwankungen im Fahrgastinnenraum. Für Automobile sind die zu betrachtenden Wummerfrequenzen normalerweise mit $< 25\,Hz$ sehr gering. Die Schalldruckpegel erreichen bis zu 130 dB und sind äußerst störend. Aktuelle Untersuchungen konnten zeigen, dass für derartige Problemstellungen die numerische Berechnung einen sinnvollen Beitrag leisten kann [49].

Wärmemanagement Um dem anhaltenden Trend zu effizienteren Fahrzeugen gerecht zu werden, rückt der Bereich des Wärmemanagements zunehmend in der frühen Entwicklungsphase in den Blickpunkt. Für die konzeptionelle Auslegung des Wärmehaushalts von Motor, Getriebe, Klimaanlage und Heizung kommen rechnerische Methoden zum Einsatz [44, 46].

Typischerweise gehören hierzu die Fahrt bei Höchstgeschwindigkeit sowie die Bergfahrt mit Hänger. Zusätzlich werden einige kritische »off-design«-Punkte, z. B. plötzlicher Stop aus schneller Fahrt und Handling betrachtet. Diese Betriebspunkte werden zunächst stationär, dann aber, wie bei »Stop and Go« und Handling auch transient untersucht.

Das Wärmemanagement des Antriebsstrangs, d. h. die Aggregatekühlung umfasst sowohl die Auslegung der Kühlluftströmung durch die Kühlungskomponenten als auch die Auslegung des Kühlwasserkreislaufes. Im Entwicklungsprozess werden 1D-Simulationen des Luft- und Wasserkreislaufes und des damit vorhandenen Wärmeübergangs, bei stationären Betriebspunkten, wie auch die 3D Strömungssimulation der Kühlluft herangezogen. Beide Methoden erfordern Eingabegrößen und Kennfelder der Aggregate und Kühlkomponenten, welche nur durch die Einbindung von Fahrzeug- und Prüfstandsmessungen in den virtuellen Prozess erhalten werden können. Der Versuch ist somit ein wichtiger Bestandteil der Simulation. Während die Konzeptauslegung für die Wärmetauscheranordnung und -größe für Kühlwasser, Ladeluft, Motor- und Getriebeöl und den Kühlflüssigkeitskreis in einer frühen Phase des Entwicklungsprozesses mit 1D-Modellen auf Basis des Vorgängermodells erfolgt, wird die 3D Strömungssimulation anhand detaillierter Designmodelle und Kühlkomponenten in einer späteren Phase durchgeführt. Zu diesem Zeitpunkt erfolgt ein Abgleich der 1D-Modelle mit der 3D Strömungssimulation als auch mit weiteren Messungen aus der Serienentwicklung, so dass eine konsequente Detailoptimierung der Systeme möglich wird.

Eine weitere Herausforderung des Wärmemanagements stellt die Vermeidung lokaler Überhitzungen (»Hot Spots«) an Bauteilen [32], wie beispielsweise dem Scheinwerfer dar. Eine physikalische Besonderheit beim Temperaturverhalten von Scheinwerfern ist der dominierende Einfluss der Wärmestrahlung. Bei numerischer Simulation muss ein Strahlungsmodell sowohl die diffuse Infrarotstrahlung als auch die sichtbaren, gerichteten Strahlungsanteile berücksichtigen. Diese überfordert die meisten kommerziellen Strömungssimulationsprogramme. Zur Lösung des Problems wird meist eine Berechnungsmethode angewandt, die auf der Kopplung eines Strömungssimulationsprogramm mit einem Raytracing-Strahlungsmoduls basieren. Mit Hilfe dieser Methode gelingt es, die exakte Lage der lokalen Überhitzungen an der Scheibe und deren Temperaturniveaus zuverlässig zu bestimmen. Methodische Herausforderungen bestehen noch in der Integration zusätzlicher Umgebungsbedingungen wie Fahrtwindanströmung, Motorwärme und Sonnenanstrahlung in die thermische Analyse des Scheinwerfers einzubinden.

Klimatisierung Im Bereich Klimatisierung gibt es eine Reihe von Anwendungen, die mit numerischen 3D-Methoden behandelt werden [44, 46]. Die gezielte Führung der Luft über die Strecke vom Wasserkasten durch das Klimagerät durch die Luftführungen in den Innenraum zählen zur Standardanwendung von CFD. Die Auslegung dient der Minimierung der Druckverluste, um bei möglichst geringer Leistung des Klimagerätes eine ausreichende Luftzufuhr zum Innenraum sicherzustellen.

Abb. 11.30 Beispiel für ein Simulationsmodell der Luftführung zur Seitenscheibe (Quelle: Audi AG)

Eine rechnerische Ermittlung der Luftströmung im System Klimagerät und den zugehörigen Luftführungen ist in Abb. 11.30 dargestellt. Als Schnittstelle zum Innenraum sind die Personenanströmer zu positionieren und zu optimieren. Die Auslegung zielt neben einer schnellen Abkühlung darauf, den Komfort der Insassen nicht durch Zugerscheinungen zu beeinträchtigen. Im Allgemeinen wird CFD hier auch deshalb erfolgreich eingesetzt, weil eine versuchstechnische Ermittlung des Strömungs- und Temperaturfeldes in diesem Bereich nur mit hohem Aufwand durchzuführen ist.

Eine weitere zentrale Aufgabe der Berechnung, die zur Erhöhung der Fahrsicherheit beiträgt, ist die Simulation der Front- und Seitenscheibenenteisung. Basierend auf einer zeitlich-konstant angenommen Innenraumströmung wird meist eine zeitabhängige Temperatursimulation mit einem Enteisungsmodell kombiniert.

Die Beurteilung des Komforts unterliegt in der Regel subjektiven Empfindungen, sie muss gefühlt und erlebt werden. Modelle zur Objektivierung der kundenorientierten Bewertung der Luftbewegung in der Fahrgastzelle sind Gegenstand aktueller Forschungen.

Verbrennungssimulation Die CFD-Simulation der motorischen Verbrennung im Zylinder stellt auch heute noch eine große Herausforderung dar – obwohl in den letzten Jahren deutliche Fortschritte bei der Vorhersagegüte durch verbesserte physikalische Modelle erzielt wurden. Während die Simulation der Ladungsbewegung und der Gemischbildung inzwischen fester Bestandteil in der modernen Brennverfahrensentwicklung ist, werden Verbrennungssimulationen zumeist eher zur Problemanalyse oder als Ergänzung zu Messungen am Motor eingesetzt. Eine durchgängig verlässliche Vorhersage von Energieumwandlung und Schadstoffbildung ist heute oft noch nicht möglich.

Eine Übersicht über die aktuellen Methoden zur Simulation der motorischen Strömungs- und Verbrennungsvorgänge sind detailliert in [70] dargestellt.

Die Herausforderungen bei Ottomotoren sind hierbei die korrekte Beschreibung der Mischungs-, Transport- und chemischen Umwandlungsprozesse in der turbulenten, teilweise vorgemischten Flammenfront, die korrekte Beschreibung der Vorgänge während der Zündung sowie eine verlässliche Klopfvorhersage. Abbildung 11.31 zeigt exemplarisch die Simulation der Flammenausbreitung in einem modernen direkteinspritzenden Ottomotor.

Bei Dieselmotoren stellen die gleichzeitig ablaufenden und daher stark gekoppelten Vorgänge der Einspritzung, der Gemischbildung und der eher diffussionsdominierten Verbrennung eine hohe Anforderung sowohl an die Verbrennungs- als auch an die Einspritzmodelle. Hierbei spielt die Modellierung des Selbstzündungsmechanismus eine zentrale Rolle. Weiterhin ist die Abbildung der komplexen Rußbildungs-Mechanismen für die Dieselmotorentwicklung, und damit für eine erfolgreiche Simulation im Entwicklungsprozess, essenziell.

Ladungswechsel-Simulationen und Gemischaufbereitungsvorgänge Ein wesentliches Ziel für die Entwicklung innovativer Triebwerke sind neben der Steigerung der Fahrleistungen und der Dynamik gleichzeitig eine deutliche Reduzierung des Kraftstoffverbrauchs bei Erfüllung der zukünftigen Abgasgrenzwerte. Mittels umfangreicher CFD-Simulationen werden heutzutage die wesentlichen Motorenkomponenten, wie Ansaug-, Abgastrakt, Katalysator während der Entwicklung begleitet. Ein Schwerpunkt des Einsatzes liegt auch auf der Auslegung von Kolben, Einspritzparameter, Ventil-

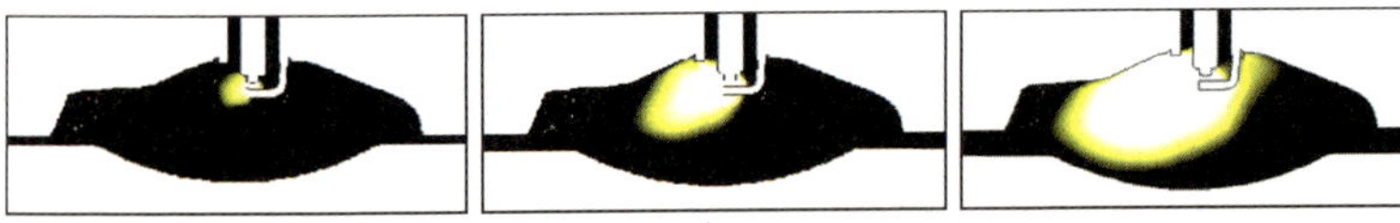

Abb. 11.31 Simulation der Flammenausbreitung in einem direkteinspritzenden Ottomotor [70]

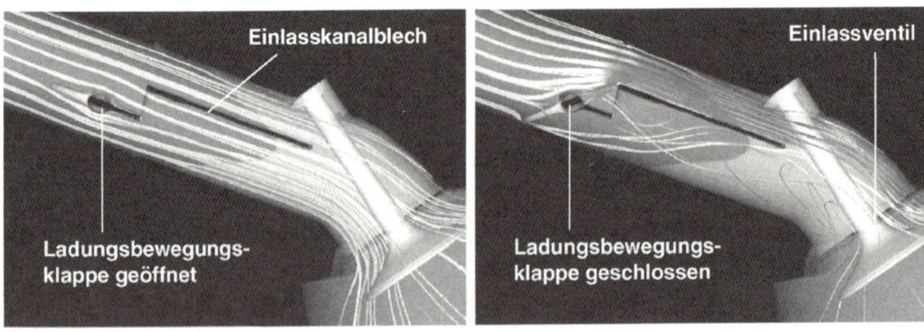

Abb. 11.32 Berechnete Strömung im Einlasskanal eines FSI-Motors bei geöffneter und geschlossener Klappe [50, 70]

winkel und Intensitäten der Ladungsbewegung im Zylinder.

In Abb. 11.32 ist die Strömung im Einlasskanal eines FSI-Motors dargestellt. Zur kontinuierlichen Steuerung der Strömungsintensität im Zylinder wird die Einströmung durch eine Ladungsbewegungsklappe und ein Trennblech im Einlasskanal variiert. Durch teilweises oder komplettes Verschließen des Teilkanals unterhalb des Trennbleches wird die Luftmenge in diesem Bereich reduziert und damit eine intensive Wirbelströmung im Zylinder erzielt.

Die Strömungsführung im Klappenflansch und Einlasskanal wird so optimiert, dass bei geschlossener Klappe eine maximale Strömungsintensität im Zylinder erreicht wird und andererseits bei geöffneter Klappe nur minimale Verluste auftreten. Zur Bewertung der Gemischbildung ist zusätzlich eine Nachbildung des Einspritzvorgangs mit den Mechanismen der Tröpfchenbildung und -zerfalls, der Verdampfung u. ä. in sog. Spray-Modellen durchzuführen [51].

11.3.3.4 Elektromagnetische Verträglichkeit

Angesichts der zunehmenden Elektronikdichte im Kfz stellt die Sicherstellung der EMV (Elektromagnetische Verträglichkeit) eine wachsende Herausforderung dar (▶ Abschn. 8.4). Leistungselektronik unterstützt immer häufiger bisher rein mechanische Funktionen. Ausgefeilte Regelungen und Überwachungen von Motor-, Fahrwerk- oder auch Komfortsystemen verlangen immer schnellere Prozessoren. Mit der Integration von High-End-Infotainment-Systemen in die Fahrzeuge werden Rechenleistungen moderner PCs notwendig. All diese Systeme können auf elektromagnetische Felder reagieren bzw. erzeugen selbst elektromagnetische Felder, die zu Störungen führen können [32, 52].

Um diese Komplexität zu bewältigen und bereits vor der Fertigstellung eines Fahrzeugs Aussagen über die EMV einer elektronischen Komponente im Verbund des Gesamtfahrzeugs treffen zu können, sind neue Ansätze notwendig. Seit einigen Jahren wird mit Hilfe von EMV-Simulationen die elektromagnetische Verträglichkeit von Elektronikkomponenten im Vorfeld abgeschätzt. Die drei wesentlichen Handlungsfelder sind das Leitungsübersprechen, d. h. die elektromagnetische Verkopplung zwischen einzelnen Leitungen im Bordnetz, die Einkopplung von elektromagnetischen Feldern in den Kabelbaum und darüber in die elektronischen Komponenten sowie die Störspannungen und Störströme auf dem Leitungssatz, die zu abgestrahlten Feldern führen und im Fahrzeug genutzte Funkdienste (Radio, TV, Behördenfunk usw.) stören können.

Die Berechnung der EMV erfolgt über ein Modell, das die wesentlichen EMV-Eigenschaften

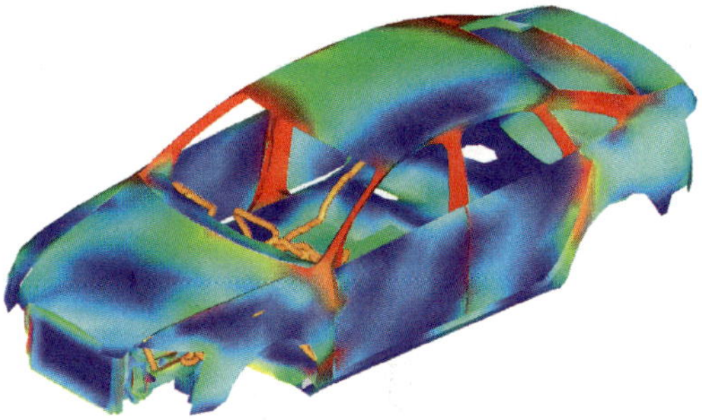

Abb. 11.33 Beispiel einer Oberflächenstromverteilung aufgrund einer einfallenden ebenen Welle. Berechnung der Feldeinkopplung in das CAN-Netzwerk (Quelle: Audi AG)

des KFZ nachbildet. Dieses Modell besteht aus der Karosserie, für die alle größeren Metallteile durch Dreieckselemente nachgebildet werden sowie den Leitungssatz-, Steuergeräte- und Antennenmodellen. In Abhängigkeit vom eingesetzten Berechnungsverfahren können die Modelle variieren (Abb. 11.33).

Komfortable Programme erlauben es mittlerweile, auch sehr komplexe Modelle in kurzer Zeit aufzubauen und verschiedene Berechnungsverfahren miteinander zu kombinieren. Im Kfz-Bereich haben sich bewährt:

- Direkte Feldberechnungsverfahren, welche die Wellengleichung numerisch anhand eines diskretisierten Modells lösen (Berechnungsverfahren ist die Methode der Momente)
- Statische Verfahren zur Lösung der Laplace-Gleichung; äquivalente Kapazitäten und Induktivitäten zur Beschreibung der Kopplung und Aufbau von Ersatzschaltbildern für den unteren Frequenzbereich
- Mehrfachleitungstheorie zur Berechnung der Leitungsüberkopplung
- Schaltkreisberechnungsprogramme, welche die Kirchhoff'schen Gleichungen auch für komplexe nichtlineare Schaltungen im Zeit- und Frequenzbereich lösen
- Kombinationen der Verfahren (Hybride Verfahren) wie z. B. Verbindung der Feldberechnung mit der Leitungstheorie zur Bestimmung der Einkopplung elektromagnetischer Felder in das Bordnetz

Auch wenn das gesamte breite Spektrum der EMV durch Simulation noch nicht abgedeckt werden kann, gibt es Bereiche, in denen die Simulation zuverlässige Ergebnisse liefert. Dadurch nimmt die Simulation einen immer größer werdenden Raum in der EMV-Entwicklung ein.

11.3.4 Simulation von Bauteil-Herstellprozessen

Die Herstellbarkeit von Bauteilen bewerten zu können ist ein wesentliches Ziel von Simulationen in der frühen Entwicklungsphase. Die Bewertung der Rückwirkungen des Fertigungsprozesses auf die Funktionalität der Bauteile im Gesamtfahrzeug, z. B. im Crash, wird untersucht [39, 55]. Aus diesem Grund werden nachfolgend zwei wichtige Prozess-Simulationsverfahren besprochen.

11.3.4.1 Umformsimulation

Mit der Umformsimulation werden sämtliche Bauteile bereits in einer sehr frühen Phase der Fahrzeugentwicklung auf die fertigungsgerechte Ausführung und Machbarkeit im Produktionsprozess geprüft bzw. dahin gehend optimiert. Hierfür wird der Umformvorgang durch die virtuelle Abbildung eines Pressenhubes im Umformwerkzeug analysiert. Während der Fahrzeug- und Werkzeugentwicklung werden in Optimierungsschleifen teilweise mehrere hundert Simulationen eines Bauteiles angefertigt.

Die nichtlineare Berechnung der plastischen Umformung erfolgt mit FEM-Systemen, die auf die besonderen Anforderungen der Werkzeugplanung ausgelegt sind. Bei einem Seitenwandrahmen der Karosserie lassen sich »Genauigkeiten« von ca. 95 % erzielen. Typische Ergebnisse der Berechnung sind die Spannungen (Reißer), die Neigung zur Faltenbildung und die aktuelle Blechdickenverteilung.

Während die Simulation der ersten Fertigungsstufe – dem sog. Ziehen – schon seit Jahren zum Stand der Technik gehört, gilt dies erst seit kürzerer Zeit für die sog. Folgeoperationen. Das mehrfache Nachformen, Beschneiden, Lochen und Kalibrieren erfordert einen hohen Modellerstellungs- und Berechnungsaufwand, so dass nur nach wirtschaftlichen Gesichtspunkten qualitätsrelevante Operationen berechnet werden. Die Fehlerkumulation

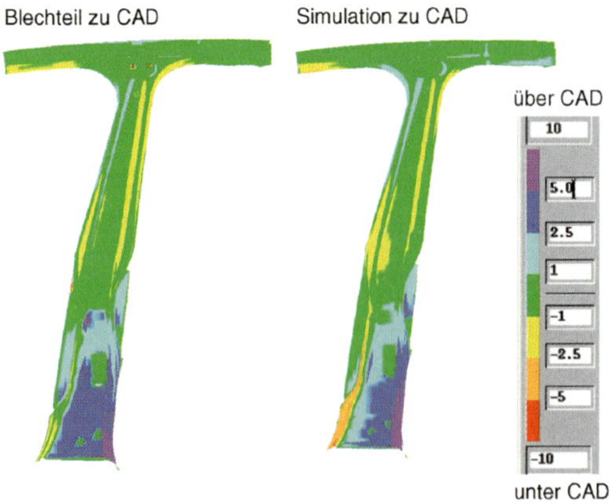

Abb. 11.34 Beispielhaftes Ergebnis einer Rückfederungssimulation im Vergleich zum Soll (Quelle: Audi AG)

über die einzelnen Fertigungsschritte aufgrund numerischer Effekte und Modellvereinfachungen führt dabei zu einer abnehmenden Ergebnisqualität.

Zur Genauigkeitssteigerung wird an allen Einzelursachen wie der mathematisch vereinfachten Modellbildung (z. B. Elementtypen, Reibung) über numerische Abhängigkeiten (z. B. Netzfeinheit und -orientierung, numerische Parameter) bis hin zu ungenauen Eingangsdaten (z. B. Werkstoffdaten) und der Ergebnisbewertung (z. B. Versagenkriterien, Welligkeiten) intensiv gearbeitet. Schwerpunkte in Forschung und Anwendung liegen aktuell auf neuen Material- und Versagensmodellen.

Die Berechnung der Maßhaltigkeit eines Bauteils, die durch das elastische Aufspringen nach der Umformung erforderlich wird, stellt einen Schlüsselfaktor zur Verkürzung der gesamten Werkzeuganfertigungszeit dar, da nur so die bisher notwendigen Optimierungsschleifen zur Erreichung von Maßhaltigkeit und Qualitätszielen reduziert werden können. Ziel der Auslegung ist es die in einem Iterations-Prozess berechneten Rückfederungswerte so im Werkzeug vorzuhalten, dass nach Rückfederung die gewünschte Geometrie erreicht wird [31] (Abb. 11.34). Aktuelle Herausforderung ist die Steigerung der Prognosegüte für die zwecks Leichtbau und Crashperformance zunehmend eingesetzten höherfesten Blechwerkstoffe in der Karosserie, da diese Werkstoffe ein wesentlich ausgeprägteres Aufsprungverhalten zeigen.

Am Anfang der Entwicklung steht die Simulation der Warmumformung (Formhärten). Das Fertigungsverfahren wird aufgrund der extremen Festigkeiten des Werkstoffs bis 1500 MPa Zugfestigkeit in immer größeren Maßstab für crashrelevante Bauteile eingesetzt. Die im Temperaturbereich von 200 bis 850 °C ablaufende Umformung und Härtung ist aktuell noch nicht simulierbar, da geeignete, validierte Modelle für den Wärmeübergang und das Werkstoffverhalten fehlen.

11.3.4.2 Gießsimulation

In der Fahrzeugentwicklung ist die Simulation von Kunststoffen seit geraumer Zeit Bestandteil der Funktionsauslegung von Interieurbauteilen, Frontend, Spiegelgehäusen usw. [53, 54]. Heute werden im Karosseriebau verstärkt Druckgussbauteile aus Leichtmetall-Legierungen eingesetzt. Diese Bauteile weisen eine hohe Steifigkeit bei geringem Gewicht auf und besitzen ein breites Eigenschaftsspektrum.

Der Fertigungsprozess »Druckguss« erzwingt die Einhaltung von Konstruktionsrandbedingungen wie einer nicht zu unterschreitenden Wandstärke oder auch einer zulässigen Dickenverteilung über dem Bauteil. Damit hat der Fertigungsprozess Rückwirkungen auf die Funktionalität des Gesamtfahrzeugs, wie sie z. B. im Crash gefordert wird [55].

Gießsimulationen werden heute standardmäßig eingesetzt, um frühzeitig eine Optimierung des Anguss-Systems vorzunehmen. Hier gilt es in erster Linie, füll- bzw. erstarrungsbedingte Defekte wie Gaseinschlüsse oder Erstarrungslunker mit Hilfe der Simulation zuverlässig zu erkennen. Die Ansprüche an die Prognosefähigkeit des Rechenverfahrens steigen, wenn die simultane Betrachtung der Herstellbarkeit mit der Abprüfung der Funktionalität im Gesamtfahrzeug im Vordergrund steht. Hier werden z. B. von einer Crashsimulation Angaben zu Materialkennwerten wie Streckgrenze und Bruchdehnung erwartet, die in einem Materialmodell Verwendung finden [55].

Abbildung 11.35 zeigt die Übereinstimmung, die zwischen Simulation und Experiment für ein Getriebegehäuse erreicht wurde: Dargestellt sind hier makroskopische Defekte, wie sie entweder durch Lufteinschlüsse oder Erstarrungsschrumpfung entstehen. Die Anforderungen an die Auf-

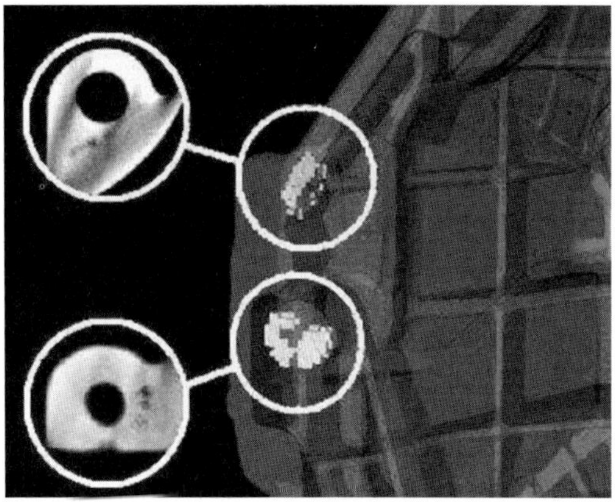

Abb. 11.35 Getriebegehäuse aus Gießsimulation und mittels Computer-Tomographie gefundene lokale Defekte (Inserts) [56]

lösung und die Genauigkeit der Gießsimulation steigen weiter, wenn die Herstellung dünnwandiger, flächiger Strukturbauteile betrachtet wird. Die wesentlichen Unterschiede zu dem oben beschriebenen Getriebegehäuse bestehen in der sehr gleich bleibenden Wandstärke, den sehr kurzen Füllzeiten und den kurzen und zugleich sehr gleichmäßigen Erstarrungszeiten eines solchen Bauteils. Sie werden nach dem Gießen einer Wärmebehandlung unterzogen, die erst die gewünschten Materialeigenschaften, und hier insbesondere die erforderliche Bruchdehnung, ergibt. Die erreichbare Übereinstimmung mit den Rechenergebnissen ist ermutigend, allerdings sind weitere Ansätze zur Verbesserung der Prognosefähigkeit nötig, wie bspw. die Berücksichtigung der temperaturabhängigen Viskosität der Schmelze, der Gleichmäßigkeit der Schmelzetemperaturen in den isoliert erstarrenden Bereichen der Form.

11.3.4.3 Schweißsimulation

Bei der numerischen Schweißsimulation geht es um die rechnerische Optimierung der Bauteile und des Fertigungsprozesses mit dem Ziel, die Bauteileigenschaften zu verbessern. Dabei nimmt die Berechnung des durch die Wärmeeinbringung hervorgerufenen Verzuges zurzeit die wichtigste Position ein. Als Basis dafür dient die Berechnung der exakten Temperaturfeldentwicklung während des laufenden Prozesses, siehe Abb. 11.36. Eine Berechnung des Gefüges und der Eigenspannungen im Hinblick auf spätere Festigkeitsanalysen und die Kopplung zu nachgelagerten Prozessen sind weitere wichtige Anwendungen.

Die Voraussetzung für eine zielgerichtete Optimierung der Bauteile und der zugehörigen Fertigungsprozesse ist ein gutes Prozessverständnis. Die Schweißsimulation hilft, durch entkoppelte Parametervariationen und Sichtbarmachung nicht unmittelbar messbarer Prozessgrößen, wie z. B. Schmelzbadgeometrie, dieses Verständnis zu verbessern oder ggf. zu ermöglichen. Mit Hilfe der Simulation werden Messergebnisse verschiedener Parametersätze überhaupt erst effektiv miteinander vergleichbar. Die Vorteile der Simulation im Vergleich zu einer rein experimentellen Vorgehensweise werden vor allem bei immer wiederkehrenden Problemen und Optimierungsvorgängen durch Variationen deutlich sichtbar [68].

11.3.4.4 Lackiersimulation

Die Arbeiten zur Simulation des Lackierprozesses konzentrieren sich im Wesentlichen auf die Teilprozesse KTL-Beschichtung, Decklackbeschichtung (mit Hochrotationsglocken) sowie die Trocknung.

Es sind zwei Ansätze bzgl. der Simulation zu unterscheiden. Ein Ansatz ist die physikalische Abbildung der eingesetzten Anlagen. Die auftretenden Strömungen, Ladungsverteilungen sowie der Partikeltransport werden gerechnet.

Der zweite Ansatz zur Abbildung der Teilprozesse ist die Verwendung von Ersatzmodellen wobei hauptsächlich Aussagen zum Fahrzeug möglich sind. In diesem Ansatz werden Anlagen parametrisiert und zunächst auf ein Fahrzeugmodell kalibriert. Für ähnliche Karosserieformen lassen sich mit der kalibrierten Anlage gute Vorhersagen für neue Fahrzeuge machen. Die Übereinstimmungen mit Messdaten waren zum Teil sehr gut [69].

11.3.5 Optimierung

Bei der Entwicklung neuer Produkte müssen alle Potenziale zur Kostenreduktion und Verkürzung der Entwicklungszeiten ausgeschöpft werden, wobei gleichzeitig eine hohe Produktqualität gewährleistet werden muss. Dies erfordert neben den

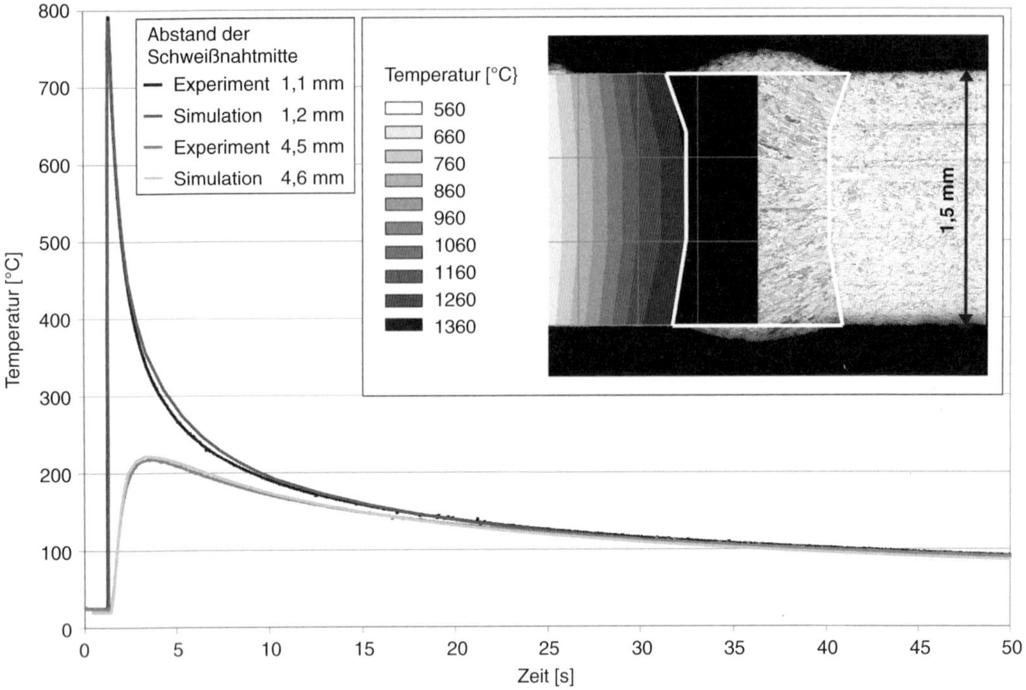

Abb. 11.36 Beispiel für einen Vergleich zwischen Schweißsimulation und Experiment (Temperaturzyklen und Schmelzbadgeometrie) für H400 (1.4376), 3 kW Nd:YAG Laserstrahl-Blindnaht, Blechdicke 1,5 mm, $v_s = 6{,}5$ m/min [68]

bereits als Standard geltenden linearen und nichtlinearen Berechnungsmethoden auch den Einsatz effizienter Optimierungsverfahren.

Mit Optimierungsrechnungen wird anhand mathematischer Verfahren das Extremum einer oder mehrerer Zielgrößen als Funktion vorgegebener Design-Parameter gesucht. Das Ziel der Optimierung ist es die bestimmenden Parameter der Bauteile wie bspw. Gewicht oder die Spannungen unter Berücksichtigung der Bauteilkosten zu reduzieren [31, 57].

11.3.5.1 Struktur-Optimierung

Prinzipiell teilt man die rechnergestützte Optimierung von Strukturbauteilen in drei verschiedene Verfahren ein. Als erstes ist die Parameteroptimierung zu nennen, bei der charakteristische Parameter der Bauteile automatisch variiert werden. Dies können Querschnittsflächen von Fachwerkstäben, Flächenträgheitsmomente von Rahmenbauteilen, Wandstärken u.ä. sein. Bei der zweiten Optimierungsart – der Gestalt- oder Formoptimierung – auf Basis von Knoten müssen keine geometrischen Parameter des Modells ausgewählt werden, die durch den Optimierer verändert werden dürfen. Es werden vielmehr die kritischen Bereiche definiert, in denen dann die Oberfläche durch lokale Knotenverschiebungen verändert wird, um die Beanspruchung zu minimieren. Man arbeitet also frei von geometrischen Parametern. Ein effizientes Verfahren zur Netzglättung muss die Netzgüte im Inneren des Modells gewährleisten um den Anforderungen an die Elementqualitäten der FE-Solver bei den sich einstellenden Veränderungen gerecht zu werden. Ein typischer Anwendungsfall ist die Vergrößerung einer Ausrundung zum Abbau der Kerbspannungen. Die Gestaltoptimierung wird oft bei Bauteilen verwendet, die sich bereits in einem fortgeschritteneren Stadium des Konstruktionsprozesses befinden (Abb. 11.37).

Die Topologieoptimierung als drittes Verfahren schließlich ist eine völlig andere Optimierungsmethode. Es wird von einem zulässigen Bauraum des zu konstruierenden Bauteils ausgegangen. Ba-

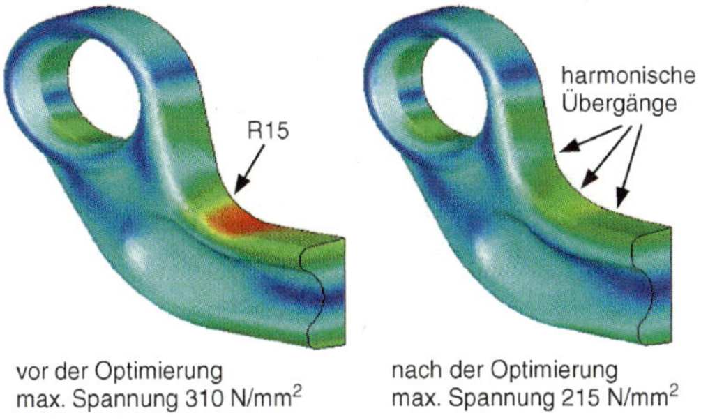

Abb. 11.37 Abbau von Spannungsspitzen bei der Gestaltoptimierung (Quelle: Audi AG)

sierend auf dem FE-Modell werden Elemente, die nicht im Kraftfluss liegen, aus dem Bauteil entfernt. Der optimierte Entwurf erfüllt die Betriebsanforderungen z. B. bezüglich Festigkeit, Steifigkeit oder Eigenfrequenzen. Neben der Gewichtsreduktion können bei der Topologieoptimierung auch dynamische Aspekte berücksichtigt werden. Bereits bei der Definition des Optimierungsproblems können Restriktionen definiert werden um beispielsweise Elementfixierungen oder eine Entformungsrichtung vorzugeben. Diese – der Konstruktion vorgeschaltete – Optimierung ermöglicht eine automatische Neukonstruktion des Bauteils und hat damit häufig die größte Gewichtsersparnis zur Folge. Als Ergebnis der Topologieoptimierung erhält man einen Designentwurf, der interpretiert und weiterverarbeitet werden muss. Hierbei können einerseits die Ergebnisse der Optimierung im FE-Postprozessor ausgewertet werden. Andererseits kann eine Glättung der optimierten Struktur durchgeführt werden, um die Optimierungsergebnisse in die Konstruktionsumgebung zu überführen und eine Weiterverarbeitung zu ermöglichen.

11.3.5.2 Multidimensionale Optimierung

Im Entwurf des Fahrzeugs müssen Verbesserungen der Crash-Sicherheit eines Fahrzeugs nicht unbedingt positive Auswirkungen zum Beispiel auf den Schwingungskomfort und die Akustik haben. Numerische Optimierungen müssen daher eigentlich nicht nur die Ergebnisse einer Disziplin sondern mehrerer Disziplinen berücksichtigen. Der Abgleich von Zielkonflikten zwischen unterschiedlichen Fachrichtungen findet jüngst Einzug in die industrielle Praxis. Diese multidisziplinären Optimierungen sind hochkomplex, da zunächst die Zielfunktionen unterschiedlicher Disziplinen miteinander kombiniert und zu einer einheitlichen Zielfunktion zusammengefasst werden muss. Ferner verwenden Struktursimulation und Crash-Simulation zum Beispiel unterschiedliche Optimierungsansätze, die dann entsprechend miteinander kombiniert werden müssen [31].

Die nötige Funktionalität wird in Optimierungstoolboxen angeboten, die die nötigen Simulationsprogramme als Black-Box Anwendung betrachten. Im Inputdeck werden wenige Parameter textuell geändert und die Zielfunktion aus Werten im Ausgabefile abgeleitet. Typische Optimierer verwenden Gradientenverfahren oder Verfahren mit Ersatzfunktionen und genetische Algorithmen, die das Verhalten der Lösung in einem großen Definitionsbereich approximieren. Diese Ansätze erfordern heute noch enorme Rechenzeiten, da eine Vielzahl von Simulationsläufen notwendig ist um Abstiegsrichtungen oder das globale Verhalten der Zielfunktion zu bestimmen. Aktuelle Beispiele für multidisziplinäre Optimierung finden sich in der Literatur, z. B. zur Auslegung einer Frontklappe bezüglich der Zielkonflikte Steifigkeit z. B. unter Windlast und der geforderten Nachgiebigkeit für Fußgängerschutz [32, 58].

11.3.5.3 Stochastische Simulationen

Bei der Auslegung von Fahrzeugen genügt es nicht, eine hohe Performance unter definierten Test- und Aufbaubedingungen zu entwickeln. Vielmehr muss die Frage beantwortet werden, was passiert, wenn bestimmte Parameter wie bspw. Blechdicken oder Materialparameter sich verändern, wie dies aufgrund von Schwankungen im Herstellprozess vorkommen kann. Weil im Experiment solche Studien nur eingeschränkt durchführbar und darüber hinaus unwirtschaftlich sind, hat die Koppelung von Programmen für die stochastische Untersuchung mit klassischen CAE-Simulationswerkzeugen in den vergangenen Jahren erheblich an Bedeutung gewonnen. Durch ein Stochastikprogramm werden nach einem Monte-Carlo-Verfahren die Inputparameter deterministischer Rechenmodelle innerhalb definierter Grenzen gestreut und die Ergebnisse der Zielgröße über dem Schwankungsbereich vi-

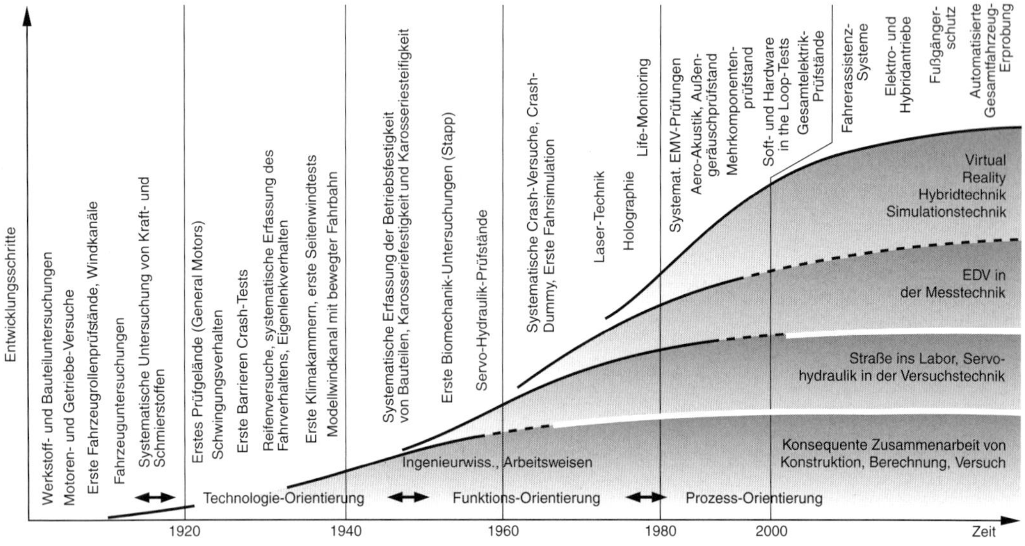

Abb. 11.38 Meilensteine der Mess- und Versuchstechnik im Automobilbau (aus [84], ergänzt)

sualisiert. Damit gelingt es robustere Lösungen zu finden [32, 59]. Auch in der Umformsimulation (s. ▶ Abschn. 11.3.4.1) wird häufig nicht wie bisher nur mit diskreten Werten, sondern mit verteilten Parametern simuliert.

11.4 Mess- und Versuchstechnik

11.4.1 Kurzer Rückblick

Die vielen Schwächen der ersten, zunächst rein handwerklich gebauten, Automobile zwangen neben umfangreichen konstruktiven Verbesserungen auch zur Entwicklung entsprechender Versuchsmethoden (z. B. [76]). Stand zu Beginn die Sicherstellung einer Mindest-Gebrauchstüchtigkeit im Vordergrund, folgten sehr bald weitere Kundenanforderungen, wie Transportleistung, Fahrsicherheit, Fahrkomfort und Wirtschaftlichkeit. Nach dem zweiten Weltkrieg begann man, auch die Anforderungen, die aus erschwerten Betriebsbedingungen resultieren (Hitze, Kälte, Hochgebirge, z. B. [77]) sowie Umweltschutz und Unfallfolgenmilderung, einzubeziehen. Alle Bemühungen führten im Laufe der Jahrzehnte zu einem umfangreichen Instrumentarium an Mess- und Versuchstechniken (typische Beispiele siehe Abb. 11.38).

11.4.2 Grundsätzliches zur Mess- und Versuchstechnik im Automobilbau

In Forschung und Vorentwicklung wird zur Erkennung und Bestätigung von Technologie- und Konzept-Potenzialen experimentiert, in Serienentwicklung und Produktion wird zur Sicherstellung von Produkt- und Prozessreife getestet (im Versuch simuliert) und geprüft (Ist mit Soll verglichen, siehe [86] – in allen Phasen der Produktentstehung sind also Mess- und Versuchstechniken trotz oder gerade wegen umfangreicher Berechnungs- und Simulationsverfahren unverzichtbar. Zu den Aufgaben gehören:

- Unterstützung des Zielsetzungsprozesses, Überprüfung der Zielerreichung
- Bestimmung von Grenzwerten für Entwicklung, Produktion, Gesetzgebung
- Fundierung von Konstruktionsentscheidungen
- Feinabstimmung und Optimierung von Komponenten und Systemen (einschl. Software)

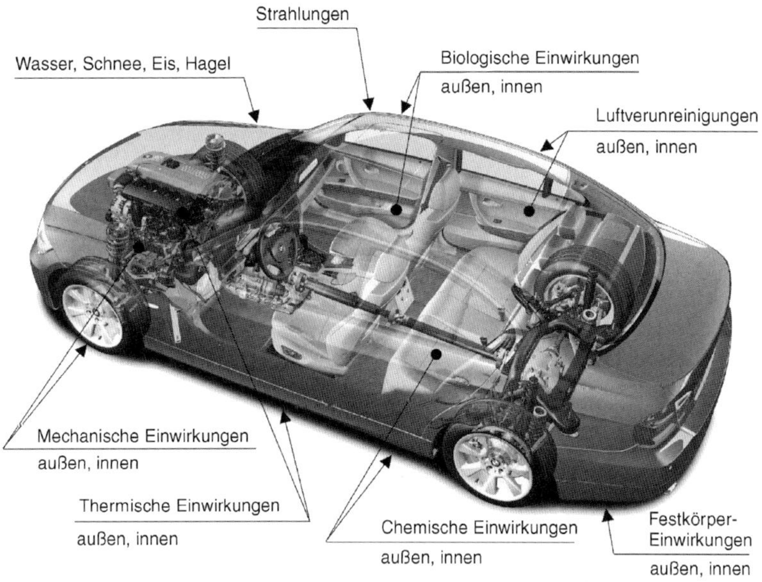

Abb. 11.39 Einflüsse (Belastungen) auf das Kraftfahrzeug

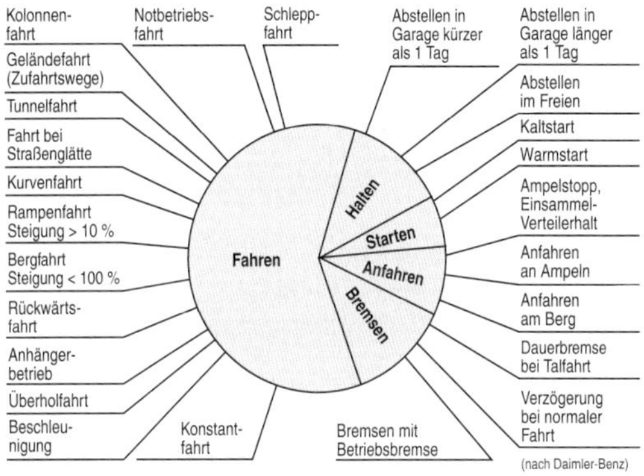

Abb. 11.40 Wichtige Betriebszustände eines Kraftfahrzeuges

Funktionsversuche	Dauerversuche
Bauteilversuche	Aggregat-/Systemversuche
Labor und Prüfstandsversuche	Fahrversuche
Versuche bei bestimmungsgemäßer Behandlung	Missbrauchtests, Unfallsimulation
Versuche mit Einzelwirkungen	Versuche mit kombinierten Wirkungen
Versuche mit objektiven Bewertungskriterien	Versuche unter Einbeziehung subjektiver Bewertungen
Modellversuche	1:1 Versuche
...	...
...	...

Abb. 11.41 Zur Versuchstechnik im Automobilbau

- Validierung und Verifizierung von Rechenmodellen und Simulationsverfahren sowie Ermittlung nur experimentell bestimmbarer Parameterwerte
- Daten und Zeitverläufe zur Ansteuerung von Prüfständen.

Wichtige Grundlage für den Versuchsbereich ist, wie auch für die Konstruktion, der Umfang aller Betriebszustände und Einsatzbedingungen eines Fahrzeugs (Abb. 11.40), deren Häufigkeiten und Schweregrade (Kunden-, Straßen- und Ländereinflüsse, Lastkollektive, ...) einschließlich aller inneren und äußeren Belastungen auf das Fahrzeug (Abb. 11.39). Von besonderer Bedeutung ist, dass bei Hybridantrieben die Zahl möglicher Betriebszustände, so z. B. Segeln und Rekuperieren, und deren Übergänge sprunghaft ansteigt. Aus all diesen Faktoren lässt sich eine Systematik der Versuchstechnik ableiten. Dazu gehört die genaue Beschreibung des Untersuchungsziels, der Versuchsart (Abb. 11.41) sowie der Zuordnung infrage kommender Test- und Prüfmethoden zu den konkreten Versuchsaufgaben (Abb. 11.42),

	Prüfmethode / Prüf-Aufgaben	Reale Straßenfahrt	Mess- und Prüfgelände	Physikalische Prüfstände	„Dummies in the loop"	„Software in the loop" „Hardware in the loop"	„Man in the loop"	Virtuelle Prüfstände
Funktions- und Dauerversuche	Gesamtfahrzeug in seinem Umfeld	• Fahrzeug-Gesamtfunktion, Fahrerlebnis • Langstreckentauglichkeit • Dauerläufe • Fahrzeug bei Extrembedingungen (Nordland, Tropen, Hochgebirge) • Länderspezifika (Verkehrszeichen-Erkennung, infrastrukturbasierte FAS)	Fahrzeug-Gesamtfunktion und Fahrerlebnis bei definierten Betriebsbedingungen	• Aerodynamik • Klima • Außengeräusch • Innengeräusch • Schwingungen • Kraftstoffverbrauch • Elektromagnetische Verträglichkeit • Fahrzeug bei Extrembedingungen	• Crashverhalten • Klimaverhalten • Akustik	• Fahrdynamik-Simulation bei definierten Betriebsbedingungen bis in Fahrgrenzbereiche • Funktionsfehler von Systemen	Fahrsimulation	• Design (Exterieur, Interieur) • Ergonomie-Funktionen • Zugänglichkeiten für Wartung und Reparatur • Energiemanagement • Hitzeschutz • Korrosion
Funktions- und Dauerversuche	Aggregate / Systeme	• Komplexe Aggregate und Funktionen bei wechselnden und extremen Betriebsbedingungen • …	• Antriebs-Abstimmung • Fahrwerks-Abstimmung (Längs-, Quer- und Vertikaldynamik) • …	• Motor, Getriebe, Kraftübertragung • Achs- und Bremssysteme • Rohkarosserie • Abgasanlagen • …	• Insassenschutz • Fußgängerschutz	• Antriebs- und Fahrwerks-Regelsysteme • Elektrisches Bordnetz • Software	• Ergonomie • Fahrerassistenz-Systeme	• Musterbau, Montage • Aggregat- und System-Funktionen
	Werkstoffe, Bauteile, Betriebsstoffe	Verhalten von Werkstoffen, Bauteilen und Betriebsstoffen bei realen Betriebsbedingungen	Verhalten von Werkstoffen, Bauteilen und Betriebsstoffen bei definierten Betriebsbedingungen (bis in den Bereich des Missbrauchs)	Verhalten von Werkstoffen, Bauteilen und Betriebsstoffen	In vivo und in vitro Experimente	Funktionsfehlererkennung von Bauteilen	Olfaktorische Prüfung von Geruchsstoffen	• Bauteilgeometrie • Bauteilfunktionen

Abb. 11.42 Beispiele für Einsatzfelder der Versuchstechnik im Automobilbau

oder anders ausgedrückt, »Was, Wie, Wann, von Wem und Womit getestet werden soll.« [128].

Zur Festlegung der Versuchsmethode gehört zwingend das Vorhandensein geeigneter Versuchsobjekte, von der Werkstoffprobe über das Versuchsbauteil, das funktionsfähige Aggregat (z. B. Motor) im Aggregateträger, den fahrfähigen, evtl. noch unvollständigen, Prototyp bis zum kompletten Serienfahrzeug. Für manche Untersuchungen werden auch speziell konzipierte Experimentalfahrzeuge eingesetzt (z. B. [94]. Dazu gehört auch die Festlegung der Versuchsbedingungen sowie zugehöriger Messverfahren und Bewertungskriterien (Beispiel siehe Abb. 11.43). Letztere ergeben sich entweder direkt quantitativ aus dem Lastenheft (z. B. Kraftstoffverbrauch, Beschleunigungsvermögen) oder als empirisch-wissenschaftlich abgeleitete Größen komplexer Verhaltensweisen, auch stark subjektiv empfundener Effekte (s. u.) oder aus der Biomechanik des Unfallgeschehens (▶ Kap. 9). Zur Bestimmung des Kraftstoff-Normverbrauchs gibt es weltweit unterschiedliche Fahrzyklen. Zukünftig soll es jedoch möglichst eine einzige »Worldwide Harmonized Light Duty Test Procedure« geben [136].

Als Folge von Fahr- und Bedienungsfehlern können Fahrzeuge wesentlich stärker belastet werden als bei bestimmungsgemäßem Einsatz. Deshalb müssen aus der großen Zahl von Sonderereignissen (z. B. [91]) und Möglichkeiten »missbräuchlichen« Umgangs sog. Missbrauchtests entwickelt und eingesetzt werden (Abb. 11.44 aus [78, 86, 90] und [95]). Zugehörige Erkenntnisse dürfen einerseits nicht zu Konstruktionen mit unakzeptablen Nachteilen im Normalbetrieb des Fahrzeugs führen, müssen andererseits aber sicherstellen, dass nach einem Missbrauch noch ein (u. U. eingeschränkt) betriebsfähiger Zustand vorhanden ist.

Der große Umfang an Versuchsaufgaben hat die Messtechnik im Automobilbau zu einem eigenständigen Fachgebiet werden lassen. In einer Fülle von stationären und mobilen Geräten und

	Death-Valley-Sommer	Nordland-Winter
Ort	35° n. B.	68° n. B.
Strahlungsrichtung	78°	2°
– Intensität direkt	1000 W/m²	150 W/m²
diffus	90 W/m²	20 W/m²
Fzg.-Ausrichtung	Bug zur Sonne	Bug zur Sonne
Umgebungstemperatur	40 °C	–20 °C
Motorraumtemperatur	85 °C	+30 °C
Kofferraumtemperatur	65 °C	–10 °C
Bodentemperatur	40 °C	–20 °C
Luftfeuchte	10 % rel.	90 % rel.
Fahrgeschwindigkeit	0, 32, 64, 96... km/h	0, 32, 64, 96... km/h
Gebläsestufen	0 : III	0 : III

Abb. 11.43 Versuchsbedingungen für die Szenarien »Death Valley-Sommer« und »Nordland-Winter«

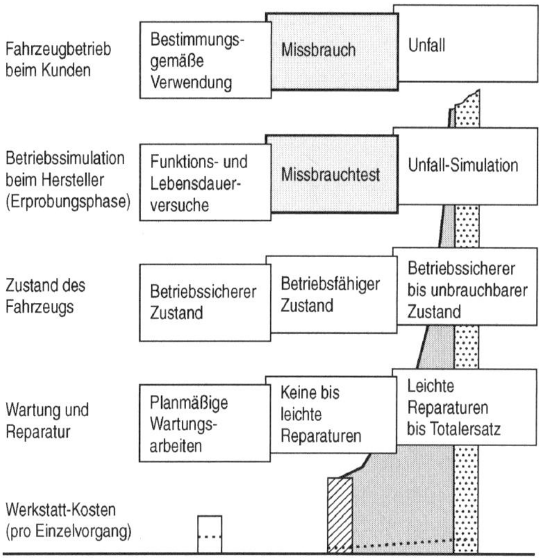

Abb. 11.44 Zur Definition des Fahrzeug-Missbrauchs und des Missbrauchtests

Verfahren werden heute vielfältige, oft sehr genau und hochdynamisch zu erfassende, Messgrößen verwendet (z. B. [96]), die verschiedenen Bereichen zugeordnet werden können, so insbesondere:

- Mechanik, Fahrdynamik
- Fluiddynamik
- Schwingungen, Akustik
- Thermodynamik, Wärme- und Energietechnik
- Elektrotechnik
- Elektrochemie
- Optik

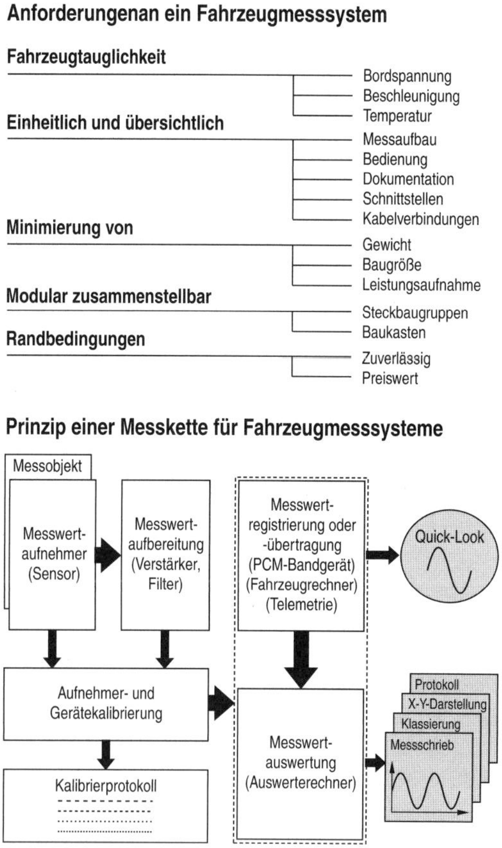

Abb. 11.45 Fahrzeugmess-Systeme – Anforderungen, Prinzipdarstellung Anforderungen, Prinzip einer Messkette

- Werkstoffe, Bauteile, Kraft- und Betriebsstoffe
- Tribologie
- Fahrerassistenz
- Unfallfolgenmildernde Sicherheit
- Abgasmanagement
- Telematik

Während im Labor an Aggregaten und Gesamtfahrzeugen umfangreiche und sensible Messverfahren eingesetzt werden können, müssen für die mobile Messtechnik im fahrenden Fahrzeug Raum- und Gewichtsgrenzen, manchmal weitere Einschränkungen, berücksichtigt werden (Abb. 11.45, aus [80]). Dennoch sind heute manche Dauerlauf-Fahrzeuge rollende Messlabors, z. B. zur Erfassung aller möglichen kritischen Temperaturen und Belastungen. Besondere Anforderungen gibt es für das berührungslose Messen an schwer zu-

Erprobungsorte	Schwerpunkte	Spez. Effekte
Nürburgring	Fahrwerk, Motor, Karosserie	Zeitraffung unter Extrembeanspruchung
Mittelmeer-Raum	Fahrwerk, Karosserie	Zeitraffung unter Extrembeanspruchung
„Osteuropa"	Fahrwerk, Karosserie	Zeitraffung unter Hochbeanspruchung
Südafrika	Sommerbetrieb	Hitze, Staub, Rechtslenker
VAE	Sommerbetrieb	Hitze, Staub
USA/Death Valley	Sommerbetrieb	Extreme Hitze
„Nordland"	Winterbetrieb	Extreme Kälte
Deutschland	Gesamtfahrzeug	Kundennaher Betrieb, BAB
Miramas (Testgelände)	Fahrwerk, Motor, Karosserie	Zeitraffung unter Extrembeanspruchung
	Motor, Antriebsstrang, Kühlsystem, Aerodynamik	Hochgeschwindigkeitsverhalten unter Zeitraffung
Landesspezifische Erprobungen USA, Südafrika, Japan, Südostasien, China		

Abb. 11.46 Erprobung Gesamtfahrzeug (Beispiele)

gänglichen Bereichen, z. B. an bewegten und/oder heißen Bauteilen, sowie für das Sichtbarmachen komplexer Vorgänge, z. B. in kompakten und hochbeanspruchten Aggregaten. Wie das Beispiel der Hybridantriebe zeigt, steigt mit der Komplexität der Fahrzeuge auch die der Testverfahren und Versuchseinrichtungen.

Schon seit Jahren sind Messsysteme auf Rechnerbasis Stand der Technik; sie erlauben optimierte und überwachte Versuchsdurchführung, komplexe on-line-Auswertungen (Zeit- und Frequenzbereiche, Leistungsspektren, Modalanalysen usw.) einschließlich quick-look-Darstellungen.

Bevor die Messwerte registriert und/oder verarbeitet werden, müssen sie störungsfrei erfasst, gefiltert, aufbereitet und (häufig telemetrisch) übertragen werden, was vor allem für Fahrten unter Extrembedingungen (Klima, Straßenverhältnisse) gezielte Maßnahmen erforderlich macht. Besondere organisatorische Maßnahmen im Versuchsbetrieb sind für Planung und Durchführung von Versuchsfahrten mit Fahrzeugflotten in entfernten Ländern zu ganz bestimmten Jahreszeiten notwendig (Beispiele für Erprobungsgebiete siehe Abb. 11.46).

Um möglichst jederzeit, ungestört und reproduzierbar Fahrerprobungen außerhalb des öffentlichen Verkehrs durchführen zu können, betreiben alle größeren Autohersteller (häufig in der Nähe ihrer Entwicklungszentren, aber auch in Regionen mit besonderen klimatischen Bedingungen) aufwendige Mess- und Prüfgelände (Beispiel siehe Abb. 11.47).

Solche Einrichtungen umfassen eine Vielfalt unterschiedlicher Strecken. Typischerweise gehören dazu:

- Kreisplatte für Kurvenfahrten (einschl. Kurvenaquaplaning)
- Fahrdynamikfläche für beliebige Fahrmanöver
- Schnellfahrbahn
- Handlingkurs
- Verschiedene Schlechtwegstrecken (wie Kopfsteinpflaster mit Trambahnschienen, Höcker, Rinnen, Waschbretter ...)
- Verschiedene Sonderstrecken (Wasserdurchfahrten, Niedrigreibwertstrecken, Steigungshügel, Seitenwindanlage, Offroad-Strecken)

Großer Aufwand, häufig nicht konstant zu haltende Versuchsbedingungen und damit mangelnde Reproduzierbarkeit, Probleme mit der Messtechnik, Abhängigkeit von Jahreszeiten usw. führten schon frühzeitig zu Bemühungen, zusätzlich zu Aggregatversuchen auch möglichst viele Versuche mit Gesamtfahrzeugen »von der Straße ins Labor zu holen« (z. B. [76, 78–93, 97]). So wurden schon vor dem zweiten Weltkrieg große Windkanäle zur Untersuchung aerodynamischer Eigenschaften und Rollenprüfstände zur Untersuchung des gesamten Antriebssystems im Fahrzeug gebaut und in den letzten Jahrzehnten in vielfältiger Weise verfeinert (z. B. [137–139]). Weitere Beispiele betreffen klimatisierte Antriebsprüfstände, Thermo- und Umwelt-Windkanäle mit Simulation aller möglichen Wetterverhältnissen sowie Betriebsfestigkeitsprüfungen von Achsen und Gesamtfahrzeugen mit komplexen servohydraulischen Belastungseinrichtungen, die mit auf der Straße gemessenen Betriebslasten im Nachfahrversuch unter Echtzeitbedingungen betrieben werden können (Abb. 11.48, z. B. [88, 91, 92, 98]). Weitere Beispiele betreffen Akustik-Windkanäle, Außengeräusch-Prüfstände sowie Hallen zur Überprüfung der elektromagnetischen Verträglichkeit. Wesentliche Voraussetzung für solch realitätsnahe Versuchstechniken war die Entwicklung leistungsfähiger Realtime-Rechner- und -Software-Systeme. Aus der umfangreichen Versuchstechnik zur sog. pas-

Abb. 11.47 Beispiel für ein Automobil-Testgelände (Seiffert, U.; Walzer, P.: Automobiltechnik der Zukunft. Düsseldorf: VDI-Verlag GmbH, 1989, S. 165)

Abb. 11.48 Mehrkomponenten-Fahrzeugprüfstand für Betriebslasten-Nachfahrversuche

siven Sicherheit (▶ Kap. 9) sei das aktuelle Thema Fußgängerschutz genannt (z. B. [141]).

Mögen alle Entwicklungs- und Fertigungsplanungs-Abteilungen noch so gute Arbeit geleistet haben, Serienstarts und Kundenauslieferungen neuer Modelle werden erst dann freigegeben, wenn eine genügend große Zahl von Fahrzeugen im Praxiseinsatz Funktionstüchtigkeit, Zuverlässigkeit und auch subjektiven Qualitätseindruck bewiesen haben. Dabei zeigt es sich immer wieder, dass die letzten Feinheiten besonders viel Aufwand erfordern. Und selbst dann kann es bei der hohen Komplexität der Produkte und Prozesse vorkommen, dass nicht alles programmgemäß verläuft, dass in der Serie größere Abweichungen als erwartet auftreten, …

11.4.3 Einige ausgewählte Beispiele

Die Entwicklung extrem sparsamer und abgasarmer Verbrennungsmotoren setzt präzise Kenntnisse der komplexen Wirkkette »Gaswechsel, Einspritzung, Zerstäubung, Verdampfung, Gemischbildung, Zündung, Verbrennung, Energieumsetzung sowie Reaktionskinetik« voraus (z. B. [99, 100]). Zur Erfassung und Beherrschung zugehöriger Effekte konnten in den letzten Jahrzehnten verschiedene optische Messtechniken, so Lichtleiter-Endoskopieverfahren sowie vor allem verschiedene Lasertechniken zur Anwendung gebracht werden, mit deren Hilfe insbesondere Strömungsfelder, Strahlausbreitungen, Strahl-Wand-Interaktionen, Flammenausbreitungen oder Partikelbildungen (z. B. [142]) zeitlich-örtlich hochauflösend sichtbar gemacht oder auch dynamische Abgas- oder Ölverbrauchs-Untersuchungen bis zum ppb-Bereich vorgenommen werden können (z. B. [96]). Schon seit den 70er Jahren des letzten Jahrhunderts wird die laserinduzierte Doppelpuls-Holographie zur Messung angeregter Schwingungsformen optisch zugänglicher Strukturoberfächen eingesetzt (z. B. [78–93]). Eine andere Anwendung der Lasertechnik, die Laser-Doppler-Anemometrie, betrifft die Visualisierung weiterer komplexer Strömungsverhältnisse, so aerodynamischer Fahrzeug-Umströmungen im Windkanal (▶ Abschn. 3.2), Bremsstaub-Emissionen [143] oder im Wassermantel von Verbrennungsmotoren.

Eine den Motorkonzepten ähnliche Vielfalt findet man auch bei den Triebsträngen, die immer höhere Anforderungen zu erfüllen haben und weiter steigende Komplexität aufweisen (siehe ▶ Abschn. 5.4 und ▶ Abschn. 5.5). Entsprechend universell einsetzbare Prüfstände, auch für Allrad-, Hybrid- und Elektroantriebe, sind hierzu schon in frühen Entwicklungsphasen unverzichtbar (z. B. [101]).

Bei der strömungs- und wärmetechnischen Simulation von Fahrzeugen in Wind- und Klimakanälen kommt es, wie bei fast jeder Simulation, zu Abweichungen gegenüber der Realität. Die noch offenen Fragen der Windkanaltechnik konnten inzwischen weitgehend geklärt werden [102, 129, 130].

Aerodynamikversuche in frühen Entwicklungsphasen lassen sich vergleichsweise schnell und kostengünstig mit verkleinerten Modellen durchführen (ein Beispiel für die in ◘ Abb. 11.41 genannten Modellversuche). Solche Versuche erfordern jedoch die ausreichende Berücksichtigung der wichtigen Formdetails sowie der physikalischen Ähnlichkeitsgesetze (z. B. [103, 104]).

Dass dem Nichtfachmann einfach erscheinende Bauteile oder Komponenten häufig anspruchsvolle Versuchsaufgaben stellen, zeigt das Beispiel des Scheibenwischers, bei dem Werkstoffeigenschaften, geometrische Feinheiten, Kraftverteilungen und aerodynamische Einflüsse Wischqualität, Tribologie, Rattergeräusche und Lebensdauer beeinflussen. Auch ein weiteres Beispiel, nämlich der Prüfablauf von Sicherheitsgurten (◘ Abb. 11.49) zeigt den großen Versuchsaufwand, der zur Sicherstellung von Funktion und Lebensdauer moderner Fahrzeuge unerlässlich ist.

Mit beiden Beispielen ist ebenfalls angedeutet, welch beachtlicher Prüfaufwand bezüglich des gesamten Umfangs an Werk-(auch Kraft- und Betriebs)-stoffen des Automobils einschließlich aller Fügetechniken zu leisten ist (z. B. [105, 106]). Es handelt sich dabei um physikalische, chemische und technologische Prüfverfahren zur Bestimmung von Werkstoff-Identitäten, Festigkeits- und Verschleißeigenschaften, Innen- und Oberflächen-Fehlern, Medienbeständigkeiten von Kunststoffen usw. Dazu stehen vielfältige Apparate und Verfahren zur Verfügung, wie folgende Beispiele zeigen: Elektronenmikroskope für neue Materialien, Röntgenstrahlen für relativ unkomplizierte Einblicke in Bauteile, Thermographie zur berührungslosen und zerstörungsfreien Materialprüfung.

Funktionalität, Sicherheit und Zuverlässigkeit elektronischer Steuerungen und Regelungen sind mit klassischen Verfahren allein nicht zu ermitteln. Deshalb wurden neue und besonders leistungsfähige Methoden für Systementwicklungen, Testen vernetzter Elektroniksysteme sowie automatisierte Testumgebungen und Fehlersimulationen entwickelt, um die steigende Anzahl von Steuergeräten und deren Variantenvielfalt, die steigende Vernetzung und zunehmende Verteilung von Funktionalitäten zusammen mit der zugehörigen Software untersuchen zu können (▶ Abschn. 8.7). Aus der

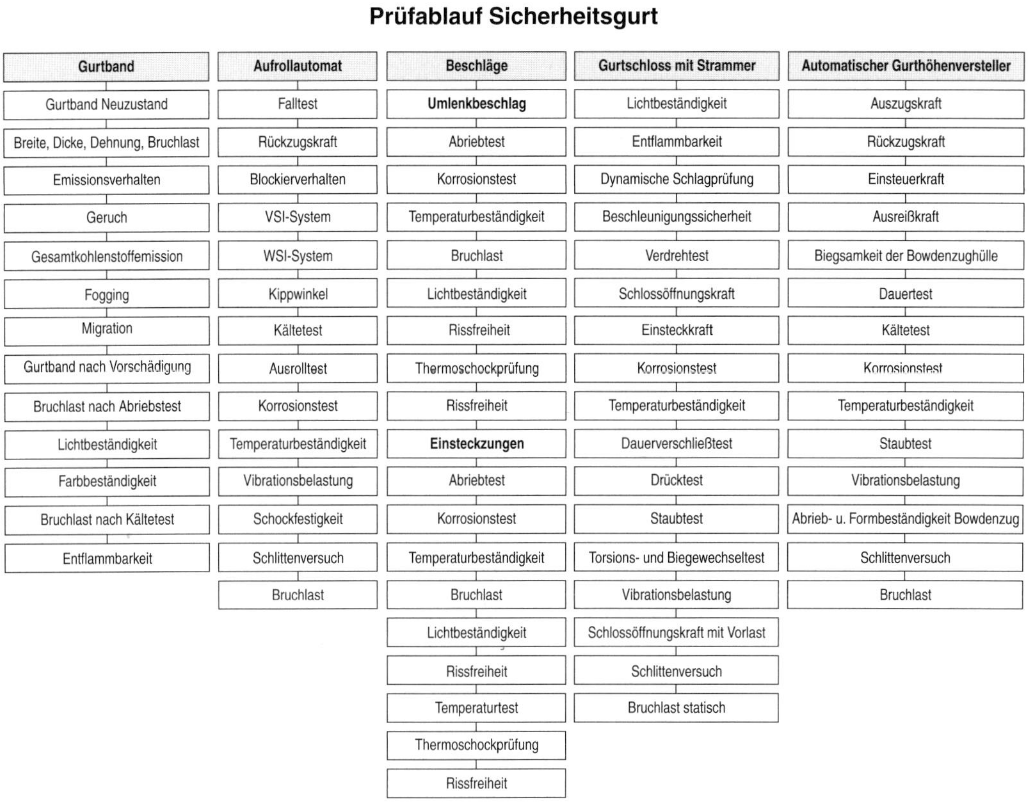

Abb. 11.49 Prüfablauf – Sicherheitsgurt

Praxis der manchmal schwierigen Fehlersuche seien Kriechströme, Wackelkontakte und Kontaktkorrosion genannt [144]. Insbesondere die fast unendliche Vielfalt von Vernetzungsvarianten softwarebasierter Funktionen (z. B. Informations-, Kommunikations- und Assistenzfunktionen) stellt hohe Anforderungen an die versuchstechnische Absicherung gegen Fehler. Häufig erscheinen Fehler nur sporadisch, d. h. der Zustand des vernetzten Gesamtsystem, in welchem sie auftreten, kommt im normalen Fahrbetrieb nur gelegentlich vor. Das erschwert die Analyse solcher Softwarefehler erheblich.

Neue Aufgaben für Simulations- und Versuchstechniken stellt die Entwicklung neuer Elektro- und Hybridantriebs-Systeme (▶ Abschn. 4.3.3). Das beginnt zunächst mit der Funktions- und Sicherheitsentwicklung neuer Batteriesysteme (z. B. [145]). Zusätzlich handelt es sich sowohl um das komplexe Zusammenspiel aller Komponenten als auch um Fragen des Gesamtfahrzeugs, wie die Beherrschung hoher elektrischer Spannungen und Ströme, EMV, Crashsicherheit oder die Erreichung eines voll akzeptablen Geräuschverhaltens (z. B. [131]).

Die Kopplung unterschiedlicher Methoden und Techniken zeigt sich deutlich bei den Hybridtechniken »Software in the Loop«, »Hardware in the Loop«, die zur Steigerung der Reifegradabsicherung und zur »Function«- und »Model in the loop« sowie »Human and Hardware in the loop«, Entwicklungseffizienz zunehmend eingesetzt werden (Abb. 11.50, [107–109, 157, 158]). HiL-Testsysteme für Hybridantriebe müssen extrem schnell sein, hohe Leistungen schalten und gleichzeitig flexibel sein [157–159]. Die heute zu

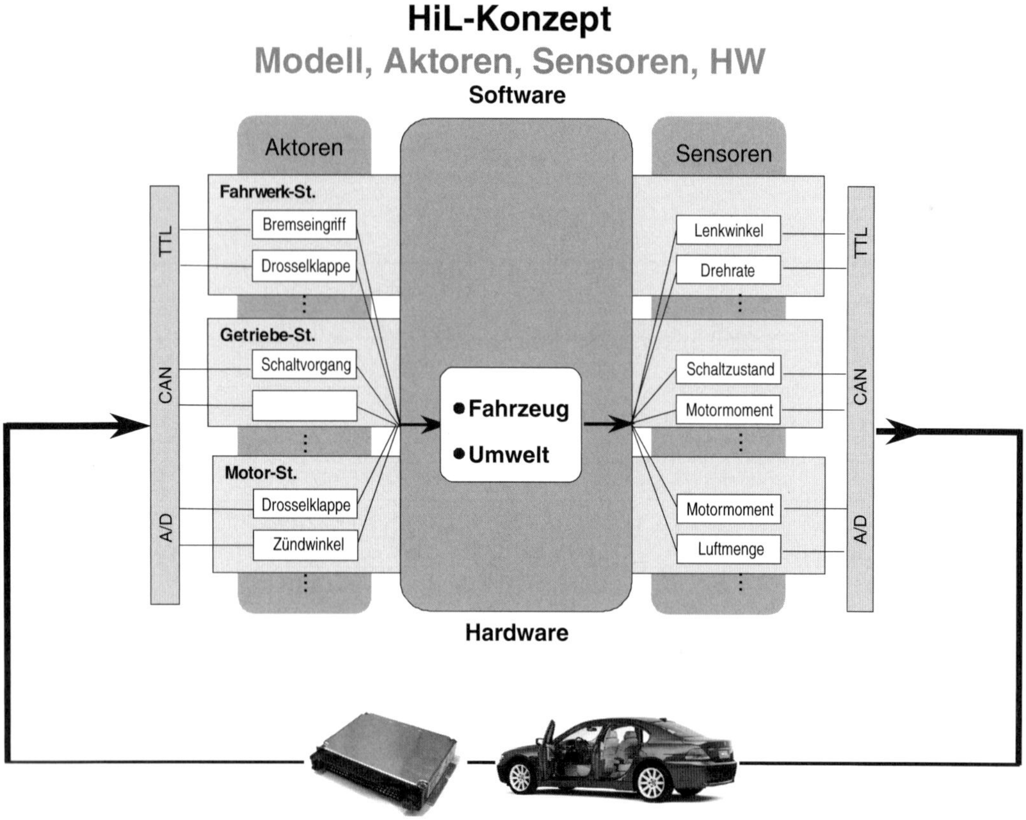

Abb. 11.50 Hardware in the Loop-Konzept (Beispiel)

beherrschende Komplexität mit der Gesamtheit aller Funktionen, Aktoren und Sensoren zeigt sich auch beim Stillstandsmanagement des Fahrzeugs [150].

Es ist ein besonderes Kennzeichen der Automobiltechnik, dass eine Reihe von Eigenschaften nicht allein oder gar nicht objektiv bewertbar ist. Ein wichtiges Teilgebiet der Fahrzeug-Versuchstechnik bemüht sich daher mit zunehmendem Erfolg, Zusammenhänge zwischen subjektiven Bewertungen und messbaren Größen zu finden und daraus quasiobjektive Bewertungskriterien abzuleiten [110–112], die auch für die Bewertung von Simulationsergebnissen und die Entwicklung des »Digital Car« (▶ Abschn. 11.3) herangezogen werden. Beispiele sind Bewertung von Komforteindrücken, Bedienbarkeit und Anzeigen. Eine weitere Zielrichtung betrifft Entwicklung und Einsatz anthropomorpher Testpuppen, die jeweils für bestimmte Anwendungsfälle, wie Crashverhalten (Abschn. 9), Schwingungsverhalten, Klimakomfort oder Audioqualität geeignet sind (z. B. [110]).

Schon seit Jahrzehnten bemüht man sich, Fahrsimulatoren zur Verkehrsicherheitsforschung und zur Vorentwicklung unkonventioneller Fahrzeugkonzepte zu entwickeln und einzusetzen (z. B. [113, 114]). Deren Vorteile liegen vor allem in Untersuchungen voll reproduzierbarer, auch extrem kritischer, Verkehrssituationen, in schnellen Änderungsmöglichkeiten von Fahrzeug- und Umfeldparametern und in Untersuchungsmöglichkeiten für völlig neue Fahrzeugkonzepte. Dazu gehören auch Fahrerassistenzsysteme (z. B. ▶ Abschn. 8.5.5 und [89, 91]), die besondere Versuchsmethoden erfordern (z. B. [115, 151]) sowie die Vorausaktivierung von Systemen zur Unfallmilderung (▶ Kap. 9), lange bevor diese in Realversuchen einsetzbar sind. Obwohl die neuesten Simulatoren gegenüber früher deutliche Fortschritte aufweisen, stellt die realisierbare »High Fidelity«-Simulation noch immer eine besondere Herausforderung dar.

11.4.4 Zur Effizienz der Mess- und Versuchstechnik

Je früher aussagekräftige Versuchsergebnisse vorliegen, um so schneller kann der Konstrukteur seine Freigaben erteilen, um so früher kann daraufhin die Fertigungsplanung aufwendige Investitionen tätigen. Dies hatte jedoch (und hat auch noch) Grenzen, insbesondere wenn in Prototypphasen viele »handgemachte« Bauteile verspätet und/oder nicht sachgerecht, und die Versuchsergebnisse mit den »unfertigen« Prototypen zu spät und zusätzlich nicht aussagekräftig genug zur Verfügung standen. Deshalb kommt, wie in diesem Handbuch an vielen Stellen erläutert, der Stärkung aller Aktivitäten in der frühen Entwicklungsphase besonders hohe Bedeutung zu.

Schon frühzeitig begannen Fahrzeughersteller, Zeitraffertests für Lebensdauer- und Zuverlässigkeitsprüfungen, in den 70er Jahren auch für Korrosionsprüfungen, zu entwickeln (z. B. [76, 78–93, 116]). Zunächst wurden in Prüfgeländen ausgesprochene »Marterstrecken« gebaut, mit für Fahrwerks- und Karosserieteile hohen Raffungsfaktoren; später kamen die schon angesprochenen computergesteuerten Nachfahr-Prüfstände hinzu, die ohne Fahrereinflüsse voll reproduzierbar, »rund um die Uhr« und bei jedem Wetter arbeiten können; zusätzlich können Zeitanteile geringer Beanspruchungsintensität weggelassen werden (Beispiel für Prüfzeit- und Datenreduktionsverfahren). Neuerdings versucht man auch, die Dauererprobung von Serienfahrzeugen durch auf Testgeländen autonom fahrenden Fahrzeugen und »bionischen Diagnoseassistent-Systemen« effizienter zu gestalten [117]. Praxisgerechte Zeitraffer-Verfahren für rein zeitabhängige Alterungsvorgänge, z. B. bei Gummi- und Kunststoffbauteilen, stehen noch aus.

In der Produktentwicklung sind Modelle und Musterteile ein wichtiges Hilfsmittel zur Unterstützung von Produktgestaltung und Prozessplanung. Mit der CAD/CAM-Technologie bietet sich prinzipiell die Möglichkeit, Musterteile auf der Basis der Konstruktionsdaten sehr schnell zu fertigen; sie sind oftmals das Bindeglied, das die Parallelisierung von Produkt- und Prozess-Gestaltung (»Simultaneous Engineering«, ▶ Abschn. 11.1) erst ermöglicht. Rapid Prototyping bietet somit ein großes Potenzial zur Verkürzung des Produktentstehungs-Prozesses bei gleichzeitiger Steigerung der Produktqualität. Möglich sind geometrische Prototypen (insbesondere für die frühe Phase der Prozessplanung) sowie funktionale Prototypen, mit denen, je nach Werkstoff, unterschiedliche Funktionen untersucht werden können (z. B. [118]). Eine weitere Art von Rapid Prototyping betrifft integrierte Entwurfs- und Bewertungsverfahren für Software-Systeme und für die Gestaltung von Mensch-Maschine-Interaktionen (z. B. [119]).

Ein wichtiger Beitrag zur Effizienzsteigerung in Entwicklung und Fertigung stellt »Design to Testability«, also einfache und schnelle Testbarkeiten der Komponenten und Subsysteme schon von der Konstruktion her zu ermöglichen, dar. Dies setzt eine enge Kooperation zwischen Designern und Testingenieuren voraus, die jedoch nicht immer gegeben ist (z. B. [153]).

Obwohl Fahrzeuge immer komplexer werden und immer mehr Parameter zu optimieren sind, muss es Ziel jeder Versuchsplanung sein, möglichst wenig Versuche durchzuführen, und dennoch ein Maximum an Informationen in möglichst kurzer Zeit zu gewinnen. Daraus folgt, dass zumeist nicht alle Parameter einzeln untersucht werden können; vielmehr müssen mehrparametrige Versuche durchgeführt werden, die dennoch genaue Detail-Informationen liefern. Hierzu sind zunächst in einer Systemanalyse die wesentlichen Parameter und deren Wechselwirkungen zu bestimmen, was um so genauer gelingt, je mehr a priori-Wissen, sowohl empirisch als auch mittels Berechnung und Simulation, vorhanden ist. Anschließend erfolgt dann die Auswahl der für die konkrete Aufgabe am besten geeigneten, deterministischen oder statistischen, Versuchsmethode (z. B. [78–93, 120]). Als ein Beispiel sei die modellgestützte Kennfeldoptimierung moderner Ottomotoren genannt [86]. Genügten für die Kennfelderstellung zu Anfang der 80er Jahre noch einige wenige Parameter zur Optimierung der beiden Stellgrößen Zündwinkel und Einspritzzeitpunkt, müssen inzwischen für mindestens 8 Stellgrößen mehr als 100 Kennlinien oder Kennfelder für das Steuergerät optimiert werden, und das auch noch für unterschiedliche Motor-, Getriebe- und Abgas-Varianten. Der dazu notwendige Entwicklungsaufwand (»vielparametrige Versuchsräume«) wäre mit klassischen Versuchsmethoden überhaupt nicht mehr bewältigbar, sodass Methoden wie »Design of Experiments« (DOE) und »Rapid Measurement« erforderlich sind (z. B. [91–93] und [109, 121, 122, 132]).

Der Zwang zur Effizienzsteigerung führte darüberhinaus zu unternehmensinternen und ab etwa 1990 zu firmenübergreifenden Aktivitäten, Grundlagen für die hard- und softwareunabhängige Standardisierung von Automatisierungs-, Mess- und Auswertesystemen zu erarbeiten (insbesondere »ASAM« [78–93]). Standards sind schon heute unverzichtbar, damit Messergebnisse vergleichbar und übertragbar sind, sowie Methoden und Tools in Entwicklungs- und Lieferverträgen verbindlich vereinbart werden können [86, 93]. Nicht zuletzt gehört zur Effizienz des Versuchbetriebs, Ergebnisse gut zu dokumentieren und wenn möglich zu verallgemeinern, damit die Zahl neuer Versuche minimiert werden kann. Dazu zählen auch neue Methoden des Wissensmanagements, neuronale Netze oder allgemein »Know how-Recycling« [85].

Dennoch wird, trotz immer leistungsfähigerer Berechnungs- und Simulationstechniken (»digital car, virtueller Prüfstand, virtuelle Probefahrt«, (z. B. [88, 91, 92, 123–125, 133, 154–156]), weiterhin ein großer Teil der Fahrzeugentwicklung im Realversuch zu leisten sein. In der Antriebsentwicklung beispielsweise liegt der Anteil im Bereich von zwei Drittel bis drei Viertel (siehe auch [134]). Denn der Versuch beantwortet auch Fragen, die gar nicht gestellt wurden.

Die starke Verlagerung von Entwicklungsaktivitäten von den Fahrzeugherstellern zu den Systemlieferanten hat die Strukturen der Zusammenarbeit auch in der Versuchstechnik deutlich beeinflusst. Insbesondere mussten sich die Lieferanten in verstärktem Maße Know how und Einrichtungen mit Gesamtfahrzeug-Inhalten schaffen (z. B. [87]). Eine Vereinheitlichung der Prüfvorschriften der OEM kann wiederum zur Effizienzsteigerung bei den Lieferanten beitragen.

Von besonderer Bedeutung ist, dass die kundenwertige Gesamtfunktionalität neuer Fahrzeuge (bis hin zur Langzeitqualität) trotz aller Vorarbeiten nur durch reale Straßenversuche (Dauerläufe) in ganz unterschiedlichen Regionen dieser Welt mit extremer Hitze, Sandstürmen, außergewöhnlichen Wintersituationen sicherzustellen ist (z. B. [126, 127, 157]). Diesen Aufwand zu reduzieren ist schon heute eine besondere Aufgabe der gesamten Versuchstechnik im Fahrzeugbau.

Auch bei immer weiter verbesserten sich ergänzenden und über alle Integrationsstufen erfolgende Versuchs-Methoden und Verfahren muss man sich dennoch darüber im klaren sein, dass selbst »richtige Tests« [86] nur geeignet sind, Fehler nachzuweisen, nicht aber, absolute Fehlerfreiheit zu garantieren«. Ebenso bedeutet Verifikation (Nachweis, dass Spezifikationen erfüllt werden) nicht zwangsläufig, dass das getestete Produkt auch »valide« ist, also die erwarteten Leistungen zur Gänze erbringt. Deshalb muss auch an völlig neuartigen Verfahren gearbeitet werden, um mögliche Fehlerfalle noch schneller finden zu können.

Testen muss also als eine Kerndisziplin im gesamten Produktentstehungsprozess verankert sein, der mit dem Requirement Engineering beginnt (siehe auch ▶ Abschn. 8.1 und [135, 158]), alle Erprobungs- und Gewährleistungsdaten beinhaltet [159] und nicht zuletzt Produkt- und Produzentenhaftung zu berücksichtigen hat.

11.5 Qualitätsmanagement

Qualität als Eignung, festgelegte oder vorausgesetzte Erfordernisse zu erfüllen, gilt heute ebenso wie Zuverlässigkeit (als Qualität auf Zeit zu interpretieren) als mehr oder weniger selbstverständliches Merkmal moderner Kraftfahrzeuge. Dazu gehören Gebrauchstauglichkeit, Betriebssicherheit, Verarbeitungsqualität, Wartungsarmut und Haltbarkeit.

In den letzten 50 Jahren hat sich das Qualitätsmanagement grundlegend verändert. Das betrifft sowohl die angewandten Methoden und Systeme als auch den Stellenwert der Qualität, die in den Unternehmen heute ein deutlich höheres Niveau als früher erreicht hat. Schrittweise wurde der Qualitätsbegriff aus der stark fertigungsbezogenen Sicht auf alle Aspekte der Fahrzeughersteller und der Zulieferer ausgedehnt; charakteristische Begriffe sind Produkt- und Prozessqualität.

In den ersten Jahrzehnten des Automobilbaues wurde Qualität im wesentlichen »nachgeprüft«, nach dem zweiten Weltkrieg schon systematisch »gesteuert« – mit der Devise »Prävention statt Inspektion«. Heute heißt ein strategischer und umfassender Ansatz TQM – «Total Quality Management«, mit dem Ziel »Nullfehler-Planung«, »alles gleich richtig machen«, statt nachträglich zu prüfen und nacharbeiten zu müssen. Dies entspricht nicht nur dem Effizienzprinzip, sondern hängt auch mit der hohen Komplexität heutiger Fahrzeuge und der gesamten Wertschöpfungsketten zusammen: So entziehen sich Fehler bei zunehmender Komplexität und bei gleichzeitig abnehmender Auftretenswahrscheinlichkeit nämlich oft einer Endprüfung, da nicht selten weder messtechnische Zugänglichkeiten gegeben sind, noch alle relevanten Betriebszustände in der Endkontrolle erzeugt werden können. Zu aufwändig wären auch Fehlersuche und Beseitigungen am fertigen Produkt. Damit ist ein Qualitätsmanager heute immer mehr ein interner Berater für die Entscheider im Unternehmen.

Wissend, dass man sich dem Ziel der Nullfehlerplanung mit vielfältigen und kontinuierlichen Verbesserungsmaßnahmen nur asymptotisch nähern kann, umfasst TQM integrierend alle Bereiche der Wertschöpfungsketten (Fahrzeughersteller, Zulieferer, Entwicklungspartner, Kundendienst, Recycling, …). Ein klassisches Modell für das Zusammenwirken aller Aktivitäten ist der Qualitätskreis (◘ Abb. 11.51).

Diese Aufgabenstellung sowie die zunehmende Komplexität der Produkte und Prozesse hat schon vor Jahren den VDA veranlasst, alle zugehörigen Punkte der Qualitätsarbeit zusammenzufassen. Inzwischen beschreiben internationale Normen die Anforderungen unternehmensübergreifender Qualitäts-Sicherungssysteme. Über die Produktphasen eines Automobils lässt sich das Qualitätsmanagement in drei Schwerpunktbereiche – Entwicklung, Produktion und Feld – aufteilen. Alle zugehörigen Tätigkeiten können in Form von Prozessketten mit definierten Kunden-Lieferanten-Beziehungen nach ISO TS 16949 – beginnend

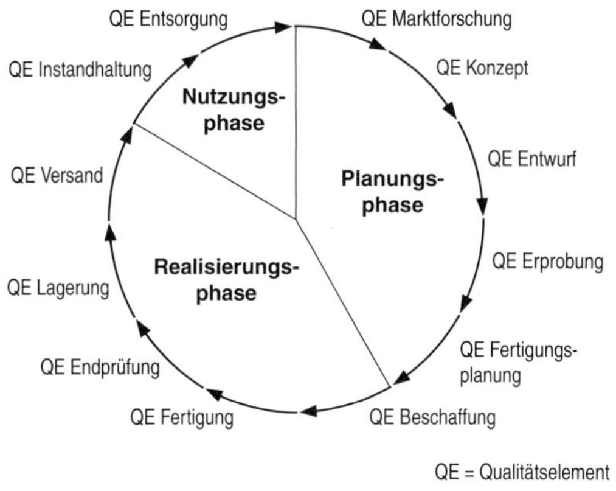

◘ Abb. 11.51 Qualitätsmanagement über den gesamten Produktlebenszyklus – Qualitätskreis (nach Masing)

bei der Festlegung des Lastenheftes – transparent gemacht werden. Enthalten sind alle wichtigen Freigaben – wie Versuchs-, Planungs-, Beschaffungs- und Produktionsfreigaben, sowie alle Vereinbarungen mit Wertschöpfungspartnern für Investitionsgüter, Fertigungs- und Betriebsmittel sowie Dienstleistungen (siehe auch ▶ Abschn. 11.1). Weitere Details sichern die durchgängige Ablaufplanung und Steuerung der Prozesse einschließlich systematischer Problembearbeitungen bei Nichterreichen wichtiger Ziele oder beim Auftreten unerwarteter Hindernisse, so auch bei Prozessänderungen zur Nutzung von Ratio-Potenzialen.

Damit hat sich die Aufgabe der Qualitätssicherung im Produktentstehungsprozess deutlich verändert. Hat früher eine Vielzahl von Mitarbeitern die erwähnten Kontrollfunktionen wahrgenommen, begleitet das Qualitätsmanagement heute als fester Bestandteil des Produktentstehungsprozesses die neuen Fahrzeugmodelle und deren Aggregate. Qualität und Zuverlässigkeit werden also »hineinentwickelt« und nicht »hineingetestet«. Das beginnt mit der Lastenhefterstellung (bei der auch die Belange von Produktion und Kundendienst spezifiziert werden) und reicht über Styling und Prototypen bis zur Produktion, teilweise mit eigenen Abnahmeversuchen. Für Modellpflegemaßnahmen und Neuentwicklungen werden al le Felderfahrungen systematisch ausgewertet; in großen Konzernen wird zudem die Erfüllung aller Anforderungen markenübergreifend sichergestellt.

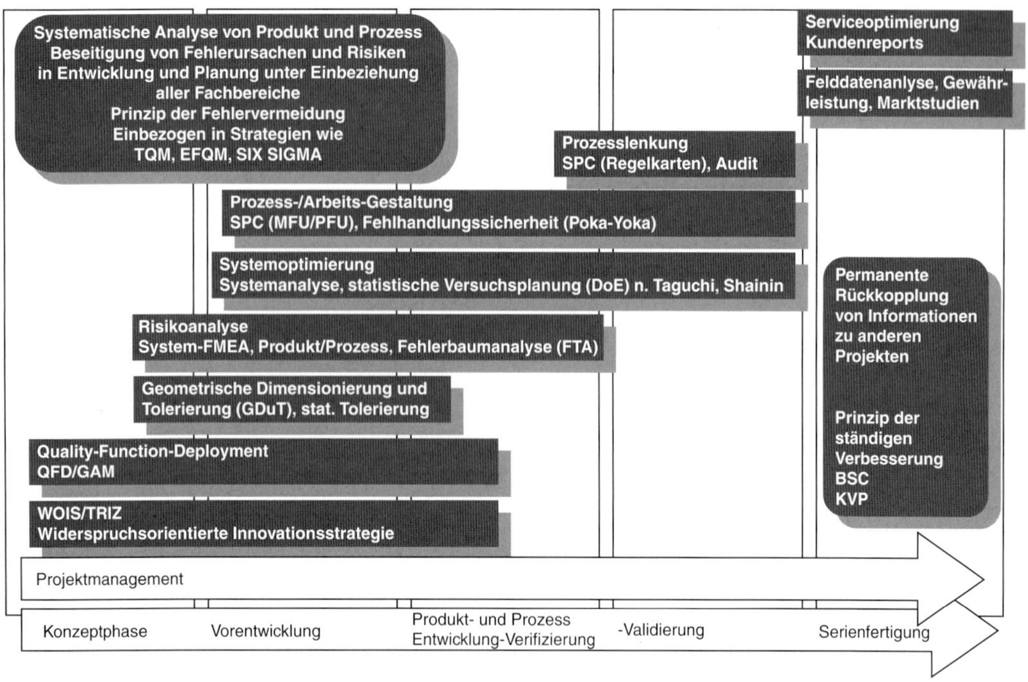

Abb. 11.52 Methodeneinsatz im Qualitätsmanagement

Da häufig kleine Abweichungen genügen, Qualität und Zuverlässigkeit eines komplexen technischen Systems drastisch zu reduzieren, manche Fehler nur sporadisch auftreten oder Langzeitqualität nicht immer einfach prüfbar ist, sind im Automobilbau schon seit Jahren systematische Analyse- und entwicklungsunterstützende Verfahren im Einsatz und in Weiterentwicklung (Abb. 11.52). Im Bild enthalten ist das Thema EFQM, eine branchen- und länderübergreifende Plattform mit einem Exzellence-Modell und dem European Excellence Award als internationaler Qualitätspreis.

Schon ein einfach erscheinendes Beispiel, ein Lampenausfall, mag zeigen, wie komplex sich Einflussfaktoren und Verantwortlichkeiten bei der Qualitätssicherung darstellen (Abb. 11.53). So kann eine 5 % höhere Betriebsspannung die Lebensdauer halbieren.

Bei den elektronischen Regelsystemen wurden bisher noch nicht alle Störungen und schleichenden Systemabweichungen frühzeitig genug erkannt. Inzwischen wurden, vor allem für echtzeitkritische Systeme, neue Standards, Normen und Entwicklungsmethoden sowie erweiterte Prüfkonzepte für Produktion, Diagnose, Wartung, Logistik und Überwachung eingeführt. Zur Sicherung der Softwarequalität dienen Verfahren wie CMMI und SPICE (► Abschn. 8.7). Ein Beispiel laufender Aktivitäten betrifft den Arbeitskreis »Robustness Validation« des ZVEI.

Der hohe Wertschöpfungsanteil der Zulieferer hat den VDA schon frühzeitig veranlasst, das Qualitätsmanagement in der gesamten Lieferkette als gemeinsame Aufgabe aller an dieser Kette Beteiligten zu vereinbaren, mit einer Reihe von Grundsätzen und Vorgehensweisen.

Auch wenn es zur Lösung aller Aufgaben kaum Patentrezepte gibt, kann man in der Praxis dennoch zu guten, ja sehr guten Problemlösungen durch Anwendung mehrerer Prinzipien kommen. Dazu gehören:

- in produktgestalterischer Hinsicht Vermeidung von Grenzauslegungen, möglichst weitgehender Einsatz robuster und fehlertoleranter Systeme und Komponenten, ausgewogenes Verhältnis von innovativen und bewährten Konzepten und Konstruktionselementen

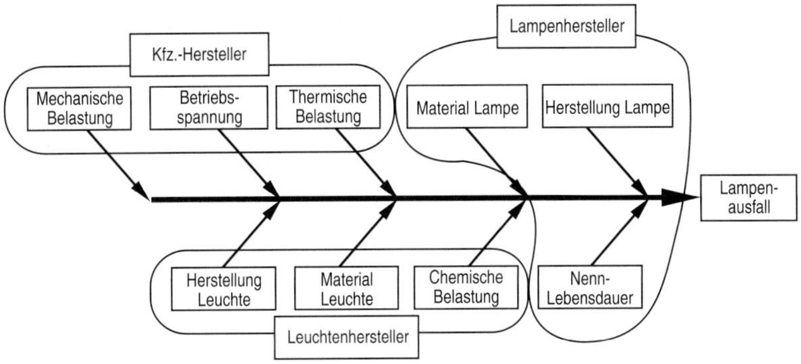

Abb. 11.53 Einflussfaktoren für Lampenausfälle (nach Huhn)

- in systemtechnischer Hinsicht umfassende und systematische Berücksichtigung aller relevanten Einflussfaktoren, Anwendung wissenschaftlich begründeter Methoden
- in marketingbezogener Hinsicht Übererfüllung der Kundenerwartungen.
- in menschlicher Hinsicht die Verankerung des Qualitätsbewusstseins bei allen Führungskräften und Mitarbeitern
- im Hinblick auf Kundenbetreuungsqualität die Berücksichtigung aller notwendigen Maßnahmen bezüglich Verkauf und Service

Besonders kritisch muss das »Liegenbleiben« eines Fahrzeugs bewertet werden, so dass dieser Thematik erhebliche Bedeutung zukommt.

Letztlich muss Qualität, neben allen technisch-wissenschaftlichen Kriterien, für den Kunden durch seine Sinne erfaßbar sein: Qualität muss man sehen, spüren, riechen, hören (bzw. nicht hören), … können, womit Teilbereiche, wie Designqualität, Wertigkeit, Anmutung, Verarbeitungs- oder Akustik-Qualität, insgesamt »Sich wohl fühlen«, enthalten sind. Ähnlich wie in anderen Lebensbereichen erwartet der Kunde von Modell zu Modell einen ständigen Qualitätsfortschritt. Wo diese Erwartung enttäuscht wird, verliert eine Marke, wie mehrere Beispiele zeigen, sehr schnell Marktanteile, welche dann nur schwer zurückerobert werden können. Das erfordert nicht zuletzt eine hohe Güte der Kundenbeziehung, die sowohl durch die Fahrzeughersteller als auch durch die Handelsorganisationen sicherzustellen sind, insbesondere durch: Perfekten Werkstatt-Service, schnelle Hilfe für den Kunden wenn nötig, angemessene Garantie und Kulanzleistungen.

Überlegene Qualität muss nicht zwangsläufig mit einem Kostenanstieg verbunden sein. Daraus folgt die Notwendigkeit, Kosten und Nutzen von Qualität (bzw. Beseitigung von Nichtqualität) monetär zu bewerten.

Es ist ein Kennzeichen modernen Automobilbaues, dass spezifische Qualitäts-Verbesserungen durch Zunahme an Bauteilen und Komplexitäten teilweise kompensiert werden. Zusätzlich steigt auch der Umfang an Software, bei der die Entwicklung von Qualitäts- und Zuverlässigkeits-Methoden noch im Fluss ist, immer weiter an. Und da auch überall Menschen am Werk sind, muss leider akzeptiert werden, dass nicht immer alles planmäßig abläuft …

11.6 Betrieb und Instandhaltung von Kraftfahrzeugen

»Wenn einer meiner Wagen versagt, weiß ich, dass ich daran Schuld habe.«

Henry Ford

»Ein Volkswagen darf nicht mit komplizierten Einrichtungen versehen sein, die eine erhöhte Wartung erheischen, sondern vielmehr ein Fahrzeug mit möglichst narrensicheren Einrichtungen, die jede Wartung auf ein Minimum herabdrücken.«

Ferdinand Porsche

11.6.1 Einführung

Kraftfahrzeuge sind i. A. so zu konstruieren, dass sie während der vorgesehenen Lebensdauer mit wirtschaftlich vertretbarem Aufwand instand gehalten werden können. Neben der Erhaltung ihrer Funktion, sind Zuverlässigkeit, Verfügbarkeit, Sicherheit und Umweltverträglichkeit sicherzustellen. Der Konstrukteur bestimmt in hohem Maße mit seiner Auslegung den späteren Instandhaltungsaufwand und damit die Lebenslaufkosten (◘ Abb. 11.54). Diese werden beeinflusst durch Konstruktions-, Fertigungs-, Montage- und Betriebsfehler sowie durch Unfall- oder Transportschäden und durch Einflüsse beim Betreiben [187–190].

Ein Mehrfaches der Energiemenge für die Herstellung eines durchschnittlichen Mittelklasse-Pkw wird für dessen Nutzung und Verwertung unter der Voraussetzung einer sachgemäßen Instandhaltung benötigt. Dabei bedeutet sachgemäße Instandhaltung die Anwendung der modernsten Werkzeuge materieller und immaterieller Art bei der Projektierung, Planung, Ausführung und Auswertung der Instandhaltungsprozesse.

11.6.1.1 Definitionen

Unter Instandhaltung sind nach der deutschen Norm DIN 31051 [187] auf der Grundlage der europäischen Norm EN 13306 [191] die Grundmaßnahmen Wartung, Inspektion, Instandsetzung und Verbesserung mit folgenden Definitionen zu verstehen:

Instandhaltung:
Kombination aller technischen und administrativen Maßnahmen sowie Maßnahmen des Managements während des Lebenszyklus einer Betrachtungseinheit zur Erhaltung des funktionsfähigen Zustandes oder der Rückführung in diesen, so dass sie die geforderte Funktion erfüllen kann.

Wartung:
Maßnahmen zur Verzögerung des Abbaus des vorhandenen Abnutzungsvorrates.

Inspektion:
Maßnahmen zur Feststellung und Beurteilung des Istzustandes einer Betrachtungseinheit einschließlich der Bestimmung der Ursachen der Abnutzung und dem Ableiten der notwendigen Konsequenzen für eine künftige Nutzung.

Instandsetzung:
Maßnahmen zur Rückführung einer Betrachtungseinheit in den funktionsfähigen Zustand mit Ausnahme von Verbesserungen.

Verbesserung:
Kombination aller technischen und administrativen Maßnahmen sowie Maßnahmen des Managements zur Steigerung der Funktionssicherheit einer Betrachtungseinheit, ohne die von ihr geforderte Funktion zu ändern.

Der Begriff Betrachtungseinheit gilt als Sammelbegriff für jedes Teil, Bauelement, Gerät, Teilsystem (Aggregat), jede Funktionseinheit, jedes Betriebsmittel oder System, das für sich allein betrachtet werden kann. Abnutzung im technisch-physikalischem Sinne ist Abbau des Abnutzungsvorrates durch Reibung (Verschleiß), Korrosion, Ermüdung, Alterung, Kavitation, Bruch usw. [187]. Der Abnutzungsvorrat, der meist Vorrat an unbeschädigtem Material darstellt, z. B. beim Reifen die Profilhöhe, wird durch Nutzung – beim Fahrzeug zum Erzielen einer Fahrstrecke – bis zum Erreichen der Abnutzungsgrenze gemäß ◘ Abb. 11.55 abgebaut. Nach Überschreiten der Abnutzungsgrenze, beim Reifen z. B. die Profilhöhe von 1,6 mm, ist die Wahrscheinlichkeit für einen Ausfall unzulässig groß, so dass eine vorbeugende Instandsetzung erfolgen sollte. Diese verursacht zumeist geringere Kosten als eine nach Ausfall unbedingt notwendige wiederherstellende Instandsetzung, die auch als Reparatur bezeichnet werden kann.

Im Gegensatz zur gängigen Praxis in der Kraftfahrzeugtechnik enthält der Begriff Inspektion keine Wartungsmaßnahmen, wie z. B. das Wechseln von Öl und anderen Betriebsflüssigkeiten, sowie keine Instandsetzungsmaßnahmen, wie das vorbeugende Wechseln von Bremsbelägen oder Zahnriemen.

11.6.1.2 Entwicklungstendenzen

Instandhaltungs- und Versicherungskosten sowie Umweltverträglichkeit und Verwertung stehen immer stärker im Mittelpunkt des Interesses des Kfz-Kunden und viele orientieren sich beim Kauf an diesen Kriterien. Besonders Firmen, Behörden,

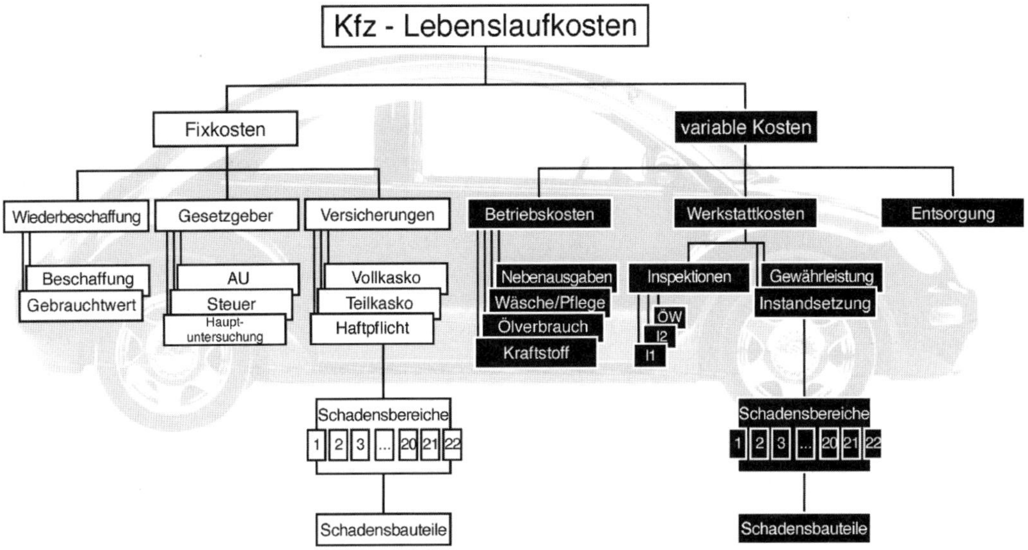

Abb. 11.54 Lebenslaufkosten für Kfz

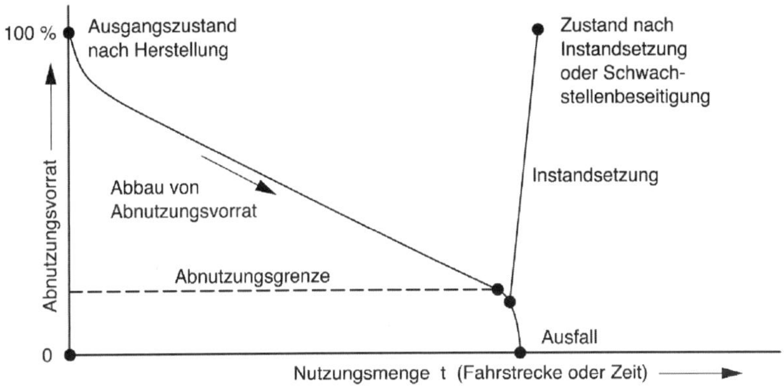

Abb. 11.55 Abhängigkeit des Abnutzungsvorrates von der Nutzungsmenge (schematische Darstellung nach [187])

Leasing- und Vermietungsgesellschaften richten ihren Fuhrpark an wirtschaftlichen Aspekten, speziell den Lebenslaufkosten aus.

Frühzeitiges Aufnehmen der Kfz-Instandhaltbarkeitsanforderungen in den Produktentwicklungsprozess und Beteiligen des Kundendienstes bewahren vor gravierenden Kosten in der Nutzungsphase [189]. Instandhaltbarkeit ist als ein Entwicklungsziel zu etablieren. Zu Beginn der Entwicklungsarbeiten sind Nachweisverfahren und -zeitpunkte für die Instandhaltbarkeit zu definieren und in der Folge konsequent zu berücksichtigen.

Eine abgestimmte Instandhaltungsstrategie, das dazugehörige Konzept, sowie der wirtschaftlich zumutbare Instandhaltungsaufwand sind zu berücksichtigen und beeinflussen das Kundenverhalten in starkem Maße.

11.6.2 Instandhaltbarkeit und Zuverlässigkeit

Instandhaltungsprozesse stellen in Abhängigkeit von den unterschiedlichen oben genannten Bedingungen stochastische Prozesse dar, deren Beherrschung in den unmittelbaren Aufgabenbereich des Herstellers fällt. Neben der Instandhaltbarkeit wird von einem mobilen Erzeugnis wie dem Kraftfahrzeug Zuverlässigkeit erwartet, worunter nach der DIN EN 13306 [191] die Fähigkeit einer Betrachtungseinheit verstanden wird, eine geforderte Funktion unter gegebenen Bedingungen für ein gegebenes Zeitintervall zu erfüllen. Zuverlässigkeit stellt somit eine imaginäre Teileigenschaft der Qualität dar. Andererseits ist Zuverlässigkeit als Ausfallfreiheit zu interpretieren, die unter Zugrundelegung von Gesetzmäßigkeiten der Stochastik der Ausfälle analytisch ermittelt werden kann. Dabei ist zwischen der Prüfzuverlässigkeit, die sich im Produktentstehungsprozess durch eigens zu diesem Zweck durchgeführte Untersuchungen ergibt, und der Betriebszuverlässigkeit zu unterscheiden. Die für die Berechnung der Instandsetzungsprozesse letztendlich maßgebende Betriebszuverlässigkeit basiert auf der stochastischen Auswertung der Ausfälle in der Nutzungsphase, was eine besonders sorgsame Datenerfassung und -rückmeldung erfordert. Wegen fehlender Unterscheidungsmerkmale wird dabei als Ausfall das Wechseln einer Betrachtungseinheit sowohl bei wiederherstellender als auch bei vorbeugender Instandsetzung betrachtet.

11.6.2.1 Zuverlässigkeitskenngrößen

Eine traditionell verwendete Kenngröße zur Beschreibung der Zuverlässigkeit ist die Ausfallrate, die statistisch nach Gl. (11.1) den Quotienten der in einem Intervall i ausgefallenen Betrachtungseinheiten Δr_i und den zu Beginn des Intervalls funktionsfähigen Betrachtungseinheiten $n(t_i)$, bezogen auf die Intervallbreite Δt angibt:

$$\lambda(t_i) = \frac{\Delta r_i}{n(t_i) \cdot \Delta t} . \tag{11.1}$$

Darin bedeuten:

$\lambda(t_i)$ – Ausfallrate in NE-1 (NE: Nutzungseinheiten in km oder in einer Zeiteinheit, z. B. h, a)

Δt – Nutzungseinheiten-Intervall

Δr_i – Ausfälle im Intervall i

$n(t_i)$ – zu Beginn des Intervalls i funktionsfähige Betrachtungseinheiten (BE) einer Stichprobe n

Bei einer Stichprobe, die über eine Beobachtungsdauer von k Intervallen vollständig ausfällt (vollständige Stichprobe) gilt:

$$n = \Delta r_1 + \Delta r_2 + \ldots + \Delta r_k . \tag{11.2}$$

Damit lassen sich weitere statistische Kenngrößen angeben:

- Ausfallwahrscheinlichkeitsdichte $f(t)$:

$$f(t_i) = \frac{\Delta r_i}{n \cdot \Delta t} \tag{11.3}$$

- Ausfallwahrscheinlichkeit $F(t)$:

$$F(t_i) = \int_0^{t_i} f(t)\,\mathrm{d}t = \frac{r(t_i)}{n} \tag{11.4}$$

wobei gilt:

$$r(t_i) = \sum_{j=1}^{i} \Delta r_j \tag{11.5}$$

$r(t_i)$ – bis zum Zeitpunkt t_i ausgefallene BE

- Überlebenswahrscheinlichkeit $R(t)$:

$$R(t_i) = 1 - F(t_i) = \frac{n(t_i)}{n} \tag{11.6}$$

wobei gilt:

$$n = r(t_i) + n(t_i) . \tag{11.7}$$

11.6.2.2 Weibullverteilung

Die Verteilung der statistisch ermittelten Ausfälle folgt einem bestimmten mathematischem Gesetz, das genau genommen durch einen Anpassungstest jeweils aus einer großen Anzahl von anwendbaren Gesetzen heraus zu finden ist. Es hat sich jedoch erwiesen, dass im Maschinenbau bei genügender Übereinstimmung mit nur einem Gesetz, der Weibullverteilung, gearbeitet werden kann. Dies gilt ebenso für elektrische und elektronische Bauteile die in Erzeugnissen des Maschinenbaus genutzt werden. Für die Kraftfahrzeugtechnik wurde

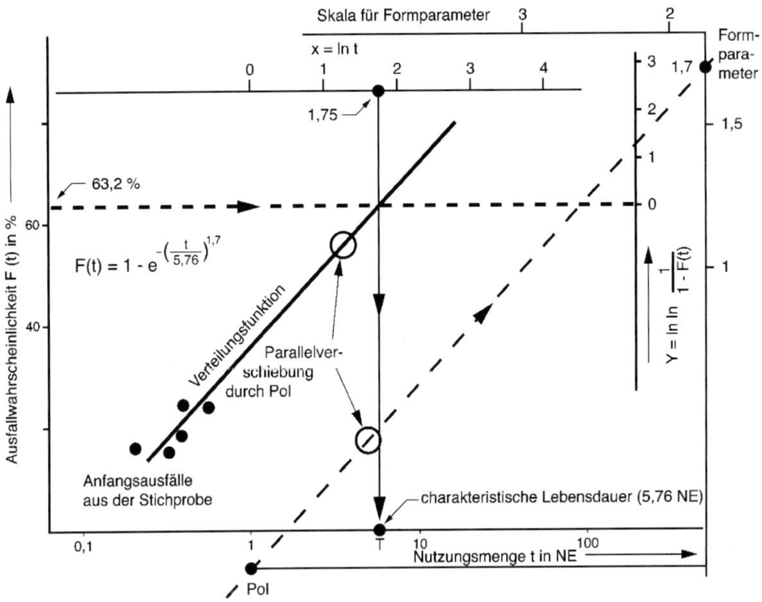

Abb. 11.56 Verteilungsnetz nach Weibull

dafür vom VDA eine praxisnahe Anleitung erarbeitet [192]. Weitere interessante Möglichkeiten mit Kfz-spezifischen Lösungen werden in [195] beschrieben.

Die Weibullverteilung kann zwei oder drei Parameter aufweisen. In den meisten Fällen genügt die Verwendung der zweiparametrigen Form:

$$F(t) = 1 - \exp(-(t/T)^b) \qquad (11.8)$$

b – Formparameter
weniger gebräuchlich: Steilheit

T – charakteristische Lebensdauer in NE (km, Stunden, Jahre)
weniger gebräuchlich: Maßstabparameter

Bei Verwendung der Weibullverteilung ist auf folgende Vorteile zu verweisen:

- Durch unkomplizierte mathematische Operationen lässt sich die Verteilung leicht linearisieren, so dass ein einfaches Verteilungsnetz nach Abb. 11.56 aufgebaut werden kann, mit dessen Hilfe die Parameter grafisch ermittelbar sind [193].
- Die Weibullverteilung ermöglicht die Berechnung der Parameter bereits bei Vorhandensein von minimal zwei Ausfällen unabhängig von der Größe der Stichprobe. Somit können problemlos sogenannte unvollständige Stichproben ausgewertet werden, was überhaupt Voraussetzung zur Erfüllung des eigentlichen Zwecks von Zuverlässigkeitsuntersuchungen ist, konzeptionelle Angaben für das zu erwartende Ausfallverhalten als Grundlage für strategische Planungen zu liefern.
- Die charakteristische Lebensdauer ist als ein Maß für die mittlere Nutzungsmenge in Kilometern oder Zeiteinheiten bei Formparametern größer als 1 zu betrachten, wobei gilt:

$$\bar{t} = 0,9 \cdot T \qquad (11.9)$$

$\bar{t}$ – mittlere Nutzungsmenge in NE (km, h oder a)

- Der Formparameter b charakterisiert die Ausfallphase, was in Abb. 11.58 anhand der sogenannten Badewannenkurve für die Ausfallrate verdeutlicht wird. Für die Ausfallrate gilt dabei

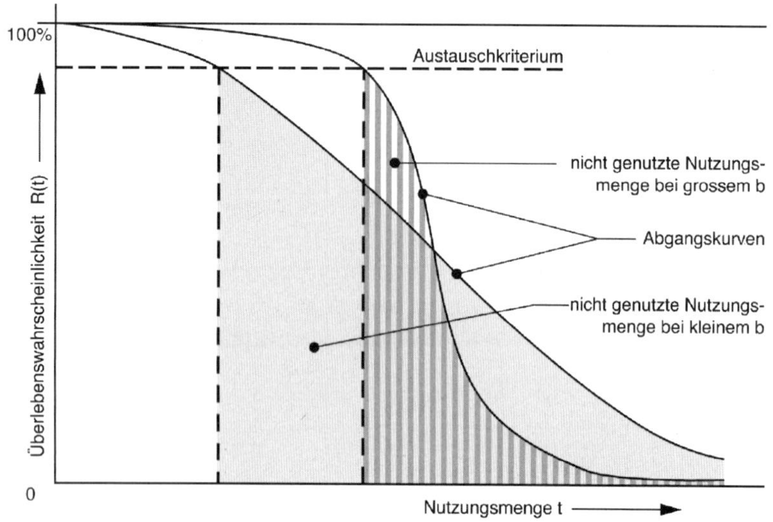

Abb. 11.57 Verlauf der Überlebenswahrscheinlichkeit über der Nutzungsmenge

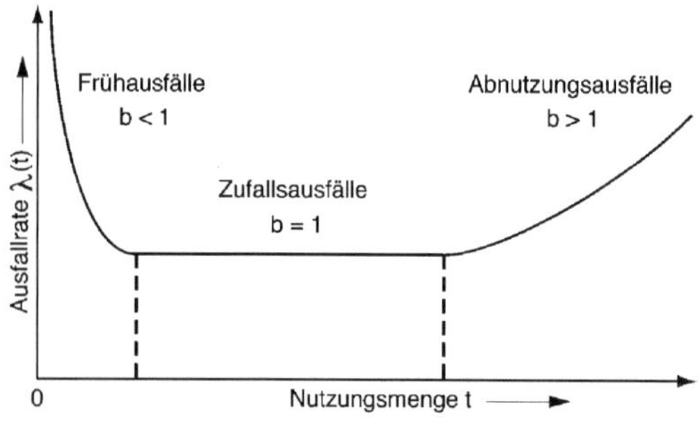

Abb. 11.58 Verlauf der Ausfallrate über der Nutzungsmenge

folgende Gleichung basierend auf der Weibullverteilung:

$$\lambda(t) = \frac{b}{T}\left(\frac{t}{T}\right)^{b-1} . \qquad (11.10)$$

Frühausfälle weisen auf gravierende konstruktive oder Fertigungsfehler hin, so dass Änderungen zwingend erforderlich sind, die ermittelten Kenngrößen also nicht als Planungsgrundlage dienen können.

Zufallsausfälle weisen eine konstante Ausfallrate auf und sind demnach nicht abhängig von der Nutzungsmenge, so dass vorbeugende Maßnahmen der Instandhaltung wirkungslos bleiben, aber konstruktive Maßnahmen greifen.

- Bei Formparametern größer als 1 ist es anhand der Abgangskurve (Abb. 11.57) möglich, den Verlust an Restnutzungsmenge abzuschätzen, der im Falle vorbeugender Instandsetzung bei Unterschreitung einer bestimmten vorgegebenen Überlebenswahrscheinlichkeit als Austauschkriterium realisiert wird. Die Gesamtfläche unter der Abgangskurve stellt die mittlere Nutzungsmenge dar:

$$t = \int_0^\infty R(t)\,\mathrm{d}t . \qquad (11.11)$$

11.6.2.3 Anwendung von Zuverlässigkeitskenngrößen

Auf Ausfällen beruhende Zuverlässigkeitskenngrößen können u. a. angewendet werden für folgende Berechnungen:

- Ersatzteilbedarf über die Ermittlung der Erneuerungsfunktion [194],
- Lagersicherheit in unterschiedlichen Ersatzteillagern,
- Aufwand an Material und Arbeitszeit für die Instandsetzung von Fahrzeugen und Baugruppen in Werkstätten oder von Austauschteilen in spezialisierten Instandsetzungsbetrieben,

- optimale Austauschzeitpunkte von Betrachtungseinheiten und deren gegenseitiger Abstimmung,
- Systemzuverlässigkeit bei Reihen- oder Parallelschaltung von Baugruppen einschließlich der Abschätzung der Wirksamkeit von konstruktiv vorgesehenen Redundanzen.

Insbesondere für die Planung des Fahrzeugeinsatzes ist die Kenngröße Verfügbarkeit interessant, die aus einer Kombination von Instandhaltbarkeit und Zuverlässigkeit wie folgt definiert ist [191]:

> » Fähigkeit einer Einheit, zu einem gegebenen Zeitpunkt oder während eines gegebenen Zeitintervalls in einem Zustand zu sein, dass sie eine geforderte Funktion unter gegebenen Bedingungen unter der Annahme erfüllen kann, dass die erforderlichen äußeren Hilfsmittel bereitgestellt sind.

Allgemein lautet die Gleichung der Verfügbarkeit A:

$$A = T/(T + T_V)\,. \tag{11.12}$$

T – ausfallfreie mittlere Nutzungsmenge (MTBF) in h

MTBF – **M**ean **T**ime **B**etween **F**ailures

T_V – mittlere Verlustzeit, Werkstattaufenthalts- oder Instandsetzungszeit (MDT) in h

MDT – **M**aintenance **D**own **T**ime

Da bei Kraftfahrzeugen statt der Betriebszeit vorzugsweise die Fahrstrecke registriert wird, ist es angebracht, einen sogenannten Verfügbarkeitsindex zu berechnen, der die mit einer Instandsetzungs- oder Werkstattaufenthaltsstunde zurückgelegte Fahrstrecke angeben kann:

$$I_A = s/T_V\,. \tag{11.13}$$

I_A – Verfügbarkeitsindex in km pro Instandsetzungsstunde

s – mittlere ausfallfreie Fahrstrecke in km

11.6.3 Lebenslaufkosten

Laut Statistischem Bundesamt sind die Ausgaben für Verkehr und Nachrichtenübermittlung der zweitwichtigste Ausgabenbereich privater Haushalte in Deutschland. 2004 betrug ihr Anteil an privaten Konsumausgaben 16,9 %, was Aufwendungen von ca. 440 € pro Haushalt und Monat im Bundesdurchschnitt entspricht [218]. Der überwiegende Anteil dieser Kosten betrifft die Haltung privater Fahrzeuge und damit die Kosten des Fahrzeugunterhaltes vom Kauf über den Betrieb bis hin zur Entsorgung. Letztere wird nach dem Altfahrzeuggesetz für Fahrzeuge, die nach dem 01.07.2002 produziert wurden, durch den Hersteller geregelt [219]. Mit Wirkung ab dem 1.1.2007 müssen die Hersteller alle Fahrzeuge ihrer Marke kostenlos zurücknehmen.

◘ Abbildung 11.54 zeigt, nach welchen Kriterien Fahrzeuge angeschafft werden. Die Kriterien Zuverlässigkeit, Wirtschaftlichkeit, Kraftstoffverbrauch und Preiswürdigkeit stehen als Teilaspekte der Unterhaltskosten in vorderster Reihe. Der Aufwand, der für die Instandhaltbarkeit erbracht wird, geht ebenso wie der Aufwand für Konstruktion, Versuch, Entwicklung und Produktion in den Fahrzeugpreis ein. Aus Sicht des Kunden sind deswegen die folgenden Kosten zu optimieren (Prozentangaben gelten für Golf IV):

Fixkosten (Zeit abhängig)

- Beschaffungskosten (in der Regel die Differenz zwischen Neupreis und Zeitwert): 38,0 %
- Gesetzgeber abhängige Kosten (Haupt- und Abgasuntersuchung, Kfz-Steuer): 3,0 %
- Versicherungskosten (Haftpflicht, Voll- oder Teilkasko): 19,5 %

Variable Kosten (Zeit und Fahrstrecken abhängig):

- Betriebskosten,
  wie Kraftstoffe, Öle und Pflege: 30,0 %
- Werkstattkosten für Inspektionen und Instandsetzung: 9,5 %

Gewährleistungskosten sind im Fahrzeugverkaufspreis enthalten, sie werden mit den ausführenden Werkstätten vom Hersteller abgerechnet (◘ Abb. 11.54). Bei vollständiger Betrachtung müssen auch die Kosten für den Ausfall (z. B. Ersatzfahrzeug) berücksichtigt werden.

11.6.3.1 Anschaffungskosten

Einen sehr großen Einfluss auf die Lebenslaufkosten stellen die Vorgänge Kaufen und Verkaufen dar. Hierzu müssen unterschieden werden:

- Anschaffungskosten als Differenz zwischen dem Neupreis und dem Zeitwert des Fahrzeuges.
- Der Zeitwert ist der Wert, der i.d.R. bei einer Veräußerung des Fahrzeuges erzielt wird oder zu erzielen wäre, und ist somit dem Händlereinkaufswert gleich zu setzen. Positiven Einfluss darauf haben geringe Kosten, speziell bei Versicherung und Werkstatt [220].
- Als Grundlage von Schadensbemessungen bei Zerstörung oder Verlust eines Fahrzeuges in der Haftpflichtversicherung, der Teilkaskoversicherung und der Vollkaskoversicherung gilt der Wiederbeschaffungswert, der dem Preis entspricht, der beim Kauf eines gleichwertigen Fahrzeuges an einen seriösen Händler zu zahlen wäre.

Der Wiederbeschaffungswert ist dem Händlerverkaufswert gleich zu setzen [220].

- Nach der Rechtsprechung des BGH ist der Restwert der Betrag, den der Geschädigte im Rahmen der Ersatzbeschaffung nach § 249 Satz 2 BGB bei einem seriösen Gebrauchtwagenhändler im örtlichen Bereich oder bei dem Kraftfahrzeughändler seines Vertrauens bei Inzahlunggabe des beschädigten Fahrzeuges noch erzielen könnte [196].

11.6.3.2 Gesetzgeber abhängige Kosten

Kosten entstehen durch die gesetzlich vorgeschriebenen Untersuchungen, die Hauptuntersuchung (§ 29, StVZO) und die Abgasuntersuchung (§ 47a, StVZO), sowie durch die jährlich zu entrichtende Kraftfahrzeugsteuer, die in der Vergangenheit oft als umweltpolitisches Steuerungsinstrument eingesetzt wurde.

11.6.3.3 Versicherungskosten

Versicherungskosten setzen sich zusammen aus Prämienzahlungen des Kunden für die obligatorische Haftpflicht und die optionale Teil- oder Vollkaskoversicherung. Während die Haftpflichtversicherung Schäden beim Unfallpartner abdeckt und das eigene Kfz kaum betrifft, werden mit der Teil- und Vollkaskoversicherung Ereignisse am eigenen Kfz, also Unfall-, Glasbruch- und Brandschäden sowie Diebstähle als Teil- oder Totalentwendungen abgesichert. Fahrzeugschadenskosten stellen in den meisten Fällen den Hauptanteil der bei einem Schaden anfallenden Kosten dar. In vielen Ländern wie z. B. Deutschland, Großbritannien, Schweden und USA beeinflussen Instandsetzungsaufwand und Diebstahlschutz zunehmend die Versicherungsprämien. Ist ein Fahrzeug wegen eines Unfalles nicht gebrauchsfähig und wird auf das Anmieten eines Fahrzeuges verzichtet, so kann eine sogenannte Nutzungsausfallentschädigung beansprucht werden. Dies gilt auch für die Standzeit in der Werkstatt während der Instandsetzung. Abhängig vom Fahrzeugtyp erfolgt eine Zuordnung zu Gruppen. Die Beträge reichen in elf Gruppen von 27 €/Tag bis 99 €/Tag bei Pkw und in neun Gruppen von 10 €/Tag bis 66 €/Tag bei Krafträdern [198].

11.6.3.4 Betriebskosten

Betriebskosten setzen sich im Wesentlichen aus den Kosten für die Pflege sowie für Kraft- und Schmierstoffe zusammen. Deren Verbrauch war und ist bei der Kfz-Entwicklung stets ein Merkmal, das mit besonderer Aufmerksamkeit der Ingenieure beachtet wird (◘ Abb. 2.1). Mit einer Bewertung des Energieverbrauchs von 3300 Fahrzeugtypen und der Einteilung in sieben Verbrauchsklassen von »A« für sparsame bis »G« für verschwenderische Fahrzeuge bietet z. B. der ADAC eine Entscheidungshilfe für den Autokauf unter wirtschaftlichen Aspekten [197].

11.6.3.5 Werkstattkosten

Bei Gewährleistungs- und Kulanzfällen werden die Kosten vom Hersteller getragen, in anderen Fällen vom Kunden selbst oder von Versicherungen. In jedem Falle entstehen dem Kunden Kosten durch Wartungen und Inspektionen sowie durch Diagnose- und Instandsetzungsarbeiten, die als Einzelereignisse bei Baugruppen und Bauteilen planmäßig oder außerplanmäßig auftreten können.

Wartungen und Inspektionen werden nach einem vom Fahrzeughersteller festgelegten Plan in Intervallen durchgeführt, wobei alle von normaler Abnutzung betroffenen Betrachtungseinheiten einbezogen und insbesondere Schwachstellen früh erkannt werden. Um den Anforderungen der Kunden gerecht zu werden, bemühen sich die Hersteller, die Wartungsintervalle zu verlängern. Da die tatsächlichen Wartungsintervalle von den spezifischen Einsatzbedingungen der Fahrzeuge abhängen, werden die Intervalle zunehmend flexibel gestaltet. Dazu ist die Einführung von Sensoren und elektronischen Auswerteeinheiten erforderlich, die eine Erfassung der Abnutzungszustände von Bauteilen und somit eine rechnerische Ermittlung der Restnutzungsmengen bis zum Erreichen der Abnutzungsgrenzen ermöglichen.

Ein ausschlaggebendes Kriterium ist hierbei der Zustand des Motoröls. Aktuelle Ölwechsel liegen zwischen 10.000 und max. 30.000 km bei Otto- bzw. 7500 bis max. 50.000 km bei Dieselmotoren. Andere Wartungsmaßnahmen werden im allgemeinen einem Vielfachen des Ölwechselintervalls angepasst. Nicht nur lange Intervalle, sondern auch reduzierte Umfänge an Wartungen und Inspektionen senken deren Kosten und erhöhen die Fahrzeugverfügbarkeit.

Die Anwendung von elektronischen Systemen, die mechanische ergänzen oder gar ersetzen verursacht in Form von größeren Diagnosekosten jedoch auch Nachteile. Auch wenn die Eigenschaft, einzelne elektronische Systeme variabel an die Anforderungen anpassen zu können, ein großer Vorteil gegenüber herkömmlichen Systemen ist, bedeuten zusätzliche elektronische Bauteile immer größere Komplexität, größere Unübersichtlichkeit und größere Störanfälligkeit.

Das stellt eine besondere Herausforderung für das Werkstattpersonal, wie auch für den Hersteller dar. Damit die sichere Funktion der elektronischen Systeme gewährleistet werden kann, sind mit der implementierten Software auch Funktionen und Plausibilitäten zu prüfen. Erkannte Fehler, aber auch bereits Abweichungen von Standardwerten und andere Statusinformationen werden applikationsabhängig in Steuergeräten gespeichert und gezielt ausgewertet. Auch wahlweise vorgenommene Einstellungen wie ein abgeschalteter Beifahrerairbag und bewusst vom System abgeschaltete Funktionen müssen in den Steuergeräten abgelegt und über die Diagnoseschnittstelle in der Werkstatt ausgelesen werden können. So kann die Abschaltung von Verbrauchern zum Schutz der Batterie einen oder mehrere Fehler im Fahrzeug zur Ursache haben, aber auch durch lange Standzeit oder andere Umstände hervorgerufen worden sein. Die Informationsauswertung wird effizient mittels geführter Off-Board-Diagnose unterstützt, wozu Geräte und Software gehören, die Wissen des Herstellers in geeigneter Form dem Mechaniker zur Verfügung stellen. Oftmals kann ein auftretendes Problem auch durch neu entwickelte Software-Updates im Fahrzeug korrigiert werden, die On-Line zur Verfügung gestellt werden, ein u. U. üblicher Austausch von Fahrzeugkomponenten mit entsprechend hohen Kosten kann dann entfallen.

Der Mechaniker in der Werkstatt soll alle Instandhaltungsmaßnahmen unabhängig vom Fahrzeugtyp durchführen können, was angesichts der rasant fortschreitenden Fahrzeugentwicklung einen hohen Schulungsaufwand erfordert. Die Arbeitsqualität der Werkstätten ist in der Öffentlichkeit mehr und mehr zu einem Messkriterium des Fahrzeugherstellers geworden. Durch die vielerorts vorhandene Markenbindung der Werkstätten verbindet der Kunde die Leistungsfähigkeit des Betriebes auch mit der Leistungsfähigkeit des Fahrzeugherstellers und der Qualität seiner Produkte.

Die auftretenden Lohnkosten werden nach betriebswirtschaftlichen Regeln berechnet, wobei zwischen Deckungsbeitrags- und Vollkostenrechnung unterschieden wird [199, 200]. In beiden Fällen müssen die ermittelten Beträge die im Autohaus entstehenden Kosten decken. Diese Kosten sind: Arbeitslohn der produktiven und Gehälter der unproduktiven Kräfte, freiwillige und gesetzliche Sozialleistungen, Steuern, Investitionen und Abschreibungen, Verwaltungskosten und Gewinnanteil.

Die Kostenstruktur der Werkstätten kann marktspezifisch sehr stark variieren. In europäischen Märkten stellt zum Beispiel der Faktor Lohn ein größeres Gewicht dar als in anderen Kontinenten, in denen dann wiederum Ersatzteilpreise und Investitionskosten für Werkstattequipement den größeren Kostenpunkt darstellen.

11.6.4 Organisation des Service-Prozesses in den Werkstätten

Die Erledigung von Kundenaufträgen ist immer auch mit der Gestaltung und Optimierung von Prozessen im Autohaus verbunden. Das Zusammenspiel der einzelnen Abläufe wird im Qualitätsmanagement des Autohauses als Service-Prozess bezeichnet. Optimierte Arbeitsabläufe im Service-Prozess sind auf eine effektive Erledigung der Kundenaufträge und damit auf höchste Kundenzufriedenheit und Wirtschaftlichkeit des eigenen Betriebs ausgerichtet. Unterstützend wirken speziell entwickelte Systemlösungen, die vernetzt einen vollständigen Informationsfluss innerhalb eines Autohauses gewährleisten.

Für besonders anspruchsvolle Aufträge bzw. unvorhersehbare Abläufe hat z. B. Volkswagen landesspezifische Kompetenzzentren aufgebaut, mit dem eine optimale Unterstützung der Instandsetzung in kürzester Zeit gewährleistet wird. In diesem Fall wird das Autohaus nach einer technischen Anfrage an das Technische Service Center (TSC) mit Online Beratung, Telediagnose, Wissensdatenbanken und gegebenenfalls auch durch Analysen im Autohaus unterstützt [216].

Um den reibungslosen Ablauf von der Terminvereinbarung bis zur Nachbearbeitung durch den Telefonreport auf zu zeigen, ist eine schematische Darstellung des Datenflusses im Autohaus notwendig:

- Terminvereinbarung
  Qualifiziertes Personal mit kommunikativen Fähigkeiten nimmt die Kunden- und Fahrzeugdaten entgegen und gibt diese in das Händlersystem ein. Gezieltes Hinterfragen von Beanstandungen hinsichtlich der Randbedingungen, bei denen die Beanstandung auftritt, sichert die qualifizierte Vorbereitung auf die spätere Fahrzeugannahme und die Leistungserstellung.
- Terminvorbereitung
  Der Auftrag wird nun eröffnet, wobei die Daten geprüft und erforderliche Hintergrundinformationen und Ersatzteile zu vorliegenden Beanstandungen beschafft werden. Die Planung der notwendigen Personal- und Werkstattkapazität kann damit frühzeitig und Fahrzeug spezifisch erfolgen.
- Fahrzeugannahme
  Bei der Fahrzeugannahme durch den gut vorbereiteten Service-Berater wird mit dem Kunden der Zustand des Fahrzeuges sowie der Umfang der Instandhaltungsmaßnahme abgestimmt und präzisiert.
- Leistungserstellung
  Die exakten Vorarbeiten ermöglichen eine zügige und zuverlässige Erledigung des Auftrages. Die Einhaltung aller Vereinbarungen und die Information bei Auftragserweiterung sichern Kundenzufriedenheit.
- Qualitätskontrolle
  Eine gewissenhafte Qualitätskontrolle verhindert kostenintensive Nacharbeit. Damit werden für den Kunden besonders ärgerliche Reklamationen vermieden, es wird Qualitätsarbeit sichergestellt.
- Fahrzeugrückgabe/Abrechnung
  Eine freundliche und ausführliche Erläuterung der durchgeführten Arbeiten bei der Fahrzeugrückgabe fördert das Vertrauen zum Autohaus.
- Nachbearbeitung
  Der Telefonanruf nach dem Werkstattbesuch zeigt dem Kunden Engagement und Interesse sowie stetiges Streben nach Verbesserung. Schwachstellen im Service und zusätzliche Kundenwünsche lassen sich so gut erkennen.

11.6.5 Instandhaltungsgerechte Konstruktion

11.6.5.1 Ziele und Anforderungen zur Instandhaltbarkeit

Die Eigenschaften instandhaltbar und werkstattgerecht werden bei der Gestaltung und Konstruktion im Produktentstehungsprozess festgelegt. Deswegen muss neben anderen Eigenschaften dieses Konstruktionsziel in allen Entwicklungs- und Konstruktionsphasen gleichberechtigt berücksichtigt werden. Die Wege zu instandhaltungsgerechten Fahrzeugen führen einerseits über instandhaltungsarme Bauteile und Baugruppen hin zur Zuverlässigkeit sowie andererseits über instandhaltungsfreundliche Bauteile und Baugruppen hin zur Instandhaltbarkeit. In der Phase der Produktentwicklung bildet das Instandhaltungskonzept die Grundlage für die instandhaltungsgerechte Konstruktion von Fahrzeugen. Dabei werden die Ziele verfolgt, die Zuverlässigkeit zu optimieren, den Aufwand für die Instandhaltung zu minimieren und die spezifischen Rahmenbedingungen der In-

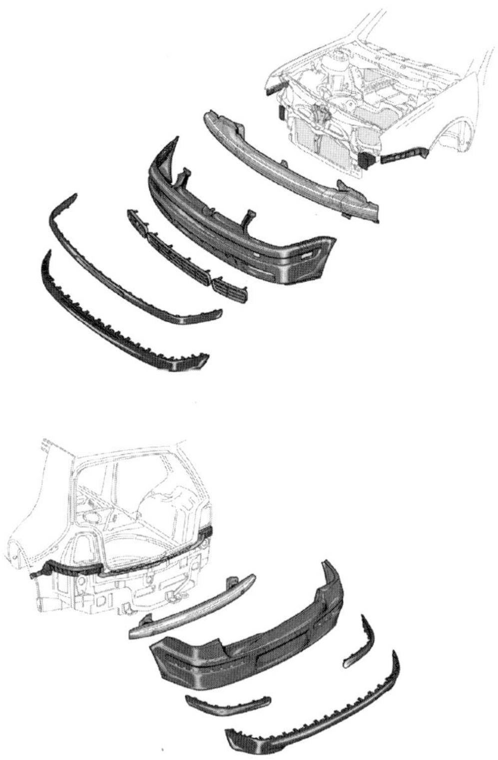

Abb. 11.59 Geschraubte Teile an Front und Heck des Golf

standhaltung, wie Ausrüstung der Werkstätten mit Sonderwerkzeugen, optimal zu berücksichtigen (Abb. 11.59) [202].

Konkrete Ziele für instandhaltungs- und werkstattgerechte Kraftfahrzeuge leiten sich aus den Kosten des Kfz im Gebrauch beim Kunden ab. Werkstattkosten entstehen durch Einzelereignisse, die bei Baugruppen und Bauteilen planmäßig oder außerplanmäßig auftreten. Die Kenntnis über die durchschnittlichen Kosten von Instandhaltungsmaßnahmen und über deren Häufigkeit lassen konstruktive Möglichkeiten zur Optimierung zu. Um Ziele bzw. Anforderungen zu definieren, sind die beeinflussbaren Werkstattkosten möglichst einzeln den Baugruppen und Bauteilen des Kfz zuzuordnen. Damit kann der Konstrukteur im Produktentstehungsprozess diese Ziele und Anforderungen bei der Planung, den Entwürfen, der Gestaltung und Optimierung berücksichtigen [188–190, 215].

11.6.5.2 Werkstattkostenfaktor Zeit (Instandhaltungszeit, Planzeiten)

Mit dem Faktor Zeit für die Arbeitsverrichtung wird der Werkstattpreis des Lohns ermittelt. Dem Durchführenden muss immer die Zeit gegeben werden, die er zur ordnungsgemäßen Verrichtung benötigt. Deswegen sind Zeiten für Instandhaltungsarbeiten das Ergebnis systematischer Arbeits- und Zeitstudien, wie es der Verband für Arbeits- und Zeitstudien e. V. (REFA) verlangt. Dann und nur dann dienen diese Zeitvorgaben der Kapazitäts- und Auftragsplanung, der Steuerung und Kontrolle, der Entlohnung, der Rechnungslegung und sonstigen Kalkulationen im Autohaus.

Folgende Voraussetzungen müssen bei einer Zeitaufnahme vorliegen:

- Beschreibung des Arbeitsumfangs und des -ablaufs,
- Zeitaufnahme erfolgt in einer für die Aufgabe eingerichteten Werkstatt,
- Verwendung von Normal- und Sonderwerkzeugen bzw. sonstige Ausrüstungen,
- Realisierung durch einen im Kfz-Handwerk ausgebildeten und für diese Arbeit geschulten Mechaniker oder Elektriker,
- Einhaltung der Sicherheitsregeln der Instandhaltung.

Aus Zeitstudien lassen sich durch Multiregression Zeit relevante Parameter eliminieren, die zu Planzeiten führen. Planzeiten verkürzen den obigen Prozess und können bei der Konstruktionsauslegung helfen, die optimale Lösung zur Instandhaltung zu finden. Dazu müssen Parameter vorliegen, die sich an Konstruktionselementen orientieren. Solche Parameter sind:

- Verbindungen aller Art wie Schrauben, Klebeverbindungen, Clipse, Nieten, Splinte und Schellen (Abb. 11.60),
- Werkzeuge, Prüfgeräte,
- Zugängigkeit,
- Bearbeitungsvorgänge, wie Bohren, Schweißen, Einstellen,
- Bekannte Prozesszeiten für Bearbeitungsvorgänge.

Planzeiten, die dies optimal erfüllen, sind z. B. MYSBY-Planzeiten, gültig für die Unfallinstandset-

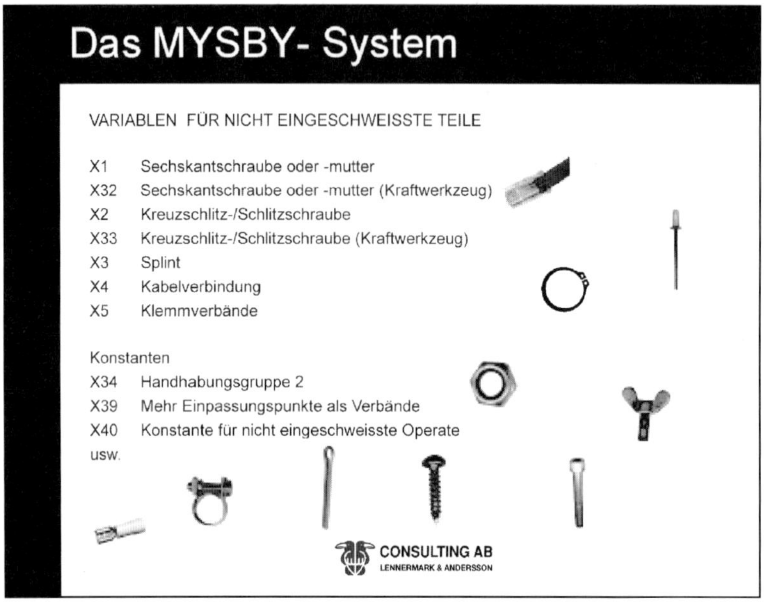

Abb. 11.60 Verbindungselemente

zung, und MEKBY-Planzeiten für die allgemeine Kfz-Instandsetzung.

Dabei bedeuten: M: Mattrikta (Rahmen richten), Y: Ytrikta (Ausbeulen), S: Svetsbyta (Schweißen), BY: Byta (Erneuern), MEK: Mechanik.

Bei beiden Verfahren werden Zeitformeln angewendet, die sich besonders gut für eine virtuelle Bewertung der Servicefreundlichkeit während der Entwicklungsphase eignen [201].

Da diese Planzeiten aus einer überschaubaren Anzahl von Elementen bestehen, lässt es die Kombination dieser Elemente zu, dass für jeden Auftrag durch Abruf der Parameter aus einer Datenbank in einer Kfz-Werkstatt die erforderliche Arbeitszeit ermittelt werden kann. Dieses Verfahren, genannt CABAS, wird seit 1986 für die Kalkulation der Instandsetzung von Unfallschäden in Schweden verwendet. Unter dem Namen xTime findet das System seit 2005 für die Kalkulation von Wartungs-, Diagnose-, Fehlersuch- sowie Instandsetzungsarbeiten bei Abnutzungs- und Unfallschäden in VW/AUDI-Autohäusern Anwendung. xTime bietet zusätzlich Sonderwerkzeuge, Zwangsersatzteile und Ersatzteile des Arbeitsumfanges an. Durch die detaillierte Beschreibung des Umfangs und der aufeinander folgenden Schritte ist eine optimale Kapazitäts-, Mitarbeiter-, Ressourcen- und Terminplanung für den Werkstattprozess möglich (Abb. 11.61).

Die Eigenschaft »instandhaltbar« ist in der Arbeitszeit messbar.

11.6.5.3 Kostenfaktor Werkstattausrüstung, Spezialwerkzeuge

In die Investitionen und damit in den Werkstattpreis fließen alle Kosten für neue Werkstattausrüstung und Werkzeuge ein. Fahrzeuge, bei deren Entwicklung auf die Wiederverwendung dieser Ausrüstung geachtet wurde, werden sich positiv auf den Werkstattpreis auswirken. In der Praxis fallen für Kfz-Betriebe Investitionskosten zwischen 0,– € und mehr als 100.000,– € bei Einführung eines neuen Modells an. Im letzteren Fall werden nur Stützpunkte den vollen Umfang investieren. Dies bedeutet, dass unter Umständen ein höherer Werkstattpreis zu erwarten ist. Außerdem wird das Werkstättennetz weitmaschiger, so dass Kunden größere Entfernungen akzeptieren müssen. Bei erheblichen konstruktiven Änderungen sind

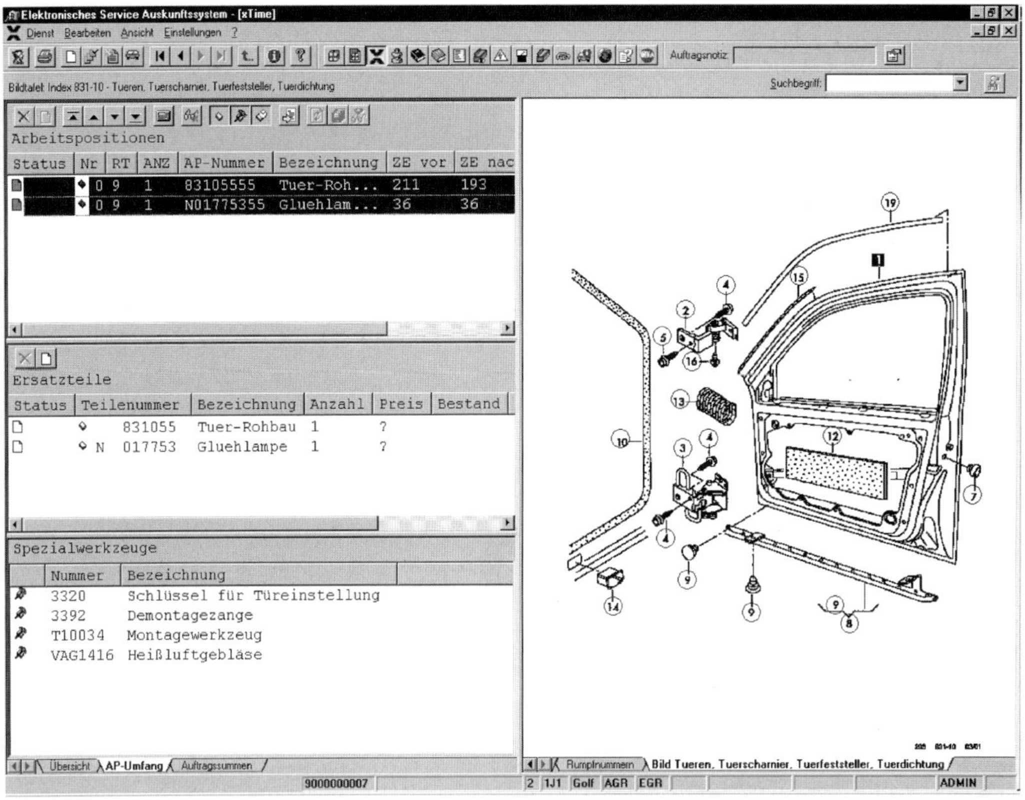

Abb. 11.61 xTime Bildschirm-Druck

Auswirkungen auf die Instandhaltung von Anfang der Entwicklung an zu beachten. Besondere Schwerpunkte sind neue Materialien, elektronische Systeme und deren Diagnose. Fortschritte in der Fahrzeugtechnik sind mit den Fortschritten in der Werkstatttechnik zu synchronisieren.

Die Eigenschaft »werkstattgerecht« ist im Aufwand für erforderliche Werkstattausrüstung messbar.

11.6.5.4 Ersatzteile, Zerlegungstiefe, Transport-, Lagerfähigkeit und Lieferzeitraum

Ersatzteil- und Materialpreis definieren die zweite Komponente der Werkstattkosten. Der Konstrukteur entscheidet mit der Zerlegungstiefe, wie teuer ein Ersatzteil [191] wird. Die Zerlegungstiefe sollte den Austausch des kleinsten verschleißenden Bauteils ermöglichen. Dies ist insbesondere für Länder wichtig, in denen die Arbeitsstunde wenig kostet, die Ersatzteile aber teuer sind. So werden zum Beispiel in Ländern mit hohen Löhnen Schwungräder mit dem Zahnkranz gewechselt, während in Ländern mit niedrigen Löhnen Zahnkränze vom Schwungrad gelöst werden, um das neue auf zu schrumpfen. Ersatzteile müssen lange Transportwege schadlos überstehen und über lange Zeit lagern können. Sperrige Teile sollten stapelbar sein. Die Ersatzteilversorgung erstreckt sich i. Allg. über 15 Jahre nach dem Serienauslauf. Eine Missachtung dieser Grundsätze erhöht unnötig den Ersatzteilpreis. Die Eigenschaft »ersatzgerecht« ist im Ersatzteilpreis messbar.

11.6.5.5 Nachweis der Instandhaltbarkeit

Um zukünftigen Anforderungen bezüglich der Instandhaltbarkeit zu genügen, ist neben einer Verbesserung der Wart- und Instandsetzbarkeit

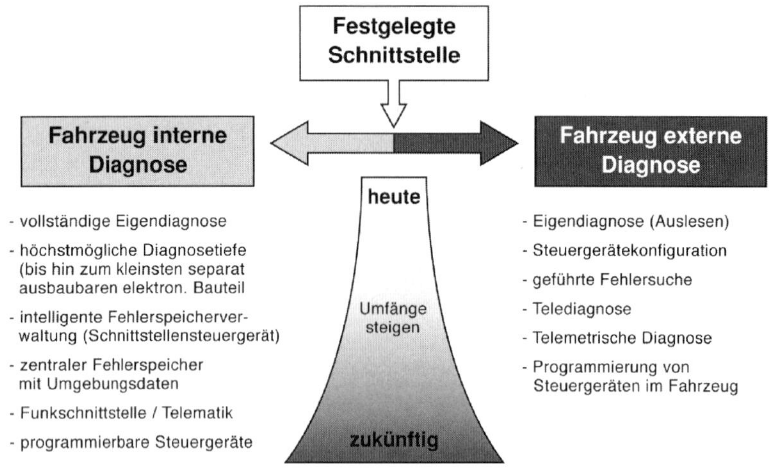

Abb. 11.62 Diagnose Struktur

vor allem eine kontinuierliche Weiterentwicklung der Inspizierbarkeit bzw. der Diagnosefähigkeit der Kfz erforderlich. Ziel ist dabei eine vollständige Eigendiagnose der Steuergeräte bis zu den kleinsten Bauteilen, so dass nur diese gewechselt und für den Kunden berechnet werden müssen. Innerhalb des Fahrzeugs ist eine aktive Selbstprüfung der vernetzten Steuergeräte notwendig, weil nur so eindeutig bestimmt werden kann, wo die Fehlerursache liegt. Der Umfang und die Komplexität der Systeme erfordern, dass außerhalb des Fahrzeugs (off board) eine Diagnosestruktur mit Diagnose- und Prüfgeräten existiert, die beim Hersteller angesammelte Erfahrungen mit den Daten aus dem Fahrzeug (on board) verknüpft. Trotz der Funktionsvielfalt muss auch in Zukunft eine wirtschaftliche Instandhaltung möglich sein. Es liegt nahe, bei Softwarefehlern nur das Tauschen der Software bzw. einzelner Programme vorzusehen. Um Expertenwissen über komplexe Zustände innerhalb kürzester Zeit zuverlässig an das Fahrzeug in der Werkstatt zu bringen, sind auch Ferndiagnose-System einzusetzen (Abb. 11.62).

Der Konstrukteur, der diese Aufgabe erfüllen will, benötigt durch diese Vernetzung bereits im Entwicklungsprozeß die fachmännische Beratung des Instandhaltungsprozesskundigen. Die bereichsübergreifende Zusammenarbeit mit Mitarbeitern aus Kundendienst und Qualitätssicherung ist unverzichtbar. In festgelegten Versuchsprozessen werden Konstruktionsalternativen getestet und der Nachweis optimaler Instandhaltbarkeit erbracht, dokumentiert und ggf. auch vor Kunden bzw. Versicherungen demonstriert.

Neue Aufgaben für Diagnosesysteme und Instandhaltungen ergeben sich durch den zunehmenden Einsatz komplexer Fahrer-Informations- und -Assistenzsysteme.

11.6.5.6 Datensysteme

Datensysteme, die Einsatzdaten von Fahrzeugen bei Fuhrparks oder auch Privatkunden als Felddaten erfassen, sollten den Ansprüchen einer Produktbeeinflussung des Kundendienstes genügen. Für die vom Management festgelegten Zeiträume, z. B. für Gewährleistung und Kulanz oder für die Dauer im Erstbesitz oder aber für die gesamte Nutzungsdauer von der ersten Zulassung bis zur Verschrottung, werden alle Instandhaltungsereignisse statistisch ausreichend abgesichert erfasst. Aus diesen Daten werden auf Bauteile bezogene Warenkörbe gebildet. Zu jedem Element des Warenkorbes werden Schadendurchschnitt (SD), Schadenhäufigkeit (SH) und Schadenbedarf (SB) wie folgt ermittelt:

$$SB = SD \cdot SH\,. \tag{11.14}$$

Dabei wird der Schadensdurchschnitt SD aus der Summe von Lohnkosten, die sich aus dem Produkt von Arbeitszeit und Verrechnungssatz ergeben, von Kosten für Material und Ersatzteile sowie ggf. von

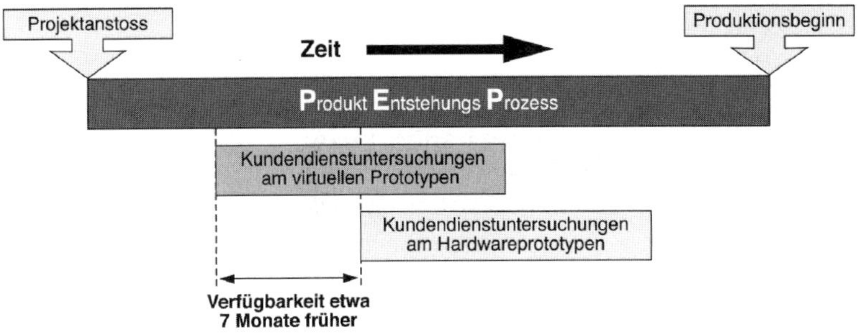

Abb. 11.63 Kundendienstuntersuchungen im Produktentstehungsprozess

Kosten für Ersatzfahrzeuge gebildet. Zu berücksichtigen sind alle Instandhaltungsereignisse der in Betracht kommenden Bauteile, also Wartung, Inspektion und Instandsetzung sowie Unfallinstandsetzung.

11.6.5.7 Virtuelle Beurteilung der Servicefreundlichkeit

Im Zuge der immer kürzer werdenden Produktentwicklungszeit und der reduzierten Zahl von realen Prototypen kommt der virtuellen Instandhaltbarkeitsuntersuchung anhand von digitalen Produktmodellen (DMU) wachsende Bedeutung zu. Da immer weniger Prototypen zu einem immer späteren Zeitpunkt zur Verfügung stehen, sind Demontage- und Remontageuntersuchungen an virtuellen Modellen unverzichtbar. In Abb. 11.63 ist der Zeitraum eines Entwicklungsprozesses von Projektanstoß bis Produktionsstart dargestellt. Die Durchführung von Instandhaltungsuntersuchungen ist 20 Monate vor Produktionsbeginn angesetzt. Durch den Einsatz von DMU besteht die Möglichkeit, bereits einige Monate nach Projektanstoß auf einen ersten virtuellen Prototypen zuzugreifen und an diesem virtuelle Demontagen und Remontagen durchzuführen. Damit bietet sich wesentlich früher die Gelegenheit, die Servicefreundlichkeit des Fahrzeuges erstmals beurteilen zu können. Wenn der Datenstand den ersten virtuellen Prototypen eines Fahrzeugs in höchster Ausbaustufe darstellt, sind bei weniger umfassenden Datenständen virtuelle Beurteilungen noch früher abrufbar, was durchaus Entwicklungszeiten verkürzen kann.

Mittels einer virtuellen Werkzeugdatenbank werden Demontagen und Remontagen simuliert.

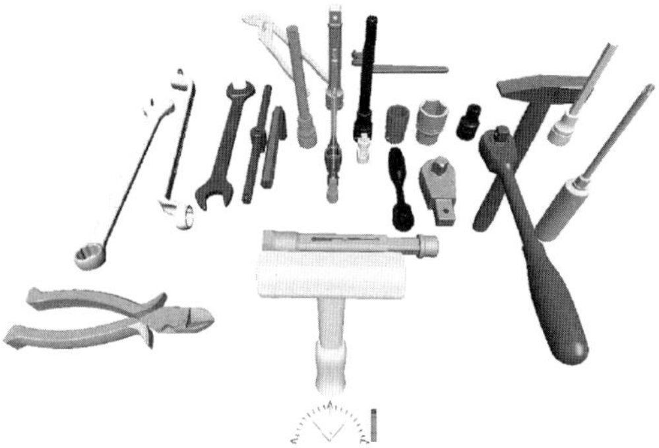

Abb. 11.64 Virtuelle Werkzeuge

Abbildung 11.64 zeigt eine Auswahl zur Verfügung stehender virtueller Werkzeuge. Abbildung 11.65 zeigt die Demontage eines Anlassers am realen und am virtuellen Prototyp.

Die zu erwartende Weiterentwicklung von Soft- und Hardware wird die Simulation der Demontagen und Remontagen mit den Planzeiten der Arbeitszeitstudien verbinden. Jedem simulierten Vorgang kann ein Arbeitsablauf und damit eine Arbeitszeit zugeordnet werden, unabhängig von der Verfügbarkeit realer Prototypen.

11.6.5.8 Berichtswesen

Instandhaltbarkeit von Fahrzeugen wird geprägt durch geringen Zeitaufwand bei der Instandhaltung, der im Wettbewerbsvergleich eine große Bedeutung einnimmt.

Das interne Berichtswesen dient der Analyse von Kostentreibern und dem Erkennen von Verbesserungspotenzialen in Bezug auf instandhaltungsgerechte Konstruktion. Es umfasst die Kosten aus

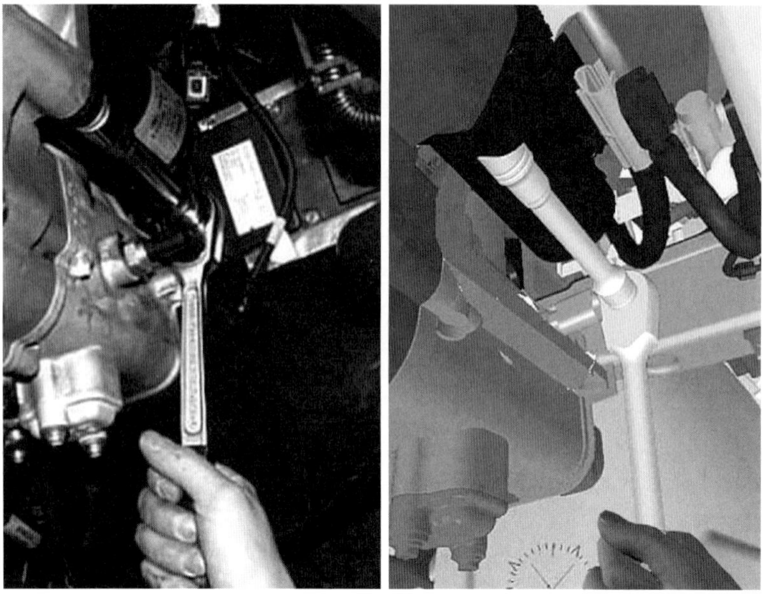

Abb. 11.65 Demontage eines Anlassers real und virtuell

Versicherung, Betrieb und Werkstatt. Eine Prognose dieser Kosten im Vergleich zu Wettbewerbern des Segmentes ist gemäß Zielen des Lastenheftes in vereinbarten Abständen vorzusehen.

Schwerpunkte für das weitere Handeln müssen im Bericht vorliegen, um die gesteckten Ziele zu erreichen. Die Details eines solchen Berichtes hängen von der vom Projektmanagement gewünschten Tiefe ab.

In jedem Fall soll der Bericht das Entwicklungsprojekt begleiten, um dem Management Gelegenheit zum Eingreifen zu ermöglichen. Zu Ende der Entwicklungsaktivitäten ist mit den dann verfügbaren Daten der Nachweis der Instandhaltbarkeit in einem abschließenden Bericht zu dokumentieren.

11.6.6 Strategie und Konzept

11.6.6.1 Instandhaltungsstrategien

Instandhaltungsstrategien beschreiben ob, wo und welche Instandhaltungsmaßnahmen von wem, wie und wann durchzuführen sind. Es werden unterschieden:

- Korrektive Instandhaltung:
  Bei der korrektiven Instandhaltung werden Instandhaltungsmaßnahmen nach Bedarf durchgeführt.
- Vorbeugende Instandhaltung:
  Zur Vermeidung von Ausfällen werden vorbeugende Instandhaltungsmaßnahmen ausgeführt.
- Zustandsabhängige Instandhaltung:
  Eine zustandsabhängige Instandhaltungsmaßnahme wird nach Feststellung und Beurteilung des Istzustandes durch eine Inspektion durchgeführt.

11.6.6.2 Instandhaltungskonzept

In Absprache mit dem Instandhaltungsprozesskundigen legt der Konstrukteur während der Konzeptionsphase eine Instandhaltungsstrategie zugrunde. Mit dieser Absprache zur Strategie entwirft der Kundendienst in der Entwurfsphase die ersten Überlegungen zum späteren Instandhaltungskonzept.

Dieses Konzept wiederum berücksichtigt den Instandhaltungsbedarf. Den Konstruktionsfortschritt begleitend reift dann das Instandhaltungskonzept bis zur Serienphase heran.

Dieses Instandhaltungskonzept beinhaltet die Art und Weise und mit welchen Mitteln die Instandsetzung später in der Werkstatt vorbereitet und durchgeführt werden kann.

Wurden keine besonderen Absprachen getroffen, werden beim Konstrukteur die von früheren Fahrzeugen bekannten Arbeitsverfahren und -abläufe, Betriebsmittel und Werkstattausrüstungen, Werkzeuge und Sonderwerkzeuge sowie der dazu gehörige Schulungsinhalt der Instandhaltungsorganisation als bekannt vorausgesetzt.

Änderungen, die durch neue Fertigungsverfahren oder Werkstoffe Einfluss auf die Instandhaltung nehmen, müssen bereits in der Konzeptphase geklärt werden, um unnötige Kosten zu vermeiden. Das gilt auch, wenn Arbeitsverfahren, Betriebsmittel, Werkstattausrüstungen und Sonderwerkzeuge zu ändern oder neu zu entwickeln sind.

11.6.6.3 Anforderungen zur Instandhaltbarkeit

Basierend auf Erfahrungen, Strategien und Konzepten stellt der Kundendienst Instandhaltbarkeitsforderungen auf. Um dem Konstrukteur die Arbeit zu erleichtern, werden diese Forderungen Bauteil bezogen aufgeschlüsselt. In die Forderungen fließen die Kosten während der Nutzung, die Identifizierbarkeit, die Zugänglichkeit und Austauschbarkeit, die Wartbarkeit, die Inspizier- und Prüfbarkeit, die Transport- und Lagerfähigkeit sowie die Standardisierung ein. Historische Daten, Problemzonen und Randbedingungen, wie Prüfanschlüsse zu verfügbaren Prüfgeräten, Instandhaltungswissen beim vorhandenen Personal und Ausrüstungsumfang der Instandhaltungsorganisation, sind ebenso zu berücksichtigen.

Werden den so gestalteten Forderungen während der Projektverfolgung die betreffenden Protokolle hinzugefügt, so entsteht mit dem Projektfortschritt auch gleichzeitig die Dokumentation darüber. Dies ist dann Quelle für den Instandhaltbarkeitsnachweis.

11.6.6.4 Kunden- und Lieferantenbeziehungen

Die Herstellerbeziehung zum Großkunden nimmt im Automobilsektor eine Sonderstellung ein. Aufgrund der Nähe zum Kunden sind Synergien möglich, die eine direkte Rückinformation und damit Optimierungen bewirken. Zum einen ist der Automobilhersteller Lieferant seines Großkunden. Beim Einkauf der Bauteile, Baugruppen oder Module ist der Automobilhersteller Kunde. In beiden Richtungen sind die Anforderungen des jeweiligen Kunden ausschlaggebend. Das bedeutet, dass Anforderungen des letzten Kunden in der Kette bis zum ersten Lieferanten durchgegeben werden müssen.

In einem Fahrzeug werden Bauteile, -gruppen und -module verwendet, die auf dem weltweit agierenden Zuliefermarkt eingekauft werden. Die Auswahl wird primär auf Grund technischer Forderungen und Erfahrungen mit dem Lieferanten sowie auf Grund des Einkaufspreises getroffen. Die Einkaufs- und ggf. Konstruktionsabteilungen werden übliche und bekannte Lösungen sowohl beim Kunden als auch beim Lieferanten bevorzugen, wobei statt einseitig funktionaler und herstelleroptimierter Kosten auch die Instandhaltungskosten zu beachten sind. Wenn die Lebenslaufkosten als weiteres Optimierungskriterium in diesen Prozess eingebracht werden, kann der Leistungsumfang zu Gunsten der Instandhaltbarkeit erweitert werden. Der Nutzen für den Lieferanten liegt in geringeren Garantiekosten und für den Fahrzeugkunden in niedrigeren Instandhaltungskosten während der Nutzung. In der Folge wird auch der Lieferant versuchen, die Summe aller Ausgaben vor der Lieferung in Form von Fertigungs- und Nacharbeitskosten und nach der Lieferung in Form von Gewährleistungs- und Kulanzkosten zu minimieren. Der künftige Nutzer wird zunehmend die Lebenslaufkosten, also die Summe aus den Anschaffungs-, Betriebs- und Instandhaltungskosten, in den Mittelpunkt stellen und damit verstärkt vom Hersteller geringe Lebenslaufkosten fordern.

11.6.6.5 Rolle des Managements

Damit das instandhaltungsgerechte Konstruieren den angemessenen Stellenwert im Unternehmen erhält, müssen eindeutige Ziele definiert werden, die neben Termin-, Herstellkosten- und Funktionszielen im Entwicklungsprozess zu kontrollieren und umzusetzen sind. So setzt die Einführung des Entwicklungsziels zur Minimierung der Lebenslaufkosten einen durchdachten Plan voraus, für dessen kontinuierliche Fortschreibung Grundlagen zu schaffen sind. Diese bestehen in der Erarbeitung einer Methodik zur Nachweisführung, in der Ausbildung der beteiligten Personen, in der Festlegung von Prozeduren, in der Erarbeitung von Anforderungskatalogen, Checklisten, Instandhaltungsanalysen und Datensystemen sowie von Vorgaben für das Berichtswesen.

Ferner ist eine Bereitschaft voraus zu setzen, Lebenslaufkosten so zu beachten, dass Zeiten und Mittel eingesetzt werden, um von der ersten Entwicklungsphase an nur instandhaltungsgerechte Lösungen zu akzeptieren. Im Rahmen einer standardisierten Vorgehensweise im Unternehmen sollten Versuchsprojekte mit kontinuierlicher Betreuung und Bewertung des instandhaltungsgerechten Konstruierens durchgeführt werden. Nur bei positivem Ausgang des Versuchsprojektes sollten Freigaben erteilt werden.

11.6.6.6 Einfluss der EU

Seit Januar 2002 ist das Schuldrecht für die sogenannte Sachmangelhaftung neu geregelt. Anstelle der bis dahin gültigen »Gewährleistung« wird im Gesetz eine »Sachmangelhaftung« genannt. Hierfür gilt eine Verjährungsfrist von zwei Jahren ab Lieferung des Kaufgegenstandes. Die Beweislast im Sinne der Sachmangelhaftung liegt seitdem bei Neufahrzeugen für 6 Monate beim Verkäufer und erst anschließend beim Kunden. Im Falle eines Mangels am Fahrzeug muss der Verkäufer nachweisen, dass zum Zeitpunkt der Übergabe dieser Mangel nicht vorlag. Auch bei gewerblichem Verkauf von Gebrauchtwagen gilt die 2jährige Sachmangelhaftung, sie kann jedoch durch AGB auf ein Jahr beschränkt werden.

Diese Gesetzesänderung hat Auswirkung auf die Produktentwicklung, denn Zuverlässigkeit und Instandhaltbarkeit gewinnen einen höheren Stellenwert, wenn statt der Gewährleistungszeit von einem Jahr ein doppelt so großer Zeitraum für die Sachmangelhaftung in die Verantwortung des Herstellers fällt. Die Europäische Union (EU) verfolgt das Ziel, den Automobilmarkt stärker unter Wettbewerbsdruck zu stellen. Die Regelungen und Gesetze sollen den Fahrzeugkauf innerhalb der EU erleichtern, die freie Preisgestaltung ermöglichen und Vertrieb und Service für den Kunden vereinfachen. Dazu gilt seit Oktober 2002 die »Gruppenfreistellungsverordnung (GVO)« [221]. Diese regelt den Kauf und Verkauf von Fahrzeugen, Ersatzteilen und von Instandhaltungsdienstleistungen zwischen dem Einzelhandel und den Herstellern. Mit dieser Regelung soll die Gleichstellung von Vertragshändlern und -werkstätten mit sogenannten freien Händlern und Werkstätten gewährleistet werden.

Diese Regelung ermöglicht den freien Werkstätten jene Fahrzeuge aus dem unerschöpflichen Angebot aller Anbieter auszuwählen, die bei geringsten Investitionen den höchsten Erlös pro Monteureinheit und Jahr bzw. pro Werkstattdurchgang garantieren. Dagegen werden Fahrzeuge mit hohen Werkstattinvestitionen, mit langen Arbeitszeiten für den Aus- und Einbau von Bauteilen und mit teuren Ersatzteilen Wettbewerbsnachteile hinnehmen müssen.

11.6.6.7 Einfluss alternativer Antriebskonzeptionen

Alternative Antriebskonzeptionen müssen im Handel betreut und instandgesetzt werden. Je besser und flächendeckender dies in den Märkten umgesetzt werden kann, umso einfacher ist es für den Kunden bei Schwierigkeiten mit seinem Fahrzeug kompetente Hilfe zu erhalten und umso eher wird er wieder bei der Marke seines Vertrauens ein Fahrzeug erwerben. Um die Attraktivität neuer Technologien im Verkauf dementsprechend nicht negativ zu beeinflussen, ist eine serviceorientierte Ausrichtung der neuen Technologien erforderlich und im Produktentstehungsprozess zu berücksichtigen.

Neue Technologien bedingen oftmals Veränderungen in der Ausbildung der Handelsmitarbeiter, eine Anpassung der Arbeitsorganisation sowie neue Werkstattausrüstungen. Letztlich werden alternative Antriebstechnologien auch die Ertragssituation im Handel beeinflussen. Die Einführung reiner Elektroantriebe mit der entsprechend geringen Ausfallrate im Vergleich zu herkömmlichen Verbrennungsmotoren könnte das Ersatzteilgeschäft und den Verkauf von Arbeitszeit im Handel maßgeblich verändern.

Die unterschiedlichen Verfahrensweisen zur Instandsetzung neuer Antriebstechnologien müssen im Idealfall für die Endkunden in jeder Werkstatt weltweit umgesetzt werden. Dort kumulieren damit die Anforderungen aller neuen Antriebskonzeptionen. In Anbetracht der marktspezifisch in der Welt sehr unterschiedlichen Ausbildungswege und -stände sowie der unterschiedlichen Bonität der Werkstätten ein schwieriges Unterfangen, welches nur bei Berücksichtigung dieser Faktoren im PEP ermöglicht werden kann.

Schon die Einführung von Hochvolttechnologie beinhaltet einige Hürden, die zu berücksichtigen sind:

- Jeder Mitarbeiter eines Autohauses, der mit dem Hochvoltfahrzeug in Verbindung kommt oder kommen könnte, muss die möglichen Gefahren kennen und über die Verfahrensweise mit derartigen Fahrzeugen aufgeklärt sein.
- Jeder Betrieb sollte mindestens einen Spezialisten haben, der an der Hochvoltanlage Instandsetzungsarbeiten durchführen kann und darf.

Aus wirtschaftlicher Sicht wird es zunächst nur wenige derartige Experten je Betrieb geben. Damit muss dort der Arbeitsablauf neu geplant und gestaltet werden. Es ist von vornherein im PEP festzulegen, welche Arbeiten vom Spezialisten auszuführen sind und welche Arbeiten von anderen Mitarbeitern ausgeführt werden können.

So kann bei spannungsfreiem Zustand des Fahrzeuges und unbeschädigter Hochvoltanlage eine Standardreparatur oftmals von allen Mitarbeitern bearbeitet werden. Die Herstellung der Spannungsfreiheit muss jedoch vom Spezialisten selbst durchgeführt und sichergestellt werden. Jede Arbeit, die mit der Hochvoltanlage in Verbindung steht oder eine Beschädigung der Hochvoltanlage zur Folge haben könnte, sollte vom Spezialisten erledigt werden. Diese Aufgabenaufteilung kann je nach Fahrzeugtyp unterschiedlich ausfallen und muss im PEP gemeinsam abgestimmt werden.

Das Fahrzeug muss dafür konstruktiv so gestaltet sein, dass es sich selbst überwacht, dass die Hochvoltanlage spannungsfrei geschaltet werden kann, dass die Spannungsfreiheit durch sichere Messung geprüft werden kann und dass die Anlage gegen unabsichtliches Wiedereinschalten gesichert ist.

Des Weiteren muss aus den Fahrzeugdaten und den Fahrzeugdokumenten sofort der Ausrüstungsstand erkannt werden können. Auch am Fahrzeug selbst sind entsprechende Kennungen anzubringen. Die Hochvoltanlage im Fahrzeug muss für jeden leicht erkennbar markiert sein, üblicherweise erfolgt dies durch orange-rote Farbmarkierung.

Speziell bei Unfällen, aber auch in einigen anderen Fällen, bei denen ein Hochspannung führendes Teil beschädigt sein könnte, muss zunächst der Spezialist, der eine besondere Zusatzausbildung erhalten hat, die Arbeit aufnehmen.

Der sicherheitstechnische Aspekt, die rechtliche Situation im jeweiligen Markt, der Verbraucherschutz und die auf die Ausbildungen abgestimmte Instandhaltungsstrategie in Verbindung mit der Versorgungsgüte stellen hier eine große Herausforderung dar.

Literatur

Literatur zu Abschnitt 11.1

1. Winterkorn, M.: Anforderungen an die Produktentwicklung im Automobilbau. Graz (2000). Tagung Motor und Umwelt
2. Winterkorn, M., Ludanek, H.: Weltweit landesspezifische Fahrzeuganforderungen für Material und Funktionen. Stahl-Dokumentation. Bd. 747. Dresden (2002)
3. Hackenberg, U.: Virtuelle Aufbau-Entwicklung bei Audi, 7. Automobiltechnische Konferenz, Stuttgart, 30. Juni/06. Juli 2003
4. Tang, T.: Integriertes Produktdatenmanagement im virtuellen Produktentstehungsprozess. 7. Automobiltechnische Konferenz, Stuttgart, 30. Juni/1. Juli 2003
5. Heinrich, A., Müller, K., Fehrling, J., Paggel, A., Schneider, I.: Versionsmanagement für Transparenz und Prozesssicherheit in der Steuergeräte-Entwicklung. Internationale Tagung Elektronik im Kraftfahrzeug, Baden-Baden, 2003
6. Oehlschläger, H., Krebs, J.: Neue virtuelle Entwicklungswerkzeuge für frühe Phasen des Fahrzeug-Produktentstehungsprozesses bei Volkswagen. VDI Bericht, Bd. 1876. VDI-Verlag, Düsseldorf (2005)
7. Hackenberg, U.: Produktentstehung. Vortrag, Automobilforum, Stuttgart, 2006
8. Lindemann, U., Reichwald, R., Zäh, M.-F.: Komplexitäts- und Variantenmanagement der AUDI AG. VDI-Buch, Berlin, Heidelberg (2006)
9. Seiffert, U., Rainer, G. (Hrsg.): Virtuelle Produktentstehung für Fahrzeug und Antrieb im Kfz. Vieweg+Teubner, Wiesbaden (2008)
10. VDI: SIMVEC – Berechnen, Simulieren und Erproben im Fahrzeugbau. Baden-Baden (2010)

Allgemeine Literatur

11. Der neue Audi A6. ATZ extra (Januar 2011)

Literatur zu Abschnitt 11.2

12. Minx, E., Waschke, T.: Mobilität von morgen – Konzepte der Automobilindustrie. Internationales Verkehrswesen Sonderheft: 100 Jahre Deutsche Verkehrswissenschaftliche Gesellschaft (2008)
13. Tattersall, S., Renner, G.: Untersuchung von Kundenanforderungen an aktive Sicherheit und an Fahrerassistenzsysteme durch den Real-life Analysis Ansatz. VDI-Tagung Integrierte Sicherheit und Fahrerassistenzsysteme, Wolfsburg, 12./13. Oktober 2006
14. Flögel, H.-H., Kauf, F., Wahl, D., Frühauf, F.: Wärme- und Energiemanagement Gesamtfahrzeug – Simulationstool VehEMent. In: Deußen, N. (Hrsg.) Wärmemanagement des Kraftfahrzeugs II. Expert-Verlag (2000); 2. Tagung Wärmemanagement, Essen, Haus der Technik, 18.–19. September 2000
15. Brückner, B.: Neue Möglichkeiten der Ergonomieabsicherung. Ramsis User Conference, Human Solutions GmbH, Kaiserslautern, 21./22. September 2009
16. Daimler: Die neue Mercedes-Benz S-Klasse: Voraus schauen – voraus fahren. Pressemappe, TecDay 2, Stuttgart, 09. August 2005
17. Käding, W., Zeeb, E.: 25 years driving simulator research for active safety. In: Proc. International Symposium on Advanced Vehicle Control (AVEC 2010), Loughborough, August 2010
18. Zeeb, E.: Daimler's new full-scale, high-dynamic driving simulator – A technical overview. In: Conference Proc. Driving Simulator Conference Europe, Paris, September 2010
19. Okamura, H.: Approach of engineering concept design for optimisation problem. 29. ISATA Konferenz, Paper 96 ME 028, 1996
20. Braess, H.-H., et al.: Methodik und Anwendung eines parametrischen Fahrzeugauslegungsmodells. Automobil-Industrie **5**, 627–637 (1985)
21. Hänschke, A., et al.: Parametrischer Bauraum – synchronisierter Fahrzeugentwurf. SIMVEC – Berechnung und Simulation im Fahrzeugbau 2010, Baden-Baden, 16./17. November 2010
22. Volz, A.K.: Systemorientierter Karosserie-Konzeptentwurf am Beispiel der Crashsimulation. Dissertation, TU Ilmenau (2000)
23. Wallentowitz, H.: Vertikal/Querdynamik von Fahrzeugen, 6. Aufl. Schriftenreihe Automobiltechnik **35**(96) (2002)
24. Ammon, D.: Modellbildung und Systementwicklung in der Fahrdynamik, Habil.-Schr., Uni Karlsruhe (1996). Teubner, Stuttgart (1997)
25. Hänschke, A., Hilmann, J.: Der Einsatz vereinfachter Modelle zur verbesserten Auslegung der passiven Sicherheit. 10. Aachener Kolloquium Fahrzeug- und Motorentechnik, Berichtsband, S. 471–493 (2001)
26. Botev, S.: Digitale Gesamtfahrzeugabstimmung für Ride und Handling. Fortschr.-Ber. VDI Reihe 12, Bd. 684. VDI-Verlag, Düsseldorf (2008)
27. Seiffert, U.: Fahrzeugtechnik. In: Dubbel Taschenbuch für den Maschinenbau, 21. Aufl. Springer, Heidelberg, Berlin, New York (2005)
28. Virtual Product Creation. Congress Documentation. Vieweg (2003/2004/2005)
29. Kögl, M., Klimetzek, F.R., Pletschen, B., Möller, J.-S., Füllbier, K.-P., Pfeiffer, M.: Multidisziplinäre Optimierung des Fahrzeugrohbaus. VDI Tagung Berechnung und Simulation im Fahrzeugbau, Baden-Baden, 2008

Literatur zu Abschnitt 11.3

30. Seiffert, U., Scharnhorst, T.: Die Bedeutung von Berechnungen und Simulationen für den Automobilbau. ATZ **Teil 1**(91), 241–246 (1989)
31. Kuhlmann, A., Thole C.-A., Trottenberg, U.: AUTOBENCH/AUTO-OPT: Towards an integrated construction environment for virtual prototyping in the automotive industry. In: Dongarra, Laforenza, Orlando, V. (Hrsg.) Lecturer Notes in Computer Science. (2003)
32. Berechnung und Simulation im Fahrzeugbau. VDI-Berichte 1559, 1613, 1701, 1833, 1846, 1967
33. Heer, M., et al.: Die Entwicklung des Audi A8. Mobiles **25** (2003)
34. TOP 500. Liste der Supercomputer erstellt durch das Rechenzentrum der Universität Mannheim
35. Bathe, K.-J., Wilson, E.: Numerical methods in Finite Element Analysis. Prentice-Hall, Englewood Cliffs
36. FAT-Schriftenreihe Nr 96, 101, 108, 126, 128, 135, 137, 139, 140, 150, 153, 157, 174, 177, 179
37. Waltz, M., Chmielewski, R., de Bruyne, F., Heuler, P.: Rechnerische Bewertung geschweißter Karosseriestrukturen mit einer Submodelltechnik. ATZ/MTZ Konferenz 2005
38. Lyon, R.H., de Jong, R.D.: Statistical Energy analysis, 2. Aufl. Butterworth-Heinemann, Boston (1996)
39. Haufe, A., Keding, B.: Zur Berücksichtigung der Ergebnisse der Umformsimulation in der Crash-Berechnung am Beispiel LS-Dyna. Altair Technology Seminar, 2004
40. Neubohn, A., Weiss, C., Keck, F., Kuhn, A.: KISS – Gesamtheitlicher Ansatz zur Auslegung von Insassenschutzsystemen. Airbag 2004, Karlsruhe, 1. Dezember 2004
41. Widmann, U.: Virtuelle Aufbauentwicklung bei Audi. In: Faszination Karosserie. 2. Braunschweiger Symposium (2005)
42. Starr, J., Glaser, H.: Das Fahrwerk des neuen Audi A6. ATZ (Sonderheft Audi A6) (2011)
43. Braess, H.-H.: Konstruktion, Berechnung und Versuch – zunehmende Partnerschaft in der Automobilindustrie. ATZ , 327–330 (1985)
44. Hucho, W.-H.: (Hrsg.) Aerodynamik des Automobils, 5. Aufl. Vieweg, Wiesbaden (2005)
45. Keijsers, R.: MKS-Gesamtfahrzeugsimulation zu Lastwechselschwingungen und Triebwerksbewegungen. Fahrwerk-Tech 2001. TÜV Akademie (März 2001)
46. Betz, J., Lührmann, L., Kobs, T., Micko, S.: Beitrag der Strömungssimulation zur effizienten Karosserieentwicklung des neuen A6. Mobiles **30** (2004)

47. Höld, R., Brenneis, A., Eberle, A., Schwarz, V., Siegert, R.: Numerical simulation of aeroacoustic sound generated by bodies placed on a plate: part I – prediction of aeroacoustic sources. AIAA paper , 99–1986
48. Siegert, R., Schwarz, V., Reichenberger, J.: Numerical simulation of aeroacoustic sound generated by bodies placed on a plate: part II – prediction of radiated sound pressure. AIAA paper , 99–1895
49. Hendriana, D., Sanndeep, D.S., Schiemann, M.K.: On simulation passenger car side window buffeting. SAE paper (1316) (2003)
50. Adam, S., Erdmann, H.-D.: Konsequenter Einsatz von CAE-Methoden im Produktentstehungsprozess am Beispiel des neuen Audi FSI-Motors. Virtual Product Creation 2002 – 6. Automobiltechnische Konferenz, Berlin, 2002
51. Islam., M.: Numerical and experimental investigations of high-pressure diesel sprays. Imperial College of Science, Technology and Medicine, London (2002)
52. Frei, S., Nagel, T., Jobava, R.G.: Bestimmung der Störaussendung im KFZ durch die getrennte Betrachtung der elektrischen und magnetischen Verkopplungen. EMV Düsseldorf, Düsseldorf (2004)
53. Blümcke, E.: Integration der Gießsimulation in die Fahrzeug-Funktionsauslegung bei Audi. MAGMA-Forum »Eigenschaften gegossener Leichtmetallbauteile« 2004
54. Tucker, C.L.: Computer Modelling for polmer processing – fundamentals. Hanser, München
55. Jansen, J.: Ein Werkstoffmodell für Aluminium-Druckgusslegierungen unter statischen und dynamischen Beanspruchungen. Schriftenreihe Forschungsergebnisse aus der Kurzzeitdynamik. (2005)
56. Cupito, G.: IDEAL Mid Term Report, GRD2-2001-50042 (2004)
57. Ramm, E., Schwarz, S., Kemmler, R., Lipka, A.: Structural optimization – The interaction of form and mechanics. 18. CAD-FEM Users' Meeting, Friedrichshafen, 20.–22. September 2000
58. Bachem, et al.: Multidisziplinäre numerische Parameter- und Shapeoptimierung von Karosseriebauteilen am Anwendungsbeispiel Fußgängerschutz. In: LS-Dyna Anwenderforum (2004)
59. Hoffmann R., et al.: Stochastische Simulation in der Entwicklung und Verifikation von automobilen Systemen. In: LS-Dyna Anwenderkonferenz (2002)
60. Jones, N., Wiezbicki, T. (Hrsg.): Structural crashworthiness. Butterworths (1983)
61. Hackenberg, U.: Virtuelle Aufbauentwicklung. Virtual Product Creation 2002 – 6. Automobiltechnische Konferenz, Stuttgart, 2003
62. Kessing, N.: Anwendung von CAE in der Fahrkomfortentwicklung. In: Kudritzki, D. (Hrsg.) Tagung: Fahrzeugschwingungen – Fahrkomfort und Fahrwerk, H030-06-006-0. Haus der Technik, Essen, Juni 2000
63. Zienkiewicz, O.C.: Methode der Finiten Elemente. Hanser, München (1984)
64. Anderl, R.: Wissensbasierte virtuelle Produktentwicklung. Innovations-Tag von CAD/CAMService, Karlsruhe, 25. Januar 2001
65. Volz, K.: Car body design in the concept stage of vehicle development. 2. European LS – DYNA Conference, Gothenburg, Schweden, 14./15. Juni 1999
66. Holzner, M.: Gesamtheitliche Fahrzeugsicherheit. European Automotive Safety, Bad Nauheim, 2004
67. Petterson, BAT.: Numerische Methoden. In: Müller, G., Möser, M. (Hrsg.) Taschenbuch der Technischen Akustik. Springer (2004)
68. Schwenk, C., Rethmeier, M., Dilger, K., Michailov, V.: Sensitivity analysis of welding simulation depending on material properties value variation. In: Cerjak, H., Bhadeshia, H.K.D.H., Kozeschnik, E. (Hrsg.) Mathematical Modelling Of Weld Phenomena, Bd. 8. Verlag der Technischen Universität Graz, Graz (2007)
69. Ye, Q., Domnick, J., Scheibe, A.: Numerical simulation of electrostatic spraypainting processes in the automotive industry. In: Krause, E. (Hrsg.) High Performance Computing in the Science and Engineering 2004: Transactions for the High Performance Computing Center, Stuttgart (HLRS) 2004. 7th HLRS results and review workshop on October 4–5 at the HLRS. S. 261–275. Springer, Berlin (2005)
70. Merker, G., Schwarz, C., Stiesch, G., Otto, F.: Verbrennungsmotoren – Simulation der Verbrennung und Schadstoffbildung. B.G. Teubner, Wiesbaden (2004)
71. 7th european research framework programme: CAE-methodologies for mid-frequency analysis in vibration and acoustics
72. VDI-Tagungen SIMVEC 2008, 2010
73. Ferzinger, J., Peric, M.: Numerische Strömungssimulation. Springer (2007)
74. Wesseling, P.: Principles of CFD. Springer (2000)
75. Seiffert, U., Rainer, G. (Hrsg.): Virtuelle Produktentstehung für Fahrzeug und Antrieb im Kfz. Vieweg+Teubner, Wiesbaden (2008)

Literatur zu Abschnitt 11.4

76. Mehrere Autoren: 100 Jahre Automobil. VDI-Ber. 595 (1986)
77. Troesch, M.: Die Alpenstraßen als Prüffeld für Automobile. Katalognummer 1955 der Automobil Revue, Bern, S. 101–105 (1955)
78. Mehrere Autoren: Mess- und Versuchstechnik im Automobilbau. VDI-Berichte 632 (1987)
79. Mehrere Autoren: Mess- und Versuchstechnik im Automobilbau. VDI-Berichte 681 (1988)
80. Mehrere Autoren: Mess- und Versuchstechnik im Automobilbau. VDI-Berichte 741 (1989)
81. Mehrere Autoren: Mess- und Versuchstechnik im Automobilbau. VDI-Berichte 791 (1990)
82. Mehrere Autoren: Mess- und Versuchstechnik im Automobilbau. VDI-Berichte 893 (1991)

83. Mehrere Autoren: Mess- und Versuchstechnik im Automobilbau. VDI-Berichte 974 (1992)
84. Mehrere Autoren: Mess- und Versuchstechnik im Automobilbau. VDI-Berichte 1189 (1995)
85. Mehrere Autoren: Mess- und Versuchstechnik im Automobilbau. VDI-Berichte 1335 (1997)
86. Mehrere Autoren: Mess- und Versuchstechnik im Automobilbau. VDI-Berichte 1470 (1999)
87. Mehrere Autoren: Mess- und Versuchstechnik im Automobilbau. VDI-Berichte 1616 (2001)
88. Mehrere Autoren: Mess- und Versuchstechnik im Automobilbau. VDI-Berichte 1755 (2003)
89. Mehrere Autoren: Mess- und Versuchstechnik im Automobilbau. VDI-Berichte 1900 (2005)
90. Mehrere Autoren: Mess- und Versuchstechnik im Automobilbau. VDI-Berichte 1967 (2006)
91. Mehrere Autoren: Erprobung und Simulation in der Fahrzeugentwicklung. VDI-Ber. 1990 (2007)
92. Mehrere Autoren: 14. Tagung 2009, VDI-Bericht 2031 (2008), 2107 (2010), 2169 (2012)
93. Mehrere Autoren: VDI-Bericht 2106 (2010)
94. Drews, R., Jongen, H.: Modulares Experimentalfahrzeug für Betriebslastenmessungen. ATZ , 44–54 (2002)
95. Hauke, M.: Simulation des Missbrauchverhalten von Gesamtfahrzeugen. Diss., TU München (2003)
96. Klingenberg, H.: Automobil-Messtechnik. Bd. A: Akustik, Bd. B: Optik, Bd. C: Abgasmesstechnik. Springer (1988, 1994, 1995)
97. Schöggl, P., Steinmeier, C.: Rollenprüfstände als fester Bestandteil der Fahrzeug-Entwicklungskette. ATZ , 686–693 (2002)
98. Weibel, K.-P.: Mehr als 10 Jahre Betriebsfestigkeitsprüfung mit den Mehrkomponenten-Prüfständen der BMW AG. ATZ , 193–198 (1987)
99. Kostka, J., Ziegler, P.: Int. Symp. Verbrennungsdiagnostik. MTZ **6**, 142–147 (2005)
100. Kubach, H.: Ionenstrom als Sensorsignal der dieselmotorischen Verbrennung. Diss., Uni. Karlsruhe (2004)
101. Hagemann, G., et al.: Universelle Prüfumgebung für Untersuchungen des Antriebsstrangs. ATZ , 128–136 (2003)
102. Potthoff, J., et al.: Die neue Laufbandtechnik im IVK-Aeroakustik-Fahrzeugwindkanal der Universität Stuttgart. ATZ , 53–61, 150–160 (2004)
103. Hucho, W.H.: Aerodynamik des Automobils. Vieweg, Wiesbaden (2005)
104. Moog, W.: Ähnlichkeits- und Analogielehre. VDI-Verlag, Düsseldorf (1985)
105. Czichos, H. (Hrsg.): Handbook of Materials Measurement Methods. Springer (2005)
106. Signer, M.: Leistungstests von Kraftstoffen und Schmierölen. MTZ , 112–115 (2005)
107. Gühmann, C., Riese, J.: Testautomatisierung in der Hardware-in-the-Loop Simulation. VDI-Ber. Bd. 1672, S. 511–527 (2002)
108. Kluge, J., Klages, B.: Hardware-in-the-Loop-Simulation und Testautomatisierung. ATZ/MTZ (VW Phaeton-Sonderausgabe), 138–144 (2002)
109. Honisch, A., et al.: Vollautomatisierter Test von Steuergeräte-Netzwerken. ATZ/MTZ (Sonderausgabe Mercedes A-Klasse), 36–39 (2004)
110. Mehrere Autoren: Subjektive Fahreindrücke sichtbar machen. Haus der Technik Essen, 30.11./1.12.1998. Expert-Verlag, (2000, 2002, 2006)
111. Heißing, B., Brandl, H.J.: Subjektive Beurteilung des Fahrverhaltens. Vogel (2002)
112. Gundler, E.: Lässt sich gefühlte Qualität objektiv beurteilen? Techn. Rundschau , 36–39 (2004)
113. Gruening, I.: Driving simulation. SAE-Paper 980223
114. Mehrere Autoren: Simulation und Simulatoren – Mobilität virtuell gestalten. VDI-Ber. 1745 (2003)
115. Mehrere Autoren: Integrierte Sicherheit und Fahrerassistenzsysteme. VDI-Ber. 1864 (2004)
116. Langerl J.W.: Entwicklung einer Simulation zur Abprüfung einer 12-Jahre-Gewährleistung gegen Durchrostung. Symp. »Steel and Automotive Body«, Cannes, 17. Juni 1999
117. Michler, T.: Bionisches Diagnoseassistentsystem für die Dauererprobung autonom fahrender Personenkraftwagen. Diss., TU Braunschweig (2002)
118. Geuer, A.: Einsatzpotential des Rapid Prototyping in der Produktentwicklung. Diss., TU München (1996)
119. Eckstein, L., van Gijssel, A.: HMI guidelines and their effect on process, product and traffic safety. SAE 2006-01-0574
120. Kleppmann, W.: Taschenbuch Versuchsplanung. Hanser, München (2001)
121. Röpke, K.: Design of Experiments in der Motorenentwicklung. MTZ , 414–415 (2002)
122. Lütkemeyer, G., et al.: Effektive Strategien für Motorsteuerungsapplikationen. MTZ , 602–604 (2002)
123. Deuschl, M.: Gestaltung eines Prüffelds für die Fahrwerksentwicklung unter Berücksichtigung der virtuellen Produktentwicklung. Diss., TU München (2005)
124. Denkmayr, K., et al.: Die load-Matrix – Der Schlüssel zum intelligenten Dauerlauf. MTZ , 924–930 (2003)
125. Dick, M.: Virtuelle Probefahrt mit dem neuen Audi A6. Automobil- und Motortechn., Konf. Virtual Product Creation, Stuttgart, 2004
126. Leucht, R., et al.: Abstimmung und Erprobung – Komfort auf vier Rädern. ATZ/MTZ (Sonderausgabe »Der neue Maybach« September 2002), 152–159 (2002)
127. Dippold, J.: In der ganzen Welt zu Hause. ATZ/MTZ (Sonderausgabe 6er BMW), 168–173 (2004)
128. Meisenzahl, J., et al.: Innovation und Zuverlässigkeit durch systematische Testplanung und Testspezifikation. VDI-Ber. Bd. 1907, S. 175–198 (2005)
129. Röser, P., et al.: Testergebnisse im Klimawindkanal von Modine Europe in Übereinstimmung mit Straßenmessungen, Bd. 2, S. 245–264. 7. Int. Stuttgarter Symposium Automobil- und Motorentechnik, 20./21. März 2007
130. Sterneus, J.: Installation of a moving ground simulation system in the Volvo wind tunel, Bd. 2, S. 281–294. 7. Int. Stuttgarter Symposium Automobil- und Motorentechnik, 20./21. März 2007

131. Mehrere Autoren: Hybrid vehicles and energy management. 4. Symp. Gesamtzentrum für Verkehr Braunschweig, 14./15. Februar 2007
132. Röpke, K., et al.: Rapid measurement. MTZ , 276–282 (2007)
133. Gattringer, O., et al.: Virtueller Rufstand-Versuch und Simulation rücken zusammen. chassis.tech 2007, TU München und TÜV Süd Automotive GmbH (März 2007)
134. Rinkens, T., et al.: Mechanikerprobung bleibt notwendig. 15. Aachener Kolloquium Fahrzeug- und Motorentechnik, S. 1045–1067 (2006)
135. Blucha, F., et al.: Requirement engineering is the key to mastering ECU networks. Autotechnology **6**, 48–51 (2006)
136. Mehrere Autoren: Zur Bestimmung des Kraftstoff-Normalverbrauchs gibt es weltweit unterschiedliche Fahrzyklen. Zukünftig soll es jedoch möglichst eine einzige »Worldwide Harmonized Light Duty Test Procedure« geben. Automobil Industrie **9** (2010)
137. Potthoff, J., et al.: 20 Jahre Fahrzeugwindkanäle der Universität Stuttgart am Institut für Verbrennungsmotoren und Kraftfahrwesen. ATZ , 940–952 (2009)
138. Duell, E., et al.: The BMW AVZ Wind Tunnel Center. SAE 2010-01-0118
139. Special, A.V.L.: Der Rollenprüfstand als Entwicklungsplattform. ATZ , 841–860 (2009)
140. Goroncy, J., Hammer, H.: Vier Jahreszeiten. Automobilindustrie **9**(44/45) (2010)
141. Mehrere Autoren: Crash. tech. 2010, TÜV Süd (April 2010)
142. Petschenig, E., et al.: Differentielle Erfassung von Strömungsfeldern in der Motorenentwicklung. MTZ **5**, 332–338 (2010)
143. Münchhoff, I., et al.: Method for visualization and handling of brake dust emissions. Chassis. tech. plus 2010, Berichtsband S. 485–496, München (Juni 2010)
144. Mohr, P.: Dem Fehler auf der Spur. Hanser Automotive **11**, 49–52 (2008)
145. Kern, P., et al.: Durchgängiges Sicherheitskonzept für die Prüfung von Lithium-Ionen-Batteriesystemen. ATZ elektronik **05**, 22–29 (2009)
146. Eismann, W., Jacoby, H.: Function-in the loop-Tests für Steuer- und Regelfunktionen. ATZ elektronik **06**, 58–63 (2009)
147. Duesti, P.: Verbindung von Human- und Hardware-in the loop-Testing verkürzt Entwicklungszeit. ATZ , 764–769 (2009)
148. Gibitz, J.: Ströme und Spannungen an Hybridsystemen sicher messen. ATZ elektronik **02**, 54–59 (2009)
149. Jacobsen, M., Geiselhart, R.: EMV-Herausforderungen bei Hochvoltsystemen in alternativen Antrieben. ATZ elektronik **02**, 46–53 (2009)
150. Kern, D.: Stillstandsmanagement. 1. Automobiltechn. Kolloquium, TUM Garching, April 2009
151. Mehrere Autoren: AAET-Automatisierungssysteme, Assistenzsysteme und eingebettete Systeme für Transportmittel. 10. Braunschweiger Symp., Gesamtzeitraum für Verkehr, Februar 2009, Braunschweig
152. Mehrere Autoren: Fahrerassistenz und Integrierte Sicherheit. VDI-Ber. 2104 (2010)
153. jr.: Kooperation zwischen Design und Test ist ungenügend. Hanser Automotive 7/8, 69–70 (2008)
154. Vögl, R., et al.: Innovative Anwendung des Rollenprüfstands für die Fahrbarkeitsabstimmung. ATZ , 853–860 (2009)
155. Schretter, N., et al.: Planung und Realisierung von automatisierten Fahrmanövern zur Erprobung von aktiven Sicherheitssystemen. 3. Grazer Symp. Virtuelles Fahrzeug, Mai 2010
156. Illmeier, F., Pfister, F.: Virtuelles Fahren am Antriebsprüfstand. 3. Grazer Symp. Virtuelles Fahrzeug, Mai 2010
157. Friedrich, A., et al.: Erprobung und Abstimmung Mercedes-Benz E-Klasse. ATZ extra (Januar), 184–195 (2009)
158. Anon.: Der Weg zum Zero-Error-Testing. Automobil-Elektronik (Dezember 2008), S. 24–25
159. Ungermann, I., et al.: Entwicklung eines Planungsstandards für die Gesamtfahrzeugerprobung unter Einbeziehung von Erprobungs- und Gewährleistungsdaten zu [92], VDI-Berichte 2031 (2008)
160. Mehrere Autoren/Artikel: Testsysteme für Hybridfahrzeuge. Hanser Automotive 7/8, 32–37 (2010)

Literatur zu Abschnitt 11.5

161. VDA (Hrsg.): Qualitätsmanagement in der Automobilindustrie, 1. Aufl. Bd. 4: Sicherung der Qualität vor Serieneinsatz. Frankfurt am Main (1998)
162. VDA (Hrsg.): Sicherung der Qualität von Lieferungen: Lieferantenauswahl, Qualitätssicherungsvereinbarung, Produktionsprozess und Produktfreigabe, Qualitätsleistung in der Serie, 4. Aufl. (2004)
163. VDA (Hrsg.): Das gemeinsame Qualitätsmanagement in der Lieferkette, Bd. 1: »Reifegradabsicherung«, Bd. 2 »Robuste Prozesse« (2006/2007)
164. Masing, W. (Hrsg.): Handbuch der Qualitätssicherung. Hanser Verlag (1988)
165. Braunsperger, M.: Qualitätssicherung im Entwicklungsablauf. Diss., TU München (1992)
166. VDI/VDE-Gesellschaft Mess- und Automatisierungstechnik: VDI/VDE 3542 »Zuverlässigkeit und Sicherheit komplexer Systeme« (1995)
167. Balzert, H.: Software-Qualitätssicherung. In: Lehrbuch der Software-Technik. Spektrum Akadem. Verlag (1998)
168. DIN EN ISO 9001–12000 »Qualitätsmanagement-Systeme« Deutsches Institut für Normung, Berlin, 1999, 2002
169. Uehlinger, K., Almen, W.: Das Handbuch der Erfolgskompetenz TQM live. Smart Book's Publishing AG, (1999)
170. Kuhlang, P., et al.: Software-Entwicklung entlang der Prozesskette – ISO 9000-Zertifizierung auf der Basis von TQM-Grundsätzen. QZ , 286 292 (1999)
171. Hartig, F.: Qualitätsmanagement im Wandel. 5. Handelsblatt-Jahrestagung »Vision Automobil«, München, 21./22. Mai 2001

172. Isermann, R.: Fehlertolerante Komponenten für Drive by Wire-Systeme. ATZ , 382–393 (2002)
173. Geyer, E.: Qualität als Wettbewerbsvorteil. Autom. Electron. **II**(Sonderausgabe ATZ/MTZ/Autom. Eng. Partners), 30–34 (2004)
174. Hu, M., et al.: Essentials of Design Robustness in Design for Six Sigma (DFSS) Methodology. SAE 2004-01-0813
175. Stumvoll, H.: Return on Quality (ROQ): Wirtschaftlichkeit von Produktqualität aus Unternehmenssicht. Diss., RWTH Aachen (2004)
176. Janouch, S.: In der Qualitäts-Sackgasse. Electronik automotive **6**, 79–81 (2006)
177. Kamiske, G., Brauer, J.-P.: Qualitätsmanagement von A bis Z, 5. Aufl. Carl Hanser Verlag (2006)
178. Schleuter, W., et al.: Qualitätsmanagement in der Prozesskette Elektrik/Elektronik. ATZ elektronik **01**, 6–12 (2007)
179. www.efqm.com
180. Thomas, M., Singh, N.: Design for Lean Six Sigma (DFLSS): Philosophy, Tools, Potential and Deployment Challenges in Automotive Product Development. SAE 2006-01-0503
181. Rehbein, R., et al.: Produkt- und Prozessdesign für Six Sigma mit DFSS. Publics Corporate Publishing (2007)
182. Knöfel, P., et al.: Six Sigma-Methoden und Statistik für die Praxis, 2. Aufl. Springer Verlag (2009)
183. Schmitt, R., Pfeifer, P.: Qualitätsmanagement – Strategien, Methoden, Techniken, 4. Aufl. Hanser Fachbuch Verlag (2010)
184. Varwig, J.: Zehn Jahre Entwicklung des Qualitätsmanagements – Schlingerkurs zur Spitze. QZ **10**, 22–29 (2010)
185. Brückner, C.: Qualitätsmanagement – Das Praxishandbuch für die Automobilindustrie, 1. Aufl. Carl Hanser Verlag (2011)
186. www.efqm.org. EFQM Excellience Model 2010

Literatur zu Abschnitt 11.6

187. DIN 31 051: Grundlagen der Instandhaltung, Juni 2003
188. KR 00 020: Konstruktionsrichtlinie: Instandhaltungsgerechte Konstruktion von Kfz, Modulen, Baugruppen u. -teilen, Volkswagen AG, Wolfsburg (März 1999)
189. VDI 2246 Blatt 1: Konstruieren instandhaltungsgerechter technischer Erzeugnisse; Grundlagen VDI 2246 Blatt 2: Konstruieren instandhaltungsgerechter technischer Erzeugnisse; Anforderungskatalog, Verein Deutscher Ingenieure (VDI), Düsseldorf (März 2001)
190. VW 011 54: Entwicklungsbedingungen; Allgemeine Anforderungen, Volkswagen AG, Mai 2001, Wolfsburg
191. DIN EN 13306: Begriffe der Instandhaltung (September 2001)
192. VDA: Zuverlässigkeitssicherung bei Automobilherstellern und Lieferanten, 3. Aufl. Verband der Automobilindustrie e.V. (VDA), Frankfurt (2000)
193. Steinecke, K.: Wahrscheinlichkeitsnetz für nach Weibull verteilte Werte. Beuth-Verlag, Berlin (1979)
194. Eichler, C.: Instandhaltungstechnik, 4. Aufl. Verlag Technik, Berlin (1990)
195. Liskowsky, V.: Untersuchungen zur Primärdatenerfassung und -aufbereitung zwecks Ermittlung der Zuverlässigkeit von Kraftfahrzeugen. Dissertation, Ingenieurhochschule Zwickau (1983)
196. Deutsche Akademie f Verkehrswissenschaft: 40. Deutscher Verkehrsgerichtstag 2002. Brune-Mettcker Druck- u. Verlagsgesellschaft, Jever (2002)
197. ADAC: Energieeffizienzklassen. ADAC-Verlag (2002)
198. Sanden, Danner, Küppersbusch: Nutzungsausfallentschädigung, Schwacke Liste, eurotaxschwacke, Maintal, 2004
199. Härdler, J.: Betriebswirtschaftslehre für Ingenieure, 1. Aufl. Carl Hauser, München/Wien (2001)
200. Brachat, H., et al.: Grundlagen der Automobilwirtschaft, Autohaus, 1. Aufl. Ottobrunn (1994)
201. Lennermark, A.: Ein Unternehmen, das mit der Zeit geht, Fa. Consulting AB, Örebro, Schweden (März 2002)
202. Warnecke, H.J.: Instandhaltung Grundlagen. TÜV Rheinland GmbH, Köln (1981)
203. Danner, M., et al.: Crash-Reparaturversuche – Eine Entwicklung des Allianz Zentrum für Technik. In: Der Maschinenschaden. Allianz Versicherung-AG, München (1985)
204. RCAR: The Procedure for Conducting a Low Speed 15 km/h Offset Insurance Crash Test to Determine the Damageability and Repairability Features of Motor Vehicles, Motor Insurance Repair Research Centre, Thatcham, England (Mai 1994)
205. IIHS: Low-Speed Crash Tests, Insurance Institute of Highway Safety (IIHS). Washington, USA (1969)
206. Anselm, D.: Die Pkw-Karosserie, 1. Aufl. Vogel, Würzburg (1997)
207. Damschen, K., et al.: Karosserie-Instandsetzung, 4. Aufl. Vogel, Würzburg (1998)
208. Redlich, J.: Neue Kaskostruktur in der Autoversicherung, Gesamtverband der Deutschen Versicherungswirtschaft (GDV), Vortrag, Berlin, Juli 2002
209. SAE J 1551: Recommended Practice for Optimizing Automobile Damageability, Society of Automotive Engineers (SAE), Warrendale, USA (1993)
210. Thatcham: Fahrzeugkonstruktionsmerkmale für optimales Aufprallverhalten bei niedriger Geschwindigkeit, Motor Insurance Repair Research Centre, 1. Aufl. Thatcham, England (1994)
211. Weber, G.: Servicefreundliche Fahrzeugkonstruktion, FH Braunschweig/Wolfenbüttel, Vorlesungsmanuskript, Wolfsburg, 2002
212. Thatcham: The British Insurance Industry's Criteria for Vehicle Security, Motor Insurance Repair Research Centre, 4. Aufl. Thatcham, England (2000)
213. TFFN 801: Car Alarm Requirements and Test Methods, Swedish Motor Insurers'Bureau, 1. Aufl. Stockholm, Schweden (1998)
214. TFFN BKK 9007: Egenskapsnorm Dörrlas, Trafikföräkringsföreningens Norm, 1. Aufl. Stockholm, Schweden (1990)
215. van der Mooren, A.L.: Instandhaltungsgerechtes Konstruieren und Projektieren. Springer, Berlin (1991)

216. Schüttemeyer, K., et al.: Herstellergeschützte Reparatur. ATZ/MTZ (VW Phaeton Sonderausgabe) (2002)
217. Betriebsanleitung und Wartungskarte für Volkswagen – Kleinlieferwagen, VOLKSWAGENWERK AG WOLFSBURG, August 1966, Wolfsburg
218. Statistisches Bundesamt: Statistisches Jahrbuch. Wiesbaden (1974)
219. Gesetz über die Entsorgung von Altfahrzeugen vom 21. Juni 2002; Bundesgesetzblatt Jahrgang 2002 Teil I Nr. 41, Bonn, 28. Juni 2002
220. DAT: DAT-Sachverständigenhandbuch. Ostfilder-Scharnhausen (2004)
221. GVO 1400/2002: Verordnung der Kommission (EG) vom 01. August 2002
222. Nickel, E.: Warranty Cost Reduction through Tele-Diagnostics and New Analytics Methods. Automobil Elektronik Fachkongress, Ludwigsburg, 20./21. September 2006
223. Hollmotz, L., Horn, C.: Hochvolt in der Werkstatt – Elektrifizierte Antriebe als Herausforderung für die After-Sales-Prozesse. VDI-Berichte, Bd. 2105, S. 159 (2010)

Rennfahrzeuge

Dipl.-Ing. Willy Rampf, Dipl.-Ing. Ulrich Schulz
und Prof. Dr.-Ing. Mario Theissen

H.-H. Braess, U. Seiffert (Hrsg.), *Vieweg Handbuch Kraftfahrzeugtechnik*, ATZ/MTZ-Fachbuch,
DOI 10.1007/978-3-658-01691-3_12,

12.1 Einsatzbedingungen

12.1.1 Sportbehörde

Rennfahrzeuge werden für die Teilnahme an Wettbewerben konstruiert bzw. von Serienfahrzeugen abgeleitet. Die Rahmenbedingungen der jeweiligen Rennserie werden von einer Sportbehörde definiert und überwacht. Die größte Bandbreite weltweit deckt dabei die FIA ab, unter anderem mit den Weltmeisterschaften Formel 1, Rallye, GT und Tourenwagen.

Die Rahmenbedingungen sind im Reglement verankert, das in der Regel aus einem technischen und einem sportlichen Teil besteht [1].

12.1.2 Technik-Reglement

Wichtigste Grundlage für die Konzeption und Entwicklung eines Rennfahrzeugs ist das Technik-Reglement. Es enthält Vorgaben zur Bauweise von Fahrzeug und Antrieb, zu geometrischen Restriktionen, Gewichtsgrenzen, Sicherheitsmerkmalen, und zur Bereifung. Formel-Fahrzeuge werden dabei von Grund auf nach einem feststehenden Reglement konstruiert. Im GT- und Tourenwagensport dagegen sind die Rennfahrzeuge von Serienmodellen abgeleitet. Das Reglement muss in diesem Fall spezielle Kriterien enthalten, um trotz unterschiedlicher Voraussetzungen der Basismodelle ein wettbewerbsfähiges Feld von Rennfahrzeugen zu gewährleisten (balance of performance). Solche Kriterien sind zum Beispiel der zulässige Eintrittsquerschnitt der Motoransaugluft (air restrictor), der Ladedruck bei aufgeladenen Motoren, oder das Fahrzeuggewicht.

Hinzu gekommen sind in den letzten Jahren verstärkt Auflagen zur Eindämmung der Kosten: Exotische Werkstoffe werden verboten, Mindestgewichte und Schwerpunktlagen für Motoren definiert, die Motorleistung und Drehzahl begrenzt sowie die Verwendung von Einheitskomponenten wie Motorsteuerung oder Reifen vorgegeben. Mindestlaufleistungen bzw. Wechselintervalle schränken den Teiledurchsatz ein. Der Technikstand wird vielfach über eine Saison eingefroren, oder nur eine begrenzte Zahl von Entwicklungsschritten erlaubt.

Ebenfalls Bestandteil des Technik-Reglements sind die Prüfmethoden, mit denen seine Einhaltung überwacht wird. Dazu zählen statische und dynamische Crashtests, Mess- und Wiegeprozeduren, aber auch die gezielte Belastung von aerodynamischen Bauteilen, um deren regelkonformes Verhalten im Fahrbetrieb sicher zu stellen.

12.1.3 Sport-Reglement

Das Sport-Reglement enthält alle notwendigen Vorgaben zum Rennformat und dem Austragungsmodus einer Meisterschaft. Dies umfasst insbesondere:

- Teilnahmevoraussetzungen für Fahrer und Teams.
- Testrestriktionen,
- Fahrzeugabnahme,
- Rollen von Rennleitung und Sportkommissaren sowie ihre Arbeitsweise bis hin zum Strafenkatalog bei Regelverstößen,
- Zuteilung und Verwendung von Reifen,
- Ablauf einer Veranstaltung mit Zahl und Dauer der freien Trainings, Qualifikation und Rennen,
- Qualifikationsmodus und die sich daraus ergebende Startaufstellung,
- Startprozedur, Dauer des bzw. der Rennen sowie Tankstops und Reifenwechsel während des Rennens,
- Siegerehrung und Pressetermine,
- Punkteverteilung und Meisterschaftswertung.

Durch die Reglementierung von Tankstops und Reifenwechseln im Rennen nimmt auch das Sport-Reglement Einfluss auf das Fahrzeugkonzept. Mit dem Nachtankverbot in der Formel 1 musste z. B. der Kraftstofftank von vorher ca. 85 kg Fassungsvermögen auf doppelte Kapazität vergrößert werden. Der Radstand der Fahrzeuge ist dadurch um mehr als 100 m angewachsen, die Belastung der Reifen durch das höhere Gewicht bei Rennbeginn gestiegen.

12.2 Fahrzeug-Kategorien

Eine umfassende Darstellung der Technik von Rennfahrzeugen hat Trzesniowski erarbeitet [2], beginnend mit der Einteilung von Wettbewerbsfahrzeugen in verschiedene Kategorien.

Abb. 12.1 Vergleich eines T2- und T1-Rallyefahrzeugs (Quelle: VW)

Grenzt man das Spektrum auf den Automobilsport ein und klammert Sonderformen wie Karts und Dragster aus, dann bleibt immer noch eine Vielzahl von Klassen für den Einsatz auf der Straße bzw. auf unbefestigtem Terrain.

Cross Country Rallies führen über lange Distanzen fast ausschließlich durchs Gelände. Die FIA unterscheidet zwischen seriennahen (T2) und stark modifizierten (T1) Fahrzeugen (Abb. 12.1) sowie Trucks (T4). Gemeinsames Merkmal sind verstärkte Fahrwerke mit großen Federwegen, erhöhter Bodenfreiheit und Unterfahrschutz. Die Karosserie basiert in der T2-Klasse auf dem Serienfahrzeug, während ein T1-Aufbau aus einem hochfesten und steifen Rohrrahmen besteht, auf den eine leichte, nichttragende Außenhaut aufgesetzt wird.

Rallye-Fahrzeuge sind für Sprint-Prüfungen ausgelegt, die zum Teil auf Asphalt, zum Teil auf unbefestigten Pisten ausgetragen werden. Auch hier sind die Fahrzeuge in verschiedene Klassen eingeteilt, je nach Seriennähe, Motorisierung und Zweirad- bzw. Vierradantrieb. Zum Zweck der Kostensenkung gilt ab 2011 in der World Rally Championship und in der World Touring Car Championship, also im Rallye- und im Tourenwagen-Sport, ein einheitliches Motorenreglement: Zum Einsatz kommen 1,6 l Vierzylindermotoren mit Direkteinspritzung und Turboaufladung.

Für den Sport auf der Straße, also Slalom-, Berg- und Rundstrecken-Rennen, gibt es eine Vielzahl von Fahrzeug-Klassen. Tourenwagen sind von einem Serienfahrzeug abgeleitet, ihre Technik darf selbst in der Top-Kategorie S 2000 nur sehr begrenzt modifiziert werden (Abb. 12.2).

Abb. 12.2 BMW 320 si nach S2000 Reglement (Quelle: BMW)

Karosseriestruktur und Außenhaut werden beibehalten, ein Rohrkäfig erhöht Steifigkeit und Crash-Sicherheit, Fahrwerk und Motor werden auf Serienbasis entwickelt. Lediglich das Getriebe darf eine eigenständige Rennversion sein. Die Motorleistung liegt bei 200–240 kW.

Auch das GT Reglement baut auf Serienfahrzeugen auf. Ausgangsbasis sind hier Sportwagen in Blech-Schalenbauweise oder mit CFK-Karosserie (Abb. 12.4). Während die GT4 Klasse nahezu dem Serienstand entspricht, sind in GT1 bis 3 größere Modifikationen erlaubt. Das Leistungsniveau reicht von 300 bis 400 kW.

Nur äußerlich dem Produktionswagensport zuzuordnen sind Fahrzeuge mit einer Serien-Silhouette, deren Technik jedoch von Grund auf nach dem Rennreglement entwickelt wurde (Bei-

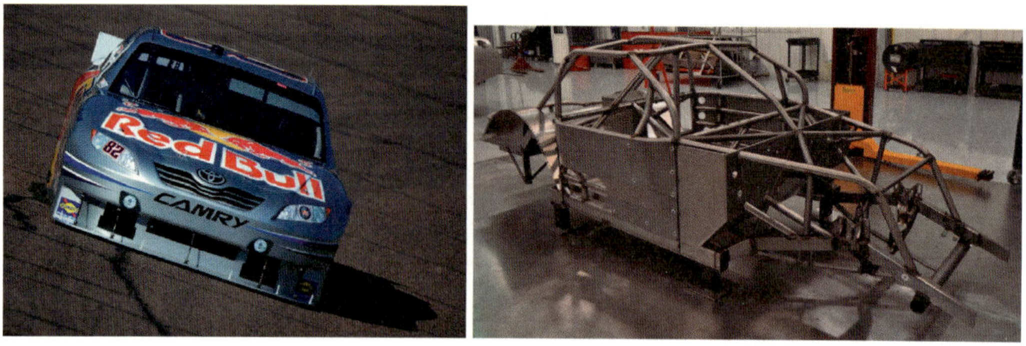

Abb. 12.3 NASCAR Rennfahrzeug Red Bull Toyota (Quelle: Red Bull)

Abb. 12.4 GT-Rennfahrzeug Porsche 911 GT3 RSR (Quelle: Porsche)

Abb. 12.5 LMP1 Fahrzeug Audi R18 (Quelle: Audi)

spiel NASCAR Serie, Abb. 12.3). In der Regel wird diese Bauweise mit der Vorgabe von Standardkomponenten verbunden, um Entwicklungsaufwand und Teilekosten einzugrenzen.

Eine Grundsatzproblematik im Produktionswagensport besteht in der unterschiedlichen Eignung der jeweiligen Basisfahrzeuge für den Renneinsatz. Ein wettbewerbsfähiges Starterfeld lässt sich häufig nur durch Angleichung der Performance einzelner Fahrzeuge mittels Handicaps bzw. Zugeständnissen (Waiver) erreichen. Diese Notwendigkeit entfällt bei Sport-Prototypen und Formel Fahrzeugen, da die von vornherein nach einem vorgegebenen Reglement konstruiert werden.

Sport-Prototypen werden nach dem Reglement des ACO (Automobile Club de l'Ouest) homologiert und kommen beim 24 h Rennen von Le Mans und den damit verbundenen Rennserien zum Einsatz (Abb. 12.5 und Tab. 12.1).

Mit der Zulassung von aufgeladenen Motoren und von Hybridantrieben (KERS) trägt das Reglement dem Entwicklungstrend in der Antriebstechnik Rechnung.

Formel-Fahrzeuge decken einen breiten Bereich ab von verschiedenen Markenformeln für Junioren (Abb. 12.6) über internationale Nachwuchs-Rennserien wie die Formel 3 bis hin zur Formel 1. Die Motorleistung liegt zwischen 100 und 600 kW.

Gemeinsame Merkmale sind frei stehende Räder, ein Sitz, ein CFK-Monocoque mit Crash-Elementen sowie eine Motor-Getriebe-Einheit vor der Hinterachse, die entweder voll tragend oder in einem Hilfsrahmen verbaut ist. Formel-Fahrzeuge

■ **Tabelle 12.1** LMP-Fahrzeuge (Sport-Prototypen)

	LMP1	LMP2
Fahrzeuggewicht	900 kg	900 kg
Motorkonzept	frei	Serienmotor* ca. 335 kW
Ottomotoren ohne Aufladung	3400 cm³	5000 cm³ 8 cyl. maximum
Ottomotoren mit Aufladung	2000 cm³	3.200 cm³ 6 cyl. maximum
Dieselmotoren mit Aufladung	3700 cm³	–
Hybridantrieb	KERS**	–

* Serienmotor, mindestens 1000 Stück in 12 Monaten gebaut. Frei käuflich für max. € 75.000.–
** Elektrischer Zusatzantrieb auf Vorder- oder Hinterachse, Rückgewinnung und Speicherung kinetischer Energie beim Bremsen, Technik frei, max. Energieabgabe 0,5 MJ zwischen 2 Bremsvorgängen

■ **Abb. 12.6** Formel BMW FB 02 (Quelle: BMW)

weisen im Vergleich mit anderen Kategorien das niedrigste Gewicht und den tiefsten Schwerpunkt auf und erreichen damit die höchste Fahrdynamik bzw. die schnellsten Rundenzeiten.

Im Folgenden sind Bauweise und Auslegungskriterien von Rennfahrzeugen am Beispiel der Formel 1 gezeigt, da deren Technik sich am stärksten von Serienfahrzeugen unterscheidet.

12.3 Bauweise

12.3.1 Monocoque

Zentrales Element eines Formel-Fahrzeugs ist das Monocoque (■ Abb. 12.7). Es umfasst als geschlossene Zelle das Cockpit mit eingebauter Pedalerie und den Sicherheits-Kraftstofftank. Mindestmaße für Cockpit-Querschnitt und -Öffnung sind vorgeschrieben.

12.3.1.1 Struktur

Ein modernes Formel-1 Monocoque muss zwei wesentliche Anforderungen erfüllen. Das Design und die Struktur müssen auf optimale Fahrleistungen ausgelegt werden und gleichzeitig größtmögliche Sicherheit für den Fahrer gewährleisten.

Optimale Fahrleistungen werden besonders durch minimales Gewicht, tiefe Schwerpunktlage, optimierte Torsionssteifigkeit und genau definierte lokale Steifigkeiten an den Fahrwerks- und Motoranbindungspunkten erreicht.

Der hohe Sicherheitsstandard wird durch den Nachweis der strukturellen Integrität für alle im Betrieb auftretenden Belastungen (aerodynamische Fahrwerks- und Fahrerkräfte) erreicht. Zudem beschreibt das Reglement der FIA insgesamt zahlreiche sicherheitsrelevante statische und dynamische Belastungstests, welche für die Homologation respektive Zulassung zum Rennbetrieb erfüllt werden müssen [1, *FIA F1 Technical Regulations*].

Es sind dies **statische Belastungstests** an den Überrollbügeln, an verschiedenen Stellen der Seitenwand, am Cockpitrand und am Tankboden. Der Hauptüberrollbügel hinter dem Fahrer muss z.B. einer Belastung von 119 kN standhalten. Zudem müssen die Befestigungen der vorderen (Fahrzeugnase) und seitlichen Crash-Strukturen eine vorgeschriebene Mindestfestigkeit bei Lateralbelastung erreichen.

Die FIA definiert zudem **dynamische Belastungstests** aus Front-, Heck- und Seitenaufprall und Kopfaufprall auf die Lenksäule. Diese sogenannten Crash-Tests müssen in einem von der FIA anerkannten Testzentrum absolviert werden.

Zudem muss die Monocoque Seitenwand genügend Widerstand gegen das Eindringen von

Abb. 12.7 F1 Monocoque (Quelle: Sauber)

Fremdstrukturen (z. B. Crash-Strukturen anderer Fahrzeuge bei einem 90° Aufprall zweier Fahrzeuge) aufweisen. Dies wird in einem Seitenwand Eindringtest der FIA nachgewiesen.

12.3.1.2 Entwicklung

Zur Entwicklung eines Monocoque werden moderne Simulationsmethoden angewendet. Nur so kann in der kurzen Entwicklungsphase eine hochoptimierte und sichere Bauweise entstehen. Das strukturmechanische Verhalten wird mit der Finiten Element Methode (FEM) modelliert. Der Laminataufbau wird mit speziellen Laminat Pre- und Postprozessoren erstellt.

Die meisten Anforderungen können mit linear statischer Berechnung abgedeckt werden. Selbst dynamische Belastungen (aus Front-, Heck- und Seitenaufprall) können quasistatisch mit den maximal auftretenden Belastungsspitzen berechnet werden. Nichtlineare Berechnungen sind nur dann notwendig, wenn hohe Verformungen und/oder Materialplastizität berücksichtigt werden müssen wie z. B. beim Überrollbügel.

12.3.1.3 Fertigung

Die Faserverbundbauweise bringt einen hohen Integrationsgrad mit sich. Deshalb besteht das Monocoque aus wenigen, dafür aber komplexen Einzelteilen. Für eine effiziente Fertigung wird es aus einer oberen und einer unteren Schale zusammengesetzt (seltener, aber durchaus möglich, ist eine Trennung vorne/hinten bzw. links/rechts).

Im Inneren des Monocoque gibt es Bauteile zur Verstärkung respektive Aussteifung. Die Tankvorderwand ist gleichzeitig auch die Befestigung des Sicherheitsgurts. Im vorderen Teil des Monocoque gibt es einen Fahrwerksspant, welcher alle Elemente des Fahrwerks aufnimmt.

Der Laminataufbau ist ein Kohlefaser Sandwich mit Aluminium Wabenkern. Wegen der geringen Stückzahl von maximal 10 Monocoques pro Saison kommt die Prepreg Technologie (vorimprägnierte Gewebe- und unidirektionale Lagen) zum Einsatz. Es werden verschiedene hochmodulige und hochfeste Kohlefasern verwendet. Das Harzsystem ist normalerweise ein Epoxidharz. Für die lokalen Krafteinleitungen werden Inserts aus Kohlefaser, Aluminium und Titan in die Aussparungen des Wabensandwichs geklebt.

Der hohe Optimierungsgrad und die Struktureffizienz bringen einen erheblichen Fertigungsaufwand mit sich. Das Laminat besteht aus bis zu 1500 einzelnen Kohlefaser Lagen und wird in Handarbeit eingelegt. Der ungefähre Aufwand für die verschiedenen Bauabschnitte ist wie folgt:

Außenhaut Laminat	ca. 400 h
Wabensandwich und Inserts	ca. 400 h
Innenhaut Laminat	ca. 200 h

Das Laminat härtet nicht bei Raumtemperatur aus und muss deshalb im Autoklaven (Druckofen) *gebacken* werden (Curing Prozess). Je nach Harzsystem und Einsatzbereich wird bei unterschiedlich hohen Temperaturen ausgehärtet. Das Monocoque wird bei ca. 135 °C gebacken und muss für die Einzelschritte mehrmals in den Autoklaven.

12.3.2 Bodywork

Die Karosserie-Außenhaut (Bodywork, Abb. 12.8) besteht aus der Nase mit integriertem Crash-Element und Frontflügel, dem Unterboden, den Seitenkästen, der Antriebsabdeckung, dem Heckflügel und diversen Anbauteilen. Sie wird nach aerodynamischen Kriterien gestaltet und ebenfalls aus CFK im gleichen Verfahren hergestellt.

12.3.3 Motor

Im Vergleich zu einem Serienmotor mit weltweitem Einsatz in verschiedenen Fahrzeugen ist

Abb. 12.8 Bodywork (Quelle: Sauber)

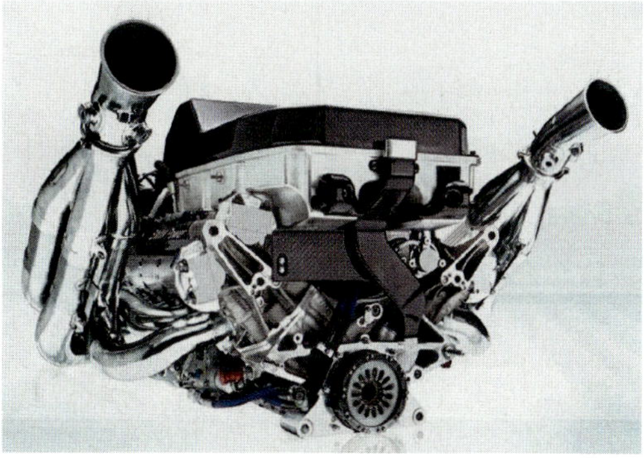

Abb. 12.9 BMW P86 (ab 2006) (Quelle: BMW)

das Anforderungsprofil eines F1 Motors scharf ausgeprägt: Leistung, Gewicht bzw. Package und Zuverlässigkeit über die geforderte Laufleistung sind die entscheidenden Merkmale. In der Aera der 3,0 l V10 Motoren führte ein ungebremster Technologie-Wettlauf zu sprunghaften Verbesserungen im Jahresrhythmus. Der BMW P84/5 von 2005 erreichte schließlich eine Spitzenleistung von über 700 kW bei nur 84 kg Gewicht [3].

Um dieses kostenträchtige Wettrüsten zu stoppen und gleichzeitig das Leistungsniveau aus Sicherheitsgründen auf ca. 550 kW zurück zu führen, gilt seit 2006 ein neues Reglement:

Bauweise	V8 90°
Hubraum	2,4 dm^3
Zylinderabstand	106,5 mm
Bohrung	max. 98 mm
Kurbelwellenhöhe	min. 58 mm
Schwerpunkthöhe	min. 165 mm
Motorgewicht	min. 95 kg
Max. Drehzahl (seit 2009)	18.000 1/min
Kraftstoffdruck	max. 100 b

»Exotische« Materialien, z. B. TiAl, MMC, sind aus Kostengründen verboten.

Der Grundmotor ist homologiert, darf also nicht zum Zweck der Leistungssteigerung weiter entwickelt werden.

Alle Hersteller verwenden eine Einheitselektronik, Traktionskontrolle oder andere Fahrhilfen sind nicht erlaubt.

Pro Fahrzeug dürfen in einer Rennsaison maximal 8 Motoren zum Einsatz kommen, das entspricht einer Laufleistung von ca. 2000 km pro Motor (Abb. 12.9).

2009 kam in der Formel 1 erstmals ein Hybridsystem (Kinetic Energy Recovery System) zum Einsatz. Hierbei wird in Bremsphasen kinetische Energie in einen Speicher geladen, die der Fahrer beim Beschleunigen als kurzzeitige elektrische Zusatzleistung abrufen kann (Boost-Funktion).

Für 2014 ist der Wechsel auf ein neues Motor-Reglement geplant, das dem aktuellen Trend in der Motorentechnologie Rechnung trägt: Statt 2,4 l V8 Saugmotoren sind 1,6 l V6-Zylinder Motoren mit Direkteinspritzung und Turboaufladung vorgesehen. Der zur Verfügung stehende Kraftstoffmassenstrom wird auf 100 kg/h begrenzt, so dass auf diesem Wege die Motorleistung limitiert und die Motivation erhöht wird, besonders effiziente Antriebe darzustellen. Weiterhin wird die elektrisch verwendbare Zusatzleistung auf 120 kW erhöht.

12.3.4 Getriebe

Das Getriebe eines heutigen Formel 1-Rennwagens (Abb. 12.10) bildet neben dem Monocoque und dem Motor das dritte tragende Element der Fahrzeugstruktur. Neben der eigentlichen Aufgabe der Drehzahl- und Drehmomentwandlung muss es die Fahrzeug- und Fahrwerkskräfte aufnehmen. Deshalb ist das Getriebegehäuse, an dem die Radaufhängungsteile direkt befestigt sind, extrem steif ausgeführt. Dieses Gehäuse ist entweder in Aluminium, Titan oder Kohlefaser ausgeführt und wiegt

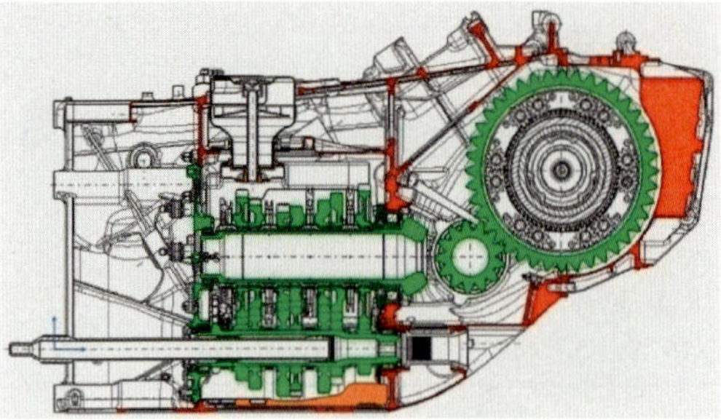

Abb. 12.10 Längsschnitt F1 7-Gang Getriebe (Quelle: BMW)

ca. 10 bis 12 kg. Das komplette Getriebe bringt ca. 30 bis 35 kg auf die Waage. Als Materialien werden Aluminium für Halterung und Ölpumpengehäuse, hochfeste Vergütungsstähle für Wellen und Einsatzstähle für die Zahnräder verwendet.

Im Gehäuse selbst sind die Funktionen Drehzahlwandlung, Schaltung, Drehrichtungsumkehr und Differential mit hydraulisch betätigter Sperre untergebracht. In gegenwärtigen F1-Fahrzeugen sind längs eingebaute zwei-Wellen Getriebe üblich. Über die zwischen dem Motor und dem Getriebe positionierte trockene Mehrscheiben Kohlefaser-Kupplung wird das Drehmoment auf die Primärwelle übertragen. Auf dieser sind gemäß Reglement maximal 7 Gangräder befestigt. Mit hochfesten Einsatzstählen waren diese bis 2006 nur bis zu 7 mm stark, seitdem sind jedoch zur Steigerung der Laufleistung und Senkung der Teilekosten mindestens 12 mm breite Zahnräder vorgeschrieben.

Die Sekundärwelle trägt die dazu korrespondierenden, in Nadelkäfigen gelagerten Losräder. Von diesen Gangradpaarungen stehen bis zu 70 Varianten zur Verfügung, die individuell für die Streckenbedingungen zusammengestellt werden. Durch axial verschiebliche Klauenringe mit 5 bis 6 Klauen wird der gewählte Gang mit der Sekundärwelle drehmomentübertragend verbunden. Dazu wird der jeweilige Klauenring über eine hydraulisch betätigte Schaltwalze und Schaltgabeln bewegt.

Die am Ende der Sekundärwelle dargestellte Kegel/Tellerradstufe dreht die Antriebsrichtung um 90°, um von dort aus den sogenannten Final Drive zu treiben. In diesem befinden sich das Differential und die integrierten Tripodengelenke für die Abtriebswellen. Das meist mit Planetenrädern dar-

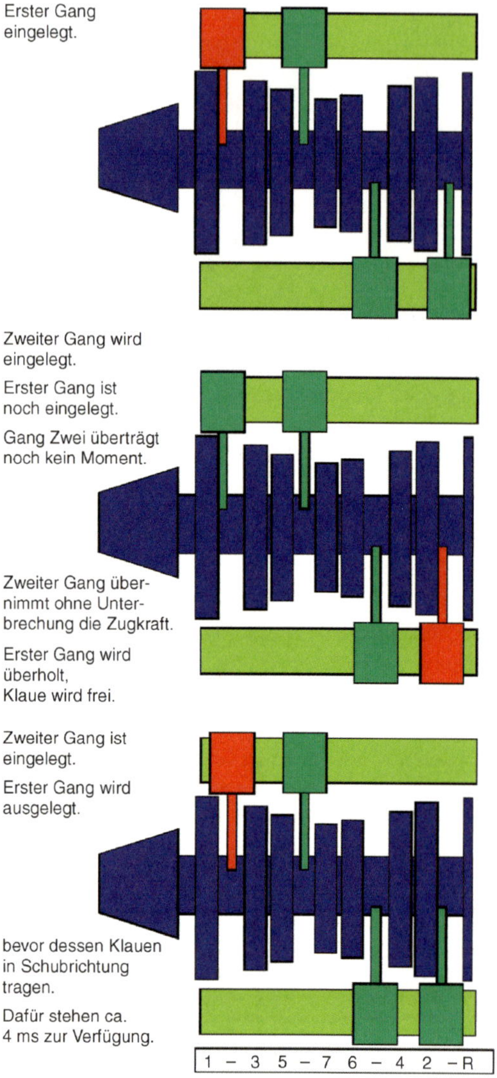

Abb. 12.11 Schaltvorgang SSG (Quelle: BMW)

gestellte Differential selbst enthält eine stufenlose Sperre in Form einer nassen Lamellenkupplung, die Sperrmomente bis zu 1000 Nm realisieren kann.

Wurden die Gänge noch bis vor kurzem sequentiell nacheinander eingelegt, wobei während einer Schaltung die Zugkraft am Hinterrad für ca. 35–60 ms unterbrochen wurde, so haben sich heute zugkraftunterbrechungsfrei schaltende Schnellschaltgetriebe (SSG) durchgesetzt.

Ähnlich wie bei einem unter ▶ Abschn. 5.4 beschriebenen Doppelkupplungsgetriebe werden zwei Gänge gleichzeitig aktiviert (Abb. 12.11).

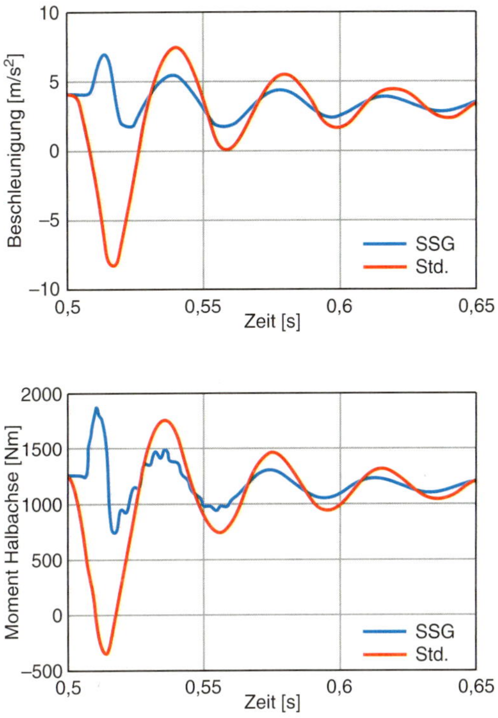

Abb. 12.12 Beschleunigungsverlauf Fahrzeug und Momentenverlauf am Hinterrad bei einem Schaltvorgang mit bzw. ohne Zugkraftunterbrechung (SSG) (Quelle: BMW)

Dabei wird der bei Klauenschaltgetrieben vorhandene freie Winkel zwischen den Klauen genutzt. Während der untere Gang noch Last überträgt, wird positionsgesteuert die Klaue des nächsthöheren Ganges eingelegt. Dazu wird meist eine zweite Schaltwalze verwendet. Bedingt durch die Drehzahldifferenz zwischen den Gängen »überholt« der obere den unteren Gang und übernimmt unterbrechungsfrei die Last. Der untere Gang wird nun lastfrei und wandert mit der Differenzdrehzahl zurück. Bevor nun der Freiwinkel zwischen den Klauen überwunden ist und es zur Anlage an der gegenüberliegenden Klaue kommt, wird der untere Gang herausgenommen. Dazu stehen – abhängig von Gangübersetzung und Drehzahl – ca. 4 ms zur Verfügung.

Abbildung 12.12 zeigt den Vorteil des SSG (blaue Kurve) im Vergleich zu einem Standardgetriebe (rote Kurve): der bis in eine starke Verzögerung reichende Beschleunigungseinbruch bleibt aus, das Drehmoment an der Hinterachse bleibt abgesehen vom Einschwingverhalten konstant. Neben dem reinen Zeitgewinn durch den Entfall der Zugkraftunterbrechung ist ein weiterer Vorteil der Umstand, dass durch den fehlenden Lastwechsel am Hinterrad eine deutlich höhere Fahrstabilität besteht und nun auch bei Kurvenfahrt unter Last geschaltet werden kann.

12.3.5 Fahrwerk

12.3.5.1 Achskonzept

Die Vorder- und Hinterradaufhängung eines F1 Fahrzeugs sind als Doppelquerlenkerachsen mit innen (also innerhalb des Bodywork) liegenden Federungs- und Dämpferelementen ausgeführt.

Die Abstützung der Vertikalkräfte erfolgt bei allen derzeitigen Vorderachs-Konstruktionen über eine Druckstange (Push Rod). An der Hinterachse kommen zur Abstützung der Vertikalkräfte bei den meisten Fahrzeugen bis 2010 ebenfalls Druckstangen zum Einsatz. Die Umsetzung der Bewegung vom Push oder Pull Rod auf Federn und Dämpfer erfolgt über Umlenkhebel (Rocker) mit in Fahrzeuglängsrichtung liegender Drehachse.

Die Entscheidung für eine Push Rod oder Pull Rod Konstruktion wird auf Basis der Anforderungen an Steifigkeit und Aerodynamik getroffen.

Vorderachse Aus aerodynamischen Gründen (zur Verbesserung der Luftströmung unter dem Monocoque) sind die Monocoques bei den aktuellen Fahrzeugen im Bereich Vorderachse hoch ausgeführt. Für die Verwendung eines Push Rod (Anbindung vom unteren Querlenker/Radträger zum Umlenkhebel im Monocoque oben) spricht hier das höhere Übersetzungsverhältnis von Radbewegung zu Dämpfer und Federbewegung. Ein Pull Rod hätte aufgrund des flachen Winkels (Anbindung vom oberen Querlenker/Radträger zum Umlenkhebel im Monocoque unten) ein relativ geringes Übersetzungsverhältnis. Nachteil: Die Bauteile müssten sehr steif ausgeführt werden, die lokalen Kräfte wären ebenfalls sehr hoch.

Hinterachse Aus aerodynamischen Gründen (Zur Verbesserung der Luftströmung an Heckflügel

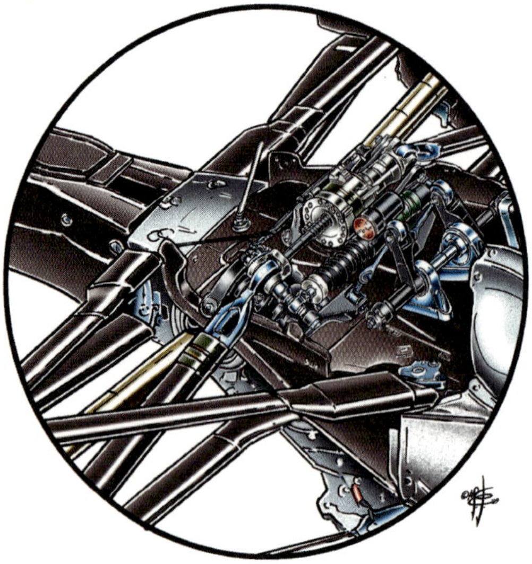

Abb. 12.13 F1 Hinterradaufhängung mit drittem Feder/Dämpferelement [4]

und Diffusor) hat sich in den letzten Jahren der Trend zu schmäleren und niedrigeren Getriebegehäusen fortgesetzt. Durch den damit flacheren Winkel des Push Rod (Anbindung vom unteren Querlenker/Radträger zum Umlenkhebel auf dem Getriebegehäuse) wird die Übersetzung von Radbewegung zu Feder-Dämpferbewegung ungünstiger. Eine Pull Rod Achse ist diesbezüglich besser, die Installation der Feder- und Dämpferelemente an der Seite des Getriebegehäuses erfordert jedoch weitere Kompromisse bezüglich Steifigkeit und Zugänglichkeit für Änderungen der Fahrwerksabstimmung. Da die radseitige Anbindung des Push- oder Pull Rod in einem aerodynamisch kritischen Bereich der Radumströmung liegt, kann auch dies den Ausschlag für eine Push oder Pull Rod Lösung an der Hinterachse geben.

12.3.5.2 Federungssystem

Die Federung besteht in der Regel aus drei Hauptelementen, den seitlichen Federn und einem sogenannten dritten Element, welches zwischen den Umlenkhebeln montiert ist (Abb. 12.13). Das dritte Element mit stark progressiver Kennlinie hat die Aufgabe, den Mindest-Bodenabstand des Fahrzeuges bei höheren Fahrgeschwindigkeiten sicherzustellen. Auch dient die Federkennlinie des dritten Elementes an Vorderachse und Hinterachse dazu, die Aerobalance über der Fahrgeschwindigkeit zu beeinflussen (siehe ▶ Abschn. 12.5.2.3, Abhängigkeit des Abtriebs vom Bodenabstand). Eine progressive Kennlinie wird durch die Kombination aus Schraubenfeder bzw. Torsionsfedern und Tellerfederpaketen bzw. Kunststofffederblöcken (Bump Rubber) erreicht.

12.3.5.3 Dämpfungssystem

Die Dämpfung besteht aus drei oder vier Hauptelementen, den seitlichen Dämpfern und einem oder zwei sogenannten Dritte-Element Dämpfern. Die seitlichen Dämpfer sind meist als viskose Lineardämpfer ausgeführt. Aufgrund des kompakteren Package kommen an der Hinterachse auch viskose Drehflügel-Dämpfer zum Einsatz. Die Dritte-Element Dämpfer, welche zwischen den Umlenkhebeln montiert werden, sind als viskose Lineardämpfer und/oder als sogenannte Trägheits-Dämpfer mit rotierender Masse ausgeführt [4].

12.3.5.4 Abstimmung

Für die Abstimmung der Vertikaldynamik gibt es zwei Hauptkriterien:

- Optimierung bzw. Minimierung der Aufbaubewegung (Body Motion)
- Optimierung bzw. Minimierung der Radaufstandskraftänderung (Tyre Contact Force Variation)

Die Abstimmungsarbeit wird ausschließlich mittels Simulationsprogrammen vorbereitet und anschließend mit dem Gesamtfahrzeug am Vertikal-Dynamikprüfstand (7-Post Rig) optimiert.

Da bei einem Formel-1 Fahrzeug die aerodynamischen Kräfte gegenüber den statischen Gewichtskräften dominieren, ist es notwendig diese Aerodynamikkräfte sowie die dynamischen Änderungen der Abtriebskräfte (verursacht durch Bodenabstandsänderung) am Gesamtfahrzeug aufzubringen. Dies geschieht beim 7-Post-Rig mittels hydraulisch geregelter Aktuatoren. Diese Abstimmarbeit ist für jede Rennstrecke separat notwendig, da die Einflussfaktoren wie Fahrbahnoberfläche, Abtriebsniveau und Reifenspezifikation einen großen Einfluss auf das dynamische Verhalten des Fahrzeuges haben.

12.4 Performance und Rundenzeit

12.4.1 Fahrzeugparameter

Eine ganze Reihe von Parametern haben Einfluss auf die Performance des Fahrzeugs. Einige davon lassen sich nur bedingt in physikalischen Modellen abbilden. Ihr Einfluss auf die Rundenzeit wird daher indirekt aus Erfahrungswerten ermittelt:

- Fahrwerks Kinematik
- Aerodynamische Wechselwirkungen
- Fahrzeugbalance und Handling
- Fahrbarkeit des Motors
- Antriebsstrang (Kupplungs- und Differentialcharakteristik)

Direkt messbar sind dagegen:

- Aerodynamik (Abtrieb, Widerstand, Effizienz)
- Reifengrip
- Schwerpunkthöhe Fahrzeug
- Fahrzeugmasse
- Motorleistung
- Getriebe Schaltzeiten (SSG schaltet ohne Zugkraftunterbrechung)

Der Einfluss dieser Kenngrößen auf die Rundenzeit lässt sich mittels Simulation mathematisch eindeutig erfassen.

12.4.2 Sensitivität der direkt messbaren Fahrzeugparameter

Um die Wirkung der einzelnen Einflussfaktoren zu veranschaulichen, werden zwei Annahmen getroffen:

Referenzstrecke Es wird eine Referenzstrecke definiert mit einer Rundenzeit $t = 80\,\text{s}$.

Diese Rundenzeit entspricht einer durchschnittlichen F1 Strecke. Die tatsächliche Rundenzeit ist selbstverständlich abhängig von der Streckenlänge (Monaco mit 3,6 km, Spa mit 7 km) und der Streckencharakteristik (Stadtkurs oder Hochgeschwindigkeitsstrecke).

Referenzfahrzeug Auch für das Fahrzeug werden realistische Basiswerte angesetzt.

- Abtriebsbeiwert: $c_z = 3{,}0$

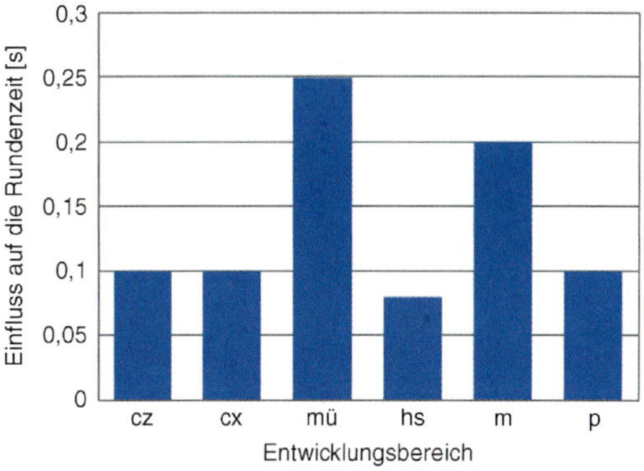

Abb. 12.14 Einfluss der Fahrzeugparameter auf die Rundenzeit

- Widerstandbeiwert: $c_x = 0{,}9$
- Reibbeiwert der Reifen: $\mu = 1{,}8$
- Schwerpunkthöhe Fahrzeug: $h_s = 250\,\text{mm}$
- Fahrzeugmasse ohne Kraftstoff, mit Fahrer: $m_{\text{fz}} = 620\,\text{kg}$ (entspricht dem Fahrzeugmindestgewicht 2010, wird 2011 wegen Einführung KERS auf 640 kg angehoben)
- Maximale Motorleistung: $P_{\text{mot}} = 550\,\text{kW}$

Mit diesen Annahmen ergeben sich für ein F1 Fahrzeug folgende Sensitivitäten der direkt messbaren Einflussgrößen (Tab. 12.2):

Einfluss der Streckencharakteristik: Strecken mit langen Geraden und hohem Vollastanteil (z. B. Monza), haben eine höhere Sensitivität bezüglich Abtrieb und Widerstand, Strecken mit hohem Traktionsanteil und niedrigen Kurvengeschwindigkeiten (z. B. Monaco) haben eine höhere Sensitivität bezüglich Reifengrip.

12.4.3 Entwicklungspotenzial

Ausschlaggebend für das Entwicklungspotenzial ist nicht nur die Sensitivität der Parameter (Abb. 12.14). Ebenso wichtig sind die Einflussmöglichkeiten, die durch technische oder Reglement-Restriktionen eingegrenzt werden (Abb. 12.15).

Aerodynamik (Abtrieb und Widerstand)

- Technisches Reglement schränkt Freiraum auf vorgegebene Fahrzeugbereiche ein

Tabelle 12.2 Sensitivität direkt messbarer Fahrzeugparameter

Parameter	Abk.	Änderung	Einfluss auf Rundenzeit	Einfluss Streckencharakteristik
Abtrieb	c_z	plus 1 %	minus 0,1 s	+/−0,03 s
Luftwiderstand	c_x	plus 1 %	plus 0,1 s	+/−0,03 s
Reifengrip	μ	plus 1 %	minus 0,3 s	+/−0,1 s
Schwerpunkthöhe	h_s	plus 1 %	plus 0,08 s	+/−0,03 s
Fahrzeugmasse (Kraftstoffmenge)	m	plus 1 %	plus 0,2 s	+/−0,06 s
Motorleistung	P	plus 1 %	minus 0,1 s	+/−0,05 s

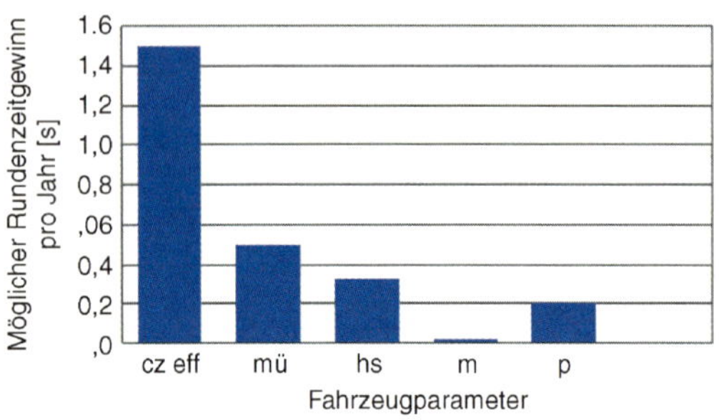

Abb. 12.15 Entwicklungspotenzial bei den einzelnen Fahrzeugparametern

- Restriktionen der Windkanalstunden und der CFD Rechnerkapazität
- Streckenspezifische Fahrzeugentwicklung und Innovationen möglich
- Möglicher Entwicklungsfortschritt pro Jahr: 7 bis 15 % (abhängig von Technischem Reglement). Bei großen Änderungen des Technischen Reglements, wie 2009, ist auch der mögliche Entwicklungsfortschritt größer, da mehr Innovationen einfließen können.

Hohes Entwicklungspotenzial

Reifengrip

- Standardreifen für alle Teams, keine individuelle Entwicklung möglich
- Einfluss auf Reifenausnutzung durch Fahrzeugentwicklung möglich (Fahrwerk, Kinematik, Abstimmung Feder/Dämpfer, Abstimmung Reifendruck/Temperatur)
- Möglicher Entwicklungsfortschritt pro Jahr: 1 bis 2 %

Mittleres Entwicklungspotenzial

Schwerpunkthöhe Fahrzeug

- Einfluss durch Fahrzeugkonzept gegeben
- Oftmals Zielkonflikt mit Aerodynamik (siehe Chassis Frontend mit Anbindung der Vorderachse)
- Mindest-Schwerpunkthöhe des Motors durch technisches Reglement festgelegt
- Chassis (Survival Cell) darf während der Saison nicht verändert werden
- Schwerpunktabsenkung des Fahrzeuges durch Leichtbau und Gewichtsausgleich mittels Ballastkörper an tiefster Stelle des Chassis möglich.
- Zielkonflikt mit Bauteilsteifigkeit bzw. Lebensdauer
- Möglicher Entwicklungsfortschritt pro Jahr: 2 bis 4 %

Mittleres Entwicklungspotenzial

Fahrzeugmasse

- Formel 1 Fahrzeuge ohne Kraftstoff sind in der Regel am Minimalgewicht.
- Kraftstoffverbrauch hat Einfluss auf das Fahrzeuggewicht im Rennen

Sehr geringes Entwicklungspotenzial

Motor

- Aus Kostengründen ist der Motor seit 2007 homologiert
- Mindestgewicht und Schwerpunkthöhe des Motors durch technisches Reglement festgelegt.
- Keine Leistungsentwicklung am Basismotor möglich
- Leistungsentwicklung nur bei Kraftstoff, Motoröl und Abgasanlage erlaubt.
- Optimierung der Fahrbarkeit durch Datenapplikation in der Standardelektronik erlaubt.
- Möglicher Entwicklungsfortschritt pro Jahr: 1 bis 2 %

Geringes Entwicklungspotenzial

Beim derzeit gültigen Technischen Reglement hat die Aerodynamik den mit Abstand größten Einfluss auf die Fahrzeugperformance.

12.5 Entwicklung Aerodynamik und Fahrdynamik

12.5.1 Aerodynamische Effizienz und Aerobalance

Hauptzielgröße bei der aerodynamischen Auslegung eines Straßenfahrzeugs ist ein niedriger Luftwiderstand. Abtrieb ist dem untergeordnet, in der Regel ergibt sich sogar ein mit der Geschwindigkeit zunehmender Auftrieb.

Bei Rennfahrzeugen ist es umgekehrt: Hoher Abtrieb ist dominierendes Kriterium. Mit steigendem Abtrieb wächst die übertragbare Längs- und Querbeschleunigung, die Rundenzeit sinkt. Hoher Luftwiderstand wird in Kauf genommen. Ein F1 Fahrzeug entwickelt bei 340 km/h einen Abtrieb von ca. 17 kN, also fast das Dreifache des Fahrzeuggewichts. Die Aerodynamik stellt damit nicht nur den größten Einzeleinfluss auf die Rundenzeit dar, sondern bestimmt auch maßgeblich das Fahrverhalten.

Da die Anforderungen an Abtrieb und Luftwiderstand bei der Entwicklung der Aerodynamik nicht getrennt betrachtet werden können, ist es sinnvoller von Aerodynamischer Effizienz zu sprechen:

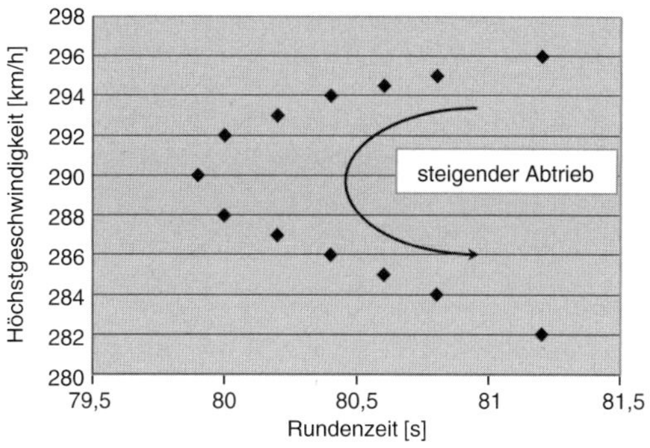

Abb. 12.16 Einfluss des Abtriebsniveaus auf die Rundenzeit

$$\text{Aerodynamische Effizienz}(A_{\text{eff}}) = \text{Abtrieb}/\text{Luftwiderstand}\,.$$

Für verschiedene Aerodynamik Einstellungen mit jeweils gleicher A_{eff} gibt es abhängig von der Streckencharakteristik für jede Rennstrecke ein Optimum bezüglich der Rundenzeit.

Dieses Optimum wird mittels Rundenzeit Simulation als Vorbereitung für jede Rennstrecke ermittelt und ist die Ausgangsbasis für die verwendete Aerodynamik Konfiguration.

Bei der Feinabstimmung werden weitere Faktoren mitberücksichtigt, z.B. die mindestens nötige Höchstgeschwindigkeit für Positionskämpfe im Rennen (niedriger Abtrieb) oder der mindestens nötige Abtrieb, um vorzeitigen Reifenverschleiß zu vermeiden.

Eine weitere wichtige Kenngröße ist die Aerobalance, d. h. die Verteilung der Abtriebskräfte auf Vorder- und Hinterachse.

12.5.2 Einflussgrößen auf die Aerodynamik

Ziel der Aerodynamikentwicklung ist möglichst hohe aerodynamische Effizienz in Verbindung mit optimaler Aerobalance unter allen Fahrbedingungen. Abtriebsbeiwert und Aerobalance sind nicht konstant, sondern primär abhängig von folgenden Einflussfaktoren.

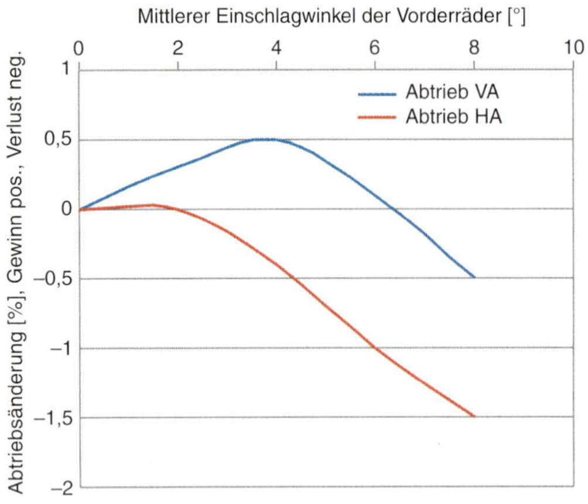

Abb. 12.17 Abtriebsänderung in Abhängigkeit vom Lenkwinkel

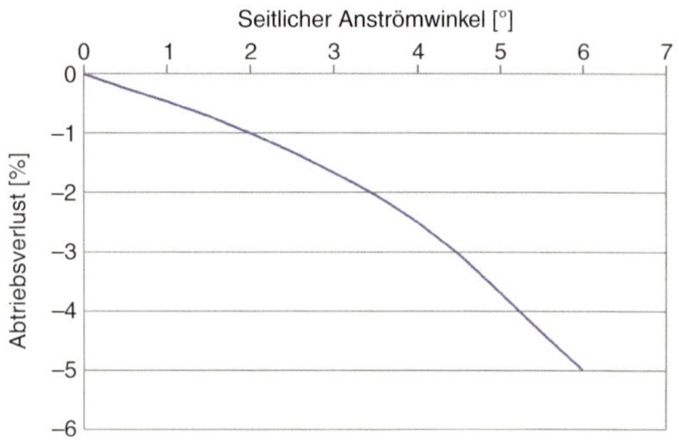

Abb. 12.18 Abtriebsänderung in Abhängigkeit vom Anströmwinkel

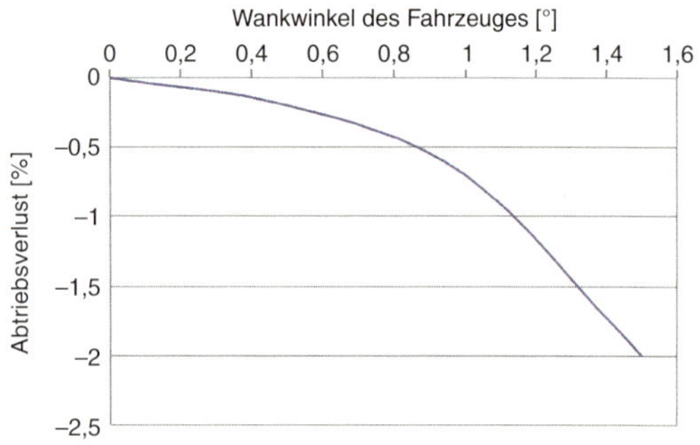

Abb. 12.19 Abtriebsänderung in Abhängigkeit vom Wankwinkel

12.5.2.1 Radeinschlag beim Lenken

Bei geringen Lenkeinschlägen (schnelle Kurven) kann sich der Gesamtabtrieb leicht erhöhen, bei größeren Lenkeinschlägen (langsame Kurven) wird der sich der Gesamtabtrieb immer reduzieren. Grund dafür ist die Luftströmung hinter den eingelenkten Vorderrädern, welche die Wirkung von Unterboden und Diffusor negativ beeinflusst (Abb. 12.17).

12.5.2.2 Gierwinkel und Schräganströmung

Schräganströmung, wie sie bei Kurvenfahrt oder Seitenwind auftritt, führt in der Regel zu einem Abtriebsverlust, da man sich von der »idealen Welt« mit symmetrischer Anströmung entfernt (Abb. 12.18). Die Änderung der Aerobalance bei Schräganströmung hat einen großen Einfluss auf die Fahrdynamik und ist in Kombination mit dem Aerodynamikverhalten bei Radeinschlag einer der dominierenden Parameter für die Fahrzeugabstimmung.

12.5.2.3 Mechanische Fahrwerksabstimmung

Auch die mechanische Abstimmung des Fahrwerks beeinflusst die Aerodynamik über Bodenabstand, Nick- und Rollwinkel.

Zunehmender Roll- bzw. Wankwinkel führt in der Regel zu einem Abtriebsverlust, da die asymmetrische Anströmung des Unterbodens die Funktion des Diffusors beeinträchtigt (Abb. 12.19).

In Abb. 12.20 und Abb. 12.21 ist die Änderung des Abtriebs mit der Bodenfreiheit vorn bzw. hinten dargestellt. Diese Aerodynamik-Charakteristik ist typisch für Fahrzeuge mit flachem Unterboden und Diffusor. Die Änderung der Bodenfreiheit ergibt sich aus der vertikalen Steifigkeit der Federelemente und der Kinematik, sowie zu einem beachtlichen Teil (20 bis 50 %) aus der Reifeneinfederung.

Der unterschiedliche Einfluss der Bodenfreiheit von Vorder- und Hinterachse auf den Abtrieb verschiebt die Aerobalance über der Fahrgeschwindigkeit (Einfederung vorne und hinten durch die Abtriebskräfte) sowie bei Fahrmanövern wie Bremsen (vorne einfedern, hinten ausfedern).

Eine Änderung der Aerobalance kann somit auch durch die mechanische Abstimmung erzielt

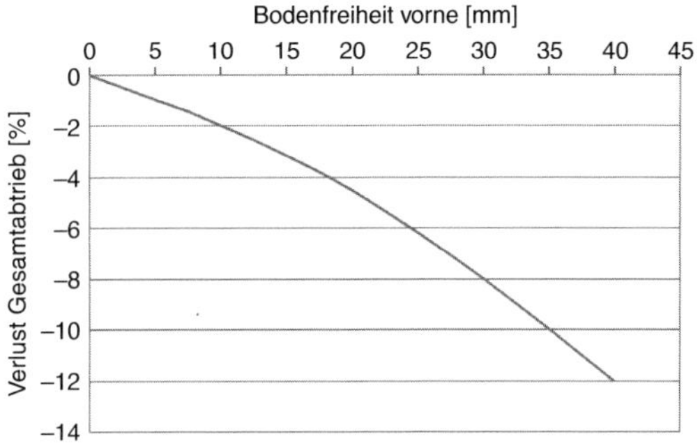

Abb. 12.20 Abtriebsverlust in Abhängigkeit von der Bodenfreiheit vorn

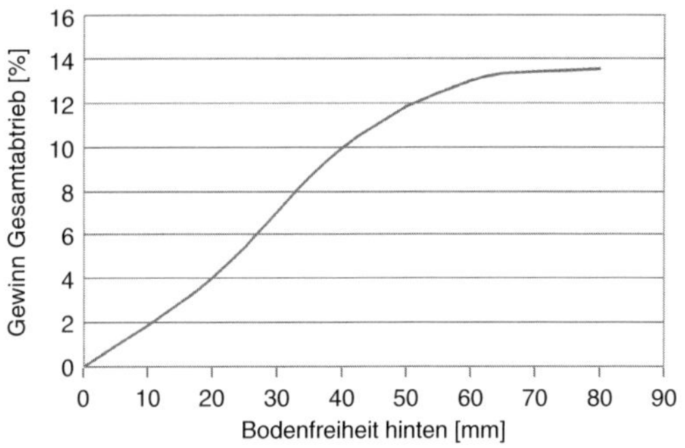

Abb. 12.21 Abtriebsgewinn in Abhängigkeit von der Bodenfreiheit hinten

werden. D. h., die mechanische Abstimmung beeinflusst die Fahrdynamik nicht nur über den mechanischen Grip und die Rollmomentenverteilung, sondern auch durch die Aerodynamik.

12.5.2.4 Durchströmung des Fahrzeugs

Die Betriebstemperaturen eines Formel 1 Antriebs (Kühlwasser, Motor- und Getriebeöl) müssen in engen Grenzen eingehalten werden. Im Gegensatz zu Serienfahrzeugen erfolgt dies nicht mittels Regelung des Kühlflüssigkeitsstromes (Thermostat Regelung), sondern durch Steuerung der Luftströmung durch die Kühler. Dies geschieht in der Regel durch Variation der Auslassöffnungen hinter dem Kühler.

Mehr Kühlungsbedarf führt aufgrund der höheren inneren Durchströmung des Fahrzeugs zu einem Verlust an Aerodynamischer Effizienz bzw. Abtrieb. Der jeweilige Kühlungsbedarf ist direkt abhängig von der Außentemperatur, d. h. bei einem Anstieg der Außentemperatur um 5 °C muss die Kühlwirkung durch aerodynamische Maßnahmen ebenfalls um 5 °C erhöht werden. **Abbildung 12.22** zeigt den Abtriebsverlust auf Grund des Kühlbedarfs des Antriebsaggregates bei steigender Umgebungstemperatur.

Der Einfluss des Kühlungsbedarfes auf den Abtrieb ist nicht linear, sondern verläuft progressiv mit großen aerodynamischen Verlusten bei hohem Kühlungsbedarf, also bei Rennen mit hohen Außentemperaturen. Die Auslegung des Kühlsystems hat einen großen Einfluss auf das Fahrzeugkonzept. Ziel ist ein guter Kompromiss zwischen Kühlergröße und innerer Durchströmung.

Große Kühlerflächen erfordern ein voluminöses Bodywork zur Unterbringung der Kühler und der Kühlluftführung und verschlechtern damit die Anströmung des Fahrzeugheckbereiches.

Kleinere Kühler erlauben ein schlankeres und damit aerodynamisch effizienteres Bodywork, führen jedoch bei hohem Kühlungsbedarf zu großen aerodynamischen Verlusten aufgrund der erforderlichen hohen inneren Durchströmung.

12.5.3 Aerodynamik und Reifeneinfluss

Grundforderung bei sportlichen Serienfahrzeugen und bei allen Rennfahrzeugen ist es, das Reifenpotenzial unter allen Fahrbedingungen optimal auszunutzen. Diese Anforderung hat bei der Entwicklung von F1 Fahrzeugen oberste Priorität. Im Gegensatz zu Serienfahrzeugen wird die Fahrdynamik der F1 Fahrzeuge aufgrund der Dominanz der aerodynamischen Abtriebskräfte primär vom Zusammenwirken der Reifencharakteristik **und** der Aerodynamik bestimmt.

Aufgrund der hohen Abtriebskräfte erreichen F1 Fahrzeuge maximale Längsbeschleunigungswerte von $50\,m/s^2$ (z. B. Bremsmanöver in Monza) und maximale Querbeschleunigungswerte von $40\,m/s^2$ (z. B. Kurvenfahrt in Spa). Im Vergleich dazu liegen Serienfahrzeuge bei maximal 12 bis $13\,m/s^2$.

Mit der Verwendung von sogenannten »Einheitsreifen« (gleiche Reifenspezifikationen über die gesamte Saison und für alle Teams) ist die Reifencharakteristik vorgegeben. Diese bestimmt

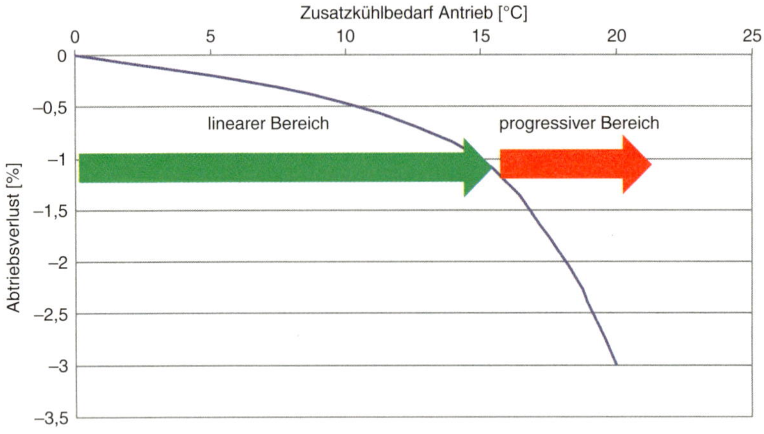

Abb. 12.22 Abtriebsverlust bei Öffnung des Bodywork zur Kühlung des Antriebs

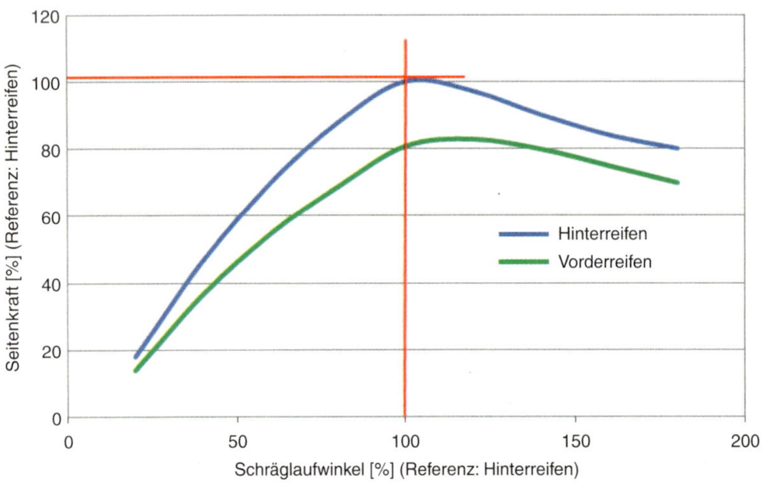

Abb. 12.23 Typische Seitenkraft in Abhängigkeit vom Schräglaufwinkel

wichtige Konzept-Parameter wie z. B. die passende Gewichtsverteilung des Fahrzeugs.

Die unterschiedliche Dimension von Vorder- und Hinterreifen ergibt auch ein unterschiedliches Seitenkraftpotenzial (Abb. 12.23). Um das jeweilige Reifenpotenzial über der Fahrgeschwindigkeit und damit unter Berücksichtigung der mit den Abtriebskräften stark zunehmenden Radlasten maximal zu nutzen, muss die Achslastverteilung (aus statischer Achslast plus Abtriebskraft) dem Seitenkraftpotenzial der Reifen folgen. Bei der Reifengeneration der letzten Jahre lag die passende Gewichtsverteilung im Bereich von 46 ± 1,5 % Vorderachslast.

Aus der vorgegebenen Reifencharakteristik und der Gewichtsverteilung des Fahrzeugs ergibt sich abhängig von der Fahrgeschwindigkeit eine optimale Verteilung der Abtriebskräfte auf die Vorder- bzw. Hinterachse, die optimale Aerobalance, bei der das Längs- und Seitenkraftpotenzial der Reifen maximal ausgenutzt werden kann. Das Zusammenspiel von Reifencharakteristik und Aerobalance bestimmt in einem weiten Geschwindigkeitsbereich die Fahrdynamik des F1 Fahrzeuges.

12.5.4 Aerodynamik und Fahrdynamik

Im dynamischen Fahrbetrieb überlagern sich die einzelnen aerodynamischen Effekte, so dass es in der Realität nicht möglich ist, für **jede** Fahrbedingung ein Optimum an Abtrieb und Aerobalance zu erreichen. Der beste Kompromiss hängt von der Streckencharakteristik ab. Je nach Streckenverlauf (in welchem Geschwindigkeitsbereich befinden sich die meisten Kurven?) werden die einzelnen Parameter unterschiedlich gewichtet. Mittels Rundenzeit-Simulationsprogrammen quantifiziert man den Einfluss der einzelnen Fahrbedingungen auf die Rundenzeit, um Prioritäten bei der Aerodynamikentwicklung zu setzen.

Die aerodynamischen Eigenschaften eines F1 Fahrzeuges werden hauptsächlich durch den Frontflügel, den Unterboden sowie den Diffusor bestimmt. Der Heckflügel hat hier nur untergeordnete Bedeutung. Am Frontflügel haben in erster Linie die sogenannten Endscheiben an den äußeren Flügelenden einen großen Einfluss auf die nachfolgende Luftströmung. Mit den an den Endscheiben erzeugten energiereichen Luftwirbeln hat man die Möglichkeit, die Luftströmung entlang des Unterbodens und damit die Abtriebsverteilung auf Vorder- und Hinterachse gezielt zu trimmen.

In der Realität ist sehr viel Detailarbeit im Windkanal und in der CFD Simulation notwendig, um die gewünschte Aerocharakteristik zu erreichen. Im Zuge der Reglement-Änderungen in den letzten Jahren wurden die baulichen Möglichkeiten diese Luftwirbel zu erzeugen deutlich eingeschränkt. An F1 Fahrzeugen der Saison 2008 waren bis zu 40 Aerobauteile mit der primären Funktion als »Wirbelgenerator (Vortex Generator)« verbaut (◘ Abb. 12.24).

◘ **Abb. 12.24** Frontflügel mit Wirbelelementen an den Endscheiben

12.6 Zuverlässigkeit

Die Performance eines Rennfahrzeugs misst sich an der Rundenzeit und an seiner Zuverlässigkeit. Die Mehrzahl der Komponenten ist nicht wie bei einem Serienfahrzeug dauerfest, sondern auf begrenzte Laufleistung ausgelegt. Andernfalls wären sie im Wettbewerbsvergleich überdimensioniert und nicht konkurrenzfähig.

Zwecks Kostenbegrenzung wurden in der Formel 1 die Laufleistungen per Reglement angehoben: Bis 2003 war ein F1 Motor auf 400 km ausgelegt, heute muss er 2000 km erreichen. Trotzdem ist die spezifische Leistung in dem Zeitraum gestiegen, die Ausfallrate dagegen gesunken. Möglich wurde dies durch mehrere Maßnahmen:

- Robustere Konstruktion
- Verwendung höherwertiger Materialien und großzügigere Dimensionierung der mechanisch und thermisch hoch belasteten Bauteile
- Umfassende Erprobung
- Motor-, Getriebe- und Fahrwerkskomponenten werden auf Prüfständen der realistischen Belastung über der Laufzeit ausgesetzt
- Enge Toleranzen und lückenlose Qualitätskontrolle
- Erfassung jedes Bauteils mit Ident-Nr., Herstelldatum, Charge und Prüfprotokoll

Bei jedem Fahrzeug sind die verbauten Teile dokumentiert, um bei Schäden sofort den betroffenen Umfang eingrenzen und austauschen zu können. Tritt ein Schaden ein, werden die betroffenen Bauteile sofort analysiert. Ist die Ursache nicht eindeutig zu lokalisieren, sind Abhilfemaßnahmen für alle möglichen Fehlerursachen parallel umzusetzen. Oberstes Ziel ist es, die Schwachstelle vor dem nächsten Renneinsatz zu eliminieren.

Literatur

1. FIA Regulations: http://www.fia.com/en-GB/sport/regulations/Pages/InternationalSportingCode.aspx
2. Trzesniowski, M.: Rennwagentechnik, 2. Aufl. Vieweg +Teubner, Wiesbaden (2010)
3. Theissen, M., Duesmann, Hartmann, Klietz, Schulz: 10 Jahre BMW F1 Motoren. Wiener Motorensymposium 2010
4. Piola, G.: Formula 1 Technical Analysis. Editore Giorgio Nada
5. Sauber Motorsport AG: Daten für Fahrdynamik und Aerodynamik

12

Ausblick – Wo geht es hin?

Prof. Dr.-Ing. Dr.-Ing. E. h. Hans-Hermann Braess
und Prof. Dr.-Ing. Ulrich Seiffert

H.-H. Braess, U. Seiffert (Hrsg.), *Vieweg Handbuch Kraftfahrzeugtechnik*, ATZ/MTZ-Fachbuch,
DOI 10.1007/978-3-658-01691-3_13, © Springer Fachmedien Wiesbaden 2013

Die Autoindustrie befindet sich im Übergang vom ersten zum zweiten Jahrzehnt des 21. Jahrhunderts in der vermutlich größten Umbruchphase ihrer Geschichte.

Zu den **externen** Einflüssen gehören:
- Mittelfristige Abkehr von der bisherigen fossilen Energiebasis, infolge künftiger Verfügbarkeiten und Emissionsbegrenzungen, insbesondere des CO_2
- Allmählicher Aufbau erweiterter und neuer Antriebskonzepte und zusätzlicher Energie-Infrastrukturen
- Trend zur Abkehr von bisherigen »Alleskönner-Fahrzeugen« hin zu Fahrzeugmodellen, die sich mehr nach dem Anwendungszweck richten, so für Mega-Cities und Agglomerationen
- Verschiebung wichtiger Märkte hin zu Schwellenländern, u. a. mit besonderen Low-Cost-Modellen.

Damit verbunden ergibt sich eine Reihe relevanter Konsequenzen und **interner** Einflüsse:
- Zusätzliche F&E-Aufwendungen für mehrere additive/alternative Antriebskonzepte
- Verstärkter Zwang zu extremen und damit kostenträchtigen Leichtbaukonzepten
- Damit zusammenhängend, zusätzliche Einrichtungen und Umstrukturierungen in Produktion und Wertschöpfungsketten
- Notwendigkeiten zu unternehmensübergreifenden Allianzen und Kooperationen, bis hin zu markenprägenden Komponenten und Systemen.
- Verfügbarkeit des In-house-Systemwissens bei komplexen Technologiebereichen, wie z. B. der Elektrochemie.

Schon seit einiger Zeit zeigt sich, dass Kunden in breiten Bereichen nur begrenzt bereit sind, vor allem für nicht kundenrelevante Neuerungen (z. B. infolge verschärfter Vorschriften) entsprechende Mehrpreise zu zahlen. Weiterhin ist erkennbar, dass manche Bewohner von Großstädten auf den Besitz von Automobilen verzichten und dafür variable Mobilitätsdienstleistungen nutzen werden.

Eine aktuelle Entwicklung betrifft die Elektrifizierung des Antriebsstranges, letztlich das reine Elektroauto, vor allem von Politik und öffentlicher Meinung getrieben. Bei diesem Thema wirken fast alle der genannten Einflüsse zusammen. Dieser Trend bedeutet für OEM und Zulieferer auch eine allmähliche Abkehr von wichtigen Produkt- und Produktionstechnologien, die jahrzehntelang besondere Schwerpunkte darstellten.

Automobile werden in Zukunft wie bisher autarke, »bewegliche Gefäße« sein, in denen Menschen und Güter nach individuellen Vorgaben transportiert werden können. Sie werden jedoch in stärkerem Maße als bisher vernetzt sein, und zwar ergänzend zu den fahrzeuginternen Funktionen in:
- Energiesystemen (Stichwort smart grid)
- das »intelligente Verkehrssystem« (Stichwort car2x-communication)
- übergreifende Mobilitätskonzepte (Stichwort variable Transportaufgaben).

Ein großer Technologiebereich, in den letzten Jahrzehnten schon immer wichtiger geworden, wird dabei wahrscheinlich **der** große Gewinner sein, nämlich Elektrik, Elektronik, Automatisierungstechnik und Software. Daraus ergeben sich für die gesamte Branche einerseits neue Funktionalitäten und Möglichkeiten zur Bewältigung von Zielkonflikten, andererseits aber auch weitere Herausforderungen zur Beherrschung der Komplexitäten.

Mit dem Postulat zur Nachhaltigkeit eng verbunden ist die Frage, wie es mit den zukünftigen Ansprüchen an Automobile weitergehen kann und soll, nicht zuletzt im Hinblick auf die begonnene Motorisierung großer Schwellenländer. Hier geht es sowohl um gesellschaftliche Forderungen, nach Sicherheit, Umweltschutz und Ressourcenschonung, als auch um individuelle Wünsche, so nach Erfüllung spezieller Mobilitätsbedürfnisse und um Komfort. Schon heute liefern sparsame Motoren wenig Heizenergie. Bei Elektroautos würde sich die (schon geringe) Reichweite bei vollem Klima-Anspruch bis auf die Hälfte reduzieren.

Manche Forderungen lassen sich elektronisch (fast) materie- und energiefrei erfüllen: Automatisches Abbremsen kurz vor der Kollision schafft eine »virtuelle Knautschzone«. Bei Innengeräuschen oder Abgasnachbehandlung könnte der Stand beibehalten werden. Weiterhin gelten klassische Rezepte, wie Bauteilintegration.

Autos werden weiterhin auf Rädern fahren, wenn auch infolge Elektrifizierung der Fahrzeuge möglicherweise in neuartiger Form. Verbrennungsmotoren bilden noch längerfristig die Basis der Antriebsenergie, beinhalten sie doch, auch mittels alternativer Kraftstoffe, deutliche Entwicklungspotenziale. Für den Übergang in die fernere Zukunft findet ein Wettkampf der Alternativen, wie der Elektroantriebe mit Energiespeichern und der Brennstoffzellen, statt. Deren Großserien-Einführung setzt jedoch flächendeckende neue Energie-Infrastrukturen voraus. Die 125jährige Geschichte des Automobils bietet immer noch Potenziale zur Reduzierung aller Verluste. Hochwertiger und dennoch erschwinglicher Leichtbau stellt dabei eine besondere Herausforderung dar.

Ein besonderer Schwerpunkt ist das Thema Verkehrssicherheit. Bei zur Zeit weltweit ca. 1,2 Millionen Verkehrstoten pro Jahr sind gezielte Maßnahmen notwendig. Ein Weg ist die verstärkte Einführung von Systemen zur »Integralen Sicherheit«, welche die unfallvorbeugenden und unfallmildernden Teilbereiche koppelt. Es herrscht Einigkeit, dass trotz der CO_2-Vorschriften dieses Thema sehr hohe Priorität besitzt.

Kleinwagen sind inzwischen zu absolut vollwertigen Fahrzeugen geworden. Deren Weiterentwicklung wird ganz besonders vom Spagat zwischen Fortschritt und Kostendruck geprägt sein. Der Bereich exklusiver Modelle wird wie bisher Vorreiter bei wichtigen Innovationen sein. Design als kundenrelevanter Faktor profitiert sowohl im Exterieur als auch im Innenraum, z. B. durch neue Beleuchtungstechniken als Wohlfühlfaktor, und wird bei Fahrzeugen mit alternativen Antrieben erweiterte Bedeutung erlangen. Bei allen grundlegenden Fortschritten dürfen aber die vielfältigen Aspekte der Alltagstauglichkeit keinesfalls vergessen werden, da von ihnen die Akzeptanz eines Automobils in hohem Maße abhängt.

Allgemein wird sich Infotainment, mit dem mobilen Internet und einer Multimediazentrale im Fahrzeug durchsetzen. Allein durch die gesetzliche Verankerung des emergency calls (E call).

Effiziente Produktentstehungsprozesse sowie Standards sind unverzichtbar; deren Weiterentwicklungen sind primäre Aufgaben der gesamten Branche. Die Wissenschaften müssen ebenfalls ihre Beiträge, wie z. B. bei der Elektrochemie, bei neuen Werkstoffen und bei Systemoptimierungen, leisten. Entscheidungsträger der Industrie müssen unbedingt den Überblick über alle grundlegenden Fragen und Zielkonflikte der Gesamtfahrzeuge behalten. Die Politik hat für die Rahmenbedingungen zur Aufrechterhaltung individueller Mobilität, des Verkehrsmanagements und der Bereitstellung der Infrastruktur sowie für die Ausbildung qualifizierten Nachwuchses zu sorgen.

Für die Zukunft müssen zahlreiche Fragen beantwortet werden, die sich unmittelbar auf die Mobilitätsstrukturen auswirken [1]. Dazu gehören:

- Welche Energieform wird langfristig zu akzeptablen Kosten mit einer entsprechenden Infrastruktur angeboten?
- Wie werden sich die Möglichkeiten durch Connected Drive [2] bezüglich
  - Komfortables Fahren, Fahrzeughandling und automatisches Fahren in definierten Situationen
  - Information und Entertainment
  - Sicheres Fahren (insbesondere Vermeidung von Ablenkung)

  auswirken?
- Welche Verkehrsstrukturen können in den Megacities realisiert werden?
- In welchem Umfang können und werden carsharing-Angebote sich durchsetzen?
- Werden sich die Fahrzeughersteller vom Fahrzeugbauer zum Mobilitätsanbieter entwickeln?
- Wird es auf Grund der Energieversorgung weltweit unterschiedliche Antriebsaggregate geben?
- Ist die zur Zeit sehr ausgeprägte individuelle Mobilität mittel- bis langfristig finanzierbar?

Die Technik hat sich »vom Einfachen zum Komplizierten« entwickelt. Heute besteht die Aufgabe, nachhaltige, kundengerechte und »intelligent einfache« Lösungen zu schaffen sowie »Overengineering« zu vermeiden. Das gilt besonders für erschwingliche Fahrzeuge, aber auch für künftige Premium-Modelle. Den Ingenieuren kommt in der Lösung der anstehenden Probleme eine besondere Verantwortung zu. Nicht nur die Technik sondern auch die gesellschaftlichen Probleme müssen beachtet werden.

Literatur

1. Lienkamp, Markus: Elektromobilität, Hype oder Revolution. Springer Vieweg, ISBN 978-3-642-28548-6 (2012)
2. Grote, Christoph: BMW Connected Drive-Effizienz, Komfort und Sicherheit durch Vernetzung. AAET, ISBN 978-3-937655-27-7 (2012)

ThyssenKrupp Bilstein DampTronic® sky
The drive experience of a new dimension
1950's
Monotube dampers
1980's
Adjustable dampers
2000's
Continously adjustable dampers
2013
DampTronic® sky
BILSTEIN®
● Consistent technology leader
● OEM's first choice for high performance
● Specialists for motorsports and tuning
● High end damping systems with advanced valve technology
● Broad range of passive and independent continuously adjustable dampers
● Interested in joining our team? http://karriere.thyssenkrupp-bilstein.de/de/karriere.html
ThyssenKrupp Bilstein
ThyssenKrupp

Serviceteil

Sachverzeichnis

B

C

D

E

F

G

H

I

J

K

L

M

ATZ/MTZ-Fachbuch
Peter Pfeffer
Manfred Harrer Hrsg.
Lenkungs-
handbuch
Lenksysteme, Lenkgefühl, Fahrdynamik
von Kraftfahrzeugen
2. Auflage
Springer Vieweg

N

O

P

Q

R

S

T

U

V